Metallografie

*Herausgegeben von
Heinrich Oettel und
Hermann Schumann* †

*Beachten Sie bitte auch
weitere interessante Titel
zu diesem Thema*

Worch, H., Pompe, W., Schatt, W. (Hrsg.)
Werkstoffwissenschaft

2011
ISBN 978-3-527-32323-4

Bach, F.-W. et al. (Hrsg.)
Moderne Beschichtungsverfahren

2. Auflage
2004
ISBN 978-3-527-30977-1

Riehle, M./Simmchen, E.
Grundlagen der Werkstofftechnik

2., aktualisierte Auflage
2000
ISBN 978-3-527-30953-5

Frohberg, Martin G.
Thermodynamik für Werkstoffingenieure und Metallurgen

2., stark überarbeitete Auflage
1994
ISBN 978-3-527-30922-1

Metallografie

Mit einer Einführung in die Keramografie

Herausgegeben von
Heinrich Oettel und Hermann Schumann †

15. überarbeitete und erweiterte Auflage

WILEY-VCH Verlag GmbH & Co. KGaA

Herausgeber

Prof. Dr. Heinrich Oettel
Institut für Werkstoffwissenschaft
TU Bergakademie Freiberg
Gustav-Zeuner-Str. 5
09596 Freiberg

15. überarb. u. erw. Auflage 2011

■ Alle Bücher von Wiley-VCH werden sorgfältig erarbeitet. Dennoch übernehmen Autoren, Herausgeber und Verlag in keinem Fall, einschließlich des vorliegenden Werkes, für die Richtigkeit von Angaben, Hinweisen und Ratschlägen sowie für eventuelle Druckfehler irgendeine Haftung.

**Bibliografische Information
der Deutschen Nationalbibliothek**
Die Deutsche Nationalbibliothek verzeichnet diese Publikation in der Deutschen Nationalbibliografie; detaillierte bibliografische Daten sind im Internet über <http://dnb.d-nb.de> abrufbar.

© 2011 WILEY-VCH Verlag GmbH & Co. KGaA, Boschstr. 12, 69469 Weinheim, Germany

Alle Rechte, insbesondere die der Übersetzung in andere Sprachen, vorbehalten. Kein Teil dieses Buches darf ohne schriftliche Genehmigung des Verlages in irgendeiner Form – durch Photokopie, Mikroverfilmung oder irgendein anderes Verfahren – reproduziert oder in eine von Maschinen, insbesondere von Datenverarbeitungsmaschinen, verwendbare Sprache übertragen oder übersetzt werden. Die Wiedergabe von Warenbezeichnungen, Handelsnamen oder sonstigen Kennzeichen in diesem Buch berechtigt nicht zu der Annahme, dass diese von jedermann frei benutzt werden dürfen. Vielmehr kann es sich auch dann um eingetragene Warenzeichen oder sonstige gesetzlich geschützte Kennzeichen handeln, wenn sie nicht eigens als solche markiert sind.

Umschlaggestaltung Grafik-Design Schulz, Fußgönheim
Satz hagedorn kommunikation, Viernheim
Druck und Bindung Strauss GmbH, Mörlenbach

Printed in the Federal Republic of Germany.

Gedruckt auf säurefreiem Papier

ISBN 978-3-527-32257-2

Vorwort zur 15. Auflage

Sowohl in der Forschung als auch in der betrieblichen Praxis kommt der Metallografie eine besondere Stellung innerhalb der Methoden zur Werkstoffcharakterisierung zu. Als ein Komplex miteinander verbundener Teilgebiete wie die Probennahme und -präparation, die mikroskopische Untersuchung im weitesten Sinne und die Interpretation der Gefügebildung auf werkstoffwissenschaftlicher Grundlage liefert sie wertvolle Aussagen über Struktur und Gefüge von Werkstoffen als Basis des Verständnisses der Werkstoffeigenschaften und deren Beeinflussung durch technologisch relevante Prozesse. Sie ist gleichermaßen unverzichtbarer Bestandteil der Werkstoffforschung als auch der Prozess- und Materialkontrolle im Betrieb.

Wie auch die vorangegangenen Auflagen setzt sich die nunmehr 15. Auflage zum Ziel, Studierenden und praktisch Tätigen im Bereich der Werkstoffwissenschaft und des Werkstoffingenieurwesens, aber auch in angrenzenden Bereichen des Ingenieurwesens Hilfestellungen bei der Wissensaneignung und im täglichen Umgang mit der Metallografie zu geben. Die „Metallografie" ist damit sowohl ein Lehrbuch als auch ein der Praxis verpflichtetes Nachschlagewerk so, wie es von Hermann Schumann bereits 1955, dem Erscheinungsjahr der ersten Auflage, konzipiert worden war. Wichtig ist, darauf hinzuweisen, dass nunmehr auch den besonderen Belangen ausgewählter keramischer Werkstoffe Rechnung getragen wird.

Der erste Abschnitt des Buches befasst sich mit den strukturellen Erscheinungsformen von anorganischen, d. h. metallischen und keramischen Werkstoffen. Daran schließen sich ausführliche Darstellungen der Probenvorbereitung und -präparation sowie der wesentlichen Untersuchungsmethoden wie Licht- und Elektronenmikroskopie, Röntgendiffraktometrie, der quantitativen Gefügebewertung und der tomografischen Techniken sowie von Sonderverfahren an. Ausführlich werden Phasengleichgewichte, Zustandsdiagramme und Phasenumwandlungen als Grundlage des Verständnisses von gefügebildenden und -verändernden Prozessen dargestellt (Gießen und Erstarren, Verformung, Rekristallisation, Oberflächenbehandlungen). Die drei letzten Kapitel widmen sich, illustriert durch zahlreiche und beispielhafte Schliffbilder, den spezifischen Gefügebildungen in Eisenwerkstoffen und Stählen, in Nichteisenmetallen und in Sonderkeramiken.

Metallografie, 15. Auflage. Herausgegeben von H. Oettel und H. Schumann
Copyright © 2011 WILEY-VCH Verlag GmbH & Co. KGaA, Weinheim
ISBN 978-3-527-32257-2

Herausgeber und Autoren haben aus ihrem Umfeld vielfältige Unterstützung durch Anregungen, Bereitstellung von Bild- und Tabellenmaterialien erhalten. Dafür sei, in alphabetischer Folge genannt, besonders gedankt: Dr. T. Bertram, Dr. H. Baum, Dipl.-Ing. A. Buchwalder, Dr. I. Handreg, Dr. D. Heger, Dipl.-Ing. G. Heinzel, Dr. A. Kirsten, Dr. V. Klemm, Dr. M. Koch, Prof. U. Martin, Prof. H. Mehmeti, Dipl.-Ing.(FH) A. Müller, Dipl.-Met. O. Oettel, Dr. R. Ohser-Wiedemann, Dipl.-Ing. A. Poklad, Dipl.-Phys. G. Schreiber, Prof. H. J. Seifert, Dipl.-Ing. A. Suchanov und Prof. R. Zenker.

Ausdrücklich danken der Herausgeber und die Autoren dem Verlag Wiley-VCH für sein stetes Interesse an der 15. Auflage, die sehr förderliche Zusammenarbeit und die gelungene Gestaltung dieses Buches, das nunmehr in der Fachwelt auf gute Resonanz stoßen möge.

Freiberg, Oktober 2010 Der Herausgeber

Autoren

Prof. Dr. Gunter Benkißer, Institut für Werkstoffkunde der Universität Rostock
 (Kapitel 6.1 – 6.7; 6.9)
Dr.-Ing. Klaus Cyrener, Institut für Metallkunde der TU Bergakademie Freiberg
 (Kapitel 4.1 – 4.3)
Dipl.-Met. Wolfgang Molle, FNE Freiberg (Kapitel 6.8)
Prof. Dr. Joachim Ohser, FH Darmstadt (Kapitel 2.4)
Prof. Dr. Heinrich Oettel, Institut für Metallkunde der TU Bergakademie Freiberg
 (Kapitel 1; 2.1 – 2.2.3; 2.5 – 2.11; 3; 4.4)
Prof. Dr. Dieter Peisker, Institut für Eisen- und Stahltechnologie der
 TU Bergakademie Freiberg
 (Kapitel 5)
Dr.-Ing. Hans-Ludwig Steyer, Struers GmbH Deutschland (Kapitel 2.2.4; 2.3)

Inhaltsverzeichnis

1	**Strukturen anorganischer Werkstoffe (Metalle und Keramiken)**	*1*
1.1	Klassifizierung und allgemeine Charakteristika anorganischer Werkstoffe *1*	
1.2	Grundeigenschaften der anorganischen Werkstoffe *4*	
1.2.1	Metallische Werkstoffe *4*	
1.2.2	Keramische Werkstoffe *7*	
1.3	Kristalliner Aufbau anorganischer Werkstoffe (Kristallografie) *7*	
1.3.1	Gitterpunkte *13*	
1.3.2	Gittergeraden *14*	
1.3.3	Netzebenen (Gitterebenen) *14*	
1.3.4	Elementarzellenvolumen *15*	
1.3.5	Kristallformen *15*	
1.4	Chemische Bindung und Koordination, typische Kristallstrukturen *16*	
1.4.1	Metallische Bindung und Strukturen metallischer Werkstoffe *16*	
1.4.1.1	Strukturen metallischer Elemente *16*	
1.4.1.2	Intermetallische Verbindungen *19*	
1.4.1.3	Einlagerungsphasen (Intermediäre Phasen) *23*	
1.4.2	Kovalente Bindung (Atombindung) *24*	
1.4.3	Ionenbindung *26*	
1.4.4	Mischbindungen *29*	
1.5	Mischkristalle und Überstrukturen *30*	
1.5.1	Metalle *30*	
1.5.1.1	Substitutionsmischkristalle *32*	
1.5.1.2	Einlagerungsmischkristalle *34*	
1.5.1.3	Subtraktionsmischkristalle *36*	
1.5.2	Keramische Werkstoffe *37*	
1.6	Polymorphie, Polytypie *37*	
1.7	Kristallbaufehler *39*	
1.7.1	Klassifizierung von Kristallbaufehlern *39*	
1.7.2	Punktdefekte *40*	
1.7.2.1	Leerstellen *40*	
1.7.2.2	Zwischengitteratome *42*	
1.7.2.3	Fremdatome *42*	

1.7.3 Versetzungen 42
1.7.4 Flächendefekte 46
1.7.4.1 Stapelfehler 47
1.7.4.2 Antiphasengrenzen 48
1.7.4.3 Subkorngrenzen 49
1.7.5 Volumendefekte 49
1.7.5.1 Ausscheidungen 49
1.7.5.2 Mikroporen 50
1.8 Amorphe Materialien, Gläser 50
1.9 Gefüge von Werkstoffen 52
1.9.1 Gefügebegriff, innere Grenzflächen 52
1.9.2 Gefügebildende Prozesse 55
1.9.3 Gefügeelemente, Gefügebestandteile und Gefügetypen 57
1.10 Kristallografische Beziehungen 60

2 Metallografische Arbeitsverfahren 61
2.1 Ziel und Methoden metallografischer Untersuchungen 61
2.2 Lichtmikroskopie 62
2.2.1 Optische Grundlagen 62
2.2.1.1 Polarisation 64
2.2.1.2 Brechung 65
2.2.1.3 Absorption und Reflexion 68
2.2.1.4 Interferenz und Beugung 71
2.2.1.5 Linsen 72
2.2.2 Aufbau und Wirkungsweise von Auflichtmikroskopen 74
2.2.2.1 Optische Elemente von Auflichtmikroskopen 74
2.2.2.2 Zur Theorie der mikroskopischen Abbildung 79
2.2.2.3 Abbildungsfehler 83
2.2.3 Verfahren der Auflichtmikroskopie 85
2.2.3.1 Hellfeldabbildung 86
2.2.3.2 Dunkelfeldabbildung 87
2.2.3.3 Phasenkontrastverfahren 89
2.2.3.4 Polarisationsmikroskopie 90
2.2.3.5 Interferenzmikroskopie 91
2.2.3.6 Interferenzschichtenmikroskopie 94
2.2.3.7 Mikroskopie mit konfokaler Abbildung 96
2.2.3.8 Stereomikroskopie 101
2.2.4 Dokumentation mikroskopischer Befunde 102
2.2.4.1 Verfahrensauswahl 104
2.2.4.2 Digitale Videografie 105
2.3 Präparation 117
2.3.1 Anschliffvorbereitung 119
2.3.1.1 Probenahme 119
2.3.1.2 Einfassen 128
2.3.2 Anschliffherstellung 131

2.3.2.1 Allgemeines zu metallografischen Abtragsverfahren, zum Schleifen und mechanischen Polieren *132*
2.3.2.2 Grundlagen der Mikrospanung *135*
2.3.2.3 Schleifen *146*
2.3.2.4 Mechanisches Polieren *162*
2.3.2.5 Weitere spanende Abtragsverfahren *177*
2.3.2.6 Chemisch-mechanisches Polieren *178*
2.3.2.7 Elektrochemischer Metallabtrag *181*
2.3.3 Auswahl der Präparationsmethoden *191*
2.3.3.1 Methodenauswahl nach mechanischen Präparationseigenschaften *193*
2.3.3.2 Vor-Ort-Metallografie *197*
2.3.4 Kontrastierung *200*
2.3.4.1 Chemisches und elektrochemisches Ätzen *203*
2.3.4.2 Physikalische Kontrastierung *220*
2.4 Besonderheiten bei der Präparation von keramischen Werkstoffen *224*
2.4.1 Vorbemerkungen *224*
2.4.2 Trennen *225*
2.4.3 Einfassen *226*
2.4.4 Anschliffherstellung *227*
2.4.5 Kontrastieren *230*
2.5 Quantitative Gefügeanalyse *233*
2.5.1 Einleitung *233*
2.5.2 Geometrische Gefügekenngrößen *234*
2.5.3 Methoden der Bildverarbeitung und -analyse *239*
2.5.4 Kennwerte von Schnittprofilen *247*
2.5.5 Messung der Grundparameter *251*
2.5.6 Teilchengrößenverteilungen *263*
2.6 Röntgenverfahren *264*
2.6.1 Raumgitterinterferenzen *264*
2.6.2 Ein- und Vielkristallinterferenzen *267*
2.6.3 Vielkristalldiffraktometrie *269*
2.6.4 Anwendungen der Röntgendiffraktometrie *273*
2.6.4.1 Röntgenografische Phasenanalyse *273*
2.6.4.2 Röntgenografische Untersuchung von Mischkristallen *274*
2.6.4.3 Röntgenografische Korngrößenbestimmung *275*
2.6.4.4 Ermittlung von Versetzungsdichten *277*
2.6.4.5 Texturen *277*
2.7 Rasterelektronenmikroskopie und Elektronenstrahlmikroanalyse *279*
2.7.1 Wechselwirkung beschleunigter Elektronen mit Materie *279*
2.7.2 Rasterelektronenmikroskopie *283*
2.7.3 Elektronenstrahlmikroanalyse *286*
2.8 Transmissionselektronenmikroskopie (TEM) *290*
2.8.1 Grundlagen der Transmissionselektronenmikroskopie *290*
2.8.2 Elektronenbeugung *292*
2.8.3 Elektronenmikroskopische Kontraste *294*

2.8.4	Probenpräparation 297
2.8.5	Analytische TEM 299
2.9	Rastersondenmikroskopie 300
2.10	Gefügetomografie 301
2.10.1	Einleitung 301
2.10.2	Tomografische Verfahren in Materialwissenschaft und Werkstofftechnik 301
2.10.2.1	Durchstrahlende Verfahren 303
2.10.2.2	Röntgentomografie 304
2.10.2.3	Neutronentomografie 305
2.10.2.4	Elektronentomografie 305
2.10.2.5	Serienschnitttechniken 305
2.10.2.6	Atomsondentomografie 306
2.10.3	FIB-Gefügetomografie 307
2.10.3.1	Der Sputterprozess im FIB 308
2.10.3.2	Abbildung im FIB 308
2.10.3.3	Zweistrahl-FIB/REM-Mikroskope 309
2.10.3.4	Serienschnitttechnik im FIB-Mikroskop 309
2.10.3.5	Probenvorbereitung für die FIB-Gefügetomografie 310
2.10.3.6	Anwendungsbeispiele 311
2.11	Akustische Mikroskopie 315
2.12	Mikrohärte 317
2.12.1	Konventionelle Mikrohärtemessung 318
2.12.2	Registrierende Härtemessung 326
2.12.3	Anwendungen der Mikrohärtemessungen 327
2.13	Gefügeuntersuchungen bei hohen Temperaturen 331

3	**Phasengleichgewichte und Zustandsdiagramme 341**
3.1	Thermodynamische Grundlagen 341
3.1.1	Legierungen, Phasen und Phasengleichgewichte 341
3.1.2	Zur Thermodynamik von Mischkristallen 349
3.1.3	Diffusion 353
3.2	Grundvorstellungen zu Zustandsdiagrammen 358
3.3	Einkomponentensysteme 363
3.4	Zweikomponentensysteme (binäre Zustandsdiagramme) 365
3.4.1	Legierungen mit unbegrenzter Löslichkeit im festen Zustand 365
3.4.2	Legierungen mit Mischungslücken im festen Zustand 371
3.4.2.1	Entmischung, Ordnung und Bildung intermetallischer Phasen in Mischkristallen 372
3.4.2.2	Eutektische Systeme 374
3.4.2.3	Peritektische Systeme 384
3.4.2.4	Eutektoide und peritektoide Umwandlungen 388
3.4.3	Mischungslücken im flüssigen Zustand 393
3.4.4	Komplexe Zustandsdiagramme 398
3.4.5	Zustandsdiagramme keramischer Systeme 402

3.5 Grundvorstellungen über Dreistofflegierungen (ternäre Systeme) *404*
3.5.1 Grafische Darstellung der Zusammensetzung von Dreistofflegierungen *404*
3.5.2 Hebelgesetz bei ternären Legierungen *406*
3.5.3 Ternäre Zustandsdiagramme *407*
3.5.4 Isotherme und Temperatur-Konzentrations-Schnitte *411*
3.6 Arten und Kinetik von Phasenumwandlungen *418*
3.6.1 Systematik der Phasenumwandlungen *418*
3.6.2 Diffusionskontrollierte Phasenumwandlungen *420*
3.6.3 Martensitische Phasenumwandlungen *428*
3.6.4 Zeit-Temperatur-Diagramme *433*
3.7 Verfahren zur Bestimmung von Zustandsdiagrammen *436*
3.7.1 Thermoanalyse *437*
3.7.2 Dilatometrie *441*

4 Einfluss der Verarbeitung und Behandlung auf die Gefügeausbildung von Metallen und Legierungen *445*

4.1 Gießen von Metallen *445*
4.1.1 Zustand metallischer Schmelzen *445*
4.1.2 Erstarrungsprozess *446*
4.1.3 Gussgefüge *455*
4.1.4 Seigerungen *463*
4.1.5 Lunker *474*
4.1.6 Gasblasen *477*
4.1.7 Fremdeinschlüsse *480*
4.2 Plastische Formgebung und Rekristallisation von Metallen *482*
4.2.1 Kaltumformung *482*
4.2.1.1 Spannungs-Dehnungs-Diagramm *482*
4.2.1.2 Verformung durch Gleiten *484*
4.2.1.3 Verformung durch Zwillingsbildung *491*
4.2.1.4 Härtungsmechanismen *492*
4.2.1.5 Vergleich zwischen Einkristall- und Vielkristallplastizität *494*
4.2.1.6 Kornstreckung und Verformungstexturen *495*
4.2.1.7 Eigenschaftsänderungen durch Kaltumformung *497*
4.2.2 Entfestigungsvorgänge *497*
4.2.2.1 Kristallerholung *498*
4.2.2.2 Primäre Rekristallisation *498*
4.2.2.3 Kornwachstum *499*
4.2.2.4 Einfluss technischer Rekristallisationsvorgänge auf die Gefügebildung *500*
4.2.3 Warmumformung *505*
4.3 Oberflächenbehandlungen *516*
4.3.1 Grundlegende Verfahren zur Oberflächenbehandlung *516*
4.3.2 Beschichtungsverfahren *519*

4.3.2.1 Beschichtungsverfahren mit atomarer Deposition des Beschichtungsmaterials *519*
4.3.2.2 Beschichtungsverfahren mit makroskopischen Depositionen des Schichtmaterials *527*
4.3.3 Schmelztauchen *527*
4.3.4 Randschichtbehandlungen *530*
4.3.4.1 Chemisch-thermische Behandlungen *530*
4.3.4.2 Energetische Randschichtbehandlungen *540*

5 Eisen und Eisenlegierungen *545*
5.1 Roheisen- und Stahlherstellung im Überblick *545*
5.2 Gefüge des reinen Eisens und der Eisenlegierungen *547*
5.2.1 Reines Eisen *549*
5.2.2 Eisen-Kohlenstoff-Legierungen *551*
5.3 Polymorphe Phasenumwandlungen *566*
5.3.1 Umwandlungen beim Erwärmen *566*
5.3.2 Umwandlungen beim Abkühlen *573*
5.3.2.1 Allgemeine Betrachtungen *573*
5.3.2.2 Erstarrung *574*
5.3.2.3 Perlitbildung *576*
5.3.2.4 Martensitbildung *590*
5.3.2.5 Bainitbildung *597*
5.4 Thermische Verfahren der Gefügebeeinflussung *601*
5.4.1 Fertigungsgerechte werkstoffunabhängige Verfahren *602*
5.4.1.1 Rekristallisierendes Glühen *602*
5.4.1.2 Sphäroidisierendes Glühen *606*
5.4.1.3 Grobkorn- und Diffusionsglühen *612*
5.4.2 Fertigungsgerechte werkstoffspezifische Verfahren *616*
5.4.2.1 Normalglühen *616*
5.4.2.2 Glühen auf bestimmte Eigenschaften *621*
5.4.3 Beanspruchungsgerechte Verfahren *623*
5.4.3.1 Vergüten und Bainitisieren *623*
5.4.3.2 Normalisierendes Umformen *640*
5.4.3.3 Thermomechanisches Umformen *641*
5.5 Technische Eisenlegierungen *642*
5.5.1 Schweißbare Baustähle *649*
5.5.2 Stähle höherer Festigkeit *661*
5.5.3 Stähle für tiefe Temperaturen *671*
5.5.4 Stähle für hohe Temperaturen *677*
5.5.5 Stähle mit besonderen Korrosionseigenschaften *685*
5.5.6 Stähle mit besonderen magnetischen Eigenschaften *698*
5.5.7 Stähle mit besonderen Verarbeitungseigenschaften *703*
5.5.8 Stähle mit besonderen Verschleißeigenschaften *717*
5.5.9 Gusseisen *731*

6 Gefüge der technischen Nichteisenmetalle und ihrer Legierungen 749

- 6.1 Kupfer und seine Legierungen 749
- 6.1.1 Reines Kupfer 749
- 6.1.2 Kupfer-Zink-Legierungen 753
- 6.1.2.1 Gefüge der α-Legierungen 754
- 6.1.2.2 Gefüge der (α + β')-Legierungen 755
- 6.1.2.3 Gefüge der β'-Legierungen 756
- 6.1.2.4 Einfluss von Wärmebehandlungen auf die Gefüge von (α + β')-Legierungen 757
- 6.1.3 Mehrstofflegierungen 764
- 6.1.4 Kupfer-Zinn-Legierungen 770
- 6.1.5 Kupfer-Aluminium-Legierungen und Mehrstofflegierungen 775
- 6.1.5.1 Gefüge binärer Kupfer-Aluminium-Legierungen 775
- 6.1.5.2 Gefüge der Mehrstofflegierungen 778
- 6.1.6 Kupfer-Zinn-Blei-Legierungen 785
- 6.1.7 Kupfer-Nickel-Legierungen und Mehrstofflegierungen 787
- 6.2 Nickel und seine Legierungen 789
- 6.2.1 Reines Nickel 789
- 6.2.2 Nickellegierungen 790
- 6.2.2.1 Hochwarmfeste Legierungen 790
- 6.2.2.2 Hitze – und korrosionsbeständige Legierungen 798
- 6.2.2.3 Formgedächtnislegierungen 800
- 6.2.2.4 Spannungselastische Martensitumwandlung und Pseudoelastizität 802
- 6.2.2.5 Thermoelastische Martensitumwandlung und Formgedächtniseffekte 803
- 6.3 Cobalt und seine Legierungen 803
- 6.3.1 Reines Cobalt 803
- 6.3.2 Cobaltlegierungen 804
- 6.4 Zink und seine Legierungen 808
- 6.4.1 Reines Zink 808
- 6.4.2 Zinklegierungen 810
- 6.5 Aluminium und Aluminiumlegierungen 815
- 6.5.1 Reines Aluminium 815
- 6.5.2 Aluminium-Silicium-Legierungen 818
- 6.5.3 Aluminium-Magnesium-Legierungen und Aluminium-Mangan-Legierungen 823
- 6.5.3.1 Aluminium-Magnesium-Legierungen 823
- 6.5.3.2 Aluminium-Mangan-Legierungen 826
- 6.5.4 Weitere Mehrstofflegierungen 828
- 6.6 Magnesium und Magnesiumlegierungen 835
- 6.6.1 Reines Magnesium 835
- 6.6.2 Magnesiumlegierungen 836
- 6.6.2.1 Legierungssysteme Mg-Al und Mg-Al-Zn 836
- 6.6.2.2 Legierungssystem Mg-Al-Mn (AM-Legierungen) 840
- 6.6.2.3 Legierungssystem Mg-Y-SE-Zr (WE-Legierungen) 841
- 6.6.2.4 Legierungssysteme Mg-Li, Mg-Li-Al und Mg-Li-Al-SE 842

6.7	Titan und Titanlegierungen	*843*
6.7.1	Reines Titan	*843*
6.7.2	α- und near α-Legierungen	*845*
6.7.3	(α + β)-Legierungen	*848*
6.7.4	Metastabile β-Legierungen	*850*
6.7.5	Stabile β-Legierungen	*851*
6.8	Weitere Nichteisenmetalllegierungen	*851*
6.8.1	Lotwerkstoffe	*851*
6.8.1.1	Weichlote	*852*
6.8.1.2	Hartlote	*857*
6.8.2	Gleitlagerwerkstoffe	*860*
6.8.2.1	Kupferlegierungen	*862*
6.8.2.2	Blei- und Zinn-Gusslegierungen für Verbundgleitlager	*867*
6.8.2.3	Aluminiumlegierungen	*871*

7 Hochleistungskeramik *875*

7.1	Arten der Hochleistungskeramik	*875*
7.2	Herstellung keramischer Werkstoffe	*875*
7.3	Mechanische Festigkeit keramischer Werkstoffe	*878*
7.4	Materialeigenschaften und Anwendungen	*881*
7.4.1	Aluminiumoxid	*882*
7.4.2	Zirkoniumoxid	*883*
7.4.3	Siliciumcarbid	*885*
7.4.4	Siliciumnitrid	*886*

Weiterführende Literatur *887*

Anhang I: Atomare Parameter technisch wichtiger Metalle und Metalloide (Raumtemperatur) *891*
Anhang II: Physikalische Eigenschaften technisch wichtiger Metalle und Metalloide *892*
Anhang III: Angaben von Mengenanteilen (Konzentrationen) in Legierungen *894*
Anhang IV: Ansetzen von prozentualen Lösungen *896*
Anhang V: Metallografische Ätzmittel *897*

Stichwortverzeichnis *915*

1
Strukturen anorganischer Werkstoffe (Metalle und Keramiken)

1.1
Klassifizierung und allgemeine Charakteristika anorganischer Werkstoffe

Betrachtet man als Beispiel für die Vielfältigkeit der Materialeigenschaften die elektrische Leitfähigkeit fester Stoffe bei Raumtemperatur (Tab. 1.1), so stellt man fest, dass diese Werte zwischen 10^{-18} und fast $10^8 \, \Omega^{-1} \, m^{-1}$ annehmen kann. Wohl keine physikalische Eigenschaft zeigt einen derartig großen Wertebereich, was natürlich auch dazu geführt hat, die Werkstoffe je nach Leitfähigkeit formal in Metalle (höchste Leitfähigkeiten), Halbleiter („mittlerer" Wertebereich) und Isolatoren (Leitfähigkeiten kleiner als $10^{-10} \, \Omega^{-1} \, m^{-1}$) einzuteilen.

Geht man den physikalischen Ursachen nach, warum die Eigenschaften der festen anorganischen Werkstoffe ein so außerordentlich breites Wertespektrum aufweisen, so wird man letztlich feststellen, dass diese in der Natur der chemischen Bindung zwischen den atomaren Bausteinen der Festkörper zu suchen sind. Man unterscheidet dabei

– die metallische Bindung, bei der praktisch frei bewegliche Elektronen mit ihrer negativen Ladung die Bindung zwischen den positiv geladenen Ionenrümpfen vermitteln,
– die atomare oder kovalente Bindung, bei der lokalisierte Elektronenpaare zwischen den atomaren Bindungspartnern eine starke Bindung bewirken und
– die Ionenbindung, die durch eine elektrostatische Wechselwirkung unterschiedlich geladener Ionen im Festkörper zustande kommt.

Die beiden erstgenannten Bindungsarten können sowohl bei Elementen als auch Verbindungen auftreten, die Ionenbindung nur bei Verbindungen zwischen Elementen mit großen Unterschieden der Elektronegativitäten.

Tab. 1.1 Elektrische Leitfähigkeit ausgewählter Stoffe bei Raumtemperatur

Stoffgruppe	Stoff	Leitfähigkeit $[\Omega^{-1} \, m^{-1}]$
Isolatoren	Bernstein	10^{-18}
	Glimmer, Kochsalz	10^{-15}
	Plexiglas	10^{-13}
	Glas	10^{-12}
Halbleiter	Silicium	$4 \cdot 10^{-18}$
	Germanium	1
	InSb dotiert	$10^4 - 10^5$
	Sb_2Te_3	$3 \cdot 10^5$
Metalle	Bismut	$8{,}6 \cdot 10^5$
	Antimon	$2{,}6 \cdot 10^6$
	Chrom	$7{,}1 \cdot 10^6$
	Nickel	$16{,}3 \cdot 10^6$
	Aluminium	$36{,}2 \cdot 10^6$
	Kupfer	$61{,}0 \cdot 10^6$
	Silber	$66{,}7 \cdot 10^6$

Diese Bindungstypen können „rein" auftreten (metallische Bindung: Cu, Ag, Au; kovalente Bindung: Diamant, Silicium; Ionenbindung: NaCl, LiF) oder „gemischt", d. h. als Hybride, wobei die Hybridbindungen oft fester sind als die sie bildenden reinen Bindungsarten (GaAs als Hybrid aus kovalenter und Ionenbindung; TiN als Hybrid aus metallischer und Ionenbindung; Se oder Bi als Hybride aus metallischer und kovalenter Bindung).

Während der Begriff „metallische Werkstoffe" (reine Metalle, metallische Legierungen, intermetallische Verbindungen) relativ gut definiert ist (es sind Stoffe mit dominierender metallischer Bindung), ist das für die „anderen" anorganischen Werkstoffe nicht so einfach machbar, man spricht daher in diesen Fällen pauschal von „anorganisch-nichtmetallischen Werkstoffen" und verwendet nicht selten dafür den Begriff „keramische Werkstoffe", auch wenn die in der Fachliteratur gegebenen Definitionen für Keramiken sehr vielfältig und meist enger gefasst sind. Jedoch eine Gemeinsamkeit haben all diesen „keramischen" Werkstoffe: Die Elektronen in diesen Systemen sind im Gegensatz zu den metallischen Werkstoffen lokalisiert. Das hat Konsequenzen für die Eigenschaften dieser Werkstoffe, auf die noch einzugehen ist.

Auf eine Gruppe von in der Technik besonders wichtigen Werkstoffen soll noch verwiesen werden, die Halbleiter. Bei ihnen sind die Elektronen bei einer Temperatur nahe 0 K lokalisiert. Jedoch werden mit steigender Temperatur durch thermische Aktivierung mehr und mehr delokalisierte, d. h. in einem elektrischen Feld leicht bewegliche Elektronen gebildet, die zu einer mit der Temperatur zunehmenden elektrischen Leitfähigkeit führen. Das unterscheidet sie von den Metallen, deren bewegliche Elektronen in ihrer Konzentration praktisch unabhängig von der Temperatur sind und die eine mit der Temperatur abnehmende elektrische Leitfähigkeit zeigen. Delokalisierte und damit leicht bewegliche Elektronen können in Halbleitern auch auf dem Wege der Dotierung mit Elementen differierender Wertigkeiten erzeugt werden. Auch in diesem Falle ist eine thermische Aktivierung der Ladungsträger notwendig. Halbleiter weisen in der Regel kovalente bzw. dominierend kovalente Bindungen zwischen den Atomen auf.

Je nach der Art der Bindung bilden sich im Festkörper ausgehend von einem Atom/Ion unterschiedliche Nachbarschaften (Koordinationen) aus, oder anders ausgedrückt, die Bindungsart entscheidet zusammen mit geometrischen Gegebenheiten (z. B. Radien der Atome bzw. Ionen) über die Koordination insbesondere in der nächsten Nachbarschaft. Diese Koordination ist aber die Basis für die sich ausbildenden Festkörperstrukturen, die grundsätzlich in drei Kategorien eingeteilt werden können:

1. *Kristalline Strukturen*: Die Atome bzw. Ionen sind im Festkörper dreidimensional periodisch angeordnet. Die Struktur lässt sich beschreiben durch ein dreidimensional periodisches Gitter, in dessen Gitterpunkten die Atome/Ionen bzw. Moleküle bzw. Molekülgruppen angeordnet sind (Raumgitter). Wesentliches Kennzeichen der kristallinen Struktur ist ihre Translationssymmetrie, was bedeutet, dass eine Verschiebung des Systems um sogenannte Gittervektoren (Verbindungsvektoren zwischen äquivalenten Gitterpunkten) zur Identität der Struktur bzw. der Besetzung der Gitterpunkte führt (siehe Abschnitt 1.3). Da die vorliegenden Prinzipien der Koordination im ganzen Kristall realisiert werden, besitzt dieser eine sogenannte Fernordnung.

2. In einem *amorphen Festkörper* ist die nächste Nachbarschaftsbeziehung nicht mehr streng geregelt, es treten z. B. Schwankungsbereiche für die Abstände zu den nächsten Nachbarn auf. Man kann zwar die Besetzung in der nächsten Nachbarschaft mit einiger Sicherheit vorhersagen, doch je weiter man sich vom Ausgangspunkt entfernt, desto unbestimmter werden die Angaben zu den Atom-/Ionen-Positionen bzw. den Besetzungen. Es existiert keine Fernordnung mehr, nur noch eine sogenannte Nahordnung.
3. Ein selten auftretender Fall sind die *Quasikristalle*. In ihnen stellt man zwar eine weitreichende Ordnung bezüglich der Positionen der Atome/Ionen fest (Fernordnung), es ist aber keine dreidimensional periodische. Damit fehlt die für kristalline Strukturen kennzeichnende Translationssymmetrie. Das ist verknüpft mit dem Auftreten von Symmetrien, die es in kristallinen Strukturen nicht gibt (z. B. fünfzählige Achsen). Substanzen/Materialien mit quasikristalliner Struktur sind selten (z. B. Legierungen im Konzentrationsbereich von $Al_{80}Mn_{20}$, $Al_{65}Cu_{20}Co_{15}$, $Ti_{45}Zr_{40}Ni_{15}$) und werden bisher technisch nicht genutzt.

Der überwiegende Teil der Werkstoffe ist kristallin. Dabei kann der betrachtete Werkstoff aus einem einzigen Kristall bestehen, dann spricht man von einem *Einkristall* (Abb. 1.1). Einkristalle findet man häufig in der Natur, man erkennt sie leicht an der Ausbildung von ebenen, unter bestimmten Winkeln zueinander angeordneten (Wachstums-) Flächen. Die technisch erzeugten Einkristalle lassen oft diese Ebenmäßigkeit der äußeren Begrenzungsflächen vermissen, ohne dass damit der einkristalline Charakter verloren gegangen ist.

Abb. 1.1 Kristalline Strukturen: a) natürlich gewachsener Einkristall (Quarz), b) Vielkristall (Messing)

Die wohl größte Gruppe der kristallinen Werkstoffe sind die *Viel- oder Polykristalle*. Sie bestehen aus lückenlos aneinander gefügten Bereichen mit einer bestimmten für Festkörper typischen Ordnung, getrennt durch Grenzflächen. Diese Bereiche können alle der gleichen Phase angehören oder auch verschiedenen. Meist sind sie einkristallin (genannt *Kristallite* bzw. *Körner*), jedoch können sie auch amorpher Natur oder quasikristallin sein. Abbildung 1.1 b zeigt das mikroskopisch sichtbar gemachte „Gefüge" von polykristallinem Messing. In diesem Falle sind zahlreiche, etwa 50–100 µm große einkristalline Bereiche von Cu-Zn-Mischkristallen lückenlos aneinander gefügt (s. auch Abschnitt 1.9).

1.2 Grundeigenschaften der anorganischen Werkstoffe

1.2.1 Metallische Werkstoffe

Die Frage nach dem Wesen der Metalle wird in der Regel damit beantwortet, dass man die typischen Eigenschaften dieser Stoffgruppe nennt. Zu ihnen gehören:

- das hohe Reflexionsvermögen bzw. der charakteristische „metallische" Glanz, gepaart mit Undurchsichtigkeit,
- eine hohe elektrische und thermische Leitfähigkeit und
- eine im Allgemeinen gute plastische Verformbarkeit.

Diese Grundeigenschaften, durch die sich die Metalle von anderen Werkstoffgruppen deutlich unterscheiden, können durch Legierungsbildung sowie gezielte Vor- und Nachbehandlungen in weiten Grenzen variiert und damit technischen Anforderungen an metallische Werkstoffe optimal angepasst werden.

Betrachten wir zunächst die *elektrische Leitfähigkeit* als die für Metalle typischste Eigenschaft. Wie Tab. 1.1 ausweist, liegen die Leitfähigkeiten der Metalle bei Raumtemperatur im Bereich von etwa 10^5 bis $6 \cdot 10^7 \, \Omega^{-1} \, m^{-1}$ und damit um mehr als 10 Zehnerpotenzen über denen der Isolatoren. Die Abgrenzung zwischen Metallen und Halbleitern fällt dagegen nicht so leicht, insbesondere wenn man dotierte Halbleiter in Betracht zieht. Eine Reihe von Metallen wie z. B. Bismut (Wismut) und Antimon, die auch als Halbmetalle bezeichnet werden, haben relativ geringe Leitfähigkeiten, die im Bereich der Kennwerte für halbleitende Substanzen liegen. Eine Unterscheidung zwischen diesen Gruppen kann jedoch einfach über das Vorzeichen des Temperaturkoeffizienten der Leitfähigkeit vorgenommen werden: Metalle haben stets einen negativen Temperaturkoeffizienten (Erniedrigung der Leitfähigkeit mit steigender Temperatur), Halbleiter dagegen einen positiven (Erhöhung der Leitfähigkeit durch wachsende Ladungsträgerdichten mit steigender Temperatur).

Die *thermischen Leitfähigkeiten* der Metalle sind um zwei bis drei Zehnerpotenzen höher als die typischer Isolatoren. Sie betragen z. B. für Silber 422, für Bismut 8, für Glas 0,6 und für Polyvinylchlorid 0,16 $W \, m^{-1} \, K^{-1}$.

Während Metalle ein *optisches Reflexionsvermögen* von mehr als 60 % erreichen (Silber: 94 %, Kupfer: 83 %, Eisen: 57 %), weisen Ionenkristalle Werte von $\leq 30\%$ auf. Gewöhnliches Glas reflektiert nur etwa 4 % des auffallenden Lichts, ist dafür aber in hohem Maß lichtdurchlässig (transparent).

Die für eine nachweisbare *plastische Verformung* bei Raumtemperatur notwendige kritische Schubspannung metallischer Einkristalle nimmt Werte zwischen 0,1 und 20 MPa an, dagegen sind die meisten Halbleiter und vor allem die Ionenkristalle bei dieser Temperatur praktisch nicht oder nur sehr schlecht verformbar. Sie verhalten sich spröde, d. h. sie gehen bei entsprechender mechanischer Beanspruchung ohne vorausgehende plastische Deformation zu Bruch.

Womit lassen sich diese charakteristischen Eigenschaften der Metalle erklären? Ursache ist die metallische Bindung zwischen den atomaren Bausteinen der festen, aber auch der flüssigen Metalle. Metallatome geben bei hinreichender gegenseitiger Annäherung, wie sie bei der Bildung von kondensierten Phasen stattgefunden hat, leicht einen Teil ihrer Hüllenelektronen ab. Es bildet sich ein Gerüst von positiv geladenen Ionenrümpfen, zwischen denen

1.2 Grundeigenschaften der anorganischen Werkstoffe

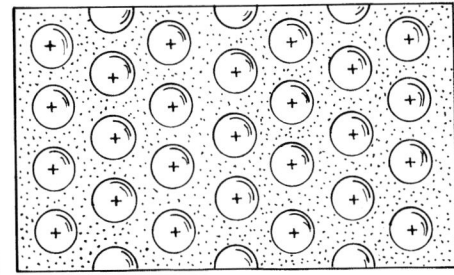

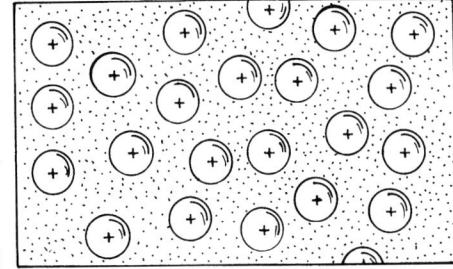

Abb. 1.2 Schematische Darstellung des metallischen Bindungszustands: Zwischen den positiven Ionenrümpfen bilden die delokalisierten Elektronen das sogenannte Elektronengas: a) kristalliner (fern geordneter) Zustand, b) amorpher (nah geordneter) Zustand

sich die abgegebenen Elektronen unlokalisiert, d. h. quasi frei mit Geschwindigkeiten im Bereich von 1000 km s^{-1} bewegen können (Abb. 1.2). Sie formieren das sogenannte Elektronengas. Dieses Elektronengas mit seiner negativen Ladung vermittelt die Bindung zwischen den positiven Ionenrümpfen; es tritt eine ungerichtete elektrostatische Wechselwirkung auf. Diese Wechselwirkung ist außerdem unabgesättigt, d. h. die Zahl der nächsten Nachbarn, die sogenannte Koordinationszahl, wird letztlich nur durch die geometrischen Gegebenheiten begrenzt. Sie strebt maximale Werte an, da auf diese Weise der Energiezustand des Systems minimiert werden kann.

Für den metallischen Zustand ist es nicht notwendig, dass die Ionenrümpfe eine strenge räumliche Ordnung bzw. dreidimensionale Periodizität mit großer Reichweite, d. h. eine Fernordnung aufweisen, wie sie in kristallinen Körpern realisiert wird, sondern er tritt auch dann auf, wenn die Ionenrümpfe zueinander nur nahgeordnet sind, wie es von metallischen Schmelzen und festen metallischen Gläsern her bekannt ist. Auch tritt dieser metallische Bindungszustand nicht nur bei gleichartigen Atomen auf, d. h. bei reinen Metallen, sondern auch bei ungleichartigen Partnern (z. B. in Mischkristallen und intermetallischen Verbindungen). Bestimmte metallische Legierungssysteme neigen zur Ausbildung von Quasikristallen.

Die eingangs genannten typischen metallischen Eigenschaften sind Folge dieses metallischen Bindungszustands, wie nachfolgend kurz erläutert werden soll.

Die Elektronen des Elektronengases bewegen sich nahezu frei zwischen den positiven Ionenrümpfen. Bei Anlegen eines elektrischen Felds E (einer äußeren Spannung) wirkt auf diese Elektronen eine Kraft, die sie leicht in Feldrichtung driften lässt, was zum Transport von elektrischer Ladung in dieser Richtung führt. Es entsteht ein elektrischer Stromfluss. Die leichte Beweglichkeit der freien Elektronen bei einer angelegten Spannung/Feldstärke ist die Ursache für die gute elektrische Leitfähigkeit der Metalle. Diese wird im Wesentlichen bestimmt durch N_{el} (Zahl der Leitfähigkeitselektronen pro Volumeneinheit) und μ_{el} (Elektronenbeweglichkeit). Die Stromdichte j (Ladungsmenge, die pro Zeiteinheit durch die Einheitsfläche tritt) ergibt sich zu

$$j = N_{el}\, e_0\, \mu_{el}\, E = \sigma\, E \qquad (1.1)$$

e_0 Elementarladung
σ elektrische Leitfähigkeit, (Kehrwert: spezifischer elektrischer Widerstand ρ)
E elektrische Feldstärke

Beziehung 1.1 stellt das verallgemeinerte geometrieunabhängige Ohm'sche Gesetz dar: j entspricht dem Strom I, E der Spannung U und σ^{-1} dem Widerstand R ($I = R^{-1} U$).

Da die Ladungsträgerdichte bei den Metallen praktisch von der Temperatur unabhängig ist, bestimmt die Temperaturabhängigkeit der Elektronenbeweglichkeit die der elektrischen Leitfähigkeit. Aufgrund der mit der Temperatur wachsenden Wechselwirkung der Elektronen mit den thermischen Gitterschwingungen und Gitterfehlern aller Art sinkt mit zunehmendem T die Beweglichkeit der Elektronen und damit die elektrische Leitfähigkeit.

Die hohe Beweglichkeit und Konzentration der Leitfähigkeitselektronen führt auch zu einer großen thermischen Leitfähigkeit der Metalle. Entsprechend dem Wiedemann-Franz'schen Gesetz ist bei nicht zu tiefen Temperaturen, d. h. bei Dominanz der elektronenbedingten Wärmeleitung, das Verhältnis aus thermischer (κ) und elektrischer Leitfähigkeit direkt proportional zur Temperatur T bzw. bei gegebener Temperatur für alle Metalle konstant.

$$\kappa/\sigma = K_W \cdot T \quad (1.2)$$

$$K_W = 2{,}44 \cdot 10^{-8} \text{ W V A}^{-1} \text{K}^{-2}$$

Die elektrostatische Wechselwirkung zwischen den Ionenrümpfen und dem Elektronengas ist ungerichtet und wegen der Gleichartigkeit der Bindungspartner unabgesättigt. Das führt zu einer möglichst hohen Zahl nächster Nachbarn, weshalb sich die atomaren Strukturen der Metalle durch eine hohe Packungsdichte auszeichnen, wie sie von Substanzen mit gerichteten bzw. abgesättigten Bindungen (Ionen- bzw. Kovalenzbindungen) nicht erreicht wird.

Die quasifreien Elektronen des Elektronengases können sehr leicht durch wechselnde elektrische Felder, d. h. durch elektromagnetische Strahlungen wie Licht, zu Schwingungen angeregt werden (Entstehung elektrischer Dipole). Infolgedessen strahlen sie ihrerseits elektromagnetische Wellen mit gleicher Frequenz ab, die als reflektierte Strahlung wahrgenommen werden. Diese Tatsache und die hohe Konzentration der Leitfähigkeitselektronen erklären das hohe Reflexionsvermögen der Metalle (Tab. 1.2). Als Regel gilt dabei, dass Metalle mit hoher elektrischer Leitfähigkeit auch ein hohes Reflexionsvermögen besitzen (Silber). Andererseits bedeutet das auch, dass Metalle praktisch undurchsichtig (opak) sind. Nur der nicht reflektierte Anteil des Lichts dringt in das Metall ein und wird in ihm außerdem noch stark absorbiert.

Wegen der ungerichteten Bindung lassen sich die Bindungsrichtungen zwischen benachbarten Ionenrümpfen leicht verändern („verbiegen"), was bedeutet, dass die Ionenrümpfe relativ leicht gegeneinander verschoben werden können. Deswegen sind Versetzungen als eine besondere Gitterfehlerart, die eine plastische Deformation von Kristallen ermöglicht, leicht beweglich (s. Abschnitt 1.7.3). Die Folge davon ist, dass

Tab. 1.2 Reflexionsvermögen von Materialien

Material	R [%]
Ag	94
Mg	93
Cu	83
Al	83
Ni	62
Fe	57
TiC	47
Fe_3C	56
TiO_2	20
Fe_3O_4	21
Al_2O_3	7,6
SiO_2	4

Tab. 1.3 Kritische Schubspannungen für die plastische Verformung von Metallen durch Gleiten (Raumtemperatur)

Metalle	τ [MPa]
Cu	0,2
Cu-14 Atom-% Al	20
Al	0,1
Ni	5
Mg, Cd	0,5
Fe	5-10
V	20

die für eine plastische Deformation notwendige minimale Schubspannung verhältnismäßig gering ist (Tab. 1.3). Metalle lassen sich bekanntlich gut plastisch verformen.

1.2.2
Keramische Werkstoffe

Unter dem Begriff „Keramische Werkstoffe" sollen hier alle nichtmetallisch-anorganischen Werkstoffe verstanden werden, d. h. Werkstoffe, die dominierend ionische bzw. kovalente Bindungen und ihre Mischformen aufweisen. Es sind vielfach Verbindungen zwischen Metallen/Halbmetallen und Nichtmetallen (Sauerstoff, Stickstoff, Kohlenstoff, Silicium, Bor u. a.). Es können aber auch Verbindungen zwischen Nichtmetallen selbst sein (z. B. SiC, Si_3N_4 u. a. m.). Sie sind vorwiegend kristallin, oft aber auch amorph.

Somit sind unter dem Begriff „keramische" bzw. „anorganisch-nichtmetallische Werkstoffe" klassische Tonkeramiken und Porzellane, Nitride, Oxide, Boride und Karbide, Silikate, Email und Gläser, Bindemittel und Baustoffe, Feuerfestmaterialien und vieles mehr zusammengefasst worden. Den Keramiken ist gemeinsam, dass sie keine freien, d. h. delokalisierte Elektronen besitzen.

Die Folgen davon sind:

– schlechte bzw. verschwindende elektrische Leitfähigkeit;
– geringe Wärmeleitfähigkeiten: Wärmetransport nur über Gitterschwingungen (Phononenleitung), die nur bei Materialien mit niedriger Ordnungszahl groß werden (z. B. Diamant, Berylliumoxid, Borkarbid, Bornitrid);
– niedrige mittlere Ordnungszahlen und Dichten;
– chemische Beständigkeit (Säurebeständigkeiten oft höher als Beständigkeiten in alkalischen Medien);
– schlechte Verschiebbarkeit der atomaren Bindungspartner gegeneinander, was zu hohen kritischen Fließspannungen führt, die meistens deutlich höher sind als die kritischen Bruchspannungen (Keramiken haben in der Regel hohe Härten und sind auch bei erhöhten Temperaturen spröde.);
– oft optische Transparenz und damit geringes Reflexionsvermögen;
– mittlere und hohe Schmelztemperaturen bzw. geringe thermische Ausdehnungskoeffizienten;
– Glasbildung oft leicht möglich (Gläser, amorphe Strukturen);
– Spezielle physikalische Eigenschaften (Ferrimagnetika; Ferroelektrika, Dielektrika, Piezoelektrika, Thermoelektrika)

1.3
Kristalliner Aufbau anorganischer Werkstoffe (Kristallografie)

Als Kristall bezeichnet man einen homogenen Festkörper, dessen atomare Bausteine eine regelmäßige, dreidimensional periodische Anordnung aufweisen, die sich über das gesamte Kristallvolumen erstreckt. Aus dieser Definition eines Kristalls folgt unter anderem, dass

- sich die Schwerpunktslagen der atomaren Kristallbausteine (Atome, Ionen, Moleküle) durch ein räumliches Punktgitter im mathematischen Sinn beschreiben lassen (Raumgitter),
- sich der Kristall durch eine Fernordnung seiner Bausteine auszeichnet (ausgehend von einem Gitterpunkt kann bei Kenntnis der sogenannten Gitterparameter die Position aller Gitterpunkte berechnet werden),
- Symmetriebeziehungen zwischen Elementen des Raumgitters existieren und
- die Eigenschaften der Kristalle im Allgemeinen richtungsabhängig sind (Anisotropie).

In einem räumlichen Punktgitter (Raumgitter) existieren (Abb. 1.3)

- Gitterrichtungen als Verbindung von Gitterpunkten, entlang denen eine periodische Atomanordnung auftritt;
- Gitterebenen (Netzebenen) als ebene Anordnungen von Gitterpunkten, wobei diese ein zweidimensional periodisches Netz bilden und
- elementare parallelepipedische Gitterzellen (Elementarzellen), die in drei Dimensionen raumfüllend periodisch wiederkehren.

Die wichtigste Eigenschaft des Raumgitters ist seine Translationsfähigkeit. Als *Translation* bezeichnet man eine solche Verschiebung des Gitters in einer durch zwei Gitterpunkte vorgegebenen Gitterrichtung, die nach einem bestimmten Verschiebungsbetrag das Gitter wieder mit seiner Ausgangsstellung zur Deckung bringt (Erreichen der Identität). Die kleinstmögliche Verschiebung in dieser Gitterrichtung, die diese Bedingung erfüllt, heißt Translationsperiode (**T**). Alle Verschiebungen um ein ganzzahliges Vielfaches einer Translationsperiode führen ebenfalls zur Identität mit der Ausgangsstellung. Abbildung 1.3 a veranschaulicht eine Gittergerade eines Raumgitters mit der Translationsperiode $T_1 = \mathbf{a}_1$. Kristallografisch ungleichwertige Gitterrichtungen weisen eine unterschiedliche Translationsperiode auf. Da es unendlich viele Gitterpunkte gibt, existieren ebenfalls unendlich viele Gitterrichtungen.

Zwei sich in einem Punkt schneidende Gittergeraden mit den Translationsperioden T_1 und T_2 legen eine sogenannte Gitterebene fest, auf der die Gitterpunkte netzartig angeordnet sind. Sie wird daher auch als *Netzebene* bezeichnet. Die aus den Translationsperioden $T_1 = \mathbf{a}_1$ und $T_2 = \mathbf{a}_2$ gebildeten elementaren Netzmaschen wiederholen sich zweidimensional periodisch (Abb. 1.3 b).

a)
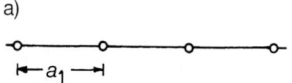

b)
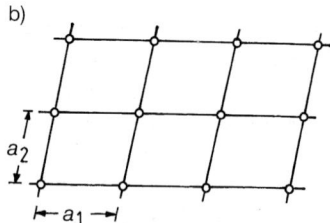

c)
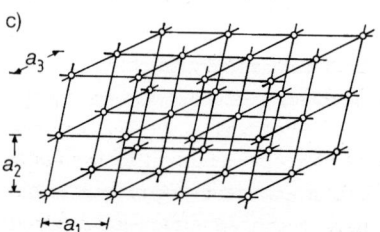

Abb. 1.3 Erklärung eines Raumgitters: a) Gittergerade mit Translationsperiode a_1, b) Netzebene mit Translationsperioden a_1 und a_2, c) Raumgitter mit Translationsperioden a_1, a_2 und a_3

Fügt man letztlich eine Translation um T_3 in einer Richtung hinzu, die nicht in der Netzebene mit T_1 und T_2 liegt, baut sich ein Raumgitter auf, das als parallele äquidistante Aufeinanderfolge von identischen Netzebenen aufzufassen ist (Netzebenenscharen, Abb. 1.3 c). Die drei Translationsperioden T_i definieren ein sechsseitiges Parallelepiped, dessen Flächen Parallelogramme aus je zwei T_i darstellen.

In jedem Raumgitter lassen sich nun drei Translationsperioden mit kleinsten Beträgen $T_i = a_i$ finden. Die Kanten des zugehörigen Parallelepipeds schließen dann möglichst große und einfache Winkel α_i ein. Das sich aus diesen drei Grundvektoren des Raumgitters bildende Parallelepiped heißt *Elementarzelle*, die in drei Dimensionen periodisch aneinander gefügt das Raumgitter ergibt. Die Elementarzellen beinhalten alle relevanten Strukturinformationen des Kristalls.

Symmetrie der Raumgitter bedeutet, dass es zu jeder Gitterrichtung weitere gibt, die bezüglich ihrer atomaren Belegung bzw. Translationsperioden und damit ihrer physikalischen Eigenschaften gleichwertig bzw. identisch sind. Mit anderen Worten: Es gibt sogenannte Symmetrieoperationen, deren Anwendung das unendlich gedachte Raumgitter wieder mit sich selbst zur Deckung bringt. Zu diesen Operationen zählen

- die Translation,
- die Spiegelung,
- die Drehung,
- die Inversion und
- bestimmte Verknüpfungen dieser Operationen untereinander.

Vielfach lassen sich in einem Raumgitter Ebenen finden, an denen durch einfache Spiegelung die Gitterpunkte des einen Halbraums in die des anderen identisch überführt werden können (Abb. 1.4). Sol-

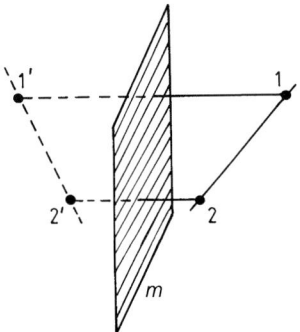

Abb. 1.4 Spiegelung zweier Punkte 1 und 2 an der Spiegelebene m

che Ebenen bezeichnet man als Spiegelebenen, diese Symmetrieoperation selbst als *Spiegelung*.

Eine weitere Gruppe von Symmetrieoperationen bilden die *Drehungen*. Sie werden durch Drehachsen verschiedener Zähligkeiten n charakterisiert, wobei n den Drehwinkel ϕ_n bestimmt, um den das Gitter mindestens bis zu seiner Identität mit der Ausgangsposition gedreht werden muss. Er beträgt $\phi_n = 360°/n$ bzw. $\phi_n = 2\pi/n$. Zum Beispiel erreicht man bei einer sechszähligen Drehachse nach einer Drehung um $2\pi/6$ oder $60°$ eine Identitätslage, bei einer vierzähligen dagegen nach $\pi/2$ oder $90°$. Das bedeutet, dass sich für diese Beispiele bei einer vollen Drehung sechs bzw. vier gleichwertige, identische Positionen für das Gitter ergeben. Die mit den Translationseigenschaften der Raumgitter verträglichen Zähligkeiten der Drehachsen betragen 2, 3, 4 oder 6 (Abb. 1.5).

Als *Inversion* bezeichnet man die Spiegelung an einem Punkt, Inversionszentrum genannt (Abb. 1.6). Identität zweier Gitterpunkte liegt dann vor, wenn ihre Verbindungslinie durch das Inversionszentrum verläuft und ihr Abstand zu diesem jeweils gleich groß ist.

Kombiniert man diese Symmetrieelemente miteinander, so stellt man fest,

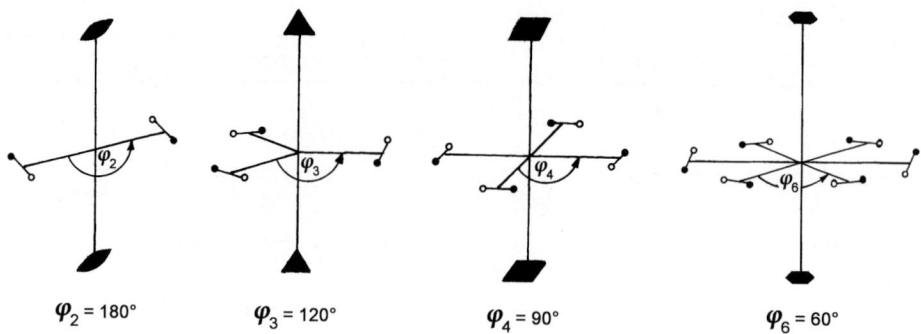

$\varphi_2 = 180°$ $\varphi_3 = 120°$ $\varphi_4 = 90°$ $\varphi_6 = 60°$

Abb. 1.5 Drehachsen mit Zwei-, Drei-, Vier- und Sechszähligkeit

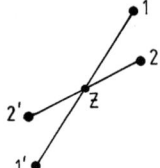

Abb. 1.6 Inversion; Spiegelung an einem Punkt Z

dass nur 32 verschiedene Kombinationsmöglichkeiten, Punktgruppen genannt, existieren, die die Bedingungen für ein Raumgitter erfüllen. Diese Kombinationen entsprechen den aus der Kristallografie bekannten 32 Kristallklassen. Zu ihrer Beschreibung verwendet man 7 verschiedene Koordinatensysteme aus den Grundvektoren a_i, die mit einer Ausnahme keine kartesischen Koordinatensysteme darstellen. Sie weisen eine unterschiedliche Metrik bezüglich der a_i bzw. Achsenwinkel auf, die von der Rechtwinkligkeit abweichen. Entscheidend für die Zuordnung zu den Kristallsystemen sind die Beträge der elementaren Translationen a_i und die Winkel α_i zwischen ihnen. (Die Wahl der drei elementaren Translationen soll so erfolgen, dass ihre Beträge möglichst klein sind und ihre Richtungen hohe Symmetrie aufweisen.) Die Beträge a_i und die Winkel α_i werden als Gitterparameter bezeichnet. Bei der Definition der Achsenwinkel α_i gilt folgende Konvention: Der Winkel α_1 wird von den Achsen a_2 und a_3 eingeschlossen, der Winkel α_2 von a_3 und a_1 sowie der Winkel α_3 von a_1 und a_2.

In Tab. 1.4 sind die möglichen Kristallsysteme zusammengestellt (vergleiche auch Abb. 1.7).

Die rhomboedrische Elementarzelle kann aus einem Würfel abgeleitet werden, der in der Richtung einer Raumdiagonalen gestaucht bzw. gestreckt wurde. Dieses Raumgitter lässt sich auch mit einem Achsensystem beschreiben, das dem hexagonalen entspricht. Allerdings tritt dann in a_3-Richtung nur eine dreizählige Achse auf, weshalb man das rhomboedrische System auch dem trigonalen Untersystem des hexagonalen Systems zuordnen kann. Unter dieser Bedingung kommt man auch mit sechs Koordinaten- bzw. Kristallsystemen aus.

Die Elementarzellen für die Kristallsysteme enthalten nicht nur in ihren Eckpunkten gleichwertige Gitterpunkte (Äquivalentpositionen), in denen die Atome/Ionen bzw. Moleküle angeordnet sind, sondern teilweise auch in den Flächen- bzw. Raummitten. Die sich daraus ergebenden 14 verschiedenen Möglichkeiten werden Bravais-Typen genannt und sind in Abb. 1.8 dargestellt. Ein gleichwertiger Gitterpunkt in der Raummitte der Elementarzelle führt zu

1.3 Kristalliner Aufbau anorganischer Werkstoffe (Kristallografie)

Tab. 1.4 Kristallsysteme

System	Gitterparameter	Wesentliche Symmetrieelemente
Kubisch	$a_i = a$ $\alpha_1 = 90°$	4 dreizählige Achsen in Richtung der Raumdiagonalen der würfelförmigen Elementarzelle
Tetragonal	$a_1 = a_2 \neq a_3$ $\alpha_1 = \alpha_2 = \alpha_3 = 90°$	vierzählige Achse in a_3-Richtung
Hexagonal	$a_1 = a_2 \neq a_3$ $\alpha_1 = \alpha_2 = 90°; \alpha_3 = 120°$	sechszählige Achse in a_3-Richtung
Rhomboedrisch	$a_1 = a_2 = a_3$ $\alpha_1 = \alpha_2 = \alpha_3 \neq 90°$	dreizählige Achse in Richtung der längsten bzw. kürzesten Raumdiagonalen der Elementarzelle
Orthorhombisch	$a_1 \neq a_2 \neq a_3$ $\alpha_1 = \alpha_2 = \alpha_3 = 90°$	zweizählige Achsen in Richtung der a_i
Monoklin	$a_1 \neq a_2 \neq a_3$ $\alpha_1 = \alpha_3 = 90°; \alpha_2 \neq 90°$	zweizählige Achse in a_2-Richtung
Triklin	$a_1 \neq a_2 \neq a_3$ $\alpha_1 \neq \alpha_2 \neq \alpha_3 \neq 90°$	nur Inversionszentrum

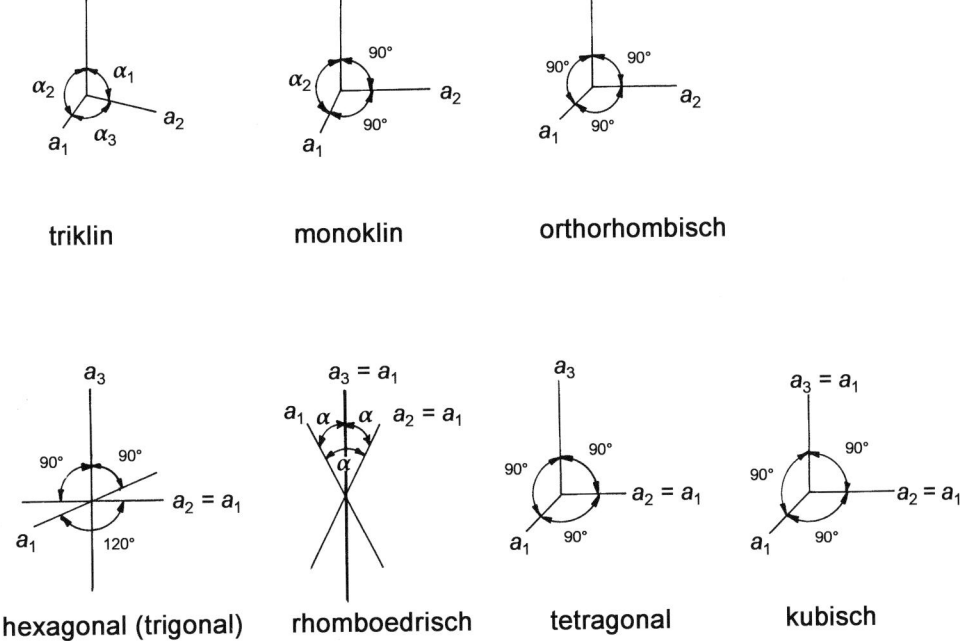

Abb. 1.7 Kristallografische Achsensysteme

einem innen- bzw. raumzentrierten Gitter, das durch das Symbol I gekennzeichnet wird. Ist die Mitte nur eines Flächenpaars mit einem gleichwertigen Gitterpunkt belegt, spricht man von einem basiszentrierten Gitter (Symbol C). Treten auf allen sechs Flächen der Zelle zentrierte Positionen auf, ergibt sich das (allseitig) flächenzentrierte Gitter mit dem Symbol F. Primitive Gitter mit dem Symbol P weisen keinerlei Zentrierungen auf. Zur Kennzeichnung des Kristallsystems verwendet man die Symbole c für das kubische, t für das tetragonale, h für das hexagonale, o für das orthorhombische, m für das monokline und a für das trikline Kristallsystem. Für das kubisch flächenzentrierte Gitter lässt sich also einfach cF schreiben, für das basiszentrierte orthorhombische Gitter oC usw. (s. Abb. 1.8). Das kubisch flächenzentrierte Gitter wird außerdem oft mit „kfz" und das kubisch raumzentrierte mit „krz" abgekürzt. Das Symbol hR steht für die rhomboedrische Elementarzelle.

Bei den primitiven Elementarzellen (EZ) sind nur die acht Eckpunkte Äquivalentpo-

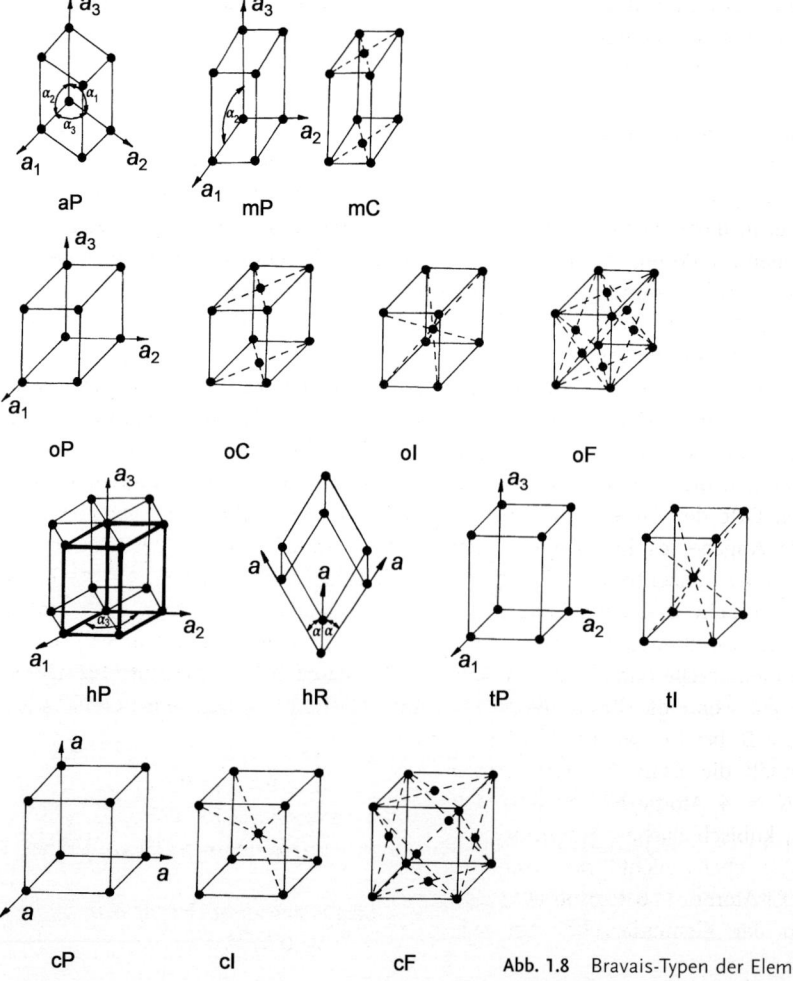

Abb. 1.8 Bravais-Typen der Elementarzellen

sitionen (ÄP). Da an jeder Ecke einer EZ insgesamt acht EZ zusammentreffen, bedeutet das, dass jede ÄP nur zu einem Achtel einer Zelle zugerechnet werden kann. Daher ergibt sich bei allen primitiven EZ nur eine ÄP/EZ. Bei den raum- oder innenzentrierten Zellen kommt die zentrierte Position hinzu, sie haben also zwei ÄP/EZ. Bei Flächenzentrierungen gilt, dass jede Flächenmitte nur zur Hälfte der Zelle angehört. Damit ergeben sich für die basiszentrierten Zellen zwei ÄP/EZ und für die allseits flächenzentrierten vier ÄP/EZ.

Mit der Festlegung der Äquivalentpositionen bzw. dem Bravais-Typ ist die Beschreibung der tatsächlichen Atom-/Ionenpositionen in der Elementarzelle in einfacher Weise möglich. In jede dieser Äquivalentpositionen wird im einfachsten Fall ein einzelnes Atom (z. B. Cu, Al, Fe), meist aber eine Gruppe von Atomen/Ionen gesetzt, wobei in dieser Gruppe im Fall von Verbindungen mindestens einmal ihre Formeleinheit enthalten sein muss (z. B. ein Cl^-- und ein Na^+-Ion im Fall von NaCl). Diese Gruppe wird Basis genannt. Die vollständige Beschreibung der Besetzung einer Elementarzelle ergibt sich somit aus der Angabe des Bravais-Typs mit seinen Äquivalentpositionen und der Angabe der geometrischen Orte der Atome/Ionen in der Basis. Die Angabe, es handele sich um ein kubisch flächenzentriertes Gitter (cF) bedeutet also nicht, dass entsprechend der vier Äquivalentpositionen nur vier Atome in der Elementarzelle enthalten sind. Das trifft nur zu, wenn die Basis aus einem Atom wie z. B. bei Cu, Ni, Al, Au, Ag besteht. Enthält die Basis N Atome, dann sind es $N \times 4$ Atome/EZ. So befinden sich beim kubisch flächenzentrierten Carbid $Cr_{23}C_6$ eben nicht vier, sondern $4 \times (23\ \text{Cr-Atome} + 6\ \text{C-Atome}) = 116$ Atome in der Elementarzelle. Auf jede Äquivalentposition wird einmal die komplette Formeleinheit gesetzt.

Die Charakterisierung der Raumgitter durch drei Grundvektoren, die die Elementarzellen bilden, erlaubt eine einfache geometrische Beschreibung von Gitterpunkten, Gitterrichtungen (Gittergeraden) und Netzebenen (Gitterebenen) und deren geometrische Verknüpfungen. Dabei nutzt man Vektoren bzw. die Vektorrechnung, wobei allerdings zu beachten ist, dass die verwendeten Koordinatensysteme mit Ausnahme des kubischen nicht kartesischer Art sind. Das macht die konkreten Beziehungen oft etwas unübersichtlich.

1.3.1
Gitterpunkte

Die Position eines Gitterpunkts wird durch seinen Ortsvektor **r** gekennzeichnet, der den Ursprung des Koordinatensystems mit eben diesem Gitterpunkt verbindet.

$$\mathbf{r} = x_1\,\mathbf{a_1} + x_2\,\mathbf{a_2} + x_3\,\mathbf{a_3} \qquad (1.3)$$

Bei gegebenem Kristallsystem reicht es aus, wenn zur Positionsbeschreibung nur die drei Koordinaten x_i angegeben werden. Diese Koordinaten sind ganzzahlig, wenn die Gitterpunkte die Ecken der Elementarzellen bilden. Für die anderen Gitterpunkte trifft das nicht zu. So haben z. B. die Raummitten einer Elementarzelle die Koordinaten $\tfrac{1}{2}\,\tfrac{1}{2}\,\tfrac{1}{2}$, die Flächenmitten $\tfrac{1}{2}\,\tfrac{1}{2}\,0$, $\tfrac{1}{2}\,0\,\tfrac{1}{2}$ und $0\,\tfrac{1}{2}\,\tfrac{1}{2}$. Damit ergeben sich für die Bravais-Zellen folgende Koordinaten:

- primitive EZ: nur 0 0 0;
- basiszentrierte EZ: 0 0 0, $\tfrac{1}{2}\,\tfrac{1}{2}\,0$;
- raum- oder innenzentrierte EZ: 0 0 0, $\tfrac{1}{2}\,\tfrac{1}{2}\,\tfrac{1}{2}$;
- flächenzentrierte EZ: 0 0 0, $\tfrac{1}{2}\,\tfrac{1}{2}\,0$, $\tfrac{1}{2}\,0\,\tfrac{1}{2}$, $0\,\tfrac{1}{2}\,\tfrac{1}{2}$.

1.3.2
Gittergeraden

Eine Gittergerade wird durch den Vektor T zwischen zwei beliebigen Gitterpunkten festgelegt. Wegen der Translationssymmetrie des Raumgitters kann einer der beiden Gitterpunkte durch Parallelverschiebung des Vektors T in den Ursprung verlegt werden, sodass sich folgende Definition ergibt:

$$T = u\,\mathbf{a}_1 + v\,\mathbf{a}_2 + w\,\mathbf{a}_3 \qquad (1.4)$$

Auch hier ist es ausreichend, wenn nur die drei Richtungsindizes in der Form $[u\,v\,w]$ angegeben werden (Verwendung eckiger Klammern). Negative Komponenten werden durch einen Querstrich über dem entsprechenden Index gekennzeichnet. Kehrt man alle Vorzeichen der Indizes um, erhält man die zugehörige Gegenrichtung.

Als Beispiele seien die Kanten, die Flächendiagonalen und die Raumdiagonalen einer parallelepipedischen Elementarzelle angegeben:

- Kanten: [1 0 0], [0 1 0], [0 0 1];
- Flächendiagonalen: [1 1 0], [$\bar{1}$ 1 0], [1 0 1], [1 0 $\bar{1}$], [0 1 1], [0 1 $\bar{1}$];
- Raumdiagonalen: [1 1 1], [1 1 $\bar{1}$], [1 $\bar{1}$ 1], [$\bar{1}$ 1 1].

Nur in primitiven Gittern sind die u, v, w immer ganze Zahlen. Hat der Translationsvektor bei zentrierten Gittern zunächst nicht ganzzahlige Komponenten, so werden die Komponenten mit einem gemeinsamen Multiplikator ganzzahlig und teilerfremd gemacht. So hat der Vektor, der den Ursprung einer Elementarzelle mit dem zentrierten Punkt in der Vorderfläche des Parallelepipeds verbindet, zunächst die Komponenten [1 ½ ½]. Daraus wird nach Multiplikation mit dem Faktor 2 dann [2 1 1].

Setzt man die u,v,w in spitze Klammern (z. B. $<u\,v\,w>$), so ist die Gesamtheit aller Gitterrichtungen gemeint, die für die gegebene Kristallklasse bzw. Symmetrie kristallografisch gleichwertig sind. Will man z. B. die Gesamtheit der Kantenrichtungen des Würfels (s. oben) bezeichnen, dann verwendet man dafür kurz die Symbolik $<1\,0\,0>$.

Jede Gitterrichtung wird durch ihre Translationsperiode charakterisiert. Sie stellt den Betrag des Gittervektors T dar, wenn dieser zwei Gitterpunkte verbindet, zwischen denen keine anderen gleichwertigen liegen. Bezüglich der Berechnung der T für die verschiedenen Kristallsysteme und der Winkel zwischen Gittergeraden sei auf Abschnitt 1.10 verwiesen.

1.3.3
Netzebenen (Gitterebenen)

Die räumliche Lage einer Netzebene ist durch die Angabe von drei in ihr liegenden Gitterpunkten eindeutig bestimmt. Dazu verwendet man am besten die Schnittpunkte der Netzebene mit den drei kristallografischen Hauptachsen $\mathbf{a}_i$, die die sogenannten Achsenabschnitte markieren (Abb. 1.9). Diese Abschnitte sind Vielfache der Grundvektoren und betragen $m_1\,\mathbf{a}_1$, $m_2\,\mathbf{a}_2$ und $m_3\,\mathbf{a}_3$.

Nun ist es für die Charakterisierung einer Netzebene zweckmäßig, nicht die

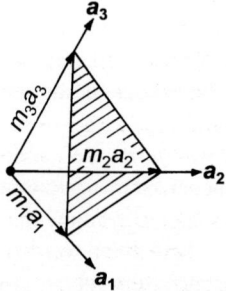

Abb. 1.9 Zur Ableitung der Miller-Indizes einer Netzebene

m_i, sondern ihre Reziprokwerte $1/m_i$ anzugeben. Sie sind rationale Zahlen und können somit durch Multiplikation mit einem Faktor $p = m_1 m_2 m_3$ stets ganzzahlig und anschließend teilerfremd gemacht werden. Man nennt die sich so ergebenden Zahlen die Miller-Indizes h, k und l. Für sie gilt

$$h : k : l := p\, (1/m1 : 1/m2 : 1/m3) \\ = m2\, m3 : m3\, m1 : m1\, m2 \quad (1.5)$$

Die drei Miller-Indizes werden in runde Klammern gesetzt, um sie von der Symbolik für Gitterrichtungen in eckigen Klammern unterscheiden zu können. Ein Strich über einem Index bedeutet, dass der betreffende Abschnitt im negativen Bereich des Achsensystems liegt. Achsenabschnitte, die im Unendlichen liegen (Ebene verläuft parallel zur betreffenden Achse), ergeben einen Miller-Index gleich null. Will man die Gesamtheit der kristallografisch gleichwertigen Netzebenen angeben, verwendet man geschweifte Klammern. So umfasst die Angabe {1 0 0} für das kubische Kristallsystem alle sechs Flächen des Würfels, d. h. die Flächen (1 0 0), ($\bar{1}$ 0 0), (0 1 0), (0 $\bar{1}$ 0), (0 0 1) und (0 0 $\bar{1}$). Die Zahl der kristallografisch gleichwertigen Flächen bezeichnet man als Flächenhäufigkeit.

Wegen der Translationseigenschaft der Kristallgitter existiert zu jeder konkreten Netzebene ($h\,k\,l$) eine unendlich große Zahl von kristallografisch gleichwertigen, parallel und mit definiertem Abstand zueinander verlaufenden Netzebenen. Sie bilden eine sogenannte Netzebenenschar mit dem Netzebenenabstand d_{hkl}. Dieser Netzebenenabstand ist ein wesentliches Charakteristikum der Netzebenenschar und kann aus den Miller-Indizes h,k,l und den Gitterparametern $\mathbf{a}_i$ und α_i berechnet werden. Für das kubische Kristallsystem gilt

$$d_{hkl} = \mathbf{a}\, (h^2 + k^2 + l^2)^{-1/2} \quad (1.6)$$

Entsprechende Beziehungen für andere Kristallsysteme sind in Abschnitt 1.10 zu finden.

1.3.4 Elementarzellenvolumen

Das Volumen einer parallelepipedischen Elementarzelle ergibt sich im allgemeinen Fall (triklines Kristallsystem) zu

$$V_{EZ} = \mathbf{a_1 a_2 a_3}\, [1 - (\cos^2 \alpha_1 + \cos^2 \alpha_2 + \cos^2 \alpha_3) + 2\cos\alpha_1 \cos\alpha_2 \cos\alpha_3]^{1/2} \quad (1.7)$$

Für die orthogonalen Systeme ergibt sich daraus wegen $\alpha_i = 90°$ bzw. $\cos \alpha_i = 0$ die einfache Beziehung

$$V_{EZ} = \mathbf{a}_1\, \mathbf{a}_2\, \mathbf{a}_3 \quad (1.8)$$

und für das hexagonale System

$$V_{EZ} = \mathbf{a}_1^2\, \mathbf{a}_3\, \sqrt{3}/2 \quad (1.9)$$

1.3.5 Kristallformen

Im kubischen Kristallsystem bildet die Gesamtheit der kristallografisch gleichwertigen Ebenen vom Typ {$h\,k\,l$} jeweils einen regelmäßigen Polyeder, der sofern er alle diese Flächen enthält, die volle Symmetrie des kubischen Kristallsystems widerspiegelt. Häufig auftretende Formen sind (Abb. 1.10):

– der *Würfel* (Kubus) mit seinen sechs Flächen vom Typ {1 0 0},
– der *Oktaeder* mit seinen acht Flächen vom Typ {1 1 1} und
– der *Rhombendodekaeder* mit seinen zwölf Flächen vom Typ {1 1 0}.

Natürlich können Polyeder auch durch die Kombination mehrerer Ebenentypen

1 Strukturen anorganischer Werkstoffe (Metalle und Keramiken)

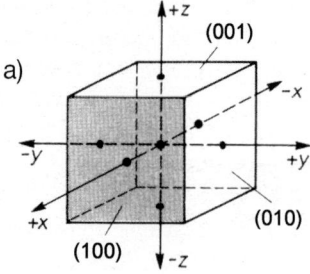

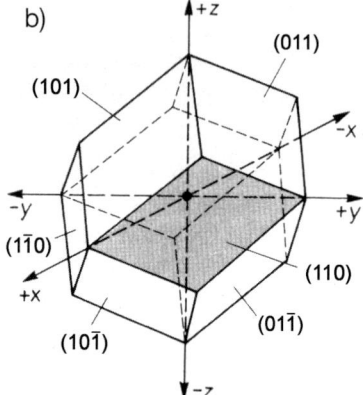

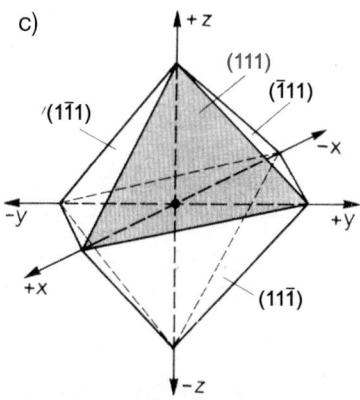

Abb. 1.10 Kubische Kristallformen: a) Würfel oder Hexaeder (begrenzende Flächen sind Quadrate), b) Zwölfflächner oder Rhombendodekaeder (begrenzende Flächen sind Rhomben), c) Achtflächner oder Oktaeder (begrenzende Flächen sind gleichseitige Dreiecke)

$\{h\,k\,l\}$ gebildet werden. Beispiel hierfür ist der 14-flächige *Kuboktaeder*, der sechs $\{1\,0\,0\}$-Ebenen und acht $\{1\,1\,1\}$-Ebenen enthält.

In den nichtkubischen Kristallsystemen benötigt man für die Ausgestaltung von Polyedern meist mehrere Ebenentypen $\{h\,k\,l\}$, da die drei elementaren Kristallachsen nicht mehr gleichwertig sind. So wird im tetragonalen Kristallsystem ein sechsflächiger prismatischer Körper durch die $\{1\,0\,0\}$-Ebenen und die $\{0\,0\,1\}$-Ebenen begrenzt.

1.4
Chemische Bindung und Koordination, typische Kristallstrukturen

Die zwischen den atomaren Bausteinen eines Festkörpers bzw. Kristalls wirkenden Kräfte werden durch ihren Abstand und insbesondere die Art der chemischen Bindung, d. h. durch die Elektronenstruktur der Bindungspartner, bestimmt: *kovalente*, *ionische* und *metallische* Bindungen. Diese starken Bindungsarten werden noch durch schwache Bindungen wie Wasserstoffbrückenbindungen bei Polymeren und die sehr schwachen Molekül- oder Van-der-Waals-Bindungen (Dipolwechselwirkungen) ergänzt, die an dieser Stelle jedoch nicht weiter erörtert werden sollen.

1.4.1
Metallische Bindung und Strukturen metallischer Werkstoffe

1.4.1.1 Strukturen metallischer Elemente

Die metallische Bindung ist ihrem Wesen nach ungerichtet und nicht abgesättigt. Das ist die Ursache dafür, dass in metallischen Strukturen bzw. Kristallen eine hohe Koordinationszahl und damit eine hohe Packungsdichte der Atome zu beobachten ist. Eine abstoßende elektrostatische Wech-

1.4 Chemische Bindung und Koordination, typische Kristallstrukturen

selwirkung zwischen den Ionenrümpfen kann wegen des zwischen ihnen befindlichen Elektronengases nicht auftreten.

Die Kristallstruktur der meisten Metalle lässt sich einfach mit dem Modell dichtest gepackter Kugeln erklären. Dabei ergeben sich zwei Grundvarianten: die kubisch dichteste Packung (kdP) und die hexagonal dichteste Packung (hdP). Sie können beide als Stapelung dichtest gepackter Atomebenen aufgefasst werden, innerhalb derer die Atome untereinander mit jeweils sechs nächsten Nachbarn in Kontakt stehen (Abb. 1.11).

Erfolgt eine Stapelung dieser Ebenen so, dass sie mit ihren Atomschwerpunkten die in Abb. 1.11 mit A, B oder C gekennzeichneten Positionen in der Folge ...A-B-C-A-B-C... besetzen (Dreier-Periodizität der Stapelung), entsteht die kubisch dichteste Kugelpackung mit einem kubisch flächenzentrierten Gitter (kfz), wie es in Abb. 1.12 a dargestellt ist. Es hat die Koordinationszahl 12 und damit eine Raumerfüllung von 74 %. Die dichtest gepackten Ebenen sind die {1 1 1}-Ebenen. Wichtige Metalle, die eine solche kubisch flächenzentrierte Struktur aufweisen, sind: Al, Ag, Au, Ni, Cu, Pb und Pt. 24 % aller nichtradioaktiven Metalle weisen diese Struktur auf. Nach ihrem repräsentativen Vertreter Cu wird dieser Strukturtyp auch der Cu-Typ genannt (sogenannter Strukturtyp A1).

Wird eine Stapelfolge ...A-B-A-B..., ...B-C-B-C... oder ...C-A-C-A... realisiert (Zweier-Periodizität der Stapelung, Abb. 1.12 b), erhält man die hexagonal dichteste Kugelpackung, deren Elementarzelle in Abb. 1.12 c dargestellt ist. Die dichtest gepackten Ebenen sind die {0 0 1}-Ebenen. Auch diese Struktur hat die Koordinationszahl 12 und erreicht bei einem idealen Achsenverhältnis von $a_3/a_1 = \sqrt{8/3} = 1{,}633$ die Packungsdichte von 74 %. Weichen die Achsenverhältnisse als Ausdruck nicht mehr rein metallischer Bindung von diesem idealen Wert ab (Auftreten von gerichteten Bindungsanteilen), verringert sich die Raumerfüllung. So hat das hexagonale Metall Zink mit dem Achsenverhältnis 1,856 nur noch eine Raumerfüllung von 64 %. 41 % der insgesamt 59 nichtradioaktiven Metalle besitzen bei Raumtemperatur eine hexagonale Struktur, darunter Zn, Ti, Zr, Mg, Be, Cd und Co. Dieser Strukturtyp wird auch als Mg-Typ (A3) bezeichnet.

Eine hohe Packungsdichte von 68 % erreicht man auch bei einer Anordnung

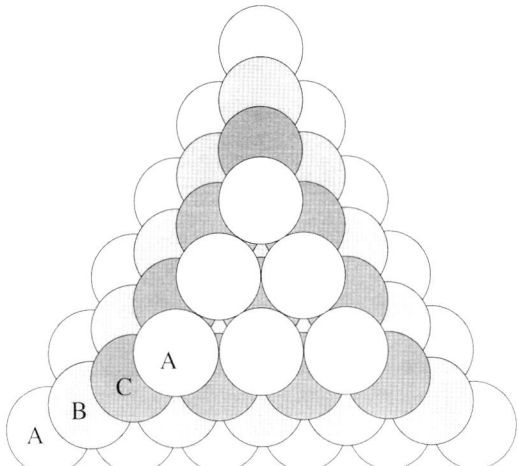

Abb. 1.11 Stapelung von Ebenen mit dichtester Kugelpackung

18 | 1 Strukturen anorganischer Werkstoffe (Metalle und Keramiken)

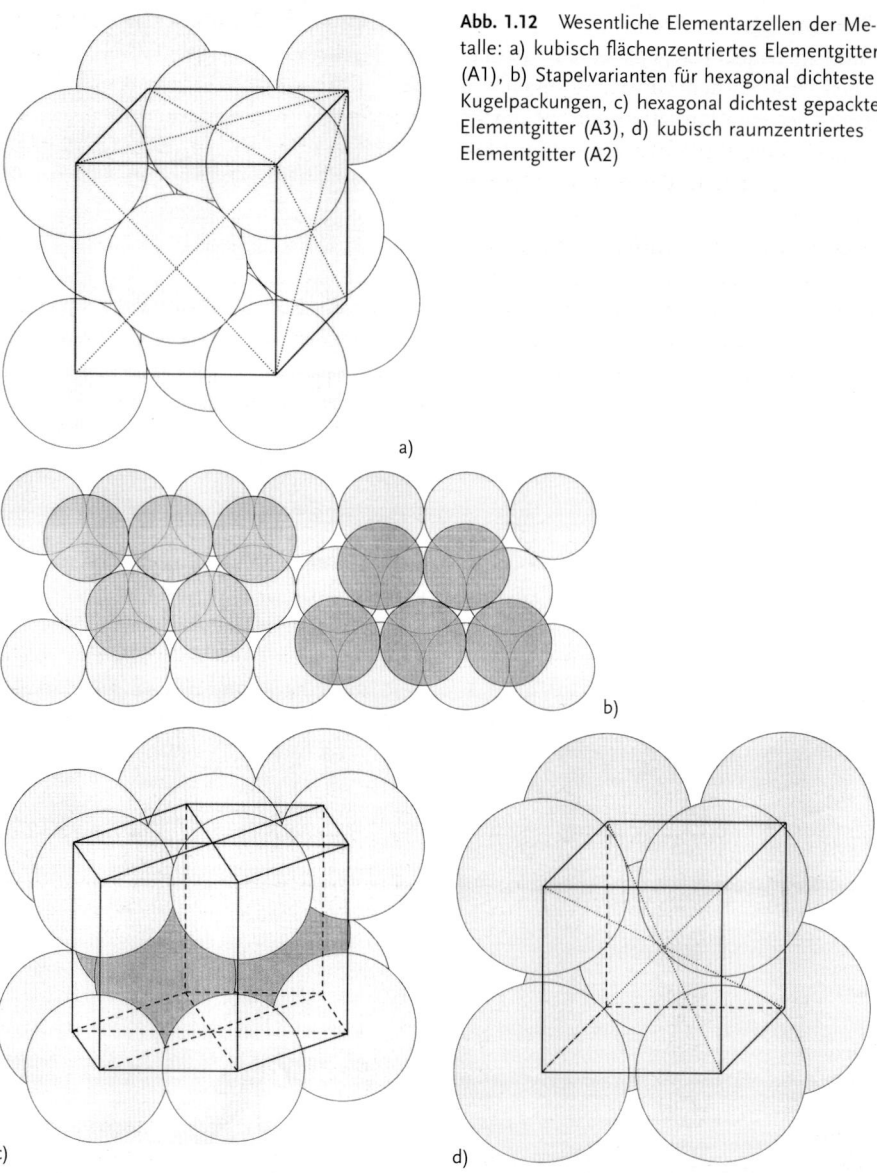

Abb. 1.12 Wesentliche Elementarzellen der Metalle: a) kubisch flächenzentriertes Elementgitter (A1), b) Stapelvarianten für hexagonal dichteste Kugelpackungen, c) hexagonal dichtest gepacktes Elementgitter (A3), d) kubisch raumzentriertes Elementgitter (A2)

gleich großer Kugeln in einem kubisch raumzentrierten Gitter (Abb. 1.12 d). Es hat eine Koordinationszahl von 8. Diese Struktur besitzen 27 % der nichtradioaktiven Metalle, unter ihnen Fe, V, Cr, Mo und W. Sie wird auch als W-Typ bezeichnet (A2).

Nur 10 % der Metalle kristallisieren in Strukturen, die nicht den hier genannten Typen zuzuordnen sind (z. B. Sn bei Temperaturen oberhalb 13,6 °C, Ga, Bi, In, Hg, Mn).

Die Radien r der kugelig angenommenen Metallatome bestimmen die Elementarzellenparameter a. Dabei gilt, dass die Atome in den dichtest gepackten Gitterrichtungen, d. h. in den Gitterrichtungen mit den kürzesten Translationsperioden, sich gegenseitig berühren. Bei der kfz-Kugelpackung kontaktieren die Kugeln (Atome) entlang der $<1\,1\,0>$-Richtungen, die die Diagonalen der Würfelflächen darstellen. Dabei gilt, dass die Diagonale der Würfelflächen gleich dem Vierfachen des Atomradius ist und gleichzeitig das $\sqrt{2}$-fache der Kantenlänge a der Elementarzelle beträgt. Daraus folgt

$$4\,r = a\,\sqrt{2} \quad \text{bzw.} \quad r = \tfrac{1}{4}\,\sqrt{2}\,a \tag{1.10}$$

Aus dem Gitterparameter a, der z. B. mithilfe der Röntgendiffraktometrie mit hoher Genauigkeit bestimmt werden kann (s. Abschnitt 2.6), lassen sich somit die Atomradien bzw. Atomdurchmesser leicht ableiten (Tab. 1.5).

Ähnliche Überlegungen lassen sich auch für das kubisch raumzentrierte Elementgitter anstellen. Hier berühren sich die Kugeln/Atome in den Raumdiagonalen der Elementarzelle, d. h. in den dichtest gepackten $<1\,1\,1>$-Richtungen, sodass gilt:

$$r = \tfrac{1}{4}\,\sqrt{3}\,a \tag{1.11}$$

Im Fall der hexagonal dichtesten Kugelpackung stellen die $<1\,0\,0>$-Richtungen die kürzesten Abstände zwischen zwei Atomen dar:

$$r = \tfrac{1}{2}\,a_1 \tag{1.12}$$

1.4.1.2 Intermetallische Verbindungen

Bei der Reaktion zweier oder mehrerer metallischer Elemente miteinander können im chemischen Sinn Verbindungen entstehen, die einen dominierend metallischen Bindungscharakter aufweisen. Man nennt

Tab. 1.5 Atomdurchmesser ausgewählter Metalle (einschließlich C und Si)

Element	relative Atommasse	Bravais-Gitter	Koordinationszahl	Atomdurchmesser [nm]
Aluminium	26,982	cF	12	0,2864
Blei	207,19	cF	12	0,3500
Chrom	51,996	cI	8	0,2498
Eisen	55,847	cI	8	0,2483
Gold	196,967	cF	12	0,2884
Cadmium	112,40	hP	12	0,2979
Cobalt	58,933	hP	12	0,2507
Kohlenstoff	12,011			
Diamant		cF	4	0,1545
Grafit		hP	6	0,2461
Kupfer	63,546	cF	12	0,2556
Magnesium	24,312	hP	12	0,3209
Molybdän	95,94	cI	8	0,2725
Nickel	58,71	cF	12	0,2492
Silber	107,868	cF	12	0,2889
Silicium	28,086	cF	4	0,2352
Titan	47,90	hP	12	0,2896
Wolfram	183,85	cI	8	0,2741
Zink	65,37	hP	12	0,2665

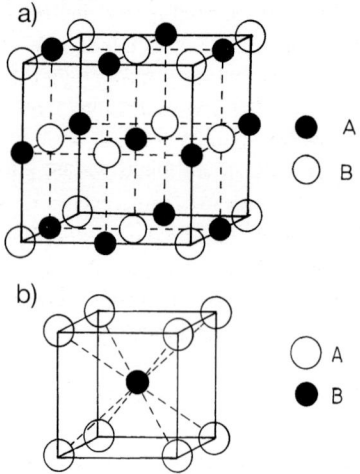

Abb. 1.13 Typische Strukturen von Ionenkristallen: a) Steinsalzstruktur (B1), b) Cäsiumchloridstruktur (B2)

sie intermetallische Verbindungen oder intermetallische Phasen. Ihre Kristallstruktur unterscheidet sich deutlich von der der reinen Elemente. Als Beispiel dafür sei die Phase β′-CuZn genannt. Sie weist eine Cäsiumchloridstruktur (cP) auf (Abb. 1.13 b), während Cu eine kdP bzw. kfz (cF) und Zn eine hdP realisieren.

Die intermetallischen Verbindungen haben eine chemische Zusammensetzung, die in gewissen Grenzen stöchiometrischen Verhältnissen entspricht (z. B. Al_2Cu, Ag_5Zn_8, FeCr), wobei sich diese nicht aus herkömmlichen Valenzbetrachtungen, wie sie z. B. für Ionenverbindungen gelten, ableiten lassen.

Wie auch die anderen chemischen Verbindungen können die intermetallischen Verbindungen (intermetallischen Phasen) in Daltonide und Berthollide unterteilt werden. Unter Daltoniden versteht man Verbindungen mit wohl definierter Stöchiometrie, d. h. sehr engem Homogenitätsbereich, für die das Dalton'sche Gesetz der multiplen Proportionen bezüglich der Atomanteile der Reaktionspartner sehr genau erfüllt ist. Ihre Zusammensetzung kann also gut mit Formeln der Art A_mB_n beschrieben werden.

Berthollide dagegen sind Verbindungen, deren Zusammensetzung mehr oder weniger stark von einer stöchiometrischen abweicht. So existiert die bereits erwähnte Verbindung β′-CuZn nicht nur mit einem Cu:Zn-Verhältnis von 1:1, sondern im Bereich von etwa 45 bis 50 Atom-% Zn. Ursachen für eine Stöchiometrieabweichung können sein:

- eine Nichtbesetzung eines Teiles der Gitterplätze, die für eine der chemischen Komponenten vorgesehen sind (Leerstelleneinbau bzw. Subtraktionsmischkristallbildung),
- ein gegenseitiger Austausch der Atomarten der Verbindung im Sinn einer Substitution oder seltener
- der zusätzliche Einbau einer Atomart auf Gitterlücken (Zwischengitterplätzen) wie bei einer Einlagerungsmischkristallbildung.

Nicht selten treten Kombinationen dieser Varianten auf. Die chemische Kennzeichnung einer solchen berthollidischen Verbindung erfolgt zweckmäßigerweise so, dass in der Formelangabe die Abweichung x von der stöchiometrischen Zusammensetzung, bezogen auf das betreffende Untergitter, sichtbar wird. So schreibt man z. B. für das nichtstöchiometrische stickstoffarme Titannitrid TiN_{1-x} und bringt damit zum Ausdruck, dass der Anteil x der Stickstoffgitterplätze nicht besetzt ist (Leerstellen im Stickstoffuntergitter).

Die Grenze zwischen den Daltoniden und den Bertholliden kann nicht quantifiziert werden; sie ist eigentlich nicht vorhanden, da alle chemischen Verbindungen mehr oder weniger ausgeprägte Homogenitätsbereiche aufweisen. Sie sind aber in vielen

Fällen so eng, dass man aus praktischer Sicht von stöchiometrischen Verbindungen im Sinn der Daltonide sprechen kann.

Für die Deutung der sich bei der Bildung intermetallischer Verbindungen einstellenden Kristallstrukturen können drei wesentliche Argumente herangezogen werden:

1. *Prinzip der größten Packungsdichte*: Entsprechend dem Wesen der metallischen Bindung (ungerichtet, unabgesättigt) streben intermetallische Verbindungen wie die reinen Metalle nach einer hohen Koordinationszahl bzw. Packungsdichte. Da die Komponenten der intermetallischen Verbindungen in der Regel unterschiedliche Atomradien haben, ergeben sich Koordinationen und Raumerfüllungen, die sich von denen der Elementstrukturen wie kdP oder hdP wesentlich unterscheiden können. Betrachtet man als erste oder nächste Koordinationssphäre nicht nur die Gesamtheit der Nachbaratome, die den kleinsten Abstand zum betrachteten Atom haben, sondern bezieht in diese Koordinationssphäre auch diejenigen Atome ein, die sich in ihrem Abstand nur wenig vom kleinsten unterscheiden, findet man nichtreguläre Koordinationspolyeder, deren Koordinationszahlen noch oberhalb von 12 liegen können (KZ = 14, 15 oder 16). Als Beispiel dafür ist in Abb. 1.14 neben dem regulären Koordinationspolyeder für die kfz-Elementstruktur der nichtreguläre für die Koordinationszahl 16 gezeigt, wie er z. B. für die A-Atome in zahlreichen AB_2-Verbindungen vom Typ der Laves-Phasen zutrifft (**Abb. 1.14**).

2. *Kritische Valenzelektronenkonzentrationen*: Als Valenzelektronenkonzentration (*VEK*) bezeichnet man die mittlere Zahl der Valenzelektronen pro Atom, bestimmt durch die chemische Zusammensetzung der Verbindung.

$$VEK = N_A\, c_A + N_B\, c_B + \dots \quad (1.13)$$

N   Zahl der Valenzelektronen der Komponenten
c   Atomanteile der Komponenten

Die maximal zulässige *VEK* einer Phase hängt von ihrer Struktur ab, was bedeutet, dass mit steigender *VEK* bei Erreichen eines kritischen Werts ein Umschlag der bis zu diesem Wert existenten Struktur in eine solche erfolgt, die eine höhere *VEK* zulässt. Dieses Verhalten ist typisch für die sogenannten Hume-Rothery-Phasen.

3. *Wertigkeitsdifferenzen*: Elemente bzw. Metalle der 4.–7. Hauptgruppen des Periodensystems sind starke Anionenbildner und fördern daher in intermetallischen Verbindungen mit Metallen der niederen Hauptgruppen (Kationenbildner) eine starke ionische Bindungskomponente. Man bezeichnet diesen Typ der

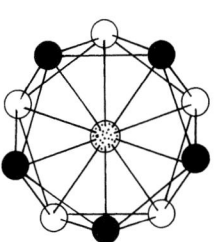
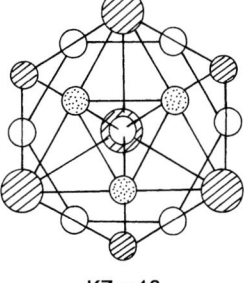

Abb. 1.14 Koordinationspolyeder für die Koordinationszahlen KZ = 12 und KZ = 16; nach Schulze (Atome gleicher Ausmalung liegen in einer gemeinsamen Ebene parallel zur Zeichenebene.)

intermetallischen Verbindungen als Zintl-Phasen. Sie haben wie die Ionenverbindungen allgemein sehr enge Homogenitätsbereiche und einen salzartigen Charakter. Beispiele sind Mg_2Si oder Mg_2Sn, zwei Verbindungen, auf die man die üblichen Valenzregeln anwenden kann.

Betrachten wir einige wichtige Arten intermetallischer Verbindungen etwas näher.

Laves-Phasen

Die Laves-Phasen weisen eine Zusammensetzung AB_2 auf und kristallisieren in den miteinander verwandten Strukturtypen des $MgCu_2$ (Abb. 1.15), des $MgZn_2$ oder des $MgNi_2$. Sie bilden sich dann, wenn das Verhältnis der Atomradien r_A/r_B der beiden Partner nahe dem Wert $\sqrt{3/2} = 1{,}225$ liegt. Die Koordinationszahl für die A-Atome beträgt 16, für die B-Atome 12, sodass sich eine mittlere Koordinationszahl von $(16 + 2 \cdot 12)/3 = 13\frac{1}{3}$) ergibt, die damit deutlich über der der dichtesten Kugelpackungen kdP bzw. hdP mit 12 liegt. Die Laves-Phasen sind das typische Beispiel dafür, dass die sich ausbildende Struktur durch das Prinzip der maximalen Packungsdichte bestimmt wird.

Beispiele: Al_2Fe, Fe_2Mo, Fe_2Ti, Fe_2W, Zn_2Mg, Cu_2Mg, Cr_2Nb, Cr_2Ti, Ni_2Mg.

Hume-Rothery-Phasen

Die einwertigen Metalle Cu, Ag und Au sowie eine Reihe von Übergangsmetallen (z. B. Ni, Fe, Co) bilden mit einer Vielzahl von B-Metallen (Metalle der Gruppen IIb, IIIb, IVb, Vb) eine Reihe von typischen Phasen aus, deren Stabilitätsgrenzen durch kritische Valenzelektronenkonzentrationen VEK gegeben sind (Tab. 1.6). Die Berechnung der VEK erfolgt unter der Voraussetzung, dass die Edelmetalle einwertig, die Übergangsmetalle nullwertig sind und die B-Metalle eine Wertigkeit entsprechend ihrer Gruppenzugehörigkeit besitzen (z. B. Cd zweiwertig, Al dreiwertig, Sn vierwertig). So beträgt die VEK für die Verbindung Cu_5Zn_8 $(5 \cdot 1 + 8 \cdot 2)/(5+8) = 21/13$, für die Verbindung NiAl $(0+3)/(1+1) = 3/2 = 21/14$ und für die Verbindung $AgCd_3$ $(1 + 3 \cdot 2)/(1+3) = 7/4 = 21/12$.

Ein instruktives Beispiel für die in Tab. 1.6 aufgeführten Phasen liefert das System Cu-Zn (s.Kap. 6, Abb. 6.12). Die β'-Phase entspricht der Verbindung CuZn, die γ-Phase der Verbindung Cu_5Zn_8 und die ε-Phase der Verbindung $CuZn_3$.

Technisch wichtige Legierungssysteme, in denen sich Hume-Rothery-Phasen ausbilden, sind die Kupferlegierungen mit Zn (Messinge), Sn (Sn-Bronzen) sowie Cd, Al und Si.

σ-Phasen

σ-Phasen enthalten zwei oder mehr Übergangsmetalle, wobei sich ihre komplizierte tetragonale Struktur durch eine hohe effektive Koordinationszahl und eine Konzentration der äußeren s- und d-Elektronen zwischen 6,2 und 7 e/Atom auszeichnet. Wohl der bekannteste Vertreter ist die

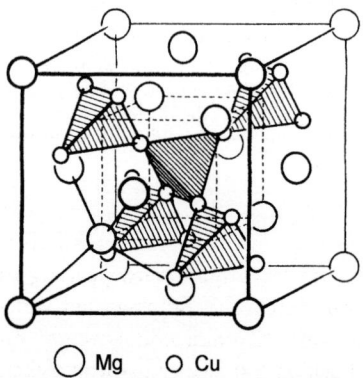

Abb. 1.15 Elementarzelle des $MgCu_2$; nach Schulze (Jedes Mg-Atom ist von 16 kleineren Cu-Atomen und jedes Cu-Atom von 12 Mg-Atomen umgeben.)

Tab. 1.6 Hume-Rothery-Phasen

Phase	VEK e/Atom	Gitter	Beispiele
α-Mischkristall	1–1.36	kfz	α-Messing (Cu-Zn-Mischkristall)
β	$1{,}5 = 21/14$	krz bzw. kpr[a]	β′-CuZn, NiAl, Cu$_3$Al
γ	$1{,}62 = 21/13$	kpr γ-Messing-Typ[b]	Cu$_5$Zn$_8$, Cu$_9$Ga$_4$
ε	$1{,}75 = 21/12$	hexagonal	CuZn$_3$, AgCd$_3$, Ag$_5$Al$_3$
η	2	hdP	η-Zn-Cu-Mischkristall

[a] kpr – kubisch primitiv bzw. cP.
[b] Der γ-Messing(γ-Ms)Typ besitzt eine Elementarzelle, die aus einer krz Zelle durch Verdreifachung in allen drei Achsen hervorgeht, jedoch in den Positionen 0 0 0 und $\frac{1}{2}\frac{1}{2}\frac{1}{2}$ keine Atome aufweist. Die Zahl der Atome pro Elementarzelle beträgt daher 52.

σ-FeCr-Phase, die sich in hoch chromhaltigen Stählen bei Temperaturen zwischen 600 und 900 °C ausbilden kann und zur unerwünschten Versprödung dieser Stähle führt. Bei gleichen Anteilen von Fe- und Cr-Atomen beträgt die Valenzelektronenkonzentration 7 e/Atom. An der Bildung der σ-Phase auf FeCr-Basis können sich auch die Metalle Mo, V, Ni und W substitutionell beteiligen.

Die intermetallischen Verbindungen weisen nicht mehr rein metallische Bindungen zwischen den Metallatomen auf, sondern sind Beispiele für Mischbindungen, was bedeutet, dass kovalente bzw. ionische Bindungsanteile in merklichem Umfang auftreten und damit die Eigenschaften deutlich mitbestimmen. Sie haben nicht selten hohe Schmelz- bzw. Zersetzungspunkte, weshalb sie sich als Hochtemperaturwerkstoffe eignen (Systeme Ni-Al, Ni-Ti, Ti-Al, Fe-Al, Ni-Cr).

1.4.1.3 Einlagerungsphasen (Intermediäre Phasen)

Die Übergangsmetalle neigen stark zur Einlagerung der Nichtmetalle (Metalloide) Wasserstoff, Bor, Kohlenstoff und Stickstoff in Gitterlücken (s. Abschnitt 1.5.1.2). Erfolgt diese Einlagerung in vollständig geordneter Art, entstehen Einlagerungsphasen, deren Strukturen mit denen der reinen Metalle eng verwandt sind (auch Hägg-Phasen genannt). Geometrische Bedingung für die Bildung der Einlagerungsphasen ist, dass das Radienverhältnis $r_x/r_A < 0{,}59$ bleibt. Übersteigt das Radienverhältnis diesen Wert, findet man wesentlich kompliziertere Strukturen, wie wir sie beim Fe$_3$C (Zementit) und den Chromcarbiden Cr$_3$C$_2$, Cr$_6$C, Cr$_7$C$_3$ und Cr$_{23}$C$_6$ antreffen ($r_C/r_{Fe} = 0{,}620$; $r_C/r_{Cr} = 0{,}616$). Typische Vertreter der Einlagerungsphasen weisen die Zusammensetzung M$_8$X, M$_4$X, M$_2$X und MX auf (M - Übergangselement, X - Nichtmetall). Diese Verbindungen treten insbesondere bei Nitriden der Übergangsmetalle auf. Folgende Beispiele seien aufgeführt:

α′′-Fe$_{16}$N$_2$ (Typ M$_8$X): Die Elementarzelle entspricht einer verzerrten achtfachen Zelle des krz-Eisens (Verdoppelung in allen drei Achsenrichtungen und Verlegung des Koordinatenursprungs auf die Position $0\ 0\ \frac{1}{2}$ einer ursprünglichen Eisenzelle) mit einer Einlagerung von Stickstoffatomen in den Positionen 0 0 0 und $\frac{1}{2}\frac{1}{2}\frac{1}{2}$. Die Verzerrung des

Grundgitters führt dabei zu einer tetragonalen Symmetrie.

- γ'-Fe_4N (Typ M_4X): Es liegt eine kfz-Anordnung der Fe-Atome vor; das Stickstoffatom befindet sich in der oktaedrischen Gitterlücke bei $\frac{1}{2}\frac{1}{2}\frac{1}{2}$; die Elementarzelle bleibt kubisch, ist aber durch das N-Atom in der Raummitte primitiv geworden.
- ε-Fe_2N (Typ M_2X): Die Eisenatome bilden eine hexagonal dichteste Kugelpackung; der Stickstoff besetzt maximal 50 % der vorhandenen oktaedrischen Lücken in $\frac{2}{3}\frac{1}{3}\frac{1}{4}$ und $\frac{1}{3}\frac{2}{3}\frac{3}{4}$, wobei sich eine geordnete Verteilung unter Wahrung der hexagonalen Symmetrie einstellt.
  Isomorphe Verbindungen, d. h. Verbindungen mit gleicher Struktur: Cr_2N, V_2N.
- CrN (Typ MX): Alle vier oktaedrischen Lücken des kfz-Chromgrundgitters werden mit Stickstoffatomen besetzt. Die Struktur entspricht der des Steinsalzes.
  Isomorphe Verbindungen: TiC, TiN, VC, VN.

Eine nichtstatistische Verteilung interstitiellen Kohlenstoffs findet sich auch in der thermodynamisch metastabilen Phase Martensit im System Fe-C, die durch eine diffusionslose Phasenumwandlung eines kohlenstoffhaltigen Austenits (kfz-Fe-C-Mischkristall) als Folge einer raschen Abschreckung auf Raumtemperatur entsteht. Das Fe-Grundgitter des Martensits ist dem des krz-α-Eisens verwandt, die C-Atome besetzen je nach C-Gehalt partiell nur die oktaedrischen Lücken in $0\,0\,\frac{1}{2}$ und $\frac{1}{2}\frac{1}{2}\,0$ (Abb. 1.16). Folge davon ist eine tetragonale Verzerrung bzw. Symmetrie des Gitters.

Typisch für die Einlagerungsphasen sind größere Stöchiometrieabweichungen in dem Sinn, dass ein Teil der den interstitiellen Atomen vorbehaltenen Gitterplätze unbesetzt bleibt. So tritt TiC nicht nur in seiner stöchiometrischen Zusammensetzung auf, sondern auch mit einem deutlichen Kohlenstoffunterschuss, der bis zu 50 % betragen kann (TiC_{1-x} mit $x \leq 0{,}5$). Die Steinsalzstruktur bleibt dabei erhalten, was auf eine statistische Verteilung der Leerstellen im C-Untergitter hinweist. Gleiches beobachtet man beim Titannitrid oder beim hexagonalen Fe_2N (ε-Fe_2N_{1-x} mit $x \leq 0{,}4$).

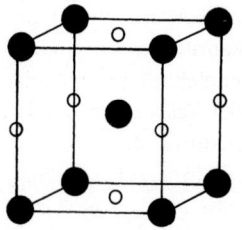

O mögliche C-Positionen

Abb. 1.16 Mögliche Zwischengitterplätze des Kohlenstoffs im Fe-C-Martensit

Eine Substitutionsmischkristallbildung zwischen verschiedenen isomorphen Einlagerungsphasen ist verbreitet, wobei sich sowohl die Metall- als auch die Nichtmetallatome gegenseitig ersetzen können (Ti[C,N], [Ti,V]C).

1.4.2
Kovalente Bindung (Atombindung)

Die kovalente Bindung basiert auf Elektronenpaaren als Bindungsbrücken zwischen den Bindungspartnern, wobei bei Elementen jeder Partner für jede ausgebildete Bindung ein Elektron beisteuert. Die Elektronenspins der Paare sind antiparallel. Werden mehrere Bindungen von einem Atom ausgehend gebildet, dann sind die Bindungsrichtungen räumlich so weit wie möglich voneinander entfernt (Ausbildung maximaler Bindungswinkel), um die elektrostatische Abstoßung der Bindungselektronenpaare untereinander zu minimieren.

Ziel dabei ist, dass jedes Atom eine von den Edelgasen her bekannte stabile Achterschale für die Außenelektronen ausbildet, d. h. dass die Zahl der Valenzelektronen N plus die Zahl Z der durch die gebildeten Bindungen zusätzlich in die unmittelbare Nähe des betrachteten Atoms gebrachten Elektronen acht betragen soll. Die Zahl der Bindungen Z ergibt sich somit aus der Differenz der Valenzelektronenzahl (bestimmt durch die Gruppe im periodischen System der Elemente) zur Zahl 8, d. h. zu

$$Z = 8 - N \qquad (1.14)$$

Die Zahl der ausgebildeten Bindungen Z ist gleich der Zahl der nächsten Nachbarn (Koordinationszahl $KZ = Z$); die Winkel zwischen den Bindungsrichtungen betragen näherungsweise 180° für $Z = 2$, 120° für $Z = 3$ und 109° für $Z = 4$.

Kovalente Bindungen zwischen gleichartigen Atomen (Elementstrukturen) beobachtet man, wenn $N \geq 4$ wird. Bei $N = 7$ (eine Bindung pro Atom, $Z = 1$) bilden sich einfache zweiatomige Moleküle aus, wie wir es von den Halogenen her kennen (F_2, Cl_2, Br_2, J_2). Sieht man von der Molekülbildung des gasförmigen Sauerstoffs ab, so findet man bei $N = 6$ zwei sich räumlich gegenüberstehende Bindungen pro Atom ($Z = 2$). Diese Elemente bilden daher bevorzugt kovalent gebundene Ketten (z. B. Schwefel, Selen, Tellur), die im festen Zustand durch schwache Van-der-Waals-Bindungen verknüpft werden. Folge davon sind niedrige Schmelzpunkte. Elemente mit $N = 5$ wie Phosphor, Arsen und Antimon, die drei Bindungen pro Atom realisieren können ($Z = 3$), neigen zur Ausbildung von ebenen Netzstrukturen bzw. von netzartig vermaschten Zickzackketten der Atome (Bindungswinkel nahe 120°). Im festen Zustand werden diese ebenen bzw. gezackten Netze wieder durch schwache Van-der-Waals-Kräfte verknüpft. Auch hier sind die Schmelzpunkte relativ niedrig.

Allein die vierwertigen Elemente wie Kohlenstoff, Silicium, Germanium und Zinn (unterhalb 13,6 °C) mit ihren vier Bindungen, die sich tetraedrisch um jedes Atom mit Bindungswinkeln von 109° anordnen, sind in der Lage, räumliche kovalent gebundene Strukturen zu bilden (tetraedrische Koordination, $KZ = 4$, Diamantstruktur s. Abb. 1.17 a). Sie haben verglichen mit den oben genannten fünf- und sechswertigen Elementen relativ hohe Schmelzpunkte (Ausnahme Zinn, das oberhalb 13,6 °C metallisch wird).

Eine tetraedrische Koordination mit einer der Diamantstruktur verwandten, nämlich der Zinkblendestruktur (Abb. 1.17 b) bzw. Wurtzitstruktur findet man auch bei binären Verbindungen von Hauptgruppenelementen, sofern die mittlere Valenzelektronenzahl vier beträgt (Grimm-

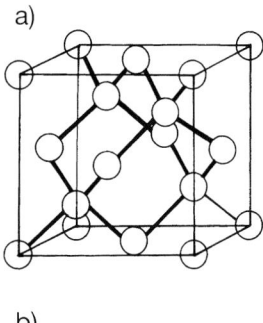

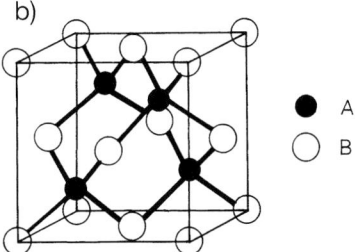

Abb. 1.17 Tetraedrisch koordinierte Strukturen: a) Diamantstruktur (A4), b) Zinkblendestruktur (B3)

Sommerfeld-Phasen). Beispiele dafür sind die A^3B^5-Verbindungen wie GaP, GaAs oder InSb und die A^2B^6-Verbindungen wie ZnS, CdSe oder CdTe.

Wegen der geringen Koordinationszahl von $KZ = 4$ ist die Packungsdichte der Atome in Festkörpern mit Diamant- bzw. Zinkblendestruktur im Vergleich zu den Metallen niedrig. Nimmt man z. B. für C, Si oder Ge an, dass sich die Atome als Kugeln darstellen lassen, die sich in < 1 1 1 >-Richtungen berühren (Abstand = $\frac{1}{4}\sqrt{3}\,a$), dann nehmen diese Kugeln nur 34 % des gesamten Raumes ein (Raumerfüllung $RE = 34\,\%$).

Bei einer Valenzelektronenzahl $N < 4$ kann sich eine kovalente Bindung nicht mehr ausbilden. Der Bindungstyp wird unter diesen Bedingungen metallisch.

1.4.3
Ionenbindung

Insbesondere die Elemente der 1. bis 3. Gruppe sowie der 6. und 7. Gruppe des Periodensystems sind bestrebt, in den Ionenzustand überzugehen, d. h. durch Abgabe bzw. Aufnahme von Elektronen edelgasähnliche stabile äußere Elektronenkonfigurationen auszubilden. Die positiv geladenen Ionen (Kationen) und die negativ geladenen Ionen (Anionen) treten bei gegenseitiger Annäherung in eine starke elektrostatische Wechselwirkung, die als Ionenbindung bezeichnet wird. Die elektrostatische Wechselwirkung ist nicht gerichtet. In einem Ionenkristall, in dem aus Gründen der Ladungsneutralität die Zahl der Kationenladungen gleich der Zahl der Anionenladungen sein muss, ordnen sich die Ionen so an, dass ein Kation von möglichst vielen Anionen und umgekehrt umgeben ist, wobei jedoch gleich geladene Ionen nicht unmittelbar in enge Nachbarschaft geraten dürfen. Würden in der nächsten Nachbarschaft (erste Koordinationssphäre) gleichartige Ionen eng aneinander rücken, käme es zu einer starken abstoßenden Wirkung und damit zu einer Instabilität der Struktur. Um das zu verhindern, müssen in der übernächsten Nachbarschaft (zweite Koordinationssphäre) Ionen mit entgegengesetztem Vorzeichen für eine Abschirmung der Abstoßung der Ionen in der ersten Koordinationssphäre sorgen (alternierende Anordnung der verschieden geladenen Ionen). In diesem Sinn ist die ionische Bindung abgesättigt, d. h. in der Zahl der nächsten Nachbarn begrenzt.

Für ionische Verbindungen ergeben sich oft die typischen Koordinationszahlen von vier, sechs bzw. acht. Welche dieser Varianten sich ausbilden wird, hängt von dem Verhältnis der Radien der Ionen ab. Meist haben die Kationen (r_K) kleinere Radien als die Anionen (r_A); die Kationen bilden so in der Regel das Zentrum, um das sich die größeren Anionen als Koordinationspolyeder anordnen.

Aus rein geometrischen Überlegungen zu den zentralen Freiräumen in der Mitte von Koordinationspolyedern ergeben sich folgende Regeln, gültig für zwei Arten der beteiligten Ionen: Wenn r_K/r_A 0,225 bis 0,414 beträgt, wird man eine tetraedrische Koordination (KZ 4) finden (z. B. Si^{4+}-O^{2-}_4-Tetraeder, Abb. 1.18 a). Liegt das Verhältnis zwischen 0,414 bis 0,732, stellt sich eine oktaedrische Koordination mit der KZ 6 ein (Abb. 1.18 b). Ein hexaedrischer Koordinationspolyeder (KZ = 8) ergibt sich für Verhältnisse zwischen 0,732 und 0,904 (Abb. 1.18 c). Die oktaedrische Koordination entspricht der Natriumchlorid- bzw. Steinsalzstruktur, die hexaedrische der Cäsiumchloridstruktur, die in Abb. 1.13 dargestellt wurden.

Insbesondere dann, wenn die Ionenladungen und Radiendifferenzen groß sind, beobachtet man bei den Ionen Polarisa-

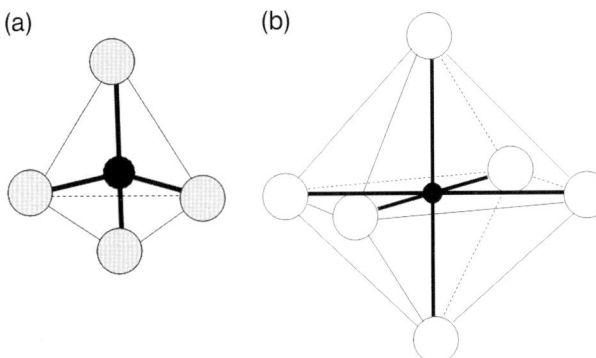

Abb. 1.18 Radienabhängigkeit der Koordination bei Ionenbindung: a) tetraedrische Koordination, b) oktaedrische Koordination, c) hexaedrische Koordination

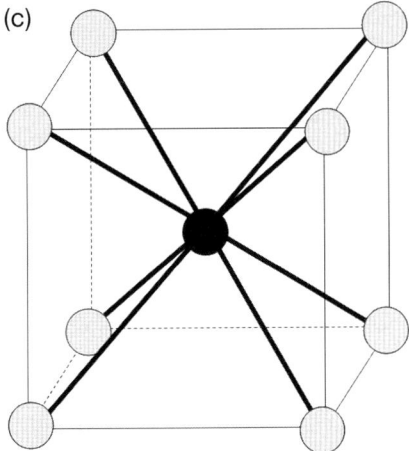

tionserscheinungen (lokale Ladungsverschiebungen), was bedeutet, dass die Schwerpunkte der Ladungsverteilung vom geometrischen Schwerpunkt der Ionen abweichen wird. Dadurch kommt eine Richtungsbevorzugung der Bindungen zustande oder anders gesprochen: Es treten (gerichtete) kovalente Bindungsanteile hinzu, die zu Verletzungen der genannten Regeln führen können.

Komplizierter werden die Koordinationen dann, wenn keine A_1B_1-Stöchiometrie mehr vorliegt oder wenn gar drei und mehr Ionen am Kristallaufbau beteiligt sind.

Abbildung 1.19 zeigt die sogenannte Fluorit-Struktur (CaF_2). Sie kann verstanden werden als Sphaleritstruktur (Abb. 1.17), bei der vier weitere (F^{1-}) Anionen in die bei der Sphaleritstruktur noch unbesetzten Mitten der Achtelwürfel positio-

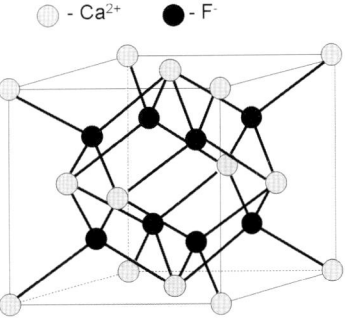

Abb. 1.19 Elementarzelle des Fluorits (CaF_2)

1 Strukturen anorganischer Werkstoffe (Metalle und Keramiken)

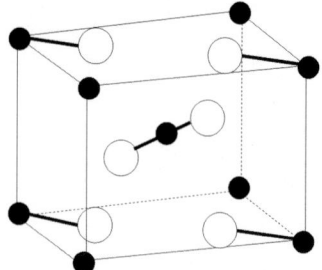

Abb. 1.20 Elementarzelle des Rutils (TiO_2)

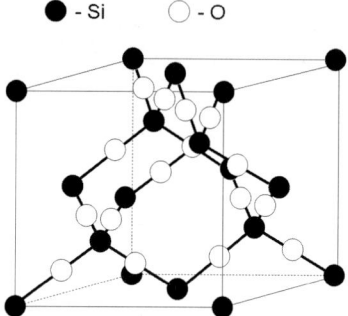

Abb. 1.21 Elementarzelle des Cristobalits (SiO_2)

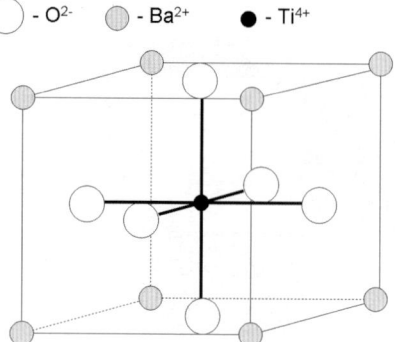

Abb. 1.22 Elementarzelle vom Perowskittyp ($BaTiO_3$)

niert werden. Um die Fluorionen sind die Calciumionen tetraedrisch angeordnet, die Calciumionen weisen dagegen eine hexaedrische Koordination der Fluorionen auf (KZ = 8). In diesem Strukturtyp kristallisieren auch CeO_2 oder TeO_2. Die Struktur des technisch interessanten ZrO_2 stellt eine „verdrückte" Variante des Fluoritgitters dar.

Beim TiO_2 (Rutil) findet man eine in Abb. 1.20 dargestellte Elementarzelle (Rutilgitter). Die Ti^{4+}-Ionen bilden ein tetragonal-raumzentriertes Teilgitter, in das eine näherungsweise hexagonal dichteste Anordnung der O^{2-}-Ionen eingefügt ist. Die Kationen haben je sechs Anionen als nächste Nachbarn, die Anionen dagegen nur drei Kationen. Weitere Vertreter dieses Typs sind z. B. PbO_2, SnO_2 oder MnO_2.

Interessant ist die kubische Variante des SiO_2. Wie bereits in Abb. 1.18 a dargestellt, bilden O-Ionen ein Tetraeder um die Si-Ionen, die die Mitte des Tetraeders besetzen. Nimmt man diese Tetraeder als Strukturelement und bildet damit ein Diamantgitter (anstelle der Kohlenstoffatome sind nun die Tetraeder getreten), ergibt sich das kubische Cristoballit-Gitter des SiO_2 (Abb. 1.21). Bei diesem sind die genannten Tetraeder mit ihren O-Ecken miteinander verknüpft, d. h. jedes Sauerstoffion gehört somit zwei Tetraedern an.

Liegen Verbindungen mit drei verschiedenen Ionenarten vor, dann ergibt sich eine große Vielfalt von Strukturen, von denen nur auf das Perowskitgitter (Abb. 1.22) und das Spinellgitter (Abb. 1.23) eingegangen werden soll. Vertreter des Perowskitgitters ist z. B. $BaTiO_3$. In der zugehörigen Elementarzelle besetzen die Ba^{2+}-Ionen die Ecken der kubischen Zelle, die O^{2-}-Ionen die Flächenmitten und das Ti^{4+}-Ion die Zellenmitte. Es ist somit eine kubisch primitive Zelle. Zu diesem Strukturtyp gehören auch $CaTiO_3$, $SrTiO_3$, $KNbO_3$ oder $CaZrO_3$. Kennzeichnend für die Kationen ist, dass deren Wertigkeitssumme 6 ergeben muss.

1.4 Chemische Bindung und Koordination, typische Kristallstrukturen

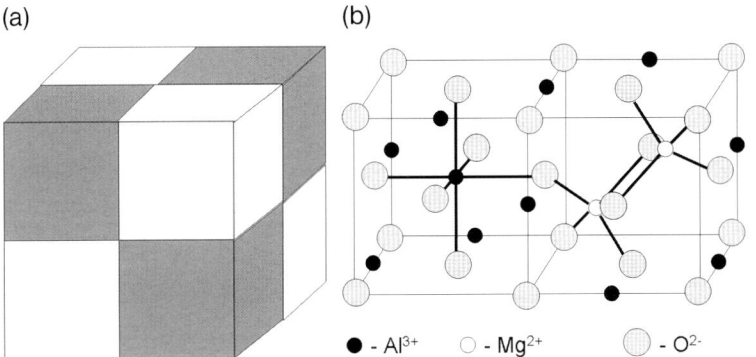

Abb. 1.23 Elementarzelle eines Spinells (MgAl$_2$O$_4$): a) Anordnung der beiden Teilzellentypen, b) Struktur der Teilzellen

Um das Spinellgitter des Typs A^{2+}B$^{3+}_2$C$^{2-}_4$ (als Beispiel MgAl$_2$O$_4$) verstehen zu können, geht man zunächst von einer einfachen kfz-Anordnung der Sauerstoffionen aus. Diese Teilzelle wird in allen drei Achsrichtungen verdoppelt (Abb. 1.23 a), sodass in einer Spinellzelle mit 8 Teilzellen letztlich 32 Sauerstoffionen Platz finden. Die Teilzellen verfügen über je 4 oktaedrische Lückenpositionen (Raum- und Kantenmitten der Teilzellen) als auch je 8 tetraedrische Lücken (vergleiche Abschnitt 1.5.1.2). Zwei mit ihren Flächen aneinander grenzende Teilzellen werden nun mit den A- und B-Ionen (Mg^{2+}- und Al^{3+}-Ionen) so besetzt, wie es Abb. 1.23 b zeigt. Vier solcher Teilzellenpaare werden dann so zusammengefügt wie es Abb. 1.23 a darstellt. Damit ergeben sich für die gesamte Zelle 16 Positionen für B-Ionen und 8 Positionen für A-Ionen, d. h. alle A-Ionen finden sich auf Tetraederplätzen und alle B-Ionen auf Oktaederplätzen. Das entspricht der normalen Spinellstruktur.

1.4.4 Mischbindungen

In Abschnitt 1.1 wurde bereits darauf hingewiesen, dass in Festkörpern sehr oft die reinen metallischen, ionischen oder kovalenten Bindungen nicht realisiert werden. Vielmehr beobachtet man gemischte Bindungen, deren Festigkeiten ganz erheblich sein können. Dabei können die Bindungen selbst Mischcharakter aufweisen (z. B. GaAs) oder es treten verschiedene Bindungen unterschiedlichen Charakters auf (z. B. TiN). Da sich die Bindungsfestigkeiten der Materialien in ihren Schmelzpunkten widerspiegeln, kann ein Vergleich der Schmelzpunkte verschiedener Materialien bei verwandter Struktur zur Beurteilung der Bindungsfestigkeiten herangezogen werden.

Als Beispiele für die hohe Bindungsfestigkeit gemischter Bindungen seien genannt:

– *GaAs: Zinkblendestruktur mit Koordinationszahl 4* (Abb. 1.17)
  Bindung: gemischt kovalent-ionisch
  Schmelzpunkte: Ga: 29,5 °C; As: 815 °C; GaAs: 1238 °C
  Der direkte Vergleich der Schmelz-

punkte ist problematisch, da mit der Verbindungsbildung eine dominant kovalente Bindung hergestellt wurde, während Ga dominant metallisch ist. Im Periodensystem der Elemente steht zwischen Ga (Ordnungszahl OZ = 31) und As (OZ = 33) Germanium mit der OZ = 32 und einer Diamantstruktur. Es ist somit das chemisch strukturelle Analogon zu GaAs, hat aber praktisch ein rein kovalente Bindungen. Der Schmelzpunkt beträgt 937 °C. Der rund 300 °C höhere Schmelzpunkt des GaAs ist Folge des Ionenbindungsanteils in dieser Verbindung, der beim Germanium fehlt.

– *TiN: Steinsalzstruktur mit Koordinationszahl 6 (Abb. 1.13)*
Bindung gemischt metallisch-ionisch
Schmelzpunkte: Ti: 1672 °C; N: −210 °C; TiN: 2950 °C
Die Struktur kann verstanden werden als ein kfz Untergitter für die Titanatome mit einer dominant metallischen Bindung zwischen ihnen und Stickstoffatomen auf oktaedrischen Zwischengitterplätzen im Titan-Untergitter, wobei die Wechselwirkung zwischen Ti und N deutlich ionisch ist. Diese Situation ist typisch für carbidische, nitridische oder boridische Hartstoffe.

1.5
Mischkristalle und Überstrukturen

1.5.1
Metalle

Wesentlich für die weite Verbreitung metallischer Werkstoffe in der Technik ist die Möglichkeit der Legierungsbildung zwischen verschiedenen Metallen bzw. mit Nichtmetallen. Darunter versteht man eine innige Mischung aus mehreren Metallen bzw. Metallen und Nichtmetallen, wobei sich die Eigenschaften der Legierungen gegenüber denen der reinen Komponenten (Metallen) stark verändern können.

Um besser verstehen zu können, welche Erscheinungen bei der Legierungsbildung auftreten können, ist es notwendig näher zu erläutern, was man unter einer Phase versteht. Dabei geht man davon aus, dass in stofflichen Systemen in der Regel Bereiche mit unterschiedlichen Strukturen (verschiedene Kristallstrukturen, aber auch verschiedene amorphe Bereiche) vorliegen. Als Phase fasst man nun die Gesamtheit aller jener Bereiche des Systems zusammen, die eine gleiche bzw. gleichartige Struktur haben. Das Kennzeichen für eine Phase ist also deren Struktur. Daraus folgt natürlich, dass bei Gleichheit der Struktur zwangsläufig die thermodynamischen Eigenschaften (s. auch Kap. 3), die chemische Zusammensetzung und letztlich die physikalisch-chemischen Eigenschaften gleich sind. Die Gleichheit der chemischen Zusammensetzung von Bereichen eines Systems bedeutet umgekehrt nicht, dass diese Bereiche einer Phase zuzuordnen wären. Man beobachtet sehr häufig, dass z. B. reine Metalle in Abhängigkeit von Temperatur und Druck unterschiedliche Strukturen, d. h. unterschiedliche Phasen ausbilden. So existiert reines Eisen in mehreren Strukturvarianten (Modifikationen genannt): α-Fe (ferromagnetisch, krz), β-Fe (paramagnetisch, krz), γ-Fe (kfz), δ-Fe (krz bei hohen Temperaturen) und ε-Fe (hdP bei hohen Drücken). Auch bei chemischen Verbindungen beobachtet man nicht selten in Abhängigkeit von Druck und Temperatur verschiedene Strukturen; auch sie bilden verschiedene Phasen aus. Als Beispiel sei SiO_2 genannt, für das 12 Strukturmodifikationen, d. h. 12 Phasen bekannt sind. Alle diese Erscheinungen fasst man unter dem Begriff der Polymorphie (Vielgestaltigkeit) zusammen (s. Abschnitt 1.6).

Eine metallische Legierungsbildung im festen Zustand kann zu folgenden Erscheinungen führen:

1. Die beteiligten Komponenten gehen praktisch keine Mischung im atomaren Bereich ein, d. h. sie liegen in der Legierung als getrennte, reine Phasen vor. Beispiele sind die Systeme: Cu-Pb, Fe-Pb, Cu-W. Eine Legierung aus Fe und Pb besteht demnach bei Raumtemperatur aus Eisenkörnern, die praktisch kein Blei enthalten, und aus Bleikörnern, in denen praktisch kein Eisen gelöst ist. Bei genauer Analyse muss man jedoch feststellen, dass sich immer geringe Löslichkeiten der festen Metalle ineinander ergeben, also im streng thermodynamischen Sinn Mischphasen gebildet werden. Diese Löslichkeiten können aber wie in den genannten Beispielen so gering sein, dass sie aus praktischer Sicht vernachlässigbar erscheinen.
2. Die Komponenten gehen atomare Mischungen ein, wobei die zu einem Basismetall zulegierten Komponenten auf Gitterplätzen und Zwischengitterplätzen des Basismetalls (Matrix) statistisch verteilt sind. Es bilden sich sogenannte Mischkristalle (Mischphasen) mit der Kristallstruktur des Basismetalls aus, die als feste Lösungen anzusehen sind. In Mischkristallen kann eine begrenzte (z. B. Cu-Zn, Fe-Cr) oder eine lückenlose Löslichkeit für die zulegierten Komponenten auftreten (z. B. Ni-Cu).
3. Die Komponenten bilden bei bestimmten Zusammensetzungsverhältnissen chemische Verbindungen, die sich in ihrer Struktur von der der beteiligten Elemente unterscheiden. Solche chemischen Verbindungen mit dominierend metallischem Bindungscharakter bezeichnet man als intermetallische Verbindungen bzw. intermetallische Phasen. Beispiele dafür sind die Phasen Ni_3Al, $CuZn$ oder Mg_2Sn. Oft treten diese Phasen mit einem deutlichen Homogenitätsbereich um die stöchiometrische Zusammensetzung auf, was als eine Mischkristallbildung der Phase mit ihren eigenen Komponenten aufgefasst werden kann.

Im Folgenden sollen einige grundsätzliche Bemerkungen über Mischkristalle gemacht werden. Die intermetallischen Phasen und die ihnen nahe stehenden Einlagerungsphasen sind bereits in Abschnitt 1.4.1 behandelt worden.

Mischkristalle können auf dreierlei Art gebildet werden:

1. Der Einbau der zulegierten Komponente erfolgt durch örtlich regellose Substitution (Austausch) von Atomen des Basismetalls (Matrix) durch Atome des Legierungselements (Abb. 1.24). Das wesentliche Merkmal dieser sogenannten Substitutionsmischkristalle ist, dass die Zahl der Atome pro Elementarzelle im Vergleich zum Basismetall unverändert bleibt. Wegen der mehr oder weniger ausgeprägten Differenzen der Atomradien der Matrix- und der Legierungsatome wird man aber Verzerrungen in der Umgebung des substituierten Atoms und damit eine Veränderung der Gitterparameter feststellen (Abb. 1.25). Substitutionen können auch bei Verbindungen beobachtet werden. So kann z. B. Aluminium in TiN Titanatome (Bildung von $Ti_{1-x}Al_xN$) oder Kohlenstoff die Stickstoffatome (Bildung von $TiN_{1-y}C_y$) substituieren.
2. Die zulegierten Atome werden in vorhandene Gitterlücken des Basismetalls eingebaut bzw. eingelagert (Abb. 1.24).

1 Strukturen anorganischer Werkstoffe (Metalle und Keramiken)

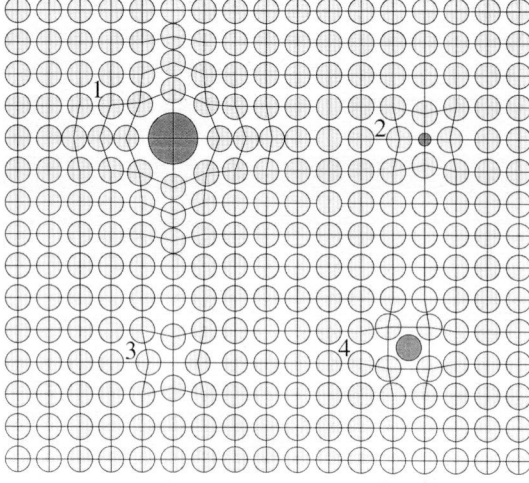

Abb. 1.24 Möglichkeiten der Mischkristall- bzw. Punktdefektbildungen, 1 Substitution durch ein großes Atom, 2 Substitution durch ein kleines Atom, 3 Leerstelle, 4 eingelagertes Atom

Es entstehen sogenannte Einlagerungsmischkristalle, bei denen die mittlere Zahl der Atome pro Elementarzelle im Vergleich zum Basismetall vergrößert wird. Gelegentlich wird dafür auch die Bezeichnung Additionsmischkristall verwendet. Bei Einlagerungsmischkristallen beobachtet man stets eine Zunahme der Gitterparameter mit der Konzentration.

3. Bei einer chemischen Verbindung können Leerstellen, d. h. unbesetzte Gitterplätze, im Gitter gebildet werden.

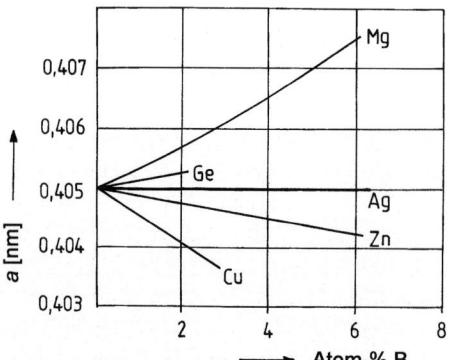

Abb. 1.25 Gitterparameter von Aluminiummischkristallen

Damit fehlen Atome einer oder mehrerer Komponenten der Verbindung, es tritt eine Abweichung von der korrekten stöchiometrischen Zusammensetzung auf. Die Zahl der Atome (besetzten Gitterplätze) pro Elementarzelle verringert sich in diesem Fall. Man bezeichnet das als Subtraktionsmischkristallbildung.

1.5.1.1 Substitutionsmischkristalle

Eine ausgeprägte Löslichkeit einer Komponente B in einem Basismetall A ist dann zu erwarten, wenn

- beide Komponenten im gleichen Gittertyp oder zumindest in einem verwandten Gittertyp kristallisieren,
- sich die Radien der kugelig gedachten Atome nur wenig voneinander unterscheiden (relative Radiendifferenzen nicht größer als 10 bis 15 %) und
- eine chemische Ähnlichkeit der Komponenten gegeben ist (Ähnlichkeit der Valenzelektronenstruktur).

Diese Regeln sind nicht als strenge Bedingungen aufzufassen und lassen sich auch nur schwer oder unzureichend quantifizieren. Sie erlauben aber in vielen praktischen Fällen eine zufrieden stellende Vorhersage über das zu erwartende Mischkristallverhalten.

Als Folge der Radienunterschiede zwischen den Atomen des Basismetalls und der zulegierten (gelösten) Komponente ergeben sich in der Umgebung der substituierten Atome Gitterverzerrungen (Abb. 1.24, 1 und 2). Sie führen zu einer Änderung der Gitterparameter, die sich im Fall idealer Mischkristallbildungen linear mit der Konzentration der Komponente B verändern (Vegard'sche Regel). Für kubische Substanzen gilt

$$\Delta a = a_{AB} - a_A = a_A \, x_B \, (r_B/r_A - 1) \quad (1.15)$$

a_{AB}, a_A Gitterparameter des Mischkristalls bzw. des Basismetalls
r_A, r_B Atomradius des Basismetalls bzw. des zulegierten Elements
x_B Atomanteil des zulegierten Elements

(Zahl der B-Atome bezogen auf die Gesamtzahl der Atome im System)

Abbildung 1.25 zeigt die Konzentrationsabhängigkeiten der Gitterparameter von kubischen Aluminiummischkristallen. Für $r_B > r_A$ beobachtet man eine Zunahme des Gitterparameters mit steigendem x_B (Al-Mg, Al-Ge), für $r_B < r_A$ eine Abnahme (Al-Zn, Al-Cu) und für $r_B \approx r_A$ praktisch eine Unabhängigkeit (Al-Ag). Nicht selten beobachtet man, dass sich der Atomradius eines Metalls im Mischkristall von dem des reinen Metalls unterscheidet. So beträgt beispielsweise der Atomradius des Cu im elementaren Zustand $r_{Cu} = 0{,}1278$ nm, im Al-Cu-Mischkristall dagegen 0,1246 nm. Diese Änderungen der Atomradien im Mischkristall sind Ausdruck der dabei auftretenden Modifizierung der Elektronenstruktur und zeigen eine Abweichung vom idealen Mischkristallverhalten an (reale Mischkristalle).

Die Mischkristallbildung wird durch eine mäßige chemische Affinität der Legierungspartner gefördert. Eine fehlende chemische Affinität führt zu einer drastischen Reduzierung der Löslichkeiten, wie es im System Ag-W zu verzeichnen ist. Obwohl der Atomradienunterschied hier nur 5 % beträgt, tritt aus diesem Grund eine sehr geringe gegenseitige Löslichkeit auf. Dagegen beobachtet man im System Ag-Zn trotz eines Atomradienunterschieds von 8 % eine Löslichkeit bis zu 35 Atom-% Zn. Bei starken chemischen Affinitäten werden die Bindungen zwischen den ungleichartigen Legierungspartnern bevorzugt, was die Mischkristallbildung fördert, aber auch zu Ordnungserscheinungen oder gar zur Bildung intermetallischer Phasen Anlass geben kann.

Das Verhalten realer Mischkristalle lässt sich am einfachsten mithilfe der Wechselwirkungsenergien zwischen den artgleichen (E_{AA} bzw. E_{BB}) und den artfremden (E_{AB}) Atomen beschreiben (s. Abschnitt 3.1.2): Ist E_{AB} etwa so groß wie der Mittelwert der Wechselwirkungsenergien zwischen den arteigenen Atomen $1/2(E_{AA} + E_{BB})$, so stellt sich eine weitgehend statistische Verteilung der Partner auf die Gitterplätze ein (Abb. 1.26 a). Bei $2E_{AB} < E_{AA} + E_{BB}$ werden die Bindungen zwischen den arteigenen Legierungspartnern bevorzugt, die Atome werden sich nach Möglichkeit mit arteigenen Nachbarn umgeben. In diesem Fall spricht man von einer Nahentmischung oder Clusterbildung (Abb. 1.26 d), die letztlich bis zu einer vollständigen Entmischung bzw. Ausscheidung führen kann.

Wird $2E_{AB} > E_{AA} + E_{BB}$, werden sich die Atome im Mischkristall so anordnen, dass sich jedes B-Atom mit möglichst vielen A-Atomen und umgekehrt umgeben wird,

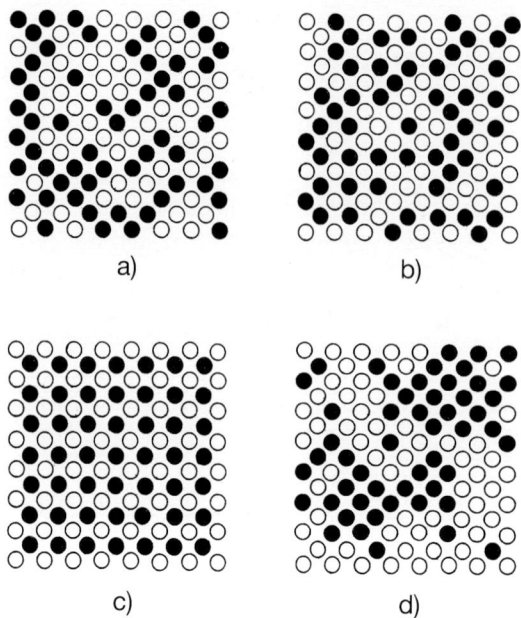

Abb. 1.26 Reale Mischkristallstrukturen: a) idealer Mischkristall, b) nah geordneter Mischkristall, c) fern geordnete Überstruktur, d) nah entmischter Mischkristall

da damit die höchste Zahl der energetisch bevorzugten AB-Bindungen realisiert wird. Die Atomanordnung ist nicht mehr statistisch, sondern es bildet sich eine geordnete Verteilung der Komponenten aus (Abb. 1.26 b). Findet eine Ordnung nur in der nächsten oder übernächsten Nachbarschaft statt, spricht man von einer Nahordnung. In vielen Fällen ist die Ordnungstendenz jedoch so stark, dass der gesamte Kristall weit reichend geordnet wird; es tritt eine Fernordnung oder Überstruktur auf (Abb. 1.26 c). Beispiele für Überstrukturen vom Typ A_3B sind Cu_3Au und Ni_3Fe, vom Typ AB CuAu und CuZn. Die zugehörigen Elementarzellen sind in Abb. 1.27 dargestellt. Neben dem Auftreten einer kritischen Ordnungstemperatur, bei der ein Übergang vom ungeordneten Mischkristall in den geordneten stattfindet, ist für eine Überstruktur kennzeichnend, dass die Gitter des Mischkristalls und der Überstruktur in ihren geometrischen Beziehungen und Koordinationen gleich sind. Allerdings tritt bei Ausbildung einer Überstruktur eine Symmetrieerniedrigung auf. So weist der Mischkristall mit 75 Atom-% Ni und 25 Atom-% Fe ein kubisch flächenzentriertes Gitter auf, die Überstruktur Ni_3Fe dagegen ein kubisch primitives Gitter, da hier die Atomposition mit den Koordinaten 0 0 0 den Positionen $\frac{1}{2}\frac{1}{2}0$, $0\frac{1}{2}\frac{1}{2}$ oder $\frac{1}{2}0\frac{1}{2}$ nicht mehr äquivalent ist. Sogar eine Änderung des Kristallsystems kann auftreten, wie man es bei der tetragonalen Überstruktur CuAu I beobachtet (Abb. 1.27).

1.5.1.2 Einlagerungsmischkristalle

Die Kristallstrukturen der meisten reinen Metalle können als Kugelpackungen aufgefasst werden, wobei die Packungsdichte für die kubisch dichteste (kdP) und die hexagonal dichteste (hdP) Packung 74 %, für die kubisch raumzentrierte Struktur (krz) 68 % erreicht. Das bedeutet, dass zwischen den kugelförmig gedachten Atomen noch Freiräume bleiben, die als Zwischengitterplätze bzw. Gitterlücken bezeichnet werden. In diese können Atome mit geringen

1.5 Mischkristalle und Überstrukturen | 35

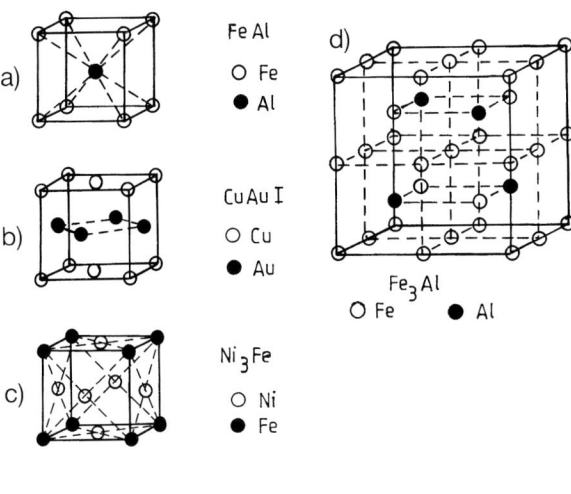

Abb. 1.27 Elementarzellen von Überstrukturen: a) FeAl (kubisch primitiv), b) CuAu I (tetragonal), c) Ni$_3$Fe (kubisch primitiv), d) Fe$_3$Al (kubisch flächenzentriert)

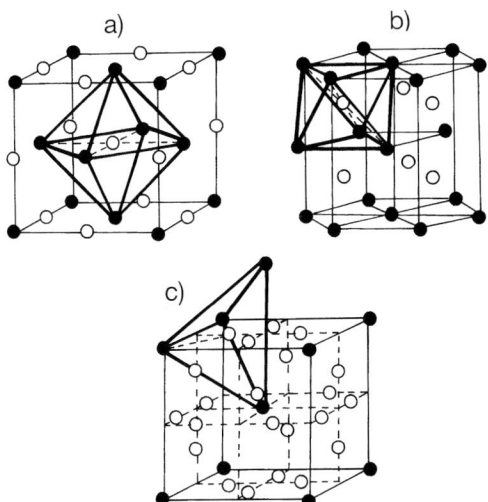

Abb. 1.28 Gitterlücken in der a) kdP-, b) hdP-, c) krz-Kugelpackung

Atomradien wie Wasserstoff (0,045 nm), Kohlenstoff (0,077 nm), Stickstoff (0,070 nm) und Bor (0,088 nm) eingelagert werden (Abb. 1.28). Dieser Einbau auf Gitterlücken führt zu Einlagerungsmischkristallen, bei denen sich im Gegensatz zu den Substitutionsmischkristallen die Zahl der Atome pro Elementarzelle verändert (vergrößert). Anhand dieses Befunds können auch diese beiden Mischkristalltypen voneinander unterschieden werden. Eine ausgeprägte Neigung zur Bildung von Ein-

lagerungsmischkristallen zeigen die Übergangsmetalle insbesondere mit den Elementen Kohlenstoff und Stickstoff.

Betrachten wir die Geometrie der Gitterlücken etwas näher. In der kdP (kfz-Gitter) befindet sich die größte Gitterlücke in der Position $\frac{1}{2}\frac{1}{2}\frac{1}{2}$, in die eine Kugel mit dem Radius von $r = 0{,}414\, r_A$ (r_A = Atomradius des Wirtsmetalls) so eingepasst werden kann, dass sie die sechs benachbarten Wirtsmetallatome gerade berührt. Diese bilden zusammen ein Oktaeder, weshalb diese

Lücke als Oktaederlücke bezeichnet wird. Äquivalente Gitterlücken befinden sich in den Positionen $\frac{1}{2}$ 0 0, 0 $\frac{1}{2}$ 0 und 0 0 $\frac{1}{2}$, ihre Zahl pro Elementarzelle beträgt also vier (Abb. 1.28 a). (Es ist zu beachten, dass Positionen in den Kantenmitten, in denen sich vier Elementarzellen treffen, nur zu einem Viertel der Elementarzelle zuzurechnen sind.) Darüber hinaus existieren aber noch acht tetraedrische Lücken mit kleinerem Freiraum ($r = 0{,}23\ r_A$) in den Positionen $\frac{1}{4}\frac{1}{4}\frac{1}{4}$, $\frac{1}{4}\frac{3}{4}\frac{1}{4}$, $\frac{3}{4}\frac{1}{4}\frac{1}{4}$, $\frac{1}{4}\frac{1}{4}\frac{3}{4}$, $\frac{1}{4}\frac{3}{4}\frac{3}{4}$, $\frac{3}{4}\frac{3}{4}\frac{1}{4}$, $\frac{3}{4}\frac{1}{4}\frac{3}{4}$ und $\frac{3}{4}\frac{3}{4}\frac{3}{4}$. In der Regel werden die größeren Oktaederlücken mit Zwischengitteratomen besetzt, um die mit der Einlagerung verbundenen Gitterverzerrungen gering zu halten.

Bei der hdP ergeben sich wie bei der kdP oktaedrische Gitterlücken in $\frac{2}{3}\frac{1}{3}\frac{1}{4}$ und $\frac{1}{3}\frac{2}{3}\frac{3}{4}$ und gleichem Innenradius von $r = 0{,}414\ r_A$ (Abb. 1.28 b). Die kleineren tetraedrischen Lücken liegen in $\frac{1}{3}\frac{2}{3}\frac{1}{4}$ und $\frac{2}{3}\frac{1}{3}\frac{3}{4}$.

In einer Kugelpackung mit krz-Gitter (Abb. 1.28 c) sind die sechs oktaedrischen Lücken in $\frac{1}{2}$ 0 0, 0 $\frac{1}{2}$ 0, 0 0 $\frac{1}{2}$, $\frac{1}{2}\frac{1}{2}$ 0, $\frac{1}{2}$ 0 $\frac{1}{2}$ und 0 $\frac{1}{2}\frac{1}{2}$ mit $r = 0{,}155\ r_A$ kleiner als die 12 möglichen tetraedrischen Lücken mit $r = 0{,}291\ r_A$ in den Positionen $\frac{1}{2}\frac{1}{4}$ 0, $\frac{3}{4}\frac{1}{2}$ 0, $\frac{1}{4}\frac{1}{2}$ 0, $\frac{1}{2}$ 0 $\frac{1}{4}$, $\frac{1}{2}$ 0 $\frac{3}{4}$, $\frac{1}{4}$ 0 $\frac{1}{2}$, $\frac{3}{4}$ 0 $\frac{1}{2}$, 0 $\frac{1}{2}\frac{1}{4}$, 0 $\frac{1}{2}\frac{3}{4}$, 0 $\frac{1}{4}\frac{1}{2}$ und 0 $\frac{3}{4}\frac{1}{2}$. Es werden sich daher interstitielle Atome bevorzugt in den tetraedrischen Lücken finden, die jedoch immer noch kleiner als die oktaedrischen im kfz-Gitter sind.

Auch für die Bildung von Einlagerungsmischkristallen lassen sich Regeln formulieren:

- Die Legierungsatome werden so eingelagert, dass möglichst geringe Verzerrungen des Grundgitters auftreten. Gewöhnlich werden daher die größten Gitterlücken besetzt. Die Löslichkeiten steigen, je geringer die erzeugten Gitterverzerrungen sind, d.h. je kleiner die relativen Atomradiendifferenzen zwischen r_E (Radius des Einlagerungsatoms) und r (Lückenradius) sind.
- Ist der Atomradius des einzulagernden Elements kleiner als der größte Lückenradius, werden Lücken mit kleinerem Innenradius belegt, denn die eingelagerten Atome müssen mit den benachbarten Wirtsatomen in Kontakt kommen, sie dürfen nicht „klappern". Wasserstoff wird in Zirkon wegen $r_H/r_{Zr} = 0{,}29$ nicht in den oktaedrischen Gitterlücken, sondern in den tetraedrischen eingebaut.

Da die kdP und die hdP größere Gitterlücken aufweisen als das krz-Gitter, ist zu verstehen, warum die kfz und die hexagonalen Metalle größere Löslichkeiten für interstielle (eingelagerte) Atome zeigen als die krz-Metalle. So beträgt die Kohlenstofflöslichkeit des kfz γ-Fe (Austenit) bei einer Temperatur von 723 °C 0,8 Masse-%, die des krz α-Fe (Ferrit) dagegen nur 0,02 Masse-%. Die maximale Löslichkeit des γ-Fe erreicht sogar 2,06 Masse-% bei 1147 °C. Ähnliches lässt sich auch im System Fe-N feststellen: α-Fe löst bei 591 °C etwa 0,1 Masse-% N, γ-Fe dagegen 2,35 Masse-%. Die größeren Löslichkeiten des Eisens für Stickstoff erklären sich aus dem geringeren Atomradius des Stickstoffs im Vergleich zu dem des Kohlenstoffs.

Wie auch bei den Substitutionsmischkristallen ist eine geordnete Verteilung der gelösten Atome auf die Gitterplätze möglich. Im Fall einer Fernordnung entstehen Verbindungen, die als Einlagerungsphasen bezeichnet und in Abschnitt 1.4.1.3 besprochen worden sind.

1.5.1.3 Subtraktionsmischkristalle

Als Gegenstück zu den bereits besprochenen Einlagerungsmischkristallen können die Subtraktionsmischkristalle angesehen werden. Sie treten insbesondere bei den in den Abschnitten 1.4.1.2 und 1.4.1.3 näher erläuterten intermetallischen Verbindungen und Einlagerungsphasen auf, die in der Regel deutliche Abweichungen von den streng stöchiometrischen Zusammensetzungen aufweisen. Sie sind in vielen Fällen das Resultat eines Leerstelleneinbaus in eines der Teilgitter der beteiligten Komponenten. So neigen z. B. die Nitride der Übergangsmetalle dazu, durch einen erheblichen Leerstelleneinbau auf Stickstoffgitterplätzen bezüglich des Stickstoffs unterstöchiometrisch zu werden, ohne dass dabei die für diese Nitride typische Steinsalzstruktur verloren geht. Als Kennzeichen der Subtraktionsmischkristalle tritt dabei eine Verringerung der mittleren Zahl der Atome pro Elementarzelle auf, die z. B. für eine stöchiometrische Verbindung mit Steinsalzstruktur acht beträgt.

1.5.2
Keramische Werkstoffe

Keramische Phasen zeigen hinsichtlich ihres Mischungsverhaltens das gleiche Erscheinungsbild wie die bisher besprochenen metallischen Phasen. Es können Gemenge zwischen praktisch reinen Phasen, Mischphasen (Mischkristalle) oder Verbindungen mit eigener Struktur gebildet werden.

Die Mischphasenbildung gehorcht adäquaten Regeln wie bei den Metallen, d. h. es treten sowohl Substitutionsmischkristalle, Einlagerungsmischkristalle als auch Subtraktionsmischkristalle auf. Auf einen besonderen Aspekt bei der Mischkristallbildung muss aber hingewiesen werden: Eine Substitution eines Ions/Atoms ist nur dann in diesen Systemen mit lokalisierten Elektronen einfach möglich, wenn die Wertigkeiten der sich substituierenden Atome gleich sind. So können z. B. Na-Ionen relativ einfach durch K-Ionen ersetzt werden, eine Substitution von einwertigen Ionen A^+ (z. B. K^+) durch zweiwertige B^{++} (z. B. Ca^{++}) würde zu einer Verletzung der Ladungsneutralität führen. Sie ist dann möglich, wenn B^{++} gleichzeitig zwei A^+ ersetzt. Das bedeutet aber, dass dabei neben dem Ersatz eines A^+ durch B^{++} ein weiteres A^+ eliminiert werden muss, also eine Leerstelle im A^+-Teilgitter entsteht (s. auch Abschnitt 1.7).

1.6
Polymorphie, Polytypie

Von vielen metallischen und keramischen Phasen ist bekannt, dass sie in Abhängigkeit von Temperatur und Druck unterschiedliche Kristallstrukturen ausbilden. Diese Erscheinung bezeichnet man als Polymorphie (Vielgestaltigkeit) und die in ihrer Struktur unterschiedlichen Phasen als polymorphe Modifikationen. Bei reinen Metallen und stöchiometrischen Verbindungen treten die Modifikationswechsel bzw. Phasenumwandlungen bei definierten Temperaturen auf, sofern es sich um Gleichgewichtszustände handelt. (Im Fall reiner Elemente wird diese Strukturumwandlung auch als Allotropie bezeichnet.) Umwandlungen zwischen stabilen Phasen verlaufen reversibel, d. h. sie sind mit Umkehrung der Temperatur- bzw. Druckveränderung umkehrbar.

Das bekannteste Beispiel dafür ist das Eisen. Im Temperaturbereich bis 768 °C besitzt es eine krz-Struktur und ist ferromagnetisch (α-Fe), zwischen 768 °C und 911 °C ist es ebenfalls krz, aber paramagnetisch (β-Fe), zwischen 911 °C und 1392 °C ist die kfz-Struktur stabil (γ-Fe) und von 1392 °C bis zum Schmelzpunkt von 1536 °C tritt wieder die krz-Struktur in Erscheinung (δ-Fe). Darüber hinaus existiert bei Drücken oberhalb von etwa 12 GPa

Tab. 1.7 Allotrope Modifikationen wichtiger Metalle

Metall	Modifikation	Existenzbereich [°C]	Kristallstruktur[a]
Eisen	α-Fe	≤ 768	A2, ferromagnetisch
	β-Fe	768-911	A2, paramagnetisch
	γ-Fe	911-1392	A1
	δ-Fe	1392-1536	A2
Cobalt	α-Co	≤ 420	A3, ferromagnetisch
	β-Co	420-1140	A1, ferromagnetisch
	γ-Co	1140-1495	A1, paramagnetisch
Mangan	α-Mn	≤ 727	A12
	β-Mn	727-1095	A13
	γ-Mn	1095-1133	A1
	δ-Mn	1133-1245	A2
Titan	α-Ti	≤ 882	A3
	β-Ti	882-1668	A2
Zirconium	α-Zr	≤ 840	A3
	β-Zr	840-1852	A2
Zinn	α-Sn	≤ 13,2	A4
	β-Sn	13,2-232	A5

[a] A1 kfz (Kupfer-Typ), A2 krz (Wolfram-Typ), A3 hdP (Magnesium-Typ), A4 kfz (Diamant-Typ), A5 tetragonal, A12 kubisch (58 Atome in Elementarzelle), A13 kubisch (20 Atome in Elementarzelle).

noch eine hexagonale Modifikation, die als ε-Fe bezeichnet wird. Die (allotropen) Modifikationen wichtiger Metalle sind in Tab. 1.7 aufgeführt.

In der allgemeinen Praxis werden häufig die verschiedenen magnetischen Ordnungszustände nicht als gesonderte Phasen geführt. Typisches Beispiel dafür ist das α-Fe, dessen Umwandlung in das β-Fe nicht beachtet wird, sein Existenzgebiet also wegen des gleich bleibenden Bravais-Typs (krz) vereinfachend bis 911 °C angenommen wird.

Die Phasenumwandlungen sind mit Änderungen von Eigenschaften (z. B. des spezifischen Volumens, der elektrischen Leitfähigkeit, der elastischen Moduln) und Wärmetönungen verknüpft, anhand derer sie experimentell verfolgt werden können (Differenzialthermoanalyse, Dilatometrie, s. Abschnitt 3.7).

Als Beispiel für die Polymorphie von keramischen Phasen sei auf SiO_2 verwiesen. Am bekanntesten ist der trigonale Tiefquarz (α-Quarz), der bei 573 °C in den sogenannten hexagonalen β- Hochquarz übergeht. Weiterhin existiert der sogenannte Cristobalit als tetragonaler α-Tiefcristobalit und als kubischer β-Hochcristobalit (s. Abb. 1.21). Durch Hinzufügen kleiner Mengen an Drittelementen können weitere Varianten gebildet werden.

Das Element Kohlenstoff begegnet uns als Diamant mit einem typischen Gitter, das in Abb. 1.17 dargestellt ist (Diamantgitter). Meistens finden wir den Kohlenstoff jedoch als Grafit, der ein hexagonales Schichtgitter ausbildet. Auf synthetischem

Wege gelingen auch fußballähnliche Atomanordnungen (sogenannte Fullerene) und röhrenförmige Makromoleküle (Nanotubes).

In Verbindungen, deren Strukturen als Stapelung ebener Atomanordnungen aufgefasst werden können, beobachtet man oft eine Vielfalt von periodischen Stapelfolgen. Die sich ergebenden Strukturen bezeichnet man als Polytype.

Klassisches Beispiel ist SiC (Siliciumcarbid). Man beobachtet es gewöhnlich in der hexagonalen Wurtzitstruktur (hexagonale Phase des ZnS) mit einer zweilagigen Periodizität der Art …abab … oder in der Sphalerit- bzw. Zinkblendestruktur (Abb. 1.17) mit einer dreilagigen Periodizität … abcabc ….. Darüber hinaus existieren aber noch eine Vielzahl von periodischen Stapelfolgen, deren Kennzeichnung folgendermaßen vorgenommen wird: Eine Zahl gibt an, wie viele Ebenen einen periodisch wiederkehrenden Stapel bilden (2, 3, 4, …) und ein Buchstabensymbol dient zur Charakterisierung des Kristallsystems (z. B. C für kubisch, H für hexagonal, R für rhomboedrisch). So bedeuten: SiC-4H ein Siliciumcarbid mit einer periodischen Stapelfolge … abcb…, SiC-6H eines mit einer Folge …abcacb…, beides mit hexagonaler Struktur. Der Zinkblendestruktur entspricht also die Symbolik 3C, der Wurtzitstruktur 2H.

Phasenumwandlungen in Mischkristallen sind in der Regel mit Konzentrationsänderungen bzw. der Bildung weiterer Phasen verbunden. Die Umwandlungen vollziehen sich daher nicht mehr bei einer definierten Temperatur, sondern in einem Temperaturintervall (s. auch Kap. 3).

1.7 Kristallbaufehler

1.7.1 Klassifizierung von Kristallbaufehlern

Die Darstellung eines Kristalls als eine perfekte Anordnung von Atomen, Ionen oder Molekülen in einem (unendlich gedachten) Raumgitter entspricht bei genauerer Betrachtung nicht der Wirklichkeit. Jeder Kristall (Kristallit) weist eine Reihe von Kristallbaufehlern oder Gitterfehlern im Sinn von Abweichungen der realen Kristalle/Kristallite von der idealen, perfekten Anordnung der atomaren Bausteine auf. Die Summe dieser Abweichungen bezeichnet man als Realstruktur. Diese Abweichungen treten teilweise sogar im thermodynamischen Gleichgewicht auf, was bedeutet, dass die entsprechenden Fehler bei einer gegebenen Temperatur unvermeidlich mit einer bestimmten Dichte in Erscheinung treten. Viele Eigenschaften der Kristalle (Kristallite) lassen sich nur verstehen, wenn man die Existenz von Gitterfehlern voraussetzt. Dazu gehören z. B. die plastischen Eigenschaften und das Diffusionsverhalten. Daraus folgt, dass sowohl die Kenntnis der Fehler- bzw. Defektstrukturen als auch deren Manipulierbarkeit einen bedeutsamen Bereich der Werkstoffwissenschaft und damit der Metallkunde darstellen.

Man unterscheidet zwei grundsätzliche Gitterfehlerarten: die lokalisierbaren und die delokalisiert auftretenden. Während im ersten Fall der Gitterfehler während der Beobachtungsdauer an einem bestimmten Ort im Kristall zu finden ist (z. B. eine Leerstelle oder eine Ansammlung von Fremdatomen, auch Cluster genannt), zeichnen sich die delokalisierten Gitterfehler dadurch aus, dass an dieser Fehlerkonfiguration sehr viele, meist alle

Atome/Ionen eines Kristalls in kollektiver Weise beteiligt sind (Eigenspannungszustände, thermisch bedingte Gitterschwingungen). Trotz der großen technischen Bedeutung auch der delokalisiert auftretenden Gitterfehler versteht man unter Gitterfehlern im engeren Sinn lediglich die lokalisierbaren.

Um eine sinnvolle Einteilung der lokalisierbaren Gitterfehler vornehmen zu können, betrachtet man die räumliche Ausdehnung des betreffenden Fehlergebiets, d. h. man kennzeichnet die Zahl der räumlichen Dimensionen, in denen der Gitterfehler mehr als etwa atomare Ausdehnung besitzt (Dimensionalität der Gitterfehler). Damit ergibt sich folgende allgemein verwendete Einteilung der Gitterfehler/Kristallbaufehler:

- *nulldimensionale Baufehler* oder *Punktdefekte* mit gestörten Bereichen, die in allen Raumrichtungen nur atomare bzw. nur wenig größere als atomare Abmessungen aufweisen (Leerstellen, arteigene oder fremde Atome auf Zwischengitterplätzen, substituierte Fremdatome);
- *eindimensionale Baufehler* oder *Liniendefekte* mit gestörten Bereichen, die nur in einer Raumrichtung eine größere als atomare Dimension haben (Versetzungen, Ketten von Punktdefekten);
- *zweidimensionale Baufehler* oder *Flächendefekte*, die nur noch in einer Dimension etwa atomare Ausdehnung aufweisen (Stapelfehler, Antiphasengrenzen, Subkorngrenzen);
- *dreidimensionale Baufehler* oder *Volumendefekte* (Poren, Ausscheidungen, Einschlüsse). Sie entstehen üblicherweise aus einer Agglomeration von Punktdefekten.

1.7.2
Punktdefekte

1.7.2.1 Leerstellen

Eine Leerstelle in Metallen entsteht durch Entfernen eines Atoms von seinem Gitterplatz, wie es schematisch in Abb. 1.29 dargestellt ist. Die der Leerstelle benachbarten Atome verschieben sich dabei so aus ihren idealen Positionen heraus, dass sich das gestörte Gebiet nicht nur auf das des entfernten Atoms beschränkt. Dieses gestörte Gebiet ist aber schon in sehr wenigen Atomabständen nicht mehr spürbar.

Wichtig für das Verständnis vieler metallkundlicher Erscheinungen ist, dass Leerstellen bei jeder Temperatur T im thermodynamischen Gleichgewicht auftreten, wobei ihre Konzentration c_L gegeben ist zu

$$c_L = \exp(-H_{BL}/kT)\exp(S_{BL}/k) \quad (1.16)$$

H_{BL} Bildungsenthalpie für eine Leerstelle
S_{BL} Bildungsentropie für eine Leerstelle
k Boltzmann-Konstante

Als Regel gilt, dass die Bildungsenthalpien für Leerstellen proportional zur Schmelztemperatur T_S der Metalle sind.

$$H_{BL} \approx 9\,k\,T_S \quad (1.17)$$

Die Bildungsentropien betragen für die Metalle etwa (1–5) k. Damit ergeben sich

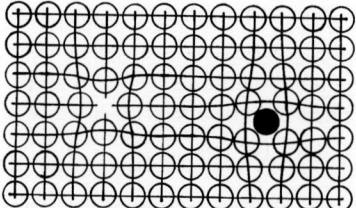

Abb. 1.29 Konfiguration einer Leerstelle und eines Zwischengitteratoms

1.7 Kristallbaufehler

für die Leerstellenkonzentrationen in Metallen unmittelbar unterhalb von T_S Werte zwischen 10^{-3} und 10^{-4}. Das bedeutet, dass der mittlere Abstand zwischen den Leerstellen wenig mehr als 10 Atomabstände beträgt. Erniedrigt man die Temperatur, gehen die Leerstellenkonzentrationen drastisch zurück. So betragen sie bei $T \approx 0{,}4\ T_S$ nur noch 10^{-9}.

Leerstellen können sich im Kristall bewegen. Dabei springt ein benachbartes Atom in die Leerstelle hinein, wodurch eine solche an der Stelle des gesprungenen Atoms entsteht, die Leerstelle hat sich um einen Atomabstand weiterbewegt. Dies ist ein thermisch aktivierbarer Prozess; die notwendige Aktivierungsenthalpie H_{WL} für diese Wanderung bestimmt die Frequenz ν, mit der eine Leerstelle den Gitterplatz wechselt. Es ergibt sich bei Vernachlässigung eines Entropiefaktors die Beziehung

$$\nu = \nu_0 \exp(-H_{WL}/kT) \quad (1.18)$$

Dabei gilt für Metalle in guter Näherung $H_{WL} \approx H_{BL}$. Der Frequenzfaktor ν_0 (etwa Frequenz, mit der die Atome im Gitter bei der gegebenen Temperatur um ihre Ruhelage schwingen) hat die Größenordnung von $10^{13}\ s^{-1}$. Kurz unterhalb des Schmelzpunkts ergibt sich damit eine Platzwechselfrequenz der Leerstellen von etwa $10^{10}\ s^{-1}$. Bedenkt man, dass der Atomabstand ca. 0,3 nm beträgt, ergibt sich für die Geschwindigkeit der zickzackförmigen Leerstellenbewegung im Kristall ein Wert um $3\ m\ s^{-1}$. Wie die thermisch bedingte Leerstellenkonzentration sinkt die Platzwechselfrequenz und damit die Wanderungsgeschwindigkeit der Leerstellen stark mit der Temperatur (bei $T \approx 0{,}4\ T_S$ nur noch $10^4\ s^{-1}$ bzw. $3 \cdot 10^{-6}\ m\ s^{-1}$). Vollführt kurz unterhalb des Schmelzpunkts jedes Atom pro Sekunde etwa 10^7 Platzwechsel, so sind es bei $T \approx 0{,}4\ T_S$ nur noch ein Sprung pro 10^5 s oder pro reichlich einen Tag!

Leerstellen können sich zusammenlagern und auf diese Weise Doppel-, Dreifach- oder Mehrfachleerstellen formieren (Agglomeration), woraus bei einem Überangebot von Leerstellen auch Mikroporen entstehen können.

Leerstellen können durch Abschrecken von hohen Temperaturen, bei einer plastischen Verformung oder bei Einwirken hochenergetischer Strahlungen (z.B. Elektronen, Neutronen) mit Konzentrationen gebildet werden, die erheblich größer sind als die thermisch bedingten Konzentrationen. Bei niedrigen Temperaturen $T < 0{,}3\ T_S$, denen Platzwechselfrequenzen von kleiner als etwa $1\ s^{-1}$ entsprechen, bleiben diese Leerstellen im Kristall über längere Zeiträume erhalten. Erhöht man jedoch die Temperatur, dann agglomerieren sie oder wandern an Oberflächen, Korngrenzen bzw. Versetzungen und heilen dort aus, die Konzentration nähert sich wieder der thermischen Gleichgewichtskonzentration an.

In keramischen Materialien können ebenfalls Leerstellen gebildet werden. Dabei muss jedoch berücksichtigt werden, dass in Systemen mit Ionenbindungen bzw. Ionenbindungsanteilen die Entfernung eines Kations zwangsläufig auch die eines Anions gleicher Ladungszahl bedingt, also Kationen- und Anionenleerstellen im Verbund auftreten. Wie bereits in Abschnitt 1.5.2 dargelegt wurde, können auch Leerstellen dadurch gebildet werden, dass man ein niederwertiges Kation durch ein höherwertiges substituiert, z.B. K^+ durch Ca^{++} unter Bildung einer Kationenleerstelle, damit die Ladungsneutralität gewahrt bleibt.

1.7.2.2 Zwischengitteratome

Ein Zwischengitteratom in metallischen Strukturen entsteht durch Einbau eines arteigenen Atoms auf einer Position im Gitter, auf der im ungestörten Kristall kein Atom zu finden ist (vergleiche Abb. 1.29). Bei den Positionen handelt es sich um jene Gitterlücken, die bereits in Abschnitt 1.5.1.2 bei den Einlagerungsmischkristallen besprochen wurden (z. B. Oktaeder- oder Tetraederlücken). In Analogie zu den Leerstellen können sie auch im thermodynamischen Gleichgewicht auftreten, jedoch ist ihre Bildungsenthalpie wegen der großen elastischen Deformation in ihrer Nachbarschaft etwa dreimal so groß wie die der Leerstellen, was bedeutet, dass ihre Gleichgewichtskonzentrationen vernachlässigbar klein sind. Selbst nahe dem Schmelzpunkt ist diese Konzentration um den Faktor 10^8 niedriger als die der Leerstellen. Die Beweglichkeit der Zwischengitteratome ist dagegen viel höher als die der Leerstellen; sie können demzufolge bei niedrigeren Temperaturen ausheilen als Leerstellen.

Sowohl durch eine plastische Verformung als auch durch Bestrahlen von Metallen können Atome des Gitters auf Zwischengitterplätze gebracht werden. Sie heilen wie die Leerstellen an Oberflächen, Korngrenzen oder Versetzungen aus. Trifft ein Zwischengitteratom bei seiner Wanderung durch das Gitter auf eine Leerstelle, so verschwinden beide bei ihrer Vereinigung (Annihilation).

Kovalent gebundene Strukturen (Si, Ge, BN, GaAs …) zeichnen sich in der Regel durch geringe Packungsdichten aus, so dass Zwischengitteratome im Vergleich zu dichtest gepackten Strukturen (Metalle) relativ leicht gebildet werden können.

1.7.2.3 Fremdatome

Als Punktdefekte wirken auch Fremdatome, die in das Gitter eingebaut worden sind. Dieser Einbau kann sowohl durch Substitution als auch durch Einlagerung auf Zwischengitterplätzen erfolgen. Er entspricht einer ungewollten Mischkristallbildung, die bereits in Abschnitt 1.5 besprochen wurde.

Fremdatome können mit anderen Gitterfehlern in Wechselwirkung treten. Sie bilden z. B. mit Leerstellen Komplexe oder wandern bevorzugt in die um Versetzungen auftretenden elastisch verzerrten Gebiete (Wolkenbildung). Bekanntes Beispiel dafür sind die sogenannten Cottrell-Wolken als Ansammlung von interstitiellen Atomen in der Nähe von Versetzungen.

Lagern sich Fremdatome zusammen, entstehen Fremdatomcluster, aus denen gegebenenfalls Ausscheidungen entstehen können.

1.7.3
Versetzungen

Die plastische Deformation der Metalle vollzieht sich durch Abgleiten zweier Kristallbereiche auf einer gemeinsamen kristallografischen Netzebene, der sogenannten Gleitebene. Nimmt man an, dass diese Abgleitung über die gesamte Gleitebene, d. h. über den gesamten Kristallquerschnitt, gleichzeitig erfolgt, so wäre dafür eine Schubspannung notwendig, die die experimentell beobachtete um einige Größenordnungen übersteigt. Diese Diskrepanz lässt sich überwinden, wenn man annimmt, dass sich dieser Abgleitprozess nicht geschlossen über die Gleitebene vollzieht, sondern bereichsweise. Das heißt aber, dass es auf einer Gleitebene eine Grenze geben muss, die den bereits abgeglittenen Bereich von dem noch nicht abgeglittenen Bereich trennt. Diese Grenze stellt eine linienhafte Gitterstörung dar, der man die Bezeichnung „Versetzung" gegeben hat (Taylor, Elam 1934). Folgendes leicht nachzuvollziehendes Experiment soll das illustrieren. Wenn man einen langen und schweren Teppichläufer über den Fußboden bewegen will, gibt es dafür zwei Möglichkeiten: Entweder zieht man am Ende des Läufers in die Richtung der beabsichtigten Verschiebung (die Gleitung erfolgt dabei über die gesamte Läuferlänge gleichzeitig) oder man wirft am entgegengesetzten Ende eine Falte auf, die sich dann leicht in Richtung der beabsichtigten Verschiebung bewegen lässt (Abb. 1.30). Die Verschiebung breitet sich dabei über die Läuferlänge sukzessive aus. Es ist leicht einzusehen, dass für die letztere der beiden Varianten sehr viel weniger Kraft (Schubspannung) aufgewendet werden muss. Die erzeugte Teppichfalte stellt das Analogon zur Versetzung dar. Auch sie ist unter der Einwirkung geringer Schubspannungen in der Gleitebene relativ leicht zu bewegen.

Die atomistische Struktur der Versetzungen lässt sich folgendermaßen verstehen (Abb. 1.31): Ein Kristallblock wird zunächst in der Ebene ABCD halb aufgeschnitten (Abb. 1.31 a). Verschiebt man nun den Kristallteil oberhalb der Schnittfläche um einen vollständigen Gitterabstand in Richtung 1, entsteht im Bereich der Verbindungslinie AB eine Atomkonfiguration, wie sie in Abb. 1.31 b) zu sehen ist. Oberhalb der Schiebungs- oder Gleitebene befindet sich senkrecht zu ihr eine Netzebene, die sich nicht im unteren Kristallteil fortsetzt.

Diese linienhafte Störung, in der die Koordination der nächst benachbarten Atome gestört ist, trennt den abgeglittenen Kristallbereich vom nicht abgeglittenen, man bezeichnet sie als Stufenversetzung. ABCD ist die Gleitebene. Den elementaren Schiebungsbetrag, den diese Versetzung erzeugt, nennt man den Burgers-Vektor b_1; er stellt einen vollständigen Gittervektor dar und steht senkrecht auf der Versetzungslinie AB. Wirkt in der Gleitebene in Richtung von b eine Schubspannungskomponente, wird sich die Versetzungslinie in Richtung 1 fortbewegen und damit eine weitere Ausdehnung des abgeglittenen Kristallteils bewirken (vergleiche die sich bewegende Teppichfalte). Die dafür notwendige Schubspannung (üblicherweise wenige MPa) ist um Größenordnungen kleiner als die theoretische Schubfestigkeit eines ungestörten Kristalls, die etwa $G/2\pi$ beträgt (G Schubmodul). Die plastische Deformation metallischer Kristalle verkörpert also hier die (Bildung und) Bewegung von Versetzungen in einer für sie charakteristischen Gleitebene.

Eine Verschiebung oder Abgleitung des halb aufgeschnittenen Kristallblocks kann aber auch in die Richtung 2, d. h. parallel zu AB erfolgen. Die sich dabei ergebende Atomkonfiguration ist in Abb. 1.31 c zu sehen. Die Netzebenen senkrecht zu Richtung 2 sind schraubenartig verwunden, weshalb man diesen Versetzungstyp als Schraubenversetzung bezeichnet. Im Gegensatz zur Stufenversetzung verläuft der Burgers-Vektor b_2 der Schraubenverset-

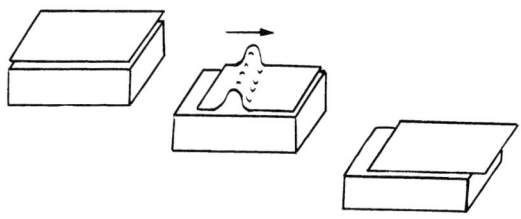

Abb. 1.30 Teppichfaltenmodell zur Erklärung von Versetzungen

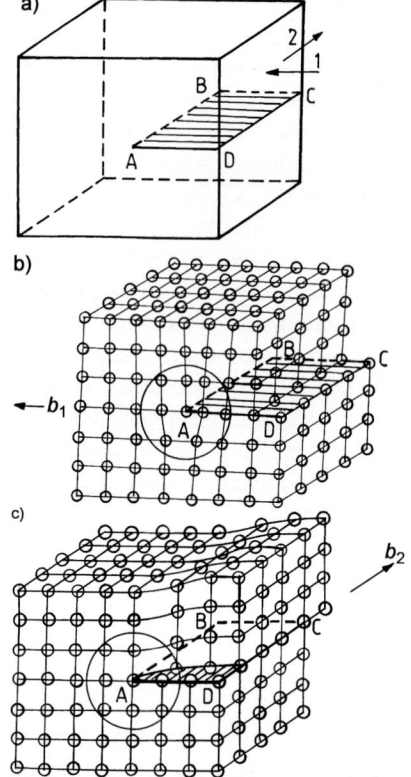

Abb. 1.31 Zur Erklärung von Stufen- und Schraubenversetzungen: a) halbgeschnittener Kristall, b) Stufenversetzung, c) Schraubenversetzung

tungen mit minimalen Translationsperioden. Ursache dafür ist, dass einmal die Energie pro Einheitslänge einer Versetzung näherungsweise $\frac{1}{2} G b^2$ beträgt, also kleine Burgers-Vektoren bevorzugt werden, und dass dafür die minimalen Schubspannungen für die Versetzungsbewegung am kleinsten sind. Als Gleitebenen treten möglichst dicht gepackte Gitterebenen in Erscheinung, in denen die Versetzungsbewegung am leichtesten ist. Die Gleitelemente (Gleitebene und Gleitrichtung) für die wichtigsten metallischen Strukturen finden sich in Tab. 1.8.

Erfolgt die Bewegung der Versetzungen in ihrer durch den Burgers-Vektor und die Versetzungslinie gegebenen Gleitebene, spricht man von einer konservativen Versetzungsbewegung (keine Bildung oder Absorption von Punktdefekten). Bei entsprechender thermischer Aktivierung ($T > 0,5\ T_S$, T_S Schmelzpunkt in K) können Stufenversetzungen z. B. unter Absorption oder Emission von Leerstellen ihre Gleitebenen verlassen (Bewegungskomponente senkrecht zur Gleitebene), was als nichtkonservative Versetzungsbewegung (Klettern) bezeichnet wird.

Die plastische Deformation von Metallen bedeutet im Wesentlichen die Bildung bzw. Vervielfachung von Versetzungen und ihre Bewegung im Kristall. Versetzungen werden nicht nur bei einer plastischen Deformation gebildet, sie entstehen auch bei der Kristallisation aus der Schmelze oder bei Phasenumwandlungen. Selbst nach

zung jetzt parallel zur Versetzungslinie AB. Auch sie wird sich bei Einwirkung einer Schubspannungskomponente in Richtung von b_2 senkrecht zu AB verschieben und so eine weitere Abgleitung in Richtung b_2 bewirken.

Die durch eine Versetzungsbewegung hervorgerufene kristallografische Gleitung wird charakterisiert durch die Gleitebene, in der der Burgers-Vektor und die Versetzungslinie liegen (Versetzungslinie und Burgers-Vektor definieren die Gleitebene), sowie die Gleitrichtung, die mit der Richtung des Burgers-Vektors zusammenfällt. Gleitrichtungen in Metallen sind stets dichtest gepackte Gitterrichtungen, d. h. Rich-

Tab. 1.8 Gleitelemente metallischer Strukturen

Struktur	Gleitebenen	Gleitrichtungen
kfz	{1 1 1}	<1 1 0>
krz	{1 1 0}, {1 1 2}, {1 2 3}	<1 1 1>
hdP	{0 0 1}, {1 0 0}, {1 0 1}	<1 1 0>

einer Rekristallisation (Gefügeneubildung durch Wärmebehandlung nach einer plastischen Deformation) liegen in den Kristalliten noch verhältnismäßig hohe Versetzungsdichten zwischen 10^7 und 10^8 cm^{-2} vor. (Als Dichte der Versetzungen gibt man die gesamte Länge der Versetzungslinien in einem Volumen von 1 cm^3 an. Eine Dichte von 10^8 cm^{-2} = 10^8 cm cm^{-3} entspricht also einer gesamten Versetzungslänge von 10^8 cm oder 1000 km in einem Kubikzentimeter! Versetzungsdichten werden auch häufig in m^{-2} angegeben, wobei sich dann die Zahlenwerte um 4 Zehnerpotenzen erhöhen. 10^8 cm^{-2} = 10^{12} m^{-2}). In hoch verformten Metallen beobachtet man Versetzungsdichten bis zu 10^{12} cm^{-2}. Ließen sich diese Versetzungen pro cm^3 zu einem Faden aneinanderfügen, könnte man mit ihm die Erde etwa 250-mal umwickeln!

Einige wichtige Eigenschaften von Versetzungen seien an dieser Stelle ohne weitere Beweisführung genannt:

1. Versetzungen können nicht frei in einem Kristall enden. Das ist nur an Ober- und Grenzflächen oder durch Bildung von sogenannten Versetzungsknoten möglich. Das ist Grund für eine intensive zwei- und dreidimensionale Netzwerksbildung der Versetzungen in Kristallen.
2. Die Energie W pro Einheitslänge einer Versetzung beträgt in guter Näherung $W = 1/2\, G\, b^2$ (G Schubmodul des Metalls). Das erklärt, warum die gleitfähigen Versetzungen minimale Burgers-Vektoren bzw. Burgers-Vektoren haben, die den kürzesten Gittervektoren entsprechen.
3. Eine Schubspannung τ in der Gleitebene parallel zum Burgers-Vektor $\boldsymbol{b}$ erzeugt eine Kraft $F = \boldsymbol{b}\,\tau$, die auf die Versetzungslinie pro Längeneinheit wirkt. Überschreitet die Kraft bzw. die Spannung einen kritischen Wert, so bewegt sich die Versetzung in Richtung der wirkenden Kraft. Die für die Bewegung einer einzelnen Versetzung in einem sonst ungestörten Kristall notwendige Spannung wird als Peierlsspannung bezeichnet.
4. Versetzungen sind mit weit reichenden Verzerrungs- bzw. Spannungsfeldern umgeben. Dabei können sowohl Gebiete mit Dilatationen (Zugspannungen) als auch solche mit Kompressionen (Druckspannungen) auftreten. Die Komponenten dieser Felder sind umgekehrt proportional zum Abstand r von der Versetzungslinie.
5. Aufgrund dieser Spannungsfelder wechselwirken die Versetzungen mit allen Defekten und Konfigurationen, die ihrerseits Spannungsfelder um sich herum ausbilden (Punktdefekte, Volumendefekte, Versetzungen selbst).
6. Wegen der Spannungswechselwirkung zwischen den Versetzungen selbst steigt bei zunehmender Versetzungsdichte (d. h. geringeren Versetzungsabständen) die für eine Versetzungsbewegung notwendige Schubspannung an. Da die Versetzungsdichte mit dem Verformungsbetrag sehr stark ansteigt, beobachtet man also bei einer Verformung von Metallen einen Verfestigungseffekt (s. Abschnitt 4.2).
7. Begegnen sich bei der Verformung Versetzungen auf unterschiedlichen Gleitebenen, entstehen als Folge der notwendigen Durchschneidung sogenannte Versetzungssprünge (Doppelknicke im Verlauf der Versetzungslinien). Bestimmte Arten der Sprünge erzeugen bei ihrer Weiterbewegung Punktdefekte (Leerstellen oder Zwischengitteratome).
8. Versetzungsbewegungen werden nicht nur durch andere Versetzungen behin-

dert, sondern auch durch gelöste Fremd- oder Legierungsatome, Ausscheidungen und feinst verteilte Fremdphasen (Dispersoide) und Grenzflächen. Diese Effekte können also zur Festigkeitssteigerung metallischer Werkstoffe ausgenutzt werden (Abschnitt 4.2.1.4).

Versetzungen können auch in keramischen Materialien existieren. Ihre Bildungsenergien sind wegen der in der Regel größeren Burgers-Vektoren und der Gerichtetheit der Bindungen deutlich größer. Ihre Peierlsspannungen sind sehr hoch und damit ihre Beweglichkeit meist vernachlässigbar klein. Diese Materialien lassen sich also kaum durch Versetzungsbewegungen plastisch verformen, sie sind spröde.

1.7.4
Flächendefekte

Zweidimensionale Gitterfehler oder Flächendefekte stellen ebene Grenzflächen zwischen zwei Kristallbereichen dar, die gegeneinander um einen unvollständigen Gittervektor verschoben (Translationsgrenzen) oder gegeneinander um einen geringen Winkelbetrag verdreht worden sind (Verdrehgrenzen).

Für die *Translationsgrenzen* bedeutet das, dass die Orientierung der beiden Kristallbereiche erhalten geblieben ist (die kristallografischen Achsen verlaufen nach wie vor parallel zueinander), jedoch sind die Atompositionen des einen Bereichs gegenüber denen des anderen alle um den gleichen Vektor *t* so verschoben, dass sich keine Identität der Gitter einstellt. Dieser Verschiebungsvektor liegt sehr oft in der Ebene des Defekts, er muss es aber nicht. Charakterisiert werden diese Flächendefekte durch die Angabe der kristallografischen Ebene, in der der Defekt liegt, und des (unvollständigen) Verschiebungsvektors *t*.

Flächendefekte dieser Art können an Ober- und Grenzflächen enden. Wenn sie in ihrer Ausdehnung diese Grenzflächen nicht erreichen, d. h. sie „enden" im Kristallvolumen, so müssen sie von einer Versetzung mit unvollständigem Burgers-Vektor berandet sein.

Man unterscheidet zwei Typen von flächenhaften Translationsgrenzen: Stapelfehler und Antiphasengrenzen. Vielfach lassen sich Kristallgitter interpretieren als periodische Aufeinanderfolge (Stapelung) von dicht oder dichtest gepackten Netzebenen (s. Abschnitt 1.4.1.1). Wird die periodische Stapelfolge durch Fehlstapelungen gestört (bestimmte Stapelebenen fehlen oder werden hinzugefügt), ergeben sich die Stapelfehler. Antiphasengrenzen können in zwei- oder mehrkomponentigen Verbindungen oder geordneten Mischkristallen auftreten, wobei durch die Verschiebung um *t* formal die Geometrie der Gitterplätze erhalten bleibt, jedoch ihre Besetzung mit den verschiedenen Atomarten verändert wird. Die Besetzung der Gitterpunkte befindet sich nicht mehr „in Phase", es entstehen Antiphasengrenzen.

Für die Bildung von Translationsgrenzen wird pro Flächeneinheit eine Energie benötigt, die man als Stapelfehlerenergie bzw. als Antiphasengrenzenergie bezeichnet. Sie nehmen bei metallischen Werkstoffen Werte zwischen etwa 5 und 500 mJ m^{-2} an. Je niedriger diese Energien sind, desto einfacher können die betreffenden Defekte gebildet werden.

Bei den *Verdrehgrenzen* – sie werden üblicherweise als Kleinwinkel- oder Subkorngrenzen bezeichnet – handelt es sich um flächenhafte periodische Anordnungen von Versetzungen in „Wänden", die die gegenseitige Verdrehung (Verkippung) der beiden betrachteten Kristallbereiche bewirken. Eine solche Anordnung von Versetzungen ist energetisch günstiger im Vergleich zu einer räumlich verteilten Anordnung der gleichen Versetzungen. Das heißt, dass regellos verteilte Versetzungen in Kristallen durch eine entsprechende thermisch aktivierte Umordnung (Gleiten und Klettern) Versetzungswände bilden werden. Dieser Prozess wird Polygonisation genannt (s. Abschnitt 4.2.2.1).

1.7.4.1 Stapelfehler

Bei den Metallen lassen sich die kubisch und hexagonal dichtest gepackten Strukturen (kdP bzw. hdP) als Stapelung dichtest gepackter Ebenen verstehen (vergleiche Abschnitt 1.4.1.1). Bei der kdP (kfz Struktur) sind das die {1 1 1}-Ebenen, die in Richtung < 1 1 1 > gestapelt werden. Die drei Ebenen umfassende Periodizität der Stapelung lässt sich symbolisch darstellen als

... A – B – C – A – B – C – ...

Für eine fehlerhafte Stapelfolge existieren zwei Möglichkeiten:

1. Man schiebt in die ideale Folge eine Ebene A zusätzlich ein, sodass sich z. B. die Stapelfolge

   ... A – B – **A** – C – A – B – C – ...

   ergibt. Diese Konfiguration stellt einen extrinsischen Stapelfehler dar.
2. Man entfernt eine Ebene A, was zu einer Folge

   ... A – **B** – C – **B** – **C** – A – B – C – ...

   führt, die als intrinsischer Stapelfehler bezeichnet wird. Ein intrinsischer Stapelfehler verkörpert eine nur vier Ebenen umfassende hexagonale Stapelfolge B – C – B – C, bei der die Periodizität zwei Ebenen umfasst. Er entsteht auch, wenn ein Kristallteil um den unvollständigen Gittervektor $a/6 < 1\ 1\ 2 >$ verschoben wird. Im verschobenen Kristallbereich werden dann die A-Ebenen zu B-Ebenen, die B-Ebenen zu C-Ebenen und die C-Ebenen zu A-Ebenen.

Bei der hdP erfolgt eine Stapelung der {0 0 1}-Ebenen in Richtung $< 0\ 0\ 1 >$, wobei alle zwei Netzebenen Identität auftritt. Die Stapelfolge lautet daher

... A – B – A – B – A – B ...

Ein Stapelfehler liegt hier vor, wenn eine C-Ebene zusätzlich eingefügt wird (extrinsischer Stapelfehler).

... A – B – **C** – A – B – A ...

Das Entfernen einer Ebene ist bei der hdP nicht möglich, da dabei zwei gleichartige dichtest gepackte Ebenen aufeinander treffen würden, was zu einer Zerstörung der dichtesten Packung führt. Existent sind dagegen intrinsische Stapelfehler, die durch Verschieben eines Kristallteils um den unvollständigen Gittervektor $a/3 < 2\ 1\ 0 >$ entstehen. Im verschobenen Kristallteil werden damit B-Ebenen zu C-Ebenen und A-Ebenen zu B-Ebenen. Die Stapelfolge lautet nun

... A – B   C – A – C – A ...

Stapelfehler können in vielen kfz bzw. hexagonalen Metallen und Legierungen (Mischkristallen) bei der Kristallisation, einer plastischen Verformung oder einer Phasenumwandlung entstehen. Das wird umso leichter sein, je geringer die für die Bildung eines Stapelfehlers notwendige Energie pro Flächeneinheit ist. Diese Energie wird als Stapelfehlerenergie γ bezeichnet. Sie beträgt z. B. für Silber 20 mJ m^{-2}, für Kupfer 60 mJ m^{-2}, für Aluminium 200 mJ m^{-2}, für Nickel 300 mJ m^{-2} und für Zink 250 mJ m^{-2}.

Obwohl bei den Metallen mit krz Struktur keine dichtest gepackte Kugelanordnung vorliegt, kann man auch diese Struktur als Stapelung von {2 1 1}-Ebenen mit verhältnismäßig dichter Atombelegung verstehen. Die Stapelfolge hat dabei eine sechs Ebenen umfassende Periodizität

$$... - A - B - C - D - E - F - ...$$

(Abb. 1.32), die in vielfältiger Weise gestört werden kann. Da die Stapelfehlerenergie der krz Metalle in der Regel recht hoch ist, d. h. die Stapelfehler nur geringe Ausdehnung besitzen oder nicht auftreten, soll auf eine detaillierte Darstellung an dieser Stelle verzichtet werden.

Enden Stapelfehler innerhalb eines Kristalls, werden sie von Versetzungen berandet, deren Burgers-Vektoren jedoch keine vollständigen Gittervektoren mehr sind. Diese Versetzungen werden als Halbversetzungen, Partialversetzungen oder unvollständige Versetzungen bezeichnet.

In Verbindungen können ebenfalls Stapelfehler gebildet werden, sofern ihre Strukturen als Stapelung von ebenen Atomanordnungen aufgefasst werden können (z. B. SiC, GaAs, ...).

1.7.4.2 Antiphasengrenzen

Antiphasengrenzen können in kovalenten und insbesondere in intermetallischen Verbindungen sowie in geordneten Mischkristallen (Überstrukturen) auftreten und sind dadurch charakterisiert, dass sich in ihnen die Arten der nächsten Nachbarn eines Atoms bei Wahrung der Koordinationszahl verändern. Abbildung 1.33 veranschaulicht das in einem zweidimensionalen Modell mit zwei Atomarten. Während sich im ungestörten Kristallbereich nur ungleichartige Atome unmittelbar gegenüberstehen (jedes schwarze Atom ist von vier weißen umgeben und umgekehrt), treten in den Antiphasengrenzen gleichartige Atome als nächste Nachbarn in Erscheinung. Die Antiphasenbereiche, auch Domänen genannt, weisen eine Verschiebung um einen Translationsvektor t gegeneinander auf, der der

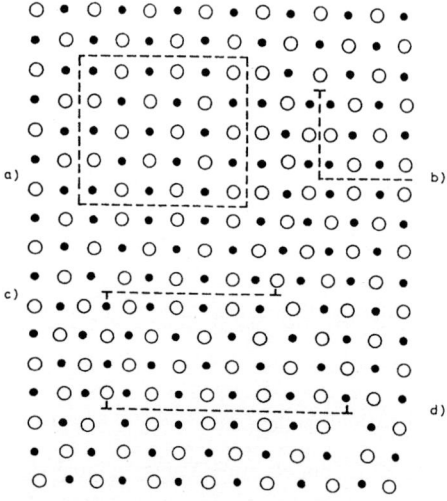

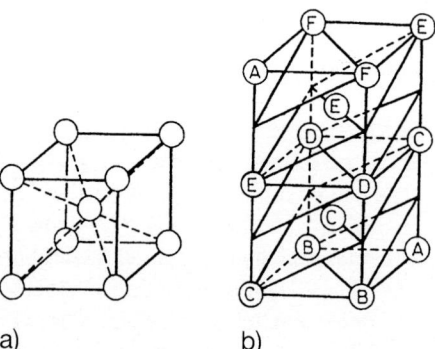

Abb. 1.32 Stapelfolge der {2 1 1}-Ebenen in krz-Metallen (nach Bohm)

Abb. 1.33 Antiphasengrenzen in einer zweidimensionalen Struktur mit zwei Atomarten (nach Bohm)

(vertikalen) Verschiebung eines schwarzen Atoms auf die Position, die vormals durch ein weißes Atom eingenommen wurde, entspricht. Domänen können durch sich zu einem Polyeder ergänzende Antiphasengrenzen gebildet werden (Abb. 1.33 a), können an Oberflächen enden (Abb. 1.33 b) oder durch unvollständige Versetzungen begrenzt werden (Abb. 1.33 c, d).

1.7.4.3 Subkorngrenzen

Sehr oft beobachtet man im Inneren von metallischen, aber auch keramischen Einkristallen oder Einzelkristalliten flächenhafte Anordnungen von Versetzungen zwischen Kristallbereichen, deren Gitter sich nur um wenige Grade oder Bruchteile davon in ihrer Orientierung unterscheiden. Diese Anordnungen werden Subkorn- oder Kleinwinkelkorngrenzen, die benachbarten Kristallbereiche Subkörner genannt. Der Desorientierungswinkel β zwischen den Subkörnern wird durch die Versetzungsabstände und deren Burgers-Vektoren bestimmt. Abbildung 1.34 zeigt den Aufbau einer Subkorngrenze, die aus parallelen Stufenversetzungen senkrecht zur Zeichenebene gebildet wird. In diesem Fall beträgt die Desorientierung

$$\beta\,[°] = b/l \cdot 180/\pi. \quad (1.19)$$

l Abstand der Versetzungen in der Wand

Subkorngrenzen können sich nur aus Stufenversetzungen (Tilt-Grenzen), nur aus Schraubenversetzungen (Twist-Grenzen) oder aus beiden Arten gemeinsam aufbauen (gemischte Subkorngrenzen).

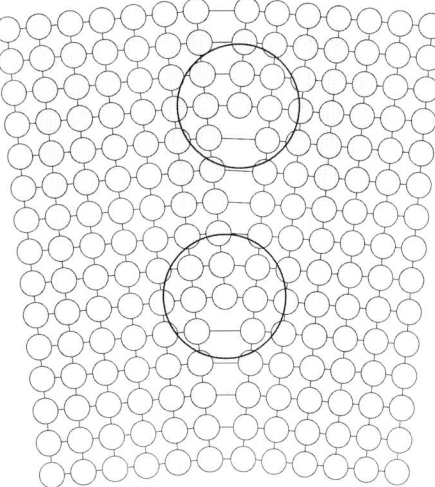

Abb. 1.34 Aufbau einer Subkorngrenze aus Stufenversetzungen

1.7.5
Volumendefekte

Zu den wichtigsten Volumendefekten innerhalb eines Kristalls (Kristallits) zählen Ausscheidungen und Mikroporen.

1.7.5.1 Ausscheidungen

Viele Mischkristallsysteme zeichnen sich durch eine deutliche Temperaturabhängigkeit der maximalen Löslichkeiten für die zulegierten Elemente aus.

Damit können durch rasches Abkühlen von hohen Temperaturen thermodynamisch instabile, an den Legierungselementen übersättigte Zustände erzeugt werden, die im Verlauf einer anschließenden Wärmebehandlung durch Ausscheiden der Legierungselemente in elementarer Form oder in Form von Verbindungen in den Gleichgewichtszustand übergehen können. Ein solcher Prozess kann sowohl zu thermodynamisch stabilen Ausscheidungen als auch zu metastabilen Vorausscheidungen führen (s. Abschnitt 3.6.2). Beispiele für metastabile Vorausscheidungen sind die häufig auftretenden Guinier-Preston-Zonen, insbesondere in Aluminiumlegierungen. Sie stellen meist platten- oder kugelförmige Ansammlungen der Legierungselemente dar, wobei die grundsätzliche Struktur der Matrix erhalten bleibt.

Ausscheidungen können eine vollständige oder eine teilweise Kohärenz zum Matrixgitter aufweisen; oft sind sie aber gänzlich inkohärent zu ihm, was jedoch bestimmte Orientierungsbeziehungen zwischen Ausscheidung und Matrixgitter nicht ausschließt (Abb. 1.35). Die für die Bildung der Grenzfläche zwischen dem Ausscheidungsbereich und der Matrix notwendigen Grenzflächenenergien γ hängen stark vom Kohärenzgrad ab. Es gilt $\gamma_{koh} < \gamma_{teilkoh} < \gamma_{inkoh}$.

Vorausscheidungen und Ausscheidungen stellen also in diesem Sinn kleine Gebiete mit veränderter Struktur bzw. chemischer Zusammensetzung dar, um die in der Regel starke Verzerrungen des Matrixgitters zu verzeichnen sind. Sie zählen deshalb zu den dreidimensionalen Gitterfehlern.

1.7.5.2 Mikroporen

Die Entstehung von Mikroporen innerhalb von Kristallen (Kristalliten) kann zwei wesentliche Ursachen haben:

- Agglomeration von Leerstellen, die sich nicht im thermodynamischen Gleichgewicht befinden (z. B. in abgeschreckten, bestrahlten und verformten Metallen);
- Rekombination gelöster Gase zu Molekülen (N_2-Rekombination beim Nitrieren von Werkstoffen, H_2-Rekombination).

Auch Sinterprozesse in der Pulvermetallurgie bzw. bei der Herstellung keramischer Werkstoffe führen in Verbindung mit Korngrenzenwanderungen zu Poren innerhalb der Kristallite. Fehlen die Korngrenzenwanderungen, was meist der Fall ist, verbleiben die Poren an den Korngrenzenzwickeln (Restporosität).

1.8
Amorphe Materialien, Gläser

Metallische und keramische Phasen können nicht nur in kristallinen Strukturen auftreten, sondern sie zeigen sich nicht selten als amorph („gestaltlos"). Das bedeutet

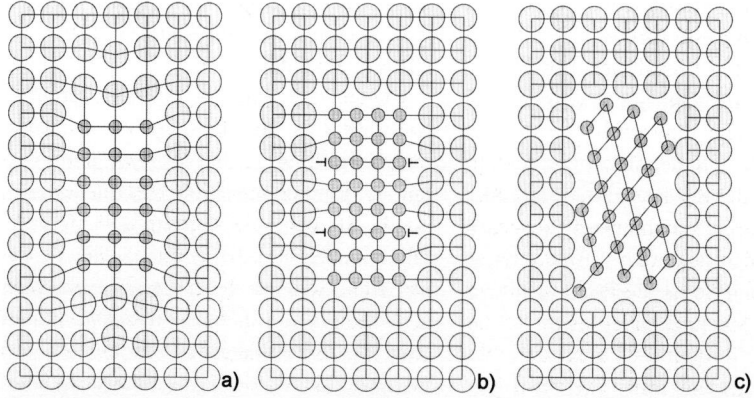

Abb. 1.35 Kohärenzbeziehungen zwischen Ausscheidungen und der Matrix a) kohärente, b) teilkohärente und c) inkohärente Ausscheidung

nun, dass die atomaren Anordnungen keine Translationseigenschaften und damit Symmetriebeziehungen wie in kristallinen Strukturen aufweisen bzw. eine Elementarzelle als Strukturbaustein nicht mehr definierbar ist. Das bedeutet auch, dass in einer amorphen Phase keine Korngrenzen existieren können. Während die kristallinen Festkörper eine ausgeprägte Anisotropie der Eigenschaften, d. h. Abhängigkeit der betrachteten Eigenschaft von der kristallografischen Richtung zeigen, sind amorphe Festkörper bzw. amorphe Materialien isotrop.

In Kristallen haben die nächsten Nachbarn eines herausgegriffenen Atoms in der sogenannten ersten Koordinationssphäre einen ganz definierten Abstand, auch die Bindungsrichtungen und die Koordinationszahlen (Zahl der nächsten Nachbarn) sind feststehende Größen. Bei amorphen Festkörpern weisen die nächsten Nachbarschaftsabstände Schwankungen um einen Zentralwert auf, der selbst etwas größer als der nächste Nachbarschaftsabstand im kristallinen Zustand ist. Die mittlere Koordinationszahl ist niedriger als im kristallinen Zustand, die Bindungsrichtungen schwanken (vergleiche Abb. 1.2). Es existiert bei den amorphen Festkörpern im statistischen Sinn nur eine Nahordnung, sie verliert sich aber im Gegensatz zu den kristallinen mit zunehmendem Abstand vom betrachteten Atom bzw. der Molekülgruppe rasch. Die atomare Packungsdichte z. B. der amorphen Metalle erreicht nicht die der kristallinen, die sich bekanntlich durch Maximalwerte auszeichnet. Das gilt nicht allgemein für alle amorphen Festkörper. So ist die Packungsdichte im amorphen Silicium höher als im kristallinen Zustand, in dem als Konsequenz der kovalenten Bindung mit der niedrigen Koordinationszahl von vier nur eine geringe Raumerfüllung von 34 % erreicht werden kann. Im amorphen Zustand des Siliciums ist die mittlere Koordinationszahl größer als vier, aber immer noch geringer als bei einer dichten Kugelpackung.

Die Erzeugung amorpher Metalle setzt voraus, dass man aus dem schmelzflüssigen oder gasförmigen Zustand mit sehr hoher Geschwindigkeit auf relativ niedrige Temperaturen abkühlt, bei denen die Beweglichkeit (Diffusion) der Atome praktisch „eingefroren" ist, also eine Kristallisation unterdrückt wird. Man kann das erreichen durch

- Verdüsen einer Schmelze auf ein gekühltes, schnell umlaufendes Rad (*melt spinning* mit spaltförmigen Düsen zur Erzeugung dünner Bänder);
- Abschrecken einer Schmelze zwischen zwei Kühlplatten bzw. umlaufenden Walzen mit (Walz-)Spaltabmessungen im Bereich von 10^{-2} mm;
- Sublimation einer Gasphase, erzeugt z. B. durch thermisches Verdampfen, Sputtern oder Lasereinwirkung, auf eine gekühlte Unterlage (Substrat);
- elektrolytische Abscheidung mit hohen Stromdichten.

Die Abkühlgeschwindigkeiten für Schmelzen erreichen Werte von 10^4 bis 10^6 K s^{-1}. Bei der Sublimation von Gasphasen erzielt man auch noch höhere Werte (effektive Abkühlgeschwindigkeiten).

Welche Elemente lassen sich amorph darstellen? Es sind die Elemente mit kovalenter Bindung (C, Si, Ge) bzw. dominierenden kovalenten Bindungsanteilen (B, As, P, S) sowie die sogenannten Halbmetalle (Se, Te, Sb, Bi). Die reinen Metalle lassen sich zwar durch die hohen Abkühlgeschwindigkeiten in einen nanokristallinen Zustand (Kristallitgrößen im Bereich um 10 nm), nicht jedoch in einen amorphen Zustand versetzten. Durch eine gezielte Legierungsbildung kann man jedoch erreichen, dass metallische Schmelzen durch Abschrecken in feste amorphe Zustände überführt werden können, auch wenn man keine extremen Abkühlgeschwindigkeiten anwendet. Dabei macht man sich zwei verschiedene Mechanismen zunutze:

1. Stabilisierung von interatomaren Freiräumen bereits in der Schmelze durch Elemente mit entsprechend kleinen Atomradien, wodurch die damit verbundenen unregelmäßigen Koordinationspolyeder beim Abschrecken in den festen (amorphen) Zustand „hinübergerettet" werden können. Diese Legierungen bestehen meist aus den Übergangsmetallen Cr, Mn, Fe, Co, Ni (Me) und den Nichtmetallen C, P, B, Si (X), wobei sich ein Atomverhältnis von 80:20 als besonders günstig erweist ($Me_{80}X_{20}$-Legierungen).
2. Erzeugung von metallischen Legierungen, bei denen die Erstarrungstemperatur (Liquidustemperatur) so niedrig ist, dass eine hohe Viskosität (geringes Diffusionsvermögen der Atome) vorliegt, die eine Kristallisation verhindert. Es sind meist mehrkomponentige Legierungen aus Be, Mg, Ca, Sr, Sc, Ti, V, oder Zr und Edelmetallen bzw. Al.

Kompliziertere Strukturen ergeben sich bei den silikatischen Gläsern. Auch sie haben nur eine Nahordnung. Ihre Struktur wird verständlicher, wenn man annimmt, dass die SiO_4- Tetraeder die eigentlichen Strukturbausteine sind, die miteinander über Kanten und besonders Ecken, in denen die Sauerstoffionen sitzen, verknüpft sind. In den Glaszuständen formen diese Tetraeder nicht mehr weitreichende dreidimensionale Muster, wie wir es z. B. vom Cristobalit kennen (Abb. 1.21), sondern unregelmäßige Netzstrukturen, wie sie für einen zweidimensionalen Fall in Abb. 1.36 dargestellt worden sind. Durch Zugabe von Oxi-

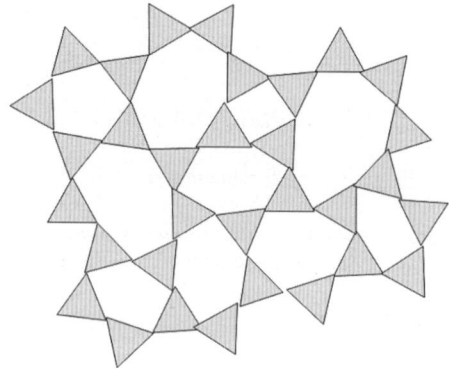

Abb. 1.36 Strukturmodell für amorphes SiO_2

den anderer Wertigkeit (z. B. Na_2O) können die Bindungsbrücken selbst noch aufgebrochen werden, womit der Grad der Nahordnung noch weiter herunter gesetzt wird.

1.9
Gefüge von Werkstoffen

1.9.1
Gefügebegriff, innere Grenzflächen

Bereits zu Beginn des Abschnitts 1.1 wurde darauf hingewiesen, dass die weitaus meisten metallischen und keramischen Körper nicht aus einem einzigen Kristall bestehen, sondern aus einer lückenlosen Aneinanderfügung unregelmäßig begrenzter Kristallite mit mittleren Durchmessern von wenigen Nanometern bis Zentimetern. Einen solchen Festkörper bezeichnet man als einen Viel- oder Polykristall; er stellt einen Festkörper mit inhomogener Punktstruktur dar. (Jeder einzelne Kristallit verkörpert einen Bereich mit homogener Punktstruktur, d. h. einen Bereich, innerhalb dessen das Kristallgitter nicht durch Grenzflächen hinsichtlich seiner Struktur und Orientierung unterbrochen wird.) Als Gefüge bezeichnet man nun die innere Gliederung

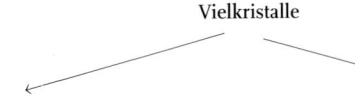

Schema 1.1

Vielkristalle

einphasige Vielkristalle
(reine Metalle, Mischkristalle, intermetallische Verbindungen)
Gefüge enthält nur **Korngrenzen**
(einphasiges oder homogenes **Gefüge**)

mehrphasige Vielkristalle
(Gemenge aus mehreren reinen Metallen, Mischkristallen bzw. intermetallischen Verbindungen)
Gefüge enthält sowohl **Korngrenzen** als auch **Phasengrenzen** (mehrphasiges oder **heterogenes Gefüge**)

eines solchen Vielkristalls, sein Kennzeichen ist das Auftreten von Grenzflächen zwischen den Kristalliten (Körnern).

Diese Definition muss dann erweitert werden, wenn im Werkstoff auch amorphe Bereiche vorliegen, die zwar eine für sie charakteristische Festkörperstruktur besitzen, jedoch nicht kristallin sind. Es ist daher besser zu formulieren: Das Gefüge eines Werkstoffs (Materials) wird durch eine lückenlose Aneinanderfügung von Ordnungsbereichen kristalliner oder amorpher Art mit dazwischen befindlichen Grenzflächen gebildet. Für die weiteren Betrachtungen werden amorphe Objektbereiche vernachlässigt.

Die Art der inneren Grenzflächen hängt von der Art der sich berührenden Kristallite bzw. Körner ab. Stehen sich strukturell äquivalente Kristallite gegenüber (Kristallite, die der gleichen Phase angehören), spricht man von Korngrenzen. So enthält das Gefüge eines reinen Metalls nur Korngrenzen, die Bereiche verschiedener Orientierung voneinander abgrenzen. (Unter Orientierung eines Kristallits versteht man die räumliche Lage seiner kristallografischen Hauptachsen bezüglich eines probenbezogenen Koordinatensystems, s. auch Abschnitt 2.6.4.5). Einphasige Körper, die aus Mischkristallen oder chemischen (z. B. intermetallischen) Verbindungen gebildet werden, enthalten ebenfalls nur Korngrenzen. Bestehen die vielkristallinen Körper aus mehr als einer Phase, können sich auch Grenzflächen zwischen strukturell nicht äquivalenten Kristalliten ausbilden, die man als Phasengrenzen bezeichnet. Dies ist in Schema 1.1 vereinfacht dargestellt.

Korngrenzen stellen einen stark gestörten Bereich mit einer Dicke von wenigen Atomdurchmessern dar (Abb. 1.37). Sie müssen einen relativ großen Orientierungsunterschied zwischen den benachbarten Körnern vermitteln. Im Unterschied zu den bereits besprochenen Kleinwinkel- oder Subkorngrenzen bezeichnet man sie deshalb auch als Großwinkelkorngrenzen, ihre strukturelle Beschreibung ist mit den einfachen planaren Versetzungsmodellen, wie sie für die Subkorngrenzen anwendbar sind, nur noch in Einzelfällen möglich. Im Allgemeinen ist die mittlere Koordinationszahl der Atome in der Korngrenze deutlich geringer und die mittleren Atomabstände sind entsprechend größer als in den kristallinen Bereichen. Besondere Bedingungen ergeben sich dann, wenn eine Reihe von Atompositionen in der Korngrenze gleichzeitig Gitterpositionen beider Kristallite darstellen (sogenannte Koinzidenzkorngrenzen). Derartige Korngrenzen zeichnen sich durch verhältnismäßig geringe Korngrenzenenergien aus. Als ein spezieller Fall der Koinzidenzkorngrenzen erweist

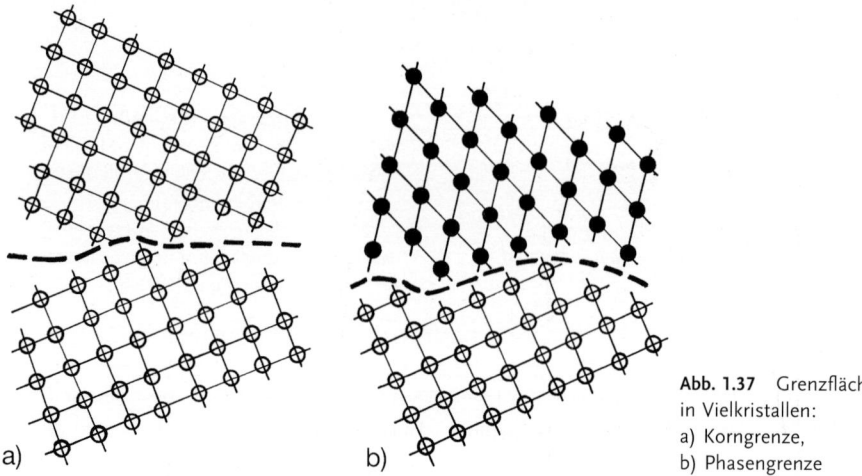

Abb. 1.37 Grenzflächen in Vielkristallen:
a) Korngrenze,
b) Phasengrenze

sich die Zwillingsgrenze, bei der alle Atompositionen in der Grenzfläche beiden Gittern zuzuordnen sind bzw. keine Störung der nächsten Nachbarschaftsbeziehungen (Koordination) auftritt (Abb. 1.38). Die energetische Bevorzugung von Korngrenzen mit hohem Koinzidenzgrad führt zu deutlichen Minima im Verlauf der Korngrenzenenergien in Abhängigkeit von der Desorientierung, wie es Abb. 1.39 am Beispiel von Aluminium zeigt.

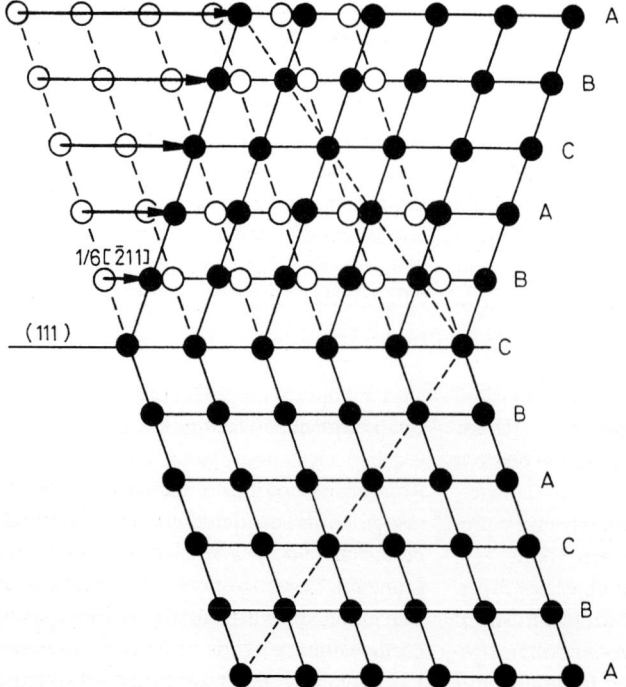

Abb. 1.38 Zwillingsgrenze

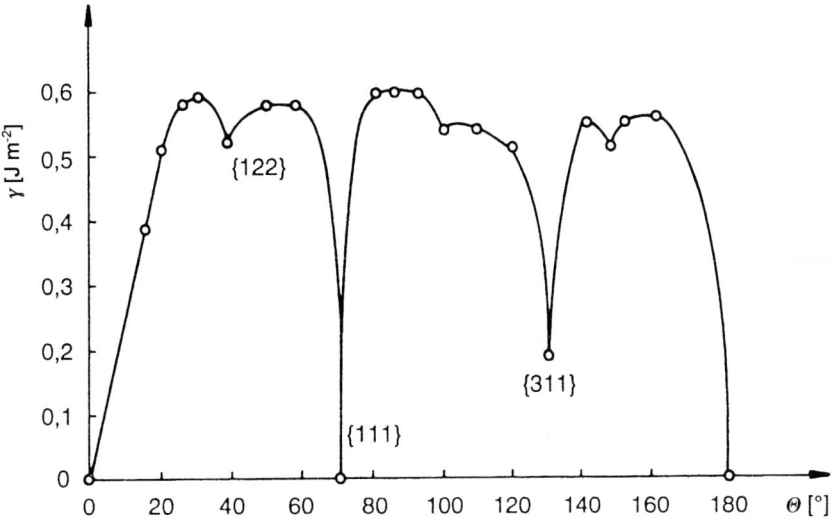

Abb. 1.39 Abhängigkeit der Energie von < 1 1 0 >-Tiltkorngrenzen vom Desorientierungsgrad für Al (nach Gottstein)

Phasengrenzen ähneln in ihrem geometrischen Aufbau den Korngrenzen, da auch sie im Allgemeinen einen großen Orientierungsunterschied überbrücken müssen. Außerdem stellen sie den Übergangsbereich zwischen zwei verschiedenen Strukturen (Phasen) dar. Für die Atompositionen in der Phasengrenze lassen sich unter bestimmten Bedingungen (Orientierungsbeziehungen, Strukturähnlichkeiten) wie bei den Korngrenzen eingeschränkt „Koinzidenzen" finden. Je nach Koinzidenzgrad spricht man dann von kohärenten (Koinzidenz aller Atompositionen in der Phasengrenze) und teilkohärenten Phasengrenzen (beschränkte Koinzidenz). Man vergleiche dazu auch die Ausführungen in Abschnitt 1.7.5.1 zu den kohärenten und teilkohärenten Ausscheidungen.

Wegen der gewöhnlich reduzierten Koordinationszahl im Bereich von Korn- bzw. Phasengrenzen, die sich in einer verringerten Packungsdichte bzw. in vergrößerten Lücken zwischen den Atomen äußert, können sich in ihnen bevorzugt Legierungselemente bzw. Fremdatome oder Verunreinigungen anreichern (Segregationen), die nicht selten Anlass zu Korngrenzenausscheidungen geben. Dabei gilt, dass in einem Metall Korngrenzen mit kleinem γ_{KG} („dichte" Korngrenzen) weniger Fremdatome aufnehmen können als solche mit großem γ_{KG} („offene" Korngrenzen). Die Fremdatomanreicherung ist also von der Desorientierung zwischen den benachbarten Körnern abhängig. Das macht sich z. B. durch eine sehr unterschiedliche Anätzbarkeit von Korngrenzen bemerkbar (s. Abschnitt 2.3.4.1).

1.9.2
Gefügebildende Prozesse

Kristalline Körper (z. B. metallische Körper) entstehen in der Mehrzahl der Fälle durch Erstarren einer Schmelze (s. auch Abschnitt 4.1). Wird die Schmelztemperatur um einen geringen Betrag unterschritten (Unterkühlung), können aus nah geordneten Bereichen in der Schmelze sehr kleine stabile Kristallindividuen, sogenannte Keime entstehen, die sich durch Ankristallisation der umgebenden Schmelze rasch vergrößern. Die Erstarrung verläuft damit in zwei Teilschritten ab, einem Keimbildungs- und einem Keimwachstumsprozess. In aller Regel verlaufen sie zeitlich nebeneinander her. Falls dafür Sorge getragen wird, dass nur ein Keim in der Schmelze gebildet wird oder in Gestalt eines in die Schmelze hineinragenden Keimkristalls existiert, entsteht ein Einkristall, dessen Gestalt z. B. durch die Form des Schmelztiegels vorgegeben wird.

Diese Form der Gefügebildung beobachtet man bei den meisten metallischen Werkstoffen, bei denen die Urformgebung durch eine Erstarrung metallischer Schmelzen in vorgegebenen Formen erfolgt (Gießen). Üblicherweise bilden sich zahlreiche Keime sowohl innerhalb der Schmelze (homogene Keimbildung) als auch an Grenzflächen wie Tiegelwandung oder Phasengrenzen von bereits in der Schmelze existierenden festen Teilchen (heterogene Keimbildung). Meist wird die heterogene Keimbildung aus energetischen Gründen bevorzugt sein. Die an den verschiedenen Orten gebildeten Keime haben eine unterschiedliche Orientierung, sodass am Ende des Kristallisationsvorgangs die Kristallite mit großen Orientierungsunterschieden aufeinandertreffen und Korn- bzw. Phasengrenzen bilden (Abb. 1.40). Es ist ein Vielkristall entstanden, dessen Gefüge durch die orts- und zeitabhängigen Keimbildungs- und -wachstumsvorgänge bestimmt wird. Das nach der Erstarrung vorliegende Gefüge wird als Primärgefüge bezeichnet.

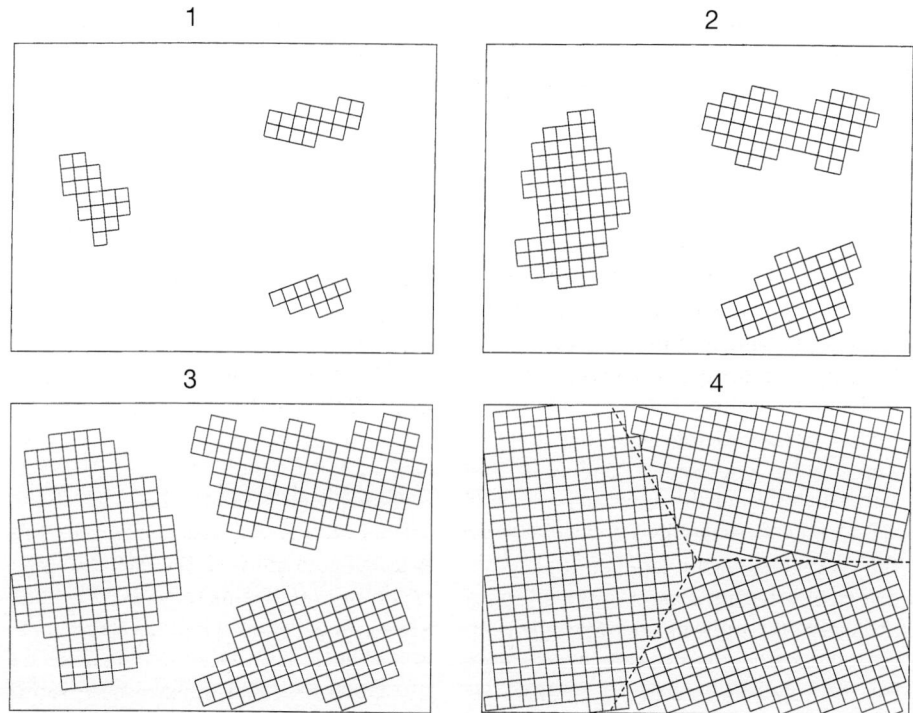

Abb. 1.40 Schematische Darstellung der Stadien der Gefügebildung bei der Erstarrung einer Schmelze

Gefügebildende und gefügeverändernde Prozesse

mit Änderung des Aggregatzustands		ohne Änderung des Aggregatzustands
gasförmig – fest	flüssig – fest	fest – fest
Gasphasenabscheidungen von Schichten usw.	Erstarrung von Schmelzen	diffusionskontrollierte und athermische Phasenumwandlungen
	chemische und galvanische Abscheidungen aus Lösungen	diffusionsinduzierte Gefügebildung (Diffusionslegieren, chemisch-thermische Behandlungen)
		Rekristallisation verformter Zustände
		Kristallisation amorpher Zustände
		Sintern

Schema 1.2

Die Erstarrung als ein Phasenübergang flüssig-fest stellt jedoch nicht die einzige Möglichkeit für die Bildung eines vielkristallinen Körpers dar. Auch die Abscheidung aus der Gasphase (Sublimation), wie sie technisch bei vielen chemischen oder physikalischen Beschichtungsverfahren genutzt wird, führt vornehmlich zu Vielkristallen (s. Abschnitt 4.3.2.1). Vielfach angewendet wird auch die Kristallisation aus Lösungen (z. B. galvanische oder chemische Abscheidungen) oder aus Schmelzen auf geeigneten festen Unterlagen (Substraten). Nicht unerwähnt bleiben soll die Kristallisation amorpher Metalle (Festkörper). In all diesen Fällen wird das entstehende Primärgefüge ebenfalls durch orts- und zeitabhängige Keimbildungs- und -wachstumsprozesse bestimmt.

Das primäre Gefüge eines Vielkristalls kann durch eine Reihe sekundärer Prozesse/Reaktionen, die im festen Zustand ablaufen, gewandelt oder verändert werden (Bildung eines Sekundärgefüges). Es handelt sich dabei um Phasenumwandlungen im festen Zustand mit und ohne Konzentrationsänderungen der beteiligten Phasen, das Diffusionslegieren (z. B. beim Aufkohlen oder Nitrieren), die Rekristallisation nach plastischer Deformation und Kornwachstumsprozesse. Mit Ausnahme des normalen Kornwachstums vollziehen sich diese Vorgänge wiederum über thermisch aktivierte Keimbildungs- und -wachstumsprozesse. Alle diese Prozesse sind die Basis für vielfältige Wärmebehandlungsverfahren, mit denen die Eigenschaften metallischer Werkstoffe in weiten Grenzen verändert werden können.

Schema 1.2 gibt eine Übersicht über die gefügebildenden bzw. -verändernden Prozesse.

1.9.3 Gefügeelemente, Gefügebestandteile und Gefügetypen

Wie bereits ausgeführt, verstehen wir unter einem Gefüge das lückenlose Aneinanderfügen von festen Ordnungsbereichen, die meist aus einzelnen Kristalliten/Körnern, aber auch aus amorphen Bereichen bestehen und durch Grenzflächenbereiche voneinander getrennt sind. Diese Ordnungsbereiche und die Grenzflächenbereiche zwischen ihnen (Korn- und Phasengrenzen sind endlich dick!) bezeichnet man als die Gefügeelemente, aus denen sich das stoffliche System (z. B. der Vielkristall) aufbaut.

Die im Gefüge auftretenden Phasen bezeichnet man als Gefügebestandteile, wobei man häufig deren Entstehungsart noch als Unterscheidungsmerkmal heranzieht (z. B. Primär-, Sekundär- und Tertiärzementit bei Fe-C-Legierungen, s. Abschnitt 5.2.2). Unter Gefügebestandteilen versteht man aber auch mehrphasige Bereiche, wenn die in ihnen enthaltenen Phasen unter gleichen Bedingungen (z. B. bei gleicher Temperatur) entstanden sind, feste Volumenanteile und charakteristische Morphologien aufweisen. Das trifft auf eutektisch bzw. eutektoid gebildete Gefügebestandteile zu (z. B. Ledeburit oder Perlit im Fe-C-System), in denen die Phasen meist sehr regelmäßige Anordnungen aufweisen (unter anderem periodische Anordnung von Lamellen oder prismatischen Körnern). Diesbezüglich sei auf die Abschnitte 3.4.2.2, 3.4.2.4 und 5.2.2 verwiesen.

Es ist zweckmäßig, die Charakterisierung der Gefüge von (zweiphasigen) Vielkristallen anhand der folgenden sieben Gefügetypen vorzunehmen (Abb. 1.41):

Duplexgefüge: Die Volumenanteile der beiden Phasen sind vergleichbar, ihre Kornformen polyedrisch, es treten αα-, ββ- und αβ-Grenzen auf.

Dispersionsgefüge: Der Volumenanteil der dispergierten Phase α ist deutlich geringer als der der Matrixphase β; als Grenzflächen dominieren β- und αβ-Grenzen, αα-Grenzen fehlen praktisch. Die Kornformen der α-Phase können polyedrisch, plattenförmig oder stäbchenförmig sein.

Zellengefüge: Die β-Phase umschließt die Körner der α-Phase vollständig, nimmt aber nur einen kleinen Volumenanteil ein. Es treten praktisch nur αβ-Grenzen auf.

Dualgefüge: Die polyedrische β-Phase wird in die Zwickel der α-Polyeder eingefügt, der Volumenanteil der β-Phase ist geringer als der der α-Phase; es dominieren die αα- und die αβ-Grenzen.

Lamellengefüge: Bei vergleichbaren Volumenanteilen bilden beide Phasen Pakete (Kolonien) von plattenförmigen Kristalliten (Lamellen) aus. Deshalb treten die αβ-Grenzen vorherrschend auf.

Durchdringungsgefüge: Beim Durchdringungsgefüge stehen sowohl die α-Körner als auch die β-Körner jeweils untereinander in Kontakt. Die Phasen durchdringen sich so, dass sie jeweils durchgängige zusammenhängende Strukturen ausbilden. Die Volumenanteile der beiden Phasen sind vergleichbar; es treten αα-, ββ- und αβ-Grenzen auf.

Eine Variante des Durchdringungsgefüges ergibt sich, wenn der Volumenanteil der β-Phase gering wird: Sie tritt dann nur noch entlang den Polyederkanten der α-Phase auf und bildet so ein räumliches Netz (*Netzgefüge*).

In der Praxis wird man recht häufig auch Kombinationen dieser Grundtypen beobachten.

Die Beschreibung von Gefügen und Gefügeveränderungen als Folge von gefügebildenden und -verändernden Prozessen als Grundlage für das Verständnis der sich ergebenden Eigenschaften der Metalle und Legierungen ist der hauptsächliche Gegenstand der Metallografie bzw. Keramografie. Sie bedienen sich dabei in besonderem Maß der Lichtmikroskopie, beziehen aber in starkem Maß weitere mikroskopische und strukturanalytische Verfahren ein (z. B. Rasterelektronenmikroskopie, Transmissionselektronenmikroskopie, Rasterkraftmikroskopie, Röntgendiffraktometrie).

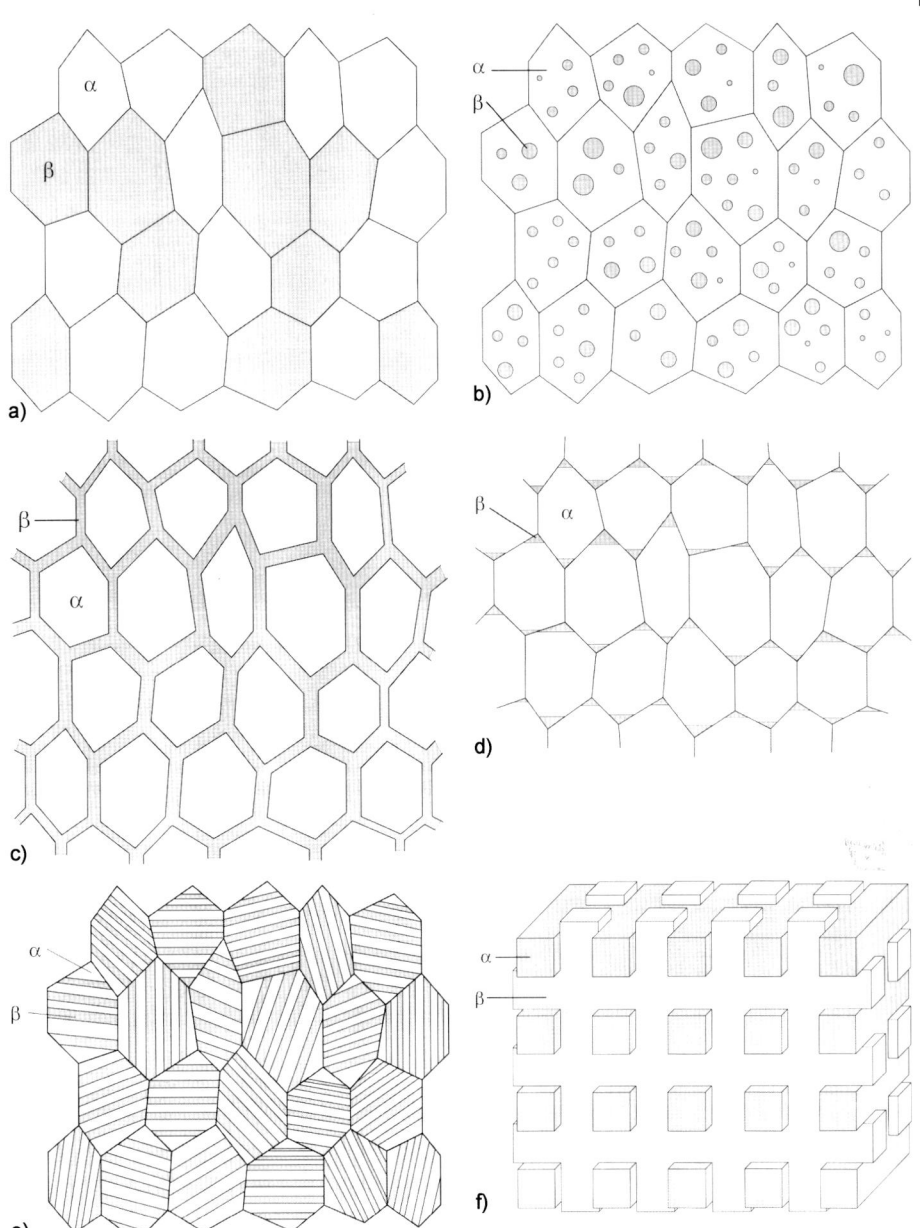

Abb. 1.41 Gefügetypen zweiphasiger Vielkristalle: a) Duplexgefüge, b) Dispersionsgefüge, c) Zellengefüge, d) Dualgefüge, e) Lamellengefüge, f) Durchdringungsgefüge

1.10
Kristallografische Beziehungen

Berechnung von Translationsperioden
kubisches System:

$$T_{uvw} = a \{u^2 + v^2 + w^2\}^{1/2}$$

tetragonales System:

$$T_{uvw} = a_1 \{u^2 + v^2 + (a_3/a_1)^2 w^2\}^{1/2}$$

hexagonales System:

$$T_{uvw} = a_1 \{u^2 + v^2 - uv + (a_3/a_1)^2 w^2\}^{1/2}$$

orthorhombisches System:

$$T_{uvw} = \{(a_1 u)^2 + (a_2 v)^2 + (a_3 w)^2\}^{1/2}$$

Netzebenenabstände
kubisches System:

$$d_{hkl} = a \{h^2 + k^2 + l^2\}^{-1/2}$$

tetragonales System:

$$d_{hkl} = a_1 \{h^2 + k^2 + Q l^2\}^{-1/2}$$

$$Q = (a_1/a_3)^2$$

hexagonales System:

$$d_{hkl} = a_1 \{4/3(h^2 + k^2 + h k) + Q l^2\}^{-1/2}$$

$$Q = (a_1/a_3)^2$$

orthorhombisches System:

$$d_{hkl} = \{h^2/a_1^2 + k^2/a_2^2 + l^2/a_3^2\}^{-1/2}$$

Berechnung von Winkeln ρ zwischen zwei Gittergeraden
kubisches System:

$$\cos \rho = (u_1 u_2 + v_1 v_2 + w_1 w_2)/\{(u_1^2 + v_1^2 + w_1^2)(u_2^2 + v_2^2 + w_2^2)\}^{1/2}$$

tetragonales System:

$$\cos \rho = \{u_1 u_2 + v_1 v_2 + Q w_1 w_2\}/\{(u_1^2 + v_1^2 + Q w_1^2)(u_2^2 + v_2^2 + Q w_2^2)\}^{1/2}$$

$$Q = (a_1/a_3)^2$$

hexagonales System:

$$\cos \rho = \{u_1 u_2 + v_1 v_2 + Q w_1 w_2 - \tfrac{1}{2}(u_1 v_2 + v_1 u_2)\} \cdot \{(u_1^2 + v_1^2 - u_1 v_1 + Q w_1^2)(u_2^2 + v_2^2 - u_2 v_2 + Q w_2^2)\}^{-1/2}$$

$$Q = (a_1/a_3)^2$$

orthorhombisches System:

$$\cos \rho = \{u_1 u_2 a_1^2 + v_1 v_2 a_2^2 + w_1 w_2 a_3^2\} \cdot \{(u_1^2 a_1^2 + v_1^2 a_2^2 + w_1^2 a_3^2)(u_2^2 a_1^2 + v_2^2 a_2^2 + w_2^2 a_3^2)\}^{-1/2}$$

2
Metallografische Arbeitsverfahren

2.1
Ziel und Methoden metallografischer Untersuchungen

Aufgabe der Metallografie und der Keramografie ist die qualitative und quantitative Beschreibung des Gefüges metallischer und keramischer Werkstoffe. Darunter soll die Ermittlung und Bestimmung der

- Art
- Menge
- Größe
- Form
- örtlichen Verteilung
- Orientierungsbeziehungen und
- Realstruktur

der Gefügeelemente bzw. -bestandteile vorwiegend mithilfe direkt abbildender mikroskopischer Verfahren verstanden werden. Die umfassende Charakterisierung des Gefüges ist dabei nicht Selbstzweck, sondern wird mit der Absicht durchgeführt, Zusammenhänge zwischen chemischer Zusammensetzung und Konstitution, technologischen Prozessen zur Gewinnung bzw. zur Nachbehandlung metallischer bzw. keramischer Körper und der Gefügeausbildung aufzuklären sowie auf dieser Grundlage die Eigenschaften und das Beanspruchungsverhalten metallischer und keramischer Werkstoffe bzw. Werkstücke verstehen zu helfen. In diesem Sinn stellt sie einen wichtigen Methodenkomplex der Werkstoffwissenschaft zur Aufklärung der Zusammenhänge zwischen Technologie (Gewinnung, Be- und Verarbeitung), Struktur und Eigenschaften sowie des Einsatzverhaltens von Werkstoffen dar und ist auf dieser Grundlage auch ein unentbehrliches Werkzeug einer Qualitätskontrolle und, wenn nötig, einer Schadensfallanalyse. Damit soll gleichzeitig zum Ausdruck gebracht werden, dass die Metallografie/Keramografie im Sinn der hier getroffenen Begriffsbestimmung nur ein Teil einer komplex aufzufassenden allgemeinen Struktur- und Gefügeanalyse ist, der unter anderem noch die indirekt strukturabbildenden Beugungsverfahren, wie die Röntgen-, die Elektronen- und die Neutronenbeugung, sowie die indirekten physikalischen Methoden auf der Grundlage der Ermittlung strukturabhängiger Eigenschaften (z. B. elektrischer Widerstand, magnetische Kenngrößen, mechanische Eigenschaften, thermisches Verhalten usw.) zuzuordnen sind. Das bedeutet, dass der „Metallograf" nicht nur sein eigenes, engeres Fachgebiet beherrschen, sondern auch Kenntnisse über ergänzende Untersuchungsmethoden und über die Technologie, die Eigenschaften und den praktischen Einsatz von anorganischen Werkstoffen besitzen sollte, die er insbesondere dann benötigt, wenn er eine metallkundliche bzw. werkstoffwissenschaftliche Interpretation seiner Untersuchungsergebnisse vorzunehmen hat.

Das wohl wichtigste Instrument der Metallografie/Keramografie ist nach wie vor das Lichtmikroskop, dessen technische Vervollkommnung seit dem Ende des 19. Jahrhunderts erst die Herausbildung der Metallografie als eine selbständige wissenschaftliche Untersuchungsrichtung ermöglicht hatte. Darüber hinaus bezieht man in der jüngeren Vergangenheit mehr und mehr die Transmissionselektronenmikroskopie und besonders die Rasterelektronenmikroskopie in den Kreis der genutzten mikroskopischen Verfahren ein, die sich durch ein erhöhtes Auflösungsvermögen bzw. relativ große Schärfentiefen auszeichnen. Trotz der unverkennbaren Tendenz zur Nutzung immer leistungsfähigerer Systeme der mikroskopischen Beobachtung, man denke z. B. an die konfokale Lasermikroskopie, die Ultraschallmikroskopie oder die Rastersondenmikroskopie, soll aber nicht vergessen werden, dass oft die Betrachtung geeignet präparierter Proben bereits mit dem bloßen Auge oder einer Lupe zu wertvollen Gefügeinformationen verhelfen kann.

Die quantitative Gefügebeschreibung, hat sich in der Vergangenheit, ausgehend von einfachen Verfahren zur Bestimmung von Korngrößen- und Volumenanteilen aus dem Schliffbild, durch Einbeziehung der Stereologie und der stochastischen Geometrie sehr rasch entwickelt. Moderne Verfahren der Bildanalyse, wie sie mit software-orientierten Gefüge- bzw. Bildanalysatoren realisiert werden können, sind heute aus der metallografischen Praxis nicht mehr wegzudenken, wenn auch ihre Entwicklung noch lange nicht als abgeschlossen gelten kann.

Die Notwendigkeit, die Gefüge von Werkstoffen in allen drei Dimensionen (und das nicht nur an Oberflächen) erfassen zu müssen, hat in jüngster Zeit zu bemerkenswerten methodischen Entwicklungen auf dem Gebiet der Gefügetomographie geführt.

Bei der umfassenden Charakterisierung des Gefüges anorganischer Werkstoffe allein mit mikroskopischen Methoden stößt man häufig auf Schwierigkeiten bei der Feststellung der Art und der Menge von Gefügebestandteilen (Phasen), bei der Ermittlung von Orientierungsbeziehungen im kristallografischen Sinn oder auch bei der Charakterisierung von kleinen Ausscheidungen. In diesen Fällen können die Röntgen- und die Elektronenbeugung sowie die Elektronenstrahlmikroanalyse mit großem Nutzen eingesetzt werden, sodass der metallografisch bzw. keramografisch Tätige gut beraten ist, wenn er ihre methodischen Grundlagen kennt und ihre Aussagekraft einzuschätzen weiß.

In den folgenden Abschnitten soll daher nicht nur auf die metallografischen bzw. keramografischen Arbeitsverfahren im engeren Sinn, d. h. die Präparation von Schliffen und Proben sowie deren mikroskopische Untersuchungstechniken, eingegangen werden, sondern im notwendig erscheinenden Umfang auch auf die Röntgenbeugung, die Elektronenbeugung, und die Elektronenstrahlmikroanalyse.

2.2
Lichtmikroskopie

2.2.1
Optische Grundlagen

Vor der Behandlung des Aufbaus und der Wirkungsweise von Lichtmikroskopen ist es ratsam, sich mit einigen Grundlagen der Optik vertraut zu machen.

Das sichtbare Licht als das wichtigste „Handwerkszeug" eines Mikroskopikers ist eine elektromagnetische Wellenstrahlung. Sie wird üblicherweise charakterisiert durch die örtliche und zeitliche Periodizität des elektrischen Feldstärkevektors $\vec{E}$ in der Form

$$\vec{E} = \vec{E}_0 \sin\frac{2\pi}{\lambda}(c \cdot t - z) \quad (2.1)$$

$\vec{E}_0$ Amplitude der elektrischen Feldstärke
c Ausbreitungsgeschwindigkeit der Welle (Phasengeschwindigkeit)
t Zeit
λ Wellenlänge
z Ortskoordinate in Ausbreitungsrichtung

Der Feldstärkevektor $\vec{E}$ steht dabei senkrecht auf der Ausbreitungsrichtung, da elektromagnetische Wellen transversalen Charakter tragen. Mit der Gl. (2.1) lässt sich der Feldstärkevektor $\vec{E}$ einer elektromagnetischen Welle zu jeder Zeit t an jeder Stelle z beschreiben (Abb. 2.1), wobei vorausgesetzt wird, dass sich E_0 mit z nicht ändert, d.h. sich das Erregungszentrum (Entstehungsort) der Welle praktisch im Unendlichen befindet (Annahme einer sog. ebenen Welle).

Berücksichtigt man weiterhin, dass die Wellenlänge λ, die Schwingungsfrequenz ν und die Ausbreitungsgeschwindigkeit (Lichtgeschwindigkeit) c durch die Beziehung

$$c = \lambda \cdot \nu \quad (2.2)$$

miteinander verknüpft sind, und führt man die Kreisfrequenz $\omega = 2\pi\nu$ ein, lässt sich Gl. (2.1) auch in der häufig verwendeten Form

$$\vec{E} = \vec{E}_0 \sin[\omega \cdot t - \delta] \quad (2.3)$$

schreiben. Der Phasenfaktor ergibt sich dabei zu

$$\delta = \omega \cdot z/c = 2 \cdot \pi \cdot z/\lambda \quad (2.4)$$

Die Intensität, d.h. die pro Zeiteinheit durch eine Flächeneinheit hindurchtretende Energie I ist proportional zum Quadrat der Amplitude der Welle:

$$I \sim E_0^2 \quad (2.5)$$

Die Wellenlänge λ ist ein wesentliches Charakteristikum einer elektromagnetischen Welle. Das sichtbare Licht weist Wellenlängen zwischen 350 und 780 nm (entspricht 0,35 bis 0,78 µm) auf, nimmt also im Gesamtspektrum der elektromagnetischen Wellen nur einen recht eng begrenzten Bereich ein (Abb. 2.2).

Sichtbares Licht mit unterschiedlicher Wellenlänge wird vom menschlichen Auge als verschiedenfarbig empfunden, und man bezeichnet die den jeweiligen Wellenlängen zuordenbaren Farben als Spektralfarben (s. Tab. 2.1).

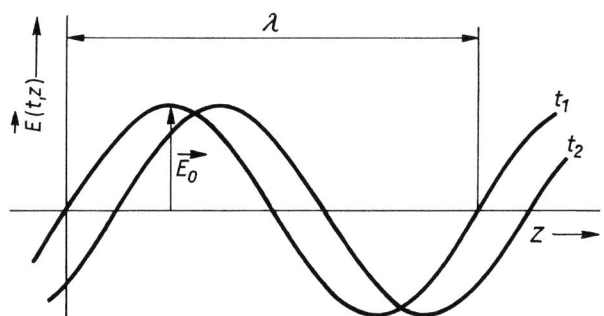

Abb. 2.1 Darstellung einer elektromagnetischen Welle: Abhängigkeit der Feldstärke $\vec{E}$ vom Ort z für zwei verschiedene Zeiten t_1 und t_2

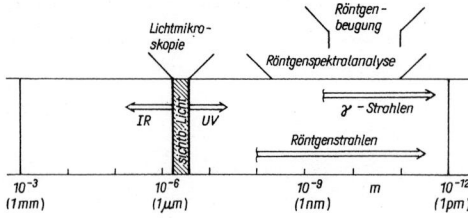

Abb. 2.2 Von der Struktur- und Gefügeanalyse genutzte Wellenlängenbereiche der elektromagnetischen Strahlung

Tab. 2.1 Spektralfarbenbereiche

Wellenlängenbereiche [nm]	Farbbereich
360...440	violett
440...495	blau
495...580	grün
580...640	gelb-orange
640...780	rot

Tab. 2.2 Komplementärfarben (Mischfarben)

Entzogene Spektralfarbe	Mischfarben des Restspektrums (Komplementärfarbe)
rot	blaugrün
orange	eisblau
gelb	ultramarinblau
grün	purpur
eisblau	orange
ultramarinblau	gelb
violett	grüngelb

Licht mit einheitlicher Wellenlänge, das vom Auge mit einer bestimmten Spektralfarbe wahrgenommen wird, bezeichnet man als monochromatisch.

Das natürliche Tageslicht bzw. das von üblichen Quellen wie Glühlampen emittierte Licht ist ein Gemisch der verschiedenen Wellenlängen des sichtbaren Bereichs, d. h. es ist polychromatisch und wird vom Auge als schlechthin „weiß" empfunden. Entzieht man dem „weißen" Licht einen bestimmten Spektralbereich (z. B. durch Filterung), so wird das verbleibende Licht uns ebenfalls farbig erscheinen. Es handelt sich aber nicht mehr um reine Spektralfarben, sondern um sogenannte Mischfarben des Restspektrums, die komplementär zu den entzogenen Spektralfarbenbereichen sind (Tab. 2.2).

Farbig wahrgenommenes Licht ist also nicht notwendigerweise ein monochromatisches Licht. Das menschliche Auge ist nur sehr bedingt in der Lage, Mischfarben von Spektralfarben zu unterscheiden. Dazu bedarf es einiger Übung.

2.2.1.1 Polarisation

Wie bereits erwähnt, sind elektromagnetische Wellen Transversalwellen, bei denen der elektrische Feldstärkevektor $\vec{E}$ senkrecht auf der Ausbreitungsrichtung z steht. (Der magnetische Feldstärkevektor $\vec{H}$ seinerseits ist senkrecht zu $\vec{E}$.) Die Ebene, in der sich $\vec{E}$ befindet, wird Schwingungsebene genannt; als Polarisationsebene bezeichnet man aber die Ebene, in der sich $\vec{H}$ befindet, d. h. die Polarisationsebene ist senkrecht zur Schwingungsebene, die gemeinsame Schnittlinie ist die Ausbreitungsrichtung der elektromagnetischen Welle. Wegen des Transversalcharakters der Strahlung können verschiedene Schwingungsebenen für $\vec{E}$ senkrecht zu z (x-y-Ebene) auftreten, anhand deren die verschiedenen Polarisationszustände des Lichts unterschieden werden können. Bei linear polarisiertem Licht schwingt $\vec{E}$ in einer festgelegten Ebene (Schwingungsebene), wie es Abb. 2.3 veranschaulicht.

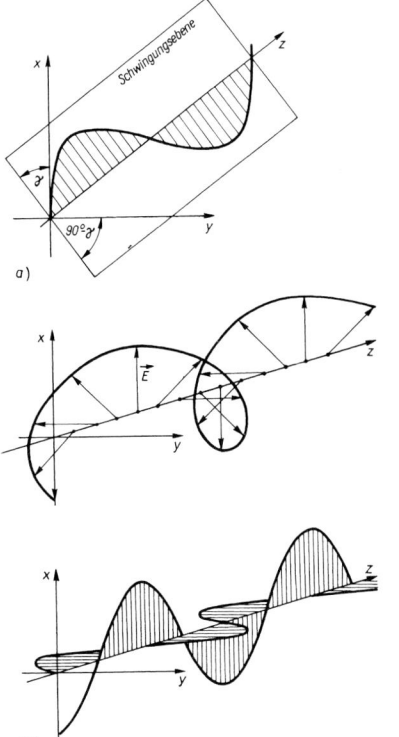

Abb. 2.3 Polarisation elektromagnetischer Wellen a) linear polarisierter Zustand, b) zirkular polarisierter Zustand

Schließt diese Schwingungsebene einen Winkel γ mit der gedachten x-Richtung bzw. einen Winkel $90°-\gamma$ mit der y-Richtung ein, kann diese linear polarisierte Welle mit der Amplitude $\vec{E}_0$ als Summe zweier in den x-z- und y-z-Ebenen linear polarisierten Wellen mit gleicher Kreisfrequenz ω und Phase δ aufgefasst werden, wobei für die zugehörigen Amplituden gilt:

$$\vec{E}_{0x} = \vec{E}_0 \cos \gamma$$
$$\vec{E}_{0y} = \vec{E}_0 \sin \gamma$$
(2.6)

Als unpolarisiertes Licht bezeichnet man solches, bei dem die Winkel γ der Schwingungsebenen der Teilwellen alle möglichen Werte zwischen 0° und 90° mit gleicher Wahrscheinlichkeit annehmen.

Fügt man zwei linear polarisierte Wellen $\vec{E}_x$ und $\vec{E}_y$ mit senkrecht zueinander stehenden Schwingungsebenen so zusammen, dass ein Phasenunterschied Δ zustande kommt,

$$\vec{E}_x = \vec{E}_{0x} \sin[\omega t - \delta]$$
$$\vec{E}_y = \vec{E}_{0y} \sin[\omega t - \delta - \Delta]$$

ergibt sich ein resultierender Feldvektor, dessen Projektion in die x-y-Ebene eine Ellipse beschreibt. Man bezeichnet eine solche Welle als elliptisch polarisiert. Dieser Fall repräsentiert den allgemeinen Polarisationszustand. Für $\Delta = 0$ erhält man daraus den linear polarisierten Zustand und für $\Delta = \pi/2$ bei gleichen Amplituden der Teilwellen das sogenannte zirkular polarisierte Licht (Projektion des Feldstärkevektors in x-y-Ebene beschreibt einen Kreis; Abb. 2.3).

2.2.1.2 Brechung

Fällt eine Lichtwelle unter dem Winkel α auf eine ebene Grenzfläche zwischen zwei optisch isotropen Medien mit unterschiedlichen dielektrischen Eigenschaften (Abb. 2.4), so wird ein Teil des Lichts reflektiert, der andere Teil tritt als gebrochener Strahl durch die Grenzfläche hindurch. Optische Isotropie bedeutet, dass in dem betreffenden Medium in allen Richtungen gleiche

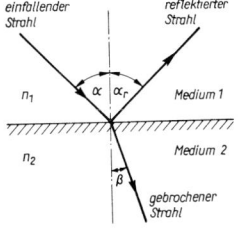

Abb. 2.4 Strahlenverlauf beim Übergang von Licht aus einem in ein zweites Medium mit veränderten optischen Eigenschaften

optische Eigenschaften, wie Lichtgeschwindigkeit und damit Brechnungsindex bzw. Absorption, vorliegen (Gase, die meisten Flüssigkeiten, amorphe Festkörper bzw. Gläser, kubisch kristallisierende Substanzen, nicht aber kristalline Flüssigkeiten und nichtkubisch kristallisierende Substanzen). Während der Reflexionswinkel α_r gleich dem Einfallswinkel ist ($\alpha = \alpha_r$), verläuft der gebrochene Strahl im zweiten Medium unter dem Winkel β zum Lot auf die Grenzfläche. Dabei gilt das Snellius'sche Brechungsgesetz:

$$\frac{\sin \alpha}{\sin \beta} = \frac{n_2}{n_1} = n_{21} \qquad (2.7)$$

n_1 und n_2 sind die absoluten Brechzahlen der beiden Medien, die sich als Quotient aus der Lichtgeschwindigkeit im Vakuum $c_0 = 299\,792{,}5$ km s^{-1} und der Lichtgeschwindigkeit im Medium ergeben:

$$n_i = \frac{c_0}{c_i} \qquad (2.8)$$

Dementsprechend gilt für die relative Brechzahl n_{21} am Übergang von Medium 1 nach Medium 2

$$n_{21} = \frac{c_1}{c_2} \qquad (2.9)$$

Beim Übergang von einem optisch dünneren Medium in ein optisch dichteres ($n_2 > n_1$) beobachtet man für alle Winkel auch einen gebrochenen Strahl, da n_{21} in diesem Fall > 1 wird. Im umgekehrten Fall, d. h. beim Übergang von einem optisch dichteren in ein optisch dünneres Medium ($n_2 < n_1$) tritt oberhalb eines Grenzwinkels α_{gr} kein gebrochener Strahl mehr in Erscheinung, es liegt dann eine reine Reflexion, genannt *innere Totalreflexion*, vor. Dieser Grenzwinkel α_{gr} ergibt sich aus der Bedingung, dass $\sin \beta$ maximal 1 werden kann:

$$\sin \alpha_{gr} = n_{21}\,; (n_{21} \leq 1) \qquad (2.10)$$

Die Geschwindigkeit c des Lichts in einem Medium und damit die absolute Brechzahl hängt nicht nur von der Struktur des Mediums ab, sondern auch von der Wellenlänge λ des Lichts selbst ($n = f(\lambda)$). Diese Erscheinung bezeichnet man als Dispersion. Sie ist die Ursache dafür, dass weißes (d. h. polychromatisches) Licht beim Durchgang durch ein Prisma in seine spektralen Komponenten zerlegt werden kann, da wegen der auftretenden Unterschiede der Brechzahlen für die verschiedenen Wellenlängen unterschiedliche Winkel β für die gebrochenen Strahlen auftreten. Sie verursacht aber auch bei Abbildung mit Linsensystemen aus den gleichen Gründen die unerwünschten farbigen Säume (chromatische Aberration, s. auch Abschnitt 2.2.2.3).

Die bisherigen Betrachtungen zur Brechung setzten optisch isotrope Medien voraus, bei denen die Brechzahl unabhängig von der Richtung und vom Polarisationszustand ist. Solche Medien sind z. B. Gase, die meisten Flüssigkeiten, aber auch amorphe Festkörper (Glas) und kubisch kristallisierte Festkörper. Nichtkubisch kristallisierte Substanzen zeichnen sich dagegen dadurch aus, dass die Ausbreitungsgeschwindigkeit von Lichtwellen und damit die Brechzahlen von der Ausbreitungsrichtung und dem Polarisationszustand der Wellen abhängen. Diese Erscheinung ist Folge des geordneten Atomaufbaus dieser Festkörper und wird Doppelbrechung genannt. Die Bezeichnung rührt daher, dass der an der Grenzfläche des Mediums gebrochene Strahl in zwei Teilstrahlen aufgespalten wird, deren Schwingungsebenen nahezu senkrecht aufeinander stehen und deren optisches Verhalten sich unterscheidet. Anschaulich lässt sich der Doppelbrechungseffekt mit Calcitkristallen demonstrieren: Betrachtet man z. B. Schrift durch einen solchen Kristall, erscheint das Schriftbild doppelt (Abb. 2.5).

Abb. 2.5 Doppelbrechung an einem Calcitkristall

Zur Beschreibung des Brechungsverhaltens der beiden Strahlen verwendet man die sogenannte Indikatrix. Sie gewinnt man, wenn man für den betrachteten Strahl ausgehend von einem Zentralpunkt in die verschiedenen Raumrichtungen den Betrag der jeweiligen Brechzahl abträgt. Dabei ergeben sich dreiachsige Ellipsoide, einachsige Ellipsoide (mit Rotationssymmetrie) oder Kugelflächen, falls die Brechzahl richtungsunabhängig wird.

Tetragonale, hexagonale und trigonale bzw. rhomboedrische Kristalle, die alle eine bevorzugte Symmetrieachse hoher Zähligkeit aufweisen, zeigen ein sogenanntes optisch einachsiges Verhalten. Das bedeutet, dass für einen der beiden gebrochenen Strahlen Richtungsunabhängigkeit der Brechzahl n_0 gilt und damit das übliche Brechungsgesetz nach Snellius anwendbar ist. Er wird als ordentlicher Strahl bezeichnet (Index o), die Indikatrix stellt eine Kugelfläche dar. Seine Schwingungsebene ist senkrecht zur Ebene, die durch die optische Achse (Achse der hohen Zähligkeit, a_3- oder c-Achse des Kristalls) und die Strahlrichtung gebildet wird (Hauptschnitt oder Hauptebene), die Polarisationsebene ist definitionsgemäß aber die dazu senkrechte Ebene, d.h. die Hauptebene selbst. Das hat zur Folge, dass der elektrische Feldstärkevektor unabhängig von der Strahlrichtung immer senkrecht zur Hauptachse ist, womit sich die Richtungsunabhängigkeit des Brechungsindexes erklärt (Abb. 2.6).

Der zweite Strahl, außerordentlicher Strahl genannt (franz. *extraordinaire*, Index e), weist eine richtungsabhängige Brechzahl n_e auf und gehorcht damit nicht mehr dem üblichen Brechungsgesetz. Nur in Richtung der Hauptachse wird $n_e = n_0$; ein Lichtstrahl, der in dieser Richtung einfällt, lässt somit keinen Doppelbrechungseffekt erkennen. Die Indikatrix ist nun ein einachsiges Rotationsellipsoid, dessen Geometrie durch eine minimale und eine maximale Brechungszahl (Hauptbrechzahlen) bestimmt wird. Die Schwingungsebene des außerordentlichen Strahls fällt mit der Hauptebene zusammen, die Polarisationsebene steht senkrecht dazu.

Kristalle, für die $n_e \geq n_0$ gilt (die Indikatrix des außerordentlichen Strahls ist ein abgeplattetes Ellipsoid), heißen optisch positiv, Kristalle mit $n_e \leq n_0$ (verlängertes Ellipsoid) sind dagegen optisch negativ (Abb. 2.6).

Wichtig ist, dass auch das Absorptionsverhalten (s. Abschnitt 2.2.1.3) der anisotropen Kristalle richtungsabhängig ist, sich also für den ordentlichen und den außerordentlichen Strahl unterscheidet. Diese Er-

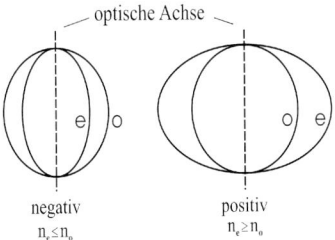

Abb. 2.6 Indikatrix für den ordentlichen und den außerordentlichen Strahl in optisch einachsigen Medien

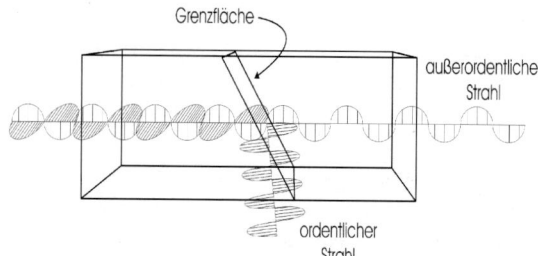

Abb. 2.7 Prinzip des Nicol'schen Prismas

scheinung heißt Dichroismus.

Unter Ausnutzung der Doppelbrechung lassen sich hochwertige Polarisatoren bauen. Zum Beispiel wird in einem sogenannten Nicol'schen (Doppel-)Prisma bei geeigneter kristallografischer Orientierung der miteinander verkitteten Teilprismen der ordentliche Strahl durch Totalreflexion an der inneren Grenzfläche (Verkittung) eliminiert. Der allein austretende außerordentliche Strahl ist dann linear polarisiert (Abb. 2.7). Die Wirkung der jetzt häufig als Polarisatoren verwendeten Polarisationsfolien (z. B. aus eingefärbtem dichroitischem Polyvinylalkohol) beruht dagegen darauf, dass einer der beiden gebrochenen Strahlen stark geschwächt und damit dem durchfallenden Licht entzogen wird (Dichroismus).

Bei orthorhombischen, monoklinen und triklinen Kristallen ist die Brechzahl (und das Absorptionsverhalten) für beide Strahlen unterschiedlich und richtungsabhängig, diese Kristalle bezeichnet man als optisch zweiachsig. Ihr optisches Verhalten ist recht kompliziert.

Nicht unerwähnt soll bleiben, dass axiale Spannungszustände in optisch isotropen Materialien zu einer Doppelbrechung führen, die als Spannungsdoppelbrechung bekannt ist. Die Differenz der Brechzahlen ist dabei der wirkenden Spannung proportional, was man in der sogenannten Spannungsoptik für eine Quantifizierung von Spannungsverteilungen ausnutzt.

2.2.1.3 Absorption und Reflexion

Trifft ein Lichtstrahl mit der Intensität I auf eine dünne Platte aus einem optisch isotropen Stoff, so wird ein Teil des Lichts an der Grenzfläche reflektiert (I_R), der gebrochene Strahl wird bei der Ausbreitung im Medium durch Absorption geschwächt (absorbierte Intensität I_A) und verlässt die Platte als transmittierter Strahl mit der Intensität I_T. Sieht man von Streueffekten ab, so ergibt sich die Intensitätsbilanz zu

$$I = I_R + I_A + I_T \tag{2.11}$$

Die Intensitäten I_R und I_A können aus den optischen Grundeigenschaften des Plattenmaterials berechnet werden, womit letztlich auch die transmittierte Intensität gefunden werden kann.

Die Absorption des Lichts in der Platte lässt sich folgendermaßen beschreiben:

$$I_T = I_{0T} \exp(-k D 4\pi / \lambda) \tag{2.12 a}$$

$$I_A = I_{0T} [1 - \exp(-k D 4\pi / \lambda)] \tag{2.12 b}$$

mit $I_{0T} = I_0 - I_R$, dem Absorptionskoeffizienten k als Stoffeigenschaft und der Dicke der Platte D. Die Absorptionskoeffizienten k sind wellenlängenabhängig, weshalb die spektrale Verteilung eines Strahls bei Passieren eines absorbierenden Mediums verändert wird. Wie erwartet und aus den Angaben in Tab. 2.3 ersichtlich ist, weisen die Metalle besonders hohe Absorptionskoeffizienten auf.

Bei optisch anisotropen Stoffen muss in Betracht gezogen werden, dass bei ihnen eine Strahlaufspaltung (Doppelbrechung) in der Platte erfolgen wird, wobei im allgemeinen Fall die Absorptionskoeffizienten

Tab. 2.3 Brechzahlen und Absorptionskoeffizienten (für λ = 589 nm)

Material	n	k
Silber	0,181	3,67
Gold	0,366	1,82
Kupfer	0,64	2,62
Platin	2,06	4,26
Eisen	2,36	3,40
Antimon	3,0	5,01
Zinksulfid	2,38	0,01

der Teilstrahlen außer einer Wellenlängenabhängigkeit auch eine Richtungsabhängigkeit zeigen.

Für die Auflichtmikroskopie von großer Bedeutung sind die Reflexionsgrade R der Stoffe (oft auch als Reflexionsvermögen bezeichnet). Sie sind definiert als das Verhältnis der Intensität des reflektierten Strahls I_R zu der des einfallenden Strahls I_0 an einer ideal reflektierenden, d. h. feinst polierten freien Fläche.

Die Reflexionsgrade R der verschiedenen Materialgruppen unterscheiden sich merklich (siehe auch Tabelle 1.2):

- Metalle: größer 50 %
- Sulfide: 15 ... 55 %
- Aluminate: 7 ... 10 %
- Silikate: 6 ... 9 %

Für eine genauere Betrachtung muss nach der Lage der Schwingungsebene zur Reflexionsebene, d. h. der Ebene, die durch das Oberflächenlot und den einfallenden Strahl gebildet wird, unterschieden werden. Liegen die beiden Ebenen parallel zueinander, erhält man den Reflexionsgrad R_p, stehen sie senkrecht zueinander, ergibt sich R_s.

Betrachtet sei zunächst der Fall vernachlässigbarer Absorption bei optisch isotropen Medien. Es gilt dann

$$R_p = \frac{\tan^2(\alpha - \beta)}{\tan^2(\alpha + \beta)} \quad (2.13\,a)$$

bzw.

$$R_s = \frac{\sin^2(\alpha - \beta)}{\sin^2(\alpha + \beta)} \quad (2.13\,b)$$

mit dem Einfallswinkel α und dem Winkel für den gebrochenen Strahl β. In β ist über das Snellius'sche Brechungsgesetz die relative Brechzahl n_{21} „verborgen". Bei unpolarisierter Strahlung, in der die beiden Komponenten mit gleicher Intensität auftreten, gilt für den mittleren Reflexionsgrad R

$$R = \frac{1}{2}(R_p + R_s) = \\ \frac{1}{2}\left[\frac{\tan^2(\alpha - \beta)}{\tan^2(\alpha + \beta)} + \frac{\sin^2(\alpha - \beta)}{\sin^2(\alpha + \beta)}\right] \quad (2.13\,c)$$

Den Verlauf von R_p, R_s und R für den Strahlübergang von Luft in Glas (n_{21} = 1,52) in Abhängigkeit von α veranschaulicht Abb. 2.8.

Da R_s stets größer als R_p ist, wird selbst bei unpolarisiert einfallendem Licht der reflektierte Strahl teilpolarisiert sein. Wie man weiterhin sieht, weist R_p bei einem bestimmten Einfallswinkel α_B den Wert 0 auf, der sich aus der Bedingung

$$\tan^2(\alpha_B + \beta) = \infty \quad \text{bzw.} \quad \alpha_B + \beta = 90° \quad (2.14)$$

ergibt. Dieser Winkel α_B wird als Brewster-Winkel bezeichnet. Strahlt man unpolarisiertes Licht unter dem Winkel α_B auf die Grenzfläche zu einem schwach oder nicht

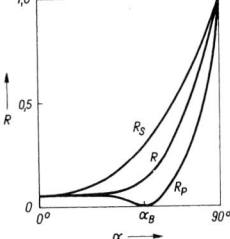

Abb. 2.8 Verlauf von R_s, R_p und R in Abhängigkeit vom Einfallswinkel α bei vernachlässigbarer Absorption

absorbierenden Medium ein, so ist der reflektierte Strahl praktisch vollständig linear polarisiert.

Die Reflexion an einem nicht absorbierenden Medium führt zu einem Phasensprung von 180°, falls $n_2 > n_1$ gilt (Übergang vom optisch dünneren in ein optisch dichteres Medium). Bei $n_2 < n_1$ erfolgt die Reflexion ohne Phasensprung.

Fällt das Licht senkrecht auf die reflektierende Grenzfläche, wird $R_p = R_s$, und für den Reflexionsgrad R folgt dann

$$R = \left(\frac{n_2 - n_1}{n_2 + n_1}\right)^2 \quad (2.15\ a)$$

d. h. er wird allein durch die Brechzahlen n_i bestimmt. Für den Fall, dass das Medium 1 das Vakuum ist ($n_1 = 1$), erhält man dann

$$R = \left(\frac{n_2 - 1}{n_2 + 1}\right)^2 \quad (2.15\ b)$$

Untersucht man absorbierende Stoffe, zu denen die Metalle und ihre Legierungen zu zählen sind, ergeben sich Veränderungen in den Beziehungen für den Reflexionsgrad. Bei einer Reflexion an einer Grenzfläche zwischen einem nichtabsorbierenden (Index 1, $k_1 = 0$) und einem absorbierenden Medium (Index 2) wird bei senkrechtem Strahleinfall

$$R = \frac{(n_2 - n_1)^2 + k_2^2}{(n_2 + n_1)^2 + k_2^2} \quad (2.16)$$

n_1 Brechzahl des nichtabsorbierenden Mediums 1

n_2, k_2 Brechzahl bzw. Absorptionskoeffizient des absorbierenden Mediums 2

Gemäß dieser Beziehung hat man einen hohen Reflexionsgrad dann zu erwarten, wenn es sich wie bei den Metallen um Substanzen mit einem großen Absorptionskoeffizienten k handelt. Stoffe mit hoher Absorption zeigen einen hohen Reflexionsgrad. Das kann man sehr deutlich beobachten, wenn man Spiegelbilder vergleicht, die sich an Oberflächen verschieden verschmutzter Gewässer ausbilden. Bei klaren Gewässern (geringe Absorption) sind die Spiegelbilder schwach, man kann eher den Grund des Gewässers sehen. Bei stark verschmutzten Gewässern (hohe Absorption) kann man den Grund nicht mehr erkennen, dafür findet man gut ausgebildete Spiegelbilder.

Die reflektierte Strahlung erfährt einen Phasensprung δ, der von 180° abweicht:

$$\tan \delta = 2 n_1 k_2 / (n_1^2 - n_2^2 - k_2^2). \quad (2.17)$$

Bei geneigtem Lichteinfall ergeben sich für die s- und p-Komponenten unterschiedliche Reflexionsgrade und Phasensprünge, sodass die Reflexion von unpolarisiertem Licht bzw. linear polarisiertem Licht mit einer Schwingungsebene, die nicht mit der p- oder s-Ebene zusammenfällt, einen zirkular polarisierten Strahl ergibt. Im Unterschied zum Reflexionsverhalten nichtabsorbierender Medien, bei denen R_p für den Brewster-Winkel α_B Null wurde, tritt nun bei einem kritischen Einfallswinkel nur noch ein Minimum für R_p auf (s. Abb. 2.9).

Eine Erweiterung müssen die Gl. (2.16) und (2.17) erfahren, wenn auch im Medium 1 eine Lichtabsorption zu berücksichtigen ist (Absorptionskoeffizient $k_1 > 0$). Es gilt dann bei Betrachtung des Geschehens unmittelbar an der Phasengrenze für den Reflexionsgrad

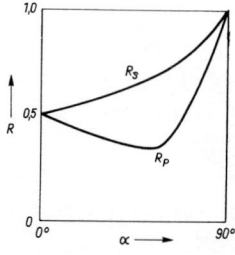

Abb. 2.9 Verlauf von R_s und R_p in Abhängigkeit vom Einfallswinkel α bei Metallen

$$R = \frac{(n_2 - n_1)^2 + (k_2 - k_1)^2}{(n_2 + n_1)^2 + (k_2 + k_1)^2} \quad (2.18)$$

und für den Phasensprung δ

$$\tan \delta = \frac{2(n_1 k_2 - n_2 k_1)}{n_1^2 + k_1^2 - n_2^2 - k_2^2} \quad (2.19)$$

Bei doppelbrechenden Materialien muss bei der Ermittlung von R oder δ berücksichtigt werden, dass für die sich bildenden beiden Strahlen im Medium unterschiedliche Brechzahlen und Absorptionskoeffizienten gelten. Das bedeutet, dass bei diesen Materialien eine Reflexion immer einen Eingriff in den Polarisationszustand zur Folge hat.

2.2.1.4 Interferenz und Beugung

Eine wichtige optische Erscheinung ist das Interferieren kohärenter Wellen. Als kohärent bezeichnet man Wellen, die die gleiche Wellenlänge λ haben und eine zeitunabhängige, feste Phasendifferenz untereinander aufweisen. Überlagern sich zwei solche linear in der gleichen Schwingungsebene polarisierten Wellen mit den Amplituden E_1 und E_2 und den Phasen δ_1 und δ_2 (Abb. 2.10), erhält man eine resultierende Welle mit der Amplitude E_{res}

$$E_{res} = \sqrt{E_1^2 + E_2^2 + 2E_1 E_2 \cos(\delta_1 - \delta_2)} \quad (2.20)$$

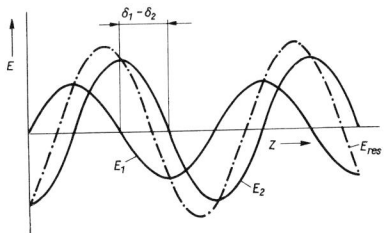

Abb. 2.10 Überlagerung zweier kohärenter Wellen mit Gangunterschied $\delta_1 - \delta_2$

Die Intensität, die proportional zum Amplitudenquadrat ist, lautet dann

$$I_{res} = I_1 + I_2 + 2\sqrt{I_1 I_2} \cos(\delta_1 - \delta_2) \quad (2.21)$$

Die resultierende Intensität ergibt sich im Allgemeinen nicht mehr, wie beim Zusammenwirken inkohärenter Wellen, als Summe der Teilintensitäten $I_1 + I_2$; sie ist um das Glied $2(I_1 I_2)^{1/2} \cos(\delta_1 - \delta_2)$ vergrößert bzw. verkleinert. Diese Erscheinung bezeichnet man als Interferenz. Eine maximale Interferenzverstärkung der Intensität stellt sich dann ein, wenn $\cos(\delta_1 - \delta_2) = 1$ d.h. $\delta_1 - \delta_2 = 2\,m\,\pi$ wird. In diesem Fall liegen die Amplitudenmaxima der an der Interferenz beteiligten Wellen übereinander, die resultierende Amplitude beträgt $E_{res} = E_1 + E_2$, die Intensität $I = I_1 + I_2 + 2(I_1 I_2)^{1/2}$. Minimale Interferenzintensitäten ergeben sich, wenn die Phasendifferenz $\delta_1 - \delta_2 = (2\,m + 1)\,\pi$ beträgt (m ganze Zahl). Die resultierende Welle hat dann eine Amplitude von $E_{res} = E_1 - E_2$, die Intensität findet man zu $I = I_1 + I_2 - 2(I_1 I_2)^{1/2}$. Wählt man die Amplituden E_1 und E_2 der interferierenden Wellen gleich groß, werden E_{res} und I sogar Null (Interferenzauslöschung). Durch gezielte Ausnutzung von Interferenzeffekten lassen sich, wie später noch gezeigt wird, spezielle Kontrastbedingungen einstellen, mit denen sich eine Reihe von metallografischen Fragestellungen mit Vorteil untersuchen lassen.

Betrachtet man die Wechselwirkung von Licht (elektromagnetischen Wellen) mit einem Objekt, z. B. einem metallografischen Schliff, so muss man berücksichtigen, dass dieses im optischen Sinn stark inhomogen ist, d. h. aus makroskopischen und mikroskopischen Bereichen differierender optischer Eigenschaften besteht. Das einfallende Licht erzeugt an jeder

Stelle der Objektoberfläche entsprechend dem Huygens'schen Prinzip elementare Kugelwellen gleicher Wellenlänge, jedoch mit unterschiedlichen Amplituden und Phasen. Alle Erscheinungen, die sich aus dem Zusammenwirken dieser Elementarwellen ergeben, werden als Beugung bezeichnet. Als einfaches Beispiel dafür sei die Beugung an einem Strichgitter erläutert (Abb. 2.11). Ein System paralleler feiner Spalte, die alle den Abstand d voneinander haben, wird mit monochromatischem kohärenten Licht bestrahlt. An diesen Spalten (1 bis 5) werden jeweils elementare Wellen generiert, die sich kugelförmig in alle Richtungen ausbreiten wollen. Sie haben, bezogen auf eine Ausbreitungsrichtung s, die unter dem Winkel φ zur Einfallsrichtung s_0 verläuft, Gangunterschiede gegeneinander (Wegstreckendifferenzen), die sich zu $\Delta = d \cdot \sin \varphi$ berechnen. Sie sind zeitlich unveränderlich, und damit sind die Bedingungen für eine Interferenz dieser sekundären Wellen gegeben. Das führt dazu, dass eine maximale Interferenzverstärkung aller sekundären Wellen dann auftritt, wenn Δ gerade ein ganzzahliges Vielfaches der Wellenlänge wird. In einer Richtung mit dem Winkel φ beobachtet man also ein Intensitätsmaximum, wenn die Bedingung

$$\Delta = d \cdot \sin \varphi = m \cdot \lambda \qquad (2.22)$$

erfüllt ist. Die ganze Zahl m charakterisiert dabei die Interferenzordnung. Den Intensitätsverlauf, der mit einem Schirm in hinreichender Entfernung hinter dem Strichgitter sichtbar gemacht werden kann, zeigt Abb. 2.11 b. Es treten mehrere Intensitätsmaxima auf, die den verschiedenen Interferenzordnungen m zugeordnet werden können. Die Zahl der Interferenzmaxima, d. h. die maximal mögliche Interferenzordnung, ist durch die Bedingung $m \leq d/\lambda$ begrenzt.

Diese Vorstellungen werden im Abschnitt 2.2.2.2 zur Erklärung der Auflösungsgrenze von Mikroskopen wieder verwendet.

2.2.1.5 Linsen

Zum Abschluss dieses Kapitels seien noch einige Bemerkungen über die optische Wirkung von Linsen angefügt. Linsen sind die grundlegenden optischen Elemente von Mikroskopen, und ihre Eigenschaften bestimmen letztendlich die Leistungsfähigkeit der Mikroskope. Besonders interessiert dabei das Verhalten von Sammellinsen.

Wesentliches Charakteristikum einer Linse (Sammellinse) ist ihre Brennweite f bzw. f' (Abb. 2.12). Sie stellt den Abstand der sogenannten Brennebenen von der Hauptebene der Linse dar. Die Schnittpunkte der Brennebenen mit der optischen Achse bezeichnet man als Brennpunkte. Die Brennweite berechnet sich aus den

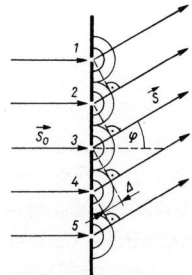
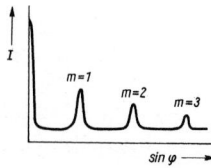

Abb. 2.11 Beugung an einem System äquidistanter Spalte (Strichgitter) a) Strahlenverlauf, b) schematische Verteilung der Beugungsintensitäten

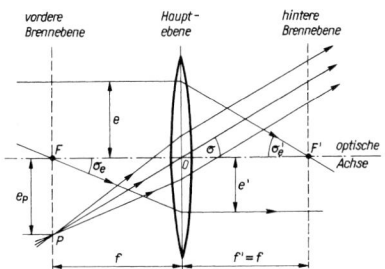

Abb. 2.12 Charakteristische Eigenschaften von Sammellinsen

Krümmungsradien R und R' der Linsenoberfläche sowie der relativen Brechzahl n_{21} des Linsenkörpers zur Umgebung (gewöhnlich Luft oder Vakuum).

$$f = \frac{1}{(n_{21} - 1)\left(\frac{1}{R} + \frac{1}{R'}\right)} \quad (2.23)$$

Wichtig sind nun folgende Erscheinungen:

a) Ein Lichtstrahl, der in der optischen Achse selbst verläuft, erfährt beim Durchgang durch die Linse keine Richtungsänderung. Gleiches gilt für alle Strahlen, die durch den Punkt 0 gehen (Mittelpunktsstrahlen).

b) Ein parallel zur optischen Achse im Abstand e verlaufender Strahl (Parallelstrahl) wird so gebrochen, dass er durch den hinteren Brennpunkt F' verläuft. Er wird zu einem Brennpunktsstrahl. Für den Winkel σ'_e mit der optischen Achse gilt

$$\tan \sigma'_e = e/f' \quad (2.24\,a)$$

Alle Parallelstrahlen sammeln sich im Brennpunkt F', werden also Brennpunktsstrahlen.

c) Ein vom Brennpunkt F unter dem Winkel σ_e ausgehender Strahl (Brennpunktsstrahl) wird zu einem Parallelstrahl mit dem Abstand e' zur optischen Achse von

$$e' = f \cdot \tan \sigma_e \quad (2.24\,b)$$

Das bedeutet, dass alle vom Brennpunkt F ausgehenden Strahlen zu Parallelstrahlen werden.

d) Strahlen, die divergent von einem Punkt P der vorderen Brennebene ausgehen, werden zu Parallelstrahlen, die um den Winkel σ' zur optischen Achse geneigt sind.

$$\tan \sigma' = e_p/f \quad (2.24\,c)$$

Mit diesen typischen Strahlenverläufen lassen sich die Abbildungseigenschaften der Sammellinsen geometrisch herleiten. Dabei bedient man sich der sogenannten Linsengleichung

$$\frac{1}{f} = \frac{1}{g} + \frac{1}{b} \quad (2.25)$$

aus der bei bekannter Brennweite f und Gegenstandsweite g die Bildweite b zu berechnen ist.

Den Abbildungsmaßstab M für reelle Abbildungen erhält man mithilfe der Beziehung

$$M = b/g = b/f - 1 \quad (2.26)$$

Die Vergrößerung V bei virtueller Abbildung (Lupenmaßstab) ist gegeben durch

$$V = \frac{250}{f} \quad (2.27)$$

Der Gl. (2.27) liegt die Vorstellung zugrunde, dass sich die Vergrößerung als Quotient aus dem Sehwinkel für das vergrößerte Bild und dem Sehwinkel für das eigentliche Objekt bei einer konventionel-

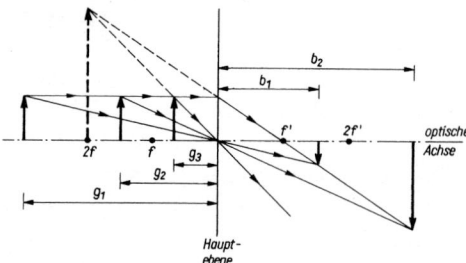

Abb. 2.13 Abbildungseigenschaften von Sammellinsen

len Sehweite von 250 mm ergibt. Es sind nun drei Fälle zu unterscheiden (Abb. 2.13):

a) Der Gegenstand bzw. das Objekt, hier durch einen Pfeil veranschaulicht, befindet sich in einem Abstand $g_1 > 2f$ von der Linse entfernt. Es entsteht ein reelles, umgekehrtes, verkleinertes Bild im Abstand b_1 ($f' < b_1 < 2f'$).

b) Das Objekt befindet sich im Abstand g_2 von der Linse mit $2f > g_2 > f$ entfernt (innerhalb der doppelten Brennweite). Man erhält ein umgekehrtes, reelles, vergrößertes Bild in $b_2 > 2f'$. Wird das Objekt im Brennpunkt platziert ($g = f$), entsteht sein Bild im Unendlichen ($b_2 = \infty$).

c) Ist die Gegenstandsweite $g_3 < f$, erzeugt die Linse kein reelles, sondern ein vergrößertes virtuelles oder scheinbares Bild, da sich die bildseitigen Strahlen nicht mehr schneiden. (Dem menschlichen Auge als ein zusätzliches Abbildungssystem erscheint dieses Bild an der Stelle, an der sich die objektseitigen Verlängerungen der bildseitigen Strahlen schneiden.)

Wichtig für den Bau von Mikroskopen sind die Fälle (b) und (c), da mit ihnen das Entstehen von vergrößerten Abbildungen eines Objekts oder eines vorhandenen Zwischenbilds zu erklären ist.

2.2.2
Aufbau und Wirkungsweise von Auflichtmikroskopen

2.2.2.1 Optische Elemente von Auflichtmikroskopen

Die Frage, wer als erster ein Mikroskop baute, kann heute nicht mit Sicherheit beantwortet werden. Als mögliche Erfinder gelten Cornelius Drebbel und Galileo Galilei, die bereits um 1620 über ein aus zwei Linsen bestehendes optisches System verfügten, mit dem Objekte stark vergrößert beobachtet werden konnten. Dieses Prinzip des zusammengesetzten Mikroskops (früher bezeichnete man oft einfache Lupenanordnungen als „einfache" Mikroskope) hat sich bis heute erhalten, wenn auch die derzeit erreichbaren Leistungsparameter mit denen des 17. Jahrhunderts nicht mehr zu vergleichen sind.

Den prinzipiellen Aufbau eines zusammengesetzten Mikroskops zeigt Abb. 2.14.

Das dem Objekt zugewandte optische System bezeichnet man als Objektiv, das dem Beobachter zugewandte als Okular. Das Objektiv erzeugt ein reelles, vergrößertes, objektähnliches Bild (Zwischenbild) im Abstand t von der hinteren Brennebene des Objektivs. t wird als Tubuslänge bezeichnet,

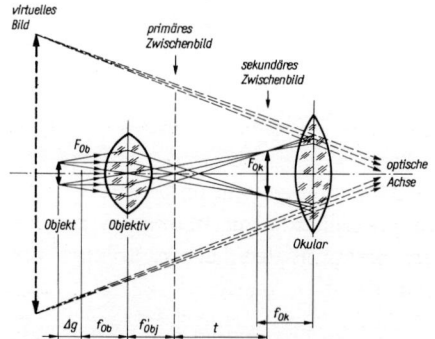

Abb. 2.14 Prinzipieller Aufbau eines zusammengesetzten Mikroskops mit endlicher Weite des Zwischenbilds

für die $t = b - f_{obj}$ gilt (b Bildweite, f_{obj} Brennweite des Objektivs). Damit die Bildweite b bzw. die Tubuslänge t endlich bleibt, muss sich nach Gl. (2.25) das Objekt in einer Entfernung $g > f_{obj}$ von der Hauptebene des Objektivs befinden, wobei sowohl die Differenz $\Delta g = g - f_{obj}$ als auch f selbst sehr klein gehalten werden, um einen hohen Abbildungsmaßstab $M = b/g = b/(f_{obj} + \Delta g)$ (Gl. (2.26)) zu erzielen. Das vom Objektiv erzeugte Zwischenbild wird im Weiteren mithilfe des als Lupe wirkenden Okulars betrachtet. Dazu muss sich das Zwischenbild innerhalb der einfachen Brennweite f_{ok} und nahe seinem Brennpunkt F_{ok} befinden. Die Okularvergrößerung wird entsprechend der Gl. (2.27) durch die Okularbrennweite f_{ok} bestimmt. Das von einem solchen System erzeugte vergrößerte Bild ist virtuell, kann also nicht ohne weitere Hilfsmittel auf einem Bildschirm oder einer Fotoplatte registriert werden. Bei visueller Betrachtung dient die Augenlinse als weiteres abbildendes Element, das letztlich auf der Netzhaut des Auges ein reelles Bild erzeugt. Die gesamte Vergrößerung des Mikroskops erhält man zu

$$V_{mikr} = M_{obj} \cdot V_{ok} \qquad (2.28\ a)$$

Ersetzt man das Okular durch ein System, für das sich das vom Objektiv entworfene Zwischenbild innerhalb der doppelten Brennweite befindet (d. h. zwischen einfacher und doppelter Brennweite), erzeugt dieses ein vergrößertes reelles Bild, das auf Bildschirmen oder mit Fernseheinrichtungen sichtbar gemacht bzw. mit geeigneten fotografischen Einrichtungen oder CCD-Kameras registriert werden kann. Ein solches System bezeichnet man als Projektiv, sein Abbildungsmaßstab M_{Pro} bestimmt zusammen mit M_{obj} die erreichte Gesamtvergrößerung

$$M_{mikr} = M_{obj} \cdot M_{Pro} \qquad (2.28\ b)$$

Bei Auflichtmikroskopen ist es notwendig, zusätzliche optische Elemente (z. B. Prismen oder Planspiegel zur Realisierung des beleuchtenden Strahlengangs, $\lambda/4$-Plättchen, Polare u. a. m.) in den Strahlengang zwischen Objektiv und Okular einzufügen. Das lässt sich dann problemlos bewerkstelligen, wenn man Objektive mit unendlicher Bildweite verwendet, bei denen sich das Objekt in der vorderen Brennebene (Fokalebene) befinden muss (Abb. 2.15). Damit bilden alle Strahlen, die von einem Objektpunkt ausgehen, nach dem Objektiv Parallelstrahlen, deren Neigung zur optischen Achse durch den Abstand des Objektpunkts von der optischen Achse bestimmt wird (Gl. (2.24 c)). Um nun wieder eine Objektabbildung im Endlichen zu erhalten, wird eine als Tubuslinse bezeichnete Zwischenlinse eingefügt, wobei ihr Abstand zum Objektiv in gewissen Grenzen frei wählbar und damit den konstruktiven Forderungen für das Einfügen weiterer optischer Elemente anpassbar wird. Das von der Tubuslinse entworfene Zwischenbild kann in üblicher Weise mit einem Okular oder Projektiv (s. o.) noch

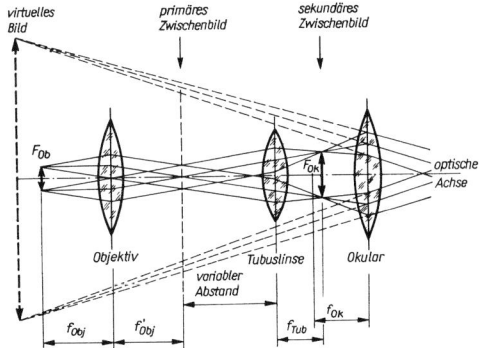

Abb. 2.15 Prinzipieller Aufbau eines zusammengesetzten Mikroskops mit unendlicher Weite des Zwischenbilds

vergrößert werden. Die Objektive mit unendlicher Bildweite werden durch ihre Vergrößerung $V = 250/f_{obj}$ gekennzeichnet (s. Gl. (2.27)). Mit dem sogenannten Tubusfaktor $q_\infty = f_{Tub}/250$ (f_{Tub} – Brennweite der Tubuslinse) ergibt sich nun die Gesamtvergrößerung des Systems zu

$$V = V_{obj} \cdot q_\infty \cdot V_{ok} \qquad (2.29)$$

Betrachtet man Abb. 2.15, so lassen sich folgende gleichwertige Interpretationen der optischen Funktionen von Objektiv, Tubuslinse und Okular vornehmen:

- Die Kombination von Objektiv mit unendlicher Bildweite und Tubuslinse wirkt wie ein Objektiv mit endlicher Bildweite. Dieses kombinierte System und das Okular/Projektiv stellen dann das eigentliche Mikroskop dar (vgl. Abb. 2.14).
- Die Kombination von Tubuslinse und Okular kann auch als ein Fernrohrsystem angesehen werden, mit dem das im Unendlichen liegende Bild, erzeugt vom Objektiv, betrachtet wird.

Ein Wechsel der gewünschten Vergrößerungen ist mit einem Wechsel der Objektive verbunden. Dieser Vorgang wird dadurch erleichtert, dass ein Satz von drei bis fünf Objektiven auf einem gemeinsamen „Revolver" montiert (eingeschraubt) sind und durch Drehen des Revolvers jedes dieser Objektive in den Strahlengang eingeschwenkt werden kann.

Um eine übermäßige Ermüdung des Mikroskopierenden zu vermeiden, werden statt einzelner Okulare (gedacht für ein einäugiges Sehen) in der Regel Binokulare verwendet. Dabei erhalten beide Augen des Betrachters das gleiche Bild angeboten, das vor dem Okularsystem durch eine Strahlteilung mittels Spiegelung bzw. Transmission an einer halbdurchlässigen Schicht erzeugt wird (vgl. Planglasillumi-

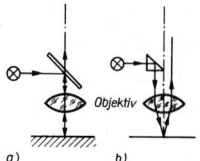

Abb. 2.16
Auflichtilluminatoren:
a) Planglasilluminator,
b) Prismenilluminator

nator Abb. 2.16). Es ist also kein räumliches Bild, das dem Betrachter vermittelt wird (s. Abschnitt 2.2.3.8). Mit einschwenkbaren Zusatzlinsen kann die Vergrößerung des Okularsystems und damit die Gesamtvergrößerung in Stufen verändert werden.

Man unterscheidet nach der Art der Objektbeleuchtung zwei Arten der Mikroskopie: die Durchlicht- und die Auflichtmikroskopie. Bei der Durchlichtmikroskopie wird das Objekt, das transparent sein muss, auf der dem Objektiv abgewandten Seite beleuchtet, das Licht muss, ehe es vom Mikroskop erfasst werden kann, das Objekt passieren. Da die meisten Materialien, insbesondere die Metalle opak, d. h. lichtundurchlässig sind, ist diese Art der Mikroskopie in der Metallografie (Materialografie) kaum gebräuchlich. Vielmehr bedient man sich der Auflichtmikroskopie, bei der das Objekt mit senkrechtem, nahezu senkrechtem oder schrägem Strahleneinfall auf der Objektivseite beleuchtet wird. Man muss also letztendlich die Beleuchtungsstrahlengänge durch das Objektiv selbst führen oder schräg in den begrenzten Raum zwischen Objektiv und Objekt einbringen. Der Beleuchtungsführung durch das Objektiv dienen im Allgemeinen Planglasilluminatoren, die einen halbdurchlässigen Spiegel (Planglas) verkörpern, der um 45° zur optischen Achse geneigt zwischen Objektiv und Tubuslinse eingefügt wird (Abb. 2.16 a). Der senkrecht zur optischen Achse geführte Beleuchtungsstrahl wird am Planglas etwa zu 50 % in Richtung Objektiv-Objekt reflektiert (50 % des Strahls passierten das Planglas ohne Richtungsänderung und gehen verloren), das vom Objekt danach reflektierte Licht kann aber seinerseits ohne nennenswerte Störungen partiell (d. h. wieder zu etwa 50%) durch das Planglas in Richtung der optischen Achse des Mikroskops hindurchtreten. Bei einem Planglasilluminator (manchmal auch als Reflektor bezeichnet) ist ein volles Ausschöpfen der Apertur (*Apertur* maximaler Winkel, unter dem Strahlen, die von einem Punkt des Objekts ausgehen, vom Objektiv erfasst werden können) und damit des Auflösungsvermögens (s. Abschnitt 2.2.2.2) möglich, jedoch ist nur etwa ein Viertel der Intensität des beleuchtenden Lichts nutzbar (50% von 50%). Auch wird durch die Reflexion der Polarisationszustand des beleuchtenden Strahls beeinflusst (s. Abschnitt 2.2.1.1).

Seltener wird ein Prismenilluminator (Abb. 2.16 b) angewendet, bei dem mit einem Prisma der Beleuchtungsstrahl in Richtung Objektiv-Objekt gelenkt wird. Prismenilluminatoren ermöglichen eine hohe Intensitätsausbeute und bewirken nur geringe Veränderungen des Polarisationszustands (Berek-Prismen), reduzieren jedoch merklich die nutzbare Apertur und damit das Auflösungsvermögen. Die Anwendung von Illuminatoren mit Berek-Prismen ist bei der Polarisationsmikroskopie zu empfehlen.

Wesentlich für die Güte einer mikroskopischen Abbildung ist ein optimaler Beleuchtungsstrahlengang, wie er von Köhler 1893 vorgeschlagen wurde. Sein Prinzip ist Abb. 2.17 zu entnehmen. Die Beleuchtungseinrichtung enthält als wesentliche Elemente neben der Lichtquelle L einen Kollektor KO, zwei Linsen Li_1 und Li_2, eine Aperturblende AB und eine Leuchtfeldblende LB. Kollektor KO erzeugt in der Ebene der Aperturblende AB ein Abbild der Lichtquelle. Diese Aperturblende wird ihrerseits über die Linsen Li_1 und Li_2 in die hintere Brennebene des Objektivs abgebildet, womit erreicht wird, dass mit einer Veränderung der Aperturblende die tatsächlich genutzte Beleuchtungsapertur (Öffnungswinkel der beleuchtenden Strahlen) reguliert und eine gleichmäßige Ausleuchtung des Objekts erzielt werden kann. Die zweite Blende, die Leuchtfeldblende LB, wird von der Linse Li_2 und dem Objektiv in die Objektebene abgebildet, sie begrenzt damit das tatsächlich ausgeleuchtete Objektfeld (Dingfeld). Das Köhler'sche Beleuchtungsprinzip gestattet also eine Variation der Beleuchtungsapertur sowie des Durchmessers des Leuchtfelds und damit die Vermeidung unnötigen Streulichts und eventueller störender Reflexionen.

Als Lichtquellen verwendet man in der Auflichtmikroskopie gewöhnlich Xenon-Hochdrucklampen (Gasentladungslampen) oder Halogenlampen (Glühlampen) mit Leistungen zwischen etwa 30–100 W. Halogenlampen ermittieren gleichmäßig in einem breiten Spektralbereich, sind also als Kontinuumsstrahler einzuordnen. Sie liefern Kunstlicht mit einer Farbtemperatur von etwa 3000 K, was nur näherungs-

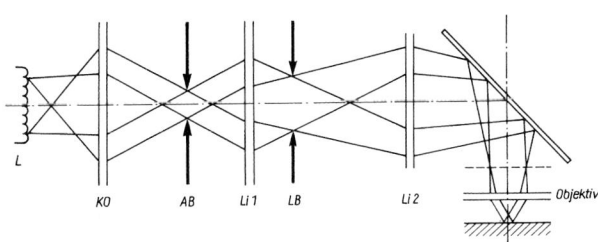

Abb. 2.17 Beleuchtungsstrahlengang nach Köhler für Auflichtmikroskope

weise der Spektralverteilung des Tageslichts entspricht. Die Xenon-Hochdrucklampen kommen dagegen in ihrer spektralen Verteilung dem natürlichen Licht (Farbtemperatur etwa 5000 K) sehr nahe. Dieses muss insbesondere bei der Farbfotografie beachtet werden, bei der das fotografische Material entsprechend der Wahl der Lichtquelle sensibilisiert sein muss. Ein Ausgleich kann im Bedarfsfall durch sogenannte Konversionsfilter im Beleuchtungsstrahlengang vorgenommen werden. Bei Verwendung digitaler Videosysteme (siehe Abschnitt 2.2.4) muss über einen Weißabgleich des Kamerasystems diesen unterschiedlichen Beleuchtungsbedingungen Rechnung getragen werden. In speziellen Fällen (z. B. bei der in der Metallografie kaum gebräuchlichen Fluoreszenzmikroskopie) verwendet man Quecksilber-Hochdrucklampen, die ein Linienspektrum emittieren. Wie es auch der Name ausdrückt, bedient man sich bei der konfokalen Laser-Scanning-Mikroskopie (s. Abschnitt 2.2.3.7) der Laserquellen im sichtbaren Bereich (z. B. He-Ne-Laser).

Eine merkliche Veränderung der spektralen Verteilung einer kontinuierlich strahlenden Lichtquelle erreicht man durch Verwendung von Absorptionsfiltern, die aufgrund ihres wellenlängenabhängigen Absorptionsverhaltens nur einen bestimmten, allerdings noch recht breiten Spektralbereich durchlassen (z. B. Grün-, Blau-, Rot- oder Orange-Filter). Sie dienen gewöhnlich als kontrastverstärkende Filter. (Ist die Filterfarbe komplementär zur Farbe des Objektdetails, beobachtet man eine Kontrastverstärkung. Im umgekehrten Fall tritt eine Kontrastverminderung auf.)

Benötigt man wie im Fall der Interferenzschichtenmikroskopie (s. Abschnitt 2.2.3.6) weitgehend monochromatisches Licht, d. h. Licht mit sehr stark eingeengtem Spektralbereich, verwendet man Interferenzfilter, die es ermöglichen, spektrale Verteilungen mit Halbwertsbreiten von ca. 10 bis 20 nm zu erzeugen. Damit verbunden sind jedoch starke Intensitätseinbußen. Eine Verringerung der Lichtintensität ohne wesentliche Veränderung der spektralen Verteilung gelingt mit sogenannten Graufiltern.

Die wesentlichen optischen Elemente eines Auflichtmikroskops, nämlich Objektiv, Tubuslinse, Okular bzw. Projektiv, Illuminatoren und Beleuchtungseinrichtung mit Lichtquelle, Apertur- und Leuchtfeldblende sowie geeignete Systeme zur Bildregistrierung und Mattscheiben werden in modernen Mikroskopen zu einer kompakten Einheit zusammengefügt. Die Abb. 2.18 und 2.19 zeigen zwei Mikroskope, die sich hinsichtlich der Lage der Objekte (Proben) relativ zum Objektiv unterscheiden. Beim aufrechten Auflichtmikroskop befindet sich die Schliffprobe auf einem manipulierbaren Kreuztisch und die eigentliche vertikale Mikroskopsäule darüber. (Es kann oft ohne Aufwand zu einem

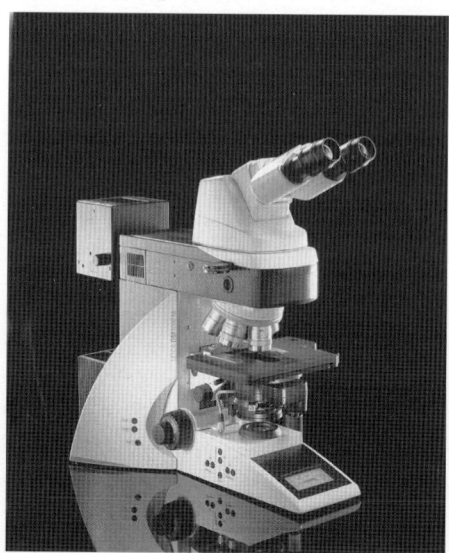

Abb. 2.18 Auflichtmikroskop aufrechter Bauart (DM 4000, Leica)

2.2 Lichtmikroskopie

Abb. 2.19 Auflichtmikroskop umgekehrter Bauart (Axiovert, Zeiss Jena)

Durchlichtmikroskop umgestaltet werden.) Bei der Nutzung solcher Mikroskope ist zu gewährleisten, dass die Objektebene senkrecht zur optischen Achse ausgerichtet ist. Man erreicht das üblicherweise mit Pressen, mit denen die Proben (Schliffe) planparallel zu einer Präparatträgerplatte mit Klebwachs angepresst werden, die danach auf den Objekttisch gelegt werden kann.

Das Auflichtmikroskop mit umgekehrter Bauart realisiert den inversen Mikroskoptyp, wie er 1897 von Le Chatelier vorgeschlagen wurde. Bei ihm befindet sich die Probe auf einem mittig durchbrochenen, drehbaren und in x-y-Richtung verschiebbaren Probentisch über der umgekehrt ausgeführten Mikroskopsäule. Diese Bauart hat gegenüber der aufrechten den Vorteil, dass alle eben angeschliffenen, sonst beliebig geformten Proben einfach auf den Probenteller aufgelegt werden können, wobei die Schliffebene stets senkrecht zur optischen Achse steht. Eine direkte visuelle Beobachtung des ausgeleuchteten Probenorts wie bei der aufrechten Bauart ist jedoch etwas umständlich. Die umgekehrte Bauart ist wegen der einfachen und reproduzierbaren Probenpositionierung in der Laborpraxis und besonders in der Industrie vorherrschend.

Die üblichen Auflichtmikroskope verfügen natürlich über Möglichkeiten einer Bilddokumentation. Dazu werden unter Zuhilfenahme von Projektiven CCD-Kameras zur digitalen Bilderfassung oder fotografische Einrichtungen, meist Kleinbildkameras bedient. Dabei hat sich die digitale Bilderfassung, -speicherung und -bearbeitung wegen ihrer Flexibilität weitgehend durchgesetzt (s. auch Abschnitt 2.2.4). Die Bildregistrierung erfordert eine vollständige oder zumindest teilweise Umlenkung des Strahlengangs vor dem Okularsystem in Richtung des notwendigen Projektivs (Nutzung von einschwenkbaren Umlenkprismen).

Besonders für die betriebliche Qualitätskontrolle hat man Mikroskopsysteme geschaffen, bei denen die vorzunehmenden Einstellungen des Mikroskops in einem großen Umfang rechnergesteuert elektromechanisch vorgenommen werden können (automatisierte Mikroskope). Das betrifft die Objektivwahl über Objektivrevolver, Wahl der Okularvergrößerungen, Einstellung der Bedingungen für eine Bildregistrierung, Nutzung von Blenden und Filtern.

2.2.2.2 Zur Theorie der mikroskopischen Abbildung

Im Abschnitt 2.2.1 wurde die Beugung von monochromatischem Licht an einem Gitter erläutert. Man beobachtet dabei in bestimmten Richtungen φ_m eine Interferenzverstärkung und zwischen ihnen nur sehr geringe Intensitäten. Die Periodizität des Gitters spiegelt sich in der Periodizität der Intensitätsverteilung im Beugungsbild wider. Liegt keine strenge Periodizität des beugenden Gitters vor, so wird das Interferenzbild entsprechend „verwaschen" erscheinen. Das Beugungsbild enthält dennoch in verschlüsselter Form alle Informationen über die optische Struktur des beugenden Gitters bzw. eines beugenden Objekts. Diese Feststellung ist der Ausgangspunkt der Abbe'schen Theorie der mikroskopischen Abbildung.

Befindet sich das beleuchtete Objekt in der vorderen Brennebene eines Objektivs, so werden parallele Strahlen, die von verschiedenen Objektpunkten unter dem gleichen Winkel σ_e zur optischen Achse gebeugt werden, in einem Punkt der hinteren (bildseitigen) Brennebene vereinigt, wobei dieser Punkt einen Abstand

$$e = f \tan \sigma_e \qquad (2.30)$$

zur optischen Achse hat (vgl. Gl. (2.24 c)). In der hinteren Brennebene entsteht also das Beugungsbild des Objekts, das ein objektunähnliches Bild darstellt (vgl. Abb. 2.15) (primäres Zwischenbild). Durch Interferenz des Lichts, das von diesem Beugungsbild ausgeht, entsteht in der Zwischenbildebene ein objektähnliches Bild (sekundäres Zwischenbild). Kämen in der sekundären Zwischenbildebene alle vom Objekt ausgehenden Strahlen zur Interferenz, ergäbe sich ein unverfälschtes, objekttreues Bild des Objekts. Da jedoch der Winkel, unter dem die vom Objekt gebeugten Strahlen in das Objektiv eintreten können, begrenzt ist und durch Ausblendungen in der hinteren Brennebene (Ort des Beugungsbilds) weitere Strahlen von der Bildentstehung ausgeschlossen werden, entsteht ein mehr oder weniger stark verfälschtes, dem Objekt nur noch ähnliches Bild in der Zwischenbildebene. Der maximale Winkel σ_{max}, unter dem ein Strahl in ein Objektiv gelangen kann, beträgt etwa 72° (andernfalls treten Totalreflexionen im Objektiv auf), und damit sind zwangsläufig bei jeder mikroskopischen Abbildung Teile der vom Objekt gebeugten Strahlung von der Bildentstehung ausgeschlossen, es kann nie ein objekttreues, sondern stets nur ein objektähnliches Bild entstehen. Wesentlich für die Qualität der mikroskopischen Abbildung ist daher der Öffnungswinkel 2σ des Objektivsystems (Aperturwinkel, sin σ bezeichnet man als Apertur). Aus der Sicht einer hohen Objektähnlichkeit ist man bestrebt, die wirksame Apertur des Objektivs möglichst groß zu machen. Den Einfluss der Apertur auf die Objektähnlichkeit der mikroskopischen Abbildung demonstriert Abb. 2.20 am Beispiel eines perlitischen Stahls. Bei einer kleinen Apertur von 0,25 beobachtet man im mikroskopischen Bild unstrukturierte Gebiete, denen Objektbereiche mit lamellarer Anordnung von Zementit und Ferrit (Perlit) entsprechen. Die Lamellenstruktur wird unter diesen Bedingungen nicht aufgelöst. Erhöht man die Apertur auf 0,80, zeigt das mikroskopische Bild bei gleicher Vergrößerung deutlich diese Lamellenstruktur,

Abb. 2.20 Einfluss der Objektivapertur auf die mikroskopische Abbildung eines perlitischen Stahls: a) $A = 0,25$, b) $A = 0,80$

das Auflösungsvermögen hat sich stark verbessert.

Es interessiert nun, welchen Abstand zwei Objektdetails (Punkte) mindestens haben müssen, um im sekundären Zwischenbild noch getrennt wahrgenommen werden zu können. Diesen Grenzabstand d_{gr} bezeichnet man als Auflösungsgrenze, den Reziprokwert als Auflösungsvermögen. Entsprechend der Theorie von Abbe findet man diesen, wenn man berücksichtigt, dass eine periodische Objektstruktur nur dann noch als solche im mikroskopischen Bild zu erkennen ist, wenn neben dem ungebeugten Strahl gerade noch das erste Beugungsmaximum durch das optische System erfasst wird. (Je mehr Beugungsmaxima zur Bildentstehung beitragen, desto objektähnlicher wird das Bild.)

Der Grenzfall ist also dann gegeben, wenn zur Abbildung außer dem ungebeugten Strahl gerade noch das erste Beugungsmaximum herangezogen wird. Unter dieser Bedingung erhält man gerade noch ein strukturiertes sekundäres Zwischenbild, dessen Periodizität der Intensitätsverteilung durch die Periodizität der Objektstruktur bestimmt wird. Ausgehend von der Gl. (2.22) gilt bei senkrechter Beleuchtung des Objekts für den im sekundären Zwischenbild noch auflösbaren Gitterabstand d_{gr} des beugenden Objekts

$$d_{gr} = \frac{\lambda}{n \cdot \sin \sigma} \quad (2.31)$$

λ bezeichnet die Vakuumwellenlänge und n die Brechzahl des Mediums zwischen Objekt und Objektiv (meist Luft mit $n \approx 1$). Der Quotient λ/n stellt die tatsächliche Wellenlänge in diesem Medium dar, die in die Interferenzbedingung (2.22) einzusetzen ist.

Die Gl. (2.31) kann als Zusammenhang zwischen der (Vakuum-)Wellenlänge λ, der sogenannten numerischen Apertur $A = n \cdot \sin \sigma$, und dem gerade noch auflösbaren Parameter eines Beugungsgitters d_{gr} verstanden werden.

Wird das Objekt schräg unter dem Winkel σ beleuchtet (derartige Straheneingänge treten bei vollständiger Öffnung der sogenannten Beleuchtungsapertur auf), kann maximal die doppelte numerische Apertur genutzt werden, wodurch sich d_{gr} auf die Hälfte verringert:

$$d_{gr} = \lambda/(2A) \quad (2.32)$$

Eine niedrige Auflösungsgrenze erzielt man also durch Verwendung einer möglichst hohen numerischen Apertur A, einer hohen Beleuchtungsapertur und einer niedrigen Wellenlänge λ. Bei Luft (Vakuum) zwischen Objekt und Objektiv beträgt die maximal realisierbare numerische Apertur, gemäß des oben erwähnten maximalen halben Öffnungswinkels von $\sigma_{max} = 72°$, $A = 0,95$; sie kann durch Verwendung einer Immersionsflüssigkeit zwischen Objekt und Objektiv um den Faktor 1,5 angehoben werden. Als Immersionsflüssigkeit eignen sich z. B. Zedernholzöl ($n = 1,52$) oder Monobromnaphthalin ($n = 1,66$).

Eine wellenoptische Abschätzung der Auflösungsgrenze kann auch auf andere Weise gegeben werden. Helmholtz berechnete den Beugungseffekt, der bei der Abbildung eines Punkts über ein Linsensystem mit einer kreisförmigen Blende (Aperturblende bzw. Objektivfassung) entsteht. Dabei wird das von einem Objektpunkt ausgehende Strahlenbüschel in der Bildebene nicht wieder zu einem Punkt zusammengeführt, sondern es bildet sich eine glockenkurvenartige Intensitätsverteilung aus, die man als eine Punktübertragungsfunktion für das optische System interpretieren kann. Man beobachtet ein mehr oder weniger scharf begrenztes „Beugungsscheibchen", dessen Durchmesser die Auflösungsgrenze bestimmt. Zwei benachbarte Objektpunkte können dann noch im sekundären Zwischenbild aufgelöst werden, wenn die Entfernung zwischen ihnen so groß ist, dass die sich überlagernden Intensitätsverteilungen (Punktübertragungsfunktionen) noch deutlich erkennbar zwei Maxima aufweisen. Unter dieser Bedingung erhält man für die Auflösungsgrenze d'_{gr} bei mikroskopischer Abbildung von Punkten

$$d'_{gr} = \frac{0{,}61 \cdot \lambda}{A} \qquad (2.33)$$

was näherungsweise der Abbe'schen Beziehung (2.32) entspricht.

Von Bedeutung für die mikroskopische Praxis ist die sogenannte Schärfentiefe Z_{ST}. Sie stellt den Bereich entlang der optischen Achse dar, in dem sich das Objekt bewegen kann, ohne dass eine zulässige „Unschärfe" des Bilds überschritten wird. Sie verkörpert den Spielraum für die Objektpositionierung bzw. gibt ein Maß für die zulässigen Höhenunterschiede verschiedener Objektbereiche an. Sie berechnet sich näherungsweise zu

$$Z_{ST} \approx \frac{n \cdot \lambda}{2 \cdot A^2} + \frac{150 \cdot n}{A \cdot V} \qquad (2.34)$$

(Angaben in µm)

Der erste Term trägt dem Umstand Rechnung, dass sich bei einer Verlagerung der Objektebene die oben genannten Beugungsscheibchen verbreitern bzw. sich ihre maximale Intensität verringert (wellenoptischer Anteil der Schärfentiefe). Er ist abhängig von der Wellenlänge λ, der numerischen Apertur A und von der Brechzahl n des Mediums zwischen Objekt und Objektiv. Der zweite Term berücksichtigt den rein geometrisch-optischen Einfluss einer Objektebenenverlagerung auf die Schärfentiefe, d. h. die Erscheinung, dass sich dabei ein Bildpunkt des objektähnlichen Zwischenbilds zu einer Kreisscheibe in der festgehaltenen Beobachtungsebene verbreitert, deren Sehwinkel[1] den Grenzwert von 2 Winkelminuten nicht überschreiten darf. Dieser Term hängt somit von der Mikroskopvergrößerung V (bzw. dem Abbildungsmaßstab M) ab. Für $A = 0{,}95$, $n = 1$, $V = 1000$ und $\lambda = 0{,}5$ µm beträgt die Schärfentiefe $Z_{ST} \sim 0{,}4$ µm. Daraus wird ersichtlich, welche hohen Anforderungen an eine Objektpositionierung und besonders an die Ebenheit des metallografischen Schliffs bei hohen Vergrößerungen (Abbildungsmaßstäben) gestellt werden müssen.

Die Forderungen bezüglich einer niedrigen Auflösungsgrenze (hohes A) und einer hohen Schärfentiefe (kleines A) stehen sich entgegen, sodass im konkreten Fall durch eine optimale Wahl der numerischen Apertur ein entsprechender Kompromiss herbeizuführen ist. Beim Mikroskopieren ist anzustreben, dass die Gesamtvergrößerung als Produkt aus Objektiv- und Okular- bzw. Projektivvergrößerungen (s. Gl. (2.28)) so gewählt wird, dass einerseits die Leistungsfähigkeit des Mikroskopobjektivs voll ausgenutzt, andererseits eine leere Vergrößerung durch ungeeignete Wahl der Okularvergrößerung vermieden wird. Die Okular- bzw. Projektivvergrößerung soll daher so groß sein, dass die im objektähnlichen sekundären Zwischenbild gerade noch aufgelösten Bilddetails dem Betrachter unter einem Sehwinkel um 3 Winkelminuten (entspricht 0,05° oder $0{,}87 \cdot 10^{-3}$ im Bogenmaß) bei einer Sehweite von 250 mm erscheinen. Das bedeutet, dass V_{ok} bzw. M_{pr} etwa $(500{-}1000) \cdot A/V_{obj}$ sein soll bzw. die gesamte förderliche Vergrößerung im Bereich von $(500{-}1000)A$ liegt.

---

[1] Der Sehwinkel ist der Winkel, unter dem ein Objekt dem Betrachter erscheint. Der minimal vom Betrachter auflösbare Sehwinkel beträgt im Normalfall 2–3 Winkelminuten.

Die Beleuchtungsapertur nimmt auch Einfluss auf die Kontraste der mikroskopischen Abbildung. Optimale Bildkontraste entstehen in der Regel dann, wenn die Beleuchtungsapertur etwa zwischen 1/2 und 2/3 der Objektivapertur gewählt wird. Zu hohe Beleuchtungsaperturen (Öffnungen der Aperturblende) führen zu lichtstarken, aber kontrastarmen Abbildungen.

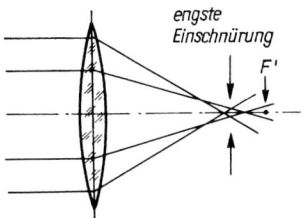

Abb. 2.21 Geometrischer Öffnungsfehler optisch abbildender Systeme

2.2.2.3 **Abbildungsfehler**

Die im Mikroskop verwendeten optischen Systeme (Objektive, Zwischenlinsen, Okulare, Projektive) erzeugen keine geometrisch unverzerrten und farbsaumfreien Abbildungen des Objekts. Gründe hierfür sind im Wesentlichen die großen Öffnungswinkel der Strahlengänge, die zur optischen Achse geneigten Strahlenverläufe, die endliche Ausdehnung des Objekts in der Objektebene und die Wellenlängenabhängigkeit der Brechungseigenschaften der verwendeten Gläser (Dispersion).

Zunächst seien die geometrischen Abbildungsfehler besprochen, die bei Anwendung monochromatischen Lichts in Erscheinung treten. Die endlichen Öffnungswinkel bzw. die Neigung der Strahlengänge zur optischen Achse bewirken, dass ein Punkt in der Gegenstandsebene nicht als Punkt, sondern nur als endlich ausgedehnte asymmetrische Zerstreuungsfigur (Beugungsscheibchen) abgebildet wird, wobei der Ort der minimalen Ausdehnung dieser Zerstreuungsfigur nicht mehr in der idealen Bildebene liegt. Es lassen sich nun folgende geometrische Fehler unterscheiden:

- *Öffnungsfehler:* Bei achsenparallelen Strahlenbündeln ist der Schnittpunkt der bildseitigen Strahlen mit der optischen Achse umso mehr in Richtung der Sammellinse verschoben, je größer der Achsenabstand der Strahlen im parallelen Bündel ist (Abb. 2.21). Die engste Zusammenführung der bildseitigen Strahlengänge befindet sich bei Sammellinsen nicht mehr in der idealen Bildebene, sondern etwas vor dieser. Bei Zerstreuungslinsen ist der Effekt umgekehrt, sodass der Öffnungsfehler optischer Systeme durch eine geeignete Kombination von Sammel- und Zerstreuungslinsen korrigiert werden kann.
- *Koma:* Bei der Abbildung außeraxialer Objektpunkte mit weitgeöffneten Strahlbündeln entstehen neben dem Öffnungsfehler in radialer Richtung ausgedehnte asymmetrische Bildbereiche, die ein schweifartiges Aussehen haben. Ist dieser Schweif zur Bildmitte gerichtet, spricht man von Innenkoma, bei umgekehrter Schweifrichtung von Außenkoma.
- *Astigmatismus (Zweischalenfehler):* Selbst bei kleinen Öffnungswinkeln können außeraxiale Objektpunkte nicht punktförmig (stigmatisch) abgebildet werden. Es entstehen zwei, zueinander senkrechte, strichförmige Abbildungen, die jedoch nicht in einer gemeinsamen Ebene liegen. Diese Erscheinung bezeichnet man als Astigmatismus.
- *Bildfeldwölbung:* Auch bei eliminiertem Astigmatismus liegen die Bildpunkte für ein ausgedehntes Objekt nicht in einer Ebene, sondern auf einer gewölbten Fläche. Das führt dazu, dass sich beim Mik-

roskopieren die Scharfeinstellung für randnahe Gebiete von der achsennaher unterscheidet, sofern die verwendeten optischen Systeme diesbezüglich nicht ausreichend korrigiert wurden.

- *Verzeichnung:* Darunter versteht man die Erscheinung, dass der Abbildungsmaßstab von der Objektausdehnung oder anders ausgedrückt vom Abstand des abzubildenden Objektbereichs von der optischen Achse abhängt. Nimmt der Abbildungsmaßstab mit der Objektausdehnung zu, ergibt sich eine kissenförmige Verzeichnung, nimmt er ab, beobachtet man eine tonnenförmige Verzeichnung (Abb. 2.22). Verzeichnungsarme bzw. -freie Optiken sind Voraussetzung für korrekte Vermessungen von Objekten bzw. Objektbereichen.

Als chromatische Abbildungsfehler bezeichnet man solche, die bei Anwendung polychromatischen Lichts aufgrund der normalen Brechungsdispersion entstehen. So sind die bereits besprochene Verzeichnung und der Öffnungsfehler wellenlängenabhängig. Der wohl bedeutungsvollste chromatische Fehler ergibt sich dadurch, dass gewöhnlich mit steigender Wellenlänge die Brechzahl ab- und damit die Brennweite der Linse zunimmt (Gl. (2.23)). Entsprechend der Linsengleichung (2.25) bedeutet dies, dass ein mit violettem Licht (kurze Wellenlänge) erzeugtes Bild der Linse näher gelegen ist, als ein mit rotem Licht (lange Wellenlänge) entstandenes. Dieser Fehler wird als chromatischer Längsfehler bezeichnet (Abb. 2.23). Ein unzureichend korrigierter chromatischer Längsfehler gibt Anlass zu farbigen Säumen im mikroskopischen Bild.

Eine weitgehende Korrektur der hier aufgeführten geometrischen und chromatischen Abbildungsfehler gelingt durch geeignete Kombination von Sammel- und Zerstreuungslinsen aus Materialien mit unterschiedlichen Brechungs- und Dispersionseigenschaften. So können Objektive mit hohem Korrektionszustand z. B. neun einzelne Linsenkörper enthalten. Je nach Korrektionszustand unterscheidet man folgende Objektivarten:

- *Achromate:* Korrigiert ist der chromatische Längsfehler für zwei Wellenlängen.
- *Apochromate:* Die Korrektion des chromatischen Längsfehlers ist für drei Wellenlängen durchgeführt. Dazwischen liegende Wellenlängen verursachen nur sehr geringe Restfehler.

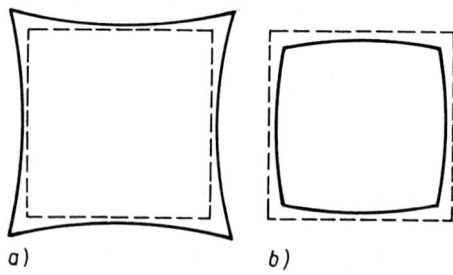

Abb. 2.22 Grundtypen der Bildverzeichnung: a) kissenförmige Verzeichnung, b) tonnenförmige Verzeichnung

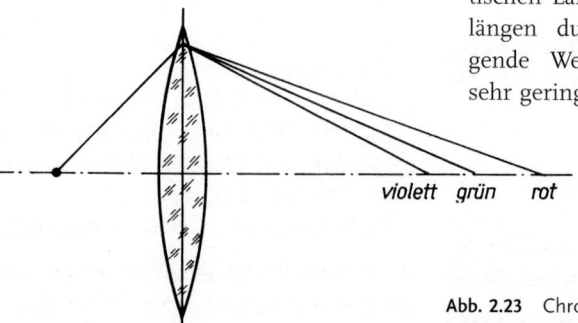

Abb. 2.23 Chromatischer Längsfehler abbildender optischer Systeme

- *Planachromate bzw. -apochromate:* Neben der jeweiligen Korrektur des chromatischen Längsfehlers ist eine zusätzliche Bildfeldebnung vorgenommen worden.

Einen optimalen Korrekturzustand des Mikroskops erreicht man erst durch Verwendung entsprechend korrigierender Okulare, alle verwendeten optischen Elemente bilden in diesem Sinne ein System, das erst die Korrekturen wirksam werden lässt. So werden bei Achromaten allgemeine Okulare ohne besondere Korrektur der chromatischen Vergrößerungsdifferenz (A-Okulare) genutzt. Kompensationsokulare (K-Okulare) sind zusammen mit Apochromaten zu verwenden, da dadurch noch der verbliebene chromatische Vergrößerungsfehler reduziert wird. Sogenannte Plankompensationsokulare werden in Verbindung mit Planobjektiven (Planachromaten, -apochromaten) angewendet. Ungeeignete Kombinationen der Objektiv- und Okulararten führen zu verschlechterten Abbildungsbedingungen.

In den meisten Auflichtmikroskopen nutzt man Objektiv- bzw. Okularsysteme, die für eine Großfeldabbildung mit Bildfelddurchmessern bis zu 250 mm geeignet sind (Korrektur der Bildfeldwölbung bis zu Zwischenbildgrößen von 32 mm). Derartige Systeme zeichnen sich außerdem durch eine farbfehlerfreie Feldabbildung aus (sog. CF-Systeme). Sie stehen als eine gemischte Reihe von Planachromaten (für $A \leq 0,5$) und Planapochromaten ($A \geq 0,6$) zur Verfügung.

2.2.3
Verfahren der Auflichtmikroskopie

Bei der Wechselwirkung des Lichts mit einem ebenen Objekt können, wie im Abschnitt 2.2.1 erläutert

– Änderungen der Amplituden (Amplitudenobjekte)
– Änderungen der Phasen (Phasenobjekte) und
– Änderungen des Polarisationszustands (bei optisch anisotropen Materialien oder Schrägreflexionen)

auftreten. Während Amplitudenunterschiede der von verschiedenen Objektbereichen ausgehenden Wellen direkt zu wahrnehmbaren Intensitätsunterschieden im objektähnlichen sekundären Zwischenbild führen (gewöhnlich bezeichnet man die relativen Intensitätsdifferenzen im sekundären Zwischenbild als Kontrast), führen Phasendifferenzen bzw. Änderungen des Polarisationszustands nicht direkt zu Kontrasten im sekundären Zwischenbild. Es bedarf dazu besonderer optischer Hilfsmittel, um diese objektbedingten Veränderungen in wahrnehmbare Amplituden- bzw. Intensitätsdifferenzen, d. h. Kontraste, zu überführen.

Bei einem unebenen („rauen") Objekt muss weiterhin berücksichtigt werden, dass nicht nur eine reguläre Reflexion mit den oben genannten Wechselwirkungseffekten auftritt. Entsprechend der Höhendifferenz bzw. den Unterschieden der Oberflächenneigung zum beleuchtenden Strahl verschiedener Objektbereiche zueinander ergeben sich zusätzlich

- geometrisch bedingte Phasendifferenzen (resultierend aus den Differenzen der Strahlwege)
- Reflexions- bzw. Streurichtungen, die bei senkrechter Beleuchtung nicht mehr vom Objektiv erfasst werden (diffuse Reflexionen bzw. Streuungen)
- Änderungen des Polarisationszustands

Auch diese Effekte können zur Kontrastierung des mikroskopischen Bilds genutzt werden.

Entsprechend der Komplexität der Wechselwirkungen des Lichts mit dem Objekt sind eine Reihe von auflichtmikroskopischen Verfahrensvarianten entwickelt worden, bei denen einzelne Wechselwirkungseffekte bzw. Effektkombinationen zur Kontrastierung im mikroskopischen Bild ausgenutzt werden. Nachfolgend sollen als die bedeutungsvollsten die Hell- und Dunkelfeldabbildung, die Polarisationsmikroskopie, das Phasenkontrast- und das Interferenzkontrastverfahren behandelt werden. Ergänzt werden diese Ausführungen durch eine kurze Erläuterung der Interferenzschichtenmikroskopie als einer Möglichkeit, durch Nutzung von Interferenzeffekten an gezielt aufgebrachten Oberflächenschichten eine Kontrastverstärkung herbeizuführen. Neuerdings haben sogenannte konfokale Abbildungssysteme sehr an Bedeutung gewonnen.

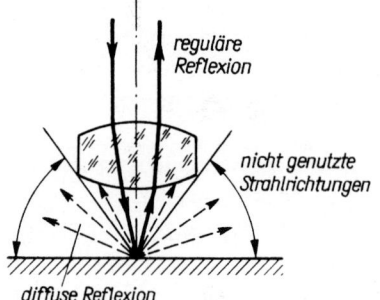

Abb. 2.24 Prinzip der mikroskopischen Hellfeldabbildung

2.2.3.1 Hellfeldabbildung

Bei der Hellfeldabbildung wird das regulär reflektierte Licht und das innerhalb des Öffnungsbereichs des Objektivs gebeugte bzw. diffus reflektierte Licht zur Abbildung genutzt, wie es Abb. 2.24 im Schema zeigt. Dabei wird das Objekt nahezu senkrecht beleuchtet (Verwendung von Planglas- bzw. Prismenilluminatoren). Die Kontraste im mikroskopischen Bild resultieren aus

- Brechzahldifferenzen der Objektdetails, da das Reflexionsvermögen von der Brechzahl n abhängt (s. Gl. (2.16))
- Differenzen des Absorptionskoeffizienten k, der ebenfalls den Reflexionsgrad beeinflusst (Gl. (2.16))
- durch Intensitätsverminderungen als Folge von diffusen Reflexionen bzw. Streuungen, die nicht mehr vom Objektiv aufgenommen werden können. Es handelt sich dem Wesen nach um Amplitudenkontraste.

Brechzahldifferenzen tragen bei Metallen wegen ihrer Kleinheit in der Regel nur in unbedeutendem Maß zur Kontrastentstehung bei, die im Wesentlichen auf ein verändertes Absorptionsverhalten und diffuse Reflexionen zurückzuführen ist.

Da sich der Reflexionsgrad der Metalle wegen der sehr hohen Absorption (gekennzeichnet durch k) nicht sehr stark unterscheidet, beobachtet man an einem polierten Metallschliff zunächst nur sehr schwache Kontraste, die sogar verschwinden, wenn es sich um ein einphasiges Gefüge handelt. Lediglich bei Schliffen, die Gefügebestandteile mit stark unterschiedlichem Reflexionsgrad enthalten, treten diese mit ausreichenden Kontrasten in Erscheinung, wie es Abb. 2.25 für das Beispiel eines Gusseisens mit Kugelgrafit zeigt. Auch können stärkere Kratzer eines polierten Schliffs sichtbar gemacht werden (diffuse Reflexion im Bereich des Kratzers).

Im Allgemeinen ist es notwendig, durch geeignete Kontrastierungsmaßnahmen, wie Ätzen, Ionenätzen, Bedampfen oder thermisches Nachbehandeln, günstige Bedingungen für Amplitudenkontraste zu schaffen

2.2 Lichtmikroskopie

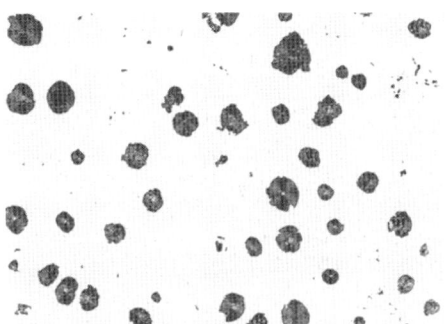

Abb. 2.25 Hellfeldabbildung von Gusseisen mit Kugelgrafit (ungeätzt)

xion bei Verminderung der regulären Reflexion auftritt (Abb. 2.26).
- Durch chemisches Ätzen, Bedampfen oder Oxidieren werden phasen- und gegebenenfalls orientierungsspezifisch Schichten aufgebracht, die sich in ihrem regulären Reflexionsgrad unterscheiden. Dabei können im Fall von nicht zu stark absorbierenden Schichten Interferenzeffekte der direkt an der Oberfläche und der an der Phasengrenze Schicht-Präparat reflektierten Wellen zur Kontrastverstärkung ausgenutzt werden.

(s. Abschnitt 2.3.4). Dabei können folgende Effekte erzielt werden:

- Korn- bzw. Phasengrenzen werden so zu schmalen Gräben vertieft, dass die an den Grabenwandungen reflektierten Strahlen nicht mehr vom Objektiv erfasst werden („diffuse" Reflexion). Das lässt sich durch chemisches bzw. elektrochemisches Ätzen, Ionenätzen oder thermisches Ätzen (Abdampfen) erreichen. Korn- und Phasengrenzen erscheinen dunkel auf dem helleren Grund der Kornflächen (s. Abb. 2.28 a).
- Kornflächen werden je nach Orientierung und/oder Phasenart durch Ätzen, Ionenätzen oder thermisches Ätzen unterschiedlich aufgeraut, wodurch eine stark orientierungsspezifische, diffuse Refle-

Hellfelduntersuchungen stellen aufgrund ihrer Lichtstärke (regulär reflektiertes Licht wird dominant genutzt) und ihrer relativ einfachen Handhabung (keine zusätzlichen optischen Manipulationen im Mikroskopstrahlengang notwendig) die Standardmethode der Metallmikroskopie dar, sie nehmen den breitesten Raum in der metallografischen Praxis ein. Ehe zu anderen Verfahren gegriffen wird, empfiehlt sich immer eine Hellfeldbetrachtung.

2.2.3.2 Dunkelfeldabbildung

Führt man den beleuchtenden Strahlengang so, dass die regulär reflektierten Strahlen nicht mehr in das Objektiv gelangen können, spricht man von einer Dunkelfeldabbildung (Abb. 2.27). Zum mikros-

Abb. 2.26 Hellfeldabbildung von grobkristallinem Aluminium (geätzt mit HF)

kopischen Bild tragen in diesem Fall nur am Objekt gebeugte bzw. diffus reflektierte Strahlen bei, also gerade jene Strahlen, die bei der Hellfeldabbildung von der Bildentstehung weitgehend ausgeschlossen wurden. Damit erweisen sich die Kontraste der Dunkelfeldabbildung in gewissen Grenzen komplementär zu denen der Hellfeldabbildung, sofern sie nicht auf unterschiedliche Brechungs- und Absorptionsbedingungen zurückzuführen sind. So erscheinen angeätzte Korngrenzen oder Kratzer im Gegensatz zum Hellfeld hier hell auf dunklem Grund (vgl. Abb. 2.28).

Die allseitige Dunkelfeldbeleuchtung wird gewöhnlich durch eine Ringblende

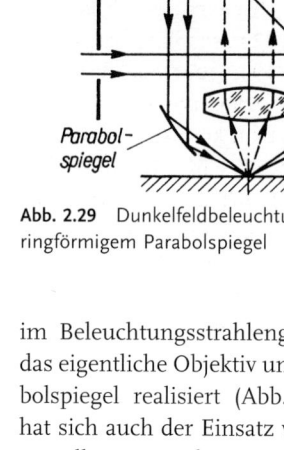

Abb. 2.29 Dunkelfeldbeleuchtung mit ringförmigem Parabolspiegel

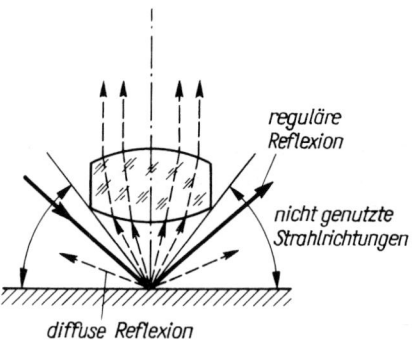

Abb. 2.27 Prinzip der mikroskopischen Dunkelfeldabbildung

im Beleuchtungsstrahlengang und einem das eigentliche Objektiv umfassenden Parabolspiegel realisiert (Abb. 2.29). Bewährt hat sich auch der Einsatz von Faseroptiken zur allseitigen oder einseitigen Schrägbeleuchtung des Objekts.

Mithilfe der Dunkelfeldabbildung können vorteilhaft mechanische Oberflächenstörungen, wie Kratzer, Bearbeitungsspuren und Risse, Einschlüsse, Poren, Lunker oder Ausbrüche, untersucht werden. So ist z. B. eine Dunkelfeldabbildung eines ungeätzten Metallschliffs zur Kontrolle auf Kratzerfreiheit sehr geeignet.

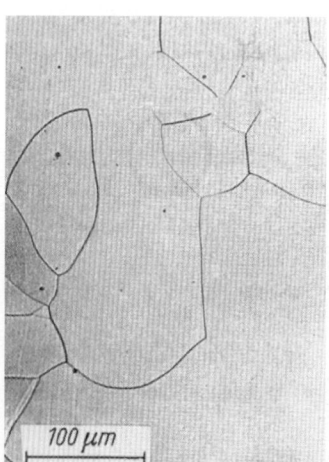
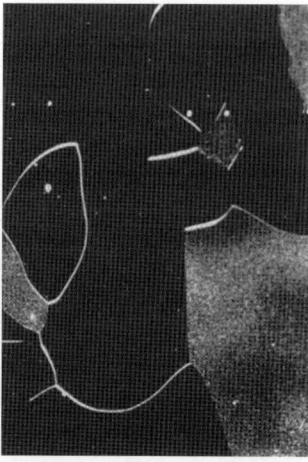

Abb. 2.28 Abbildung angeätzter Korngrenzen und Kornflächen von Aluminium: a) Hellfeld, b) Dunkelfeld

2.2.3.3 Phasenkontrastverfahren

Wie bereits erläutert wurde, weist die von verschiedenen Objektbereichen herrührende Strahlung mitunter nur einen verschwindend kleinen Amplitudenunterschied, dagegen aber eine merkliche Phasendifferenz auf (Phasenobjekte). Im objektähnlichen Zwischenbild, das durch Interferenz der gebeugten und der ungebeugten Strahlen entsteht, können damit kaum Intensitätsunterschiede bzw. Kontraste festgestellt werden. Führt man jedoch in der hinteren Brennebene des Objektivs am Ort des nullten Beugungsmaximums (ungebeugter Strahl) ein Phasenplättchen ein, das die Aufgabe hat, die Phase des ungebeugten Lichts gegenüber der des gebeugten um 90° zu verschieben und außerdem durch Absorption die Intensität des ungebeugten Strahls an die des gebeugten anzupassen, erhält man in der Ebene des objektähnlichen Zwischenbilds den Phasendifferenzen adäquate Kontraste (Umwandlungen von Phasendifferenzen in Amplitudendifferenzen). Dieses von Zernike 1932 eingeführte Verfahren wird als Phasenkontrastverfahren bezeichnet. Phasendifferenzen können entstehen bei Brechzahlunterschieden der betrachteten Objektbereiche (sog. physikalische Phasenobjekte) oder bei Höhenunterschieden derselben (geometrische Phasenobjekte). Damit eignet sich das Phasenkontrastverfahren in der Auflichtmikroskopie zur Untersuchung von Einschlüssen, intermetallischen Phasen, Carbiden, Nitriden, Oxiden und ähnlichen Gefügebestandteilen sowie von Oberflächenunebenheiten bei ungeätzten Schliffen. Ein Beispiel für die Anwendung des Phasenkontrasts zeigt Abb. 2.30.

Da die optischen Eigenschaften des Präparats und des Phasenplättchens wellenlängenabhängig sind, ergeben sich bei Verwendung von weißem Licht meist Mischfarbenbilder. Oft erweist es sich daher als günstig, Grünfilter einzusetzen.

Die Bedeutung des Phasenkontrastverfahrens für die Metallografie/Materialografie ist mit der Einführung des Interferenzkontrastverfahrens nach Nomarski (s. Abschnitt 2.2.3.5) stark gesunken, so dass es bei neueren Mikroskoptypen oft nicht mehr zu finden ist.

 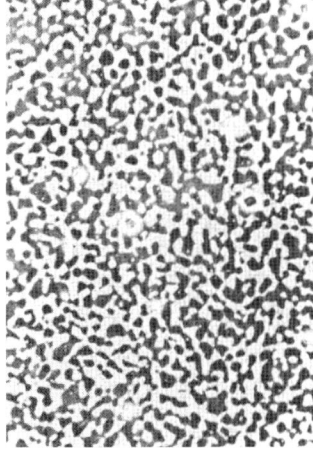

Abb. 2.30 Stahl X5CrNiTi26.6 mit σ-Phase: a) Hellfeld, b) Phasenkontrast

2.2.3.4 Polarisationsmikroskopie

Für polarisationsmikroskopische Untersuchungen verwendet man linear polarisiertes Licht (s. Abschnitt 2.2.1.1), das durch einen Polarisator im Beleuchtungsstrahlengang erzeugt wird. Das vom Objekt reflektierte Licht kann hinsichtlich seines Polarisationszustands analysiert werden, indem man in den Abbildungsstrahlengang nach dem Planglas- bzw. Prismenilluminator einen um die optische Achse drehbaren Analysator einfügt, der wie der Polarisator Licht nur in einer Schwingungsebene passieren lässt. Untersucht man ein optisch isotropes Objekt (kubische und amorphe Substanzen) unter der Bedingung, dass die durchgelassenen Schwingungsrichtungen des Polarisators und des Analysators senkrecht zueinander stehen (sog. gekreuzte Polare), so erscheint das Objekt auch bei Drehung um die optische Achse im Mikroskop stets dunkel. Ursache dafür ist, dass bei senkrechtem Lichteinfall die Reflexion an einem optisch isotropen Objekt ohne Änderung des Polarisationszustands erfolgt und das auf den Analysator gelangende, linear polarisierte Licht wegen dessen Kreuzstellung zum Polarisator von ihm nicht durchgelassen wird.

Anders sind die Verhältnisse bei der Untersuchung optisch anisotroper Objekte. Bei ihnen unterliegt im Allgemeinen ein linear polarisierter einfallender Strahl der Doppelbrechung, wobei sich die Brechzahlen und die Absorptionskoeffizienten für den ordentlichen und den außerordentlichen Strahl (s. Abschnitt 2.2.1.2) unterscheiden. Das bedingt, dass auch die zugehörigen reflektierten Strahlen hinsichtlich ihrer Amplitude und ihrer Phase differieren, das reflektierte Licht ist also elliptisch polarisiert und enthält damit Komponenten, die den Analysator passieren können. Dreht man ein solches Objekt bei gekreuzten Polaren um die optische Achse des Mikroskops,

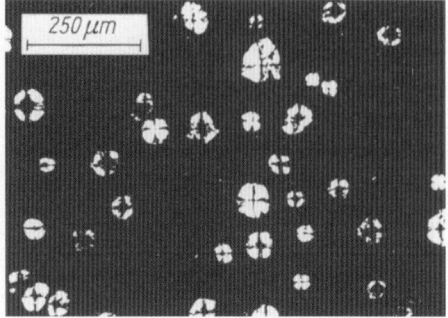

Abb. 2.31 Polarisationsoptische Abbildung von hexagonalem Kugelgrafit in Gusseisen (Matrix: kubischer Ferrit)

ergeben sich je um 90° versetzte Positionen maximaler Aufhellung bzw. Dunkelheit. (Ähnliches gilt für die Drehung des Analysators.) Dieses Verhalten lässt sich anschaulich bei der polarisationsmikroskopischen Betrachtung von Kugelgrafit demonstrieren (Abb. 2.31). Das dunkle Kreuz resultiert hier aus der rotationssymmetrischen Orientierungsverteilung der hexagonalen Grafitkristalle in der Anschliffebene, die eine Objektrotation erübrigt.

Da sich die Brechungsindizes und die Absorptionskoeffizienten deutlich mit der Wellenlänge des Lichts verändern, ergeben sich bei Untersuchungen mit weißem Licht aufgrund von Unterdrückungen bzw. Heraushebungen bestimmter Spektralbereiche Mischfarbeneffekte, die letztendlich für die untersuchten Substanzen charakteristisch sind. Eine Analyse dieser Mischfarben bzw. die Ermittlung der Ellipsenparameter (Hauptachsenazimut und Achsenverhältnis) des elliptisch polarisierten Reflexionslichts sind wichtige Hilfsmittel bei einer Diagnostik z. B. von Erzen, Schlacken, Einschlüssen in metallischen Werkstoffen sowie von nichtkubischen intermetallischen Verbindungen. Die Veränderung des Polarisationszustands ist auch von der Orientierung der Kristallite einer

Abb. 2.32 Vielkristallines Zink (hexagonale Struktur): a) Hellfeld, b) polarisiertes Licht

optisch anisotropen Phase abhängig. (Nur wenn man in Richtung der optischen Achse des Materials einstrahlt, erfolgt kein Eingriff in den Polarisationszustand, es ergeben sich dann Bedingungen wie bei optisch isotropen Materialien.) Diese Orientierungsabhängigkeit erlaubt eine polarisationsoptische Kontrastierung (bei Verwendung weißen Lichts eine Mischfarbenkontrastierung) für ungeätzte, polierte Schliffe einphasiger Gefüge aus nichtkubischen Substanzen, wie es Abb. 2.32 zeigt.

2.2.3.5 Interferenzmikroskopie

Bei dieser Variante der Auflichtmikroskopie bringt man das vom Objekt reflektierte monochromatische Strahlenbündel zur Interferenz mit einem kohärenten Vergleichsstrahlenbündel, das entweder an einer strukturlosen Vergleichsfläche oder an der Objektfläche selbst erzeugt werden kann.

Ein instruktives Beispiel für den zuerst genannten Fall ist das Interferenzmikroskop nach Linnik (Abb. 2.33). Der beleuchtende Strahl (1) wird an der Teilungsfläche (2) des Teilungswürfels partiell in Richtung

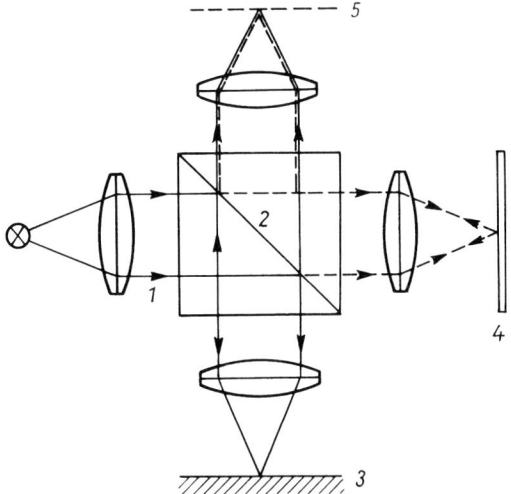

Abb. 2.33 Prinzip der Interferenzmikroskopie nach Linnik

Objekt (3) reflektiert bzw. in Richtung der Vergleichsfläche (4) durchgelassen. Das vom Objekt reflektierte Licht passiert die Teilungsfläche und interferiert in der Zwischenbildebene mit dem an der Teilungsfläche reflektierten Licht von der Vergleichsfläche. Die Intensitätsverteilung im Zwischenbild erscheint bei strukturloser Vergleichsfläche und ebenem Objekt homogen. Kippt man die Vergleichsfläche aus ihrer zum Strahl senkrechten Lage um einen kleinen Winkel heraus, bildet sich ein paralleles Muster von Interferenzstreifen aus, deren Abstände durch den Kippwinkel bestimmt sind. Dieses regelmäßige Streifenmuster wird verbogen bzw. erhält Sprünge, wenn die Objektoberfläche Höhenunterschiede oder gar Stufen aufweist. Aus den Ausbiegungen bzw. Verschiebungen der Interferenzstreifen können die Höhenunterschiede quantitativ bestimmt werden. Für dieses hohe mechanische Präzision erfordernde Verfahren, das nach dem Michelson-Prinzip arbeitet, benötigt man zwei gut aufeinander abgestimmte Objektivsysteme.

Eine andere Variante ergibt sich nach Tolansky dadurch, dass man zwischen Objekt und Objektiv möglichst objektnah eine leicht geneigte, halbdurchlässige spiegelnde Platte einfügt, die als Vergleichsfläche fungiert (Abb. 2.34). Das an der Platte in Richtung Objektiv reflektierte Licht wird mit dem vom Objekt kommenden überlagert, es entsteht ein streifiges Interferenzbild. Alle Objektunebenheiten (aber auch Unebenheiten des Spiegelplättchens!) äußern sich in Deformationen der Interferenzstreifenmuster, aus denen ebenfalls quantitative Informationen erhalten werden können.

Weite Verbreitung hat das Interferenzkontrastverfahren nach Nomarski gefunden, auch differentieller Interferenzkontrast genannt und daher mit DIK oder DIC abgekürzt (Abb. 2.35). Linear polari-

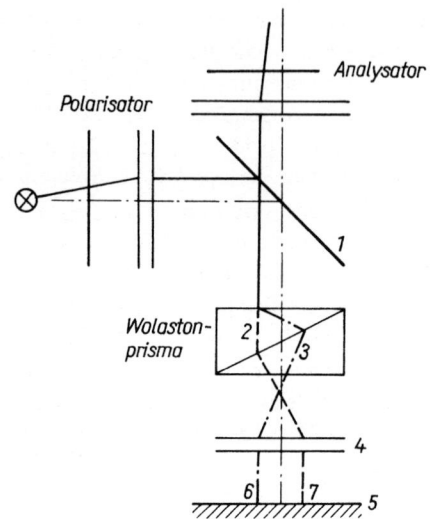

Abb. 2.35 Prinzip der differentiellen Interferenzkontrastmikroskopie nach Nomarski (DIC)

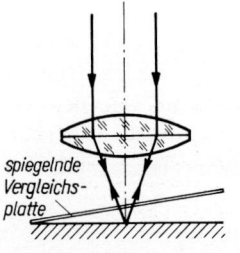

Abb. 2.34 Prinzip der Interferenzmikroskopie nach Tolansky

siertes Licht vom Polarisator gelangt über das Planglas (1) auf das Wollaston-Prisma (Biprisma), das den Strahl in einen ordentlichen (2) und einen außerordentlichen Strahl (3) mit jeweils senkrecht zueinander stehenden Schwingungsebenen aufspaltet, die beide nach Passieren des Objektivs (4) um einen geringen Betrag versetzt auf das Objekt (5) auffallen (Shearing). Die vom Objekt in den Punkten (6) und (7) reflektierten Strahlen werden durch das Wollaston-Prisma wieder geometrisch vereinigt, können aber wegen der senkrecht zueinander stehenden Schwingungsebenen noch nicht interferieren. Sie gelangen nach der Tubuslinse zum Analysator, dessen Polarisationsebene um 45° zu den Polarisationsebenen der beiden Strahlen geneigt ist. Die vom Analysator durchgelassenen Komponenten beider Strahlen interferieren miteinander, da sie nun die gleiche Schwingungsebene aufweisen.

Damit können Gangunterschiede der reflektierten Strahlen (2) und (3), die durch Höhenunterschiede der Objektpunkte (6) und (7) oder veränderte optische Eigenschaften der Bereiche hervorgerufen werden, in Amplitudenunterschiede des Interferenzstrahls umgewandelt werden. Die Aufspaltung der beiden Strahlen (2) und (3) ist dabei sehr gering, d. h. in der Größenordnung der Auflösungsgrenze, sodass eine Bilddoppelung nicht erkennbar ist.

Das Interferenzkontrastverfahren nach Nomarski eignet sich hervorragend zur Abbildung mechanisch gestörter Oberflächen (Kratzer, Riefen, Vertiefungen) und von Ätzstrukturen (z. B. Ätzgrübchen in Halbleitermaterialien und Metallen bei Versetzungsdichten kleiner als etwa 10^8 cm^{-2}), zur Unterscheidung von Gefügebestandteilen unterschiedlicher Härte in Verbindung mit einem Reliefpolieren (bevorzugtes Herauspolieren der weichen Gefügebestandteile), zur Untersuchung ionengeätzter Schliffe und von Abdampfstrukturen sowie zur Diagnostizierung von Gleitlinien in Einzelkristalliten bzw. von Oberflächenverwerfungen nach Phasenumwandlungen. Die mikroskopischen Abbildungen vermitteln einen betont plastischen Eindruck, wie Abb. 2.36 demonstriert. Dabei ist zu beachten, dass nicht eine Phasendifferenz schlechthin, sondern ihre lokale Änderung kontrastwirksam wird. Der Kontrast einer Vertiefung (oder Erhöhung) ist damit wegen des unterschiedlichen Gradientenvorzeichens an den gegenüberliegenden Berandungen derselben entgegengesetzt. Man gewinnt daher den Eindruck einer schrägen Objektbeleuchtung. Ob es sich bei den erkannten Objektstrukturen um Vertiefungen oder um Erhöhungen handelt, lässt sich aus dem subjektiven Eindruck nicht festlegen, da die Kontraste je nach Stellung des Wollaston-Prismas auch umgekehrt werden können.

Da durch Verschieben des Wollaston-Prismas zusätzliche Gangunterschiede aufgeprägt werden können, sind bei Verwendung polychromatischen Lichts auch farbliche Kontrastierungen möglich.

Die Strahlaufspaltung mit dem Wollaston-Prisma kann auch soweit getrieben werden, dass die jeweiligen Bilder vom Objekt beträchtlich gegeneinander verschoben werden (sog. totale Bildaufspaltung). Da beide Bilder von der gleichen Lichtquelle „bedient" werden (Kohärenz der Strahlung), können diese miteinander interferieren. Das bedeutet, dass man einen Objektbereich mit einem benachbarten, um den Shearing-Betrag verschobenen Objektbe-

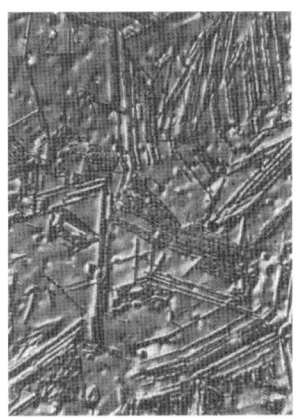

Abb. 2.36 Austenitischer Chrom-Nickel-Stahl mit Austenit und Martensit: a) Hellfeld, b) differentieller Interferenzkontrast (DIK)

reich „vergleicht". Es ergibt sich eine Variante der Interferenzmikroskopie, bei der das Referenzbild am Objekt selbst gebildet wird. Existieren ortsabhängig Differenzen zwischen den z-Positionen (die z-Koordinate beschreibt den Abstand zwischen Probe und Objektiv) der Objektoberflächen der miteinander zur Interferenz gebrachten Bilder, bilden sich Interferenzstreifen aus, die als eine Art Höhenlinien zu verstehen sind. An Stufen der Probenoberfläche werden Verschiebungen Δx dieser Interferenzstreifen gebildet, aus denen die Stufenhöhe $\Delta z \approx \lambda \cdot \Delta x / 2a$ (a Streifenabstand) abgeleitet werden kann.

Diese Variante der Interferometrie (Polarisationsinterferometrie nach Nomarski) ist technisch recht einfach und im Vergleich zu Michelson-Varianten (z. B. Linnik-Verfahren), bei denen das Referenzbild an einem separaten Spiegel erzeugt wird, praktisch nicht erschütterungsempfindlich. Abb. 2.37 zeigt ein solches Interferogramm von einer Wachstumsfläche eines FeS_2-Einkristalls mit Wachstumsstufen. Die Höhe der in der Mitte des Bilds sichtbaren Stufe beträgt etwa 0,1 µm.

Gleichartige Hell-Dunkel-Streifungen entstehen dann, wenn monochromatisches Licht verwendet wird. Nutzt man polychromatisches Licht („weißes" Licht), so wird nur der Mittelstreifen dunkel bis schwarz erscheinen. Mit wachsendem Abstand zu ihm entstehen Mischfarbenstreifungen.

Nutzt man anstelle des linear polarisierten Lichts zirkular polarisiertes (Verwendung zirkularer Polare) ergibt sich das sogenannte TIC-Verfahren (Total Interference Contrast), wie es von der Firma Carl Zeiss angeboten wird.

2.2.3.6 Interferenzschichtenmikroskopie

Bei der mikroskopischen Betrachtung polierter, unkontrastierter Metallproben im Hellfeld ergeben sich wegen der Ähnlichkeit der Reflexionsgrade metallischer, intermetallischer und stark absorbierender nichtmetallischer Phasen in der Regel nur ungenügende Kontraste. Bringt man jedoch auf die Schlifffläche eine hinsichtlich ihrer optischen Eigenschaften geeignete dünne Schicht auf, lässt sich der Kontrast zwischen verschiedenen Gefügebestandteilen erheblich verstärken.

Trifft aus einem nichtabsorbierenden Medium (z. B. Luft, Vakuum) Licht auf eine beschichtete Probe, so wird ein Teil des Lichts bereits an der Oberfläche der Schicht reflektiert (Strahl A_1 in Abb. 2.38), wobei entsprechend dem Reflexionsgrad R_{os} eine Amplitudenverringerung und

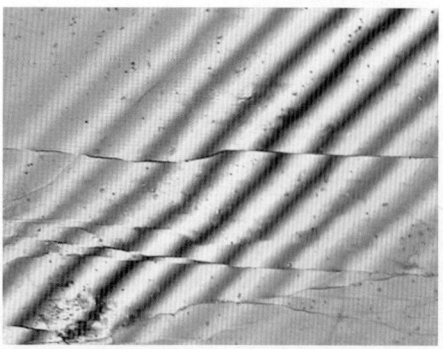

Abb. 2.37 Polarisationsinterferogramm einer Wachstumsfläche eines FeS_2-Kristalls

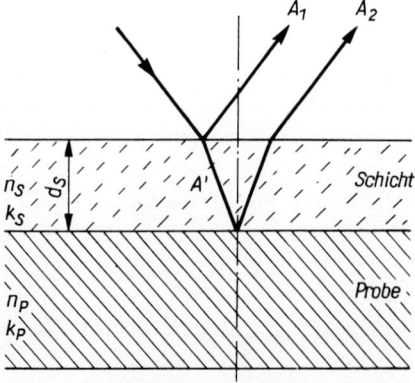

Abb. 2.38 Zur Wirkung von Interferenzschichten

ein Phasensprung δ_{os} auftritt. Der in die Schicht eindringende gebrochene Strahl A′ unterliegt einer Absorption, ändert gemäß der Brechungszahl n_s der Schicht seine Wellenlänge und wird teilweise an der Phasengrenze Schicht-Probe reflektiert. Dieser reflektierte Strahl tritt als A_2 aus der Schicht aus und interferiert mit dem Strahl A_1. Die Phasendifferenz zwischen A_1 und A_2 beträgt

$$\delta = \frac{4\pi \cdot n_s}{\lambda} d_s - \delta_{sp} + \delta_{os} \quad (2.35)$$

Der erste Term resultiert aus dem zusätzlichen Laufweg des Strahls durch die Schicht unter Beachtung der Wellenlängenänderung des Lichts in der Schicht, die beiden anderen Terme können nach den Gl. (2.17) und (2.19) berechnet werden. Der Reflexionsgrad R_{os} an der Oberfläche für den Strahl A_1 liefert die Gl. (2.16), das für den Strahl A′ an der Grenzfläche Schicht-Probe die Gl. (2.18), wobei die Strahlenabsorption in der Schicht durch den zusätzlichen Faktor $\exp[-4\pi k_s d_s/\lambda]$ zu berücksichtigen ist (Lambert'sches Gesetz, Gl. (2.12 a)). Das gesamte Reflexionsvermögen R_g des Schichtsystems beträgt dann

$$R_g = \frac{R_{os} + R_{sp} - 2\sqrt{R_{os} \cdot R_{sp}} \cos \delta}{1 + R_{os} \cdot R_{sp} - 2\sqrt{R_{os} R_{sp}} \cos (2\delta_{os} - \delta)} \quad (2.36)$$

Es zeigt in Abhängigkeit von der Schichtdicke deutliche, periodisch wiederkehrende Minima, wie es schematisch in Abb. 2.39 zu sehen ist. Sie treten etwa bei den Schichtdicken auf, für die die Phasendifferenz δ gerade ein ungeradzahliges Vielfaches von $\lambda/2$ wird (Phasenbedingung). Gelingt es noch, durch Wahl des Absorptionskoeffizienten k_s in Verbindung mit der Schichtdicke die Amplituden A_1 und A_2 näherungsweise gleich groß zu machen

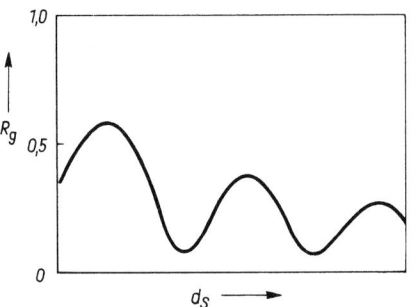

Abb. 2.39 Abhängigkeit des Reflexionsvermögens von der Dicke der Interferenzschicht

(Amplitudenbedingung), verschwindet das Reflexionsvermögen nahezu vollständig, was bedeutet, dass bei der mikroskopischen Betrachtung der betreffende Gefügebestandteil extrem dunkel erscheint.

Die Einstellung eines solchen Reflexionsminimums für eine monochromatische Strahlung hängt nicht nur von der Wellenlänge λ und der Schichtdicke d_s ab, sondern auch von den optischen Konstanten n_s und k_s der Schicht bzw. n_P und k_P der Probe. Daraus folgt, dass bei gleichen Schichtparametern der Reflexionsgrad für verschiedenartige Gefügebestandteile (Phasen) erheblich differieren kann. Insbesondere dann, wenn man einen minimalen Reflexionsgrad für einen Gefügebestandteil eingestellt hat, erzielt man die besten Kontraste gegenüber den anderen Gefügebestandteilen. In Abb. 2.40 ist die Wellenlängenabhängigkeit des Reflexionsgrads R_g für zwei verschiedene Phasen dargestellt worden. Arbeitet man im Bereich der Wellenlänge λ_1, erscheint Gefügebestandteil A erheblich dunkler als B, der Kontrast als relative Differenz der Reflexionsgrade ist maximal. In der Umgebung von λ_2 ist ebenfalls ein relatives Kontrastmaximum festzustellen, allerdings erscheint nun B als die dunklere Phase (Kontrastumkehr). Das Arbeiten mit Wellenlängen um λ_3 ist äußerst ungünstig, da hier wegen der Gleichheit

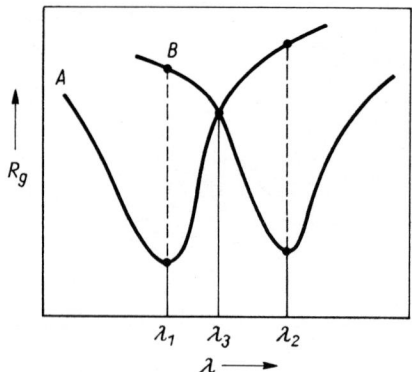

Abb. 2.40 Wellenlängenabhängigkeit der Reflexionsintensitäten zweier Phasen A und B

2.2.3.7 Mikroskopie mit konfokaler Abbildung

Wie in Abschnitt 2.2.2.2 ausgeführt wurde, „leidet" die optische Mikroskopie in ihrer herkömmlichen Ausführung daran, dass die Schärfentiefe Z_{ST} insbesondere bei Verwendung von Objektiven mit hoher Apertur (hohe förderliche Vergrößerungen) Werte um und kleiner als 1 µm annimmt (s. Gl. (2.34)). Dieser Umstand bedingt eine sehr sorgfältige Schliffpräparation bzw. schließt die Untersuchung unebener Präparate mit im Vergleich zur Schärfentiefe großen Höhenunterschieden aus (z. B. Bruchflächen). Ein schlechter praktischer Behelf in einem solchen Falle ist, dass man den Z-Trieb, d. h. die „Scharfstellung" langsam durchstellt und die jeweils scharf abgebildeten Bereiche (Bereiche der Probe, die sich gerade in der Fokalebene des Objektivs befinden, s. Abb. 2.41), bewertet. Aus dieser Vorgehensweise lässt sich folgende Idee ableiten: Man verstellt schrittweise die Z-Position der Probe (Z-Stepping) in Stufen, die etwas kleiner als die Schärfentiefe sind, und registriert digital mit einer CCD-Kamera die sich ergebenden Bilder. Mit einem Bildverarbeitungssystem werden dann die scharfen Bildbereiche aus den erhaltenen Einzelaufnahmen (Abb. 2.41) selektiert und danach diese aus den verschiedenen Z-Positionen entsprechenden Einzelbildern unter Beachtung von Überlappungsbereichen zu einem Gesamtbild zusammengefügt.

Dies ist ein prinzipiell gangbarer Weg, um sich die dritte Dimension mit der konventionellen Lichtmikroskopie zu erschließen. Dieser Weg erbringt aber nur mäßige Erfolge, weil die nicht scharf abgebildeten Bereiche merkliche diffuse Streustrahlung auch am Ort der scharf abgebildeten Bereiche erzeugen, sodass die Kontrastbedingungen (Signal-Rausch-Verhältnisse) für diese sehr ungünstig sind. Einen entscheid-

der Reflexionsgrade der Kontrast verschwindet.

Eine optimale Auswahl des Schichtmaterials, der Wellenlänge und der Schichtdicke ist in der Praxis oft recht schwierig, da noch in vielen Fällen die optischen Konstanten der Proben und häufig auch des Schichtmaterials nicht hinreichend bekannt sind. Man hilft sich, indem man Proben unterschiedlich dick beschichtet und diese in verschiedenen Wellenlängenbereichen (Verwendung von Interferenzfiltern) systematisch untersucht. Auf diese Weise lassen sich die Bedingungen für günstige Kontrastverstärkungen relativ unaufwendig finden. Bei Verwendung von polychromatischem Licht gelten die Interferenzbedingungen nur für einen engen Wellenlängenbereich, dessen Intensität stark reduziert wird. Dadurch entstehen Mischfarbenkontraste. Das Beschichten der Proben erfolgt meist durch Bedampfen bzw. über Plasmatechniken, als Schichtmaterialien eignen sich u. a. ZnS, CdS, ZnSe, ZnTe oder Sb_2S_3 (siehe auch Abschnitt 2.3.4.2).

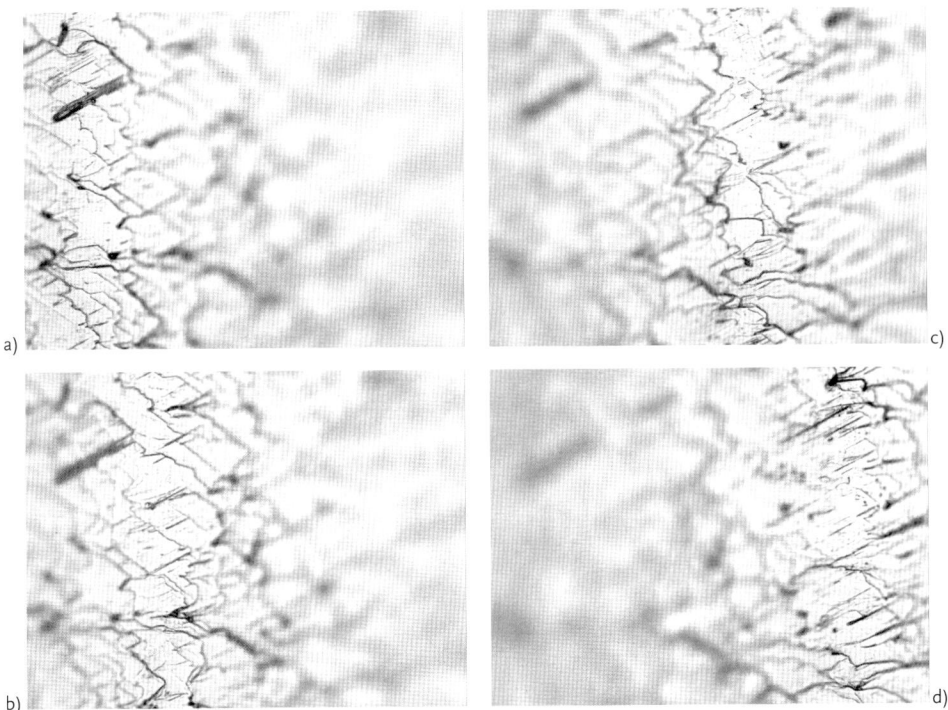

Abb. 2.41 Z-Sequenz von Bildern einer Wachstumsfläche von FeS$_2$, aufgenommen mit einem konventionellen Lichtmikroskop

enden Fortschritt brachte die konfokale Scanning-Mikroskopie, bei der ausgehend von einer hinreichend starken Lichtquelle fokussiertes Licht auf eine feine Blende (Pinhole-Blende) trifft (Abb. 2.42). Diese Blende wird über das Planglas und das Objektiv verkleinert auf das Objekt fokussiert, das Licht tritt dort in Wechselwirkung mit dem Objekt und gelangt über das Objektiv und das Planglas auf ein dem Objektiv adäquates System zur Fokussierung auf die zur ersten Blende konjugierten Blende in der Ebene des sekundären Zwischenbilds. Diese Blende ist so positioniert, dass ein Strahlenbüschel, das von einem Objektpunkt divergent ausgeht, dann mit maximaler Intensität durch die Blende auf das Detektionssystem (z. B. einen Fotomultiplier) gelangt, wenn sich der Objektpunkt genau in der Fokalebene (vordere Brennebene) des Objektivs befindet (konfokale Abbildung des Objektpunkts). Eine Abweichung des beleuchteten Objektpunkts von der Fokalebene des Objektivs (Defokussierung) führt zu einer Verbreiterung des Fokalpunkts in der Fokusebene und damit auch zu einer starken Aufspaltung des abbildenden Strahls an der Stelle der konjugierten Pinhole-Blende, die durchtretende Intensität ist damit sehr gering, eine Abbildung defokussierter Objektbereiche findet praktisch nicht statt. Notwendig ist nun noch eine Abrasterung der Objektfläche und digitale Registrierung der zu jedem Objektpunkt gehörenden Intensitäten und das für verschiedene Z-Positionen des Objekts, um letztlich alle Objektbereiche unabhängig von ihrer probenbezogenen Z-Po-

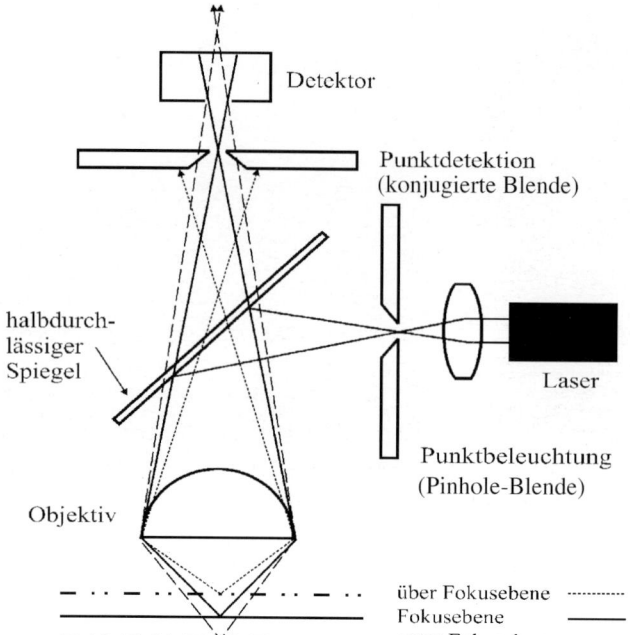

Abb. 2.42 Prinzip der konfokalen Laser-Scanning-Mikroskopie (CLSM)

sition einmal fokussierend, d. h. scharf, abzubilden. Die im Rechnersystem digital gespeicherten Teilbilder enthalten also neben den X-Y-Koordinaten des Bildpunkts auch dessen Z-Koordinate sowie den zugehörigen Helligkeits- und Farbwert, also die kompletten 3-D-Informationen zur Objektoberfläche. Mittels des Rechners kann nun das Gesamtbild mit einem Tiefenbereich, der durch den überstrichenen Z-Bereich gegeben ist, zusammengesetzt werden. Darüber hinaus ist es selbstverständlich möglich, auch Z-X- bzw. Z-Y-Schnitte durch die Objektoberfläche auszugeben, d. h. Oberflächenprofile für jede gewünschte Schnittebene zu verifizieren (Abb. 2.43).

Wegen der Einschränkung des Strahls durch die konjugierte Pinhole-Blende auf den zentralen Bereich des von einem Objektpunkt herrührenden Beugungsscheibchens (Punktübertragungsfunktion, s. Abschnitt 2.2.2.2) kann eine etwas bessere laterale Auflösungsgrenze als bei der konventionellen Mikroskopie erzielt werden. Sie beträgt (vgl. Gl. (2.33))

$$d_{x,y} = 0{,}4\ \lambda\ /\ (n \sin \sigma) \qquad (2.37\ a)$$

Das Auflösungsvermögen für Z-Positionierung (axiale Auflösung) errechnet sich zu

$$d_z = 0{,}45\ \lambda\ /\ (n\ (1 - \cos \sigma)) \qquad (2.37\ b)$$

Aus diesen Beziehungen folgt, dass wie bei der konventionellen Mikroskopie die Auflösungsgrenze durch die verwendete Wellenlänge λ, den Brechungsindex n des Mediums zwischen Objekt und Objektiv und den Öffnungswinkel σ des Objektivs bestimmt wird. Die erzielbaren Auflösungsgrenzen sind jedoch bis zu etwa 30 % besser als die der konventionellen Mikroskopie. Sie betragen optimal etwa 0,1 µm in lateraler und 0,2 µm in axialer Richtung. Aus diesen Angaben folgen auch die Anforderungen an die Positioniergenauigkeiten

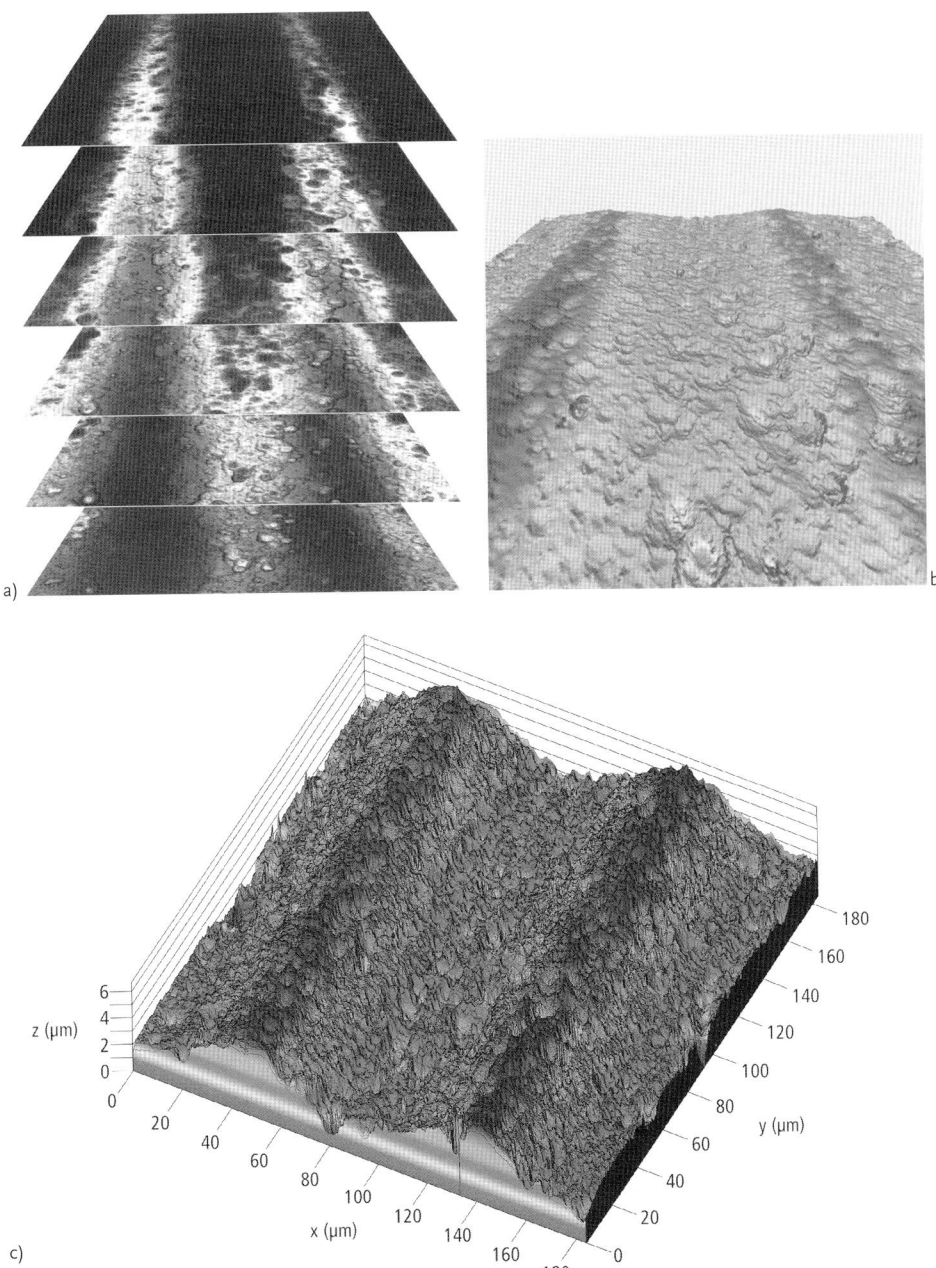

Abb. 2.43 Abbildung einer Keramikoberfläche mit der Laser-Scanning-Mikroskopie (Zeiss Jena)
a) Folge konfokaler Einzelschnitte
b) Zusammengefügtes Bild
c) Topographisches Bild in Pseudo-3D-Darstellung

für die konfokalen Blendensysteme und die zugehörigen optischen Systeme. Sie sollen 10 % der gegebenen Auflösungsgrenzen nicht übersteigen. Auch muss die optische Güte der Teilsysteme der Güte des Objektivs entsprechen. Die Erfüllung dieser Forderungen lassen natürlich den Preis für ein solches Mikroskop deutlich ansteigen.

Für das notwendige Scannen (Abtasten) des Objekts in X-Y-Richtungen lassen sich folgende Prinzipien anwenden:

- Mechanisches X-Y-Scannen des Objekts: Die Probe wird mechanisch in der X-Y-Ebene bewegt. Diese Verfahrensweise ist zwar seitens der Optik unaufwendig, erlaubt aber wegen der Massenträgheiten nur relativ geringe Abtastgeschwindigkeiten und wird daher nur noch selten angewendet.
- Mechanisches Scannen des Objektivs: Auch bei dieser Variante müssen relativ große Massenträgheiten überwunden werden.
- Bewegte Spiegelsysteme zur gezielten Strahlablenkung: Mit dieser Variante werden die höchsten Abtastfrequenzen erreicht. Diese Systeme werden eingesetzt für das Einzelpunkt-Scannen, können aber auch für ein Mehrpunkt-Scannen oder gar eine Linienabbildung verwendet werden. (Bei dieser Variante nutzt man statt eines Fokalpunkts als Lichtquelle eine Fokallinie, die über das Objekt geführt wird. Die Intensitätsregistrierung nach der konfokalen Abbildung als Linie geschieht dann mit einer CCD-Zeile. Damit erhöht sich die Abtastfrequenz erheblich, allerdings muss man wegen Streulichteffekten eine Verringerung der Kontraste in Kauf nehmen.)
- Akusto-optische Deflektoren: Breiten sich in einem Medium (z. B. $LiNbO_3$) (Ultra-)Schallwellen aus, so ist das mit periodischen Änderungen der Dichte und damit der Brechzahl verknüpft. Unter diesen Bedingungen wird eine elektromagnetische Welle, die auf das Medium trifft, von diesem wie von einem beugenden Gitter beeinflusst, d. h. um einen bestimmten Winkel gebeugt, der von der Wellenlänge der Schallwellen (Frequenz) und der eigenen Wellenlänge abhängt (vgl. Interferenzbedingung (2.22)). Man kann also die Richtung des gebeugten Lichts über die Frequenz der Schallwellen in einem sogenannten akusto-optischen Deflektor gezielt verändern. Dieser Effekt bietet eine elegante Möglichkeit für ein hochfrequentes Objekt-Scannen mit dem beleuchtenden Strahl.

Die von Bild zu Bild notwendige Veränderung der Z-Koordinate (Z-Stepping) wird über eine mechanische Bewegung des Objekts realisiert (oft piezo-elektrisch gesteuert).

Die Abtastgeschwindigkeiten und die Abbildungsgüten hängen merklich von der Leistung der verwendeten Lichtquellen ab. In den letzten Jahren haben sich Laser-Quellen wegen ihrer Strahlungsqualitäten eindeutig gegenüber konventionellen Quellen durchgesetzt. Man verwendet z. B. He-Ne-Laser mit einer Wellenlänge von 632 nm oder sogenannte „Blue-Laser" mit $\lambda = 410$ nm, die das beste Auflösungsvermögen ermöglichen. Die Verwendung von Lasern hat für dieses mikroskopische Verfahren zu der heute gebräuchlichen Abkürzung CLSM (confocal laser scanning microscopy) geführt.

Übliche Bildfrequenzen (Z-Stepping) liegen bei einigen zehn Teilbildern pro Sekunde, wobei die Anzahl der Z-Steps Werte über 100 erreichen kann. Berücksichtigt man noch, dass pro Bild ein Speichervolumen im Bereich von wenigen Mbit notwendig ist, wird deutlich, welche Leistungs-

2.2 Lichtmikroskopie

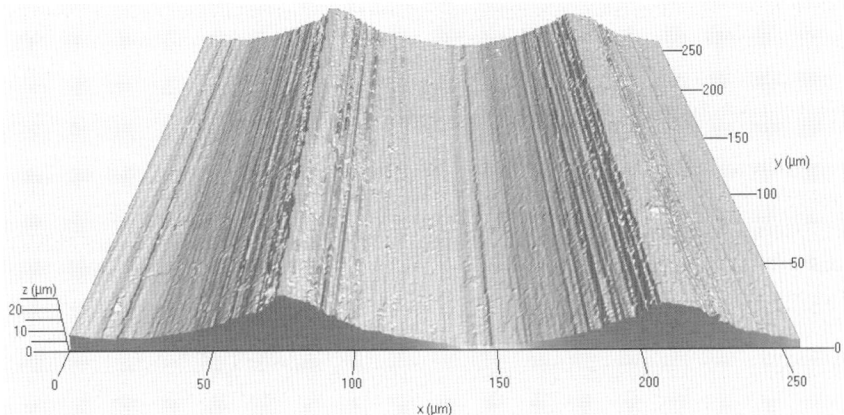

Abb. 2.44 3-D-Darstellung der Oberfläche eines bearbeiteten Aluminiumblechs (Kunath-Fandrei, Zeiss Jena)

anforderungen an die Computer der CLSM-Systeme gestellt werden müssen.

Die Einsatzgebiete dieses leistungsfähigen, wenn auch aufwendigen Mikroskopierverfahrens liegen klar auf der Hand; sie sind mit der quantitativen 3D-Erfassung der Objektoberfläche und ihrer strukturellen Beschaffenheit verknüpft. Hinzu kommt, dass man Oberflächen unpräpariert und unter atmosphärischen Bedingungen untersuchen kann. Beispielhaft seien einige Anwendungsgebiete genannt (siehe auch Abb. 2.44):

- Materialforschung (unpräparierte Zustände, Korrosion, Bruchflächen, Verformungserscheinungen an der Oberfläche, Phasenumwandlungen, Wachstumsflächen, Oberflächentechnik, Pulvercharakterisierungen, usw.)
- Schadensfälle
- Fertigungstechnik
- Mikromechanik, Mikrosystemtechnik
- Elektronik, Mikroelektronik

Die CLSM hat sich bereits einen festen Platz in der vielfältigen Palette der lichtoptischen Untersuchungsmethoden erobert und wird zukünftig sicher noch an Bedeutung gewinnen, auch wenn die Gerätekosten deutlich über denen der konventionellen Mikroskope liegen.

2.2.3.8 Stereomikroskopie

Die dritte Dimension erschließt sich uns dann, wenn ein Objekt unter differierenden Blickwinkeln betrachtet wird. Der Mensch registriert beim Sehvorgang nur deshalb die dritte Dimension, weil er mit seinen beiden Augen dem Gehirn zwei Bilder mit differierendem Betrachtungswinkel zuführt. Will man also beim Mikroskopieren einen echten Stereoeffekt erzielen, muss man Mikroskope verwenden, die für jedes Auge einen getrennten optischen Strahlengang ermöglichen. Binokulare sind Standard an den Auflichtmikroskopen, weil das „einäugige" Mikroskopieren sehr anstrengend ist. Diese Binokulare vermitteln aber noch kein Stereobild des Objekts. Erst wenn das Objektiv doppelt ausgeführt wird bzw. durch zwei gegeneinander geneigte Tubussysteme (entsprechen zwei Fernrohrsystemen) doppelt genutzt wird, ergibt sich der echte Stereoeindruck. Stereomikroskope verwenden Objektive mit relativ großen Brennweiten bzw. geringen Aperturen, um die Schärfentiefe möglichst groß zu halten (s. Gl. (2.34)). Damit sind aber auch die erzielbaren Vergrößerungen begrenzt (Gl. (2.31)). Man benutzt sie vorteilhaft zur Beobachtung und Bewertung unbearbeiteter oder mechanisch bearbeiteter Oberflächen, Spalt- und Bruchflächen, für die komplette Abbildung kleinerer Objekte und so weiter. Selbstverständlich können auch Stereobilder (zwei Bilder unter verschiedenen Blickwinkeln) über die beiden Betrachtungskanäle angefertigt werden, deren gleichzeitige Betrachtung jedoch Stereobrillen erfordert.

2.2.4
Dokumentation mikroskopischer Befunde

Die bildliche Dokumentation von Gefügebefunden sollte folgenden Anforderungen genügen:

- Detailgetreue und objektive Wiedergabe des Inhalts eines reellen Mikroskopbilds,
- beliebige Wiederholbarkeit von Bildaufnahme und -wiedergabe sowie
- Erzeugung eines geeigneten Bilddokuments.

Die Eignung des Bilddokuments wiederum wird bestimmt von seiner Handhabbarkeit, der Fähigkeit einer Bildbe- und -verarbeitung (z. B. Protokoll- und Archivierungsfähigkeit) und zeitlicher Beständigkeit.

Diese Anforderungen werden nur von einer objektiven Bildaufnahme in Kombination mit einer objektiven Bildwiedergabe erfüllt. Hierbei wird im Gegensatz zur subjektiven Wiedergabe ein gegenständliches Bilddokument erstellt.

Abbildung 2.45 zeigt die Komponenten eines Dokumentationssystems für die digitale Videografie. Die Dokumentation beginnt beim Mikroskop mit Digitalkamera. Sie setzt sich fort mit der Signalgewinnung,

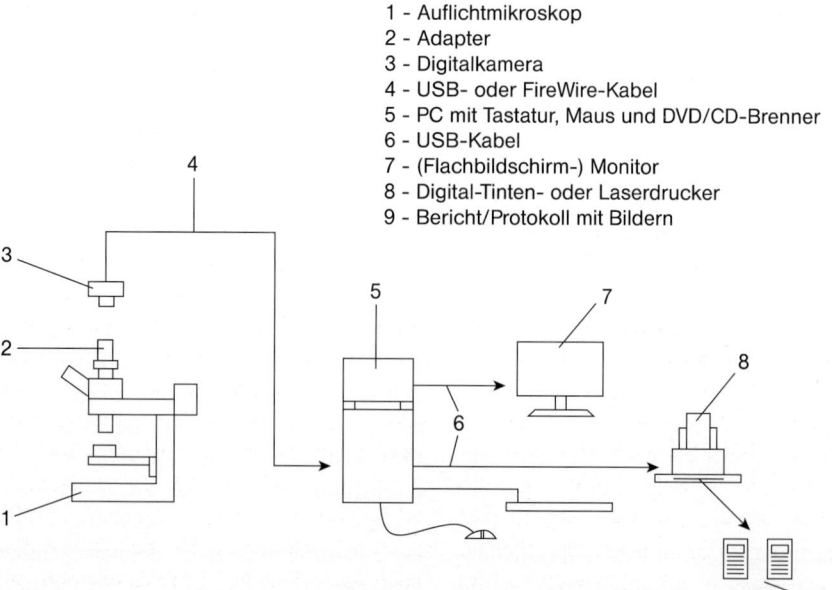

1 - Auflichtmikroskop
2 - Adapter
3 - Digitalkamera
4 - USB- oder FireWire-Kabel
5 - PC mit Tastatur, Maus und DVD/CD-Brenner
6 - USB-Kabel
7 - (Flachbildschirm-) Monitor
8 - Digital-Tinten- oder Laserdrucker
9 - Bericht/Protokoll mit Bildern

Abb. 2.45 Komponenten eines digitalen Videografiesystems

-weiterleitung und -einspeisung in den Rechner. Es folgt die Datenverarbeitung im Rechner. Die Dokumentation, kombiniert mit der Auswertung, endet mit der Bildwiedergabe am Monitor bzw. mit dem Ausdruck eines bebilderten Protokolls. Die Dokumentation stellt somit eine Abfolge dreier Teilschritte dar: Vorbereitung der Aufnahme, Anfertigung und Verarbeitung.

Die *Vorbereitung* beinhaltet die Probenpräparation und das Mikroskopieren. Hierbei gelten zwei Grundregeln:

- Es sollten nur solche Bilder aufgenommen werden, die einen Befund zweifelsfrei belegen und somit eindeutige Aussagen zulassen.
- Aufnahmen hoher Qualität gelingen nur von sehr gut präparierten Proben im Verein mit einer dazu exakt abgestimmten Mikroskopeinstellung.

Zur *Anfertigung* der Aufnahme wird eine Digitalkamera an der optomechanischen Schnittstelle des Mikroskops mithilfe eines Adapters befestigt (Abb. 2.45). Der Adapter lenkt die Abbildungsstrahlen aus dem Mikroskop auf die Empfängerfläche eines Bildaufnehmers in der Kamera. Das empfangene Bild soll der Größe und dem Format der Empfängerfläche entsprechen. Größe und Format (Aufnahmeformat) sowie Art der Empfängerfläche bestimmen den Kameratyp und somit auch die Auslegung des Adapters, weshalb beide korrekt aufeinander abgestimmt sein sollten. Mit dem Belichten der Empfängerfläche wird das Bild fast zeitgleich gespeichert. Im Gegensatz zur Fotografie lassen sich bei der Videografie, insbesondere durch die Digitaltechnik, bereits bei der Anfertigung der Aufnahme am gespeicherten Bild mithilfe von Bildbearbeitung und Annotation Bildverbesserungen durchführen. Die Bildbearbeitung umfasst eine Kontrastverbesserung sowie Anpassung von Helligkeit, Farbe und Schärfe an das Originalbild im Okular des Mikroskops. Bei der Annotation werden Maßstabbalken, Marken, Texte und Grafiken in das Bild eingesetzt.

Einerseits kann zum Abschluss der Anfertigung einer Aufnahme das abgespeicherte Bild unter Anwendung eines Bildwiedergabeverfahrens sichtbar gemacht und ggf. vergegenständlicht werden. Im Fall der digitalen Videografie wird das Bild z. B. auf einem Flachbildschirm wiedergegeben und/oder mit einem Printer ausgedruckt.

Andersseits wird häufiger das gespeicherte Bild erst nach der *Verarbeitung* der Aufnahme am Bildschirm sichtbar gemacht und ausgedruckt (Abb. 2.45). Bei diesem letzten Dokumentationsschritt zeigen sich wesentliche Vorteile der digitalen Videografie. Sie bestehen in der Möglichkeit der Bildbe- und -verarbeitung sowie der Archivierung von Bild- und Messdaten einschließlich der Mikroskop- und Aufnahmeeinstellungen.

Zur Kennzeichnung der Größenverhältnisse von Aufnahme- und Objektdetails dient der Abbildungsmaßstab. Seine Kalibrierung erfolgt bereits während der Anfertigung der Aufnahme. Der Abbildungsmaßstab ist das Verhältnis zwischen der linearen Ausdehnung eines Details in der Aufnahme und der Ausdehnung des gleichen Details vom abzubildenden Objekt. Ist dieses Verhältnis kleiner oder gleich 1:1, dann liegt eine Makroaufnahme vor; ist es größer als 10:1, eine Mikroaufnahme. Der Abbildungsmaßstab einer Lupenaufnahme liegt zwischen beiden. Tabelle 2.4 gibt übliche Abbildungsmaßstäbe wieder. In der klassischen Mikrofotografie entspricht der Abbildungsmaßstab häufig der optischen Vergrößerung. Bei der digitalen Videografie wird neben der optischen Einstellung (Mikroskopeinstellung) auch die digitale Einstellung variiert (z. B. Auflösung und Aufnahmespeicherung der Kamera, Adapter-

Tab. 2.4 Abbildungsmaßstäbe in der lichtoptischen Metallografie (DIN 50 600)

Abbildungsmaßstab		Bemerkungen	
1:10 1:5 1:2	} Verkleinerungen	}	Makroaufnahmen (Makrofoto, Makroprint)
1:1	natürliche Größe		
2:1 5:1 10:1	} genormte Vergrößerungen	}	Lupenaufnahmen
20:1 50:1 75:1* 100:1 200:1 500:1 630:1* 1000:1	} genormte und zulässige Vergrößerungen (*)	}	Mikroaufnahmen (Mikrofoto, Mikroprint)
1500:1 2000:1*	} optisch leere Vergrößerungen	}	

auswahl). Deshalb müssen die Einstellungen vom Mikroskop und Digitalkamera (mit Adapter) getrennt kalibriert werden. Alle Kalibrierungsangaben werden in der Software für die Verarbeitung der Aufnahme hinterlegt. Zu jeder mikroskopischen Aufnahme gehören die Angabe der (mikroskopischen) Vergrößerung und des Abbildungsmaßstabs. Es ist zweckmäßig, letzteren über einen Distanzbalken direkt im Bild anzugeben, weil dann bei der Bildverarbeitung eindeutige Rückschlüsse auf die wahre Ausdehnung der Objektdetails gezogen werden können.

2.2.4.1 Verfahrensauswahl

Seit Ende des 19. Jahrhunderts dominierte die Fotografie bei der Dokumentation werkstoffkundlicher Befunde. Gemessen an den heutigen Möglichkeiten der elektronischen Bildaufnahme, Bildbe- und -verarbeitung sowie Bildwiedergabe und Archivierung hat die klassische Fotografie inzwischen sehr an Bedeutung verloren.

Mit der analogen Videografie begann die elektronisch gestützte Dokumentation der Strukturbefunde. Wegen der unzureichenden Auflösung von Analogkameras für die Mikroskopie und der vergleichsweise aufwendigen Vergegenständlichung der Bilder wird die Analog-Videografie als ein Übergangsverfahren angesehen. Dennoch bietet sie in Einzelfällen mitunter noch ausreichende Dokumentationsmöglichkeiten.

Höchsten Ansprüchen wird nur die digitale Videografie gerecht, insbesondere dann wenn die Baugruppen extern angeordnet sind (Abb. 2.45) und eine digitale Mikroskopkamera eingebunden ist (keine digitale Spiegelreflex- oder Consumerkamera). Ein derartig integriertes digitales Video-Dokumentationssystem kann durch Variation der Komponenten stets aktualisiert und somit neuen Anforderungen angepasst werden. Darüber hinaus begünstigen weitere Vorteile die breite Anwendung der Digitaltechnik:

– Geringer materieller und personeller Aufwand bei der Aufnahme und Vergegenständlichung der Befunde,
– zeitnahe und reproduzierbare Erstellung von Bildern und Berichten,
– sofortige Ergebniskontrolle und Korrekturmöglichkeit (z. B. Bildverbesserungsoperationen),
– bequeme Annotation des Bilddokuments,
– Anpassung der Bildqualität und -größe an die Anforderung der Dokumentation,
– einfache Archivierung der Befunde (Bilder, Grafiken, Berichte) auf elektronischen Datenträgern (Speicherung auf Festplatten, Sticks, Server),

- Einbindung spezieller Software in die allgemeine Rechner-Software (z. B. Parametrierung der Digitalkamera, schneller Dateneinzug bei der Aufnahme, Bildvermessung und -analyse oder Bildarchivverwaltung),
- zeitnahe Weiterleitung und beliebiges Abrufen der Befunde, verbunden mit einem Datenversand zu verschiedenen Orten (ortsferne Empfänger, Duplikationen).

Die Vorteile eines integrierten Digitalsystems sollten bei Neuanschaffung einer Dokumentationseinrichtung ausschlaggebend sein. Wegen der Dominanz der Videografie in der Art eines integrierten Digitalsystems werden im folgenden Abschnitt dessen Komponenten näher behandelt, ohne auf Analogtechnik und digitale Spiegelreflex- sowie Consumerkameras einzugehen.

2.2.4.2 Digitale Videografie

Abbildung 2.45 fasst die Baugruppen eines integrierten Videosystems mit den wichtigen Komponenten Videoadapter (kurz Adapter) und digitale Mikroskopkamera sowie Rechner mit Peripherie zusammen (kurz Videosystem).

Digitale Mikroskopkameras besitzen als Bildaufnehmer CCD-Sensoren (Charge-Coupled-Device, ladungsgekoppeltes Bauelement) oder CMOS-Sensoren (Complementary Metal Oxide Semiconductor, moderner Metalloxid-Halbleiter). Die Kameras werden nach der Größe ihres Sensors benannt. Die Bezeichnung ist vom Außendurchmesser der früheren TV-Kameraröhre (Vidikon) übernommen worden. So betrug z. B. bei einer $\frac{1}{2}$"-TV-Röhre die Targetdiagonale 8 mm. Dementsprechend wird eine Videokamera, deren aktiver Teil des Sensors eine Diagonale von 8 mm aufweist, als $\frac{1}{2}$"-Kamera bezeichnet (Tab. 2.5).

Tab. 2.5 Gegenüberstellung üblicher Kamera-Festadapter-Kombinationen

Kameratyp	Festadapter mit Faktor	Vom Sensor erfasster Zentralausschnitt im Zwischenbild			Genutzter Anteil für einen Sehfelddurchmesser von		Bemerkungen
		Breite (aktiver Sensoranteil) [mm]	Höhe	Diagonale	20 mm [gerundete %]	25 mm	
Kleinbildfotokamera	1x Vergrößerung: 2,5x	14,4 36,0	9,6 24,0	17,3 43,3	44 formatfüllend	28	vergr. Abbild i. d. Filmebene; Bilddiagonale i. Filmebene > Neg.-Diagonale von 43,3 mm
$\frac{2}{3}$"-Chipkamera	1x Verkleinerung: 1 : 0,63	8,8 14,0	6,6 10,5	11,0 17,5	18 47	12 30	günstig für Videomikroskopie
$\frac{1}{2}$"-Chipkamera	1x Verkleinerung: 1 : 0,5	6,4 12,8	4,8 9,6	8,0 16,0	10 39	6 25	ausreichend
$\frac{1}{3}$"-Chipkamera	1x Verkleinerung: 1 : 0,4	4,8 12,0	3,6 9,0	6,0 15,0	6 34	4 22	ungünstig f. d. videografische Gefügewiedergabe

Der Sensor wandelt die optischen Informationen (Intensität → Helligkeit und Wellenlänge → Farbe) der ihn beleuchtenden Abbildungsstrahlen in digitale Signale um. Hierzu befindet sich auf der Empfängerfläche ein definiertes Raster von i. d. R. quadratischen lichtempfindlichen Dioden, die voneinander elektrisch isoliert sind, die sogenannten Pixel (Bildpunkte). Die Feinheit der Rasterung bestimmt die Auflösung des empfangenen Bildes in seinen Details. Empfängerseitig sind die Pixel mit einem Farbfilter versehen (Bayer-Filter), um neben den Intensitäten auch die Farbinformationen in Bildsignale umwandeln zu können. Entsprechend dem menschlichen Farbempfinden erlaubt der Filter einzelnen Pixeln nur die Intensitäten von den Farben Rot oder Grün oder Blau zu empfangen (RGB-Kanäle). Zur Signalverstärkung besitzt jedes Pixel auf seiner Rückseite einen Transistor.

Die Signale des digitalisierten Originalbildes werden zunächst ohne Informationsverluste hinsichtlich Auflösung und Farbtreue abgespeichert (Speicherformat z. B. TIF, siehe unten). Anschließend werden die Bilddaten dem (Bild-) Speicher entnommen und der Datenverarbeitung zugeführt.

Die Digitalkamera wird mithilfe des Adapters am Videoausgang des Mikroskops mit ihm optomechanisch verbunden. Die mechanische Funktion des Adapters erschöpft sich in einer stabilen Verbindung der Kamera-Adapter-Einheit mit dem Mikroskop. Seine optische Funktion besteht in einer Anpassung des Zentralausschnitts vom ursprünglich vergrößerten Mikroskopzwischenbild an Größe und Format der Empfängerfläche des Sensors. Da das Zwischenbild im Okular-Sehfeld beobachtet und kontrolliert werden kann, wird zur Verdeutlichung der Größen- und Formatrelationen das Sehfeld herangezogen. Gegenüber des größeren und kreisförmigen Sehfelds ist die Empfängerfläche kleiner und rechteckig. Die optische Anpassung der Abbildungsstrahlen durch den Adapter an Größe und Format des aktiven Teils vom Sensor führt im Vergleich zum Okularbild zu Bildausschnittverlusten. Sie lassen sich nur durch eine optimale Abstimmung der Adapterausführung mit der Sensorfläche (Digitalkameratyp) beherrschen (Tab. 2.5).

Um der kleinen Rechteckfläche des Sensors einen möglichst großen Zentralausschnitt vom mikroskopischen Zwischenbild (bzw. Sehfeldausschnitt) formatfüllend anzubieten, verkleinert die Adapteroptik den Zwischenbildausschnitt. Im Gegensatz zur Fotomikroskopie, bei der der zentrale Zwischenbildausschnitt vergrößert wird, um das Negativformat eines Kleinbildfilms (36 mm × 24 mm) vollständig auszufüllen (Abb. 2.46 a), wird bei der Videomikroskopie der aufgezeigte Kompromiss durch die kleine Sensorfläche erzwungen (Abb. 2.46 b und 2.46 c). Ein Vergleich der mit verschiedenen Adapter-Kamera-Kombinationen erreichten Abmessungen nutzbarer Sehfeldausschnitte in Tab. 2.5 begründet die günstige Kombination einer 2/3"-Kamera mit einem 0,63er Adapter. Die Sehfeldanteile sind mit 47 % beim Sehfelddurchmesser von 25 mm am größten. Das Seitenverhältnis vom erfassten Zwischenbildausschnitt gleicht mit 4:3 demjenigen des aktiven Sensorteils.

Eine 1/2"-Kamera mit einem Adapter, der einen Verkleinerungsfaktor von 0,5 besitzt, kann beim Sehfelddurchmesser von 20 oder 25 mm noch ausreichend sein. Solche Kombination und die einer 2/3"-Kamera mit einem 0,63er Adapter entsprechen nahezu den genutzten Anteilen bei der Kleinbildfotografie ohne Nachvergrößerung (Tab. 2.5). Die 1/3"-Kamera kombiniert mit einem 0,4er Adapter kompliziert die videografische Gefügedokumentation wegen der eingeschränkten Sehfeldausnutzung

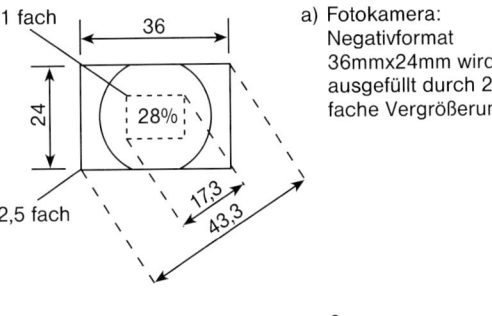
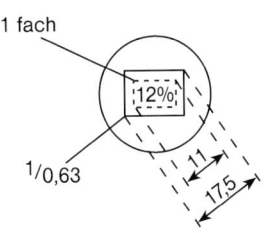
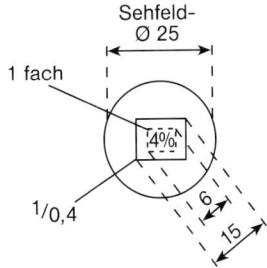

a) Fotokamera: Negativformat 36mm×24mm wird ausgefüllt durch 2,5 fache Vergrößerung

b) $2/3''$-CCD-Kamera: Statt 12 % des Sehfelds werden durch dessen Verkleinerung 30 % genutzt

c) $1/3''$-CCD-Kamera: Statt 4 % des Sehfelds können trotz Verkleinerung nur 22 % genutzt werden

Abb. 2.46 Größe genutzter Zentralausschnitte beim Sehfelddurchmesser von 25 mm für verschiedene Kamera-Adapter-Kombinationen

(Abb. 2.46 c, Tab. 2.5). Der für die Dokumentation genutzte Zentralausschnitt beträgt im Fall eines Sehfelddurchmessers von 25 mm lediglich 22 % von der zur Verfügung stehenden Sehfeldgröße im Okularbild, d. h. über 75 % des Sehfeldbildes werden nicht mit dokumentiert.

Bei Abb. 2.46 und Tab. 2.5 handelt es sich um Fixadapter, deren Verkleinerungsfaktoren durch die Adapterbauart festgelegt sind. Der Vorteil eines Fixadapters liegt in der robusten Einstellung des Zwischenbildausschnitts (kontrollierbar am Monitor und/oder mithilfe des Druckers) sowie in der optimalen Konzentration des Lichts auf die Empfängerfläche des Sensors.

Bei der Auswahl einer Videokamera sollten neben der Sensorgröße und des damit festgelegten Adapters auch konstruktive Eigenheiten Beachtung finden, wie z. B. Lage der Mikroskopschnittstelle (vertikaler oder horizontaler Ausgang), Befestigungsart von Adapter und Kamera (Bajonett oder C-Mount-Gewinde), Kameraabmessung und -gewicht sowie Kabelabführung.

Eine sehr wichtige Kenngröße von Digitalkameras ist deren Auflösung. Grundsätzlich gilt: Je besser der verwendete Kamerasensor in der Lage ist, das angebotene Bild mit hoher Pixelzahl zu rastern und die in den Pixeln enthaltenen Bildinformationen verlustarm in elektronische Signale umzuwandeln, desto vollständiger gelangen die angebotenen Informationen in das Videosystem. Die Vollständigkeit der aufgenommenen Bildinformationen ist die Voraussetzung für eine Wiedergabe wirklichkeitsgetreuer Bilder. Als Bewertungsmaßstab für die Wirklichkeitstreue dient der Vergleich des z. B. am Monitor wiedergegebenen Bilds mit dem Okularbild.

Ausgehend von der Auflösungsgrenze des Mikroskops und derjenigen in der Zwischenbildebene kann abgeschätzt werden, ob eine Digitalkamera der Forderung nach verlustarmer Bildauflösung gerecht wird. Der kleinste Abstand der gerade noch auflösbaren Objektbildpunkte in der Ebene eines Sensorchips (theoretische Auflösungsgrenze in der Sensorebene), D_{min}, beträgt für die Wellenlänge $\lambda = 0{,}55$ µm (grünes Licht):

$$D_{min} = \frac{0{,}335 \cdot M_{Obj}}{A \cdot F_{Ad}} \qquad (2.38)$$

F_{Ad} Verkleinerungsfaktor des TV-Adapters; gleich dem Reziprokwert des üblicherweise angegebenen Adapterfaktors

Soll der Kamerasensor diese in seiner Ebene mikroskopseitig angebotene Punktauflösung vollständig erfassen, dann müssen seine Aufnahmeelemente (Pixel) weniger als den halben Abstand von D_{min} besitzen:

$$D_{Sen} < \frac{D_{min}}{2} \qquad (2.39)$$

Diese Bedingung ist hinreichend erfüllt, wenn der Pixelabstand

$$D_{Sen} = \frac{D_{min}}{2{,}05} \qquad (2.40)$$

beträgt. Mithilfe der Gl. (2.38) und (2.40) lassen sich für eine gegebene Kamera-Adapter-Kombination die erforderliche Pixelzahl in Sensorbreite, d. h. horizontal, N_h, und Sensorhöhe, vertikal, N_v, wie folgt bestimmen ($\lambda = 0{,}55$ µm):

$$N_h = \frac{b}{D_{Sen}} = \frac{6{,}1 \cdot b}{F_{Ad}} \cdot \frac{A}{M_{Obj}} \qquad (2.41\ a)$$

$$N_v = \frac{h}{D_{Sen}} = \frac{6{,}1 \cdot h}{F_{Ad}} \cdot \frac{A}{M_{Obj}} \qquad (2.41\ b)$$

b Breite des vom Sensor erfassten Zwischenbildausschnitts (Breite der aktiven Sensorfläche; s. Tab. 2.5)
h dessen Höhe (Höhe der aktiven Sensorfläche; s. Tab. 2.5)

Nach Gl. (2.41 a) und (2.41 b) steigen die erforderlichen Pixelzahlen mit dem Betrag des Apertur-Maßstabzahl-Verhältnisses des verwendeten Mikroskopobjektivs, A/M_{Obj}. Das Ausmaß der Pixelzunahme hängt wiederum ab von der Chipgröße (b und h) und des darauf abgestimmten Adapters.

In Abb. 2.47 werden diese Zusammenhänge für zwei Kamera-Adapter-Kombinationen dargestellt. Für die Grundaussage der Abb. 2.47 ist es zunächst unbedeutend, ob es sich um eine Analog- oder eine Digitalkamera handelt. Entscheidend sind die Pixelzahlen.

An der Abszisse (Abb. 2.47) sind die Maßstabzahlen und Aperturen einiger Auflichtmikroskopobjektive beispielhaft angegeben (linke Seite). Für Stereomikroskopobjektive befinden sich solche Angaben auf der rechten Abszissenseite. Die oberen beiden Geraden, welche die Darstellung teilen, gelten für die Anzahl der Horizontalpixel von den zwei angegebenen Kamera-Adapter-Kombinationen, die unteren für die Anzahl der Vertikalpixel. Diese Geraden geben die erforderlichen Mindestpixelzahlen an und teilen die Darstellung in zwei Bereiche. Liegen die Pixelzahlen oberhalb der Geraden, dann nimmt die Kamera die angebotenen Bildinformationen verlustarm auf. Die Auflösung der Kamera genügt den Anforderungen. Demgegenüber sind Kameras mit Pixelzahlen unterhalb der entsprechenden Geraden zur Herstellung qualitativ hochwertiger Bilddokumente wenig geeignet. Ihre Auflösungen sind wegen der zu geringen Pixelzahlen nicht ausreichend. Hier liegt ein entscheidender Grund für die mangelnde Qualität mancher Bilddokumente bei Anwendung von Kameras im Bereich solcher Objektive, deren A/M_{Obj}-Werte $> 2 \cdot 10^{-2}$ betragen.

Die Mehrzahl der eingesetzten Analogkameras verfügt nur für den Bereich $A/M_{Obj} \leq 10^{-2}$ über eine ausreichend hohe Pixelzahl. Demnach sind sie nur im Zusammenwirken mit stark vergrößernden Objektiven in der Lage, ein mikroskopisches Zwischenbild verlustarm aufzunehmen (Abb. 2.47, linker Teil des gestrichelten Bereichs für $N_h \approx 700$ und $N_v \approx 400$ Pixel). In diesem Bereich der A/M_{Obj}-Werte hat die Kombination von Kameratyp (Chipgröße) und Adapter noch keinen entscheidenden Einfluss auf die Bildqualität. Demgegenüber wird die Bildqualität beeinträchtigt, wenn eine $1/3''$-Kamera mit 0,40er Adapter mit schwach auflösenden Objektiven kombiniert wird. In solch einem Fall liegen die Pixelzahlen gemäß Abb. 2.47 im Bereich unzureichender Auflösung.

Üblicherweise wird im gesamten Vergrößerungsbereich eines Auflichtmikroskops mit nur einer einzigen Kamera-Adapter-Kombination dokumentiert. Dies hat zur Folge, dass sich bei Anwendung üblicher Analogkameras die Verluste bei der Bildinformationsaufnahme erhöhen, sobald im Bereich geringer Vergrößerungen mikroskopiert wird.

Den Auflösungsnachteilen einer Analogkamera kann durch die Anwendung einer

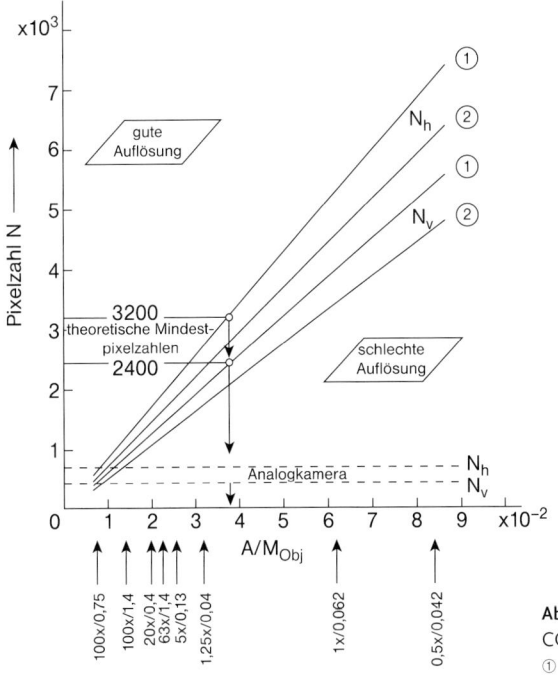

Abb. 2.47 Darstellung zur Auswahl einer CCD-Kamera anhand von Pixelzahlen
① $2/3$-Chip-Kamera mit 0,63er Fixadapter
② $1/3$-Chip-Kamera mit 0,40er Fixadapter

geeigneten Digitalkamera begegnet werden. Für die Mikrovideografie eingesetzte Digitalkameras besitzen Empfängerflächen auf den Sensoren, die mindestens die doppelten Pixelzahlen von Analogkameras aufweisen. Ob eine Videokamera aufgrund ihres Auflösungsvermögens für den entsprechenden Anwendungsfall auch tatsächlich geeignet ist, kann mithilfe von Abb. 2.47 anhand der notwendigen (aktiven) Pixelzahlen ermittelt werden. Die theoretischen Werte für die Mindestpixelzahl lassen sich über Gl. (2.41 a) und (2.41 b) ermitteln. Für eine häufig angewandte Objektivserie und eine zweckmäßige Kamera-Adapter-Kombination betragen die theoretischen Mindestpixelzahlen 3200 × 2400 (Abb. 2.47). Demnach sollten verlustarm auflösende Digitalkameras für die Mikrovideografie Sensoren mit $\gtrsim$ 7,6 Megapixel haben.

Nicht allein die Chipgröße und Auflösung, sondern auch das Zeitverhalten einer Digitalkamera bestimmen deren Auswahl. Das Zeitverhalten wird charakterisiert durch die Bildübertragungsrate (Bildanzahl pro Sekunde). Sie ist ein Maß für die Schnelligkeit, mit der die Kameraelektronik bei einer Kurzbelichtung (i. d. R. 20 ms) Informationen vom angebotenen Bild erfasst, in elektrische Signale wandelt und digitalisiert, intern bearbeitet und für die Überleitung in den Rechner bereitstellt. Wie unten erläutert wird, sollte die Bildübertragungsrate bei Echtzeitverhalten der Digitalkamera für unbewegte Objekte $\geq$ 10 Bilder pro Sekunde und für bewegte $\geq$ 24 Bilder pro Sekunde betragen.

Die Bildübertragungsrate wird mithilfe von Bildbeobachtungen mit dem menschlichen Auge bewertet. Hierbei dient die Trägheit des Auges beim Erfassen schnell aufeinander folgender Bilder als Vergleichsbasis. Die Augenträgheit bei der Bilderfassung beruht auf einem einmal empfundenen Bildeindruck vom vorhergehenden Bild. Dieser „alte" Bildeindruck bleibt eine gewisse Zeit bestehen. Bei einem unbewegten Bild hält der Bildeindruck etwa 100 ms an, beim bewegten etwa 42 ms. Werden von einem unbewegten Objekt $\geq$ 10 Bilder pro Sekunde wiedergegeben, dann empfindet der Beobachter das Objektbild nur noch als ein einziges Bild. Von einem bewegten Objekt müssen $\geq$ 24 Bilder pro Sekunde wiedergegeben werden, damit der Eindruck einer kontinuierlich ablaufenden Objektbewegung entsteht. Da das unter solchen Bedingungen wiedergegebene Bild vom bewegten Objekt zeitgleich mit der Objektbewegung wahrgenommen wird, werden derartige Bilder als Echtzeitbilder (Livebilder) bezeichnet. Ein Videosystem zeigt bei Bildübertragungsraten $\geq$ 24 Bilder pro Sekunde Echtzeitverhalten.

Eine Abbildung vom unbewegten Objekt mit Bildübertragungsraten < 10 Bilder pro Sekunde liefert eine Abfolge von wiederkehrenden und verschwindenden Einzelbildern. Wird ein bewegtes Objekt mit Bildübertragungsraten < 24 Bilder pro Sekunde abgebildet, dann erscheinen stark verzerrte Bilder, die sich diskontinuierlich bewegen. In beiden Fällen entzieht sich das wiedergegebene Bild seiner Bewertung. Eine Quantifizierung von Objektdetails ist unmöglich. Dies begründet die Forderung nach geringer Trägheit der Kameraelektronik, gemessen an den beiden theoretischen Werten der Bildübertragungsrate.

Da die Bildübertragungsrate am Rechnermonitor vom Betrachter in ihrer Auswirkung am wiedergegebenen Bild bewertet wird, beinhaltet sie auch Geschwindigkeitskomponenten vom Bildtransfer, von Datenverarbeitungsprozessen im Rechner und von der Bildwiedergabe über den Monitorschirm selbst. Die Bildübertragungsrate ist somit nicht allein von der Kameraelektronik abhängig, sondern auch von der Rechnerausführung (Hardware, Betriebssystem, Anwendersoftware).

Die Forderungen geringe Kameraträgheit und maximale Auflösung sind gegensätzlich. Erhöhte Pixelzahlen verbessern zwar das Auflösungsvermögen einer Digitalkamera, verringern aber auch ihre Bildübertragungsrate. Die Kamera wird träge. Aus drei Gründen geht das für Analogkameras typische Echtzeitverhalten bei höher auflösenden Digitalkameras verloren. Zum einen verzögern hohe Pixelzahlen die Bildaufnahme beim Belichten des Sensors (lange Belichtungszeiten, s. unten). Zum anderen verursachen sie eine Verlängerung der Zeit für die Gewinnung der Digitalsignale. Schließlich werden die Transferzeiten der Bilddaten zum Rechner als Folge erhöhter Informationsmengen länger. Diese Gründe würden zu einem verzögerten Erscheinen und einer erschwerten Einstellung der Objektbilder auf dem Monitor führen.

Diesem Nachteil hochauflösender Digitalkameras wird durch den Einsatz einer schnellen Datenübertragung (s. unten, Bilddatenübertragung und Bildspeicherung) und durch eine Vorschauprozedur begegnet. Bei der Vorschau werden mehrere benachbarte („kleine") Pixel zu einem großen Rasterpunkt zusammengefasst (Binning). Dies erlaubt kürzere Belichtungszeiten. Außerdem führt die Rastervergröberung zu einer Reduzierung der Digitalisierungszeit, denn es müssen weniger Lichtinformationen in elektrische Signale gewandelt werden. Beide Zeitverkürzungen steigern die Bildwiederholungsraten bis zum Livebild. Verständlicherweise leiden darunter Auflösung und Farbtreue.

Bei der Vorschau wird zunächst ein „schlechtes" Testbild vom Objekt bei geringer Pixelzahl im Echtzeitbetrieb aufgenommen. Es dient lediglich der Durchmusterung des Präparats und zur Mikroskopeinstellung und eignet sich kaum für die Dokumentation. Ist das Mikroskop korrekt eingestellt, wird die Kamera mithilfe ihrer Parametriersoftware zur Aufnahme auf optimale Pixelzahlen umgeschaltet. Die nun mit hoher Auflösung gewonnene Aufnahme wird im Rechner gespeichert. Mit ihr werden die softwaregestützten Operationen zur Bildverbesserung und -auswertung sowie zur Dokumentation und Archivierung durchgeführt. Bei hochauflösenden Digitalkameras verlängert sich im Vergleich zu Analogkameras oder zu gering auflösenden Digitalkameras durch Vorschau und Aufnahme des hochaufgelösten Bilds die Gesamtzeit für das Aufnehmen einer Objektstelle. Beim gegenwärtigen Stand der Kameratechnik muss oberhalb 3 Megapixel mit einer Vorschau gearbeitet werden. Moderne Digitalkameras erlauben Vorschauprozeduren mit gestaffelter Auflösung und somit auch mit verschiedenen Übertragungsraten der dabei gewonnenen Bilder. Dies ermöglicht eine sichere schrittweise Mikroskopeinstellung.

Die Verkürzung der Belichtungszeit durch Rastervergröberung geht einher mit einer Verbesserung der Lichtempfindlichkeit der digitalen Mikroskopkamera (unter Beeinträchtigung der Auflösung). Eine hohe Lichtempfindlichkeit erlaubt ihrerseits, lichtschwache Zwischenbilder vom Mikroskop innerhalb einer vertretbaren Belichtungsdauer aufzunehmen. Lichtschwache Zwischenbilder entstehen bei geringer elektrischer Leistung der Mikroskoplichtquelle, von stark absorbierenden Objekten (z. B. Kohle oder dunkelfarbige Proben), von Abbildungen im Dunkelfeld sowie im Polarisations- oder Fluoreszenzkontrast.

Betragen andererseits die Belichtungszeiten mehrere Minuten, dann besteht die Gefahr einer unzulässigen Sensorerwärmung trotz eingebauter Peltier-Kühlung. Die

Tab. 2.6 Farbtemperaturen verschiedener Mikroskoplichtquellen

Lichtquelle	Farbtemperatur [K]	Charakter des abgestrahlten Lichts
Lampe mit Wolframwendel	rd. 2200	rötlich hoher Infrarotanteil warmes Licht
Halogenlampe	3200	gelblich mittlere Wellenlängen Kunstlicht
Xenonlampe	5600	weiß neutrales Licht
Hg-Quarz-Lampe	9300	bläulich hoher UV-Anteil kaltes Licht

Möglichkeit mit einem Binning-Prozess zu arbeiten, verbessert somit die Anwendungsbreite einer hochauflösenden Digitalkamera.

Zu alledem wird von einer leistungsfähigen Digitalkamera auch eine farbgetreue Bildaufnahme verlangt. Hierzu müssen bei der Aufnahme die Farben sowohl des beleuchtenden Lichts als auch diejenigen im reflektierten Abbildungsstrahl beachtet werden. Erstere sind abhängig von der Beleuchtungsstärke der Objektdetails und der Farbtemperatur. Beide sind festgelegt durch elektrische Leistung und Bauart der Lichtquelle sowie der Optik im Beleuchtungsstrahlengang des jeweiligen Mikroskops. Die Farbtöne (Wellenlängen) im abbildenden Licht, welches den Aufnahmesensor belichtet, resultieren aus der Eigenfarbe der Objektdetails und der Korrektion der Optik im Abbildungsstrahlengang, einschließlich Adapteroptik (s. Abschnitt 2.2.2.3, chromatische Abbildungsfehler).

Die Farbtemperatur einer Beleuchtung, angegeben in K, charakterisiert die Farbe der von der Lichtquelle ausgesandten Strahlung. Der Bereich der hier interessierenden Farbtemperaturen erstreckt sich von ≈ 2200 K (rötlich) bis hin zu 9300 K (bläulich, Tab. 2.6). Auf die entsprechende Farbtemperatur der Beleuchtungsstrahlung muss die Farbkamera erst eingestellt werden. Ansonsten enthält das wiedergegebene Bild einen „Farbstich". Es erfolgt der sogenannte Weißabgleich. Hierbei wird kontrolliert, ob ein weißes Objekt tatsächlich weiß und nicht farbig auf dem Farbmonitor abgebildet wird. Gegebenenfalls muss die Weißeinstellung elektronisch korrigiert werden. Da sich die Farbtemperatur beim Mikroskopieren durch Änderung der Lampenhelligkeit, der Beleuchtungsart, einen Filter- oder Objektivwechsel verändern kann, sind gute Digitalfarbkameras mit einer Elektronik zum automatischen Weißabgleich ausgestattet. Diese arbeitet aber nur im Farbtemperaturbereich zwischen 3500 und 6000 K, weshalb für Farbtemperaturen ≤ 10000 K häufig auch zusätzlich ein manueller Abgleich vorgenommen werden muss. Die Parametriersoftware guter Digitalkameras erlaubt darüber hinaus eine weitergehende Feinkorrektur des Weißabgleichs über den Rechner.

Eine farbgetreue Aufnahme setzt nicht nur eine Objektbeleuchtung mit weißem Licht (neutrales Tageslicht) voraus, sondern auch die korrekte Erfassung der unter dieser Beleuchtung hervorgerufenen Mischfarben aus den Grundfarben Rot, Grün und Blau (RGB). Die Mischfarben stellen die Farbinformationen der Objektdetails dar. Sie entstehen bei der Reflexion an der (kontrastierten) Präparatoberfläche und werden zusätzlich vom Korrekturzustand der Optik im gesamten Abbildungsstrahlengang beeinflusst.

Die Eigenschaft des Sensors, die vielen Mischfarben zu empfangen, zu unterscheiden und in Digitalsignale zu wandeln, wird charakterisiert durch die Farbtiefe seiner RGB-Kanäle.

Die Farbtiefe gibt die Anzahl der Stufen für die Helligkeits-/Farbwerte wieder. Sie wird in Bit angegeben. So lassen sich mit 1 Bit nur die beiden Helligkeitswerte „schwarz" und „weiß" darstellen (Monochrom-Bild; Schwarz-Weiß-Bild, erzeugt mit einer digitalen Farbkamera; keine RGB-Zuordnung). Eine Farbtiefe von 8 Bit (je 3 Bit R und G, 2 Bit B) erlaubt 256 (Misch-)Farben wiederzugeben. Im Vergleich dazu kann das menschliche Auge nur 60 Farbstufen unterscheiden.

Gering auflösende digitale Mikroskopkameras mit 1,3 Megapixel besitzen i. d. R. eine Farbtiefe von 24 Bit, seltener 36 Bit (16,7 Millionen bzw. 68,7 Milliarden Farbtöne). Sie erreichen damit bezüglich der Farbtreue bereits die Qualität eines guten Colorbilds, hergestellt mithilfe der (klassischen) Farbfotografie. Digitalkameras mit ausreichender Auflösung (3, besser 5 Megapixel) arbeiten mit einer Farbtiefe von 36 Bit und solche mit maximaler Auflösung (12 Megapixel) mit 36 bis 42 Bit (ca. 4,4 Billionen Mischfarben). Letztgenannte Digitalkameras erzeugen mit ihren Rohdaten sehr große Bilddateien (rd. 70 Megabyt, MB), die für Weiterleitung, Speicherung und Verarbeitung derzeit noch nicht routinemäßig beherrscht werden. Somit bestimmt die Auswahl der digitalen Mikroskopkamera mit ausreichender, aber dennoch verlustarmer Auflösung – kombiniert mit optimaler Farbtiefe – entscheidend die Auslegung der EDV-Komponenten des Videografiesystems (Abb. 2.45).

Bei extrem ungleichmäßiger Objektausleuchtung (besonders häufig in der Stereomikroskopie) erscheinen im Bild einerseits gleißend helle, spiegelnde, scheinbar strukturlose Bereiche (Blooming) und andererseits bleiben in tief dunklen Bereichen Strukturdetails unerkannt. Ein derartig großer Helligkeitsumfang überfordert die Digitalkamera. Sie kann nur die Helligkeitsstufen von 0 (schwarz) bis 255 (weiß) erfassen. Abhilfe schafft eine Ausleuchtungskorrektur, z. B. durch Optimierung des Beleuchtungswinkels.

Die großen Datenmengen leistungsfähiger Digitalkameras müssen reduziert – komprimiert – werden. Weil weniger Daten schneller weitergeleitet werden können und weniger Speicherplatz beanspruchen, wird die Bilddatei unter Anwendung mathematischer Prozeduren elektronisch verkleinert.

Eine Bilddatenkompression reduziert die Auflösungs- und Farbdaten irreversibel. Bei einer verlustfreien Kompression wird die Datenmenge optimiert und besser organisiert. Es gehen keine Informationen verloren, sodass ein wirklichkeitsgetreues Bild regeneriert werden kann. Eine verlustbehaftete Kompression erfolgt durch mathematisch vorgegebene Löschung solcher Bildinformationen, die bei nachfolgender Bildwiedergabe und subjektiver Betrachtung keinen „gestörten" Bildeindruck hinterlassen. Wie stark eine merkliche Bildbeeinträchtigung sein kann, hängt vom Wahrnehmungsempfinden des Betrachters ab. Bedeutungsvoller sind Auflösungs- und Farbverluste für die numerische Strukturcharakterisierung, denn häufig dient eine komprimierte Bilddatei als Auswertebasis.

Führt die Kompression zu einem markanten Datenverlust, kann die Bildauswertung zu fehlerhaften Ergebnissen führen.

Bei der Kompression müssen auch Belange der Bildweiterleitung über Datennetze berücksichtigt werden. Dies gilt besonders für die Größe der zu verschickenden Bilddateien (Auslegung der Netzkomponenten) und ihre Verarbeitbarkeit bei den unterschiedlichen Nutzern (Bildwiedergabe, Protokollfähigkeit, Archivierung).

Die Anforderungen an die Datenübertragung von der Kameraschnittstelle zum Speicher im Rechner bestehen in einer maximalen Datentransferrate sowie in einer verlust- und verfälschungsfreien Übertragung. Der Datentransfer findet über Spezialkabel statt. Gängige Normen zum Datentransfer und durch sie bedingte Transferraten sind in Abb. 2.48 aufgeführt.

In der digitalen Videografie erweisen sich die gegenwärtig gebräuchlichen Übertragungsnormen IEEE 1394a (Institute of Electrical and Electronics Engineers; FireWire) und USB 2.0 (Universal Serial Bus), bzw. die darauf aufbauende Verkabelung, als künftige Schwachstellen. Der Datentransfer ist zu langsam. Bei der Übertragung derzeit üblicherweise anfallender Datenmengen von 20 bis 64 MB pro Bild beträgt deren Transferzeit mindestens 0,42 bis 1,3 s für USB 2.0. Weiter zunehmende Datenmengen infolge automatisierter Mikroskopie, Auswertung immer größerer Objektflächen und Messungen mit hoher Auflösung und guter Farbtreue an steigenden Probenzahlen, erklären den Zwang zu um 10-fach höheren Transferraten (Pfeil in Abb. 2.48). Leider gibt es derzeit noch keine digitale Mikroskopkamera mit einer Datenschnittstelle gemäß den Normen IEEE 1394-2008 oder USB 3.0. Diese leistungsfähige Übertragungstechnik ist ausgereift und wird in ähnlichen Fällen routinemäßig angewandt.

Der Originaldatensatz wird nach seiner Übertragung im Rechner verlustfrei komprimiert und abgespeichert. Er sollte als Originaldatei erhalten bleiben. Seine Kopie dient als Basis für die Software-Operationen.

Da die Speicherplätze im Rechner begrenzt sind und je nach Speicherausführung auch unterschiedliche Speicherprogramme angewandt werden, sind für Speicherung (und Weiterleitung) von Bilddaten mithilfe verschiedener Kompressionsverfahren unterschiedliche Speicherformate (Grafikformate) entwickelt worden. Sie dienen allesamt dazu, eine große Menge Bilddaten derart zusammenzufassen, dass sie bei der weiteren Verwendung beherrschbar sind. Im Rahmen der videografischen Dokumentation (einschließlich Bildverarbei-

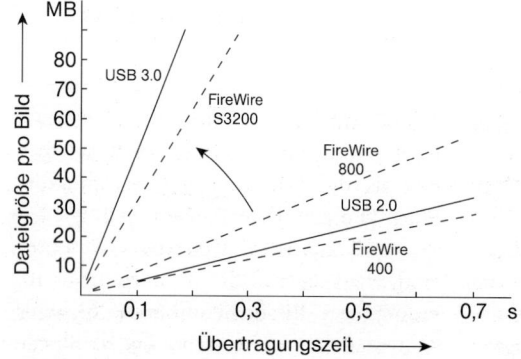

Abb. 2.48 Übertragungszeiten für Bilddateien bei verschiedenen Transferraten

Tab. 2.7 Speicherformate im Überblick

Formatbezeichnung	Kompression	Speicherplatzbedarf	Bemerkungen
TIF (Tagged Image File)	verlustfrei komprimiert geringer Kompressionsgrad für Auflösung und Farbe	hoch; Vielfaches einer JFIF-Datei	Aufnahmeformat; Originaldatei für Bilder höchster Qualität; mehrmalige Bearbeitung möglich
BMP (Windows Bitmap)	Auflösung unkomprimiert oder mit geringem Kompressionsgrad verlustfrei komprimiert; verlustbehaftete Farbkompression von bis zu 32 Bit auf 8 Bit (256 Farben)	hoch; Mehrfaches einer PNG-Datei	vorrangig für Betriebssystem Microsoft Windows; kaum für Bildtransport in Netzwerken geeignet
GIF (Graphic Interchange Format)	verlustbehaftet komprimiert mit hohem Kompressionsgrad für Auflösung und Farbe	gering	Bilder schlechter Qualität; veraltetes Format für Netzwerke; animationsfähig
PNG (Portale Network Graphic)	Auflösung verlustfrei komprimiert mit geringem Kompressionsgrad; verlustfreie Farbkompression auf 24 Bit Farbtiefe (Echtfarben)	gering; geringer als GIF-Datei; aber Mehrfaches einer JFIF-Datei	Bilder mit ausgezeichneter Originaltreue; gute Netzwerkfähigkeit; verdrängt GIF-Format
übliches Format für JPG (oder JPEG) ist JFIF (JPEG File Interchange Format)	verlustbehaftet komprimiert mit wählbarem Kompressionsgrad; Datei wird bei nächstfolgender Speicherung erneut komprimiert	sehr gering	gute Netzwerkfähigkeit; starke Beeinträchtigung der Bildqualität durch Kompressionsartefakte; kaum vergrößerungsfähig
JPEG 2000 (modernes Format aus der JPG-Familie)	wählbare Kombination von verlustfreier und verlustbehafteter Komprimierung unterschiedlicher Grade; (stark) verlustbehafteter Anteil mit sehr hohem Kompressionsgrad (höher als beim JFIF-Format); wählbare Bildbereiche mit geringer Komprimierung (verlustarm)	Gering; stark abhängig vom Kompressionsgrad	gute Netzwerkfähigkeit; Kompressionsartefakte können minimiert werden; höchster Rechenaufwand für Formaterstellung; Selektion eines interessierenden Bildbereiches und dessen Nachvergrößerung (ROI-Region of Interest) sind möglich

tung, Bildanalyse und Bildexport über Netzwerke) interessieren hauptsächlich die in Tab. 2.7 charakterisierten Speicherformate.

Als Maß für die Kompression wird der Kompressionsgrad herangezogen, das Verhältnis von komprimierter Dateigröße zur unkomprimierten. Der Kompressionsgrad liegt zwischen 1:1 (unkomprimiert) und 1:1000, mitunter darüber. Im letzten Fall ist die komprimierte Datei 1000-fach kleiner als die Datei vor der Kompression. Stark komprimierte Dateien, z. B. im Format JFIF oder JPEG 2000 weisen Kompressionsartefakte auf, die u. U. zu einer unbrauchbaren Bildqualität führen. Kompressionsartefakte sind Unschärfen, Blockrasterung (insbesondere bei Nachvergrößerung), Farbverfälschungen und Saumbildung an Farb-Helligkeits-Übergängen (Ringing). Die Kompression zum PNG-Format führt trotz Verringerung des Speicherbedarfs zu ansprechenden und fehlerfrei auswertbaren Bildern.

Das JFIF-Format ist ein häufig genutztes Speicherformat und wird meist fälschlicherweise als JPG- oder JPEG-Format schlechthin bezeichnet. Es wird erzeugt nach den Kompressionsvorschriften seiner Entwickler mit der abgekürzten Bezeichnung JPEG für Joint Photographic Experts Group. Bilddaten im JFIF-Format besitzen eine gute Speicher- und Netzwerkfähigkeit. Wegen ihres sehr reduzierten Informationsgehaltes liefern diese Daten aber eine stark beeinträchtigte Bildqualität. Dies war der Grund zur Entwicklung des modernen JPEG 2000-Formats. Durch JPEG 2000 werden die Qualitätsnachteile des JFIF eingeschränkt (Tab. 2.7).

An dieser Stelle sei auf eine Problematik im gegenwärtigen Entwicklungsstand der digitalen Videomikroskopie hingewiesen: Bei der Bildaufnahme erzeugt eine leistungsfähige Kamera Bilddaten mit wirklichkeitsechten Informationen. Weiterleitung und Speicherung der Bilddaten führen gegenwärtig zwangsläufig noch zu einer verlustbehafteten Informationsreduktion. Die Bilddatei wird in ihrem Informationsgehalt in dem Maße verringert, wie die EDV die Daten bewältigen kann. Somit können die Möglichkeiten einer hochleistungsfähigen Digitalkamera z. Zt. in der Routine noch nicht voll genutzt werden. Um dieser Diskrepanz entgegenzuwirken, sollte der Anwender auf eine sinnvoll abgestimmte, aber dennoch hohe Leistungsfähigkeit der eingesetzten Hard- und Software achten. Bilddatenmenge und Softwareanwendung verlangen schnelle Rechner mit ausreichender Speicherkapazität und eine darauf abgestimmte Peripherie.

Beispielhaft sei eine geeignete Rechnerausführung angeführt:

– IBM-Kompatibilität
  (CPU-Prozessor Core 2 Duo, 2 GHz)
– Arbeitsspeicher: 4 GB RAM
– freie Speicherplätze auf Festplatte: 400 MB
– Festplattenumdrehung: mind. 7200 U min^{-1}
– Grafikkarte: 256 GB und spezielle Eigenschaften
  (ATI Grafikkarte wird empfohlen)
– kleine Schriftzeichen: Small fonts
– zusätzlicher Server mit 1 GB Arbeitsspeicher und 600 MB freien Speicherplätzen auf Festplatte

Weiterhin wären zu beachten: Betriebssystem, Art und Anzahl der Schnittstellen (USB 2.0; FireWire), freie Steckplätze und die Empfehlungen der Kamera- und Softwarehersteller.

Moderne Software hat Modulcharakter und lässt sich gut veränderten Aufgabenstellungen anpassen. Sie unterstützt alle Teilschritte einer Bildaufnahme, Archivierung, Datenverarbeitung, Bildvermessung und -analyse, Dokumentation und Ergebnisexport.

Einzelheiten sind den Unterlagen der Softwareanbieter zu entnehmen, wie z. B. in Deutschland der Firma dhs Dietermann & Heuser Solution GmbH (dhs Bilddatenbank) oder dem Unternehmen Carl Zeiss MicroImaging GmbH (AxioVision).

Die Qualität der Bildwiedergabe auf dem Monitor (Abb. 2.45) wird, Daten mit wirklichkeitsgetreuen Informationen vorausgesetzt, im Wesentlichen von der Monitorauflösung, seiner Farbwiedergabe und dem Bildschirmkontrast bestimmt. Die Monitorauflösung wird als Pixelmatrix angegeben. In der Mehrzahl der Einsatzfälle werden kommerzielle LCD-Flachschirmmonitore mit Bildschirmdiagonalen von 22" benutzt.

Sie besitzen mit 1680 × 1050 Pixeln eine höhere Auflösung als Röhrenmonitore und können Farbtiefen bis 32 Bit bei typischem Kontrast von 1000:1 wiedergeben. Bei mangelnder Monitorauflösung kann nicht der volle Umfang zur Verfügung stehender Bildinformationen für die Wiedergabe genutzt werden. Die Auflösungsgrenze des Monitors hat dann zur Folge, dass eine sehr gute Auflösung einer Digitalkamera am Monitor nicht mehr verfolgt werden kann.

Aufgrund der elektronischen Vergrößerung (optisch leer) erscheint das Monitorbild in einer ungewöhnlich hohen Gesamtvergrößerung, V_{Mon}. Sie ist das Produkt aus optischer Vergrößerung in der Sensorebene der CCD-Kamera, V_{opt}, und elektronischer Vergrößerung, V_e:

$$V_{Mon} = V_{opt} \cdot V_e = \frac{M_{Obj}}{F_{Ad}} \cdot \frac{d_{Mon}}{d_{Sen}} \quad (2.42)$$

F_{Ad} Verkleinerungsfaktor des TV-Adapters
d_{Sen} Diagonale des aktiven Teils vom Sensor (Tab. 2.5).

Für die Bildwiedergabe durch Ausdrucken eines reellen Bildes kommen in der Digitaltechnik zwei Druckertypen zur Anwendung: Tintenstrahl- und Laserdrucker. Beide Drucker sind wegen ihrer Eingänge für Digitalsignale in der Lage, zusätzlich Texte und Grafiken auszudrucken, was für die Erarbeitung von Protokollen und Berichten notwendig ist.

Gewünschte Vergrößerungen der Objektdetails auf dem ausgedruckten Bild sollten der optischen Auflösung wegen durch Auswahl von Mikroskopobjektiv und Kameraadaptertyp vorher eingestellt werden. Die mittels Rechner elektronisch eingestellte Vergrößerung ist optisch leer und sollte deshalb nur einer geringfügigen Korrektur dienen.

Die Druckqualität entscheidet über den Gesamteindruck vom Bild. Sie wird im Wesentlichen bestimmt von der Anzahl der gedruckten Punkte in Bildbreite und -höhe. Die Druckdichte wird in Punkteanzahl pro Zoll (dpi – *dots per inch*) angegeben. Liegt die Druckdichte in horizontaler und vertikaler Richtung deutlich oberhalb 300 dpi, z. B. 2400 × 1200 dpi, dann hat das ausgedruckte Bild Fotoqualität, insbesondere bei Verwendung von speziellem (Foto-) Druckpapier. Die Bewertung der Druckqualität beruht auf dem Auflösungsvermögen des menschlichen Auges. Oberhalb 150 dpi können die gedruckten Punkte nicht mehr getrennt wahrgenommen werden. Geringere dpi-Werte ergeben den Eindruck von Grobkörnigkeit.

Im Gegensatz zum Monitor erlaubt eine hohe Druckdichte des Printers, die hohe Auflösung einer leistungsfähigen Digitalkamera in eine verbesserte Bildqualität umzusetzen. In solch einem Fall kann über das ausgedruckte Bild die Einstellung und ggf. die Eignung des Videosystems im Ganzen kontrolliert werden.

2.3
Präparation

Unter Präparation wird die gesamte Vorbereitung einer Probe für die makro- und mikroskopische Untersuchung verstanden.

Da metallische Werkstoffe opak sind, muss ihr Aufbau bei einer lichtmikroskopischen Untersuchung im Auflicht beobachtet werden. Die von der präparierten Anschlifffläche reflektierten Lichtstrahlen enthalten Informationen über den Werkstoffaufbau.

Der Anschliff ist ein ebener Schnitt durch das Probenmaterial. Seine präparierte Fläche sollte in makroskopischer und mikroskopischer Hinsicht eine sehr gute Planheit besitzen. Einerseits darf die Anschlifffläche keine makrogeometrischen Unebenheiten, wie z. B. Welligkeit, Facetten, Kegel, Balligkeit oder Kantenabrundung, aufweisen. Zum anderen sollten die strukturbedingten Mikroreliefs (z. B. Höhenunterschiede zwischen harten und weichen Gefügebestandteilen oder Abrundungen von Randgebieten einzelner Gefügebereiche) unter Kontrolle gehalten werden. Ein ausgeprägtes Mikrorelief steht ebenso wie die Makrounebenheiten der geringen Schärfentiefe einer lichtmikroskopischen Abbildung entgegen. Andererseits dient ein gezielt eingestelltes Mikrorelief der Kontrastverbesserung bei der Anwendung von Interferenzverfahren in der Auflichtmikroskopie. Weiterhin sollte die präparierte Fläche die erforderliche Wechselwirkung mit dem auftreffenden Licht garantieren und den wahren Gefügeaufbau des Werkstoffs repräsentativ wiedergeben.

Zusätzliche Anforderungen an die Schlifffläche sind: Freisein von Kratzern, Ausbrüchen, Materialverschmierungen, eingedrückten Abrasivstoffpartikeln, neu eingebrachten Rissen und Unsauberkeiten. Für mikroskopische Untersuchungen sollte die präparierte Fläche auf ca. 2 cm² beschränkt bleiben. Größere Flächen sind schwer metallografiegerecht zu präparieren. Um zu einem derartigen Anschliff zu gelangen, bedarf es mehrerer Präparationsstufen, deren Abfolge in Abb. 2.49 zusammengestellt ist.

Eine richtige Auswahl der Präparationsmethode verringert den Aufwand bei der Schliffanfertigung. Auswahlkriterien sind das Werkstoffverhalten in jeder Präparationsstufe und die Effektivität der anzuwendenden Gerätetechnik und Verbrauchsmaterialien. Wird das Präparationsergebnis nach jedem Schritt mit der Zielstellung für diesen Schritt verglichen, lassen sich gewisse Etappen vereinfachen, ggf. auch

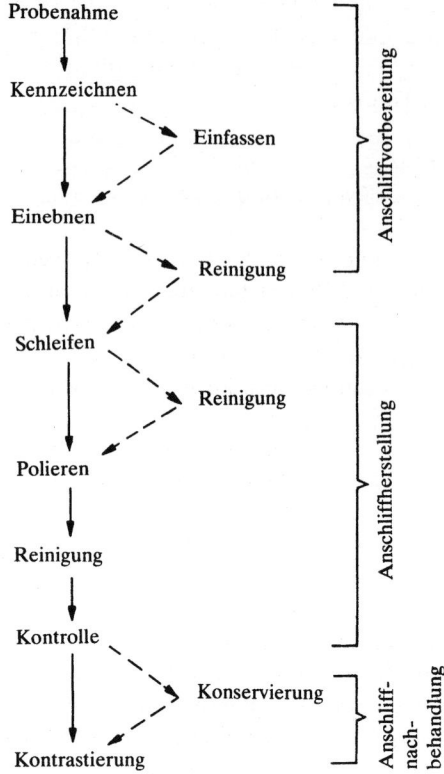

Abb. 2.49 Präparationsstufen zur Herstellung eines metallografischen Schliffs

kombinieren, und Fehler vermeiden. Präparationsfehler machen sich meist erst am Ende der Schliffherstellung bemerkbar.

Wird eine Probe überwiegend mechanisch präpariert, interessieren Werkstoffeigenschaften wie Härte, Festigkeit des Gefügeverbunds, Duktilität bzw. Sprödigkeit und Verhalten beim Abrasivverschleiß. Das Ergebnis einer chemischen Präparation hängt von chemischen Eigenschaften ab, insbesondere von den elektrochemischen. Für die einzelnen Präparationsschritte sind die werkstoffkundlichen und gerätebedingten Einflüsse auf das Ergebnis größtenteils bekannt. Sie werden mittels Präparationsparametern quantifiziert und bilden somit die Grundlage für eine effektive und reproduzierbare Präparatherstellung, besonders bei automatisierter Arbeitsweise.

2.3.1
Anschliffvorbereitung

Wesentliche Schritte der Anschliffvorbereitung sind Probenahme und Einfassen der Probe. Erfolgt die Probenahme metallografiegerecht, d. h. mit planer sowie grat- und ausbruchfreier Schnittfläche, ohne Wärmebeeinflussung des oberflächennahen Bereichs, mit minimaler Schädigung durch Rauigkeit und Mikrodeformation, dann erübrigt sich für eine Einzelprobenbearbeitung das Einebnen. Wird dagegen die Anschliffherstellung im Gruppenverband durchgeführt, so muss die Probengruppe vorher auf ein gemeinsames Anschliffniveau eingeebnet werden. Obwohl das Einebnen ein abtragintensiver Nassschleifvorgang ist, sollte er im Sinn einer werkstoffschonenden Präparatherstellung ausgeführt werden und nicht als spanende Formgebung.

Grundsätzlich ist bereits während der Anschliffvorbereitung auf Fehlerfreiheit zu achten. Generelle Fehler, wie falsche Lage der Schliffebene sowie Verfälschung der Werkstoffstruktur durch Wärme, Deformation und chemische Reaktionen an der Schliffoberfläche werden selbst bei fehlerfreier Anschliffweiterbearbeitung erst während der Interpretation des metallografischen Befunds bemerkt. Bei falscher Schifflage sollte die Präparation, mit erneuter Probenahme beginnend, wiederholt werden.

Präparationsfehler führen häufig zu Schein- bzw. Falschgefügen (unwahre Gefüge; Artefakte). Scheingefüge täuschen den Beobachter mit Gefügeerscheinungen, die nicht das wahre Gefüge des zu untersuchenden Werkstoffs darstellen. Diese präparationsgeschädigten und deshalb falschen Gefüge werden verursacht durch mechanische, thermische oder (elektro-) chemische Einwirkungen auf die Schliffebene. Auch Ursachenkombinationen sind für Scheingefüge verantwortlich. Eine Systematik der Scheingefüge wird in Abb. 2.50 wiedergegeben. Beispiele der Gefügeveränderungen sind mit angeführt.

Werden während der Präparation die mechanisch und/oder thermisch geschädigten Bereiche unterhalb der Anschliffebene entfernt und auch die Ursachen chemisch bedingter Scheingefüge beseitigt, dann liegt zu Präparationsende das wahre Gefüge für die anschließende Untersuchung vor.

2.3.1.1 Probenahme

Häufig erfolgt die Probenahme durch eine Materialtrennung. Die Trennfläche, an der nach ihrer Präparation die Gefügeuntersuchung durchzuführen ist, stellt die Startfläche für den Anschliff dar. Die Anforderungen an diese Schnittfläche sind in der Vertikalspalte „Trennen" der Tab. 2.8 zusammengefasst. Sie gelten als Zielstellung für ein metallografiegerechtes Trennen.

Die Probenahme beginnt mit der Auswahl des Probestücks und der Festlegung der künftigen Schliffebene in ihm. Während sich die Auswahl des Probenmaterials und -stücks nach dem Untersuchungsziel richtet, wird die Lage des Anschliffs zusätzlich noch von den strukturellen Eigenheiten bestimmt. Diese sind im Volumen des Probestücks unterschiedlich ausgebildet und somit auch abhängig von seinen äußeren geometrischen Merkmalen. Geometrische Merkmale können sein: Bezugsflächen (z. B. Mantel- oder Stirnfläche), Bezugsachsen (z. B. entlang der Werkstückabmaße in Längs- oder Querrichtung, Um-

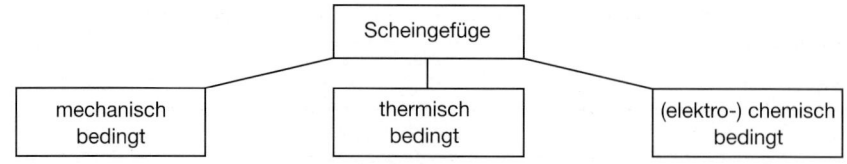

Ausbruch:

spröde und/oder gelockerte Gefügebestandteile gehen verloren; Vortäuschen von Poren oder Lunkern

mechanische Spannungen:

Rissbildung und -fortpflanzung, Brucherscheinungen, spannungsinduzierte Phasenumwandlung, spannungsinduziertes Kornwachstum

Rauigkeiten:

Riefen, Kratzer und Spuren vom Schleifen, Polieren oder Läppen

Deformation:

Einbringen zusätzlicher Gitterfehler und Deformationszwillinge, plastisch deformierte Oberflächenschicht mit Kornausrichtung und Härtezunahme

Thermoschock:

thermische Spannungen, Wärmerisse

Gefügeveränderungen:

Phasenumwandlung, Rekristallisation, Ausscheidung, Kornwachstum

Diffusion:

lokale Änderung der chemischen Zusammensetzung, An- und Auflösung von Phasen bzw. Ausscheidungen, Übersättigung, Zerfall der übersättigten Matrix, Neubildung von Phasen bzw. Ausscheidungen

Verbrennen:

Oxidbildung (Anlauffarben)

galvanische Reaktionen:

Metallabscheidung

Reaktionen:

in (ungeeigneten) Polier- oder Ätzlösungen Niederschlag von Reaktionsprodukten, feste Reaktionsrückstände

Verunreinigungen:

flüssige und später eingetrocknete Rückstände Schlieren, Trockenflecken

Korrosion:

Ablagerung von Korrosionsprodukten, korrosive Zerstörung der Schlifffläche (Flecken, Löcher)

Abb. 2.50 Systematik von Scheingefügen und deren Ursachen

form- und Erstarrungsrichtung) oder auch Winkel und Radien am Probestück.

Untersuchungen am Einzelstück, wie z. B. bei Schadensfällen oder separaten Werkstücken, erfordern eine *gezielte Probenahme*. Der Schnitt erfolgt so, dass der interessierende Werkstoffbereich in der beabsichtigten Schliffebene erscheint.

Strukturheterogenitäten, entstanden durch Werkstofferzeugung und -behandlung sowie Materialbearbeitung oder Bauteilbeanspruchung, erfordern eine Probenahme an mehreren Stellen (z. B. bei Halbzeug, Guss-, Schmiede- und Werkstücken oder Bauteilen). Um bei einer Qualitätskontrolle zu statistisch gesicherten Aussagen zu gelangen, ist eine *systematische Probenahme* gemäß den Prüfvorschriften notwendig.

Soll das Gefüge im Probestück richtig bewertet werden, ist der Winkel zwischen einer probeneigenen Bezugsfläche und der Schliffebene zu beachten. Während der Schnittwinkel bei Materialien mit ungerichteten (isotropen) Strukturen für deren Charakterisierung bedeutungslos ist, spielt

Tab. 2.8 Anforderungen an die Schlifffläche am Ende wichtiger Präparationsetappen (Zielkriterien)

Kriterien		Trennen	Schleifen	Polieren
Lage und Gestalt der Schlifffläche	Lage	an Untersuchungsstelle mit geringem Aufmaß	nahe des interessierenden Bereichs	im interessierenden, unverfälschten Gefügebereich
	Planheit	maximal; ohne Stufen oder Krümmungen	maximal; ohne Facette, Kegel oder Balligkeit	geometrisch (fast) ideal
	Randausbildung	kein Makrograt	randscharf; ohne Abrundung oder Mikrograt	hohe Randschärfe, ohne Verschmierung
Schädigung der Probe durch	Wärme	keine	keine	keine
	Deformation bzw. Krafteinwirkung	keine Makrodeformation, neue Risse (bzw. Risswachstum) oder Brüche, Mikroausbrüche < 10 µm	dto Mikroausbrüche < 1 µm ($\rightarrow$ Null)	dto keine Ausbrüche keine eingedrückten Abrasivprodukte
Abbau der gestörten Oberflächenschicht	Reaktionsschicht	≤ 1 µm	minimal ($\rightarrow$ Null); trocken	keine; sauber und trocken
	Schmierschicht	keine	minimal	minimal ($\rightarrow$ Null)
	Rauigkeit		$R_m \leq 1$ µm	$R_m \leq 0{,}1$ µm
	Deformationstiefe	Schädigungstiefe insgesamt ≤ 50 µm	≤ 5 µm	≤ 1 µm ($\rightarrow$ Null)
Makrowirkung des Lichts	Reflexion	matt starke Streureflexion	Mattglanz, verminderte Streureflexion	Spiegelglanz (reguläre Reflexion) $\Delta R \geq 10\%$, dann Gefügeerkennung im Lichtmikroskop

er bei gerichteten (anisotropen) Strukturen, wie Seigerungs- und Umformzonen, Werkstoffen mit Schichtaufbau und bei Oberflächenschichten eine entscheidende Rolle. Hinsichtlich dieses Schnittwinkels wird zwischen *Parallel*-, Normal- und Schrägschliff unterschieden. Beim ersteren liegen Bezugs- und Anschliffebene parallel zueinander. Im Fall des *Normalschliffs* bilden Bezugsfläche und Schliffebene einen rechten Winkel. Beim *Schrägschliff* schließen beide Flächen einen spitzen Winkel ein. Typische Beispiele, welche die Bedeutung des Schnittwinkels verdeutlichen, sind gerichtet erstarrte Schmelzen, die Gefügeausrichtung beim plastischen Umformen und die Ausbildung von Oberflächenschichten.

Unter bestimmten Erstarrungsbedingungen ordnen sich stengelförmige Körner, Transkristallite, senkrecht zur Mantelfläche des Gusskörpers an (Abb. 2.51). Wird eine derartige Gussstruktur nur anhand eines Parallelschliffs untersucht, dann erscheinen die Transkristallite als ungerichtete

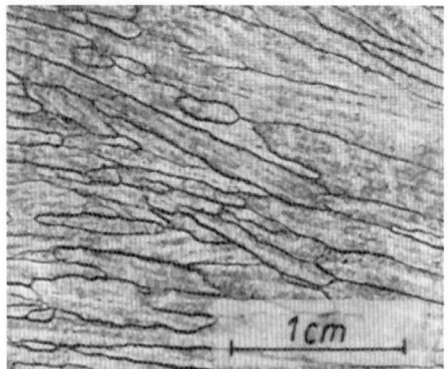

Abb. 2.51 Schliff senkrecht zur Oberfläche eines gegossenen Stahlblocks. Gestreckte Körner der Transkristallisationszone

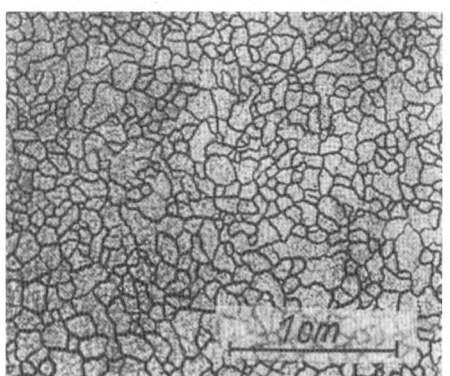

Abb. 2.52 Schliff parallel zur Oberfläche eines gegossenen Stahlblocks dicht unter der Oberfläche. Körner ohne Vorzugsrichtung

Tab. 2.9 Schichtverbreiterung in Abhängigkeit vom Anschliffwinkel

Schichtverbreiterung d:D	Anschliffwinkel α
1:2	30°
1:5	11°30′ bzw. 11,50°
1:10	5°40′ bzw. 5,67°
1:25	2°20′ bzw. 2,33°
1:50	1°10′ bzw. 1,17°
1:100	30′ bzw. 0,50°

Untersuchung randnaher Bereiche und Schichten mit Dicken < 20 µm, z. B. aufgebrachte Oberflächenschichten oder Werkstoffverbunde. Für Schichten auf Proben mit ebenen Bezugsflächen lassen Abb. 2.53 und Tab. 2.9 erkennen, dass die Breite der beobachtbaren Oberflächenschicht D mit kleiner werdendem Winkel vergrößert und somit einer besseren Untersuchung zugänglich wird.

Liegt im Material eine Vorzugsorientierung des Gefüges als Folge einer Umformung vor, muss bei der Probenahme die Symmetrie der Formgebungsverfahren berücksichtigt werden. So erscheinen z. B. die Körner in kaltgezogenen, gewalzten oder gepressten Profilen (Draht, Rund-, Vier-, Sechskantstangen usw.) längs der Verformungsrichtung gestreckt, senkrecht zu ihr aber gleichachsig (Abb. 2.54 a). Beim Kaltstauchen ohne seitliche Behinderung des Materialflusses werden senkrecht zur Stauchrichtung im Querschliff ebenfalls gleichachsige Körner beobachtet. In Körner (Abb. 2.52). Um eine fehlerhafte Strukturbeschreibung zu vermeiden, muss in diesem Fall noch zusätzlich der Normalschliff hinzugezogen werden. Die Schrägschlifftechnik ist vorteilhaft bei der

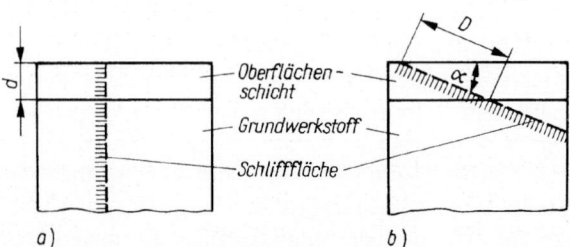

Abb. 2.53 Normalschliff (a) und Schrägschliff (b) einer Oberflächenschicht

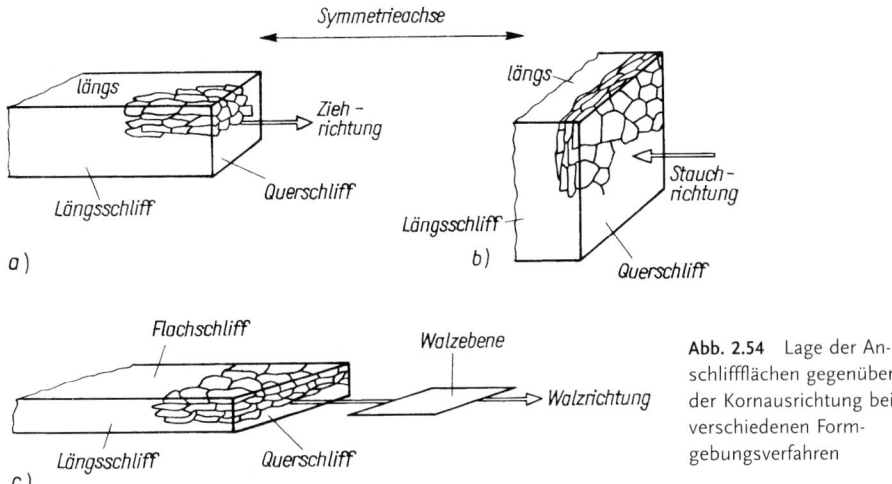

Abb. 2.54 Lage der Anschliffflächen gegenüber der Kornausrichtung bei verschiedenen Formgebungsverfahren

Stauchrichtung werden sie zusammengedrückt, wodurch im Längsschliff eine Kornstreckung senkrecht zur Stauchrichtung erscheint (Abb. 2.54 b). In diesen beiden Fällen unterscheiden sich die Kornstrukturen im Längs- und Querschliff also erheblich. Bei Bändern und Blechen im Kaltwalzzustand sind gemäß Abb. 2.54 c sogar drei Lagen der Anschliffflächen zu beachten. Im Längsschliff erscheinen die Körner in Walzrichtung stark gestreckt, im Querschliff (senkrecht zur Walzrichtung) in Walzebene abgeplattet. Der Flachschliff liegt in der Walzebene. In ihm wird eine Streckung der Körner in Walzrichtung und gleichzeitig eine Breitung in Walzebene beobachtet.

Als Probenahmeverfahren hat sich bei Werkstoffen > 100 HV das *Nasstrennschleifen* wegen seiner besten Eignung durchgesetzt. Beträgt die Werkstoffhärte < 100 HV, wird bevorzugt das Nasssägen angewandt. In beiden Fällen trennt eine motorgetriebene Scheibe das Probenmaterial durch Herausschleifen (Trennscheibe) oder Sägen (Sägeblatt). Das Trennen erfolgt unter einer intensiven Kühlung mithilfe einer Kühlflüssigkeit auf Wasserbasis. Die beigemischten Additive bewirken einen Schmiereffekt und verhindern die Korrosion der Trennflächen sowie der Geräteteile im Trennraum der Trennmaschine. Zudem erhöhen einige den Siedepunkt des Wassers, wodurch die Kühlwirkung der Flüssigkeit verbessert wird. Weitere Additive wirken antibakteriell.

Abhängig von den Abmessungen des Probestücks, dessen Form, Eigenspannungszustand und Materialeigenschaften (insbesondere Härte und Zähigkeit) sowie der Lage des Trennschnitts und der Präzision seiner Ausführung kommen sehr verschiedene Trenngerätekonstruktionen und Schnittmodi beim Nasstrennschleifen zur Anwendung. Gemäß Abb. 2.55 lassen sich drei Grundarten der Schnittmodi unterscheiden: Kappschnitte, Fahrschnitte und Kombinationsschnitte. Ihre Unterscheidungsmerkmale sind die Bewegungsabläufe von rotierender Trennscheibe und eingespanntem Probestück. Bei den Kappschnitten bewegt sich die Trennscheibe vertikal in Richtung des unter der Scheibe eingespannten und am Ort verbleibenden Probestücks. Rotiert die Trennscheibe am Ort und das Probestück wird in Richtung

2 Metallografische Arbeitsverfahren

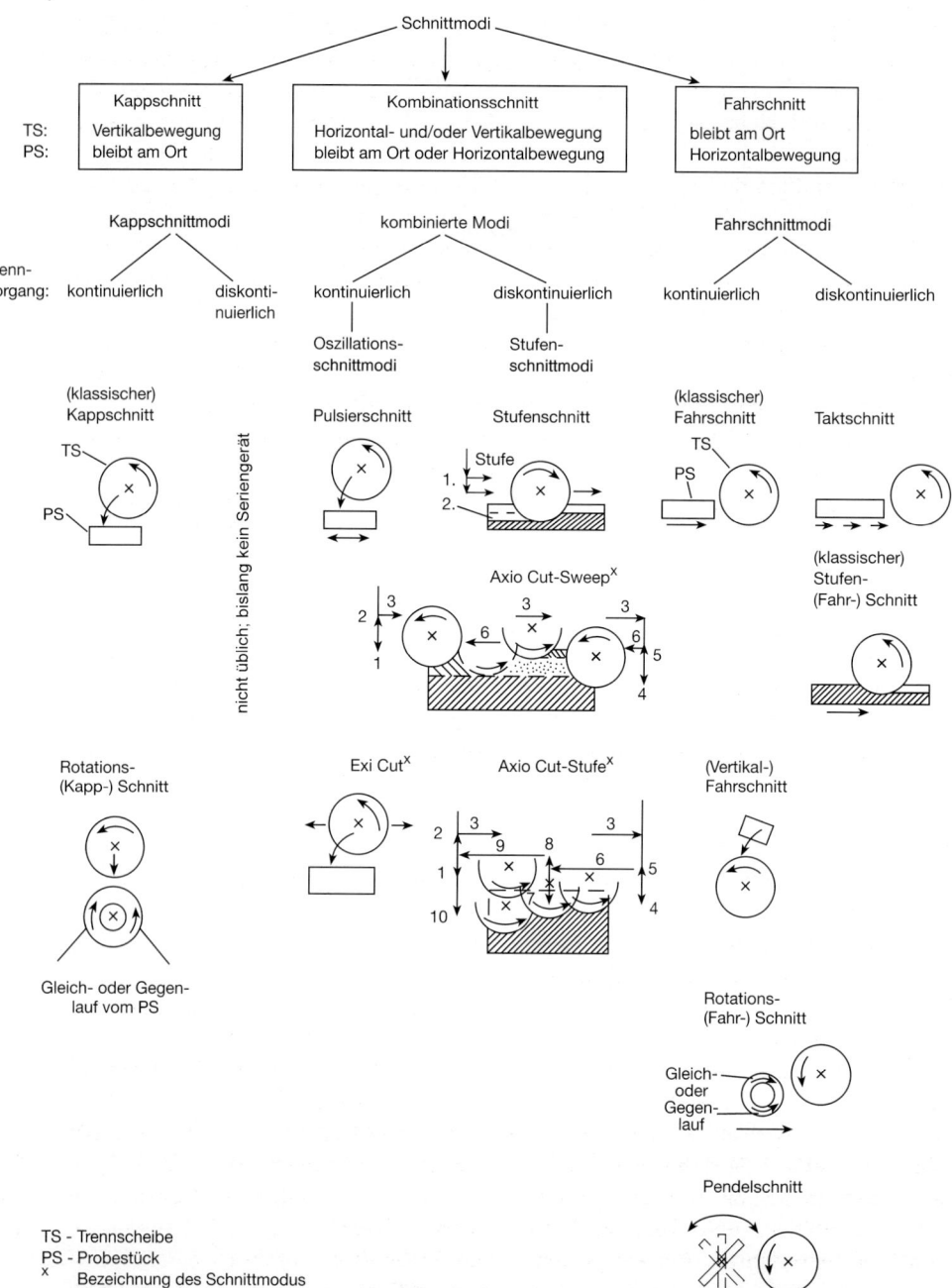

Abb. 2.55 Schnittmodi beim Nasstrennschleifen

TS - Trennscheibe
PS - Probestück
x   Bezeichnung des Schnittmodus nach Fa. Struers

Trennscheibe (meist horizontal) verfahren, dann liegt einer der Fahrschnittmodi vor.

Schwierige Trennaufgaben lassen sich häufig nur mit einer der kombinierten Schnittmodi bewältigen (Abb. 2.55, Mitte). Bei ihnen vollführt die rotierende Trennscheibe eine Horizontal- und/oder eine Vertikalbewegung, wobei das Probestück am Ort verbleibt. Mit den drei Grundarten der Schnittmodi lässt sich ein Trennvorgang grundsätzlich sowohl kontinuierlich als auch diskontinuierlich ausführen. Mit einer Ausnahme, dem diskontinuierlichen Kappschnitt, sind für alle Schnittmodi Trenngeräte kommerziell verfügbar.

Große Werkstücke werden wegen ihren Massen bzw. Volumina meistens in Ruhelage auf einem feststehenden Trenntisch zerteilt, z. B. mittels klassischem Kappschnitt. Die Probenahme von spannungsbehafteten und/oder extrem festen und zähen Werkstücken gelingt häufig nur mit den Oszillationsschnittmodi. Durch die Oszillationsbewegung von Probestück (Pulsierschnitt) oder Trennscheibe (Exi-Cut) ist die Wirkung des im Trennspalt nachfließenden Kühlmittels intensiver als beim klassischen Kappschnitt. Beim Oszillationsschnitt ist die Wärmebeeinflussung des Probenmaterials minimal.

Lange Trennwege, insbesondere bei flachen Teilen, werden mithilfe der Fahrschnittmodi realisiert.

Bei Probestücken mit großen Querschnitten haben sich die Stufenschnittmodi bewährt. Im Gegensatz zum klassischen Fahrschnitt (Abb. 2.55, rechts) wird hierbei das Probestück nur bis zu einer gewissen Tiefe einschnitten, und dann wird die Trennscheibe verfahren. Die entstandene Schnittfuge wird stufenweise vertieft, indem der Vorgang wiederholt wird. Besonders leistungsfähig sind die Modi Axio-Cut-Sweep und -Stufe. Ihnen liegt eine ganz spezielle Abfolge der Trennscheibenbewegung zugrunde. Die entsprechenden Abfolgen sind anhand der Richtungspfeilnumerierung in den beiden Prinzipbildern der Abb. 2.55 zu erkennen. Der Modus „Axio-Cut-Sweep" stellt einen verbesserten Stufenschnitt dar. Beim Sweep-Modus wird die Trennscheibe nach dem Vordereinschnitt (Pfeil 1) etwas angehoben (2) und unter Ausführung einer Schnittstufe zur Hinterposition verfahren (Pfeile 3). Anschließend erfolgt der Hintereinschnitt (4). Danach wird die Scheibe zunächst wieder etwas angehoben (5) und unter Erzeugung der Anschlussstufe zur nächsten Vorderposition bewegt (Pfeile 6). Die so ausgeführten Stufenschnitte wiederholen sich, bis der Querschnitt vollständig getrennt ist.

Der Modus „Axio-Cut-Stufe" ist vom Kappschnitt abgeleitet. Die Trennscheibe erzeugt mit dem Vordereinschnitt eine Materialtrennung bis zu einer gewissen Tiefe (Pfeil 1) und wird danach aus dem Probestück herausgefahren (2), um ohne zu trennen zur Hinterposition geführt zu werden (Pfeile 3). Nach dem Hintereinschnitt (4) hebt sich die Scheibe erneut und gelangt zu einer mittleren Anschnittposition (Pfeile 5 und 6). Der Mitteneinschnitt wird so ausgeführt, dass sich die Einschnittbereiche überlappen (7). Die Pfeile 8 und 9 beschreiben den Weg der Scheibe, um mit einem erneuten, tieferen Vordereinschnitt den Trennvorgang fortzusetzen (10).

Mit Axio-Cut-Modi lassen sich werkstoff- und trennscheibenschonend große Probestücke anforderungsgerecht trennen. Die Probenahme im Stufenschnittmodus erfordert eine hohe mechanische Stabilität von Trennscheibenführung und festgespanntem Probestück. Ansonsten entsteht eine gestufte Trennfläche, womit die Zielstellung unmittelbar nach dem Trennen hinsichtlich der Trennflächengestalt verfehlt wurde (Tab. 2.8).

Unkompliziert geformte kleine Probestücke werden mit den Schnittmodi klassischer Kappschnitt oder einer der vier kontinuierlichen Fahrschnitte getrennt (Abb. 2.55, rechts). Die kontinuierlichen Fahrschnitte werden auch als Präzisionsschnitte an Kleinteilen mit sehr komplizierter Gestalt ausgeführt. Kleine Proben von Hohlkörpern (Rohre, Hohlprofile, gebohrte Bauteile und dgl.) werden vorzugsweise mit dem Rotations-(Fahr-)Schnitt entnommen. Hierbei rotiert das Probestück während des Verfahrens im Gleich- oder Gegensinn zur drehenden Trennscheibe. Kleine Flachteile lassen sich unter einer fahrenden Pendelbewegung sehr werkstoffschonend bei hoher Präzision trennen (Pendelschnitt). Wie bereits bei den Oszillationsschnittmodi ergibt sich durch die lokale Unterbrechung des Trennvorgangs an den Fronten des Trennspalts eine maximale Kühlwirkung bei minimaler Trennbeanspruchung des Werkstoffs. Aus der Mehrzahl der in Abb. 2.55 dargestellten Schnittmodi ist ersichtlich, dass ein Durchtrennen der Probestücke nur dann gelingt, wenn ihre gesamten Querschnitte von der Trennscheibe erfasst werden. Somit bestimmt in erster Linie der Trennscheibendurchmesser die Trennweglänge bzw. die Trennflächengröße und damit auch die Trennkapazität eines Nasstrennschleifgeräts.

Für ein metallografiegerechtes Trennen sind die Auswahl des Schnittmodus und seiner verfahrensspezifischen Trennparameter von großer Wichtigkeit. Die Trennparameter müssen so frei wählbar sein, dass die Gefügebereiche unmittelbar hinter der Trennfläche (Lage der späteren Anschlifffläche) nur die unvermeidbare Schädigung infolge Oberflächendeformation von maximal 50 µm Tiefe aufweisen. Alle weiteren Schädigungen sind der in Tab. 2.8 formulierten Zielstellung für das Trennen abträglich (Wärmeeinfluss, starke Verformung, Verstärkung und/oder Neubildung von Rissen und Ausbrüchen).

Die Art der einzusetzenden Trennscheibe wird bestimmt von Härte und Zähigkeitsverhalten des zu trennenden Werkstoffs. Die Scheibenart ist vorgegeben durch den Abrasivstoff, seine Bindung und den Scheibenaufbau. Die einzelnen Scheibentypen arbeiten nur in bestimmten Bereichen der Trennparameter Scheibendrehzahl, Vorschubgeschwindigkeit und Grenzkraft optimal. Letztere ist die Maximalkraft, die über die Peripherie der Scheibe ohne deren Bruch auf die Scheibe einwirken darf. Tab. 2.10 erleichtert die Scheibenauswahl für eine breite Werkstoffpalette. Der zu trennende Querschnitt und der Trennweg im Werkstoff bestimmen die Abmaße von Trennscheibe (Durchmesser, Scheibendicke) und Befestigungsflansch sowie die Leistungsmerkmale des Trenngeräts.

Eine wirklich werkstoffschonende Probenahme kann beim Nasstrennschleifen nur dann erreicht werden, wenn das Durchschleifen des Probenmaterials mit geeigneter Trennscheibe bei richtig gewähltem und entlang des gesamten Trennwegs konstant gehaltenem Vorschub erfolgt. Dieser trenntechnischen Forderung kann nur durch eine spezielle automatisierte Vorschubregelung entsprochen werden. Problematisch wird die Probenahme bei konstant gehaltener Trennkraft. Die unkontrolliert hohen und sich verändernden Vorschubgeschwindigkeiten, die sich zwangsläufig zu Trennbeginn und -ende sowie bei Querschnittsänderungen einstellen, können die Trennfläche zumindest im Anschnitt- und Auslaufbereich schädigen (Warmverformung, Rissbildung, Delamination, Ausbruch). Eine derartige Arbeitsweise verringert auch Standzeit und Haltbarkeit der Trennscheiben. Bei richtiger Wahl des Schnittmodus, Konstanthalten des Vorschubs und bei korrekten Trennpa-

Tab. 2.10 Auswahlkriterien für Trennscheiben

Werkstoff			Trennscheibencharakter			Trennparameter		
Härte HV10	Zähigkeitsmerkmal	Beispiele	Abrasivstoff	Bindung	Aufbau	Drehzahl [U min^{-1}]	Vorschub [mm s^{-1}]	Grenzkraft [N]
< 100	sehr weich, hoch duktil u.U. elastisch	reine weiche Metalle: Al, Cu, Mg; Kunststoffe	Sägeblatt aus Schnellarbeitsstahl		ungeschränkt Vollblatt	max. 1200	0,05 bis 0,30	40
30 bis 350	weich und duktil	Al-Leg. weichgeglühte C-Stähle	Al$_2$O$_3$	Bakelit, hart	Vollblatt	1000 bis 5000	0,05 bis 0,30	40
70 bis 400	weich bis mittelhart und duktil	NE-Metalle u. -Leg.: Ti-Werkstoffe	SiC	Bakelit	Vollblatt	1000 bis 5000	0,05 bis 0,30	40
350 bis 800	mittelhart und hart, zäh	Fe-Werkstoffe m. C ≥ 0,8 %	Al$_2$O$_3$	Bakelit, weich	Vollblatt	1000 bis 5000	0,05 bis 0,30	40
> 500	sehr hart und zäh	Fe-Werkstoffe m. > 15 % Carbide in zäher Matrix	CBN	Bakelit	Außenbord auf Stahlblatt	≥ 3200	0,005 bis 0,25	40
> 800	sehr hart und zäh	Hartmetall, Si-Nitride	Diamant	Bakelit	Außenbord auf Stahlblatt	2700 bis 3200	0,005 bis 0,25	40
> 800	sehr hart und spröde	Mineralien, Baustoffe, Gläser	Diamant	Metall, duktil	Außenbord auf Ronde aus Cu-Leg.	3200 bis 5000	0,005 bis 0,15 (0,30)	20 bis 60

rametern beträgt das Ausmaß der gestörten Oberflächenschicht immerhin noch etwa 20 μm.

Nach der Entnahme ist die Probe eindeutig zu kennzeichnen, um Verwechslungen auszuschließen. Das Kennzeichnen hat so zu erfolgen, dass die spätere Anschlifffläche unbeschädigt bleibt und die Zeichen bei den nachfolgenden Präparationsschritten gut zu erkennen sind. Zur dauerhaften Kennzeichnung eignen sich mobile Graviergeräte.

2.3.1.2 Einfassen

Die Ziele des Einfassens von Schliffproben sind:

- Probenformen und -abmaße hand- oder maschinengerecht zu gestalten
- pulverförmige, flexible, weiche, poröse, randrissige, spröde oder brüchige Proben zusammenzuhalten und vor Präparationsfehlern zu schützen
- Probenränder, insbesondere Oberflächenschichten, zu stützen und Kantenabrundungen entgegenzuwirken
- Rationalisierung der Anschliffherstellung kleinerer Proben durch Zusammenfassen zu einem Probekörper

Für das Einfassen metallografischer Proben haben sich zwei grundsätzliche Arbeitsweisen herausgebildet: Das Einspannen, z. B. in Schliffklammern (Abb. 2.56), und das Einbetten.

Um beim Bearbeiten eingespannter Proben Abtragsunterschiede zwischen Proben- und Klammernmaterial einzuschränken, sollte der Schliffhalterwerkstoff auf den Probenwerkstoff abgestimmt sein. Auch das Ätzverhalten des Klammermaterials ist dabei zu berücksichtigen, damit bei einer späteren chemischen Kontrastierung (s. Abschnitt 2.3.4) der noch eingespannten Probe auf der Anschlifffläche kein chemisch bedingtes Scheingefüge auftritt (Abb. 2.50, Abschnitt 2.3.1). Geeignete Zwischenlagen, z. B. Plastwerkstoffe, können einen Spalt zwischen Probe und Halterung ausfüllen, die Randschärfe verbessern und Kapillarwirkungen mindern.

Beim Einbetten werden die Proben in einer meist zylindrischen Form positioniert und mit einem zunächst flüssigen Einbettmittel umhüllt. Es werden zwei Arbeitsverfahren unterschieden: das Eingießen und das Einpressen. Das Eingießen kann sowohl mit gießfähigen organischen Kalteinbettmitteln (Kalteingießen) erfolgen als auch mit niedrigschmelzenden Legierungen (Warmeingießen). Als Einpressverfahren hat sich in der Präparationsroutine das Warmeinpressen mit aufschmelzbaren organischen Warmeinbettmitteln durchgesetzt. Die Einbettmittel müssen vielfältigen Anforderungen genügen. Beim Einsatz sind Kenntnisse über ihre Struktur und über spezielle Eigenschaftskombinationen hilfreich, erleichtern sie doch die Auswahl hinsichtlich Härte- und Verschleißangleich bezüglich des Probenwerkstoffs, Schutzwirkung auf Randschichten oder Temperatur-

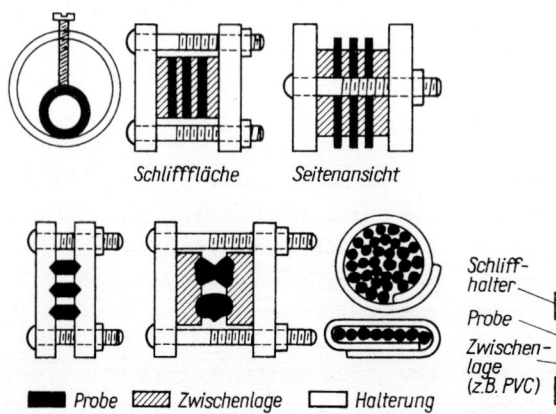

Abb. 2.56 Beispiele von Schliffklammern für verschiedene Proben

einwirkung beim Aushärten bzw. Erstarren. Als Auswahlkriterien sind zu beachten:

- Verarbeitungstemperatur und -zeit
- Aushärtetemperatur und -zeit
- Schrumpfungsverhalten (bzw. Dehnungsverhalten)
- Härte- und Abrasivverhalten
- Resistenz gegenüber Probenmaterial, Einbettform und Einwirkungen von Chemikalien sowie Wärme (ggf. UV-Strahlung)
- elektrische Leitfähigkeit

Für Einbettkunststoffe kommen zusätzlich hinzu: Mischbarkeit mit härtesteigernden oder elektrisch leitenden Füllstoffen sowie Einfärbbarkeit bzw. Mischbarkeit mit fluoreszierenden Substanzen. Des Weiteren sollen Einbettmittel eine gute Adhäsion zum Probenmaterial besitzen, während der Verarbeitung eine geringe Viskosität aufweisen, formfüllend sein, blasenfreie Probekörper bilden und keine Lokalelementbildung verursachen. Beim *Kalteingießen* werden zwei oder drei Komponenten zu einer vergießfähigen Masse gemischt (flüssig–flüssig bzw. flüssig–pulvrig oder 2 flüssige–pulvrig). Die gereinigte (entfettete) und getrocknete Probe wird in einer Form positioniert. Die so vorbereitete Form wird mit dem flüssigen Einbettmittel bei Raumtemperatur ausgegossen. Kalteinbettmittel auf Akrylbasis härten zwischen 7 und 15 min aus, solche auf Polyesterbasis zwischen 15 und 45 min. Epoxidharze benötigen für ihre Aushärtung bei 50 bis 80 °C 3,5 bis 5 h, bei RT rund 10 h, mitunter auch bis zu 24 h. Besitzt das zu untersuchende Probenmaterial Härtewerte > 400 HV bzw. entsprechend harte Randschichten, empfiehlt sich ein Härteangleich durch Miteinbetten artverwandter Materialstücke und/oder Zumischen harter Füllsubstanzen ausreichender Feinheit, z. B.

Gesteins- oder Porzellanmehl, Glasfaser, Al_2O_3-Pulver und ähnliche.

Poröse Materialien (z. B. Schaumwerkstoffe, offenporige Keramiken, Spritzschichten) und Proben mit kompliziert geformten Oberflächen (angeschnittene Poren bei geschlossener Porosität, angeschnittene Lunker und Risse, Bruchflächen, komplizierte Formteile, technische Textilien) müssen unter Vakuum ($\leq$ 100 mbar) mit Epoxidharz eingegossen werden. Die Hohlräume werden hierbei aufgefüllt, poröse Probenbereiche konserviert und bei Einfärbung des Harzes zusätzlich kontrastiert. Je nach Art der Hohlräume wird die Probe lediglich bis zu einer Tiefe von $\leq$ 100 µm imprägniert, bis zu größeren Tiefen infiltriert oder vollständig durchtränkt. Derart kalteingegossene Proben verlieren ihre Präparationsempfindlichkeit, werden verstärkt und geschützt.

Für das *Warmeingießen* werden niedrigschmelzende Legierungen benutzt (Tab. 2.11).

Die unterhalb 100 °C schmelzenden Vielstofflegierungen auf Bi-Pb-Sn-Basis (z. B. Cerrolow, Lipowitz-Metall oder Rose-Metall) neigen zu starken Verschmierungen im Randbereich der Schlifffläche. Vorteilhafter sind Weichlote. Sie besitzen zwar höhere Schmelzpunkte gegenüber den Bi-Pb-Sn-Legierungen (180–210 °C, Wärmebeeinflussung des Probenmaterials!), aber das Verschmieren über den Rand des Probenmaterials kann beherrscht werden. Die kaum schmierenden Pb-Sn-Sb-Legierungen sollten wegen ihrer hohen Schmelztemperaturen (> 240 °C) nur für das Warmeingießen temperaturstabiler Materialien eingesetzt werden.

Beim *Warmeinpressen* wird die Probe auf dem Unterstempel des Einbettwerkzeugs einer Einbettpresse positioniert. Der Einbettzylinder wird mit körnig-pulvrigem Warmeinbettmittel (Duro- oder Thermo-

Tab. 2.11 Niedrigschmelzende Legierungen zum Warmeingießen

Bezeichnung	T_s [°C]	Zusammensetzung [Masse-%]					Bemerkungen	
		Bi	Pb	Sn	Cd	Sb		
Cerrolow	47	44,7	22,6	8,3	5,3	–	19,1% In	schmelzen in
Wood-Metall	60	50,0	25,0	12,5	12,5	–	schmiert	heißem Wasser
Lipowitz-Metall	70	50,0	27,0	13,0	10,0	–		schmelzen
Lichtenberg-Metall	92	50,0	30,0	20,0	–	–	schmieren	in kochendem
Rose-Metall	94	50,0	25,0	25,0	–	–	wenig	Wasser
Newton-Metall	103	53,0	–	26,0	21,0	–		
Weichlote	183	–	38,1	61,9	–	–	Eutektikum; Sb-freies	Löt-
	210	–	19,5	80,0	–	0,5	Sb-armes	zinn
Pb–Sn–Sb–Leg.	242	–	80,0	10,0	–	10,0	schmiert kaum; (Pb+SbSn)-Eutektikum	
Pb–Sb–Leg.	252	–	88,9	–	–	11,1	Eutektikum (binär)	
Weißmetall WM10	rd. 300	–	73,5	10,0	–	15,5	1% Cu; Lagermetall Lg Pb Sn 10	

plaste) gefüllt und der Oberstempel darauf gesetzt. Unter Wärmeeinwirkung (140 bis 180 °C) und Druckkräften zwischen 15 und 60 kN (je nach Einbettmittel und Durchmesser des Einbettwerkzeugs) wird die Probe eingebettet. Zeit-Temperatur-Druck-Zyklen für die verschiedenen Warmeinbettmittel sind den Arbeitsanleitungen für die Einbettpressen zu entnehmen. Sie berücksichtigen die Einbettparameter wie

– Art des Einbettmittels (Erweichungs- und Verarbeitungstemperatur, Aushärteverhalten)
– Presslingdurchmesser
– Aufheizen (Aufheizzeit, druckloses Erwärmen, Aufheizen unter definiertem Druck)
– Haltetemperatur und -zeit
– Einpresskraft bzw. -druck
– Abkühlen (Intensität, Abkühlung unter definiertem Druck), Abkühlzeit
– Prozessdauer

Moderne Einbettpressen sind programmierbar, und der Prozess läuft automatisch ab. Bei richtiger Wahl der Einbettparameter besitzt die Anschlifffläche des Presskörpers einen spaltfreien Verbund von Probe und Einbettmittel.

Untersuchungsaufgabe, Probenzahl, Präparationsrhythmus, Laborausrüstung und Ökonomie bestimmen die Auswahl der Verfahren zum Einfassen. Das Kalteingießen wird für Einzelproben mit individueller Präparation bevorzugt. Dieses Eingießverfahren ist auch dann zweckmäßig, wenn kleine Probenserien durch die Anwendung schnell aushärtender Kalteinbettmittel innerhalb kurzer Zeit (< 20 min) maschinengerecht für eine automatisierte Anschliffherstellung eingefasst werden sollen. Temperatur- und druckempfindliche Proben sollten stets kalt eingegossen werden.

Da beim Warmeinpressen und -eingießen die Probe eine etwa 10 min andauernde Wärmebehandlung zwischen 80 und 180 °C erfährt, ist abzuwägen, ob hierbei in der Probe Strukturveränderungen auftreten, die das Untersuchungsergebnis beeinträchtigen.

Das Warmeinpressen bietet sich bei großen, ständig wiederkehrenden Probenserien an. Die Qualität der Presskörper (gleichmäßige Höhe und Durchmesser, Planparallelität der Stirnseiten, Ebenheit der Anschliffseite, Anschliffseite senkrecht zur Presslingachse) begünstigt den Wegfall von Präparationsstufen und verkürzt die Bearbeitungszeit. Warmeinbettmittel sind preiswerter als Kalteinbettmittel.

Zum Schutz von Oberflächenschichten gegen Spaltbildung und Kantenabrundung sowie zum besseren Erkennen der Schichten hat sich das galvanische Einbetten bewährt. Diese galvanische Beschichtung der Probe mit einer Schicht aus Nickel oder Kupfer (20 bis 50 µm) wird häufig als Vorstufe zum Kalteingießen bzw. Warmeinpressen angewandt. Es ist darauf zu achten, dass sich die Oberfläche der einzufassenden Probe während der elektrochemischen Reaktionen nicht verändert. Finden Ab- oder Auflösereaktionen statt, werden äußerste Randbereiche der eigentlichen Schicht einer Untersuchung entzogen.

2.3.2
Anschliffherstellung

Nach der Probenahme kann die erzeugte Trennfläche je nach Entnahmeverfahren Ebenheitsabweichungen und unzulässige Rauigkeiten aufweisen. Zusätzlich befindet sich unmittelbar hinter der Trennfläche eine gestörte Schicht. Sie besteht selbst nach einem metallografiegerechten Nasstrennschleifen aus mechanisch geschädigten Werkstoffzonen. Die Schädigungen nehmen zum Probeninneren hin graduell ab.

Bei Probenahmetechniken mittels mechanischen oder thermisch-elektrischen Strahlverfahren (z. B. Wasserstrahlschneiden oder Laserschneiden) und elektrischen Verfahren (z. B. Elektroerosion) besteht die oberflächennahe Störschicht gegenüber dem wahren Gefüge aus chemisch oder chemisch-thermisch veränderten Bereichen. Da letztgenannte Techniken Sonderfälle der Probenahme für eine metallografische Untersuchung darstellen, werden im Folgenden nur solche Trennflächen und dazugehörige Bearbeitungszonen behandelt, die nach dem Nasstrennschleifen vorliegen.

Die Ausbildung der geschädigten Zonen nach dem Nasstrennschleifen ist von den Verformungs- und Abrasiveigenschaften des Probenmaterials abhängig (Abb. 2.57). Rauigkeits- und Deformationszone bilden den Hauptteil des gestörten Bereichs. Harte und spröde Werkstoffe besitzen im Vergleich zu weichen und duktilen eine weniger ausgeprägte Störschicht. Sie weist jedoch Ausbrüche und Mikrorisse auf, die wegen der guten Verformungsfähigkeit bei weichen Werkstoffen fehlen. Statt dessen sind bei letzteren viele Kratzermulden mit einer Schmierschicht ausgefüllt. Wegen ihrer komplexen Beschaffenheit ist die Schmierschicht als eine artfremde Schicht anzusehen. Sie besteht aus umgebogenen Kratzerspitzen und mechanisch eingebauten Mikrospänen, Abrasivstoffresten und Produkten aus der Reaktionszone (Korrosions- und Oxidationsprodukte). Diese deformationsverfestigte und ggf. auch ausscheidungsgehärtete Schicht muss im Verlauf der Anschliffherstellung restlos entfernt werden. Es bedarf einer richtigen Auswahl geeigneter Abtragsverfahren, um die Schlifffläche während ihrer Präparation nicht erneut mit Schmier- und Deformationsschichten zu verfälschen.

Wegen der unterschiedlichen Ausbildung der gestörten Oberflächenschicht wird das Endziel der Anschliffherstellung, die Schliffebene im Bereich des wahren Gefüges abzusenken, bei harten metallischen Werkstoffen mit geringerem Präparationsaufwand erreicht als bei zähen und weichen.

2 Metallografische Arbeitsverfahren

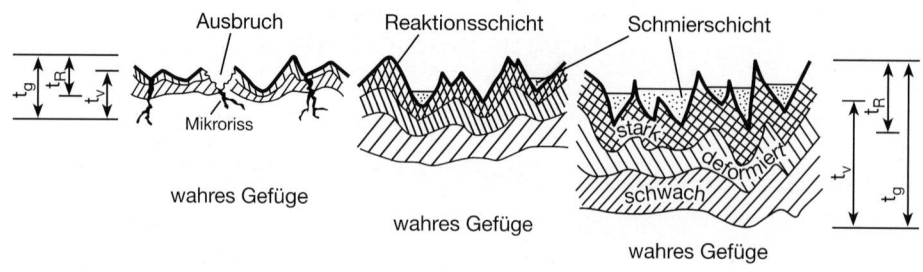

t_g - Gesamttiefe der Schädigung
t_R - Rauigkeits- und t_v - Deformationstiefe

Abb. 2.57 Ausbildung der Schädigungszonen nach dem Nasstrennschleifen unterschiedlich harter Werkstoffe

2.3.2.1 Allgemeines zu metallografischen Abtragsverfahren, zum Schleifen und mechanischen Polieren

Das Freilegen des wahren, unbeeinflussten Gefüges unter Einhaltung der Forderungen an einen Anschliff (s. oben) erfolgt in zwei Präparationsabschnitten – dem Schleifen und dem Polieren. Die Anforderungen an den Charakter der Schlifffläche nach dem Schleifen und Polieren sind in den Vertikalspalten der Tab. 2.8 zusammengefasst. Sie stellen, wie bereits für das Trennen, die Zielstellungen dieser beiden Präparationsabschnitte dar.

Um die artfremde Oberflächenschicht abzutragen, werden mechanische, (elektro-)chemische und aus beiden kombinierte Verfahren angewandt. Abbildung 2.58 zeigt eine Übersicht metallografischer Abtragsverfahren. Die drei Verfahrensgruppen unterscheiden sich durch ihren Abtragsmechanismus.

Die mechanischen Verfahren beruhen auf dem Materialabtrag durch Spanung, wobei verfahrensbedingt stets Deformationsschichten, u. U. auch Risse, erzeugt werden. Diese gestörten oberflächennahen Bereiche ähneln denen nach dem Nasstrennschleifen (Abb. 2.57). Um die Bearbeitungsschicht zu minimieren, muss die Probe einer schrittweisen Bearbeitung unterworfen werden. Durch *Grobschleifen* bzw. *Planschleifen* wird der Schliff zunächst eingeebnet. Liegt nach dem Trennen bereits eine plane Fläche mit entsprechend geringer Rautiefe vor (s. Tab. 2.8), dann kann bei einer Einzelprobenbearbeitung dieser Präparationsschritt eingespart werden. Bei der automatisierten Präparation wird im Fall einer gruppenweisen Bearbeitung der Proben im Probenhalter die Einebnung mit der Erzeugung eines gemeinsamen Niveaus aller Anschliffflächen kombiniert. Das anschließende *Feinschleifen* dient der Verringerung der Oberflächenrauigkeit bei gleichzeitiger Reduzierung der Deformationsschicht.

Mikrotomieren und Ultrafräsen werden nur bei Sonderpräparation angewandt (s. Abschnitt 2.3.2.5).

Ziel des *mechanischen Polierens* ist es, das wahre Gefüge frei zu legen. Dieses Ziel ist selbst bei sorgfältigem mechanischen Polieren nicht zu erreichen, weil in diesem

2.3 Präparation | 133

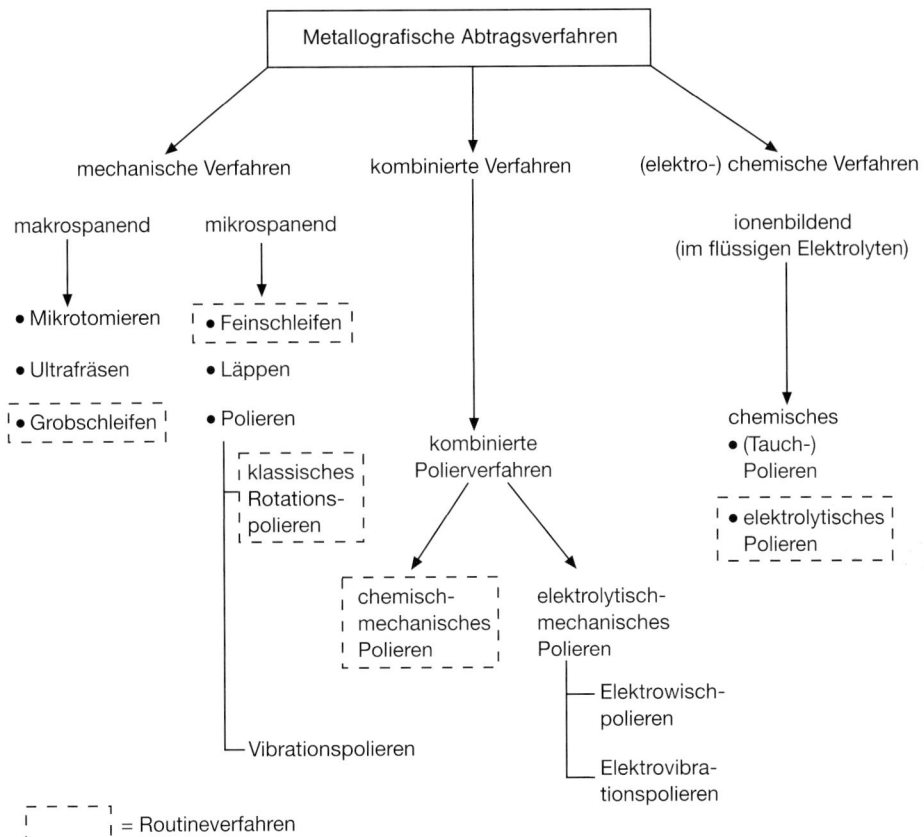

Abb. 2.58 Übersicht metallografischer Abtragsverfahren

Fall das abrasiv wirkende Poliermittel stets eine gestörte Oberflächenschicht hinterlässt. Die Störschicht darf zum Ende des Polierens nur so tief sein, dass sie bei einer anschließenden Behandlung (Kontrastierung) aufgelöst wird.

Die (elektro-)chemischen Verfahren (Abb. 2.58, rechts) basieren auf einem Metallabtrag durch Ionenbildung. Dieses chemische Inlösunggehen erfolgt unter geeigneten elektrochemischen Bedingungen und mit gegenüber den mechanischen Verfahren geringeren Abtragsgeschwindigkeiten. Da die Ionenbildung ohne zusätzliche Deformation abläuft, lassen sich mit diesem Abtragsverfahren vorhandene Deformationsschichten vollständig beseitigen und somit das wahre Gefüge relativ problemlos frei legen.

Bei den kombinierten Verfahren (Abb. 2.58, Mitte) wird der chemische Abtrag durch eine mechanische Komponente begünstigt. In diesem Fall werden den ionenbildenden Flüssigkeiten abrasiv wirkende Partikel zugesetzt. Bei solcher Kombination der Abtragsmechanismen werden höhere Abtragsraten erreicht als bei alleiniger Ionenbildung. Überwiegt bei einem kombinierten Verfahren der mechanische Materialabtrag, dann besteht die Gefahr, dass Restdeformationen unter der Schlifffläche verbleiben – ähnlich denen nach sorgfältigem mechanischen Polieren. Wegen der geringen Abtragsgeschwindigkeiten haben sich die (elektro-)chemischen und kombinierten Verfahren für die Reduzierung tiefreichender Störschichten bei der Schliffgrobbearbeitung nicht durchgesetzt. Für die Feinbearbeitung dagegen bilden das *chemisch-mechanische* und das *elektrolytische Polieren* zusammen mit dem *klassischen Rotationspolieren* ein umfangreiches Spektrum bewährter und deshalb häufig eingesetzter Polierverfahren.

Die in Abb. 2.58 markierten Abtragsverfahren sind Routineverfahren und werden deshalb in nachfolgenden Abschnitten ausführlich behandelt.

Eine Abgrenzung zwischen einzelnen Schleifstufen (Grob- bzw. Planschleifen, Feinschleifen) und mechanischem Polieren ist nicht zweckmäßig. Einerseits liegt beiden Verfahren der gleiche Abtragsmechanismus zugrunde, und die gestörte Oberflächenschicht ist gleichartig. Ein Schleifen mit geringsten Korndurchmessern (3 bis 5 µm Durchmesser) erzeugt Oberflächengüten, die vergleichbar mit denjenigen sind, die durch Polieren mit groben Abrasivkörnern erzeugt werden. Andererseits bestehen deutliche Unterschiede hinsichtlich Abtragsgeschwindigkeit und der Art der einzusetzenden Verbrauchsmaterialien. Die Gemeinsamkeiten beider Präparationsstufen rechtfertigen eine gemeinsame Betrachtung. Dennoch sollen auch die begrifflichen Unterschiede und die verschiedenen Arbeitsweisen beim Schleifen und mechanischen Polieren verdeutlicht werden.

Der Abtragsvorgang beim Schleifen, Läppen und mechanischen Polieren kann vereinfacht als Abrasivprozess zwischen Anschlifffläche und Wirkfläche der Präparationsunterlage verstanden werden. Für die metallografische Präparation haben sich Partikel folgender harter Substanzen als Abrasivstoff durchgesetzt:

– Korundsorten:
  Edelkorund: 100 % Al_2O_3
  Normalkorund: $\geq$ 92 % Al_2O_3 (Tonerde)
  Zirkonkorund: Al_2O_3 mit etwa 45 % ZrO_2
– Siliciumcarbid: SiC
– Diamanten: natürliche (monokristallin)
  künstliche (mono- und polykristallin)

In Spezialfällen werden für das Schleifen und Läppen auch Borcarbid (B_4C) und kubisches Bornitrid (CBN) sowie für das Polieren Magnesiumoxid (Magnesia, MgO) und Ceroxid (CeO) verwendet.

Die Abrasivstoffe zeichnen sich durch eine hohe Härte aus (1800 bis 11 000 HV), sind druckfest sowie splitterfähig und besitzen eine gute Wärmeleitfähigkeit. Die Abrasivstoffpartikel sind scharfkantige Polyeder. Als Einzelkorn sind sie trotz ihrer geringen Größe (0,05 bis ca. 300 µm) in der Lage, als spanendes Werkzeug zu wirken. Die Partikel werden mithilfe der Präparationsunterlage in Schneidstellung gehalten, sodass die Anschlifffläche in geringer Tiefe über Mikrospanbildung und -beseitigung abgetragen wird.

Die Abtragsverfahren Schleifen, Läppen und Polieren unterscheiden sich hinsichtlich Beschaffenheit der Unterlage für die Abrasivstoffpartikel und deren Bindung mit ihr (Abb. 2.59). Im Fall des Schleifens sind die Abrasivstoffpartikel in einer harten Unterlage fest eingebunden (z. B. beim SiC-Papier, Abb. 2.60 a). Im Gegensatz dazu befinden sich die Partikel beim Läppen auf der harten Unterlage in loser Bindung (z. B. angefeuchtetes SiC-Pulver auf einer Glasscheibe, Abb. 2.60 b). Ist ein Teil der Partikel auf einer harten Unterlage fixiert und ein weiterer in loser Bindung, dann handelt es sich um ein Schleif-Läppen (Abb. 2.60 c).

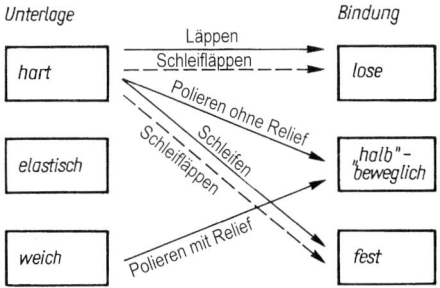

Abb. 2.59 Prinzip mechanischer Abtragsverfahren in der Metallografie

Beim Polieren besitzen die Partikel eine „halb"-bewegliche Bindung in der Präparationsunterlage (Abb. 2.59). Der Grund hierfür ist die Wirkflächenstruktur der zum Polieren verwendeten textilen Poliermittelträger (Charakter der Maschen, Flore oder Poren). Sie erlaubt nur kurzstreckige Bewegungen der Polierpartikel. Besitzt der Poliermittelträger ein hartes Gewebe als Wirkfläche (Abb. 2.60 d), dann entsteht eine reliefarme Schlifffläche mit ausgeprägter Verformungszone. Ein weicher Poliermittelträger (Abb. 2.60 e) bedingt ein mehr oder weniger ausgeprägtes Gefügerelief, und die Deformationstiefe bleibt gering.

2.3.2.2 Grundlagen der Mikrospanung

Im Folgenden werden die mechanischen Abtragsverfahren, trotz ihrer begrifflichen Unterschiede, unter dem gemeinsamen Aspekt der Mikrospanbildung behandelt. Hierbei wird unterschieden zwischen der Spanbildung an einem Partikel, das mindestens während seiner Wirkzeit in Schneidstellung fixiert ist (Schleif- bzw. Polierkorn), und an einem bewegten Partikel (Läppkorn).

Ein in der Präparationsunterlage fixiertes Abrasivstoffpartikel wirkt als Spanungswerkzeug (Abb. 2.61). Für die Spanbildung ausschlaggebend sind *Spanwinkel* und *Form* des Abrasivpartikels im Spanungsbereich. Der Spanwinkel liegt zwischen Spanfläche des Abrasivpartikels und Normalen zur Anschlifffläche, N. Abbildung 2.61 stellt eine Schnittzeichnung dar. Somit erscheint anstelle der Spanfläche deren Schnittkontur. Der Spanwinkel γ liegt zwischen dem Abschnitt A der Schnittkontur und der Normalen N.

Bezüglich der Partikelform interessiert bei fixierten Abrasivpartikeln deren Körpergeometrie im Kontaktbereich, insbesondere am *Kontaktpunkt* (Abb. 2.61). Obwohl sich die Auswirkungen unterschiedlicher Spanwinkel und Abrasivpartikelformen während der Mikrospanerzeugung und der Ausbildung von Schädigungszonen an der Präparatfläche miteinander überlagern, werden der Einfachheit halber die Einflüsse von Spanwinkel und Partikelform nacheinander erklärt.

Die Spanwinkel der für die metallografische Präparation verwendeten Abrasivpartikel können nach Samuels alle Werte zwischen +80° und −80° annehmen. Der Spanwinkel eines Einzelpartikels wird bestimmt vom lokalen Profil des Partikels am Kontaktpunkt (Abb. 2.61), von der Fixstellung in der Partikelunterlage und der Partikelabnutzung (s. u.).

Abbildung 2.62 verdeutlicht die Wirkung unterschiedlicher Spanwinkel auf den Abtragsprozess. Im oberen Bildteil sind Situationen mit verschiedenen Spanwinkeln schematisch dargestellt. Ist γ stark positiv (ca. 30° bis 80°), dann wirkt das Partikel schneidend. Das von der Schlifffläche entfernte Material hinterlässt einen Kratzer, dessen Umgebung infolge des Schneidvorgangs nur wenig verformt ist. Die ausgeprägte Spanbildung bedingt den gewünschten effektiven Materialabtrag. Bei stark negativem Spanwinkel (ca. −40° bis −80°) pflügt das Partikel das Oberflächenmaterial beiseite. Es entsteht eine Furche

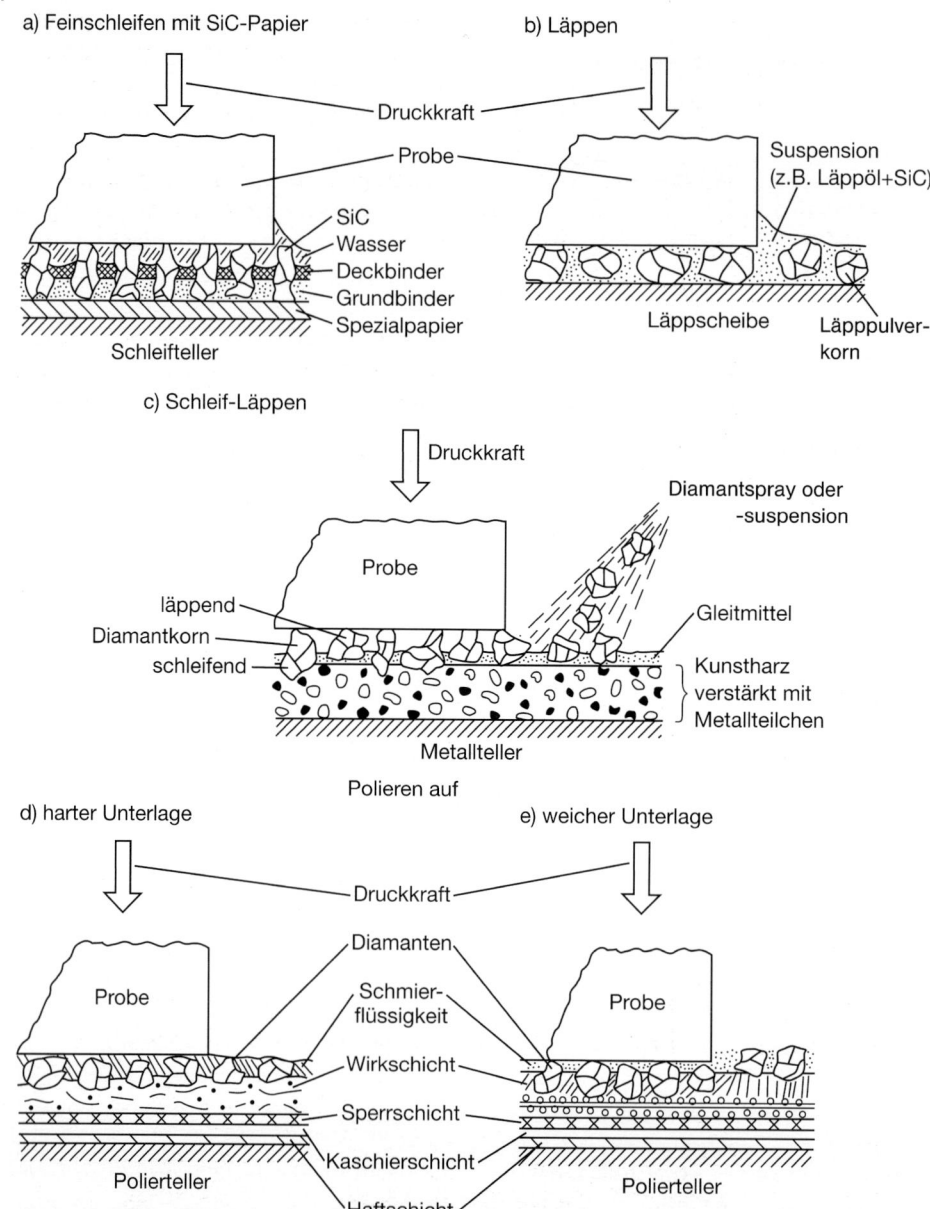

Abb. 2.60 Wirkprinzipien mechanischer Abtragsverfahren für die metallografiegerechte Schliffflächenbearbeitung

(Abb. 2.62, links). Sie wird beidseitig von einem Wall stark deformierten Materials flankiert. Das aufgeworfene Material wird nicht sofort entfernt. Seine Entfernung erfolgt nur dann, wenn das gequetschte Material geschnitten wird oder nach mehrmaligem Überpflügen infolge starker Verformung und Ermüdung lokal ausbricht. In

2.3 Präparation

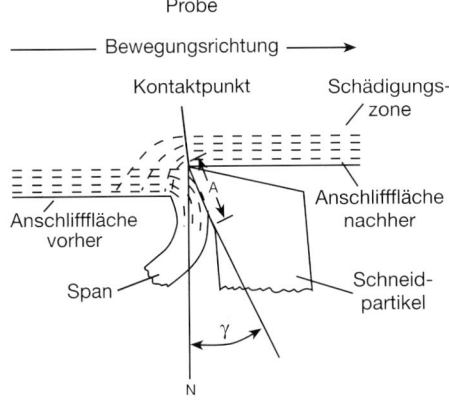

N Normale zur Schliffläche
A Schnittkontur der Spanfläche
γ Spanwinkel

Abb. 2.61 Wirkprinzip der Mikrospanbildung

solchem Fall wird der Charakter der Störschicht von ausgeprägter Mikrodeformation bestimmt.

Häufig liegen die Spanwinkel zwischen den beiden Grenzbereichen, und der Materialabtrag findet weniger spanend als vielmehr schabend (γ = 0) oder auch quetschend statt. Somit ist der Abtrag im Vergleich zu positiven Spanwinkeln weniger effektiv. Die durch Deformation entstandene Störschicht ist merklich und zwingt zu weiteren Präparationsschritten, um das wahre Gefüge an der Schliffläche erscheinen zu lassen.

Der Wechsel vom Schneiden zum Pflügen findet bei schwach negativen Spanwinkeln statt, den sogenannten *kritischen Spanwinkeln*. Oberhalb des kritischen Spanwinkels bildet sich auf der Spanfläche des Schneidpartikels ein Mikrospan, unterhalb

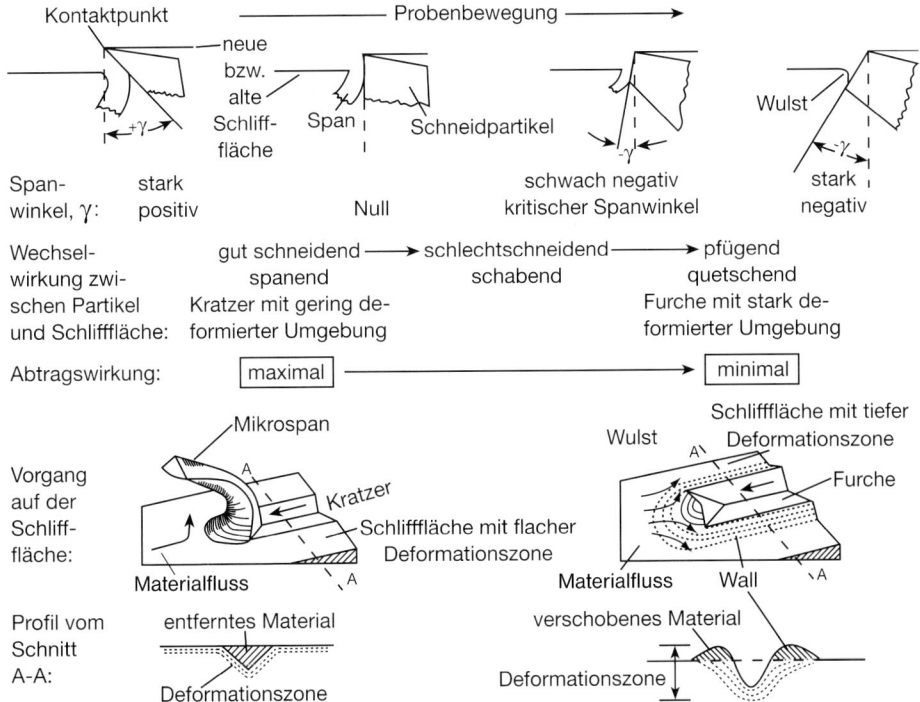

Abb. 2.62 Einfluss des Spanwinkels auf den Materialabtrag in der Schliffebene (modifiziert nach Samuels)

dieses kritischen Winkels wird das Material vor der Spanfläche zu einer Wulst zusammengeschoben. Der kritische Spanwinkel liegt bei den meisten duktilen metallischen Werkstoffen zwischen 0° und etwa −35°. Systematische Untersuchungen zur Bestimmung des kritischen Spanwinkels an Partikeln der verschiedenen Abrasivstoffmaterialien fehlen bislang für die Mehrzahl metallischer Werkstoffe.

Für den Abtragsvorgang ist neben dem Spanwinkel auch die geometrische Form der Abrasivstoffpartikel am Ort ihrer Wirkung maßgebend. Besonders abtragseffektiv sind Partikel, deren Querschnitte unmittelbar unterhalb der Kontaktpunkte die Form des Buchstabens „V" aufweisen (Profil senkrecht zur Bewegungsrichtung von Probe und/oder Abtragsunterlage). Im Verein mit einem positiven Spanwinkel erzeugen derartig geformte Partikelspitzen Mikrospäne, die V-förmige Kratzer mit gering deformierter Umgebung hinterlassen (s. Abb. 2.62, links unten).

Die Wirkung unterschiedlicher Querschnittprofile an der Kontaktstelle Partikel/Schlifffläche wird vereinfacht in Abb. 2.63 dargestellt. Aus Vergleichsgründen wird angenommen, dass in allen der schematisch wiedergegebenen Situationen das gleiche Probenmaterial stets mit konstanter Anpresskraft auf die Abtragsunterlage gedrückt wird. Die Unterlage hat die Partikel fixiert. Die Breite der entstehenden Schleifspuren b_K soll in allen Fällen gleich bleiben. Die Bewegungsrichtung von Probe und/oder Unterlage verläuft senkrecht zur Bildebene.

Die V-förmigen Partikelspitzen wirken in Abhängigkeit ihrer Winkelbeträge schneidend. Spitze Winkel bedingen zwar eine intensive Spanbildung, schädigen aber wegen der dabei erzeugten Kratzertiefe die Schlifffläche durch eine ausgeprägte Rauigkeitszone (Abb. 2.63, links). Stark abgestumpfte Winkel sind aufgrund ihrer geringen Abtragswirkung ebenfalls nicht optimal (Abb. 2.63, Mitte). Die an einer Kontaktspitze wirklich effektive Partikelform liegt zwischen diesen beiden extremen V-Formen. Nur in solchen Fällen ist der Materialabtrag noch ausreichend. In Bezug auf die Kratzertiefe t_{K2} bleibt die Deformationstiefe t_{D2} gering. Wegen des relativ geringen lokalen, spezifischen Drucks zwischen Wirkbereich auf der Schlifffläche und Partikel bleibt die Werkstoffbeanspruchung hinreichend gering. Der Spanbildungsprozess läuft insgesamt effektiv und werkstoffschonend ab.

Abgeflachte Abrasivstoffpartikel wirken über eine *Kontaktkante* (Abb. 2.63, rechts). Bei solch einem trapezförmigen Querschnitt sinkt unter den für Abb. 2.63 angeführten Bedingungen der lokale spezifische Druck zwischen Partikel und Schlifffläche. Ist dieser Druck aber dennoch ausreichend hoch, um das abgeflachte Partikel in die Schlifffläche hineinzuschieben, dann erfolgt eine Mikrospanbildung durch Schaben und/oder Pflügen. Die dabei entstehenden Furchen besitzen die bereits vorn beschriebenen Nachteile bezüglich des Charakters der Schädigungszone. Zu stark abgeflachte Partikel besitzen keine spanende Wirkung. Wegen des geringen spezifischen Drucks bewirken sie lediglich eine lokale elastische Verformungsbeanspruchung der Schlifffläche.

Mithilfe dieser von Samuels entwickelten Vorstellungen zu den Einflüssen von Spanwinkel und Partikelform im Spanungsbereich auf den Materialabtrag von der Schlifffläche lassen sich weitreichende Aussagen treffen hinsichtlich Eignung, Leistungsfähigkeit und Optimierung der bei der mechanischen Anschliffpräparation angewandten Abrasivsysteme.

In den Darstellungen der Abb. 2.62 und 2.63 wird von Abrasivstoffpartikeln ausge-

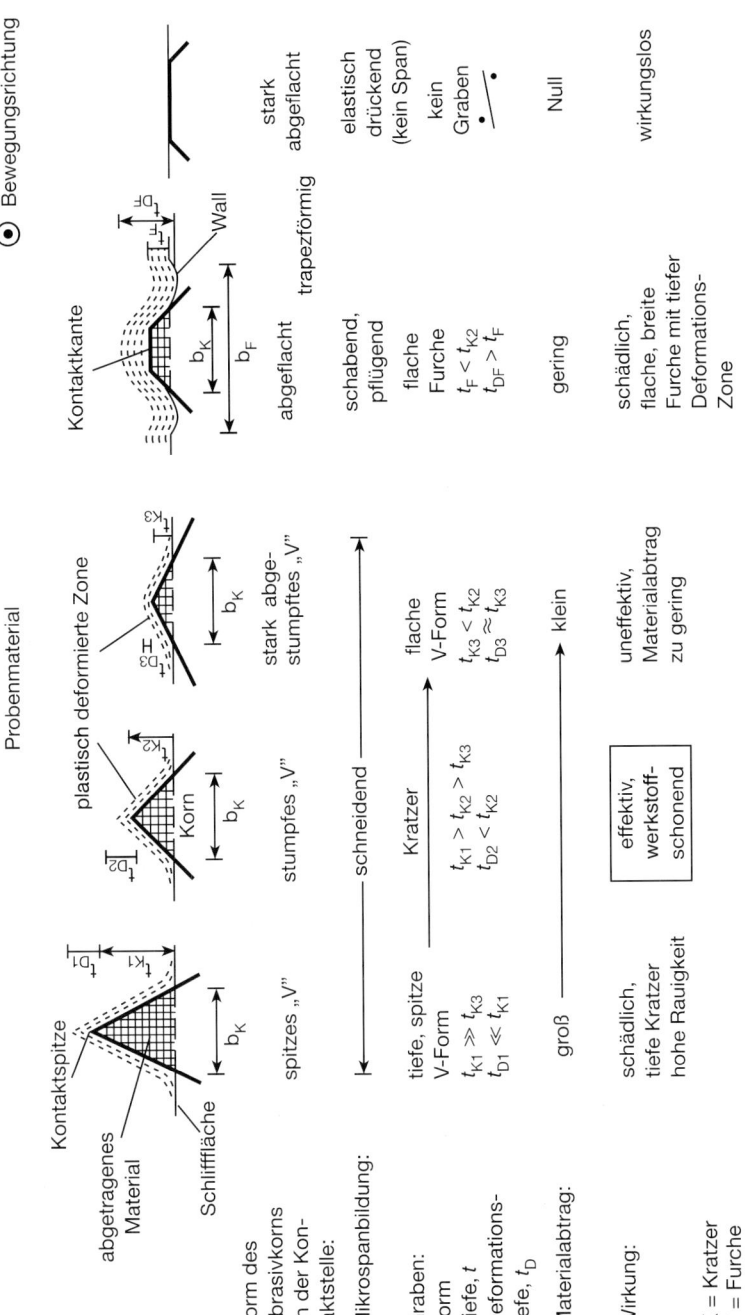

Abb. 2.63 Einfluss der Partikelform an der Kontaktstelle auf den Materialabtrag in der Schliffebene (modifiziert nach Samuels); Indizes: K. Kratzer, F. Furche

gangen, die zur Wirkzeit auf der Unterlage fixiert sind (Schleifen und Schleifkomponente beim Schleif-Läppen in Abb. 2.59 sowie Schneidsituation beim mechanischen Polieren – s. Abschnitt 2.3.2.4).

Beim Läppen dagegen können sich die Partikel zwischen extrem harter, verschleißarmer Unterlage und belasteter Probe frei bewegen. Sie höhlen mit solchen Ecken, die sich bei Bewegung von Probe und/oder Unterlage in die Schlifffläche einspießen können, lokal das Probenmaterial aus. Es entstehen schuppenähnliche Werkstoffteilchen, die nach ihrer Entfernung eine genarbte Schliffoberfläche mit flachen Kratern und somit geringer Rauigkeit hinterlassen. Bei diesem Abtragsvorgang wird das Probenmaterial in der Schliffebene stark beansprucht. Dies führt bei metallischen Werkstoffen mit Härten $\leq$ 800 HV10 zu einer ausgeprägten Deformationszone, deren Nachteile bereits beschrieben wurden. Das Material wird nicht durch Schneiden, sondern durch Herausquetschen und kurzstreckiges Pflügen abgetragen. Die sehr geringe Abtragsgeschwindigkeit ist ein weiterer Nachteil des Läppens. Aus diesen Gründen ist das Läppen als Abtragsverfahren im Rahmen metallografischer Präparationen ungeeignet.

Wegen der Erzeugung einer ausgezeichneten Anschliffebenheit mit gutem Randschärfeerhalt und geringer Rautiefe wird das Läppen bei der Oberflächenbearbeitung harter metallischer und nichtmetallischer Werkstoffe ($>$ 1000 HV10) genutzt. Anwendung findet es auch bei speziellen keramischen Werkstoffen im Rahmen ihrer keramografischen Präparation. In den genannten Anwendungsfällen sind die erzeugten Deformationszonen schwach ausgeprägt, aber rissgefährdet.

Beim Schleif-Läppen (SL) wird die Wirkkombination fixierter und beweglicher Abrasivstoffpartikel genutzt. Die SL-Unterlagen (SL-Scheiben) bestehen aus einer Trägerscheibe, auf der ein verschleißarmer Materialverbund aufgebracht ist (Abb. 2.60 c). Von den vielen Materialverbunden, die für Präparationszwecke entwickelt wurden, haben sich in der Metallografie Verbunde auf der Basis Polymermatrix-Metall durchgesetzt. Auf die Wirkfläche des SL-Verbunds werden unmittelbar vor und während der Benutzung Abrasivstoffpartikel (i. d. R. Diamanten) als Suspension aufgetröpfelt oder als Spray aufgesprüht. Bei der Anwendung einer SL-Scheibe müssen die Präparationsbedingungen so gewählt werden, dass die Schleifwirkung der in den weichen Bereichen des SL-Verbunds eingedrückten Abrasivstoffpartikel gegenüber der Läppwirkung unfixierter Partikel dominiert.

Aus dieser Forderung ergibt sich grundsätzlich, dass der zu präparierende Werkstoff stets härter sein muss als die SL-Wirkfläche. Nur dies garantiert die Fixierung einer Großzahl von Schleifpartikeln. Ansonsten bestimmt der Läppvorgang mit den erwähnten Nachteilen den Materialabtrag. Drei weitere Bedingungen sind nach Bousfield optimal zu erfüllen:

- Der Durchmesser der Abrasivstoffpartikel muss dem SL-Verbund angepasst sein. Zu große Partikel werden nicht fixiert und begünstigen somit die Läppkomponente. Zu kleine Partikel verschwinden in den weichen Kunststoffbereichen und sind damit wirkungslos.
- Nur eine bestimmte Relativgeschwindigkeit zwischen Probe und SL-Scheibe garantiert im Verein mit einer richtig gewählten Anpresskraft der Probe, dass viele Partikel in der Wirkfläche festgehalten werden. Bei zu großer Umfangsgeschwindigkeit der SL-Scheibe (und somit einer hohen Relativgeschwindigkeit) werden die Partikel im Moment

ihres Auftreffens auf die SL-Scheibe von ihr heruntergeschleudert (Fliehkraftwirkung). Eine zu geringe Umfangsgeschwindigkeit begünstigt den Läppvorgang, weil die Kraft zur Partikelfixierung nicht ausreicht.
- Eine optimale Anpresskraft fördert zwar nur bedingt die Fixierung der Partikel, hilft aber die Ausbildung der Schädigungsbereiche kurz unterhalb der Schliffebene zu minimieren. Bei hohen Anpresskräften werden viele Abrasivstoffpartikel fixiert, was zu einer Erhöhung der Abtragsgeschwindigkeit führt. Diesem Vorteil stehen zwei Nachteile gegenüber. Zum einem verursachen hohe Anpresskräfte markante Rauigkeiten, zum anderen erzeugen die rollenden Abrasivpartikel unter solchen Bedingungen ausgeprägte Deformationszonen. Beide Schädigungen widersprechen einer Minimierung der Bearbeitungszone. Zu geringe Anpresskräfte erlauben wiederum keine Partikelfixierung, sodass die Läppkomponente überwiegt.

Aus den Ausführungen geht hervor, dass die Geschwindigkeit des Materialabtrags im Vergleich zum Schleifen beim SL-Verfahren zwar geringer ist, die dabei erzeugte Bearbeitungsschicht aber dafür weniger ausgeprägt ist. Der erste Umstand ist der Grund, weshalb das Schleif-Läppen hauptsächlich zur werkstoffschonenden Anschliffeinbearbeitung angewandt wird. Der zweite ist vorteilhaft für die nachfolgenden Polierschritte.

Die bisherigen und weiteren Ausführungen zur Mikrospanbildung, zu der damit verbundenen Materialentfernung und zur Ausbildung der präparationsbedingten Bearbeitungsschicht gelten prinzipiell auch für das mechanische Polieren. Wegen der „halb"-beweglichen Bindung der Polierpartikel (Abb. 2.59) und der vergleichsweise weichen (textilen) Unterlage (Poliertuch) ergeben sich jedoch zusätzliche Eigenheiten. Aus diesem Grund werden die Vorgänge beim mechanischen Polieren später beschrieben (s. Abschnitt 2.3.2.4) und im Folgenden auf Maßnahmen eingegangen, die einen präparationsgerechten Materialabtrag begünstigen. Grundlage dieser Ausführungen ist das oben beschriebene Spanwinkel-Partikelform-Konzept nach Samuels.

Die meisten Abrasivstoffpartikel auf einer Schleif- oder Polierunterlage sind unwirksam. Nur etwa 2 bis 5 % wirken spanend. Von diesen Spanpartikeln wirken wiederum nur etwa die Hälfte schneidend, die anderen pflügend. Je größer also der Anteil tatsächlich schneidender Partikel ist, d. h. je mehr Kontaktpunkte V-förmiger Partikel mit positivem Spanwinkel pro Flächeneinheit der Unterlage wirksam sind, desto intensiver ist der Materialabtrag bei gleichzeitiger Minimierung der Bearbeitungsschicht.

Während der mechanischen Probenpräparation verringert sich der Materialabtrag, insbesondere weil die Spanpartikel verschleißen. Als dominierender Verschleißmechanismus wird die Spaltung der Schneidpartikel mit nachfolgendem Ausbruch der abgespaltenen Teile an den V-förmigen Kontaktspitzen angesehen. Große Splitter verringern den Schneidpartikeldurchmesser. Kleine Splitter stumpfen deren Kontaktspitzen ab. Der intensive Schneidpartikelverschleiß ist auf die hohe lokale Beanspruchung der Kontaktpunkte zurückzuführen. Demgegenüber sind die Kontaktkanten der Pflugpartikel weniger beansprucht (Abb. 2.63). Dadurch ist der Pflugpartikelverschleiß vergleichsweise gering. Die unterschiedliche Verschleißgeschwindigkeit von Schneid- und Pflugpartikeln bedingt eine schnelle Zunahme letzterer.

Zusätzlich brechen festgebundene Abrasivstoffpartikel gleich zu Beginn ihrer Beanspruchung aus der Unterlage heraus und werden somit dem Abrasivsystem entzogen. Des Weiteren werden die Mikroräume sowohl zwischen einzelnen Abrasivstoffpartikeln als auch in der Unteralge selbst durch Mikrospäne aufgefüllt und schließlich verschlossen. Dieser Glättungsvorgang der Unterlage beginnt nach Samuels mit einem Umhüllen von Kontaktspitzen der Schneidpartikel mit noch plastisch weiter verformbaren Mikrospänen. Er setzt sich fort mit dem Verkappen von Kontaktkanten der Pflugpartikel, dem Auffüllen der Mikro-Spanfreiräume zwischen den noch wirksamen und später auch unwirksamen Abrasivstoffpartikeln. Schließlich kommt der Materialabtrag zum Erliegen, weil die Schleif- oder Polierunterlage stumpf bzw. glatt geworden ist. Diese Verschleißvorgänge, insbesondere das Abspalten kleiner Teile an den Kontaktspitzen und das Verkappen von Kontaktbereichen mit abgetragenem Probenmaterial, verändern die anfangs vorhandenen positiven Spanwinkel in Richtung negativer. Wird hierbei der kritische Spanwinkel unterschritten, dann pflügt das ehemals schneidende Abrasivkorn. Die nachteilige Deformationsschädigung der Schlifffläche ist somit nicht nur eine Folge ungünstiger Startbedingungen seitens der Spanpartikel (Kontaktpunkteanzahl, unterkritische Spanwinkel, Abweichung von der V-Form), sondern auch bedingt durch das Verschleißverhalten der Spanpartikel.

Der Spanpartikelverschleiß wird durch eine lang andauernde *Wirkzeit* begünstigt. Als Wirkzeit eines Spanpartikels wird der Zeitabschnitt verstanden, in welchem das Spanpartikel lokal linienförmig eine kontinuierlich ablaufende Mikrospanbildung hervorruft. Die Wirkzeit stellt demzufolge nur eine Komponente des häufig verwendeten Standzeitbegriffs bei der ökonomischen Bewertung einer Schleif- oder Polierunterlage dar. Der Standzeitbegriff ist umfassender und wird später erläutert (s. Abschnitt 2.3.2.3).

Bei großen Schliffflächen homogener Werkstoffe bedingen lange Wirkzeiten auch lange Mikrospäne und demzufolge Kratzer und Furchen, die häufig in ihrer Länge einer Schliffflächendiagonalen entsprechen. Schneidspitzen mit fast nadelartigen V-Formen (Abb. 2.63, links) verursachen bei langer Wirkzeit auf der Schlifffläche ausgeprägte Rauigkeitsschädigungen und ein großes Spanaufkommen. Große Mengen langer Späne lassen sich schwer von der Unterlage entfernen und begünstigen deren Glättung. Ausgeprägte Rauigkeiten sind somit gleichermaßen nachteilig für das Freilegen des wahren Gefüges. Auch sie müssen ggf. zusammen mit der Deformationszone in nachfolgenden Präparationsschritten beseitigt werden.

Die Rauigkeitsschädigung wird durch lange und tiefe Kratzer charakterisiert. Sowohl Profiltiefe und -breite als auch die deformierte Umgebung der Kratzer ändern sich entlang des *Eingriffswegs* der spitzen Schneidpartikel. Diese Veränderung ist eine Folge des Partikelverschleißes während der Spanbildung. Als Eingriffsweg eines Spanpartikels wird hierbei der Weg auf der Schlifffläche bezeichnet, entlang dem eine kontinuierliche Spanbildung erfolgt. Entlang des Eingriffswegs durchläuft die Kratzerausbildung die Situationen, die in den Abb. 2.62 und 2.63 dargestellt wurden (von links nach rechts in beiden Bildern).

Am Anfang des Eingriffswegs entsteht ein tiefer, spitz ins Probenmaterial hineinreichender Kratzerabschnitt geringer Breite und schwach deformierter Flanken. Die Bildung dieses ersten Kratzerabschnitts ist keinesfalls nur durch einen weiteren erheblichen Materialabtrag zu beseitigen. Lässt die Schneidwirkung der zunächst immer noch V-förmigen Kontaktspitzen entlang des Eingriffswegs nach, verbreitert sich der Kratzer und wird flacher. Seine Flanken erfahren in diesem Wegabschnitt eine zunehmende Deformation. Ist der Eingriffsweg entsprechend Spanpartikelwirkzeit und Schliffflächenabmessung lang, so stumpft die Kontaktspitze zu einer Kontaktkante ab. Das Abrasivstoffpartikel pflügt im letzten Wegabschnitt, ohne merklichen Materialabtrag. Der Kratzer läuft in einer Furche aus, deren Umgebung stark deformiert und ggf. zusätzlich von aufgeschobenem Probenmaterial flankiert ist. Sobald eine Bewegung von Probe und/ oder Unterlage stattfindet, laufen diese Span- und zwangsläufig auch die Kratzerbildungsvorgänge immer wieder ab und erfassen die gesamte Schlifffläche. Auf diese Weise entsteht die immer wieder angesprochene Schädigungsschicht mit Rauigkeits- und Deformationszone (vgl. Abb. 2.57).

Lange Eingriffswege fördern nicht nur die Ausbildung der Schädigungszonen, sondern weisen noch zwei weitere Nachteile auf. Zum einen begünstigen auch sie die Bildung langer Mikrospäne. Zum anderen unterstützen sie eine kontinuierlich ablaufende Spanbildung, was eine starke lokale Erhitzung der Kontaktbereiche hervorruft.

Lange Mikrospäne, insbesondere solche duktiler Werkstoffe, lassen sich wie erwähnt schlecht von der Unterlage entfernen und glätten diese durch ihre noch ausreichende Duktilität nach relativ kurzer Benutzungsdauer. Um diesem Nachteil zu begegnen, werden in den Wirkflächen der Unterlagen *Makro-Spanfreiräume* mit Abstreifwirkung eingebracht. Makro-Spanfreiräume sind millimeterbreite Unterbrechungen in bestimmten geometrischen Anordnungen auf der Oberseite der Unterlagen. Sie erfüllen eine Mehrfachfunktion und dienen in diesem Fall als Spanfänger.

Des Weiteren verhindern optimal angeordnete Makro-Spanfreiräume die Bildung langer Mikrospäne. Sie verkürzen den Eingriffsweg und besitzen durch die Unterbrechung der Spanbildung eine spanbrechende Wirkung. Die Abstreif- und Unterbrecherfunktion der Makro-Spanfreiräume wird durch eine weitere Funktion ergänzt – der Kühlfunktion.

Die Erhitzung der Kontaktbereiche verfälscht das wahre Gefüge (Abb. 2.63, Mittelspalte) und begünstigt die Verschleißprozesse der Abrasivstoffpartikel durch thermische Spannungen, chemische Reaktionen (z. B. Diamantentkohlung bei Vorhandensein von Carbidbildnern) und Mikroschweißvorgänge (z. B. beim Verkappen). Zwei lokal eng beieinander liegende Wärmequellen führen, insbesondere bei lang anhaltender kontinuierlicher Spanbildung, zu einem Wärmestau. Unmittelbar vor der Kontaktspitze bzw. -kante entsteht Deformationswärme. Reibungswärme an den Spanflächen der Schneidpartikel (Abb. 2.61) erhöht zusätzlich die thermische Belastung des Abrasivsystems.

Um die Erwärmung auf ein unschädliches Maß herabzusetzen, muss das Abrasivsystem während der mechanischen Präparation gekühlt und gleichzeitig geschmiert werden. Hierzu wird die Wirkfläche der Schleif- oder Polierunterlage mit speziellen *Kühl-Schmier-Flüssigkeiten* beaufschlagt. Dies kann entweder manuell, und deshalb nur subjektiv kontrolliert erfolgen, oder definiert mittels Dosierautomaten. Letztere erlauben den Kühl-Schmier-Prozess messbar und somit reproduzierbar den Abrasivverhältnissen anzupassen. Wichtig ist, dass sich während der Dosierung der Kühl-Schmier-Flüssigkeiten die Mikro- und insbesondere die Makro-Spanfreiräume mit Flüssigkeit füllen und diese bis zur Nachdosierung halten. In diesem Fall dienen die Makro-Spanfreiräume als Flüssigkeitsreservoire. Die Abstreif- und Sammelwirkung der Makro-Spanfreiräume unterstützen die Kühlung bei dem ständigen Wechsel von Mikrozerspanung und deren Unterbrechung im Makrofreiraum. Die gerade erst erzeugten Abrasivprodukte (Mikrospäne, Abrasivpartikelreste, Bindemittelabrieb, Verschleißprodukte von Einbettmasse und Wirkflächenkomponenten) werden in dem Freiraum abgestriffen und verdrängen dabei teilweise die Kühl-Schmier-Flüssigkeit aus ihm. Diese bildet nun einen neuen Kühl-Schmier-Film zwischen Schlifffläche und Wirkfläche der Arbeitsunterlage.

Die Kühlung des präparationsbedingten Abrasivsystems muss dem Aufkommen an Mikrospänen angepasst sein, d. h. bei dem erwünschten starken Materialabtrag muss auch intensiv gekühlt werden. Dies wird durch eine direkte Beaufschlagung der rotierenden Arbeitsunterlage mit einem Kühlmittelstrahl erreicht. Hierzu wird meist Wasser oder besser noch Wasser mit korrosionshemmenden und gleichzeitig siedepunkterhöhenden Additiven verwendet, z. B. beim Planschleifen auf einem Schleifstein oder bei abgestufter Präparation auf Schleifpapieren. Der Kühlmittelstrahl spült gleichzeitig die mit Abrieb gefüllten Makro-Spanräume frei und entfernt den Abrieb durch Abschleudern. Optimale Kühl- und Transportwirkungen werden bei Strahlauftreffwinkeln zwischen 20 und 45° erzielt.

Sind keine Makro-Spanräume vorhanden, z. B. auf der Wirkfläche klassischer Schleifpapiere, dann verteilt sich die große Kühlmittelmenge schlecht und wird unkontrolliert abgeschleudert. Außerdem bildet sich vor der Probe ein Flüssigkeitskeil, der einen unerwünschten *Aquaplaning-Effekt* bewirkt. Der Flüssigkeitskeil enthält Abrieb. Infolge der Bewegungs-, Reibungs- und Benetzungsverhältnisse von Unterlage und Probe erfährt der Abrieb zusammen mit der Flüssigkeit im Keil eine Drehbewegung senkrecht zur Probenkante. Die Folge ist ein lokal unkontrollierter Materialabtrag (Auswaschen) mit Kantenabrundung und bei Einwirkzeiten von mehreren Minuten sogar Balligkeit. Beide Unebenheiten gehören den geometrischen Präparationsfehlern an (Tab. 2.8). Bei optimaler Anordnung der Makrofreiräume wird der Aquaplaning-Effekt bedeutungslos.

Aus den Ausführungen über Wirkzeit und Eingriffsweg der Abrasivstoffpartikel lassen sich wichtige mikrospanungstechnische Forderungen an Schleif- und Polierunterlagen ableiten. Dies sind:

- Maximierung der Wirkzeit
- Optimierung des Eingriffswegs
- Minimierung der Werkstoffschädigung in der Schliffebene (werkstoffschonender Abtrag)
- Optimierung der Wirkung von Kühl-Schmier-Mitteln
- Minimierung der Präparationsstufen hinsichtlich Anzahl und Dauer unter Einhaltung der geforderten Anschliffqualität (Tab. 2.8)

Die Maximierung der Wirkzeit wird mithilfe der Kombination zweier Maßnahmen angestrebt, dem Einsatz harter und verschleißfester Abrasivstoffe, z. B. Diamanten, und deren fortwährende Erneuerung nach ihrem Verschleiß. Beim Schleif-Läppen, mechanischem Polieren und Läppen erfolgt dieses Nachschärfen der Präparationsunterlage durch *Nachdosieren* der Abrasivpartikel. Im Fall starrer Schleifkörper (Schleifstein, Topfscheibe, Schleifscheibe) wird der *Selbstschärfungseffekt* genutzt. Wirkt ein Schneidpartikel nicht mehr spanend, dann wird es aus seiner Bindemasse herausgebrochen und legt neue schneidfähige Partikel frei. Diese scharfen Partikel setzen die Abtragsarbeit fort. Die Nutzung des Selbstschärfungseffekts verlangt eine darauf abgestimmte Abrasivpartikelbindung und eine ausreichende Partikelkonzentration über die Wirkschichthöhe des starren Schleifkörpers. Selbstschärfende Schleifkörper müssen während ihres Einsatzes periodisch mit einem *Abziehstein* (Diamant oder Spezialkeramik) abgezogen werden, um die Mikro-Spanfreiräume von den eingedrückten Spänen zu befreien und somit erneut zu aktivieren.

Die meisten flexiblen Schleifkörper (Papiere, Schleiftextilien, Folien) besitzen wegen der Einlagigkeit ihrer Abrasivpartikel (Abb. 2.60 a) keinen Selbstschärfungseffekt. Die Wirkzeit wird vom Verschleißverhalten der Partikel in der einen Lage bestimmt und ist dementsprechend gering. Der Forderung nach Eingriffswegen optimaler Länge wird durch die neueren Entwicklungen von Schleif- und Polierunterlagen mit geometrisch definierten Oberflächenstrukturen Rechnung getragen. Bei den starren Schleifscheiben erwiesen sich radiale oder konzentrische Rillen weniger wirkungsvoll als wabenartige Strukturen. Im Fall der Vorpoliertücher (s. Abschnitt 2.3.2.4) bewährten sich kleinkreisige Perforierungen, bei Endpoliertüchern quadratisch angeordnete Noppen.

Obwohl die Entwicklung strukturierter Schleif- und Polierunterlagen noch nicht abgeschlossen ist, stehen schon heute mehrere Typen dieser vorteilhaft wirkenden Unterlagen zur Verfügung, z. B. die Schleifscheiben von Struers' MD-System (*Magnet-Disc-System*) mit wabenförmiger Oberfläche, die perforierten Vorpoliertücher „Makroflex" (Fa. G. Sommer) und „Texmet" (Fa. Buehler) oder das genoppte Endpoliertuch „Mikromant" (Fa. G. Sommer).

Durch den alternierenden Abtragprozess wird die Eingriffslänge verkleinert. Die Wirkzeit hingegen wird durch bessere Kühlung und Verschleißminderung insgesamt verlängert. Selbst bei duktilen Werkstoffen entstehen durch die Unterbrechung kurze Späne, die leichter zu entfernen sind. Außerdem verbessert, wie oben erläutert, eine optimale Oberflächenstruktur die Kühl-Schmier-Wirkung der Flüssigkeit.

Des Weiteren erfolgt bei optimal strukturierten Unterlagen der Materialabtrag schonender. Die Schädigungstiefe ist geringer, und ihre Reduzierung wird besser beherrscht, insbesondere dann, wenn der Materialabtrag durch Schneiden innerhalb einer Präparationsstufe dominiert. Unter solchen Bedingungen kann auch die Präparationszeit kurz gehalten werden. Nach wenigen Präparationsschritten erscheint das wahre Gefüge in der Anschliffebene.

Die angesprochenen Einflüsse und deren Berücksichtigung bei Herstellung und Auswahl der Unterlagen zur mechanischen Präparation lassen sich auf die Spanwinkelveränderungen der Abrasivpartikel (Abb. 2.61) während der praktischen Anwendung der Unterlagen zurückführen (Abb. 2.62 und 2.63).

Abbildung 2.64 fasst die Einflüsse auf den spanenden Materialabtrag im Sinn des „Konzepts der kritischen Spanwinkel" (nach Samuels) zusammen. Der Materialabtrag verschlechtert sich durch Zunahme der Negativwerte der Spanwinkel. Verantwortlich dafür sind die Einflüsse von:

- Abrasivpartikeln mit trapezförmigen Konturen ihrer Kontaktbereiche (Abb. 2.63, rechts),
- langen Eingriffswegen,
- hoher Probenanpresskraft auf die Unterlage,
- Abrasivpartikelverschleiß und
- Wärmestau im Kontaktbereich.

Der Materialabtrag ist optimal, wenn die Spanwinkel vieler Abrasivpartikel oberhalb

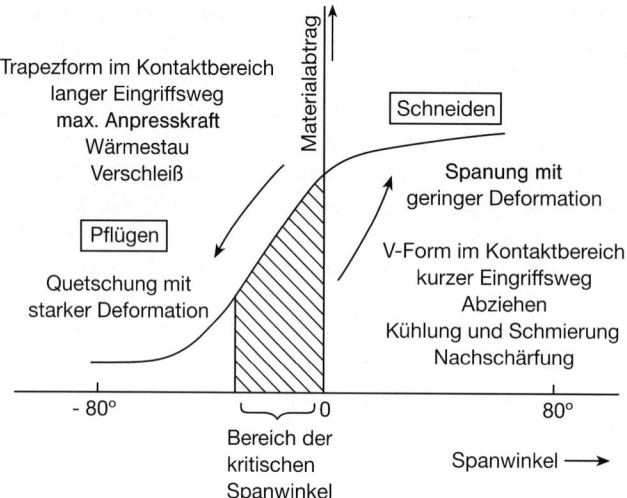

Abb. 2.64 Abhängigkeit des Materialabtrags vom Spanwinkel und Einflüsse auf den Spanwinkel (Schema zum „Konzept des kritischen Spanwinkels", modifiziert nach Samuels)

der kritischen Beträge liegen und während der Präparation auch ihre positiven Werte beibehalten. Einflüsse, die den Erhalt positiver Spanwinkel begünstigen, sind folgende:

- Abrasivpartikel mit V-förmigen Konturen ihrer Kontaktbereiche (Abb. 2.63, links),
- kurze Eingriffswege (optimale geometrische Oberflächenstruktur der Unterlage),
- intensive Kühlung und optimale Schmierung,
- Nachschärfung (Selbstschärfungseffekt oder Nachchargierung) zwecks Wirkzeitverlängerung und
- Abziehen starrer Schleifkörper zwecks Aktivierung der Mikro-Spanfreiräume.

2.3.2.3 Schleifen

Seit langem hat sich bei der Anschliffherstellung mittels mechanischer und kombinierter Abtragsverfahren (Abb. 2.58) die Arbeitsweise mit horizontalen Drehtellern durchgesetzt. Auf ihnen werden die Abrasivstoffträger befestigt. Deren Oberseite – die Wirkfläche – enthält die Abrasivpartikel. Es kommen zwei Grundtypen von Abrasivstoffträgern zur Anwendung. Bei den *starren Schleif- bzw. Schleif-Läppkörpern* ist der Drehteller selbst die Unterlage. Die „halb"-flexiblen Ronden der *Magnet-Disc*-Systeme (MD-Scheiben) werden durch Magnetkraft auf speziellen Arbeitstellern gehalten und werden auf diese Weise zu starren Arbeitsunterlagen. Die *flexiblen Schleifkörper* sind rondenförmige Schleiffolien oder -papiere sowie Poliertextilien (Tücher). Sie werden auf dem Drehteller aufgeklebt, angesaugt oder aufgespannt und erhalten so die notwendige Steifigkeit. Für die mechanischen und kombinierten Abtragsverfahren kommen verschiedene Abrasivstoffträger mit jeweils charakteristischen Wirkflächen und Abrasivpartikeln zum Einsatz. Die Probe wird anschliffseitig auf die Wirkfläche aufgesetzt und maschinell oder manuell unter Einwirkung einer senkrechten Anpresskraft geführt. Ziel der Probenführung ist die Vergleichmäßigung des Materialabtrags über die gesamte Schliffläche. Die maschinelle Probenführung erfolgt mehrheitlich über eine Drehbewegung in Kreisrotation. Mitunter führen maschinelle Probenbeweger die Probe auch durch Schwenken entlang eines

Kreisbogens über die Wirkfläche. Im Fall der manuellen Probenführung wird beim Schleifen vorzugsweise die starre Führung mit Wechsel der Abtragsrichtung um einen geeigneten Winkel zur Unterlage (z. B. 90°) angewandt. Beim manuellen Polieren wird die Probe auf Bahnen von Schwenkbögen, Kreisen oder Achten bewegt.

Während der Bewegung von Arbeitsunterlage und Probe wird die Wirkfläche mit Wasser oder mit speziellen Kühl-Schmier-Flüssigkeiten sowie Gleitmitteln beaufschlagt. Diese Flüssigkeiten dienen je nach Intensität der Wärmeentwicklung entweder einer bevorzugten Kühlung oder einer gezielten Beeinflussung der Reibungsverhältnisse. Kühl-Schmier-Flüssigkeiten kombinieren beide Aufgaben.

Wirkfläche und Anschlifffläche bilden zusammen mit dem Abrasivstoffpartikel und dem sich dazwischen befindlichen Medium (Luft, Kühl-Schmier-Stoff, Gleitmittel) ein horizontales Abrasivsystem mit zwei sich bewegenden Parallelplatten. Dieses System wird durch eine sinnvolle Kombination von Abrasivstoff, Abrasivstoffträger und Kühl-Schmier-Flüssigkeit so gesteuert, dass die durch vorangegangene Präparation veränderte Materialschichten auf der Anschlifffläche minimiert werden (Abb. 2.65; vgl. Abb. 2.57).

Während des mechanischen Materialabtrags werden die Abrasivstoffe, deren Träger und die Flüssigkeiten verbraucht (Verbrauchsmaterialien). Da das System abtragswirksam bleiben soll, müssen ihm im Verlauf der Präparation die Verbrauchsmaterialien wieder zugeführt werden. Tabelle 2.12 fasst für die mikrospanenden Abtragsverfahren (Abb. 2.58) verfahrenstypische Beispiele der drei Gruppen von Verbrauchsmaterialien zusammen.

Die eingesetzten Abrasivstoffe (Abschnitt 2.3.2.1) werden je nach Abtragsverfahren in einem Durchmesserbereich von bis zu vier Zehnerpotenzen angewandt (z. B. zwischen 250 μm und 0,03 μm). Während für das Schleifen neben Diamant und verschiedenen Al_2O_3-Sorten auch SiC eingesetzt wird, haben sich als Poliermittel mit universeller Anwendung lediglich Diamant und (Polier-)Tonerde durchgesetzt (Tab. 2.12).

Die Abrasivstoffträger weisen für die einzelnen Verfahren große, teilweise prinzipielle Unterschiede auf. Stehen für ein und dieselbe Präparationsstufe mehrere Abrasivstoffträger zur Verfügung, dann sollte deren Auswahl nach folgenden Gesichtspunkten erfolgen:

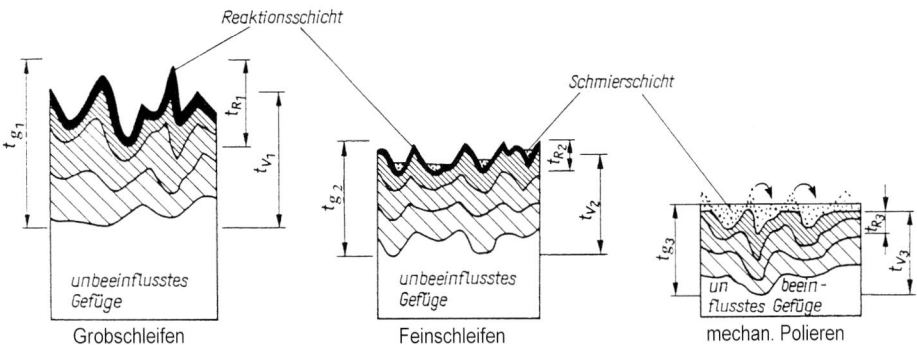

Abb. 2.65 Abbau der gestörten Oberflächenschicht beim Schleifen und mechanischen Polieren, t_g Gesamttiefe der Bearbeitungsschicht, t_R Rautiefe, t_v Deformationstiefe

Tab. 2.12 Verbrauchsmaterialien für mikrospanende Abtragsverfahren

Abtragsverfahren	Abrasivstoff und ⌀-Bereich (Schleif-, Polier- oder Läppmittel)	Abrasivstoffträger (Unterlage)	Hilfsstoff (Spezialflüssigkeit)
Schleifen:			
– Grobschleifen (Planschleifen)	Flachschleifkörper aus Diamant, Al_2O_3-Sorten oder SiC (z. B. Horizontalschleifstein, Topfscheibe, Schleifring); 40 bis 260 μm ⌀		Kühlschmierstoffe auf Wasser- oder Öl-Basis
	Diamant; 40 bis 250 μm ⌀	Schleifscheiben; selbstklebende Schleiffolie; Stahlblech-Ronde für Magnethaftung (z. B. MD-Piano 120, Struers)	Leitungswasser (ggf. mit Anti-Korrosions- und/oder Schmieradditiven)
	ZrO_2 – Al_2O_3; 75 bis 200 μm ⌀ SiC; 30 bis 200 μm ⌀	Nass-Schleifpapiersorten	
– Feinschleifen	Diamant; 0,1 bis 30 μm ⌀	Scheiben; selbstklebende Folien Stahlblech-Ronde (z. B. MD-Piano 1200, Struers)	
	SiC; 5 bis 30 μm	Nass-Schleifpapiersorten; Schleifleinen	
Feinschleif-Läppen:	Diamant (Suspension, Spray); 3 bis 15 (30) μm ⌀	Kunststoff-Metall-Verbundscheibe als: Massivscheibe (z. B. Typ New Lam von Heraeus Kulzer) oder Stahlblech-Ronde für Magnethaftung mit Waben-Wirkfläche (Typ MD-Allegro von Struers)	Gleitmittel auf Alkohol-Glykol- oder Wasserbasis
Läppen:	Läppulver aus Diamant, B_4C, SiC, Al_2O_3-Sorten; 0,05 bis 20 μm ⌀	Läppscheibe aus Glas, GGL oder Spezialscheiben abgestufter Härte (z. B. von Fa. Logitech)	spezielle Läppöle, Glykole, Wasser mit oberflächenaktiven Zusätzen
Polieren:		Poliertuch aus:	
– reliefarm, mit ausgeprägter Verformungszone	Diamant (Paste, Suspension, Spray) 0,05 bis 15 (45) μm ⌀ oder	Polyurethan-Schaum, Vlies, Seidengewebe	Gleitmittel auf Basis von Leichtölen, Alkohol-Glykol-Gemischen oder Wasser Aufschlämmmittel auf Wasser (dest.)-Basis
– Reliefpolieren, verformungsarm	Poliertonerde (Al_2O_3-Sorten als Suspension) 0,03 bis 5 μm ⌀	Baumwolle, Langflor-Synthetik, Samt, Filz	

- geforderte Oberflächenausbildung des Anschliffs (s. Tab. 2.8)
- Zeit und Anzahl der Bearbeitungsschritte, in der die angestrebte Schliffqualität erreicht wird
- Art der Arbeitsweise: automatisiert oder manuell
- Nutzungsdauer der Unterlage

Letztere soll möglichst lange sein. Sie bestimmt maßgeblich die laufenden Verfahrenskosten. Die Nutzungsdauer ist ein sehr komplexes Auswahlkriterium. Bei den folgenden Betrachtungen wird eine fachgerechte Handhabung der Arbeitsunterlage bei Transport, Lagerung, Wechsel auf dem Arbeitsteller und Wartung vorausgesetzt. Die Nutzungsdauer schließt neben der eigentlichen Standzeit der Abrasivpartikel (s. Abschnitt 2.3.2.2) auch deren Haftfestigkeit im Abrasivstoffträger ein. Brechen beispielsweise Partikel mit ansonsten fester Bindung gleich zu Nutzungsbeginn aus der Unterlage, dann werden sie vom Horizontalteller heruntergeschleudert und gehen somit dem Spanungsprozess verloren. Eine falsche Auswahl der Unterlage durch Außerachtlassung der präparationstechnischen Eigenschaften des Probenmaterials verringert die Nutzungsdauer ebenso wie das Nichtbeachten der anhand der Abb. 2.64 erörterten Faktoren zur Begünstigung stark negativer Spanwinkel aktiver Abrasivpartikel. Schleif- und Polierunterlagen mit der Eigenschaft der Nachschärfung und mit einer wirkungsvollen Anordnung von Makrofreiräumen für die Abrasivprodukte besitzen eine wesentlich längere Nutzungsdauer als Unterlagen mit einschichtigem Abrasivstoffbelag ohne Makrofreiräume, wie z. B. bei üblichen SiC- oder Zirkonkorund-Nassschleifpapieren. Bei Unterlagen mit „halb"-beweglicher oder loser Bindung der Abrasivpartikel wird die Nutzungsdauer zusätzlich beeinträchtigt vom Verschleiß des Wirkflächenwerkstoffs selbst. Dieser „Eigenverschleiß" steigt mit der Partikelgröße, der Anpresskraft der Probe und der Vernachlässigung der Kühl-Schmierung.

Aus allem wird deutlich, dass die Nutzungsdauer einer Unterlage von deren optimalem Einsatz abhängt. Für eine lange Nutzungsdauer müssen Präparationsparameter wie Abrasivstoffart, -partikelgröße und -menge, Art der Unterlage bzw. deren Wirkfläche, Drehzahl des Arbeitstellers, Kühl-Schmier-Mittel (Art und Dosiermenge), Anpresskraft der Probe auf die Unterlage und Zeitdauer des jeweiligen Präparationsschritts bekannt sein.

Das *Grobschleifen* mittels Schleifstein (Tab. 2.12) wird bei metallischen Werkstoffen mit Härten > 180 HV und gleichzeitig großen Anschliffflächen (> 2 cm^2) angewandt. Es erfordert leistungsstarke Standgeräte, die z. T. Baugruppen von Werkzeugmaschinen besitzen und häufig in mechanischen Werkstätten anzutreffen sind. Der intensive Materialabtrag beim Grobschleifen ist nicht in jedem Fall werkstoffschonend, erlaubt jedoch schnell die geforderte Planheit der Schlifffläche zu erreichen. Im Labor erfolgt das Planschleifen von Werkstoffen mit einer Härte > 600 HV auf Diamantschleifscheiben oder -folien. Bei Härten zwischen 350 und 600 HV werden Nassschleifpapiere auf Zirkonkorund-Basis oder MD-Planschleifscheiben empfohlen. Unterhalb 350 HV kommen grobkörnige SiC-Nassschleifpapiere und wiederum MD-Planschleifscheiben zur Anwendung.

Die Einteilung der Schleifunterlagen in starre und flexible erfolgt nach deren Schleifkörperträger. Beispiele starrer Unterlagen sind kompakte Teller oder Stahlblechscheiben für eine magnetische Befestigung (MD-System). Schleiffolien und Nassschleifpapiere sind flexibel. Die Abrasivstoffmerkmale beider Unterlagengruppen sind Tab. 2.12 zu entnehmen. Abbildung 2.66 zeigt den prinzipiellen Aufbau und die Abrasivpartikelanordnung im Binder.

Wichtige Unterscheidungsmerkmale der Grobschleifkörper sind die geometrische Struktur der Wirkflächen und die Möglichkeit ihrer Nachschärfung. Starre Schleifkörper erfüllen die Forderungen aus dem Spanwinkelkonzept nach Samuels (Abschnitt 2.3.2.2) besser als die erwähnten flexiblen Grobschleifunterlagen.

Die bevorzugt eingesetzten starren Schleifkörper besitzen Wirkflächen geometrisch definierter Rasterung (Dreiecke, Quadrate, Waben oder Kombinationen), die Eingriffswege für die Diamanten bis zu 10 mm erlauben. Die Wirkschicht ist besonders effektiv, wenn die Makrofreiräume zur Scheibenperipherie hin durchgängig sind. Abschleudern der Abrasivprodukte und Belaghöhe sowie Bindungsart garantieren, dass die Freiräume bis zur vollständigen Abnutzung der Scheibe wirksam bleiben (Abb. 2.66 a und b). Die Nachschärfung ergibt sich aus dem Selbstschärfungseffekt. Sie wird durch Abziehen mit einem Abziehstein aus einer Spezialkeramik definierter Porosität unterstützt. Beim Abziehen werden die Mikrofreiräume aktiviert.

Die Diamant-Planschleiffolien erfordern während eines einzigen Einsatzes gleich mehrere Abziehprozeduren. Drei Gründe sind dafür verantwortlich. Zum einen besitzen diese Folien gegenüber den MD-Scheiben kleine Makrofreiräume (< 0,3 mm gegenüber rd. 3 mm), die schnell mit Abrieb gefüllt werden. Zum anderen verringert sich infolge Pelletabnutzung die Freiraumtiefe. Schließlich wird das schnelle „Glätten" der Diamantschleiffolie durch die anfänglich gering verfestigten Mikrospäne erklärlich. Die spitze V-Form der Diamanten in den Ni-Pellets bedingt eine intensive Spanbildung durch Schneiden (Abb. 2.63,

links), wobei duktilere Späne entstehen als beim Pflügen.

Die am häufigsten verwendeten flexiblen Schleifkörper sind die Nassschleifpapiere, insbesondere die SiC-Papiere. Nassschleifpapiere besitzen keine makrostrukturierte Wirkfläche. Die Makrofreiräume fehlen (Abb. 2.66 d und e). Eine Nachschärfung ist nicht möglich, weil die Abrasivpartikel einschichtig gestreut im Leim angeordnet sind. Auf einen weiteren prinzipiellen Nachteil, der geringen Nutzungsdauer, wird unten eingegangen.

Dass trotz dieser Nachteile der Einsatz der SiC-Nassschleifpapiere nicht rückläufig ist, liegt hauptsächlich an deren breiten Anwendungsmöglichkeiten beim Plan- (bzw. Grob-) und Feinschleifen (Tab. 2.12). Die abgestuften Papierkörnungen (Tab. 2.13) erlauben eine zweckmäßige Auswahl und das Einhalten der ersten der nachstehenden Schleifregeln:

- Vom Startpapier beginnend wird der nachfolgende Schritt auf Schleifpapier mit dem halben (mittleren) Korndurchmesser ausgeführt. Diese Regel zeigt, wie wichtig die Kenntnis der Korndurchmesser und nicht der Körnungsnummern von den verwendeten SiC-Papieren ist. Ebenheit und Rauigkeit der Trennfläche nach der Probenahme bestimmen die Korngröße vom Startpapier. Nach einem werkstoffschonenden Nasstrennschleifen wird häufig mit dem 220er Papier (65 µm) begonnen, wodurch sich ein 3-stufiges Schleifen ergibt (Tab. 2.13 europäische Norm): 65 µm – 30 µm – 15 µm. Nasstrennverfahren, die eine Fläche erzeugen, die vergleichsweise auch beim Grobschleifen auf 320er Papier entstehen würde (Präzisionstrennen), erlauben demnach lediglich ein 2-stufiges Feinschleifen, bei harten Werkstoffen

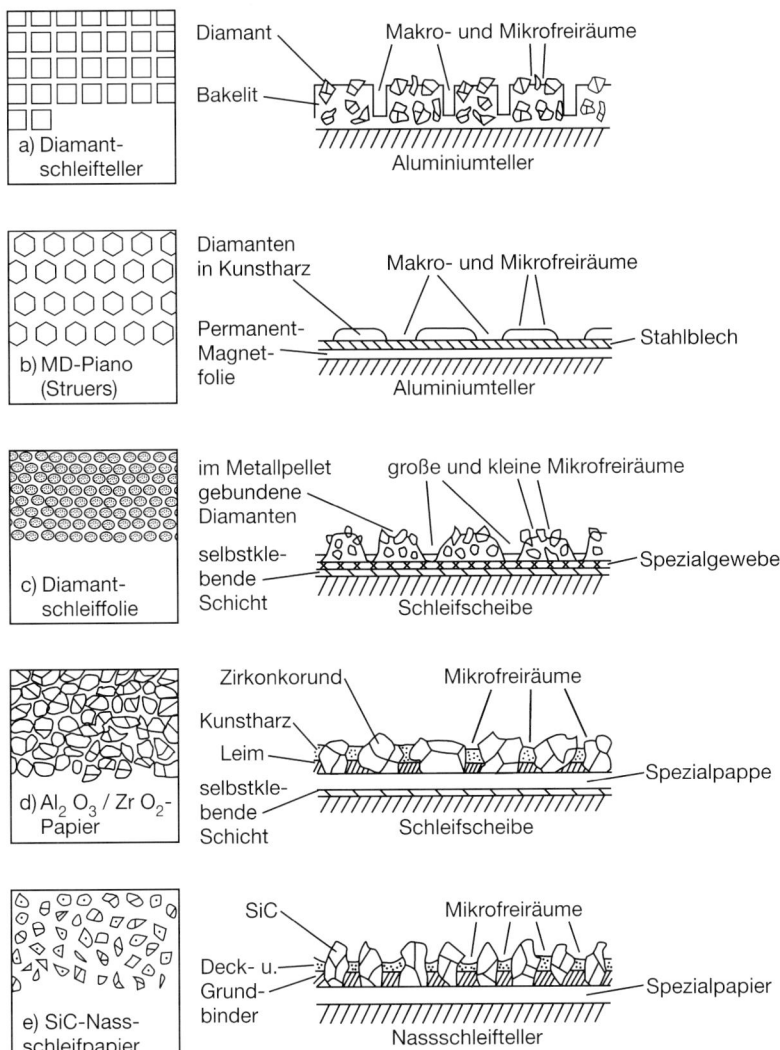

Abb. 2.66 Prinzipieller Aufbau starrer (a, b) und flexibler Planschleifkörper (c–e)

22 µm – 15 µm, bei weichen 22 µm – 10 µm.
- Nach jeder Schleifstufe ist die Probe zu reinigen, um eine Verschleppung von Abrasivprodukten in den nächsten Präparationsschritt zu vermeiden.
- Wegen der Tiefe der verbliebenen bzw. sich neu bildenden Störschicht sollten unter Beachtung eines ausreichenden Abtrags weiche Werkstoffe (< 150 HV) mit geringerer Anpresskraft geschliffen werden als harte.
- Die Abtragsleistung eines Schleifpapiers sinkt mit Verringerung des SiC-Korndurchmessers und der Anpresskraft sowie mit der Nutzungsdauer der Ronde. Damit die Störschicht auch wirklich reduziert wird, ist beim Wechsel zum feineren

Tab. 2.13 Bezeichnungen von metallografischen SiC-Nassschleifpapieren

Anwendung		Europäische Standards		USA-Standards		Bemerkungen
Schleifstufe	Material-härte HV-Wert	FEPA, P-Reihe bzw. DIN 69176		ANSI B74.18 bzw. ASTM		
		Körnungs-Nr.	Mittl. SiC-Korndurch-messer [µm]	Körnungs-Nr.	Mittl. SiC-Korndurch-messer [µm]	
Planschleifen	30 bis 600	80	196	80	260	vergleichbare Körnungs-Nr. kenn-zeichnen bei den US-Normen höhere SiC-Korndurchmesser
		120	120	120	137	
		180	75	180	95	
		220	65	240	71	
		320	46	320	52	
Feinschleifen	30 bis 600	500	30	400	31	vergleichbare SiC-Korndurchmesser erhalten bei den US-Normen niedrigere Körnungs-Nr.
		800	rd. 22	500	rd. 22	
		1000	rd. 18	600	rd. 18	
		1200	rd. 15			
Feinschleifen weicher Materialien	30 bis 400	2400	10	800	10	
		4000	5	1200	3	

Papier die Anpresskraft zu verringern und die Schleifzeit zu verdreifachen.

Des Weiteren ist es beim manuellen Schleifen zweckmäßig, beim Papierwechsel die Probe um 90° zu drehen. Somit steht die neue Schleifrichtung senkrecht zur alten, wodurch Schleifriefenbahnen vermieden werden, der Abtrag vergleichmäßigt und die Sichtkontrolle erleichtert wird. Kontrolliert werden Planheit (Facettenbildung, Balligkeit, Randschärfe) und Gleichmäßigkeit der Schleifspurenausbildung. Eine Schleifstufe gilt als beendet, wenn die neuen Schleifspuren die gesamte Schlifffläche erfasst haben und die alten Spuren beseitigt sind.

Die vielen und deshalb in ihrer Wirkung schwer zu übersehenden Parameter, wie Schleifpapiersorte, Schleifmedium (Hilfsstoff), Schleifdruck, -bewegung, -geschwindigkeit und -zeit, werden beim Schleifen auf automatisierten Geräten für einzelne Werkstoffgruppen in Bearbeitungstechnologien zusammengefasst. Dadurch wird die Reproduzierbarkeit der Ergebnisse gewährleistet, der Aufwand hinsichtlich Schliffqualität sowie -quantität optimiert und das Erlernen eines metallografiegerechten Feinschleifens erleichtert.

Ein Vergleich der Abtragsleistung von Flachschleifkörpern, die üblicherweise zum Planschleifen verwendet werden, verdeutlicht die Unzulänglichkeit der traditionellen Arbeitsweise beim Grobschleifen mit SiC-Nassschleifpapieren (insbesondere mittelharter und harter Werkstoffe > 200 HV). Abbildung 2.67 zeigt die Veränderung der Abtragsleistung im Verlauf der Benutzungsdauer, wobei die Diamantschleiffolie mit ihrer höchsten Abtragsleistung als Vergleichsbasis gewählt wurde. Wegen des großen Verschleißes der SiC-Partikel ist die Abtragsleistung des SiC-Papiers bereits nach maximal 1 min Nutzungsdauer so weit abgesunken, dass zum Fortsetzen einer effektiven Schleifarbeit die Ronde ausgewechselt werden müsste (Abb. 2.67). Die Kontinuität des Schleifprozesses wird dadurch unterbrochen. Die fehlende Möglichkeit der Nachschärfung verteuert zudem das Planschleifen.

Desweiteren beeinträchtigt der Aquaplaning-Effekt vom Nass-Schleifpapier die Planheit der Schlifffläche.

Im Gegensatz zu anderen Planschleifunterlagen ist die Abtragsleistung bei Nassschleifpapieren zu Schleifbeginn besonders stark abhängig von der radialen Position der Probe. Dies bedingt bei großflächigen Proben eine makroskopische Kantenabrundung durch verstärkten Abtrag im äußeren Rondenbereich. Der Aquaplaning-Effekt verstärkt diesen Nachteil. Kleinere Proben (Durchmesser < 30 mm) können durch diese Eigenheiten leicht Facetten erhalten oder auch insgesamt schräg zur Probenvertikalen angeschliffen werden.

Die anfänglich hohe Abtragsleistung der Nassschleifpapiere beruht auf der Mikrospanbildung durch Schneiden. Bereits nach etwa einer halben Minute wechselt der Spanbildungsmechanismus. Das Pflügen dominiert. Bei Schleifzeiten über eine Minute bildet sich daher eine tiefreichende Deformationszone. Bei weicheren Werkstoffen (< 350 HV) wird diese Deformationszone zusätzlich von einer Schmierschicht überzogen. Die gestörten Schichten sind artfremd im Vergleich zum wahren Gefüge und müssen beim nächsten Schleifschritt zunächst entfernt werden. Hierbei verringert sich bereits die „Schärfe" des Nassschleifpapiers. Für das Abtragen des eigentlichen Probenmaterials mit dem Ziel der Verringerung des gestörten Bereichs insgesamt steht nun ein Schleifpapier zur Verfügung, dessen Wirksamkeit bereits beeinträchtigt ist. Die Folge ist, dass bei Verwendung von Nassschleifpapier mindestens zwei Planschleifschritte notwendig sind. Dieser Zwang zu mehreren Schleifschritten besteht auch beim anschließenden Feinschleifen mit SiC-Papieren.

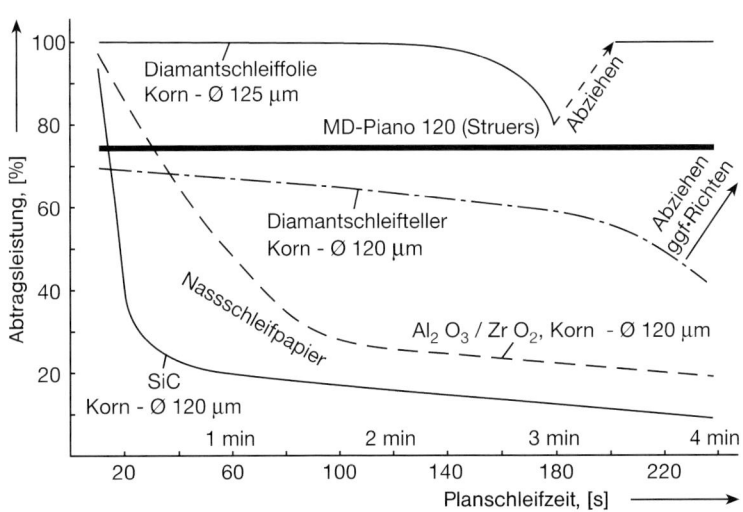

Abb. 2.67 Einfluss der Schleifzeit auf die Abtragsleistung gebräuchlicher Planschleifunterlagen (Materialhärte 200 bis 700 HV10)

Das Zirkonkorund-Nassschleifpapier erlaubt zwar eine längere Nutzung, besitzt aber ansonsten das gleiche Leistungsverhalten wie SiC-Papier (Abb. 2.67).

Auf die Unzulänglichkeiten der intensiv abtragenden Schleiffolie mit metallgebundenen Diamanten wurde bereits eingegangen.

Diamantschleifteller erlauben ein sehr werkstoffschonendes Planschleifen. Geringe Abtragsleistung, hoher Wartungsaufwand (Abziehen und Abrichten der nicht mehr winkeltreuen und/oder unebenen Wirkfläche) und hoher Preis stehen dieser guten Eigenschaft entgegen. Ihr Einsatz bleibt Sonderfällen vorbehalten, wie z. B. das Planschleifen harter Oxidkeramiken, von Werkstoffen mit hohen Carbidgehalten oder harter Spritzschichten.

Aus Abb. 2.67 ist zu entnehmen, dass von allen betrachteten Planschleifunterlagen die Diamantschleifscheibe vom Typ einer MD-Scheibe (Abb. 2.66 b) die günstigste Eigenschaftskombination aufweist.

Für das *Feinschleifen* werden Abrasivpartikel mit Durchmessern ≤ 30 µm eingesetzt (Tab. 2.12 und 2.13). Sie erzeugen geringere Rautiefen als die Partikel der Planschleifunterlagen. Waschull schlägt vor, den Übergang vom Grob- zum Feinschleifen mithilfe einer mittleren Rauigkeit der Schlifffläche von $R_m = 4$ µm zu kennzeichnen. Erst bei Partikeldurchmessern < 30 µm wird neben der Rauigkeitszone auch die Deformationszone reduziert, wodurch die Gesamttiefe der Bearbeitungsschicht merklich abnimmt (Abb. 2.68). Beim Grobschleifen erzeugen die groben Abrasivpartikel Deformationszonen, die trotz sinkender Partikelgrößen in dem Größenbereich oberhalb 30 µm nicht abgebaut werden. Die Rauigkeitszone verschmälert sich dagegen mit sinkender Partikelgröße stetig.

Beim Übergang vom Feinschleifen zum mechanischen Polieren bestimmt der Abbau der Deformationszone die Gesamttiefe der Bearbeitungsschicht. Die Rauigkeitszone verliert an Bedeutung (Abb. 2.68).

Das Feinschleifen hat zum Ziel (Tab. 2.8), die gestörte Oberflächenschicht so weit zu reduzieren, dass sie mit den an-

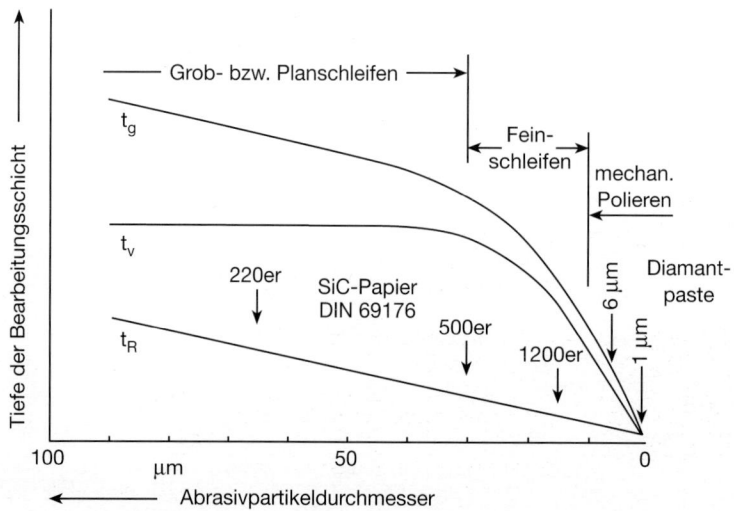

Abb. 2.68 Abnahme der Bearbeitungsschichttiefe mit Verringerung des Abrasivpartikeldurchmessers beim Grob- und Feinschleifen sowie mechanischen Polieren (modifiziert nach Lihl und Mitarb.)

schließenden Polier- und ggf. in Kombination mit Kontrastierverfahren beseitigt werden kann. Beim Feinschleifen kommen ebenfalls starre und flexible (Fein-)Schleifkörper zur Anwendung. Im Gegensatz zum Grobschleifen brachte die Anpassung des metallografischen Feinschleifens an die verschiedenen Werkstoffe mit ihren recht unterschiedlichen Präparationseigenschaften in den beiden Unterlagengruppen eine größere Vielfalt an Schleifkörpern hervor. Tabelle 2.14 fasst die Merkmale gebräuchlicher Feinschleifkörper zusammen.

Sowohl einige der starren Feinschleifkörper, (kompakter Schleifteller, MD-Scheibe) als auch der flexiblen Diamantschleiffolie, SiC-Papier; (Tab. 2.14) haben den gleichen Aufbau wie die entsprechenden Grobschleifkörper, nur dass ihre Abrasivstoffpartikel bis zu einer Zehnerpotenz kleiner sind.

Der spezielle Aufbau von SL-Feinschleif-Unterlagen (starre Feinschleifkörper) und der Trizact-Folie sowie verschiedener Feinschleiftücher (beides flexible Feinschleifkörper) wird anhand der Abb. 2.69 bis 2.72 erläutert.

Abbildung 2.69 zeigt Aufbauschemata und die daraus resultierenden Wirkflächenausbildungen von Feinschleiftellern, die nach dem SL-Prinzip arbeiten (Abb. 2.60 c). Die Wirkfläche genuteter SL-Teller besteht aus einem Kunstharz-Metallpulver-Verbund (Abb. 2.69 a). Zwei Arten von Metallpulvern (Cu und Vergütungsstahl) garantieren im Verein mit dem eingebauten Trockenschmiermittel MoS_2 eine nahezu universelle Anwendung dieses SL-Tellers.

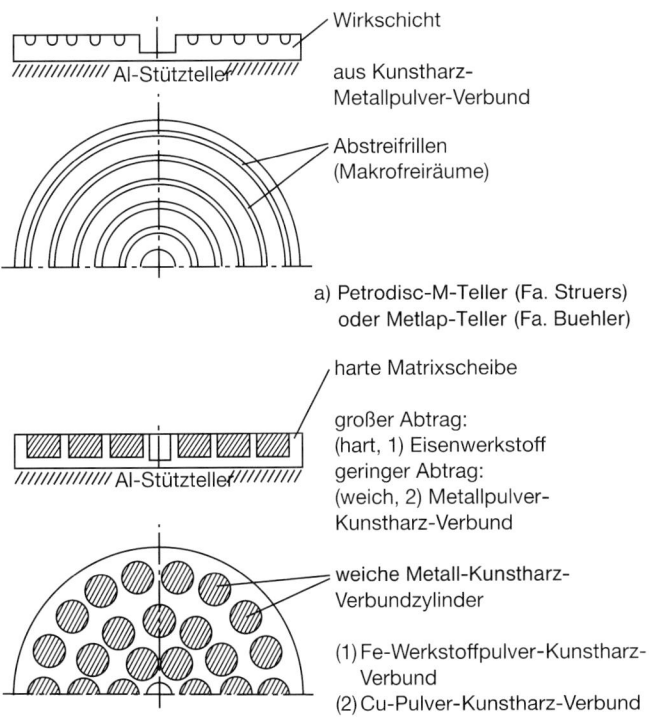

Abb. 2.69 Prinzipieller Aufbau verschiedener Feinschleif-Läpp-Teller

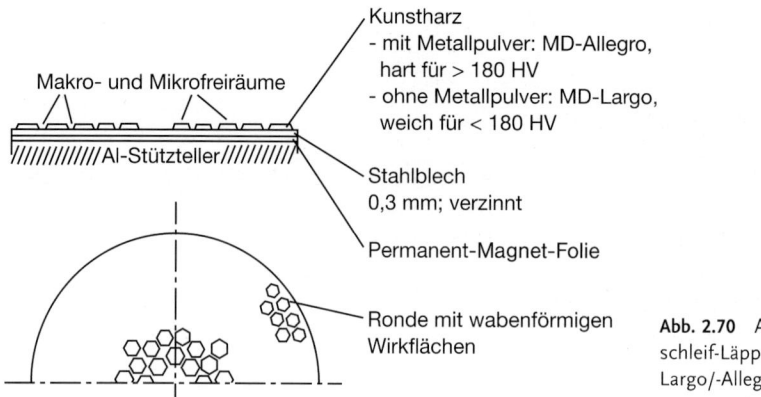

Abb. 2.70 Aufbau der Feinschleif-Läpp-Scheibe MD-Largo/-Allegro (Fa. Struers)

Werkstoffe, insbesondere mit harten Schichten oder Verbundwerkstoffe mit Komponenten zwischen 100 und 1000 HV lassen sich unter Anwendung von Diamantpartikeln mit Durchmessern von 6–15 µm auf derartigen Tellern randscharf feinschleifen.

Die Anpassung des Kunstharz-Metallpulver-Verbundtellers (Abb. 2.69 b) an verschieden harte Werkstoffe wird durch die unterschiedliche Härte der Matrixscheibe und der auf sie abgestimmten Zylinder, ebenfalls aus Metall-Kunstharz-Verbunde, vorgenommen. Eine harte Matrixscheibe aus in Kunstharz eingelagerten harten Fe-Partikeln kombiniert mit Zylindern aus einem anderen Pulver-Kunstharz-Verbund erlaubt hohe Abtragsraten. Dieser „harte" Teller wird für das Feinschleifen harter metallischer und keramischer Werkstoffe eingesetzt (> 300 HV). Weiche Werkstoffe (80 HV bis max. 200 HV) lassen sich mit einem „weichen" Teller feinschleifen. Seine Wirkfläche ist in den Teilen Matrixscheibe und Verbundzylinder entsprechend weicher. Erstere besteht aus einem weichen Kunstharz- Metallpulver-Verbund. Die Zylinder in ihr stellen einen Cu-Pulver-Kunstharz-Verbundkörper dar. Während genutete Teller konzentrische Rillen (Abb. 2.69 a) oder auch Radial- oder Spiralrillen als Makrofreiräume aufweisen, besitzt der beschriebene Kunstharz-Metallpulver-Verbundteller keine Makrofreiräume (Abb. 2.69 b; Tab. 2.14).

Der Aufbau der SL-MD-Scheiben ist schematisch in Abb. 2.70 dargestellt. Die Vertiefungen zwischen den Abtragsteilflächen stellen die Makrofreiräume dar. Die feinen angeschnittenen Poren der Verbundmaterialflächen fungieren als Mikrofreiräume.

Die Wirkfläche der Trizact-Feinschleiffolie besteht aus vielen kleinen Kunststoffpyramiden (Abb. 2.71 a). Die Kunststoffpyramiden enthalten je nach Einsatzzweck der Folie Partikel unterschiedlicher Abrasivstoffarten: SiC oder Al_2O_3 für metallische und keramische Werkstoffe, CeO für Gläser. Im Verlauf der Benutzung werden die an sich schon kleine Mikrofreiräume zwischen den Pyramiden infolge deren Abplattung zu Stümpfen noch verkleinert (Abb. 2.71 b). Die Trizact-Folie wird verhältnismäßig schnell geglättet. Sie besitzt keine Makrofreiräume.

In Abb. 2.72 sind verschiedene Feinschleiftücher im Querschnitt schematisch dargestellt. Ihre Wirkflächen unterscheiden sich durch Art und Nachbehandlung der verwendeten Chemotextilien. Das Tuch aus geschäumtem Polyurethan besitzt na-

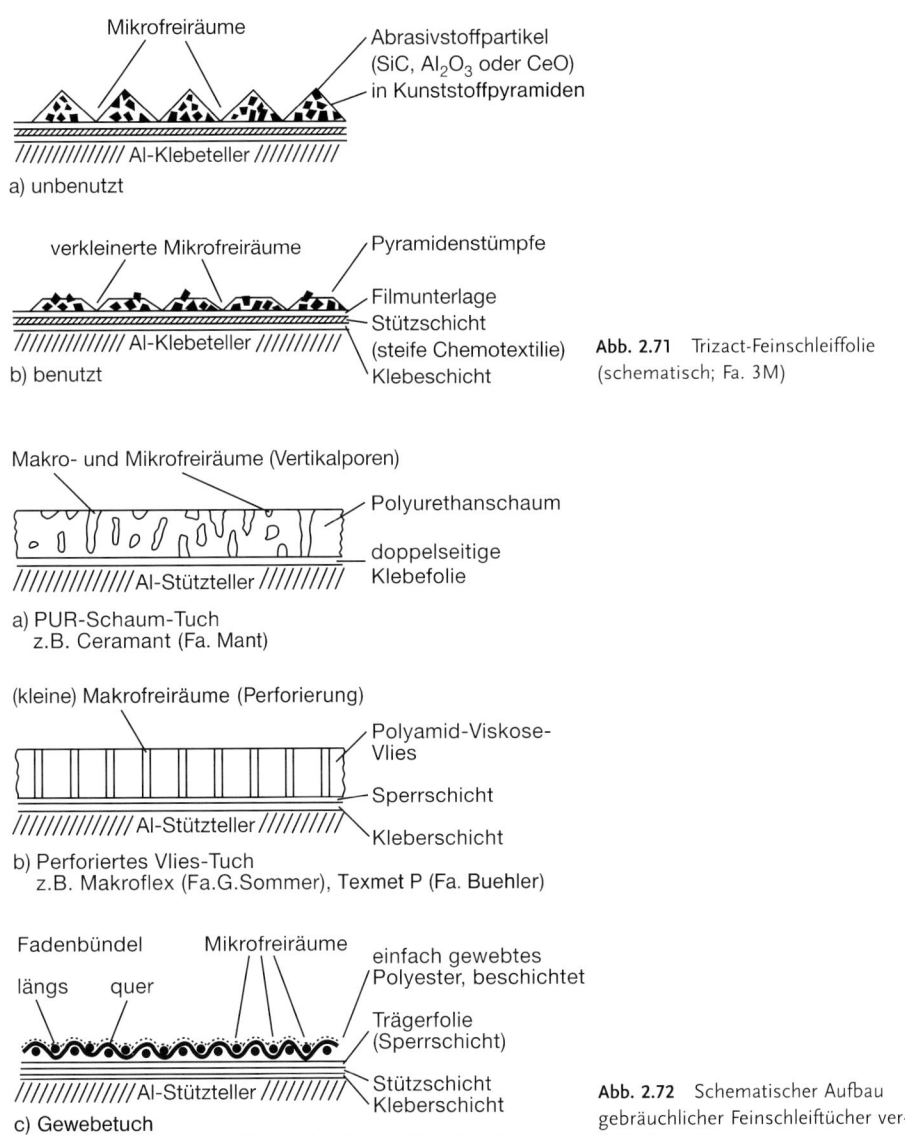

Abb. 2.71 Trizact-Feinschleiffolie (schematisch; Fa. 3M)

Abb. 2.72 Schematischer Aufbau gebräuchlicher Feinschleiftücher verschiedener Anbieter

türliche Vertikalporen unterschiedlicher Größe. Angeschnitten dienen diese Poren je nach Größe sowohl als Makro- als auch als Mikrofreiräume (Abb. 2.72 a).

Polyamid-Viskose-Vlies enthält herstellungsbedingt ebenfalls Mikrofreiräume. Sie befinden sich zwischen den imprägnierten Elementarfasern und deren Faserschichten (Abb. 2.76). Die Makrofreiräume werden durch Vertikalperforieren künstlich in die Wirkfläche hineingebracht (Abb. 2.72 b). Die Perforierung erlaubt eine geometrisch definierte Anordnung der Makrofreiräume im Vlies. Leider wurde bislang

2 Metallografische Arbeitsverfahren

Tab. 2.14 Merkmale starrer und flexibler Feinschleifkörper

Bezeichnung, Aufbau siehe Abb.	Wirkflächencharakter geomet. Struktur (Raster)	max. Länge Eingriffsweg [mm]	Makrofreiraumbreite [mm]	Abrasivpartikelbindung	Verlauf der Abtragsleistung in Abb. 2.73
	Schleifunterlagen				
Feinschleifteller (kompakt), Abb. 2.66 a	Quadrat	8	1	fest	–
MD-Feinschleif-Scheibe, Abb. 2.66 b	Waben	6	3	fest	Teilbild a Verlauf 1
	SL-Unterlagen				
Genuteter Teller, Abb. 2.60 c und 2.69 a	konzentrische Ringe	20–50	4	z.T. fest eingespießt und z.T. lose rollend (siehe Abb. 2.59 und 2.60 c)	Teilbild a Verlauf 3
Kunstharz/Metall-Pulver, Verbundteller, Abb. 2.69 b	relieffreies Kreisraster	Probendiagonale (25)	0, kein Makrofreiraum		–
SL-MD-Scheibe, Abb. 2.70	Waben	13	2		Teilbild a Verlauf 2
	Folien				
Diamantfolie, Abb. 2.66 c	enges Kreisraster (Pellets)	0,8	0,5	fest	Teilbild b Verlauf 4
Trizact-Folie, Abb. 2.71	enggerasterte Quadrate oder Pyramiden	anfangs 0,3, später Probendiagonale	0	fest	Teilbild b Verlauf 6
	Papier				
SiC – Nassschleifpapier Abb. 2.66 e	raue Fläche	Probendiagonale	0	fest	Teilbild b Verlauf 5
	Feinschleiftücher				
Polyurethan, Abb. 2.72 a	Konturen geschnittener Poren	20	0,3–20	halbbeweglich auf Wirkflächen mit geringer Stoßelastizität (Abb. 2.59 und 2.60 d)	–
Vlies, Abb. 2.72 b	Perforierungsmuster	3	0,3–0,5		Teilbild b Verlauf 7
Gewebe, Abb. 2.72 c und 2.78 a	Leinwand einfach	ca. 0,3	0		–

(starr: Feinschleifteller, MD-Feinschleif-Scheibe, Genuteter Teller, Kunstharz/Metall-Pulver Verbundteller, SL-MD-Scheibe)

(flexibel: Diamantfolie, Trizact-Folie, SiC-Nassschleifpapier, Polyurethan, Vlies, Gewebe)

diese Möglichkeit zur Eigenschaftsoptimierung des Vliestyps der Feinschleiftücher von den Herstellern noch nicht konsequent genutzt. Beim gewebten Polyestertuch fehlen die Makrofreiräume (Abb. 2.72 c). Als Mikrofreiräume fungieren die Mulden zwischen den sich rechtwinklig kreuzenden Fadenbündeln (s. auch Abb. 2.78 a). Um die Bewegung der Abrasivpartikel von einer (flachen) Mulde zur anderen zu erschweren, wird das Gewebe wirkflächenseitig beschichtet. Die Abrasivpartikel verankern sich in der dünnen, relativ weichen Schicht. So festgehalten dominiert ihre Schleifwirkung gegenüber der Polierwirkung.

Die Angaben zu den Bindungsarten der Abrasivpartikel in den Wirkflächen der Feinschleifkörper sind in den fünften Vertikalspalten der Tab. 2.14 zu finden. In den Grobschleifkörpern sind die Abrasivpartikel ausnahmslos in der harten Unterlage fest eingebunden. Um einen materialschonenden Abtrag zu erwirken, werden beim Feinschleifen darüber hinaus auch die anderen Bindungsarten genutzt (Abb. 2.59). Die Kunststoff-Metall-Verbunde der SL-Unterlagen benötigen sowohl fest gebundene als auch lose gebundene Diamanten (Tab. 2.14). Die Feinschleiftücher in Tab. 2.14 nutzen demgegenüber die erschwerte „halb"-bewegliche Bindung der Diamanten in einer Wirkfläche mit geringer Stoßelastizität.

Die Stoßelastizität charakterisiert die Eigenschaft einer textilen Wirkfläche (Tuchoberfläche), dem Abrasivpartikel einen elastischen Widerstand gegen ein schlagartiges Eindringen (Verankern) in ihr entgegenzubringen. Die Stoßelastizität ist gering bei „harten" Tüchern und hoch bei „weichen" Tüchern. Erstere werden sowohl als flexible Feinschleifkörper (Tab. 2.14) als auch zum mechanischen Vorpolieren (Abschnitt 2.3.2.4) eingesetzt. Letztere dienen als Unterlagen für das mechanische Zwischenpolieren und/oder zum mechanischen Endpolieren.

Die wirkflächengeometrischen Merkmale Oberflächenstruktur, Eingriffsweglänge und Makrofreiraumbreite unterscheiden sich bei den starren Feinschleifkörpern sehr deutlich von denen der flexiblen Feinschleifkörper (Tab. 2.14). Die geometrisch definierte Rasterung der Wirkfläche starrer Feinschleifkörper ist mit Eingriffsweglängen gepaart, die größer sind als die der kleineren, z. T. auch fehlenden Rasterung der flexiblen Feinschleifkörper. Der Makrofreiraum der starren Feinschleifkörper ist, soweit vorhanden, etwa 2- bis 5fach breiter als der Makrofreiraum der aufgeführten flexiblen Feinschleifkörper.

Bis auf zwei Ausnahmen bei den flexiblen Feinschleifkörpern sind bei den übrigen neun Feinschleifkörperarten während ihrer gesamten Nutzungsdauer Nachschärfungsmechanismen wirksam. Im Fall der Trizact-Feinschleiffolie begrenzt eine schnell sinkende Selbstschärfung die Nutzungsdauer auf nur wenige Minuten. SiC-Feinschleifpapiere besitzen keine Nachschärfungsmöglichkeit (Tab. 2.14), wodurch ihre Nutzungsdauer auf ca. 100 s begrenzt wird.

Der Vergleich von Merkmalen der starren mit denen flexibler Feinschleifkörper lässt aus Sicht des Spanwinkelkonzepts nach Samuels den Schluss zu, dass die betrachteten starren Feinschleifkörper ein effektiveres Feinschleifen bewirken als die flexiblen.

Diese Schlussfolgerung wird auch gestützt von den anschließenden Vergleichen des zeitlichen Verlaufs der Abtragsleistung verschiedener Feinschleifunterlagen (Abb. 2.73).

Bei der Mehrzahl der Unterlagen dienen unterschiedlich konfektionierte Diamantpartikel als Abrasivstoff. Ausnahmen bilden die Trizact-Folie und das SiC-Fein-

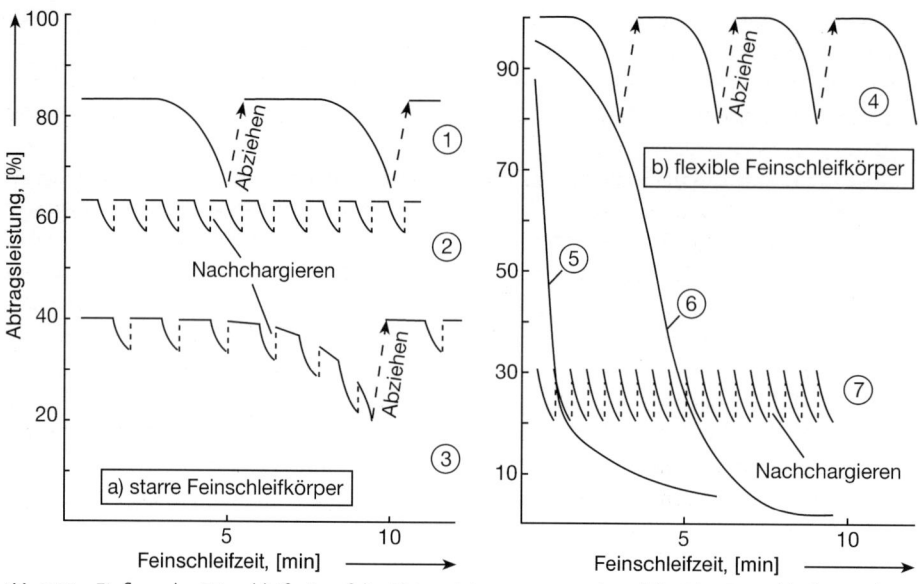

Abb. 2.73 Einfluss der Feinschleifzeit auf die Abtragsleistung starrer a) und flexibler Feinschleifkörper b); Erläuterung der Verläufe 1 bis 7 s. Text (Abrasivpartikel – ⌀ 9 bis 15 µm; Materialhärte 200 bis 700 HV10); s. Tab. 2.14

schleifpapier. Bei beiden bewirken fest gebundene SiC-Partikel den Abtrag und erlauben keine Nachschärfung. In Abb. 2.73 werden drei Feinschleifkörper mit Nachschärfung durch Chargieren von Diamantsuspensionen aufgeführt (MD-Allegro, Verlauf 2; SL-Teller, Verlauf 3; beide Fa. Struers; perforiertes Vlies, Verlauf 7; Fa. Buehler). Auf der MD-Allegro wirken Diamanten aus einer speziell entwickelten Suspension, in deren Flüssigkeit der Kühl-Schmierstoff eingebaut ist. Bei ihrer Anwendung entfällt das ansonsten separat zugeführte Schmiermittel. So enthält z. B. die Spezialsuspension DiaPro Allegro/Largo (Fa. Struers) Diamanten zweier Partikelformen im Durchmesserbereich von 9 µm. Spitze, scharfkantige Diamanten, welche mit überwiegend hohen positiven Spanwinkeln schneiden, unterstützen den Abtrag durch Schleifen. Sie verankern sich leichter in dem Kunstharz-Metallpulver-Verbund als blockige, gleichachsige Diamanten. Letztere bedingen Spanwinkel im Bereich der kritischen (Abb. 2.64), bewegen sich im Wirkspalt rollend, drückend und/oder pflügend, womit sie den Abtrag durch Läppen begünstigen. Die SL-Teller (Abb. 2.73 a, Verlauf 3) werden in diesem Vergleichsfall mit 9 µm-Diamantsuspensionen beaufschlagt, die in ihrem Flüssigkeitskörper auch Kühl-Schmierstoffe enthalten (z. B. Diamantflüssigkeit Grün der Fa. Kulzer oder DiaDuo der Fa. Struers). Im Gegensatz zu DiaPro besitzen die in diesem Fall eingesetzten Suspensionen gleichförmige Diamanten einer Sorte.

Beim perforierten Vlies wird mit einer üblichen 9 µm-Diamantsuspension unter Zugabe eines Kühl-Schmierstoffs auf Alkohol-Ethylenglykol-Basis gearbeitet.

Als Vergleichsbasis dient in Abb. 2.73 die maximale Abtragsleistung der Feinschleiffolie mit metallgebundenen 10 µm-Diamanten (Abb. 2.73 b, Verlauf 4). Aus gleichen Gründen wie beim Planschleifen erlaubt diese Folie mit nun feineren Partikeln auch beim Feinschleifen metallischer Werkstoffe ($\leq$ 700 HV) lediglich einen begrenzten Einsatz (s. Erläuterung zur Abb. 2.80). Die Vergleiche von Niveau und Zeitverhalten der Abtragsleistungen gestatten wichtige Schlussfolgerungen die Auswahl von Feinschleifkörpern betreffend. Hierbei werden im Folgenden auch weiterführende Kriterien berücksichtigt.

Neben der Nutzungsdauer sind dies die Kriterien für die Anschliffqualität, insbesondere das Zurückbleiben einer artfremden Deckschicht auf der Schliffoberfläche aus verschmierten bzw. zertrümmerten und in Kratzermulden eingepressten Verschleißprodukten. Art und Ausmaß dieser Schmierschicht (Abb. 2.57) bestimmen im Verein mit Rauigkeit und Restdeformation den Aufwand beim nachfolgenden Polieren.

Gelingt es z. B. mit einer 1200er MD-Feinschleifscheibe 1200 (Abb. 2.73 a, Verlauf 1) oder auf einer SL-MD-Scheibe – kombiniert mit der All-in-One-Suspension DiaPro Allegro/Largo (9 μm; Verlauf 2) – die Zielstellung der Präparationsetappe Schleifen zu erreichen (Tab. 2.8), dann genügt ein 1-stufiges Polieren, im ungünstigsten Fall ein 2-stufiges, um den Anforderungen an einen fertig präparierten Anschliff nachzukommen (Tab. 2.8, linke Vertikalspalte). Wesentlich aufwendiger wird das nachfolgende Polieren, wenn die Zielstellung beim Schleifen mit Feinschleifunterlagen erreicht wird, die neben einer Schmierschicht noch eine Störschicht mit einer Gesamttiefe von 3–5 μm nach ca. 2 min Feinschleifzeit hinterlassen (Diamantfolie, Trizact-Folie oder SiC-Feinschleifpapier).

Da die Trizact-Folie und das SiC-Feinschleifpapier zudem nach ca. 6 bzw. 2 min verschlissen sind (Abb. 2.73 b, Verläufe 5 und 6), sollte ihr genereller Einsatz in der präparativen Metallografie sorgsam überdacht werden.

Allen Anwendungsvorteilen des Feinschleiftuchs vom Typ eines perforierten Vlieses steht dessen geringe Abtragsleistung entgegen (Abb. 2.73 b, Verlauf 7). Aus diesem Grund muss beim Einsatz derartiger und auch der anderen Feinschleiftücher (Abb. 2.72) mit Feinschleifzeiten $\geq$ 10 min gerechnet werden. Lange Präparationszeiten auf textilen Unterlagen begünstigen jedoch Kantenabrundung und Reliefbildung.

Aus den Ausführungen zum Grob- und Feinschleifen ist zu entnehmen:

- Das Niveau der Abtragsleistung einer Schleifunterlage hängt ab vom Abrasivstoff, dessen Bindungsart, vom Material und Aufbau der Wirkschicht sowie von der Wirkflächengeometrie.
- Die Veränderung der Abtragsleistung während des Schleifens wird bestimmt vom Verschleiß der Abrasivpartikel, der Nachschärfung der Unterlage und deren Wartung.
- Eine Schleifunterlage ist für eine automatisierte Anschliffherstellung geeignet, wenn sie die Prozesskontinuität unter Beibehalt hoher Abtragsleistung aufrecht erhält.

Ein Vergleich der unterschiedlichen und auch verfügbaren Schleifunterlagen erlaubt deren Effektivität abzuschätzen. Solche Bewertung erleichtert die Auswahl der Unterlagen sowohl für das Grob- (bzw. Plan-) Schleifen als auch für das Feinschleifen. Es werden mehrere geeignete Schleifunterlagen und Kombinationen von ihnen angeboten, mit denen die Zielstellung beim Schleifen gemäß Tab. 2.8 erreicht werden kann.

Offenbar ist bei Schleifkörpern mit fester Bindung der Diamanten die Wirkflächengeometrie dann abtragsoptimal, wenn das

Verhältnis von Eingriffslänge zu Makrofreiraumbreite einen Wert von 2 bis 3 hat. Dieser Betrag steigt bei den SL-Feinschleifunterlagen auf das 3-fache. Ob eine derartige geometrische Kenngröße auch für effektiv abtragende Feinschleiftücher gilt, ist noch nicht erwiesen.

Besonders effektiv sind Schleifunterlagen mit Selbstschärfung und geringem Wartungsaufwand.

Ziel der Wartung ist es, die Einsatzfähigkeit der Schleifunterlage wiederherzustellen bzw. aufrechtzuerhalten und somit deren Lebensdauer zu verlängern. Abhängig vom Ausmaß der verschleißbedingten Leistungsminderung einer Unterlage sind zwei Wartungsprozeduren zu unterscheiden: das Abziehen einer mit Abrasivprodukten lediglich zugeschmierten Unterlage und das Abrichten einer durch ein Verschleißprofil geschädigten Wirkfläche.

Ein Abziehen entfernt Abrasivprodukte, besonders Mikrospäne, aus den Mikrospanräumen der Unterlage und macht somit ihre verschleißbedingte Glättung rückgängig. Dieses Aufrauen wird mit einem Abziehstein aus einer Spezialkeramik durchgeführt. Die makroskopische Planheit einer mit einem Verschleißprofil behafteten Wirkfläche wird durch alleiniges Abziehen nicht wiederhergestellt. Hierzu ist ein Abrichten der Schleifunterlage erforderlich. Diese Profilbeseitigung erfolgt mittels Plandrehen oder -schleifen. Mitunter wird auch das weniger abtragsintensive Planläppen angewandt, um die ursprüngliche Makrogeometrie der Wirkfläche wiederherzustellen. Das Abrichten ist unwirtschaftlich (z. B. zusätzlicher Arbeitsschritt, Reduzierung der Wirkschichtdicke durch Zerspanung, Kontrolle der Planität und Rauigkeit).

Da der Wartungsaufwand beim Abziehen wesentlich geringer ist, haben sich in der präparativen Metallografie abziehfähige Schleifunterlagen durchgesetzt. Besonders vorteilhaft sind für das Feinschleifen wartungsfreie SL-MD-Unterlagen mit definiert strukturierter Wirkfläche. Sie garantieren den Beibehalt der Prozesskontinuität. Der hohe Wartungsaufwand durch Abrichten und Abziehen erklärt den rückläufigen Einsatz von Diamantschleiftellern (Abb. 2.66 a), von SL-Tellern (Abb. 2.69 a) und von Kunstharz-Metallpulver-Verbundtellern (Abb. 2.69 b).

Beim Grob- (bzw. Plan-)Schleifen werden die präparationstechnischen Anforderungen von den MD-Planschleifscheiben mit einfach strukturierten Wirkflächen optimal erfüllt. Die Anforderungen beim Feinschleifen erfüllen sowohl die MD-Feinschleifscheiben (fest gebundenes Korn) als auch SL-MD-Scheiben. Letztere tragen das Material werkstoffschonender ab als die MD-Feinschleifscheiben und sind wartungsfrei. Auch die Kunstharz-Metallpulver-Verbundfolien (Aufbau entsprechend Abb. 2.69 b) sind wartungsfrei, jedoch bedingt das Fehlen von Makrofreiräumen den randschärfebeeinträchtigenden Aquaplaning-Effekt.

Wird ein extrem werkstoffschonender Abtrag gefordert, dann sollte das Feinschleifen auf einem Tuch vom Typ eines perforierten Vlieses erfolgen.

Nassschleifpapiere müssen wegen ihrer geringen Nutzungsdauer schnell erneuert werden. Ansonsten erzeugen sie eine ausgeprägte Störschicht, bestehend aus Schmierschicht und tiefreichender Deformationszone. Die Beseitigung der Störschicht erfordert zwangsläufig mehrstufiges Schleifen und Polieren.

2.3.2.4 Mechanisches Polieren

Beim mechanischen Polieren wird der Materialabtrag durch Mikrospanung fortgesetzt. Der Abtrag ist gegenüber dem Feinschleifen weniger intensiv, weil

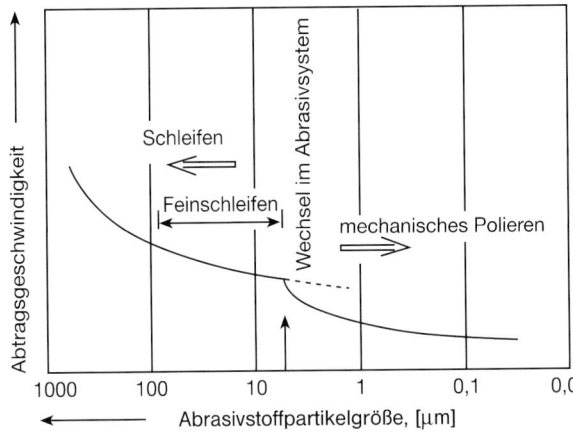

Abb. 2.74 Änderung des Verlaufs der Abtragsgeschwindigkeit als Funktion der Partikelgröße beim Übergang vom Feinschleifen zum mechanischen Polieren

- die Partikeldurchmesser der angewandten *Poliermittel* kleiner sind als beim Feinschleifen (Tab. 2.12, < 15 µm; Abb. 2.68),
- die Abrasivpartikelbindung auf der Wirkfläche des *Poliermittelträgers* mit vergleichsweise höherer Stoßelastizität eine „halb"-bewegliche ist (Abb. 2.59),
- die Schmierwirkung der eingesetzten *Gleitflüssigkeit* gegenüber ihrer Kühlwirkung dominiert und
- die Bewegungsgeschwindigkeit zwischen Probe und drehender Arbeitsscheibe geringer ist als beim Feinschleifen.

Die geringe Drehzahl der Polierunterlage ist erforderlich (150 gegenüber 300 min^{-1} beim Schleifen), um werkstoffschonend abzutragen und die Fliehkraftwirkung auf die Polierflüssigkeit herabzusetzen. Beim Übergang vom Feinschleifen zum mechanischen Polieren tritt eine Unstetigkeit im Verlauf der Abtragsgeschwindigkeit in Abhängigkeit vom Durchmesser der Abrasivpartikel auf (Abb. 2.74). Diese Unstetigkeit wird durch den Wechsel im Abrasivsystem Probe-Unterlage hervorgerufen. Die bei Partikelgrößen zwischen 7 und 5 µm beobachtete schnelle Abnahme der Abtragsgeschwindigkeit (auf vergleichsweise niedrigem Niveau) wird der Dominanz der Mikrospanbildung zugeordnet. Bei geringeren Partikelgrößen überwiegt nach Waschull ein Glättungsprozess. Er minimiert im Bereich feinster Partikelgrößen (< 0,5 µm) die Abtragsgeschwindigkeit. Die gegenüber dem Schleifen insgesamt geringere Abtragsgeschwindigkeit bedingt längere Präparationszeiten bis zum Erreichen der Zielstellung für das Polieren (Tab. 2.8).

Beim mechanischen Rotationspolieren werden die textilen Poliermittelträger, die Poliertücher, auf relativ harte, verbiegungssteife, plane und horizontal angeordnete Drehteller aufgeklebt oder (noch vorteilhafter) magnetisch befestigt. Das Aufspannen mittels Klemmring ist veraltet. Abrasivstoff und gewisse Polierhilfsstoffe (z. B. Spezialfette und -flüssigkeiten, Wachse, Emulgatoren oder Öle) bilden zusammen das Poliermittel. Es wird in Form pastöser oder flüssiger Suspensionen auf die Tücher chargiert und auf ihnen gleichmäßig verteilt. Während des Polierens werden dosierte Mengen von Kühl-Schmier-Flüssigkeiten, frische Suspensionen bzw. Sprays oder Polierreagenzien dem Poliertuch zugeführt. Bei dieser üblichen Arbeitsweise besitzt das *Tonerde-Polieren* erhebliche Nachteile gegenüber dem *Diamant-Polieren* hinsichtlich Sauberkeit,

Automatisierbarkeit sowie Geräte- und Tuchpflege.

Ungeachtet dieser Handhabungsnachteile sind Tonerden (Al_2O_3-Sorten) neben Diamanten die für das mechanische Polieren am häufigsten angewandten Abrasivstoffe. Der universelle Einsatz beider Abrasivstoffe ist begründet durch ihre hohe Härte, die geeignete Kornform mit vielen Schneidkanten sowie durch die Möglichkeit der Einstellung sinnvoll abgestufter und zudem eng klassierter Partikelgrößenbereiche. Für Spezialfälle finden MgO (Magnesia usta) und CeO in Form von Aufschlämmungen Anwendung zum Endpolieren weicher Metalle (z. B. Al, Cu, Mg, Sn) und einiger ihrer Legierungen. Darüber hinaus wird CeO als universeller Abrasivstoff zum Polieren von Glaswerkstoffen verwendet.

Für das Tonerde-Polieren stehen sowohl Al_2O_3-Pulversorten als auch Al_2O_3-Suspensionen zur Verfügung. Beide Konfektionierungen werden mit agglomerierter oder deagglomerierter Tonerde angeboten. Die Al_2O_3-Pulver werden mit destilliertem oder entmineralisiertem Wasser aufgeschlämmt und bilden je nach zugesetzter Flüssigkeitsmenge pastöse bis dünnflüssige Poliermittel. Um bei dünnflüssigen Aufschlämmungen die nachteilige Sedimentation zu verhindern, sollten sie vor dem Chargieren ausreichend bewegt werden (z. B. durch Rühren, Schütteln oder Schwenken). Bei den gegenwärtig verfügbaren Al_2O_3-Suspensionen treten diese Handhabungsschwierigkeiten, selbst nach deren Verdünnung, weniger auf. Die sehr fein dispergierten Partikel werden durch Eindicker in Schwebe gehalten.

Das Polieren mit agglomerierter Tonerde verlangt einen Poliermitteleinsatz, der sehr genau auf Werkstoffhärte und Agglomeratverschleiß abgestimmt sein muss. An Präparatoberflächen mit Härten > 250 HV werden grobe Agglomerate sowohl zu feineren fragmentiert als auch zu Einzelkristalliten aufgebrochen. Diese Verkleinerung der ursprünglich großen Al_2O_3-Partikel verringert bereits nach kurzen Polierzeiten deren Abtragswirkung. Soll der Abtrag effektiv bleiben, ist ein häufiges Chargieren mit abgewogener Dosierung ursprünglicher Al_2O_3-Agglomerate erforderlich. Im Fall weicher Werkstoffe (< 150 HV), die ohnehin mit weniger Druck poliert werden, zerbrechen die Agglomerate nicht und hinterlassen auf der Schlifffläche Kratzer. Diese Nachteile werden bei der Anwendung deagglomerierter Tonerden vermieden. Wegen der größeren Zahl von Schneidkanten an den vereinzelten Partikeln lassen sich mit deagglomerierten Tonerden bessere Polierergebnisse erreichen.

Tonerdeprodukte zum metallografischen Polieren enthalten im Größenbereich von 5 bis 0,1 µm das harte, hexagonale α-Al_2O_3. Für feinere Partikelgrößen, z. B. 0,05 µm, kommt herstellungsbedingt nur das weichere, kubische γ-Al_2O_3 zur Anwendung.

Für das Tonerde-Polieren werden textile Poliermittelträger hoher Stoßelastizität eingesetzt, z. B. weiche Wollfilze oder Synthetiktücher mit weichem, mittellangem oder kurzem Flor. Die Kombination von Tonerde-Poliermittel und textilem Poliermittelträger richtet sich nach Härte und Struktur des zu polierenden Werkstoffs (Tab. 2.15). Weiche Werkstoffe mit starker Schmierneigung benötigen meist eine mehrstufige Tonerde-Politur, ansonsten verhindert eine noch verbleibende Störschicht (Schmierschicht) das Erscheinen des wahren Gefüges. Je härter der Werkstoff ist, desto geringer ist seine Neigung zum Verschmieren. Sein wahres Gefüge erscheint u. U. schon nach zwei oder einer Stufe des Tonerde-Polierens (Tab. 2.15).

Tab. 2.15 Anwendungsbeispiele für das Polieren mit Tonerde-Suspensionen

Werkstoff Härte HV 10	Zähigkeitsmerkmal	Beispiel	Tonerde-Suspension Polierstufe	Mittlerer Korn-⌀ [µm]	Poliermittelträger Beispiele, Anbieter
30 bis 150	sehr weich, geringe Verfestigungsneigung u. U. elastisch	reines Ag, Al, Cu, Mg, Sn, Zn und gewisse Legierungen von ihnen, Kunststoffe	Vorpolieren	1 deagglomeriert	floriges Synthetiktuch (OP-Nap, Fa. Struers; Microcloth, Fa. Buehler; POL 3.1, Fa. ATM
			Zwischenpolieren	0,3 deagglomeriert	kurzfloriges Synthetiktuch (MasterTex, Fa. Buehler) oder kurzfloriges Samttuch (PT Nap, Fa. Cloeren Technology)
			Endpolieren	0,05 deagglomeriert	
> 150 bis 300	weich (duktil) bis mittelhart; mittlere Verfestigungsneigung	weicher, unleg. Stahl-GGL, Austenite, Bronze, Verbundwerkstoffe, 2-phasige Messinge	Vorpolieren	5 agglomeriert	harter Filz (OP-Felt, Fa. Struers; Roter Filz Fa. Leco) oder kurzfloriges Synthetiktuch (Master-Tex, Fa. Buehler)
			Zwischenpolieren	1 agglomeriert	kurzfloriges Synthetiktuch (TFR, Fa. Presi) oder weicher Filz (White-Felt, Fa. Buehler; POLFilz, Fa. ATM)
			Endpolieren	0,3 deagglomeriert	
> 300 bis 600	hart (kaum duktil), starke Verfestigungsneigung	Werkzeugstähle, hochleg. Ferrite	Vorpolieren	5 agglomeriert	gewebter harter Filz (Beispiele s. o.)
			Endpolieren	1 bis 0,25 agglomeriert	kurzfloriges Synthetiktuch oder weicher Filz (Beispiele s. o.)
> 600	extrem hart, spröde	gehärteter Stahl, weißes GE, Hartmetalle	1-stufiges Polieren	1 bis 0,3 agglomeriert	kurzfloriges Synthetiktuch (Beispiele s. o.)

Viele harte Werkstoffe (Stellite, Hartmetalle, keramische Werkstoffe, Metall-Keramik-Verbunde) können nicht mit Al_2O_3, sondern vorteilhaft nur mit Diamanten poliert werden. Aufgrund seiner günstigeren stofflichen und geometrischen Eigenschaftskombinationen (z. B. gegenüber Al_2O_3 eine 5fach höhere Vickers-Härte und Biegebruchfestigkeit, eine 2,6fach höhere Druckfestigkeit, Körner mit größerer Anzahl schneidfähiger Kanten) besitzt Diamant eine bessere Schneid- und damit Abtragswirkung. Das Diamant-Polieren führt zu einer vergleichsweise besseren Anschliffqualität bezüglich des Reflexionsvermögens der Schlifffläche, der Randschärfe, zusätzlicher Ausbrüche und der Schärfe der Konturen zwischen den einzelnen Gefügebestandteilen (z. B. Phasengrenze zwischen nichtmetallischen Einschlüssen und Matrix). Beim Diamant-Polieren gelingt durch geeignete Wahl von Korngröße und Poliermittelträger eine bessere Einflussnahme auf die Ausbildung von Bearbeitungsschicht und Gefügerelief. Eine geringe Tiefe der Bearbeitungsschicht begünstigt ihre endgültige Beseitigung für die Untersuchung des wahren Gefüges. Somit lassen sich die in Tab. 2.8 formulierten Zielstellungskriterien der Polieretappe mit Diamant-Polieren schneller, sicherer und reproduzierbarer erreichen als mit Tonerde-Polieren.

Die bessere Klassierbarkeit der Diamantkörner bis zu Durchmessern von 0,1 μm wird bei der Herstellung engklassierter Diamantpaste, -suspensionsflüssigkeiten und -sprays ausgenutzt. Ein engklassiertes Poliermittel bietet wesentliche Vorteile hinsichtlich seines Preis/Leistungsverhältnisses. Einmal führt das Überkorn eines weitklassierten Poliermittels lokal zu tiefen Polierriefen, wodurch eine Oberflächenrauigkeit entsteht, die das Ergebnis der weiteren metallografischen Bearbeitung der Schlifffläche verschlechtert. Zum anderen stellt unter Berücksichtigung der Preisbildung auf der Grundlage der Diamantkonzentration das kaum wirksame Unterkorn nur teuren Füllstoff dar. Sowohl beim automatischen Polieren als auch beim Schleif-Läppen sind Poliermittel auf Diamantbasis wegen ihrer gleichbleibend hohen Qualität, ihrer bequemen Dosierbarkeit und ihrer relativ sauberen Handhabung anwendungsfreundlicher als Poliertonerde.

Als Diamantsorten kommen monokristalline Naturdiamanten sowie monokristalline und polykristalline synthetische Diamanten zur Anwendung. Ein polykristallines Diamantpartikel ist aufgrund seines Spaltverhaltens dem monokristallinen überlegen (Abb. 2.75). Das polykristalline Partikel hat eine kugelähnliche Form und viele kurze Schneidkanten, beides Voraussetzungen für eine ansprechende Abtragsleistung.

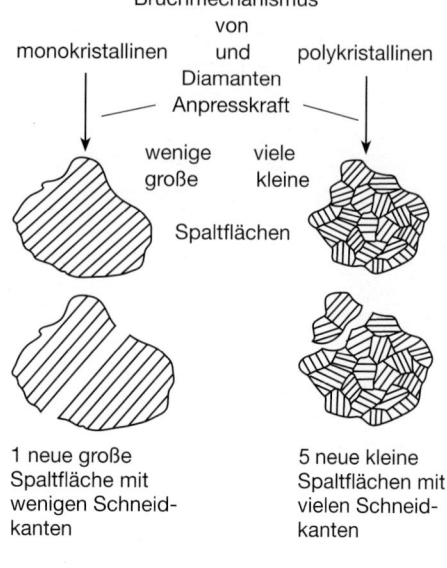

Abb. 2.75 Spaltverhalten von Diamantpartikeln

Monokristalline Diamantpartikel sind spratzig und verfügen über wenige lange Schneidkanten, wodurch ihre Abtragsleistung geringer ist. Unter einer hohen Polierdruckbelastung spaltet der polykristalline Diamant kleine Kristallite ab. Dabei entstehen viele kleine Schneidkanten neu. Der Partikeldurchmesser verringert sich allmählich. Die intensive Abrasivwirkung des Polykristalls bleibt länger erhalten als die des Monokristalls. Letzterer verliert beim Spalten schnell an Größe und Form. Seine ursprüngliche spratzige Form verstärkt sich durch das Abspalten schieferförmiger Teile bis hin zu ungleichachsigen flachen Kristallen (Abb. 2.75). Die neuen Spaltflächen sind wiederum von langen und wenigen Schneidkanten begrenzt. Hieraus wird ersichtlich, dass polykristalline Diamanten eine längere Standzeit als monokristalline besitzen und sich deshalb auch für das automatische Polieren besser eignen.

Als Polierunterlagen stehen speziell für das Diamant-Polieren hergestellte Tücher mit mehrschichtigem Aufbau zur Verfügung (Abb. 2.60 d und e). Die oberste textile Schicht bewirkt mit den Diamantpartikeln den eigentlichen Abtrag (Wirkschicht). Die darunter liegende Sperrschicht verhindert das zu tiefe Eindringen der Diamanten in die Unterlage. Somit bleibt die Partikelwirkung selbst bei Poliertüchern mit hoher Stoßelastizität („weiche" Tücher) erhalten.

Für das Diamant-Polieren werden drei Typen von Poliermittelträgern angewandt: Poliervliese, -gewebe und -verbunde. Sie ergeben eine schwer überschaubare Vielzahl unterschiedlicher Poliertücher. Die Produktpalette ändert sich ständig, weil die Tuchoptimierung größtenteils noch empirisch erfolgt, die vom Hersteller bzw. Lieferanten empfohlene Auswahl mitunter präparationstechnisch unbegründet ist und die Entwicklung neuer Poliermethoden häufig nur mit speziellen Polierunterlagen gelingt. Nach Waschull hat eine systematische Poliermittelträgerentwicklung noch nicht eingesetzt. Hinzu kommt, dass Tuchbezeichnungen und vermeintliche Unterschiede sowie unpräzise Einsatzbeschreibungen zu falscher Tuchauswahl und somit zu Unzulänglichkeiten bis hin zu Misserfolgen beim Diamant-Polieren führen.

Bousfield beurteilt frühere Versuche zur Systematisierung der Poliermittelträger als unzureichend. Geels und Mitarbeiter charakterisieren die Polier-„Tücher" nach Material und Oberflächenstruktur ihrer Wirkfläche sowie Stoßelastizität des Poliermittelträgers insgesamt.

Im Folgenden werden diese drei Charakteristika benutzt, um die drei Typengruppen der Poliermittelträger zu beschreiben. Diese Beschreibung der Vliese, Gewebe und Verbunde beinhaltet auch verfügbare Angaben zu ihrer Herstellung. Sie soll helfen, die Vielzahl der angebotenen Diamant-Poliermittelträger einzuordnen, ihre Wirksamkeit abzuschätzen und eine präparationstechnisch sinnvolle Auswahl vorzunehmen.

Die Vliese für das Diamant-Polieren bestehen aus Kunstfasern (Polyacryl, Polyamid, Viscose). Bei ihrer Herstellung werden Matten aus verschlungenen Kurzfasern übereinander gestapelt, mit Polymerharz infiltriert und unter Druck bei erhöhter Temperatur ausgehärtet und somit versteift. Derartige Chemotextilien sind bekannt als Pellon-Tücher (PAN-Tücher, Fa. Struers sowie Fa. Leco; TexMet-Tücher, Fa. Buehler; Pellon-Tuch-Familie der Fa. Logitech). Sie haben eine große Bedeutung für das Diamant-Polieren erlangt und werden im Verein mit groben Abrasivstoffpartikeln (Diamant, SiC, Tonerde; Dmr.> 9 µm) auch zum werkstoffschonenden Feinschleifen

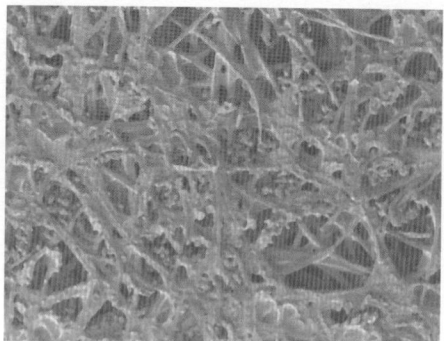

Abb. 2.76 Rasterelektronenmikroskopische Aufnahme der Wirkfläche eines Poliervlieses aus Kunstfasern; Draufsicht auf das unbenutzte Pellon-Tuch (Fa. Struers)

Reduzierung der gestörten Oberflächenschicht.

Gewebe für das Diamant-Polieren werden aus Naturfasern (Seide, Baumwolle) oder aus Kunstfasern (Polyester, Acetat, Polyamid (Nylon), Viscose) hergestellt. Die Polierwirkung dieser Gewebe hängt ab vom Fasermaterial, dessen Anordnung im zu verwebenden Faden, vom Fadentyp und besonders von der Webart, der sogenannten Bindung (im Sinne der Webtechnik). Die verschiedenen Bindungen resultieren aus der Art der Verkreuzung von Kett- und Schussfäden beim Weben. Es wird zwischen Grundbindungen und von ihnen abgeleiteten Bindungen unterschieden. Bei den Grundbindungen kreuzen sich die Fäden rechtwinklig. Abbildung 2.77 verdeutlicht die drei Grundbindungen Leinwand, Köper und Atlas. Von den abgeleiteten Bindungen interessieren bei den Poliergeweben bislang lediglich Taft im Fall der Baumwolltücher und Satin bei den Seidentüchern (Tab. 2.16). Taft, abgeleitet von Leinwand, besitzt eine stumpfwinklige Fadenkreuzung. Bei Satin, abgeleitet von Atlas, sind die Fäden spitzwinklig gekreuzt.

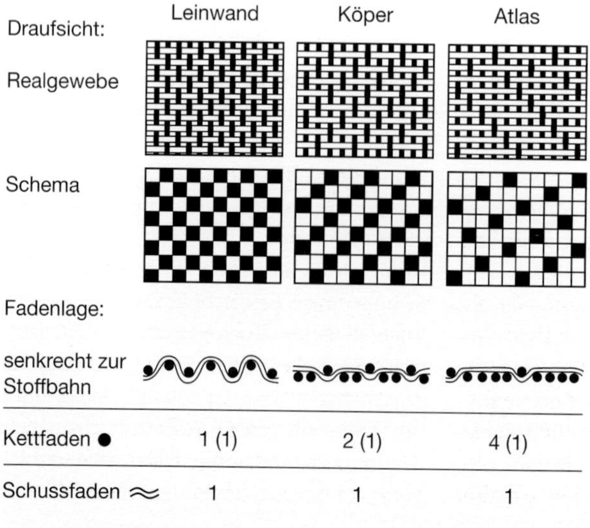

benutzt (s. Abschnitt 2.3.2.3). Mit Diamantpartikel $< 15\mu m$ kombiniert, dienen sie zum Vor- und/oder Zwischenpolieren.

Die Wirkfläche eines unbenutzten Pellon-Tuches zeigt beispielhaft Abb. 2. 76. In dieser Draufsicht sind die verklebten Kurzfasern und die Hohlräume in und zwischen den obersten Vliesmatten zu erkennen. Diese Hohlräume fungieren als Mikrospanfreiräume. Wegen der geringen Stoßelastizität („hartes" Tuch) eignen sich Pellon-Tücher zur effektiven und relieffreien

Abb. 2.77 Grundbindungen bei Poliergeweben

Tab. 2.16 Gewebe für Diamant-Poliertücher

Fasermaterial Art und Anordnung	Naturfasern		Kunstfasern			
	Naturseide Seidenfaden einfach gezwirnt	Baumwolle langfaseriges Garn mehrfach gezwirnt	Polyester Fadenstrang aus parallelen Elementarfäden	Acetatseide polyfile Kunstseidenfäden z.T. gezwirnt		Polyamid
Herstellung: – Grundbindung – Webart	dichter Atlas Satin	dichte Leinwand Taft	dichte Leinwand einfach gewebt, Abb. 2.78 a	dichter Atlas Satin, Abb. 2.78 b	einfach gewebt	unbekannt Satin
Tuchhärte (allg.)	mittelhart	weich	hart	mittelhart/hart	mittelhart	hart
Wirkfläche	fest; glatt mattglänzend	stumpf; faserig (Fischgräte)	beschichtet; rau ohne Vorzugsrichtung	fest; glatt glänzend	fest; glatt mattglänzend	stumpf glatt
Stoßelastizität	gering bis mittel	mittel bis hoch	sehr gering	gering bis mittel	mittel	gering
Anwendung: – Präparationsstufe – Diamant-Durchmesser	Vor- und Zwischenpolieren 6–1 µm	Zwischen- und Endpolieren 3–1 µm	Feinschleifen und Vorpolieren 25–9 µm	Vor-, Zwischen- und Endpolieren 6–3 µm	automatisches Zwischenpolieren 3–1 µm	Zwischenpolieren 9–1 µm
Produktbeispiele	MD/DP-Dur (Fa. Struers)	MD/DP-Mol (Fa. Struers) SAMBA-N (Fa. Testa)	MD/DP-Plan (Fa. Struers) UltraPad (Fa. Buehler)	MD/DP-Dac (Fa. Struers) PT-Seda (Fa. Cloeren Techn.)	MD/DP-Sat (Fa. Struers)	TriDent (Fa. Buehler) Nylon (Fa. Leco)

Tücher aus Naturfasergeweben besitzen mittlere Stoßelastizitäten mit Tendenz sowohl zu geringerer (Naturseidentuch) als auch höherer Stoßelastizität (Baumwolltuch). Sie wurden speziell für das Diamant-Polieren entwickelt und bewähren sich in nahezu klassischer Weise für das Zwischenpolieren (Tab. 2.16).

Gegenüber den Tüchern aus Naturfasern besitzen solche aus Kunstfasern eine geringe Stoßelastizität. Wegen ihrer harten, meist rauen Wirkflächen werden diese Gewebe zur Vor- und Zwischenpolitur, einige sogar zum Feinschleifen eingesetzt. In Abb. 2.78 a ist die Wirkfläche eines unbenutzten Plan-Tuchs (Fa. Struers) wiedergegeben. Die leinwandverwebten Fadenstränge aus Polyester-Elementarfäden ergeben eine raue Wirkfläche. Dementsprechend wirken auf ihr die Polierpartikel mit großen Durchmessern ($<$ 9 µm) gegenüber Anschliffen harter Materialien feinschleifend bzw. vorpolierend. Satingewebte Wirkflächen (Abb. 2.78 b) sind vergleichsweise glatt. Kunstfasertücher mit derartigen Wirkflächen eignen sich gut zum Zwischenpolieren mit Diamanten im Durchmesserbereich von 6–3 µm.

Die feinen Abstufungen der Stoßelastizität im mittleren und hohen Niveau der Na-

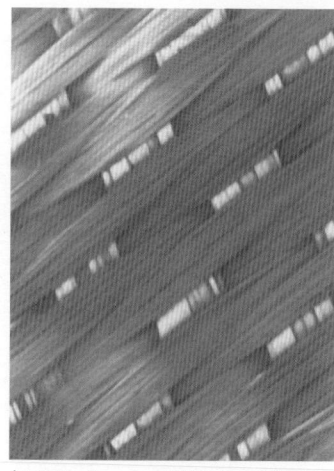

Abb. 2.78 REM-Aufnahmen unbenutzter Wirkflächen von Polyestertüchern mit geringer Stoßelastizität (Beispiele Fa. Struers)

a) Leinwand-Gewebe (Plan-Tuch)   b) Satin-Gewebe (SP-PoliSat3-Tuch)

turfasergewebe und im geringen Niveau der Kunstfasergewebe (Tab. 2.16) haben sich in der metallografischen Praxis bewährt. Die eigentlichen Ursachen dafür sind aber bislang nicht eindeutig zu erkennen.

Polierverbunde sind Poliermittelträger, deren Wirkschicht auf eine formbeständige Zwischenlage, dem Rücken, aufgeklebt ist. Charakteristisch für die Polierverbunde sind ihre entweder extrem geringe oder ihre sehr hohe Stoßelastizität. Metallografisch eingesetzte Polierverbunde mit geringer oder mittlerer Stoßelastizität sind bisher nicht bekannt geworden.

Tabelle 2.17 charakterisiert die üblicherweise angewandten Draht- und Polymerschaum-Verbunde. Dient zur Einstellung einer sehr geringen Stoßelastizität ein Stahldrahtgewebe mit Leinwandbindung, dann wird als Rücken eine thermoplastische Kunststoffzwischenlage ausgewählt. Auf ihr wird das Drahtgewebe gepresst, wobei der Kunststoff die Drahtzwischenräume ausfüllt. Eine derartige „Drahttextilie" besitzt keine Makrofreiräume. Trotzdem werden sie unter Anwendung gröberer Diamanten (15–6 µm) zum Feinschleifen und Vorpolieren harter Materialien, wie hochvergütete Stähle, Stellite, dichte Oxid- und Carbidkeramiken, erfolgreich angewandt.

Von den Schaumtextilien (Tab. 2.17) ist der Polyurethan-Verbund bei den Ausführungen zum Feinschleifen bereits behandelt worden.

Obwohl die Neoprenschaumtextilien nicht für das Diamant-Polieren, sondern für das chemisch-mechanische Endpolieren entwickelt worden sind, soll dieser Poliermittelträgertyp der Systematik wegen bereits an dieser Stelle erwähnt werden (s. auch Abschnitt 2.3.2.6). Die Neoprenverbunde besitzen als Rückenmaterial ein spezialbehandeltes Kunstfaservlies (Tab. 2.17). Die Draufsicht auf eine unbenutzte Neoprenwirkfläche zeigt die REM-Aufnahme in Abb. 2.79 a. Die offenen Vertikalporen und die dünnen, flexiblen Porenwände mit ihren lippenartigen Enden bedingen ein schwammähnliches Verhalten bei Druckbelastung (Wischen und Ansaugen). Die Stoßelastizität ist dementsprechend hoch.

Um ein „Ansaugen" (besonders bei Proben mit großen durchgängigen Schliffflä-

Tab. 2.17 Polierverbunde mit Draht und Polymerschaum

Verbundtyp:	Drahttextilien	Schaumtextilien	
Wirkflächen-material:	Metalldraht-Kunststoff-Verbund	Verbund aus Polymerschaum und Rückenmaterial (Kunststoff oder Chemotextilien)	
Art:	Stahldraht	Polyurethan	Neopren
Anordnung:	Drahtgewebe in Leinenbindung	Folie (max. 2 mm dick); geschlossene Vertikalporen	Schaum (max. 1 mm dick); offene Vertikalporen
Herstellung:			
• Wirkschicht Rücken	Drahtgewebe unter Wärmeeinwirkung auf Kunststoffunterlage gepresst	rückenlose Polyurethanfolie (mitunter füllstoffverfestigt) auf Metallteller geklebt und zum Öffnen der Poren geschliffen; Abb. 2.72 a	Neopren geschäumt auf Kunstfaservlies
• Tuch-„Härte" • Wirkfläche	hart hart, engmaschiges Gewebe	hart hart mit Sackporen zufällig in Größe und Anordnung	weich mittelharte/weiche Zellstruktur; definierte Poren-$\varnothing$ und Porenwandbreiten; Abb. 2.79 a
• Stoßelastizität	sehr gering/keine	keine/sehr gering	hoch/sehr hoch
Anwendung:			
• Präparationsstufe	Feinschleifen (Vorpolieren)	Feinschleifen	chemisch-mechanisches Endpolieren
• Partikelart	Diamant	Diamant	kolloidale OP-Suspension auf SiO_2- oder Al_2O_3-Basis
• Partikel-$\varnothing$	15 bis 6 µm	30 bis 9 µm	250 bis 20 nm
• Produktbeispiele	DP-Net (Fa. Struers) Ultra-Plan (Fa. Buehler)	Ceramant (Fa. Mant)	MD-/OP-Chem- (Fa. Struers) ChemoMet (Fa. Buehler) Mikromant (Fa. Mant) MAMBO (Fa. Testa)

chen) zu vermeiden, werden makrostrukturierte Neoprenschaum-Verbunde eingesetzt (z. B. mit Vertikalperforierung oder Quadratrasterung; Fa. Cloeren Technology, Fa. Mant). Derartige Makrostrukturen auf der Wirkfläche fungieren als Makrofreiräume, indem sie die Schwammwirkung lokal unterbrechen.

Eine ebenfalls hohe Stoßelastizität weisen die durchweg weichen Polierverbunde aus Flortextilien auf (Tab. 2.18). Ihre Rücken aus leinenverwobener Baumwolle oder aus Vliesen werden mit Viskose-Kurzfasern beflockt. Über die Eigenschaften der Kurzfasern im Flor der Wirkschicht (z. B. Fasermaterial, Flockherstellung, Faserlänge und -durchmesser sowie Beflockungsdichte und -winkel) lassen sich die Wirkschichteigenheiten sehr gut für die Endpolitur der unterschiedlichsten Werkstoffe, sowohl für das Diamant- als auch das Oxid-Polieren, anpassen. Die Feinabstufungen im hohen Niveau der Stoßelastizitäten (Tab. 2.18) erlauben für bestimmte Werkstoffe sogar

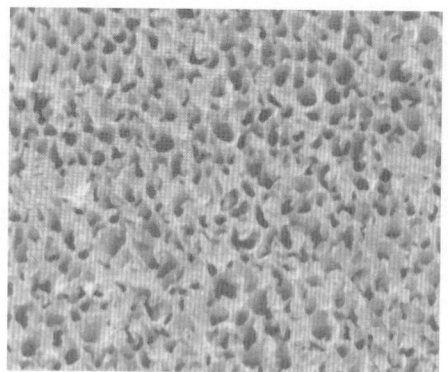 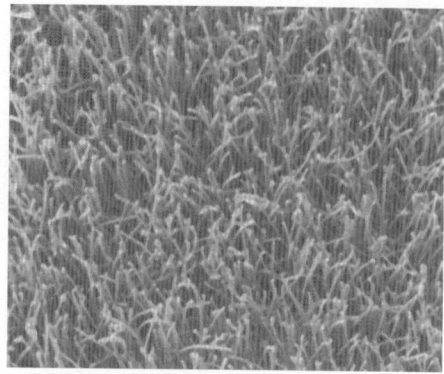

Abb. 2.79 Wirkflächen unbenutzter Polierverbunde mit sehr hoher Stoßelastizität (REM-Aufnahmen, Draufsicht; Fa. Struers)
a) Neopren-Wirkfläche, Schwammstruktur
b) Flocksamt-Wirkfläche, Florausbildung

Tab. 2.18 Verbunde aus Flortextilien für das Diamant- (oder Oxid-)Polieren

Wirkflächenmaterial:					
– Art	Flor aus Viskosefasern (Rayon-Flor)				
– Anordnung	0,3 mm lange Kurzfasern unterschiedlicher Stärke und Beflockungsdichte				
Herstellung:					
– Wirkschicht	Schneiden der Fasern auf Länge (Schnittflock), elektrostatisch unterstütztes Einschießen des Flocks in Klebeschicht, die nach Aushärtung eine elastische Bindung zwischen Rücken und senkrecht stehendem Flor ergibt; Abb. 2.79 b				
– Rücken	Baumwollgewebe	Wolltuch	Vlies	dicker Vlies	dünner Vlies
– Wirkfläche	kurze, mitteldicke Fasern; mitteldichte Beflockung	kurze, dünne Fasern; zusätzlich Polyamidflock; dichte Beflockung	mittellange, mitteldicke Fasern; dichte Beflockung	sehr kurze, dünne Fasern; dichte Beflockung	kurze, dünne Fasern; dichte Beflockung
– Stoßelastizität	sehr hoch/hoch	sehr hoch	mittel/hoch	hoch/sehr hoch	sehr hoch
Anwendung:					
– Präparationsstufe	Endpolitur	Endpolitur	1-Stufenpolitur	Endpolitur	mechanisch-chemische Endpolitur
– Partikelart	Diamant; Al_2O_3	Diamant; Al_2O_3	Diamant	Diamant; Oxide	Oxide; Diamant
– Partikel-∅	≤ 3 μm	≤ 1 μm	3 μm	≤ 1 μm	≤ 1 μm
– Produktbeispiele	MD/DP-Floc (Fa. Struers) Microcloth (Fa. Buehler) Lecloth (Fa. Leco)	MD/DP/OP – Nap (Fa. Struers) MM 4 3 1 (Fa. Leco)	MD/DP-Plus (Fa. Struers)	G-Tuch (Fa. Buehler)	MasterTex (Fa. Buehler) SWING-PLUS (Fa. Testa)

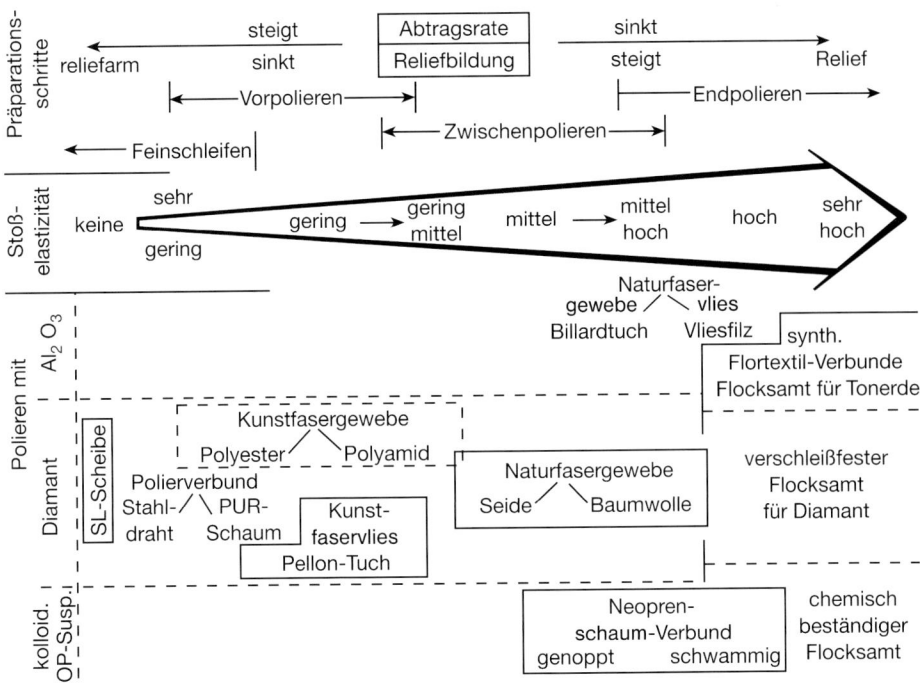

Abb. 2.80 Qualitative Einstufung der Stoßelastizität verschiedener Poliermittelträger

eine 1-Stufen-Politur mit 3 μm großen Diamanten (z. B. für Eisenwerkstoffe auf Plus-Tüchern der Fa. Struers). Abbildung 2.79 b zeigt die REM-Aufnahme von einer unbenutzten Flocksamt-Wirkfläche. Beim Aufbringen der Polierbelastung wird der Flor niedergedrückt und die Polierflüssigkeiten (Suspension, Schmiermittel) aus den Zwischenräumen herausgequetscht. Der Mechanismus ähnelt dem der Neoprenschwammstruktur in Abb. 2.79 a und verursacht wie dieser einen Wischeffekt mit Reliefbildung.

Eine zusammenfassende Zuordnung der in den Tab. 2.16, 2.17 und 2.18 aufgeführten Poliermittelträger zur qualitativen Skala ihrer Stoßelastizitäten ist in Abb. 2.80 wiedergegeben. Der Übersicht halber erfolgte keine Aufzählung von Produktbeispielen. Statt dessen werden ihre interessierenden Wirkflächen herangezogen.

Die Berücksichtigung der Präparationsschritte beim Polieren ergänzt diese Übersicht. Das vorangehende Feinschleifen als Vorstufe zum Polieren findet ebenso Beachtung wie auch das chemisch-mechanische Endpolieren als Abschlussstufe des Präparationsschritts „Polieren". Dies erleichtert eine begründete Auswahl der Polierunterlagen zum Erreichen der in Tab. 2.8 formulierten Zielstellung für das Polieren insgesamt.

Die Abtragsraten der Polierunterlagen sind ihren Stoßelastizitäten gegenläufig. Demgegenüber wird die Reliefbildung auf metallischen Schlifflächen mit Zunahme der Stoßelastizität begünstigt (Abb. 2.80, oben). Die Feinabstufung der Stoßelastizität verdeutlicht die fließenden Übergänge der einzelnen Präparationsschritte, z. B. der bereits in diesem Abschnitt angesprochene kontinuierliche Übergang des Feinschleifens zum Vorpolieren im Bereich sehr geringer Stoßelastizitäten.

Beim Festlegen des Präparationsablaufs muss dem jeweiligen Schritt eine geeignete Unterlage mit der richtigen Stoßelastizität zugeordnet werden. Solche Unterlagen, die sich besonders in der Präparationspraxis bewähren, sind in Abb. 2.80 eingerahmt. Somit erfolgt das Feinschleifen auf einer stoßelastizitätsfreien Unterlage, z. B. einer SL-Scheibe. Das Vorpolieren sollte demnach auf einer Unterlage mit geringer Stoßelastizität durchgeführt werden, z. B. auf ein geeignetes Kunstfaservlies. Gelingt es, eine Unterlage zu finden, die im Bereich geringer Stoßelastizität eine genügend hohe Abtragsrate bei ausreichender Reduzierung der Schliffflächendeformation garantiert, dann kann auf eine Vorpolitur verzichtet werden. Eine Unterlage mit mittlerer Stoßelastizität ist für das Zwischenpolieren empfehlenswert, z. B. ein Seidengewebe. Wird der Forderung nach einer deformationsfreien Endpolitur entsprochen, dann muss zu den chemisch-mechanischen Polierverfahren gewechselt werden. Für solchen Fall besitzen die Neoprenschaumverbunde die notwendig hohe Stoßelastizität.

Auch im Bereich mittlerer bis hoher Stoßelastizität kann durch Einsatz einer geeigneten Unterlage ein mechanischer Polierschritt eingespart werden. Es ist in ausgewählten Fällen möglich, nach einem entsprechend ausgeführten Feinschleifen mit nur einem mechanischen Polierschritt auszukommen bzw. bei Notwendigkeit einen zweiten, nun chemisch-mechanischen Schritt folgen zu lassen. Abbildung 2.80 erlaubt also auch Überlegungen zur Vereinfachung des Polierens anzustellen.

Die Gegenläufigkeit von Abtragsrate und Stoßelastizität (Abb. 2.80) ist u. a. in der Haftwirkung der Wirkflächen auf Diamantpartikeln begründet. In Wirkflächen geringer Stoßelastizität haften die Diamanten fester als in solchen mit hoher Stoßelastizität. Dies belegen Beobachtungen von Samuels und Mitarbeitern zur Haftung von Diamantpartikeln in Wirkflächen textiler Unterlagen und zur Bildung von Polierspänen. Demnach ergeben nur fixierte Partikel die in Abb. 2.61 dargestellte Spanungssituation. Die Mikrospanbildung beim mechanischen Polieren auf Geweben und Flortextilien erfolgt analog derjenigen beim Schleifen. Zumindest in diesem Fall ist das Spanwinkel-Partikelform-Konzept auch für das mechanische Polieren gültig (s. Abschnitt 2.3.2.1).

Nach Samuels wirken für Diamantpartikel im Durchmesserbereich 6 bis 3 μm auf den stoffartigen Poliertextilien drei Haftungsmechanismen abgestufter Intensität. Als Hauptmechanismus wurde das Einspießen der Partikel in den textilen Komponenten der Wirkflächen beobachtet (Abb. 2.81). Die so fixierten Partikel sind sehr abtragswirksam. Bei Kunstfasergeweben geringer Stoßelastizität dominiert die Haftung auf der schliffseitigen Fadenoberfläche, insbesondere das Einspießen in ihr (Abb. 2.81 a). Eine geringere Bedeutung hat der zweite Mechanismus, das Einklemmen der Partikel zwischen den Elementarfäden der Kunstfasergewebe (Abb. 2.78 a) bzw. zwischen deren Strängen. Im synthetischen Flocksamt werden die Partikel an den Florfaserenden fixiert (Abb. 2.81 b). Die Räume zwischen den Florfasern (Abb. 2.79 b) besitzen keine Haft-, sondern Reservoirfunktion.

Der dritte Haftmechanismus resultiert aus der Abstreifwirkung der Poliertuchoberfläche. Für die Betrachtung des momentanen Abtrags ist er bedeutungslos, für die Aufrechterhaltung der Polierfähigkeit eines Tuchs muss dieser Haftmechanismus jedoch beachtet werden. Diamantpartikel und Abrasivprodukte, insbeson-

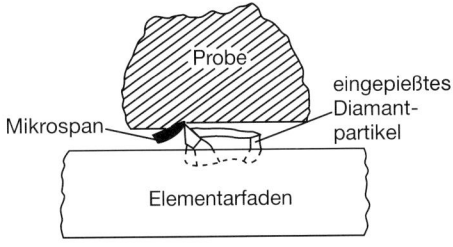

a) Diamantpartikel auf Fadenmantelfläche

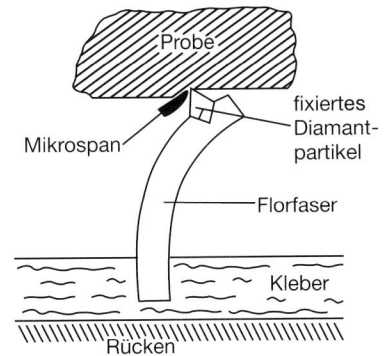

b) Diamantpartikel am Florfaserende

Abb. 2.81 Spanung mit fixierten Partikeln auf Polierunterlagen mit a) geringer und b) hoher Stoßelastizität

dere duktile Polierspäne, bleiben an den Kreuzungsstellen der Gewebefäden und an den Enden der Florfasern hängen. Befinden sich unverbrauchte Polierpartikel in diesen Ansammlungen, dann sind sie unwirksam. Erst nachdem diese Partikel unter Einwirkung von Polierkraft und Drehbewegung ihre Haftung verlieren und zu einem anderen Ort auf der Wirkfläche transportiert werden, können sie eine Schneidstellung durch Einspießen einnehmen. Somit stellen die Ansammlungen Reservoire dar, die ihre z. T. ungebrauchten Polierpartikel erst unter günstigen Bewegungsbedingungen wieder freigeben. Da die Ansammlungen die Polierunterlage auch gleichzeitig glätten, sollten sie nach längerer Tuchbenutzung durch Abbürsten

2.3 Präparation

von der Wirkfläche entfernt werden. Die Wirkfläche wird wieder aktiviert.

Die Abtragsleistung einer Diamantpolierunterlage ist weiterhin von der Kühl-Schmier-Wirkung der verwendeten Polierflüssigkeit abhängig. Die eingesetzten Kühl-Schmier-Mittel unterscheiden sich im Ausmaß ihrer beiden Hauptwirkungen: Entweder dominiert die Kühlwirkung oder die Schmierwirkung. Beim intensiven Polieren muss dem System Schlifffläche-Wirkfläche eine große Menge Reibungswärme entzogen werden. In diesem Fall dienen Lösungen aus Alkohol und Glykol als Polierflüssigkeiten. Der Verdunstungsprozess des Alkohols kühlt. Glykol verdunstet langsamer und schmiert hauptsächlich. Geeignete Kühl-Schmier-Lösungen auf Wasserbasis erfüllen den gleichen Zweck und sind umweltfreundlicher. Sie werden bevorzugt beim Polieren auf Arbeitsscheiben mit Durchmessern ab 300 mm und Schliffflächen oberhalb 3 cm^2 eingesetzt. Soll die Schmierwirkung überwiegen, z. B. beim Polieren weicher Werkstoffe auf Flortextilien, dann werden Ölemulsionen bevorzugt. Polierlösungen auf Leichtölbasis mit Alkohol wirken ebenfalls gut schmierend und kühlend. Sie finden Anwendung für das Polieren auf Hochleistungsautomaten. Um die Abstimmung der Kühl-Schmier-Flüssigkeit bezüglich Art, Mengenanteile und Chargierung auf die jeweilige Diamantsuspension für die entsprechende Polierunterlage zu optimieren, sind spezielle Poliersuspensionen entwickelt worden. Ihr Flüssigkeitskörper enthält eine genau abgestimmte Kombination von

- Diamantpartikeln (Art, Größe, Form, Konzentration),
- thixotroper Trägerflüssigkeit (verringert bei Bewegung ihre Viskosität und erhöht diese bei Ruhe; verhindert das

schwerkraftbedingte Absinken der Diamantpartikel) und
- Kühl-Schmier-Komponenten (Art, Anteile, Viskosität).

Derartige all-in-one Suspensionen verringern das Sortiment an Hilfsstoffen und die Brandlast am Polierplatz, sind lagerfähig sowie anwendungs- und umweltfreundlich.

Beim mechanischen Polieren von Hand, insbesondere beim Diamant-Polieren, wird ähnlich dem manuellen Nassfeinschleifen (Abschnitt 2.3.2.3) nach empirischen Regeln gearbeitet.

- Die Auswahl der Polierstufen und der in ihnen benutzten Kombinationen von Unterlage, Poliermittel und -hilfsstoff richtet sich nach Härte, Abrasivverhalten und Werkstoffstruktur sowie geometrischer Form der Schlifffläche. Harte Werkstoffe (> 180 HV) werden auf Unterlagen geringer Stoßelastizität („harte" Unterlage) poliert. Das mechanische Polieren weicher Werkstoffe erfolgt auf Unterlagen mit hoher Stoßelastizität („weiche" Unterlage). Sie füllen sich mit Polierpartikeln stärker auf als geringstoßelastische Unterlagen. Auf hochstoßelastischen Unterlagen weicht das Partikel der Polierkraft durch Einsinken aus. Bei dieser Vertikalbewegung des Partikels ist seine Abtragswirkung gering. Demgegenüber begünstigt die ausgeprägte Horizontalbewegung auf geringelastischer Unterlage die Abrasivwirkung des Polierpartikels. Horizontal- und Vertikalbewegung werden maßgeblich von den Polierflüssigkeiten (Suspension, Spray, Kühl-Schmier-Stoff) beeinflusst.
- Nach jeder Polierstufe muss eine gründliche *Reinigung* der gesamten Schliffprobe vorgenommen werden (Ultraschallreinigung). Verschleppte Rückstände gefährden das Ergebnis und verursachen erhebliche Mehraufwendungen.
- Der *Anpressdruck* sollte bei harten Werkstoffen größer sein als bei weichen, aber den Schleifdruck nicht überschreiten. Ersteres wird begründet mit der geringeren Neigung zur Bildung von Deformationszonen und einem effektiven Materialabtrag. Zweiteres entspricht der Forderung nach Minimierung der Deformationszone insgesamt. Beim mehrstufigen mechanischen Polieren sollte deshalb auch der Anpressdruck ab der zweiten Polierstufe abnehmen.
- Beim mechanischen Polieren sollten längere *Polierzeiten* als beim Feinschleifen gewählt werden. Diese sind beim Übergang zur nächsten Polierstufe der gleichbleibenden Poliervariante wegen der geringen Abtragsgeschwindigkeit zu verlängern.

Eine Verlängerung der Polierzeit, die sich auch infolge der Druckverringerung in der letzten Polierstufe ergibt, kommt zwar der o. g. Forderung bezüglich der Deformationszone entgegen, kann aber auch zu einer unerwünschten Reliefbildung („Überpolieren") und/oder zur Kantenabrundung führen. Kantenabrundungen beeinträchtigen die Randschärfe, was z. B. die Untersuchungen von Oberflächenschichten erschwert.

Beim mechanischen Polieren von Hand, insbesondere beim Polieren von Gefügen mit geringen Anteilen harter Bestandteile (z. B. nichtmetallische Einschlüsse), können infolge einer zu lang andauernden einsinnigen Relativbewegung zwischen Schlifffläche und rotierender Polierscheibe Polierfehler in Form von Schweifbildungen auftreten. Die Schweife entstehen hinter dem harten Gefügebestandteil, liegen in Polierrichtung und sind als Wischer, Kometen und Kommata dem Präparator bekannt.

Zur Vermeidung dieses Polierfehlers muss der einsinnigen Relativbewegung eine zusätzliche Probenbewegung überlagert werden, indem während der manuellen Probenführung die Probe selbst gedreht wird, besser noch auf dem Poliertuch Kreise oder Achten beschrieben werden. Beim mechanischen Polieren auf Automaten tritt dieser Polierfehler nicht auf, weil die zusätzliche Probenbewegung durch das Führen der Proben mithilfe eines exzentrisch rotierenden Probenhalters gegeben ist. Für das Polieren auf Automaten lassen sich wie beim automatischen Feinschleifen auch Poliertechnologien aufstellen, welche die vielen Polierparameter (Unterlage, Abrasivstoff, dessen Anwendungsart, Hilfsstoff, Polierdruck, -geschwindigkeit, -bewegung und -zeit) für einzelne Werkstoffe zusammenfassen. Die Vorteile, die sich gegenüber dem manuellen Polieren beim Polieren auf Automaten ergeben, sind denen beim automatischen Feinschleifen analog.

Um die Deformationszone, die beim mechanischen Polieren stets erneut aufgebaut wird, schnell zu minimieren, hat sich ein Wechsel zwischen mechanischem und chemischem Oberflächenabtrag bewährt. Durch Tauchen der endpolierten Probe in das nachfolgend vorgesehene Ätzmittel wird die verbliebene Bearbeitungsschicht aufgelöst. Ein weiteres Endpolieren erzeugt dann nur noch eine ihm typische (geringere) Bearbeitungsschicht, die im Verlauf der nachfolgenden Gefügekontrastierung beseitigt wird.

2.3.2.5 Weitere spanende Abtragsverfahren

Neben dem Grobschleifen zur Einebnung der Anschlifffläche werden in Abb. 2.58 als makrospanende Abtragsverfahren auch Mikrotomieren und Ultrafräsen angeführt. Beide stellen in der präparativen Metallografie vieler weicher Nichteisenwerkstoffe (< 150 HV) und Schichtwerkstoffe sowie Plattierungen echte Alternativen zur stufenweisen Bearbeitung durch Plan- und Feinschleifen auf Flachschleifkörpern dar.

Beim Mikrotomieren hobeln Schneidwerkzeuge mit Glas-, Hartmetall- oder Diamantschneide spezieller Geometrie die Anschlifffläche plan. Bei geeigneten Verfahrensparametern haben die Bearbeitungsschichten nach dem Mikrotomieren eine geringe Rautiefe ($R_m < 0,1$ µm, d. h. Spiegelglanz; Tab. 2.8). Außerdem sind ihre Deformationszonen schmal, sodass sie beim anschließenden chemischen Kontrastieren von Makro- und einigen Mikroätzmitteln aufgelöst werden, wodurch Strukturmerkmale sichtbar werden.

Das Ultrafräsen wird mit schnell rotierenden Spezialfräsern (rd. 1000 bis 3500 U min^{-1}) durchgeführt. Der Fräskopf ist mit einem Vorschneider zum Planen und einem nacharbeitenden Fertigschneider zum Glätten bestückt. Die Besonderheiten beider Werkzeuge liegen in ihrer Position im Fräskopf zueinander und in der Geometrie ihrer Diamantschneiden. Fräskopfabmessung und Probenführung der Ultrafräsen erlauben die metallografische Bearbeitung großer Schliffflächen, wie sie z. B. bei Untersuchung von Halbzeugen und Schadensfällen anzutreffen sind. Die durch Ultrafräsen entstandene Bearbeitungsschicht erlaubt ebenfalls unmittelbar nach der Anschliffherstellung eine Strukturentwicklung durch chemisches Ätzen.

Während das Mikrotomieren bei der Präparation vieler Werkstoffe erfolgreich angewandt wird (z. B. bei reinen weichen Metallen, wie Ag, Al, Au, Cd, Cu, Mg, Pt, Sn, Zn, sowie deren Legierungen und Verbunde), hat sich das Ultrafräsen nur in Einzelfällen durchsetzen können.

Von den mikrospanenden Abtragsverfahren (Abb. 2.58) hat das Vibrationspolieren eine gewisse Bedeutung erlangt. Die notwendige Relativbewegung zwischen Probe und Polierunterlage kommt durch eine schwingende Arbeitsscheibe zustande. Eine elektromagnetische Federkonstruktion versetzt die Arbeitsscheibe in vertikale Vibrationen, denen Drehschwingungen überlagert sind. Auf der Arbeitsscheibe steht der Boden einer Schwingwanne. Die kombinierten Schwingungen lassen die mit einem Probenaufnahmegewicht beschwerten Proben unter Drehung um die eigene Achse in der Schwingwanne auf einem Außenkreis umlaufen. Die Probenumlaufgeschwindigkeit hängt im Wesentlichen ab von der Probenträgheit, den Reibungsverhältnissen zwischen Polierunterlage und Anschlifffläche, den Eigenheiten der Gerätekonstruktion, insbesondere Durchmesser der Schwingwanne, Federsteifigkeit und Luftspalt des Elektromagneten, sowie der Schwingungsamplitude. Letztere wird über die Anregungsspannung des Elektromagneten geregelt. Somit kann die Intensität der Probenbewegung dem Abtragsvorgang angepasst werden. Als Polierunterlagen dienen Tuchgewebe mit kurzem Flor und hoher Saugfähigkeit in Kombination mit wässrigen Oxid-Poliersuspensionen (Aufschlämmungen von MgO, Al_2O_3 oder CeO).

Trotz der gegenüber dem Rotationspolieren längeren Polierzeiten und der Gefahr von Werkstoffmikrokavitation besitzt das Vibrationspolieren gewisse Vorteile. Der werkstoffschonende Abtrag erlaubt, besonders bei Anwendung kolloidaler Oxidsuspensionen (s. Abschnitt 2.3.2.6), präparationsempfindliche Materialien mit gutem Ergebnis zu polieren (z. B. Pb, rostfreie austenitische Stähle, W-Ni-Fe-Legierungen). In der Schwingwanne können gleichzeitig mehrere Proben poliert werden. Da in der Wanne die Poliermittel vertikal in der Schwebe gehalten werden und nicht agglomerieren, werden sie gut ausgenutzt.

Die Polierqualität (Randschärfe, Reliefarmut, Schädigung spröder Phasen) soll vergleichbar sein mit derjenigen nach teilautomatisiertem Rotationspolieren. Die separate Gerätetechnik, eine geringe Abtragsgeschwindigkeit (kein Schleifen möglich) und das aufwendige Handling beim Wechsel von Poliertuch und -suspension sind Gründe, die gegen eine automatisierte Präparation auf Basis des Vibrationspolierens sprechen.

2.3.2.6 Chemisch-mechanisches Polieren

Mit diesem Rotationsverfahren wird häufig die Fein- bzw. Endpolitur ausgeführt. Sie erfolgt auf einer chemisch resistenten Unterlage unter Hinzugabe von kolloidal gelöstem SiO_2 oder Al_2O_3. Entsprechend dem amphoteren Charakter der Kieselsäure hat deren kolloidale Lösung schwach basischen Charakter, die Tonerdelösungen dagegen sind neutral oder sauer. Tabelle 2.19 fasst die Merkmale gebräuchlicher Oxid-Polierlösungen (OP-Lösungen) und Beispiele entsprechender chemisch resistenter Polierunterlagen zusammen. Bei den in Abschnitt 2.3.2.4 bereits erwähnten Unterlagen bzw. deren Produktbezeichnungen wird bezüglich Wirkflächenart und Stoßelastizität auf die Beschreibung in den Tab. 2.17 und 2.18 verwiesen.

Das Polieren mit OP-Lösungen beruht auf einer Kombination von chemischem mit mechanischem Materialabtrag (Ionenbildung und Mikrospanbildung, Abb. 2.58). Dominiert die chemische Abtragskomponente, dann spricht man vom chemisch-mechanischen Polieren; dominiert die mechanische Komponente, wird das Verfahren als mechanisch-chemisches Polieren bezeichnet. Der Abtragsmechanismus ist sehr komplex und in vielen Details noch nicht hinreichend geklärt. Dennoch reichen die gegenwärtigen Vorstellungen

Tab. 2.19 Oxid-Poliersuspensionen zum Endpolieren

Bezeichnung der OP-Suspension	Merkmale Oxidart	Partikel-⌀ [nm]	pH-Wert	chemisch resistente Polierunterlagen (Empfehlung) für Werkstoffe mit <150 HV	>150 HV	Reagenzzugabe
MasterMet 2 (Fa. Buehler)	SiO_2	20	9,5	MasterTex (Fa. Buehler) synthetische Kurzflortextilien (Tab. 2.18)	ChemoMet (Fa. Buehler) PT-Chem-Tücher (Fa. Cloeren Technology)	ja
OP-S	SiO_2	40	9,8	MD/OP-NAP (Fa. Struers)	MD/OP-Chem (Fa. Struers)	ja
OP-U (beide Fa. Struers)	SiO_2	40	9,8	SWING-PLUS (Fa. Testa)	Chemopad ST (Polyurethan; Fa. Logitech)	nein
OxyPol, kolloid (Fa. Cloeren Technology)	SiO_2	50	10	PT (Micro)Nap (Fa. Cloeren Technology)	PT Chem (makrostrukturiert) (Fa. Cloeren Technology)	ja
MasterMet (Fa. Buehler)	SiO_2	60	9,5	synthetische Kurzflortextilien (Tab. 2.18)	Neoprenschaum-Tücher (Tab. 2.17)	ja
Final (Fa. Buehler)	SiO_2	100	9,0	Mastertex	F-Tuch	ja
Syton SF 1 (Fa. Logitech)	SiO_2	32	10,3	Chemcloth oder SUBA-IV (Polyurethan; Fa. Logitech)	Pellon-PSU oder Chempad F, perforiert (Fa. Logitech)	ja
Chemlox (Natriumhypochlorit; Fa. Logitech)	Al_2O_3	100	11,3			nein
OP-AN (Fa. Struers)	Al_2O_3	20	7-7,5	MD/OP-Nap (Fa. Struers)	MD/OP-Chem (Fa. Struers) makrostrukturierte Neopren- oder Polyurethan-Schaumverbunde (Tab. 2.17)	ja
OP-AA (Fa. Struers)	Al_2O_3	20	3-3,5	synthetische Kurzflortextilien (Tab. 2.18)		ja
OP-A (Fa. Struers)	$\gamma\text{-}Al_2O_3$	50	4,0			nein

aus, um die wichtigsten Poliererscheinungen zu erklären. Bei diesem Polierverfahren laufen chemische und mechanische Teilvorgänge gleichzeitig ab und beeinflussen bzw. ergänzen sich gegenseitig.

Obwohl kolloidal gelöste Oxide eine eher amorphe als kristalline Struktur aufweisen und eine kugelige Gestalt besitzen, bewirkt diese Partikeleigenheit bei Durchmessern von ca. 20 bis 300 nm und ausreichend hoher Oxidkonzentration in der Lösung (ca. 30 bis 50 Vol.-%) einen Abrasivabtrag von Probenmaterial und chemischen Reaktionsschichten. Letztere entstehen bei der chemischen Auflösung des festen Probenwerkstoffs durch die Reaktion mit der Suspensionsflüssigkeit auf der Schliffoberfläche.

Der Abrasivabtrag der Reaktionsschicht begünstigt den Fortgang der chemischen Materialauflösung. Da, wie angenommen wird, die Reaktionsschichtdicke vergleichbar mit dem Partikeldurchmesser ist, werden die Partikel nur bis zu einer geringen Tiefe das eigentliche Probenmaterial abtragen, besonders bei harten, weniger duktilen Werkstoffen. Infolge der abrasiven Zerstörung und Beseitigung der Reaktionsschicht liegen immer neue Schliffflächenbereiche frei, die mit der Suspensionsflüssigkeit reagieren.

Im Fall metallischer Werkstoffe wird angenommen, dass der chemische Materialabtrag sowohl direkt durch Ionenbildung in der Suspensionslösung (elektrolytisch wirkend) als auch indirekt über Schichtbildung und -beseitigung stattfindet. Da die zuerst beginnende direkte Metallauflösung den Abtrag der gestörten Schliffoberfläche stärker unterstützt als die später einsetzende indirekte Auflösung, genügt für eine erfolgreiche Politur eine Polierdauer von 1 bis 3 min.

Begünstigend auf das direkte In-Lösunggehen wirkt sich die Deformation vom vorangegangenen mechanischen Polieren aus. Der Grund liegt in der erhöhten Elektronegativität verformter Metallbereiche, die dadurch bevorzugt aufgelöst werden. Ist die verbliebene Deformationszone jedoch noch zu stark ausgeprägt (> 2 µm), dann bedingt die Reaktionsfreudigkeit ein schnelles Einsetzen der Reaktionsschichtbildung. Die Abtragsgeschwindigkeit sinkt, wodurch sich der Poliererfolg verschlechtert.

Um auf der mit Suspension eingeweichten Unterlage die Reliefbildung gering zu halten, wird mit wesentlich geringeren Anpresskräften poliert als beim Diamant-Polieren. Die Wirkungen der anderen Einflussgrößen, insbesondere von Relativgeschwindigkeit zwischen Probe und Unterlagen, Poliertemperatur, Oxidkonzentration in der Suspension und deren pH-Wert, sind bekannt. Bei optimaler Arbeitsweise beträgt die Abtragsgeschwindigkeit 0,1 bis 1 µm min^{-1}.

Beim chemisch-mechanischen Polieren mit OP-Suspensionen entsteht an der Schliffoberfläche ebenfalls eine Störschicht (Abb. 2.82 b). Ihr Charakter unterscheidet sich stark von dem der Störschicht nach mechanischem Polieren (Abb. 2.82 a).

Die Kratzerspuren der runden Oxidpartikel (geringe Tiefe, flache Flanken, runder Grund, kein Wall) und die vom Diamant-Polieren eventuell verbliebenen Kratzerfragmente ergeben zusammen keine ge-

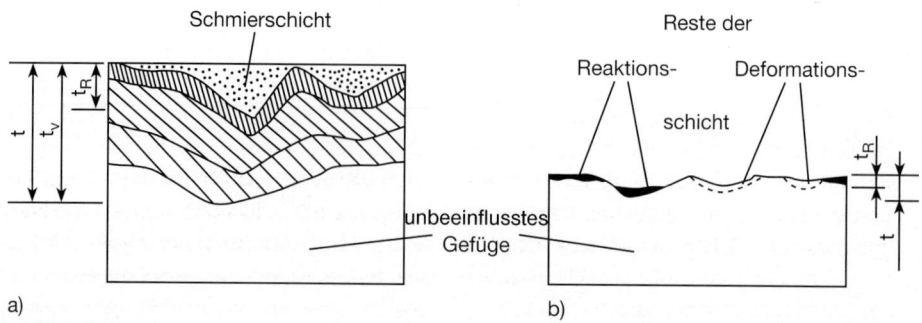

t: Störtiefe
t_R: Rauigkeitstiefe
t_V: Deformationstiefe

Abb. 2.82 Abbau der Störschicht vom mechanischen Feinpolieren a) und anschließenden chemisch-mechanischen Endpolieren b); schematisch

schlossene Deformationszone. Die Restbereiche sind inselartig auf der Schlifffläche verteilt. Ihre Dicke beträgt < 0,5 µm. Der Einfluss der Deformationsrestbereiche auf die Wechselwirkung auftreffender Lichtstrahlen mit der chemisch-mechanisch polierten Schlifffläche ist vernachlässigbar. Diese Bereiche werden bei der anschließenden Gefügekontrastierung mittels materialabtragenden Verfahren entfernt, z. B. durch klassisches Ätzen.

Eine vollständige Beseitigung der restlichen Störbereiche beim chemisch-mechanischen Polieren gelingt, wenn der Oxidsuspension Reagenzien beigemischt werden, welche die chemische Auflösereaktion unterstützen. In Tab. 2.20 sind Beispiele von Rezepturen für das Polieren mit der OP-S-Suspension zusammengestellt. Es kann sowohl mit einer Direktzugabe zur OP-S-Suspension als auch mit Zumischen von getrennt angesetzten Reagenzlösungen gearbeitet werden. In beiden Fällen ist – für die angegebenen metallischen Werkstoffe – die Schlifffläche nach dem Endpolieren praktisch frei von Reaktions- und Deformationsbereichen. Bei sehr intensiver Wirkung der chemischen Komponenten und/oder bei langen Polierzeiten können aufgrund der Lösungspotentialunterschiede chemisch bedingte Reliefserscheinungen an einzelnen Gefügebestandteilen auftreten.

Entstehen jedoch bei der chemischen Reaktion Abscheidungen, die mit gewissen Gefügebestandteilen auf deren Anschliffflächen festhaftende und gegenüber den Reinigungs- und Ätzflüssigkeiten resistente Verbindungen eingehen, dann werden diese das Gefügeaussehen verfälschen (z. B. Supraleiter auf Y-Ba-Cu-O-Basis). Verfälschungen entstehen auch im Fall zu stark angelöster Phasen, die sich somit der Beobachtung entziehen (z. B. wasserlösliche Phasen in Baustoffen, K_2O-Partikel in Glühwendeldraht aus W).

Wegen des Vorteils, keine ausgeprägte Deformationszone zu erzeugen, und der problemlosen Realisierung auf modernen Rotationspoliergeräten hat sich die chemisch-mechanische Arbeitsweise als Endpolierstufe für die meisten Werkstoffe durchgesetzt. Durch eine Kombination von vorhergehender Diamantpolitur mit dieser Arbeitsweise werden die in Tab. 2.8 aufgeführten Zielkriterien für das Polieren erreicht. Chemisch-mechanisch endpolierte Schliffe eignen sich gut für eine anschließende Farbätzung.

2.3.2.7 Elektrochemischer Metallabtrag

Der elektrochemische Metallabtrag ist ein Herauslösen von Atomen aus der Anschlifffläche. Hierbei werden die Atome ionisiert und massenweise im Poliermittel (Elektrolyten) gelöst. Der Auflösungsprozess findet bevorzugt an Rauigkeitsspitzen, aber auch an der Oberfläche deformierter Bereiche statt. Dadurch wird die von der mechanischen Präparation herrührende Bearbeitungsschicht zunächst deformationsfrei eingeebnet und schließlich beseitigt.

Elektrochemische Poliermethoden in der Metallografie sind das *chemische Polieren* und das *elektrolytische Polieren* (Abb. 2.58). Beide Verfahren unterscheiden sich durch die Bedingungen, unter denen die Metallauflösung stattfindet. Beim chemischen Polieren ergibt sich die erforderliche Stromdichte aus dem System Probenoberfläche/Polierlösung ohne äußere Beeinflussung. Die Stromdichte resultiert aus räumlich und zeitlich veränderlichen Lokalelementen, die auf einer vorher mechanisch bearbeiteten Anschlifffläche stets vorhanden sind. Beim elektrolytischen Polieren wird dem System Probe (Anode)-Polierlösung (Elektrolyt) die Stromdichte

Tab. 2.20 Rezepturen von Lösungen für das chemisch-mechanische Polieren auf Basis der OP-S-Suspension (Beispiele; nach Fa. Struers)

Werkstoff	Zusammensetzung nach	
	direkter Zugabe	Mischen der Lösungen
Al-Cu-Si-Mg (aushärtbare Knetlegierung)		100 ml OP-S-Suspension mit 25 ml einer Lösung aus: 23 ml H_2O 1 ml HCl konz. 1 ml HNO_3 konz.
Blei		90 ml OP-S-Suspension mit 10 ml einer Lösung aus: 84 ml Glycerin 8 ml Eisessig 8 ml HNO_3 konz.
Kupfer		90 ml OP-S-Suspension mit 10 ml einer Lösung aus: 50 ml H_2O 50 ml Ethanol 1 g Eisen-III-Nitrat
Kupfer, Messing und Bronze	96–98 ml OP-S-Suspension 1–2 ml H_2O_2 1–2 ml NH_4OH (25 %ig)	90 ml OP-S-Suspension mit 10 ml einer Lösung aus: 100 ml H_2O oder Ethanol 2 ml HCl konz. 3 g $FeCl_3$
Silber	100 ml OP-Suspension 1 ml HNO_3 (konz.)	
Silicium	OP-S-Suspension ohne Zusatz oder 90 ml OP-S-Suspension 10 ml H_2O_2	
Titan (rein) (TiAl6V4)	260 ml OP-S-Suspension 40 ml H_2O_2 1 ml HNO_3 konz. 0,5 ml HF konz. oder 100 ml OP-S-Suspension 30 ml H_2O_2	
TiAl6V4 (Titan rein)	96 ml OP-S-Suspension 2 ml H_2O_2 2 ml NH_4OH (25 %ig)	
Zinn	OP-S-Suspension pur oder: 100 ml OP-S-Suspension 10 ml Glycerin	
Zink		90 ml OP-S-Suspension mit 10 ml einer Lösung aus: 95 ml Methanol 5 ml HCl konz.

aufgezwungen, indem von außen (über eine Katode im Elektrolyten) eine elektrische Spannung angelegt wird.

Das chemische Polieren ist sehr einfach durchzuführen. Die Probe wird nach dem Feinschleifen mit der Anschliffläche in die Polierlösung getaucht. Um die Reaktionsprodukte schneller von der Schlifffläche zu entfernen und frische Lösung einwirken zu lassen, sollte die Probe in der Polierlösung einige Zeit bewegt werden. Eine erfolgreich chemisch polierte Anschlifffläche ist nach dem Abspülen und Trocknen eben und weist den bekannten für das jeweilige Metall typischen Glanz auf.

Die Polierlösungen sind empirisch gefundene und später dann in ihrer Polierwirkung optimierte Gemische aus mindestens drei Komponenten. Art und Wirkung der einzelnen Chemikalien müssen auf die Teilvorgänge abgestimmt sein. Dies bereitet häufig Probleme, weil die Teilvorgänge beim chemischen Polieren bisher nur im Prinzip bekannt sind. Die Unkenntnis der Details führt noch öfters zu unsicheren Resultaten. Die Polierlösungen enthalten starke Oxidationsmittel, die im Verlauf der Metallauflösung die Bildung kompakter Passivschichten begünstigen (sog. *Passivatoren*; z. B. HNO_3, CrO_3, H_2O_2). Einmal gebildete Passivschichten (Deckschichten) unterbrechen den Auflösungsprozess und verhindern somit den weiteren Abtrag der restlichen Bearbeitungsschicht. Das Vorhandensein einer zweiten Komponente, bestehend aus starken Säuren, soll der Ausbildung reaktionshemmender Deckschichten entgegenwirken (sog. *Depassivatoren*; z. B. HF, HCl, H_2SO_4, aber auch CH_3COOH). Eine unmittelbar vor der Schlifffläche gebildete Flüssigkeitsschicht begünstigt den Abtrag, indem sie den Stofftransport durch Diffusion und Konvektion reguliert. Um die Ausbildung dieser flüssigen Reaktionsschicht zu unterstützen, werden den Polierlösungen häufig sogenannte *Diffusionsschichtbildner* zugegeben (z. B. H_3PO_4, CH_3OH, Glycerin). Sie können allein oder auch zusammen mit Inhibitoren (z. B. Gelatine sowie Kupfer-, Nickel- und andere Schwermetallsalze) auf die Polierlösung zusätzlich noch viskositätserhöhend wirken.

Für einige technisch wichtige Werkstoffe sind in Tab. 2.21 die Arbeitsbedingungen für das chemische Polieren zusammengestellt. Im Allgemeinen lassen sich mit den in ihr dargelegten Empfehlungen bei Aluminium und Kupfer sowie deren Legierungen sicherere Resultate erreichen als bei Eisen und Stählen. Steigende Temperaturen begünstigen in den angegebenen Bereichen den Auflösungsprozess und können in einigen Fällen die Polierzeiten verkürzen. Verglichen mit dem mechanischen Polieren, insbesondere dem manuellen, sind die Polierzeiten beim chemischen Polieren insgesamt kurz. Der Grund dafür ist in den hohen Abtragsgeschwindigkeiten zu suchen, die in der Größenordnung des Nassfeinschleifens liegen (10 bis 50 μm min^{-1}).

Außer der einfachen Handhabung (z. B. Tauchen der lediglich feingeschliffenen Probe, keine Gerätebedienung) und der kurzen Polierzeit weist das chemische Polieren noch den Vorteil eines deformationsfreien Abtrags auf. Sobald eine geeignete Arbeitsweise gefunden worden ist, lassen sich die Polierergebnisse ausgezeichnet reproduzieren.

Diese und weitere Vorteile führten dazu, dass außer den in Tab. 2.21 angegebenen Werkstoffen viele andere erfolgreich chemisch poliert werden, insbesondere solche, die bei einer mechanischen Anschliffherstellung zur Bildung ausgeprägter Deformationszonen neigen (z. B. Be, Cd, Co, Mg, Nb, Ta, Zn, Ni-Cu-Legierung, wie Monel-Metall). Aber auch Halbleiterwerk-

Tab. 2.21 Arbeitsbedingungen für das chemische Polieren ausgewählter metallischer Werkstoffe

Werkstoff	Polierlösung	Temperatur [°C]	Zeit [s]	Bemerkungen
Reinst-Al	10 ml HNO_3 (1) 60 ml H_3PO_4 30 ml CH_3COOH	20	bis 180	
Al und seine homogenen Legierungen	50 ml H_3PO_4 25 ml H_2SO_4 7 ml HNO_3 6 ml CH_3COOH 12 ml H_2O (2)	70 bis 90	120 bis 240	geringer Abtrag; evtl. mechanische Vorpolitur notwendig
Al und seine heterogenen Legierungen	70 ml H_3PO_4 25 ml H_2SO_4 5 ml HNO_3	80 bis 90	30 bis 120	brauchbar für Leg. mit intermet. Phasen, z. B. Al-Cu, Al-Fe u. Al-Si
Reinst-Cu	55 ml H_3PO_4 20 ml HNO_3 25 ml CH_3COOH	60 bis 70	60 bis 120	Abtrag am besten, wenn kein Kupferoxid zugegen ist
Cu und seine Legierungen	30 ml HNO_3 10 ml HCl 10 ml H_3PO_4 50 ml CH_3COOH	70 bis 80	dto.	Probe muss in Lösung bewegt werden
Cu-Al-Legierungen	35 bis 100 ml H_2O 7 bis 40 ml HNO_3 25 bis 27 g CrO_3	20	bis 240	gebildete Oxidhaut durch Tauchen in 10%iger HF entfernen; mitunter Korngrenzen angegriffen
Cu-Zn-Legierungen (Messing)	80 ml HNO_3 (rauchd.) 20 ml H_2O	40	5	nach kurzem Tauchen sofort unter kräftigem Leitungswasserstrahl abwaschen; bei α-β- u. β-Messing geringe Variation der Zusammensetzung; matter Film auf α-β-Leg. wird durch kurzes Tauchen in gesättigter Lösung von CrO_2 in HNO_3 beseitigt, danach Probe gut abwaschen

Tab. 2.21 (Fortsetzung)

Werkstoff	Polierlösung	Temperatur [°C]	Zeit [s]	Bemerkungen
Cu-Zn-Legierungen (Messing) u. Cu-Ni-Legierungen (Neusilber)	50 ml H_3PO_4 10 ml HNO_3 30 ml CH_3COOH 10 ml H_2O	20 bis 60	120 bis 600	Lösung in weiten Grenzen variierbar
Fe und C-arme unleg. Stähle	7 ml HF (40%ig) 3 ml HNO_3 30 ml H_2O	60 bis 70	120 bis 180	braune viskose Schicht vor Schlifffläche ist löslich im Poliermittel; Fe_3C wird im C-armen Stahl bevorzugt angegriffen
Fe, unleg. u. niedrigleg. Stähle, Gusseisen, FeSi	5 ml HF (40%ig) 70 ml H_2O_2 (30%ig) 40 ml H_2O	20 bis 30	30 bis 90	
Fe und normalisierte C-Stähle	4 ml H_2O_2 (30%ig) 28 ml Oxalsäure-Lösg. (100 g/l) 80 ml H_2O	35 bis 45	600 bis 900	stets frische Lösg. verwenden; Probe vorher gut reinigen; Mikrogefüge erscheint, mitunter zu geringer Abtrag u. deshalb schlechte Schliffqualität
austenitische Stähle	7 ml HCl 23 ml H_2SO_4 4 ml HNO_3 66 ml H_2O	30	300	
austenitische Cr-Stähle	36 ml HCl 32 ml H_2SO_4 80 g $TiCl_4$ 32 ml H_2O	70 bis 80	300	für V2A geeignet; evtl. geringer HNO_3-Zusatz
Ni-Sorten	30 ml HNO_3 10 ml H_2SO_4 10 ml H_3PO_4	80 bis 90	30 bis 60	sehr gute Schlifffläche

Tab. 2.21 (Fortsetzung)

Werkstoff	Polierlösung	Temperatur [°C]	Zeit [s]	Bemerkungen
Pb-Sorten	20 ml H_2O_2 (30%ig) 80 ml CH_3COOH	20	in Perioden von 5 bis 10	empfohlen wird abwechselndes Tauchen in der angegebenen Lösg. und folgender Lösg.: 10 g MoO_3 140 ml NH_4OH 240 ml H_2O_2 zum Schluss 60 ml HNO_3 zugeben
Reinst-Ti	10 ml HF (40%ig) 60 ml H_2O_2 (30%ig) 30 ml H_2O	20	≈ 240	Jodid-Ti; auch als Makroätzmittel anwendbar
Ti-Sorten	10 ml HF (40%ig) 10 ml HNO_3 30 ml Milchsäurelösg. (90%ig)	20	bis ≈ 300	
Ti-Werkstoffe; bevorzugt Ti-Al-V-Legierungen	1 bis 3 ml HF (40%ig) 2 bis 6 ml HNO_3 100 ml H_2O	20	5 bis 20	Kroll-Ätzmittel

(1) wenn nicht anders vermerkt, sind konzentrierte Säuren gemeint
(2) stets destilliertes Wasser verwenden

stoffe (z. B. Ge und Si) und oxidkeramische Werkstoffe wurden mithilfe dieses Verfahrens erfolgreich poliert.

Nachteilig ist, dass beim chemischen Polieren die Randschärfe der Proben verlorengeht, Risse, Poren und Lunker an ihren Kanten abgerundet werden und nichtmetallische Einschlüsse meistens herausfallen. Die Ursache dieser Präparationsfehler liegt im bevorzugten chemischen Angriff von Kanten und Oberflächenbereichen mit mechanischen Spannungen. Grobkörnige und auch stark heterogene Werkstoffe sowie solche, die zur Passivität neigen, lassen sich schwer chemisch polieren. In derartigen Fällen können Zerstörungserscheinungen der Anschlifffläche (z. B. Grübchenbildung, unerwünschter Ätzangriff), unzureichende Glättung oder gar festhaftende Reaktionsprodukte beobachtet werden. Dies weist darauf hin, dass beim chemischen Polieren die Anpassung einer empfohlenen Arbeitsweise an die vorliegende Präparationsaufgabe problematisch ist. Die besonderen Arbeitsschutzvorschriften, die bei der Anwendung der stark ätzenden, z. T. giftigen und mitunter schädliche Dämpfe entwickelnden Polierlösungen beachtet werden müssen, dürften unter den heutigen Arbeitsbedingungen einzuhalten sein.

Beim elektrolytischen Polieren wird die Bearbeitungsschicht (z. B. vom Feinschleifen) durch anodische Auflösung beseitigt. In einer Zelle zum elektrolytischen Polieren (Abb. 2.83) stellt die Probe die Anode dar. Sie wird mit der Anschlifffläche auf eine Maske gesetzt, die über ihre Öffnung die Form und die Größe des zu polierenden Bereichs auf der Schlifffläche vorgibt. Parallel zur Anschlifffläche ist in einem vorgegebenen Abstand die Katode angeordnet. Sie besteht aus einem gegenüber dem Elektrolyten resistenten Material (vorzugsweise V2A). Eine Pumpe fördert den Elektrolyten derart, dass im Elektrodenraum eine laminare Strömung entsteht, deren Geschwindigkeit geregelt werden kann. Die Arbeitstemperatur des Elektrolyten wird über einen Thermostaten und eine Temperierschlange eingestellt und konstant gehalten. Eine Stromversorgungsein-

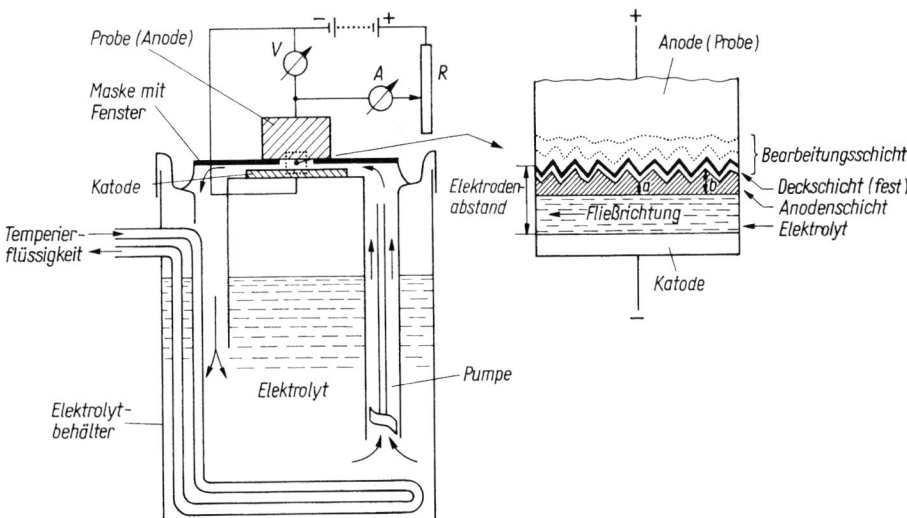

Abb. 2.83 Prinzip kommerzieller Zellen zum elektrolytischen Polieren und Schichtausbildung im Elektrodenraum (schematisch)

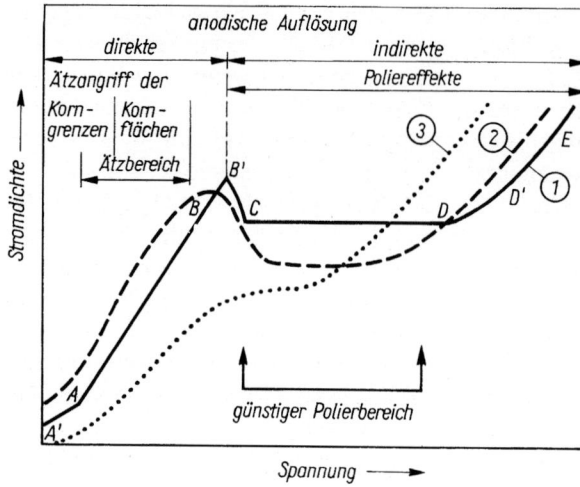

Abb. 2.84 Stromdichte-Spannungs-Kurven für die anodische Metallauflösung (schematisch): 1 idealisierte Kurve, 2 reale Kurve bei Elektrolyten mit niedrigem Eigenwiderstand, 3 reale Kurve bei Elektrolyten mit hohem Eigenwiderstand

heit liefert die gewünschte Gleichspannung, unterbricht den Strom nach einer vorgewählten Polierzeit und betreibt die Pumpe.

Die Grundvorgänge bei der anodischen Metallauflösung seien anhand der Schichtausbildung im Elektrodenraum (Abb. 2.83) und der idealisierten Stromdichte-Spannungs-Kurve (Abb. 2.84, Kurve 1) erklärt. Ist die von außen angelegte Spannung gering, erfolgt praktisch keine Auflösung (Bereich A′–A). Erst im Bereich A–B geht das Metall mit steigender Spannung anodisch und mit seiner höchsten Wertigkeit in Lösung. Für ein zweiwertiges Metall kann dies wie folgt beschrieben werden:

$$Me \rightarrow Me^{2+} + 2\,e^- \qquad (2.43)$$

Der Elektrolyt nimmt die Metallionen auf und reagiert mit ihnen zu leicht löslichen Produkten. Infolge der Wirkung des elektrischen Felds zwischen den beiden Elektroden finden Polarisationserscheinungen statt. Die Reaktionsprodukte und überschüssige Metallionen bilden zusammen mit den Elektrolytbestandteilen unmittelbar vor der Anode eine konzentrationsreiche Schicht. Diese flüssige Anodenschicht besitzt gegenüber dem frischen Elektrolyten eine höhere Viskosität und ein Konzentrationsgefälle der Metallionen in Richtung der frischen Lösung. Anodenseitig folgt diese Schicht dem Rauigkeitsprofil der Probenfläche. Elektrolytseitig bildet die Anodenschicht mit dem laminar strömenden Elektrolyten eine ebene Grenzfläche aus. Im Grenzbereich der Anodenschicht zum Elektrolyten hin liegt im Gegensatz zur Anodenseite eine hohe Konzentration an Anionen, insbesondere Hydroxidionen, vor. Bei zunehmender Spannung wandern diese zur Anode und reagieren mit dem Metall, wobei eine Oxidschichtbildung nach folgender Gleichung einsetzt (Kurve 1, Bereich B–B′):

$$Me + 2\,OH^- \rightarrow MeO + H_2O + 2\,e^- \qquad (2.44)$$

Die passivierende Wirkung der Deckschicht nimmt in diesem Kurvenabschnitt zu und erreicht im Punkt B′ der Kurve solche Ausmaße, dass die direkte Metallauflösung zum Erliegen kommt. Zwischen der metallischen Anodenoberfläche und der flüssigen Anodenschicht ist nun zusätzlich eine geschlossene, feste, relativ dicke, oxidische Deckschicht entstanden. Sie geht bei weiterer Erhöhung der Spannung in Lösung, wobei die Wasserstoffionen des Elektrolyten als Reduktionsmittel wirken:

$$\text{MeO} + 2\,\text{H}^+ \rightarrow \text{Me}^{2+} + \text{H}_2\text{O} \qquad (2.45)$$

Der Antransport der Wasserstoffionen an die Grenzfläche feste Deckschicht/flüssige Anodenschicht und der Abtransport der Metallionen wird von der Anodenschicht über Diffusionsvorgänge gesteuert, weshalb die Schicht auch als Diffusionsschicht bezeichnet wird. Die Reaktion nach Gl. (2.45) führt zu einer Dickenreduzierung der Deckschicht, wodurch deren passivierende Wirkung teilweise zurückgeht. Die Auflösung der Anodenoberfläche setzt nach Gl. (2.44) erneut ein und liefert für den Stromfluss die Elektronen, allerdings weniger intensiv, denn die Deckschicht wird nur in dem Maß nachgebildet, wie sie gemäß Gl. (2.45) auch in Lösung gehen kann. Dies ist der Grund, weshalb ab Punkt B' die Stromdichte nicht auf Null absinkt, sondern nur bis zum Punkt C, um dann konstant zu bleiben. In dem Spannungsbereich des Plateaus der Stromdichte-Spannungs-Kurve (Bereich C–D) befindet sich die Deckschichtbildung mit der Deckschichtauflösung im Gleichgewicht. Die Gesamtreaktion ist eine Metallauflösung, die letztlich nach Gl. (2.43) beschrieben werden kann, aber über den Umweg der Oxidbildung und -auflösung stattfindet und deshalb eine indirekte Auflösung darstellt. Der sich im Spannungsbereich C–D einstellende Schichtenaufbau zwischen Anode und Katode wird im rechten Teil der Abb. 2.83 schematisch dargestellt. Es ist einzusehen, dass aufgrund des kurzen Diffusionswegs die an den Rauigkeitsspitzen (Abstand a) gebildeten Metallionen schneller in den frischen Elektrolyten gelangen als diejenigen aus dem Bereich der Täler (Abstand b > a). Das Material wird somit an den Spitzen schneller als im Bereich der Täler abgetragen. Dies führt zu einer Einebnung der Probenoberfläche, wogegen die indirekte Metallauflösung zum Abtrag der Bearbeitungsschicht insgesamt führt. Erst beide Prozesse zusammen (Einebnung und Abtrag) bestimmen das Ergebnis beim elektrolytischen Polieren. Der günstigste Polierbereich ist in Abb. 2.84 eingezeichnet. Bei Spannungen oberhalb des Punkts D der Kurve 1 findet die indirekte Metallauflösung unter Sauerstoffentwicklung an der Anode statt. Im Bereich D–E besteht die Gefahr der Zerstörung der Anschlifffläche durch Grübchenbildung. Obwohl die Poliereffekte unter diesen Bedingungen instabil sind, wird der Bereich D'–E für das anodische Glänzen in der industriellen Fertigungstechnik genutzt. Aus Abb. 2.84 geht hervor, dass mit Erhöhung des Elektrolyteigenwiderstands sich bei realen Stromdichte-Spannungs-Kurven die charakteristischen Bereiche der idealen Kurve nicht so deutlich ausprägen. Trotzdem können auch in den Realfällen die Vorgänge beim elektrolytischen Polieren mit den gleichen Vorstellungen über die Ausbildung von Reaktionsschichten und deren Wirkung im Elektrodenraum erklärt werden:

- Die flüssige Anodenschicht sorgt für die Einebnung.
- Die feste Deckschicht und die flüssige Anodenschicht bewirken zusammen den Abtrag der Bearbeitungsschicht (Deformationszone).

Beim elektrolytischen Polieren müssen mehrere Parameter beachtet werden. Sie leiten sich ab aus den vorangegangenen Erklärungen zum Abtragsmechanismus und sind

- ein dem Werkstoff angepasster *Elektrolyt*
- *Elektrolyttemperatur* und *Strömungsgeschwindigkeit*
- eine von der Bearbeitungsschicht abhängige *Polierzeit*
- *Polierspannung*
- die über die Größe des *Maskenfensters* im Verein mit der Polierspannung einzustellende Stromdichte

Die Größe des Maskenfensters kann nicht nur in Abstimmung mit den Spannungs- und Stromwerten für den günstigen Polierbereich gewählt werden, sondern es muss auch die Größe der Anschlifffläche der zu polierenden Probe berücksichtigt werden. Die Parameter und weitere Hinweise zum elektrolytischen Polieren sind in den Arbeitsvorschriften kommerzieller Geräte werkstoffbezogen angegeben.

Ein hinsichtlich der elektrochemischen Arbeitsweise weitgehend automatisiertes Gerät zum elektrolytischen Polieren ist das Lectropol-5 der Firma Struers. Mit ihm kann u. a. bei vorgegebener Maskengröße und Elektrolytart eine I-U-Kurve für das jeweilige Probenmaterial aufgenommen und sofort bildlich dargestellt werden. Aus dem Kurvenverlauf sind Prozesseigenheiten und die optimale Polierspannung (Abb. 2.84) zu entnehmen. Letztere wird in frei programmierbare Polierabläufe eingegeben. Auf die Art lässt sich das elektrolytische Polieren auch bei solchen metallischen Werkstoffen anwenden, für die bislang keine elektrolytischen Polierparameter bekannt waren (s. auch Abschnitt 2.3.4.1).

Wie die Lösungen für das chemische Polieren, bestehen auch die Elektrolyte aus mehreren Chemikaliengruppen, wodurch garantiert wird, dass sie allen Anforderungen entsprechen hinsichtlich der Bildung leicht löslicher Reaktionsprodukte, des Aufbaus und der Begrenzung der Schichten im Elektrodenraum, der Inaktivität im stromlosen Zustand, der Unbedenklichkeit während der Handhabung und so weiter.

Elektrolyte auf der Basis von Gemischen aus Perchlorsäure, Alkohol (Ethanol oder Methanol), Wasser und Butylglykol können für viele Metalle und ihre Legierungen angewandt werden, z. B. Ag, Be, Mo, Pb, Sn, Ti, V und Zr sowie Al, Mg, Ni, Zn und ihre Legierungen, außerdem unlegierte und legierte Stähle. Kupfer und seine Legierungen, wie Bronzen und Messinge, werden häufig mit Elektrolyten aus Gemischen von HNO_3 oder H_3PO_4, Alkohol und verschiedenen Zusätzen (z. B. Harnstoff, $Cu(NO_3)_2$) poliert. Die konkreten Elektrolytzusammensetzungen für die verschiedensten Werkstoffe und die darauf abgestimmten Polierbedingungen, einschließlich Vor- und Nachbehandlungen, sowie Hinweise zur Gefährlichkeit von Elektrolyten auf Perchlorsäure-Basis sind den erwähnten Arbeitsvorschriften und spezieller Fachliteratur zu entnehmen.

Das elektrolytische Polieren wird (nach dem Nassfeinschleifen) bei homogenen, weichen und zähen Werkstoffen mit Kornabmessung < 200 µm bevorzugt angewandt. Beim Polieren grobkörniger Materialien kann leicht eine genarbte Oberfläche entstehen (Apfelsinenhaut). Weiterhin bietet das Verfahren Vorteile hinsichtlich Zeitaufwand (einige Sekunden bis wenige Minuten Polierzeit) und Reproduzierbarkeit (große Serien gleichartiger Proben). Die Nachteile des elektrolytischen Polierens sind die gleichen wie beim chemischen Polieren. Sie werden besonders deutlich beim elektrolytischen Polieren von Werkstoffen mit heterogenen Gefügen. Bei Anwendung des elektrolytischen Polierens werden die in Tab. 2.8 angeführten Zielkriterien für das Polieren in einigen Fällen nicht erreicht (Ausbleiben der Randschärfe, Herauslösen nichtmetallischer

Einschlüsse). Jedoch überwiegen die Vorteile, und sie machen das elektrolytische Polieren zu einer wichtigen Präparationsmethode, vor allem, weil die polierte Anschlifffläche deformationsfrei ist.

2.3.3
Auswahl der Präparationsmethoden

Metallografische Aufgabenstellung, Probengestalt, präparative Werkstoffeigenschaften und Gefügeausbildung bestimmen sowohl die Auswahl der Präparationsmethoden als auch den Aufwand für die Realisierung der Methode.

Die Aufgabenstellung entscheidet über den Methodentyp und verbunden damit über das Umfeld, in welchem die jeweilige Methode zu praktizieren ist. Metallografische Untersuchungen für die Werkstoffforschung und -lehre sowie für die Schadensfallanalyse werden in der Regel parallel mit mehreren werkstoffanalytischen Methoden im Labor durchgeführt. Für die metallografische Kontrolle ganzer Probenserien (Prüflose) aus Bereichen der Werkstoffgewinnung, -be- und -verarbeitung werden Routinemethoden angewandt, die häufig in Prüfvorschriften festgelegt sind und in solchen Laboren ausgeführt werden, die speziell für diese Kontrolle eingerichtet sind. In der Produktion regelmäßig anfallende Einzelproben werden an Kontrollplätzen in Nähe der Produktionsaggregate mit nur einer, aber aussagekräftigen Kurzmethode metallografisch geprüft. Sieht die Aufgabenstellung eine metallografische Prüfung an der Oberfläche ortsunveränderlicher Objekte vor (z. B. große Bauteile, Halbprodukte, Maschinen, Aggregate, Anlagen, Konstruktionen), dann müssen die Methoden der Vor-Ort-Metallografie herangezogen werden (s. Abschnitt 2.3.3.2).

Die Probengestalt bestimmt über die Größe sowie Form der Teile und über die Stelle, an der die Probenahme erfolgen soll, die Vorgehensweise bei Probenahme und Einbettung. Selbst bei der Verfügbarkeit geeigneter Trenn- und Einbettgeräte sowie entsprechendem Zubehör und Verbrauchsmaterial bleiben bei schwer handhabbaren Proben ideenreiche Arbeitstechniken und experimentelles Geschick notwendige Voraussetzungen für den Präparationserfolg, z. B. bei Dünnschichtproben, mikromechanischen Teilen, elektronischen Bauelementen, Drähten, Fasern, Plättchen, Folien, porösen Proben oder Pulvern.

Besonders wichtig für die Methodenauswahl sind die präparativen Eigenschaften des jeweiligen Probenmaterials. Sie bestimmen sein Präparationsverhalten. Diese Eigenschaften wirken im Komplex, sind von den Abtragsmechanismen her ableitbar, aber in vielen Fällen noch nicht quantifiziert.

Gemäß den Ausführungen zum Flachschleifen und zum mechanischen Polieren beruht der mechanische Abtrag auf Zerspanen und Abrasivverschleiß. Seitens des Probenwerkstoffs werden beide Vorgänge im Wesentlichen von seiner Härte, Zähigkeit und Verformbarkeit (Duktilität) sowie seiner Gefügeausbildung bestimmt. Hinweise zur komplexen Wirkung dieser Summeneigenschaften und damit auch zu mechanischen Präparationseigenschaften liefern Ergebnisse von Zerspanungsuntersuchungen für den Fall des Flachschleifens und von Untersuchungen zum Abrasivverschleiß zwischen zwei rotierenden, aber ebenen, Platten (Schlifffläche der Probe/Wirkfläche der Präparationsunterlage). Unter diesem Aspekt sind die genannten mechanisch-technologischen Eigenschaften als ein wesentlicher Teil des Spektrums der präparativen Eigenschaften anzusehen (mechanische Präparationseigenschaften).

Ein anderer Teil dieses Eigenschaftsspektrums resultiert aus dem (elektro-)chemischen Materialabtrag, der sowohl beim chemischen als auch beim elektrolytischen Polieren stattfindet. Zu den bisher erkannten elektrochemischen Präparationseigenschaften zählt die Lösungstendenz des Probenwerkstoffs in den entsprechenden Elektrolyten. Eine Kenngröße dafür ist sein elektrochemisches Potential. Zwar sind die Messungen von Lösungspotentialen aus Untersuchungen zur elektrochemischen Korrosion seit längerem bekannt, für systematische Studien zwecks Quantifizierung der elektrochemischen Präparationseigenschaften wurden sie jedoch bislang kaum genutzt. Eine weitere elektrochemische Präparationseigenschaft sind die Werte der Stromdichte-Spannungs-Kombination sowohl für die direkte als auch indirekte Werkstoffauflösung unter den erzwungenen Auflösungsbedingungen beim elektrolytischen Polieren. Diese Werte sind den Kurven aus Abb. 2.84 zu entnehmen und lassen sich mit dem elektrolytischen Poliergerät Lectropol-5 (Firma Struers) ermitteln.

Die mechanischen und elektrochemischen Präparationseigenschaften sind deshalb, zumindest als solche, bekannt, weil sie, richtige Nutzung vorausgesetzt, werkstoffschonend hohe Abtragsraten bewirken. Die Präparation wird insgesamt weniger empirisch, kann effektiver und mit gesichertem Ergebnis ausgeführt werden und lässt sich in den mechanischen Etappen der Anschliffherstellung weitgehend automatisieren (s. Abschnitt 2.3.3.1).

Dies gilt auch für eine weitere Gruppe von Präparationseigenschaften – den tribochemischen. Sie bestimmen den Abtrag beim Polieren in Suspensionen mit definiertem pH-Wert, Abrasivstoffpartikeln und ausgewählten chemischen Reagenzien. Obwohl die tribochemischen Präparationseigenschaften noch weitgehend unerforscht sind, werden einige von ihnen (unbekannterweise und sehr empirisch) für das Endpolieren nach den OP-Methoden genutzt (s. Abschnitt 2.3.2.6).

Der Einfluss der Gefügeausbildung auf die Wahl der Präparationsmethode resultiert aus den Unterschieden in den Präparationseigenschaften der Phasen- bzw. Gefügebereiche, die im Anschliff freigelegt werden sollen. Abbildung 2.85 verdeutlicht die Änderungen der Präparationseigenschaften am Beispiel der Härte, wenn diese über die Schlifffläche variiert (Abb. 2.85 a) oder am Probenrand vom Grundmaterial abweicht (Abb. 2.85 b). Besteht die Probe nur aus einem Werkstoff (Gefügebestandteil), dann ist ihre Härte in der Schliffebene gleichbleibend und von der Wegstrecke entlang einer Geraden in der Schliffebene unabhängig (Horizontale 1; Geradenabschnitte 1 a und 1 b, in Abb. 2.85 b). Liegen in der Schliffebene Materialbereiche mit deutlich voneinander abweichenden Härtewerten vor, dann sind sprunghafte und graduelle Änderungen zu unterscheiden. Sprunghafte Änderungen treten auf bei Mehrphasigkeit, Gefügezeiligkeit, beim Werkstoffverbund, in Verbundwerkstoffen oder bei starker Porosität. Sie sind in Abb. 2.85 a mit den Niveausprüngen 2 und in Abb. 2.85 b mit den Sprüngen von 1 a nach 1 b sowie 2 a oder 2 b auf das Niveau von 2 c dargestellt. Graduelle Änderungen folgen der Kurve 3 in Abb. 2.85 a bzw. den Kurven 3 a oder 3 b in Abb. 2.85 b. Treten die Eigenschaftsänderungen in der gesamten Schliffebene auf, können sie alternieren (Abb. 2.85 a). Haben verschiedene Materialbereiche untereinander einen großen Abstand (> 5 µm), dann besteht aufgrund der Eigenschaftsänderungen die Gefahr einer ausgeprägten Reliefbildung. Die in Tab. 2.8 geforderte Ebenheit wird im Mikrobereich nicht erreicht.

Aus ähnlichem Grund gelingt auch kaum das elektrolytische Polieren von Pro-

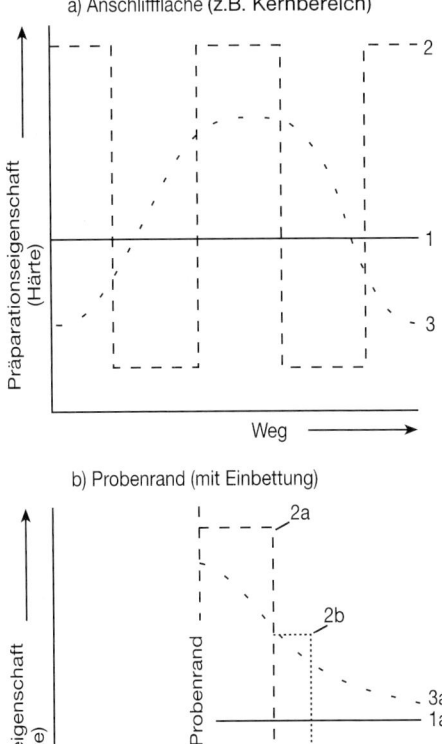

Abb. 2.85 Veränderung der Präparationseigenschaft Härte in den Beispielen: a) Zentrum der Anschlifffläche, b) Übergangsbereich Einbettmasse/ Probenrand

ben grob ausgebildeter zwei- und mehrphasiger Werkstoffe (bzw. Werkstoffverbunde). Die elektrolytischen Präparationseigenschaften weisen in den verschiedenen und zugleich grob ausgebildeten Gefügebereichen zu große Unterschiede auf.

Sind die Abstände für eine Änderung der Präparationseigenschaften hinreichend klein (< 5 μm), dann vergleichmäßigen sich die Präparationseigenschaften. Eine mehrphasige Probe mit sehr feiner Gefügeausbildung, z. B. nach einer thermomechanischen Behandlung, lässt sich wie eine mit einheitlichen Präparationseigenschaften präparieren.

Eine Änderung von Präparationseigenschaften im Probenrandgebiet erschwert den Beibehalt der Randschärfe nach dem Nasstrennschleifen. Dies muss bei der Präparation von Proben mit Oberflächenschichten, die häufig Sprünge sowohl von mechanischen als auch elektrochemischen Präparationseigenschaften aufweisen, beachtet werden. Ansonsten gelingt beispielsweise bei thermischen Spritzschichten, galvanischen Oberflächenschichten oder auch Metall-Keramik-Verbunden keine randscharfe Präparation. Dies gilt auch für die Präparation von Probenrandgebieten mit graduellen Eigenschaftsänderungen (Abb. 2.85 b, Kurve 3 a und 3 b), z. B. bei Auf-, Ab- oder Entkohlungsbereichen, Nitrierschichten ohne Verbindungszone oder Umschmelzzonen an der Oberfläche.

2.3.3.1 Methodenauswahl nach mechanischen Präparationseigenschaften

Die wichtigsten mechanischen Präparationseigenschaften sind die Härte des Probenmaterials und seine Raumtemperatur-Zähigkeit. Beide Eigenschaften dienten bereits zur werkstoffgerechten Auswahl von Trennscheiben und dazugehöriger Trennparameter (Tab. 2.10). Beim Einfassen der Probe wurde auf den Angleich des Härteunterschieds zwischen Probenrandmaterial und organischem Einbettwerkstoff sowie dessen Abtragsverhalten hingewiesen (s. Abschnitt 2.3.1.2). Kalt- und Warmeinbettmassen enthalten deshalb für das Einbetten von Werkstoffen mit > 250 HV härteangleichende Füllstoffe. Die Härte der beigemischten Partikel sollte mit Zunahme der Härte und Verschleißfestigkeit des Probenwerkstoffs ebenfalls ansteigen.

Hinsichtlich des Abtragsverhaltens beim Schleifen (Plan- und Feinschleifen) und Polieren (mechanisches und chemisch-mechanisches) lassen sich die metallischen Werkstoffe und viele keramischen Werkstoffe zu Werkstoffgruppen gleichen Präparationsverhaltens zusammenfassen. Die Werkstoffe in ein und derselben Gruppe besitzen gleiche Härtebereiche und Zähigkeitsmerkmale, sodass sie trotz Unterschieden in anderen Eigenschaften und Verhaltensweisen während ihrer Beanspruchung beim technischen Einsatz nach der gleichen Methode präpariert werden können. Die Methodenauswahl nach Härte und Zähigkeit (Sprödigkeit) der Präparatwerkstoffe hat sich durchgesetzt. Werden die nachfolgend zu besprechenden Werkstoffeigenheiten berücksichtigt, dann führt die Anwendung der richtig ausgewählten Methode zu einer reproduzierbaren und werkstoffgerechten Präparation:

Die Proben sollten in ihrer Schliffebene aus einem einheitlichen Material bestehen. In der Schliffebene dürfen nur kleine Härte- und Zähigkeitsunterschiede vorliegen. Sind dennoch Eigenschaftssprünge und -gradienten vorhanden, dann bestimmen die Probenbereiche mit den höchsten Härten die Präparationsmethode in den Stufen Trennen, Einbetten und Planschleifen, die Bereiche mit der geringeren Härte die Stufen Feinschleifen, mechanisches Polieren und chemisch-mechanisches Endpolieren. Liegen in der Schlifffläche Gefügebestandteile (bzw. Phasen) mit sehr unterschiedlichen Härten sowie Zähigkeitsmerkmalen und besitzen diese einen Abstand < 5 µm, dann erlaubt die Vergleichmäßigung der mechanischen Präparationseigenschaften, die Präparationsmethode nach den Mittelwerten von Härte und Zähigkeit auszuwählen.

Das Probenmaterial muss genügend dicht sein, was bei schmelzmetallurgisch hergestellten metallischen Werkstoffen die Regel ist. Im Fall poröser Materialien darf die Restporosität nur maximal 5 bis 8 % betragen. Dies ist bei der Methodenauswahl für Sinterwerkstoffe, Gusswerkstoffe mit Mikrolunkern und Materialien mit Rissnetzwerken zu beachten.

Im Probenmaterial müssen die Gefügebestandteile untereinander einen festen Zusammenhalt besitzen. Eine Überwindung der Adhäsionskräfte während der präparativen Materialbeanspruchung führt zu einer mechanischen Zerstörung der Schlifffläche. Die Folge sind Risse, starke Ausbrüche oder ein Materialbruch.

In Tab. 2.22 sind die Präparationsmethoden für Werkstoffe mit < 350 HV10 zusammengefasst, in Tab. 2.23 diejenigen für Werkstoffe mit höheren Härtewerten. Die Methoden umfassen alle wichtigen Präparationsschritte, beginnend mit der Probenahme durch Nasstrennschleifen bis hin zum chemisch-mechanischen Endpolieren.

Das Nasstrennschleifen mit konstantem Vorschub und die aufgeführten Einbettverfahren haben sich durchgesetzt. Die Ablösung der Schleifpapiere auf SiC- und ZrO_2/Al_2O_3-Basis für das Planschleifen metallischer Werkstoffe mit > 200 HV10 durch die leistungsfähigeren und besser handhabbaren MD-Flachschleifkörper ist nahezu abgeschlossen. Für das Planschleifen weicher Materialien (< 180 HV10) wird das SiC-Papier trotz seiner Nachteile weiterhin eine wichtige Schleifunterlage bleiben (Tab. 2.22).

Die Probleme bei der Auswahl der Feinschleifunterlagen werden durch die Anwendung der Schleif-Läpp-Technik nur teilweise gelöst. Die vielen Verbundscheibentypen, die zudem noch nach den Härten des Probenmaterials gestaffelt sind (Tab. 2.22) erschweren die Auswahl. Eine tiefergehende Bewertung der Feinschleifkörper (Tab. 2.14) auf vergleichender Grundlage

Tab. 2.22 Präparationsmethoden für Proben aus einheitlichen Werkstoffen mit ≤ 350 HV 10

Präparations-stufe	Mechanische Präparationseigenschaften			
	Härte HV 10	Sehr weich 30 bis 80	Weich 90 bis 180	Weich bis mittelhart 190 bis 350
	Zähigkeit	Sehr duktil, z. T. elastisch	Duktil	Mäßig duktil
Nasstrennschleifen		Sägeblatt (ungeschränkt), SiC-Vollscheibe, Diamantscheibe mit galvanischer Bindung	Al$_2$O$_3$-Vollscheibe, für NE-Metalle: SiC-Vollscheibe mit jeweils harter Bakelitbindung	
Einbetten	Kalteingießen	Gießharze auf Epoxid- oder Akrylbasis		Epoxid- oder Akrylharz mit Füllstoff
	Warmeinpressen	(thermoplastisches) Akryl	Bakelit oder Metakryl mit Füllstoff	
Planschleifen		SiC-Nassschleifpapier; Korn-∅: 50 bis 30 µm	SiC-Nassschleifpapier; Korn-∅: 80 bis 40 µm	(feine) MD-Planschleifscheibe; SiC-Nassschleifpapier mit Korn-∅: 120 bis 60 µm
Feinbearbeitung mit sinkender Abtragsrate	Feinschleifen	SiC-Nassschleifpapier; Korn-∅: ≤ 10 µm	SiC-Nassschleifpapier; Korn-∅: ≤ 15 µm	MD-Feinschleifscheibe; SiC-Nassschleifpapier; Korn-∅: ≤ 25 µm
	Schleif-Läppen	diese Präparationsstufe ist nicht empfehlenswert	„weiche" MD-SL-Scheibe und DP-Suspension mit 3 µm	„harte" MD-SL-Scheibe und DP-Suspension mit 6 (3) µm
	Vorpolieren	Tuch mit geringer Stoßelastizität (Naturseide, Polyamid) und DP-Suspension mit 6(3) µm	Tuch mit geringer Stoßelastizität (Pellon, Polyamid) und DP-Suspension mit 9(6) µm	Tuch mit geringer Stoßelastizität (Pellon) und DP-Suspension mit 9 µm
mechanisches (Zwischen-)Polieren		Tuch mit mittlerer Stoßelastizität: Seide, Baumwolle und DP-Suspension mit 3(1) µm		Tuch mit geringer bis mittlerer Stoßelastizität (Polyamid, Naturseide) und DP-Suspension mit 3(1) µm
chemisch-mechanisches (End-)Polieren		chemisch resistentes Tuch mit hoher Stoßelastizität (Kurzflortextilien; Neoprenschaum) und kolloidale OP-Suspension (eventuell mit Reagenzien)		chemisch resistentes Tuch mit mittlerer bis hoher Stoßelastizität (Neoprenschaum) und kolloidale OP-Suspension (eventuell mit Reagenzien)

Tab. 2.23 Präparationsmethoden für Proben aus einheitlichen Werkstoffen mit > 350 HV 10

Präparations-stufe	Mechanische Präparationseigenschaften			
	Härte HV 10	Mittelhart bis hart 360 bis 600	Hart bis sehr hart 600 bis 1100	Extrem hart > 1100
	Zähigkeit	Mäßig duktil	Mäßig spröd / Spröd	Extrem spröd
Nasstrennschleifen		Al_2O_3-Vollscheibe mit weicher Bakelitbindung (bis rd. 800 HV 10)	> 750 HV 10: Diamantscheibe mit Bakelitbindung / Metallbindung	
			für Eisen-Basismetalle von rd. 500 ——— bis ——→ 1500 HV 10 CBN-Scheibe mit Bakelitbindung	
Einbetten	Kaltein-gießen	Epoxid- oder Akryl-harz mit Füllstoff	Polyesterharz mit hartem Füllstoff (z. B. Keramikmehl)	
	Warmein-pressen	Diallylphthalat oder Epoxidharz mit Glasfasern und/oder Mineralfüllstoff		
Planschleifen		Grobe MD-Plan-schleifscheibe; ZrO_2/Al_2O_3-Papier mit Korn-⌀: 120 bis 65 µm; SiC-Nassschleif-papier; Korn-⌀: 200 bis 75 µm	Diamantschleiffolie mit Korn-⌀: 125 bis 40 µm; ZrO_2/Al_2O_3-Papier mit Korn-⌀: 200 bis 120 µm; MD-Piano 120	Diamant-schleiffolie mit Korn-⌀: 250 bis 75 µm; MD-Piano 80(120)	Diamant-schleiffolie mit Korn-⌀: 250 bis 125 µm; MD-Piano 80
Feinbear-beitung mit sinkender Abtragsrate	Fein-schleifen	MD-Feinschleif-scheibe; SiC-Nassschleifpapier Korn-⌀: ≤ 22 µm	Diamantschleif-folie; Korn-⌀: 30 bis 5 µm; MD-Feinschleifscheibe	Diamant-schleiffolie; Korn-⌀: 30 bis 10 µm	Diamant-schleiffolie; Korn-⌀: 40 bis 20 µm
	Schleif-Läppen	„harte" MD-SL-Scheibe und DP-Suspension mit 9 µm	15 (9) µm	15 µm	> 15 µm
mechanisches Polieren		Tuch mit mittlerer bis geringer Stoß-elastizität (floriges 1-Stufen-Poliertuch; Acetat, Polyamid) und DP-Suspension mit 3 µm	1. Stufe: Tuch mit sehr ge-ringer bis geringer Stoßelastizität (Polyester, Pellon) und DP-Suspension mit 6 µm	1. Stufe: Tuch mit sehr geringer Stoßelasti-zität (Polyurethan, Polyester) und DP-Suspension mit 6 µm	
			2. Stufe: Tuch mit mittlerer bis hoher Stoßelasti-zität (Seide, Baum-wolle) und DP-Sus-pension mit 3 µm	2. Stufe: Kunstfasertuch mit geringer Stoß-elastizität (Polyester, Polyamid) und DP-Suspension mit 3(1) µm	
chemisch-mechanisches (End-)Polieren		chemisch resistentes Tuch mit mittlerer bis hoher Stoßelastizität (Neoprenschaum) und			
		kolloidale OP-Sus-pension (neutrales Al_2O_3)	kolloidale OP-Suspension (SiO₂; eventuell unter Zusatz chemischer Reagenzien)		

von Leistungs- und Handhabungskriterien belegt die gute Eignung der MD-Largo (für Probenmaterialhärten < 180 HV10) und MD-Allegro (für > 180 HV10) für ein effektives Feinschleifen. Die beiden magnetisch befestigten Feinschleifscheiben sind wartungsfrei, liefern plane und randscharfe Proben, tragen das Probenmaterial werkstoffschonend ab und hinterlassen eine gestörte Oberflächenschicht, die in der Mehrzahl der Fälle bereits in einer einzigen 3 μm-Stufe beim anschließenden mechanischen Polieren für das darauf folgende Ätzen ausreichend minimiert wird. Sehr duktile Werkstoffe, deren Anschliffflächen nach dem Feinschleifen auf SiC-Papieren eine ausgeprägte Schmierschicht besitzen, sollten in zwei Stufen mechanisch poliert werden, um die gestörte Schicht zu minimieren (Tab. 2.22). Bei sehr harten und spröden Werkstoffen besitzt die Schlifffläche nach dem Feinschleifen häufig noch feine, z. T. flache Ausbrüche, die mit einer 6 μm-Vorpolitur minimiert und in einer zweiten Polierstufe mit Diamanten ≤ 3 μm beseitigt werden (Tab. 2.23).

Die Anwendung der Tab. 2.22 und 2.23 erleichtert die Aufstellung von Standardpräparationstechnologien. So lassen sich viele metallische Werkstoffe im Härtebereich von 200–1000 HV nach geeigneter Anschliffvorbereitung (Trennen und Einbetten) in nur vier Stufen präparieren:

1. Stufe: Planschleifen auf einer Diamantschleifscheibe vom MD-Typ.
2. Stufe: Feinschleifen auf einer MD-SL-Scheibe mit 9 oder 3 μm-Diamanten.
3. Stufe: Mechanisches Polieren nach der DP-Methode auf einem gewebten Kunstseidentuch mit 3 μm-Diamanten.
4. Stufe: Chemisch-mechanisches Endpolieren nach der OP-Methode auf einem Neoprenschaumtuch mit einer Suspension aus kolloidalem SiO_2 oder Al_2O_3.

Auch bei der Präparation dichter keramischer Werkstoffe (< 5 Vol.-% Poren) wie beispielsweise Al_2O_3, ZrO_2, dicht gesintertes TiC und SiC oder Si_3N_4 kann von einer Standardtechnologie ausgegangen werden:

1. Stufe: Planschleifen auf einer Diamantschleiffolie (metallgebunden); Korngröße 20–40 μm.
2. Stufe: Feinschleifen auf einer „harten" MD-SL-Scheibe mit 9-μm-Diamanten.
3. Stufe: Mechanisches Polieren nach der DP-Methode auf Synthetiktuch geringer Stoßelastizität (Polyester; Pellon) mit 3-μm-Diamanten.
4. Stufe: Chemisch-mechanisches Endpolieren nach der OP-Methode (s. o.).

Im Fall dichter keramischer Werkstoffe wird gegenüber (einheitlichen) metallischen Werkstoffen mit einer um rund 1,5-fach höheren Anpresskraft geschliffen und poliert. Die Polierzeiten können bis um das 10-Fache länger sein. Solche Parameter sind nur mit modernen Präparationsautomaten zu realisieren.

2.3.3.2 Vor-Ort-Metallografie

Ist die Erarbeitung eines metallografischen Befunds durch die Methoden der stationären Metallografie nicht möglich, dann hilft eine Umkehrung der Arbeitsweise. Die Präparationsgeräte und das Kontrollmikroskop werden zur „Probe" geschafft und vor Ort eingesetzt. In diesem Fall wird als „Probe" das zu untersuchende Teil verstanden, von dem wegen seiner Zerstörung keine übliche Probe entnommen werden kann. Die Untersuchungen beziehen sich auf werkstoffkundliche Folgen mechanischer, thermischer und chemischer Beanspruchungen, von Konstruktions- und Einbaufehlern sowie Materialverwechslungen. Sie erfolgen an der Oberfläche der Teile und erlauben Gefügezustände nachzuweisen, Gefügeveränderungen festzustellen und zu verfolgen oder an der Oberfläche erscheinende Fehler sichtbar zu machen. Häufig werden die Befunde nicht nur mikroskopisch beobachtet und bewertet, sondern auch mittels Abdrucktechniken und/oder mobilen Mikroskopen – kombiniert mit Digitalkamera – dokumentiert. Die Methoden der Vor-Ort-Metallografie (auch Bauteilmetallografie, ambulante oder zerstörungsfreie Metallografie genannt) werden eingesetzt für Untersuchungen beispielsweise an:

- ortsunveränderlichen Anlagen, Konstruktionen und Maschinen,
- aufwendig zu transportierende, große und/oder schwere Guss- und Schmiedestücke sowie Werkzeuge,
- montierte oder festgefügte Bauteile und
- fahrendes, rollendes, schwimmendes oder fliegendes Gerät ziviler und militärischer Anwendungsbereiche.

Die Präparationsarbeiten werden mit tragbaren, elektrisch betriebenen und handlichen Geräten ausgeführt. Ihre Betriebsart muss den Arbeitsschutzbedingungen vor Ort angepasst sein (220 V/42 V-Trafobetrieb oder Batteriebetrieb mit max. 60 V). Abbildung 2.86 verdeutlicht die Abfolge der Arbeitsschritte.

Die Vorbereitung der Oberfläche umfasst das Freilegen und Säubern der Prüfstelle. Das metallografische Grob- und Feinschleifen erfolgt im Trockenschleifverfahren mit SiC-Papieren abgestufter Körnungen. Als Gerät für das mechanische Schleifen und Polieren wird ein Winkelschleifer benutzt.

In seinem abgewinkelten Teil ist ein kegelförmiger Gummikörper eingesetzt, an dessen Grundfläche Ronden (rd. 30 mm Durchmesser) aus SiC-Papier bzw. Poliertuchsorten selbstklebend befestigt werden.

Abbildung 2.86 lässt zwei Polierverfahren für die weitere Präparation der feingeschliffenen Stelle erkennen. Das mechanische Polieren erfolgt mehrstufig nach der DP-Methode. Bezüglich Präparationszeit und einzusetzendem Verbrauchsmaterial ist dieses Polierverfahren in der Vor-Ort-Metallografie aufwendiger als das elektrolytische Polieren. Letzteres liefert bei Kenntnis der Polierparameter innerhalb einer Minute eine gut polierte Stelle, benötigt jedoch ein gesondertes elektrolytisches Poliergerät. Ein weiterer Vorteil der elektrolytischen Arbeitsweise besteht in der Möglichkeit, sofort nach dem Polieren nur durch Umschaltung am Gerät mit dem gleichen Elektrolyten die Tiefenätzung auszuführen (Abb. 2.86). Es werden Elektrolyte eingesetzt, welche die gleiche Zusammensetzung aufweisen wie diejenigen für das stationäre elektrolytische Polieren (s. Abschnitt 2.3.2.7). Lässt sich der Werkstoff aufgrund seines elektrochemischen Verhaltens nicht auf diese Art ätzen, muss nach dem elektrolytischen Polieren die gereinigte Stelle klassisch tiefgeätzt werden. Um die Polierqualität zu beurteilen, sollte (wenn möglich) vor der jeweiligen Tiefenätzung der Polierfleck kontrolliert werden.

Hierfür eignet sich bereits eine hochvergrößernde Lupe oder ein Taschenmikroskop (bis 100fache Vergrößerung). Vorteilhafter ist das Arbeiten mit einem aufsetzbaren Hellfeld-Auflichtmikroskop, weil es auch für die Begutachtung und Dokumentation der tiefgeätzten Stelle benötigt wird.

Bei ausreichender Gefügeentwicklung wird von der präparierten Stelle mithilfe von Kunststoffen verschiedener Konfektionierung ein Reliefabdruck entnommen. Er

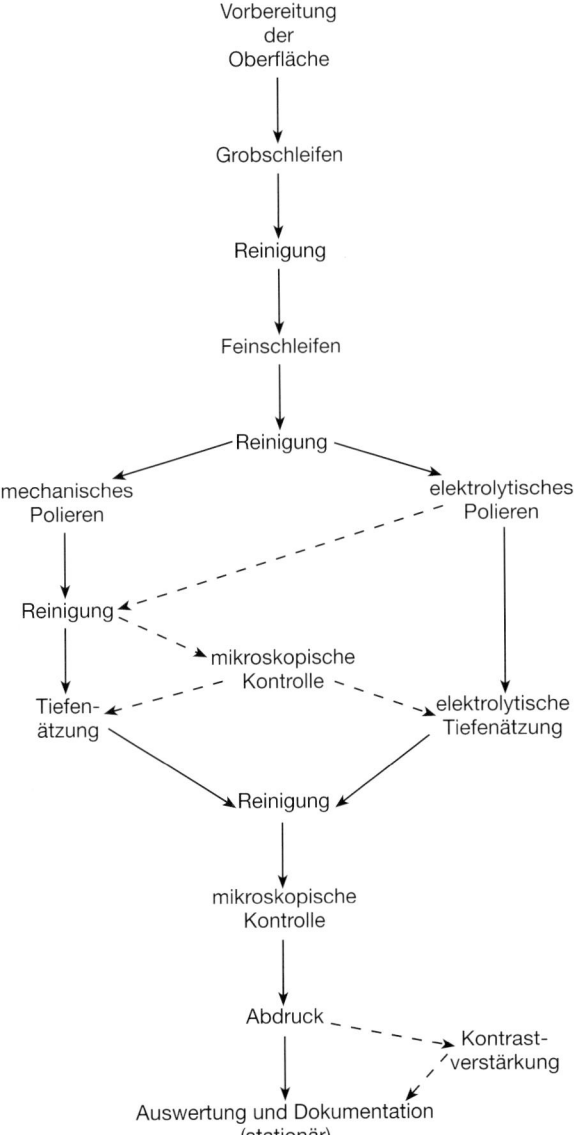

Abb. 2.86 Arbeitsschritte im Rahmen der Vor-Ort-Metallografie

stellt ein Negativ des zu untersuchenden Gefüges dar. Zweckmäßigerweise wird der Kunststoff mit dem Relief auf einer steifen Unterlage fixiert und mit den Methoden der stationären Metallografie im Labor ausgewertet.

Drei Abdrucktechniken haben sich bewährt: Der Folienabdruck, der Oberflächenabdruck mit kaltaushärtendem Polymerisat und der Lackabdruck.

Beim *Folienabdruck* wird eine 40 bis 150 µm dünne Kunststofffolie oberflächlich mit einem organischen Lösungsmittel (meist Aceton) angelöst, auf das durch Ätzung entstandene Gefügerelief gedrückt und an dieser Stelle einige Minuten belassen. Die angelöste Folie formt das Relief nach und fixiert dieses während der Aushärtung. Nachdem die ausgehärtete Folie von der Untersuchungsstelle durch vorsichtiges Abziehen entfernt worden ist, muss sie auf einem Objektträger faltenfrei befestigt werden, z. B. mit doppelseitigem Klebeband. Erst in dieser Anordnung lässt sich der Folienabdruck im Auflicht auswerten und dokumentieren.

Für einen *Oberflächenabdruck* muss das Kaltpolymerisat vor Ort aus zwei Komponenten durch Mischen hergestellt werden. Beim Arbeiten mit einem flüssigen Polymerisat ist zu beachten, dass dieses nicht von der tiefgeätzten Stelle abfließt. Hierzu wird die Ätzstelle mit knetbarer Formmasse umrandet (z. B. mit Plastilina, Knetwachs oder Kitt) und mit dem flüssigen Polymerisat beschichtet. Nach der Aushärtung wird der nun feste und starre Kunststoffkörper durch einen Kälteschock von der Prüfstelle entfernt.

Das Arbeiten mit schnell aushärtenden, schrumpffreien Siliconpasten erleichtert die Abdrucknahme. Mithilfe einer Mischdüse werden beide Komponenten aus Kartuschen unter Druckeinwirkung zu einer polymerisationsfähigen Paste vereint. Die Siliconpaste härtet auf der Ätzstelle zu einem elastischen Flachkörper aus. Seine Auflagefläche enthält das Negativ der Prüfstellenoberfläche. Mit den schnell aushärtenden Siliconpasten (je nach Pastentyp mit Verarbeitungszeiten von 0,5 bis 5 min) können auch Abdrücke angefertigt werden von Oberflächenvertiefungen (Ausbrüche, Risse, Bohrungen, Innengewinde und dgl.), von Oberflächenschädigungen durch mechanischen Abrieb, Verschleiß, Korrosion oder Oxidation sowie von Oberflächenstrukturen nach Bruch (Bruchflächen), Beschichtung, selektivem Materialabtrag (Ionen- oder Laserbeschuss) und vielem mehr.

Die Abdruckseite der ausreagierten Kunststoffmasse kann wie eine gewöhnliche Metallografieprobe mit präparierter Schlifffläche in Mikroskopen im Auflicht untersucht werden.

Beim *Lackabdruck* wird die tiefgeätzte Stelle mit dünnflüssigem Speziallack bestrichen. Nach Aushärtung und Trocknung kann die Lackschicht wie eine Abdruckfolie von der Prüfstelle entfernt und weiterbehandelt werden.

Um den mitunter schwachen Kontrast im Abdruck zu verstärken, wird ein Bedampfen der Abdrücke mit Al, Au oder C empfohlen (Abb. 2.86).

2.3.4
Kontrastierung

Nach Abschluss der Präparation sollte die Anschlifffläche den Anforderungen entsprechen, die in Tab. 2.8, letzte Spalte, zusammengestellt sind. Sie beziehen sich auf Oberflächenausbildung und Fähigkeit der Schlifffläche, eine erforderliche Wechselwirkung mit dem auftreffenden Licht einzugehen.

Die Oberflächenrauigkeit des Anschliffs muss $\leq 0{,}1\,\mu m$ betragen. Bei dieser geringen Rauigkeit spiegelt die Schlifffläche und zeigt einen für den entsprechenden Werkstoff typischen Glanz.

Die Anschlifffläche muss frei sein von Reaktionsprodukten. Sie stellen Fehler vorangegangener Behandlungen dar, beeinträchtigen oder verhindern die Sichtbarmachung der Struktur und können zu Fehldeutungen führen (Scheingefüge). Häufige Fehler dieser Art sind Deckschichtenreste vom elektrochemischen Polieren, Schmutz- und Trockenflecke von einer ungenügenden Endreinigung und Kontaminations- bzw. Korrosionsschichten infolge unsachgemäßer Lagerung nach dem Endpolieren. Die Gefahr einer Bildung von Korrosionsschichten kann eingeschränkt werden, indem die Schliffprobe nach der Präparation in einem Exsikkator gelagert oder die Schlifffläche mit einem Schutzlack konserviert wird.

Der Anschliff sollte im oberflächennahen Bereich keine Deformationszone aufweisen. Kann dieser Forderung nicht entsprochen werden (z. B. beim mechanischen Endpolieren), dann darf die Tiefe der verbleibenden Deformationszone nur ≤ 1 µm betragen. Deformationszonen mit einer Tiefe > 1 µm werden beim nachfolgenden (elektrochemischen) Ätzen kaum noch vollständig abgetragen, sodass nicht die wahre Struktur im Anschliff erscheint. Das gleiche gilt auch für Schichten, in denen durch Wärmeeinfluss (evtl. im Verein mit vorangegangener Verformung) eine Strukturveränderung stattgefunden hat.

Die von der Anschliffebene geschnittenen Strukturelemente müssen sich von ihrer Umgebung durch Grau- oder Farbkontraste unterscheiden. Fehlen diese Kontraste im lichtmikroskopischen Abbild der Schliffebene, kann der Mensch mit seinen Augen die Struktur bzw. das Gefüge nicht wahrnehmen, d. h. es entzieht sich der metallografischen Untersuchung.

Nur in Sonderfällen werden bei Beobachtungen im Hellfeld gewisse Struktureigenheiten bereits in der lediglich polierten Schlifffläche sichtbar. So liefern z. B. viele nichtmetallische Einschlüsse aufgrund ihrer Eigenfarbe einen ausreichenden Farbkontrast, weshalb häufig ihre Bewertung am polierten Schliff vorgenommen werden kann (Abb. 2.87). Die gute Erkennbarkeit des Grafits im Gusseisen beruht auf einem hohen Hell/Dunkel-Kontrast. Er ergibt sich aufgrund der unterschiedlichen Reflexionsvermögen von polierter Matrix und Grafit. Analoge Verhältnisse liegen

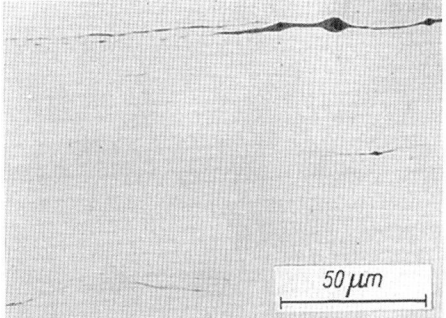

Abb. 2.87 Sulfide im warmgewalzten Blech aus hochfestem schweißbarem Baustahl, z. T. vergesellschaftet mit Oxiden. Diese Ausbildung der nichtmetallischen Einschlüsse beeinträchtigt die Zähigkeit

bei Al-Si-Legierungen vor. Auch lassen sich Poren, Lunker, Risse, Ausbrüche und dgl. wegen der kontrastfördernden Wirkung der diffusen Reflexion bereits im polierten Schliff beobachten. Mitunter kann auch die Schattenwirkung eines durch Polieren herausgearbeiteten Reliefs genutzt werden, um bei Untersuchungen im Hellfeld die harten und deshalb erhabenen Gefügebestandteile von den weichen, tieferliegenden zu unterscheiden (Abb. 2.88). Kombinationen der genannten Eigenheiten führen ebenfalls zu geeigneter Kontrastierung polierter Anschlifflächen. So lassen sich z. B. in polierten Schliffen von Pb-Sn-Sb-(Cu)-Legierungen (Lagerweißmetalle) wesentliche Strukturelemente aufgrund von Unterschieden im Reflexionsvermögen einzelner Gefügebestandteile kombiniert mit deren Schattenwirkungen erkennen.

In der Mehrzahl reichen jedoch die von der polierten Anschlifffläche hervorgebrachten Kontraste nicht aus, um die lichtmikroskopisch erfassbaren Struktur- und Gefügeelemente sichtbar zu machen. Es müssen deshalb geeignete Maßnahmen zur Kontrastierung durchgeführt werden. Abbildung 2.89 zeigt in Anlehnung an einen Vorschlag von Petzow eine Systemati-

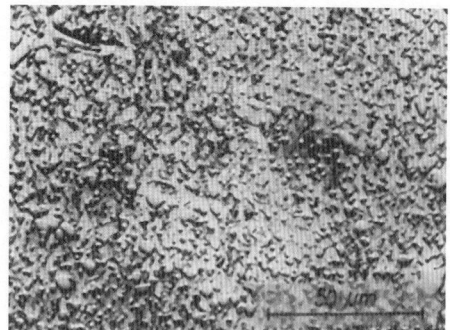

Abb. 2.88 Stahl mit 1,3 % C, reliefpoliert. Die härteren Eisencarbidpartikel heben sich reliefartig von der weicheren ferritischen Grundmasse ab. Schrägsteile Beleuchtung

sierung von grundsätzlichen Methoden zur Kontrastierung von Anschliffen metallischer Werkstoffe. Bei einer lichtoptischen Kontrastierung ist die Anschliffpräparation mit dem Fertigpolieren und Reinigen beendet. Die Kontrastierungsmethoden dieser Gruppe nutzen die optischen Gesetzmäßigkeiten der Wechselwirkung des auffallenden Lichts mit der metallischen Schlifffläche. Sie benötigen entsprechend ausgerüstete Auflichtmikroskope. Da die lichtoptische Kontrastierung bereits behandelt wurde, werden ihre Methoden nur der Systematik wegen in Abb. 2.89 mit aufgezählt (s. Abschnitt 2.2.3).

Bei den elektrochemischen und physikalischen Methoden wird die polierte Schlifffläche weiterbehandelt, um die Reflexions- und Absorptionseigenschaften der Strukturelemente zu verbessern, damit der erforderliche Grau- oder Farbkontrast zustande kommt. Allerdings müssen zur Sichtbarmachung von Strukturen und Gefügen die im linken Teil der Übersicht aufgezählten Mikroskopierverfahren herangezogen werden. Die Kombination der Methoden,

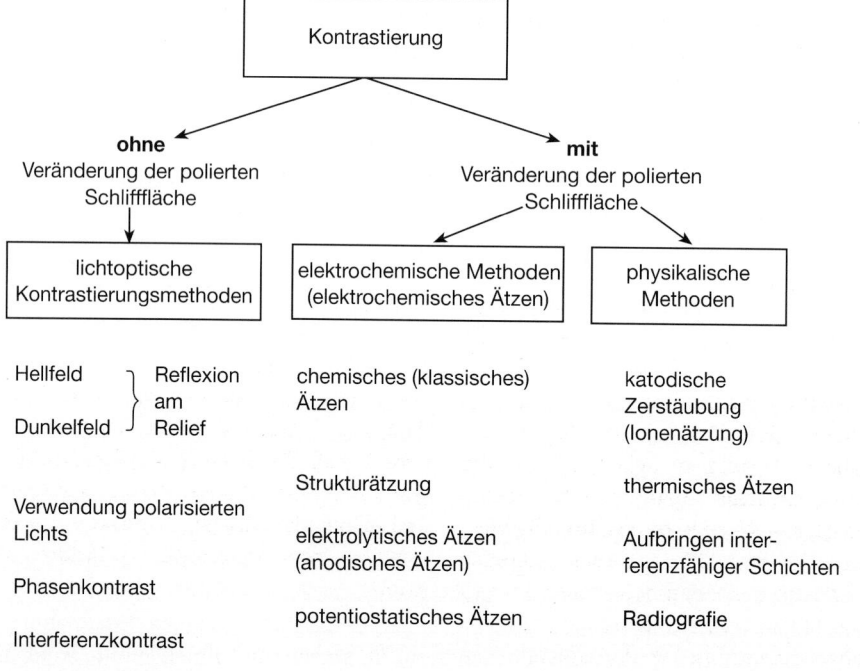

Abb. 2.89 Kontrastierungsmethoden in der Metallografie

die auf einer Veränderung der Schlifffläche beruhen, mit den lichtoptischen Methoden ist eine notwendige und deshalb übliche Praxis beim Durchlaufen der Präparationsstufe Kontrastierung. So ist z. B. die kontrastierende Wirkung von interferenzfähigen Schichten (physikalische Methode) dann besonders deutlich, wenn die beschichtete Schlifffläche unter Verwendung von monochromatischem Licht untersucht wird. Des Weiteren kann eine durch katodische Zerstäubung präparierte Schlifffläche sehr gut im Interferenzkontrast (DIK) beobachtet werden.

Die vorgestellte Systematik ist nicht geeignet, die vielen Ätzbegriffe und Wortverbindungen überschaubar zu machen, die zu einzelnen Ätzverfahren, -techniken und -varianten sowie den dabei auftretenden Ätzerscheinungen geprägt wurden. Sie werden im Text dort erwähnt, wo diese Begriffe helfen, die inhaltliche Beschreibung eines ätztechnischen Sachverhalts zu verkürzen. Hierbei kann nur ein Teil der bekanntgewordenen Ätzbegriffe berücksichtigt werden.

2.3.4.1 Chemisches und elektrochemisches Ätzen

Beim Betrachten der *elektrochemischen Grundlagen des (klassischen) Ätzens* muss von den Auflösungsreaktionen des Metalls mit der Ätzlösung (Ätzmittel, Lösungsmittel, Elektrolyt) ausgegangen werden. Das Bestreben eines Metalls, unter Elektronenabgabe in Lösung zu gehen, ist aus der elektrochemischen Spannungsreihe abzulesen (Tab. 2.24). Sie ordnet im Allgemeinen die Elemente (hier nur interessierende Metalle) nach abnehmender Stärke ihres Lösungsbestrebens. Bekanntlich sind die Auflösungsreaktionen Redoxvorgänge. Die vor dem Wasserstoff eingeordneten Metalle werden von verdünnten Säuren unter Wasserstoffentwicklung aufgelöst. Die Oxidation findet an der Metalloberfläche (Schlifffläche) statt und wird z. B. für ein zweiwertiges Metall durch Gl. (2.43) beschrieben (anodische Teilreaktion). Die dazugehörige Reduktion (katodische Teilreaktion) verbraucht die freigesetzten Elektronen gemäß:

$$2\,H^+ + 2\,e^- \rightarrow H_2 \uparrow \qquad (2.46)$$

Tab. 2.24 Elektrochemische Spannungsreihe ausgewählter Metalle

Elektrode Metall/Metallion	Normalelektrodenpotential [V]	Bemerkungen
Mg/Mg^{2+}	−2,37	gegenüber Wasserstoff unedel, lösbar (oxidierbar) in Säuren, wobei H^+-Ionen zu Wasserstoff reduziert werden (H_2-Abscheidung)
Be/Be^{2+}	−1,85	
Al/Al^{3+}	−1,66	
Ti/Ti^{2+}	−1,63	
V/V^{2+}	−1,50	
Mn/Mn^{2+}	−1,18	
Nb/Nb^{3+}	−1,10	
Zn/Zn^{2+}	−0,76	
Cr/Cr^{3+}	−0,74	
Fe/Fe^{2+}	−0,44	
Cd/Cd^{2+}	−0,40	
Co/Co^{2+}	−0,28	
Ni/Ni^{2+}	−0,25	
Mo/Mo^{3+}	−0,20	
Sn/Sn^{2+}	−0,14	
Pb/Pb^{2+}	−0,12	
Fe/Fe^{3+}	−0,04	
H_2/H^+	0	
W/W^{3+}	+0,05	gegenüber Wasserstoff edel, nur in Säuren mit starkem Oxidationsmittel lösbar, wobei Oxidationsmittel reduziert wird
Sb/Sb^{3+}	+0,10	
Bi/Bi^{3+}	+0,20	
Cu/Cu^{2+}	+0,34	
Cu/Cu^+	+0,52	
Ag/Ag^+	+0,80	
Pd/Pd^{2+}	+0,99	
Pt/Pt^+	+1,20	
Au/Au^{3+}	+1,50	
Au/Au^+	+1,70	

Befinden sich in der Ätzlösung noch stärkere Oxidationsmittel als die H^+-Ionen, dann werden diese anstelle der H^+-Ionen reduziert, und die Wasserstoffentwicklung bleibt aus. Der Reduktionsvorgang findet beim chemischen Ätzen in der Ätzlösung statt. Die Ätzlösung wirkt in diesem Fall als Katode. Den Elektronentransport übernimmt das Metall (Probe). Sind in der Ätzlösung gleichzeitig zwei Metalle eingetaucht, die entsprechend ihrer Stellung in der Spannungsreihe einen merklichen Potentialunterschied aufweisen, z. B. Cu/Cu^{2+} und Zn/Zn^{2+} (1,1 V lt. Tab. 2.24), dann wird zuerst das Metall in Lösung gehen oder angeätzt werden, welches das größere Lösungsbestreben hat, hier also Zink.

Die Überlegungen zum unterschiedlichen Lösungsbestreben der reinen Metalle sind auf die Phasen ihrer Legierungen übertragbar. So ist, um bei dem obigen Beispiel zu bleiben, die kupferreiche α-Phase im zweiphasigen Messing CuZn40 wegen ihres geringeren Zinkgehalts ($\approx$ 34 % Zn bei RT) edler als die zinkreiche β-Phase ($\approx$ 47 % Zn). Die zwischen beiden Phasen bestehende Potentialdifferenz ist die Ursache dafür, dass in einer salzsauren $FeCl_3$-Lösung die β-Phase eher bzw. stärker angeätzt wird als die α-Phase. Es liegt ein Lokalelement vor, dessen Anode die β-Phase und dessen Katode die α-Phase ist.

Die Unterschiede in der chemischen Zusammensetzung verschiedener Phasen, wie auch im obigen Beispiel, werden als chemische Inhomogenitäten bezeichnet. Sie verursachen Potentialdifferenzen. Zu ihnen gehören beispielsweise auch Seigerungen, Konzentrationsunterschiede von Begleit- und Legierungselementen zwischen Korninnerem und Korngrenzenbereich sowie erhöhte Fremdatomkonzentrationen in Nähe von Versetzungen und Kleinwinkelkorngrenzen. Nicht nur die chemischen, sondern auch physikalische Inhomogenitäten und Kombinationen zwischen beiden verursachen die Potentialdifferenzen. Zu den physikalischen Inhomogenitäten werden u. a. gezählt: Unterschiede in der Gitterfehlerkonzentration zwischen Korninnerem und Korngrenzenbereich, Verformungsinhomogenitäten, Orientierungsdifferenzen benachbarter Körner, Unterschiede im Gitteraufbau einzelner Phasen und unterschiedliche kristallografische Orientierung der in der Schliffebene erscheinenden Kornflächen. Weiterhin können lokale Konzentrations-, Temperatur- und Strömungsunterschiede in der Ätzlösung unmittelbar vor der Schlifffläche zu Potentialdifferenzen führen. Aus der Betrachtung der Ursachen für die Potentialdifferenzen geht hervor, dass die Schlifffläche in viele kleine Lokalelemente aufgeteilt ist. Sie garantieren immer einen selektiven Ätzangriff, wodurch das Mikrorelief der anodischen Bereiche stärker verändert wird als das der katodischen. Die Veränderung des Mikroreliefs der Schlifffläche verändert auch die Reflexionsbedingungen. Gegenüber der lediglich polierten Schlifffläche werden in Abhängigkeit vom Gefüge mehr Stellen für diffuse (irreguläre) Reflexion geschaffen, was letztlich zur Kontrastierung führt.

Findet beim selektiven Ätzen nur ein Abtrag statt, dann werden die Korn-, Zwillings- und Phasengrenzen markiert (Abb. 2.90, *Korngrenzenätzung*) oder die Kornflächen unterschiedlich aufgeraut (Abb. 2.91, *Kornflächenätzung*). Meistens treten beide Erscheinungen zusammen auf. Mit einem stark angreifenden Ätzmittel gelingt es, eine Phase herauszulösen, wobei die andere stehen bleibt (Abb. 2.92, *Tiefenätzung*). Man erhält so ein unmittelbares Bild von der Größe, Form und räumlichen Anordnung einzelner Phasen. Der selektive Abtrag kann auch auf den Schnitt-

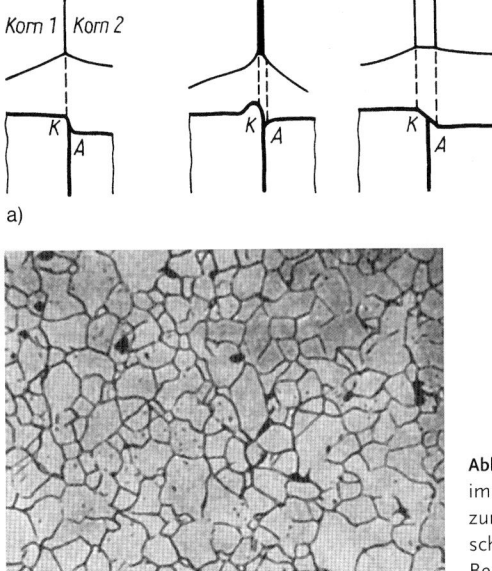

Abb. 2.90 Korngrenzenätzung: a) Erscheinung im Abbild der Schlifffläche und Schnitt senkrecht zur Schlifffläche; Markierung der Korngrenzen schematisch; A anodischer Bereich, K katodischer Bereich; b) Kornstruktur in Reineisen, 10 s geätzt mit 1%iger alkoholischer HNO_3 (Nital)

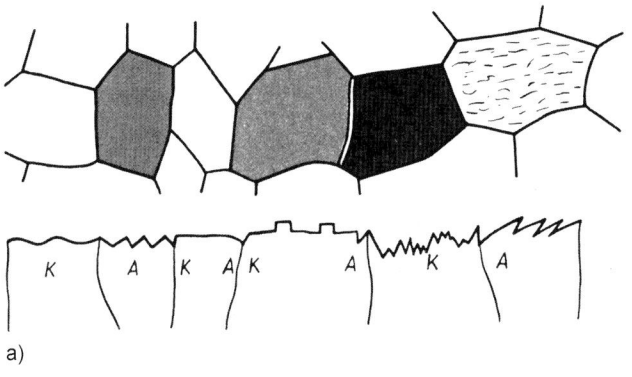

Abb. 2.91 Kornflächenätzung (mit orientierungsabhängigem Abtrag): a) Erscheinung im Abbild der Schlifffläche und Schnitt senkrecht zur Schlifffläche; Kornflächenrelief schematisch; A anodischer Bereich, K katodischer Bereich; b) Kornstruktur in Reinaluminium, Hell-Dunkel-Kontrast der Körner verursacht durch unterschiedlich starke Aufrauung der Kornschnittflächen (Makroätzung), geätzt mit HCl und HF

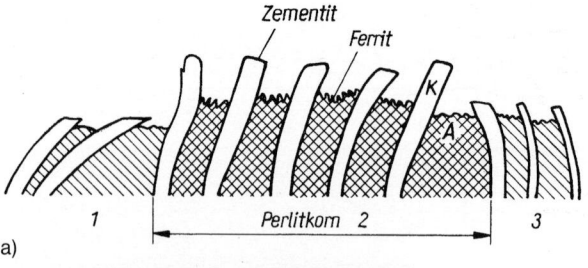

Abb. 2.92 Tiefenätzung: a) Erscheinung im Schnitt senkrecht zur Schlifffläche; starker selektiver Abtrag der Ferritlamellen im Perlit (schematisch); A anodischer Bereich, K katodischer Bereich; b) Stahl mit 0,9 % C, Perlit.
Der Ferrit des Perlits ist herausgelöst, die Zementitlamellen ragen isoliert hervor.
Geätzt mit 10 %iger FeCl$_3$-Lösung

flächen der Körner geometrische Kristallfiguren erzeugen, die Rückschlüsse auf die Orientierung einzelner Körner erlauben (Abb. 2.93, *Kristallfigurenätzung*). Geht bei einer Kornflächenätzung die anodische Auflösungsreaktion mit einer Deckschichtbildung einher, dann bleiben die Gebiete der katodischen Bereiche frei, und die Kornflächen der anodischen Bereiche werden von einer Reaktionsschicht bedeckt. Da die Deckschichten meistens ein geringeres Reflexionsvermögen aufweisen als die freien Bereiche, entsteht ein guter Hell/Dunkel-Kontrast (Abb. 2.94, *Niederschlagsätzung* mit partieller Schichtbildung). Mit dem Materialabtrag kann auch eine recht intensive Schichtbildung ablaufen, wobei die gesamte Schlifffläche bedeckt wird. Solche Reaktionen laufen häufig in Ätzlösungen ab, die stark oxidierende Chemikalien enthalten (z. B. HNO$_3$). Die Deckschicht besteht dann aus Oxiden. In Abhängigkeit von der kristallografischen Orientierung weisen die in der Schliffebene liegenden Kornflächen unterschiedlich dicke Schichten auf. Je dicker die Schicht ist, umso dunkler erscheint das entsprechende Korn. Auf diese Weise unterscheiden sich die Körner wiederum durch ihren Hell/Dunkel-Kontrast. Beim Reineisen besitzt die durch Ätzung in HNO$_3$ entstandene Oxidschicht zusätzlich eine bräunliche Eigenfarbe (Abb. 2.95, Niederschlagätzung mit orientierungsabhängiger Schichtbildung). Aufgrund der unterschiedlichen Schichtdicken sind die Körner in allen Farbtönungen zwischen hellgelblichweiß (dünne Oxidschicht) und dunkelbraunschwarz (dicke Oxidschicht) kontrastiert.

Beim *chemischen* (klassischen) *Ätzen* wird die Schliffprobe in die Ätzlösung getaucht (Tauchätzung) und in ihr bewegt. Dadurch werden Gasblasen von der Schlifffläche abgelöst und Konzentrationsunterschiede ausgeglichen. Obwohl der dabei stattfindende Ätzangriff von vielen, in ihrer komplexen Wirkung schwer zu übersehenden Einflussgrößen abhängt, lassen sich im Wesentlichen nur die Zusammensetzung

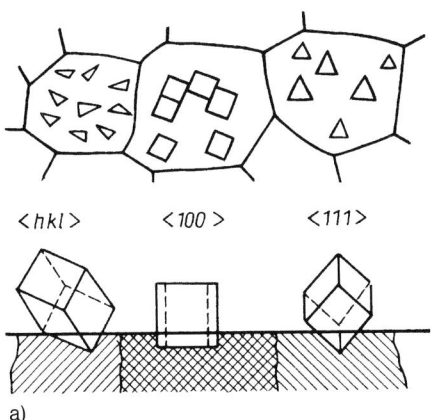

Abb. 2.93 Kristallfigurenätzung: a) Erscheinung im Abbild der Schlifffläche und Schnitt senkrecht zur Schlifffläche; Form der Kristallfiguren (schematisch); b) Reineisen. Quadratische Kristallfiguren im Korn.
Geätzt mit Kupferammoniumchlorid

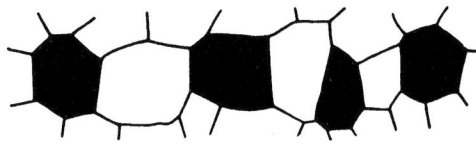

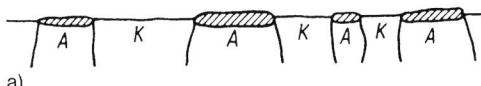

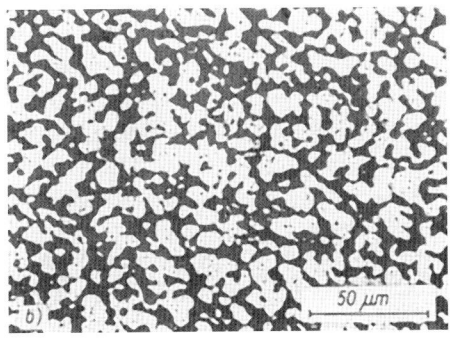

Abb. 2.94 Niederschlagsätzung mit partieller Schichtbildung: a) Erscheinung im Abbild der Schlifffläche und Schnitt senkrecht zur Schlifffläche, partielle Schichtbildung (schematisch); A anodischer Bereich, K katodischer Bereich; b) Stahl mit 0,08 % C, 24,4 % Cr, 6,4 % Ni und 2,2 % Mo; Wärmebehandlung nach Warmwalzen: 950 °C/ 1 h/Wasser; δ-Ferrit dunkel und Austenit hell. Die δ-Ferritbereiche sind mit einer Sulfidschicht bedeckt. Geätzt nach Beraha mit salzsaurer Kaliummetabisulfit-Lösung

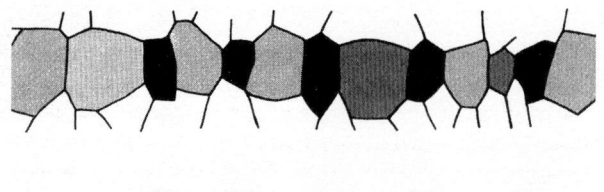

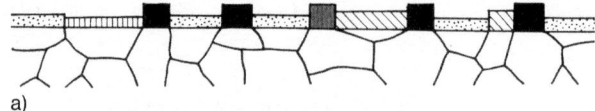

a)

b)

Abb. 2.95 Niederschlagsätzung mit orientierungsabhängiger Schichtbildung: a) Erscheinung im Abbild der Schlifffläche und Schnitt senkrecht zur Schlifffläche; orientierungsabhängige Schichtausbildung (schematisch); b) Reineisen. Kornflächenätzung mit geschlossener Deckschicht. Auf den einzelnen Körnern befinden sich unterschiedlich dicke Oxidschichten.
5 min geätzt in 3 %iger alkoholischer HNO_3

der Ätzlösung sowie deren Temperatur und Einwirkungsdauer variieren. Ätzlösungen für gängige Metalle und Legierungen sind im Anhang angegeben. Bezüglich spezieller Ätzlösungen (Zusammensetzung, Handhabung, kontrastierende Wirkung u. dgl.) sollten die Angaben in den Handbüchern zum metallografischen Ätzen herangezogen werden.

Die Angriffsgeschwindigkeit einer Ätzlösung wird, unter Voraussetzung einer sauberen Schlifffläche, hauptsächlich vom Dissoziationsgrad, der elektrischen Leitfähigkeit und der Temperatur bestimmt. Die Intensität des Ätzangriffs steigt mit den genannten drei Einflussgrößen, wodurch die Ätzzeiten herabgesetzt werden. Die optimalen Ätzzeiten werden empirisch gefunden, indem die Ätzung unterbrochen und das Aussehen der Schlifffläche begutachtet wird. Damit eine solche Kontrolle möglich ist, sollte eine Ätzlösung nicht zu intensiv wirken. Bei Raumtemperatur und Ätzzeiten zwischen ca. 10 s und wenigen Minuten lässt sich die Schlifffläche bequem kontrastieren. Als Lösungsmittel ist Alkohol dem Wasser vorzuziehen, weil alkoholische Lösungen länger haltbar sind und einen nicht zu schnellen, jedoch gleichmäßigen Ätzangriff garantieren. Unter Beachtung der allgemeinen Hinweise und Ätzbedingungen lassen sich bereits mit einigen wenigen Ätzlösungen viele Gefüge kontrastieren. So ist z. B. eine für alle Kohlenstoffstähle gebräuchliche Ätzlösung die 1- bis 3 %ige alkoholische HNO_3 (Nitalätzung), die bei Raumtemperatur angewandt wird. Obwohl bei den meisten Ätzungen die Lösungen bei Raumtemperatur bereits einen ausreichenden Angriff zeigen, müssen einige Lösungen auf 50 bis 80 °C erwärmt werden, um in vertretbaren Ätzzeiten eine Kontrastierung zu bewirken. Mitunter ergeben einige Ätzlösungen erst bei ihrer Siedetemperatur den gewünschten Angriff. Bei Anwendung derartig hoher Ätztemperaturen muss deren gefügeverändernde Wirkung berücksichtigt werden. Dies gilt besonders beim *Anlassätzen*, bei dem als Ätzmittel die Luft verwendet wird. Die Schliffprobe wird hierbei auf einer Heizplatte oder in einem beheizten Sandbad erhitzt. Die polierte, gut gesäuberte und ggf. vorgeätzte Schlifffläche zeigt nach oben. Bei erhöhten Temperaturen bilden sich absorptionsfreie interferenzfähige Oxidschichten, deren Interferenzfarben im weißen Licht sich in Abhängigkeit von der Schichtdicke ändern (Anlauffarbe). Die Oxidschichtdicke ist ihrerseits wiederum abhängig vom Probenwerkstoff, der Temperatur, der Anlassdauer und der Kristallorientierung (Kontrast aufgrund von Interferenzschichten). Cu_3P färbt sich in Bronzen beispielsweise blau, Cu_4Sn gelb an. Bei einem Kohlenstoffstahl färbt sich bei einer Anlasstemperatur von 280 °C der Perlit blau und der Zementit rot. Wird graues Gusseisen auf 300 °C erwärmt, dann ergibt sich ein Farbkontrast, bei dem der Perlit hellblau und das Eisenphosphid rot erscheint. In hochlegierten austenitisch-ferritischen Stählen lassen sich durch Anlassätzungen die Gefügebestandteile Austenit, δ-Ferrit und σ-Phase deutlich voneinander unterscheiden (Abb. 2.96). Auch die sich bei hohen Temperaturen einstellende Gefügeausbildung in ferritisch-perlitischen Chromstählen lässt sich nach Abschrecken mithilfe der Anlassätzung gut kontrastieren (Abb. 2.97).

Es lassen sich nicht nur Kristalle des Grundgefüges anätzen bzw. anfärben, sondern es gibt *spezielle Ätzmittel*, die nur einen einzigen Gefügebestandteil angreifen, also geradezu als Nachweismittel für diesen dienen können. So wird in Chromstählen nur das Eisencarbid Fe_3C durch alkalische Natriumpikratlösung dunkel geätzt, nicht aber der Ferrit, der Martensit oder das Chromcarbid (Abb. 2.98). Man

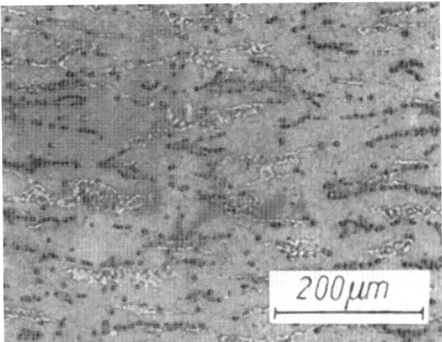

Abb. 2.96 Austenitisch-ferritischer Chrom-Nickel-Stahl mit 0,1 % C, 19 % Cr, 10 % Ni, 1,5 % W, 1 % V und 1,5 % (Nb + Ta); Schmiedezustand; Anlassätzung: 5 min bei 500 °C an Luft oxidiert

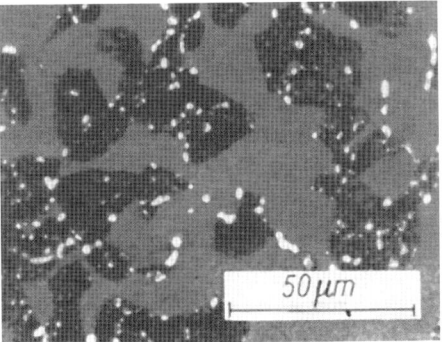

Abb. 2.97 Ferritisch-perlitischer Chromstahl mit 0,2 % C, 17 % Cr und 1 % Mo; von 1050 °C in Öl abgeschreckt; Anlassätzung: 5 min bei 500 °C an Luft oxidiert

kann also Zementit durch alkalische Natriumpikratlösung spezifisch nachweisen. Sind derartige spezifische Ätzmittel in ihrer Wirkung noch abhängig von der Konzentration der Legierung, so lassen sich neben qualitativen in gewissen Grenzen auch quantitative Untersuchungen durchführen. Bei dem *Fitzer'schen Ätzmittel* wird auf Eisen-Silicium-Legierungen durch anodische Oxidation (Chromschwefelsäure) eine festsitzende SiO_2-Schicht erzeugt, die dann mit kaltgesättigter Methylenblaulösung getränkt wird. Eisen-Sili-

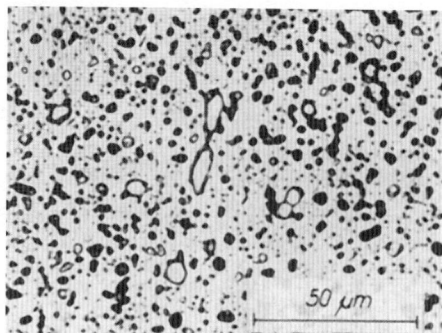

Abb. 2.98 Stahl mit 1,3 % C, 1,5 % Cr und 2 % W. Anfärbung eines einzelnen Gefügebestandteils. Eisencarbid ist dunkel, Chromcarbid bleibt hell. Geätzt mit heißer alkalischer Natriumpikratlösung

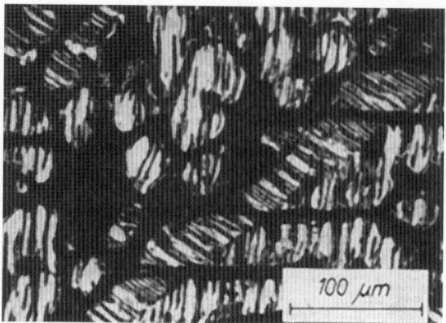

Abb. 2.99 Schraffurätzung einer Al-Cu-Mg-Gusslegierung mit 1 %iger Natronlauge (nach Schottky)

cium-Mischkristalle mit mindestens 8 % Si erscheinen dann leuchtend blau, während niedriger legierte Mischkristalle und auch die Verbindung FeSi nicht gefärbt werden.

Ähnlich kann mit dem *Klemm'schen Ätzmittel* Natriumthiosulfat der Phosphorgehalt in Stählen örtlich bestimmt werden. Das Reagens besteht aus 50 cm³ kaltgesättigter Natriumthiosulfatlösung mit 1 g Kaliummetabisulfit. Ein steigender Phosphorgehalt macht sich unter bestimmten Versuchsbedingungen durch Farbwechsel in Richtung Gelb → Blau → Rot bemerkbar. Die färbende Wirkung beruht auf der Bildung einer Schicht aus Eisensulfid, FeS, das bei der Schlifftrocknung zu Zwischenverbindungen oxidiert wird. Das Ätzmittel liefert auch bei Cu, Bronze, Messing, Sn, Monelmetall, unlegiertem Stahlguss und Grauguss Kornfärbungen, während Ag, Sb, Pb und Zn nur hell-dunkel schattiert werden.

Ätzt man Aluminiumlegierungen mit einem Kupfergehalt > 1 % mit Natronlauge, so bildet sich auf der Schlifffläche ein lockerer rötlicher Niederschlag. Lässt man diesen auf dem Schliff antrocknen, so ergibt sich schon bei der Betrachtung mit freiem Auge ein sehr brillantes Bild mit Merkmalen dislozierter Reflexion. Dies rührt davon her, dass beim Trocknen der Belag schrumpft und nach einem Muster aufreißt, das von der Kristallorientierung abhängt. Ein derartiges Verfahren bezeichnet man als *Schraffurätzung* (Abb. 2.99).

Manchmal erweist es sich als zweckmäßig, nur eine Hälfte der Schlifffläche zu ätzen. An einem Schliff kann dann der Werkstoff sowohl im polierten als auch im geätzten Zustand untersucht werden, und man spart u. U. nachträgliches Abpolieren oder Abschleifen. Es besteht auch die Möglichkeit, einen Teil der Schlifffläche mit dem Ätzmittel A und den restlichen Teil der Schlifffläche mit einem anderen Ätzmittel B zu behandeln. Zur Erzielung *trennscharfer Doppelätzungen* kann man nach Plöckinger und Randak so vorgehen, dass ein Teil der Schlifffläche zunächst mit Nadiaband abgedeckt und der Schliff mit dem Ätzmittel A geätzt wird. Daraufhin entfernt man das Nadiaband, klebt vorsichtig auf die geätzte Fläche ein anderes Stück Nadiaband, sodass der Bandrand genau mit der Begrenzungslinie der ersten Ätzung zusammenfällt (am besten erfolgt dies unter einem Stereomikroskop oder mittels Lupe), und ätzt mit dem Reagens B. Nach Ablösen des Nadiabands ist der Schliff fer-

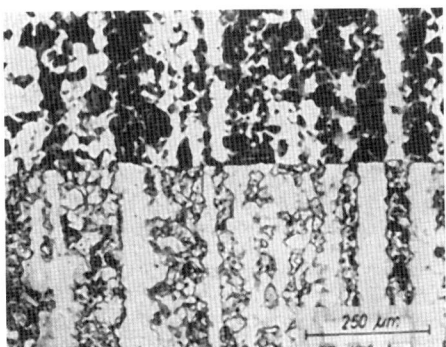

Abb. 2.100 Trennscharfe Doppelätzung von Stahl 28 NiCrMo 10.4 mit alkoholischer Salpetersäure (unten) und dem Oberhoffer'schen Ätzmittel (oben)

tig. Abbildung 2.100 zeigt als Beispiel die trennscharfe Doppelätzung Salpetersäure-Oberhoffer eines niedrig mit Ni, Cr und Mo legierten und warmverformten Stahls. Man erkennt deutlich, wie helle Zeilen bei der Oberhoffer-Ätzung (phosphorreiche Seigerungszeilen) in dunkle Zeilen bei der Salpetersäureätzung (Perlitzeilen, d. h. kohlenstoffreiche Zeilen) übergehen.

Durch einander folgende Ätzungen der gleichen Schliffstelle (sog. *Mehrfachätzung*) gelingt es manchmal, die einzelnen Bestandteile komplizierter Gefüge zu unterscheiden und zu identifizieren. Vorbedingung ist, dass die gleiche Schliffstelle auch nach den einzelnen Ätzoperationen wiedergefunden wird. Dies erreicht man durch Markierung der betreffenden Schliffstelle mithilfe eines Objektmarkierers. Dieser besteht aus einem Halter mit einer verstellbaren, federnd gelagerten feinen Hartmetallnadel, der anstelle des Objektivs in das Mikroskop eingesetzt wird. Durch Aufdrücken des Schliffs auf die Nadel und Drehen des Halters wird auf der Schlifffläche ein je nach Einstellung kleinerer oder größerer Kreis eingeritzt, der es gestattet, die zu untersuchende Schliffstelle nach den verschiedenen Ätzungen und auch nach

dem Abpolieren aufzufinden. Als Beispiel für die Anwendung einer Mehrfachätzung sind in den Abb. 2.101 bis 2.103 die einzelnen Ätzangriffe an einem warmfesten Stahl mit 0,1 % C, 19 % Cr, 10 % Ni, 1,5 % W, 1 % V und 1,5 % Nb + Ta dargestellt. Dieser Stahl besteht aus einer austenitischen Grundmasse, in die δ-Ferrit- und Carbidkristalle eingelagert sind. Je nach dem Bearbeitungs- und Wärmebehandlungszustand des Stahls sind die δ-Ferritkristalle mehr oder weniger weitgehend zerfallen, und zwar in Austenit, σ-Phase und Carbide. Abbildung 2.101 zeigt zunächst eine δ-Ferritinsel nach dem Ätzen des Schliffs mit Königswasser (Stmi 13). Die Umrisse der Kristalle sind zwar scharf entwickelt, ohne dass aber die einzelnen Gefügebestandteile zu unterscheiden sind. Nach dem zweiten Ätzen, elektrolytisch mit 10 %iger wässriger Chromsäure, ist die σ-Phase herausgelöst worden, und an ihren Stellen erscheinen größere schwarze Flecke (Abb. 2.102). Die Carbide werden angeätzt und bilden dunkle, kleine Pünktchen. Wird der Schliff anschließend 5 min bei 500 °C an Luft angelassen, so färbt sich der Austenit braunrot, während der restliche δ-Ferrit weiß bleibt. In Abb. 2.103 erscheinen der Austenit grau, die σ-Phase schwarz (großflächig), die Carbide

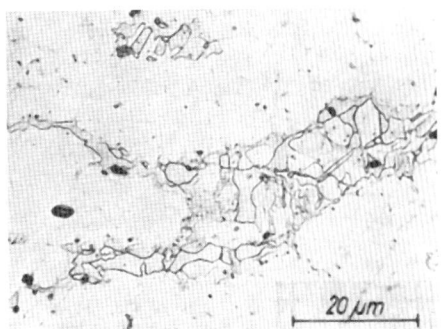

Abb. 2.101 Warmfester austenitisch-ferritischer Stahl, 1100 °C/Wasser/10 h 700 °C, geätzt mit Königswasser

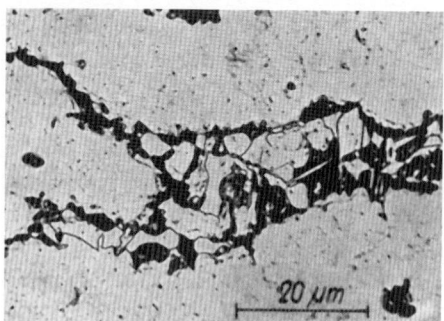

Abb. 2.102 Wie Abb. 2.101, aber zusätzlich elektrolytisch mit wässriger Chromsäure geätzt. Die δ-Phase wird herausgelöst. Diese Stellen erscheinen schwarz

dunkel (kleine Pünktchen) und der δ-Ferrit weiß. Die vier Gefügebestandteile sind nach der Mehrfachätzung also deutlich voneinander zu unterscheiden.

Das chemische (klassische) Ätzen ist meistens eine Erfahrungssache, und die Güte der damit erreichten Kontrastierung hängt vom experimentellen Geschick des Präparators ab. Die Vorgänge, die den Ätzangriff bewirken, sind noch nicht so gut bekannt, dass eine gezielte Beeinflussung des Ätzergebnisses vorgenommen werden kann. Deshalb ist die Reproduzierbarkeit der Kontrastierung unsicher. Unbekannte Gefügezustände und Gefügeuntersuchun-

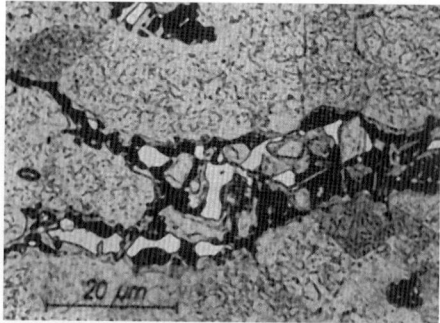

Abb. 2.103 Wie Abb. 2.101, aber zusätzliche Anlassätzung. Der Austenit wird braunrot (grau) gefärbt, δ-Phase und Carbide schwarz, δ-Ferrit bleibt weiß

gen an neuen Werkstoffen erfordern ein aufwendiges Probieren mit bekannten Ätzlösungen oder ein Suchen nach neuen. Trotz seiner Empirie bleibt das einfache chemische Ätzen auch in der nächsten Zeit noch die wichtigste Kontrastierungsmethode.

Die chemischen Ätzverfahren lassen sich je nach Größe der Wirkungsbereiche der Potentialdifferenzen in drei Verfahrensgruppen unterteilen: Makro-, Mikro- und Strukturätzungen. Tabelle 2.25 zeigt eine diesbezügliche Zusammenstellung. Von den vorher angeführten Ätzverfahren sollen an dieser Stelle nur solche betrachtet werden, die ausschließlich durch einen selektiven Materialabtrag kontrastierend wirken. Deckschichtbildende Ätzverfahren sind ausgeschlossen. Neben den bekannten Verfahren der Makro- und Mikroätzungen sind auch diejenigen der *Strukturätzung* bedeutungsvoll.

Gemäß der Tabelle sind die Strukturätzungen den Mikroätzungen zuzuordnen. Gegenüber üblichen Kornflächenätzungen sind aber die Ausdehnungen der Wirkbereiche von den Potentialdifferenzen bei den Strukturätzungen geringer. Dies ruft einen stark lokalisierten Angriff des Ätzmittels hervor und erlaubt, strukturbedingte Ätzerscheinungen zur Sichtbarmachung von Gitterdefekten auszunutzen. Mit der Strukturätzung lassen sich anhand spezieller Ätzerscheinungen auf der Schliffläche die kristallografische Orientierung einzelner Körner oder Einkristalle erkennen *(Kristallfigurenätzung)* sowie Einzelversetzungen *(Versetzungsätzung)*, Versetzungsanordnungen und Subkorngrenzen *(Subkorngrenzenätzung, Äderungsätzung)* sichtbar machen. Die letzte Spalte der Tab. 2.25 enthält Beispiele für Ätzerscheinungen, die bei den jeweiligen Strukturätzungen aber auch anderen Mikroätzungen beobachtet werden. Aus Vergleichs-

Tab. 2.25 Wirkungsbereiche von Potentialdifferenzen und dazugehörige (elektro-)chemische Ätzverfahren

Größe der Wirkungsbereiche von Potentialdifferenzen	Ätzverfahren	Kontrastierte Gefüge- und Strukturbereiche	Beispiele für Ätzerscheinungen
einige cm ... ≈ 0,5 mm	Makroätzung (Flächenätzung)	Zonen, Schichten, Korngruppen, grobe Körner, Gussstrukturen	Seigerungsbereiche, Wärmeeinflusszonen, Transkristallite, Grobkornzonen
< 1 mm ... ≈ 0,5 µm	Mikroätzung Korngrenzen- und Kornflächenätzung	Diffusionszonen, innere Grenzflächen (inkohärente), Matrixkörner, grobe Ausscheidungen	Mischkristallseigerungen, peritektische Höfe, Oberflächenschichten, Körner von Gefügebestandteilen; Korn-, Phasen- und Zwillingsgrenzen
< 100 µm ... ≈ 0,1 µm	Strukturätzung Kristallfigurenätzung	Ein- und Vielkristallbereiche	geometrisch definierte Ätzfiguren in Körnern kubischer und hex. Metalle und Legierungen (z. B. Ag, Al, Cd, Cu, Fe, Fe-Si, Messing, kohlenstoffarmer Stahl, W, Zn)
lineare Bereiche: Länge < 100 µm Breite ≦ 2 µm	Subgrenzenätzung	Subkörner in den Körnern vielkristalliner Metalle und in stark gestörten Einkristallen	Subkörner nach Polygonisation schwach verformter Kristallbereiche, Subgrenzen, Subgrenzennetzwerke
	Äderungsätzung	Äderung in Körnern reiner Metalle und Legierungen	Äderung in Körnern von Reineisen, Al, Cu, Cu-Legierungen, Fe-Si, Ni
punktförmige Bereiche: ≦ 3 µm lineare Bereiche: Länge ≦ 10 µm Breite ≦ 1 µm	Versetzungsätzung	Gebiete mit isolierten Versetzungen in Einkristallen bzw. Versetzungsanhäufungen	Ätzgruben an Schnittstellen der Versetzungslinien mit der Schliffebene; Ätzgruben längs von Subgrenzen; Versetzungslinien in der Schliffebene

gründen wurden sie ergänzt durch Erscheinungen der Makroätzung.

Da den hier betrachteten Mikroätzungen stets die gleiche Kontrastierungsart zugrunde liegt, nämlich die Erzeugung eines Mikroreliefs, gibt es zwischen einer Kornflächen-, Kristallfiguren- und Versetzungsätzung nur graduelle Unterschiede. Bei einer Kornflächenätzung entstehen infolge der für alle Körner annähernd gleichen Abtragsgeschwindigkeit korneigene Mikroreliefs, die aber nur eine schwache Orientierungsabhängigkeit aufweisen. Ist der Ätzangriff dagegen stark orientierungsabhängig, dann werden auf den einzelnen Kornschnittflächen geometrisch definierte *Kristallfiguren* gebildet. Im Fall kubischer Metalle erfolgt der Ätzangriff häufig bevorzugt an den Würfelseitenflächen. Die Kristallfiguren stellen dann Schnittlinien der {1 0 0}-Ebenen mit der Schliffebene dar und haben eine quadratische Form. Bricht man den Ätzvorgang ab, bevor die gesamte Schlifffläche von dem Mikrorelief der sich überschneidenden Kristallfiguren erfasst wird, dann kann aufgrund der Form einzelner Kristallfiguren die kristallografische Ebene des jeweiligen Korns in der Schliffebene (oder parallel zu ihr) bestimmt werden. Dies soll am Beispiel einer Reinaluminiumprobe demonstriert werden (Abb. 2.104). Die grobkörnige Probe wurde elektrolytisch poliert und danach einer Tauchätzung in einem Gemisch aus 100 ml Alkohol, 35 ml HCl und 65 ml HNO_3 unterzogen. Korn A in Abb. 2.104 weist quadratische Kristallfiguren auf, was bedeutet, dass in diesem Korn die {1 0 0}-Ebenen parallel zur Schliffebene liegen. Die Körner B und C wurden in {h k l}-Ebenen höherer Indizierung geschnitten, denn die Kristallfiguren in ihnen sind gleichseitige Trapeze. Gleichseitige Dreiecke müssten {1 1 1}-Ebenen zugeordnet werden. Korn D wurde in einer (1 1 0)-Ebene geschnitten (rechteckige Kristallfiguren). Die lokalen Schwankungen in der Anzahl der Kristallfiguren weisen auf unterschiedliche Defektdichten in den Körnern hin (s. Versetzungsätzung).

Während der Ätzangriff bei der Kornflächen- und Kristallfigurenätzung flächenhaft ist und sich nur durch das Ausmaß seiner Anisotropie unterscheidet, erfolgt bei der *Versetzungsätzung* entsprechend Form und Ausdehnung des Wirkbereichs der Potentialdifferenz (Tab. 2.25) ein punkt- bzw. linienförmiger Ätzangriff. Die Versetzungen, deren Spannungsfeld sich bis in den μm-Bereich erstrecken, werden mit Fremdatomen dekoriert, wodurch eine genügend hohe Potentialdifferenz gegenüber der defektfreien Umgebung entsteht. Ihr Wirkbereich wiederum besitzt eine so große Ausdehnung, dass die unmittelbare Umgebung der Versetzung nach dem lokalen Ätzangriff lichtmikroskopisch sichtbar wird. An den Schnittpunkten der Versetzungslinie mit der Schliffebene (Durchstoßpunkte) erscheinen Ätzgruben. Die in der Schliffebene liegenden Versetzungen werden durch Gräben markiert. Die genügend große Potentialdifferenz ist nur eine von den drei Bedingungen für die Bildung von Ätzgruben. Zwei weitere resultieren aus den Unterschieden in den Geschwindigkeiten des Metallabtrags (Abb. 2.105). Die lokalen Abtragsgeschwindigkeiten entlang der vertikal verlaufenden Versetzungslinie v_v und in der Horizontalrichtung v_h müssen wesentlich größer sein als die mittlere Abtragsgeschwindigkeit der ungestörten Oberfläche v_s. Außerdem muss gelten $v_v \geq 0{,}1\, v_h$. Nur unter diesen Voraussetzungen dominiert das Tiefenwachstum, und es entstehen Ätzgruben mit ausreichend stei-

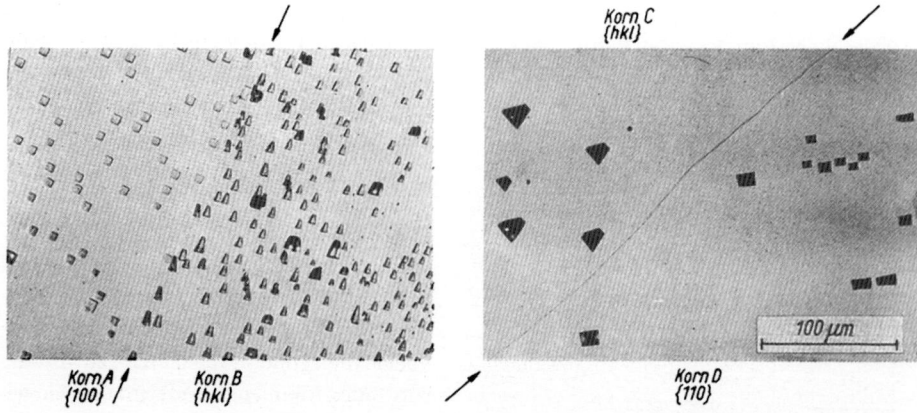

Abb. 2.104 Kristallfiguren in grobkörnigem Aluminium. Elektrolytisch poliert und kurzzeitig in einem Alkohol-HCl-HNO_3-Gemisch geätzt (Pfeilrichtungen markieren den Korngrenzenverlauf)

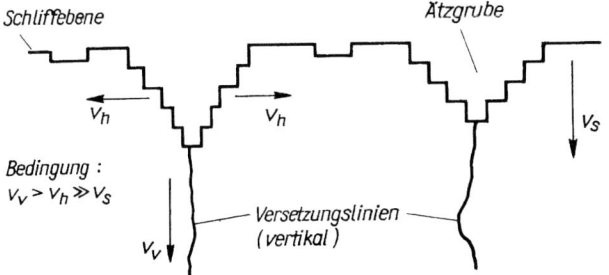

Bedingung:
$v_v > v_h \gg v_s$

Abb. 2.105 Durch Ätzgruben hervorgerufenes Mikrorelief (schematisch)

len Wänden. Häufig ist der am Durchstoßpunkt lokalisierte Ätzangriff anisotrop, verursacht durch einen zur Oberfläche geneigten Versetzungsverlauf. In diesem Fall besitzen die Ätzgruben, wie Abb. 2.106 zeigt, eine gewisse Ähnlichkeit mit Kristallfiguren. Die dreieckähnlichen Ätzgruben auf einer (1 1 1)-Ebene von GaAs entstanden durch eine Versetzungsätzung in einem Gemisch aus 20 ml HF (40%ig), 80 ml H_2O_2 und 20 ml konz. H_2SO_4 innerhalb 1 min bei 50 °C. Die rasterelektronenmikroskopische Aufnahme der Ätzgruben (Abb. 2.107) lässt deutlich den bevorzugten Tiefenangriff sowie die relativ steile und abgestufte Wandung erkennen. Der Ätzgrubengrund hat die Form eines Dreiecks mit ausgebogenen Seiten, eine Form, die für {1 1 1}-Ebenen typisch ist.

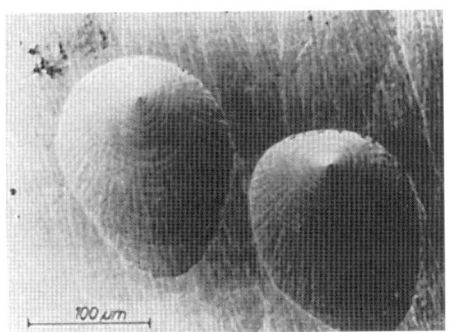

Abb. 2.107 Rasterelektronenmikroskopische Aufnahme von Ätzgruben in GaAs, Ätzung wie bei Abb. 2.120

Da Subkorngrenzen und Äderungen bestimmte Versetzungsanordnungen darstellen, lassen sie sich meistens mithilfe modifizierter Versetzungsätzungen sichtbar machen. In Abb. 2.108 werden zwei benachbarte Körner einer schwach deformierten und anschließend wärmebehandelten kohlenstoffarmen Fe-3% Si-Legierung gezeigt. In beiden Körnern lag nach der Deformation eine unterschiedliche Versetzungsdichte vor, weswegen sich die verschiedenen Substrukturen während der Erholung ausbilden konnten. Die thermisch aktivierte Versetzungsauflösung und -umverteilung führte im oberen Korn zu einer geringeren Versetzungsdichte und zu einer Versetzungsanordnung in nahezu parallelen Subkorngrenzen (Äderung). Demgegenüber bedingt die höhere Versetzungsdichte im unteren Korn eine fast vollstän-

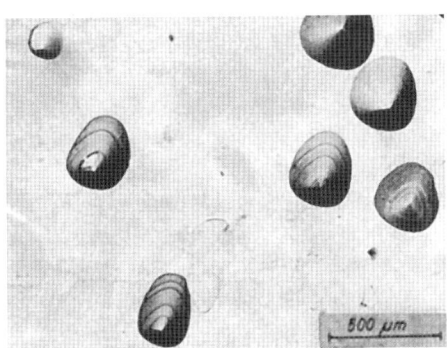

Abb. 2.106 Ätzgruben an Versetzungsdurchstoßpunkten in (1 1 1)-GaAs, Versetzungsätzung mit HF-H_2SO_4-H_2O-Gemisch

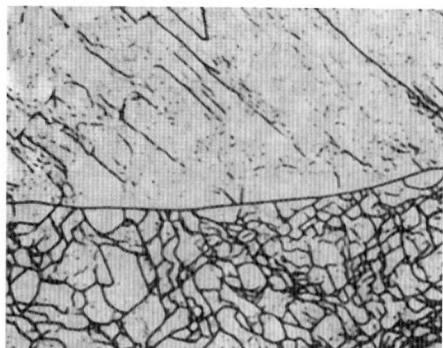

Abb. 2.108 Substrukturausbildung in benachbarten Körnern einer erholten Fe-3 % Si-Legierung (nach Aust), elektrolytisch geätzt nach Morris

dige Konzentration der Versetzungen in den Subgrenzen. Diese wiederum bilden eine ausgeprägte Subkornstruktur. Sowohl die restlichen Einzelversetzungen als auch die in den Subkorngrenzen angeordneten Versetzungen wurden als Ätzgruben sichtbar gemacht. Wegen der geringen Vergrößerung erscheinen Einzelversetzungen als Punkte und die Subkorngrenzen als Linien. Die in Abb. 2.108 dargestellten Substrukturen wurden mit einer elektrolytischen Ätzung im Morris-Elektrolyt entwickelt (133 ml Eisessig, 25 g CrO_3, 7 ml H_2O; bei 20 bis 30 mA cm^{-2}).

Für eine erfolgreiche Strukturätzung ist Voraussetzung, dass die Schliffoberfläche selbst keine präparationsbedingten Defekte aufweist. Dies kann mit Sicherheit nur durch chemisches oder elektrolytisches Polieren erreicht werden. Sollte dennoch als letzte Präparationsstufe ein mechanisches Feinstpolieren (oder Läppen) erforderlich sein, dann muss ein Ätzmittel benutzt werden, welches vor dem Angriff der eigentlichen Strukturdefekte die restliche Deformationszone ($< 0,5$ μm) abträgt. Das Ätzmittel muss eine langsame selektive Materialauflösung bewirken, damit die örtlich begrenzten und relativ geringen Potentialdifferenzen zwischen ungestörtem und gestörtem Kristallbereich die in Tab. 2.25 genannten Ätzerscheinungen hervorrufen. Besitzt das Ätzmittel diese Eigenschaft nicht, dann geht eine Kristallfigurenätzung mit fortschreitendem Abbau der Kristallfläche in eine übliche Kornflächenätzung über. Es wurden auch nach zu starkem Ätzangriff bei Versetzungsätzungen Mikroreliefausbildungen beobachtet, die denjenigen entsprachen, die nach einer abgeschlossenen Kristallfigurenätzung auftreten (besonders bei stark gestörten Kristallen). Ätzmittel für die Entwicklung von Kristallfiguren sind für verschiedene reine polykristalline Metalle und Legierungen bekannt geworden, z. B. für Weicheisen, Fe-Si-Legierungen, Rein-Al- und Rein-Cu-Sorten sowie Messing. Die Zusammensetzung derartiger Ätzmittel und ihre Handhabung sind den Ätzhandbüchern zu entnehmen. Auch bezüglich der Ätzmittel zur Sichtbarmachung von Versetzungen (ggf. auch anderen Strukturdefekten) sei auf Spezialliteratur über die Struktur der Einkristalle, insbesondere die der Halbleiter, verwiesen. Versetzungsätzungen wurden u. a. erfolgreich angewandt bei einkristallinen Materialien aus Al, Cu, Fe-Si, Ge, Si und Verbindungshalbleitern.

Als lichtmikroskopische Betrachtungsverfahren strukturgeätzter Mikrobereiche kommen neben der Hellfeldbetrachtung vor allem das Interferenzkontrastverfahren, mitunter das Phasenkontrastverfahren in Betracht. Mitunter lassen sich auch im Dunkelfeld oder bei schrägsteiler Beleuchtung die Reliefserscheinungen nach einer Strukturätzung ausreichend gut beobachten.

Aus den in Tab. 2.25 angeführten Beispielen können bereits einige Anwendungsfälle für Strukturätzungen abgeleitet werden. Darüber hinaus werden Strukturätzungen angewandt zur metallografischen Bestimmung von Kristall- und Kornorientierungen. Sie eignen sich auch für lichtmikroskopische Texturkontrollen. Bei der Anwendung einer Versetzungsätzung zur Bestimmung der Versetzungsdichte muss überprüft werden, ob die entstandenen Ätzgruben tatsächlich den Versetzungen zugeordnet werden können.

Eine breite Anwendung haben die Strukturätzungen in der Einkristalltechnik, insbesondere bei der Halbleiterherstellung, gefunden. Sie dienen der Kontrolle der Defektstruktur und somit der physikalischen Reinheit einkristalliner Materialien. In vielen Plastizitäts-, Erholungs- und Rekristallisationsuntersuchungen bedient man sich ebenfalls der Strukturätzungen. Hier lassen sich über derartige Ätzungen nicht nur Dichte sowie Anordnungen der Versetzungen bestimmen, sondern auch deren Wanderung, ihre Umverteilung zu Subgrenzen, die Subkornstruktur und deren Veränderungen beobachten und quantifizieren.

Während beim klassischen chemischen Ätzen in den Ablauf der elektrochemischen Reaktionen nicht eingegriffen werden kann, wird beim *elektrolytischen Ätzen* zumindest die Startphase der Reaktionen beeinflusst. Hierzu wird das System Lokalelemente/Elektrolyt (gleichbedeutend mit Schlifffläche/Ätzlösung) ergänzt durch eine Gegenelektrode, die bei anodischer Schaltung der Probe und Anlegen einer äußeren Gleichspannung als Katode wirkt. Die Anordnung und der Katodenwerkstoff sind die gleichen wie beim elektrolytischen Polieren. Das elektrolytische Ätzen kann deshalb in der gleichen Zelle (Abb. 2.83) vorgenommen werden. Bei Variation der angelegten Spannung ergibt sich der in Abb. 2.84 eingezeichnete Steilanstieg für den Bereich der direkten Metallauflösung (Bereich A′–B). In diesem Bereich löst sich das Metall anodisch auf (Gl. 2.50). Die freigesetzten Elektronen verbleiben im Werkstoff und werden über den Leitungsdraht zur Katode abgeführt, d. h. zum Elektronenverbrauch wird kein Oxidationsmittel benötigt. Die katodische Teilreaktion wird räumlich von der Schlifffläche getrennt. Im Bereich A′–A der Stromdichte-Spannungs-Kurve (Abb. 2.84) fließt ein noch zu geringer Strom, sodass keine merkliche Metallauflösung stattfindet. Im unteren Teil des Abschnitts A–B bewirken die Potentialdifferenzen im Korngrenzenbereich einen selektiven Angriff der Korngrenzen. Bei Erhöhung der äußeren Spannungen werden auch die Kornflächen selektiv angegriffen (oberer Teil des Abschnitts A–B). In der Regel wird im gleichen Elektrolyt geätzt, mit dem auch poliert wurde. Hierzu verbleibt die Probe nach dem Polieren auf der Maske, und die Spannung wird durch Umschalten in einen Bereich zwischen ≈ 0,8 bis 10 V abgesenkt. Die Ätzzeiten betragen einige Sekunden, mitunter aber auch wenige Minuten. Abbildungen 2.109 und 2.110 zeigen ein durch elektrolytisches Ätzen kontrastiertes Gefüge von einem teilrekristallisierten Transformatorenstahl. Die versetzungsreichen Gebiete sind aufgrund der Potentialdifferenzen gegenüber den bereits rekristallisierten Bereichen dunkel kontrastiert. Außerdem wirken in den rekristallisierten Bereichen die Potentialunterschiede zwischen Korninnerem und Korngrenzengebieten, sodass die Korngrenzen auch angeätzt werden.

Metalle und Legierungen, die zur Passivierung neigen, werden häufig nicht in der Zelle, sondern extern geätzt. Dabei wird die Probe anodisch mit der Stromversorgungseinheit verbunden, der Elektrolyt auf die mechanisch oder elektrolytisch polierte Schlifffläche aufgetropft und eine Drahtkatode in den Elektrolyttropfen getaucht.

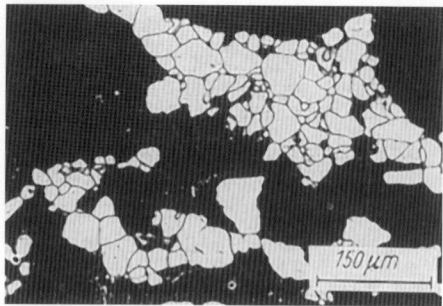

Abb. 2.109 Kontrastierung versetzungsreicher Bereiche in Eisen mit 3 % Si durch elektrolytische Ätzung (nach Morris). Fortschreitende Primärrekristallisation nach Kaltwalzen (η = 50 %) und Glühung bei 710 °C 12 s. Elektrolyt: CrO_3 in Eisessig; Ätzspannung 10 V; Stromdichte 0,1 bis 0,25 A cm^{-2}

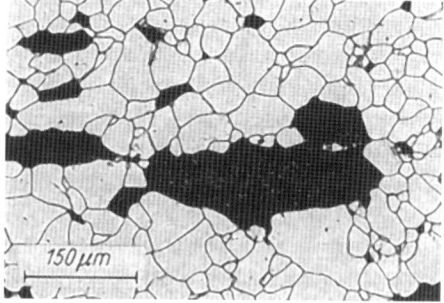

Abb. 2.110 Wie Abb. 2.109, Glühzeit 48 s

Es gelingt auch, analog zum Niederschlagsätzen mit geschlossener Deckschicht elektrolytisch einen Metallabtrag mit Oxidschichtbildung zu kombinieren (Anodisieren). Entsprechend den Ausführungen zu der Deckschichtbildung beim elektrolytischen Polieren müssen hierzu die Stromdichten und Spannungswerte im Bereich B′–C der idealisierten Kurve von Abb. 2.84 eingestellt werden. Kristallografische Orientierung und chemische Zusammensetzung der Gefügebestandteile bestimmen die lokale Schichtdicke, sodass sie infolge der Interferenz an dünnen Schichten in einem ausgeprägten Farbkontrast erscheinen.

Während des elektrolytischen Ätzens ändert sich das Potential an der Probe undefiniert. Dieser Nachteil ist durch die Konzentrationsänderungen des Elektrolyten und die damit verbundenen Unterschiede in der Strombelastung der Probe bedingt. Die Stromdichte kann aber nicht über die gesamte Ätzzeit hinweg konstant gehalten werden, wodurch sich der Ätzangriff ebenfalls verändert (Abb. 2.84, s. Bereich A′–B′). Mithilfe einer Dreielektrodenanordnung und Anwendung eines Potentiostaten aber lässt sich das elektrolytische Ätzen reproduzierbar machen. Beim potentiostatischen Ätzen wird das sich zwischen Probe und unmittelbar vor der Schlifffläche im Elektrolyten einstellende Potential über eine Kalomel-Vergleichselektrode gemessen und die Potentialänderung als Regelgröße benutzt, um eine vorgegebene Sollspannung zwischen der Probe (Anode) und der Gegenelektrode (Katode) mithilfe des Potentiostaten konstant zu halten. Den prinzipiellen Aufbau einer Anlage zum potentiostatischen Ätzen zeigt Abb. 2.111. Das Coulometer misst den durch die Zelle geflossenen Strom und bildet sein Integral über die Zeit. Dieser Wert entspricht der aufgelösten Metallmenge und stellt somit ein Maß für die Ätztiefe dar (Maßätzen).

Die vorzugebende Sollspannung (Potential), bei der sich die Schlifffläche gezielt anätzen lässt, ist bei einem geeigneten Elektrolyten nur noch von der Stromdichte abhängig. Die Beziehungen zwischen Potential und Stromdichte sind dem Stromdichte (i)-Potential (E)-Schaubild zu entnehmen (Abb. 2.112). Es enthält die i-E-Kurven für die anodische und katodische Teilreaktion und die messbare i-E-Kurve für den Gesamtprozess der Auflösung eines Metalls bzw. einer Phase. Ein charakteristisches Potential ist das Ruhepotential E_r. Bei ihm ist der Teilstrom der anodischen gleich dem der katodischen Reaktion, d. h. das System

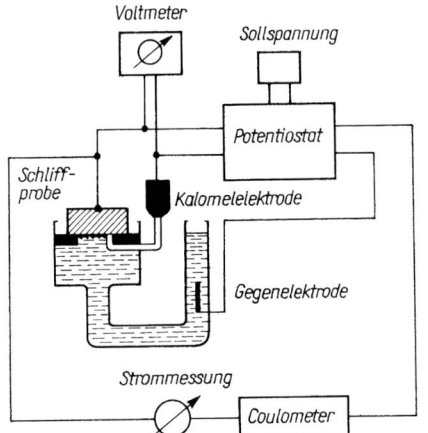

Abb. 2.111 Prinzipieller Aufbau einer Anlage zum potentiostatischen (coulometrischen) Ätzen (nach Lüdering)

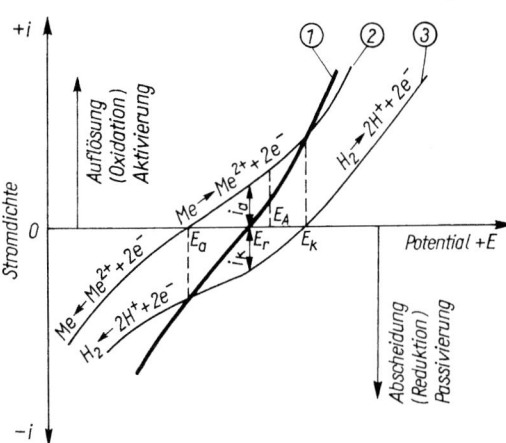

Abb. 2.112 Schematisches Stromdichte-Potential-Schaubild für die Metallauflösung. Kurve 1: messbare i-E-Kurve (Gesamtreaktion), Kurve 2: i-E-Kurve der anodischen Teilreaktion, Kurve 3: i-E-Kurve der katodischen Teilreaktion. i_a anodische Teilstromdichte, i_k katodische Teilstromdichte, E_r Ruhepotential der Gesamtreaktion, E_a Ruhepotential der anodischen Teilreaktion, E_k Ruhepotential der katodischen Teilreaktion, E_A Arbeitspotential

ist nach außen hin stromlos, es findet kein Ätzangriff statt. Erst beim Anlegen des Arbeitspotentials, welches oberhalb des Ruhepotentials gewählt werden muss, fließt ein Strom, und die Metallauflösung läuft ab. Sind die i-E-Kurven der anzuätzenden Phasen bekannt, dann lassen sich durch die Vorwahl der Arbeitspotentiale bestimmte Phasen bevorzugt anätzen.

Liegen beispielsweise im Gefüge zwei Phasen vor und haben ihre positiven (aktiven) Äste der i-Kurve den in Abb. 2.113 dargestellten Verlauf, dann wird beim Arbeitspotential E_{A1} nur die Phase 1 angeätzt. Wird als Sollspannung dagegen das Arbeitspotential E_{A2} gewählt, dann werden beide Phasen kontrastiert, aber Phase 1 stärker als Phase 2, weil in diesem Fall für Phase 1 die Stromdichte höher ist.

Das potentiostatische Ätzen ist dann zu empfehlen, wenn mehrphasige Werkstoffe untersucht werden müssen, deren Strukturelemente ähnliche Ätzpotentiale aufweisen. Sie lassen sich durch chemisches Ätzen kaum und durch elektrolytisches Ätzen unsicher kontrastieren. Erfolgreich wurde das Verfahren z. B. für die Gefüge-

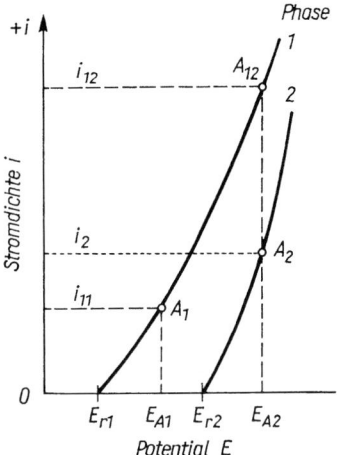

Abb. 2.113 Verlauf der aktiven Äste von Stromdichte-Potential-Kurven zweier Phasen (schematisch). E_{r1}, E_{A1} Ruhe- bzw. Arbeitspotential der Phase 1, E_{r2} Ruhepotential der Phase 2, E_{A2} Arbeitspotential zur Kontrastierung beider Phasen (Phase 1 wird stärker als Phase 2 angeätzt), i_{11} Stromdichte am Arbeitspunkt A_1 der Phase 1, i_2 Stromdichte am Arbeitspunkt A_2, i_{12} Stromdichte am Arbeitspunkt A_{12} der Phase 1

kontrastierung leicht passivierbarer hochlegierter Eisenwerkstoffe (rostfreie Stähle, hochlegierter warmfester Stahlguss, Schnellarbeitsstähle), für das Sichtbarmachen von Eisenphosphid und Zementit in Gusseisen und für die separate Kontrastierung gleichzeitig vorliegender Eisennitride und -carbide im Ferrit angewandt. Es können aber auch Silicium- und Phosphorseigerungen in Eisen, Stahl und Gusseisen sowie Gefügeeinzelheiten in Nichteisenmetallen (Kupfer, Zink und deren Legierungen) mit dem potentiostatischen Ätzen sichtbar gemacht werden. Die Anwendung dieser Ätzmethode setzt, außer einer speziellen Anlage dafür, voraus, dass die Arbeitspotentiale, bei denen die Gefügeeinzelheiten optimal kontrastiert werden und die jeweiligen Elektrolyten bekannt sind. Dies wiederum erfordert die Kenntnis entsprechender i-E-Kurven und deren Aufnahmebedingungen. Der Grund, weshalb sich das potentiostatische Ätzen nur zögernd durchsetzt, ist in der mangelnden Verfügbarkeit der i-E-Kurven für die in den metallischen Werkstoffen vorkommenden Phasen zu suchen.

2.3.4.2 Physikalische Kontrastierung

Im Fall der physikalischen Kontrastierungsmethoden (Abb. 2.89) wird die polierte Schlifffläche mithilfe physikalischer Vorgänge verändert. Da diese Kontrastierungsmethoden an wenig verfügbare und mitunter aufwendige Apparaturen gebunden sind, haben sie sich in der metallografischen Praxis bisher kaum als Routineverfahren durchgesetzt. In Sonderfällen aber, bei denen die elektrochemischen Kontrastierungsmethoden große Schwierigkeiten bereiten oder überhaupt nicht eingesetzt werden können, ergeben die physikalischen Methoden eine sehr saubere, rückstandsfreie oder definiert beschichtete und somit gut kontrastierte Schlifffläche. Solche Fälle sind beispielsweise die Kontrastierung von Gefügen, deren Bestandteile zu große Potentialdifferenzen aufweisen (Plattierungen, Beschichtungen), die Kontrastierung von Metall-Keramik-Verbunden sowie randscharfer Bereiche (Oberflächenschichten) und die Kontrastierung von metallischen Werkstoffen, die schnell passivierende Schichten bilden (Al-Legierungen, hochwarmfeste Legierungen auf Ni- und Co-Basis).

Beim *Ionenätzen* wird die Oberfläche der Schliffprobe im Vakuum mit energiereichen Edelgasionen beschossen. Hierbei ist die Probe als Katode gepolt. Die von einer Entladungsspannung zwischen 1 und 10 kV beschleunigten Ionen zerstäuben beim Aufprall auf die Schlifffläche die obersten Materialbereiche (katodische Zerstäubung, katodisches Ätzen). Die Abtragsrate hängt sowohl von Parametern des Ionenstrahls ab (u. a. Ionenenergie, -masse und -stromdichte) als auch von Einflussfaktoren seitens der Schlifffläche (z. B. Oberflächenbeschaffenheit, Atommasse der chemischen Elemente, Kristallstruktur der Phasen und deren Orientierung zur Oberfläche). Es werden Abtragsraten bis zu 0,1 µm min^{-1} angegeben. Beim Kontrastieren homogener Gefüge erzeugt das Ionenätzen orientierungsabhängige Mikrorauigkeiten auf den in der Schliffebene liegenden Kornflächen. Das Mikrorelief liefert bei Hellfeldbeleuchtung einen ähnlichen (mitunter aber noch schärferen) Kontrast wie nach einer reinen Kornflächenätzung mit Abtrag (s. Abb. 2.91). In heterogenen Gefügen bewirkt der Ionenbeschuss in Abhängigkeit vom Strukturaufbau unterschiedliche Abtragsraten. Es entsteht dann ein Gefügebild, welches vergleichbar ist mit demjenigen nach üblicher chemischer Ätzung.

Die kinetische Energie aufschlagender Ionen führt nicht nur zu einem Austritt von Atomen aus der Schlifffläche, sondern auch zu einer lokalen Erhitzung der Strahlauftrefffläche, was zu einer Oberflächendiffusion führen kann. Wird thermische Energie der Probe durch Erhitzen zugeführt, dann sind die Atome in der Lage, sich an der Probenoberfläche durch Diffusionsvorgänge neu anzuordnen. Ein Teil der Atome kann auch die Oberfläche verlassen (z. B. durch Verdampfen). Finden die Vorgänge im Vakuum oder in einer Inertgasatmosphäre statt, wird vom *thermischen Ätzen* gesprochen. Laufen sie noch unter der zusätzlichen Einwirkung eines Ätzgases ab (z. B. Chlorgas, HCl-Gas, Luft), bezeichnet man das Verfahren als Heißätzen. Letzteres ist veraltet, sodass das thermische Ätzen den Vorrang hat. Durch die Zufuhr der thermischen Energie entstehen im Oberflächenbereich der durch die Schliffebene geschnittenen Korngrenzenflächen grabenartige Vertiefungen, sodass das Gefüge derjenigen Phase erscheint, die bei den angewandten Temperaturen thermodynamisch stabil ist. In Abb. 2.114 wird das Gefüge des ehemaligen Austenits nach einer Heißätzung und Abkühlung auf Raumtemperatur wiedergegeben. Sie ist vergleichbar mit dem Gefüge desselben Stahls, wenn dieser ebenfalls bei 1200 °C

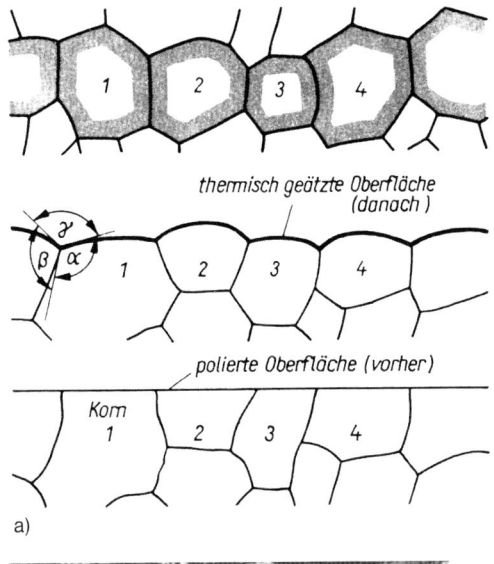

Abb. 2.114 Thermisches Ätzen und Heißätzung: a) Erscheinung im Abbild der Schlifffläche und Schnitt senkrecht zur Schlifffläche, thermisches Ätzen (schematisch), $\alpha = \beta = \gamma = 120°$; b) Stahl mit 0,5 % C, 20 h bei 1200 °C im Stickstoffstrom erhitzt, Heißätzung.
Das Gefüge der nur bei hohen Temperaturen beständigen Austenitphase ist entwickelt worden

20 h lang im Vakuum thermisch geätzt wäre. Die im Abbild der Schlifffläche nach einem thermischen Ätzen (oder Heißätzen) sichtbaren Kornflächen stellen schwach konvexe Gleichgewichtsflächen minimaler Oberflächenenergie dar (Abb. 2.114 oben). Sie entstehen durch die erwähnte Neuverteilung der Atome durch Diffusion im Grenzbereich der Schlifffläche. Dabei verkleinern sich die Grenzen zwischen den Körnern, die Korngrenzenenergie wird verringert. Auch ist ein Verdampfen einer geringen Atommenge aus den Korngrenzenbereichen nachgewiesen worden. Da Diffusionsprozesse zeit- und temperaturabhängig sind, erscheinen kontrastreiche Gefüge einer Hochtemperaturphase erst nach längeren Ätzzeiten ($> 0{,}5$ h) und bei Temperaturen, die oberhalb der Hälfte der Schmelztemperatur für die jeweilige Phase liegen. Es muss beachtet werden, dass bei derartigen hohen Temperaturen Gefügeveränderungen eintreten, die nicht nur auf die zu kontrastierende Hochtemperaturphase beschränkt bleiben (z. B. Kornwachstum, Auflösung oder Ausscheidung von Zweitphasen), sondern auch während der Abkühlung auf Raumtemperatur ablaufen (Phasenumwandlung, Ausscheidung). Ein schnelles Abkühlen von der Ätztemperatur garantiert das Erhaltenbleiben der Gefügeerscheinung zum Abschluss des thermischen Ätzens. Die Vorgänge beim thermischen Ätzen werden besonders in der Hochtemperaturmikroskopie und zur Sichtbarmachung von Austenitkornstrukturen in Stählen ausgenutzt.

Die beim Anlassätzen oder Anodisieren gebildeten interferenzfähigen Schichten ergeben selten gut reproduzierbare Kontraste. Außerdem besteht bei der chemischen Schichtbildung die Gefahr einer Verfälschung von Gefügedetails. Das physikalische *Aufbringen von Interferenzschichten* durch Aufdampfen und Plasmaabscheidung verändert weder die Größe noch die Form der zu kontrastierenden Gefügebestandteile (s. Abschnitt 2.2.3.6).

Beim Aufdampfen wird die polierte Schlifffläche im Vakuum mit Substanzen bedampft, deren Schichten möglichst absorptionsfrei sind (keine Eigenfarbe haben) und hohe Brechzahlen aufweisen. Bei einer Wellenlänge $\lambda = 550$ nm liegen die Brechzahlen (Brechungsindizes) zwischen $n = 1{,}35$ bis $3{,}5$. Die Verdampfung erfolgt in widerstandsbeheizten Substanzträgern (Schiffchen oder vertieftes Blech) aus hochschmelzenden Werkstoffen, wie Ta, Mo oder W. Die Probe ist über der Verdampferquelle, mit der Schlifffläche zu ihr zeigend positioniert (Abb. 2.115). Der Dampf sublimiert an der kalten Schlifffläche, und es entsteht eine homogene, dünne Schicht (20 bis 80 nm) mit möglichst isotropen Eigenschaften und geeigneten optischen Konstanten (Brechzahl n und Absorptionskoeffizient k). Durch Betä-

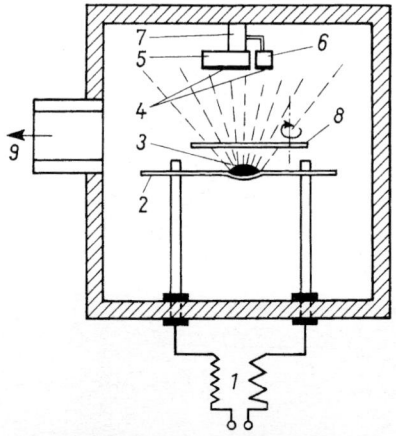

Abb. 2.115 Schema einer Bedampfungsanlage (modifiziert nach Bühler und Hougardy).
1 Stromquelle, 2 Verdampferblech (Mo, Ta, W), 3 Schichtwerkstoff, 4 aufgedampfte Schicht, 5 Probe, 6 Schwingquarz zur Schichtdickenmessung, 7 Halterung für Probe und Schwingquarz, 8 einschwenkbare Blende, 9 Vakuumpumpe

tigen einer schwenkbaren Blende über der Verdampferquelle lässt sich die Bedampfungszeit variieren. Bei visueller Abschätzung der Schichtdicke wird solange bedampft, bis die Schlifffläche in einem purpurvioletten Farbton erscheint. Zur Erzeugung reproduzierbarer Schichtdicken wird empfohlen, mit einem Schichtdickenmesser auf Schwingquarzbasis zu arbeiten. Als Schichtsubstanzen für stark reflektierende Gefüge haben sich ZnS ($n_{550} = 2{,}39$) und ZnSe ($n_{550} = 2{,}6$) bewährt, für weniger stark reflektierende Gefüge Na$_3$AlFe ($n_{550} = 1{,}35$) oder ThF$_4$ ($n_{550} = 1{,}52$).

Das *Plasmaabscheiden*, eine weitere Methode zum Aufbringen interferenzfähiger Schichten auf polierte Schliffflächen, wird in einer Plasmakammer durchgeführt (Abb. 2.116). Über ein Hochspannungsnetzgerät wird an die Katode eine negative Gleichspannung von 1 bis 2 kV angelegt. Der Katode gegenüber befindet sich die anodisch geschaltete Probe. Probenhalter und Kammergehäuse sind geerdet. Die Kammer wird bis auf einen Restdruck von ≈ 10 Pa evakuiert. Wird die Hochspannung angelegt, dann findet eine Glimmentladung statt, und die dabei aus dem Restgas (Edelgas) entstehenden Ionen zerstäuben den Katodenwerkstoff (Sputtern). Die aus der Katode herausgeschlagenen Atome setzen sich auf der Schlifffläche ab und bilden die Interferenzschicht. Reagieren die freigesetzten Atome des Katodenwerkstoffs mit einem Reaktionsgas (z. B. Luft oder Sauerstoff), dessen Partialdruck über ein Nadelventil geregelt wird, dann besteht die Schicht aus Reaktionsprodukten, meist Oxiden (reaktives Sputtern). Für das Aufbringen von Schichten auf metallischen Werkstoffen durch Plasmaabscheidung haben sich Katoden aus Eisen im Verein mit Sauerstoff als Reaktionsgas bewährt. Zur mikroskopischen Kontrolle des Beschichtungsvorgangs lässt sich die Probe in der Kammer um 90° schwenken und befindet sich dann senkrecht zur optischen Achse eines Auflichtmikroskops.

Die kontrastierende Wirkung einer interferenzfähigen Schicht wurde bereits in Abschnitt 2.2.3.6 erläutert. Durch das Aufbringen von Interferenzschichten wurden beispielsweise kontrastiert: Carbide unterschiedlicher chemischer Zusammensetzung in Eisenlegierungen und Stählen, verschiedene Einschlusstypen und intermetallische Verbindungen, die unterschiedlichen Phasen in Hartmetallen, in hochwarmfesten Legierungen auf Fe, Ni- oder Co-Basis, in Cu- und Al-Legierungen sowie in Legierungen aus weiteren Nichteisenmetallen und der Gefügeaufbau von Oberflächenschichten sowie Metall-Keramik-Verbunden.

Die Vielfalt der Kontrastierungsmethoden zwingt zu ihrer Bewertung, besonders im Hinblick auf ihren Einsatz für eine Kontrastierung solcher Gefüge, die quantitativ charakterisiert werden sollen. Wesentliche Bewertungskriterien sind Art und Reproduzierbarkeit des mit der jeweiligen Methode erreichten Kontrasts, mögliche Gefü-

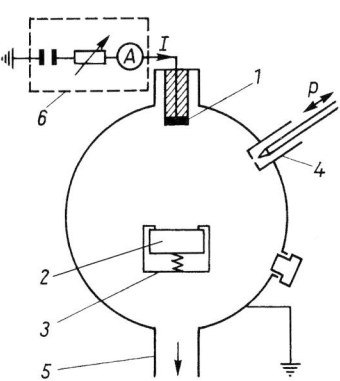

Abb. 2.116 Schema einer Kammer zum Plasmaabscheiden (Bartz-Kammer). 1 Katode, 2 Probe, 3 schwenkbarer Probenhalter, 4 Nadelventil zur Einstellung des Arbeitsgaspartialdrucks p, 5 Anschlussstutzen zur Vakuumpumpe, 6 Hochspannungsnetzgerät

geverfälschungen bei der Kontrastierung und Universalität in der Anwendung der Methode. Wird vorausgesetzt, dass die in Abb. 2.89 aufgeführten optischen Kontrastierverfahren mit einer modernen mikroskopischen Ausrüstung realisiert werden können, dann ergibt die Bewertung der schliffflächenverändernden Methoden folgendes Ergebnis:

Das potentiostatische Ätzen, das Ionenätzen und das Aufbringen von Interferenzschichten liefern die besten Ergebnisse bezüglich der o. g. Bewertungskriterien. Trotzdem steht ihrer routinemäßigen Anwendung ein hoher Aufwand für Apparaturen und Personalqualifizierung entgegen. Die auch künftig bleibende Dominanz des chemischen (klassischen) Ätzens begründet sich auf seine Einfachheit (z. B. Tauchen), auf die Schnelligkeit, auf den Einsatz von nicht allzu großem Fachwissen für die Durchführung der Ätzung und auf die Publikation zahlreicher Rezepturen und Arbeitsweisen in den Handbüchern des metallografischen Ätzens.

2.4
Besonderheiten bei der Präparation von keramischen Werkstoffen

2.4.1
Vorbemerkungen

Die Herausforderungen und Besonderheiten bei der Präparation von keramischen Werkstoffen sind eng verknüpft mit diversen herausragenden Eigenschaften dieser Materialien. Wie bereits in Abschnitt 1.2.2 beschrieben, besitzen keramische Werkstoffe in der Regel eine hohe Härte und weisen eine natürlich bedingte hohe Sprödigkeit auf, die mit der Bindungscharakteristik und damit mit dem kristallografischen Aufbau zu begründen sind. Die Duktilität von Keramiken ist im Vergleich zu Metallen oder Kunststoffen signifikant geringer. Weitere allgemeine Eigenschaften von Keramiken sind sehr gute Verschleißeigenschaften, gute Hochtemperatureigenschaften, sehr gute Korrosions- und Oxidationsbeständigkeit, eine niedrige thermische Leitfähigkeit und nicht zuletzt dadurch bedingt eine schlechte Thermoschockbeständigkeit. Viele der aufgeführten Eigenschaften sind intrinsisch bedingt, hängen aber auch entscheidend von der Zusammensetzung und dem Gefügeaufbau ab. In den nachfolgenden Abschnitten werden Besonderheiten der keramografischen Präparation sogenannter Hochleistungskeramiken (Oxide, Nitride und Carbide) behandelt, die stellvertretend für die meisten Keramiken stehen sollen.

Keramische Hochleistungswerkstoffe sind im Vergleich zu Metallen überwiegend gekennzeichnet durch die höhere Härte, niedrigere Duktilität und bessere Korrosionsbeständigkeit. Nichtsdestotrotz können innerhalb keramischer Werkstoffe nochmals sehr ausgeprägt unterschiedliche Eigenschaften vorliegen. Strukturkeramiken, wie z. B. Aluminiumoxid (Al_2O_3), Zirkonoxid (ZrO_2), Siliciumnitrid (Si_3N_4) und Siliciumcarbid (SiC) zeichnen sich überwiegend durch die hohe Härte aus. Bei diesen Materialien ist es das Ziel, dementsprechend gute mechanische Eigenschaften zu erzielen. Funktionskeramiken, wie z. B. Blei-Zirkontitanat ($Pb(Ti,Zr)O_3$) oder Bariumtitanat ($BaTiO_3$), aber auch wiederum Al_2O_3, ZrO_2 und SiC-basierte Funktionskeramiken müssen gezielte Eigenschaften (elektrische, magnetische, dielektrische oder optische) erfüllen. Die Funktionseigenschaften sind überwiegend von Bedeutung, wobei hohe Anforderungen an mechanische Eigenschaften gleichfalls vorhanden sein können.

Dementsprechend vielfältig und komplex kann die Präparationstechnik für diese Materialien sein. Bedingt durch eine hohe Variationsmöglichkeit in der Herstellung der Keramiken und daraus abgeleitet im Gefügeaufbau ist die Bewertung eines Präparationsergebnisses bei Keramiken nicht immer trivial. Für die Präparation und Gefügeanalyse ist es äußerst wichtig schon bei der Auswahl der Präparationsroutine eine Vorstellung über die zu erwartenden Eigenschaften zu haben. Vor allem Informationen über die zu erwartende Porosität und Korngröße der Keramik sind für die Vorgehensweise, aber auch die Bewertung der Präparationsgüte sehr wichtig. Auch stellen Verunreinigungen oft ein Problem dar. Im Vergleich zu Metallen ist bei vielen keramischen Werkstoffen das Herausreißen von Körnern oder die nicht ausreichende Einebnung von groben Schleifriefen ein Problem.

Die schematische Vorgehensweise bei der Präparation von Keramiken für gefügeanalytische Untersuchungen ist nahezu identisch zu Metallen. Von besonderer Wichtigkeit ist allerdings, dass die einzelnen Schritte beim Trennen, Einbetten, Schleifen, Polieren und Ätzen mit hoher Sorgfältigkeit durchgeführt werden müssen. Frühzeitige oder dauerhafte Beschädigungen (z. B. erhöhte Gefahr der Rissbildung) beim Trennen oder Einbetten sind bedingt durch schlechte Duktilität gegeben. Bei der überwiegenden Anzahl der Keramiken muss mit Diamant als Abrasivstoff beim Trennen, Schleifen und Polieren gearbeitet werden. Ausnahmen bilden einzelne weichere und duktilere Funktionskeramiken, wie z. B. $BaTiO_3$, PZT, ZnO. Bei diesen ist es zur Vermeidung von Beschädigungen ratsam, mit SiC-Papier zu schleifen. Generell empfiehlt sich für Keramiken beim Schleifen und Polieren eine halbautomatische Vorgehensweise, da die Prozesszeiten sehr stark variieren können und teilweise durchaus 120 min beim Polieren möglich sind.

Im Folgenden wird zu den einzelnen Verfahrensschritten auf diverse Besonderheiten eingegangen.

2.4.2
Trennen

Als einziges Verfahren für die Anschliffvorbereitung ist das Nasstrennen anwendbar. Andere Entnahmeverfahren sind nicht zu empfehlen bzw. auch technisch nicht umsetzbar. Sofern es sich um größere Teile handelt oder keine Zielpräparation erforderlich ist, kann durchaus Brechen in Betracht gezogen werden. Wichtig ist aber die mögliche Rissbildung in der Probe zu berücksichtigen. Das Trennen von Keramiken erfolgt überwiegend mit gekühlten und rotierenden Diamanttrennscheiben. Diese werden entweder wassergekühlt oder es kommt ein spezieller Kühlschmierstoff zum Einsatz. Verwendet werden in aller Regel automatische oder halbautomatische Labortrennmaschinen, bis hin zu Präzisionstrennmaschinen. Wichtige Kenngrößen sind die Rotations- und Vorschubgeschwindigkeit. Zur Vermeidung größerer Beschädigungen werden geringe Rotationsgeschwindigkeiten und ein langsamer Vorschub empfohlen. Teilweise ist es auch ratsam, den klassischen manuellen Kappschnitt nicht anzuwenden. Ein ruppiges Ansetzen der Trennscheiben kann durchaus schon zu Beschädigungen der Probe führen. Der Fahrschnitt, teilweise auch mit Oszillationsmodus ist durchaus zu empfehlen.

Der Aufbau der Diamanttrennscheibe ist für eine Erzielung möglichst geringer primärer Oberflächenbeschädigungen wichtig (siehe Abb. 2.117). Für sehr harte und spröde Keramiken werden weichere bakelit-gebundene Diamanttrennscheiben emp-

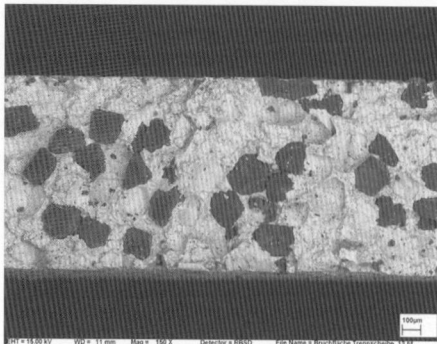 

Abb. 2.117 Bruchfläche einer kupfergebundenen Diamanttrennscheibe betrachtet im Rasterelektronenmikroskop (links: hell Kupfer, dunkel Diamanten, Rückstreuelektronenkontrast; rechts: Sekundärelektronenkontrast)

fohlen. Diese verschleißen allerdings schneller, bewirken aber eine geringer geschädigte Anschliffoberfläche. Metallgebundene Diamanttrennscheiben bestehen meistens aus Kupfer als Bindemittel und sind härter. Im Vergleich zum Nasstrennen bei Metallen ist die Gesamtschädigungstiefe deutlich geringer. Die Deformationstiefe ist deutlich geringer als bei weichen und duktilen Materialien. Allerdings können sich senkrecht von der Oberfläche verlaufende Mikrorisse bilden, die deutlich tiefer als die Gesamtschädigungstiefe in das Bauteil gehen.

Der Probenfixierung kommt bei Keramiken eine hohe Bedeutung zu. Ein schlagartiges Bewegen des Teiles oder der Trennscheibe sollte zwingend vermieden werden, da ansonsten natürlich das Teil, aber auch abhängig von der Bauteilgröße die Diamanttrennscheibe beschädigt werden kann. Diese ist um ein Vielfaches teurer im Vergleich zu den komplett aus Bakelit bestehenden SiC- oder Al_2O_3-Trennscheiben. Eine ausreichende Kühlung ist auch sehr wichtig, da insbesondere kupfergebundene Scheiben sich sehr schnell erwärmen können.

Generell sind die Diamantkonzentration, die Diamantkorngröße und die Scheibendicke weitere wichtige Kriterien. Je kleiner das zu trennende keramische Bauteil, umso ratsamer ist die Verwendung einer dünneren Scheibe. Die übliche Diamantkorngröße liegt zwischen 80 und 100 µm. Für empfindliche Materialien ist eine feinere Korngröße ratsam, um unnötige tiefer gehende Beschädigungen zu vermeiden und eine qualitativ höherwertigere Anschliffoberfläche zu gewährleisten.

Vergleichbar zu anderen Werkstoffen und Bauteilen können in keramischen Bauteilen auch erhebliche herstellungsbedingte Anisotropien im Gefügeaufbau vorliegen. So kann zum Beispiel axiales Pressen oder Extrudieren zu einer Vorzugsrichtung in der Ausbildung von Gefügefehlern oder der Korngröße führen und sollte dementsprechend schon bei der Probenentnahme für die Untersuchung berücksichtigt werden.

2.4.3 Einfassen

Das Einfassen von Keramiken erfolgt überwiegend durch Kalteinbetten oder auch Aufkleben mit einem Thermokleber auf eine plane Probenhalterscheibe. Das Warmeinbettverfahren kann bei sensiblen und spröden Keramiken zu Rissbildung durch den hohen Druck und die Temperatur führen und ist deshalb nicht ratsam. Bei der Auswahl des Kalteinbettmittels ist die Härte und chemische Beständigkeit entscheidend. Da überwiegend mit sehr abrasiv anspruchsvollen Unterlagen, meistens Diamant als Abrasivstoff, und höheren Anpressdrücken gearbeitet wird, muss das Einbettmittel dementsprechende Voraussetzungen in der Härte und Verschleißbeständigkeit erfüllen. Wichtig ist auch eine möglichst geringe Spaltbildung, da es insbesondere in oberflächennahen Bereichen durch fehlende Anbindung und einer stützenden Wirkung des Einbettmittels zu einer Beschädigung beim Schleifen mit sekundärer lateraler Rissbildung entlang der Oberfläche kommen kann. Diese Risse müssen ansonsten durch sehr lange Läpp- oder Polierzeiten mühsam abgetragen werden. Vor einer Einbettung sollte auch abgeprüft werden, welche Ätzverfahren zur Kontrastierung des Gefügeaufbaus notwendig sind. Viele günstigere Einbettmittel besitzen nur eine sehr schlechte chemische Beständigkeit. Die Ätzverfahren sind sehr abhängig von der zu untersuchenden Keramik. Viele Keramiken müssen in kochenden Ätzlösungen behandelt werden. Ein Angriff des Einbettmaterials sollte deshalb nicht erfolgen. Ein weiteres wichtiges Ätzverfahren ist die thermische Ätzung. Zu diesem Zweck müssen die endpolierten Proben ausgebettet werden. Gleiches gilt für Ätzungen mit geschmolzenen Salzlösungen.

Bei porösen keramischen Materialien mit interpenetrierter Struktur ist es sehr entscheidend eine Vakuuminfiltration anzuwenden. Im Gegensatz zu metallischen Werkstoffen erfolgt weniger ein Verschmieren als ein deutlich erhöhtes Ausreißen von gesamten Keramikstrukturen. Dies führt zu einer erheblichen Verfälschung der Porosität. In Abb. 2.118 ist eine poröse Struktur einer ZrO_2-Keramik jeweils mit und ohne eine Vakuuminfiltration der Anschliffoberfläche durch Epoxidharz dargestellt. Ohne die stützende Wirkung des Einbettmaterials erfolgt ein massives Herausreißen der feinen Keramikpartikel. In diesem speziellen Fall musste die Probe nach einer Vakuuminfiltration noch zusätzlich nach dem Anschleifen vor der eigentlichen Schliffebene oberflächlich nachinfiltriert werden, um das Ausreißen zu verhindern.

2.4.4
Anschliffherstellung

Die Anschliffherstellung bei Keramiken erfolgt fast ausschließlich durch mechanisches Schleifen, Läppen und Polieren. Die Bearbeitungszeiten, vor allem beim Polie-

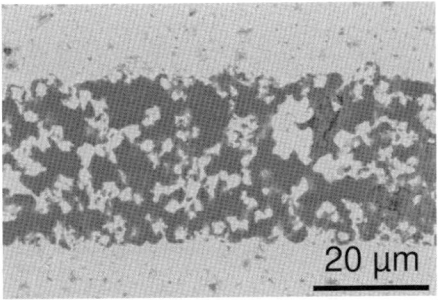

Abb. 2.118 Einfluss der Einfassgüte auf die Gefügestruktur einer interpenetrierten ZrO_2-Keramik betrachtet im Rasterelektronenmikroskop Rückstreuelektronenkontrast (links ohne Oberflächeninfiltration im Vakuum; rechts mit nachträglicher Oberflächeninfiltration durch Epoxidharz)

ren, können mitunter sehr lange sein. Aus diesem Grund werden halb- bzw. vollautomatische Geräte empfohlen. Erfahrungen zeigen, dass eine Halterpräparation mit zentralem Andruck oft bessere Ergebnisse als ein Einzelanpressdruck liefert. Die Größe der zu bearbeitenden Anschlifffläche ist sehr entscheidend für die Güte und sollte auf das notwendigste begrenzt werden. Zu große Flächen benötigen einen hohen Anpressdruck oder deutlich längere Polierzeiten, um eine gleichmäßige Bearbeitung sicherzustellen. Bei zu großen Flächen kann es passieren, dass diese nicht vollständig auspoliert werden, wie es in Abb. 2.119 exemplarisch für eine Al_2O_3-Keramik gezeigt wird. Teilweise sind reale dunkle Fehler (Poren) erkennbar. Diese werden aber noch überlagert von nicht auspolierten keramischen Bereichen. In der Regel handelt es sich hierbei noch um Überbleibsel von Riefen oder Ausbrüchen vorangegangener gröberer Präparationsschritte.

Im Allgemeinen erfolgt das Schleifen von Keramiken mit bakelit-, harz- oder auch metallgebundenen Diamantschleifscheiben bzw. Diamantschleiffolien. Durch die hohe Härte der meisten Keramiken ist ein Abtrag beim Planschleifen nur mit Diamant möglich. Die überwiegend eingesetzten Diamantkorngrößen beim Schleifen liegen bei 65–20 μm. Weichere und sensible Funktionskeramiken, wie z. B. PZT- oder $BaTiO_3$ können auch mit SiC-Papier und 320er Körnung plan geschliffen werden.

Bei härteren Keramiken ist das Feinschleifen oder Läppen mit 9–3 μm Diamantkorngröße sehr zielführend. Die Politur erfolgt überwiegend auf härteren Tüchern geringer Stoßelastizität und Diamantkorngrößen zwischen 6 und 1 μm. Weichere Funktionskeramiken können entweder mit einer feineren SiC-Körnung weiter geschliffen oder direkt mit einem harten synthetischen Tuch mit 9–6 μm geläppt und anschließend mit 3 μm poliert werden. Insbesondere bei weicheren Funktionskeramiken sind die Polierschritte wichtig. Wie

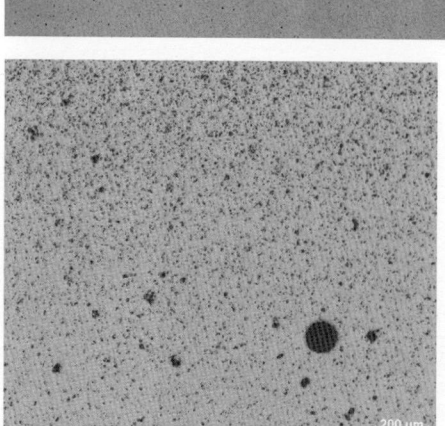

Abb. 2.119 Ungleichmäßig auspolierte Anschliffoberfläche einer Al_2O_3-Keramik mit hoher Anzahl an dunklen Artefakten (oben Mosaik-Übersicht; unten Ausschnitt betrachtet mit dem Lichtmikroskop im Hellfeld mit teilweise hoher Anzahl nicht realer dunkler Fehler)

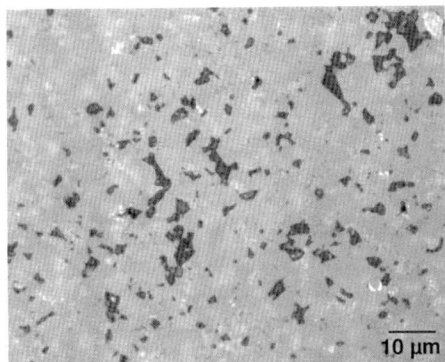 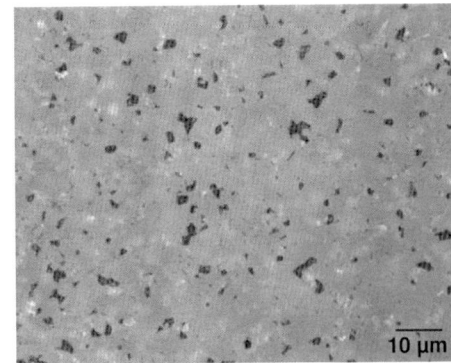

Abb. 2.120 Ausbildung der Porenstruktur eines PZT-Keramikgefüges nach verschiedenen Polierstadien dargestellt im Lichtmikroskop (links nach 3 μm, rechts nach 1 μm Politurstufe)

in Abb. 2.120 dargestellt, führen zu kurze Polierzeiten zu einer ungenügenden Auspolitur der wahren Porenstruktur.

Das 1-μm-Polieren erfolgt bei allen Keramiken meist mit einem harten Seidentuch. Die Endpolitur wird in der Regel mit einer SiO_2-Suspension entweder auf einer Neoprenverbundscheibe oder Tüchern mit Chemiefasern umgesetzt. Bei sehr harten Keramiken wie z. B. $Si3N_4$ ist es durchaus möglich, diese bis auf eine Diamantkorngröße von 1 μm komplett nur zu läppen. Lediglich die Endpolitur mit der SiO_2-Suspension sollte auf einem Poliertuch durchgeführt werden. Generell ist eine Endpolitur zu empfehlen und wichtig, da sich mit dieser häufig eine leichte Topografie auf der Anschliffoberfläche erzeugen lässt. Für eine erste mikroskopische Beurteilung ist dies sehr von Vorteil und teilweise sogar schon ausreichend, zumal in der Regel die Ätzung von Keramiken sehr aufwendig ist.

Generell ist das Ziel des Schleif- und Polierprozesses die Verringerung der Oberflächenbeschädigungen der einzelnen Bearbeitungsschritte. Das Feinschleifen und/oder Läppen führt in der Regel zu keiner weiteren Oberflächenbeschädigung, sondern zur sukzessiven Entfernung der Schäden durch das Trennen und Grob- oder Planschleifen. Ein sehr effizientes Entfernen geschädigter Bereiche erreicht man mit dem Polieren. Für Keramiken empfehlen sich generell härtere Poliertücher. Wichtig ist, dass durch die Polierschritte alle Ausbrüche und Kratzer nahezu komplett aus der Oberfläche entfernt werden. Die Beurteilung einer gut auspolierten Keramikoberfläche ist mitunter nicht trivial. Hierzu müssen wichtige Informationen wie eine erwartete Dichte der Keramik sowie die Form der Fehler mit herangezogen werden. Auch weisen erkennbare Fragmente von Schleifriefen darauf hin, dass der Abtrag noch unzureichend war. Für die Aufbringung des Abrasivstoffes empfehlen sich fertig angesetzte Suspensionen mit den verschiedenen Diamantkorngrößen auf Wasserbasis. Diese sind in der Regel deutlich günstiger als andere und können sparsamer dosiert werden. Bei Polierzeiten bis zu 120 Minuten ist dies oftmals sinnvoll. Die Verwendung von Wasser als Lubrikant stellt für Keramiken auch kein Problem dar.

Auf die durchaus anwendbare Dünnschliffpräparation für die Durchlichtpolarisationsmikroskopie wird in diesem Kapitel nicht eingegangen. Hier wird auf die vorhandene Literatur verwiesen.

2.4.5
Kontrastieren

Keramische Werkstoffe zeichnen sich neben ihrer hohen Härte und Verschleißbeständigkeit besonders durch eine herausragende Korrosions- und Oxidationsbeständigkeit aus. Für das Ätzen oder Kontrastieren zur Visualisierung des Gefügeaufbaus kann dies mitunter sehr herausfordernd sein. Abbildung 2.121 zeigt eine Übersicht über die möglichen Kontrastierverfahren für Keramiken. Grob kann man diese in optische, elektrochemische und physikalische Methoden unterteilen.

Viele wichtige Fragestellungen, wie z. B. die Beurteilung der Dichte und Fehlerhäufigkeit werden nur im polierten Zustand unter Nutzung optischer Kontraste ausgeführt. Je nach relevanter Porengröße sind diese schon mit Lichtmikroskopie oder bei notwendiger höherer Auflösung im Rasterelektronenmikroskop erkennbar (Abb. 2.122).

Viele Mischkeramiken, wie z. B. ZrO_2 mit Al_2O_3-Dispersoiden können auch schon im polierten Zustand beurteilt werden. Besonders die Dichteunterschiede dieser Materialien erlauben eine sehr gute Beurteilung mit dem Rasterelektronenmikroskop unter Verwendung des Rückstreuelektronenkontrastes, wie in Abb. 2.123 dargestellt.

Als spezielles lichtmikroskopisches Verfahren kann der differentielle Interferenzkontrast schon abhängig von der angewandten Endpolitur eine Visualisierung von Oberflächentopografien ermöglichen. Allerdings hängt diese Darstellung sehr vom Zustand der Oberfläche ab. Ab einer Korngröße von ca. 5 µm ist auch lichtoptisch eine Kontrastierung möglich, wie in Abb. 2.124 dargestellt. Feine Korngrößen sind generell schwieriger für das Lichtmikroskop.

Generell sind die für Hochleistungskeramiken am häufigsten anwendbaren Ätzmethodiken das Lösungsätzen, die thermische Ätzung sowie das Plasmaätzen. Thermisches Ätzen wird überwiegend für Oxidkeramiken an Luft und gewöhnlich bei einer Temperatur 150 °C unterhalb der Sintertemperatur angewandt. Die Ätzzeiten können zwischen 15 min und mehreren Stunden variieren. Sie sind überwiegend abhängig vom Gefüge und der chemischen Zusammensetzung der Proben. Für Nichtoxidkeramiken ist die thermische Ätzung prinzipiell auch möglich, allerdings dann unter einer Schutzgasatmosphäre.

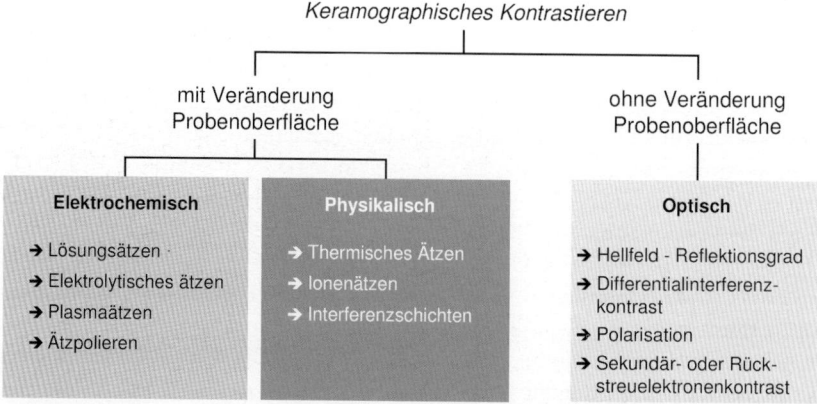

Abb. 2.121 Übersicht über keramographische Ätz- oder Kontrastierverfahren

2.4 Besonderheiten bei der Präparation von keramischen Werkstoffen

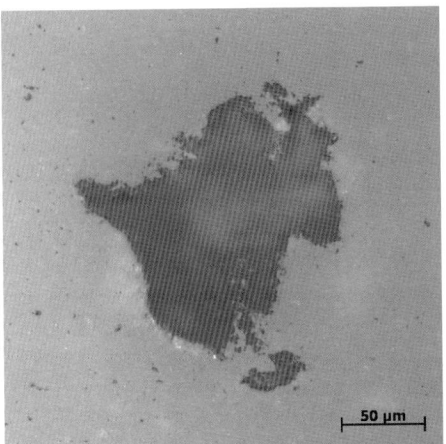
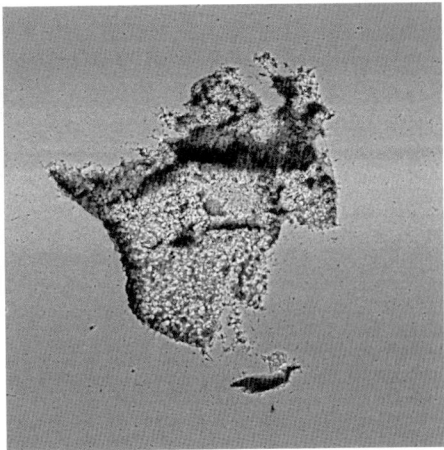

Abb. 2.122 Optische Darstellung eines Gefügefehlers in einer Al_2O_3-Keramik mit dem Lichtmikroskop (links Hellfeld) und dem Rasterelektronenmikroskop (rechts Sekundärelektronenkontrast)

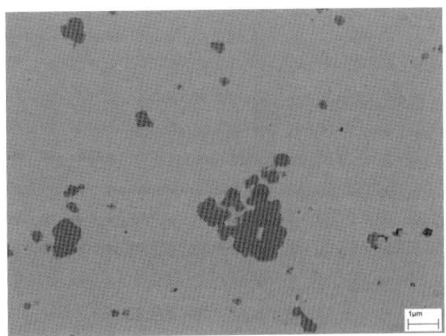

Abb. 2.123 Darstellung eines ZrO_2-Keramikgefüges mit Al_2O_3-Dispersoiden dargestellt im Rasterelektronenmikroskop mit Rückstreuelektronenkontrast

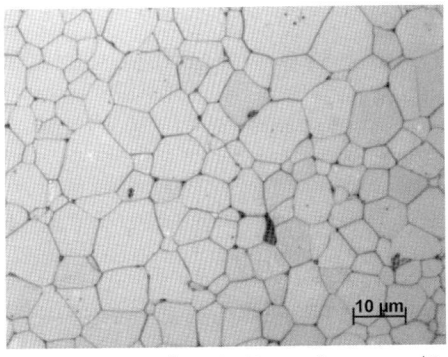
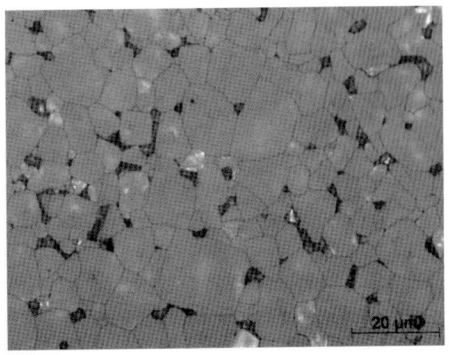

Abb. 2.124 Darstellung der Korngröße von verschiedenen geätzten Keramikgefügen mit Lichtmikroskopie (links Al_2O_3-Keramik thermisch geätzt; rechts PZT-Keramik chemisch geätzt mit Flusssäurelösung)

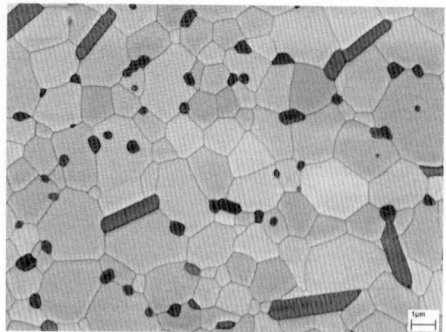 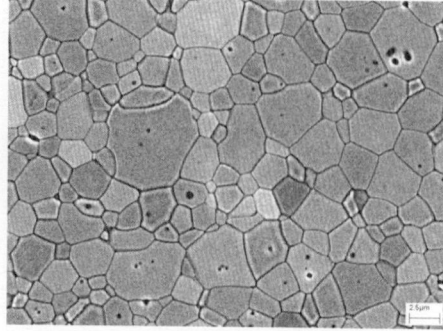

Abb. 2.125 Gefüge von thermisch geätzten Oxidkeramiken, ZrO$_2$ (links) und Al$_2$O$_3$ (rechts) betrachtet im Rasterelektronenmikroskop mit Rückstreuelektronenkontrast

Tab. 2.26 Auswahl keramographischer Ätzmethoden

Werkstoff	Ätzmittel	Ätzbedingung	Angriff
Aluminiumoxid rein	thermisches Ätzen an Luft	20–60 min, 1400 °C bzw. 150 K unterhalb Sintertemperatur	Korngrenzen
– bei MgO-Dotierung		20–60 min, 1350 °C teilweise Abdampfung MgO	Korngrenzen
– mit silicatischer Glasphase		15 min, 1400 °C Aufschmelzung und teilweise Benetzung der Oberfläche mit Glasphase	Korngrenzen
	Phosphorsäure 85 %ig	5 s–3 min, 250 °C	Korngrenzen
ZrO$_2$ stabilisiert	thermisches Ätzen an Luft	einige bis 60 min bei 1300–1400 °C (vergleichbar Sintertemperatur)	Korngrenzen
	Phosphorsäure 85 %ig	3 s–2 min, 250 °C	Korngrenzen
	Flusssäure 40 %ig	2 s–6 min, kochend	Korngrenzen
Si$_3$N$_4$	NaOH-Schmelze	20 s–3 min, 300–350 °C	Korngrenzen
	Flusssäure 40 %ig	10–15 min	Korngrenzen
	Plasmaätzen mit CF$_2$-Gas und O$_2$-Gas (2:1)	1–5 min, 60–80 W	ätzt kristalline Phase, Glasphase bleibt erhalten
PZT (PbZrTiO)	95 ml dest. Wasser 4 ml HCL (32 %) 1 ml HF (40 %)	5 s–2 min	Korngrenzen
SiC (SSiC, SiSiC, u.a.)	thermisches Ätzen im Vakuum < 1,33x10^3 mbar	1–3 h, 1300–1500 °C	
	Natrium- bzw. Kaliumcarbonatschmelze	10 min	Korngrenzen
	Murakami-Ätzung: 20–80 ml dest. Wasser 10 g Natriumhydroxid 10 g Kaliumferricyanid	5–30 min je nach Dotierung des SiC und gewünschter Effekte	Korngrenzen

Für Oxidkeramiken stellt das thermische Ätzen die beste und auch reproduzierbarste Methodik dar. Diese technisch sehr wichtige Keramiksorte kann thermisch sehr gut und reproduzierbar geätzt werden.

In Tab. 2.26 ist eine Auswahl keramographischer Ätzmethoden für die wichtigsten Keramikwerkstoffe angegeben.

2.5 Quantitative Gefügeanalyse

2.5.1 Einleitung

Gegenstand der in diesem Abschnitt behandelten quantitativen Gefügeanalyse ist die geometrische Beschreibung der Gefügebestandteile von Materialien durch Kenngrößen (Gefügekennwerte oder komplexere Kenngrößen wie Teichengrößenverteilungen), die in Abbildungen der Gefüge gemessen werden. Dabei wird eine umfassende Beschreibung des Gefüges durch möglichst wenige Kenngrößen angestrebt. Zur Beschreibung des Gefügeaufbaus sind aus inhaltlichen Gründen solche Gefügekenngrößen von Interesse, die in einem engen Zusammenhang mit Herstellungsbedingungen oder Materialeigenschaften stehen. Außerdem sollen die Kenngrößen mit hoher Genauigkeit bestimmt werden, d. h. statistische und systematische Fehler der gemessenen Kenngrößen sollen möglichst klein sein.

Bedingt durch die historische Entwicklung der quantitativen Gefügeanalyse, durch die Entwicklung der entsprechenden Gerätetechnik, aber auch beeinflusst durch andere Wissensgebiete, gibt es eine große Vielfalt von Gefügekenngrößen und damit sehr viele Möglichkeiten der Gefügecharakterisierung. So ist zum Beispiel die Verwendung der Sehnenlängenverteilung zur Gefügecharakterisierung eng mit der Entwicklung des Linienschnittverfahrens zu Beginn des vergangenen Jahrhunderts verbunden. Die Sehnenlängenverteilung ist wegen der Möglichkeit ihrer stereologischen Interpretation nach wie vor von großer Bedeutung. Außerdem sind abgeleitete Gefügekenngrößen – wie die mittlere Sehnenlänge – noch immer Bestandteil von Industrienormen. Dagegen wird das Linienschnittverfahren aufgrund moderner Entwicklungen der Bildverarbeitung nur noch selten verwendet.

Ein weiterer Grund für die Vielfalt der Gefügekenngrößen ist in der Entwicklung der digitalen Bildverarbeitung zu sehen. Anbieter moderner Systeme werben mit dieser Vielfalt und der damit verbundenen Flexibilität des Einsatzes der Geräte. Außerdem führt die Breite der Anwendung der Bildverarbeitung dazu, dass Kenngrößen und Methoden, die zunächst in anderen Anwendungsbereichen der Mikroskopbildanalyse verwendet wurden, über die Bildverarbeitung auch Eingang in die Gefügeanalyse von Materialien gefunden haben. Ein aktuelles Beispiel ist die „lokale Stereologie", die ursprünglich für die medizinische und biologische Mikroskopbildanalyse entwickelt wurde.

Die sich ständig vergrößernde Vielfalt der Gefügekenngrößen und die damit verbundene Erweiterung der Möglichkeiten der quantitativen Gefügeanalyse sind grundsätzlich zu begrüßen. Aus der Sicht der Anwendung ist jedoch eine Systematik der Gefügekenngrößen erforderlich, die z. B. die Beantwortung der folgenden Fragen erleichtert:

- Welche Kenngrößen sollen im speziellen Anwendungsfall gemessen werden? Welche Gefügekenngrößen stehen mit den interessierenden Herstellungsbedingun-

gen oder Materialeigenschaften im Zusammenhang?
- Gibt es Redundanz in den gemessenen Kenngrößen?

Eine Systematik der Gefügekenngrößen kann die Ableitung von Zusammenhängen zwischen Gefügeausbildung und Materialeigenschaften erleichtern.

Modellannahmen für den Gefügeaufbau erlauben eine wesentliche Reduzierung der Anzahl von Kenngrößen, die zur Gefügebeschreibung erforderlich sind. Außerdem sind Gefügemodelle ein wichtiges Hilfsmittel für eine stereologische Bestimmung von Gefügekenngrößen, d. h. für die Berechnung räumlicher Gefügekenngrößen aus Messwerten, die an (lichtmikroskopischen) Aufnahmen von einem ebenen Anschliff einer Probe bestimmt wurden. Schließlich werden Modellannahmen auch zur Berechnung statistischer und systematischer Fehler von gemessenen Gefügekenngrößen verwendet.

2.5.2
Geometrische Gefügekenngrößen

Bevor in diesem Abschnitt Kennwerte von Gefügebestandteilen eingeführt werden, sollen einige Begriffe erläutert werden. Grundlage ist zunächst die Beschreibung, d. h. geometrische Charakterisierung, eines einzelnen Teilchens[1], von dem angenommen wird, dass es topologisch zusammenhängend ist; in einigen Fällen wird darüber hinaus angenommen, dass das Teilchen topologisch einfach zusammenhängend oder sogar konvex ist[2].

Kennwerte eines Teilchens

Ein geeigneter Ansatzpunkt für eine Systematik der Kennwerte eines Teilchens ist das *Charakterisierungstheorem von Hadwiger*. Dieses Theorem besagt, dass sich alle Kennwerte eines Teilchens, die spezielle Eigenschaften hinsichtlich ihrer Messung und Interpretation besitzen, als Linearkombination von folgenden vier Kennwerten darstellen lassen:

V das Volumen eines Teilchens,
S die Oberfläche eines Teilchens,
M das Integral der mittleren Krümmung eines Teilchens und
K das Integral der totalen Krümmung eines Teilchens.

Die Krümmung $\kappa(s)$ am Punkt s der Oberfläche ist definiert als der Kehrwert des Radius r des Krümmungskreises, der an ein Flächenelement ds der Oberfläche eines Teilchens angelegt werden kann, siehe Abb. 2.126. Die Krümmung $\kappa(s)$ ändert sich, wenn die Ebene, in der der Krümmungskreis liegt, um die Grenzflächennormale gedreht wird. Mit $\kappa_1(s)$ und $\kappa_2(s)$ werden die kleinste und größte Krümmung des Flächenelements ds bezeichnet. Die mittlere Krümmung (*Germain'sche Krümmung*) ist der Mittelwert aus den beiden Krümmungen $\kappa_1(s)$ und $\kappa_2(s)$, und die totale Krümmung (*Gauß'sche Krümmung*) ist das Produkt $\kappa_1(s) \cdot \kappa_2(s)$. Die Werte für M und K werden durch Integration der mittleren bzw. totalen Krümmung über alle Oberflächenelemente eines Teilchens erhalten.

Hilfreich für ein Verständnis der beiden Krümmungsintegrale ist ihre Interpreta-

---

[1] Der Begriff *Teilchen* ist synonym für Einschlüsse, Ausscheidungen, Körner, Poren, Fasern in Faserverbünden, Lamellen, Versetzungen in Kristallen und so weiter.
[2] Ein Teilchen heißt *zusammenhängend*, wenn jedes Punktepaar des Teilchens durch eine Kurve verbunden werden kann, die innerhalb des Teilchens liegt. Ein *einfach zusammenhängendes* Teilchen ist topologisch äquivalent zur Kugel. Ein Teilchen heißt *konvex*, wenn jedes Punktepaar des Teilchens durch eine Strecke verbunden werden kann, die innerhalb des Teilchens liegt, s. auch Abb. 2.137.

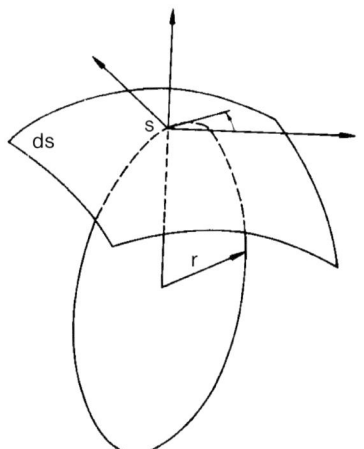

Abb. 2-126 Schematische Darstellung zur Erläuterung der beiden Krümmungsintegrale M und K

tion für Spezialfälle von Teilchen. Für ein konvexes Teilchen ist das Integral der mittleren Krümmung bis auf einen konstanten Faktor gleich dem mittleren Teilchendurchmesser $\bar{d}$, $M = 2\pi\bar{d}$, wobei der Durchmesser des Teilchens über alle Richtungen gemittelt wird. Für eine (gekrümmte) Faser (z. B. in einem Faserverbund) oder eine Versetzung (in einem Kristall) ist M proportional zur Länge L der Faser bzw. Versetzung, $M = \pi L$. Das Integral der totalen Krümmung K ist unabhängig von Größe und Form des Teilchens; K ist ein topologischer Kennwert. Für konvexe Teilchen gilt stets $K = 4\pi$.

Nach Hadwigers Charakterisierungstheorem bilden das Volumen V, die Oberfläche S und die beiden Krümmungsintegrale M und K eine Basis für das System der Kennwerte eines Teilchens. In diesem Sinn kann man sich also darauf beschränken, ein Teilchen durch sein Volumen, seine Oberfläche und die beiden Krümmungsintegrale zu charakterisieren.

Es wird angemerkt, dass die vier Kennwerte V, S, M und K nach ihrer geometrischen Dimension geordnet sind. Das Volumen hat die geometrische Dimension m^3, die Oberfläche hat die Dimension m^2 und die beiden Krümmungsintegrale haben die Dimension m^1 bzw. m^0, d. h. K ist dimensionslos.

Kennwerte eines Gefügebestandteils

Zur geometrischen Beschreibung eines Gefügebestandteils, z. B. einer Phase, werden anstelle der Kennwerte eines Teilchens ihre Dichten eingeführt. Dabei soll unter einer Dichte ein auf das Volumen der Probe oder des betrachteten Materials bezogener Kennwert verstanden werden. So entspricht die Volumendichte, d. h. der Volumenanteil, eines Gefügebestandteils dem Verhältnis aus dem gesamten Volumen dieses Gefügebestandteils in der Probe bezogen auf das Gesamtvolumen der Probe. Details sind in Abschnitt 2.5.5 beschrieben.

Die Verwendung solcher Dichten zur Gefügebeschreibung ist nur dann sinnvoll, wenn das Gefüge makroskopisch homogen bzw. isometrisch ist.

- *Makroskopisch homogen* bedeutet in diesem Zusammenhang, dass die Verteilungseigenschaften des Gefügebestandteils invariant bzgl. Translationen des Bestandteils sind. Das heißt unter anderem, dass eine Probe von einer beliebigen Stelle des Materials entnommen und anschließend die Lage (nicht aber die Ausrichtung) eines ebenen Anschliffs bzw. einer Gefügeabbildung beliebig gewählt werden kann.
- Ein Gefügebestandteil wird *makroskopisch isotrop* genannt, wenn seine Verteilungseigenschaften invariant bezüglich Drehungen (um einen Raumpunkt) sind. In diesem Fall ist auch die Ausrichtung eines ebenen Anschliffs (d. h. die Normalrichtung der Schliffebene) beliebig.
- Ein Gefügebestandteil wird *isometrisch* genannt, wenn sein Verteilungsgesetz inva-

riant bezüglich Translationen und Drehungen ist. Ein isometrisches Gefüge ist also sowohl makroskopisch homogen als auch makroskopisch isotrop. Ein typisches Beispiel dafür ist das Gefüge in Abb. 2.127 a.

Ein makroskopisch isotropes Gefüge ist meist auch makroskopisch homogen und damit isometrisch. Ein Gefüge, das zwar makroskopisch homogen, nicht aber makroskopisch isotrop ist, wird daher *nicht isometrisch* genannt.

Nach ihrer geometrischen Dimension geordnet, werden für einen Bestandteil eines makroskopisch homogenen Gefüges die folgenden Kennwerte eingeführt:

V_V die Volumendichte
(der Volumenanteil),
S_V die Grenzflächendichte
(die spezifische Grenzfläche),
M_V die Dichte des Integrals der mittleren Krümmung und
K_V die Dichte des Integrals der totalen Krümmung.

Die Volumendichte ist dimensionslos, die Grenzflächendichte S_V hat die Dimension m^{-1}, die Dichte des ersten Krümmungsintegrals M_V hat die Dimension m^{-2}, und K_V hat die Dimension m^{-3}. Diese vier Dichten können als eine Basis zur Beschreibung eines Gefügebestandteils aufgefasst werden. In der quantitativen Gefügeanalyse werden sie daher auch zusammenfassend als *Grundparameter* bezeichnet.

Aus den vier Grundparameter lassen sich eine Reihe weitere Kenngrößen berechnen. So gilt z. B. für die mittlere Sehnenlänge $\bar{\ell}$ die Gleichung

$$\bar{\ell} = 4 V_V / S_V. \tag{2.47}$$

Daher sind die Grundparameter für die Gefügebeschreibung von zentraler Bedeutung, und es ist sinnvoll, das Gefüge erst dann durch komplexere Kenngrößen zu charakterisieren, wenn das aus inhaltlichen Gründen erforderlich erscheint.

Die Volumen- und Grenzflächendichte werden sehr häufig zur Gefügecharakterisierung verwendet. Die Dichten der beiden Krümmungsintegrale sind in der quantitativen Gefügeanalyse ebenfalls seit langem

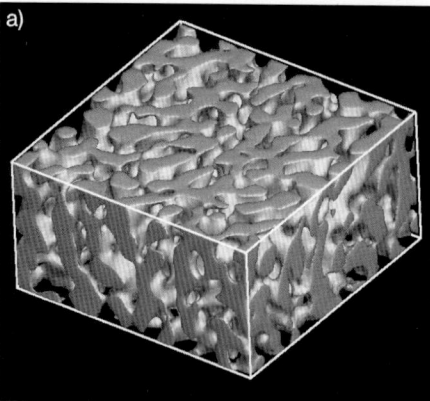

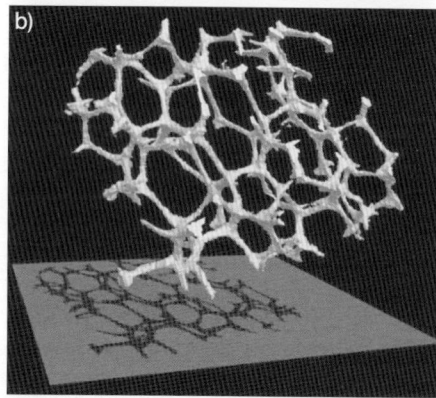

Abb. 2.127 a) Gefüge eines zweiphasigen Polymers. Die Abbildung zeigt eine Visualisierung eines 3D-Bilds, das mit konfokaler Laserscanningmikroskopie (CLSM, Carl Zeiss, Jena) aufgenommen wurde. Bei dieser Visualisierung erscheint eine der beiden Phasen als durchsichtig. b) Ein durch Röntgen-Mikrotomographie (XCT) erzeugtes 3D-Bild eines offenporigen Polyurethanschaums. Die Aufnahme wurde mit einem Desktop-System der Fa. Skyscan B.V. gemacht.

eingeführt. Die relativ komplizierten Definitionen von M_V bzw. K_V erschweren jedoch eine Vermittlung ihrer inhaltliche Bedeutung. Daher sollen noch einige Spezialfälle von Gefügen bzw. Mikrostrukturen betrachtet werden, in denen die Interpretation von M_V und K_V besonders einfach ist:

Teilchensysteme. Besteht der zu untersuchte Gefügebestandteil aus isolierten, topologisch einfach zusammenhängenden Teilchen, dann ist M_V proportional zum Produkt aus dem mittleren Teilchendurchmesser $\bar{\bar{d}}$ und der mittleren Teilchenanzahl pro Volumeneinheit N_V, und K_V ist bis auf einen konstanten Faktor gleich N_V.

$$M_V = 2\pi\bar{\bar{d}}N_V \qquad K_V = 4\pi N_V \qquad (2.48)$$

(Der mittlere Teilchendurchmesser $\bar{\bar{d}}$ wird erhalten, indem der Durchmesser jedes Teilchens zunächst über alle Richtungen gemittelt wird. Mit $\bar{d}_i$ wird der mittlere Durchmesser des i-ten Teilchens bezeichnet. Anschließend wird noch über alle Teilchen des Teilchensystems gemittelt, $\bar{\bar{d}} = \frac{1}{n}\sum_{i=1}^{n}\bar{d}_i$, wobei n die Teilchenzahl ist.)

Offensichtlich gilt außerdem $\bar{V} = 4\pi V_V/K_V$ und $\bar{S} = 4\pi S_V/K_V$ für das mittlere Volumen $\bar{V} = \frac{1}{n}\sum_{i=1}^{n}V_i$ und die mittlere Oberfläche $\bar{S} = \frac{1}{n}\sum_{i=1}^{n}S_i$ der Teilchen mit den Volumina V_i und den Oberflächen S_i.

Fasersysteme. Für das Fasersystem eines Faserverbunds oder für ein System von Versetzungen ist die Dichte M_V proportional zur Dichte L_V der Faserlängen, der Steglängen bzw. Versetzungslinienlängen.

$$M_V = \pi L_V \qquad (2.49)$$

Im Fall von Versetzungen wird L_V abkürzend auch *Versetzungsdichte* genannt und mit ϱ_V bezeichnet.

Systeme von Lamellen. In perlitischen Gefügen bzw. Perlit in ferritisch-perlitischen Gefügen von Kohlenstoffstählen ist die Zementitphase lamellar ausgeschieden. Die Zementitlamellen bilden sogenannte Kolonien, in denen die Lamellen parallel zueinander und äquidistant sind. Der räumliche Lamellenabstand variiert jedoch zwischen den Kolonien. Der mittlere räumliche Lamellenabstand $\bar{d}_L$ in rein perlitischen Gefügen entspricht der Dicke der Ferritlamellen, und es ist

$$\bar{d}_L = \frac{2V_V}{S_V}, \qquad (2.50)$$

wobei V_V und S_V den Volumenanteil des Ferrits bzw. die spezifische Grenzfläche des Perlits bezeichnen. Da der Volumenanteil des Ferrits im Eutektoid Perlit etwa gleich 1 ist, gilt $\bar{d}_L \approx 2/S_V$.

Die Anordnung der Grafitlamellen in Gusseisen mit Lamellengrafit (GJL) kann dagegen als „zufällig" und weitgehend unabhängig voneinander bezeichnet werden. Für die mittlere Dicke $\bar{d}_L$ der Grafitlamellen gilt aber ebenfalls Gl. (2.50), wobei hier V_V und S_V der Volumenanteil bzw. die spezifische Oberfläche des Grafits sind.

Systeme von offenporigen Zellen. Mithilfe der räumlichen Bildanalyse kann an einer 3D-Abbildung des Gefüges eines offenporigen Schaums z. B. die Dichte K_V des Integrals der totalen Krümmung gemessen werden. Nimmt man an, dass sich bei offenporigen Schäumen jeweils vier Stege in einem Knoten treffen, dann gilt für das mittlere Zellvolumen

$$\bar{V} = -\frac{4\pi}{K_V}.$$

An der festen Komponente des in Abb. 2.137a gezeigten offenporigen Nickelschaums wurde der Wert $K_V =$

−1324 mm^{-3} gemessen; daraus erhält man $\overline{V} = 9{,}52 \cdot 10^{-3}$ mm^3 = 0,064 mm^2.

Bei dem in Abb. 2.127 a gezeigten Gefüge ist keines der beiden Bestandteile ein Teilchen-, Faser- oder Zellsystem. In diesem Fall können die vier Grundparameter V_V, S_V, M_V und K_V gemessen und zur geometrischen Gefügecharakterisierung verwendet werden. Eine Interpretation der Dichten der beiden Krümmungsintegrale M_V und K_V ist nicht offensichtlich.

Kennwerte von Gefügen

Ein Gefüge heißt makroskopisch homogen, wenn alle seine Gefügebestandteile makroskopisch homogen sind. Es ist naheliegend, ein solches Gefüge durch die Grundparameter

$$V_V^\alpha, S_V^\alpha, M_V^\alpha, K_V^\alpha, \qquad V_V^\beta, S_V^\beta, M_V^\beta, K_V^\beta,$$
$$V_V^\gamma, S_V^\gamma, M_V^\gamma, K_V^\gamma, \quad \ldots$$

seiner Bestandteile α, β, γ, ... zu beschreiben. Dabei sind einige Besonderheiten zu berücksichtigen:

Einphasige polyedrische Gefüge. Für einphasige Gefüge mit polyedrischen Körnern ist $V_V = 1$, S_V heißt *spezifische Korngrenzfläche*, und da ein einphasiges polyedrisches Gefüge als Teilchensystem aufgefasst werden kann, gelten die Gl. (2.48). Es gilt auch Gl. (2.49), wobei L_V als Längendichte der Kanten der Körner interpretiert wird, d. h. L_V ist die Gesamtlänge der Kanten des Polyedersystems pro Volumeneinheit. Speziell für einphasige polyedrische Gefüge gilt außerdem

$$\overline{V} = \frac{1}{N_V}, \qquad \overline{S} = \frac{2S_V}{N_V},$$

wobei $\overline{V}$ und $\overline{S}$ das mittlere Volumen bzw. die mittlere Oberfläche der Körner bezeichnen. Wichtig für die Materialprüfung sind die mittlere (lineare) Korngröße[1] $\overline{\ell}$ nach der DIN 50 601 sowie die Korngrößennummer G der ASTM E 112-77,

$$\overline{\ell} = 2/S_V \qquad G = \log_2 M_V - 5{,}6. \quad (2.51)$$

Da S_V und M_V im Allgemeinen voneinander unabhängige Gefügekennwerte sind, werden durch $\overline{\ell}$ und G verschiedene Aspekte der Korngröße beschrieben. Nur bei „gleichmäßigem Korn" sind S_V und M_V und folglich auch ℓ und G voneinander abhängig, $M_V = 1{,}081461\, S_V^2$.

Gefüge mit zwei Bestandteilen. Für ein Gefüge mit den zwei Bestandteilen α und β gelten die Beziehungen

$$V_V^\alpha = 1 - V_V^\beta \qquad S_V^\alpha = S_V^\beta$$
$$M_V^\alpha = -M_V^\beta \qquad K_V^\alpha = K_V^\beta.$$

Das bedeutet, die Grundparameter des Bestandteils α lassen sich in die Grundparameter von β umrechnen. Insofern ist es ausreichend, entweder die Grundparameter von α oder von β zur Charakterisierung des Gefüges zu verwenden. Allerdings werden insbesondere für zweiphasige Gefüge neben der spezifischen Phasengrenzfläche $S_V^\alpha = S_V^\beta := S_V^{\alpha/\beta}$ für die Grenzen zwischen α und β zusätzlich noch die spezifischen Korngrenzflächen $S_V^{\alpha/\alpha}$ und $S_V^{\beta/\beta}$ für die Korngrenzflächen vom Typ α/α bzw. β/β zur Charakterisierung des Gefüges herangezogen.

Für Gefüge mit mehr als zwei Bestandteilen beschränkt man sich wegen der großen Vielfalt von Kennwerten meist auf die Beschreibung spezieller Aspekte der Gefügeausbildung.

---

[1] Die mittlere lineare Korngröße entspricht der mittleren Sehnenlänge, die durch Linearanalyse bestimmt werden kann, s. Abschnitt 2.4.5.

Grundparameter und Materialeigenschaften

Es gibt eine Reihe von Beziehungen zwischen den Grundparametern und Gefügeeigenschaften. Diese Beziehungen haben oft empirischen Charakter; bei der Untersuchung eines Zusammenhangs wurde meist an einer Probenserie sowohl die Grenzflächendichte (oder ein anderer Grundparameter) bestimmt als auch eine Materialeigenschaft gemessen und anschließend ein (in der Regel lineares) Modell an die experimentellen Werte angepasst.

Im Unterschied dazu gibt es Bestrebungen, aus lokalen physikalischen Eigenschaften (z. B. der elektrischen Leitfähigkeit innerhalb der Körner, den Übergangsbedingungen an den Korngrenzen) und aus dem räumlichen Gefügeaufbau makroskopische Materialeigenschaften (z. B. die elektrische Leitfähigkeit eines Polykristalls) zu berechnen. Motiviert sind diese Arbeiten durch die Entwicklung numerischer Methoden zur Lösung partieller Differentialgleichungen wie die Methode der Finiten Elemente.

Alternativ zu diesen numerischen Methoden wird seit einiger Zeit die mathematische Homogenisierung verwendet, um Beziehungen zwischen der Mikrostruktur und Materialeigenschaften herzuleiten. Der Vorteil dieser Methoden besteht darin, dass als Ergebnis der Homogenisierung u. a. explizite Gleichungen zur Berechnung von Materialeigenschaften erhalten werden können. So ist es z. B. möglich, die effektive elektrische Leitfähigkeit σ_{eff} eines einphasigen Materials mit polyedrischen Körnern aus der (isotropen) Leitfähigkeit σ der Körner und einer gleichmäßigen Konduktivität h der Korngrenzen zu berechnen. Unter speziellen Modellannahmen für das Gefüge gilt,

$$\sigma_{\mathrm{eff}} = \left(\frac{1}{\sigma} + S_V \frac{1}{3h} \right)^{-1} \quad (2.52)$$

wobei S_V hier die spezifische Korngrenzfläche bezeichnet. Diese Herangehensweise geht über eine phänomenologische Beschreibung von Gefüge-Eigenschafts-Beziehungen hinaus.

2.5.3
Methoden der Bildverarbeitung und -analyse

Komplexere Bestimmungsmethoden von Gefügekenngrößen können in Form von Algorithmen zur Bildverarbeitung und -analyse beschrieben werden. Solche Algorithmen unterstützen die Detektion von Gefügebestandteilen durch Bildsegmentierung[1] sowie die Erkennung[2] von Objekten (d. h. Abbildungen von Teilchen bzw. Schnittprofilen von Teilchen). Dazu gehören Algorithmen zur Korngrenzenrekonstruktion in Bildern von einphasigen polyedrischen Gefügen, die Detektierung von Dendriten und die Erkennung der Zellen in lichtoptischen Abbildungen von offenporigen Schäumen, s. Abb. 2.132 a.

Verarbeitung und Analyse von 2D- bzw. 3D-Bildern

Die quantitative Gefügeanalyse basiert meist auf lichtoptischen Abbildungen ebener Anschliffe von Gefügen oder auf 2D-Abbildungen, die durch andere Methoden erhalten werden (REM, TEM, …). Mithilfe

---

[1] Eine Bildsegmentierung ist die Zuordnung der Pixel eines Bilds zu den abgebildeten Gefügebestandteilen. In der Regel erhalten die Pixel Nummern (*labels*), die den Gefügebestandteilen zugeordnet sind. Der einfachste Fall einer Bildsegmentierung ist die Binarisierung bezüglich einer Binarisierungsschwelle, wobei jedes Pixel entweder dem zu detektierenden Gefügebestandteil oder den restlichen Gefügebestandteilen zugeordnet werden. Die Pixel, die dem zu detektierenden Gefügebestandteil zugeordnet werden, erhalten den Pixelwert 1, alle anderen Pixel erhalten den Wert 0. Ein Bild mit den Pixelwerten 0 oder 1 heißt Binärbild. Die Pixel mit dem Wert 1 bilden den Vordergrund, die Pixel mit dem Wert 0 werden zusammenfassend als Bildhintergrund bezeichnet.

[2] Die Objekterkennung entspricht der Segmentierung der Abbildung eines Gefügebestandteils. Die Segmente sind in diesem Fall die Objekte des Gefügebestandteils. Ein grundlegender Algorithmus zur Objekterkennung ist das sog. *labeling*, mit dem allen zu einem Objekt gehörigen Pixeln ein gleicher Wert gegeben wird – das *label*.

spezieller Kameras werden von 2D-Abbildungen digitale 2D-Bilder gescannt, an denen mit verschiedenen Techniken (Algorithmen) der digitalen Bildverarbeitung und -analyse Messwerte von Gefügekennzahlen oder komplexen Kenngrößen bestimmt werden. Die Software integrierter Systeme beinhaltet neben der Steuerung des Mikroskops (Mikroskoptisch, Beleuchtung, Blenden, Objektivwechsel) und der Kamera eine Reihe von Modulen zur Bildverarbeitung bzw. -analyse.

Bildverarbeitung:
- Umwandlung des Datentyps (*Casting*) der Pixel eines Bildes (z. B. die Binarisierung eines Grautonbilds bezüglich einer Schwelle für die Pixelwerte)
- unäre Bildoperationen (z. B. pixelweise Invertierung eines Bildes) und binäre Operationen (z. B. Addition von Bildern, Mittelung zweier Scans zur Reduzierung des Bildrauschens, Maskierung eines Bildes mit einem Binärbild), s. Abb. 2.129 und 2.131 f
- digitale Filter (Glättungs- und Kantenfilter), morphologische Transformationen (Dilatation, Erosion[1], usw.), s. Abb. 2.128, 2.129 und 2.130
- die Detektion topologisch zusammenhängende Objekte in einem Binärbild, wobei allen Pixeln eines Objekts ein einheitlicher Wert zugeordnet wird (ein *label*), s. Abb. 2.131 f und 2.136 b
- die Wasserscheidentransformation[2] zur Unterstützung einer Segmentierung in einem Grauton- oder Binärbild durch Erzeugung von Grenzen – sogenannte *Wasserscheiden* – zwischen Objekten, s. Abb. 2.131 b und 2.131 e
- die Distanztransformation in Binärbildern, bei denen jedem Pixel des Bildvordergrunds sein Abstand zum Bildhintergrund zugeordnet wird
- die Skelettierung in Binärbildern als Grundlage der Analyse der Topologie eines Gefügebestandteils
- die Fourier-Transformation eines Bilds zur Verarbeitung oder Darstellung des Bildinhalts im inversen Raum (diskrete Fourier-Transformation, DFT)

Bildanalyse:
- Messung von Objektmerkmalen (sog. *object features*), s. Abschnitt 2.5.4
- Messung von bildfeldbezogenen Merkmalen (*field features*), s. Abschnitt 2.5.5
- Korrelations- bzw. Beugungsanalyse s. Abb. 2.132 bis 2.134

Diese Liste ist keineswegs vollständig. Weitere Module der Bildverarbeitung und -analyse sind in der Literatur beschrieben.

Neue Abbildungsverfahren, wie die konfokale Laserscanningmikroskopie (CLSM) und die Computertomographie (CT) auf der Basis von Röntgen-, Synchrotron- oder Neutronenstrahlung sowie die Kernspintomographie (MNR), erweitern die Möglichkeiten der quantitativen Gefügeanalyse. Das Ergebnis der Abbildung einer Materialprobe mit diesen Methoden ist ein digitales 3D-Bild des Gefüges. Die Abb. 2.127 und 2.137 zeigen Visualisierungen von 3D-Gefügebildern. Der Anwendung der CLSM in der Gefügeanalyse von Werkstoffen sind jedoch enge Grenzen gesetzt, s. Abschnitt 2.2.3.7.

Die Analyse der mit diesen Abbildungsverfahren erzeugten räumlichen Bilder

---

[1] Der Begriff „Erosion" stammt aus der Geologie; er hat in der Bildanalyse eine ähnliche inhaltliche Bedeutung.
[2] „Wasserscheidentransformation" ist anschaulich gemeint: Ein Grautonbild wird als „Gebirge" aufgefasst. Die Wasserscheiden grenzen „Täler" oder „Becken" des „Gebirges" voneinander ab. Die Pixel, die dabei einem „Becken" zugeordnet werden, erhalten einen einheitlichen Pixelwert (*label*).

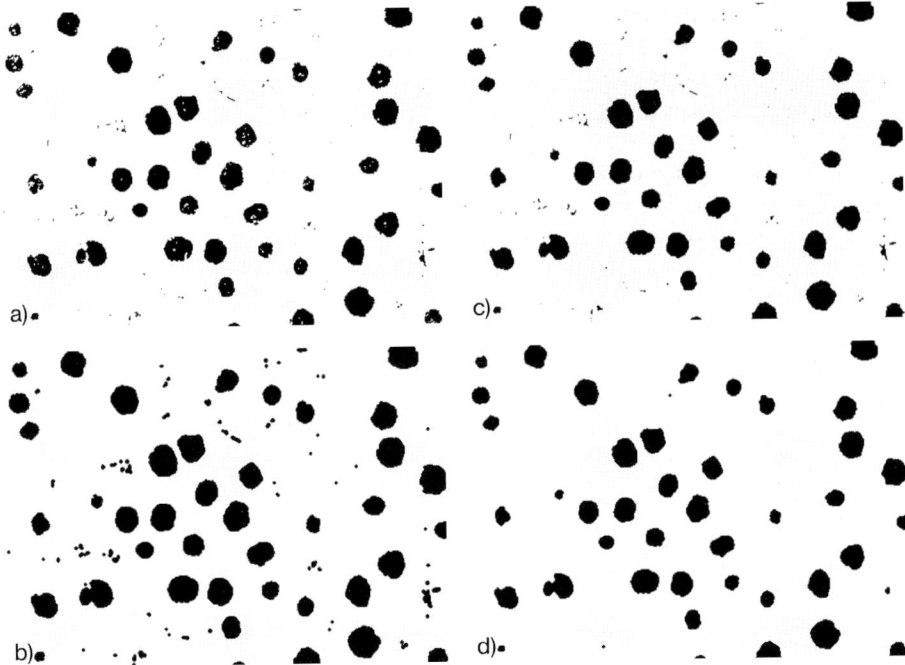

Abb. 2.128 Morphologische Transformation eines Teilchensystems: a) Ausgangsbild, Binärbild, Gefüge eines Gusseisens mit Kugelgrafit (GJG), b) Dilatation, d. h. "Ausdehnung", der grafitischen Phase. Die Objekte werden dadurch größer und Löcher in den Objekten werden geschlossen. c) Erosion von Bild b. Die Erosion am Vordergrund entspricht der Dilatation des Hintergrunds. Die Teilchen erhalten ihre Ausgangsgröße zurück, die Löcher bleiben aber geschlossen. Die Erosion von Bild b entspricht einer Abschließung von Bild a, d. h. der Ausführung von Dilatation und Erosion nacheinander. d) Öffnung von Bild c, d. h. Ausführung von Erosion und Dilatation nacheinander. Damit werden die kleinen Objekte eliminiert.

wird auf bekannte Methoden der Analyse ebener oder linearer Schnitte zurückgeführt, wobei (im Computer) eine große Anzahl virtueller Schnitte durch das Gefüge erzeugt werden können, was die Gefügeanalyse und die sich anschließende Interpretation der Ergebnisse wesentlich erleichtert. Daher ist an räumlichen Bildern die Bestimmung der Dichte des zweiten Krümmungsintegrals K_V mit elementaren Methoden (d. h. ohne einschränkende Modellannahmen) möglich, und S_V und M_V können auch für nicht isometrische Gefüge leicht bestimmt werden.

Die Analyse von Serienschnitten kann als ein Spezialfall der räumlichen Bildanalyse betrachtet werden, da eine Sequenz von Aufnahmen aus Serienschnitten als 3D-Bild aufgefasst werden kann, siehe auch Abschnitt 2.10.

Morphologische Bildverarbeitung

Für die Bildsegmentierung und Objektisolierung werden erfolgreich morphologische Methoden eingesetzt. Morphologische Transformationen, zu denen Dilatation und Erosion gehören, bilden ein modulares System von elementaren Algorithmen der Bildverarbeitung, die sich miteinander in einer sehr übersichtlichen Form zu komplexen Algorithmen kombinieren lassen. Morphologische Transformationen werden

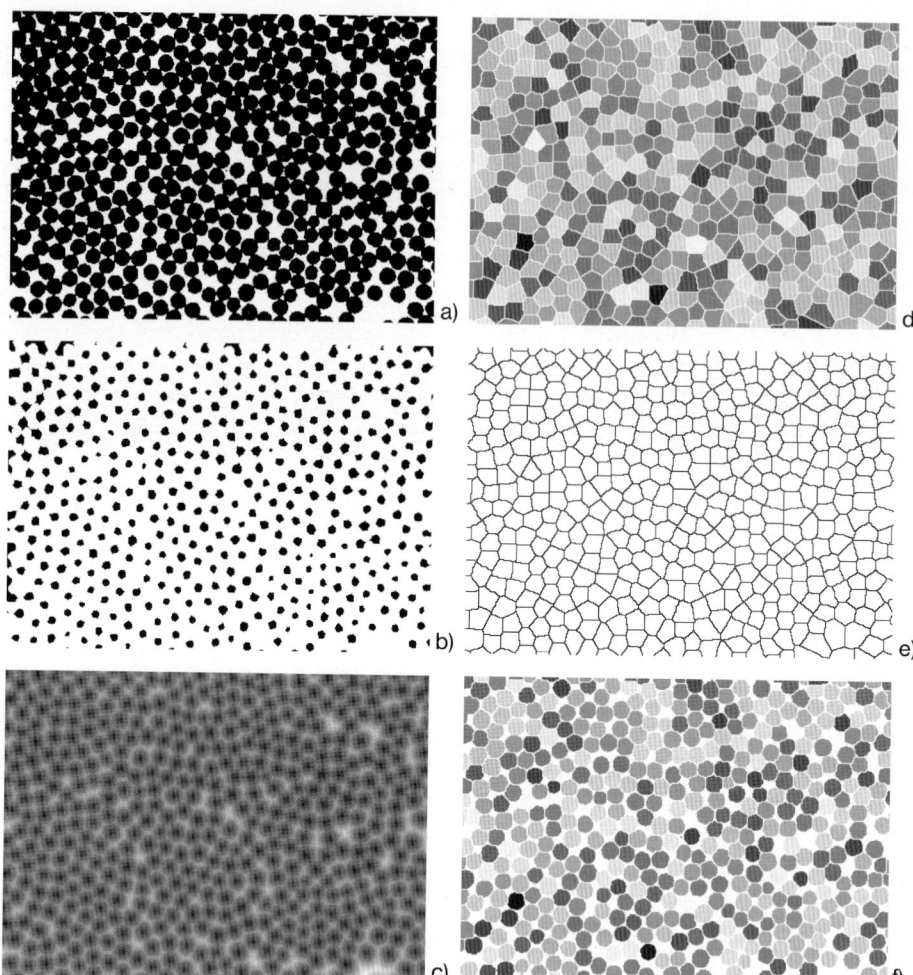

Abb. 2.129 Kohlenstofffasern in Epoxidharz, lichtoptische Abbildung eines Querschliffs, zwei Methoden zur Segmentierung der Objekte: a) Binärbild, detektierte Faserquerschnitte b) Trennung der Objekte durch eine Erosion, c) Distanztransformation von Bild a, d) Wasserscheidentransformation von Bild c, e) die Wasserscheiden von Bild d, f) Maskierung von Bild d durch Bild a.

Abb. 2.130 Die Anwendung einer morphologischen Öffnung auf Bild a zur Klassifizierung der Größe der ▶ Objekte (Schnittprofile der Zementitteilchen in einem Kohlenstoffstahl). Alle morphologischen Transformationen sind von der Größe eines strukturierenden Elements (des Trägers der Filtermaske) abhängig. In der Abbildung wurde als strukturierendes Element ein Achteck mit von b bis f zunehmendem Durchmesser verwendet.

2.5 Quantitative Gefügeanalyse

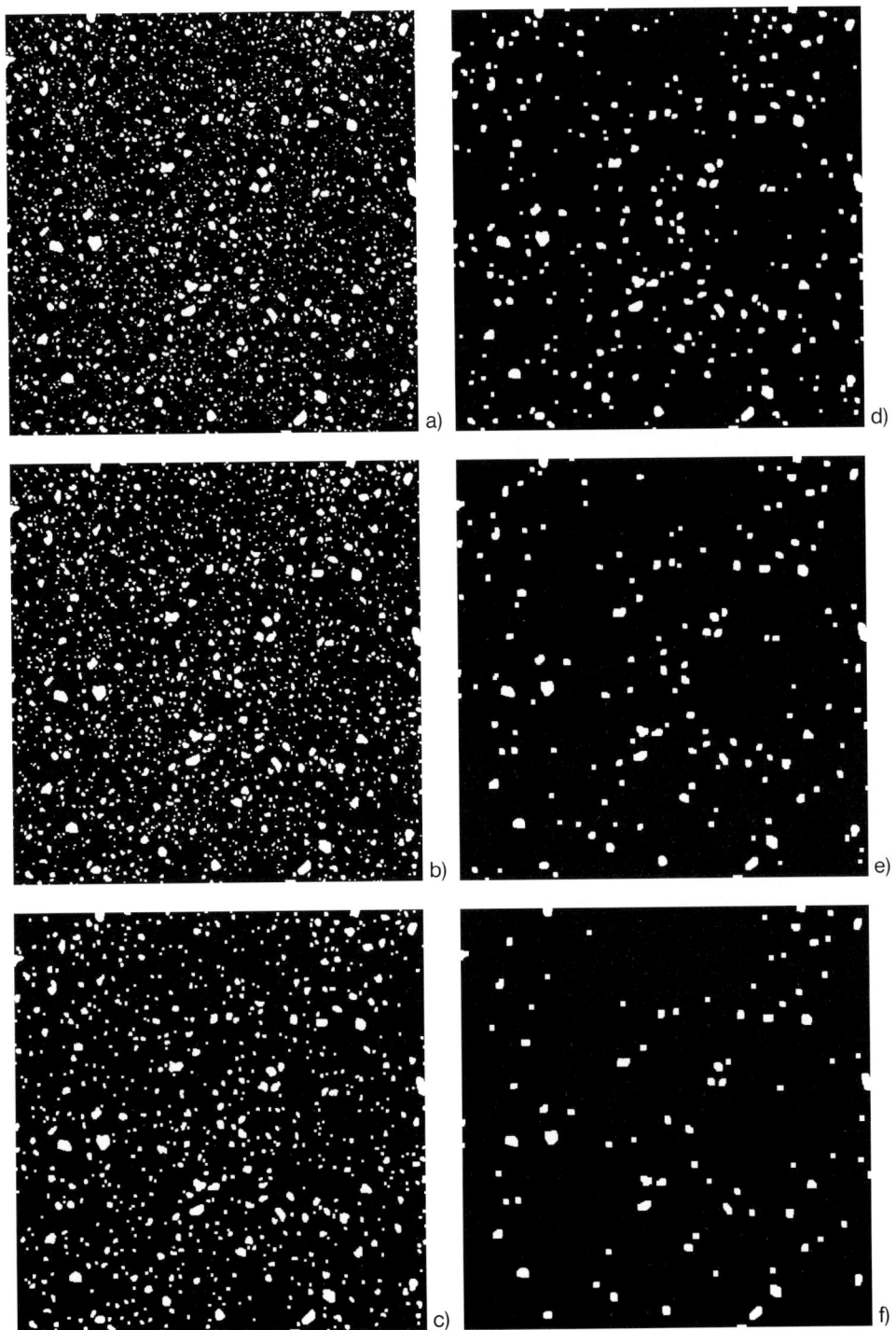

Abb. 2.131 Ein komplexer Algorithmus zur Segmentierung von Teilchen in einem 3D-Bild. Die Abbildungen zeigen jeweils eine 2D-Bildebene der verarbeiteten 3D-Bilder: a) Ausgangsbild (Sinterkugeln in einem frühen Stadium eines Sinterprozesses, XCT-Aufnahme, Nöthe, TU Dresden), b) eine durch direkte Anwendung der Wasserscheidentransformation erhaltene Segmentierung des Bildes a, die wegen des Bildrauschens extrem fehlerhaft ist, c) Binarisierung von Bild a, d) Invertierung und anschließende Dilatation von Bild c, e) erfolgreiche (fehlerfreie) Segmentierung von Bild d mit der Wasserscheidentransformation, f) Maskierung von Bild e mit Bild c

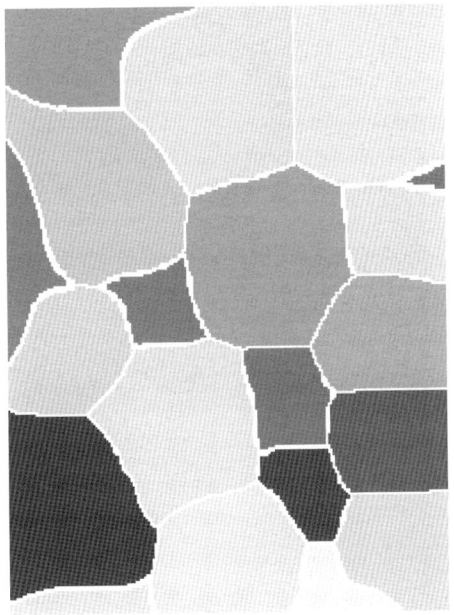 

Abb. 2.131 (Fortsetzung)

im zunehmenden Maß auch unmittelbar zur Messung von Kenngrößen verwendet. Ein Beispiel ist die Bestimmung der Sehnenlängenverteilung, die auf der Erosion eines Binärbilds mit Segmenten zunehmender Länge basiert. Gute Bildanalysesysteme zeichnen sich daher durch die Integration eines Systems von sorgfältig ausgewählten und aufeinander abgestimmten morphologischen Transformationen aus.

In Abb. 2.130 wird die Anwendung einer morphologischen Öffnung (d. h. einer Kombination aus Erosion und Dilatation) demonstriert. Durch eine morphologische Öffnung mit einem strukturierenden Element zunehmender Größe wird eine „Siebung" der im Bild enthaltenen Objekte simuliert (bildanalytische Granulometrie). Die morphologische Öffnung ist somit eine geeignete Grundlage zur Bestimmung der Größenverteilung von Objekten.

Bildanalyse ohne Segmentierung

Eine wichtige Ergänzung der Analyse segmentierter Bilder sind Methoden, für die auf eine Bildvorverarbeitung durch eine manchmal aufwändige Segmentierung verzichtet werden kann. Zu diesen Bildanalysemethoden zählt die bildanalytische Beugungsanalyse, bei der das Spektrum (Energiedichtespektrum, Powerspektrum) eines Bilds berechnet und die Lage von Interferenzen bestimmt werden. Dabei ist die Lage einer Interferenz bis auf einen konstanten Faktor die inverse charakteristische Teilchengröße bzw. der inverse charakteristische Teilchenabstand. Die bildanalytische Beugungsanalyse steht im engen Zusammenhang mit der Röntgen- und Elektronenbeugung, s. Abschnitte 2.6.1 und 2.8.2. Ein entscheidender Aspekt für die Anwendung der bildanalytischen Beugungsanalyse besteht darin, dass die Lage der Interferenzen weitgehend unabhängig von der Probenpräparation und den Ab-

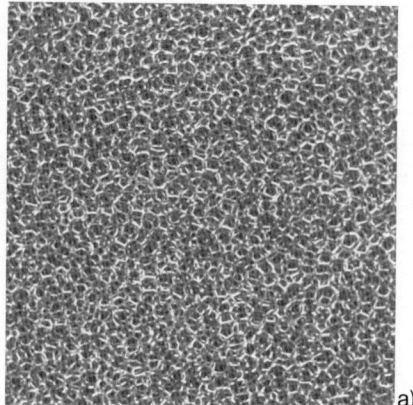 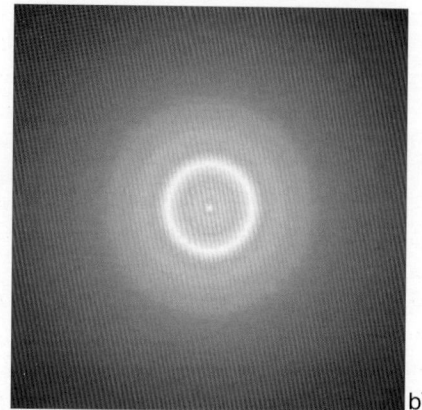

Abb. 2.132 a) Lichtoptische Abbildung eines offenporigen PU-Schaums (Dunkelfeld), b) Rotationsmittel der Spektraldichte der optischen Abbildung. Die Abbildung b entspricht einem Rotationsmittel von Beugungsbildern, die alternativ durch ein optisch abbildendes System wie in Abschnitt 2.2.2.2 erhalten werden können. Die Porengröße (*pores per inch*, ppi-Wert) des Schaums ist bis auf einen konstanten Faktor der inverse Radius der charakteristischen Interferenz

bildungsbedingungen ist. Präparation und Abbildung beeinflussen lediglich die Breite und damit die Erkennbarkeit von Interferenzen.

Die bildanalytische Beugungsanalyse ist durch die Möglichkeit der Berechnung eines Spektrums mithilfe der schnellen Fourier-Transformation eines Gefügebilds eine sehr effiziente Methode. Außerdem kann – was in der Vergangenheit häufig übersehen wurde – bei isometrischen Gefügen das Rotationsmittel des Spektrums bestimmt werden, was die Fluktuation von Messwerten erheblich reduziert und die Detektion von Interferenzen verbessert, s. Abb. 2.132 b.

Abb. 2.132 b wurde aus Abb. 2.132 a auf folgende Weise erhalten:

1. Fourier-Transformation des Bilds 2.143 a. Das Ergebnis ist ein Bild mit komplexwertigen Pixeln.
2. Berechnung des Spektrums, d. h. Bildung des Betragsquadrats des Fouriertransformierten Bilds (pixelweise). Die Spektraldichte ist ein Bild mit reellwertigen Pixelwerten.
3. Mittelung des Spektrums über alle Drehungen des Bilds um das Bildzentrum (Bildung des Rotationsmittelwerts).

Die Abb. 2.132 und 2.133 zeigen typische Beispiele für die Anwendung der Beu-

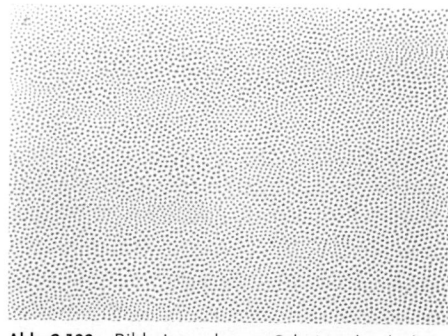

Abb. 2.133 Bild eines ebenen Schnitts durch das Gefüge einer eutektischen Al-Ni-Legierung. Die physikalische Größe des Bilds beträgt 0,20 mm × 0,14 mm (×1280 × 896 Pixel). Der ebene Schnitt ist senkrecht zur Hauptrichtung der nadelförmigen Al_3Ni-Teilchen

gungsanalyse. Wegen der Rotationssymmetrie des Spektrums in Abb. 2.132 b wäre es möglich, die Pixelwerte auch als Funktion des Abstands vom Bildzentrum darzustellen, vgl. Abb. 2.134 b.

Die Korrelationsanalyse, d. h. die Bestimmung der Autokorrelationsfunktion[1] der Grauwerte eines Bilds, spielt in der quantitativen Gefügeanalyse eine ähnliche Rolle wie die Beugungsanalyse. Sie kann direkt auf Grautonbilder angewendet werden und setzt daher ebenfalls keine Segmentierung voraus. Die Autokorrelationsfunktion kann durch die inverse Fourier-Transformation[2] des Spektrums effektiv berechnet werden. Das bedeutet auch, dass beide Kenngrößen – das Spektrum und die Autokorrelationsfunktion – die gleiche Information über das Gefüge enthalten.

Die Entscheidung, welche der beiden Kenngrößen bestimmt werden soll, ist von der Gefügeausbildung abhängig. Bei Gefügen mit einer Neigung zu periodischem Auftreten von Bestandteilen bzw. nahezu gitterförmigen Teilchenanordnungen, s. z. B. Abb. 2.133, sind die entsprechenden Interferenzen im Spektrum besonders ausgeprägt, s. z. B. Abb. 2.134 b. Dagegen lässt sich bei einer stärker zufälligen Anordnung von Gefügebestandteilen die Autokorrelationsfunktion einfacher interpretieren.

2.5.4
Kennwerte von Schnittprofilen

In Abschnitt 2.5.2 wurden bereits Kennwerte von Teilchen behandelt. In diesem Abschnitt werden Schnittprofile von Teilchen betrachtet, die bei der Erzeugung eines Anschliffs einer Probe, d. h. eines ebenen Schnitts durch ein Gefüge, erhalten werden, s. Abb. 2.135. Im Kontext der Bildverarbeitung werden Schnittprofile von Teilchen auch als *Objekte* bezeichnet. Ihre Kennwerte heißen *Objektmerkmale (object features)*.

Im Folgenden wird angenommen, dass in einem Bild n Objekte enthalten sind. Sofern sich diese Objekte segmentieren lassen (durch ein *labeling*), können an jedem Objekt bzw. an seiner konvexen Hülle[3] eine Reihe von Merkmalen gemessen werden. Dazu gehören

A_i die Fläche des i-ten Objekts, d. h. die Anzahl der Pixel des Objekts, multipliziert mit der Pixelfläche

U_i der Umfang

d_{ij} die Durchmesser (Feret'sche Durchmesser) in verschiedene Richtungen, wobei $j = 1, …, m$ die Richtungen indiziert und m die Anzahl der Richtungen ist

χ_i die Euler-Zahl des i-ten Objekts. Die Euler-Zahl eines topologisch zusammenhängenden Objekts ist gleich 1 minus die Anzahl der Löcher im Objekt, s. auch Abb. 2.135

A_i^{conv} die Fläche der konvexen Hülle des i-ten Objekts

U_i^{conv} der Umfang der konvexen Hülle des i-ten Objekts

x_i, y_i die Mittelpunktskoordinaten, z. B. die Koordinaten der Schwerpunkte

Mit einer Reihe von Bildverarbeitungssystemen können auch Extinktionsmerkmale gemessen werden wie der mittlere Grau-

---

[1] Die Korrelation der Pixelwerte benachbarter Pixel ist für isometrische Gefüge lediglich vom Abstand der Pixel abhängig. Die Autokorrelationsfunktion eines Bilds ist die Korrelation der Pixelwerte als Funktion des Pixelabstands.

[2] Das Rotationsmittel des Spektrums und das Rotationsmittel der Autokorrelationsfunktion ebener Bilder lassen sich für 2D-Bilder durch die Fourier-Bessel-Transformation ineinander umrechnen, im 3D-Fall durch eine Sinustransformation.

[3] Die konvexe Hülle eines Objekts ist die kleinste konvexe Menge von Punkten, in der das Objekt enthalten ist, s. Abb. 2.135

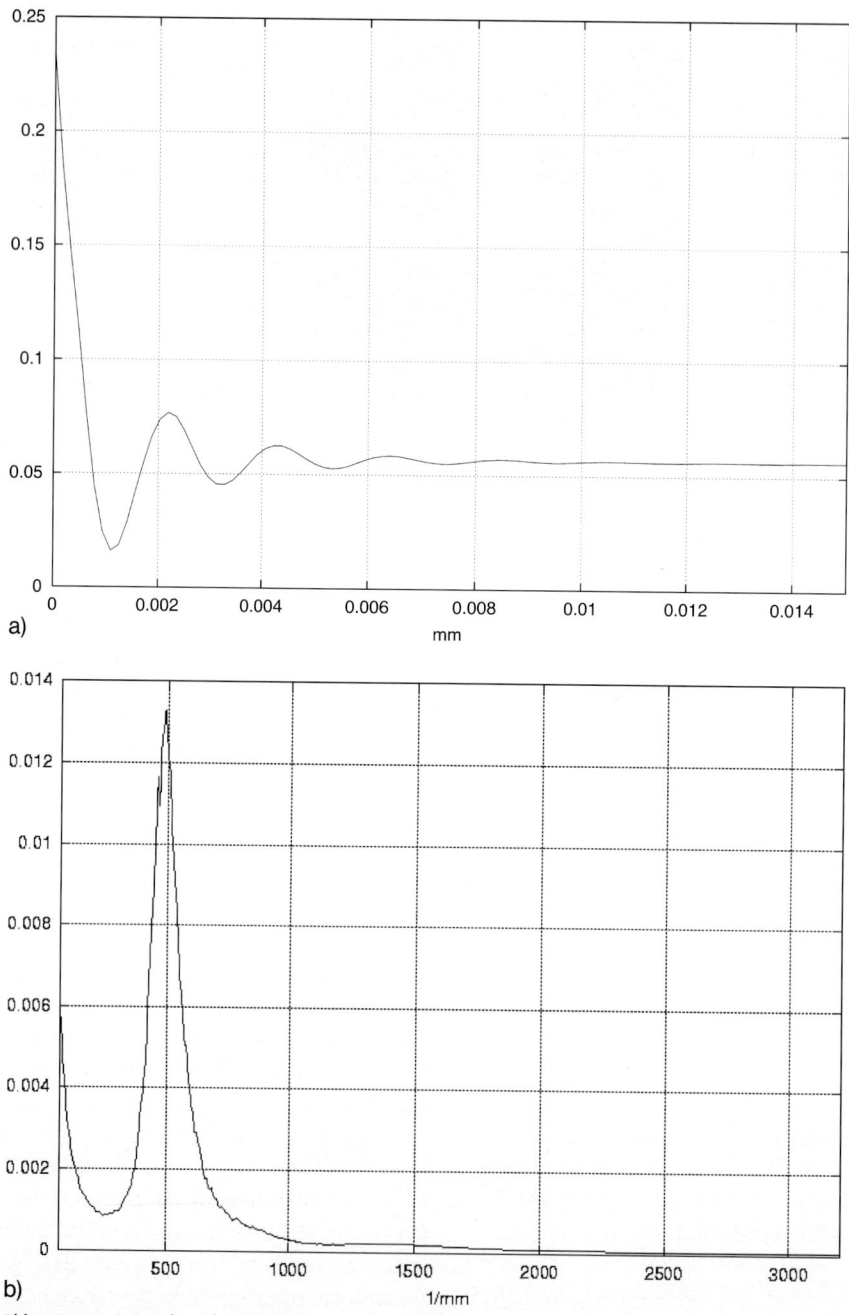

Abb. 2.134 a) Autokorrelationsfunktion und b) Spektrum der Al_3Ni-Phase des in Abb. 2.133 gezeigten Al-Ni-Eutektikums. Die Lage (d. h. die x-Koordinate) der deutlich ausgeprägten Interferenz des abgebildeten Spektrums entspricht (bis auf einen konstanten Faktor) dem inversen Abstand der im ebenen Anschliff sichtbaren Al_3Ni-Teilchen

2.5 Quantitative Gefügeanalyse

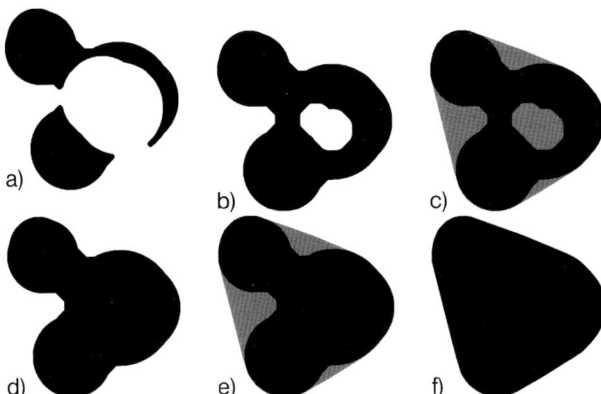

Abb. 2.135 Objekte, die Eulerzahl χ, konvexe Hüllen: a) ein nicht zusammenhängendes Objekt, $\chi = 2$, b) ein topologisch zusammenhängendes Objekt (nicht einfach zusammenhängend), $\chi = 0$, c) die konvexe Hülle von b (besteht aus den grauen und schwarzen Punkten), d) ein topologisch einfach zusammenhängendes Objekt, $\chi = 1$, e) die konvexe Hülle von d, f) ein konvexes Objekt (ist identisch mit seiner konvexen Hülle), $\chi = 1$.

wert der Pixel eines Objekts oder die Standardabweichung der Grauwerte.

Aus den oben genannten Kenngrößen lassen sich weitere Kennwerte ableiten. Dazu zählen

$\bar{d}_i$ der mittlere Durchmesser,

$$\bar{d}_i = \frac{1}{m} \sum_{j=1}^{m} d_{ij}$$

d_i^{min} der minimale Durchmesser
d_i^{max} der maximale Durchmesser
f_i ein Formfaktor, in der Regel das Verhältnis aus Fläche und dem Quadrat des Umfangs, wobei dieses Verhältnis oft so normiert ist, dass es Werte zwischen Null und Eins annimmt,

$$f_i = \frac{4\pi A_i}{U_i^2}$$

f_i^{conv} ein Formfaktor der konvexen Hülle des i-ten Objekts, der analog zu f_i berechnet wird
s_i ein Streckungsgrad, häufig das Verhältnis aus minimalem und maximalem Durchmesser

$$S_i = \frac{d_i^{min}}{d_i^{max}}$$

c_i ein Maß für die Konvexität, das entweder durch $c_i = A_i/A_i^{conv}$ oder $c_i = U_i^{conv}/U_i$ definiert ist

Bei der Messung dieser Kennwerte und ihrer anschließenden statistischen Auswertung müssen Bildrandfehler berücksichtigt werden, die entstehen, wenn Objekte vom Rand des Messfelds (d.h. Bildfelds) angeschnitten werden. Für die Korrektur dieser Bildrandfehler ist es nicht ausreichend, wenn lediglich solche Objekte unberücksichtigt werden, die vom Rand des Bilds angeschnitten sind, s. Abb. 2.136 c. Für eine korrekte Korrektur der Bildrandfehler wird das Bild maskiert, d.h. es wird im Bild ein Fenster so gewählt, dass alle Objekte, deren Mittelpunkte innerhalb dieses Fensters liegen, nicht den Bildrand schneiden, s. Abb. 2.136 d. Eine statistische Analyse basiert dann auf den Kennwerten solcher Objekte, für die ein Bezugspunkt (z.B. der Mittelpunkt) im Fenster liegt. Diese Vorgehensweise kann problematisch sein, insbesondere dann, wenn die Abmessungen der Objekte in der Größenordnung der Bildgröße sind. Dann lässt sich ein solches Fenster nicht wählen bzw. es muss so klein gewählt werden, dass ein großer Teil der Bildinformation verloren

2 Metallografische Arbeitsverfahren

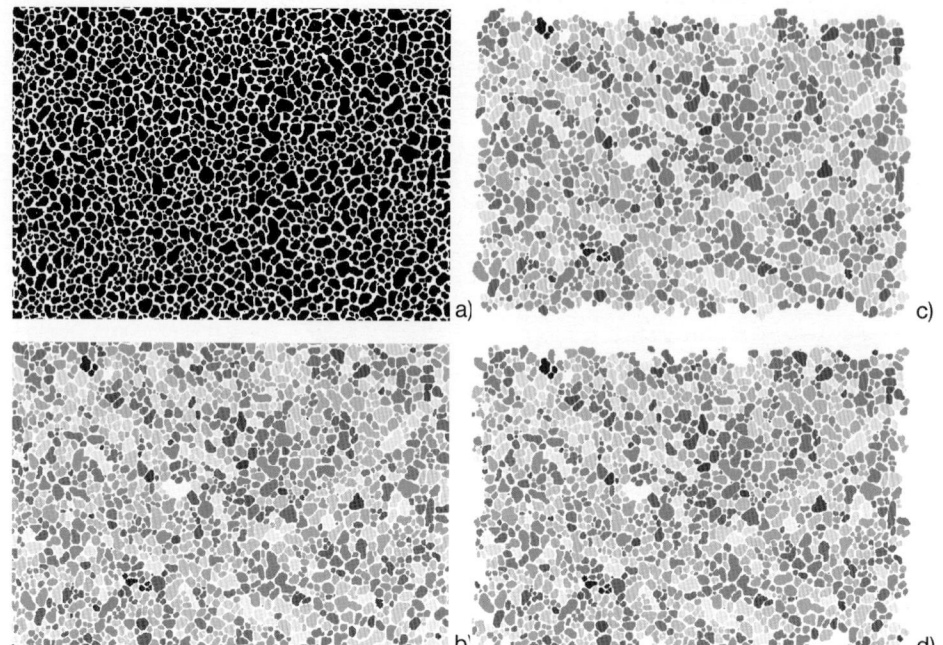

Abb. 2.136 Ebenes Teilchensystem, epitaktisch abgeschiedenes Ni (Metall) auf SrTiO$_3$ (Keramik); Bischoff, MPI für Metallforschung, Stuttgart. In diesem Spezialfall sind die im Bild enthaltenen Objekte Abbildung von Teilchen. Alle Objekte sind einfach zusammenhängend. a) Binärbild mit segmentierten Objekten, b) das System der Objekte nach einem *labeling*, Falschfarbendarstellung, c) fehlerhafte Korrektur der Bildrandfehler, d) exakte Korrektur der Bildrandfehler

geht. In der Literatur gibt es daher Alternativvorschläge für eine Korrektur von Bildrandfehlern.

Zu beachten ist auch eine mögliche Redundanz in den gemessenen Daten, die vermieden werden sollte. Es ist zunächst klar, dass aus Messwerten berechnete Kennwerte keine andere Information enthalten als die Messwerte selbst. Es sind aber noch weitere Beziehungen zwischen Kennwerten zu berücksichtigen. So gilt für den mittleren Durchmesser

$$\bar{d}_i = \frac{U_i^{\mathrm{conv}}}{\pi},$$

d. h. die Angabe von mindestens einer der beiden Kennwerte $\bar{d}_i$ oder U_i^{conv} ist überflüssig.

Abschließend sei noch darauf hingewiesen, dass der optische Eindruck von der Gefügeausbildung in der Regel durch die großen Objekte bestimmt wird. Die Statistik wird aber durch die kleinen Objekte dominiert, deren Anzahl oft viel größer ist als die der großen Objekte. Natürlich kann bei der Auswertung von Datensätzen eine untere Schranke für die Größe vorgegeben werden. Eine Alternative stellt die Wichtung der Objekte dar (etwa bei der Berechnung von Mittelwerten). So empfiehlt sich statt der Berechnung des üblichen Mittelwerts des Formfaktors

$$\bar{f} = \frac{1}{n} \sum_{i=1}^{n} f_i$$

z. B. die Verwendung eines flächengewichteten Mittelwerts

$$\bar{f}_A = \frac{\sum_{i=1}^{n} A_i f_i}{\sum_{i=1}^{n} A_i},$$

der wesentlich robuster ist bezüglich des Auftretens kleiner Objekte.

2.5.5
Messung der Grundparameter

In diesem Abschnitt werden wegen ihrer besonderen Bedeutung die elementaren Bestimmungsmethoden für die Grundparameter V_V, S_V und M_V sowie davon abgeleitete Gefügekennwerte behandelt, die an ebenen Schnitten durch das Gefüge (Schliffen) gemessen werden können. In der digitalen Bildanalyse werden diese Kennwerte zusammenfassend auch als bildfeldbezogene Merkmale (*field features*) bezeichnet.

In der Vergangenheit wurden Gefügekennwerte oft durch die Beschreibung einer Bestimmungsmethode „definiert". Viele Industrienormen sind so aufgebaut. Verknüpfungen von Definition einer Gefügekenngröße und ihrer Bestimmungsmethode haben jedoch zu Irritationen geführt. Ein Beispiel sind die verschiedenen Richtlinien zur Korngrößenbestimmung. Inzwischen ist es daher üblich, Gefügekenngrößen geometrisch zu definieren und anschließend die unter den gegebenen Bedingungen am besten geeignete Bestimmungsmethode aus einer Vielzahl möglicher Bestimmungsmethoden auszuwählen. Zu den gegebenen Bedingungen zählt neben den Abbildungsbedingungen auch die verfügbare Laborausstattung. Kriterien für die Eignung einer Methode sind die zu erwartende Genauigkeit der Messergebnisse und eine leichte Anwendbarkeit. Ein typisches Beispiel ist der Volumenanteil. Das Volumen eines Gefügebestandteils in einer Probe (bzw. in einem Teil der Probe) ist zunächst eine Zufallsgröße, deren Fluktuation von Größe und Form der Probe abhängig ist. Der Volumenanteil wird definiert als Mittelwert (d. h. Erwartungswert) dieser Zufallsgröße, dividiert durch das Gesamtvolumen der Probe. Diese Definition ist eindeutig und unabhängig von der Größe und der Form des Probenvolumens. Bekanntlich gibt es aber eine Vielzahl von Methoden zur Bestimmung des Volumenanteils. Es muss daher sorgfältig zwischen einem Kennwert und Methoden zu seiner Bestimmung unterschieden werden.

Die sehr vielschichtigen Aspekte der Messung von Grundparametern können im Folgenden nur beispielhaft behandelt werden. Weitere Details sind in der Literatur beschrieben.

Der Volumenanteil

Definition: Der Volumenanteil eines Bestandteils eines makroskopisch homogenen Gefüges ist das mittlere Volumen des Gefügebestandteils bezogen auf eine Volumeneinheit.

Synonyme: Volumendichte, Porosität (für den Porenanteil eines porösen Materials)

Symbol: V_V

Bestimmungsmethode: Der Volumenanteil wird in der quantitativen Gefügeanalyse meist stereologisch aus Kennzahlen berechnet, die an einem ebenen Anschliff gemessen werden.

An einem 3D-Bild lässt sich der Volumenanteil jedoch direkt messen.

Das Volumen $V_\alpha(W)$ des zu untersuchenden Gefügebestandteils α wird in einem in der Regel quaderförmigen Probenausschnitt W (d. h. einem 3D-Messfeld) gemessen. Dieses Volumen wird durch das Volumen $V(W)$ des Ausschnitts dividiert. Als Ergebnis wird ein Messwert $\widehat{V_V}$ des Volumenanteils V_V von α erhalten,

$$\widehat{V_V} = \frac{V_\alpha(W)}{V(W)}$$

Statistischer Fehler: Der statistische Fehler s_{statist} des Messwerts $\widehat{V_V}$ ist von der Größe und Form des Probenausschnitts und der Fluktuation des Bestandteils α abhängig. Der statistische Fehler wird mit größer werdendem Volumen des Probenausschnitts kleiner und mit steigender Fluktuation größer.

Ist der Probenausschnitt W groß im Vergleich zu den typischen Abmessungen des Gefügebestandteils, dann gilt

$$s_{\text{statist}} \approx \sqrt{\frac{512\pi \widehat{V_V}^4 (1 - \widehat{V_V})^4}{\widehat{S_V}^3 V(W)}} \qquad (2.53)$$

wobei $\widehat{S_V}$ ein Messwert der spezifischen Oberfläche S_V von α ist. Aus dieser Formel folgt unmittelbar, dass der statistische Fehler s_{statist} für große Messfelder W gegen Null konvergiert.

Systematischer Fehler: Der systematische Fehler s_{syst} ist von der Ortsauflösung des Detektors, vom Kontrast der Abbildung und der Größe der Oberfläche des Gefügebestandteils abhängig.

Beispiel: Für den in Abb. 2.137a gezeigten Nickelschaum wird aus dem entsprechenden 3D-Bild ein Volumenanteil von $\widehat{V_V} = 14{,}5\%$ gemessen. Mit $\widehat{S_V} = 7{,}32$ mm^{-1} und $V(W) = 2{,}097$ mm^3 erhält man für den statistischen Fehler $s_{\text{statist}} \approx 2{,}1\%$.

Häufig gemachte Fehler: Abbildungsfehler (z. B. ein zu geringer Kontrast), zu ge-

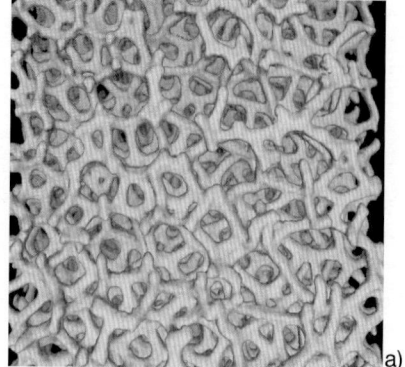
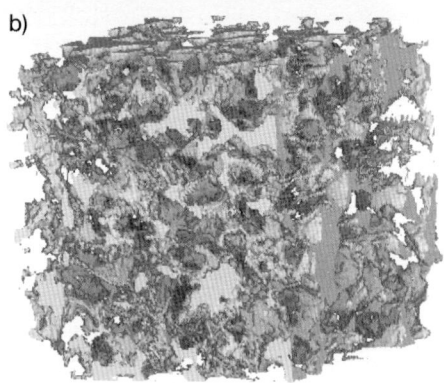

Abb. 2.137 Durch XCT erhaltene 3D-Bilder: a) Offenporiger Nickelschaum. Das Bild hat 128^3 Pixel. Der Pixelabstand des kubischen Gitters beträgt einheitlich 10 μm für die drei Raumrichtungen. Der Probenausschnitt hat also ein Volumen von 2,097 mm^3. b) 3D-Bild eines Sandsteins mit 128^3 Pixeln. Der Pixelabstand beträgt ebenfalls 10 μm. Der Probenausschnitt hat also ein Volumen von 2,097 mm^3.

ringe laterale Auflösung, zu kleiner Probenausschnitt.

Der Flächenanteil

Definition: Gegeben sei ein ebener Schnitt (d. h. ein ebener Anschliff) durch ein makroskopisch homogenes Gefüge. Der Flächenanteil eines Gefügebestandteils ist die mittlere Fläche des Gefügebestandteils im ebenen Anschliff bezogen auf eine Flächeneinheit.

2.5 Quantitative Gefügeanalyse

Synonyme: Flächendichte

Symbol: A_A

Stereologische Interpretation: Der Volumenanteil ist gleich dem Flächenanteil, $V_V = A_A$. Das gilt auch für Gefüge, die nicht isometrisch (d. h. verformt) sind, wobei die Lage der Schlifffläche zur Hauptorientierungsrichtung des Gefüges beliebig ist.

Bestimmungsmethode: In einem Messfeld W wird die Fläche des Gefügebestandteils bestimmt (gemessen). Einen Messwert $\widehat{A_A}$ des Flächenanteils A_A erhält man als Verhältnis der gemessenen Fläche und der Gesamtfläche $A(W)$ des Messfelds.

In der Regel muss über mehrere Messwerte gemittelt werden.

Statistischer Fehler: Für die Angabe des statistischen Fehlers s_statist wird meist die Standardabweichung des Mittelwerts der Messwerte verwendet. Dabei wird nicht nur vorausgesetzt, dass alle Messfelder die gleiche Größe und Form haben. Die Messwerte müssen auch unkorreliert sein, d. h. es wird angenommen, dass die Abstände zwischen den Messfeldern hinreichend groß sind. Für nicht isometrische Gefüge wird zusätzlich gefordert, dass alle Messfelder die gleiche Ausrichtung haben.

Die Standardabweichung eines Mittelwerts $\widehat{A_A}$ kann aus den Messwerten mit den üblichen statistischen Methoden berechnet werden.

Wird der Flächenanteil in nur einem Messfeld W bestimmt, dann kann die Standardabweichung jedoch nicht mit den üblichen statistischen Methoden berechnet werden. Ist dieses Messfeld groß im Vergleich zu den „Abmessungen" des Gefügebestandteils, dann gilt

$$s_\text{statist} \approx \sqrt{\frac{2\pi^3 \widehat{A_A}^3 (1-\widehat{A_A})^3}{\widehat{L_A}^2 A(W)}}, \quad (2.54)$$

wobei $\widehat{L_A}$ ein Messwert der spezifischen Linienlänge L_A von α im ebenen Anschliff ist.

Systematischer Fehler: Der systematische Fehler s_syst ist u. a. von der Präparation, der (optischen) Abbildung, der Bildvorverarbeitung und der Binarisierung abhängig. Es ist praktisch nicht möglich, diese Einflüsse einschließlich ihrer Wechselwirkungen zu erfassen. Lediglich unter idealen Bedingungen kann eine Abschätzung des systematischen Fehlers erhalten werden. Insbesondere bei einem sehr gutem Kontrast des zu untersuchenden Gefügebestandteils gilt

$$s_\text{syst} = c\widehat{L_A},$$

wobei der Faktor c von der lateralen Auflösung abhängig ist. Wird die laterale Auflösung von der mikroskopischen Auflösung dominiert, dann ist $c \approx d_\text{gr}/2\pi$, wobei d_gr der auf das Objekt bezogene kleinste Abstand zweier Punkte ist, die mit der verwendeten Optik gerade noch getrennt voneinander beobachtet werden können.

Beispiel: Für das in Abb. 2.138 gezeigte ferritisch-austenitische Mikroduplexgefüge wurden $\widehat{A_A} = 63{,}1\%$ Austenit und $\widehat{L_A} = 172{,}7 \text{ mm}^{-1}$ erhalten. Die Fläche des Messfelds beträgt $A(W) = 0{,}271 \text{ mm}$. Daraus folgt für den statistischen Fehler $s_\text{statist} \approx 1\%$. Da der Pixelabstand eine untere Grenze für d_gr ist, folgt für den systematischen Fehler $s_\text{syst} > 4{,}1\%$, d. h. der systematische Fehler dominiert in diesem Beispiel. Der Gesamtfehler

2 Metallografische Arbeitsverfahren

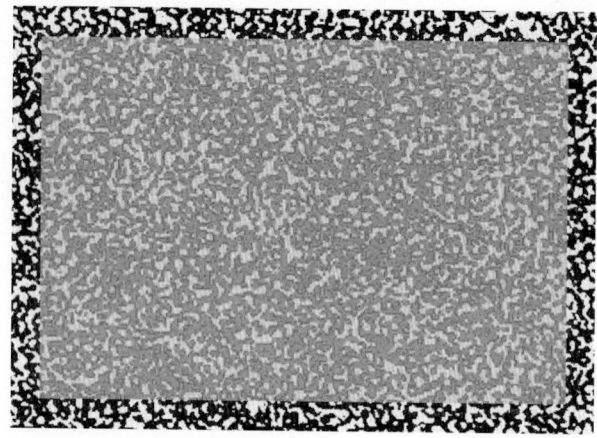

Abb. 2.138 Ferritisch-austenitisches Gefüge eines Stahls. Das Gefügebild hat 474 × 332 Pixel und wurde mit der Schwelle < 128 binarisiert. Der Pixelabstand in x- und y-Richtung beträgt einheitlich 1,496 μm. Der Bildrand ist 24 Pixel breit, d. h. das Fenster hat 426 × 284 Pixel (dunkelgrau und hellgrau). Davon wurden durch die Binarisierung 76395 Pixel der austenitischen Phase zugeordnet (dunkelgrau).

$s_{ges} = \sqrt{s_{statist}^2 + s_{syst}^2}$

ist größer als 4,2 %.

Häufig gemachte Fehler: Präparationsfehler (z. B. Überätzen), optische Vergrößerung zu gering (wie im betrachteten Beispiel), zu kleine bzw. zu wenig Messfelder.

Der Linearanteil

Bei der Definition und der metallografischen Bestimmung des Linearanteils wird von einem linearen Schnitt ausgegangen, d. h. von einem Schnitt des Gefüges mit einer Linie (begrenzter Länge). Diese Linie – die sogenannte Testlinie – muss nicht notwendig zusammenhängend sein. Es kann auch ein System von Testlinien verwendet werden. Praktikabel ist ein System paralleler Strecken gleicher Länge, s. Abb. 2.139 a.

Definition: Der Linearanteil eines Gefügebestandteils ist die mittlere Gesamtlänge der bei dem Schnitt mit dem Gefügebestandteil entstehenden Linienstücke bezogen auf die Gesamtlänge der Testlinie.

Symbol: L_L

Stereologische Interpretation: Der Volumenanteil ist gleich dem Linearanteil, $V_V = L_L$. Das gilt auch für Gefüge, die nicht isometrisch sind. Dabei ist die Lage des Liniensystems zur Hauptorientierungs-

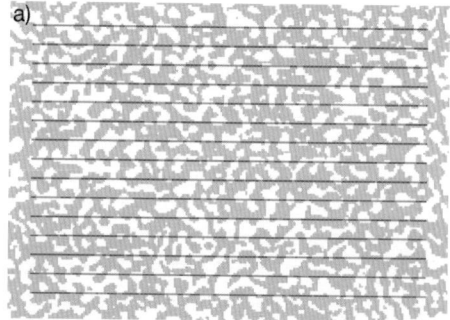

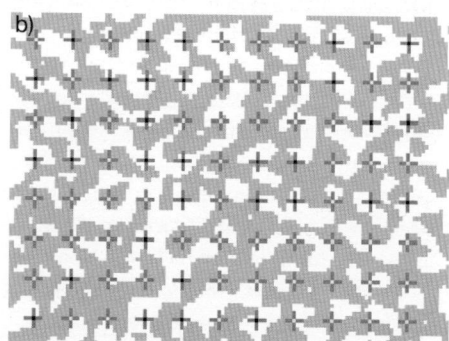

Abb. 2.139 a) Bestimmung des Linearanteils L_L durch Linearanalyse, b) Bestimmung des Punktanteils P_P durch Punktanalyse.

richtung des Gefüges beliebig.

Bestimmungsmethode (Linearanalyse): Die Längen der durch den zu untersuchenden Gefügebestandteil verlaufenden Linienstücke (*Sehnen*) werden addiert. Der Quotient aus dieser Summe und der Gesamtlänge des Liniensystems ist ein Messwert $\widehat{L}_\text{L}$ des Linearanteils L_L.

Statistischer Fehler: Der statistische Fehler s_statist ist primär von der Gesamtlänge der Testlinie und der Anzahl der Sehnen abhängig. Darüber hinaus spielt die Form und Anordnung der Testlinen eine Rolle. Ein hinreichend großer Abstand zwischen den Testlinien trägt zur Reduzierung des statistischen Fehlers bei.

Ist der Abstand der Testlinien groß im Vergleich zur mittleren Korngröße bzw. mittleren Sehnenlänge, dann erhält man

$$s_\text{statist} \approx \sqrt{\frac{4\widehat{L}_\text{L}^{\,2}(1-\widehat{L}_\text{L})^2}{N}}$$

als Abschätzung für den statistischen Fehler, wobei N die Anzahl der Sehnen ist.

Beispiel: Abb. 2.139 a zeigt einen Ausschnitt von Abb. 2.138 mit einem System paralleler Teststrecken. Die Gesamtlänge des Liniensystems beträgt 4,78 mm. Die Gesamtlänge in der austenitischen Phase beträgt 2,99 mm. Das ergibt einen Linearanteil von $\widehat{L}_\text{L} = 62{,}5\,\%$. Dieser Wert liegt in der Größenordnung des durch Flächenanalyse erhaltenen Messwerts, vgl. Abschnitt 2.4.5. Insgesamt wurden $N = 253$ Sehnen gezählt. Daraus errechnet sich ein statistischer Fehler von $s_\text{statist} = 2{,}9\,\%$.

Häufig gemachte Fehler: Abbildungsfehler (z. B. ein zu geringer Kontrast), zu geringe laterale Auflösung, zu kleiner Probenausschnitt.

Punktanteil

Der Volumenanteil eines Gefügebestandteils ist gleich der Wahrscheinlichkeit dafür, dass ein zufällig (d. h. unabhängig von der Gefügeausbildung) gewählter Punkt in diesem Bestandteil liegt. Darauf basiert die Punktanalyse – eine sehr einfache und effektive Methode der quantitativen Gefügeanalyse. Bei der davon abgeleiteten Methode muss jedoch für eine Vielzahl von Punkten geprüft werden, ob sie in dem Gefügebestandteil liegen oder nicht. Die Punktanordnung ist im Prinzip von untergeordneter Bedeutung. Aus statistischen Gründen sowie für die praktische Handhabung der Punktanalyse ist es sinnvoll, die Punkte in einem Gitter anzuordnen, s. Abb. 2.139 b.

Definition: Der Punktanteil ist der Anteil der Punkte eines Gitters, die in dem zu untersuchenden Gefügebestandteil liegen.

Symbol: P_P

Stereologische Interpretation: Der Volumenanteil ist gleich dem Punktanteil, $V_\text{V} = P_\text{P}$. Das gilt auch für Gefüge, die nicht isometrisch sind.

Bestimmungsmethode (Punktanalyse, Punktzählmethode): Die Anzahl der Punkte, die in dem zu untersuchenden Gefügebestandteil liegen, wird durch die Gesamtpunktezahl des Rasters dividiert. Der Quotient ist ein Messwert $\widehat{P}_\text{P}$ des Punktanteils P_P.

Statistischer Fehler: Der statistische Fehler s_statist ist von der Punktezahl des Gitters und vom Gitterabstand abhängig. Die Wahl eines hexagonalen Gitters ist aus statistischer Sicht vorteilhaft. (Üblich ist jedoch die Verwendung quadratischer Gitter.)

Bei hinreichend großem Gitterabstand ist die Anzahl n_α der Punkte, die in der Komponente α liegen, binomial verteilt mit dem Parameter P_P. Daraus ergibt sich für den statistischen Fehler s_statist des Messwerts $\widehat{P_P}$ die Näherung

$$s_\text{statist} \approx \sqrt{\frac{n_\alpha(n-n_\alpha)}{n^3}},$$

wobei n die Gesamtzahl der Gitterpunkte ist.

Beispiel: Das in Abb. 2.139 b gezeigte Teilbild von Abb. 2.138 wurde mit einem quadratischen Gitter überlagert, das aus $n = 88$ Punkten besteht. Die Punkte des Gitters sind als Kreuze markiert. Die Anzahl der Gitterpunkte, die im Austenit liegen, beträgt $n_\alpha = 57$. Als Messwert für P_P wird also $\widehat{P_P} = 64{,}8\,\%$ erhalten.

Der statistische Fehler beträgt $s_\text{statist} = 6{,}3\,\%$. Zur Erhöhung der Genauigkeit sollte die Messung an weiteren Bildern wiederholt werden.

Spezifische Grenzfläche

In Gefügen gibt es verschiedene Arten von Grenzflächen bzw. inneren Oberflächen. Die im Zusammenhang mit der Gefügeanalyse wichtigsten sind

- die Korngrenzflächen (d. h. Grenzflächen zwischen Kristallen bzw. Kristalliten einschließlich der Grenzen zwischen Zwillingen)
- die Phasengrenzflächen (d. h. die Grenzflächen zwischen zwei Phasen eines Gefüges) bzw. die Grenzfläche zwischen weiteren Gefügebestandteilen
- die Oberfläche eines porösen Materials, d. h. die Grenzfläche zwischen den festen Komponenten und dem Porenraum

In der quantitativen Gefügeanalyse werden Phasengrenzflächen, Grenzflächen zwischen sonstigen Gefügebestandteilen und innere Oberflächen ähnlich behandelt. Aus formalen Gründen spielen insbesondere Korngrenzflächen in der Bildanalyse eine Sonderrolle.

Definition: Die spezifische Grenzfläche eines Bestandteils eines makroskopisch homogenen Gefüges ist die Größe[1] einer Grenzfläche bezogen auf eine Volumeneinheit.

Synonyme: Grenzflächendichte, Grenzfläche je Volumeneinheit. Je nach Art der Grenzfläche werden auch die Begriffe „spezifische Phasengrenzfläche", „spezifische Oberfläche" und „spezifische Korngrenzfläche" verwendet.

Symbol: S_V

Bestimmungsmethode: Die spezifische Grenzfläche wird in der quantitativen Gefügeanalyse meist an einem ebenen Anschliff bestimmt. Die Anwendung der Gleichungen $S_V = 4\pi L_A$ oder $S_V = 2P_L$ ist jedoch nur für isometrische Gefüge möglich.

An einem 3D-Bild lässt sich die spezifische Grenzfläche auch ohne Anwendung der Stereologie messen. Isometrie muss dabei nicht vorausgesetzt werden. Das ist ein entscheidender Vorteil gegenüber der klassischen 2D-Bildanalyse.

Die Grenzfläche wird in einem 3D-Messfeld W gemessen. Der Messwert $S_\alpha(W)$ ist die Größe der Grenzfläche der Komponente α in W. Einen Messwert $\widehat{S_V}$ von S_V erhält man aus

$$\widehat{S_V} = \frac{S_\alpha(W)}{V(W)}$$

---

[1] Flächenmaß der Grenzfläche.

Messfehler: Wenn die spezifische Grenzfläche in nur einem Messfeld gemessen wird, dann kann zur Berechnung des statistischen Fehlers s_statist das Messfeld W in gleich große Teilfelder zerlegt, die spezifische Grenzfläche in den Teilfeldern gemessen und s_statist mit klassischen statistischen Methoden berechnet werden (*resampling*). Wegen der Korrelation der Messwerte von S_V in den Teilfeldern erhält man jedoch nur eine Abschätzung von s_statist.

Unter den systematischen Fehlern dominiert häufig ein Fehler, der aus der Wahl einer zu geringen lateralen Auflösung resultiert. Aus diesem Grund empfiehlt es sich, die Abhängigkeit des Messwerts von der lateralen Auflösung zu prüfen. Das ist möglich durch Wiederholung der Messung an einem Bild, das aus dem Ausgangsbild durch eine Verdopplung der Pixelabstände erhalten wird (*downsampling*). Es werden also nur die auf einem Untergitter des Ausgangsbilds liegenden Pixel verwendet.

Beispiel 1: Das Bild des Nickelschaums (Abb. 2.137 a kann z. B. in acht Teilbilder der Größe 64 × 64 × 64 zerlegt werden. An diesen Teilbildern wurden die in Tab. 2.27 enthaltenen Werte gemessen. Daraus errechnet sich der Mittelwert $\widehat{S_V} = 7{,}20\ \text{mm}^{-1}$ und seine Standardabweichung $s_\text{statist} = 0{,}25\ \text{mm}^{-1}$.

Erzeugt man aus dem Originalbild durch *downsampling* ein neues Bild, wobei in den drei Raumrichtungen nur jedes zweite Pixel des Originals verwendet wird, dann wird der Gitterabstand verdoppelt (d. h. die laterale Auflösung halbiert). An diesem Bild wird der Wert $\widehat{S_V} = 6{,}91\ \text{mm}^{-1}$ gemessen, der sich nur wenig von dem des Ausgangsbilds unterscheidet. Die Abhängigkeit der Messwerte von der Auflösung ist also gering.

Beispiel 2: Für die Porenoberfläche des in Abb. 2.137 b gezeigten Sandsteins wurden am Ausgangsbild und am durch die oben beschriebene „Vergröberung" erhaltenen Bild die Werte $\widehat{S_V} = 13{,}64\ \text{mm}^{-1}$ bzw. $\widehat{S_V} = 11{,}24\ \text{mm}^{-1}$ gemessen. Die Unterschiede sind erheblich, d. h. der Einfluss der lateralen Auflösung auf die Messergebnisse von S_V ist groß. Die Messwerte für S_V sind daher nur in Verbindung mit der Angabe der Gitterabstände (Kalibrierungsfaktoren) brauchbar, die hier einheitlich 10 µm bzw. 20 µm betragen.

Spezifische Linienlänge

Die spezifische Linienlänge ist die der spezifischen Grenzfläche entsprechende Kenngröße der 2D-Bildanalyse. Die Definition ist daher analog. Sie bezieht sich auf Grenzlinien im ebenen Anschliff, die Phasen, Körner und andere Gefügebestandteile voneinander trennen.

Definition: Die spezifische Linienlänge ist die Gesamtlänge einer Grenzlinie bezogen auf eine Flächeneinheit.

Synonyme: spezifische Randlänge, Linienlänge pro Flächeneinheit

Symbol: L_A

Stereologische Interpretation: Für isometrische Gefüge ist die spezifische Linienlänge bis auf einen konstanten Faktor

Tab. 2.27 Messwerte von S_V in Teilbildern des in Abb. 2.137 a gezeigten 3D-Datensatzes, wobei i die Nummer des Messfelds bezeichnet.

i	$\widehat{S_V}$	i	$\widehat{S_V}$
1	7,01 mm^{-1}	5	6,74 mm^{-1}
2	7,27 mm^{-1}	6	7,22 mm^{-1}
3	6,69 mm^{-1}	7	7,58 mm^{-1}
4	6,95 mm^{-1}	8	8,16 mm^{-1}

gleich der spezifischen Grenzfläche, $S_V = (4/\pi)L_A$.

Bestimmungsmethode: In einem oder mehreren (ebenen) Messfeldern wird die Länge der Grenzlinie zwischen den Gefügebestandteilen gemessen. Der Messwert wird durch die Fläche des Messfelds bzw. die Gesamtfläche der Messfelder dividiert.

Statistische Fehler: Wird eine Bildserie analysiert, dann erhält man den statistischen Fehler $s_{statist}$ durch die Berechnung der Standardabweichung des Mittelwerts. Steht dagegen nur ein Bild für die Auswertung zur Verfügung, kann dieses Bild in (gleich große) Teilbilder zerlegt werden, um eine Aussage über $s_{statist}$ zu erhalten (*resampling*).

Systematische Fehler: Da ein systematischer Fehler von $\widehat{L_A}$ sehr viele Ursachen haben kann, sind allgemein gültige Aussagen dazu schwierig. Die folgenden Ausführungen sind weniger dazu geeignet, einen Messwert von L_A durch eine Zahl zu ergänzen, die den systematischen Messfehler bewertet. Vielmehr sollen für die Vorbereitung der Messungen Anregungen zur Wahl der optimalen Probenpräparation und einer geeigneten optischen Abbildung gegeben werden.

1. *Kann L_A metallografisch gemessen werden?* Die Möglichkeit der metallografischen Bestimmung von L_A hängt von der „Feinheit" des Gefüges ab, die in Relation zur Grenze der optischen Auflösung stehen muss. Dabei wird „Feinheit" bezüglich L_A durch die spezifische Euler-Zahl χ_A ausgedrückt. Unter idealen Bedingungen (d. h. optimaler Kontrast) gilt $s_{syst} = c|\widehat{\chi_A}|$, wobei $\widehat{\chi_A}$ ein Messwert für χ_A ist und c die laterale Auflösung charakterisiert. Der Faktor c ist der Pixelabstand des Bilds (Kalibrierungsfaktor) dividiert durch 2π.

2. *Auflösungsunabhängigkeit.* Wichtig ist auch die Prüfung der Auflösungsunabhängigkeit der Messwerte von L_A, was durch Wiederholung der Messung bei verschiedenen Vergrößerungen möglich ist.

Beispiel: Die spezifische Randlänge L_A wird nicht aus der Anzahl der in Abb. 2.140 markierten Randpixel bestimmt. Für die Messung der Randlänge gibt es je nach Bildanalysesystem sehr unterschiedliche Methoden, die auch zu sehr verschiedenen Ergebnissen führen können. Abb. 2.140 zeigt auch die Unterteilung in vier Teilbilder, an denen die vier Werte $\widehat{L_{A,1}} = 173{,}5$ mm^{-1}, $\widehat{L_{A,2}} = 174{,}7$ mm^{-1}, $\widehat{L_{A,3}} = 169{,}4$ mm^{-1} und $\widehat{L_{A,4}} = 174{,}0$ mm^{-1} bestimmt wurden. Der Mittelwert beträgt $\widehat{L_A} = 172{,}9$ mm^{-1} für den sich ein statistischer Fehler $s_{statist} = 0{,}772$ mm^{-1} errechnet. Am gleichen Bild wurde $\widehat{\chi_A} = -3110{,}5$ mm^{-2} gemessen. Mit dem Pixelabstand $d = 1{,}496$ μm ergibt sich $c = 0{,}238$ μm^{-1} und $s_{syst} = 0{,}741$ mm^{-1}.

Die Abhängigkeit des Messwerts von der lateralen Auflösung ist in diesem Beispiel beachtlich. Durch „Vergröberung" um dem Faktor 2 reduziert sich der Mess-

Abb. 2.140 Das gleiche Bild wie in Abb. 2.138. Die Unterteilung in vier gleich große Teilbilder ist gekennzeichnet

wert für die spezifische Randlänge auf $\widehat{L_A} = 156{,}7$ mm^{-1}.

Schnittpunktzahl pro Linienlänge, Sehnenzahl pro Linienlänge

Die Schnittpunktzahl pro Linienlänge P_L wird – wie der Linearanteil L_L – durch Linearanalyse bestimmt, s. Abb. 2.139 a. Dabei wird die Anzahl der Schnittpunkte P eines Testliniensystems mit den Phasen- oder Korngrenzen gezählt. Ein Messwert $\widehat{P_L}$ von P_L ist die Anzahl P bezogen auf die Gesamtlänge des Liniensystems.

Ist das Gefüge isometrisch, dann gilt $S_V = 2P_L$ für die spezifische Phasen- bzw. Korngrenzfläche. Diese Gleichung ist die Grundlage für die Bestimmung von S_V durch Linearanalyse.

Die Anzahl N der Sehnen, die beim Schnitt eines Liniensystems mit einem Gefügebestandteil entstehen, wird wegen dabei zu berücksichtigender Randeffekte am besten aus P bestimmt. Für einphasige Gefüge ist $N = P$, für Gefüge mit zwei Bestandteilen wird $N = P/2$ gesetzt. Die auf die Länge des Liniensystems bezogene Sehnenzahl wird mit N_L bezeichnet (Sehnenzahl pro Linienlänge, Sehnendichte). Die mittlere Sehnenlänge $\bar{\ell}$ errechnet sich aus

$$\bar{\ell} = \frac{L_L}{N_L},$$

Beispiel: Für das Beispiel in Abb. 2.139 a erhält man die Messwerte 52,9 mm^{-1}, 211,6 mm^{-1} und 11,8 μm für N_L, S_V bzw. $\bar{\ell}$.

Dichte von Objekten, Dichte der Euler-Zahl

Für ein System von topologisch einfach zusammenhängenden Objekten, wie in Abb. 2.136, kann die Dichte der Objekte N_A (die mittlere Anzahl der Objekte pro Flächeneinheit, spezifische Anzahl der Objekte) bestimmt werden. In diesem Fall ist für jedes Objekt die Euler-Zahl gleich 1.

Somit ist die Objektdichte gleich der Dichte der Euler-Zahl χ_A, $N_A = \chi_A$.

Bei der Bestimmung von N_A sind insbesondere Bildrandeffekte zu berücksichtigen. Die Behandlung dieser Randeffekte soll für einphasige polyedrische Gefüge erläutert werden. Folgende Methoden sind gebräuchlich:

- Es wird die Anzahl m der Zellen bestimmt, die vollständig im Bildfeld W liegen. Außerdem wird die Anzahl p aller Zellen bestimmt, die von einer Seite, nicht aber von einer Ecke geschnitten werden, s. Abb. 2.141 a. Daraus berechnet sich der Messwert

$$\widehat{N_A} = \frac{1}{A(W)}\left(m + \frac{p}{2} + 1\right), \quad (2.55)$$

wobei $A(W)$ die Fläche des Messfelds W bezeichnet. In Abb. 2.141 ist $m = 2$ und $p = 12$; daraus erhält man $\widehat{N_A} = 9/A(W)$.

- Es bezeichnen n und q die Gesamtzahl der Zellen, die vollständig oder teilweise in W liegen bzw. die Anzahl der Schnittpunkte der Korngrenzen mit dem Rand von W, s. Abb. 2.141b. Dann gilt

$$\widehat{N_A} = \frac{1}{A(W)}\left(n - \frac{q}{2} - 1\right). \quad (2.56)$$

Für Abb. 2.141 erhält man $n = 18$, $q = 16$ und damit $\widehat{N_A} = 9/A(W)$.

- Alternativ kann auch die Anzahl e der Knoten („Kornzwickel") in W bestimmt werden. Daraus lässt sich ebenfalls $\widehat{N_A}$ berechnen.

$$\widehat{N_A} = \frac{1}{A(W)}\frac{e}{2}. \quad (2.57)$$

Sorgfältiges Zählen in Abb. 2.141 liefert $p = 17$, und daraus errechnet sich $\widehat{N_A} = 8{,}5/A(W)$.

Die beiden ersten Methoden liefern hier nur zufällig das gleiche Ergebnis. Im statis-

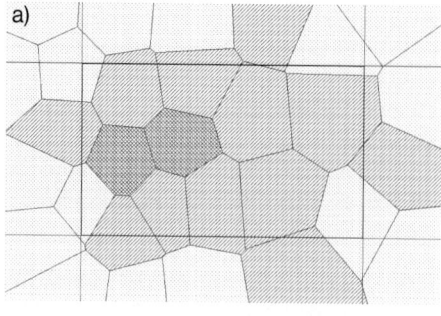

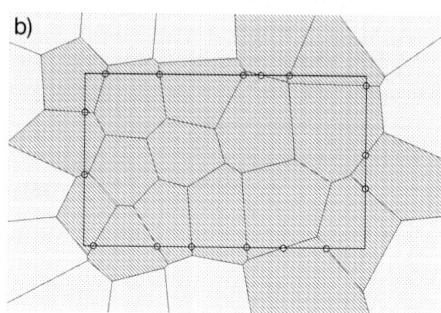

Abb. 2.141 Schematische Darstellung einer Abbildung eines einphasigen polyedrischen Gefüges zur Erläuterung der Bildrandfehlerbehandlung

tischen Mittel wird mit allen drei Methoden die Anzahl der Körner pro Flächeneinheit bildrandfehlerfrei bestimmt; insofern sind die Methoden gleichwertig.

Besteht ein Bildsegment aus Objekten, die nicht topologisch einfach zusammenhängend sind, dann ist die Euler-Zahl gleich der Anzahl der Objekte minus die Gesamtzahl der Löcher in den Objekten, und die Dichte der Euler-Zahl entspricht dieser Differenz bezogen auf die Fläche des Messfelds. In diesem Fall ist $N_A > \chi_A$; χ_A kann auch negative Werte annehmen.

Die spezifische Euler-Zahl kann als Verallgemeinerung der spezifischen Objektdichte N_A für Segmente von Bildern betrachtet werden, die nicht aus einzelnen Objekten bestehen. Beispiele für ein solches Bildsegment sind die ferritische und austenitische Phase in Abb. 2.140.

Die spezifische Euler-Zahl kann bildanalytisch sehr einfach gemessen werden, die Methoden sind in der Literatur beschrieben.

Schließlich soll noch auf die stereologische Interpretation von χ_A verwiesen werden. Für isometrische Gefüge ist χ_A bis auf einen konstanten Faktor gleich der Dichte M_V des ersten Krümmungsintegrals,

$$M_V = 2\pi \chi_A.$$

Beispiel 1: Für die austenitische Phase des in Abb. 2.151 gezeigten Stahls erhält man damit den Messwert $\widehat{M_V} = 19\,544$ mm^{-2}.

Beispiel 2: In den Bildern von Abb. 2.142 sind die Schnittprofile der Körner (bis auf wenige Ausnahmen) einfach zusammenhängend. Folglich ist $M_V = 2\pi \chi_A = 2\pi N_A$. Aus $\widehat{N_A} = 88\,712$ mm^{-2} für Abb. 2.142a und $\widehat{N_A} = 83\,163$ mm^{-2} für Abb. 2.142b erhält man die Messwerte $5{,}7 \cdot 10^5$ mm^{-2} bzw. $5{,}2 \cdot 10^5$ mm^{-2} für M_V. Mithilfe von Gl. (2.49) errechnen sich daraus die Korngrößennummern 14 bzw. 13.

Beispiel 3: Wenn Isotropie angenommen werden kann, erhält man aus den Daten von Abb. 2.143 für die Dichte des ersten Krümmungsintegrals 682 mm^{-2}, und mithilfe von Gl. (2.49) errechnet sich daraus ein Wert von 217 mm^{-2} für die Versetzungsdichte ϱ_V.

Elementare stereologische Gleichungen

Tabelle 2.28 gibt eine Übersicht über das System der elementaren stereologischen Gleichungen, mit deren Hilfe Grundparameter aus Messwerten berechnet werden können, die an Bildern von ebenen Anschliffen, d. h. in ebenen oder linearen Schnitten, bestimmt wurden.

2.5 Quantitative Gefügeanalyse

Tab. 2.28 Die elementaren stereologischen Gleichungen für die vier Grundparameter

Räumliches Gefüge	Flächenanalyse	Linienschnittmethode	Punktzählmethode
V_V	$= A_A$	$= L_L$	$= P_P$
S_V	$= (4/\pi) L_A$	$= 2 P_L$	
M_V	$= 2\pi \chi_A$		
K_V			

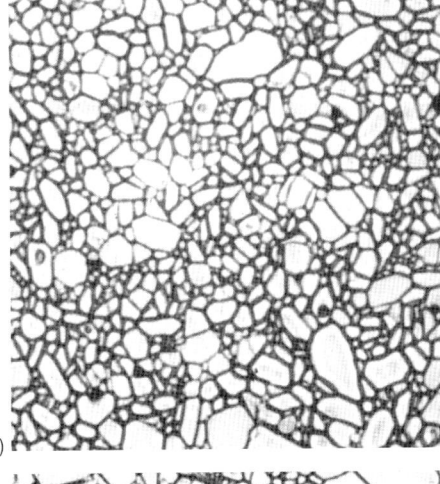

a)

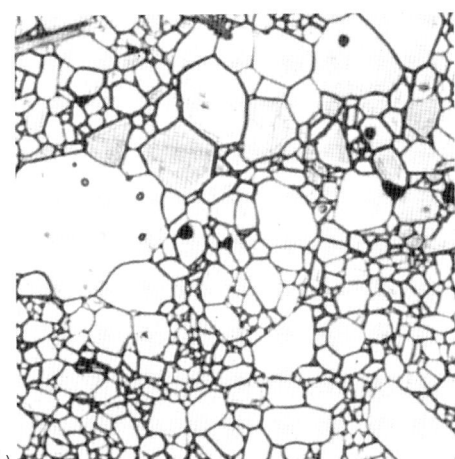

b)

Abb. 2.142 Zwei Gefüge von Al_2O_3-Keramiken: (a) „gleichmäßige" Korngröße, b) „ungleichmäßige" Korngröße.

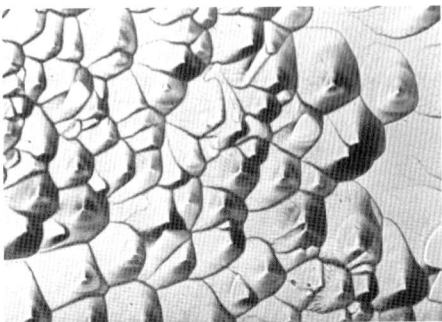

Abb. 2.143 Versetzungsgrübchen in Indiumphosphid. In dieser Abbildung sind 76 Versetzungsgrübchen zu sehen. Der Bildausschnitt hat eine Fläche von $A(W) = 0{,}7$ mm^2. Die Anzahl der Versetzungsgrübchen pro Flächeneinheit beträgt somit 108,6 mm^{-2}

Aus dem Schema ist ersichtlich, dass die Volumendichte an einem ebenen Anschliff aus dem Flächenanteil A_A, durch die Linienschnittmethode aus dem Linearanteil L_L oder durch die Punktzählmethode aus dem Punktanteil P_P erhalten werden kann. Die Grenzflächendichte kann mittels Flächenanalyse aus der spezifischen Linienlänge L_A oder mit der Linienschnittmethode aus der Schnittpunktdichte P_L bestimmt werden. Die Dichte des ersten Krümmungsintegrals kann lediglich durch eine Flächenanalyse aus der spezifischen Euler-Zahl χ_A ermittelt werden[1]. Die Dichte des zweiten Krümmungsintegrals K_V lässt sich nicht durch elementare stereologische Methoden bestimmen.

Die Gleichungen für die Volumendichte gelten sowohl für isometrische als auch für nicht isometrische Gefüge. Dagegen gelten die Gleichungen für die Grenzflächendichte und die Dichte des ersten Krümmungsintegrals M_V ausschließlich für isometrische Gefüge.

Charakterisierung nichtisometrischer Gefüge

Für nichtisometrische (d. h. anisotrope) Gefüge sind die spezifische Linienlänge L_A, die Schnittpunktdichte P_L und die spezifische Euler-Zahl χ_A von der Normalenrichtung ω der Schliffebene bzw. von der Richtung ω' der Schnittlinien abhängig, d. h. L_A, P_L und χ_A sind Funktionen der Raumrichtungen ω bzw. ω',

$$L_A = L_A(\omega) \quad P_L = P_L(\omega') \quad \chi_A = \chi_A(\omega).$$

Daraus ergeben sich für die klassische Gefügeanalyse, die in der Regel an einem ebenen Anschliff durchgeführt wird, Probleme bei der Bestimmung von S_V und M_V. Diese Schwierigkeiten resultieren unter anderem daraus, dass die Funktionen $L_A(\omega)$, $P_L(\omega')$ bzw. $\chi_A(\omega)$ meist nur für wenige (diskrete) Richtungen ω gemessen werden können. In der Praxis werden an nicht isometrischen Gefügen in der Regel nur ein Längs-, ein Quer- und ein Flachschliff einer Probe analysiert. Als Konsequenz können S_V und M_V nur dann bestimmt werden, wenn geeignete Modellannahmen für die Anisotropie des Gefüges getroffen werden.

Die Messung der Funktionen $L_A(\omega)$, $P_L(\omega')$ und $\chi_A(\omega)$ ist also zunächst die Grundlage für die Bestimmung von S_V und M_V. Diese Funktionen haben jedoch auch eine eigenständige Bedeutung in der quantitativen Gefügeanalyse. Sie können zur Charakterisierung der Ausrichtung des Gefüges verwendet werden. Beispielsweise kann der Quotient $\eta = P_L(\omega_z)/P_L(\omega_x)$ als Streckungsgrad verformter Gefüge interpretiert werden, wobei ω_x die Hauptverformungsrichtung bezeichnet und ω_z eine zu ω_x orthogonale Richtung ist.

Beispiel: Für das Gefüge eines verformten ferritischen Stahls wurden mit Linearanalyse an Abb. 2.144 a die Werte 30,2 mm^{-1}

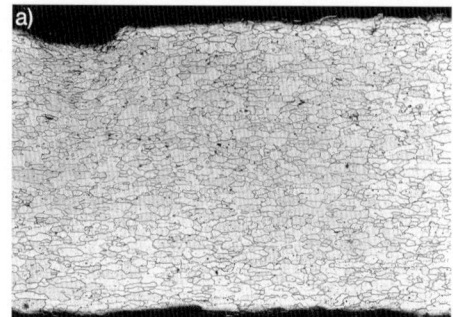

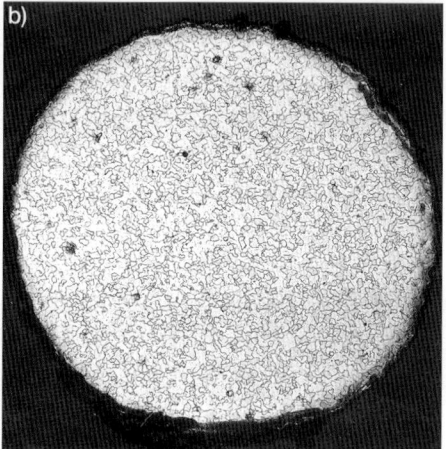

Abb. 2.144 Draht, Gefüge eines ferritischen Stahls: a) Längsschliff, b) Querschliff

und 73,7 mm^{-1} für $P_L(\omega_x)$ bzw. $P_L(\omega_z)$ gemessen, wobei ω_x und ω_z die horizontale bzw. vertikale Richtung bezeichnet. Für dieses Gefüge kann $P_L(\omega_x) = P_L(\omega_y)$ angenommen werden, d. h. es ist ausreichend, den Querschliff zu analysieren. Für den Streckungsgrad η des Gefüges erhält man den Wert 0,41. Die spezifische Korngrenzfläche S_V kann mit den in diesem Abschnitt beschriebenen Methoden für nicht isometrische Gefüge nicht bestimmt werden; man erhält lediglich eine grobe Abschätzung,

$$60{,}4 \text{ mm}^{-1} \leq S_V \leq 147{,}4 \text{ mm}^{-1},$$

und die Angabe einer mittleren Korngröße bzw. der Korngrößennummer G erscheint wenig sinnvoll.

Kennt man die Funktionen $L_A(\omega)$, $P_L(\omega)$ und $\chi_A(\omega)$ für alle Richtungen ω, dann können die entsprechenden Richtungsverteilungen berechnet werden. Da sich die beiden Funktionen $L_A(\omega)$ und $P_L(\omega)$ – ähnlich wie die Kennwerte L_A und P_L im Schema von Tab. 2.28 – ineinander umrechnen lassen und somit die gleiche Information über die Ausrichtung enthalten, gibt es für nicht isometrische Gefüge genau zwei (unabhängige) Richtungsverteilungen $R^S(\omega)$ und $R^M(\omega)$, die den beiden Grundparametern S_V bzw. M_V zugeordnet werden können. Die Verteilungsfunktion $R^S(\omega)$ kann aus $L_A(\omega)$ oder $P_L(\omega)$ berechnet werden. Die erste Richtungsverteilung ist also mit der Grenzfläche verknüpft und kann als Verteilung des Normalenvektors eines zufällig gewählten Flächenelements der Grenzfläche interpretiert werden. Die Verteilungsfunktion $R^M(\omega)$ errechnet sich aus $\chi_A(\omega)$ und steht daher mit dem ersten Krümmungsintegral in Zusammenhang. Für nadelförmige Gefügeelemente entspricht $R^M(\omega)$ der Verteilungsfunktion der Nadelrichtungen.

2.5.6
Teilchengrößenverteilungen

Aus dem Schema in Tab. 2.28 ist ersichtlich, dass sich die Dichte des zweiten Krümmungsintegrals K_V bzw. die mittlere Anzahl der Teilchen pro Volumeneinheit N_V nicht durch elementare stereologische Methoden bestimmen lassen. Sofern nicht die Möglichkeit der Erzeugung räumlicher Gefügeabbildungen besteht, müssen (ebene) Schliffbilder analysiert werden. Aus den Messwerten, die an ebenen Anschliffen gewonnen werden, lassen sich jedoch nur mit relativ aufwendigen stereologischen Methoden Rückschlüsse auf N_V oder die Teilchengrößenverteilung ziehen. Eine Grundvoraussetzung für die Anwendung dieser Methoden ist die Gültigkeit von Modellannahmen für die Gefügeausbildung.

Stereologie für Systeme kugelförmiger Teilchen
Der Begriff „Stereologie" ist eng verbunden mit dem Wicksell'schen Korpuskelproblem und seiner Lösung. Dieses grundlegende stereologische Problem kann wie folgt formuliert werden: Es wird von einem räumlichen System von Kugeln mit zufälligen Durchmessern ausgegangen. Ein Beispiel sind kugelförmige Grafitausscheidungen in Gusseisen. In einem ebenen Schnitt durch das Kugelsystem, s. Abb. 2.145, werden die Durchmesser der Schnittkreise der Kugeln gemessen. Das Wicksell-Problem besteht in der Berechnung der Verteilungsfunktion der Kugeldurchmesser aus den Messwerten der Schnittkreisdurchmesser, s. Abb. 2.146.

Für die Lösung des Wicksell-Problems gibt es eine Vielzahl von Methoden. An dieser Stelle soll lediglich eine Formel zur Abschätzung der Anzahl der Teilchen pro Volumeneinheit angegeben werden,

Abb. 2.145 Gefüge von Gusseisen mit Kugelgrafit GJG. Die Grafitausscheidungen sind näherungsweise kugelförmig; ihre Schnittprofile bilden kreisförmige Objekte

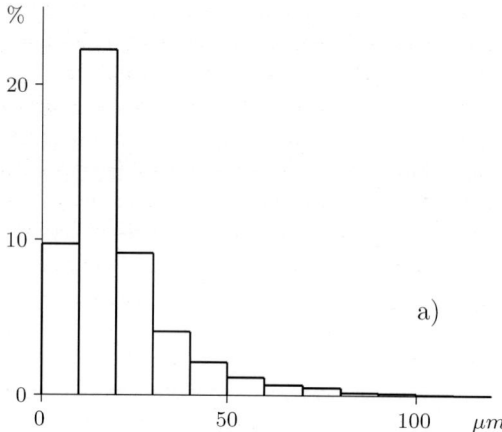

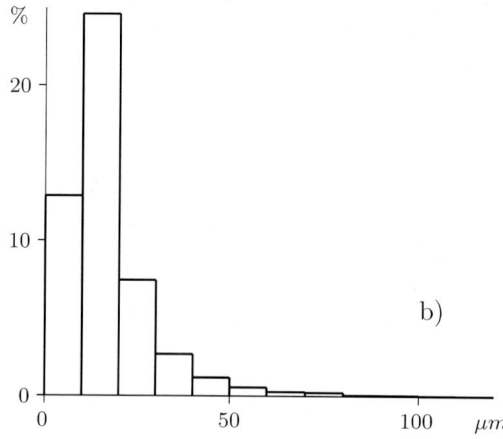

Abb. 2.146 a) Histogramm der Durchmesser der Schittprofile, die in einem ebenen Anschliff des in Abb. 2.145 gezeigten Gefüges gemessen wurden, b) das daraus berechnete Histogramm der Durchmesserverteilung der Grafitkugeln

$$N_V \approx \frac{2}{\pi A(W)} \sum_{i=1}^{n} \frac{1}{d_i}. \qquad (2.58)$$

Dabei bezeichnen $d_1, \ldots, d_n$ die Durchmesser der Schnittkreise im Messfeld W.

Methoden zur stereologischen Berechnung von Teilchenverteilungen sind in der Literatur beschrieben[1].

[1] Ohser, J. und Mücklich, F. (2000) Statistical Analysis of Materials Structures. J. Wiley & Sons, Chichester.

2.6 Röntgenverfahren

2.6.1 Raumgitterinterferenzen

Mit der Entdeckung der Röntgeninterferenzen an Kristallen im Jahr 1912 durch von Laue, Friedrich und Knipping bekam die Werkstoffforschung erstmals eine experimentelle Methode in die Hand, mit der

Ohser, J. und Schladitz, K. (2009) 3D Images of Materials Structures – Processing and Analysis. Wiley-VCH, Weinheim.

die durch die Kristallografie entwickelten Vorstellungen über den atomaren Aufbau kristalliner Substanzen überprüft und weiterentwickelt werden konnten. Es zeigte sich außerdem sehr rasch, dass gerade diese Methode hervorragend geeignet ist, über die Analyse idealer Kristallstrukturen hinaus wertvolle Informationen über die Realstruktur (d. h. über Gitterstörungen im weitesten Sinn) und im Fall von Vielkristallen auch über das Gefüge zu erlangen. Erst durch diese Kenntnisse wurde eine physikalisch begründete Deutung der strukturabhängigen Eigenschaften der metallischen und auch der nichtmetallischen kristallinen Werkstoffe möglich.

Röntgenstrahlen sind eine elektromagnetische Wellenstrahlung mit Wellenlängen im Bereich von etwa 10 bis 10^{-3} nm. Die zunächst für die Beugung von Röntgenstrahlen entwickelten theoretischen Vorstellungen ließen sich später auch auf die Beugung anderer Strahlungen, wie Elektronen- und Neutronenstrahlen, übertragen, da diesen bewegten Teilchen nach De Broglie (1924) eine von ihrem jeweiligen Impuls $m \cdot v$ abhängige Wellenlänge λ gemäß

$$\lambda = \frac{h}{m \cdot v} \qquad (2.59)$$

zugeordnet werden kann (m Masse und v Geschwindigkeit des bewegten Teilchens; h Planck'sche Konstante, $h = 6{,}626 \cdot 10^{-34}$ J s).

Wie aus der Optik bekannt ist, ergeben sich durch eine kohärente Streuung von Strahlung an dreidimensional periodischen Strukturen dann ausgeprägte Beugungserscheinungen bzw. Interferenzeffekte, wenn die Wellenlängen etwa gleich oder kleiner als die Periodizitätsparameter sind, die im Fall von Kristallen in der Größenordnung der atomaren Abstände liegen. Das sich ergebende Beugungsbild spiegelt dabei die reale Struktur des beugenden Objekts wider, seine quantitative Analyse bezüglich der Intensitäten und deren räumlicher Verteilung gestattet es also, auf die Struktur des beugenden Objekts rückzuschließen (Strukturanalyse im eigentlichen Sinn). Diese grundsätzliche Feststellung bezieht sich nicht nur auf kristalline, sondern auch auf partiell kristalline und amorphe (glasartige) Festkörper.

Eine recht anschauliche geometrische Erklärung der Raumgitterinterferenzen an Kristallen gab Bragg (1912). Er betrachtete ihre Entstehung als Folge der Reflexion monochromatischer Röntgenstrahlen an aufeinander folgenden Netzebenen, wobei zwischen benachbarten reflektierten Strahlen ein Gangunterschied w auftritt, wie das in Abb. 2.147 dargestellt wurde. Dieser

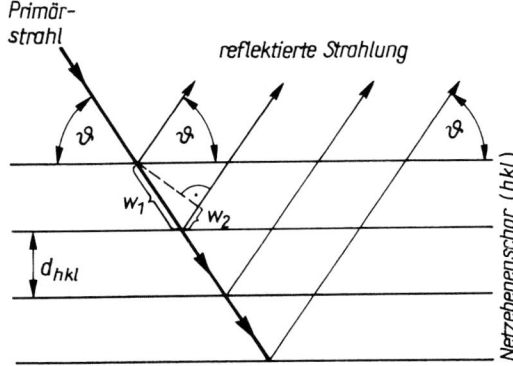

Abb. 2.147 Zur Ableitung der Bragg'schen Gleichung

Gangunterschied beträgt $w = w_1 + w_2$. Mit $w_1 = d/\sin\vartheta$ und $w_2 = w_1 \cos(180° - 2\vartheta)$ findet man

$$w = d/\sin\vartheta \, (1 + \cos(180° - 2\vartheta)) =$$

$$\frac{d_{hkl}}{\sin\vartheta}(1 - \cos 2\vartheta) =$$

$$\frac{d_{hkl}}{\sin\vartheta}(1 - \cos^2\vartheta + \sin^2\vartheta) = 2 d_{hkl}\sin\vartheta$$

Eine Interferenz kann dann auftreten, wenn dieser Gangunterschied gerade ein ganzzahliges Vielfaches m der Wellenlänge λ wird, d. h. es gilt für die sogenannte Interferenzreflexion die Bedingung

$$m \cdot \lambda = 2 d_{hkl}\sin\vartheta \qquad (2.60a)$$

Man bezeichnet m als die Interferenzordnung und ϑ als den Glanzwinkel (Bragg-Winkel), die Beziehung selbst als Bragg'sche Gleichung. Sie sagt aus, dass eine Interferenzreflexion nur dann möglich wird, wenn λ, d_{hkl} und ϑ in der durch sie festgelegten Weise miteinander verknüpft sind. Ist die Bragg'sche Gleichung nicht erfüllt, kann keine Raumgitterinterferenz auftreten. Genauere Betrachtungen zeigen, dass merkliche Interferenzintensitäten nicht nur streng unter dem Glanzwinkel ϑ zu beobachten sind, sondern auch in einem engen Winkelbereich $\Delta\vartheta$ um den Bragg-Winkel herum, wobei dieser Winkelbereich durch die Spektrallinienbreite $\Delta\lambda/\lambda$ der verwendeten Strahlung, geometrische Gegebenheiten der experimentellen Anordnung, die Kristallabmessungen und den Störungsgrad des Kristalls bestimmt wird. Auch muss beachtet werden, dass bei nichtprimitiven Translationsgittern selbst bei formaler Erfüllung der Bragg'schen Gleichung eine Interferenz an einer bestimmten Netzebenenschar mit gegebener Interferenzordnung m ausbleiben kann. Diese Auslöschungen sind dabei charakteristisch für die Symmetrie der Elementarzellen.

Es ist für die Auswertung von Beugungsuntersuchungen zweckmäßig, statt des kristallografischen Netzebenenabstands d_{hkl}, den sogenannten Beugungsnetzebenenabstand d zu verwenden, der als $d = d_{hkl}/m$ definiert ist. Die Bragg'sche Gleichung nimmt dann folgende einfache Gestalt an:

$$\lambda = 2d \cdot \sin\vartheta \qquad (2.60b)$$

Dieses Vorgehen bedeutet formal, dass man die Miller'schen Indizes hkl der reflektierenden Netzebenenschar mit der Interferenzordnung m verknüpft und so zu den Laue'schen Interferenzindizes $h_1 h_2 h_3$ gelangt, wobei gilt:

$$h_1 = m \cdot h; \; h_2 = m \cdot k \text{ und } h_3 = m \cdot l$$

Diese Laue'schen Indizes sind also im Gegensatz zu den Miller'schen nicht mehr teilerfremd, der gemeinsame Teiler ist durch die Interferenzordnung m gegeben. Mit den Laue'schen Indizes $h_1 h_2 h_3$ statt der Miller'schen Indizes hkl können die Beugungsnetzebenenabstände für die verschiedenen Kristallsysteme direkt berechnet werden. So gilt z. B. für das kubische Kristallsystem wegen

$$d = a/\sqrt{h_1^2 + h_2^2 + h_3^2}:$$

$$\lambda = 2 \cdot a \cdot \sin\vartheta / \sqrt{h_1^2 + h_2^2 + h_3^2} \qquad (2.60c)$$

Es kann also jeder beobachteten Interferenz ein Indextripel $h_1 h_2 h_3$, die sogenannte Indizierung, zugeordnet werden.

Da bei der Ableitung der Bragg'schen Gleichung keinerlei Voraussetzungen über die Art der Strahlung gemacht wurden, gilt sie auch für den Fall der Raumgitterinterferenzen von Elektronen- bzw. Neutronenstrahlen.

2.6.2
Ein- und Vielkristallinterferenzen

Bestrahlt man einen feststehenden Einkristall mit einer monochromatischen Röntgenstrahlung, so erhält man nur zufällig Interferenzen, nämlich dann, wenn eine der Netzebenenscharen gerade die Bragg-Bedingung erfüllt. Die Winkel, unter denen der Primärstrahl auf die verschiedenen Netzebenenscharen des Kristalls auftrifft, sind durch die Stellung des Einkristalls bezüglich der Primärstrahlrichtung fest vorgegeben. Sie genügen daher nur selten der Bragg'schen Gleichung. Verwendet man dagegen polychromatische Strahlung (sog. „weiße" Röntgenstrahlung), so reflektieren die Netzebenenscharen jeweils die Wellenlängen, die für eine Interferenzreflexion gemäß der Bragg'schen Gleichung erforderlich sind. Diese Verfahrensvariante entspricht der klassischen Laue-Methode. Das mit einem Film registrierte Laue-Diagramm von NaCl zeigt Abb. 2.148. Die sichtbaren Reflexe stammen von unterschiedlichen Netzebenen mit unterschiedlichen Wellenlängen. Die Symmetrie der Reflexanordnung des Laue-Diagramms spiegelt die Kristallsymmetrie in Primärstrahlung wider (hier: vierzählige Symmetrie in [100]-Richtung). Mithilfe des Laue-Verfahrens können daher die Orientierung von Einkristallen bzw. von Einzelkristalliten bestimmt werden.

Eine andere Situation bietet sich bei der Untersuchung von Vielkristallen. Sie enthalten eine Vielzahl von Einzelkristallen mit einer großen Orientierungsmannigfaltigkeit. Für eine monochromatische Röntgenstrahlung wird deshalb immer ein Bruchteil der Kristallite mit ihren Netzebenen so günstig zum Primärstrahl orientiert sein, dass für diese eine Interferenzreflexion möglich wird. Alle Netzebenen der Art {hkl}, deren Normalenrichtungen mit der Primärstrahlrichtung den Winkel $90°-\vartheta$ einschließen, befinden sich in Interferenzstellung (Abb. 2.149). Die dabei entstehenden Interferenzstrahlen bilden einen Kegel mit einem Öffnungswinkel von 4ϑ und der Kegelachse in der Primärstrahlrichtung. Da die Netzebenenabstände d_i verschiedener Netzebenenscharen unterschiedliche, diskrete Werte annehmen, ergibt sich eine diskrete Menge von Interferenzkegeln mit Öffnungswinkeln $4\vartheta_i$, deren gemeinsame Kegelachse die Primärstrahlrichtung ist ($0° < 4\vartheta_i < 360°$). Entsprechend der Bragg'schen Gleichung können die d-Werte interferenzfähiger Netzebenenscharen Beträge in den Grenzen $\infty > d_i > \lambda/2$ annehmen. Bei metallischen Strukturen treten gewöhnlich maximale d-Werte im Bereich von wenigen nm bis wenigen Zehntel nm auf, sodass die Verwendung von Strahlungen mit $\lambda \leq 0{,}2$ nm in der Regel zu brauchbaren Interferenzdiagrammen führt.

Eine Registrierung der räumlichen Verteilung der Interferenzintensitäten von

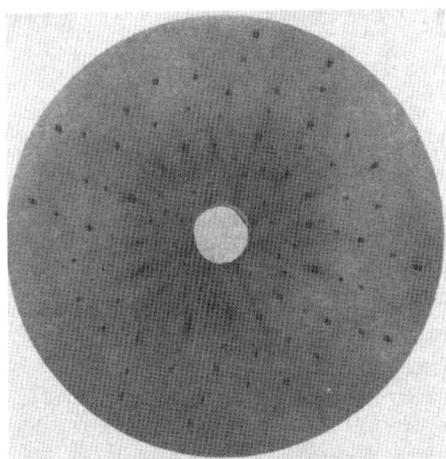

Abb. 2.148 Laue-Diagramm eines NaCl-Einkristalls mit [100]-Orientierung

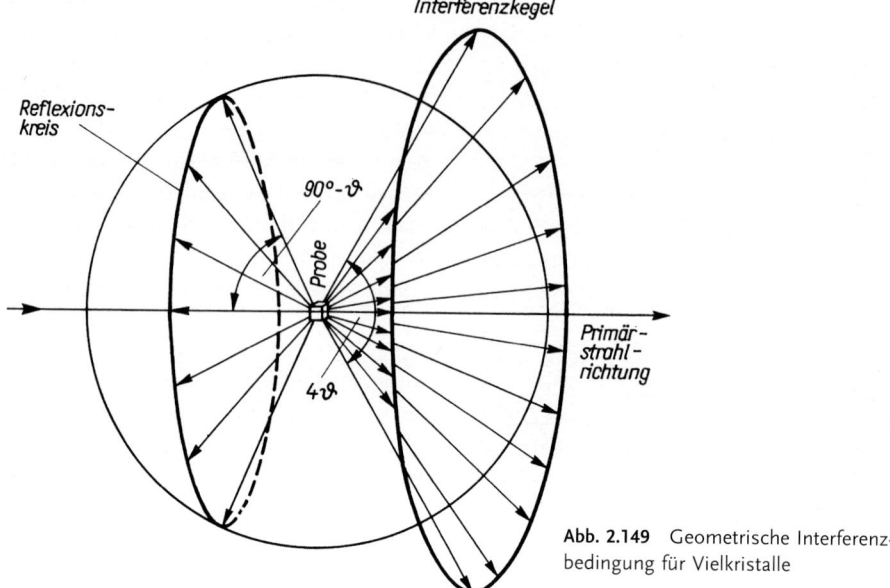

Abb. 2.149 Geometrische Interferenzbedingung für Vielkristalle

Vielkristallen kann man sehr anschaulich mit fotografischen Filmen vornehmen, da Röntgenstrahlen wie auch sichtbares Licht eine Schwärzung fotografischer Filme bewirken. Verwendet man ebene Filme, die senkrecht zur Primärstrahlrichtung positioniert werden, spricht man von Planfilmmethoden. Mit ihnen lassen sich aus geometrischen Gründen nur Glanzwinkelbereiche von etwa 30 bis 40° erfassen. Legt man einen zylindrisch gebogenen Film so um das Präparat herum, dass dieses sich in der Zylinderachse befindet (Verwendung von Zylinderkammern), können praktisch alle auftretenden Interferenzkegel gleichzeitig registriert werden, wie es Abb. 2.150 veranschaulicht (klassisches Debye-Scherrer-Verfahren).

Abbildung 2.151 zeigt eine Reihe von Debye-Scherrer-Aufnahmen, denen zunächst die typische Form der Debye-Scherrer-Ringe zu entnehmen ist.

Außerdem lässt die detaillierte Ausbildung der Ringe eine Reihe von Schlussfolgerungen über das Gefüge der Probe zu. Aufnahme a wurde an einem feinkörnigen Präparat gewonnen. Da sich in diesem Fall viele Einzelkristalle in Reflexionsstellung

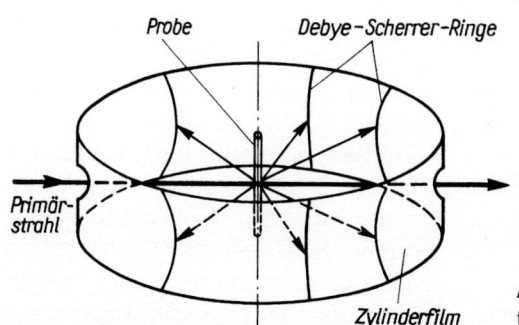

Abb. 2.150 Prinzip des Zylinderfilmverfahrens nach Debye und Scherrer

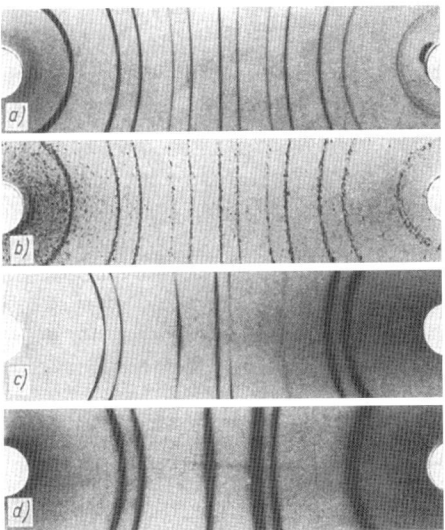

Abb. 2.151 Debye-Scherrer-Diagramme:
a) feinkörniges Präparat, b) grobkörniges Präparat, c) Präparat mit Fasertextur, d) stark umgeformtes Präparat

befinden, überlagern sich die endlich ausgedehnten Einzelreflexe zu geschlossenen, homogen geschwärzten Ringen. Bei einem grobkörnigen Präparat (Aufnahme b) befinden sich nur verhältnismäßig wenige Einzelkristallite in Reflexionsstellung, die Einzelreflexe überlagern sich nicht mehr, man beobachtet also einen in Einzelreflexe aufgelösten Debye-Scherrer-Ring als typisches Kennzeichen für ein grobkörniges Präparat. Dieser Effekt kann sogar für eine quantitative Korngrößenbestimmung ausgenutzt werden. Kompakte vielkristalline Proben weisen häufig eine Textur auf, d. h. eine nichtstatistische Orientierungsverteilung der Einzelkristallite. Das bedeutet, dass bestimmte räumliche Lagen der Kristallite bevorzugt, andere dagegen nur mit geringer Wahrscheinlichkeit auftreten. Dementsprechend beobachtet man entlang der Debye-Scherrer-Ringe Bereiche mit starker Schwärzung (Überlagerung von sehr vielen Einzelreflexen) neben solchen mit schwacher Schwärzung (nur wenige Kristallite tragen zur registrierten Interferenzintensität dieser Bereiche bei), wie es für den Fall eines kaltgezogenen Drahts (Aufnahme c) zu sehen ist. Untersucht man umgeformte Metalle (Aufnahme d), so stellt man fest, dass sich insbesondere die Interferenzen mit hohen Glanzwinkeln merklich verbreitern. Eng benachbarte Interferenzen überlagern sich dabei oft so, dass sie nur noch als eine gemeinsame, „verwaschene" Interferenz in Erscheinung treten. Ursache für diesen Effekt sind die durch die Versetzungen in den Kristalliten hervorgerufenen inhomogenen Gitterverzerrungen, die als lokale Schwankungen des Netzebenenabstands zu verstehen sind. Ähnliche Effekte beobachtet man in Materialien, die eine hohe Dichte verzerrungswirksamer Ausscheidungen aufweisen.

Diese Beispiele mögen demonstrieren, dass bereits aus dem Aussehen von mit Filmverfahren registrierten Debye-Scherrer-Interferenzen wichtige qualitative Informationen über das Gefüge und die Realstruktur des Vielkristalls gewonnen werden können. Eine quantitative Analyse dieser Erscheinungen wird aber erst dann möglich, wenn es gelingt, die räumliche Verteilung der Interferenzintensitäten mit ausreichender Genauigkeit zu vermessen. Dazu verwendet man heute kaum noch Filmmethoden, vielmehr bedient man sich der Vielkristalldiffraktometrie, die außerdem einen hohen Automatisierungsgrad bis hin zur Prozessrechnersteuerung und -auswertung gestattet.

2.6.3 Vielkristalldiffraktometrie

Kennzeichnend für die Röntgendiffraktometrie ist der Einsatz von Quantenzählern als Strahlungsdetektoren, die kreisförmig um das in der Mitte des eigentlichen

Diffraktometers befindliche Präparat bewegt werden können. Als Strahlungsdetektoren kommen dabei Proportionalzählrohre, Szintillationsmessköpfe und Halbleiterdetektoren zum Einsatz, die in Verbindung mit geeigneten Strahlungsmessplätzen eine quantitative Registrierung der auftretenden Interferenzintensitäten in Abhängigkeit von der Winkelstellung des Detektors bzw. des Präparats ermöglichen. Jedes vom Detektor absorbierte Strahlungsquant wird in einen elektrischen Impuls (Ladungsimpuls) verwandelt, dessen Höhe von der Quantenenergie $h \cdot v = h \cdot c/\lambda$ abhängig ist (v Frequenz; λ Wellenlänge; c Lichtgeschwindigkeit). Unmittelbar gemessen werden können also die je Zeiteinheit im Mittel auftretenden Impulse, die sogenannte Impulsdichte, sowie bei Bedarf die der Quantenenergie (Frequenz bzw. Wellenlänge) proportionale Impulshöhe.

Die prinzipielle Wirkungsweise eines üblichen Vielkristalldiffraktometers ist der schematischen Darstellung in Abb. 2.152 zu entnehmen: Ausgehend von der als Strahlungsquelle dienenden Röntgenröhre R trifft ein divergierender Primärstrahl auf die ebene, in der Mitte des Messkreises M angeordnete Probe P. Das Detektorsystem D wird in definierter Weise entlang des Messkreises M geführt, womit eine räumliche Abtastung des Interferenzfelds in der Beugungsebene (hier Zeichenebene) möglich wird.

Dabei bewegt man die ebene Probe so mit, dass sie den Winkel 2ϑ zwischen Primär- und Interferenzstrahlung stets halbiert bzw. ihre Oberflächennormale n_o mit der Primär- bzw. Interferenzstrahlrichtung jeweils den Winkel $90°-\vartheta$ einschließt. Damit wird erreicht, dass bezüglich eines probenfesten Koordinatensystems alle vermessenen Interferenzen von Kristalliten herrühren, deren Netzebenennormalen mit der Oberflächennormalen zusammenfallen, die in diesem Sinn Untersuchungsrichtung ist. Verändert man die Detektorstellung bzw. ϑ und hält diese probenbezogene Untersuchungsrichtung fest, bestimmt man die sogenannte radiale Intensitätsverteilung.

Mit dieser Untersuchungstechnik gewonnene Interferenzdiagramme gibt Abb. 2.153 wieder. Man beobachtet einzelne scharfe Intensitätsmaxima, die sich über einem monoton verlaufenden Untergrund erheben und den Intensitätsverläufen der bereits besprochenen Interferenzkegel in der Messebene entsprechen. Die gemessene Intensität $I(2\vartheta)$ stellt die Ordinate, die Winkelstellung 2ϑ die Abszisse dar.

Die einzelnen Interferenzen i lassen sich charakterisieren durch

- den Glanzwinkel ϑ_i (halber Winkel, unter dem die maximale Interferenzintensität registriert wurde)
- die maximale Interferenzintensität $I_{\max i}$
- die Integralintensität I_i (Fläche unter der Intensitätsverteilung abzüglich des Untergrunds)
- die Linienbreite B_i (Integralbreite = Integralintensität, dividiert durch $I_{\max}$)

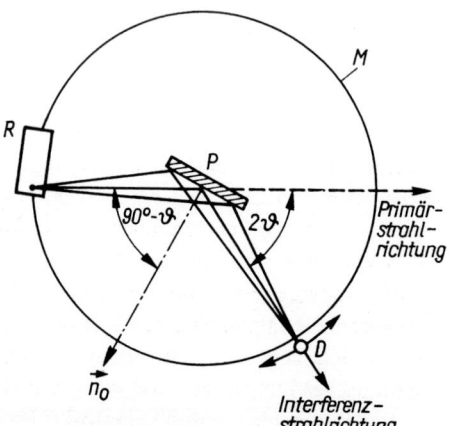

Abb. 2.152 Strahlengang bei einem Vielkristalldiffraktometer (nach Bragg und Bretano)

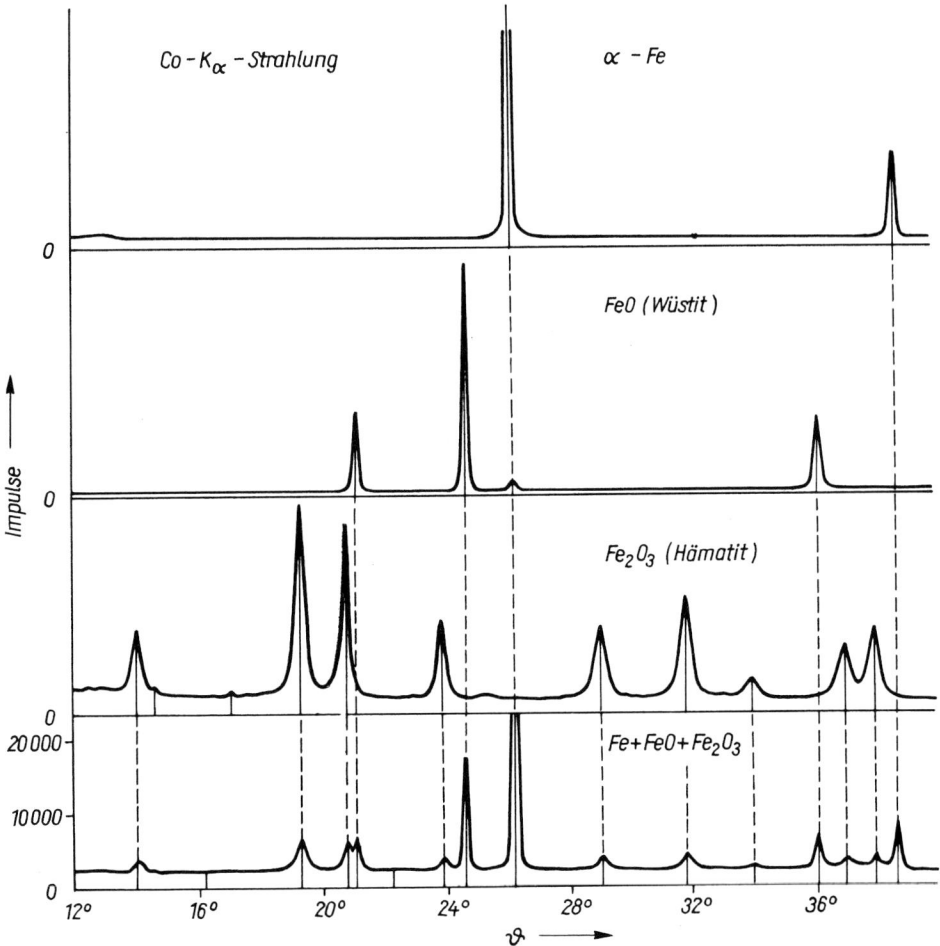

Abb. 2.153 Interferenzdiagramme von Eisen, Wüstit, Hämatit und einem Gemenge aus diesen Komponenten (Co-Strahlung)

Aus diesen Parametern gewinnt man Informationen über Gitterparameter und deren Änderungen (z. B. Mischkristallbildungen), Phasenzusammensetzungen, Ausscheidungs- und Versetzungsdichten und so weiter.

Hält man den Beugungswinkel 2ϑ konstant und ändert die Position des Präparats relativ zum Primärstrahl (was einer Veränderung der probenbezogenen Untersuchungsrichtung entspricht), registriert man die sogenannte azimutale Intensitätsverteilung. Diese Untersuchungstechnik wendet man z. B. bei der röntgenografischen Texturanalyse, bei Spannungsmessungen oder bei der diffraktometrischen Korngrößenbestimmung an.

Als Probenmaterial kommen sowohl Pulver als auch kompakte Körper in Frage. Pulver werden, gegebenenfalls mit einem Bindemittel versetzt, in spezielle Präparathalter geschüttet oder gepresst. Kompakte Proben werden zweckmäßigerweise metallografisch geschliffen und poliert, wenn die

Proben keine direkt untersuchbaren Flächen aufweisen. Es ist dafür Sorge zu tragen, dass die oberflächennahen Bereiche durch Präparationsverfahren und Probenvorbehandlungen in ihrer Struktur und Zusammensetzung nicht unzulässig verändert werden, da die Eindringtiefen der Röntgenstrahlen je nach Strahlung und Probenmaterial lediglich Werte zwischen 1 und 100 µm annehmen. Die zur Untersuchung erforderlichen Präparatflächen betragen 0,1 bis 5 cm².

Bisher nicht erläutert wurde die Wirkungsweise einer Röntgenröhre als gängige Strahlungsquelle für die Röntgendiffraktometrie. Sie stellt eine Röhrendiode mit einer Wolfram-Glühkatode als Elektronenquelle und einer metallischen, wassergekühlten Anode dar. Die von der Katode emittierten Elektronen werden durch eine hohe angelegte Gleichspannung von 20 bis 60 kV in Richtung der Anode beschleunigt und wechselwirken dort mit den Atomen des Anodenmaterials. Dabei entsteht durch das Abbremsen der schnellen Elektronen in den Coulomb-Feldern der Atomkerne Röntgenstrahlung mit einer kontinuierlichen Wellenlängenverteilung (Abb. 2.154), die bei kurzen Wellenlängen abbricht. Diese kurzwellige Grenze wird durch die angelegte Röhrenspannung U bestimmt, wobei gilt (λ_{min} in nm, U in kV):

$$\lambda_{min} = \frac{1{,}24}{U}$$

Die einfallenden Elektronen können außerdem gebundene Elektronen der Anodenatome ablösen (Tiefenionisation). Als Folge dessen springen schwächer gebundene Elektronen in diese unbesetzten Zustände und geben die dabei freiwerdende Energie als Strahlungsquanten $h \cdot \nu$ ab. Diese Energien entsprechen der Differenz der Bindungsenergien des überwechselnden Elektrons vor und nach dem Sprung, sind also im Wesentlichen durch die Art der Atome, genauer gesagt durch ihre Ordnungszahl Z bestimmt. Es entsteht ein diskretes Spektrum mit wohldefinierten, aber ordnungszahlabhängigen Wellenlängen. Es wird deshalb charakteristisches Spektrum genannt. Praktisch genutzt werden die sogenannten K-Serien, die entstehen, wenn die Elektronenübergänge auf der innersten Schale enden (s. Abb. 2.154). Sie enthalten als wesentlichste Wellenlänge die sogenannte β-Strahlung (λ_β) sowie zwei intensitätsstarke, eng beieinander liegende Spektrallinien α_1 und α_2 (sog. K_α-Dublett). Die Wellenlängen des K-Spektrums einiger häufig genutzter Anodenelemente finden sich in der Tab. 2.29.

Bereits 1913 wurde von Moseley der quantitative Zusammenhang zwischen den Wellenlängen des charakteristischen Spektrums λ_i und der Ordnungszahl Z erkannt (Moseley'sches Gesetz). Es gilt

$$\frac{h \cdot c}{\lambda_i} = M(Z - \sigma)^2 \qquad (2.61)$$

h Planck'sche Konstante
c Lichtgeschwindigkeit

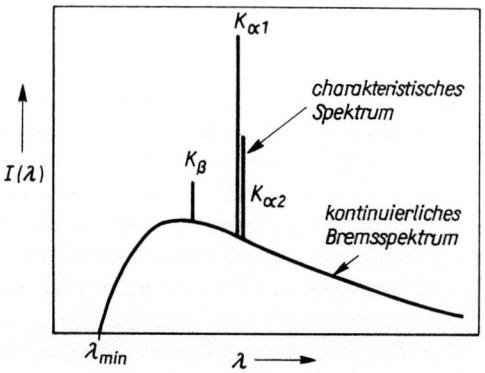

Abb. 2.154 Schematische Darstellung des Strahlungsspektrums einer technischen Röntgenröhre

Tab. 2.29 Wellenlängen des K-Spektrums einiger ausgewählter Anodenelemente (in nm)

Anoden-element	Ord-nungs-zahl	λ_β	$\lambda_{\alpha 1}$	$\lambda_{\alpha 2}$
Cr	25	0,20849	0,22897	0,22936
Co	27	0,16208	0,17890	0,17928
Cu	29	0,13922	0,15406	0,15444
Mo	42	0,06323	0,07093	0,07136

Die Konstante σ, die die Abschirmung des Kernfelds durch die Hüllenelektronen beschreibt, beträgt z. B. für die K-Serie ≈ 1, die Konstante M unterscheidet sich je nach der Art der Spektrallinie innerhalb einer Serie (z. B. $α_1$-, $α_2$- oder β-Strahlung). Das Moseley'sche Gesetz ist die physikalische Grundlage der Röntgenspektralanalyse, deren Aufgabe es ist, aus den gemessenen Wellenlängen $λ_i$ und den Intensitäten des charakteristischen Spektrums die Art und den Anteil der in einer Probe vorkommenden Elemente zu ermitteln.

2.6.4
Anwendungen der Röntgendiffraktometrie

2.6.4.1 Röntgenografische Phasenanalyse

Die röntgenografische Phasenanalyse (mit RPA abgekürzt) ist eine der häufigsten Anwendungen der Röntgenbeugung. Sie geht davon aus, dass jeder kristallinen Phase ein für sie charakteristisches Interferenzdiagramm zugeordnet werden kann, das durch ihre Struktur bestimmt wird. Es ist sozusagen der unverwechselbare strukturelle Fingerabdruck einer Phase. Befinden sich mehrere Phasen in einem Probengemenge, überlagern sich die zugehörigen Interferenzdiagramme, wobei sich die Glanzwinkel $ϑ_i$ bzw. die aus ihnen über die Bragg'sche Gleichung ableitbaren Netzebenenabstände d_i nicht verändern. Die Integralintensitäten der Interferenzen einer Phase werden jedoch durch ihren Volumenanteil in der Probe bestimmt (vgl. Abb. 2.153). Es ist also prinzipiell möglich, aus einem Interferenzdiagramm einer Probe, die eine oder mehrere kristalline Phasen enthält, auf die Art und die Volumenanteile dieser Phasen zu schließen.

Eine qualitative Phasenanalyse gelingt, wenn man die experimentell ermittelten d-Werte mit denen der in der Probe vermuteten reinen Phasen unter Beachtung der relativen Intensitätsabstufungen vergleicht. Dazu verwendet man zweckmäßigerweise Standarddatensammlungen wie den Powder Diffraction File *(herausgegeben vom International Centre for Diffraction Data, USA)*. Sie enthält gegenwärtig Daten für ~ 200 000 anorganische Phasen und wird ständig erweitert. Diese Datensätze sind entweder in einem sich auf die chemische Phasenbezeichnung beziehenden alphabetischen Index oder in einem Suchindex zusammengestellt, in dem die Datensätze nach dem d-Wert der intensitätsstärksten Interferenz in Gruppen zusammengefasst und innerhalb der Gruppen nach dem d-Wert der zweitstärksten Interferenz geordnet wurden. Auf diese Weise ist ein zielgerichtetes Vergleichen möglich, falls Vermutungen über die möglichen Phasen angestellt werden können (Verwendung des alphabetischen Indexes), aber auch dann, wenn keine Vorinformationen vorliegen (Verwendung des Suchindexes). Bei modernen Vielkristalldiffraktometern mit Rechnerkopplung können diese Vergleichs- bzw. Suchprozeduren rechnergestützt vorgenommen werden. In günstigen Fällen gelingt bei entsprechend hohem Messzeitaufwand der Nachweis von Phasen mit einem Anteil von wenigen Zehntel Volumenprozent, üblicherweise liegen die Nachweisgrenzen im Prozentbereich.

Bei der quantitativen Phasenanalyse geht man davon aus, dass die Integralintensitäten I_{ij} der Interferenzen i einer Phase j von ihrem Volumenanteil v_j abhängen. Es gilt für texturfreie Proben

$$I_{ij} = k \cdot I_0 \cdot G_{ij} \cdot \mu^{-1} \cdot v_j \qquad (2.62)$$

I_0 Primärstrahlintensität
K Konstante
G_{ij} aus den Strukturdaten berechenbare oder auch experimentell an reinen Phasen bestimmbare Intensitätsfaktoren

Der lineare Schwächungskoeffizient μ der Probe ist unter anderem von der Phasenzusammensetzung selbst abhängig und bewirkt, dass bei Gemengen aus Phasen mit unterschiedlichem Schwächungsverhalten die gemessenen Integralintensitäten I_{ij} nicht proportional zu den Volumenanteilen v_j werden. Man wertet deshalb meist Intensitätsverhältnisse aus, die diesen Nachteil nicht aufweisen. (Bezüglich der möglichen Verfahrensvarianten sei auf die einschlägige Fachliteratur verwiesen.) Die Nachweisgrenzen für eine quantitative Phasenanalyse hängen stark von den strukturellen Eigenheiten der Phasen ab und liegen üblicherweise zwischen 0,5 und 5 Vol-%. Die Reproduzierbarkeiten entsprechen näherungsweise den jeweiligen Nachweisgrenzen.

Die röntgenografische Phasenanalyse identifiziert die Phasen auf der Grundlage ihrer Strukturparameter, sie ist in diesem Sinn wie alle Beugungsverfahren ein direktes Verfahren. In der Lichtmikroskopie stützt man sich bei der Phasenidentifizierung dagegen auf Informationen, die das unterschiedliche Kontrastierungsverhalten der Phasen oder ihre Morphologien betreffen, die nur indirekt mit den die Phasen kennzeichnenden Strukturen zusammenhängen, was nicht selten zu Fehlinterpretationen Anlass geben kann. Ein weiterer Vorzug der röntgenografischen Phasenanalyse im Vergleich zur lichtmikroskopischen Phasenidentifizierung und -quantifizierung ist darin zu sehen, dass keine besonderen Präparationsschritte (Kontrastierungen) notwendig sind und auch Phasen mit Kristallitgrößen deutlich kleiner als die Auflösungsgrenze der Lichtmikroskopie (die bei $\sim$ 1 µm liegt) sicher untersucht werden können (z. B. feine Dispersoide und Ausscheidungen). Bei Kopplung der röntgenografischen Phasenanalyse mit Gitterparametermessungen bzw. Linienbreitenanalysen können außerdem wichtige Informationen über die Realstruktur der einzelnen Phasen gewonnen werden.

2.6.4.2 Röntgenografische Untersuchung von Mischkristallen

Die röntgenografische Untersuchung von Mischkristallen basiert in den meisten Fällen auf der Bestimmung genauer Gitterparameter bzw. deren Veränderungen. Um eine Gitterparameterbestimmung vornehmen zu können, ist es notwendig, die experimentell ermittelten Interferenzdiagramme zu indizieren. Das kann im einfachsten Fall dadurch geschehen, dass man sich für alle in Frage kommenden Laue-Indizierungen mithilfe der gewöhnlich näherungsweise bekannten Gitterparameter die zu erwartenden Glanzwinkel berechnet und diese mit den experimentellen Ergebnissen vergleicht. Dazu verwendet man z. B. für kubische Kristalle die in Gl. (2.60 c) angegebene Form der Brägg'schen Gleichung. Anschließend kann man aus den gemessenen Glanzwinkeln die Gitterparameter berechnen, wobei man höchste Reproduzierbarkeiten dann erzielt, wenn man Interferenzen mit hohen Glanzwinkeln auswertet. Nicht zu vermeidende systematische Fehlereinflüsse, bedingt durch eine Reihe experimenteller Fehlerquellen, werden durch Eichmessungen an geeigneten Standardsubstanzen (z. B. Siliciumpulver) mit genau bekannten Gitterparametern, Regressionsrechnungen unter Einbeziehung dieser Fehlerquellen oder durch rechnerische Korrekturen eliminiert. Die mit guten Diffraktometern erzielbaren Reproduzierbarkeiten erreichen bei kubischen Substanzen Werte von $1 \cdot 10^{-5}$, mit steigender Zahl der Gitterparameter bei nichtkubischen Substanzen verschlechtert sich dieser Wert merklich.

Bei einer Mischkristallbildung ändert sich der Strukturtyp nicht, wohl aber die Gitterparameter. Von Vegard wurde als Regel erkannt, dass diese Gitterparameteränderung linear mit der Konzentration erfolgt (s. Abschnitt 1.5.1 und Gl. (1.15). Abweichungen von dieser Vegard'schen Regel, wie sie nicht selten vorkommen, deuten auf ein nichtideales Mischkristallverhalten hin (Tendenzen zur Nahordnung bzw. zur Nahentmischung). Sind die Konzentrationsabhängigkeiten der Gitterparameter bekannt, so können aus den an Mischkristallen gemessenen Gitterparametern die Mischkristallkonzentrationen ermittelt werden. Die dabei erzielten Genauigkeiten hängen natürlich von der Reproduzierbarkeit der Gitterparameterbestimmung und der Gitterparameteränderung pro Konzentrationseinheit ab. Sie betragen in vielen Fällen deutlich weniger als 1 Atom-%. In ähnlicher Weise wie diese Mischkristallkonzentrationen können auch Stöchiometrieabweichungen von Verbindungen (intermetallische Verbindungen, Einlagerungsphasen) untersucht werden.

Die Art des Mischkristalls, d. h. ob es sich um einen Substitutions- oder einen Einlagerungsmischkristall handelt, kann aus der Kombination einer chemischen Analyse, einer Dichte- und einer Gitterparametermessung (genauer gesagt, einer Messung des Elementarzellenvolumens) abgeleitet werden. Die röntgenografische Dichte erhält man, wenn man die gesamte Masse M_{ez} der Atome in der Elementarzelle durch ihr Volumen V_{ez} dividiert. Die Masse M_{ez} berechnet sich ihrerseits aus der mittleren Zahl m der Atome in der Elementarzelle, dem mittleren Atomgewicht $A = \sum c_i \cdot A_i$ (c_i Atomanteile, A_i Atomgewichte der i Atomarten in der Elementarzelle) und der Loschmidt-Zahl L zu $M_{ez} = m \cdot \sum c_i \cdot A_i / L$ ($L = 6{,}023 \cdot 10^{23}$ mol^{-1}). Bei gemessener Dichte ρ und bekanntem Elementarzellenvolumen V_{ez}, berechnet aus den Gitterparametern des Mischkristalls (s. Abschnitt 1.3.4), findet man also für die mittlere Zahl m der Atome pro Elementarzelle

$$m = \frac{\rho \cdot V_{ez} \cdot L}{\sum_i c_i A_i}. \qquad (2.63)$$

Erhält man für den Mischkristall die gleiche Zahl m wie für die reine Basiskomponente, handelt es sich um einen Substitutionsmischkristall. Bei einem Einlagerungsmischkristall nimmt dagegen m mit der Mischkristallkonzentration laufend zu.

Auch Änderungen des Ordnungsgrads ordnungsfähiger Mischkristallsysteme lassen sich anhand von Gitterparametermessungen gut verfolgen. So verschiebt sich z. B. der Gitterparameter einer kubischen NiCuZn$_2$-Legierung (Neusilber) beim Übergang vom ungeordneten in den nahezu vollständig nahgeordneten Zustand um $-8 \cdot 10^{-2}$ %. Gitterparameteränderungen in ähnlichen Größenordnungen stellt man auch bei sich nahentmischenden Systemen fest.

2.6.4.3 Röntgenografische Korngrößenbestimmung

Untersucht man bei feststehendem Strahlendetektor, d. h. bei konstantem Beugungswinkel 2ϑ die sich ergebende integ-

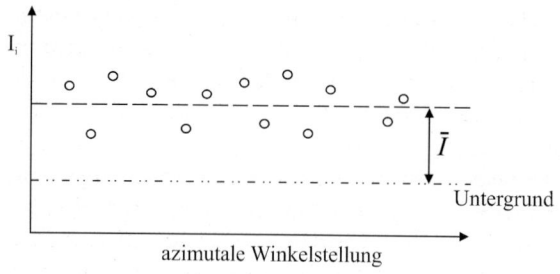

Abb. 2.155 Statistische Schwankungen der Interferenzintensitäten bei einem grobkörnigen Präparat

rale Interferenzintensität I_i in Abhängigkeit von der Präparatestellung relativ zum Primärstrahl (azimutale Intensitätsverteilung, gemessen mit Drehung des Präparats um die Diffraktometerachse), so findet man insbesondere bei grobkörnigen Materialien starke Schwankungen der Interferenzintensitäten (Abb. 2.155). Ursache dafür ist, dass die Zahl der reflexionsfähigen und zum Messwert beitragenden Kristallite in Abhängigkeit von der Probenposition statistisch schwankt. Diese Schwankungen ε können direkt mit der Zahl der im untersuchten effektiven Probenvolumen V_{eff} vorhandenen Kristallite bzw. dem mittleren Kornvolumen v_K in Verbindung gebracht werden, nachdem sie bezüglich einer stets auftretenden Quantenzählstatistik korrigiert wurden. Es gilt der Zusammenhang

$$\varepsilon^2 = \frac{\sum_{i}^{n}(I_i - \bar{I})^2}{(n-1)\cdot \bar{I}^2} = \frac{v_K}{W \cdot V_{eff}} \quad (2.64)$$

Die Reflexionswahrscheinlichkeit W kann aus den strahlengeometrischen Bedingungen der Diffraktometeranordnung (Blenden- und Fokusabmessungen) berechnet werden, das effektive Probenvolumen hängt im Wesentlichen vom Strahlenschwächungsverhalten der Probe, d. h. vom linearen Schwächungskoeffizienten ab, der in einschlägigen Tabellenwerken zu finden ist. Diese Methode liefert gute Resultate für lineare Kornabmessungen D_K im Bereich von 1 bis 50 μm und ist dann vorteilhaft anzuwenden, wenn die Korngrenzen eines Präparats nicht sicher angeätzt werden können bzw. eine eindeutige Kornflächenätzung nicht gelingt.

In einigen Fällen sind Gefügeelemente so klein, dass sie lichtmikroskopisch nicht mehr aufgelöst und damit nachgewiesen werden können. Das trifft z. B. auf feindisperse Ausscheidungen oder das Gefüge von aufgedampften vielkristallinen Schichten zu. Wird die Kristallitgröße $D_K \leq 0{,}2$ μm, beobachtet man eine messbare Verbreiterung β der Interferenzlinien. (β ist die hinsichtlich experimenteller Verbreiterungseinflüsse korrigierte integrale Linienbreite und wird im Bogenmaß der Beugungswinkelskala 2ϑ angegeben.) Von Scherrer wurde für diese Erscheinung die Beziehung abgeleitet:

$$\beta \approx \frac{p \cdot \lambda}{\cos \vartheta \cdot D_K} \quad (2.65)$$

p geometrischer Gestaltsfaktor mit einem Wert nahe 1

Es ist also möglich, aus Linienbreitenmessungen auf Kristallitgrößen im Bereich $D_K \leq 0{,}2$ μm zu schließen. Misst man zum Beispiel eine Linienverbreiterung von 2° ($3{,}49 \cdot 10^{-2}$ im Bogenmaß) bei einem Glanzwinkel ϑ von 60° und einer Wellenlänge von 0,179 nm (Co-K_α-Strahlung), ergibt sich eine Kristallitgröße von 10 nm.

2.6.4.4 Ermittlung von Versetzungsdichten

In Abschnitt 2.6.2 wurde schon darauf hingewiesen, dass plastisch verformte Materialien verbreiterte Interferenzlinien aufweisen. Eigentliche Ursache ist, dass die in den Kristalliten vorhandenen Versetzungen elastische Verzerrungen des Gitters hervorrufen, man also nicht mehr mit einem einheitlichen Netzebenenabstand d rechnen kann. Nach Krivoglaz gilt für den Zusammenhang zwischen der Versetzungsdichte N_V und der Linienbreite β

$$\beta = K_V \cdot \tan \vartheta \cdot b \cdot \sqrt{N_V} \qquad (2.66)$$

b Burgers-Vektor der Versetzungen

Die Konstante K_V ist abhängig vom Typ der Versetzungen und besonders der Versetzungsanordnung und nimmt für kaltverformte kubische Metalle Werte um 0,5 an. Die Methode, aus Linienverbreiterungen Versetzungsdichten abzuleiten, kann mit Erfolg im Bereich von $N_V \geq 1 \cdot 10^{14}$ m^{-2} genutzt werden. Bedenkt man, dass die Ätzgrübchenmethode nur bis etwa 10^{12} m^{-2} und die noch zu besprechende Transmissionselektronenmikroskopie nur bis zu Versetzungsdichten von etwa $1 \cdot 10^{15}$ m^{-2} zuverlässige quantitative Ergebnisse liefert, wird verständlich, dass die Linienverbreiterungsmessung insbesondere bei technisch hoch umgeformten Metallen ($N_V \geq 10^{15}$ m^{-2}) vorteilhaft eingesetzt werden kann.

2.6.4.5 Texturen

Die Angabe der Orientierung eines Kristalliten beschreibt die Lage der kristallografischen Achsen desselben (kristallitbezogenes Koordinatensystem) in Bezug auf ein Koordinatensystem, das an die äußere Probengeometrie gebunden ist (probenbezogenes Koordinatensystem). Nehmen die kristallitbezogenen Systeme alle räumlichen Lagen mit gleicher Wahrscheinlichkeit ein, liegt eine statistische Orientierungsverteilung vor. Als Texturen von Vielkristallen bezeichnet man alle Abweichungen von der für den idealen Vielkristall kennzeichnenden statistischen Orientierungsverteilung. Sie entstehen bei allen gefügebildenden Prozessen, wie der Kristallisation aus der Schmelze, bei der Elektrokristallisation, Gasphasenabscheidung, Bedampfung, bei Rekristallisationsvorgängen nach plastischen Deformationen, bei Phasenumwandlungen, aber auch bei einer plastischen Formgebung (Ziehen, Hämmern, Walzen, Tiefziehen usw.). Ursache ist, dass bei all diesen Prozessen äußere und innere gerichtete Einflussfaktoren wirken (z. B. bevorzugte Wärmefluss- oder Stoffflussrichtungen, mechanische Beanspruchungen, äußere Magnetfelder, bevorzugte Orientierungsbeziehungen zwischen den sich neu bildenden Körnern und denen des Ausgangsgefüges usw.), auf die die im Allgemeinen anisotropen Eigenschaften der Einzelkristallite ansprechen. Dabei wird die Symmetrie der Orientierungsverteilung durch die Symmetrie der äußeren Beeinflussungen geprägt.

Bei den Texturen unterscheidet man zwei ideale Grundtypen, die Faser- und die Blechtexturen (auch Plattentexturen genannt). Bei den Fasertexturen sind die Einzelkristallite im Idealfall mit einer kristallografischen Vorzugsrichtung [u v w], als Faserachse bezeichnet, unter einem definierten Winkel α zu einer äußeren geometrischen Vorzugsrichtung, der Drahtachse, angeordnet, wie es schematisch in Abb. 2.156 zu sehen ist.

Bei Faserachsen parallel der Drahtachse ($\alpha = 0°$) spricht man von gewöhnlichen Fasertexturen, bei Faserachsen senkrecht zur Drahtachse ($\alpha = 90°$) von Ringfasertexturen, bei Ausrichtungen mit $0° < \alpha < 90°$ von Kegelfasertexturen. Dabei können die

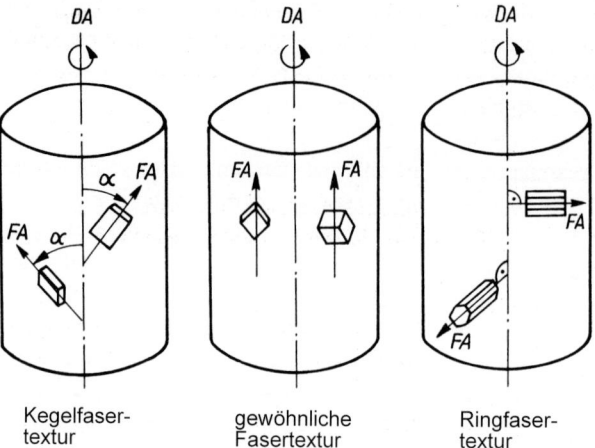

Abb. 2.156 Grundtypen von rotationssymmetrischen Texturen (Fasertexturen)

Kegelfaser-textur 0°< α < 90

gewöhnliche Fasertextur α = 90°

Ringfaser-textur α = 90°

Einzelkristallite alle Orientierungen annehmen, die als Drehungen sowohl um die Draht- als auch um die Faserachsen zu verstehen sind (doppelte Rotationssymmetrie). Als Beispiele seien die durch Kaltziehen metallischer Werkstoffe entstehenden Fasertexturen genannt. Die krz Metalle bilden bei dieser Umformungsart gewöhnliche Fasertexturen mit Faserachsen [1 1 0], die kfz Metalle doppelte gewöhnliche Fasertexturen mit Faserachsen [1 1 1] + [1 0 0] und hexagonale Metalle Ringfasertexturen mit Faserachsen [0 0 1] aus. Nach Rekristallisation entstehen wieder Fasertexturen.

Platten- oder Blechtexturen entstehen bevorzugt bei mechanischen Deformationen mit mehrachsigen Spannungszuständen, wie sie z. B. beim Walzen von Blechen auftreten sowie bei Rekristallisation und Phasenumwandlungen solcher Proben. Definiert man ein probenbezogenes kartesisches Koordinatensystem durch die Walz- und die Querrichtung in der Blech-(Platten-)ebene und die senkrecht auf ihr stehende Blechnormale, so ergibt sich dann eine ideale Blechtextur, wenn alle Kristallite mit einer kristallographischen Vorzugsebene (h k l) in der Blechebene und mit einer kris-

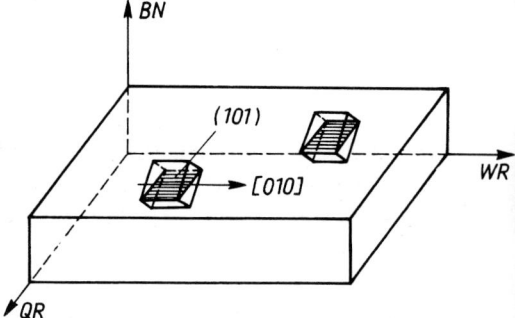

Abb. 2.157 Räumliche Lage von Elementarzellen der Einzelkristallite bei einer Blechtextur vom Typ (1 0 1) [0 1 0] (Goss-Textur)

tallographischen Vorzugsrichtung [u v w] in der Walzrichtung liegen. Abbildung 2.157 veranschaulicht dafür die Verhältnisse bei der idealen Goss-Textur, wie sie für Transformatorenbleche angestrebt wird. Bei ihr liegen alle Kristallite so, dass eine Rhombendodekaederebene in der Blechebene liegt und eine Würfelkante in die Walzrichtung zeigt.

Experimentell können Texturen mithilfe spezieller Texturdiffraktometer untersucht werden, die die azimutale Intensitätsverteilung $I_h(\varphi,\rho)$ zu registrieren gestatten

(φ Winkel der Probenrotation um ihre Oberflächennormale; ρ Winkel der Probenkippung um eine zur Diffraktometerachse senkrechte Richtung). Die Integralintensität ist nämlich direkt proportional zur sogenannten relativen Poldichte Ω_h.

$$I_h(\varphi,\rho) \propto \Omega_h(\varphi,\rho) \qquad (2.67)$$

Die relative Poldichte $\Omega_h(\varphi,\rho)$ ist der Quotient aus der Zahl der mit ihren Normalen n_h in der Raumrichtung (φ,ρ) liegenden Kristallite und der entsprechenden Zahl für einen texturlosen Probekörper gleicher Korngröße. Die Ergebnisse einer solchen Texturmessung werden als stereografische Projektionen der $\Omega_h(\varphi,\rho)$, den sogenannten Polfiguren dargestellt (Abb. 2.158).

Der Mittelpunkt der stereografischen Projektion verkörpert die Probennormalenrichtung ($\rho = 0°$), in radialer Richtung wird der Winkel ρ und ausgehend von einer Nullposition für φ auf konzentrischen Kreisen der Azimutwinkel φ gerechnet. Jeder Punkt in der Projektion verkörpert demnach eine bestimmte, durch φ und ρ gekennzeichnete Raumrichtung. Die zugehörigen Poldichten $\Omega_h(\varphi,\rho)$ werden in einer Niveauliniendarstellung veranschaulicht. Da mit einer Polfigur für eine bestimmte Netzebenenschar (h k l) der Texturzustand eine Probe noch nicht vollständig beschrieben werden kann, werden mehrere Polfiguren experimentell registriert (z. B. für {1 0 0}, {1 1 0}, {1 1 1}). Aus drei unabhängigen Polfiguren lässt sich die für die Berechnung der anisotropen Eigenschaften des texturierten Vielkristalls notwendige dreidimensionale Orientierungsverteilungsfunktion (OVF) berechnen, die die Wahrscheinlichkeiten, mit der die verschiedenen Orientierungen in der vielkristallinen Probe auftreten, beschreibt.

Die röntgenografische Texturanalyse liefert immer Mittelwerte über das untersuchte Probenvolumen, kann also keine Aussagen zu den zwischen den Kristalliten auftretenden Desorientierungen machen.

2.7 Rasterelektronenmikroskopie und Elektronenstrahlmikroanalyse

2.7.1 Wechselwirkung beschleunigter Elektronen mit Materie

Treffen Elektronen mit hohen Geschwindigkeiten auf eine kompakte Probe, treten sie mit den Atomen/Ionen der Probe in Wechselwirkung, bei der eine Reihe von Sekundärstrahlungen entsteht, die für den Wechselwirkungsprozess und damit für die Art der Atome/Ionen in der Probe typisch sind (Abb. 2.159). Im Einzelnen sind das:

– Röntgenbremsstrahlung (s. Abschnitt 2.6.3)
– charakteristische Röntgenstrahlung
– Sekundärelektronen
– rückgestreute Elektronen
– Auger-Elektronen
– Katodolumineszenzstrahlung

Mit Ausnahme der Röntgenbremsstrahlung liefern alle diese Folgestrahlungen wertvolle und sich ergänzende Informationen über die Beschaffenheit der Probe an der Stelle, an der die anregenden Elektronen auf die Probe getroffen sind.

Charakteristische Röntgenstrahlung: Die einfallenden Elektronen, die üblicherweise Energien zwischen 1 und 50 keV besitzen (d. h. sie wurden ausgehend von einer Katode mit Spannungen zwischen 1000 V und 50 000 V beschleunigt), sind in der Lage, in tieferen Schalen der Atome gebundene Elektronen abzulösen, sodass dort ein

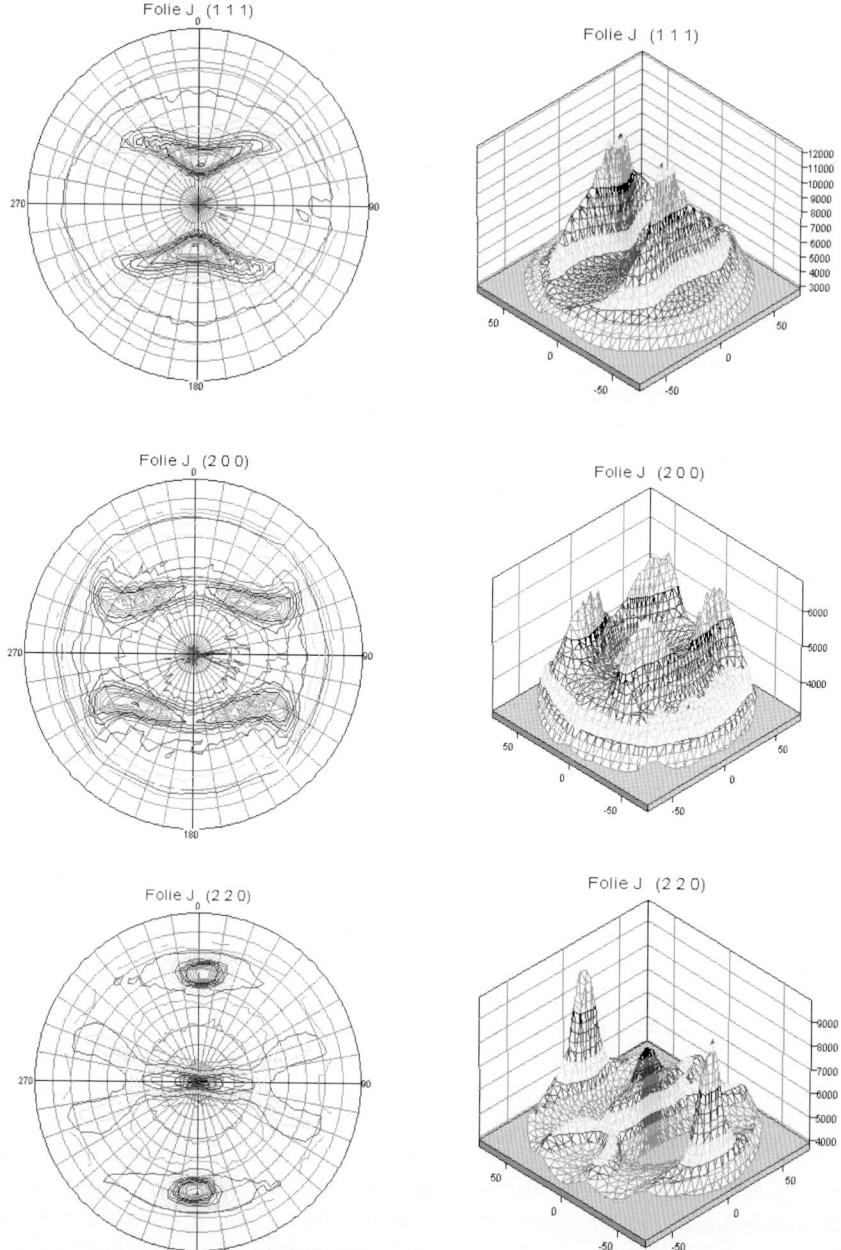

Abb. 2.158 Polfiguren von rekristallisiertem Kupfer

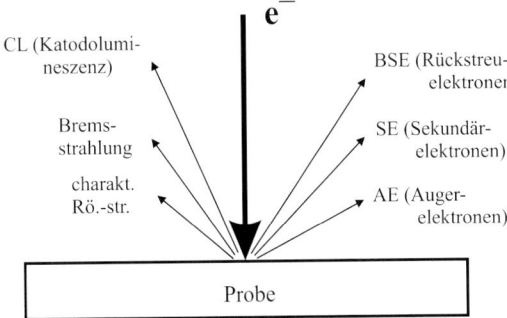

Abb. 2.159 Zur Wechselwirkung von schnellen Elektronen mit einer Probe

unbesetzter Elektronenzustand entsteht. Diesen Vorgang nennt man Tiefenionisation. Elektronen, die Zustände mit höheren Bindungsenergien[1] besetzen (schwächer gebundene Elektronen), springen dann in die entstandenen „Lücken" (Rekombination) und geben dabei diejenige Energie als ein elektromagnetisches Strahlungsquant $h \cdot \nu$ ab, die der Differenz der Bindungsenergien des durch Tiefenionisierung entstandenen freien Niveaus und dem Niveau des überwechselnden (springenden) Elektrons entspricht. Da die Energieniveaus nicht nur von den Quantenzahlen der beteiligten Elektronenzustände, sondern stark von der Kernladungszahl (Ordnungszahl Z) abhängen, ergeben sich für die Elemente charakteristische Spektrallinien, deren Wellenlängen bzw. Quantenenergien von der Ordnungszahl Z bestimmt werden (Moseley'sches Gesetz, s. auch Abschnitt 2.6.3). Es gilt allgemein

$$h \cdot \nu = \frac{h \cdot c}{\lambda} = M(Z - \sigma)^2 \quad (2.68)$$

- λ Wellenlänge bzw. ν Frequenz der charakteristischen Strahlung
- M Konstante
- σ Abschirmkonstante, abhängig von den Niveaus, zwischen denen sich die Übergänge vollziehen

Aus den experimentell ermittelten Wellenlängen λ bzw. Quantenenergien $h \cdot \nu$ können also die Ordnungszahlen und damit die Art der im angeregten Probenvolumen vorkommenden Elemente bestimmt werden. Die Intensitäten der zugehörigen Spektrallinien tragen als wesentlichste Information die Konzentrationen der vorliegenden Elemente in sich, können als für eine quantitative chemische Analyse herangezogen werden. Die charakteristische Röntgenstrahlung stammt aus Tiefen um 1 µm.

Sekundärelektronen (SE): Die bei der Tiefenionisation freigesetzten Elektronen besitzen eine im Vergleich zu den primär einfallenden Elektronen geringe Energie und können dann die Probe als sogenannte Sekundärelektronen verlassen, wenn sie in nicht allzu großer Tiefe (wenige 10 nm) gebildet wurden. Die Intensität dieser Elektronen ist stark vom Winkel abhängig, unter dem die Primärelektronen auf die Probe treffen bzw. unter dem sie aus der Probe austreten müssen. Sie werden vorwiegend bei der Rasterelektronenmikroskopie zur Darstellung der Oberflächengeometrie (Topografie) herangezogen.

---

[1] Die Bindungsenergien der Elektronen werden immer negativ gerechnet, einem freien, d. h. ungebundenen Elektron in Ruhe wird die Energie $E = 0$ zugeordnet.

Rückstreuelektronen (BSE): Ein Teil der einfallenden Elektronen wird in der Probe so umgelenkt (gestreut), dass sie in Rückwärtsrichtung die Probe wieder verlassen können. Dabei erleiden sie nur geringe Energieverluste, ihre Energie ist somit erheblich größer als die der Sekundärelektronen SE, sie kommen daher auch aus größeren Tiefen als die SE (bis etwa 100 nm). Die Ausbeute der rückgestreuten Elektronen hängt stark von der Ordnungszahl der Atome in der Probe ab, sie können also in der Rasterelektronenmikroskopie zur Sichtbarmachung von Bereichen unterschiedlicher chemischer Zusammensetzung verwendet werden (Kompositions- oder Ordnungszahlkontraste).

Auger-Elektronen (AE): Nach einer Tiefenionisation findet, wie oben beschrieben, ein Übergang eines Elektrons einer höheren Schale in die entstandene Lücke unter Emission eines Strahlungsquants mit definierter Energie statt. Ein solches Strahlungsquant kann nun seine Energie direkt auf ein schwächer gebundenes Elektron des Atoms übertragen, das Quant als solches ist vernichtet und es wird ein Elektron freigesetzt, dessen Energie genau der Differenz der Energie des vernichteten Strahlungsquants und der Bindungsenergie des freigesetzten Elektrons entspricht (innerer Fotoeffekt oder Auger-Effekt). Diese Auger-Elektronen, deren Energien wie die Quantenenergien der charakteristischen Röntgenstrahlung von der Ordnungszahl der Atome bestimmt wird, erlaubt demzufolge eine qualitative und quantitative chemische Analyse der Probe. Das Besondere dabei ist, dass die Auger-Elektronen mit ihren Energien zwischen wenigen eV bis keV aus sehr oberflächennahen Bereichen stammen (aus Tiefen bis etwa 2 nm), sie geben uns damit chemische Informationen über die ersten Atomlagen der Probe bzw. über dünnste Schichten auf dieser (Oberflächenanalyse). Für Auger-Analysen benötigt man spezielle Gerätesysteme mit sehr hohen Vakua.

Katodolumineszenz (CL): Elektronen regen in geeigneten Festkörpern Atome zur Emission sichtbaren Lichts, der Katodolumineszenzstrahlung (CL) an. Insbesondere bei Halbleitermaterialien können aus den CL-Spektren wertvolle Informationen über Verunreinigungen oder Dotierungsstoffe gewonnen werden.

Für eine ortsaufgelöste Analytik von Werkstoffen durch eine lokalisierte Bestrahlung mit Elektronen sind die charakteristische Röntgenstrahlung, die Rückstreuelektronen und die Sekundärelektronen am bedeutsamsten. Dabei benutzt man einen fein gebündelten (fokussierten) Elektronenstrahl mit einem Durchmesser zwischen 1 µm und 1 nm und registriert bzw. analysiert die entstehenden Strahlungen (Prinzip der Elektronenstrahlmikroanalyse ESMA). Es ist aber auch möglich, den fokussierten Elektronenstrahl definiert über die Probenoberfläche zu führen (zu rastern) und die Intensität ausgewählter sekundärer Strahlungen zur Steuerung der Helligkeit eines Rasterbilds zu verwenden, das mithilfe eines Monitors generiert wird (Prinzip der Rasterelektronenmikroskopie REM). Grundsätzlich unterscheiden sich die für diese beiden Varianten gebauten Geräte nur dadurch, dass man bei Mikroanalysatoren besonderen Wert auf niedrige chemische Nachweisgrenzen und weniger auf ein hohes Auflösungsvermögen bei abbildenden Verfahrensvarianten legt und bei Rasterelektronenmikroskopen das lokale Auflösungsvermögen bei Rasterabbildung im Vordergrund steht.

2.7.2
Rasterelektronenmikroskopie

Das Prinzip eines Rasterelektronenmikroskops (REM, englische Abkürzung SEM für „Scanning Electron Microscopy") besteht darin, dass ein primärer feinfokussierter Elektronenstrahl mit Hilfe magnetischer Ablenksysteme definiert über die Probe wandert und ein synchron gelenkter Elektronenstrahl eines Monitors, dessen Intensität über die Intensität eines vom primären Elektronenstrahl angeregten Signals gesteuert wird, auf dem Monitor ein vergrößertes Bild aufzeichnet. Dieses Bild kann digital auf elektronische Bildspeicher- bzw. -analysensysteme übertragen werden.

Die wesentlichen Elemente eines Rasterelektronenmikroskops werden schematisch in Abb. 2.160 gezeigt. Mit einer Katode (1) (Wolfram-Haarnadel-Katoden, LaB_6-Katoden, Feldemissionskatoden) wird ein Elektronenstrahl durch thermische bzw. Feldemission generiert und durch eine angelegte Spannung von 1 bis 50 kV zwischen Katode und Anode (3) beschleunigt. Die Anode ist mittig durchbrochen und lässt so den durch den Wehnelt-Zylinder (2) gebündelten Strahl zu einer (magnetischen) Kondensorlinse (4) und nachfolgend zur Objektivlinse (5) gelangen. Beide haben im Zusammenwirken die Aufgabe, einen fein fokussierten Strahl mit einem Durchmesser zwischen 1 nm und maximal 1 µm auf der Oberfläche der Probe (6) zu erzeugen. Der Öffnungswinkel (Apertur) des primären Strahls ist dabei merklich kleiner als 1°. Mit den von den Detektoren (9) registrierten Intensitäten steuert man nach entsprechender Verstärkung die Helligkeit für den Elektronenstrahl des Monitors (13). Das optische Hilfsmikroskop (11) dient dem Finden definierter Probenstellen.

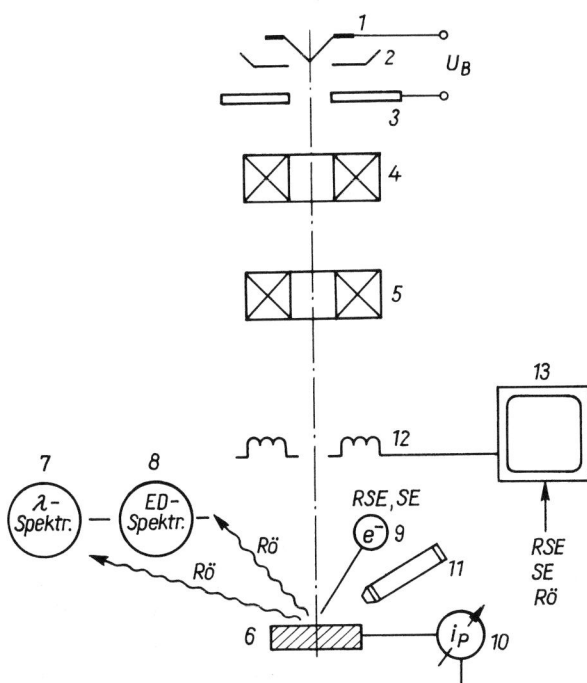

Abb. 2.160 Prinzip eines Rasterelektronenmikroskops

Nun wird synchron der primäre Elektronenstrahl des REM mittels des Ablenksystems (12) zeilenförmig über die Probe geführt, wobei dessen Position auf die des Elektronenstrahls des Monitors (13) übertragen wird. Das Bild wird zeitlich aufeinander folgend zeilenweise aufgebaut, weshalb man entsprechend lang nachleuchtende Monitore oder, und das ist mittlerweilen üblich, ein digitales Bildwiedergabesystem mit entsprechender Probenabtastung durch den Elektronenstrahl einsetzt. Für die Bildgebung werden im Allgemeinen die Sekundärelektronen oder die Rückstreuelektronen genutzt.

Das REM verwendet kein optisches Verfahren (Linsensysteme) für die mikroskopische Abbildung (Kondensor- und Objektivlinsen dienen allein der Strahlfokussierung), es ist ein synchronisiertes System der Probenrasterung durch den primären Elektronenstrahl und der Bildgebung mit einem elektronenstrahlangesteuerten Monitor. Die bestenfalls erreichbare Vergrößerung lässt sich hierbei aus dem Verhältnis zwischen dem noch auflösbaren Bildpunktabstand x des Monitors und dem Durchmesser des primären Elektronenstrahls d_e abschätzen: $V_{max} \approx x/d_e$. Mit $x \geq 0{,}2$ mm (Sehweite etwa 250 mm) und $d_e \geq 1$ nm ergibt sich für V_{max} etwa $2 \cdot 10^5$, was um ca. zwei Zehnerpotenzen besser als bei der Lichtmikroskopie ist. Allerdings können diese extrem hohen Vergrößerungen nicht bei allen Präparaten ausgenutzt werden. Wichtig für die REM ist weiterhin, dass wegen des geringen Aperturwinkels des primären Elektronenstrahls eine hohe Schärfentiefe erzielt werden kann. Sie beträgt bei vergleichbarer Vergrößerung mehr als das Hundertfache der Lichtmikroskopie. Das ist der Grund, weshalb die REM für die Untersuchung rauer, unebener Präparatoberflächen, insbesondere von Bruch- und Spaltflächen ein unentbehrliches Hilfsmittel für den Materialwissenschaftler geworden ist.

***Sekundärelektronenbilder* (SE-Bilder):** Das für eine REM-Abbildung am häufigsten genutzte Probensignal sind die Sekundärelektronen (SE). Sie kommen aus sehr geringen Tiefen der Probe und sind in Ihrer Intensität stark abhängig vom Winkel zwischen dem anregenden Elektronenstrahl und der Oberfläche, jedoch kaum von der Ordnungszahl. Mit ihrer Hilfe kann daher sehr eindrucksvoll die Topografie von Oberflächen dargestellt werden, die SE-Bilder vermitteln scheinbar einen räumlichen Eindruck, wie die in Abb. 2.161 gezeigten Bilder von Bruchflächen demonstrieren. Wegen der geringen Tiefe, aus der die SE stammen, wird das Auflösungsvermögen praktisch vom Durchmesser des Elektronenstrahls bestimmt (s. o.).

SE-Bilder eignen sich hervorragend zur Untersuchung von Bruchflächen, geätzten, verschlissenen oder korrodierten Oberflächen, Wachstumsflächen von Einzelkristalliten bzw. Einkristallen, oberflächliche Verformungsstrukturen, Bauteiloberflächen nach mechanischen Abtragungen und so weiter.

***Rückstreuelektronenbilder* (BSE-Bilder):** BSE-Bilder weisen sowohl einen Topografie- als auch einen Ordnungszahlkontrast auf. Durch Addition der Signale zweier sich gegenüberstehender Detektoren kann der Topografiekontrast unterdrückt werden, sodass dann BSE-Bildkontraste allein als lokale Änderungen der mittleren Ordnungszahl des Probenbereichs gedeutet werden können (Kompositionskontrast, Abb. 2.162). BSE-Bilder weisen eine deutlich schlechtere Auflösungsgrenze als SE-Bilder auf (0,1 bis 1 μm), was auf die relativ große Tiefe zurückzuführen ist, aus der die BSE stammen. Man verwendet sie, wenn

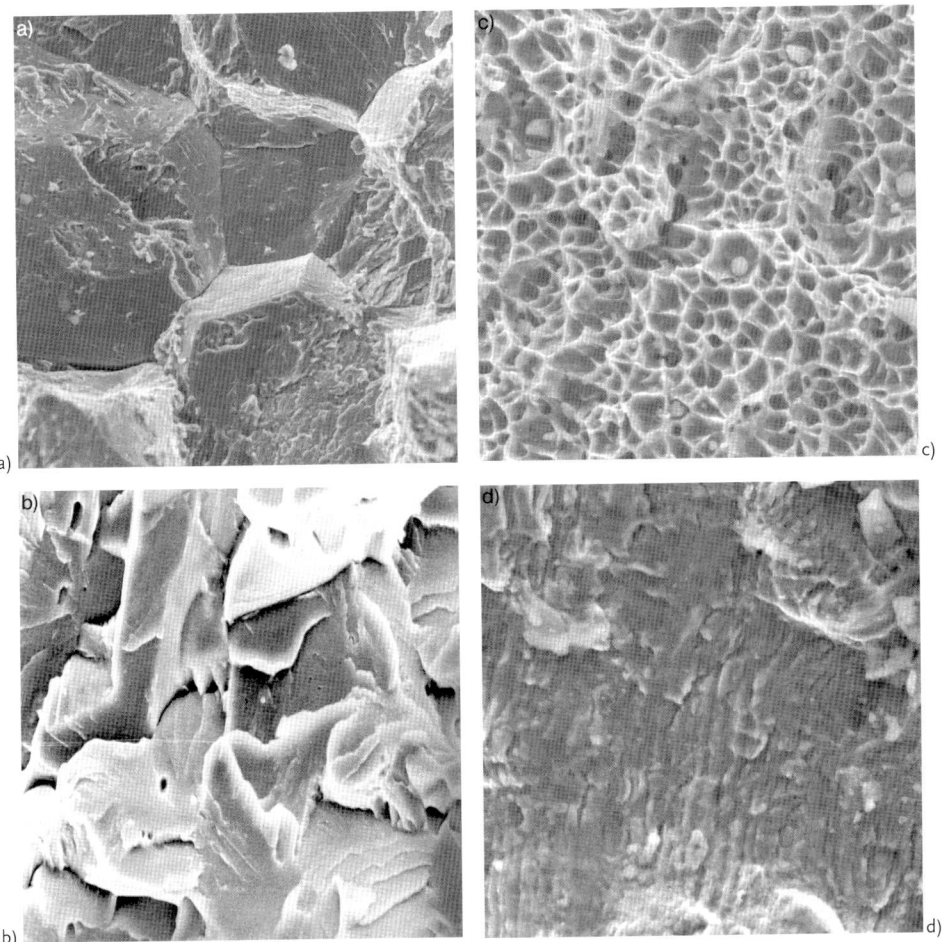

Abb. 2.161 Typische Bruchflächen von Stählen: a) Interkristalliner Sprödbruch, b) transkristalliner Sprödbruch, c) Verformungsbruch, d) Dauerbruch mit Rastlinien

man Bereiche unterschiedlicher chemischer Zusammensetzung sichtbar machen will (Einschlüsse, Ausscheidungen, heterogene Gefüge, chemisch-thermisch behandelte Oberflächen, Beschichtungen, Seigerungen, Diffusionszonen usw.). Dabei gelingt natürlich keine Elementzuordnung, man detektiert lediglich qualitativ Unterschiede in den mittleren Ordnungszahlen der kontrastierten Bereiche.

Bildet man die räumliche Verteilung der aus einer kristallinen Probe austretenden Rückstreuelektronen mit einem zweidimensionalen Detektionssystem ab, ergeben sich Muster, wie sie in Abb. 2.163a zu sehen sind. Die Ursache dafür sind Interferenzen, die die Rückstreuelektronen auf dem Weg von ihrem Entstehungsort zur Oberfläche an den Netzebenen der Kristallite bilden. Man bezeichnet diese Erscheinung in der Fachliteratur als *Electron Back Scattering Diffraction*, kurz EBSD. Aus der Geometrie

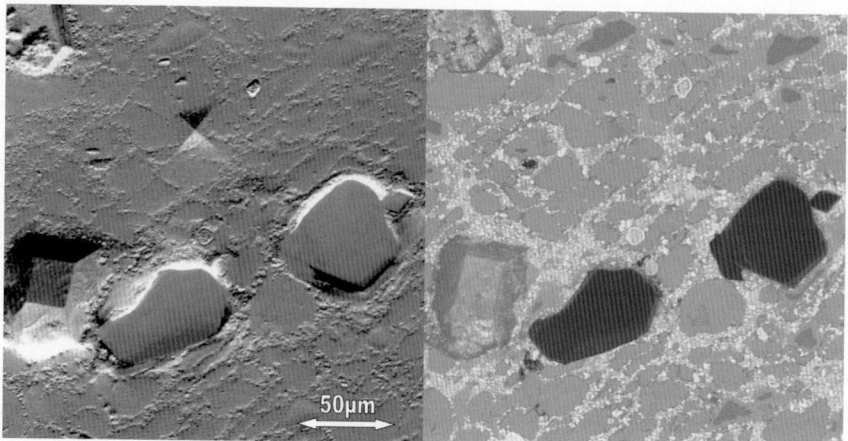

Abb. 2.162 BSE-Bilder einer Schleifscheibe mit Diamantkörnern, links: Topographiekontrast (Auslöschung des Ordnungszahlkontrastes, alle Phasen zeigen gleichen Grauwert), rechts: Ordnungszahlkontrast (Kompositionskontrast, topographische Information ausgelöscht)

dieser Interferenzmuster kann die Orientierung des Probenbereichs ermittelt werden. Für die Erfassung der Muster und die Berechnung der Orientierung des Probenbereichs benötigt man weniger als eine halbe Sekunde, sodass man mit vertretbarem Zeitaufwand größere Flächen abrastern kann und so ein Orientierungs-Mapping der Probe erhält. So können allen Probenorten, die eine einheitliche Orientierung aufweisen, mit einer Farbe gekennzeichnet werden. Ein Beispiel für die sich ergebenden Darstellungen zeigt Abb. 2.163 b. Dieses Verfahren eignet sich hervorragend zur quantitativen Analyse von Desorientierungen, wie sie bei Korn- und Subkorngrenzen oder Zwillingsgrenzen auftreten.

Röntgenbilder: Bei der Aufnahme von Röntgenbildern werden die vom Röntgendetektor (energiedispersiver Halbleiterdetektor, s. Abschnitt 2.7.3) nachgewiesenen Quanten einer ausgewählten Spektrallinie eines Elements flächenhaft registriert. Dabei erfolgt entsprechend dem statistischen Charakter der Quantenemission im angeregten Probengebiet eine punktförmige Strukturierung der Bilder, wobei die lokale Punktdichte proportional der jeweiligen Spektrallinienintensität ist. Man erhält so in halbquantitativer Weise die Flächenverteilung des über seine Spektrallinie ausgewählten Elements. Nimmt man den gleichen Probenbereich mit den Spektrallinien weiterer Elemente auf, ergeben sich komplementäre Verteilungsbilder, wie sie in Abb. 2.164 dargestellt sind. Auf diese Weise lassen sich sehr anschauliche Schliffbildinterpretationen durchführen.

2.7.3
Elektronenstrahlmikroanalyse

Die Gerätetechnik, die man für eine ortsaufgelöste chemische Analytik im µm-Bereich verwendet, entspricht grundsätzlich der des Rasterelektronenmikroskops (vgl. Abb. 2.160). Die bei der Wechselwirkung des primären Elektronenstrahls mit der Probe angeregte charakteristische Röntgenstrahlung besteht, wie in Abschnitt 2.7.1 erläutert, aus diskreten Spektrallinien, deren Wellenlängen λ_i bzw. Quantenenergien $h \cdot \nu_i$

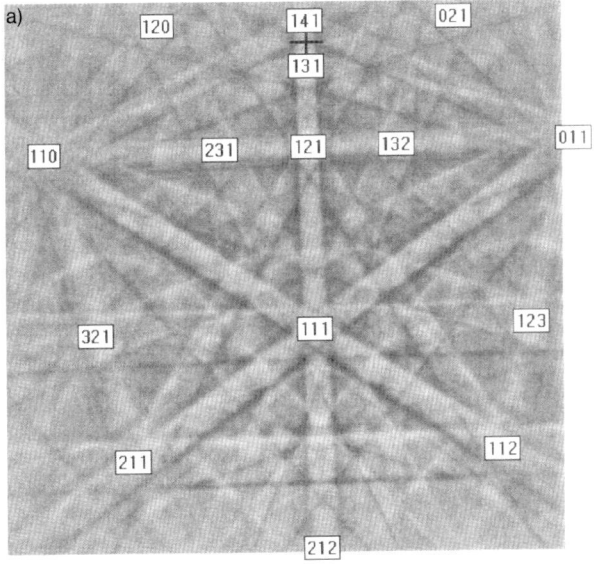
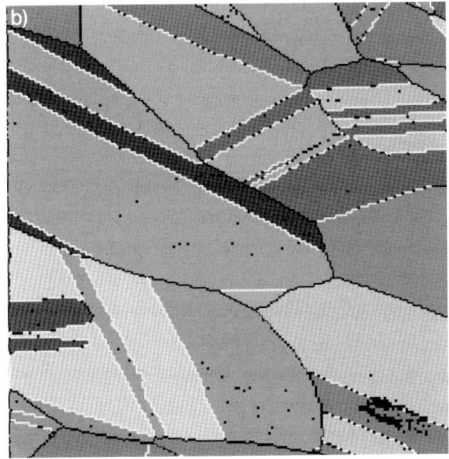

Abb. 2.163 EBSD-Verfahren: a) Interferenzmuster von Rückstreuelektronen (Kikuchi-Diagramm), b) Orientierungsmapping an einer α-Messing-Probe

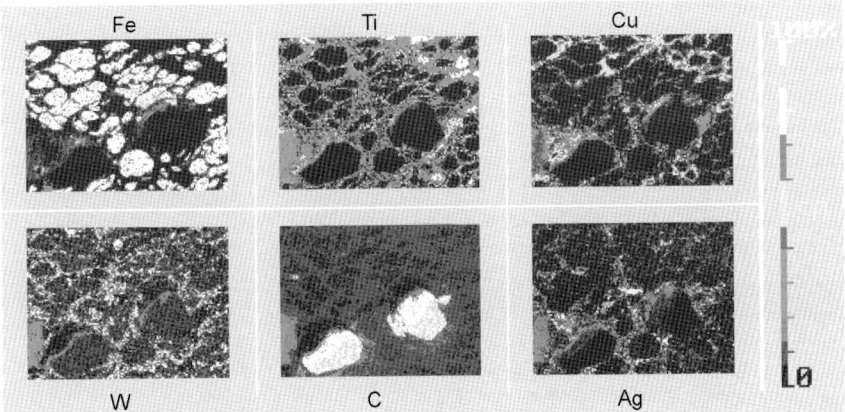

Abb. 2.164 Röntgenverteilungsbilder der in Abb. 2.162 gezeigten Schleifscheibe

$= h \cdot c / \lambda_i$ (c Lichtgeschwindigkeit) von den Ordnungszahlen Z_i und deren Intensitäten von den Gehalten der im angeregten Probenvolumen vorhandenen Elemente bestimmt werden. Eine Spektralanalyse dieser Röntgenstrahlung erlaubt also sowohl eine qualitative chemische Analyse (Zuordnung der λ_i bzw. $h \cdot v_i$ zu den jeweiligen Ordnungszahlen/Elementen entsprechend dem Moseley'schen Gesetz, Beziehung (2.68)) als auch eine quantitative chemische Analyse (Auswertung der Intensitäten der Spektrallinien). Elektronenstrahlmikroanalysatoren sind also Rasterelektronenmikroskope, die zusätzlich mit Einheiten für eine Röntgenspektralanalyse ausgerüstet sind.

Für diese Röntgenspektralanalyse in µm-Bereichen nutzt man zwei unterschiedliche Wirkprinzipien. Einmal können mit Hilfe der selektiven Bragg-Reflexion der Strahlung an einem Einkristall (Analysator) mit definiertem Netzebenenabstand d die in der Strahlung vorkommenden Wellenlängen λ_i und deren Intensitäten ermittelt werden. Dazu stellt man entsprechend der Bragg'schen Gleichung (2.60 a) den Winkel ϑ zwischen der reflektierenden Netzebenenschar des Analysatorkristalls und der zu analysierenden Röntgenstrahlen so ein, dass man die zu erfassende Wellenlänge λ und nur diese zur Reflexion (Interferenz) bringt. Die zugehörige Interferenzintensität (Intensität der Spektrallinie) wird mit einem Detektor gemessen, wofür man meist Proportionalzählrohre benutzt. Diese Variante bezeichnet man als wellenlängendispersive Spektrometrie (WDX). Will man mehrere Spektrallinien (Elemente) simultan untersuchen, benötigt man eine entsprechende Zahl an wellenlängendispersiven Spektrometereinheiten.

Die Netzebenenabstände der eingesetzten Analysatorkristalle sind dabei den zu vermessenden Wellenlängen- bzw. Ordnungszahlbereichen der Elemente angepasst. Übliche Analysatorkristalle sind: LiF (d = 0,202 nm; 0,1 nm $\leq \lambda_i \leq$ 0,35 nm), Pentaerythrit-PET (d = 0,44 nm; 0,2 nm $\leq \lambda_i \leq$ 0,8 nm), Kaliumphthalat-KAP (d = 1,33 nm; 0,6 nm $\leq \lambda_i \leq$ 2,4 nm) und Stearat (d = 5 nm; 2,2 nm $\leq \lambda_i \leq$ 10 nm). Der untersuchbare Elementbereich ist $Z \geq 4$, d. h. alle Elemente des Periodensystems von Be an aufwärts können analysiert werden. Die Nachweisgrenzen für die leichten Elemente ($Z < 10$) liegen um 0,05 Masse-%, die der übrigen Elemente ($Z > 10$) bei 0,01 Masse-%. Da die Mikrosonden mit bis zu fünf Spektrometern ausgerüstet sind, können mehrere Elemente gleichzeitig bestimmt werden.

Die zweite Möglichkeit einer Spektralanalyse bietet der Einsatz von energieauflösenden Halbleiterdetektionssystemen, die jedes absorbierte Strahlungsquant in einen elektrischen Impuls umwandeln, dessen Höhe proportional zur Quantenenergie $h \cdot v_i$ ist. Über einen Vielkanalanalysator werden die auf den Detektor fallenden Quanten nach ihren Quantenenergien in verschiedenen Zählkanälen registriert. Man erhält ein dem Wellenlängenspektrum entsprechendes Energiespektrum der charakteristischen Röntgenstrahlen, wie es in Abb. 2.165 zu sehen ist. Aus den Maxima des Energiespektrums bestimmt man die Ordnungszahlen und aus den Intensitäten die Konzentrationen. Diese Variante wird als energiedispersive Röntgenspektrometrie bezeichnet (EDX *Energy Dispersive X-Ray Spectrometry*). Dieses elegante Verfahren, das im Vergleich zur wellenlängendispersiven Spektrometrie geringere Gerätekosten verursacht, arbeitet sehr schnell, da es die Spektrallinien aller Probenelemente gleichzeitig erfasst.

Es zeichnet sich weiterhin durch eine hohe Nachweiseffektivität bzw. Nachweis-

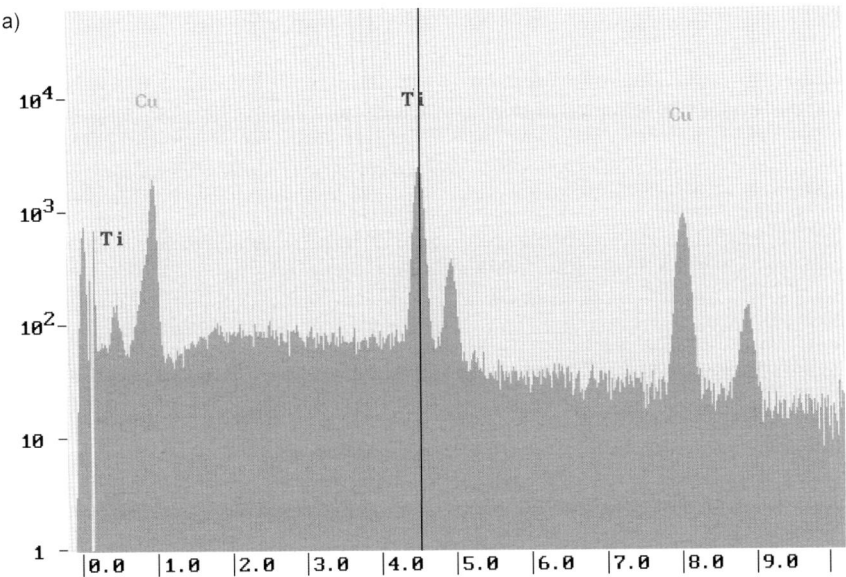

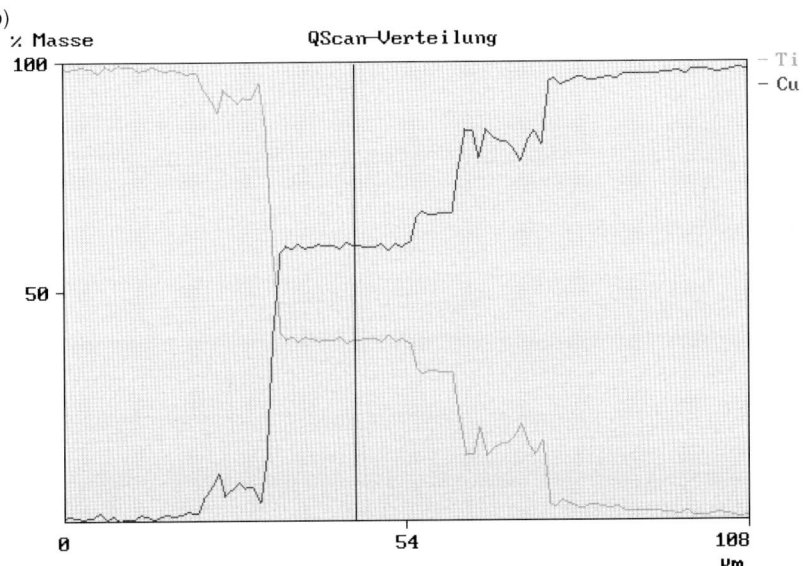

Abb. 2.165 EDX-Spektrum einer Cu-Ti-Sandwich-Probe (a) und Konzentrationsverteilungen für Ti und Cu im Kontaktbereich (b), in dem sich eine intermetallische Phase CuTi ausgebildet hat

empfindlichkeit aus und kann daher besonders vorteilhaft bei geringen Strahlströmen, wie sie in der eigentlichen Rasterelektronenmikroskopie üblich sind, eingesetzt werden. Rastermikroskope werden daher im Allgemeinen mit EDX-Systemen für eine Mikroanalyse ausgerüstet.

Einschränkungen erfährt die energiedispersive Spektrometrie allerdings dadurch, dass das Energieauflösungsvermögen nur etwa 100 eV beträgt und lediglich Elemente mit Ordnungszahlen $Z > 10$ analysiert werden können.

Die quantitative chemische Analyse geht von den Intensitäten der wellenlängen- bzw. energiedispersiv vermessenen Spektrallinien aus. Sie werden auf die Intensitäten der entsprechenden Spektrallinien von in ihrer Zusammensetzung genau bekannten Standardproben bezogen, die die zu analysierenden Elemente in möglichst ähnlichen Konzentrationen enthalten. Aus diesen Verhältnissen können nach zum Teil recht umfangreichen iterativ durchzuführenden Korrekturen die gesuchten Konzentrationen berechnet werden.

Die Proben mit Abmessungen bis in den cm-Bereich müssen für quantitative Analysen natürliche oder polierte ebene Flächen besitzen. Sie werden meist mit den üblichen metallografischen Schliffpräparationsverfahren hergestellt.

Mittels der Elektronenstrahlmikroanalyse können qualitative und quantitative chemische Analysen in „punktförmigen" Probenbereichen von 1 bis 3 µm Durchmesser durchgeführt werden (Untersuchung einzelner Körner, Einschlüsse oder Ausscheidungen). Zu Linienanalysen gelangt man, indem die Probe in einer Richtung bewegt bzw. der Elektronenstrahl mit dem Ablenksystem über die Probe geführt wird. Mit ihr untersucht man Konzentrationsverläufe in Diffusionsbereichen, wie sie z. B. bei chemisch-thermischen Oberflächenbehandlungen, Entkohlung, Seigerungen oder Ausscheidungen auftreten. Will man quantitative Informationen über die Homogenität in ausgewählten Probenbereichen gewinnen, ist es notwendig, ein Punktanalysenraster abzufahren oder zahlreiche Linienanalysen bei definierten Linienabständen durchzuführen (*Flächenanalysen*). Für qualitative Flächenanalysen wendet man oft besser das REM mit EDX-Zusatz an.

Häufig steht der Mikroanalytiker vor dem Problem, die Art einzelner Gefügebestandteile bestimmen zu müssen (qualitative Phasenanalyse, Phasenidentifizierung). Das gelingt nur dann, wenn der untersuchte Probenbereich von einigen µm³ chemisch und strukturell homogen ist und über Stöchiometriebetrachtungen aus dessen chemischer Zusammensetzung eindeutig auf die Phasenart geschlossen werden kann. Quantitative Phasenanalysen erfordern aufwendige Linien- bzw. Flächenanalysen und sollten nur dann durchgeführt werden, wenn andere einfachere Methoden, wie die Röntgenbeugung bzw. die quantitative Metallografie, nicht anwendbar sind.

2.8
Transmissionselektronenmikroskopie (TEM)

2.8.1
Grundlagen der Transmissionselektronenmikroskopie

Ein mit der Geschwindigkeit v und der Masse m bewegtes Teilchen kann als Welle (Materiewelle) beschrieben werden, deren Wellenlänge λ durch die von De Broglie gefundene Beziehung $\lambda = h/(m \cdot v)$ (s. Gl. (2.59)) beschrieben wird (Planck'sches Wirkungsquantum $h = 6{,}626 \cdot 10^{-34}$ J s, Lichtgeschwindigkeit $c = 2{,}9979 \cdot 10^{8}$ m s^{-1}). Das gilt auch für Elektronen, die in einem elektrischen Feld bzw. mit einer Spannung beschleunigt worden sind. Nach Durchlaufen einer Beschleunigungsspannung U_B besitzen die Elektronen eine kinetische Energie von $(U_B \cdot e)$ und eine Wellenlänge von

2.8 Transmissionselektronenmikroskopie (TEM)

Tab. 2.30 Elektronenwellenlängen in Abhängigkeit von der Beschleunigungsspannung U_B

U_B [kV]	λ [pm]
50	5,36
100	3,70
200	2,51
500	1,42
1000	0,87

$$\lambda = \frac{h}{\sqrt{2 \cdot m_0 \cdot e \cdot U_B \left(1 + \frac{e \cdot U_B}{2 m_0 c^2}\right)}} \quad (2.69)$$

$m_0 = 9{,}1096 \cdot 10^{-31}$ kg   Ruhemasse des Elektrons
$e = 1{,}6022 \cdot 10^{-19}$ C   Elementarladung

In Tab. 2.30 sind die Werte der Wellenlängen für Beschleunigungsspannungen angegeben, wie sie bei transmissionselektronenmikroskopischen (TEM) Untersuchungen üblich sind. Diese Wellenlängen im Bereich von 0,8 bis 5 pm (1 pm = 10^{-12} m) ließen erwarten, dass es bei Wechselwirkung mit Kristallen zu Elektroneninterferenzen kommt (erstmals 1927 von Davisson und Germer experimentell nachgewiesen) und dass mit Elektronen eine der optischen äquivalente Mikroskopie mit einer Auflösungsgrenze beträchtlich kleiner als die der Lichtmikroskopie betrieben werden könnte, falls geeignete „Elektronenlinsen" zur Verfügung ständen. 1926 zeigte Busch die Anwendbarkeit inhomogener, rotationssymmetrischer Magnetfelder für den Bau von Elektronenlinsen. Damit waren die Voraussetzungen für eine noch heute anhaltende stürmische Entwicklung der Elektronenmikroskopie gegeben.

Die erzielbaren Auflösungsgrenzen können näherungsweise nach der von Abbe abgeleiteten Theorie abgeschätzt werden (s. Abschnitt 2.2.2.2), wobei zu beachten ist, dass die nutzbaren maximalen Objektivaperturen von Elektronenlinsen etwa zwei Größenordnungen niedriger sind als die der Lichtmikroskope (etwa $1 \cdot 10^{-2}$). Übliche Transmissionselektronenmikroskope, bei denen die Proben von Elektronen durchstrahlt werden, erreichen daher Auflösungsgrenzen um 0,5 nm, mit Hochauflösungsmikroskopen können jedoch auch Werte im Bereich der Atomdurchmesser realisiert werden (~ 0,1 nm).

Der Aufbau eines Transmissionselektronenmikroskops ähnelt in den grundsätzlichen optischen Funktionselementen dem eines Lichtmikroskops (Abschnitt 2.2.2.1) und ist schematisch in Abb. 2.166 dargestellt.

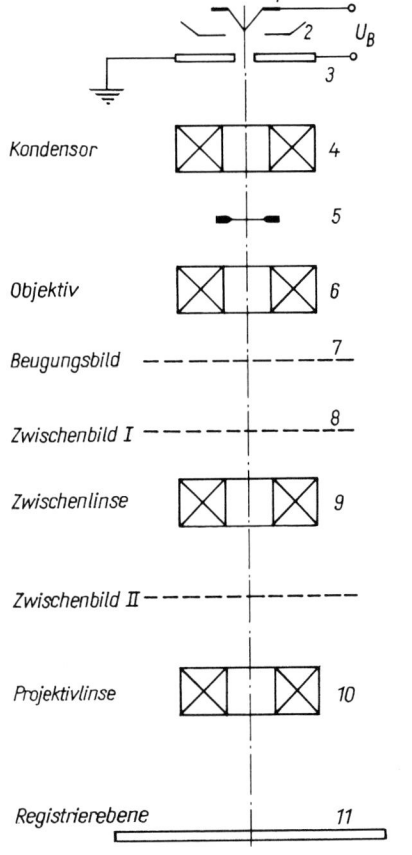

Abb. 2.166 Schematischer Aufbau eines Transmissionselektronenmikroskops

stellt. Die Elektronenquelle besteht aus einer Katode (1) (meist eine Wolframglühkatode oder eine aus LaB_6, seltener Feldemissionskatoden), einem die emittierten Elektronen richtenden Wehnelt-Zylinder (2) und einer Anode (3) mit einer mittigen Öffnung, durch die die beschleunigten Elektronen in die eigentliche Mikroskopsäule eintreten. Zwischen der Katode und der Anode liegt die Beschleunigungsspannung U_B an. Mittels einer oder zweier Kondensorlinsen (4) werden die Elektronen auf einen wenige µm großen Bereich der Probe (5) gelenkt. Die Proben müssen so dünn gehalten werden, dass sie von den Elektronen mit genügender Intensität und möglichst unveränderter Wellenlänge (elastische Streuung) durchstrahlt werden können. Die durchstrahlbaren Dicken liegen im Bereich von 0,1 bis 1 µm und steigen mit U_B an. Die von der Probe gestreuten bzw. gebeugten Elektronen gelangen in das Objektiv (6), dessen vordere Brennebene sich etwa in der Präparatebene befindet. Entsprechend den Abbe'schen Vorstellungen entsteht in der hinteren Brennebene (7) des Objektivs das Beugungsbild oder primäre Zwischenbild des Objekts und ein objektähnliches Zwischenbild I (sekundäres Zwischenbild) bei (8), das von der Zwischenlinse (9) nachvergrößert wird. Dieses Zwischenbild II wird von der Projektivlinse (10) mit abermaliger Vergrößerung auf die Registrierebene (11) gebracht, um dort mit fotografischem Plattenmaterial bzw. auf elektronischem Wege registriert oder mit einem Leuchtschirm sichtbar gemacht zu werden (dreistufige Abbildung). Vergleicht man dieses Schema mit dem Aufbau eines Lichtmikroskops in Transmission, wird man unschwer die Analogie beider Mikroskoparten feststellen können (s. Abb. 2.15). Um die gewünschten Vergrößerungen in einem weiten Bereich variieren zu können, verwendet man in der Regel mehrere Zwischenlinsen, wobei Änderungen der Linsenströme eine Veränderung der jeweiligen Brennweiten bewirken. Das ermöglicht es auch, durch Veränderungen der Zwischenlinsenströme entweder die Zwischenbildebene I oder die hintere Objektivbrennebene in die Ebene 11 abzubilden, d. h. von der gleichen Stelle des Präparats kann man das eigentliche mikroskopische Bild im Wechsel mit dem (vergrößerten) Beugungsbild betrachten bzw. registrieren (Verfahren nach Boersch, s. Abschnitt 2.8.2).

Das Vakuum in der Mikroskopsäule muss so gut sein, dass die Elektronen auf ihrem Weg von der Quelle bis zur Registrierebene möglichst keine Zusammenstöße mit Molekülen des Restgases erleiden (< 1 mPa). Außerdem muss das Vakuum Überschläge im Hochspannungsteil der Säule verhindern. Um beim Einführen eines Präparats an die Stelle 5 das Vakuum in der Säule aufrechterhalten zu können, ist es notwendig, das Präparat über ein Vakuum-Schleusensystem einzubringen. Das Präparat muss in der Ebene senkrecht zur optischen Achse bewegt und vor allem auch gekippt werden können.

2.8.2
Elektronenbeugung

Da die bei der TEM benutzten Wellenlängen λ der monoenergetischen, d. h. monochromatischen Elektronen kleiner als die üblichen Netzebenenabstände d in Kristallen sind, treten Beugungserscheinungen auf, deren Geometrie wie bei der Röntgenbeugung mithilfe der Bragg'schen Gleichung beschrieben werden kann (Beziehung (2.60a)). Weil das Verhältnis λ/d für Beschleunigungsspannungen U_B zwischen 100 und 1000 kV in der Größenordnung von $5 \cdot 10^{-2} \geq \lambda/d \geq 2 \cdot 10^{-4}$ liegt, können maximale Glanzwinkel von nur wenig mehr als 1° erwartet werden. Die mit Hilfe des Strahlengangs nach Boersch mögliche Vergrößerung des Beugungsbilds gestattet jedoch auch für derartig kleine Glanzwinkel eine gut auswertbare Registrierung der Beugungserscheinungen.

Bei der Untersuchung von vielkristallinen Präparaten ergeben sich in gleicher Weise wie bei der Röntgenbeugung koaxiale Interferenzkegel, ihre Registrierung in einer Ebene senkrecht zur Kegelachse ergibt Interferenzdiagramme mit konzentrischen Ringen (Abb. 2.167 a). Das Elektronenbeugungsdiagramm eines einkristallinen Probenbereichs trägt dagegen Punktcharakter, wobei bei entsprechender Kristallorientierung relativ zum Primärstrahl (niedrig indizierte Gitterrichtungen in der Primärstrahlrichtung) regelmäßige und symmetrische Anordnungen der Interferenzpunkte auftreten (Abb. 2.167 b). Die Abstände R_i der Interferenzpunkte von der Mitte des Diagramms (Durchtrittspunkt des Primärstrahls) bzw. die Ringradien bei Vielkristalldiagrammen werden durch die sogenannte Kameralänge L, die Wellenlänge λ und den Netzebenenabstand d bestimmt (Abb. 2.168). Es gilt

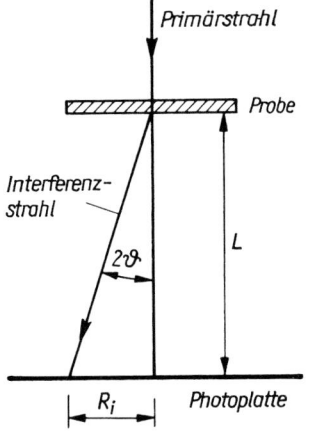

Abb. 2.168 Zur Ableitung der Auswertegleichung von Elektronenbeugungsdiagrammen

$$R_i = L \cdot \tan 2\vartheta_i \tag{2.70}$$

bzw. unter Verwendung der Bragg'schen Gleichung (2.60 a)

$$R_i \cdot d_i = \lambda \cdot L \cdot \frac{\tan 2\vartheta_i}{2 \sin \vartheta_i} \tag{2.71 a}$$

Da die Glanzwinkel ϑ_i sehr klein sind, lässt sich mit ausreichender Genauigkeit für $\tan 2\vartheta_i / 2 \sin \vartheta_i = 1$ setzen, es ergibt sich also

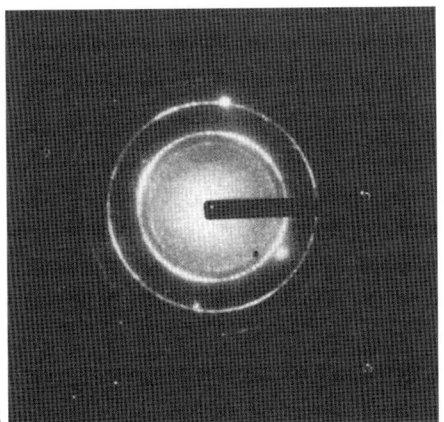
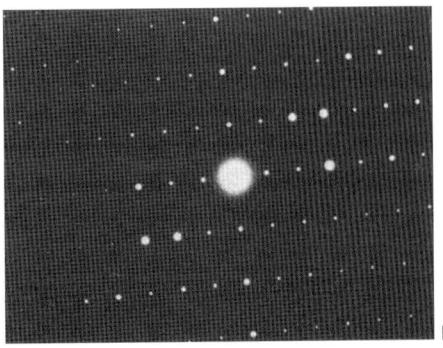

Abb. 2.167 Elektronenbeugungsdiagramm: a) von vielkristallinem CrN (Extraktionsabdruck von einem nitrierten Stahl), b) eines einkristallinen Bereichs von α-Fe

$$R_i \cdot d_i \approx \lambda \cdot L = C \qquad (2.71\,b)$$

Das Produkt $\lambda \cdot L$ wird als Beugungskonstante C bezeichnet. Sie muss für die jeweils angewendeten Betriebsbedingungen (Beschleunigungsspannungen, Vergrößerungen) über Messungen an Standardsubstanzen bestimmt werden, ehe man nach Gl. (2.71 b) aus den R_i die Netzebenenabstände d_i berechnen kann. Die Verbindungslinie zwischen dem Mittelpunkt des Beugungsdiagramms und einem Interferenzpunkt charakterisiert die Normalrichtung der reflektierenden Netzebenenschar, die diesen Interferenzpunkt erzeugt hat. Nach Indizierung eines Einkristallinterferenzdiagramms lassen sich daher verhältnismäßig einfach die Winkel zwischen den verschiedenen Netzebenennormalen bzw. Netzebenen ablesen sowie Orientierungsbestimmungen vornehmen.

Elektronenbeugungsuntersuchungen mit der TEM lassen sich vorteilhaft anwenden zur

- Phasenidentifizierung in kleinsten Probenbereichen anhand von d-Werten bzw. auch von Winkeln zwischen Netzebenennormalen (z. B. Ausscheidungen)
- Orientierungsbestimmung an einzelnen Kristalliten
- Bestimmung von Orientierungszusammenhängen benachbarter Bereiche (z. B. zwischen Ausscheidungen und der Matrix)
- Ermittlung der Desorientierung zwischen Subkörnern
- Ordnungs- und Entmischungsvorgänge

Zu beachten ist, dass die Reproduzierbarkeit einer d-Wertbestimmung (etwa 10^{-3}) mit der Elektronenbeugung deutlich schlechter als bei Anwendung der Röntgenbeugung ist. Quantitative Phasenanalysen sind praktisch nicht bzw. nur mit kaum vertretbarem Aufwand durchführbar.

2.8.3
Elektronenmikroskopische Kontraste

Elektronen wechselwirken im Vergleich mit Röntgenstrahlen sehr intensiv mit den Atomen/Ionen eines Präparats. Formal wird diese Wechselwirkung durch das Schwächungsgesetz beschrieben:

$$I = I_0 \exp[-K_e \cdot \rho \cdot t] \qquad (2.72)$$

K_e Konstante, abhängig von der Ordnungszahl der Probe, der Beschleunigungsspannung und der Objektivapertur

Es lässt erkennen, dass die Intensität eines Elektronenstrahls I_0 nach Passieren eines Absorbers mit der Dichte ρ und der Dicke t nur noch die Intensität I aufweist. Ursache dafür ist eine echte Absorption der Elektronen im Absorber, eine Streuung der Elektronen aus der Strahlrichtung heraus (kontinuierlich im Raum verteilt) sowie Beugungserscheinungen (Interferenzen in definierten Raumrichtungen, s. Abschnitt 2.8.2). Das Produkt $K_e \cdot \rho$ nimmt relativ große Werte an, sodass die Dicken t der Absorber sehr klein gehalten werden müssen, wenn das Verhältnis I/I_0 noch einigermaßen groß sein soll. Das bedeutet, das die mit der TEM üblicherweise untersuchbaren Probendicken $t \leq 1\,\mu m$ betragen müssen. Die starke Wechselwirkung der Elektronen mit der Probe führt auch dazu, dass die gestreuten bzw. gebeugten Strahlintensitäten gemessen an der primären Intensität recht beträchtliche Werte annehmen.

Die in den elektronenmikroskopischen Bildern zu beobachtenden Kontraste haben zwei verschiedene Ursachen: den

Streu-Absorptions-Kontrast und den Beugungskontrast. Bei der Durchstrahlung amorpher Präparate wirkt nur der Streu-Absorptions-Kontrast. Im Mikroskop werden die vom Präparat gestreuten Elektronen durch eine sogenannte Kontrastblende hinter dem Objektiv von der Bildentstehung weitgehend ausgeschlossen. Diese ausgeblendete Streuintensität fehlt dann dem transmittierten Strahl (I_H). Damit ergeben sich Kontraste dann, wenn sich die benachbarten Probenbereiche in ihrem Schwächungsverhalten (Probendicke und/oder Dichte) unterscheiden. Diese Art der Kontrastentstehung wird bei der Abdrucktechnik genutzt (s. Abschnitt 2.8.4)

Von anderer Natur sind die Beugungskontraste bei kristallinen Präparaten (Folien). Durch entsprechende Positionierung der Probe zum einfallenden Elektronenstrahl kann man erreichen, dass eine oder mehrere Netzebenenscharen die Bragg-Bedingung (Beziehung (2.60 a)) erfüllen, es entstehen an diesen Netzebenen Interferenzen mit den Intensitäten I_i (s. Abb. 2.169). Diese Interferenzen entziehen dem transmittierten Strahl I_H Intensität, d. h. I_H verringert sich in dem Maß, wie die Summe der Interferenzintensitäten zunimmt. Eine mikroskopische Abbildung kann man nun so erreichen, indem man nur den Strahl I_H nutzt, d. h. die Interferenzstrahlen ausblendet (Abb. 2.169 a). Diese Variante wird als Hellfeldabbildung bezeichnet und ist die am häufigsten genutzte. Die Hellfeldabbildung eines ungestörten kristallinen Probenbereichs weist keine Kontraste auf, es ist leer. Gitterfehler, wie Versetzungen, Ausscheidungen, Stapelfehler, Zwillinge, Einschlüsse usw., und die sie umgebenden Verzerrungsgebiete verändern die lokal gebildeten Interferenzintensitäten und damit I_H merklich. Es entstehen Kontraste, die uns die gestörten Gebiete in der Probe und bei genauer Analyse der Kontraste auch die Art der Defekte anzeigen. Beispiele dafür zeigt das Abb. 2.170.

Eine Abbildung kristalliner Objekte kann aber auch unter Nutzung eines gebeugten Strahls unter Ausblendung der anderen gebeugten und des transmittierten Strahls I_H erfolgen, wie es Abb. 2.169 b veranschaulicht. Man spricht dann von einer Dunkelfeldabbildung, deren Kontraste umgekehrt zur Hellfeldabbildung sind (vgl. Abb. 2.170 a und b). Nützlich wird die Dunkelfeldabbildung z. B. dann, wenn man Ausscheidungen untersuchen möchte. Im Hellfeld spiegeln in diesem Fall die Kontraste im Wesentlichen die verzerrte Umgebung der Ausscheidung wider, eine geometrische Charakterisierung der Ausschei-

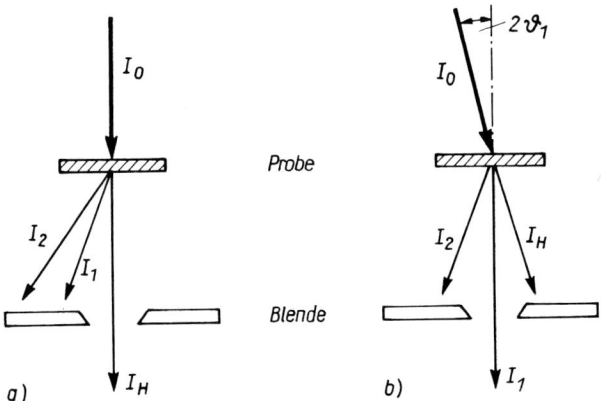

Abb. 2.169 Abbildungsarten für den Beugungskontrast bei der TEM: a) Hellfeldabbildung, b) Dunkelfeldabbildung

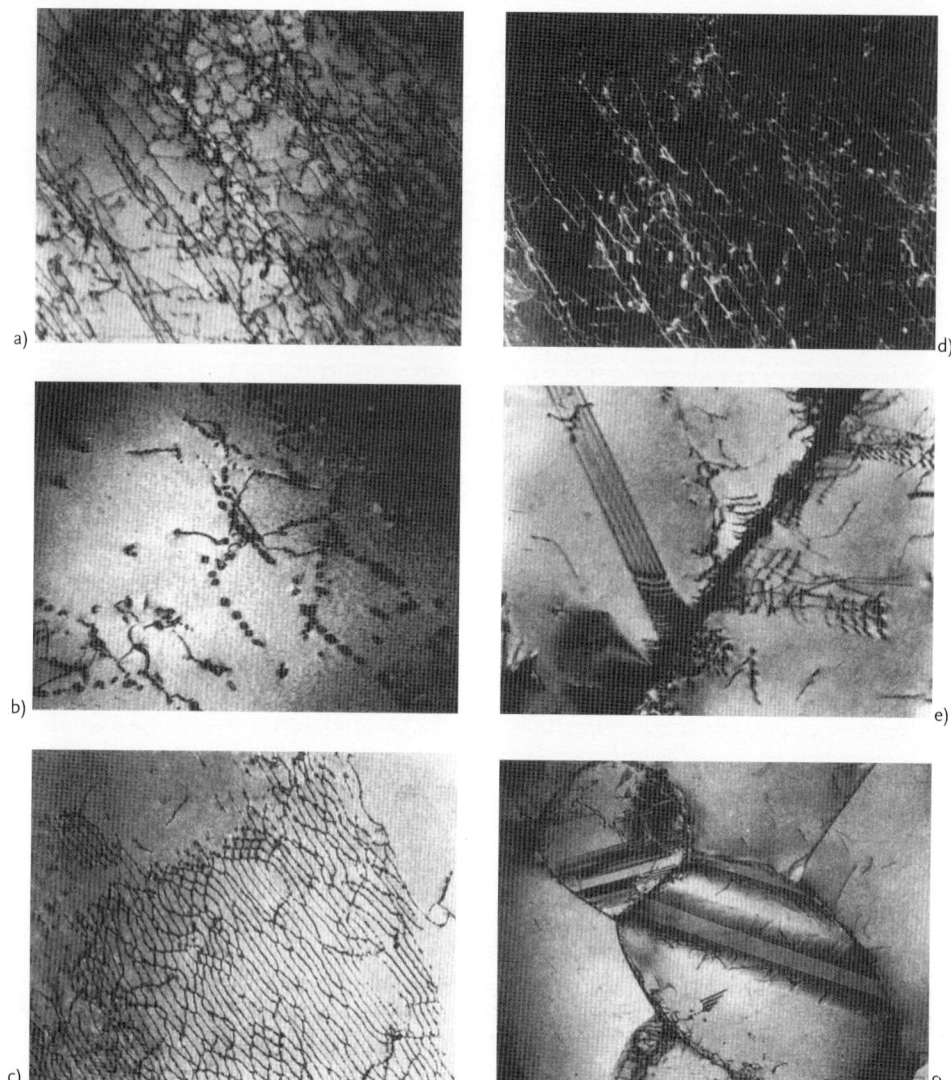

Abb. 2.170 TEM-Abbildung von Gitterfehlern in kristallinen Objekten (Beugungskontraste).
a) Versetzungen (Hellfeld): Der Verlauf der dunklen Linien stellt die Projektion des räumlichen Versetzungsverlaufs in die Bildebene dar. b) Versetzungen (Dunkelfeld); c) Reihungen von Ausscheidungen, gebildet an Versetzungen; d) Stapelfehler, ausgehend von einer Versetzungsaufstauung in Korngrenzennähe; e) Kleinwinkelkorngrenze, gebildet aus einem Versetzungsnetzwerk; f) Zwillingslamelle

dung ist nicht möglich. Nutzt man jedoch das Dunkelfeld mit einer Interferenz der Ausscheidung selbst, so bildet sich nur die Ausscheidung ab (Abb. 2.171). Sofern das Auflösungsvermögen des Mikroskops ausreicht, können nun Aussagen über die Geometrie gewonnen werden.

2.8 Transmissionselektronenmikroskopie (TEM)

Aperturen notwendig, damit möglichst viele Interferenzen zur Abbildung herangezogen werden können. Abbildung 2.172 demonstriert die Leistungsfähigkeit moderner Mikroskope anhand der Abbildung von polykristallinem Silicium, aus der die Periodizität des Gitteraufbaus augenscheinlich wird.

Die Interpretation der entstehenden Kontraste bedarf jedoch einer sorgfältigen Kontrastanalyse, einfachen subjektiven Deutungen sollte man kritisch gegenüberstehen.

2.8.4 Probenpräparation

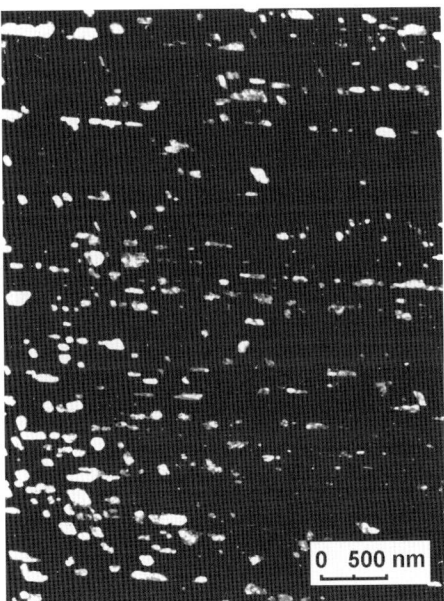

Abb. 2.171 Dunkelfeldabbildung von Carbiden in Inconel 617

Mit hochauflösender TEM gelingt bei geeigneten Objekten auch eine Auflösung in atomaren Bereichen. Dazu sind Objektivsysteme mit möglichst großen nutzbaren

Wegen der starken Wechselwirkung der Elektronen mit Materie können nur sehr dünne Objekte durchstrahlt werden. Sie müssen entweder über einen Abdruck von der Probenoberfläche (Replikatechnik) oder durch Herausarbeiten eines Folienbereichs aus einer kompakten Probe (Dünnungsverfahren) hergestellt werden. Die Objektdicken sollen letztlich im Bereich zwischen 100 nm und 1 µm liegen.

Replikatechnik: Eine Möglichkeit, sich von der geometrischen Oberflächenbeschaffenheit einer kompakten Probe Informationen zu verschaffen, besteht in der Anwendung von Abdrücken aus amorphen Materialien. Man gewinnt sie, indem man einen geeigneten Lack (z. B. Kollodium) dünn auf die Oberfläche aufbringt (Lackabdruck) oder durch Bedampfen dünne C- oder SiO_2-Schichten auf der Oberfläche erzeugt. Diese Schichten können abgelöst werden und weisen ein geometrisches Negativ der Probenfläche auf, d. h. dass sich Erhebungen in der Probenoberfläche als dünne Bereiche und Vertiefungen als dicke Bereiche im Abdruck wiederfinden. Diese Präparate werden in der TEM mittels des

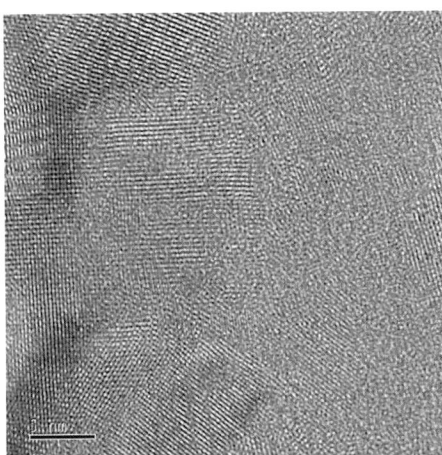

Abb. 2.172 Hochaufgelöste TEM-Abbildung einer TIN/ALN-Schicht (kristalline Bereiche mit Abmessungen im nm-Bereich neben amorphen Bereichen)

Abb. 2.173 TEM-Aufnahme eines Oberflächenabdrucks von geätztem Aluminium

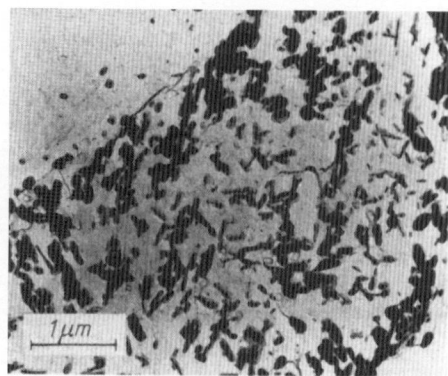

Abb. 2.174 Extraktionsabdruck eines höherfesten schweißbaren Baustahls

Streuabsorptionskontrastes untersucht, der durch eine Schrägbedampfung der Abdrücke mit Schwermetallen verstärkt werden kann. Abbildung 2.173 zeigt den Oberflächenabdruck einer geätzten Aluminiumprobe, der sehr schön den kristallografisch orientierten Ätzangriff auf die Oberfläche eines Korns zeigt.

Die Schärfentiefe ist wegen der sehr kleinen Strahlaperturen bei der TEM sehr hoch und vergleichbar mit der der Rasterelektronenmikroskopie (s. Abschnitt 2.7.2). Die Auflösungsgrenze kann Werte von etwa 5 nm erreichen. Wegen der raschen Entwicklung der Rasterelektronenmikroskopie, die die Oberflächen kompakter Proben in einfacher Weise mit hohem Auflösungsvermögen zu untersuchen gestattet, hat die einfache Replikatechnik in der TEM sehr an Bedeutung verloren.

Eine spezielle Art der Abdrucktechnik, die z. B. gern zur Untersuchung von Ausscheidungen genutzt wird, ist das Extraktionsabdruckverfahren. Dabei wird ein Schliff selektiv so geätzt, dass möglichst nur die metallische Matrix gelöst wird, um vorhandene Teilchen, wie Ausscheidungen oder Einschlüsse, aus der Oberfläche herausragen zu lassen. Stellt man von einem so präparierten Schliff einen Ab-

druck her, werden diese Teilchen beim Abheben des aufgebrachten Films aus der Probe herausgerissen (extrahiert), sie befinden sich dann original im Abdruck. Die TEM-Untersuchung der Extraktionsabdrücke vermittelt nicht nur Information über Form, Größe und Verteilung der Teilchen, sondern gestattet außerdem eine Phasenidentifizierung mithilfe der Elektronenbeugung. Abbildung 2.174 zeigt den Extraktionsabdruck eines höherfesten schweißbaren Baustahls, der Carbide und Carbonitride enthält. In Abb. 2.167 a war das Beugungsbild von vielkristallinem CrN zu sehen. Es handelte sich in diesem Beispiel um einen Extraktionsabdruck an einem nitrierten chromhaltigen Vergütungsstahl, in dem die CrN-Ausscheidungen Abmessungen zwischen wenigen nm und 1 µm aufweisen.

Dünnungsverfahren: Will man Informationen aus dem Volumen eines kristallinen Werkstoffs gewinnen, ist es notwendig, aus dem interessierenden Probenbereich eine dünne Folie üblicherweise mit eine Dicke ≤ 0,5 µm herauszupräparieren. Dazu werden z. B. kleine zylindrische Proben (Durchmesser etwa 3 mm) gefertigt und in Disks (Scheibchen) mit Dicken zwischen

50 und 100 µm geschnitten. Diese werden im Weiteren mechanisch gedünnt, ehe sie durch einen elektrolytischen Abtrag oder Ionenätzen (Sputtern) auf die gewünschte Enddicke gebracht werden. Es muss immer darauf geachtet werden, dass durch die einzelnen Präparationsschritte die Defektstruktur des Präparats nicht verändert wird. Insbesondere für die Werkstoffanalytik im Bereich der Mikroelektronik/Mikrosystemtechnik werden hohe Forderungen an eine zielgenaue Präparation der durchstrahlbaren Folien gestellt (Zielpräparation). Dafür verwendet man zweckmäßigerweise Anlagen, die es erlauben, einen feinfokussierten Ionenstrahl als „Werkzeug" zur Materialbearbeitung lokal definiert mit Kontrolle durch z. B. ein Rasterelektronenmikroskop einzusetzen (*Focused Ion Beam* (FIB)-Technik).

2.8.5
Analytische TEM

Wie bereits in Abschnitt 2.7.1 berichtet wurde, entstehen bei der Wechselwirkung von schnellen Elektronen mit Materie Sekundärstrahlungen, die zur chemischen Analytik der Probe herangezogen werden können. Das trifft natürlich auch auf die TEM zu. Bei diesem Untersuchungsverfahren interessiert insbesondere die entstehende charakteristische Röntgenstrahlung, die bei sogenannten analytischen Transmissionselektronenmikroskopen energiedispersiv (EDX) analysiert wird. Die dafür verwendeten Zusatzeinrichtungen entsprechen denen bei der Rasterelektronenmikroskopie bzw. der Elektronenstrahlmikroanalyse (s. Abschnitt 2.7). Es kann aber noch ein weiteres Signal genutzt werden, das bei REM bzw. ESMA an kompakten Proben nicht zur Verfügung steht. Bei der TEM erleiden die Elektronen beim Durchgang durch das Objekt Energieverluste, die charakteristisch für die im Objekt vorhandenen Elemente sind. Mit einer Elektronen-Energieverlust-Spektrometrie (*Electron Energy Loss Spectrometry* EELS) erhält man also ebenfalls qualitative und quantitative Informationen über die chemische Zusammensetzung. Diese beiden Methoden ergänzen sich: Die EDX wird bevorzugt für Elemente mit mittlerer und hoher Ordnungszahl eingesetzt ($Z \geq 11$), während die EELS auch bei niedrigen Ordnungszahlen brauchbare Resultate liefert. Mit der analytischen TEM können in modernen Geräten Probenbereiche bis in den nm-Bereich analysiert werden, was mit der REM/EDX oder der ESMA nicht gelingt.

Moderne Mikroskope verfügen weiterhin über Strahlablenkungssysteme, sodass wie beim Rasterelektronenmikroskop „Scanning-Techniken" zur Bilderzeugung eingesetzt werden können (STEM).

Die besondere Stellung, die die Transmissionselektronenmikroskopie in der Materialforschung einnimmt, wird verständlich, wenn man bedenkt, dass die Geräte eigentlich drei Untersuchungsverfahren in sich vereinigen:

– die eigentliche (topologische) Abbildung in Transmission unter Nutzung des Streu-Absorptions- und des Beugungskontrastes,
– die Elektronenbeugung in Mikrobereichen und
– eine lokale chemische Analytik.

Die Transmissionselektronenmikroskopie kristalliner Objekte kann daher vorteilhaft für folgende Fragestellungen eingesetzt werden:

– Phasenidentifizierung in Mikrobereichen
– Analyse von Ausscheidungen hinsichtlich ihrer Art, Form und Verteilung sowie ihrer Orientierungsbeziehungen zur Matrix

- Untersuchung von Versetzungen bezüglich ihrer Linien- und Burgers-Vektoren, ihrer Dichte und ihrer Anordnung
- Bestimmung der kristallografischen Charakteristika von Stapelfehlern, Versetzungsloops, Antiphasengrenzen und Zwillingen
- Orientierung von Einzelkristalliten
- Größe und Form von Subkörnern sowie deren Desorientierungen
- Untersuchungen zur Struktur von Korn- und Subkorngrenzen
- Wechselwirkungen zwischen verschiedenen Defektarten (z. B. von Versetzungen mit Ausscheidungen)
- Analyse von Ordnungs- und Entmischungserscheinungen in Mischkristallen

Die TEM ist damit eine wesentliche Methode für die Untersuchung von Verformungs-, Erholungs- und Rekristallisationsvorgängen, von Ausscheidungsprozessen, Phasenumwandlungen und von Defektstrukturen, die bei Kristallisationsvorgängen aller Art gebildet werden.

2.9
Rastersondenmikroskopie

Nähert man eine Spitze z. B. aus Silicium mit einem Spitzenradius von kleiner 5 nm einer Festkörperoberfläche, so treten bei Abständen a im nm-Bereich und darunter Wechselwirkungen auf, die für eine Rastermikroskopie genutzt werden können. Dazu zählen Kraftwirkungen (sog. van der Waals-Kräfte) oder auch Tunnelströme[1] bei Anlegen einer Spannung zwischen Spitze (Sonde) und Probe. Bewegt man die Sonde zeilenweise über die Probe (x-y-Koordinaten der Sonde), so werden sich diese Signale (Tunnelstrom oder Kraftwirkung) in Abhängigkeit vom Abstand Spitze-Objektoberfläche und von deren Struktur ändern. Durch Heben bzw. Senken der Spitze (Veränderung der z-Koordinate der Sonde) kann man erreichen, dass dieses Signal auf einem konstanten Wert gehalten wird. Die Änderungen der z-Koordinate der Sonde reflektieren also die Oberflächentopologie bzw. die lokalen Oberflächenpotentiale des Objekts, sie sind das bildgebende Signal am Ort x-y. Wie auch bei der Rasterelektronenmikroskopie (s. Abschnitt 2.7) wird das vergrößerte Bild auf einem Monitor wiedergegeben.

Nutzt man den Tunnelstrom als Signal, spricht man von der Rastertunnelmikroskopie (STM *Scanning Tunneling Microscopy* nach Binnig und Rohrer, 1982). Da der Tunnelstrom sich sehr empfindlich mit dem Abstand a und der Potentialdifferenz ΔE verändert (exp [–const. $\Delta E^{1/2} \cdot a$]), verfügt man über ein sehr sensitives Signal für die z-Steuerung. Die Tunnelmikroskopie eignet sich nur für elektrisch leitende Objekte (Metalle).

Bei allen Materialien, auch den nichtleitenden kann die Rasterkraftmikroskopie eingesetzt werden (AFM *Atomic Force Microscopy*), bei der die z-Steuerung über die konstant zu haltende Kraftwirkung zwischen Sonde und Probe erfolgt. Die Abstandsabhängigkeit der Kraftwirkung lässt sich mit a^{-6} beschreiben, auch hier bewirken kleinste Veränderungen starke Änderungen des Kraftsignals. Die Kraftkontrolle erfolgt über einen Biegebalken (Cantilever), an dessen einem Ende sich die Spitze (Sonde) befindet und dessen Durchbiegung über die Richtungsänderung eines reflektierten Laserstrahls detektiert wird (Abb. 2.175).

Mit der Rastersondenmikroskopie erreicht man ein atomares Auflösungsvermögen, sofern es gelingt, die Sondenbewegung mit Empfindlichkeiten im pm-Bereich auszuführen. Das wird möglich

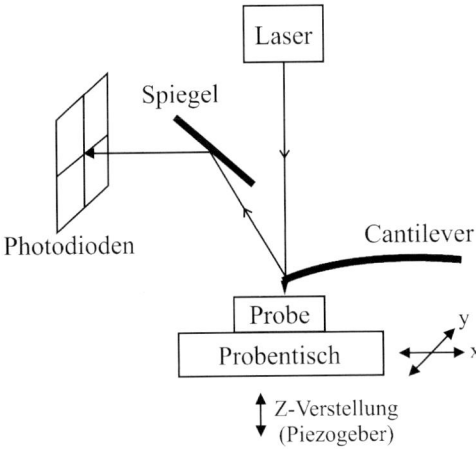

Abb. 2.175 Prinzip der Rastersondenmikroskopie am Beispiel der Rasterkraftmikroskopie

durch eine Positionierung mit Piezogebern. Sie bestehen aus einer piezoelektrischen Keramik, die bei Anlegen einer Spannung ihre Abmessung geringfügig ändert. Diese Geometrieänderungen können über die angelegte Spannung sehr empfindlich geregelt werden. Wichtig ist, dass für die Rastersondenmikroskopie kein Hochvakuum wie im Fall der Rasterelektronen- oder Transmissionselektronenmikroskopie benötigt wird. Die AFM kann auch in Elektrolyten bzw. Flüssigkeiten betrieben werden. Abbildung 2.176 zeigt Anwendungsbeispiele für die AFM.

2.10 Gefügetomografie

2.10.1 Einleitung

Im Abschnitt 1.9 wurde bereits der Begriff des Gefüges eingeführt. Danach ist unter dem Gefüge eines Werkstoffes (Materials) eine lückenlose Aneinanderfügung von Ordnungsbereichen zu verstehen, die durch Grenzflächen voneinander getrennt sind. Entsprechend dieser Definition wird das Gefüge eines Werkstoffes durch die strukturelle und damit physikalisch-chemische Beschaffenheit der einzelnen Bereiche mit einem bestimmten Ordnungszustand und ihrer geometrischer Anordnung zueinander bestimmt. Das schließt ein, dass innerhalb der Ordnungsbereiche Defekte auftreten können, die als Abweichungen der tatsächlichen Strukturen von Modellstrukturen für die Ordnungsbereiche zu verstehen sind. Die Materialeigenschaften lassen sich nun nur bei Kenntnis der Gefügeparameter verstehen.

Der Begriff Tomografie leitet sich aus dem Griechischen ab (tome = Schnitt, graphein = schreiben). Unter Tomografie werden alle Verfahren zusammengefasst, die die innere Struktur eines Materials dreidimensional abbilden. Mithilfe eines tomografischen Verfahrens kann also ein dreidimensionales Abbild der inneren Struktur eines Probenvolumens erstellt werden. Ziel einer Gefügetomografie ist letztlich die dreidimensionale Abbildung des Gefüges und der Defektstrukturen auf Mikro-, Nano- und atomarer Skala. Die Gefügetomografie trägt somit den Anforderungen der Materialwissenschaft an eine Gruppe von tomografischen Verfahren Rechnung.

2.10.2 Tomografische Verfahren in Materialwissenschaft und Werkstofftechnik

In der Vergangenheit wurden viele Verfahren zur dreidimensionalen Gefügeabbildung entwickelt, die im Folgenden kurz mit ihren Möglichkeiten und Grenzen vorgestellt werden. Sie lassen sich grob in zwei Klassen einteilen:

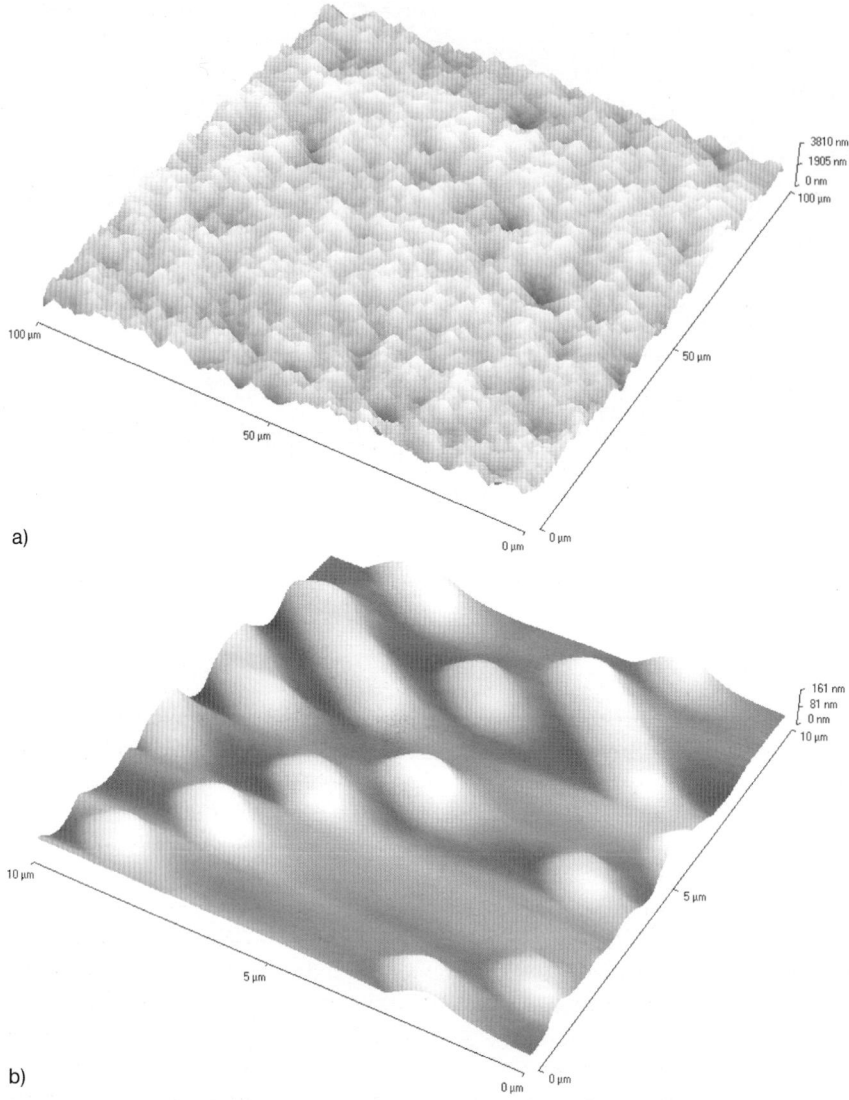

Abb. 2.176 Anwendungen der AFM: a) Topographie einer eloxierten Al-Oberfläche, b) Einbrennungen in einer CD

- zerstörungsfreie, durchstrahlende Verfahren und
- zerstörende Serienschnittverfahren.

Zur ersten Gruppe können die Röntgen-, die Neutronen- und die Elektronentomografie als die drei wichtigsten Vertreter zugeordnet werden. Diesen Verfahren ist gemein, dass der Probenkörper aus verschiedenen Richtungen durchstrahlt wird und anhand der dadurch entstehenden winkelabhängigen Projektionen die Struktur des Probenvolumens rekonstruiert werden kann. Unterschiede bestehen jeweils in

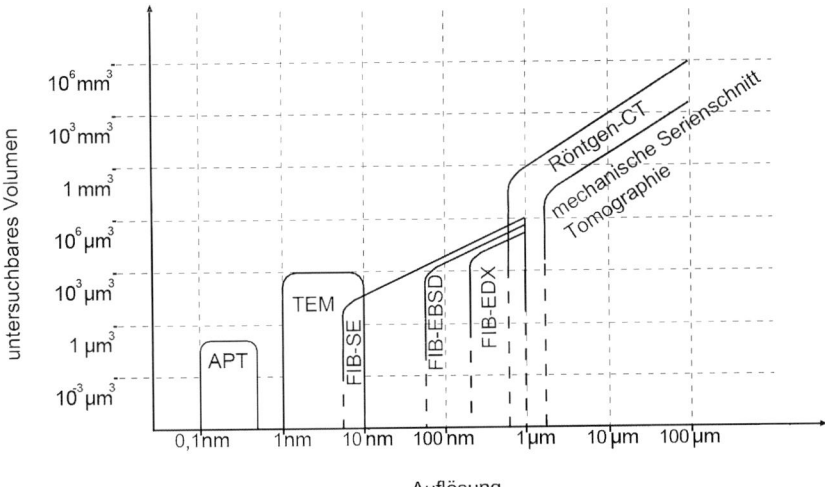

Abb. 2.177 Übersicht über unterschiedliche Tomografieverfahren mit den erreichbaren Auflösungen und untersuchbaren Probenvolumina. APT – Atomsondentomografie; TEM – Elektronentomografie; FIB – Focused Ion Beam Tomografie; SE – Sekundärelektronenkontrast; EBSD – Orientierungs-/Phasenkontrast mittels Rückstreuelektronenbeugung; EDX – chemischer Kontrast mittels Röntgenspektroskopie; CT – Computertomografie.

der Größe des untersuchbaren Probenvolumens und der erreichbaren räumlichen Auflösung. In der Gruppe der Serienschnittverfahren können konventionelle Schnitttechniken, die mit lichtmikroskopischer Abbildung und einer mechanischen Probenpräparation arbeiten, und die Serienschnitttechnik im Focused-Ion-Beam (FIB)-Mikroskop unterschieden werden. Eine Sonderrolle nimmt die Atomsondentomografie ein, die als einziges Tomografieverfahren atomare Auflösung besitzt.

Abbildung 2.177 fasst schematisch die unterschiedlichen tomografischen Verfahren mit den erreichbaren Auflösungen und den untersuchbaren Probenvolumina zusammen. Die FIB-Tomografie schließt dabei die Lücke im interessanten Größenbereich zwischen der hochauflösenden Elektronentomografie und der Röntgentomografie.

2.10.2.1 Durchstrahlende Verfahren

Bei den durchstrahlenden Tomografieverfahren wird eine Projektion der Probe unter verschiedenen Probenorientierungen relativ zur Strahlungsquelle angefertigt (Abb. 2.178). Anhand der einzelnen Relativverschiebungen der Gefügeelemente in den Projektionen kann durch mathematische Verfahren das Probenvolumen rekonstruiert werden. Große Verbreitung findet dabei die Rückprojektion, bei der die Intensitätsverteilung der Projektionsaufnahme entlang des Strahlenganges rückprojiziert wird. Durch Überlagerung dieser einzelnen Bilder entsteht ein Abbild des Probeninneren. Je mehr Bilder zur Rekonstruktion herangezogen werden und je kleiner die Winkeldifferenzen sind, desto detailreicher wird der innere Aufbau der Probe dargestellt. Innerhalb dieser Gruppe unterscheiden sich die durchstrahlenden Verfahren in den verwendeten Strahlungsarten. Die Röntgen-, die Neutronen- und die Elektro-

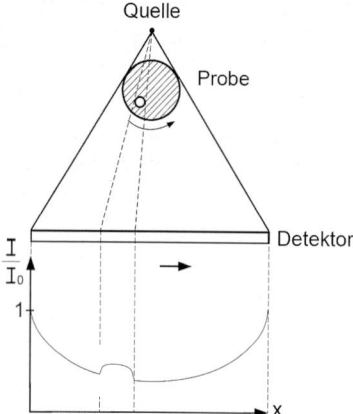

Abb. 2.178 Prinzip der durchstrahlenden Tomografieverfahren. Von einer Probe werden mehrere Projektionsaufnahmen angefertigt, die anschließend zu einem dreidimensionalen Abbild der inneren Struktur rekonstruiert werden können.

nentomografie können als die drei wichtigsten Vertreter angesehen werden.

2.10.2.2 Röntgentomografie

Die Röntgentomografie nutzt für die Anfertigung der Projektionsaufnahmen Röntgenstrahlung. Die computergestützte Röntgentomografie wird auch als Computerized Tomography (CT) bezeichnet und wurde in den 1970er Jahren für medizinische Zwecke entwickelt. Heute findet die CT in der Materialwissenschaft und Werkstofftechnik breite Anwendung, vor allem in der zerstörungsfreien Prüfung auf Risse, Lunker und ähnliche kritische Fehler.

Durch den Einsatz von Synchrotronstrahlung mit ihrer hohen Brillanz werden in der Mikrotomografie Auflösungen im sub-µm Bereich erreicht. Praktikable Probenvolumina liegen für diese Auflösung in der Größenordnung von einigen mm^3. Es sind jedoch auch größere Objekte (wie beispielsweise der menschliche Körper) untersuchbar. Die Zeitstruktur der gepulsten Synchrotronstrahlung erlaubt gemeinsam mit der hohen Brillanz sehr rasche Messvorgänge bis hin zur Untersuchung dynamischer Vorgänge in der Probe.

Die wichtigste Grundlage der röntgentomografischen Kontraste bildet das unterschiedliche Schwächungsverhalten verschiedener Stoffe für Röntgenstrahlung. Das exponentielle Schwächungsgesetz, auch als Lambert-Beer'sches Gesetz bezeichnet, beschreibt den Intensitätsverlauf für elektromagnetische Strahlung bei Durchgang durch einen Körper mit dem Schwächungskoeffizient µ.

$$I = I_0 \, e^{-\mu d}$$

Dabei sind I_0 die Ausgangsintensität und I die Intensität in der Tiefe d. Der Schwächungskoeffizient µ ist eine Materialkonstante, die alle Effekte, die zur Verringerung der transmittierten Strahlung führen, zusammenfasst.

Einen Kontrast erhält man demnach nur durch die Unterschiede im Schwächungskoeffizienten µ. Dieser ist u. a. von der Energie der verwendeten Strahlung abhängig und weist Sprünge, die Absorptionskanten, auf. Durch geeignete Wahl der Wellenlänge und deren Kombination kann der Kontrast gesteigert werden.

Die kontinuierliche Intensitätsverteilung im Spektrum der Synchrotronstrahlung bietet die Möglichkeit, die Wellenlänge der Röntgenstrahlung auf das Probenmaterial abzustimmen. Dies ist ein großer Vorteil im Vergleich zu konventionellen Röntgenröhren, deren intensitätsreichste Wellenlänge von der Wahl des Anodenmaterials abhängt und nicht beliebig verändert werden kann (siehe Abschnitt 2.6.3).

Die hohe Brillanz und die Teilkohärenz der Synchrotronstrahlung erlauben es, neben dem Absorptionskontrast eine Reihe weiterer Kontrastarten zu nutzen. Der Phasenkontrast (auch als Holotomografie bezeichnet) entsteht, wenn sich beim Durchgang durch die Probe die Phase der Röntgenwellen an den inneren Grenzflächen ändert. Mithilfe harter, monochromatischer Röntgenstrahlung kann über ein Beugungsexperiment auch die kristallografische Orientierung der Probenbestandteile in drei Dimensionen zerstörungsfrei bestimmt werden (3DXRD – 3D X-Ray diffraction). Methodische Weiterentwicklungen beinhalten ebenfalls vergrößernde Optiken, um die bisherigen Auflösungsgrenzen zu übertreffen oder fein fokussierte Röntgenstrahlung, um das Probenvolumen punktweise abzubilden.

2.10.2.3 Neutronentomografie

Das Neutronentomografieverfahren entspricht, vom experimentellen Aufbau her betrachtet, im Wesentlichen dem der Röntgentomografie. Mithilfe von Neutronen werden mehrere Durchstrahlungsbilder der Probe unter verschiedenen Probenorientierungen angefertigt. Die Neutronenstrahlung besitzt im Vergleich zur Röntgenstrahlung ein größeres Durchdringungsvermögen und kann somit zur Durchstrahlung größerer Probenvolumina benutzt werden. Dies wird beispielsweise in der zerstörungsfreien Prüfung von Verbrennungsmotoren im Betrieb angewendet.

Der wichtigste Kontrast der Neutronentomografie entsteht ebenfalls durch Unterschiede im Schwächungsverhalten. Im Vergleich zur Röntgentomografie können jedoch auch leichte Elemente bis hin zum Wasserstoff und magnetische Strukturen abgebildet werden. Neben dem Absorptionskontrast können auch hier beispielsweise Phasenkontrast- oder Kleinwinkelstreuung genutzt werden.

Der große Nachteil der Neutronenstrahlung ist die begrenzte Verfügbarkeit, da diese nur durch entsprechende Kernreaktoren zur Verfügung gestellt werden kann.

2.10.2.4 Elektronentomografie

Die Elektronentomografie ist eine spezielle Methode der Transmissionselektronenmikroskopie. Die Probe, die in Form einer im Allgemeinen weniger als 100 nm dünnen Folie vorliegt, wird mithilfe schneller Elektronen durchstrahlt. Eine solche Projektionsaufnahme wird unter verschiedenen Kippwinkeln der Probe angefertigt. Die Rekonstruktion der Probe ist im Vergleich zur Röntgen- oder Neutronentomografie mit größeren Fehlern behaftet, da aufgrund der Probengeometrie nur ein beschränkter Winkelbereich erfassbar ist. Abhilfe schaffen hier zylinderförmig präparierte Proben, wie sie auch bei der Atomsondentomografie zum Einsatz kommen.

Mithilfe dieses Verfahrens sind Auflösungen im Nanometerbereich erreichbar. Das besonders kleine Probenvolumen von weniger als 0,1 µm^3 setzt voraus, dass bei der Probenpräparation eine präzise Zielpräparation realisiert wird, da ansonsten bei heterogenen Proben das Volumen möglicherweise nicht repräsentativ ist.

2.10.2.5 Serienschnitttechniken

Neben den durchstrahlenden Verfahren haben sich die Serienschnitttechniken etabliert.

Dabei wird das Probenvolumen aus einem Satz zweidimensionaler Bilder rekonstruiert. Die Probenoberfläche wird kontrolliert abgetragen, und idealerweise in konstanten Abständen werden mikroskopische Aufnahmen der Probe angefertigt. Die einzelnen Aufnahmen der Schliff- oder Schnittebenen werden anschließend am Rechner in einen dreidimensionalen Datensatz überführt. Ein einzelner Pixel der mikroskopischen Aufnahmen wird zu einem dreidimensionalen Element, dem Voxel (Abkürzung für volumetric pixel). Die Ausdehnung des Voxels entspricht in x- und y-Richtung der Ausdehnung des Pixels und in z-Richtung der Größe des Schnittabstandes. Mithilfe einer Bildbearbeitungssoftware kann das Probenvolumen dreidimensional dargestellt und analysiert werden.

In der Gruppe der Serienschnittverfahren können konventionelle Schnitttechniken, die mit lichtmikroskopischer Abbildung und einer mechanischen Probenpräparation arbeiten, und die Serienschnitttechnik im Focused-Ion-Beam-Mikroskop unterschieden werden. Letztere bietet eine besondere Vielfalt an Kontrasten im relevanten Größenbereich des Gefüges, worauf in Abschnitt 10.2.3 gezielt eingegangen wird.

2.10.2.6 Atomsondentomografie

Eine Sonderrolle unter den Tomografieverfahren nimmt die Atomsondentomografie ein, die als bisher einziges de facto atomare Auflösung besitzt. Sie hat sich aus dem Bereich der Feldionenmikroskopie (FIM) entwickelt, die Mitte der 1950er Jahre die erste Technik war, mit der an metallischen Spitzen mit extrem kleinen Radien eine atomare Auflösung erreicht wurde. Die Probe liegt in Form einer sehr dünnen zylindrischen Spitze (typischer Durchmesser < 100 nm) mit einem Spitzenradius von nur wenigen Nanometern vor. Durch das Anlegen einer elektrischen Spannung entsteht an der Probenspitze eine sehr hohe elektrische Feldliniendichte. Durch das zusätzliche Aufbringen eines kurzen und definierten Spannungspulses ist man in der Lage, einzelne Atome zu ionisieren und aus der Probe herauszulösen (Feldverdampfung). Diese Ionen werden im elektrischen Feld entlang der Feldlinien beschleunigt und an einem Detektor in einiger Entfernung zur Probe registriert. Aus dem Auftreffort auf dem Detektor kann die genaue Position des Atoms in der Probe rekonstruiert werden. Aus der masseabhängigen Flugzeit der einzelnen Ionen kann die Art eines jeden Ions bestimmt werden (Abb. 2.179). Auf diese Weise können sukzessive die Atome der Spitze entfernt, registriert und danach wieder ein dreidimensionales Abbild der atomaren Anordnung in der Probe erstellt werden.

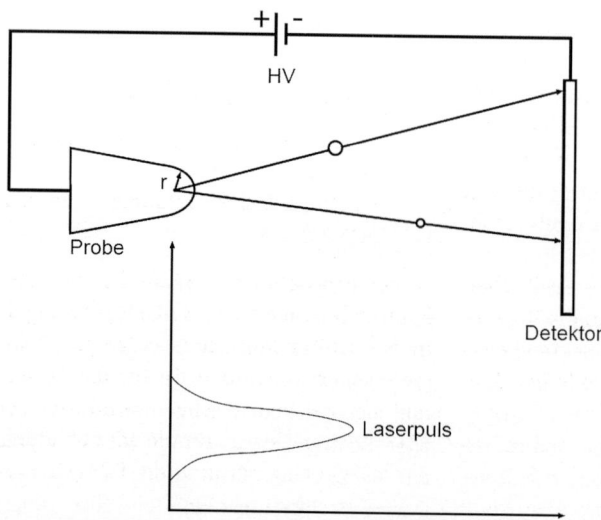

Abb. 2.179 Prinzip der Atomsondentomografie. Einzelne Ionen der Probe werden im elektrischen Feld zum Detektor beschleunigt. Aus dem Auftreffort kann die Position und aus der Flugzeit die Masse des Ions bestimmt werden. Das gezielte Herauslösen einzelner Ionen erfolgt mittels Spannungs- oder Laserpuls.

Für die Wahl des Spannungspulses ist es wichtig, dass jeweils nur ein Atom ionisiert werden kann und somit eine eindeutige Zuordnung möglich ist.

In den letzten Jahren hat die Atomsondentomografie eine rasante Entwicklung erfahren. Durch Weiterentwicklung der Detektorsysteme wurden bislang unerreichte Zählraten und damit sehr praktikable Analysezeiten möglich. Durch die gleichzeitigen Fortschritte der Computertechnik kann nun auch die für Tomografiemessungen typische, enorm große Datenmenge problemlos aufgenommen und verarbeitet werden. Das untersuchbare Probenvolumen stieg von wenigen Nanometern Kantenlänge auf über 100 nm Kantenlänge, bei gleichzeitig immer weiter verbesserter atomarer Auflösung und chemischer Information mit isotopenspezifischer Genauigkeit für jedes einzelne Atom.

Ein weiterer entscheidender Fortschritt wurde durch die Einführung der zusätzlichen Laseranregung erreicht (Laserenergie ergänzt bzw. ersetzt Feldverdampfung), mit der die Anwendung nicht mehr auf leitfähige Proben beschränkt bleibt, sondern für praktisch alle Werkstoffklassen möglich ist. Die Technik ist nun kommerziell erhältlich und bietet die einzigartige Möglichkeit, atomare Auflösung und chemische Analyse in einem materialwissenschaftlich relevanten Probenvolumen zu verbinden und damit viele der noch offenen Fragestellungen lokaler Gefügebildung, -veränderung oder -schädigung in der Materialwissenschaft anzugehen.

Die Atomsondentomografie stellt allerdings große Anforderungen an die Probenpräparation. Herkömmliche elektrochemische Verfahren zur Herstellung feiner Spitzen (ähnlich der herkömmlichen TEM-Probenpräparation) haben durchaus ihre Berechtigung, da sie schnell und mit überschaubarem Aufwand anzuwenden sind. Sie sind jedoch auf ausreichend leitfähige Werkstoffe beschränkt und erlauben oft keine hinreichend exakte Zielpräparation des interessierenden Bereiches. In Kombination mit der Focused-Ion-Beam-Technik können hingegen Proben aller Materialklassen für eine Atomsondentomografie zielgenau präpariert werden.

2.10.3
FIB-Gefügetomografie

Die FIB-Gefügetomografie beruht auf den Techniken der Rasterelektronenmikroskopie und der Focused-Ion-Beam (FIB)-Mikroskopie. In einem Rasterelektronenmikroskop (siehe Abschnitt 2.7.2) wird ein feiner Elektronenstrahl durch magnetische Linsensysteme gebündelt und auf die Probe fokussiert. Die beschleunigten Elektronen treten in Wechselwirkung mit der Probe und erzeugen eine Vielzahl auswertbarer Signale. Eine Rastereinheit lenkt den Elektronenstrahl ab und führt ihn zeilenweise über die Probenoberfläche. Auf diese Weise wird Punkt für Punkt ein Signal erzeugt, durch geeignete Detektoren aufgezeichnet und zu einer bildhaften Darstellung zusammengeführt.

Die zur Abbildung wichtigen Signale sind:

- Sekundärelektronen (SE)
- Rückstreuelektronen (BSE)
- Bragg-reflektierte Rückstreuelektronenbeugung (EBSD)
- charakteristische Röntgenstrahlung (EDX bzw. WDX)

In der FIB-Gefügetomografie hat sich bislang insbesondere die SE-Gefügetomografie zur 3D-Abbildung der Gefügemorphologie etabliert. Außerdem ist für die 3D-Abbildung des chemischen Kontrasts die EDX-Tomografie und für die 3D-Abbildung der lokalen Gitterstruktur die EBSD-Tomografie entwickelt worden.

Die Focused-Ion-Beam-Technik beruht auf ähnlichen Prinzipien wie die Rasterelektronenmikroskopie. Anstatt der negativ geladenen Elektronen werden hier positiv geladene Ionen, meist Gallium, mithilfe einer Hochspannung beschleunigt und durch magnetische Linsen auf die Probe fokussiert. Aufgrund der im Vergleich zu Elektronen größeren Masse sind die Ionen in der Lage, Atome von der Probenoberfläche zu entfernen. Die Wirkung kann durch Zusatz von Ätzgasen verstärkt werden. Mithilfe spezieller Gaszusätze (z. B. platinhaltige Moleküle) ist auch eine hochaufgelöste selektive Deposition von Material (z. B. metallisches Platin) auf der Probe möglich.

2.10.3.1 Der Sputterprozess im FIB

Übersteigt die Energie der beschleunigten Ionen die Bindungsenergie der Oberflächenatome, so werden diese freigesetzt (Sputtering). Mit einem fein fokussierten Ionenstrahl ist man somit in der Lage, die Probenoberfläche lokal abzutragen oder anzuschneiden. Neben dem gewünschten Sputtering kommt es zur meist unerwünschten Implantation von Ionen des Primärstrahls in der Probe bzw. zu einer Defektbildung durch den Ionenbeschuss. Zusätzlich können sich die in die Gasphase überführten Probenatome wieder an der Probenoberfläche anlagern (Redeposition).

Gasunterstütztes Ätzen

Um den Wirkungsgrad des Sputterprozesses zu steigern, werden zusätzlich Ätzgase verwendet. Diese werden an der Probenoberfläche adsorbiert und mithilfe des Ionenstrahles zu einer chemischen Reaktion mit der Probe gebracht. Es entsteht ein flüchtiges Reaktionsprodukt, und die Probenatome werden von der Oberfläche entfernt. Die Wirkung der Ätzgase ist selektiv, d. h. sie beschleunigen nur den Abtrag eines bestimmten Stoffes oder einer bestimmten Phase und können unter Umständen den Abtrag benachbarter Phasen hemmen.

Ein ideales Ätzgas darf keine spontane Reaktion mit der Probe oder Teilen der Gerätetechnik zeigen. Erst unter der Wirkung des Ionenstrahls darf sich die chemische Reaktion mit der Probe ausbilden. Die Sputterrate kann auf diese Weise um bis zu einer Größenordnung gesteigert werden.

Deposition

Analog zum gasunterstützten Ätzen kann mithilfe von Precursorgasen eine gezielte Deposition auf der Probe erreicht werden. Das Precursorgas wird auf der Oberfläche adsorbiert und mithilfe des Ionenstrahls zersetzt. Eines der Reaktionsprodukte wird dadurch an der Probenoberfläche angelagert. Man spricht hierbei von einem ioneninduzierten CVD-Prozess. Auf diese Weise ist die Herstellung von Schutzschichten oder auch funktionellen Oberflächenstrukturen möglich. Als Precursorgase für die Abscheidung von Metallschichten werden meist organometallische Verbindungen oder Metallhalogenide eingesetzt.

Die Größe des Wechselwirkungsbereiches hängt vom eingestellten Ionenstrom ab. Durch die Wahl einer kleinen Blende kann bei allen oben genannten Manipulationen eine Genauigkeit von wenigen Nanometern erreicht werden.

2.10.3.2 Abbildung im FIB

Ionen erzeugen bei der Wechselwirkung mit der Probe ebenso Teilchen bzw. Strahlung und ermöglichen so eine Abbildung. Dies sind im Besonderen die Emission von Sekundärelektronen (man spricht von ioneninduzierten Sekundärelektronen, kurz

ISE) oder auch der charakteristischen Röntgenstrahlung. Zur Abbildung werden meist ISE benutzt. Die Kontrastmechanismen sind vom Prinzip her die gleichen wie die der elektroneninduzierten SE, ihre Stärke ist jedoch unterschiedlich ausgeprägt. Insbesondere kommt es mit ISE zu einem starken Channeling-Kontrast, der Orientierungsunterschiede des Atomgitters von Kristalliten vor allem qualitativ erkennen lässt.

2.10.3.3 Zweistrahl-FIB/REM-Mikroskope

Zweistrahl-FIB/REM-Mikroskope integrieren die REM- und die FIB-Technik in einem Gerät. Damit wird eine Vielzahl von neuen Charakterisierungsmöglichkeiten eröffnet, da die Probe gleichzeitig mit Ionen manipuliert und mit Elektronen abgebildet werden kann. Eine wichtige Methode, die durch diese Technik ermöglicht wird, ist die exakte Zielpräparation in der Werkstoffanalyse. Mithilfe des REM kann gezielt ein Werkstoffbereich ausgewählt werden und anschließend nicht nur oberflächennah, sondern auch in der Tiefe durch die Erstellung eines FIB-Schnittes untersucht werden. Des Weiteren können an exakt definierter Stelle Folien für TEM-Untersuchungen hergestellt werden.

2.10.3.4 Serienschnitttechnik im FIB-Mikroskop

In der FIB-Gefügetomografie wird ein Querschnitt der Probe schrittweise mit dem Ionenstrahl abgetragen und die Oberfläche im ioneninduzierten Sekundärelektronenbild betrachtet. Zwischen diesen beiden Schritten muss die Probe gekippt werden, um eine für Abbildung bzw. Abtrag geeignete Orientierung in Bezug zum Ionenstrahl zu bekommen. Dies führt zu einer Verschlechterung der Auflösung, da sich eine korrekte Repositionierung der Probe als schwierig gestaltet.

Durch die Entwicklung der Zweistrahl-FIB/REM-Mikroskope konnte dieses Verfahren weitreichend verbessert werden, da man damit in der Lage ist, Serienschnitte und elektronenmikroskopische Aufnahmen der Querschnittsflächen ohne Probenbewegung herzustellen (Abb. 2.180). Die Bewegung der Probe und deren aufwändige Repositionierung werden vermieden. Mit dieser Methode sind laterale Auflösungen von wenigen Nanometern bei einer Schnittbreite von ebenfalls nur wenigen Nanometern erreicht worden. Durch eine Automatisierung der Serienschnitte und der elektronenmikroskopischen Aufnahmen sind vergleichsweise große Probenvolumina von $10^5 - 10^6$ µm^3 zugänglich.

Die FIB-Gefügetomografie bietet also die einzigartige Kombination einer einerseits hohen, gefügerelevanten Auflösung von wenigen Nanometern und andererseits ein für die Untersuchung vieler Gefügemerkmale entscheidendes relativ großes Probenvolumen und schließt damit die für die Gefügebeschreibung essentielle „Skalenlücke" zwischen der Röntgentomografie und der Elektronen- bzw. Atomsondentomografie.

Darüber hinaus bilden die vielseitigen Abbildungsverfahren der Rasterelektronenmikroskopie die Grundlage für das enorm vielfältige Kontrastierungspotenzial dieser Methode bei der lokalen Gefügeaufklärung. Das Standardverfahren nutzt eine Abbildung mithilfe von Sekundär- oder Rückstreuelektronen (SE, BSE). Eine Integration des Phasen- und Orientierungskontrastes mittels Rückstreuelektronenbeugung (EBSD) und des chemischen Kontrastes mittels energiedispersiver Röntgenspektroskopie (EDX) kann ergänzende Informationen zu den Sekundärelektronenbildern liefern.

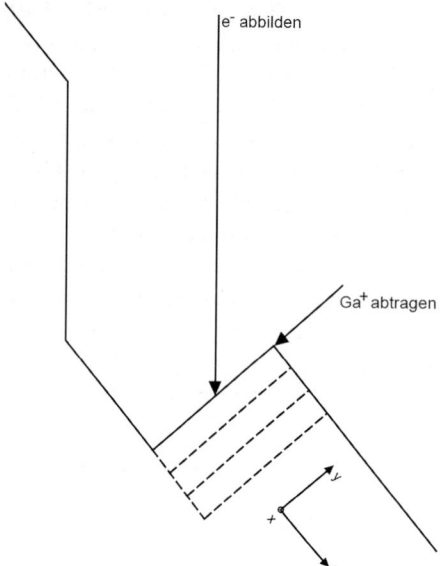

Abb. 2.180 Prinzip der FIB-Gefügetomografie. Mittels FIB wird die Querschnittsfläche der Probe schrittweise abgetragen und gleichzeitig mittels REM abgebildet.

Um die Querschnittsfläche betrachten zu können, muss das Probenvolumen freigelegt werden, wozu sich folgende drei Vorgehensweisen eignen (Abb. 2.181):

a) An einem beliebigen Punkt der Probenoberfläche wird der Bereich vor dem interessierenden Probenvolumen abgetragen. Um eine starke Redeposition des im Serienschnittprozess abgetragenen Materials und eine Abschattung der Querschnittsfläche zu vermindern, ist es sinnvoll, auch den Bereich neben dem interessierenden Volumen abzutragen. Diese Methode ist nicht für eine Kontrastierung mittels EBSD geeignet,

2.10.3.5 Probenvorbereitung für die FIB-Gefügetomografie

Die Probe wird so positioniert, dass der Ionenstrahl senkrecht auf die Probenoberfläche trifft. Ein mit dem Ionenstrahl hergestellter Querschnitt der Probe kann ohne Probenbewegung mit dem Elektronenstrahl betrachtet werden.

Zum Schutz der Probe vor dem Einfluss des Ionenstrahls muss eine dünne Schutzschicht auf dem zu untersuchenden Probenvolumen abgelagert werden. Diese verhindert zum einen, dass die Probenoberfläche zerstört wird und zum anderen wird der sogenannte Curtaining-Effekt vermieden, der ansonsten zu einer unregelmäßigen Querschnittsoberfläche und damit Abbildungsproblemen führt. Zudem dient die Grenzfläche zwischen der Probe und der Schutzschicht als Referenz für die spätere Rekonstruktion.

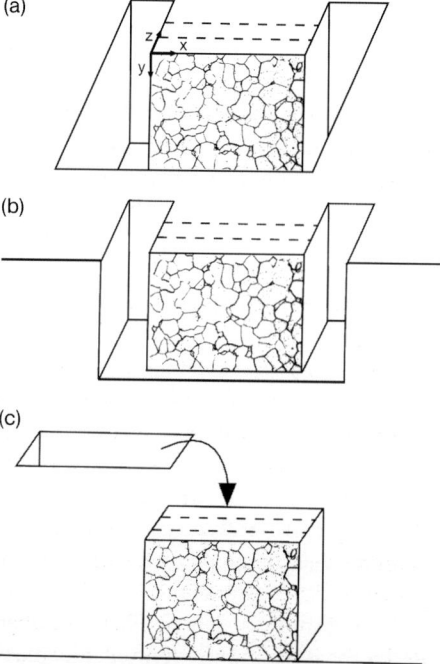

Abb. 2.181 Möglichkeiten der Probenpräparation für die FIB-Tomografie. Die Abbildungen zeigen die Probe aus Sicht des Elektronenstrahls. a) Freilegen der Querschnittsfläche an einer beliebigen Probenposition (nicht für EBSD geeignet); b) Freilegen der Querschnittsfläche am Probenrand; c) Transfer einer beliebigen Probenstelle an den Probenrand.

da der notwendige Raumwinkel nicht erreicht werden kann, der zur Detektion der kristallografischen Information aus den rückgestreuten Elektronen notwendig ist.

b) Liegt der interessierende Probenbereich am Rand der Probe, muss die Querschnittsfläche nur noch minimal mit dem Ionenstrahl vorbereitet werden. Auch hier empfiehlt es sich, zusätzlich die Bereiche neben dem interessierenden Probenvolumen abzutragen. Diese Methode ist für alle Kontrastierungen geeignet, da der EBSD-Detektor unter dem vollen Raumwinkel die abzubildende Probenoberfläche „sieht".

c) Liegt der interessierende Bereich nicht am Rand der Probe und soll dennoch eine Kontrastierung mittels EBSD durchgeführt werden, so muss dieser Bereich vollständig freigeschnitten und mittels Mikromanipulator herausgehoben werden. Anschließend kann er am Rand der Probe oder auf einem entsprechenden Probenhalter abgesetzt werden.

Nachdem das Probenvolumen in den vorherigen Schritten präpariert worden ist, kann der eigentliche Serienschnittprozess durchgeführt werden. Es werden sukzessive dünne Scheiben des Probenvolumens entfernt und die jeweilige Querschnittsfläche neu abgebildet. Um die Probendrift zu kompensieren, können die einzelnen Schnitte anhand von Referenzmarkierungen ausgerichtet werden.

Da sich durch den Winkel zwischen Probe und Elektronenstrahl die Schnittebene in jedem Bild nach oben verlagert, müssen die aufgenommenen Serienbilder anschließend aneinander ausgerichtet werden. Als Referenz kann die Grenzfläche zwischen Probenoberfläche und Schutzschicht und eine Referenzmarkierung auf der Probenoberfläche dienen. Die Voxelgröße entspricht in x-Richtung der Pixelgröße der REM-Bilder. In y-Richtung muss die Pixelgröße aufgrund der Probenkippung im Vergleich zum Elektronenstrahl um einen Faktor $1/\sin(\alpha)$ (α = Winkel zwischen Elektronenstrahl und Normalen der Querschnittsfläche) korrigiert werden. Die Voxelgröße in z-Richtung entspricht der Schnittdicke. Ein Datensatz der FIB-Tomografie liefert somit im Gegensatz zu den durchstrahlenden Verfahren eine im Allgemeinen anisotrope Voxelgröße.

2.10.3.6 Anwendungsbeispiele

Grafitklassifizierung in Gusseisen

Gusseisen spielt nach wie vor eine bedeutende Rolle als Konstruktionswerkstoff, auch in Hochleistungsanwendungen wie im Motorenbau. Dabei beeinflusst die Grafitausbildung die Eigenschaften maßgeblich. Um das Eigenschaftspotenzial voll auszuschöpfen, ist daher eine gezielte Einstellung und Kontrolle der Grafitmorphologie von entscheidender Bedeutung (siehe Abschnitt 5.5.9). Die übliche Charakterisierung der Grafitmorphologie geschieht über den Vergleich mit den Richtreihenbildern der DIN EN ISO 945. Diese subjektive Klassifizierung führt oft zu Konflikten zwischen Lieferant und Abnehmer, da die entsprechenden Experten zu unterschiedlichen Ergebnissen bei der Gefügebeurteilung gelangen. Eine objektive Gefügeklassifizierung auf Grundlage von objektiven Gefügeparametern kann hier Abhilfe schaffen.

Anhand der zweidimensionalen Schnitte können die charakteristischen Gefügeparameter des jeweiligen Grafittyps bestimmt werden. Die Schwierigkeit in der zweidimensionalen Analyse beruht hier auf dem Auftreten von komplexen und mehrheitlich konkaven dreidimensionalen Formen. In einem zweidimensionalen Schnitt können die jeweiligen Schnittebenen nicht immer eindeutig einem bestimmten Grafittyp zugeordnet werden bzw. einzelne Grafitteilchen zerfallen in der Schnittebene in nicht zusammenhängende Teile. Da sich dadurch die Werte der Gefügeparameter für unterschiedliche Grafittypen überlappen, ist eine eindeutige Klassifizierung nicht möglich. Die Zusammenhänge der Grafittypen mit den in 2D bestimmbaren bildanalytischen Gefügeparametern können mithilfe einer 3D-Analyse näher erforscht werden.

Dazu wurden einzelne, für die jeweilige Grafitmorphologie typische Teilchen mittels FIB-Gefügetomografie und quantitativer 3D-Bildanalyse charakterisiert (Abb. 2.182). Hier zeigen sich eindeutige Unterschiede in den Grundparametern der jeweiligen Typen. Um die Auswirkungen auf die quantitative 2D-Analyse zu studieren, wurden die rekonstruierten Teilchen virtuell durch zufällig positionierte und zufällig orientierte Ebenen geschnitten und die Gefügeparameter in den virtuellen Schnittebenen bestimmt. Während die Schnitte, die relativ mittig durch die Grafitteilchen verlaufen und damit eine etwa der Teilchengröße entsprechende Fläche aufweisen, eindeutig zugeordnet werden können, unterscheiden sich die Schnitte am Rande der Teilchen für die verschiedenen Grafittypen nur geringfügig. Eine starke Überlappung der Bereiche der charakteristischen Gefügeparameter ist die Folge. Dies bedeutet, dass ein Schnitt, dessen Fläche weniger als etwa 20 % der Teilchengröße beträgt, nicht verlässlich klassifiziert werden kann. Dies betrifft einen Flächenanteil von ca. 10 % des Grafits, bei 10 % Grafitanteil bedeutet dies etwa 1 % des gesamten Flächenanteils. Mit diesem Fehler muss in einer zweidimensionalen Analyse prinzipiell gerechnet werden.

In der Praxis lässt sich aufgrund des hohen Aufwandes nicht in jedem Fall eine 3D-Analyse durchführen, weshalb weiterhin auf die 2D-Analyse zurückgegriffen werden muss. Dies führt dazu, dass im Einzelfall durch das Fehlen der 3D-Information keine eindeutige Klassifizierung erreicht werden kann. Die grundlegende Untersuchung der Zusammenhänge der 3D- und 2D-Gefügeparameter für die unterschiedlichen Grafittypen hat jedoch für die Klassifizierung der Gesamtheit der Grafitteilchen folgende Verbesserungen zur Folge:

- Die relevanten Gefügeparameter und ihre für einen bestimmten Grafittyp charakteristischen Werte konnten bestimmt werden.
- Aus der Kenntnis der Schnittwahrscheinlichkeiten und der entsprechenden Formparameter kann nun die Wahrscheinlichkeit, dass eine Kombination von Gefügeparametern zu einem bestimmten Grafittyp gehört, angegeben werden.

Abb. 2.182 3D-Rekonstruktion der Grafitlamellen in Gusseisen. In der 3D-Analyse können beispielsweise Form und Konnektivität des Grafits bestimmt werden. Volumen ca. 85 × 85 × 100 µm³

– Die Fehler und Grenzen, die aus dem Fehlen der 3D-Information resultieren, können eindeutig quantifiziert werden.

Mithilfe der 3D-Analyse wurden damit Algorithmen für die 2D-Analyse entwickelt, die anhand von objektiven Kriterien eine Klassifizierung erlauben. Außerdem können durch die quantitative Analyse der 3D-Datensätze (morphologisch, chemisch und phasenselektiv) jeweils auch die Keimbildungs- und Keimwachstumsvorgänge der Grafitausscheidung im Detail studiert werden.

Morphologie des Eutektikums in Al-Si-Gusslegierungen

Aluminium-Legierungen mit Silicium als Hauptlegierungselement gehören aufgrund der guten Fließeigenschaften in der Schmelze zu den wichtigsten Aluminium-Gusslegierungen. Das Al-Si-Eutektikum besteht aus einer Aluminium-Matrix, in die Platten aus Silicium eingelagert sind. Die Morphologie des Siliciums lässt sich durch Zugabe kleiner Mengen weiterer Legierungselemente, wie beispielsweise Strontium, gezielt verändern. Durch diese sogenannte „Veredelung" wird die Morphologie des Eutektikums in eine korallenförmige Struktur überführt.

Anhand von Al-Si-Gusslegierungen lassen sich die Vorzüge einer EDX-Tomografie verdeutlichen. Mit der herkömmlichen FIB-Tomografie im BSE- oder SE-Kontrast kann sehr schlecht zwischen den verschiedenen Phasen unterschieden werden, da die Matrix aus Aluminium besteht, das eutektische Silicium und intermetallische Phasen jedoch aus weiteren Legierungselementen (z. B. Mg_2Si), die aufgrund der ähnlichen Ordnungszahlen einen geringen Kontrast aufweisen. Die Energien der charakteristischen Röntgenenergien von Aluminium, Silicium und Magnesium sind jedoch hinreichend verschieden, um eine eindeutige Zuordnung mittels EDX durchzuführen.

Der größere Zeitaufwand für die FIB-EDX-Tomografie wird in diesem Beispiel durch die besonders einfache Rekonstruktion der 3D-Daten kompensiert. Die Rekonstruktion der Gefügemorphologie aus den SE-Bildern wäre dabei nur mit sehr hohem Aufwand in der Bildbearbeitung und mit dem Risiko der falschen Phasenidentifizierung möglich gewesen. Die EDX-Maps ergänzen die nötige Information und gestatten eine eindeutige Rekonstruktion.

In der Tomografie zeigt sich auch die unterschiedliche Morphologie des veredelten und des unveredelten Eutektikums (Abb. 2.183). Das unveredelte Eutektikum bildet plattenförmige Si-Strukturen, die in einem Netzwerk miteinander verbunden sind und durch die erhöhte Kerbwirkung die mechanischen Eigenschaften des Werkstoffs verschlechtern. Das veredelte Eutektikum mit den abgerundeten, feinen, korallenförmigen Si-Strukturen ist in mehrere Kolonien getrennt, wodurch die mechanischen Eigenschaften, besonders bei zyklischer Beanspruchung, entscheidend verbessert werden.

Lokale Gefügedegradation in Kontaktwerkstoffen

Werkstoffe in elektrischen Kontakten erfahren infolge eines Entladungsplasmas eine zunehmende Schädigung. Das Verständnis der Schädigungsvorgänge ist für die Entwicklung langzeitig stabiler Kontaktwerkstoffe von entscheidender Bedeutung. Das Anforderungsprofil an diese Werkstoffe ist vielfältig. Neben der guten elektrischen und thermischen Leitfähigkeit spielt auch mechanische Stabilität und eine geringe Verschweißneigung eine große Rolle. Silberbasierte Kontaktwerkstoffe mit fein verteilten Oxidpartikeln erfüllen diese Anfor-

2 Metallografische Arbeitsverfahren

(a)

(b)

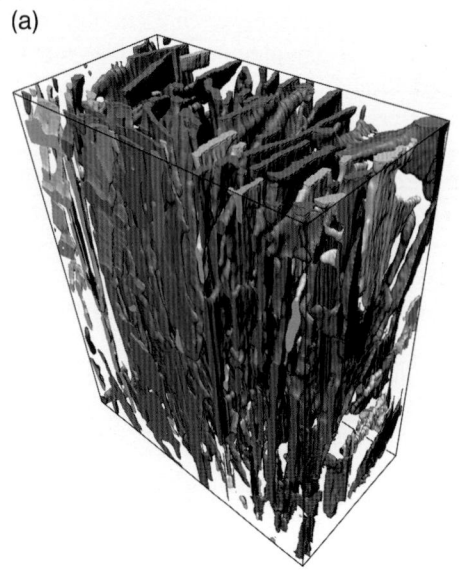

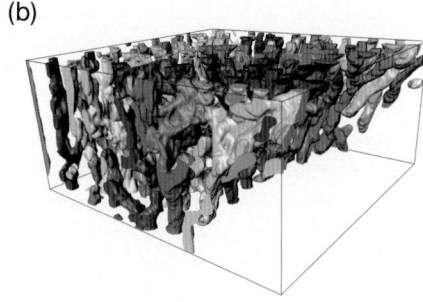

Abb. 2.183 Rekonstruktion von Al-Si-Eutektika in einer AlSi7-Gusslegierung
a) unveredeltes Eutektikum: Das eutektische Silicium zeigt eine plattenförmige Morphologie. Volumen ca. 70 x 100 x 40 µm^3
b) Strontium-veredeltes Eutektikum: Das eutektische Silicium zeigt eine korallenförmige Morphologie. Volumen ca. 35 x 15 x 35 µm^3

derungen. Die Silber-Matrix sorgt für eine gute elektrische Leitfähigkeit, wohingegen die Oxide ein Verschmelzen der Elektroden beim Schließen des Kontaktes trotz extremer thermischer Kurzzeitbelastung durch das Entladungsplasma verhindern. Dennoch erfahren diese Werkstoffe in jedem Schaltvorgang eine µm-große lokale Schädigung, die nach entsprechender Schaltzahl die globalen Eigenschaften im Betrieb zunehmend verschlechtert. Da es sich hierbei um lokal begrenzte, dreidimensionale Schädigungen handelt, ist eine Bestimmung der Gefügeveränderung an einer einzelnen Schnittebene nicht quantitativ möglich. Um den Einfluss der Schädigung quantitativ beschreiben zu können, muss das Gefüge stattdessen dreidimensional mit gefügeangepasster Auflösung abgebildet werden.

In der FIB-Tomografie und der anschließenden quantitativen Bildanalyse zeigte sich zunächst eine erhöhte Porosität im Bereich der Schädigung (Abb. 2.184). Die Porenbildung kann auf die gute Löslichkeit von Sauerstoff in Silber bei erhöhten Temperaturen zurückgeführt werden. Zum Zeitpunkt der Entladung bildet sich ein Schmelzbad aus Silber, das Sauerstoff aufnimmt und bei der Erstarrung in Form von Poren wieder freisetzt. In der geschädigten Probe zeigt sich aber zusätzlich eine Vergröberung und Agglomeration der Oxidpartikel um die gebildeten Poren.

Diese Gefügeveränderung beeinflusst unter Umständen drastisch die lokalen Eigenschaften im Bereich der Schädigung. Um die Eigenschaftsänderung nachzuvollziehen, können die tomografischen Daten für eine Simulation der effektiven Eigenschaften des realen Gefüges verwendet werden. In den Simulationen für das abgebildete Beispiel zeigt sich, dass die lokale elektrische und thermische Leitfähigkeit durch die Poren und Oxidagglomerate im Vergleich zum ungeschädigten Gefüge bis auf 50 % reduziert wird. Bei weiterer Belastung durch Entladungsvorgänge kommt es infolge dieser Änderung der Werkstoffeigenschaften zu einer weiter zunehmenden Schädigung und schließlich zum Ausfall des Bauteils. Ziel der Werkstoffentwicklung

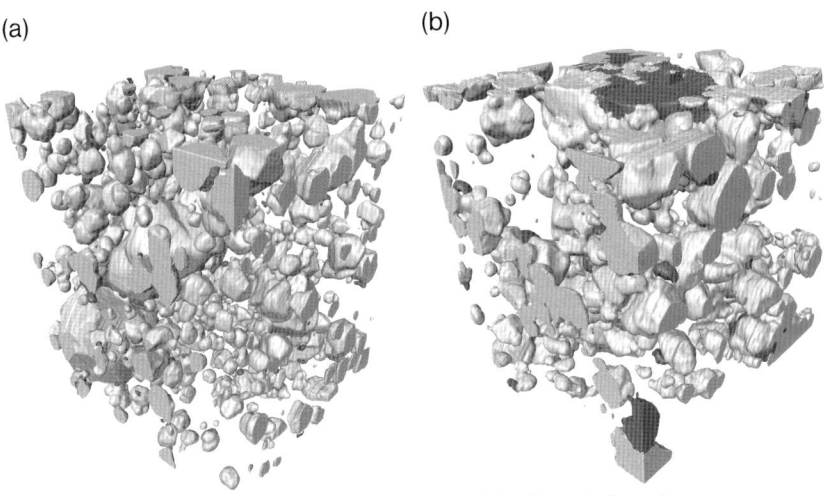

Abb. 2.184 Rekonstruktion der Oxidpartikel (grau) und der Poren (schwarz) in einem Kontaktwerkstoff
a) Ausgangszustand; Volumen ca. $10 \times 10 \times 10$ µm^3
b) nach der Beanspruchung; Volumen ca. $10 \times 10 \times 10$ µm^3

der Kontaktwerkstoffe muss es in diesem Zusammenhang also sein, die Verteilung der sekundären Phase in der Metallmatrix auch während der Entladung zu kontrollieren und eine Agglomeration zu vermeiden.

2.11
Akustische Mikroskopie

Die Ausbreitung von Schall vollzieht sich in Festkörpern über Longitudinal-, Transversal- oder Oberflächenwellen, deren Ausbreitungsgeschwindigkeiten von der Dichte ρ, den elastischen Einkristallmoduli C_{mn} und der kristallografischen Ausbreitungsrichtung abhängen. Vernachlässigt man die elastische Anisotropie des Festkörpers, so ergibt sich für die Schallgeschwindigkeit (Ausbreitungsgeschwindigkeit) c_l der longitudinalen Wellen in unendlich ausgedehnten Körpern

$$c_l = \sqrt{\frac{E}{\rho}} \cdot \sqrt{\frac{1-\mu}{(1+\mu)(1-2\mu)}} \quad (2.73\,a)$$

bzw. von transversalen Wellen c_t

$$c_t = \sqrt{\frac{G}{\rho}} = \sqrt{\frac{E}{2\rho(1+\mu)}} \quad (2.73\,b)$$

E Elastizitätsmodul
G Schubmodul
μ Poisson-Konstante
ρ Dichte

Für den Zusammenhang zwischen der Schallgeschwindigkeit c, der Frequenz f und der Wellenlänge λ gilt

$$c = \lambda \cdot f \quad (2.74)$$

Schallwellen können reflektiert und bei einem Übergang in ein Medium mit veränderter Schallgeschwindigkeit gebrochen werden, wobei als Brechungsgesetz gilt:

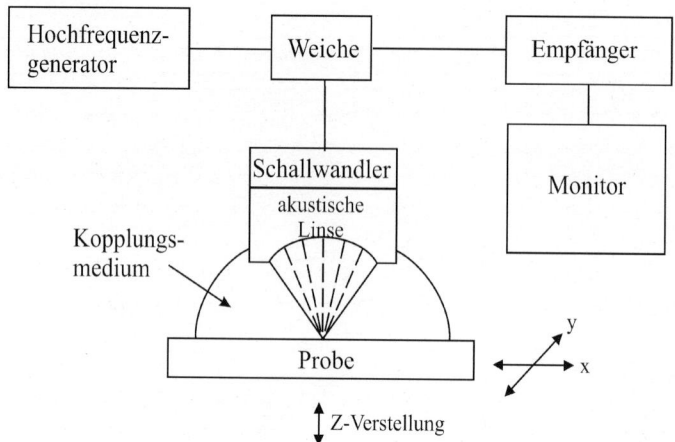

Abb. 2.185 Prinzip eines akustischen Rastermikroskops

$$\frac{\sin \alpha}{\sin \beta} = \frac{c_1}{c_2} \quad (2.75)$$

Für $c_2 > c_1$ wird eine Totalreflexion bei einem Einfallswinkel $\alpha \geq \arcsin c_1/c_2$ möglich, wobei Oberflächenwellen, sogenannte Rayleigh-Wellen gebildet werden.

Auch Beugung bzw. Interferenzen können bei Schallwellen beobachtet werden. Es liegt eine weitgehende Analogie zur Ausbreitung von Licht vor, weshalb der Gedanke, mit Schallwellen eine Mikroskopie zu betreiben, nahe lag. Voraussetzung dafür war neben der Entwicklung von Schalllinsen, dass die Schallfrequenzen f so hohe Werte erreichten (Frage der Erzeugung und Detektion), dass sich eine Wellenlänge im µm-Bereich ergab. Mit Frequenzen im Bereich von 0,1 – 2 GHz wurde das möglich (Ultraschall, erzeugt über piezoelektrische Geber bzw. Empfänger meist auf ZnO-Basis).

Das Prinzip eines akustischen Mikroskops ist Abb. 2.185 zu entnehmen. Im Generator wird ein elektrisches Signal mit der gewünschten Frequenz erzeugt und als ein Impuls mit einer Dauer im 10 ns-Bereich über eine Weiche dem elektrisch-akustischen Schallwandler zugeführt. Dieser transformiert das elektrische Signal in ein akustisches, die gebildeten longitudinalen Schallwellen treten in die akustische Linse aus Saphir (Al_2O_3 mit $c = 11\,100$ m s^{-1}) ein und werden über die gewölbte Frontseite in das Kopplungsmedium (normalerweise Wasser mit $c = 1485$ m s^{-1}) übertragen. Wegen des hohen Verhältnisses $c_{Saphir}/c_{Wasser} = 7{,}5$ beträgt der Winkel des gebrochenen Strahls an der Grenzfläche nur wenige Grad, die Schallwellen treten praktisch senkrecht zur Oberfläche der Schalllinse in das Kopplungsmedium ein, sodass durch eine entsprechende geometrische Gestaltung der Frontseite der Linse eine Fokussierung der Schallwellen in die Objektebene erreicht wird. Da die Laufzeit des Schallimpulses im Kopplungsmedium größer als die Impulsdauer ist, steht der Schallwandler als Empfänger bereit, wenn die vom Objekt reflektierten Schallwellen, die nun die Informationen über die akustischen Eigenschaften vom angesteuerten Objektpunkt tragen, nach Passieren der Linse (Objektiv) den Wandler erreichen. Dessen elektrisches Signal wird über die Weiche dem Empfänger und letztlich einem Monitor zugeführt. Um zu einer flächigen Abbildung des Objekts zu gelangen, wird das Objekt in x-y-Richtung abgerastert, realisiert über Schwingungen der Linse in einer Richtung und eine mechanische Verstellung in der anderen. Die x-y-Koordinaten werden an den Monitor weitergeleitet und bestimmen die Position des Bildpunkts. Durch eine Veränderung der z-Position der Probe kann die abzubildende Fokalebene in das Probeninnere verlegt werden, d. h. man kann sich mit diesem Trick die dritte Dimension der Probe erschließen. Man vergleiche hierzu das Prinzip eines konfokalen optischen Rastermikroskops (Abschnitt 2.2.3.7) bei dem jedoch wegen der sehr geringen Eindringtiefe des Lichts nur die Topologie der Objektoberfläche, nicht das Probeninnere abgebildet werden kann, wie das bei der akustischen Mikroskopie möglich wird.

Die erreichbaren Auflösungsgrenzen können in Analogie zur optischen Mikroskopie (s. Beziehung (2.33)) abgeschätzt werden zu

$$d_{gr} \approx \frac{0{,}5 \cdot \lambda}{A} \qquad (2.76)$$

A Apertur der Linse, bestimmt durch den Öffnungsradius und die Brennweite der Linse

Bestimmende Größe ist die Wellenlänge λ des Ultraschalls im Kopplungsmedium. Bei 2 GHz beträgt λ in Wasser 0.75 µm. Bei Nutzung hoher Aperturen treffen die Schallwellen aus den achsenfernen Bereichen der Linse unter Winkeln auf die Objektfläche, die größer als der Totalreflexionswinkel sind (s.o.). Es werden dann durch diese Rayleigh-Wellen (elliptisch polarisierte Oberflächenwellen mit einer Eindringtiefe um λ) angeregt, die in das Objektiv rückstrahlen und mit den Wellen aus achsennahen Bereichen des Objektivs interferieren. Damit ergeben sich z. T. komplizierte Bedingungen für eine Kontrastinterpretation. Durch Wahl kleiner Aperturen können Rayleigh-Wellen unterdrückt werden.

Kontraste ergeben sich dann, wenn die benachbarten Objektbereiche sich hinsichtlich ihrer Konstitution (Materialkontrast), der Orientierung (Anisotropiekontrast), ihrer Oberflächentopografie (Topografiekontrast) bzw. durch das Auftreten von Grenzflächen (Grenzflächenkontrast) unterscheiden.

Die akustische Mikroskopie „lebt" von den elastisch-akustischen Eigenschaftsunterschieden der Objekte und stellt damit eine Ergänzung der optischen Mikroskopie dar. Ihre Stärke liegt in der Möglichkeit, unter die Probenoberfläche schauen zu können, was sie insbesondere für die Mikroelektronik, die Mikrosystemtechnik und die Beschichtungstechnik interessant macht.

2.12 Mikrohärte

Unter der Härte eines Körpers versteht man seinen Widerstand, den er dem Eindringen eines härteren (Prüf-)Körpers entgegensetzt (Martens). Damit ist das notwendige Experiment definiert: Man drückt einen möglichst harten, wenig deformierbaren Prüfkörper definierter Geometrie (Indenter genannt, meist aus Diamant) mit einer bestimmten Kraft F in die Oberfläche des zu prüfenden Körpers hinein, bestimmt geometrische Größen des erzielten Eindrucks (Durchmesser, Flächen oder Tiefen des Eindrucks) entweder unter Last oder nach dem Entlasten am verbliebenen Eindruck und bezieht die aufgebrachte Last auf diese geometrische Größen möglichst so, dass letztlich eine Angabe Kraft/Fläche resultiert. Das heißt, dass die Härteangabe (mit wenigen Ausnahmen wie z. B. bei der Rockwell-Härtemessung) die Dimension einer Spannung hat, um zu erreichen, dass die Härteangabe

Verfahren	Vickers	Knoop
Diamant-Eindringkörper: (nicht maßstabsgerecht):	quadratische Pyramide Flächenwinkel $\gamma = 136°$ 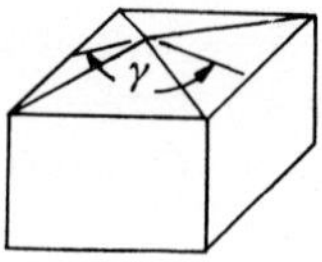	rhombische Pyramide großer Kantenwinkel $\alpha = 172°30'$ kleiner Kantenwinkel $\beta = 130°$ 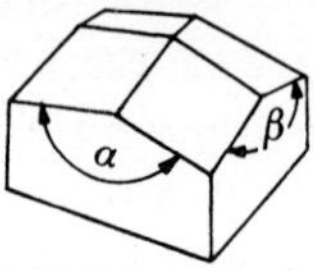
Eindruck und Messgrößen:	$d = \dfrac{d_1 + d_2}{2}$ 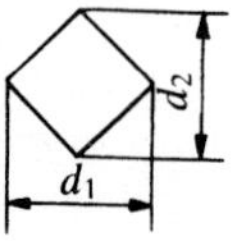	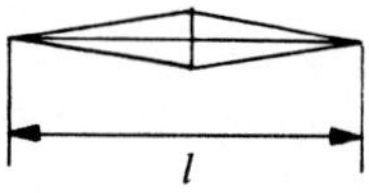 l
Eindringtiefe:	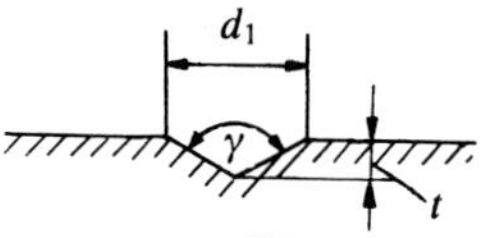 $t \approx d/7$	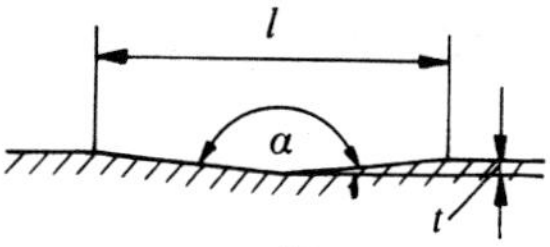 $t \approx l/30$

Abb. 2.186 Mikrohärteprüfung nach Vickers und Knoop

in Bezug zu anderen Spannungskenngrößen der Werkstoffe, wie z. B. die Zugfestigkeit, gesetzt werden kann. Wenn die aufgewendeten Kräfte kleiner als etwa 2 N sind, spricht man von der Mikrohärte, da die dabei erzielten Eindruckgrößen im Mikrometerbereich liegen. Bei Prüfkräften kleiner als etwa 10 mN spricht man von Ultramikrohärte (Kleinlasthärte bei $2\,\text{N} \leq F \leq 50\,\text{N}$; Makrohärte bei $F \geq 50\,\text{N}$).

Als Indenter benutzt man in der Regel Diamantpyramiden. Je nach deren Geometrie unterscheidet man (Abb. 2.186)

- die Vickers-Härte HV (Pyramide mit quadratischer Grundfläche und einem Winkel zwischen den sich gegenüberstehenden Flächen von $\alpha = 136°$)
- die Knoop-Härte HK (Pyramide mit rhombischer Grundfläche und Kantenwinkeln $\alpha = 172{,}5°$ bzw. $\beta = 130°$)

In jüngerer Zeit setzt man gelegentlich auch dreiseitige Pyramiden nach Berkovich ein, deren Vorzug darin besteht, dass bei ihrer Fertigung durch Anschleifen bzw. Polieren der drei Flächen immer eine Spitze gebildet wird, was bei vierseitigen Pyramidenformen nicht gewährleistet ist.

Die Benutzung von Kegel oder Kugeln als Indenter ist bei Mikrohärtemessungen nicht üblich.

Die sich jeweils ergebenden Eindruckgeometrien und deren geometrischen Messgrößen finden sich in Abb. 2.186.

2.12.1
Konventionelle Mikrohärtemessung

Bei der Berechnung der konventionellen Härtewerte werden die Kenngrößen des bleibenden Härteeindrucks nach Entlasten bzw. Wegnahme des Indenters bestimmt. Der Eindruck repräsentiert den irreversiblen Deformationsanteil des Eindringvorgangs und man leitet aus den Eindruckdiagonalen die erzeugte Eindruckfläche ab, auf die die Kraft F bezogen wird. Dabei nimmt man an, dass diese Eindruckfläche der Kontaktfläche des Indenters bei Belastung entsprochen hat. Da man früher die Kraft in kp (1 kp = 9,81 N) angegeben hat und die in der Praxis verwendeten Härteprüfer zu einem großen Teil noch für diese Kraftangabe ausgelegt sind, erhält man eine Dimension der Härtewerte in kp mm^{-2}, die nicht dem üblichen internationalen Maßsystem (SI) angehört. Deshalb werden die Härten in ihrer Dimension mit HV (Vickers-Härte) bzw. HK (Knoop-Härte) gekennzeichnet (z. B. 237 HV, entspricht 237 kp mm^{-2} bzw. 237·9,81 = 2325 N mm^{-2}).

- VICKERS-Härte: Bestimmt werden die Längen der beiden Eindruckdiagonalen d_1 und d_2, der Mittelwert $d = (d_1 + d_2)/2$ (gemessen in µm) bestimmt die Eindruckfläche gemäß $A = d^2/2 \sin(136°/2) = d^2/1{,}8544$. Wird die Kraft F in p (1 Pond = 0,001 kp) gemessen (ältere Geräte), findet man für die Vickers-Härte HV:

$$\mathrm{HV} = 1854{,}4 \cdot F\,[\mathrm{p}]/d^2\,[\mathrm{\mu m}^2] \qquad (2.77\text{ a})$$

Bei Angabe der F Kraft in mN (1 p = 9,81 mN)

$$\mathrm{HV} = 189{,}0 \cdot F\,[\mathrm{mN}]/d^2\,[\mathrm{\mu m}^2] \qquad (2.77\text{ b})$$

Die Tiefe des Eindrucks t ist proportional zur Diagonalenlänge d gemäß

$$t = 0{,}1428 \cdot d \approx d/7 \qquad (2.78)$$

Knoop-Härte: Bestimmt wird die lange Diagonale l (in µm), aus der gemäß $A = 7{,}028 \cdot 10^{-8} \cdot l^2$ die Härte berechnet wird:

$$\mathrm{HK} = 14229 \cdot F\,[\mathrm{p}]/l^2\,[\mathrm{\mu m}] \qquad (2.79\text{ a})$$

bzw.

$$\mathrm{HK} = 1451 \cdot F\,[\mathrm{mN}]/l^2\,[\mathrm{\mu m}] \qquad (2.79\text{ b})$$

Die Eindringtiefe t ist mit

$$t = l/30{,}51 \approx l/30 \qquad (2.80)$$

mehr als viermal kleiner als bei der Vickers-Härte, wenn man $d \approx l$ voraussetzt. Deshalb wird die im angelsächsischen Bereich verbreitete Knoop-Härte gern für die Charakterisierung dünner Schichten verwendet. Wegen des großen Kantenwinkels nahe 180° begegnet man jedoch oft dem Problem, dass die Endpunkte der langen Diagonalen schlecht erkennbar sind.

Wegen der verschiedenen Indentergeometrien lassen sich die jeweils ermittelten Härtewerte nicht direkt miteinander vergleichen.

Für die konventionelle Mikrohärteprüfung benutzt man meist Geräte, die eine Kombination eines umgekehrten Auflichtmikroskops mit der eigentlichen Indentereinheit und einem Steuer- und Auswerterechner darstellen. Der Indenter kann über einen Schlitten in die Position des Objektivs so eingeschwenkt werden, dass der Eindruck genau an der Stelle erzeugt wird, die man sich vorher bei der mikroskopischen Betrachtung in ein entsprechendes Fadenkreuz positioniert hat. Die Bedingungen für die automatische Lastaufbringung (Lasten, Belastungsregime einschließlich der Haltezeiten) können vorgewählt werden. Nach Einschwenken des Objektivs anstelle des Indenters lässt sich der Eindruck betrachten bzw. vermessen. Die Bildgebung erfolgt über eine CCD-Kamera, d. h. das Bild liegt digitalisiert vor. Interaktiv (z. B. Umfassung des Eindrucks durch zwei verschiebbare Rechteck-Strichfiguren) oder unter Nutzung einer entsprechend gestalteten Software werden die Diagonalenlängen in Vielfachen des Pixelabstands ermittelt und mit dem vorher zu eichenden Pixelabstand (Angabe in µm · Pixel^{-1}) für die verschiedenen Vergrößerungen des optischen Systems multipliziert. Daraus ergibt sich entsprechend den Beziehungen (2.77) bzw. (2.79) der Mikrohärtewert. Die Geräte sind meist mit einem ansteuerbaren x-y-Koordinatentisch ausgerüstet, sodass eine Serie von Eindrücken an vorgewählten Probenpositionen erzeugt werden kann. Deren Ausmessung und die zugehörigen x-y-Koordinaten erlauben dann dem Auswerterechner, grafisch bzw. protokollarisch Härteverläufe oder Härteverteilungen auszugeben. Diese Gerätesysteme gestatten grundsätzlich die Verwendung verschiedener Indenterformen. Das Wechseln der Indenter ist kein besonderes Problem.

Gelegentlich werden noch Mikrohärteprüfer nach Hanemann verwendet. Sie zeichnen sich dadurch aus, dass der Prüfdiamant (Vickers-Pyramide) in die Mitte der Frontlinse des Objektivs eingebaut wird. Durch Bewegen des gesamten Objektivs in Richtung der Probenoberfläche erzeugt der Diamant einen Eindruck, wobei das Objektiv federnd gelagert ist und aus dem Federweg die Belastung abgeleitet wird. Diese zunächst sehr elegant erscheinende Variante hat gegenüber dem oben beschriebenen Systemen deutliche Nachteile: Der Prüfkörper in der Frontlinse schränkt die nutzbare Apertur des Objektivs merklich ein, das Auflösungsvermögen wird reduziert, was gerade bei der Mikrohärtemessung vermieden werden sollte. Ein Wechsel der Objektive mit verschiedener Apertur ist nicht möglich, was auch auf den Austausch verschiedener Indenterformen zutrifft. In beiden Fällen müsste die kombinierte Objektiv-Indenter-Einheit gewechselt werden.

Die Angabe der Härtewerte soll die verwendete Kraft (Last) beinhalten, angegeben in kp. Zum Beispiel bedeutet HV0,01, dass dieser Härtewert mit einer Last von 0,01 kp bzw. 0,0981 N gewonnen wurde. Die Zeit für die Kraftaufbringung soll 10 s und die Haltezeit ebenfalls 10 s betragen. Insbesondere bei weichen Werkstoffen, die unter den gewählten Prüfbedingungen Kriecherscheinungen erwarten lassen (Prüftemperaturen $T > 0,4\, T_S$, T_S Schmelztemperatur in K), ist die Einhaltung dieses Belastungsregimes notwendig, andernfalls sollten die gewählten Belastungszeiten zusätzlich angegeben werden (z. B. 237 HV0,01/100 bedeutet, dass der Eindruck mit einer Last von 10 p sowie mit einer Haltezeit von 100 s erzeugt wurde und einen Härtewert von 237 HV ergeben hat). In Abb. 2.187 werden typische Mikrohärteeindrücke nach dem Vickers-Verfahren in duktilen Metallen gezeigt.

Probleme ergeben sich dann, wenn die erzielten Diagonalenlängen nur noch wenige µm lang sind und ihre Ausmessung lichtmikroskopisch erfolgen soll. Der zufällige Messfehler Δd, der günstigenfalls in der Größenordnung der Auflösungsgrenze des Objektivs liegt (vgl. Beziehung (2.32) bzw. (2.33) in Abschnitt 2.2.2.2), verursacht einen Fehler der Härtemessung ΔH gemäß

$$\frac{\Delta H}{H} = -2\frac{\Delta d}{d} \qquad (2.81)$$

Das bedeutet, dass der relative Fehler der Härte mit sinkender Diagonalenlänge deutlich anwächst. Bei $d = 5$ µm und einem Fehler von nur 0,5 µm ergibt sich schon ein Messfehler von 20 %! Bedenkt man noch, dass auch mit einer Schwankung der lokalen Probenbedingungen zu rechnen ist (unterschiedliche Orientierungen und Umgebungen der getroffenen Körner usw.), wird verständlich, dass ein einzelner Eindruck für eine zuverlässige Charakterisierung der Probe in der Regel nicht aus-

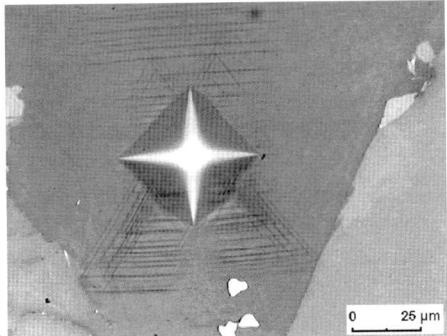

Abb. 2.187 Typische Mikrohärteeindrücke: a) Eindrücke in Fe-Si-Mischkristallen und im Zementit eines Transformatorstahls (kleinere Eindrücke) bei gleicher Belastung, b) Eindruck in anisotropes Einzelkorn von Inconel (Gleitlinien zeigen die plastische Verformung in der Umgebung an)

reicht. Bei Vermessung von n Eindrücken reduziert sich der Fehler um den Faktor $(n-1)^{1/2}$. Will man also den statistischen Fehler der Härtemessung um den Faktor 5 reduzieren, muss man mindestens 26 Eindrücke setzen und vermessen. Die Probleme des begrenzten optischen Auflösungsvermögens der Mikroskope können umgangen werden, wenn man zur Abbildung und Vermessung der Eindrücke ein Rasterelektronenmikroskop (vgl. Abschnitt 2.7) verwendet.

Bei der Mikrohärteprüfung ergeben sich außerdem eine Reihe von systematischen Fehlerquellen. Auf Grund des begrenzten Auflösungsvermögens optischer Mikroskope wird man die Diagonalen im Allgemeinen zu kurz messen, wobei dieser Fehler umso größer wird, je kleiner man die numerische Apertur A wählt (s. Abb. 2.188). Außerdem fällt er umso mehr ins Gewicht, je kürzer die Diagonalenlängen selbst sind (s. Beziehung (2.81)).

Während für die Kleinlast- und die Makrohärten Lastunabhängigkeit der Härtewerte HV (auch HK) angenommen und auch gefunden wird, beobachtet man bei Mikrohärtemessungen nicht selten eine Lastabhängigkeit, die verschiedene Ursachen haben kann. Es sind dies die eben schon erwähnte optische Diagonalenverkürzung, eine Spitzenverrundung des Indenters, eine fertigungstechnisch bedingte sogenannte Dachkante (tritt nicht bei Berkovich-Pyramiden auf, was deren zunehmende Beliebtheit erklärt), verschiedene elastische Rückfederungseffekte beim Entlasten der Probe oder gar oberflächennahe Gradienten des mechanischen Verhaltens der Probe (beispielsweise präparationsbedingte Verformungsschichten). Folge davon ist, dass mit sinkender Last der ermittelte Härtewert meist zunimmt. Die Lastabhängigkeiten dieser Einflüsse sind zwar verschieden, doch lassen sie sich nur sehr schwer voneinander trennen. Oft nutzt man zur pauschalen Beschreibung der Lastabhängigkeiten das sogenannte Meyer'sche Potenzgesetz in der Form

$$F = a \cdot d^n \text{ bzw. } \lg F = \lg a + n \cdot \lg d \quad (2.82)$$

A   Proportionalitätsfaktor
F   Prüfkraft
d   Eindruckdiagonale
n   Meyer-Exponent
      (bei Lastunabhängigkeit $n = 2$)

Wie in Abb. 2.189 gezeigt, liefert die Auftragung lg F über lg d näherungsweise eine Gerade mit $n < 2$. Die ermittelten Härte-

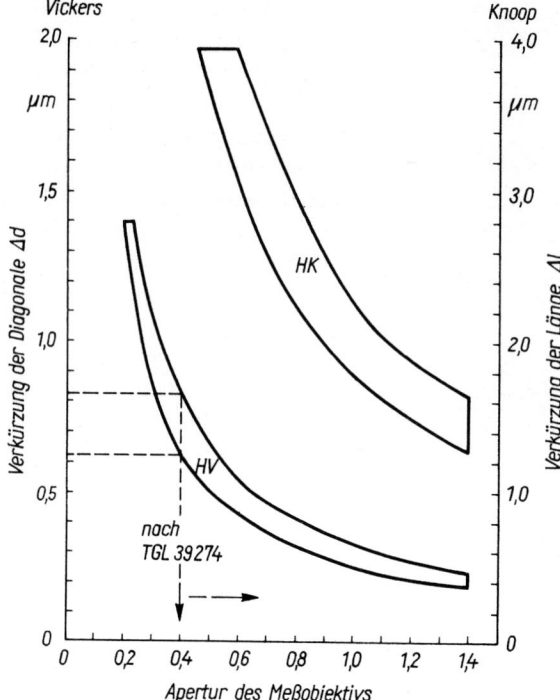

Abb. 2.188 Verkürzung der ausgemessenen Diagonalen infolge der begrenzten Auflösung des Mikroskops (nach Mott und Oettel)

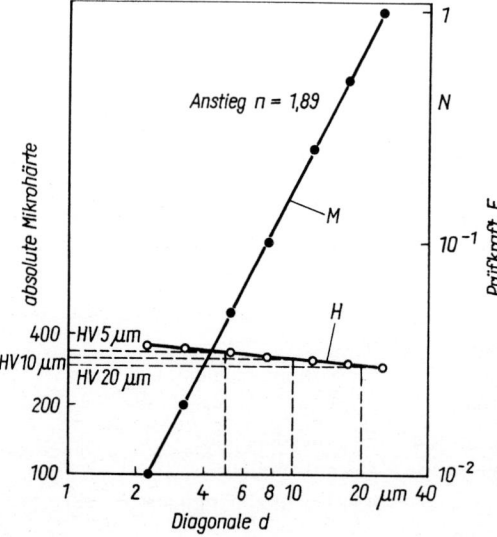

Abb. 2.189 Lastabhängigkeit der Mikrohärte eines Fe-Si-Mischkristalls, beschrieben durch das Meyer'sche Potenzgesetz: M Meyer-Gerade, H Härteverlauf (HV 5 µm = 340, HV 10 µm = 318, HV 20 µm = 298)

werte (z. B. HV) gehorchen dann im untersuchten Bereich für d dem Zusammenhang

$$\text{HV} = F/b \cdot d^2 = a/b \, d^{n-2}$$

bzw.

$$\lg \text{HV} = \lg(a/b) + (n-2) \cdot \lg d \quad (2.83)$$

b Proportionalitätsfaktor, abhängig von der Indentergeometrie

Um vergleichbare Härtewerte zu erhalten, gibt man letztlich die Härtewerte für bestimmte Diagonalenlängen an, gefunden über die einfache Interpolation der eigentlichen Messwerte (z. B. HV0,01/20 µm). Eine Interpretation der Abweichung des Exponenten n vom Wert 2 in Verbindung mit den mechanischen Eigenschaften der Probe sollte man wegen der Vielgestaltigkeit der Einflüsse besser unterlassen.

Die Eindringtiefen t der Indenter sind sehr gering (µm- bzw. sub-µm-Bereich). Daraus resultieren die hohen Anforderungen an die Oberflächenbeschaffenheit bzw. -präparation. So sollen die Rautiefen der Oberflächen klein gegenüber der Eindringtiefe sein, damit die Indenteroberfläche in einen möglichst geschlossenen Kontakt mit dem Probenmaterial kommt. Andernfalls wird man eine starke Lastabhängigkeit der Messwerte beobachten. Als Faustregel gilt, dass die Rautiefen kleiner als 20 % der Eindringtiefe sein sollen. Auch ist darauf zu achten, dass man beim metallografischen Präparieren der Oberfläche keine störenden Deformationen erzeugt, die den Härtewert verfälschen können (siehe auch Abb. 2.68).

Um den Indenter entsteht bei plastischen Materialien eine Verformungszone, deren Gestalt in einer einfachen Näherung als Halbkugel beschrieben werden kann. Nach einfachen Überlegungen von Bückle nimmt man landläufig an, dass der Radius dieser Zone etwa dem Zehnfachen der Eindringtiefe t entspricht (sog. Bückle-Regel). Es hat sich jedoch gezeigt, dass diese Regel eigentlich nur eingeschränkt Gültigkeit hat.

Der Radius der plastischen Zone r_{pl} lässt sich nach Lawn folgendermaßen abschätzen:

$$r_{\text{pl}} = \frac{d}{2}\sqrt{\frac{E}{H}}\cot^{\frac{1}{3}}\alpha/2 \quad (2.84)$$

d Eindruckdiagonale
E Elastizitätsmodul [MPa] bzw. [N mm^{-2}]
H Härte [N mm^{-2}]
α Flächenwinkel des Indenters

Für den Vickers-Versuch ergibt sich daraus

$$r_{\text{pl}} = 3{,}0\sqrt{\frac{E}{H}}\,d = 21\sqrt{\frac{E}{H}}\,t \quad (2.85)$$

t Eindringtiefe; E [GPA]; H [HV]

Für weiche Metalle wie Aluminium rechnet man mit $r_{\text{pl}} \approx 2{,}5 \cdot d \approx (15\ldots 20) \cdot t$, für gehärtete Stähle dagegen mit $r_{\text{pl}} \approx 1{,}4 \cdot d \approx (8\ldots 12) \cdot t$. Wie man sieht, sind die Abweichungen zur Bückle-Regel bei weichen Werkstoffen (Werkstoffen mit niedriger Fließgrenze) erheblich, man sollte sich besser auf die abgeschätzten Radien der plastischen Zonen beziehen.

Aus diesen Überlegungen sind folgende Schlüsse zu ziehen:

- Der Abstand zweier Härteeindrücke sollte größer als $2\,r_{\text{pl}}$, d. h. größer als $(3\ldots 5)\cdot d$ betragen, um eine Überlagerung der plastischen Zonen mit ihrer Rückwirkung auf den gemessenen Härtewert zu vermeiden.
- Der minimale Abstand eines Härteeindrucks von der Seitenfläche sollte mehr als r_{pl} mit $(1{,}5\ldots 2{,}5)\cdot d$ betragen.

- Will man Schichten senkrecht zur Oberfläche prüfen, darf deren Dicke den Wert (1,5 .... 2,5)·d nicht unterschreiten. Bei Messungen am Querschliff ist zu fordern, dass die Schichtdicken mindestens (3 .... 5)·d betragen. Bei der Messung von Härteverteilungen in Schichten dicker als (3 .... 5)·d lassen sich die notwendigen Abstände der Eindrücke gewährleisten, indem man die Härteeindrücke parallel zur Ober- bzw. Grenzfläche versetzt einbringt.
- Messungen, die das mechanische Verhalten eines einzelnen Korns charakterisieren sollen (auch als „Einkristallhärte" bezeichnet), werden sinnvoll, wenn das Korn einen linearen Durchmesser größer (3 .... 5)·d und eine Tiefe größer als (1,5 .... 2,5)·d hat. Sind die Korngrößen sehr klein gegenüber der Eindruckdiagonalen, erfasst man einen Mittelwert über die einzelnen Kornorientierungen (Vielkristallhärte) bzw. über die Eigenschaften der Gefügebestandteile (Gefügehärte). Diese Verhältnisse sind schematisch in Abb. 2.190 dargestellt worden.

Abbildung 2.191 zeigt Mikrohärteeindrücke in einer Probe aus Kupfer und Cu_2O. Die kleinen Härteeindrücke im dunklen Cu_2O charakterisieren die hohe Härte des Cu-Oxiduls, die in der Bildmitte befindlichen Eindrücke beschreiben die Härte des

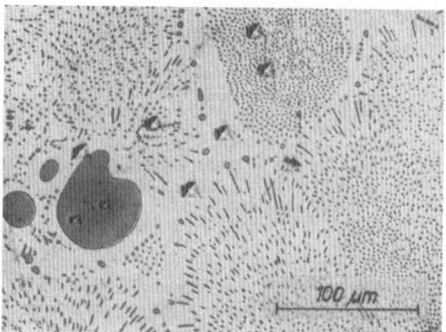

Abb. 2.191 Gefügeausbildung und Mikrohärte in einer Cu-Probe mit Cu + Cu_2O-Eutektikum sowie primären Cu_2O-Kristallen

Cu und die Eindrücke nahe dem oberen Bildrand das Eutektikum (HV_{ox} : HV_{eu} : HV_{Cu} = 3 : 1 : 0,9).

Bei der Prüfung plastischer bzw. zäher Werkstoffe verdrängt der Indenter Material, das sich als Wülste neben dem Eindruck wiederfindet. Diese Wulstbildung ist am stärksten mittig neben den Pyramidenflächen wie es Abb. 2.192 anhand von polarisationsinterferometrischen Aufnahmen zeigt.

Die Wulsthöhe w ist näherungsweise proportional zur Länge der Eindruckdiagonalen d

$$w = b \cdot d \qquad (2.86)$$

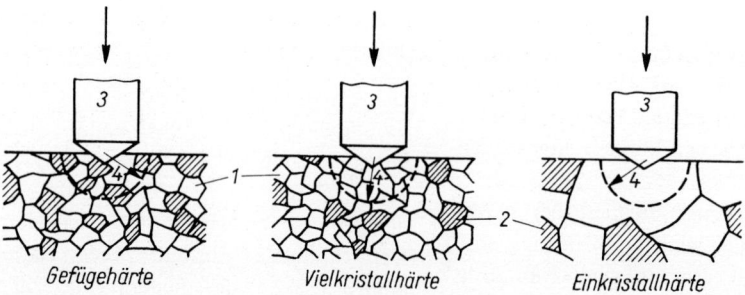

Abb. 2.190 Schematische Darstellung des Einflusses der Gefügeausbildung auf die Mikrohärte (1 weicher Gefügebestandteil, 2 harter Gefügebestandteil, 3 Prüfkörper, 4 Radius der Einflusszone)

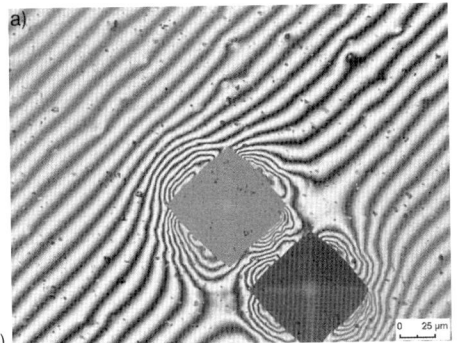
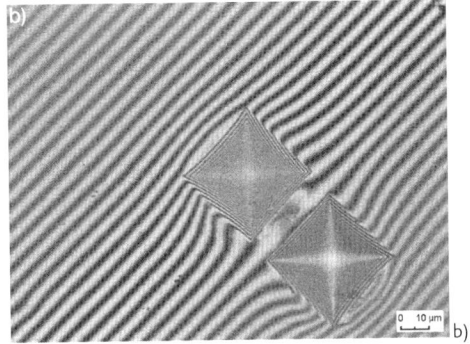

Abb. 2.192 Interferometrische Untersuchung der Wulstbildung um einen Härteeindruck: a) Aluminium, b) Schnellarbeitsstahl (HSS)

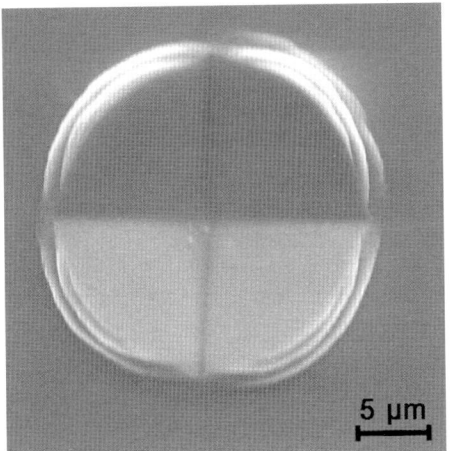

Abb. 2.193 „Verrundeter" Härteeindruck in einer Cu-Schicht auf HSS

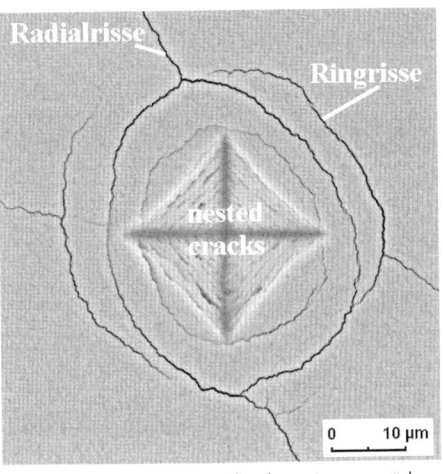

Abb. 2.194 Mikrohärteeindruck in einem spröden Material (TiN/Al)

wobei die Proportionalitätskonstante b mit wachsender Härte, d.h. steigender Fließgrenze des Werkstoffs abnimmt: Für Aluminium findet man $b \approx 2{,}0 \cdot 10^{-2}$ und für Schnellarbeitsstahl (HSS) $b \approx 0{,}8 \cdot 10^{-2}$. Eine deutliche Wulstbildung führt zu einer „Verrundung" des Härteeindrucks, da die Wulstbildung die Ausdehnung der Diagonalen weniger als die Ausdehnung des Eindrucks über die Kantenmitten beeinflusst (Abb. 2.193).

Härteeindrücke in spröden Materialien zeigen ein ganz anderes Erscheinungsbild als solche in plastischen bzw. zähen Werkstoffen. Wie in Abb. 2.194 gezeigt wird, treten ausgeprägte Rissmuster in Erscheinung, eine plastische Deformation des Materials findet kaum oder oft gar nicht statt. Die aufgebrachte Verformungsenergie (Produkt aus Weg des Indenters und der wirkenden Kraft) wird hier zu einem hohen Anteil für die Bildung dieser Risse aufgewendet.

Wegen der starken Spannungskonzentrationen an den scharfen Indenterkanten treten sehr häufig die sogenannten Radialrisse auf, die von den Ecken des Eindrucks ausgehen (in Verlängerung der Eindruck-

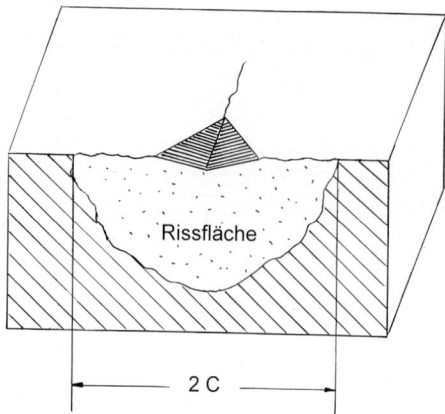

Abb. 2.195 Durchmesser 2C eines Radialrisses unter einem Vickers-Eindruck (schematisch)

diagonalen). Die an der Oberfläche sichtbaren Risse setzen sich unter dem Indenter fort, d. h. die beiden gegenüberliegenden Radialrisse bilden einen zusammenhängenden halbkreisförmigen Riss im Material, aus dessen Radius C die Bruchzähigkeit K_{IC} ([MPa m$^{1/2}$]) ermittelt werden kann (vgl. Abb. 2.195).

$$K_{IC} = \frac{F}{(\pi \cdot C)^{3/2} \cdot \tan \alpha/2} \qquad (2.87)$$

F Prüfkraft [N]
α Flächenwinkel des Indenters

2.12.2
Registrierende Härtemessung

Bei der konventionellen Härtemessung wird als Prüfergebnis nur der verbleibende Eindruck nach Entlasten beurteilt, über den Verlauf des Indentervorgangs erhält man keine Informationen. Auch verkörpert der bleibende Härteeindruck im Wesentlichen nur die plastischen Deformationsprozesse. Würde man z. B. Gummi auf konventionelle Art prüfen, käme man zu dem Ergebnis, dass wegen der vollständigen Reversibilität (Elastizität) des Vorgangs kein bleibender Eindruck hinterlassen wird, die Härte also gegen Unendlich gehen müsste. Die von Martens gegebene Definition der Härte sagt jedoch etwas über den Widerstand gegenüber dem Eindringen des Prüfkörpers aus, bezieht sich deshalb nicht nur auf jenen Teil des Eindringvorgangs, der zu einer bleibenden Deformation führt, sondern auf den Gesamtprozess. Ein folgerichtiger Schritt ist daher, einen Härtewert zu definieren, der unter Last ermittelt wird, also einen plastischen und einen elastischen Teilprozess beurteilt.

Um eine solche Härte unter Last zu ermitteln, muss man auf eine andere geometrische Größe als die Diagonalenlänge zurückgreifen, um daraus eine Fläche zu berechnen, auf die die Prüfkraft F bezogen wird. Das ist die Eindringtiefe t, die man bei Belastung mit der Kraft F erzielt. Diese Eindringtiefen können heute mit Genauigkeiten deutlich besser als 1 nm ermittelt werden, was bedeutet, dass diese Größe sogar mit höherer Genauigkeit bestimmt werden kann als die Längen der Eindruckdiagonalen. Die Eindruckfläche A ergibt sich für den Vickers-Indenter formal zu

$$A = 4 \cdot \cot\left(90^0 - \frac{\alpha}{2}\right) / \sin\left(90^0 - \frac{\alpha}{2}\right) = 26{,}43 t^2$$

$$(2.88\ a)$$

und damit die sogenannte Martens-Härte HM zu

$$HM = \frac{F}{A} = 37{,}84 \cdot \frac{F}{t^2} \qquad (2.88\ b)$$

t in [µm]; F in [mN]; HM in [N mm^{-2} bzw. MPa]

Die auf diese Weise gefundene Härte wird auch als Universalhärte (HU) bezeichnet.

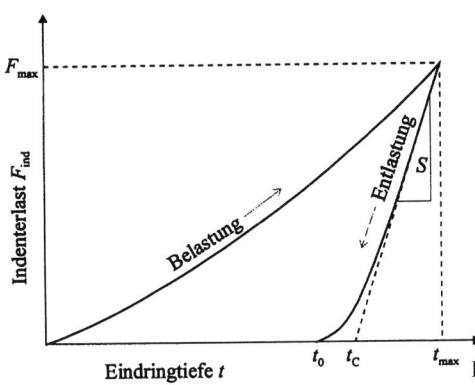

Abb. 2.196 Prüfkraft-Eindringtiefe-Kurve bei der registrierenden Härtemessung

Gemessen wird mit Härteprüfsystemen, die in der Regel eine Registrierung der vollständigen Kraft-Eindringtiefe-Kurven bis zu einer vorwählbaren Prüfkraft F_{max} gestatten (vgl. Abb. 2.196). Der Kraft F_{max} entspricht die Eindringtiefe t_{max}, aus der die Härte HM errechnet wird.

Aus jedem Punkt der Belastungskurve kann eine Härte HM abgeleitet werden, sodass auf diese Weise die Lastabhängigkeit einfach untersucht werden kann. Nach Erreichen von F_{max} fügt man die sogenannte Entlastungskurve an, deren Anstieg S für $t \rightarrow t_{max}$ als Kontaktsteifigkeit bezeichnet wird. Sie gibt Aufschluss über die reversiblen (elastischen) Deformationsanteile beim Prüfvorgang. Gelegentlich wird die Steifigkeit S nach Korrektur bezüglich der Indentersteifigkeit für die Abschätzung des E-Moduls benutzt ($S_{korr} \sim E_{Probe}$).

Bei einem Vergleich der Härte HM mit HV ist Folgendes zu beachten:

- Man muss die Härte HM durch 9,81 dividieren oder die Härte HV mit 9,81 multiplizieren, damit Vergleichbarkeit bezüglich der Kraftangaben erreicht wird.
- Da in HM ein elastischer Deformationsbeitrag enthalten ist, sind die Werte für HM immer niedriger als für HV. Dieser Unterschied wird für Werkstoffe mit hohen Härten besonders spürbar, da dort der reversible Anteil an der gesamten Deformation vergleichsweise hoch ist. So beträgt das Verhältnis HV·9,81/HM für Aluminium (niedrige Fließgrenze und daher geringe elastische Anteile) etwa 1,1 und für HSS (hohe Festigkeiten) etwa 1,5.

Die sehr empfindliche Messung von t erlaubt die Anwendung extrem kleiner Prüfkräfte, was zur Entwicklung der Nano-Indentertechnik geführt hat. Mit ihr arbeitet man im Kraftbereich kleiner als ca. 1 mN, die Eindringtiefen werden daher kleiner als größenordnungsmäßig 10^2 nm. Interessante Ergebnisse in kleinsten Probenbereichen erzielt man bei Einsatz der Rasterkraftmikroskopie (s. Abschnitt 2.8), bei der die Cantileverspitze selbst als Indenter genutzt werden kann.

2.12.3 Anwendungen der Mikrohärtemessungen

Alle Verfahren der Indenterprüfung mit Kräften kleiner als 2 N erlauben eine lokale mechanische Charakterisierung in Volumina, die wenig größer sind als die Durchmesser der plastisch verformten Bereiche bzw. die Bereiche, in denen bei spröden Materialien Rissbildungen auftreten. Je nach Prüfkraft bewegt man sich dabei im µm- oder im nm-Bereich. Damit ergeben sich eine Vielzahl von Anwendungsmöglichkeiten für diese Indenterprüfungen:

- Bewertung der mechanischen Eigenschaften (Härte, Zähigkeit) von Einzelkristalliten oder von Gefügebestandteilen z. B. zur Untersuchung des Verformungsverhaltens heterogener Werkstoffe

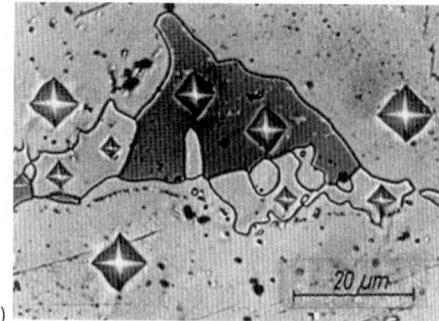

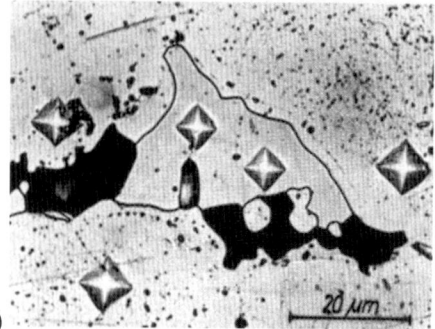

Abb. 2.197 Mikrohärteeindrücke bei gleicher Last in einem warmfesten austenitischferritischen Stahl (1100 °C/Wasser/900 °C 10 h): a) große Eindrücke in heller austenitischer Matrix, kleinere Eindrücke in dunkel angeätztem δ-Ferrit und kleine Eindrücke in den hell erscheinenden Bereichen der σ-Phase (elektrolytisch mit Cadmiumacetat geätzt), b) wie a), nach Abpolieren mit Chromsäure elektrolytisch σ-Phase herausgeätzt (dunkle Vertiefungen)

- Unterscheidungen von Phasen in einem Gefüge anhand der Härte (s. Abb. 2.197)
- Nachweis lokaler plastischer Deformationen und deren Gradienten (oberflächennahe Gradienten nach spangebenden Formgebungsverfahren einschließlich Schleifen, Kugelstrahlen, inhomogene Deformationen insbesondere bei technischen Umformprozessen, Verformungsgradienten in der Umgebung von Rissen)
- Untersuchung von ortsabhängigen bzw. lokalen Entfestigungsvorgängen (Erholung, Rekristallisation)
- Bewertung von thermischen bzw. chemisch-thermischen Oberflächenbehandlungen (Härte-Tiefe-Kurven in Werkstoffen nach Nitrieren, Nitrocarburieren, Aufkohlen, Randschichthärten von Stählen, Laser- und Elektronenstrahlbehandlungen usw.)
- mechanische Charakterisierung dünner Schichten (PVD, CVD, thermische Beschichtung, galvanische Schichten usw.)

Ein sehr häufiger Anwendungsfall ist die mechanische Charakterisierung dünner Schichten geworden (Schichtverbunde). Dabei handelt es sich um Schichtdicken im Bereich weniger µm, oft sogar unter 1 µm. Typische Beschichtungsverfahren sind dabei die galvanische Beschichtung, PVD[1]- oder CVD[2]-Methoden. Wendet man Mikrohärtemessungen dafür an, steht man vor dem Problem, dass die Eindringtiefen t der Indenter meist nicht so klein gehalten werden können, dass die Wirkzone (Zone der elastischen und plastischen Deformation bzw. der Rissbildungen) nur in der dünnen Schicht liegt (vgl. Betrachtungen zum Radius einer plastischen Zone in Abschnitt 2.12.1). Man erhält daher einen von der Eindringtiefe und der Schichtdicke abhängigen Härtewert, der den Schichtverbund als Ganzes charakterisiert und nicht eine Eigenschaft des Schichtmaterials darstellt. Zur Interpretation dieser Verbundhärte H_C sind verschiedene Modelle des Zusammenwirkens der Schicht- und der Substrateigenschaften entwickelt worden, die in Vollständigkeit darzustellen hier nicht der rechte Platz ist. Lediglich eine Möglichkeit, aus der Lastabhängigkeit der Verbundhärte bei Kenntnis

[1] PVD Physical Vapour Deposition (Bedampfen, Sputtern, Ionenplattieren).

[2] CVD Chemical Vapour Deposition (chemische Gasphasenabscheidungen).

der Substrathärte auf die Härte des Schichtmaterials zu schließen, sei hier dargestellt.

Zunächst wird bei den nachfolgenden Betrachtungen auf einen Vorschlag von Sargent zurückgegriffen, der die Verbundhärte als einen volumengewichteten Mittelwert aus Substrathärte H_S und Schichthärte H_L auffasst. Dafür gilt

$$H_C = \frac{V_S}{V_{ges}} H_S + \frac{V_L}{V_{ges}} H_L \quad \text{mit}$$

$$V_{ges} = V_S + V_L \tag{2.89}$$

V_S, V_L Wirkvolumen des Indentervorgangs im Substrat bzw. in der Schicht
H_S, H_L Substrathärte bzw. Schichthärte

Dabei wird angenommen, dass der Eindringvorgang in der Schicht bzw. im Substrat ebenso verläuft wie in jeweils kompakten Proben. Unter dieser Voraussetzung kann man bei plastischen Schichtmaterialien und plastischem Substrat aus den Radien der plastischen, halbkugelförmig gedachten Zonen (vgl. Beziehung (2.85)) die Teilvolumina V_S und V_L ableiten, wie es schematisch in Abb. 2.198 dargestellt ist.

Um den Unterschieden in den Radien der plastischen Zonen Rechnung tragen zu können, wurde von Burnett und Rickerby ein zusätzlicher Interface-Faktor χ eingeführt

$$H_C = \frac{V_S}{V_{ges}} H_S + \frac{V_L}{V_{ges}} \chi H_L \tag{2.90}$$

der sich folgendermaßen abschätzen lässt:

$$\chi = \left(\frac{r_{pl,S}}{r_{pl,L}}\right)^m = \left(\frac{E_L H_S}{E_S H_L}\right)^m \tag{2.91}$$

E_L, E_S Elastizitätsmoduli von Schicht und Substrat

Der Exponent m sollte Werte zwischen 1 und 1,5 annehmen, ist aber zweckmäßigerweise experimentell an das bearbeitete Schichtsystem anzupassen. Die Erfahrung zeigt, dass man dann die Härte einer weichen Schicht auf einem ebenfalls plastischen Substrat direkt messen kann, solange für den Quotient c aus Schichtdicke d_L und t die Bedingung eingehalten wird:

$$c = \frac{d_L}{t}(1/2.....2/3)k \quad \text{mit} \quad k \approx 20\sqrt{\frac{E}{H}} \tag{2.92}$$

E in [GPa]; H in [HV]

Das gilt gleichermaßen für die konventionelle und die registrierende Härtemessung.

Etwas anders liegen die Verhältnisse, wenn man sehr harte und spröde Schichten auf weicheren Substraten prüfen möchte. In diesem Fall wird man praktisch keine plastische Deformation in den Schichten beobachten, sondern nur ausgeprägte Riss-

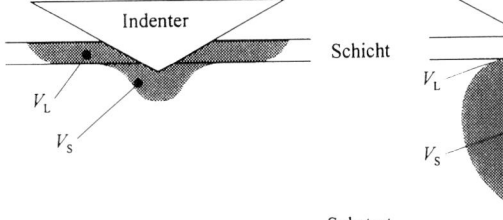

Abb. 2.198 Plastische Zonen für eine weiche Schicht auf einem härteren Substrat (links) bzw. einer härteren Schicht auf einem weichen Substrat (rechts)

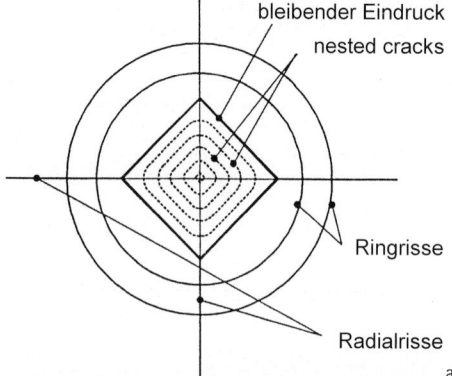

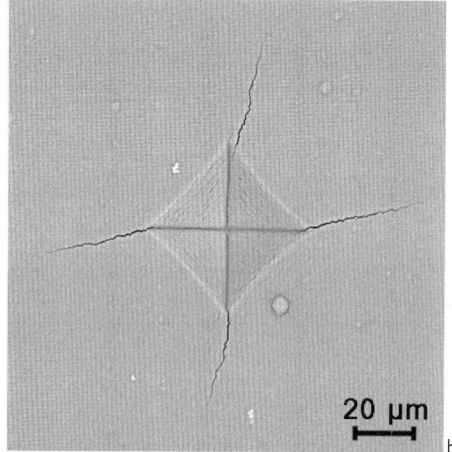

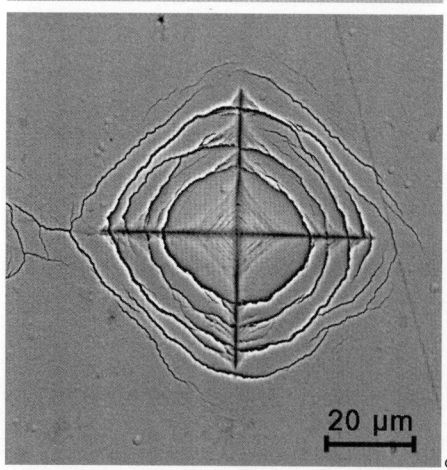

Abb. 2.199 Rissformen um einen Vickers-Eindruck in eine harte Schicht: a) schematische Darstellung der Risstypen, b) Radialrisse und „nested cracks" in einer TiN-Schicht auf einem HSS-Substrat, c) Ringrisse und „nested cracks" in einer TiN-Schicht auf Al

bildungen. Die möglichen Rissformen um einen Vickers-Eindruck in harten Schichten zeigt Abb. 2.199.

Die radialen Risse werden in ihrer Länge nicht nur von der Bruchzähigkeit der Schicht, sondern auch von den Eigenschaften des Substrats bestimmt. Die Ermittlung der Bruchzähigkeit K_{IC} nach Beziehung (2.87) ist also nicht ohne Weiteres zulässig. Die Ringrisse sind das Ergebnis der Wulstbildungen des Substrats unter der Schicht (Biegerisse). Die sogenannten „nested cracks" (genestete Risse direkt unter dem Indenter) entstehen insbesondere durch die hohen Schubspannungen, gekoppelt mit Biegespannungen in diesem Bereich.

Zunächst scheint es, als ob man die Beziehung (2.89) auf dieses praktisch sehr interessante Problem nicht anwenden könnte. Wenn man aber bedenkt, dass sowohl in kompakten Proben als auch in der Schicht des spröden Schichtwerkstoffs die Härte durch die Rissbildungen bestimmt wird und der Radius dieser Risszone (Wirkzone) in der Schicht durch den plastisch verformten Bereich im weicheren Substrat (Wiedemann, Schulz-Krönert, Oettel), wie es Abb. 2.200 belegt, dann findet man analog zu (2.89) die Beziehung

$$H_C = \left[\frac{3c}{2k} - \frac{1}{2}\left(\frac{c}{k}\right)^3\right] H_L + \left[1 - \frac{3c}{2k} + \frac{1}{2}\left(\frac{c}{k}\right)^3\right] H_S \quad (2.93)$$

(Bezüglich der Größen c und k s. Beziehung (2.92)). Prüft man mit verschiedenen Eindringtiefen (Kräften) bei konstanter Schichtdicke d_L, d.h. mit veränderlichem Parameter $c = d_L/t$, ergibt sich für kleine Werte von c (große Eindringtiefen) näherungsweise ein linearer Zusammenhang, wie es in Abb. 2.201 zu sehen ist. Aus diesem Anstieg dH/dc bei kleinen c lässt sich

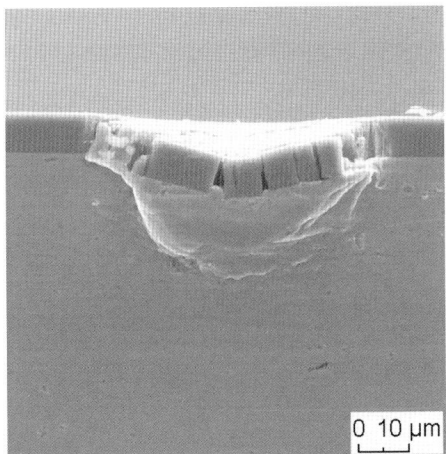

Abb. 2.200 Querschnitt durch eine Wirkzone um einen Härteeindruck einer TiN-beschichteten Cu-Probe

Tab. 2.30 Mikrohärten von TiN-Schichten auf verschiedenen Substraten ($d_L \approx 5$ µm)

Substrat	HV	HM [N mm^{-2}]
Schnellarbeitsstahl	2090	17 100
42 Cr Mo 4	2240	17 100
Aluminium	2014	15 800

bei Vermessung der Martens-Härte als auch der Vickers-Härte unabhängig von der Art des Substrats im Rahmen der Messunsicherheiten gut übereinstimmende Werte der Härten der TiN-Schichten (s. Abb. 2.201).

die Schichthärte über folgende Beziehung berechnen:

$$H_L = \frac{2k}{3} \frac{1}{\left(1 - \frac{c^2}{k^2}\right)} \frac{dH_C}{dc} + H_S \quad (2.94)$$

Der Vorzug dieser Auswertemethode besteht darin, dass man insbesondere Härteeindrücke bei relativ großen Lasten bzw. Diagonalenlängen d auszuwerten hat, also nicht bei sehr kleinen t arbeiten muss. Wie die Tab. 2.30 zeigt, findet man sowohl

2.13 Gefügeuntersuchungen bei hohen Temperaturen

Um die Auswirkungen der Temperatur auf die Bildung und Veränderung von Gefügen direkt verfolgen zu können, bedient man sich der Hochtemperaturmikroskopie. Hierbei wird die Probe in einer definierten Atmosphäre einem Temperatur-Zeit-Regime unterworfen und dabei gleichzeitig ihre Anschlifffläche mit einem Mikroskop untersucht. Die Dokumentation der Vorgänge, die auf der präparierten Fläche

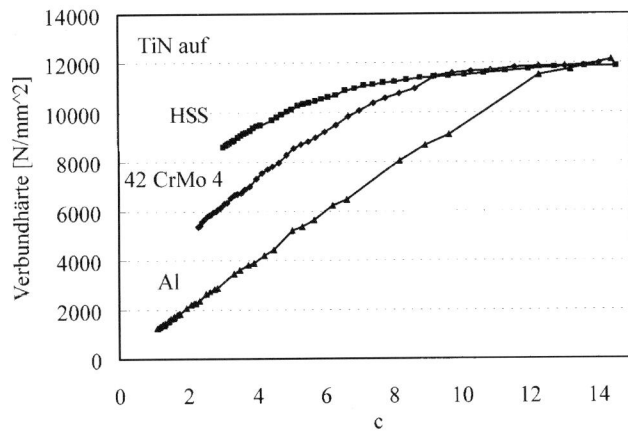

Abb. 2.201 Abhängigkeit der Martens-Härte einer TiN-Schicht auf verschiedenen Substraten vom Parameter c

sichtbar werden, erfolgt mit den in Abschnitt 2.2.4 dargestellten Verfahren. Im Gegensatz zum Heißätzen, bei dem die Gefügeveränderungen lediglich indirekt verfolgt werden können, erfordert die direkte Beobachtung einen unvergleichlich höheren gerätetechnischen Aufwand.

Von den zahlreichen Zusatzeinrichtungen und Anlagen, die für Gefügeuntersuchungen bei hohen und tiefen Temperaturen im Labormaßstab entwickelt wurden, sind nur die in Abb. 2.202 angegebenen Typen kommerziell erhältlich. Die Probenerwärmung erfolgt meistens mit Hilfe der indirekten Widerstandsheizung. In der Metallografie werden für die Mehrzahl der Untersuchungen Hochtemperaturkammern als Zusatzeinrichtungen zu universell anwendbaren Metallmikroskopen benutzt. In ihnen ist gegenüber den meisten handelsüblichen kombinierten Heizeinrichtungen eine gezielte Einstellung der Atmosphäre möglich, weshalb mit den Temperaturkammern die Untersuchungen im gesamten interessierenden Temperaturbereich vorgenommen werden können (Abb. 2.202). Die Konstruktionsbesonderheiten dieser Kammern erfordern den Einsatz von Sonderobjektiven spezieller Korrektion. Anschraubbare Frontplatten aus Quarzglas und große freie Arbeitsabstände (Abstand zwischen angeschraubter Frontplatte und Schlifffläche $\geq$ 14 mm) dienen als Schutz der Objektivlinsen vor den extremen Arbeitstemperaturen. Die Apertur dieser Spezialobjektive liegt in der Regel bei $\leq$ 0,60. Die angewandten Vergrößerungen betragen max. 750 ×. Des Weiteren sind für die Hochtemperaturuntersuchungen Mikroskope erforderlich, mit denen möglichst viele Verfahren zur Erkennung und Identifizierung der an der Oberfläche ablaufenden Vorgänge realisiert werden können (neben Hellfeld auch Dunkelfeld, Phasen- und Interferenzkontrast, Arbeiten im polarisierten Licht). In jüngerer Zeit werden auch Laser-Scanning-Mikroskope für Hochtemperaturuntersuchungen angeboten (s. Abb. 2.204), die gerade für die Hochtemperaturmikroskopie viele Vorteile besitzen.

Neben dem Mikroskop mit der dazugehörigen Temperaturkammer sind für die Durchführung der Untersuchungen noch folgende Zusatzgeräte unbedingt erforderlich:

- Hochvakuumanlage mit Mess-, Regel- und Steuereinrichtungen für den Kammerdruck
- Versorgungsanlage für Schutz- oder Reaktionsgase (Gasreinigung und -trocknung, Gemischregelung, Dosiervorrichtung, Gastemperatureinstellung)
- elektrische Geräte zur Erzeugung der Heizspannung und deren Regelung
- Einrichtungen zum Messen, Regeln, Steuern und Registrieren des Temperatur-Zeit-Regimes der Probe
- Anlage zur Regulierung der Temperaturen von Kammerwandung und Stromzuleitungen (z. B. Kühlwasseranlagen bei Hochtemperaturkammern)

Werden die Temperaturkammern noch mit zusätzlichen Einrichtungen (z. B. zur Thermoanalyse, Zugverformung oder Härteprüfung) kombiniert, dann erreicht der Geräteumfang ein Ausmaß, das nur noch in wenigen Fällen solche komplexe Untersuchungen rechtfertigt.

Eine technisch ausgereifte handelsübliche Einrichtung für die Hochtemperaturmikroskopie ist in Abb. 2.203 dargestellt. Dem prinzipiellen Aufbau der Heizkammer ist zu entnehmen, dass die Rundprobe 3 (Durchmesser Anschlifffläche etwa 4 mm) von den Heizblechen 6 durch Strahlung erwärmt wird. Die Aufheizgeschwindigkeit bis auf Arbeitstemperatur (max. 1800 °C) kann bis 15 K s^{-1} betragen.

2.13 Gefügeuntersuchungen bei hohen Temperaturen | 333

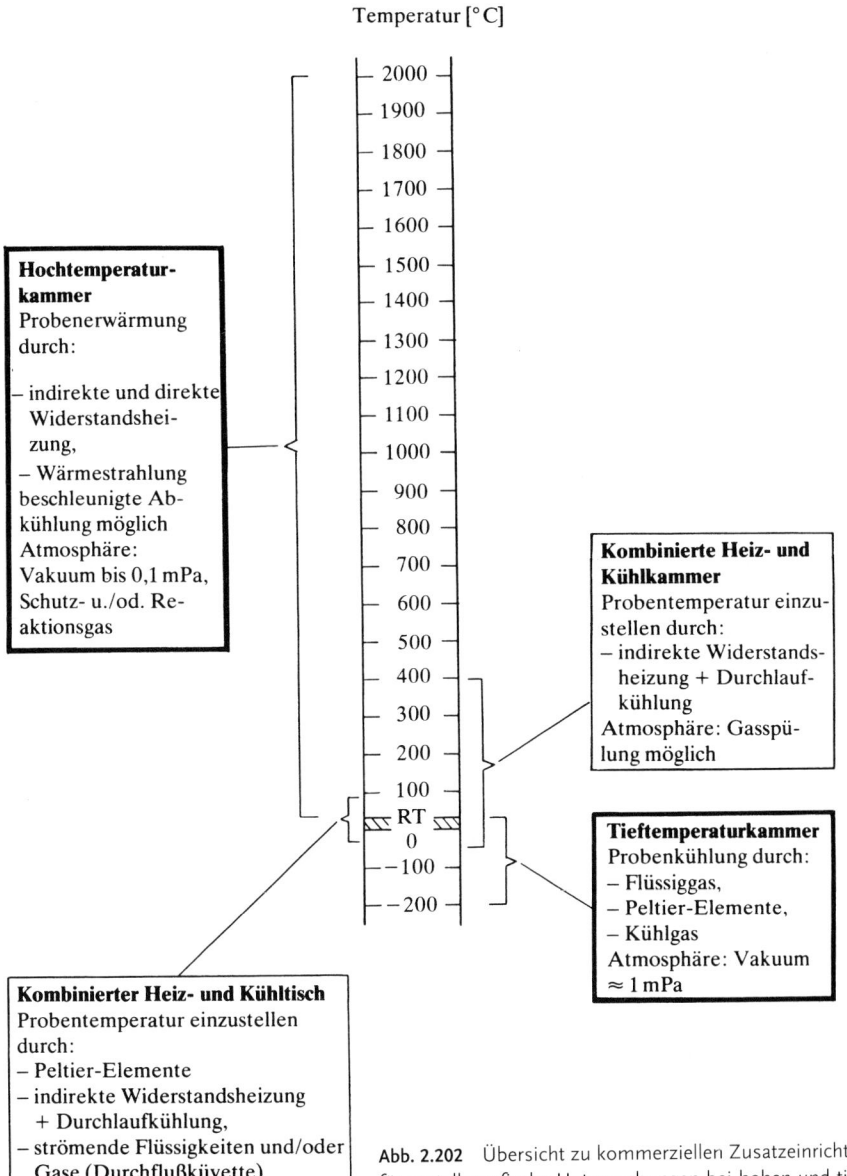

Abb. 2.202 Übersicht zu kommerziellen Zusatzeinrichtungen für metallografische Untersuchungen bei hohen und tiefen Temperaturen

Durch Einblasen von Kaltgas (Inertgas) ist es möglich, die Probe von der Arbeitstemperatur bis auf ≈ 400 °C mit maximal 120 K s^{-1} abzukühlen. Der Quarzglasring 5 und die auswechselbaren Quarzglasscheiben 13 garantieren gute Beobachtungsmöglichkeiten, indem sie die Nachteile einer Bedampfung des Beobachtungsfensters 4 zu vermindern helfen. Die Heizkammer wird auf dem Objekttisch eines umgekehrten Metallmikroskops angebracht.

Der Arbeitsplatz wird durch die Hochvakuumanlage, das Heizstromgerät mit Temperaturanzeige und die Bilddokumentation ergänzt.

Das von der Fa. Lasertec Corporation (Japan) angebotene System besteht aus einem Laser-Scanning-Mikroskop (Abb. 2.204 a, minimale Auflösungsgrenze 0,25 µm, Bildfrequenz 60 Hz, optische Vergrößerung bis 2450 ×, mit elektronischem Zoom bis 4900 ×) sowie einer im Innenraum parabolisch gestalteten Heizkammer, die die Strahlung einer IR-Halogenlampe durch Reflexion auf die Probe fokussiert (Abb. 2.204 b). Die maximal erreichbare Temperautur beträgt 1750 °C (Aufheizzeit etwa 40 s), Schutzgas- oder Vakuumbetrieb ist möglich.

Mit den Methoden der Hochtemperaturmikroskopie lassen sich besonders anschaulich die Veränderungen der Kornstruktur verfolgen. Als Beispiel für derartige Gefügeveränderungen werden Ergebnisse von Forsyth wiedergegeben, die bei der Erhitzung von Reinzink gewonnen wurden (Abb. 2.205 a–f). Erhitzt man einen polierten Schliff von hexagonalem Zink auf höhere Temperaturen, so dehnen sich diejenigen Kristalle, die mit ihrer c-Achse annähernd senkrecht zur Schlifffläche angeordnet sind, stärker aus als die Kristalle, deren c-Achsen nahezu parallel zur Schlifffläche liegen, weil der thermische Ausdehnungskoeffizient in Richtung der c-Achse zwischen 20 und 400 °C $59 \cdot 10^{-6}$ K^{-1} beträgt, senkrecht zur c-Achse aber nur $16 \cdot 10^{-6}$ K^{-1}. Die vor der Erhitzung ebene Anschlifffläche erhält dadurch bei höheren Temperaturen ein Relief, das durch die unterschiedliche Ausdehnung der zur Schlifffläche verschieden orientierten Körner hervorgerufen wird. Die Korngrenzen heben sich infolge Schattenbildung von den benachbarten Kristalliten ab. Eine gesonderte Ätzung ist also zur Gefügekontrastierung nicht erforderlich. Ein analoges Verhalten zeigen weitere hexagonale Metalle, wie Cadmium und Zinn, aber auch das hexagonale Cobalt (existent $T < 420$ °C). Bei kubischen Metallen muss gegebenenfalls zur Kontrastierung

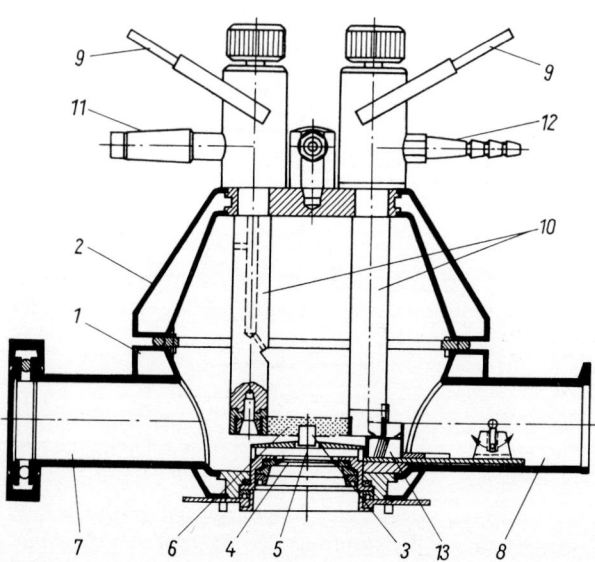

Abb. 2.203 Prinzipieller Aufbau der Schnellregelheizkammer Vacutherm (Fa. C. Reichert AG, Wien): 1 Unterteil, 2 Oberteil, 3 Probe, 4 Beobachtungsfenster aus Quarzglas, 5 Quarzglasring, 6 Heizbleche (Mo, W oder Ta), 7 Abpumpstutzen, 8 Stutzen für Vakuummessgerät oder Schauglas, 9 Stromzuführung, 10 Stäbe für Stromzuführung, 11 Ansatz für Belüftungsventil, 12 Anschluss für Wasserkühlung, 13 Quarzglasscheiben (wechselbar)

2.13 Gefügeuntersuchungen bei hohen Temperaturen | 335

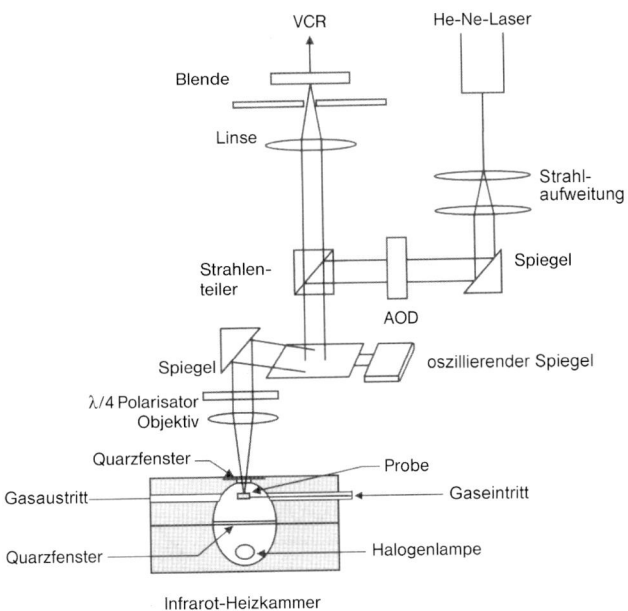

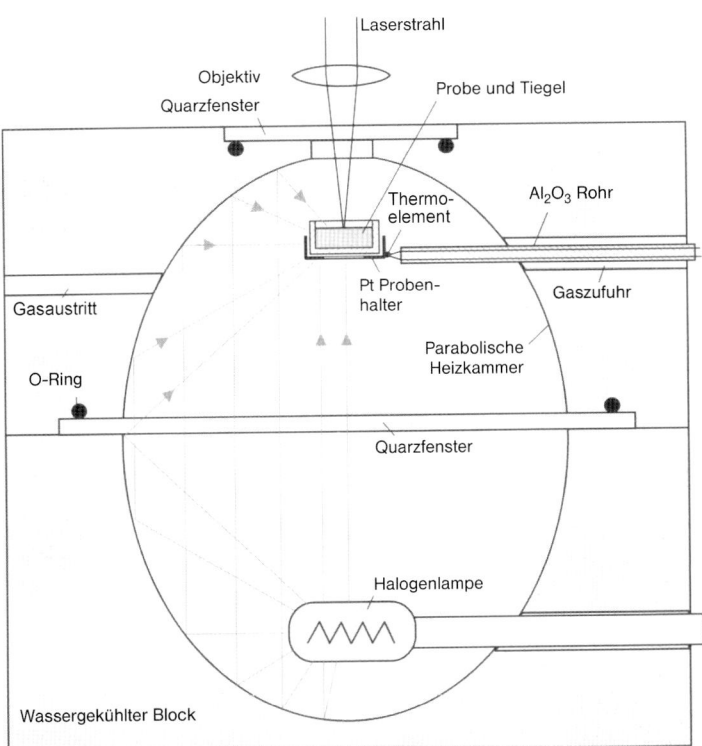

Abb. 2.204 Prinzip des Hochtemperaturmikroskops der Fa. Lasertec: Schema des Laser-Scanning-Mikroskops (oben) und Prinzip der Heizkammer (unten)

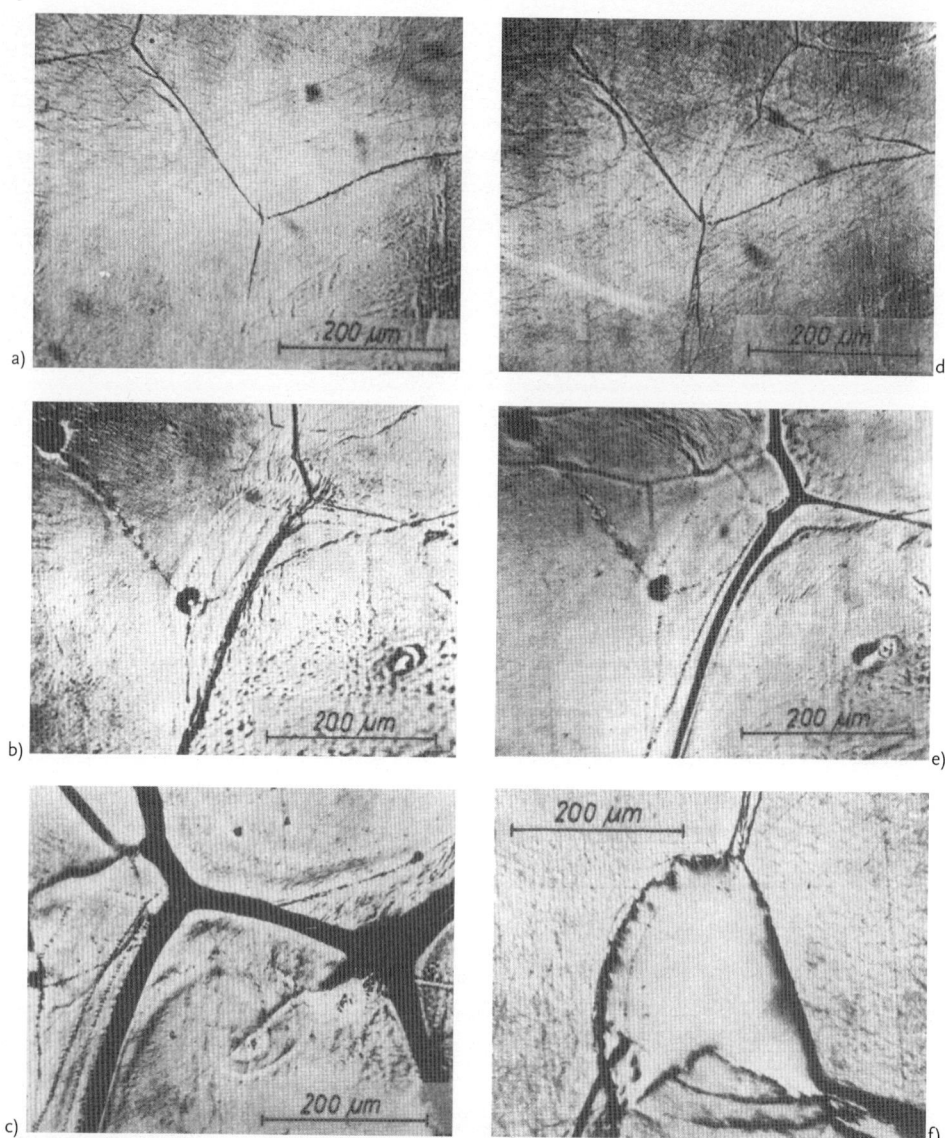

Abb. 2.205 Hochtemperaturuntersuchungen an Zink (Forsyth): a) in 1 min auf 200 °C erhitzt, b) in 12 min auf 350 °C erhitzt, c) in 22 min auf 420 °C erhitzt, d) in 24 min auf 420 °C und sofort wieder unter Schmelztemperatur abgekühlt; Aufschmelzen der Kornzwickel und Korngrenzen, e) in 28 min auf 420 °C erhitzt, 3-mal über Schmelztemperatur erhitzt und wieder abgekühlt, verstärktes Aufschmelzen der Korngrenzen, f) auf 420 °C erhitzt, aufgeschmolzener Kornzwickel

das thermische Ätzen oder eine Verbesserung der Reflexionsverhältnisse durch interferenzfähige Schichten durchgeführt werden. Die Abb. 2.205 a–c zeigen das Auftreten neuer Korngrenzen bei höheren Temperaturen, die Rekristallisationsvor-

2.13 Gefügeuntersuchungen bei hohen Temperaturen

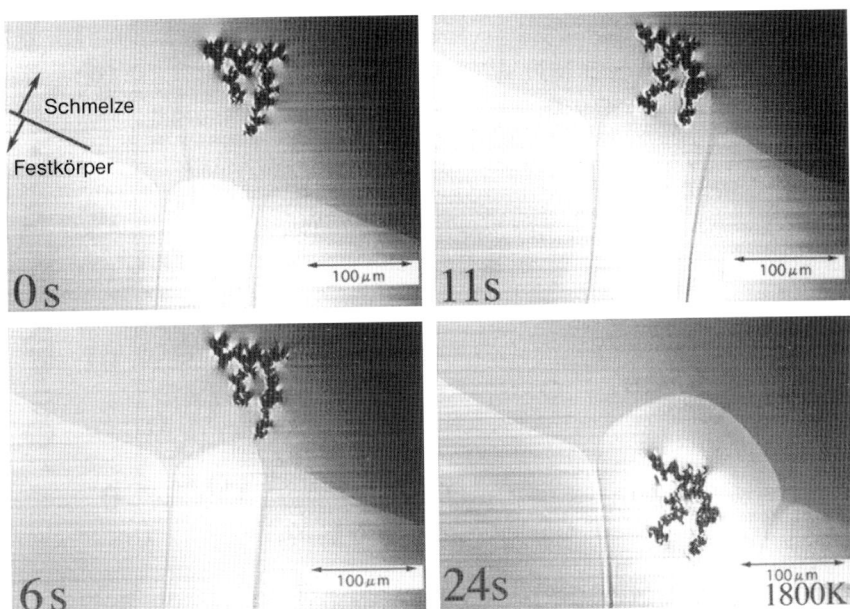

Abb. 2.206 Einbau eines Al$_2$O$_3$-Teilchens durch Vorwölben der Erstarrungsfront einer Fe-0,038 Masse-% C-Legierung))

gängen zuzuschreiben sind. Nach Überschreiten der Schmelztemperatur von 419 °C beginnen zuerst die Kornzwickel (Abb. 2.205 c), dann zusätzlich die Korngrenzen (Abb. 2.205 d und e) und schließlich die Kornbereiche in Nähe der Tripel (Abb. 2.205 f) aufzuschmelzen.

Ein weiteres Beispiel stammt von Emi und Shibala, die mit dem genannten Lasertec-System den Einbau von Al$_2$O$_3$-Teilchen bei der Erstarrung von Fe-C-Legierungen untersuchten (Abb. 2.206). Man erkennt deutlich, dass sich bei Annäherung der Kristallisationsfront an das Al$_2$O$_3$-Teilchen diese vorwölbt und das Teilchen inkorporiert.

In Tab. 2.31 sind, ohne auf Vollständigkeit zu achten, Untersuchungsrichtungen zusammengestellt, die mithilfe der Hochtemperaturmikroskopie bearbeitet wurden. Für das Sichtbarwerden der untersuchten Vorgänge sind im Wesentlichen zwei für die Gefügekontrastierung notwendige Erscheinungen ausschlaggebend, die Relief-neubildung bzw. -veränderung und die Änderung lokaler Reflexionsverhältnisse. Können diese kontrastwichtigen Veränderungen an der Schlifffläche nicht oder nur unzureichend ablaufen, dann werden die metallkundlichen Vorgänge im Auflichtmikroskop nicht wahrgenommen. Reliefbildung und Änderung der Reflexionsverhältnisse werden durch eine Reihe von Mechanismen verursacht, die in der zweiten Spalte der Tab. 2.31 den entsprechenden Vorgängen zugeordnet sind. Um auf der Schlifffläche der Probe die kontrastwichtigen Veränderungen in solchem Maß ablaufen zu lassen, dass die Einzelheiten der Gefügeumwandlungen im Lichtmikroskop gut sichtbar werden, benötigen die einzelnen Mechanismen unterschiedlich lange Einwirkungszeiten. Für die Reliefbildung bzw. -veränderung lässt sich eine Reihenfolge der Mechanismen angeben, welche die Abstufung von langen zu kurzen Einwirkzeiten widerspiegelt:

2 Metallografische Arbeitsverfahren

Tab. 2.31 Einsatzgebiete der Hochtemperaturmikroskopie (ohne Kombination mit anderen Untersuchungsverfahren) und kontrastverursachende Vorgänge

Untersuchungsgegenstand	Kontrastverursachender Vorgang
a) Untersuchung von Kornstrukturen	
– Sichtbarmachen von Kornstrukturen – Kornwachstumskinetik	Relief durch thermisches Ätzen und/oder Anisotropie thermischer Ausdehnungskoeffizienten kombiniert mit ΔR* infolge interferenzfähiger Schichten
– Zwillingsbildung	Relief durch Umklappvorgang
– Rekristallisationsvorgänge	Relief durch thermisches Ätzen
b) Untersuchung von Grenzflächenvorgängen	
– Diffusionsprozesse an Kontaktflächen	ΔR infolge Unterschieden in den optischen Eigenschaften alter und neuer Phasen kombiniert mit Relief durch Unterschiede im spezifischen Volumen
– Sintervorgänge	ΔR infolge Unterschieden in den optischen Eigenschaften der Phasen kombiniert mit Reliefänderungen durch Abnahme der Poren
– Initialstadien der Schichtbildung unter Beteiligung von Reaktionsgasen (selektive Oxidation, Korrosion, Passivschichten, Kontamination, Schichten der chemisch-thermischen Oberflächenbehandlung u. ähnl.)	Relief durch Unterschiede im spezifischen Volumen kombiniert mit ΔR infolge Unterschieden in den optischen Eigenschaften der Phasen und/oder interferenzfähiger Schichten auf ihnen
c) Untersuchungen von Gefügeveränderungen während Phasenumwandlungen	
– Gleich- und Ungleichgewichtsdiagramme – diffusiv gebildete Umwandlungsprodukte	ΔR infolge Unterschieden in den optischen Eigenschaften der Phasen; interferenzfähige Schichten auf ihnen kombiniert mit Relief durch thermisches Ätzen und/oder Unterschieden im thermischen Ausdehnungskoeffizienten; Gleitstufen im Korn, verursacht durch Unterschiede im spezifischen Volumen der Phasen
– durch Scherung gebildete Umwandlungsprodukte	Relief durch Umklappvorgang und Unterschieden im spezifischen Volumen der Phasen
d) Untersuchung von Ausscheidungs-, Koagulations- und Auflösungsvorgängen	
– Sichtbarmachen von thermisch stabilen Ausscheidungen	Relief durch selektives Verdampfen
– Ausscheidungs-, Koagulations- und Auflösungskinetik	ΔR infolge Unterschieden in den optischen Eigenschaften der Phasen kombiniert mit Relief durch Unterschiede im thermischen Ausdehnungskoeffizienten
e) Untersuchung des lokalen Schmelz- und Erstarrungsverhaltens an der Probenoberfläche	ΔR infolge Unterschieden in den optischen Eigenschaften der Phasen kombiniert mit Relief durch Unterschiede im spezifischen Volumen

*ΔR-Unterschiede im Reflexionsvermögen vorhandener (alter) und neuer Phasen

- selektives Verdampfen
- Abnahme des Porenvolumens
- thermisches Ätzen
- Anisotropie des thermischen Ausdehnungskoeffizienten
- Unterschiede im spezifischen Volumen
- Gleitstufenbildung
- Umklappvorgänge (athermische Scherprozesse)

Für die Änderung lokaler Reflexionsverhältnisse lautet die Reihenfolge:

- Bildung interferenzfähiger Schichten auf den Phasen
- Änderung der optischen Eigenschaften einzelner Phasen und Gefügebestandteile mit der Temperatur
- Auftreten neuer Reflexionsunterschiede durch Erscheinen neuer Phasen mit von der Umgebung stark abweichenden optischen Eigenschaften

Die Dauer der Einwirkzeit der Mechanismen bestimmt die Geschwindigkeit der Kontrastierung und somit den Zeitpunkt der Erkennbarkeit der ablaufenden metallkundlichen Vorgänge. Nur wenn die Geschwindigkeit der an der Probenoberfläche ablaufenden Gefügeveränderungen und ihre Kontrastierungsgeschwindigkeit gleich sind, dann gelingt eine verzögerungsfreie Beobachtung. Ansonsten verfälscht eine zu späte Kontrastierung das Untersuchungsergebnis. Dies muss besonders bei der Erarbeitung kinetischer Daten mit den Methoden der Hochtemperaturmikroskopie beachtet werden. So sind diejenigen Gefügeveränderungen gut zu verfolgen, die mit einer Reliefbildung durch Umklappvorgänge einhergehen oder bei denen Phasen mit völlig anderen optischen Eigenschaften entstehen (deutlich andere Brech- und/ oder Absorptionszahlen oder gar optische Anisotropie). Ist man dagegen bei der visuellen Beobachtung auf langsam ablaufende Kontrastierungsmechanismen angewiesen, wie das thermische Ätzen oder gar das selektive Verdampfen, dann zeigen sich deutlich die Grenzen der Hochtemperaturmikroskopie.

Störfaktoren für die Hochtemperaturmikroskopie resultieren aus Gesetzmäßigkeiten der Festkörperreaktionen an äußeren Oberflächen und des Verhaltens metallischer Werkstoffe im Vakuum bei hohen Temperaturen. Da an der freien Oberfläche gegenüber dem Probeninneren günstigere Verhältnisse bezüglich der Diffusion, der Keimbildung und des Drucks vorherrschen, laufen hier viele Vorgänge mit veränderter Kinetik ab. Bei Diffusionsvorgängen dominiert die Oberflächendiffusion, die bekanntlich schneller abläuft als die Volumendiffusion. Die freie Oberfläche bietet energetisch bessere Voraussetzungen für die Keimbildung neuer Phasen als z. B. eine Korngrenze im Werkstoff. Die mit Volumenzunahme verbundenen Umwandlungen laufen an der Oberfläche schneller ab, weil nach der Außenseite hin der Druckzwang auf die neu entstehende Phase fehlt. Dies sind drei Gründe, weshalb Gefügeveränderungen unterschiedlichen Typs an der Schlifffläche schneller ablaufen als im Probeninneren. Andererseits kann eine Gefügeveränderung an der Oberfläche auch langsamer als im Inneren ablaufen, z. B. wenn sie mit Volumenverminderung verbunden ist oder wenn an der Oberfläche Reaktionsschichten (meist Oxide) entstanden sind, welche die Umwandlung verzögern.

Zu den probebedingten Störfaktoren zählt auch die stets im Vakuum bei erhöhten Temperaturen stattfindende selektive Verdampfung der Legierungselemente. Sie hängt ab vom Dampfdruck der einzelnen Elemente, von der Höhe der Untersuchungstemperatur und von der Versuchsdauer. Die selektive Verdampfung kann zu einer merklichen Veränderung der chemischen Zusammensetzung in der oberflächennahen Zone führen. Dies kann zwar beim Arbeiten mit Schutzgas in der Heizkammer weitgehend eingeschränkt werden; mit dem Schutzgas gelangt aber wieder unerwünschter Sauerstoff in die Heizkammer. Auch die Entkohlung durch den Sauerstoff im Restgas wird durch den im Metall gelösten oder auch gebunden vorliegenden Sauerstoff unterstützt. Unter den Bedingungen der Hochtemperaturmikroskopie werden an der Oberfläche liegende oxidische Einschlüsse durch den Kohlenstoff des umgebenden Werkstoffs unter CO-Bildung reduziert.

Die Wirkung all dieser Störfaktoren und häufig auch die verzögerte Beobachtbarkeit der Vorgänge infolge geringer Kontrastierungsgeschwindigkeiten komplizieren die Verhältnisse außerordentlich und begrenzen die Möglichkeiten der Gefügeuntersuchungen bei hohen Temperaturen. Trotz dieser Schwierigkeiten gestatten diese Untersuchungsmethoden, insbesondere im Verein mit der Dokumentation über die Mikrokinematografie oder Videotechnik, wichtige Kenntnisse über den prinzipiellen Ablauf ausgewählter Gefügeveränderungen zu gewinnen.

3 Phasengleichgewichte und Zustandsdiagramme

3.1 Thermodynamische Grundlagen

3.1.1 Legierungen, Phasen und Phasengleichgewichte

Reine Metalle (Elemente) werden in der Technik nur selten genutzt. In den meisten Fällen werden sogenannte Legierungen verwendet, das sind sehr innige Mischungen aus einem Basismetall und weiteren Metallen bzw. auch Nichtmetallen. So ist für die Messinge oder die Bronzen Kupfer das Basismetall und Elemente wie Zn, Al, Si, Sn, Ni, Be, Pb oder P stellen übliche Legierungselemente dar. Auch die große Gruppe der Stähle sind Legierungen des Eisens mit C, Mn, Cr, Ni und vielen anderen Metallen, wodurch sie erst ihre außerordentliche Vielfalt der Eigenschaften erlangen.

Bei einer Legierungsbildung können folgende Erscheinungen bzw. Phasenbildungen[1] auftreten:

- Die Komponenten (Elemente) der Legierung gehen keine chemischen Reaktionen miteinander ein und zeigen zudem praktisch keine Löslichkeiten füreinander. Sie liegen als „reine" Komponenten nebeneinander vor. (Wie im folgenden Abschnitt noch gezeigt werden soll, ist eine Unlöslichkeit der Komponenten im strengen Sinn aus thermodynamischer Sicht nicht möglich, doch sind die Löslichkeiten in manchen Fällen so gering, dass sie aus praktischer Sicht vernachlässigt werden können.) Beispiele dafür sind die Legierungen aus Eisen und Blei oder auch Kupfer und Wolfram, in denen die genannten Metalle nebeneinander vorliegen.
- Die Komponenten gehen miteinander Verbindungen ein, es entstehen z. B. die klassischen Valenzverbindungen, intermetallische Verbindungen (s. Abschnitt 1.4.1.2) oder Einlagerungsphasen (s. Abschnitt 1.4.1.3).
- Die Komponenten bilden miteinander Mischphasen aus, d. h. es entsteht eine atomare Mischung mit einer nahezu statistischen Verteilung der Komponenten. Das gilt auch für den festen Zustand, man spricht in diesem Zusammenhang bei kristallinen Substanzen von Mischkristallen oder festen Lösungen (s. Ab-

---

1) Als Phase bezeichnet man die Gesamtheit aller Bereiche eines stofflichen Systems, die eine gleiche (bzw. gleichartige) Struktur aufweisen. Sie haben damit auch eine gleiche chemische Zusammensetzung und weisen gleiche Eigenschaften auf. Gleiche chemische Zusammensetzung bedingt aber nicht eine gleiche Struktur bzw. eine Zugehörigkeit zu einer Phase, viele Stoffe können bei gleicher chemischer Zusammensetzung verschiedene Strukturen ausbilden (Polymorphie).

schnitt 1.5). Aber auch amorphe Phasen sind in aller Regel Mischphasen.
- Es können Gemenge aus mehreren Phasen der drei genannten Arten entstehen. So wird man z. B. in Legierungen des Kupfers mit etwa 40 bis 45 Masse-% Zn und um 1 % Pb (α + β-Messing; s. Abschnitt 6.1.2) einen kubisch flächenzentrierten Cu-Zn-Mischkristall mit maximal 37 % Zn (α-Mischkristall), eine intermetallische Verbindung Cu_1Zn_1 (β'-Messing) sowie „reines" Blei in Einschlussform vorfinden.

Legierungen können einphasig sein (nur ein Mischkristall oder eine Verbindung wird gebildet), man bezeichnet sie als homogene Legierungen. Tritt in den Legierungen mehr als eine Phase auf, dann handelt es sich um heterogene Legierungen. Reine Metalle sind in der Regel einphasig, doch können bei Metallen mit einer Phasenumwandlung im festen Zustand unter bestimmten Bedingungen auch heterogene, zweiphasige Zustände erzeugt werden (Koexistenz zweier Modifikationen).

Nach diesen Erörterungen erhebt sich die Frage, wovon es abhängt, welche Phasen mit welchen Zusammensetzungen und in welchen Volumen- oder Masseanteilen in einer Legierung mit zwei oder mehr Komponenten auftreten, oder anders ausgedrückt, wovon es abhängt, in welchen Zustand sich ein stoffliches System in Abhängigkeit von den äußeren Bedingungen befinden wird. Eine prinzipielle Antwort darauf gibt die chemische Thermodynamik. Sie definiert zunächst Zustandsgrößen wie die Temperatur T, den Druck p und das Volumen V, unter denen sich das System befindet, sowie die Konzentrationen c_i der Komponenten i in ihm. Überlässt man das System diesen Bedingungen, dann wird sich nach hinreichend langer Zeit ein stationärer Zustand einstellen, der sich nicht mehr verändern wird (Gleichgewichtszustand) und das unabhängig davon, auf welchem Wege dieser Zustand erreicht wurde.

Ein Beispiel soll das veranschaulichen: Stellt man eine Gemenge aus 51 Masse-% Cr und 49 Masse-% Ni her, schmilzt dieses bei Temperaturen oberhalb 1400 °C auf und kühlt die dabei gebildete homogene Metallschmelze auf 900 °C ab, dann entsteht eine kubisch flächenzentrierte γ-Phase (Ni-Cr-Mischkristall) mit 41 % Cr und 61 % Nickel sowie eine kubisch raumzentrierte α-Phase (Cr-Ni-Mischkristall) mit 8 % Ni und 92 % Cr. Der Masseanteil der γ-Phase beträgt 19,6 % und der der α-Phase 80,4 %. Genau diesen Zustand kann man aber einstellen, wenn man das gleiche Ausgangsgemisch in Pulverform lange Zeit bei 900 °C und gleichem Druck glüht. Die Legierungsbildung vollzieht sich hier durch Interdiffusion der beiden Elemente. Der sich jeweils einstellende Zustand ist also unabhängig vom Weg, wie er erreicht worden ist, bzw. nur abhängig von den gewählten Zustandsgrößen T, c_i und p. Eine Veränderung des Zustands erfordert also immer eine Veränderung der Zustandsgrößen, die deshalb auch als Zustandsvariablen bezeichnet werden können.

Als Beispiel für das thermische Verhalten eines reinen Metalls soll nun der Wärmeinhalt[1] des Quecksilbers bei konstantem Druck in Abhängigkeit von der Temperatur betrachtet werden (Abb. 3.1). Definitionsgemäß ist der Wärmeinhalt bei 0 K selbst Null, er nimmt mit der Temperatur stetig (näherungsweise linear) bis zum Schmelz-

---

[1] Als Wärmeinhalt bezeichnet man diejenige Wärmemenge, die man dem Stoff, beginnend vom absoluten Nullpunkt (0 K) zuführen muss, um die gewünschte Temperatur T zu erreichen. Wenn das bei konstantem Druck erfolgt, wird diese Wärmemengen als Enthalpie H bezeichnet.

3.1 Thermodynamische Grundlagen

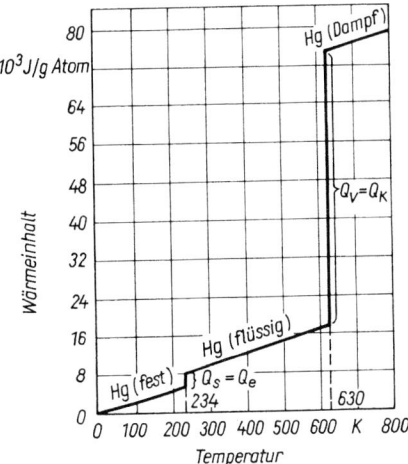

Abb. 3.1 Wärmeinhalt von 1 mol[1] Quecksilber in Abhängigkeit von der Temperatur (in K[2])

[1] Molekulargewicht (bei Elementen Atomgewicht) in Gramm ausgedrückt (für Hg 200,59 g).
[2] Die Temperaturangabe in Kelvin (K) erhält man, indem man zur Temperaturangabe in °C 273,2 addiert (0 °C entsprechen also 273,2 K). In der Thermodynamik werden die Temperaturen immer in K angegeben bzw. verwendet.

punkt T_S = 234 K auf einen Wert von ca. 6000 J g-Atom^{-1} zu. Während des Schmelzvorgangs bei T_S = 234 K wird die sogenannte Schmelzwärme H_S = 2350 J mol^{-1} aufgenommen, sie wird benötigt, um den kristallinen Zustand in den deutlich weniger fest gebundenen Schmelzzustand zu überführen. Erst nach Abschluss des Schmelzvorgangs wird bei weiterer Wärmezufuhr die Temperatur ansteigen. Erreicht man die Verdampfungstemperatur T_V = 630 K, muss die Verdampfungswärme H_V = 59 000 J mol^{-1} bei konstanter Temperatur zugeführt werden, um das Quecksilber in den Dampfzustand zu überführen. Eine weitere Wärmezufuhr erhöht die Temperatur des Dampfes. Kühlt man den Hg-Dampf wieder ab (Wärmeentzug), kondensiert er bei der Kondensationstemperatur T_K (praktisch gleich der Verdampfungstemperatur T_V) zu flüssigem Hg, wobei die Kondensationswärme H_K = H_V freigesetzt wird. Das flüssige Quecksilber kühlt sich bei weiterem Wärmeentzug bis zur Erstarrungstemperatur T_E (praktisch gleich der Schmelztemperatur T_S) stetig ab, der Erstarrungsvorgang selbst liefert bei T_E die Erstarrungswärme H_E = H_S.

Was kann man aus diesen Verläufen schlussfolgern? Der Schmelz- und der Verdampfungsprozess ändern die Struktur, es sind in diesem Sinn Phasenumwandlungen (hier mit Wechsel des Aggregatzustands), für die besondere Wärmemengen benötigt werden. Sie führen zu Unstetigkeiten (Stufen) im Temperaturverlauf des Wärmeinhalts. Diese Unstetigkeiten treten in umgekehrter Weise bei der Kondensation bzw. Erstarrung auf, bei diesen (Rück-)Umwandlungen werden die entsprechenden Wärmemengen wieder freigesetzt. Es ist nun leicht einzusehen, dass auch Phasenumwandlungen im festen Zustand, wie sie z. B. beim Eisen auftreten (s. Tab. 1.7) ebenfalls mit solchen Unstetigkeiten verknüpft sein müssen, allerdings sind die dabei umgesetzten Wärmemengen sehr viel kleiner als bei Phasenumwandlungen mit einem Wechsel des Aggregatzustands. Bezieht man die Wärmemengen bzw. Enthalpien H, die man für die jeweiligen Umwandlungen benötigt, auf die dazugehörige Umwandlungstemperatur T_U, so ergibt sich die sogenannte Umwandlungsentropie $S_U = H_U/T_U$. Man findet für metallische Systeme folgende Abstufungen (s. Tab. 3.1 und 3.2):

– Umwandlungen im festen Zustand
$S_U \approx 1 - 2$ J K^{-1} mol^{-1}
– Schmelzen, Erstarren (Richard'sche Regel) $S_S \approx 8 - 11$ J K^{-1} mol^{-1}
– Verdampfen, Kondensieren (Trouton'sche Regel) $S_V \approx 90 - 110$ J K^{-1} mol^{-1}

Tab. 3.1 Schmelztemperaturen und Schmelzenthalpien H_S einiger Metalle (Richard'sche Regel)

Metall	T_S [K]	H_S [J mol^{-1}]	$S_S = H_S/T_S$ [J mol^{-1} K^{-1}]
Platin	2043	21 840	10,7
Eisen	1809	16 140	8,9
Cobalt	1768	15 500	8,8
Nickel	1726	17 610	10,2
Kupfer	1357	13 030	9,6
Aluminium	933	10 760	11,5
Zink	693	6 670	9,6
Blei	601	4 770	7,9
Quecksilber	234	2 350	10,0

Tab. 3.2 Verdampfungstemperatur und Verdampfungsenthalpien einiger Metalle (Trouton'sche Regel)

Metall	T_V [K]	H_V [J g-Atom^{-1}]	$S_V = H_V/T_V$ [J g-Atom^{-1} K^{-1}]
Eisen	3000	350 000	117
Magnesium	1375	136 000	99
Zink	1179	114 000	97
Cadmium	1038	100 000	96
Quecksilber	630	59 000	94

Temperaturveränderungen eines Systems sind mit Volumenveränderungen verknüpft (thermische Ausdehnungen, umwandlungsbedingte Volumenveränderungen). Lässt man bei den Temperaturveränderungen den äußeren Druck p konstant, so muss bei einer Volumenveränderung ΔV eine Arbeit $p \cdot \Delta V$ geleistet werden, die entfallen würde, wenn man das Volumen des Systems (zwangsweise) konstant hielte. Daraus folgt, dass man zur Charakterisierung des Wärmeinhalts eines Systems zwei verschiedene thermodynamische Funktionen benötigt. Es sind dies

- die innere Energie U, die sich aus den Energien der chaotischen Wärmebewegung der Teilchen des Systems, ihren Wechselwirkungsenergien sowie den temperaturabhängigen Anteilen der Energien der Elektronenhüllen, der Kernenergien usw. zusammensetzt, wobei U bei $T = 0$ K Null ist und konstantes Volumen vorausgesetzt wird (Dimension J bzw. bei Bezug auf die Stoffmenge eines Mols J mol^{-1});
- die Enthalpie H, die neben der inneren Energie U noch den Term $p \cdot V$ enthält

$$H = U + p \cdot V$$

H stellt diejenige Wärmemenge dar, die man benötigt, um ein System von $T = 0$ K auf die Temperatur T bei konstant gehaltenem Druck p zu erwärmen. Der anhand des Quecksilbers oben diskutierte typische Verlauf des Wärmeinhalts als Funktion der Temperatur stellt also die Enthalpiefunktion dar, die angegebenen Q-Werte sind Enthalpiedifferenzen (Dimension J mol^{-1}). Da die meisten werkstoffwissenschaftlichen bzw. metallkundlichen Prozesse bei konstantem Druck ablaufen bzw. mit sehr kleinen Volumenveränderungen verknüpft sind, betrachtet man, falls nichts anderes vermerkt wird, immer die Enthalpie.

Von fundamentaler Bedeutung ist die Feststellung, dass sich nach Gibbs die Enthalpie H eines Systems aus zwei Anteilen zusammensetzt: einem in andere Energieformen (z. B. elektrische Energie) umwandelbaren, reversiblen Anteil G, der als Freie Enthalpie bezeichnet wird und einem „strukturell gebundenen", irreversiblen und temperaturabhängigen Anteil $T \cdot S$, wobei S die Entropie (Entropiefunktion) darstellt (Dimension J K^{-1} mol^{-1}).

$$H = G + T \cdot S \quad \text{bzw.}$$
$$G = H - T \cdot S \qquad (3.1)$$

H, G und S sind molare Größen, d. h. sie beziehen sich immer auf die Stoffmenge eines Mols[1]. Die Gl. (3.1) zwischen H, G und S verkörpert den II. Hauptsatz der Thermodynamik, dessen große Bedeutung darin besteht, dass anhand der Freien Enthalpie G eine Aussage dazu gemacht werden kann, ob eine chemische Reaktion zwischen den Komponenten bzw. Phasen eines Systems freiwillig stattfinden wird oder nicht. Ein freiwilliger Ablauf wird dann möglich sein, wenn mit der Reaktion eine Erniedrigung der Freien Enthalpie G verknüpft ist, was auch bedeutet, dass ein System immer den Zustand der minimalen Freien Enthalpie anstreben wird, der dann den Gleichgewichtszustand darstellt. (Ob dieser Zustand tatsächlich erreicht wird, hängt von einer Reihe kinetischer Faktoren ab, unter denen die Diffusion die bedeutsamste Rolle spielt.) Auf der Grundlage thermodynamischer Datenbanken sind die Enthalpien und Entropien der an einer Reaktion beteiligten Stoffe/Phasen berechenbar.

Besteht eine Phase j aus mehreren Komponenten i, ergibt sich ihre molare Freie Enthalpie G_j zu

$$G_j = \sum x_{ij} \cdot \mu_{ij} \qquad (3.2)$$

In dieser Beziehung bedeuten x_{ij} und μ_{ij} den Molenbruch bzw. das thermodynamische Potential der Komponente i in der Phase j. Das thermodynamische Potential μ_{ij} ist definiert als

$$\mu_{ij} = \frac{\delta G_j}{\delta x_{ij}} \qquad (3.3)$$

und beschreibt somit die Änderung der Freien Enthalpie G_j mit dem Molenbruch x_i der Komponente i in dieser Phase. Es ist eine partielle molare Größe, die angibt, um wie viel sich G ändert, wenn man der Phase j ein Mol der Komponente i zufügt.

Besteht ein System aus j Phasen, dann gilt für seine Freie Enthalpie G die Beziehung

$$G = \sum_j x_j \cdot G_j \qquad (3.4)$$

Liegt ein System mit i Komponenten vor, so werden sich im Gleichgewichtsfall diejenigen Phasen j mit Anteilen x_j bilden, die die Gl. (3.4) zu einem Minimum machen.

Die Bedingung für das Gleichgewicht lässt sich auch so formulieren: Es werden sich dann keine Transfermöglichkeiten der Komponenten i zwischen den Phasen j ergeben, wenn für jede Komponente i das zugehörige thermodynamische Potential in jeder Phase j gleich groß geworden ist. So gilt für eine Komponente i in allen P Phasen

$$\mu_{i1} = \mu_{i2} = \mu_{i3} = \ldots = \mu_{iP} \qquad (3.5)$$

Für jede Komponente i existieren also $P - 1$ Bedingungen hinsichtlich ihrer thermodynamischen Potentiale. Neue Phasen werden sich nur dann bilden oder vorhandene verschwinden, wenn dadurch die gesamte Freie Enthalpie G des Systems verringert werden kann.

Folgende Überlegungen lassen sich nun für ein System mit K Komponenten und P Phasen anstellen: Die Zahl der Konzentrationsvariablen für das gesamte System mit P Phasen ist gegeben zu $P(K-1)$ (in jeder Phase wegen der Summenbedingung $\sum x_i = 1$ $K-1$ unabhängige Konzentrationsangaben). Hinzu kommen als Variab-

---

[1] Zur Berechnung der Stoffmengen in Mol bzw. der Konzentrationsangaben in Molenbrüchen sei auf den Anhang verwiesen.

len noch die für alle Phasen gleiche Temperatur und der Druck, sodass $P(K − 1) + 2$ Variablen existieren. Diesen stehen insgesamt $K(P − 1)$ Bedingungsgleichungen entsprechend Gl. (3.5) gegenüber. Für die Zahl der Freiheitsgrade F des Systems ergibt sich dann

F = Zahl der Variablen − Zahl der Gleichgewichtsbedingungen

$$F = P(K-1) + 2 - K(P-1) = K - P + 2 \quad (3.6\,a)$$

Das ist das Gibbs'sche Phasengesetz (auch Phasenregel genannt), das für die Interpretation der Phasenzustände eines Systems eine außerordentliche Bedeutung besitzt. In den meisten praktischen Fällen wird man unter der Bedingung p = const. arbeiten. Das bedeutet, dass der Druck als Variable aufgegeben wird, das Gibbs'sche Phasengesetz nimmt dann folgende Form an:

$$F = K - P + 1 \quad (3.6\,b)$$

Was bedeutet die Zahl der Freiheitsgrade F eines Systems? Sie gibt an, wie viele Zustandsvariablen (Temperatur, Druck oder Konzentrationen) in einem System mit K Komponenten und P Phasen verändert werden können, ohne dass im Gleichgewicht eine Phase verschwindet oder eine neue hinzukommt. Das soll anhand des oben schon dargestellten Beispiels des Quecksilbers erläutert werden. Es ist ein Einkomponentensystem, für das bei konstant gehaltenem Druck die Gl. (3.6 b) mit $K = 1$ gilt. Wenn nur eine Phase existiert, dann ergibt sich ein Freiheitsgrad ($F = 1$), nämlich die Temperatur. (In einem Einkomponentensystem entfällt die Konzentration als Variable!) In den Bereichen, in denen nur die feste Phase ($T < 234$ K), die flüssige Phase (234 K $> T >$ 630 K) oder der Dampf ($T >$ 630 K) existieren, kann daher die Temperatur verändert werden, ohne dass die jeweilige Phase verschwindet oder eine andere hinzukommt. Während des Schmelzens bei T = 234 K wird neben der festen Phase ein Teil des Hg schon flüssig vorliegen, es stehen eine feste und eine flüssige Phase miteinander im Gleichgewicht. Das Phasengesetz (3.6 b) liefert dafür $F = 0$. Solange noch beide Phasen nebeneinander vorliegen, wird sich die Temperatur trotz Wärmezufuhr nicht verändern können, erst wenn das gesamte Hg geschmolzen ist, also wieder nur eine Phase vorliegt, wird die Temperatur wegen nun $F = 1$ wieder mit der Wärmezufuhr ansteigen. Die analogen Verhältnisse wird man beim Verdampfen antreffen: Solange flüssiges Hg neben dem dampfförmigen existiert, kann sich die Temperatur nicht ändern.

Diese Betrachtungen lassen sich auf Mehrkomponentensysteme übertragen. Die maximale Zahl der Phasen P_{max}, die miteinander im Gleichgewicht stehen können, ergibt sich dann, wenn $F = 0$ wird.

$$P_{max} = K + 2 \quad (3.7\,a)$$

bzw.

$$P_{max} = K + 1 \text{ (für konstanten Druck)} \quad (3.7\,b)$$

Liegen P_{max} Phasen in einem System vor, hat dieses keine Freiheitsgrade mehr, weder die Temperatur noch der Druck oder die Konzentrationen können verändert werden, ohne dass eine der beteiligten Phasen verschwindet. Man spricht von einem nonvarianten Gleichgewicht. Besitzt das System noch einen Freiheitsgrad, handelt es sich um ein monovariantes Gleichgewicht, bei zwei Freiheitsgraden um ein divariantes und so weiter.

Jede flüssige Phase, aber auch jede feste Phase steht mit einer Dampfphase (Gasphase) im Gleichgewicht. Das gilt auch für feste Metalle bzw. metallische Schmelzen. Diese Dampfdrücke sind temperaturabhängig, je höher die Temperatur ist, desto höher werden die Dampfdrücke über der festen bzw. der flüssigen Phase. Wird der Dampfdruck über der Metallschmelze größer als der äußere Druck, beginnt die Schmelze zu sieden bzw. zu verdampfen. Entsprechend gilt, dass bei einem äußeren Druck kleiner als der Dampfdruck über dem festen Metall dasselbe durch Sublimation direkt in die Gasphase übergeht. Die Temperaturabhängigkeit des Gleichgewichtsdampfdrucks p über dem festen bzw. flüssigen Metall lässt sich näherungsweise durch eine Beziehung der Art

$$\log p = B - \frac{A}{T} \quad (3.8)$$

beschreiben (T in K; p in MPa). In Tab. 3.3 finden sich Beispiele für die Parameter A_S und B_S (Dampfdruck über der Schmelze) bzw. A_F und B_F (Dampfdruck über dem festen Metall).

Mithilfe der Gl. (3.8) lassen sich auch die Dampfdrücke über den festen Metallen bei Raumtemperatur abschätzen. Sie sind verglichen mit den Dampfdrücken über Schmelzen sehr niedrig. Im Fall des flüssigen Quecksilbers befinden sich in einem Gasvolumen von 1 m³ über der Schmelze bei Raumtemperatur noch etwa $7 \cdot 10^{18}$ Atome oder 2,3 mg Hg, also eine Menge, die hochgradig gesundheitsschädigend wirkt.

Wenn in Einkomponentensystemen sowohl über der festen Phase als auch über den Schmelzen eine Gasphase im Gleichgewicht existiert, muss es bei einer bestimmten Temperatur T_{tripel} und einem bestimmten Druck p_{tripel} zu einem Gleichgewicht zwischen einer festen, einer flüssigen und einer gasförmigen Phase kommen. Wegen der dann drei Phasen ($P = 3$) wird $F = 0$, es liegt also am sogenannten Tripelpunkt ein nonvariantes Gleichgewicht vor. Jede Veränderung der Temperatur oder des Drucks würde eine der Phasen verschwinden lassen.

Die Existenz eines solchen Tripelpunkts kennt man auch für Wasser. Da das H_2O-Molekül in allen drei Aggregatzuständen der elementare Strukturbaustein ist und sich nicht in Wasserstoff und Sauerstoff aufspaltet, kann es als ein Einkomponentensystem behandelt werden, obwohl es aus zwei Elementen besteht. Der Tripelpunkt des Wassers liegt bei $T = 273{,}16$ K und $p = 6{,}13$ mbar $= 613$ Pa.

Ändert man den äußeren Druck auf ein System um Δp, verschieben sich die Umwandlungspunkte (Schmelzpunkt, Verdampfungspunkt, Umwandlungspunkte im festen Zustand) um ΔT. Den Zusammenhang zwischen Δp und ΔT vermittelt die Gleichung nach Clapeyron.

Tab. 3.3 Parameter der Dampfdruckgleichungen (nach Guy) und Tripelpunkte für einige Metalle

Metall	A_S	B_S	A_F	B_F	T_{tripel} [°C]	p_{tripel} [Pa]	$p_{293\,K}$ [Pa]
Mg	7 120	4,15	7 590	4,66	650	$2{,}7 \cdot 10^2$	10^{-15}
Zn	6 160	4,23	6 950	5,92	419	$2{,}1 \cdot 10^1$	10^{-12}
Pb	9 190	3,57	9 460	4,02	327	$1{,}8 \cdot 10^{-6}$	10^{-22}
Fe	18 480	4,65	19 270	5,09	1535	$2{,}7 \cdot 10^2$	10^{-55}
Cu	15 970	4,57	16 770	5,16	1084	$6{,}3 \cdot 10^{-2}$	10^{-46}
Hg	3 066	3,87	3 810	6,50	−39	$6 \cdot 10^{-4}$	10^{-1}

Anmerkung: 1 bar $= 0{,}1$ MPa $= 1 \cdot 10^5$ Pa

$$\Delta T = \frac{T_U \cdot \Delta V_U \cdot M}{H_U} \cdot \Delta p \qquad (3.9)$$

T_U Umwandlungstemperatur [K]
ΔV_U Volumenänderung bei der Umwandlung [m³ g⁻¹]
M Molekular- bzw. Atomgewicht [g mol⁻¹]
H_U Umwandlungsenthalpie [J mol⁻¹]
Δp Druckänderung [Pa] (1 Pa = 1 N m⁻²)

Zur Verdeutlichung des Effekts sei die Schmelzpunktserhöhung von Kupfer berechnet: $T_U = 1357$ K; $M = 63{,}55$ g mol⁻¹; $H_U = 13\,030$ J mol⁻¹; $\Delta V = 5$ mm³ g⁻¹ $= 5 \cdot 10^{-9}$ m³ g⁻¹ (s. auch Abb. 4.50). Es ergibt sich daraus ΔT [K] $= 0{,}033 \cdot 10^{-6} \cdot \Delta p$ [Pa] bzw. für eine Druckerhöhung von 1 MPa (= 10 bar) $\Delta T = 0{,}033$ K. Dieser Effekt ist wegen der kleinen Volumenänderung beim Schmelzen relativ gering und kann daher in den meisten Fällen vernachlässigt werden. Wendet man jedoch hohe Drücke (im Bereich 1000 bar oder 100 MPa) an, dann betragen die Änderungen der Schmelztemperatur schon wenige Grade (Abb. 3.2).

Die Druckabhängigkeit des Schmelzpunkts von Metallen wird aus der Sicht des Prinzips von Le Chatelier leicht verständlich. Dieses Prinzip besagt Folgendes: Wird durch äußere Einflussnahme auf ein im Gleichgewicht befindliches System dieses verschoben, so geschieht das so, dass der Effekt der äußeren Einwirkung abgeschwächt wird (Prinzip des kleinsten Zwangs). Übt man einen erhöhten Druck auf ein Gleichgewicht am Schmelzpunkt (Umwandlungspunkt) aus, so wird sich diejenige Phase einstellen, die das kleinere spezifische Volumen aufweist. Da die meisten metallischen Schmelzen ein größeres spezifisches Volumen (kleinere Dichte) haben als die feste Phase, wird eine Druckerhöhung zur Bevorzugung der festen Phase oder zu einer Erhöhung des Schmelzpunkts führen. Bei Silicium ist jedoch die Schmelze diejenige Phase mit dem geringeren spezifischen Volumen (höhere Dichte), eine Druckerhöhung führt daher zu einer Schmelzpunkterniedrigung. Das Prinzip des kleinsten Zwangs lässt sich auch auf die Umwandlungen im festen Zustand anwenden. So wandelt das kubisch raumzentrierte β-Eisen unter Normaldruck bei 911 °C in das kubisch flächenzentrierte und damit dichter gepackte γ-Eisen um. Eine Druckerhöhung führt dazu, dass auch bei niedrigeren Temperaturen das kubisch flächenzentrierte γ-Eisen existent sein wird. Es tritt hier eine Erniedrigung der Umwandlungstemperatur ein.

Bei Einkomponentensystemen vollziehen sich die Phasenumwandlungen bei definierten Temperaturen, wenn der Druck konstant gehalten wird ($F = 0$). Während der eigentlichen Umwandlung (Schmelzen bzw. Erstarren, Verdampfen bzw. Kondensieren usw.) bleibt die Temperatur trotz Wärmezufuhr bzw. Wärmeentzug so lange konstant, bis die Umwandlung abgeschlossen ist, es handelt sich um nonvariante Gleichgewichte. Hat man dagegen Systeme mit mehr als einer Komponente, so werden aus den Umwandlungspunkten Umwandlungsintervalle. So weist der Gleichgewichtszustand bestehend aus zwei Phasen

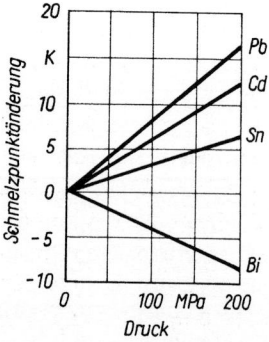

Abb. 3.2 Druckabhängigkeit der Schmelzpunkte einiger Metalle (Johnston und Adams)

($P = 2$) für ein zweikomponentiges System ($K = 2$) entsprechend Gl. (3.7) noch einen Freiheitsgrad auf ($F = 1$). Das bedeutet, dass das Zweiphasengleichgewicht (z. B. flüssig-fest bei der Erstarrung) auch bei einer Veränderung der Temperatur in gewissen Grenzen erhalten bleibt. Kühlt man eine mehrkomponentige Schmelze ab, wird bei einer bestimmten Temperatur, der sogenannten Liquidustemperatur T_{liq} die Erstarrung beginnen und mit sinkender Temperatur fortschreiten. Erreicht das System die sogenannte Solidustemperatur T_{sol}, ist der Erstarrungsprozess beendet. $T_{liq} - T_{sol}$ wird das Erstarrungsintervall genannt, das nun an die Stelle eines Erstarrungspunkts getreten ist. Das gilt in analoger Weise für alle bisher angesprochenen Phasenumwandlungen; Umwandlungspunkte werden zu Umwandlungsintervallen.

3.1.2
Zur Thermodynamik von Mischkristallen

Die in Abschnitt 3.1.1 dargestellten Grundideen der chemischen Thermodynamik greifen auf makroskopische bzw. phänomenologische Vorstellungen zurück. Es soll nun anhand der thermodynamischen Beschreibung von Mischkristallen gezeigt werden, dass man auch mit einer atomistischen Betrachtungsweise zu sehr sinnvollen, den oben genannten Grundvorstellungen adäquaten Ansätzen gelangen kann. Demonstriert wird das anhand des Modells regulärer Lösungen. Dieses für Mischkristalle einfach anwendbare Modell geht von folgenden Voraussetzungen aus:

- Die gesamte Enthalpie des Mischkristalls wird durch die Bindungsenthalpien zwischen nächsten Nachbarn bestimmt. Bindungen zu übernächsten Nachbarn werden vernachlässigt.
- Diese Bindungsenthalpien sind konzentrations- und temperaturunabhängig.
- Die Entropie des Mischkristalls wird nur durch die sogenannte Konfigurationsentropie (s. u.) bestimmt. Weitere Entropiebeiträge z. B. als Folge sich verändernder Gitterschwingungsspektren werden vernachlässigt.

Diese Voraussetzungen stellen sicher große Vereinfachungen des Problems dar, deshalb ist es umso erstaunlicher, dass damit sehr vernünftige Ergebnisse erzielt werden können (Temperaturabhängigkeiten der Löslichkeiten von Mischkristallen, Entmischungen, Ordnungseinstellungen).

Ausgangspunkt der Betrachtungen soll ein binärer Substitutionsmischkristall mit N Atomen sein, wobei die Struktur der beiden Komponenten A und B gleich sein soll. Von den N Atomen sind $N_A = N \cdot (1 - c)$ A-Atome und $N_B = N \cdot c$ B-Atome, wobei c die (Atom-) Konzentration der B-Atome und $(1 - c)$ die Konzentration der A-Atome darstellen. Weiterhin werden definiert:

- N_{AA}, N_{BB} und N_{AB} die jeweilige Anzahl der A-A-, der B-B- bzw. A-B-Bindungen zwischen den nächsten Nachbarn im Mischkristall
- H_{AA}, H_{BB} und H_{AB} die zugehörigen Bindungsenthalpien der A-A-, der B-B- bzw. der A-B-Bindungen.

Die Wahrscheinlichkeit dafür, dass ein Gitterplatz mit einem A-Atom besetzt ist, beträgt $(1 - c)$, die Besetzungswahrscheinlichkeit mit B-Atomen beträgt c. In der nächsten Nachbarschaft eines A-Atoms oder eines B-Atoms (beide haben die gleiche Nachbarschaft bzw. Koordination) befinden sich $Z \cdot (1 - c)$ A-Atome und $Z \cdot c$ B-Atome (Z Koordinationszahl, Zahl der nächsten Nachbarn eines Atoms). Für alle Atome wird das gleiche Z angenommen (z. B. kubisch flächenzentriert: $Z = 12$ oder kubisch raumzentriert: $Z = 8$). Daraus ergeben sich die Bindungszahlen

$$N_{AA} = \frac{1}{2}NZ(1-c)^2; \quad N_{BB} = \frac{1}{2}NZc^2;$$
$$N_{AB} = NZc(1-c)$$

(Der Faktor $\frac{1}{2}$ vermeidet eine doppelte Zählung der Bindungen.)

Nach Multiplikation der Bindungszahlen mit den zugehörigen Bindungsenthalpien findet man für die Enthalpie H_M des Mischkristalls

$$H_M = \frac{1}{2}NZ \left[\begin{array}{l} H_{AA}(1-c)^2 + \\ H_{BB}c^2 + 2c(1-c)H_{AB} \end{array} \right]$$

Mit der Einführung der Vertauschungsenthalpie H_0 gemäß

$$H_0 = H_{AB} - \frac{1}{2}(H_{AA} + H_{BB}) \qquad (3.10)$$

findet man dann

$$H_M = \frac{1}{2}NZ \left[\begin{array}{l} (1-c)H_{AA} + \\ cH_{BB} + 2c(1-c)H_0 \end{array} \right] \quad (3.11)$$

Die Vertauschungsenthalpie H_0 beschreibt den Enthalpiegewinn, wenn A-A- bzw. B-B-Bindungen in eine A-B-Bindung überführt werden. Ein negatives H_0 bedeutet, dass diese Vertauschung unter Enthalpiegewinn abläuft, ein positives H_0 erfordert dagegen die Zuführung dieses Enthalpiebetrags bei der Vertauschung. Für einen idealen Mischkristall, bei dem die Enthalpien für die A-B-Bindungen gleich dem Mittelwert der Enthalpien der A-A- und der B-B-Bindungen wird, ändert sich die Enthalpie H_{id} linear mit c:

$$H_{id} = (1-c)H_{AA} + cH_{BB}$$

Die Differenz ΔH_M, berechnet gemäß

$$\Delta H_M = H_M - H_{id} = NZc(1-c)H_0 \qquad (3.12)$$

beschreibt dann die Abweichung des Systems vom idealen Mischkristallverhalten, sie wird als Mischungsenthalpie bezeichnet.

Um die Freie Enthalpie G_M des Mischkristalls angeben zu können, fehlt noch die Entropie S_M, die entsprechend der oben genannten Voraussetzungen nur die Konfigurationsentropie S_{konf} enthalten soll. Diese Entropie findet man über die Boltzmann-Beziehung

$$S_{konf} = k \cdot \ln W \qquad (3.13)$$

$k = 1{,}38 \cdot 10^{-23}$ J K^{-1} (Boltzmann-Konstante)

W ist die Zahl aller unterscheidbaren Verteilungen der A- und B-Atome auf die Gitterplätze, wobei die A- bzw. die B-Atome unter sich ununterscheidbar sind. Die Kombinatorik liefert für W folgende Beziehung:

$$W = \frac{N!}{N_A! \cdot N_B!}$$

Unter Nutzung der Stirling-Formel $\ln x! = x \ln x - x$ wird daraus

$$S_{konf} = -Nk[c \ln c + (1-c)\ln(1-c)] \qquad (3.14)$$

Wegen der negativen Werte der Logarithmen bedeutet das, dass die Konfigurationsentropie stets positiv ist, die Bildung eines Mischkristalls (einer Mischphase) wird also stets einen Beitrag zur Erniedrigung der Freien Mischungsenthalpie ΔG_M leisten:

$$\Delta G_M = \Delta H_M - T \cdot S_{konf} \qquad (3.15\text{ a})$$

und das umso stärker, je höher die Temperatur T ist.

$$\Delta G_M = NZ[c(1-c))H_0] + NkT[c \ln c + (1-c)\ln((1-c)] \quad (3.15\,\text{b})$$

Die Gl. (3.15 b) enthält folgende Aussagen:

- Wesentlicher Parameter zur Beschreibung des Mischkristallverhaltens ist die Vertauschungsenthalpie H_0. Wird $H_0 = 0$, dann liegt ideales Mischkristallverhalten vor. Die A-B-Bindungen haben die gleiche Bindungsenthalpie wie der Mittelwert für die A-A- und die B-B-Bindungen. Der negative Entropiebeitrag zu ΔG_M bewirkt, dass für jede Temperatur und jede Konzentration der Mischkristall die stabile Phase darstellt.
- $H_0 > 0$: Die A-B-Bindungen sind schwächer als die A-A- bzw. B-B-Bindungen, das System bevorzugt die Bindungen zwischen den gleichartigen Atomen. Die Konsequenz ist, dass nur für Temperaturen $T > T_{\text{grenz}} = 0{,}36\ H_0/k$ der Mischkristall bei allen Konzentrationen stabil ist, bei niedrigeren Temperaturen tritt eine Mischungslücke auf. Abbildung 3.3 veranschaulicht dazu die Verläufe der Freien Enthalpie G_M für verschiedene Temperaturen zusammen mit der Enthalpie H_M. (Der Term $-T \cdot S_{\text{konf}}$ stellt immer eine im negativen Bereich durchhängende Funktion dar, deren Scheitelwert proportional zur Temperatur ist.) Die Verläufe von G_M bei Temperaturen $T < T_{\text{grenz}}$ weisen zwei Konzentrationswerte c_α und c_β auf, die eine gemeinsame Tangente an die Funktion G_M besitzen. Diese gemeinsame Tangente bzw. der gleiche Anstieg dG_M/dc in diesen Punkten bedeutet Gleichheit des chemischen Potentials sowohl für die Komponente B als auch A (vgl. Gl. (3.3) und (3.5)), sodass zwei Phasen mit diesen Konzentrationen miteinander im Gleichgewicht stehen können. Hat das System eine summarische Konzentration c zwischen diesen beiden Kon-

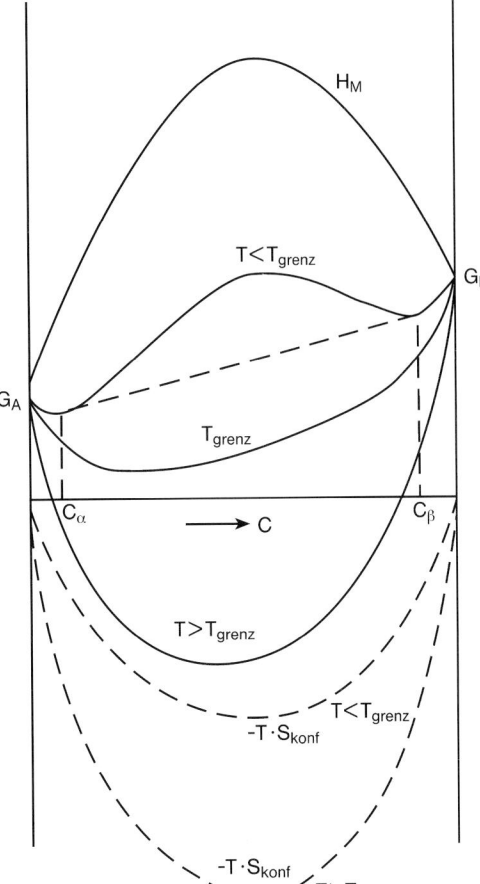

Abb. 3.3 Verläufe von G_M für verschiedene Temperaturen

zentrationen, bilden sich daher zwei Phasen mit den Konzentrationen c_α bzw. c_β, man spricht in diesem Fall von einer Mischungslücke, die Konzentrationen c_α und c_β sind für die betreffende Temperatur die maximalen Löslichkeiten der Komponente B in A (α-Mischkristall) bzw. der Komponente A in B (β-Mischkristall). Die Freie Enthalpie dieses Zweiphasenzustands ergibt sich gemäß Gl. (3.4) zu

$$G_{\alpha+\beta} = G_\alpha \frac{c_\beta - c}{c_\beta - c_\alpha} + G_\beta \frac{c - c_\alpha}{c_\beta - c_\alpha} \quad (3.16)$$

Sie liegt auf der gemeinsamen Tangente und ist damit kleiner als ein einphasiger Zustand mit der Konzentration c. Die maximalen Löslichkeiten c_α für B in A und c_β für A in B sind temperaturabhängig, sie gehorchen näherungsweise der Relation

$$\frac{c_{A,B}(T)}{1 - c_{A,B}(T)} \cong \exp[- Z \cdot H_0/kT] \quad (3.17)$$

Diese Temperaturabhängigkeit der maximalen Löslichkeiten entspricht durchaus den praktischen Erfahrungen: Mit steigender Temperatur nimmt die Löslichkeit eines Elements in einem Mischkristall überproportional zu T zu.

Wie der Gl. (3.17) zu entnehmen ist, wird auch bei sehr großem H_0 eine wenn auch geringe Löslichkeit auftreten. Eine vollständige Unlöslichkeit zweier Komponenten ineinander kann es nicht geben. Der Grund dafür ist der Umstand, dass der Entropiebeitrag zu ΔG_M gerade bei kleinen Konzentrationen c sehr groß wird, denn es gilt

$$\frac{dS_{konf}}{dc} \Rightarrow +\infty \quad \text{für} \quad c \Rightarrow 0$$

In Mischkristallen mit positivem H_0 kommt es nicht selten zu Clusterungen (Ansammlungen) gleichartiger Atome, es entsteht dabei eine sogenannte Nahentmischung (s. Abb. 1.26). Da H_0 merklich vom relativen Unterschied der Atomradien abhängt (es werden Verzerrungsfelder um die gelösten Atome herum aufgebaut, die H_0 erhöhen) wird verständlich, warum die Löslichkeiten in Mischkristallen bei großen Atomradienunterschieden eingeschränkt werden.

- $H_0 < 0$: Die A-B-Bindungen werden bevorzugt, d. h. die Mischungsenthalpie ist wie der Entropieterm negativ. Der Mischkristall ist bei allen Temperaturen und Konzentrationen stabil. Nimmt H_0 stärker negative Werte an, wird die als statistisch angenommene Verteilung der Komponenten auf die Gitterplätze so verändert, dass die Zahl der A-B-Bindungen größer als $N \cdot Z \cdot c \cdot (1-c)$ wird. In der nächsten Nachbarschaft eines Atoms dominiert die jeweils andere Atomart. Diese Erscheinung nennt man Nahordnung. Bei sehr stark negativem H_0 kann das sogar zu einer Fernordnung des Systems führen (s. u.). Diese Verhältnisse sind in Abb. 1.26 veranschaulicht worden.

Das Problem der Fernordnung in Mischkristallen kann ebenfalls auf der Grundvorstellung der Wechselwirkung zwischen nächsten Nachbarschaftsatomen behandelt werden. Das sei am Beispiel eines Systems aus den Komponenten A und B mit Konzentrationen von jeweils 0,5 gezeigt. Im Gitter mit N Plätzen sind die Hälfte für die A-Atome (α-Plätze) und die Hälfte für die B-Atome (β-Plätze) vorgesehen, wobei die nächste Umgebung eines α-Platzes nur aus β-Plätzen besteht und umgekehrt. Im Fall der vollständigen Ordnung sollen alle A-Atome auf den α-Plätzen und alle B-Atome auf den β-Plätzen sitzen. Die Besetzungswahrscheinlichkeit p gibt nun an, mit welcher Wahrscheinlichkeit ein A-Atom auf einem α-Platz bzw. ein B-Atom auf einem β-Platz zu finden ist. Beträgt $p = 1/2$, dann liegt der ungeordnete Mischkristall vor, bei $p = 1$ hat sich die vollständige Ordnung (Fernordnung) eingestellt (vgl. Abb. 1.26). Aus p leitet man nun den Ordnungsparameter der Fernordnung s zu $s = 2p - 1$ ab. Für die vollständige Ordnung wird $s = 1$ und für den ungeordneten Zustand $s = 0$. Wegen $c = 1 - c = 1/2$ findet man

$$N_{AA} = N_{BB} = \frac{1}{8}ZN(1 - s^2)$$

und

$$N_{AB} = \frac{1}{4}ZN(1 + s^2)$$

und damit für die Enthalpie H_G des geordneten Mischkristalls

$$H_G = \frac{1}{8}ZN[H_{AA} + H_{BB} + 2H_{AB}] + \frac{1}{4}ZNH_0s^2 \quad (3.18\,\text{a})$$

Die Konfigurationsentropie S_{konf} errechnet sich zu

$$S_{konf} = -Nk\left[\frac{1+s}{2}\ln\frac{1+s}{2} + \frac{1-s}{2}\ln\frac{1-s}{2}\right] \quad (3.18\,\text{b})$$

Für eine Temperatur T stellt sich ein Ordnungszustand s so ein, dass die Freie Enthalpie ein Minimum wird, d.h. es gilt die Bedingung:

$$\frac{\partial(H_G - T \cdot S_{konf})}{\partial s} = \frac{Z}{2}NH_0s + \frac{NkT}{2}\ln\left(\frac{1+s}{1-s}\right) = 0 \quad (3.19)$$

Die Auswertung von (3.19) zeigt, dass der Ordnungsparameter s oberhalb der sogenannten Ordnungstemperatur $T_0 = -(Z \cdot H_0/(2 \cdot k))$ verschwindet, der Mischkristall ist aber noch nahgeordnet. Unterhalb T_0 gehorcht s der Bedingung (Abb. 3.4):

$$\frac{1}{s}\ln\left(\frac{1+s}{1-s}\right) = -\frac{ZH_0}{kT} = 2\frac{T_0}{T} \quad (3.20)$$

Eine Wärmebehandlung des Mischkristalls bei Temperaturen $T > T_0$ wird die Ordnung weitgehend zerstören. Ordnungsbedingte

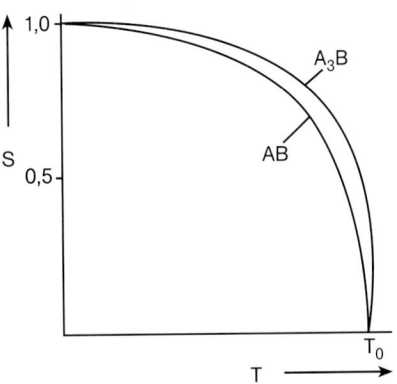

Abb. 3.4 Abhängigkeit des Ordnungsparameters s von der Temperatur für die Phasen AB und A_3B

Eigenschaftsänderungen (z. B. elektrischer Widerstand) werden rückgängig gemacht. Schreckt man diesen Zustand auf so niedrige Temperaturen ab, dass keine Diffusion mehr stattfinden kann, bleibt dieser ungeordnete Zustand erhalten, obwohl er nicht dem thermodynamischen Gleichgewicht entspricht (vgl. auch Abschnitt 3.1.3). Als Beispiel für ordnungsfähige metallische Phasen sei Cu-50 Atom-% Zn genannt. Die Ordnungstemperatur beträgt 727 K (454 °C). Bei Temperaturen darunter bildet sich die geordnete kubisch primitive CsCl-Struktur aus (sog. β'-Messing), bei höheren Temperaturen als 727 K das ungeordnete β-Messing mit kubisch raumzentrierter Struktur.

3.1.3
Diffusion

In Abschnitt 1.7.2 wurde dargestellt, dass in einem Kristall bei jeder Temperatur eine gewisse Konzentration an Leerstellen im thermodynamischen Gleichgewicht existiert (s. Gl. (1.16)). Bestimmend dafür ist die Bildungsenthalpie H_{BL} für eine Leerstelle, die gemäß Gl. (1.17) näherungsweise der Schmelztemperatur des Metalls proportional ist. Die Nachbaratome einer Leerstelle können in diese hineinspringen, die Leerstelle wechselt ihre Position und das Atom selbst hat sich dabei um einen Atomabstand fortbewegt. In einem Mischkristall kann das platzwechselnde Atom sowohl ein Matrixatom als auch ein Legierungsatom sein. Bei statistischer Verteilung der Komponenten auf die Gitterplätze werden die Atome mit gleicher Wahrscheinlichkeit in alle möglichen Richtungen im Gitter wandern, die Summe aller Atombewegungen (Masseströme) wird Null. (In gleichem Sinn können auch interstitiell eingebaute Legierungsatome Platzwechsel vornehmen, für ihre Bewegung sind keine Leerstellen notwendig.)

Die Situation ändert sich, sobald ein Gradient des thermodynamischen Potentials für eine oder mehrere der Komponenten des Mischkristalls vorliegt. Dann sind Platzwechsel der Atome in Richtungen des Potentialgefälles $-d\mu/dx$ wahrscheinlicher als in die Gegenrichtung[1], in Summe ergibt sich ein Massestrom der Komponente in Richtung des Potentialgefälles. Die Driftgeschwindigkeit v, mit der sich die betrachtete Komponente i (Legierungselement i) im zeitlichen Mittel bewegt, ergibt sich aus der Beziehung

$$v_i = -B_i \cdot \frac{\partial \mu_i}{\partial x} \qquad (3.21)$$

B_i ist die Beweglichkeit des Elements i, sie hängt exponentiell von der Temperatur ab. Der gerichtete Massetransport in Festkörpern (auch in Flüssigkeiten oder Gasen) bezeichnet man als Diffusion. Die Einstellung eines thermodynamischen Gleichgewichtszustands in einem Werkstoff (fast alle praktisch interessierenden Prozesse

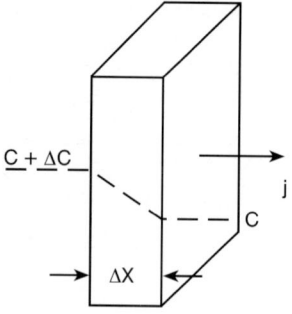

Abb. 3.5 Zur Erläuterung des 1. Fick'schen Gesetzes

der Struktur- und Gefügebildung bzw. Gefügeveränderung erfordern Diffusionsprozesse) wird in ihrer Kinetik durch Diffusionsprozesse kontrolliert.

Die thermodynamischen Potentiale und ihre Gradienten lassen sich experimentell nur sehr aufwendig bestimmen. Man vereinfacht daher das Problem dadurch, dass man statt der Änderungen des Potentials Änderungen der Konzentrationen c der Komponenten setzt[2]. Örtliche Konzentrationen und Konzentrationsverläufe können z. B. gut mit der Elektronenstrahlmikrosonde gemessen werden (s. Abschnitt 2.7.3).

Zur Beschreibung von Diffusionsprozessen bedient man sich der Fick'schen Gesetze. Das 1. Fick'sche Gesetz verbindet den Diffusionsstrom j, der durch eine Platte der Dicke Δx mit einem Konzentrationsgradienten $dc/dx = \Delta c/\Delta x$ tritt (Abb. 3.5):

$$j = -D \cdot \frac{dc}{dx} \qquad (3.22)$$

Für das System charakteristisch ist der Diffusionskoeffizient. Er ist gegeben zu

$$D = D_0 e^{-H_D/RT} \qquad (3.23)$$

---

[1] So, wie Wasser seine potentielle Energie verringern kann, wenn es „die Rinne runter rauscht", wird durch eine Atombewegung entgegen dem Potential die Freie Enthalpie des Systems verringert.

[2] Für ideale Mischphasen gilt $d\mu \sim dc$.

Dabei ist D_0 der Frequenzfaktor mit der Dimension m² s⁻¹, H_D die Diffusionsaktivierungsenthalpie (J·mol⁻¹), T die Temperatur in K und R die allgemeine Gaskonstante ($R = 8,314$ J·K⁻¹ mol⁻¹). Da die Temperatur exponentiell eingeht, ergibt sich eine starke Temperaturabhängigkeit der Diffusionskoeffizienten. In Tab. 3.4 finden sich Angaben zur Berechnung der Diffusionskoeffizienten nach Gl. (3.23) für einige Systeme.

Das 1. Fick'sche Gesetz eignet sich nicht zur Beschreibung der zeitlichen Veränderungen der Konzentrationen am Ort x in einer inhomogenen Probe. Dazu muss man für jedes Volumenelement der Probe die einfließenden Diffusionsströme vermindert um die ausfließenden in Abhängigkeit von der Zeit t berechnen. Die Differenzen der Diffusionsströme für jedes Volumenelement entsprechen den Konzentrationsänderungen in diesen. Das führt auf das für die Praxis bedeutsame 2. Fick'sche Gesetz:

$$\frac{\partial c(x)}{\partial t} = \frac{\partial}{\partial x}\left(D \cdot \frac{\partial c}{\partial x}\right) = D\frac{\partial^2 c}{\partial x^2} \quad (3.24)$$

Der rechte Ausdruck in Gl. (3.24) setzt voraus, dass der Diffusionskoeffizient konzentrations- und damit ortsunabhängig ist.

Für einfache Fälle können analytische Lösungen dieser Differentialgleichung angegeben werden:

Beispiel 1:
An der Oberfläche einer in x-Richtung ausgedehnten Probe liegt das Element A unabhängig von der Zeit und Temperatur mit der Konzentration c_A vor. In der Probe beträgt die Konzentration zu Beginn, d. h. bei $t = 0$, unabhängig vom Ort c_0. Glüht man diese Probe bei der Temperatur T, so wird das Element A von der Oberfläche aus in die Probe einwandern (diffundieren), wobei sich in Abhängigkeit von der Glühzeit t die in Abb. 3.6 skizzierten Konzentrationsverläufe $c(x,t)$ für A ergeben.

$$c(x,t) = c_A - (c_A - c_0)\,erf\left(\frac{x}{2\sqrt{D \cdot t}}\right) \quad (3.25)$$

In dieser Beziehung taucht die Gauss'sche Fehlerfunktion $erf\left(x/2\sqrt{D \cdot t}\right)$ auf, die

Tab. 3.4 Diffusionsparameter für ausgewählte Systeme

Diffusionspartner	D_0 [m²s⁻¹]	H_D [kJ mol⁻¹]	Mischkristalltyp
C in α-Eisen	$2,0 \cdot 10^{-6}$	84,2	Einlagerungsmischkristall
C in γ-Eisen	$7,0 \cdot 10^{-6}$	134,0	Einlagerungsmischkristall
N in α-Eisen	$66 \cdot 10^{-6}$	78,0	Einlagerungsmischkristall
N in γ-Eisen	$1,9 \cdot 10^{-6}$	118,5	Einlagerungsmischkristall
Cu in Al	$8,5 \cdot 10^{-6}$	136,5	Substitutionsmischkristall
Zn in Al	$12 \cdot 10^{-4}$	116,4	Substitutionsmischkristall
Si in Al	$0,9 \cdot 10^{-4}$	127,7	Substitutionsmischkristall
Mn in Al	$2 \cdot 10^{-6}$	269,0	Substitutionsmischkristall
Mg in Al	$1,2 \cdot 10^{-4}$	117,2	Substitutionsmischkristall
Zn in Cu	$3 \cdot 10^{-10}$	83,9	Substitutionsmischkristall
Sn in Cu	$4,1 \cdot 10^{-7}$	130,0	Substitutionsmischkristall
Ni in Cu	$6,5 \cdot 10^{-9}$	125,6	Substitutionsmischkristall
Al in Cu	$7,2 \cdot 10^{-7}$	163,2	Substitutionsmischkristall
Cu in Ni	$1 \cdot 10^{-7}$	146,5	Substitutionsmischkristall
Sn in Pb	$4,1 \cdot 10^{-4}$	109,0	Substitutionsmischkristall
Mo in W	$6,2 \cdot 10^{-8}$	335,0	Substitutionsmischkristall

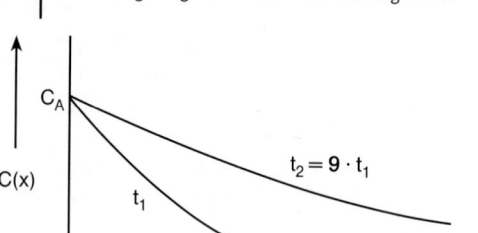

Abb. 3.6 Konzentrationsprofile bei Diffusion eines Elements von der Oberfläche aus in das Probeninnere

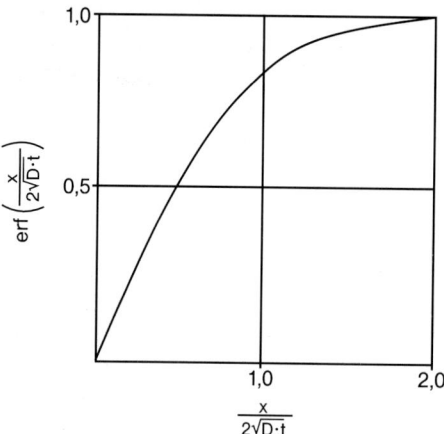

Abb. 3.7 Fehlerfunktion $erf = \dfrac{x}{2\sqrt{D \cdot t}}$

ein Element von der Oberfläche aus in das Werkstoffinnere diffundiert, beschrieben werden (Aufkohlen, Nitrieren, Glühbehandlungen von beschichteten Werkstoffen usw.). Dabei findet man für das Fortschreiten der Diffusionsfront x_D, definiert durch ein vorzugebendes Konzentrationsverhältnis

$$q = \frac{c(x) - c_0}{c_A - c_0} = 1 - erf\left(\frac{x_D}{2\sqrt{D \cdot t}}\right)$$

ein parabolisches Zeitgesetz der Form

$$x_D = K_D\sqrt{D \cdot t} \qquad (3.26)$$

x_D stellt den Abstand von der Oberfläche dar, bei dem die Konzentration $c(x)$ den Wert $q(c_A - c_0)$ erreicht hat. Gibt man sich vor, dass $q = 1/2$ wird (entspricht 50 % der maximal möglichen Konzentrationserhöhung gegenüber c_0), findet man für K_D den Wert 0,956, für $q = 0{,}01$ ergibt sich $K_D = 3{,}65$. Für viele praktische Belange hat sich $K_D = 2$ gut bewährt, was bedeutet, dass im Abstand $x_D = 2\sqrt{D \cdot t}$ die Konzentrationszunahme etwa 16 % von $(c_A - c_0)$ erreicht hat. $2\sqrt{D \cdot t}$ bezeichnet man auch als Diffusionslänge L_D, die eine gute Information über die Reichweite eines Diffusionsprozesses liefert.

Das parabolische Gesetz (3.26) lässt weitere Schlussfolgerungen zu: Nicht die Zeit t oder der Diffusionskoeffizient allein bestimmen den Diffusionseffekt, sondern deren Produkt. Will man bei einem Diffusionsprozess die Eindringtiefe des diffundierenden Elements verdoppeln, bedarf es der vierfachen Glühzeit. Außerdem besteht eine Austauschbarkeit von Zeit t und der Temperatur T, die über die Gl. (3.23) im Diffusionskoeffizienten D steckt. Da die Temperatur exponentiell in den Diffusionskoeffizient eingeht, bedarf es meist nur einer mäßigen Temperaturerhöhung für eine merkliche Vergrößerung der Eindring-

numerisch zu lösen ist. Sie kann der grafischen Darstellung in Abb. 3.7 entnommen werden.

Zunächst verschafft man sich den Diffusionskoeffizienten D nach Gl. (3.23). Damit kann man für den interessierenden Ort x und eine Diffusionszeit t das Argument der Fehlerfunktion $x/2\sqrt{D \cdot t}$ berechnen, mit dem aus Abb. 3.7 der zugehörige Wert der Fehlerfunktion abgelesen werden kann. Diesen Wert setzt man in Gl. (3.25) ein, die dann die gesuchte Konzentration $c(x,t)$ am Ort x nach einer Glühzeit t liefert.

Mit der Gl. (3.25) können chemisch-thermische Behandlungsverfahren, bei denen

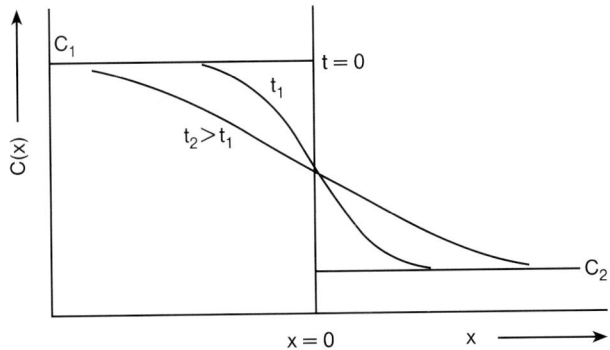

Abb. 3.8 Konzentrationsprofile bei Diffusion eines Elements aus einem Halbraum in den anderen

tiefe (Diffusionslänge). Die Verdoppelung der Eindringtiefe des Kohlenstoffs beim Aufkohlen gegenüber einer Aufkohlungstemperatur von 900 °C bedarf nur einer Temperaturerhöhung von etwa 130 °C bei gleicher Aufkohlungszeit.

Beispiel 2:
Zwei Stäbe mit den Konzentrationen c_1 und $c_2 < c_1$ für das diffundierende Element B werden an ihren Stirnseiten verbunden (Abb. 3.8). In der Grenzfläche verändert sich zu Beginn des Experiments ($t = 0$) die Konzentration sprunghaft von c_1 auf c_2. Während der Diffusionsbehandlung wird das betrachtete Element aus dem Bereich $x < 0$ in den Bereich $x > 0$ wandern, wobei sich in Abhängigkeit von der Zeit die in Abb. 3.8 gezeigten Profile ergeben. Man findet

$$c(x,t) = c_2 + \frac{c_1 - c_2}{2}\left[1 \mp erf\left(\frac{x}{2\sqrt{D \cdot t}}\right)\right]$$
(3.27)

wobei das negative Vorzeichen vor *erf* für $x > 0$ und das positive Vorzeichen für $x < 0$ gilt. Auch hier ist die Reichweite über die Diffusionslänge $L_D = 2\sqrt{D \cdot t}$ beschreibbar und es ergeben sich auch wieder die für Beispiel 1 diskutierten Austauschbarkeiten von Zeit und Temperatur.

In diesem Beispiel wurde bisher nur die Diffusion des einen Elements (B) aus dem Halbraum mit c_1 in den mit $c_2 < c_1$ angenommen. Es wird aber gleichzeitig eine Diffusion des Basiselements (A) in umgekehrte Richtung erfolgen (Interdiffusion). Wegen der Ungleichheit der jeweiligen Diffusionskoeffizienten wird der Massestrom von B durch die Grenzfläche verschieden sein von dem des A. In dem Bereich, aus dem mehr aus- als eindiffundiert, werden daher Poren gebildet werden. In dem Bereich, in den mehr ein- als ausdiffundiert, treten dagegen Wulstbildungen neben der Grenzfläche auf. Die Grenzfläche selbst wird sich verschieben. Diese häufig bei Interdiffusionsvorgängen zu beobachtende Erscheinung wird als Kirkendall-Effekt bezeichnet.

Die bisherigen Überlegungen bezogen sich auf die Volumendiffusion, getragen von Platzwechseln der Leerstellen oder von interstitiell gelösten Atomen im Kristallvolumen. Sie wird merklich, falls die homologen Temperaturen T/T_S (T_S Schmelzpunkt) größer als etwa 0,4 werden (sog. Tammann-Regel). Bei Temperaturen von etwa $0{,}4 \cdot T_S$ wechseln die Atome im Durchschnitt nur noch einmal pro Tag ihre Position (s. Abschnitt 1.7.2), die Diffusion wird unterhalb dieser Temperatur praktisch bedeutungslos. Die Tammann-Regel gibt also eine Diffusionsgrenztemperatur T_D an, unterhalb derer mit merklichen Diffu-

Tab. 3.5 Aktivierungsenthalpien und Frequenzfaktoren für verschiedene Diffusionsarten in kubischflächenzentrierten Metallen (nach Kaur und Gust)

Diffusionsart	H_D/T_S [J mol^{-1} K^{-1}]	D_0 [10^{-4} m^2 s^{-1}]	L_D [µm] $T = T_S$	L_D [µm] $T = 0{,}4\, T_S$
Volumen	153	0,55	$9 \cdot 10^3$	$4 \cdot 10^{-3}$
Versetzungen	105	2,1	$310 \cdot 10^3$	12
Korngrenzen	74,5	0,3	$740 \cdot 10^3$	450
Oberflächen	54,5	$1{,}4 \cdot 10^{-2}$	$540 \cdot 10^3$	2000
Schmelze	38	$2{,}3 \cdot 10^{-3}$	$580 \cdot 10^3$	–

sionsprozessen oder Vorgängen, die diffusionskontrolliert ablaufen[1], nicht mehr zu rechnen ist.

$$T_D \approx 0{,}4 \cdot T_S \qquad (3.28)$$

Bei tieferen Temperaturen machen sich aber weitere Diffusionsmechanismen bemerkbar: die Oberflächen- und die Korngrenzendiffusion sowie die Diffusion entlang von Versetzungen. In diesen Bereichen sind die Atome nicht mehr so fest aneinander gebunden wie im Kristallvolumen, was sich letztlich in stark erhöhten Beweglichkeiten bzw. reduzierten Diffusionsaktivierungsenthalpien ausdrückt. In Tab. 3.5 finden sich dazu Angaben für kubisch flächenzentrierte Metalle.

In der Tabelle sind außerdem abgeschätzte Diffusionslängen für $t = 1$ h zu finden. Bei Schmelztemperatur sind sie für die Schmelze, die Oberflächen, Korngrenzen und Versetzungen sehr ähnlich (einige 10 cm), für das Volumen ist L_D etwa eine Größenordnung niedriger. Bei $T = 0{,}4\, T_S$ differenzieren sich die Diffusionslängen stark: Im Volumen liegen sie im nm-Bereich (wenige Atomabstände), während die Korngrenzen- und vor allem die Oberflächendiffusion erhebliche Diffusionslängen aufweisen.

3.2 Grundvorstellungen zu Zustandsdiagrammen

In Abschnitt 3.1 wurde das Problem der Phasenbildung und der Phasengleichgewichte aus der Sicht der Thermodynamik erläutert. Wesentliche Erkenntnis war, dass ein stoffliches System bei gegebenen Zustandsvariablen Temperatur, Druck und Konzentrationen im Fall des thermodynamischen Gleichgewichts unabhängig vom Weg, wie das System in diesen Zustand geraten ist, immer einen bestimmten Zustand hinsichtlich der ausgebildeten Phasen und deren Zusammensetzung ausbildet, der sich auch nach „unendlich" langen Zeiten nicht mehr ändert. Das führt auf die Idee, die möglichen Zustände eines Systems in Abhängigkeit von der Zustandsvariablen grafisch darzustellen. Das wird mit den sogenannten Zustandsdiagrammen oder Zustandsschaubildern erreicht, die in einem geeigneten Koordinatensystem für die Zustandsvariablen die in bestimmten Zustandsflächen (-räumen) auftretenden Phasen darstellen. Die Zustandsdiagramme sollen für vorgegebene Zustandsvariablen angeben, welche Phasen auftreten, welche Zusammensetzungen die einzelnen Phasen haben und in wel-

---

[1] Dazu zählen Ausscheidungs- und Auflösungsvorgänge, diffusionskontrollierte Phasenumwandlungen oder auch die Rekristallisation.

chen Mengenanteilen diese Phasen vorhanden sind. Dabei entstehen Phasenflächen (-räume), in denen eine Phase oder mehrere existent sein können. Sie sind durch Grenzlinien (-flächen) gegeneinander abgegrenzt. Das soll am Beispiel eines binären Systems (zwei Komponenten) erläutert werden, ohne damit den ausführlichen Erörterungen in Abschnitt 3.4 vorgreifen zu wollen.

Zunächst seien einige Bemerkungen zu den Konzentrationsangaben gemacht. In der Thermodynamik ist es üblich und auch zweckmäßig Stoffmengen in Mol anzugeben (Atomgewicht bzw. Molekulargewicht in Gramm ausgedrückt). Als Konzentrationsangabe verwendet man dann die Molenbrüche (Zahl der Mole bezogen auf die Gesamtzahl der Mole im System, entspricht bei Elementen als Komponenten Atomanteilen, angegeben in Atom-%). Das ist aber für die praktische Anwendung auf die Zustandsdiagramme wenig hilfreich, denn in der Praxis werden Stoffmengen in Masseeinheiten und dementsprechend Konzentrationen in Masse-% angegeben. Das soll auch im Weiteren, sofern nichts anderes gesagt wird, so geschehen. Bezüglich der Umrechnungen zwischen verschiedenen Konzentrationsangaben sei auf den Anhang III verwiesen.

Abbildung 3.9 zeigt das Zustandsdiagramm für ein System, das aus den Komponenten Blei und Zinn besteht. Neben der Temperatur und dem Druck wird noch eine Konzentrationsvariable benötigt, hier die Angabe des Sn-Gehalts in Masse-%. (Der Bleigehalt ist keine unabhängige Variable, er ergibt sich immer als Ergänzung zu 100 %). Das bedeutet, dass man eigentlich für die drei Zustandsvariablen ein räumliches Koordinatensystem einrichten müsste. Üblicherweise verzichtet man auf den Druck als Variable, weil die meisten Prozesse ohnehin bei konstantem Druck ablaufen (etwa Normaldruck) bzw. die Druckabhängigkeiten der Gleichgewichte zwischen kondensierten Phasen nur schwach sind (s. Abschnitt 3.1.1 und Gl. (3.9)). Es ist daher ausreichend, als Ordinate die Temperatur und als Abszisse die Sn-Konzentration zu wählen.

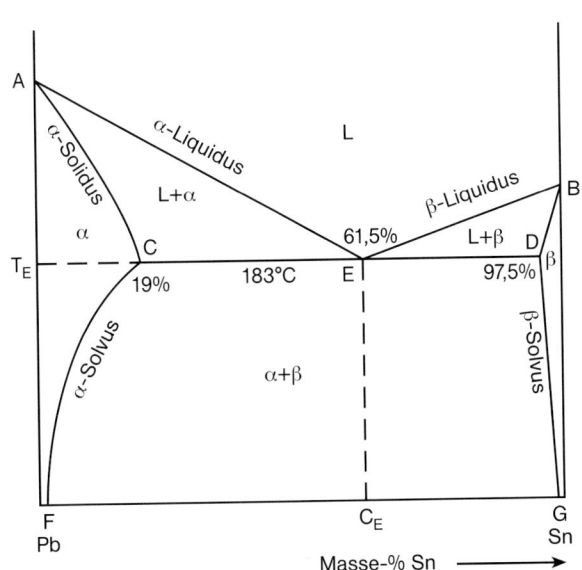

Abb. 3.9 Binäres Zustandsdiagramm Blei-Zinn

Mit Linien werden die verschiedenen Phasenfelder gegeneinander abgegrenzt, in den Feldern werden mit Symbolen die jeweils existenten Phasen kenntlich gemacht. L steht für den schmelzflüssigen Zustand (abgeleitet aus dem lateinischen Wort *liquid* für flüssig), α für einen bleireichen Pb-Sn-Mischkristall und β für einen zinnreichen Sn-Pb-Mischkristall. In diesem System treten oberhalb Raumtemperatur keine weiteren Phasen auf. Die Kristallstruktur des Bleis ist kubisch flächenzentriert mit 4 Atomen in der Elementarzelle, demzufolge hat auch der α-Mischkristall diese Struktur. Zinn und damit der β-Mischkristall haben eine tetragonale Struktur mit ebenfalls vier Atomen pro Elementarzelle[1]. Die Schmelztemperatur des Bleis (Punkt A) beträgt 327 °C, die des Zinns (Punkt B) 232 °C. Es treten insgesamt drei Einphasenfelder auf (α, β und L)[2] sowie drei Zweiphasenfelder (L + α, L + β und α + β).

Zunächst lassen sich folgende Feststellungen treffen, die für alle binären Systeme Gültigkeit haben:

- Ein Einphasenfeld grenzt nie mit einer Linie an ein weiteres Einphasenfeld. Es schiebt sich immer ein Zweiphasenfeld dazwischen (z. B. an α grenzt entweder das Feld L + α oder das Feld α + β usw.). Umgekehrt befindet sich auch zwischen zwei Zweiphasenfeldern immer ein Einphasenfeld.
- An die reinen Komponenten schließt sich immer ein Einphasenfeld an. Es ist z. B. α auf der Bleiseite oder β auf der Zinnseite. Bei Temperaturen oberhalb der Schmelzpunkte der Komponenten ist das die flüssige Phase L (Schmelze).

- Beim Überschreiten einer Grenzlinie, die nicht Isotherme ist (horizontaler Verlauf für $T = $ const. wie die Linie C-E-D), bildet sich entweder eine neue Phase (bei Linie C-F kommt zu α die Phase β hinzu, bei Linie A-C die Phase L usw.) oder eine Phase verschwindet (aus α + β wird bei Überschreiten der Linie D-G β, d. h. α verschwindet; von L + β verbleibt nach Überschreiten der Linie D-B die Phase β). Man bezeichnet das als die „Eins-zu-eins-weg"-Regel, die für die schnelle Kontrolle der korrekten Bezeichnung der Felder sehr hilfreich ist.
- Jedem System kann eine sogenannte Liquiduslinie zugeordnet werden. Hier ist es die Linie A-E-B. Oberhalb dieser Liquiduslinie sind alle Phasen flüssig. Unterschreitet die Temperatur diese Liquiduslinie (Liquidustemperatur), beginnt die Erstarrung der Legierung.
- In analoger Weise kann eine Soliduslinie definiert werden (hier A-C-E-D-B), unterhalb derer alle auftretenden Phasen fest sind.
- Die Erstarrung bzw. das Schmelzen der Legierungen vollzieht sich im Temperaturintervall zwischen der Liquidus- und der Soliduslinie[3].
- Begrenzungslinien zwischen festen Ein- und Zweiphasenfeldern charakterisieren die maximalen Löslichkeiten der zulegierten Komponente für den Einphasenzustand (Mischkristall). Zum Beispiel beschreibt die Linie F-C die maximale Löslichkeit des bleireichen α-Mischkristalls für Zinn in Abhängigkeit von der Temperatur. Die Linie G-D liefert die maximalen Löslichkeiten der β-Phase für Blei. Diese

---

[1] Diese Angaben entnimmt man entsprechenden kristallografischen Datensammlungen, s. auch Anhang I.
[2] Üblicherweise werden feste Phasen mit kleinen griechischen Buchstaben bezeichnet.
[3] Wie bereits in Abschnitt 3.1.1 dargelegt wurde, werden bei Mehrkomponentensystemen aus Umwandlungspunkten der reinen Komponenten Umwandlungsintervalle für die Legierungen. Das folgt aus dem Gibbs'schen Phasengesetz und gilt auch für die Erstarrung (das Schmelzen).

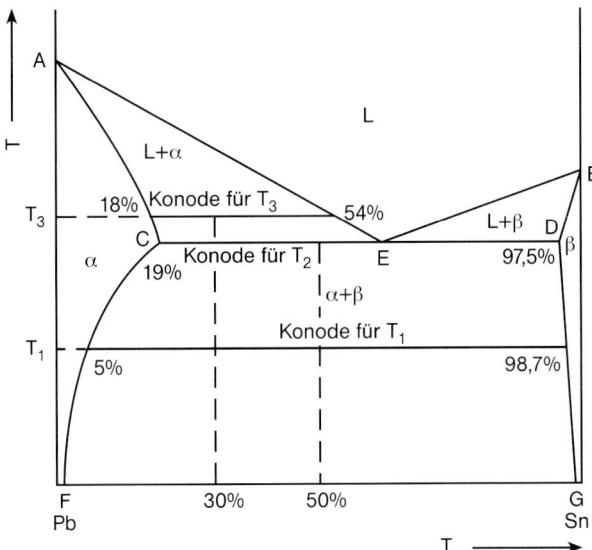

Abb. 3.10 Zur Erläuterung von Konoden und des Hebelgesetzes für Zweiphasengebiete

Linien werden daher als Solvuslinien oder Löslichkeitslinien bezeichnet (vgl. auch Ausführungen zu Gl. (3.17) in Abschnitt 3.1.2).

Bewegt man sich mit den Variablen T, c in Einphasenfeldern, ist die Interpretation einfach: Die betreffende Legierung zeigt die im Feld angegebene Phase (z. B. L, α oder β), wobei die Legierungskonzentration c der Phasenkonzentration c_α, c_β oder c_L entspricht. Entsprechend dem Gibbs'schen Phasengesetz (Gl. (3.6 b)) existieren zwei unabhängige Freiheitsgrade, d. h. dass Veränderungen sowohl der Temperatur als auch unabhängig davon der Konzentration innerhalb des Phasenfelds keine weitere Phase erzeugen wird.

Die Verhältnisse ändern sich, wenn man mit der Legierungskonzentration c und der Temperatur in einem Zweiphasenfeld landet. Zunächst seien die Bedingungen für das $\alpha + \beta$-Feld erläutert (Abb. 3.10).

Alle Punkte innerhalb dieses Felds bezeichnen Legierungen, die aus diesen beiden Phasen bestehen. Mit der Legierungskonzentration bzw. der Temperatur ändern sich jedoch deren Masseanteile und die in den beiden Phasen (Mischkristallen) gelösten Komponenten. Nun existiert für jeden Mischkristall bei gegebener Temperatur eine maximale Löslichkeit, deren Wert durch die Solvus- (Löslichkeits-)Linie angezeigt wird. Werden die beiden Löslichkeiten im α- und β-Mischkristall durch eine isotherme Linie miteinander verbunden, erhält man die Konode[1] für die vorgegebene Temperatur T, deren Enden durch die Konzentrationen c_α bzw. c_β festgelegt sind (Abb. 3.10). Bezüglich der Legierungskonzentration c findet man auf der Konode zwei Abschnitte a und b, aus denen die Masseanteile m_α und m_β der beiden Mischkristallphasen berechnet werden können. Das führt auf das sogenannte Hebelgesetz[2]. Man benötigt dafür den Hebelarm

---

1) Die Konode entspricht der Tangente in Abb. 3.3, für die hinsichtlich der Freien Enthalpie des Gemenges aus α und β die Gl. (3.16) gilt.

2) Das Hebelgesetz findet seine Begründung in Gl. (3.16).

$a = c - c_\alpha\,(T_1)$ und den Hebelarm $b = c_\beta\,(T_1) - c$. Dann gilt

$$a \cdot m_\alpha = b \cdot m_\beta \quad \text{bzw.} \quad m_\alpha = \frac{b}{a+b}$$

und $\quad m_\beta = \dfrac{a}{a+b} \qquad\qquad$ (3.29 a)

oder in Konzentrationswerten ausgedrückt

$$m_\alpha = \frac{c_\beta - c}{c_\beta - c_\alpha} \quad \text{und} \quad m_\beta = \frac{c - c_\alpha}{c_\beta - c_\alpha} \quad (3.29\,\text{b})$$

Damit sind alle Informationen, die ein Zustandsdiagramm für ein Zweiphasenfeld liefern kann, gegeben: die Art der Phasen, die Konzentrationen der Komponenten in den Phasen und ihre Masseanteile. Was muss man also machen, um diese Informationen zu erhalten?

- Man legt zunächst die Konode als isotherme Linie für die interessierende Temperatur im Zweiphasenfeld fest. (Es gibt keine Konoden in einem Einphasenfeld!)
- Die Konode trifft auf die Begrenzungslinien des Zweiphasenfelds (im Fall zweier fester Phasen die Solvuslinien). Sie stellen die Konzentrationen der Komponenten in den betreffenden Phasen dar. Mit anderen Worten, die Schnittpunkte der Konode mit diesen Begrenzungslinien geben die Konzentrationen in den beiden Phasen an, die miteinander im Gleichgewicht stehen.
- Die Legierungskonzentration c und die Phasenkonzentrationen c_i legen die Konodenabschnitte a und b fest, aus denen nach Gl. (3.29) die Masseanteile zu berechnen sind.

Diese Vorschrift gilt für alle Arten von Zweiphasengebieten. Das soll mit drei Beispielen für das System Pb-Sn (Abb. 3.10) illustriert werden:

Beispiel 1:
Gegeben ist die Legierungskonzentration $c = 50$ Masse-%. Gesucht sind die Phasen, deren Konzentrationen und Masseanteile für eine Temperatur von $T_1 = 100\,°\text{C}$. Aus dem Diagramm liest man für die Konode bei 100 °C $c_\alpha = 5$ Masse-% Sn und $c_\beta \approx 1{,}3$ Masse-% Pb (entspricht 98,7 Masse-% Sn) ab. Für die Masseanteile von α und β erhält man mit Gl. (3.29 b)

$$m_\alpha = \frac{98{,}7 - 50}{98{,}7 - 5} = 0{,}52 \quad \text{und}$$

$$m_\beta = \frac{50 - 5}{98{,}7 - 5} = 0{,}48$$

Beispiel 2:
Die Legierung mit 50 Masse-% Sn wird auf die Temperatur T_2 ganz knapp unterhalb 183 °C erwärmt. Die Konode ist praktisch identisch mit der horizontalen Linie C-E-D. Sie liefert nun für $c_\alpha = 19$ Masse-% Sn und für $c_\beta = 2{,}5$ Masse-% Pb (97,5 Masse-% Sn). Die gelösten Gehalte in den beiden Mischkristallphasen haben sich erwartungsgemäß erhöht. Die Masseanteile der beiden Phasen sind

$$m_\alpha = \frac{97{,}5 - 50}{97{,}5 - 19} = 0{,}61 \quad \text{und}$$

$$m_\beta = \frac{50 - 19}{97{,}5 - 19} = 0{,}39$$

Im Vergleich zu $T_1 = 100\,°\text{C}$ hat der Masseanteil für α zugenommen, für β dagegen abgenommen.

Beispiel 3:
Die Legierung habe eine Zusammensetzung von $c = 30$ Masse-% Sn. Gesucht ist der Zustand der Legierung bei $T_3 = 200\,°\text{C}$. Dem Zustandsdiagramm entnimmt man, dass man sich nun im Zweiphasenfeld L + α befindet. Die Konode bei 200 °C weist für die Konzentrationen in der α-Phase $c_\alpha = 18$ Masse-% Sn und in der Schmelze $m_L = 54$ Masse-% Sn aus. Die Masseanteile der Phasen lauten

$$m_\alpha = \frac{54 - 30}{54 - 18} = 0{,}67 \quad \text{und}$$
$$m_L = \frac{30 - 18}{54 - 18} = 0{,}33$$

Es liegt eine flüssige Phase mit einem Masseanteil von 33 % neben einer festen vor. Die Konzentrationen in den beiden Phasen sind nicht die mittlere Legierungskonzentration c.

Eine in der Praxis häufig benutzte Darstellungsform sind die Gefügerechtecke (Abb. 3.11) für konstante Temperaturen. Als Abszisse wird die Legierungskonzentration angegeben, senkrecht dazu wird der jeweilige Masseanteil der Phasen so aufgetragen, dass sich für die Phasen wieder Felder ergeben, deren Abmessungen parallel zur Ordinate den Masseanteil angibt. Das sehr einfache Beispiel in Abb. 3.11 lässt Folgendes erkennen: Für Sn-Konzentrationen bis 5 Masse-% besteht die Legierung nur aus α-Phase (100 %). Dementsprechend findet man für Sn-Konzentrationen ≥ 98,3 % nur die β-Phase (auch 100 %): Im Konzentrationsbereich dazwischen liegen beide Phasen mit Masseanteilen vor, die sich linear mit der Legierungskonzentration c ändern (vgl. Hebelgesetz). So liest man z. B. ab, dass eine Legierung mit 70 Masse-% Sn etwa 31 Masse-% der α-Phase und dementsprechend 69 % der β-Phase enthält. Die Gefügerechtecke ersparen zwar die Anwendung des Hebelgesetzes, man kann ihnen aber nicht den Temperaturverlauf der Gefügebildung (s. Abschnitt 3.4) entnehmen, sie gelten immer nur für eine bestimmte Temperatur.

Die binären Zustandsdiagramme haben sehr vielfältige Erscheinungsformen, sie sind Gegenstand des Abschnitts 3.4. Trotz dieser Vielfalt gelten in ihnen stets die in diesem Abschnitt erläuterten Regeln für den Aufbau der Diagramme und die Ermittlung der Phasenzustands. Die sichere Handhabung dieser Regeln ist Voraussetzung für das Verständnis auch komplizierter zusammengesetzter binärer Systeme.

3.3
Einkomponentensysteme

Für die Beschreibung von Einkomponentensystemen benötigt man zwei Variablen: die Temperatur und den Druck. Entsprechend den in Abschnitt 3.1.1 dargelegten Sachverhalten enthalten sie für Metalle ohne Phasenumwandlungen im festen Zustand nur die Sublimationskurven (Phasengleichgewichte Dampf-Festkörper), die Schmelz- bzw. Erstarrungskurven (Gleich-

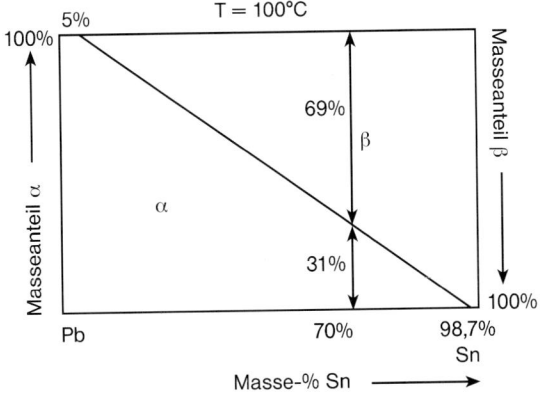

Abb. 3.11 Gefügerechteck für das System Pb-Sn und $T = 100\,°C$

gewichte Schmelzen-Festkörper) und die Verdampfungs- bzw. Kondensationskurven (Gleichgewichte Dampf-Schmelzen). Alle drei Kurven treffen sich im Tripelpunkt mit T_{tripel} und p_{tripel}, unter diesen Bedingungen stehen drei Phasen miteinander im Gleichgewicht, die feste, die flüssige und die dampfförmige. Ein typisches Diagramm zeigt Abb. 3.12 für das Metall Magnesium.

Die Schmelzkurve II lässt erkennen, dass der Schmelzpunkt (Erstarrungspunkt) nur sehr schwach vom Druck abhängt. Das trifft nicht für die Verdampfungskurve III bzw. die Sublimationskurve I zu. Bei einem Druck von 0,1 MPa = 1 bar existiert das dampfförmige Magnesium bei Temperaturen oberhalb 1125 °C, unterhalb von 650 °C ist es fest. Dazwischen liegt Magnesium schmelzflüssig vor. Erniedrigt man den Druck auf 1 Pa = 10^{-6} MPa, bleibt der Magnesiumdampf bis zu Temperaturen von 430 °C herab erhalten, ehe er zur festen Phase sublimiert. Bei diesem Druck gibt es im gesamten Temperaturbereich keine Schmelzphase.

Treten im festen Zustand Phasenumwandlungen auf, ergeben sich weitere Kurven für Zweiphasengleichgewichte und damit Tripelpunkte, wie es schematisch in Abb. 3.13 für eine Komponente mit den festen Phasen α, β und γ zeigt.

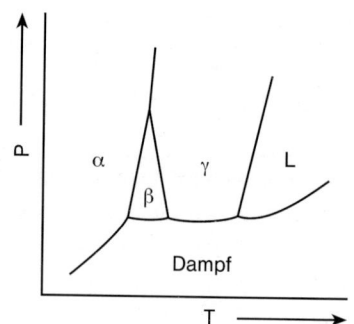

Abb. 3.13 Zustandsschaubild für eine Komponente mit drei festen Phasen (schematisch)

Eisen ist ein Metall, das in mehreren Modifikationen auftritt. In Tab. 1.7 (Abschnitt 1.6) sind in Abhängigkeit von der Temperatur die Phasen α, β, γ und δ aufgeführt. Übt man auf Eisen einen sehr hohen Druck (p im Bereich von 15 GPa und mehr) aus, entsteht noch eine weitere, die ε-Phase mit einer hexagonal dichtesten Kugelpackung. Abbildung 3.14 zeigt das Zustandsdiagramm in der Umgebung des Tripelpunkts für α + γ + ε. (Bei der Betrachtung des Diagramms ist zu beachten, dass, wie das in der Praxis meist geschieht, zwischen der α- und der β-Phase nicht unterschieden wurde).

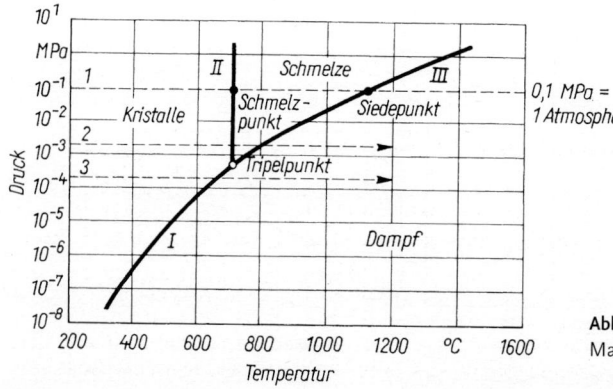

Abb. 3.12 Zustandsschaubild von Magnesium

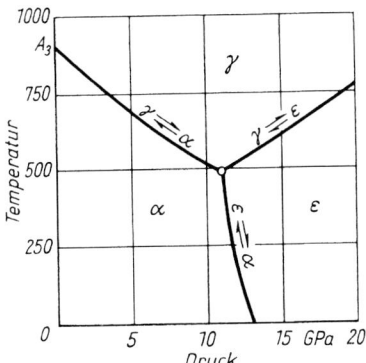

Abb. 3.14 Zustandsdiagramm für festes Eisen (nach Bundy)

3.4 Zweikomponentensysteme (binäre Zustandsdiagramme)

Entsprechend den in Abschnitt 3.1 gemachten Ausführungen haben Zweikomponentensysteme drei Zustandsvariablen: Temperatur, Druck und eine Konzentrationsangabe. (Die Konzentration der anderen Komponente ergibt sich immer als Ergänzung zu 100 %.) Das erfordert ein Koordinatensystem mit drei Achsen, also eine räumliche Darstellung, die natürlich für die Praxis unübersichtlich ist. Wie bereits mehrfach erläutert, verzichtet man auf den Druck als eine der Variablen, sodass man bei der Darstellung der binären Systeme mit einem Temperatur-Konzentrations-System (*T-c*-System) auskommt. In diesem Abschnitt sollen die verschiedenen Varianten der binären Zustandsdiagramme erläutert werden. Dabei werden nur die flüssigen und die festen Phasen betrachtet.

3.4.1 Legierungen mit unbegrenzter Löslichkeit im festen Zustand

Damit zwei Metalle im festen Zustand eine ununterbrochene Reihe von Mischkristallen bilden können, sind bestimmte Voraussetzungen zu erfüllen (vgl. auch Abschnitt 1.5.1):

1. Beide Metalle müssen sich im flüssigen Zustand vollständig miteinander mischen.
2. Beide Metalle müssen den gleichen Gittertyp aufweisen (Isomorphie). Zwei Metalle bilden nur dann eine lückenlose Mischkristallreihe, wenn sie beide z. B. ein hexagonales oder ein kubisch flächenzentriertes oder ein kubisch raumzentriertes Gitter haben. Ein kubisch flächenzentriertes Gitter kann durch Mischkristallbildung nicht kontinuierlich in ein kubisch raumzentriertes Gitter übergehen.
3. Die Gitterkonstanten der beiden Metalle sollen sich nicht mehr als 10–12 % unterscheiden.
4. Die beiden Metalle müssen eine gewisse chemische Ähnlichkeit haben. Daraus ergibt sich, dass z. B. das kubisch raumzentrierte Natrium mit dem ebenfalls kubisch raumzentrierten Wolfram keine vollständige Mischkristallreihe ergeben könnte, weil Natrium und Wolfram sich in ihrem chemischen Verhalten beträchtlich unterscheiden.

Mischen sich zwei Metalle in allen Verhältnissen im flüssigen und im festen Zustand miteinander, so erhält man als einfachsten Fall ein Zustandsdiagramm gemäß Abb. 3.15, das die Phasengleichgewichte der Kupfer-Nickel-Legierungen wiedergibt. Für die

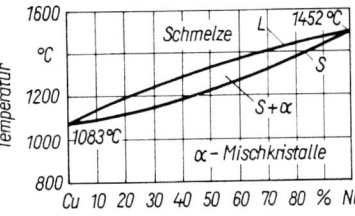

Abb. 3.15 Zustandsdiagramm Kupfer-Nickel

beiden Metalle Kupfer und Nickel sind die vorstehenden vier Bedingungen für eine vollständige Mischkristallbildung erfüllt:

Kupfer und Nickel sind im flüssigen Zustand ohne Einschränkungen miteinander mischbar, beide Metalle haben ein kubisch flächenzentriertes Gitter, die Gitterkonstante des Kupfers ($a = 0{,}36152$ nm) unterscheidet sich nur um 2,5 % von der des Kupfers ($a = 0{,}35238$ nm) und das Kupfer mit der Ordnungszahl 29 ist dem Nickel mit der Ordnungszahl 28 im periodischen System der Elemente unmittelbar benachbart.

Das Zustandsschaubild der Kupfer-Nickel-Legierungen besteht nur aus drei Phasenfeldern: Bei hohen Temperaturen findet sich das Existenzgebiet der homogenen Schmelze, und bei niederen Temperaturen erstreckt sich das Einphasengebiet der homogenen Mischkristalle. Diese beiden Einphasenfelder werden durch das lanzettenförmige Zweiphasenfeld (S + α) voneinander getrennt.

Die obere Kurve L verbindet die Liquiduspunkte sämtlicher Cu-Ni-Legierungen (Liquiduskurve), und die Linie S verbindet die Soliduspunkte sämtlicher Cu-Ni-Legierungen miteinander (Soliduskurve). Oberhalb der Liquiduskurve sind sämtliche Legierungen flüssig, unterhalb der Soliduskurve sind alle Legierungen vollständig erstarrt. Zwischen Solidus- und Liquiduskurve, also im Zweiphasengebiet (S + α), sind die breiförmigen Legierungen ein Gemenge aus einer Schmelze und schon erstarrten Mischkristallen. Liquidus- und Soliduskurven beginnen bzw. enden an den Schmelzpunkten der beiden Metalle.

Während reine Metalle bei einer genau definierten Temperatur erstarren bzw. schmelzen, gibt es bei Mischkristallen keine Erstarrungstemperatur, man findet als Konsequenz der Gibbs'schen Phasenregel (Gl. (3.6)) ein Erstarrungs- bzw. Schmelzintervall. Jeder Mischkristall mit einer beliebigen Zusammensetzung weist eine Temperatur auf, bei der das Schmelzen beginnt (Solidustemperatur), sowie eine zweite, höhere Temperatur, bei der der Schmelzprozess beendet und der gesamte Mischkristall vollständig verflüssigt ist (Liquidustemperatur). Das Temperaturintervall zwischen Solidus- und Liquiduspunkt bezeichnet man als den Schmelzbereich bzw. bei der Abkühlung als den Erstarrungsbereich des Mischkristalls. Im Schmelz- bzw. Erstarrungsintervall ist die Zusammensetzung von Schmelze und Kristallen verschieden. Im Allgemeinen ist die Schmelze an dem Element angereichert, das den tieferen Schmelzpunkt aufweist, während sich in den Kristallen mehr von dem Element mit dem höheren Schmelzpunkt befindet. Sowohl die Zusammensetzung der Schmelze wie auch die Zusammensetzung der Mischkristalle sind im Erstarrungsintervall von der Temperatur abhängig.

Die Erstarrungsverhältnisse bei Mischkristallen seien an einer Legierung mit 80 % Cu + 20 % Ni erläutert (Abb. 3.16). Sobald die homogene Schmelze auf $T_L = 1195\,°C$ abgekühlt ist, bilden sich einige wenige feste Kristalle K_5 mit der Zusammensetzung 63 % Cu + 37 % Ni. Die Restschmelze verarmt dadurch an Nickel und wird kupferreicher. Bei $T_4 = 1183\,°C$ weist die Restschmelze S_4 eine Zusammensetzung von 82,5 % Cu + 17,5 % Ni auf, während sich die Zusammensetzung der Kristalle nach $K_4 = 66{,}5$ % Cu + 33,5 % Ni verschoben hat. Bei der Erstarrung folgt die Zusammensetzung der Restschmelze also der Liquiduskurve und die Zusammensetzung der Kristalle der Soliduskurve. Mit sinkender Temperatur verändert sich die Zusammensetzung der Schmelze, aber auch die Zusammensetzung der gebildeten Mischkristalle kontinuierlich.

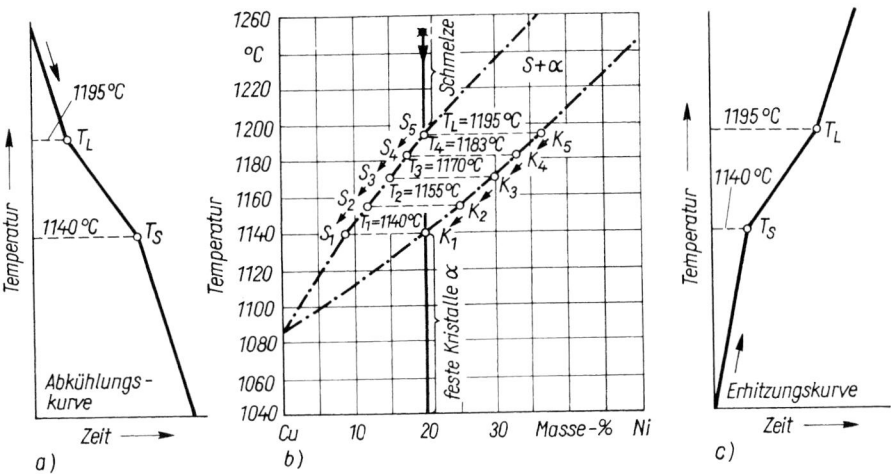

Abb. 3.16 Erstarrung von Mischkristallen: a) Abkühlungskurve, b) Schmelz- bzw. Erstarrungsgleichgewicht, c) Erhitzungskurve

Je weiter die Temperatur absinkt, umso mehr nähert sich die Zusammensetzung der Mischkristalle von K_5 über K_4, K_3 und K_2 der Zusammensetzung K_1 der Gesamtlegierung, und umso weiter entfernt sich die Zusammensetzung der Restschmelze ($S_5 \to S_4 \to S_3 \to S_2 \to S_1$) von der Zusammensetzung der Ausgangsschmelze. Dies zeigt Tab. 3.6 a für Schmelzen und Mischkristalle, die bei verschiedenen Temperaturen miteinander im Gleichgewicht sind.

Gleichzeitig nimmt mit sinkender Temperatur die Menge der gebildeten Kristalle zu und die Menge an Restschmelze ab, wie man leicht durch Anwendung des Hebelgesetzes findet (Tab. 3.6 b).

Bei der Temperatur $T_3 = 1170\,°C$ sind 66,7 % Schmelze S_3 mit 85 % Cu + 15 % Ni und 33,3 % Kristalle K_3 mit 70 % Cu + 30 % Ni miteinander im Gleichgewicht. Ein derartiges Gemisch kann bei dieser Temperatur unbeschränkt lange in gegenseitigem Kontakt stehen, ohne dass sich an den Mengen- oder Konzentrationsverhältnissen etwas ändert (Gleichgewichtszustand). Dabei ist es ohne Belang, ob die Legierung von höheren Temperaturen kommend sich auf 1170 °C einstellt oder ob feste Mischkristalle mit 80 % Cu + 20 % Ni auf 1170 °C erhitzt werden. In jedem Fall stellt sich bei 1170 °C obiges Mengen- und Konzentrationsverhältnis ein, wenn die Legierung nur lange genug bei dieser Temperatur gehalten wird. Die Erstarrung der Legierung 80 % Cu + 20 % Ni geht nun so zu Ende, dass bei der Solidustemperatur von $T_S = 1140\,°C$ der letzte Rest der Schmelze erstarrt und die Legierung nun vollständig fest ist. Die unterschiedlichen Konzentrationen zwischen dem Kern und dem Rand der Kristalle müssen durch Diffusion ausgeglichen werden, sodass das Endprodukt aus homogenen Kupfer-Nickel-Mischkristallen mit 80 % Cu + 20 % Ni bestehen wird. Das gelingt, wenn die Diffusionslänge der Komponenten in der festen Phase deutlich größer als die Abmessungen der erstarrenden Kristallite ist.

Sobald während der Abkühlung die Liquidustemperatur erreicht wird und sich die ersten festen Kristalle bilden, wird Kristallisationswärme frei, die Abkühlung der Legierung verzögert sich. In einer Abküh-

Tab. 3.6a Konzentrationsänderungen bei der Erstarrung einer Legierung aus 80% Cu + 20% Ni

Temperatur [°C]	Zusammensetzung der Schmelze	Zusammensetzung der Kristalle
$T_L = 1195$	80% Cu + 20% Ni (S_5)	63% Cu + 37% Ni (K_5)
$T_4 = 1183$	82,5% Cu + 17,5% Ni (S_4)	66,5% Cu + 33,5% Ni (K_4)
$T_3 = 1170$	85% Cu + 15% Ni (S_3)	70% Cu + 30% Ni (K_3)
$T_2 = 1155$	88% Cu + 12% Ni (S_2)	75% Cu + 25% Ni (K_2)
$T_S = 1140$	91% Cu + 9% Ni (S_1)	80% Cu + 20% Ni (K_1)

Tab. 3.6b Mengenänderungen bei der Erstarrung einer Legierung aus 80% Cu + 20% Ni

Temperatur [°C]	Menge an Schmelze m_S [%]	Menge an Kristallen m_K [%]
$T_L = 1195$	100,0	0
$T_4 = 1183$	84,4	15,6
$T_3 = 1170$	66,7	33,3
$T_2 = 1155$	38,5	61,5
$T_S = 1140$	0	100,0

lungskurve, die im Normalfall einen exponentiellen Abfall der Temperatur mit der Zeit aufweist, entsteht bei $T_L = 1195\,°C$ ein Knickpunkt (Abb. 3.16 a). Die Abkühlungsverzögerung hält von T_L bis T_S an, weil die Abgabe der Kristallisationswärme proportional zu der Menge an erstarrenden Kristallen ist. Erst wenn die gesamte Legierung bei T_S erstarrt ist, das System also keine Erstarrungswärme mehr freisetzt, schreitet die Abkühlung wieder schneller fort. Demzufolge entsteht auch bei T_S ein Knickpunkt in der Abkühlungskurve. Der Knickpunkt bei T_L wird als oberer, bei der T_S als unterer Knickpunkt bezeichnet. Durch Aufnahme von Abkühlungskurven kann also das Schmelzintervall von Mischkristallen experimentell bestimmt werden (s. Abschnitt 3.7.1).

Ähnlich wie die Erstarrung verläuft auch das Schmelzen der Mischkristalle. Sobald während der Erhitzung die Solidustemperatur $T_S = 1140\,°C$ erreicht wird, scheidet sich aus den Kristallen K_1 die kupferreichere Schmelze S_1 aus. Mit steigender Temperatur werden Schmelze und Restkristalle nickelreicher, während immer mehr Kristalle in den flüssigen Zustand übergehen. Bei $T_L = 1195\,°C$ schließlich hat die Schmelze die Zusammensetzung S_5 erreicht, die gesamte Legierung ist aufgeschmolzen. In der Erhitzungskurve (Abb. 3.16 c) treten bei T_S und T_L wieder Knickpunkte auf, die den Beginn und das Ende des Schmelzprozesses anzeigen. Die Erhitzungsverzögerung kommt dadurch zustande, dass Schmelzwärme aufgebraucht wird, um die festen Kristalle zum Schmelzen zu bringen. Ähnlich wie bei der Legierung mit 80% Cu + 20% Ni beschrieben, verläuft die Kristallisation sämtlicher anderer Cu-Ni-Legierungen. Der Erstarrungsvorgang beginnt stets bei der Liquidustemperatur (oberer Knickpunkt in der Abkühlungskurve) und endet bei der Solidustemperatur (unterer Knickpunkt in der Abkühlungskurve). Das Zustandsdiagramm stellt infolgedessen nichts anderes dar als eine Zusammenfassung der Liquidus- und Solidustemperaturen sämtlicher Cu-Ni-Legierungen.

Das Gefüge der Cu-Ni-Legierungen ist einphasig und besteht aus polyedrischen, kubisch flächenzentrierten α-Mischkristallen. Abbildung 3.17 a zeigt das Gefüge von reinem Kupfer. Die Polyeder enthalten die für kubisch flächenzentrierte Metalle mit mittlerer oder kleiner Stapelfehlerenergie charakteristischen Zwillingslamellen. Das Gefüge der Cu-Ni-Legierungen mit 65 % Cu + 35 % Ni (Abb. 3.17 b) bzw. mit 35 % Cu + 65 % Ni (Abb. 3.17 c) ist davon nicht zu unterscheiden. Das Gefüge des reinen Nickels (Abb. 3.17 d) besteht ebenfalls aus polyedrischen, zwillingsdurchsetzten Kristalliten. Aus dem Gefügebild heraus lässt sich die Zusammensetzung eines Mischkristalls also nicht ablesen.

Die polyedrischen Kristallitformen der Mischkristalle erscheinen im Gefüge nur dann, wenn die Erstarrung der Legierungen so langsam vonstatten ging, dass sich die bei der Kristallisation auftretenden Konzentrationsunterschiede durch Diffusion ausgleichen konnten. Andernfalls treten sogenannte Kristallseigerungen auf, die im Schliffbild an zonenartig aufgebauten inhomogenen Dendriten erkannt werden können. Zwecks Homogenisierung werden mit Kristallseigerungen behaftete Legierungen dicht unterhalb der Solidustemperatur längere Zeit geglüht. Oftmals erfolgt ein Konzentrationsausgleich bereits während einer Warmverformung (Walzen, Schmieden, Pressen), wobei die Umformung und die dazu parallel verlaufende Rekristallisation die Diffusion der Atome erleichtert, die Homogenisierung verläuft wesentlich schneller, als wenn nur geglüht wird.

Es gibt Mischkristallsysteme, in denen die Liquidus- und Soliduskurve je ein Minimum haben. Beide Minima fallen zusammen, wie dies Abb. 3.18 in schematischer Darstellung zeigt. Eine Schmelze (L) mit der Zusammensetzung des Minimums erstarrt wie ein reines Metall, d. h. bei kon-

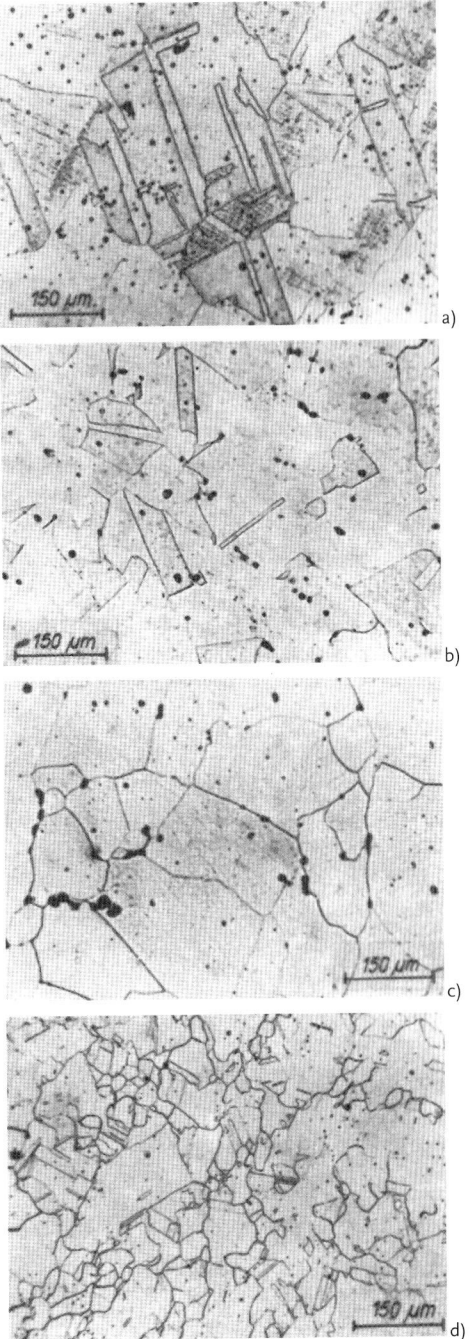

Abb. 3.17 Gefüge von Kupfer, Cu-Ni-Mischkristallen und von Nickel: a) Kupfer, b) 65 % Cu + 35 % Ni, c) 35 % Cu + 65 % Ni, d) Nickel

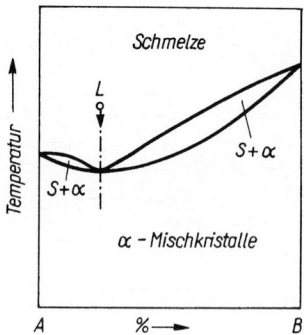

Abb. 3.18 Zustandsdiagramm mit Minimum für die Liquidus- und die Soliduslinie

stanter Temperatur, dementsprechend tritt in der Abkühlungskurve ein Haltepunkt auf. Legierungen, die links und rechts des Minimums liegen, erstarren in der oben beschriebenen Weise. Legierungen, die auf der Seite des Metalls mit dem tieferen Schmelzpunkt liegen (in diesem Beispiel also auf der A-Seite), weisen während der Erstarrung eine Anreicherung des höherschmelzenden Metalls (B) in der Restschmelze auf.

Wie aus den vorstehenden Ausführungen hervorgeht, ändert sich die Zusammensetzung der Mischkristalle stetig entsprechend der Legierungskonzentration. Infolgedessen verändern sich auch die Eigenschaften der Mischkristalle, die ja eine Funktion der Zusammensetzung sind, kontinuierlich. Ein Kupfermischkristall mit 10 % Ni besitzt andere Eigenschaften als der mit 30 oder 50 % Ni. Da aber im Gefüge der Mischkristall, unabhängig von seiner chemischen Zusammensetzung, stets als eine einheitliche Phase auftritt, lässt sich eine Angabe der Eigenschaften für eine Legierung bei Anwesenheit von Mischkristallen allein aus dem Gefügebild nicht durchführen, auch wenn die Eigenschaften der den Mischkristall bildenden reinen Metalle bekannt sind.

Die Unterschiede in den Eigenschaften zwischen dem reinen Grundmetall und seinen Mischkristallen mit anderen Elementen werden u. a. durch zwei wesentliche Faktoren bedingt:

1. Anwesenheit von zwei chemisch verschiedenen Atomsorten im Mischkristall mit den Auswirkungen auf die Bindungsenthalpien (Abschnitt 3.1.2) und
2. Gitterverzerrungen im Mischkristall wegen der unterschiedlichen Durchmesser der einzelnen Atomarten.

Die Folge davon ist, dass im Allgemeinen die Eigenschaften von Mischkristallen nicht gleich der konzentrationsgewichteten Eigenschaftssumme der einzelnen vorhandenen Atomarten (lineare Mischungsregel) sind. Das heißt die Eigenschaften von Mischkristallen ändern sich nicht proportional zum Legierungsgehalt, sondern folgen anderen Gesetzmäßigkeiten. In einem System mit vollständiger Mischbarkeit im festen Zustand werden die größtmöglichen Gitterstörungen, verursacht durch die unterschiedliche Größe der Atomradien, bei einer Legierung von 50 Atom-% A und 50 Atom-% B vorhanden sein. Infolgedessen werden bei mittleren Konzentrationen auch Höchst- bzw. Tiefstwerte der Eigenschaften zu erwarten sein.

Die Abb. 3.19 a und b zeigen einige Eigenschaften von geglühten Cu-Ni-Legierungen in Abhängigkeit von der Konzentration. Die Kurvenformen sind sogenannte Kettenlinien. Die Härte HB, die Zugfestigkeit R_m, die Fließgrenze R_e und die Wechselfestigkeit R_W sind bei den Mischkristallen stets größer als bei den reinen Metallen Kupfer und Nickel. Auch wenn ein Grundmetall höherer Härte (Ni) mit einem Zusatzmetall geringerer Härte (Cu) legiert wird, so steigt die Härte des Grundmetalls noch infolge der Gitterstörungen durch die Legierungsatome an. Ähnliches gilt für die Festigkeitswerte. Die höchsten Härten und Festigkeitswerte haben Cu-Ni-Legierungen mit 50 bis 70% Ni. Umgekehrt wie die Festigkeit verhält sich die Bruchdehnung A. Diese ist bei den Cu-Ni-Legierungen etwas geringer als bei den reinen Metallen[1].

Die bei den Mischkristallen auftretenden Gitterstörungen und die gegenseitige Beeinflussung der Leitungselektronen verursachen eine starke Zunahme des elektrischen Widerstands ρ sowie eine Herabsetzung des Temperaturkoeffizienten β des elektrischen Widerstands. Wie aus Abb. 3.19 b hervorgeht, liegen die entsprechenden Maxima bzw. Minima ebenfalls bei mittleren Konzentrationen, d. h. bei 50 bis 60% Ni. Obwohl Kupfer einen sehr geringen elektrischen Widerstand hat und als Leitmetall in der Elektroindustrie vielfach verwendet wird, können Cu-Ni-Legierungen des mittleren Konzentrationsbereichs als elektrisches Widerstandsmaterial benutzt werden, z. B. das Konstantan.

Die Dichte der homogenen Mischkristalle ist nicht der Masse des Zusatzelements proportional. Wohl aber verläuft der reziproke Wert der Dichte, das spezifische Volumen, proportional zum Volumenprozentgehalt des Zusatzelements, wenn auch geringe Abweichungen bis ≈ 0,5 % manchmal vorkommen.

Von den Kristallseigerungen und dem Kornwachstum abgesehen, können Mischkristalle vom Kupfer-Nickel-Typ in keiner Weise durch eine Wärmebehandlung hinsichtlich ihrer Eigenschaften verändert werden. Lediglich durch Kaltumformung können Härte und Festigkeit gesteigert werden, wobei allerdings die Dehnung und die Einschnürung stark abfallen.

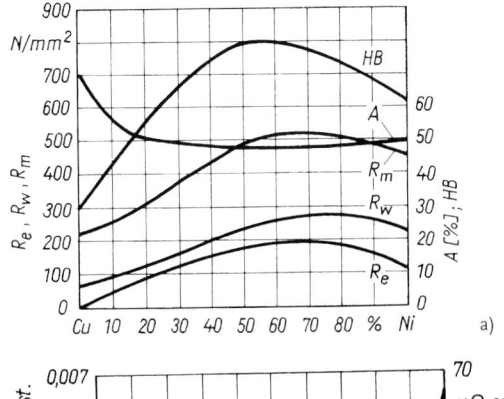
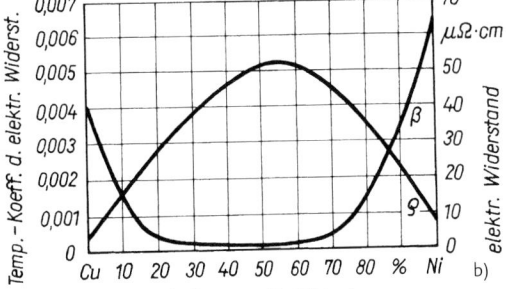

Abb. 3.19 Eigenschaften von Cu-Ni-Legierungen: a) mechanische Eigenschaften, b) elektrische Eigenschaften

3.4.2
Legierungen mit Mischungslücken im festen Zustand

Unbegrenzte Löslichkeit der Komponenten im festen Zustand ist an eine Reihe von Bedingungen geknüpft, die eingangs von Abschnitt 3.4.1 zusammengefasst worden sind. In den weitaus meisten Fällen der binären metallischen Legierungen sind sie nicht erfüllt, d. h. es werden im festen Zustand begrenzte Löslichkeiten der Mischkristallphasen auf der Basis der beiden Randkomponenten auftreten, obwohl eine homogene Schmelzphase bei allen Legierungskonzentrationen existiert. Die nachfolgenden Erörterungen sollen sich nur

---

1) Oftmals sind jedoch Mischkristalle besser verformbar als die reinen Metalle, so z.B. die α-Mischkristalle des Kupfers mit Zink (Messing).

auf Legierungssysteme mit vollständiger Löslichkeit im flüssigen Zustand beziehen. Gründe für das Auftreten von Mischungslücken im festen Zustand können sein:

1. Entsprechend den in Abschnitt 3.1.2 gemachten Ausführungen tritt bei einer Vertauschungsenthalpie $H_0 = H_{AB} - \frac{1}{2}(H_{AA} + H_{BB}) > 0$ nur bei Temperaturen $T > T_{grenz} = 0{,}36\, H_0/k$ eine vollständige Löslichkeit im gesamten Konzentrationsbereich auf (H_{NM} sind die atomaren Wechselwirkungsenthalpien zwischen den Legierungsatomen). Bei niedrigeren Temperaturen wird eine Entmischung auftreten, wobei sich zwei isomorphe[1] Phasen bilden. Je niedriger die Temperatur gewählt wird, desto geringer sind die Löslichkeiten der beiden Mischkristalle für die Legierungskomponenten. Näherungsweise gilt dafür die Gl. (3.17).

2. Wenn die Vertauschungsenthalpie $H_0 < 0$ wird, können sich bei Temperaturen $T < T_0 = -Z\, H_0/2k$ Ordnungszustände ausbilden. Diese haben eine erniedrigte Symmetrie gegenüber dem ungeordneten Mischkristall, stellen also eine neue Phase mit einem endlich breiten Existenzbereich dar, die ebenfalls eine Mischungslücke erzeugt. Bei sehr stark negativem H_0 kann das sogar zur Bildung einer intermetallischen Phase führen (hypothetisches T_0 wird z. B. höher als die Schmelztemperatur).

3. Die beiden reinen Komponenten weisen eine verschiedene Struktur auf (z. B. Ni kubisch flächenzentriert und Cr kubisch raumzentriert) und können daher schon keine unbegrenzte Löslichkeit haben. In solchen Fällen tritt entweder ein Zweiphasengebiet zwischen den Mischkristallen der beiden Komponenten oder sogar die Bildung intermetallischer Phasen auf. Diesen Fall beobachtet man sehr häufig, er führt zu sogenannten eutektischen/eutektoiden, peritektischen/peritektoiden oder gar monotektoiden Systemen.

Diese Fälle sollen Gegenstand der weiteren Erörterungen sein.

3.4.2.1 Entmischung, Ordnung und Bildung intermetallischer Phasen in Mischkristallen

Abbildung 3.20 zeigt das Zustandsdiagramm des Legierungssystems Nickel-Gold. Beide Metalle sind kubisch flächenzentriert, zeigen keine Umwandlungen im festen Zustand, bilden keine intermetallischen Verbindungen. Die Atomradien dieser Metalle unterscheiden sich jedoch um fast 15 % (r_{Ni} = 0,2492 nm; r_{Au} = 0,2884 nm).

Diese Differenz ist mitverantwortlich für eine relativ hohe positive Vertauschungsenthalpie H_0, sodass verständlich wird, warum nur bei Temperaturen zwischen der Solidustemperatur (untere Begrenzungskurve des Schmelzintervalls) und der Grenztemperatur T_{grenz} mit etwa 820 °C eine lückenlose Mischbarkeit beider Metalle zu finden ist. Unterhalb T_{grenz} weitet sich mit sinkender Temperatur eine klassische Mischungslücke $\alpha_1 + \alpha_2$ aus, entstanden aus dem bei hohen Temperaturen existenten α-Mischkristall. Die Phasen $\alpha_1 + \alpha_2$ sind mit α isomorph, alle weisen ein kubisch flächenzentriertes Gitter auf. Die Erstarrung dieser Legierungen vollzieht sich in der im Abschnitt 3.4.1 beschriebenen Weise. Zum Beispiel beginnt die Erstarrung einer Legierung mit ein Cu-Ni-Mischkristall, wie in Abschnitt 3.4.1 beschrieben).

---

[1] Zwei Phasen sind isomorph, wenn sie den gleichen Strukturtyp aufweisen (z. B. ein Ni-Cu- und

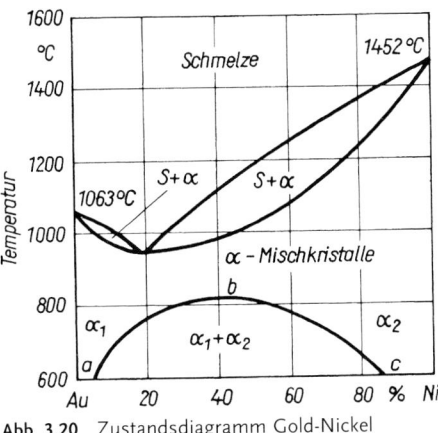

Abb. 3.20 Zustandsdiagramm Gold-Nickel

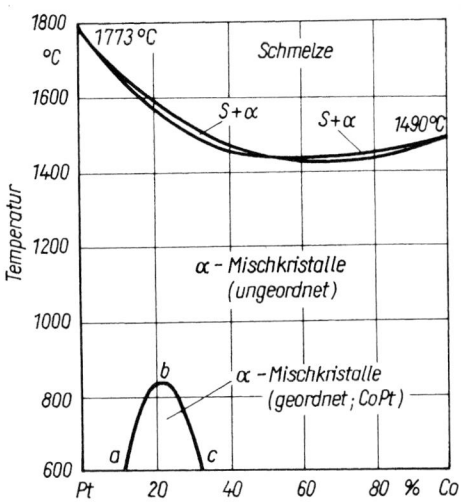

Abb. 3.21 Zustandsdiagramm Platin-Cobalt

60 Masse-% Ni nach Unterschreiten der Solidustemperatur von 1260 °C. Die für jede Temperatur im Erstarrungsintervall vorliegenden flüssigen (S) bzw. festen Phasen (α) haben Konzentrationen, die als die Schnittpunkte der jeweiligen Konoden mit der Liquiduslinie (S) und der Soliduslinie (α) ablesbar sind (vgl. Abb. 3.16). Sinkt die Temperatur unter 770 °C (Linie a-b-c), beginnt die Entmischung. Konoden im Zweiphasenfeld $\alpha_1 + \alpha_2$ geben die Zusammensetzung der beiden Phasen an. Der Zerfall des α zu $\alpha_1 + \alpha_2$ startet an den Korngrenzen und schreitet meist diskontinuierlich in das Korninnere fort. Die Diffusionsgrenztemperatur $T_D \approx 0{,}4\ T_S$ liegt um 250 bis 300 °C. Rasches Abschrecken von T oberhalb a-b-c auf $T < T_D$ führt zu einem übersättigten, homogenen Mischkristall, der sich nicht im Gleichgewicht befindet. Erst eine Wärmebehandlung oberhalb T_D führt zur Gleichgewichtseinstellung durch diffusionskontrollierten Zerfall des übersättigten Mischkristalls. Dabei treten starke Änderungen der Eigenschaften auf, wie Tab. 3.7 für eine Legierung mit 30 % Ni demonstriert.

Das Absinken der Härte ohne Veränderung des Widerstands, der ein guter Indikator für die Mischkristallkonzentrationen und deren Veränderungen ist, bezeichnet man als Überalterung der Legierung.

Im System Pt-Co (Abb. 3.21) findet man bei hohen Temperaturen zunächst einen kubisch flächenzentrierten Mischkristall vor. Im Bereich um 16 bis 26 Masse-% Co (entspricht 39 bis 54 Atom-% Co!) stellt sich beim Abkühlen unter die Temperaturen der Linie a-b-c ein geordneter Zustand ein, wobei aus dem kubisch flächenzentrierten Gitter ein tetragonales wird. Dabei bilden sich parallel zu den {1 0 0}

Tab. 3.7 Änderungen der Brinell-Härte und des elektrischen Widerstands einer abgeschreckten und bei 500 °C ausgelagerten Au-30 % Ni-Legierung

Zeit [min]	1	2	6	15	30	60	150	600
HB	275	300	330	315	265	220	180	160
$\rho\ [\Omega\ mm^2\ m^{-1}]$	0,37	0,32	0,20	0,15	0,14	0,13	0,13	0,13

Tab. 3.8 Härte nach verschiedenen Anlasszeiten einer von 1200 °C abgeschreckten Legierung Pt-22 % Co

Anlassdauer [h]	0,01	0,1	1	10	1000
Vickers-Härte [HV]	175	275	325	270	240

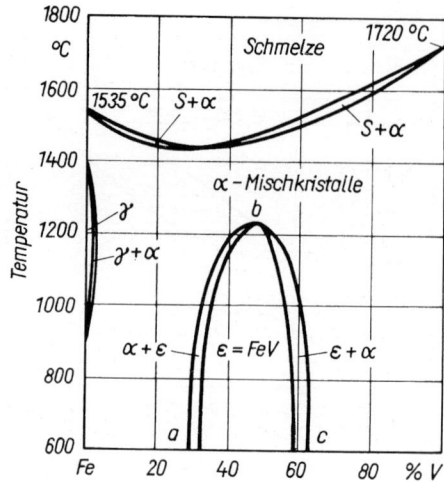

Abb. 3.22 Zustandsdiagramm Eisen-Vanadin

alternierend Pt- bzw. Co-Atomebenen aus (s. AuCu I in Abb. 1.27). Das Gefüge bleibt homogen, der Ordnungsvorgang ist lichtmikroskopisch nicht sichtbar zu machen. Zu seinem Nachweis benötigt man die Röntgen- oder Elektronenbeugung. Der ungeordnete Zustand ist durch Abschrecken der Legierungen von hohen Temperaturen einfrierbar. Nachträgliches Anlassen unterhalb a-b-c führt zur Ordnungseinstellung, die eine Erniedrigung des elektrischen Widerstands im Vergleich zum ungeordneten Zustand bewirkt. Mit der Ordnungseinstellung ist auch eine Härtesteigerung verbunden (Tab. 3.8).

Die beobachtete Festigkeitssteigerung lässt sich auf tetragonale Verzerrungen im Gefüge und auf eine veränderte Versetzungsstruktur (Ausbildung von Superversetzungen mit verdoppelten Burgers-Vektoren) zurückführen. Co-Pt-Legierungen beanspruchen besonderes Interesse für magnetische Speicherschichten und als Kontaktwerkstoff. Sie werden auch in der Schmuckindustrie sowie als Dentallegierung verwendet.

In Fe-V-Legierungen ist die Wechselwirkung zwischen den beiden Legierungspartnern so groß, dass sich um etwa 50 Masse-% V eine intermetallische Phase ε-FeV ausbildet, wenn die Temperatur unterhalb von a-b-c sinkt (Abb. 3.22). Das einphasige Existenzgebiet dieser Verbindung ist durch Zweiphasengebiete α + ε von den ausgedehnten α-Mischkristallen auf Vanadin- bzw. Eisenbasis getrennt. Das entspricht den in Abschnitt 3.2 aufgestellten Regeln für den Aufbau von binären Zustandsdiagrammen („Eins-zu-eins-weg"-Regel). Die Verbindung FeV ist sehr spröde.

Eine ähnliche Erscheinung findet man im System Fe-Cr. Bei Cr-Gehalten oberhalb etwa 25 % tritt bei Glühungen zwischen 600 und 800 °C die sehr spröde σ-Phase auf, wie das Beispiel in Abb. 3.23 zeigt. Durch rasches Abkühlen von Temperaturen oberhalb des Existenzgebiets der σ-Phase kann diese unterdrückt werden.

3.4.2.2 Eutektische Systeme

Zur Ableitung der grundsätzlichen Form eines eutektischen Systems stelle man sich zunächst ein System mit vollständiger Mischkristallbildung vor, in dem die Liquidus- und die Soliduskurve Minima haben, die sich in einem Punkt berühren. Der während der Kristallisation entstandene homogene α-Mischkristall soll aber bei weiterer Abkühlung nicht beständig sein, sondern in die beiden Mischkristalle $α_1$ und $α_2$ zerfallen, wobei $α_1$ eine andere Zusammensetzung hat als $α_2$. Innerhalb der

3.4 Zweikomponentensysteme (binäre Zustandsdiagramme) | 375

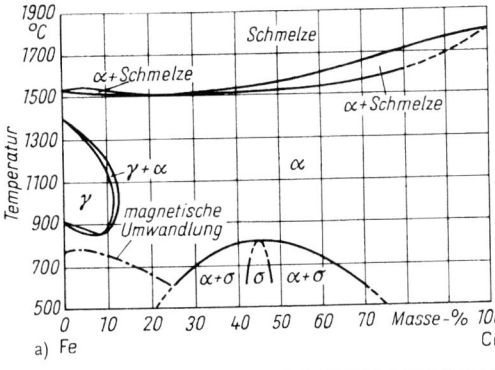

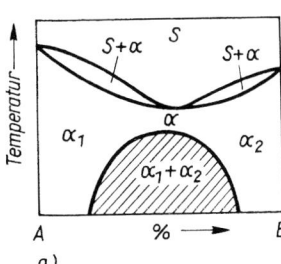

Abb. 3.23 σ-Phasenbildung: a) Zustandsdiagramm Eisen-Chrom, b) Ausscheidungen der σ-Phase in einer Legierung Fe + 40 % Cr

Kristalle α_1 und α_2 erfolgt durch Einzeichnung der Konoden und die Bestimmung der relativen Mengenanteile mithilfe des Hebelgesetzes (3.29).

Erweitert sich die Mischungslücke im festen Zustand, so verschiebt sich auch das Maximum (T_{grenz}) zu höheren Temperaturen hin, die Mischungslücke kommt mit der Solidus- und Liquiduslinie zum Schnitt (Abb. 3.24 b). Legierungen, deren Konzentrationen innerhalb der beiden Schnittpunkte 1 und 3 liegen, bestehen unmittelbar nach der Erstarrung nicht mehr aus einem homogenen α-Mischkristall, sondern es entsteht bereits während der Kristallisation ein heterogenes Gemenge aus A-reichen α_1- und B-reichen α_2-Mischkristallen (gleichzeitige Erstarrung der beiden Mischkristallphasen). Der in Abb. 3.24 b gestrichelte obere Teil der Mischungslücke ist instabil, ebenso die innerhalb der Mischungslücke befindlichen Abschnitte der Solidus- und Liquiduskurven. Im Gleichgewichtsfall liegen die drei Punkte 1, 2 und 3 auf einer geraden isothermen Linie, die eutektische Linie oder Eutektikale, wie es in Abb. 3.24 c dargestellt ist. In den meisten Fällen haben die Randkomponenten bzw. ihre Mischkristalle keine isomorphen Strukturen, sie können sich strukturell erheblich unterscheiden. Da für ein eutektisches System die einschränkende Bedingung, dass α_1 und α_2 den gleichen Gitteraufbau haben müssen, nicht Voraussetzung ist, so

in Abb. 3.24 schraffiert gezeichneten Mischungslücke im festen Zustand sind demnach α_1 und α_2-Mischkristalle nebeneinander im Gleichgewicht (s. Abschnitt 3.4.2.1). Die Ermittlung der Konzentrationen der bei einer bestimmten Temperatur miteinander im Gleichgewicht befindlichen

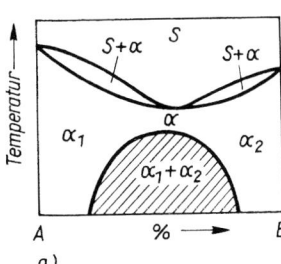
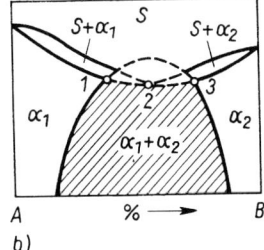
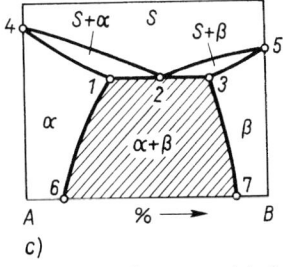

Abb. 3.24 Übergang eines Systems mit vollständiger Mischbarkeit im festen Zustand in ein eutektisches System

wurde in Abb. 3.24 c allgemeingültig der A-reiche Mischkristall mit α und der B-reiche Mischkristall mit β bezeichnet.

Die Liquiduskurve besteht in diesem allgemeinen eutektischen System aus dem gebrochenen Kurvenzug 4-2-5, die Soliduskurve aus dem Kurvenzug 4-1-2-3-5. Oberhalb der Liquiduskurve sind sämtliche Legierungen flüssig, unterhalb der Soliduskurve sind sämtliche Legierungen vollständig erstarrt. Längs der Linie 4-2 beginnt während der Erstarrung die Bildung von primären α-Mischkristallen, längs der Linie 5-2 die Primärkristallisation der β-Mischkristalle. In den jeweils darunter liegenden Zweiphasenfeldern S + α bzw. S + β liegen Schmelze und α- bzw. β-Mischkristalle vor, die Konzentrationen dieser Phasen geben die Schnittpunkte der Konoden mit der Liquiduskurve (S) bzw. Soliduskurve (Mischkristall) an, die Masseanteile findet man mithilfe des Hebelgesetzes (3.29).

Der Punkt 2 wird als eutektischer Punkt bezeichnet. Er wird durch die eutektische Temperatur (T_E) und die eutektische Zusammensetzung c_E charakterisiert. Eine Legierung mit der eutektischen Zusammensetzung hat den niedrigsten Schmelzpunkt aller zwischen A und B möglichen Legierungen. Im eutektischen Punkt fällt die Liquidus- mit der Solidustemperatur zusammen. Eine reine eutektische Legierung hat demnach einen Schmelzpunkt und kein Schmelz- bzw. Erstarrungsintervall. Das folgt auch aus der Gibbs'schen Phasenregel: Im eutektischen Punkt stehen drei Phasen miteinander im Gleichgewicht, woraus sich für die Freiheitsgrade nach Gl. (3.6 b) $F = 2 - 3 + 1 = 0$ ergibt. Bei der eutektischen Temperatur zerfällt die homogene Schmelze ohne ihre Konzentration zu verändern, in ein heterogenes Gemenge aus den beiden Kristallarten α und β gemäß der Reaktion:

$$S \xrightarrow{T_E} \alpha + \beta \qquad (3.30)$$

Aus einer flüssigen Phase werden isotherm zwei feste Phasen gebildet. Das ist das wesentliche Charakteristikum einer eutektischen Reaktion, sie ergibt als Endprodukt ein sehr feinkörniges, oftmals regelmäßig gebautes Gemenge, das sogenannte Eutektikum. Da die am Aufbau des Eutektikums beteiligten Phasen in festen Masseanteilen und in einer typischen Anordnung bzw. Morphologie zueinander auftreten, bezeichnet man das Eutektikum auch als einen Gefügebestandteil (s. auch Abschnitt 1.9.3). Abbildung 3.25 zeigt Beispiele für typische Ausbildungsformen binärer Eutektika.

Wie man sieht, können Eutektika sehr verschiedene Ausbildungsformen zeigen: Regelmäßige Anordnungen von platten- oder säulenförmigen Kristallen, aber auch unregelmäßige nadlige Formen (entartete Eutektika). Welche Morphologie auftritt, hängt von verschiedenen Faktoren ab. Am bedeutsamsten ist der Volumenanteil der zweiten Phase. Bei kleinen Volumenanteilen werden disperse Formen (Dispersionsgefüge) bevorzugt, bei großen dagegen platten- bzw. stäbchenförmige periodische Anordnungen. Einfluss nimmt auch noch die Erstarrungsentropie der Phasen (auf die Erstarrungstemperatur bezogene Erstarrungswärme). Hohe Werte, wie sie z. B. für Silicium beobachtet werden, führen zu entarteten Eutektika, wie sie typisch in Al-Si-Legierungen auftreten (s. Abb. 3.25 b). Letztlich beeinflusst auch die Grenzflächenenergie zwischen den am Eutektikum beteiligten Phasen die Ausbildung. Eine Erniedrigung z. B. durch grenzflächenaktive Drittelemente erhöht die Feinkörnigkeit, wie es am Beispiel des veredelten Al-Si-Eutektikums in Abb. 3.25 c zu sehen ist.

Die Erstarrung einer eutektischen Schmelze beginnt damit, dass an einer

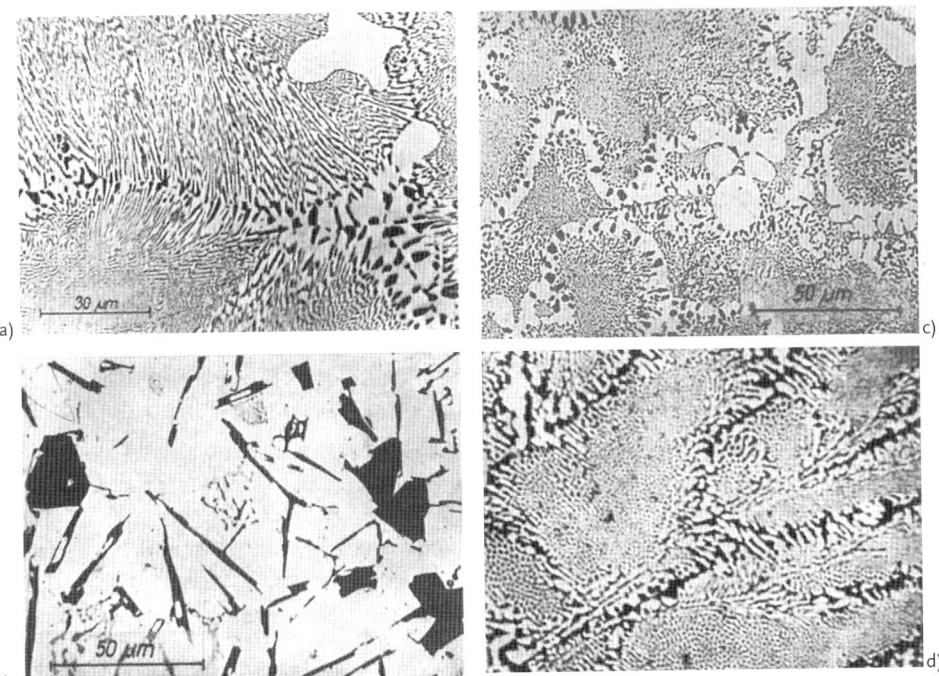

Abb. 3.25 Beispiele für eutektische Gefügeausbildung: a) Eutektikum in einer Legierung Ag + 28 % Cu, b) entartetes Eutektikum in einer Al + 13 % Si-Legierung, c) Eutektikum in einer veredelten Legierung Al + 13 % Si, d) Eutektikum Fe + 4,3 % C, bestehend aus Ferrit und Fe$_3$C, Ledeburit genannt

günstigen Keimstelle eine der beiden Phasen anfängt zu kristallisieren (sog. führende Phase). Dieser erste Kristall, es sei α angenommen, hat aber eine B-ärmere Zusammensetzung als die Schmelze, d. h. die Schmelze in der Umgebung reichert sich lokal mit B an, was dann sofort die Kristallisation der β-Phase nach sich zieht. In der Umgebung dieses Kristalls der β-Phase verarmt nun die Schmelze am Legierungselement B, die B-arme α-Phase kann sich nunmehr bilden und so weiter. Dadurch kommt die periodisch abwechselnde Anordnung der beiden Phasen zustande. Es bildet sich eine gemeinsame (α + β)-Erstarrungsfront aus, vor der die Elemente bei der Erstarrung nur kurze Wege zurücklegen müssen. Da die Erstarrung der eutektischen Schmelze an verschiedenen Stellen starten wird, findet man letztlich sogenannte eutektische Zellen (auch eutektische Körner genannt, was nicht korrekt ist), wie sie z. B. in Abb. 3.25 d zu sehen sind. Je schneller die Abkühlung der Schmelze erfolgt, desto feiner wird die Gefügeausbildung im Eutektikum (Einschränkung der Diffusion vor der Kristallisationsfront). Die regelmäßigen Anordnungen der Phasen in den Eutektika hat zur Namensfindung dafür geführt. *Eutektikum* (aus dem Griechischen) bedeutet das Wohl- oder Gutgebaute.

Der homogene α-Mischkristall ist im Phasenfeld A-4-1-6, der β-Mischkristall im Phasenfeld B-5-3-7 beständig (Abb. 3.24). Innerhalb der Mischungslücke 6-1-2-3-7 sind die Legierungen heterogen und bestehen aus einem Gemenge aus α- und β-Mischkristallen. Die Konzentrationen dieser Mischkristalle bei Temperaturen $T < T_E$ liest man als Schnittpunkte der Konoden mit den Solvuslinien 1-6 für α und 7-3 für β ab, die Mengenanteile gehorchen dem Hebelgesetz Gl. (3.29). Je nach der Art der Komponenten A und B können die Phasenfelder der α- und β-Mischkristalle mehr oder weniger ausgedehnt sein. Es ist sogar möglich, dass eine oder beide Komponenten nur eine sehr geringe und praktisch nicht relevante Löslichkeit aufweisen. In diesen Fällen besteht die Legierung praktisch aus den Komponenten A und/oder B. Wie jedoch in Abschnitt 3.1.2 ausgeführt wurde, bilden sich aus Entropiegründen immer Mischkristalle bzw. Mischphasen, wenn auch die Konzentrationen der Legierungskomponenten sehr klein sind. Das bedeutet auch, dass die in Abschnitt 3.2 gegebene Formulierung, an die reinen Komponenten schließe sich immer ein Einphasenfeld an, gültig bleibt.

Legierungen, die in einem eutektischen System links der eutektischen Konzentration liegen, bezeichnet man als untereutektisch, solche, die rechts der eutektischen Konzentration liegen, als übereutektisch. Die Legierung mit der eutektischen Konzentration bezeichnet man als eutektische Legierung.

Die bisher gemachten Ausführungen über den allgemeinen Aufbau eines eutektischen Systems sollen im Folgenden anhand des Zustandsschaubilds für Blei-Antimon-Legierungen weiter vertieft werden.

Die Blei-Antimon-Legierungen bilden ein einfaches eutektisches System (Abb. 3.26). Der eutektische Punkt befindet sich bei 88,9 % Pb + 11,1 % Sb und 252 °C. Der bleireiche α-Mischkristall nimmt bei der eutektischen Temperatur 3,5 % Sb in fester Lösung auf, bei 100 °C aber nur noch 0,44 % Sb. Der antimonreiche β-Mischkristall löst bei der eutektischen Tempera-

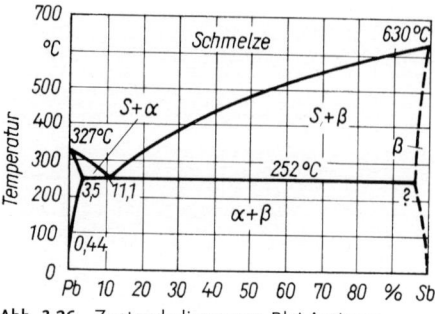

Abb. 3.26 Zustandsdiagramm Blei-Antimon

tur ≈ 5 % Pb. Die Temperaturabhängigkeit der Löslichkeit der β-Mischkristalle ist noch nicht genau bekannt, weshalb die Löslichkeitslinie nur gestrichelt eingetragen ist. Der Schmelzpunkt von Blei wird durch Zusatz von Antimon und der Schmelzpunkt von Antimon durch Zusatz von Blei erniedrigt.

Bei der Erstarrung scheidet eine Legierung mit 95 % Pb + 5 % Sb, sobald die Liquiduskurve bei 300 °C erreicht wird, primäre bleireiche α-Mischkristalle aus. Diese enthalten ≈ 1,5 % Sb im Mischkristall gelöst. Die Restschmelze verarmt dadurch an Blei. Im Verlauf der weiteren Abkühlung scheiden sich noch mehr bleireiche Mischkristalle aus, bzw. die schon vorhandenen wachsen weiter. Die Restschmelze verarmt immer mehr an Blei, während die primären Bleimischkristalle durch Diffusion aus der Schmelze noch etwas Antimon aufnehmen. Ist die eutektische Temperatur von 252 °C erreicht, so enthält der α-Mischkristall 3,5 % Sb und die Restschmelze 11,1 % Sb. Das Mengenverhältnis von α-Mischkristallen zu Restschmelze berechnet sich bei der Temperatur von 252 °C zufolge des Hebelgesetzes zu

$$m_\alpha = \frac{11{,}1 - 5}{1{,}5 + 6{,}1} \cdot 100\,\% = 80\,\%$$

für α mit 3,5 % Sb und

$$m_S = \frac{5 - 3{,}5}{1{,}5 + 6{,}1} \cdot 100\,\% = 20\,\%$$

Restschmelze mit 11,1 % Sb

Die 20 % Restschmelze mit 88,9 % Pb + 11,1 % Sb zerfallen nun bei konstanter eutektischer Temperatur von 252 °C zu einem feinen Gemenge aus α- und β-Mischkristallen, dem Eutektikum (α + β).

Bei weiterer Abkühlung verändert sich dann noch die Zusammensetzung der α- und β-Mischkristalle entsprechend dem Verlauf ihrer Solvus- oder Löslichkeitslinien: Aus den α-Mischkristallen, die bei 252 °C 3,5 % Sb lösen, scheiden sich β-Kristalle aus, da bei 100 °C die Lösungsfähigkeit von α für Antimon nur noch 0,44 % beträgt. Diesen Vorgang bezeichnet man als Ausscheidung (in der älteren Literatur mitunter auch als Segregation) und die gebildeten β-Kristalle als Ausscheidungen (Segregate). Bei der weiteren Besprechung des vorliegenden eutektischen Systems soll die Ausscheidungsbildung zunächst vernachlässigt werden.

Das Gefüge der Legierung mit 95 % Pb + 5 % Sb besteht nach der Erstarrung aus folgenden Gefügebestandteilen: Primäre bleireiche α-Mischkristalle sind in der eutektischen Grundmasse aus (α + β) eingebettet. Die α-Mischkristalle erscheinen als schwarze, homogene Dendriten[1], das (α + β)-Eutektikum als feingemusterte heterogene Grundmasse (Abb. 3.27).

Eine Legierung mit 90 % Pb + 10 % Sb erstarrt in gleicher Weise wie die im vorstehenden beschriebene Legierung mit 95 %

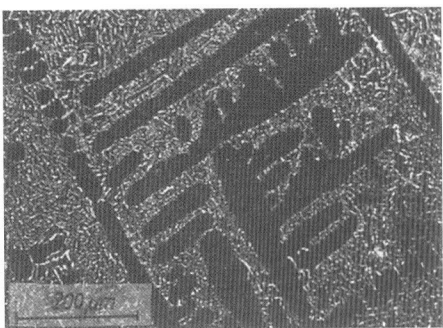

Abb. 3.27 95 % Pb + 5 % Sb: Primäre α-Dendriten eingebettet in (α + β)-Eutektikum

Pb + 5 % Sb, nur das Mengenverhältnis zwischen primären α-Mischkristallen und Restschmelze verändert sich entsprechend dem höheren Antimongehalt. Bei der eutektischen Temperatur von 252 °C ergibt sich:

$$m_\alpha = \frac{11{,}1 - 10}{6{,}5 + 1{,}1} \cdot 100\,\% = 14{,}5\,\%$$

α-Mischkristalle und

$$m_S = \frac{10 - 3{,}5}{6{,}5 + 1{,}1} \cdot 100\,\% = 85{,}5\,\%$$

Restschmelze

Nach der Erstarrung sind also 14,5 % primäre α-Mischkristalle in 85,5 % des (α + β)-Eutektikums eingelagert (Abb. 3.28).

Die Kristallisation einer eutektischen Schmelze mit 88,9 % Pb + 11,1 % Sb beginnt unmittelbar mit der eutektischen Reaktion bei 252 °C: Die Schmelze zerfällt bei konstanter Temperatur in das eutektische Gemenge der α- und β-Mischkristalle. Es geht keine Bildung von Primärkristallen voran. Abbildung 3.29 zeigt bei höherer Vergrößerung die heterogene Struktur des

---

[1] Dendriten entstehen bei instabilem Kristallwachstum als Folge einer konstitutionellen Unterkühlung (Abschnitt 4.1), wegen ihrer verästelten Form werden sie auch als Tannenbaumkristalle bezeichnet.

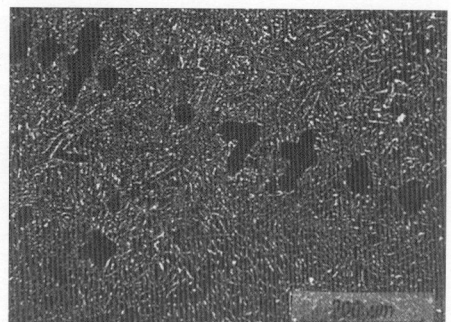

Abb. 3.28 90 % Pb + 10 % Sb: Primäre α-Dendriten in (α + β)-Eutektikum

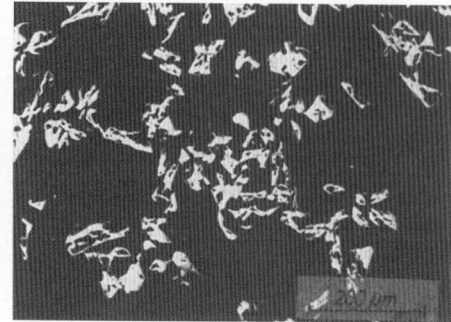

Abb. 3.30 70 % Pb + 30 % Sb: Primäre β-Kristalle (hell) in (α + β)-Eutektikum

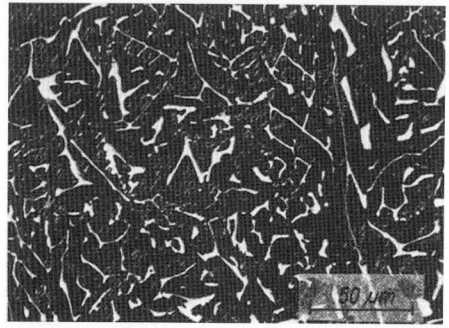

Abb. 3.29 88,9 % Pb + 11,1 % Sb: (α + β)-Eutektikum

tallen und Eutektikum sind bei dieser Legierung:

$$m_\beta = \frac{30 - 11,1}{18,9 + 65} \cdot 100\,\% = 23\,\%$$

β – Mischkristalle und

$$m_{eut} = \frac{95 - 30}{18,9 + 65} \cdot 100\,\% = 77\,\%$$

(α + β) – Eutektikum

Eutektikums. Da das Blei mit 88,9 % in großem Überschuss vorhanden ist, bildet der Pb-reiche Mischkristall die Grundmasse des Eutektikums. Darin eingelagert sind die Sb-reichen β-Kriställchen in einer sehr feinen, filigranen, unregelmäßigen Struktur.

Eine Legierung mit 70 % Pb + 30 % Sb scheidet, sobald die Liquiduslinie bei 360 °C erreicht wird, primäre antimonreiche β-Kristalle aus. Die Restschmelze verarmt dadurch an Antimon und wird bleireicher. Bei 252 °C enthalten die β-Mischkristalle 5 % Pb, während die Restschmelze wieder die eutektische Zusammensetzung von 88,9 % Pb + 11,1 % Sb aufweist und in das Eutektikum (α + β) zerfällt. Die Mengenanteile von primären β-Mischkris-

Abbildung 3.30 zeigt das Gefüge der Legierung mit 70 % Pb + 30 % Sb. Die hellen primären β-Kristalle sind nur teilweise dendritisch, größtenteils idiomorph (von Kristallflächen begrenzt) ausgebildet. Der Feinbau der eutektischen Grundmasse tritt nur wenig in Erscheinung, da beim Polieren der Schliffe das bleireiche und deshalb weichere Eutektikum abgetragen wird und die harten β-Kristalle im Relief stehenbleiben.

Legierungen mit noch höherem Antimongehalt enthalten im Gefüge eine entsprechend größere Menge von primären β-Mischkristallen, während die Menge des Eutektikums mit steigendem Antimongehalt abnimmt. Dies zeigen die Abb. 3.31 und 3.32 für die Legierungen mit 50 % Pb + 50 % Sb und 20 % Pb + 80 % Sb. Das Hebelgesetz ergibt für die erstgenannte Legie-

Abb. 3.31 50% Pb + 50% Sb: Primäre β-Kristalle in (α + β)-Eutektikum

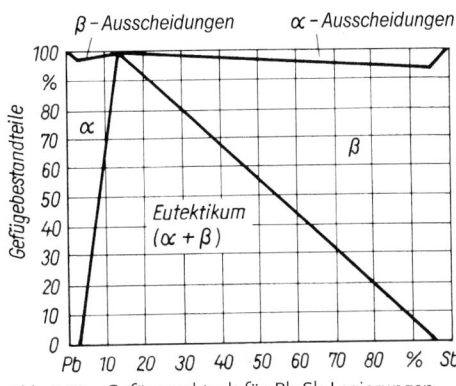

Abb. 3.33 Gefügerechteck für Pb-Sb-Legierungen

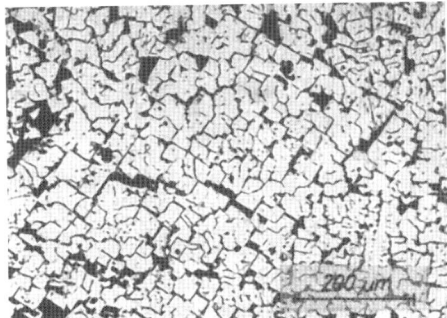

Abb. 3.32 20% Pb + 80% Sb: Primäre β-Kristalle mit (α + β)-Eutektikum dazwischen

rung 54% Eutektikum und 46% Primärkristalle und für die letztere Legierung nur noch 18% Eutektikum und 82% primäre β-Kristalle.

Betrachten wir noch den Kristallisationsverlauf einer Legierung, die nur 2% Sb enthält: Sobald die Liquiduslinie bei der Abkühlung erreicht ist, scheiden sich bleireiche α-Mischkristalle aus. Die Erstarrung geht aber zu Ende, bevor die eutektische Temperatur erreicht wird. Bei 252 °C besteht die gesamte Legierung aus homogenen α-Mischkristallen. Kühlt man sehr langsam weiter ab, so wird bei ~ 200 °C die Löslichkeitslinie erreicht. Es setzt Ausscheidungsbildung von β-Kristallen ein, und bei 100 °C enthalten die α-Mischkristalle nur noch 0,44% Antimon. Der Rest des Antimons ist in Form winziger β-Kriställchen in die α-Kristalle eingebettet. Alle Legierungen mit 0 bis 3,5% Sb, Rest Pb, und ganz entsprechend alle Legierungen mit 5 bis 0% Pb, Rest Sb, enthalten bei langsamer Abkühlung demnach kein Eutektikum.

Über die Art und Menge der Gefügebestandteile in einem eutektischen System gibt das Gefügerechteck nach Abb. 3.33 Auskunft. Daraus entnimmt man, dass im Gleichgewichtsfall eine Legierung mit beispielsweise 50% Pb + 50% Sb aus 54% Eutektikum, 44% primären β-Mischkristallen und 2% α-Ausscheidungen besteht.

In den Abkühlungskurven ergibt die Bildung der Primärkristalle einen Knickpunkt, die bei konstanter Temperatur ablaufende Erstarrung der eutektischen Schmelze bzw. Restschmelze dagegen einen Haltepunkt. Abbildung 3.34 zeigt eine Auswahl verschiedener Abkühlungskurven aus dem System Blei-Antimon. Während reines Blei (Kurve 1) und reines Antimon (Kurve 5) je einen Haltepunkt bei der Schmelztemperatur von 327 bzw. 630 °C aufweisen, haben sämtliche untereutektischen Legierungen einen Knickpunkt, der die Primärausscheidung von α-Mischkristallen anzeigt (Kurve 2), und sämtliche übereutektischen Legierungen

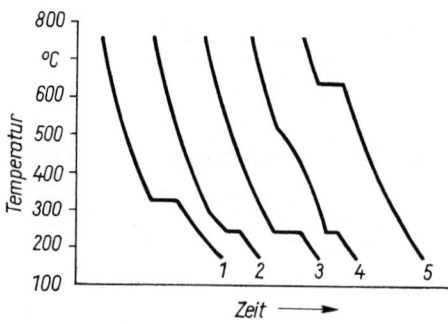

Abb. 3.34 Abkühlungskurven von Pb-Sb-Legierungen: 1 100 % Pb, 2 95 % Pb + 5 % Sb, 3 89 % Pb + 11 % Sb, 4 40 % Pb + 60 % Sb, 5 100 % Sb

Abb. 3.35 72 % Pb + 13 % Sb + 15 % Sn: Primäre Sb-Sn-Kristalle als Keimstellen für die eutektischen Zellen

haben einen Knickpunkt, der die Primärausscheidung von β-Mischkristallen anzeigt (Kurve 4). Sämtliche Pb-Sb-Legierungen mit einem Sb-Gehalt zwischen 3,5 und 95 % weisen bei der eutektischen Temperatur von 252 °C einen Haltepunkt auf, der durch die Erstarrung des Eutektikums verursacht wird (Kurven 2, 3 und 4). Die eutektische Schmelze liefert keinen Knickpunkt, sondern nur einen Haltepunkt (Kurve 3). Die Länge des eutektischen Haltepunkts ist, gleiche Schmelzmasse vorausgesetzt, der Menge an erstarrendem Eutektikum proportional, also bei der eutektischen Legierung am größten.

Ist die Phasenanordnung im eutektischen Gefügebestandteil regelmäßig (periodisch), besteht meist ein definierter Orientierungszusammenhang der benachbarten Bereiche. So ist beim (Sn + Zn)-Eutektikum die (1 0 0)- und (0 1 0)-Fläche des tetragonalen Zinns auf die Basisfläche (0 0 1) des hexagonalen Zinks aufgewachsen. Eutektika, bei denen die beiden Phasen orientiert zusammengewachsen sind und deren Lamellendicke konstant ist, bezeichnet man als normale Eutektika. Wenn die beiden Phasen jedoch regellos miteinander vermengt sind, spricht man von einem entarteten Eutektikum (s. o.). Ein normales Eutektikum tritt in den Systemen Al-Zn, Zn-Zn$_5$Mg, Cd-Zn, Ni-NiSb, Al-Al$_2$Cu, Sn-Zn u. a. auf, während entartete Eutektika bei Fe-Grafit, Al-Si, Al-Al$_3$Fe, Pb-Ag, Zn-Zn$_3$Sb u. a. zu finden sind.

Häufig wirken Primärkristalle der einen Phase des Eutektikums keimbildend und erleichtern damit die Kristallisation des Eutektikums. Abbildung 3.35 zeigt, wie in einer Legierung mit 72 % Pb + 13 % Sb + 15 % Sn die primären eckigen Kristalle als Kristallisationszentren für das Eutektikum gewirkt haben. Die geschlossene Form der eutektischen Zellen ist in diesem Schliff deutlich zu erkennen.

Sind Primärkristalle einer Phase α in das Eutektikum (α + β) eingelagert, so kristallisiert häufig die α-Phase des Eutektikums an die primären α-Kristalle an. Um die primären α-Kristalle herum entsteht dann ein eutektikumfreier Hof aus β. Abbildung 3.36 zeigt dieses Verhalten an einer übereutektischen Kupfer-Kupferoxidul-Legierung. Die rundlichen, primären, großen Cu$_2$O-Kristalle sind von Höfen aus Kupfer umgeben. Erst in einer gewissen Entfernung von den primären Cu$_2$O-Kristallen tritt das (Cu + Cu$_2$O)-Eutektikum in seiner feinen Verteilung auf.

Ist in einer Legierung nur wenig Eutektikum vorhanden (eutektischer Punkt stark

3.4 Zweikomponentensysteme (binäre Zustandsdiagramme)

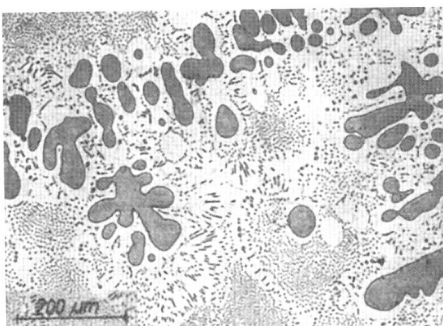

Abb. 3.36 Primäre Cu$_2$O-Kristalle (dunkel) im (Cu$_2$O-Cu-Eutektikum: Bildung von Höfen aus Kupfer um die primären Cu$_2$O-Kristalle

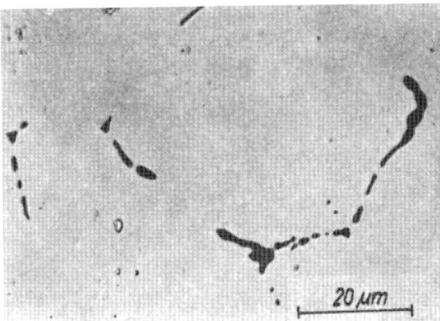

Abb. 3.37 Hoch nickelhaltiger Heizleiterdraht mit Ni$_3$S$_2$ an den Korngrenzen (entartetes Eutektikum (Ni + Ni$_3$S$_2$))

wird vollständig an die im großen Überschuss vorhandenen primären α-Kristalle ankristallisiert. An den Korngrenzen von α bleibt anstelle des (α + β)-Eutektikums dann nur noch ein mehr oder weniger dicker Film von β zurück. Abbildung 3.37 zeigt ein derartiges entartetes Eutektikum an einer Nickel-Schwefel-Legierung. An den Korngrenzen der primären Nickelkristalle tritt nicht das (Ni + Ni$_3$S$_2$)-Eutektikum auf, sondern das zurückgebliebene Ni$_3$S$_2$ umgibt die Nickelkristalle in Form eines unzusammenhängenden Bands. Die gleiche Erscheinung lässt sich im System Fe-FeS beobachten.

Die Lage des eutektischen Punkts hängt unter anderem von der Höhe der Schmelzpunkte der beiden reinen Komponenten ab. Die eutektische Konzentration liegt im Allgemeinen auf der Diagrammseite der niedriger schmelzenden Komponente, und die eutektische Temperatur liegt umso tiefer, je weiter die eutektische Konzentration von den reinen Komponenten entfernt ist. Umgekehrt ist die eutektische Temperatur umso höher, je näher der eutektische Punkt an eine der reinen Komponenten heranrückt. Im Extremfall ist die eutektische Temperatur praktisch gleich der Schmelztemperatur der Komponente mit dem tieferen Schmelzpunkt. In Tab. 3.9 ist die Lage des eutektischen Punkts für einige eutektische Systeme angeführt, wobei die

in Richtung einer der beiden Komponenten verschoben), so kann dieses zu einer besonderen Entartung des Eutektikums führen. Die Phase α des (α + β)-Eutektikums

Tab. 3.9 Lage des eutektischen Punkts von eutektischen Bleilegierungen

Metall X	Schmelz- temperatur [°C]	Lage des eutektischen Punkts im System Pb-X	
		Konzentration	Temperatur [°C]
Germanium	936	0 Atom-% Ge	327
Arsen	817	7,9 Atom-% As	288
Antimon	630	17,5 Atom-% Sb	252
Cadmium	321	28,2 Atom-% Cd	248
Bismut	271	56,3 Atom-% Bi	125
Zinn	232	73,9 Atom-% Sn	183
Quecksilber	−38,9	0,4 Atom-% Hg	−37,6

eine Komponente stets Blei und die andere Komponente das in der 1. Spalte angeführte Metall X ist.

3.4.2.3 Peritektische Systeme

Charakteristisch für die eutektische Erstarrung war, dass aus einer Schmelze zwei verschiedene feste Phasen bei einer bestimmten Temperatur gebildet wurden. Diese drei Phasen befinden sich während der eutektischen Erstarrung in einem nonvarianten Gleichgewicht. Eine weitere Form eines nonvarianten Gleichgewichts bei Erstarrungsvorgängen ist die peritektische Erstarrung, bei der eine Schmelze S und ein bereits gebildeter Mischkristall α miteinander reagieren und dabei einen neuen Mischkristall β bilden.

$$\alpha + S \xrightarrow{T_P} \beta \tag{3.31}$$

Zur Ableitung der allgemeinen Form eines peritektischen Systems betrachte man zunächst das in Abb. 3.38 a dargestellte Zustandsschaubild. Die Komponenten A und B bilden bei höheren Temperaturen eine ununterbrochene Reihe von α-Mischkristallen. Liquidus- und Soliduslinie berühren sich nicht, sondern schließen das in Abschnitt 3.4.1 ausführlich erläuterte lanzettenförmige Zweiphasengebiet (S + α) ein. Bei tieferen Temperaturen zerfällt der homogene α-Mischkristall in ein heterogenes Gemenge aus zwei verschieden zusammengesetzten Mischkristallen α_1 und α_2. Es ist dies die gleiche Mischungslücke im festen Zustand, wie sie im vorhergehenden Abschnitt behandelt wurde. Es sei nun angenommen, die Mischungslücke erweitere sich zu höheren Temperaturen hin, sodass der obere Teil der Mischungslücke mit T_{grenz} bis in das Schmelzgebiet hineinreicht (Abb. 3.38 b). Die sich überschneidenden und gestrichelt eingezeichneten Phasengrenzlinien sind nicht mehr stabil. Die Schnittpunkte 1, 2 und 3 liegen im stabilen Gleichgewichtsfall auf einer Isothermen, und es bildet sich unter diesen Voraussetzungen ein Zustandsschaubild nach Abb. 3.38 c aus. Dieser Diagrammtyp wird als peritektisches System oder System mit einem Peritektikum bezeichnet.

Im Gegensatz zum eutektischen System gibt es bei einem peritektischen System keine durch ein Schmelzpunktminimum ausgezeichnete Legierung. Die Liquiduskurve wird durch den Linienzug 4-3-5, die Soliduskurve durch den Linienzug 4-1-2-5 gebildet. Die horizontale Gerade 1-2-3 wird als Peritektikale (T_P), der Punkt 2 als peritektischer Punkt (c_P) bezeichnet. Oberhalb der Liquiduslinie 4-3-5 sind alle Legierungen vollständig flüssig, unterhalb der Soliduslinie 4-1-2-5 sind

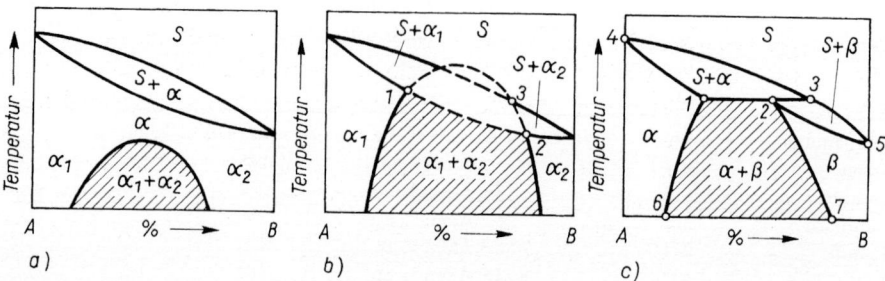

Abb. 3.38 Übergang eines Systems mit vollständiger Mischbarkeit im festen Zustand in ein peritektisches System

alle Legierungen vollständig erstarrt. In den einzelnen Zustandsfeldern befinden sich folgende Phasen: in 4-3-2-1-4 Schmelze + α-Mischkristalle; in 5-2-3-5 Schmelze + β-Mischkristalle; in 4-1-6-A-4 α-Mischkristalle; in 5-B-7-2-5 β-Mischkristalle und in 1-2-7-6-1 ein Gemenge aus (α + β)-Mischkristallen. Eine Legierung mit der peritektischen Konzentration (Punkt 2) ist dadurch ausgezeichnet, dass sämtliche aus der Schmelze primär ausgeschiedenen α-Mischkristalle mit der Restschmelze bei der peritektischen Temperatur reagieren und dabei entsprechend der Reaktion (3.31) in β umgewandelt werden. Liegt die Konzentration der Legierung zwischen 1 und 2, wird bei der peritektischen Reaktion α nicht vollständig aufgebraucht und das gebildete β bildet um das verbliebene α einen Saum (peritektische Höfe, s. Abb. 3.42). Diese Erscheinung hat zur Namensfindung für die Reaktion geführt: *Peritektikum* (griechisch) bedeutet das um etwas Herumgebaute.

Die peritektische Reaktion erfordert zu ihrem Ablauf erhebliche Konzentrationsverschiebungen innerhalb der festen α-Mischkristalle. Deshalb verläuft sie auch für c_P bei schneller Abkühlung nicht bis zum Ende, der Kern der α-Mischkristalle, der am weitesten von den Reaktionsbereichen entfernt ist, wird dann nicht in β-Mischkristalle umgewandelt. Im Gefüge erhält man inhomogene Kristalle, die im Kern noch aus der α-Phase, an den Rändern dagegen bereits aus der β-Phase bestehen. Im Schliffbild werden ebenfalls Höfe als Folge der unvollständigen peritektischen Reaktion sichtbar.

Die in einem peritektischen System ablaufenden Kristallisationsvorgänge seien anhand des Systems Platin-Silber erläutert (Abb. 3.39). Platin schmilzt bei 1773 °C, Silber bei 960 °C. Die peritektische Temperatur liegt bei 1185 °C, der peritektische

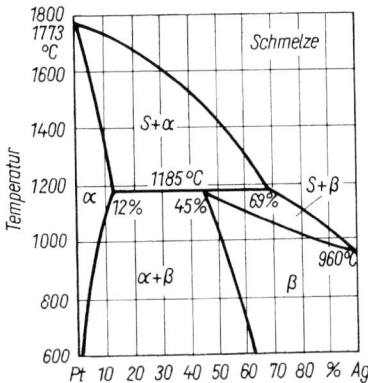

Abb. 3.39 Zustandsdiagramm Platin-Silber (vereinfacht)

Punkt bei 55 % Pt + 45 % Ag. Der platinreiche α-Mischkristall löst bei 1185 °C 12 % Silber, doch nimmt die Löslichkeit mit sinkender Temperatur erheblich ab und beträgt bei 600 °C nur etwa 2 % Ag. Der silberreiche β-Mischkristall nimmt bei 1185 °C 55 % Pt in fester Lösung auf, bei 600 °C nur noch ≈ 38 % Pt.

Legierungen mit 100 bis 88 % Pt, Rest Ag, erstarren nach dem für homogene Mischkristalle charakteristischen Kristallisationsvorgang. Bei der Liquidustemperatur von 1740 °C scheiden sich z. B. aus einer Legierung mit 90 % Pt + 10 % Ag platinreiche α-Mischkristalle aus, die sich im Verlauf der weiteren Abkühlung durch Diffusion aus der Schmelze mit Silber anreichern. Bei der Solidustemperatur von 1350 °C ist die Konzentration der primären α-Mischkristalle identisch mit der Gesamtzusammensetzung der Legierung (90 % Pt + 10 % Ag), die Erstarrung ist beendet. Sobald während der Abkühlung die Löslichkeitslinie bei 1100 °C erreicht wird, findet Ausscheidungsbildung von silberreichen β-Mischkristallen statt. Diese Legierung besteht bei Raumtemperatur demnach aus einer Grundmasse aus α, in die β-Ausscheidungen eingebettet sind. In der Abküh-

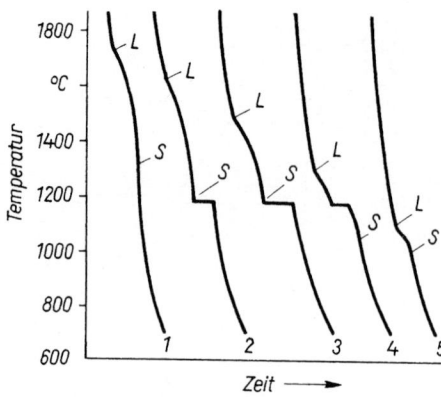

Abb. 3.40 Abkühlkurven von Pt-Ag-Legierungen: 1 90 % Pt + 10 % Ag, 2 70 % Pt + 30 % Ag, 3 55 % Pt + 45 % Ag, 4 40 % Pt + 60 % Ag, 5 20 % Pt + 80 % Ag

lungskurve (Abb. 3.40, Kurve 1) treten Liquidus- und Solidustemperatur als Knickpunkte in Erscheinung. Theoretisch müsste sich auch die Ausscheidungsbildung durch einen Knickpunkt zu erkennen geben, doch sind die dabei freiwerdenden Wärmemengen meist zu klein, sodass beim praktischen Versuch dieser Knickpunkt nicht festgestellt wird.

Bei den Legierungen mit 88 bis 55 % Pt, Rest Ag, scheiden sich ebenfalls zunächst primäre α-Mischkristalle aus der Schmelze aus. Bei einer Legierung mit beispielsweise 70 % Pt + 30 % Ag liegt der Liquiduspunkt bei 1620 °C. Bei der peritektischen Temperatur von 1185 °C besteht diese Legierung aus einem Brei von α-Mischkristallen mit 88 % Pt + 12 % Ag und Restschmelze mit 31 % Pt + 69 % Ag. Die Mengenanteile berechnen sich nach dem Hebelgesetz:

$$m_\alpha = \frac{69 - 30}{18 + 39} \cdot 100\,\% = 68{,}4\,\%$$

α – Mischkristalle

$$m_S = \frac{30 - 12}{18 + 39} \cdot 100\,\% = 31{,}6\,\%$$

Restschmelze

Die Restschmelze setzt sich nun peritektisch mit einem Teil der primären α-Mischkristalle zu β-Mischkristallen um:

$$S(31\,\%\,Pt) + \alpha(88\,\%\,Pt) \xrightarrow{1185\,°C} \beta(55\,\%\,Pt)$$

Wie man mithilfe des Hebelgesetzes ausrechnen kann, reicht die Restschmelze mengenmäßig nicht aus, um sämtliche α-Mischkristalle in β-Mischkristalle umzuwandeln. Soll die gesamte Menge von α in β umgesetzt werden, ohne dass α oder Schmelze übrigbleibt, so sind mit a = 45 − 12 = 33 und b = 69 − 45 = 24 folgende Mengen erforderlich:

$$m_\alpha = \frac{69 - 45}{33 + 24} \cdot 100\,\% = 42{,}1\,\%$$

α – Mischkristalle und

$$m_S = \frac{45 - 12}{33 + 24} \cdot 100\,\% = 57{,}9\,\%$$

Restschmelze

Mit den tatsächlich bei der Legierung mit 70 % Pt + 30 % Ag vorhandenen 31,6 % Restschmelze lassen sich lediglich

$$x = \frac{31{,}6}{57{,}9} \cdot 100\,\% = 54{,}5\,\%$$

der vorhandenen α-Mischkristalle in β-Mischkristalle umwandeln. Nach Ablauf der peritektischen Reaktion besteht das Gefüge der Legierung also zu 54,5 % aus β-Mischkristallen und zu 45,5 % aus α-Mischkristallen. Diese Zahlen hätte man auch durch direkte Anwendung des Hebelgesetzes finden können. Man erhält nämlich:

$$m_\alpha = \frac{45 - 30}{18 + 15} \cdot 100\,\% = 45{,}5\,\%$$

α – Mischkristalle und

$$m_\beta = \frac{30 - 12}{18 + 15} \cdot 100\,\% = 54{,}5\,\%$$

β – Mischkristalle

Bei der weiteren Abkühlung der nun vollständig erstarrten Legierung bilden sich gemäß den Löslichkeitslinien aus den α-Mischkristallen β-Ausscheidungen und aus den β-Mischkristallen α-Auscheidungen. In der Abkühlungskurve (Abb. 3.40, Kurve 2) ergibt der Liquiduspunkt einen Knickpunkt, während der Soliduspunkt, der mit der peritektischen Umsetzung zusammenfällt, sich durch einen Haltepunkt auszeichnet.

Die Legierung mit 55 % Pt + 45 % Ag weist genau die Zusammensetzung auf, die erforderlich ist, damit die Restschmelze sämtliche bei der peritektischen Temperatur vorhandenen primären α-Mischkristalle in β-Mischkristalle umwandeln kann. Nach der peritektischen Reaktion besteht die vollständig erstarrte Legierung aus homogenen β-Kristallen, aus denen sich bei weiterer Abkühlung α ausscheidet. Im Gegensatz zu eutektischen Legierungen mit genau eutektischer Konzentration findet bei dieser peritektischen Legierung mit c_P eine Primärausscheidung statt, ehe die das System charakterisierende peritektische Reaktion abläuft. Dies kommt auch in der Abkühlungskurve 3 in Abb. 3.40 zum Ausdruck.

Die Erstarrungsvorgänge bei den Legierungen mit 55 bis 31 % Pt, Rest Ag, seien an einer Legierung mit 40 % Pt + 60 % Ag behandelt. Sobald die Liquidustemperatur bei 1300 °C erreicht ist, scheiden sich primäre α-Mischkristalle aus der Schmelze aus. Bei der peritektischen Temperatur beträgt der Mengenanteil an α-Mischkristallen (mit 88 % Pt + 12 % Ag) und an Restschmelze

$$m_\alpha = \frac{69 - 60}{48 + 9} \cdot 100\,\% = 15{,}8\,\%$$

α – Mischkristalle

$$m_S = \frac{60 - 12}{48 + 9} \cdot 100\,\% = 84{,}2\,\%$$

Restschmelze

Es ist also mehr Restschmelze vorhanden, als für die Umbildung der primären α-Mischkristalle in β-Mischkristalle erforderlich wäre. Hat sich das gesamte α peritektisch in β umgewandelt, so besteht die Legierung aus

$$m_\beta = \frac{69 - 60}{15 + 9} \cdot 100\,\% = 37{,}5\,\%$$

β – Mischkristallen und

$$m_S = \frac{60 - 45}{15 + 9} \cdot 100\,\% = 62{,}5\,\%$$

Restschmelze

Die Erstarrung ist also noch nicht beendet, sondern geht bei der Abkühlung weiter, indem sich nun aus der Restschmelze primäre β-Mischkristalle ausscheiden. Diese nehmen aus der Schmelze kontinuierlich durch Diffusion Silber auf. Bei der Solidustemperatur von 1100 °C enthalten die β-Kristalle 40 % Pt + 60 % Ag, und die Legierung ist vollständig erstarrt. Nach Erreichen der Löslichkeitskurve bei 700 °C scheidet sich aus den β-Mischkristallen noch α-Phase aus. In der Abkühlungskurve dieser Legierung (Abb. 3.40, Kurve 4) machen sich die primäre α-Ausscheidung durch den oberen Knickpunkt, die peritektische Reaktion durch den Haltepunkt und das Ende der Erstarrung durch den unteren Knickpunkt bemerkbar.

Die Legierungen mit 31 bis 0 % Pt, Rest Ag, erstarren wieder, wie bei homogenen Mischkristallen üblich. Eine Legierung mit beispielsweise 20 % Pt + 80 % Ag generiert ab 1110 °C primäre β-Mischkristalle aus der Schmelze. Die Erstarrung ist bei der Solidustemperatur von 1020 °C beendet, und die Legierung besteht aus homogenen β-Mischkristallen. In der Abkühlungskurve 5 von Abb. 3.40 sind nur die beiden Knickpunkte vorhanden.

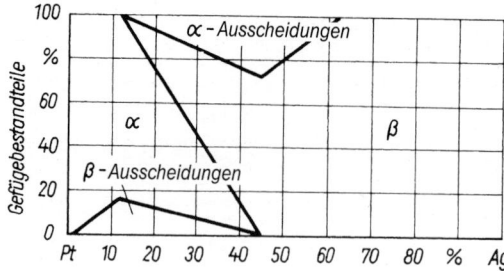

Abb. 3.41 Gefügerechteck der Platin-Silber-Legierungen

Die in peritektischen Systemen auftretenden Gefüge bestehen aus α- und β-Mischkristallen. Über die Mengenanteile von α und β in den Pt-Ag-Legierungen gibt das in Abb. 3.41 dargestellte Gefügerechteck Auskunft.

Systeme, die ein Peritektikum enthalten, sind besonders empfindlich gegenüber einer schnellen Abkühlung. Die im Zustandsdiagramm angegebenen Gleichgewichte stellen sich nur nach sehr langsamen Abkühlungen ein. Nicht selten sind außerdem noch langzeitige Homogenisierungsglühungen erforderlich, um den Gleichgewichtszustand einzustellen. Die primär ausgeschiedenen α-Kristalle werden sich, sobald die Peritektikale erreicht ist und die Reaktion mit der Schmelze beginnt, zuerst an der Oberfläche, die mit der Schmelze in unmittelbarer Berührung steht, in die β-Mischkristalle umwandeln. Von der Oberfläche aus müssen dabei die B-Atome aus der Schmelze in die festen α-Kristalle eindiffundieren. Zu einer bestimmten Zeit t bestehen die in der Schmelze schwimmenden Kristalle aus einem α-Kern, der von einer β-Schale umgeben ist. Unterbricht man die Reaktion zu diesem Zeitpunkt, indem man die breiige Legierung in Wasser abschreckt, so können diese Schalenkristalle auf Raumtemperatur unterkühlt werden. Abbildung 3.42 zeigt derartige α-Kristalle (dunkel), die von peritektisch entstandenen Höfen aus β (hell) umgeben sind. Oftmals ist es

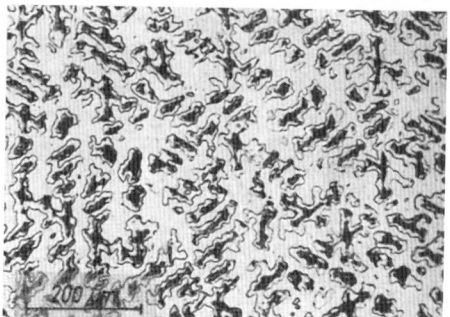

Abb. 3.42 Primäre α-Mischkristalle (dunkel) mit peritektischen Höfen aus β in einer Pt-Ag-Legierung

gar nicht erforderlich, die Legierung schroff in Wasser abzuschrecken, sondern es genügen die bei Kokillen- oder Sandguss herrschenden Abkühlungsgeschwindigkeiten, um die peritektische Reaktion zumindest teilweise zu unterdrücken.

3.4.2.4 Eutektoide und peritektoide Umwandlungen

In den bisherigen Ausführungen wurde angenommen, dass die Randkomponenten im festen Zustand keine polymorphen bzw. allotropen Umwandlungen erfahren. Bei einer Reihe von Metallen beobachtet man aber solche Umwandlungen (s. Abschnitt 1.6). Als Beispiel sei an das technisch sehr wichtige Eisen erinnert, das in fünf festen Modifikationen auftreten kann. Legierungen mit derartigen Komponenten weisen daher besondere Umwand-

3.4 Zweikomponentensysteme (binäre Zustandsdiagramme) | 389

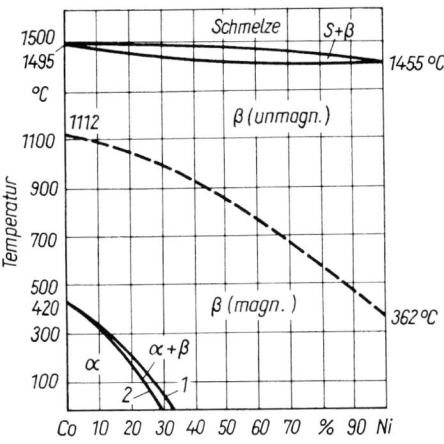

Abb. 3.43 Zustandsdiagramm Cobalt-Nickel

lungsreaktionen auf, über die im Weiteren gesprochen werden soll.

Ein einfaches Beispiel für eine polymorphe Umwandlung findet sich im System CoNi (Abb. 3.43). Nickel weist im gesamten Temperaturbereich eine kubisch flächenzentrierte Struktur auf, Cobalt nur oberhalb 420 °C. Beide Komponenten sind bei hohen Temperaturen lückenlos mischbar, die zwischen 1112 °C für Cobalt und 362 °C für Nickel gestrichelt eingezeichnete Linie gibt die magnetische Umwandlung an. (Bei Temperaturen darunter existiert der ferromagnetische und bei Temperaturen darüber der paramagnetische Zustand.) Der Umwandlungspunkt des Cobalts bei 420 °C charakterisiert die Umwandlung des kubisch flächenzentrierten β-Cobalts in die hexagonal dichtest gepackte α-Phase.

Dieser Umwandlungspunkt wird in den binären Legierungen gemäß der Gibbs'schen Phasenregel ein Umwandlungsintervall, beschrieben durch die Linie 1 für den Umwandlungsbeginn beim Abkühlen und die Linie 2 für das Umwandlungsende. Zwischen 1 und 2 liegt ein Zweiphasengebiet α + β, die Konzentrationen in den beiden Phasen und deren Masseanteile finden sich wie bei allen Zweiphasenzuständen in binären Systemen über die Konodenkonstruktion bzw. das Hebelgesetz. Solidus- und Liquiduslinie schließen das lanzettförmige Zweiphasengebiet Schmelze + β ein.

Eine der bedeutsamsten Reaktionen in festen Legierungssystemen ist die eutektoide Umwandlung, bei der aus einer festen Phase gleichzeitig zwei andere feste Phasen beim Abkühlen gebildet werden. Die Reaktion lässt sich beschreiben mit

$$\gamma \xrightarrow{T_e} (\alpha + \beta) \tag{3.32}$$

Sie stellt somit das Analogon zur eutektischen Erstarrung dar, bei der aus einer (flüssigen) Phase zwei feste Phasen entstehen (Gl. (3.30)).

(Eigentlich braucht man in den Erörterungen über die Phasenbildungen in Abschnitt 3.4.2.2 nur anstelle der „Schmelze S" die feste „Phase γ" setzen.) Die bei der eutektoiden Reaktion entstandenen neuen Kristallarten α und β haben eine vom γ-Mischkristall unterschiedliche Zusammensetzung und Gitterstruktur und liegen in einem feinen, regelmäßig aufgebauten Gemenge vor, wobei zwischen α und β oft kristallographische Orientierungszusammenhänge bestehen. Die Morphologie des Gemenges (α + β) ist der des eutektischen Gefüge sehr ähnlich. Die Phasenanteile für α und β haben eine feste Relation zueinander. Man bezeichnet die Reaktion deshalb als eutektoide Umwandlung und den dabei entstandenen Gefügebestandteil (α + β) als Eutektoid (vgl. den Begriff Eutektikum).

In Abb. 3.44 ist als Realbeispiel der eutektoide Zerfall der γ-Mischkristallphase bei den Eisen-Kohlenstoff-Legierungen dargestellt. Die kubisch flächenzentrierte Hochtemperaturmodifikation γ-Fe bildet mit dem Kohlenstoff Einlagerungsmischkristalle, wobei die maximale Löslichkeit bei 1147 °C 2,06 Masse-% C beträgt

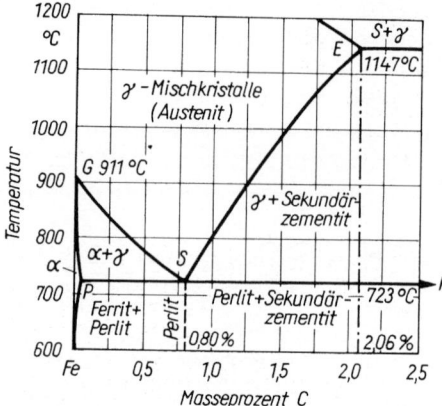

Abb. 3.44 Eutektoide Umwandlung der γ-Mischkristalle in Fe-C-Legierungen

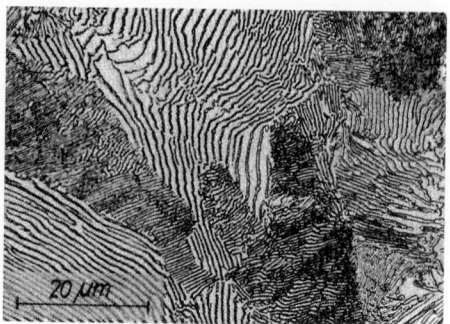

Abb. 3.45 Eisen mit 0,8 Masse-% C: Eutektoid aus Ferrit (α-Fe-C-Mischkristall) und Zementit (Eisencarbid Fe₃C) (geätzt mit 1 %iger HNO₃)

(Punkt E im Zustandsdiagramm). Zu tieferen Temperaturen hin wird das Existenzgebiet der γ-Mischkristalle durch den Linienzug G-S-E begrenzt. Die niedrigste Temperatur, bei der im Gleichgewichtsfall γ-Mischkristalle noch beständig sind, beträgt 723 °C (Punkt S). Bei dieser eutektoiden Temperatur löst das γ-Eisen 0,80 Masse-% C (eutektoide Konzentration). Bei der Abkühlung einer Fe-C-Legierung mit 0,80 % C findet bei der eutektoiden Temperatur von 723 °C die eutektoide Reaktion statt:

$$\gamma - MK(0{,}80\,\%C) \xrightarrow{T_e\,=\,723\,°C} \alpha - MK(0{,}02\,\%C) + Fe_3C(6{,}67\,\%C)$$

Die γ-Mischkristalle, sie werden als Austenit bezeichnet, zerfallen in ein feines, geregelt aufgebautes Gemenge aus α-Mischkristallen und der Eisen-Kohlenstoff-Verbindung Fe₃C. Die α-Mischkristalle bestehen aus der kubisch raumzentrierten, nur bei tieferen Temperaturen beständigen α-Modifikation des Eisens und enthalten nur sehr geringe Mengen an Kohlenstoff (0,02 %) auf Zwischengitterplätzen. Diesen kubisch raumzentrierten α Fe-C-Mischkristall nennt man Ferrit. Das Eisencarbid Fe₃C kristallisiert orthorhombisch und weist entsprechend der Formel Fe₃C einen Kohlenstoffgehalt von 6,67 Masse-% C auf. Dieses Eisencarbid heißt Zementit. Abbildung 3.45 zeigt das bei der eutektoiden Reaktion entstandene Gemenge aus (α + Fe₃C), das als Gefügebestandteil den Namen Perlit[1] führt. Im Perlit sind die beiden Phasen α (Ferrit) und Fe₃C (Zementit) in Form von periodisch angeordneten Lamellen miteinander verwachsen. Wie man mithilfe des Hebelgesetzes (3.29) ausrechnet, besteht der Perlit aus 88 % Ferrit und 12 % Zementit. Vermerkt sei, dass sich die eutektoide Umwandlung der γ-Mischkristalle auf der Abkühlungskurve durch einen deutlich ausgeprägten Haltepunkt zu erkennen gibt.

Die Perlitbildung lässt sich folgendermaßen verstehen (Abb. 3.46). Zunächst wird sich an einer Austenitkorngrenze als Ort bevorzugter Keimbildungen ein plattenförmiger kleiner Zementitkristall bilden, der den Kohlenstoff des ihn umgebenden Aus-

[1] Bei schwacher optischer Vergrößerung kann die Lamellenstruktur des Eutektoids nicht aufgelöst werden, es ergibt sich als ein Interferenzeffekt an der periodischen Struktur ein perlmuttartiger Glanz, der in der Vergangenheit zur Namensgebung Anlass gab.

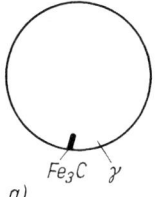 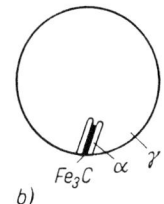 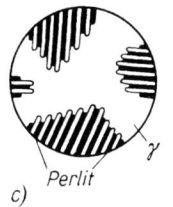

Abb. 3.46 Schematische Darstellung der Perlitbildung in Fe-C-Legierungen

tenits an sich bindet. Der so lokal an Kohlenstoff verarmte Austenit kann nun links und rechts der Zementitplatte Ferritplatten bilden, die ihrerseits den überschüssigen Kohlenstoff in die austenitische Umgebung abgeben, diese an Kohlenstoff anreichern, bis dort wieder Zementit in Plattenform gebildet werden kann. Das Spiel setzt sich fort, bis der Austenit vollständig umgewandelt ist. Da die Perlitbildung in einem Austenitkorn an verschiedenen Stellen eingeleitet werden kann, entstehen Perlitkolonien in Analogie zu den in Abschnitt 3.4.2.2 besprochenen eutektischen Zellen. Jede dieser Kolonien bildet eine für Zementit und Ferrit gemeinsame Umwandlungsfront aus, wobei die Kohlenstoffumverteilungen in der noch nicht umgewandelten austenitischen Phase über Kurzstreckendiffusion erfolgen. Die Diffusionslänge des Kohlenstoffs im Austenit bestimmt dabei den Lamellenabstand im Perlit, der damit von der tatsächlichen Umwandlungstemperatur bzw. der Abkühlgeschwindigkeit[1] abhängt. Der Lamellenabstand ist umgekehrt proportional zur lokalen Abkühlgeschwindigkeit.

Eisen-Kohlenstoff-Legierungen mit weniger als 0,80 % C scheiden während der Abkühlung, sobald die Linie G-S unterschritten wird, zunächst primäre α-Mischkristalle als sogenannten untereutektoiden oder voreutektoiden Ferrit aus. Die restlichen γ-Mischkristalle (Austenit) reichern

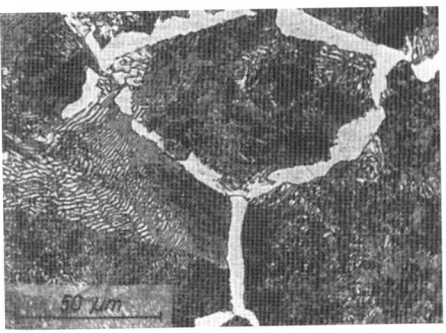

Abb. 3.47 Eisen mit 0,7 % C: 12,5 % untereutektoider Ferrit (hell) und 87,5 % Perlit

sich dadurch stets bis auf 0,80 % C bei 723 °C an und zerfallen daraufhin in das Eutektoid Perlit. Wie man mit dem Hebelgesetz ausrechnen kann, besteht eine Fe-C-Legierung mit 0,7 % C nach der Abkühlung bei Raumtemperatur aus 12,5 % primären Ferrit und 87,5 % Perlit. In Abb. 3.47 erscheint die an den Korngrenzen der ehemaligen γ-Mischkristalle ausgeschiedene α-Phase weiß, während das Eutektoid an der charakteristischen Lamellenstruktur erkannt werden kann.

Eisen-Kohlenstoff-Legierungen mit einem C-Gehalt zwischen 0,80 und 2,06 % scheiden während der Abkühlung, sobald die Linie E-S unterschritten wird, zunächst kohlenstofffreie Fe_3C-Kristalle (sog. Sekundärzementit) aus. Die übrigbleibenden γ-Mischkristalle verarmen dadurch an Kohlenstoff, sie enthalten in jedem Fall bei

---

[1] Durch schnelles Abkühlen kann man erreichen, dass die Perlitumwandlung erst bei tieferen Temperaturen einsetzt.

Abb. 3.48 Eisen mit 1,3 % C: Übereutektoider (Sekundär-)Zementit Fe₃C (hellgrau) und Perlit

723 °C nur noch 0,80 % C und zerfallen bei dieser Temperatur isotherm in das Eutektoid Perlit. Wie mithilfe des Hebelgesetzes ausgerechnet werden kann, besteht eine Fe-C-Legierung mit 1,3 % C nach der Abkühlung auf Raumtemperatur zu 8,5 % aus sekundärem Zementit (Fe₃C-Kristalle) und zu 91,5 % aus Perlit. Das in Abb. 3.48 dargestellte Gefüge zeigt, dass sich die Fe₃C-Kristalle an den Korngrenzen der ehemaligen γ-Mischkristalle befinden (vgl. voreutektoide Ferritbildung) und die Perlitkörner zellartig umgeben. Infolge ihrer hohen Härte stehen die Fe₃C-Kristalle etwas im Relief vor und unterscheiden sich dadurch deutlich von den α-Kristallen.

Die Analogien zwischen einem eutektischen und einem eutektoiden System sind sehr weitgehend. Sie erstrecken sich nicht nur auf den Gefügeaufbau, sondern auch auf den prinzipiellen Verlauf der Phasengrenzlinien (vgl. die Abb. 3.26 und 3.44), die Aufeinanderfolge der Kristallisation voreutektoider bzw. voreutektischer Phasen und eutektoider bzw. eutektischer Kristallisation, die Form der Abkühlungskurven (Knickpunkte bei der Ausscheidung von Primärkristallen, Haltepunkte bei der Kristallisation des Eutektoids bzw. des Eutektikums) und die Anwendungsart des Hebelgesetzes. Der wesentlichste Unterschied zwischen dem eutektischen Zerfall einer Schmelze und dem eutektoiden Zerfall eines Mischkristalls besteht darin, dass bei der eutektoiden Reaktion die Phasenumbildungen durch die Diffusion im festen Zustand kontrolliert werden, während bei der eutektischen Reaktion die Diffusion in der schmelzflüssigen Phase abläuft. Infolge der viel geringeren Diffusionsgeschwindigkeit der Atome in festen Phasen sind eutektoide Reaktionen sehr unterkühlungsanfällig. Durch schnelle Abkühlung gelingt es oft, die Umwandlungstemperatur stark zu erniedrigen bzw. die eutektoide Reaktion vollständig zu unterbinden. Das gilt insbesondere für Substitutionsmischkristalle, in denen die Diffusion der Legierungselemente verglichen mit der Diffusion von Einlagerungselementen sehr viel langsamer ist. Deshalb ist es bei diesen Mischkristallen häufig möglich, die eutektoide Reaktion durch Abschrecken vollständig zu unterdrücken. Der an und für sich nur bei hohen Temperaturen beständige Mischkristall kann dann z. B. bei Raumtemperatur im unterkühlten, d. h. metastabilen aber homogenen Zustand erhalten werden.

Bei dem vorliegenden System Eisen-Kohlenstoff ist es nicht möglich, die γ-Mischkristalle (Einlagerungsmischkristalle!) durch schnelle Abkühlung vollständig unzersetzt auf Raumtemperatur zu unterkühlen. Allerdings kann bei Unterdrückung der Kohlenstoffdiffusion[1] durch eine schroffe Abkühlung eine diffusionslose Phasenumwandlung des Austenits in den metastabilen Martensit (s. Abschnitt

---

[1] Unter dieser Bedingung ist auch eine Fe-Diffusion oder die Diffusion substituierter Legierungselemente unterdrückt.

3.4 Zweikomponentensysteme (binäre Zustandsdiagramme)

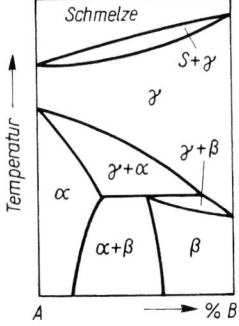

Abb. 3.49 Peritektoider Zerfall von Mischkristallen (schematisch)

3.6.3 und 5.3.2.4) stattfinden, die von außerordentlicher technischer Bedeutung ist (Stahlhärtung).

Im gleichen Verhältnis wie die eutektische Erstarrung einer Schmelze zum eutektoiden Zerfall eines Mischkristalls steht auch die peritektische zur peritektoiden Umsetzung. Entsprechend der Reaktion (3.31) entsteht bei der peritektischen Reaktion aus einer (schmelzflüssigen) Phase und einer festen eine neue feste Phase. Die analoge Reaktion für eine peritektoide Umwandlung lautet

$$\gamma + \alpha \xrightarrow{T_p} \beta \qquad (3.33)$$

Auch hier wird aus zwei Phasen eine neue gebildet, allerdings ist nun keine Schmelze an der Reaktion beteiligt. Abbildung 3.49 zeigt das schematische Zustandsdiagramm mit einer peritektoiden Reaktion. Es demonstriert, wie die nach der Erstarrung vorliegenden γ-Mischkristalle bei weiterer Abkühlung peritektoid in die α- und β-Kristalle umwandeln. Wenn in dem in Abschnitt 3.4.2.3 besprochenen peritektischen System anstelle von Schmelze oder Restschmelze der Begriff γ-Mischkristall gesetzt wird, so können die Kristallisationsabläufe auf den vorliegenden peritektoiden Fall einfach übertragen werden. Je nach dem Legierungsgehalt treten im Gefüge entweder α-Mischkristalle, β-Mischkristalle oder ein Gemenge aus (α + β)-Mischkristallen auf. Weil bei der peritektoiden Reaktion die notwendige Diffusion nur in festen Phasen und über relativ lange Distanzen (Diffusionslängen müssen größer als die Korngrößen werden!) stattfindet, sind noch stärkere Gleichgewichtsstörungen als bei einem peritektischen System, d. h. peritektoidische Höfe aus β um die primären α-Mischkristalle herum, zu erwarten.

3.4.3
Mischungslücken im flüssigen Zustand

In Abschnitt 3.4.2.1 wurde anhand des Systems Gold-Nickel dargestellt, dass sich trotz einer vollständigen Löslichkeit der Komponenten im festen Zustand für Temperaturen unterhalb der Solidustemperatur bei Unterschreiten einer kritischen Mischungstemperatur eine Mischungslücke bilden kann (Abb. 3.20). Das war die Folge einer positiven Vertauschungsenthalpie H_0 im festen Zustand, die ihrerseits auch die zugehörige kritische Mischungstemperatur zu $T_{\text{grenz}} = 0{,}36\, H_0/k$ bestimmte. Völlig analoge Erscheinungen gibt es auch bei metallischen Schmelzen. Meist bilden die Komponenten einer metallischen Schmelze bei allen Temperaturen oberhalb der Liquidustemperatur eine einzige homogene Phase aus, doch lassen

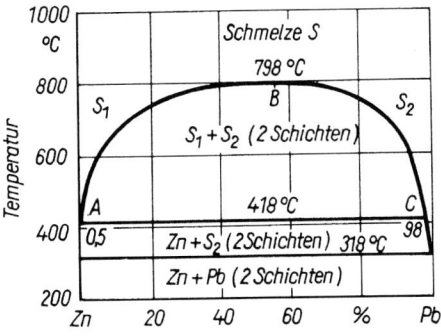

Abb. 3.50 Zustandsdiagramm Blei-Zink

Tab. 3.10 Temperaturabhängigkeit der Löslichkeiten in Zn-Pb-Schmelzen

Temperatur [°C]	Maximale Löslichkeiten in Schmelze S_1	in Schmelze S_2
500	2 % Pb	4 % Zn
600	5 % Pb	7 % Zn
700	15 % Pb	13 % Zn
750	25 % Pb	19 % Zn
798	55 % Pb	45 % Zn

sich nicht selten Schmelzsysteme finden, in denen die Komponenten nur begrenzte Löslichkeiten ineinander zeigen. Ein typisches Beispiel dafür ist das System Blei-Zink, dessen Zustandsdiagramm in Abb. 3.50 zu sehen ist.

Im flüssigen Zustand löst das Blei eine gewisse Menge Zink (Schmelze S_2) und das Zink eine gewisse Menge Blei (Schmelze S_1) auf. Die Löslichkeit beider Metalle nimmt mit steigender Temperatur bedeutend zu (Tab. 3.10) und ist oberhalb T_{grenz} = 798 °C vollständig. Das maximale Lösungsvermögen der Schmelze S_1 für Blei in Abhängigkeit von der Temperatur wird durch den Kurvenzug A-B, das maximale Lösungsvermögen der Schmelze S_2 für Zink in Abhängigkeit von der Temperatur durch den Kurvenzug B-C wiedergegeben.

Der Kurvenzug A-B-C kennzeichnet die Mischungslücke im flüssigen Zustand. Legierungen, deren Zustandspunkte oberhalb der Mischungslücke liegen, sind einphasig, d. h. sie bestehen aus einer einzigen Schmelze S. Schmelzflüssige Legierungen, deren Zustandspunkte innerhalb dieser Mischungslücke liegen, sind zweiphasig, d. h. sie bestehen aus den zwei verschiedenen Schmelzen S_1 (zinkreich) und S_2 (bleireich). Die Masseanteile dieser beiden Schmelzen lassen sich über eine Konode und deren Abschnitte (Hebelgesetz nach Gl. (3.29)) bestimmen (vgl. Abb. 3.9). Unterschreitet man während einer Abkühlung den Kurvenzug A-B-C, so geht die Legierung vom einphasigen in den zweiphasigen Zustand über. Wegen der Dichteunterschiede zwischen Zink ($\rho = 7{,}13$ g cm^{-3}) und Blei ($\rho = 11{,}35$ g cm^{-3}) im festen Zustand haben auch die zinkreichen und die bleireichen Schmelzen eine merkliche Dichtedifferenz, was zu einer Schwerkraftseigerung führt. Die spezifisch schwerere bleireiche Schmelze wird auf den Boden des Schmelzgefäßes sinken, die leichtere zinkreiche Schmelze befindet sich darüber (Fettaugen schwimmen auch immer auf der Suppe). Diese Trennung findet man auch im erstarrten Regulus, wie es in Abb. 3.51 zu sehen ist.

Interessant ist nun das Erstarrungsverhalten der bleireichen bzw. der zinkreichen Schmelzen. Zunächst erfordert die Thermodynamik, dass die beiden Randkomponenten als Mischkristalle erstarren, d. h. in Zink werden geringe Mengen Blei und in Blei geringe Mengen Zn gelöst sein. Die Beträge sind jedoch so gering, dass sie im Diagramm 3.50 zeichnerisch nicht in dieser Form ausgewiesen werden können (kleiner als die Strichstärken). Die zinkreiche Schmelze S_1 wird bei 418 °C erstarren, d. h. bei einer Temperatur, die um etwa 1,5 °C unter der Erstarrungstemperatur des reinen Zinks liegt. Es ist eine sogenannte monotektische Erstarrungsreaktion, die noch zu besprechen ist. Danach liegt die feste Phase Zn(Pb)[1] und die bleireiche Schmelze S_2 vor. Diese bleireiche Schmelze S_2 erstarrt bei 318 °C und damit bei merklich niedrigerer Temperatur als reines Blei ($T_{Pb} = 327{,}5$ °C). Das lässt sich verstehen, wenn man für die Erstar-

---

[1] Die Notation A(B) soll andeuten, dass sich geringe, praktisch meist vernachlässigbare Mengen an B noch in A gelöst sind.

Abb. 3.51 Erstarrte Reguli von Zn-Pb-Legierungen mit 20 % Pb, 40 % Pb, 60 % Pb und 80 % Pb, Rest Zink (von links nach rechts)

rung der Schmelze S_2 eine eutektische Reaktion annimmt, die eutektische Konzentration dürfte im Zehntel Prozentbereich liegen, die eutektische Temperatur wäre 318 °C (s. Abschnitt 3.4.2.2). Im Schliffbild wird dieses randnahe Eutektikum wegen der geringen Masseanteile der eutektisch gebildeten Zn(Pb)-Phase, die zudem noch an die primär gebildete Phase ankristallisieren kann, nicht zu erkennen sein.

Verkleinert sich die Mischungslücke in der Schmelze, bedeutet das, dass sich die einphasigen Randbereiche der Schmelzen verbreitern. Unter diesen Bedingungen tritt die oben bereits erwähnte monotektische Erstarrungsreaktion deutlich in Erscheinung, wie es für die Kupfer-Blei-Legierungen gezeigt werden soll, deren Zustandsdiagramm in Abb. 3.52 zu sehen ist.

Das Zweiphasengebiet (Schmelze S_1 + Schmelze S_2) ist bei 954 °C auf das Konzentrationsintervall von 36 bis 87 % Pb beschränkt. Bei geringeren Bleigehalten ist die kupferreiche homogene Schmelze S_1 beständig, bei höheren Bleigehalten die bleireiche homogene Schmelze S_2. Die Erstarrungstemperatur von Kupfer wird mit steigendem Bleizusatz fast linear von 1083 °C (0 % Pb) bis auf 954 °C (36 % Pb) erniedrigt, während der Bleischmelzpunkt durch Kupfer nur um 1 Grad von 327 auf 326 °C gesenkt wird. Schichtbildung durch Schwerkraftseigerung ist im System Cu-Pb nur bei Legierungen mit einem Bleigehalt zwischen 36 und 87 % zu erwarten, da nur in diesem Konzentrationsintervall zwei Schmelzen unterschiedlicher Zusammensetzung und Dichte miteinander im Gleichgewicht sind. Dies schließt aber nicht aus, dass auch in den anderen Cu-Pb-Legierungen Entmischungen auftreten können, die auf den Dichteunterschied zwischen ausgeschiedenen Kupferkristallen und bleireicher Restschmelze zurückzuführen sind.

Für Legierungen mit 36 bis 87 % Pb findet vorab einer Erstarrung oberhalb von 954 °C eine Entmischung der Schmelze in S_1 und S_2 statt, wie es auch bei den Zink-Blei-Legierungen zu beobachten war. Bei $T = 954$ °C erreicht die Schmelze S_1 eine Bleikonzentration von 36 %. In diesen Zustandspunkt führt auch die Liquiduslinie für die Legierungen mit geringerem Bleigehalt als 36 %, sodass in diesem Punkte drei Phasen miteinander im Gleichgewicht stehen: eine feste Cu-Phase, die nur ganz geringe Mengen Blei gelöst hat (Cu(Pb), ho-

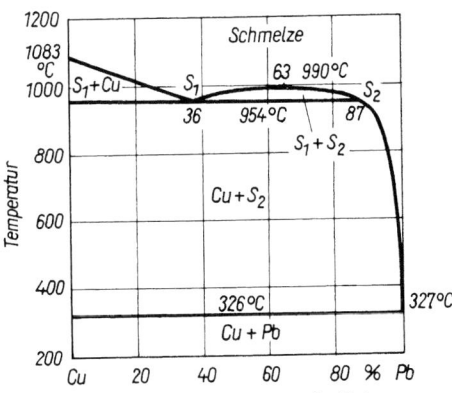

Abb. 3.52 Zustandsdiagramm Kupfer-Blei

mogener Bereich nicht darstellbar) und die Schmelze S_1 entsprechend des Zustandsfelds $S_1 + Cu$ sowie die Schmelze S_2 (Phasenfeld $Cu + S_2$). Es ist nach der Gibbs'schen Phasenregel (3.6 b) ein nonvariantes Gleichgewicht ($F = 0$), bei dem folgende Reaktion abläuft:

$$S_1 \xrightarrow{T_m} S_2 + Cu(Pb) \qquad (3.34)$$

Das ist die bereits aufgeführte monotektische Reaktion: Aus einer Schmelze bildet sich eine feste Phase (Mischkristall) und eine weitere Schmelze mit deutlich veränderter Zusammensetzung. Die horizontale Linie bei $T = 954\,°C$ (monotektische Temperatur T_M) heißt Monotektikale, die Bleikonzentration von 36 % ist die monotektische Konzentration c_M. Eine derartige Reaktion ist typisch für Systeme mit Mischungslücken im schmelzflüssigen Zustand (s. Ausführungen zum System Zn-Pb).

Die Schmelze S_2 im System Cu-Pb wird während der Abkühlung auf 326 °C weiteres Cu(Pb) ausscheiden, bis sie mit nur noch geringen Cu-Gehalten eutektisch bei 326 °C erstarrt (Erstarrungstemperatur des reinen Bleis: 327,5 °C). Die horizontale Linie bei dieser Temperatur ist also eine Eutektikale.

Als Beispiele sei die Erstarrung zweier Legierungen im System Cu-Pb erläutert.

Kühlt man eine Legierung mit 90 % Cu + 10 % Pb aus dem Gebiet der homogenen Schmelze S, ab (Legierung L in Abb. 3.53), so scheiden sich, sobald die Liquiduslinie a_0-b_5 bei 1046 °C erreicht wird (Punkt b_1), Kupferkristalle mit ganz geringen Mengen an gelöstem Blei aus der Schmelze S_1 aus. Die Schmelze verarmt dadurch an Kupfer bzw. reichert sich mit Blei an. Je weiter die Temperatur abnimmt, umso mehr Kupferkristalle scheiden sich aus, die bereits vorhandenen Kristalle vergrößern sich. Bei 1020 °C beispielsweise beträgt der Bleigehalt der Restschmelze, wie man durch Einzeichnung der Konode a_2-c_2-b_2 findet, bereits 18 %. Die Menge an ausgeschiedenem Kupfer ergibt sich aus dem Hebelgesetz zu

$$m_{Cu} = \frac{18 - 10}{10 + 8} \cdot 100\,\% = 44{,}5\,\%$$

und die Menge an Restschmelze S_1 zu

$$m_{S_1} = \frac{10 - 0}{10 + 8} \cdot 100\,\% = 55{,}5\,\%$$

Mit weiter abnehmender Temperatur schreitet die Kupferausscheidung fort, und die Restschmelze S_1 verändert ihre Zusammensetzung in Richtung der längs der Liquiduslinie a_0-b_5 eingezeichneten Pfeile. Für die in Abb. 3.53 eingezeichneten Temperaturen ergeben sich für die Legierung L mit 90 % Cu + 10 % Pb nachstehende Gleichgewichtsverhältnisse (Tab. 3.11):

Während der Abkühlung von 1046 auf 954 °C haben sich demnach aus 100 g der Legierung 72,2 g Cu(Pb) ausgeschieden, während 27,8 g Schmelze mit 64 % Cu + 36 % Pb übriggeblieben sind.

Entzieht man der Legierung nun noch mehr Wärme, so bilden sich aus der Restschmelze S_1 mit 64 % Cu + 36 % Pb (monotektische Zusammensetzung) bei der

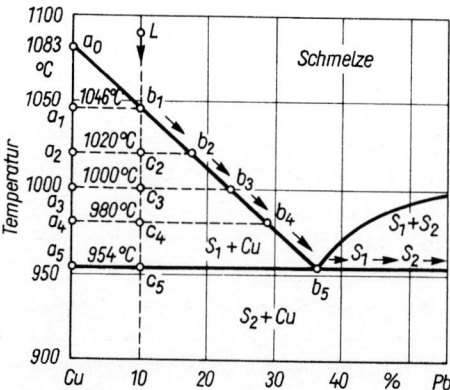

Abb. 3.53 Bildung primärer Cu(Pb)-Kristalle aus einer Schmelze aus Cu + 10 % Pb

Tab. 3.11 Gleichgewichtsbedingungen einer Legierung aus 90 % Cu und 10 % Pb während der Primärkristallisation

Temperatur [°C]	Bleigehalt der Restschmelze	Mengenanteil Cu(Pb) fest	Restschmelze
1090	10 %	0 %	100 %
1046	10 %	0 %	100 %
1020	18 %	44,5 %	55,5 %
1000	23 %	56,5 %	43,5 %
980	29 %	65,5 %	34,5 %
954	36 %	72,2 %	27,8 %

konstanten Temperatur von 954 °C (monotektische Temperatur) weitere Kupferkristalle aus, wobei die Restschmelze diskontinuierlich in die bleireiche Schmelze S_2 der Zusammensetzung 87 % Pb + 13 % Cu übergeht. Die Legierung besteht also während dieser Reaktion aus festen Kupferkristallen, Schmelze S_1 und Schmelze S_2. Am Ende der monotektischen Reaktion ist die Schmelze S_1 aufgebraucht, die Legierung besteht nun aus einem breiigen Gemenge von festen Kupferkristallen und Schmelze S_2 mit 87 % Pb + 13 % Cu. Die Menge an Kupfer, die sich bis zum Ende der monotektischen Reaktion aus der Schmelze gebildet hat, berechnet sich folgendermaßen:

$$m_{Cu} = \frac{87 - 10}{10 + 77} \cdot 100\,\% = 88,5\,\%$$

Durch die Primärkristallisation zwischen 1046 und 954 °C waren aber bereits 72,2 % Kupfer ausgeschieden worden (Tab. 3.11). Daraus folgt, dass bei der monotektischen Reaktion 88,5 − 72,2 = 16,3 % Cu(Pb) entstanden sind. Bei weiterer Abkühlung der Legierung scheidet sich der Rest des Kupfers entsprechend der Löslichkeitslinie der Schmelze S_2 noch aus. Bei 326 °C, der Solidustemperatur, besteht die Schmelze S_2 schließlich aus nahezu reinem Blei und erstarrt eutektisch bei konstanter Temperatur. Abbildung 3.54 zeigt das entstandene Gefüge.

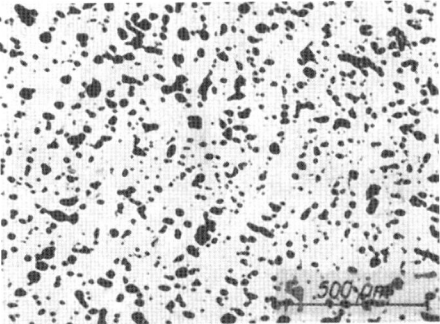

Abb. 3.54 Gefüge einer Legierung 90 % Cu + 10 % Pb: Primäre und monotektisch gebildete Cu(+Pb)-Kristalle mit eingelagerten Pb-Tröpfchen (dunkel)

Eine Legierung mit 64 % Cu + 36 % Pb scheidet keine primären Kupferkristalle aus, sondern die Erstarrung beginnt sofort mit der monotektischen Reaktion. Nachdem die monotektische Reaktion abgelaufen ist, geht die Erstarrung wie bereits geschildert weiter. Die bei 326 °C sehr kupferarme Restschmelze S_2 erstarrt bei dieser Temperatur, und damit ist die Kristallisation der Gesamtlegierung beendet. Das Gefüge besteht aus Cu(Pb)-Dendriten, umhüllt von Pb(Cu) sowie Pb(Cu) in Tröpfchenform (Abb. 3.55).

Eine Legierung mit 50 % Cu + 50 % Pb besteht bei Temperaturen > 954 °C aus einem Gemenge der beiden Schmelzen S_1 und S_2. Bei der monotektischen Tempera-

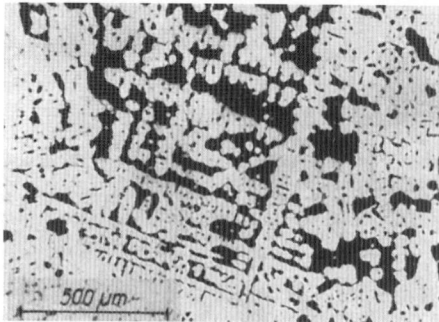

Abb. 3.55 Gefüge einer monotektischen Cu-Pb-Legierung (36 % Pb): Cu(Pb)-Dendriten (hell) und Pb(Cu) (dunkel)

tur von 954 °C betragen die Mengenverhältnisse der beiden Schmelzen

$$m_{S_1} = \frac{87-50}{14+37} \cdot 100\,\% = 72{,}5\,\%$$

(mit 64 % Cu + 36 % Pb)

$$m_{S_2} = \frac{50-36}{14+37} \cdot 100\,\% = 27{,}5\,\%$$

(mit 13 % Cu + 87% Pb)

Die Schmelze S_1 wandelt sich nun monotektisch in Cu(Pb) und die Schmelze S_2 um. Nachdem die gesamte Schmelze S_1 verschwunden ist, geht die Abkühlung weiter, indem nun die Schmelze S_2 mit fallender Temperatur kontinuierlich Kupfer ausscheidet, bis bei 326 °C die restliche, sehr kupferarme Schmelze eutektisch erstarrt. Diese Legierung neigt zu einer starken Schwerkraftseigerung, ihr Gefüge in der Umgebung der Trennfläche ist in Abb. 3.56 zu sehen.

Kühlt man schließlich eine Legierung mit mehr als 87 % Pb ab, so ist bei höheren Temperaturen wiederum vollkommene Löslichkeit im flüssigen Zustand vorhanden. Während der Abkühlung scheidet sich erst festes Cu(Pb) entlang der Löslichkeitslinie der Schmelze S_2 aus. Bei 326 °C erstarrt die Restschmelze wieder eutektisch.

Zum Abschluss dieses Abschnitts sei noch darauf hingewiesen, dass es auch eine monotektoide Reaktion geben kann (z. B. im System Al-Zn). Bei ihr entsteht nach einer Entmischung im festen Zustand aus einem Mischkristall α_1 ein isomorpher Mischkristall α_2 und ein weiterer Mischkristall β. Die Reaktion lautet also

$$\alpha_1 \xrightarrow{T_m} \alpha_2 + \beta \qquad (3.35)$$

3.4.4 Komplexe Zustandsdiagramme

In den bisherigen Ausführungen sind die grundlegenden Erscheinungen und Reaktionen in binären Systemen behandelt worden, wobei als Beispiele Systeme dargestellt wurden, die diese Erscheinungen bzw. Reaktionen in einfacher Weise erkennen lassen. Die meisten realen Diagramme sehen dagegen zumindest auf den ersten Blick sehr kompliziert aus und schrecken nicht selten davor ab, sich mit ihnen zu beschäftigen. Ursachen dafür sind polymorphe Umwandlungen der Randsysteme und die Bildung von Verbindungen (übliche Valenzverbindungen, besonders intermetallische Verbindungen oder Einlagerungsphasen). Beim näheren Hinschauen erweist es sich aber, dass auch die kompli-

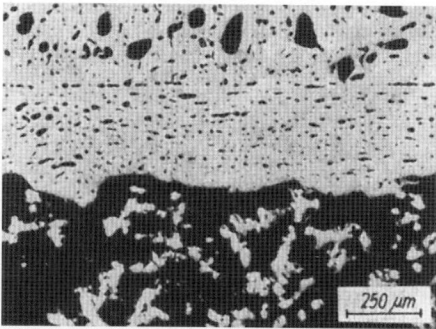

Abb. 3.56 Gefüge einer Cu-50 % Pb-Legierung nahe der Trennfläche (oben: Cu(Pb) mit Bleitröpfchen; unten Pb(Cu) mit Cu(Pb)-Dendriten)

eutektische Reaktion

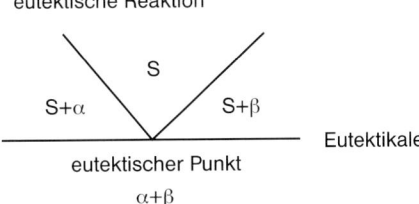

eutektischer Punkt

eutektoide Reaktion

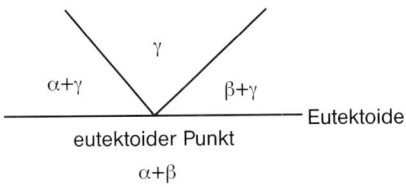

eutektoider Punkt

Abb. 3.57 Schematische Darstellung eutektischer bzw. eutektoider Reaktionen

ziertesten Diagramme nur jene Grundelemente enthalten, die bisher im Abschnitt 3.4 besprochen wurden. Es sind immer Systeme, in denen diese Grundelemente in Kombination auftreten. Ehe dafür Beispiele gegeben werden sollen, ist es zweckmäßig, sich diese Grundelemente noch einmal in abstrahierter Form in Erinnerung zu rufen, wobei die charakteristischen Merkmale, anhand deren sie erkannt werden können, hervorgehoben werden sollen.

1. Eutektische und eutektoide Systeme (Abb. 3.57):
   In beiden Fällen werden bei sinkender Temperatur aus einer Phase zwei neue Phasen gleichzeitig gebildet, wobei diese Reaktion bei konstanter Temperatur stattfindet. Bei einer eutektischen Reaktion ist die Ausgangsphase eine Schmelze, die Produktphasen sind beide fest.

$$S \rightarrow \alpha + \beta \qquad (3.30)$$

Bei einer eutektoiden Reaktion ist auch die Ausgangsphase eine feste.

$$\gamma \rightarrow \alpha + \beta \qquad (3.32)$$

Man erkennt sie beide in einem komplizierten Diagramm daran, dass eine isotherme horizontale Linie existiert, die Eutektikale bzw. die Eutektoide mit einem Punkt, in dem sich von höheren Temperaturen her die Begrenzungslinien zweier Zweiphasenfelder treffen (Abb. 3.57). Diese Punkte waren der eutektische bzw. der eutektoide Punkt, die für ein nonvariantes Gleichgewicht stehen. Beispiele dafür finden sich im Zustandsdiagramm Pd-Mn (Abb. 3.58). Bei 1147 °C und einer Mn-Konzentration von 73 % (Punkt 1) befindet sich ein eutektischer Punkt, die Punkte 2, 3 und 4 beschreiben eutektoide Punkte mit eutektoiden Temperaturen von 800, 590 und 540 °C

2. Peritektische und peritektoide Systeme (Abb. 3.59):
   Beiden Varianten ist gemeinsam, dass im Gegensatz zu den eutektischen bzw. eutektoiden Systemen bei der peritektischen bzw. peritektoiden Temperatur aus zwei Phasen eine neue Phase gebildet wird.
   Bei der peritektischen Reaktion

$$\alpha + S \rightarrow \beta \qquad (3.31)$$

ist eine der beiden Ausgangsphasen eine Schmelze, bei der peritektoiden Reaktion

$$\gamma + \alpha \rightarrow \beta \qquad (3.33)$$

sind beide Ausgangsphasen fest.
Charakteristisches Erkennungsmerkmal in Zustandsdiagrammen sind wieder isotherme Linien, die Peritektikale

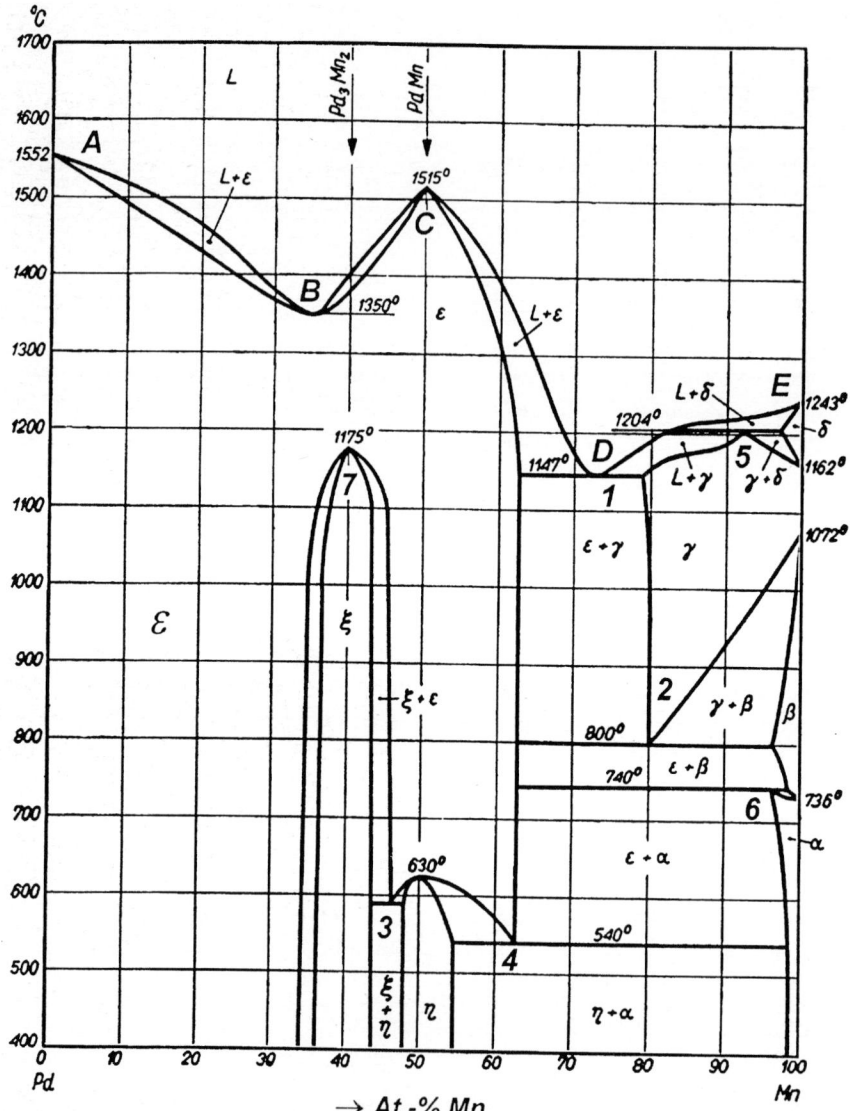

Abb. 3.58 Zustandsdiagramm Pd-Mn

bzw. Peritektoide, jedoch treffen sich die beiden Begrenzungslinien der Zweiphasenfelder links und rechts der Produktphase β von tieferen Temperaturen her im peritektischen bzw. peritektoiden Punkt. Es ist also die Umkehrung der Erscheinungsform für die eutektischen bzw. eutektoiden Systeme. Wenn die Produktphase, die ihrem Wesen nach eine intermetallische Verbindung ist, einen sehr engen Homogenitätsbereich hat, werden diese beiden Begrenzungslinien praktisch zu einer verschmelzen (Abb. 3.59 c). Man spricht daher auch

a) peritektische Reaktion

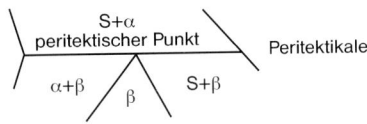

b) peritektoide Reaktion

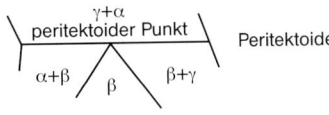

c) peritektische Reaktion mit intermetallischer Phase

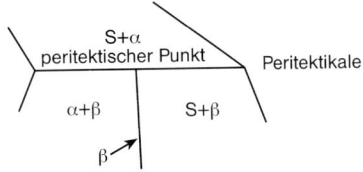

Abb. 3.59 Schematische Darstellung peritektischer bzw. peritektoider Reaktionen

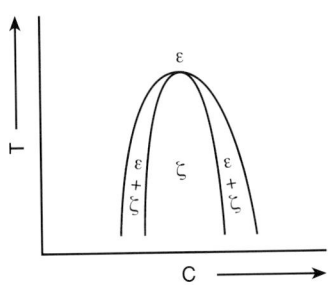

Abb. 3.60 Form eines Zustandsdiagramms bei Bildung einer intermetallischen Phase aus einem Mischkristall

von einer inkongruent schmelzenden Verbindung, sie geht nicht direkt in eine Schmelze über, sondern zersetzt sich peritektisch in eine andere feste Phase und eine Schmelze (Umkehrung von Gl. (3.31)).
Im System Pd-Mn (Abb. 3.58) entdeckt man unschwer bei 1204 °C und einer Mn-Konzentration von 92,5 % einen peritektischen Punkt (Punkt 5), bei 740 °C und 96,5 % Mn einen peritektoiden Punkt (Punkt 6).

3. Aus Mischkristallphasen können sich bei Unterschreiten einer kritischen Temperatur intermetallische Phasen ausbilden, wie das für die Systeme Fe-V bzw. Fe-Cr in Abschnitt 3.4.2.1 erläutert wurde. Die typische Erscheinungsform entspricht den in Abb. 3.60 skizzierten Verläufen der Phasengrenzlinien.
Auch im System Pd-Mn findet man mit der Bildung der ξ-Phase unterhalb 1175 °C (Punkt 7) diese Erscheinung. Erwartungsgemäß hat diese Phase einen endlichen Homogenitätsbereich (bei 400 °C mehr als 7 %) und ist gegenüber dem ε-Bereich durch entsprechende Zweiphasenfelder ε + ξ abgegrenzt (vgl. auch „Eins-zu-eins-weg"-Regel).

4. Im Verlauf der Liquidustemperaturen finden sich oft Minima und Maxima, in denen die Liquidustemperaturen mit den Solidustemperaturen zusammenfallen. Es handelt sich dann um kongruent schmelzende Legierungen, die statt des Umwandlungsintervalls einen Erstarrungs- bzw. Schmelzpunkt haben. Maxima der Liquidusverläufe zeigen eine Bildung intermetallischer Phasen an (sog. kongruent schmelzende Verbindungen). Im Beispiel der Pd-Mn-Legierungen findet sich entlang der Liquidustemperatur (A-B-C-D-E) im Punkt C ein solches Maximum, das zur intermetallischen Verbindung PdMn gehört. Zunächst entsteht zwischen 1515 °C und 630 °C eine mischkristallähnliche Verteilung der Komponenten auf die Gitterplätze mit einem sehr breiten Homogenitätsbereich (reicht bis zur Randkomponente Pd, d. h. sie hat eine vollständige Löslichkeit mit Pd und ist damit im strengen Sinn

keine intermetallische Verbindung). Unterhalb 630 °C geht sie in die η-Phase über mit deutlich eingeschränktem Homogenitätsbereich. Es handelt sich nun um eine wirkliche intermetallische Phase mit einer Struktur, die verschieden von den Strukturen der reinen Komponenten ist.

Wie man anhand des Beispiels Pd-Mn ersehen kann, sind auch komplizierte Systeme letztendlich nur die Verknüpfung der in Abschnitt 3.4 besprochenen elementaren Erscheinungen und Reaktionen. Die möglichen Phasenarten sind Schmelzen, Mischkristalle (mit und ohne Ordnung der Komponenten auf den Gitterplätzen) und intermetallische Verbindungen. Sie lassen sich also einfach verstehen, wenn man insbesondere die in den Abb. 3.57, 3.59 und 3.60 skizzierten typischen Konfigurationen der Verläufe von Grenzlinien der Zustandsdiagramme versucht zu finden und diese den entsprechenden Reaktionen zuordnet. (Auf monotektische bzw. monotektoide Reaktionen ist an dieser Stelle nicht besonders eingegangen worden, da sie in der Praxis nur selten auftreten.) Bei der Deutung der Phasenfelder (Art, Zusammensetzung und Mengenanteile der Phasen) verfahre man nach den in Abschnitt 3.2 dargelegten Grundvorstellungen.

Abschließend sei noch vermerkt, dass alle in Kap. 3 getroffenen Feststellungen für die Zustandsdiagramme und ihre Interpretation nicht nur auf metallische Systeme zutreffen, sondern sinngemäß auf alle Systeme übertragen werden können.

3.4.5
Zustandsdiagramme keramischer Systeme

Bei erster Betrachtung der binären Zustandsdiagramme von keramischen Systemen (Abb. 3.61) stellt man fest, dass sie keine grundsätzlichen Besonderheiten gegenüber den bisher besprochenen metallischen Systemen aufweisen. Sie können mit den gleichen Spielregeln „gelesen" werden wie die Diagramme der metallischen Systeme. Schaut man genauer hin, beobachtet man, dass die Randkomponenten in den meisten Fällen Verbindungen sind. Zum Beispiel ist das in Abb. 3.61 a gezeigte System $MgO\text{-}Al_2O_3$ eigentlich ein ternäres System Mg-O-Al. Da aber die Verbindungen MgO und Al_2O_3 sehr stabil sind, d. h. die Moleküle dieser Oxide bis in den schmelzflüssigen Zustand erhalten bleiben, kann man sie als Randkomponenten eines quasibinären Systems betrachten. Auf ein solches System können nun alle Gesetzmäßigkeiten, die bisher für binäre Systeme erläutert worden sind, angewendet werden.

So besteht das System $MgO\text{-}Al_2O_3$ (Abb. 3.61 a) aus einer Verkopplung zweier eutektischer Systeme, an der Schnittstelle befindet sich die Verbindung $MgAl_2O_4$ (der eigentliche Spinell), dessen Struktur in Abschnitt 1.4.3 bzw. mit Abb. 1.23 erläutert wurde). Die chemische Formel lässt sich auch als $MgO\cdot Al_2O_3$ schreiben, womit die molekularen Komponenten MgO und Al_2O_3 hervorgehoben werden.

Das System $SiO_2\text{-}Al_2O_3$ (Abb. 3.61 b) weist nahe der Komponente SiO_2 einen eutektischen Punkt auf. Das Eutektikum besteht aus SiO_2 (Cristobalit) + $3Al_2O_3\cdot 2SiO_2$ (Mullit). Durch eine peritektische Reaktion bei reichlich 70 Masse-% Al_2O_3 und 1828 °C entsteht aus der Schmelze und Al_2O_3 ebenfalls Mullit. Die Löslichkeiten der Randkomponenten miteinander sind sehr gering und lassen sich bei dem gewählten Konzentrationsmaßstab nicht darstellen.

Etwas komplizierter erscheint das Diagramm $SiO_2\text{-}MgO$ (Abb. 3.61 c). Auf der MgO-Seite erkennt man zunächst ein eutektisches Teildiagramm mit dem Eutektikum: MgO (Magnesia) + Mg_2SiO_4

3.4 Zweikomponentensysteme (binäre Zustandsdiagramme)

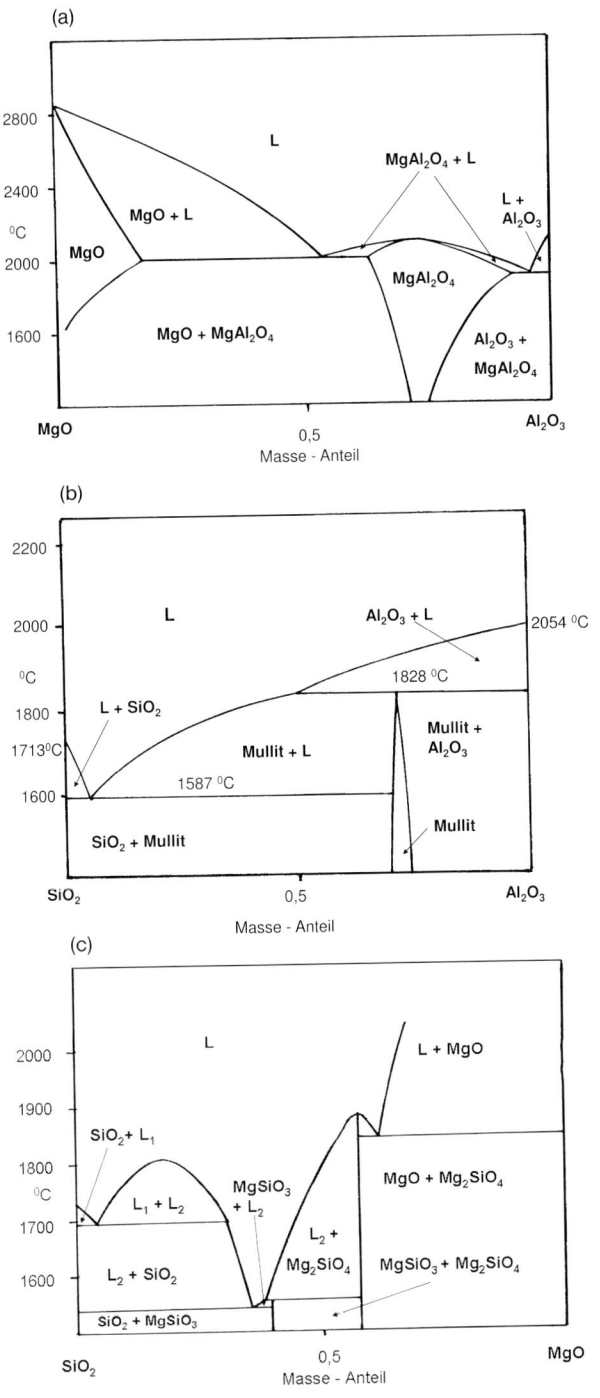

Abb. 3.61 Zustandsdiagramme keramischer Systeme: a) System MgO – Al2O3; b) System SiO2 – Al2O3; c) System SiO2 – MgO

(Forsterit). Nahe dem SiO_2 und bei Temperaturen im Bereich von 1700–1800 °C entmischt sich die Schmelze in L_1 und L_2, wodurch eine monotektische Reaktion zustande kommt (Bildung von L_2 und SiO_2 aus L_1). Bei einer MgO-Konzentration von etwa 35 Masse-% erstarrt die Schmelze L_2 eutektisch zu SiO_2 + $MgSiO_3$. Bei 57 Masse-% MgO bildet sich aus der Schmelze direkt Mg_2SiO_4 (kongruent schmelzende Verbindung).

3.5
Grundvorstellungen über Dreistofflegierungen (ternäre Systeme)

3.5.1
Grafische Darstellung der Zusammensetzung von Dreistofflegierungen

Die nachfolgenden Ausführungen sollen nur einen ersten Einblick in die Lehre von den Dreistofflegierungen geben. Für ein eingehenderes Studium muss auf die Spezialliteratur, z. B. G. Masing: „Ternäre Systeme", oder R. Vogel: „Die heterogenen Gleichgewichte" verwiesen werden (siehe weiterführende Literatur).

Wie schon erwähnt, enthalten die meisten technischen Legierungen mehr als zwei Komponenten, und es erhebt sich die Frage, wie man die Kristallisationsvorgänge von Mehrstofflegierungen grafisch darstellen kann. Für die Aufzeichnung eines binären Zustandsdiagramms war ein ebenes Koordinatensystem erforderlich, auf dessen Abszisse die Konzentration C_B und auf dessen Ordinate die Temperatur T aufgetragen war. Für die Darstellung eines ternären Zustandsdiagramms benötigt man infolgedessen ein räumliches Koordinatensystem XYZ, wobei auf der X-Achse die Konzentration C_B des Legierungselements B, auf der Y-Achse die Konzentration C_C des Legierungselements C und auf der Z-Achse die Temperatur T aufgetragen wird.

Zur grafischen Darstellung der Zusammensetzung von Dreistofflegierungen, bei denen die eine Komponente A mengenmäßig sehr überwiegt, während die anderen Komponenten B und C nur in relativ geringen Konzentrationen vorliegen, bedient man sich vorzugsweise der Rechtwinkelkoordinaten (Abb. 3.62 a).

Dem Hauptlegierungselement A kommen die Koordinaten (0, 0) zu, d. h. die

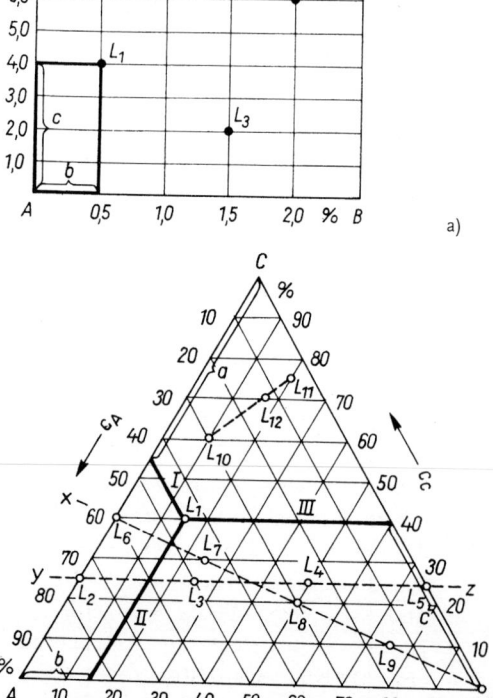

Abb. 3.62 a) Darstellung ternärer Legierungen in Rechtwinkelkoordinaten: L_1 = 4% C + 0,5% B + 95,5% A, L_2 = 6% C + 2% B + 92% A, L_3 = 2% C + 1,5% B + 96,5% A. b) Darstellung ternärer Legierungen durch gleichseitige Dreieckskoordinaten

linke untere Ecke. Auf der Achse A-B sind die binären Legierungen zwischen A und B, auf der Achse A-C die binären Legierungen zwischen A und C aufgetragen. Je nach dem interessierenden Konzentrationsbereich sind die Maßstäbe auf den Konzentrationsachsen zu wählen.

Um die Zusammensetzung 95,5 % A + 0,5 % B + 4,0 % C in das Diagramm einzutragen, geht man vom Anfangspunkt A 0,5 Einheiten in Richtung der Achse A-B (Strecke b) und von dort aus 4,0 Einheiten in Richtung der Achse A-C (Strecke c). Man erhält den Punkt L_1. Dieser stellt die Legierung mit der angegebenen Konzentration dar.

In gleicher Weise ergibt sich für den Punkt L_2 die Zusammensetzung 92,0 % A + 2,0 % B + 6,0 % C und für den Punkt L_3 96,5 % A + 1,5 % B + 2,0 % C. Als Realbeispiele für diese Rechtwinkelkoordinaten sei auf das Guillet-Diagramm (Bild 5.215) und die Maurer-Diagramme (Bilder 5.241 und 5.332) verwiesen.

Sollen größere Konzentrationsbereiche oder das gesamte ternäre System beschrieben werden, so bedient man sich meist der Dreieckskoordinaten (Abb. 3.62 b). Die Konzentrationsebene besteht aus einem gleichseitigen Dreieck A-B-C, dessen drei Seiten je in 100 Teile eingeteilt sind. Die Eckpunkte des Dreiecks werden von den reinen Elementen A, B und C gebildet, die drei Seiten des Dreiecks entsprechen den drei binären Randsystemen A-B, B-C und C-A. Jeder Punkt im Innern der Dreiecksfläche stellt die Konzentration einer Dreistofflegierung dar, deren Zusammensetzungen man wie folgt ermittelt.

Zur Konzentrationsbestimmung des Punkts L_1 in Abb. 3.62 b zieht man durch ihn die Geraden I, II und III, die jeweils parallel zu einer Dreiecksseite verlaufen. Die Gerade I, parallel zur Dreiecksseite B-C, schneidet die C_A-Achse im Abstand a = 45 % A. Die Gerade II, parallel zur Dreiecksseite C-A, schneidet die C_B-Achse im Abstand b = 15 % B. Die Gerade III schließlich verläuft parallel zur Dreiecksseite AB und schneidet die C_C-Achse im Abstand c = 40 % C. Dem Punkt L_1 kommt demnach die Zusammensetzung 45 % A + 15 % B + 40 % C = 100 % Legierung zu.

Legierungen, deren Konzentrationspunkte auf einer zu einer Dreiecksseite parallelen geraden Linie liegen, haben stets den gleichen Gehalt derjenigen Komponente, die dieser Dreiecksseite gegenüberliegt. Die Legierungen L_2, L_3, L_4 und L_5 werden beispielsweise durch die Gerade Y-Z miteinander verbunden, die parallel zur Dreiecksseite A-B verläuft. Also muss der C-Gehalt sämtlicher Legierungen der gleiche sein. Die Zusammensetzungen dieser Legierungen sind

L_2: 75 % A +   + 25 % C
L_3: 50 % A + 25 % B + 25 % C
L_4: 25 % A + 50 % B + 25 % C
L_5:   75 % B + 25 % C

Der C-Gehalt sämtlicher Legierungen ist also tatsächlich konstant und beträgt jeweils 25 %.

Legierungen, deren Konzentrationspunkte auf einer geraden Linie liegen, die durch einen Eckpunkt des Dreiecks geht, enthalten stets das gleiche konstante Verhältnis der beiden anderen Komponenten. Beispielsweise liegen die Legierungen L_6, L_7, L_8 und L_9 alle auf der Geraden X-B, die durch die B-Ecke des Dreiecks geht. Also muss das Verhältnis von A zu C dieser Legierungen konstant sein. Die Zusammensetzungen dieser Legierungen sind

L_6: 60 % A +   + 40 % C
L_7: 45 % A + 25 % B + 30 % C
L_8: 30 % A + 50 % B + 20 % C
L_9: 15 % A + 75 % B + 10 % C

Der B-Gehalt dieser Legierungen ist beliebig variierbar und von den Gehalten an A und C unabhängig. Dagegen steht der A- und C-Gehalt in einem bestimmten, konstanten Verhältnis zueinander:

$$\frac{60\%A}{40\%C} = \frac{45\%A}{30\%C} = \frac{30\%A}{20\%C} = \frac{15\%A}{10\%C} = \frac{3\%A}{2\%C}$$

Stellt man aus zwei Mischungen oder Legierungen unterschiedlicher Zusammensetzung eine dritte Mischung oder Legierung her, so liegt deren resultierende Zusammensetzung stets auf der Verbindungsgeraden der Konzentrationspunkte der Ausgangsmischungen oder -legierungen. Schmilzt man beispielsweise 30 g einer Legierung L_{10} mit 30 % A + 10 % B + 60 % C mit 70 g einer Legierung L_{11} mit 5 % A + 20 % B + 75 % C zusammen, so liegt die Zusammensetzung der entstehenden Legierung L_{12} auf der geraden Linie, die L_{10} mit L_{11} verbindet, denn es ist $30 \cdot 0{,}30 + 70 \cdot 0{,}05 = 12{,}5\%$ A, $30 \cdot 0{,}10 + 70 \cdot 0{,}20 = 17\%$ B und $30 \cdot 0{,}60 + 70 \cdot 0{,}75 = 70{,}5\%$ C. Man kann die Zusammensetzung der resultierenden Mischung oder Legierung auch grafisch bestimmen, denn L_{12} muss die Strecke L_{10}–L_{11} im umgekehrten Verhältnis der Mengenanteile von L_{10} zu L_{11}, d. h. im vorliegenden Beispiel im Verhältnis 70:30, teilen.

3.5.2
Hebelgesetz bei ternären Legierungen

Das für Zweistofflegierungen abgeleitete Hebelgesetz behält auch bei Dreistofflegierungen in einer etwas abgeänderten Form seine Gültigkeit. Es sei angenommen, in einer Legierung L_0 mit 35 % A + 35 % B + 30 % C seien bei einer bestimmten konstanten Temperatur die drei Phasen α mit 65 % A + 10 % B + 25 % C, β mit 15 % A

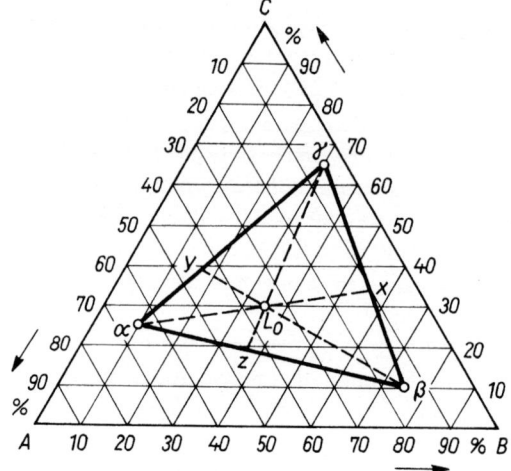

Abb. 3.63 Hebelgesetz bei ternären Legierungen

+ 75 % B + 10 % C und γ mit 5 % A + 30 % B + 65 % C miteinander im Gleichgewicht. Dann liegt der Konzentrationspunkt L_0 inmitten eines von den drei Phasen α, β und γ gebildeten Dreiecks (Abb. 3.63). Man muss sich nun vorstellen, dass das Dreieck α-β-γ im Punkt L_0 unterstützt wird und die drei Phasen α, β und γ als Gewichte an den drei Ecken des Dreiecks aufgehängt sind. Bei geeigneter Wahl der Mengenanteile der drei Phasen, wobei ihre Summe $m_\alpha + m_\beta + m_\gamma = 100\%$ betragen muss, ist das im Punkt 4 unterstützte Dreieck im Gleichgewicht (Schwerpunktbeziehung).

Die entsprechenden Mengenanteile der drei Phasen ergeben sich aus folgenden Beziehungen:

$$m_\alpha = \frac{L_0 X}{\alpha X} \cdot 100\% \qquad (3.34\,\text{a})$$

$$m_\beta = \frac{L_0 Y}{\beta Y} \cdot 100\% \qquad (3.34\,\text{b})$$

$$m_\gamma = \frac{L_0 Z}{\gamma Z} \cdot 100\% \qquad (3.34\,\text{c})$$

Wenn jede Seite des Konzentrationsdreiecks A-B-C 200 mm lang ist, so betragen im vorliegenden Beispiel die sechs Strecken der Gl. (3.34 a bis c): L_0-X = 45,2 mm; α-X = 102,0 mm; L_0-Y = 32,1 mm; β-Y = 102,0 mm; L_0-Z = 21,0 mm; γ-Z = 87,0 mm. Damit ergeben sich die Mengenanteile der drei Phasen zu

$$m_\alpha = \frac{45,2}{102,0} \cdot 100\% = 44,3\%\alpha,$$

$$m_\beta = \frac{32,1}{102,0} \cdot 100\% = 31,5\%\beta,$$

$$m_\gamma = \frac{21,0}{87,0} \cdot 100\% = 24,2\%\gamma,$$

$$m_\alpha + m_\beta + m_\gamma = 100,0\%.$$

3.5.3
Ternäre Zustandsdiagramme

Zur Darstellung eines ternären Zustandsdiagramms wird senkrecht zur Konzentrationsebene die Temperatur aufgetragen, ähnlich wie man bei binären Zustandsdiagrammen die Temperatur senkrecht zur Konzentrationsachse aufzeichnet. Man erhält auf diese Weise ein Raummodell, das in der Praxis entweder aus Draht (Abb. 3.64) oder durchsichtigen Kunststoffen angefertigt werden kann.

Die drei binären Randsysteme A-B, B-C und C-A des ternären Systems können nun vom gleichen Typ sein, also jedes entweder eutektisch, peritektisch, mit einer Metallverbindung, mit vollständiger Mischbarkeit im festen Zustand oder mit einer Mischungslücke im flüssigen Zustand. Im Allgemeinen wird jedes der drei Randsysteme aber einem anderen einfachen oder zusammengesetzten Diagrammtypus angehören, also z. B. das System A-B ist einfach peritektisch, das System B-C einfach eutektisch und das System C-A hat eine Mischungslücke im flüssigen Zustand. Daraus ergibt sich eine ungeheure Mannigfaltigkeit von Kombinationsmöglichkeiten, auf die näher einzugehen hier zu weit führen würde. Einige für ternäre Systeme charakteristische Besonderheiten sollen im Folgenden an einem relativ einfachen Beispiel behandelt werden.

Das räumliche Modell in Abb. 3.64 stellt das ternär-eutektische System Bismut-Zinn-Blei dar. Links vorn ist die Bismutecke, rechts vorn die Zinnecke und hinten die Bleiecke. Auf der senkrechten Temperaturachse entsprechen einem schwarzen oder weißen Abschnitt jeweils 50 °C. Der Schmelzpunkt von Bismut beträgt 271 °C, der von Zinn 232 °C und der von Blei 327 °C.

Die drei Seiten des prismatischen Diagrammkörpers werden von den drei binären eutektischen Randsystemen Bi-Sn (vorn), Sn-Pb (rechts) und Pb-Bi (links) gebildet. Die eutektische Temperatur des Systems Bi-Sn liegt bei 139 °C, die eutektische Konzentration bei 42 % Sn. Die eutektische Temperatur des Systems Sn-Pb liegt bei 183 °C und die eutektische Konzentration bei 62 % Sn. Im System Pb-Bi schließlich

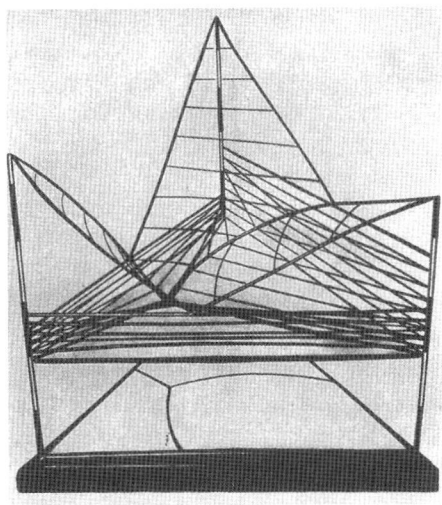

Abb. 3.64 Räumliches Drahtmodell des Dreistoffsystems Bismut-Blei-Zinn. Linke Ecke: Bismut; rechte Ecke: Zinn; hintere Ecke: Blei (vereinfacht)

liegt die eutektische Temperatur bei 125 °C und der eutektische Punkt bei 43,5 % Pb. Die Mischkristallgebiete der drei Elemente wurden der Übersicht halber nicht berücksichtigt.

In dem Modell sind die von den reinen Metallen ins ternäre Gebiet abfallenden Liquidusflächen deutlich zu erkennen. Der von der hinteren Bleiecke abfallende Teil der Liquidusfläche schneidet längs gekrümmter Linien die von der Zinn- bzw. Bismuthecke abfallenden Teile der Liquidusfläche. Gleichermaßen kommt der von der Bismuthecke abfallende Teil der Liquidusfläche mit dem von der Zinnecke abfallenden Teil der Liquidusfläche längs einer im Bild nicht genau erkennbaren gekrümmten Kurve zum Schnitt. Die drei Schnittkurven der drei Teile der Liquidusfläche bezeichnet man als binär-eutektische Rinnen. Diese fallen von den binären Systemen temperaturmäßig ins Ternäre hinein ab und schneiden sich in einem Punkt, dem ternär-eutektischen Punkt. Auf der Grundfläche des Dreistoffsystems sind die Projektionen der binär-eutektischen Rinnen sowie die Projektion des ternär-eutektischen Punkts nochmals eingezeichnet.

Durch Zusatz eines dritten Elements werden die Schmelzpunkte der binären Eutektika herabgesetzt. Gibt man beispielsweise zu den Pb-Sn-Legierungen steigende Mengen Bismut hinzu, so sinkt die Erstarrungstemperatur des binären (Pb + Sn)-Eutektikums kontinuierlich von 183 auf 96 °C ab. In gleicher Weise wird die Erstarrungstemperatur des binären (Bi + Sn)-Eutektikums durch Zusatz von Blei und die des binären (Pb + Bi)-Eutektikums durch Zusatz von Zinn bis auf 96 °C erniedrigt. Der Endpunkt der jeweiligen Temperaturerniedrigungen liegt bei der ternär-eutektischen Konzentration von 51,5 % Bi + 15,5 % Sn + 33 % Pb. Der ternär-eutektische Punkt spielt bei ternär-eutektischen Legierungen die gleiche Rolle wie der binär-eutektische Punkt bei binär-eutektischen Legierungen, d. h. die Restschmelze hat am Ende der Erstarrung bei allen Legierungen die Konzentration des ternär-eutektischen Punkts angenommen und kristallisiert gemäß der Reaktionsgleichung:

$$S_E \xrightarrow{96\,°C} (Bi + Pb + Sn)$$

bei konstanter Temperatur in das ternäre Eutektikum (Bi + Pb + Sn), wobei die drei Bestandteile Bi, Pb und Sn ein sehr gleichmäßiges, feinverteiltes, aber heterogenes Gemenge bilden.

Ähnlich, wie hier für die Liquiduskurve und die binär-eutektischen Punkte beschrieben, werden auch die Dimensionen der anderen Grundelemente der binären Systeme beim Übergang zu den ternären Systemen um eins erhöht. Es entsprechen sich:

Im binären System:	Im ternären System:
1-Phasen-Feld (Schmelze; Mischkristalle)	1-Phasen-Raum (Schmelze, Mischkristalle)
2-Phasen-Feld (S + A; A + B; $S_1 + S_2$)	2-Phasen-Raum (S + A; A + B; $S_1 + S_2$)
	3-Phasen-Raum (S + A + B; A + B + C)
eutektische Gerade	eutektische Ebene
eutektischer Punkt (S → A + B)	eutektische Kurve (S → A + B)
	eutektischer Punkt (S → A + B + C)
Liquiduskurve	Liquidusfläche
Soliduskurve	Solidusfläche
beliebige Phasengrenzlinie	beliebige Phasengrenzfläche

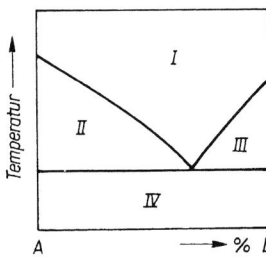

Abb. 3.65 Aufbau eines binären Systems aus Phasenfeldern

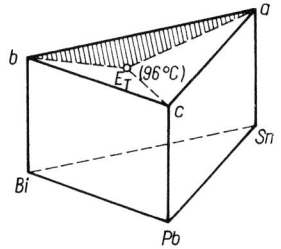

Abb. 3.66 Dreiphasenraum (Bi + Sn + Pb). Raum der erstarrten Legierungen

Aus Punkten, Linien und Flächen bei binären Systemen werden Linien, Flächen und Räume bei ternären Systemen.

Ein binäres System kann man sich aus den verschiedenen Phasenfeldern aufgebaut denken, wie dies Abb. 3.65 für ein einfaches eutektisches System zeigt. Das Feld der homogenen Schmelze I (Einphasenfeld) wird nach unten durch das Zweiphasenfeld (S + A) (II) und das Zweiphasenfeld (S + B) (III) abgegrenzt. Die Felder II und III grenzen mit horizontalen Geraden an das Zweiphasenfeld (A + B) (IV). Das Feld I sitzt dagegen nur mit einem Punkt auf dem Feld IV auf.

Ähnlich lässt sich ein ternäres System aus verschiedenen Phasenräumen aufbauen. Das ternär-eutektische System Bi-Sn-Pb von Abb. 3.64 besteht aus folgenden acht Phasenräumen:

1 Dreiphasenraum	(Bi + Sn + Pb)	
3 Dreiphasenräume	(S + Bi + Sn)	
	(S + Bi + Pb)	
	(S + Sn + Pb)	
3 Zweiphasenräume	(S + Sn)	
	(S + Pb)	
	(S + Bi)	
1 Einphasenraum	(S)	

Der das Fundament bildende Dreiphasenraum (Bi + Sn + Pb) hat die Gestalt eines Dreiecksprismas nach Abb. 3.66. 96 °C oberhalb der Konzentrationsebene Sn-Bi-Pb befindet sich die ternär-eutektische Ebene a-b-c mit dem ternär-eutektischen Punkt E_T bei 51,5 % Bi + 33 % Pb + 15,5 % Sn.

Durch die drei geraden Verbindungslinien E_T-a, E_T-b und E_T-c wird die ternär-eutektische Ebene in drei Dreiecke E_T-a-b, E_T-b-c und E_T-c-a aufgeteilt. Auf jedem dieser drei Dreiecke sitzt ein Dreiphasenraum (S + Bi + Sn), (S + Bi + Pb) oder (S + Sn + Pb) nach Abb. 3.67 auf. Diese haben eine charakteristische Schneepflugform. Die binäre Eutektikale d-E_2-c geht mit sinkender Temperatur in das Dreieck b-E_T-a über. Die Kurve E_2-w-E_T, die Schneide des Schneepflugs, stellt die vom binären Eutektikum E_2 zum ternären Eutektikum E_T hin abfallende binär-eutektische Rinne dar. Innerhalb dieses Dreiphasenraums ist die Restschmelze mit jeweils zwei festen Kristallarten im Gleichgewicht. Ein isothermer Schnitt u-v-w durch diesen Dreiphasenraum hat stets die Gestalt eines Dreiecks. Die Ecken dieses Dreiecks geben die miteinander im Gleichgewicht befindlichen Phasen an. Dem Punkt w auf der binär-eutekti-

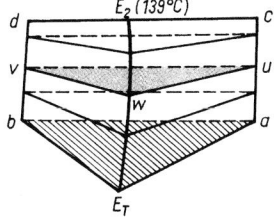

Abb. 3.67 Dreiphasenraum (S + Bi + Sn). Raum der binär-eutektischen Kristallisation

schen Rinne entspricht die Zusammensetzung der Restschmelze, den Punkten v bzw. u die Zusammensetzungen der festen Kristallarten. Setzt man entsprechend der Buchstabenbezeichnung diesen Dreikantraum auf das Prisma von Abb. 3.66, so erkennt man, dass die Schmelze w mit den reinen Metallen Bi und Sn im Gleichgewicht ist.

Die drei Zweiphasenräume (S + Sn), (S + Bi) und (S + Pb) haben die in Abb. 3.68 gezeigte Form. Dieser Raum der Primärkristallisation (S + Sn) sitzt mit der unteren Kante E_T-a auf der Linie E_T-a des Grundprismas von Abb. 3.66 auf. Die hintere untere Begrenzungsfläche E_2-E_T-a-B-E_2 liegt auf der rechten vorderen Seite E_2-E_T-a-c-E_2 des Zweiphasenraums von Abb. 3.67 auf, die vordere untere Seite E_1-E_T-a-A-E_1 mit der entsprechenden Seite des auf dem Teildreieck c-a-E_T von Abb. 3.66 aufsitzenden Dreikantraums. Die Seite Sn-E_2-B-Sn des Primärkristallisationsraums entspricht dem Phasenfeld (S + Sn) des binären Systems (Sn-Bi), die Seite Sn-E_1-A Sn dem Phasenfeld (S + Sn) des binären Systems (Sn-Pb). Die gekrümmte Fläche Sn-E_2-E_T-E_1-Sn ist ein Teil der Liquidusfläche des ternären Systems. Die Kurve E_2-E_T ist die vom binären Eutektikum E_2 zum ternären Eutektikum E_T hin abfallende binär-eutektische Rinne, die Kurve E_1-E_T die vom binären Eutektikum E_1 zum ternären Eutektikum E_T hin abfallende binär-eutektische Rinne. Isotherme Schnitte durch diesen Raum der Primärkristallisation haben die Form von Dreiecken, wobei zwei Seiten gerade Linien und eine Seite, nämlich die Schnittkurve mit der Liquidusfläche, gekrümmt sind. Drei isotherme Schnitte durch den Raum der Primärkristallisation sind in Abb. 3.68 durch die schraffierten Dreiecke f-e-g, i-h-k und m-n-l dargestellt.

Oberhalb der Liquidusflächen der drei Räume der Primärkristallisation befindet

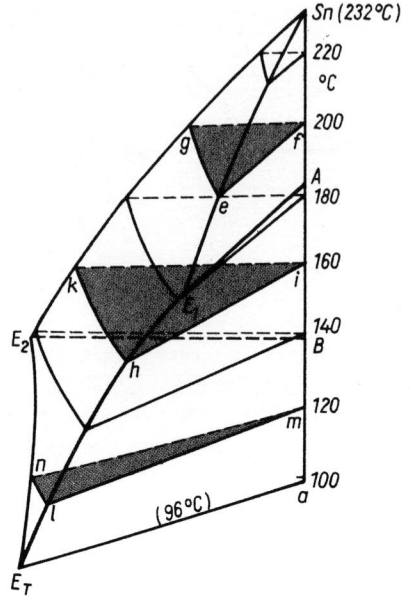

Abb. 3.68 Zweiphasenraum (S + Sn). Raum der Primärkristallisation

sich der Einphasenraum der homogenen Schmelze.

Um die Übersichtlichkeit der ternären Zustandsdiagramme zu verbessern, kann man wichtige Punkte und Linien des Raumdiagramms auf die Konzentrationsebene projizieren. Man erhält für das System Bi-Sn-Pb auf diese Weise das Projektionsdiagramm von Abb. 3.69. Die binären Randsysteme sind dabei ebenfalls in die Grundebene umgeklappt worden, um die Konstruktion des Projektionsdiagramms zu verdeutlichen. Die drei binären Eutektika E_1, E_2 und E_3 sind auf die zugehörigen Konzentrationsachsen gelotet und bilden dort die Fußpunkte E'_1, E'_2 und E'_3. Von dort aus laufen die drei binär-eutektischen Rinnen ins ternäre Gebiet, wobei die absinkende Temperatur durch Pfeile angedeutet ist, und schneiden sich in der Projektion des ternär-eutektischen Punkts E'_T.

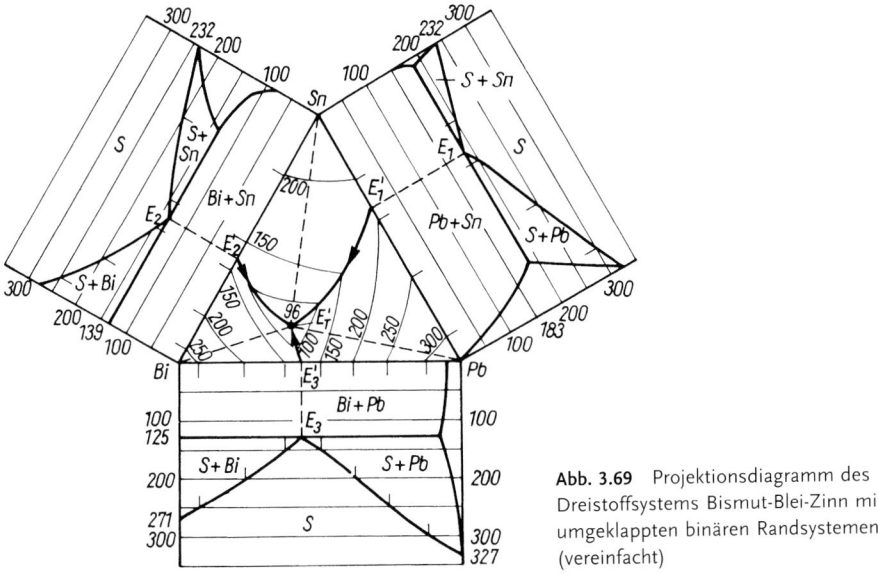

Abb. 3.69 Projektionsdiagramm des Dreistoffsystems Bismut-Blei-Zinn mit umgeklappten binären Randsystemen (vereinfacht)

Des Weiteren sind von 50 zu 50 K die Liquiduslinien der binären Systeme auf die Dreiecksseiten projiziert und durch entsprechende Isothermen miteinander verbunden. Der Abstand der Isothermen gibt einen Anhalt über die Form und die Steilheit, mit der die Liquidusflächen von den Ecken und Seiten des Dreiecks aus in das ternäre Gebiet hinein abfallen. Je größer dieser Abstand ist, umso flacher verläuft die betreffende Fläche und umgekehrt. Aus dem Projektionsdiagramm kann also der Liquiduspunkt einer beliebigen Legierung abgelesen werden, und zwar umso genauer, je kleiner die Temperaturdifferenzen benachbarter Isothermen sind. Der Soliduspunkt sämtlicher Legierungen beträgt für das vorliegende ternär-eutektische System Bi-Sn-Pb einheitlich 96 °C.

Zweckmäßigerweise werden auch noch die geraden Verbindungslinien vom ternären Punkt E'_T zu den Ecken des Dreiecks gestrichelt eingezeichnet. Diese drei Linien stellen die Projektionen der Grenzlinien der drei Dreikanträume (S + Sn + Bi), (S + Sn + Pb) bzw. (S + Bi + Pb) dar und liegen auf der ternären Ebene bei 96 °C. Gleichzeitig bilden diese Linien auch die Projektionen der unteren Kanten der drei Zweiphasenräume (S + Bi), (S + Sn) bzw. (S + Pb).

Mithilfe dieser Verbindungslinien, der drei binär-eutektischen Rinnen und des ternär-eutektischen Punkts lässt sich der Kristallisationsverlauf jeder Legierung aus dem Projektionsdiagramm ableiten.

3.5.4
Isotherme und Temperatur-Konzentrations-Schnitte

Isotherme Schnitte, d. h. Schnitte durch das Dreistoffsystem parallel zur Konzentrationsebene (Horizontalschnitte), lassen in übersichtlicher Weise die miteinander im Gleichgewicht befindlichen Phasen sowohl hinsichtlich ihrer Konzentration als auch ihrer Menge erkennen. Das Hebelgesetz ist also anwendbar. Außerdem kann der

Kristallisationsvorgang einer Legierung verfolgt werden.

Abbildung 3.70 a zeigt einen isothermen Schnitt bei 250 °C durch das Dreistoffsystem Bismut-Blei-Zinn. Die beiden Primärkristallisationsräume (S + Bi) und (S + Pb) werden geschnitten. Als Schnittformen ergeben sich die in Abb. 3.68 angedeuteten Dreiecke g-f-e. Eine Legierung der Zusammensetzung L ist noch vollkommen flüssig. Bei 200 °C werden alle drei Räume der Primärkristallisation geschnitten (Abb. 3.70 b). Die Legierung L ist aber immer noch flüssig.

Sinkt die Temperatur weiter, so vergrößern sich die Felder der Primärkristallisation. Bei 183 °C treffen sich die Felder (S + Sn) und (S + Pb) im binär-eutektischen Punkt E_1. Bei tieferer Temperatur wird nun auch der Raum der binär-eutektischen Kristallisation (S + Pb + Sn) in Form eines Dreiecks geschnitten, wie dies Abb. 3.70 c für einen Schnitt bei 150 °C zeigt. Die Legierung L fällt in das Feld (S + Sn), d. h. es scheiden sich aus der Schmelze primäre Zinnkristalle aus.

Ab 139 °C wird auch der Raum (S + Bi + Sn) und ab 125 °C noch der Raum (S + Bi + Pb) geschnitten. Bei 100 °C (Abb. 3.70 d) werden alle drei Räume der Primärkristallisation (S + Sn), (S + Pb), (S + Bi) und alle drei Räume der binär-eutektischen Kristallisation (S + Sn + Pb), (S + Sn + Bi) und (S + Pb + Bi) in Form von Dreiecken geschnitten. Das Gebiet der Restschmelze ist auf ein kleines Dreieck um den ternär-eutektischen Punkt E_T herum zusammengeschrumpft. Die Legierung L liegt auf der Grenze zwischen dem (S + Sn)- und (S + Sn + Pb)-Feld. Bei weiterer Abkühlung tritt der Punkt L nun in das Feld der binär-eutektischen Kristallisation ein, d. h.

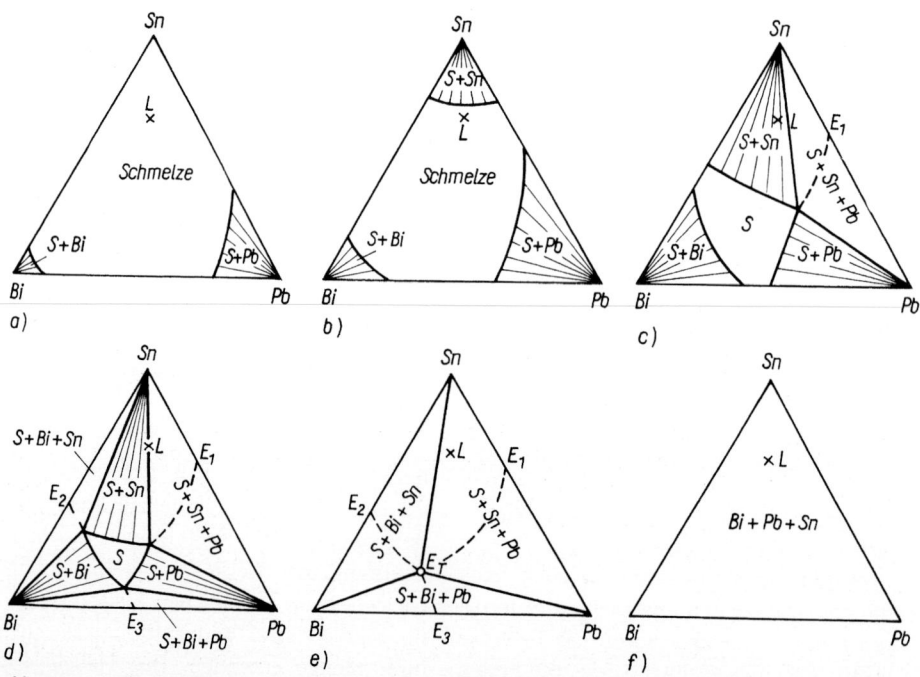

Abb. 3.70 Isotherme Schnitte durch das ternäre System Bismut-Blei-Zinn (vereinfacht): a) Schnitt bei 250 °C, b) Schnitt bei 200 °C, c) Schnitt bei 150 °C, d) Schnitt bei 100 °C, e) Schnitt bei 96 °C, f) Schnitt bei 95 °C

aus der Schmelze scheidet sich ab 100 °C das binäre (Sn + Pb)-Eutektikum aus.

Ein Schnitt bei der ternär-eutektischen Temperatur von 96 °C zeigt, dass die drei Räume der Primärkristallisation auf die Linien E_T-Sn, E_T-Pb und E_T-Bi zusammengeschrumpft sind (Abb. 3.70 e). Je zwei Räume der binär-eutektischen Kristallisation grenzen längs dieser Linien aneinander. Nur im Punkt E_T berühren sich alle drei Räume. Das Feld der Restschmelze S ist auf den Punkt E_T zusammengeschrumpft und hat die ternär-eutektische Zusammensetzung angenommen. Die Legierung L liegt nun mitten im (S + Sn + Pb)-Feld.

Bei einer Temperatur dicht unterhalb von 96 °C, also beispielsweise bei 95 °C, sind sämtliche Legierungen vollständig erstarrt, und der Dreiphasenraum (Sn + Bi + Pb) wird geschnitten (Abb. 3.70 f). Auch die Legierung L liegt nun in diesem Feld, d. h. sie beendet ihre Erstarrung mit der Kristallisation des ternären Eutektikums (Sn + Bi + Pb).

Der Erstarrungsvorgang der betrachteten Legierung L ergibt sich qualitativ aus diesen isothermen Schnitten wie folgt: Zuerst scheiden sich aus der Schmelze primäre Zinnkristalle aus, daran schließt sich die Kristallisation des binären (Sn + Pb)-Eutektikums an und zum Schluss erstarrt die Restschmelze bei 96 °C in das ternäre Eutektikum (Sn + Bi + Pb). Bei Raumtemperatur besteht die Legierung aus drei Phasen: Zinn, Blei und Bismut, die drei verschiedene Gefügebestandteile bilden – Primärkristalle aus Sn, binäres Eutektikum aus (Sn + Pb) und ternäres Eutektikum aus (Sn + Bi + Pb).

Die Bismutphase tritt also nur im ternären Eutektikum auf, die Bleiphase im binären und im ternären Eutektikum, und die Zinnphase ist schließlich in allen drei Gefügebestandteilen vorhanden.

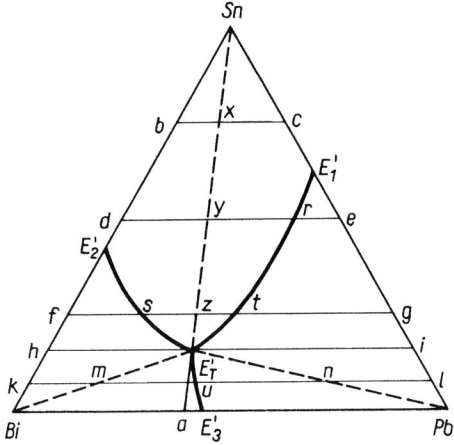

Abb. 3.71 Projektionsdiagramm des Dreistoffsystems Bismut-Blei-Zinn mit den Temperatur-Konzentrations-Schnitten Sn-a, b-c, d-e, f-g, h-i, k-l

Anhand des Projektionsdiagramms lassen sich in einfacheren Fällen Temperatur-Konzentrations-Schnitte (Vertikalschnitte) durch das ternäre Raumsystem legen, wobei die Form und gegenseitige Lage der verschiedenen Phasenräume deutlich in Erscheinung treten. Die Vertikalschnitte haben Ähnlichkeit mit den binären Zustandsdiagrammen, doch können aus den Temperatur-Konzentrations-Schnitten wohl die Arten, aber nicht die Zusammensetzungen und Mengenanteile der miteinander im Gleichgewicht befindlichen Phasen abgelesen werden. Das Hebelgesetz lässt sich bei Vertikalschnitten nicht anwenden.

Abbildung 3.71 zeigt das Projektionsdiagramm der Bismut-Blei-Zinn-Legierungen. Die Schnitte Sn-a, b-c, d-e, f-g, h-i und k-l sind in Abb. 3.72 dargestellt.

Bei der Konstruktion der Temperatur-Konzentrations-Schnitte sind folgende Regeln zu beachten. Schneidet der Vertikalschnitt eine binär-eutektische Rinne, so weist die Liquiduskurve an dieser Stelle einen Knickpunkt mit einem Schmelz-

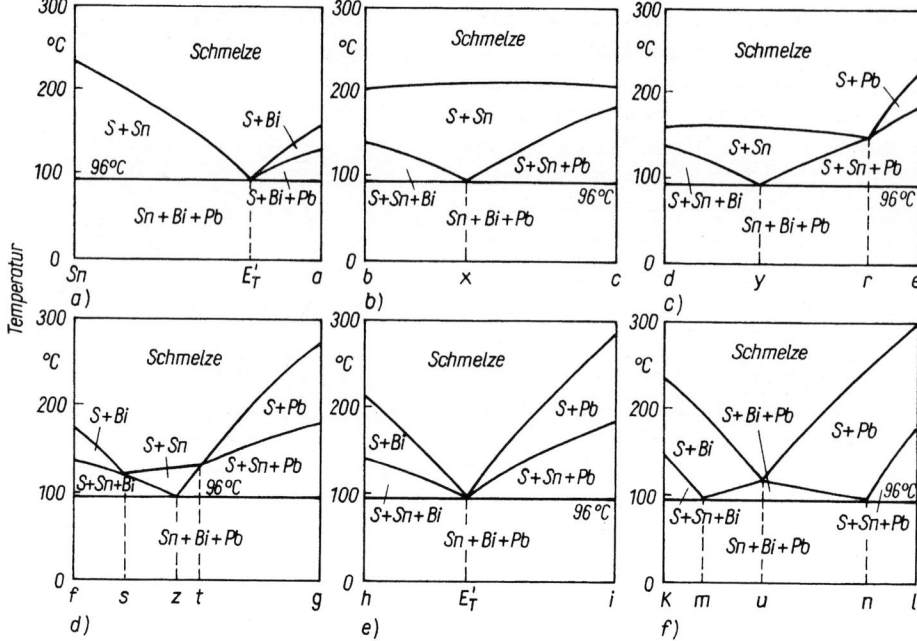

Abb. 3.72 Temperatur-Konzentrations-Schnitte durch das ternäre System Bismut-Blei-Zinn (vereinfacht): a) Schnitt Sn-a, b) Schnitt b-c, c) Schnitt d-e, d) Schnitt f-g, e) Schnitt h-i, f) Schnitt k-l

punktminimum auf (Punkte r, s, t, u). Die betreffende Legierung erstarrt ohne Primärkristallisation. Aus der Schmelze scheidet sich sofort ein binäres Eutektikum aus. Geht der Schnitt durch das ternäre Eutektikum hindurch, so weist die Liquiduskurve ebenfalls ein Minimum auf. Diese ternär-eutektische Legierung erstarrt ohne Primärkristallisation und ohne Ausscheidung eines binären Eutektikums. Die Erstarrung beginnt und endet mit der Kristallisation des ternären Eutektikums bei konstanter Temperatur. Die Solidustemperaturen sämtlicher Legierungen liegen, sofern keine Mischkristalle auftreten, bei der Temperatur der ternär-eutektischen Ebene.

Schneidet der Vertikalschnitt die Verbindungslinien E'_T-Bi, E'_T-Sn oder E'_T-Pb, so findet an diesen Punkten keine Kristallisation eines binären Eutektikums statt (Punkte x, y, z, m, n). An die Primärkristallisation schließt sich unmittelbar die ternär-eutektische Kristallisation an.

Die Temperaturlagen der verschiedenen charakteristischen Punkte sind aus den Isothermen des Projektionsdiagramms zu entnehmen.

Für ternäre Systeme bzw. für die Schnitte gilt das Gesetz der wechselnden Phasenanzahl („Eins-zu-eins-weg"-Regel, s. Abschnitt 3.2).

Hinsichtlich der Kristallisationsfolge gilt, dass sich mit sinkender Temperatur aus der Schmelze zuerst die Primärkristalle, dann das binäre Eutektikum und am Ende das ternäre Eutektikum ausscheiden. Die bei Raumtemperatur in den Legierungen auftretenden Gefüge sind in Abhängigkeit von der Lage des Konzentrationspunkts nochmals in Tab. 3.12 zusammengefasst.

3.5 Grundvorstellungen über Dreistofflegierungen (ternäre Systeme)

Tab. 3.12 Gefügeaufbau des ternären Systems Bi-Pb-Sn in Abhängigkeit von der Konzentration

Lage des Konzentrationspunkts	Gefügebestandteile bei Raumtemperatur
innerhalb von BiE'$_T$E'$_2$	Bi + (Bi + Sn) + (Bi + Sn + Pb)
innerhalb von BiE'$_T$E'$_3$	Bi + (Bi + Pb) + (Bi + Sn + Pb)
innerhalb von PbE'$_T$E'$_3$	Pb + (Bi + Pb) + (Bi + Sn + Pb)
innerhalb von PbE'$_T$E'$_1$	Pb + (Pb + Sn) + (Bi + Sn + Pb)
innerhalb von SnE'$_T$E'$_1$	Sn + (Pb + Sn) + (Bi + Sn + Pb)
innerhalb von SnE'$_T$E'$_2$	Sn + (Bi + Sn) + (Bi + Sn + Pb)
auf der Linie E'$_1$E'$_T$	(Sn + Pb) + (Bi + Sn + Pb)
auf der Linie E'$_2$E'$_T$	(Sn + Bi) + (Bi + Sn + Pb)
auf der Linie E'$_3$E'$_T$	(Bi + Pb) + (Bi + Sn + Pb)
auf der Linie SnE'$_T$	Sn + (Bi + Sn + Pb)
auf der Linie PbE'$_T$	Pb + (Bi + Sn + Pb)
auf der Linie BiE'$_T$	Bi + (Bi + Sn + Pb)
im Punkt E'$_T$	(Bi + Sn + Pb)

Was hier speziell für die Bismut-Blei-Zinn-Legierungen ausgeführt wurde, gilt mit sinngemäßer Abänderung der Phasenbezeichnung auch für alle anderen ternäreutektischen Systeme A-B-C.

Auch der Erstarrungsablauf einer Legierung lässt sich in übersichtlicher Weise im Projektionsdiagramm darstellen. Die Legierung L mit 55 % Sn + 35 % Bi + 10 % Pb von Abb. 3.73 scheidet, sobald während der Abkühlung die Liquidustemperatur unterschritten wird, primäre Zinnkristalle aus. Die Restschmelze verarmt dadurch an Zinn, während das Verhältnis von Bismut zu Blei unverändert bleibt. Zieht man von der Zinnecke durch den Punkt L eine gerade Linie und verlängert diese über L hinaus, so bewegt sich die Zusammensetzung der Restschmelze während der Primärausscheidung von Zinn auf dieser Verlängerung und entfernt sich mit sinkender Temperatur immer weiter von der Zinnecke. Bei 160 °C hat die Restschmelze die Zusammensetzung von S_1 und bei 130 °C die von S_2.

Sobald die Schmelze die binär-eutektische Rinne E'$_2$-E'$_T$ erreicht hat (S_3), ist sie auch an Bismut gesättigt, und es scheidet sich das binäre (Sn + Bi)-Eutektikum aus. Der Zustandspunkt tritt damit in den (S + Sn + Bi)-Raum ein. Die Schmelze verändert ihre Zusammensetzung nun längs der binär-eutektischen Rinne E'$_2$-E'$_T$ von S_3 über S_4 und S_5 nach E'$_T$. Die eingezeichneten Dreiecke Sn-S-Bi stellen isotherme Schnitte durch den (S + Sn + Bi)-Raum dar und geben die miteinander im Gleichgewicht befindlichen Phasen an.

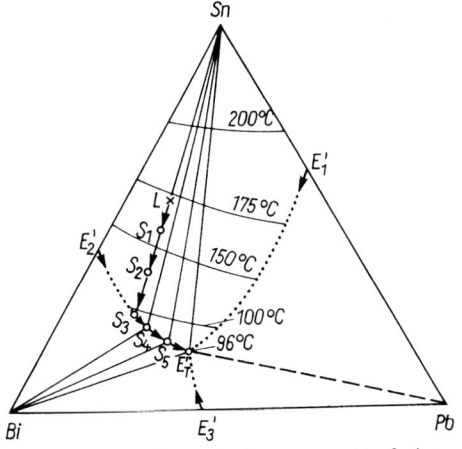

Abb. 3.73 Darstellung des Erstarrungsablaufs der Legierung L mit 55 % Sn + 35 % Bi + 10 % Pb im Projektionsdiagramm

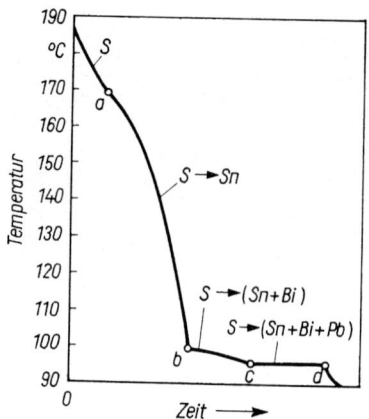

Abb. 3.74 Abkühlungskurve der Legierung L mit 55 % Sn + 35 % Bi + 10 % Pb

Abb. 3.75 45 % Bi + 40 % Sn + 15 % Pb: Primäre Zinndendriten (dunkel), binäres (Bi + Sn)-Eutektikum und ternäres (Bi + Sn + Pb)-Eutektikum

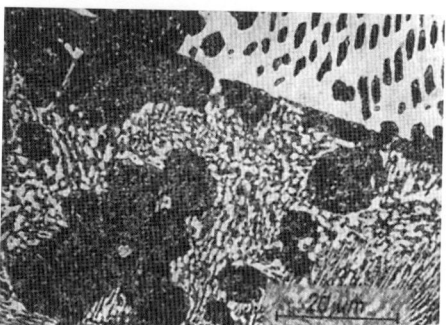

Abb. 3.76 Wie Abb. 3.75, 10fach höher vergrößert

Hat die Restschmelze den Punkt E'_T erreicht, kristallisiert sie bei der konstanten Temperatur von 96 °C, und es bildet sich das ternäre Eutektikum (Sn + Bi + Pb) aus. Durch Anwendung des Hebelgesetzes ergibt sich, dass in der erstarrten Legierung 40 % primäre Sn-Kristalle, 30 % binäres (Sn + Bi)-Eutektikum und 30 % ternäres (Sn + Bi + Pb)-Eutektikum enthalten sind.

In der Abkühlungskurve (Abb. 3.74) macht sich die Primärausscheidung durch einen Knickpunkt a mit nachfolgender Abkühlungsverzögerung, die Auskristallisation des binären Eutektikums ebenfalls durch einen Knickpunkt b mit nachfolgender Abkühlungsverzögerung und der Zerfall der Restschmelze im Punkt E_T in das ternäre Eutektikum durch einen Haltepunkt cd bemerkbar. Im Gegensatz zu einem Eutektikum bei binären Legierungen erstarrt ein binäres Eutektikum bei ternären Legierungen also nicht bei konstanter, sondern bei abfallender Temperatur.

Abbildung 3.75 zeigt eine Legierung mit 45 % Bi + 40 % Sn + 15 % Pb bei 100facher und Abb. 3.76 die gleiche Legierung bei 1000facher Vergrößerung. Die primären Zinndendriten (dunkel) enthalten helle Bismutausscheidungen, da die Löslichkeit von Zinn für Bismut mit sinkender Temperatur stark abnimmt, wie aus dem Randsystem Bi-Sn von Abb. 3.69 zu ersehen ist. Das binäre (Bi + Sn)-Eutektikum ist relativ grob ausgebildet und besteht aus einer hellen Bismutgrundmasse, in die die eutektischen Zinnkriställchen tropfenförmig eingelagert sind. Das ternäre (Bi + Sn + Pb)-Eutektikum schließlich enthält die drei Bestandteile in einer außerordentlich feinen und gleichmäßigen Verteilung, so dass die einzelnen Phasen auch bei der 1000fachen Vergrößerung nicht eindeutig voneinander zu unterscheiden sind, obwohl die Legierung sehr lang-

3.5 Grundvorstellungen über Dreistofflegierungen (ternäre Systeme)

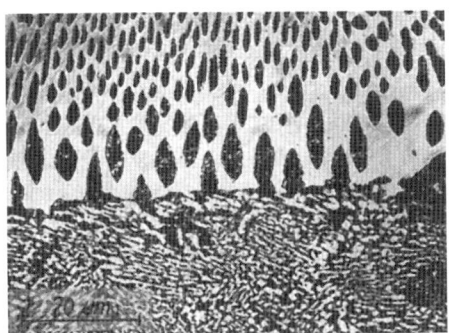

Abb. 3.77 57,5 % Bi + 27,5 % Sn + 15 % Pb: Grobes binäres (Bi + Sn)-Eutektikum und feines ternäres (Bi + Sn + Pb)-Eutektikum

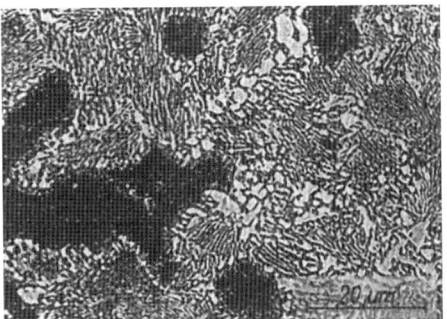

Abb. 3.78 40 % Bi + 35 % Sn + 25 % Pb: Primäre Zinndendriten mit Bismutausscheidungen, eingelagert in das ternäre (Bi + Sn + Pb)-Eutektikum

sam aus dem Schmelzfluss abgekühlt wurde.

Eine Legierung mit 57,5 % Bi + 27,5 % Sn + 15 % Pb liegt auf der binär-eutektischen Rinne E'_2-E'_T. Die Kristallisation beginnt mit der Ausscheidung des binären (Bi + Sn)-Eutektikums und endet mit der ternär-eutektischen Kristallisation. Da sich keine Primärkristalle ausscheiden, fehlt der Knickpunkt a in der Abkühlungskurve. Abbildung 3.77 zeigt das Gefüge dieser Legierung mit dem groben (Bi + Sn)-Eutektikum und dem sehr feinen (Bi + Sn + Pb)-Eutektikum.

Eine Legierung mit 40 % Bi + 35 % Sn + 25 % Pb liegt auf der Verbindungsgeraden Sn-E'_T. Es scheidet sich also kein binäres Eutektikum aus. In der Abkühlungskurve fehlt der Knickpunkt b. Die Kristallisation beginnt mit der Primärausscheidung von Zinndendriten und endet mit der ternär-eutektischen Kristallisation. Das in Abb. 3.78 dargestellte Gefüge dieser Legierung besteht aus dunklen primären Zinnkristallen mit Bismutausscheidungen und dem feinen ternären Eutektikum (Bi + Sn + Pb) als Grundmasse.

Eine Schmelze mit der Konzentration des ternär-eutektischen Punkts von 51,5 % Bi + 15,5 % Sn + 33 % Pb geht ohne Aus-

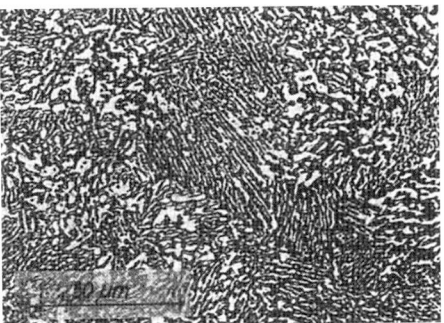

Abb. 3.79 51,5 Bi + 15,5 % Sn + 33 % Pb: Ternäres (Bi + Sn + Pb)-Eutektikum

scheidung von Primärkristallen oder von binären Eutektika sofort bei der ternär-eutektischen Temperatur von 96 °C in das ternäre Eutektikum (Bi + Sn + Pb) über. Abbildung 3.79 zeigt das Gefüge mit den eutektischen Zellen. Die Knickpunkte a und b treten in der Abkühlungskurve nicht mehr in Erscheinung. Ein ausgeprägter Haltepunkt cd zeigt die Kristallisation des ternären Eutektikums an.

Eine Legierung mit 67,5 % Bi + 17,5 % Sn + 15 % Pb schließlich scheidet primäre eckige Bismutkristalle, dann das binäre (Bi + Sn)-Eutektikum und am Ende der Erstarrung das ternäre (Bi + Sn + Pb)-Eutektikum aus (Abb. 3.80).

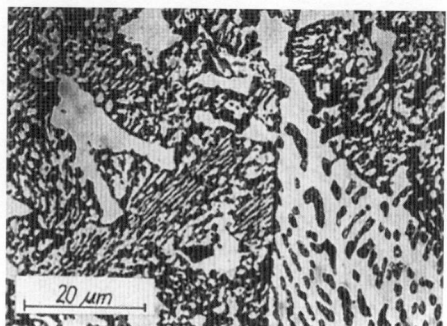

Abb. 3.80 67,5 % Bi + 17,5 % Sn + 15 % Pb: Primäre eckige Bismutkristalle (weiß), grobes binäres (Bi + Sn)-Eutektikum und feines ternäres (Bi + Sn + Pb)-Eutektikum

Aus dem Hebelgesetz folgt, dass Legierungen, die nahe einer Ecke des Konzentrationsdreiecks liegen, mehr primäre Kristalle und weniger Eutektikum enthalten. Legierungen, die nahe einer eutektischen Rinne liegen, enthalten weniger Primärkristalle. Legierungen in der Nähe des ternär-eutektischen Punkts enthalten entsprechend geringe Mengen an Primärkristallen und an binärem Eutektikum.

3.6
Arten und Kinetik von Phasenumwandlungen

3.6.1
Systematik der Phasenumwandlungen

Als Phasenumwandlungen bezeichnet man Prozesse, bei denen eine oder mehrere Phasen mit für sie charakteristischen Strukturen in eine oder mehrere andere Phasen mit geänderter Struktur überführt werden. Phasenumwandlungen sind also stets mit Strukturwandlungen verbunden (s. auch Phasenbegriff Abschnitt 1.5.1 sowie Polymorphie Abschnitt 1.6). Die Vielfalt der beobachtbaren Phasenumwandlungen hat Anlass zu verschiedenartigen Systematisierungen gegeben, die alle zu besprechen hier nicht der Ort ist. Vielmehr soll nur auf Vorstellungen eingegangen werden, die das praktische Verständnis dieses großen Gebiets der Werkstoffwissenschaft fördern.

Die einfachste Einteilung rückt die Aggregatzustände der Phasen in den Mittelpunkt: So unterscheidet man (s. auch Abschnitt 1.9.2)

- Gasförmig-Flüssig-Übergänge (Sieden, Kondensieren)
- Gasförmig-Fest-Übergänge (Sublimieren)
- Flüssig-Fest-Übergänge (Schmelzen und Erstarren)
- Fest-Fest-Übergänge (wegen Vielfalt keine übergeordnete Bezeichnung)

Für die Werkstoffwissenschaft interessant sind dabei Transformationen im festen Zustand bzw. alle Übergänge, die zu festen Phasen führen. Meist handelt es sich bei den genannten Phasenumwandlungen um heterogene Transformationen. Das bedeutet, dass die Umwandlung an dafür geeigneten Stellen des Systems beginnt und von diesen Stellen sich ausbreitet. Man spricht daher immer von einer Keimbildung als Initialvorgang und einem Keimwachstum, das mit dem Ende des Umwandlungsvorgangs abgeschlossen ist. Diese Gemeinsamkeit bedingt natürlich auch weitgehende Analogien in der Beschreibung des Umwandlungsverlaufs. Erschwerend für eine physikalisch begründete Quantifizierung ist, dass das Wachstum eines Keims zwar seine Bildung voraussetzt, die Keimbildung sich im Weiteren stets parallel zum Keimwachstum an anderen Stellen wiederholt und dass sich damit die kinetischen Bedingungen für eine Keimbildung ständig ändern.

Wesentlich Merkmale der Phasenumwandlungen sollen nachfolgend anhand der Fest-Fest-Übergänge herausgearbeitet werden[1]). Innerhalb dieser Übergänge lassen sich hinsichtlich der Kinetik unterscheiden:

– thermisch aktivierbare oder diffusionskontrollierte Phasenumwandlungen
– athermische oder martensitische Phasenumwandlungen

In die Gruppe der thermisch aktivierbaren Phasenumwandlungen ordnen sich ein:

- Polymorphe Umwandlungen: Eine kristalline Phase α wandelt in eine andere Phase β um, deren Konzentration mit der Ausgangsphase übereinstimmt. Nur in reinen Komponenten und in stöchiometrischen Verbindungen findet diese Umwandlung als nonvariante Reaktion bei einer festen Temperatur statt (p = const.!), in mehrkomponentigen Systemen vollziehen sich diese Umwandlungen in Temperaturintervallen, innerhalb derer zwei Phasen α' und β' mit temperaturabhängigen Zusammensetzungen im Gleichgewicht existieren.

$$\alpha \to (\alpha' + \beta') \to \beta \qquad (3.36)$$

- Ausscheidungsbildung: Aus einem übersättigten Mischkristall β_+, d.h. aus einem Mischkristall, der die auszuscheidende Komponente mit einer höheren Konzentration enthält als es der maximalen Löslichkeit im thermodynamischen Gleichgewicht entspricht (s. Abschnitt 3.1.2), scheidet sich eine Phase α solange aus, bis die Übersättigung abgebaut ist und der Mischkristall (Matrix) die Zusammensetzung β erreicht hat.

$$\beta_+ \to \beta + \alpha \qquad (3.37a)$$

- Die umgekehrte Reaktion ergibt sich bei der Auflösung einer Phase: Eine untersättigte Phase β_- löst eine Phase α auf, bis sie die Gleichgewichtszusammensetzung β erreicht hat.

$$\beta_- + \alpha \to \beta \qquad (3.37b)$$

- Phasenumwandlungen unter Beteiligung von mehr als zwei Phasen: Dabei handelt es sich um die eutektoiden, peritektoiden oder monotektoiden Umwandlungen, die für binäre Systeme bereits in Abschnitt 3.4.2.4 bzw. 3.4.3 ausführlicher besprochen wurden (Gl. (3.32), (3.33) und (3.35)).

- Ordnungsumwandlungen: Ein ungeordneter Mischkristall α_{UO} geht in einen Zustand α_O über, bei dem die Komponenten nicht mehr statistisch auf die Gitterplätze, sondern geordnet auf sogenannte Untergitter verteilt sind (s. Abschnitt 3.1.2).

$$\alpha_{UO} \to \alpha_O \qquad (3.38)$$

Dabei kann eine weitere Phase gebildet werden, falls die Konzentration des geordneten Mischkristalls nicht mit der des ungeordneten übereinstimmt.

Martensitische Phasenumwandlungen vollziehen sich ohne Diffusion der Komponenten, sie sind damit nicht thermisch aktivierbar. Der Transformationsmechanismus der Ausgangsstruktur in die neue entspricht einem kooperativen Scherprozess des Ausgangsgitters, der formal ebenfalls über eine Keimbildung und ein Keimwachstum

---

1) Die Sublimationsprozesse, die eine besondere Rolle bei den technisch bedeutsamen Gasphasen- und Plasmabeschichtungen spielen, sowie die Erstarrungsprozesse werden ausführlicher in Kap. 4 behandelt, sie sind nur dann in den folgenden Ausführungen Gegenstand, wenn es sich um für alle Phasenumwandlungen gultige Grundtatsachen handelt.

beschrieben werden kann (s. Abschnitt 3.6.3).

3.6.2
Diffusionskontrollierte Phasenumwandlungen

Befinden sich zwei oder mehrere Phasen miteinander im thermodynamischen Gleichgewicht, dann ist das thermodynamische Potential µ an allen Orten gleich. Das hat zur Folge, dass kein Stofftransport von einem Ort zu einem anderen stattfinden kann. Unter diesen Bedingungen findet keine Transformation einer Phase in eine oder mehrere andere statt. Es existiert keine thermodynamische treibende Kraft für eine solche Umwandlung. Erst wenn sich das System nicht mehr im Gleichgewicht befindet, entstehen diese treibenden Kräfte, die die Differenz ΔG zwischen der Freien Enthalpie des Ungleichgewichtszustands und der des Gleichgewichtszustands darstellen. Man kann es auch so formulieren: Damit eine Phasenumwandlung ablaufen kann, bedarf es einer Abweichung des Systems vom thermodynamischen Gleichgewicht.

Wodurch können diese treibenden Kräfte aufgebaut werden? In Abb. 3.81 sind die Temperaturverläufe der Freien Enthalpie G zweier Phasen α und β dargestellt worden. Diese beiden Verläufe schneiden sich bei einer Temperatur T_U, die somit die Gleichgewichtstemperatur für die Koexistenz der beiden Phasen darstellt. Oberhalb dieser Temperatur ist die Phase β und unterhalb dieser die Phase α thermodynamisch stabil. Erniedrigt man die Temperatur um ΔT, so ergibt sich eine negative Differenz $\Delta G = G_\alpha - G_\beta$. Wegen $d\Delta G/dT = -\Delta S$ wird

$$\Delta G = -\Delta S \cdot \Delta T = -\frac{\Delta H_U}{T_U} \cdot \Delta T \quad (3.39\,a)$$

ΔS Umwandlungsentropie
ΔH Umwandlungsenthalpie

In diesem Fall hat man also eine treibende Kraft ΔG durch eine sogenannte Unterkühlung ΔT aufgebaut. Es ist aber auch möglich, durch eine Erhöhung der Konzentration in der Phase β gegenüber dem Gleichgewichtszustand um Δx, d. h. durch eine sogenannte Übersättigung eine treibende Kraft zu generieren:

$$\Delta G = \frac{\delta G}{\delta x} \cdot \Delta x = \mu \cdot \Delta x \quad (3.39\,b)$$

Hat man also eine Unterkühlung ΔT oder eine Übersättigung Δx eingestellt, wird durch eine Phasentransformation von β nach α ein Gewinn an Freier Enthalpie ΔG zu erzielen sein.

G bzw. ΔG sind molare Größen, d. h. sie beziehen sich auf ein Mol der zu transformierenden Phase. Für die weiteren Betrachtungen ist es zweckmäßig, volumenbezogene Größen g bzw. Δg dieser treibenden Kräfte einzuführen, die man erhält, wenn man die molaren Größen durch das Molvolumen (Volumen eines Mols des Stoffs) dividiert.

Nachfolgend soll kurz beschrieben werden, wie sich die Bildung einer Phase α in einer Phase β vollzieht, wenn man aus-

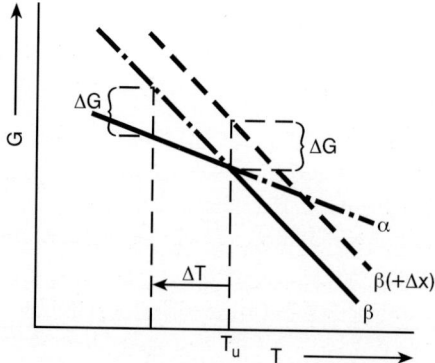

Abb. 3.81 Zur Erläuterung der Unterkühlung und der Übersättigung bei Phasenumwandlungen

gehend von einer Temperatur oberhalb T_U die Phase β abkühlt. Diese Beschreibung, die auf die oben genannten Ausscheidungsvorgänge (vgl. Gl. (3.37)) zutrifft, lässt die wesentlichen Merkmale auch anderer diffusionskontrollierter Phasenumwandlungen erkennen. Es war bereits darauf hingewiesen worden, dass diffusionskontrollierte Phasenumwandlungen als eine Variante der heterogenen Umwandlungen mit einem Keimbildungsprozess starten. An einer geeigneten Stelle entsteht durch thermische Fluktuationen ein Keim der Phase α in β mit einem Volumen V. (Für diesen Keim soll eine Würfelform angenommen werden mit der Kantenlänge L, das Volumen beträgt damit L^3, seine Grenzfläche 6 L^2.) Dadurch verringert sich die volumenbezogene Freie Enthalpie um $\delta g = -\Delta g \cdot V = -\Delta g \cdot L^3$. Außerdem muss eine Phasengrenze zwischen dem α-Keim und β aufgebaut werden (proportional zur Fläche der Phasengrenze 6 L^2 bzw. zu $V^{2/3}$) und es werden sich um den Keim, sofern sich die spezifischen Volumina der beiden (festen) Phasen unterscheiden, elastische Spannungsfelder aufbauen (proportional zum Volumen V). Beide Effekte erhöhen die Freie Enthalpie, es muss dafür Freie Enthalpie (Arbeit) aufgewendet werden, so dass die gesamte Bilanz lautet:

$$\delta g = -\Delta g \cdot L^3 + \varepsilon \cdot L^3 + 6 \cdot \gamma \cdot L^2 = -(\Delta g - \varepsilon) \cdot L^3 + 6 \cdot \gamma \cdot L^2 \quad (3.40)$$

ε Verzerrungsparameter, abhängig von der Differenz der spezifischen Volumina, den elastischen Eigenschaften der Phasen und der Form des Keims
γ spezifische Grenzflächenenergie zwischen α und β.

Was sagt die Gl. (3.40) nun aus? Sie enthält die Abmessung des Keims L mit zwei verschiedenen Vorzeichen und Potenzen,

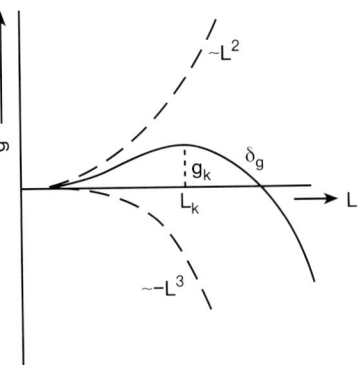

Abb. 3.82 Verlauf der Freien Enthalpie bei einem Keimbildungsvorgang

diese Terme „arbeiten" also mit verschiedener Heftigkeit gegeneinander, wie es Abb. 3.82 schematisch zeigt.

Zunächst erhöht sich die Freie Enthalpie des Systems durch die Keimbildung, da der Gewinn $-\Delta g \cdot L^3$ geringer ist als die Aufwendungen für die Bildung der Grenzflächen und die Verzerrungen um den Keim. Die Freie Enthalpie erreicht ein Maximum bei einer kritischen Abmessung L_k, um danach wieder abzufallen. Diese kritische Keimgröße L_k berechnet sich aus der Bedingung $d(\delta g)/dL = 0$ zu

$$L_k = \frac{4 \cdot \gamma}{(\Delta g - \varepsilon)} \quad (3.41)$$

Um einen Keim mit L_k zu bilden, muss man eine Freie Enthalpie g_k aufbringen, die man findet, wenn man L_k in Gl. (3.40) einsetzt:

$$g_k = \frac{32 \cdot \gamma^3}{(\Delta g - \varepsilon)^2} \quad (3.42)$$

Ist ein Keim größer als L_k, dann erfolgt sein weiteres Wachstum unter ständigem Gewinn an Freier Enthalpie, er ist stabil. Für alle Keime mit Abmessungen kleiner als L_k ist die Wahrscheinlichkeit zu wachsen geringer als die Wahrscheinlichkeit ihrer

Auflösung, diese Keime sind unterkritisch oder instabil. Die kritische Keimgröße und damit die für die Bildung eines kritischen Keims notwendige Freie Enthalpie g_k steigt mit zunehmender Grenzflächenenergie γ und mit wachsendem Verzerrungsparameter ε merklich an, die Vergrößerung der Unterkühlung $\Delta T \sim \Delta g$ reduziert L_k und g_k. ΔT, γ und ε sind also die für den Keimbildungsvorgang die bestimmenden Größen.

Die Keime bilden sich durch thermische Fluktuationen mit einer Rate

$$\frac{dN_k}{dt} \propto \exp\left[-\frac{g_k}{k \cdot T}\right] = \exp\left[-\frac{const.\gamma^3}{(\Delta s \cdot \Delta T - \varepsilon)^2 \cdot T}\right] \quad (3.43)$$

Untersucht man die Temperaturabhängigkeit der Bildungsrate für kritische Keime, so stellt man fest, dass diese bei $T = T_U$ wegen der dann fehlenden Unterkühlung und bei $T = 0$ wegen der nun ausbleibenden thermischen Fluktuationen die Keimbildungsrate gegen Null geht. Dazwischen bildet sich ein deutliches Maximum aus, was typisch für Keimbildungsprozesse diffusionskontrollierter heterogener Phasenumwandlungen ist. Mit sinkender Temperatur unterhalb T_U (wachsende Unterkühlung) nimmt die Umwandlungsgeschwindigkeit zunächst zu, erreicht ein Maximum, um danach wieder abzusinken. Kühlt man ein solches System so rasch ab, dass bis zum Erreichen der Diffusionsgrenztemperatur (s. Abschnitt 3.1.3) keine Keimbildung erfolgt, wird die Umwandlung unterdrückt.

In Abschnitt 3.1.1 wurde darauf hingewiesen, dass die Entropieänderungen bei Phasenumwandlungen im festen Zustand nur 1 – 2 J K^{-1} mol^{-1} betragen. Sie sind verglichen mit Erstarrungs- oder Sublimationsvorgängen relativ klein. Das bedeutet,

dass das Zusammenspiel von Δg, ε und γ sehr sensibel ist. Nicht selten beobachtet man daher, dass die Umwandlung nicht zur Bildung der thermodynamisch stabilen Phase führt, sondern eine metastabile Phase gebildet wird. Das wird dann geschehen, wenn für die metastabile Phase die Grenzflächenenergie γ und/oder die Verzerrungsenergie, geregelt über ε, kleiner als für die stabile Phase sind, also die Keimbildungsrate für die metastabile Phase höher als die für die stabile Phase wird. Das beobachtet man bei Ausscheidungsvorgängen, die in vielen Fällen mit der Bildung metastabiler Phasen beginnen. Diese Phasen sind meist kohärent oder teilkohärent mit der Matrix und haben daher eine geringe Grenzflächenenergie (s. Abschnitt 1.7.5).

Das bekannteste Beispiel dafür sind die Ausscheidungsvorgänge in Aluminium-Kupfer-Legierungen (vgl. Abschnitt 6.5.4). Abbildung 3.83 zeigt die aluminiumreiche Seite des Zustandsdiagramms Al-Cu. Die eutektische Temperatur T_E beträgt 548 °C, die eutektische Konzentration $c_E = 33\%$ Cu, die im Zweiphasengebiet mit ω stabil im Gleichgewicht stehende Phase ist ϑ-Al$_2$Cu, die maximale Löslichkeit für Cu im ω-Mischkristall bei T_E 5,7 % Cu. ω weist eine deutliche Temperaturabhängigkeit der Cu-Löslichkeit auf (ϑ-Solvus B-C), was eine Voraussetzung für eine gezielte Ausscheidungsbildung ist. Der klassische Gang einer Ausscheidungsbehandlung einer Legierung mit c_0 ist folgender (Abb. 3.84):

- Homogenisierungsglühung bei T_H, die zwischen der Soliduslinie (A-B) und der Solvuslinie (B-C) liegen soll. Es entsteht ein homogener Mischkristall (ω).
- Um eine Diffusion beim Abkühlen zu unterdrücken, erfolgt nun ein Abschrecken der Legierung auf eine Temperatur unterhalb der Diffusionsgrenztemperatur T_D, bei der dann eine Diffusion

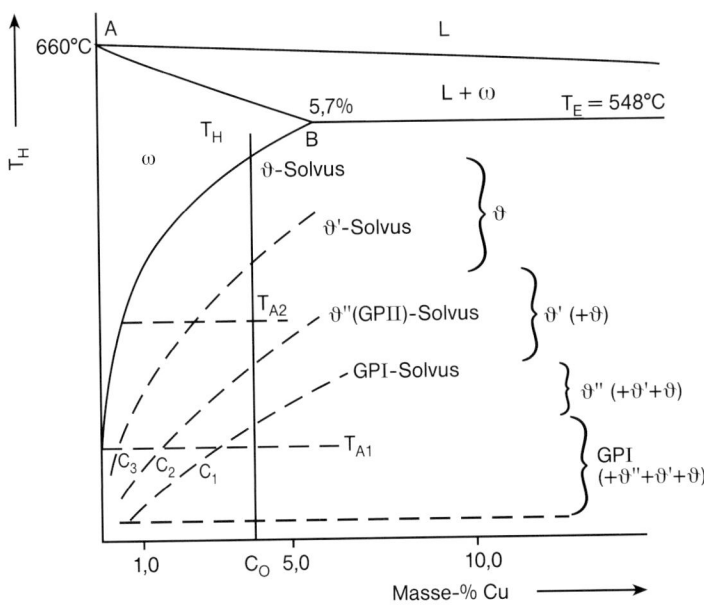

Abb. 3.83 Aluminiumreiche Seite des Zustandsdiagramms Al-Cu (mit schematischer Darstellung der Solvuslinien für die metastabilen Phasen)

GPI : RT ↔ 150°C
ϑ''(GPII) : 80°C ↔ 200°C
ϑ' : 150°C ↔ 300°C
ϑ : T ≳ 250°C

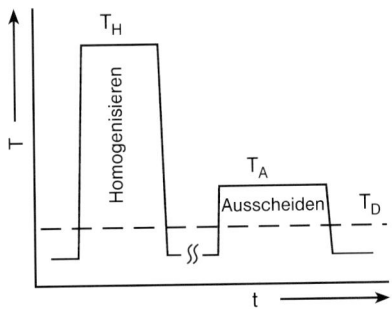

Abb. 3.84 Temperatur-Zeit-Regime bei einer klassischen Ausscheidungsbehandlung

auch nach längeren Zeiten praktisch nicht mehr stattfinden kann (vgl. Abschnitt 3.1.3). Man erhält auf diese Weise einen übersättigten Mischkristall (hier $\Delta c \approx c_0$ wegen der verschwindenden Löslichkeit unterhalb T_D).

- Anlassen bei einer Temperatur $T_A > T_D$: Jetzt bilden sich die Ausscheidungen, die damit die Übersättigung des Mischkristalls abbauen. Je niedriger T_A ist (hohe Übersättigung bzw. Unterkühlung), desto höher sind die sich bildenden Keimdichten. Bei gegebenem Ausscheidungsvolumen bedeutet das aber ein geringes Teilchenvolumen und kleine Teilchenabstände, was bezüglich der Festigkeitssteigerung durch die Ausscheidungen von großer Bedeutung ist (s. Abschnitt 4.2.1.4).

Führt man bei den Al-Cu-Legierungen eine solche Ausscheidungsbehandlung durch, wird man feststellen, dass zunächst nicht die Gleichgewichtsphase ϑ-Al$_2$Cu entsteht. Ihr laufen bei T_{A1} drei metastabile Zustände voraus, ehe sie sich bilden kann:

1. Es entstehen anfangs ebene Ansammlungen von Cu-Atomen in {1 0 0}-Netzebenen. Sie sind praktisch einatomige Lagen mit einer lateralen Abmessung von wenigen 10 Atomdurchmessern, sogenannte GPI-Zonen[1]. Sie sind kohärent zum Matrixgitter und haben daher eine geringe Grenzflächenenergie. Man bezeichnet einen solchen Prozess auch als einphasige Entmischung. Bei ihrer Bildung reduziert sich die Cu-Konzentration auf einen Wert, der für T_{A1} durch die GPI-Solvuslinie gegeben ist (c_1 in Abb. 3.84). Der Mischkristall ist gegenüber der ϑ-Solvuskonzentration (Linie B-C) noch immer stark übersättigt.

2. In dieser immer noch übersättigten Matrix entstehen nun im weiteren Verlauf Keime von GPII-Zonen (auch ϑ'' genannt). Ihre Struktur entspricht einer verdoppelten kubisch flächenzentrierten Al-Zelle, bei der parallel zu den {1 0 0}-Ebenen auf drei Al-Ebenen eine Cu-Ebene folgt (Abb. 3.85). Es entstehen Plättchen mit Dicken im Bereich von 10 Atomdurchmessern mit einer lateralen Abmessung bis knapp 100 Atomdurchmessern. Sie sind ebenfalls kohärent zur Matrix, deren Cu-Konzentration c_2, angegeben durch den GPII-Solvus, weiter verringert worden ist. Diese verringerte Konzentration führt dazu, dass die GPI-Zonen sich wieder auflösen können.

3. Da die Matrix immer noch übersättigt ist, entstehen nach hinreichend langen Zeiten Keime einer dritten metastabilen Phase, die als ϑ' bezeichnet wird. Auch sie bildet Platten parallel den {1 0 0}-Ebenen der Matrix. Sie ist teilkohärent, was eine erhöhte Grenzflächenenergie mit sich bringt. Das Al-Cu-Verhältnis in ϑ' entspricht mit 2 : 1 schon dem in der stabilen ϑ-Phase. Die Übersättigung wird auf den Wert des ϑ'-Solvus c_3 abgebaut, die GPII-Zonen und gegebenenfalls Reste der GPI-Zonen lösen sich daher auf.

4. Erst nach langen Zeiten bildet sich die stabile ϑ-Al$_2$Cu-Phase teil- bis inkohärent[2] aus, die Übersättigung des Mischkristalls ist nun vollständig abgebaut. Die Teilchengröße liegt im μm-Bereich. Die metastabilen Phasen verschwinden.

Diese vollständige Kette der Phasenbildungen bei der Ausscheidung in Al-Cu-Legierungen tritt nur dann auf, wenn T_A so niedrig gewählt wird (T_{A1} in Abb. 3.83), dass c_1 (Solvus von GPI) unterhalb der Mischkristallkonzentration c_0 bleibt. Eine Erhöhung der Temperatur auf T_{A2} würde z. B. bedeuten, dass sich GPI und GPII nicht mehr bilden könnten, der Ausscheidungsprozess würde mit der Bildung von ϑ' starten.

Eine genaue Analyse der Ausscheidungsphänomene in metallischen Systemen zeigt, dass in der Mehrzahl vor der Ausscheidung der stabilen Phasen metastabile Zustände generiert werden.

Betrachtet man die Ausscheidungen licht- oder elektronenmikroskopisch, findet man, dass sie meist als Platten ausgebildet sind, die in einer definierten Orientierung zum Matrixgitter stehen (Abb. 3.86). Dafür gibt es folgende Begründungen:

• Generell sind plattenförmige Ausscheidungen bei gleichem Teilchenvolumen weniger spannungsaktiv als kugelförmige. Platten haben also ein kleineres ε in der Gl. (3.42), die Keimbildung dafür

---

[1] Die Abkürzung GP weist auf Guinier und Preston hin, die diese Strukturen als erste aufgeklärt haben.

[2] Inkohärenz bedeutet nicht, dass es keine definierten Orientierungsbeziehungen zwischen den Ausscheidungen und der Matrix gäbe.

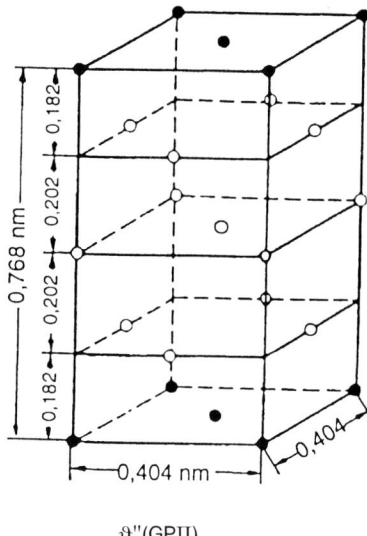

ϑ''(GPII)

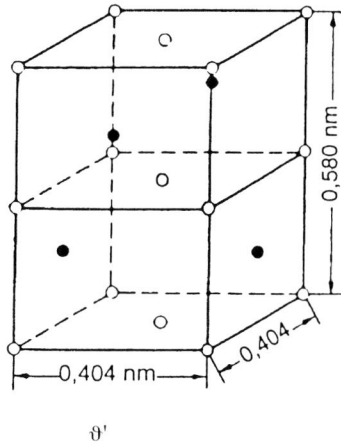

ϑ'

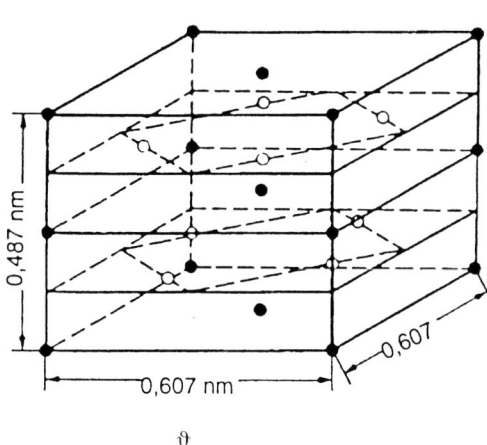

ϑ

Abb. 3.85 Struktur der GP II-Phase der ϑ'-Phase und der ϑ-Phase in Al-Cu-Legierungen

ist somit erleichtert. (Stabförmige Ausscheidungen liegen hinsichtlich ihrer Spannungsaktivität zwischen der Kugel- und der Plattenform: $\varepsilon_{\text{Kugel}} > \varepsilon_{\text{Stab}} > \varepsilon_{\text{Platte}}$).

- Die Normale der Platten verläuft in elastisch anisotropen Kristallen (das ist meistens der Fall) parallel zur kristallografischen Richtung mit dem kleinsten E-Modul. Dadurch rufen die auftretenden Verzerrungen nur kleine Spannungen hervor.

- Die Verwachsungsebenen zwischen Ausscheidung (Plattenebene) und Matrix zeichnen sich durch verhältnismäßig niedrige Grenzflächenenergien aus (Ähnlichkeit der Netzebenenstruktur).

3 Phasengleichgewichte und Zustandsdiagramme

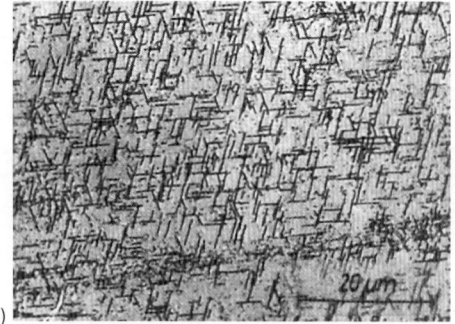

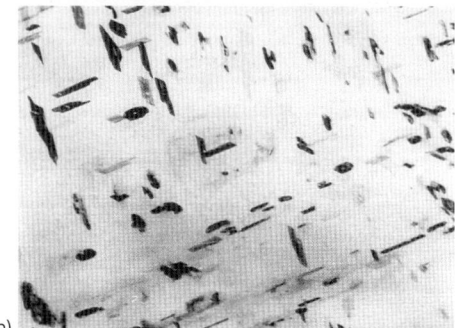

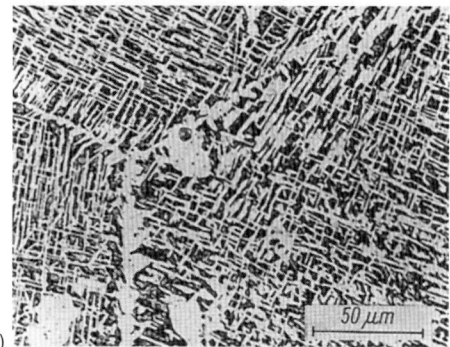

Abb. 3.86 Orientierte Ausscheidungen: a) Carbidausscheidungen in X10Cr16Ni25Mo6 (geätzt mit Orthonitrophenol), b) Al$_2$Cu-Ausscheidungen in einer Al-Cu-Legierung, c) plattenförmige α-Ausscheidungen (hell) in der β-Phase einer Cu-Al-Mehrstoffbronze

aufbauenden Verzerrungsfelder und/oder die Enthalpieaufwendungen für die Bildung von Grenzflächen geringer sind als im ungestörten Kristallvolumen. Solche Vorzugsstellen sind insbesondere Korngrenzen und (Stufen-)Versetzungen. Im Fall von Korngrenzenausscheidungen entsteht eine an Volumenausscheidungen verarmte Zone in Korngrenzennähe, deren Ausdehnung durch die Diffusionslänge L_D = $2\sqrt{D \cdot t}$ (s. Abschnitt 3.1.3) beschrieben wird (Abb. 3.87 a). Im Fall von Stufenverset-

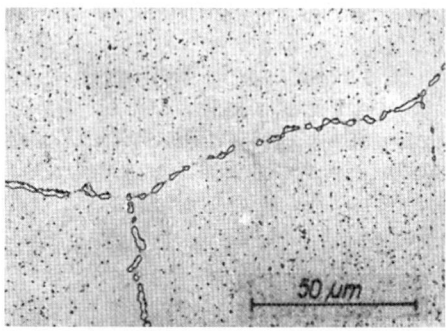

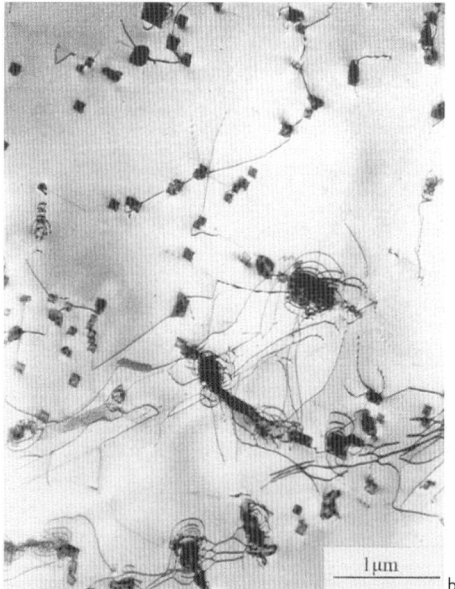

Abb. 3.87 Bevorzugte Ausscheidungsbildung: a) an Korngrenzen eines Stahls X10Cr16Ni25Mo6, b) an Versetzungen in Alloy 800 H

Wie aus den Gl. (3.42) bzw. (3.43) ersichtlich ist, wird die Keimbildung stark durch den Verzerrungsparameter ε und die Grenzflächenenergie γ beeinflusst. Eine Keimbildung wird daher an solchen Stellen begünstigt werden, an denen die dabei sich

3.6 Arten und Kinetik von Phasenumwandlungen

zungen bieten deren Kompressions- bzw. Dilatationsgebiete oberhalb bzw. unterhalb der Gleitebene gute Bedingungen für die Keimbildung von Ausscheidungen sowohl mit negativem als auch positivem Volumenmisfit (Abb. 3.87 b).

Bisher nicht in Betracht gezogen wurde die Wachstumskinetik der Keime. Zunächst ist festzustellen, dass in der Umgebung eines wachstumsfähigen Keims die auszuscheidende Legierungskomponente durch Diffusion aus der Umgebung über Distanzen herangeführt werden muss, die groß gegenüber der Teilchenabmessung sind und zudem ständig zunehmen. Das führt zu einer linearen Wachstumsgeschwindigkeit $v = dL/dt \sim \sqrt{D \cdot t}$ bzw. zu einem ausgeschiedenem Volumenanteil $V(t) \sim t^{3/2}$. Bei langen Zeiten beginnen sich die „Einzugsgebiete" benachbarter Ausscheidungen für die Ausscheidungskomponente zu überlappen, die Ausscheidungen treten in Konkurrenz. Dann ergibt sich für den ausgeschiedenen Volumenanteil ein Zeitgesetz der Form

$$V(t) = 1 - 2\exp\left(-\frac{t}{\tau}\right) \quad (3.44)$$

Die Zeitkonstante τ enthält als wesentliche Größe den Diffusionskoeffizienten D ($\tau \sim 1/D$). Diese Relationen gelten aber nur für das reine Wachstum der Keime, was in der Praxis kaum zutrifft. Parallel zum Wachstum wird immer eine weitere Keimbildung vonstatten gehen. Die Kinetik derartiger Umwandlungsprozesse lässt sich gut mit der sogenannten Avrami-Gleichung beschreiben:

$$V(t) = 1 - \exp(K \cdot t^n) \quad (3.45)$$

Diese Beziehung lässt sich sehr flexibel auf die meisten diffusionskontrollierten Phasenumwandlungen, ja sogar auf Rekristallisationsprozesse anwenden. Je nach Art der Phasenumwandlung kann n in Gl. (3.45) Werte zwischen 0,5 und etwa 4 annehmen.

Die bisher gemachten Ausführungen zur Kinetik von Ausscheidungsprozessen lassen sich sinngemäß auch auf die anderen Formen der Phasentransformationen im festen Zustand übertragen, bei denen die Kinetik durch Keimbildung und Keimwachstum beschrieben werden kann (z. B. Bildung von Ferrit im Austenit oder von intermetallischen Phasen aus Mischkristallen wie im Fall der σ-Phasenbildung (Abschnitt 3.4.2.1). Auch die eutektoide Reaktion des γ-Fe-C-Mischkristalls (Austenit) zu α-Fe-C-Mischkristall und Fe$_3$C (Zementit), die bereits in Abschnitt 3.4.2.4 beschrieben wurde, beginnt mit einer Zementitkeimbildung an den Austenitkorngrenzen, auf die die oben erläuterten Zusammenhänge zwischen ΔT, ε und γ einerseits und der Keimbildungsrate andererseits sinngemäß übertragen werden können. Allerdings ergibt sich für den Fortschritt der eutektoiden Umwandlung nach der Bildung einer kleinen Perlitkolonie eine veränderte Kinetik: Da die Verschiebung der Umwandlungsfront eine Kohlenstoffdiffusion nur über sehr kurze Strecken nahe bzw. in der Umwandlungsfront selbst notwendig macht (Kurzstreckendiffusion mit Diffusionskoeffizient D_G), ist die lineare Umwandlungsgeschwindigkeit praktisch zeitunabhängig. Es gilt näherungsweise

$$v_e \approx const. D_G \cdot \Delta T^2 = const. D_{0G} \exp\left[-\frac{H_D}{k \cdot T}\right] \cdot \Delta T^2 \quad (3.46)$$

Mit sinkender Temperatur erhöht sich zwar ΔT, jedoch wird gleichzeitig die notwendige Diffusion eingeschränkt. Das heißt, dass die Umwandlungsgeschwindigkeit wie auch die in Gl. (3.43) dargestellte Keimbildungsrate mit abnehmender Temperatur

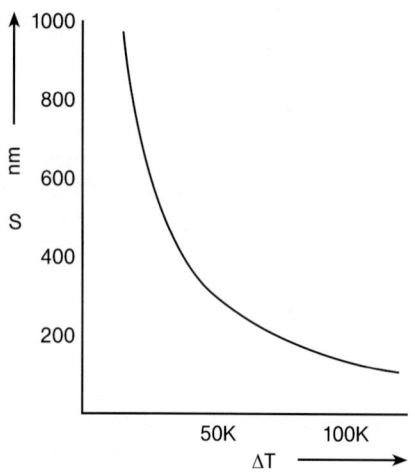

Abb. 3.88 Lamellenabstand S in Perlit in Abhängigkeit von der Unterkühlung (nach Fisher)

für die isotherme Umwandlung über ein Maximum geht. Die Diffusion in der Umwandlungsfront bestimmt auch den Abstand der Zementitlamellen S, der umso kleiner ausfällt, je geringer die Diffusionslänge wird. Dafür gilt in brauchbarer Näherung

$$v_e \cdot \frac{S}{D_G} \propto \Delta T^2 \cdot S = const. \qquad (3.47)$$

was mit der praktischen Erfahrung grundsätzlich übereinstimmt (Abb. 3.88).

Nicht selten verlaufen auch Ausscheidungsprozesse so wie eine eutektoide Umwandlung ab. Aus der übersättigten Mischkristallphase bilden sich parallel die eigentliche Ausscheidungsphase und ein in seiner Konzentration dem Gleichgewicht entsprechender Mischkristall (vgl. Reaktion (3.37a)). Man spricht dann von einer diskontinuierlichen Ausscheidung, weil sich an der Umwandlungsfront die Konzentration im Mischkristall diskontinuierlich ändert.

Abschließend zu diesem Abschnitt sei noch darauf hingewiesen, dass die Gl. (3.40) bis (3.42) auch zur Beschreibung der Keimbildungskinetik in erstarrenden Schmelzen herangezogen werden können. Lediglich der Parameter ε muss gestrichen werden, da sich in Schmelzen keine elastischen Spannungsfelder um die Keime aufbauen können. Die Erstarrungskinetik wird ausführlicher in Abschnitt 4.1 erläutert.

3.6.3
Martensitische Phasenumwandlungen

Wenn Phasenumwandlungen unterhalb der Diffusionsgrenztemperatur stattfinden (müssen), dann können sie nicht mehr auf diffusivem Weg erfolgen. Es treten dann Mechanismen in Kraft, die als Gitterscherungen bezeichnet werden. Dabei verschieben sich die einzelnen Atome kollektiv um Beträge kleiner als der Atomabstand in der Scherebene so, dass ihre nächsten Nachbarschaften erhalten bleiben. Man kann sich diesen Schervorgang für die Netzebenen vorstellen wie eine Verschiebung eines Kartenstapels so, dass jede einzelne Karte gegenüber ihrer Unterlage nur um einen kleinen Betrag in jeweils die gleiche Richtung verschoben wird (Abb. 3.90). Als Scherung γ_s wird der Tangens des Winkels η bezeichnet, der elementare Schiebungsbetrag zwischen zwei benachbarten Netzebenen ist dann $d \cdot \tan \eta$ (d Netzebenenabstand). Wenn mit einer solchen Scherung eine Transformation der Struktur (z. B. Übergang aus einem kubisch flächenzentrierten Gitter in ein kubisch raumzentriertes Gitter) verbunden ist, dann spricht man von gittervarianter Scherung bzw. einer martensitischen Transformation[1] (Umwandlung).

Treibende Kräfte für eine martensitische Transformation können sein: Unterkühlungen in Bezug auf die Temperaur T_U,

---

[1] Zwillingsbildungen stellen Gitterscherungen ohne Strukturveränderung dar.

3.6 Arten und Kinetik von Phasenumwandlungen

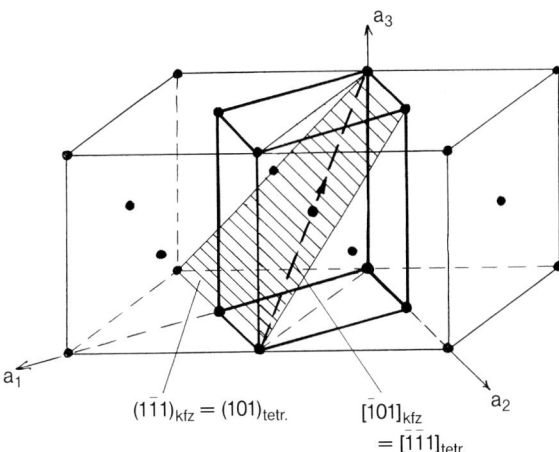

$(1\bar{1}1)_{kfz} = (101)_{tetr.}$

$[\bar{1}01]_{kfz} = [\bar{1}11]_{tetr.}$

Abb. 3.89 Bain-Transformation einer kubisch flächenzentrierten in eine kubisch raumzentrierte bzw. tetragonal raumzentrierte Struktur

bei der die Ausgangs- und die martensitische Phase im Gleichgewicht stehen würden (thermoelastische Martensitbildung), oder mechanische Spannungen bzw. Deformationen (deformationsinduzierte Martensitbildung). Sie treten auf, wenn T_U unterhalb der Diffusionsgrenztemperatur T_D liegt oder wenn man durch eine entsprechend schnelle Abkühlung auf $T < T_D$ eine normalerweise stattfindende diffusionsgesteuerte Phasenumwandlung unterdrückt hat (Abschnitt 3.6.2).

Wesentliche Kennzeichen der martensitischen Phasenumwandlungen sind:

- Ausgangs- und Martensitphase haben eine unterschiedliche Struktur, die chemische Zusammensetzung ist jedoch gleich.
- Die Umwandlung beinhaltet eine gittervariante Scherung gekoppelt mit einer gitterinvarianten Scherung/Deformation (s. u.).
- Zwischen den Gittern der Ausgangsphase und der Martensitphase besteht eine begrenzte Zahl möglicher Orientierungszusammenhänge. Ausgangskristall und der aus ihm gebildete Martensitkristall haben eine gemeinsame Gitterebene, die Habitusebene.
- Die martensitische Umwandlung startet in sehr kleinen Bereichen, die als Keime anzusehen sind. Keimbildung und Keimwachstum sind nicht thermisch aktivierbar.
- Es treten hohe Umwandlungsgeschwindigkeiten auf (bis nahe Schallgeschwindigkeit), es besteht aus praktischer Sicht keine Zeitabhängigkeit der Umwandlung.
- Die Rückumwandlung einer martensitischen Phase unterliegt einer deutlichen bzw. starken Temperaturhysterese.

Wie man sich eine martensitische Transformation einer kubisch flächenzentrierten Struktur in eine tetragonal raumzentrierte bzw. kubisch raumzentrierte Struktur kristallografisch vorstellen kann, veranschaulicht Abb. 3.89.

Man geht bei der Erklärung von zwei nebeneinander stehenden kubisch flächenzentrierten Elementarzellen aus. In ihnen lässt sich zunächst formal eine neue, tetragonal raumzentrierte Zelle (trz) mit den Parametern $a_1 = \frac{1}{2}\begin{bmatrix}\bar{1}\ 1\ 0\end{bmatrix}_{kfz}$ und $a_2 = \frac{1}{2}\begin{bmatrix}1\ 1\ 0\end{bmatrix}_{kfz}$ sowie $a_3 = \begin{bmatrix}0\ 0\ 1\end{bmatrix}_{kfz}$ defi-

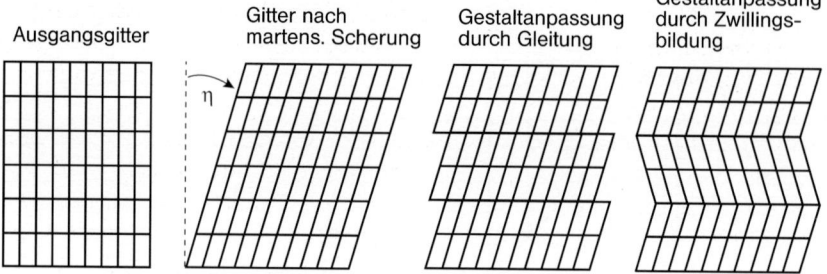

Abb. 3.90 Notwendige strukturinvariante Deformationen des Martensits

nieren. Den beiden Zellen ist die Ebene $(1\,\bar{1}\,1)_{kfz} = (1\,0\,1)_{tetr}$ und die Richtung $[\bar{1}\,0\,1]_{kfz} = [\bar{1}\,\bar{1}\,1]_{tetr}$ gemeinsam. Das Achsverhältnis $a_3/a_1 = \sqrt{2}$ ist noch sehr groß. Staucht man nun die kubisch flächenzentrierten Zellen in Richtung $[0\,0\,\bar{1}]_{kfz}$ und dehnt sie in den Richtungen $[1\,0\,0]_{kfz}$ bzw. $[0\,1\,0]_{kfz}$, verschwindet die kubische Symmetrie für die kubisch flächenzentrierten Zellen, die formale tetragonal raumzentrierte Zelle geht in eine kubisch raumzentrierte Zelle mit einem Achsverhältnis gleich 1 über. Diese Stauchungen bzw. Dehnungen werden durch eine martensitische, strukturvariante Scherung realisiert. Das Volumen der durch die Stauchungen gebildeten kubisch raumzentrierten Zelle ist nur wenig größer als das der ungestauchten tetragonal raumzentrierten Zelle. Das bedeutet, dass bei einer solchen Operation das Volumen nur geringfügig zunimmt. Bei genauerer Betrachtung dieses Bain-Mechanismus' ist festzustellen, dass die Ebenen $\{1\,1\,1\}_{kfz}$ und $\{1\,1\,0\}_{krz}$ nicht undeformiert bleiben, es ergeben sich geringfügige geometrische Veränderungen der jeweiligen Netzebenenmaschen, was bedeutet, dass sie nicht exakt die Habitusebenen sind.

Die martensitische Phasenumwandlung wurde zuerst bei den Fe-C-Legierungen (Kohlenstoffstählen) untersucht. Verglichen mit dem eben beschriebenen Vorgang ergibt sich ein Unterschied dadurch, das die kubisch flächenzentrierte Ausgangsphase, der Austenit auf den Oktaederlücken vom Typ 0 0 ½ interstitielle Kohlenstoffatome beherbergt.

Da sich bei der Transformation die Nachbarschaften nicht ändern, werden sich diese Kohlenstoffatome in der martensitischen Zelle nur in den Positionen vom Typ 0 0 ½ oder ½ ½ 0, nicht aber in Positionen ½ 0 0 oder 0 ½ 0 wiederfinden. Das führt dazu, dass das Achsverhältnis $a_3/a_1 > 1$ wird, die Zelle ist nicht mehr kubisch raumzentriert sondern tetragonalraumzentriert (s. auch Abb. 5.85). Die Kristallografie der martensitischen Umwandlung des Austenits in Kohlenstoffstählen lässt sich nach Kurdjumov und Sachs folgendermaßen beschreiben (s. auch Abb. 5.87):

$$\{1\,1\,1\}_A \| \{0\,1\,1\}_M \text{ und } \langle 1\,1\,0\rangle_A \| \langle 1\,1\,1\rangle_M$$
(3.48a)

(Der Index A bezieht sich auf den Austenit, der Index M auf den Martensit.)

Diese Orientierungsbeziehung entspricht formal der Bain-Beziehung.

Martensitische Transformationen können zwischen verschiedenen metallischen Strukturen auftreten, sofern ihre Packungsdichte hoch und vergleichbar sind. Man beobachtet Transformationen der Art kfz ↔ krz; kfz ↔ trz; kfz ↔ hdp; hdp ↔ krz

kfz kubisch flächenzentriert
krz kubisch raumzentriert
trz tetragonal raumzentriert
hdp hexagonal dichtest gepackt

Für die beiden letztgenannten Umwandlungen ergeben sich folgende Orientierungszusammenhänge:

kfz ↔ hdp:

$$\{1\,1\,1\}_{kfz}||\{0\,0\,1\}_{hdp} \quad \langle 1\,1\,0\rangle_{kfz}||\langle 1\,1\,0\rangle_{hdp}$$
(3.48 b)

hdp ↔ krz:

$$\{0\,0\,1\}_{hdp}||\{0\,1\,1\}_{krz} \quad \langle 1\,1\,0\rangle_{hdp}||\langle 1\,1\,1\rangle_{krz}$$
(3.48 c)

Man findet martensitische Umwandlungen aber auch bei anorganisch nichtmetallischen Materialien, z. B. bei ZrO_2.

Wenn sich in der Ausgangsphase ein Martensitbereich bildet, dann würde die in Abb. 3.90 gezeigte strukturvariante Scherung zu einer extrem starken elastischen Wechselwirkung mit der Umgebung führen, wenn sie allein aufträte[1]. Durch diese starke elastische Rückwirkung der Ausgangsphase auf den sich bildenden Martensitbereich muss außer der strukturvarianten Scherung simultan eine strukturinvariante Scherung/Deformation stattfinden, die dazu führt, dass der Martensitbereich näherungsweise jene Gestalt beibehält, die dem noch nicht umgewandelten Bereich der Ausgangsphase entsprochen hat (Kompatibilität)[2]. Dies kann durch eine Zwillingsbildung oder durch Versetzungsgleiten erfolgen (Abb. 3.90).

Welcher dieser beiden Mechanismen aktiv wird, hängt von den jeweiligen Schubspannungen ab, die für ihre Betätigung aufgebracht werden müssen. Ist die notwendige Schubspannung für das Versetzungsgleiten niedriger als die für die Zwillingsbildung, wird das Gleiten die strukturinvariante Deformation übernehmen. Das beobachtet man bei den Fe-C-Martensiten mit Kohlenstoffgehalten kleiner etwa 0,4 Masse-%, der entstandene Martensit mit hohen Versetzungsdichten wird als Lattenmartensit bezeichnet (vgl. Abb. 5.79 und 5.84). Ist die kritische Spannung für die Zwillingsbildung niedriger als für das Versetzungsgleiten, dann wird die Zwillingsbildung die strukturinvariante Deformation tragen. Man findet diese Form als sogenannten Plattenmartensit mit einer sehr typischen Morphologie bei den Fe-C-Legierungen mit Kohlenstoffgehalten größer als etwa 0,8 Masse-% (s. Abb. 5.81 und 5.82).

Thermoelastische Martensitbildung: Eine martensitische Transformation findet erst dann statt, wenn die treibende Kraft ΔG einen Mindestbetrag überschritten hat. Das bedeutet wegen $\Delta G = -\Delta S \cdot \Delta T$, dass die Martensitbildung bei Abkühlung erst unterhalb einer bestimmten Temperatur einsetzt, die als Martensit-Start-Temperatur M_s bezeichnet wird. Bei weiterer Abkühlung wird in zunehmendem Maß Martensit gebildet, wobei die erreichte Martensitmenge nur von der jeweils eingestellten Temperatur $T < M_s$ abhängt (Abb. 3.91). Bei Unterschreiten der sogenannten Martensit-End-Temperatur M_f ist die Ausgangsphase zu mehr als 99 % in Martensit umgewandelt worden. Als Erklärung dafür, dass bei einer Umwandlungstemperatur T zwi-

---

[1] Bei einer martensitischen Scherung wird eine Kugel in ein Ellipsoid überführt, das dann wegen seiner Gestaltsänderung nicht mehr in den ursprünglichen kugligen „Hohlraum" hineinpasst.

[2] Diese strukturinvarianten Deformationen sind charakteristisch für alle martensitischen Umwandlungen.

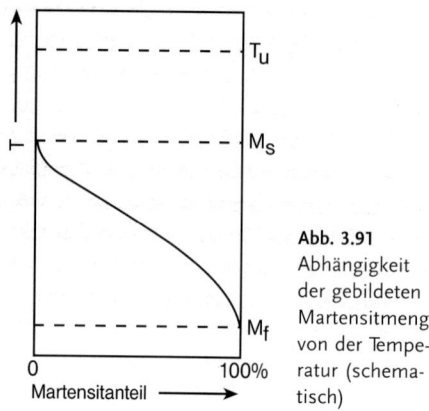

Abb. 3.91 Abhängigkeit der gebildeten Martensitmenge von der Temperatur (schematisch)

schen M_s und M_f die Umwandlung „stecken" bleibt, kann der Umstand dienen, dass mit der Transformation vor der Umwandlungsfront lokale Deformationen und damit Versetzungsbildungen in der Ausgangsphase auftreten, die mit ihren Spannungen die weitere Ausbreitung des Martensitbereichs stoppen. Erst wenn durch weitere Temperaturerniedrigung die thermodynamische treibende Kraft ΔG erhöht wird, setzt sich die Umwandlung fort.

Bei den Fe-C-Legierungen (Kohlenstoffstähle) lässt sich diese Temperaturabhängigkeit der gebildeten Martensitmenge brauchbar durch die von Koistinen und Marburger angegebene Beziehung beschreiben:

$$V_M = 1 - \exp[-A(M_s - T)] \quad (3.49)$$

A Konstante

Deformationsinduzierte Martensitbildung: Wie oben ausgeführt, findet bei Temperaturen oberhalb M_s keine Martensitbildung statt. Ist T aber nahe M_s, kann die noch fehlende treibende Kraft über eine mechanische Arbeit $\tau \cdot \gamma_S$ aufgebracht werden (τ wirkende Schubspannung in Scherrichtung, γ_S-Scherung).

Das bedeutet, dass bei Einwirkung von Schubspannungen auch oberhalb M_s eine Martensitbildung stattfinden kann. Man bezeichnet das als deformationsinduzierte Martensitbildung. Auch hier lässt sich eine Grenztemperatur, die M_d-Temperatur definieren, oberhalb deren keine Martensitbildung durch Deformation erzwungen werden kann. Zwischen M_d und M_s kann Martensit nur nach einer Deformation entstehen, unterhalb M_s kann sich thermoelastischer und deformationsinduzierter Martensit bilden. Sind die für die deformationsinduzierte Martensitbildung notwendigen Spannungen niedriger als die Fließspannung, findet die Martensitbildung ohne plastische Deformation statt, man spricht von spannungsinduzierter Martensitbildung. Ist die notwendige Spannung größer als die Fließspannung, läuft der Martensitbildung eine plastische Deformation voraus, es entsteht Verformungsmartensit.

Die spannungsinduzierte Martensitbildung kann reversibel verlaufen (Rückumwandlung bei Wegnahme der Spannung bzw. Temperaturerhöhung). Dieses Verhalten wird bei den Formgedächtnislegierungen ausgenützt (s. Abschnitt 6.2.2).

Die Bildung von Verformungsmartensit ist typisch für die metastabilen austenitischen Stähle (Abb. 3.92). Die durch Verformung unterhalb M_d gebildete Martensitmenge hängt sowohl von der Temperatur ($M_d - T$) als auch vom Umformgrad ε ab. Dieser Zusammenhang lässt sich näherungsweise beschreiben durch eine Beziehung der Art (Onyuna et al.):

$$\frac{V_M}{1 - V_M} = \exp[B \cdot \ln \varepsilon + C(M_d - T)] \quad (3.50)$$

B, C Konstanten
ε plastische Dehnung ($\varepsilon = \Delta l/l_0$)

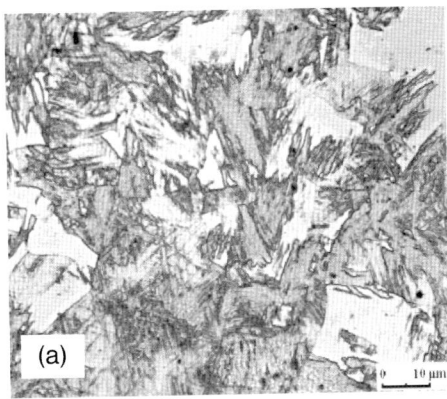

(a)

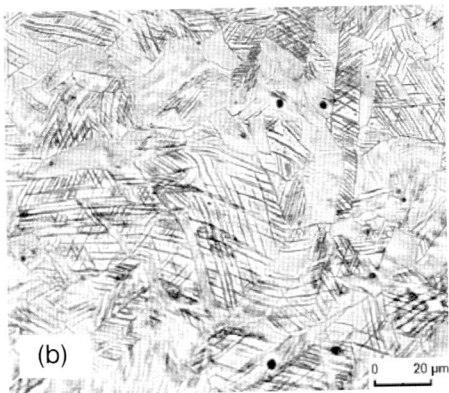

(b)

Abb. 3.92 Verformungsmartensit in einem Stahl X5CrNi18.9: a) kubisch raumzentrierter α-Martensit, b) hexagonal dichtest gepackter ε-Martensit

3.6.4
Zeit-Temperatur-Diagramme

Die in den Abschnitten 3.4 und 3.5 erläuterten Zustandsdiagramme gelten für den Gleichgewichtszustand. Das heißt sie sagen etwas darüber aus, welche Phasen mit welchen Anteilen bei gegebener Temperatur und Konzentration sich nach hinreichend langen Zeiten ausbilden werden. Da die meisten Phasenumwandlungen, die man nach Temperaturänderungen beobachtet, zeitabhängige Prozesse sind, reichen diese Diagramme für eine detailliertere Gefügeinterpretation nicht mehr aus. Man verwendet an ihrer Stelle zur Deutung

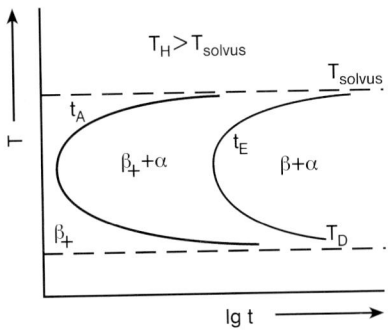

Abb. 3.93 Schematische Darstellung eines isothermen ZTA-Diagramms

der Gefügebildung mit sinkender Temperatur sogenannte Zeit-Temperatur-Diagramme, die jeweils für eine bestimmte Zusammensetzung und Vorbehandlung eines Werkstoffs Gültigkeit haben. Man gibt die Konzentrationen als Variablen auf und kann dafür die Zeit als solche einführen. Derartige Diagramme gibt es für Ausscheidungsprozesse (ZTA-Diagramme), für Phasenumwandlungen (ZTU-Diagramme) und auch für Auflösungsprozesse (ZTL-Diagramme). Das Prinzip dieser ZT-Diagramme lässt sich am einfachsten für einen Ausscheidungsprozess entsprechend Gl. (3.36) erklären (Abb. 3.93):

Experimentell ermittelt man ein solches Diagramm folgendermaßen (vgl. Abschnitt 3.6.2): Man homogenisiert die zu untersuchende Legierung bei T_H, schreckt sie auf Temperaturen unterhalb T_D ab und führt danach die Ausscheidungsbehandlung isotherm[1] bei T_A durch. Man bestimmt die Zeit t_B bis zum Ausscheidungsbeginn (etwa 5 % der maximalen Ausscheidungsmenge gebildet) und t_E bis zum Ausscheidungsende (z. B. 95 % der maximalen Ausscheidungsmenge gebildet). Wenn man nun für alle T_A die zugehörigen t_B und t_E miteinander verbindet, erhält man das in

---

[1] Zeitabhängigkeit des Vorgangs bei konstanter Temperatur.

Abb. 3.93 dargestellt schematische ZTA-Diagramm. Es gibt für jedes T_A Beginn und Ende des Ausscheidungsprozesses an. Es ist auch möglich, zwischen die Kurven für t_B und t_E entsprechende Kurven einzuarbeiten, die die Zeit z. B. bis zu einer 50%igen Ausscheidung angeben.

In Abschnitt 3.6.2 wurde dargelegt, dass bei diffusionskontrollierten heterogenen Phasenumwandlungen, zu denen die Ausscheidungsbildung gehört, Keimbildungsrate, Keimwachstum und damit die Umwandlungsgeschwindigkeit in Abhängigkeit von der Unterkühlung ein Maximum aufweisen (s. Gl. (3.43) und (3.46)). Das erklärt den typischen Verlauf der t_B- und der t_E-Kurven. Man spricht in diesem Zusammenhang gern von der Ausscheidungs-(Umwandlungs-) Nase.

Dieses Prinzip lässt sich auf alle Phasenumwandlungen im festen Zustand übertragen. Man stellt also für jeden Vorgang dessen Anfang und dessen Ende bei isothermer Versuchsführung dar, wobei sich im Fall mehrerer aufeinander folgender Reaktionen das Diagramm aus mehreren „Nasen" zusammensetzt. Da soll mit Abb. 3.94 für einen Stahl mit etwa 0,4 Masse-% C demonstriert werden. Laut Zustandsdiagramm ist zunächst Folgendes festzustel-

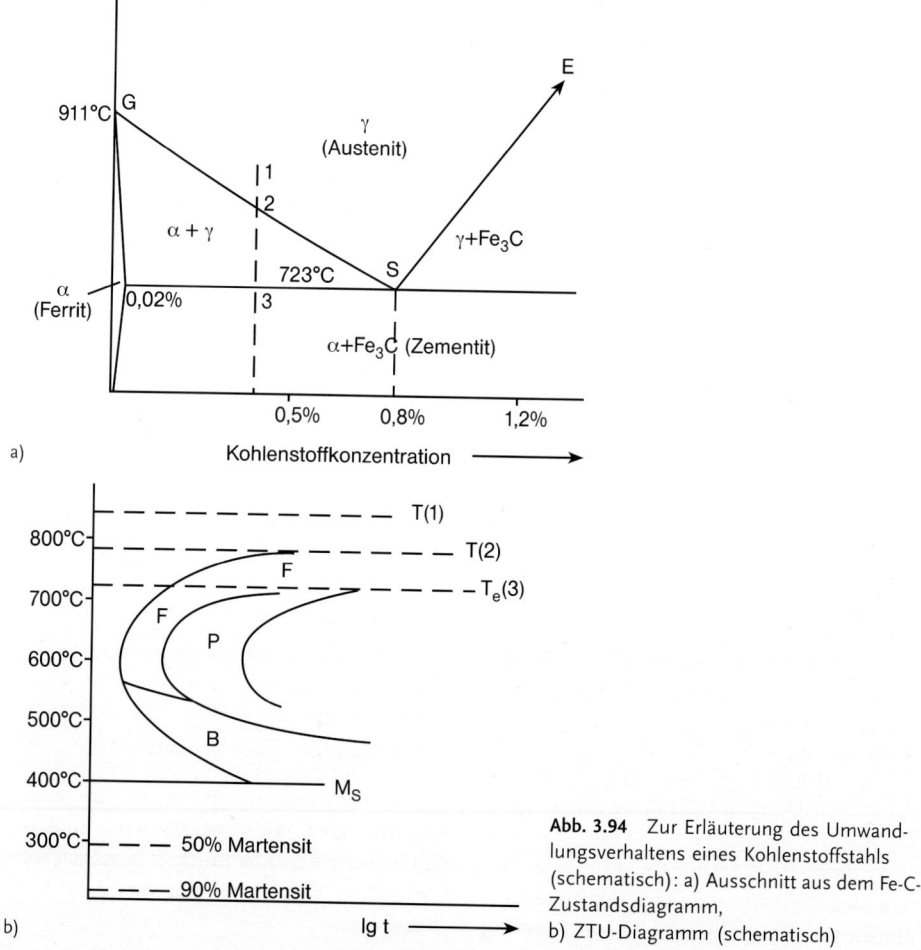

Abb. 3.94 Zur Erläuterung des Umwandlungsverhaltens eines Kohlenstoffstahls (schematisch): a) Ausschnitt aus dem Fe-C-Zustandsdiagramm, b) ZTU-Diagramm (schematisch)

len: Die Austenitisierung erfordert eine Temperatur oberhalb der Linie G-S des Fe-C-Diagramms (Punkt 1 in Abb. 3.94 a). Kühlt man ab, wird bei Punkt 2 die Linie G-S getroffen, darunter beginnt die voreutektoide Ferritbildung (α), sie setzt sich bis zur eutektoiden Temperatur $T_e = 723\,°C$ fort (Punkt 3). Unterhalb T_e beginnt die eutektoide Umwandlung des noch vorhandenen Austenits, der nunmehr einen Kohlenstoffgehalt von 0,8 % erreicht hat (Perlitbildung). Schreckt man den Austenit rasch ab (Vermeidung all dieser Reaktionen), dann wird sich unterhalb der M_s-Temperatur von etwa 400 °C Martensit bilden. Das isotherme ZTU-Diagramm dazu zeigt Abb. 3.94 b).

Folgendes ist diesem Diagramm zu entnehmen:

- Nach dem Austenitisieren bei $T(1)$ führt das Abschrecken auf eine und Halten bei einer Temperatur zwischen $T(2)$ und $T_e(3)$ zu einer Bildung des voreutektoiden Ferrits, wobei sich letztlich ein Gleichgewicht Ferrit-Austenit einstellt.
- Bei isothermer Behandlung zwischen $T_e(3)$ und 550 bis 700 °C bildet sich zunächst wieder voreutektoider Ferrit, der mit Kohlenstoff angereicherte Austenit wandelt nach einer gewissen Zeit eutektoid in Perlit um.
- Bei Temperaturen unterhalb etwa 550 °C bildet sich sogenannter Bainit (s. Abschnitt 5.3.2.5), die Perlitbildung wird unterdrückt.
- Bei Temperaturen unterhalb M_s (knapp 400 °C) entsteht dann athermisch, d. h. spontan Martensit. Je niedriger die Umwandlungstemperatur gewählt wird, desto höher wird der Martensitanteil. Der nicht umgewandelte Austenit wird als Restaustenit bezeichnet.

Isotherme Umwandlungsbedingungen treten bei technologisch relevanten Prozessen insbesondere bei Stählen nicht so häufig auf. Man ist daher bestrebt, für kontinuierliche Abkühlprozesse darzustellen, welche Gefügebestandteile sich ausgebildet haben. Das führt zu den kontinuierlichen ZTU-Diagrammen, die in einem Koordinatensystem $T - \lg t$ mögliche Abkühlkurven darstellen und dabei für einen Umwandlungsbeginn alle T-t-Daten, ermittelt für verschiedene Abkühlregimes durch einen Kurvenzug verbinden. Sie sehen den isothermen ZTU-Diagrammen ähnlich, sind aber anders zu handhaben, das Diagramm wird entlang von praktisch realisierbaren Abkühlkurven gelesen. Abbildung 3.95 zeigt ein kontinuierliches Umwandlungsdiagramm für einen Stahl mit 0,25 % C, 1,40 % Cr, 0,50 % Mo und 0,25 %V. So ergibt sich

- für die Abkühlkurve 1 (rasche Abkühlung), dass nach etwa 3 s bei $T = 370\,°C$ die Martensitbildung beginnt. Andere Gefügebestandteile werden nicht gebildet.
- für die Abkühlkurve 4, dass nach etwa 200 s bei $T = 530\,°C$ die Bainitbildung einsetzt, jedoch nicht zu Ende kommt und bei $T = 360\,°C$ durch die Martensitbildung abgelöst wird
- für die Abkühlkurve 6, dass bei 740 °C die voreutektoide Ferritbildung einsetzt, die bei 540 °C in die Bainitbildung übergeht und sich ab 340 °C mit der Martensitbildung fortsetzt
- für die Kurve 12 (langsamste Abkühlung), dass bei etwa 800 °C die voreutektoide Ferritbildung startet, bei 720 °C die Perlitbildung einsetzt und diese bei 660 °C beendet ist

Als zusätzliche Information wird an das Ende einer jeden Abkühlkurve die erreichte Härte (hier Brinell-Härte) vermerkt.

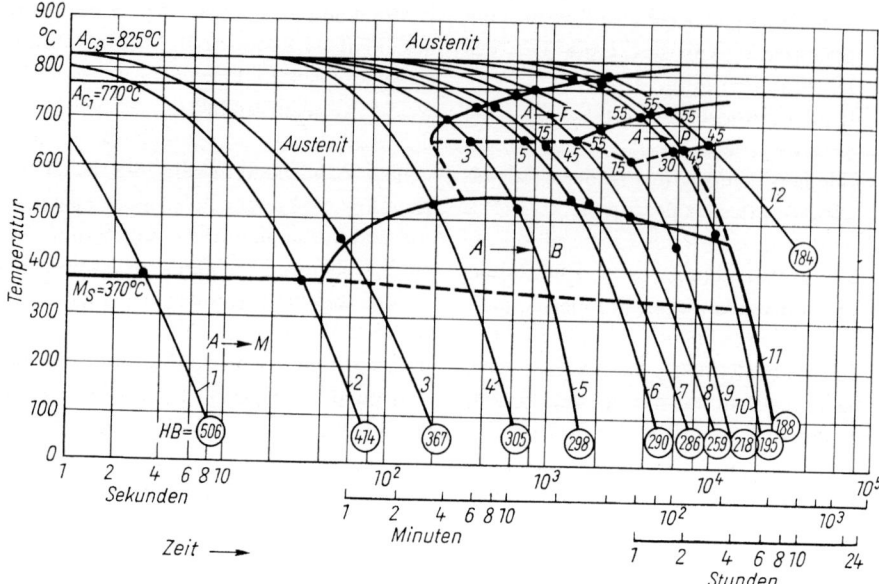

Abb. 3.95 Kontinuierliches ZTU-Diagramm für einen Stahl mit 0,25 % C, 1,40 % Cr, 0,50 % Mo und 0,25 % V

3.7
Verfahren zur Bestimmung von Zustandsdiagrammen

Für die experimentelle Bestimmung von Zustandsdiagrammen steht ein ganzer Komplex von Methoden zur Verfügung, von denen die thermische Analyse, die Röntgenografie und die Gefügebetrachtung mit licht- bzw. elektronenmikroskopischen Methoden die bedeutsamsten sind. Mit lichtmikroskopischen Methoden lassen sich Aussagen treffen über

– die Anzahl der Phasen in der Probe und damit im Vergleich zwischen Legierungen mit abgestuften Konzentrationen die Grenzlinien zwischen den Gebieten mit unterschiedlicher Phasenzahl
– die Anordnung der Phasen (eutektische/peritektische bzw. eutektoide/peritektoide Gefüge usw.)
– Mengenanteile der Gefügebestandteile

vorausgesetzt, dass die Gefügeelemente größer als die Auflösungsgrenze des Mikroskops sind und sich unterschiedlich kontrastieren lassen. Eine direkte Phasenidentifizierung ist aber nicht möglich.

Die Röntgenbeugung liefert wertvolle Aussagen zu

– Struktur und Art der Phasen (Phasenidentifizierung)
– Mengenanteilen der Phasen
– Gitterparametern der Phasen und damit über die Vegard-Regel zu Konzentrationen in den Mischkristallen bzw. Solvuslinien

Besonders wichtig für die TEM bzw. REM sind die Möglichkeiten

– der Identifizierung kleinster Gefügeelemente, wie Ausscheidungen usw. (Elektronenbeugung)
– der chemischen Analyse in Mikrobereichen

- des Nachweises von Ordnungs- und Entmischungserscheinungen (Elektronenbeugung)
- der Untersuchung der Beschaffenheit von Grenzflächen
- der Bestimmung der Anordnung von kleinsten Gefügeelementen

Bezüglich der vielfältigen Möglichkeiten, mit lichtmikroskopischen, röntgenografischen und elektronenmikroskopischen bzw. mikroanalytischen Methoden Aussagen über die auftretenden Phasen, Gefügebestandteile und deren Konstitution zu gewinnen, sei auf Kap. 2 dieses Buchs verwiesen, das sich diesen Fragen in Ausführlichkeit widmet.

Für das methodische Vorgehen bei der Untersuchung von Zustandsdiagrammen bieten sich insbesondere folgende Möglichkeiten an:

1. Man stellt sich eine Reihe von Legierungen mit abgestuften Konzentrationen her, bringt diese bei einer ausgewählten Temperatur ins Gleichgewicht und analysiert diesen Zustand bei dieser Temperatur hinsichtlich der auftretenden Phasen und deren Konstitution insbesondere mit mikroskopischen und röntgenografischen Hochtemperaturmethoden.
2. Man verwendet wieder eine Legierungsreihe, die bei einer bestimmten Temperatur ins Gleichgewicht gebracht wurde, und schreckt diese Zustände auf Untersuchungstemperatur (z. B. Raumtemperatur) ab. Wenn beim Abschrecken Gefügeveränderungen unterdrückt und Nachreaktionen bei Untersuchungstemperatur ausgeschlossen werden können, ist die Analyse der Gefügebestandteile und deren Konstitution mit den in Kap. 2 beschriebenen Methoden gut möglich.
3. Man schmilzt abgestufte Legierungen auf und verfolgt die bei der Abkühlung stattfindenden Reaktionen anhand der dabei auftretenden Wärmetönungen (Abkühlkurven, Differentialthermoanalyse, Differentialcalorimetrie) und findet damit für die jeweiligen Legierungskonzentrationen die Temperaturen, die den Liquidus-, Solidus- oder Solvuslinien bzw. den Eutektikalen, Peritektikalen usw. entsprechen.
4. Man untersucht bei abgestuften Legierungen nur feste Zustände unterhalb der Soliduslinie hinsichtlich der thermischen Ausdehnung in Abhängigkeit von der Temperatur beim Aufheizen und beim Abkühlen (Dilatometrie). Praktisch alle Phasentransformationen sind mit Volumenänderungen verknüpft, was sich in entsprechenden Verlaufsänderungen der linearen thermischen Ausdehnung niederschlägt.

Nachfolgend sollen die Grundzüge der Thermoanalyse und der Dilatometrie erläutert werden.

3.7.1
Thermoanalyse

Der Temperatur-Zeit-Verlauf beim Aufheizen bzw. beim Abkühlen eines Körpers hängt von folgenden Bedingungen ab:

- Anfangstemperatur T_0 des Körpers
- Umgebungstemperatur T_{Um} des Körpers, die gewöhnlich gleich der Endtemperatur T_∞ ist, die der Körper nach hinreichend langer Zeit erreichen soll
- Wärmeübergangsbedingungen an der Oberfläche, die mehr oder weniger abhängig von der Temperatur und von den Konvektionsbedingungen im umgebenden Medium sind (z. B. Luft, Wasser, Öl, Salzbäder usw.)

- Masse, spezifische Wärme, thermische Leitfähigkeit und Oberfläche des Körpers

Für die Erläuterung der Thermoanalyse reicht es aus, wenn man Konstanz von T_{Um} und des Wärmeübergangs voraussetzt. Auch sei die Oberfläche und die Masse des Körpers nicht von der Temperatur abhängig, eine Bedingung, die meist erfüllt sein sollte. Man gelangt damit zum Newton'schen Abkühlgesetz, bei dem davon ausgegangen wird, dass die zu einem Zeitpunkt t vom Körper an die Umgebung abgegebene Wärmemenge q proportional zur Temperaturdifferenz $T(t) - T_{Um}$ ist. Das liefert den exponentiellen Zusammenhang

$$T(t) = (T_0 - T_{Um}) \cdot \exp[-t/\tau] + T_{Um} \quad (3.51)$$

Diese Beziehung ist gleichermaßen für die Abkühlung ($T_0 > T_{Um}$) und für das Aufheizen ($T_0 < T_{Um}$) gültig. Die Zeitkonstante τ ist charakteristisch für das System und kann nicht ohne Weiteres auf ein anderes (z. B. mit anderen Massen, Oberflächen usw.) übertragen werden. Der Reziprokwert $1/\tau$ wird oft als Abkühlkonstante bezeichnet. Abbildung 3.96 a zeigt eine Abkühlkurve in linearer Darstellung. Man sieht, dass die Abkühlgeschwindigkeit $\Delta T/\Delta t$ zu Beginn der Abkühlung am größten ist und nach langen Zeiten gegen Null geht. Eine in Abb. 3.96 a ebenfalls eingezeichnet Aufheizkurve lässt erkennen, dass die Aufheizgeschwindigkeit zu Beginn am größten ist und sich die Temperatur asymptotisch der Umgebungstemperatur T_{Um} annähert.

Die in Abb. 3.96 b gezeigte Abkühlkurve mit logarithmischer Zeitachse ist die typische Darstellungsform, die für die kontinuierlichen Zeit-Temperatur-Umwandlungsdiagramme verwendet wird (s. Abb. 3.95).

Phasenumwandlungen sind, wie in Abschnitt 3.1 erläutert wurde, mit Wärme-

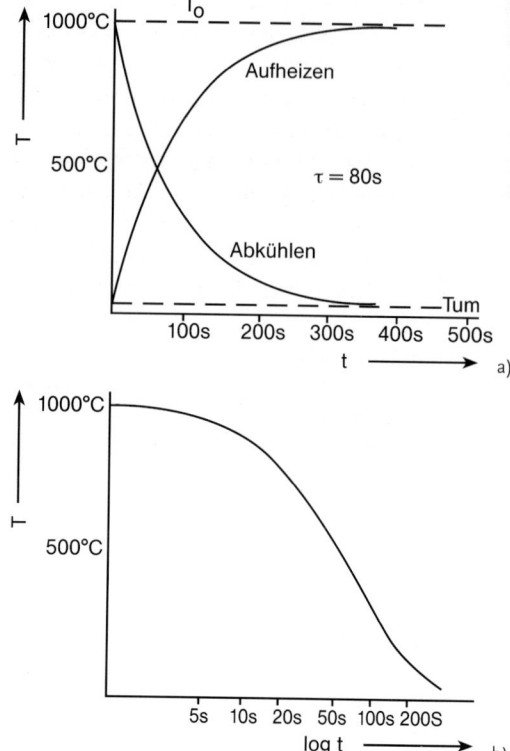

Abb. 3.96 Exponentielle Abkühl- und Aufheizkurven: a) lineare Zeiteinteilung; b) logarithmische Zeiteinteilung

tönungen verbunden. Beim Abkühlen werden Umwandlungsenthalpien freigesetzt, was dazu führt, dass man Knick- und Haltepunkte im Verlauf der oben erläuterten exponentiellen Abkühlkurve beobachtet. Sie entstehen dadurch, dass sich der eigentlichen Abkühlung eine Entwicklung von Wärmeenergie überlagert, die eine Verzögerung der Abkühlung (Knickpunkt) oder gar ein Verhalten bei einer bestimmten Temperatur (Haltepunkt) bewirken (vgl. z. B. Abb. 3.34 bzw. Abschnitt 3.4.2).

Haltepunkte sind charakteristisch für Umwandlungen, die sich bei einer definierten Temperatur vollziehen, d. h. für nonvariante Phasengleichgewichte wie z. B. Erstarren oder Schmelzen einer reinen Komponente oder eutektische, eutektoide, peritektische, peritektoide, monotektische oder monotektoide Reaktionen in binären Systemen. Während der Umwandlung wird dann die pro Zeiteinheit aus dem System abgeführte Wärmemenge Q_A gleich der Wärmemenge Q_U, die durch die Umwandlung erzeugt wird. Will das System die Temperatur erniedrigen, vergrößert sich die Unterkühlung für die Phasentransformation, was sofort zu einer erhöhten Umwandlungsgeschwindigkeit und damit verstärkten Generation von Umwandlungswärme führt (vgl. Gl. (3.46)). Mit dem Ende der Umwandlung setzt dann wieder die normale exponentielle Abkühlung ein.

Abbildung 3.97 illustriert das für die Erstarrung von Blei. Der gefundene Haltepunkt (Erstarrungstemperatur) entspricht bis auf die geringe, für die Erstarrung notwendige Unterkühlung der Gleichgewichtstemperatur zwischen festem und flüssigem Blei (s. Abschnitt 3.6.2 und 4.1).

Vollziehen sich die Umwandlungen beim Abkühlen in einem Temperaturintervall (z. B. zwischen Liquidus- und Soliduslinie) bilden sich zu Beginn und zum Ende der Umwandlung Knickpunkte aus: Mit Beginn der Umwandlung wird wegen der Freisetzung der Umwandlungswärme die Abkühlungsgeschwindigkeit $\Delta T/\Delta t$ verringert, am Ende des Umwandlungsvorgangs erhöht sie sich wieder.

Analysiert man nun für Legierungen mit verschiedenen Zusammensetzungen die beim Abkühlen auftretenden Knick- und Haltepunkte (vgl. Abb. 3.34), lassen sich aus diesen die Begrenzungslinien der Phasenfelder (Begrenzungsflächen von Phasenräumen) ermitteln. Dazu schmilzt man die Legierungen in entsprechenden Tiegeln auf, taucht in die Schmelzen ein

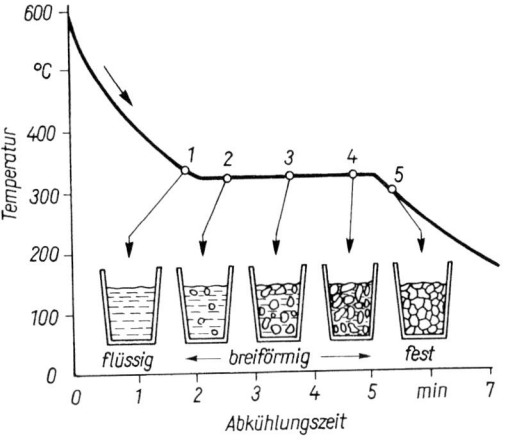

Abb. 3.97 Abkühlungskurve von Blei: Der Haltepunkt von 327 °C entspricht der Erstarrungstemperatur

ummanteltes bzw. in einem Keramikröhrchen steckendes Thermoelement als Temperatursensor und verfolgt die zeitliche Änderung der Temperatur beim Abkühlen. Die Abkühlung soll langsam erfolgen, da die Temperaturanzeigen träge sind und außerdem stärkere Unterkühlungen des Systems vermieden werden sollen. Grundsätzlich können auch Aufheizkurven hinsichtlich auftretender Knick- und Haltepunkte analysiert werden. Die auftretenden Phasenumwandlungen benötigen nun zusätzliche Wärmemengen, weshalb die Temperaturerhöhung der Probe verzögert (Knickpunkte) bzw. aufgehalten wird (Haltepunkte).

Eine wesentliche Steigerung der Empfindlichkeit für den thermischen Nachweis von Phasenumwandlungen erlaubt der Einsatz der Differentialthermoanalyse (DTA, Abb. 3.98). In einem geregelt aufheiz- bzw. abkühlbaren Ofenraum befinden sich nahe beieinander eine inerte Probe IP[1] und die zu untersuchende P. Die Tempera-

---

1) Probe mit ähnlichen thermischen Eigenschaften, die im zu untersuchenden Temperaturbereich keine Phasenumwandlungen zeigt.

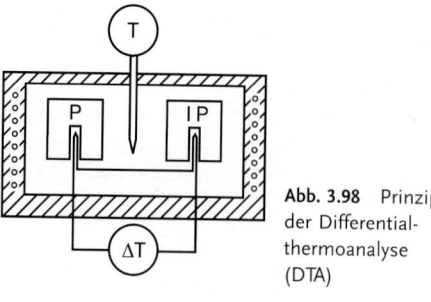

Abb. 3.98 Prinzip der Differentialthermoanalyse (DTA)

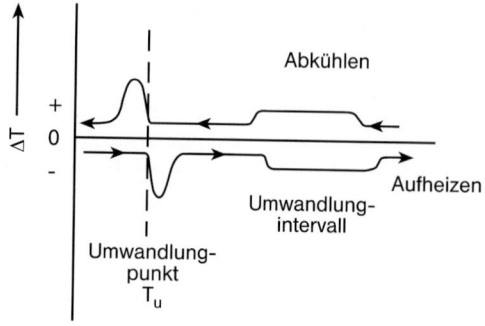

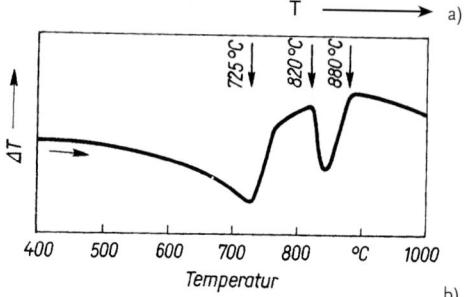

Abb. 3.99 DTA-Kurven: a) schematische Darstellung von DTA-Kurven, b) Aufheizkurve für einen Stahl mit 0,20 % C, 13 % Cr

tur des Ofenraums und damit der beiden Proben wird über ein Thermoelement T kontrolliert und gesteuert. Weiterhin befindet sich in der Probe und in der Inertprobe ein Differenz-Thermoelement, in dem die beiden Messstellen gegeneinander geschaltet sind (ΔT). Es zeigt also die Temperaturdifferenz zwischen Probe und Inertprobe an. Solange zwischen P und IP keine Temperaturdifferenz besteht, ist das Signal ΔT Null (Kompensation der Thermospannungen). Erst wenn sich in der Probe P Phasenumwandlungen vollziehen, wird sich ein $\Delta T = T_P - T_{IP}$ ausbilden, das vom Differenzthermoelement angezeigt wird. Das unmittelbare experimentelle Ergebnis ist also eine $\Delta T-T$-Kurve, wie sie schematisch in Abb. 3.99 a zu sehen ist. Phasenumwandlungen beim Aufheizen führen zu einem negativen ΔT (es muss die Umwandlungsenthalpie zusätzlich zugeführt werden) bzw. zu einem positiven ΔT beim Abkühlen (es wird die Umwandlungsenthalpie freigesetzt).

Für Umwandlungen mit nonvarianten Phasengleichgewichten ergeben sich große, auf ein enges Temperaturintervall begrenzte ΔT-Werte, wobei der Mittelwert des Umwandlungsbeginns beim Aufheizen bzw. beim Abkühlen T_U repräsentiert. Im Fall von Umwandlungsintervallen verteilt sich der thermische Effekt auf das zugehörige Temperaturintervall T_{Beginn} – T_{Ende}, die ΔT-Werte fallen entsprechend gering aus.

Abbildung 3.99 b zeigt die DTA-Kurve für einen Stahl X20Cr13. Der Curie-Punkt (A_{c2}) für den Übergang des ferromagnetischen in den paramagnetischen Zustand liegt bei 725 °C, wobei darauf verwiesen werden soll, dass der Abbau der Magnetisierung (Auflösung der Parallelisierung der atomaren magnetischen Momente des Fe durch die thermischen Gitterschwingungen) schon bei tieferen Temperaturen beginnt. Die Umwandlung des ferritisch-perlitischen Gefüges in den austenitischen Zustand startet bei A_{c1} = 820 °C und ist bei A_{c3} = 880 °C beendet.

Will man außer den Temperaturen bzw. Temperaturbereichen der Umwandlungen auch die Umwandlungsenthalpien bestimmen, empfiehlt sich die Differentialscanningkalorimetrie (DSC). Wie bei der DTA wird die zu untersuchende Probe verglichen mit einer Inert- oder Standardprobe, wobei nun aber beiden Proben separat Wärme/Energie über getrennte Heizsysteme so zugeführt werden kann, dass die Temperatur der Inert- und der Untersuchungsprobe ständig gleichbleiben. Treten Phasenumwandlungen in der Untersuchungsprobe auf, die mit einer Wärmeentwicklung oder einer Wärmeabsorption verknüpft sind, müssen die Energiezufuhren zur Inert- und Untersuchungsprobe so differenziert werden, dass die Probentemperaturen sich nicht unterscheiden. Diese Energiedifferenzen sind das Messsignal, das wieder in Abhängigkeit von der Temperatur aufgenommen und quantitativ ausgewertet wird. Die DSC-Geräte müssen vorab mit geeigneten Referenzmaterialien (z. B. In, Sn, $BaCO_2$ u. a.) kalibriert werden.

3.7.2
Dilatometrie

Alle festen Körper ohne Phasenumwandlungen zeigen eine monotone Längenzunahme mit steigender Temperatur. Diese normale thermische Ausdehnung lässt sich mit der Gleichung

$$L(T) = L(T_0) \cdot \left[1 + \alpha(T - T_0) + \beta(T - T_0)^2 + ...\right] \approx L(T_0) \cdot [1 + \alpha(T - T_0)]$$

(3.52)

beschreiben. T_0 ist die Bezugstemperatur (Anfangstemperatur), α der lineare thermische Ausdehnungskoeffizient und β der quadratische. Wegen der Kleinheit von β ist es für nicht zu große Temperaturintervalle ausreichend, nur das lineare Glied in dieser Potenzreihe zu berücksichtigen[1].

---

[1] Für Pt ist $\alpha = 90 \cdot 10^{-7}$ K^{-1}, $\beta = 49 \cdot 10^{-10}$ K^{-2}

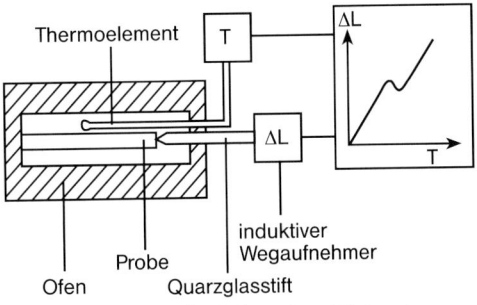

Abb. 3.100 Prinzipieller Aufbau eines Dilatometers

Abweichungen von einem solchen monoton ansteigenden Verlauf ergeben sich dann, wenn in einer Probe beim Aufheizen oder Abkühlen Phasenumwandlungen stattfinden, da diese in den meisten Fällen mit Volumenänderungen und damit Längenänderungen verknüpft sind. Um solche Abweichungen detektieren zu können, bedient man sich sogenannter Dilatometer, deren Prinzip in Abb. 3.100 skizziert ist.

Eine wenige Zentimeter lange, meist zylindrische Probe mit einem Durchmesser von ca. 4 mm wird in einem Ofen programmgeregelt erwärmt. Das eine Probenende wird gegen ein festes Widerlager geschoben, an das andere frei bewegliche Ende setzt ein Quarzglasstift an, der die eintretenden Längenänderungen auf einen induktiven Wegaufnehmer überträgt. Ein Thermoelement in unmittelbarem Kontakt mit der Probe dient der Temperaturmessung. Der Temperaturregelung, Messwerterfassung und -verarbeitung sowie der Ergebnisdarstellung dient ein Rechner. Die Messungen erfolgen in der Regel im Vakuum oder unter Schutzgas, mit dem auch die Abkühlung gesteuert werden kann, wobei mit sogenannten Abschreckdilatometern hohe Abkühlgeschwindigkeiten realisierbar sind.

Abbildung 3.101 zeigt die Dilatometerkurven für Eisen, Nickel und Fe-Ni-Legierungen. Nickel und Eisen und auch die

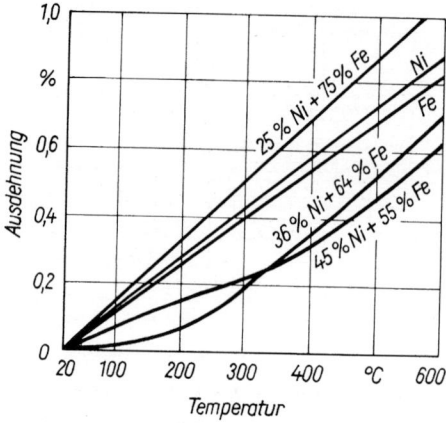

Abb. 3.101 Thermische Ausdehnung von Eisen, Nickel und Fe-Ni-Legierungen

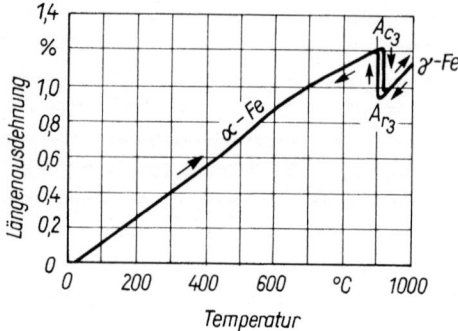

Abb. 3.102 Dilatometerkurve von reinem Eisen mit Hysterese zwischen A_{c3} und A_{r3}

Legierung Fe + 25% Ni weisen einen praktisch linearen Zusammenhang zwischen der Ausdehnung und der Temperatur auf, was typisch für Materialien ohne Phasenumwandlungen oder Ordnungs- und Entmischungserscheinungen ist. Der lineare thermische Ausdehnungskoeffizient α der Metalle korreliert dabei mit der reziproken Schmelztemperatur (Grüneisen-Regel) gemäß

$$\alpha \cdot T_S \approx (1{,}5 \ldots 3) \cdot 10^{-2} \qquad (3.53)$$

Bei der Legierung Fe + 45% Ni und besonders Fe + 36% Ni fallen die vergleichsweise geringen Ausdehnungswerte bis etwa 300 °C auf, bei der Legierung mit 36% Ni ist α im Bereich der Raumtemperatur sogar fast eine Größenordnung geringer als bei reinen Metallen. Das ist darauf zurückzuführen, dass in diesem Temperaturbereich durch die Aufhebung der magnetischen Ordnung (Aufhebung der Parallelausrichtung der atomaren magnetischen Momente) eine Kontraktion des Werkstoffs auftritt (negative Magnetostriktion), die der normalen thermischen Ausdehnung entgegenwirkt. Die Legierung mit 36% Ni gehört zu der Gruppe der Invar-Legierungen.[1]

Eine typische Dilatometerkurve eines Metalls mit einer polymorphen Umwandlung zeigt Abb. 3.102 am Beispiel des Eisens. Tabelle 1.7 ist zu entnehmen, dass das bei Raumtemperatur vorliegende kubisch raumzentrierte ferromagnetische α-Eisen bei 768 °C in das paramagnetische β-Eisen übergeht (A_{c2}). Dieser Übergang ist mit einer nur geringen Änderung des spezifischen Volumens (Längenänderung) verknüpft. Die Umwandlung des β-Eisens in das kubisch flächenzentrierte γ-Eisen bei 911 °C (A_{c3})[2] zeigt sich in einem deutlichen Längenabfall in der Aufheizkurve um mehr als 0,2 %. Dieser Abfall ist darauf zurückzuführen, dass die kubisch flächenzentrierte Modifikation des Eisens eine hö-

---

1) Die Bezeichnung rührt daher, dass bei diesen Legierungen in einem eingeschränkten Temperaturbereich die Abmessungen einer Probe (fast) temperaturunabhängig, d. h. invariant sind.

2) Wie in Abschnitt 5.2.1 näher erläutert wird, werden bei Fe bzw. Fe-C-Legierungen die Umwandlungspunkte mit Ac (detektiert beim Aufheizen) bzw. Ar (detektiert beim Abkühlen) bezeichnet, ergänzt durch einen Zahlenindex, der mit steigender Temperatur vergeben wird.

here Packungsdichte aufweist als die kubisch raumzentrierte Modifikation, ein Übergang in das kubisch flächenzentrierte Gitter also mit einer Volumenverminderung verbunden ist. Die bei der Abkühlung auftretende Rückumwandlung in das kubisch raumzentrierte Gitter erfolgt bei einer tieferen Temperatur (A_{r3}), es tritt eine thermische Hysterese auf. Eine solche Hysterese ist typisch für diffusionskontrollierte Phasenumwandlungen. Sie vergrößert sich mit zunehmender Abkühlgeschwindigkeit. Will man in einem solchen Fall die Umwandlungstemperatur für das Gleichgewicht ermitteln, empfiehlt es sich, die Hysterese in Abhängigkeit von der Aufheiz- bzw. Abkühlgeschwindigkeit v_T zu bestimmen und die jeweiligen Umwandlungstemperaturen auf $v_T = 0$ zu extrapolieren.

Das wohl wichtigste Anwendungsgebiet für die Dilatometrie ist das Studium des Umwandlungsverhaltens von Stählen (insbesondere die Aufstellung der kontinuierlichen ZTU-Diagramme). Ein instruktives Beispiel dafür ist in Abb. 3.103 für einen Stahl 24CrMoV5.5 zu sehen. Die unterschiedlichen Abkühlgeschwindigkeiten wer-

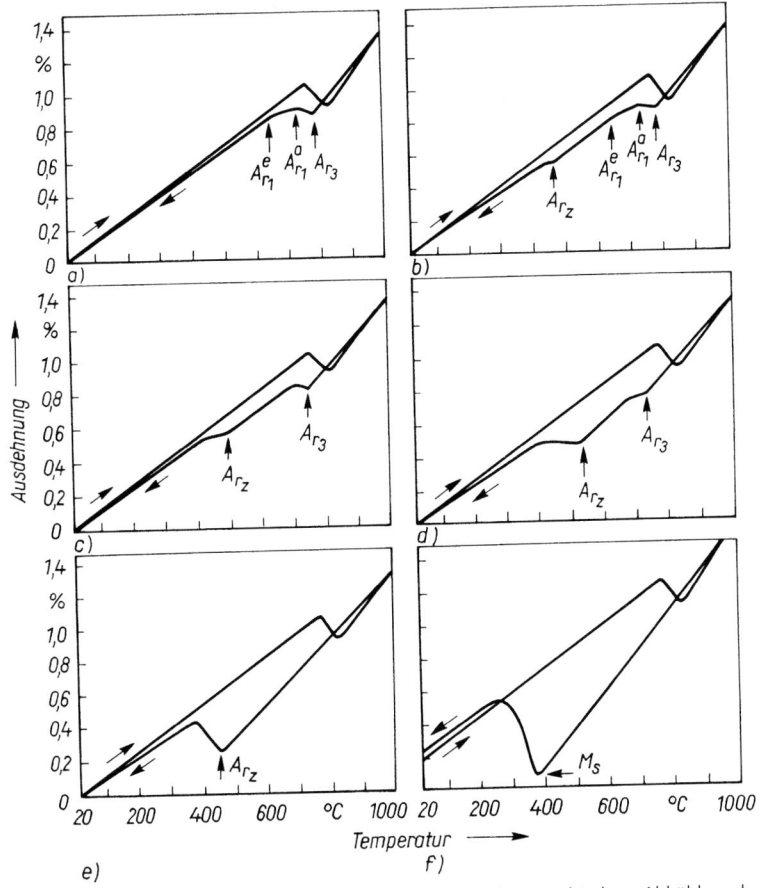

Abb. 3.103 Dilatometerkurven des Stahls 24CrMoV5,5 für verschiedene Abkühlgeschwindigkeiten: a) von 825 °C auf 370 °C in 20 h, b) von 825 °C auf 370 °C in 4 h, c) von 825 °C auf 370 °C in 1,5 h, d) von 825 °C auf 370 °C in 15 min, e) von 825 °C auf 370 °C in 1,5 min, f) von 825 °C auf 370 °C in 3 s

den durch die Zeit charakterisiert, die benötigt wurde, um die Proben von 825 °C (A_{c3}) auf 370 °C (M_s) zu bringen. In diesem Bereich vollzieht sich die Austenitumwandlung.

- Bei einer sehr langsamen Abkühlung in 20 h ergibt sich eine Dilatometerkurve nach Abb. 3.103 a. Die Austenitumwandlung beginnt bei A_{r3} = 800 °C und ist bei A_{r1} = 660 °C beendet. Das Gefüge besteht aus Ferrit und Perlit, die Brinell-Härte beträgt HB = 184.
- Bei einer Abkühlung in 4 h (Abb. 3.103 b) wandelt sich der größte Teil des Austenits (ca. 85 %) im Temperaturbereich von A_{r3} = 790 °C bis A_{r1} = 650 °C um, die restlichen 15 % Austenit gehen zwischen A_{rz}[1] = 470 °C und etwa 300 °C in Bainit bzw. Martensit über. Das nun komplizierte Gefüge besteht aus Ferrit + Perlit + Bainit + Martensit (HB = 195).
- Bei einer Abkühlung in 1,5 h (Abb. 3.103 c) beginnt die Umwandlung bei A_{r3} = 760 °C mit der Bildung von Ferrit. Nachdem sich bis etwa 650 °C 45 % Ferrit gebildet haben, hört die weitere Umwandlung auf und setzt erst bei A_{rz} = 510 °C mit der Bainit- und später Martensitbildung wieder ein. Das Gefüge besteht aus Ferrit + Bainit + Martensit (HB = 259).
- Ähnlich verläuft die Abkühlung in 15 min (Abb. 3.103 d), nur dass sich die Menge an Ferrit auf 5 % verringert hat und sich deshalb der A_{r3}-Punkt bei 730 °C schwächer ausbildet (HB = 298).
- Bei einer Abkühlung in 1,5 min (Abb. 3.103 e) beginnt erst bei A_{rz} = 450 °C die Umwandlung. Das Gefüge besteht im Wesentlichen aus Bainit und etwas Martensit (HB = 367).
- Die Umwandlung in 3 s (Abb. 3.103 f) ergibt schließlich ein rein martensitisches Gefüge, sie beginnt bei M_s = 370 °C. Die Härte ist hier mit HB = 506 erwartungsgemäß am höchsten.

Abschließend sei noch darauf hingewiesen, dass z. B. ein thermisch aktivierter Abbau von Eigenspannungszuständen in einer Probe zu Volumen- bzw. Gestaltänderungen führen und damit Anlass zu dilatometrischen Messeffekten geben kann. Da der Spannungsabbau irreversibel ist, wird man einen derartigen Effekt durch eine wiederholte Aufheizung und Abkühlung leicht erkennen und eliminieren können.

---

[1] Der Index z weist auf die Umwandlung in die als Bainit bezeichnete Zwischenstufe hin.

4
Einfluss der Verarbeitung und Behandlung auf die Gefügeausbildung von Metallen und Legierungen

Eine Formgebung metallischer Werkstoffe kann durch Gießen, spanlose (plastische) und spanende Formgebung sowie, falls das Gießen und Umformen nicht möglich oder nicht ökonomisch ist, auch durch Pressen von Pulvern und anschließendem Sintern erfolgen. Während sich die spanenden Formgebungsverfahren – also Drehen, Hobeln, Fräsen, Bohren, Schleifen – in ihrer Beeinflussung des Gefüges auf einen relativ dünnen Oberflächenbereich des Werkstücks beziehen und im Wesentlichen eine z. T. extreme Kalt- oder Warmumformung desselben hervorrufen, üben das Gießen bzw. Erstarren sowie die Umformung verbunden mit Erholungs- und Rekristallisationsprozessen einen weitgehenden Einfluss auf die Ausbildung des Gefüges und mithin auch auf die Eigenschaften der Werkstoffe aus. Weiterhin sind gerade die Oberflächen von Bauteilen die höchstbeanspruchten Werkstoffbereiche, sodass spezielle Verfahren der Oberflächentechnik bei der Fertigung eingesetzt werden, um über eine zielgerichtete Gefügeausbildung zu optimalen Eigenschaften der oberflächennahen Bereiche zu gelangen. Zum Verständnis der Gefügeausbildung technischer Legierungen ist es deshalb erforderlich, neben der durch die Zusammensetzung, d. h. also durch das Phasengleichgewichtsdiagramm bedingten Gefügebildung noch die durch die spezielle Art des Formgebungsprozesses bzw. Oberflächenbehandlungsverfahrens hervorgerufenen wichtigsten Gefügeausbildungen kennen zu lernen.

4.1
Gießen von Metallen

Der weitaus größte Teil der Metalle und Legierungen wird über den Prozess der Erstarrung der schmelzflüssigen Phase hergestellt. Hierbei ist es am einfachsten möglich, das Metall zu reinigen, es durch Zugabe weiterer Komponenten zu legieren und ihm eine gewünschte Form zu geben. Der Erstarrungsvorgang bestimmt in starkem Maß die Gefügeausbildung. Er soll deshalb – ausgehend vom schmelzflüssigen Zustand – in seinen beiden Teilprozessen Keimbildung und Kristallwachstum, die allgemein für die Bildung neuer Phasen maßgebend sind, in seinen Grundzügen beschrieben werden.

4.1.1
Zustand metallischer Schmelzen

Der schmelzflüssige Zustand ist dadurch charakterisiert, dass die atomaren Bausteine nicht an feste Plätze gebunden sind. Sie führen Wärmeschwingungen aus, wobei sich die Lage der Schwingungsmittelpunkte ständig verändert. Wegen der relativ starken Bindungskräfte zwischen den Bausteinen ordnen sich diese fast so dicht gepackt und innerhalb kleiner Bereiche, die man als Embryonen bezeichnet, ähnlich wie in Kristallen an.

So beträgt beispielsweise bei den dichtest gepackten Strukturen (kubisch flächenzentriert, hexagonal dichtest gepackt) die Koordinationszahl in der Schmelze 8 bis 11 statt 12. Bei den nicht dichtest gepackten kubisch raumzentrierten Metallen ist die Differenz noch geringer. Diesen Ordnungszustand, der nur in unmittelbarer Nachbarschaft des Bezugsatoms besteht, bezeichnet man als Nahordnung. Die Embryonen werden durch die Wärmebewegung in der Schmelze ständig gebildet und wieder aufgelöst.

4.1.2
Erstarrungsprozess

Die Erstarrung schmelzflüssiger Metalle verläuft in der Regel auf dem Weg der Kristallisation. Durch eine extrem rasche Abkühlung der Schmelze gelingt es jedoch auch bei metallischen Legierungen, die Kristallisation zu verhindern und die nahgeordnete Flüssigkeitsstruktur „einzufrieren". Solche amorphen Metalle oder metallischen Gläser gewinnen aufgrund ihrer besonderen magnetischen, elektrischen und mechanischen Eigenschaften zunehmend an technischer Bedeutung (s. Abschnitt 1.8).

Die nachfolgenden Ausführungen sollen die bereits in Abschnitt 3.6.2 entwickelten Vorstellungen vertiefen.

Die Schmelze erstarrt während der Abkühlung nicht gleichmäßig, sondern die Kristallisation beginnt mit der Bildung von Keimen. Keime sind kleinste submikroskopische Kristallgebilde, die sich von der sie umgebenden Schmelze mit statistisch schwankender Atomanordnung durch eine den Kristallen eigene Ordnung unterscheiden, damit eine Grenzfläche gegenüber der Schmelze aufbauen und so groß sind, dass durch Anlagerung weiterer Atome der Schmelze nach und nach makroskopisch sichtbare Kristalle heranwachsen können. Sind diese geordneten Bereiche von unterkritischer Größe, so werden sie als Embryonen bezeichnet. Sie können sowohl wieder schmelzen als auch durch Anlagerung weiterer Atome zu einem Keim anwachsen.

Erfolgt die Keimbildung bei einphasigen homogenen Schmelzen gleichmäßig im Volumen, so spricht man von homogener Keimbildung. Dagegen werden bei der heterogenen Keimbildung die Keime unter Mitwirkung von Tiegel- oder Formwänden oder von in der Schmelze bereits vorliegenden oder in ihr unmittelbar vor der eigentlichen Kristallisation entstehenden Phasen gebildet. Diese werden als Fremdkeime oder besser als Kristallisatoren bezeichnet. Sie erleichtern die Kristallisation der Schmelze, weil die sich auf ihnen als Substrat bildenden Keime schon bei geringerer Größe als der kritischen Keimgröße wachstumsfähig werden.

Für die Bildung geordneter Bereiche in der Schmelze ist der Aufbau einer Grenzfläche zwischen diesen geordneten Bereichen und der Schmelze erforderlich. Die dazu aufzubringende Grenzflächenenergie kann nur eine unterkühlte Schmelze wegen der unter diesen Umständen vorliegenden Differenz der Freien Enthalpien von Schmelze und Kristall liefern. Die Unterkühlung $\Delta T = T_S - T$ (T_S Schmelztemperatur, T aktuelle Erstarrungstemperatur) ist somit die Voraussetzung für die Keimbildung.

Zur thermodynamischen Begründung der Notwendigkeit einer Unterkühlung für die Keimbildung geht man vom Tempe-

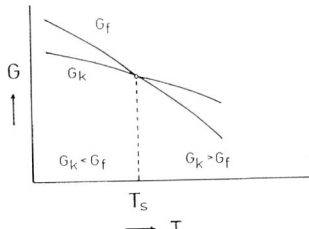

Abb. 4.1 Temperaturverlauf der Freien Enthalpien des schmelzflüssigen (G_f) und des kristallinen Zustands (G_k) in der Nähe des Schmelzpunkts

raturverlauf der Freien Enthalpien für den schmelzflüssigen und den kristallinen Zustand aus. Wie in Abb. 4.1 zu erkennen ist, schneiden sich die Kurven der beiden Freien Enthalpien G_f und G_k für den schmelzflüssigen und den kristallinen Zustand bei T_S, der Schmelztemperatur, was bedeutet, dass Schmelze und Kristall die gleiche thermodynamische Stabilität besitzen, also im Gleichgewicht vorliegen (vgl. Abschnitt 3.1.1). Im Folgenden soll entsprechend eines einfachen Kontinuumsmodells angenommen werden, dass die Keime kugelige Gestalt besitzen, durch eine Grenzfläche von der Schmelze getrennt und ihre Eigenschaften isotrop sind. Die Freie Enthalpie für die Bildung eines Keims muss also zwei Terme enthalten: Erstens wird bei der Keimbildung ein kleines Volumen $\Delta V \sim r^3$ (r Radius des Keims) aus dem schmelzflüssigen Zustand in den festen Zustand überführt, wobei die Freie Enthalpie um $\Delta V \cdot \Delta g_V$ reduziert wird (negatives Vorzeichen; Δg_V volumenbezogene Änderung der Freien Enthalpie bei der Bildung des festen Zustands für eine gegebene Unterkühlung) die (s. Abb. 4.1) mit wachsender Unterkühlung ΔT zunimmt: $\Delta g_V = \Delta T \cdot \Delta S_E / V_m$ (ΔS_E Erstarrungsentropie, V_m Molvolumen). Zweitens muss Energie für die Bildung einer Grenzfläche zwischen Keim und Schmelze aufgebracht werden (positives Vorzeichen). Diese Energie wird durch die Grenzflächenenergie γ bestimmt und wächst mit $\Delta V^{2/3} \sim r^2$ an (Vergrößerung der Oberfläche einer Kugel). Als Gesamtbilanz erhält man

$$\delta G = -4/3\pi r^3 \cdot \Delta g_V + 4\pi r^2 \cdot \gamma \quad (4.1)$$

Während bei kleinen Radien der Keime die Erhöhung der Freien Enthalpie infolge der Grenzflächenvergrößerung überwiegt, wird bei größeren Keimradien die Verringerung der Freien Enthalpie als Folge der Volumenzunahme des Keims bestimmend. δG durchläuft mit wachsendem Keimradius r – wie Abb. 4.2 zeigt – ein Maximum (s. auch Abb. 3.82).

Der dazugehörige Keimradius ist der kritische Keimradius r_c, denn Keime mit einem Radius $r < r_c$ erhöhen bei einem Wachstum die Freie Enthalpie und werden sich daher mit hoher Wahrscheinlichkeit wieder auflösen. Erst Keime mit einem Radius $r > r_c$ sind wachstumsfähig, weil ihr Wachstum zur Verringerung der Freien Enthalpie führt. Der kritische Keimradius berechnet sich aus der Bedingung $d\delta G/dr = 0$ zu

$$r_C(T) = \frac{2\gamma}{\Delta g_V} = \frac{2\gamma \cdot T_S}{H_S \cdot (T_S - T)} \quad (4.2)$$

Er wird dann klein, wenn die Unterkühlung $\Delta T = T_S - T$ und die Schmelzenthalpie groß werden. Kleine kritische Keimradien führen zu einer hohen Bildungswahrscheinlichkeit für überkritische, d. h. wachstumsfähige Keime.

Die für die Bildung kritischer Keime notwendige kritische Freie Enthalpie Δg_c ergibt sich aus obigen Beziehungen zu

$$\Delta g_c = \frac{16\pi \gamma^3 T_S^2}{3 H_S^2 \Delta T^2} = const. \cdot \frac{\gamma^3}{\Delta T^2} = \frac{K_C}{\Delta T^2} \quad (4.3)$$

Sie sinkt stark mit zunehmender Unterkühlung ΔT und fallender Grenzflächenenergie γ.

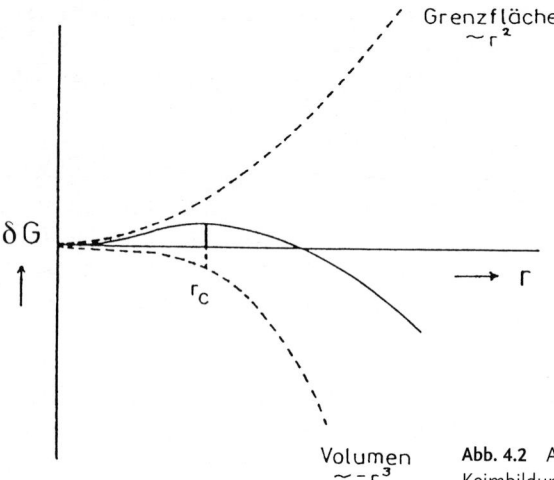

Abb. 4.2 Abhängigkeit der Freien Enthalpie für die Keimbildung vom Keimradius

Für die Kenntnis der Keimbildungsrate I (Anzahl der Kristallkeime, die je Zeiteinheit in der Volumeneinheit der Schmelze gebildet werden) in Abhängigkeit von der Temperatur bzw. der Unterkühlung muss man zunächst die Anzahl N_c der kritischen Keime in einer aus N Atomen bestehenden Schmelze wissen. Sie ist durch die Gleichung gegeben:

$$N_C \cong N \exp\left(-\frac{\Delta g_c}{kT}\right) \qquad (4.4)$$

k Boltzmann-Konstante

Da die kritische Freie Enthalpie Δg_C umgekehrt proportional zum Quadrat der Unterkühlung ist, nimmt die Zahl der kritischen Keime stark mit der Unterkühlung zu. Damit aus einem kritisch großen Keim ein wachstumsfähiger Keim wird, ist aber noch die Anlagerung weiterer Atome an den Keim notwendig. Der Übertritt eines Atoms aus der Schmelze an den Keim ist mit der Überwindung einer Energiebarriere Δg_a verbunden, und auch die Ablösung eines Atoms vom Keim erfordert eine – allerdings größere – Energie. Somit wird ein Teil der kritischen Keime wachsen, ein anderer kann sich dagegen – wenn auch mit geringerer Wahrscheinlichkeit – wieder auflösen. Die Überlagerung dieser beiden entgegengesetzt wirkenden Vorgänge führt zu einer Keimbildungsrate I von

$$I \sim N \cdot \exp\left(-\frac{\Delta g_a + \dfrac{K_C}{\Delta T^2}}{kT}\right) \qquad (4.5)$$

K_c Konstante

Wie die Darstellung dieser Funktion in Abb. 4.3 zeigt, geht die Keimbildungsrate I mit sinkender Temperatur – also mit steigender Unterkühlung – über ein Maximum. Das bedeutet, dass sowohl bei sehr geringen als auch bei sehr großen Unterkühlungen die Keimbildungsrate sehr klein wird. Außerdem ist die Keimbildungsrate bei großer Anzahl N der Atome, also in großen Schmelzvolumina, höher als in kleinen. Das erklärt, warum in geringen Schmelzvolumina höhere Unterkühlungen bis zum Einsetzen der Kristallisation erreicht werden können als in großen.

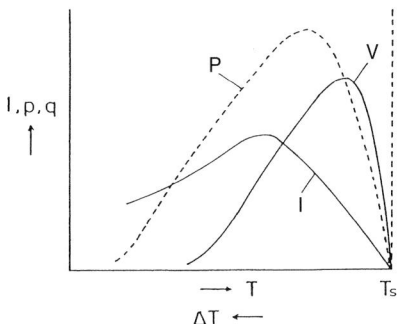

Abb. 4.3 Keimbildungsrate I, Kristallwachstumsgeschwindigkeit v und Erstarrungsgeschwindigkeit p in Abhängigkeit von der Temperatur

Die Geschwindigkeit, mit der sich die Kristallisationsfront eines Kristalls (Keims) in die Schmelze hinein verschiebt, heißt Kristallwachstumsgeschwindigkeit v. Da zu ihrer Berechnung ganz ähnliche Verhältnisse bei den Anlagerungs- und Ablösungsvorgängen vorliegen wie bei der Keimbildungsrate, geht auch die Kristallwachstumsgeschwindigkeit mit zunehmender Unterkühlung (abnehmender Temperatur) über ein Maximum (Abb. 4.3).

Das pro Zeiteinheit kristallisierende bzw. erstarrende Volumen bezeichnet man als Erstarrungsgeschwindigkeit p. Da sie sowohl der Keimbildungsrate als auch der Kristallwachstumsgeschwindigkeit (zur dritten Potenz) proportional ist, verläuft auch die Erstarrungsgeschwindigkeit in Abhängigkeit von der Unterkühlung über ein Maximum (Abb. 4.3).

Die dargestellten Zusammenhänge lassen folgende praxisbezogenen Schlussfolgerungen zu:

- Ein feinkörniges Gussgefüge entsteht dann, wenn der Quotient I/v groß ist, also unter den Bedingungen hoher Keimbildungsraten bei kleinen Kristallwachstumsgeschwindigkeiten.
- Für die Grobkornentstehung gilt das Umgekehrte.
- Die für eine Keimbildung notwendige Unterkühlung ist größer als diejenige, die für das Wachstum eines Keims benötigt wird.
- Ein Einkristall entsteht dann, wenn im Volumen nur ein einziger Keim gebildet oder absichtlich eingesetzt wurde. Kleine Einkristalle lassen sich leichter ziehen als große.

Bei den bisherigen Überlegungen wurde davon ausgegangen, dass sich die Keime im Sinn der homogenen Keimbildung innerhalb der Schmelze durch thermische Fluktuationen bilden. Für technische Erstarrungsprozesse ergibt jedoch die Berechnung des kritischen Keimradius für $\Delta T \approx 0,01\, T_S$ größenordnungsmäßig 30 nm; das entspricht etwa 10^7 Atomen pro Keim. Derartig große Keime haben aber eine verschwindend kleine Keimbildungswahrscheinlichkeit, sodass sie in endlichen Zeiten nicht auftreten werden. Da in der Praxis trotzdem Keimbildung erfolgt, muss es also einen Mechanismus geben, der eine Keimbildung auch bei verhältnismäßig geringen Unterkühlungen gestattet. Es ist die schon erwähnte heterogene Keimbildung, die dadurch gekennzeichnet ist, dass jede technische Schmelze bereits Grenzflächen zu festen Bestandteilen aufweist. Diese sind kleinste Partikel in der Schmelze selbst (Oxide, Nitride usw.) oder Wandungen des Schmelzgefäßes bzw. von Kokillen und Formen. Für eine Keimbildung auf fester Unterlage gelten die in Abb. 4.4 dargestellten Bedingungen.

Der Keim hat die Form einer Kugelkalotte, die an ihrem Umfang einen Tangentenwinkel Θ haben soll. An jedem Punkt des Umfangs stehen drei verschiedene Grenzflächenspannungen (Grenzflä-

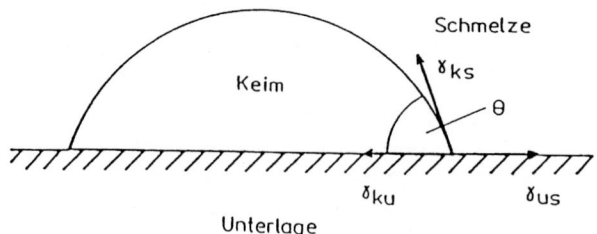

Abb. 4.4 Heterogene Keimbildung auf einer ebenen festen Unterlage

chenenergien) im mechanischen Gleichgewicht, die Spannung γ_{KS} zwischen Keim und Schmelze, die Spannung γ_{KU} zwischen Keim und Unterlage sowie γ_{US} zwischen Schmelze und Unterlage. Es gilt die Gleichgewichtsbedingung

$$\gamma_{US} = \gamma_{KU} + \gamma_{KS} \cdot \cos \Theta \quad (4.6)$$

aus der der sogenannte Benetzungswinkel Θ berechnet werden kann. Er ist nur abhängig vom Verhältnis der drei Grenzflächenspannungen zueinander, nicht vom Volumen des Keims. Entscheidend bei der heterogenen Keimbildung ist der Effekt, dass bei der Bildung der Grenzfläche zwischen dem Keim und der Unterlage die bis dahin existierende Grenzfläche zwischen Schmelze und Unterlage eliminiert wird, was einen Gewinn an Freier Enthalpie bringt. Aus diesem Grund ist die kritische Freie Enthalpie Δg_c^{het} für die heterogene Keimbildung deutlich kleiner als die kritische Freie Enthalpie Δg_c^{hom} für die homogene Keimbildung. Deshalb erfordert die heterogene Keimbildung erheblich kleinere Unterkühlungen als die homogene. Wegen der gegebenen Bedingungen muss bei technischen Erstarrungsprozessen immer mit einer heterogenen Keimbildung gerechnet werden. Dieser Effekt wird gezielt zur Kornfeinung eingesetzt, indem der Fremdkeimgehalt durch Zugabe von Feststoffpartikeln (Kristallisatoren) zur Schmelze erhöht wird (Impfen). Bei Aluminiumlegierungen eignen sich dafür Legierungszusätze von 0,02 bis 0,05 % Titan und 0,01 bis 0,03 % Bor, wobei diese feinstverteilte Titanboridteilchen bilden.

Die Anisotropie der Kristalle bedeutet, dass auch die Grenzflächenenergien und Wachstumsgeschwindigkeiten eines wachsenden Kristalls richtungsabhängig sind. Ein Kristall bildet ebene, den kristallografischen Netzebenen entsprechende Begrenzungsflächen A aus. Somit wird die äußere Gestalt eines frei wachsenden Kristalls durch seine Struktur und seine Symmetrie bestimmt. Im Gleichgewichtsfall wird sich derjenige Körper (Polyeder) ausbilden, für den die Summe der Produkte aus Betrag A_i und Energie γ_i aller Begrenzungsflächen i ein Minimum ist.

$$\sum_i A_i \cdot \gamma_i = \min \quad (4.7)$$

Kristallografische Flächen mit geringen Grenzflächenenergien (Gleichgewichtsflächen) werden also dominieren und die Gestalt der Kristalle bestimmen. Liegen zu einem bestimmten Zeitpunkt des Kristallwachstums noch verschiedene Flächen vor, so werden zu einem späteren Zeitpunkt jene Flächen verbleiben, deren Wachstumsgeschwindigkeiten v niedrig sind, während solche Flächen mit hoher Wachstumsgeschwindigkeit aus dem Kristall herausgewachsen sind (s. Abb. 4.5). Daraus folgt, dass die Wachstumsgeschwindigkeit v proportional zur Grenzflächenenergie γ ist.

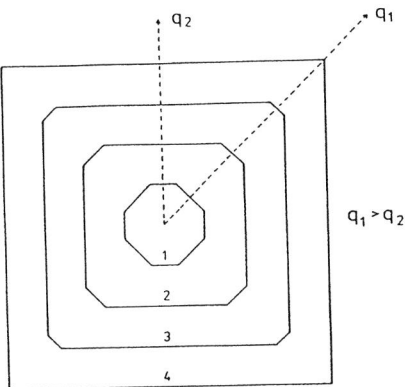

Abb. 4.5 Wachstumsgeschwindigkeit v und äußere Gestalt frei wachsender Kristalle

Der atomare Mechanismus des Kristallwachstums ist ein schrittweiser Anlagerungsvorgang von Atomen an eine vorhandene Kristalloberfläche, der entsprechend der Flächenkeimtheorie nach Kossel und Stransky (1927/28) in Abb. 4.6 veranschaulicht ist.

Bei der Anlagerung eines würfelförmig angenommenen Elementarbausteins (Atoms) an einer Kristalloberfläche in der Position 1 wird nur ein Flächenelement seine Bindung an den Kristall realisieren. Dieser Baustein ist also nur schwach gebunden und neigt dazu, wieder in die Schmelze überzugehen. Bessere energetische Bedingungen ergeben sich für die Positionen 2 (zwei Bindungen) und 3 (drei Bindungen, sog. Halbkristalllage, wiederholbarer Schritt), bei denen die Bausteine nur mit geringer Wahrscheinlichkeit den Kristall wieder verlassen werden. Das bedeutet, dass sich bei Vorliegen einer Stufe auf einer Kristalloberfläche weitere Bausteine sehr rasch anlagern werden; die Stufe wächst lateral mit hoher Geschwindigkeit und eliminiert sich selbst, wenn sie den Kristallrand erreicht hat. Danach liegt eine atomar glatte Kristallfläche vor, und es bedarf einer erneuten Stufenbildung in Form einer Flächenkeimbildung (Konfiguration 4 in Abb. 4.6), wofür eine höhere Unterkühlung benötigt wird als für das laterale Wachstum einer Stufe selbst. Die Wahrscheinlichkeit einer Flächenkeimbildung bestimmt in diesem Fall die Wachstumsgeschwindigkeit für diese Fläche.

$$\Delta T_{KB} > \Delta T_{FKB} > \Delta T_{Lat.W.}$$

ΔT_{KB} notwendige Unterkühlung für Keimbildung

ΔT_{FKB} notwendige Unterkühlung für Flächenkeimbildung

$\Delta t_{Lat.W.}$ notwendige Unterkühlung für laterales Wachstum

Diese Form des Kristallwachstums beobachtet man beispielsweise häufig bei der Züchtung von Einkristallen aus einer Schmelze (gerichtete Erstarrung). Die Wachstumsfront ist dann nicht mehr so gekrümmt, wie es der Isothermenverlauf

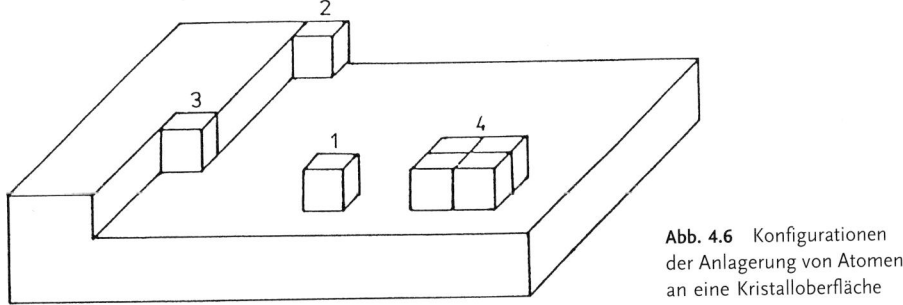

Abb. 4.6 Konfigurationen der Anlagerung von Atomen an eine Kristalloberfläche

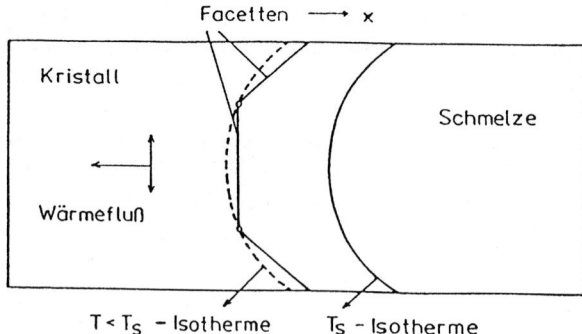

Abb. 4.7 Facettenwachstum von Einkristallen

erwarten lässt (Abb. 4.7), sondern weist größere atomar glatte Flächen auf, die als Facetten bezeichnet werden.

Eine Alternative zum Facettenwachstum ist das Wachstum atomar rauer Flächen. Wie in Abb. 4.8 erkennbar ist, finden die anzulagernden Atome nun praktisch überall eine Halbkristalllage oder zumindest eine doppelt gebundene vor. Die für das Fortschreiten der Kristallisationsfront erforderliche Unterkühlung ist gering, die Krümmung der wachsenden Fläche folgt in etwa den Isothermenflächen. Die Geschwindigkeit des Wachstums atomar rauer Flächen ist in der Regel höher als bei Facettenwachstum, da hier die Flächenkeimbildung nicht notwendig ist.

Die beiden bisher beschriebenen Wachstumsarten gehören zu den stabilen Wachstumsformen. Sie sind dann zu beobachten, wenn senkrecht zur Kristallisationsfront die Unterkühlung der Schmelze abnimmt, also die Unterkühlung unmittelbar an der Kristallisationsfront am größten ist ($d\Delta T/dx < 0$). Der Kristallisationsfortschritt wird unter diesen Bedingungen durch die Abfuhr der bei der Kristallisation freiwerdenden latenten Wärme gesteuert. Wird dagegen $d\Delta T/dx > 0$, steigt die Unterkühlung mit wachsendem Abstand von der Kristallisationsfront an; es treten instabile Wachstumsformen auf, die dadurch gekennzeichnet sind, dass bestimmte Bereiche der Kristallisationsfront in die Gebiete erhöhter Unterkühlung vorstoßen. Ein atomar glattes oder atomar raues Wachstum findet nicht mehr statt, man beobachtet statt dessen zellulares oder dendritisches Wachstum.

Zwei Erscheinungen können die Ursache für eine Zunahme der Unterkühlung vor der Wachstumsfront sein:

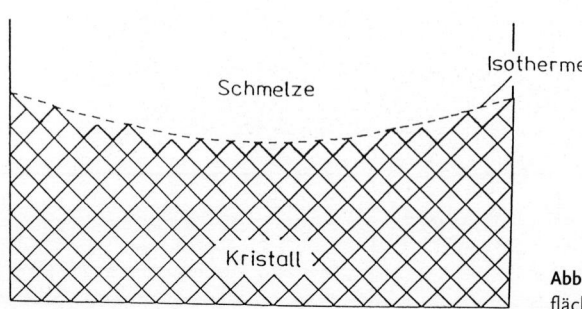

Abb. 4.8 Raues Wachstum von Kristallflächen (zweidimensionales Schema)

1. eine Temperaturinversion als Folge des Abfließens der Kristallisationswärme (thermische Unterkühlung) und
2. die konstitutionelle Unterkühlung.

Die Erklärung der erstgenannten Erscheinung liefert die Tatsache, dass die Kristallisationsfront bei ihrem Voranschreiten durch das Freisetzen der latenten Kristallisationswärme als Wärmequelle wirkt. Die Kristallisationswärme fließt dabei sowohl in Richtung des wachsenden Kristalls als auch in Richtung der Schmelze ab, und es ergibt sich der in Abb. 4.9 dargestellte tatsächliche Temperaturverlauf.

Jede durch thermische Fluktuation gebildete Vorwölbung der Kristallisationsfront ragt in ein Gebiet stärkerer Unterkühlung hinein und unterliegt dadurch Bedingungen erhöhter Wachstumsgeschwindigkeit. Die Vorwölbung entwickelt sich deshalb rasch zu einer vorschießenden Spitze, die sich aus gleichen Gründen auch seitlich verzweigen kann. Es entsteht ein tannenbaumartiger Skelettkristall (Tannenbaumkristall), der auch Dendrit genannt wird (Abb. 4.10). Die Richtung des Dendritenstamms und seiner Verzweigungen ist eine bestimmte niedrig indizierte Richtung des betreffenden Kristallgitters. Diese sogenannten Dendritenrichtungen sind für die kubisch flächenzentrierten, kubisch raumzentrierten und hexagonal dichtest gepackten Metalle im Allgemeinen die <1 0 0>-Richtungen.

Reine Metalle neigen zwar nur wenig zu dendritischem Wachstum, aber die Tendenz dazu wächst durch hohe Schmelzenthalpien, geringe Wärmeleitfähigkeiten und niedrige äußere Temperaturgradienten. Deshalb findet man dendritisches Wachstum besonders bei Bi, Sb, Ga und Pb.

Bei nicht zu starken Unterkühlungen vor der Kristallisationsfront bilden sich statt der typischen Dendriten sogenannte Zellularstrukturen aus, wobei in den Zellwänden eine erhöhte Legierungselement- bzw. Ver-

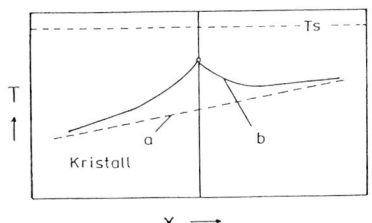

Abb. 4.9 Zur thermisch bedingten Unterkühlung: a) Temperaturverlauf ohne freiwerdende Kristallisationswärme, b) Temperaturverlauf mit freiwerdender Kristallisationswärme

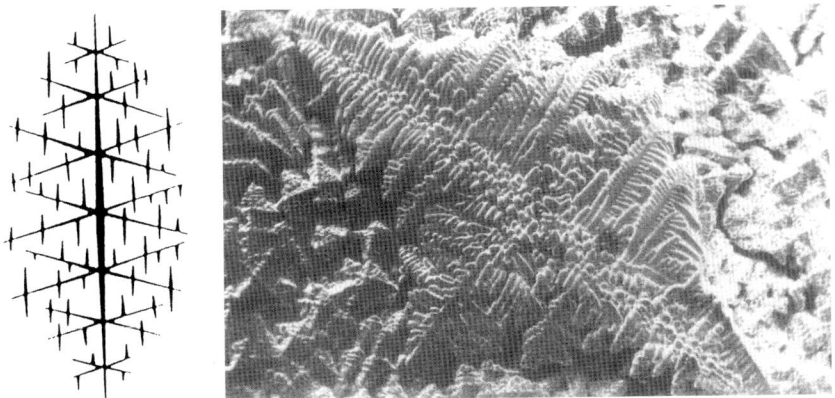

Abb. 4.10 Prinzipielles Aussehen eines Dendriten und in einem Lunker gewachsene Dendriten

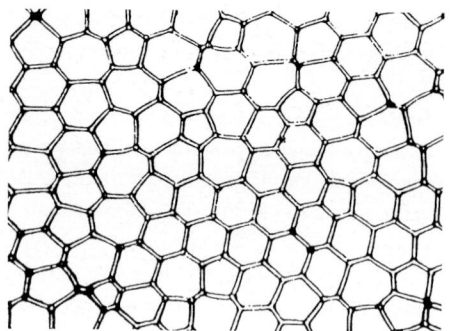

Abb. 4.11 Zellularstruktur bei Zinn, senkrecht zur Kristallisationsfront betrachtet (nach Rutter)

unreinigungskonzentration zu beobachten ist (Abb. 4.11).

Besonders ausgeprägt ist das instabile, dendritische Wachstum bei der Kristallisation von Mischkristallen. Man spricht in diesem zweiten Fall von konstitutionellen Unterkühlungen, die folgendermaßen zu erklären sind:

Entsprechend dem Zustandsdiagramm eines binären Systems mit Mischkristallbildung im festen Zustand und einer mit der Konzentration des Elements B fallenden Liquidustemperatur (Abb. 4.12, vgl. auch Abschnitt 3.4) beginnt die Erstarrung der Schmelze mit der Konzentration c_s mit der Kristallisation eines Mischkristalls der Zusammensetzung c_k. Das Verhältnis c_k/c_s ist der Verteilungskoeffizient k, der im gewählten Beispiel kleiner als 1 ist, denn im festen Zustand ist die B-Konzentration kleiner als im flüssigen. Schreitet nun die Kristallisation mit nicht zu kleiner Geschwindigkeit fort, reicht die Diffusionsgeschwindigkeit der Komponente B im Mischkristall und in der Schmelze nicht aus, den Gleichgewichtszustand laufend einzustellen. Es bildet sich deshalb vor der Kristallisationsfront eine Konzentrationsüberhöhung aus, die exponentiell in die Schmelze hinein abfällt (Abb. 4.13).

Setzt man eine Wachstumsgeschwindigkeit v so groß voraus, dass eine Diffusion des Legierungselements im Kristall vernachlässigt werden kann, bestimmt k das Verhältnis zwischen der sich asymptotisch einstellenden Konzentration (c_0 Ausgangskonzentration) und der Schmelze (c_0/k) an der Kristallisationsfront. Der Konzentrationsverlauf vor der Kristallisationsfront ist dann gegeben zu

$$c_s(x) = c_0\left(1 + \frac{1-k}{k}\exp\left(-\frac{v}{D}x\right)\right) \quad (4.8)$$

D Diffusionskoeffizient in der Schmelze

Der gegenüber c_0 überhöhte Konzentrationsverlauf führt zu einer Absenkung der zugehörigen Liquidustemperatur, deren Verlauf bei linearer Konzentrationsabhän-

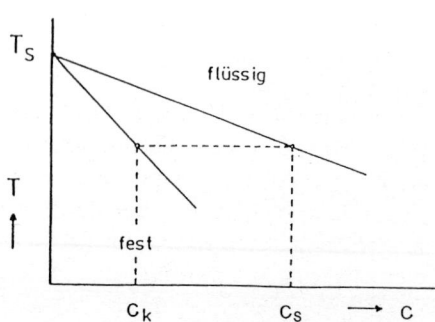

Abb. 4.12 Binäres Zustandsdiagramm mit Mischkristallbildung und fallender Liquidustemperatur

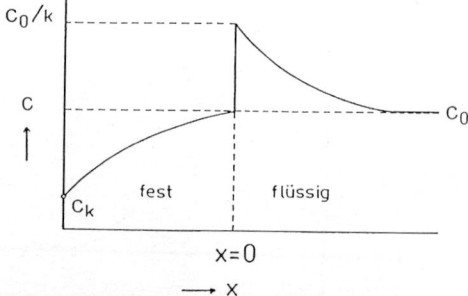

Abb. 4.13 Konzentrationsverlauf der Komponente B in Kristall und Schmelze bei verschwindend kleiner Diffusion im Kristall

gigkeit der Liquidustemperatur mit folgender Gleichung berechnet werden kann:

$$T_{liq}(x) = T_{liq}(c_o) + \frac{dT_{liq}}{dc} \cdot c_o \frac{1-k}{k} \exp\left(-\frac{v}{D}x\right) \quad (4.9)$$

Wie Abb. 4.14 zu entnehmen ist, tritt bei flachen Temperaturgradienten, repräsentiert durch $T(x)$, eine mit dem Abstand vor der Kristallisationsfront wachsende Unterkühlung $\Delta T(x) = T_{liq}(x) - T(x)$ auf, die sogenannte konstitutionelle Unterkühlung. Sie bewirkt die gleichen instabilen Wachstumserscheinungen, wie sie bereits für die thermisch bedingte Unterkühlung beschrieben wurden (Dendriten). Dem kann durch einen erhöhten Temperaturgradienten im Bereich der Kristallisationsfront begegnet werden, für den als Grenzbedingung gilt:

$$\frac{dT}{dx} \geq -\frac{dT_{liq}}{dc} c_o \frac{1-k}{k} \frac{v}{D} = \left(\frac{dT}{dx}\right)_{krit} \quad (4.10)$$

Diese Bedingung verknüpft dT/dx mit c_0, v, D, k und dT_{liq}/dc und veranschaulicht damit die Komplexität theoretischer An-

Abb. 4.15 Dendritische Struktur der Primärkristalle eines gegossenen Schnellarbeitsstahls

sätze für den Kristallisationsprozess.

Konstitutionelle Unterkühlungen und Dendritenwachstum treten bei der Erstarrung technischer Legierungen sehr häufig auf; Abb. 4.15 zeigt als Beispiel das Gussgefüge eines Schnellarbeitsstahls (zu technischen Anforderungen an Schnellarbeitsstähle s. Abschnitt 5.5.8).

4.1.3
Gussgefüge

Das Gefüge eines gegossenen Metalls besteht im Allgemeinen nicht, wie man nach vorstehenden Ausführungen annehmen könnte, aus gleichgroßen Kristalliten, sondern wegen der sich ständig ändernden Erstarrungsbedingungen bildet sich eine typische dreizonige Gussstruktur aus, wie dies Abb. 4.16 schematisch und Abb. 4.17 am Beispiel eines Gussblocks aus Hartmanganstahl zeigt.

Sobald das schmelzflüssige Metall in die kalte Form, z. B. eine Kokille, gegossen wird, erreicht es zuerst am Rand der Form eine Temperatur kurz unterhalb der Schmelztemperatur, sodass nur dort über eine heterogene Keimbildung an der Formwand zahlreiche Keime gebildet werden, die zu einer sehr feinkristallinen, globularen, in der Regel wenig

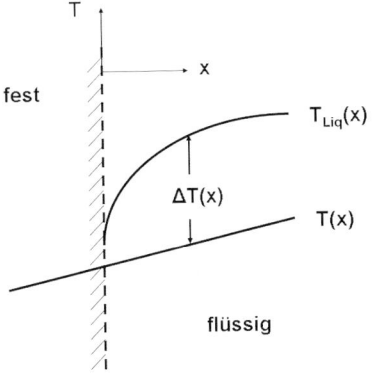

Abb. 4.14 Verlauf der Temperatur $T(x)$ in der Schmelze und der Liquidustemperatur $T_{liq}(x)$ bei konstitutioneller Unterkühlung

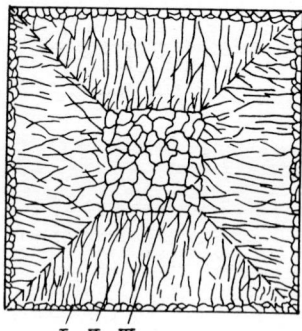

Abb. 4.16 Dreizoniger Aufbau des Gussgefüges (schematisch)

Abb. 4.17 Gefüge von Hartmanganstahlguss

der Schmelze selbst erfolgt nur sehr langsam. Durch das Erstarren der Restschmelze zwischen den Dendritenarmen bilden sich in diesem Bereich letztlich säulige Kristalle mit Längsachsen parallel zur Wärmeflussrichtung und mit einer Orientierung aus, die durch die Dendritenwachstumsrichtung vorgegeben wird (Transkristallisations- oder Stengelkornzone, Zone II). Bei kubisch flächenzentrierten Metallen, wie Al, Cu, Pb, α-Messing u. a., ist diese Vorzugsorientierung die [1 0 0]-Richtung, bei den hexagonal dichtest gepackten Metallen Zn und Cd die [0 0 1]-, bei Mg die [1 1 0]-, bei β-Sn die [1 1 0]- und bei Bi die [1 1 1]-Richtung. Die Gleichrichtung der Transkristallite wird als Gusstextur bezeichnet. Mit fortschreitender Erstarrung wird man einen Zustand erreichen, bei dem sich die Bereiche der konstitutionellen Unterkühlung in der Mitte des Blocks überlagern, d. h. dass sich die höchsten konstitutionellen Unterkühlungen im zentralen Teil der Restschmelze ausbilden werden (Temperaturverteilung zum Zeitpunkt t_3). Das führt zu einer Keim-

texturierten Randzone (Zone I) wachsen (Abb. 4.18, Temperaturverteilung zum Zeitpunkt t_1). In Verbindung mit einer weiteren Abkühlung, einer durch die freiwerdende latente Erstarrungswärme bedingten thermischen und im Allgemeinen zusätzlichen konstitutionellen Unterkühlung, ergeben sich danach Bedingungen für ein dendritisches Wachstum, da die tatsächliche Schmelzentemperatur in diesem Bereich unterhalb der Liquidustemperatur liegt (Temperaturverteilung zum Zeitpunkt t_2), eine Keimbildung in

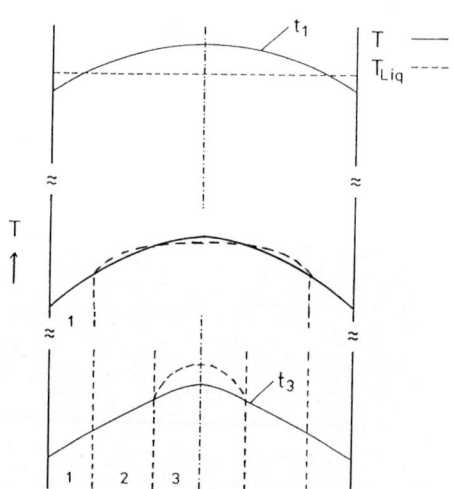

Abb. 4.18 Isothermen- und Liquidusverläufe während der Erstarrung eines Gussblocks

bildung in der zentralen Restschmelze, gegebenenfalls gefördert durch abgebrochene Dendritenarme und Verunreinigungen, die von den Transkristalliten vor sich hergeschoben wurden und sich infolgedessen im Kern anreichern. Es bildet sich damit in der letzten Phase der Erstarrung ein globulitisches Gefüge mit äquiaxialen Körnern ohne Vorzugsorientierung aus (grobkristalline globulare Innenzone, Zone III).

Die konkrete Ausbildung des Gussgefüges (Relation der Zonen zueinander, Korngrößen und Texturgrade) hängt dabei von der Legierungszusammensetzung bzw. der Reinheit des Metalls, den thermischen Eigenschaften der Form und der Schmelze bzw. des Gussblocks, der Ausgangstemperatur der Schmelze und der Abkühlgeschwindigkeit ab. Von besonderer Bedeutung sind die Gießtemperatur und die Beschaffenheit der Form, also ob es sich um Sand- oder Kokillenguss handelt. Beim Kokillenguss spielen Größe, Wanddicke, Querschnitt und Temperatur der Kokille eine Rolle.

Die Abb. 4.19 und 4.20 zeigen das Gussgefüge von Al mit 0,2 % Fe und 0,3 % Si bei unterschiedlichen Gieß- und Abkühlungsverhältnissen. Das erste Bild gibt die Struktur bei Kokillenguss, das zweite die von Sandguss wieder. Die geringere Korngröße sowie die straffere Kornausrichtung infolge der schnellen Wärmeabfuhr beim Kokillenguss sind deutlich erkennbar. Bei Sandguss (Abb. 4.20) wird die Wärme nicht so schnell dem Metall entzogen, sodass die Kristalle genügend Zeit zum Wachsen haben und infolgedessen größer werden. Die Kokillentemperatur betrug im vorliegenden Fall 20 °C. Wird die Kokillentemperatur erhöht, so verlangsamt sich die Kristallisation, weil die Unterkühlung der Schmelze abnimmt und das Temperaturgefälle zwischen

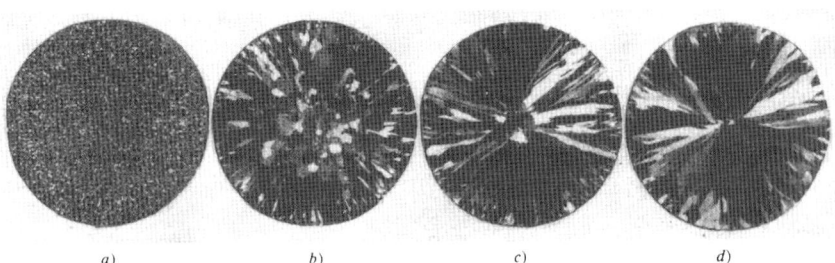

Abb. 4.19 Gussgefüge von 99,5 %igem Aluminium, Kokillenguss; geätzt mit dem Dreisäurengemisch (HCl + HNO$_3$ + HF), Gießtemperaturen: a) 680 °C, b) 750 °C, c) 850 °C, d) 950 °C

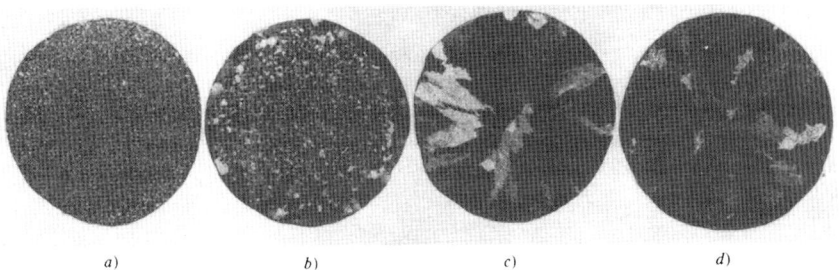

Abb. 4.20 Gussgefüge von 99,5 %igem Aluminium, Sandguss; geätzt mit dem Dreisäurengemisch (HCl + HNO$_3$ + HF), Gießtemperaturen: a) 680 °C, b) 750 °C, c) 850 °C, d) 950 °C

Schmelze und Kokille geringer wird, sodass die Abfuhr der Erstarrungswärme erschwert wird. Die Folge davon sind eine mit zunehmender Kokillentemperatur ansteigende Korngröße und eine Verringerung der Länge der Transkristallite.

Der große Einfluss der Überhitzung geht aus Abb. 4.20 hervor. Reinaluminium schmilzt bei 660 °C. Der Schmelzpunkt des Aluminiums mit den geringen Verunreinigungen an Fe und Si liegt wenig tiefer. Erhitzt man auf 680 °C, so ist die Überhitzung $\Delta T = T_S - T_0$ (T_0 Temperatur der Schmelze, T_S Erstarrungstemperatur) nur klein. In der Schmelze befinden sich noch zahlreiche, submikroskopisch kleine, zusammenhängende Gitterbereiche von Aluminium (arteigene Keime) oder von Verunreinigungen (artfremde Keime), die bei der nachfolgenden Abkühlung als Kristallisationszentren wirken und zu einer feinkörnigen Gussstruktur Veranlassung geben. Je stärker die Schmelze überhitzt, d. h. also über die Schmelztemperatur hinaus erwärmt wird, umso mehr werden noch zusammenhängende Kristallbereiche aufgelöst, und die Anzahl der potentiellen Keime nimmt ab. Die auf 850 bzw. 950 °C erhitzten Schmelzen waren praktisch keimfrei. Infolgedessen mussten bei der Erstarrung erst neue Keime gebildet werden. Dies geschah an der Formwandung, da dort die Unterkühlung am größten war. Von diesen Keimen aus wuchsen dann die Kristallite in die Schmelze hinein.

Eine einmal überhitzte und keimfrei gemachte Schmelze kann nicht mehr durch Abkühlen dicht über die Schmelztemperatur regeneriert werden. Dazu muss das Metall erst von neuem ganz oder teilweise zur Erstarrung gebracht werden. Schmilzt man dann ein weiteres Mal auf, so verbleiben genügend neue Keime in der Schmelze und der Guss wird wieder feinkörnig. Auch durch Einbringen von festem gleichartigem Metall, etwa in Form von Drähten, werden Keime gebildet. Es ist dabei aber darauf zu achten, dass das eingeführte Metall auch wirklich aufschmilzt und die Oxide aus dem Bad entfernt werden.

Eine überhitzte, d. h. keimfreie Schmelze lässt sich stärker unterkühlen als eine Schmelze, in der sich noch zahlreiche Keime befinden. Gelingt es, eine keimfreie Schmelze so stark zu unterkühlen, dass eine Keimbildung im gesamten Schmelzvolumen praktisch gleichzeitig eintritt (sog. spontane Keimbildung), so erhält man besonders feine globulare Kristallite. Die Transkristallisation wird dann ganz oder teilweise unterdrückt.

Nicht nur die Kristalle der Grundmasse, sondern auch die in Legierungen auftretenden Primärkristalle folgen diesen allgemeinen Kristallisationsgesetzen. Dies zeigen die Abb. 4.21, 4.23 und 4.25 bei Kokillenguss und die Abb. 4.22, 4.24 und 4.26 bei Sandguss von einem Weißmetall, das aus 80 % Sn, 10 % Cu und 10 % Sb besteht. In dieser Dreistofflegierung treten zwei verschiedene Primärkristallarten auf: würfelförmige SbSn-Kristalle und nadelige Cu_6Sn_5-Kristalle, die in eine Grundmasse aus zinnreichen Mischkristallen eingelagert sind.

Beim Kokillenguss werden die Primärkristalle umso feiner, je höher die Gießtemperatur liegt (330, 480 und 580 °C, Kokillentemperatur 20 °C). Durch steigende Überhitzung werden die Kristallkeime immer vollständiger aufgeschmolzen. Infolge der schnellen Abkühlung und durch die Keimarmut und der dadurch begünstigten Unterkühlung entstehen dann umso mehr Keime bzw. Kristallite, je höher die Überhitzung vorher war. Auch wegen der kürzeren Erstarrungszeit können die Kristallite bei Kokillenguss nicht so groß werden wie bei Sandguss. Hier tritt der umgekehrte Vorgang ein; je größer die Über-

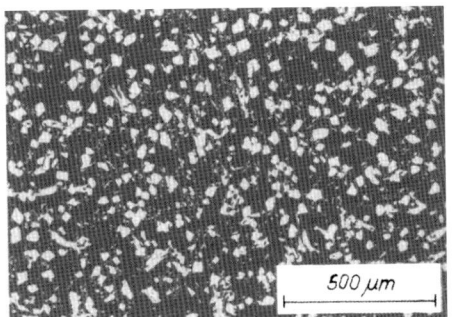

Abb. 4.21 WM80F (80 % Sn + 10 % Cu + 10 % Sb); 330 °C, Kokillenguss

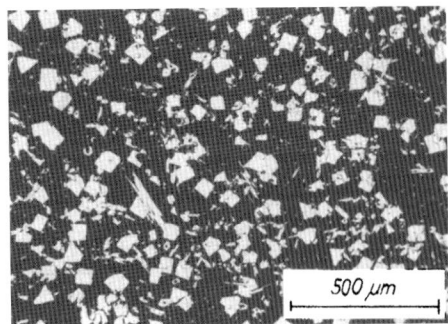

Abb. 4.22 WM80F; 330 °C, Sandguss

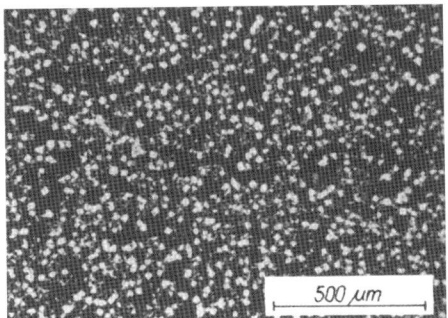

Abb. 4.23 WM80F; 480 °C, Kokillenguss

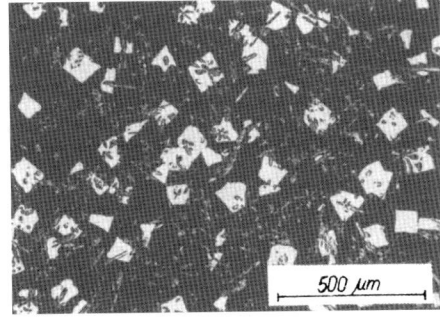

Abb. 4.24 WM80F; 480 °C, Sandguss

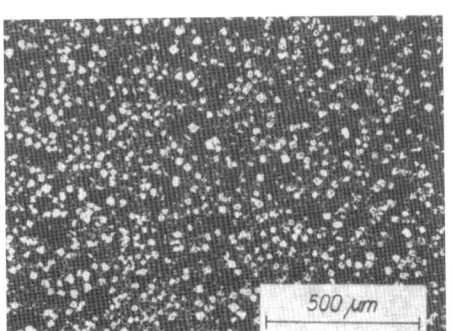

Abb. 4.25 WM80F; 580 °C, Kokillenguss

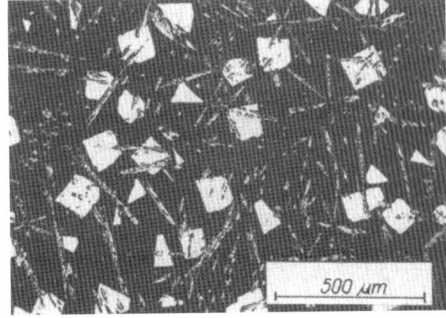

Abb. 4.26 WM80F; 580 °C, Sandguss

hitzung, umso gröbere, aber auch umso weniger Primärkristalle entstehen. Bei Sandguss ist die Unterkühlung nicht so groß, dass spontane Keimbildung einsetzt. Die wenigen noch vorhandenen Keime wachsen während der Abkühlung an, ohne dass es zu einer wesentlichen Keimneubildung kommt.

Neben den arteigenen Keimen üben die artfremden Keime einen bedeutenden Einfluss auf die Ausbildungsform des Gussgefüges sowie auf Größe und Gestalt der Primärkristalle aus. Charakteristisch für artfremde Keime ist ihre Eigenschaft, schon bei geringsten Gehalten relativ große Wirkungen hervorzurufen. Abbildung 3.25 b zeigt das Gefüge von GAlSi13, einer Aluminiumlegierung mit 13 % Silicium. In der Aluminiumgrundmasse befinden sich große Siliciumnadeln und -platten. Es handelt sich hierbei um ein entartetes Eutektikum, bei dem die eutektische Struktur durch besondere Kristallisationsbedingungen nicht in Erscheinung tritt (s. Abschnitt 3.4.2.2). Ein Werkstoff mit derartigem Gefüge ist sehr spröde. Fügt man der Schmelze jedoch ≈ 0,1 % Na hinzu, so ergibt sich ein Gefüge nach Abb. 3.25 c. Die eutektische Struktur dieser Legierung ist nun klar ersichtlich. GAlSi13, das auf diese Weise mit Natrium gefeint worden ist, nennt man „veredelt", da ein derartiges Gefüge wesentlich zäher ist.

Der Veredlungseffekt durch Na (oder auch Sr) lässt sich wie folgt erklären: Ohne Na (unveredelt) kommt es zum entarteten Eutektikum, weil ΔS_{Si} und damit Δg_{VSi} groß sind, sodass Si die „führende" Phase bei der eutektischen Erstarrung ist und sich deshalb ungehindert ausbilden kann. Durch Na (veredelt) wird die Grenzflächenenergie γ reduziert und der Si-Durchtritt durch die Grenzfläche behindert. Das führt zu hohen Keimbildungswahrscheinlichkeiten und zu feiner Verteilung des Si.

In ähnlicher Weise lassen sich auch andere Gussgefüge durch Zusatz bestimmter Fremdstoffe kornfeinen bzw. modifizieren, wobei deren Wirkung entweder über die Grenzflächenenergie γ oder die Bildung einer festen Phase als Fremdkeime erfolgt. So werden Reinstaluminium durch Zugabe von nur 0,03 % Titan, Magnesium durch Zirkon, Stahl durch Aluminium (das z. T. in Al_2O_3 übergeht), Gold durch Platin, Zink durch Kupfer oder Cadmium, Kupfer durch Eisen, Antimon in Pb-Sb-Legierungen durch Arsen sehr feinkörnig. Ein Magnesiumzusatz in Grauguss führt den blattförmigen Grafit in eine kugelige Form, sogenannte Sphärolithe, über (s. Abschnitt 5.5.9). Von diesen Modifikatoren, die nicht als eigentliche Legierungselemente zu bezeichnen sind, macht man in der Technik vielfachen Gebrauch.

Kokillenguss weist im Allgemeinen eine höhere Härte und Festigkeit auf als Sandguss. Dies ist nicht so sehr durch das feinere Korn bedingt als vielmehr durch die Tatsache, dass sich die Gleichgewichte nicht einstellen. So besteht bei Kokillenguss die verstärkte Neigung zur Ausbildung übersättigter Mischkristalle, wodurch eine Festigkeits- und Härtesteigerung verursacht wird. Charakteristisch für gegossene Werkstoffe ist in vielen Fällen eine gegenüber plastisch verformten Werkstoffen geringere Streckgrenze und vor allem eine viel schlechtere Kerbschlagzähigkeit.

Neben der Grobkörnigkeit ist besonders eine ausgeprägte Transkristallisationszone in gegossenen Werkstoffen unerwünscht. Für die Weiterverarbeitung bzw. den Gebrauch erweist sich ein transkristallisiertes Gefüge oft als ungeeignet, weil sich zwischen den Stengelkristallen, besonders aber an den in Abb. 4.16 gestrichelt eingezeichneten Diagonalen, der Hauptteil der Verunreinigungen, die sich in jedem technischen Metall vorfinden, sowie eine Anzahl kleinster Gasbläschen ansammelt. Auf diese Weise wird der Zusammenhang zwischen den Metallkristallen geschwächt, was sich bei Warmverformungen durch Aufreißen längs der Korngrenzen bemerkbar macht.

Wenn transkristallisierte Gussstücke auch durch vorsichtige Warmumformung bearbeitet werden können, so sorgt man doch schon beim Gießen dafür, dass diese Zone erst gar nicht auftritt. Geeignete Maßnahmen sind: Zugabe von Modifikatoren,

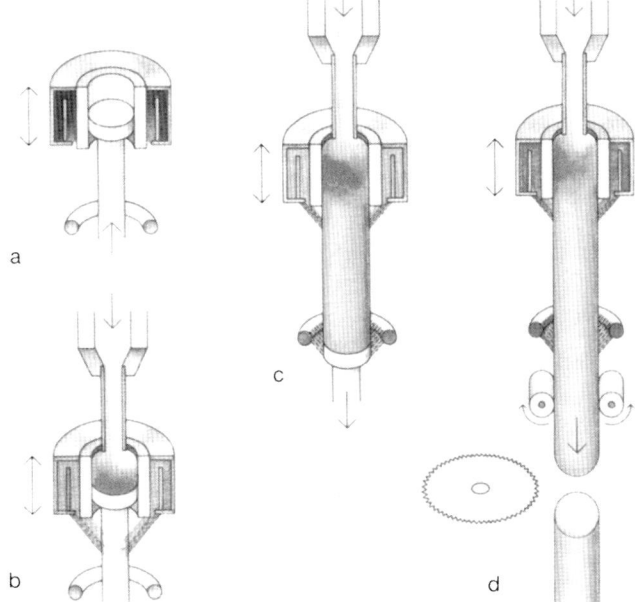

a Verschließen der Kokille durch Anfahrkopf
b Angießen
c Stranggießen
d Trennen

Abb. 4.27 Prinzip des Stranggießens (Wieland-Werke)

niedrige Gießtemperatur, schnelle Abkühlung der Schmelze, Gießen und Erstarren unter Druck und unter Einwirken von Ultraschall.

In den letzten zwei bis drei Jahrzehnten haben die sogenannten kontinuierlichen Gießverfahren immer mehr an Bedeutung gewonnen.

Das Gießen von Walzplatten oder Pressbolzen zur Fertigung von Halbfabrikaten erfolgt heutzutage in der Regel nach einem Stranggießverfahren.

Die Stranggießanlage (Abb. 4.27) besteht prinzipiell aus einer wassergekühlten, unten offenen Kokille mit einem Abzugs- oder Absenkmechanismus für den entstehenden Strang. Meistens wird unterhalb der Kokille in der sogenannten Sekundärkühlzone der Strang zusätzlich durch Besprühen mit Wasser gekühlt. Beim vollkontinuierlichen Stranggießen werden Längen des Strangs mit einer Säge getrennt, sodass der Gießvorgang nicht unterbrochen werden muss. Die im Stranggießverfahren hergestellten Gusskörper weisen bei gleicher Legierungszusammensetzung ein wesentlich feineres Gefüge im Vergleich zum Sand- oder Formguss auf. Da keine Lunker entstehen können, erhöht sich das Ausbringen. Als Beispiel zeigt die Abb. 4.28 die Gefüge des Kupfergusswerkstoffs G-CuSn7ZnPb nach Strangguss (a) und Sandguss (b).

Auch die Band- und Drahtherstellung aus Reinaluminium und einigen niedriglegierten Aluminiumlegierungen erfolgt unter Einsatz kontinuierlicher Verfahren. Dabei wird die Schmelze unter Verwendung rotierender Walzen bzw. Räder und/ oder umlaufender Bänder bzw. Raupen als Formelemente kontinuierlich zu Bändern (Abb. 4.29) oder zu Vormaterial für Drähte vergossen. In der Regel werden die entstehenden Gussstränge unmittelbar

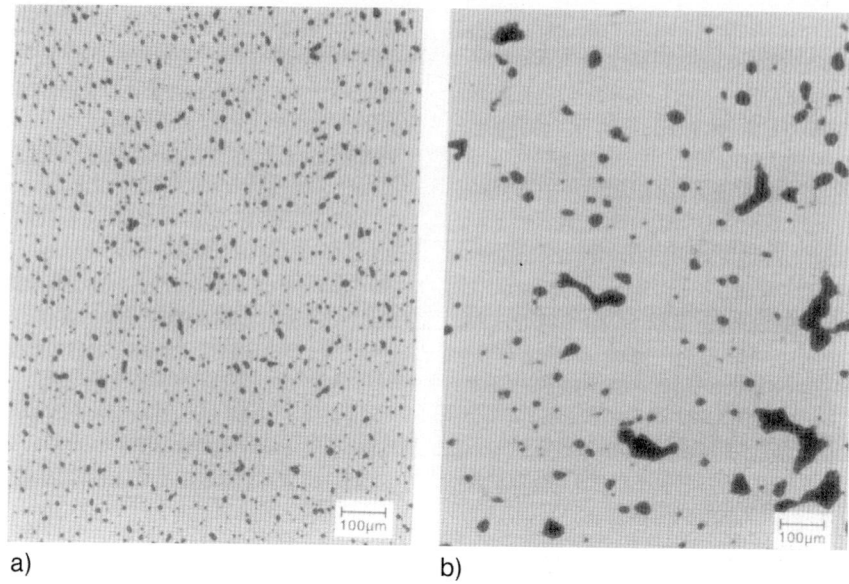

Abb. 4.28 Gefüge von G-CuSn7ZnPb (Wieland-Werke): a) Strangguss, b) Sandguss

anschließend durch Warm- und Kaltwalzen zu Band, Blech, Folien bzw. Draht verarbeitet.

Die gegenüber den konventionellen Verfahren veränderten Gießbedingungen, in erster Linie die erheblich höhere Erstarrungsgeschwindigkeit (Faktor 10^4), beeinflussen die Gefügeausbildung (Abb. 4.30 a und b). Das betrifft in erster Linie die Verringerung der Korn- und Gusszellgröße. Weiterhin tritt eine erhöhte Mischkristallkonzentration der Legierungs- bzw. Verunreinigungselemente sowie eine höhere Gitterbaufehlerdichte an Versetzungen und

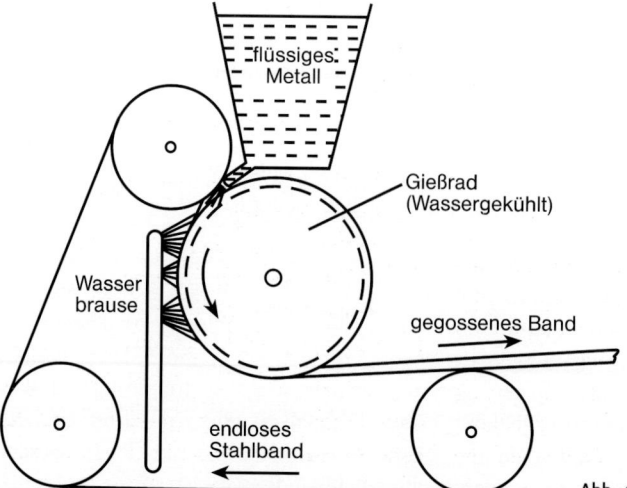

Abb. 4.29 Prinzip des Bandgießens

 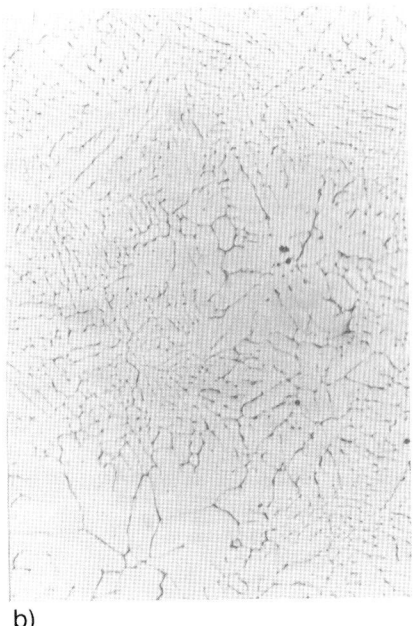

Abb. 4.30 Gefüge der Legierung AlMnFeMg im Gusszustand (Gießwalzband): a) Gussgefüge (50:1), b) Ausscheidungsgefüge mit heterogenen Gusszellen (200:1), (Uhlig)

Leerstellen auf. Durch die Erhöhung der Abkühlungsgeschwindigkeit kommt es zu einer Feinung der Primärausscheidungen. Mit diesen Gefügebesonderheiten sind entsprechend veränderte Werkstoffeigenschaften verbunden: beispielsweise höhere Festigkeiten bei guter Dehnung, größere Warmfestigkeiten, höhere Rekristallisationstemperaturen.

4.1.4
Seigerungen

Unter Seigerungen versteht man verschiedene Entmischungserscheinungen, die beim Erstarren von Schmelzen auftreten können und die zu Inhomogenitäten des Gefüges führen. Das Wort Seigerung kommt von seiger (oder saiger) und heißt soviel wie senkrecht. Dies deutet auf die zuerst erkannte Seigerungsart, die Schwerkraftseigerung mit der schichtenförmigen Überlagerung verschieden schwerer Schmelzen hin, die bei gewissen metallurgischen Verfahren auftritt.

Die Seigerungserscheinungen kann man hinsichtlich des Bereichs, über dem die Konzentrationsunterschiede auftreten, und ihrer Ursachen unterteilen in

- Kristallseigerung (Mischkristallseigerung, Kornseigerung)
- Block- oder Stückseigerung
  Kraftseigerung
  • Schwerkraftseigerung
  • Schleuderkraftseigerung
  Wärmeflussseigerung
  • normale Blockseigerung
  • umgekehrte Blockseigerung

Unter Kristallseigerung wird der inhomogene Aufbau von Mischkristallen verstanden. Ihre Entstehung soll nachfolgend ausführlich beschrieben werden.

Die in den Abschnitten 3.4 und 3.5 behandelten Zustandsschaubilder der Legierungen sind Gleichgewichtsdiagramme, d. h. sie geben den Gefügezustand extrem langsam aus dem Schmelzfluss bis auf Raumtemperatur abgekühlter Legierungen an. Aus technisch-wirtschaftlichen Gründen können in der Praxis Schmelzen aber nicht mit einer Abkühlungsgeschwindigkeit v nahe $0\,\mathrm{K\,s^{-1}}$ zur Erstarrung gebracht werden. Die Zustandsdiagramme haben bei $v \gg 0$ keine volle Gültigkeit mehr, und die dort angeführten Gleichgewichtslinien sind Verschiebungen unterworfen, die nur schwer quantitativ berechnet oder experimentell bestimmt werden können. Im Folgenden seien deshalb nur die Richtungen, in denen diese Verschiebungen von Gleichgewichtslinien bei endlichen Abkühlungsgeschwindigkeiten ablaufen, für einige wichtige Sonderfälle beschrieben.

Unter den Abkühlungsverhältnissen, wie sie bei einem technischen Guss vorliegen, entstehen praktisch nie homogene Mischkristalle. Die Erstarrung erfolgt so rasch, dass die zum Konzentrationsausgleich erforderliche Diffusionszeit nicht zur Verfügung steht und die Gleichgewichte sich nicht einstellen können. Die dadurch bedingten Abweichungen vom normalen Kristallisationsablauf seien im Folgenden an einem Mischkristall aus 92 % Cu und 8 % Sn (α-Bronze) näher erläutert (Abb. 4.31). Bei 1100 °C besteht die Legierung aus einer homogenen Schmelze. Während einer sehr langsamen Abkühlung scheiden sich bei der Liquidustemperatur $T_L = 1030\,°C$ die ersten primären kupferreichen Mischkristalle K_1 mit 1,5 % Sn und 98,5 % Cu aus. Die Restschmelze verarmt dadurch an Kupfer und wird zinnreicher. Ist die Temperatur auf $T_2 = 975\,°C$ abgesunken, so hat sich die Menge an ausgeschiedenen Kristallen vergrößert. Die Kristalle K_2 haben durch Diffusion Zinn aufgenommen und enthalten 3,5 % Sn und 96,5 % Cu, während die Schmelze S_2 eine Zusammensetzung von 13,5 % Sn und 86,5 % Cu

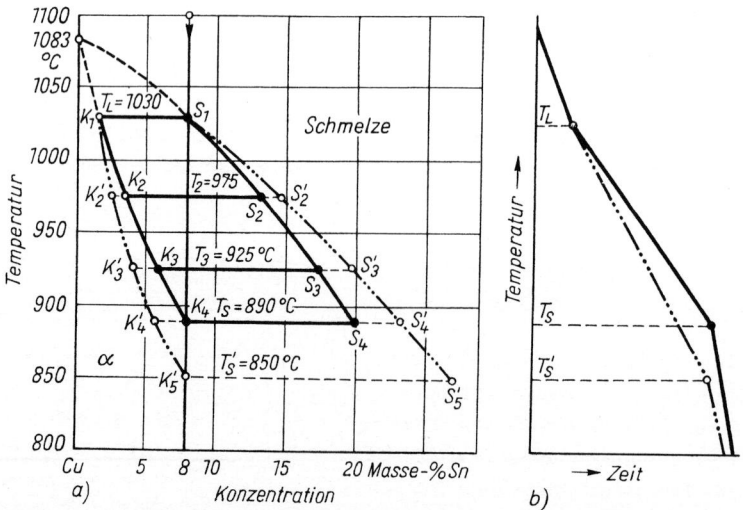

Abb. 4.31 Verschiebung von Solidus- und Liquiduskurve bei schneller Erstarrung von Mischkristallen: a) Verschiebung der Solidus- und Liquiduslinie durch ungenügenden Konzentrationsausgleich zwischen Primärkristallen und Restschmelze, b) Veränderung der Abkühlungskurve

aufweist. Sinkt die Temperatur sehr langsam weiter ab, so ändert sich die Kristallzusammensetzung stetig von K_2 nach K_3 und K_4, während sich die Konzentration der Schmelze von S_2 über S_3 und S_4 verschiebt. Bei der Solidustemperatur $T_S = 890\,°C$ ist schließlich die gesamte Legierung erstarrt und besteht im Gleichgewichtsfall aus homogenen Cu-Mischkristallen mit 8 % Sn. Die Abkühlungskurve ist in Abb. 4.31 b dargestellt (ausgezogene Kurve).

Im Erstarrungsintervall $\Delta T = T_L - T_S = 1030 - 890 = 140\,K$ muss sich die Zinnkonzentration von $K_1 = 1,5\,\%$ Sn nach $K_4 = 8\,\%$ Sn verschieben und die Schmelzenzusammensetzung von $S_1 = 8\,\%$ Sn nach $S_4 = 20\,\%$ Sn. Während sich der Konzentrationsausgleich in der Schmelze durch Diffusion und Konvektion (mechanische Schmelzdurchmischung) schnell einstellt, geht der Materietransport in festen Kristallen lediglich durch Diffusion und deswegen nur sehr langsam vonstatten. So schnell, wie bei einem technischen Guss die Temperatur beispielsweise von $1030\,°C$ nach $975\,°C$ abfällt, kann der Konzentrationsausgleich der Kristalle von K_1 nach K_2 nicht ablaufen. Die zuerst ausgeschiedenen Primärkristalle K_1 nehmen deshalb im Mittel nicht so viel Zinn auf, dass die Konzentration K_2 erreicht wird, sondern weniger Sn, etwa bis K'_2 ($= 2,5\,\%$ Sn statt im Gleichgewichtsfall $3,5\,\%$ Sn). Die Schmelze enthält entsprechend mehr Zinn und besitzt bei $T_2 = 975\,°C$ nicht die Zusammensetzung S_2, sondern etwa S'_2. Bei der ursprünglichen Solidustemperatur $T_S = 890\,°C$ haben die Kristalle die mittlere Zusammensetzung K'_4, und die Schmelze befindet sich mit ihrer Konzentration bei S'_4. Wie aus dem Hebelgesetz folgt, ist bei dieser Temperatur die Legierung noch nicht vollständig erstarrt. Mit den Hebeln $a = K_4 - K'_4 = 8 - 6 = 2$ und $b = S'_4 - K_4 = 24 - 8 = 16$ ergibt sich für die Menge der Restschmelze:

$$m_S = \frac{a}{a+b} \cdot 100\,\% = \frac{2}{2+16} \cdot 100\,\% = 11,1\,\%\ \text{Restschmelze}$$

Die Erstarrung geht so lange weiter, bis die Kristalle K' eine mittlere Zusammensetzung von $K'_S = 8\,\%$ Sn und $92\,\%$ Cu erreicht haben. Dies ist im vorliegenden Beispiel erst bei $T_S = 850\,°C$ der Fall. Die scheinbare Solidustemperatur von Mischkristallen, die infolge unausgeglichener Konzentration nicht nach den Gleichgewichtsbedingungen erstarren, liegt tiefer, als wenn die Kristallisation unter Gleichgewichtseinstellung abläuft. Diese Verlagerung des Soliduspunkts zu tieferen Temperaturen kommt auch in der Abkühlungskurve zum Ausdruck (Abb. 4.31 b, gestrichelte Kurve).

Mischkristalle, die nicht unter Gleichgewichtsbedingungen erstarrt sind, können im Gefüge durch ihren schalenartigen Aufbau erkannt werden. Die zuerst erstarrten Kristallkerne enthalten wenig von dem Zusatzelement, während die zuletzt kristallisierten Restfelder am stärksten auflegiert sind. Normalerweise haben die Kristallkerne die Zusammensetzung K_1 (Abb. 4.31). Um diesen Kern sind nacheinander schalenartig Zonen mit der Zusammensetzung K'_2, K'_3, K'_4 und K'_5 ankristallisiert. Natürlich sind diese Zonen nicht scharf voneinander getrennt, sondern gehen kontinuierlich ineinander über. Beim Ätzen werden die einzelnen Schalen je nach ihrem Legierungsgehalt stärker oder schwächer angegriffen und auf diese Weise sichtbar gemacht (Abb. 4.32).

Bei sehr ungünstigen Diffusionsverhältnissen kann auch der Fall eintreten, dass die Kristallkerne eine mittlere Zusammensetzung von K_1 oder K_2 haben, während

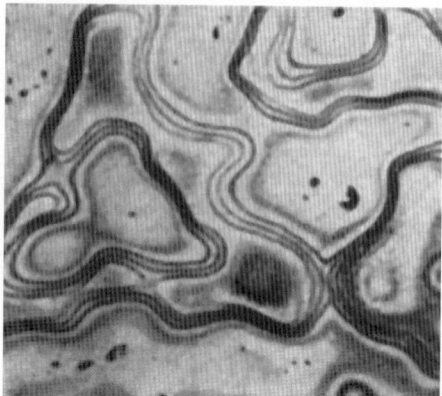

Abb. 4.32 Zonenartiger Aufbau inhomogener Mischkristalle (Kristallseigerung)

in den Restfeldern die mit Legierungselementen stark angereicherte Restschmelze für sich erstarrt und nicht durch Diffusion in den schon vorhandenen Primärkristallen verteilt wird.

Abbildung 4.33 zeigt das Gefüge der oben ausführlich besprochenen Zinnbronze mit 92 % Cu und 8 % Sn. Die Legierung wurde von 1100 °C in eine dickwandige Eisenkokille vergossen, um eine möglichst schnelle Abkühlung zu erzwingen. Die weichen, d. h. zinnarmen Stämme und Äste der Dendriten sind deutlich von den härteren, weil zinnreicheren Restfeldern zu unterscheiden. Wegen des dendritischen Wachstums ist der oben diskutierte Schalenaufbau bei globularen Kristallen hier nicht erkennbar, sondern die Entmischung erfolgt zwischen Dendritenstämmen und -ästen und der dazwischenliegenden erstarrten Restschmelze.

Das Ausmaß der Kristallseigerungen ist von mehreren Faktoren abhängig:

- der Abkühlungsgeschwindigkeit
- der Diffusionsgeschwindigkeit der die Legierung aufbauenden Elemente
- der Größe des Erstarrungsintervalls

Mischkristalle seigern umso mehr, je größer die Abkühlungsgeschwindigkeit, je kleiner die Diffusionsgeschwindigkeit und je ausgedehnter das Erstarrungsintervall ist.

Da fast alle technischen Legierungen ganz oder zu einem erheblichen Teil aus Mischkristallen bestehen, hat man bei gegossenen Metallen und Legierungen häufig mit mehr oder weniger ausgeprägten Kristallseigerungen zu rechnen. Da aber in einer Legierung stets ein möglichst gleichmäßiges Gefüge erwünscht ist, ist man bestrebt, diese Kristallseigerungen zu beseitigen. Dies geschieht durch das Homogenisierungsglühen. Die inhomogene, geseigerte Legierung wird bei möglichst hohen Temperaturen so lange geglüht, bis sich durch Diffusion die Konzentrationsunterschiede zwischen Kristallrand und -kern ausgeglichen haben. Bei der Festlegung der Glühtemperatur muss die Schmelztemperatur der zuletzt erstarrten Bereiche berücksichtigt werden, um das Aufschmelzen von Korngrenzen und Kornzwickeln zu vermeiden. Über die Reichweite eines Diffusionsprozesses liefert die Diffusionslänge $L_D = 2\sqrt{Dt}$ eine für praktische Abschätzungen der Glühzeiten geeignete Information (s. Abschnitt 3.1.3). Manchmal, so z. B. bei Phosphorseigerungen in Stahl, sind die

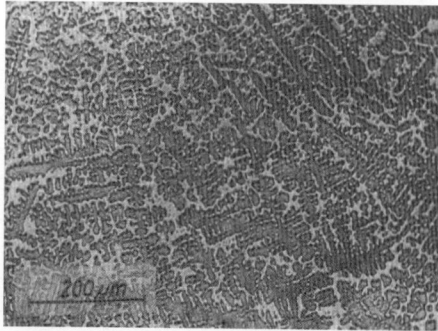

Abb. 4.33 92 % Cu + 8 % Sn, gegossen; inhomogene α-Mischkristalle; Kristallseigerung

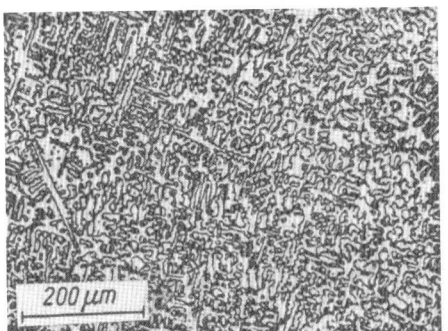

Abb. 4.34 92 % Cu + 8 % Sn, gegossen und 5 h bei 500 °C geglüht

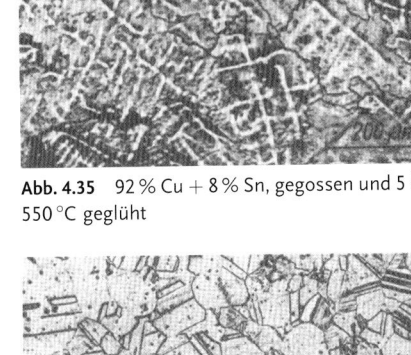

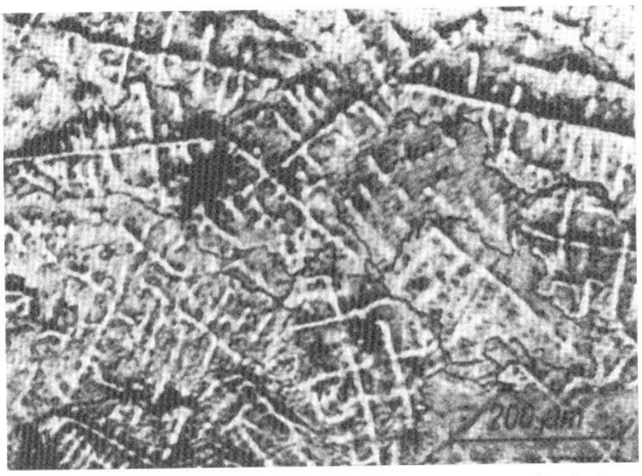

Abb. 4.35 92 % Cu + 8 % Sn, gegossen und 5 h bei 550 °C geglüht

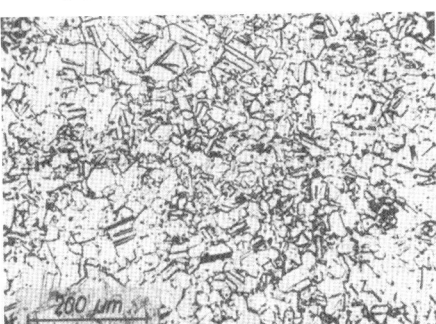

Abb. 4.36 92 % Cu + 8 % Sn, gegossen und 5 h bei 600 °C geglüht

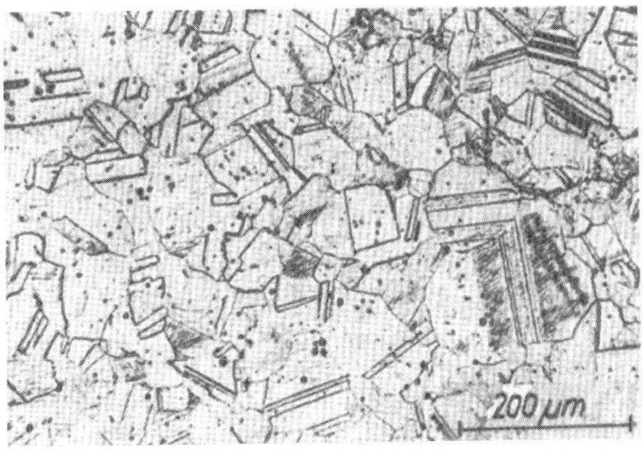

Abb. 4.37 92 % Cu + 8 % Sn, gegossen und 5 h bei 650 °C geglüht

Diffusionsgeschwindigkeiten der betreffenden Elemente so gering, dass die Seigerungen in praktisch anwendbaren Glühzeiten nicht ausgeglichen werden können. Mit der Veränderung des Gefüges ist eine mehr oder weniger ausgeprägte Änderung der technischen Eigenschaften verbunden.

In den Abb. 4.34 bis 4.38 ist die Wirkung von verschiedenen Glühtemperaturen auf die Beseitigung der Kristallseigerungen der Bronze aus Abb. 4.33 dargestellt. Glühen 5 h bei 500 °C bewirkt schon einen gewissen Konzentrationsausgleich, wie aus Abb. 4.34 zu ersehen ist. Die Gestalt der Dendriten und ihre Abgrenzungen von den Restfeldern sind noch vorhanden, aber die Kontraste haben sich vermindert. Nach einer Glühung von 5 h bei 550 °C sind die Dendriten nur noch andeutungsweise vorhanden (Abb. 4.35). Die Korngrenzen der Mischkristalle treten schon deutlich in Erscheinung. Man erkennt auch, dass die Orientierung der Dendriten innerhalb eines Korns stets gleich, von Korn zu Korn dagegen verschieden ist. Erhöht man die Glühtemperatur auf 600 °C, dann sind die Dendriten vollständig verschwunden (Abb. 4.36). An ihre Stelle sind zahlreiche kleine polygonale (d. h. vieleckige) Kristallite getreten, die teilweise im Innern Zwillingsbildung aufweisen. Eine weitere Steigerung der Glühtemperatur auf 650 bzw. 800 °C ergibt noch eine Kornvergrößerung, ohne dass der weitere Konzentrationsausgleich, der auch bei diesen Temperaturen noch vonstatten geht, im Gefüge sichtbar wäre (Abb. 4.37 und 4.38).

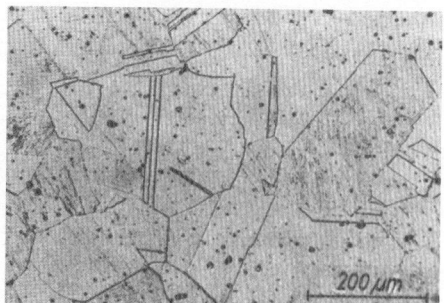

Abb. 4.38 92 % Cu + 8 % Sn, gegossen und 5 h bei 800 °C geglüht

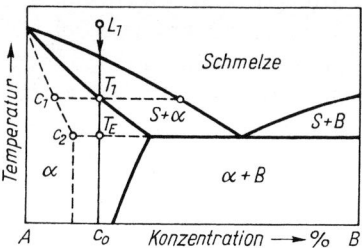

Abb. 4.39 Ungleichgewicht in einem eutektischen System

Die bei der Erstarrung von Mischkristallen auftretende Entmischungserscheinung führt unter gewissen Umständen in eutektischen Systemen zu weiteren Gleichgewichtsstörungen. Die Legierung L_1 in dem in Abb. 4.39 dargestellten eutektischen System sollte nach beendeter Erstarrung nur aus polyedrischen α-Mischkristallen bestehen. Erfolgt die Abkühlung der Schmelze aber so schnell, dass sich die Gleichgewichte nicht einstellen können, dann nehmen die primär ausgeschiedenen α-Mischkristalle im Schmelzintervall weniger B auf, als dem Gleichgewichtszustand entspricht. Bei der durch das Zustandsschaubild gegebenen Solidustemperatur T_1 beträgt die mittlere Zusammensetzung von α nicht c_0, sondern etwa c_1. Es ist also noch Restschmelze vorhanden, und die Erstarrung geht mit sinkender Temperatur weiter. Bei der eutektischen Temperatur T_E haben die Mischkristalle tatsächlich etwa die mittlere Zusammensetzung c_2. Die Restschmelze erstarrt nun unter Ausbildung des Eutektikums. Das Gefüge besteht nach der Erstarrung also aus primären α-Mischkristallen der Konzentration c_2 und dem Eutektikum aus α-Mischkristallen der Konzentration c_2 und B. Durch nachträgliches Diffusionsglühen kann das Gleichgewicht eingestellt und das Eutektikum wieder entfernt werden.

Manchmal bestehen bei der primären Erstarrung einer Phase Kristallisationshemmungen, die zu Unterkühlungserscheinungen Veranlassung geben. Die Folge davon ist, dass zwei verschiedene Primärkristalle in einer Legierung auftreten. Die Legierung L_1 (Abb. 4.40) sollte bei der Liquidustemperatur T_1 primäre α-Mischkristalle ausscheiden. Tritt infolge irgendwelcher Hemmungen diese Primärkristallisation jedoch nicht ein, so wird die Schmelze bis zur Temperatur T_2 unterkühlt, wobei $T_2 < T_E$ ist. Bei der Temperatur T_2 wird die an sich unterhalb der eutektischen Temperatur T_E instabile Liquiduskurve der β-Kristallart erreicht, und es scheidet sich eine bestimmte Menge an β primär aus. Durch die von den β-Kristallen ausgehende Impfwirkung wird die Unterkühlung der α-Phase aufgehoben, und es scheiden sich nun (unter Temperaturanstieg bis T_E) primäre α-Mischkristalle aus. Hat die Restschmelze die eutektische Zu-

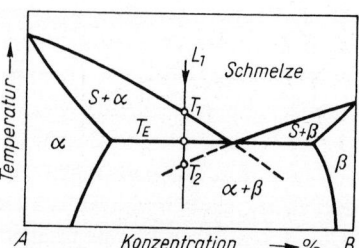

Abb. 4.40 Auftreten von zwei primären Kristallarten in einem binär-eutektischen System

sammensetzung erreicht, so zerfällt sie in das eutektische Gemenge aus (α + β).

Diese Erscheinung tritt häufig bei Aluminium-Silicium-Legierungen auf, deren Zusammensetzung in der Nähe des Eutektikums (88,3 % Al + 11,7 % Si) liegt. Im Gefüge erscheinen dann primäre dendritische Al-Mischkristalle, primäre idiomorphe Si-Kristalle sowie das (Al + Si)-Eutektikum.

Bei peritektischen Systemen führt die bei Mischkristallen auftretende Kristallseigerung ebenfalls zu Ungleichgewichten und Verschiebungen von Gleichgewichtslinien, die in Abb. 4.41 gestrichelt eingezeichnet wurden. Durch die bei schneller Abkühlung auftretende Kristallseigerung von α wird der Teil a-b der Soliduskurve nach a-b' verlagert. Eine Legierung L_1, die im Gleichgewichtsfall nicht an der peritektischen Reaktion teilnimmt und bei Raumtemperatur aus homogenen α-Mischkristallen besteht, kann auf diese Weise bei genügend schneller Abkühlung peritektisch entstandene β-Kristalle enthalten und infolgedessen heterogen sein. Eine Legierung, die konzentrationsmäßig zwischen den Punkten b und c liegt, enthält im Ungleichgewichtsfall mehr Restschmelze, als man mithilfe des Hebelgesetzes ermitteln kann.

Die Soliduskurve c-e der β-Mischkristalle wird bei schneller Abkühlung ebenfalls lagemäßig verschoben (gestrichelte Kurve c-e). Die dabei auftretenden Ungleichgewichte liegen aber unterhalb der Peritektikalen und bewirken deshalb nur eine normale Kristallseigerung. Die in Abb. 4.41 eingetragene Legierung L_2 besteht nach schneller Kristallisation demnach aus Zonenkristallen, deren Kerne A-reicher sind als die Restfelder und deren Solidustemperatur tiefer liegt, als dem Gleichgewicht entsprechen würde. Auch können u. U. noch α-Mischkristalle vorhanden sein.

In Legierungen mit mehreren Komponenten nehmen alle mit dem Grundmetall Mischkristalle bildenden Elemente an der Kristallseigerung teil, und zwar seigern die einzelnen Elemente umso stärker, je geringer die Diffusionsgeschwindigkeit ist und je stärker der Verteilungskoeffizient k von 1 abweicht. Abbildung 4.42 zeigt das Gussgefüge eines Stahls mit 0,22 % C, 3 % Mn und 0,31 % Cr (22Mn12). Die dunkel angeätzten Seigerungsbereiche zwischen den hellen, rundlichen Primärkristallen enthalten überdurchschnittlich viel Mangan und Kohlenstoff. Mikrohärtemessungen in den Seigerungszonen und in den legierungsärmeren Primärkristallen ergaben für letztere eine Härte von $HV_m = 180$, für erstere dagegen $HV_m = 240$. Die

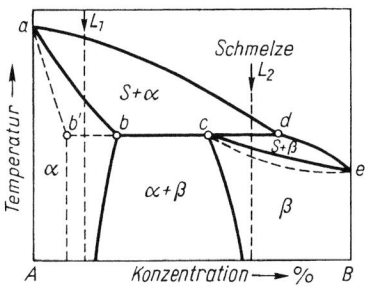

Abb. 4.41 Ungleichgewichte in einem peritektischen System

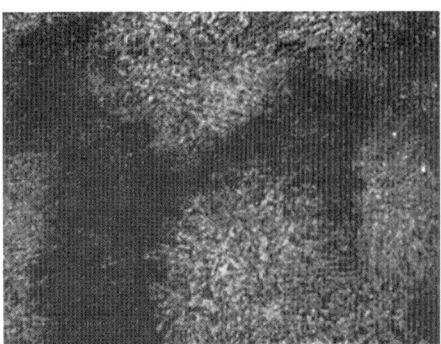

Abb. 4.42 Kristallseigerung von Kohlenstoff und Mangan in einem Vergütungsstahl mit 0,22 % C und 3 % Mn; geätzt mit 1 %iger HNO_3

Makro-Vickers-Härte lag mit HV = 219 genau zwischen diesen beiden Werten.

Schwerkraftseigerungen haben wir schon bei Systemen mit einer Mischungslücke im flüssigen Zustand kennen gelernt, beispielsweise bei Fe-Pb, Pb-Zn und Cu-Pb (s. Abschnitt 3.4.3). Schwerkraftseigerung tritt nun nicht nur bei Systemen mit einer Mischungslücke im flüssigen Zustand auf, sondern auch bei all den Legierungen, die einen merklichen Dichteunterschied zwischen Primärkristallen und Restschmelze aufweisen. Je größer dieser Dichteunterschied ist, desto eher kommt es zum Absetzen bzw. Hochsteigen der schweren bzw. leichteren Kristalle. Begünstigt wird die Entmischung durch eine kompakte Kristallform und durch langsame und ruhige Erstarrung. Abbildung 4.43 zeigt einen Längsschliff durch einen sehr langsam abgekühlten Gussblock aus 85 % Pb und 15 % Sb. Blei und Antimon bilden ein einfaches eutektisches System mit dem eutektischen Punkt bei 11,1 % Sb (s. Abschnitt 3.4.2.2).

Vorstehende Legierung ist also schwach übereutektisch, und es scheiden sich primäre Antimonkristalle (Dichte ≈ 6,7 g cm^{-3}) aus. Diese sind viel leichter als die bleireiche Restschmelze (Dichte von Blei ≈ 11,3 g cm^{-3}) und steigen infolgedessen an die Oberfläche der Schmelze. Die Entmischung geht in diesem Fall sehr weit, wie man an dem Dreibereichsaufbau des Regulus erkennt: Im oberen Drittel sind die Antimonkristalle stark angereichert, im mittleren Drittel befindet sich das (Pb + Sb)-Eutektikum, und im unteren Drittel haben sich infolge der Verarmung an Antimon sogar primäre Bleikristalle ausgeschieden. Abbildung 4.44 zeigt bei höherer Vergrößerung den Übergang von der oberen, Sb-angereicherten Schicht zum mittleren, eutektischen Bereich. Diese Erscheinung macht sich außer bei den Pb-Sb-Legierungen auch bei den Lagerweißmetallen, die neben Blei und Antimon noch Zinn enthalten, unangenehm bemerkbar.

In übereutektischen Eisen-Kohlenstoff-Legierungen (Grauguss) steigt der primäre Grafit ebenfalls an die Oberfläche der Eisenschmelze und kann dort abgeschöpft werden (Garschaumgrafit).

Wegen der räumlichen Trennung der einzelnen Gefügebestandteile ist eine Beseitigung oder Verringerung der Schwerkraftseigerung durch Wärmebehandlung der erstarrten Legierungen nicht möglich. Sie lässt sich bei den betreffenden anfälligen

Abb. 4.43 Schwerkraftseigerung in einer langsam erstarrten Legierung aus 85 % Pb + 15 % Sb

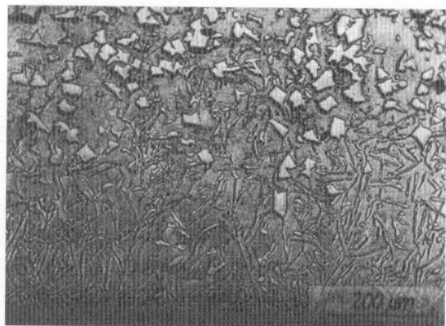

Abb. 4.44 Ausschnitt aus Abb. 4.43: Übergang von der obersten Sb-angereichten Schicht zum mittleren, eutektischen Bereich

Legierungen nur durch besondere Schmelz- und Gießmaßnahmen, beispielsweise schnelles Vergießen, vermeiden.

Eine besonders bei unberuhigten Stählen häufig auftretende Entmischungserscheinung ist die (direkte) Blockseigerung. Diese entsteht dadurch, dass die Eisentranskristallite die in Eisenlegierungen stets enthaltenen Verunreinigungen, wie Schwefel, Phosphor und Kohlenstoff, vor sich herschieben und diese sich dadurch im Blockinnern anreichern. Die Abkühlungsbedingungen üben ebenfalls einen beachtlichen Einfluss aus, was daraus hervorgeht, dass die Stärke der Seigerung mit steigendem Blockquerschnitt zunimmt. Schwefel kann sich dabei im Kern um 300 bis 400 %, Phosphor um 200 bis 300 %, Kohlenstoff um 100 bis 200 % und Mangan um etwa 50 % anreichern. Bei unberuhigtem Stahl erfolgt die Seigerung im gesamten Block, während sie bei beruhigtem Stahl im Wesentlichen auf den Blockkopf, das ist etwa das obere Blockdrittel, beschränkt ist.

Der Nachweis von Phosphor- und Schwefelseigerungen bei Stahl kann auf verschiedene Art und Weise erfolgen. Es genügt, die überdrehte, gehobelte oder grobgeschliffene Probe mit dem Heyn'schen Ätzmittel zu behandeln:

9 g	kristallisiertes Kupferammonchlorid ($CuCl_2 \cdot 2\, NH_4Cl \cdot 2\, H_2O$)
100 cm³	Wasser

Der auf der Probe befindliche Kupferniederschlag wird mit einem Wattebausch oder einem Stück Kork unter fließendem Wasser abgerieben. Die Phosphor- und Schwefelseigerungen färben sich dabei dunkelbraun, während das reine Eisen nicht angegriffen wird (Abb. 4.45).

Abb. 4.45 Phosphorseigerung in einem Stahlbolzen; Heyn'sches Ätzmittel

Die feineren Einzelheiten der Seigerungen gibt das Oberhoffer'sche Ätzmittel besser wieder, dafür muss die Schlifffläche aber auch poliert werden:

500 cm³	destilliertes Wasser
500 cm³	Ethanol (C_2H_5OH)
50 cm³	konzentrierte Salzsäure (HCl)
30 g	Eisenchlorid ($FeCl_3$)
1 g	Kupferchlorid ($CuCl_2$)
0,5 g	Zinnchlorid ($SnCl_2$)

Bei diesem Ätzverfahren erscheinen die seigerungsfreien Stellen dunkel, d. h. angegriffen, während die Seigerungen nicht angegriffen werden (Abb. 4.46). Nach Heyn bzw. Oberhoffer geätzte Schliffe verhalten sich etwa wie Positiv und Negativ zueinander.

Mithilfe des Baumann- oder Schwefelabdrucks (Abb. 4.47) können Schwefelseigerungen sofort auf fotografischem Papier festgehalten werden. Bromsilberpapier wird mit 5 %iger Schwefelsäure (bei Tageslicht) getränkt und der Schliff je nach dem Schwefelgehalt 1 bis 5 min lang aufgedrückt. Das Papier wird dann normal fixiert und gewässert. Die Seigerungen erscheinen schwarzbraun.

Abb. 4.46 Phosphorseigerung in einem Stahlbolzen; Oberhoffer'sches Ätzmittel

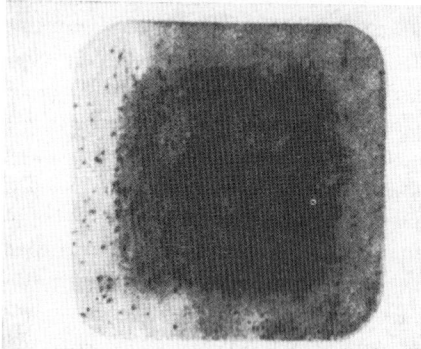

Abb. 4.47 Blockseigerung in einem Knüppel aus unberuhigtem Stahl; Schwefelabdruck nach Baumann

Der Vorgang verläuft so, dass die Schwefelsäure in Berührung mit Eisen- oder Mangansulfid (FeS bzw. MnS) Schwefelwasserstoff bildet:

$$FeS + H_2SO_4 \rightarrow FeSO_4 + H_2S$$

Dieser reagiert mit dem Silberbromid AgBr des Fotopapiers unter Bildung von schwarzbraunem Silbersulfid Ag_2S zufolge der Gleichung:

$$H_2S + 2\,AgBr \rightarrow Ag_2S + 2\,HBr$$

Zur Herstellung eines Phosphorabdrucks wird die Probe feingeschliffen, gründlich gewaschen und getrocknet. Foto- oder Filterpapier wird mit Ammoniummolybdatlösung (5 g je 100 cm^3 dest. Wasser), zu der 35 cm^3 Salpetersäure zugegeben sind, getränkt, abgetrocknet und dann 5 min auf die Metalloberfläche gedrückt. Die Entwicklung des Papiers erfolgt in einer wässrigen 35 %igen Salzsäurelösung, zu der ein wenig Alaun und 5 cm^3 einer gesättigten Lösung von Zinnchlorid (SnCl$_2$) beigegeben worden sind. Die Farbe geht dabei von Gelbbraun in ein charakteristisches Blau über. Aus der Intensität der Blaufärbung kann mit einiger Übung der Phosphorgehalt abgeschätzt werden.

Ein Oxidabdruck nach Niessner kann bei Vorhandensein größerer Oxidmengen hergestellt werden, indem man die Schlifffläche 5 min auf Fotopapier drückt, welches vorher mit einer wässrigen 5 %igen Salzsäurelösung getränkt wurde. Anschließend wird mit einer 2 %igen Ferrocyankaliumlösung nachbehandelt, unter fließendem Wasser gewaschen und getrocknet. Die Oxideinschlüsse ergeben eine örtliche Blaufärbung. Die Deutung des erhaltenen Abdrucks erfordert aber einige Erfahrungen.

Ein Bleiabdruck wird nach Volk so durchgeführt, dass ausfixiertes Bromsilberpapier mit konzentrierter Essigsäure 3 min getränkt und die geschliffene oder besser noch polierte Probe je nach Bleigehalt 1 bis 5 min aufgepresst wird. Anschließend wird 2 bis 3 min in Schwefelwasserstoffwasser entwickelt. Eventuell gebildetes Eisenacetat wird durch kurzes Eintauchen des Papiers in 20 %ige Salzsäure wieder in Lösung gebracht. Bleihaltige Stellen ergeben auf dem Abzug braune Flecken von Bleisulfid PbS. Bleieinschlüsse machen sich bis zu einer Teilchengröße von 0,05 mm noch bemerkbar.

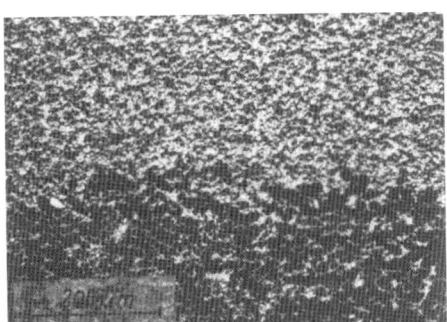

Abb. 4.48 Blockseigerung bei einem ungenügend beruhigten Stahl: Die Seigerungszone (unten) ist wesentlich stärker angegriffen; Tiefätzung mit HCl

Außer durch die oben angeführten Ätzungen lässt sich die Blockseigerung der Stähle auch durch Beizen mit mittelkonzentrierten Mineralsäuren, wie HCl, H_2SO_4, feststellen. Abbildung 4.48 zeigt eine derartige Tiefätzung bei einem ungenügend beruhigten Stahl 20MnCr5. Die Kernzone ist chemisch unedler als die relativ sauberen Randzonen und wird deshalb viel schneller von der Säure angegriffen und herausgelöst. Der Beizvorgang kann durch Erwärmung der Säure auf 60 bis 80 °C beschleunigt werden. Zur Vermeidung des lästigen Nachrostens empfiehlt es sich, die gebeizte Probe mit Kalkmilch zu behandeln.

Die Blockseigerungen können im Gegensatz zu den Kristallseigerungen durch Homogenisierungsglühungen nicht ausgeglichen werden, weil der räumliche Abstand zwischen dem sauberen Rand und dem an Verunreinigungen angereicherten Kern zu groß ist. Blockseigerungen führen bei der Verarbeitung der Stähle zu mancherlei Schwierigkeiten. Beim Schweißen muss darauf geachtet werden, dass die Schweißnaht nicht in die Seigerungszone hineinreicht, weil sonst keine einwandfreie Bindung der zu verschweißenden Teile garantiert werden kann. Durch die plastischen Formgebungsverfahren wird die Seigerungszone mit deformiert. Allerdings ist darauf zu achten, dass der stärker legierte Kern einen höheren Formänderungswiderstand aufweist als die schwächer legierte Randschicht. Unter Umständen reißt bei unvorsichtigem Schmieden oder Walzen die Seigerungszone auf. Bei Profilen muss die Formgebung so erfolgen, dass die Seigerungszone allseitig von gesundem Stahl umgeben ist, weil andernfalls während der Formgebung selbst oder später bei der Beanspruchung Anrisse in der freiliegenden Seigerung auftreten können. Stärker geseigerte dünne Bleche neigen beim Beizen zur Beizblasenbildung. Mit der äußeren Atmosphäre in Berührung stehende Seigerungsstellen korrodieren infolge ihres hohen Gehalts an Verunreinigungen schneller als die sauberen Randschichten. Auch dadurch kann es im Lauf der Zeit zu Oberflächenrissen kommen.

Das Gegenstück zur direkten Blockseigerung, die hauptsächlich bei unberuhigten Stählen auftritt, ist die umgekehrte Blockseigerung, die besonders bei Kupfer- und Aluminiumlegierungen zu beobachten ist. Durch verschiedene Ursachen, wie beispielsweise Kapillarkräfte zwischen den Dendriten, Druck der erstarrten Außenhaut auf die Schmelze, Druck der im Innern der Schmelze freiwerdenden Gase und zu starkes anfängliches Dendritenwachstum, wird ein Teil der verunreinigten Restschmelze aus dem Blockinnern an die Blockoberfläche gepresst bzw. gesogen. Bei der umgekehrten Blockseigerung ist also der Kern legierungsärmer als die äußere Randschicht.

Eine Abart der umgekehrten Blockseigerung ist die Gasblasenseigerung. Während der Erstarrung werden vorher gelöste Gase (CO, N_2, H_2) frei, die sich in Form von Gasblasen ansammeln. Bei der weiteren Abkühlung nimmt der Druck der

Gase innerhalb der Blasen ab, und der entstehende Unterdruck saugt verunreinigte Restschmelze aus dem noch flüssigen Kern nach, sofern Kapillaren einen Schmelztransport zulassen. Derartige Gasblasenseigerungen führen besonders bei Stahl leicht zu Oberflächenfehlern, da das in den Blasen vorhandene verunreinigte Material nur schlecht bei der Warmumformung mit dem sauberen Stahl verschweißt und infolgedessen zu Rissen Veranlassung gibt. Abbildung 4.49 zeigt eine aufgeplatzte oberflächennahe Gasblasenseigerung in Stahl. Die in Phosphor angereicherte ehemalige Restschmelze ist durch das Oberhoffer-Ätzmittel nicht angegriffen und erscheint deswegen hell, während die saubere Grundmasse dunkel geätzt wurde.

Abb. 4.49 Aufgeplatzte randnahe Gasblasenseigerung; Oberhoffer'sches Ätzmittel

4.1.5
Lunker

Bei der Abkühlung eines flüssigen Metalls bis auf Raumtemperatur finden im Allgemeinen drei verschiedene, einander folgende Volumenkontraktionen statt, wie dies Abb. 4.50 am Beispiel von Kupfer zeigt:

1. Eine stetig verlaufende Schwindung, die durch die Abkühlung des flüssigen Metalls von der Gießtemperatur T_G bis zur Erstarrungstemperatur T_S bedingt ist (Flüssigkeitskontraktion; Bereich a);
2. eine sprunghafte Schwindung bei der Erstarrungstemperatur T_S, die durch den Volumenunterschied zwischen Schmelze und festem Metall verursacht wird (Erstarrungskontraktion; Bereich b) und die eine Folge der unterschiedlichen atomaren Packungsdichte zwischen festem und flüssigem Metall ist;
3. eine stetige Schrumpfung des kristallisierten Metalls von der Erstarrungstemperatur T_S bis auf Raumtemperatur (Festkörperkontraktion; Bereich c).

Die beiden Schwindungen der Bereiche a und b verursachen bei der Erstarrung die sogenannte Lunkerbildung (Hohlraumbildung). Es seien zum besseren Verständnis die Volumenverhältnisse bei der Erstarrung von 1 kg Kupfer betrachtet unter Berücksichtigung der in Abb. 4.50 eingetragenen Werte.

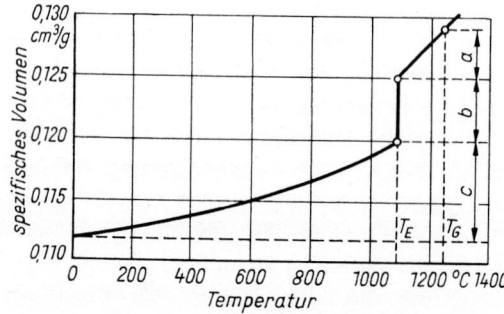

Abb. 4.50 Abhängigkeit des spezifischen Volumens von Kupfer von der Temperatur (nach Sauerwald)

1 kg Kupfer nimmt bei der angenommenen Gießtemperatur von $T_G = 1250\,°C$ ein Volumen von $V = 1000\,V_S = 128\,cm^3$ ein (V_S spez. Volumen). Bei der langsamen Abkühlung bis zum Erstarrungspunkt $T_S = 1083\,°C$ nimmt das Volumen der Kupferschmelze um $3\,cm^3$ ab und beträgt nur noch $125\,cm^3$. Gleichmäßige Abkühlung nach allen Seiten hin vorausgesetzt, bildet sich nun an den Oberflächen der Schmelze eine dünne Erstarrungsschicht, die das Volumen der Schmelze von $125\,cm^3$ umschließt. Die Erstarrung geht weiter, indem an die äußere feste Schicht sich neue Schichten ankristallisieren, bis die gesamte Schmelze in den festen Zustand übergegangen ist. Bei der Erstarrung hat sich das Volumen von 125 auf $120\,cm^3$ verringert. Dies ist unter den beschriebenen Verhältnissen nur möglich, wenn sich im Innern des Gussblocks ein Hohlraum von $5\,cm^3$ gebildet hat.

Das ist der Blocklunker. Eine schematische Darstellung dieser Hohlraumbildung ist in Abb. 4.51 gegeben. In Wirklichkeit sind die einzelnen Erstarrungsschichten natürlich nicht voneinander getrennt, sondern gehen kontinuierlich ineinander über. In Tab. 4.1 sind die bei der Erstarrung auftretenden prozentualen Volumenveränderungen (Bereich b) einiger Metalle angeführt. Wie daraus hervorgeht, ist die Erstarrung im Allgemeinen mit einer Volumenabnahme verbunden. Nur bei einigen Elementen mit geringer Packungsdichte des Kristallgitters findet bei der Erstarrung eine Volumenzunahme statt, so z. B. bei Bi, Sb und besonders bei Si.

Tab. 4.1 Volumenänderung einiger Metalle beim Erstarren

Metall	Kristallgitter	Volumenänderung [%]
Aluminium	kubisch flächenzentriert	−6,3
Kupfer	kubisch flächenzentriert	−4,2
Blei	kubisch flächenzentriert	−3,4
Silber	kubisch flächenzentriert	−5,0
Eisen	kubisch raumzentriert	−4,0
Zink	hexagonal	−6,5
Magnesium	hexagonal	−3,8
Zinn	tetragonal	−2,9
Bismut	rhomboedrisch	+3,3
Antimon	rhomboedrisch	+1,0
Silicium	Diamantstruktur	+10

In der Praxis verläuft die Abkühlung eines Gussstücks nun durchaus nicht nach allen Seiten gleichmäßig. Beim Kokillenguss kühlen Blöcke an den Kokillenwänden wesentlich schneller ab als an der oberen Kopffläche. Die Folge davon ist, dass der Lunker vom Mittelteil des Blocks zur Kopfseite hin verdrängt wird und etwa die Form eines auf die Spitze gestellten Kegels einnimmt. Abbildung 4.52 zeigt einen Längsschnitt durch einen Stahlblock, der einen Blocklunker enthält. Die obere Verschlussplatte des Lunkers, der Deckel, schließt den Lunker nur unvollkommen gegenüber der oxidierenden Luft ab, sodass die Lunkerwände meist stark oxidiert sind. Aus diesem Grund ist ein einwandfreies Verschweißen des Lunkers durch nachträgliche Warmumformung nicht möglich. Man ist deshalb gezwungen, den Blockteil, der den Lunker enthält, abzutrennen (Schopfen des verlorenen Kopfs), wodurch natürlich ein erheblicher Materialverlust entsteht. Gießtechnische Maßnahmen, die

Abb. 4.51 Schematische Darstellung der Lunkerbildung in einem nach allen Seiten gleichmäßig abkühlenden Metallguss

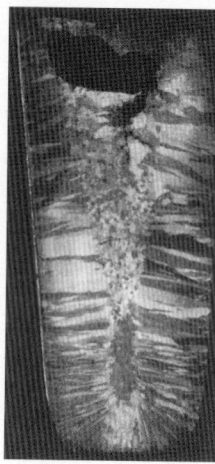

Abb. 4.52 Blocklunker in einem Stahlblock

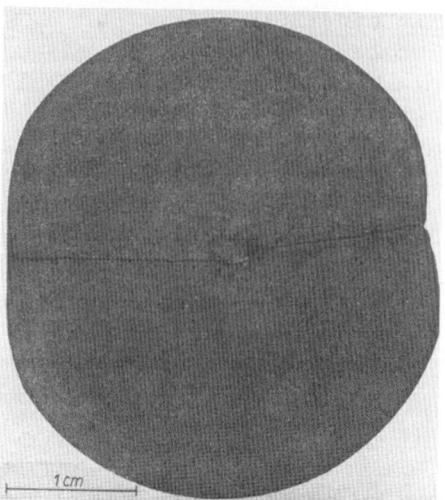

Abb. 4.53 Fadenlunker als Ursache des Aufreißens eines vergüteten und oberflächengehärteten Bolzens (Stahl 38Cr4)

das Lunkervolumen herabsetzen bzw. die Lunkerform günstig beeinflussen, sind: niedrige Gießtemperatur, langsames Gießen, Flüssighalten des Kopfs durch Hauben aus keramischen Massen mit geringer Wärmeleitfähigkeit oder durch Zugabe von wärmeentwickelnden Lunkerpulvern, geeignete Kokillenkonstruktion, Abschrecken des Blockkopfs, mechanisches Pressen des Gussblocks während der Erstarrung sowie die Anwendung von kontinuierlichen Gießverfahren.

Bei ungünstigen Erstarrungsverhältnissen, besonders wenn das Verhältnis von Blockquerschnitt zu Blockhöhe klein ist, kann sich der Lunker in Form einer dünnen Röhre bis zum Fuß des Blocks erstrecken. Diese sogenannten Fadenlunker sind sehr gefährlich, da sie u. U. nicht rechtzeitig bemerkt werden und bei der Weiterverarbeitung zu Schwierigkeiten und Materialausschuss führen. Abbildung 4.53 zeigt den Querschnitt eines vergüteten und oberflächengehärteten Bolzens aus Stahl 38Cr4, in dem sich in der Mitte noch der Überrest eines Fadenlunkers befindet. Bei der Flammhärtung der Oberfläche riss der Bolzen längs auf, wobei die Risse von dem Lunker ausgingen. Gleichzeitig wurden große Stücke der gehärteten Oberfläche durch die Rissbildungen abgesprengt. Zusammengewalzte Rest- und Fadenlunker sind auch die Ursachen der gefürchteten Dopplungen, die bei Kesselblechen und anderen Blechen manchmal auftreten und die eine Aufspaltung der Bleche in einer Ebene parallel zur Walzebene herbeiführen.

Die Erstarrungsschwindung der Metalle und Legierungen führt nicht nur zur Bildung von Blocklunkern, sondern ist auch die Ursache für die Entstehung der Mikrolunker. Diese entstehen vorzugsweise zwischen verfilzten Dendriten, weil die Restschmelze durch die im Verlauf der Erstarrung immer enger werdenden Verbindungskanäle nicht mehr durchfließen kann und das zwischen den Dendriten entstehende kleine Schwindungsloch von der Restschmelze abgeschnitten wird. Abbildung 4.54 zeigt derartige Mikrolunker in einem Rotguss und Abb. 4.55 Mikrolunker

4.1.6
Gasblasen

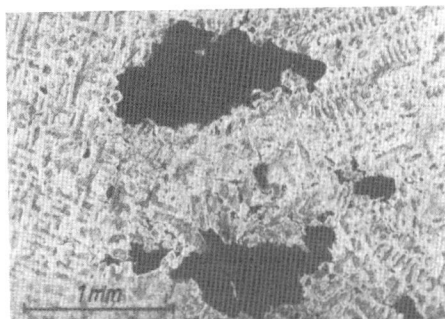

Abb. 4.54 Mikrolunker im Inneren einer Lagerschale aus Rotguss

Abb. 4.55 Mikrolunker an der Lauffläche einer Lagerschale

Jede Metallschmelze nimmt nicht unerhebliche Gasmengen auf. So löst beispielsweise 1 kg Eisen bei 1700 °C unter Atmosphärendruck $\approx$ 340 cm^3 Wasserstoff. Für Nickel beträgt dieser Wert für 1600 °C $\approx$ 450 cm^3. Andere gelöste Gase sind Sauerstoff und Stickstoff. Diese Gase stammen teilweise aus der Luft (O$_2$, N$_2$) und teilweise aus den Verbrennungsgasen der Ofenfeuerung (H$_2$, N$_2$). Unter Umständen entstehen innerhalb der Metallschmelze durch Reaktionen gasförmige Endprodukte, wie es beispielsweise bei Stahl der Fall ist (FeO + C $\rightarrow$ Fe + CO). Die Menge des gelösten Gases hängt vom Druck und von der Temperatur ab. Bei konstanter Temperatur gilt für zweiatomige Gase das Sieverts'sche Druckgesetz, das besagt, dass die im Metall gelöste Gasmenge proportional zur Quadratwurzel des Partialdrucks des betreffenden Gases über dem festen oder flüssigen Metall ist.

$$C_{(Gas\ im\ Metall)} = konst. \sqrt{P_{(Gas\ über\ Metall)}} \quad (4.11)$$

Dies ist ein Beweis dafür, dass diese Gase von den Metallen in atomarer Form gelöst werden und nicht in Form von Molekülen.

Bei den technischen Metallen, wie Fe, Ni, Al, Cu, steigt die Löslichkeit für Gase mit der Temperatur an. Flüssige Metalle nehmen wesentlich mehr Gase auf als feste Metalle, wobei am Schmelzpunkt selbst ein Löslichkeitssprung auftritt (Abb. 4.56). Kommt ein Metall in mehreren Modifikationen vor, so hat jede Modifikation entsprechend ihrem Kristallgitter ein spezifisches Lösungsvermögen.

Eine Metallschmelze, die längere Zeit im flüssigen Zustand verweilt, absorbiert entsprechend den Partialdrücken eine gewisse

in Stahlguss. Die Mikrolunker machen eine Legierung porös, und diese Porosität setzt naturgemäß die Größe des Blocklunkers herab. Manchmal ist es vorteilhaft, einen porösen Block mit einem nur kleinen Blocklunker zu erhalten als einen porenarmen mit einem großen Blocklunker, und zwar besonders dann, wenn durch plastische Formgebung, wie Schmieden oder Walzen, die Mikrolunker mit Sicherheit zusammengeschweißt werden können. In Formgussteilen sind Mikrolunker aber sehr gefährlich, da sie meist als scharfkantige innere Kerben wirken und den Bruch des Werkstücks herbeiführen können.

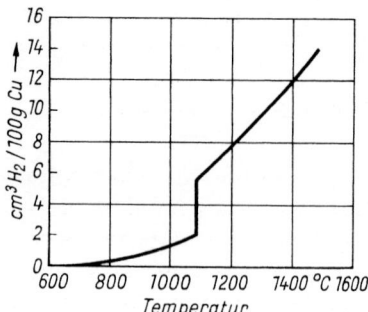

Abb. 4.56 Löslichkeit von Wasserstoff in Kupfer (nach Carpenter und Robertson)

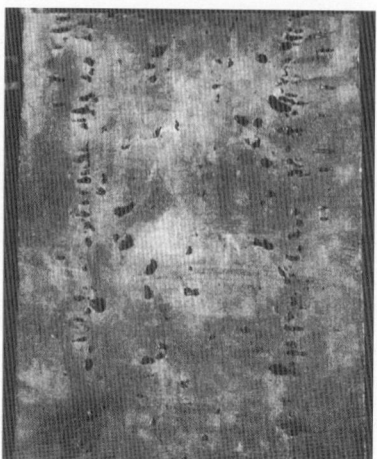

Abb. 4.57 Gasblasen in einem Block aus unberuhigtem Stahl

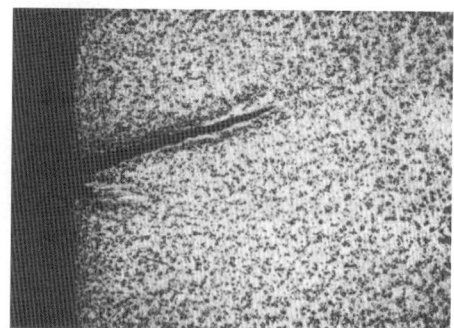

Abb. 4.58 Aufgeplatzte und verzunderte randnahe Gasblase in einem Kohlenstoffstahl

Menge von verschiedenen Gasen. Bei der Erstarrung nimmt das Lösungsvermögen des Metalls für die Gase sprunghaft ab. Die ausgeschiedenen Gase vereinigen sich zu Gasblasen, und diese steigen in dem noch teilweise flüssigen Metall auf. Die Schmelze „kocht", sie erstarrt unruhig. Bei Stahl tritt noch zusätzlich der Sonderfall auf, dass sich infolge der Blockseigerung sowohl Kohlenstoff als auch gelöste Eisenoxide im Kern anreichern und dort unter CO-Bildung miteinander reagieren.

In den meisten Fällen gelangen nicht alle Gasblasen bis an die Blockoberfläche, sondern ein Teil bleibt zwischen den Transkristalliten oder Dendriten stecken. Dann enthält der erstarrte Guss mehr oder weniger viele und große Gasblasen, wie dies Abb. 4.57 am Beispiel eines unruhig erstarrten Blocks aus weichem Siemens-Martin-Stahl zeigt. Enthalten die Gasblasen reduzierende Gase, z. B. H_2, so lassen sie sich bei der nachfolgenden Warmumformung anstandslos verschweißen, falls die Umformtemperatur und der Umformdruck hoch genug sind. Enthalten die Gasblasen dagegen oxidierende Bestandteile, so oxidieren die Blasenwände, und eine einwandfreie Verschweißung ist nicht mehr möglich. Besonders groß ist diese Gefahr, wenn sich die Gasblasen dicht unter der Oberfläche des Gussstücks befinden. Dann besteht die Möglichkeit, dass durch Verzunderung oder durch Verformung Kanäle geschaffen werden, die die Gasblasen mit der äußeren Atmosphäre verbinden. Die Gasblasenwände oxidieren dann sehr stark, und eine Verschweißung ist nicht mehr möglich. Abbildung 4.58 zeigt eine beim Walzen aufgeplatzte und verzunderte Gasblase an der Oberfläche eines Profils aus beruhigtem Kohlenstoffstahl. Durch den in die Gasblase eingedrungenen Luftsauerstoff ist die Umgebung der entstehenden Risse stark entkohlt, wie dies aus den beim Ätzen mit Salpetersäure hell bleibenden Stellen hervorgeht.

In gegossenen Metallen haben die Gasblasen eine rundliche bis elliptische Form und unterscheiden sich dadurch von den eckig begrenzten Mikrolunkern. Randnahe Gasblasen in verformten Legierungen besitzen oft charakteristische Verzweigungen, wie dies vorstehendes Bild zeigt, durch die sie von Überwalzungen, Überschmiedungen oder Spannungsrissen unterschieden werden können.

Ähnlich wie die Mikrolunker tragen auch die Gasblasen zur Porosität des Gusses bei und verkleinern auf diese Weise den Blocklunker. Übersteigt das Gesamtvolumen der Gasblasen das Volumen des Blocklunkers, so kann es sogar zu einer Vergrößerung des Gussstücks kommen. Man sagt, der Block „steigt" in der Kokille.

Auf die Anzahl, Größe und Verteilung der Gasblasen sind die Gießtemperatur, die Zusammensetzung der Schmelze, die Zusammensetzung der Ofenatmosphäre sowie die Erstarrungsbedingungen von Einfluss. Je höher die Gießtemperatur ist, umso mehr Gase werden von der Schmelze gelöst und umso größer ist die Gefahr der Gasblasenbildung. Die Zusammensetzung der Schmelze ist für ihre Viskosität maßgeblich. Je dünnflüssiger die Schmelze ist, umso besser können die Gasblasen aufsteigen und das Bad verlassen. Reine Metalle sind im gegossenen Zustand stark blasenhaltig, wie beispielsweise Fe, Cu, Ni. Legierungen sind meist dünnflüssiger und können deshalb besser, d. h. porenfreier, vergossen werden. Die Zusammensetzung der Ofenatmosphäre ist in erster Linie von Bedeutung für die Menge und Art der gelösten Gase. Die Erstarrungsbedingungen, wie Kokillengröße, -format, -wanddicke und -temperatur, üben insofern einen Einfluss aus, als bei schneller Abkühlung die Gasblasen nur wenig Zeit zum Aufsteigen an die Blockoberfläche haben und in der schnell dickflüssiger werdenden, erstarrenden Metallmasse stecken bleiben.

Technische Maßnahmen zur Verhinderung von Gasblasen sind folgende: Schmelzen und Gießen im Vakuum, niedrige Gießtemperatur, langsame Erstarrung, geeignete Schmelzzusammensetzung, Ausspülen der Schmelze mit inerten (reaktionsträgen) Gasen, Zugabe von Desoxidationsmitteln. Eine sehr wirksame Maßnahme besteht auch darin, das Metall erstarren zu lassen, kurzzeitig wieder aufzuschmelzen und dann erst endgültig zu vergießen. Aus technischen Gründen lässt sich dieses Verfahren aber nur in begrenztem Umfang anwenden.

Von besonderer praktischer Bedeutung ist die Gasblasenbildung bei Stahl. In unberuhigt vergossenen Stählen befinden sich drei deutlich voneinander unterscheidbare, blasenhaltige Bereiche: der äußere Blasenkranz, der im unteren Blockdrittel oberflächennah angeordnet ist und der aus Gasblasen besteht, die zwischen den Transkristalliten steckengeblieben sind, der innere Blasenkranz, der sich etwas weiter von der Oberfläche entfernt am Ende der Transkristallite vom Fuß bis zum Kopf des Blocks erstreckt und der sich erst nach der Deckelbildung entwickelt, und schließlich im Blockinnern regellos verteilte Gasblasen. Je höher die Gießtemperatur war, umso weiter rückt der äußere Blasenkranz an die Blockoberfläche heran. Die Gasblasenbildung bei einem unberuhigt vergossenen Stahl ist in erster Linie, wie bereits erwähnt, darauf zurückzuführen, dass durch die Blockseigerung sowohl Kohlenstoff als auch Eisenoxid im Blockkern angereichert werden. Das in der Schmelze vordem vorhanden gewesene chemische Gleichgewicht wird dadurch gestört, und es kommt erneut zur Reaktion unter Bildung von Kohlenmonoxid CO.

Durch Zusatz von starken Oxidbildnern, wie Mn, Si, Al oder Ca, sorgt man dafür, dass der Sauerstoff im Stahl nicht vom Eisen als FeO, sondern als MnO, SiO_2, Al_2O_3 oder CaO abgebunden wird. Diese Oxide können unter den vorliegenden Bedingungen nicht mehr vom Kohlenstoff reduziert werden, und infolgedessen bleibt die CO-Bildung bei derartigen „beruhigten" Stählen aus. Bei dieser sogenannten Desoxidation wird der Sauerstoff also nicht aus dem Bad entfernt (wie es der Name eigentlich besagt), sondern die Desoxidationsprodukte verbleiben zu einem großen Teil als Suspension in der Schmelze.

Außer durch das Fehlen der Gasblasen ist ein beruhigter Stahl durch eine geringe bzw. fehlende Blockseigerung gekennzeichnet. Dafür ist aber ein Blocklunker vorhanden. Weiterhin bilden sich dicht unterhalb der Oberfläche u. U. kleine Randbläschen aus, die eine unsaubere Oberfläche des Blocks und weiterhin auch der Walzprodukte ergeben.

Der unberuhigte Stahl ist umgekehrt durch Gasblasen und Blockseigerung gekennzeichnet. Der fehlende bzw. nur kleine Lunker erhöht das Ausbringen. Außerdem ist die Oberflächengüte des unberuhigten Stahls besser als die des beruhigten Stahls. Je nach den gestellten Anforderungen verwendet man beruhigten oder unberuhigten Stahl. Jeder hat seine Vorteile, jeder hat auch seine Nachteile. Qualitätsstähle sind stets beruhigt.

4.1.7
Fremdeinschlüsse

Während des Schmelz- und Gießprozesses besteht die Möglichkeit, dass Fremdsubstanzen in das flüssige Metall gelangen, die beim Erstarren nicht wieder abgeschieden werden und nachher in der festen Legierung als schädliche Fremdkörper eingebettet sind. Die Herkunft und Zusammensetzung dieser Fremdeinschlüsse, die von außen her in die Schmelze gelangen und deshalb als „exogene" Einschlüsse bezeichnet werden (im Gegensatz zu den „endogenen" Einschlüssen, die durch metallurgische Reaktionen innerhalb der flüssigen Legierung entstehen), sind außerordentlich verschieden und richten sich nach der speziellen Form des Schmelz- bzw. Gießverfahrens und unterliegen allen Zufälligkeiten des Betriebsablaufs. Bei der Beurteilung der Gefüge technischer Legierungen sind derartige exogene Einschlüsse mit zu berücksichtigen, da sie infolge ihres relativ zu den endogenen Einschlüssen größeren Volumens, des fehlenden oder nur mangelhaften Zusammenhangs mit der metallischen Grundmasse sowie ihrer vom Grundmetall meist sehr verschiedenen Härte und Verformbarkeit oft die Ursache für Werkstofffehler sind.

In Sand gegossene Legierungen können bei zu hoher Strömungsgeschwindigkeit der Schmelze oder bei unsachgemäß zubereiteter Gussform beispielsweise Einschwemmungen von Formsand enthalten, wie dies Abb. 4.59 an einer gegossenen Lagerschale aus Messing zeigt.

Durch Unachtsamkeit der Schmelzer und Gießer gelangen manchmal grobe Fremdmetalleinschlüsse in die flüssige Le-

Abb. 4.59 Einschwemmungen von Formsand in einer gegossenen Messinglagerschale

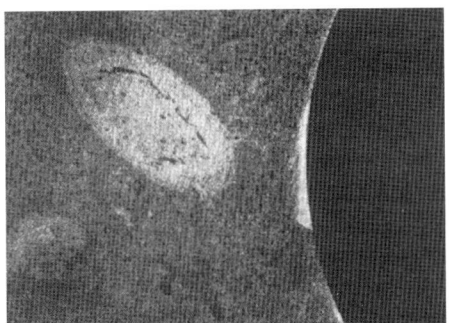

Abb. 4.60 Fremdmetalleinschluss (Rührstange) in der Wange einer großen Kurbelwelle; geätzt mit Kupferammonchlorid

Abb. 4.61 Turbinenschaufel aus X20Cr13; geätzt mit Königswasser

gierung. Abbildung 4.60 zeigt beispielsweise einen Ausschnitt aus der Wange einer großen Kurbelwelle für einen Schiffsdieselmotor aus Stahl Ck35, die aus einem 30 t-Block abgeschmiedet wurde. Aufgrund von aufgetretenen Fehlerechos bei der Ultraschallprüfung wurde die Wange an der verdächtigen Stelle mit Kupferammonchlorid geätzt. Es ergab sich, dass die Fehlerechos durch eine beim Gießen eingeschwemmte, aber mit dem übrigen Stahl schlecht verschweißte Rührstange aus weichem Stahl verursacht worden waren.

Ein ähnlicher Fall ist in den Abb. 4.61 und 4.62 dargestellt. Auf der Oberfläche einer Turbinenschaufel aus Stahl X20Cr13 wurden bei der Magnetpulverprüfung ausgeprägte Flutanzeigen festgestellt. Bei der metallografischen Untersuchung eines Schaufelquerschliffs ergab sich nach Ätzen mit Königswasser an der Stelle der Flutanzeige das Gefüge von Abb. 4.61. Eine rechteckige Fläche wurde nicht angeätzt. Nach erneutem Abpolieren und Ätzen mit 1%iger Salpetersäure zeigte sich an der Stelle des zuvor weißen Flecks das kristalline Gefüge von reinem Eisen (Abb. 4.62). Offenbar ist dieser Fehler dadurch entstanden, dass beim oder nach dem Gießen ein Stück Eisen in die

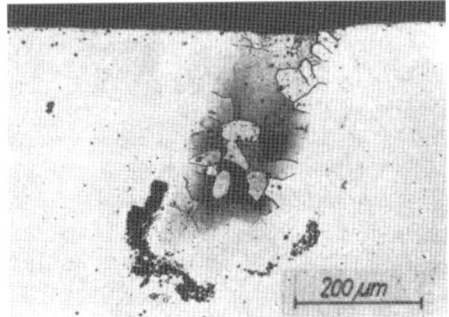

Abb. 4.62 Gleiche Stelle wie Abb. 4.61, aber nach Abpolieren mit 1%iger HNO_3 geätzt; Einschluss von reinem Eisen

Schmelze fiel, nicht vollständig aufgelöst und später zu einem dünnen Streifen ausgewalzt wurde.

Erfolgt der Zusatz der Legierungselemente in zu großen Stücken, bei zu niedriger Temperatur oder erst kurz vor dem Vergießen, so besteht die Gefahr, dass sich die in die Schmelze eingetauchten Legierungselemente oder Vorlegierungen nicht vollständig auflösen und später als Fremdmetalleinschlüsse im Gefüge auftreten, die Weiterverarbeitung des Vormaterials erschweren oder die Gebrauchseigenschaften des fertigen Werkstücks verschlechtern. Abbildung 4.63 zeigt als Beispiel den Längsschliff durch einen Stahldraht aus 100Cr6, der noch Reste von nichtaufgeschmolze-

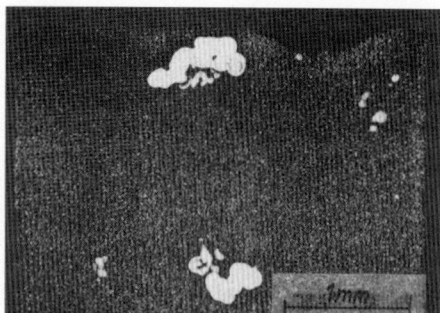

Abb. 4.63 Unaufgelöstes Ferrochrom in einem chromlegierten Stahldraht; geätzt mit HNO$_3$

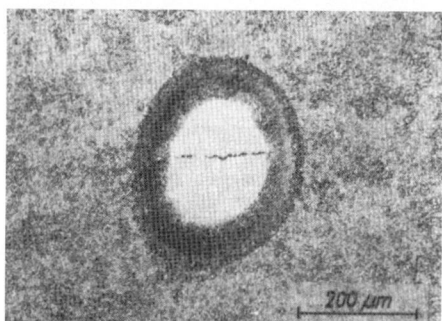

Abb. 4.64 Unaufgelöstes Ferrochrom in einem chromlegierten Stabstahl; geätzt mit HNO$_3$

nem Ferrochrom enthält und deshalb beim Ziehen spröde gerissen ist. Abbildung 4.64 zeigt einen Ferrochromeinschluss in einem Stab aus Stahl 100Cr6, der zwar mit der Grundmasse gut verschweißt, beim Walzen aber gerissen ist und später bei der Härtung sehr wahrscheinlich zu Härterissen führen würde.

Die Zahl der Beispiele für exogene Einschlüsse ließe sich noch beliebig vermehren, doch dürfte aus dem Vorstehenden schon ersichtlich sein, dass bei der gefügemäßigen Untersuchung und Beurteilung technischer Werkstoffe auch Gefügebestandteile rein zufälliger Natur vorkommen können und als solche erkannt und klassifiziert werden müssen.

4.2 Plastische Formgebung und Rekristallisation von Metallen

4.2.1 Kaltumformung

Die Sonderstellung der Metalle im Konstruktions- und Maschinenbau ist durch folgende typische metallische Eigenschaften bedingt, die man zusammenfassend als mechanisches Verhalten bezeichnet: Elastizität, Plastizität, Verfestigung, Entfestigung, Festigkeit und Härte. Unter Festigkeit eines Werkstoffs versteht man ganz allgemein seine Widerstandsfähigkeit gegenüber der Einwirkung äußerer Kräfte. Für die Verarbeitung der Werkstoffe ist aber auch eine möglichst gute Verformungsfähigkeit erforderlich, die als Plastizität oder Bildsamkeit bezeichnet wird. Bei unzureichender Plastizität spricht man von Sprödigkeit.

Der Begriff Kaltumformung bringt zum Ausdruck, dass die Umformtemperatur im Bereich $< (0{,}4...0{,}5)\ T_S$ liegt (also unterhalb der halben absoluten Schmelztemperatur, vgl. Tammann-Regel, Gl. (3.28)).

4.2.1.1 Spannungs-Dehnungs-Diagramm

Eine für viele technische Zwecke ausreichende Übersicht über das elastische und plastische Verhalten eines Werkstoffs vermittelt das Spannungs-Dehnungs-Diagramm, wie es schematisch für weichen Kohlenstoffstahl in Abb. 4.65 dargestellt ist. Diese Spannungs-Dehnungs-Kurve wird mit einem Zugversuch an glatten Prüfstäben ermittelt. In einer Zug-Prüfmaschine wird der Probestab steigenden Belastungen unterworfen und die jeder Belastung entsprechende Verlängerung gemessen. Die durch entsprechende Umrechnung erhaltenen, einander zugeordneten

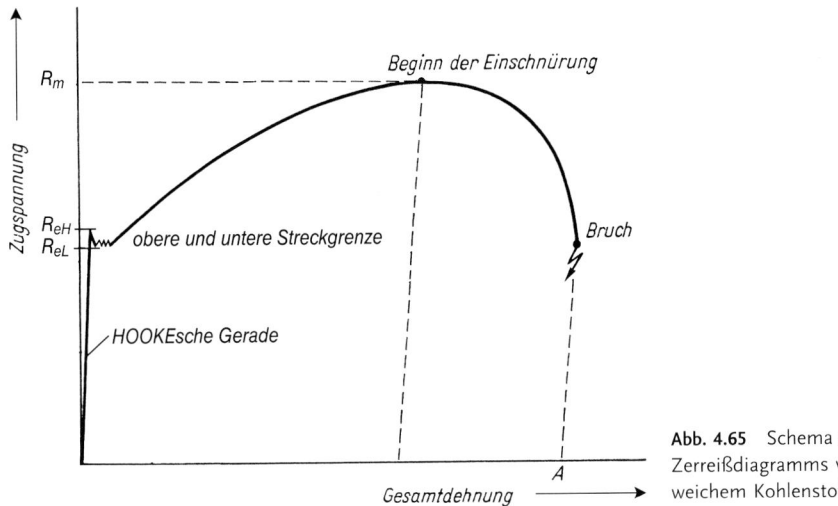

Abb. 4.65 Schema eines Zerreißdiagramms von weichem Kohlenstoffstahl

Wertepaare von Spannung[1] $\sigma = F/Q_0$ und Dehnung[2] $\varepsilon = \Delta l/l_0$ werden in ein rechtwinkliges Koordinatensystem eingetragen und durch einen glatten Linienzug miteinander verbunden. Alte Zug-Prüfmaschinen zeichnen das Kraft-Verlängerungs-Diagramm auf; bei modernen Prüfsystemen erfolgt Steuerung, Registrierung und Auswertung mit einem Computer.

Unter Elastizität oder elastischem Formänderungsvermögen versteht man die Eigenschaft, dass sich Metalle unter dem Einfluss einer (relativ geringen) angreifenden Kraft verformen können, aber nach Wegnahme der Kraft wieder in den Ausgangszustand zurückkehren (reversible Deformation). Bei einer Zugbeanspruchung besteht zwischen der angreifenden Spannung σ und der elastischen Verlängerung ε das nachstehende Hooke'sche Gesetz:

$$\varepsilon = \frac{1}{E} \cdot \sigma \quad \text{bzw.} \quad \sigma = E \cdot \varepsilon \qquad (4.12)$$

Der Elastizitätsmodul $E = \Delta\sigma/\Delta\varepsilon$ verkörpert hier den Anstieg des linearen Anfangsbereichs der Spannungs-Dehnungs-Kurve[3].

Nach Überschreitung einer Grenzbelastung, die für jedes Metall und jede Legierung verschieden ist und die außer von der chemischen Zusammensetzung weitgehend von der Vorbehandlung der Legierung abhängig ist, tritt neben der elastischen Verformung auch eine nach der Entlastung nicht wieder zurückgehende Verformung auf. Dies ist die bleibende (irreversible) oder plastische Verformung. Die Grenzspannung wird durch Dehngrenzen definiert und als technische Elastizitätsgrenze (bleibende Verformung nach Entlastung z. B. 0,01 %, $R_{p0,01}$) oder Ersatzstreckgrenze bzw. Fließgrenze (bleibende Verformung nach Entlastung 0,2 %, $R_{p0,2}$)

---

[1] Die Spannung σ wird hier als Nennspannung angegeben, die sich ergibt, wenn die jeweils herrschenden Kräfte F auf den Ausgangsquerschnitt Q_0 bezogen werden.

[2] Die Dehnung ε ist hier die Nenndehnung und errechnet sich, indem die Längenänderung Δl auf die Ausgangslänge l_0 bezogen wird.

[3] Ein auf diese Weise ermittelter E-Modul kann erhebliche Differenzen zu solchen aufweisen, die z. B. mit Ultraschallverfahren, röntgenographischen Gitterdehnungsmessungen u. a. physikalischen Methoden bestimmt wurden.

bezeichnet. Die Eigenschaft der Metalle, sich unter der Einwirkung größerer Kräfte bleibend zu verformen, nennt man Plastizität. Ist ein Metall durch eine Belastung F_1 oberhalb der Fließgrenze plastisch verformt worden, so ist eine größere Last $F_2 > F_1$ erforderlich, um eine weitere plastische Verformung zu erzwingen. Diese für Metalle ebenfalls typische Erscheinung bezeichnet man als Verfestigung. Durch die Verfestigung wird eine weitere plastische Verformung erschwert.

Nach Überschreitung einer zweiten Grenzspannung, der Zugfestigkeit R_m, tritt dann allerdings im weiteren Verlauf der plastischen Beanspruchung die Zerstörung des Metalls ein: Der Stab schnürt sich an einer Stelle ein und reißt. Die prozentuale, auf die Ausgangslänge l_0 bezogene Gesamtverlängerung $\Delta l = l - l_0$ ist die Bruchdehnung (l Länge des Stabs nach dem Zerreißen): $A = \dfrac{l - l_0}{l_0} \cdot 100\%$, die prozentuale, auf den Ausgangsquerschnitt Q_0 bezogene Querschnittsabnahme an der Einschnürstelle $\Delta Q = Q_0 - Q$ ist die Einschnürung (Q kleinster Stabquerschnitt nach dem Zerreißen): $Z = \dfrac{Q_0 - Q}{Q_0} \cdot 100\%$.

Die elastische Verformung einer Legierung macht sich im Gefüge nicht bemerkbar. Lediglich das Kristallgitter erfährt unter Last sehr geringfügige Änderungen in seinen Abmessungen und in seiner Form.

Die plastische Verformung einer Legierung verläuft nach ganz bestimmten Gesetzmäßigkeiten, die eine Folge des geregelten atomaren Aufbaus der Metallkristalle sind. Es können bleibende Verformungen durch – abhängig von den herrschenden Beanspruchungsbedingungen (Temperatur, Spannung, Verformungsgeschwindigkeit) – Gleiten, durch Zwillingsbildung und durch Phasenumwandlung erfolgen, die sich auch auf die Gefügeausbildung auswirken.

4.2.1.2 Verformung durch Gleiten

Bei der Gleitverformung verschieben sich Kristallteile ähnlich wie die Karten eines Kartenspiels oder die Münzen einer Münzrolle gegeneinander, jedoch nur auf festgelegten Kristallebenen und in bestimmten Richtungen, die im Allgemeinen dichteste Atompackungen aufweisen. In Tab. 4.2 sind diese sogenannten Gleitsysteme für die wichtigsten Metallgitter angeführt. Für die kubisch flächenzentrierten Gitter zeigt Abb. 4.66 als Beispiel die Gleitebene (1 1 1) mit den in ihr liegenden Gleitrichtungen, Abb. 4.67 für das kubisch raumzentrierte Gitter die Gleitebene (1 1 0) mit den möglichen Gleitrichtungen und Abb. 4.68 für das hexagonal dichtest gepackte

Tab. 4.2 Gleitsysteme einiger Metalle (vgl. Abschnitt 1.2.3.3)

Metall	Gittertyp	Gleitebene	Gleitrichtung	Dichtest mit Atomen belegte	
				Netzebene	Gitterrichtung
Al, Cu, Pb, Au, Ag, γ-Fe	kfz	{111}	⟨110⟩	{111}	⟨110⟩
α-Fe, Cr, W	krz	{110}, {112}, {123}	⟨111⟩	{110}	⟨111⟩
Mg, Zn, Cd	hdp $c/a > \sqrt{3}$	(001)	⟨110⟩	(001)	⟨110⟩ bzw. ⟨100⟩
Be, Ti, Zr	$c/a < \sqrt{3}$	{100}	⟨110⟩	{100}	⟨110⟩ bzw. ⟨100⟩

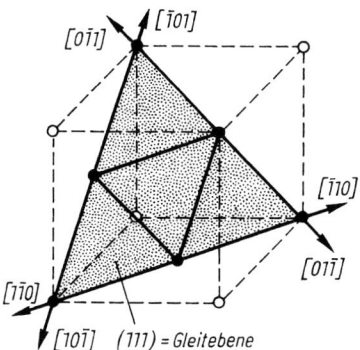

Abb. 4.66 Kubisch flächenzentriertes Gitter (1 1 1) mit ⟨1 1 0⟩

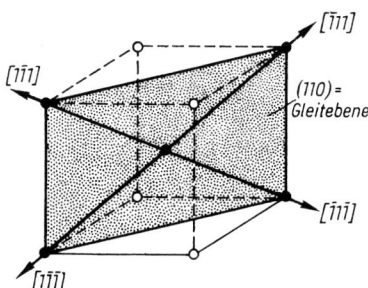

Abb. 4.67 Kubisch raumzentriertes Gitter (1 1 0) mit ⟨1 1 1⟩

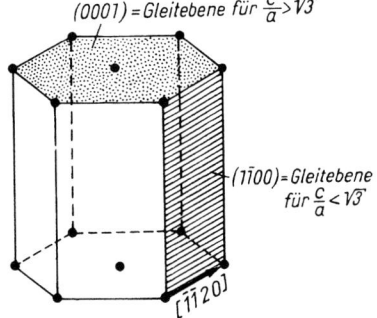

Abb. 4.68 Hexagonales Gitter:
$c/a\sqrt{3}$:(0 0 1) mit ⟨1 1 0⟩,
$c/a\sqrt{3}$:{1 0 0} mit ⟨1 1 0⟩

Gitter die je nach Größe des Achsenverhältnisses c/a als Gleitebene in Erscheinung tretende Basisebene (0 0 1) und Prismen-

ebene 1. Art (1 0 0) mit der gleichen Gleitrichtung ⟨1 1 0⟩. Berücksichtigt man außerdem die möglichen räumlichen Lagen kristallografisch gleichwertiger Gleitebenen und die verschiedenen Kombinationsmöglichkeiten von Gleitebenen und Gleitrichtungen, so ergeben sich für kubisch flächenzentrierte Strukturen 12 Oktaeder-Gleitsysteme. Diese Vielzahl von Gleitmöglichkeiten erklärt die bekannte gute Verformbarkeit der Metalle Al, Cu, Au oder Pb. Bei den kubisch raumzentrierten Kristallen führen entsprechende Betrachtungen sogar auf 48 Gleitsysteme, aber wegen des nicht dichtest gepackten Gitters sind die Gleitverhältnisse in Bezug auf die tatsächlich aktivierten Ebenen nicht eindeutig; die verschiedenen möglichen Gleitebenen können während der Verformung sogar im Wechsel betätigt werden, was in unregelmäßigen und gewellten Gleitbändern zum Ausdruck kommt. Die hexagonal dichtest gepackten Kristalle besitzen im Wesentlichen nur drei Basisgleitsysteme bzw. drei Prismengleitsysteme, deren Bedeutung für die Verformung in erster Linie vom Achsenverhältnis abhängt. Für die Abschätzung der Verformbarkeit der Metalle kann die mögliche maximale Zahl der Gleitsysteme jedoch nur einen ersten Anhaltspunkt darstellen, denn es spielen für die Auswahl und Wirksamkeit der Gleitsysteme auch noch weitere Faktoren eine Rolle, beispielsweise die Aufspaltung der Versetzungen.

In Abb. 4.69 ist das Abgleiten eines Kristalls in Gleitebenen schematisch dargestellt. Durch diesen Mechanismus bilden sich auf den Kristalloberflächen treppenförmige Stufen aus, die mikroskopisch beobachtet werden können, vor allem bei schräger Beleuchtung (Abb. 4.70). Nach dem Abschleifen bzw. Abpolieren sind diese Gleitstufen jedoch nicht mehr sichtbar, da gemäß Abb. 4.69 das Kristallgitter

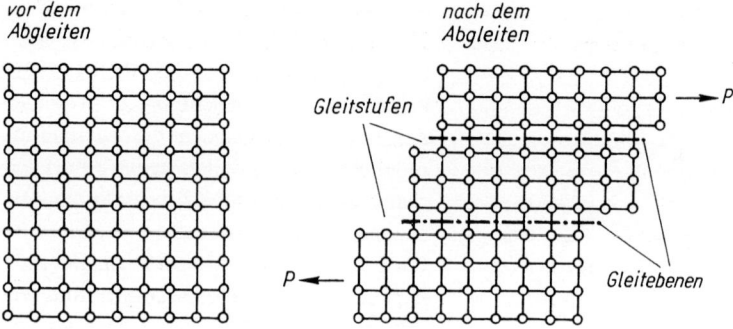

Abb. 4.69 Abgleitung von Kristallen in den Gleitebenen und Bildung von Gleitstufen

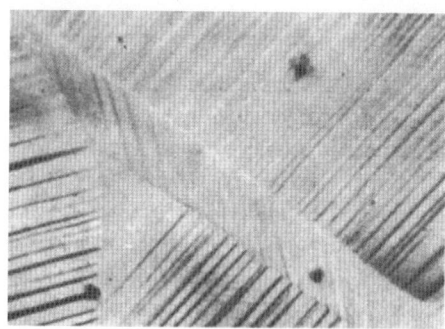

Abb. 4.70 Gleitstufen auf der polierten Oberfläche von umgeformtem Hartmanganstahl (schräge Beleuchtung)

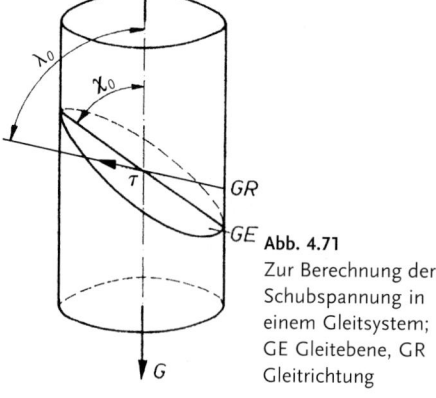

Abb. 4.71 Zur Berechnung der Schubspannung in einem Gleitsystem; GE Gleitebene, GR Gleitrichtung

nach dem Abgleiten wieder regelmäßig aufgebaut ist.

Für das Einsetzen der zur plastischen Verformung führenden Abgleitung ist jene Schubspannung maßgebend, die von der äußeren Beanspruchung in den jeweiligen Gleitsystemen hervorgerufen wird. Bei den üblicherweise durchgeführten Zugversuchen schließt im allgemeinen Fall die Achse eines Kristalls – und damit die Richtung der äußeren Kraft – mit der Gleitrichtung den Winkel λ_0 und mit der Gleitebene den Winkel χ_0 ein (Abb. 4.71).

Die angelegte Zugspannung σ und die resultierende Schubspannung τ in einem Gleitsystem sind – wie sich aus Abb. 4.71 ableiten lässt – durch die Beziehung

$$\tau = \sigma \cdot \cos\lambda_0 \cdot \sin\chi_0 = \sigma/m \quad (4.13)$$

verknüpft (Schmid'sches Schubspannungsgesetz). Der Faktor

$$m = (\cos\lambda_0 \cdot \sin\chi_0)^{-1}$$

wird als Orientierungsfaktor bezeichnet.

Die Beziehung zwischen σ und τ liefert für Zugspannungen parallel ($\chi_0 = 0$) oder senkrecht zur Gleitebene ($\chi_0 = \lambda_0 = 90°$) die Schubspannung Null. Für diese beiden Grenzfälle der Orientierung eines Kristalls oder Kristalliten ist eine plastische Verformung durch Gleitung nicht möglich. Eine maximale Schubspannung tritt bei der Orientierung $\chi_0 = \lambda_0 = 45°$ auf: $\tau_{max} = 0{,}5 \cdot \sigma$.

Für kubisch raumzentrierte und kubisch flächenzentrierte Kristalle liegt der Orientierungsfaktor m zwischen 2 und 3.

Die Gleitung beginnt dann, wenn die im Gleitsystem wirksame Schubspannung einen für den Werkstoff und das Gleitsystem charakteristischen kritischen Wert τ_{kr} überschritten hat. Das zuerst betätigte Gleitsystem hat den höchsten Orientierungsfaktor und wird als Hauptgleitsystem bezeichnet. Die anderen Gleitsysteme sind die Nebengleitsysteme oder latenten Gleitsysteme.

Schätzt man theoretisch die Spannungen ab, die zu einer Verformung in der in Abb. 4.69 dargestellten Form (d. h. geschlossene Verschiebung der Kristallblöcke auf den Gleitebenen) notwendig sind, so stößt man auf einen beachtlichen Widerspruch zu den tatsächlich aufzuwendenden Spannungen. Für die theoretische Schubfestigkeit des idealen Gitters erhält man

$$\tau_{theor} = \frac{G}{2\pi} \quad \text{oder etwa} \quad \tau_{theor} = \frac{G}{10} \tag{4.14}$$

G Schubmodul

Nimmt man beispielsweise Eiseneinkristalle für diesen Vergleich der theoretischen Schubfestigkeit mit tatsächlich gemessenen Werten, so kommt man zu folgenden Zahlen:

$$\tau_{theor} = \frac{82\,200}{2\pi} = 13\,080 \text{ MPa} \quad ;$$

$$\tau_{gemessen} = 20 \text{ MPa}$$

Dieser Unterschied von nahezu drei Zehnerpotenzen kann nicht von einem Fehler in der Abschätzung stammen, sondern zeigt, dass die Annahme, dass der Gleitschritt aller Atome der Gleitebene gleichzeitig erfolgt, falsch ist. Es ist also zu überlegen, ob die Verhältnisse mit einer Modellvorstellung richtiger beschrieben werden können, nach der ein aufeinander folgendes Abgleiten in partiellen Bereichen der Ebene stattfindet. Dann muss an der Grenze dieser Gebiete ein verzerrter Gitterzustand herrschen. Die Störung heißt Versetzung, die Begrenzungslinie selbst Versetzungslinie. Plastische Verformung bedeutet also dann Wanderung der Versetzungen.

Unter Versetzungen versteht man die bereits im Abschnitt 1.7.3 eingeführten eindimensionalen oder linienförmigen Gitterfehler, deren innerer Aufbau eine Unterscheidung von zwei Grenzfällen, die Stufenversetzung und die Schraubenversetzung, möglich macht. Zur zeichnerischen Darstellung der Versetzungen beschränken wir uns der Übersichtlichkeit wegen auf das primitive kubische Gitter aus einer einzigen Art von Atomen, obwohl das in der Natur kaum vorkommt.

Abbildungen 4.72 a und 4.72 b lassen erkennen, dass die Stufenversetzung als Kante einer zusätzlich in den Kristall eingeschobenen oder herausgenommenen halben Gitterebene beschrieben werden kann. Die Versetzungslinie trennt den verformten (schraffiert) vom nichtverformten Teil des betrachteten Kristalls. In ihrer Umgebung ist deshalb das Gitter verzerrt. Als Maß für Richtung und Größe dieser Verzerrung wurde der sogenannte Burgers-Vektor b eingeführt. Der Burgers-Vektor b gibt den elementaren Gleit- oder Schiebungsbetrag in Gleitrichtung an. Für die Stufenversetzung ist nun charakteristisch, dass der Burgers-Vektor senkrecht auf der Versetzungslinie steht.

Eine Schraubenversetzung (Abb. 4.73 a u. b) erhält man, indem man den Kristall längs der Gleitebene bis zur Versetzungslinie aufschneidet und die beiden Seiten in der Richtung der Versetzungslinie um einen Burgers-Vektor b gegeneinander verschiebt. Dadurch werden die Netzebenen

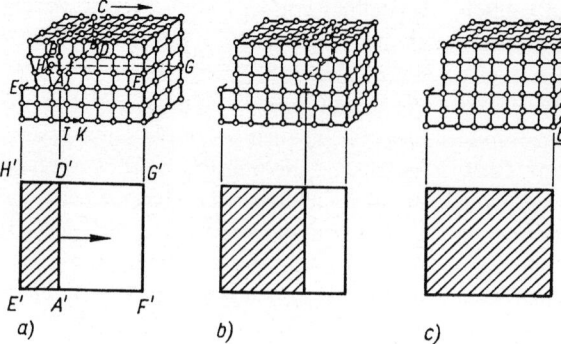

Abb. 4.72 Stufenversetzung: A-B-C-D eingeschobene Halbebene, E-F-G-H Gleitebene, A-D Versetzungslinie, I-K Burgers-Vektor b

so aneinander gesetzt, dass sie sich wie eine Wendeltreppe um die Versetzungslinie hochschrauben. Der Burgers-Vektor der Schraubenversetzung ist damit parallel zu der Versetzungslinie.

Bei einer gemischten Versetzung (auch α-Versetzung genannt) liegt der Burgers-Vektor unter einem beliebigen Winkel α zur Versetzungslinie. Er kann in einen Stufenanteil und einen Schraubenanteil zerlegt werden. Dieses Verhältnis bestimmt den Charakter der Versetzung.

In den Abb. 4.72 und 4.73 wurden die Versetzungslinienstücke als Geraden gezeichnet. Im Realkristall verläuft jedoch die Versetzungslinie aus energetischen Gründen meistens gekrümmt, d. h. also, ihr Charakter ändert sich entlang der Versetzungslinie ständig. Elektronenmikroskopische Bilder von Versetzungen zeigt Abb. 2.170.

Unter der Wirkung einer genügend hohen Schubspannung kann sich eine Versetzungslinie bewegen. Vollzieht sich diese Bewegung auf einer bestimmten Ebene (Gleitebene), so spricht man von einem Gleitvorgang. Je drei Phasen dieses Gleitvorgangs, wie er durch die Bewegung von Stufenversetzungen bzw. Schraubenversetzungen realisiert wird, sind in den Abb. 4.72 und 4.73 dargestellt. Sowohl der noch nicht geglittene als auch der bereits abgeglittene Bereich (schraffierte Fläche in den unteren Bildreihen) enthält die Atome in ihrer regulären Anordnung. Die Grenze beider Bereiche ist die Versetzungs-

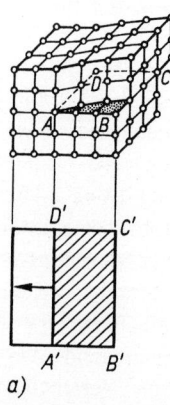
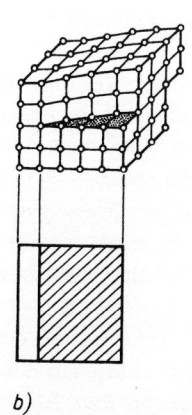
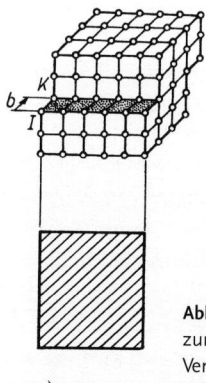

Abb. 4.73 Schraubenversetzung: A-B-C-D Gleitebene, A-D Versetzungslinie, I-K Burgers-Vektor b

linie. Rückt sie jeweils eine Gitterposition weiter, so wird der obere gegenüber dem unteren Gitterblock stufenweise um den Burgers-Vektor verschoben. Versetzungsgleiten bedeutet also, dass nur die Anordnung der Atome ohne Materialtransport über Entfernungen von mehr als einer Gitterkonstanten weitergegeben wird. Sehr anschaulich wurden diese Verhältnisse bereits in Abb. 1.30 mit dem Verschieben eines Teppichs verglichen, indem zunächst eine Falte erzeugt wird und diese dann von einer Teppichkante zur gegenüberliegenden wie eine Welle durchläuft.

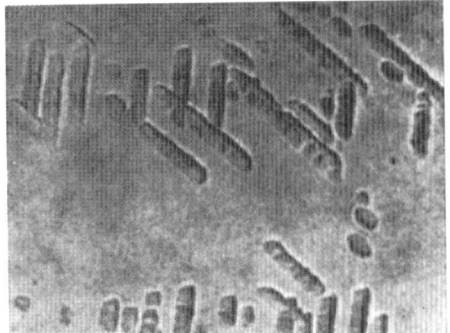

Abb. 4.74 Aufgestaute Versetzungen in zwei sich schneidenden Oktaederflächen in gestauchtem (Umformgrad = 10 %) α-Messing; geätzt mit Kupferammonchlorid

Das Gleiten der Versetzungen kann nur in den Ebenen vonstatten gehen, in denen ihr Burgers-Vektor liegt. Diese Ebenen sind die in Tab. 4.2 für die wichtigsten Metalle zusammengestellten Gleitebenen, und die Richtung des Burgers-Vektors ist die dort aufgeführte Gleitrichtung. Dadurch sind alle Versetzungen, bei denen der Winkel zwischen Versetzungslinie und Burgers-Vektor von Null verschieden ist, in ihrer Bewegung an eine bestimmte Gleitebene gebunden, während reine Schraubenversetzungen in allen denkbaren Gleitebenen, die die Versetzungslinie und damit auch den Burgers-Vektor enthalten, gleiten können. Demzufolge können Schraubenversetzungen auch während des Gleitvorgangs ihre Gleitebene wechseln. Diesen Vorgang bezeichnet man als Quergleitung.

In einem geglühten Metall beträgt die gesamte Länge der Versetzungslinien etwa 10^6 cm cm^{-3} (Versetzungsdichte $\rho_V = 10^6$ cm^{-2}), ist also außerordentlich groß. Durch Kaltverformung nimmt die Versetzungsdichte noch beträchtlich zu (bis $\approx 10^{12}$ cm^{-2}). Im Allgemeinen lassen sich die Versetzungen wegen ihrer 1-Dimensionalität nur elektronenmikroskopisch nachweisen (Abschnitt 2.8). Unter günstigen Umständen können die Austrittsstellen von Versetzungslinien in Kristallflächen durch Ätzgrübchen entdeckt werden. Abbildung 4.74 zeigt als Beispiel aufgestaute Versetzungsgruppen in 10 % kalt gestauchtem α-Messing, die auf zwei sich schneidenden Oktaederflächen des Grundgitters vorhanden sind.

Die im Gleitsystem wirkende Schubspannung τ übt die Peach-Köhler-Kraft F auf die Versetzungen aus:

$$F = b \cdot \tau \qquad (4.15)$$

b Burgers-Vektor

Unter dem Einfluss dieser Kraft kann sich eine Versetzung im Kristall bewegen.

Sie bewegt sich dabei mit einer bestimmten Geschwindigkeit v durch den Kristall, die sich in Abhängigkeit von der anliegenden Schubspannung um viele Größenordnungen über einen Bereich von 10^{-9} bis 10^3 m s^{-1} verändert. Bei sehr hohen Spannungen wird die Schallgeschwindigkeit erreicht, welche die obere Grenze für die Geschwindigkeit von Versetzungen darstellt. Die Geschwindigkeit der Versetzungen hängt neben der Kristallart von der Temperatur, dem Verunreinigungsgehalt, der thermischen und mechanischen Vorbehandlung, einer Neutronenbestrahlung u. a., also der Realstrukturausbildung ab. Auch die einzelnen Versetzungstypen verhalten sich sehr unterschiedlich: Stufenversetzungen bewegen sich bis zu 50-mal schneller als Schraubenversetzungen. Bei der Beschreibung der Spannungsabhängigkeit der Versetzungsgeschwindigkeit muss man zwei Bereiche unterscheiden: Bei niedrigen Versetzungsgeschwindigkeiten ist die thermisch aktivierte Überwindung lokaler Hindernisse durch die Versetzung der geschwindigkeitsbestimmende Mechanismus, während bei hohen Geschwindigkeiten dieser Vorgang keine Rolle spielt, sondern die Verhältnisse entsprechen dann der Bewegung eines Körpers durch ein viskoses Medium mit einem Bremskoeffizienten. Die dynamischen Verluste kommen hierbei hauptsächlich dadurch zustande, dass die Versetzungen Energie für die Anregung von Gitterschwingungen verlieren.

Um jede Versetzung entstehen innere Spannungen τ_i, die mit dem Abstand r abfallen ($\tau_i \sim 1/r$). Das bedeutet nach Gl. (4.15), dass die Versetzungen untereinander Kräfte ausüben, die überwunden werden müssen, wenn sich eine Versetzung durch äußere Spannungen bewegen soll. Die für eine Verformung notwendige Spannung τ_F (Fließspannung) wird umso größer, je geringer die Abstände zwischen den Versetzungen sind bzw. je höher die Versetzungsdichte ϱ_V ist. Es gilt

$$\tau_F = \tau_0 + \alpha \cdot G \cdot b \cdot \sqrt{\rho_V} \qquad (4.16)$$

τ_0 Mindestspannung für die ungestörte Bewegung einer Versetzung
α Konstante (0,2 ... 0,4)
G Schubmodul
b Burgers-Vektor

Die Grundgleichung der Versetzungsbewegung, die sogenannte Orowan-Gleichung, liefert die makroskopische Formänderungsgeschwindigkeit $\dot{\varepsilon}$, ausgedrückt in mikroskopischen Größen:

$$\dot{\varepsilon} = \frac{\rho \cdot b \cdot v}{M} \qquad (4.17)$$

$\dot{\varepsilon}$ makroskopische Formänderungsgeschwindigkeit $d\varepsilon/dt$
ρ Versetzungsdichte
b Burgers-Vektor
v mittlere Versetzungsgeschwindigkeit
M mittlerer Orientierungsfaktor des Vielkristalls; ergibt sich als Orientierungsmittelung über die Werte von m für die einzelnen Kristallite

Im Verlauf der plastischen Verformung behindern sich die Versetzungen gegenseitig in ihrer Bewegung, teilweise werden sie sogar immobil. Um die Deformation fortsetzen zu können, muss daher die Schubspannung τ bzw. die äußere Spannung σ ständig vergrößert werden, wobei sich die Dichte der Versetzungen laufend erhöht. Diese Zunahme der zur Verformung notwendigen Spannung τ bzw. σ mit der Dehnung ε bezeichnet man als Verfestigung. Dies ist ein typisches Merkmal für metallische Werkstoffe.

Die bisherigen Ausführungen bezogen sich auf Einzelkristalle, deren Gleitebenen den Winkel χ_0 und Gleitrichtungen den Winkel λ_0 mit der äußeren Beanspruchung einschließen (s. Abb. 4.71). Die meisten Werkstoffe stellen jedoch Vielkristalle dar, d. h., sie bestehen aus einem Haufwerk von Einzelkristalliten i mit unterschiedlichen χ_{0i} und λ_{0i}. Ihr gemeinsames Verhalten kann man näherungsweise dadurch beschreiben, dass man über alle möglichen Orientierungsfaktoren $m_i = (\cos \lambda_{0i} \sin \chi_{0i})^{-1}$ mittelt (s. Gl. (4.13)). Diesen Mittelwert bezeichnet man als Taylor-Faktor M.

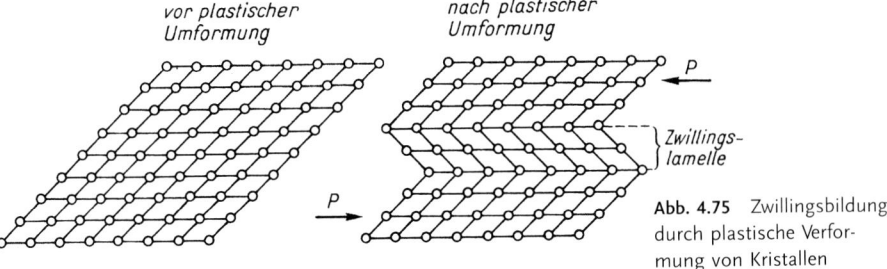

Abb. 4.75 Zwillingsbildung durch plastische Verformung von Kristallen

Mit ihm lässt sich nun die äußere Spannung σ in die mittlere Schubspannung τ im Vielkristall gemäß σ = $M \cdot τ$ umrechnen. Da im Weiteren nur das plastische Verhalten von Vielkristallen dargestellt werden soll, wird stets von dieser Umrechnung Gebrauch gemacht. Der Taylor-Faktor M für kubische Metalle beträgt etwa drei.

4.2.1.3 Verformung durch Zwillingsbildung

Einige, vor allem nichtkubische Metalle, wie Sn, Zn, Mg, Bi und Sb, aber auch einige kubische Legierungen, wie Messinge, Bronzen und austenitische Stähle, werden außer durch Gleitung auch durch Zwillingsbildung verformt. Für eine mechanische Zwillingsbildung ist eine kritische Schubspannung $τ_Z$ notwendig, die wesentlich von der Zwillingsgrenzenenergie $γ_Z$ bzw. Stapelfehlerenergie $γ_{SF}$ abhängt[1]. Sie tritt ein, wenn die Schubspannung $τ$ größer als die kritische Schubspannung $τ_Z$ wird, und das ist der Fall, wenn keine Gleitsysteme mit hohen Orientierungsfaktoren vorhanden sind, hohe Verformungsgeschwindigkeiten $\dot{ε}$ herrschen, hohe Fließspannungen (Verfestigungen) auftreten, niedrige Stapelfehlerenergien $γ_{SF}$ und damit erschwerte Quergleitung vorliegt und die Temperatur so niedrig ist, dass keine thermisch aktivierte Quergleitung ablaufen kann. Bei diesem Verformungsmechanismus klappt unter der Wirkung von Schubspannungen ein Kristallteil längs einer Zwillingsebene spiegelsymmetrisch zum restlichen Kristall um. Der umgeklappte Kristallteil wird als Zwilling oder Zwillingslamelle bezeichnet. Bei Zwillingsbildung bleiben nächste Nachbarschaften und die Kristallstruktur erhalten, weshalb dieser Vorgang auch als gitterinvariante Scherung bezeichnet wird. Wie das Abb. 4.75 schematisch zeigt, werden dabei die Netzebenen eines der Kristallbereiche um einen vorgegebenen, zum Abstand der Trennungslinie (Spur der Zwillingsebene) zwischen verformtem und unverformtem Gitter proportionalen Betrag in Zwillingsrichtung verschoben. In Tab. 4.3 sind die Zwillingsebenen und die Zwillingsrichtungen für einige wichtige Metalle zusammengestellt.

Tab. 4.3 Zwillingssysteme einiger Metalle

Metall	Gittertyp	Zwillingsebene	Zwillingsrichtung
Cu	kfz	{111}	⟨112⟩
α-Fe, Cr, Na	krz	{112}	⟨111⟩
Mg, Zn, Cd	hdp	{102}* {11n}**	⟨101⟩

* Pyramidenebene 1. Art und 2. Ordnung (normale Zwillingsbildung)
** Pyramidenebene 2. Art und n. Ordnung (anomale Zwillingsbildung)

---

[1] Es gilt näherungsweise $γ_{SF} ≈ 2 γ_Z$.

Durch Zwillingsbildung erreichbare Verformungsbeträge sind proportional dem verzwillingten Volumenanteil und wesentlich geringer als bei der Abgleitung. Dieser Mechanismus wird erst dann bedeutungsvoll, wenn nur wenige Gleitmöglichkeiten vorhanden sind (hexagonales Gitter) oder für eine Abgleitung ungünstige Beanspruchungsverhältnisse, wie tiefe Umformtemperaturen oder hohe Umformgeschwindigkeiten (Hochgeschwindigkeitsumformung), vorliegen. Die Bedeutung der Zwillingsbildung liegt dann für einige hexagonale Metalle darin, dass durch sie neue Orientierungen entstehen, welche das Abgleiten erleichtern. Beide Verformungsmechanismen können unter diesen Umständen abwechselnd wirken und so gemeinsam relativ große Umformgrade ermöglichen. Ein weiterer nicht unwesentlicher Effekt der Zwillingsbildung ist der Abbau lokaler Spannungsspitzen im Material.

Bei der Zwillingsbildung setzt ein sprungartiger Abfall der Spannung ein. Dabei ist ein ganz charakteristisches Knistern zu hören, das man als „Zwillingsgeschrei" bezeichnet. Der Zwilling weist infolge seiner andersartigen kristallografischen Orientierung ein andersartiges Ätzverhalten auf. In Abb. 4.76 ist die unterschiedliche Kristallorientierung in Zwillingslamellen bei tief-

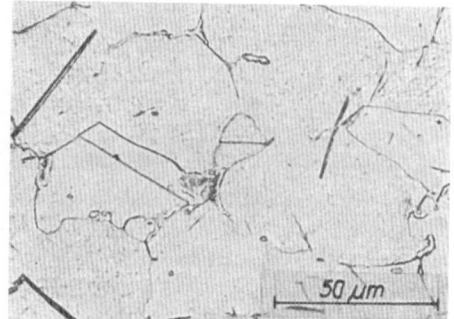

Abb. 4.77 Neumann'sche Bänder in schlagartig bei niedrigen Temperaturen umgeformtem α-Eisen

geätztem, plastisch verformtem Zink erkennbar.

Zwillingsbildung tritt nicht nur beim Umformen, sondern auch beim Glühen bestimmter, besonders kubisch flächenzentrierter Metalle mit niedriger Stapelfehlerenergie auf, wie Austenit, Cu, α-Messing, α-Bronze, Ni, Cu-Ni-Legierungen, Ag, Au, Pb, nicht aber bei Al. Diese Glühzwillinge entstehen wahrscheinlich durch das Anwachsen verzwillingter Kristallkeime.

In langsam verformtem α-Eisen sind nur Gleitlinien, nicht aber Zwillingslamellen vorhanden. Wurde das Eisen dagegen schlagartig bei niederen Temperaturen verformt, wie es beispielsweise beim Kerbschlagversuch der Fall ist, so treten als Neumann'sche Bänder bezeichnete Zwillingslamellen auch im α-Eisen auf (Abb. 4.77). Das Vorhandensein dieser Streifen ist ein sicheres Zeichen für eine stoß- oder schlagartige Beanspruchung des Eisens.

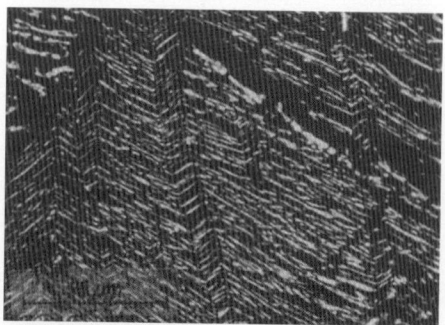

Abb. 4.76 Änderung der Kristallorientierung an Zwillingslamellen in Reinzink; Tiefätzung

4.2.1.4 Härtungsmechanismen

Da die Träger der plastischen Verformung die Versetzungen sind, müssen Überlegungen zur Festigkeitssteigerung das Ziel verfolgen, die Versetzungen „auszuschalten", also entweder Versetzungen gar nicht erst zu generieren oder vorhandene Versetzungen in ihrer Bewegung zu behindern. Beispiel für eine Elimination von Versetzungen zur Festigkeitssteigerung sind die Whisker (Haarkristalle), bei denen hohe Festigkeiten, aber praktisch keine Plastizität auftreten, weil sie keine gleitfähigen Versetzungen enthalten. Die größere technische Bedeutung haben die Verfahren, mit denen die Versetzungen schwerer beweglich gemacht werden. Dies kann durch Wechselwirkung mit Versetzungen selbst oder durch Wechselwirkung mit andersartigen Gitterstörungen erreicht werden. Die Erhöhung der Versetzungsdichte $\Delta \rho_V \approx \rho_V$, wie sie nach Kaltverfestigung vorliegt, bewirkt eine Erhöhung der Fließspannung σ um $\Delta\sigma_V$ von

$$\Delta\sigma_V = \alpha \cdot M \cdot G \cdot b \cdot \sqrt{\rho_V} \qquad (4.18)$$

(vgl. Gl. (4.16)).

Die durch Kaltverfestigung erzeugte hohe Versetzungsdichte hat Spannungskonzentrationen zur Folge, die die Rissbildung begünstigen, sodass die technische Anwendung dieser Methode zur Festigkeitssteigerung begrenzt ist. Die maximal erreichbaren Effekte betragen $G/100$.

Grenzflächen aller Art stellen ebenfalls Hindernisse für die Versetzungsbewegung dar und erfordern wegen Kompatibilitätsbedingungen zusätzliche Verformung und Rotation in Korngrenzennähe. Nach Hall und Petch hängt daher die Fließspannungserhöhung $\Delta\sigma_{KG}$ von der Korngröße ab:

$$\Delta\sigma_{KG} \approx k \cdot d_{KG}^{-1/2} \approx k' \cdot s_V^{1/2} \qquad (4.19)$$

k, k' Hall-Petch-Koeffizienten (materialspezifisch)
d_{KG} lineare Kornabmessung
s_V spezifische Korngrenzenfläche (s. Abschnitt 2.5.2)

Im Mischkristall gelöste Legierungsatome bewirken die sogenannte Mischkristallhärtung.

Die Erhöhung der Fließspannung durch Mischkristallhärtung $\Delta\sigma_{MK}$ hängt in erster Linie vom Atomgrößenunterschied Gitteratom/Fremdatom, vom Schubmodulunterschied und von der Fremdatomkonzentration c ab. Für stark verdünnte Mischkristalle gilt

$$\Delta\sigma_{MK} \sim c^{1/2} \qquad (4.20)$$

während für höhere Konzentrationen häufig eine etwa lineare Abhängigkeit gefunden wird.

Auch im Grundwerkstoff (Matrix) feindispers eingelagerte Teilchen stellen für die wandernden Versetzungen Hindernisse dar (Teilchenhärtung) und wirken außerdem auch indirekt verfestigend, weil sie eine verstärkte Versetzungsbildung bei plastischer Verformung bewirken. Die Wechselwirkung zwischen Gleitversetzungen und Teilchen kann nach zwei Mechanismen erfolgen: Die Versetzungen schneiden oder umgehen die Teilchen.

Der Schneidemechanismus tritt ein, wenn die Teilchen klein und kohärent sind. Zur Erhöhung der Fließspannung kommt es durch die Wirkung von Kohärenzspannungsfeldern um die Teilchen, atomaren Ordnungen in den Teilchen und unterschiedlicher Stapelfehlerenergien in Matrix und Teilchen. Die durch das Teilchen hindurchlaufende Versetzungslinie schert die Teilchen ab und vergrößert dabei die Teilchenoberfläche. Für einen Volumenanteil f der Teilchen mit einem Radius r beträgt die Fließspannungserhöhung $\Delta\sigma_{St}$

$$\Delta\sigma_{St} \approx 1{,}7 \frac{\sqrt{f} \cdot \sqrt{r} \cdot \gamma^{3/2}}{\sqrt{G} \cdot b} \qquad (4.21)$$

γ effektive Grenzflächenenergie

Der Umgehungsmechanismus (Orowan-Mechanismus) wird bei größeren Teilchen bzw. inkohärenten Teilchen wirksam. Diese nicht schneidbaren Teilchen werden von den Versetzungen dadurch umgangen, dass die Versetzungslinie zwischen den Teilchen hindurchgedrückt wird und dabei um die Teilchen ein konzentrischer Versetzungsring zurückbleibt. Die Fließspannungserhöhung rührt daher, dass die Versetzung gegen ihre Linienspannung zwischen den Teilchen hindurchgebogen werden muss, sie beträgt

$$\Delta\sigma_{Or} \approx \frac{3 \cdot G \cdot b \cdot \sqrt{f}}{r} \qquad (4.22)$$

4.2.1.5 Vergleich zwischen Einkristall- und Vielkristallplastizität

Einkristalle werden in der Technik nur für Sonderfälle eingesetzt, z. B. in der Halbleitertechnik, für Turbinenschaufeln und als Whisker in Verbundwerkstoffen. Die wesentlich größere praktische Bedeutung für festigkeitsbeanspruchte Bauteile haben die Vielkristalle. Ein Vielkristall eines homogenen Werkstoffs ist im Idealfall aus sehr vielen, statistisch regellos orientierten Kristalliten (Körnern) aufgebaut, die durch mehr oder weniger stark gestörte Bezirke, die Korngrenzen, voneinander getrennt sind. Nachfolgend wird gezeigt, dass sich nicht einfach das Verhalten der Einkristalle auf die Kristallite übertragen und für das Kristallhaufwerk summieren lässt, sondern dass vielmehr das Zusammenwirken der einzelnen Körner mit ihren Nachbarn die mechanischen Eigenschaften des Vielkristalls wesentlich bestimmt.

Für die Beurteilung der Vielkristalleigenschaften bei mechanischer Beanspruchung sind folgende Unterschiede im Verhalten „freier" und „gekoppelter" Kristallite zu beachten:

1. Bei gegebener äußerer Spannung ist der Betrag der Schubspannung im Hauptgleitsystem eines Einkristalls aufgrund des Schmid'schen Schubspannungsgesetzes (s. Gl. (4.13)) konstant. Für die einzelnen Körner der Vielkristalle ist der Orientierungsfaktor unterschiedlich groß, und folglich ändert sich die Schubspannung im Hauptgleitsystem von Korn zu Korn. Entsprechendes gilt auch für die Nebengleitsysteme.
2. Beim Einkristall sind zu Beginn der Verformung Abgleitungen über Dimensionen der makroskopischen Abmessungen möglich. Beim Vielkristall werden die Abgleitungen dagegen durch die Korngrenzen behindert.
3. Damit der Werkstoffzusammenhang an den Korngrenzen während der plastischen Verformung erhalten bleibt, müssen an den Korngrenzen gewisse Stetigkeitsbedingungen für Spannungen und Dehnung erfüllt sein. Derartigen Einschränkungen durch Grenzflächen unterliegt die Einkristallverformung nicht.
4. Bei Einkristallen erfolgt die Versetzungsbildung und -vervielfachung über Versetzungsquellen, die das Versetzungsnetzwerk selbst ausbildet. Beim Vielkristall tragen zusätzlich die Korngrenzen als Emitter von Versetzungen zur Erhöhung der Versetzungsdichte im Korninnern bei.
5. Während bei Einkristallen im Allgemeinen aus Oberflächenbeobachtungen Rückschlüsse auf die Vorgänge im Kristallinnern möglich sind, nehmen die Oberflächenkristallite bei der Verformung von Kristallhaufwerken wegen des nicht allseitigen Kontakts mit Nachbarkörnern eine Sonderstellung ein.
6. Bei höheren Verformungstemperaturen liefert das Korngrenzenfließen einen zusätzlichen Beitrag zur Gesamtdeformation.

4.2.1.6 Kornstreckung und Verformungstexturen

Neben Gleitlinien- und Zwillingslamellenbildung findet bei plastischen Umformgraden eine Streckung der einzelnen Gefügebestandteile statt. Die Formänderung der einzelnen Kristallite richtet sich dabei nach dem Umformprozess bzw. nach der Formänderung des Werkstücks. Beim Walzen unterliegen die Kristallite anderen Kräften als beim Ziehen, Stauchen, Dehnen oder Tordieren. Plastisch formbare und zähe Kristalle folgen den angreifenden Kräften, während spröde Gefügebestandteile zertrümmert werden und die Bruchstücke dann dem Materialfluss folgen.

Die Abb. 4.78 bis 4.81 zeigen die Gefügeänderungen, die beim Kaltziehen von weichem Stahl mit 0,1 % C auftreten. Dabei versteht man unter Ziehgrad die prozentuale Querschnittsverminderung

$$\frac{Q_0 - Q}{Q_0} \cdot 100\,\%$$

Q_0 Ausgangsquerschnitt
Q Endquerschnitt des Drahts

Das Gefüge des geglühten Stahldrahts (Abb. 4.78) besteht aus hellen, zähen Ferritkristallen mit eingelagerten spröden Perlit-

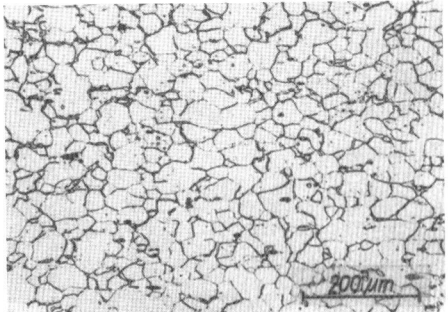

Abb. 4.79 Stahl mit 0,1 % C; gezogen 10 % (Längsschliff)

inseln. Der Korndurchmesser der Ferritkristallite ist in allen Richtungen gleich groß. Schon bei einem Ziehgrad von 10 % ist die Kornstreckung in Richtung der Drahtachse zu erkennen (Abb. 4.79).

Mit weiter zunehmendem Ziehgrad wird die Kornstreckung immer ausgeprägter (Abb. 4.80), bis nach 80 %igem Ziehgrad die einzelnen Kristallite nicht mehr deutlich voneinander abgegrenzt werden können (Abb. 4.81) und das Gefüge eine ausgesprochen faserige Struktur angenommen hat. Bei gleicher Ätzung nimmt die Schärfe der Korngrenzen mit steigendem Umformgrad ab. Dies ist eine unmittelbare Folge der sich einstellenden Ziehtextur. Die Kristallite drehen sich beim Ziehen mit be-

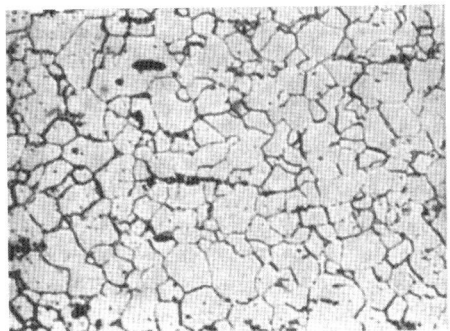

Abb. 4.78 Stahl mit 0,1 % C; normalisiert (Längsschliff)

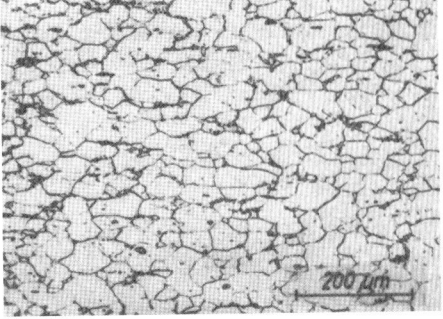

Abb. 4.80 Stahl mit 0,1 % C; gezogen 20 % (Längsschliff)

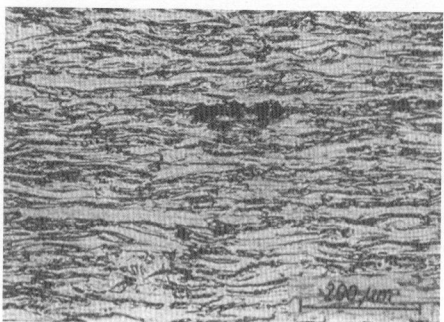

Abb. 4.81 Stahl mit 0,1 % C; gezogen 80 % (Längsschliff)

spröderen Zementitlamellen des Perlits sowie auch der in jedem Stahl enthaltenen spröden oxidischen und silikatischen Schlackeneinschlüsse. Zahlreiche kleine Zementitkörnchen und Schlackenkörner sind in Zeilenform in den gestreckten Ferritkristallen angeordnet – Bruchstücke von ehemals größeren Kristalliten.

Bei der plastischen Verformung von zähen Kristalliten ändert sich nur die Form, nicht aber das Volumen – sieht man von der äußerst geringen Volumenzunahme infolge der Erhöhung der Gitterfehlerdichte ab. Deshalb lässt sich die Korngestaltsänderung im Verlauf eines beliebigen Kaltumformprozesses näherungsweise berechnen, und umgekehrt lassen sich aus der Form der verformten Kristallite Rückschlüsse auf Art und Stärke der plastischen Formgebung ziehen.

Gebogene Bleche weisen beispielsweise in der Zugzone gedehnte, in der Druckzone gestauchte Kristallite auf. In einer Richtung kaltgewalzte Bleche enthalten Kristallite, die in Walzrichtung gestreckt, in Richtung der Blechnormalen gestaucht und in Querrichtung nur wenig verbreitert sind. Gezogene Drähte weisen in Richtung der Drahtachse längsgestreckte Kristallite auf, während senkrecht dazu die Kristallite gestaucht sind.

stimmten Kristallrichtungen (bei Eisen ist dies die [1 1 0]-Richtung) in die Drahtachse, sodass die gegenseitigen Orientierungsunterschiede und demzufolge auch die Verschiedenheiten gegenüber einem Ätzangriff verringert werden.

Ganz allgemein bezeichnet man die durch eine plastische Formgebung hervorgerufene kristallografische Vorzugsorientierung der einzelnen Körner als Umformtextur und unterscheidet je nach Umformprozess zwischen Ziehtexturen, Walztexturen usw. (s. Abschnitt 2.6.4.5). In Tab. 4.4 sind solche Umformtexturen für die wichtigsten Metalle aufgeführt.

Parallel zur Streckung der zähen Ferritkristalle verläuft eine Zertrümmerung der

Tab. 4.4 Verformungstexturen (ausgewählte Ideallagen)

Metall	Gittertyp	Ziehtextur Kristallografische Richtungen parallel zur Ziehrichtung	Walztextur Kristallografische Ebene parallel zur Walzebene	Kristallografische Richtungen parallel zur Walzrichtung
Al, Cu, Ni, Pb, Ag, Au, Pt, γ-Fe	kfz	[1 1 1] + [1 0 0] (doppelte Fasertextur)	(0 1 1) (1 1 2)	[2 1 $\bar{1}$] [1 1 $\bar{1}$]
α-Fe, W, Mo Nb, Ta, V, Cr	krz	[1 1 0]	(0 1 1) (0 0 1)	[1 1 0] [$\bar{1}$ 1 0]
Ti, Zr, Hf ($c/a < \sqrt{3}$)	hdp	[1 0 0]	(0 0 1)	[1 0 0]
Zn, Cd, Mg ($c/a > \sqrt{3}$)		Ringfasertextur	(0 0 1)	[1 1 0]

4.2.1.7 Eigenschaftsänderungen durch Kaltumformung

Die Verformung erzeugt Gitterdefekte (Versetzungen, Leerstellen u. a.). Diese und die im Schliffbild sichtbaren Veränderungen des Gefüges bewirken eine Veränderung praktisch aller chemischen, physikalischen und technischen Eigenschaften, was für die praktische Anwendung von großer Bedeutung ist.

In Abb. 4.82 sind die Änderungen der Festigkeitseigenschaften eines Stahls mit 0,1 % C beim Kaltziehen dargestellt. Zugfestigkeit, Elastizitätsgrenze und Härte nehmen mit steigendem Umformgrad zu, während Bruchdehnung und Brucheinschnürung abfallen.

Unter einem weichen Werkstoff versteht man einen gut ausgeglühten Werkstoff. Ein halbharter Werkstoff ist durch Kaltumformung auf ≈ 1,2, ein harter Werkstoff auf ≈ 1,4 und ein federharter Werkstoff auf ≈ 1,8 der Zugfestigkeit des weichen Zustands gebracht. Mit steigendem Umformgrad nehmen weiterhin die Kerbschlagzähigkeit ab, die Streckgrenze, der elektrische Widerstand, bei ferromagnetischen Legierungen die Koerzitivfeldstärke und die Hystereseverluste zu. Da die innere Energie der Kristalle durch die plastische Formgebung erhöht wird, ätzen sich verformte Kristalle schneller an als unverformte und sind auch sonst chemisch unedler. Eine weitere Folge der durch die plastische Formgebung erhöhten Leerstellendichte und damit verbundenen erleichterten Diffusion ist die bevorzugte Bildung von Ausscheidungen innerhalb verformter Kristalle. Alle genannten Erscheinungen treten aber nur auf, wenn die Temperatur, bei der die Umformung erfolgt, $< 0,5\, T_S$ ist (T_S Schmelztemperatur). In diesem Fall spricht man von einer Kalt-, anderenfalls von einer Warmformgebung. Kaltumgeformte Werkstoffe sind durch eine gute Oberflächenbeschaffenheit und Maßtoleranz sowie eine gleichmäßige Struktur ausgezeichnet. Dabei muss – wie auch nach Warmumformung – eine mögliche Textur berücksichtigt werden.

Durch die Texturbildung kommt es zu einer deutlichen Anisotropie der Eigenschaften. Deshalb sind Texturen im Allgemeinen unerwünscht, beispielsweise wegen der Zipfelbildung beim Tiefziehen. Sollen jedoch bestimmte Eigenschaften eines Materials in einer Richtung hervorgehoben werden, so wird die Texturbildung absichtlich herbeigeführt, z. B. bei Trafoblechen und Federn.

4.2.2 Entfestigungsvorgänge

Der Ungleichgewichtszustand, in dem sich ein kaltumgeformtes Metall befindet und der sich u. a. in der erhöhten Härte, Streckgrenze und Festigkeit bei verringerter Dehnung, Einschnürung und Kerbschlagzähigkeit äußert, wird mit steigender Temperatur verändert und schließlich ganz aufgehoben. Der sich dabei vollziehende Abbau der gespeicherten Energie durch Ausheilung der Gitterstörungen verläuft nicht stetig mit steigender Temperatur, sondern

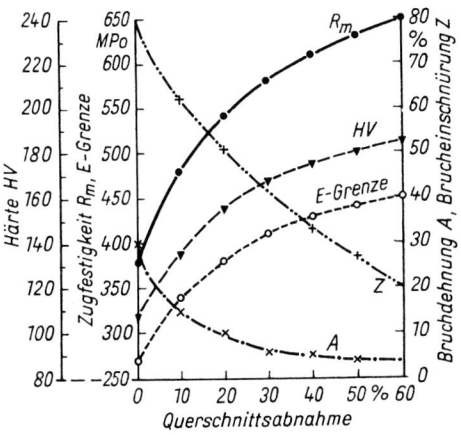

Abb. 4.82 Änderungen der Festigkeitseigenschaften eines Stahls in Abhängigkeit vom Umformgrad

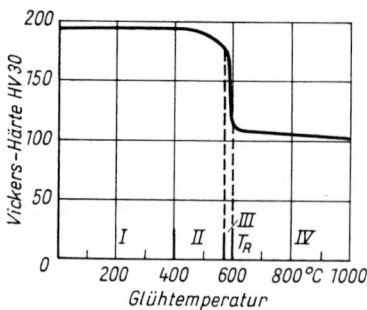

Abb. 4.83 Härte-Glühtemperatur-Kurve von Stahl mit 0,1 % C, 65 % kaltgezogen

es lassen sich im Allgemeinen bezüglich der mechanischen Eigenschaftsänderungen vier verschiedene Temperaturbereiche unterscheiden, wie das Verhalten der Härte bei 65 % kaltgezogenem weichem Stahl in Abhängigkeit von der Glühtemperatur zeigt (Abb. 4.83). Sie sollen im Folgenden dargestellt werden.

4.2.2.1 Kristallerholung

Von Raumtemperatur bis zu ≈ 400 °C ändert sich die Härte praktisch nicht (Bereich I), weil beginnende Ausheilung von Punktdefekten (s. Abschnitt 1.7.2) ohne merkliche Rückwirkung auf die Festigkeit bleibt.

Anlasstemperaturen zwischen 400 und 580 °C bewirken einen merkbaren kontinuierlichen Härteabfall (Bereich II). Dies ist das Temperaturintervall der mechanischen Kristallerholung. Sie ist im Wesentlichen dadurch gekennzeichnet, dass sich Versetzungen umordnen. Im Gefüge treten deshalb keine merklichen Änderungen ein.

Führt die Umverteilung der Versetzungen durch thermisch aktiviertes Quergleiten von Schraubenversetzungen und durch Klettern von Stufenversetzungen zur Ausbildung vertikaler Versetzungswände (Kleinwinkelkorngrenzen) mit dazwischenliegenden verzerrungsärmeren Subkörnern, so spricht man von Polygonisation. Die Polygonisation kann soweit fortschreiten, dass sich große Subkörner mit bis in den Bereich von Großwinkelkorngrenzen angewachsenden Orientierungsunterschieden ausbilden und damit die primäre Rekristallisation verhindert wird. Diesen Prozess bezeichnet man als „Rekristallisation in situ" („Rekristallisation an Ort und Stelle").

4.2.2.2 Primäre Rekristallisation

Bei 600 °C fällt die Härte sprunghaft auf einen niederen Wert ab (Bereich III). Dieses eng begrenzte Temperaturintervall bezeichnet man als das Gebiet der primären Rekristallisation. Es ist gekennzeichnet durch eine Gefügeneubildung des deformierten Vielkristalls. Im Gefüge bilden sich bei der Rekristallisation neue, ungestörte, polygonale Kristallite, wobei die verformten Kristallite verschwinden. Das Wachstum dieser defektarmen Kristallite auf Kosten des verformten Gefüges und die damit verbundene Ausheilung der darin vorhandenen Versetzungen erfolgen durch thermisch aktivierte Platzwechsel benachbarter Atome über die Großwinkelkorngrenze hinweg, d. h. durch Korngrenzenwanderung. Unter Rekristallisation versteht man daher die Bildung und die Wanderung von Großwinkelkorngrenzen. Die treibende Kraft p der Rekristallisation kann aus der Differenz der Versetzungsdichten $\Delta\rho_V$ des erholten und des rekristallisierten Gefüges sowie der Linienenergie $\frac{1}{2} G b^2$ (G Schubmodul, b Burgers-Vektor) der Versetzungen nach der Gleichung

$$p = \Delta\rho_V \cdot \frac{1}{2} \cdot G \cdot b^2 \qquad (4.23)$$

berechnet werden. Diese treibende Kraft bestimmt gemäß $v = p \cdot \mu$ die Wanderungsgeschwindigkeit v (μ Korngrenzenbeweglichkeit).

Der Rekristallisationsvorgang setzt sich formal aus Keimbildungs- und -wachstumsprozessen zusammen, auf die jedoch die üblichen Vorstellungen, wie sie z. B. in Abschnitt 3.6 dargestellt worden sind, nicht ohne Weiteres anwendbar sind. Nach Cahn und Burgers bilden sich die Keime durch Vergrößerung der bei der Polygonisation entstandenen Subkörner, z. B. durch Subkornkoaleszenz. Sie sind wachstumsfähig, wenn sie eine bestimmte Größe und vor allem Orientierungsdifferenz zur verformten Matrix erreichen. Diese Keime wachsen dann ähnlich wie bei der Kristallisation, bis sie sich gegenseitig berühren.

Nach den Vorstellungen von Bailey und Hirsch kann es bei schwachen und mittleren Verformungsgraden zur Wanderung von existierenden Korngrenzenbereichen kommen, wenn sich die Versetzungsdichten zu beiden Seiten der Korngrenze merklich unterscheiden. Der Korngrenzenbereich wölbt sich dabei in das Gebiet mit höherer Versetzungsdichte aus.

Der Ablauf der primären Rekristallisation lässt sich mit der aus der Theorie der diffusionsgesteuerten Phasen- bzw. Strukturumwandlungen folgenden Avrami-Gleichung beschreiben (s. Gl. (3.45)):

$$X = 1 - \exp(-B \cdot t^n). \tag{4.24}$$

Einfache Modellvorstellungen führen auf die Beziehung

$$X = 1 - \exp\left(-\frac{\pi}{3} N_{KB} v_{KW}^3 t^4\right) \tag{4.25}$$

in der

$$N_{KB} = N_0 \exp(-H_{KB}/RT)$$

die Keimbildungsgeschwindigkeit und

$$v_{KW} = v_0 \exp(-H_{KW}/RT)$$

die Korngrenzenwanderungsgeschwindigkeit der Primärrekristallisation bezeichnen. H_{KB} und H_{KW} sind die Aktivierungsenthalpien der Keimbildung und der Korngrenzenwanderung. Voraussetzung für die Gültigkeit dieser Beziehung ist, dass die Keimbildung im Gefüge statistisch regellos erfolgt und dass sowohl N_{KB} als auch v_{KW} zeit- und richtungsunabhängig sind.

4.2.2.3 Kornwachstum

Der Bereich IV (Abb. 4.83) schließlich erstreckt sich oberhalb der Rekristallisationstemperatur und ist gekennzeichnet durch einen allmählichen, aber nur geringen Abfall der Härte. Dies ist das Gebiet des Kornwachstums: Die bei der primären Rekristallisation gebildeten neuen, in der Regel kleinen Kristallite werden im Mittel größer, weil damit eine Verringerung der Korngrenzfläche verbunden ist. Man unterscheidet stetiges Kornwachstum (kontinuierliche Kornvergrößerung, früher auch Sammelrekristallisation genannt) und unstetiges Kornwachstum (diskontinuierliche Kornvergrößerung, die auch als sekundäre Rekristallisation bezeichnet wird). Die sekundäre Rekristallisation ist dadurch gekennzeichnet, dass nur einige wenige Körner stark wachsen und dadurch das Gefüge aufzehren. Das wird entweder dadurch möglich, dass die durch Teilchen hervorgerufene Kornwachstumshemmung durch deren Koagulation oder Auflösung lokal aufgehoben wird (verunreinigungskontrollierte oder inhibitionsbedingte sekundäre Rekristallisation) oder dass einzelne, stark von einer ausgeprägten Textur abweichend orientierte Kristallite wachsen (texturbedingte sekundäre Rekristallisation).

Die Kinetik des normalen Kornwachstums im Anschluss an eine Primärrekristallisation bei der Glühung von Gussgefügen oder Sinterkörpern lässt sich in der

Praxis beschreiben mithilfe eines Zeitgesetzes der Form:

$$d^2(t) - d^2(0) = k(T) \cdot t^n \quad n \leq 1 \quad (4.26)$$

$d(t)$ mittlere lineare Kornabmessung zur Zeit t

$d(0)$ mittlere lineare Kornabmessung bei $t = 0$

4.2.2.4 Einfluss technischer Rekristallisationsvorgänge auf die Gefügebildung

Die Abb. 4.84 bis 4.88 geben die beim Glühen von 65 % kaltgezogenem Stahl auftretenden Gefügeänderungen wieder. Bis zu Glühtemperaturen von 550 °C bleibt das zeilenförmige Umformgefüge erhalten.

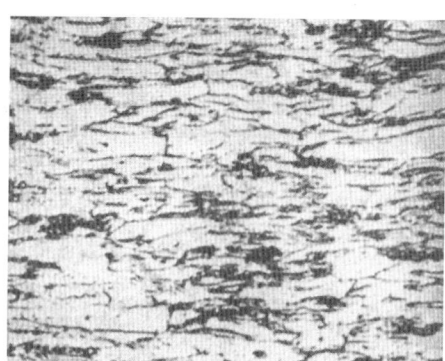

Abb. 4.84   Stahl mit 0,1 % C, 65 % kaltgezogen

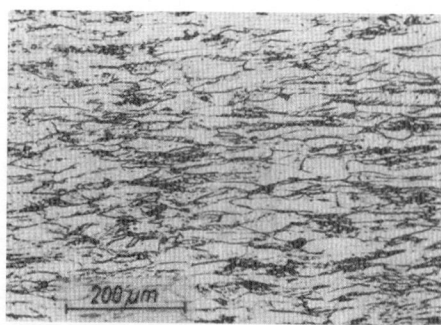

Abb. 4.85   Stahl mit 0,1 % C, 65 % kaltgezogen und 1 h bei 500 °C geglüht (Längsschliff)

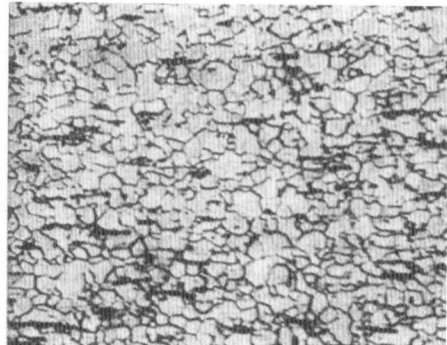

Abb. 4.86   Stahl mit 0,1 % C, 65 % kaltgezogen und 1 h bei 600 °C geglüht (Längsschliff)

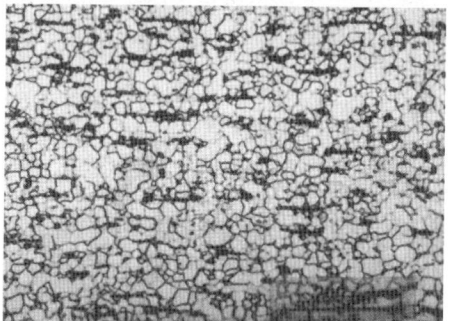

Abb. 4.87   Stahl mit 0,1 % C, 65 % kaltgezogen und 1 h bei 750 °C geglüht (Längsschliff)

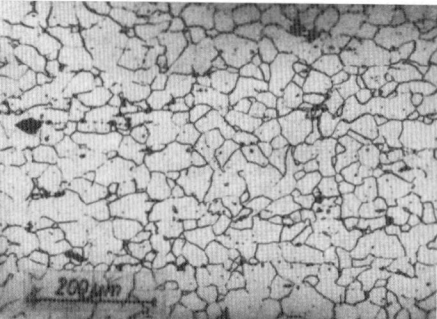

Abb. 4.88   Stahl mit 0,1 % C, 65 % kaltgezogen und 1 h bei 1000 °C geglüht (Längsschliff)

Gegenüber dem Gefüge eines kaltumgeformten Stahls ist keine Änderung festzustellen, obwohl die Härte von 195 auf 180 HV abgefallen ist. Bei einer Glühtemperatur von 600 °C (Steilabfall in Abb. 4.83) sind die gestreckten Kristalle jedoch verschwunden, und es haben sich neue polygonale Kristallite gebildet (Abb. 4.86). Es hat eine Gefügeneubildung stattgefunden. Dies ist das Kennzeichen der Rekristallisation. Die Erhöhung der Glühtemperatur auf 750 und 1000 °C führt zur kontinuierlichen Kornvergrößerung (Abb. 4.87 und 4.88).

Bei dem hier dargestellten Stahl mit 0,1 % C tritt die Besonderheit auf, dass die durch die Kaltumformung zertrümmerten Zementitlamellen sich nach Überschreiten des A_{C1}-Punkts (723 °C) aufzulösen beginnen und beim Abkühlen neu bilden und als Perlitinseln auftreten (dunkle Gefügebestandteile in den Abb. 4.87 und 4.88; bei 750 °C noch nicht aufgelöst und deshalb noch zeilenförmig; bei 1000 °C vollständig aufgelöst und in den Kornzwickeln neu gebildet).

Diejenige Glühtemperatur, bei der nach einer Glühzeit von einer Stunde in einem kaltumgeformten Metall neue, polygonale Kristallite anstelle des Verformungsgefüges gebildet worden sind, bezeichnet man als Rekristallisationsschwelle oder Rekristallisationstemperatur T_{RK}. Die Lage von T_{RK} ist in erster Linie vom Schmelzpunkt des Metalls (T_S) abhängig. Für technisch reine Metalle und nach hinreichend starker Kaltumformung gilt angenähert die Beziehung (Bočvar-Tammann'sche Regel): $T_{RK} \approx 0{,}4\, T_S$. Für Aluminium mit einer Schmelztemperatur $T_S = 660\,°C = 933\,K$ ergibt sich aus dieser Faustregel eine Rekristallisationstemperatur $T_{RK} = 0{,}4 \cdot 933 = 373\,K = 100\,°C$.

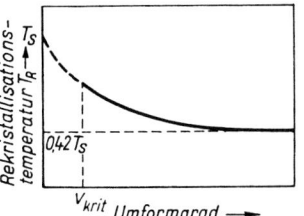

Abb. 4.89 Abhängigkeit der Rekristallisationstemperatur T_{RK} vom vorangegangenen Umformgrad (v_{krit} kritischer Umformgrad)

Die im Versuch ermittelte Rekristallisationstemperatur (150 °C) liegt allerdings etwas oberhalb des errechneten Werts, was auf die starke Abhängigkeit der Rekristallisation vom Verunreinigungsgehalt zurückgeführt werden kann. In Tab. 4.5 sind die Rekristallisationstemperaturen einiger stark kaltumgeformter Metalle zusammengestellt.

Von Bedeutung ist die Abhängigkeit von T_{RK} vom vorangegangenen Umformgrad. Dabei gilt die Gesetzmäßigkeit, dass die Rekristallisationstemperatur umso tiefer liegt, je stärker die Umformung war (Abb. 4.89).

Das durch Rekristallisation entstehende Korn ist umso feiner, je größer der Umformgrad war, und umgekehrt: Die durch Rekristallisation entstehenden neuen Körner sind umso größer, je kleiner der vorangegangene Umformgrad war (Abb. 4.90).

Der geringste Umformgrad, der bei nachfolgender Glühung noch zur Rekristallisation führt, wird als kritischer Umformgrad v_{krit} bezeichnet.

Tab. 4.5 Rekristallisationstemperaturen einiger Metalle

Metall	Pb	Cd	Sn	Zn	Al	Ag	Au	Cu	Fe	Ni	Mo	W
T_{RK} [°C]	0	10	0…30	10…80	150	200	200	200	400	550	900	1200
T_S [°C]	327,5	321	232	419,5	660	960	1063	1084	1536	1453	2620	3400
T_S [K]	600,5	594	505	692,5	933	1233	1336	1357	1809	1726	2893	3673

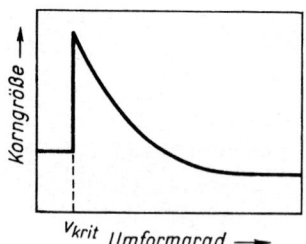

Abb. 4.90 Abhängigkeit der Korngröße vom Umformgrad (v_{krit} kritischer Umformgrad)

Bei einem geringen Umformgrad sind im Metall nur wenige stark gestörte Stellen vorhanden, die zur Keimbildung befähigt sind. Die sich bei der Glühung an diesen Stellen bildenden neuen Kristallite wachsen, ohne sich gegenseitig wesentlich zu behindern, und erreichen infolgedessen oftmals erhebliche Größen. In einem stark umgeformten Metall dagegen sind viel mehr stark gestörte Gitterbereiche vorhanden. Deshalb entstehen bei der Rekristallisation zahlreiche Keime, die zu Kristalliten anwachsen, sich gegenseitig aber im Wachstum frühzeitig behindern, da sie sehr nah benachbart sind. Infolgedessen entsteht in diesem Fall ein feinkörniges Rekristallisationsgefüge.

Abbildung 4.91 zeigt diese Verhältnisse am Beispiel von Reinaluminium mit 99,9 % Al. Aluminiumzerreißstäbe mit einem feinen Ausgangskorn wurden in einer Zerreißmaschine 1; 2; 5; 7,5; 10; 15 und 25 % gedehnt, langsam auf 550 °C erwärmt, 48 h bei dieser Temperatur gehalten und langsam wieder abgekühlt. Die Ätzung der Stäbe erfolgte mit dem Drei-Säure-Gemisch HCl + HNO_2 + HF. Aufgrund der geringen Umformgrade von 1 bzw. 2 % sind nach dem Glühen außerordentlich große Kristalle von einigen Quadratzentimetern Oberfläche entstanden. Mittlere Umformgrade von 5 bis 10 % ergaben ein abgestuftes Grobkorn. Erst ab einer Deh-

Abb. 4.91 Abhängigkeit der Rekristallisationskorngröße vom Kaltumformgrad; je höher der Umformgrad, umso kleiner ist das Korn (99,9 %iges Aluminium); Umformgrade (von oben): 1, 2, 5, 7,5, 10, 15 und 25 %

nung von 15 % ist das Aluminium nach der Glühung wieder feinkörnig, d. h. technisch verwendbar geworden. Trägt man die metallografisch messbare Rekristallisationskorngröße in Abhängigkeit vom Umformgrad auf, so erhält man eine hyperbelartige Kurve entsprechend der schematischen Darstellung in Abb. 4.90.

Außer vom Umformgrad ist die Größe des durch Rekristallisation entstehenden Korns von der Höhe der Glühtemperatur (Abb. 4.92), der Zeitdauer der Glühung (Abb. 4.93) und der Abkühlungsgeschwindigkeit nach dem Glühen abhängig. Die

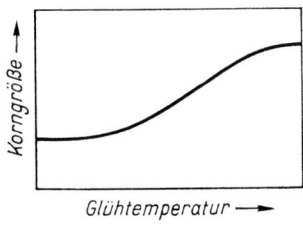

Abb. 4.92 Abhängigkeit der Korngröße von der Glühtemperatur

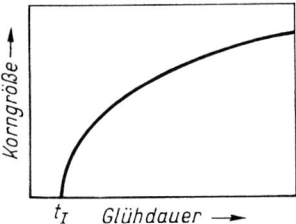

Abb. 4.93 Abhängigkeit der Korngröße von der Glühdauer (t_I Inkubationszeit der Rekristallisationskeimbildung)

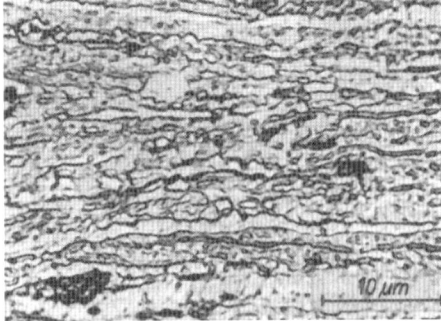

Abb. 4.95 Stahl mit 0,1 % C, 90 % kaltgewalzt und 1 h bei 550 °C geglüht; erstes Auftreten von winzigen Rekristallisationskörnern

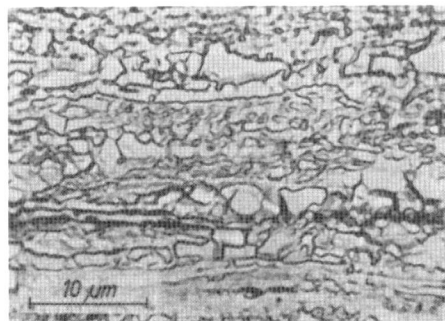

Abb. 4.96 Stahl mit 0,1 % C, 90 % kaltgewalzt und 5 h bei 550 °C geglüht; fortgeschrittene Rekristallisation

mit steigender Temperatur zunehmende Korngröße (Kornwachstum) wurde bereits besprochen. Da das Rekristallisationskorn ähnlich wie das Gusskorn über den Weg der Keimbildung und Anwachsen der Keime zu mikro- oder makroskopischen Kristalliten entsteht, so gelten für beide Arten von Kristallbildungen ähnliche Gesetze. Die Abb. 4.94 bis 4.96 zeigen, wie beim Glühen von 90 % kaltgewalztem weichem Stahl mit 0,1 % C die Rekristallisationskörner im Lauf der Zeit entstehen.

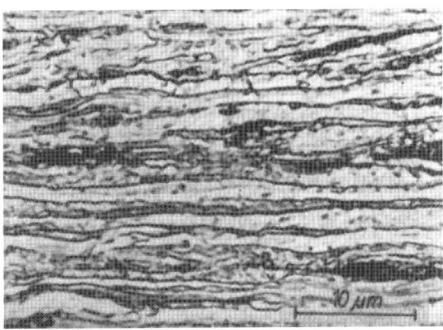

Abb. 4.94 Stahl mit 0,1 % C, 90 % kaltgewalzt und 10 min bei 550 °C geglüht

Nach einer Glühzeit von 10 min bei 550 °C sind auch bei 2000facher mikroskopischer Vergrößerung keine polygonalen Kristallite nachweisbar (Abb. 4.94) (Inkubationsperiode). Eine Verlängerung der Glühzeit auf 60 min führt bei der gleichen Temperatur jedoch zur Bildung zahlreicher winziger Rekristallisationskörner (Abb. 4.95). Diese wachsen weiter an und haben nach einer Glühzeit von 300 min schon eine beträchtliche Größe erreicht (Abb. 4.96). Daraus ergibt sich, dass das Rekristallisationskorn umso gröber ist, je länger die Glühzeit gewählt wird. Eine dem Glühen nachfolgende langsame Abkühlung wirkt ähnlich wie eine verlängerte Glühzeit und führt deshalb zu gröberem Korn als eine schnelle Abkühlung.

Zugesetzte Legierungselemente in kleinen Konzentrationen bzw. unbeabsichtige Beimengungen können die Rekristallisationstemperatur, aber auch die nach der Rekristallisation vorliegende Korngröße merklich beeinflussen. Gelöste Fremdatome oder bereits vorhandene sowie sich während der Glühung bildende Ausscheidungen behindern bzw. verankern sich bewegende Rekristallisationsfronten und neu gebildete Korngrenzen. Im Allgemeinen werden dadurch die Rekristallisationstemperatur erhöht und die Korngröße verringert. Während beispielsweise reines Eisen und Stahl mit 0,1 % C sehr grobkörnig nach kritischer Behandlung rekristallisieren, sind Stähle mit einem Kohlenstoffgehalt > 0,3 % ziemlich unempfindlich gegenüber einer Kornvergröberung. In diesem Fall verhindert der Perlit als „Fremdkörper" die Grobkornbildung.

Den funktionellen Zusammenhang zwischen Umformgrad, Glühtemperatur und Korngröße stellt man grafisch in sogenannten Rekristallisationsdiagrammen dar (Abb. 4.97). Für jeden Umformgrad und für jede Glühtemperatur kann die entstehende Korngröße abgelesen werden. Allerdings ist beim Gebrauch derartiger Diagramme darauf zu achten, dass diese nur volle Gültigkeit für das Material und für die Versuchsbedingungen besitzen, die für die Aufstellung des Diagramms verwendet werden. Abweichungen davon haben quantitative oder sogar manchmal auch qualitative Abänderungen der Rekristallisationsdiagramme zur Folge.

Rekristallisation bzw. Grobkornbildung findet nicht nur statt, wenn das gesamte Werkstück vorher plastisch umgeformt worden ist. Es genügen inhomogene oder örtliche Verformungen, wie sie beim Biegen, Drücken, Prägen, Ziehen, Stanzen, Lochen, Abscheren oder Abgraten oft auftreten und praktisch unvermeidbar sind, um beim nachfolgenden Glühen lokal Grobkorn zu erhalten.

Abbildung 4.98 zeigt das Gefüge einer warmgezogenen Aluminiumstange im Querschliff. Im Stangenkern befindet sich ein sehr feines Korn, während der Rand außerordentlich grobkörnig ist. Dieses eigenartige Gefüge ist dadurch entstanden, dass der Ziehgrad sehr gering war und sich auf die oberflächennahen Bereiche be-

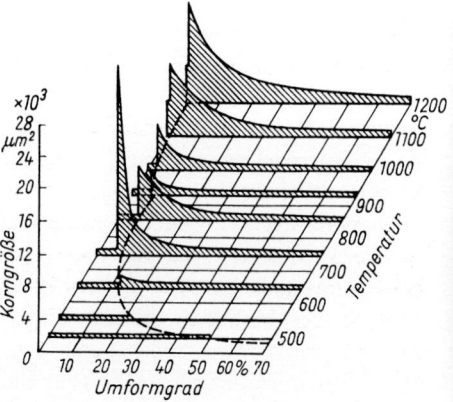

Abb. 4.97 Rekristallisationsdiagramm von Weicheisen (nach Hanemann)

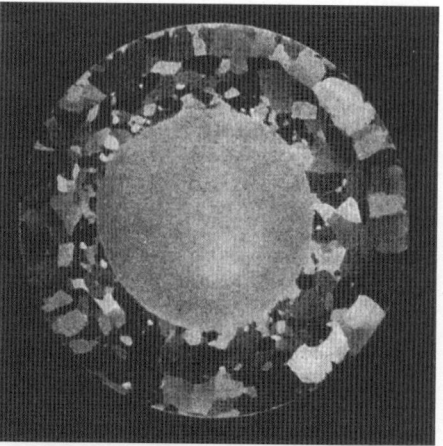

Abb. 4.98 Warmgezogene Aluminiumstange: Grobkornbildung durch kritische Umformung der Oberflächenschichten

schränkte. Infolgedessen blieb der Stangenkern unverformt und rekristallisierte nicht, während in der Nähe der Oberfläche Grobkornbildung eintrat. Durch Änderung der Ziehbedingungen (stärkere Querschnittsabnahme im Zug) konnte dieser Fehler behoben werden. Nach Möglichkeit sind derartige örtliche oder inhomogene Verformungen zu vermeiden, wenn das Werkstück später noch geglüht werden soll.

Die gleichen Gesetzmäßigkeiten, wie sie hier für Stahl und Aluminium aufgezeigt worden sind, gelten auch für alle anderen Metalle und Legierungen, wenn auch das Kornwachstumsbestreben im Einzelnen unterschiedlich ist.

Das nach geringen Umformgraden beim Glühen entstehende sehr grobe Korn ist bei technischen Werkstücken meist schädlich und verschlechtert das Umformverhalten. Mittels geeigneter Maßnahmen sucht man deshalb die Grobkornbildung zu vermeiden. Dies geschieht am einfachsten dadurch, dass vor der Glühung eine möglichst große Umformung aufgebracht wird. Dies ist auch die einzige Möglichkeit, grobkörnige Legierungen, die nicht wie die unlegierten oder niedriglegierten Stähle normalisiert werden können, wieder feinkörnig zu machen. Dieser Weg ist natürlich nur gangbar, wenn das Werkstück eine einfache Form hat, also bei Blechen, Drähten, Profilen. Bei Fertigteilen lässt sich diese Methode nicht durchführen. Legierungen, die eine Umwandlung im festen Zustand (Modifikationsänderung) erfahren, können durch Erhitzen über diesen Umwandlungspunkt und Wiederabkühlen ein feines Korn zurückerhalten.

4.2.3
Warmumformung

Die Warmumformung der Metalle wird bei Temperaturen $> 0{,}5\ T_S$ durchgeführt. Die durch die plastische Formgebung bewirkte Verfestigung und Streckung der Kristallite ist deshalb nicht beständig und wird durch gleichzeitig ablaufende diffusionsgesteuerte Entfestigungsprozesse teilweise wieder aufgehoben. Solche noch während der Umformung ablaufenden Vorgänge bezeichnet man als dynamische Entfestigungsprozesse. Man unterscheidet dabei dynamische Erholung und dynamische Rekristallisation. Die Anteile dieser beiden Prozesse am Entfestigungsgeschehen werden sowohl von umformtechnologischen Parametern (neben der Temperatur vor allem von der Umformgeschwindigkeit) als auch von Werkstoffkenngrößen (hauptsächlich Stapelfehlerenergie) bestimmt.

Eine metallkundliche Untersuchung des Warmumformprozesses ist u. a. durch die Aufnahme von Warmfließkurven möglich. Mit der Fließkurve wird die Abhängigkeit der Fließspannung, d. h. der Formänderungsfestigkeit, von der Formänderung bei konstanten Umformparametern dargestellt. Somit ist sie geeignet, die Fließeigenschaften metallischer Werkstoffe bei Warmumformung zu beschreiben. Die Fließspannung ist die Spannung[1], die im einachsigen homogenen Spannungszustand zur Einleitung bzw. Aufrechterhaltung des Werkstoffflusses erforderlich ist. In der Metallkunde wird die Fließspannung mit σ bezeichnet, während in der Umformtechnik für die Formänderungsfestigkeit das Symbol k_f verwendet wird. Die Formänderung wird im Fall des einachsigen Spannungszustands als logarithmische Längenände-

---

[1] Hier handelt es sich im Gegensatz zur Nennspannung des Spannungs-Dehnungs-Diagramms (s. Abschnitt 4.2.1.1) um wahre Spannungen.

rung bestimmt, und zwar beim Stauchen nach

$$\varphi = \ln \cdot h_0/h$$

h_0 Ausgangshöhe
h Endhöhe

und beim Recken nach

$$\varphi = \ln \cdot l/l_0$$

l Endlänge
l_0 Ausgangslänge

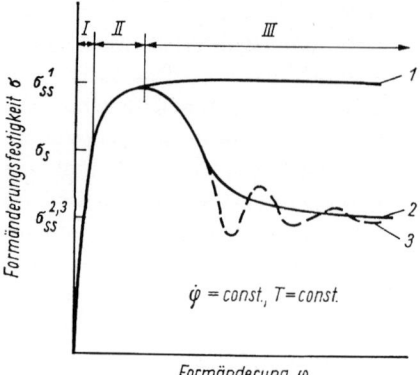

Abb. 4.99 Schematische Darstellung von Warmfließkurven (Hensger); dominierender Entfestigungsmechanismus bei großen Formänderungen: 1 dynamische Erholung, 2 und 3 dynamische Rekristallisation

Das metallkundliche Interesse am Fließkurvenverlauf kommt daher, dass die Fließspannung vom Wechselspiel von Ver- und Entfestigung des Werkstoffs über die Einstellung bestimmter Realstrukturen gesteuert wird. Deshalb kann die Auswertung von Warmfließkurven zur Charakterisierung der Realstruktur und des Umformmechanismus herangezogen werden.

Sämtliche Warmfließkurven lassen sich drei Grundtypen zuordnen (Abb. 4.99). Der Kurventyp 1 tritt auf, wenn sich die Entfestigung ausschließlich durch Erholung und Polygonisation (s. Abschnitt 4.2.2.1) vollzieht. Fließkurven des Typs 2 bzw. 3 zeigen dagegen an, dass bei höheren Formänderungen nach dem Fließkurvenmaximum als dominierender Entfestigungsmechanismus dynamische Rekristallisation (s. Abschnitt 4.2.2.2) stattfindet, denn durch die dabei erfolgende Korngrenzenwanderung kommt es zu einer erheblichen Verringerung der Versetzungsdichte und damit zu dem beobachteten Festigkeitsabfall, während die durch Erholung und Polygonisation getragene Entfestigung hauptsächlich nur durch Umlagerung von Versetzungen bewirkt wird und deshalb unvollständig bleibt. Die gedämpften Schwingungen des Fließkurventyps 3 tre-

ten bei kleinen Formänderungsgeschwindigkeiten unter 10^{-1} s^{-1} auf (wiederholtes Einsetzen der dynamischen Rekristallisation).

Die bei konstanter Temperatur und konstanter Formänderungsgeschwindigkeit ermittelten Warmfließkurven metallischer Werkstoffe lassen sich in drei Bereiche gliedern (Abb. 4.99), die wie folgt charakterisiert werden können:

Bereich I:
Mikroplastische Deformation ($\varphi < 0{,}01$) vor allem durch thermisch aktivierte Versetzungsbewegung in einem Gleitsystem
– Formänderungsgeschwindigkeit wächst von Null auf den erzwungenen Wert
– schnelles Ansteigen der Formänderungsfestigkeit mit etwa $E/50$ (E Elastizitätsmodul)
– das Ende von Bereich I wird durch deutliche Verringerung des Anstiegs auf etwa $E/500$ angezeigt

Bereich II:
Makroplastische Deformation ($\varphi > 0{,}01$)
- Verringerung des Verfestigungskoeffizienten $d\sigma/d\varphi$ bis auf Null

Bereich III:
Übergang in den stationären Bereich
- Der stationäre Bereich kann auf zwei unterschiedlichen Wegen erreicht werden:
    a) Übergang ohne Durchlaufen eines Maximums (Kurventyp 1)
    b) Entfestigung durch Rekristallisation überwiegt zunächst gegenüber der Warmverfestigung bis zur Einstellung eines neuen dynamischen Gleichgewichts (Kurventypen 2 und 3)

Von den isothermen Warmfließkurven unterscheidet man die adiabatischen Warmfließkurven, längs derer sich die Temperatur infolge der freiwerdenden Umformwärme erhöht, was insbesondere bei hohen Formänderungsgeschwindigkeiten beachtet werden muss.

Die experimentelle Ermittlung von Warmfließkurven erfolgt mithilfe von Modellversuchen, die sich in der Art der Beanspruchung und damit im Spannungszustand sowie in den Fließbedingungen des Werkstoffs ganz erheblich unterscheiden können (z. B. Stauchen, Ziehen, Torsion). Um die Übertragbarkeit der aus den Warmfließkurven abgeleiteten metallkundlichen Informationen auf den technischen Prozess zu gewährleisten, wird jeweils ein dazu passendes Modellverfahren ausgewählt, z. B. der Zylinderstauchversuch zur Simulation des Flachwalzens.

Die mechanischen Messungen werden durch Untersuchungen der Gefüge- und Subgefügeentwicklung[1] längs ausgewählter Warmfließkurven ergänzt. Dazu muss der Stauchvorgang bei bestimmten Formänderungen φ vor, im und nach dem Fließkurvenmaximum unterbrochen und die Stauchprobe abgeschreckt werden, um den gerade vorliegenden Gefügezustand einzufrieren und auf diese Weise für nachfolgende lichtoptische und auch weitere Untersuchungsverfahren zur Verfügung zu haben. In Abb. 4.100 ist die Gefügeveränderung längs der Warmfließkurve am Beispiel des Stahls 50CrV4 dargestellt.

Für metallische Werkstoffe, die bei großen Formänderungen wie dieser Federstahl dominierend dynamisch rekristallisieren, sind die Ergebnisse lichtoptischer Gefügeuntersuchungen schematisch in Abb. 4.101 zusammengefasst.

Daraus kann man erkennen:

- Vor Erreichen des Fließkurvenmaximums sind die Kristallite schwach gestreckt. Sie weisen z. T. gezackte Korngrenzen auf, die durch beschleunigte Polygonisation in korngrenzennahen Kristallbereichen zustande kommen. Rekristallisation wird nicht beobachtet.
- Im Bereich des Fließkurvenmaximums treten kleine rekristallisierte Körner an den Primärkorngrenzen auf. Ihr Volumenanteil ist jedoch noch sehr gering.
- Nach Überschreiten des Fließkurvenmaximums nimmt der rekristallisierte Gefügeanteil rasch zu, sodass mit Erreichen des stationären Gebiets der Fließkurve schließlich nur noch sehr kleine globulare Körner vorliegen.

---

[1] Der Gefügebegriff ist in Abschnitt 1.9.1 erläutert worden. Unter Subgefüge versteht man die Gesamtheit der Defekte (z. B. ein- bis dreidimensionale) innerhalb eines Korns (Kristalliten). Alternativ wird dafür auch der Begriff Mikrostruktur verwendet.

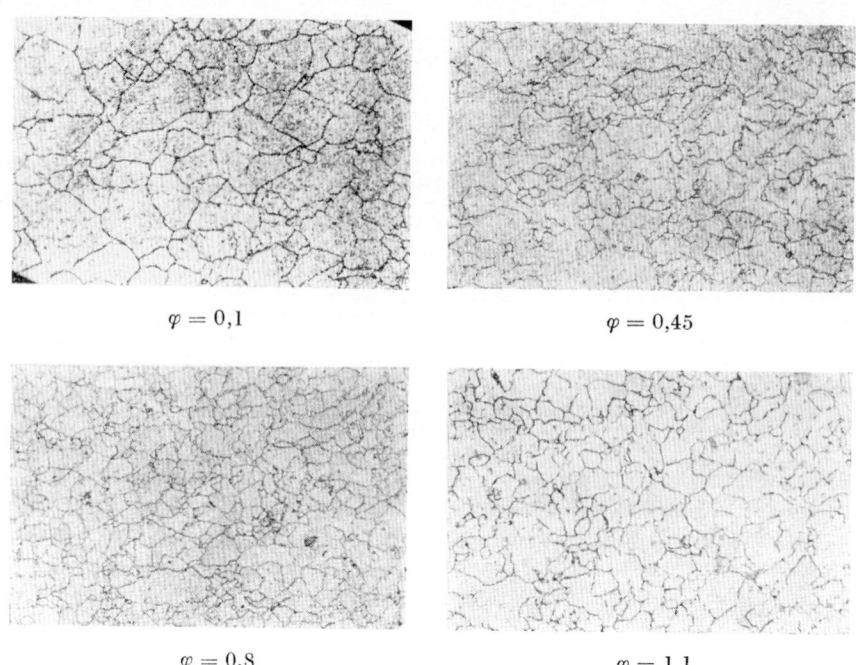

Abb. 4.100 Gefügeentwicklung entlang der Warmfließkurve für den Stahl 50CrV4 (Stauchtemperatur 950 °C, Formänderungsgeschwindigkeit 20 s^{-1}, Vergrößerung 500:1) (Hensger)

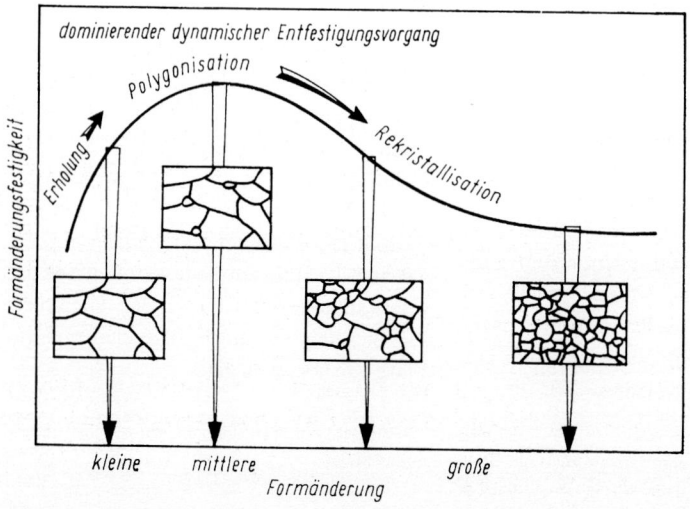

Abb. 4.101 Schematische Darstellung der Gefügeentwicklung während Warmumformung metallischer Werkstoffe, die bei großen Formänderungen dominierend dynamisch rekristallisieren (Hensger)

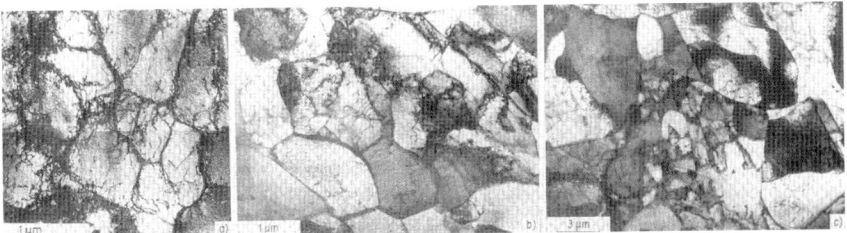

Abb. 4.102 Subgefügeentwicklung längs der Warmfließkurve der Legierung X50Ni24 bei 950 °C (Formänderungsgeschwindigkeit 0,1 s^{-1}, Formänderung: a = 0,1; b = 0,5; c = 1,1)

Elektronenmikroskopische Subgefügeuntersuchungen (Abb. 4.102) bestätigen und ergänzen die lichtmikroskopisch gewonnenen Erkenntnisse:

- Vor dem Fließkurvenmaximum beobachtet man dynamisch erholtes Gefüge mit beginnender Subkornbildung.
- Nahe dem Fließkurvenmaximum liegt dynamisch polygonisiertes Gefüge mit einzelnen rekristallisierten Bereichen vor.
- Bei Formänderungen nach dem Fließkurvenmaximum sind dynamisch rekristallisierte Körner neben dynamisch polygonisierten Gefügeanteilen vorhanden.

Als weiteres Beispiel für die Gefügebeeinflussung durch die Warmumformungsparameter Temperatur und Formänderung sowie Haltezeit nach Warmumformung wurde die kubisch flächenzentrierte α-Messing-Legierung CuZn30 ausgewählt, da sie

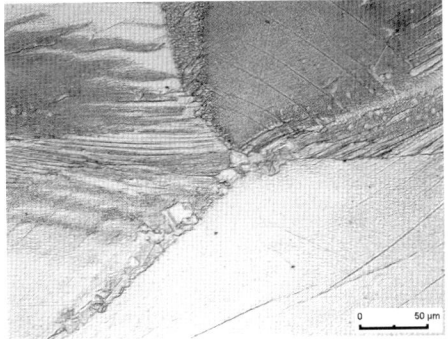

Abb. 4.104 CuZn30, verformt 500 °C, φ = 0,4, teilrekristallisiert

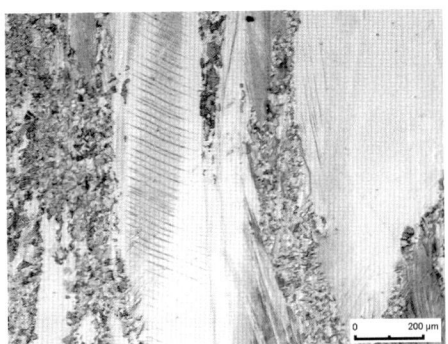

Abb. 4.105 CuZn30, verformt 600 °C, φ = 0,8, 2 Stiche, teilrekristallisiert

für Werkstoffe mit niedriger Stapelfehlerenergie charakteristisch ist. Die Abb. 4.103 bis 4.105 dokumentieren teilrekristallisierte, die Abb. 4.106 und 4.107 rekristallisierte Zustände.

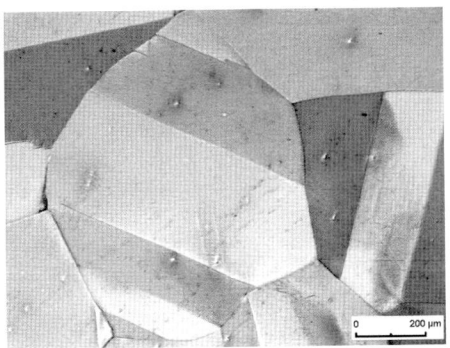

Abb. 4.103 CuZn30, verformt 500 °C, φ = 0,2

4 Einfluss der Verarbeitung und Behandlung auf die Gefügeausbildung von Metallen und Legierungen

Abb. 4.106 CuZn30, verformt 700 °C, $\varphi = 0,47$/ abgeschreckt, rekristallisiert

Abb. 4.107 CuZn30, verformt 750 °C, $\varphi = 0,35$/ nach 40 s abgeschreckt, rekristallisiert

grundsätzlich von einem gegossenen Werkstoff. Zunächst tritt durch die Warmumformung eine Verdichtung des Materials ein in dem Sinn, dass vom Gießen herrührende Poren wie Gasblasen und Mikrolunker durch die hohen Drücke und Temperaturen verschweißt werden. Dies ist aber nur dann der Fall, wenn die Porenwände metallisch blank und nicht oxidiert sind. Andernfalls werden die Poren nur zusammengedrückt und nicht oder nur unvollkommen verschweißt. Bei der Anwendung geringer Drücke, beispielsweise beim Schmieden großer Stücke mit einem kleinen Hammer, oder bei zu niedriger Umformtemperatur werden Poren mit metallisch blanken Wänden ebenfalls nicht einwandfrei verschweißt.

Durch das bei der Warmumformung stattfindende Zusammenspiel zwischen plastischer Verformung der Kristallite und gleichzeitiger oder nachfolgender Rekristallisation werden die vom Guss herrührenden Transkristallite zerstört und die grobe Gussstruktur in einen feinkristallinen Zustand überführt. Warmumgeformte Werkstoffe sind deshalb wesentlich feinkörniger als gegossene Werkstoffe. Die dabei vorliegenden Verhältnisse sind in Abb. 4.108 schematisch dargestellt: Der auf die Walz-

Technologisch ist der Warmumformprozess durch große Formänderungen und hohe Umformgeschwindigkeiten charakterisiert. Das Metall befindet sich in einem Zustand größter Bildsamkeit und lässt sich durch entsprechende Arbeitsverfahren in beliebige Formen bringen. Die hauptsächlichen Warmformgebungsverfahren sind Walzen, Freiformschmieden, Gesenkschmieden, Pressen und Strangpressen. Damit werden Halbzeuge, Bleche, Bänder, Rohre, Drähte und Profile sowie Fertigfabrikate hergestellt.

Bei der Warmumformung wird das Gefüge erheblich verändert. Ein gekneteter Werkstoff unterscheidet sich deshalb

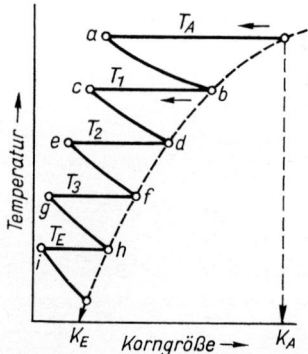

Abb. 4.108 Schematische Darstellung des Kornfeinungsmechanismus bei Warmumformung (K_A Anfangskorngröße, K_E Endkorngröße)

anfangstemperatur T_A gebrachte Gussblock möge eine mittlere Korngröße K_A haben. Beim 1. Walzstich wird das Korn neu gebildet und dadurch gefeint. Die Korngröße ist kleiner geworden und liegt etwa bei a. Durch sogenannte metadynamische (oder nachdynamische) Rekristallisation und Kornwachstum wächst das Korn zwischen dem 1. und dem 2. Walzstich infolge der relativ hohen Temperatur schnell an und liegt zu Beginn des 2. Walzstichs etwa bei b. Gleichzeitig ist die Temperatur auf T_1 abgesunken. Beim 2. Walzstich findet eine Kornverfeinerung b → c statt. Zwischen dem 2. und 3. Walzstich rekristallisiert das verformte Gefüge. Die sich einstellende Korngröße d ist aber wegen der tieferen Rekristallisationstemperatur geringer, es ist d < b. Im Verlauf der Walzung sinkt die Temperatur weiter ab, und die Korngröße nimmt über f nach h ab, bis schließlich bei der Umformendtemperatur T_E die Endkorngröße K_E erreicht ist.

Der hier für das Walzen beschriebene Kornfeinungsmechanismus gilt in gleicher oder ähnlicher Art auch für alle anderen Warmformgebungsverfahren. Aus der Darstellung von Abb. 4.108 folgt, dass die Endkorngröße K_E von der Umformendtemperatur abhängt. Je tiefer dieselbe ist, umso kleiner ist auch das Korn und umgekehrt. Würde nämlich die letzte Umformung in diesem Beispiel nicht bei T_E sondern bei T_3 liegen, so würde sich die Korngröße h einstellen, wobei h > K_E wäre.

Die Abb. 4.109 bis 4.111 zeigen den Einfluss der Umformendtemperatur auf die Korngröße von stranggepresstem α/β-Messing mit 58 % Cu + 42 % Zn. Das Gefüge besteht aus einer (dunkelgeätzten) Grundmasse aus zinkreichen β-Kristallen, in die (hellgeätzte) kupferreiche α-Kristallite eingelagert sind. Der Stangenanfang wurde bei der Herstellung zuerst aus dem Rezipienten der Strangpresse herausgedrückt

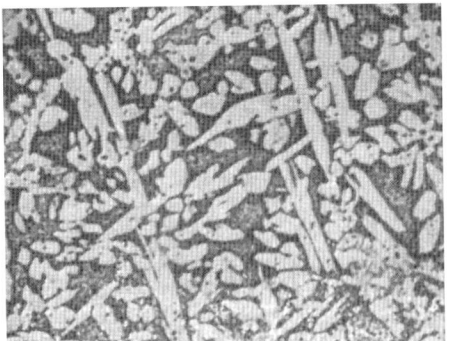

Abb. 4.109 Ms58, gepresst: Anfang der Pressstange mit grobnadeligen (hellen) α-Kristallen, hohe Umformendtemperatur

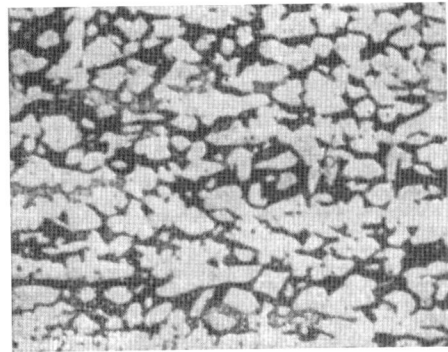

Abb. 4.110 Ms58, gepresst: Mitte der Pressstange mit zeilenförmig gestreckten groben α-Kristallen, mittlere Umformendtemperatur

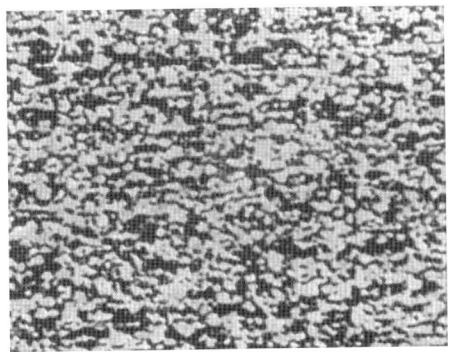

Abb. 4.111 Ms58, gepresst: Ende der Pressstange mit zeilenförmig gestreckten feinen α-Kristallen, niedrige Umformendtemperatur

und befand sich noch auf höheren Temperaturen. Die nach der Umformung rekristallisierten β-Kristalle waren sehr grob, und bei der Abkühlung schieden sich große α-Nadeln aus (Abb. 4.109). Während des weiteren Verpressens sank die Temperatur < 700 °C, weswegen die Bildung von α schon im Rezipienten erfolgte. Die α-Nadeln wurden durch die plastische Formgebung und anschließende Rekristallisation zu rundlichen Kristallen (Abb. 4.110). Am Ende des Pressvorgangs war die Temperatur schon so weit abgefallen, dass nur noch eine unvollständige Rekristallisation stattfand. Die α-Kristallite im Ende der Pressstange sind sehr feinkörnig und in Zeilen angeordnet (Abb. 4.111). Dieses feinkörnige Gefüge ist teilweise schon kaltumgeformt und verfestigt und weist eine höhere Härte und Festigkeit sowie ein geringeres Umformvermögen auf als das grobe Gefüge vom Stangenanfang.

Wegen der mit abnehmender Umformendtemperatur eintretenden Verfestigung, die mit einer Erhöhung der Härte, Streckgrenze, Festigkeit und einem Abfall der Dehnung, Einschnürung und Kerbschlagzähigkeit verbunden ist, kann die Umformendtemperatur nicht beliebig niedrig gewählt werden. Unlegierte Stähle werden beispielsweise 100 bis 150 °C oberhalb des oberen Umwandlungspunkts A_{C3}[1] fertiggewalzt oder -geschmiedet. Man vermeidet wegen der eintretenden Verfestigung nach Möglichkeit, mit der Umformendtemperatur unter den A_{C3}-Punkt in das (α + γ)-Phasenfeld zu kommen. Im Gegensatz dazu werden aber übereutektoide Stähle, d. h. Eisen-Kohlenstoff-Legierungen mit 0,80 bis 2,06 % C, zwischen A_{C1} und A_{Cm} verarbeitet, um das spröde Zementitnetz zu zerstören und die Zementitausscheidungen in die globulare Form überzuführen. Die Höhe der Umformendtemperatur richtet sich also nach den gewünschten Werkstoffeigenschaften.

Andererseits muss die Umformanfangstemperatur mit Sicherheit unterhalb der Solidustemperatur der Legierung liegen. Da in fast jeder technischen Legierung niedrig schmelzende Eutektika, gebildet durch die unvermeidlichen Verunreinigungen, enthalten sind, darf die Anfangstemperatur nicht auf den theoretischen, d. h. durch das Zustandsdiagramm gegebenen Soliduspunkt bezogen werden. Es muss immer noch ein gewisser durch die Erfahrung bedingter Temperaturabschlag angesetzt werden. Andernfalls kommt es zum Aufschmelzen der Korngrenzen und zur Zerstörung des Werkstücks. Im übrigen spielen für die Lage der Umformanfangstemperatur auch noch die Umformendtemperatur, die Art des Formgebungsverfahrens und andere Faktoren eine Rolle.

Bei der Warmumformung entsteht bei vielen technischen Legierungen ein charakteristischer Faserverlauf des Gefüges. Die Faserrichtung fällt mit der Hauptstreckungsrichtung zusammen. Ähnlich wie bei Holz sind auch bei warmumgeformten metallischen Werkstoffen die Eigenschaften längs und quer zur Faserrichtung unterschiedlich, sodass die Bestimmung und Beurteilung des Faserverlaufs bei Fertigstücken von großem praktischem Interesse ist.

Zur Entwicklung des Faserverlaufs warmumgeformter Legierungen wendet man im Allgemeinen die Tiefätzungen an, d. h., man beizt die plangeschliffenen Werkstücke mit mittelkonzentrierten Mineralsäuren, wie Salzsäure, Schwefelsäure, Flusssäure oder ähnlichen. Es kann bei Raumtemperatur, aber auch bei erhöhten Temperaturen von 50 bis 80 °C gebeizt werden. Die Einwirkungsdauer geht bis 24 h.

[1] Zur Festlegung der Umwandlungspunkte s. Abschnitt 5.2.

4.2 Plastische Formgebung und Rekristallisation von Metallen

Abb. 4.112 Faserverlauf eines im Gesenk geschmiedeten Radblocks aus Chrom-Nickel-Stahl. Bei 75 °C 2 h in einer Lösung aus 50 cm³ H₂O + 10 cm³ HCl + 10 cm³ H₂SO₄ tiefgeätzt

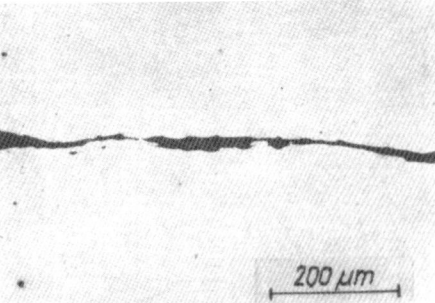

Abb. 4.113 Bei der Warmumformung gestreckte Schlacke in einem Stahl mit 0,2 % C und 13 % Cr

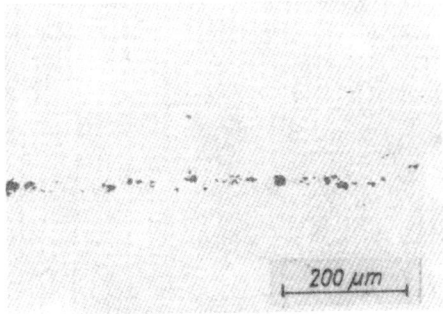

Abb. 4.114 Bei der Warmumformung spröde zerbröckelte und zu Zeilen angeordnete Schlacke in einem Stahl mit 0,2 % und 13 % Cr

Bei Stahl sind auch die üblichen Makroätzverfahren, besonders die Ätzung nach Oberhoffer, zur Entwicklung des Faserverlaufs geeignet.

Abbildung 4.112 zeigt einen auf Faser tiefgeätzten, im Gesenk geschmiedeten Radblock aus Chrom-Nickel-Stahl mit gutem Faserverlauf. Die einzelnen Fasern verlassen außer an den unbeanspruchten Stirnflächen nirgends das Werkstück und folgen genau der seitlichen äußeren Form. Außerdem sind keine Faserknickungen vorhanden. Die Faser kommt in metallischen Werkstücken dadurch zustande, dass bestimmte Gefügebestandteile bei der Warmumformung zwar gestreckt, durch Rekristallisation aber nicht mehr in polygonale Kristallite mit regelloser Verteilung zurückverwandelt werden können.

Dies geht am deutlichsten aus dem Verhalten der Schlackeneinschlüsse bei der Warmumformung hervor. Plastische Schlacken werden bei der Verformung zu langen Zeilen gestreckt (Abb. 4.113), während spröde Schlacken zertrümmert und die Bruchstücke zu Zeilen gestreckt werden (Abb. 4.114). Bei der Rekristallisation verändert sich nur das metallische Grundgefüge, nicht aber die Form und Verteilung der Schlackeneinschlüsse. Die einzelnen Metallfasern werden also durch Schlackenzeilen voneinander getrennt. Nicht nur Schlackeneinschlüsse, sondern auch andere Gefügebestandteile werden bei der Warmumformung gestreckt und verbleiben nach der Rekristallisation in der zeiligen

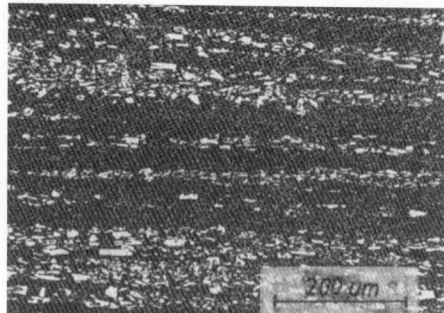

Abb. 4.115 Bei der Warmumformung zu Zeilen gestreckte Carbide in einem Stahl mit 2 % C und 12 % Cr

Abb. 4.117 Ferritisch-perlitisches Zeilengefüge in einem warmgewalzten Grobblech aus Kohlenstoffstahl (sekundäre Zeilenstruktur)

Anordnung. Abbildung 4.115 zeigt bei der Warmumformung entstandene Carbidzeilen in einem ledeburitischen, weichgeglühten Chromstahl mit 2 % C und 12 % Cr. Diese Carbidzeilen können durch eine technische Wärmebehandlung nicht mehr zum Verschwinden gebracht werden.

Die Homogenisierung von Kristallseigerungen wird durch den Wechsel zwischen Verformung und Rekristallisation bei der Warmumformung begünstigt. Ist die Diffusionsgeschwindigkeit aber sehr gering, so bleiben die Seigerungen erhalten und werden zu Zeilen gestreckt. Dadurch ergeben sich Fasern aus legierungsarmen und legierungsreichen Kristallen. In Abb. 4.116 ist ein nach Oberhoffer geätzter Längsschliff durch ein Stahlblech mit 0,08 % C, 0,075 % Pb und 0,072 % S dargestellt. Die hellen, gestreckten Phosphorseigerungen liegen neben dunklen, phosphorarmen Stahlfasern.

Bei Stählen bewirken die gestreckten Schlackeneinschlüsse und Phosphorseigerungen eine gleichermaßen zeilige Entmischung des bei der Abkühlung entstehenden perlitisch ferritischen Sekundärgefüges (Abb. 4.117). Der voreutektoide Ferrit kristallisiert an die als Keime wirkenden Schlackeneinschlüsse an bzw. scheidet sich bevorzugt in den phosphorreichen Zeilen aus. Der in die Restfelder gedrängte Austenit wandelt sich dann zu Perlitzeilen um. Aus diesem Bild ist weiterhin zu ersehen, wie die Fasern aus Ferrit und Perlit sich der Form der Oberfläche anpassen.

Die besonders in unberuhigten Stählen stark ausgeprägte Blockseigerung wird bei Warmumformung gleichfalls mit umgeformt. Dabei verändert sich das Verhältnis vom Querschnitt der Seigerungszone zum Gesamtquerschnitt nicht. Ist die Form des Endprodukts geometrisch dem Ausgangsquerschnitt ähnlich, so hat die Seigerungszone die gleiche Form wie das Werkstück. Ein Knüppel mit Quadratformat, hergestellt aus einem Block mit quadratischem

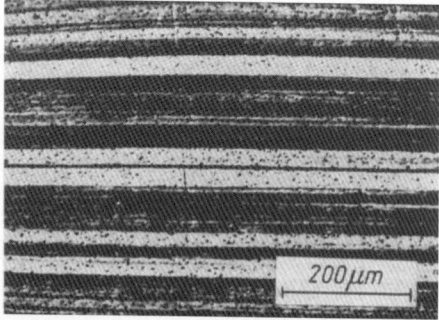

Abb. 4.116 Bei der Warmumformung zu Zeilen gestreckte Phosphorseigerungen in einem Stahl mit 0,08 % C, 0,075 % P und 0,072 % S (primäre Zeilenstruktur)

4.2 Plastische Formgebung und Rekristallisation von Metallen

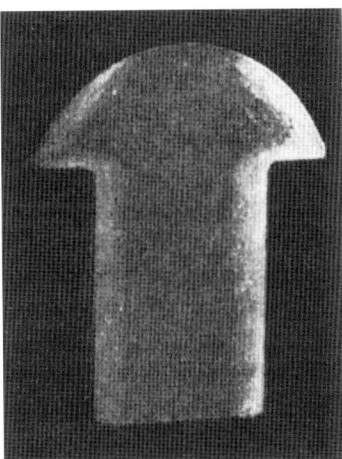

Abb. 4.118 Längsschliff durch einen Niet aus unberuhigtem Stahl; die Blockseigerung ist dunkel gefärbt; geätzt mit Kupferammonchlorid

Querschnitt, weist dementsprechend eine ebenfalls quadratische Seigerungszone auf. Hat das Endprodukt aber ein anderes Querschnittsformat als das Ausgangsmaterial, so decken sich die Formen von Seigerungszonen und Endprodukt nicht mehr.

An der Form der Seigerungszone, die ja leicht durch Ätzen oder durch einen Baumann-Abdruck bestimmt werden kann, lässt sich unter Umständen die Art des Herstellungsgangs des betreffenden Werkstücks ermitteln. Abbildung 4.118 zeigt den Längsschliff eines Niets aus unberuhigtem Stahl mit 0,08 % C, 0,01 % Si, 0,38 % Mn, 0,04 % P und 0,05 % S, der mit Kupferammonchlorid geätzt wurde. Der Abbildung kann entnommen werden, dass von einer Rundstange zuerst ein Stück abgeschnitten und an dieses dann der Kopf angestaucht wurde.

Wie bereits erwähnt, sind die Längs- und Quereigenschaften warmumgeformter Werkstücke verschieden. Je größer der Umformgrad war, umso ausgeprägter sind die Differenzen. Besonders empfindlich reagiert die Kerbschlagzähigkeit. Man muss damit rechnen, dass bei 8- bis 10facher Verschmiedung die Querkerbschlagzähigkeit günstigstenfalls 60 % der Längskerbschlagzähigkeit beträgt. Meistens beträgt dieser Wert ≈ 40 %, kann aber auch auf 30 bis 25 % absinken. Im Innern von großen Schmiedestücken, wo die Verschmiedung nur gering ist, sind Quer- und Längskerbschlagzähigkeit dagegen praktisch gleich.

Die hauptsächlichen Oberflächenfehler, die bei warmumgeformten Werkstücken auftreten, sind die Überlappungen. Dabei wird ein vorstehender Teil des Materials umgelegt und auf die benachbarte, meist verzunderte Oberfläche aufgequetscht. Da eine durchgehende Berührung zwischen der Überlappung und der Grundmasse nicht besteht, erfolgt keine einwandfreie Verschweißung mehr, und die Überlappung reißt bei einer nachfolgenden Beanspruchung auf. Die Abb. 4.119 und 4.120 zeigen die charakteristische Form einer beim Walzen von Stabstahl entstandenen Überlappung (Überwalzung). Die Trennfuge ist mit Zunder gefüllt, und dieser hat bewirkt, dass die Rissumgebung stark entkohlt worden ist. In Abb. 4.121 ist das Ende einer Überlappung in einem ungenügend geschälten Stahlknüppel gezeigt. Es ist deutlich zu erkennen, dass aus dem den Riss erfüllenden Zunder Sauerstoff in

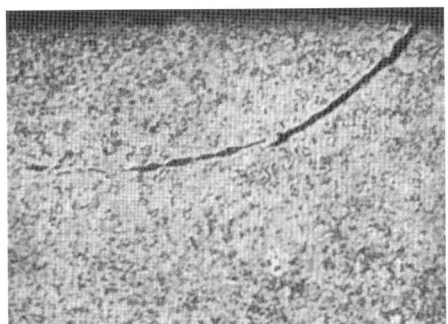

Abb. 4.119 Ausbildungsform einer Überwalzung bei Stabstahl

Zusammenfassend lässt sich feststellen, dass ein warmumgeformter Werkstoff gegenüber einem Gusswerkstoff folgende Unterschiede aufweist:

- feineres Korn
- Faserstruktur
- gleichmäßigeres Gefüge
- größere Dichte
- bessere Festigkeitseigenschaften
- Richtungsabhängigkeit der Eigenschaften (in Faserrichtung bessere, quer zur Faserrichtung dagegen manchmal schlechtere mechanische Eigenschaften)

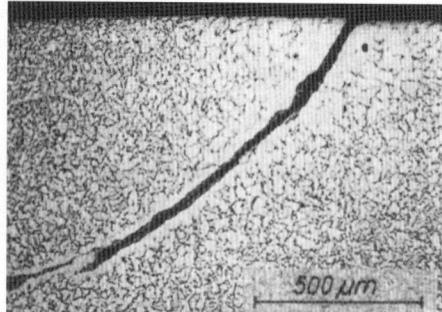

Abb. 4.120 Entkohlungswirkung einer Überwalzung in Kohlenstoffstahl

4.3
Oberflächenbehandlungen

4.3.1
Grundlegende Verfahren zur Oberflächenbehandlung

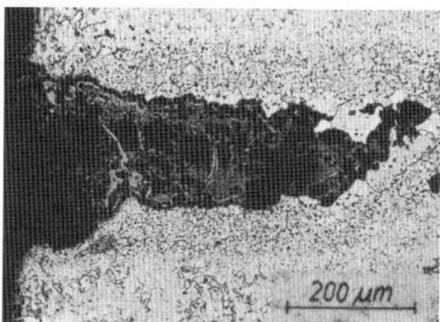

Abb. 4.121 Zundereinschlüsse in einer Überwalzung auf der Oberfläche eines Stahlknüppels

In den meisten Fällen des praktischen Einsatzes von Werkstoffen bzw. Bauteilen ist es notwendig und sehr effektiv, den Oberflächen bzw. oberflächennahen Bereichen besondere Eigenschaften zu verleihen. Damit beabsichtigt man z. B. eine Verbesserung des Korrosions- und Verschleißverhaltens sowie der zyklischen Beanspruchbarkeit, die Generierung bestimmter physikalischen Eigenschaften (z. B. elektrische Leitfähigkeit, magnetische Eigenschaften) oder die Einstellung spezieller optischer Eigenschaften (dekorative Beschichtungen, optische Funktionsschichten) bzw. chemischer Eigenschaften (katalytisch aktive Schichten). Die dabei zur Anwendung kommenden Verfahren sind mittlerweile sehr vielfältig geworden, so dass ihre einigermaßen geschlossene Darstellung weit über den Rahmen dieses Buchs hinaus gehen würde. Es soll daher lediglich versucht werden, ausgehend von den grundle-

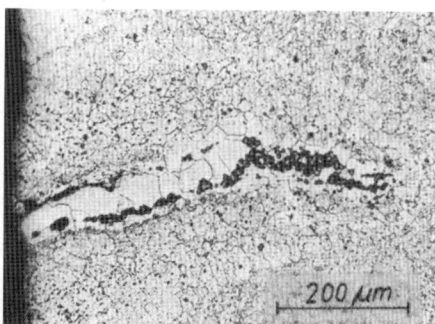

Abb. 4.122 Schlecht verschweißte Überwalzung auf der Oberfläche eines Stahlknüppels

den Stahl eindiffundiert ist, was einer örtlichen Verbrennung gleichkommt. Aus Abb. 4.122 ist zu ersehen, dass eine derartige stark oxidierte Überlappung keine einwandfreie Verschweißung mehr zulässt.

4.3 Oberflächenbehandlungen

Tab. 4.6 Verfahren zur Oberflächenbehandlung (Übersicht und ausgewählte Beispiele)

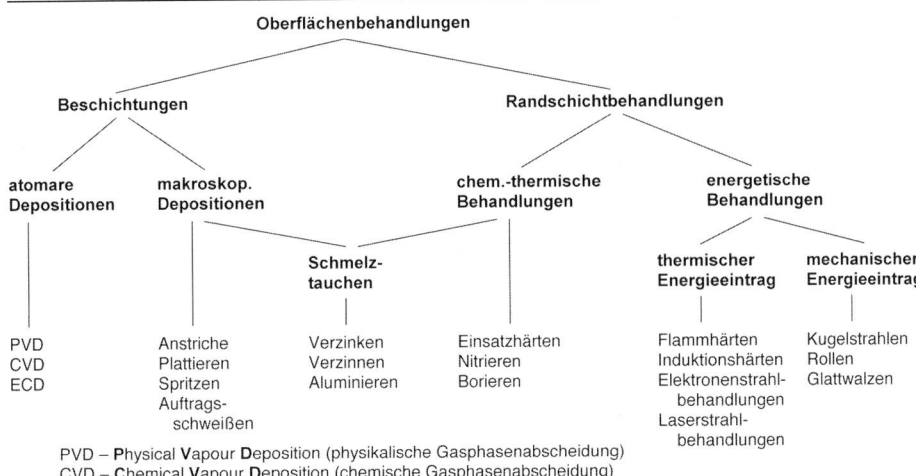

genden Verfahren die jeweiligen Prinzipien für das Verständnis der Gefügebildungen in den oberflächennahen Bereichen darzustellen. Dabei sollen jedoch alle Verfahren, mit denen eine Oberflächenreinigung bzw. -aktivierung oder eine Veränderung der Oberflächentopografie (Schleifen oder Polieren, s. Abschnitt 2.3) erzielt wird, trotz ihrer großen technischen Bedeutung nicht betrachtet werden.

Wie Tab. 4.6 veranschaulicht, kann man die Oberflächenbehandlungen in zwei große Gruppe einteilen. Die eine Gruppe zeichnet sich dadurch aus, dass auf die Oberfläche des Werkstoffs (Bauteils) eine Schicht eines anderen Werkstoffs mit den gewünschten Eigenschaften aufgebracht wird. Es handelt sich also um eine echte Beschichtung (Erzeugung von Auftragsschichten), wobei der als Unterlage (Substrat) dienende Werkstoff auf die Gefügebildung in den Schichten einen nur geringen Einfluss ausübt. Die Schicht und das Substrat sind durch einen sehr dünnen Grenzbereich voneinander getrennt, innerhalb dessen sich die Gefügemerkmale und die Eigenschaften von Schicht zu Substrat sprunghaft ändern. Die Beschichtungen können durch eine Anlagerung von Atomen (Ionen, Molekülen) auf die Oberfläche des Substrats bzw. der wachsenden Schicht erfolgen (atomare Depositionen) oder über ein Aufbringen makroskopischer Materialbereiche auf die Unterlage (makroskopische Depositionen). Dementsprechend unterscheiden sich auch die Schichtbildungsraten und die erzeugten Schichtdicken erheblich. Bei einer atomaren Deposition wie PVD, CVD, ECD ergeben sich bei Schichtdicken im Bereich von 10^{-2} bis 10^3 µm Schichtbildungsraten zwischen 1 und 10^3 µm h^{-1}, bei den makroskopischen Depositionen wie Lackieren, Spritzen oder Auftragsschweißen mit Schichtdicken zwischen 10^{-2} bis 10 mm solche von 1 bis 10^2 mm h^{-1}. Für das sich jeweils bildende Gefüge in den Schichten sind im Wesentlichen die Parameter des Stofftransports von den Quellen zur Oberfläche sowie das Verhalten der Atome/Ionen/Moleküle bzw. der Schmelzteilchen/Feststoffe maßgebend, lediglich der Grenzbereich Schicht-Substrat wird durch die Eigenschaften des Substrats merklich beeinflusst.

Die zweite große Gruppe der Oberflächenbehandlungen bilden die Randschichtbehandlungen. Bei ihnen erreicht man durch chemisch-thermische Reaktionen der Randbereiche mit über die Oberfläche eingebrachten weiteren Komponenten oder über Wärmebehandlungs- und Phasenumwandlungsvorgänge durch einen tiefenbegrenzten Energieeintrag in die Randbereiche eine Veränderung der Gefügemerkmale und damit der Eigenschaften, wobei sich im Vergleich zu den Beschichtungsverfahren wesentlich sanftere Gefüge- und Eigenschaftsgradienten ergeben. Die Tiefe der durch die Randschichtbehandlung (Modifizierung) erfassten Zonen liegt im Bereich von 10^{-2} bis zu wenigen mm.

Zu den chemisch-thermischen Verfahren gehören das Nitrieren, das Nitrocarburieren bzw. Carbonitrieren, das Aufkohlen (als Teil einer Einsatzhärtung) und das Borieren. Bei ihnen erfolgt eine Anreicherung der Randzone mit Stickstoff, Kohlenstoff oder Bor (auch Kombinationen möglich), wobei diese Elemente mit denen des behandelten Werkstoffs zu neuen Phasen (Nitride, Carbide, Carbonitride, Boride) reagieren, die für die Eigenschaften der Randschicht bestimmend sind. Die Spendermedien für die einzubringenden Elemente können gasförmig oder flüssig sein. (Bei festen Spendermedien bilden sich fast immer gasförmige Zwischenverbindungen aus, die letztlich als Spender wirken.)

Ein tiefenbegrenzter Eintrag thermischer Energie (Flamm- und Induktionshärten, Elektronen- und Laserstrahlbehandlungen) führt zu einer raschen Aufheizung der Randzone mit nachfolgender schneller Abkühlung meist über einen raschen Abtransport der Wärme in das kalte Probeninnere (Selbstabschreckung) und damit zu Gefügeneu- und -umbildungen. Dabei kann auch die Randzone aufgeschmolzen und zusätzlich legiert werden (Laser- und Elektronenstrahlbehandlungen). Art und Verteilung der gebildeten Phasen in den chemisch-thermisch bzw. thermisch behandelten Randschichten hängen von den Diffusionsprozessen sowie von den Keimbildungs- und Wachstumsprozessen für die Phasen ab, sind also stark durch die Eigenheiten des Grundwerkstoffs und sein Verhalten gegenüber den eingebrachten Elementen geprägt.

Eine Sonderstellung nehmen die Randschichtbehandlungen mit einem Eintrag mechanischer Energie ein. Bei ihnen erfolgt eine randnahe Modifizierung des Gefüges durch eine randabstandsabhängige Deformation über Kugelstrahlen oder Walzen. Beabsichtigt sind dabei eine Kaltverfestigung der Randschicht sowie der Aufbau von Druckeigenspannungen in ihr.

Bei den Schmelztauchverfahren wird der Werkstoff/das Werkstück in metallische Schmelzen eingetaucht, wobei dieses sich bei sehr kurzen Tauchzeiten mit einer einfachen metallischen Schicht überzieht (Beschichtung). Gewöhnlich sind aber die Tauchzeiten und Schmelztemperaturen so hoch, dass es zu einer Reaktion der Elemente in der Schmelze mit denen des Grundwerkstoffs zu Mischkristallen oder intermetallischen Phasen kommt, also eine chemische Reaktion stattfindet, nicht selten sogar durch eine nachträgliche Wärmebehandlung gefördert (chemisch-thermische Behandlung). Oft ist eine Diffusion der Elemente der Schmelze in den Grundwerkstoff hinein so gering, dass im sehr dünnen Grenzbereich zwischen Grundwerkstoff und Tauchschicht steile Eigenschaftsgradienten auftreten.

Nachfolgend sollen ausgewählte Oberflächenbehandlungen hinsichtlich ihrer wesentlichen Gefügeausbildungen dargestellt werden.

4.3.2 Beschichtungsverfahren

4.3.2.1 Beschichtungsverfahren mit atomarer Deposition des Beschichtungsmaterials

PVD-Verfahren

Die Bezeichnung PVD ist die Abkürzung für *Physical Vapour Deposition*, d. h. für alle Verfahren der physikalischen Dampf- bzw. Gasphasenabscheidung von Schichten. Ihnen ist gemeinsam, dass zunächst auf physikalischem Weg eine Gasphase (bzw. ein Plasma) erzeugt wird, aus der sich atomare Teilchen (neutrale Atome, Moleküle, Radikale bzw. Ionen) auf der Oberfläche der zu beschichtenden Probe (Substrat genannt) anlagern. Diesen Vorgang bezeichnet man als Sublimation. Wesentlich für das entstehende Schichtgefüge sind neben der Art der Teilchen deren Energien und Teilchenflüsse (auf das Substrat auftreffende Teilchen pro Zeit- und Flächeneinheit), die Richtungen, aus der die Teilchen auf die Substratoberfläche einfallen sowie die Temperatur des Substrats. Dies gilt für alle PVD-Verfahren gleichermaßen, die verschiedenen Verfahren unterscheiden sich nur quantitativ hinsichtlich der genannten Parameter.

Die einfachste Art, eine Gasphase aus neutralen atomaren Teilchen zu generieren, ist das thermische Verdampfen. Man erhitzt in einem geeigneten Tiegel das Beschichtungsmaterial bis zu Temperaturen nahe des Siedepunkts. Die Verdampfungsrate wird dabei gesteuert über den Gleichgewichtsdampfdruck über der Schmelze, vermindert um den äußeren Druck, weshalb man diesen klein hält (Arbeiten unter Vakuumbedingungen). Die kinetische Energie der verdampften Teilchen wird durch die Temperatur bestimmt, sie beträgt etwa $3/2\, k \cdot T$ (Boltzmann-Konstante $k = 8{,}62 \cdot 10^{-5}$ eV K^{-1}; T Temperatur in K). Selbst bei verhältnismäßig hohen Temperaturen übersteigt die kinetische Energie der Teilchen kaum den Wert von 10^{-1} eV. Die für das Verdampfen notwendige Energie wird dem Beschichtungsmaterial entweder thermisch (Widerstands- bzw. Induktionserwärmung), über hochenergetische Elektronen (Elektronenstrahler, Hohlkatoden) oder über eine Laserstrahlung zugeführt. Die Elektronenstrahlverdampfer haben den Vorteil, dass der Elektronenstrahl durch entsprechende Magnetfelder geformt und in seiner Richtung verändert sowie hohe Energien eingebracht werden können (Elektronenstrahlbedampfung, oft mit EBD abgekürzt). Abb. 4.123 zeigt das typische Gefüge einer Wärmedämmschicht aus Y_2O_3-stabilisiertem ZrO_2, die durch Elektronenstrahlbedampfung erzeugt wurde.

Sehr häufig wird das Magnetron-Sputtern angewendet (Hartstoffbeschichtungen, dekorative bzw. optische Beschichtungen, Mikroelektronik u. a. m.). Das Beschichtungsmaterial wird katodisch geschaltet (Target) und vor diesem mit einer der Form des Targets angepassten Anode ein Plasma gezündet. Dabei dient in der Regel Argon als sogenanntes Arbeitsgas bei einem Druck im Pa-Bereich. Die im Plasma vorliegenden positiven Ar-Ionen werden durch die an das Target angelegte Spannung auf dessen Oberfläche gelenkt, übertragen auf die Targetatome ihren Impuls, die dadurch die Targetoberfläche als neutrale Teilchen verlassen können (Sputtern). Um eine hohe Sputterrate zu erzielen, benötigt man vor der Targetoberfläche eine hohe Dichte von Ar-Ionen. Deshalb sorgt man durch geeignet gestaltete Magnetfelder ausgehend von Magneten, die hinter dem Target angebracht werden, dafür, dass die Elektronen des Plasmas vor dem Target konzentriert bleiben und so die Ionisierungs- und damit die Sputter-

 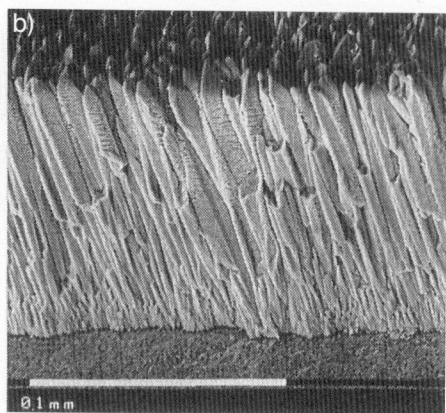

Abb. 4.123 Über Elektronenstrahlbedampfung erzeugte Wärmedämmschicht aus ZrO_2-Y_2O_3: a) Oberfläche mit pyramidenförmiger Ausbildung der einzelnen kolumnaren Kristallite, b) Bruchfläche, geneigte kolumnare Körner als Folge einer Schrägbedampfung (Schulz)

rate maximieren (Magnetron-Sputtern). Die gesputterten Teilchen des Targetmaterials sind weitestgehend neutral, ihre kinetische Energie liegt im Bereich von 10^0 bis 10^1 eV. Sie ist damit um zwei Größenordnungen höher als die thermisch verdampfter Teilchen. Die Teilchen können wegen der fehlenden Ladung nicht nachbeschleunigt werden. Durch Anlegen einer negativen Spannung an das zu beschichtende Substrat (sog. Bias-Spannung) können jedoch zur energetischen Unterstützung des Beschichtungsprozesses Ar-Ionen aus dem Plasma abgezogen und auf das Substrat gelenkt werden. Deren kinetische Energien liegen im Bereich von 10^1 bis 10^2 eV. Mit dem sehr flexiblen Magnetron-Sputtern können praktisch alle Materialien verdampft und damit abgeschieden werden. Fügt man dem Arbeitsgas z. B. N_2 oder Kohlenstoffträger wie CH_4 bei, können zusammen mit nitrid- bzw. carbidbildenden Metallen als Target auf reaktivem Wege auch Nitrid- bzw. Carbidschichten abgeschieden werden (z. B. TiN, TiC, Ti(N,C), CrN usw.).

Vielfach ist es erforderlich, die kinetische Energie der Dampfteilchen zu erhöhen, um beispielsweise die Haftung der abgeschiedenen Schichten auf dem Substrat zu verbessern (atomare Durchmischung im Grenzflächenbereich). Das gelingt durch angelegte Substratspannungen dann einfach, wenn die Teilchen ionisiert vorliegen. Das erreicht man durch Anwendung von Hohlkatodenverdampfern oder einer sogenannten Arc-Verdampfung, bei denen zu hohen Anteilen Ionen des Targetmaterials erzeugt werden (sog. Ionenplattieren). Gewöhnlich haben dann die Dampfteilchen kinetische Energien im Bereich 10^2 eV. Natürlich kann auch das Ionenplattieren wie das Magnetron-Sputtern reaktiv gestaltet werden (Nitride, Carbide usw.).

Die wesentlichen Charakteristika der hier skizzierten drei PVD-Verfahren sind in der Tab. 4.7 zusammengefasst worden.

Die Schichtbildung bei den PVD-Verfahren lässt sich vereinfacht folgendermaßen beschreiben:

- Einfallende Dampfteilchen werden auf der Substratoberfläche absorbiert, wobei die Mobilität der Teilchen auf der Oberfläche sowohl von deren kinetischer Energie als auch der Substrattemperatur bestimmt wird.

Tab. 4.7 Charakteristika von PVD-Beschichtungsverfahren

	Thermisches Verdampfen	Sputtern	Ionenplattieren
Ionisation	keine	nur Ar-Ionen	Target- und Ar-Ionen
Teilchenenergien	10^{-1} eV	Target-Ionen: 10^1 eV Ar-Ionen: 10^2 eV	Target-Ionen: 10^2 eV Ar-Ionen: 10^2 eV
Beschichtungsraten	10^1 μm min^{-1}	$\geq 10^{-1}$ μm min^{-1}	$\geq 10^{-1}$ μm min^{-1}
Beschichtbare Flächen	m^2	m^2	$\leq$ m^2
Haftfestigkeit	oft problematisch	mitunter problematisch	selten problematisch
Reaktivität	eingeschränkt	gut	sehr gut
Dominante Defekte	Leerstellen Poren	Leerstellen Zwischengitteratome Cluster Poren	Leerstellen Zwischengitteratome Cluster Poren
Spannungen	gering	sehr hoch (GPa)	sehr hoch (GPa)

- Im Weiteren formieren sich flächenhafte bzw. inselförmige (überkritische) Keime, die sich lateral auswachsen, bis eine vollständige Bedeckung des Substrats erreicht ist. Die Orientierung der Keime wird durch die Orientierung der Substratkörner stark beeinflusst (sog. Heteroepitaxie[1]). Die heteroepitaktischen Orientierungsbeziehungen bestimmen die entstehende Textur dieses ersten Bereichs der Schicht maßgeblich.
- Nachdem eine vollständige Bedeckung des Substrats erreicht ist, tritt ein bevorzugtes Wachstum jener Körner des Schichtmaterials ein, deren Richtungen mit den höchsten Kristallisationsgeschwindigkeiten etwa senkrecht zur Oberfläche bzw. parallel zur Antransportrichtung der Teilchen liegen (Wachstumsauslese der Orientierungen praktisch unbeeinflusst durch die Eigenschaften des Substratmaterials). Es bildet sich ein feines Stängelkorn mit starker, für das Substratmaterial charakteristischer Textur aus (säuliges oder kolumnares Gefüge).

Entscheidend für die Feinheit des kolumnaren Gefüges sind die Substrattemperatur und die kinetische Energie der Teilchen, die beide die Beweglichkeit (Diffusionsfähigkeit) der Teilchen auf der Oberfläche (Oberflächendiffusion) bzw. im Volumen der abgeschiedenen Schicht (Volumendiffusion) bestimmen. Eine Systematisierung der entstehenden Gefüge in Abhängigkeit von der auf die Schmelztemperatur T_S bezogenen Substrattemperatur wurde erstmals von Movchan und Demchishin für die thermische Bedampfung vorgenommen, wobei davon ausgegangen wird, dass die Aktivierungsenthalpien sowohl der Oberflächendiffusion als auch der Volumendiffusion jeweils proportional zur Schmelztemperatur sind (s. auch Abschnitt 3.1.3). Damit wird die homologe Temperatur T/T_S zum bestimmenden Parameter

---

[1] Unter Heteroepitaxie versteht man das Aufwachsen einer Schicht auf ein andersartiges Substrat, wobei ein gesetzmäßiger Zusammenhang zwischen der Orientierung des Substratkristalls mit dem Kristall des Schichtmaterials existiert (Orientierungsbeziehungen).

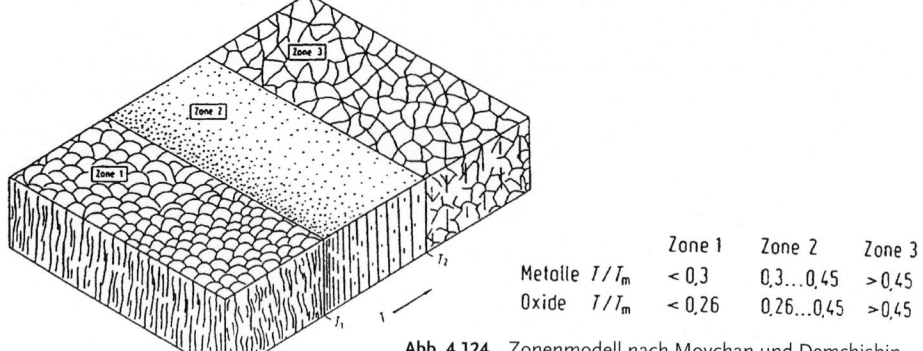

Abb. 4.124 Zonenmodell nach Movchan und Demchishin bei thermischer Verdampfung

		Zone 1	Zone 2	Zone 3
Metalle	T/T_m	< 0,3	0,3...0,45	> 0,45
Oxide	T/T_m	< 0,26	0,26...0,45	> 0,45

für die Gefügebildung. Nach den genannten Autoren lassen sich drei Temperaturbereiche (Zonen) mit typischen Gefügemerkmalen unterscheiden (s. Abb. 4.124):

- Zone 1 mit $T/T_S < 0{,}3$: sehr eingeschränkte Oberflächendiffusion, keine Volumendiffusion; feinstfasriges Gefüge mit rauen Oberflächen und deutlicher Porosität; hohe Defektdichten
- Zone 2 mit $0{,}3 < T/T_S < 0{,}45$: deutliche Oberflächendiffusion, kolumnares Gefüge, geringe Restporosität und geringe Oberflächenrauigkeiten; reduzierte Defektdichten
- Zone 3 mit $T/T_S > 0{,}45$: neben einer starken Oberflächendiffusion deutliche Volumendiffusion; relativ grobes Gefüge und Reduzierung des kolumnaren Charakters

Die Modellvorstellungen von Movchan und Demchishin können im Grundsatz auch auf Sputter- bzw. Ionenplattierschichten übertragen werden (Thornton, Abb. 4.125), wobei zu beachten ist, dass die Teilchenenergien wesentlich höher liegen. Mit wachsender Teilchenenergie verschieben sich die oben genannten Temperaturgrenzen zu niedrigeren homologen Temperaturen. Dabei steigen die im abgeschiedenen Schichtmaterial erzeugten Gitterdefektkon-

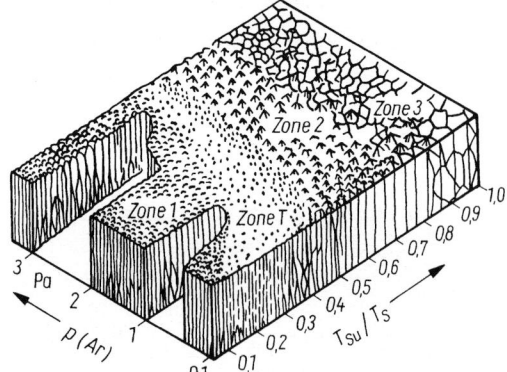

Abb. 4.125 Zonenmodell nach Thornton für die Gefügebildung in Sputterschichten

zentrationen. Außerdem findet man mehr oder weniger deutlich ausgeprägt zwischen den Zonen 1 und 2 eine sogenannte Übergangszone T (Transition zone), die sich ähnlich der Zone 1 durch ein sehr feines kolumnares Gefüge auszeichnet, das jedoch schon sehr dicht ist und eine geringe Oberflächenrauigkeit aufweist. Diese Art der Gefügeausbildung wird z. B. für die Hartstoffbeschichtung von Werkzeugen angestrebt.

Abbildung 4.126 zeigt das kolumnare Gefüge verschiedener Hartstoffschichten, erzeugt durch reaktives Magnetron-Sputtern.

Die Modelle nach Movchan und Demchishin bzw. Thornton lassen sich sinngemäß auf alle PVD-Beschichtungen anwenden. Da bei den PVD-Verfahren sehr niedrige Substrattemperaturen angewendet werden können, lassen sich mit diesen Verfahren auch metastabile Phasen abscheiden (z. B. amorphe Phasen, nanokristalline Gefüge, extrem übersättigte Mischkristalle oder metastabile kristalline Strukturen).

Auf eine Besonderheit der PVD-Beschichtungsverfahren muss noch hingewiesen werden. Die Teilchen, die von den jeweiligen Quellen generiert werden (Schmelztiegel, Sputterkatoden usw.), breiten sich im Rezipienten stark gerichtet aus, es existiert eine bevorzugte Dampfstrahlrichtung. Das bedeutet, dass die Teilchen in recht engen Winkelbereichen auf die Substrate treffen. Bei komplizierteren Oberflächengeometrien der Substrate sind daher die pro Flächeneinheit auftreffenden bzw. absorbierten Teilchen abhängig vom Winkel der Oberflächennormalen und der Dampfstrahlrichtung, ändert sich die Oberflächennormalenrichtung über die Probe, ergeben sich starke Unterschiede in den gebildeten Schichtdicken. Die Rückseiten der Substrate können nicht, Bohrungen kaum beschichtet werden.

CVD-Verfahren

Bei den chemischen Gasphasenabscheidungen, den CVD-Verfahren (*Chemical Vapour Deposition*), bringt man in einem Reaktor Gase miteinander zur Reaktion, wobei sich die Atome bzw. Moleküle der abzuscheidenden Schicht erst bilden. Die dafür notwendigen Reaktionstemperaturen sind verglichen mit den PVD-Verfahren

Abb. 4.126 Gefügeausbildung in magnetrongesputterten TiN-Schichten (REM an senkrecht zur Schicht gebrochenen Proben): a) kolumnares Gefüge einer TiN-Schicht auf HSS, b) glatte Bruchfläche einer nanokristallinen TiB$_2$-Schicht, c) an den mechanisch schwachen Korngrenzen aufgebrochenes kolumnares Gefüge einer (Ti,Al)N-Schicht

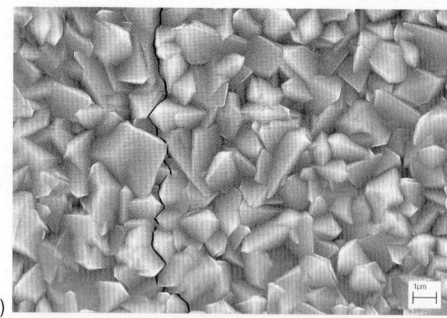

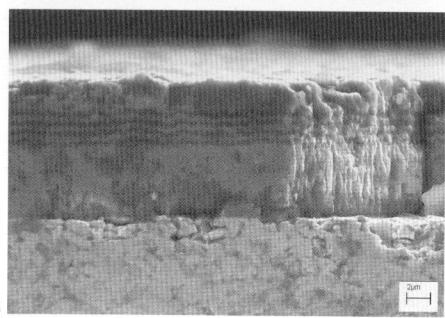

Abb. 4.127 CVD-Hartstoffschichten: a) Oberfläche einer TiN-Schicht mit pyramidenförmig ausgebildeter Oberfläche, b) mehrlagige Werkzeugbeschichtung aus TiN, Ti(C,N) und Al_2O_3

– Oxidationen, z. B.

$AlCl_3 + 3/2\ H_2O \rightarrow Al_2O_3 + 3\ HCl$
(850 °C)

– Pyrolysen, z. B.

$Ni(CO)_4 \rightarrow Ni + 4\ CO$ (150 – 200 °C)

– Disproportionierungen, z. B.

$2\ GeJ_2 \rightarrow Ge + GeJ_4$

Wie die Beispiele zeigen, liegen die Reaktionstemperaturen meist zwischen 600 und 1200 °C, die Gasdrücke bei 0,01 bis 1 bar, die Beschichtungsraten zwischen 10^1 und 10^2 µm h^{-1}. Die hohen Reaktions- und damit Abscheidetemperaturen können durch Anwendung von Plasmareaktionen (Plasma-CVD) oder von metallorganischen Verbindungen z. B. des Typs $M(C_nH_{2n+1})_m$ (M Metall) erniedrigt werden, womit sich der Anwendungsbereich der CVD-Verfahren sehr erweitert. Allerdings sind die metallorganischen Verbindungen äußerst giftig, ihre Verwendung erfordert einen hohen Sicherheitsaufwand.

Für die Gefügebildung in den abgeschiedenen Schichten gelten die gleichen Gesetzmäßigkeiten wie bei den PVD-Schichten. Zu beachten ist nur, dass die Abscheidetemperaturen verglichen mit den PVD-Verfahren hoch sind und die Teilchenenergien den thermischen Energien entsprechen. Die hohen Abscheidetemperaturen haben eine gegenüber den PVD-Methoden verbesserte Haftfestigkeit zur Folge. Ein Vorzug der Gasphasenabscheidung ist, dass im Gegensatz zu den PVD-Verfahren eine recht gleichmäßige Beschichtung auch bei komplizierten Oberflächengeometrien möglich ist, da praktisch keine Vorzugsrichtung für den Antransport der Gasteilchen existiert.

sehr hoch, sodass nur solche Substrate beschichtet werden können, deren Gefüge eine entsprechende thermische Stabilität aufweisen (z. B. Hartmetalle, Halbleiter, Oxide usw.) bzw. die durch eine nachträgliche Wärmebehandlung in den gewünschten Gefügezustand versetzt werden können, ohne dass die Beschichtung darunter leidet. Abb. 4.127 zeigt typische Gefügebildungen in CVD-Schichten.

Folgende Reaktionstypen lassen sich bei den CVD-Verfahren nutzen:

– Chemosynthesen, z. B.

$TiCl_4$ (g) $+ CH_4 \rightarrow TiC + 4\ HCl$
(800 – 1000 °C; 10 – 150 mbar)

$TiCl_4$ (g) $+ \frac{1}{2}\ N_2 \rightarrow TiN + 4\ HCl$
(600 – 1000 °C; 10 – 900 mbar)

Elektrochemische Schichtabscheidung

Die galvanische Schichtabscheidung (ECD *E*lectro-*C*hemical *D*eposition), d. h. die elektrochemische Abscheidung von Schichten aus geeigneten Elektrolyten unter dem Einfluss eines äußerlich aufgeprägten Stromflusses hat insbesondere in der Metalltechnik eine sehr breite Anwendung gefunden. Das Prinzip ist einfach erklärt: Die zu beschichtende (leitfähige) Probe wird in eine Elektrolytlösung getaucht und katodisch geschaltet (negatives Potential). Der meist saure Elektrolyt enthält das abzuscheidende Metall in Form positiv geladener Ionen, die unter dem Einfluss des elektrischen Felds zwischen der Katode (Probe) und der Anode (Gegenelektrode) sowie durch Konvektionen zur Katode wandern. An ihr werden sie gemäß der Reaktion

$$M^{z+} + z \cdot e^- \rightarrow M_{ad} \qquad (4.27\,a)$$

entladen bzw. reduziert und an die Oberfläche der Katode (Probe) angelagert. Es handelt sich also wie bei den bereits beschriebenen PVD- und CVD-Verfahren um atomare Anlagerungsprozesse, charakterisiert durch Keimbildungen an günstigen Stellen des Substrats, Wachstum dieser Keimstellen bis zur vollständigen Bedeckung des Substrats, gefolgt von einer Wachstumsauslese beim weiteren Wachstum der Kristallite des Schichtmaterials. Die zur Abscheidung des Metalls notwendige Spannung soll kleiner sein als diejenige, bei der eine deutliche Abscheidung von Wasserstoff aus dem wässrigen Elektrolyten einsetzt.

Als Quelle für die Metallionen im Elektrolyten dient meist eine lösliche Anode (positives Potential) aus dem abzuscheidenden Metall, an der sich folgende Oxidationsreaktion abspielt:

$$M \rightarrow M^{z+} + z \cdot e^- \qquad (4.27\,b)$$

Bei Verwendung von unlöslichen Anoden z. B. aus korrosionsbeständigen Stählen oder Titan müssen die Metallionen ständig durch einen Zufluss unverbrauchten Elektrolyts zugeführt werden. Die Elektrolyten enthalten meist spezielle Zusätze, mit denen auf die Ausbildung der Gefüge, der Oberflächentopografie und der Abscheidegeschwindigkeit Einfluss genommen werden soll (Komplexbildner, Inhibitoren[1]).

Die Abscheideraten (Beschichtungsraten) liegen im Bereich zwischen 10^1 und 10^2 µm h^{-1}, die Schichtdicken meist bis 10^2 µm. Beschichtungen bis in den mm-Bereich sind möglich, allerdings steigt mit zunehmender Schichtdicke die Rauigkeit der Oberflächen.

Wesentliche Einflussfaktoren auf die Gefügebildung sind die Temperatur und die Metallionenkonzentration im Elektrolyten, die Stromdichte, bei der abgeschieden wird, eine Elektrolytbewegung (Konvektion) und Art und Menge der zugesetzten Komplexbildner bzw. Inhibitoren. Das Zusammenspiel all dieser Faktoren ist sehr komplex, sodass einfache Modellvorstellungen, wie sie z. B. für das thermische Verdampfen entwickelt wurden (s. Abb. 4.124) nicht einfach übertragen werden können. Abbildung 4.128 zeigt Cu-Schichten, abgeschieden auf amorphem Kohlenstoff bei verschiedenen Temperaturen. Bei 20 °C findet man ein gut ausgerichtetes feinkörniges Kolumnargefüge mit scharfer <1 1 0>-Fasertextur. Mit steigender Abscheidetemperatur vergröbert sich das Gefüge, die strenge Ausrichtung der Kristal-

---

[1] Unter Inhibition versteht man alle Prozesse bei der elektrolytischen Metallabscheidung, die die katodische Reduktion der Metallionen behindern.

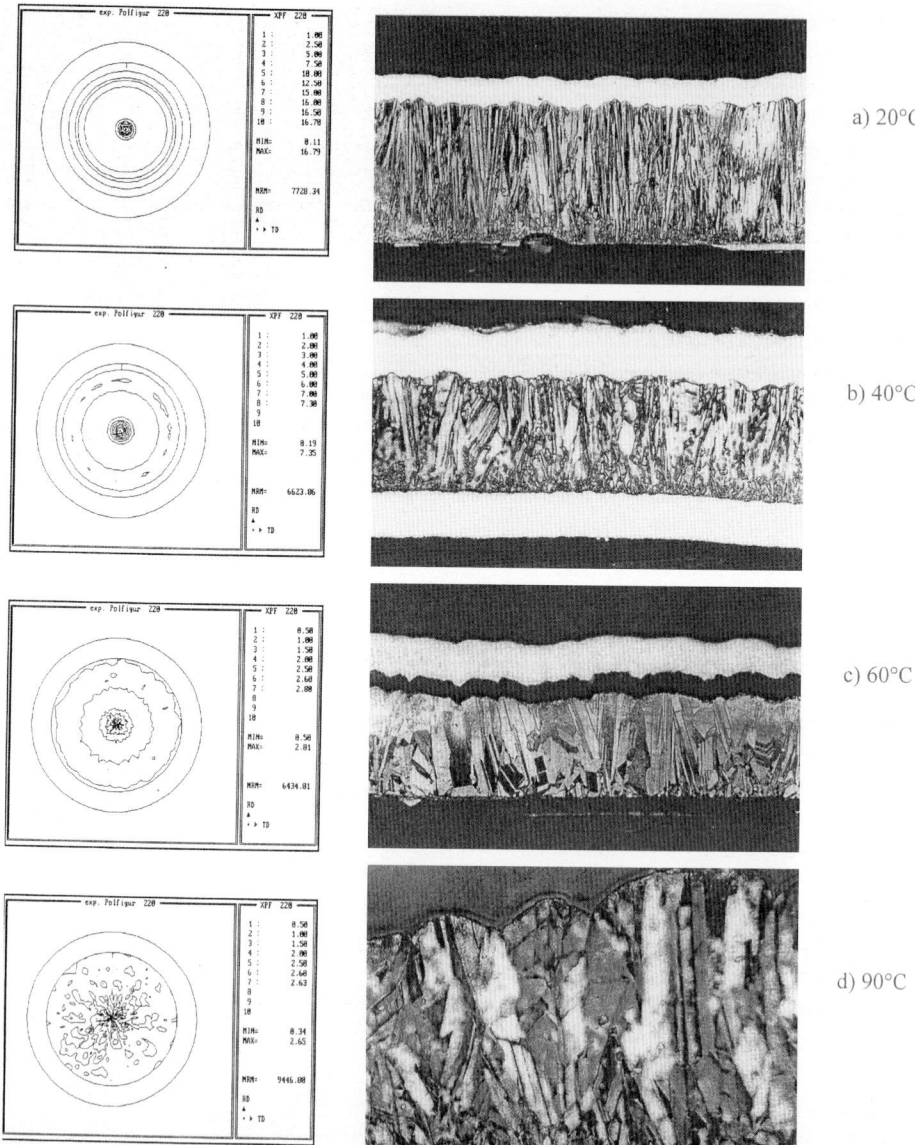

Abb. 4.128 (1 1 0)-Polfiguren und Querschliffe von Cu-Schichten auf amorphem Kohlenstoff, galvanisch abgeschieden bei verschiedenen Temperaturen (schwefelsaurer Elektrolyt)

lite geht verloren und die Textur hat sich etwa um eine Größenordnung in der maximalen Poldichte abgeschwächt, sie ist kaum noch als Fasertextur wahrnehmbar.

4.3.2.2 Beschichtungsverfahren mit makroskopischen Depositionen des Schichtmaterials

Zu dieser Gruppe der Beschichtungsverfahren zählen das Aufbringen von Anstrichen, das Plattieren von Werkstoffen mit dünnen Blechen bzw. Folien, das Auftragsschweißen (Schweißplattieren) und das thermische Spritzen, auf das wegen seiner großen technischen Bedeutung an dieser Stelle kurz eingegangen werden soll.

Draht oder Pulver des Beschichtungsmaterials werden in energiereichen Flammen, in Lichtbögen oder in Plasmen aufgeschmolzen und durch einen Gasstrom zu feinen Tröpfchen verdüst, die dann mit hoher Geschwindigkeit auf das zu beschichtende Material auftreffen und dort mit Abkühlraten im Bereich von 10^4 bis 10^7 K s^{-1} erstarren. Die Schmelztröpfchen passen sich beim Auftreffen auf die Oberfläche an diese an und bilden dabei fladenartige Gebilde, die auf der Unterlage und untereinander im Wesentlichen durch mechanische Verklammerungen haften. Die Auftreffgeschwindigkeiten liegen zwischen etwa 50 m s^{-1} (Flammspritzen) und 800 m s^{-1} (Hochgeschwindigkeits-Flammspritzen). Je höher diese Geschwindigkeiten sind, desto besser wird die Haftfestigkeit und desto geringer die Porigkeit. Das Plasmaspritzen kann unter Vakuum ausgeführt werden, wodurch sich die Haftfestigkeit verbessern und die Porosität sowie der Oxidanteil in den Schichten verringern lässt.

Das Gefüge der Spritzschichten ist charakterisiert durch die erwähnten fladenartigen Gebiete, innerhalb deren wegen der hohen Abkühlraten extrem feinkörnige Gefüge nicht selten mit metastabilen Phasen vorliegen. Zwischen den Fladen findet man Poren und Oxide, die in der Regel zu einer mechanischen Schwächung der Schicht, verglichen mit kompaktem Schichtmaterial führen. Eine typische Plasmaspritzschicht zeigt Abb. 4.129.

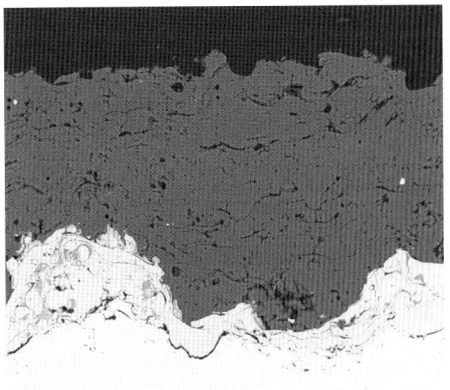

Abb. 4.129 Al$_2$O$_3$-Plasmaspritzschicht auf Kupfer mit einer Zwischenschicht aus Ni-Cr zur Haftvermittlung

Wesentliche Vorzüge der thermischen Spritzverfahren sind:

– hohe Beschichtungsraten (10^1 bis 10^2 mm h^{-1})
– hohe erreichbare Schichtdicken (bis zu 10 mm)
– praktisch alle Materialien spritzbar (Metalle, intermetallische Verbindungen, Oxide, Nitride, Carbide usw.)
– Mehrlagenschichten und Gradienten des Schichtgefüges leicht herstellbar
– gesteuertes lokales Auftragen der Schichten möglich, dabei auch große Flächen beschichtbar

4.3.3 Schmelztauchen

Metallische Überzüge bzw. Schichten können nach einer Oberflächenvorbereitung (Reinigung, Aktivierung) durch Eintauchen des zu beschichtenden Werkstoffs bzw. Bauteils oder Halbzeugs in eine Schmelze des gewünschten Schichtmaterials erzeugt werden. Diese Verfahrensweise hat sich z. B. gut bewährt bei Überzügen aus Zn, Sn, Al oder Pb, wobei die Schmelzen meist Legierungszusätze enthalten, die die Schichteigenschaften verbessern sollen. Das Schmelztauchen kann diskontinuierlich, bei der Beschichtung von Bändern (Blechen) aber auch kontinuierlich erfolgen (z. B. Feuerverzinken von Karosserieblechen für den Automobilbau). Ziel derartiger Beschichtungen ist es meist, die Korrosions- und/oder Oxidationsbeständigkeit zu gewährleisten, wobei das Beschichtungsmaterial einen relativ niedrigen Schmelzpunkt hat.

Beim Tauchen eines Werkstoffs in eine Metallschmelze werden seine Komponenten (Elemente) mit denen der Schmelze reagieren, es bildet sich ein Legierungsbereich aus, in dem sich diffusionsbedingt Gradienten der beteiligten Legierungselemente ausbilden. Treten in den Zustandsdiagrammen für die betreffenden Elemente außer den Mischkristallphasen der Komponenten weitere Legierungsphasen wie intermetallische Verbindungen auf, so wird man diese in den Legierungsbereichen entsprechend der Konzentrationsgradienten wiederfinden. Die Abfolge der Phasen in diesen Legierungsschichten entspricht der Folge der Phasen im Zustandsdiagramm. Unter der Voraussetzung, dass ein schichtartiges Wachstum der verschiedenen Legierungsphasen erfolgt und die Diffusion der Legierungskomponenten durch diese Schichten die Kinetik der Schichtbildung bestimmt, können die sich ausbildenden Schichtdicken Δx_i der Phasen i gemäß der Relation

$$\Delta x_i \sim (D \cdot \Delta c)^{1/2} \qquad (4.28)$$

abgeschätzt werden (D Diffusionskoeffizient; Δc Homogenitätsbereich der Phase). Daraus folgt, dass die Schichtdicke einer Phase i in den Legierungsschichten dann groß wird, wenn sie einen großen Homogenitätsbereich und einen großen Diffusionskoeffizienten aufweist. Bei gegebener Temperatur des Schmelzbads wird der Diffusionskoeffizient dann groß, wenn die Solidustemperatur der betrachteten Phase niedrig ist. Aufgrund dieser Überlegungen gelingt es, eine Vorhersage der sich ausbildenden Schichten in einem Legierungsbereich beim Schmelztauchen zu treffen. Das Wachstum der einzelnen Schichten folgt einem parabolischen Zeitgesetz der Art

$$\Delta x_i(t) = \text{const.} \, (D \cdot \Delta c)^{1/2} \cdot t^{1/2} \qquad (4.29)$$

Da diese Legierungsphasen meist recht spröde sind, muss man die Dicke der Legierungsbereiche beim Schmelztauchen an den jeweiligen Anwendungsfall anpassen.

Das wohl am häufigsten angewendete Schmelztauchverfahren ist das Feuerverzinken von Stählen (s. auch Abschnitt 6.4.1). Das Schmelzbad hat dabei Temperaturen zwischen 450 und 480 °C, die Tauchdauer bei kontinuierlicher Beschichtung

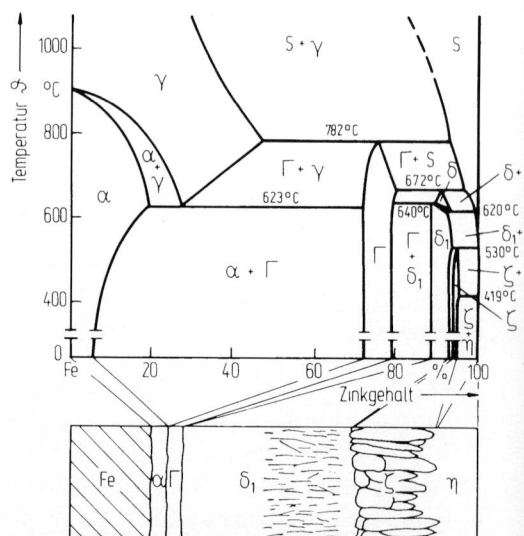

Abb. 4.130 Zustandsdiagramm Eisen-Zink und schematischer Gefügeaufbau einer Feuerverzinkungsschicht auf Stahl (Schramm)

beträgt etwa 10 bis 30 s, um eine Schicht mit einer Dicke von 10 bis 20 μm zu erhalten. Welche Phasen sich dabei ausbilden, kann man dem Zustandsdiagramm Fe-Zn (Abb. 4.130) entnehmen. Sie sind mit sinkendem Eisengehalt in Tab. 4.8 zusammengefasst worden.

Abbildung 4.131 zeigt den typischen Schichtaufbau einer Feuerverzinkungsschicht. Die α-Fe-Zn-Mischkristallphase ist

Tab. 4.8 Legierungsphasen beim Feuerverzinken von Stahl

Phase	Formel	Struktur	Existenzbereich [Masse-% Fe]	Bereich der Solidustemperaturen [°C]	Dicke
A	Fe-Zn-MK	krz	>95	>800[1]	sehr gering <1 μm
Γ	Fe_3Zn_{10}	kubisch	21 – 28	668 – 780	wenige μm
δ_1	$FeZn_{10}$	hexagonal	7 – 11	530 – 668	$10^1 - 10^2$ μm
ζ	$FeZn_{13}$	monoklin	6 – 7	425 – 530	10^1 μm
η	Zn-Fe-MK	hexagonal	<1	420	10^1 μm

krz kubisch raumzentriert

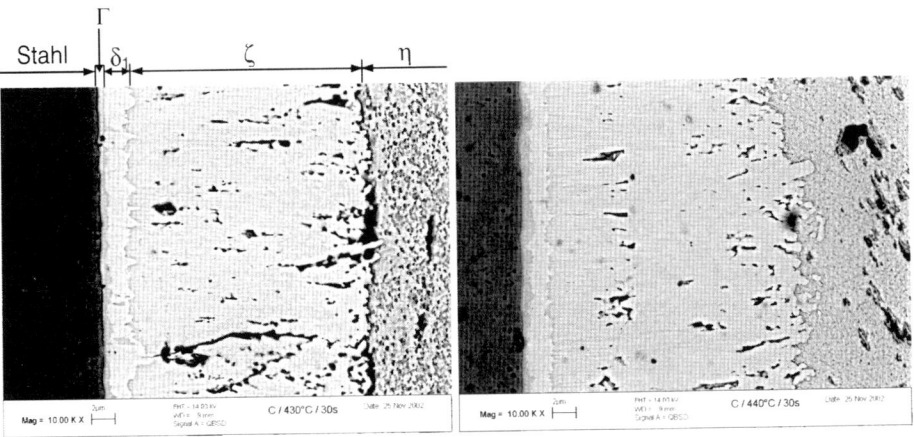

a) T_B=430°C

b) T_B=440°C

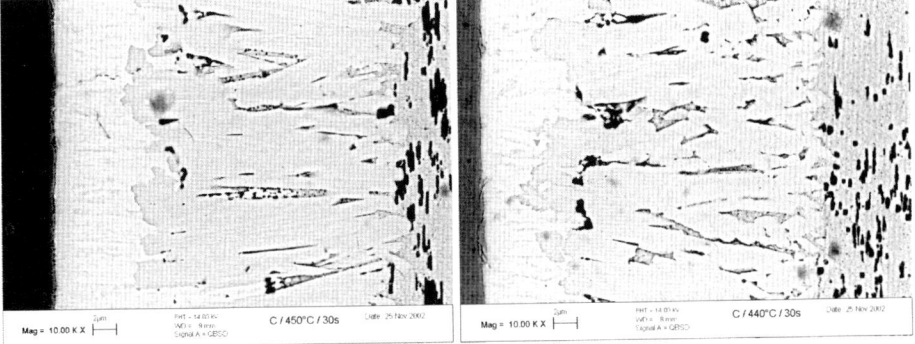

c) T_B=450°C

d) T_B=460°C

Abb. 4.131 Gefüge von Zinkschichten auf Stahl, gebildet bei verschiedenen Schmelzentemperaturen T_B, Tauchzeit 30 s

nur schwer nachweisbar, da wegen der niedrigen Badtemperatur in Relation zur Solidus- bzw. Liquidustemperatur der α-Phase eine Zn-Diffusion in das Fe kaum stattfinden kann (vgl. Tammann-Regel Gl. 3.28, Diffusionslänge $<10^{-1}$ µm). Auch bei der sich anschließenden Γ-Phase bleibt trotz des verhältnismäßig großen Homogenitäts- bzw. Existenzbereichs wegen der eingeschränkten Diffusion (hohe Solidustemperaturen) die Schichtdicke sehr gering, oft kann sie mit dem Lichtmikroskop nicht nachgewiesen werden. Ihr folgt die δ_1-Phase, die größenordnungsmäßig 10 % der Legierungsschicht ausmacht. Den größten Anteil an der Legierungsschicht nimmt die ζ-Phase ein, es ist der dominierende Schichtbereich. Er ist säulig aufgebaut, zwischen den Säulen verbleibt in der Regel Restschmelze, die sich leicht wegätzen lässt, wie anhand der Abb. 4.132 zu sehen ist. Die äußerste Schicht besteht aus der η-Phase, deren Dicke von der Konvektion in der Schmelze, der Ausziehgeschwindigkeit und der Schmelzviskosität abhängt.

Wie den Daten in Tab. 4.8 zu entnehmen ist, treten zwischen den Γ-, δ_1-, ζ- und η-Phasenbereichen nur kleine Fe-Konzentrationssprünge auf. Nur zwischen dem Substrat und dem dünnen Γ-Phasenbereich ist er mit etwa 67 % recht groß, was zu einem raschen Fe-Konzentrationsabfall mit zunehmendem Abstand von der Grenzfläche zum Substrat führt (Abb. 4.133).

4.3.4
Randschichtbehandlungen

4.3.4.1 Chemisch-thermische Behandlungen

Eine Modifizierung des Gefüges in der Randschicht einer Probe oder eines Bauteils gelingt dadurch, dass ein geeignetes

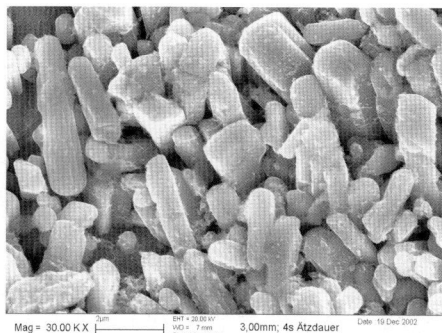

Abb. 4.132 Ansicht einer ζ-Schicht nach Wegätzen der Restschmelzenbereiche (η-Phase)

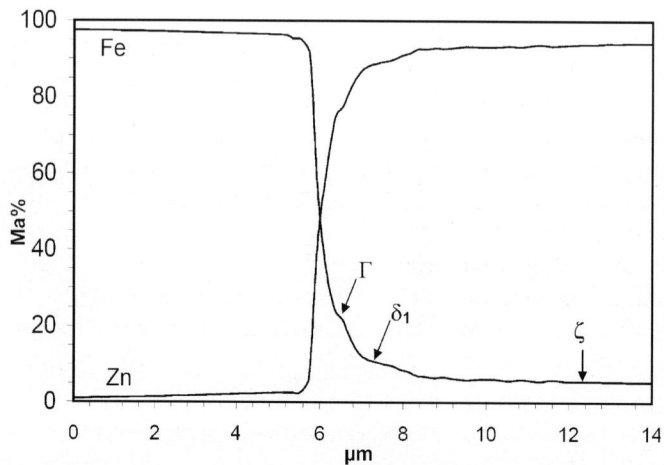

Abb. 4.133 Fe-Konzentrationsverlauf in einer Zinkschicht auf Stahl

Legierungselement an die Oberfläche derselben gebracht wird, von wo es in den Werkstoff eindiffundieren und dabei weitere Phasen entsprechend des Zustandsdiagramms des eindiffundierenden Elements und der Matrix bilden kann. Besonders effektvoll ist dies, wenn das eindiffundierende Element über Zwischengitterplätze diffundiert, da dieser Mechanismus wegen der relativ großen Diffusionskoeffizienten D für diese Elemente hohe Eindringtiefen (charakterisiert durch die Diffusionslänge $2(D \cdot t)^{1/2}$, s. Abschnitt 3.1.3) erlaubt. Außerdem sind dabei erhebliche Gefüge- und damit Eigenschaftsveränderungen verknüpft. Von besonderer technischer Bedeutung sind die Elemente Kohlenstoff, Stickstoff und Bor. Die auf dieser Grundlage beruhenden Verfahren sind das Aufkohlen (Anreicherung der Randschicht mit Kohlenstoff) verbunden mit einer Härtung (Einsatzhärten), das Nitrieren (Anreicherung mit Stickstoff), Kombinationen dieser beiden Varianten wie das Nitrocarburieren sowie das Borieren (Anreicherung mit Bor) insbesondere von Eisenwerkstoffen.

Beim Borieren von Eisenwerkstoffen bilden sich an der Oberfläche zwei verschiedene Eisenboride, das FeB und das Fe$_2$B, die sogenannte Verbindungsschicht. Da die Löslichkeiten des Bors mit einem Atomradius von 0,088 nm in Fe extrem klein sind (s. Abschnitt 1.5.1), wird das Gefüge unterhalb der Verbindungsschichten nur geringfügig verändert, die Eigenschaftsveränderungen der Randzone werden durch die Verbindungsschicht verursacht.

Andere Bedingungen findet man beim Nitrieren von Stählen vor. Bei den oft angewendeten Nitriertemperaturen nahe 590 °C können sich im Ferrit noch etwa 0,1 Masse-% Stickstoff lösen, sodass es unterhalb der Verbindungsschicht (gebildet vorwiegend aus den Eisennitriden Fe$_2$N$_{(1-x)}$, Fe$_4$N) in der sogenannten Ausscheidungsschicht zu nitridischen Ausscheidungen mit solchen Legierungselementen kommt, die eine höhere Affinität zu Stickstoff haben als das Eisen. Zu diesen Nitridbildnern zählen insbesondere Chrom (CrN, Cr$_2$N), Aluminium (AlN) und Vanadin (VN). Die besonderen Eigenschaften der Randschichten nach dem Nitrieren sind also sowohl auf die Gefügebildung in der Verbindungsschicht als auch auf die Ausscheidungsbildungen in der Ausscheidungsschicht zurückzuführen. Die gesamte veränderte Randschicht, die sogenannte Diffusionsschicht, setzt sich aus der Verbindungs- und der Ausscheidungsschicht zusammen.

Durch das Aufkohlen von Stählen mit geringen Kohlenstoffgehalten bei Temperaturen oberhalb der Linie G-S (s. Abb. 3.44) reichert man den randnahen Austenit stark mit Kohlenstoff an[1]. An das eigentliche Aufkohlen schließt man eine Härtung durch Abschrecken aus dem Austenitgebiet bzw. eine Vergütung (Härtung in Verbindung mit einer Anlassbehandlung) an. Das gesamte Verfahren wird als Einsatzhärtung bezeichnet. In diesem Fall entstehen die gewünschten Gefüge- bzw. Eigenschaftsveränderungen der Randschicht erst durch eine Wärmebehandlung nach dem eigentlichen Aufkohlen, das dabei entstehende Umwandlungsgefüge bestimmt die Eigenschaften der Randschicht.

Nitrieren

Beim Nitrieren wird die Randschicht mit Stickstoff angereichert, wodurch sich deren Festigkeit stark erhöht und außerdem

---

[1] Die maximale C-Löslichkeit im Austenit liegt bei >0,8 Masse-%, sie steigt mit wachsender Temperatur an und erreicht bei 1147 °C 2,06 %.

hohe Druckeigenspannungen erzeugt werden. Damit ist beabsichtigt, das Verschleißverhalten, das Korrosionsverhalten und das zyklische Beanspruchungsverhalten von Werkstoffen bzw. Bauteilen zu verbessern.

Für das Nitrieren von Eisenwerkstoffen kommen grundsätzlich drei Verfahrensvarianten in Frage: das Gasnitrieren, das Badnitrieren und das Plasmanitrieren. Da die Stickstoffdiffusion im Grundwerkstoff die Kinetik des Prozesses dominiert, sind die Temperaturbereiche, in denen diese drei Varianten gefahren werden, sehr ähnlich, die Temperaturen liegen zwischen 500 und 590 °C. Die obere Temperaturgrenze ergibt sich aus der eutektoiden Umwandlungstemperatur im System Fe-N, dessen Zustandsdiagramm in Abb. 4.134 zu sehen ist. Bleibt man mit der Prozesstemperatur unterhalb dieser Temperatur, dann findet beim Abkühlen keine Phasenumwandlung mehr statt, die zu unerwünschten Volumenänderungen oder Verzügen Anlass geben würde. Der untere Temperaturgrenzbereich ergibt sich daraus, dass bei niedrigeren Temperaturen die Kinetik des Nitriervorgangs zu langsam wird und die Eigenschaftsübergänge zum Grundmaterial relativ schroff werden können.

Für das Nitrieren ist es erforderlich, atomaren Stickstoff an die Oberfläche des Werkstoffs anzulagern, damit nachfolgend seine Diffusion in das Werkstoffinnere stattfinden kann. Aus diesem Grund kann das Nitrieren nicht einfach im Stickstoffgas, das aus sehr stabilen N_2-Molekülen besteht, stattfinden[1], es müssen Stickstoffträger verwendet werden, die an der Oberfläche atomaren Stickstoff durch entsprechende Reaktionen freisetzen oder Stickstoffionen (in einem Plasma) bilden, die an der Oberfläche entladen werden. Beim Gasnitrieren ist es Ammoniak (NH_3), das katalytisch gefördert an der Oberfläche in Stufen letztlich gemäß

$$NH_3 \rightarrow [\,N\,] + 3/2\, H_2$$

zerfällt und damit den benötigten Stickstoff liefert. Die Nitrierwirkung wird durch die sogenannte Nitrierkennzahl K_N beschrieben, die sich aus den Partialdrücken des Ammoniaks und des Wasserstoffs zu

$$K_N = p_{NH3} / p_{H2}^{3/2}$$

ergibt. Je höher die Nitrierkennzahl ist, desto stärker ist das Potential zur Nitridbildung.

Der an der Oberfläche adsorbierte atomare Stickstoff kann in das Volumen des Werkstoffs eindiffundieren. Übersteigt die gelöste Menge des Stickstoffs im Volumen die maximale Löslichkeit des Grundwerkstoffs, entstehen Eisennitride, die die bereits erwähnte Verbindungsschicht bilden.

Entsprechend dem (metastabilen) Zustandsdiagramm Fe-N (Abb. 4.134) können sich in Abhängigkeit von der Temperatur und dem Stickstoffgehalt folgende Phasen bilden:

- α-Stickstoffferrit: kubisch raumzentrierter Fe-N-Einlagerungsmischkristall, maximale N-Löslichkeit bei 590 °C ist 0,11 Masse-%
- γ′-Fe$_4$N: kubisch primitive Elementarzelle, gebildet aus einer kubisch flächenzentrierten Anordnung der vier Eisenatome und einem Stickstoffatom in der Raummitte; a = 0,3795 nm bei der stöchiometrischen Zusammensetzung von 5,9 Masse-% N; Homogenitätsbereich von 5,7 bis 6,1 Masse-% N

---

[1] Eine Nitrierung mit reinem Stickstoff erfordert hohe Drücke (Bereich 100 MPa).

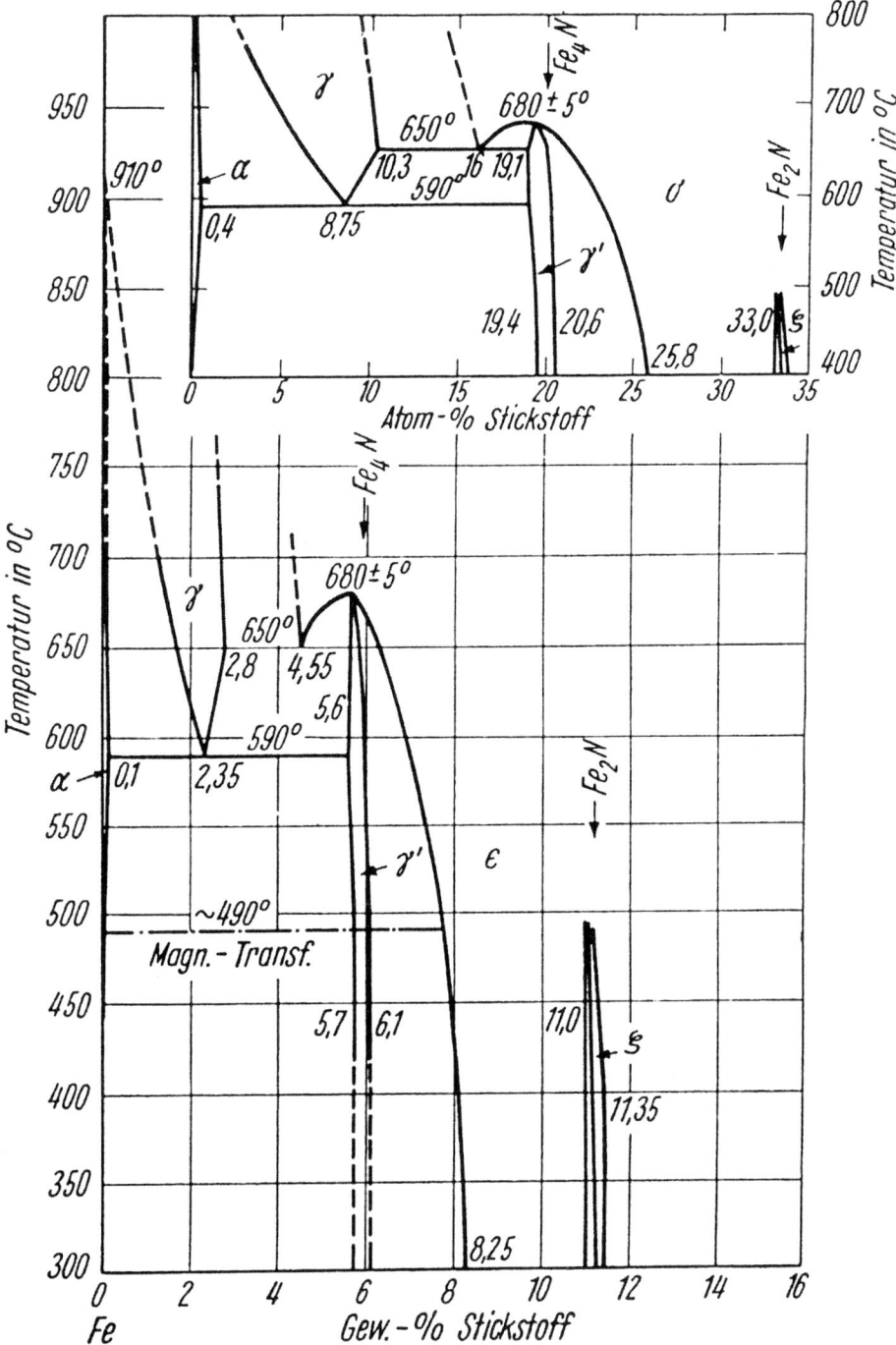

Abb. 4.134 Zustandsdiagramm Fe-N (nach Hansen und Anderko)

- ε-Fe$_2$N$_{(1-x)}$ (oft auch als Fe$_{2-3}$N bezeichnet): hexagonale Elementarzelle mit dichtester Kugelpackung für die beiden Eisenatome und Stickstoff in einer der beiden Oktaederlücken (s. Abschnitt 1.5.1); a = 0,2706 nm; c = 0,4378 nm bei 11,0 Masse-% N (x = 0); Homogenitätsbereich von 8 bis 11 Masse-% N (Unterstöchiometrien durch unbesetzte Stickstoffplätze); bei 11 Masse-% N und Temperaturen unterhalb 500 °C kann sich aus der hexagonalen Struktur eine orthorhombische Struktur, das ς-Fe$_2$N bilden, in der Praxis tritt es aber kaum auf.

Kühlt man den α-N-Ferrit von Nitriertemperatur rasch ab, kann sich anstelle des zu erwartenden γ'-Nitrids eine metastabile tetragonale Phase Fe$_{16}$N$_2$ bilden, das sogenannte α''-Nitrid (Abb. 4.136 d).

Besitzt die Nitrieratmosphäre ein hinreichend hohes Stickstoffpotential (Nitrierkennzahl), so ergibt sich für einen niedrig legierten Stahl folgender prinzipieller Phasenaufbau einer Nitrierschicht (Abb. 4.135).

Entsprechend dem Konzentrationsgefälle des Stickstoffs von der Oberfläche in das Probeninnere hinein entsteht an der Oberfläche das stickstoffreiche ε-Nitrid, an das sich das stickstoffärmere γ'-Nitrid anschließt (Abb. 4.136 a). Beide bilden die Verbindungsschicht. Insbesondere die ε-Schicht ist mit Poren behaftet, die meist durch Rekombination des atomaren Stickstoffs im Nitrid zu molekularem Stickstoff entstanden sind. (Die Eisennitride sind metastabil.) Auch findet man wegen des in der Nitrieratmosphäre vorhandenen Sauerstoffs oder als Folge einer bewussten Nachoxidation gewisse Anteile an Eisenoxiden im oberflächennahen Bereich. Hält man das Nitrierpotential niedrig, kann die Verbindungsschicht auch nur aus γ'-Nitrid bestehen. Enthält der Kernwerkstoff (Grundwerkstoff) nitridbildende Elemente wie Cr, Al oder V, können in der Verbindungsschicht wegen der hohen Stickstoffaffinität dieser Elemente auch Sondernitride auftreten, die feinst in die Eisennitridmatrix eingelagert und damit schwer nachweisbar sind. Die Dicke der Verbindungsschichten liegen in praktischen Fällen zwischen 5 und 30 μm.

An die Verbindungsschicht schließt sich die Ausscheidungsschicht an, deren Na-

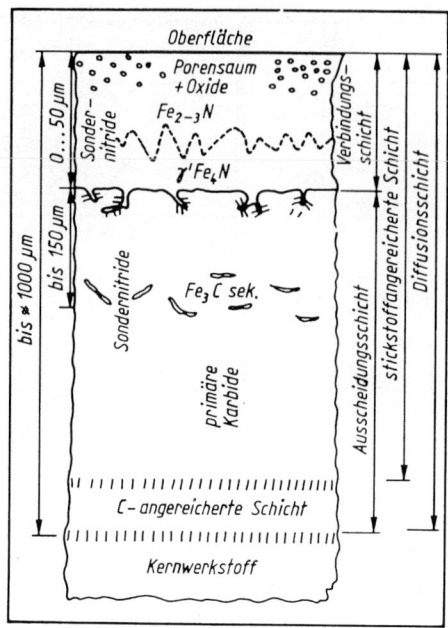

Abb. 4.135 Prinzipieller Phasenaufbau einer Nitrierschicht, gültig für einen niedrig legierten Stahl

Abb. 4.136 Gefügebildung in Nitrierschichten auf niedrig legierten Stählen: a) porige Verbindungsschicht auf Armco-Eisen, bestehend aus ε- und γ'-Fe-Nitriden, b) angeätzte Ausscheidungsschicht auf dem Stahl 5Cr20, gasnitriert bei 550 °C 8, 30 und 96 h, c) sekundäre Zementitbildung beim Stahl 30CrMoV9 parallel zur Oberfläche, d) α''-Ausscheidungen in der Ausscheidungszone des Stahls Ck 20 (REM), e) badnitrierter Stahl C15 (Tenifer), spiesiges (plattenförmiges) γ'-Fe$_4$N in den Ferritkörnern der Ausscheidungsschicht

4.3 Oberflächenbehandlungen

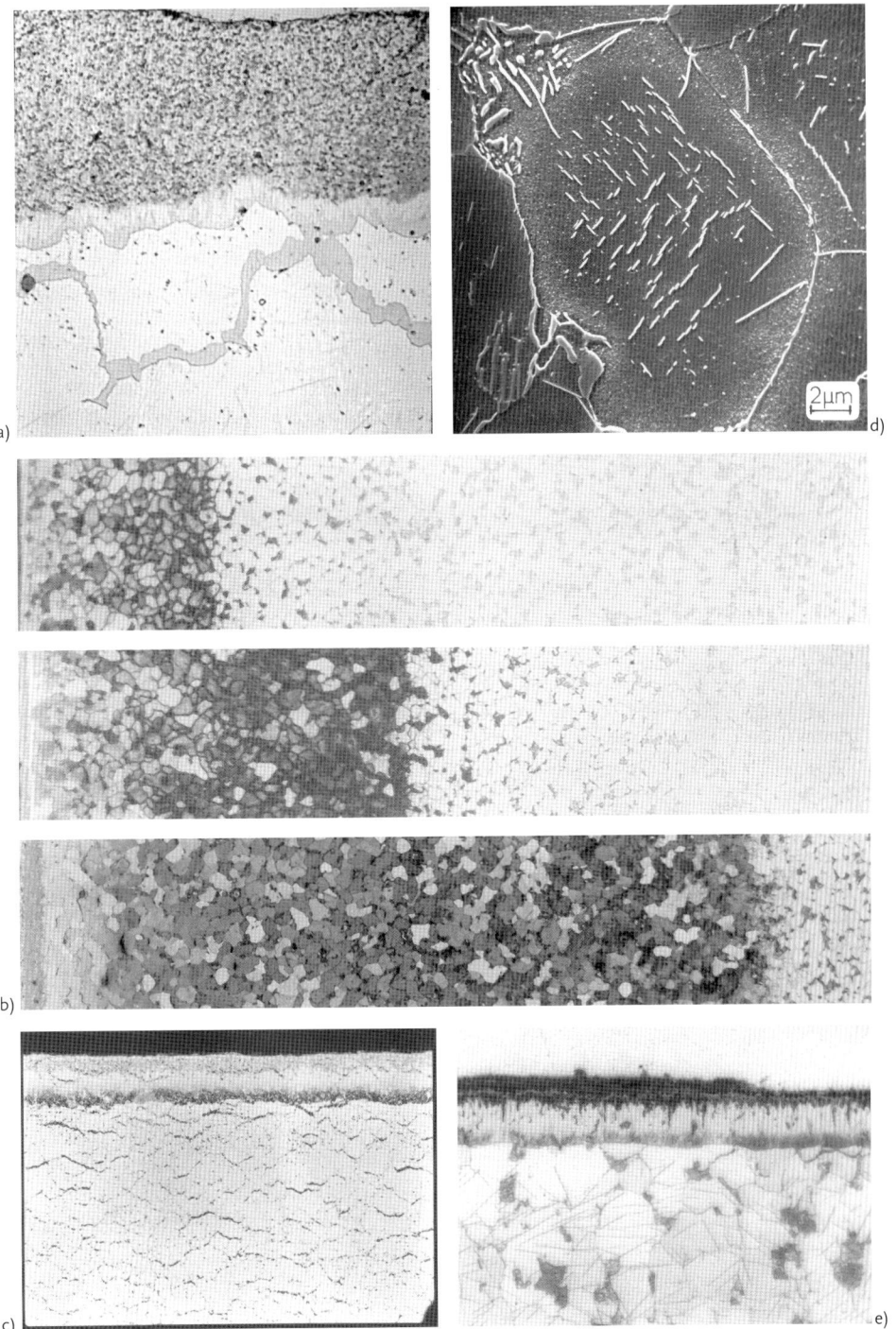

men anzeigt, dass in ihr als wesentliches Charakteristikum Ausscheidungen während des Nitrierens (Sondernitride) oder beim Abkühlen nach dem eigentlichen Nitriervorgang gebildet werden, die die erwünschten Festigkeitssteigerungen hervorrufen. Metallografisch zeigt sie sich dadurch, dass sich das Gefüge des Grundwerkstoffs wegen der allerdings selbst nicht sichtbaren Nitridausscheidungen dunkel anätzen lässt. Wie das Abb. 4.136 b für den nitrierten Stahl 5Cr20 für die Nitrierzeiten von 8, 30 und 96 h zeigt, gehorcht das Wachstum der Schicht gut einem $t^{1/2}$-Gesetz.

Die Ausscheidungsbildung der Sondernitride vollzieht sich dann, wenn die durch Diffusion des Stickstoffs in das Probeninnere erreichte Stickstoffkonzentration das Löslichkeitsprodukt für das jeweilige Nitrid übersteigt. Da die Diffusion der Nitridbildner bei den oben angegebenen Nitriertemperaturen sehr eingeschränkt ist, entstehen sehr feine Ausscheidungen der Sondernitride (z. B. bei chromhaltigen Stählen CrN-Ausscheidungen im Bereich von wenigen nm) mit kleinen Abständen zwischen ihnen, was zu hohen Härtungseffekten führt (s. Abschnitt 4.2.1.4). Ein Teil der Nitridbildner ist oft im Zementit des Kernwerkstoffs substitutionell gelöst. Das führt dazu, dass der Stickstoff diese legierten Zementite zerlegt und dabei relativ grobe, wenig festigkeitswirksame Sondernitride bildet. Zurück bleibt unlegierter Zementit (sekundärer Zementit), der sich als Folge der hohen Druckeigenspannungen[1] parallel zur Oberfläche ausscheiden kann (Abb. 4.136 c).

Auch in unlegierten niedrig gekohlten Stählen bilden sich Ausscheidungen. Es sind bei langsamer Abkühlung des stickstoffreichen Ferrits entweder spiesige, grobe γ'-Fe$_4$N-Ausscheidungen (Abb. 4.136 e) oder bei rascher Abkühlung feine α''-Nitride (Abb. 4.136 d). Diese α''-Ausscheidungen sind thermisch nicht stabil und gehen bei erhöhter Temperatur in das γ'-Fe$_4$N über.

Die Dicken der Ausscheidungszonen liegen zwischen 50 und 500 µm, die dafür notwendigen Nitrierzeiten sind stark von der Nitriertemperatur und der Legierungszusammensetzung (Konzentrationen der Sondernitridbildner) abhängig und können zwischen wenigen Stunden und mehr als 50 h betragen. Das Wachstum der Ausscheidungsschichten wie das der Verbindungsschichten lässt sich brauchbar mit einem $t^{1/2}$-Gesetz beschreiben (s. Abschnitt 4.4.3, Gl. 4.29).

Beim üblichen Gasnitrieren findet neben der Stickstoffaufnahme und -diffusion auch eine Kohlenstoffumverteilung statt. Zum einen „schiebt" der einwandernde Stickstoff Kohlenstoff vor sich her, was zu einem „Kohlenstoffberg" vor der Stickstoffdiffusionsfront führen kann. Zum anderen ist zu berücksichtigen, dass mit der Nitrierung gleichzeitig eine Entkohlung stattfindet, sofern man nicht durch Kohlenstoffträger im Nitriermedium gegensteuert (z. B. Nitroc-Verfahren). Diese Entkohlung bedingt einen Diffusionsstrom des Kohlenstoffs aus der Probe heraus und kann zu einer Anreicherung des Kohlenstoffs im inneren Bereich der Verbindungsschicht führen, sodass dort in Teilen ε-Nitrid entsteht, während im oberflächennahen Bereich der Verbindungsschicht nur γ'-Nitrid vorliegt (innere Nitrierung). In Abb. 4.136 c zeigt sich dunkel angeätzt die C-Anreicherung in der Verbindungsschicht nahe der Grenzfläche zur Ausscheidungsschicht.

---

[1] Die hohen Druckeigenspannungen sind Folge der mit der Stickstoffaufnahme verbundenen Volumenzunahme.

Häufig wendet man Gasnitrierverfahren an, bei denen neben Stickstoff auch Kohlenstoff in den Werkstoff eingebracht wird (Nitrocarburieren). Der Kohlenstoff wirkt einer Entkohlung entgegen und wird in die Eisennitride eingebaut. So kann das ε-Nitrid bis etwa 4 Masse-% C und das γ′-Nitrid bis zu 0,2 Masse-% C lösen. Der Kohlenstoff fördert die ε-Nitridbildung. Mit Nitrocarburierverfahren kann man daher relativ dicke ε-Schichten erzeugen. Die Ausscheidungsschichten unterscheiden sich in ihrem Phasenaufbau kaum vom bisher Gesagten.

Beim Badnitrieren werden die zu behandelnden Bauteile in Salzschmelzen aus Cyaniden und Cyanaten getaucht. Durch eine Oxidation der Cyanide entsteht an der Bauteiloberfläche gemäß der Summengleichung

$$2\,CN^- + 2\,O_2 \rightarrow CO_3^{2-} + CO + 2\,[\,N\,]$$

atomarer Stickstoff, der grundsätzlich die gleichen Reaktionen im Werkstoff eingeht, wie es für das Gasnitrieren beschrieben worden ist. Über das CO erfolgt gleichzeitig eine Aufkohlung, sodass man auch in diesem Fall von einer Nitrocarburierung reden kann (Tenifer-Verfahren).

Weite Verbreitung hat das Plasmanitrieren gefunden. In einem Rezipienten wird mit dem Bauteil als Katode ein Plasma gezündet, wobei das zugefügte Stickstoffgas (auch NH_3) ionisiert wird. Die Stickstoffionen werden an der Oberfläche des Bauteils entladen, die Stickstoffatome adsorbiert und durch Diffusion in den Werkstoff eingebracht. Auch hier kann durch Zugaben von Kohlenstoffträgern wie CH_4 eine gleichzeitige Aufkohlung erzielt werden. Die Mechanismen der Phasenbildungen in den Nitrierschichten gleichen weitestgehend denen beim Gasnitrieren.

Das Ergebnis einer Nitrierbehandlung wird gewöhnlich anhand folgender Eigenschaften bewertet:

– Dicke der Verbindungsschicht und Anteile der Eisennitride in ihr
– Porigkeit der Verbindungsschicht
– Dicke der Ausscheidungsschicht, ermittelt meist anhand einer Härte-Tiefe-Kurve

Die Härte-Tiefe-Kurven geben Auskünfte über den Festigkeitsverlauf in der gesamten Nitrierschicht und die Eindringtiefe des Stickstoffs, charakterisiert durch die Nitrierhärtetiefe (NHT). Sie ist jener Randabstand, bei dem die lokale Härte der Nitrierschicht die des Kernmaterials um 50 HV übersteigt (s. Abb. 4.137).

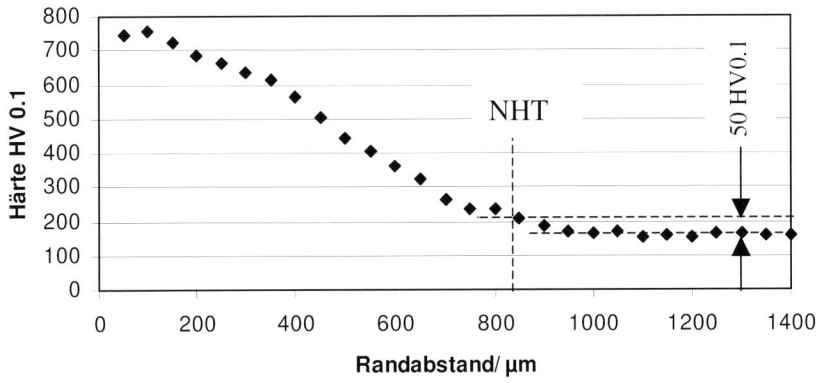

Abb. 4.137   Härte-Tiefe-Kurve eines bei 510 °C gasnitrierten Stahls 16MnCr5

Die Dicken der Verbindungsschichten und die Porigkeiten werden meist anhand von Querschliffen beurteilt. Auch hat sich die Röntgendiffraktometrie zur Bestimmung der Phasenanteile in der Verbindungsschicht, aber auch zur Ermittlung ihrer Dicke bewährt.

Einsatzhärten

Das Einsatzhärten besteht aus zwei Teilprozessen, der Kohlenstoffanreicherung der Randschicht (Aufkohlen) und dem eigentlichen Härtungsvorgang. Wie auch beim Nitrieren ist das wesentliche Ziel, neben dem Einbringen von hohen Druckeigenspannungen die Festigkeit innerhalb einer relativ dicken Randschicht (hier bis in den mm-Bereich) zu steigern, um damit das Verhalten bei verschleißender bzw. zyklischer Beanspruchung zu verbessern.

Im System $Fe-Fe_3C$ (s. Abb. 3.44 bzw. 5.4) existieren zwei Fe-C-Mischkristalle: zum einen der kubisch flächenzentrierte Austenit bei Temperaturen oberhalb der Linie G-S, der bei 723 °C 0,8 Masse-% Kohlenstoff und bei 1147 °C 2,06 Masse-% Kohlenstoff lösen kann. Dieser Mischkristall kann durch rasches Abkühlen in Martensit umgewandelt werden (s. Abschnitt 3.6.3 und 5.3.2.4), dessen randnahe Bildung wegen der damit verknüpften Festigkeiten das Ziel des Einsatzhärtens ist. Der kubisch raumzentrierte Ferrit kann nur sehr geringe Kohlenstoffmengen lösen, bei der eutektoiden Temperatur maximal 0,02 Masse-%.

Das Aufkohlen wird dominierend in Gasatmosphären vorgenommen (Gas-Aufkohlen), in denen CO oder CH_4 die Kohlenstoffträger sind. Diese Gaskomponenten können an der Werkstoffoberfläche folgendermaßen reagieren:

$2\ CO \rightarrow CO_2 + [C]$

$CO + H_2 \rightarrow H_2O + [C]$

$CH_4 \rightarrow 2\ H_2 + [C]$

In allen Fällen wird Kohlenstoff adsorbtiv an der Oberfläche gebunden ([C]) und kann in den Werkstoff eindiffundieren. Wie man sieht, sind CO bzw. CH_4 die entscheidenden Gaskomponenten. Das Kohlenmonoxid lässt sich üblicherweise über die Reaktion

$CH_4 + \frac{1}{2}\ (O_2 + 4\ N_2)$ (Luft) $\rightarrow CO + 2\ H_2 + 2\ N_2$

darstellen, wobei ein Gasgemisch mit etwa 20 % CO, 40 % H_2 und rund 40 % N_2 entsteht (Endogas).

Die Aufkohlungstemperaturen liegen oberhalb A_{c3}, d. h. im Austenitgebiet oberhalb der Linie G-S. Die Kohlenstoffgehalte der behandelten Stähle liegen zwischen 0,1 und 0,2 Masse-%. Daraus folgen Aufkohlungstemperaturen zwischen 850 und 980 °C. Angestrebt wird ein Randkohlenstoffgehalt von etwa 0,8 Masse-%. Höhere Kohlenstoffgehalte ergeben entweder eine Zementitbildung schon während des Aufkohlens bzw. einen sehr groben, spröden Martensit nach dem Härten, was beides nicht erwünscht ist. Auch führen zu hohe C-Gehalte beim nachfolgenden Härten zu großen Restaustenitgehalten.

Wichtige Verfahrenskenngröße ist der sogenannte C-Pegel. Er beschreibt den C-Gehalt, der sich in reinem Eisen bei der gewählten Temperatur und Behandlungsatmosphäre im Gleichgewicht einstellt. Ist der Kohlenstoffgehalt im Stahl geringer als der C-Pegel, erfolgt eine Aufkohlung, ist er jedoch größer, tritt eine Entkohlung auf.

Die Aufkohlungstiefe A_t, d. h. jene Tiefe in der der C-Gehalt 0,35 Masse-% erreicht hat, lässt sich nach Wünning abschätzen zu

$$A_t = \frac{0{,}79\sqrt{D \cdot t}}{0{,}24 + \dfrac{0{,}35 - C_K}{C_P - C_K}} - 0{,}7\frac{D}{\beta} \quad (4.30)$$

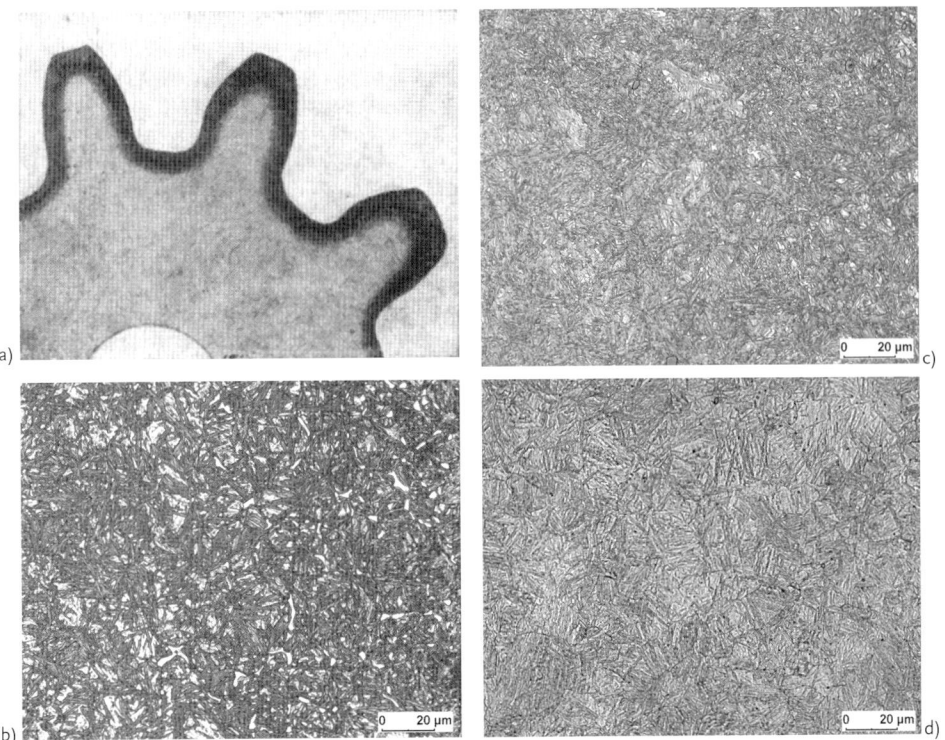

Abb. 4.138 Einsatzhärtung von Stahl: a) Makroaufnahme eines einsatzgehärteten Zahnrads, geätzt mit 10 %iger HNO₃, b) Gefügebildung im Randbereich (leicht überkohlt), c) Gefügebildung in der Mitte einer Aufkohlungszone, d) Kerngefüge

C_P C-Pegel
C_K Kohlenstoffgehalt des Kernwerkstoffs
D Diffusionskoeffizient des Kohlenstoffs
β Kohlenstoffübergangskoeffizient an der Oberfläche

Es ist in einfacher Näherung wie beim Nitrieren ein $t^{1/2}$-Gesetz.

Das Härten kann entweder direkt von der Aufkohlungstemperatur aus (Direkthärten) oder nach Abkühlung und erneuter Austenitisierung des Randbereichs erfolgen (Einfachhärten). Dabei entsteht im äußeren Randbereich ein martensitisches Gefüge mit Restaustenit, diesem folgt ein Bereich mit bainitischem Gefüge und letztlich das Gefüge des Kernwerkstoffs (s. auch Abschnitt 5.3.2.4 und 5.3.2.5). Die erzielbaren Randhärten betragen 700 bis 850 HV. Um die Zähigkeit der martensitischen Randschicht zu verbessern, kann ein nachträgliches Anlassen bei Temperaturen bis 200 °C angeschlossen werden. Abbildung 4.138 zeigt ein einsatzgehärtetes Zahnrad sowie die Gefügebildungen in einer Aufkohlungszone nach dem Härten im Vergleich zum Gefüge des Kernwerkstoffs.

Kennt man in Abhängigkeit vom Kohlenstoffgehalt die Martensit-Starttemperatur M_s, kann nach Koistinen und Marburger der Restaustenitgehalt V_{RA} vorausgesagt werden (vgl. Gl. 3.49).

$$V_{RA} = \exp\left[-1{,}10 \cdot 10^{-2}\left(M_S - T_A\right)\right] \quad (4.31)$$

T_A Abschrecktemperatur

Die M_S-Temperatur hängt von der Zusammensetzung des Stahls, insbesondere vom Kohlenstoffgehalt ab. Sie kann nach Stuhlmann abgeschätzt werden zu:

$$M_S\,[°C] = 550 - 350\,(\%\,C) - 40\,(\%\,Mn) - 20\,(\%\,Cr) - 10\,(\%\,Mo) - 17\,(\%\,Ni) - 8\,(\%\,W) - 10\,(\%\,Cu) + 15\,(\%\,Co) + 30\,(\%\,Al) \quad (4.32)$$

Für eine Differenz des Kohlenstoffgehalts in der Randschicht und im Kern von z. B. 0,65 ergibt sich für den Rand eine um 230 °C niedrigere M_S-Temperatur, was bedeutet, dass die Martensitumwandlung in der Randschicht erst zum Ende des Abschreckens (Härtens) stattfindet, was wegen der damit verbundenen Volumenzunahme zu erwünschten Druckeigenspannungen am Rand führt (vgl. Nitrieren).

Ist der C-Pegel kleiner als der Kohlenstoffgehalt des Stahls, tritt eine meist unerwünschte Entkohlung auf, wobei die Entkohlungstiefe proportional zu $(D \cdot t)^{1/2}$ ist. Mit Entkohlungserscheinungen muss bei nahezu allen Wärmebehandlungen von Stählen gerechnet werden. Durch die Absenkung des C-Gehalts im Randbereich kann dieser nicht mehr martensitisch umwandeln, er bleibt nach dem Härten weich, es bildet sich eine Weichhaut aus (Abb. 4.139), die nicht selten Anlass für Schadensfälle gibt.

4.3.4.2 Energetische Randschichtbehandlungen

Trägt man in die Randschichtbereiche tiefenbegrenzt thermische Energie ein, so lassen sich damit folgende Effekte erzielen.

- Auflösung vorhandener Phasen, Homogenisierung
- Phasenumwandlungen (z. B. $\alpha \rightarrow \gamma$ bei Stählen)
- Rekristallisation/Entfestigung
- Aufschmelzen der Randbereiche

Damit ergeben sich vielfältige Möglichkeiten für eine gezielte Randschichtbehandlung, von denen das Randschichthärten von Stählen (Nutzung der Martensithärtung im aufgeheizten Bereich), das Randschichtumschmelzen oder das Randschichtlegieren (Legieren aufgeschmolze-

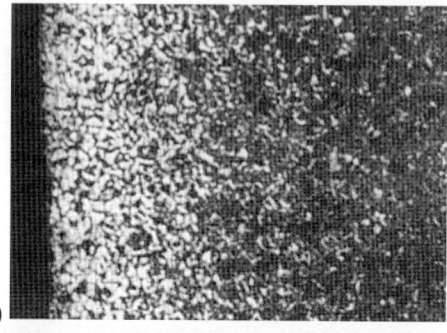
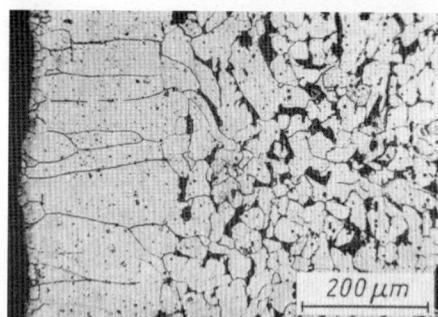
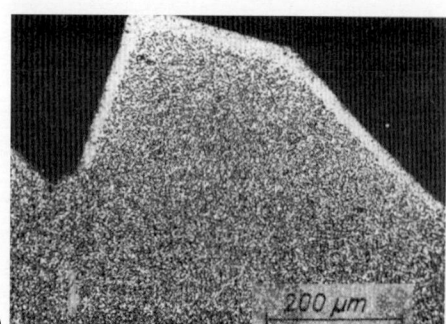

Abb. 4.139 Randentkohlungen: a) in einem Stahl C60 nach 3 h Glühen an Luft bei 800 °C, b) in einem Stahl C25 durch Glühen in H_2 bei 800 °C, typische Stängelkornbildung, c) bei einem Feilenzahn

ner Randbereiche) die wohl wichtigsten Verfahren sind.

Der Wärmeeintrag in die Randschichten kann erfolgen über

- Flammen, Induktion
  (Induktions- bzw. Flammhärten)
- Elektronenstrahlbehandlungen
- Laserbehandlungen

Dabei gilt, dass die erzeugten thermischen Gradienten umso steiler werden, je höher die pro Flächeneinheit aufgebrachten Wärmeleistungen sind. Dementsprechend sind wegen der steilen erreichbaren thermischen Gradienten die Elektronenstrahl- und die Laserbehandlung besonders geeignet, in geringen Eindringtiefen entsprechende Behandlungseffekte zu erzielen. Mit ihnen lassen sich sowohl hohe Aufheizgeschwindigkeiten als auch hohe Abkühlgeschwindigkeiten (Wärmeabfuhr über das Kernmaterial, dessen Volumen groß gegenüber dem Volumen der erhitzten Randschicht ist) und damit besondere Gefügeausbildungen erzielen. Hervorzuheben ist, dass derartige Behandlungen lokalisiert auf der Probenoberfläche vorgenommen werden können.

Die Elektronenstrahlbehandlung (EB) muss unter Vakuumbedingungen durchgeführt werden, was das Verfahren verteuert. Jedoch muss festgestellt werden, dass derartige Anlagen sehr vielfältig eingesetzt werden können: lokale Wärmebehandlungen, lokales Schmelzlegieren bzw. Umschmelzen oder auch Elektronenstrahlschweißen bzw. -trennen. Dabei ist vorteilhaft, dass die Elektronenstrahlen mittels magnetischer Felder einfach und praktisch trägheitslos in ihrer Richtung verändert werden können (Ablenkungsfrequenzen im 100 kHz-Bereich). Das erlaubt, auch relativ große und kompliziert berandete Flächen homogen mit Energie zu beauflagen. Die Strahldurchmesser sind kleiner als 1 mm, die Leistungsdichten erreichen 10^9 W cm^{-2}. Der thermische Wirkungsgrad[1] ist hoch verglichen mit einer Laserstrahlbehandlung.

Die Eindringtiefe der Elektronen, deren Energien um 100 keV liegen, erreicht nur wenige 10 µm, sie verlieren auf diesem kurzen Weg ihre gesamte Energie, die hauptsächlich in Wärme umgesetzt wird. Der thermische Gradient als Folge des Wärmetransports in das Probeninnere hinein kann durch die Flächenleistung des Elektronenstrahls und die Einwirkungsdauer in weiten Grenzen verändert werden. Behandelt man vereinfachend das Wärmeleitproblem in Analogie zur Diffusion (Abschnitt 3.1.3, Gl. 3.25) als eindimensionales Transportproblem mit konstanter Oberflächentemperatur T_0 und der Ausgangstemperatur T_W des Werkstoffs, ergibt sich für die Temperatur im Randabstand z nach der Zeit t die Beziehung

$$T(z,t) = T_W + (T_O - T_W)\left[1 - erf\left(\frac{z}{2\sqrt{a \cdot t}}\right)\right] \quad (4.33)$$

a Temperaturleitfähigkeit

Auf dieser Grundlage kann die Wirkungstiefe (Tiefe, bei der eine bestimmte Temperatur nach der Zeit t erreicht wird) abgeschätzt werden. Heutzutage sind die korrekten Modellierungen der sich ausbildenden Temperaturfelder bzw. die für die Einstellung bestimmter Felder notwendigen Leistungs- und Prozessparameter Bestandteil der jeweiligen Technologie. Die erzielbaren Aufheiz- und Abkühlgeschwindigkeiten hängen von den gewählten Strahlparametern und natürlich von der Temperatur-

---

[1] Der thermische Wirkungsgrad gibt an, welcher Anteil an der gesamten Strahlleistung in der Probe als Wärme umgesetzt wird. Er erreicht Werte von 0,7 bis 0,8.

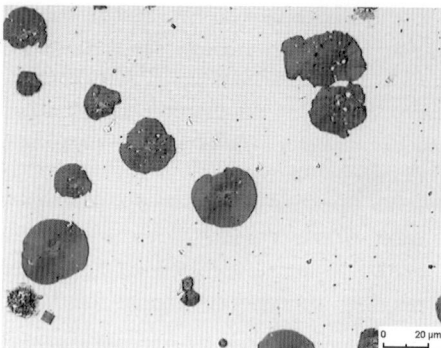

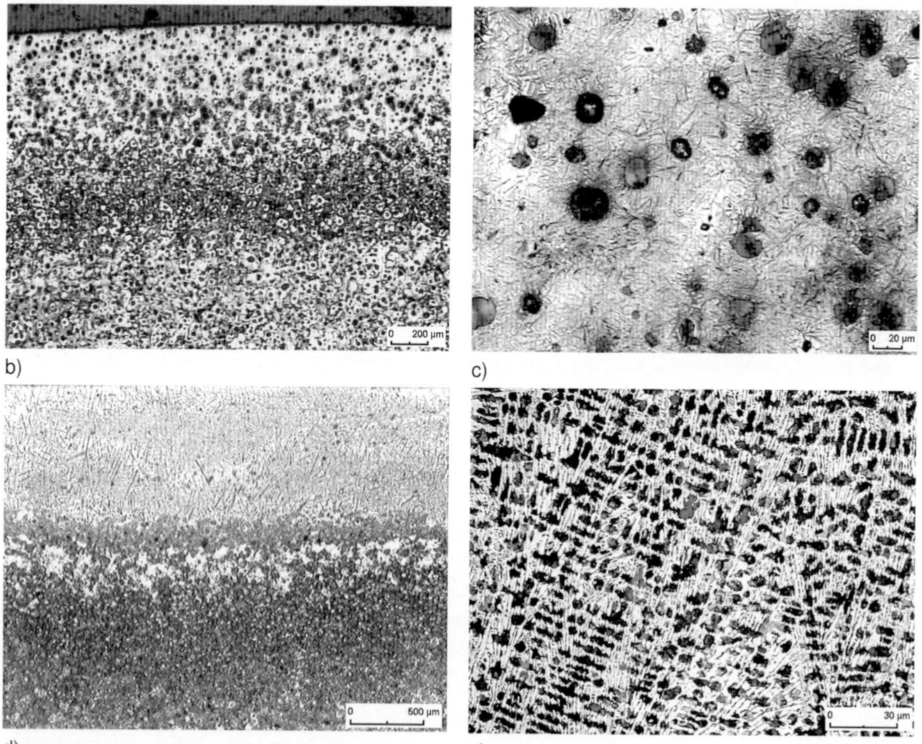

Abb. 4.140 Elektronenstrahlhärten (EBH) und -umschmelzen (EBU) von Gusseisen mit Kugelgrafit (EN-GJS-600): a) Ausgangsgefüge (ungeätzt), b) Gefüge nach EB-Härten (Übersicht), c) Härtungsgefüge (Detail aus b), d) Gefüge nach dem EB-Umschmelzen (Übersicht), e) Umschmelzgefüge (Detail aus d)

leitfähigkeit a des Materials ab. Werte von 10^3 bis 10^5 K s^{-1} sind typisch.

Ein Anwendungsbeispiel ist die Oberflächenhärtung von Stählen (EB-Härten). Beim Aufheizen der oberflächennahen Randbereiche bis weit in das Austenitgebiet hinein wird man schematisch folgenden Gefügegradienten vorfinden (Vergütungsstahl):

- Gebiet mit vollständiger Lösung der Carbide und homogener C-Verteilung
- Gebiet mit gelösten Carbiden, aber inhomogener C-Verteilung (nicht ausreichende Diffusion)

– Gebiet mit nicht vollständig gelösten Carbiden
– perlitisches bzw. ferritisch-perlitisches Gefüge

Dabei ist zu beachten, dass sich die Linien im Zustandsdiagramm wegen der hohen Aufheizgeschwindigkeiten merklich verschieben können. Schreckt man diesen Randbereich durch die rasche Wärmeabfuhr in das Probeninnere (Selbstabschreckung) ab, werden sich die Härtungs- bzw. Umwandlungsgefüge entsprechend diesem Gefügegradienten und der lokalen Abkühlbedingungen wiederum als ein Gradient ausbilden:

– Gebiet mit Martensit (und Restaustenit)
– martensitisch-bainitisches Gebiet
– perlitisch-bainitisches Gebiet
– angelassenes Grundgefüge

Diese Abfolgen sind nur ein grobes Schema, die konkreten Gefügeausbildungen sind hinsichtlich der Übergangsformen sehr vielfältig.

Natürlich kann der Energieeintrag so hoch gemacht werden, dass der Randbereich aufschmilzt. Das nutzt man zum Umschmelzen der Randbereiche z. B. bei Gusseisen, wobei ein besonders feinkörniges Randgefüge entsteht. Außerdem kann unter diesen Bedingungen durch Hinzufügen von geeigneten Zusatzwerkstoffen ein Oberflächenlegieren vorgenommen werden.

In Abb. 4.140 sind Gefüge dargestellt worden, wie sie sich nach dem EB-Härten und dem EB-Umschmelzen von Gusseisen mit Kugelgrafit ergeben. Das Ausgangsgefüge ist in (a) zu sehen. Eine Austenitisierung kann nicht zur vollständigen Auflösung des Grafits führen, im Härtungsgefüge (b) und (c) sind daher die in ihrer Größe reduzierten Grafitkugeln zu sehen. Das EB-Umschmelzen (d) und (e) erzeugt ein sehr feines und damit hartes ledeburitisches Gefüge, in dem der Grafit nicht mehr auftritt.

Ein Beispiel für das EB-Umschmelzlegieren ist in Abb. 4.141 zu sehen. Das umschmelzlegierte Gefüge besteht aus Si (dunkel), Al-Si-Eutektikum (grau) und intermetallischen Phasen (hell).

Eine der Elektronenstrahlbehandlung ähnliche Oberflächenmodifizierung kann auch mit Lasertechniken erzielt werden. Auch hier erfolgt über einen oberflächlichen Eintrag von Energie mit hoher Leistungsdichte eine rasche Aufheizung und danach Abkühlung der Randschichten mit den bereits diskutierten Möglichkeiten für eine Gefügeveränderung von Werkstoffen. Der Vorzug einer Laserbehandlung besteht darin, dass sie nicht unter Vakuum erfolgen muss. Die Eindringtiefe der Photonen ist verglichen mit der der Elektronen gering (nm-Bereich). Wegen der Reflexion an der Oberfläche insbesondere bei metallischen Werkstoffen ist der thermische Wirkungsgrad niedrig. Deshalb versucht man, durch Aufrauungen der Oberflächen oder Aufbringen absorptionsfähiger Schichten (z. B. Grafit) diesen zu verbessern. Die Strahlablenkung geschieht mit Spiegelsystemen und ist daher nur mit kleineren Frequenzen als bei der Elektronenbestrahlung möglich.

4 Einfluss der Verarbeitung und Behandlung auf die Gefügeausbildung von Metallen und Legierungen

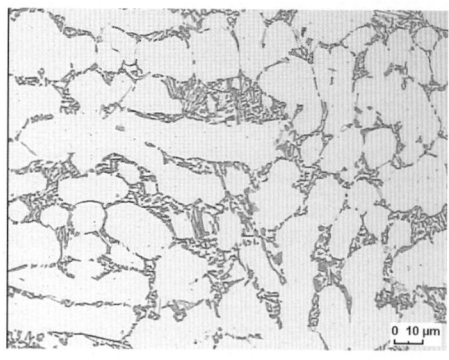
a)

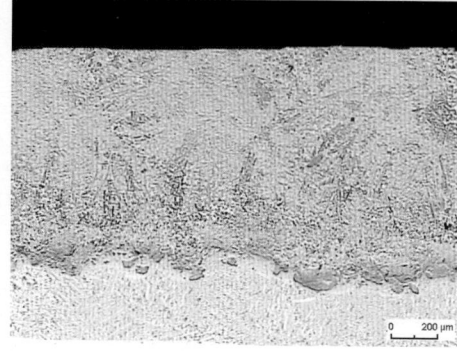
b)

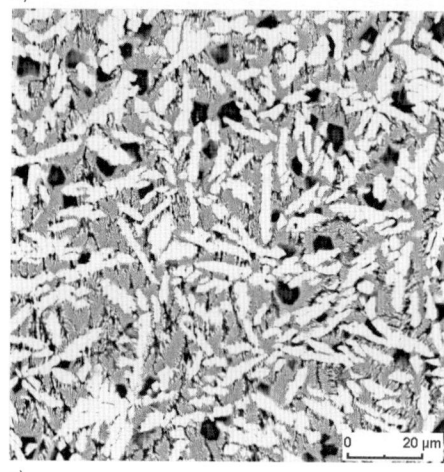
c)

Abb. 4.141 Elektronenstrahl-Umschmelzlegieren einer AlSi9Mg-Legierung unter Zusatz einer Cu-Ni-Legierung: a) Ausgangsgefüge mit dendritischen Al-Mischkristallen und Eutektikum,
b) umschmelzlegierte Randschicht (Übersicht),
c) Gefügedetail aus b)

5
Eisen und Eisenlegierungen

5.1
Roheisen- und Stahlherstellung im Überblick

Die wichtigsten Ausgangsstoffe für die Roheisen- und Stahlherstellung sind Eisenträger (wie Eisenerze, Agglomerate, Schrott), Brennstoffe und Reduktionsmittel (wie Koks, Kohle, Öl, Gas) und Zuschläge (wie Kalk, Legierungsmittel). Eisenerze und durch Sintern thermisch erzeugte Agglomerate sind oxidischer Natur (hauptsächlich Fe_2O_3, Fe_3O_4).

Die Eisengewinnung aus diesen Rohstoffen beruht in chemischer Hinsicht auf Reduktionsprozessen, für die unterschiedliche Reaktionsaggregate in Frage kommen. Bei den Reduktionsprozessen unterscheidet man die indirekte Reduktion mit Kohlenmonoxid CO

$$CO + O_{Eisenoxid} \rightarrow CO_2$$

und die direkte Reduktion mit Kohlenstoff in Verbindung mit der *Boudouard-Reaktion*

$$CO + O_{Eisenoxid} \rightarrow CO_2$$

$$CO_2 + C_{Koks} \rightarrow 2\ CO$$

Auf diesem Wege entstehen Roheisen oder Eisenschwamm aus den primären Eisenträgern. *Roheisen* wird überwiegend im Hochofen hergestellt, *Eisenschwamm* dagegen in Direktreduktionsanlagen, die entweder nach dem Prinzip der Gasreduktions- oder der Feststoffreduktionsverfahren arbeiten. Roheisen enthält etwa 3,5 bis 4,5 % Kohlenstoff und außerdem noch Mn, Si, P, S und andere Begleitelemente, weil diese Elemente nach Reaktionen ihrer Ausgangsverbindungen von der Eisenschmelze bzw. im Falle des Schwefels von der Schlacke aufgenommen werden (wobei bedeuten: [A] im Eisen gelöste Komponente, (B) in der Schlacke enthaltene Komponente und {C} in der Gasphase enthaltene Komponente):

$$SiO_2 + 2\ C \rightarrow [Si] + 2\ CO$$

$$P_2O_5 + 5\ C \rightarrow 2\ [P] + 5\ CO$$

$$Sulfid + CaO + [C] \rightarrow (CaS) + CO$$

Zwischen der Eisen- und der kontaktierenden Schlackenschmelze stellt sich ein Schwefelverteilungsverhältnis [S]/(S) ein, das unter reduzierenden Bedingungen zwar relativ klein, aber dennoch groß genug ist, um zu einer spürbaren Aufnahme von Schwefel in die Eisenschmelze zu führen. Man versucht, diesen Schwefel in einer Nachbehandlung durch Fällungsentschwefelung mittels Calciumcarbid CaC_2 oder anderer Stoffe zu binden und zu verschlacken.

Festes Roheisen ist ausgesprochen spröde, besitzt daher kaum Gebrauchseigenschaften und wird deshalb weiterverarbeitet. Die Weiterverarbeitung des Roheisens zu Stahl erfolgt in der Regel noch im schmelzflüssigen Zustand bei einer Einsatztemperatur von etwa 1320 °C. Im Unterschied dazu wird Eisenschwamm als hochvorreduziertes Produkt mit einem Metallisierungsgrad von etwa 80 bis 95 % in stückiger bis feinkörniger Form der Weiterverarbeitung zugeführt.

Einsatzstoffe für die Stahlherstellung sind außer Roheisen und Eisenschwamm noch Stahlschrott, Zuschlagstoffe (wie Kalk, Kalkstein, Flussspat, Bauxit, Eisenerz) und Legierungsmittel (wie Ferrolegierungen, Desoxidationsmittel). Außerdem benötigt man Energieträger und Hilfsstoffe, wie z. B. Kühlwasser und technisch reinen, gasförmigen Sauerstoff.

Bei der Stahlherstellung läuft eine Vielzahl von z. T. recht komplizierten Prozessen ab. Die chemischen Hauptprozesse sind ihrem Wesen nach Oxidationsprozesse, die in der Stahlwerkspraxis als Frischprozesse bezeichnet und in verschiedenen technologischen Sauerstoffblasverfahrensvarianten realisiert werden können. *Frischen* bedeutet Verbrennen, denn der im Roheisen im Überschuss vorhandene Kohlenstoff und die z. T. unerwünschten Begleitelemente werden herausgebrannt, d. h. oxidiert und in Form von Oxidationsprodukten aus der Metallschmelze entweder in die Gas- oder die Schlackenphase separiert. Die wichtigsten chemischen Reaktionen sind:

- die *Entkohlungsreaktion*

  $[C] + [O] \rightarrow \{CO\}$

- und die *Verschlackung* der Begleitelemente, d. h. Entsilizierung, Manganreaktion, Entphosphorung und Entschwefelung

$[Si] + 2\,[O] + 2\,(CaO) \rightarrow (2\,CaO \cdot SiO_2)$

$[Mn] + [O] \rightarrow (MnO)$

$2\,[P] + 5\,[O] + 3\,(CaO) \rightarrow (3\,CaO \cdot P_2O_5)$

$[S] + (CaO) \rightarrow (CaS) + [O]$

Diese chemischen Frischprozesse würden lange Reaktionszeiten beanspruchen, würde man mit derjenigen Sauerstoffmenge arbeiten, die den stöchiometrischen Umsätzen entspricht. Im Interesse einer Prozessverkürzung ist man gezwungen, das Frischen mit einem Sauerstoffüberangebot durchzuführen. Dabei nimmt man zwangsläufig in Kauf, dass die Metallschmelze zunächst Sauerstoff in einer Menge aufnimmt, die den späteren Stahleigenschaften abträglich ist und deshalb am Ende des Frischprozesses aus dem Stahlbad entfernt werden muss.

Die Idee der Entfernung des Sauerstoffs besteht darin, diesen zu stabilem Oxid chemisch zu binden und ihn in gebundener Form unverzüglich in die Schlackenphase zu überführen. Dazu benötigt man geeignete sauerstoffaffine Reaktionspartner wie z. B. Silicium in Form von FerroSilicium oder technisch reines Aluminium in entsprechend abgestimmter Dosierung. Die Reaktion wird als *Desoxidation* (Sauerstoffentfernung) bezeichnet:

$[Si] + 2\,[O] \rightarrow (SiO_2)$

$2\,[Al] + 3\,[O] \rightarrow (Al_2O_3)$

Derjenige Teil der Desoxidationsprodukte, dem es nicht gelingt, rechtzeitig in die Schlackenphase überzugehen, wird bei der Erstarrung von der Stahlmatrix eingeschlossen und bildet *endogene nichtmetallische Einschlüsse*. Der Metallurge ist bemüht, den Anteil dieser mikroskopisch feinen

Oxidteilchen wie auch den anderer Einschlüsse (exogener, sulfidischer u. a.) so gering wie möglich zu halten, weil sie eine Reihe von Stahleigenschaften im Allgemeinen negativ beeinflussen, wenn sie in ungünstiger Form, Größe, Verteilung und Anordnung im fertigen Stahl verbleiben.

Notwendige Qualitätssteigerungen, Produktivitätserhöhungen und Kostensenkungen haben zu einem grundsätzlichen Wandel der Stahlherstellungstechnologien geführt, der hauptsächlich darin besteht, alle dem Frischen nachfolgenden Prozesse aus dem Frischreaktionsraum (Konverter, Elektrolichtbogenofen) heraus in die Nachbehandlungphase des Flüssigstahls zu verlegen. Diese Nachbehandlung bezeichnet man als *Sekundärmetallurgie*. Zu den Nachbehandlungsverfahren gehören Behandlungen unter Atmosphärendruck, unter Vakuum, ohne Beheizung, mit Beheizung, unter Verwendung von Spülgas sowie unter Anwendung von Sauerstoff bzw. anderen Reaktionsgasen.

Aufgabe der Sekundärmetallurgie ist die Einstellung der chemischen Zusammensetzung, die Homogenisierung der Zusammensetzung und der Temperatur der Schmelze, die Entschwefelung, die Entphosphorung, die Entfernung störender Spurenelemente, die Entgasung, die Desoxidation einschließlich der Abscheidung von Desoxidationsprodukten und andere. Dazu dienen solche Maßnahmen wie die Spülgasbehandlung über Spülsteine, Blaslanzen oder mithilfe des elektromagnetischen Rührens, die dosierte Zugabe von Desoxidationsmitteln und Schlackenbildnern über Trichter und andere geeignete Vorrichtungen, die Injektion von Feststoffen in die Stahlschmelze, das Einspulen von Reaktionsstoffen in Form von Draht, die Stahlentgasung im Vakuum nach verschiedenen Einzelverfahren, das Nachwärmen der Stahlschmelze im beheizbaren Pfannenofen und andere. Diese Maßnahmen lassen sich so miteinander kombinieren, dass dem Zweck angepasste Verfahrensabläufe zur Herstellung gewünschter Stahlgüten und zur Einhaltung relativ enger Toleranzen im Gehalt an Legierungs- und Begleitelementen realisiert werden können.

Zur Herstellung spezieller Stahlgüten, wie z. B. hochchromhaltiger kohlenstoffarmer Stähle, wird das herkömmliche Frischen, das in diesem Fall nur bis zu einer teilgefrischten Schmelze geführt wird, mit Sonderfrischverfahren im Vakuum kombiniert. Auf diese Weise können Abbrandverluste teurer Legierungselemente gering gehalten werden.

Der fertige Flüssigstahl wird durch Vergießen weiterverarbeitet, das entweder kontinuierlich (*Strangguss*) oder diskontinuierlich (*Kokillenguss* als Oberguss oder Gespannguss) erfolgen kann. Das diskontinuierliche Vergießen, das unter der Bezeichnung Blockguss als klassisches Gießverfahren bekannt ist, wird hauptsächlich noch zur Erzeugung großer Blöcke mit quadratischem, rechteckigem, rundem, ovalem oder vieleckigem Querschnitt angewendet, die anschließend in der Regel durch Schmieden oder Pressen weiterverarbeitet werden.

5.2
Gefüge des reinen Eisens und der Eisenlegierungen

Das Gefüge des reinen Eisens und der Eisenlegierungen wird durch die thermische Behandlung, gegebenenfalls unter Mitwirkung einer plastischen Deformation, und das Gefüge der Eisenlegierungen zusätzlich durch die chemische Zusammensetzung bestimmt.

Wirklich reines Eisen ist schwer herstellbar. Technische Reineisensorten enthalten noch Spuren anderer Elemente, wie z. B. C, Si, Mn, P, S, Cu. Die Eigenschaften des Eisens, auf denen die Variabilität der Eigenschaften von Eisenlegierungen beruht, sind seine Fähigkeit für allotrope Phasenumwandlungen und seine Fähigkeit, sich mit anderen Elementen zu Legierungen mit hervorragenden Eigenschaften zu vereinigen. Zu den Eisenlegierungen gehören Stahl, Roheisen, Ferrolegierungen und Gusseisen. Hauptsächlich Stahl und Gusseisen finden als Eisenwerkstoffe Verwendung. Eisenwerkstoffe sind Eisenlegierungen, bei denen der mittlere Massenanteil des Eisens höher als der jedes anderen Elements ist.

Technische Stähle sind im metallkundlichen Sinne Vielkomponentensysteme, d. h. sie enthalten außer Eisen (Fe) und Kohlenstoff (C) noch andere Elemente, die gewollt oder ungewollt in den Stahl hineingelangt sind. Das Komponentensystem Fe + C + Begleitelemente gilt im technischen Sprachgebrauch als *unlegierter Stahl* und das System Fe + C + Begleitelemente + Legierungselemente als *legierter Stahl*. Diese Einteilung ist wissenschaftlich nicht ganz korrekt, den auch „unlegierte" Stähle gehören zu den Eisenlegierungen. Weitere Unterteilungen legierter Stähle, wie z. B. in niedrig-, mittel- und hochlegierte Stähle, sind in den meisten Regelwerken nicht vorgesehen. Legierungselemente können Al, B, Ce, Co, Cr, Cu, Mn, Mo, N, Nb, Ni, P, Pb, S, Se, Si, Ta, Te, Ti, V, W, Zr u. a. sein. Begleitelemente sind As, Bi, H, O, Sb, Zn sowie alle oben als Legierungselemente bezeichneten Elemente, wenn sie ungewollt in den Stahl gelangt sind. Da ein und dasselbe Element gegebenenfalls sowohl Begleit- als auch Legierungselement sein kann, werden in den einschlägigen Normen Obergrenzen für die Gehalte der Begleitelemente festgelegt (Tab. 5.1). In einigen Stählen verdienen schon kleine Spuren bestimmter Elemente Beachtung. Derartige *Spurenelemente* sind Elemente, die aus den Rohstoffen unbeabsichtigt in den Stahl gelangen in Gehalten, die nicht oder kaum durch metallurgische Verfahren beherrschbar sind und die unterhalb der Grenzen für Begleitelemente liegen, die aber nach derzeitigen Erkenntnissen

Tab. 5.1 Anhaltswerte für Elementobergrenzen im Stahl

Element	Anhaltswerte für die Obergrenze als...	
	Begleitelement im unlegierten Stahl [Masse-%]	**Spurenelement** [Masse-%]
Al	0,10	0,01
As	–	0,005
B	0,0008	0,0005
Bi	0,10	0,0005
Co	0,10	0,005
Cr	0,30	0,03
Cu	0,40	0,20
H	–	0,0006
Mn	1,65	0,05
Mo	0,08	0,03
Lanthanide (einzeln gewertet)	0,05	0,01
Nb	0,06	0,01
Ni	0,30	0,05
P	–	0,02
Pb	0,40	0,005
S	–	0,02
Sb	–	0,002
Se	0,10	0,02
Si	0,50	0,03
Sn	–	0,02
Te	0,10	0,02
Ti	0,05	0,01
V	0,10	0,01
W	0,10	0,01
Zr	0,05	0,01
sonstige (außer C, P, S, N, O)	0,05	0,01

einen spürbaren, in der Regel unerwünschten Einfluss auf Stahleigenschaften haben können. Einige der in Tab. 5.1 aufgeführten Elemente, wie Al, Nb, Ti und V, können in kleinen Gehalten von wenigen Zehntel oder sogar Hundertstel Prozent bereits einen deutlichen erwünschten Einfluss auf die Stahleigenschaften ausüben, weswegen sie in diesem Fall nicht als Spuren-, sondern als *Mikrolegierungselemente* bezeichnet werden, wenn sie absichtlich zulegiert werden (s. auch Abschnitt 5.4.3.3). Edelmetalle kommen niemals als Legierungselemente für Eisenwerkstoffe in Frage, auch nicht beim sogenannten Silberstahl.

5.2.1
Reines Eisen

Reines Eisen hat keine große Bedeutung als Werkstoff erlangt, aber es ist das Grundmetall für die wichtigsten technischen Legierungen, die Stähle. Wirklich reines Eisen ist nicht einfach herzustellen. Mögliche Herstellungsverfahren sind die Elektrolyse von Eisensalzen (*Elektrolyteisen*), die thermische Zersetzung von Fe(CO)$_5$ (*Carbonyleisen*) und das reduzierende Langzeitglühen von Weicheisen im Wasserstoffstrom. So behandeltes Eisen enthält immer noch Spuren (je 0,001 bis 0,01 %) der Elemente C, Si, Mn, P, S, Cu und anderer. Unterschiedliche Reinheitsgrade sind die Ursache für streuende Angaben zu den mechanischen Eigenschaftswerten für Reineisen. Die Härte (etwa 60 HB), die Streckgrenze (etwa 100 N mm^{-2}) und die Zugfestigkeit (etwa 200 N mm^{-2}) sind sehr niedrig, die Dehnung (etwa 50 %), die Einschnürung (etwa 80 %) und Kerbschlagzähigkeit (etwa 250 J cm^{-2}) dagegen hoch. Reineisen findet in der Elektrotechnik wegen seiner hohen magnetischen Permeabilität und seiner niedrigen Koerzitivfeldstärke Verwendung.

Eine Eigenschaft, die das Eisen außerdem zu einem interessanten Metall macht, ist seine Fähigkeit zu allotropen Phasenumwandlungen, die auch bei Eisenlegierungen zu finden sind. Wie generell bei reinen Metallen existieren Haltepunkte in den Abkühlungs- und Aufheizkurven, die unter Gleichgewichtsbedingungen aufgestellt worden sind (Abb. 5.1). Der Haltepunkt bei 1536 °C kennzeichnet den Erstar-

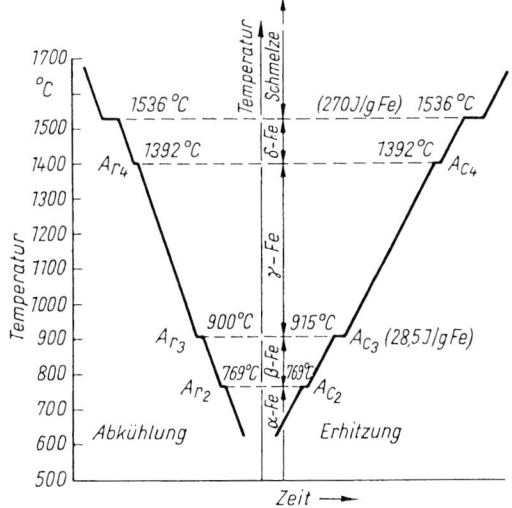

Abb. 5.1 Schematische Abkühlungs- und Erwärmungskurve des reinen Eisens

Tab. 5.2 Modifikationen des reinen Eisens

Existenzbereich [°C]	Modifikation	Kristallstruktur	Gitterkonstante [nm]	Bei Temperatur [°C]
bis 769	α-Fe	kubisch raumzentriert	0,286	20
769 … 911	β-Fe	kubisch raumzentriert	0,290	800
911 … 1392	γ-Fe	kubisch flächenzentriert	0,364	1100
1392 … 1536	δ-Fe	kubisch raumzentriert	0,293	1425

rungs- bzw. Schmelzpunkt des reinen Eisens. Je nach dem Reinheitsgrad werden auch etwas geringere Werte angegeben. Am Erstarrungspunkt wird eine Kristallisationswärme von 270 J je g Fe frei. Der Haltepunkt bei 1392 °C ist mit einem Modifikationswechsel im festen Zustand und mit einer Wärmefreisetzung von 10,5 J je g Fe verbunden. Am Haltepunkt bei 900 °C, an dem ebenfalls ein Modifikationswechsel stattfindet, werden 28,5 J je g Fe freigesetzt. Der Haltepunkt bei 769 °C ist mit einem nur geringen Wärmeumsatz verbunden. Das ist ein Zeichen dafür, dass bei 769 °C keine Gitterveränderung im Eisen stattfindet. Diese Temperatur wird als Curie-Temperatur bezeichnet. Sie bildet die Temperaturgrenze zwischen dem paramagnetischen und dem ferromagnetischen Zustand unterhalb der Curie-Temperatur. Die Aufheizkurve ergibt im Wesentlichen die gleichen Haltepunkte, wobei der zweite von unten mit etwa 915 °C gegenüber 900 °C etwas erhöht ist. Diese Differenz bezeichnet man als Hysterese. Sie ist nicht mit thermischen Effekten verbunden, sondern durch die atomare Struktur begründet. Die Haltepunkte werden international einheitlich mit A_1, A_2, A_3, A_4 gekennzeichnet (A abgeleitet vom französischen Wort *arrêt* Haltepunkt)[1]. Die Ziffern sind reine Zählnummern. Die Indizes r und c kennzeichnen Haltepunkte, die beim Abkühlen (r *refroidissement*) bzw. beim Erwärmen (c *chauffage*) ermittelt worden sind. Die thermodynamischen Gleichgewichtstemperaturen zwischen zwei Phasen bezeichnet man mit A_e (e *equilibre*).

Beim Eisen vorkommende allotrope Modifikationen sind in Tab. 5.2 enthalten. Wenn man vom Magnetismus und den davon abhängigen Eigenschaften absieht, zeigen alle physikalischen Eigenschaften, so z. B. die Dichte, die Gitterkonstante, die thermokinetische Spannung, die thermische Ausdehnung, die Gaslöslichkeit u. a., Übereinstimmung von α- und δ-Eisen, bedingt durch den gleichen kubisch raumzentrierten Gitteraufbau. Die kubischraumzentrierte und die kubisch flächenzentrierte Modifikation des Eisens unterscheiden sich in einer Reihe von Eigenschaften, wie z. B. der Dichte. Unter höherem hydrostatischen Druck wird die Phase mit der größeren Dichte, also das γ-Eisen, begünstigt, d. h. der Existenzbereich für diese Phase wird größer. Bei einem allseitigen Druck von 11 GPa beträgt die Temperatur A_{r3} nur noch 490 °C[2]. Die in Tab. 5.2 angegebenen Werte gelten für Normaldruck.

[1] Diese Deutung ist nicht ganz unumstritten, denn in einer Arbeit von Ed. Maurer mit dem Titel „50 Jahre wissenschaftliche Stahlhärtung" von 1954 wird behauptet, dass F. Osmond im Jahre 1887 den Buchstaben a angewandt habe „in Würdigung des russischen Metallurgen D. K. Tschernov, welcher 1876 die Temperatur, bei welcher der Stahl erstmalig durch Abschrecken in Wasser härtet, mit „a" bezeichnete."

[2] Bei den Zahlenangaben zu den Umwandlungstemperaturen in diesem Abschnitt handelt es sich um Werte, die bei sehr langsamer Abkühlung (2 oder 3 K/min) ermittelt wurden und deshalb als gleichgewichtsnah zu bewerten sind.

5.2 Gefüge des reinen Eisens und der Eisenlegierungen

5.2.2 Eisen-Kohlenstoff-Legierungen

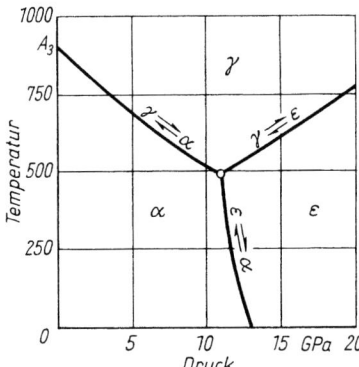

Abb. 5.2 Umwandlung des reinen Eisens unter höherem Druck (nach Bundy)

Bei noch höheren Drücken wandelt die γ-Phase in das hexagonale ε-Eisen um, das eine noch größere Dichte als das γ-Eisen aufweist (Abb. 5.2). Die α- und γ-Modifikation kommt auch bei Stählen vor, die ε-Modifikation jedoch nur bei hochlegierten.

Das Gefüge des reinen Eisens besteht bei Raumtemperatur aus Ferrit (von lat. *ferrum* Eisen), einem polyedrischen zwillingsfreien Gefüge (Abb. 5.3). Bei technischem Weicheisen, das gewöhnlich etwas mehr als 0,02 % C enthält, findet man nach dem Anätzen mit Nital neben den Ferritpolyedern noch einen dunklen Gefügebestandteil, den Perlit.

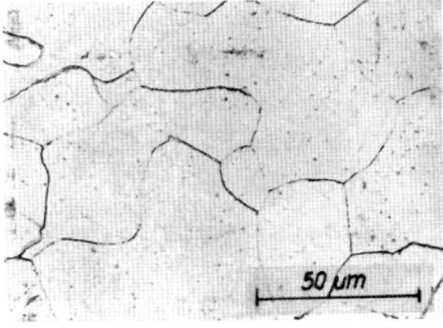

Abb. 5.3 Gefüge von α-Eisen mit 0,02 % C, 0,01 % Si, 0,08 % Mn, 0,007 % P und 0,026 % S; Ferrit, geätzt mit 1 %iger HNO_3

Fast alle technisch genutzten Eisenlegierungen enthalten Kohlenstoff. Kohlenstoff ist also nach dem Eisen die Hauptkomponente der Stähle. Schon relativ geringe Kohlenstoffgehalte genügen, um das Gefüge und die Eigenschaften des Eisens deutlich zu verändern. Hoch kohlenstoffhaltige Eisenlegierungen werden als Gusseisen bezeichnet. Sie werden im Gusszustand verwendet, Stähle dagegen im plastisch verformten und in der Regel thermisch nachbehandelten Zustand. Kohlenstoff wirkt stark festigkeitserhöhend. Im Walzzustand nimmt die Zugfestigkeit unlegierter Stähle je 0,1 Masse-% C um etwa 90 N mm^{-2} und die Streckgrenze um etwa 40 bis 50 N mm^{-2} zu. Um eine ähnlich große Festigkeitssteigerung mit solchen Elementen wie Mn, Si oder Cr zu erreichen, wären schon Gehalte dieser Elemente von etwa 1 Masse-% erforderlich.

Kohlenstoff kann in Eisenlegierungen in verschiedener Form vorkommen und zwar gelöst als Mischkristall oder ausgeschieden entweder als elementarer Kohlenstoff (Grafit, Temperkohle) oder als chemische Verbindung, die man als Carbid (Eisencarbid bzw. Zementit Fe_3C, legierte Misch- oder Sondercarbide) bezeichnet. Dementsprechend werden die Kristallisationsverhältnisse in den Eisen-Kohlenstoff-Legierungen durch zwei verschiedene Zustandsschaubilder beschrieben, durch das System Fe – Fe_3C und das System Fe – C (Eisen-Grafit). Die reinen Fe-C-Legierungen kristallisieren in der Regel nach dem System Fe – Fe_3C. Bei sehr langsamer Abkühlung, mehrfachem Aufschmelzen und Wiedererstarren, längerem Glühen bei erhöhter Temperatur und bei Anwesenheit von Silicium zerfällt das Fe_3C insbesondere in kohlenstoffreichen Legierungen in seine Bestand-

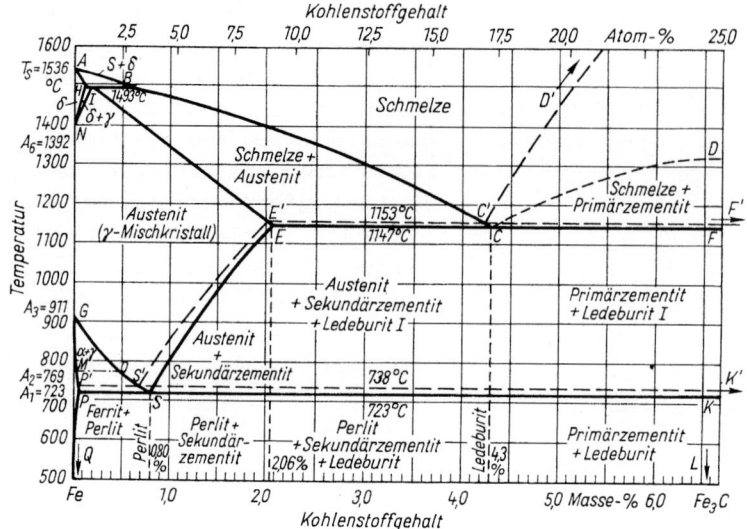

Abb. 5.4 Eisen-Kohlenstoff-Diagramm

teile Fe und C (Temperkohle). Diese Verhältnisse werden vom System Eisen-Grafit beschrieben. Da Grafit unter gleichgewichtsnäheren Bedingungen entsteht als Fe_3C, wird dieses System als das stabile Eisen-Kohlenstoff-System bezeichnet im Unterschied zum sogenannten metastabilen System Fe – Fe_3C. Abb. 5.4 zeigt das Eisen-Kohlenstoff-Diagramm in der vom Verein Deutscher Eisenhüttenleute bearbeiteten Form. Die ausgezogenen Linien kennzeichnen die metastabile Form. Abweichungen des stabilen Systems hiervon sind durch gestrichelte Linien dargestellt.

Im metastabilen System bildet reines Eisen die linke und Zementit Fe_3C die rechte Begrenzung des Systems in der dargestellten Form. Der reine Zementit enthält im Gleichgewicht 6,67 % C und hat eine komplizierte Gitterstruktur. In der orthorhombischen Elementarzelle (a = 0,4517 nm, b = 0,5079 nm, c = 0,673 nm) befinden sich 4 Moleküle Fe_3C zu je 3 Fe- und 1 C-Atom. Je 4 Fe-Atome umhüllen 1 C-Atom in Form eines Tetraeders. Die einzelnen Tetraeder sind wechselweise längs einer Kante oder einer Ecke miteinander verbunden. Zementit ist hart (800 HV), hat eine geringere Dichte als Eisen (ρ = 7,4 g cm^{-3}) und ist bei Raumtemperatur und bis 215 °C magnetisch. Bei höheren Temperaturen zerfällt Zementit in Eisen und Kohlenstoff. Deshalb ist es schwer, den Schmelzpunkt zu bestimmen. Im vorliegenden Fe-C-Diagramm ist er mit 1330 °C angenommen worden, dürfte aber tatsächlich höher liegen. Eisen-Kohlenstoff-Legierungen mit mehr als 6,67 % C sind für technische Legierungen so gut wie ohne Interesse.

In Eisen-Kohlenstoff-Legierungen treten folgende Mischkristalle auf:

Bezeichnung	Maximaler C-Gehalt	Metallografische Bezeichnung
δ-Mischkristall	0,10 % bei 1493 °C	δ-Ferrit
γ-Mischkristall	2,06 % bei 1147 °C	Austenit
α-Mischkristall	0,02 % bei 723 °C	Ferrit

Man erkennt, dass das Aufnahmevermögen des kubisch flächenzentrierten γ-Eisens für Kohlenstoff deutlich größer ist als das der anderen Modifikationen. Neben den homogenen Phasen existieren Gefügebestandteile, die zusammengesetzter (heterogener) Struktur sind:

Bezeichnung	Bestehend aus	Existenzgebiet
Perlit	88 % Ferrit + 12 % Zementit	$T \leq 723\,°C$; 0,02 bis 6,67 % C
Ledeburit I	51,4 % Austenit + 48,6 % Zementit	$T \leq 1147$ bis $723\,°C$; 2,06 bis 6,67 %C
Ledeburit II	51,4 % Perlit + 48,6 % Zementit	$T \leq 723\,°C$; 2,06 bis 6,67 %C

Der Zementit tritt als eigenständiger Gefügebestandteil in drei verschiedenen Formen, aber gleicher chemischer Zusammensetzung auf:

Bezeichnung	Entsteht durch
Primärzementit	primäre Kristallisation aus der Schmelze (Linie C-D)
Sekundärzementit	Ausscheidung aus dem Austenit (Linie E-S)
Tertiärzementit	Ausscheidung aus dem Ferrit (Linie P-Q)

In Legierungen mit 4,3 bis 6,67 % C scheidet sich Primärzementit in Form langer spießiger Nadeln aus der Schmelze primär aus. Längs der Linie E-S scheidet sich Zementit aus dem Austenit aus. Tertiärzementit entsteht beim Unterschreiten der Löslichkeitslinie P-Q im Ferrit. Die Löslichkeit für Kohlenstoff im Ferrit ist relativ gering. Sie nimmt mit abnehmender Temperatur von 0,02 % bei 723 °C auf etwa 10^{-5} % bei Raumtemperatur ab.

Oberhalb der Liquiduslinie (Linienzug A-B-C-D) befinden sich alle Legierungen im schmelzflüssigen Zustand, unterhalb der Soliduslinie (Linienzug A-H-I-E-C-F) sind sie vollständig kristallisiert und fest. Zwischen Solidus- und Liquiduslinie existiert ein semiflüssiger Zustand, der neben Schmelze noch eine der Phasen δ-Fe, γ-Fe oder Fe_3C in unterschiedlichen Mengenverhältnissen enthält.

Das Fe-C-Diagramm enthält drei Isothermen (Peritektikale bei 1493 °C, Eutektikale bei 1147 °C und Eutektoidale bei 723 °C), bei denen jeweils charakteristische Reaktionen (peritektische, eutektische und eutektoide) stattfinden.

Peritektische Reaktion bei Fe-C-Legierungen mit 0,10 bis 0,16 % C:

$$\delta(H) + S(B) \rightarrow \delta(H) + \gamma(I) \text{ (bei 1493 °C)}$$

Peritektische Reaktion bei Fe-C-Legierungen mit 0,16 bis 0,51 % C:

$$\delta(H) + S(B) \rightarrow \gamma(I) + S(B) \text{ (bei 1493 °C)}$$

(B), (H), (I) usw. kennzeichnen die Kohlenstoffkonzentrationen nach Abb. 5.4.

Mit abnehmender Temperatur ändert die Schmelze ihre Zusammensetzung längs der Linie B-C, da unter Gleichgewichtsbedingungen von einem uneingeschränkten Konzentrationsausgleich des Kohlenstoffs sowohl in der Schmelze als auch im Mischkristall ausgegangen werden kann. Bis 1147 °C hat sich bei Gehalten $\geq 2,06\,\%$ C somit die Schmelze auf 4,3 % C angereichert und die eutektische Reaktion kann stattfinden.

Eutektische Reaktion bei Fe-C-Legierungen mit 2,06 bis 6,67 % C:

$$S(C) \rightarrow \gamma(E) + Z(F) \text{ (bei 1147 °C)}$$

Bei der eutektischen Erstarrungsreaktion entsteht ein charakteristischer Gefügebestandteil, der als Ledeburit nach dem deutschen Eisenhüttenmann A. Ledebur benannt wird. Unmittelbar nach der Erstarrung enthält das Gefüge bei Kohlenstoffgehalten bis zu 6,67 % γ-Mischkristalle. Diese scheiden bei weiterer Temperaturerniedrigung kohlenstoffarme α-Mischkristalle längs der Linie G-O-S oder kohlenstoffreiche Zementitkristalle längs der Linie E-S aus. Diese Ausscheidungen bedeuten eine Konzentrationsänderung für die restlichen γ-Mischkristalle und zwar eine C-Anreicherung im Falle der Ferritbildung und eine C-Abreicherung im Falle der Zementitbildung. Auf diese Weise enthält der γ-Mischkristall bei 723 °C im Gleichgewicht 0,8 %C. Bei 723 °C stehen α-Mischkristall der Zusammensetzung P, γ-Mischkristall der Zusammensetzung S und Zementit der Zusammensetzung K miteinander im Gleichgewicht. Die weitere Umwandlung des γ-Mischkristalls erfolgt bei Temperaturerniedrigung nach der eutektoiden Reaktion. Eutektoide Reaktion des γ-Mischkristalls:

γ(S) → α(P) + Z(K) (bei 723 °C)

Der bei der eutektoiden Umsetzung entstehende heterogene Gefügebestandteil wird als Perlit bezeichnet. Es besteht aus perlitischem Ferrit und perlitischem Zementit in charakteristischer Form und Anordnung (Abb. 5.11 bis 5.14). Der durch Lichtinterferenzen an den Lamellen des streifigen Perlits, die wie optische Strichgitter wirken, entstehende Perlmuttglanz hat dem eutektoiden Gefüge den Namen Perlit gegeben.

Gelegentlich verwendet man den eutektoiden Punkt S, den eutektischen Punkt C und weitere als Eckpunkte für die Einteilung der Eisenwerkstoffe:

Bezeichnung	*C-Gehalt*
untereutektoide Stähle	zwischen Q und S
eutektoide Stähle	entsprechend S
übereutektoide Stähle	zwischen S und E
untereutektisches Gusseisen	zwischen E und C
eutektisches Gusseisen	entsprechend C
übereutektisches Gusseisen	zwischen C und K

Anmerkung: *Stähle und Gusseisen sind Vielkomponentensysteme, bestehen also nicht nur aus den Komponenten Eisen und Kohlenstoff allein. Jede Komponente verändert in Abhängigkeit von ihrem Gehalt die Lage der charakteristischen Punkte. Deshalb kann z. B. ein legierter Stahl mit 0,5% C bereits übereutektoid und ein Cr-Stahl mit weniger als 2% C ein ledeburitischer Stahl sein, also Ledeburiteutektikum im Gefüge aufweisen.*

Kohlenstoff verändert die Umwandlungstemperaturen des Eisens. Die (γ → δ)-Umwandlung (A_{r4}) wird mit steigendem Kohlenstoffgehalt von 1392 °C (Punkt N) auf 1493 °C (Punkt H) angehoben. Die Temperatur A_{r3} wird mit steigendem Kohlenstoffgehalt von 911 °C (Punkt G) auf 723 °C (Punkt S) gesenkt. Die Curie-Temperatur (Punkt M) wird durch den Kohlenstoffgehalt praktisch nicht beeinflusst. Da der Austenit im Unterschied zum Ferrit paramagnetisch ist, nimmt die Intensität der Magnetisierung im Zweiphasengebiet α + γ (Feld GOSPM) proportional mit zunehmendem Austenitanteil ab und erreicht im Punkt O den Wert Null. Die nimmt dann zum Punkt S ab und verläuft isotherm weiter bis zum Punkt K. Die Anhebung von A_4 und die Absenkung von A_3 mit zunehmendem Kohlenstoffgehalt bedeutet eine Erweiterung des γ-Gebiets. Man sagt, der Kohlenstoff erweitert das γ-Gebiet. Außer Kohlenstoff zeigen eine solche Wirkung noch N, Ni, Mn, Co und

5.2 Gefüge des reinen Eisens und der Eisenlegierungen

Tab. 5.3 Phasenumwandlungstemperaturen in Eisen-Kohlenstoff-Legierungen

Umwandlung im Gleichgewicht		Umwandlung beim Abkühlen		Umwandlung beim Erwärmen	
A_{e1} (723 °C)	Gleichgewichtstemperatur, die die untere Grenze des Existenzbereichs des Austenits abgibt	A_{r1}	Temperatur, bei der die Umwandlung des Austenits in Ferrit bzw. in Ferrit und Zementit endet	A_{c1}	Temperatur, bei der die Bildung des Austenits beginnt
A_{e3} (GS)	Gleichgewichtstemperatur, die die obere Grenze des Existenzbereichs des Ferrits angibt	A_{r3}	Temperatur, bei der die Bildung des Ferrits beginnt.	A_{c3}	Temperatur, bei der die Umwandlung des Ferrits in Austenit endet
A_{em} (SE)	Gleichgewichtstemperatur, die die obere Grenze des Existenzbereichs des Zementits in einem übereutektoiden Stahl angibt	A_{rm}	Temperatur, bei der die Bildung des Zementits aus dem Austenit in übereutektoiden Stählen beginnt	A_{cm}	Temperatur, bei der die Auflösung des Zementits in Austenit in übereutektoiden Stählen endet

andere. Solche Elemente wie Cr, Mo, Si, W, V, Al u. a. engen dagegen das γ-Gebiet ein oder schnüren es sogar vollständig ab.

Neben den in Abb. 5.1 für reines Eisen ausgewiesenen Umwandlungstemperaturen A_4 bis A_2 gibt es bei Eisen-Kohlenstoff-Legierungen noch andere, nämlich A_{c1}[1]) und A_{r1} bzw. A_{cm} und A_{rm} (Tab. 5.3). Die Wärmeeffekte an den Punkten A_{cm} und A_{rm} sind relativ klein, sodass sie mit der thermischen Analyse kaum gefunden werden können. Ein besserer Nachweis gelingt mit dilatometrischen Messungen, obgleich auch dort die Effekte nicht allzu deutlich sind.

Nachfolgend werden Erstarrungs- und Umwandlungsvorgänge beim Abkühlen unter gleichgewichtsnahen Bedingungen am Beispiel einiger ausgewählter Eisen-Kohlenstoff-Legierungen behandelt und die entstehenden Gefüge beschrieben.

Eisen-Kohlenstoff-Legierung mit 0,05 % C: Wird die Liquiduslinie zwischen A und B erreicht, beginnt die Bildung von δ-Mischkristallen aus der Schmelze. Mit abnehmender Temperatur nimmt der Anteil an δ-Fe zu. Mit dem Erreichen der Soliduslinie bei etwa 1510 °C ist die gesamte Schmelze erstarrt (100 % δ-Fe). Beim Unterschreiten der Linie N-H (etwa 1440 °C) beginnt die Umwandlung δ-Fe in γ-Fe. Mit abnehmender Temperatur nimmt der Anteil an γ-Fe zu und der Anteil an δ-Fe entsprechend ab. Bei etwa 1420 °C ist mit dem Erreichen der Linie N-I diese Umwandlung abgeschlossen (100 % γ-Fe). γ-Fe ist bis zum Erreichen der Linie G-O-S beständig, beginnt aber dort in das C-ärmere α-Fe umzuwandeln. Diese Umwandlung ist für das jeweils noch nicht umgewandelte γ-Fe mit einer C-Anreicherung verbunden. Bei der Temperatur A_{r1} (723 °C) stehen die Phasen α(P), γ(S) und Zementit (K) miteinander im Gleichgewicht. Mit Unterschreiten dieser Temperatur verläuft die weitere Umwandlung nach der eutektoiden Reaktion. Mit Tempe-

---

[1] Im Unterschied zu den reinen Fe-C-Legierungen weisen viele technisch relevante Stähle beim Erwärmen nicht nur schlechthin eine Temperatur A_{c1} auf, sondern ein A_1-Intervall, dessen untere Grenze A_{c1b} (b Beginn) und dessen obere Grenze A_{c1e} (e Ende) ist. A_{c1b} und A_{c1e} schließen das Dreiphasengebiet (α + γ + K) ein.

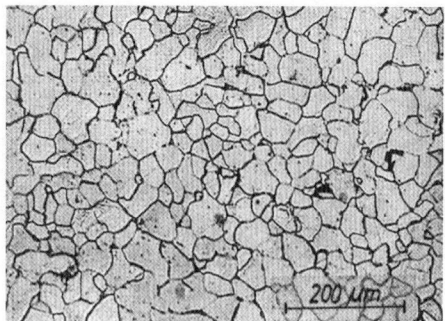

Abb. 5.5   Fe + 0,05 % C, Ferrit (Weicheisen)

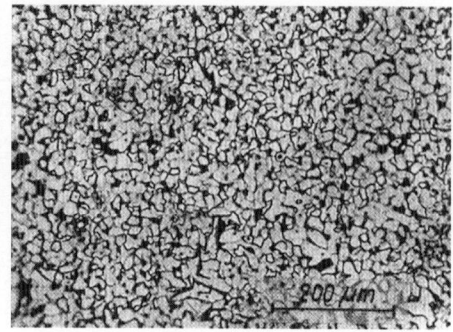

Abb. 5.6   Fe + 0,15 % C, Ferrit (hell) und Perlit (dunkel), Einsatzstahl

raturerniedrigung nimmt die Löslichkeit des gebildeten α-Eisens für Kohlenstoff entsprechend der Linie P-Q ab und Tertiärzementit wird an den Ferritkorngrenzen ausgeschieden. Bei Raumtemperatur liegt ein Gefüge vor, bestehend aus polygonalen zwillingsfreien Ferritkristallen (hell = voreutektoider Ferrit) und geringem Anteil an Perlit (dunkel), der jedoch bei einer geringen mikroskopischen Vergrößerung optisch nicht so gut aufgelöst wird, dass seine lamellare Struktur erkennbar ist (Abb. 5.5). Er befindet sich bevorzugt an den Korngrenzen und -zwickeln. Es ist nicht einfach, Tertiärzementit neben dem Perlit zu identifizieren. Da sein Anteil auch sehr gering ist, wird er häufig vernachlässigt bzw. dem Perlit zugerechnet.

Eisen-Kohlenstoff-Legierung mit 0,15 % C: Bei etwa 1525 °C beginnt die Erstarrung der Schmelze mit der Bildung primärer δ-Mischkristalle. Ihr Anteil nimmt mit abnehmender Temperatur zu. Bei 1493 °C stehen die Phasen δ-Fe, γ-Fe und Schmelze miteinander im Gleichgewicht und die weitere Umwandlung erfolgt entsprechend der peritektischen Reaktion in γ-Fe und δ-Fe. Der Anteil an δ-Fe nimmt aber mit abnehmender Temperatur ab zugunsten des γ-Fe. Beim Erreichen der Linie I-N (etwa 1475 °C) liegt nur noch γ-Fe vor, das bis etwa 860 °C (Linie G-O-S) beständig bleibt. Mit Unterschreiten dieser Linie beginnt die Bildung von α-Fe aus γ-Fe. Mit abnehmender Temperatur nimmt der Anteil der neugebildeten Phase zu, der der anderen entsprechend ab. Diese Umwandlung ist mit einer zunehmenden Anreicherung des bisher noch nicht umgewandelten γ-Fe an Kohlenstoff verbunden, die bei 723 °C einen Wert von 0,8 % erreicht. Mit weiter sinkender Temperatur wandelt dieses γ-Fe entsprechend der eutektoiden Reaktion in Perlit um. Das so gebildete Gefüge besteht aus voreutektoidem Ferrit (hell) und Perlit (dunkel; Abb. 5.6).

Eisen-Kohlenstoff-Legierung mit 0,25 % C: Aus der Schmelze beginnen sich bei etwa 1520 °C primäre δ-Mischkristalle auszuscheiden. Diese werden bei 1493 °C peritektisch zu γ-Mischkristallen umgesetzt, wobei ein bestimmter Anteil an kohlenstoffhaltiger Eisenschmelze übrigbleibt. Mit weiter sinkender Temperatur nimmt der γ-Anteil auf Kosten der Schmelze zu. Beim Erreichen der Soliduslinie I-E (etwa 1475 °C) ist die Erstarrung der Schmelze beendet. Der Festkörper besteht zu 100 % aus γ-Mischkristallen. Beim Erreichen der Linie G-O-S beginnen diese in α-Fe umzuwandeln. Die Umwandlung endet in ähnlicher Weise wie bei der Eisen-Kohlenstoff-Legierung

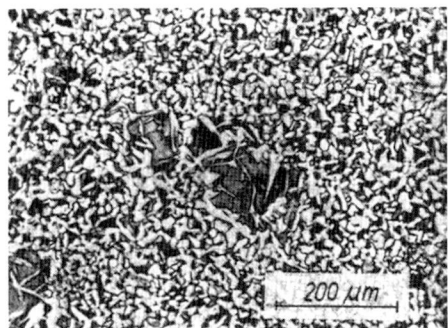

Abb. 5.7 Fe + 0,25 % C, Ferrit (hell) und Perlit (dunkel)

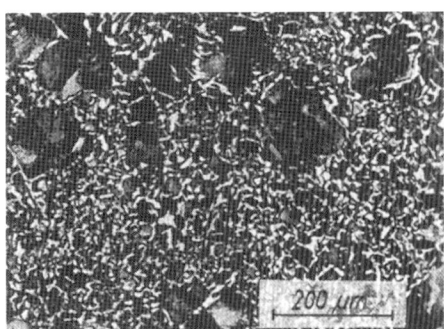

Abb. 5.8 Fe + 0,40 % C, Ferrit (hell) und Perlit (dunkel)

mit 0,15 % C beschrieben mit dem eutektoiden Zerfall. Man findet also voreutektoiden Ferrit und Perlit (Abb. 5.7).

Eisen-Kohlenstoff-Legierung mit 0,40 % C: Die Erstarrung verläuft ähnlich wie bei der Eisen-Kohlenstoff-Legierung mit 0,25 % C. Sie ist bei etwa 1450 °C (Soliduslinie I-E) beendet (100 % γ-Fe). Die Umwandlung des γ-Fe beginnt beim Erreichen von G-O-S mit der Bildung des voreutektoiden Ferrits und endet mit dem eutektoiden Zerfall des an Kohlenstoff auf 0,8 % angereicherten γ-Mischkristalls bei 723 °C. Bei Raumtemperatur liegt ein ferritisch-perlitisches Gefüge vor (Abb. 5.8).

Eisen-Kohlenstoff-Legierung mit 0,60 % C: Die Umwandlung beginnt bei der Liquidustemperatur mit der Bildung von γ-Mischkristallen. Die Erstarrung ist bei etwa 1410 °C (Soliduslinie) beendet. Die weitere Umwandlung verläuft wie bei der Legierung mit 0,40 % C, wobei aber mit steigendem C-Gehalt der Perlitanteil im Gefüge zunimmt (Abb. 5.9).

Eisen-Kohlenstoff-Legierung mit 0,80 % C: Die Erstarrung verläuft wie bei der Legierung mit 0,60 % C. Die weitere Umwandlung des γ-Mischkristalls zeigt als Besonderheit, dass sich kein voreutektoider Ferrit bildet, weil die γ-Phase bereits die für den eutektoiden Zerfall notwendige Zusammensetzung (0,8 % C) aufweist. In diesem Fall sind die A_{r3}- und A_{r1}-Temperaturen identisch. Ergebnis der Umwandlung ist ein rein perlitisches Gefüge (Abb. 5.10). Reiner Perlit besteht aus dem perlitischen

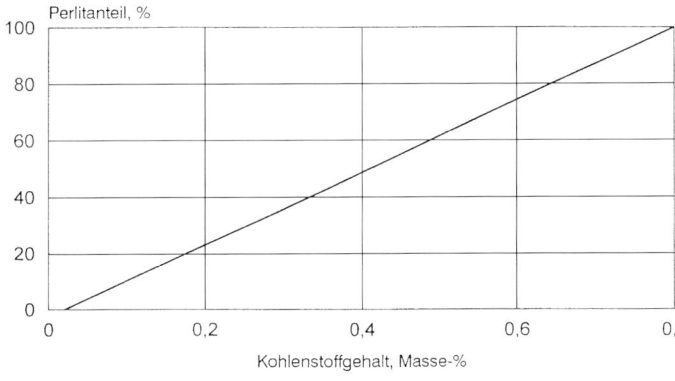

Abb. 5.9 Zusammenhang zwischen dem Kohlenstoffgehalt der Legierung und dem Perlitanteil im Gefüge

Abb. 5.10 Fe + 0,80 % C; Perlit

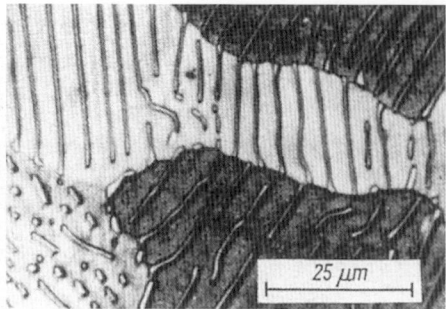

Abb. 5.13 Groblamellarer Perlit; Ferrit etwas stärker angeätzt

Abb. 5.11 Feinlamellarer Perlit

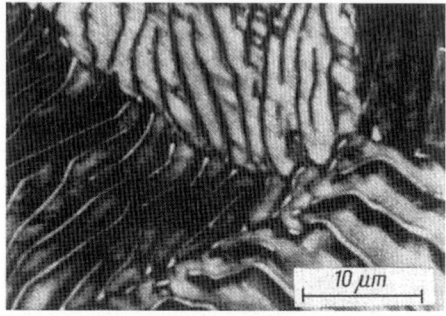

Abb. 5.14 Groblamellarer Perlit; Ferrit sehr stark herausgeätzt

Abb. 5.12 Groblamellarer Perlit

Ferrit (88 %) und dem perlitischen Zementit (12 %). Typisch ist eine plattenförmige Anordnung des Zementits in der ferritischen Grundmasse. Man bezeichnet diese Anordnung als lamellaren Perlit. Die Zementitkristalle können fast gerade oder mehr oder weniger gekrümmt, aber auch unterbrochen sein. Innerhalb eines Pakets ist ihre Lage ziemlich einheitlich, von Perlitinsel zu Perlitinsel aber unterschiedlich. In den Abb. 5.11 und 5.12 ist der Feinbau des Perlits bei verschiedener Vergrößerung zu sehen.

Die lamellare Form des Perlits ist zwar relativ gleichgewichtsnah, stellt aber nicht wirklich den endgültigen Gleichgewichtszustand zwischen Ferrit und Zementit dar. Durch gleichgewichtsnahe Behandlung (mehrstündiges Glühen des lamellaren Perlits bei etwa 700 °C) gelingt es, die Lamellen einzuformen, d. h. in eine kuglige Form zu überführen. Abb. 5.15 zeigt ein solches eingeformtes perlitisches Gefüge. Durch Ätzen mit heißer alkalischer Natriumpikratlösung wird der Zementit

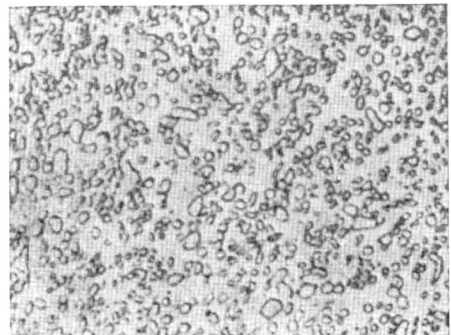

Abb. 5.15 Globularer (eingeformter) Perlit; perlitischer Zementit in Form kleiner unregelmäßiger Kügelchen; geätzt mit 1%iger HNO₃

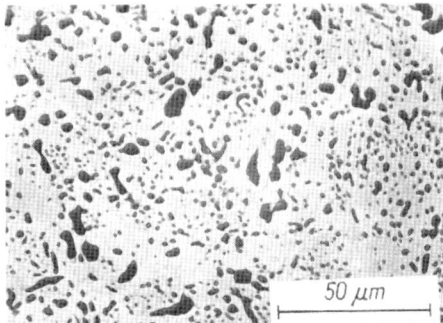

Abb. 5.16 Globularer (eingeformter) Perlit; körniger Zementit dunkel angeätzt; geätzt mit heißer alkalischer Natriumpikratlösung

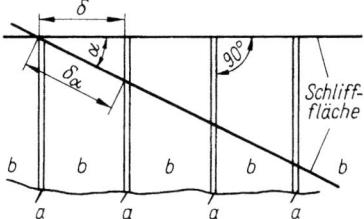

Abb. 5.17 Wirklicher (δ) und scheinbarer (δ_α) Lamellenabstand des Perlits; a = Zementit, b = Ferrit

dunkel gefärbt und hebt sich deutlicher von der helleren ferritischen Grundmasse ab (Abb. 5.16). Diesen Perlit bezeichnet man als körnigen Perlit. Beide Perlitarten unterscheiden sich nicht nur gefügemäßig, sondern auch bezüglich ihrer Härte (körniger Perlit: etwa 160 bis 180 HB; lamellarer Perlit: etwa 240 bis 260 HB).

Der Perlitlamellenabstand ist ein Gefügeparameter, der maßgeblich die Dispersität ferritisch-perlitischer Gefüge, nicht nur reiner Eisen-Kohlenstoff-Legierungen, sondern auch technisch relevanter Stähle bestimmt. Deshalb wird häufig seine quantitative Kennzeichnung gewünscht.

Ein Maß für die Dispersität ist die spezifische Grenzfläche [mm² mm⁻³] bzw. mit dieser in Beziehung stehende Größen, wie der Perlitlamellenabstand. Der im Mikroskop auf der Schliffebene sichtbare Lamellenabstand ist vom Winkel α abhängig, unter dem das Ferrit-Zementit-Lamellenpaket von der Schliffebene geschnitten wird (Abb. 5.17). Man muss deshalb zwischen dem tatsächlichen (δ) und dem scheinbaren (δ_α) Lamellenabstand unterscheiden. Zwischen beiden besteht folgender Zusammenhang

$$\delta_\alpha = \frac{\delta}{\cos \alpha}$$

δ_α wird umso größer, je größer der Schnittwinkel α ist. Bei $\alpha = 0°$ ist $\cos \alpha = 1$, d. h. $\delta_\alpha = \delta$. Ab etwa 80° wächst δ_α sehr stark an ($\delta_{80°} = 5\,\delta$; $\delta_{84°} = 10\,\delta$; $\delta_{87°} = 20\,\delta$).

Die Eigenfarbe von Ferrit und Zementit ist weiß. Also muss die Eigenfarbe des Perlits als Gemenge dieser beiden Kristallarten ebenfalls weiß sein. Wenn der Perlit bei relativ geringer Vergrößerung im Mikroskop im Allgemeinen dunkel erscheint, so ist das auf eine besondere Schattenwirkung des einfallenden Lichts zurückzuführen und hat nichts mit der wahren Eigenfarbe zu tun. Beim Anätzen mit Säuren (Salpetersäure, Pikrinsäure) wird der Ferrit stärker angegriffen bzw. angelöst als der Zementit. Das meistens schräg zur Schlifffläche einfallende Licht wirft hinter den er-

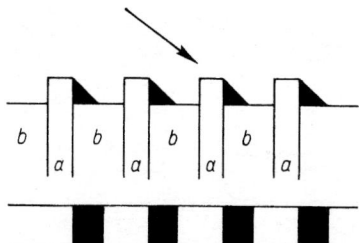

Abb. 5.18 Schnitt durch Perlit (schematisch): Das einfallende Licht bildet hinter den erhaben vorstehenden Zementitlamellen einen Schlagschatten, a = Zementit, b = Ferrit

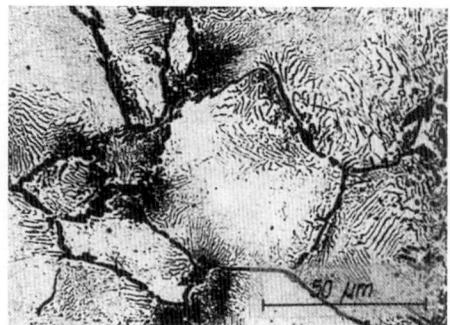

Abb. 5.20 Fe + 1,15 % C (unlegierter Werkzeugstahl); grober perlitischer Zementit, mit alkalischer Natriumpikratlösung geätzt

höhten Zementitplatten Schatten, sodass ein Hell-Dunkel-Effekt auftritt (Abb. 5.18). Je stärker der Perlit angeätzt wird, desto tiefer wird der Ferrit herausgelöst und die Schattenwirkung verstärkt.

Eisen-Kohlenstoff-Legierung mit 1,15 % C: Die Schmelze erstarrt unter Primärausscheidung von γ-Mischkristallen, die bis etwa 850 °C (Linie S-E) beständig sind. Beim Unterschreiten von S-E beginnt die Ausscheidung von Sekundärzementit, bevorzugt an den Austenitkorngrenzen. Bei 723 °C erfolgt der eutektoide Zerfall des bis auf 0,8 % abgereicherten γ-Mischkristalls. Starkes Anätzen mit Salpetersäure lässt den Perlit dunkel erscheinen, während der Sekundärzementit nicht angegriffen wird und hell bleibt (Abb. 5.19). Alka-

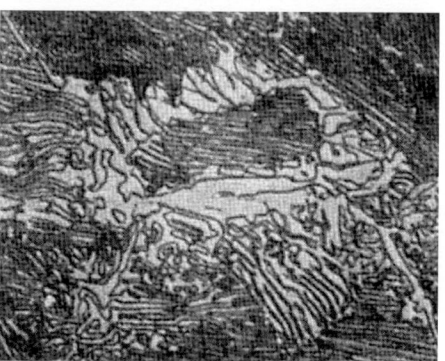

Abb. 5.21 Fe + 1,61 % C; Perlit mit breiten Sekundärzementitbändern an den Korngrenzen; geätzt mit 1 %iger HNO_3

Abb. 5.19 Fe + 1,15 % C (unlegierter Werkzeugstahl); Perlit (dunkel) und Ferrit als Korngrenzensaum (hell); geätzt mit 1 %iger HNO_3

lische Natriumpikratlösung ätzt den Sekundärzementit dunkel an, während der feinlamellare Perlit hell bleibt und nur die gröberen Zementitlamellen im Perlit ebenfalls dunkel erscheinen (Abb. 5.20). Je höher der Kohlenstoffgehalt der Legierung ist, desto breiter werden die Ausscheidungen von Sekundärzementit an den Korngrenzen (Abb. 5.21). Die Ausscheidungen von Sekundärzementit an den Korngrenzen bilden sich nur bei relativ langsamer Abkühlung. Bei schnellerer Abkühlung fehlt es an Zeit für die Diffusion des Kohlenstoffs aus dem Korninneren an die Korngrenzen. In solchen Fällen kann sich

5.2 Gefüge des reinen Eisens und der Eisenlegierungen

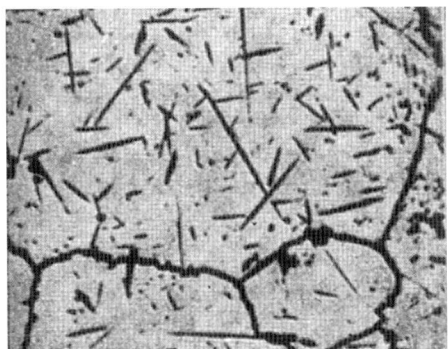

Abb. 5.22 Fe + 1,31 % C; Sekundärzementit teilweise an den Korngrenzen, teilweise im Inneren der ehemaligen Austenitkörner ausgeschieden; geätzt mit alkalischer Natriumpikratlösung

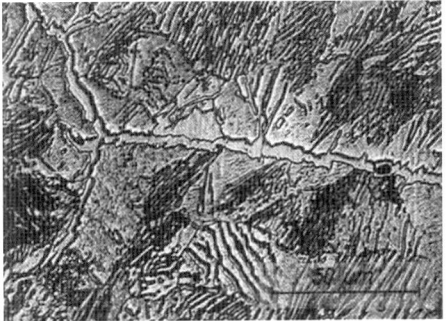

Abb. 5.23 Fe + 1,50 % C; entarteter Perlit, Ferrithöfe in der Umgebung des Sekundärzementits

der Sekundärzementit ganz oder teilweise im Inneren der Austenitkristalle (bei Raumtemperatur im Inneren der Ferritkristalle) in Form langspießiger Nadeln ausscheiden (Abb. 5.22).

Unter bestimmten Bedingungen können die Sekundärzementitstreifen von mehr oder weniger breiten Ferrithöfen umgeben sein und der perlitische Zementit kann unter Zurücklassen des Ferrits an den Sekundärzementit ankristallisiert sein. Man sagt, der Perlit sei entartet (Abb. 5.23). Sekundärzementit an den Korngrenzen kann auch bei Stählen auftreten, ist aber dort in der Regel aus verschiedenen Gründen unerwünscht. Zum einen wirkt Korngrenzenzementit versprödend und verursacht zum anderen Schwierigkeiten bei der spanabhebenden Bearbeitung. Außerdem löst er sich beim Austenitisieren vor dem Härten nur schwer auf, weshalb häufig ein Weichglühen den Zementit in eine bearbeitungs- und härtetechnisch günstige globulare Form überführen muss (Abb. 5.24).

Eisen-Kohlenstoff-Legierung mit 2,15 % C: Aus der Schmelze beginnen sich ab etwa 1380 °C primäre C-arme γ-Mischkristalle auszuscheiden. Die verbleibende Schmelze

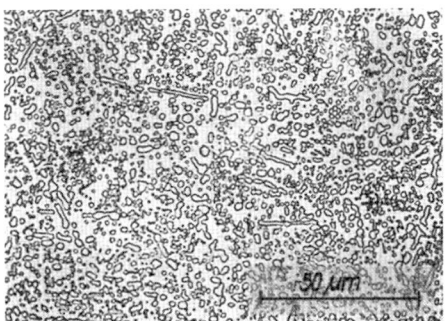

Abb. 5.24 Fe + 1,30 % C; weichgeglüht; kugliger Zementit

reichert sich dadurch an Kohlenstoff an. Bei 1147 °C stehen γ-Phase der Zusammensetzung E und Schmelze der Zusammensetzung C miteinander im Gleichgewicht. Die Schmelze erstarrt entsprechend der eutektischen Reaktion zu Ledeburit I. Mit weiter sinkender Temperatur scheiden sowohl die primären γ-Kristalle als auch die γ-Kristalle, die zum Ledeburit I gehören, Sekundärzementit aus. Das führt zu einer C-Abreicherung der γ-Bestandteile bis auf den für den eutektoiden Zerfall erforderlichen Gehalt von 0,8 % C bei 723 °C. Das Gefüge besteht bei Raumtemperatur aus in Perlit zerfallenen primären γ-Mischkristallen, Ledeburit II und Sekundärzementit (Abb. 5.25).

Abb. 5.25 Fe + 2,15 % C; Perlit mit Ledeburit und Sekundärzementit an den Korngrenzen

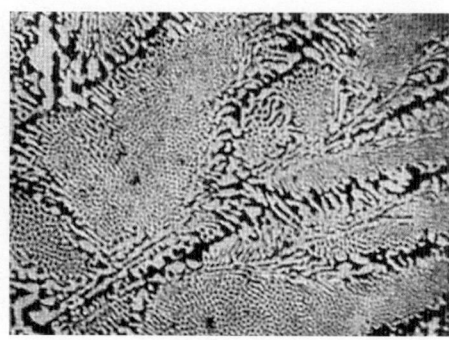

Abb. 5.28 Fe + 4,30 % C (eutektisches Roheisen); γ-Kristalle des Ledeburits globulitisch ausgebildet

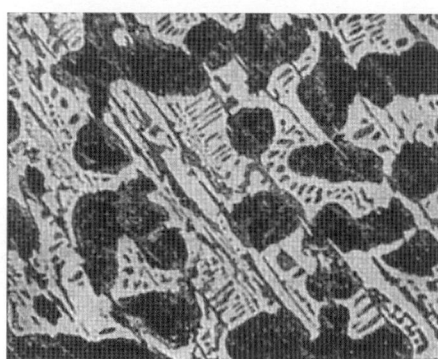

Abb. 5.26 Fe + 2,50 % C (untereutektisches Roheisen); in Perlit umgewandelte γ-Mischkristalle (dunkel) und Ledeburit

Abb. 5.27 Fe + 4,30 % C (eutektisches Roheisen); γ-Kristalle des Ledeburits dendritisch ausgebildet

Eisen-Kohlenstoff-Legierung mit 2,5 % C: Die Umwandlung ist prinzipiell ähnlich der Umwandlung bei 2,15 % C. Abb. 5.26 zeigt Ledeburit II bei etwas höherer Vergrößerung.

Eisen-Kohlenstoff-Legierung mit 4,3 % C: Die Schmelze erstarrt ohne Primärausscheidung entsprechend der eutektischen Reaktion zu Ledeburit I, der bei Temperaturen unterhalb 723 °C in Ledeburit II übergeht (Abb. 5.27 und 5.28).

Eisen-Kohlenstoff-Legierung mit 5,5 % C: Beim Erreichen der Liquiduslinie scheidet die Schmelze Primärzementit in Form nadliger Kristalle aus, was mit einer C-Abreicherung der Schmelze auf 4,3 % bei 1147 °C verbunden ist, sodass die weitere Erstarrung entsprechend der eutektischen Reaktion erfolgen kann. Bei Raumtemperatur besteht das Gefüge aus langspießigen primären Zementitkristallen, die in den Ledeburit eingebettet sind (Abb. 5.29 und 5.30).

Alle nach dem metastabilen Fe-Fe_3C-Diagramm kristallisierten Eisen-Kohlenstoff-Legierungen bestehen nur aus den beiden Phasen α-Eisen (Ferrit) und Fe_3C (Zementit), wenn auch Form und gegenseitige Anordnung dieser beiden Kristallarten entsprechend der primären und sekundären

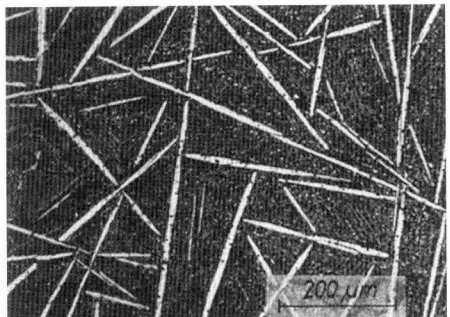

Abb. 5.29 Fe + 5,50 % C (übereutektisches Roheisen); nadlige Primärzementitkristalle im Ledeburit

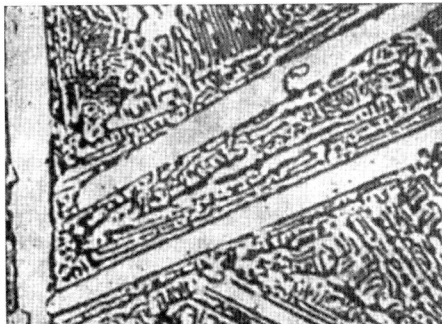

Abb. 5.30 Fe + 5,50 % C (übereutektisches Roheisen); nadlige Primärzementitkristalle im Ledeburit bei höherer Vergrößerung

Kristallisationsverhältnisse sehr unterschiedlich sein können. Aber nicht nur Form und Anordnung sind von Bedeutung für die Eigenschaften der Legierungen, sondern auch die Anteile der Gefügebestandteile.

Ist der Kohlenstoffgehalt einer Legierung bekannt, kann der Zementitanteil berechnet werden, wenn es sich um gleichgewichtsnah entstandene Gefüge handelt. Zum Beispiel enthält eine Eisen-Kohlenstoff-Legierung mit 2,5 % C

$$\frac{2,5}{6,67} \cdot 100\ \% = 37,5\ \%\ \text{Zementit}$$

Nicht nur der Anteil reiner Phasen, sondern auch der Anteil der Phasen in den Gefügebestandteilen Perlit und Ledeburit kann unter Anwendung des Hebelgesetzes berechnet werden.

Beispiel 1:
Wie viel Prozent Zementit und Ferrit enthält reiner Perlit?
Die Hebel sind gegeben durch die Zusammensetzungen der beteiligten Phasen:
$a = 0,8 - 0,0 = 0,8$
$b = 6,7 - 0,8 = 5,9$
$m_Z = 0,8/(5,9 + 0,8)\ 100\ \% = 12\ \%$ Zementit bzw. $m_F = 100 - 12 = 88\ \%$ Ferrit

Beispiel 2:
Wie viel Prozent zerfallene γ-Mischkristalle und Zementit enthält das Eutektikum Ledeburit?
$a = 4,3 - 2,06 = 2,24$
$b = 6,67 - 4,3 = 2,37$
$m_Z = 2,24/(2,24 + 2,37) \cdot 100\ \% = 48,6\ \%$ Zementit und $m_P = 100 - 48,6 = 51,4\ \%$ Perlit

Beispiel 3:
Wie viel Prozent Ferrit und Perlit enthält eine Eisen-Kohlenstoff-Legierung mit 0,25 % C?
$a = 0,25 - 0,0 = 0,25$
$b = 0,8 - 0,25 = 0,55$
$m_F = 0,55/(0,55 + 0,25) \cdot 100\ \% = 69\ \%$ Ferrit und $m_P = 100 - 69 = 31\ \%$ Perlit

Beispiel 4:
Wie viel Prozent Sekundärzementit und Perlit enthält eine Eisen-Kohlenstoff-Legierung mit 1,5 % C?
$a = 1,5 - 0,8 = 0,7$
$b = 6,7 - 1,5 = 5,2$
$m_P = 5,2/(0,7 + 5,2) \cdot 100\ \% = 88\ \%$ Perlit und $m_Z = 100 - 88 = 12\ \%$ Sekundärzementit

Beispiel 5:
Wie viel Prozent zerfallene γ-Mischkristalle, Sekundärzementit und Ledeburit enthält eine Eisen-Kohlenstoff-Legierung mit 2,5 % C?
Hebel für γ und Ledeburit bei 1147 °C:
$a = 2,5 - 2,06 = 0,44$
$b = 4,3 - 2,5 = 1,8$
$m_A = 1,8/(0,44 + 1,8) \cdot 100\% = 80,5\%$ Austenit und $m_L = 100 - 80,5 = 19,5\%$ Ledeburit

Wenn die Ausscheidung von Sekundärzementit aus dem Ledeburit vernachlässigt wird, bildet sich Korngrenzenzementit nur aus den 80,5 % Primäraustenit. Da 100 % Austenit 21,5 % Sekundärzementit ergeben, ergeben 80,5 % Austenit (80,5/100)· 21,5 = 17,3 % Sekundärzementit. Die restlichen 80,5 − 17,3 = 63,2 % Austenit wandeln bei 723 °C in Perlit um. Bei Raumtemperatur besteht das Gefüge dieser Legierung aus 19,5 % Ledeburit, 17,3 % Sekundärzementit und 63,2 % Perlit.

Beispiel 6:
Wie viel Prozent Primärzementit und Ledeburit enthält eine Eisen-Kohlenstoff-Legierung mit 5 % C?
$a = 5,0 - 4,3 = 0,7$
$b = 6,7 - 5,0 = 1,7$

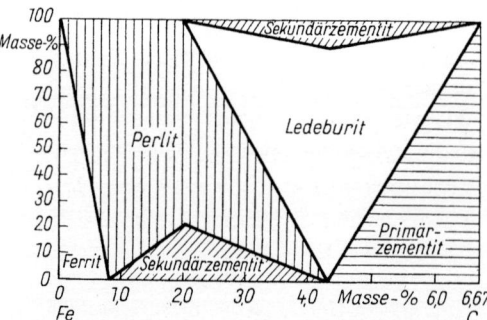

Abb. 5.31 Gefügerechteck der Eisen-Kohlenstoff-Legierungen

$m_Z = 0,7/(0,7 + 1,7) \cdot 100\% = 29,2\%$ Primärzementit und $m_L = 100 - 29,2 = 70,8\%$ Ledeburit

Das Hebelgesetz kann man in Form des Gefügerechtecks auch grafisch darstellen (Abb. 5.31). Man kann aus dem Diagramm ablesen, dass z. B. eine Eisen-Kohlenstoff-Legierung mit 2,5 % C zu etwa 17 % aus Sekundärzementit, zu 63 % aus Perlit und zu 20 % aus Ledeburit besteht. Ein Diagramm, mit dessen Hilfe die Anteile der Gefügebestandteile von Eisen-Kohlenstoff-Legierungen ebenfalls ermittelt werden können, ist das von Uhlitzsch verbesserte Sauveur'sche Schaubild (Abb. 5.32). Für eine Eisen-Kohlenstoff-Legierung mit 2,5 % C kann man folgende Mengenanteile entnehmen:

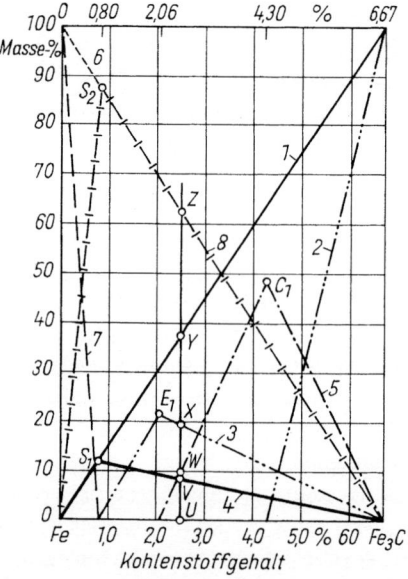

Abb. 5.32 Sauveur'sches Schaubild zum unmittelbaren Ablesen der prozentualen Mengen einzelner Gefügebestandteile: 1 Gesamtzementit, 2 Primärzementit, 3 Sekundärzementit, 4 eutektoider Zementit, 5 eutektischer Zementit, 6 Gesamtferrit, 7 Primärferrit, 8 eutektoider Ferrit, $S_1 = 12\%$ eutektoider Zementit, $S_2 = 88\%$ eutektoider Ferrit, $E_1 = 21,5\%$ Sekundärzementit, $C_1 = 48,6\%$ eutektischer Zementit

5.2 Gefüge des reinen Eisens und der Eisenlegierungen

Strecke UV = 8,5 % im Perlit enthaltener Zementit
Strecke UW = 19,0 % Sekundärzementit aus dem γ-Fe
Strecke UX = 9,5 % im Ledeburit enthaltener Zementit
Strecke UY = 37,0 % Gesamtzementit
Strecke UZ = 63,0 % im Perlit enthaltener Ferrit

Eine rein eutektisch erstarrte Legierung mit 4,3 % C enthält 4,5 % perlitischen Zementit, 11 % Sekundärzementit und 48,5 % Zementit im Ledeburit. Der Gesamtzementitanteil beträgt 4,5 + 11 + 48,5 = 64 %. Der Anteil an Ferrit beträgt 36 %.

Der bei höheren Kohlenstoffgehalten auftretende Zementit ist nicht stabil. Er kann unter bestimmten Bedingungen (extrem langsame Abkühlung) in Eisen und elementaren Kohlenstoff (Grafit) zerfallen. Den sich längs der Linie C′-D′ (stabiles Fe-C-Diagramm) ausscheidenden Kohlenstoff bezeichnet man als *Garschaumgrafit*, weil er infolge seiner im Vergleich zum Eisen geringen Dichte seigert (Schwerkraftseigerung) und an der Oberfläche der Schmelze eine schaumige Masse bildet. In das Gefüge wird er deshalb selten eingeschlossen. Im stabilen System existiert bei 1153 °C und 4,25 % C ein Grafit-Austenit-Eutektikum. Die maximale C-Löslichkeit des Austenits beträgt 2,03 % mit Grafit als Bodenkörper (Punkt E′). Die Linie P′-S′-K′ liegt bei 739 °C.

Durch Glühen können nach dem metastabilen Fe-Fe₃C-System erstarrte Legierungen in solche des stabilen Systems umgewandelt werden. Der Zerfall des Zementits beginnt schon bei etwa 500 °C. Das kann eventuell zu Schwierigkeiten bei der Verwendung von Gusseisen bei höheren Temperaturen führen, weil das entstehende Gemenge aus Eisen und elementarem Kohlenstoff ein größeres Volumen einnimmt als das Ausgangsgefüge. Dieser Vorgang wird als „Wachsen des Gusseisens" bezeichnet.

Andererseits nutzt man den Zementitzerfall bei höheren Temperaturen technisch aus, um aus dem leicht vergießbaren, aber spröden Gusseisen ein Material mit größerer Zähigkeit, den Temperguss, herzustellen. Allerdings verlässt man sich dabei nicht allein auf das stabile Fe-C-System, sondern beschleunigt den Temperprozess durch Zulegieren geeigneter Elemente, wie z. B. Silicium.

Technisch relevante Stähle und Gusseisen einschließlich der unlegierten Sorten enthalten außer Kohlenstoff noch zahlreiche andere Elemente (Tab. 5.1). Alle Elemente beeinflussen in unterschiedlicher Weise die polymorphen Phasenumwandlungen der Eisenwerkstoffe. Vor allem beeinflussen sie in mehr oder weniger starkem Maße die Diffusion des Kohlenstoffs im Eisengitter. Dadurch entstehen starke Abweichungen im Umwandlungsverhalten im Vergleich zu den reinen Eisen-Kohlenstoff-Legierungen (s. Abschnitt 5.5). Das bedeutet zugleich, dass auch das Fe-Fe₃C-Diagramm auf technisch relevante Eisenlegierungen nicht anwendbar ist. Man hat häufig versucht, die Wirkung der in den Legierungen enthaltenen Elemente in Form binärer Systeme mit Eisen darzustellen und einzeln zu behandeln, weil Systeme von Vielkomponentensystemen nicht genügend bekannt bzw. nicht übersichtlich darstellbar sind. Es ist verständlich, dass diese Vorgehensweise die vielfältigen Wechselwirkungen zwischen den Komponenten nicht erfassen kann. Hinzu kommt, dass binäre Zustandsdiagramme nur die Gleichgewichtszustände beschreiben, die technisch interessantesten Zustände jedoch unter Ungleichgewichtsbedingungen entstehen. Benötigt werden brauchbare Darstellungen ungleichgewichtsmäßiger Phasenumwandlungen beim Erwärmen und Abkühlen technisch relevanter Stähle in Form von Schaubildern, Abstraktionen, Modellen, Softwareprogrammen o. ä., die gegebenenfalls auch andere Einflüsse, wie z. B. plastische Deformationen, berücksichtigen.

5.3 Polymorphe Phasenumwandlungen

5.3.1 Umwandlungen beim Erwärmen

Alle bisherigen Betrachtungen zur Umwandlung von Eisenlegierungen bezogen sich auf das thermische Gleichgewicht und auf binäre Fe-C-Legierungen. Die Gleichgewichtsdiagramme kennzeichnen Umwandlungen und Gefügezustände im Gleichgewichtszustand. Die Anwesenheit von Legierungs- und Begleitelementen führt zu anderen Gleichgewichten als dem Fe-Fe$_3$C-Diagramm entspricht. Der durch die Gleichgewichtssysteme gegebene Idealzustand ist weiter einzuschränken, weil

- die Phasenumwandlungen in Legierungen immer mit Löslichkeitssprüngen verbunden sind,
- in den Mischkristallen meistens eine temperaturabhängige Löslichkeit für wichtige Zusatzelemente existiert,
- bei den Umwandlungen eine Neuordnung der Atome erfolgen muss und
- die Einstellung von Gleichgewichtszuständen Zeit erfordert, die selten ausreichend vorhanden ist, weshalb es zur Ausbildung von Übersättigungszuständen kommen kann.

Besonders für praktische Anwendungen interessante Gefügebildungen von Stählen entstehen im thermischen Ungleichgewicht. Ein Endgefügezustand ist in der Regel das direkte Ergebnis der Phasenumwandlung beim Abkühlen. Aber die bei vorgeschalteter Erwärmung ablaufenden Umwandlungen können die beim nachfolgenden Abkühlen gebildeten Gefüge beeinflussen. Die meisten eigenschaftswirksamen thermischen Behandlungen, die in der Praxis angewendet werden, beginnen mit dem Erwärmen von Raumtemperatur. Die Eigenschaften sind bei festgelegter chemischer Zusammensetzung so in weiten Grenzen variierbar. Dabei ist nicht nur die ($\gamma \rightarrow \alpha$)-Umwandlung beim Abkühlen, sondern auch die ($\alpha \rightarrow \gamma$)-Umwandlung beim Erwärmen von überragender Bedeutung. Das ist daran zu erkennen, dass Stähle ohne ($\alpha \rightarrow \gamma$)- bzw. ($\gamma \rightarrow \alpha$)-Umwandlung weder normalgeglüht noch durch Abschrecken gehärtet werden können.

Das Halten auf Temperaturen, die im γ--Gebiet liegen, bezeichnet man als *Austenitisieren*. Das Austenitisieren ist in der Regel einer der ersten Schritte vieler Wärmebehandlungen. Wichtigste Aufgaben des Austenitisierens von Stählen sind die Auflösung vorhandener, unkontrolliert entstandener Ausscheidungen (insbesondere Carbide) und die Homogenisierung insbesondere hinsichtlich des Kohlenstoffgehalts.

Gefügeveränderungen beim Austenitisieren kann man mit direkten (Hochtemperaturmikroskopie) oder indirekten Methoden (Dilatometrie und andere physikalische Messmethoden) verfolgen. Jeder Erwärmungsvorgang über A_{e1} ist mit der Bildung von Austenit verbunden. Dabei kann der Ausgangsgefügezustand vor der Erwärmung beliebig sein, d. h. aus den bisher erläuterten ferritisch-perlitischen oder rein perlitischen Gefügen bestehen oder aus den noch zu behandelnden Ungleichgewichtsgefügen, wie Bainit oder Martensit, bzw. aus Mischgefügen.

Die Austenitbildung beinhaltet die ($\alpha \rightarrow \gamma$)-Umwandlung aus unterschiedlichen Ausgangsgefügen. Damit der Austenit schon bei relativ niedriger Temperatur gebildet werden kann, muss Kohlenstoff hinzudiffundieren. Kohlenstoffquellen sind die im Ausgangsgefüge vorhandenen Carbide K. Somit ist die Carbidauflösung einer der entscheidenden Teilprozesse der Austenitisierung:

$\alpha + K \rightarrow \gamma$

Die α-Phase kann perlitischer Ferrit, voreutektoider Ferrit (in Form massiver Körner, Ferrit in Widmannstätten'scher Anordnung (s. Abschnitt 5.3.2.3), als Ferritmatrix in Weichglühgefügen), aber auch Bainit oder Martensit sein. An den Grenzflächen Ferrit/Carbid beginnt die Austenitbildung mit der γ-Keimbildung und setzt sich mit dem Wachsen der wachstumsfähigen Austenitkeime fort. Im weiteren Verlauf werden alle Carbidteilchen von Austenit umschlossen und der Austenit wächst in dem Maße, wie Kohlenstoff über die Diffusion nachgeliefert wird, in den Ferrit hinein bis letzterer schließlich aufgezehrt ist. Damit ist die eigentliche Austenitbildung beendet.

Die Keimbildung verläuft im Allgemeinen zwar schnell, erweist sich aber dennoch als zeitabhängig. Diese Zeitabhängigkeit lässt eine *Inkubation* bei isothermer Temperaturführung erkennen. Die Inkubationsperiode ist umso kürzer, je höher die Umwandlungstemperatur ist. Rechnet man als Wachstumsdauer die Periode vom Aktivwerden des letzten Keims bis zum Abschluss der Austenitbildung, zeigt sich, dass diese Periode deutlich länger ist als der Zeitraum, in dem sich Keime bilden. Für das Aufstellen eines praktikablen Zeitgesetzes der Austenitbildung genügt es deshalb, allein diese Periode zu berücksichtigen. Technische Vorgänge verlaufen in einer endlichen Zeit bzw. mit höherer Aufheizgeschwindigkeit. Für sie sind eingeschränkte Diffusionsbedingungen charakteristisch, die sich in typischen Erscheinungen bemerkbar machen. Bei höheren Aufheizgeschwindigkeiten erfolgt die Keimbildung auch an Carbiden im Korninneren. Bei technischen Erwärmungen ist der entstandene Austenit zunächst noch inhomogen, enthält noch Restcarbide und ist durch eine relativ feine, manchmal ungleichmäßige Austenitkornstruktur gekennzeichnet. Steigende Erwärmungsgeschwindigkeit bedeutet immer weniger Zeit für die Keimbildung und die Diffusion. Die Folge ist eine Verschiebung der Umwandlungstemperaturen A_{c1}, A_{c3} und A_{cm} zu höheren Temperaturen hin. Man hat versucht, Beziehungen zum Einfluss der Aufheizgeschwindigkeit auf die Umwandlungstemperaturen aufzustellen. Zum Beispiel gilt nach Spektor für einen Stahl mit 1 % C und 1,4 % Cr und Aufheizgeschwindigkeiten bis zu 10 K s^{-1}:

$\Delta T = 39\sqrt[3]{v}$

ΔT Erhöhung des Umwandlungsbeginns über A_{c1}
v Aufheizgeschwindigkeit in K s^{-1}

Nach Guljajev und Salkin gilt für untereutektoide und eutektoide C-Stähle und Erwärmungsgeschwindigkeiten von 10 bis 1000 K s^{-1}:

$\Delta T = a + 25 \lg v$

a von der Dispersität des Zementits abhängiger Parameter

Die Erwärmungsgeschwindigkeit übt einen Einfluss auf die Homogenität des Austenits aus. Je höher die Erwärmungs-

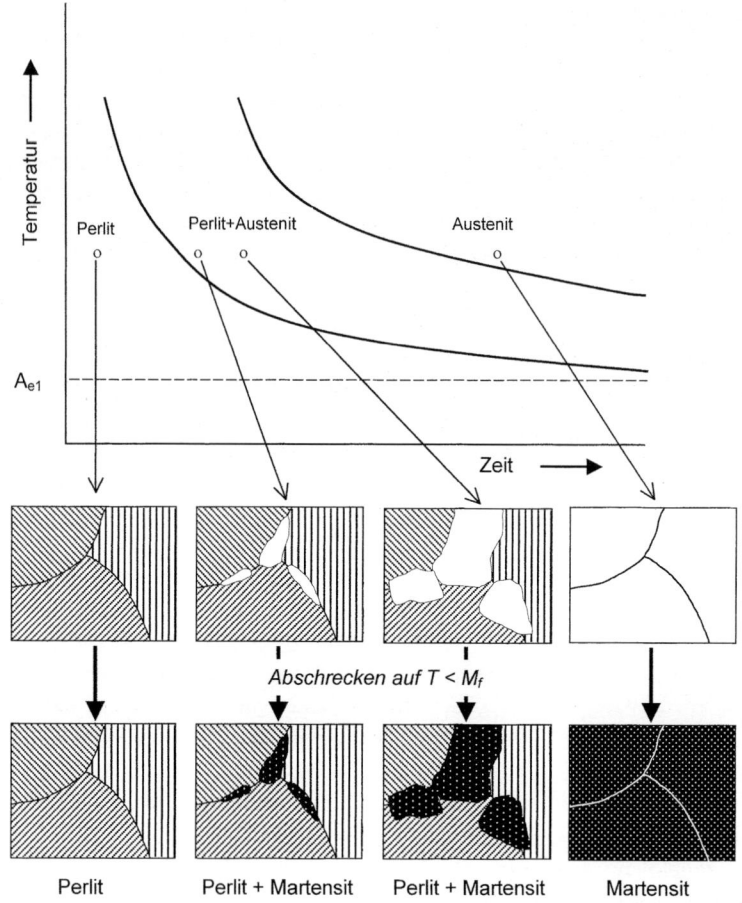

a)

Abb. 5.33a ZTA-Schaubilder für isothermisches Umwandeln von Stählen: Schematische Darstellung zur Handhabung des Schaubilds

geschwindigkeit ist, desto größer ist die noch nicht aufgelöste Carbidmenge am Ende des Austenitbildungsprozesses. Der Grund dafür ist die sehr kurze Zeit, die für die Diffusion zur Verfügung steht.

Die Praxis der Wärmebehandlung verlangt nach Hilfsmitteln für die Darstellung der Gefügeveränderungen beim Erwärmen. Ein solches Hilfsmittel ist das Zeit-Temperatur-Auflösungs- bzw. Zeit-Temperatur-Austenitisierungs-Schaubild (ZTA-Schaubild)[1]. Bei den ZTA-Schaubildern unterscheidet man Schaubilder für *isothermisches Umwandeln* und solche für *kontinuierliches* Erwärmen. ZTA-Schaubilder für isothermisches Umwandeln beschreiben die ($\alpha \rightarrow \gamma$)-Umwandlung beim Halten auf einer jeweils konstanten Temperatur $T > A_{e1}$ (Abb. 5.33 a). Vorausgesetzt wird, dass der Stahl sehr schnell auf die Tempe-

1) Es wird empfohlen, die Kurzbezeichnung ZTA-Schaubild nur zu verwenden, wenn keine Verwechslungsmöglichkeit zu Zeit-Temperatur-Ausscheidungsschaubildern besteht.

5.3 Polymorphe Phasenumwandlungen

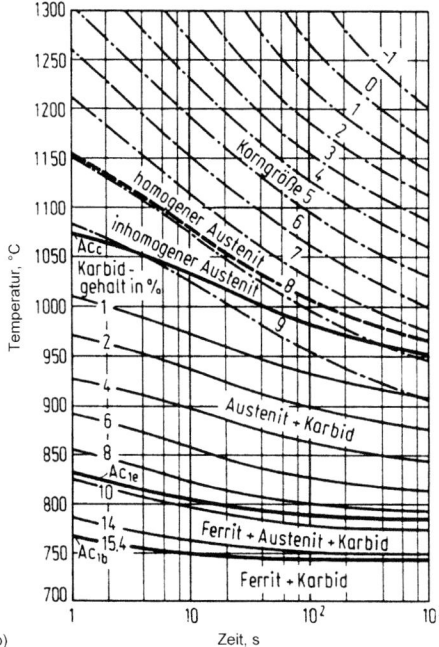

Abb. 5.33b Isothermisches ZTA-Schaubild eines Stahls mit 1 % C, 0,34 % Mn, 1,52 % Cr und 0,1 % Ni (aus „Werkstoffhandbuch Stahl und Eisen")

ratur T erwärmt und bei dieser gehalten wird. ZTA-Schaubilder für isothermisches Umwandeln müssen längs der Isothermen gelesen werden. Mit der Haltedauer bei der Temperatur T nimmt der Austenitanteil im Gefüge auf Kosten des Ausgangsgefüges zu, bis das Ende der Austenitbildung erreicht ist. Weitere Einflussfaktoren auf die Austenitbildungsgeschwindigkeit sind neben der Temperatur der Ausgangsgefügezustand und die Stahlzusammensetzung. Deshalb gelten ZTA-Schaubilder auch immer nur für die Bedingungen, die der Aufstellung der ZTA-Schaubilder zugrunde lagen.

Das in Abb. 5.33 b dargestellte ZTA-Schaubild gilt für den Stahl 100Cr6 im weichgeglühten Zustand und eine Erwärmungsgeschwindigkeit auf Austenitisierungstemperatur von 130 K s^{-1}. Linien gleicher Carbidanteile und gleicher Austenitkorngrößen wie sie hier eingezeichnet sind, fehlen häufig in den Diagrammen. Festlegungen für den Zeitpunkt des Beginns und des Endes der Austenitbildung müssen getroffen werden.

Die ZTA-Schaubilder für kontinuierliches Erwärmen werden entlang der eingezeichneten Aufheizkurven (Kurven jeweils konstanter Aufheizgeschwindigkeit) gelesen. Ein Beispiel für ein solches kontinuierliches ZTA-Schaubild ist in Abb. 5.34 für einen Stahl der Kurzbezeichnung 34CrMo4 wiedergegeben. Das Ausgangsgefüge besteht aus Ferrit und Perlit. Bei der Umwandlung verschwindet zuerst der Perlit. Die Carbidauflösung erfolgt mit der Umwandlung des restlichen Ferrits zwischen A_{c1e} und A_{c3}. Oberhalb A_{c3} liegt zunächst inhomogener Austenit vor (bis zur gestrichelten Linie), dann homogener Austenit. Mit zunehmender Temperatur wird das Austenitkorn allmählich größer. Die eingetragene *ASTM-Kornnummer* ist mit der Anzahl der Körner je Quadratzoll über folgende Beziehung verbunden:

$$n = 2^{N-1}$$

n Anzahl der Körner je Quadratzoll bei 100facher Vergrößerung
N ASTM-Kornnummer

Das Austenitisierungsverhalten der Stähle wird hauptsächlich beeinflusst durch

- die chemische Zusammensetzung des Stahls und
- den Ausgangsgefügezustand.

Daraus ergibt sich: Für jede Änderung der Zusammensetzung und des Ausgangsgefügezustands muss das ZTA-Schaubild neu aufgestellt werden. Die Bedingungen sind anzugeben. Auch andere Erwärmungsvor-

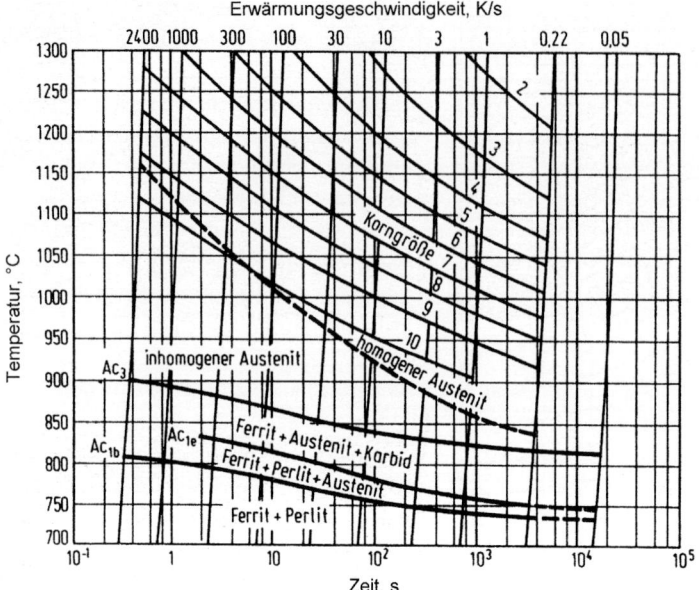

Abb. 5.34 ZTA-Schaubild für kontinuierliches Erwärmen eines Stahls mit 0,34 % C, 1,05 % Cr und 0,20 % Mo (aus „Werkstoffhandbuch Stahl und Eisen")

gänge, die nicht primär der Gefügeeinstellung dienen, wie z. B. das Anwärmen zum Walzen, Schmieden usw., das unvermeidliche Erwärmen beim Schweißen, beim mechanischen Bearbeiten, durch Reibung an der Oberfläche und andere Vorgänge mit erheblicher Wärmeentwicklung, bewirken ungewollt meistens Austenitisierungseffekte, wobei nicht selten eine Austenitkornvergröberung in Kauf genommen werden muss.

Beim Austenitisieren unter Praxisbedingungen müssen mögliche Nebenwirkungen, wie Verzunderung, Randentkohlung, Verbrennungen durch eindiffundierten Sauerstoff u. a., beachtet werden, weil sie qualitätsmindernd wirken. Gelegentlich wird, insbesondere bei Stählen mit höherem Kohlenstoffgehalt, bei der Wärmebehandlung die Stahloberfläche unbeabsichtigt und unerwünscht entkohlt, wenn die Ofenatmosphäre einen Überschuss an oxidierenden Gasen, wie Sauerstoff, Kohlendioxid, Wasserdampf u. a., enthält. Das sich an der Oberfläche befindliche Carbid wird allmählich gelöst und der Kohlenstoff zu CO oder CO_2 oxidiert, die in die Ofenatmosphäre entweichen. An die Stahloberfläche nachdiffundierender Kohlenstoff wird dort ebenfalls oxidiert und so weiter. Auf diese Weise wird nach und nach die Stahloberfläche entkohlt. Die entkohlte Oberflächenzone zeigt im metallografischen Schliff deutlich weniger Perlit als die unbeeinflusste Kernzone (Abb. 5.35). Bei großem Sauerstoffüberschuss in der Ofenatmosphäre ist eine breite randentkohlte Schicht meistens nicht zu sehen, weil der Sauerstoff auch das Eisen oxidiert (verzundert) und die Verzunderungsgeschwindigkeit größer sein kann als die Entkohlungsgeschwindigkeit. Unangenehm sind Ofenatmosphären mit relativ geringem Oxidationspotential, weil mit der Entkohlung, sofern die Glühtemperatur im Bereich der ($\gamma \rightarrow \alpha$)-Umwandlung

5.3 Polymorphe Phasenumwandlungen

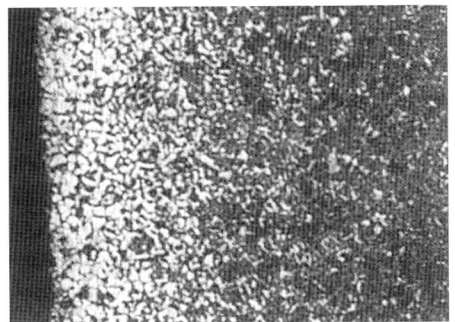

Abb. 5.35 Stahl mit 0,60% C; 3 h bei 800 °C an Luft geglüht, randentkohlt

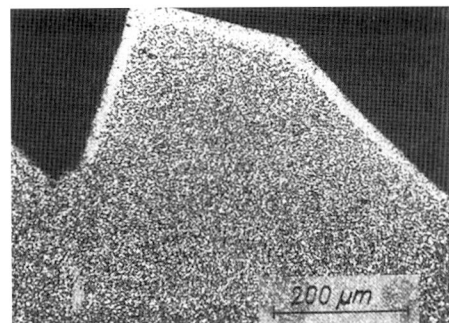

Abb. 5.37 Feilenzahn; Werkzeugstahl mit Randentkohlung

liegt, ein grobes Ferritkorn an der Oberfläche entsteht. Begünstigt wird das Wachsen der Ferritkristalle durch eine geringe plastische Vorverformung von 3 bis 5%. Entkohlend wirkt auch Wasserstoff, der den Kohlenstoff zu Kohlenwasserstoffen bindet. In der entkohlten Zone bilden sich grobe Ferritkristalle mit stengelförmigem Aussehen aus (Abb. 5.36), falls die Glühtemperatur zwischen A_1 und A_3 liegt.

Randentkohlter Stahl beeinträchtigt unter anderem auch die Härteannahme beim Abschreckhärten. Es bildet sich eine Weichhaut, die z. B. die Ursache dafür ist, dass die Schneidhaltigkeit von Werkzeugen nicht mehr gegeben ist (Abb. 5.37) und das Werkzeug schon nach kurzem Gebrauch

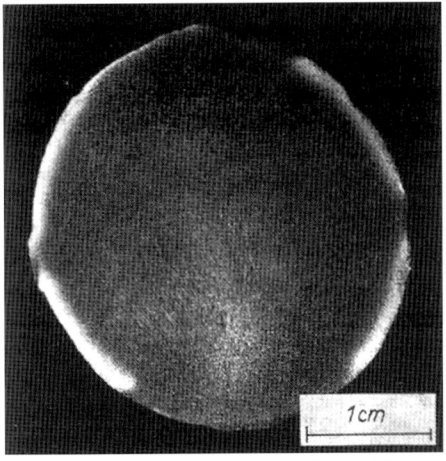

Abb. 5.38 Querschliff durch einen Kugelrohling; helle symmetrische Entkohlungszone, durch Ätzen mit 5%iger HNO$_3$ sichtbar gemacht

stumpf wird. Abb. 5.38 zeigt einen Querschnitt durch eine Kugel, die aus einem randentkohlten Stangenabschnitt geschlagen worden ist und nach dem Härten an der Oberfläche weichfleckig geworden ist. Als besonders nachteilig erweist sich der Einfluss der Randentkohlung auf die Dauerschwingfestigkeit bei dynamisch hochbeanspruchten Bauteilen, denn von der entkohlten ferritreichen Randzone gehen bevorzugt Dauerbruchanrisse aus (Abb. 5.39). Abb. 5.40 zeigt einen Dauer-

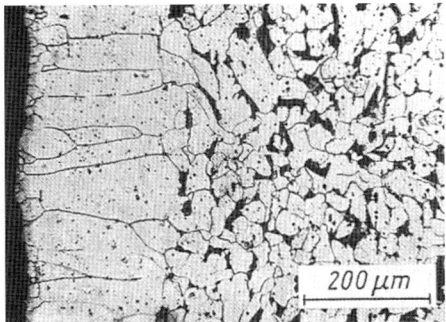

Abb. 5.36 Stahl mit 0,25% C; beim Glühen bei 800 °C in Wasserstoff randentkohlt, Stengelkornbildung

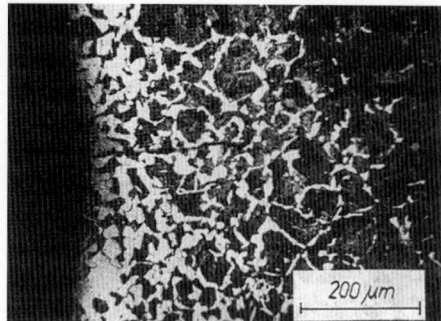

Abb. 5.39 Stahl mit 0,90 % C für Druckluftmeißel; Dauerbruchanriss, der von einer entkohlten Oberfläche ausgeht

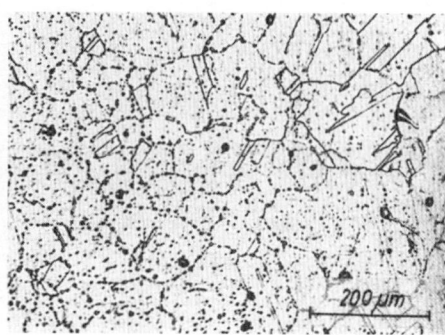

Abb. 5.41 Heizleiterdraht mit 60 % Ni, 15 % Cr und 25 % Fe; Austenit mit punktförmigen Oxideinschlüssen

bruch an einem Ventilkipphebel aus vergütetem Stahl C60 mit einer Zugfestigkeit von 830 N mm^{-2}. Die glatte und mit Rastlinien versehene Dauerbruchfläche beträgt 66 % des Gesamtquerschnitts, die Fläche des kristallinen Gewaltbruchs 34 %. Als Ursache für den Dauerbruch konnte auch hier eine randentkohlte Zone von 0,1 mm Tiefe ermittelt werden.

Bei noch höheren Temperaturen kann Sauerstoff in den Stahl eindiffundieren, insbesondere entlang der Korngrenzen, und diese schädigen. Ein Beispiel dafür ist das Austenitgefüge eines Heizleiterdrahts mit 60 % Ni, 15 % Cr und 25 % Fe, der langzeitig Temperaturen zwischen 1100 und 1200 °C ausgesetzt war (Abb. 5.41). Man erkennt punktförmige Oxide, die sich entlang der Korngrenzen gebildet und diese somit geschädigt haben. Die Versprödung war so groß, dass der Draht schon beim Biegen zu Bruch gegangen war.

Stahl, der bei der Verarbeitung durch eindiffundierten Sauerstoff großflächig durch Oxidbildung an den Austenitkorngrenzen geschädigt ist, gilt als verbrannt. Er erweist sich als spröde, bricht beim Umformen auseinander und hat nur noch Schrottwert. Abb. 5.42 zeigt die rissige Oberfläche eines verbrannten Kettenglieds und Abb. 5.43 eine Anhäufung von Eisenoxid an den Korngrenzen der ehemaligen Austenitkristalle.

Abb. 5.40 Durch Randentkohlung und mechanische Oberflächenfehler entstandener Dauerbruch an einem Ventilkipphebel aus vergütetem Stahl mit 0,60 % C ($R_m = 830$ N mm^{-2})

Abb. 5.42 Verbranntes und beim Biegen aufgerissenes Kettenglied

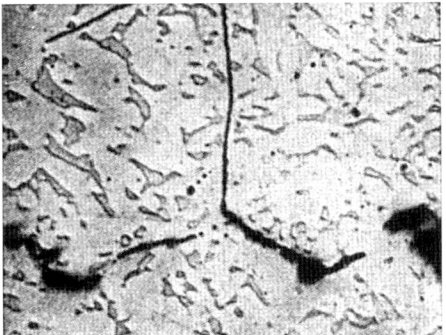

Abb. 5.43 Oxideinwanderungen an den Korngrenzen, verbranntes Kettenglied nach Abb. 5.42

5.3.2
Umwandlungen beim Abkühlen

5.3.2.1 Allgemeine Betrachtungen

Gleichgewichtsbetrachtungen beziehen sich auf Phasenzustände, die sich bei entsprechender Temperatur und konstantem Druck (in der Regel Normaldruck) über lange Zeit nicht ändern. Aus diesem Grund konnte die Zeit als Variable bei den bisherigen Betrachtungen unberücksichtigt bleiben. Technisch interessante Gefügezustände ergeben sich durch zeitliche Variation von Druck, Temperatur und Zusammensetzung, allein oder kombiniert. Die Beschreibung der genannten zeitlichen Vorgänge geschieht auf der Basis der Kinetik von Festkörperreaktionen bzw. auf empirischer Grundlage. Mittel der Beschreibung sind empirische Formeln und sogenannte *Zeit-Temperatur-Schaubilder*.

Grundsätzlich gilt, alle Phasen sind nur innerhalb bestimmter Temperaturbereiche stabil. Wird eine metallische Phase instabil, dann finden Reaktionen statt, wobei die Reaktionsprodukte den stabilen Zustand unter den neuen Bedingungen repräsentieren. Solche Reaktionen sind Phasenumwandlungen, zu denen auch Ausscheidungsreaktionen gehören.

Bei der Phasenumwandlung verschwindet die instabil gewordene Ausgangsphase vollständig zugunsten einer neuen stabilen Phase. Bei Ausscheidungsreaktionen ändert die Ausgangsphase in der Regel nur ihre Zusammensetzung, wobei eine oder mehrere neue Phasen innerhalb der alten gebildet werden. Alle wichtigen Reaktionen in Stählen laufen über Keimbildung und Wachsen wachstumsfähiger Keime ab. Die Keimbildungsgeschwindigkeit wird durch die Temperatur, die Diffusion und die thermodynamische Instabilität der Ausgangsphase bestimmt.

Phasenübergänge in technischen Fe-Legierungen werden fast ausschließlich durch heterogene Keimbildung eingeleitet. Je nach dem Wachstumsprozess der gebildeten Keime unterscheidet man bei Fe-Legierungen athermisches Keimwachstum, thermisch aktiviertes Wachstum und durch Wärmetransport gesteuertes Wachstum.

Phasenumwandlungen über athermisches Wachstum gebildeter Keime sind dadurch gekennzeichnet, dass sich die Grenzfläche zwischen Keim und Matrix in Form einer kooperativen Atombewegung durch das Gitter bewegt, wobei ein bestimmtes Atom seine Nachbaratome beibehält. Die Bewegungsgeschwindigkeit der Grenzfläche erreicht Schallgeschwindigkeit und ist unabhängig von der Temperatur.

Phasenumwandlungen über thermisch aktiviertes Wachstum können in Umwandlungsvorgänge ohne Zusammensetzungsänderung bzw. Zusammensetzungsänderung über größere Entfernungen bei geringer Beweglichkeit der Grenzfläche und in Umwandlungsvorgänge mit einer Zusammensetzungsänderung und hoher Beweglichkeit der Kornfläche eingeteilt werden. Die Beweglichkeit der Phasengrenzfläche bzw. der Wachstumsfront hängt von der Temperatur ab. Sie wird mit sinkender Temperatur langsamer und kann ganz zum Stillstand kommen.

Es existiert eine Reihe empirischer Beziehungen zur Beschreibung des umgewandelten Gefügeanteils unter isothermen Bedingungen, wie z. B. die Avrami-Beziehung:

$$M_t = 1 - \exp(-Kt^n)$$

M_t zum Zeitpunkt t umgewandelter Anteil des Gefüges
K Konstante (temperaturabhängig)
t Zeit
n Exponent

Die grafische Darstellung $\ln\ln(1 - M_t)$ als Funktion von t ergibt eine Gerade, deren Steigung dem Wert n entspricht. Werte von $n = 0{,}5$ bis 4 wurden gefunden. Eine größere praktische Bedeutung als die isothermische Umwandlung hat die Umwandlung beim anisothermischen bzw. kontinuierlichen Abkühlen. Im Prinzip lässt sich der mengenmäßige Umsatz experimentell auf die gleiche Weise wie für isothermische Bedingungen verfolgen.

Beispiele für thermisch aktiviertes Wachstum bei Eisenwerkstoffen sind alle polymorphen Umwandlungen im festen Zustand sowie die Rekristallisation, Entmischungsvorgänge, das Kornwachstum (jedoch z. T. ohne Keimbildung) sowie Ausscheidungs- und Auflösungsvorgänge. Tritt bei der Phasenumwandlung ein großer Wärmeeffekt auf, dann wird das Fortschreiten der Wachstumsfront durch die Bedingungen des Wärmetransports gesteuert (durch Wärmetransport gesteuertes Wachstum). Typische Beispiele dafür sind Erstarrungs- und Aufschmelzvorgänge.

5.3.2.2 Erstarrung

Bei Umwandlungen unter Gleichgewichtsbedingungen geht man stets von einem uneingeschränkten Diffusionsausgleich in der verschwindenden und der neugebildeten Phase aus, weil im Gleichgewicht zeitlich uneingeschränkte Diffusionsbedingungen vorherrschen. Bei der gleichgewichtsnahen Erstarrung ändert sich die Konzentration der Schmelze und der gebildeten festen Phase entlang der Liquidus- bzw. der Soliduslinie. Bei Abkühlungsgeschwindigkeiten, wie sie technisch interessant sind, ist ein uneingeschränkter Diffusionsausgleich in der flüssigen und der festen Phase nicht möglich. Da aber die Erstarrung erst dann abgeschlossen ist, wenn die Zusammensetzung der festen Phase die Ausgangszusammensetzung erreicht hat, bedeutet dies, dass die Temperatur am Ende der Erstarrung unterhalb der Gleichgewichtserstarrungstemperatur liegt (z. T. erheblich darunter). Ein weiterer Unterschied besteht darin, dass die erstarrte Schmelze keine konstante Ausgangszusammensetzung nahe der Erstarrungsfront aufweist (wie im Gleichgewicht), sondern dass ihre Zusammensetzung in einem Bereich schwankt, wobei die zuerst erstarrten Bereiche C-ärmer sind als die zuletzt erstarrten. Die erstarrungsbedingten Konzentrationsunterschiede im Festkörper bezeichnet man als Kristall- bzw. Primär-

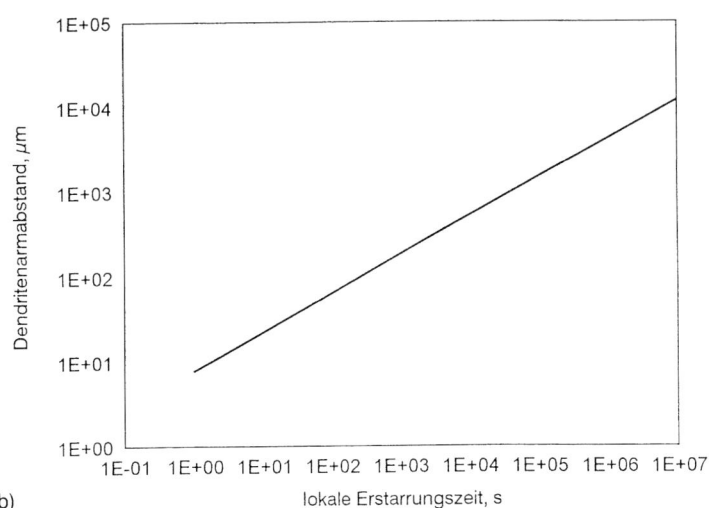

Abb. 5.44 Dendritengefüge: a) Ungeglühter Stahlformguss mit Dendriten (Primärgefüge); geätzt nach Oberhoffer, schräge Beleuchtung; b) Abhängigkeit des Dendritenarmabstands von der lokalen Erstarrungszeit

seigerungen (siehe Abschnitt 4.1.4). Sie sind ein typisches Kennzeichen technisch erstarrter Eisenlegierungen.

Außerdem gibt es *makroskopische Seigerungen*, die in der Praxis als Blockseigerungen oder Mittenseigerungen bezeichnet werden (Abschnitt 4.1.4).

Aus metallografischer Sicht interessiert besonders die Ausbildung des Erstarrungsgefüges. Stähle erstarren fast ausschließlich dendritisch (Abb. 5.44 a). Ein Dendrit bildet sich nur in einer unterkühlten Schmelze (siehe Abschnitt 4.1.2). Dendritenkristalle zeigen bevorzugtes Kristallwachstum in bestimmten Richtungen. Die Wachstumsrichtungen des Dendriten sind immer streng kristallografisch ausgerichtet. Die Richtung der Dendritenachsen entspricht beim Eisen der [1 0 0]-Richtung. Dendriten verzweigen sich in regelmäßigen Abständen, die mit höher werdender Verzweigungsordnung kleiner werden („Tannenbaumkristalle"). Nur relativ geringe Anteile der Schmelze bilden das Dendritenskelett, den Rest bilden die Resterstarrungsfelder, die sich in den interdendritischen Räumen befinden. Die Verteilung der Dendriten im Block ist von den tatsächlich vorherrschenden Wärmetransportbedingungen abhängig. Danach unterscheidet man entsprechend der Wärmeflussrichtung streng ausgerichtete Dendriten (Dendriten der transkristallinen Zone) und völlig richtungsunabhängige Dendriten (Kontaktdendriten im Blockkern bzw. im Erstarrungssumpf).

Alle Bildungs- und Wachstumsprozesse erfordern eine Unterkühlung. Man muss mehrere Arten der Unterkühlung unterscheiden. Die wichtigsten sind:

- thermische Unterkühlung (Temperaturerniedrigung unter $T_{Liquidus}$)
- konstitutionelle Unterkühlung (konzentrationsabhängig)

Da vor der Erstarrungsfront ein positiver Temperaturgradient herrscht, verbleibt nur die konstitutionelle Unterkühlung als notwendige Voraussetzung der dendritischen Erstarrung. Sie beruht auf einer Konzentrationsanreicherung vor der Erstarrungsfront, die sich herausbildet, weil die Diffusion eingeschränkt ist.

Die Anordnung der Dendriten im Erstarrungsgefüge ist von den Abkühlungsbedingungen abhängig. Die Transkristallisation steht senkrecht auf der Erstarrungsfront. Die Transkristallisationszone reicht unter Umständen bis in den Blockkern (wie z. B. bei der Erstarrung im wassergekühlten Kristallisator). Transkristallite bestehen aus einer Gruppe von Dendriten mit gleicher Orientierung. Sie sind häufig schon mit bloßem Auge sichtbar. Werden Transkristallite senkrecht zu ihrer Hauptachse geschnitten, erkennt man die regelmäßige Anordnung der Dendritennebenäste besonders gut. Bei der normalen Blockerstarrung existiert ebenfalls eine Transkristallisationszone (Zone gerichteter dendritischer Erstarrung). Sie steht nahezu senkrecht auf der Blockoberfläche. Ein wichtiger Gefügeparameter dendritischer Gefüge ist der *Dendritenarmabstand*. Er erweist sich in erster Linie als von der lokalen Erstarrungszeit bzw. der Kristallisationsgeschwindigkeit abhängig (Abb. 5.44 b):

$$d_D = K\Theta_f^n$$

d Dendritenarmabstand
K Konstante (materialabhängig)
Θ_f lokale Erstarrungszeit
n Exponent

Der Dendritenarmabstand ist am metallografischen Bild messbar. Die Ausbildung des Dendritengefüges beeinflusst das *Seigerungsverhalten* im mikroskopischen Bereich. Nur bei sehr langsamer Erstarrung und einer guten Diffusionsfähigkeit der gelösten Elemente im festen Zustand entsteht ein homogener Mischkristall. Die Neigung zur Seigerung ist von Element zu Element unterschiedlich. Für viele praktische Zwecke genügt die Kennzeichnung des Seigerungsverhaltens bei der Erstarrung mittels eines praktischen *Seigerungskoeffizienten*:

$$S_B = \frac{c_{max}}{c_{min}}$$

S_B praktischer Seigerungskoeffizient
c_{max} Konzentration des Elements B in der legierungsreichen Restschmelze
c_{min} Konzentration des Elements B im legierungsarmen Dendriten

Experimentell ist die Bestimmung der Konzentrationen mit der Elektronenstrahlmikroanalyse möglich. In der Regel zeigt sich eine Abhängigkeit des Seigerungskoeffizienten vom Dendritenarmabstand.

5.3.2.3 Perlitbildung

Im Zusammenhang mit der Behandlung des Fe-Fe$_3$C-Diagramms wurde festgestellt, dass der γ-Mischkristall bei Temperaturen $< A_1$ nicht stabil ist, d. h. er ist bestrebt, umzuwandeln gemäß:

γ→α + Carbid

α voreutektoider Ferrit + perlitischer Ferrit

Diese Umwandlung ist ihrem Wesen nach eine mehrphasige Entmischungsreaktion: Aus γ-Eisen mit beispielsweise 0,45 % C entsteht Ferrit mit weniger als 0,02 % C und Carbid mit einem Kohlenstoffgehalt von mehreren Prozent. Die Bildung der neuen Phasen geschieht über zeitabhängige Diffusionsvorgänge. Jedoch sind für technische Abkühlungen, die gegenüber gleichgewichtsnahen Bedingungen stets beschleunigt sind, Unterkühlungen typisch. Mit steigender Abkühlungsgeschwindigkeit werden die Diffusionsbedingungen zunehmend ungünstiger. Das findet seinen Niederschlag in Verschiebungen der Umwandlungstemperaturen zu tieferen Werten hin (Abb. 5.45). Dabei wird A_3 stärker abgesenkt als A_1. Das hat zur Folge, dass der Abstand zwischen beiden Umwandlungspunkten mit zunehmender Abkühlungsgeschwindigkeit immer kleiner wird, bis beide Umwandlungstemperaturen schließlich zusammenfallen. Bei weiterer Erhöhung der Abkühlungsgeschwindigkeit verschwindet auch $Ar_{3,1}$ vollkommen. Das bedeutet, dass die diffusionsgesteuerte Entmischung, die bei A_3 beginnt, oberhalb einer bestimmten Abkühlungsgeschwindigkeit nicht mehr möglich ist. Diese charakteristische Abkühlungsgeschwindigkeit nennt man *obere kritische Abkühlungsgeschwindigkeit*. Neben dieser existiert auch eine untere kritische Abkühlungsgeschwindigkeit. Die oberhalb der unteren kritischen Abkühlungsgeschwindigkeit auftretenden Umwandlungspunkte werden im Abschnitt 5.3.2.4 behandelt.

Dieses Schaubild, das als *Unterkühlungsschaubild* bezeichnet wird, gibt über die thermodynamische Möglichkeit der (γ → α)-Umwandlung Auskunft. Es sagt jedoch nichts über die tatsächlich umgewandelten Anteile aus. Für praktische Belange erweist es sich außerdem als unhandlich, weil die Abkühlungsgeschwindigkeit nur relativ umständlich bestimmbar ist. Wenn man jedoch die genannten Umwandlungstemperaturen über dem Kehrwert der Geschwindigkeit, d. h. der Zeit, aufträgt, dann erhält man das sogenannte Zeit-Temperatur-Umwandlungsschaubild (*ZTU-Schaubild*). Das Umwandlungsgeschehen bei kontinuierlicher Abkühlung (wie im vorliegenden Fall) wird im kontinuierlichen ZTU-Schaubild (Abb. 5.46) dargestellt und das Umwandlungsgeschehen bei konstanter Temperatur wird vom isothermen ZTU-Schaubild (Abb. 5.47) beschrieben.

In die ZTU-Schaubilder sind in der Regel die Linien für den Beginn der Umwandlungen γ → Ferrit, γ → Perlit, γ → Bainit, γ → Martensit und das Ende der jeweiligen Umwandlung eingezeichnet. Zur Zeitabhängigkeit des umgewandelten Anteils M_t, die der Avrami-Beziehung gehorcht (s. Abschnitt 5.3.2.1), ist anzumerken, dass es nicht möglich ist, mit einer linearen Interpolation zwischen Beginn und Ende der

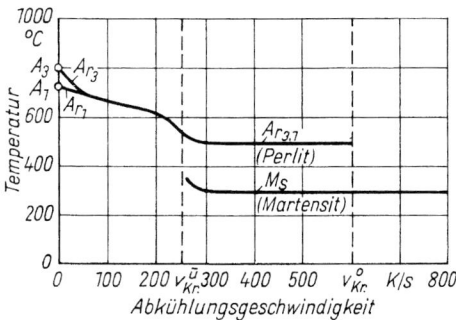

Abb. 5.45 Veränderung der Umwandlungstemperaturen eines Stahls mit 0,45 % C mit steigender Abkühlungsgeschwindigkeit (nach Wever und Rose), v^u_{kr} untere kritische Abkühlungsgeschwindigkeit, v^o_{kr} obere kritische Abkühlungsgeschwindigkeit

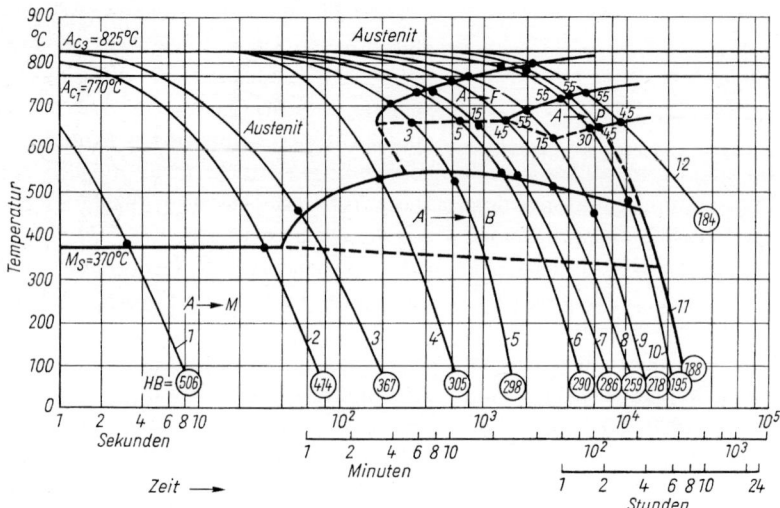

Abb. 5.46 Zeit-Temperatur-Umwandlungsschaubild für die kontinuierliche Abkühlung eines Stahls mit 0,25 % C, 1,40 % Cr, 0,50 % Mo und 0,25 % V

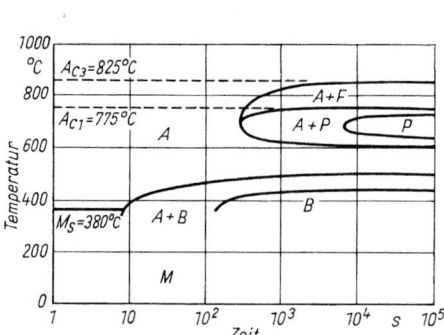

Abb. 5.47 Isothermes Zeit-Temperatur-Umwandlungsschaubild eines Stahls mit 0,25 % C, 3,00 % Cr und 0,40 % Mo

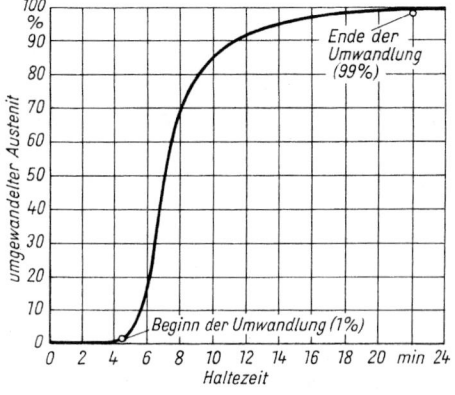

Abb. 5.48 Kinetik der isothermen Umwandlung Austenit → Perlit eines Stahls mit 0,98 % C bei 700 °C

Umwandlung Aussagen zum umgewandelten Anteil in Abhängigkeit von der Zeit zu erhalten, weil die Mengenumsatzkurve einen charakteristischen nichtlinearen Verlauf zeigt (Abb. 5.48). Die Abbildung zeigt als Beispiel die Umwandlungskurve eines Stahls mit 0,98 % C, der 5 min bei 900 °C austenitisiert und anschließend unverzüglich in ein Bleibad mit 700 °C überführt und darin gehalten worden ist. Man erkennt, dass der Austenit nach etwa 4 min umzuwandeln beginnt, dass die Umwandlungsgeschwindigkeit allmählich zunimmt und danach wieder kleiner wird. Da sich die Kurve asymptotisch an die 0 %- und 100 %-Grenze nähert, ist es nicht einfach, den Beginn und das Ende der Umwandlung zu finden. Vielfach ist es üblich, als

Beginn der Umwandlung den Zeitpunkt, zu dem 1 % des Austenits umgewandelt ist, und als Umwandlungsende den Zeitpunkt, zu dem 99 % des Austenits umgewandelt sind, zu vereinbaren. Im vorliegenden Beispiel ergeben sich so für Beginn und Ende der Umwandlung 4,2 bzw. 22 min. Zur detaillierten Darstellung der Umwandlungsgeschwindigkeit müsste man den Differentialquotienten dM_t/dt verwenden. Für praktische Zwecke verzichtet man darauf, d. h. man begnügt sich damit, lediglich Beginn und Ende einer Umwandlung zu registrieren. Zur Bestimmung des Beginns und des Endes einer Umwandlung bzw. Ausscheidung kann man im Allgemeinen Methoden der direkten Beobachtung mit dem Hochtemperaturmikroskop oder indirekte physikalische Messverfahren heranziehen. Der Umwandlungsvorgang kann auch metallografisch verfolgt werden. Unterbricht man nämlich die Umwandlung nach verschiedenen Haltezeiten und schreckt die Proben in Wasser ab, verändert sich nur noch der Austenit (er wandelt in Martensit um), aber das bereits vorher umgewandelte Gefüge bleibt erhalten und kann bewertet werden. In Abb. 5.49 ist das Gefüge nach 4-minütigem Halten bei 700 °C und anschließendem Abschrecken in Wasser zu erkennen. Das Gefüge besteht vollständig aus Martensit, d. h. die ($\gamma \rightarrow \alpha$)-

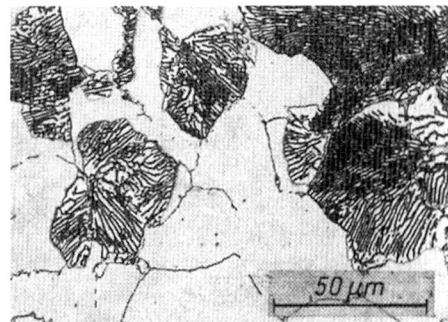

Abb. 5.50 Stahl mit 0,98 % C, 900 °C/6 min 700 °C/Wasser; fortgeschrittene Perlitbildung

Abb. 5.51 Stahl mit 0,98 % C, 900 °C/8 min 700 °C/Wasser; fortgeschrittene Perlitbildung

Umwandlung hatte noch nicht begonnen. Nach 700 °C/6 min/Wasser sind schon etwa 15 % Perlit und 85 % Martensit vorhanden (Abb. 5.50), d. h. die Umwandlung ist noch nicht beendet. Nach 8 min liegen 70 % Perlit und nur noch 30 % Martensit vor (Abb. 5.51). Nach 30 min ist das Umwandlungsende schon überschritten und das Gefüge besteht nur noch aus Perlit (Abb. 5.52). Dieses Ergebnis steht in Übereinstimmung mit der Darstellung in Abb. 5.48.

Phasenumwandlungen wie die ($\gamma \rightarrow \alpha$)-Umwandlung lassen sich mittels *dilatometrischer Messungen* verfolgen, weil die stattfindende Längenänderung der Probe im Allgemeinen bei 1 % (spätestens bei 3 %) umgewandeltem Gefüge deutlich sichtbar

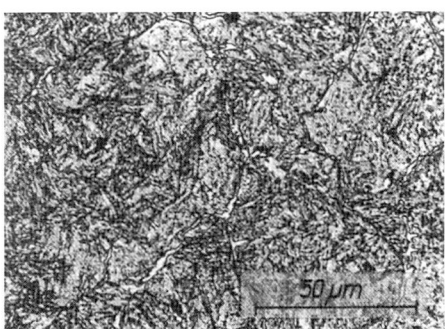

Abb. 5.49 Stahl mit 0,98 % C, 900 °C/4 min 700 °C/Wasser; Martensit und Sekundärzementit

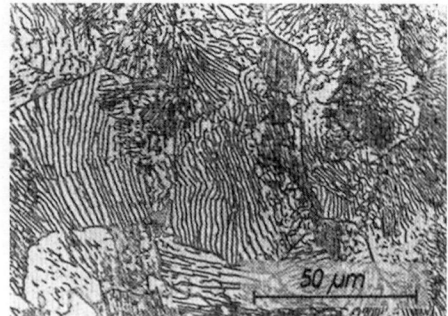

Abb. 5.52 Stahl mit 0,98 % C, 900 °C/30 min 700 °C/Wasser; groblamellarer Perlit

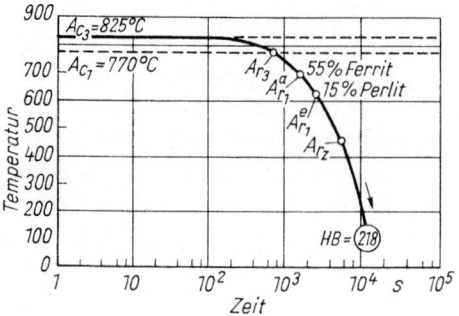

Abb. 5.54 Temperatur-Zeit-Kurve einer Dilatometerprobe eines Stahls mit 0,25 % C, 1,40 % Cr, 0,50 % Mo und 0,25 % V mit eingezeichneten Umwandlungstemperaturen und Ferrit- und Perlitanteilen

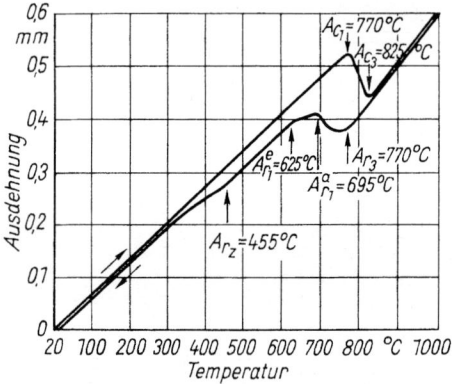

Abb. 5.53 Dilatometerkurve eines Stahls mit 0,25 % C, 1,40 % Cr, 0,50 % Mo und 0,25 % V; Erwärmungs- und Abkühlungsgeschwindigkeit jeweils 4 K min^{-1}

ist. Die Ermittlung der Phasenumwandlungen mittels dilatometrischer Messungen beruht auf der Beobachtung, dass der Phasenübergang γ → α mit einer *Volumendilatation* verbunden ist, die der rein thermisch bedingten Kontraktion bei der Abkühlung überlagert ist. Abb. 5.53 zeigt eine Dilatometerkurve eines niedriglegierten Stahls für das Erwärmen und Abkühlen. Beim Erwärmen dehnt sich die Probe infolge thermischer Einflüsse aus (Dilatation), beim Abkühlen zieht sie sich zusammen (Kontraktion). Dieser Kurve liegt eine Erwärmungsgeschwindigkeit und eine Abkühlungsgeschwindigkeit von jeweils 4 K min^{-1} zugrunde. Die Unstetigkeiten kennzeichnen folgende Umwandlungstemperaturen:

A_{c1} = 770 °C (Beginn der Austenitbildung)
A_{c3} = 825 °C (Ende der Austenitbildung)
A_{r3} = 770 °C (Beginn der Ferritbildung)
A^{a}_{r1} = 695 °C (Beginn der Perlitbildung)
A^{e}_{r1} = 625 °C (Ende der Perlitbildung)
A_{rz} = 455 °C (Beginn der Bainitbildung)

Bei Raumtemperatur wurde eine Härte von 218 HB (Abb. 5.54) gemessen (vgl. Abkühlungskurve Nr. 9 in Abb. 5.46). Das Gefüge besteht zu 55 % aus voreutektoidem Ferrit, zu 15 % aus Perlit und zu 30 % aus Bainit (+ Martensit). Die Austenitisierungstemperatur betrug 1000 °C. Im Diagramm geht die Kurve nicht von 1000 °C aus, sondern wurde auf die Temperatur A_{c3} normiert. Durch Verbinden der Umwandlungspunkte aller Abkühlungskurven erhält man schließlich das ZTU-Schaubild. Das ZTU-Schaubild in Abb. 5.46 wird durch Gefügeaufnahmen für die Abkühlungskurven 1 bis 12 (Abb. 5.55 bis 5.66) ergänzt.

Diese kurze Betrachtung zeigt, dass zum Aufstellen von ZTU-Diagrammen die Längenänderung Δl, die Temperatur *T*, die

5.3 Polymorphe Phasenumwandlungen

Abb. 5.55 Stahl mit 0,25 % C, 1,40 % Cr, 0,50 % Mo und 0,25 % V, 1000 °C/Wasser; Martensit; 506 HB

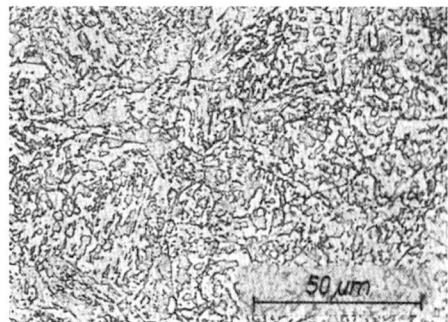

Abb. 5.58 Stahl mit 0,25 % C, 1,40 % Cr, 0,50 % Mo und 0,25 % V, 1000 °C/Luft; Bainit und Martensit; 305 HB

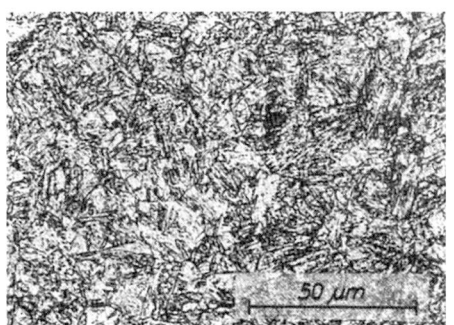

Abb. 5.56 Stahl mit 0,25 % C, 1,40 % Cr, 0,50 % Mo und 0,25 % V, 1000 °C/Druckluft; Martensit; 414 HB

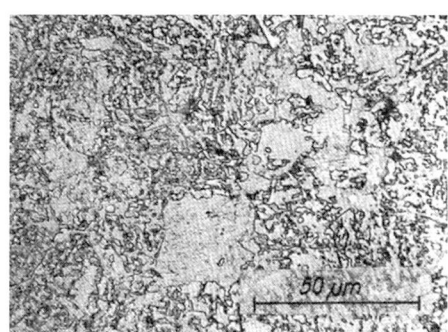

Abb. 5.59 Stahl mit 0,25 % C, 1,40 % Cr, 0,50 % Mo und 0,25 % V, 1000 °C/Ofen; 3 % Ferrit sowie Bainit und Martensit; 298 HB

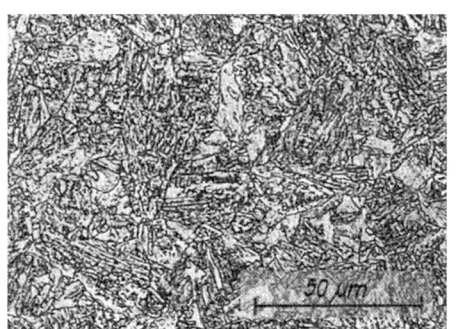

Abb. 5.57 Stahl mit 0,25 % C, 1,40 % Cr, 0,50 % Mo und 0,25 % V, 1000 °C/Luft; Martensit und Bainit; 367 HB

Abb. 5.60 Stahl mit 0,25 % C, 1,40 % Cr, 0,50 % Mo und 0,25 % V, 1000 °C/Ofen; 5 % Ferrit sowie Bainit und Martensit; 290 HB

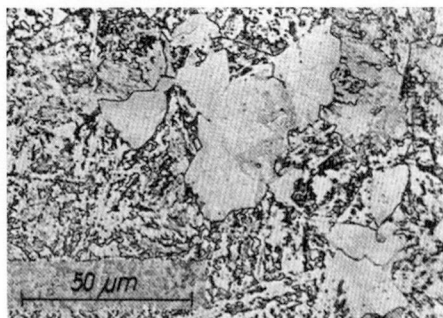

Abb. 5.61 Stahl mit 0,25 % C, 1,40 % Cr, 0,50 % Mo und 0,25 % V, 1000 °C/Ofen; 15 % Ferrit sowie Bainit und Martensit; 286 HB

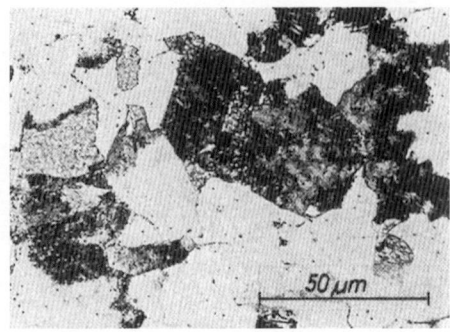

Abb. 5.64 Stahl mit 0,25 % C, 1,40 % Cr, 0,50 % Mo und 0,25 % V, 1000 °C/Abkühlungsvariante II; 55 % Ferrit, 30 % Perlit sowie Bainit und Martensit; 195 HB

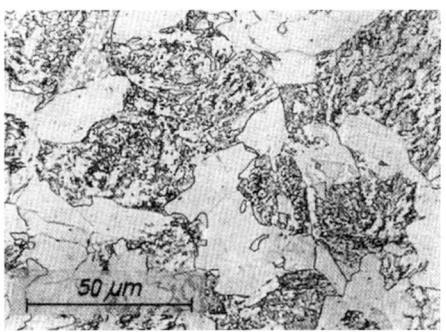

Abb. 5.62 Stahl mit 0,25 % C, 1,40 % Cr, 0,50 % Mo und 0,25 % V, 1000 °C/Ofen; 45 % Ferrit sowie Bainit und Martensit; 259 HB

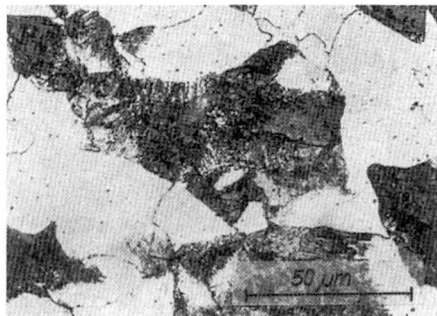

Abb. 5.65 Stahl mit 0,25 % C, 1,40 % Cr, 0,50 % Mo und 0,25 % V, 1000 °C/Abkühlungsvariante III; 55 % Ferrit und 45 % Perlit; 188 HB

Abb. 5.63 Stahl mit 0,25 % C, 1,40 % Cr, 0,50 % Mo und 0,25 % V, 1000 °C/Abkühlungsvariante I; 55 % Ferrit sowie Bainit und Martensit; 218 HB

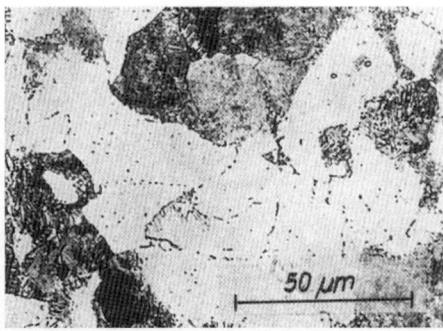

Abb. 5.66 Stahl mit 0,25 % C, 1,40 % Cr, 0,50 % Mo und 0,25 % V, 1000 °C/Abkühlungsvariante IV; 55 % Ferrit und 45 % Perlit; 184 HB

Zeit t bzw. bei anisothermer Temperaturführung die Abkühlungsgeschwindigkeit v registriert werden müssen. Dilatometerproben unterschiedlicher Formen sind in Gebrauch. Die Hauptanforderungen an Proben sind eine geringe Wärmekapazität, ein geringer Temperaturgradient über den Querschnitt und eine genügende Stabilität gegen Ver- oder Durchbiegen.

Kontinuierliche ZTU-Schaubilder müssen entlang der eingezeichneten Abkühlungskurve gelesen werden, weil sie bei jeweils konstanter Abkühlungsgeschwindigkeit aufgenommen worden sind. Isotherme ZTU-Schaubilder werden bei jeweils konstanter Temperatur aufgenommen. Sie müssen demzufolge entlang der Isothermen gelesen werden. Da die Lage der Linien für den Beginn und das Ende der Umwandlung von der Temperaturführung beim Aufstellen der Schaubilder abhängig ist, sind die Umwandlungslinien für kontinuierliche und isotherme Temperaturführung nicht identisch. Ein ZTU-Schaubild gilt nur für diejenigen Bedingungen, unter denen es aufgestellt worden ist. Deshalb sollte jedes ZTU-Schaubild Angaben zur chemischen Zusammensetzung des Stahls, zur Vorbehandlung (Erschmelzungsart, Umformung), zu denAustenitisierungsbedingungen (AT, AD) und zur Austenitkorngröße vor der ($\gamma \rightarrow \alpha$)-Umwandlung enthalten. Zusatzinformationen über die Härte der entstandenen Gefüge (HB, HV oder HRC) und über die Gefügeanteile (Volumenprozent) sind nützlich.

Die nachfolgende Bildreihe (Abb. 5.67 bis 5.72) verdeutlicht den Einfluss der Austenitisierungstemperatur und damit der Austenitkorngröße auf das entstehende Umwandlungsgefüge. Nach dem Austenitisieren bei 1000 °C sind Austenitkorn und Umwandlungsgefüge noch relativ fein (Abb. 5.67 und 5.68), bei 1100 °C mittelfein (Abb. 5.69 und 5.70) und bei 1200 °C grob

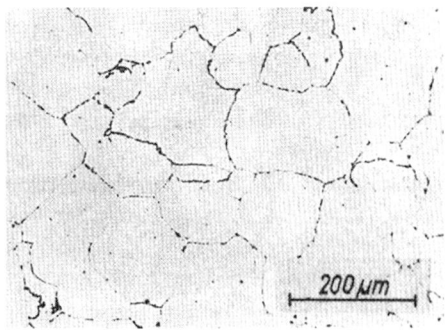

Abb. 5.67 Stahl mit 1 % C und 1,50 % Cr, 30 min 1000 °C/Ofen; geätzt mit alkalischer Natriumpikratlösung

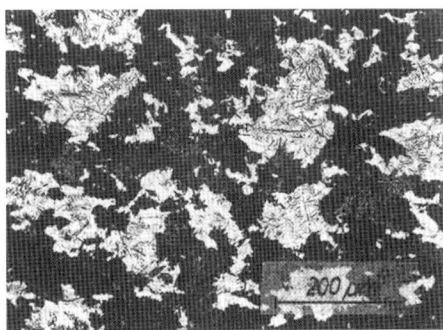

Abb. 5.68 Stahl mit 1 % C und 1,50 % Cr, 30 min 1000 °C/Luft; Martensit (hell) und Perlit (dunkel), geätzt mit HNO$_3$

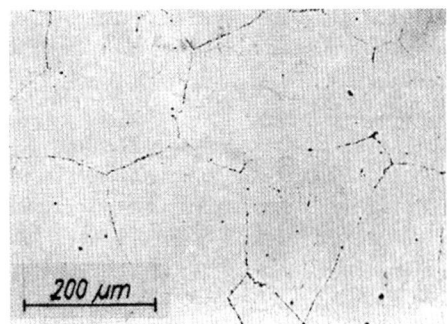

Abb. 5.69 Stahl mit 1 % C und 1,50 % Cr, 30 min 1100 °C/Ofen; relativ grobes Korn, geätzt mit alkalischer Natriumpikratlösung

(Abb. 5.71 und 5.72). Außerdem ist erkennbar, dass mit zunehmender Austenitisierungstemperatur die Perlit- und Bainitstufe

Abb. 5.70 Stahl mit 1 % C und 1,50 % Cr, 30 min 1100 °C/Luft; Martensit (hell) und Perlit (dunkel), geätzt mit HNO_3

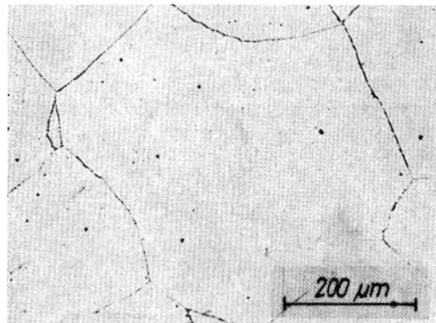

Abb. 5.71 Stahl mit 1 % C und 1,50 % Cr, 30 min 1200 °C/Ofen; sehr grobes Korn, geätzt mit alkalischer Natriumpikratlösung

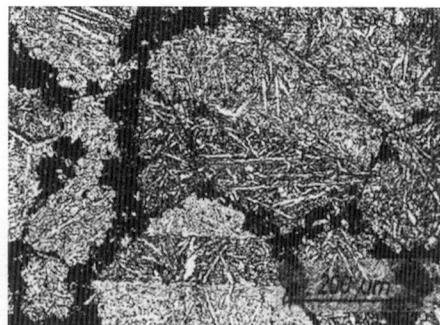

Abb. 5.72 Stahl mit 1 % C und 1,50 % Cr, 30 min 1200 °C/Luft; Martensit (hell) und Perlit (dunkel), geätzt mit HNO_3

zugunsten der Martensitstufe zurückgedrängt werden (Abb. 5.68. 5.70, 5.72). Damit ist bereits angedeutet, dass das Umwandlungsgeschehen des Austenits beim Abkühlen in drei verschiedene Unterkühlungsstufen unterteilt werden kann:

1. *Perlitstufe*
2. *Zwischenstufe*
3. *Martensitstufe*

Zwischen ihnen gibt es zwar keine scharfen Temperaturgrenzen, aber im jeweiligen Umwandlungsmechanismus existieren dennoch prägnante Unterschiede, die eine solche Einteilung rechtfertigen. Aus der Gefügemorphologie und aus der direkten Beobachtung im Hochtemperaturmikroskop lassen sich Vorstellungen zum Ablauf von Keimbildung und -wachstum in den genannten Unterkühlungsstufen ableiten.

Die Perlitbildung ist temperatur- und zeitabhängig, weil eine beträchtliche Umverteilung an Kohlenstoff durch Diffusion stattfinden muss. Sie erfolgt durch Keimbildung und Keimwachstum. Sowohl im untereutektoiden als auch im übereutektoiden Stahl werden die ersten Anteile des Umwandlungsgefüges an den Austenitkorngrenzen gebildet (Abb. 5.73). (Nur bei sehr gleichgewichtsnahen Umwandlungen und sehr stark inhomogenem Austenit können auch im Inneren des Austenitkorns wachstumsfähige Keime entstehen.) Phasen, die vor der eutektoiden Umwandlung aus dem Austenit gebildet werden, sind *voreutektoider Ferrit* (bei untereutektoiden Stählen) bzw. *voreutektoider Zementit* (bei übereutektoiden Stählen). Der Perlitbildung geht entweder eine Kohlenstoffanreicherung (verbunden mit einer vorlaufenden voreutektoiden Ferritbildung) oder eine Kohlenstoffabreicherung (verbunden mit einer vorlaufenden voreutektoiden Carbidbildung) im noch nicht umgewandelten Austenit voraus. Es wird so lange eine voreutektoide Phase gebildet, bis der Austenit die für den eutektoiden Zerfall notwendige

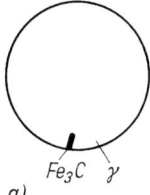 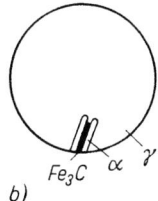 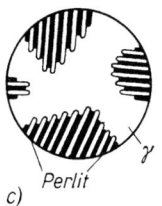

Abb. 5.73 Vereinfachte Darstellung der Umwandlung Austenit → Perlit (schematisch)

Zusammensetzung erreicht hat. Der für den eutektoiden Zerfall erforderliche Kohlenstoffgehalt beträgt nur bei reinen Eisen-Kohlenstoff-Legierungen im Gleichgewicht 0,8 %, bei Stählen hängt er von der übrigen Stahlzusammensetzung und von der entsprechenden *Unterkühlung* ab. Da von dem Zeitpunkt an, in dem der Austenit eine Kohlenstoffanreicherung auf die eutektoide Zusammensetzung erfahren hat, beide Phasen (Ferrit und Zementit) nebeneinander gebildet werden können, läuft eine gekoppelte Reaktion ab. Ergebnis dieser Reaktion sind Perlitkolonien (Abb. 5.74 und 5.75). Den Ablauf der gekoppelten Reaktion kann man sich so vorstellen, dass das perlitische Carbid und der perlitische Ferrit, senkrecht auf der Wachstumsfront stehend, über ein ausgeprägtes Spitzenwachstum entstehen.

Die charakteristische Form des Perlits ergibt sich zwangsläufig, weil der Diffusionsablauf nur über kurze Entfernungen zu erfolgen braucht und die Summe von Grenzflächen- und Verzerrungsenergie im Volumen minimal ist. Neben dem Spitzenwachstum wiederholt sich die seitliche Keimbildung zur Ausbildung neuer Ferrit- bzw. Zementitlamellen (Abb. 5.73). Dieser Keimbildungsprozess erweist sich über die wechselseitige Ausbildung von Diffusionsfronten mit einem jeweils charakteristischen Kohlenstoffkonzentrationsprofil als selbstfördernd. Ein weiteres Merkmal besteht darin, dass bei der Doppelreaktion die Keimbildungsgeschwindigkeit insgesamt größer ist als bei jeder Einzelreaktion. Das Kohlenstoffkonzentrationsprofil zeigt vor einer wachsenden Zementitlamelle ein Minimum, weil eine wachsende Zementitlamelle überdurchschnittlich viel Kohlenstoff zum eigenen Aufbau benötigt. Dagegen zeigt das Konzentrationsprofil vor einer wachsenden Ferritlamelle ein Maximum, weil ein wachsender Ferritkristall unterdurchschnittlich wenig Kohlenstoff zum eigenen Aufbau benötigt und den angebotenen, aber nicht benötigten Kohlen-

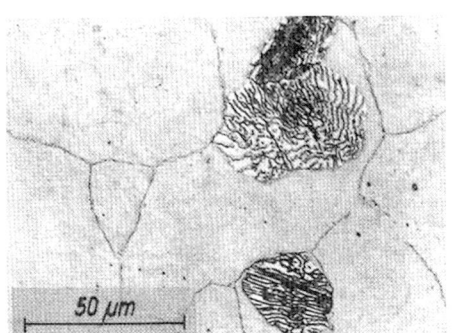

Abb. 5.74 Stahl mit 0,98 % C, 900 °C/5 min 700 °C/Wasser; Beginn der Perlitbildung

Abb. 5.75 Stahl mit 0,98 % C, 900 °C/15 min 700 °C/Wasser; Ende der Perlitbildung

stoff gewissermaßen vor sich her in den angrenzenden Austenit hinein „schiebt", wo ein teilweiser Diffusionsausgleich stattfindet. So kann die Perlitbildung sowohl durch Ferrit als auch durch Zementit angekeimt werden.

Die Keimbildungswahrscheinlichkeit bestimmt wesentlich den Ablauf der Perlitbildung. Sie wird durch folgende Faktoren beeinflusst:

- spezifische Fläche der Austenitkorngrenzen [mm^2 mm^{-3}]:
  Die Austenitkorngrenzen fungieren als Keimbildungsorte für die Perlitbildung. Die Keimbildungswahrscheinlichkeit ist umso höher, je größer die spezifische Austenitkornfläche ist.
- Zustand der Austenitkorngrenzen:
  Ausscheidungen an den Korngrenzen können die Keimbildungswahrscheinlichkeit beeinflussen.
- Homogenität des Austenits:
  Inhomogenitäten im Austenit (z. B. nicht vollständig aufgelöste Carbide) begünstigen die heterogene Keimbildung.
- Diffusionskoeffizient des Kohlenstoffs im Austenit:
  Da für die Keimbildung entweder eine Kohlenstoffan- oder -abreicherung erfolgen muss, spielt die Kohlenstoffdiffusion im Austenit eine entscheidende Rolle.

$$D_C^\gamma = D_0^\gamma \exp\left(-\frac{Q_C^\gamma}{R \cdot T}\right)$$

Q_C^γ Aktivierungsenergie für die Diffusion von Kohlenstoff im γ-Eisen

- Unterkühlung auf eine Temperatur unterhalb der Gleichgewichtstemperatur:

$\Delta T_m = (A_{c3}; A_{c1}) - T_m$
ΔT_m Unterkühlung

T_m die zur kürzesten Anlaufzeit gehörende Umwandlungstemperatur (Temperatur im Scheitelpunkt der C-förmigen Kurve für den Beginn der Perlitbildung)

Falls die kürzeste Anlaufzeit bis zum Beginn der Umwandlung bei der Perlitbildung liegt:

$\Delta T_m = A_{c1} - T_m$

Falls die kürzeste Anlaufzeit bis zum Beginn der Umwandlung bei der Ferritbildung liegt:

$\Delta T_m = A_{c3} - T_m$

Falls die kürzeste Anlaufzeit bis zum Beginn der Umwandlung bei der Zementitbildung liegt:

$\Delta T_m = A_{cm} - T_m$

Die kürzeste Anlaufzeit ist die wichtigste Größe für den Ablauf der Umwandlung in der Perlitstufe bei isothermer Temperaturführung. Mit zunehmender Unterkühlung wächst die für die Bildung der neuen Grenzfläche aus der Gitterumlagerung zur Verfügung gestellte Energie. Die kürzeste Anlaufzeit entspricht bei der Umwandlung unter anisothermer Temperaturführung der *oberen kritischen Abkühlungsgeschwindigkeit*.

Erhebliche Einflüsse auf das Umwandlungsverhalten, die sich deutlich auf die Lage der Umwandlungslinien im ZTU-Diagramm übertragen, üben der Kohlenstoff und die Legierungselemente aus. Sie lassen sich folgendermaßen systematisieren:

a) Beeinflussung des Umwandlungsverhaltens durch Verschiebung der gleichgewichtsnahen Umwandlungstemperaturen:

$A_{c1} = 739 - 22[\%C] + 2[\%Si] - 7[\%Mn]$
$\quad\quad + 14[\%Cr] + 13[\%Mo] - 13[\%Ni] \pm 15$

$A_{c3} = 902 - 255[\%C] + 19[\%Si]$
$\quad\quad - 11[\%Mn] - 5[\%Cr] + 13[\%Mo]$
$\quad\quad - 20[\%Ni] + 55[\%V] \pm 20$

Elemente, die A_3 und A_1 absenken, bewirken eine Verzögerung der Umwandlung. Eine solche Wirkung üben z. B. Mangan und Nickel aus. ZTU-Diagramme Mn- und Ni-legierter Stähle zeigen abgesenkte A_3- und A_1-Temperaturen im Vergleich zu Mn- und Ni-freien Stählen unter sonst gleichen Bedingungen. Eine solche Temperaturabsenkung führt zu einer Verschlechterung der Diffusion des Kohlenstoffs, obwohl der Diffusionskoeffizient des Kohlenstoffs selbst durch Mangan im üblichen Konzentrationsbereich kaum beeinflusst wird. Ähnliches gilt für Ni, nicht aber für carbidbildende Elemente, wie Cr, Mo, W u. a., sowie Co und Si.

b) Beeinflussung des Umwandlungsverhaltens durch Veränderung der Kohlenstoffdiffusion:
Die Verringerung des Diffusionskoeffizienten des Kohlenstoffs durch Molybdän, Wolfram und andere carbidbildende Elemente bewirkt eine starke Verzögerung des Beginns der Umwandlung in der Perlitstufe. Diese Verzögerung erweist sich als wesentlich stärker als die an sich beschleunigende Wirkung durch die geringfügige Anhebung der Gleichgewichtstemperaturen durch die genannten Elemente.

c) Beeinflussung durch Korngrenzenausscheidungen:
Besonders wirksam können Legierungselemente sein, wenn sie sich an den Austenitkorngrenzen, den bevorzugten Keimstellen für die Umwandlung des γ-Mischkristalls, anreichern.

Auf diese Weise behindern sie die Keimbildung der voreutektoiden Phase. In diesem Zusammenhang soll auf das Bor verwiesen werden. Es neigt wegen seiner Atomgröße besonders zur Anreicherung an den Austenitkorngrenzen und bewirkt aufgrund dieser Neigung schon in sehr geringen Konzentrationen eine ganz erhebliche Verzögerung der Umwandlung in der Perlitstufe. Dieser Effekt wird bei speziellen Stählen zur Verbesserung der *Härtbarkeit* technisch genutzt.

d) Beeinflussung durch ausgeschiedene Phasen im Austenit:
Die unter a) bis c) getroffenen Feststellungen gelten stillschweigend unter der Voraussetzung, dass die Legierungs- und Begleitelemente im Austenit echt gelöst sind. Liegen sie in ausgeschiedener Form als Verbindungen vor, dann können sie auf indirektem Wege die Umwandlung beeinflussen, weil die Austenitkorngrenzen als Ort der Keimbildung wirken und die spezifische Austenitkornfläche über die Hemmung des *Austenitkornwachstums* durch ausgeschiedene Teilchen verändert werden kann. Diese indirekte Wirkung kommt in der folgenden Beziehung für den umgewandelten Gefügeanteil M_t für die Umwandlung des Austenits beim Halten unterhalb der Gleichgewichtstemperatur zum Ausdruck:

$$M_t = 1 - \exp\left[-K\left(\frac{t^n}{d_\gamma^m}\right)\right]$$

t isotherme Haltedauer
K Konstante (temperaturabhängig)
d_γ Austenitkorndurchmesser (umgekehrt proportional der spezifischen Austenitkornfläche)
n, m Exponenten

Auf die lamellare Anordnung von perlitischem Ferrit und Zementit im „normalen" Perlit ist bereits hingewiesen worden (Abschnitt 5.2.2). Der als Charakteristikum des normalen Perlits geltende Lamellenabstand ist hauptsächlich von der Unterkühlung des Austenits abhängig. Er nimmt mit steigender Unterkühlung ab und ist bei Gefügen der unteren Perlitstufe besonders klein. Die Struktur des Perlits kann häufig nur unter besonders günstigen Umständen und bei höheren Vergrößerungen nachgewiesen werden (Elektronen- oder Rasterelektronenmikroskop). Mit zunehmender Abkühlungsgeschwindigkeit, soweit das im Gebiet der Perlitstufe möglich ist, wird der Lamellenabstand kleiner. Dieser Effekt ist von praktischer Bedeutung, weil dadurch sowohl die Härte und die Festigkeit als auch die Zähigkeitseigenschaften günstig beeinflusst werden. Als Beleg dafür sollen die Abb. 5.75 bis 5.77 dienen, denen bis auf die isotherme Umwandlungstemperatur, die von 700 über 600 auf 500 °C variiert wurde, gleiche Bedingungen zugrunde liegen. Noch stärkere Unterkühlungen führen dann zur Umwandlung in der Bainit- und Martensitstufe, was mit noch deutlicheren Gefüge- und Eigenschaftsänderungen verbunden ist (Tab. 5.4).

Neben dem lamellaren Perlit existieren auch entartete Gefüge der Perlitstufe. Bisher ist die lamellare Anordnung stillschweigend als die Gleichgewichtsanordnung angesehen worden. Das ist im Prinzip richtig, aber die *entarteten Gefüge der Perlitstufe* sind Gefügeformen, die dem

Abb. 5.76 Stahl mit 0,98 % C, 900 °C/15 s 600 °C/ Wasser; feinlamellarer Perlit

Abb. 5.77 Stahl mit 0,98 % C, 900 °C/15 s 500 °C/ Wasser; feinstlamellarer Perlit

Tab. 5.4 Isotherme Umwandlung des Austenits (Stahl mit 1 % C, 5 min bei 900 °C austenitisiert)

Temperatur [°C]	Umwandlungs- beginn	Umwandlungs- ende	Entstandenes Gefüge	Härte des Endgefüges [HRC]
700	4,2 [min]	22 [min]	Perlit	15
600	1 [s]	10 [s]	Perlit	40
500	1 [s]	10 [s]	Perlit	44
400	4 [s]	2 [min]	Bainit (+ Perlit)	43
300	1 [min]	30 [min]	Bainit	53
200	15 [min]	15 [h]	Bainit	60
100	–	–	Martensit	64
20	–	–	Martensit	66

Gleichgewicht tatsächlich näher sind als die Lamellenanordnung. Sie entstehen bei sehr gleichgewichtsnaher Umwandlung, d. h. bei geringer Unterkühlung bzw. extrem langsamer Abkühlung. Die Umwandlung erfolgt nicht mehr über die bereits beschriebene gekoppelte Reaktion, sondern über ein unabhängiges Wachstum von Ferrit und Zementit bzw. Carbid. Bei untereutektoiden Stählen kristallisiert der perlitische Ferrit an den in großem Überschuss vorhandenen voreutektoiden Ferrit an und der perlitische Zementit scheidet sich an den Korngrenzen des Ferrits aus. Bei übereutektoiden Stählen kristallisiert der Zementit während des eutektoiden Zerfalls an den voreutektoiden Zementit an und der gleichzeitig entstehende Ferrit baut unabhängig davon größere, unregelmäßige Bereiche auf (Abb. 5.23). Voraussetzung dafür ist eine nahezu uneingeschränkte Diffusion. Die Perlitentartung ist reversibel. Entartete perlitische Gefüge haben Vor- und Nachteile. Beides ist von praktischem Interesse. Bei Stählen mit niedrigem Kohlenstoffgehalt (*„weiche"* Stähle) begünstigen sie die Versprödung, bei Stählen mit höherem Kohlenstoffgehalt (insbesondere übereutektoiden) bewirken kuglige Carbide eine Verbesserung der spanabhebenden Bearbeitbarkeit. Ein solches Gefüge wird deshalb häufig durch *sphäroidisierendes Glühen* oder *Weichglühen* bewusst eingestellt.

Zu den Gefügen der Perlitstufe gehören auch die voreutektoiden Gefüge. Außer bei eutektoiden Stählen mit einem ideal homogenen austenitischem Ausgangszustand entstehen vor der Bildung des Perlits *voreutektoide Gefügebestandteile*. Voreutektoide Gefügebestandteile sind Ferrit und Zementit. Sie können je nach den Entstehungsbedingungen in unterschiedlichen

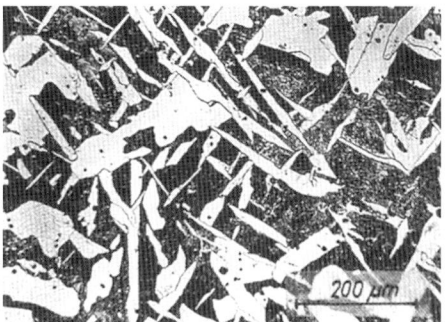

Abb. 5.78 Stahlguss mit Gefüge in Widmannstätten'scher Anordnung

Formen vorkommen. Bei langsamer Abkühlung bzw. hoher isothermer Umwandlungstemperatur beginnt die Bildung voreutektoider Phasen an den Austenitkorngrenzen. Die Korngrenzen werden damit markiert (Ferritsaum, Korngrenzenzementit). Unter gleichen Bedingungen, jedoch bei niedrigeren Kohlenstoffgehalten entstehen an Stelle der Ferritsäume massive Ferritkörner (Abb. 5.6). Bei beschleunigter Abkühlung bzw. niedriger isothermer Umwandlungstemperatur kommt es nicht mehr zur Markierung der ehemaligen Austenitkorngrenzen, sondern zur Ausbildung einer spießigen Anordnung von Ferrit oder Zementit. Diese Anordnung heißt Widmannstätten'sche Anordnung[1] (Abb. 5.78). Sie wurde zuerst im Meteoreisen beobachtet. Typisch sind spießige Ferritkristalle, die nicht nur die ehemaligen Austenitkorngrenzen markieren, sondern vor allem in das Korninnere hineingehen. Solche Gefügebildungen werden durch eine relativ starke Unterkühlung nach vorangegangener Austenitisierung bei hoher Temperatur (Überhitzung) begünstigt. Die Widmannstätten'sche Anordnung ist typisch für *Stahlformguss* und *Schweißgefüge*. Nicht nur Ferrit (wie in der Abbildung), sondern

---

[1] Benannt nach Alois von Widmannstätten, der derartige Strukturen in den am 22. Mai 1808 bei Iglau in Mähren niedergegangenen Meteoritenbruchstücken erstmalig entdeckt hatte.

auch Zementit kann in Widmannstätten'scher Anordnung vorkommen. Derartige Gefüge sind in der Regel unerwünscht, da sie die Versprödung begünstigen. Deshalb sind Überlegungen zur Beseitigung oder Vermeidung dieser Gefüge von praktischem Interesse. Eine Vermeidung ist durch das Eliminieren begünstigender Entstehungsfaktoren denkbar, jedoch nicht immer praktisch realisierbar, z. B. beim Schweißen. Eine Beseitigung ist durch ein nochmaliges Austenitisieren und eine langsamere Abkühlung in der Perlitstufe möglich. Außer von den Umwandlungsbedingungen ist das Auftreten der verschiedenen Ausbildungsformen voreutektoider Phasen vom Kohlenstoffgehalt des Stahls abhängig.

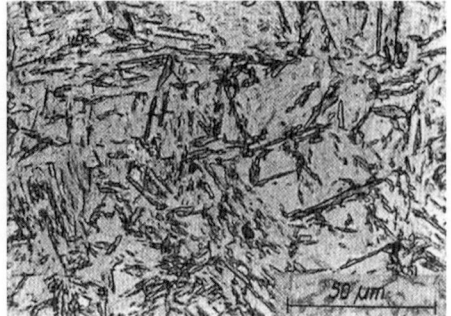

Abb. 5.79 Stahl mit 0,45 % C, von 900 °C in Wasser abgeschreckt; Martensit

5.3.2.4 Martensitbildung

Bei der Martensitbildung sind sowohl die diffusionsgesteuerte Umlagerung vom kubisch flächenzentrierten Gitter in das kubisch raumzentrierte Gitter als auch die Entmischung aufgrund der vorherrschenden Bedingungen unterdrückt. Das heißt, die Umwandlung läuft ohne eine vorlaufende Diffusion ab und demzufolge nach einem anderen Mechanismus. Dieser Mechanismus ist die sogenannte gitterverändernde Deformation. Sie wird auch als *martensitische Scherung* bezeichnet. Der Kohlenstoff bleibt dabei zwangsgelöst im Gitter. Das bei starker Unterkühlung und nach völligem Einfrieren jeglicher Diffusion auf der Basis einer gitterverändernden Deformation entstehende Gefüge (Abb. 5.79) bezeichnet man als *Martensit* (benannt nach Adolf von Martens (1850–1914)).

Der Martensit besitzt bei gleicher chemischer Zusammensetzung eine höhere Härte als alle anderen Gefüge. Er gilt deshalb als *Härtungsgefüge* bei Stählen. Aber drastische Härtesteigerungen müssen nicht bei jeder Zusammensetzung in martensitischen Gefügen vorkommen. Mit abnehmendem Kohlenstoffgehalt nimmt die Martensithärte ab. Bei weniger als etwa 0,20 % C ist der Martensit ziemlich weich und zäh.

Die Martensitbildung beginnt bei der M_s-Temperatur (*martensite start*) und endet bei der M_f-Temperatur (*martensite finish*). Sie erfordert also eine große Unterkühlung bzw. eine Abkühlungsgeschwindigkeit, die größer als die untere kritische Abkühlungsgeschwindigkeit ist. Erst oberhalb der unteren kritischen Abkühlungsgeschwindigkeit taucht der Umwandlungspunkt mit der Bezeichnung M_s auf, den es unter Gleichgewichtsbedingungen nicht gibt. Oberhalb der oberen kritischen Abkühlungsgeschwindigkeit gibt es nur noch die Umwandlung, die bei M_s beginnt (s. Abb. 5.45). Das Ende der Martensitbildung M_f ist in ähnlicher Weise wie die M_s-Temperatur von der Stahlzusammensetzung abhängig und liegt bei vielen technisch relevanten Stählen unterhalb der Raumtemperatur.

Eine vollständige Umwandlung in der Martensitstufe ist an folgende Bedingungen geknüpft:

- Austenitisierungstemperatur $T_A > A_{c3}$
- Abkühlungsgeschwindigkeit
  $v > v_{ok}$ (obere kritische)
- Abschrecktemperatur $T_q < M_f$

Mit „Abschrecktemperatur" ist die Temperatur des Abschreckmediums gemeint.

Nicht selten kommt es zu unerwünschter Martensitbildung durch örtliche Erwärmung und Überschreiten der kritischen Abkühlungsgeschwindigkeit durch eine schnelle Wärmeabfuhr über Wärmeleitung. Es handelt sich in der Regel um eine materialschädigende Martensitbildung, da sie häufig mit einer Versprödung verbunden ist. Solche unerwünschten Martensitbildungen entstehen z. B. beim Schweißen in der Wärmeeinflusszone, durch Reibung auf Eisenbahnschienen und so weiter. Nicht zuletzt werfen derartige unerwünschte Martensitbildungen die Frage nach der Entstehung des Martensits auf.

Ausgangsphase für die Martensitbildung ist der Austenit. Da die Diffusion weitgehend unterdrückt ist, sind unter Umständen bestimmte metallografische Zusammenhänge zwischen dem Martensit und dem ehemaligen Austenit am Umwandlungsgefüge erkennbar. Unter Verwendung speziell erprobter Ätzmittel gelingt es, die ehemaligen Austenitkorngrenzen als Korngrenzen in der Schliffebene sichtbar zu machen (Abb. 5.80). Das metallografische Erscheinungsbild martensitischer Gefüge ist recht vielgestaltig. Dementsprechend ist auch die Bezeichnung martensitischer Gefüge nicht einheitlich.

Üblicherweise unterscheidet man metallografisch hauptsächlich die Martensitmorphologien bänderförmiger Martensit (ε-Martensit) und die α-Martensitarten Lanzettmartensit und Platten- bzw. Nadelmartensit (Typ I und II). Für diese Martensittypen sind in der Fachliteratur auch andere Bezeichnungen in Gebrauch:

Typ I	Typ II
Lanzettmartensit	*Plattenmartensit*
Lattenmartensit	Nadelmartensit
Massivmartensit	Umklappmartensit
Verformungsmartensit	Zwillingsmartensit
lath martensite	*plate martensite*
packet martensite	acicular martensite
massive martensite	lenticular martensite
high-temperature martensite	low-temperature martensite
low-carbon martensite	high-carbon martensite
dilute-alloy martensite	high-alloy martensite
dislocation martensite	twinned martensite
self accomodating martensite	
cell martensite	
strain-induced martensite	

Abb. 5.80 Stahl mit 1,05 % C und 1,25 % Cr, von 850 °C in Öl abgeschreckt; Martensit mit sichtbaren ehemaligen Austenitkörnern, geätzt mit Salzpikrinsäure

Der bänderförmige Martensit ist charakteristisch für austenitische Manganstähle mit Mangangehalten von mehr als 12 %. Seine Kristalle sind von großer Regelmäßigkeit. Die Größe der Kristalle ist unterschiedlich.

Plattenmartensit enthält gut ausgebildete platten- bzw. nadelförmige Kristalle. Wird die Austenitisierungstemperatur wesentlich erhöht, wächst das Austenitkorn. In Stählen mit mehr als 0,4 % C entstehen daraus ebenfalls grobe speerspitzenförmige

Abb. 5.81 Stahl mit 1,50 % C, von 1100 °C in Eiswasser abgeschreckt; Martensitnadeln und Restaustenit (hell)

Abb. 5.83 Eisenlegierung mit 15 % Ni und 7 % Mn, von 1000 °C an Luft abgekühlt; Lanzettmartensit

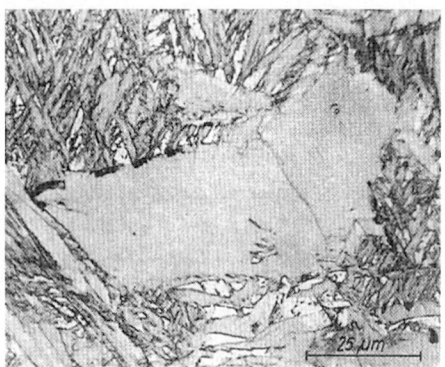

Abb. 5.82 Stahl mit 1,80 % C, von 1100 °C in Wasser abgeschreckt; Plattenmartensit

In Stählen mit weniger als etwa 0,4 % C entsteht der Lanzettmartensit, der auch als Lattenmartensit bezeichnet wird (Abb. 5.83). Lanzettenförmige Martensitkristalle häufen sich parallel zur Ebene (1 1 1)γ zu Schichten an, wobei viele Schichten zu massiven Blöcken zusammenwachsen (Abb. 5.84). Der Lanzettmartensit verteilt sich über das Austenitkornvolumen quasi paket- bzw. blockförmig. Die Paketgrenzen kann man auch als Großwinkelkorngrenzen bezeichnen. Je nach Stahlzusammensetzung gibt es modifizierte Lanzettmartensitarten. Die Lattenbreite liegt zwischen 0,1 und einigen µm, wobei mit zunehmen-

Martensitkristalle, die in den noch nicht umgewandelten Austenit, den sogenannten *Restaustenit*, eingebettet sind (Abb. 5.81). Nähere Untersuchungen haben ergeben, dass die Martensitkristalle diskusförmigen Platten ähneln (Abb. 5.82). Häufig beobachtet man bevorzugte Winkel von 60 bis 120° zwischen den Kristallen. Im submikroskopischen Bereich zeigen die Kristalle eine feine Zwillingsstruktur. Die Größe der Kristalle ist unterschiedlich. Die zuerst gebildeten reichen von Austenitkornfläche zu Austenitkornfläche, sind also dem Austenitkorndurchmesser proportional.

Abb. 5.84 Eisenlegierung mit 15 % Ni und 7 % Mn, von 1000 °C an Luft abgekühlt; Lanzettmartensit zu Blöcken zusammengewachsen

Tab. 5.5 Einfluss von Kohlenstoff auf M_s und M_f

% C	0,2	0,4	0,6	0,8	1,0	1,2	1,4	1,6
M_s [°C]	+410	+330	+280	+230	+190	+160	+130	+100
M_f [°C]	+300	+160	+40	−60	−100	−130	−160	−180

dem C- und Cr-Gehalt die Lattenbreite zunimmt. Die Anzahl der Latten im Paket beträgt bis zu 10^{10} je cm³. Das entscheidende Merkmal ist ein unregelmäßiges Versetzungsnetzwerk in der Substruktur. Lanzettmartensit enthält in der Regel als weiteren Bestandteil ε-Carbid oder sogar Zementit, die nach abgeschlossener Umwandlung während des Abkühlens entstehen (*Selbstanlasseffekt*, vor allem bei Stählen mit relativ hoher M_s-Temperatur).

Sowohl in legierten als auch in unlegierten Stählen können die beiden Formen Lanzett- oder Plattenmartensit vorkommen. Lanzettmartensit wird häufig in Stählen mit niedrigen Gehalten an Kohlenstoff, Legierungs- und Begleitelementen beobachtet. Das Vorkommen der Martensitarten ist in erster Linie vom Kohlenstoffgehalt abhängig. Da auch die M_s- und die M_f-Temperatur deutlich vom Kohlenstoffgehalt abhängig sind (Tab. 5.5), ist verständlich, dass der Plattenmartensit vorzugsweise bei Stählen mit niedriger und der Lanzettmartensit bei Stählen mit höherer M_s-Temperatur gebildet wird.

Man muss zwischen der M_s-Temperatur, bei der die Umwandlung Austenit → Martensit tatsächlich beginnt, und der Gleichgewichtstemperatur der Austenit-Martensit-Reaktion unterscheiden. Die martensitische Scherung (häufig als Umklappmechanismus bezeichnet) benötigt einen bestimmten Energiebetrag. Er beträgt für Stähle im Allgemeinen 1100 bis 1500 J mol⁻¹ und wird aus der Differenz der Freien Bildungsenthalpien der Ausgangsphase (Austenit) und der neuen Phase (Martensit) aufgebracht. Die Temperatur, bei der die Freien Enthalpien von Austenit und Martensit gleich sind, ist T_o ($T_o > M_s$). Die Umwandlung beginnt jedoch nicht bei T_o, sondern, da sie eine bestimmte Unterkühlung benötigt, erst bei einer tieferen Temperatur, nämlich bei M_s. T_o und M_s sind in ähnlicher Weise vom Kohlenstoff- und Legierungsgehalt abhängig. Entsprechend des aufzubringenden Energiebetrags von 1100 bis 1500 J mol⁻¹ beträgt die Differenz:

$$T_o - M_s \approx 220 \text{ K}$$

Bei Temperaturerniedrigung wird unabhängig von der Abkühlungsgeschwindigkeit bei einer Temperatur unterhalb M_s sehr schnell eine bestimmte Martensitmenge gebildet (athermische Martensitbildung). Da die Bildung des α-Martensits (Plattenmartensit, Lanzettmartensit) mit einer Volumenvergrößerung verbunden ist, gerät bei der Bildung eines Martensitkristalls auch der umliegende Austenit unter Spannungen. Die sich einstellende Verspannung und gegebenenfalls auch plastische Deformationen erhöhen den Widerstand dieser Bereiche für die martensitische Scherung. Aus diesem Grund muss nach dem Umklappen einzelner Bereiche die Unterkühlung weiter zunehmen, damit die Umwandlung weiter fortschreiten kann. In der Mengenumsatzkurve äußert sich das in einer Art Treppenkurve. Solange die Zunahme der Unterkühlung mit einer Erhöhung der treibenden Energie verbunden ist, läuft die Martensitbildung weiter und kann zur vollständigen Umwandlung des Gefüges führen.

Martensitische Gefüge weisen kristallografische Besonderheiten auf. Während bei der idealen kubisch raumzentrierten Elementarzelle des α-Eisens alle drei Würfelkanten gleich lang sind (Abb. 5.85), ist die Struktur des α-Martensits wegen der im Gitter zwangsgelösten interstitiellen Atome tetragonal-raumzentriert. Eingelagerte Atome bewirken eine Verlängerung der c-Achse, während die übrigen Achsen nur wenig verändert werden (in der Abbildung vernachlässigt). Das Verhältnis c/a wächst demzufolge linear mit steigendem Kohlenstoffgehalt an. Bei 0 % C ist c/a = 1, bei C > 0 % ist c/a > 1 (tetragonaler Martensit) und beträgt für einen Stahl mit 1,5 % C etwa c/a = 1,07. Bei Stickstoff gibt es ähnliche Phänomene. Neben dem kubischen Martensit, der kaum eine technische Bedeutung erlangt hat, und dem tetragonalen Martensit gibt es hexagonalen ε--Martensit bei einigen hochlegierten Stählen (das Verhältnis c/a = 1,616 entspricht der hexagonal-dichtesten Kugelpackung). Der übliche Abschreckmartensit (Lanzett- bzw. Nadel- oder Plattenmartensit) ist tetragonaler Martensit.

Aus Messungen geht hervor, dass eine tetragonale Verzerrung (Tetragonalität) im Abschreckmartensit von Stählen mit niedrigen Kohlenstoffgehalten nicht beobachtet wird. Eine der möglichen Ursachen dafür ist der sogenannte *Selbstanlasseffekt*, der eine Abnahme des Verhältnisses c/a bewirkt. Dieser Vorgang läuft zeitlich nach der Martensitbildung ab, wenn der Stahl während der Abkühlung noch ausreichend lange im Gebiet noch relativ hoher Temperaturen verweilt.

Im Unterschied zum tetragonalen Martensit ist die Umwandlung (γ → ε)-Martensit trotz gleichbleibender Koordinationszahl mit einer Volumenverminderung verbunden. Sie beträgt 2,1 %. Dadurch entfallen die sonst begleitenden Kompressionen bzw. plastische Deformation umliegender Austenitbereiche und damit verbundene Begleiterscheinungen, wie z. B. die Austenitstabilisation.

Bei der Bildung des tetragonal-raumzentrierten α-Martensits bleibt eine gewisse Gitterkorrespondenz zwischen der Ausgangsphase und der neugebildeten Phase weitgehend erhalten. Martensitkristalle entstehen in kristallografisch geregelter Weise (Abb. 5.86). Es besteht eine gewisse Übereinstimmung zwischen dem Austenitgitter und

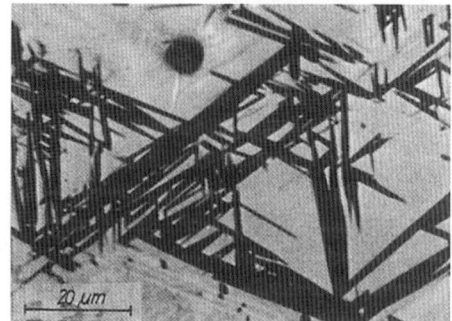

Abb. 5.86 Eisenlegierung mit 14 % Mn, von 1150 °C an Luft abgekühlt; 6 krz α'-Martensitvarianten mit verschiedener, jedoch kristallografisch gleichwertiger Lage in einer Grundmasse aus hexagonaler ε-Phase

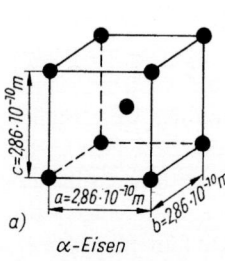
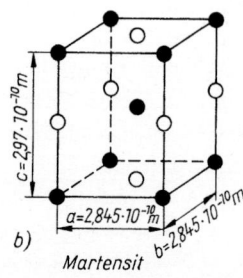

Abb. 5.85 Elementarzellen von α-Eisen (a) und Martensit (b), ● Fe-Atome, ○ C-Atome

dem Gitter der neugebildeten Martensitphase (*semikohärenter Martensit*). Bereits im Jahre 1930 fanden G. V. Kurdjumov und G. Sachs folgenden Orientierungszusammenhang zwischen dem kubisch flächenzentrierten γ-Gitter und dem tetragonal-raumzentrierten α-Gitter:

$$(1\ 1\ 1)_\gamma | (0\ 1\ 1)_\alpha ; [1\ 0\ \bar{1}]_\gamma | [1\ \bar{1}\ 1]_\alpha$$

Dieser Zusammenhang ist in Abb. 5.87 schematisch dargestellt. Die Oktaederebene $(1\ 1\ 1)_\gamma$ des Austenits und die daraus entstehende Dodekaederebene $(0\ 1\ 1)_\alpha$ des Martensits sind dicht mit Atomen gefüllt und weisen ein ähnliches Baumuster auf. Beides gilt auch für die parallelen Gitterrichtungen $[1\ 0\ 1]_\gamma$ und $[1\ 1\ 1]_\alpha$. Dieser sogenannte Kurdjumov-Sachs-Orientierungszusammenhang tritt häufig in Stählen auf, aber es kommen auch andere Orientierungsbeziehungen vor. Gemäß dieser Beziehung können aus einer einzigen Austenitorientierung insgesamt 24 verschieden orientierte Martensitkristalle (Martensitvarianten) entstehen.

Inzwischen ist erwiesen, dass auch die Plattenebene des Martensitkristalls, die sogenannte *Habitusebene*, im Austenitkristall eine bestimmte, regelmäßige und definierte Lage einnimmt. Diese Lage hängt allerdings vom Gehalt an Kohlenstoff, Legierungs- und Begleitelementen ab. Bei Stählen mit weniger als 0,4 % C ist die Habitusebene $(1\ 1\ 1)_\gamma$, bei Stählen mit höherem Kohlenstoffgehalt $(2\ 2\ 5)_\gamma$ und bei solchen mit mehr als 1,4 % C etwa $(3\ 10\ 15)_\gamma$. In der Regel weisen die Habitusebenen irrationale Indizes auf. Die vorstehenden Angaben stellen lediglich Näherungswerte dar.

Die Umlagerung des Gitters ist mit einer plastischen Deformation durch äußere Kräfte vergleichbar. Diese besteht in einer *kooperativen Atombewegung*. Diese kooperative Atombewegung hat zur Folge, dass die Martensitbildung mit einer *Gestaltsänderung* verbunden ist. Deutlich wird das an der *Reliefbildung*, die man an einer polierten Oberfläche während der Martensitbildung beobachten kann (Abb. 5.88). Die

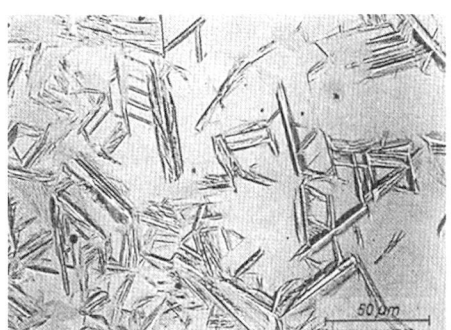

Abb. 5.88 Eisenlegierung mit 15 % Cr und 9 % Ni, 1100 °C/–85 °C; Oberflächenrelief durch Martensitbildung

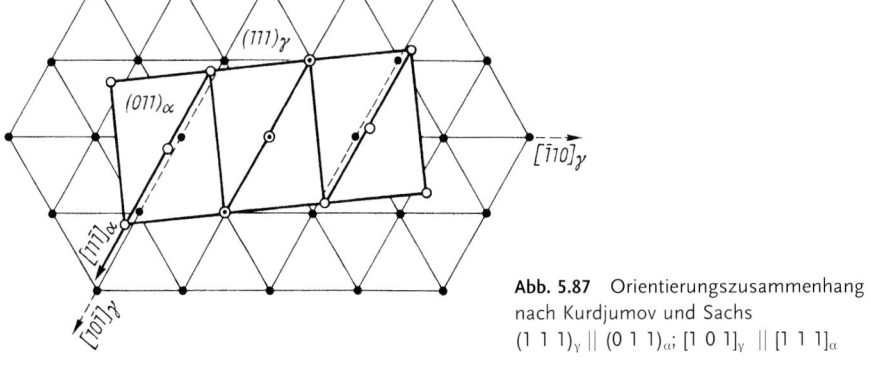

Abb. 5.87 Orientierungszusammenhang nach Kurdjumov und Sachs
$(1\ 1\ 1)_\gamma \parallel (0\ 1\ 1)_\alpha ; [1\ 0\ 1]_\gamma \parallel [1\ 1\ 1]_\alpha$

Reliefbildung ist kennzeichnend für die Martensitbildung und beweist, dass ein Martensitkristall durch eine lokale plastische Deformation aus dem Austenit gebildet wird. Aus elektronenmikroskopischen Untersuchungen ist weiter bekannt, dass Martensitkristalle entweder Kristallbaufehler in Form von Versetzungen (insbesondere beim Lanzettmartensit) enthalten oder verzwillingt (insbesondere beim Platten- oder Nadelmartensit) sind.

Die genannten bleibenden Deformationen sind dadurch bedingt, dass ein sich bildender Martensitkristall, der ein größeres spezifisches Volumen beansprucht als der Austenit, sich dem zur Verfügung stehenden Raum im Austenit anpassen muss. Bei dieser Deformation handelt es sich um eine Scherdeformation (Abb. 5.89). Bezeichnet das Rechteck a-b-c-d einen Bereich im Inneren des Austenitkristalls und die Figur a'-b'-c'-d' den zugehörigen Bereich im Inneren des Martensitkristalls, so verändern die Atome in der Habitusebene H ihre Lage bei der Umwandlung nicht. Oberhalb der Ebene H werden die Atome geregelt in Richtung von w verschoben, unterhalb der Ebene H hingegen in Richtung von –w (koordinierte Atombewegung). Die Atome behalten demnach ihre ursprünglichen Nachbaratome bei und werden nur kollektiv um einen jeweils konstanten Betrag relativ zueinander verschoben. Dieser Betrag ist kleiner als eine Gitterkonstante. Es findet also keine Diffusion statt. Das folgt auch daraus, dass Martensit sogar bei tiefsten Temperaturen bis 0 K in kürzesten Zeiten, etwa mit Schallgeschwindigkeit, entsteht. Die Deformation lässt sich durch eine Scherung mit dem Scherwinkel φ beschreiben. Das ist der Winkel zwischen der ursprünglichen Kante a-d des Austenits und der Endkante a'-d' des Martensits. Bei Stählen beträgt $\varphi \approx 10°$.

Die Kräfte, die diese kooperativen Atombewegungen bewirken, sind thermodynamischer Natur und stammen aus der Differenz der Freien Enthalpien von Austenit und Martensit. Unter bestimmten Bedingungen können sie auch teilweise durch äußere mechanische Kräfte ersetzt werden (*spannungs- oder dehnungsinduzierte Martensitbildung*). Bedingt durch die Deformation umliegender Austenitbereiche bei der Bildung von Martensitkristallen entstehen in beiden Phasen gerichtete Eigenspannungen, sogenannte Umwandlungsspannungen. Je nach der Größe des Scherwinkels und des Unterschieds der spezifischen Volumina und je nach der Höhe der Fließgrenze bzw. des Verformungsvermögens und der Umwandlungstemperatur führen Spannungen als Folge der über den Querschnitt inhomogenen Umwandlung zu örtlichen elastischen bzw. plastischen Deformationen (*Verzug*) oder sogar zu Rissen (*Härterisse*) und Brüchen. Besonders stark ist diese Erscheinung bei Stählen mit mehr als 0,4 % C ausgeprägt, die zugleich eine niedrige M_s-Temperatur aufweisen (vgl. Tab. 5.5).

Nach heutigen Vorstellungen sind für die Martensitbildung folgende Merkmale charakteristisch:

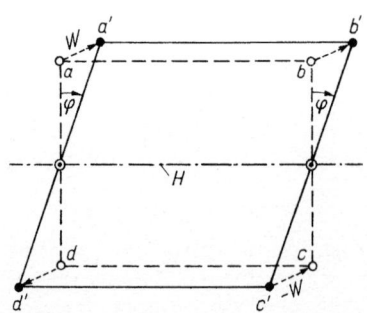

Abb. 5.89 Martensitbildung durch Scherung (schematisch); a-b-c-d Zelle im Ausgangsgitter, a'-b'-c'-d' Zelle im Martensitgitter, φ Scherwinkel, w Scherrichtung, H Habitusebene = Plattenebene des Martensitkristalls

- Ausgangs- und Martensitkristall weisen wegen unterdrückter Diffusion die gleiche chemische Zusammensetzung, aber unterschiedliche Gitterstrukturen auf.
- Zwischen Ausgangs- und Martensitkristall besteht ein definierter Orientierungszusammenhang.
- Der Austenit kann sich in mehrere kristallografisch gleichwertige Martensitvarianten umwandeln. Ihre Höchstzahl beträgt 24.
- Die Martensitbildung erfolgt durch eine lokale Scherdeformation des Ausgangsgitters, die zur Bildung eines Oberflächenreliefs führt.
- Die Bildung des semikohärenten α-Martensits ist mit der Entstehung gerichteter Eigenspannungen verbunden, die zu örtlichen elastischen bzw. plastischen Verformungen oder sogar zur Rissbildung führen können. Die Eigenspannungen sind stets der Martensitbildung entgegengerichtet.

5.3.2.5 Bainitbildung

Die Bainit- bzw. Zwischenstufe steht bezüglich Entstehungsmechanismus und Gefügemorphologie zwischen dem Perlit und dem Martensit. Das bainitische Gefüge kann einerseits Ähnlichkeiten zu perlitischen Gefügen aufweisen, andererseits aber auch zu martensitischen Gefügen. Bainit ist ein zweiphasiges Gefüge, das sich bei Temperaturen unterhalb der Perlitstufe und oberhalb der Martensitstufe (etwa zwischen 200 und 600 °C) aus dem Austenit in Form nichtlamellarer Ferrit-Carbid-Aggregate bildet. Größe, Form, Verteilung und Anordnung von Ferrit und Carbid können unterschiedlich sein. An der Bainitbildung sind folgende Vorgänge beteiligt:

– Bildung von Ferritkristallen durch Umklappvorgänge
– Umverteilung des Kohlenstoffs auf Austenit und Ferrit durch Diffusion
– Ausscheidung von Carbiden im Ferrit und Austenit
– Spannungsrelaxationsvorgänge

Diese Vorgänge werden durch das Zulegieren bereits geringer Mengen substitutionell löslicher Elemente, wie Cr, Mo und Ni, stark beeinflusst. Es existiert demzufolge auch keine einheitliche Systematik bainitischer Gefüge. Grundsätzlich teilt man sie in Gefüge der unteren und der oberen Bainitstufe ein. Die Morphologie des oberen Bainits ist dadurch gekennzeichnet, dass zwischen den Zwischenstufenferrit- bzw. Bainitkristallen Zementit- bzw. Carbidteilchen in Form paralleler Latten oder Platten angeordnet sind. Typisch für den unteren Bainit sind nadelförmige Zwischenstufenferritkristalle mit stäbchenförmigen, schräg zur Hauptachse angeordneten ε-Carbidausscheidungen innerhalb der Kristalle. Diese charakteristischen Unterscheidungsmerkmale sind an metallografischen Aufnahmen (Abb. 5.90 und 5.91) nur schwer zu entdecken, wohl aber bei höherer Vergrößerung. Unterscheidungsprobleme zwischen unterem Bainit und selbstangelassenem Lanzettmartensit bestehen auch dort. Die Grenze zwischen unterem und oberem

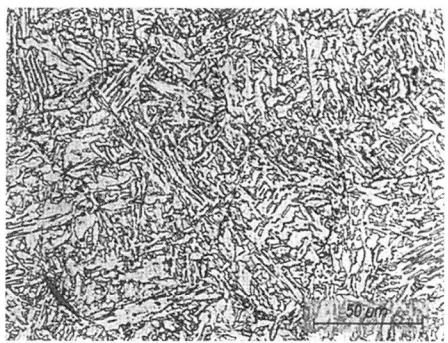

Abb. 5.90 Stahl mit 0,15 % C und 1,50 % Mn; oberer Bainit

Abb. 5.91 Stahl mit 0,15 % C und 1,50 % Mn; unterer Bainit

Bainit liegt bei etwa 350 °C. Speziell in legierten Stählen unterschiedlichen Kohlenstoffgehalts findet man als weitere Formen des oberen Bainits:

- inversen Bainit (primär ausgeschiedene Zementitnadeln mit bainitischem Ferritsaum und „normalen" oberen Bainit)
- körnigen Bainit (Zwischenstufenferrit lattenartiger oder unregelmäßiger Struktur mit mehr oder weniger regelmäßig dazwischenliegenden Restaustenitinseln)
- carbidfreien Bainit (Zwischenstufenferrit in Form relativ großer Platten, umgeben von einem Restaustenitsaum)

Die Auffassungen zur Entstehung bainitischer Gefüge sind nicht einheitlich. Zum einen herrscht die Meinung, dass die Bainitbildung der Perlitbildung ähnelt, d. h. Ferrit und Zementit sich über einen diffusionsgesteuerten Vorgang bilden. Man kann aber als sicher annehmen, dass das wahrscheinlich höchstens für Bainit gilt, der dicht unterhalb der Perlitstufe gebildet wird. Denn bei bainitischen Gefügen wird wie beim Martensit in der Regel eine Reliefbildung an der Oberfläche beobachtet (s. Abschnitt 5.3.2.4) und die entstehenden Carbide sind nur bei Bildungstemperaturen oberhalb etwa 300 °C vom zementitischen Typ, unterhalb von 300 °C dagegen ε-Carbid. Außerdem zeigt der örtliche Konzentrationsverlauf vor der Wachstumsfront nur geringfügige Schwankungen bei substitutionell gelösten Elementen, deutliche Konzentrationsgradienten dagegen beim Kohlenstoff, was auf eine relativ ausgeprägte Kohlenstoffdiffusion hindeutet. Aufgrund von Beobachtungen zu den kristallografischen Merkmalen des Zwischenstufenferrits, seiner Struktur, der Reliefbildung und der Wachstumsformen besitzt eine zweite Auffassung eine größere Bedeutung. Sie besagt, dass die Keimbildung des Zwischenstufenferrits martensitartig von den Austenitkorngrenzen oder anderen Gitterstörstellen im Austenitkorninneren ausgehend abläuft, d. h. über ein Umklappen des Gitters, quasi über kooperative Atombewegungen. Da die Umwandlungstemperatur aber oberhalb der M_s-Temperatur liegt (die der durchschnittlichen chemischen Zusammensetzung des Stahls entspricht), ist ein solches Umklappen nur denkbar, wenn die umwandelnden Austenitbereiche vorher an Kohlenstoff verarmt sind. Eine solche lokale Kohlenstoffabreicherung im Austenit bedeutet für dieses Gebiet eine Anhebung der effektiven M_s-Temperatur, die ja bekanntermaßen von der tatsächlichen Konzentration des gelösten Kohlenstoffs im Austenit abhängig ist.

Über die Natur dieser submikroskopischen Entmischung des Kohlenstoffs im Austenit besteht ebenfalls keine einheitliche Auffassung. Am wahrscheinlichsten ist ein Umklappen des Gitters in denjenigen Austenitbereichen, die von vornherein die niedrigste C-Konzentration aufweisen. Die entscheidende Frage ist, gibt es im Ausgangsaustenit vor der Umwandlung derartige, an Kohlenstoff verarmte Bereiche? Wenn ja, bleiben sie auch nach langzeitigem Halten auf Austenitisierungstemperatur noch erhalten, d. h. auch in gleichgewichtsnahen Austenitisierungszuständen? Vorstellbar sind Gleichgewichtssegregationen, die aufgrund der Tatsache entstehen, dass im Korngrenzenbereich infolge des dort höheren Aufnahmevermögens für interstitiell gelöste Atome deutlich höhere Kohlenstoffkonzentrationen vorherrschen als im weitgehend ungestörten Austenitkorninneren, zumal mit abnehmender Temperatur die Löslichkeit des Kohlenstoffs im Austenit stark abnimmt. Wenn lokal Konzentrationsunterschiede im Austenit existieren, dann gibt es auch Unterschiede in der effektiven M_s-Temperatur.

Im Unterschied zur Martensitbildung benötigt die Umwandlung im Gebiet der oberen Bainitstufe eine vorbereitende Kohlenstoffdiffusion, die auf eine weitere Verarmung der ohnehin schon C-armen Austenitbereiche gerichtet ist. Für die Umwandlung in der oberen Bainitstufe gilt, dass die Diffusionsfähigkeit des Kohlenstoffs im Austenit wegen der im Vergleich zur unteren Bainitstufe höheren herrschenden Temperaturen noch weniger eingeschränkt ist und eine vorbereitende Kohlenstoffdiffusion in Richtung einer Carbidausscheidung somit also möglich ist. Günstige Stellen für die Carbidbildung im Austenit sind die bereits vorhandenen kohlenstoffreichsten Stellen, also die Korngrenzenbereiche. Durch die einsetzende Carbidbildung wird den korngrenzennahen Austenitbereichen örtlich viel Kohlenstoff entzogen. Dieser Entzug bedeutet eine zusätzliche Verarmung und eben eine Anhebung der effektiven M_s-Temperatur dieser Bereiche, da die Nachlieferung von Kohlenstoff aus dem Korninneren langsam erfolgt. Ist dieser Zustand erreicht, kommt es zur Bildung von Zwischenstufenferrit in den verarmten Austenitbereichen nach dem Martensitbildungsmechanismus. Ergebnis sind weitgehend carbidfreie Zwischenstufenferritkristalle und parallel dazu angeordnete Carbidausscheidungen.

Die Umwandlung in der unteren Bainitstufe ist dadurch gekennzeichnet, dass die vorbereitende C-Diffusion zwar noch möglich, aber aufgrund der weiter abgesenkten Bildungstemperatur weiter erschwert ist. Die primäre Bildung von Carbiden wie in der oberen Bainitstufe scheidet deshalb mit großer Wahrscheinlichkeit aus. Wesentlich ist, dass die Differenz zwischen der Umwandlungstemperatur und der M_s-Temperatur noch kleiner als in der oberen Bainitstufe ist. Das bedeutet, dass Zwischenstufenferrit in den an Kohlenstoff verarmten Austenitbereichen nach dem Martensitmechanismus sofort gebildet werden kann. Der entstandene Bainitkristall erfährt sofort nach seiner Bildung eine Anlasswirkung, die wirksamer ist als in der oberen Bainitstufe, weil er thermodynamisch die instabilere Phase darstellt (höherer Kohlenstoffgehalt in Lösung, tiefere Temperatur). Ergebnis des Selbstanlassens ist eine orientierte Carbidausscheidung im primär gebildeten Bainitkristall (vorwiegend ε-Carbid). Der Kohlenstoffgehalt der α-Phase sinkt dadurch bis zum metastabilen Gleichgewicht (mit ε-Carbid als „Bodenkörper" ist die Löslichkeit höher als mit Zementit). Zur Umbildung des ε-Carbids oder weiteren Vergrößerung der vorhandenen Carbidteilchen innerhalb des bainitischen Ferrits diffundiert Kohlenstoff aus dem Austenit in den Ferrit. Somit kommt es zum Fortschreiten der Umwandlung durch Bewegen der Grenzfläche oder durch erneute Keimbildung. Ein orientiert zum Austenit entstandener Keim des Zwischenstufenferrits kann nur weiterwachsen, wenn der vom Austenit angebotene Kohlenstoff ins Korninnere zurückgedrängt wird. Solche Anreicherungen im noch nicht umgewandelten Austenit sind experimentell anhand der Veränderung des Gitterparameters nachgewiesen worden. Die Umlagerung der Fe-Atome ist nach wie vor nicht vollständig geklärt. Sie könnte sowohl über einen Schermechanismus als auch über eine Nahbereichsdiffusion erfolgen. Möglicherweise ergäbe sich daraus eine Erklärung für das Auftreten der verschiedenen Wachstumsformen des Zwischenstufenferrits.

Sehr wahrscheinlich ist der Abtransport der Kohlenstoffatome die geschwindigkeitsbestimmende Teilreaktion. Dennoch wird für den wachstumsgeschwindigkeitskontrollierenden Prozess nicht die entsprechende Aktivierungsenergie der Diffusion bei der jeweiligen Temperatur gefunden. Das deutet auf einen zusätzlichen Einfluss auftretender Spannungen hin. Spannungen können wie beim Martensit elastische und plastische Deformationen des Austenit- und Ferritgitters auslösen. Damit verbunden, kann man auch gleichzeitig mit der plastischen Deformation bzw. unmittelbar danach ablaufende Entfestigungsvorgänge in die Betrachtungen einbeziehen. Eine solche Vorstellung würde mit den beobachteten Gefügen in Stählen mit niedrigem Kohlenstoffgehalt übereinstimmen. Hier wird im bainitischen Gefüge eine unterschiedliche Verteilung der Versetzungsdichte und teilweise eine Substruktur gefunden.

Besonders kompliziert ist die Deutung bainitischer Gefüge, die nach anisothermer Temperaturführung entstanden sind. Bei der Umwandlung, die bei kontinuierlicher Abkühlung abläuft, erhöht der jeweils noch nicht umgewandelte Austenit mit steigendem Anteil umgewandelten Gefüges ständig seine Konzentration an Kohlenstoff. Mit der gleichzeitigen Temperaturerniedrigung entstehen mehr und mehr Umwandlungsprodukte, die für höhergekohlte Stähle typisch sind, nämlich untere Zwischenstufe, Martensit und Restaustenit. Außerdem muss damit gerechnet werden, dass sich die zuerst gebildeten bainitischen Gefügebestandteile nach ihrer Bildung durch die noch mögliche Diffusion des Kohlenstoffs und die Versetzungsbewegung weiter verändern.

Wie auch in der Perlitstufe üben die Legierungselemente einen Einfluss auf die Umwandlung in der Zwischenstufe aus. Beeinflusst werden die Gleichgewichtstemperaturen, die Diffusion des Kohlenstoffs im Austenit und im Zwischenstufenferrit, die Lage der M_s-Temperatur, die Verfestigung des Austenits sowie die Anreicherung von Legierungselementen an den Grenzflächen des Austenits.

Bainitische Gefüge sind umso feindisperser, je niedriger ihre Bildungstemperatur ist. Deshalb interessiert in der Praxis häufig die sogenannte kinetische B_s-Temperatur (bainite start), für die z. B. nach Steven und Haynes für mittellegierte Stähle gilt:

B_s [°C] = 830 − 270 · (% C) − 90 · (% Mn) − 37 · (% Ni) − 70 · (% Cr) − 83 · (% Mo)

B_f [°C] = B_s − 120 [K]

B_f (bainite finish)

Nach heutigen Vorstellungen sind für die Bainitbildung folgende Merkmale charakteristisch:

- Der Austenit als Ausgangsgefüge und der Bainit weisen sowohl eine unterschiedliche chemische Zusammensetzung als auch eine unterschiedliche Gitterstruktur auf.
- Allen bainitischen Gefügen gemeinsam ist der bainitische Ferrit oder Zwischenstufenferrit, der sich vom voreutektoiden und perlitischen Ferrit durch eine höhere Versetzungsdichte unterscheidet, aber

zum Austenit bestimmte Orientierungszusammenhänge besitzt.
- Es existiert eine Reihe verschiedener bainitischer Gefüge. Ihre Ausbildungsform ist je nach Stahlzusammensetzung und Bildungstemperatur unterschiedlich.
- An der Bainitbildung sind als Teilprozesse die Bildung von Ferritkristallen durch Umklappvorgänge, die Umverteilung des Kohlenstoffs auf Austenit und Ferrit durch Diffusion, die Ausscheidung von Carbiden im Ferrit und Austenit und Spannungsrelaxationsvorgänge beteiligt.
- Das Umwandlungsverhalten kann durch technologische Faktoren und Legierungselemente beeinflusst werden. In Abhängigkeit von diesen Faktoren findet die Bainitbildung zwischen etwa 200 und 600 °C statt.
- Bei der Bainitbildung unter anisothermer Temperaturführung ergeben sich charakteristische Veränderungen des jeweils noch nicht umgewandelten Austenits gegenüber dem Ausgangsaustenit, die für den weiteren Ablauf bestimmend sind, wie Veränderung der Zusammensetzung, der Homogenität, der Korngrenzenstruktur, der Substruktur, der Versetzungsanordnung und -dichte sowie des Spannungszustands.

5.4 Thermische Verfahren der Gefügebeeinflussung

Stähle nehmen im Wettstreit der Werkstoffe nicht zuletzt deshalb eine herausragende Position ein, weil ihre Gefüge und damit ihre Eigenschaften bei festgelegter chemischer Zusammensetzung durch Wärmebehandlung in weiten Grenzen veränderbar sind. Man hat sich daran gewöhnt, nicht nur hohe und höchste Anforderungen an die Stähle zu stellen, sondern auch kombinierte Anforderungen und sogar Forderungen, die im Widerspruch zueinander stehen und somit nicht leicht zu erfüllen sind. Hinzu kommt, dass sogar Stähle mit besten Eigenschaftskombinationen am Markt auch nur dann gefragt sind, wenn sie preisgünstig in guter Qualität hergestellt und angeboten werden können. Stahltechnologen und Werkstoffkundler bemühen sich darum, alle an den Werkstoff Stahl gestellten Anforderungen mit der nötigen Sicherheit zu erfüllen. Die Einflussmöglichkeiten, über die man verfügt, scheinen mit der chemischen Zusammensetzung des Stahls und seinem Gefüge auf den ersten Blick recht bescheiden zu sein. Hinzu kommt, dass die chemische Zusammensetzung vom Zeitpunkt der Erstarrung an kaum mehr veränderbar ist, abgesehen von den Möglichkeiten der Randschichtbehandlung. Wenn man aber daran denkt, dass eine Vielzahl möglicher Gefügekombinationen noch gar nicht untersucht ist, relativiert sich dieses flüchtige Bild. Allein die Möglichkeiten der Einflussnahme auf die Eigenschaften der Stähle durch Variation der Gefügeausbildung bei ein und derselben Stahlzusammensetzung sind äußerst vielfältig. Die allotropen Phasenumwandlungen des Eisens, die es auf die Stähle überträgt, bilden die Basis dafür, dass durch Wärmebehandlung eine Beeinflussung des Gefüges möglich ist.

Unter Wärmebehandlung versteht man eine Folge solcher Prozessschritte wie Erwärmen, Halten, Abkühlen (Abb. 5.92), wobei ein Werkstück ganz oder partiell Zeit-Temperatur-Folgen unterworfen wird, um eine Änderung seines Gefüges und seiner Eigenschaften herbeizuführen. Festlegungen zur Erwärmungsgeschwindigkeit, zur Durchwärm- und Haltedauer, zur Zusammensetzung der Ofenatmosphäre und zur Abkühlungsgeschwindigkeit bzw. zu

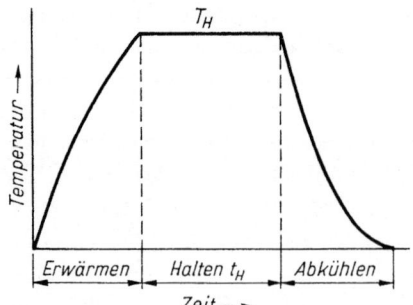

Abb. 5.92 Temperatur-Zeit-Regime der Wärmebehandlung; T_H Haltetemperatur, t_H Haltedauer

möglichen Kombinationen mit dem Umformen werden in den technologischen Wärmebehandlungsvorschriften der einzelnen Verfahren vorgegeben.

Es existiert eine Vielzahl von Wärmebehandlungsverfahren. Nachfolgend werden nur diejenigen behandelt, für die eine Volumenerwärmung typisch ist und die gleichzeitig besonders gefügewirksam sind. Die Einteilung der Verfahren kann nach unterschiedlichen Gesichtspunkten erfolgen. Hier wird in fertigungsgerechte, die in werkstoffunabhängige und werkstoffabhängige bzw. werkstoffspezifische eingeteilt werden, und in beanspruchungsgerechte Verfahren unterschieden. Als fertigungsgerechte werkstoffunabhängige Verfahren (Verfahren 1. Art) werden solche Verfahren verstanden, deren Ziel darin besteht, optimale Verarbeitungsgefüge bzw. -eigenschaften einzustellen und bei denen vorkommende Phasenumwandlungen zwar beachtet werden müssen, aber im Unterschied zu den werkstoffabhängigen Verfahren (Verfahren 2. Art) nicht von entscheidendem Einfluss auf das Wärmebehandlungsergebnis sind. Aufgabe der beanspruchungsgerechten Verfahren ist die Einstellung eines Gefüges, das das für den Einsatz geforderte Eigenschaftsniveau sichert.

5.4.1
Fertigungsgerechte werkstoffunabhängige Verfahren

5.4.1.1 Rekristallisierendes Glühen

Plastische Kaltumformungen bewirken eine Zunahme der Härte und Festigkeit. Andererseits nehmen dabei Dehnung, Einschnürung, Biegezahl und andere Zähigkeitskennwerte ab. Im Gefüge macht sich die Kaltverfestigung durch das Auftreten von Versetzungen, Gleitlinien, Kornstreckung und Zerteilung spröder Kristallarten (Zementit, *elastisch harte, nichtmetallische Einschlüsse* wie z. B. Tonerde, Spinelle, Aluminate) bemerkbar. Mit dem Rekristallisationsglühen wird das Ziel verfolgt, die Folgen der Kaltverfestigung zu beseitigen, grobkörniges Gefüge in ein feinkörniges zu überführen (insbesondere bei umwandlungsfreien Stählen) und Bildsamkeit und Zähigkeit wieder zurückzugewinnen. Das Rekristallisationsglühen ist nicht von vornherein auf bestimmte Stähle beschränkt. Es ist aber nur wirklich sinnvoll auf solche Stähle anwendbar, die wenigstens bis zu einem bestimmten Grad kaltverformbar sind, denn die gewünschte Gefügebildung bei der Rekristallisation erfordert ein Mindestmaß an vorangegangener plastischer Deformation. Nahezu unabdingbar ist das Rekristallisationsglühen bei der Herstellung von Draht und Feinblech. Stähle für Draht und Feinblech gehören in die Gruppe der kaltumformbaren Stähle, wie auch die Stähle für die Kaltmassivumformung und andere.

Bei der Rekristallisation handelt es sich um einen thermisch aktivierten Vorgang, der zu einer völligen Kornneubildung mit stark verringerter Versetzungsdichte führt (Abb. 5.93 bis 5.98). Quelle der treibenden Kraft dieses Prozesses ist die im Gefüge aufgestaute Verformungsenergie. In der Regel geht der Rekristallisation eine Erholung voraus.

5.4 Thermische Verfahren der Gefügebeeinflussung

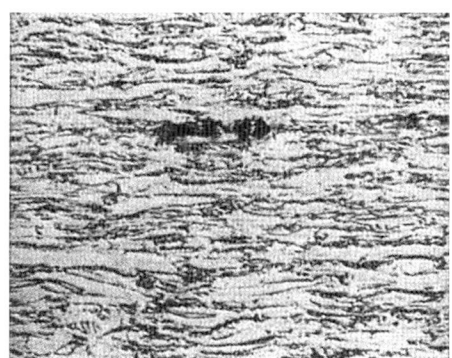

Abb. 5.93 Stahl mit 0,09 % C, gewalzt (Umformgrad 90 %) und 1 h bei 550 °C gehalten; verformtes Gefüge

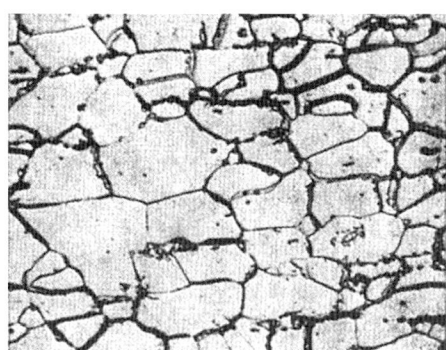

Abb. 5.96 Stahl mit 0,09 % C, gewalzt (Umformgrad 90 %) und 1 h bei 700 °C gehalten; Ferrit und körniger Zementit

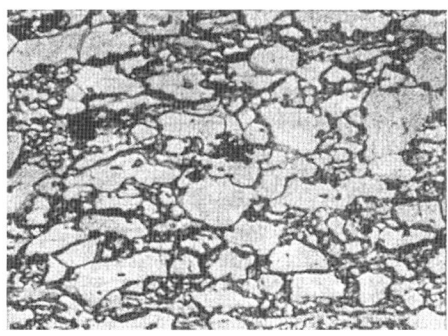

Abb. 5.94 Stahl mit 0,09 % C, gewalzt (Umformgrad 90 %) und 1 h bei 600 °C gehalten; teilweise rekristallisiertes Gefüge

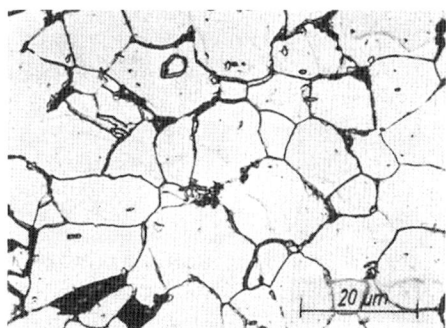

Abb. 5.97 Stahl mit 0,09 % C, gewalzt (Umformgrad 90 %) und 1 h bei 900 °C gehalten; ferritisch-perlitisches Gefüge

Abb. 5.95 Stahl mit 0,09 % C, gewalzt (Umformgrad 90 %) und 1 h bei 650 °C gehalten; vollständig rekristallisiertes Gefüge

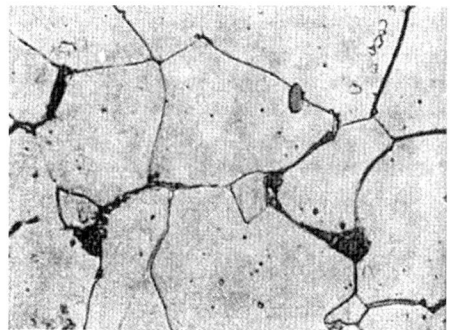

Abb. 5.98 Stahl mit 0,09 % C, gewalzt (Umformgrad 90 %) und 1 h bei 950 °C gehalten; grobdisperses ferritisch-perlitisches Gefüge

Bei geringen Umformgraden kann unter Umständen die Rekristallisation völlig unterbleiben. Der minimale Umformgrad, der eine Rekristallisation auslösen kann, wird als kritischer Umformgrad bezeichnet.

Aus technologischer Sicht sind die Glühtemperatur und -dauer von besonderem Interesse. Bei der Festlegung dieser Größen muss auf das Rekristallisationsverhalten der Stähle Rücksicht genommen werden. Das Rekristallisationsverhalten wird durch eine Reihe von Faktoren bestimmt. Diese lassen sich in verfahrensbedingte und werkstoffbedingte einteilen. Zu den verfahrensbedingten zählen neben der schon genannten Temperatur und der Glühdauer noch die Erwärmungsgeschwindigkeit und zu den werkstoffbedingten die chemische Zusammensetzung des Stahls und das Ausgangsgefüge einschließlich seiner verformungsbedingten Beeinflussung. Hilfsmittel zur Beschreibung des Rekristallisationsverhaltens sind isotherme und kontinuierliche Zeit-Temperatur-Rekristallisationsschaubilder (ZTR-Schaubilder). Sie besitzen ähnlich wie die ZTU-Schaubilder nur für die Bedingungen Gültigkeit, die bei ihrer Aufstellung zugrunde lagen, und bieten die nötigen Informationen zum Rekristallisationsverhalten der Stähle. Leider existieren einerseits nicht viele derartige Schaubilder bzw. sie werden nicht veröffentlicht und andererseits ist der Aufwand zu ihrer experimentellen Erstellung oder Vorhersage auf der Basis mathematischer Modelle ziemlich hoch. Das mag ein Grund dafür sein, dass man immer wieder von „der Rekristallisationstemperatur" spricht, obwohl es eine solche eigentlich gar nicht gibt. Sie stellt lediglich einen mehr oder weniger groben Anhalt dar. Bekannt ist der Zusammenhang zwischen der Rekristallisationstemperatur T_R und der Schmelztemperatur T_S für reine Metalle nach der Faustformel von Bočvar-Tammann $T_R \approx 0{,}4\ T_S$ (Temperaturen in K). Aber da z. B. der Kaltumformgrad die Temperatur T_R erheblich verändern kann (Tab. 5.6), verändert sich auch der Faktor in dieser Faustformel (z. B. bei Elektrolyteisen nach Angaben in Tab. 5.6 errechnet, von 0,42 auf 0,38 und bei Weicheisen mit 0,04 % C von 0,54 auf 0,41). Noch komplizierter als bei nahezu reinem Eisen sind die Verhältnisse bei Stählen.

Es ist zur betrieblichen Praxis geworden, diejenige Temperatur als Rekristallisationstemperatur anzusehen, bei der der Rekristallisationsprozess nach einem einstündigen Glühen praktisch abgeschlossen ist. Für das in den Abb. 5.93 bis 5.98 vorgestellte Beispiel ergäbe sich demnach eine Rekristallisationstemperatur von 650 °C. Das Gefüge bestünde am Ende des Prozesses aus polygonalen Ferritkörnern mit einer mittleren Korngröße von 4,7 µm (vgl. Tab. 5.7) und eingelagerten Zementit-

Tab. 5.6 Einfluss des Umformgrads auf die Rekristallisationstemperatur T_R (in °C) von Rein- und Weicheisen

Umformgrad [%]	10	20	40	70
Elektrolyteisen	490	450	425	420
Weicheisen mit 0,04 % C	700	590	510	470

Tab. 5.7 Rekristallisation von Stahl mit 0,09 % C (Kaltwalzgrad 90 %)

Temperatur [°C]	20	400	550	600	650	750	875	950
Korngröße [µm]	–	–	–	–	4,7	6,2	10,6	21
Härte [HB]	250	248	212	190	119	112	105	101
Zugfestigkeit [N mm^{-2}]	860	850	760	640	420	390	370	360
Dehnung [%]		5	9	13	22	28	31	32	32

teilchen. Möglich ist auch, das Rekristallisationsverhalten auf indirekte Weise anhand der Veränderung von Eigenschaftswerten und der Korngröße einzuschätzen (Tab. 5.7).

Nicht in jedem Falle ist es zweckmäßig, nach vorangegangener Kaltverformung ein Rekristallisationsglühen zur Einstellung eines gut umformbaren Gefüges durchzuführen. Ausgehärtete Stähle (wie auch aushärtbare NE-Legierungen) würden beim Rekristallisationsglühen ihren Aushärtungseffekt verlieren. Derartige Werkstoffe sollten nach dem Umformen besser entweder weichgeglüht oder lösungsgeglüht werden. Ein Lösungsglühen ist auch für einige chemisch beständige und warmfeste Stähle mit höherem Legierungsgehalt angebracht, weil beim Rekristallisationsglühen die Gefahr einer Versprödung durch Ausscheidungen besteht.

Aufmerksamkeit gebührt auch der Korngröße des beim rekristallisierenden Glühen neu gebildeten Gefüges. Insbesondere bei reinem Eisen und un- und niedriglegierten Stählen mit weniger als etwa 0,3 % C beobachtet man, dass, wie bereits oben erwähnt, nach sehr geringen Verformungen überhaupt keine Kornneubildung stattfindet (Abb. 5.99). Der kritische Umformgrad φ_{krit}, der die Rekristallisation auslöst, liegt zwischen etwa 8 und 12 %. Umformungen in der Größenordnung von φ_{krit} führen zu beachtlicher Grobkornbildung, die fast immer unerwünscht ist. Deshalb sollten sie tunlichst vermieden werden, was zumindest in gewissen Zonen beim Biegen, Prägen, Stanzen, Lochen, Abscheren und Abgraten kaum möglich ist, weil der Umformgrad in der Hauptumformzone am größten ist und zum unbeeinflussten Gebiet hin kontinuierlich abfällt und somit in einer dazwischenbefindlichen Zone kritisch ist. Die kritische Zone ist bei flachem Verformungsgradienten besonders breit. Dieser Sachverhalt kann am Beispiel einer Armco-Eisenprobe demonstriert werden, die durch einen Brinell-Kugeleindruck örtlich plastisch verformt und anschließend 4 h bei 720 °C rekristallisierend geglüht worden war. Abb. 5.100 zeigt einen Querschliff durch die Probe. In der Eindruckkalotte war die Verformung am stärksten. An dieser Stelle ist im Ergebnis des rekristallisierenden Glühens ein sehr feines Korn entstanden (vgl. Abb. 5.99). In einiger Entfernung vom Kugeleindruck war der kritische Umformgrad φ_{krit} erreicht. Dieses Gebiet erscheint in der Gefügeaufnahme deutlich als grobkörnige Zone. Das in Abb. 5.100 zur Markierung eingezeichnete

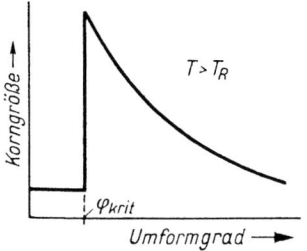

Abb. 5.99 Abhängigkeit der Rekristallisationskorngröße vom Umformgrad bei weichen unlegierten Stählen

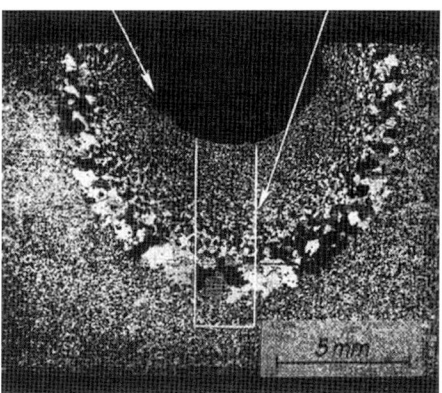

Abb. 5.100 Örtliche Grobkornbildung durch Rekristallisation in der Umgebung eines Kugeleindrucks bei Armco-Eisen; geätzt mit Ammoniumpersulfat

weiße Rechteck ist in Abb. 5.101 vergrößert dargestellt und lässt die Einzelheiten besser erkennen. Das grobkörnig rekristallisierte Gefüge grenzt übergangslos an das unterkritisch verformte und infolgedessen nicht rekristallisierte Gefüge in Übereinstimmung mit der Kurve in Abb. 5.99 an.

Der kritische Umformgrad ist auch für die Warmumformung von Bedeutung, zumindest bei Umformtemperaturen unterhalb 1100 °C. Beim rekristallisierenden Glühen technisch relevanter Stähle ist weiter zu bedenken, dass diese meistens nicht einphasig sind, sondern neben dem α- oder γ-Grundgefüge meistens noch andere Bestandteile, wie Carbide, Nitride, Carbonitride u. a., in verschiedener Form, Größe und Anordnung enthalten. Der Einfluss dieser Bestandteile kann je nach ihrer Beschaffenheit von rekristallisationsfördernd über rekristallisationsverzögernd bis zur vollständigen Verhinderung der Rekristallisation gehen, also recht unterschiedlich sein.

5.4.1.2 Sphäroidisierendes Glühen

Das sphäroidisierende Glühen oder Weichglühen hat zum Ziel, die Härte von Stählen auf einen Wert zu reduzieren, der ein vorgegebenes Höchstmaß nicht überschreitet. Das eigentliche Ziel besteht in der Verbesserung der Zerspanbarkeit und der Umformbarkeit. Diese Eigenschaften sind wie fast alle auf „-barkeit" endenden Eigenschaften von komplexer Natur und lassen sich nicht einfach quantifizieren. Sie stehen jedoch in einem gewissen Zusammenhang zur leicht messbaren Härte, die deshalb vordergründig in die Zielstellung für das Weichglühen eingebunden ist. Die obere Grenze der Zerspanbarkeit liegt im Allgemeinen bei einer Zugfestigkeit von $R_m = 1400$ N mm^{-2}. Die Bearbeitbarkeit ist umso besser, je niedriger die Festigkeit des Stahls

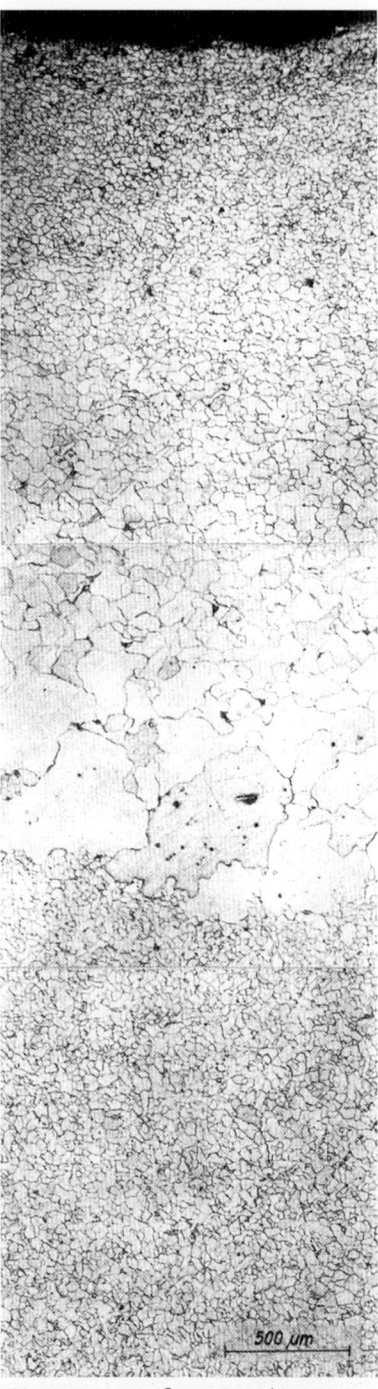

Abb. 5.101 Vergrößerter Ausschnitt von Abb. 5.100; geätzt mit 2 %iger HNO$_3$

ist. Die Festigkeit wird durch die Gefügeausbildung beeinflusst. Letztlich ist also die Gefügebeeinflussung der Zielpunkt des Weichglühens.

Das Weichglühen ist kein für Stähle spezifisches Wärmebehandlungsverfahren. Auch NE-Legierungen, wie z. B. Al-, Cu-, Ni- und Ti-Legierungen, werden weichgeglüht. Nicht zuletzt bedingt durch die Breite des Werkstoffspektrums, können Unklarheiten in den Begriffen auftauchen.

Zerspanbarkeit und Umformbarkeit werden im Allgemeinen durch mehrere Faktoren beeinflusst, nämlich durch

Abb. 5.102 Stahl mit 0,90 % C, normalgeglüht; lamellarer Perlit

- eine Kaltverformung
- eine Ausscheidungshärtung
- die Menge, Form und Anordnung von Gefügebestandteilen

Solange die Glühbehandlung allein der Beseitigung der Verformungsverfestigung dient, handelt es sich um ein rekristallisierendes Glühen (s. Abschnitt 5.4.1.1). Vielfach kommen in der Praxis Kaltverformung und Ausscheidungshärtung gleichzeitig vor, was dazu führt, dass der Begriff „Weichglühen" gelegentlich als Oberbegriff für beides benutzt wird, was aber nicht exakt ist.

Stähle befinden sich nach dem Abkühlen von der Verarbeitungstemperatur häufig in einem unkontrollierten Gefügezustand. Das betrifft zum einen die Gefügezusammensetzung (lamellarer Perlit neben Bainit oder evtl. sogar Martensit) sowie -dispersität und zum anderen die Form und Anordnung ausgeschiedener Carbide. Die Erfahrung zeigt, dass gleichmäßig verteilte, nicht zu grobe Carbide kugliger Form in der Metallmatrix die besten Voraussetzungen für gute Zerspanbarkeit und Umformbarkeit bieten. Das nachfolgende Beispiel belegt diese Behauptung. Abb. 5.102 zeigt das lamellar-perlitische Gefüge eines normalgeglühten Stahls mit 0,9 % C. Eine Rundstange aus diesem Stahl ließ sich

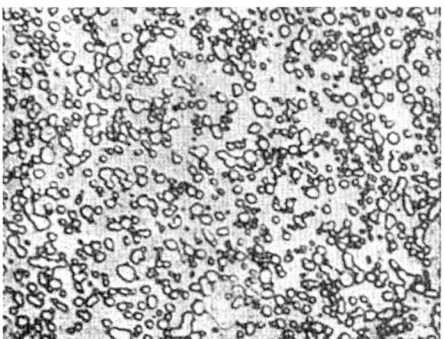

Abb. 5.103 Stahl mit 0,90 % C, normalgeglüht und 10 h bei 700 °C gehalten; körniger Perlit

nur bis zu einem Winkel von etwa 30° biegen und zerbrach dann. Nach 10-stündigem Glühen bei 700 °C waren die Zementitlamellen vollständig eingeformt (Abb. 5.103). Das gleiche Material ließ sich in diesem Zustand mit globularem Perlit ohne Anriss bis 180° biegen, weil beim Weichglühen eine erhebliche Reduzierung der Festigkeitseigenschaften eingetreten ist (Tab. 5.8).

Die kuglige oder globulare Form perlitischer Carbide ist wegen der geringeren inneren Energie vom thermodynamischen Standpunkt her betrachtet, gleichgewichtsnäher als die lamellare oder ähnliche Formen. Gleichgewichtsnähere perlitische

Tab. 5.8 Festigkeit und Zähigkeit von Stahl mit lamellarem bzw. globularem Perlit

Gefügeform	R_e [N mm^{-2}]	R_m [N mm^{-2}]	A [%]	Z [%]	[HB]
lamellarer Perlit	600	1050	8	15	300
globularer Perlit	280	550	25	60	155

Gefügezustände sind durch thermische Behandlungen unterhalb der Temperatur A_1 einstellbar. Je gleichgewichtsnäher der angestrebte Zustand einer Phase ist, desto gleichgewichtsnäher müssen auch ihre Entstehungsbedingungen sein. Dem Gleichgewicht am nächsten kommt in der Perlitstufe eine isotherme Umwandlungstemperatur dicht unterhalb A_1 (bzw. A_{1b}). Dabei ist es ohne Bedeutung, ob man sich dieser Temperatur von einer höheren oder tieferen Temperatur her nähert. Denkbar wäre auch, das gewünschte gleichgewichtsnahe Gefüge durch extrem langsames Abkühlen einzustellen, was jedoch ohne großen Aufwand praktisch nicht realisierbar ist.

Die Einformung ist ein diffusionsgesteuerter Prozess. Eine vollständige Einformung erfordert lange Haltezeiten (mehrere Stunden oder Tage). Es ist also sinnvoll, nach Möglichkeiten zur Beschleunigung des Einformungsprozesses zu suchen. Diffusionsprozesse laufen umso schneller ab, je höher die Prozesstemperatur ist. Aus diesem Grund sind Stähle mit einer höheren A_1-Temperatur, der oberen Temperaturgrenze für das Weichglühen, schneller einformbar als andere.

Zur Optimierung der Glühtechnologie muss man die wesentlichen Einflussfaktoren auf den Einformungsvogang kennen. Eine brauchbare Modellvorstellung zum Einformungsvorgang geht davon aus, dass bei einer Temperatur $T < A_1$ eine C-reiche Phase (Zementit) und eine C-arme Phase (Ferrit) nebeneinander existieren. Beide Phasen stehen miteinander in einem dynamischen Gleichgewicht. Dynamisches Gleichgewicht bedeutet, dass zwischen beiden Phasen ständig ein gewisser Stoffaustausch stattfindet, d. h. C-Atome diffundieren sowohl von der Zementitphase in den Ferrit als auch in umgekehrter Richtung. Da die Volumenanteile beider Phasen unverändert bleiben, ist die Zahl der in der einen Richtung diffundierenden Atome gleich der Zahl der in der anderen Richtung diffundierenden Atome, d. h. die Anzahl der hin- und rückdiffundierenden Atome ist ausbilanziert. Der Stoffübergang von der ausgeschiedenen Phase Zementit in den Ferrit entspricht einer Carbidlösung. Der Stoffübergang vom Ferrit in den Zementit bedeutet Carbidausscheidung, wenn auch in äußerst geringen Dimensionen.

$$\frac{dV}{dt} = a(k_a - k_l)$$

V Teilchenvolumen
a Faktor
k_a Geschwindigkeit der Ausscheidung
k_l Geschwindigkeit der Lösung

Dynamisches Gleichgewicht heißt: $k_a = k_l$ bzw. $dV/dt = 0$ unter der Bedingung, dass die Diffusion schneller als die Auflösung bzw. Ausscheidung ist und die Konzentration somit im gesamten Volumen der betreffenden Phase gleich ist. Nicht gleich hingegen ist der Ort des Stoffübertritts. Es gibt bevorzugte Orte des Stoffübertritts in der einen und der anderen Richtung. Ob an einem Ort der Drang in die Lösung hinein- oder aus der Lösung herauszugehen überwiegt, hängt von der spezifischen Oberfläche S an diesem Ort ab (A Oberfläche): $S = A/V$. Die spezifische Oberfläche S ist bei kleinen Carbid- bzw. Zementitteilchen überdurchschnittlich groß, weil ihre Oberflächenkrümmung bzw. der Wert des Integrals der mittleren Krümmung (s. Abschnitt 2.4) groß ist. Da folgende Abhängigkeit gilt:

$$\frac{dV}{dt} \sim (s_m - s)$$

wird bei kleinen Teilchen und an Ecken, Kanten und Spitzen größerer Teilchen die Auflösung überwiegen. s_m ist die spezifische Oberfläche jener Teilchen oder Teilchenbereiche, die mit der Kohlenstoffkonzentration in der Ferritmatrix zur Zeit t im Gleichgewicht stehen und daher dem Umlöseprozess gegenüber stabil sind.

Aus dieser Modellvorstellung kann man Bedingungen für eine Beschleunigung des Einformprozesses ableiten. Wenn es gelingt, den ersten Teilschritt der Einformung, nämlich das Lösen jener Carbidteilchen oder Teilbereiche von ihnen, für die eine überdurchschnittlich große spezifische Grenzfläche ($s > s_m$) kennzeichnend ist, zu beschleunigen, verkürzt sich der gesamte Einformungsprozess der Carbide. Eine solche Beschleunigung kann erreicht werden, indem zunächst oberhalb A_{c1b} (bzw. A_{e1}) so kurze Zeit austenitisiert wird, dass nur die kleinsten Carbidteilchen aufgelöst und größere Teilchen an ihren Ecken, Kanten und Spitzen lediglich angelöst, keinesfalls aber völlig aufgelöst werden. Anschließend wird schnell auf eine Temperatur wenige Grade unter A_{c1b} (bzw. A_{e1}) zwischengekühlt und isotherm gehalten. Auf diese Weise sind die besten Bedingungen für die Bildung eines entarteten Perlits geschaffen:

- ungelöste Carbide wirken als Keime für die Wiederausscheidung
- die Rückausscheidung setzt sofort ein

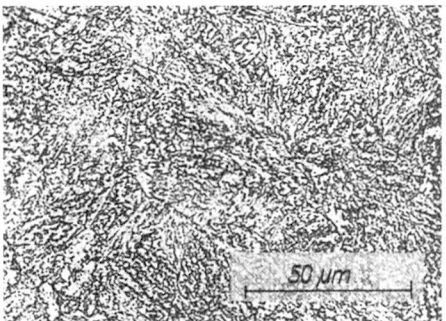

Abb. 5.104 Stahl mit 0,22 % C, 3 % Cr und 0,40 % Mo, geschmiedet; bainitisches Gefüge mit geringen Martensitanteilen, 378 HB

Wichtig ist, so lange zu halten, bis der Austenit völlig umgewandelt ist. Falls das nicht gewährleistet werden kann, sollte das Abkühlen nach dem isothermen Halten so langsam erfolgen, dass evtl. doch noch vorhandener Austenit nicht in ein Ungleichgewichtsgefüge (Bainit u. ä.) umwandeln kann. Ideale Ausgangsgefüge für eine schnelle Einformung sind Gefüge der unteren Bainitstufe und Martensit, weil sie von vornherein eine höhere Konzentration gelöster Kohlenstoffatome in der Ferritmatrix mitbringen. Das folgende Beispiel demonstriert, dass in nur 4 h bei 700 °C eine Härteabnahme von 378 auf 172 HB erreicht werden kann, wenn von einem bainitischen Ausgangsgefüge ausgegangen wird (Abb. 5.104). Es hat sich relativ schnell ein sehr feindisperses Weichglühgefüge eingestellt (Abb. 5.105). Schwer einformbare Carbide legierter Stähle wären so besser einformbar.

Vielfach wird für übereutektoide Stähle ein *Pendelglühen* um A_1 empfohlen. Diese Behandlung ist jedoch nur dann erfolgreich, wenn die Haltedauer unterhalb A_1 so bemessen wird, dass die Carbidphase schneller wächst als sie bei der Teilaustenitisierung oberhalb A_1 in Lösung geht (nichtsymmetrisches Pendeln). Die tech-

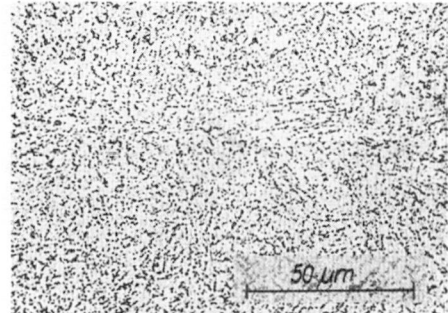

Abb. 5.105 Stahl mit 0,22 % C, 3 % Cr und 0,40 % Mo, nach dem Schmieden 4 h bei 700 °C geglüht und im Ofen abgekühlt; körniger Zementit, 172 HB

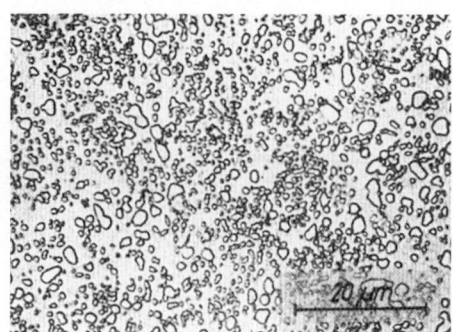

Abb. 5.107 Stahl mit 1,20 % C, weichgeglüht; ungleichmäßig große Carbidkörner

Abb. 5.106 Stahl mit 1,20 % C, Perlit und Korngrenzenzementit

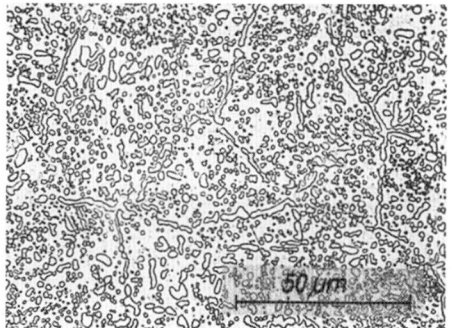

Abb. 5.108 Stahl mit 1,20 % C, weichgeglüht; Reste des Korngrenzenzementitnetzwerks

nische Durchführung ist nicht ganz einfach.

Übereutektoide Stähle können im Gefüge Sekundärzementit in Form von Korngrenzensäumen enthalten (Abb. 5.106), der sich einer Einformung besonders hartnäckig widersetzt. Da er sich bei einer vollständigen Austenitisierung im Austenit auflöst, wird gelegentlich empfohlen, dem Weichglühen ein Normalglühen vorzuschalten. Ansonsten muss damit gerechnet werden, dass ungleichmäßige grobe Carbide als Reste des ehemaligen Korngrenzenzementits im Weichglühgefüge noch zu finden sind (Abb. 5.107). War die Glühdauer nicht ausreichend, können Zementitreste länglicher Carbidteilchen (Abb. 5.108) oder unvollständig eingeformter perlitischer Zementit (Abb. 5.109) vorkommen. Auch stark geseigertes Material kann zu Schwierigkeiten beim Weichglühen führen. Abb. 5.110 zeigt einen Längsschliff durch eine Walzstange mit einem Durchmesser von 20 mm, die nach dem Glühen nebeneinanderliegende Zeilen von eingeformtem und lamellarem Perlit enthielt. Als Begleiterscheinung des mehrstündigen Glühens kann sich eine Entkohlung der Stahloberfläche einstellen. Das kann so weit gehen, dass im Rand fast rein ferritisches Gefüge mit nur wenigen ausgeschiedenen Carbiden verbleibt (Abb. 5.111).

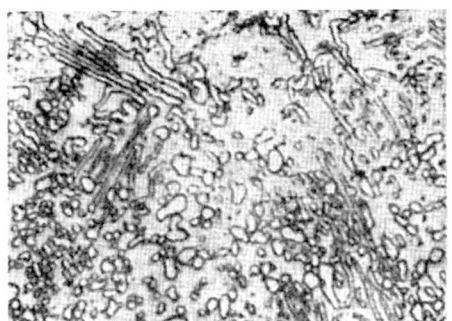

Abb. 5.109 Stahl mit 0,90 % C, 5 h bei 700 °C geglüht; Reste des lamellaren Zementits

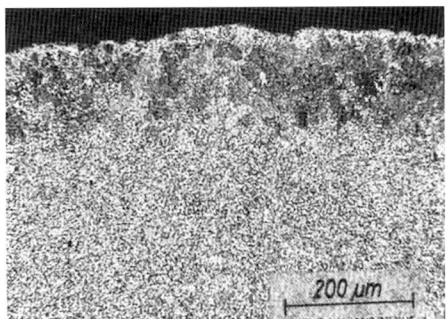

Abb. 5.112 Stahl mit 1,05 % C, beim Weichglühen schwach randentkohlt; am Rand lamellarer Perlit

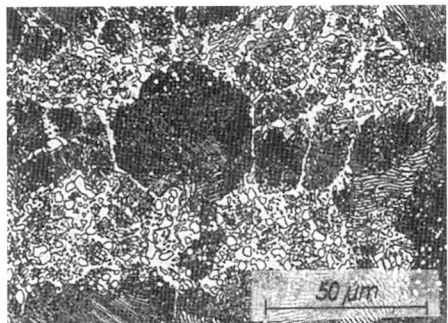

Abb. 5.110 Stahl mit 1,05 % C, weichgeglüht; durch Seigerungsstreifen verursachte Zeilen mit lamellarem Perlit und Zeilen mit körnigem Zementit

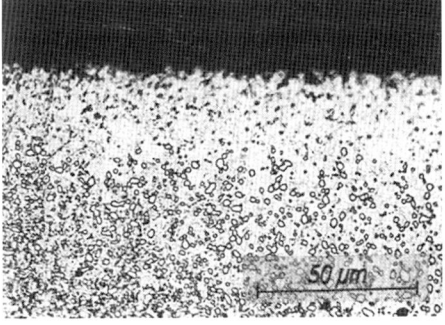

Abb. 5.111 Stahl mit 1,05 % C, beim Weichglühen stark randentkohlt; am Rand carbidarmer Ferrit

Beim nachfolgenden Härten kann das zu Qualitätseinbußen (*Weichfleckigkeit*) führen, wenn die Randentkohlung entweder nicht bemerkt wird oder Vorsorge- bzw. Abhilfemaßnahmen unterbleiben. Infolge der Randentkohlung kann die Randzone übereutektoider Stähle eine eutektoide oder sogar untereutektoide Zusammensetzung erhalten und lamellar-perlitisch werden (Abb. 5.112), wenn durch Überschreiten der Temperatur A_{c1b} das Dreiphasengebiet ($\alpha + \gamma$ + Carbid) erreicht wird.

Legierungselemente üben auf die Carbideinformung einen erheblichen Einfluss aus. Dieser ergibt sich zunächst daraus, dass durch die Verschiebung der A_1-Temperatur nach unten oder oben und durch die Verzögerung der Umwandlung nach einer kurzzeitigen Teilaustenitisierung die Eignung der Stähle zum Weichglühen verändert wird. Der Einfluss auf den Diffusionskoeffizienten des Kohlenstoffs im Ferrit ist bei den meisten Stählen vernachlässigbar. Lange Glühzeiten führen zu einer Umverteilung von Legierungselementen zwischen Carbidphase und Ferritmatrix, in deren Folge es zu einer Anreicherung carbidbildender Elemente in der Carbidphase kommt.

Der Einfluss des Kohlenstoffs und der Legierungselemente wird bei der Festlegung der maximal zulässigen Härtewerte für den weichgeglühten Zustand in den Vorschriften berücksichtigt. Bei unlegierten Stählen ist der Anteil der Carbidphase im Gefüge entscheidend für die maximal zulässige Härte, bei legierten zusätzlich dazu noch die Mischkristallhärtung der Matrix durch Legierungselemente.

5.4.1.3 Grobkorn- und Diffusionsglühen

Ziel des Diffusionsglühens ist eine möglichst weitgehende Beseitigung von Konzentrationsunterschieden in der Matrix, die von der Seigerung beim Phasenübergang flüssig/fest (Erstarrung) herrühren. Ihre Entstehung beruht darauf, dass die Legierungs- und Begleitelemente in der schmelzflüssigen und der festen Metallphase eine unterschiedliche Löslichkeit aufweisen und es dadurch zur Entmischung in Form einer Mikroseigerung bei der Erstarrung kommt. Der Grad der Mikroseigerung wird durch die Erstarrungsbedingungen und die Diffusion der gelösten Elemente in der flüssigen und der festen Phase beeinflusst. In Stählen entstehen Konzentrationsunterschiede bei der dendritischen Erstarrung in Form von *Kristallseigerungen*. Parameter zur Kennzeichnung von Kristallseigerungen sind der Seigerungskoeffizient c_{max}/c_{min} und der Konzentrationsabstand (Abstand zwischen den Bereichen erhöhter lokaler Konzentrationen) bzw. im verformten Material der Zeilenabstand λ. Beide Größen zusammen bestimmen den *Konzentrationsgradienten*.

Abb. 5.113 Geglühter Stahlguss; durch primäre Phosphorseigerung verursachte grobe Ferrit-Perlit-Entmischung, geätzt mit 1%iger HNO$_3$

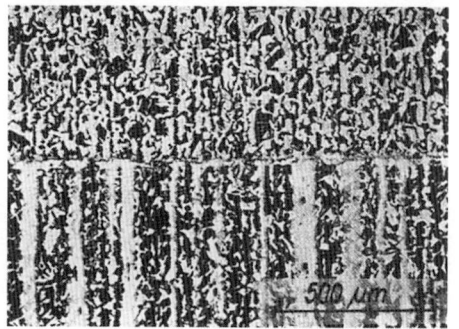

Abb. 5.114 Gewalztes Stahlblech; durch langgestreckte Phosphorseigerungsstreifen verursachtes sekundäres Ferrit-Perlit-Zeilengefüge, oben: geätzt mit HNO$_3$ (sekundäres Zeilengefüge), unten: geätzt nach Oberhoffer (primäres Zeilengefüge)

Konzentrationsunterschiede sind die Ursache der Gefügeinhomogenität. Die Gefügeinhomogenität kann isotrop (Abb. 5.113) oder anisotrop (Abb. 5.114) sein. Bei Vorherrschen einer Vorzugsrichtung im Werkstoff, wie sie z. B. durch eine gerichtete Umformung gegeben ist, handelt es sich bei der entstehenden Gefügeinhomogenität um die sogenannte *sekundäre Gefügezeiligkeit*. Die sekundäre Gefügezeiligkeit ist die häufigste Form einer Inhomogenität in gewalzten Stählen. Sie existiert bei ferritisch-perlitischen, perlitisch-carbidischen, bainitischen und martensitischen Stählen. Die Entstehung zeiliger Sekundärgefüge muss man im Zusammenhang mit dem Umwandlungsverhalten beim Abkühlen von der Austenitisierungstemperatur sehen. Das Umwandlungsverhalten seinerseits hängt von der *Mikrohomogenität* bzw. der tatsächlichen örtlichen Konzentration an Kohlenstoff, Legierungs- und Begleitelementen im Austenit ab. Es sind sowohl legierungsbedingte Verschiebungen der Umwandlungstemperatur als auch zeitliche

Verzögerungen im Umwandlungsverhalten zu beachten.

Reichern sich die ehemaligen interdendritischen Räume bevorzugt mit solchen Elementen wie Mo, Si, P, Cr, V, W an, kommt es zur Anhebung der Gleichgewichtsumwandlungstemperaturen. Die Folge davon ist, dass beim Abkühlen die Umwandlung untereutektoider Stähle mit der voreutektoiden Ferritbildung in den legierungsreichen Zonen beginnt. Da die Ferritbildung mit einer Kohlenstoffentmischung verbunden ist, diffundiert der Kohlenstoff in die ehemals legierungsarmen Zonen, wo dann bevorzugt Perlit (Abb. 5.113 und 5.114) entsteht (*umgekehrte Kohlenstoffseigerung* bei untereutektoiden Stählen).

Andererseits beginnt die ($\gamma \rightarrow \alpha$)-Umwandlung in den legierungsarmen Zonen, wenn in den interdendritischen Räumen solche Elemente wie Mangan und Nickel angereichert sind, die die Gleichgewichtsumwandlungstemperaturen nach unten verschieben. In diesem Fall beginnt die Umwandlung beim Abkühlen mit der Ferritbildung in den legierungsarmen Zonen. Der bei der Ferritbildung nicht benötigte Kohlenstoff wird in die legierungsreichen Zonen gedrängt, wo dann bevorzugt Perlit entsteht (*direkte Kohlenstoffseigerung* bei untereutektoiden Stählen). Außerdem verzögern fast alle gängigen Legierungs- und Begleitelemente die Phasenumwandlung, insbesondere in der Perlitstufe. Die Folge ist in jedem Falle ein ungleichmäßiges Umwandlungsgefüge mit ungleichmäßigen Eigenschaften. Bei langsamer Abkühlung beginnt die Umwandlung mit der Bildung des voreutektoiden Ferrits bzw. des voreutektoiden Carbids. Die ersten Ferrit- bzw. Carbidkristalle werden in denjenigen Primärzeilen mit der höheren A_3- bzw. A_{cm}-Temperatur gebildet. Der vom Ferrit entsprechend seiner Löslichkeit nicht benötigte Kohlenstoff wird über Diffusion in den noch nicht umgewandelten Austenit zurückgedrängt. Der auf diese Weise an Kohlenstoff angereicherte restliche Austenit wandelt zuletzt um und enthält einen überdurchschnittlich hohen Anteil an eutektoider Phase. Die Entmischung des Austenits bezüglich des Kohlenstoffs bei diffusionsgesteuerten Umwandlungen bewirkt eine Verstärkung des Zeileneffekts. Der Verstärkungseffekt ist legierungsabhängig besonders groß im Falle der direkten Kohlenstoffseigerung bei untereutektoiden Stählen. Mit zunehmender Abkühlungsgeschwindigkeit wird der Verstärkungseffekt immer schwächer. Das führt zu einer zunehmenden Abschwächung des zeiligen Charakters, obwohl die ursächlichen Primärzeilen die gleichen sind. Daraus ergibt sich, dass die sekundäre Gefügezeiligkeit eine Eigenart diffusionsgesteuerter ($\gamma \rightarrow \alpha$)-Umwandlungen ist. Über Umklappvorgänge entstandene Gefüge (Martensit, Bainit) offenbaren eine Zeilenstruktur nur, wenn zusammensetzungsbedingte Unterschiede im Anlass- und Ausscheidungsverhalten einen unterschiedlichen Ätzangriff zur Folge haben.

Auf die Bildung der Gefügezeiligkeit hat auch die Austenitkorngröße einen Einfluss. Die Austenitkorngrenzen sind Orte erleichterter Keimbildung. Neben der spezifischen Austenitkornfläche hat die Anordnung der Austenitkorngrenzen (isometrisch oder anisometrisch) einen Einfluss. Feines gleichmäßiges Ausgangsaustenitkorn begünstigt die Bildung zeiligen Sekundärgefüges. Bei grobem Austenitkorn besteht eine hohe Wahrscheinlichkeit dafür, dass die keimbildungsfördernden Austenitkorngrenzen auch die weniger umwandlungsfreudigen Primärzeilen schneiden und die Umwandlung in diese Bereiche hineinleiten. Das Umwandlungsgefüge muss dann kein naturgetreues Abbild der Primärzeilen mehr sein.

Nur ein Diffusionsausgleich kann die Gefügezeiligkeit mit ihren tatsächlichen Wurzeln beseitigen. Andere Maßnahmen, wie Normalglühen, schwächen den Effekt nur etwas ab oder beseitigen die Gefügezeiligkeit nur scheinbar, d. h. ohne Ausgleich der auslösenden Primärzeilen. Nur so ist zu verstehen, dass nach Abkühlung von einer Wiedererwärmung Gefügezeilen plötzlich zu Tage treten können, obwohl sie vor der letzten Wärmebehandlung unter Umständen gar nicht sichtbar gewesen sind.

Das Diffusionsglühen wird angewendet, wenn die Gefahr einer unzulässigen Beeinträchtigung der Gebrauchseigenschaften durch Konzentrationsunterschiede befürchtet wird oder abzusehen ist. Ein Konzentrationsausgleich ist nur über die Diffusion der geseigerten Elemente zu erreichen, d. h. die wichtigste Forderung an die Glühtechnologie besteht darin, günstige Bedingungen für die Diffusion zu schaffen. Diffusionsglühen ist ein Glühen durch Erwärmen des Stahls auf 1000 bis 1200 °C und langzeitiges Halten bei dieser Temperatur, um Unterschiede in der chemischen Zusammensetzung weitgehend auszugleichen. Prozessablauf und -ergebnis werden von der Glühtemperatur und der Glühdauer bestimmt. Phasenumwandlungen sind für das eigentliche Behandlungsziel ohne entscheidende Bedeutung.

Langzeitiges Glühen bei derartig hohen Temperaturen ist nicht frei von Nebenwirkungen. Unerwünschte Nebenwirkungen des Diffusionsglühens sind die Kornvergröberung, die Verzunderung, Veränderungen der chemischen Zusammensetzung an der Oberfläche und Deformationen am Glühgut durch Spannungen infolge ihrer Eigenmasse. Damit die Nebenwirkungen nicht extrem groß werden, sind die tatsächlich angewendeten Glühtemperaturen und Haltezeiten nicht selten das Ergebnis technologischen Kompromisslösungen. Die Kornvergröberung kann im Glühprozess kaum vermieden werden. Falls das Grobkorn stört, muss nach dem Diffusionsglühen ein Normalglühen (s. Abschnitt 5.4.2.1) nachgeschaltet werden. Die Verzunderung und die Veränderung der chemischen Zusammensetzung können durch Glühen in Schutzgasatmosphäre vermieden bzw. eingeschränkt werden. Über die Notwendigkeit einer solchen Maßnahme muss im konkreten Fall entschieden werden. Gegen unerwünschte Deformationen erweist sich das Unterbauen von Auflagen als hilfreich.

Alle Nebenwirkungen sind das Ergebnis zeitabhängiger Vorgänge. Der Glühdauer kommt deshalb eine besondere Bedeutung zu. Technologische Vorgaben zur Glühdauer sollten unter Berücksichtigung der gewählten Glühtemperatur, des Abstands der Seigerungsstreifen (der vom Umformgrad abhängig ist), der Art der geseigerten Elemente (ihrer Diffusionsfähigkeit und ihres Seigerungskoeffizienten) und des zulässigen Restseigerungsgrads sowie möglicher Nebenwirkungen getroffen werden.

Das Diffusionsglühen ist mit einem erheblichen Energieaufwand verbunden. Man wird deshalb versuchen, den Ausgleich von Konzentrationsunterschieden bei anderen technologisch notwendigen Erwärmungen, wie z. B. dem Vorwärmen zum Walzen, zu erzielen. In diesem Fall muss man allerdings in Kauf nehmen, dass es wegen der größeren Seigerungsabstände im Gusszustand schwieriger ist, Konzentrationsunterschiede auszugleichen als im vorverformten Zustand. Der Primärzeilenabstand erweist sich als relativ starker Einflussfaktor auf die notwendige Glühdauer. Er verhält sich umgekehrt proportional zur Quadratwurzel des Umformgrads. Die Umformung führt zu einer Verringerung des Zeilenabstands. Gleichzeitig erhöht sich der Konzentrationsgradient zwischen den Zeilen, wenn man die Mitwirkung rein thermischer Einflüsse außer Acht lässt. Eine Verringerung des Zeilenabstands bedeutet eine Verkürzung der Diffusionswege beim Konzentrationsausgleich.

Ein vollständiger Konzentrationsausgleich ist in Vielstoffsystemen, wie es Stähle sind, unmöglich. Der Ausgleich eines Elements erfolgt grundsätzlich im Hinblick auf seine Aktivität, d. h. auf seine thermodynamisch wirksame Konzentration. Einige Elemente haben im Prinzip ein ähnliches Diffusionsvermögen. Wäre das Diffusionsvermögen allein ausschlaggebend für den Ausgleich, dann wäre für viele Elemente ein annähernd gleiches Homogenisierungsverhalten zu erwarten. Tatsächlich gibt es aber große Unterschiede. Zum Beispiel haben Mangan und Chrom ähnliche Diffusionskoeffizienten, aber Konzentrationsunterschiede im Chromgehalt sind schwieriger zu beseitigen als Unterschiede im Mangangehalt, weil der Seigerungskoeffizient des Chroms größer ist als der des Mangans. Aber auch solche Elemente wie Arsen und Phosphor besitzen einen hohen Seigerungskoeffizienten und sind deshalb schwierig auszugleichen. Vergleichsweise kurze Glühzeiten erfordert der Ausgleich von Kohlenstoffseigerungen.

Das *Grobkornglühen* hat die Erzeugung eines grobkörnigen Gefüges zum Ziel, dessen einziger Vorteil darin besteht, aufgrund seiner verringerten Zähigkeit die Zerspanbarkeit (Spanbrechung, Werkzeugverschleiß) zu verbessern. Beim Drehen, Fräsen, Hobeln, Bohren usw. grobkorngeglühter Stähle entsteht ein bröckelnder und deshalb wenig kaltverfestigter Span, wodurch die Schärfe der Werkzeugschneiden länger erhalten bleibt. Dieser Vorteil muss mit Nachteilen in Bezug auf eine Reihe wichtiger Eigenschaften erkauft werden, sodass es häufig ratsam sein kann, auf ein Grobkornglühen zu verzichten. Natürlich kann ein dem Spanen nachgeschaltetes Normalglühen negative Gefügebildungen wieder beseitigen, aber der erhöhte Aufwand bleibt dennoch. Ist das Grobkornglühen unverzichtbar, dann wird ein zweistündiges Glühen bei 1000 bis 1300 °C die besten Ergebnisse liefern. Die höhere Temperatur gilt für mikrolegierte Stähle, die kornfeinende Zusätze enthalten. Schon allein eine überzeitete Austenitisierung wirkt sich auf das Umwandlungsgefüge aus, wie das am Beispiel des Weicheisens gezeigt werden soll (Abb. 5.115 und 5.116). Das Abkühlregime muss so gestaltet werden, dass ein grobdisperses Umwandlungsgefüge entsteht. Das kann zum einen durch langsame Abkühlung im Ofen zur Ausbildung großer

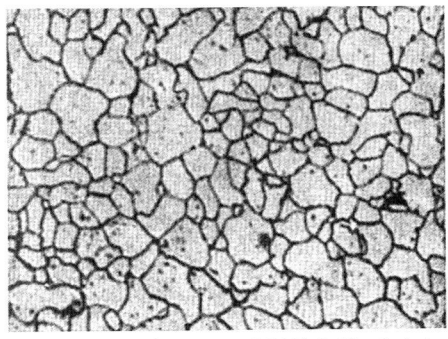

Abb. 5.115 Weicheisen mit 0,04 % C, 15 min bei 950 °C, an Luft abgekühlt; feinkörniger Ferrit

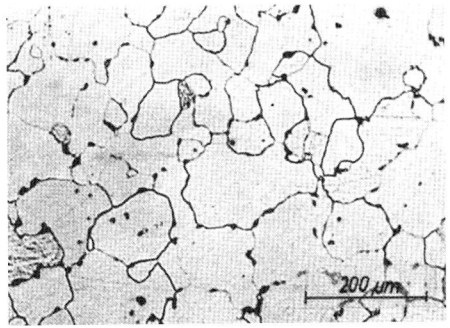

Abb. 5.116 Weicheisen mit 0,04 % C, 5 h bei 950 °C, an Luft abgekühlt; grobkörniger Ferrit

Perlitlamellenabstände geschehen oder durch eine gesteuerte Abkühlung. Die gesteuerte Abkühlung muss so erfolgen, dass im Temperaturbereich der voreutektoiden Ferritbildung ziemlich schnell, dann aber im Bereich der Perlitbildung langsam abgekühlt oder isotherm gehalten wird, damit grobdisperser Perlit entsteht. Die Abkühlung im Ofen wird bei Stählen mit höherem Perlitanteil, die gesteuerte Abkühlung bei Stählen mit geringerem Perlitanteil bevorzugt.

5.4.2
Fertigungsgerechte werkstoffspezifische Verfahren

Als werkstoffspezifische Verfahren der fertigungsgerechten Wärmebehandlung gelten solche, bei denen die Phasenumwandlungen von entscheidendem Einfluss auf das Glühergebnis sind.

5.4.2.1 Normalglühen

Das Ziel des Normalglühens besteht in der Beseitigung unerwünschter Gefügebildungen. Zu den unerwünschten Gefügebildungen gehören ungleichmäßige und grobkörnige Gefüge sowie Mischgefüge, die im Gusszustand, nach dem Schweißen oder im verformten Material nach unregelmäßiger Abkühlung vorkommen können. Das angestrebte Gefüge ist ein möglichst gleichmäßiges ferritisch-perlitisches Gefüge mit feinlamellarem Perlit und einer Ferritkorngröße, die einen Richtwert von 20 μm möglichst nicht überschreiten sollte, bzw. ein feindisperses perlitisch-carbidisches Gefüge mit gleichmäßig verteilten voreutektoiden Carbidteilchen. Ein solches Gefüge gilt für un- und niedriglegierte Stähle als Normalzustand.

Um dieses Ziel zu erreichen, muss man eine Glühung mit einer Umkristallisation durchführen. Die Umkristallisation erfordert zwei vollständige Phasenumwandlungen, nämlich die (α → γ)-Umwandlung beim Erwärmen und die nachfolgende (γ → α)-Umwandlung beim Abkühlen. Aus diesem Grund bezeichnet man das Normalglühen gelegentlich auch als *Umwandlungsglühen*. Das Normalglühen macht alle durch Abschreckhärten bzw. Vergüten, Überhitzen, Schweißen, Kalt- und Warmumformung, Grobkornglühen und Weichglühen bewirkten Gefüge- und Eigenschaftsänderungen rückgängig, sofern sie nicht den Charakter dauernder Materialschädigungen tragen, wie z. B. Flockenrisse (Abb. 5.117 und 5.118), Verbrennungen

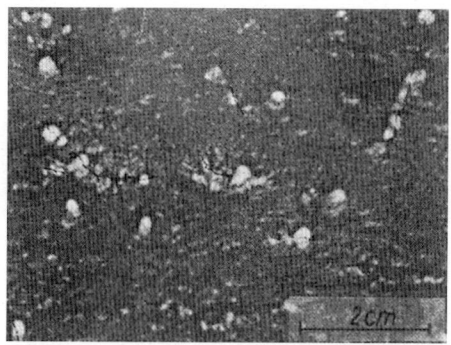

Abb. 5.117 In Seigerungsstellen verlaufende Flockenrisse; geätzt nach Oberhoffer

Abb. 5.118 Blaubruchproben; Wasserstoffflocken (helle rundliche Flecken) in den helleren Seigerungsstreifen

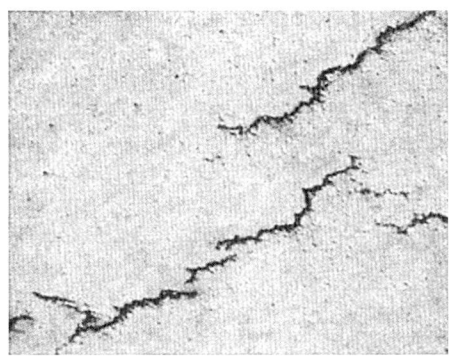

Abb. 5.119 Härterisse in einem gehärteten Werkzeug

Abb. 5.122 Stahl mit 1,40 % C, nach dem Schmieden auf 1100 °C erwärmt und langsam im Ofen abgekühlt; Perlit und Sekundärzementit

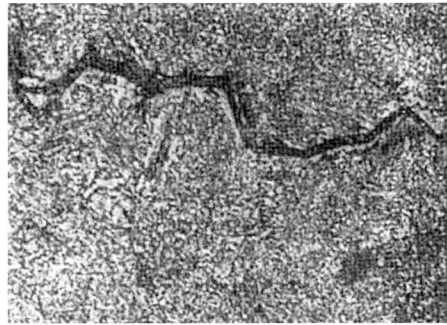

Abb. 5.120 Interkristalliner Verlauf der Härterisse

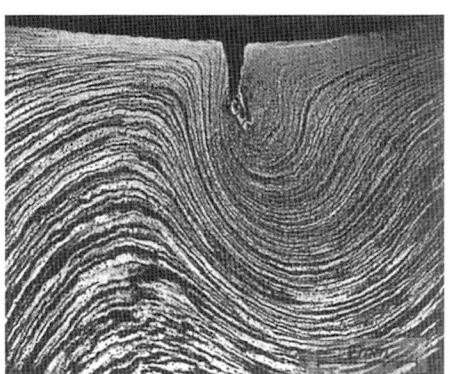

Abb. 5.121 Faserverlauf um eine Überschmiedung bei einer Kurbelwelle; geätzt nach Oberhoffer

(Abb. 5.42), Härterisse (Abb. 5.119 und 5.120), Überwalzungen bzw. Überschmiedungen (Abb. 5.121), Kantenaufschmelzungen, übermäßiger Verzug und dergleichen.

Die Normalglühtechnologie schließt bei untereutektoiden Stählen ein Erwärmen auf eine Temperatur $T = 30 \dots 50\ K > A_{c3}$, Halten bei dieser Temperatur bis zur vollständigen Austenitbildung und Abkühlen mit einer Umwandlung in der Perlitstufe ein. Bei übereutektoiden Stählen würde eine vollständige Austenitbildung und die Auflösung eines evtl. vorhandenen Zementitnetzes oder grober Carbidteilchen erst bei Temperaturen oberhalb A_{cm} zu erreichen sein. Abb. 5.122 zeigt als Beispiel das Gefüge eines nach dem Schmieden von 1100 °C langsam im Ofen abgekühlten übereutektoiden Stahls mit 1,4 % C. Das Gefüge ist grobdispers und enthält Sekundärzementit an den Korngrenzen. Durch Glühen bei 1000 °C und Abkühlen an Luft entsteht ein feindisperses perlitisches Gefüge mit feinverteiltem Zementit (Abb. 5.123).

Da das Normalglühen bei so hohen Temperaturen aber mit Nachteilen (Entkohlung, Kornvergröberung) verbunden ist, geht man beim Normalglühen übereutektoider Stähle häufig einen Kompromiss ein, der darin besteht, dass als Glühtemperatur eine Temperatur gewählt wird, die nur etwa 30 bis 50 K oberhalb A_{c1e} liegt.

Abb. 5.123 Stahl mit 1,40 % C, von 1000 °C an Luft abgekühlt; Perlit ohne Sekundärzementit

Man begnügt sich dabei mit der Umkörnung des Perlits und nimmt in Kauf, dass der Sekundärzementit kaum beeinflusst wird. Die Angaben zur Abkühlung sind eher vage. In der Regel wird ein Abkühlen an Luft vorgeschrieben. Die Vorschrift „Abkühlung an Luft" bedeutet jedoch strenggenommen eine vom Querschnitt des Glühguts abhängige Abkühlungsgeschwindigkeit und ist an sich ungenau. Selbst die bei ein- und demselben Querschnitt existierenden Temperaturgradienten sind Ausdruck einer ungleichmäßigen Abkühlung über den Querschnitt. Man kann trotzdem mit derartig ungenauen Vorgaben arbeiten, weil obige Zielstellung des Normalglühens hauptsächlich für Stähle mit niedrigem und mittlerem Kohlenstoffgehalt interessant ist und diese Stähle naturgemäß gerade in einem weiten Bereich der Abkühlungsgeschwindigkeit in der Perlitstufe umwandeln. Nur bei solchen Stählen ist eine *Eignung zum Normalglühen* gegeben. Stähle, die beim Abkühlen an Luft bereits in der Bainit- oder Martensitstufe umwandeln (lufthärtende legierte Stähle), sind an sich zum Normalglühen ungeeignet.

Eine unterstützende Maßnahme zur Einstellung eines feindispersen Normalglühgefüges ist die Vermeidung des Austenitkornwachstums beim Halten auf Normalglühtemperatur. Überhöhte Austenitisierungstemperaturen und lange Haltezeiten sind nicht nur unnötig, sondern in ihren Auswirkungen auf das Umwandlungsgefüge schädlich und deshalb zu vermeiden. Im Gegenteil, bereits an die relativ schnell ablaufende Austenitbildung könnte sich das Abkühlen anschließen, wenn sie denn in allen Volumenelementen stattgefunden hat. Das Problem besteht nur darin, dass der Vorgang der Austenitbildung von außen der direkten Beobachtung nicht zugänglich ist und entsprechende mathematische Modelle noch nicht überall genutzt werden können. Die so bestehenden Unsicherheiten versucht man mit Anhaltswerten für die Haltedauer in den Griff zu bekommen.

Beim Erwärmen großer Teile muss auf die Form und Größe des Werkstücks und die Wärmeleitfähigkeit des Stahls Rücksicht genommen werden. Die Wärmeleitfähigkeit ist oberhalb 800 °C für alle Stähle nahezu gleich. Große Unterschiede existieren aber unterhalb 800 °C. Für diesen Temperaturbereich gilt, grob gesagt, je höher der Legierungsgehalt ist, desto niedriger ist die Wärmeleitfähigkeit. Besonders problematisch sind Temperaturen unterhalb 600 °C, weil dort keine ausreichende Plastizität gegeben ist, um kritische Spannungszustände ertragen zu können. Zur Vermeidung großer Temperaturunterschiede im Werkstück müssen insbesondere große Querschnitte legierter Stähle langsam oder stufenweise erwärmt werden. Die Dringlichkeit einer stufenweisen Erwärmung wird umso zwingender, je größer das C-Äquivalent des Stahls ist. (Das C-Äquivalent stellt eine Kennziffer dar, mit der die Wirkung verschiedener Legierungselemente neben Kohlenstoff auf das Erwärmungsverhalten beschrieben wird: $C_E = C + Mn/6 + (Cr + Mo + V)/5 + (Ni + Cu)/15$. Auch bei der Bemessung

5.4 Thermische Verfahren der Gefügebeeinflussung

der technologisch sinnvollen Haltedauer muss die Materialdicke berücksichtigt werden.

Die Abkühlung dünner Querschnitte erfolgt an Luft. Bei dicken Querschnitten sind häufig besondere Maßnahmen zur Einhaltung einer Abkühlung erforderlich, die eine entsprechende Umwandlung in der Perlitstufe garantiert (Pressluftstrom oder Wasserbrause).

Das Normalglühen wird angewendet

- nach dem Warmwalzen und Schmieden
- nach dem Erstarren von Stahlgussteilen
- anstelle eines Rekristallisationsglühens (s. Abschnitt 5.4.1.1)
- nach dem Schweißen
- vor dem Abschreckhärten

Bei allgemeinen und höherfesten schweißgeeigneten Baustählen wird in der Regel ein normalgeglühter Auslieferungszustand zur Gewährleistung der Eigenschaften gefordert. Stahlguss ist im ungeglühten Zustand oft spröde und im Gefüge grobdispers und morphologisch ungünstig ausgebildet. Das Gussgefüge enthält ähnlich wie die Schmelzzone von Schweißverbindungen häufig voreutektoiden Ferrit in Widmannstätten'scher Anordnung (Abb. 5.124). Das Normalglühen beseitigt solche

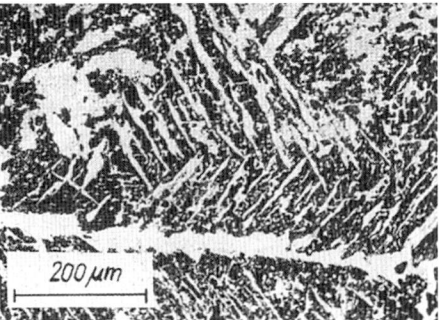

Abb. 5.125 Stahlguss mit 0,25 % C, 30 min bei 720 °C, an Luft abgekühlt

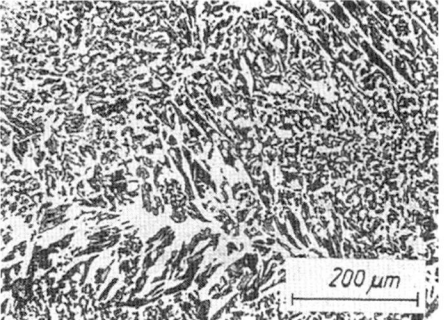

Abb. 5.126 Stahlguss mit 0,25 % C, 30 min bei 800 °C, an Luft abgekühlt

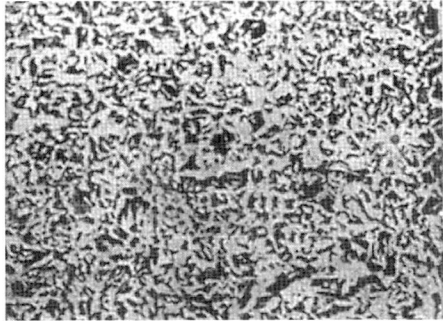

Abb. 5.127 Stahlguss mit 0,25 % C, 30 min bei 860 °C, an Luft abgekühlt

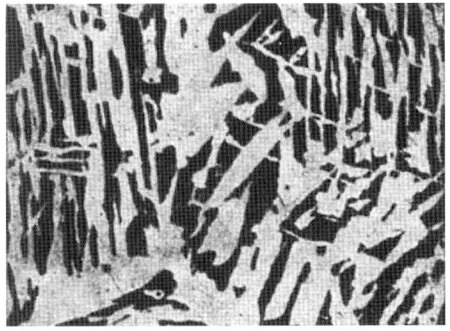

Abb. 5.124 Stahlguss mit 0,25 % C; Ferrit in Widmannstätten'scher Anordnung

Gefügebildungen. Die nächste Bildreihe (Abb. 5.125 bis 5.129) dokumentiert den Einfluss der Normalglühtemperatur auf die Gefügeausbildung. Bei dem vorliegenden Stahlguss mit 0,25 % C wird das optimale Normalglühgefüge bei 860 °C erzielt.

Abb. 5.128 Stahlguss mit 0,25 % C, 30 min bei 950 °C, an Luft abgekühlt

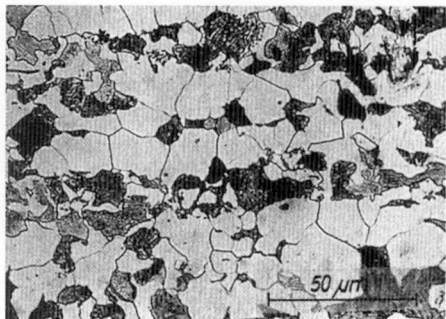

Abb. 5.130 Stahl mit 0,35 % C, 30 min bei 900 °C, im Ofen abgekühlt; grobdisperses zeiliges Ferrit-Perlit-Gefüge

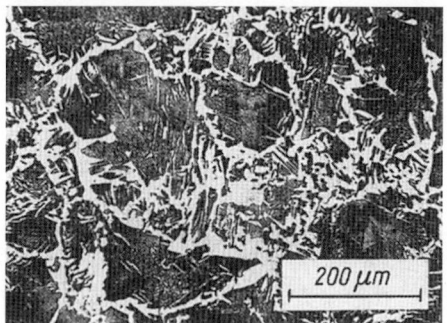

Abb. 5.129 Stahlguss mit 0,25 % C, 30 min bei 1050 °C, an Luft abgekühlt

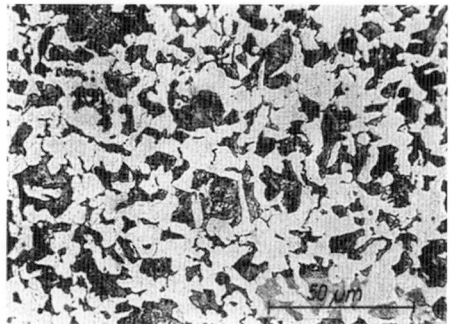

Abb. 5.131 Stahl mit 0,35 % C, 30 min bei 900 °C, an Luft abgekühlt; feindisperses zeilenfreies Ferrit-Perlit-Gefüge

Das Normalglühen verbessert die mechanischen Eigenschaften des Stahlgusses erheblich (Tab. 5.9).

Aus den Abb. 5.130 und 5.131 geht der Einfluss des Normalglühens auf das Gefüge von Walzstahl hervor. Die Auswirkun-

Tab. 5.9 Einfluss des Normalglühens auf die mechanischen Eigenschaften von Stahlguss mit unterschiedlichem Kohlenstoffgehalt

Stahlguss	% C	R_e [N mm^{-2}]	R_m [N mm^{-2}]	A (%)	Z (%)	KC [J cm^{-2}]
ungeglüht	0,11	180	410	26	30	40
bei 900 °C geglüht	0,11	260	420	30	59	170
ungeglüht	0,26	230	430	13	14	30
bei 850 °C geglüht	0,26	290	480	24	41	90
ungeglüht	0,53	250	620	7	4	13
bei 820 °C geglüht	0,53	350	700	16	18	35
ungeglüht	0,85	300	620	1	0,4	14
bei 720 °C geglüht	0,85	320	720	9	7	20

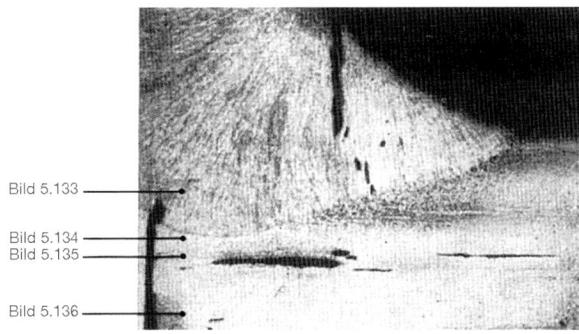

Abb. 5.132 Schweißverbindung mit Rissen in der Schmelzzone und im Grundwerkstoff; geätzt mit 1 %iger HNO$_3$

gen unterschiedlicher Temperaturen auf das Gefüge lassen sich an ungeglühten Schweißverbindungen nebeneinander beobachten (Abb. 5.132). Abb. 5.132 zeigt eine Übersichtsaufnahme eines Querschliffs durch eine Schweißverbindung. In der Seigerungszone befinden sich Spannungsrisse. Die Schmelzzone enthält Widmannstätten'sches Gefüge (Abb. 5.133). Der Grundwerkstoff zeigt in der Nähe der Schmelzzone ein grobes Überhitzungsgefüge (Abb. 5.134). Weiter in das Innere des Grundwerkstoffs hineinreichende Bereiche sind gleichmäßig feindispers (Abb. 5.135), weil sie einen durch die Schweißwärme verursachten Normalglüheffekt erlitten haben. Abb. 5.136 zeigt das Gefüge des unbeeinflussten Grundwerkstoffs.

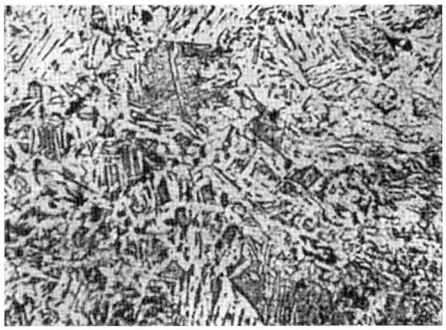

Abb. 5.134 Überhitzungsgefüge an der Grenze Schweißzone-Grundwerkstoff

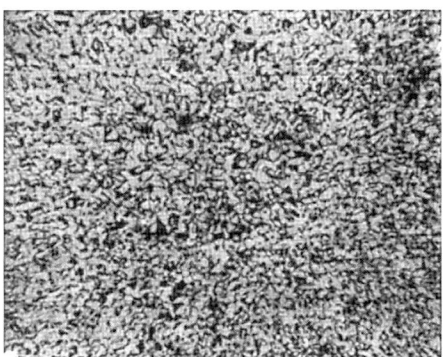

Abb. 5.135 Durch die Schweißwärme normalgeglühte Zone im Grundwerkstoff

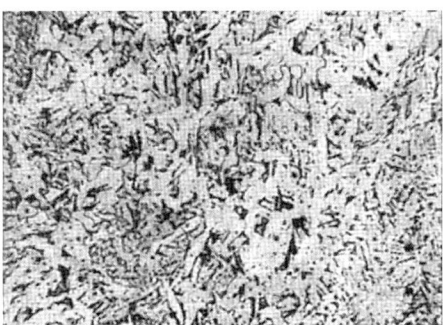

Abb. 5.133 Gussgefüge der Schmelzzone (Widmannstätten'sches Gefüge)

5.4.2.2 Glühen auf bestimmte Eigenschaften

In der Praxis werden neben dem klassischen Weichglühen häufig für spezielle Stähle andere Behandlungen gefordert, die auf bestimmte Eigenschaften oder Ge-

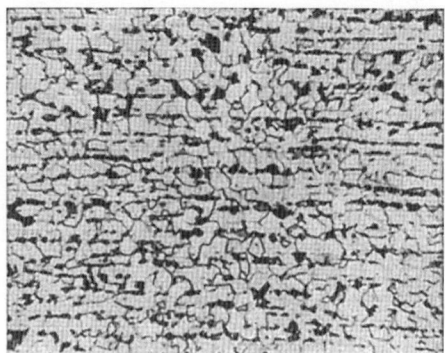

Abb. 5.136 Vom Schweißen unbeeinflusster Grundwerkstoff; sekundäres Zeilengefüge

füge abzielen. Es handelt sich hier vor allem um legierte Stähle mit niedrigem Kohlenstoffgehalt, die bei der spanabhebenden Bearbeitung im weichgeglühten Zustand üblicherweise zum sogenannten „Schmieren" neigen, sich also schlechter bearbeiten lassen als Stähle etwas höherer Härte und, was noch wichtiger sein dürfte, wegen ihres spezifischen, d. h. trägeren ($\gamma \rightarrow \alpha$)-Umwandlungsverhaltens, bei kontinuierlicher Abkühlung nicht ein reines gleichmäßiges ferritisch-perlitisches Gefüge ohne Anteile von Bainit und dergleichen bilden können. Folgende Behandlungen kommen in Betracht:

Behandlung auf ...	Kennzeichen
– Ferrit-Perlit-Gefüge	BG
– eine bestimmte Zugfestigkeit	BF
– Scherbarkeit	C
– kugligen Zementit	GKZ

Aus Gründen der Einfachheit und Machbarkeit wird auch hier die Härte als Prüfkriterium verwendet. Aber im Unterschied zum klassischen Weichglühen wird beim BG- und BF-Glühen nicht nur eine maximal zulässige Härte vorgeschrieben, sondern auch eine minimal zulässige, die nicht unterschritten werden darf. Zum Beispiel gelten für den Einsatzstahl 20MnCr5 folgende Brinell-Härtewerte für den BG-geglühten Zustand 152 bis 201 bis etwa 60 mm Durchmesser, für den BF-geglühten 170 bis 217 bis etwa 150 mm Durchmesser, für den C-geglühten maximal 255 und für den weichgeglühten Zustand zum Vergleich maximal 217 HB.

Beim BG-Glühen erfolgt nach einer kurzzeitigen Austenitisierung und einer raschen Zwischenkühlung auf eine isotherme Umwandlungstemperatur im Bereich der Perlitstufe die Perlitbildung. Der technologisch wichtigste Parameter ist die isotherme Haltetemperatur, weil sie die Gefügeausbildung maßgebend bestimmt. Sie wird auf die Temperatur der kürzesten isothermen Umwandlung in der Perlitstufe eingestellt (s. isothermes ZTU-Schaubild) und beträgt in der Regel etwa 640 bis 680 °C. Die im Vergleich zum klassischen Weichglühen verwirklichte größere Unterkühlung des Austenits sorgt dafür, dass das entstehende Umwandlungsgefüge nicht kuglig eingeformten Zementit, sondern lamellaren Perlit enthält, und einen größeren Perlitanteil aufweist als der gleichgewichtsmäßigen Umwandlung entspricht (*pseudoeutektoide Strukturen*). Dadurch verbessert sich die Eignung zum Spanen. Für das BG-Glühen werden in der Praxis auch andere Bezeichnungen, wie *Perlitisieren* oder *isothermisches Umwandeln in der Perlitstufe*, verwendet. Durch BG-Glühen erzeugte Gefüge werden manchmal als „*Schwarz-Weiß-Gefüge*" bezeichnet.

Zwischen dem GKZ- und dem eigentlichen Weichglühen bestehen, oberflächlich betrachtet, kaum Unterschiede. Aber das GKZ-Glühen zielt im Gegensatz zum Weichglühen nicht auf die Härte (s. Abschnitt 5.4.1.2), sondern auf ein tatsächlich vollständig eingeformtes ferritisch-carbidisches Gefüge ab. Es wird bei Stählen durchgeführt, die neben dem perlitischen Carbid vor allem Sekundärzementit oder legierte Carbide im Gefüge enthalten, die relativ schlecht einformbar sind. Insbesondere in Form von Korngrenzenausscheidungen vorliegender Sekundärzementit erschwert nicht nur die spanende Bearbeitung, sondern beispielsweise auch die Kaltmassivumformung durch Ziehen, Fließpressen, Stauchen und dergleichen. Die bloße Angabe eines Härtewerts charakterisiert nicht zuverlässig genug die Bearbeitbarkeit. Deshalb fordert man ein Gefüge mit restlos eingeformten Carbiden (GKZ = Glühen auf kuglige Carbide). Das Zeit-Temperatur-Regime des GKZ-Glühens ist dem des Weichglühens ähnlich, aber die restlose Einformung des Korngrenzenzementits übereutektoider Stähle erfordert Glühtemperaturen oberhalb A_1 bzw., falls ein Pendelglühen vorgesehen ist, höhere Spitzentemperaturen als beim normalen Weichglühen. Als Richtwerte für das GKZ-Glühen gelten folgende Anhaltswerte:

C-Gehalt [%]	Spitzentemperatur [°C]
< 0,9	< A_1
0,9	730
0,9 bis 1,2	750
1,2 bis 1,6	770

Das sich beim Glühen einstellende Gefüge ist vom Ausgangsgefügezustand abhängig. Deshalb wird das GKZ-Glühen bei untereutektoiden Stählen in die Varianten GKZ-N und GKZ-H unterteilt. GKZ-N bedeutet Glühen mit normalgeglühtem Ausgangszustand (s. Abschnitt 5.4.2.1), der neben Perlit noch voreutektoiden Ferrit enthält. Im geglühten Zustand liegt im Bereich der ehemaligen Perlitinseln kugliger Zementit in der Ferritmatrix vor, während der voreutektoide Ferrit kaum Veränderungen erfahren hat. Die Carbidverteilung ist also relativ ungleichmäßig. GKZ-H ist ein Glühen mit gehärtetem Ausgangsgefüge (Martensit), das zu einem Gefüge mit relativ gleichmäßiger Carbidverteilung führt.

5.4.3
Beanspruchungsgerechte Verfahren

Die Aufgabe beanspruchungsgerechter Verfahren der thermischen Behandlung von Stahl und Gusseisen besteht darin, ein Gefüge einzustellen, das ein solches Eigenschaftsniveau gewährleistet, das an jeder Stelle im Bauteil höher ist, als das Niveau der von außen aufgebrachten Beanspruchung. Die wichtigsten Verfahren dieser Gruppe sind das Vergüten (Abschreckhärten und Anlassen), das Bainitisieren, das normalisierende Umformen und das thermomechanische Umformen. Andere Verfahren, wie z. B. das Tempern, werden bei den entsprechenden Werkstoffgruppen im Abschnitt 5.5 mitbehandelt.

5.4.3.1 Vergüten und Bainitisieren
Mit dem Vergüten und dem Bainitisieren soll über den gesamten Bauteilquerschnitt die geforderte Festigkeit bei ausreichender Zähigkeit eingestellt werden. Die Zähigkeitsforderungen ergeben sich insbesondere aus der Notwendigkeit, die Dauerschwingfestigkeit zu gewährleisten. Zwischen Festigkeit und Zähigkeit muss stets ein annehmbarer Kompromiss gefunden werden. Diesbezüglich besteht zwischen dem Vergüten und dem Bainitisieren kein prinzipieller Unterschied, wohl aber in der Art und Weise, das gestellte Ziel zu erreichen. Das Vergüten schließt das Härten und Anlassen ein. Für das Bainitisieren und das Vergüten wurden früher andere, heute nicht mehr gebräuchliche Bezeichnungen verwendet (für Baininitisieren:

Zwischenstufenvergüten, für Vergüten: *Anlassvergüten*).

Die Festigkeitseigenschaften der Vergütungsstähle hängen in erster Linie vom *Vergütungszustand* ab, wobei von Stahlzusammensetzung zu Stahlzusammensetzung graduelle Unterschiede bestehen. Der Vergütungszustand wird außer durch die *Härtbarkeit* des Stahls von der *Bauteilgröße* (dem Vergütungsquerschnitt) und dem *Härtemittel* beeinflusst. Unter der *Härtbarkeit* versteht man die Fähigkeit des Stahls, durchgreifend eine hohe Härte (in der Regel durch Martensitbildung) anzunehmen. Sie schließt die Aufhärtbarkeit und die Einhärtbarkeit ein.

Mit Aufhärtbarkeit ist die Fähigkeit des Stahls gemeint, durch Abschreckhärten unter idealen Bedingungen die höchstmögliche Härte anzunehmen, wogegen unter Einhärtbarkeit die Eignung des Stahls verstanden wird, bis zu einem bestimmten Oberflächenabstand eine definierte Härte zu erreichen. Die Einhärtbarkeit wird durch die Einhärtungstiefe charakterisiert, d. h. den senkrechten Abstand von der Oberfläche bis zu der Schicht, die durch einen zu vereinbarenden Gefügezustand oder Härtewert gekennzeichnet ist.

Auf- und Einhärtbarkeit hängen wie die Härtbarkeit überhaupt von der chemischen Zusammensetzung des Stahls, aber auch von seiner metallurgischen Vorgeschichte ab. Sie kann mithilfe entsprechender Modelle vorhergesagt werden, ihre experimentelle Bestimmung hat aber nach wie vor Bedeutung. Dazu gibt es eine Reihe von Prüfversuchen. Die größte Bedeutung hat der *Stirnabschreckversuch* nach Jominy erlangt. Dieser Versuch schließt die Austenitisierung einer zylindrischen Stahlprobe mit den Standardabmessungen 100 mm Schaftlänge und 25 mm Durchmesser und eine nachfolgende Abkühlung von der Stirnfläche aus mit einem definierten Wasserstrahl ein. Die Versuchsbedingungen sind genormt. Der Vorteil dieses Versuchs besteht darin, dass mit einer einzigen Probe eine kontinuierliche Reihe unterschiedlicher Abkühlungsgeschwindigkeiten realisiert werden kann. Die Abkühlungsgeschwindigkeit ist an der unteren Stirnfläche, wo der Wasserstrahl direkt auftrifft, am höchsten und nimmt mit zunehmendem Abstand von der abgeschreckten Stirnfläche in Richtung der Zylinderachse kontinuierlich ab (Abb. 5.137). Dementsprechend sind Gefügeveränderungen eingetreten. An der abgeschreckten Stirnfläche findet man Martensit. Sein Anteil nimmt mit zunehmendem Abstand von der Stirnfläche zugunsten des Bainit- und

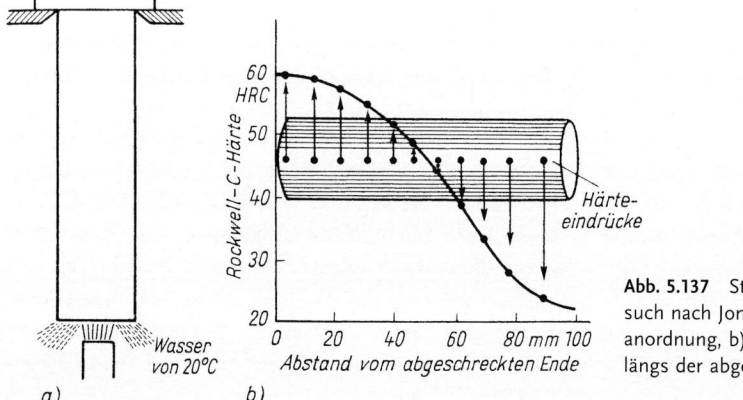

Abb. 5.137 Stirnabschreckversuch nach Jominy: a) Versuchsanordnung, b) Härteverlauf längs der abgeschreckten Probe

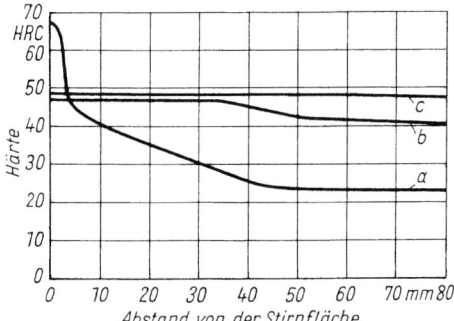

Abb. 5.138 Stirnabschreckkurven: a) unlegierter Stahl mit 1,0 % C, 800 °C; b) legierter Stahl mit 0,22 % C, 3 % Cr und 0,4 % Mo, 900 °C; c) legierter Stahl mit 0,22 % C, 17 % Cr und 2 % Ni, 1100 °C

Perlitanteils allmählich ab. Die geringsten Gefügeveränderungen gegenüber dem Ausgangsgefügezustand hat man in der Nähe des Einspannkopfs zu erwarten, weil dort die Abkühlungsgeschwindigkeit bzw. die Unterkühlung des Austenits am geringsten war.

Die Gefügeausbildung bewirkt Eigenschaftsänderungen. Die auf der angeschliffenen Schaftseite einfach zu messende Härte zeigt einen charakteristischen Verlauf (Abb. 5.137 b). Die Auswertung dieser Härtekurve liefert Aussagen zum Auf- und Einhärtbarkeitsverhalten des untersuchten Stahls. Die Härtbarkeit verändert sich vor allem mit der chemischen Zusammensetzung der Stähle (Abb. 5.138). Daraus ist abzuleiten, dass nicht jeder Stahl für das Vergüten und Bainitisieren geeignet ist.

Grundsätzlich geeignet zum Vergüten und Bainitisieren sind nur Stähle mit einer ($\gamma \rightarrow \alpha$)-Umwandlung. Sie sollten zur Sicherung einer nennenswerten Härteannahme (Aufhärtbarkeit) einen bestimmten Mindestgehalt an Kohlenstoff (nicht weniger als etwa 0,20 %) aufweisen. Die Kurven in Abb. 5.138 lassen erkennen, dass die Einhärtbarkeit durch Legierungselemente gefördert wird. Das Durchhärten größerer Querschnitte erfordert die Verwendung legierter Stähle. Da Legierungselemente Kosten verursachen, ist es ratsam zu prüfen, ob ein Kompromiss dahingehend eingegangen werden kann, auf Martensit in der Kernzone zu verzichten und dafür bainitisches Kerngefüge zuzulassen. In der Praxis ist ein solcher Kompromiss in der Regel möglich, wenn die Forderungen bezüglich Vergütungsfestigkeit, Zähigkeit und Dauerfestigkeit dem nicht zuwiderlaufen. Die Härtungstechnologie sieht vor, einen vorgegebenen *Härtungsgrad* bis zu einem bestimmten Abstand von der Oberfläche oder über den gesamten Querschnitt zu erreichen.

Unter dem Härtungsgrad H versteht man das Verhältnis der tatsächlich erreichten (HRC_{ist}) zur höchstmöglichen Härte (HRC_{max} bei 100 % Martensit):

$$H = \frac{HRC_{\text{ist}}}{HRC_{\text{max}}}$$

Der *Härtungsgrad* ist neben der chemischen Zusammensetzung, die die Härtbarkeit bestimmt, die wichtigste werkstoffbedingte Voraussetzung, günstige Vergütungseigenschaften zu erzielen. Je höher der Härtungsgrad ist, umso höher ist der Martensitanteil im Gefüge. Schon geringe Anteile anderer Gefügebestandteile, wie Ferrit, Perlit und Bainit, vermindern die Zähigkeit und die Dauerschwingfestigkeit. Er muss deshalb umso höher sein, je höher das Bauteil beansprucht wird. Für hochbeanspruchte Teile muss der Härtungsgrad > 0,9 sein. Zum Beispiel fordert man für hochbeanspruchte Automobilteile in einer Querschnittslage von $\frac{3}{4}$ des Radius einen Martensitanteil im Härtungsgefüge von $\geq 90 \%$. Für weniger kritische Bauteile kann auf eine martensitische Härtung über den gesamten Querschnitt verzichtet werden.

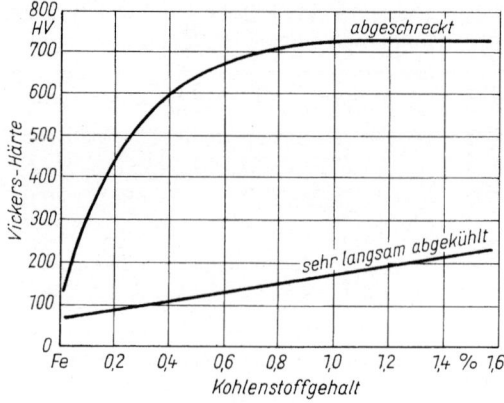

Abb. 5.139 Härte unlegierter Stähle nach sehr langsamer Abkühlung bzw. nach Abschrecken in Wasser

Die erreichte Aufhärtung hängt vom Kohlenstoffgehalt des Stahls ab. Bis zu einem Kohlenstoffgehalt von etwa 0,20 % ist der Martensit im abgeschreckten Zustand relativ weich und zäh (Abb. 5.139). Erst bei einem Gehalt von etwa 0,40 % C wird eine Härte von 600 HV erreicht. Oberhalb von 0,80 % C ist die Martensithärte nur noch wenig vom Kohlenstoffgehalt abhängig. Diese Zusammenhänge sind für technische Anwendungen äußerst wichtig.

In der Regel werden untereutektoide Stähle aus dem Austenitgebiet heraus abschreckgehärtet. Das Gefüge randnaher Zonen besteht danach vollständig aus feindispersem Martensit (Abb. 5.140). Übereutektoide Stähle hingegen werden aus dem Zweiphasengebiet γ + Carbid abgeschreckt. Das Abschreckgefüge enthält demzufolge neben Martensit noch nicht aufgelöste Carbide (Abb. 5.141). Da Carbid und Martensit annähernd die gleiche Härte haben, bewirken die anwesenden Carbidteilchen keine Härteminderung, sondern im Gegenteil unter Umständen eine gewollte Zunahme der Verschleißfestigkeit. Die Bruchfläche eines richtig gehärteten Stahls weist ein feinkörniges samtartiges Aussehen von grauer Farbe auf. Schreckt man von Temperaturen ab, die höher als die jeweiligen optimalen Austenitisierungstemperaturen sind, erhält man ein sprödes grobkristallines Martensitgefüge (Abb. 5.142). Gewöhnlich führt über-

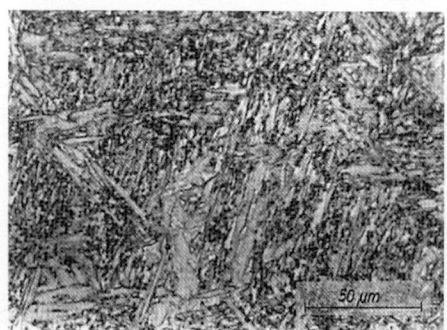

Abb. 5.140 Stahl mit 0,80 % C, richtig gehärtet von 780 °C in Wasser; feindisperser, strukturlos erscheinender Martensit

Abb. 5.141 Stahl mit 1,20 % C, weichgeglüht und gehärtet von 760 °C; Martensit und eingeformte Carbide

5.4 Thermische Verfahren der Gefügebeeinflussung

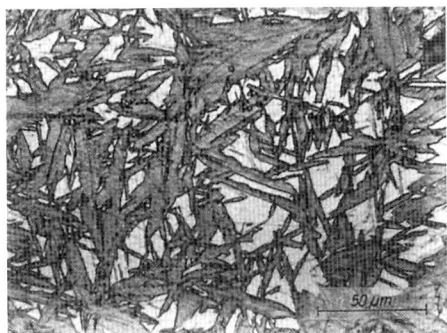

Abb. 5.142 Stahl mit 0,80 % C, überhitzt gehärtet von 1100 °C in Wasser; grobnadliger Martensit (dunkel) mit Restaustenit (hell)

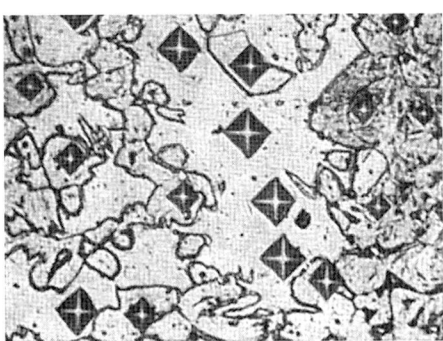

Abb. 5.144 Stahl mit 0,30 % C, gehärtet von 740 °C in Wasser; Ferrit und Martensit

hitztes Härten nicht nur zur Bildung von grobkristallinem Martensit, sondern ist auch mit einem höheren Restaustenitanteil im Härtungsgefüge verbunden, insbesondere bei Stählen mit höherem Kohlenstoffgehalt. Grobkristallines Martensitgefüge zeigt feinste Risse in den Martensitkristallen (Abb. 5.143), die zu Ausgangspunkten größerer Härterisse werden können.

Wenn der Stahl von einer zu niedrigen Austenitisierungstemperatur abgeschreckt wird, geht zu wenig gelöster Kohlenstoff in den Austenit bzw. Martensit und bei untereutektoiden Stählen kann neben Martensit noch weicher Ferrit auftreten (Abb. 5.144). Der härtere dunkel erscheinende Martensit ist von dem weicheren Ferrit deutlich zu unterscheiden, erkennbar auch an den unterschiedlich großen Mikrohärteeindrücken, die unter gleicher Belastung aufgebracht wurden.

Die Härtetemperatur, von der aus abgeschreckt wird, bestimmt wesentlich die Härte im abgeschreckten Zustand. Für einen Stahl mit 0,6 % C ist der Härteverlauf in Abhängigkeit von der Härtetemperatur nach dem Abschrecken in Wasser dargestellt (Abb. 5.145). Das Halten bei Temperaturen unterhalb der Temperatur A_1 führt

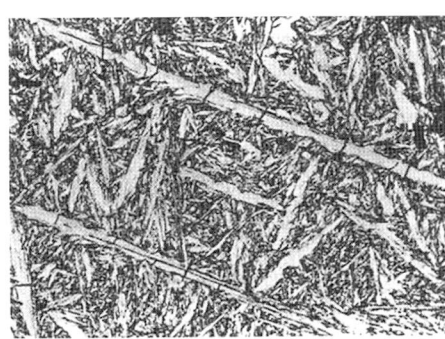

Abb. 5.143 Mikrorisse in groben Martensitnadeln

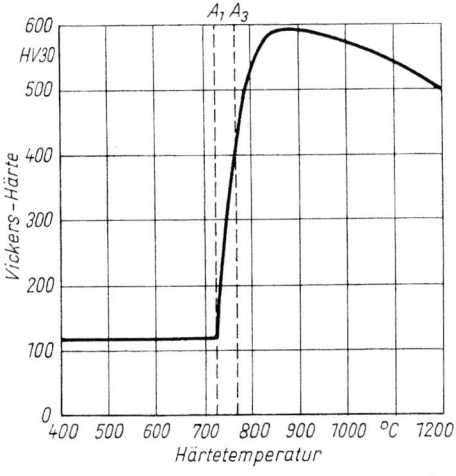

Abb. 5.145 Einfluss der Abschrecktemperatur auf die Härte eines Stahls mit 0,6 % C

nicht zu einer Härtung. Zwischen A_1 und A_3 steigt die Abschreckhärte etwa linear an, weil zunehmend Martensit im Härtungsgefüge auftritt. Das Härtemaximum wird unter den vorliegenden Bedingungen bei einer Härtetemperatur von etwa 850 °C erzielt, weil die Carbidauflösung dort ein ausreichendes Maß erreicht hat. Noch höhere Härtetemperaturen führen zu einem Härteabfall, da in zunehmendem Maße Restaustenit im Martensitgefüge verbleibt. So ähnlich wie in diesem Beispiel existiert für jeden härtbaren Stahl eine optimale Härtetemperatur, die man zur Erarbeitung der Härtetechnologie kennen muss. Wird mit beschleunigter Erwärmung gearbeitet, ist zu beachten, dass mit zunehmender Aufheizgeschwindigkeit die Umwandlungspunkte zu höheren Temperaturen verschoben werden (s. Abschnitt 5.3.1).

Da nur der im Austenit gelöste Kohlenstoff zur Abschreckhärtung beiträgt, nicht aber der als Carbid gebundene Kohlenstoff, muss die Haltedauer auf Härtetemperatur so bemessen sein, dass das Härtegut vollständig durchwärmt und eine genügende Menge Carbid im Austenit aufgelöst wird. Bei einem eutektoiden Stahl dauert die Carbidauflösung bei 740 °C etwa 5 h, bei 760 °C etwa 15 min, bei 780 °C 5 min und bei 820 °C 1 min, ohne dass aber der Kohlenstoff dann im Austenit gleichmäßig verteilt ist (inhomogener Austenit).

Die Abkühlung von der Härtetemperatur muss für eine vollständige Martensitbildung so schnell sein, dass die obere kritische Abkühlungsgeschwindigkeit überschritten wird. Die obere kritische Abkühlungsgeschwindigkeit ist vom Umwandlungsverhalten der Stähle abhängig. Stähle, die sehr umwandlungsfreudig sind (wie z. B. unlegierte Stähle), benötigen zur Härtung ein schroff wirkendes Kühlmittel. Extrem umwandlungsträge Stähle können dagegen schon beim Abkühlen in ruhender Luft gehärtet werden. Demzufolge kommen ganz unterschiedliche Stoffe als Kühlmittel in Frage. Die Kühlmittel können eingeteilt werden in Stoffe, deren Siedepunkt oberhalb oder unterhalb der Kühlguttemperatur liegt. Zur ersten Gruppe gehören flüssige Kühlmedien, zur zweiten die Gase. Besonders geeignet sind Gase mit einer guten Wärmeleitfähigkeit und einer geringen molaren Masse, wie z. B. Wasserstoff und Helium.

Beim Härten von Bauteilen mit größerem Querschnitt ist zu beachten, dass sich ein Temperaturgradient zwischen Rand und Kern einstellt. Das kann zur Folge haben, dass die obere und sogar auch die untere kritische Abkühlungsgeschwindigkeit in einem bestimmten Abstand von der Oberfläche nicht mehr erreicht werden. Dementsprechend wird auch die Gefügeausbildung über den Querschnitt unterschiedlich sein. Nur im Randbereich findet Martensitbildung statt. Weiter zum Werkstückinneren hin treten Bainit, Perlit und gegebenenfalls Ferrit auf. Entsprechend nehmen auch Härte und Festigkeit vom Rand zum Kern hin ab. Abb. 5.146 zeigt als Beispiel einen Querschliff durch eine von 800 °C in Wasser gehärtete Rundstange von 20 mm Durchmesser eines unlegierten Stahls mit 0,9 % C. Der hell erscheinende Rand besteht aus Martensit. Die Härte der Randzone beträgt 800 HV. Die Härte in der dunkel angeätzten Kernzone beträgt 350 HV. Abb. 5.147 zeigt das martensitische Randgefüge der Rundstange bei höherer Vergrößerung und Abb. 5.148 das perlitisch-bainitische Mischgefüge der Kernzone. Die Einhärtung wird durch die meisten Legierungselemente verbessert. Abb. 5.149 zeigt anhand von Stirnabschreckkurven, wie bei etwa gleichem Kohlenstoffgehalt ein zunehmender Chromgehalt die Einhärtung verbessert.

5.4 Thermische Verfahren der Gefügebeeinflussung | 629

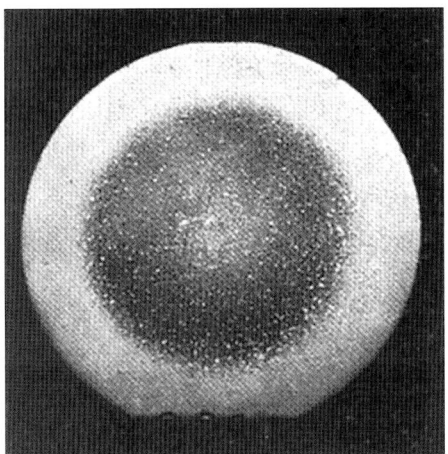

Abb. 5.146 Stahl mit 0,90 % C; Schliff durch eine gehärtete Rundstange von 20 mm Durchmesser, geätzt mit 5 %iger HNO₃

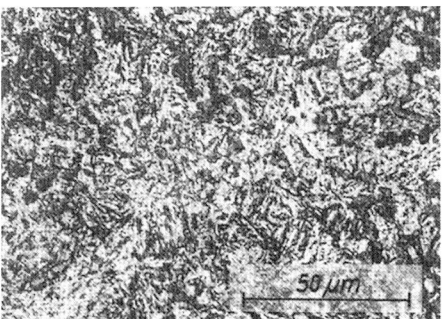

Abb. 5.147 Martensitisches Randgefüge der gehärteten Rundstange aus Abb. 5.150

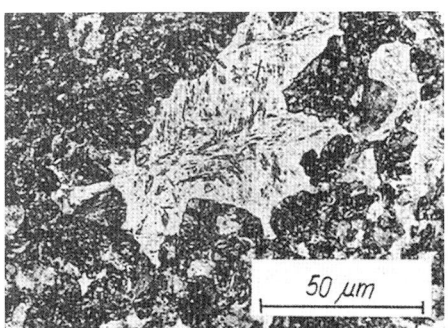

Abb. 5.148 Bainitisch-perlitisches Kerngefüge der gehärteten Rundstange aus Abb. 5.150

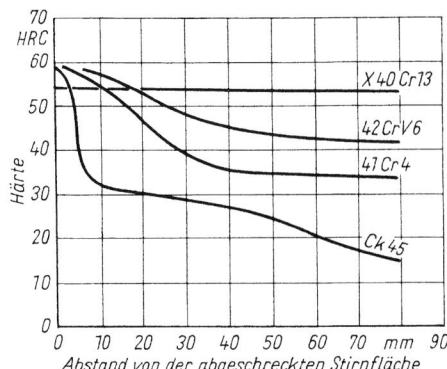

Abb. 5.149 Stirnabschreckkurven einiger Stähle mit etwa gleichem Kohlenstoffgehalt (0,40 % C)

Beim Härten treten in erheblichem Maß innere Spannungen auf, die zu bleibenden Formänderungen (*Härteverzug*) oder sogar zum Bruch (*Härterisse*) führen können. Für das Entstehen innerer Spannungen gibt es mehrere Ursachen. Eine Ursache ergibt sich aus der Phasenumwandlung. Abb. 5.150 zeigt als Beispiel die Dilatometerkurve eines Stahls mit 0,9 % C, der von 870 °C in Wasser abgeschreckt worden ist. Der Austenit wandelt beim Abkühlen beginnend bei M_s nach und nach in Martensit um. Da das kubisch flächenzentrierte γ-Gitter dichter mit Eisenatomen gepackt ist als

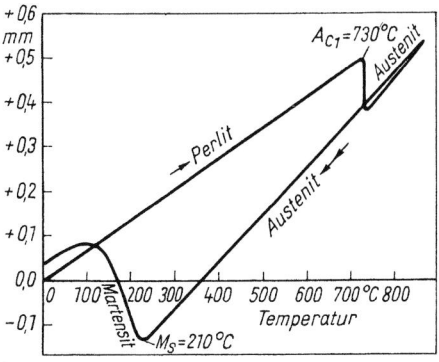

Abb. 5.150 Dilatometerkurve eines Stahls mit 0,90 % C; Aufheizgeschwindigkeit 2 K min⁻¹, Abkühlung in Wasser von 870 °C

das tetragonal verzerrte α-Gitter des Martensits, ist die Martensitbildung mit einer Volumenvergrößerung verbunden. Diese Volumenänderung findet bei so niedrigen Temperaturen statt, dass die damit verbundene Verspannung nicht durch plastisches Fließen abgebaut werden kann, sondern zu einer elastischen Verzerrung führt, die *Umwandlungsspannungen* erzeugt. Diese sind umso größer, je niedriger die M_s-Temperatur ist. Daneben ist mit *Kristallgitterspannungen* zu rechnen. Diese werden durch den im Martensit im Überschuss zwangsweise gelösten Kohlenstoff hervorgerufen. Da aber die Martensitkristalle in verschiedenen kristallografisch gleichwertigen Orientierungen vorkommen, heben diese Spannungen sich gegenseitig auf. Entstehen beim Härten nicht nur Martensit, sondern daneben auch andere Gefügearten mit anderem spezifischen Volumen und anderem thermischen Ausdehnungskoeffizienten, kommt es an den Grenzflächen zu *Gefügespannungen*.

Thermisch bedingte Eigenspannungen (z. B. Schrumpfspannungen) entstehen dadurch, dass der Werkstückrand schneller abkühlt als die Kernzone. Solange der Austenit noch nicht umwandelt, ist die temperaturabhängige Schrumpfung des Rands stärker als die der Kernzone. Am Rand bilden sich in dieser Phase Zugspannungen und in der Kernzone Druckspannungen. Die M_s-Temperatur wird am Rand zuerst erreicht. Damit setzt auch die Martensitbildung am Rand zuerst ein. Diese ist mit einer Volumendilatation verbunden. Der Rand baut infolgedessen zunächst die Zugspannungen ab und gerät nach und nach unter Druckspannungen, die jedoch dadurch begrenzt sind, dass der weiche Kern noch keine merklichen äquivalenten Zugspannungen aufnehmen kann. (Eigenspannungen müssen immer kleiner als die Fließspannung bleiben.) Wandelt dann der Kern um (Dilatation), entstehen in der martensitischen Außenzone hohe Zugspannungen, im durchgehärteten Werkstück steht bei Raumtemperatur der Rand also unter Zug und der Kern unter Druckeigenspannungen. Bei Werkstücken mit schroffen Querschnittsübergängen, Kanten und Ecken bilden sich an diesen Stellen Spannungsspitzen aus. Diese *Formspannungen* kommen dadurch zustande, dass an einer ebenen Fläche nur nach einer Richtung senkrecht zu dieser Fläche die Wärme abgeführt werden kann, an einer Kante jedoch nach zwei Richtungen und an einer Ecke sogar nach drei Richtungen. Die Abkühlungsgeschwindigkeit und mithin die Schrumpfung sind an Flächen, Kanten und Ecken unterschiedlich groß.

Umwandlungs-, Gefüge-, Schrumpf- und Formspannungen können sich je nach Größe und Vorzeichen gegenseitig örtlich verstärken oder schwächen. Die Spannungsverteilung in gehärteten Teilen ist demzufolge meistens sehr inhomogen. Unsymmetrische Spannungsverteilungen führen zum *Härteverzug*, der über das allgemeine Niveau der unvermeidbaren Maßänderungen beim Härten einfach geformter Teile hinausgeht. Übersteigen die inneren Spannungen die Kohäsionsfestigkeit des Gefüges, kommt es zur Bildung von Härterissen (Abb. 5.119 und 5.120). Gefügeinhomogenitäten, wie Carbidanhäufungen usw., führen zu einer zusätzlichen örtlichen Spannungserhöhung und begünstigen die Härterissbildung (Abb. 5.151). Der Härteriss verläuft innerhalb eines Carbidstreifens.

Wird beim Austenitisieren die Solidustemperatur überschritten, kommt es zu mehr oder weniger großen Anschmelzungen an Ecken, Kanten und Seitenflächen. Diese Anschmelzungen können der Ausgangspunkt von Härterissen sein. Abb.

5.4 Thermische Verfahren der Gefügebeeinflussung | 631

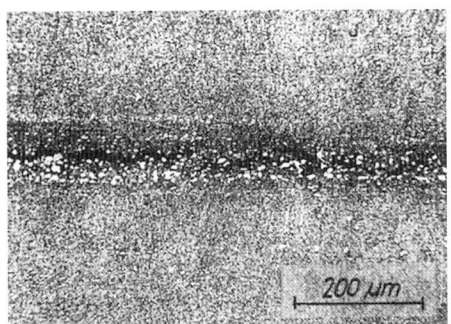

Abb. 5.151 Härteriss in einem gehärteten Werkzeug aus Schnellarbeitsstahl, der längs einer Carbidseigerung verläuft

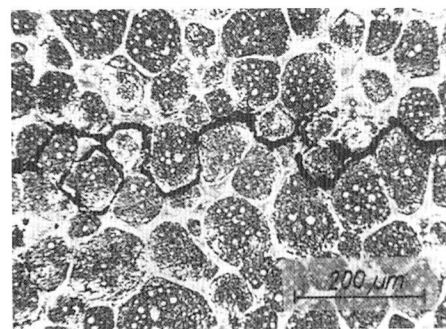

Abb. 5.153 Härterissverlauf durch das Ledeburiteutektikum in einem stark überhitzt gehärteten Schnellarbeitsstahl

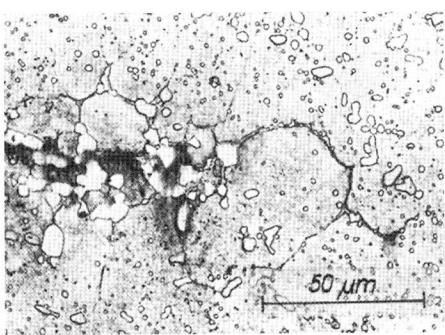

Abb. 5.152 Örtliche Anschmelzung als Ausgangspunkt für einen Härteriss in einem schwach überhitzt gehärteten Schnellarbeitsstahl

5.152 zeigt das Gefüge eines Schnellarbeitsstahls, der beim überhitzten Härten an Stellen mit Carbidseigerungen örtliche Anschmelzungen und damit Gefügeschädigungen erlitten hat. Von den Mikrolunkern der wiedererstarrten Schmelze ausgehend, hatten sich Härterisse gebildet. Abb. 5.153 zeigt das Gefüge eines noch stärker angeschmolzenen Schnellarbeitsstahls mit einem durch das Ledeburiteutektikum an den Korngrenzen der ehemaligen γ-Mischkristalle verlaufenden Härteriss.

Härterisse müssen nicht während oder unmittelbar nach dem Abschrecken entstehen. Manchmal treten sie erst Tage oder Wochen danach auf. Deshalb sollte dem Abschrecken möglichst unverzüglich ein Anlassen oder Entspannen folgen. Gehärteter Stahl ist sehr empfindlich gegenüber zusätzlichen Spannungen. Schweiß- oder Wärmespannungen, wie sie etwa beim schnellen Erhitzen oder beim Schleifen auftreten können, vermögen eine Rissbildung herbeizuführen (*Schleifrisse*). Beim Beizen gehärteter Stähle können *Beizrisse* durch eindiffundierten Wasserstoff verursacht werden. Wasserstoff ist auch die Ursache von *Wasserstoffflocken*, die vor allem bei größeren Querschnitten vorkommen können.

Das Anlassen ist ein wesentlicher Teilprozess des Vergütens. Es erfolgt bei Stählen mit einer ($\gamma \rightarrow \alpha$)-Umwandlung unterhalb A_{c1}. Durch das Anlassen wird die endgültige Einbaufestigkeit hergestellt, d.h. Aufgabe des Anlassens ist die Einstellung einer optimalen Kombination von Zähigkeits- und Festigkeitseigenschaften. Eine gewisse Festigkeitsverminderung wird dabei in Kauf genommen. Die Veränderung der mechanischen Eigenschaften beim Anlassen wird in Form von Anlass- bzw. Vergütungsschaubildern dargestellt. Beim Anlassen ist vor allem zu berücksichtigen, dass die Anlasstemperatur insbesondere nach einem Härten mit niedrigem Härtungsgrad nicht zu tief gewählt wird und dass Anlasstemperaturbereiche gemieden werden, bei denen eine *Anlassversprödung*, d.h. eine deutliche Verschiebung der Übergangstemperatur der Kerbschlagzähigkeit zu höheren Temperaturen hin, eintreten kann. Diese Erscheinung wirkt sich weniger auf die Härte und die Festigkeit als vielmehr auf die Zähigkeit aus. Sie äußert sich in einer deutlich reduzierten Kerbschlagzähigkeit bei Raumtemperatur und wird vermutlich durch Korngrenzenschädigungen angereicherter Fremdelemente verursacht. Insbesondere molybdänfreie chrom-, mangan- und chrom-nickellegierte Baustähle neigen zur Anlassversprödung, sofern die Abkühlung nach dem Anlassen sehr langsam erfolgt.

Beim Anlassen finden zwar keine Modifikationswechsel statt, wohl aber andere metallkundliche Vorgänge. Diese sollen anhand der Dilatometerkurve erläutert werden (Abb. 5.154). Der für diesen Versuch verwendete Stahl mit 1,3 % C war zuvor von 1150 °C in Wasser überhitzt gehärtet worden und ist anschließend mit einer Aufheizgeschwindigkeit von 2 K min^{-1} angelassen worden. Das Abschreckgefüge (Abb. 5.155) besteht aus groben Martensitnadeln und einem Restaustenitanteil von etwa

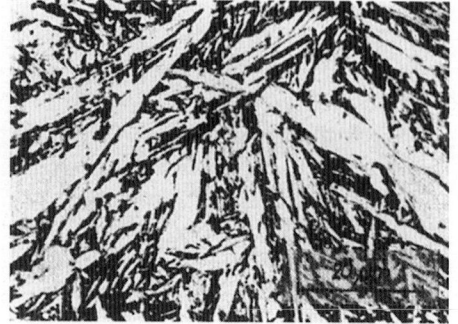

Abb. 5.155 Stahl mit 1,30 % C, 1150 °C/Wasser, grobdisperse Martensitkristalle (hell, tetragonal) und Restaustenit (dunkel)

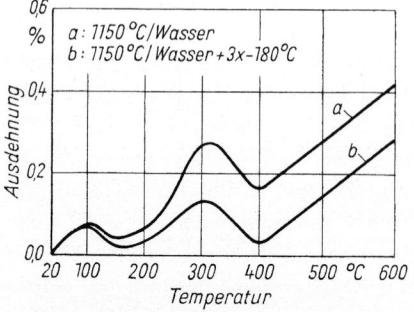

Abb. 5.154 Anlassdilatometerkurve eines von 1150 °C in Wasser abgeschreckten Stahls mit 1,30 % C; Aufheizgeschwindigkeit 2 K min^{-1}

50 %. Beim Wiedererwärmen dehnt sich der Stahl mit diesem Gefüge bis zu etwa 80 °C relativ gleichmäßig aus (Abb. 5.154). Zwischen 80 und 150 °C tritt eine deutliche Verkürzung der Probe ein. Diese wird dadurch hervorgerufen, dass die im Martensitgitter eingefrorenen Kohlenstoffatome eine größere Beweglichkeit erhalten und auf Zwischengitterplätze zu diffundieren. Die tetragonale Verzerrung des Gitters verringert sich stetig mit zunehmender Temperatur und Zeit. Schon bei etwa 100 °C kommt es zur Ausscheidung feinster Kristalle von ε-Carbid, was sich metallografisch in einem veränderten Anätzverhalten äußert (Abb. 5.156). Ab etwa 150 °C dehnt sich der Stahl mit zunehmender Temperatur bis etwa 290 °C wieder aus. Die normale thermische Ausdehnung wird durch die Ausdehnung durch zunehmenden Restaustenitzerfall verstärkt, der von einer Carbidausscheidung begleitet wird. Diese ($\gamma \rightarrow \alpha$)-Umwandlung ist mit einer Volumenvergrößerung verbunden, was in einer zusätzlichen Verlängerung der Dilatometerprobe erkennbar ist. Abb. 5.157 zeigt das Gefüge nach einstündigem Anlassen bei 200 °C. Der Martensit erscheint im Ätzbild dunkel infolge zahlreicher feinster Carbidausscheidungen. Der noch vorhan-

5.4 Thermische Verfahren der Gefügebeeinflussung

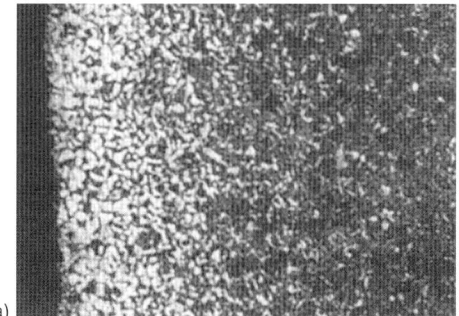

a)

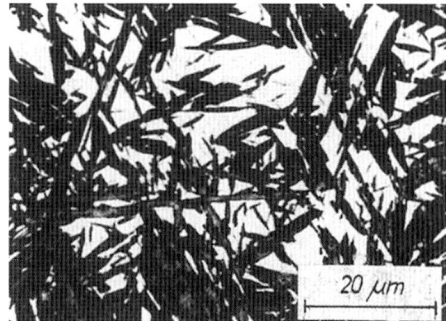

Abb. 5.157 Stahl mit 1,30 % C, 1150 °C/Wasser, 1 h 200 °C, Martensitkristalle (dunkel, kubisch) und Restaustenit (hell)

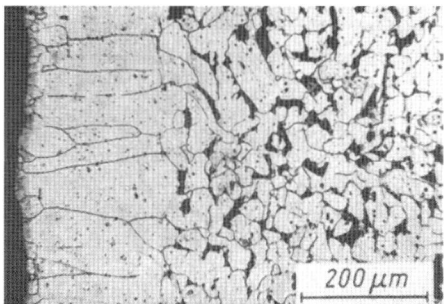

b)

Abb. 5.158 Stahl mit 1,30 % C, 1150 °C/Wasser, 1 h 300 °C, Martensitkristalle (dunkel, kubisch)

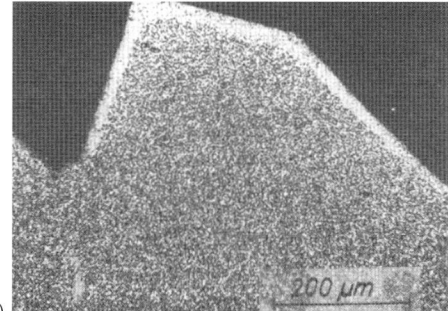

c)

Abb. 5.156 Stahl mit 1,30 % C, 1150 °C/Wasser, 1 h 100 °C, Martensitkristalle (dunkel, kubisch) und Restaustenit (hell)

dene Restaustenit erscheint hell. Die Anlasstemperatur von 200 °C war für einen vollständigen Umsatz des Restaustenits noch zu niedrig. Bei 300 °C ist der Restaustenit schließlich ganz verschwunden (Abb. 5.158), und das Gefüge besteht nur noch aus dunkel angeätzten, relativ carbidreichen Martensitkristallen. Zwischen 290 und 400 °C findet wiederum eine Kontraktion statt. Sie ist auf den Abbau der Kohlenstoffübersättigung im Martensitkristall über eine Carbidbildung und -ausscheidung zurückzuführen. Das ist mit einer weiteren Verringerung des Gitterparameters verbunden. Oberhalb von etwa 400 °C besteht das Anlassgefüge dann aus Ferrit mit eingelagerten feinsten Carbidteilchen. Mit weiter steigender Temperatur vergröbern sich die Carbidausscheidungen und werden mikroskopisch sichtbar. Dieser Koagulationsprozess wirkt sich aber auf die Dilatometerkurve nicht mehr aus. Die Nadelstruktur des aus dem Martensit entstandenen Ferrits bleibt auch bei den höchsten Anlasstemperaturen wegen der an der Martensitstruktur orientierten Carbidaus-

Abb. 5.159 Stahl mit 1,30 % C, 1150 °C/Wasser, 1 h 400 °C, ausgeschiedener Zementit im Martensit

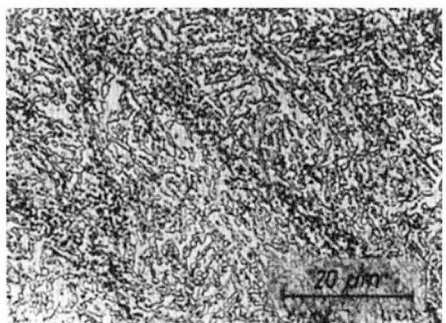

Abb. 5.160 Stahl mit 1,30 % C, 1150 °C/Wasser, 1 h 700 °C, Ferrit und globularer Zementit

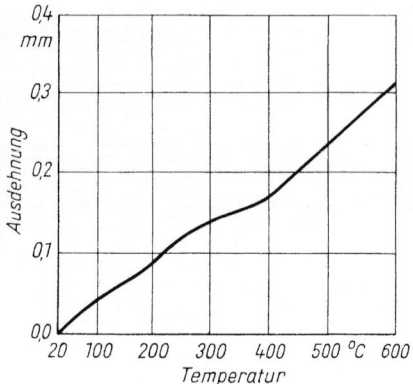

Abb. 5.161 Anlassdilatometerkurve eines von 900 °C in Wasser abgeschreckten Stahls mit 0,45 % C; Aufheizgeschwindigkeit 2 K min^{-1}

scheidung erhalten und wird erst durch Erwärmen auf Temperaturen oberhalb A_{c1} beseitigt. Abb. 5.159 zeigt das Gefüge des bei 400 °C angelassenen Stahls. Die Nadelform des Ferrits ist deutlich erkennbar. Nach dem Anlassen bei 700 °C (d. h. dicht unterhalb A_{c1}) ist die Carbidkoagulation schon weit fortgeschritten. Verschiedene nadelförmige martensitähnliche Kristalle sind aber noch vorhanden (Abb. 5.160). Parallel mit den geschilderten Gefügeveränderungen verändern sich die Eigenschaften, wie z. B. die Härte (Tab. 5.10). Die hier praktizierte Methode zum Nachweis von Anlassvorgängen anhand der Dilatometerkurve funktioniert bei Stählen mit hohem Kohlenstoffgehalt relativ gut. Weniger deutlich prägen sich Anlasseffekte in der Dilatometerkurve dagegen bei Stählen mit niedrigerem Kohlenstoffgehalt aus, weil die Tetragonalität des Martensits, der Anteil an Restaustenit und die Menge der ausgeschiedenen Carbide mit sinkendem Kohlenstoffgehalt abnehmen. Abb. 5.161 zeigt zum Vergleich die mit 2 K min^{-1} aufgenommene Dilatometerkurve eines von 900 °C in Wasser abgeschreckten Vergütungsstahls mit 0,45 % C. Es ist schwierig, die beim Anlassen ablaufenden Vorgänge am lichtmikroskopischen Gefügebild zu erkennen. Das zur Dilatometerkurve des Stahls mit 0,45 % C gehörende Gefüge des nichtangelassenen Zustands nach dem Abschrecken von 900 °C zeigt Abb. 5.162. Die Abb. 5.163 bis 5.167 zeigen Gefügeaufnahmen der

Tab. 5.10 Abhängigkeit der Härte (HRC) eines Stahls mit 1,3 % C von der Anlasstemperatur (in °C)

T_{Anl} [°C]	20	100	200	300	400	500	600	700
HRC	63	63	59	55	48	41	34	25

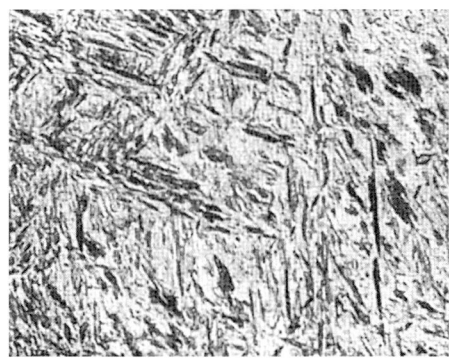

Abb. 5.162 Stahl mit 0,45 % C, 900 °C/Wasser, tetragonaler Martensit

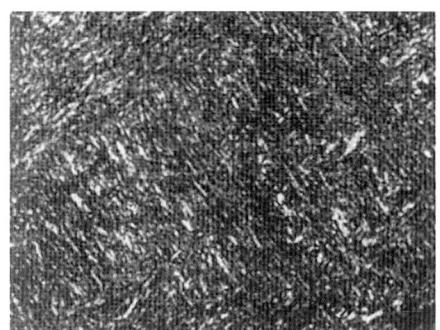

Abb. 5.164 Stahl mit 0,45 % C, 900 °C/Wasser, 1 h 400 °C; angelassener Martensit

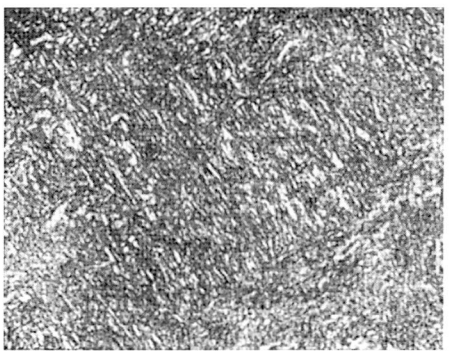

Abb. 5.163 Stahl mit 0,45 % C, 900 °C/Wasser, 1 h 300 °C; angelassener Martensit

bei 300 bis 700 °C angelassenen Zustände. Das Ätzbild wird in dieser Reihenfolge zunächst dunkler und später wieder heller. Die Nadelstruktur bleibt bis zur höchsten Anlasstemperatur erhalten.

Nicht nur die Härte ändert sich beim Anlassen, sondern auch die Festigkeitseigenschaften, wie das am Beispiel eines bei 850 °C in Wasser gehärteten Stahls mit 0,45 % C und 0,80 % Mn gezeigt werden kann (Tab. 5.11). Die beim Vergüten erreichten Festigkeitswerte liegen vergleichsweise höher als im gewalzten Zustand (s. Daten für den Stahl C60 in Tab. 5.12), weil die Austenitkorngröße vor dem Härten

Tab. 5.11 Einfluss der Anlasstemperatur auf die Eigenschaften eines Stahls mit 0,45 % C

Anlasstemperatur [°C]	300	400	500	600	700
Brinell-Härte [HB]	320	285	250	220	200
Zugfestigkeit [N mm^{-2}]	1050	1000	900	800	700
Streckgrenze [N mm^{-2}]	750	700	620	520	430
Dehnung [%]	10	15	20	25	30
Einschnürung [%]	30	40	50	55	60

Tab. 5.12 Vergleich der mechanischen Kennwerte eines Stahls mit 0,60 % C im gewalzten und vergüteten Zustand bei gleicher Zugfestigkeit

Behandlungszustand	R_m [N mm^{-2}]	R_e [N mm^{-2}]	A [%]	Z [%]
gewalzt	850	520	5	10
vergütet	850	620	15	40

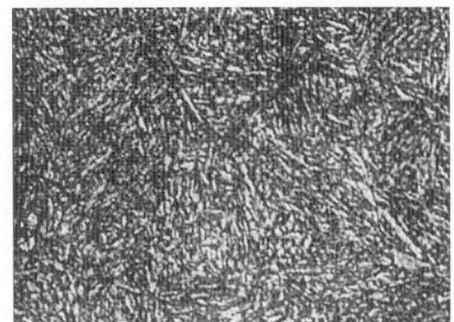

Abb. 5.165 Stahl mit 0,45 % C, 900 °C/Wasser, 1 h 500 °C; angelassener Martensit

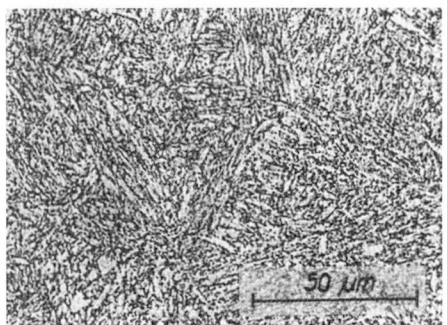

Abb. 5.166 Stahl mit 0,45 % C, 900 °C/Wasser, 1 h 600 °C; angelassener Martensit

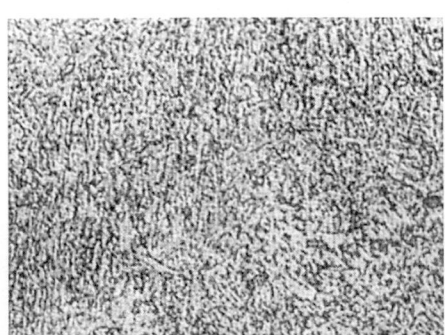

Abb. 5.167 Stahl mit 0,45 % C, 900 °C/Wasser, 1 h 700 °C; angelassener Martensit

Es kommt nicht selten vor, dass Teile beim Vergüten nicht bis in die Kernzone durchgehärtet werden können. Unlegierte Stähle zeigen ein solches Verhalten besonders deutlich. Sie werden deshalb machmal als „Schalenhärter" bezeichnet. Das makroskopische Bruchbild lässt solche Unterschiede deutlich erkennen (Abb. 5.168–5.170). Der martensitische Rand ist vom martensitisch-perlitischen Kern scharf ab-

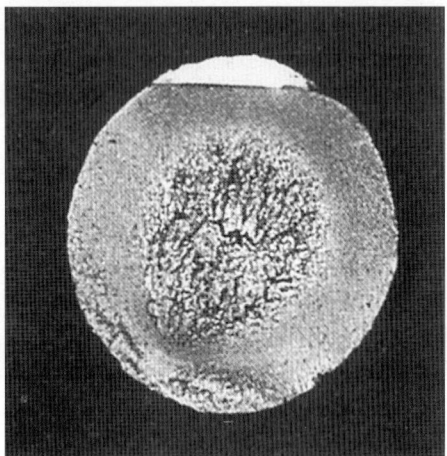

Abb. 5.168 Bruchaussehen eines Stahls mit 0,90 % C, 750 °C/Wasser, 1 h 200 °C

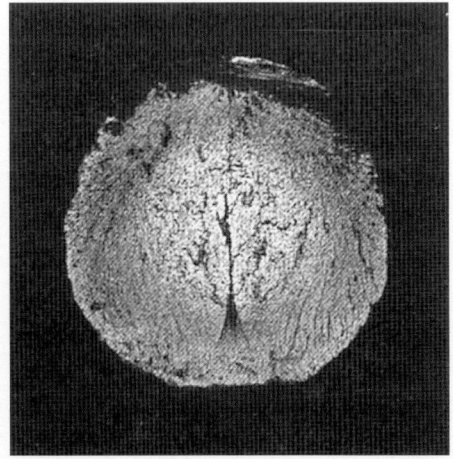

Abb. 5.169 Bruchaussehen eines Stahls mit 0,90 % C, 750 °C/Wasser, 1 h 300 °C

feiner ist und das Vergüten zu einer gleichmäßigen Verteilung der Gefügebestandteile beiträgt.

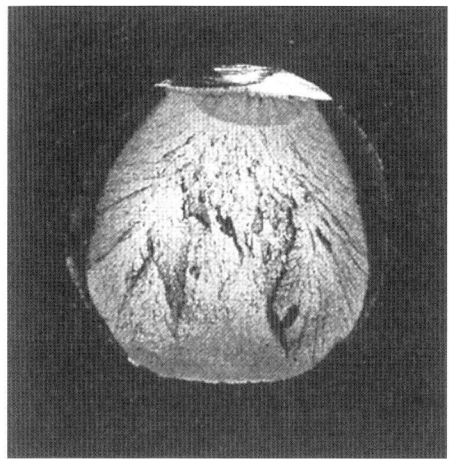

Abb. 5.170 Bruchaussehen eines Stahls mit 0,90 % C, 750 °C/Wasser, 1 h 400 °C

Abb. 5.171 Stahl mit 0,27 % C, 1,15 % Mn und 0,75 % Cr, 860 °C/Öl/1 h 650 °C/Öl; anlasszäh, geätzt mit 1 %iger HNO$_3$

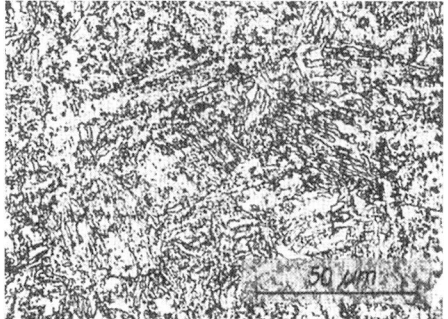

Abb. 5.172 Stahl mit 0,27 % C, 1,15 % Mn und 0,75 % Cr, 860 °C/Öl/1 h 650 °C/Ofen; anlassspröde, geätzt mit 1 %iger HNO$_3$

gegrenzt. Mit zunehmender Anlasstemperatur wandelt sich der Bruch in Richtung auf einen zähen Verformungsbruch über den gesamten Querschnitt und die ursprünglichen Unterschiede im Bruchaussehen werden zunehmend egalisiert. Rand- und Kernfestigkeit haben sich dadurch angenähert, dass der anlassbedingte Festigkeitsverlust im Rand größer ist als im Kern. Besteht jedoch die Forderung nach einer bestimmten Mindestkernfestigkeit, dann sollte die häufig akzeptierte Kompromisslösung wenigstens eine ferritfreie Umwandlung im Kern vorsehen.

Gelegentlich wird die Frage gestellt, kann man die Anlassversprödung metallografisch nachweisen? Wenn es richtig ist, dass an den Korngrenzen angereicherte Fremdatome bzw. ihre korngrenzenschädigende Wirkung die Ursache der Anlassversprödung sind, dann gelingt ein solcher Nachweis nur, wenn die Anreicherung gleichzeitig zu einem veränderten chemischen Ätzangriff führt. Die in der Metallografie häufig als Ätzmittel verwendete alkoholische Salpetersäure vermag auf solche Veränderungen nicht zu reagieren. Als Beleg sollen entsprechende Gefügeaufnahmen dienen. Die nächsten beiden Abbildungen zeigen Gefügeaufnahmen zweier verschiedener Anlasszustände des gleichen mangan-chromlegierten Stahls. Abb. 5.171 gibt das Gefüge des anlasszähen Zustands wieder, wie es nach dem Härten von 860 °C in Öl, einem einstündigen Anlassen bei 650 °C und nachfolgendem Abschrecken in Öl erhalten worden ist. Abb. 5.172 zeigt das Gefüge des anlassspröden Zustands. Der anlassspröde Zustand ist bei ansonsten gleicher Vorbehandlung durch eine langsame Abkühlung im Ofen von Anlasstemperatur eingestellt worden. Die

Kerbschlagzähigkeit des anlasszähen Zustands beträgt KC = 210 J cm^{-2}, die des anlasssspröden KC = 70 J cm^{-2}. Ein Unterschied in den gleich geätzten Gefügen ist nicht erkennbar. Andere Ätzmittel wie Kaliumpermanganat-Kaliumhydroxid-Lösung in Kombination mit Dunkelfeldbeleuchtung, Zepiranchlorid (Zephirol) sowie Xylol-Pikrinsäure-Lösung mit 10 % Ethanol sind zum Nachweis der Anlassversprödung schon erfolgreich verwendet worden. Die Xylol-Pikrinsäure-Lösung, bestehend aus 50 g fester Pikrinsäure in 500 cm^3 Xylol gelöst, der unmittelbar vor dem Ätzvorgang 50 cm^3 Ethanol zugefügt wird, liefert nach Ätzzeiten von 10 bis 60 min und einem ein- bis dreiminütigen Nachpolieren unterschiedliche Ätzbilder (Abb. 5.173 und 5.174). Das Gefüge des anlasssspröden Zustands zeigt ein ausgeprägtes dunkles Polygonnetzwerk, wohingegen im anlasszähen Zustand Kornflächen- bzw. Korngrenzenmarkierungen fehlen. Die Aufnahmen betreffen den gleichen Stahl und die gleichen Zustände, wie sie den Abb. 5.171 und 5.172 zugrunde liegen.

Die Anlassversprödung lässt sich durch ein nachfolgendes zweites Anlassen bei gleicher Temperatur auch dann nicht beseitigen, wenn nach dem zweiten Anlassen in Öl abgekühlt wird (Abb. 5.175). Das dunkle

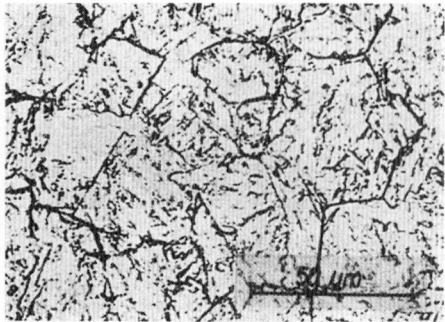

Abb. 5.174 Stahl mit 0,27 % C, 1,15 % Mn und 0,75 % Cr, 860 °C/Öl/1 h 650 °C/Ofen; anlassspröde, geätzt mit Xylol-Pikrinsäure

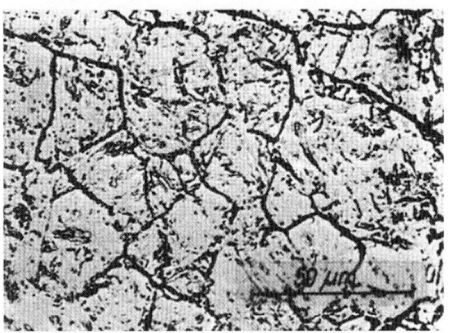

Abb. 5.175 Stahl mit 0,27 % C, 1,15 % Mn und 0,75 % Cr, 860 °C/Öl/1 h 650 °C/Ofen/1 h 650 °C/Öl; anlassspröde, geätzt mit Xylol-Pikrinsäure

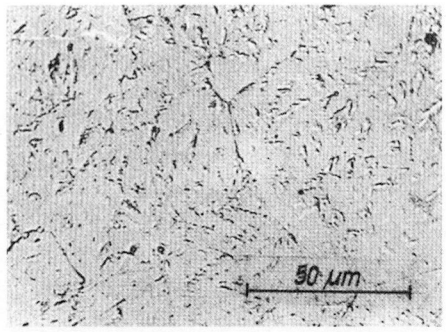

Abb. 5.173 Stahl mit 0,27 % C, 1,15 % Mn und 0,75 % Cr, 860 °C/Öl/1 h 650 °C/Öl; anlasszäh, geätzt mit Xylol-Pikrinsäure

Korngrenzennetzwerk im Ätzbild deutet auf Anlasssprödigkeit hin. Die Kerbschlagzähigkeit betrug nach dieser Wärmebehandlung K_V = 80 J cm^{-2} (anlasszäher Zustand des gleichen Stahls zum Vergleich: K_V = 210 J cm^{-2}). Stähle, die normalerweise zur Anlassversprödung neigen, verlieren an Sprödigkeit trotz langsamer Abkühlung von Anlasstemperatur, wenn extrem lange Anlasszeiten angewendet werden. Das Langzeitanlassen bewirkt offensichtlich eine Überführung der Fremdatomanreicherungen in weniger kritische Formen durch Ausscheidung und Koagulation. Abb. 5.176 zeigt das mit Xylol-Pikrinsäure angeätzte Anlassgefüge des den vorherigen Gefüge-

Abb. 5.176 Stahl mit 0,27 % C, 1,15 % Mn und 0,75 % Cr, 860 °C/Öl/40 h 650 °C/Ofen; anlasszäh, geätzt mit Xylol-Pikrinsäure

aufnahmen zugrunde liegenden Mangan-Chrom-Stahls, der von 860 °C gehärtet, 40 h bei 650 °C angelassen und anschließend im Ofen abgekühlt wurde. Obwohl zunächst davon auszugehen gewesen wäre, dass das dunkle Korngrenzennetz Anlasssprödigkeit signalisiert, beträgt die Kerbschlagzähigkeit nach dieser Behandlung doch $K_V = 180$ J cm^{-2}. Der Stahl ist also durchaus als anlasszäh zu bezeichnen, obwohl eine gewisse Anätzbarkeit der Korngrenzen noch gegeben ist. Daraus ist ableitbar, dass die verwendeten Ätzmittel keine spezifischen Nachweismittel für die Anlasssprödigkeit sind. Wenn die vorangegangene Härtung tatsächlich unter Vermeidung jeglicher Ferrit- und Perlitbildung stattgefunden hat, dann markiert das dunkle Korngrenzennetzwerk die Lage der ehemaligen Austenitkorngrenzen bzw. -flächen. Die ehemaligen Austenitkorngrenzen sind häufig genug chemisch schlecht anätzbar. Eine bewusste Einstellung anlasssproder Zustände kann die Sichtbarmachung der *ehemaligen Austenitkorngrenzen* durch chemisches Anätzen verbessern.

Ein wichtiger Vorteil des Bainitisierens besteht gegenüber dem Abschreckhärten darin, dass eine so große Verzugs- und Rissgefahr, wie sie in Verbindung mit der Martensitbildung gegeben ist, hier nicht droht. Allerdings ist die Durchführbarkeit des Bainitisierens an einige Voraussetzungen gebunden, die nicht immer gegeben sind, wodurch seine Anwendbarkeit eingeschränkt ist. Sie betreffen zum einen das Umwandlungsverhalten des zu behandelnden Stahls und zum anderen den Querschnitt des Bauteils. Das Bainitisieren besteht außer dem Austenitisieren aus einer beschleunigten Zwischenkühlung auf eine isotherme Umwandlungstemperatur im Bereich der Zwischenstufe, einem Halten bei dieser Temperatur zum Zwecke der Bainitbildung und einer anschließenden Abkühlung. Das bedeutet, der gesamte Zyklus setzt sich aus einem anisothermen und einem isothermen Teil zusammen. Für den anisothermen Teil ist das ZTU-Schaubild für kontinuierliche Abkühlung und für den isothermen Teil das ZTU-Schaubild für isothermische Umwandlung das jeweils geeignete Hilfsmittel zur Beschreibung der Umwandlungsvorgänge. Das Glühgut sollte nicht nur am Rand, sondern möglichst auch in der Kernzone bereits auf die isotherme Umwandlungstemperatur (auf die Temperatur des Zwischenkühlmediums) zwischengekühlt sein, bevor die Umwandlung des Austenits einsetzt. Die Haltetemperatur richtet sich nach der gewünschten Härte bzw. Festigkeit. Ist die erforderliche Haltedauer sehr lang, kann das Bainitisieren unwirtschaftlich werden.

Das Bainitisieren ist also kein Ersatz für das Abschreckhärten, sondern kann Vorteile bei nicht zu großen Querschnitten, wie z. B. bei Federn und Teilen aus dünnwandigem Gusseisen mit Kugelgrafit bringen. Die erzielbaren Festigkeits-/Zähigkeitseigenschaften entsprechen annähernd denen des niedrig angelassenen Martensits. Der Wegfall des Anlassens ist neben der reduzierten Härterissgefahr der wichtigste Vorteil des Bainitisierens. Gele-

Tab. 5.13 Festigkeitswerte eines Stahls mit 0,75 % C im vergüteten und bainitisierten Zustand (bei gleicher Härte)

Behandlungszustand	[HRC]	R_m [N mm^{-2}]	R_e [N mm^{-2}]	A [%]	Z [%]
vergütet	50	1720	850	0,5	1
bainitisiert	50	1950	1050	2	35

gentlich ergibt das Bainitisieren ein günstigeres Verhältnis von Zähigkeit zu Festigkeit als das Vergüten (Tab. 5.13). Die tabellierten Werte des bainitisierten Zustands wurden an zylindrischen Proben mit einem Durchmesser von 5 mm eines Stahls mit 0,75 % C erhalten, die von 800 °C in einem Metallbad auf 300 °C rasch zwischengekühlt worden sind. Die Umwandlung war bei 300 °C nach 15 min beendet. Die für Vergleichszwecke durchgeführte Vergütung auf gleiche Härte bestand in einer Härtung von 800 °C in Öl von 30 °C mit einem nachfolgenden halbstündigen Anlassen bei 320 °C.

5.4.3.2 Normalisierendes Umformen

Bei der Herstellung von Erzeugnissen aus Stahl nutzt man in zunehmendem Maße Warmumformungen, bei denen unter Berücksichtigung der entscheidenden metallkundlichen Vorgänge Temperatur und Umformung in ihrem zeitlichen Ablauf so gesteuert werden, dass die geforderten Werkstoffeigenschaften erreicht werden. Derartige Behandlungen werden im internationalen Schrifttum mit dem Ausdruck „controlled rolling" belegt. Im Interesse einer sauberen Sprachregelung haben sich die im Verein Deutscher Eisenhüttenleute zusammengeschlossenen deutschen Stahlhersteller auf die Begriffe normalisierendes Umformen und thermomechanisches Umformen geeinigt. Der Begriff „controlled rolling" bezieht beides mit ein, obwohl im Detail Unterschiede bestehen, auf die nachfolgend eingegangen werden soll, soweit sie Fragen der Gefügebildung berühren.

Das normalisierende Umformen schließt als wesentlichen Verfahrensschritt eine Endumformung in einem bestimmten Temperaturbereich ein. Sie hat die Aufgabe, einen gebrauchsfertigen Werkstoffzustand einzustellen, der dem nach einem Normalglühen (s. Abschnitt 5.4.2.1) gleichwertig ist und das eigentliche Normalglühen überflüssig macht. Darin besteht ein wichtiger Unterschied zu konventionellen Warmumformverfahren, bei denen allein die wirtschaftliche Formgebung im Vordergrund steht.

In ähnlicher Weise wie das eigentliche Normalglühen zielt auch das normalisierende Umformen auf die Einstellung eines gleichmäßigen feinkörnigen Gefüges ab. Die sich nach der Endumformung durch Rekristallisation einstellende Korngröße ist vom Umformgrad, von der Temperatur und der Zeit sowie vom Gefügezustand (ein- oder mehrphasig) abhängig. Im einphasigen Austenitgefüge findet die Rekristallisation sowohl während der Warmumformung (dynamische Rekristallisation) als auch nach der Warmumformung bzw. in den Umformpausen (statische Rekristallisation) statt. Die im Ergebnis der Rekristallisation entstehende Korngröße ist umso feiner, je höher der Umformgrad und je niedriger die Temperatur ist. Ausgeschiedene Phasen, wie Carbide, Nitride, Carbonitride u. a., können einen zusätzlichen Beitrag zur Kornfeinung leisten. Die optimale Endwalztemperatur beträgt für Baustähle etwa 850 bis 900 °C. Sie liegt damit etwa in dem Bereich der üblichen Normalglühtemperatur für schweißbare Baustähle. Bei der Abkühlung von Endwalztemperatur wandelt der feinkörnige Austenit in ein feindisperses ferritisch-perlitisches Gefüge um, wenn die Abkühlung im Umwandlungsgebiet genügend schnell erfolgt. Nachfolgende Wärmeeinwirkungen etwa bei der Weiterverarbeitung durch Schweißen, Warmrichten u. ä. verändern zwar dieses Gefüge, es kann aber durch erneutes Normalglühen wiederhergestellt werden. Der durch normalisierendes Umformen eingestellte Werkstoffzustand wird in den Normen mit dem Symbol N gekennzeichnet.

5.4.3.3 Thermomechanisches Umformen

Unter dem thermomechanischen Umformen versteht man ein Umformen mit gesteuerter Endumformung, die zu einem bestimmten Werkstoffzustand führt, der durch eine thermische Behandlung allein nicht eingestellt werden kann und der nicht wiederholbar ist. Darin besteht einer der wesentlichen Unterschiede zum normalisierenden Umformen. Ein weiterer Unterschied besteht im angestrebten Gefügezustand. Angestrebt wird eine weitgehende Unterdrückung der Austenitrekristallisation. Damit bildet ein unrekristallisierter Austenit den Ausgangszustand vor der $(\gamma \to \alpha)$-Umwandlung.

Hauptziel des thermomechanischen Umformens ist die Gewährleistung hoher Streckgrenzenwerte bei gleichzeitig ausreichenden Zähigkeitseigenschaften und guter Schweißeignung. Um allen Forderungen gerecht zu werden, muss einerseits der Kohlenstoffgehalt auf etwa 0,16 % nach oben begrenzt und andererseits das Mikrolegieren mit Nb, Ti, V und eventuell anderen Elementen in Verbindung mit einem Aluminiumgesamtgehalt von mindestens 0,015 % als alternative Verfestigungsmöglichkeit angewendet werden. Die Elemente Nb, Ti und V werden einzeln bzw. in Zweier- oder Dreierkombination angewendet, wobei die Summe der Gehalte von Nb, Ti und V einen Wert von 0,20 % nicht überschreiten sollte. Die Kombinationen und die Gehalte werden gezielt nach den Löslichkeitsprodukten der zu erwartenden Kohlenstoff- und Stickstoffverbindungen und nach ihren speziellen Wirkungen gewählt. Die Wirkung dieser *Mikrolegierungselemente* ist recht komplex und effektiv. In gelöster Form im Austenit wirken sie diffusionsbehindernd, verschieben die Temperatur A_{c3} nach unten und verzögern die dynamische und statische Austenitrekristallisation. In ausgeschiedener Form wirken sie wachstumshemmend auf das Austenitkorn, beeinflussen die Austenitrekristallisation und können auf den Ferrit ausscheidungshärtend wirken.

Die Technologie des thermomechanischen Umformens unterteilt man in drei Phasen bzw., wenn man das Vorwärmen einbezieht, in vier Phasen. Jede dieser Phasen ist in irgendeiner Weise für die spätere Gefügeausbildung mitbestimmend. Beim Vorwärmen sollte darauf geachtet werden, dass eine über das unvermeidbare Maß hinausgehende Austenitkornvergrößerung vermieden wird. In der Vorwalzphase, die mit Rücksicht auf eine genügend niedrige Formänderungsfestigkeit des Stahls bei etwa 1200 °C beginnt, wird das Walzgut stark rekristallisierend umgeformt, sodass die Austenitkornvergrößerung nicht überhand nimmt. In der Zwischenwalzphase kann es in Abhängigkeit von Temperatur und Löslichkeitsprodukt zur Ausscheidung von Verbindungen der Mikrolegierungselemente kommen, die rekristallisations- und kornwachstumsbeeinflussend wirken. Die Endwalzphase liegt bei Temperaturen um A_{r3} oder zwischen A_{r3} und A_{r1}. Die Rekristallisation wird nahezu vollständig unterbunden.

Die Endwalztemperatur und die Temperatur, bei der die ($\gamma \rightarrow \alpha$)-Umwandlung beginnt, erweisen sich als die Haupteinflussgrößen auf die 0,2%-Dehngrenze $R_{p0,2}$ mikrolegierter, hochfester, schweißbarer Baustähle. Die Verfestigung des Stahls steigt mit abnehmender Endwalztemperatur. Allerdings nimmt mit abnehmender Endwalztemperatur auch die Formänderungsfestigkeit des Stahls zu, weshalb die plastische Deformation bei tieferen Temperaturen erhöhte Walzkräfte erfordert. Die Temperatur, bei der die Umwandlung beginnt, ist außer von der chemischen Zusammensetzung des Stahls auch von der Abkühlungsgeschwindigkeit abhängig. Findet die Umwandlung hauptsächlich oberhalb etwa 650 bis 700 °C statt, wandelt der Austenit in ein polygonales ferritisch-perlitisches Gefüge um, unterhalb dieses Bereichs vornehmlich in feinen Nadelferrit bzw. bainitischen Ferrit, der zudem insbesondere bei vanadinmikrolegierten Stählen durch sehr feindisperse Ausscheidungen zusätzlich gehärtet sein kann.

Der durch thermomechanisches Umformen eingestellte Werkstoffzustand wird in den Normen mit dem Symbol TM gekennzeichnet. Dieser Lieferzustand kann Herstellungsverfahren, die eine erhöhte Abkühlungsgeschwindigkeit von Endwalztemperatur und ein Anlassen oder Selbstanlassen vorsehen, einschließen. Der so erzielte Werkstoffzustand ist stabil bei normaler Beanspruchungstemperatur. Ein nachträgliches Erwärmen auf Temperaturen oberhalb 580 °C kann aber zu erheblichen Veränderungen der Eigenschaften, insbesondere zu Einbußen an Festigkeit, führen. Deshalb ist ein nachträgliches Warmumformen, Warmrichten oder Glühen nicht möglich. Für das Spannungsarmglühen gelten besondere technologische Richtlinien. Schweißen ist möglich, wenn einerseits der Energieeintrag beim Schweißen so begrenzt wird, dass die Wärmeeinflusszone möglichst klein bleibt, und andererseits so abgekühlt wird, dass in der durch die Schweißwärme austenitisierten Wärmeeinflusszone der ursprünglich vorhandene Gefügezustand sich wenigstens annähernd wieder einstellen kann.

5.5
Technische Eisenlegierungen

Technische Eisenlegierungen bzw. Stähle sind Werkstoffe mit außerordentlich großer Variabilität der Eigenschaften. Das haben sie insbesondere dem Umstand zu verdanken, dass die meisten Legierungs- und Begleitelemente in mehr oder minder großem Umfang sowohl im α-Eisen, im γ-Eisen als auch im δ-Eisen löslich sind und somit vielfältige Beeinflussungsmöglichkeiten auf die Gefügeausbildung in Abhängigkeit von der thermischen Behandlung gegeben sind. In technisch relevanten Eisenlegierungen treten namentlich die gleichen Gefüge auf wie in reinen Eisen-Kohlenstoff-Legierungen. Im Detail sind sie jedoch häufig durch morphologische Besonderheiten gekennzeichnet. Unterschiede bestehen auch darin, dass die Mischkristalle und der Zementit einige Legierungselemente in fester Lösung aufnehmen und dass bestimmte Legierungselemente mit C, N, O, S und anderen Elementen Verbindungen bilden können. Außerdem wird die Löslichkeit der Eisenmodifikationen für Kohlenstoff und Stickstoff durch Legierungselemente in unterschiedlicher Weise verändert, wodurch sich die Gleichgewichtslinien und -temperaturen verschieben. Das Legieren kann zur Bildung von Phasen führen, die in reinen Eisen-Kohlenstoff-Legierungen unbekannt

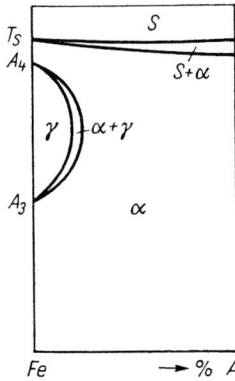

Abb. 5.177 Zustandsdiagramm mit eingeengtem γ-Gebiet (schematisch); A = Si, Cr, W, Mo, Ti, V, Al, P

sind, wie z. B. die intermetallischen Verbindungen (z. B. FeCr).

Elemente wie Si, Cr, W, Mo, Ti, V, Al und P verschieben die Temperatur A_3 des reinen Eisens nach oben und die Temperatur A_4 des reinen Eisens nach unten (Abb. 5.177). Die Folge ist, dass das Existenzgebiet des Austenits eingeengt wird. Bei einem bestimmten Legierungsgehalt fallen die A_3- und die A_4-Temperatur zusammen und das γ-Gebiet ist abgeschnürt. Legierungen mit Gehalten der betreffenden Elemente oberhalb dieser Grenze erstarren ferritisch und unterliegen keiner Umwandlung im festen Zustand. Es muss beachtet werden, dass der Kohlenstoff einen umgekehrten Einfluss auf A_3 und A_4 des reinen Eisens ausübt (Abb. 5.4). Je nach dem Kohlenstoffgehalt der Legierung kann in Bezug auf die Umwandlungstemperaturen eine bis zur vollständigen Kompensierung gehende Abschwächung der Wirkung obiger Legierungselemente eintreten. So sind z. B. binäre Eisen-Chrom-Legierungen ab etwa 15 % Cr ferritisch, während Gehalte von 0,25 % bzw. 0,40 % C die Chrom-Grenzkonzentration für Umwandlungsfreiheit auf 24 bzw. 29 % verlagern. Da bei solchen *ferritischen Stählen* die (α → γ)-Umwandlung fehlt, können einige thermische Behandlungen zur Gefügebeeinflussung nicht durchgeführt werden, wie die fertigungsgerechten werkstoffspezifischen Verfahren (*Normalglühen, BG-Glühen* (s. Abschnitt 5.5.7), *GKZ-Glühen* (s. Abschnitt 5.4.2.2) und die beanspruchungsgerechten thermischen Verfahren (Abschnitt 5.4.3), *Vergüten, Bainitisieren, normalisierendes* und das eigentliche *thermomechanische Umformen*. Eine Umkörnung ist durch plastische Deformation mit anschließender Rekristallisation denkbar, technisch jedoch nicht in jedem Falle möglich.

Elemente wie Mn, Ni, Co, N und andere verschieben ähnlich wie Kohlenstoff die A_3-Temperatur des reinen Eisens nach unten und die A_4-Temperatur nach oben (Abb. 5.178). Dadurch wird das Existenzgebiet des Austenits erweitert, das des α- und des δ-Eisens aber eingeengt. Die Verschiebung der A_3-Temperatur kann in Abhängigkeit vom Gehalt und der Art des Zusatzelements so weit gehen, dass das Gefüge von der Solidustemperatur bis zur Raumtemperatur und auch noch darunter austenitisch bleibt. Legierte Stähle, die ein solches Verhalten zeigen, heißen *austenitische Stähle*. Für sie gelten die gleichen Einschränkungen bezüglich der Gefügebeeinflussung durch eine thermische Behandlung wie für die ferritischen, umwand-

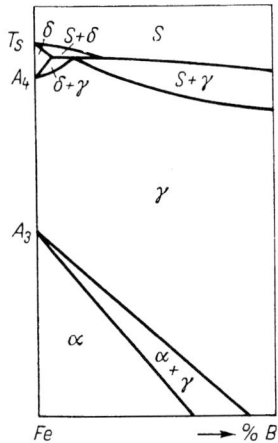

Abb. 5.178 Zustandsdiagramm mit offenem γ-Gebiet (schematisch); B = C, N, Mn, Ni

lungsfreien Stähle. Sind im Stahl Elemente der 1. und der 2. Gruppe gleichzeitig enthalten, dann wird das eine oder andere Verhalten überwiegen. Die Wirkungen der verschiedenen Elemente ergeben sich aber nicht einfach additiv, sondern die einzelnen Komponenten beeinflussen sich gegenseitig in ihrer Wirkung. So ist beispielsweise ein Stahl mit 0,1 % C und 8 % Ni ferritisch-perlitisch. Kommen aber noch 18 % Cr hinzu, so wird der Stahl austenitisch, obwohl ja Chrom allein ferritstabilisierend wirkt.

Von besonderer Bedeutung für Stähle sind Carbide und Nitride. Zu den carbidbildenden Elementen, deren Neigung zur Carbidbildung größer ist als die des Eisens, gehören Cr, W, Mo, V, Ti, Nb und andere. Die Neigung des Mangans zur Carbidbildung ist relativ schwach. Im Gefüge sind die Elemente auch nach dem Glühen nicht gleichmäßig verteilt. Carbidbildende Elemente sind vorwiegend in der Carbidphase zu finden, während solche Elemente wie Si, Ni, Co, Cu, Al und z. T. Mn vorwiegend in der Metallmatrix konzentriert sind. In Abhängigkeit vom Kohlenstoffgehalt ändert sich die Verteilung der Legierungselemente zwischen Matrix und Carbidphase. In carbidarmen Gefügen ist die Matrix legierungsreicher als in Gefügen mit höherem Carbidanteil. Auch durch Wärmebehandlung lässt sich die Verteilung der Legierungselemente zwischen Matrix und Carbidphase beeinflussen. Im Allgemeinen nimmt mit steigender Temperatur die Löslichkeit der Matrix für Kohlenstoff zu und Carbide werden zunehmend aufgelöst. Durch ein beschleunigtes Abkühlen von höherer Temperatur auf Raumtemperatur kann die legierungsreiche Matrix erhalten bleiben. Nachfolgendes Ausscheidungsglühen würde zur Carbidausscheidung führen und die Matrix wieder legierungsärmer machen.

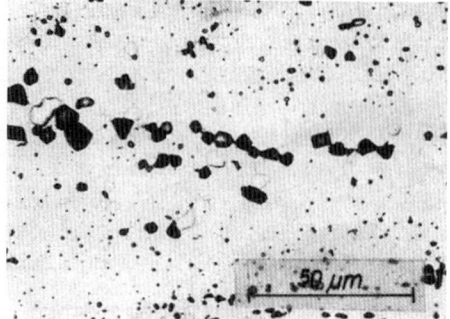

Abb. 5.179 Mit Cr, W und V legierter Stahl; Wolfram- und Chromcarbide (dunkel), Eisen- und Vanadincarbide (hell), geätzt mit alkalischer Ferricyanidlösung

Die metallografische Identifizierung einzelner Carbidphasen ist nicht einfach. Mit selektiv arbeitenden chemischen Ätzmitteln ist eine gewisse Identifizierung jedoch möglich. Abb. 5.179 zeigt das Gefüge eines Stahls mit höheren Gehalten an W, Cr und V, in dem durch Ätzen mit alkalischer Ferricyanidlösung nur die Wolfram- und Chromcarbide dunkel angeätzt sind, während das Eisen- und das Vanadincarbid nicht angegriffen worden sind.

Legierungselemente verringern die Löslichkeit des Kohlenstoffs im Austenit. Damit verbunden verschiebt sich auch die eutektoide Konzentration zu niedrigeren Kohlenstoffgehalten hin (Tab. 5.14). Die Tabelle enthält Werte der eutektoiden Zusammensetzung für jeweils eines der aufgeführten Legierungselemente von 2 bis 15 %. Zum Beispiel beträgt die eutektoide Zusammensetzung eines Stahl mit 10 % Cr gleich 0,40 % C. Ein Stahl mit 0,4 % C und 13 % Cr ist demnach bereits übereutektoid und sein Gefüge enthält neben Perlit noch Sekundärcarbid (Abb. 5.180). Die maximale Löslichkeit des Austenits für Kohlenstoff, die bei reinen Eisen-Kohlenstoff-Legierungen 2,06 % C beträgt, wird durch Legierungselemente ebenfalls verringert.

Tab. 5.14 Eutektoider Kohlenstoffgehalt legierter Stähle (Angaben in %)

Legierungselement [%]	2	4	6	10	15
Nickel	0,75	0,68	0,60	0,45	0,20
Mangan	0,65	0,53	0,45	0,32	0,25
Chrom	0,60	0,53	0,47	0,40	0,35
Silicium	0,55	0,45	0,37	0,30	–
Wolfram	0,34	0,20	0,20	0,27	–
Molybdän	0,23	0,17	0,21	–	–

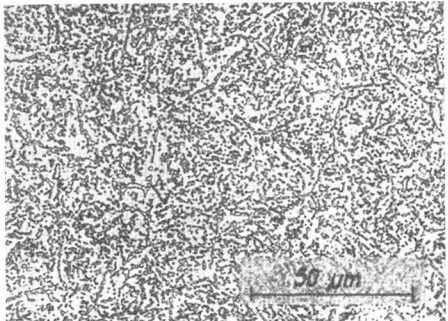

Abb. 5.180 Stahl mit 0,40 % C und 13 % Cr, weichgeglüht; hoher Anteil an Cr-Carbiden

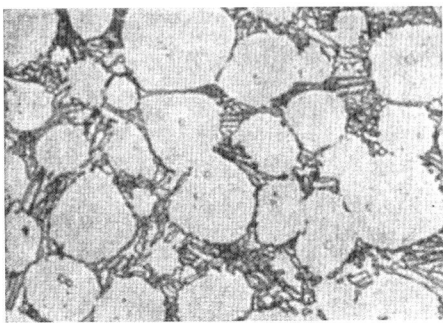

Abb. 5.181 Stahl mit 2 % C und 12 % Cr, gegossen; Ledeburitnetzwerk

Die Wirkung des Chroms kommt darin zum Ausdruck, dass das Gefüge eines Stahls mit 1 % C und 15 % Cr schon Ledeburit enthält. Der Ledeburit ist aber in diesem Fall ein ternäres Eutektikum, das bei seiner Kristallisation aus den drei Bestandteilen $\gamma + (Fe,Cr)_3C + (Cr,Fe)_7C_3$ besteht. Die γ-Mischkristalle wandeln bei langsamer Abkühlung zu Ferrit + Carbid um.

Stähle, die eutektische Gefügebestandteile enthalten, bezeichnet man als *ledeburitische Stähle*. Aufgrund ihres hohen Carbidanteils zeichnen sie sich durch einen hohen Verschleißwiderstand aus. Abb. 5.181 zeigt das Gefüge eines ledeburitischen Chromstahls mit 2 % C und 12 % Cr, der nach dem Gießen beschleunigt abgekühlt wurde. Die primären Austenitmischkristalle sind von einem Netzwerk des ternären Ledeburiteutektikums umgeben. Abb. 5.182 zeigt das Gefüge des glei-

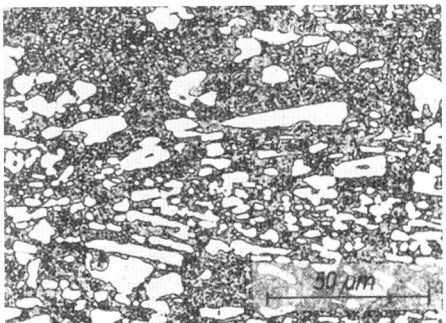

Abb. 5.182 Stahl mit 2 % C und 12 % Cr, geschmiedet; feine und grobe Carbide

chen Stahls, jedoch nach dem Schmieden und Weichglühen. Die groben Carbide sind aus dem Ledeburit entstanden, wogegen die feinen Carbide im Wesentlichen aus der Umwandlung der γ-Mischkristalle stammen.

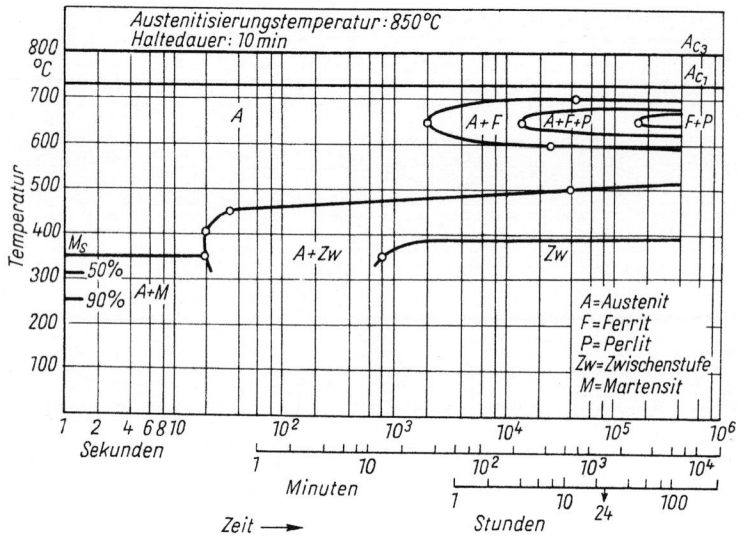

Abb. 5.183 Isothermes Zeit-Temperatur-Umwandlungsschaubild eines Stahls mit 0,30 % C, 2,50 % Ni, 1,00 % Cr und 0,40 % Mo

Ein weiterer Einfluss der Legierungselemente besteht in ihrer Wirkung auf die Diffusion des Kohlenstoffs im α- und γ-Eisen. Die meisten Elemente erschweren die Kohlenstoffdiffusion. Alle Phasenumwandlungen, die mit der Kohlenstoffdiffusion verbunden sind, verlaufen deshalb in legierten Stählen langsamer als in unlegierten. Damit wird in legierten Stählen der Weg für Umwandlungsvorgänge frei, die keine oder nur kurze Diffusionswege für Kohlenstoffatome erfordern. Das kann so weit führen, dass die Umwandlung des Austenits auch bei relativ langsamer Abkühlung nicht, wie bei unlegierten Stählen, bevorzugt in der Perlitstufe, sondern in der Bainit- oder gar Martensitstufe abläuft. Legierungselemente erhöhen die Stabilität des Austenits und erst stärkere Unterkühlungen können eine Umwandlung dieser Phase bewirken.

Eine weitere Besonderheit im Umwandlungsverhalten mehrfach legierter Stähle besteht darin, dass bei isothermer Umwandlung das Ferrit/Perlitgebiet völlig vom Zwischenstufengebiet abgetrennt sein kann (Abb. 5.183). Für das in der Abbildung dargestellte Beispiel gelten folgende Daten: 0,3 % C, 2,5 % Ni, 1 % Cr, 0,4 % Mo; $T_A = 850\,°C$, $A_{c1} = 730\,°C$, $M_s = 350\,°C$, bei 310 °C 50 % Martensit, bei 260 °C 90 % Martensit. Zwischen 700 und 590 °C liegt das Gebiet der Umwandlung A → F + P und zwischen 510 und 350 °C das Umwandlungsgebiet A → Zw. Zwischen 590 und 510 °C findet keine Umwandlung statt, weil der Austenit in diesem Temperaturgebiet beständig ist. Dieses Phänomen kann so erklärt werden, dass die Unterkühlung für die Ferrit/Perlitbildung bereits zu stark ist und für die Zwischenstufenbildung aber noch nicht ausreicht. Die Umwandlung in der Perlitstufe erfordert lange Haltezeiten. Eine vollständige Umwandlung findet in der Perlitstufe nur zwischen etwa 670 und 630 °C statt und eine vollständige Umwandlung in der Zwischenstufe nur zwischen etwa 390 und 350 °C. Auch bei kontinuierlicher Abkühlung des gleichen Stahls findet man

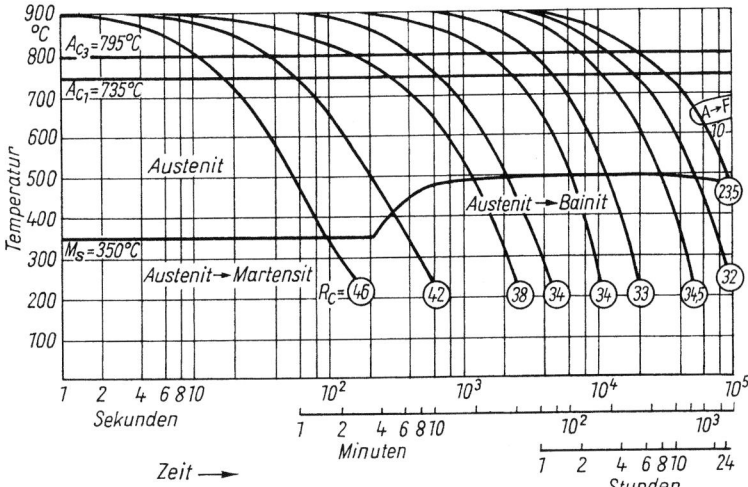

Abb. 5.184 Zeit-Temperatur-Umwandlungsschaubild für die kontinuierliche Abkühlung eines Stahls mit 0,30 % C, 2,50 % Ni, 1,00 % Cr und 0,40 % Mo

die stark verzögerte Ferrit/Perlitbildung bestätigt (Abb. 5.184). Bei der langsamsten eingezeichneten Abkühlung bilden sich lediglich 10 % Ferrit. Der restliche Austenit wandelt in Bainit um. Kleine an Luft abkühlende Querschnitte wandeln in der Martensitstufe um, größere in der Bainitstufe. Das ist für Bauteile mit größerem Querschnitt, wie z. B. große Schmiedestücke, von Bedeutung, die durch Vergüten auf eine höhere Festigkeit gebracht werden müssen. Die stark verzögerte Perlitbildung ermöglicht, größere Querschnitte zu härten, wobei wegen der auch im Kern erzielbaren Bainitbildung die Eigenschaftsunterschiede zwischen Rand und Kern dann nicht allzu groß sind.

Mit der Verzögerung der Perlitbildung steht die obere kritische Abkühlungsgeschwindigkeit im Zusammenhang (s. Abschnitt 5.3.2.3). Tabelle 5.15 enthält einige Anhaltswerte zum Einfluss von Mn, Cr und Ni auf die obere kritische Abkühlungsgeschwindigkeit. Man erkennt, dass die Legierungselemente die obere kritische Abkühlungsgeschwindigkeit absenken. Das

Tab. 5.15 Kritische Abkühlungsgeschwindigkeit legierter Stähle (nach „Werkstoffhandbuch Stahl und Eisen")

% C	Legierungselement	v_{krit} zwischen 800 und 700 °C Ks^{-1}
0,40	–	600
0,42	0,55 % Mn	550
0,40	1,60 % Mn	50
0,35	2,20 % Mn	8
0,42	1,12 % Ni	450
0,52	3,12 % Ni	180
0,40	4,80 % Ni	85
0,55	0,56 % Cr	400
0,48	1,11 % Cr	100
0,52	1,96 % Cr	22
0,38	2,64 % Cr	10

gilt aber nur unter der Voraussetzung, dass sie beim Austenitisieren in Lösung gegangen sind. Elemente, die in Form von Carbiden oder anderer Verbindungen ungelöst vorliegen, üben auf die kritische Abkühlungsgeschwindigkeit nur einen geringen Einfluss aus. Die Auflösung legierter Carbide erfordert höhere Temperaturen

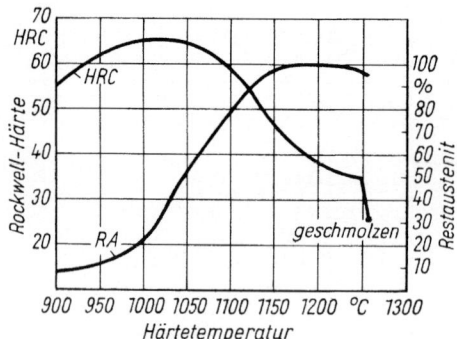

Abb. 5.185 Härte und Restaustenitanteil in Abhängigkeit von der Härtetemperatur, Stahl mit 2 % C und 12 % Cr

reihe dokumentiert (Abb. 5.186 bis 5.189). Nach dem Abschrecken von 1050 °C enthält das Gefüge zahlreiche, in die vorwiegend

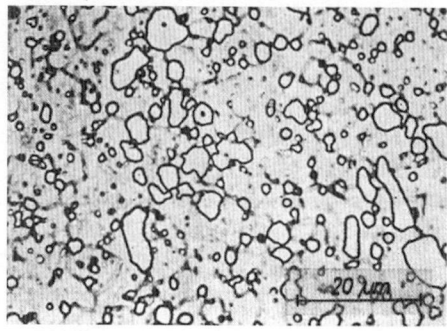

Abb. 5.186 Stahl mit 2 % C und 12 % Cr, 1050 °C/ Öl; Cr-Carbide in vorwiegend martensitischer Grundmasse, geätzt mit HNO_3

als die Auflösung von Zementit. Je höher die Austenitisierungstemperatur ist, umso mehr Carbide gehen in Lösung. Damit werden auch die M_s- und die M_f-Temperatur zu tieferen Temperaturen hin verschoben. Gleiche Temperatur des Abschreckmittels vorausgesetzt, bedeutet dies, dass mit steigender Austenitisierungs- bzw. Härtetemperatur immer weniger Martensit gebildet wird und der Restaustenitanteil im Gefüge zunimmt (Abb. 5.185), wenn die M_f-Temperatur unterhalb der des Abschreckmittels liegt. Nach dem Abschrecken von etwa 1000 °C wird die Höchsthärte von 65 HRC erzielt. Bei dieser Temperatur wird im Wesentlichen nur das Mischcarbid $(Fe,Cr)_3C$ gelöst. Mit steigender Härtetemperatur werden auch höherlegierte Carbide zunehmend gelöst, wodurch der Restaustenitanteil kontinuierlich ansteigt bis auf 100 %. Bei etwa 1200 °C wird kein Martensit mehr gebildet. Das Gefüge besteht nach dem Abschrecken von 1200 °C nur noch aus Austenit und eventuell noch vorhandenen Sondercarbiden. Dieser Zustand ist praktisch unmagnetisch und die Härte beträgt nur noch 35 HRC. Die dem Diagramm zugrunde liegenden Gefügeveränderungen werden durch die folgende Bild-

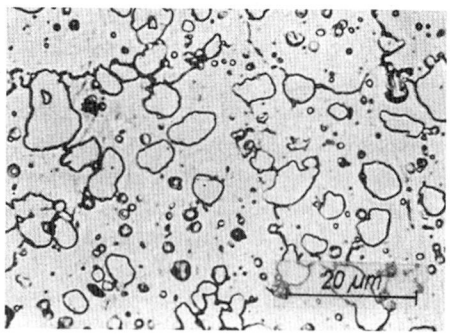

Abb. 5.187 Stahl mit 2 % C und 12 % Cr, 1150 °C/ Öl; Cr-Carbide in vorwiegend martensitischer Grundmasse, geätzt mit HNO_3

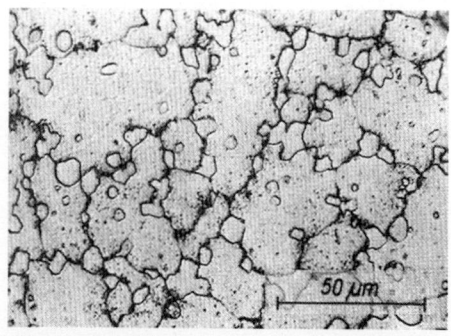

Abb. 5.188 Stahl mit 2 % C und 12 % Cr, 1250 °C/ Öl; Cr-Carbide in austenitischer Grundmasse, geätzt mit HNO_3

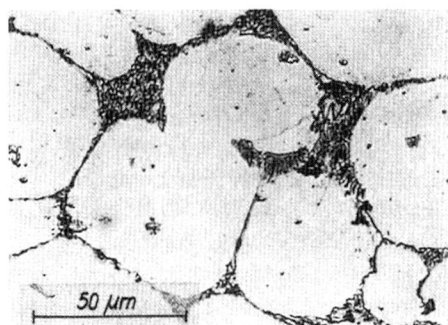

Abb. 5.189 Stahl mit 2 % C und 12 % Cr, 1270 °C/ Öl; Ledeburit an den Korngrenzen, geätzt mit HNO$_3$

martensitische Matrix eingebettete Chromcarbide (Fe,Cr)$_7$C$_3$.

Als Ätzmittel ist Salpetersäure verwendet worden. Dieses Ätzmittel greift aber die Matrix wegen des hohen Chromgehalts nicht mehr an, sodass die Martensitstruktur nicht entwickelt werden kann. Eine derartige Ätzung wird durchgeführt, wenn man die Carbidverteilung beurteilen will. Soll die Martensitstruktur entwickelt werden, empfiehlt sich eine Ätzung mit Königswasser in Glycerin. Das nach dem Abschrecken von 1150 °C gebildete Gefüge lässt eine verringerte Zahl von Carbiden erkennen (Abb. 5.187). Der von 1250 °C abgeschreckte Zustand besteht aus Austenit und einigen Carbiden. Die Austenitkorngrenzen sind erkennbar (Abb. 5.188). Erwärmen bis auf 1270 °C führt zum Aufschmelzen des Stahls, erkennbar am auftretenden Ledeburiteutektikum an den Korngrenzen und im Kornzwickelbereich (Abb. 5.189).

Die vorgestellten Gefügebeeinflussungen durch Legierungselemente gilt es in der Praxis möglichst gut zu beherrschen, damit die gewünschten Eigenschaften eingestellt werden können. Dabei sind jeweils kostengünstige Varianten gefragt. Für viele Zwecke genügen unlegierte Stähle, bei denen die Wirkung der Begleitelemente zur Gewährleistung geforderter Eigenschaften ausreicht. Aber auch bei unlegierten Stählen ist die Gefügebeschaffenheit von großer Bedeutung.

5.5.1
Schweißbare Baustähle

Schweißbare Baustähle sind hauptsächlich als Konstruktionswerkstoff gefragt. Bei ihnen stehen neben den Verarbeitungseigenschaften die mechanischen Eigenschaften im Vordergrund des Interesses, d. h. es handelt sich um Stähle, die insbesondere nach ihren Festigkeitseigenschaften bzw. nach ihrem Verhalten gegen mechanische Beanspruchung (statisch, dynamisch, schlagartig bei normaler, tiefer bzw. hoher Temperatur) bewertet werden. Das Spektrum der Eigenschaften, die von schweißbaren Baustählen gefordert werden, ist breit gefächert. Auch Verarbeitungs- und Gebrauchseigenschaften sind gefragt. Einige Anwendungsfälle sind zusätzlich auf die Gewährleistung spezieller physikalischer und chemischer Eigenschaften ausgerichtet.

Zur Kennzeichnung dieses Verhaltens gegen mechanische Beanspruchung benutzt man Kenngrößen und Kennwerte. Die Kennwerte sind im Allgemeinen von der Struktur und dem Gefügeaufbau des Stahls abhängig. Für schweißbare Baustähle sind hauptsächlich der Elastizitätsmodul und die Elastizitätsgrenze R_e interessant. Unter dem Elastizitätsmodul versteht man das Verhältnis von einachsiger Spannung zur zugehörigen elastischen Dehnung in der gleichen Beanspruchungsrichtung:

$$E = \frac{\sigma}{\varepsilon}$$

E Elastizitätsmodul in N mm^{-2}
σ Spannung in N mm^{-2}
ε elastische Dehnung

Der Elastizitätsmodul legt die Grenzbedingungen für die Stabilitätsfälle Knicken, Kippen und Beulen fest. Sein zahlenmäßiger Wert ist von den atomaren Bindungskräften abhängig. Aus diesem Grund ist er durch strukturelle oder chemische Fehlordnungen im Gitter nur sehr wenig beeinflussbar. Bei einer Temperaturerhöhung verringert sich sein Wert, d. h. der Stahl verliert mit steigender Temperatur an Steifigkeit. Das ist für die Standfestigkeit von Stahltragbauwerken im Brandfall von Bedeutung. Zur Verbesserung des Brandschutzes derartiger Bauwerke wird an der Entwicklung feuerresistenter Stähle gearbeitet.

Bei Raumtemperatur betragen die mittleren Werte des Elastizitätsmoduls für Stähle mit kubisch raumzentriertem Grundgitter $E = 200\,000$ bis $210\,000$ N mm^{-2} und für Stähle mit kubisch flächenzentriertem Grundgitter $E \sim 180\,000$ N mm^{-2}. Der Elastizitätsmodul ist anisotrop, d. h. kristallrichtungsabhängig und liegt für α-Fe im Bereich von $E = 135\,000$ N mm^{-2} in [1 0 0]-Richtung bis $290\,000$ N mm^{-2} in [1 1 1]-Richtung. Schlussfolgernd ergibt sich, dass eine entscheidende Erhöhung des Elastizitätsmoduls über eine Texturbildung möglich wäre.

Baustahl, der für Schweißkonstruktionen eingesetzt werden soll, muss eine für den Verwendungszweck ausreichend hohe Festigkeit und eine möglichst hohe Zähigkeit bei allen Temperaturen, denen der Stahl ausgesetzt ist, aufweisen. Das bedeutet, die Festigkeitseigenschaften sind nur ein Aspekt der Anforderungen, die an diese Stähle gestellt werden. Ergänzende Forderungen betreffen das Formänderungsvermögen und die Bruchsicherheit. Der zweckmäßige Werkstoffeinsatz verlangt eine Optimierung zwischen beanspruchungsgerechten Eigenschaften, Verarbeitungseigenschaften und Kosten.

Das Verhalten gegen mechanische Beanspruchung wird bei Baustählen durch die Streckgrenze als diejenige einachsige Grenzspannung charakterisiert, bei der die plastische Deformation beginnt. Der Beginn der plastischen Deformation ist mit der Einleitung der Versetzungsbewegung und -vervielfachung verbunden. Alle Maßnahmen, die die Versetzungsbewegung behindern, führen zur Festigkeitssteigerung. Möglichkeiten zur Behinderung der Versetzungsbewegung sind vorhandene Fremdatome, ausgeschiedene Teilchen, innere Grenz- oder Kornflächen und Versetzungen (Tab. 5.16). Nicht bei jedem Stahl können alle diese Möglichkeiten voll genutzt werden. Zum Beispiel beschränkt sich die Verfestigung durch gelöste Fremdatome bei unlegierten Stählen auf die Wirkung von Kohlenstoff und Begleitelementen.

Unlegierte Stähle sind von außerordentlich großer wirtschaftlicher Bedeutung. Aus der Gruppe schweißbarer Baustähle gehören zu ihnen die *allgemeinen Baustähle*. Der Begriff „allgemeine Baustähle" lässt sich nicht exakt definieren. Er ist aus der allgemeinen Bedeutung abgeleitet worden, die diese Stähle für ein breites Spektrum der stahlverarbeitenden Industrie und des Handwerks haben. Sie werden in großen Mengen im Hoch- und Tiefbau, im Brücken- und Wasserbau, im Behälterbau, im Apparatebau sowie im Maschinen- und Fahrzeugbau verwendet. Das hergestellte Sortiment umfasst nahezu alle Auslieferungsformen vom Formstahl, über Sonderprofile, Bänder und Bleche verschiedener Dicke bis zu Schmiedestücken. Allgemeine Baustähle unterliegen in Konstruktionen äußeren mechanischen Spannungen und dürfen keine unzulässigen elastischen und vor allem keine plastischen Formänderungen zeigen und müssen eine ausreichend hohe Sicherheit gegen spröden Bruch aufweisen.

Tab. 5.16 Festigungswirksame Mechanismen für mehrphasige Stähle (nach Hougardy)

Verfestigender Einfluss	Beziehung zur Fließspannung	Unter technischen Bedingungen max. erreichbar N mm^{-2}
Fremdatome	$\Delta\sigma_i \sim \dfrac{\Delta a}{\Delta c}$ a Gitterparameter c Konzentration	400
Teilchen	$\Delta\sigma_a \sim \dfrac{1}{l}$ l Abstand der Teilchen	3000
Versetzungen	$\Delta\sigma_v \sim \sqrt{\rho}$ ρ Versetzungsdichte	1500
Kornflächen	$\Delta\sigma_k \sim \sqrt{S_V}$ S_V spezifische Grenzfläche	200

Das Versagen einer Stahlkonstruktion kann auf verschiedene Bruchmechanismen zurückgehen. Normalerweise rechnet man damit, dass der Werkstoff bei mechanischer Überlastung sich so ähnlich verhält wie im statischen Zugversuch. Überlastungen über die Streck- bzw. Dehngrenze hinaus lässt die Konstruktion an bleibenden Verformungen erkennen. Steigt die Belastung weiter, kommt es zu weiterer gleichmäßiger Plastifizierung (vergleichbar mit der Gleichmaßdehnung im Zugversuch). Die Ursache der gleichmäßigen Plastifizierung besteht darin, dass die Verfestigung in einem jeweils eingeschnürten Gebiet so hoch ist, dass die plastische Deformation an die Nachbargebiete weitergegeben wird. Diese plastische Deformation ist mit einer Erhöhung der Versetzungsdichte verbunden und damit mit einer Verfestigung im gesamten, durch die gleiche Spannung beauflagten Gefügebereich. Mit weiter zunehmender Dehnung wird das Verformungsvermögen des Stahls allmählich ausgeschöpft. Schließlich tritt an der zufällig am stärksten plastisch deformierten Stelle im Material eine mechanische Instabilität auf. Diese Instabilität ist dadurch gegeben, dass das Verfestigungsvermögen des Stahls nicht mehr ausreicht und die weitere plastische Verformung nicht mehr auf Nachbarbereiche übergeben werden kann. Die Folge ist eine äußere Einschnürung dieses Querschnitts. Jede weitere Belastung führt zum Bruch (duktiler Bruch). Der duktile Bruch wird mit der beginnenden Einschnürung vorbereitet. Das geschieht durch die Ausbreitung bereits von Anfang an vorhandener oder durch plastische Deformation gebildeter Mikrorisse. Makroskopisch beschreiben die im Zugversuch ermittelte Zugfestigkeit sowie die Gleichmaß- und Einschnürdehnung das Versagen durch mechanische Instabilität bzw. Verformungsbruch. Typisches Merkmal der Bruchfläche eines duktilen Bruchs ist die sogenannte Faser- oder *Wabenstruktur* (Abb. 5.190). Sie wird durch Vertiefungen gebildet, die die Stellen erster Werkstofftrennung markieren. Die dazwischen liegenden Grate oder Stege sind zuletzt gerissen. In den Vertiefungen sind oft unver-

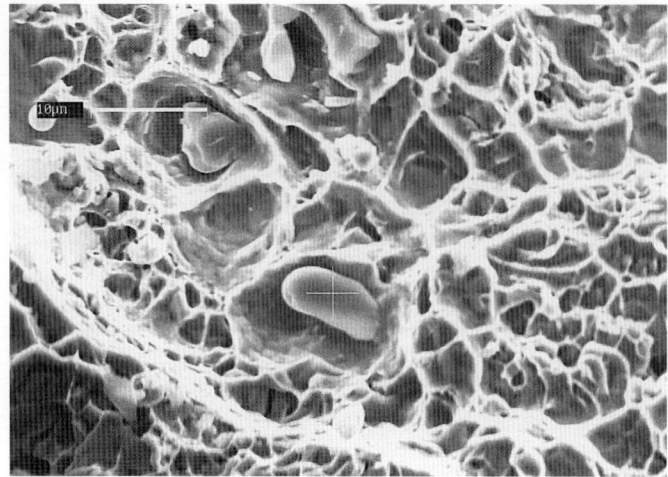

Abb. 5.190 Bruchfläche eines duktilen Bruchs (REM-Aufnahme)

formbare nichtmetallische Einschlüsse oder ausgeschiedene Teilchen zu erkennen. Deshalb nimmt man an, dass die Materialtrennung an den Grenzflächen Einschluss/Metall ihren Ausgang genommen hat und dass vorhandene Einschlüsse und Teilchen über diesen Mechanismus die Stahleigenschaften mitbestimmen.

In jedem Stahl befindet sich eine mehr oder weniger große Menge an nichtmetallischen Einschlüssen. Es ist unmöglich, völlig einschlussfreien Stahl herzustellen.

Abb. 5.191 Sulfideinschluss mit Silikateinschlüssen in einem gewalzten Stahlblech

Die metallografische Untersuchung nichtmetallischer Einschlüsse ist nicht einfach. Bewertet werden die Größe, die Form, die spezifische Anzahl, die Größenverteilung, die Reflexionsfarbe, die Härte, die räumliche Verteilung, die Verformbarkeit, die Zusammensetzung sowie der Grad von Vergesellschaftungen und andere Charakteristika. Qualitative und quantitative metallografische Einschlussuntersuchungen erfolgen in der Regel an sorgfältig diamantpolierten ungeätzten Schliffen. Einige einfache Einschlussarten können mithilfe einer Identifizierungsätzung bestimmt werden (Tab. 5.17). Sulfideinschlüsse sind meistens an ihrer blaugrauen Färbung und an ihrer im verformten Stahl gestreckten Form zu erkennen (Abb. 5.191). Nichtmetallische Einschlüsse wirken nicht nur beim duktilen Bruch mit, sondern fungieren auch als innere Kerben, die sich auf die Kerbschlagzähigkeit auswirken.

Neben dem duktilen Bruch kann aber auch der Sprödbruch zum Versagen einer Stahlkonstruktion führen. Beim Sprödbruch ist das Versagen des Stahls nicht mit einer vorherigen, makroskopisch erkennbaren plastischen Deformation verbunden, sondern der Bruch zeigt interkristalline und/oder transkristalline (Spalt-

Tab. 5.17 Identifizierungsätzung von nichtmetallischen Einschlüssen in Eisen und Stahl (nach Campbell und Comstock, modifiziert)

Sorgfältig polierten Schliff mit weißem Licht ohne Farbfilter mikroskopisch untersuchen

A. braune, gelbe, rote oder purpurne Einschlüsse

Befund	Maßnahme
	10 min ätzen mit starker, kochender Kalilauge
angegriffen: **Eisensulfid**	
wenn nicht angegriffen:	
– leicht zu polierende, purpurgraue Einschlüsse: **Chromoxid**	
– rosa Einschlüsse von eckiger Form, schwierig ohne Löcher zu polieren: **Titancarbonitrid**	
– gelbe Kristalle kubischer Form: **Zirkonnitrid**	

B. graue oder schwarze Einschlüsse

Befund		Maßnahme
		a) 10 s ätzen mit 10%iger alkoholischer HNO_3
angegriffen: **Kalk** wenn nicht angegriffen:	→	b) 5 min ätzen mit 10%iger wässriger Chromsäure
angegriffen: **Mangansulfid** wenn nicht angegriffen:	→	c) 5 min ätzen mit kochender alkalischer Na-Pikratlösung
angegriffen: **Manganoxid** wenn nicht angegriffen:	→	d) 10 min ätzen mit starker kochender KOH
angegriffen: **Mangansilicat** wenn nicht angegriffen:	→	e) 10 min ätzen mit gesättigter alkoholischer Zinnchloridlösung
angegriffen: **Eisenoxid** wenn nicht angegriffen:	→	f) 10 min ätzen mit 20%iger Flusssäurelösung
angegriffen: **Eisensilicat** wenn nicht angegriffen:	→	g) neu abpolieren, Farbe und Form untersuchen
feine Teilchen von dunkler Farbe, schwierig ohne Löcher zu polieren, im verformten Stahl nicht gestreckt: **Tonerde** wenn Farbe nicht sehr dunkel:	→	h) Teilchen, leicht ohne Löcher glatt zu polieren:
grobe und kantige Teilchen mit glänzenden Stellen: **Sandkörner** (im Stahlguss)		
kleine kantige Teilchen von bläulicher Farbe: wahrscheinlich **Titanoxid** (in Ti-haltigen Stählen)		

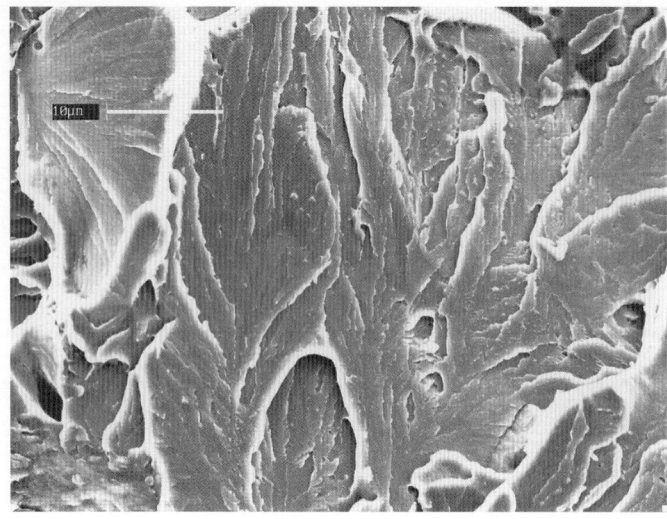

Abb. 5.192 Bruchfläche eines spröden Bruchs (REM-Aufnahme)

bruch) Flächenanteile (Abb. 5.192). Diese Form des Werkstoffversagens ist besonders tückisch, weil äußere Anzeichen auf ein nahendes Werkstoffversagen fehlen. Sie hat deshalb in der Geschichte der Stahlanwendung in Verbindung mit Schadensfällen an Schweißkonstruktionen schon für großes Aufsehen gesorgt. Die Auswertung dieser Schadensfälle hat dazu beigetragen, die Gewährleistung der geforderten Eigenschaften zu überdenken.

Das Gefüge der allgemeinen Baustähle besteht im Verwendungszustand aus voreutektoidem Ferrit und Perlit. Die Festigkeit ist vom Kohlenstoffgehalt abhängig. Ein steigender Kohlenstoffgehalt führt im Fall walzharter oder normalgeglühter Auslieferungszustände zu einer zunehmenden Streckgrenze. Das steht mit dem zunehmenden Perlitanteil im Zusammenhang, da nach Pickering gilt:

$$R_{p0,2} = \sqrt[3]{v_F} \cdot R_{p0,2;F} + (1 - \sqrt[3]{v_F}) \cdot R_{p0,2;P}$$

$R_{p0,2}$ 0,2 %-Dehngrenze
$v_F = 1 - v_P$ Ferritanteil im Gefüge
v_P Perlitanteil im Gefüge
$R_{p0,2;F}$ 0,2 %-Dehngrenze des voreutektoiden Ferrits
$R_{p0,2;P}$ 0,2 %-Dehngrenze des Perlits

Die Formel besagt, dass der Perlitanteil zunächst relativ gering, dann aber zunehmend stärker zur Verfestigung beiträgt (Abb. 5.193). In dem Gefüge Ferrit + Perlit ist also sowohl die Dehngrenze des reinen Ferrits als auch die des reinen Perlits von

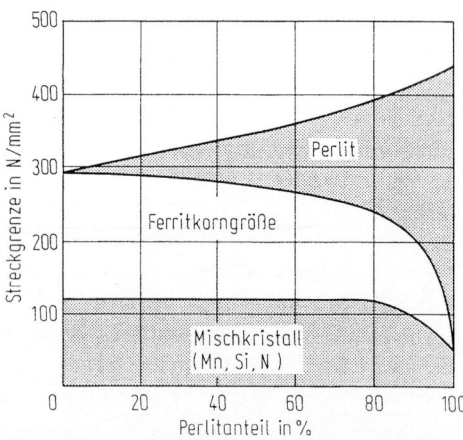

Abb. 5.193 Festigkeitsbeiträge zur Streckgrenze ferritisch-perlitischer Stähle (aus „Werkstoffkunde Stahl", Bd. 1, 1984)

Bedeutung. Möglichkeiten zur Festigkeitssteigerung des Ferrits bestehen in einer Behinderung der Versetzungsbewegung durch vorhandene Versetzungen, Korn- und Subkorngrenzen, Fremdatome im Mischkristall und feinverteilte sekundäre Phasen (s. auch Tab. 5.16). Bei allgemeinen Baustählen ist die Verfestigung des Ferrits durch ausgeschiedene Teilchen vernachlässigbar. Zur Verfestigung tragen die im Ferrit gelösten Begleitelemente Mn, Si und N bei. Von Bedeutung ist ferner die Ferritkorngröße. Für die Festigkeit des lamellaren Perlits, für den eine gerichtete Anordnung der beiden Gefügebestandteile perlitischer Ferrit und perlitischer Zementit typisch ist, ist in erster Näherung die freie Weglänge der Versetzungen in dem weicheren Gefügebestandteil (perlitischer Ferrit) maßgebend. Diese wird durch die Breite der Ferritlamellen bestimmt. Je kleiner der Lamellenabstand ist, desto größer ist die 0,2 %-Dehngrenze des Perlits. Der Lamellenabstand verändert sich proportional mit der Bildungstemperatur des Perlits bzw. er verringert sich mit zunehmender Abkühlungsgeschwindigkeit.

Für den Sprödbruch sind bei allgemeinen Baustählen neben *werkstoffbedingten* auch *beanspruchungsbedingte* Faktoren maßgebend. Die beanspruchungsbedingten Faktoren müssen vom Prüfverfahren berücksichtigt werden. Man begnügt sich bei allgemeinen Baustählen mit einer Relativbewertung der Sprödbruchneigung mit dem Kerbschlagbiegeversuch. Als Maß für die Sprödbruchsicherheit wird die sogenannte *Übergangstemperatur* definiert. Die Ermittlung dieser Übergangstemperatur erfolgt bei einem Sprödbruchanteil von 50 % oder bei einem Festwert der Schlagenergie von z. B. 27 J. Bei allgemeinen Baustählen werden in der Mehrzahl der Fälle nur Forderungen bezüglich eines Mindestwerts der Kerbschlagzähigkeit bei +20 °C gestellt.

Nicht nur auf die Festigkeit, sondern auch auf die Übergangstemperatur übt das Gefüge einen erheblichen Einfluss aus. Im Einzelnen sind auch hier die Gefügeparameter Ferritkorngröße und Perlitlamellenabstand zu beachten.

Eine weitere Grundeigenschaft schweißbarer Baustähle ist die Schweißeignung. Sie ist gegeben, wenn bei der Fertigung aufgrund der werkstoffgegebenen Eigenschaften eine den jeweils gestellten Anforderungen entsprechende rissfreie Schweißverbindung ohne unzulässig starke Schädigung des Grundwerkstoffs hergestellt werden kann. Die Bewertung der Schweißeignung von Stahl ist nicht einfach, weil es sich um eine komplexe Größe handelt. Die Schweißeignung wird bestimmt durch das Umwandlungsverhalten des Stahls unter den gegebenen Bedingungen sowie durch die dabei entstehenden Gefüge und ihren Eigenschaften. Das Schweißen stellt eine Wärmebehandlung dar, jedoch unter teilweise extremen Bedingungen (hohe Spitzentemperaturen, kritische Temperaturfelder). Sie kann demzufolge auch zu extremen Gefügeveränderungen führen. Das Austenitkornwachstum führt bei derartig hohen Temperaturen bei allgemeinen Baustählen, die in der Regel kaum kornwachstumshemmende Zusätze enthalten, schon nach extrem kurzer Zeit zu einer starken Kornvergrößerung.

Die Gefügeveränderungen beim Schweißen werden durch *Schweiß-ZTU-Schaubilder* beschrieben. Es handelt sich dabei um ZTU-Schaubilder mit einer entsprechend höheren Austenitisierungstemperatur. Eine zunehmende Austenitisierungstemperatur verzögert die Umwandlung in der Perlitstufe unter dem Einfluss der vergröberten Austenitkornstruktur in der Wärmeeinflusszone. Das Gebiet der Bainit- und Martensitstufe kommt dadurch stärker zum Vorschein. Da die Änderung im Umwandlungsverhalten zwischen einer Spitzentemperatur von 1300 °C und der Schmelztemperatur relativ gering ist, legt man den Schweiß-ZTU-Schaubildern in der Regel eine Austenitisierungstemperatur von 1300 °C zugrunde, die in normalen Dilatometern realisiert werden kann. Da die Umwandlung des Austenits bei diesen Stählen im Wesentlichen zwischen 800 und 500 °C abläuft, beschreibt man die Abkühlung in diesem Bereich häufig durch die Abkühlzeit $t_{8/5}$ zwischen diesen beiden Temperaturen. Kritisch sind kurze $t_{8/5}$-Zeiten, weil mit sinkender $t_{8/5}$-Zeit die Zähigkeitseigenschaften Dehnung, Einschnürung und Kerbschlagzähigkeit abnehmen. Außerdem entstehen Spannungen, wie Spannungen beim Abkühlen (hängen von der Schrumpfungsbehinderung durch das Bauteil ab), Spannungen, die von der Geometrie des Bauteils abhängen, Spannungen, die durch umwandlungsbedingte Volumenänderungen hervorgerufen werden, und andere.

Die durch Spannungen verursachten Maß- und Formänderungen können durch Vor- und Nachwärmen sowie durch die Schweißfolge in Grenzen gehalten werden. Wenn sie ein bestimmtes Maß übersteigen, können sie zu Rissen führen (Heißrisse, Erstarrungsrisse, Aufschmelzungsrisse, Kaltrisse, durch Wasserstoff bedingte Risse, Ausscheidungsrisse, Lamellenrisse). Das Spannungsbild an der Blechoberfläche wird durch die Werkstoffkombination Grundwerkstoff – Elektrode mitbestimmt. Bei der Kombination ferritisch-perlitisches Blech – hochfeste Elektrode ist mit Druckspannungen in der Schweißnaht zu rechnen. Bei ferritisch-perlitischen Stählen ist die durch Rissbildung besonders gefährdete Zone der Schweißverbindung nicht die Schmelzzone selbst, sondern die Wärmeeinflusszone (WEZ). Die Gefahr der Werkstoffschädigung ferritisch-perlitischer Stähle durch Rissbildung in der Wärmeeinflusszone wird durch Martensitbildung und durch Bildung eines grobkörnigen Sekundärgefüges noch verstärkt, wobei die Blechdicke und der Wärmeeintrag beim Schweißen zusätzliche Einflussfaktoren sind. Grobkörniges Sekundärgefüge lässt sich bei allgemeinen Baustählen ohne eine Nachbehandlung kaum verhindern. Für die Martensitbildung in der Wärmeeinflusszone und ihre Folgen ist der Kohlenstoffgehalt des Stahls ausschlaggebend.

Der Kohlenstoff ist in zweifacher Hinsicht von Bedeutung. Zum einen nimmt wegen der Absenkung der oberen kritischen Abkühlungsgeschwindigkeit durch Kohlenstoff der Martensitanteil im Gefüge der Wärmeeinflusszone mit steigendem Kohlenstoffgehalt zu. Zum anderen bedeutet ein zunehmender Kohlenstoffgehalt eine Erhöhung der Martensithärte und eine zunehmende Versprödung bzw. Rissgefahr in der Wärmeeinflusszone. Bei Stählen für Schmelzschweißung ohne Wärmenachbehandlung wird deshalb der Kohlenstoffgehalt auf maximal 0,22 % begrenzt. Damit ist die *universelle Schweißbarkeit* für solche allgemeinen Baustähle wie E295 (St50-2), E335 (St60-2), E360 (St70-2)[1] nicht gegeben. Sie haben ihre Daseinsberechtigung bei solchen Anwendungsfällen, wo nicht in erster Linie geschweißt werden muss, wie z. B. bei nicht hoch beanspruchten Wellen und Kranbahnschienen. Außerdem wird die Rissneigung in der Wärmeeinflusszone auch durch die Sprödbruchneigung des Stahls beeinflusst, die wiederum von der Güte des Stahls bestimmt wird (innere Kerben, Grobkorn, Reinheitsgrad an Phosphor und Schwefel, mehrachsige Spannungszustände, Erschmelzungs-

---

[1] Bei den Stahlbezeichnungen handelt es sich um die Kurznamen nach DIN EN 10 025. In Klammern werden die früher üblichen und geläufigen Bezeichnungen angeführt.

art, Alterungsverhalten, Vergießungs- und Beruhigungsart u. a.).

Ausgehend von den mit dem Stahl S355 (St52-3) gewonnenen Erkenntnissen wurden unter Nutzung aller bekannten Verfestigungsmechanismen *hochfeste schweißbare Baustähle* entwickelt. Man versteht darunter Stähle, die höchste Anforderungen an die Sprödbruchsicherheit bei guter Schweißeignung erfüllen und Mindestwerte der 0,2 %-Dehngrenze von 355 N mm^{-2} gewährleisten. Sie umfassen ein Festigkeitsspektrum bis über 1000 N mm^{-2}. Diese weite Spanne lässt sich nicht mit einem einzigen Grundgefüge absichern. Man unterscheidet deshalb in dieser Stahlgruppe nach dem kennzeichnenden Gefüge normalgeglühte schweißgeeignete Feinkornbaustähle mit ferritisch-perlitischem Grundgefüge, bainitische luftvergütete Stähle und wasservergütete Stähle mit martensitischem Gefüge.

Ferritisch-perlitische schweißbare Baustähle an der unteren Grenze des Festigkeitsspektrums sind meistens manganlegiert mit etwas höherem Siliciumgehalt (Abb. 5.194). Die Abbildung zeigt das ferritisch-perlitische Gefüge eines schweißbaren Baustahls mit der Kurzbezeichnung S355 mit 0,20 % C, 0,55 % Si, 1,75 % Mn, ≤ 0,030 % P und ≤ 0,035 % S. Dieser niedriglegierte Baustahl erreicht eine Zugfestig-

Abb. 5.195 Stahl mit 0,15 % C, 0,025 % P und 0,015 % S, normalgeglüht; sekundäres Zeilengefüge

keit von 490 bis 630 N mm^{-2}, eine Mindeststreckgrenze von 355 N mm^{-2} und eine Bruchdehnung von $A_5 = 22\%$. Die übliche Auslieferungsform ist normalgeglüht. Eine Absenkung des C-, P- und S-Gehalts führt vor allem zu verbesserter Sprödbruchsicherheit und Schweißeignung (Abb. 5.195). Bei noch höheren Forderungen spielt die Festigkeitssteigerung über die Erhöhung des Perlitanteils wegen der Nebenwirkungen des Kohlenstoffs im Gegensatz zu den allgemeinen Baustählen keine Rolle mehr. Die höherfesten Feinkornstähle mit ferritisch-perlitischem Gefüge sind manganlegiert und/oder enthalten kornfeinende Zusätze, wie Al, V, Ti, Nb. Diese Zusätze wirken kornfeinend im Austenit und ausscheidungshärtend im Ferrit. Deshalb kann der Kohlenstoffgehalt, ohne eine kritische Einbuße an Festigkeit befürchten zu müssen, so weit abgesenkt werden und man bekommt als Vorteile eine höhere Sprödbruchsicherheit und eine bessere Schweißbarkeit. Weitere Entwicklungen in diese Richtung haben zur Herausbildung der Gruppe der „perlitarmen" Stähle (PAS) oder *„pearlite reduced steels"* (PRS) geführt.

Kornfeinung und Ausscheidungshärtung wirken im Hinblick auf die Sprödbruchsicherheit gegenläufig. Der Einfluss der

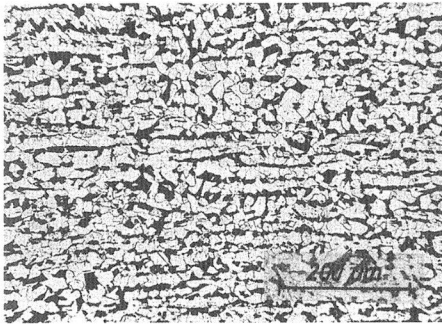

Abb. 5.194 Stahl mit 0,20 % C, 1,75 % Mn und 0,55 % Si, normalgeglüht; sekundäres Zeilengefüge

Kornfeinung und der Aushärtung auf die Sprödbruchsicherheit zeigt, dass man die Härtungsmechanismen stets auch nach ihrer Wirkung auf die Sprödbruchsicherheit beurteilen muss. Auswertungen haben ergeben, dass die Sprödbruchsicherheit nicht verschlechtert wird, wenn der Anteil der Kornfeinung an der Streckgrenzenerhöhung mindestens 40 % beträgt. Zur genauen Bewertung muss man die *Löslichkeits- und Ausscheidungskinetik* der Verbindungen (Nitride, Carbide und Carbonitride) kornfeinender Zusätze kennen.

Beim Anwärmen zum Walzen (1200 °C) löst sich das Aluminiumnitrid AlN fast vollständig auf (bei üblichen Gehalten in Al-beruhigten Stählen von ≈ 0,025 % Al und ≈ 0,010 % N). Während des Walzens erfolgt kaum eine Ausscheidung. Beim Abkühlen kann es zwischen 600 und 700 °C zur Ausscheidung von AlN im α-Mischkristall kommen, wenn die Abkühlung langsam erfolgt. Eine gleichmäßige Nitriddispersion im Austenit erhält man beim nachfolgenden Normalglühen zwischen 850 und 920 °C. Das bedeutet, die kornfeinende Wirkung des Aluminiums kann erst durch ein dem Walzen nachgeschaltetes Normalglühen voll genutzt werden. Deshalb werden die ferritisch-perlitischen, hochfesten schweißbaren Baustähle als *„normalgeglühte schweißgeeignete Feinkornbaustähle"* bezeichnet.

Vanadin weist eine relativ hohe Affinität sowohl zum Stickstoff als auch zum Kohlenstoff auf. Die entsprechenden Verbindungen sind VN und VC. Ihre Löslichkeit im Eisen ist temperaturabhängig. Da Kohlenstoff und Stickstoff in den Verbindungen untereinander substituierbar sind, kommt es zur Bildung von V(C,N). Dieses kubische Carbonitrid ist thermodynamisch weniger stabil als das AlN (hexagonal). Es besitzt als kubische Phase im Fe-Gitter aber eine höhere Ausscheidungsgeschwindigkeit als das AlN. Es ist deshalb sowohl zur Kornfeinung als auch zur Ausscheidungshärtung des Ferrits brauchbar. Das Verhältnis von Kornfeinung zu Aushärtung ist aber bei vanadinmikrolegierten Stählen so klein, dass die versprödende Wirkung im Allgemeinen überwiegt. Das hängt mit der relativ großen Löslichkeit der Vanadinverbindungen zusammen. Während des Abkühlens beginnt die Ausscheidung mit der Bildung der ersten α-Mischkristalle. Häufig beobachtet man feine Ausscheidungen in linienhafter Anordnung, die während der (γ → α)-Umwandlung im Ferrit entstanden sind und die die Lage der Wachstumsfront zeitabhängig markieren.

Mit Rücksicht auf die Absicherung einer erhöhten Sprödbruchsicherheit ist eine kombinierte Anwendung von Al + V in vielen Fällen angebracht. In dieser Kombination überwiegt beim AlN die Kornfeinung und beim V(C,N) die Ausscheidungshärtung, sodass eine ausgewogene Eigenschaftskombination mit einer abgestimmten Zusammensetzung eingestellt werden kann. Besonderer Wert muss bei mikrolegierten Stählen außerdem auf die Einhaltung der optimalen Normalglühtemperatur gelegt werden. Sie beträgt 880 bis 910 °C. Durch Überschreiten der oberen Temperaturgrenze kommt es insbesondere bei vanadinmikrolegierten Stählen zu einer weitergehenden Ausscheidungshärtung mit negativer Beeinflussung der Übergangstemperatur der Kerbschlagzähigkeit.

Auch die verfestigende Wirkung von Titan und Niob beruht auf der Kornfeinung und der Aushärtung des Ferrits. Im Unterschied zu Vanadin und Aluminium ist die thermische Beständigkeit der Ausscheidungen bei Titan und Niob wesentlich größer. In titan- bzw. niobmikrolegierten Stählen liegt deshalb im Temperaturbereich für das Warmwalzen und Normalglühen ein Großteil der Beimengungen in ausgeschiedener Form vor und kann zur Kornwachstumshemmung genutzt werden. Aus diesem Grund erfolgt die Festigkeitssteigerung in titan- bzw. niobmikrolegierten Stählen überwiegend über Kornfeinung. Insbesondere niobmikrolegierte Stähle besitzen deshalb im Allgemeinen trotz hoher Festigkeit auch eine hohe Sprödbruchsicherheit. In mikrolegierten Stählen können aber auch solche Ausscheidungszustände vorkommen, die ein kritisches Werkstoffverhalten zur Folge haben können. Einen optimalen Werkstoffzustand kann man durch thermomechanisches Umformen einstellen (Abschnitt 5.4.3.3). Die beim thermomechanischen Umformen ablaufenden Vorgänge der Verformung, Rekristallisation, ($\gamma \rightarrow \alpha$)-Umwandlung und Ausscheidung führen zu einem sehr feinen Ferritkorn und beachtlicher Ausscheidungshärtung.

Schweißgeeignete Feinkornbaustähle mit ferritisch-perlitischem Gefüge sind bis zu einer technisch verwertbaren 0,2%-Dehngrenze von etwa 500 N mm^{-2} bei ausreichend hoher Sprödbruchsicherheit herstellbar. Für höhere Festigkeitsforderungen genügt dieses Gefüge nicht mehr und man muss auf das bainitische Gefüge zurückgreifen.

An das Gefüge schweißbarer Baustähle werden besondere Anforderungen gestellt, um neben der Festigkeit auch die Schweißeignung gewährleisten zu können. Das bainitische Gefüge soll kohlenstoffarm sein. Deshalb wird der Kohlenstoffgehalt auf einen Maximalwert von etwa 0,08 bis 0,10% begrenzt, d. h. der Kohlenstoff hat hier seine Bedeutung als festigkeitssteigerndes Element fast verloren und zwar wegen seiner kritischen Wirkung auf die Schweißeignung und die Sprödbruchsicherheit. Das Gefüge soll möglichst feindispers sein, da mit zunehmender Dispersität sowohl die Festigkeits- als auch die Zähigkeitseigenschaften verbessert werden. Und es soll möglichst über den ganzen Querschnitt bainitisch sein. Die Realisierung dieser Forderungen ist in der Praxis nur im Verein mit besonderen legierungstechnischen Maßnahmen und besonderen Behandlungsmaßnahmen zu schaffen. Bewusst eingestellt wird ein bainitisches Gefüge, bestehend aus Zwischenstufenferrit mit feiner Substruktur und höherer Versetzungsdichte. Die mittlere Größe der Subkörner im Zwischenstufenferrit liegt im µm-Bereich. Die Einstellung eines solchen Gefüges erfordert ein spezielles Umwandlungsverhalten des Stahls beim Abkühlen. Das Umwandlungsverhalten muss so abgestimmt sein, dass alle Behandlungen, die dem Zeit-Temperatur-Zyklus des Normalglühens entsprechen, d. h. eine Abkühlung an Luft einschließen, eine Umwandlung in der Bainitstufe ermöglichen. Die schweißgeeigneten ferritisch-perlitischen Feinkornstähle genügen diesem Anspruch nicht, weil sie beim Abkühlen kein ferritfreies bainitisches Gefüge bilden können. Das Gebiet der Ferrit/Perlitbildung muss so weit verzögert werden, dass beim Abkühlen an Luft weder polygonaler Ferrit noch Perlit gebildet werden können. Solche Veränderungen im Umwandlungsverhalten sind nur durch Legieren möglich. Da fast alle Elemente die Umwandlung in der Perlitstufe verzögern, entscheiden die Verfügbarkeit und der Preis über die Anwendung der Elemente. Geeignete Legierungselemente sind neben anderen Si, Mn, Ni, Cr, Mo und B, die auch in Kombination mit V und Cu angewendet werden.

Bor wirkt schon in sehr kleinen Gehalten, ist aber metallurgisch nicht einfach beherrschbar, sodass es bei hochfesten schweißbaren Baustählen nur im Ausnahmefall Anwendung findet. Auf jeden Fall handelt es sich bei den bainitischen, hochfesten schweißbaren Baustählen um mehrfach legierte Stähle, die beim Abkühlen an Luft in der Zwischenstufe und gegebenenfalls in der Martensitstufe umwandeln. Neben der Wirkung der Legierungselemente auf die Perlitstufe sind auch die Wirkungen auf die M_s-, die B_s-Temperatur und die Gleichgewichtsumwandlungstemperaturen A_1 und A_3 zu beachten. Als festigkeitssteigernde Faktoren besitzen Korn- und Phasengrenzen, Versetzungen und Versetzungsanordnungen, gelöste Fremdatome und Ausscheidungen Bedeutung.

Ein bemerkenswertes Gefügecharakteristikum bainitischer luftvergütender Stähle ist das Fehlen des lamellaren Perlits. Bei sehr langsamer Abkühlung etwa im Kern größerer Querschnitte entsteht ein dem lamellaren Perlit wenig ähnliches Ferrit/Carbid-Gefüge mit wenig Carbid, bedingt durch den niedrigen Kohlenstoffgehalt. Der Ferrit sollte als *polygonaler* oder *vorbainitischer Ferrit* bezeichnet werden und nicht als voreutektoider, weil der Perlit als eutektoide Phase fehlt. Der polygonale Ferrit besitzt im Unterschied zum Zwischenstufenferrit keine ausgeprägte Substruktur und setzt als weicher Gefügebestandteil die Festigkeit herab, weshalb man seine Bildung zu verhindern sucht. Das Entstehungsgebiet des polygonalen Ferrits ist zu langen Zeiten verschoben und meistens vom Zwischenstufengebiet abgetrennt. Dagegen wird die Zwischenstufenbildung praktisch nicht verzögert, sodass der Austenit in einem relativ breiten Materialdickenbereich bei Abkühlung an Luft in den Bainit umwandeln kann.

Eine weitere Gefügebesonderheit niedriglegierter schweißbarer Stähle besteht in der Morphologie des Bainitgefüges. Typisch ist ein *körniger Bainit*, der noch Restaustenit/Martensitinseln mit Kohlenstoffanreicherungen enthalten kann. Dieses relativ instabile Gefüge muss in der Wärmeeinflusszone weitreichende Veränderungen ertragen. Aber nach der schweißbedingten Austenitisierung der Wärmeeinflusszone erfogt bei der nachfolgenden Abkühlung wieder eine Umwandlung in der Zwischenstufe bzw. in der Zwischen- und Martensitstufe.

Noch höhere Festigkeitsforderungen können auf dem Sektor schweißbarer Baustähle nur mit martensitischem Gefüge realisiert werden. Die entsprechenden Stähle heißen wasservergütete, hochfeste schweißbare Baustähle. Der mit diesen Stählen abzudeckende Mindeststreckgrenzenbereich reicht von 510 N mm^{-2} und geht bis etwa 1000 N mm^{-2} und darüber. In Verbindung mit hoher Zähigkeit und Schweißeignung lassen sich diese Forderungen nur mit einem „weichen" Martensit erreichen. Entscheidend ist die chemische Zusammensetzung in Verbindung mit dem Abschrecken in Wasser. Der Kohlenstoffgehalt wird auf maximal 0,15 bis 0,20 % begrenzt. Der Legierungsaufbau richtet sich im Wesentlichen nach der gewünschten Streckgrenze und Zähigkeit sowie nach der Erzeugnisdicke. Die angewendeten Legierungselemente sind im Prinzip die gleichen wie bei bainitischen Stählen. Ihre wichtigste Aufgabe ist die Sicherung der Durchvergütbarkeit über den gesamten Querschnitt. Dafür genügt im Allgemeinen ein niedrigerer Legierungsgehalt als bei den bainitischen Stählen. Jedoch zeigen Stähle mit zu niedrigem Legierungsanteil große Härteunterschiede über die Materialdicke. Diese Ungleichmäßigkeit der Eigenschaften ist eine Folge des Temperaturgradienten beim Abschrecken in Wasser. Sie spielt beim Abkühlen an Luft bei den üblichen Abmessungen praktisch keine Rolle.

5.5.2
Stähle höherer Festigkeit

Für spezielle Verwendungszwecke ganz unterschiedlicher Art werden höherfeste Stähle eingesetzt, die nicht selten auch Sonderforderungen erfüllen müssen. Da manche dieser Forderungen im Widerspruch zueinander stehen und demzufolge nicht leicht zu erfüllen sind, werden bei weniger dominanten Forderungen gewisse Einschränkungen zugelassen. Beispiele für solche Stähle sind Schiffbaustähle, Stähle für Rohre und Stähle für den Stahlbetonbau.

Schiffbaustähle besitzen bezüglich der Zusammensetzung, der Gefügeausbildung und der Eigenschaften eine große Ähnlichkeit zu den allgemeinen Baustählen und den schweißgeeigneten höherfesten Baustählen.

Stahlsorten für Leitungs- und Konstruktionsrohre sind weitgehend an die schweißgeeigneten Stahlsorten angeglichen. Einige Eigenschaftswerte sind, bedingt durch die Erzeugnisform, geringfügig anders festgelegt und die Art der nachzuweisenden Eigenschaften ist manchmal unterschiedlich.

Stähle für den Stahlbetonbau finden als *Bewehrungsstähle*, d. h. als Stahleinlagen im Beton, Verwendung. Die Werkstoffkombination Beton-Stahl stellt eine nahezu ideale Verknüpfung der Eigenschaftsvorteile von Beton und Stahl dar. Der Beton zeichnet sich durch eine hohe Witterungsbeständigkeit und eine gute Bildsamkeit im nicht erhärteten Zustand und durch die Fähigkeit, hohe Druckspannungen zu übertragen, aus. Der Hauptnachteil des Betons, nämlich seine geringe Zugfestigkeit (nur 4 bis 10 % seiner Druckfestigkeit), gleicht der Stahl aus. In der Kombination nimmt der Stahl Zug- und Schubkräfte auf, der Beton überträgt die Druckkräfte und schützt den Stahl vor aggressiven Korrosionsmedien. Aus den Funktionen von Stahl und Beton in der Werkstoffkombination leiten sich die Anforderungen an die Werkstoffe unmittelbar ab.

Die wichtigsten Anforderungen an Stähle für den Stahlbetonbau sind ausreichende Festigkeit, günstige Verbundeigenschaften und Sondereigenschaften. Zu den Sondereigenschaften gehören die Kriechfestigkeit, die Dauerfestigkeit im Zugschwellbereich und die Verarbeitbarkeit (Eignung zum Kaltbiegen, da oft Abbiegungen bzw. ein Anstauchen der Stabenden notwendig sind, und zum Kaltwalzen von Draht für Matten). Die Forderungen bezüglich der Schweißbarkeit sind im Allgemeinen geringer als bei den allgemeinen Baustählen und beziehen sich nicht auf alle Schweißverfahren. In einigen Fällen genügen Heftschweißungen. Der Verwendungszweck bestimmt das geforderte Festigkeitsniveau sowie spezielle Sondereigenschaften. Der Bewehrungsstahl muss vor Korrosion geschützt werden. Sauerstoff und Feuchtigkeit dürfen von außen nicht an die Stahloberfläche gelangen und der Zement sollte keine korrosionsfördernden Komponenten (z. B. Cl^--Ionen) enthalten. Schädlich sind Rissbildungen im Beton. Der Rissbildung kann man dadurch begegnen, dass man die Beanspruchung des Betons aus dem Zugspannungsbereich in den Druckspannungsbereich verlegt, indem man auf die Stahleinlage eine Zugvorspannung aufbringt.

Nach dem Verwendungszweck kann man Betonstähle in solche für schlaffe Bewehrung von Stahlbetonbauten und -bauteilen und in Spannbetonstähle einteilen. Die schlaffe Bewehrung ist dadurch gekennzeichnet, dass der Bewehrungsstahl bis zum Erhärten des Betons spannungsfrei bleibt und nach dem Erhärten überwiegend nur Spannungen durch die Eigenmasse des Bauteils und die Nutzlast aufnimmt. Spannbetonstähle hingegen müssen vorgespannt werden, um dem Beton eine Druckvorspannung verleihen zu können. Die Druckvorspannung des Betons muss so groß sein, dass die aufzunehmenden Betriebsspannungen (eigene ruhende Last der Konstruktion, Verkehrslasten, Spannungen aus Temperaturänderungen, Schwinden, Kriechen) den Spannungszustand nur so weit verändern, dass entweder keine Zugspannungen im Beton entstehen oder nur in solcher Höhe, dass keine schädlichen Risse auftreten. Auch bei Wechsellast darf der Beton nur im Druckbereich beansprucht werden.

Von den Betonstählen für schlaffe Bewehrungen fordert man Nennwerte für die Streckgrenze von 420 bis 500 N mm^{-2}. Die wirtschaftlichste Maßnahme zur Festigkeitssteigerung ist ein durch Mn-Mischkristallbildung gehärtetes ferritisch-perlitisches Gefüge, das im Walzzustand vorliegt. Da der Kohlenstoffgehalt mit Rücksicht auf die Zähigkeit und die Schweißbarkeit nach oben hin begrenzt ist, wird die kornfeinende und festigkeitssteigernde Wirkung von Niob und Vanadin genutzt. Warmgewalzte Stähle können durch Recken oder Verwinden, d. h. Kaltverformung weiter verfestigt werden.

Eine andere Möglichkeit der Festigkeitssteigerung von Betonstählen für schlaffe Bewehrung besteht in einer Abkühlung mit geregelter Temperaturführung aus der Walzhitze. Dabei wird der Stabstahl, der im normalen Walzzustand ferritisch-perlitisch sein würde, aus dem Austenitgebiet in einer Wasserkühlstrecke gerade so stark abgekühlt, dass sich eine martensitische Randzone bildet. Das kurzzeitige Beaufschlagen mit kaltem Druckwasser erzeugt einen großen Temperaturgradienten zwischen Rand- und Kernzone des Kühlguts. Die kurze Kühldauer genügt gerade für die martensitische Umwandlung in der Randzone, nicht aber für die vollständige Abkühlung des Materials. Die noch vorhandene Restwärme aus der Kernzone, die in ein ferritisch-perlitisches Gefüge umwandelt, wird über die Oberfläche nach außen abgeführt, erwärmt diese dabei und bewirkt ein Selbstanlassen der martensitischen Randzone.

Spannbetonstähle werden nicht nur statisch, sondern auch dynamisch (schwingend) beansprucht. Die Zugvorspannung muss so groß sein, dass auch die Spannkraftverluste durch Schwinden und Kriechen des Betons abgefangen werden können. Der auf die Anfangsvorspannung bezogene Spannkraftverlust ist umso kleiner, je größer die beim Vorspannen erreichbare elastische Dehnung des Stahls ist. Diese elastische Dehnung ist ihrerseits von der absoluten Höhe der Elastizitätsgrenze abhängig. Deshalb wird ergänzend zu den üblichen Kenndaten des Zugversuchs die 0,01 %-Dehngrenze ermittelt. Die anwendbaren Verfestigungsmöglichkeiten richten sich nach der Erzeugnisform von Spannbetonstählen. Man unterscheidet naturharte, kaltverfestigte und vergütete Stähle. Gefüge im Verwendungszustand sind Ferrit und Perlit bzw. angelassener Martensit. Zur Gewährleistung der Verbundeigenschaften wird Betonstahl außer in Form glatter Rundstäbe auch in oberflächenprofilierter Form ausgeliefert.

Ein weiteres Problem ergibt sich aus dem Schwinden und dem Kriechen des Betons. Proportional zu der relativen Längenänderung nehmen die Zug- und die Druckspannung ab. Die Spannungsabnahme im Beton kann bis zu 150 N mm^{-2} betragen. Diese Auswirkung des Kriechens kann entweder durch Nachspannen des Stahls vermindert werden oder es werden von vornherein extra hohe Vorspannungen aufgebracht, die diesen Betrag schon enthalten.

Heute werden meistens hochfeste Stahldrähte verwendet, um auf ein Nachspannen verzichten zu können. Außerdem kann das Schwinden des Betons durch Zusatz von Stoffen, die eine Volumenvergrößerung bewirken, ausgeglichen werden. Derartige geeignete Zusätze für Portland-Zement sind Gipse, wie $CaSO_4$ (*Quellbeton*).

Vergütungsstähle sind Maschinenbaustähle, die aufgrund ihrer chemischen Zusammensetzung härtbar sind und die im vergüteten Zustand eine ausreichende Zähigkeit bei gegebener Zugfestigkeit aufweisen. Vergütbar sind darüber hinaus viele andere Stähle, wie z. B. Werkzeugstähle, Einsatzstähle, einige nichtrostende Stähle. Die eigentlichen Vergütungsstähle sind den Beanspruchungen, wie sie bei Maschinenbauteilen vorkommen, angepasst. Die Berechnung von statisch beanspruchten Bauteilen erfolgt aufgrund der Streckgrenze und Zugfestigkeit. Bei höheren Beanspruchungen werden auch Dehnung, Einschnürung und Kerbschlagzähigkeit berücksichtigt. Bauteile, die einer dynamischen Wechselbeanspruchung unterliegen, müssen eine ausreichende *Dauerschwingfestigkeit* aufweisen. Diese kurz als „Dauerfestigkeit" bezeichnete Eigenschaft ist nicht nur werkstoffbedingt, sondern auch stark abhängig von der sogenannten Gestaltfestigkeit des Konstruktionsteils.

Voraussetzungen für eine gute Dauerfestigkeit hochbeanspruchter Teile sind eine einwandfreie Durchvergütung und gute Zähigkeitswerte. Die Vergütbarkeit wird von der chemischen Zusammensetzung bestimmt. Die Zusammensetzung ist deshalb als indirekter Einfluss zu werten. Die Dauerschwingfestigkeit des Stahls nimmt in der Regel (d. h. unter sonst gleichen Bedingungen) mit steigender Zugfestigkeit zu. Aber je höher das Festigkeitsniveau ist, umso stärker wirkt sich die Oberflächenbeschaffenheit auf die Dauerfestigkeit aus. Gefordert werden die Kennwerte R_e, R_m, A, Z und KV für den vergüteten Zustand sowie R_e, R_m und A für den normalgeglühten Zustand und ein HB-Höchsthärtewert für den weichgeglühten Zustand (TA) und den Zustand „behandelt auf Scherbarkeit" (TS). Eine wichtige Gebrauchsprüfung für Vergütungsstähle ist die Prüfung der Härtbarkeit (s. Abschnitt 5.4.3.1).

Die Härtbarkeit ist hauptsächlich von der Stahlzusammensetzung abhängig. Sowohl unlegierte als auch legierte Vergütungsstähle liegen im Kohlenstoffgehalt zwischen 0,25 und etwa 0,60 %. Unterhalb der unteren Grenze ist die Martensitbildung zwar möglich, aber die Härteannahme (Ansprunghärte) reicht nicht mehr aus, um die hohen Festigkeitsforderungen zu erfüllen. Oberhalb 0,60 % C steht einer weiteren Härtesteigerung eine zunehmende, durch den Kohlenstoff geförderte Stabilisation des Restaustenits entgegen. Der Gesamtlegierungsgehalt übersteigt nicht die 5 %-Grenze. Die wichtigsten Legierungselemente sind Mn, Si, Cr, Ni, Mo und V. Im normalgeglühten Zustand weisen Vergütungsstähle ein ferritisch-perlitisches Gefüge auf (Abb. 5.196). Es handelt sich bei dem in der Abbildung dargestellten Gefüge um das Normalglühgefüge

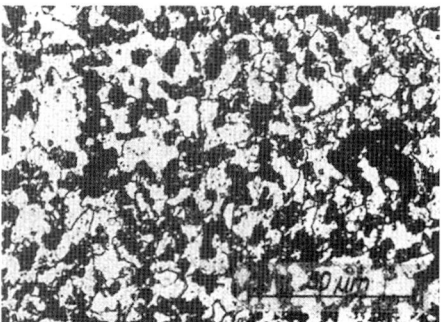

Abb. 5.196 Stahl mit 0,25 % C, 2,10 % Mn und 0,12 % V, normalgeglüht; Ferrit und Perlit, feinkörnig

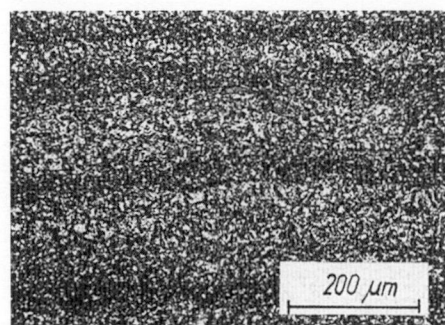

Abb. 5.197 Stahl mit 0,25 % C, 2,10 % Mn und 0,12 % V, vergütet; angelassener Martensit

eines Stahls mit 0,25 % C, 2,1 % Mn und 0,12 % V. Dieser Stahl erreicht im vergüteten Zustand eine Zugfestigkeit von 900 N mm^{-2}, eine 0,2 %-Dehngrenze von 700 N mm^{-2}, eine Dehnung von 20 %, eine Einschnürung von 60 % und eine Kerbschlagzähigkeit bei Raumtemperatur von 100 J cm^{-2} (Abb. 5.197).

Die Festigkeitseigenschaften der Vergütungsstähle hängen in erster Linie vom Vergütungszustand ab, wobei natürlich graduelle Unterschiede von Stahlzusammensetzung zu Stahlzusammensetzung bestehen. Der Vergütungszustand wird außer durch die Härtbarkeit des Stahls von der Bauteilgröße (dem Vergütungsquerschnitt) und der Kühlwirkung des Härtemittels beeinflusst. Je nach gewünschter Vergütungsfestigkeit, Zähigkeit und Dauerfestigkeit muss ein bestimmter Härtungsgrad (s. Abschnitt 5.4.3.1) bis zu einem bestimmten Abstand von der Oberfläche oder über den gesamten Querschnitt erreicht werden.

Der Härtungsgrad ist neben der chemischen Zusammensetzung, die die Härtbarkeit bestimmt, die wichtigste Voraussetzung, die geforderten Vergütungseigenschaften einzustellen. Je höher der Härtungsgrad ist, umso höher ist der Martensitanteil im Gefüge. Schon geringe Anteile anderer Gefügebestandteile, wie Ferrit, Perlit und Bainit, vermindern die Zähigkeit und die Dauerschwingfestigkeit. Für hochbeanspruchte Automobilteile sollte der Härtungsgrad > 0,9 sein, weil man in einer Querschnittslage von ¾ des Radius einen Martensitanteil im Härtungsgefüge von mindestens 90 % verlangt. Für weniger hoch beanspruchte Bauteile kann auf eine martensitische Härtung über den gesamten Querschnitt verzichtet werden. Die endgültige Einbaufestigkeit wird durch das Anlassen eingestellt. Aufgabe des Anlassens ist die Einstellung einer optimalen Kombination von Zähigkeits- und Festigkeitseigenschaften. Eine gewisse Festigkeitsverminderung wird in Kauf genommen.

Schwierigkeiten können die Überhitzungsempfindlichkeit mancher Vergütungsstähle, das Härterissverhalten (s. Abschnitt 5.3.2.4), die Anlassversprödung (s. Abschnitt 5.4.3.1) und die Beeinträchtigung der Dauerschwingfestigkeit durch nichtmetallische Einschlüsse bereiten.

Unter Überhitzungsempfindlichkeit versteht man ein verstärktes (spontanes) Austenitkornwachstum im Bereich der üblichen Austenitisierungstemperaturen, wie es für metallurgisch grobkörnige Stähle (Mn- und Mn-Si-Stähle ohne Beimengungen) typisch ist. Ein überhitztes Austenitgefüge kann ein grobes Sekundärgefüge zur Folge haben, das sich insbesondere auf die Dauerfestigkeit nachteilig auswirkt. Bezüglich der Überhitzungsempfindlichkeit und der Neigung zur Anlassversprödung verhalten sich die Vergütungsstähle unterschiedlich. Im Hinblick auf die Härterissneigung gibt es deutliche Unterschiede zwischen den Vergütungsstählen. Härterissempfindliche Stähle sollten in einem milden Abschreckmedium oder nach Möglichkeit im Hochdruckgasstrom abgeschreckt werden.

Die Härterissneigung ist außer vom Kohlenstoffgehalt von der geometrischen Form des zu härtenden Bauteils abhängig. 85 bis 90 % aller in der Technik auftretenden Brüche sind Dauerschwingbrüche (*Dauerbrüche, Ermüdungsbrüche*). Die meisten Dauerbrüche werden nicht durch Werkstofffehler verursacht, sondern durch Gestalt- und Oberflächeneinflüsse. Dennoch muss die Mitwirkung nichtmetallischer Einschlüsse an der Entstehung von Dauerbrüchen beachtet werden. Insbesondere elastisch harte Einschlüsse (s. Abschnitt 5.4.1.1) wirken bei vergüteten Bauteilen in Oberflächennähe als Anrissstellen bei dynamischer Beanspruchung und verdienen deshalb Beachtung bei der Stahlherstellung. Die Dauerfestigkeit nimmt mit zunehmender Zugfestigkeit zu, aber die Zunahme ist umso kleiner, je größer der Einschlussdurchmesser ist. In der Umgebung großer harter Einschlüsse können besonders kritische Spannungsfelder entstehen, die durch tangentiale Zugspannungen und radiale Druckspannungen mit Spannungsspitzen an der Grenzfläche Einschluss/Matrix gekennzeichnet sind.

Dass die Gefährlichkeit nichtmetallischer Einschlüsse gerade im Zusammenhang mit den Vergütungsstählen besonders herausgestellt wird, findet seine Erklärung darin, dass Vergütungsstähle mechanisch besonders hoch beansprucht werden und deshalb wie jeder andere Stahl auf hohem Spannungsniveau empfindlicher in Bezug auf jeden einschlussbedingten Einfluss auf die Dauerfestigkeit reagieren als mechanisch weniger hoch beanspruchte Stähle. Einschlüsse spielen diesbezüglich auch bei anderen Stählen eine Rolle, bei hochfesten schweißbaren Baustählen z. B. eine größere als bei den weniger beanspruchten allgemeinen Baustählen.

Es sei darauf hingewiesen, dass nicht von allen Einschlüssen die gleiche Gefährdung ausgeht. Sulfideinschlüsse gehören nicht zu den elastisch harten Einschlüssen. Sie sind deshalb relativ ungefährlich für die Dauerfestigkeit. Im Gegenteil, man nutzt ihre spanbrechende Wirkung zur wirtschaftlichen spanenden Herstellung von nicht so hoch beanspruchten Teilen in Großserien, denn Vergütungsstähle finden auch Verwendung für Massivteile vielgestaltiger Formen im Maschinenbau. Sie müssen mit einem erheblichen Zerspanungsaufwand hergestellt werden. Um die spanbrechende Wirkung von Sulfideinschlüssen nutzen zu können, wird der Schwefelgehalt des Stahls auf 0,020 bis 0,035 % bewusst angehoben (z. B. Stähle 38CrS2, 25CrMoS4, 34CrMoS4, 42CrMoS4). Der Schwefel liegt fast ausschließlich in Form von Sulfiden vor, wie bei den Automatenstählen (Abb. 5.198 und 5.199). In Längsschliffen durch umgeformtes Material sind sie an ihrer typischen gestreckten Form erkennbar. Natürlich stellen eingelagerte Einschlüsse Unterbrechungen des metallischen Zusammenhangs dar. Man muss deshalb bei geschwefelten Stählen gewisse Einbußen an Festigkeit in Kauf nehmen. Sind solche Einbußen nicht akzeptierbar, muss die Formgebung auf anderem Wege erfolgen. Eine solche Möglichkeit ist das Kaltmassivumformen.

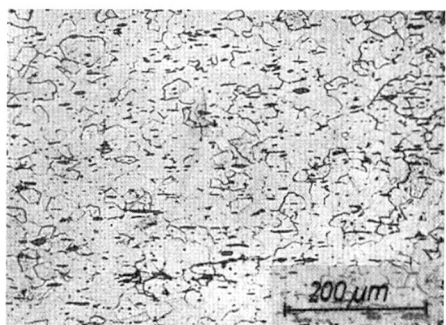

Abb. 5.198 Stahl mit 0,09 % C und 0,20 % S; Ferrit mit wenig Zementit und zahlreichen, in Verformungsrichtung gestreckten Sulfideinschlüssen, Längsschliff

Abb. 5.199 Stahl mit 0,09 % C und 0,20 % S; Ferrit mit wenig Zementit und zahlreichen, in Verformungsrichtung gestreckten Sulfideinschlüssen, Längsschliff, höhere Vergrößerung

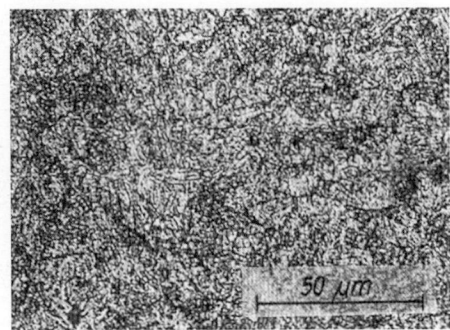

Abb. 5.201 Stahl mit 0,30 % C, 2,10 % Ni, 1,80 % Cr und 0,40 % Mo, vergütet; angelassener Martensit

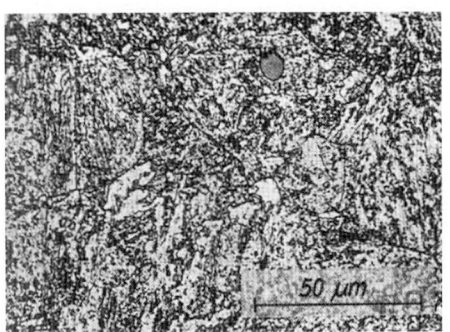

Abb. 5.200 Stahl mit 0,30 % C, 2,10 % Ni, 1,80 % Cr und 0,40 % Mo, normal- und weichgeglüht; feine Carbide in ferritischer Matrix

Das Kaltumformen erfolgt in der Regel im weichgeglühten Zustand (Abb. 5.200). Die Abbildung zeigt das Weichglühgefüge eines Vergütungsstahls mit 0,3 % C, 1,8 % Cr, 2,1 % Ni und 0,4 % Mo. Der Stahl wurde zuerst bei 880 °C normalgeglüht und anschließend 8 h bei 670 °C weichgeglüht. In der ferritischen Matrix liegen die Carbide in feinster Verteilung vor. Die Brinell-Härte beträgt 240 HB. Nach durchgreifender Vergütung auf niedrige Streckgrenzenwerte kann das Umformen sogar im vergüteten Zustand vorgenommen werden, wenn das Fließverhalten ein solches Vorgehen zulässt. Im vorliegenden Beispiel gelingt das jedoch nicht, weil dieser legierte Stahl nach dem Härten von 850 °C in Öl und anschließendem Anlassen bei 600 °C eine hohe Zugfestigkeit von 1200 N mm^{-2}, eine 0,2 %-Dehngrenze von 900 N mm^{-2}, eine Dehnung von 15 % und eine Einschnürung von 56 % aufweist. Das Vergütungsgefüge ist nach dieser Behandlung feindispers (Abb. 5.201).

Die Umformbarkeit ist von der chemischen Zusammensetzung des Stahls abhängig. Aber die Zusammensetzung kann nicht vorrangig auf die Umformbarkeit ausgerichtet werden, sondern muss in erster Linie nach der notwendigen Härtbarkeit gewählt werden. Optimal wäre, wenn vor und während der Kaltumformung ein entfestigter Zustand vorliegen würde und die Verfestigung erst nach abgeschlossener Formgebung ins Spiel käme. Die gängigen Legierungselemente, die zur Einstellung der gewünschten Härtbarkeit genutzt werden, kommen einem solchen Verlangen nicht entgegen, weil sie nicht nur härtbarkeitssteigernd, sondern gleichzeitig auch mischkristallhärtend wirken. Bei besonderen Anforderungen an die Kaltumformbarkeit müssen die Gehalte derjenigen Elemente, die vor allem den Ferrit härten, wie z. B. Silicium, nach oben begrenzt wer-

Abb. 5.202 Stahl mit 0,40 % C und 1 % Cr, nach dem Schmieden sehr langsam abgekühlt; Ferrit und Perlit

Abb. 5.203 Stahl mit 0,40 % C und 1 % Cr, nach dem Schmieden an Luft abgekühlt; Bainit

den. Günstig wirkt in dieser Hinsicht das Bor. Es ermöglicht im gelösten Zustand bei Gehalten von nur etwa 0,002 % eine beachtliche Verbesserung der Härtbarkeit, ohne die Festigkeit im geglühten Zustand zu beeinflussen.

Größere Teile wie z. B. Kurbelwellen werden in der Regel durch Schmieden hergestellt. Abb. 5.202 zeigt das ferritisch-perlitische Gefüge eines geschmiedeten und langsam abgekühlten Vergütungsstahls der Marke 40Cr4 mit 0,4 % C und 1 % Cr. Die Brinell-Härte beträgt 200 HB. Wird dieser Stahl nach dem Schmieden an Luft beschleunigt abgekühlt, entsteht ein bainitisches Gefüge (Abb. 5.203). Die Härte beträgt in diesem Zustand 280 HB. Durch Härten von 840 °C in Öl und Anlassen bei 600 °C würde dieser Stahl eine Zugfestigkeit von 950 N mm^{-2}, eine 0,2 %-Dehngrenze von 700 N mm^{-2}, eine Dehnung von 20 % und eine Einschnürung von 65 % erreichen. Dieser Stahl ist auch gut zum Oberflächenhärten durch Flammhärten geeignet.

Zu der Gruppe der höherfesten Stähle für spezielle Verwendungszwecke gehören auch Stähle für schwere Schmiedestücke und Federstähle. Stähle für schwere Schmiedestücke werden zur Herstellung rotationssymmetrischer Bauteile benötigt, die in der Regel in schnellrotierenden Maschinen hohen Fliehkräften ausgesetzt sind und dabei höchsten Beanspruchungen genügen müssen. Mit der Herstellung großer Stückgrößen stößt man häufig an die Grenzen der Fertigungsmöglichkeiten. Die Anforderungen an den Werkstoff betreffen vor allem die Streckgrenze, die Zähigkeit und die Fehlerfreiheit, begründet durch das hohe Sicherheitsrisiko und die außerordentlich großen Schäden, die im Versagensfall eintreten können. Bei diesen Stählen erfordert jeder Herstellungsschritt vom Erschmelzen bis zur Schlusswärmebehandlung, einschließlich der Qualitätsüberwachung, zusätzliche Maßnahmen zur Beherrschung von Problemen, die mit dem großen Blockquerschnitt verbunden sind, wie der Reinheitsgrad, das Seigerungsverhalten, große Temperatur- und Spannungsgradienten und andere.

Einige solcher Maßnahmen sind die Extrementschwefelung und die Beeinflussung der Sulfidform zur Verringerung der Anisotropie der mechanischen Eigenschaften, die Einhaltung einer bestimmten Blockgeometrie zur Absicherung einer günstigen Blockerstarrung und zur Erleichterung der schmiedetechnischen Verarbeitung, das Vergießen zu Blöcken im Vakuum zur Verringerung des Wasserstoffgehalts, die Anwendung der Blockkopfisolierung bzw. -beheizung zur Unterstützung einer geschlossenen Resterstarrung (mindestens bis zur Haubenlinie), das Nachgießen von kohlenstoff- und legierungsarmem Stahl während der Erstarrung zur Gegenwirkung auf die Ausbildung der Kernseigerung bei sehr großen Blöcken und das Umschmelzen nach Sonderverfahren zur Erzeugung seigerungsarmer dichter Blöcke. Problematisch ist auch die Wärmebehandlung, insbesondere wegen der großen Temperaturunterschiede zwischen Rand und Kern. Zur Einstellung der geforderten Eigenschaften kommt nur das Vergüten in Frage.

Häufig wird dem Vergüten ein Normalglühen vorgeschaltet. Insbesondere im Bereich der sogenannten A-Seigerungen (Seigerungsstreifen von Blockmitte schräg nach unten zeigend) besteht die Gefahr, dass das Gefüge grobkörnig bleibt. Um das zu beseitigen, kann eine mehrmalige Umwandlungsglühung vorgenommen werden. Das Abschrecken kann in Öl oder Wasser erfolgen. Bei Wasser ist neben der Tauchbehandlung auch die Sprühbehandlung möglich. Es ist einleuchtend, dass eine Martensitbildung sogar bei legierten Stählen nur in der oberflächennahen Zone erreicht werden kann. Die übrigen Bereiche wandeln bevorzugt in der Bainitstufe um, wobei unterschiedliche Ferritanteile enthalten sein können. Eine ferritfreie Durchhärtung kann bei großen Querschnitten nur mit höherlegierten Stählen (etwa 2 bis 4 % Ni; höhere Cr- und Mo-Gehalte) erreicht werden. Bei Teilen mit komplizierter Geometrie kann die technisch mögliche Abkühlungsgeschwindigkeit oft nicht voll ausgenutzt werden, weil als Folge des Temperaturgradienten zwischen Rand und Kern hohe Eigenspannungen entstehen, die zum Zerreißen der Stücke führen können. Um das Problem besser unter Kontrolle zu bekommen, bedient man sich mathematischer Modelle zur Vorausbestimmung der Spannungszustände beim Abkühlen.

Ein weiteres Problem bei der Herstellung schwerer Schmiedestücke ist die Flockenanfälligkeit der Stähle. Flocken werden durch Wasserstoff verursacht. Die Löslichkeit des festen Eisens für Wasserstoff ist relativ gering, aber die Schmelze kann ziemlich viel Wasserstoff aufnehmen. Bei Raumtemperatur beträgt die Löslichkeit des Eisens für Wasserstoff 0,1 cm^3 H$_2$ je 100 g Fe. Bei 1500 °C sind bei einem Wasserstoffpartialdruck von 0,1 MPa etwa 12 cm^3 H$_2$ je 100 g Fe gelöst und am Schmelzpunkt etwa 25 cm^3 H$_2$ je 100 g Fe. Löslichkeitssprünge existieren beim Wechsel der Eisenmodifikationen (Abb. 5.204). Wasserstoff bildet bei den im Stahl vorkommenden Gehalten keine stabilen Verbindungen und tritt im Gefüge nicht unmittelbar in Erscheinung, wohl aber in Form von Werkstoffschädigungen. Er bildet mit Eisen Einlagerungsmischkristalle. Sein Diffusionskoeffizient im Eisen ist außerordentlich groß, sodass er den Stahl schon bei Raumtemperatur oder etwas darüber in atomarer Form verlassen kann. Bei schweren Schmiedestücken besteht die spezielle Problematik darin, dass die Diffusionswege für Wasserstoff sehr groß sind und die Entfernung lange Diffusionszeiten erfordert. Wird das nicht beachtet und es kommt zu einem Überschreiten der Löslichkeitsgrenze, dann wird der überschüssige Wasserstoff aus der festen Lösung unter Bildung von Wasserstoffmolekülen gedrängt, d. h. es kommt zu einer Rekombination der H-Atome nach der Gleichung

$$2\ H \rightarrow H_2$$

Der molekulare Wasserstoff ist praktisch diffusionsunfähig und bleibt am Bildungs-

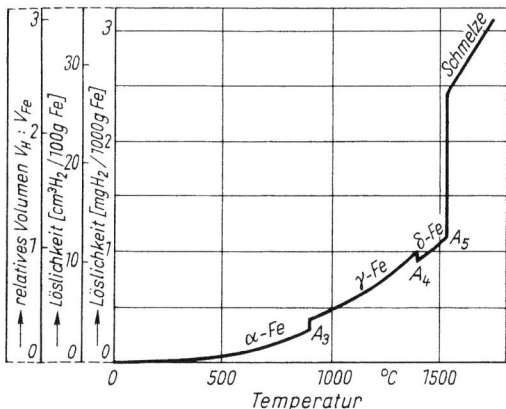

Abb. 5.204 Wasserstofflöslichkeit von Eisen in Abhängigkeit von der Temperatur (Wasserstoffpartialdruck 0,1 MPa)

ort eingeschlossen. Das Gas beansprucht im Eisengitter ein bestimmtes Volumen und gerät somit unter hohen Druck. Der Wasserstoffdruck kann so hohe Werte erreichen, dass die Streckgrenze und die Zugfestigkeit des Stahls an diesen Stellen überschritten werden und es zu lokaler plastischer Deformation und schließlich zum Aufreißen des Materials unter Bildung kleiner Hohlräume kommt. Derartige Hohlräume sind an Schliffflächen und an angelaufenen Bruchflächen (Blaubruchprobe) als sogenannte Flocken (Abb. 5.205) sichtbar. In geseigerten Zonen treten Wasserstoffflocken bevorzugt auf. Zur Vermeidung von Flocken ist das Fernhalten von Feuchtigkeit aus Zuschlagstoffen und Feuerfestmaterial oberstes Gebot. Weitere Möglichkeiten, wie die Vakuumbehandlung der Schmelze und das Flockenfreiglühen bzw. ein sehr langsames Abkühlen des Blocks, sind kostenintensiv, aber trotzdem oft unabdingbar.

Die Werkstoff- und Gefügeprüfung muss berücksichtigen, dass auch bei stärker durchgehärteten höchstbeanspruchten Schmiedestücken Eigenschaftsunterschiede in Abhängigkeit von der Probenlage und der Probenrichtung bestehen. Im Allgemeinen wird die Prüfung der Werkstoffeigenschaften in einem Abstand von 1/6 des Durchmessers von außen vorgenommen. Der Grund dafür ist, dass die Beanspruchung der Bauteile in den randnahen Querschnittsregionen in der Regel höher als in der Kernzone ist. Die Probenrichtungen längs, quer, tangential und radial werden nicht auf die äußeren Abmessungen

Abb. 5.205 Blaubruchprobe des Stahls 42MnV7 mit Flocken; Probe gehärtet von 850 °C und angelassen bei 350 °C, bei 350 °C gebrochen, metallisch blanke rundliche Flecken, die sich vom kornblumenblauen Hintergrund gut abheben

des Werkstücks bezogen, sondern auf die Schmiedefaserrichtung. Die Prüfung in Längsrichtung weist Eigenschaften nach, die durch Seigerungen wenig beeinträchtigt sind. Dagegen dient die Prüfung in radialer Richtung an Bohrkernproben aus Sackbohrungen, die bis in die Hauptseigerungszone reichen, dem Nachweis der Eigenschaften der schlechtesten Stelle des Querschnitts.

Als eine Sondergruppe der Vergütungsstähle können die Federstähle aufgefasst werden. Federn haben die Aufgabe, stoßartige oder schwingende Belastungen aufzunehmen oder unter ruhender Belastung Arbeitsvermögen zu speichern. Auf diese Funktion abgestimmt, müssen Werkstoffe für Federn neben hoher Zugfestigkeit einen möglichst hohen Elastizitätsmodul haben. In dieser Kombination sind Eisenwerkstoffe nach Kaltverfestigung und/oder Wärmebehandlung anderen Werkstoffen weit überlegen. Es ist deshalb logisch, dass Stähle zur Herstellung von Federn besonders interessant sind. Federstähle sind unlegierte bzw. legierte Baustähle, die durch Formgebung im warmen oder kalten Zustand zu Federn und federnden Teilen verarbeitet und meistens durch Härten und nachfolgendes Anlassen auf die für die Verwendung notwendigen Festigkeitseigenschaften gebracht werden. Im Prinzip sind alle Vergütungsstähle im vergüteten Zustand mehr oder weniger gut als Federnwerkstoff geeignet, aber Stähle des oberen Festigkeitsspektrums haben Vorteile. In Abhängigkeit vom Verwendungszweck werden zusätzlich noch Sonderforderungen erhoben, und zwar bezüglich der Warmfestigkeit für Federn, die bei höheren Temperaturen arbeiten sollen, der Korrosionsbeständigkeit bei Federn, die aggressiven Medien ausgesetzt sind, der Nichtmagnetisierbarkeit bei Einsatz von Federn in physikalischen Geräten und anderer. Mit Rücksicht auf die Dauerschwingfestigkeit wird eine besonders gute Oberflächenqualität verlangt. Solche Fehler wie Randblasen, Risse, Kerben, Zunder- und Rostnarben, grobe nichtmetallische Einschlüsse und entkohlte Oberflächen sind tunlichst zu vermeiden. Die Randentkohlung setzt die Dauerschwingfestigkeit herab, weil der entkohlte Rand beim Abkühlen schon zeitig beginnt, in Ferrit umzuwandeln, und bei der Umwandlung des Kerns unter Zugspannungen gerät. Oft wird die Dauerfestigkeit durch eine Oberflächenverfestigung durch Kugelstrahlen verbessert. Weil Silicium die *Randentkohlung* (Abb. 5.35 und 5.36) fördert, hat es als Legierungselement für Federstähle etwas an Bedeutung verloren. Im Übrigen gelten für die Wahl der chemischen Zusammensetzung die gleichen Grundsätze wie für Vergütungsstähle, soweit bei der Herstellung von Federn eine Abschreckhärtung notwendig ist.

Eine weitere mögliche Nebenwirkung des Siliciums ist die Förderung der Grafitausscheidung bzw. des *Schwarzbruchs* bei höheren Kohlenstoffgehalten (Abb. 5.206). Das Silicium wird begierig vom Eisen in den Mischkristall aufgenommen. Bis zu

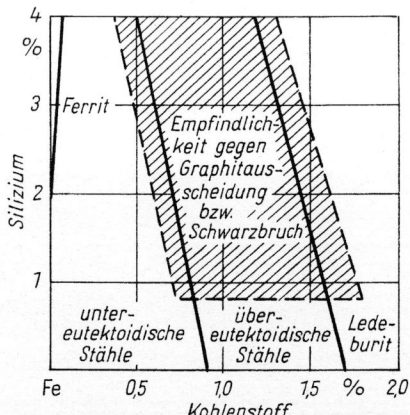

Abb. 5.206 Gefüge ternärer Eisen-Kohlenstoff-Silicium-Legierungen (nach „Werkstoffhandbuch Stahl und Eisen")

etwa 5 % des Siliciums können in Stählen mit entsprechend hohem Kohlenstoffgehalt als Mischcarbid (Fe,Si)$_3$C vorhanden sein. Silicium senkt die Löslichkeit des Ferrits für Kohlenstoff und verringert die Stabilität des Eisencarbids. Das kann dazu führen, dass bei höheren Siliciumgehalten das Eisencarbid beim Glühen in Eisen und Grafit zerfällt. Zum Beispiel kann ein Stahl mit 0,8 % C und 2 % Si nach längerem Glühen im Gefüge Temperkohle enthalten und Schwarzbrucherscheinungen zeigen.

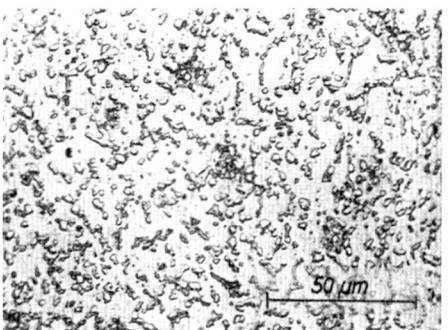

Abb. 5.208 Stahl mit 0,45 % C und 1,5 % Si; weichgeglüht

Die Festigkeitssteigerung durch Wärmebehandlung hat die Aufgabe, ein martensitisches Gefüge über den gesamten Querschnitt einzustellen. Im Unterschied zu den eigentlichen Vergütungsstählen, bei denen im Allgemeinen ein Martensitanteil von 50 % als ausreichend für die Durchhärtung angesehen wird, müssen bei Federstählen mindestens 80 % im Kern, in Sonderfällen 100 % Martensit erreicht werden. Nur auf diese Weise werden Zugfestigkeiten von 1000 bis 1900 N mm^{-2} erreicht. Mit Rücksicht auf die Zähigkeitseigenschaften ist auf Kornfeinung Wert zu legen. Abb. 5.207 zeigt das Vergütungsgefüge eines Si-Mn-legierten Federstahls. Nach dem Härten von 830 °C in Öl und Anlassen bei 400 °C erreicht dieser Stahl eine Zugfestigkeit von 1600 N mm^{-2} und eine Dehnung von 5 %. Ein vorheriges Weichglühen erleichtert die Formgebung der Federn. Abb. 5.208 zeigt das Weichglühgefüge eines untereutektoiden Siliciumfederstahls mit 0,45 % C und 1,5 % Si. Ein nachfolgendes Härten von 820 °C in Wasser und Anlassen bei 400 °C würde diesen Stahl auf eine Zugfestigkeit von 1350 N mm^{-2} und eine Dehnung von 6 % bringen.

Bei kaltverfestigten Federn wird die Kaltverformung durch Ziehen oder Walzen aufgebracht. Zur Formgebung der Federn muss ein ausreichendes Formänderungsvermögen nach dem Kaltziehen oder Kaltwalzen im Werkstoff noch erhalten bleiben. Ein kurzzeitiges Anlassen bei 200 bis 300 °C erweist sich in der Regel zur Anhebung der Elastizitätsgrenze als nützlich.

5.5.3
Stähle für tiefe Temperaturen

Im Apparate-, Behälter- und Leitungsbau sowie im Allgemeinen Maschinenbau besteht Bedarf an Stählen, die tiefen Beanspruchungstemperaturen im Zusammenhang mit der Lagerung, dem Transport und der Verarbeitung verflüssigter Gase ausgesetzt werden können. Die wirtschaftlichen Vorteile, die sich aus der Gasverflüssigung ergeben, haben diesem Stahlanwen-

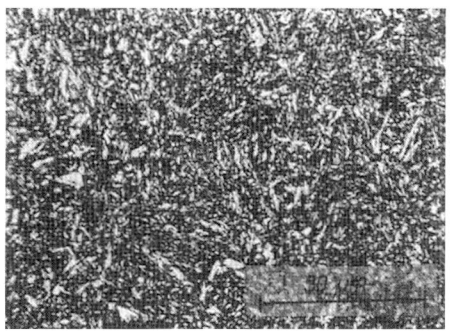

Abb. 5.207 Stahl mit 0,65 % C, 1,75 % Si und 1 % Mn; angelassener Martensit

dungsgebiet zu seiner heutigen Bedeutung verholfen und die Entwicklung spezieller Stähle angeregt. Die Anforderungen an Stähle für tiefe Temperaturen lassen sich unmittelbar aus dem Verwendungszweck ableiten. Es sind bei Temperaturen unter −40 °C (z. T. unter −200 °C) eine noch ausreichende Zähigkeit, eine geringe Sprödbruchempfindlichkeit und eine genügende Schweißeignung. Die Forderung nach guter Zähigkeit bei tiefen Temperaturen hat dieser Stahlgruppe den Namen kaltzähe Stähle verliehen.

Kaltzähe Stähle sind Stähle, die bei Temperaturen unterhalb −40 °C eingesetzt werden können und die bei der tiefsten Verwendungstemperatur eine Kerbschlagzähigkeit von mindestens 27 J cm^{-2} an ISO-Spitzkerbproben aufweisen. Sie werden bei tiefen Temperaturen vorwiegend mechanisch beansprucht, insbesondere in Schweißkonstruktionen, da Bauteile der Kältetechnik weitgehend schweißtechnisch gefertigt werden.

Die Bewertung der Zähigkeit erfolgt in der Regel anhand der Kerbschlagzähigkeits-Temperatur-Kurve bzw. der Übergangstemperatur. Stähle mit ferritischem Grundgefüge zeigen eine Kerbschlagzähigkeits-Temperatur-Kurve mit einem ausgeprägten Steilabfall. Für austenitische Stähle ist eine mehr oder weniger flach abfallende Kerbschlagzähigkeits-Temperatur-Kurve typisch. Grundsätzlich sind beide Stahltypen für den Einsatz bei tiefen Temperaturen geeignet, wenn die Forderung nach einer Mindestzähigkeit bei der tiefsten Verwendungstemperatur erfüllt werden kann. Dementsprechend unterscheidet man bei den kommerziellen kaltzähen Stählen ferritische und austenitische Stähle. Zu den ferritischen kaltzähen Stählen gehören unlegierte und niedriglegierte nickelfreie (z. B. C15, 26CrMo4) und nickellegierte Stähle.

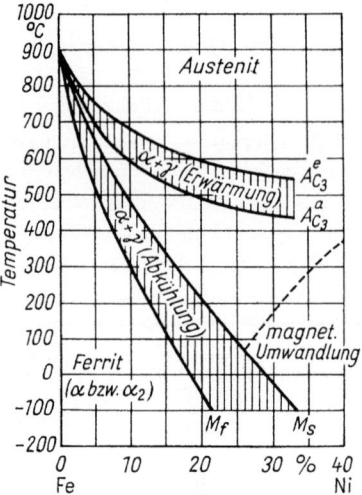

Abb. 5.209   Realdiagramm Eisen-Nickel

Die Gefügeausbildung der Nickelstähle ist sehr interessant, aber auch etwas komplizierter als die der nickelfreien Stähle. Sie hängt stark von der chemischen Zusammensetzung ab. Um die Gefügebildung richtig verstehen zu können, soll zunächst das Gefügediagramm der reinen Eisen-Nickel-Legierungen betrachtet werden (Abb. 5.209). Das Nickel als Metall mit kubisch flächenzentriertem Gitter erweitert das γ-Gebiet des Eisens. Man erkennt weiter, dass beträchtliche Unterschiede in den Umwandlungsgebieten bestehen, die jeweils für das Erwärmen und das Abkühlen gelten. Diese Erscheinung (*Hysterese*) nimmt mit steigendem Nickelgehalt zu. Die Hysterese erklärt, weshalb es möglich ist, ein und dieselbe Legierung bei einer bestimmten Temperatur innerhalb des Hysteresebereichs in zwei grundverschiedenen Gefügezuständen zu erhalten. Wird diese Temperatur von einer Temperatur aus dem Austenitgebiet durch Abkühlen erreicht, bleibt die Legierung austenitisch, wird die gleiche Temperatur aber von Raumtemperatur aus durch Erwärmen eingestellt, bleibt sie ferritisch bzw. martensitisch (*irreversible Legierungen*). In Legierungen mit mehr als etwa 6 bis 7 % Ni wandelt der Austenit beim Abkühlen auch bei langsamer Abkühlung nicht mehr in Ferrit, sondern über eine diffusionslose Umwandlung in kubischen Martensit um. In kohlenstofffreien Eisen-Nickel-Legierungen hat dieser Martensit die gleiche Zusammensetzung wie der Austenit, aus dem er entstanden ist. Der kubische Martensit hat eine nur geringe Härte.

Solche Erscheinungen findet man auch bei Nickelstählen, allerdings sind die Gefügebildungen bei ihnen dadurch noch komplizierter, dass einerseits bei Temperaturen oberhalb von etwa 400 bis 500 °C Diffusionsvorgänge möglich sind und sich infolgedessen Ferrit bilden kann und andererseits in Stählen mit mehr als etwa 17 % Ni die M_f-Temperatur unter die Raumtemperatur absinkt, sodass durch eine Tieftemperaturbehandlung eine weitere Martensitbildung erfolgen kann. Außerdem bildet sich in Stählen nicht kubischer, sondern tetragonal verzerrter Martensit.

Stähle mit einem Nickelgehalt bis zu etwa 6 % wandeln ähnlich wie übliche Baustähle um, d. h. man erhält beim Abkühlen ein ferritisch-perlitisches Gefüge, dessen Perlitanteil vom Kohlenstoffgehalt abhängig ist (Abb. 5.210 und 5.211). Zum

Abb. 5.211 Stahl mit 0,12 % C und 5 % Ni, geschmiedet, Ferrit und Perlit, Widmannstätten'sches Gefüge

Abb. 5.212 Stahl mit 13 % Ni, 850 °C/Luft; α'-Martensit, 341 HB

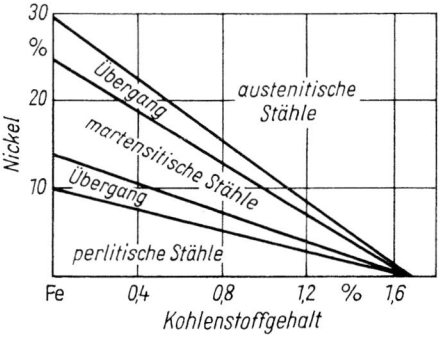

Abb. 5.210 Gefüge der Nickelstähle (nach Guillet)

Vergleich dazu zeigt Abb. 5.212 das Gefüge eines Stahls mit 13 % Ni nach dem Abkühlen von 850 °C an Luft. Es besteht aus Martensit, der sich zwischen 300 und 100 °C gebildet hat. Die Härte beträgt 341 HB. Beim Erwärmen kommt es bei diesem Stahl zwischen etwa 575 und 660 °C bei einer Erwärmungsgeschwindigkeit von etwa 3 K min^{-1} zur ($\alpha \rightarrow \gamma$)-Umwandlung. Beim Abkühlen von 850 auf 400 °C würde das Gefüge des gleichen Stahls aus Austenit bestehen, weil seine M_s-Temperatur unterhalb 400 °C liegt. Beim Erwärmen von Raumtemperatur aus auf 400 °C wäre hingegen der Martensit noch stabil, denn diese Temperatur liegt unterhalb von A_3.

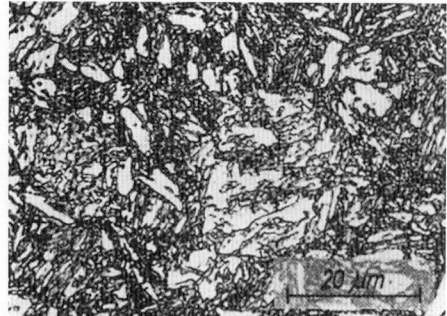

Abb. 5.213 Stahl mit 13 % Ni, 850 °C/Luft/24 h 550 °C; α-Martensit, Ferrit (hell) und Austenit, 278 HB

Abb. 5.214 Stahl mit 25 % Ni, 1050 °C/Wasser; Martensit und Restaustenit (hell), geätzt mit Natriumthiosulfat

Wird dieser Stahl jedoch zwischen 500 und 575 °C ausreichend lange angelassen, entsteht über Diffusionsvorgänge nickelarmer Ferrit und nickelreicher Austenit. Letzterer wandelt sich beim Abkühlen entsprechend seines Nickelgehalts entweder oberhalb oder unterhalb der Raumtemperatur zumindest teilweise wieder in Martensit um (Abb. 5.213). Die Härte sinkt dadurch auf 278 HB ab. Liegt die M_s-Temperatur oberhalb, die M_f-Temperatur jedoch unterhalb der Raumtemperatur, dann führt das Abkühlen auf 20 °C zu einem Mischgefüge aus Martensit und Restaustenit (Abb. 5.214). Rein austenitisch bleibt demgegenüber ein Stahl mit 28 % Ni nach dem Abschre-

cken auf Raumtemperatur (Abb. 5.215), weil seine M_s-Temperatur, die etwa 0 °C beträgt, nicht unterschritten wird. Wird dieser Stahl jedoch tiefgekühlt, wandelt sich der Austenit weitgehend in Martensit um (Abb. 5.216). Erst bei Nickelgehalten größer 34 % bleibt der Austenit stabil und wandelt auch beim Tiefkühlen nicht mehr um (Abb. 5.217).

Das Gefüge kaltzäher Stähle wird für den Verwendungszustand durch Wärmebehandlung eingestellt. Für ferritische Stähle kommt als Wärmebehandlung das Normalglühen oder das Vergüten in Frage, für 9 %ige Nickelstähle wahlweise Normal-

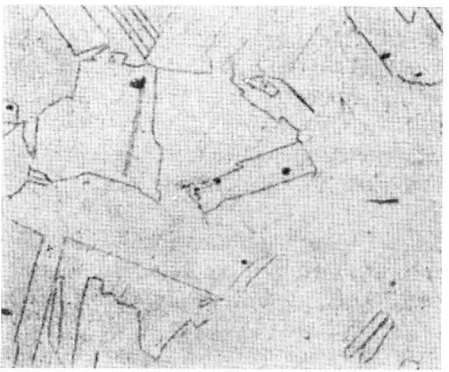

Abb. 5.215 Stahl mit 28 % Ni, 1050 °C/Wasser; Austenit, geätzt mit Eisessig

Abb. 5.216 Stahl mit 28 % Ni, 1050 °C/Wasser/2 h −196 °C; Martensit und Restaustenit (hell), geätzt mit Natriumthiosulfat

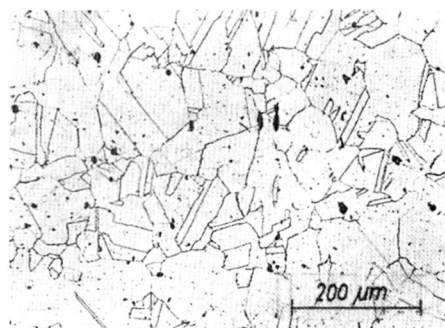

Abb. 5.217 Stahl mit 36% Ni (Invarstahl), sehr geringe thermische Ausdehnung, Austenit, ferromagnetisch

glühen, Luftvergüten, Wasservergüten und Anlassen. Beim Anlassen kann es beim 9%igen Ni-Stahl je nach Temperaturlage zur teilweisen Bildung von stabilem Austenit kommen. Eine Erhöhung der Anlasstemperatur von 550 auf 625 °C (Anlassdauer 4 h) erhöht den Austenitanteil von 7 auf 43%. Dieser Austenit verbessert die Zähigkeit.

In Stählen für tiefe Temperaturen ist das Nickel ein wertvolles Legierungselement, weil es die Zähigkeit bei tiefen Temperaturen erhöht, die Einhärtbarkeit verbessert, die Überhitzungsempfindlichkeit verringert und die Gefahr der Anlassversprödung und der thermischen Alterung reduziert. Nickel ist auch eine wichtige Komponente einiger kaltzäher austenitischer Stähle, die der Legierungsgruppe der Cr-Ni-Stähle (z. B. X8CrNiTi18.10) angehören. Austenitische Stähle zeigen in der Kerbschlagzähigkeits-Temperatur-Kurve keinen ausgeprägten Steilabfall und erreichen bei tiefen Temperaturen noch hohe Werte für die Kerbschlagzähigkeit (Tab. 5.18). Sie sind deshalb besonders gut für den Einsatz bei tiefen Temperaturen geeignet. Das gilt auch für die Legierungsgruppe der austenitischen Cr-Mn-Stähle (z. B. X40MnCr22.4).

Das Studium des günstigen Verhaltens des austenitischen Zustands hat einigen Aufschluss zum allgemeingültigen Tieftemperaturverhalten von Stahl ergeben. Ursachen für dieses günstige Verhalten des austenitischen Zustands sind die geringere Neigung interstitieller Elemente zur Anreicherung an Versetzungen und Korngrenzen im Austenit im Vergleich zum Ferrit und seine niedrigere Stapelfehlerenergie. Die geringere Neigung von Fremdatomen zur Anreicherung an Gitterfehlern resultiert daraus, dass die Löslichkeit für Einlagerungsatome bzw. die Möglichkeit für die Aufnahme in die interstitiellen Räume unter sonst gleichen Bedingungen im γ-Fe größer ist als im α-Fe. Demzufolge besteht im Austenit für interstitiell gelöste Atome ein geringerer Zwang, an strukturelle Gitterfehler abzuwandern. Außerdem ist unter sonst gleichen Bedingungen die Diffusion im dichter gepackten γ-Mischkristall schlechter als im α-Fe, sodass die thermodynamisch mögliche Seigerung an den Kornflächen erst bei tieferen Temperaturen (bei verringertem Gitterparameter) stärker zum Tragen kommt.

Die Stapelfehlerenergie ist insofern von Bedeutung, als dass ein Stapelfehler im Ergebnis der Aufspaltung von Versetzungen in Teilversetzungen entsteht und die Verzerrungsenergie aufgespaltener Versetzun-

Tab. 5.18 Mechanische Kennwerte austenitischer Cr-Ni-Stähle

Prüftemperatur [°C]	R_e [N mm^{-2}]	R_m [N mm^{-2}]	A_5 [%]	Z [%]	KC [J cm^{-2}]
+ 20	280	550	56	75	240
−183	350	1560	34	51	180

gen dadurch verringert wird. Die Erscheinung des Aufspaltens von Versetzungen beobachtet man vor allem im kubisch flächenzentrierten Gitter. Aufgespaltene Versetzungen können bei der plastischen Deformation ihre Gleitebenen nur noch schwer verlassen. Folge davon ist, dass die Versetzungsdichte auf einer Gleitebene schneller ansteigt und die Abgleitung sich auf sehr viele Gleitebenen verteilt (feine Gleitverteilung).

Eine feine Gleitverteilung ist durch einen mittleren Gleitbandabstand von kleiner 1 µm gekennzeichnet. Eine grobe Gleitverteilung begünstigt den spröden Bruch, weil die größere Spannungskonzentration am Ende einer starken Gleitstufe, die durch die stärkere Aufstauung von Versetzungen verursacht wird, die Risskeimbildungswahrscheinlichkeit am Hindernis sehr erhöht. Daraus resultiert die Überlegung, die Kaltzähigkeit durch Verfeinerung der Gleitbandverteilung zu verbessern, insbesondere bei den kostengünstigeren ferritischen Stählen, die im Allgemeinen eine geringere Kaltzähigkeit aufweisen als austenitische Stähle.

Aber nicht nur die Versetzungsaufspaltung beeinflusst die Gleitbandverteilung, sondern auch ausgeschiedene Teilchen sekundärer Phasen. Teilchen können mit wandernden Versetzungen in unterschiedlicher Weise wechselwirken. Sie können von wandernden Versetzungen geschnitten oder umgangen werden. Welcher dieser Mechanismen tatsächlich ins Spiel kommt, hängt insbesondere vom Teilchenradius ab. Teilchen mit unterkritischem Radius, d. h. feine, kohärent ausgeschiedene Teilchen, werden aus energetischen Gründen bevorzugt geschnitten, Teilchen mit überkritischem Radius, d. h. hauptsächlich inkohärent ausgeschiedene Teilchen werden bevorzugt umgangen (Orowan-Mechanismus). Das Schneiden von Teilchen bedeutet, dass nur eine relativ geringe Anzahl von Gleitebenen an der Abgleitung teilnimmt, oder anders ausgedrückt, dass eine grobe Gleitverteilung mit ihrem negativen Einfluss auf die Kaltzähigkeit vorliegt. In diesem Zusammenhang ist auch die Wirkung von Nickel zu sehen. Das Nickel beschleunigt das Wachsen metastabiler Carbid- und Nitridteilchen auf überkritische Größe. Die Erfahrung lehrt, dass 5 und 9 % Ni eine besonders günstige Wirkung auf das Teilchenwachstum haben. Daraus resultieren die 5 und 9 %igen Ni-Stähle. Nickel ist ein relativ teures Legierungselement, sodass man versucht, mit geringstmöglichen Gehalten auszukommen, z. B. mit etwa 3,5 oder 5 %.

Trotzdem bleibt die Suche nach noch preiswerteren kaltzähen Stählen ein aktuelles Thema. Notwendig sind das Erzielen einer feinen Gleitverteilung im ferritischen Mischkristall und eine weitgehende Verhinderung der Anreicherung gelöster Atome an den Korngrenzen. Eine solche Anreicherung wird sich nicht vollständig unterbinden lassen, aber es ist denkbar, den Grad der Anreicherung so klein zu halten, dass eine Korngrenzenschädigung nicht eintreten kann. In dieser Hinsicht kommt dem feinkörnigen Gefüge eine große Bedeutung zu. Feinkorn bedeutet einerseits eine Verkürzung des freien Laufwegs der Versetzungen und damit auch eine verringerte Länge des Versetzungaufstaus sowie eine verringerte Risskeimbildungswahrscheinlichkeit und andererseits eine Vergrößerung der spezifischen Grenzfläche mit verringerten Elementanreicherungen bei gleichem Gehalt an Begleit- und Spurenelementen.

Neben der Zähigkeit fordert man von diesen Stählen eine ausreichende Festigkeit. Für Stähle, die bei tiefen Temperaturen beansprucht werden, gilt, dass mit abnehmender Temperatur die Festigkeit infolge zunehmender Gitterreibungsspannung zunimmt. Für technische Stähle schlägt sich dieser Zusammenhang in einer zunehmenden Streckgrenze mit abnehmender Temperatur nieder.

In vielen Fällen verwendet man als Streckgrenze nicht die sonst übliche 0,2 %-Dehngrenze, sondern die 1 %-Dehngrenze, weil sie für viele Anwendungen als Berechnungskennwert herangezogen wird. Solche Fälle sind dann gegeben, wenn es darum geht, die großen Verformungsreserven besser auszunutzen. Mit Nickelstählen mit 3,5, 5 oder 9 % Ni werden so gute Tieftemperatureigenschaften erzielt, dass mit ihnen der Einsatzbereich von −100 bis −200 °C abgedeckt werden kann. Unterhalb dieser Temperaturgrenze setzt man austenitische Stähle ein.

Der Austenitmischkristall weist bei tiefen Temperaturen eine gute Umformbarkeit auf, die gleichbedeutend mit einer hohen Zähigkeit ist. Diese günstigen Eigenschaften des Austenits können aber nur dann genutzt werden, wenn der Austenit bei tiefen Temperaturen auch wirklich stabil bleibt, also nicht in Martensit umwandelt, d. h. man braucht einen Bewertungsmaßstab für die Austenitstabilität. Ein Maß für die Austenitstabilität ist diejenige Temperatur, bei der Martensitbildung einsetzt. Der Austenit ist umso stabiler, je niedriger die M_s- bzw. die M_d-Temperatur ist (d *deformation*, M_d Beginn der verformungsinduzierten Martensitbildung). Alle für austenitische Stähle wichtigen Legierungselemente bewirken eine Absenkung der M_s-Temperatur, d. h. sie verbessern im Allgemeinen die Austenitstabilität und sichern somit die Entstehung eines ferritfreien austenitischen Gefüges. Mn-Stähle neigen zur Bildung von ε-Martensit (*hexagonal*) und bei Stählen mit mehr als 15,5 % Cr und 9 % Nickel und wenig Mangan tritt eine andere Umwandlungsfolge der Martensitbildung auf:

$\gamma \rightarrow \varepsilon$ − Martensit $\rightarrow \alpha'$ − Martensit

Die Umwandlung des Austenits wird durch niedrige C- und N-Gehalte im Mischkristall, tiefe Umwandlungstemperaturen, plastische Deformation und eine niedrige Umformtemperatur gefördert. Die legierungsabhängigen Gefügeveränderungen schlagen sich in Eigenschaftsänderungen nieder. Die Deutung der Eigenschaften ist nicht ganz einfach, weil sich das Gefüge metastabiler austenitischer Stähle bei der plastischen Deformation während des Zugversuchs selbst durch Bildung von Verformungsmartensit noch ändert.

Die hexagonale ε-Phase zeichnet sich durch einen hohen Verformungswiderstand aus und trägt somit zur Verfestigung bei. Nickel verbessert auch bei austenitischen Stählen die Kaltzähigkeitseigenschaften. Ein Teil des Nickels kann durch Stickstoff ersetzt werden, weil dieses Element ebenfalls die Tieftemperaturstabilität des Austenits erhöht. Die Wirkung des Mangans ist unterschiedlich. Bei nicht vollständig stabilen Austeniten drängt Mangan die Bildung von α'-Martensit zurück und die Kerbschlagzähigkeit wird verbessert. Bei stabilen N-Austeniten kann Mangan sogar zur einer leichten Verschlechterung der Kerbschlagzähigkeit führen. Da unkontrollierte Ausscheidungszustände die Eigenschaften negativ beeinflussen können, werden austenitische Stähle meistens bei etwa 1050 °C lösungsgeglüht und anschließend in Wasser abgeschreckt.

5.5.4
Stähle für hohe Temperaturen

Für den Einsatz bei höheren Temperaturen sind warmfeste Stähle entwickelt worden. Warmfeste Stähle sind mechanisch beanspruchbare Stähle, die bei Temperaturen bis zu etwa 540 °C langzeitig verwendet werden können. Bei hochwarmfesten Stählen liegt die Obergrenze der Beanspruchungstemperatur bei etwa 800 °C. Typische Anwendungsfelder für derartige Werkstoffe sind der Bau von Wärmekraftwerken zur Erzeugung elektrischer Energie, von stationären Gasturbinen, von Kernreaktoren, von Chemieanlagen (z. B. in der Petrolchemie und der erdölverarbeitenden Industrie), von Industrieöfen, von Flugtriebwerken usw. Warmfeste Stähle werden hauptsächlich in den Erzeugnisformen Bleche, Rohre, Schmiedestücke und Gussteile benötigt. Bei der Kennzeichnung der Beanspruchung ist in der Regel von einer konstanten mechanischen Beanspruchung bei einer festen Betriebstemperatur auszugehen. Zum Beispiel entsteht die Beanspruchung von in Wärmekraftanlagen eingesetzten Dampferzeugern und Dampfleitungen im Grundlastbereich durch den Dampfdruck. Bauteile für eine konstante Beanspruchung werden mit Kennwerten berechnet, die durch statische Prüfung ermittelt werden. Die Prüfung muss aber dem spezifischen Werkstoffverhalten bei hohen Beanspruchungstemperaturen angepasst sein.

Das spezifische Verhalten von Stählen bei hohen Beanspruchungstemperaturen besteht darin, dass sie zu zeitabhängigen Dehnungen neigen, die man auch als *Kriechen* bezeichnet. Das Kriechen ist in zweifacher Hinsicht von Bedeutung. Zum einen müssen kriechbedingte Veränderungen bei der Prüfung der Warmfestigkeit berücksichtigt werden, in der Regel dadurch, dass die Beanspruchungsdauer und die Beanspruchungstemperatur in die Prüfung einbezogen werden. Beide sollten in der Größenordnung der späteren Beanspruchungsbedingungen liegen. Zum zweiten besteht die Möglichkeit, über die Beeinflussung der Kriechvorgänge auf die Warmfestigkeit des Stahls Einfluss zu nehmen. Bei niedrigen Beanspruchungstemperaturen kann die zeitabhängige Dehnung unter Umständen vernachlässigt werden, wenn es auf geringfügige Änderungen nicht ankommt. Je höher die Beanspruchungstemperatur ist, umso stärker treten Veränderungen durch das zeitabhängige Dehnen in den Vordergrund und können nicht mehr vernachlässigt werden. Über die zeitliche Veränderung der Dehnung bei einer bestimmten Belastung bei höherer Temperatur gibt das Zeitstandschaubild Auskunft. Daraus kann man erkennen, dass mit zunehmender Belastungsdauer die Bruchfestigkeit und die Dehngrenzen absinken.

Diese Abnahme wird durch Gefügeveränderungen verursacht, die während der Langzeitbeanspruchung vor sich gehen. Für den Stahleinsatz ist es von Bedeutung, diese Gefügeveränderungen mit ihren Ursachen zu kennen. Zur Bewertung der Lebensdauer von Bauteilen ist es wichtig zu wissen, ob bei bestimmten Belastungen diese Veränderungen allmählich zum Stillstand kommen oder ob sie nach einer mehr oder weniger starken Einschnürung zum Bruch führen.

Ausschlaggebend dürfte sein, dass alle technisch interessanten Gefügezustände mehr oder weniger metastabil sind und dass sie demzufolge bei höherer Temperatur laufend Veränderungen erfahren. Diese Veränderungen sind auf die Einstellung gleichgewichtsnäherer Zustände geringerer Freier Energie gerichtet. Unter den Bedingungen der Langzeitbeanspruchung unterliegen auch relativ gleichgewichtsnahe Ausgangsgefüge noch Veränderungen. Gefügeveränderungen unter langzeitiger Beanspruchung bei höheren Temperaturen sind vor allem Veränderungen innerhalb der Carbidphasen. Sie betreffen die Veränderung der chemischen Zusammensetzung der Carbide über eine Umverteilung der Legierungselemente, die Ausscheidung von Carbiden an den Kornflächen und die Koagulation der Carbide. Die Existenz derartiger Gefügeveränderungen lässt erkennen, dass zur Erzielung einer hohen Festigkeit unter den Bedingungen einer Langzeitbeanspruchung bei hoher Temperatur andere Gesichtspunkte maßgebend sind als zur Festigkeitssteigerung bei Raumtemperatur.

Bei Temperaturen, bei denen eine Rekristallisation noch nicht stattfinden kann, ist die Festigkeitssteigerung durch Kornfeinung günstig, denn die Korngrenzen behindern das Fließen. Die Festigkeitssteigerung durch Kornfeinung bleibt auf einen relativ kleinen Temperaturbereich beschränkt. Darüber hinaus muss nach anderen Möglichkeiten zur Gewährleistung der Warmfestigkeit gesucht werden. Geeignet sind die Bildung von Substitutionsmischkristallen mit solchen Elementen, die die Diffusion der Eisenatome bremsen, und die Bildung schwerlöslicher stabiler Verbindungen, wie Carbide, Nitride und intermetallische Verbindungen. Besonders günstig sind Carbide und Carbonitride des Vanadins und des Niobs sowie die Mo_2C-Phase, weil sie selbst nach längerer Glühdauer nur wenig oder gar nicht eingeformt werden. Das Fe_3C wird dagegen sehr schnell ausgeschieden und eingeformt und bewirkt daher keine Kriechbehinderung.

Weil im Austenit unter sonst gleichen Bedingungen die Diffusion der Atome geringer ist als im Ferrit, weist das austenitische Grundgefüge eine geringere Kriechgeschwindigkeit auf als der Ferrit. In Übereinstimmung mit den genannten Möglichkeiten zur Festigkeitserhöhung sind ferritische Stähle für mäßig erhöhte Temperaturen sowie austenitische Stähle und Co-Cr-Ni-Fe-Legierungen für den Zeitstandbereich bei höheren Temperaturen im Einsatz. Mit steigendem Gehalt an Legierungselementen nimmt die mögliche Einsatztemperatur zu. Die maximale Einsatztemperatur beträgt für warmfeste Feinkornbaustähle etwa 400 °C, für Mn-legierte Kesselbaustähle etwa 475 °C, für Mo- und Mo-Cr-legierte Kesselbaustähle etwa 500 °C, für 12%ige Cr-Stähle etwa 600 °C und für austenitische warmfeste Cr-Ni-Stähle etwa 600 °C und etwas darüber (Tab. 5.19). Die Tabelle liefert einige Anhaltswerte zum Einfluss einiger Legierungselemente auf diejenige Spannung, die einen Bruch nach 1000 h Belastung bei 650 °C bewirkt ($R_{m/1000/650°C}$). Die Langzeitwarmfestigkeit der ferritischen warmfesten Stähle ist besonders vom Wärmebehandlungszustand abhängig. Der Gefügezustand bestimmt die Lebensdauer des Bauteils.

Die anzuwendende Wärmebehandlung sollte sich auf die Einstellung des zweckmäßigsten Gefügezustands für die je-

Tab. 5.19 Zeitstandfestigkeitswerte $R_{m/1000/650°C}$ einiger Cr-Ni-Stähle

| Zusammensetzung [%] | | | | $R_{m/1000/650°C}$ |
C	Cr	Ni	Sonstige	N mm^{-2}
0,08	19,0	9,5	–	105
0,08	18,9	10,5	1,0 Nb	120
0,08	18,0	9,5	0,5 Ti	123
0,10	18,0	12,0	2,5 Mo	175
0,15	21,0	20,0	2,0 Co, 3,0 Mo, 2,0 W, 1,0 Nb, 0,15 N	323
0,25	19,0	9,0	1,25 Mo, 1,2 W, 0,3 Nb, 0,2 Ti	350

weilige Beanspruchungstemperatur und -dauer richten. Die Gefügeausbildung und die Festigkeitseigenschaften sollen auch bei Bauteilen mit großen Wanddicken über den Querschnitt möglichst gleichmäßig sein. Auf diese Weise wird gewährleistet, dass der gesamte Querschnitt an der Kraftübertragung teilnimmt, ohne dass einzelne Stellen überbeansprucht werden und zu Ausgangspunkten für Werkstoffschädigungen werden können. Als Wärmebehandlung kommt für ferritisch-carbidische Stähle das Normalglühen und das Härten an Luft bzw. in Flüssigkühlmitteln oder im Gasstrom mit anschließendem Anlassen in Frage.

Abb. 5.219 Stahl mit 0,15 % C, 1,55 % Cr und 0,48 % Mo, luftvergütet; Ferrit und angelassener Bainit

Abb. 5.218 zeigt das Gefüge eines warmfesten Stahls mit 0,15 % C, 1,55 % Cr und 0,48 % Mo nach dem Walzen. Es besteht aus Bainit. Die Bainitbildung wird durch Chrom und hauptsächlich durch Molybdän gefördert. Wird dieser Stahl nach dem Austenitisieren bei 880 °C an Luft abgekühlt und bei 600 °C angelassen, bildet sich voreutektoider Ferrit und der restliche Austenit wandelt wieder in Bainit um (Abb. 5.219). Dieser Stahl wird bis zu einer Beanspruchungstemperatur von etwa 530 °C im Kesselbau verwendet. Vanadin verbessert die Warmfestigkeit und sorgt für eine geringere Überhitzungsempfindlichkeit. Die Wechselfestigkeit, die Ermüdungsfestigkeit

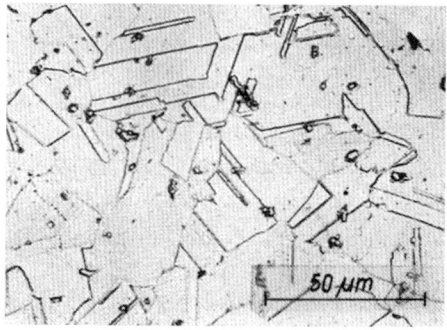

Abb. 5.220 Warmfester austenitischer Cr-Ni-Stahl mit 0,10 % C, 17,10 % Cr, 16,8 % Ni, 1,50 % W, 1,00 % V und 1,32 % Nb+Ta; geätzt mit V2A-Beize

und die Kriechbeständigkeit werden durch Vanadin ebenfalls günstig beeinflusst. Chrom-Vanadin-Stähle mit 0,5 % C, 1 % Cr und 0,2 % V eignen sich wegen der hohen Elastizitätsgrenze und ihrer guten Kriechbeständigkeit zur Herstellung warmfester Federn.

Das Gefüge von gewalzten oder geschmiedeten, warmfesten austenitischen Stählen besteht aus der austenitischen Grundmasse und zahlreichen, eingelagerten gröberen und feineren Carbiden, die meistens ungleichmäßig verteilt sind (Abb. 5.220 und 5.221). Austenitische warmfeste Stähle werden deshalb einem Lösungsglühen bei 1050 bis 1100 °C mit

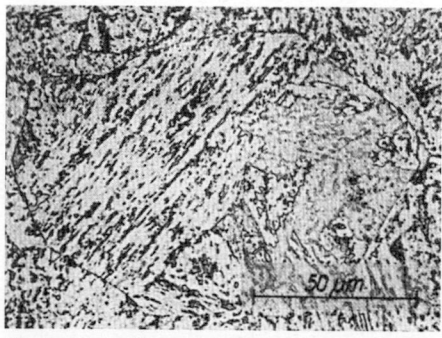

Abb. 5.218 Stahl mit 0,15 % C, 1,55 % Cr und 0,48 % Mo, gewalzt; Bainit

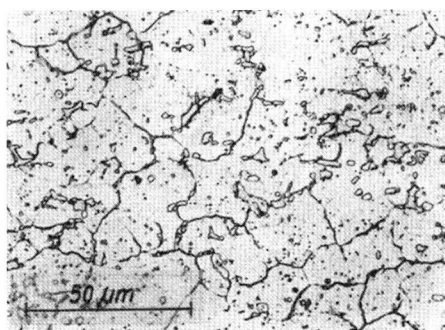

Abb. 5.221 Warmfester austenitischer Cr-Ni-Stahl mit 0,38 % C, 18,20 % Cr, 17,5 % Ni, 9,3 % Co, 2,90 % W, 1,90 % Mo, 0,30 % V und 1,93 % Nb+Ta; geätzt mit Königswasser

nachfolgendem Abschrecken in Wasser unterzogen und anschließend ausscheidungsgeglüht bei einer Temperatur in Höhe der späteren Beanspruchungstemperatur.

Im Zusammenhang mit Langzeitbeanspruchungen bei höheren Temperaturen muss im Interesse der Betriebssicherheit höchste Aufmerksamkeit auf die Vermeidung von Zähigkeitsverlusten gerichtet werden. Die Zähigkeit bzw. das Verformungsvermögen hat eine besondere Bedeutung z. B. für den Spannungsabbau in der Wärmeeinflusszone von Schweißverbindungen, an Stellen hoher Spannungskonzentrationen und in der Umgebung von nichtmetallischen Einschlüssen und Mikrorissen. Damit ein genügend schneller Spannungsabbau an diesen kritischen Stellen stattfinden kann, sollte der Kriech- bzw. Relaxationswiderstand dort klein sein. Außerdem sichert ein bestimmtes Verformungsvermögen im gesamten Temperaturbereich ein allmähliches zähes Verformen bei Überbeanspruchungen. Auf diese Weise können Überbeanspruchungen rechtzeitig erkannt und entsprechende Sicherungsmaßnahmen eingeleitet werden. Der eingestellte Werkstoffzustand stellt einen Kompromiss zwischen Kriechfestig-

keit und Verformungsvermögen dar. Dieser Zustand kann aber insbesondere bei hohen Einsatztemperaturen Veränderungen erfahren und zur Langzeitversprödung führen.

Die Ursachen der Langzeitversprödung sind noch nicht völlig geklärt. Eine Ursache dürfte auf die Spurenelemente Pb, Bi, As, Sb und Sn sowie auf P zurückzuführen sein. Man geht davon aus, dass diese Elemente sich an den Korngrenzen anreichern und diese somit schädigen. Aus diesem Grund muss bei der Erschmelzung der warmfesten Stähle auf einen möglichst niedrigen Spurenelementspiegel Wert gelegt werden.

Eine weitere Ursache besteht in der Bildung der intermetallischen σ-Phase FeCr. Die Bildung der σ-Phase wird mit zunehmendem Cr-Gehalt gefördert. Sie hängt aber auch vom Cr/Ni-Verhältnis im Mischkristall ab und kann mit der Umwandlung von δ-Ferrit verbunden sein. Der Umwandlungsmechanismus des δ-Ferrits in warmfesten Cr-Ni-Stählen ist relativ kompliziert und in seinen einzelnen Stadien in Abb. 5.222 bis 5.225 dargestellt.

Zur Sichtbarmachung der vorhandenen und neu gebildeten Gefügebestandteile

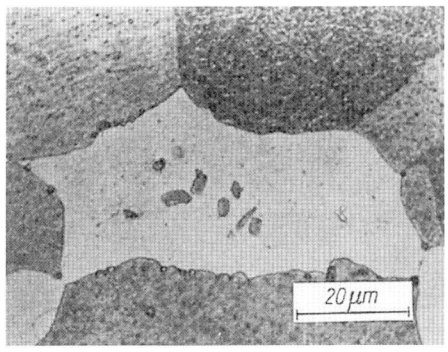

Abb. 5.222 Stahl mit 0,10 %C, 20 % Cr, 10 % Ni und geringen Gehalten an W, V und Nb, 1100 °C/Wasser/2 min 750 °C/Luft; aus δ-Ferrit (hell) ausgeschiedener Austenit (dunkel)

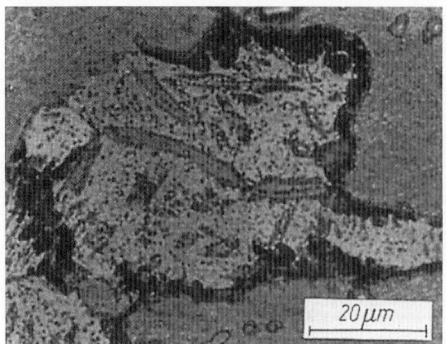

Abb. 5.223 Stahl mit 0,10 %C, 20 % Cr, 10 % Ni und geringen Gehalten an W, V und Nb, 1100 °C/Wasser/1 h 750 °C/Luft; aus δ-Ferrit (hell) ausgeschiedener Austenit (dunkelgrau), Carbide (dunkle Punkte) und α-Phase (dunkle Flächen)

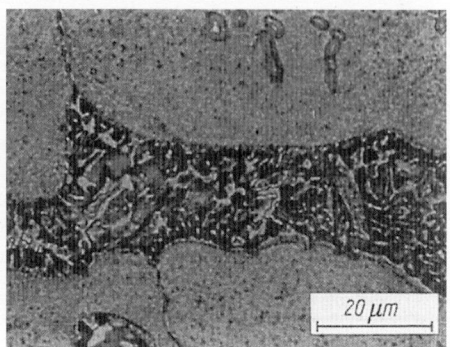

Abb. 5.225 Stahl mit 0,10 % C, 20 % Cr, 10 % Ni und geringen Gehalten an W, V und Nb, 1100 °C/Wasser/10 h 750 °C/Luft; praktisch abgeschlossener Zerfall von δ-Ferrit in Austenit, Carbiden (in der Austenitmatrix und an den Korngrenzen) und α-Phase

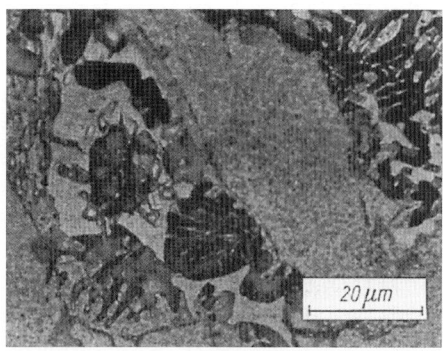

Abb. 5.224 Stahl mit 0,10 % C, 20 % Cr, 10 % Ni und geringen Gehalten an W, V und Nb, 1100 °C/Wasser/5 h 750 °C/Luft; Rosetten eines eutektoiden Gemenges aus Austenit und σ-Phase

5 min bei etwa 500 °C an Luft oxidiert, wodurch der Austenit braunrot gefärbt wurde, der restliche δ-Ferrit aber hell blieb. Nach dem Abschrecken von 1100 °C besteht das Gefüge aus Austenit mit etwa 20 % eingelagerten δ-Ferritkristallen und einigen nicht aufgelösten Carbiden. Bereits nach einer Anlassdauer von 2 min bei 750 °C haben sich im δ-Ferrit kleine Austenitkristalle gebildet (Abb. 5.222). Nach längerem Anlassen scheiden sich weitere feine Carbide (dunkle Punkte) sowie hauptsächlich größere Mengen der außerordentlich harten und spröden σ-Phase an den Korngrenzen zwischen Austenit und δ-Ferrit aus. Abb. 5.223 dokumentiert das Voranschreiten der Umwandlung nach 1 h Haltedauer bei 750 °C. Nach einer gewissen Zeit kommt es zu einer Art eutektoiden Reaktion, bei der sich aus dem δ-Ferrit gleichzeitig und nebeneinander Austenit und σ-Phase in Form eines feinen Gemenges ausscheiden. Abb. 5.224 zeigt dieses Stadium des δ-Ferritzerfalls, in dem sich teilweise Rosetten aus Austenit und σ-Phase gebildet haben. Nach Ablauf der Ausscheidungsvorgänge bleibt im Allgemeinen

war eine Mehrfachätzung erforderlich. Durch Ätzen mit Königswasser wurden zunächst die Umrisse der einzelnen Kristalle entwickelt. Das nachfolgende elektrolytische Ätzen mit wässriger 10 %iger Chromsäure färbte die ausgeschiedenen feinen Carbide dunkel bis schwarz, wobei die σ-Phase herausgelöst wurde und die entstandenen Löcher ebenfalls dunkel bis schwarz, aber großflächig sichtbar wurden. Schließlich wurden die Schliffe

noch etwas δ-Ferrit erhalten. Das Endgefüge besteht aus einem innigen Gemenge aus den unmagnetischen Bestandteilen Austenit, σ-Phase und Carbiden, die aus dem homogenen δ-Ferrit nach 10-stündigem Anlassen bei 750 °C entstanden sind, und aus Resten der ferromagnetischen Phase δ-Ferrit (Abb. 5.225).

Bei Stählen mit ausreichend hohen Gehalten an Ti und Al (% Ti + % Al > 0,5 %) scheidet sich die intermetallische γ′-Phase $Ni_3(Al,Ti)$ aus. Da dieser Ausscheidungsprozess mit einer Verarmung des Mischkristalls an Nickel verbunden ist, kann σ-Phase auch bei rein austenitischen Stählen gebildet werden.

Neben den bereits genannten intermetallischen Verbindungen können noch andere vorkommen. Nicht alle bewirken eine so starke Versprödung wie die σ-Phase, tragen aber erheblich zur Festigkeitssteigerung bei. Ein höherer Molybdängehalt kann in nichtstabilisierten Cr-Ni-Stählen die Ausscheidung der Laves-Phase (Fe_2Mo) und der Chi-Phase ($Fe_{36}Cr_{12}Mo_{10}$) bewirken. Bei Anwesenheit von Niob wird die Entstehung der σ- und der Laves-Phase gegenüber der Chi-Phase begünstigt. Zur Vermeidung versprödend wirkender intermetallischer Verbindungen kann eine Herabsetzung des Molybdängehalts nützlich sein.

Wolfram bildet ebenfalls eine Laves-Phase, nämlich die Phase Fe_2W (hexagonal). Von dieser Phase ist bekannt, dass sie sich vornehmlich im Korninneren ausscheidet und deshalb zur Erhöhung des Kriechwiderstands genutzt werden kann. Die anzuwendenden wirksamen Wolframgehalte (in Masse-%) sind wegen der größeren relativen Atommasse dieses Elements im Allgemeinen höher als die zur Ausscheidung von intermetallischen Verbindungen notwendigen Molybdängehalte. Die Laves-Phase $Fe_2(Mo,W,Nb)$ verleiht Stählen mit 10 % Co eine höhere Warmfestigkeit. Die σ- und die Chi-Phase werden bei diesem Stahltyp nicht gefunden.

Das Cobalt erhöht die Rekristallisationstemperatur und die Kohlenstofflöslichkeit, was die Auflösung der Carbidphase beim Lösungsglühen erleichtert. In Cobaltstählen muss man deshalb während der Betriebsbeanspruchung mit einer verstärkten Carbidausscheidung rechnen. Dementsprechend haben Stähle mit 10 oder 20 % Co in der Regel auch einen etwas höheren Kohlenstoffgehalt bis 0,40 % und einen höheren Anteil an carbidbildenden Elementen, denn die ausgeschiedenen Carbide und die Laves-Phase $Fe_2(Mo,W,Nb)$ sind die wichtigsten Träger der Warmfestigkeit in cobaltlegierten warmfesten Stählen.

Zur Anwendung von Hydrierverfahren in der Chemie benötigt man Stähle, die neben den Eigenschaften, die man allgemein von warmfesten Stählen fordert, zusätzlich noch eine hohe Beständigkeit gegen wasserstoffhaltige Gase aufweisen müssen. Die spezifische Beanspruchung besteht darin, dass Wasserstoff, insbesondere wenn er unter höherem Druck steht, in die Stahloberfläche eindiffundiert und das Eisencarbid reduziert:

$$Fe_3C + 4\,\{H\} \rightarrow 3\,Fe + \{CH_4\}$$

Extreme Bedingungen (Temperaturen bis 600 °C; Drücke bis 1000 bar) begünstigen diese Reaktion. Der Kohlenstoff wird in Form des entstehenden Methans aus dem Gitter entfernt. Wegen der großen Diffusionsfähigkeit des Wasserstoffs können auf diese Weise in kurzer Zeit große Querschnitte entkohlt werden. Hinzu kommt, dass an den Stellen, an denen vorher die Carbidteilchen vorhanden waren, nach der Methanbildung Werkstofftrennungen und Lockerstellen zu finden sind. In diesen Lockerstellen sammelt sich das gebildete gasförmige Methan, gerät zunehmend unter

Druck und initiiert über eine Sprengwirkung (Sprengdruckhypothese) zusätzlich die Rissbildung, weil es auf anderem Wege kaum entweichen kann. Erhebliche Werkstoffschädigungen sind die Folge davon.

Traurige Berühmtheit hat in dieser Hinsicht der erste großtechnische Versuch zur Synthese von Ammoniak aus Stickstoff und Wasserstoff nach dem Haber-Bosch-Verfahren im Jahre 1911 erlangt. Nach einer Betriebsdauer von nur 80 h bei 200 bar und einer Betriebstemperatur von etwa 500 bis 600 °C zerbarsten die zwei Rohre aus unlegiertem Stahl. Der Perlit war im inneren Rohrwandbereich aus dem Gefüge verschwunden. Dadurch war der Zusammenhalt gestört und die Festigkeit stark vermindert, sodass auch die noch unbeeinflusste äußere Rohrwandschicht dem Druck nicht widerstehen konnte und aufriss. Besonders bemerkenswert ist der steile Abfall der Werte für die Bruchdehnung, die Brucheinschnürung und die Kerbschlagarbeit nach Einsetzen der Entkohlung.

Intensive Forschungsarbeiten haben zur Entwicklung druckwasserstoffbeständiger Stähle geführt. Dabei handelt es sich um warmfeste Stähle, die die zusätzliche chemische Beanspruchung durch Druckwasserstoff abfangen können. Da die Aufnahme von Wasserstoff unter den genannten extremen Bedingungen praktisch nicht zu verhindern ist, wird von der Möglichkeit Gebrauch gemacht, durch Zulegieren carbidbildender Elemente die Entkohlung zu vermeiden oder in Grenzen zu halten. Uninteressant sind in diesem Zusammenhang solche Elemente wie Si, Ni und Cu, weil sie keine Carbide bilden. Carbidbildende Elemente, wie Cr, W und Mo, erhöhen die Beständigkeit gegen Druckwasserstoff. In geringen Gehalten sind diese Elemente zunächst im Eisencarbid gelöst und stabilisieren dieses gegen Reduktion. Reaktionen in der Carbidphase verändern auch die Druckwasserstoffbeständigkeit. Bei etwa 3 % Cr wandelt das Carbid $(Fe,Cr)_3C$ in das Cr-Sondercarbid $(Cr,Fe)_7C_3$ um. Diese Umwandlung ist mit einer unstetigen Erhöhung der Beständigkeit verbunden. Daraus ergibt sich als Schlussfolgerung, dass den Stählen mit etwa 3 % Cr eine besondere Bedeutung als druckwasserstoffbeständige Stähle zukommt. Solche Elemente wie V, Ti, Zr und Nb bewirken nach anfänglicher Verbesserung bei relativ kleinen Gehalten zunächst keine weitere Steigerung der Druckwasserstoffbeständigkeit.

Die anfängliche Verbesserung lässt sich damit erklären, dass die genannten Elemente zunächst vom $(Fe,Cr)_3C$ aufgenommen werden und dieses stabilisieren. Ihre Löslichkeit im zementitischen Carbid ist jedoch gering und der Effekt damit nicht groß. Die Wirkung von Molybdän und Wolfram ist in diesem Konzentrationsbereich vergleichsweise höher.

Erst bei höheren Konzentrationen dieser Elemente (V, Ti, Zr, Nb), wenn das Eisencarbid zugunsten der entsprechenden Sondercarbide verschwunden ist, tritt eine sprunghafte Erhöhung der Druckwasserstoffbeständigkeit durch die Wirkung der genannten Elemente ein.

Bei den Bauteilen handelt es sich in erster Linie um Hohlkörper mit Wanddicken über 200 mm, Längen bis 18 m und Blockmassen bis zu 300 t und teilweise darüber. Das bedeutet, dass die druckwasserstoffbeständigen Stähle die Anforderungen in sich vereinen, die an Stähle für große Schmiedestücke und an warmfeste Stähle gestellt werden, mit den Besonderheiten, die sich aus der Druckwasserstoffbelastung ergeben. Besonderer Wert muss auf die Gleichmäßigkeit des Gefüges gelegt werden, damit Gefügeschwachstellen, die einem örtlichen Angriff durch Wasserstoff wenig Widerstand entgegenzusetzen haben, von vornherein vermieden werden.

Die notwendige Festigkeitserhöhung kann fast ausschließlich über das Vergüten aufgebracht werden, da z. B. das Kaltverformen die Geschwindigkeit des Wasserstoffangriffs erheblich erhöhen würde. Die Bildung der erwünschten Carbide bzw. Sondercarbide nach dem Härten wird durch ein langzeitiges Anlassen bei Temperaturen dicht unter A_{c1} unterstützt.

5.5.5
Stähle mit besonderen Korrosionseigenschaften

Stähle reagieren im Allgemeinen empfindlich auf chemische Angriffe, d. h. sie unterliegen in vielen Fällen der Korrosion, wenn keine Vorkehrungen gegen die Angriffe getroffen worden sind. Unter Korrosion versteht man chemische und elektrochemische Wechselwirkungen zwischen dem Stahl und einem von außen einwirkenden aggressiven Medium, die messbare Veränderungen des Stahls zur Folge haben und zu einer Funktionsbeeinträchtigung führen können. Die Korrosion kann in vielfältigen Formen auftreten. Zu den angreifenden korrosiven Medien gehören wässrige Medien, Salz- und Metallschmelzen sowie Gase.

Wässrige Korrosionsmedien dominieren bei nahezu allen Korrosionsvorgängen in natürlicher Umgebung und bei den meisten korrosiven Angriffen, die im Bereich der Technik bei nicht zu hohen Temperaturen vorkommen. Dabei muss die wässrige Phase nicht immer sichtbar sein. Häufig genügt ein unsichtbarer Flüssigkeitsfilm, wie bei der atmosphärischen Korrosion.

Die Korrosion von Stahl in wässrigen Medien beinhaltet zwei elektrische Ladungstransporte, nämlich den Elektronentransport im Stahl, der die Elektrode bildet, und den Ladungstransport in der Lösung (Elektrolyt) über Ionentransport. Die Grundreaktion der Metallauflösung lautet

$$Fe \rightarrow Fe^{2+} + 2e^-$$

Das bedeutet, Korrosion ist, bezogen auf das Metall, ein Oxidationsvorgang, der an der Phasengrenze Metall/Elektrolyt abläuft. Dieser Vorgang wird als Anodenreaktion bezeichnet. Die Katodenreaktion wird vom pH-Wert bestimmt.

Im neutralen oder schwach alkalischen Medium läuft folgende Katodenreaktion ab:

$$O_2 + 2 H_2O + 4e^- \rightarrow 4 OH^-$$

Die OH^--Ionen bilden zusammen mit Fe^+-Ionen Eisenmonohydroxid $FeO(OH)$. Aus der Sicht des Korrosionsschutzes sind einige unangenehme Eigenschaften der Eisenhydroxide beachtenswert:

- relativ hohe thermodynamische Stabilität
- geringe Haftfestigkeit an der Stahloberfläche
- hohe Durchlässigkeit für Wasser und Sauerstoff
- relativ gute elektrische Leitfähigkeit

Im sauren Medium ist die Katodenreaktion:

$$2 H^+ + 2e^{min} \rightarrow \{H_2\}$$

Die Korrosion im sauren Medium entspricht der Auflösung eines Metalls in einer Säure. Da aber dabei das Eisen oxidiert wird, ist diese Reaktion auch als Korrosionsvorgang interpretierbar. Entscheidende Teilvorgänge des Korrosionsprozesses sind der Stofftransport des zu reduzierenden Stoffs (hauptsächlich Sauerstoff) zur Phasengrenze und der elektrische Ladungstransport.

Eine Korrosionsinhibierung wäre denkbar, wenn es gelänge, durch elektrisch nicht leitende und für Wasser und Gas undurchlässige Metalloxide die Transportvorgänge zu unterbinden. Beim reinen Eisen und unlegierten Stählen bilden sich Oxidschichten mit derartigen Eigenschaften nicht aus, obwohl das Eisen leicht oxidierbar ist. Die leichte Oxidierbarkeit hängt mit dem Atomaufbau des Eisens zusammen. Das Eisenatom neigt dazu, seine Elektronen an die Umgebung abzugeben, um in einen stabileren Zustand überzugehen. Ausdruck dafür ist seine Stellung in der elektrochemischen Spannungsreihe.

Reale Möglichkeiten für den Korrosionsschutz bei Eisen ergeben sich zum einen aus einer Erhöhung der Aktivierungsenergie für die Oxidation, wodurch ein freiwilliger Elektronenübergang unmöglich wird, weil der Austausch elektrischer Ladungen mit der Umgebung durch isolierende Schichten unterbrochen ist, und zum anderen aus einer Anhebung des Potentials des korrodierten Eisens über das Potential des unkorrodierten Eisens, wodurch die Abgabe von Elektronen erschwert wird.

Korrosion kann zu einer Beeinträchtigung der Funktion eines metallischen Bauteils oder eines ganzen Systems führen. Deshalb kommt dem Korrosionsschutz, d. h. dem Schutz vor chemischen und elektrochemischen Wechselwirkungen zwischen Stahl und der Umgebung, eine außerordentlich große wirtschaftliche Bedeutung zu. Neben den von außen aufgebrachten Korrosionsschutzschichten verdient der aktive Schutz Beachtung, der über die chemischen Eigenschaften des Stahls realisiert wird. In Korrosionsmedien ist die Beanspruchung des Stahls in der Regel sowohl mechanischer als auch chemischer Natur. Auf die chemische Beanspruchung zugeschnitten, unterscheidet man wetterfeste Stähle, nichtrostende Stähle und hitzebeständige Stähle.

Wetterfeste Stähle, die gelegentlich auch als „witterungsbeständige bzw. korrosionsträge" Stähle bezeichnet werden, sind niedriglegierte schweißbare Baustähle mit erhöhtem Widerstand gegen atmosphärische Korrosion, die in unterschiedliche Festigkeitsklassen eingeteilt sind. Die häufigste Form des Korrosionsangriffs auf Stahlkonstruktionen unter den Bedingungen der Freiluftbewitterung ist das Rosten. Unter dem Rosten versteht man die Bildung oxidischer und hydroxidischer Verbindungen des Eisens. Bestandteile von Eisenrost in reiner feuchter Luft sind Lepidokrokit γ-FeO(OH), Goethit α-FeO(OH) und Magnetit Fe_3O_4. Da die Umgebungsluft durch korrosionsfördernde Stoffe, wie Staub, SO_2, Cl^--Ionen u. a. mehr oder weniger stark verunreinigt ist, kann das Abrosten im schwach sauren Bereich durch Bildung von Chloriden und Sulfaten weiter beschleunigt werden.

Eine Idee, Stahloberflächen vor atmosphärischer Korrosion zu schützen, besteht darin, die Abrostungsgeschwindigkeit durch Erzeugung dichter festhaftender Rostschichten mit speziellen Sperrschichteigenschaften zu verringern (Abb. 5.226). Die Bildung derartiger Rostschichten wird

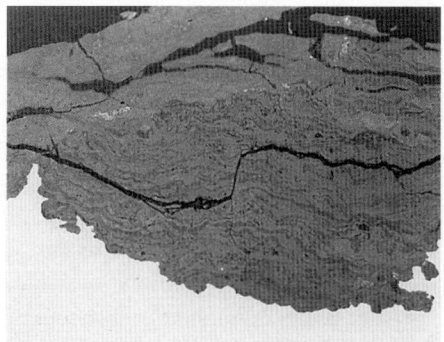

Abb. 5.226 Rostschicht eines wetterfesten Stahls

durch Zulegieren solcher Elemente wie Cu und P, evtl. in Verbindung mit Cr, Ni, Mo u. a., gefördert. Dabei müssen die von Kupfer und Phosphor ausgehenden nachteiligen Einflüsse auf die mechanischen Eigenschaften durch geeignete Maßnahmen kompensiert werden. Aufgrund vertiefter Kenntnisse über den Werkstoff kann man heute Stähle mit höheren P- und Cu-Gehalten sowie guter Zähigkeit und Schweißbarkeit auch ohne Nickel herstellen. Das Gefüge dieser Stähle ist ferritisch-perlitisch und unterscheidet sich kaum von dem der allgemeinen Baustähle. Wetterfeste Stähle werden in der Regel als normalgeglühte Feinkornstähle ausgeliefert. Die notwendige Festigkeit kann über Kornfeinung, Ausscheidungshärtung und erhöhten Mangangehalt eingestellt werden.

Nichtrostende Stähle sind Konstruktionsstähle, die gegenüber aggressiven Korrosionsmedien einschließlich der Atmosphäre keine oder nur unbedeutende, von der Oberfläche ausgehende Veränderungen erfahren. Man kann sie in zwei Gruppen unterteilen:

- nichtrostende Stähle mit weniger als 2,5 % Nickel
- nichtrostende Stähle mit mehr als 2,5 % Nickel

Das entscheidende Legierungselement für nichtrostende Stähle ist das Chrom. Von wenigen Ausnahmen abgesehen, enthalten nichtrostende Stähle mehr als 12 % Chrom. Bei ihnen erfolgt der Schutz der metallischen Oberfläche durch *Passivierung*. Die Passivierung beruht darauf, dass durch Chrom eine adsorptiv gebundene Schicht von Sauerstoffatomen bzw. eine äußerst dünne Oxidschicht, deren Dicke nur wenige Nanometer beträgt und demzufolge das metallische Aussehen für das menschliche Auge nicht beeinträchtigt, den Stahl vom aktiven (d. h. chemisch löslichen) in den passiven (d. h. chemisch beständigen) Zustand überführt. Diese Schicht bildet sich an Luft in sehr kurzer Zeit von selbst, auch dann, wenn sie vorher mechanisch verletzt worden ist.

Nichtrostende Stähle, insbesondere reine Chromstähle, reagieren gegenüber reduzierend wirkenden Medien empfindlich, wenn die Passivschicht angegriffen wird und eine Repassivierung erschwert oder unmöglich ist. Voraussetzung für die Passivierung ist, dass das Chrom im Mischkristall gelöst vorliegt und nicht etwa als Chromcarbid gebunden ist. Deshalb sollte das Gefüge nichtrostender Stähle unabhängig von ihrer Gitterstruktur und ihrer übrigen Beschaffenheit möglichst carbidfrei sein. Andere Elemente, wie Ni, Mo, Cu, Mn, Ti, Nb/Ta u. a., wirken unterstützend auf die chemische Beständigkeit bzw. werden zur Gewährleistung von Zusatzeigenschaften, wie Schweißeignung, Umformbarkeit usw., benötigt. Daraus resultiert eine Vielfalt von Legierungsgruppen nichtrostender Stähle. Die wichtigsten von ihnen sind Cr, CrNi, CrNi(x)[1], CrMo, CrMo(x), CrNiMo(x), CrNiTi oder CrNiNb und CrNiMoTi oder CrNiMoNb. Nach der typischen Gefügeausbildung unterscheidet man ferritische, teilferritische, martensitische, austenitisch-ferritische und austenitische nichtrostende Stähle.

Das Gefüge der Chromstähle kann recht unterschiedlich sein (Abb. 5.227). Abb. 5.228 zeigt das Gefüge eines Stahls mit 14,5 % Cr und 0,04 % C nach langsamer Abkühlung. An den Ferritkorngrenzen befinden sich Carbide. Beim Vergüten (920 °C/Öl/700 °C/2 h) sind die Carbide in Lösung gegangen (Abb. 5.229). Die Zugfestigkeit beträgt 750 N mm^{-2}, die 0,2%-

---

[1] (x) bedeutet, dass die betreffende Legierungsgruppe noch weitere Legierungselemente enthält, für die eine Legierungsgruppe nicht extra vorgesehen ist.

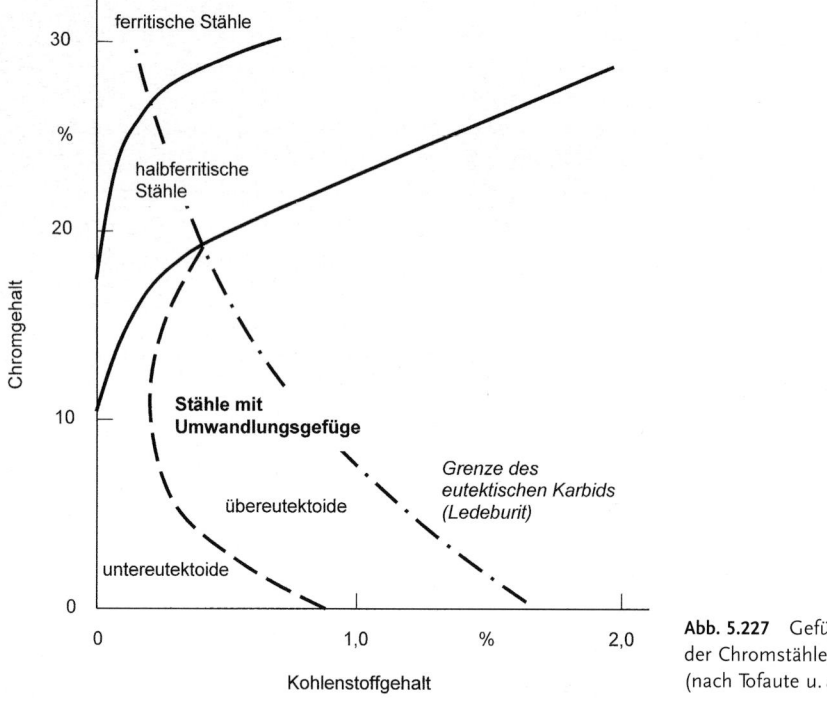

Abb. 5.227 Gefüge der Chromstähle (nach Tofaute u. a.)

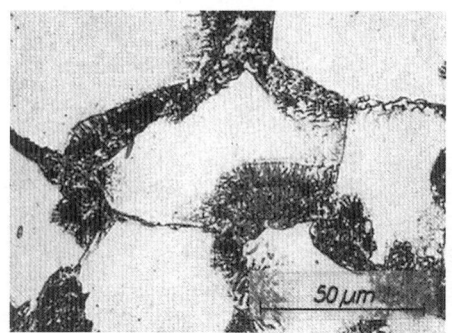

Abb. 5.228 Untereutektoider Chromstahl mit 0,04 % C und 14,5 % Cr; Ferrit und Perlit

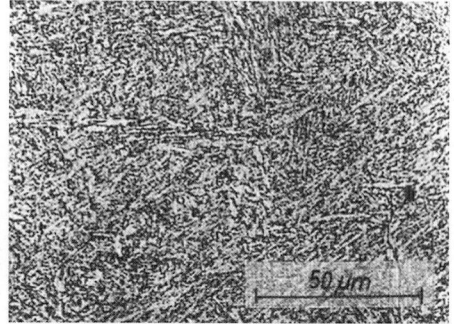

Abb. 5.229 Vergütbarer nichtrostender Stahl mit 0,20 % C, 13 % Cr, vergütet; angelassener Martensit

Dehngrenze 600 N mm^{-2}, die Dehnung 25 %, die Einschnürung 65 % und die Kerbschlagzähigkeit bei Raumtemperatur 80 J cm^{-2}. Bei diesem Stahl handelt es sich um einen härtbaren Chromstahl aus der Gruppe der martensitischen nichtrostenden Chromstähle. Der Kohlenstoffge-

halt dieser Stähle beträgt mindestens 0,20 %. Im geglühten Zustand liegen dagegen zahlreiche in den Ferrit eingelagerte Cr-Carbide $(Cr,Fe)_7C_3$ vor (Abb. 5.230). In diesem Zustand ist eine besondere chemische Beständigkeit nicht gegeben, sondern nur im gehärteten bzw. vergüteten Zu-

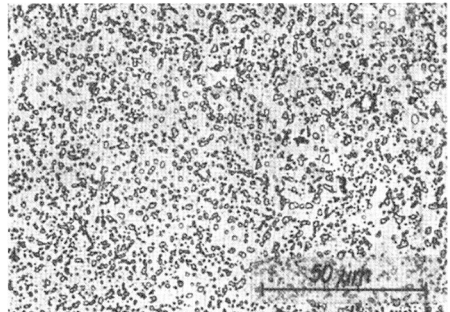

Abb. 5.230 Vergütbarer nichtrostender Stahl mit 0,20 % C, 13 % Cr, weichgeglüht; Ferrit und sphäroidisierte Carbide

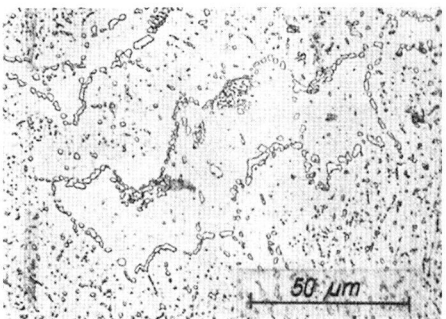

Abb. 5.231 Teilferritischer nichtrostender Stahl mit 0,22 % C, 17 % Cr und 1,5 % Ni, weichgeglüht; Ferritmatrix mit sphäroidisierten Carbiden und δ-Ferrit, geätzt mit Königswasser

stand. Stähle mit weniger als 0,10 % C und mehr als 16 % Cr sind rein ferritisch.

„Rein ferritisch" bedeutet, es existiert keine ($\gamma \rightarrow \alpha$)-Umwandlung, eine thermische Festigkeitssteigerung durch Abschreckhärten ist also nicht mehr möglich. Das Gefüge liegt im gesamten Temperaturbereich von der Solidus- bis zur Raumtemperatur und darunter in ferritischer Form vor. Dazwischen liegen die teil- bzw. halbferritischen nichtrostenden Chromstähle (s. Abb. 5.227). Sie enthalten mindestens 12 % Cr und zwischen etwa 0,10 und etwa 0,20 % C. Bei höheren Temperaturen besteht das Gefüge aus Ferrit und Austenit, aus dem beim Abkühlen ein Umwandlungsgefüge entsteht. Das Umwandlungsgefüge sollte im Interesse der chemischen Eigenschaften möglichst carbidarm, also möglichst martensitisch sein.

Das Weichglühgefüge enthält Carbide innerhalb der Ferritmatrix und δ-Ferrit (Abb. 5.231). Nach dem Vergüten (1000 °C/Öl/angelassen bei 700 °C) besteht das Gefüge aus angelassenem Martensit und δ-Ferritinseln (Abb. 5.232). In diesem Zustand hat der Stahl eine Zugfestigkeit von 900 N mm^{-2}, eine 0,2 %-Dehngrenze von 650 N mm^{-2}, eine Dehnung von 18 % und eine Einschnürung von 50 %. Wird von noch höhe-

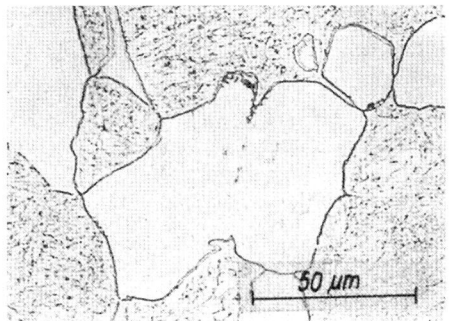

Abb. 5.232 Teilferritischer nichtrostender Stahl mit 0,22 % C, 17 % Cr und 1,5 % Ni, vergütet; angelassener Martensit (grau) und δ-Ferrit (hell)

rer Temperatur aus gehärtet, ist das ferritisch-martensitische Gefüge entsprechend gröber (Abb. 5.233). Der δ-Ferrit beteiligt sich nicht an der Härtung. Stähle dieses Typs gelten als teilweise härtbare Stähle mit guter chemischer Beständigkeit. Nicht jeder Chromstahl ist chemisch beständig. Stähle mit höherem Kohlenstoff- und Chromgehalt werden ledeburitisch, d. h. es tritt das ternäre Eutektikum (umgewandelte γ-Mischkristalle + (Fe,Cr)$_3$C + (Cr,Fe)$_7$C$_3$) auf (Abb. 5.234). Im vorliegenden Fall erfolgte die Abkühlung so schnell, dass die Umwandlung des Austenits unterdrückt wurde und das Gefüge somit aus

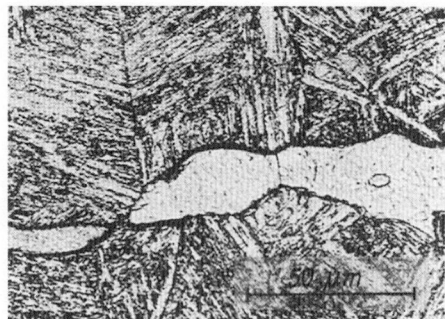

Abb. 5.233 Teilferritischer nichtrostender Stahl mit 0,22 % C, 17 % Cr und 1,7 % Ni, 1100 °C/Öl; Martensit und δ-Ferrit (hell)

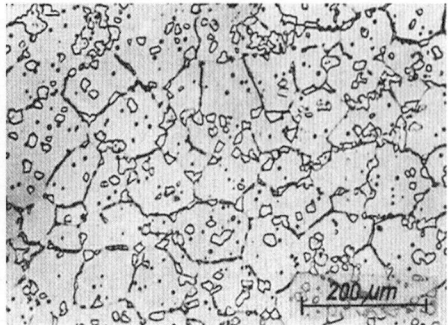

Abb. 5.235 Ferritischer Chromstahl mit 0,4 % C und 32 % Cr; Ferrit und Carbide $(Cr,Fe)_7C_3$

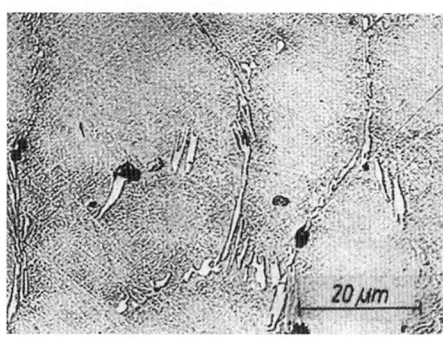

Abb. 5.234 Ledeburitischer Chromstahl mit 0,62 % C und 21 % Cr, gegossen; Ledeburit an den primären Korngrenzen

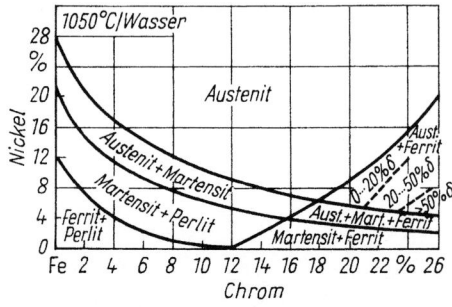

Abb. 5.236 Gefüge der Chrom-Nickel-Stähle (erweitertes Maurer-Diagramm)

primären γ-Mischkristallen mit Ledeburit an den Korngrenzen besteht. Beim Glühen bzw. bei langsamer Abkühlung wandelt der Austenit in Ferrit und Carbid um, wobei der Carbidanteil erheblich sein kann (s. Abb. 5.181 und 5.182). Bei niedrigem Kohlenstoffgehalt und sehr hohem Chromgehalt bestehen die Stähle aus Chromferrit und Carbiden (Abb. 5.235). Dieser Stahl mit 0,4 % C und 32 % Cr ist ähnlich wie die ferritischen nichtrostenden Chromstähle umwandlungsfrei. Er lässt sich weder normalglühen noch härten. Die Carbide bestehen aus $(Cr,Fe)_7C_3$.

Die nichtrostenden Chrom-Nickel- und Chrom-Nickel-Molybdän-Stähle können ebenfalls in unterschiedlichen Gefügeausbildungen vorkommen. Eine Übersicht über die Gefüge dieser Stähle mit etwa 0,20 % C im von 1050 °C wasserabgeschreckten Zustand gibt das Maurer-Diagramm (Abb. 5.236). Aus dieser Gruppe haben die austenitisch-ferritischen und die austenitischen Stähle mit niedrigem Kohlenstoffgehalt eine besondere Bedeutung als nichtrostende Stähle. Sie zeichnen sich durch gute Korrosionsbeständigkeit, Schweißbarkeit und Kaltumformbarkeit aus.

Für technische Anwendungen ist das Gefüge von großer Bedeutung. Nach der üblichen Wärmebehandlung (Lösungsglühen bei 1050 °C, Abschrecken in Wasser) oder dem Abkühlen an Luft besteht das Gefüge

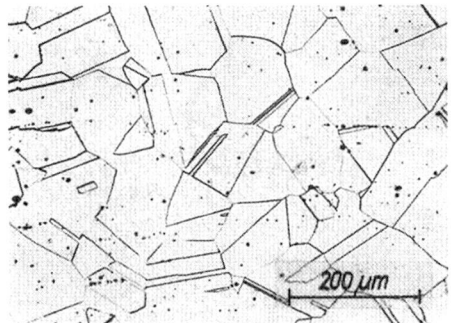

Abb. 5.237 Austenitischer nichtrostender Chrom-Nickel-Stahl mit 0,10 % C, 18 % Cr und 9 % Ni, 1050 °C/Wasser; homogener Austenit, geätzt mit V2A-Beize

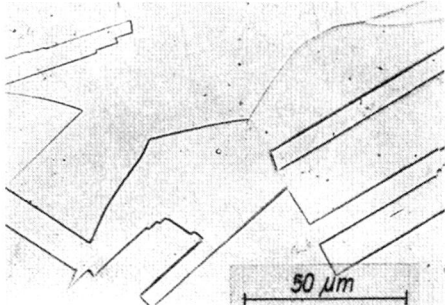

Abb. 5.238 Austenitischer nichtrostender Chrom-Nickel-Stahl mit 0,10 % C, 18 % Cr und 9 % Ni, 1050 °C/Wasser; homogener Austenit, geätzt mit V2A-Beize, höhere Vergrößerung

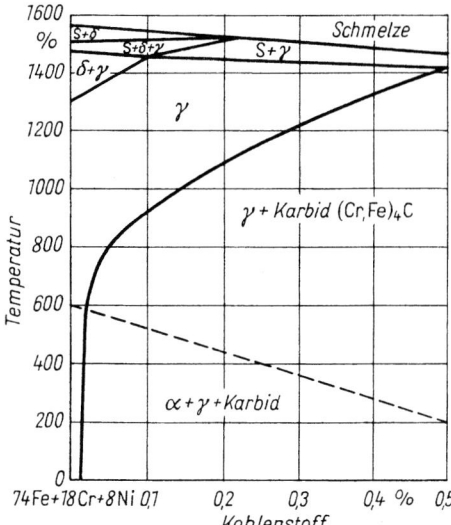

Abb. 5.239 Löslichkeit von Kohlenstoff in einer Chrom-Nickel-Eisen-Legierung mit 18 % Cr und 8 % Ni

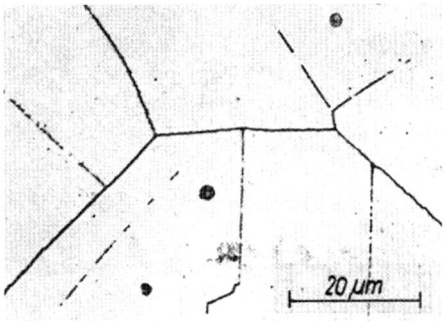

Abb. 5.240 Austenitischer nichtrostender Chrom-Nickel-Stahl mit 0,10 % C, 18 % Cr und 9 % Ni, 1050 °C/Ofen; an Korngrenzen und Zwillingslamellen ausgeschiedene Carbide, elektrolytisch geätzt mit Chromsäure

aus homogenen Austenitpolyedern (Abb. 5.237 und 5.238). Dieser Austenit ist jedoch metastabil. Er ist zwar bei Raumtemperatur unbegrenzt lange beständig, nicht jedoch bei höheren Temperaturen. Bei Raumtemperatur weist das Gefüge dieses Stahls im Gleichgewichtsfall die drei Gefügebestandteile Austenit, δ-Ferrit und Carbide auf. Außerdem kann unter bestimmten Umständen als weitere Phase die intermetallische Verbindung FeCr (σ-Phase) vorkommen. Welche dieser Gefügebestandteile im Realfall tatsächlich auftreten, hängt von der Stahlzusammensetzung, der Wärmebehandlung, der Verweildauer bei höheren Temperaturen und einer evtl. stattgefundenen Kaltumformung ab. Die Löslichkeit der γ-Phase für Kohlenstoff ist temperaturabhängig (Abb. 5.239). Ein 18/8-Cr-Ni-Stahl mit 0,1 % C ist demnach erst oberhalb 900 °C rein austenitisch. Unterhalb der Löslichkeitslinie treten Carbide auf (Abb. 5.240), sofern langsam abgekühlt worden ist bzw. eine Wiedererwärmung auf mäßige Temperaturen stattgefunden hat. Carbidausscheidungen, durch elektrolytisches Ätzen in 10%iger wässriger Chromsäure sichtbar gemacht, treten sowohl an den Korngrenzen als auch längs der Zwillingslamellen auf.

Carbide können in unterschiedlicher Form und Anordnung vorkommen. Abb. 5.241 zeigt grobe Carbidausscheidungen in einem nichtrostenden 18/8-Cr-Ni-Stahl mit 0,10% C, der nach dem Abschrecken von 1050 °C in Wasser punktgeschweißt worden ist. Wird der Stahl nach dem Glühen jeweils 50 h im kritischen Temperaturbereich von 500 bis 800 °C gehalten, entstehen verschiedene Ausscheidungsformen der Carbidausscheidungen (Abb. 5.242 bis 5.245). Nach dem Halten bei 500 und 600 °C erscheinen die Carbide bandartig, nach dem Halten bei 700 und 800 °C dagegen mehr perlschnurartig, was auf eine zunehmende Koagulation der Carbide mit steigender Haltetemperatur hindeutet.

Mit Carbidbändern an den Austenitkorngrenzen wäre der früher weit verbreitete Stahl X10CrNi18.9 nicht mehr korrosionsbeständig. Über die Ursache dafür gibt es verschiedene Anschauungen. Eine Auffassung besagt, dass die bei niedrigen Tempe-

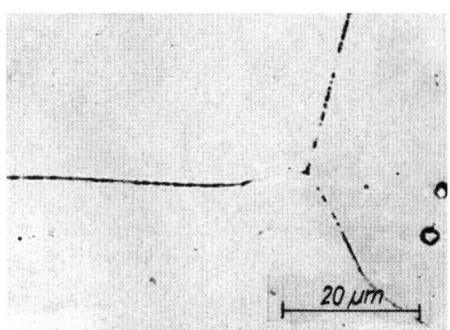

Abb. 5.242 Austenitischer nichtrostender Chrom-Nickel-Stahl mit 0,10% C, 18% Cr und 9% Ni, 1050 °C/Wasser/50 h 500 °C; an den Korngrenzen ausgeschiedene Carbide

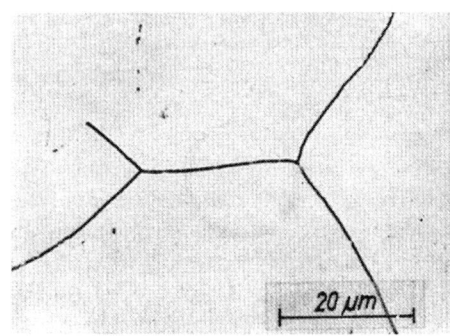

Abb. 5.243 Austenitischer nichtrostender Chrom-Nickel-Stahl mit 0,10% C, 18% Cr und 9% Ni, 1050 °C/Wasser/50 h 600 °C; zusammenhängendes Carbidnetz an den Korngrenzen

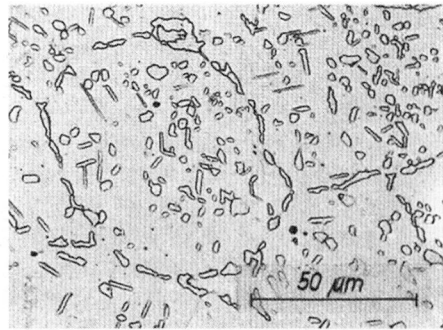

Abb. 5.241 Austenitischer nichtrostender Chrom-Nickel-Stahl mit 0,10% C, 18% Cr und 9% Ni, geschweißt; nahe der Schweißzone ausgeschiedene grobe Carbide

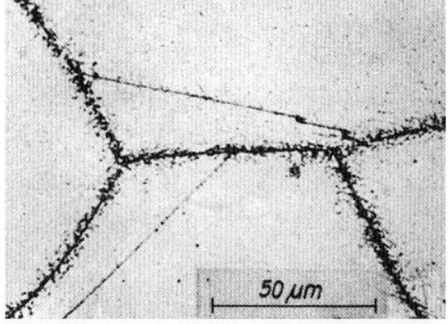

Abb. 5.244 Austenitischer nichtrostender Chrom-Nickel-Stahl mit 0,10% C, 18% Cr und 9% Ni, 1050 °C/Wasser/50 h 700 °C; beginnende Carbidkoagulation

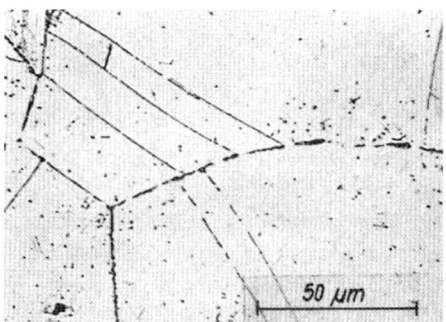

Abb. 5.245 Austenitischer nichtrostender Chrom-Nickel-Stahl mit 0,10 % C, 18 % Cr und 9 % Ni, 1050 °C/Wasser/50 h 800 °C; koagulierte Carbide an den Korngrenzen

raturen gebildeten Carbide korrosionsempfindlich sind und an den Korngrenzen herausgelöst werden. Bei der zweiten Auffassung geht man davon aus, dass die Carbide sehr chromreich sind und dass demzufolge während ihrer Bildung der angrenzenden Matrix viel Chrom entzogen wurde; dort ist deshalb der Chromgehalt unter die Resistenzgrenze von 12 % Cr abgefallen, sodass durch die Einwirkung von Korrosionsmitteln eine interkristalline Korrosion (*Kornzerfall*) stattfinden kann. Die an Chrom verarmte Zone dicht neben dem Carbidfilm wird herausgelöst. Dadurch wird der Zusammenhalt zwischen den einzelnen Kristalliten gelockert, der Stahl wird brüchig und fällt schließlich zu einem feinen Pulver auseinander (Abb. 5.246). Bei dem in der Abbildung gezeigten Stahl handelt es sich um den Stahl X10CrNi18.9. Die Schädigung hat bereits ein fortgeschrittenes Stadium erreicht. Die interkristalline Korrosion wird durch äußere Spannungen noch gefördert.

Die Anfälligkeit nichtrostender Chrom-Nickel-Stähle gegen Kornzerfall kann mit dem *Strauß-Test* geprüft werden. In einem mit Rückflusskühler versehenen Kolben wird die betreffende Stahlprobe 144 h

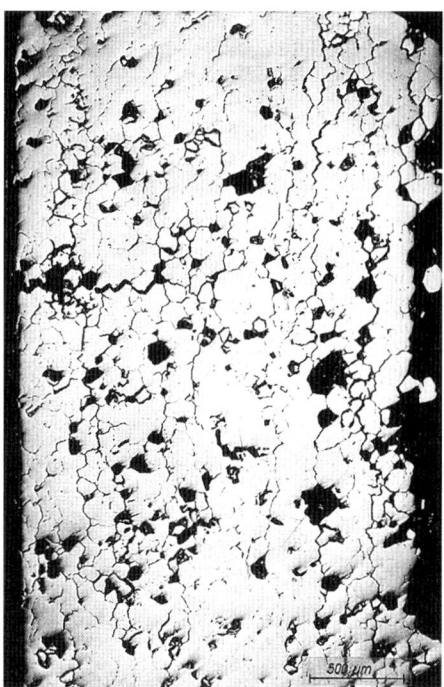

Abb. 5.246 Austenitischer nichtrostender Chrom-Nickel-Stahl mit 0,10 % C, 18 % Cr und 9 % Ni; interkristalline Korrosion (Kornzerfall), ungeätzt

lang in eine kochende schwefelsaure Kupfersulfatlösung (10 %ige Schwefelsäure + 10 % Kupfersulfat) eingetaucht. Die Prüfung erfolgt metallografisch oder durch Biegen der Probe. Beim Kornzerfall handelt es sich um eine schwerwiegende Werkstoffschädigung, sodass man schon zeitig nach Wegen gesucht hat, diese Schädigung zu vermeiden.

Alle Bemühungen zur Vermeidung des Kornzerfalls zielen auf die Vermeidung zusammenhängender Carbidfilme an den Austenitkorngrenzen ab. Durch ein Lösungsglühen bei etwa 1050 °C werden unkontrolliert ausgeschiedene Carbide gelöst und ein nachfolgendes schnelles Abkühlen in Wasser verhindert die Wiederausscheidung. Die Herabsetzung des Kohlenstoffgehalts auf weniger als 0,05 % (z. B.

X2CrNi19.11) verringert ebenfalls die Gefahr der interkristallinen Korrosion bzw. lässt sie ganz verschwinden. Beim langzeitigen Glühen zwischen 730 und 850 °C kommt es zur Koagulation der Carbide, wodurch der zusammenhängende Carbidfilm zerstört wird. Durch Zulegieren stark carbidbildender Elemente, wie Titan (z. B. im Stahl X6CrNiTi18.10 mit einem %Ti / %C-Verhältnis von mindestens 5) oder Niob (z. B. im Stahl X6CrNiNb18.10 mit einem % Nb/ % C-Verhältnis von mindestens 10), wird der Kohlenstoff gebunden und steht für eine Chromcarbidbildung nicht mehr zur Verfügung, sodass die hier noch stattfindende Carbidausscheidung nicht zu einer Unterschreitung der Resistenzgrenze von 12 % Cr führen kann. Schließlich schützt auch die Anwesenheit größerer δ-Ferritmengen (etwa 20 %) im Gefüge vor interkristalliner Korrosion. Die Carbidausscheidung an den Korngrenzen beeinträchtigt nicht nur die chemischen Eigenschaften des Stahls, sondern auch seine mechanischen Eigenschaften (Tab. 5.20).

Ob das Gefüge der Chrom-Nickel-Stähle im Gleichgewichtsfall δ-Ferrit enthält oder nicht, hängt nicht nur von der Wärmebehandlung des Stahls ab, sondern auch von seiner tatsächlichen Zusammensetzung (Abb. 5.239 und 5.247). Unterschreitungen des vorgeschriebenen Nickelgehalts bei niedrigem Kohlenstoffgehalt und gleichzeitig etwas erhöhte Gehalte an Chrom und Silicium können die Ursache dafür sein, dass bei längerem Glühen im mittleren Temperaturbereich δ-Ferrit auf-

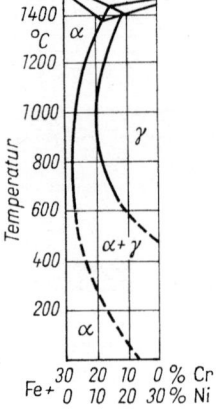

Abb. 5.247 Phasengrenzlinien α/γ + γ und α + γ/α bei Eisen-Chrom-Nickel-Legierungen in Abhängigkeit vom Cr-Ni-Verhältnis

treten kann, der dann ein martensitähnliches nadliges Aussehen hat.

Aus Abb. 5.247 geht hervor, dass die Phasengrenzlinie γ/γ + α einen rückläufigen Verlauf hat. Das bedeutet, dass die Ferritbildung im mittleren Temperaturbereich eingeschränkt ist. Sowohl bei tieferen als auch bei höheren Temperaturen ist mit größeren Ferritanteilen im Gefüge zu rechnen. Die Abb. 5.248 und 5.249 belegen den Einfluss der Glühtemperatur auf den Ferritanteil im Gefüge des Stahls X10CrNi18.9. Nach dem Glühen bei 1300 °C und Abschrecken in Wasser konnten im Gefüge nur etwa 0,5 % δ-Ferrit gefunden werden, nach dem Glühen bei 1350 °C dagegen bereits 10 % (Abb. 5.249). Kristallseigerungen, wie z. B. in gegossenen Stählen oder in Schweißverbindungen, können zu größeren Anteilen an δ-Ferrit führen. Homogenisieren oder Warmverformen können

Tab. 5.20 Beeinflussung mechanischer Kennwerte eines austenitischen Cr-Ni-Stahls durch Ausscheidungsglühen

Behandlung	R_e [N mm^{-2}]	R_m [N mm^{-2}]	A_5 [%]	KC [J cm^{-2}]
1050 °C/Wasser	280	650	60	250
1050 °C/Wasser + 50 h 700 °C	330	680	57	200
1050 °C/Wasser + 50 h 800 °C	350	700	50	100

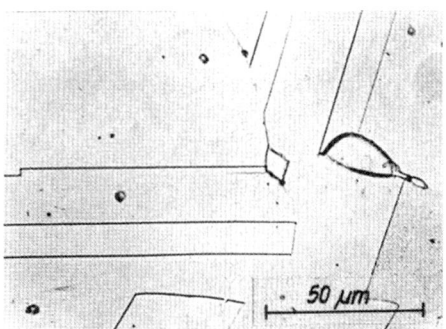

Abb. 5.248 Austenitischer nichtrostender Chrom-Nickel-Stahl mit 0,10 % C, 18 % Cr und 9 % Ni, 1300 °C/Wasser; beginnende δ-Ferritbildung (0,5 % δ); geätzt mit V2A-Beize

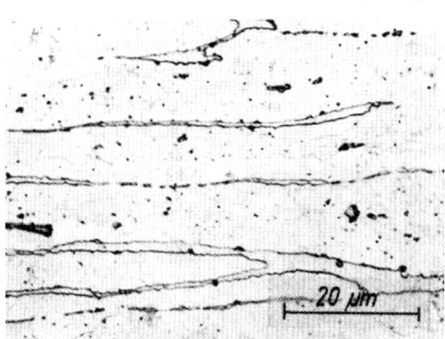

Abb. 5.250 Austenitischer nichtrostender Chrom-Nickel-Stahl mit 18 % Cr, 8 % Ni und Nb/Ta im Verhältnis (Nb+Ta)/C = 15; gewalzt; δ-Ferritzeilen (4 % δ)

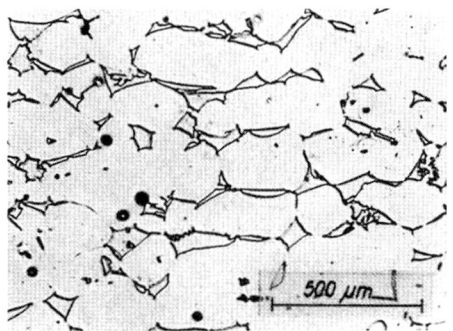

Abb. 5.249 Austenitischer nichtrostender Chrom-Nickel-Stahl mit 0,10 % C, 18 % Cr und 9 % Ni, 1350 °C/Wasser; fortgeschrittene δ-Ferritbildung (10 % δ); geätzt mit V2A-Beize

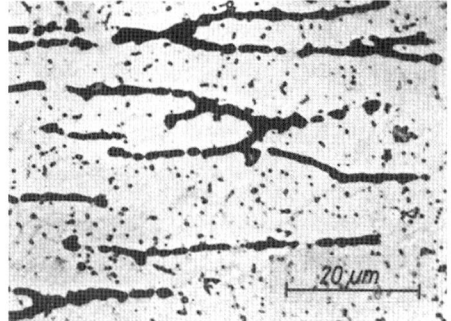

Abb. 5.251 Austenitischer nichtrostender Chrom-Nickel-Stahl mit 0,10 % C, 18 % Cr, 9 % Ni und Nb, gewalzt und 50 h bei 800 °C geglüht; aus δ-Ferrit gebildete σ-Phase (dunkel) und feine Carbide, elektrolytisch geätzt mit Chromsäure

den δ-Ferritanteil wieder reduzieren oder ganz verschwinden lassen. Mit steigendem Gehalt an Elementen, die das γ-Gebiet des Eisens einengen, wie vor allem Ti, Nb und Mo, nimmt auch die Menge an δ-Ferrit zu (Abb. 5.250). Die genannten Elemente engen nicht nur das γ-Gebiet ein, sondern binden auch Kohlenstoff und Stickstoff, sodass die Austenitmatrix noch weiter destabilisiert wird.

Die Anwesenheit von δ-Ferrit im Gefüge äußert sich in der Zunahme der ferromagnetischen Eigenschaften und in einer geringen Verfestigung, wogegen die Verformbarkeit abnimmt. Andererseits behindert δ-Ferrit den Kornzerfall sowie die Entstehung von Warmrissen in Gussstücken und Schweißnähten. Bei Chromgehalten größer 18 % und langen Glühzeiten bei Temperaturen zwischen 565 und 925 °C kann der δ-Ferrit, der chromreicher und nickelärmer als der Austenit ist, in die spröde σ-Phase FeCr übergehen (Abb. 5.251). Die Elemente Mo, Si, Nb und Ti begünstigen die Bildung von σ-Phase. Die σ-Phase erhöht die Härte und Festigkeit des Stahls, verringert aber gleichzeitig die Dehnung, Einschnürung und Kerbschlagzähigkeit. Die Korrosions-

Abb. 5.252 Austenitischer nichtrostender Chrom-Nickel-Stahl mit 0,08 % C, 18 % Cr, 10 % Ni und Ti; bei der Schliffherstellung entstandener α'-Martensit, geätzt mit V2A-Beize

Abb. 5.253 Austenitischer nichtrostender Chrom-Nickel-Stahl mit 0,02 % C, 18 % Cr und 10 % Ni, bei $-196\,°C$ 2 % gedehnt; Austenit (hellgrau), ε--Martensit (dunkelgraue Streifen) und α'-Martensit (schwarze Querbalken im ε-Martensit); geätzt mit alkoholischer Salzsäure

eigenschaften ändern sich nur wenig. Glühen bei 1050 °C mit nachfolgender Abschreckung bewirkt das Verschwinden der σ-Phase und die Aufhebung der durch sie hervorgerufenen Versprödung.

Die Austenitstabilität wird durch eine starke Verringerung der Gehalte an Stickstoff und Kohlenstoff bzw. durch eine Abbindung dieser Elemente an Titan und Niob stark herabgesetzt. Das kann dazu führen, dass bereits beim Abkühlen oder bei einer plastischen Deformation der Austenit in α'-Martensit (Abb. 5.252) oder in hexagonalen ε-Martensit umwandeln kann, wobei letzterer weiter in α'-Martensit umwandelt (Abb. 5.253). Ähnlich wie die manganlegierten austenitischen Stähle können die austenitischen Chrom-Nickel-Stähle je nach ihrer chemischen Zusammensetzung auf zwei verschiedenen Wegen Martensit bilden:

$\gamma \rightarrow \alpha$ – Martensit

$\gamma' \rightarrow \varepsilon$ – Martensit $\rightarrow \alpha'$ – Martensit

Neben den eigentlichen austenitischen Stählen, die im Verwendungszustand ein austenitisches Gefüge aufweisen, ist die Gruppe der nichtrostenden austenitisch-ferritischen Stähle interessant. Diese unterscheiden sich von den teilferritischen Chromstählen außer durch ihre chemische Zusammensetzung dadurch, dass sie bei langsamer Abkühlung nicht in Perlit und bei schneller Abkühlung nicht in Martensit umwandeln, sondern bei allen Temperaturen und unabhängig von der Abkühlungsgeschwindigkeit ein Gefüge, bestehend aus δ-Ferrit und Austenit, aufweisen (Abb. 5.254). Sie sind nicht härtbar bzw. vergütbar, weil auch beim Abschrecken in Wasser der austenitische Gefügebestandteil erhalten bleibt.

Nichtrostende Stähle können unter extremen Bedingungen bzw. bei nicht fachgerechtem Einsatz korrodieren, wenn sich die Passivschicht an der Oberfläche nicht bilden kann oder durch chemische oder mechanische Einwirkungen von außen zerstört wird und sich nicht erneuern kann. Neben der ebenmäßig abtragenden Korrosion existieren Kontakt- und Spaltkorrosion sowie eine Reihe verschiedener Arten se-

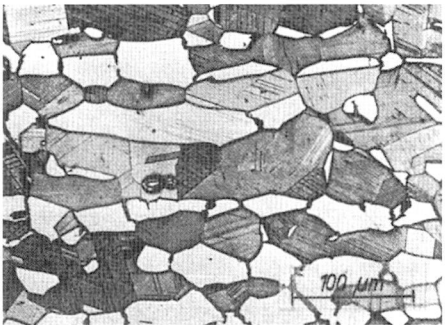

Abb. 5.254 Austenitisch-ferritischer nichtrostender Chrom-Mangan-Stahl mit 0,10 % C, 1,7 % Si, 15,4 % Mn, 10,8 % Cr und 1,0 % Ti, 1250 °C/Wasser; Austenit (dunkel) und δ-Ferrit (hell)

lektiver Korrosion. Die am häufigsten vorkommenden sind der Lochfraß, die interkristalline Korrosion sowie die Spannungsriss- und die Schwingungsrisskorrosion.

Gegen die Hochtemperaturkorrosion sind spezielle *hitzebeständige Stähle* entwickelt worden. Sie finden in der Chemie und Petrolchemie, im Ofen- und Kraftwerksanlagenbau (für Strahlungsrohre, Stütz- und Tragteile, Schutzrohre für Temperaturfühler, Glühkästen, Blankglühmuffeln u. a.), in der keramischen Industrie (für Förderbänder, Emaillierroste usw.) sowie in der industriellen Wärmetechnik (für Heißentstaubungs- und Abgasentgiftungsanlagen, Müllverbrennungsanlagen usw.) Verwendung. Aus der Verwendung lässt sich der Beanspruchungskomplex dieser Stähle ableiten. Die spezifische Beanspruchung besteht in der Oxidation bzw. einer Verzunderung bei einer Beanspruchungstemperatur von mindestens 600 °C. Bei der Oxidation von Eisen in Sauerstoff bei Temperaturen oberhalb 570 °C bilden sich drei Oxide:

- FeO (Wüstit): sein Anteil beträgt im ungestörten Aufbau ca. 90 %
- Fe_3O_4 (Magnetit): sein Anteil beträgt im ungestörten Aufbau ca. 7 bis 9 %
- Fe_2O_3 (Hämatit): sein Anteil beträgt im ungestörten Aufbau ca. 1 bis 3 %

Begünstigt wird die Oxidation durch im Gefüge vorhandene Fehlstellen, Einschlüsse und bereits gebildetes Eisenoxid sowie durch eine elektrisch gut leitende Zunderschicht, die dem Transport von Eisen- und Sauerstoffionen wenig Widerstand entgegensetzt. Derartige Fehlstellen führen zu lokaler Verzunderung, die als „Röschenbildung" bezeichnet wird. Eine solche Erscheinung tritt bevorzugt an Ecken, Kanten und Verletzungen der Oberfläche auf.

Zur Verbesserung der Hitzebeständigkeit trägt die Bildung einer festhaftenden dichten Oxidschicht bei, die sowohl dem Ionentransport als auch dem elektrischen Ladungstransport einen größeren Widerstand entgegensetzt. Diesem Ziel dient das Legieren. Aus Erfahrung weiß man, dass mit steigendem Legierungsgehalt die Beständigkeit der Stähle zunimmt. Deshalb gibt es keine unlegierten hitzebeständigen Stähle. Bevorzugte Legierungselemente sind solche, die festhaftende Oxide bilden, sich mit den übrigen Bestandteilen des Angriffsmediums nicht leicht verbinden, gut verfügbar und kostengünstig sind.

Die wichtigsten Legierungsgruppen hitzebeständiger Stähle sind CrAl oder CrTi, CrNi, CrNi(x), CrNiSi und NiCrAl(x). Die Sorteneinteilung der hitzebeständigen Stähle erfolgt nach ihrem Gefügezustand in ferritische einschließlich ferritisch-perlitische, ferritisch-austenitische und austenitische hitzebeständige Stähle. Ferritisch-perlitische Stähle mit etwa 5 bis 7 % Cr und erhöhtem Aluminiumgehalt sind nur bis etwa 800 °C in Luftatmosphäre beständig. Die ferritischen Stähle (*Sicromale*) sind umwandlungsfrei, wenn der Gehalt an Elementen, die das γ-Gebiet einengen und die ($\alpha \rightarrow \gamma$)-Umwandlung völlig unterdrücken, ein bestimmtes Maß überschreitet (Cr $\geq$ 13 %; C $\leq$ 0,12 %; Al < 2,0 %; Si < 2,0 %; wobei 1 % Si der Wirkung von 3 bis 4 % Cr entspricht). Die Hitzebeständigkeit austenitischer Chrom-Nickel-Stähle ist ebenfalls beachtlich. Ein Stahl mit 0,12 % C, 25 % Cr und 20 % Ni ist bis 1150 °C hitzebeständig an Luft. Die gleiche Zundergrenztemperatur erreicht ebenfalls der ferritische Stahl X10CrAl24. Die ferritisch-austenitischen Stähle unterscheiden sich von den austenitischen durch ein höheres Verhältnis % Cr/ % Ni.

Im Allgemeinen werden die ferritischen Stähle im geglühten Zustand geliefert, wogegen für die ferritisch-austenitischen und die austenitischen hitzebeständigen Stähle in der Regel ein Lösungsglühen mit anschließendem Abschrecken in Wasser vorgesehen wird.

Ein Stahl gilt als hitze- und zunderbeständig, wenn sich bei Kurz- und Langzeitbeanspruchung eine festhaftende Oxidschicht bilden kann, die den Stahl vor Schädigungen durch heiße Gase, Flugasche und andere Verbrennungsprodukte sowie Salz- und Metallschmelzen bei Temperaturen oberhalb 550 °C schützt.

Der chemische Angriff bei hohen Temperaturen beschränkt sich jedoch nicht auf den Sauerstoff. Auch Stickstoff kann sich nachteilig auf die Lebensdauer von Bauteilen aus diesen Stählen auswirken (durch Aufstickung insbesondere in hochaluminiumhaltigen Stählen). Auch die Art der Gasatmosphäre spielt eine Rolle. Reduzierende Atmosphären (z. B. Stickstoff-Wasserstoff-Gemische) können aufstickend wirken, andere wie z. B. kohlenstoffhaltige Gase, bestehend aus CO, CO_2 und Kohlenwasserstoffen, wie Methan oder Propan, können aufkohlend wirken. Schwefelhaltige Gase können entweder durch SO_2 oder durch Schwefelwasserstoff belastet sein. Gasatmosphären können Halogene, wie z. B. Chlor, enthalten, die den Stahl ebenfalls angreifen. Ein Angriff kann auch durch Salze, Emaillen, Keramikmassen, Metallschmelzen und niedrigschmelzende Metalloxide, wie z. B. Vanadin- und Molybdänoxid erfolgen.

In schwefelhaltigen Gasen empfiehlt sich der Einsatz nickellegierter Stähle nicht, weil diese zur Bildung niedrigschmelzender Nickelsulfideutektika neigen. Einschränkungen gibt es bei hitzebeständigen Stählen auch bei den Einsatztemperaturen mit Rücksicht auf mögliche Langzeitversprödungen.

5.5.6
Stähle mit besonderen magnetischen Eigenschaften

Eisenlegierungen gehören zu den wichtigsten metallischen Magnetwerkstoffen. Die ferromagnetischen Eigenschaften ändern sich mit der Temperatur. Oberhalb der Curie-Temperatur sind Stähle paramagnetisch. Al, Si, Mn, Ti senken die Curie-Temperatur im Vergleich zu der des reinen Eisens. Cobalt und Nickel erhöhen sie, ebenfalls Chrom in niedrigen Gehalten. Höhere Chromgehalte führen dagegen zu einer Absenkung der Curie-Temperatur. Für einige Stähle sind Angaben zur Curie-Temperatur in Tab. 5.21 zusammengestellt.

Bei den Stählen mit besonderen magnetischen Eigenschaften treten mechanische und chemische Eigenschaften in den Hintergrund des Interesses. Sie werden fast ausschließlich nach physikalischen Eigenschaften bewertet. Man kann sie in hartmagnetische, weichmagnetische und nichtmagnetisierbare bzw. amagnetische Stähle einteilen. Hartmagnetische Werkstoffe weisen eine Koerzitivfeldstärke von mehr als 10 000 A m^{-1} auf, weichmagnetische dagegen weniger als 1000 A m^{-1}.

Tab. 5.21 Curie-Temperatur T_c für Stähle unterschiedlicher Zusammensetzung
(Daten entnommen aus: H. Rohloff u. A. Zastera: Physikalische Eigenschaften gebräuchlicher Stähle, Verlag Stahleisen Düsseldorf, 1996)

% C	% Si	% Mn	% P	% Al	% Cr	% Cu	% Mo	% Ni	% V	% Nb	T_c [°C]
0,019	0,35	0,37	0,030	0,06	28,01			3,69	0,06	0,65	540
0,07	0,78	0,42		0,86	18,19						660
0,23	0,54	0,57			16,34			1,45			700
0,19	0,26	0,47	0,014		11,80		1,07	0,80	0,35		740
0,07	1,02	0,42		1,20	6,73						750
0,12	2,37	0,54			4,75			0,09			750
0,14	0,33	0,98	0,011	0,026	0,27	0,69	0,30	1,18		0,032	750
0,15	0,27	0,65	0,020	0,009	0,01	0,05					770
0,15	0,26	0,51	0,024	0,020	0,52	0,07	0,53	0,34	0,26		770
0,15	0,25	0,62	0,011	0,025	0,87	0,11	0,51	0,12			770
0,20	0,28	0,77	0,014	0,032	0,06	0,13	0,35	0,06			770
0,06	0,96	0,56	0,021	0,025	1,90	0,10	0,31	0,15	0,36		780
0,216	1,08	0,62	0,021	0,012	24,05			4,27			875
0,066	0,17	0,50	0,009	0,026				9,37			1003
0,16	0,28	0,68	0,010	0,004	11,13		1,26	0,84	0,28		1013
0,089	0,34	0,40	0,010	0,018				5,62			1035
0,157	0,40	0,57	0,014	0,002	1,00		0,48				1041
0,101	0,33	0,46	0,021	0,019	2,06		0,90				1058

Nach einem Vorschlag der International Electrical Commission (IEC) werden weichmagnetische Werkstoffe in die Stoffgruppen reines Eisen, kohlenstoffarmer Stahl, Siliciumstahl, andere Stähle, Nickel-Eisen-Legierung, Cobalt-Eisen-Legierung u. a. eingeteilt. Nach dem Verwendungszweck kann man *weichmagnetische Stähle* in solche für die Starkstromtechnik und in solche für die Schwachstromtechnik einteilen. Zur ersten Gruppe gehören die Transformatoren- und Dynamostähle, zur zweiten die Relaisstähle. Bei den Relaiswerkstoffen handelt es sich hauptsächlich um Weicheisen bzw. extrem kohlenstoffarme Stähle, die in Form von warm- oder kaltgewalztem Band, gewalztem oder gezogenem Draht, Schmiedestücken oder Gussstücken in geglühter oder ungeglühter Ausfertigung zur Verfügung gestellt werden.

Von größter Bedeutung sind die weichmagnetischen Stähle für die Starkstromtechnik. Die wichtigsten Anforderungen, die man an diese stellt, sind eine leichte Magnetisierbarkeit und möglichst geringe Verluste bei der Ummagnetisierung im elektrischen Wechselfeld. Zur Erfüllung dieser Forderungen sollte der Werkstoff eine möglichst hohe Anfangs- und Maximalpermeabilität, eine möglichst kleine Koerzitivfeldstärke und einen großen spezifischen elektrischen Widerstand aufweisen. Die physikalischen Eigenschaften hängen sehr stark von der chemischen Zusammensetzung, vom Gefügezustand und vom Reinheitsgrad ab. Reines Eisen hat einen spezifischen elektrischen Widerstand von 0,1 $\Omega \cdot mm^2 \cdot m^{-1}$ bei 20 °C. Die Angaben zur Anfangs- und Maximalpermeabilität von reinem Eisen sind streuend. Die Anfangspermeabilität dürfte größenordnungsmäßig etwa $13 \cdot 10^{-3}$ T m A^{-1} und die Maximalpermeabilität etwa $250 \cdot 10^{-3}$ T m A^{-1} betragen. Die Koerzitivfeldstärke reagiert empfindlich auf Änderungen der chemischen Zusammensetzung, des Gefüges, der Korngröße und des Ausscheidungszustands. Nicht zuletzt aus diesem Grund gewährleistet der Stahlhersteller nicht die genannten physikalischen Eigenschaften, sondern einen Maximalwert für den Ummagnetisierungsverlust für gealterte Proben bei einer festgelegten magnetischen Polarisation (in der Regel bei 1,0, 1,5 oder 1,7 T).

Das Legieren mit Silicium wirkt sich in mehrfacher Hinsicht günstig auf die physikalischen Materialkennwerte aus. Silicium senkt den Schmelzpunkt des Eisens so stark ab, dass das Temperaturintervall zwischen Liquidus- und Soliduslinie sehr schmal wird und demzufolge Siliciumseigerungen in siliciumlegierten Stählen kaum auftreten. Ein weiteres Charakteristikum ist die Einengung des γ-Gebiets durch Silicium. In reinen Eisen-Silicium-Legierungen beträgt die Grenzkonzentration, bei der der A_3-Punkt mit dem A_4-Punkt zusammenfällt, 1,8 % Si. Ein Kohlenstoffgehalt von 0,01 % verschiebt die genannte Grenzkonzentration bereits auf etwa 2 % Si und ein Kohlenstoffgehalt von 0,1 % auf 3,5 % Si. Stähle mit mehr als 3,5 % Si und weniger als 0,1 % C sind von der Solidustemperatur bis zu tiefsten Temperaturen rein ferritisch (s. auch Abb. 5.206), d. h. es existiert keine (α → γ)-Umwandlung. Bedingt durch die Einengung des γ-Felds steigen die Umwandlungstemperaturen bei umwandlungsfähigen Siliciumstählen mit zunehmendem Siliciumgehalt unterhalb des Grenzgehalts deutlich an und zwar kann man mit einer Erhöhung von 50 K je Masse-% Silicium rechnen. Das erweitert die Möglichkeiten einer Grobkornbehandlung. Grobkörniges Gefüge führt zu einer Erniedrigung der Koerzitivfeldstärke und ist daher bei diesen Stählen erwünscht.

Das Aufnahmevermögen des α-Eisens für Silicium beträgt bei Raumtemperatur 14 %. Der Ferrit weist bis zu etwa 6,5 % Si eine annähernd statistisch regellose Atomverteilung im Eisengitter auf. Bei höheren Siliciumgehalten nehmen die Atome im Kristallgitter eine geregelte Verteilung ein und es bildet sich eine Überstruktur mit verbindungsähnlichem Charakter aus. Dieser Ordnungsvorgang ist mit einer Erhöhung der elektrischen Leitfähigkeit und einer starken Versprödung verbunden. Siliciumlegierte Stähle sind nur bis etwa 3 % Si kalt- und ab etwa 7 % Si nur noch sehr schlecht warmverformbar. Ab etwa 10 % Si ist eine spanlose Formbarkeit praktisch nicht mehr gegeben.

Silicium erhöht den spezifischen elektrischen Widerstand des Stahls um etwa 0,07 Ω mm^2 m^{-1} je Atom-% und ist deshalb besonders interessant als Legierungselement. Es wird in weichmagnetischen Stählen für die Starkstromtechnik bis zu Gehalten von etwa 6 % angewendet. Allerdings sind höhere Siliciumgehalte technologisch nur beherrschbar, wenn die Ausbildung von Überstrukturen im Warmband verhindert wird etwa durch eine beschleunigte Abkühlung im kritischen Temperaturbereich von 650 auf 420 °C.

Abb. 5.255 zeigt einen Querschliff durch ein Trafoblech mit 0,30 mm Dicke. Das Gefüge besteht aus homogenen, sehr groben Ferritkristallen. Es lässt sich durch Normalglühen nicht umkörnen, weil der Stahl mit 0,04 % C und 4,34 % Si umwandlungsfrei ist. In solchen Stählen sind große Ferritkristalle und somit eine kleine spezifische Grenzfläche erwünscht, da Kornflächen als Kristallbaufehler die Koerzitivfeldstärke vergrößern und deshalb die Energieverluste bei der Ummagnetisierung heraufsetzen würden.

Gänzlich unerwünscht sind Ausscheidungen von Fe_3C, weil sie magnetische Al-

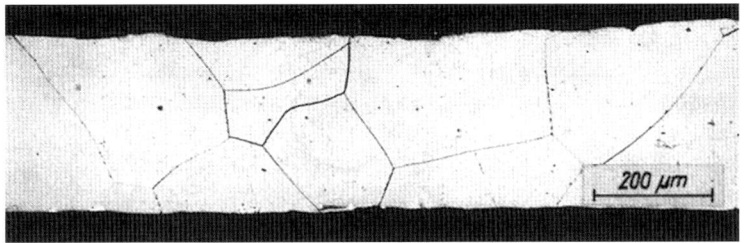

Abb. 5.255 Querschliff durch ein Transformatorblech, 0,3 mm dick, aus Stahl mit 0,04 % C, 4,34 % Si, 0,11 % Mn, 0,015 % P, 0,07 % Cr, 0,006 % S, 0,08 % Ni, 0,16 % Cu, 0,001 % Al und 0,009 % N; grobe Ferritkristalle, geätzt mit HNO_3

terung hervorrufen würden. Im Interesse niedrigster Ummagnetisierungsverluste ($< 1\ W\ kg^{-1}$) müssen der Kohlenstoffgehalt und der Anteil an Verunreinigungen möglichst klein gehalten werden, damit das Gefüge möglichst frei von unkontrollierten Ausscheidungen bleibt (Abb. 5.256). Stähle mit mehr als 4 % Si sind schon recht spröde und neigen bei der Umformung zur Bildung interkristalliner Risse. Die Bleche werden deshalb nicht bei Raumtemperatur, sondern bei 200 bis 300 °C gewalzt, weil das Material in diesem Temperaturbereich besser plastisch umformbar ist.

Beste magnetische Eigenschaften erreicht man bei kaltgewalzten Elektroblechen aus Stählen mit höherem Siliciumgehalt, wenn die Sekundärrekristallisation so gesteuert werden kann, dass günstige Texturen entstehen. Eine günstige Texturart ist die *Goss-Textur*. Sie ist dadurch gekennzeichnet, dass die besonders leicht magnetisierbaren Kristallrichtungen $<1 0 0>$ des kubisch raumzentrierten Ferritgitters möglichst parallel zur Walzrichtung angeordnet sind und die $\{1 1 0\}$-Ebenen in der Walzebene liegen. Durch Mitwirkung spezieller Steuerphasen, wie z. B. des MnS, gelingt es bevorzugt den Kristallen mit Goss-Orientierung, bei der Rekristallisation die Feinkornmatrix aufzuzehren (kornorientierte Trafobleche). Die Texturschärfe kann durch Verwendung anderer Steuerphasen, wie Aluminiumnitrid anstelle von MnS, noch verbessert werden. Eine zweite Texturart ist die *Würfelflächentextur*. Mit dieser Textur versucht man zu verhindern, dass die schwer magnetisierbare Würfeldiagonalrichtung in der Blechebene vorkommt.

Auf dem Gebiet der weichmagnetischen Werkstoffe wird eine erhebliche Entwicklungsarbeit geleistet. Die Bemühungen sind u. a. auf mit bis zu 16 % Al legiertes kohlenstoffarmes Eisen, auf eine weitere Erhöhung des Siliciumgehalts, auf eine kombinierte Anwendung von Silicium und Aluminium in Stählen, auf die Weiterentwicklung der Nickel-Eisen- und der Cobalt-Eisen-Legierungen, der Eisen-Neodym-Bor-Legierungen und auf die Nutzung amorpher Metalllegierungen (*metallischer Gläser*) gerichtet.

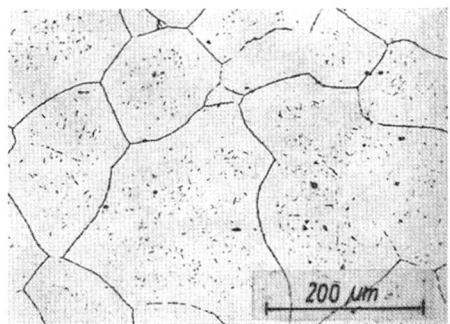

Abb. 5.256 Transformatorenstahl mit 0,05 % C und 3,8 % Si; Ferrit

Hartmagnetische Stähle zur Herstellung von Dauermagneten sollen die Forderung nach einem möglichst hohen und konstanten Magnetfluss erfüllen. Dazu muss eine möglichst hohe Sättigungspolarisation realisiert werden, die zudem nicht oder nur gering temperaturabhängig sein sollte. Eine hohe Curie-Temperatur ist erwünscht (s. auch Tab. 5.21). Als Gütekriterium für hartmagnetische Werkstoffe gilt das Energieprodukt $(B \cdot H)_{max}$ (H Feldstärke; B Magnetisierung). Von hartmagnetischen Werkstoffen verlangt man sowohl eine große Koerzitivfeldstärke H_c als auch eine hohe Remanenz B_r. Als Faustregel gilt, dass die „magnetische Härte" sich parallel zur mechanischen Härte verhält. Härtbare Stähle haben also eine gewisse Bedeutung zur Herstellung von Dauermagneten, wie z. B. Stähle mit 1 % C, max. 6 % Cr, max. 6 % W und max. 40 % Co im gehärteten Zustand. Die Legierungselemente beeinflussen die Härte, die Curie-Temperatur, physikalische Eigenschaften und insbesondere Cobalt die Sättigungspolarisation.

Aber nicht nur die Verfestigung über eine Martensitbildung ist von Bedeutung, sondern auch die Aushärtung durch Ausscheidung geeigneter Verbindungen. Das gelingt beispielsweise mit 20- bis 30 %igen Nickelstählen, die außerdem stets noch weitere Legierungselemente, wie Al, Co, Cu, V u. a., enthalten, damit eine Aushärtungsbehandlung durchgeführt werden kann. Aushärtbare Eisen-Nickel-Legierungen, die neben 18 bis 30 % Ni noch Al, Ti, Co, Nb u. a. enthalten, können nach entsprechender Wärmebehandlung Rockwell-Härten bis zu 68 HRC erreichen und Zugfestigkeitswerte bis zu 3000 N mm^{-2}. Optimale Ergebnisse erhält man, wenn die Ausscheidungsbehandlung im Magnetfeld durchgeführt werden kann.

Nichtmagnetisierbare bzw. amagnetische Stähle sind dadurch gekennzeichnet, dass

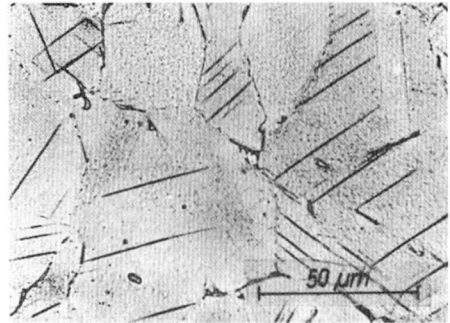

Abb. 5.257 Unmagnetischer Stahl mit 0,25 % Mn, 9 % Ni und 12 % Cr, 1100 °C/Wasser; Austenit

sie eine relative magnetische Permeabilität von maximal 1,01 bis 1,05 bei einer Feldstärke von 80 A cm^{-1} aufweisen. Einen solchen Permeabilitätswert erreichen Stähle mit kubisch flächenzentriertem Grundgitter, also austenitische Chrom-Nickel- bzw. Chrom-Mangan-Stähle (Abb. 5.257), wenn eine martensitische Umwandlung ausgeschlossen werden kann und auch bei nachfolgenden Behandlungen, wie Tieftemperaturkühlung, Kaltumformung usw., nicht stattfindet. Zu beachten ist, dass auch die Curie-Temperatur austenitischer Stähle von der chemischen Zusammensetzung abhängt. Da der Beginn der α'-Martensitbildung durch die M_s-Temperatur gegeben ist, kann die untere Temperaturgrenze für den „stabilaustenitischen" Zustand nach der M_s-Temperatur abgeschätzt werden:

$$M_S [°C] = 1305 - 1665([\% C] + [\% N]) \\ - 28[\% Si] - 33[\% Mn] \\ - 41[\% Cr] - 61[\% Ni])$$

Es ist bekannt, dass nicht nur Elemente, die das γ-Gebiet erweitern, die Martensitbildung erschweren, sondern auch ferritstabilisierende Elemente, wie Silicium und Chrom, u. a. in der Gleichung nicht berücksichtigte Elemente. Da bei höheren Nickelgehalten mit steigendem Nickelgehalt

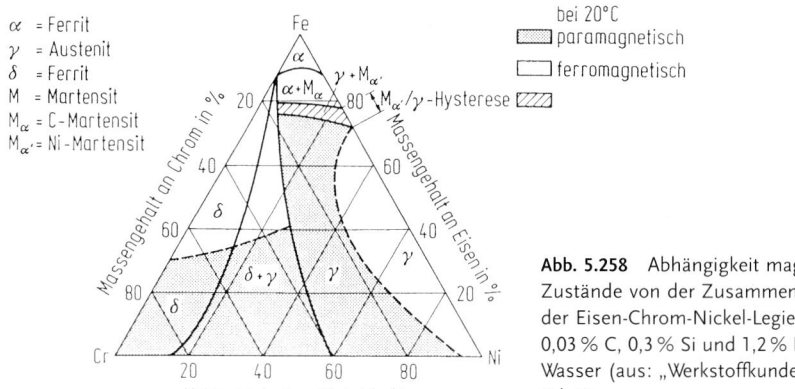

Abb. 5.258 Abhängigkeit magnetischer Zustände von der Zusammensetzung der Eisen-Chrom-Nickel-Legierungen mit 0,03 % C, 0,3 % Si und 1,2 % Mn, 1100 °C/ Wasser (aus: „Werkstoffkunde Stahl", Bd. 2)

die Curie-Temperatur stark ansteigt, sind Legierungen mit mehr als 30 % Ni bei Raumtemperatur ferromagnetisch, obwohl ein Gefüge mit kubisch flächenzentriertem Grundgitter vorliegt (Abb. 5.258). In diesem Bereich verhalten sich die Eisen-Nickel-Legierungen quasi so wie reines Nickel, das ja ebenfalls ferromagnetisch ist.

5.5.7
Stähle mit besonderen Verarbeitungseigenschaften

Die Gruppe der Stähle mit besonderen Verarbeitungseigenschaften umfasst Stähle mit besonderer Kaltumformbarkeit, *Automatenstähle, Einsatz- und Nitrierstähle* sowie *Stähle für das Flamm- und Induktionshärten*. Es handelt sich um Stähle, die den Erfordernissen spezieller Verarbeitungstechnologien angepasst sind.

Zu den kaltumformbaren Stählen gehören *Stähle für Feinblech und Kaltband, Drahtstähle, Stähle für das Kaltstauchen und Fließpressen* und *Stähle für Niete und Ketten*. Die größte Bedeutung in dieser Gruppe haben die Stähle für Feinblech und Kaltband.

Unter Feinblech und Kaltband versteht man Flacherzeugnisse bis zu einer Dicke von 3 mm, in manchen Ländern bis 2,75 mm. Die geringste Dicke liegt unter 1 mm. Die größte walztechnisch herstellbare Breite liegt bei über 2200 mm. Grundsätzlich lassen sich bei Feinblechen zwei Verwendungsgruppen unterscheiden, nämlich Bleche, von denen lediglich eine gute Umformbarkeit verlangt wird, und Bleche, von denen zusätzlich eine bestimmte Festigkeit (höherfeste Feinblechstähle) und evtl. noch andere Eigenschaften, wie Korrosionsbeständigkeit, Zunderbeständigkeit u. ä., verlangt wird. Die wichtigste Anforderung an Stähle der ersten Gruppe ist ein möglichst niedriger Kraft- und Arbeitsbedarf bei der Kaltumformung. Es soll eine hohe Formänderung ohne Fehler (Bruch, Risse, Oberflächenfehler) gewährleistet sein. Die Werkstoffprobleme sind für Feinbleche und Kaltband im Prinzip gleich.

Für die Umformbarkeit ist in erster Linie die chemische Zusammensetzung des Stahls bestimmend. Bei den hohen Anforderungen, die an die Umformbarkeit gestellt werden, sind bereits hundertstel Prozente des Kohlenstoffs und der Begleitelemente entscheidend. Die Veränderung einiger Eigenschaften unlegierter Stähle im Walzzustand durch jeweils 0,01 % einiger ausgewählter Elemente geht aus der nachfolgenden Übersicht hervor.

Element	Änderung der Streckgrenze [N mm^{-2}]	Zugfestigkeit [N mm^{-2}]	Bruchdehnung [%]
C	+2,99	+7,02	−0,43
Si	+0,37	+0,83	−0,05
Mn	+0,99	+1,43	−0,04
P	+8,32	+12,87	−1,05

Bleche guter Umformbarkeit werden aus unlegierten Stählen hergestellt. Für Feinbleche, die für eine umformende Weiterverarbeitung vorgesehen sind, wählt man möglichst reine kohlenstoffarme Stähle ohne Legierungselemente. Ihr Gefüge besteht aus Ferrit mit einem nur geringen Perlitanteil.

Feinbleche mit erhöhter Festigkeit (R_e = 260 ... 350 N mm^{-2}; R_m = 400 ... 700 N mm^{-2}) benötigt man z. B. zur Herstellung von Fahrwerksteilen, Querlenkern, Längsträgern, Achsträgern, Radschüsseln und Stanzteilen jeglicher Art. Sie schließen sich damit bezüglich der Festigkeit nahtlos an weiche unlegierte Feinblechstähle an.

Kaltumformbarkeit und Festigkeit sind einander widersprechende Forderungen. Die Einstellung der geforderten Eigenschaften läuft deshalb auf einen Kompromiss hinaus. Dieser besteht in einer Einschränkung der Kaltumformbarkeit gegenüber den eigentlichen kaltumformbaren, unlegierten, weichen Stählen. Mit steigender Zugfestigkeit muss eine Abnahme der Bruchdehnung hingenommen werden. Aber bei gleicher Festigkeit ergeben sich sehr unterschiedliche Bruchdehnungswerte $A_{50\,mm}$ von 5 bis 35 %.

Nach ihrem Gefüge kann man die höherfesten kaltumformbaren Stähle für Feinblech und Kaltband in einphasige und

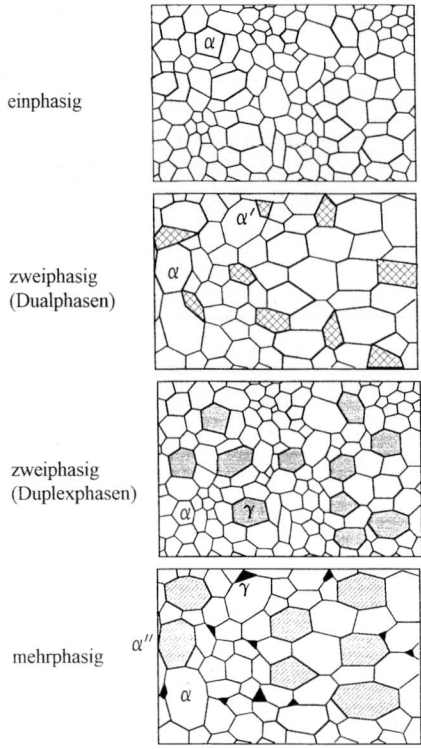

Abb. 5.259 Gefüge kaltumformbarer Stähle für Feinblech und Kaltband (schematisch)

grob mehrphasige Stähle einteilen, wobei bei dieser Einteilung Gefügebestandteile wie Ausscheidungen, die bezüglich ihrer Abmessungen um Größenordnungen kleiner sind als die Korngröße, außer Acht gelassen werden (Abb. 5.259).

Einphasig sind phosphorlegierte Feinblechstähle, Bake-hardening-Stähle, IF-Stähle, mikrolegierte und isotrope Stähle. Zu den zweiphasigen Feinblechstählen gehören die Dualphasen-Stähle. TRIP-Stähle sind mehrphasig.

Zur Festigkeitssteigerung kaltumformbarer Feinblechstähle kann die Mischkristallhärtung genutzt werden. Geeignete Zusatzelemente sind Si, Mn und insbesondere P. Phosphorgehalte bis 0,1 % werden angewendet. Damit lassen sich Streckgrenzen bis zu 340 N mm^{-2} erreichen. Der Phosphor ist noch aus einem anderen Grund ein für kaltumformbare Stähle interessantes Element. Er bewirkt eine Verstärkung der Rekristallisationstextur und erhöht damit den mittleren Wert der *senkrechten Anisotropie* auf $r_m \cong 1{,}8$. Damit kann eine gute Tiefziehfähigkeit gewährleistet werden. Unter dem *r*-Wert versteht man das Verhältnis der logarithmischen Breiten- zur logarithmischen Dickenformänderung bei Zugverformung:

$$r = \ln\frac{b_0}{b_1} / \ln\frac{d_0}{d_1}$$

b_0 bzw. d_0 Ausgangsbreite bzw. -dicke der Blechprobe
b_1 bzw. d_1 Endbreite bzw. -dicke der Probe nach der Deformation

Die Automobilindustrie als einer der Hauptabnehmer für kaltumformbare Feinblechstähle höherer Festigkeit setzt außer den phosphorlegierten Stählen noch *bake-hardening-Stähle* ein. Dabei handelt es sich um mischkristallhärtende Stähle, die nach dem Glühen infolge des gelösten Anteils interstitieller Elemente noch festigkeitssteigernde Alterungseffekte zeigen, jedoch nicht bei Raumtemperatur und den üblichen Lagerungszeiten bis zum Verarbeiten des Blechs, wohl aber bei der anschließenden Lackeinbrennbehandlung des fertigen Bauteils bei mäßig erhöhten Temperaturen. Vorher kommt es darauf an, den Dressiergrad und die Vordehnung mit Rücksicht auf den *n*-Wert einerseits und die Fließfigurenfreiheit andererseits optimal einzustellen.

Die *Dualphasenstähle* weisen ebenfalls günstige Eigenschaftskombinationen auf. Das Herstellungsprinzip besteht darin, nach dem Kaltwalzen ein zweiphasiges Gefüge über ein kontinuierliches Glühen im Zweiphasengebiet $\alpha + \gamma$ im Durchlaufofen bei 750 bis 900 °C mit nachfolgender beschleunigter Abkühlung einzustellen. Das dabei gebildete Gefüge besteht aus Ferrit (α) und Martensit (α'). Der Ferritanteil bzw. der Anteil an Martensit im Gefüge ist von der Glühtemperatur abhängig. Eine Umwandlung in der Perlitstufe muss vermieden werden.

Das günstige Kaltumformverhalten dieser Stähle beruht auf dem relativ niedrigen Streckgrenzenverhältnis, dem Fehlen einer ausgeprägten Streckgrenze und einem hohen Verfestigungsexponenten *n*. Der Verfestigungsexponent ergibt sich aus der Fließkurve:

$$\sigma_w = a \cdot \varphi^n$$

σ_w wahre Spannung
a werkstoffabhängiger Parameter
φ logarithmische Formänderung

Das Fehlen einer ausgeprägten Streckgrenze bedeutet gleichzeitig auch das Fehlen einer Streckgrenzendehnung (Lüders-Dehnung) und damit Fließfigurenfreiheit. Bei der Umformung der Dualphasenstähle werden bewegliche Versetzungen fast ausschließlich nur im Ferrit gebildet, die Ferritphase fungiert also als Träger der Verformung. Der Martensit beteiligt sich kaum an der Umformung. Aus dieser Sicht verhält sich ein Dualphasenstahl wie ein Verbundwerkstoff.

Außer durch Dualphasengefüge und Mischkristallhärtung sind Festigkeitssteigerungen auch durch alle anderen bekannten Mechanismen, wie Verfestigung durch Versetzungen sowie Härtung durch Kornfeinung und Ausscheidungen, möglich. Günstig ist die Kornfeinung, weil durch sie die Bruchdehnung nicht verschlechtert wird. Aber die Korngröße darf nicht nur bezüglich ihres Einflusses auf Festigkeit und Dehnung gesehen werden, sondern muss auch nach ihrem Einfluss auf den Verfestigungsexponenten beurteilt werden. Je feiner das Ferritkorngefüge ist, desto kleiner ist auch der freie Laufweg der Versetzungen, wodurch schließlich der Verfestigungsexponent abnimmt. Diese Abnahme kann unter Umständen für nachfolgende Umformungen mit einem hohen Anteil an Streckverformung nachteilig sein.

Die Entwicklung auf dem Gebiet der kaltumformbaren Feinblechstähle ist durch ein ständiges Bemühen um neue Werkstoffe mit optimierten Eigenschaftswerten und angepasster Herstellungstechnologie gekennzeichnet. Man ist bemüht, möglichst alle Reserven, die das Gefüge bietet, für eine optimale Verknüpfung von Verarbeitungs- und Festigkeitseigenschaften zu erschließen. Am oberen Festigkeitsspektrum sind die *TRIP-Stähle* (TRIP *transformation induced plasticity*) und Komplexphasenstähle CP (CP *Complexphasen*) angesiedelt. TRIP-Stähle besitzen ein ferritisch-bainitisches Gefüge ($\alpha + \alpha''$) mit relativ hohem Restaustenitanteil (γ), d.h. ihr Gefüge ist mehrphasig. Der Restaustenit wandelt während der Bauteilendfertigung unter dem Einfluss der plastischen Deformation in Martensit um, der seinerseits erheblich zur Verfestigung beiträgt. Zugfestigkeitswerte bis zu 1000 N mm^{-2} und mehr sind erreichbar. Der besondere Vorteil dieser Stähle liegt darin, dass die Verfestigung der Formgebung zeitlich nachgeschaltet ist, d.h. erst bei der Formgebung eintritt. Das Gefüge der CP-Stähle besteht aus unterschiedlich feinem Martensit und verschiedenen Bainitarten.

Sehr gut kaltumformbar sind die *IF-Stähle* (IF *interstitial free*). Mit ihnen gelingt es, Bruchdehnungswerte von mehr als A_{80} = 40 % zu realisieren. IF-Stähle sind tiefstentkohlte Stähle (% C, % N jeweils < 50 ppm), die alterungsfrei sind und wegen der fehlenden ausgeprägten Streckgrenze keine Einschnürdehnung zeigen und demzufolge fließfigurenfrei sind. Der Anteil an Mikrolegierungselementen ist ebenfalls niedrig, weshalb die Ausscheidungsverfestigung auch relativ gering ist. Im Gefüge dieser Stähle lassen sich deshalb auch nur geringe Anteile an Carbonitriden, Sulfiden, Carbosulfiden u.a. in feinster Dispersion nachweisen.

Draht kann aus den meisten Stahlmarken hergestellt werden, wie z.B. aus allgemeinen Baustählen, Vergütungsstählen, Betonstählen und Federstählen. Die überwiegende Menge des Drahts wird aber aus unlegierten Stählen hergestellt. Sie decken im Kohlenstoffgehalt einen Bereich von ≤ 0,06 bis etwa 1 % ab. Die übliche Technologie zur Drahtherstellung geht von warmgewalzten Produkten zwischen 5 und 16 mm aus. Dieser Walzdraht muss durch eine spezielle Wärmebehandlung auf die Kaltverformung vorbereitet werden. Diese Wärmebehandlung heißt *Patentieren*. Ziel des Patentierens ist eine Umwandlung des Austenits im Bereich der unteren Perlitstufe, um ein gut kaltziehbares, feinlamellares perlitisches Gefüge zu erhalten. Nach dem Austenitisieren oberhalb der A_{c3}-Temperatur erfolgt die Umwandlung bei etwa 400 bis 550 °C.

Das Patentieren kann entweder isothermisch (das ist die klassische Methode) oder durch gesteuerte Abkühlung aus der Walzhitze erfolgen. Um ein gutes Ergebnis erzielen zu können, muss das Umwandlungsverhalten des Stahls berücksichtigt werden. Die eingestellte isotherme Haltetemperatur bestimmt beim klassischen Verfahren, ob das entstehende perlitische Gefüge fein- oder gröberlamellar wird. Die Bildung des voreutektoiden Ferrits soll nach Möglichkeit unterdrückt werden. Nach dem Warmwalzen ist das Gefüge mehr oder weniger grobdispers (Abb. 5.260). Nach dem Patentieren liegt ein gleichmäßi-

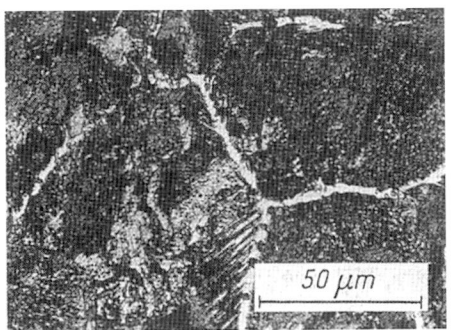

Abb. 5.260 Unlegierter Stahl mit 0,60 % C, gewalzter Draht; Perlit und Ferrit

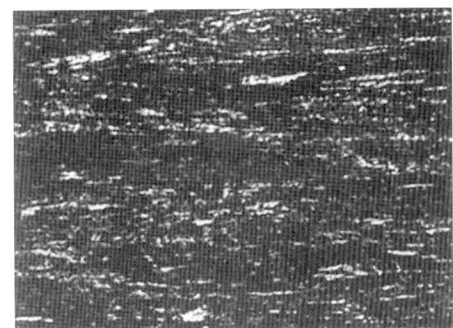

Abb. 5.262 Unlegierter Stahl mit 0,60 % C, bei 500 °C patentiert und kaltgezogen (Umformgrad 70 %); Längsschliff

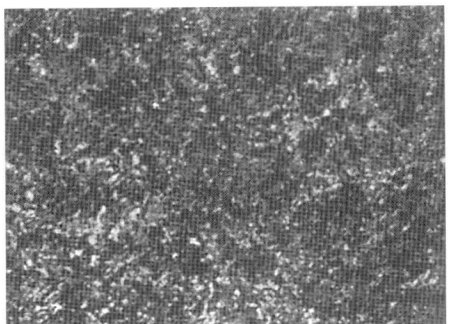

Abb. 5.261 Unlegierter Stahl mit 0,60 % C, bei 500 °C patentiert; Perlit

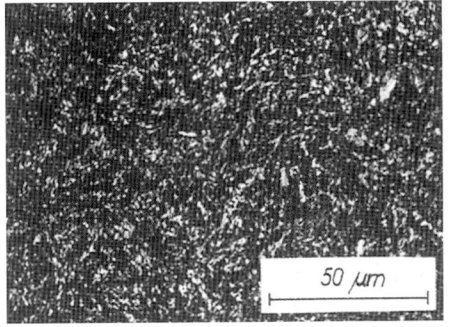

Abb. 5.263 Unlegierter Stahl mit 0,60 % C, bei 500 °C patentiert und kaltgezogen (Umformgrad 70 %); Querschliff

ges, feindisperses perlitisches Gefüge vor (Abb. 5.261). Dieses Gefüge zeichnet sich durch gute Kaltziehbarkeit aus. Je nach dem Drahtquerschnitt muss bei kontinuierlicher Umwandlung die Abkühlung durch Kühlluftzufuhr oder eine Wasserstrecke beschleunigt werden. Der Weiterverarbeitung durch Kaltziehen müssen eine Entzunderung und das Aufbringen von Schmiermittel vorausgehen. Je nach Stahlmarke und angestrebter Endabmessung wird ein Zwischenglühen eingeschoben. Ziel des Zwischenglühens ist wiederum ein sorbitisch-troostitisches Gefüge (untere Perlitstufe) oder ein ferritisches Gefüge mit kuglig eingeformtem Zementit (Weichglühgefüge).

Der Verwendungszustand des fertigen Drahts ist entweder kaltverformtes perlitisches bzw. ferritisch-perlitisches, vergütetes (insbesondere für Federn) oder patentiertes Gefüge. Nach dem Kaltziehen (im vorliegenden Fall um 70 %) erkennt man ein in Längsrichtung gestrecktes Gefüge (Abb. 5.262), während im Querschliff Spuren einer Kaltverformung nicht feststellbar sind (Abb. 5.263). Unsachgemäße Patentierung (zu hohe isotherme Umwandlungstemperatur bzw. zu langsame Abkühlung) führt zu höheren Anteilen an voreutektoidem Ferrit im Gefüge (Abb. 5.264 und 5.265).

Metallurgisch bzw. werkstoffkundlich bedeutsame Probleme im Zusammenhang

Abb. 5.264 Unlegierter Stahl mit 0,55 % C, falsch patentiert; Ferritanteil (hell) zu hoch, Längsschliff

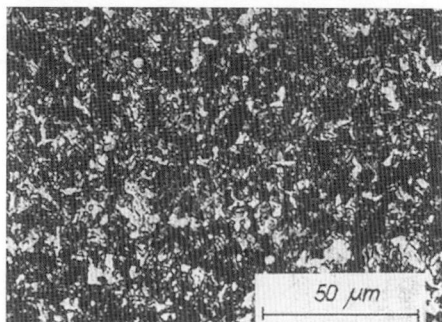

Abb. 5.265 Unlegierter Stahl mit 0,55 % C, falsch patentiert; Ferritanteil (hell) zu hoch, Querschliff

mit der Drahtherstellung sind die *Ziehbarkeit*, der *Reinheitsgrad* in Bezug auf nichtmetallische Einschlüsse und die *Oberflächenbeschaffenheit*. Unter der Ziehbarkeit versteht man diejenige Querschnittsabnahme, bis zu der die Verarbeitbarkeit durch Drahtbrüche nicht nennenswert gestört ist. Einflussfaktoren auf die Verarbeitbarkeit sind die chemische Zusammensetzung des Stahls (insbesondere der Kohlenstoffgehalt), der Gefügezustand (Anteile an Ferrit und Perlit, Abstand und Dicke der Zementitlamellen, Gefügedispersität, evtl. vorhandene Anteile an Martensit oder Bainit) und die Oberflächenbeschaffenheit. Aus dem Schrott eingeschleppte Elemente, wie Cu, Ni, Mo, Co, Sn, As, Cr, wirken qua-

litätsmindernd und führen häufig zu ungleichmäßiger Ausgangsqualität infolge schwankender Gehalte. Außerdem können Einlagerungen grober Carbide, von harten unverformbaren Oxidphasen und von Sulfidanhäufungen Anlass zu Brüchen sein. Eine unzureichende Oberflächenqualität des Walzdrahts führt unweigerlich zu Ausschuss oder verminderter Güte des Fertigdrahts. Sie wird deshalb in technologischen Versuchen sorgfältig überprüft.

Stähle für das Kaltstauchen und Fließpressen sind Stähle mit speziellen Kaltumformeigenschaften. Das Kaltstauchen und das Kaltfließpressen sind Verfahren der Kaltmassivumformung. Sie dienen der Herstellung von Massenteilen, wie z. B. von Getrieberädern, Kolbenbolzen, Schraubenmuttern und Zündkerzenkörpern für Kraftfahrzeuge. Sowohl beim Kaltstauchen als auch beim Kaltfließpressen wird der Stahl oberhalb der Fließgrenze verformt. Der Unterschied zwischen beiden Verfahren besteht hauptsächlich darin, dass beim Stauchen eine Querschnittsvergrößerung und beim Fließpressen eine Querschnittsverminderung eintritt. Die Querschnittsverminderungen können enorm sein (bis zu 80 %). Bei der Umformung muss eine ausreichende Formfüllung unter Vermeidung von Werkstofftrennungen gewährleistet sein. Das alles stellt an den Stahl erhöhte Anforderungen bezüglich des Formänderungsvermögens. Die wichtigsten Anforderungen sind eine ausreichende Kaltumformbarkeit, eine gute Oberflächenbeschaffenheit und eine den Erfordernissen der Umformung angepasste niedrige Ausgangsfestigkeit, die gegebenenfalls durch eine thermische Vorbehandlung eingestellt werden muss. Deshalb gelten für Kaltstauch- und Kaltfließpressstähle in der Regel Obergrenzen für die Zugfestigkeit und Untergrenzen für die Einschnürung und die Dehnung.

5.5 Technische Eisenlegierungen

Von einer Eignung des Stahls zur plastischen Kaltmassivumformung kann nur dann gesprochen werden, wenn im umzuformenden Stahl die kritische Schubspannung (das ist diejenige Schubspannung, bei deren Überschreitung Gleitvorgänge einsetzen, also die plastische Verformung beginnt) durch die äußere größte Schubspannung übertroffen wird, ohne dass an einer Stelle die Trennbruchfestigkeit durch die Normalspannung oder die Scherbruchfestigkeit durch die Schubspannung erreicht wird. Von größter Bedeutung für die Umformbarkeit ist also die Differenz zwischen der Scher- bzw. Trennbruchfestigkeit und der kritischen Schubspannung (dem Beginn der plastischen Deformation). Je größer diese Differenz ist, umso geringer ist die Gefahr des Werkstoffversagens bei der Umformung. Außerdem bestehen örtliche Unterschiede bezüglich der Formänderung und damit der Festigkeitssteigerung. Sie können so groß sein, dass an einer Stelle des umzuformenden Werkstücks schon kritische Bedingungen vorliegen, während an anderer Stelle der Werkstoff kaum Veränderungen erfahren hat.

Die für die Kaltmassivumformbarkeit maßgebende Größe ist die Fließspannung (in der Umformtechnik als Formänderungs- bzw. Umformfestigkeit k_f bezeichnet) für einen bestimmten Umformgrad. Sie ist von der Ausgangsfestigkeit und der verformungsbedingten Verfestigung abhängig, die ihrerseits vom Gefüge und der chemischen Zusammensetzung beeinflusst werden. Den größten Einfluss auf die Umformfestigkeit übt der Kohlenstoff aus. Silicium wird bei Al-beruhigten unlegierten Kaltstauch- und Kaltfließpressstählen auf maximal 0,10 % begrenzt. Für andere Begleitelemente, wie Cu, Ni, Mo usw., sind Vorkehrungen zu treffen, die verhindern sollen, dass diese Elemente in solchen Gehalten in den Stahl gelangen, dass die Umformbarkeit beeinträchtigt wird. Chrom erhöht die Umformfestigkeit im geglühten Zustand nur wenig, fördert aber die Carbideinformung beim Glühen.

Eine interessante Wirkung geht vom Bor aus. Bor verändert in Gehalten von 0,0010 bis 0,0030 % (< 0,0050 %) die Fließspannung praktisch nicht, verbessert aber die Härtbarkeit durch Verzögerung der Umwandlung Austenit → Ferrit. Auf diese Weise kann die Härtung zeitlich hinter die Formgebung verlagert werden. Ein indirekter Vorteil des Borlegierens kann darin gesehen werden, dass bei Anwendung dieses Elements der Gehalt anderer härtbarkeitssteigernder Elemente, die zugleich die Umformfestigkeit erhöhen würden, verringert werden kann. Die härtbarkeitssteigernde Wirkung des Bors hängt damit zusammen, dass die im Austenit gelösten Boratome vom entstehenden voreutektoiden Ferrit wegen ihres relativ großen Atomradius nicht interstitiell aufgenommen werden können und demzufolge in die besser aufnahmefähigen Korngrenzenbereiche abdiffundieren müssen. Dieser Vorgang benötigt Zeit und führt zu einer Verzögerung der ($\gamma \rightarrow \alpha$)-Umwandlung in der Perlitstufe. Auch Kohlenstoff verzögert die diffusionsgesteuerte ($\gamma \rightarrow \alpha$)-Umwandlung und führt zu einem Minimum der Umwandlungsgeschwindigkeit in der Perlitstufe im Bereich eutektoider Zusammensetzungen. Auf diese Weise ist eine härtbarkeitssteigernde Wirkung des Bors insbesondere bei untereutektoiden Stählen mit relativ niedrigem Kohlenstoffgehalt nachweisbar. Mit steigendem Kohlenstoffgehalt verschwindet dieser Effekt allmählich. Bei den umwandlungsträgeren höhergekohlten Stählen tritt die Wirkung des Bors kaum noch in Erscheinung, sodass Borzugaben zur Verbesserung der Härtbarkeit in solchen Stählen nicht besonders sinnvoll sind. Ebenso sind Borzugaben über die Löslichkeitsgrenze hinaus nicht angebracht, da sie zur Verbindungsbildung führen würden.

Zur Einstellung der Umformeigenschaften wird nicht selten ein GKZ-Glühen vorgesehen, manchmal in Verbindung mit dem Kaltziehen. Bei niedriglegierten Stählen ist ein durch Normalglühen erhaltenes ferritisch-perlitisches Gefüge günstig. Bei einer Reihe von Stählen ist es aber wegen ihres Umwandlungsverhaltens kaum möglich, ein reines ferritisch-perlitisches Gefüge bei kontinuierlicher Umwandlung zu erzeugen. Stähle, die bei kontinuierlicher Abkühlung neben dem ansonsten ferritisch-perlitischen Gefüge gewisse Bainitanteile bilden und infolgedessen als schwerer umformbar gelten, werden häufig anstelle einer Normalglühung einer *BG-Glühung* unterzogen.

Die BG-Glühung bezeichnet man auch als *Perlitisieren*. Man versteht darunter ein Austenitisieren bei 900 bis 1000 °C mit geregelter Zwischenkühlung zur isothermen Umwandlung in der Perlitstufe. Ziel dieser Behandlung ist eine gleichmäßige Verteilung der Perlitinseln und die Vermeidung jeglicher Bainit- und Martensitbildung. Bei Stählen mit höherem Kohlenstoffgehalt ist nicht nur die Art der Gefügebestandteile, sondern auch die Form der Carbide von Bedeutung. Das gilt insbesondere für Stähle mit mehr als 0,35 % C, bei denen eine Verbesserung durch eine GKZ-Glühung erreicht werden kann. Ziel dieser Behandlung ist eine kuglige Einformung der Carbide des Perlits. Die Glühdauer und die Glühtemperatur bestimmen den Einformungsgrad maßgebend. Eine vorgeschaltete Kaltverformung (z. B. vorgezogener Zustand) beschleunigt den Einformungsprozess. Einformungsgrade bis 70 % gewährleisten in der Regel eine ausreichende Umformbarkeit.

Nichtmetallische Einschlüsse können bei schwierigen Kaltumformungen in kritischen Materialzonen Spannungsspitzen erzeugen und Rissbildungen verursachen. Besonders gefährlich sind zeilenförmige Anordnungen von Einschlüssen. Die moderne Metallurgie verfügt über genügend Möglichkeiten, so hohe Reinheitsgrade an oxidischen nichtmetallischen Einschlüssen einzustellen, dass das Kaltumformen nicht mehr gestört wird.

Stähle für Verbindungsmittel, Niete und Ketten gehören nur bedingt in die Gruppe der Stähle für Kaltumformung, wenn man von Stählen für kaltgestauchte Niete und kaltgebogene Ketten u. ä. absieht. Neben dem Kaltumformvermögen sind noch andere Eigenschaften von Bedeutung. Einige der für Niete und Ketten vorgesehenen Stähle sind mit den Stählen für Kaltmassivumformung identisch. Spezielle Werkstoffprobleme ergeben sich aus dem Anforderungskomplex an Stähle für Niete, Schrauben und Ketten. Die Anforderungen beziehen sich auf ein breites Spektrum solcher Eigenschaften wie Kaltmassivumformbarkeit, Zerspanbarkeit, Härtbarkeit, Korrosionsbeständigkeit, Schweißbarkeit und andere. Welcher dieser Forderungen die Priorität zukommt, hängt vom Verwendungszweck ab. Zum Beispiel steht bei normalfesten Schrauben und Muttern die Zerspanbarkeit oder die Kaltumformbarkeit an der Spitze des Forderungskatalogs, bei hochfesten Stählen die Härtbarkeit, bei geschweißten Rundstahlketten die Schweißbarkeit und so weiter. Für Verbindungselemente höherer Festigkeit kommen Einsatz- und Vergütungsstähle und für Sonderzwecke nichtrostende oder warmfeste Stähle zum Einsatz.

Ketten werden in solche ohne besondere Güteanforderungen und in Güteketten unterschieden. Für Güteketten, deren Leistungsparameter in besonderen Prüfungen nachgewiesen werden müssen, werden normalfeste, vergütete, hochfeste, verschleißfeste Stähle und Stähle mit besonderen physikalischen und chemischen Eigenschaften verwendet.

Automatenstähle sind Stähle, die speziell zur wirtschaftlichen Herstellung von Teilen auf schnell laufenden Zerspanungautomaten konzipiert sind. Die geforderte Zerspanbarkeit schließt eine hohe Schnittgeschwindigkeit bei minimalem Werkzeugverschleiß, eine möglichst maßgenaue und glatte Werkstückoberfläche und einen kurzbrechenden Span, der eine unkomplizierte Spanabführung ermöglicht, ein. Die Zerspanungseigenschaften werden maßgeblich vom Gefüge mitbestimmt. Dasjenige Gefüge, das die besten Zerspanungseigenschaften garantiert, besteht aus einer ferritischen Matrix geringer Zähigkeit mit einem möglichst geringen Anteil abrasiv wirkender Bestandteile, in das spanbrechende weiche Teilchen, wie z. B. MnS-Einschlüsse (Abb. 5.198 und 5.199), eingelagert sind.

Maßnahmen, die auf eine gute Zerspanbarkeit abzielen, sind das Legieren mit Begleitelementen, die im Ferrit ausreichend löslich sind und ferritversprödend wirken, sowie das Einbringen geeigneter Teilchen, wie Sulfide, die den metallischen Zusammenhang unterbrechen. Schwefel neigt bei nicht ausreichender Beruhigung des Stahls in hohem Maße zur Seigerung (Abb. 5.266 und 5.267). Neben der Eignung zur wirtschaftlichen Zerspanung müssen Automatenstähle selbstverständlich einem bestimmten Verwendungszweck dienen, d. h. Eigenschaften eines üblichen Baustahls aufweisen. Da die Maßnahmen, die die Zerspanbarkeit begünstigen, im Widerspruch zu den übrigen Gebrauchseigenschaften stehen, stellen Automatenstähle einen Kompromiss zwischen gegensätzlichen Forderungen dar.

Man unterscheidet Automatenstähle für allgemeine Verwendung (Weichstähle mit

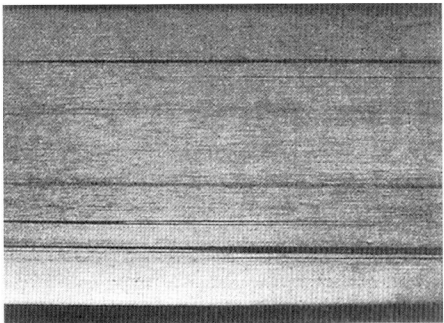

Abb. 5.266 Blockseigerung von MnS in einem unberuhigten Automatenstahl mit 0,09 % C und 0,20 % S; Längsschliff, geätzt nach Heyn

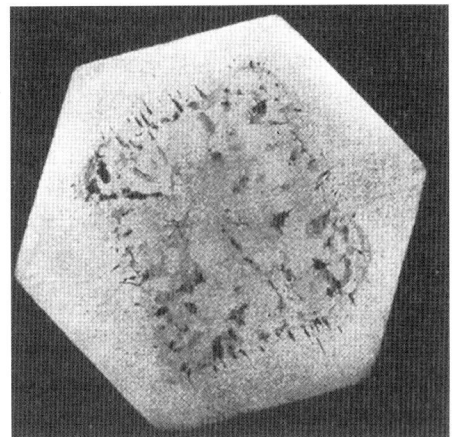

Abb. 5.267 Blockseigerung von MnS in einem unberuhigten Automatenstahl mit 0,09 % C und 0,20 % S; Querschliff, geätzt nach Heyn

$\leq 0{,}10\,\%$ C), Automateneinsatzstähle, Automatenvergütungsstähle und rostfreie Automatenstähle. Automatenstähle sind im Allgemeinen in mechanischer und chemischer Hinsicht nicht so hoch belastbar wie vergleichbare ungeschwefelte Stähle. Dennoch haben sie Bedeutung in der Massenteilefertigung für Bauteile verschiedener Verwendung.

Zu den *Einsatzstählen* gehören unlegierte und legierte Baustähle mit begrenztem Kohlenstoffgehalt. Die Obergrenze liegt bei etwa 0,25 % C. Sie dienen der Herstellung von Bauteilen, deren Randschicht vor dem Härten üblicherweise aufgekohlt oder carbonitriert wird. Beansprucht werden sie in ähnlicher Weise wie Vergütungsstähle. Unterschiede bestehen hauptsächlich in einer zusätzlichen Beanspruchung der Oberflächenzone auf Verschleiß. Die Verschleißfestigkeit der Oberfläche gehört neben der Dauerschwingfestigkeit und der Kernfestigkeit zu den wichtigsten Eigenschaften, die von diesen Stählen gefordert werden. Auf die geforderten Eigenschaften ist die Stahlzusammensetzung abgestimmt. Außerdem ist die thermische Behandlung für die Eigenschaften von Bedeutung.

Die verschleißfeste Randschicht wird über ein oberflächliches Aufkohlen und ein nachfolgendes Härten eingestellt, das auch für die Eigenschaften des einbaufertigen Bauteils maßgebend ist. Man versteht darunter eine kombinierte Wärmebehandlung, bestehend aus einer chemisch-thermischen Behandlung (Aufkohlen, vollständig oder partiell) und einer thermischen Behandlung (Härten nach Volumenerwärmung), die mit einem Anlassen bzw. Entspannen komplettiert wird. Die chemisch-thermische Behandlung besteht aus einer Reihe von Verfahrensschritten und ist daher relativ aufwendig. Folgende Verfahren werden empfohlen:

- Direkthärten mit den Verfahrensvarianten
  - Direkthärten von Aufkohlungstemperatur
  - Direkthärten nach Absenken der Temperatur auf Härtetemperatur[1]
  - Direkthärten von Aufkohlungstemperatur und Härten von optimaler Härtetemperatur (Doppelhärten)
- Einfachhärten mit den Verfahrensvarianten
  - Einfachhärten von Kern- oder Randhärtetemperatur
  - Einfachhärten nach Zwischenglühen
- Härten nach isothermischem Umwandeln mit den Verfahrensvarianten
  - Härten nach isothermischem Umwandeln in der Perlitstufe ohne Abkühlung auf Raumtemperatur
  - Härten nach isothermischem Umwandeln in der Perlitstufe mit Abkühlung auf Raumtemperatur

Ergebnis dieser Behandlungen ist ein Quasi-Werkstoffverbund, wobei der Rand Eigenschaften eines gehärteten Werkzeugstahls und der Kern solche eines „blindgehärteten" weichen Stahls mit maximal etwa 0,25 % C aufweist. Die aufgekohlte und gehärtete Randzone gewährleistet den erhöhten Widerstand gegen Verschleiß und die relativ zähe Kernzone nimmt die ruhenden und schlagartigen Belastungen auf. Legierte Einsatzstähle zeichnen sich durch eine relativ gute Einhärtbarkeit aus und neigen schon beim Abkühlen an Luft von Normalglühtemperatur zur Bainitbildung (Abb. 5.268 und 5.269).

Das Aufkohlen erfolgt in einem geeigneten kohlenstoffabgebenden festen, flüssigen oder gasförmigen Medium bei 850 bis etwa 1000 °C. Die Dicke der aufgekohlten Randschicht ist außer von der Temperatur auch von der Aufkohlungs- bzw. Einsatzdauer abhängig (Tab. 5.22, festes Aufkohlungsmittel). Wird eine zu niedrige Aufkohlungstemperatur gewählt, erhält man einen schroffen Übergang vom Rand zum Kern, und es besteht die Gefahr, dass die aufgekohlte Schicht abplatzt. Ideal ist ein Randkohlenstoffgehalt, der die Bildung

---

[1] Unter Härtetemperatur wird hier die für das Härten optimale Austenitisierungstemperatur verstanden.

Tab. 5.22 Abhängigkeit der Einsatztiefe von der Einsatzdauer und -temperatur bei einem unlegierten Stahl

Einsatzdauer [h]	1	5	10	30	60
$T = 850$ [°C]	0,4 [mm]	0,8 [mm]	1,2 [mm]	1,5 [mm]	2,5 [mm]
$T = 900$ [°C]	0,6 [mm]	1,2 [mm]	1,5 [mm]	2,5 [mm]	4,5 [mm]

Abb. 5.268 Stahl mit 0,20 % C, 1,25 % Mn und 1,25 % Cr; 900 °C/Luft, Bainit

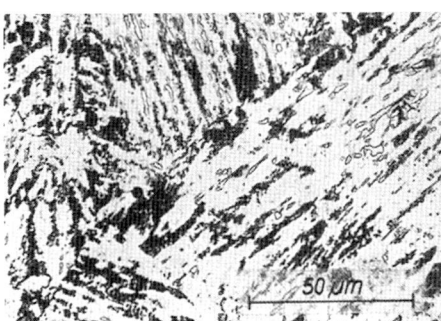

Abb. 5.269 Stahl mit 0,20 % C, 1,25 % Mn und 1,25 % Cr; 900 °C/Luft, Bainit, höhere Vergrößerung

halt sollte nicht zu schroff sein und die Aufkohlungsatmosphäre sollte ein möglichst geringes Sauerstoffpotential aufweisen, damit eine Randoxidation verhindert werden kann.

Kritisch in Bezug auf eine Randoxidation sind insbesondere Stähle mit höherem Silicium- und Chromgehalt, wogegen unlegierte und nickel- sowie molybdänlegierte Stähle weniger empfindlich sind. Niedrige Sauerstoffpotentiale realisiert man beim Aufkohlen im Vakuumofen unter vermindertem Druck.

Das Aufkohlen führt zu einem veränderten Umwandlungsverhalten der Randschicht. Dieser Umstand muss beim Härten berücksichtigt werden. Die Randzone besitzt im aufgekohlten Zustand eine nahezu eutektoide Zusammensetzung, während der Grundwerkstoff untereutektoid ist. Das Aufkohlen verändert die Lage der gleichgewichtsnahen Umwandlungstemperaturen A_{c1} und A_{c3} sowie der M_s-Temperatur. Auch die kritischen Abkühlungsgeschwindigkeiten ändern sich. Die optimale Austenitisierungstemperatur muss nach der Lage der A_{c3}-Temperatur gewählt werden. Für den Rand und den Kern ergäben sich demnach unterschiedliche Härtetemperaturen.

Würde man sich bei der Festlegung der Härtetemperatur nach der A_{c3}-Temperatur der Kernzone richten, würde das für die Randzone eine überhitzte Härtung bedeuten. Um schroffe Übergänge zwischen Rand und Kern zu vermeiden, wird häufig bei etwa 900 °C aufgekohlt und anschlie-

eines möglichst carbid- und restaustenitarmen Härtungsgefüges in der Randzone ermöglicht. Insbesondere chromreiche Cr-Mn- und Cr-Ni-Stähle neigen zur Carbidbildung in der Randzone. Der maximale Randkohlenstoffgehalt sollte demzufolge dem Legierungsgehalt des Stahls angepasst werden, in der Regel jedoch nicht die Grenze von 0,8 % übersteigen. Der Übergang vom Rand- zum Kernkohlenstoffge-

ßend direkt aus dem Einsatz, d. h. von Aufkohlungstemperatur ohne Zwischenkühlung und erneute Austenitisierung abgeschreckt, um eine Härtung herbeizuführen (*Direkthärtung*). Das Direkthärten ist ein wirtschaftlich günstiges Verfahren, stellt aber insbesondere für den Rand ein überhitztes Härten dar. Die schädlichen Nebenwirkungen der Überhitzung (Austenitkornvergröberung) können zum einen dadurch minimiert werden, dass moderne Einsatzstähle kornfeinende Zusätze enthalten, die das Austenitkornwachstum bei der Aufkohlungstemperatur wirksam unterbinden (*direkthärtbare Stähle*). Zum anderen kann das Direkthärten mit abgesenkter Härtetemperatur sowie das Doppelhärten angewendet werden.

Das Gefüge der Randzone ist martensitisch (Abb. 5.270 und 5.271), der Kern besteht aus kohlenstoffarmem Martensit und der Übergang vom Rand- zum Kerngefüge erfolgt allmählich. Im Vergleich dazu zeigt Abb. 5.272 die falsch aufgekohlte und gehärtete Randzone einer Laufrolle aus einem unlegierten Einsatzstahl mit 0,10 % C. Die Randzone grenzt schroff und übergangslos an den kohlenstoffarmen Kern an. Im Kerngefüge liegen Ferrit- und Martensitkristalle scharf begrenzt nebeneinander. Solche Gefüge entstehen, wenn die Aufkohlungstemperatur zu niedrig ist und der Kohlenstoff nicht genügend weit in den Stahl hineindiffundieren kann.

Ein häufiger Fehler ist die Überkohlung. Nach Überschreiten der eutektoiden Konzentration bildet sich Sekundärzementit schalenförmig an den Korngrenzen der Austenitkörner (Abb. 5.273). Kommt zur Überkohlung noch eine Austenitkornvergröberung hinzu, wird die Sprödigkeit der Einsatzschicht weiter erhöht.

Beim Härten treten erhebliche Spannungen in der Einsatzschicht auf, die Härterisse verursachen können (Abb. 5.274). Am geätzten Querschliff durch die Welle kann man erkennen, dass die Risse etwa

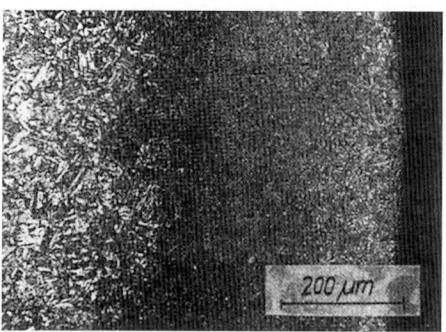

Abb. 5.271 Randzone des Zahnrads aus Abb. 5.270, Martensit

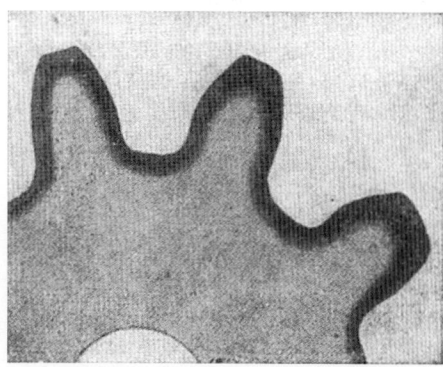

Abb. 5.270 Einsatzgehärtetes Zahnrad, geätzt mit 10 %iger HNO$_3$

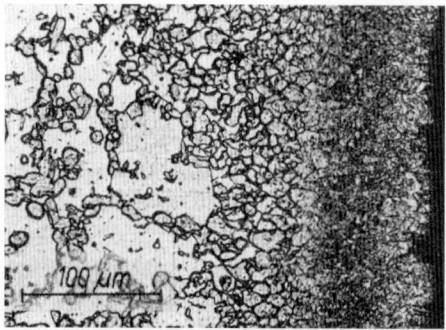

Abb. 5.272 Unlegierter Stahl mit 0,10 % C, falsch einsatzgehärtet, Übergang von der aufgekohlten Randzone zur Kernzone zu schroff

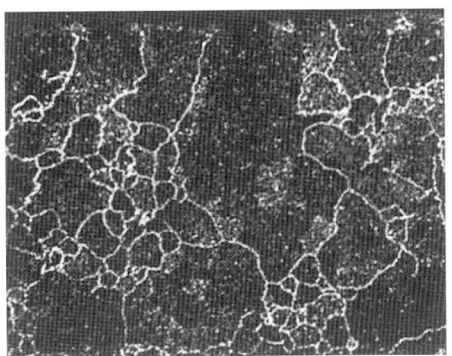

Abb. 5.273 Cr-Ni-Stahl; überkohlte Einsatzschicht, geätzt mit 10%iger HNO₃

die gleiche Tiefe aufweisen wie die Einsatzschicht (Abb. 5.275). Eine überkohlte, noch nicht gerissene Randschicht lässt sich wieder verwendungsfähig machen, wenn das Bauteil nach dem Aufkohlen mehrere Stunden lang bei einer höheren Temperatur geglüht wird. Eventuell noch vorhandener Sekundärzementit kann durch Normalglühen oberhalb A_{cm} beseitigt werden. Beim Härten aufgekohlter Teile sind die gleichen Gesichtspunkte zu beachten wie bei der normalen Härtung. Überhitzen, Überzeiten, Unterhärten und ungleich-

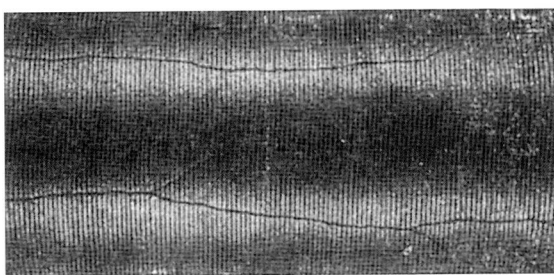

Abb. 5.274 Härterisse in einer einsatzgehärteten Welle aus Cr-Ni-Stahl, verursacht durch Überkohlung

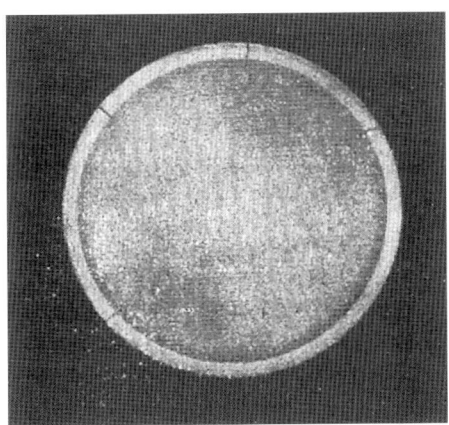

Abb. 5.275 Querschliff durch die einsatzgehärtete Welle aus Abb. 5.279; Härterisse mit gleicher Tiefe wie die Einsatzschicht; geätzt mit 5%iger HNO₃

mäßiges oder zu schroffes Abschrecken führen hier wie dort zu den gleichen Fehlern. Im einbaufertigen Zustand sollte das Gefüge der Randzone ein möglichst feindisperser Martensit ohne Restaustenit und Sekundärzementit und das der Kernzone ein ferritfreies Härtungsgefüge sein. Restaustenit würde einen Härteabfall an der Oberfläche bewirken, damit die Verschleißfestigkeit beeinträchtigen, die Dauerschwingfestigkeit herabsetzen und die Gefahr der Schleifrissigkeit erhöhen.

Als *Nitrierstähle* bezeichnet man vergütbare Stähle, die nitridbildende Elemente enthalten, die sie für das Erzielen einer hohen Randschichthärte durch Nitrieren und Nitrocarburieren besonders geeignet machen. Die gebräuchlichsten Nitrierstähle enthalten neben 0,1 bis 0,5 % C noch bis 3,5 % Cr, bis etwa 1 % Mo, bis 0,3 % V und bis 1,2 % Al. Sie werden vor dem Nitrieren auf die erforderliche Kernfestigkeit vergütet. Der beim Nitrieren eindiffundierende Stickstoff bildet eine verschleißfeste Oberfläche mit erhöhter Wechselfestigkeit und verbesserten Korrosionseigenschaften (s. Abschnitt 4.4.3.1). Ein nitrierter Stahl hat im Unterschied zum aufgekohlten Stahl eine naturharte Oberfläche und muss in der Regel keiner thermischen Nachbehandlung unterzogen werden.

Das Gefüge der Nitrierschicht unterscheidet sich von dem stickstofffreien Grundgefüge durch eine leichtere Anätzbarkeit (Abb. 5.276). Abb. 5.277 zeigt die makroskopische Struktur eines nitrierten Werkstücks. Im Bruch gibt sich die Nitrierschicht durch ein sehr feines Bruchkorn zu

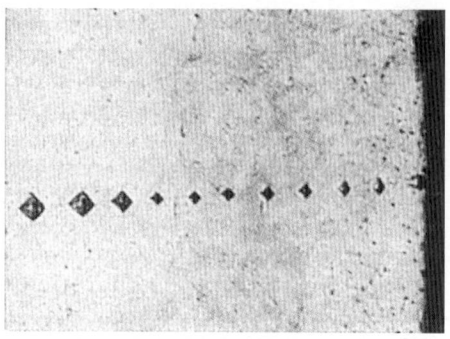

Abb. 5.278 Mikrohärteverlauf in einer Nitrierschicht; H_m der Nitrierschicht 2000, H_m des Grundwerkstoffs 320

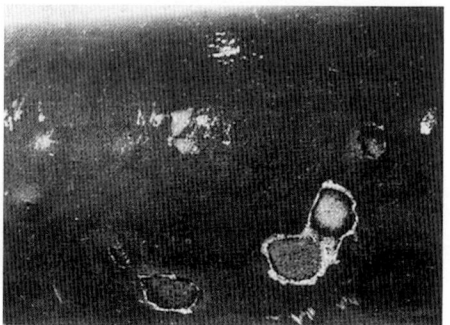

Abb. 5.279 Nitriertes Rohr aus einem Cr-Al-Stahl mit aufgebeulten und abgeplatzten Stellen

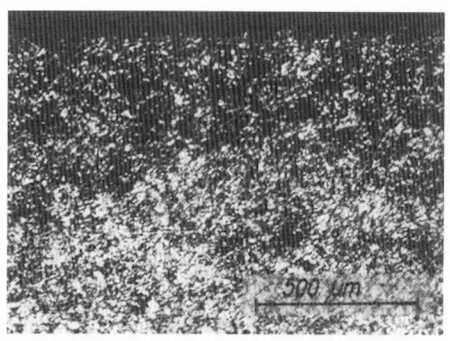

Abb. 5.276 Cr-Al-Stahl; gehärtet und nitriert, submikroskopisch feine Nitridausscheidungen

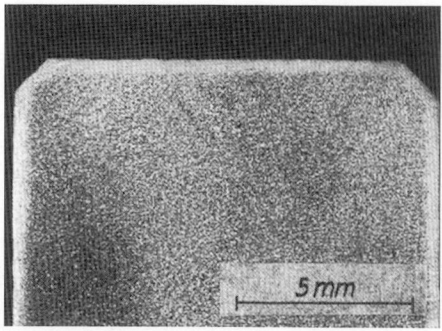

Abb. 5.277 Makrostruktur eines nitrierten Werkstücks; geätzt mit 5 %iger HNO_3

erkennen. Die Härte nimmt von der Oberfläche in den Grundwerkstoff hinein ab (Abb. 5.278).

Beim Nitrieren ist darauf zu achten, dass die Oberfläche des zu nitrierenden Stahls keine Randentkohlung erfahren hat. Anderenfalls scheiden sich in den randnahen groben kohlenstoffarmen Ferritkristallen ebenfalls grobe Nitride aus, wodurch die Randschicht leicht abplatzen kann (Abb. 5.279). Der Querschliff durch die abgesprengte Nitrierschicht zeigt, dass sich vorzugsweise an den Korngrenzen der quaderförmigen Ferritkristalle grobe Nitride gebildet haben (Abb. 5.280). Wegen der damit verbundenen Versprödung der Korngren-

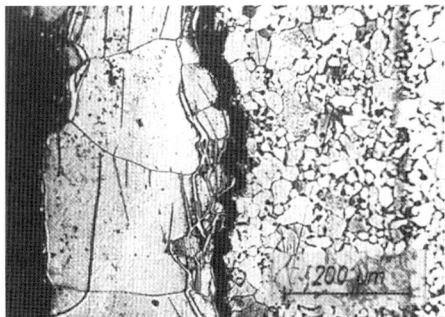

Abb. 5.280 Querschliff durch die Nitrierschicht des Rohrs aus Abb. 5.284; durch grobe Nitridausscheidungen abgesprengte entkohlte Randzone

zenbereiche konnte der Stahl die mit dem Nitrieren verbundene Volumenvergrößerung nicht mehr aufnehmen und die Randschicht wurde abgesprengt.

Stähle für das Flamm- und Induktionshärten sind unlegierte oder legierte vergütbare Stähle, die sich durch örtliches Austenitisieren und Abschrecken in der Randzone härten lassen, ohne dass die Festigkeits- und Zähigkeitseigenschaften der Kernzone wesentlich beeinflusst werden. Sie haben eine große Ähnlichkeit zu den eigentlichen Vergütungsstählen, aus denen sie hervorgegangen sind. Sie unterscheiden sich jedoch von diesen durch eine eingeengte Analysenspanne, insbesondere des Kohlenstoffgehalts. Die eingeengte Analysenspanne erleichtert ein gezieltes partielles Härten hoher Qualität.

5.5.8
Stähle mit besonderen Verschleißeigenschaften

Die bei Stählen vorkommenden Gefügearten weisen einen unterschiedlichen Verschleißwiderstand auf. Die Erfahrung lehrt, dass solche Gefügearten wie martensitische bzw. bainitische Härtungsgefüge, hartstoffreiche (z. B. carbidreiche) Gefüge mit gehärteter oder ungehärteter ferritischer Matrix sowie manganreiche austenitische Abschreckgefüge sich durch eine erhöhte Verschleißfestigkeit auszeichnen. Stähle mit erhöhtem Verschleißwiderstand für einen jeweils speziellen Verwendungszweck sind *Schienenstähle, Wälzlagerstähle* und *Stähle für Werkzeuge*.

Das Gefüge üblicher Schienenstähle enthält in den Ferrit eingelagerte zementitische Carbide, wobei das ferritisch-perlitische Gefüge möglichst feindispers sein soll. Der Anteil elastisch harter, nichtmetallischer Einschlüsse soll ausreichend niedrig sein, weil Einschlüsse im Bereich des Schienenkopfs die Ermüdungseigenschaften des Stahls negativ beeinflussen können. Höher beanspruchbare Schienen haben ein bainitisches oder nach partieller Härtung ein teilweise martensitisches Gefüge.

Für höchste Verschleißbeanspruchungen, nicht nur im Eisenbahnwesen, sondern auch bei Verschleißteilen in Zerkleinerungsmaschinen, in Erdbewegungs- und Erdbearbeitungsmaschinen usw., kann man den *Hartmanganstahl* mit 1,2 bis 1,4 % C und 12 bis 14 % Mn mit einem Verhältnis Mn : C = 10 : 1 einsetzen. Seine Sondereigenschaften sind ein hohes Verfestigungsvermögen und damit ein hoher Verschleißwiderstand trotz geringer Härte, niedrige Streckgrenze und, eine sauber bearbeitete Probenoberfläche vorausgesetzt, eine Dehnung von 80 %. Eine spanabhebende Bearbeitung ist nur mit Hartmetallwerkzeugen bzw. durch Schleifen möglich. Die Formgebung erfolgt in der Regel durch Gießen. Das Gussgefüge ist oft grobkörnig mit gut erkennbaren, primären, inhomogenen Austenitdendriten (Abb. 5.281). Wenn die Oberfläche plastisch verformt wird, steigt die Brinell-Härte von 200 auf 500 HB an. Wie die meisten auste-

Abb. 5.281 Hartmanganstahl mit 1,2 % C und 12 % Mn; gegossen, verschleißfest

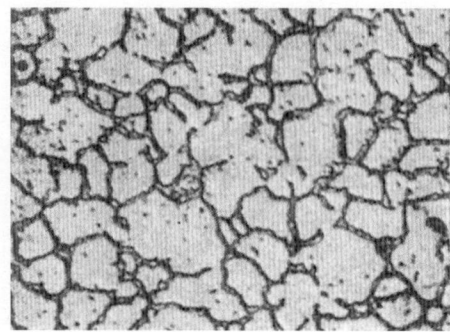

Abb. 5.283 Hartmanganstahl, 1000 °C/Luft; Carbide (Fe,Mn)$_3$C an den Korngrenzen

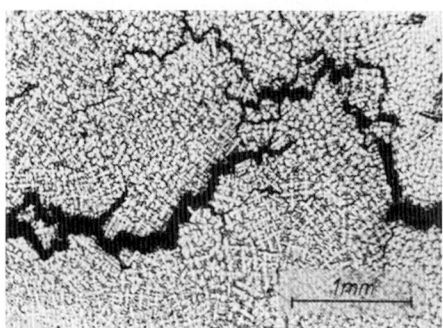

Abb. 5.282 Auftragsschweißung von Hartmanganstahl; Primärkorngrenzenrisse

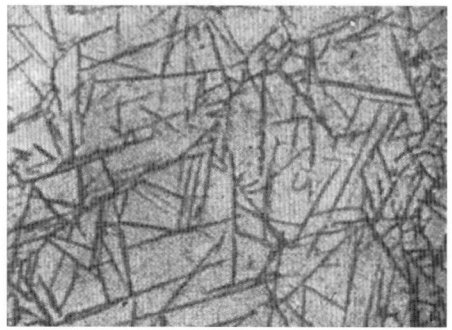

Abb. 5.284 Hartmanganstahl, 1000 °C/Ofen; nadelförmige Carbide im Korninneren

nitischen Stähle ist auch der Hartmanganstahl im Normalfall unmagnetisch. Häufig bringt man auf Verschleißteile eine Oberflächenschicht aus Hartmanganstahl mittels Auftragsschweißen auf. Infolge der unterschiedlichen thermischen Ausdehnungskoeffizienten von Ferrit und Austenit kann es dabei zu interkristallinen Spannungsrissen kommen (Abb. 5.282). Auftragsschweißungen aus Hartmanganstahl müssen deshalb nach dem Schweißen zum Zwecke des Spannungsabbaus langsam abgekühlt werden. Wird geschmiedeter Hartmanganstahl von hoher Temperatur langsam abgekühlt, scheiden sich Mischcarbide (Fe,Mn)$_3$C an den Korngrenzen aus (Abb. 5.283). Die Carbidausscheidung kann bei sehr langsamer Abkühlung auch in Nadelform im Korninneren erfolgen (Abb. 5.284).

Der Hartmanganstahl hat die Eigenschaft, nach dem Abschrecken von 1050 °C weich und zäh zu sein und erst beim nachfolgenden Ausscheidungsglühen hart zu werden. Das beruht darauf, dass der Kohlenstoff im abgeschreckten Zustand sich in einer übersättigten Lösung im Austenit befindet (Abb. 5.285). Die Härte beträgt in diesem Zustand 190 HB, die Festigkeit 1000 N mm^{-2} und die Dehnung 50 %. Nach zehnstündigem Glühen bei 550 °C hat sich aus dem Austenit feinlamellarer Perlit sowie Martensit gebildet (Abb. 5.286). Der Stahl ist infolgedessen magne-

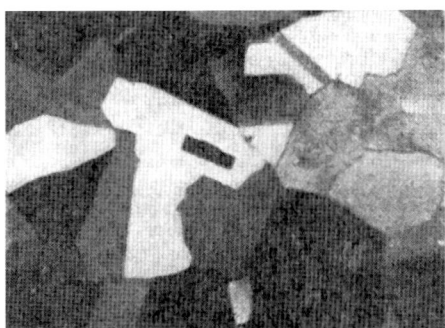

Abb. 5.285 Hartmanganstahl, 1050 °C/Wasser; homogener Austenit

Abb. 5.288 Eisen-Mangan-Legierung mit 9 % Mn, 1000 °C/Luft; α'-Martensit, geätzt mit HNO_3

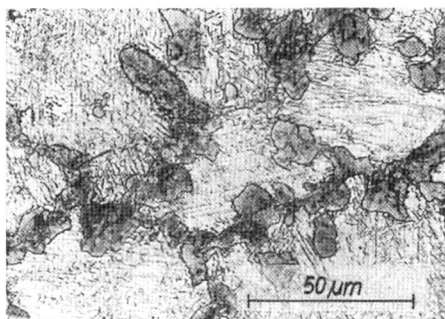

Abb. 5.286 Hartmanganstahl, 1050 °C/Wasser/ 10 h 550 °C; Austenit, Carbide und Perlit

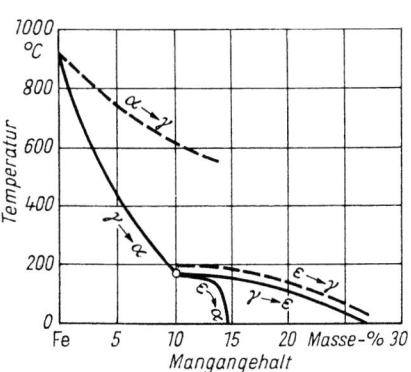

Abb. 5.287 Umwandlungsdiagramm der Eisen-Mangan-Legierungen für technisch relevante Abkühlungen

tisch geworden und hat eine Härtesteigerung auf 400 HB erfahren. Kaltverformter Hartmanganstahl weist im Gefüge zahlreiche Gleitlinien auf, zwischen denen sich Stapelfehler, ε-Martensit und geringe Mengen an α'-Martensit befinden, die die Ursache der hohen Verfestigung sind.

Zum besseren Verständnis der genannten Phasenumwandlungen sei auf das Umwandlungsdiagramm der Eisen-Mangan-Legierungen bei technischen Abkühlungsgeschwindigkeiten verwiesen (Abb. 5.287). In kohlenstoffarmen Stählen mit bis zu 10 % Mn beginnt die Umwandlung des Austenits in α'-Martensit, sobald die $(\gamma \rightarrow \alpha)$-Linie erreicht ist, und erstreckt sich über ein größeres Temperaturintervall. Das sich hierbei einstellende martensitische Gefüge geht für einen Stahl mit 9 % Mn aus Abb. 5.288 hervor. Bei einer nachfolgenden Erwärmung beginnt die Rückumwandlung, sobald die bei wesentlich höheren Temperaturen liegende $\alpha \rightarrow \gamma$-Linie erreicht wird. Zwischen diesen beiden Linien existiert ein Temperaturintervall, in dem Eisen-Mangan-Legierungen in zwei verschiedenen Phasenausbildungen unbeschränkt lange beständig sind. Wird von höheren Temperaturen aus auf eine Temperatur innerhalb dieses Temperaturintervalls abgekühlt, bleibt das Ge-

Abb. 5.289 Eisen-Mangan-Legierung mit 13,8 % Mn, 1000 °C/Luft; Austenit (graue Grundmasse), ε-Martensit (weiße Platten) und α'-Martensit (schwarze Nadeln), geätzt mit Natriumthiosulfat + Kaliummetabisulfit

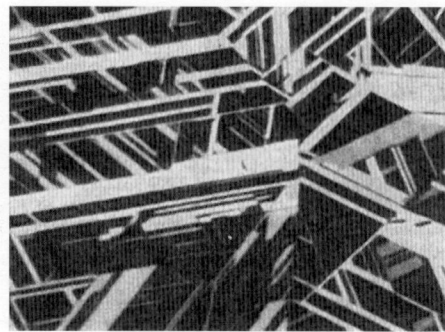

Abb. 5.290 Eisen-Mangan-Legierung mit 14,5 % Mn, 1000 °C/Luft; Austenit (dunkel) und ε-Martensit (hell), geätzt mit Natriumthiosulfat + Kaliummetabisulfit

füge zu 100 % aus Austenit, der bei dieser Temperatur beständig ist. Wird dagegen von Raumtemperatur aus auf eine Temperatur innerhalb dieses Temperaturintervalls erwärmt, besteht das Gefüge zu 100 % aus α'-Martensit, der bei dieser Temperatur dann beständig ist. Diese Erscheinung bezeichnet man als Irreversibilität und Eisen-Mangan-Legierungen mit etwa 5 bis 10 % Mn als irreversible Legierungen. Zwischen 10 und 14,5 % Mn entsteht während der Abkühlung aus dem Austenit ebenfalls ohne Diffusion zunächst hexagonaler ε-Martensit, der bei weiterer Abkühlung mehr oder weniger vollständig in α'-Martensit umwandelt. Diese Doppelreaktion führt zu einem Gefüge, das beide Martensitarten enthält (Abb. 5.289). Der ε-Martensit entsteht durch einen Schiebungsvorgang in Form von Platten in den Oktaederflächen des Austenits. Der α'-Martensit bildet lanzenspitzenähnliche Nadeln, deren Längsachse innerhalb der ε-Martensitplatten liegt und deren Breite durch die Dicke der ε-Martensitplatten begrenzt wird. Beim Wiedererwärmen wandelt sich der ε-Martensit bereits zwischen 200 und 300 °C, der α-Martensit aber erst zwischen etwa 550 und 650 °C in den Austenit zu-

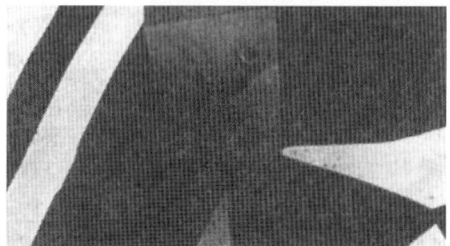

Abb. 5.291 Eisen-Mangan-Legierung mit 31 % Mn; Austenit, geätzt mit Natriumthiosulfat + Kaliummetabisulfit

rück. In Legierungen mit 14,5 bis 27 % Mn erfolgt während der Abkühlung nur die (γ → ε)-Umwandlung, die aber unvollständig ist, sodass stets hohe Restaustenitanteile von 50 % und mehr zurückbleiben (Abb. 5.290). Beim Wiedererwärmen beginnt die (ε → γ)-Rückumwandlung nur bei wenig höheren Temperaturen. Stähle mit mehr als 27 % Mangan wandeln beim Abkühlen nicht mehr um, sondern bleiben rein austenitisch (Abb. 5.291). Das Legierungselement Mangan wirkt sich in ähnlicher Weise auf die Umwandlungen im Eisengitter aus wie hohe hydrostatische Drücke. Mangan geht z. T. in die Metallmatrix und z. T. in das Eisencarbid. Mangansondercarbide existieren in Stählen nicht.

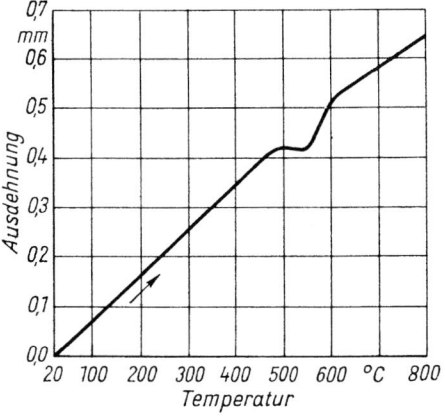

Abb. 5.292 Anlassdilatometerkurve eines von 1200 °C in Öl abgeschreckten Stahls mit 2 % C und 12 % Cr; Aufheizgeschwindigkeit 2 K min^{-1}

Stähle wie z. B. der X210Cr12, die außer Mischcarbiden noch Sondercarbide enthalten, zeigen beim Anlassen aushärtungsähnliche Erscheinungen. Das Gefüge des genannten Chromstahls besteht im Gleichgewichtsfall bei Raumtemperatur aus α-Mischkristallen, in die Mischcarbide $(Fe,Cr)_3C$ und Sondercarbide $(Cr,Fe)_7C_3$ eingelagert sind. Beim Glühen bei 1200 °C gehen die Mischcarbide und ein Teil der Sondercarbide so weit in Lösung, dass es zu einer starken Absenkung der M_S-Temperatur kommt und der Stahl nach dem Abschrecken auf Raumtemperatur austenitisch bleibt (Abb. 5.188; s. auch Abschnitt 5.5). Die mit diesem Gefügezustand bei einer Aufheizgeschwindigkeit von 2 K min^{-1} aufgenommene Dilatometerkurve (Abb. 5.292) zeigt, dass sich die Probe bis etwa 450 °C gleichmäßig ausdehnt, weil der Austenit in diesem Temperaturbereich relativ stabil ist. Oberhalb 450 °C wird eine Kontraktion beobachtet, die auf Ausscheidungen von $(Cr,Fe)_7C_3$-Carbiden zurückzuführen ist. Der ab 550 °C eintretende Wiederanstieg der Kurve wird durch die Umwandlung des legierungsärmer und damit instabiler gewordenen Austenits in Ferrit verursacht. Anlassen des von 1200 °C abgeschreckten Stahls X210Cr12 bewirkt bis etwa 450 °C weder Gefüge- noch Härteänderungen (Abb. 5.293). Zunehmende Sondercarbidausscheidung führt zu einem deutlichen Härteanstieg auf 60 HRC. Bei noch höheren Temperaturen fällt die Härte schnell ab. Im etwa gleichen Temperaturintervall nimmt der Restaustenitanteil stetig von 100 auf 0 % ab.

Wird der Chromstahl nicht von 1200 °C, sondern von 950 °C in Öl abgeschreckt, besteht das Gefüge zu 90 % aus Martensit und zu 10 % aus Restaustenit. Die Abschreckhärte (Primärhärte) beträgt nahezu 60 HRC. Der Wiederanstieg der Härte oberhalb 450 °C fällt entsprechend der gerin-

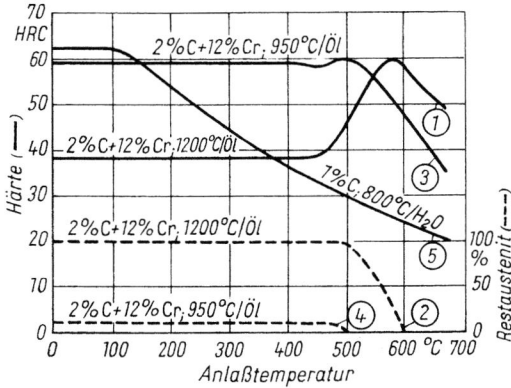

Abb. 5.293 Anlasskurven eines von 950 °C bzw. 1200 °C in Öl abgeschreckten Stahls mit 2 % C und 12 % Cr, 1 h angelassen (nach Rapatz)

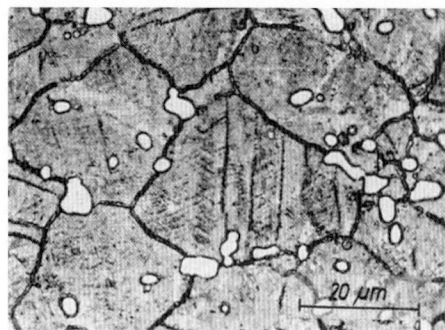

Abb. 5.294 Stahl mit 2 % C und 12 % Cr, 1200 °C/ Öl/1 h 400 °C; Austenit mit Sondercarbiden $(Cr,Fe)_7C_3$, geätzt mit Königswasser + Glycerin

Abb. 5.296 Stahl mit 2 % C und 12 % Cr, 1200 °C/ Öl/1 h 550 °C; Austenit mit Sondercarbiden $(Cr,Fe)_7C_3$ und Martensit

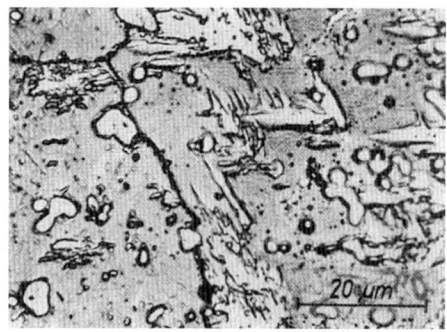

Abb. 5.295 Stahl mit 2 % C und 12 % Cr, 1200 °C/ Öl/1 h 500 °C; Austenit mit Sondercarbiden $(Cr,Fe)_7C_3$ und Martensit

Abb. 5.297 Stahl mit 2 % C und 12 % Cr, 1200 °C/ Öl/1 h 600 °C; Austenit mit Sondercarbiden $(Cr,Fe)_7C_3$ und Martensit

ren Restaustenitmenge geringer aus als im ersten Fall. Das Gefüge des von 1200 °C abgeschreckten X210Cr12 enthält nach dem Anlassen bei Temperaturen oberhalb 450 °C Martensit. Die Martensitmenge ist umso größer, je höher die vorangegangene Anlasstemperatur war. Nach dem Anlassen bei 400 °C besteht das Gefüge aus Austenitpolyedern, erkennbar an den Zwillingslamellen, mit eingelagerten, beim Härten ungelösten Chromsondercarbiden $(Cr,Fe)_7C_3$ (Abb. 5.294). Zunehmende Anlasstemperaturen von 500, 550 und 600 °C führen zu steigenden Martensitanteilen (Abb. 5.295 bis 5.297). Der normal von 950 bis 1000 °C gehärtete Chromstahl zeigt nach dem Anlassen zwischen 400 und 600 °C praktisch keine Gefügeänderungen, da die Menge an umwandlungsfähigem Austenit zu gering ist und im Gefüge nicht in Erscheinung tritt (Abb. 5.298 und 5.299).

Wälzlagerstähle dienen vor allem der Herstellung von Wälzlagerbauelementen, finden aber auch zur Herstellung von Werkzeugen Verwendung. Wälzlagerbauelemente müssen außerordentlich hohe Punkt- und Linienbelastungen übertragen. Von Wälzlagerstählen fordert man deshalb einen hohen Widerstand gegen abrasiven Verschleiß, ausreichende Maßbeständigkeit und genügende Zähigkeit im gehärteten Zustand. Diesen Forderungen kommt

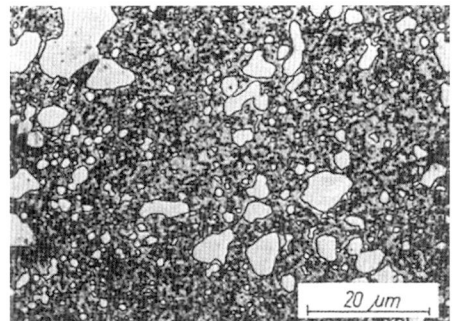

Abb. 5.298 Stahl mit 2 % C und 12 % Cr, 950 °C/ Öl/1 h 400 °C; Martensit und Sondercarbide $(Cr,Fe)_7C_3$ geätzt mit HCl + Chromsäure

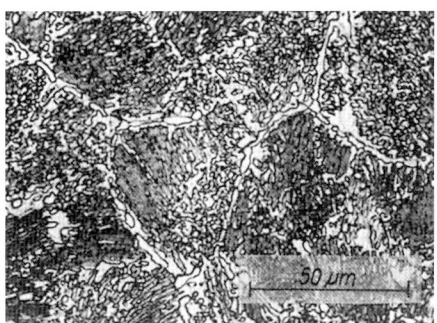

Abb. 5.300 Stahl mit 1 % C und 1,5 %Cr; Perlit mit Sekundärzementit an den Korngrenzen

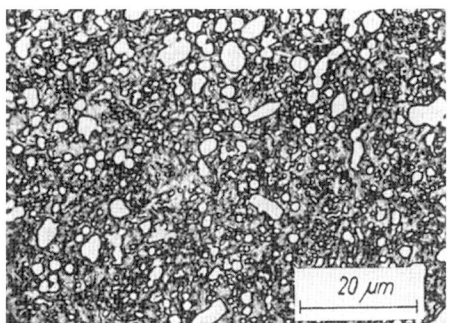

Abb. 5.299 Stahl mit 2 % C und 12 % Cr, 950 °C/ Öl/1 h 600 °C; Martensit und Sondercarbide $(Cr,Fe)_7C_3$

Abb. 5.301 Stahl mit 1 % C und 1,5 %Cr, gewalzt; Perlit

am ehesten ein hartes martensitisches Gefüge hoher Gleichmäßigkeit entgegen. Übliche Wälzlagerstähle enthalten etwa 1 % C und sind chromlegiert. Zur Verbesserung der Durchvergütbarkeit über 30 mm hinaus können sie zusätzlich bis 1 % Mangan enthalten. Silicium- und Molybdänzugaben können die Härtbarkeit ebenfalls verbessern. Nickel und Kupfer wirken dagegen austenitstabilisierend und sollten deshalb auf maximal 0,30 bzw. 0,25 % begrenzt werden. Die am häufigsten verwendeten Wälzlagerstähle sind übereutektoide Cr- bzw. Cr-Mn-Stähle.

Übereutektoide Stähle enthalten im nichtgehärteten Zustand neben Perlit noch Sekundärzementit (Abb. 5.300). Bei dem Carbid handelt es sich um das zementitische Eisen-Chrom-Mischcarbid $(Fe,Cr)_3C$, das bis zu 15 % Cr enthalten kann. Im Walzzustand ist das Gefüge feindispers, falls die Walzendtemperatur niedrig war und die Abkühlung nach dem Walzen rasch erfolgte (Abb. 5.301). Sind die genannten Voraussetzungen nicht erfüllt, d. h. wurde die Schlusswalzung bei hohen Temperaturen durchgeführt und ist die Abkühlung langsam erfolgt, so besteht das Gefüge aus mehr oder weniger breitstreifigem Perlit mit Korngrenzenzementit (Abb. 5.302). Ein solches Carbidgefüge koaguliert beim Weichglühen schlecht. Ein perlitisches Ausgangsgefüge ergibt beim Weichglühen eine gleichmäßige Verteilung ku-

Abb. 5.302 Stahl mit 1 % C und 1,5 %Cr, gewalzt bei zu hoher Walzendtemperatur, zu langsame Abkühlung; Perlit und Sekundärzementit

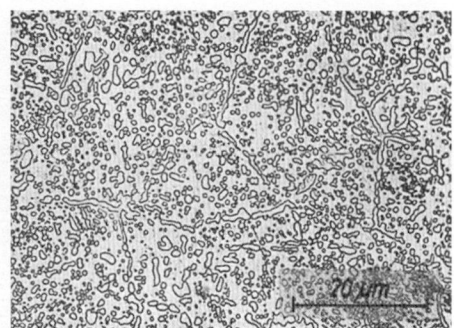

Abb. 5.304 Stahl mit 1 % C und 1,5 % Cr, ungenügend weichgeglüht; sphäroidisierte Carbidteilchen in ferritischer Matrix neben Resten von Korngrenzenzementit

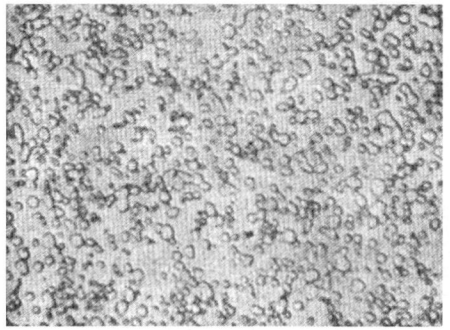

Abb. 5.303 Stahl mit 1 % C und 1,5 % Cr, einwandfrei weichgeglüht; sphäroidisierte Carbidteilchen in ferritischer Matrix

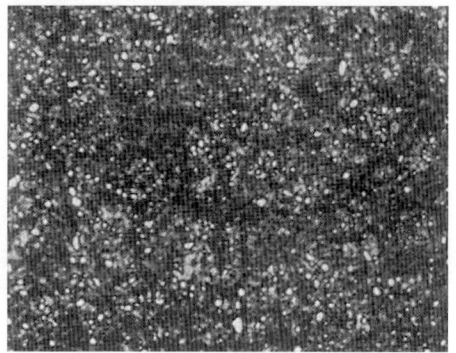

Abb. 5.305 Stahl mit 1 % C und 1,5 % Cr, gehärtet 840 °C/Öl; Martensit und gleichmäßig verteilte, kugelförmige Carbide

gelförmiger Carbidteilchen (Abb. 5.303). Ein Ausgangsgefüge aus groblamellarem Perlit und Korngrenzenzementit bewirkt ein nicht optimales Weichglühgefüge, bei dem der Sekundärzementit nur teilweise koaguliert ist (Abb. 5.304). Das nachfolgende Härten würde zu ungünstigen Eigenschaften führen, der Stahl wäre relativ spröde und würde zu Ausplatzungen neigen. Deshalb ist es empfehlenswert, Wälzlagerstahl mit Korngrenzenzementit vor dem Weichglühen einer Normalglühung bei 880 bis 900 °C zu unterziehen (A_{cm} für 100Cr6 liegt bei 850 °C) mit anschließender Abkühlung an Luft. Bei größeren Querschnitten ist ein Abkühlen in bewegter Luft erforderlich, um die Wiederausscheidung des Korngrenzenzementits mit Sicherheit zu verhindern. Die günstigste Härte für die spanabhebende Bearbeitung beträgt 180 bis 200 HB.

Das Härten des Wälzlagerstahls 100Cr6 erfolgt je nach der Abmessung von 820 bis 850 °C in Öl, Wasser oder anderen geeigneten Kühlmedien. Beim Abschrecken in Wasser besteht allerdings eine hohe Härterissgefahr. Das Härtungsgefüge besteht aus feinnadligem Martensit mit gleichmäßig verteilten Carbiden (Abb. 5.305). Beim überhitzten Härten gehen die Carbide voll-

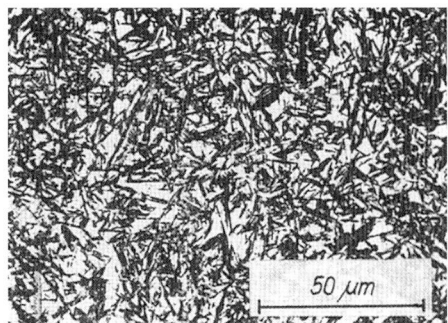

Abb. 5.306 Stahl mit 1 % C und 1,5 % Cr, überhitzt gehärtet 1000 °C/Öl; grobnadliger Martensit und Restaustenit (hell)

ständig in Lösung und eine Austenitkornvergröberung ist zu befürchten. Man erhält grobnadligen Martensit mit Restaustenit (Abb. 5.306). Der Restaustenit als relativ weiche Phase bewirkt einen Härteabfall von 63 bis 65 auf 58 HRC. Ein solcher Zustand gilt als überhärtet und die Verschleißfestigkeit des Stahls ist reduziert, bedingt durch die geringere Härte und das Fehlen harter Tragcarbide.

Eine weitere mögliche Gefügeunzulänglichkeit ist die *Carbidzeiligkeit*. Ursache der Carbidzeiligkeit ist eine ungleichmäßige Verteilung der Legierungs- und Begleitelemente und des Kohlenstoffs im primären Austenit infolge der dendritischen Entmischung bei der Erstarrung. Die Carbidzeiligkeit führt dazu, dass gleichmäßige Eigenschaften im gehärteten Zustand nicht mehr gewährleistet werden können. Zur Beseitigung der Zeiligkeit reicht ein Normalglühen nicht aus. Besser ist das Diffusionsglühen.

Eine sehr hohe Verschleißfestigkeit, z. T. auch bei höheren Temperaturen, weisen die *Werkzeugstähle* auf. Werkzeugstähle sind Edelstähle, die zur Herstellung von Handhabungs- und Messwerkzeugen sowie von Werkzeugen zur Be- und Verarbeitung von *Stoffen* geeignet sind. (Gelegentlich werden auch gegossene und gesinterte Carbidhartmetalle in diese Werkstoffgruppe einbezogen.) Stähle für Werkzeuge werden auch für andere Zwecke eingesetzt. Ein Werkzeugstahl ist in einigen Fällen nur am Verwendungszweck als solcher zu erkennen, weniger an der chemischen Zusammensetzung, an typischen Legierungselementen oder am Gefüge, weil es diesbezüglich Überschneidungen zu anderen Stählen geben kann.

Werkzeugstähle können in Kaltarbeitsstähle, Warmarbeitsstähle und Schnellarbeitsstähle eingeteilt werden. Zu den *Kaltarbeitsstählen* rechnet man unlegierte und legierte Stähle für Verwendungszwecke, bei denen die Temperatur an den Arbeitsflächen 200 °C nicht übersteigt. *Warmarbeitsstähle* sind legierte Stähle für Verwendungszwecke, bei denen die Temperaturen an den Arbeitsflächen obige Grenze überschreiten. Bei den *Schnellarbeitsstählen* handelt es sich um legierte Stähle für Umformwerkzeuge sowie für Zerspanungswerkzeuge mit hoher Relativgeschwindigkeit an den Arbeitsflächen und Temperaturen bis etwa 600 °C.

Das Gefüge der Kaltarbeitsstähle besteht im Verwendungszustand aus Martensit, in den je nach dem Kohlenstoffgehalt und dem Legierungsanteil noch Zementit- oder Sondercarbidkristalle in möglichst gleichmäßiger Verteilung eingelagert sind. Die erforderliche Härte wird durch Abschrecken von Temperaturen oberhalb A_{c1} oder dicht oberhalb A_{c3} in Wasser oder Öl erzielt. Ein nachfolgendes Anlassen bei etwa 100 °C verfolgt den Zweck, Abschreckspannungen zu beseitigen. Zur Verbesserung der Zähigkeitseigenschaften kann eine höhere Anlasstemperatur gewählt werden, aber das führt zu einem gewissen Verlust an Härte. Die relativ geringe Schnittleistung der Werkzeuge aus Kaltarbeitsstählen beruht auf der ungenügenden An-

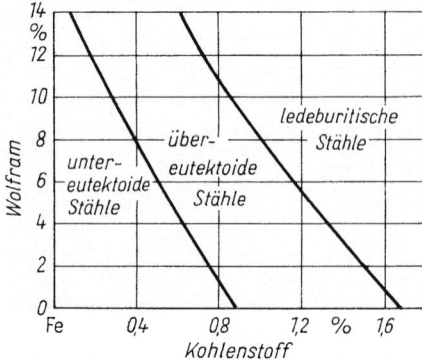

Abb. 5.307 Gefügeausbildung der Wolframstähle (nach Oberhoffer, Daeves und Rapatz)

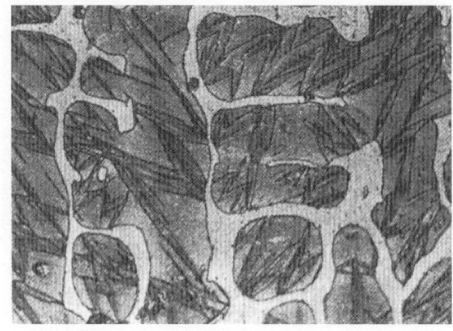

Abb. 5.308 Schnellarbeitsstahl mit 0,9 % C, 10,1 % W und 2,8 % Cr, gegossen; Ledeburit, Martensit und Austenit

lassbeständigkeit des beim Abschrecken gebildeten metastabilen Martensits. Oberflächentemperaturen an den Schnittkanten um 200 °C und darüber bewirken bereits einen merklichen Härteabfall und damit ein schnelles Stumpfwerden der Schneide. Demgegenüber sind Schnellarbeitsstähle bis etwa 600 °C anlassbeständig, d. h. auch bei Dunkelrotglut verliert die Schneide ihre Härte nicht. Deshalb lassen sich mit diesen Stählen hohe Schnittleistungen erzielen. Die Hauptlegierungselemente der Schnellarbeitsstähle sind Wolfram und Molybdän. Außerdem können diese Stähle noch Vanadin und einen gewissen Chromanteil enthalten, Hochleistungs-Schnellarbeitsstähle außerdem noch Cobalt. Wolfram verschiebt die Grenzen zwischen dem unter- und dem übereutektoiden bzw. zwischen dem übereutektoiden und dem ledeburitischen Gefügefeld zu geringeren Kohlenstoffgehalten hin (Abb. 5.307). Demnach gehört ein Stahl mit 0,85 % C und 12,5 % Cr in die Gruppe der ledeburitischen Chromstähle. Der Anteil an Ledeburit im Gefüge wird durch andere anwesende carbidbildende Elemente, wie Vanadin und Molybdän, noch vergrößert. Ein erhöhter Anteil naturharter ledeburitischer Carbide sorgt für eine vorzügliche Schneidfähigkeit von Werkzeugen aus Schnellarbeitsstahl.

Das Gefüge der Schnellarbeitsstähle kann, bedingt durch den höheren Anteil carbidbildender Elemente, Besonderheiten aufweisen. Wird ledeburitischer Stahl nach dem Gießen abgeschreckt, enthalten die primären Austenitmischkristalle große langnadlige Martensitkristalle, die von einem breiten Ledeburitnetzwerk umgeben sind (Abb. 5.308). Nach langsamer Abkühlung sind im Gefüge weder Austenit noch Martensit vorhanden, sondern der Austenit zerfällt in Ferrit und Carbide. Die Verteilung der Legierungselemente zwischen den Carbiden und der Grundmatrix ist nicht gleichmäßig. Im Allgemeinen befinden sich 0,3 bis 0,4 % C in der Matrix, der Rest in den Carbiden. Eisen, Cobalt und Nickel sind üblicherweise hauptsächlich in der Matrix, Wolfram, Molybdän und Vanadin hingegen in den Carbiden zu finden. Chrom verteilt sich gleichmäßig auf beide Gefügebestandteile. Nur die in der Matrix gelösten Elemente beeinflussen die Härtbarkeit und die Warmhärte. Mit steigendem Gehalt an Wolfram, Molybdän und Vanadin nehmen die Carbidhärte und die Anlassbeständigkeit zu. Letzteres ist für Schnellarbeitsstähle von besonderer Bedeutung. Bei zu hohem Legierungsgehalt verlieren diese Stähle ihre charakteristischen Eigenschaften wieder, da sie nicht mehr genügend härten und außerdem kaum noch schmiedbar sind.

Das Ledeburitnetzwerk wirkt versprödend. Die Verteilung der Carbide sollte gleichmäßig sein. Die Carbidverteilung wird in erster Linie durch die Gusskorngröße und den Umformgrad beeinflusst. Je feiner das Gusskorn und je größer der Umformgrad ist, desto gleichmäßiger ist die Carbidverteilung. Die Warmumformung erfolgt im Temperaturbereich zwischen 1100 und 900 °C. Insbesondere bei größeren Endabmessungen, bei denen der Verschmiedungsgrad naturgemäß nicht sehr hoch sein kann, bleiben oftmals Carbidstreifen oder mehr oder weniger geöffnete Carbidnetze im Gefüge zurück. Dabei ist diese sogenannte Carbidseigerung im Kern wesentlich stärker ausgeprägt als am Rand des Werkstücks. Durch kräftiges Ätzen mit 5 bis 10 %iger Salpetersäure heben sich die Carbidanreicherungen hell vom dunkel geätzten Untergrund ab (Abb. 5.309). Grobe Carbidanreicherungen führen zu erhöhten Härtespannungen, die das Ausbröckeln an den Schneiden feinschneidiger Werkzeuge begünstigen. Bei der Beurteilung der Gefährlichkeit von Carbidanreicherungen in Form von Carbidstreifen und -netzen ist neben der Größe und der Form des Werkzeugs auch die Arbeitsweise des Werkzeugs zu berücksichtigen. Zum Beispiel darf Schnellarbeitsstahl für Spiralbohrer und Reibahlen keine Carbidstreifen aufweisen, da die Arbeitsschneiden sehr fein sind. Demgegenüber sind bei großen Fräsern, Zahnradstoßmessern und Sägeblattzähnen Carbidstreifen bis zu einem gewissen Grad ohne Einfluss auf die Standzeit der Werkzeuge.

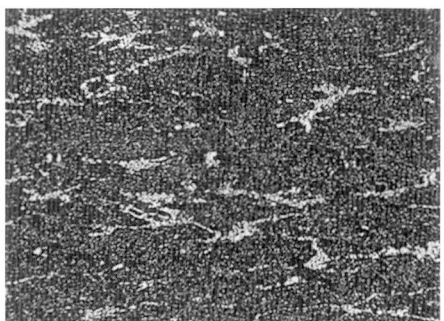

Abb. 5.309 Schnellarbeitsstahl, 5fach verschmiedet; schwach angedeutetes Carbidnetz, geätzt mit 10 %iger HNO$_3$

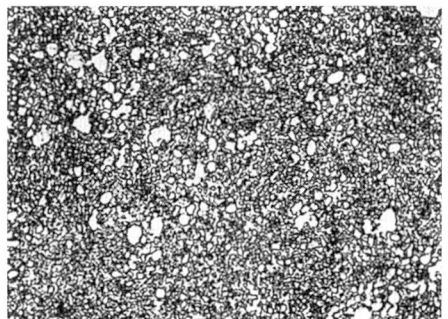

Abb. 5.310 Schnellarbeitsstahl, geschmiedet und weichgeglüht; Ferrit mit zahlreichen eingelagerten kugelförmigen Carbiden

Schnellarbeitsstahl muss zur Gewährleistung der Zerspanbarkeit einer Weichglühung bei 800 °C unterzogen werden. Das Gefüge besteht im weichgeglühten Zustand aus einer ferritischen Grundmasse mit zahlreichen darin eingebetteten Carbiden unterschiedlicher Größe (Abb. 5.310). Verwendet wird das fertige Schnellarbeitsstahlwerkzeug in der Regel im vergüteten Zustand. Die optimale Härtetemperatur der Schnellarbeitsstähle liegt dicht unterhalb ihrer Solidustemperatur, d. h. je nach der Stahlzusammensetzung zwischen 1190 und 1265 °C. Erst bei derartig hohen Temperaturen gehen die niedriglegierten Carbide und ein Teil der Sondercarbide in

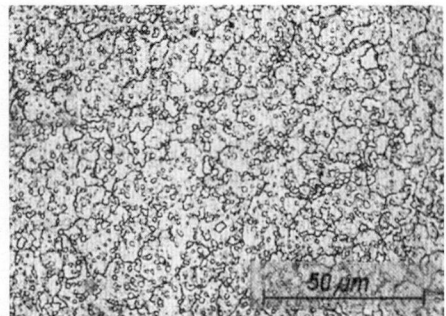

Abb. 5.311 Schnellarbeitsstahl, richtig gehärtet; feines Polyedergefüge mit Carbiden, geätzt mit 1 %iger HNO$_3$

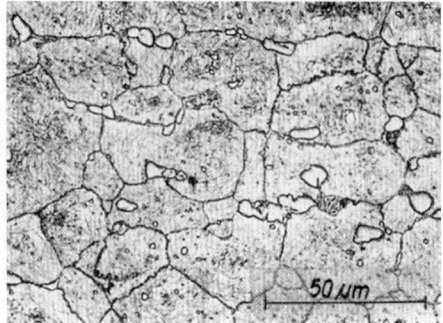

Abb. 5.312 Schnellarbeitsstahl, überhitzt gehärtet; grobes Polyedergefüge, geätzt mit 1 %iger HNO$_3$

Lösung, während sich die Ledeburitcarbide nicht auflösen, sondern im Austenit ausgeschieden verbleiben und somit eine allzu starke Austenitkornvergröberung verhindern. Nach dem Abschrecken in Öl oder im Hochdruckgasstrom besteht das Gefüge des Schnellarbeitsstahls aus Martensit, Restaustenit und ungelösten Carbiden, wie am Beispiel eines von 1240 °C in Öl gehärteten Stahls mit 0,85 % C, 12,5 % W, 4,5 % Cr, 2,5 % V und 1 % Mo gezeigt werden soll (Abb. 5.311). Man erkennt einen deutlich geringeren Carbidanteil im Vergleich zum weichgeglühten Zustand (vgl. Abb. 5.310). Für das Härtungsgefüge von Schnellarbeitsstählen ist ein Polyedergefüge charakteristisch, wenn von Temperaturen oberhalb 1200 °C abgeschreckt worden ist. Die nach dem Ätzen in verdünnter Salpetersäure hell erscheinenden Polyeder lassen weder Martensit, noch Restaustenit erkennen. Die martensitische Struktur lässt sich aber durch Ätzen mit Salzsäure entwickeln. Zur Sichtbarmachung der Polyederstruktur und der ungelösten Carbide wird die HNO$_3$-Ätzung bevorzugt.

Von besonderer Bedeutung für die Eigenschaften im gehärteten Zustand ist die Austenitisierungs- bzw. Härtetemperatur. Mit steigender Austenitisierungstemperatur nimmt die Anlassbeständigkeit und damit die Standzeit bzw. die Schnittleistung der Werkzeuge zu. Die obere Temperaturgrenze ist durch die in der Nähe der Solidustemperatur verstärkt auftretende Austenitkornvergröberung und durch die akute Gefahr von Kanten- und Eckenanschmelzungen gegeben. Überhitztes Härten (im Beispiel von 1280 °C) führt zu einem vergröberten Polyedergefüge (Abb. 5.312). Die erhebliche Kornvergröberung und die im Vergleich zur normalen Härtung (Abb. 5.311) geringere Anzahl ungelöster Carbide sind Indizien einer überhitzten Härtung. Treten an den Polyedergrenzen Carbidstreifen oder sogar Ledeburit auf, so hat örtlich eine Überschreitung der Solidustemperatur stattgefunden. Die Haltedauer muss der Härtetemperatur und der Werkstückgröße angepasst werden, weil ein Überzeiten ähnliche Erscheinungen hervorrufen kann wie ein Überhitzen.

Nach dem Abschrecken beträgt die Primärhärte zwischen 60 und 65 HRC. Anlassen auf 400 bis 500 °C bewirkt einen geringen Härteabfall, Anlassen auf 500 bis 600 °C dagegen nicht. Ursache dafür ist eine auf Aushärtungserscheinungen beruhende Sekundärhärte, die zur hohen Anlassbeständigkeit der Schnellarbeitsstähle beiträgt. Zur Verstärkung der Anlasswirkung werden Schnellarbeitsstähle mehr-

Abb. 5.313 Schnellarbeitsstahl, gehärtet und zweimal bei 650 °C angelassen; feinnadliger Martensit (dunkel) ohne sichtbare Korngrenzen mit gleichmäßig verteilten feinen Carbiden

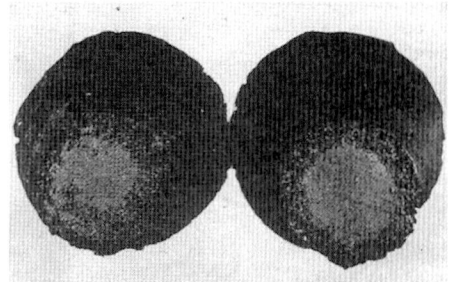

Abb. 5.314 Wolframstahl, gegossen und geglüht; Schwarzbruch

mals angelassen. Anlassen bewirkt neben einer Carbidausscheidung auch die Bildung von sekundärem Martensit aus dem Restaustenit, häufig erst beim Abkühlen von Anlasstemperatur. Der sekundäre Martensit erfährt deshalb eine Anlasswirkung erst beim zweiten Anlassen. Ein richtig gehärteter und angelassener Schnellarbeitsstahl enthält gleichmäßig verteilte Carbide, die in eine feinnadlige, fast strukturlos erscheinende Grundmasse eingebettet sind (Abb. 5.313). Das Polyedernetzwerk ist verschwunden und Ledeburit tritt als Gefügebestandteil nicht auf.

Zu beachten sind mögliche Carbidreaktionen in wolframlegierten Schnellarbeitsstählen. Durch falsche Glühbehandlungen können die betreffenden Stähle nach zwei Richtungen hin verdorben werden. Das normalerweise auftretende Eisen-Wolfram-Doppelcarbid Fe_3W_3C kann bei langzeitigem Glühen nach und nach teilweise in das Wolframcarbid WC übergehen. Dieses bindet mehr Kohlenstoff als das Doppelcarbid und geht beim Austenitisieren nicht in Lösung. Dadurch verringert sich die Härtbarkeit. Man spricht vom *Totglühen* oder *Verglühen* des Stahls.

Die zahlreichen, im Gefüge vorhandenen Carbide beeinträchtigen die Polierbarkeit metallografischer Schliffe, die meistens milchig-trübe erscheinen. Durch Ätzen mit alkalischer Ferricyanid-Lösung lassen sich die beiden Wolframcarbidarten Fe_3W_3C und WC voneinander unterscheiden. Das Doppelcarbid wird dunkel angeätzt, während das Sondercarbid nicht angegriffen wird und hell erscheint. Zum zweiten kann bei längerem Glühen zwischen 700 und 800 °C, bei langsamer Abkühlung innerhalb dieses Temperaturintervalls oder beim Schmieden bei tieferen Temperaturen ein Teil der Carbide in seine elementaren Bestandteile zerfallen, d.h. es bildet sich Temperkohle. Damit ist die Austenitmatrix beim Härten an gelöstem Kohlenstoff ärmer, was sich in einer verringerten Härtbarkeit äußert. Die Temperkohle macht die Bruchfläche dunkel, weshalb man diese Erscheinung als *Schwarzbruch* bezeichnet (Abb. 5.314). Das in der Abbildung gezeigte Beispiel bezieht sich auf einen Stahl mit 1,4 % C, 0,75 % Si, 9,47 % Mn, 12,3 % Cr, 8,6 % W, 2,2 % V, 0,9 % Mo und 0,3 % Ti. Man erkennt eine schwarzbrüchige Randzone, die sich deutlich von dem helleren Kern abhebt. Die metallografischen Aufnahmen offenbaren, dass sich die an den Korngrenzen befindlichen Carbide teilweise (Abb. 5.315) oder ganz zu Grafit um-

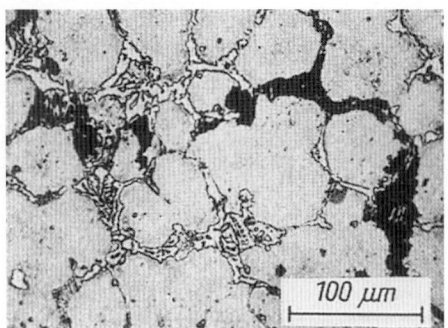

Abb. 5.315 Wolframstahl aus Abb. 5.319, gegossen und geglüht; teilweiser Zerfall der Carbide

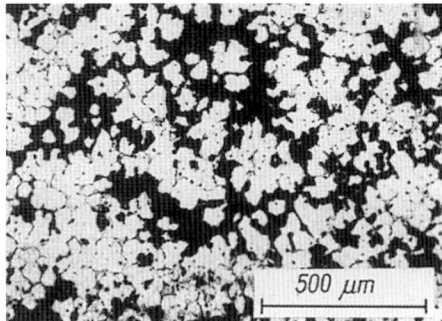

Abb. 5.316 Wolframstalil aus Abb. 5.319, gegossen und geglüht; vollständiger Zerfall der Carbide in Grafit

gewandelt haben (Abb. 5.316). Legierungselemente beeinflussen die Schwarzbruchanfälligkeit. Si, W, Ni und Co erhöhen sie, wogegen Cr, Mn, Ti, V und Nb die Grafitbildung erschweren. In leichteren Fällen kann der Grafit beim Erwärmen oder beim Schmieden bei höheren Temperaturen wieder in Lösung gebracht werden, wodurch auch der Schwarzbruch wieder verschwindet und die Härtbarkeit auf das ursprüngliche Niveau angehoben werden kann.

Hinsichtlich der Warmhärte werden die Schnellarbeitsstähle nur noch von den *Hartmetallen* übertroffen. Im Gegensatz zu den Schnellarbeitsstählen verdanken die Hartmetalle ihre hohe Härte nicht dem Martensit, sondern naturharten stabilen Phasen (meistens Carbiden), die ihre hohe Härte beim Erwärmen praktisch nicht oder doch nur sehr allmählich verlieren. Zu den Hartmetallen gehören die *Stellite* und ähnliche, schmelzmetallurgisch oder pulvermetallurgisch hergestellte Legierungen. Es handelt sich um Cobalt-Chrom-Wolfram-Legierungen mit 2 bis 3 % C, 35 bis 55 % Co, 25 bis 35 % Cr, 10 bis 25 % W und Eisen als Rest. Cobalt kann teilweise durch Ni, Wolfram teilweise durch Mo, V, Ti und Ta ersetzt werden.

Das Gefüge gegossener Hartmetalle weist in eine eutektische Grundmasse eingebettete, mehr oder weniger grobe Carbidnadeln auf (Abb. 5.317). Die Härte der Stellite beträgt bei Raumtemperatur etwa 63 HRC und bei 1100 °C noch etwa 43 HRC. Sie sind sehr verschleißfest und außerdem korrosions- und zunderbeständig. Aus ihnen fertigt man dem Verschleiß ausgesetzte Werkzeugteile, wie Tastflächen von Lehren, Ventilkegel, Erdbohrmeißel, Arbeitsflächen von Matritzen und dergleichen. Stellite lassen sich auf den Trägerstahl in schmelzflüssiger Form auftropfen. Gegossene Carbidhartmetalle bestehen aus Wolfram- und Molybdäncarbiden (W_2C und Mo_2C). Wolfram und Molybdän

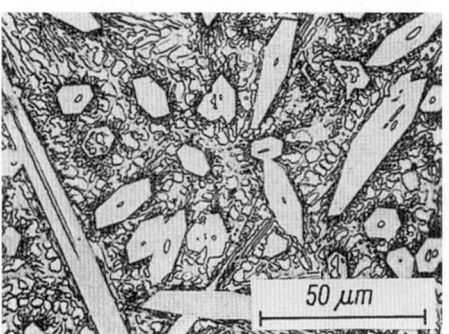

Abb. 5.317 Hartmetall (Stellit) mit 2,2 % C, 29 % Cr, 11 % W, 44 % Co und Rest Fe, gegossen

können teilweise durch Cr, Ti, Ta und Zr ersetzt werden. Zur Gewährleistung der Zähigkeit können bis zu 20 % Fe, Ni und Co enthalten sein. Das Gefüge besteht aus einer eutektischen Grundmasse, in die die Carbide eingelagert sind. Die Härte beträgt bei Raumtemperatur 75 bis 80 HRC und bei 1000 °C noch 60 bis 65 HRC. Vorteilhaft sind die hohe Warmhärte, Verschleißfestigkeit und Korrosionsbeständigkeit. Nachteilig ist die hohe Sprödigkeit und die geringe Zunderbeständigkeit. Carbidhartmetalle werden vorzugsweise für Ziehsteine, Lagersteine, Sandstrahldüsen u. dgl. verwendet. Die Hartmetallteile werden mit Kupfer auf den Trägerstahl aufgelötet.

Bei den gesinterten Hartmetallen unterscheidet man Hartmetalle, die aus Wolframcarbid (81 bis 89 % W, 5,2 bis 6 % C) und Cobalt (5 bis 13 % Co) bestehen, und solche, bei denen ein Teil des Wolframcarbids WC durch Titancarbid ersetzt ist. Weitere Legierungselemente sind Mo, Ta und andere. Ihr Gefüge besteht aus Carbiden, die in eine zähe cobaltreiche Mischkristallmatrix eingelagert sind (Abb. 5.318). Die Härte der gesinterten Hartmetalle beträgt bei Raumtemperatur 80 HRC und bei 1000 °C noch 65 HRC. Die Verschleißfestigkeit ist hoch und die Zähigkeit für die meisten Zwecke ausreichend. Die Zunder- und Korrosionsbeständigkeit sind nicht allzu hoch. Titan verbessert die Korrosionsbeständigkeit. Diese Hartmetalle eignen sich als Werkzeug zur spanabhebenden Bearbeitung sowohl der härtesten als auch der weichsten Werkstoffe, wie z. B. Hartguss, gehärteter Stahl, Gläser, Keramik, Kohle, Kunststoffe, Hartgummi und andere. Das Hartmetall wird in Form kleiner Plättchen mit Kupfer auf den Trägerstahl aufgelötet.

5.5.9
Gusseisen

Zu den Eisenwerkstoffen gehören neben den Stählen auch die Eisengusswerkstoffe. Sie umfassen Stahlgusslegierungen, Gusseisenlegierungen und Sonderlegierungen. Stahlgusslegierungen unterscheiden sich von den Gusseisenlegierungen dadurch, dass sie im Allgemeinen auch im wärmebehandelten Zustand keinen Grafit oder freien Kohlenstoff in anderer Form im Gefüge enthalten. Unter Gusseisen versteht man die Arten Gusseisen mit Lamellengrafit (GJL), Gusseisen mit Kugelgrafit (GJS), Gusseisen mit Vermiculargrafit (GJV), Hartguss und Temperguss (GJM). Die wichtigsten Komponenten sind neben dem Eisen der Kohlenstoff (2 bis 4 %), Silicium bis zu 3 % und Phosphor bis zu 2 %. Derartige Legierungen zeichnen sich durch eine gute Gießbarkeit aus, sind aber relativ spröde. Die Formgebung erfolgt deshalb meistens durch Gießen und gegebenenfalls durch spanende Bearbeitung, weniger durch plastische Deformation. Der Hartguss gehört ebenso wie das Chromgusseisen zu den verschleißfesten, metastabil erstarrten Gusseisenwerkstoffen.

Beim Gusseisen mit Lamellengrafit (I) liegt der Hauptanteil des Kohlenstoffs in Form des lamellaren Grafits im Gefüge

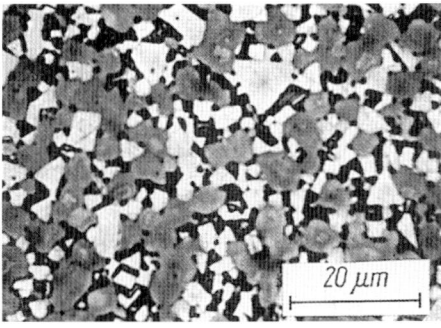

Abb. 5.318 Carbidhartmetall mit 14 % TiC, 78 % WC und 8 % Co, gesintert; WC (weiße eckige Kristalle), Mischcarbid aus WC und TiC (graue rundliche Kristalle) und cobaltreicher Mischkristall (schwarz), Schliff poliert mit Diamantpaste, anlassgeätzt 70 min bei 400 °C

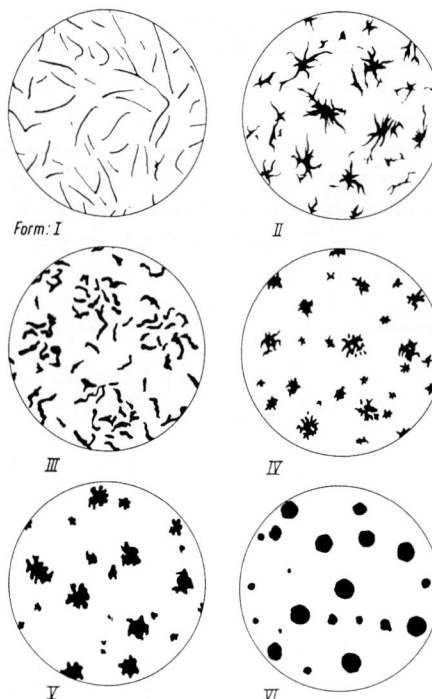

Abb. 5.319 Charakteristische Grafitformen im Gusseisen (aus „Stahlguss- und Gusseisenlegierungen", Leipzig Stuttgart, 1992)

vor (Abb. 5.319). Die Grafitlamellen können nach Menge, Größe und Anordnung variieren. Das charakteristische Gefügemerkmal des Gusseisens mit Kugelgrafit (VI) ist der nahezu vollständig als Grafit in weitgehend kugliger Form ausgeschiedene Kohlenstoff. Eine Zwischenstellung zwischen diesen beiden Arten nimmt das Gusseisen mit Vermiculargrafit (III)[1] ein. Sein Gefügemerkmal sind gedrungene und abgerundete wurmförmige Grafitlamellen. Hartguss gehört zu den verschleißfesten, metastabil erstarrten Gusseisenwerkstoffen, die legiert oder unlegiert sein können. Sie enthalten eutektische Gefügebestandteile. Hartguss ist ein unlegiertes ledeburitisches Gusseisen. Erstarrt nur die Randzone metastabil, spricht man vom Schalenhartguss. Beim Temperguss (IV, V) handelt es sich um eine untereutektische Eisen-Kohlenstoff-Silicium-Legierung, die metastabil erstarrt ist und nach der Wärmebehandlung (dem Tempern) keinen ledeburitischen Zementit und keinen Sekundärzementit im Gefüge enthält. Das Tempern bewirkt einen Zerfall zementitischer Carbide zu Temperkohle.

Unterschiedlich ist auch das Aussehen der Bruchflächen. Danach unterscheidet man weißes Gusseisen (Hartguss), meliertes Gusseisen und graues Gusseisen. Das Bruchaussehen wird durch das Gefüge bestimmt. Weißes Gusseisen besteht aus Perlit und Ledeburit, meliertes enthält zusätzlich noch einen Anteil an elementarem Kohlenstoff in Form von Grafitblättchen und für das graue Gusseisen ist ein Gefüge typisch, das aus einer perlitischen oder ferritisch-perlitischen Grundmasse mit darin eingelagertem Grafit besteht. Für die Gefügeausbildung ist neben der chemischen Zusammensetzung (insbesondere Kohlenstoff- und Siliciumgehalt) die Abkühlungsgeschwindigkeit bestimmend. Eine höhere Abkühlungsgeschwindigkeit begünstigt die Entstehung von weißem Gusseisen, eine geringere die von grauem Gusseisen.

Am Schalenhartguss kann man die drei Gusseisenarten nebeneinander studieren (Abb. 5.320). Das weiß (ledeburitisch) erstarrte Ende der Probe hat durch die Nähe zur Kokillenwand eine schnelle Abkühlung erfahren. Die langsam abgekühlte Seite ist grau erstarrt. Dazwischen befindet sich eine Zone aus meliertem Gusseisen. Das Gefüge des untereutektischen weißen Gusseisens besteht bei Raumtemperatur aus Ledeburit, Perlit und Sekundärzementit, das des eutektischen weißen Gusseisens

---

[1] *vermicular* wurmförmig.

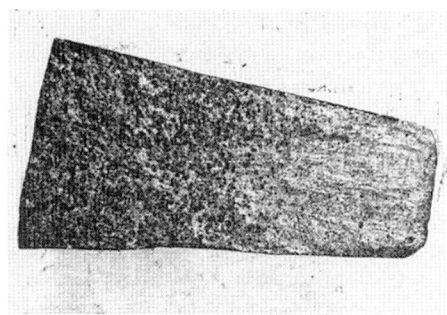

Abb. 5.320 Bruch von Schalenhartguss

aus Ledeburit und das des übereutektischen weißen Gusseisens aus Primärzementit und Ledeburit.

Bei extrem langsamer Abkühlung oder bei höheren Siliciumgehalten zerfällt das nicht sehr stabile Eisencarbid Fe_3C gemäß der Reaktionsgleichung

$$Fe_3C \rightarrow 3\,Fe + C$$

in die Bestandteile Eisen und Kohlenstoff (indirekte Grafitbildung). Möglicherweise kristallisiert schon ein gewisser Teil des Grafits direkt aus der Schmelze aus (direkte Grafitbildung).

Grafit kristallisiert hexagonal. Die Morphologie des Grafits ist von den Kristallisationsbedingungen abhängig. Sie reicht von der Lamellenform über Zwischenformen bis zur Kugelform (Abb. 5.319). Man bezeichnet das System, nach dem Gusseisenlegierungen erstarren, als stabiles System. Gusseisenlegierungen sind genaugenommen ebenso wie Stähle Vielkomponentensysteme. Das binäre System Eisen-Kohlenstoff liefert daher nur eine grobe Orientierung über die sich bildenden Gefüge. Zum Beispiel existiert bei realen Legierungen ein Dreiphasengebiet ($\alpha + \gamma + C$) im A_1-Intervall, nicht aber bei reinen Eisen-Kohlenstoff-Legierungen. Die untere Grenze des A_1-Intervalls wird abweichend vom metastabilen System mit $A_{1,1}$ und die obere mit $A_{1,2}$ bezeichnet. Mit steigendem Siliciumgehalt wird das A_1-Intervall größer. Etwas besser auf technisch relevante Gusseisenlegierungen zutreffend sind demgegenüber die Phasenbereiche im ternären System Eisen-Kohlenstoff-Silicium, das ebenfalls als duales stabiles/metastabiles System existiert.

Gusseisen erstarrt dendritisch. Die dendritische Struktur bleibt aber wegen der beim nachfolgenden Abkühlen ablaufenden Phasenumwandlungen nicht erhalten. Dennoch ist das primäre Erstarrungsgefüge ähnlich wie bei Stählen für das Seigerungsverhalten von Bedeutung. Gewisse Ähnlichkeiten bestehen auch im Hinblick auf die Umwandlungsgefüge:

Metastabiles System (Fe-Fe_3C)	Stabiles System (Fe-C)
primärer Ledeburit (Austenit + Zementit)	Grafiteutektikum (Austenit + Grafit)
Perlit (Ferrit + Zementit)	Grafiteutektoid (Ferrit + Grafit)
Primärzementit	primärer Grafit
Sekundärzementit	sekundärer Grafit

Das Gefüge einer Gusseisenlegierung mit 3% Kohlenstoff würde bei Raumtemperatur aus Grafiteutektikum, Ferrit-Grafit-Eutektoid und sekundärem Grafit, der aus γ-Fe beim Abkühlen ausgeschieden wird, bestehen. Primärer Grafit ist Bestandteil übereutektischer Gusseisenlegierungen. Die Kristallisation des grauen Gusseisens verläuft in Wirklichkeit komplizierter als die des weißen. Auch die auftretenden Gefügebestandteile lassen sich aus mehreren Gründen nicht so einfach metallografisch bewerten wie beim weißen Gusseisen. Bedingt durch eine gewisse Unterkühlung scheidet sich zumindest ein Teil des Kohlenstoffs als Eisencarbid aus. Dieses zerfällt erst im Verlauf der weiteren Abkühlung in

Eisen und Grafit. Außerdem ist die Grafitbildung sehr von bereits vorhandenen Grafitkeimen abhängig, Grafit neigt stark zur Ankristallisation. Das führt dazu, dass die Herkunft der einzelnen Grafitblättchen (entweder aus dem Eutektikum oder durch Ausscheidung entstanden) am metallografischen Schliff oftmals nicht mehr zweifelsfrei feststellbar ist. Je kleiner die Abkühlungsgeschwindigkeit ist, desto mehr wachsen die Grafitkristalle zusammen. Das Grafiteutektikum kann z. B. nur bei hohem Siliciumgehalt (etwa 4 %) und bei schneller Abkühlung (Kokillenguss) in feindisperser Ausbildung erhalten werden. Bei langsamer Abkühlung wachsen die Grafitkristalle über gröbere Aggregate schließlich zum Korngrenzengrafit zusammen. Auch die Schmelzvorbehandlung und die Anwesenheit weiterer Elemente beeinflusst die Grafitausbildung. Längeres Halten bei Temperaturen weit oberhalb der Liquidustemperatur bewirkt eine erhebliche Verfeinerung des Grafits.

In Gusseisen mit höherem Phosphorgehalt (etwa 1,5 %) findet man den Grafit meistens zu Nestern zusammengefasst. Die Ausbildung des Nestergrafits ist vermutlich auf Phosphorseigerungen zurückzuführen. Mit Zusätzen von Magnesium oder Cer zur Schmelze kann der Grafit in eine sphärolitische Form (Kugelform) überführt werden.

Die Abb. 5.321 bis 5.326 geben einen Überblick zu den wichtigsten Ausbildungsformen des Grafits. Abb. 5.321 zeigt das Gefüge eines ledeburitischen Gusseisens, das 50 h bei 1000 °C in neutraler Atmosphäre geglüht und dann langsam abgekühlt worden ist. Der Ledeburit ist zerfallen und der Kohlenstoff hat sich zu knollenartigen Gebilden, der sogenannten Temperkohle, zusammengeballt. Aber auch ein Teil des perlitischen Zementits ist zerfallen, woraufhin die Ferrithöfe rings um die Temperkohle hindeuten. Abb. 5.322 zeigt an einer untereutektischen Gusseisenlegierung primäre Eisenmischkristalle in Dendritenform mit feindispersem Grafiteutektikum, wie es

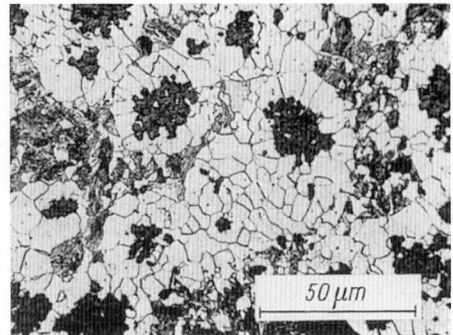

Abb. 5.321 Temperkohle, durch Zementitzerfall beim Glühen entstanden, geätzt mit HNO_3

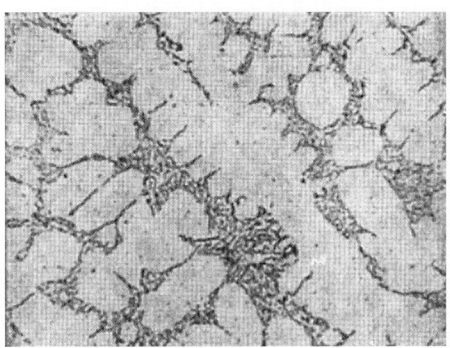

Abb. 5.322 Gusseisen, Si-reich; Grafiteutektikum, ungeätzt

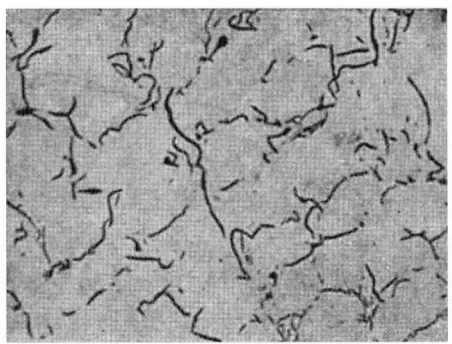

Abb. 5.323 Korngrenzengrafit, ungeätzt

Abb. 5.324 Normales Gusseisen; grobe Grafitlamellen, ungeätzt

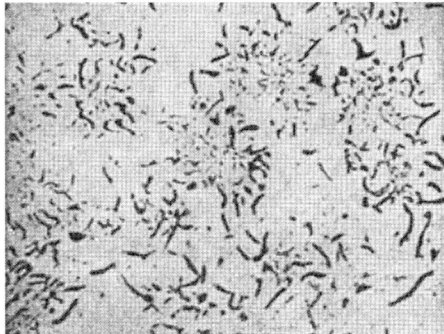

Abb. 5.325 P-reiches Gusseisen; Nestergrafit, ungeätzt

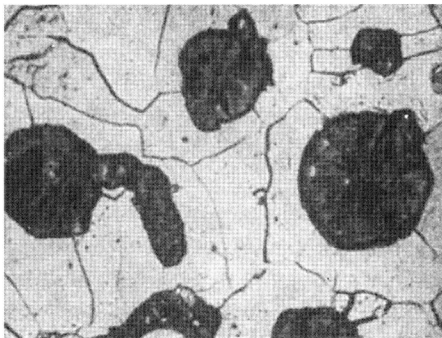

Abb. 5.326 Gusseisen, mit Magnesium behandelt; Kugelgrafit (spärolithischer Grafit), ungeätzt

nach schneller Abkühlung entsteht. Nach langsamer Abkühlung sind die eutektischen Grafitkristalle zu gröberen Korngrenzengrafitblättchen zusammengewachsen (Abb. 5.323).

Die normale, relativ grobe Grafitausbildung des Gusseisens mit Lamellengrafit zeigt Abb. 5.324. Der Nestergrafit von phosphorreichem Gusseisen (Kunstguss) ist in Abb. 5.325 und der Kugelgrafit in einem mit Magnesium behandelten Gusseisen in Abb. 5.326 zu erkennen. Zur mikroskopischen Bewertung der Grafitform und der Grafitanordnung bei Lamellengrafit sind typisierte Bilder als Richtreihen erarbeitet worden.

Die Kristallisation des handelsüblichen Gusseisens mit 2 bis 4 % C mit Lamellengrafit lässt sich etwa folgendermaßen beschreiben. Aus der Schmelze, die wahrscheinlich bereits Grafitkeime enthält, scheiden sich primäre γ-Mischkristalle aus. Die restliche Schmelze erstarrt bei der eutektischen Temperatur teilweise zu Ledeburit und teilweise zu Grafit. Bei weiterer Abkühlung zerfällt der ledeburitische Zementit zu Austenit und Grafit. Aus dem gesamten Austenit scheidet sich sekundärer Grafit aus. Dieser durch Zerfall entstandene sekundäre Grafit lagert sich an die primären Grafitkristalle an, die infolgedessen wachsen. Bei der eutektoiden Temperatur wandelt der Austenit in Perlit um. Der perlitische Zementit bildet sich bei Temperaturen dicht unterhalb der eutektoiden Temperatur zu Ferrit und Grafit um, wobei der Grafit wiederum an die bereits vorhandenen Grafitblättchen ankristallisiert. Der zurückbleibende Ferrit umgibt die Grafitadern in Form von Ferritsäumen. Je nach Zusammensetzung und Abkühlungsgeschwindigkeit kann der Perlitzerfall mehr oder weniger weit fortschreiten. Bei sehr langsamer Abkühlung oder bei nachträglichem Glühen zerfällt der Perlit vollständig. Es entsteht ein Gefüge aus grobem Grafit und Ferrit. Bei schnellerer Abkühlung zerfällt der Perlit nur in der

Umgebung der Grafitblättchen. Diese sind dann von Ferritsäumen umgeben, die ihrerseits an den restlichen Perlit angrenzen. Bei noch schnellerer Abkühlung wird schließlich der Perlitzerfall vollständig unterdrückt, sodass das Gefüge aus einer perlitischen Grundmasse mit darin eingelagertem Grafit besteht. Je nach dem Grundgefüge unterscheidet man demnach zwischen ferritischem, ferritisch-perlitischem und perlitischem Gusseisen.

Bei übereutektischem Gusseisen mit Lamellengrafit kristallisiert primärer Grafit aus der Schmelze aus. Infolge Schwerkraftseigerung bildet dieser auf der Oberfläche der Schmelze eine Art Schaum *(Garschaumgrafit)*. Das Auskristallisieren des primären Grafits aus der Schmelze ist der Grund dafür, dass übereutektisches Gusseisen selten mehr als 4,5 % C enthält. Silicium, das für Gusseisen wichtigste Legierungselement (bis etwa 3 %), verändert die eutektische Zusammensetzung in Richtung abnehmender Kohlenstoffgehalte:

Siliciumgehalt [%]	0,03	0,93	1,74	2,73	4,68	6,99
Eutektische Zusammensetzung [% C]	4,24	3,90	3,70	3,38	2,79	2,25

Außerdem verringert das Silicium auch die Löslichkeit des Kohlenstoffs im Austenit, verschiebt die eutektoide Zusammensetzung zu niedrigeren Kohlenstoffgehalten hin und erhöht die Temperatur der Eutektikalen und der Eutektoidalen. Von besonderer Bedeutung für das Gefüge des Gusseisens ist der Einfluss des Siliciums auf das Eisencarbid, das bei höheren Siliciumgehalten leicht in seine Bestandteile Eisen und Kohlenstoff zerfällt. Dieser Zerfall lässt sich so deuten, als ob der Kohlenstoff durch Silicium aus dem Zementit verdrängt werden würde:

$$Fe_3C + Si \rightarrow Fe_3Si + C$$

Ein erhöhter Siliciumgehalt wirkt also ähnlich wie ein höherer Kohlenstoffgehalt und wie eine verringerte Abkühlungsgeschwindigkeit in Richtung auf eine Begünstigung des stabilen Eisen-Grafit-Systems. Der fördernde Einfluss des Siliciums auf den Carbidzerfall geht auch aus dem *Gusseisendiagramm* nach E. Maurer hervor (Abb. 5.327). Dargestellt sind die auftretenden Gusseisensorten in Abhängigkeit vom Kohlenstoff- und Siliciumgehalt für eine bestimmte Keimbildungs- und Abkühlungsbedingung (Abguss von Rundstäben mit einem Durchmesser von 30 mm in lufttrockene Formen). Niedrige Gehalte an Kohlenstoff und Silicium führen zu einem weiß erstarrten Gusseisen mit ledeburitischem Gefüge (Abb. 5.328). Ein höherer Siliciumgehalt begünstigt die Bildung des perlitischen Gusseisens, dessen Gefüge aus einer perlitischen Grundmasse mit darin eingelagerten Grafitlamellen besteht (Abb. 5.329). Ein noch höherer Siliciumgehalt führt zum ferritisch-perlitischen Gusseisen, dessen Gefüge aus Ferrit, Perlit und Grafit besteht (Abb. 5.330). Niedriger Silicium- und hoher Kohlenstoffgehalt sind die Charakteristika des melierten Gusseisens mit einem Gefüge teils aus Ledeburit und Perlit, teils aus Grafit (Abb. 5.331).

Die Gefügebildung beim Gusseisen lässt sich in weiten Grenzen auch durch die Abkühlung beeinflussen. Das *SIPP-Diagramm*

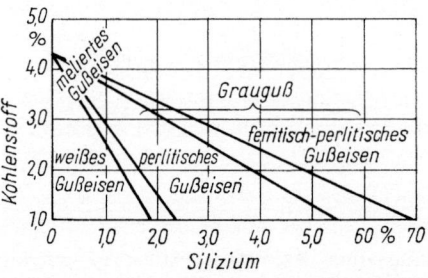

Abb. 5.327 Gusseisendiagramm (nach Maurer)

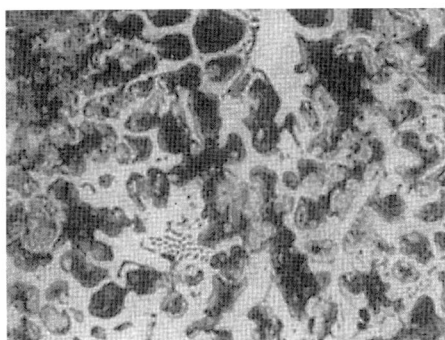

Abb. 5.328 Weißes Gusseisen; Ledeburit und Perlit

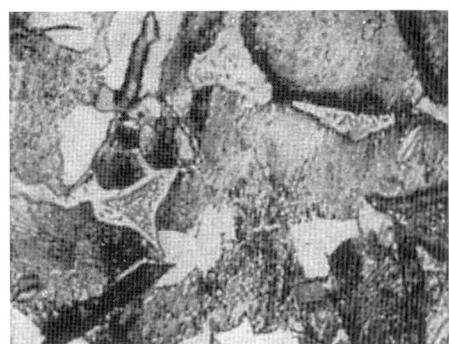

Abb. 5.330 Ferritisch-perlitisches Gusseisen; Perlit, Ferrit und Grafit (+ Steadit)

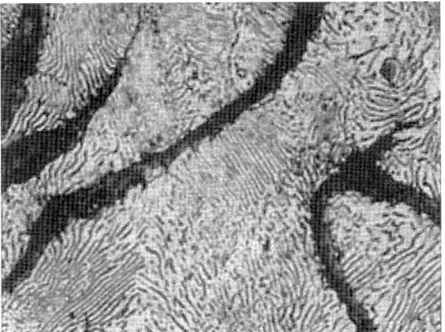

Abb. 5.329 Perlitisches Gusseisen; Perlit und Grafit

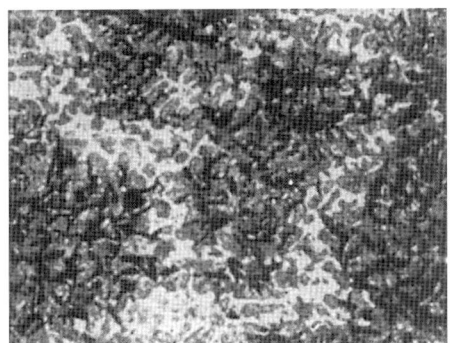

Abb. 5.331 Meliertes Gusseisen; Ledeburit, Perlit und Grafit

stellt im Unterschied zum Maurer-Diagramm die Gefügebildung in Abhängigkeit von den Abkühlungsbedingungen und vom Sättigungsgrad (dem Verhältnis des Kohlenstoffgehalts zur eutektischen Kohlenstoffkonzentration) dar und das *Laplanche-Diagramm* erfasst zusätzlich zum Kohlenstoff- und Siliciumgehalt einen zusammensetzungsabhängigen Faktor K, der die Grafitisierungsneigung kennzeichnet, als Einflussgrößen auf die Gefügeausbildung:

$$K = 4/3 \; Si \; [1 - 5/(3 \; C + Si)]$$

Si, C Gehalte an Si bzw. C in Masse-%

Mit zunehmendem K-Wert ändert sich das Gefüge vom Ledeburit über den Perlit zum Ferrit-Perlit, gleiche Abkühlungsbedingungen vorausgesetzt (gleicher Probestabdurchmesser). In der Praxis ist man durch die Konstruktion (Wanddicke) und durch die Gießart (Sandguss, Kokillenguss) in der Abkühlungsgeschwindigkeit meistens festgelegt. Deshalb hat man oft nur die Möglichkeit, das gewünschte Gefüge über die Variation des Kohlenstoff- und Siliciumgehalts zu erhalten. Beim Sandguss kann man durch Anbringen von eisernen Schreckplatten örtlich ein weißes Gefüge mit hoher Härte an der Oberfläche einstellen.

Der Einfluss der Abkühlungsgeschwindigkeit auf das Gefüge verursacht die „Wanddickenempfindlichkeit" des Gusseisens. Man versteht darunter die Eigenart des Gusseisens, bei gegebener Zusammensetzung und Gießart umso weicher zu sein, je dicker das Gussstück ist. Dahinter verbirgt sich die Abkühlungsgeschwindigkeit als Einflussfaktor. Je langsamer die Abkühlung ist, desto mehr Ferrit tritt im Gefüge auf und umso weicher wird infolgedessen das Gusseisen. Dünnwandiger Guss enthält unter sonst vergleichbaren Bedingungen mehr Perlit im Gefüge und entsprechend höher ist seine Härte.

Für den Einfluss der chemischen Zusammensetzung auf die Gefügeausbildung von Gusseisen ist nicht zuletzt die unterschiedliche Löslichkeit der Zusatzelemente im Austenit und Zementit von Bedeutung, denn sie bestimmt das Seigerungsverhalten sowie die Zusammensetzung und die Erstarrung der Restschmelzen. Zu den Elementen, die im Austenit gut löslich sind, gehören neben dem Si die Elemente Cu, Ni und Al. Cr, Mo und Mn sind demgegenüber hauptsächlich im Zementit angereichert. Zum Beispiel erhöht Mangan bei Gehalten von 0,3 bis 1,2 % im Gusseisen die Beständigkeit des Carbids, weil es in den Zementit eintritt und dadurch die Bildung des Mischcarbids $(Fe,Mn)_3C$ fördert. Außerdem ändert sich die Dispersität des Perlits durch Mangan. Das Mangan bewirkt eine Verringerung des Perlitlamellenabstands. Das hängt mit der Erniedrigung der A_3-Temperatur zusammen.

Sehr hohe Mangangehalte fördern ähnlich wie bei Stahl erst die Einstellung eines martensitischen und dann eines austenitischen Gefüges. Solche Elemente wie Bi, Pb, Sb, Se, Te und Ti führen schon in relativ kleinen Gehalten zu meist ungünstigen Beeinflussungen der Grafitmorphologie und werden als „Störelemente" bezeichnet.

Ein Gusseisen mit 14 bis 18 % Silicium besitzt eine vorzügliche Beständigkeit gegen viele Säuren, vor allem gegen heiße hochkonzentrierte Salpetersäure und gegen heiße Schwefelsäure. Ebenfalls säurebeständig ist ein Gusseisen mit 5 bis 35 % Ni, 2 bis 8 % Cr, 2 bis 16 % Cu, 3 bis 10 % Mn und evtl. bis zu 3 % Al. Phosphor erhöht die Dünnflüssigkeit der Schmelze und verbessert die Verschleißfestigkeit von Gusseisen. Bei den üblichen Kohlenstoff- und Phosphorgehalten im Gusseisen bilden die Phasen Fe_3C, Fe_3P und γ-Mischkristall ein bei 950 °C schmelzendes ternäres Eutektikum. Dieses Eutektikum stellt einen charakteristischen Gefügebestandteil im Gusseisen dar und trägt als solcher die Bezeichnung Phosphideutektikum oder Steadit. Es enthält 2,4 % C und 6,89 % P.

Die Erstarrungsvorgänge lassen sich am ternären System Fe-Fe_3P-Fe_3C (Abb. 5.332) erklären. Die Erstarrungstemperatur des bei 1050 °C schmelzenden binären (α-Fe + Fe_3P)-Eutektikums wird mit zunehmendem Kohlenstoffgehalt erniedrigt (binäreutektische Rinne I). Durch Zusatz von Phosphor wird im binären Randsystem Fe-Fe_3C die peritektische Reaktion Schmelze + δ-Fe → γ-Fe, die bei Abwesenheit von Phosphor und unter Gleichgewichtsbedingungen bei 1493 °C abläuft, ebenfalls zu tieferen Temperaturen hin verschoben (Rinne II). Rinne I und Rinne II treffen sich im Punkt U bei 0,8 % C und 9,2 % P und 1005 °C. Die (α-(bzw. δ-)Mischkristalle des Eisens nehmen Kohlenstoff bzw. Phosphor zusätzlich auf, sodass bei 1005 °C die Konzentration des ternären α-Mischkristalls 0,3 % C + 2,2 % P + 97,5 % Fe beträgt (Punkt a). In gleicher Weise nimmt der ternäre γ-Mischkristall des Eisens noch Phosphor auf, sodass er sich bei 1005 °C aus 0,5 % C + 2,0 % P + 97,5 % Fe zusammensetzt (Punkt b). Bei 1005 °C stehen vier Phasen miteinander im Gleichgewicht: das Eisenphosphid Fe$_3$P, der ternäre α-Mischkristall (a), der ternäre γ-Mischkristall (b) und die Schmelze der Zusammensetzung U. Auf dieser sogenannten Übergangsebene Fe$_3$P-a-b-U findet bei 1005 °C eine ternäre peritektische Reaktion statt; dabei reagiert der α-Mischkristall (a) mit der Schmelze S(U) unter Bildung von γ-Mischkristallen (b) und Fe$_3$P:

$$\alpha\text{-Fe(C,P)}_a + S(U) \rightarrow \gamma\text{-Fe(C,P)}_b + Fe_3P$$

Bei dieser Reaktion wird die α-Phase völlig aufgebraucht. Die Restschmelze ändert mit abnehmender Temperatur ihre Zusammensetzung von U nach E$_T$, indem γ-Mischkristalle mit Fe$_3$P als binäres Eutektikum zusammen auskristallisieren (binär-eutektische Rinne II). Gleichzeitig verschiebt sich die Zusammensetzung der γ-Mischkristalle kontinuierlich von b nach c. Aus dem Randsystem Fe-Fe$_3$C fällt die binär-eutektische Rinne IV ab, längs der das binäre Eutektikum (γ-Fe + Fe$_3$C) auskristallisiert. Auf der Rinne V kristallisiert das binäre (Fe$_3$P + Fe$_3$C)-Eutektikum aus.

Die drei binär-eutektischen Rinnen III, VI und V treffen sich im Punkt E$_T$, dem ternär-eutektischen Punkt, der bei 950 °C und 2,4 % C + 6,89 % P + 90,71 % Fe liegt. Dort erstarrt die Restschmelze bei konstanter Temperatur, indem sich die drei Phasen Fe$_3$C, Fe$_3$P und der ternäre γ-Mischkristall der Zusammensetzung c nebeneinander ausscheiden und das ternäre Phosphideutektikum bilden. Es enthält etwa 41 % Fe$_3$P, 30 % Fe$_3$C und 29 % γ-Mischkristalle.

Die Gefügebildung des weißen Gusseisens mit beispielsweise 3,0 % C und 1,5 % P (Punkt X in Abb. 5.332) bei der Abkühlung beginnt mit der Bildung primärer γ-Mischkristalle mit relativ wenig Kohlenstoff. Die Restschmelze reichert sich deshalb so lange an Kohlenstoff an, bis sie die binär-eutektische Rinne IV trifft. Danach kristallisieren die γ-Mischkristalle gemeinsam mit Zementit als Ledeburit aus. Die Erstarrung des Ledeburits erfolgt nicht bei

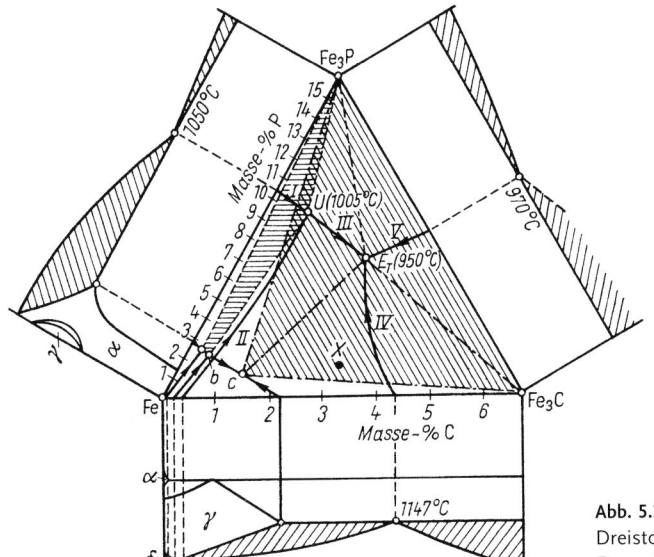

Abb. 5.332 Erstarrungsvorgänge im Dreistoffsystem Eisen-Eisencarbid-Eisenphosphid

1147 °C wie im Fe-Fe$_3$C-Diagramm, sondern bei tieferen Temperaturen. Der Unterschied ist umso größer, je höher der Phosphorgehalt ist. Die Restschmelze wird dadurch phosphorreicher und folgt in ihrer Zusammensetzung der Rinne IV. Bei 950 °C ist der ternäre Punkt E$_T$ erreicht. Gleichzeitig haben die γ-Mischkristalle die Konzentration des Punkts c angenommen, sich also mit Phosphor angereichert. Bei der konstanten Temperatur von 950 °C kristallisiert die gesamte Restschmelze als ternäres Eutektikum (Fe$_3$C + Fe$_3$P + γ-Fe). Das Gusseisen ist damit vollständig erstarrt.

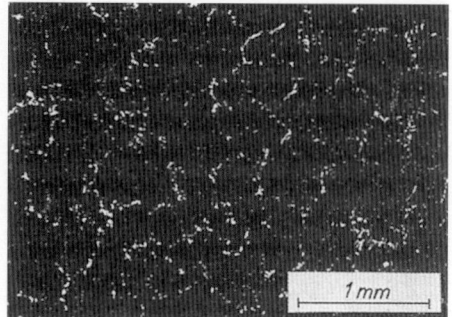

Abb. 5.333 Gusseisen mit Lamellengraphit mit 0,4 % P; ternäres Phosphideutektikum (Steadit), geätzt mit 20 %iger HNO$_3$

Bei weiterer Abkühlung ändert sich nur noch die Zusammensetzung der γ-Mischkristalle. Bei 950 °C beträgt sie 1,2 % C + 1,1 % P (Punkt c), bei 745 °C dagegen nur noch 0,8 % C + 1,0 % P. Sowohl der Kohlenstoff- wie auch der Phosphorgehalt werden mit sinkender Temperatur kleiner. Ausgeschiedener Phosphor und Kohlenstoff bilden Fe$_3$C- und Fe$_3$P-Ausscheidungen. Bei 745 °C zerfallen diese ternären γ-Mischkristalle zu Perlit, der aus Zementit und dem α-Eisenmischkristall mit 0,1 % C und 1,5 % P besteht.

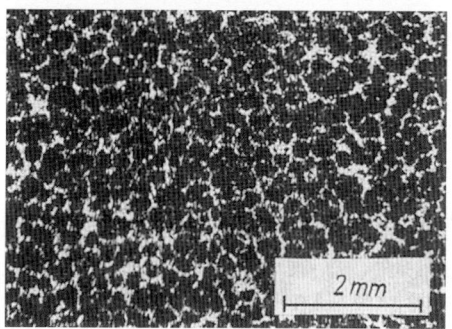

Abb. 5.334 Gusseisen mit Lamellengraphit mit 1 % P; ternäres Phosphideutektikum (Steadit), geätzt mit 20 %iger HNO$_3$

Bei höherem Siliciumgehalt (> 2 %) scheidet sich bei langsamer Abkühlung bei etwa 950 °C das stabile ternäre (γ-Fe + Fe$_3$P + Grafit)-Eutektikum aus. Der Grafit kristallisiert bei sehr langsam erstarrtem oder bei geglühtem Gusseisen bevorzugt an schon vorhandene Grafitlamellen an, sodass ein binäres (α-Fe + Fe$_3$P)-Eutektikum vorgetäuscht wird. In Wirklichkeit handelt es sich dabei aber stets um das entartete ternäre Eutektikum (pseudobinäres Eutektikum).

Eine gute Orientierung über die Phosphorverteilung im Gefüge liefert das Ätzbild nach dem Anätzen mit 10 bis 20 %iger wässriger Salpetersäure. Hierbei wird die metallische Grundmasse dunkel bis schwarz gefärbt, während sich der Steadit als heller Gefügebestandteil an den Korngrenzen deutlich abhebt (Abb. 5.333). Abb. 5.334 zeigt einen Querschnitt durch einen gusseisernen Kolbenring mit 1,0 % P. Der Steadit ist gleichmäßig verteilt und bildet ein engmaschiges Netzwerk. Er wird wegen seiner hohen Verschleißfestigkeit geschätzt. Ungünstig wäre ein grobes oder offenes Steaditnetzwerk. Bei höherer Vergrößerung erkennt man den heterogenen Aufbau und die für Eutektika typische Restfeldgestalt des Phosphideutektikums (Abb. 5.335 und 5.336). In beiden Fällen ist das Grundgefüge rein perlitisch. Heiße alkalische Natriumpikratlösung färbt nur

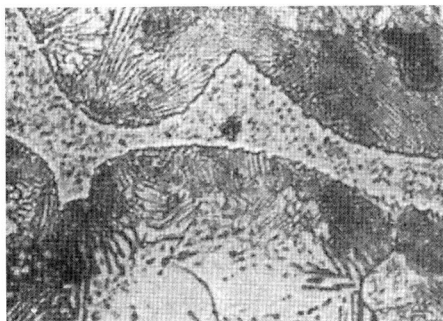

Abb. 5.335 Perlitguss; ternäres Phosphideutektikum (Steadit), geätzt mit 1 %iger HNO$_3$

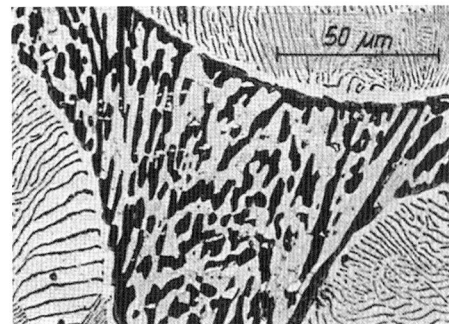

Abb. 5.337 Steadit im Gusseisen (wie Abb. 5.341); grobdispers, geätzt mit heißer alkalischer Natriumpikratlösung (dunkel: Fe$_3$C)

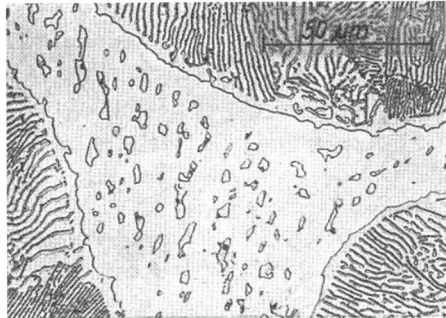

Abb. 5.336 Steadit im Gusseisen; grobdispers, geätzt mit 1 %iger HNO$_3$

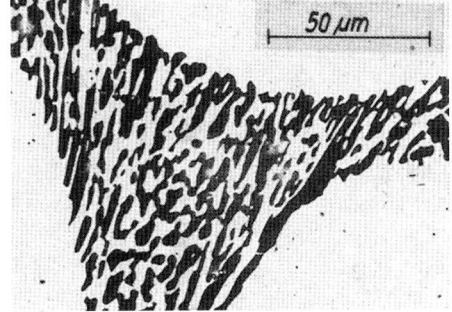

Abb. 5.338 Steadit im Gusseisen (wie Abb. 5.341); grobdispers, geätzt mit Ferricyanidlösung (dunkel: Fe$_3$P)

den Zementit dunkel, während der Ferrit und das Eisenphosphid nicht angegriffen werden und daher hell bleiben (Abb. 5.337). Ätzen mit frisch angesetzter Ferricyanidlösung färbt dagegen nur das Eisenphosphid dunkel, während der Zementit und der Ferrit hell bleiben (Abb. 5.338).

Die Härte des Gusseisens ist umso höher, je größer der Ledeburit- oder Perlitanteil im Gefüge ist. Der niedrigen Härte des Grafits steht die Härte des Ferrits mit etwa 100 HB, die des Perlits mit 250 bis 350 HB und die des Zementits und Steadits mit 700 bis 800 HB gegenüber. Da die Grafitmenge nur in relativ engen Grenzen variiert, wird die Härte des Gusseisens im Wesentlichen durch die Zusammensetzung der Grundmasse bestimmt. Die Härte des Gusseisens nimmt mit steigendem Ferritanteil ab und mit steigendem Zementit- und Phosphidanteil zu. Die Härte der Grundmasse ließe sich durch Härten oder Bainitisieren erhöhen.

Die Festigkeit des Gusseisens wird entscheidend durch die Ausbildungsform der Grafitkristalle beeinflusst. Der spezifische Einfluss des Grafits setzt sich aus zwei verschiedenen Faktoren zusammen, nämlich aus einer Verminderung des tragenden Querschnitts und aus einer Kerbwirkung. Der weiche Grafit vermag keine nennenswerten Zugspannungen zu übertragen. Die Zugspannungslinien müssen deshalb um die Grafitblättchen herumgehen, wodurch sich ihr Weg verlängert und der tragende Querschnitt um 50 % und mehr abnimmt. Diese Form der Beeinflussung ist von der Form der Grafiteinlagerungen abhängig, sie ist beim lamellaren Grafit am größten und beim Kugelgrafit am geringsten. Das Gusseisen mit Vermiculargrafit nimmt eine Zwischenstellung ein.

An den scharfen Enden und Kanten der Grafiteinlagerungen treten Spannungsspitzen (Kerbspannungen) auf. Sie sind die Ursache dafür, dass die Dehnung und die Schlagfestigkeit des Gusseisens gering sind. Die besten mechanischen Eigenschaften besitzt ein Gusseisen mit perlitischer Grundmasse, in der der Grafit in feinster Verteilung vorliegt. Durch Überhitzung der Schmelze und schnelle Abkühlung lässt sich ein solcher Perlitguss bei entsprechendem Gehalt an Kohlenstoff und Phosphor herstellen. Da Grafitkristalle weitgehend inkompressibel sind, können sie hohe Druckspannungen übertragen. Die Druckfestigkeit des Gusseisens ist deshalb etwa 3- bis 4,5-mal so hoch wie seine Zugfestigkeit.

Für gegossene Teile interessiert die Verschleißfestigkeit. Die beste Verschleißfestigkeit weist perlitisches Gusseisen mit höherem Phosphorgehalt (etwa 1 % P) und groben Grafitlamellen auf, weil von diesen eine gewisse Schmierwirkung ausgeht. Ein Nachteil von Gefügen mit groben Grafitlamellen besteht darin, dass sie ein Undichtwerden des Gusseisens für Gase bewirken können, weil die Gasmoleküle durch die Grafitteilchen hindurch oder an ihnen vorbei wandern können. Bei Anwesenheit von Sauerstoff kann dabei sogar eine Oxidation des Eisens in der Umgebung der Grafitteilchen eintreten, wodurch der Werkstoff zerstört wird (Abb. 5.339). Die Abbildung zeigt das Gefüge von Gusseisen eines Dampfturbinengehäuses, das nach 30-jähriger Betriebsdauer Zerstörungen infolge *innerer Oxidation* aufweist.

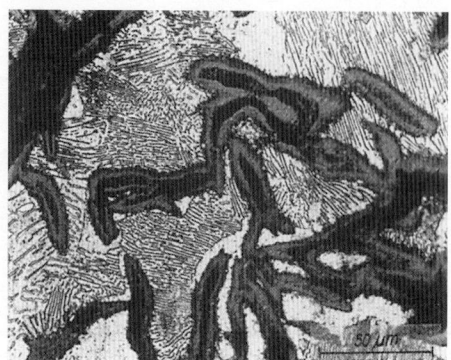

Abb. 5.339 Durch Heißdampf zerstörtes gusseisernes Dampfturbinengehäuse; dicke Eisenoxidschicht um Grafitlamellen, geätzt mit HNO_3

Sämtliche Grafitlamellen sind, bedingt durch den eingedrungenen Wasserdampf, von einer FeO-Schicht umgeben.

In ganz ähnlicher Weise kann Gusseisen bereits bei Raumtemperatur durch örtliche Korrosion zerstört werden. Das Fehlerbild dieser Erscheinung wird als *Spongiose* oder *Eisenschwamm* bezeichnet und tritt vor allem bei erdverlegten gusseisernen Rohren auf. Es handelt sich dabei um eine Langzeitschädigung, die durch geringe Gehalte des Erdbodens an Säuren oder Chlor, wie er z. B. in feuchten bzw. sumpfigen Gegenden, in Meeresnähe oder in der Nachbarschaft zu chemischen Betrieben vorkommt, unterstützt wird. Die Eisengrundmasse des Gusseisens wird hierbei vorzugsweise in Eisenoxid FeO überführt. Der Grafit und das Phosphideutektikum werden wenig oder gar nicht angegriffen. Das Gusseisen wird im fortgeschrittenen Spongiosestadium so weich, dass es sich mit dem Messer schneiden lässt. Wird die Rostschicht an der Oberfläche abgearbeitet, erkennt man den Eisenschwamm an dunklen Flecken, die sich gut von der metallischen Oberfläche abheben (Abb. 5.340). Das Gefüge des spongiosebefallenen Gusseisens (Abb. 5.341) besteht aus einer dun-

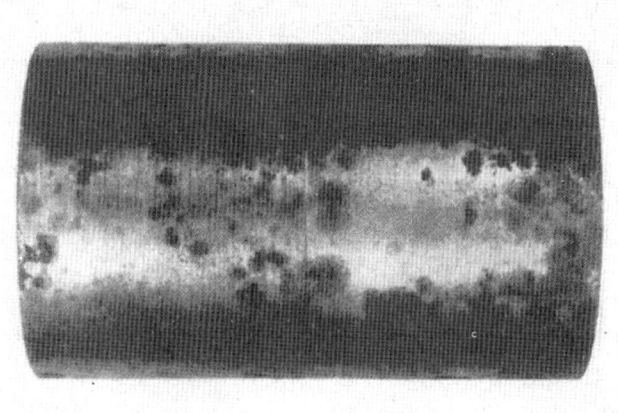

Abb. 5.340 Rohr aus Gusseisen mit Lamellengrafit; abgedrehte Oberfläche, an zahlreichen Stellen von Spongiose befallen

kelgrauen Grundmasse (vorwiegend FeO) mit eingelagertem Phosphideutektikum (helles Netz) und schwarzem Grafit.

Eine für Gusseisen mit Lamellengrafit spezifische Eigenschaft ist seine sehr gute Dämpfungsfähigkeit. Darunter versteht man die Umwandlung mechanischer Schwingungen in Wärme. Schlägt man z. B. eine frei hängende Eisenstange mit dem Hammer an, so klingt der erzeugte Ton noch lange nach, während angeschlagener Grauguss nur einige wenige Schwingungen macht und alsbald zur Ruhe kommt. Gusseisen besitzt deshalb eine Bedeutung zur Herabminderung schädlicher Schwingungen in periodisch beanspruchten Konstruktionen als Dämpfungswerkstoff. Darauf wird der ruhige Gang vieler Kraft- und Arbeitsmaschinen mit Teilen aus Gusseisen zurückgeführt. Drehmaschinenbetten werden fast stets aus Gusseisen mit Lamellengrafit hergestellt.

Die grundlegende Eigenschaft des Gusseisens ist zweifellos seine gute Vergießbarkeit. Sie beruht auf der niedrigen Schmelztemperatur des Eutektikums von etwa 1150 °C. Mit steigendem Kohlenstoffgehalt nimmt die Dünnflüssigkeit der Schmelze bis zur eutektischen Konzentration zu. Durch Phosphor wird die Viskosität der Schmelze noch weiter herabgesetzt, weil der Schmelzpunkt des ternären Phosphideutektikums bei nur 950 °C liegt.

Während in normalen Gusseisensorten der Grafit schon zu einem Teil aus der Schmelze ausgeschieden wird und zum anderen Teil während der Abkühlung aus dem Zementit gebildet wird, bringt man

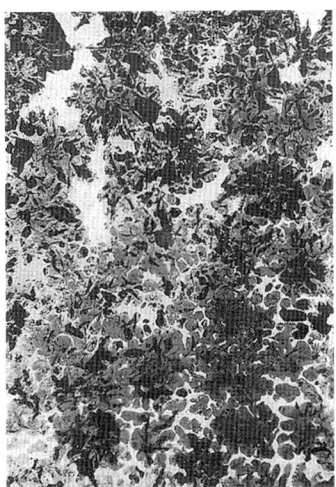

Abb. 5.341 Gusseisen mit Lamellengrafit; durch Spongiose zerstört, FeO (dunkelgrau), Steadit (weiß) und Grafit (schwarz)

beim Temperguss das Eisencarbid erst nachträglich durch eine besondere Langzeitglühung zum Zerfall. Der entstehende Grafit bildet charakteristische Anhäufungen in Knöllchenform und wird als Temperkohle bezeichnet. Man unterscheidet nach dem Bruchaussehen schwarzen und weißen Temperguss. Temperguss (GTS bzw. GTW) wird aus metastabil erstarrtem Temperrohguss entweder durch neutrales (erkennbar am Buchstaben S) oder durch entkohlendes Glühen (erkennbar am Buchstaben W) hergestellt. Damit der Temperrohguss wirklich metastabil erstarren kann, darf die Summe der Gehalte an Kohlenstoff und Silicium nicht größer als 4,2 % sein. Temperguss gilt als duktiler Gusseisenwerkstoff.

Der schwarze Temperguss hat einen dunklen Bruch und sein Gefüge besteht aus Ferrit und Temperkohle (Abb. 5.342). Das Glühen im neutralen Medium dient der Grafitisierung des ledeburitischen Zementits und des Sekundärzementits. Silicium fördert den Grafitisierungsvorgang. Deshalb werden Glühdauer und Glühtemperatur nach dem Siliciumgehalt des Temperrohgusses gewählt. Zur Verkürzung der Glühdauer sollten der Kohlenstoffgehalt möglichst zwischen 2,3 und 2,7 % liegen und der Siliciumgehalt möglichst hoch (1,2 bis 1,5 %) sein.

Der weiße Temperguss weist eine helles Bruchaussehen auf. Zur Herstellung des weißen Tempergusses erfolgt das Glühen des Temperrohgusses unter oxidierend wirkenden Bedingungen. Das bewirkt eine Entkohlung der Randzone. Aus diesem Grund besteht das Gefüge der Randzone aus reinem Ferrit und das der Kernzone aus Perlit und Temperkohle (Abb. 5.343). Dazwischen befindet sich eine ferritisch-perlitische Übergangsschicht, die noch Temperkohle enthalten kann. Nur dünnwandige Gussstücke können gleichmäßig entkohlt werden. Dickere Stücke weisen oft ein ungleichmäßiges Gefüge über den Querschnitt auf. Demzufolge ergeben sich wanddickenabhängige Eigenschaftswerte. Da Silicium den Grafitisierungsprozess fördert und gleichzeitig den Diffusionskoeffizienten des Kohlenstoffs im Austenit verringert, wird beim weißen Temperguss ein niedrigerer Siliciumgehalt eingestellt als beim schwarzen Temperguss.

Das Gefüge des Chromgusseisens enthält neben Primärcarbiden eutektisch und sekundär ausgeschiedene Carbide des Typs M_7C_3, die in einer vorwiegend martensitischen Matrix nachweisbar sind. Das Gefüge kann im Gusszustand neben Martensit auch Restaustenit, Bainit und Perlit enthalten, also Bestandteile, die einen geringe-

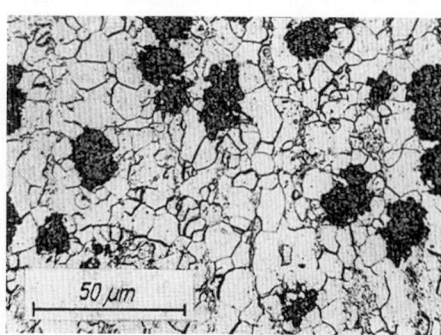

Abb. 5.342 Schwarzer Temperguss;
Ferrit und Temperkohle

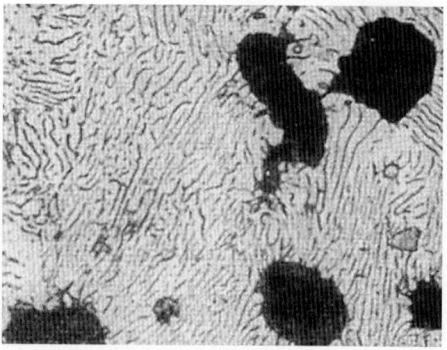

Abb. 5.343 Weißer Temperguss;
Perlit und Temperkohle

ren Widerstand gegen abrasiven Verschleiß aufweisen als Martensit. Mit Rücksicht auf die gewünschte Verschleißbeständigkeit ist eine nachgeschaltete Wärmebehandlung sinnvoll, die das Ziel verfolgt, ein über den gesamten Querschnitt möglichst vollständiges martensitisches Gefüge einzustellen, ohne die M_7C_3-Carbide aufzulösen. Dem Erreichen dieses Ziels tritt der Umstand entgegen, dass die M_7C_3-Carbide thermisch relativ stabil sind und nicht grafitisieren. Zur Vermeidung von Härterissen sollte die Abkühlung an Luft erfolgen. Ölhärtung kann bei geringeren Kohlenstoffgehalten und geometrisch unkomplizierten Teilen möglich sein.

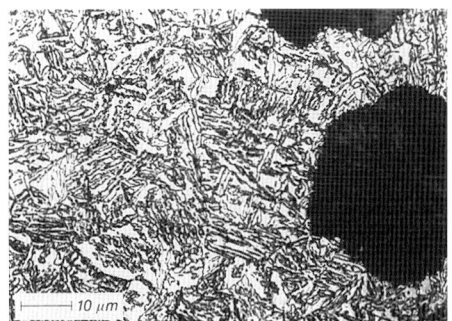

Abb. 5.344 Gefüge von ADI, bestehend aus nadelförmigem Ferrit, Austenit (hell) und Kugelgrafit (schwarz); nach Kovacs

Ein erheblicher Chromanteil ist als Carbid gebunden und kann daher nicht am Härtungsprozess teilnehmen. Die Härtbarkeit steigt im Allgemeinen mit zunehmendem Cr/C-Verhältnis. Eine effektive Steigerung der Härtbarkeit bewirkt darüber hinaus das Molybdän. Aber auch andere Legierungselemente, wie Mn, Ni und Cu, verbessern die Einhärtbarkeit. Letztere wirken aber zugleich austenitstabilisierend und deshalb müssen ihre Gehalte nach oben hin begrenzt werden.

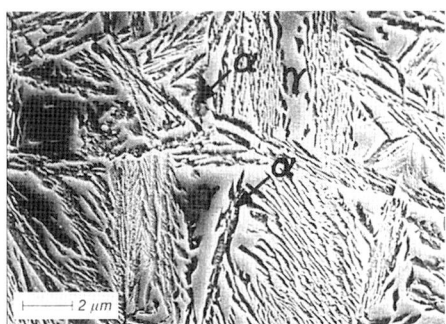

Abb. 5.345 Gusseisen mit Kugelgrafit (Kugelgrafit im Bildausschnitt nicht enthalten), nadelförmiger Ferrit (α) und Austenit (γ) bei höherer Vergrößerung; nach Kovacs

Unter der Bezeichnung ADI (*austempered ductile iron*) gewinnt ein speziell wärmebehandeltes unlegiertes oder legiertes Gusseisen mit Kugelgrafit zunehmend an Bedeutung, dessen günstige Festigkeits- und Zähigkeitseigenschaften sowie Verschleißfestigkeit einem speziell eingestellten mehrphasigen Gefüge, bestehend aus Kugelgrafit, bainitischem Ferrit und Austenit (Abb. 5.344) zuzuschreiben sind. Der Ferrit liegt in Form nadel- bzw. plattenförmiger Kristalle vor (Abb. 5.345), die beim isothermen Halten im Temperaturbereich zwischen etwa 230 und 450 °C, d. h. oberhalb der M_S-Temperatur der Legierung, aus dem Austenit gebildet werden. In der ASTM A 644-92 ist für dieses Gefüge die ungewöhnliche Bezeichnung *ausferrite* festgelegt worden. Mit dieser Bezeichnung möchte man sich vom carbidhaltigen Bainit, wie er bei Eisenlegierungen mit wesentlich geringeren Kohlenstoffgehalten vorkommt, abgrenzen. Es handelt sich dabei um in den Austenit eingebettete, bainitische Ferritkristalle, die vermutlich nach einem Umklapp- bzw. Schermechanismus ohne eine vorbereitende Carbidausscheidung gebildet werden. Im Unterschied zu den Stählen liegt hier die M_S-Temperatur zusammensetzungsbedingt deutlich unter 200 °C und die isotherme Umwandlungstemperatur nur wenig darüber, d. h. sie ist

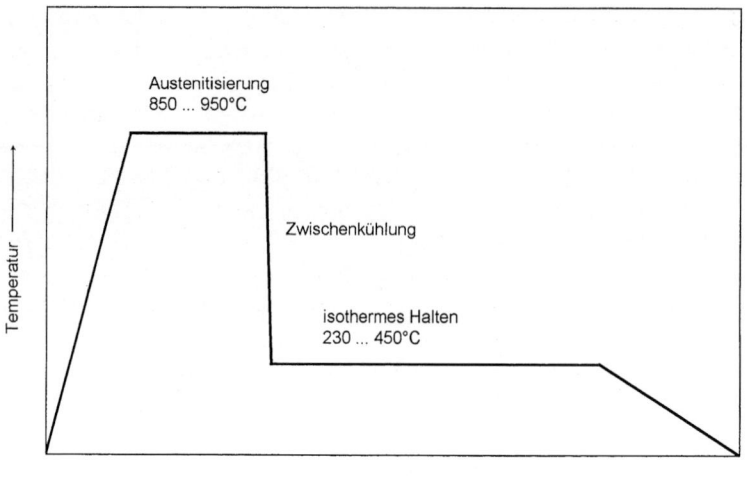

Abb. 5.346 Temperatur-Zeit-Schema für die Wärmebehandlung von ADI

ebenfalls entsprechend niedrig. Deshalb führt die mit der Ferritbildung verbundene Kohlenstoffanreicherung im bis dahin noch nicht umgewandelten Austenit nicht oder kaum noch zu einer Carbidausscheidung, wohl aber zu einer Absenkung der M_S-Temperatur, was letztendlich dazu führt, dass ein erheblicher Anteil an Austenit im Gefüge verbleibt. Dieser sollte mit Rücksicht auf die mechanischen Eigenschaften möglichst auch nachträglich nicht in Martensit umwandeln, weil der metastabile Austenit dem Gusseisen höhere Dehnungswerte verleiht. Aus diesem Grund ist man bemüht, einen Austenitanteil zwischen 10 und 30 % über die Wahl der Umwandlungstemperatur einzustellen. Je niedriger die isotherme Umwandlungstemperatur ist, umso geringer ist der Austenitanteil im Gefüge und umso feiner sind die Ferritkristalle, was sich in einer zunehmenden Festigkeit niederschlägt.

Bei der Wärmebehandlung, die aus einer Austenitisierung, einer Zwischenkühlung und einem isothermen Halten besteht (Abb. 5.346), muss das Austenitisierungs- und Umwandlungsverhalten der Gusseisenlegierung berücksichtigt werden. Von der Austenitisierungstemperatur und -dauer hängt die im Austenit gelöste Kohlenstoffmenge ab. Das Zwischenkühlen auf die isotherme Umwandlungstemperatur sollte so geführt werden, dass der Bereich der Perlitbildung nicht geschnitten wird. Perlit würde die Eigenschaften verschlechtern. Die Einhaltung dieser Forderung kann bei größeren Querschnitten und bei unlegiertem Gusseisen Schwierigkeiten bereiten. Für das Zwischenkühlen unlegierter Gusseisensorten stehen kaum mehr als 15 s zur Verfügung. Das Zwischenkühlen und das isotherme Halten werden deshalb meistens im Salzbad vorgenommen. Eine technisch und wirtschaftlich interessante und umweltfreundliche Wärmebehandlungsvariante dürfte die Behandlung im Hochdruckgasstrom sein.

Beim isothermen Halten kommt es darauf an, eine zweckmäßige Temperatur und eine optimale Behandlungsdauer einzuhalten. Kann infolge einer zu knapp bemessenen isothermen Haltedauer die Bildung des Nadelferrits nicht abgeschlossen werden bzw. ist die im Austenit gelöste Kohlenstoffmenge zu klein, besteht die Möglichkeit, dass der Austenit nicht genügend stabilisiert ist und beim nachfolgenden Abkühlen teilweise in Martensit umwandelt. Daneben muss eine weitere Möglichkeit der Martensitbildung einkalkuliert werden. Von der eutektischen Erstarrung herrührend, können immer noch Konzentrationsunterschiede vorhanden sein, sodass beim isothermen Halten auf niedriger Temperatur lokal Martensit entstehen kann. Dieser Martensit erfährt jedoch im Unterschied zur erstgenannten Möglichkeit bei einem ausreichend langen Halten eine wirksame Anlassbehandlung und verliert dadurch etwas von seinem versprödenden Einfluss. Andererseits kann ein zu langes Halten zu unerwünschter Carbidbildung führen. Das angestrebte Gefüge besteht aus nadelförmigem Ferrit und hochkohlenstoffhaltigem Austenit. Es soll von Perlit, Martensit und Carbiden frei sein.

6
Gefüge der technischen Nichteisenmetalle und ihrer Legierungen

6.1
Kupfer und seine Legierungen

6.1.1
Reines Kupfer

Obwohl man bereits einen großen Teil des benötigten Kupfers durch die Wiedergewinnung des Metalls aus Schrotten und Rücklaufmaterialien erzeugt, erfordert der hohe und steigende Bedarf auch die Gewinnung des Metalls aus Erzen. Das Kupfer wird überwiegend aus sulfidischen Erzen gewonnen. Weil der Kupfergehalt der Erze gering ist, führt man vor der Verhüttung eine Aufbereitung der Erze durch, um den Anteil der kupferhaltigen Verbindungen in den Erzen zu erhöhen. Zur Verhüttung der so gewonnenen Kupfererzkonzentrate werden verschiedene schmelzmetallurgische Verfahren angewendet. Im Ergebnis der Verhüttung entsteht Rohkupfer mit einem Reinheitsgrad von 96–99 %, welches durch die Ausscheidung von SO_2-Gas bei der Erstarrung Gasblasen enthält und deshalb auch als Blasen- oder Blisterkupfer bezeichnet wird. Die anschließende Feuerraffination im Flamm- oder im Trommelofen dient der Erhöhung des Reinheitsgrades und der Entgasung des Rohkupfers, wobei dem Polen besondere Bedeutung zukommt. Das Polen hat das Ziel, die Reduktion des Kupferoxyduls (Cu_2O) zu Kupfer unter Bildung von flüchtigem Wasserdampf und Kohlendioxid zu bewirken. Höhere Gehalte des Kupferoxyduls verursachen eine verminderte Plastizität des Kupfers. Die so erzeugte, zähgepolte Kupferschmelze soll noch geringe Mengen an Sauerstoff enthalten, um die Wasserstoffaufnahme der Schmelze gering zu halten und oxidierbare Begleitelemente in die unschädliche Oxidform zu überführen. Anschließend erfolgt das Vergießen der Schmelze vorzugsweise in Form von Anodenplatten, die mit der Raffinationselektrolyse zu Kupferkatoden mit erhöhtem Reinheitsgrad weiterverarbeitet werden. Die Katodenplatten werden umgeschmolzen und danach zu Formgussteilen oder zu Formaten für die Halbzeugproduktion vergossen.

In Abhängigkeit vom Reinheitsgrad der Kupferkatoden und von der Art des Umschmelzverfahrens erhält man verschiedene Kupfersorten:

- sauerstoffhaltiges Kupfer, nach DIN CEN-TS13388: Cu-ETP (früher: E-Cu),
- sauerstofffreies Kupfer, nach DIN CEN-TS13388: Cu-OF (früher: OF-Cu),
- sauerstofffreies, jedoch mit Phosphor desoxidiertes Kupfer, nach DIN CEN-TS13388: Cu-PHC/Cu-HCP (früher: SE-Cu) und Cu-DHP (früher: SF-Cu).

Das Gefüge eines sauerstofffreien Kupfers Cu-HCP, das mit Phosphor desoxidiert wurde, zeigt Abb. 6.1. Es besteht aus polygonalen Kristalliten, die Glühzwillinge auf-

Abb. 6.1 Gefüge von gewalztem und weichgeglühtem Kupfer Cu-HCP, geätzt mit Cumi4, kubisch flächenzentrierte Kupferkristallite mit Glühzwillingen

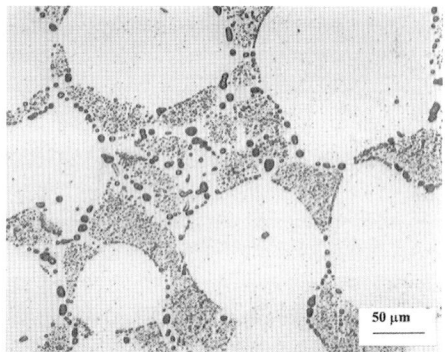

Abb. 6.2 Gussgefüge von sauerstoffhaltigem Kupfer Cu-C, hell gefärbte Kupferkristallite und $(Cu + Cu_2O)$-Eutektikum, ungeätzt

weisen. In Abb. 6.2 ist das Gefüge eines gegossenen, sauerstoffhaltigen Kupfers wiedergegeben. Neben den hell erscheinenden Kupferkristallen sieht man den eutektischen Gefügebestandteil, der sich aus Kupfer und Kupferoxydul (Cu_2O) aufbaut.

Zu den wesentlichen Gebrauchseigenschaften des Kupfers gehören die hohe elektrische und thermische Leitfähigkeit. Die Leitfähigkeitswerte hängen von der Art und der Konzentration der Verunreinigungselemente ab. So beeinflusst der Sauerstoff, der in Form von Cu_2O im Gefüge des Kupfers vorliegt, dessen elektrische Leitfähigkeit nur wenig. Demgegenüber verringern steigende Restphosphorgehalte die elektrische und thermische Leitfähigkeit desoxidierter Kupfersorten beträchtlich.

Liegt der Reinheitsgrad von restphosphorarmem, weichgeglühtem Kupfer oberhalb von 99,95 %, dann beträgt der elektrische Leitwert bei 20 °C mindestens 58 MS (100 % IACS, International Annealed Copper Standard). In guter Übereinstimmung mit dem Gesetz von Wiedemann-Franz entspricht der elektrische Leitfähigkeitswert einer Wärmeleitfähigkeit von knapp 400 W $K^{-1} \cdot m^{-1}$.

Sehr bedeutend für die praktische Anwendung des Reinkupfers im Bauwesen und chemischen Anlagenbau ist seine hohe Korrosionsbeständigkeit an der Luft sowie in wässrigen und nahezu allen alkalischen Lösungen. Sie wird auf die Bildung von Deckschichten zurückgeführt, die zur Passivierung des Metalls führen. Bekannt ist die sich unter atmosphärischen Bedingungen bildende Patina-Deckschicht, die aus einem Gemisch basischer Kupfersalze besteht.

Reines Kupfer hat eine kubisch flächenzentrierte Kristallstruktur (Strukturtyp A1). Polymorphe Umwandlungen treten nicht auf. Im weichgeglühten Zustand weist es eine ausgezeichnete Duktilität auf, die die Grundlage für die Herstellung einer umfangreichen Palette technischer Halbzeuge darstellt. Die Festigkeit und die Härte sind im weichgeglühten Zustand gering. Durch eine Kaltverformung ist es möglich, die Festigkeit und Härte zu steigern. Das geschieht jedoch zu Lasten der Duktilität und führt außerdem zu einer geringfügigen Abnahme der elektrischen Leitfähigkeit.

Herstellungsbedingt enthält reines Kupfer häufig Schwefel und Sauerstoff. Wie man aus dem Zustandsschaubild Kupfer-Schwefel entnimmt (Abb. 6.3), ist der Schwefel im festen Zustand im Kupfer un-

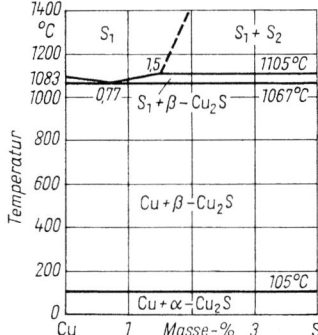

Abb. 6.3 Kupferreiche Seite des Zustandsschaubildes Kupfer-Schwefel

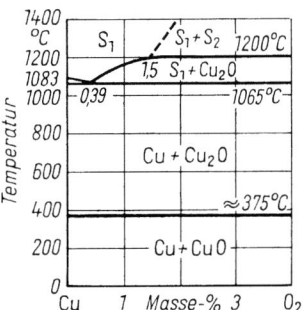

Abb. 6.5 Kupferreiche Seite des Zustandsschaubildes Kupfer-Sauerstoff

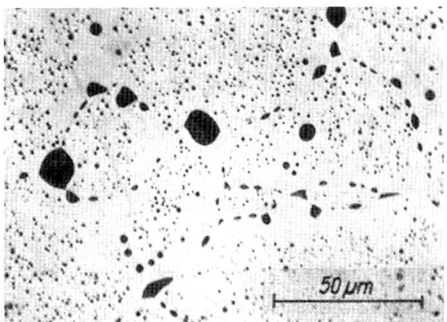

Abb. 6.4 Gussgefüge von Kupfer mit 5 % Schwefel, grobe Cu_2S-Teilchen und $(Cu+Cu_2S)$-Eutektikum, ungeätzt

löslich. Die beiden Komponenten verbinden sich zu Kupfersulfid Cu_2S. Kupfer und Kupfersulfid bilden ein eutektisches System. Der eutektische Punkt liegt bei einer Temperatur von 1067 °C und einem Schwefelgehalt von 0,77 %. Abbildung 6.4 zeigt das Gefüge einer langsam abgekühlten, übereutektischen Legierung. Man erkennt grobe Cu_2S-Teilchen, die sich aus der Schmelze S_2 bildeten, sowie das aus der Schmelze S_1 kristallisierte Eutektikum $(Cu+Cu_2S)$. Die metallografische Unterscheidung der Cu_2S-Kristalle von Cu_2O-Kristallen ist durch ein Ätzen mit verdünnter Flusssäure möglich. Die Cu_2O-Teilchen werden im Gegensatz zu den nicht angegriffenen Cu_2S-Teilchen dunkel angefärbt.

Die in Abb. 6.5 dargestellte, kupferreiche Seite des Zustandsschaubildes Kupfer-Sauerstoff hat Ähnlichkeit mit dem Zustandsschaubild Kupfer-Schwefel (Abb. 6.3). Der Sauerstoff ist im festen Zustand im Kupfer unlöslich. Direkt aus der Schmelze kristallisiert die Verbindung Cu_2O (Kupferoxydul). Die bei einer Temperatur von etwa 375 °C auftretende Umwandlung des Cu_2O in CuO verläuft außerordentlich träge, weshalb unter praktischen Bedingungen die Phase Cu_2O auch bei Raumtemperatur existiert. Kupfer und Kupferoxydul bilden ein eutektisches System. Der eutektische Punkt liegt bei einer Temperatur von 1065 °C und einem Sauerstoffgehalt von 0,39 %. Abbildung 6.6 zeigt das Gussgefüge einer untereutektischen Legierung mit 0,09 % Sauerstoff. Aus der Schmelze S_1 sind primär Kupferkristalle entstanden. Sekundär erfolgte die Kristallisation der Restschmelze zum Eutektikum, das sich aus Kupfer und Kupferoxydul aufbaut. Die Kupferoxydulkristalle erscheinen bei normaler Hellfeldbeleuchtung in blaugrauer Farbe. Ihre granatrote Eigenfarbe zeigt sich bei der Betrachtung im polarisierten Licht oder bei Dunkelfeldbeleuchtung. Durch nachfolgende plastische Umfor-

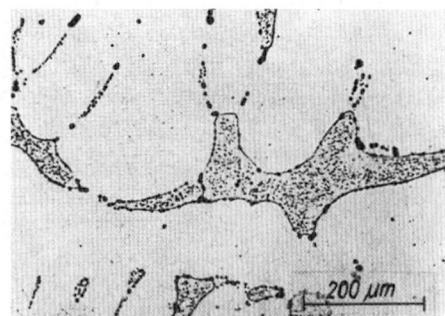

Abb. 6.6 Gussgefüge einer untereutektischen Legierung Kupfer mit 0,09 % Sauerstoff, primäre Kupferkristallite und (Cu + Cu$_2$O)-Eutektikum, ungeätzt

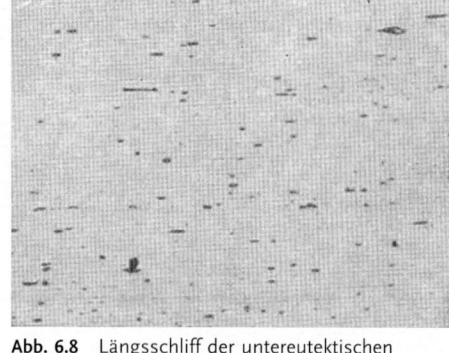

Abb. 6.8 Längsschliff der untereutektischen Legierung Kupfer mit 0,09 % Sauerstoff, Umformgrad 100 %, Auflösung der netzförmigen Struktur des (Cu + Cu$_2$O)-Eutektikums, ungeätzt

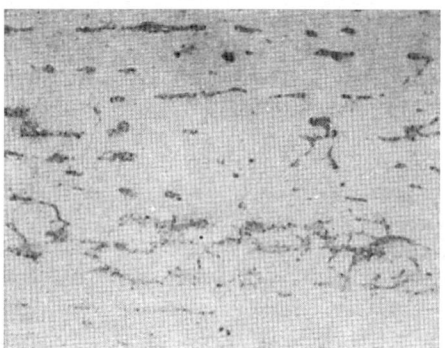

Abb. 6.7 Längsschliff der untereutektischen Legierung Kupfer mit 0,09 % Sauerstoff, Umformgrad 5 %, gestrecktes (Cu + Cu$_2$O)-Eutektikum in der Kupfergrundmasse, ungeätzt

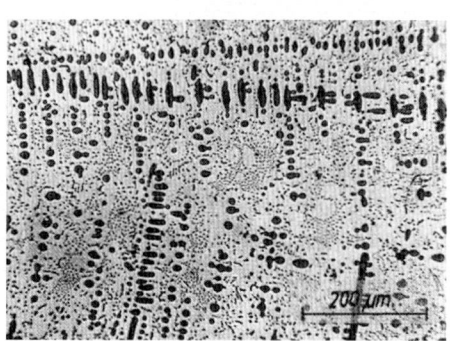

Abb. 6.9 Gussgefüge einer übereutektischen Legierung Kupfer mit 0,67 % Sauerstoff, primäre Kupferoxyduldendriten und (Cu + Cu$_2$O)-Eutektikum, ungeätzt

mung wird der Aufbau des Gussgefüges der betrachteten untereutektischen Legierung verändert, wie aus den in Abb. 6.7 und Abb. 6.8 gezeigten Längsschliffen hervorgeht. Bei geringen Umformgraden erfolgt eine Streckung des netzförmigen Eutektikums (Abb. 6.7). Mit steigendem Umformgrad findet eine Auflösung der Netzwerkstruktur des Eutektikums statt. Nach hohen Umformgraden sind im Sekundärgefüge nur noch gleichmäßig verteilte Cu$_2$O-Partikel sichtbar (Abb. 6.8).

Das Gussgefüge einer übereutektischen Legierung Kupfer mit 0,67 % O$_2$ ist in Abb. 6.9 wiedergegeben. Aus der Schmelze S$_2$ kristallisierten primär Cu$_2$O-Dendriten. Sekundär erfolgte die eutektische Erstarrung der Restschmelze.

Der Sauerstoffgehalt von arsenfreiem, gegossenem Kupfer lässt sich mithilfe der quantitativen Metallographie bestimmen. Es gelten folgende Beziehungen:

11 Masse-% O$_2$ $\cong$ 100 Masse-% Cu$_2$O

0,39 Masse-% O$_2$ $\cong$ 100 % Eutektikum $\cong$ 3,5 Masse-% Cu$_2$O.

Nimmt das Eutektikum im Schliffbild X Flächenprozent ein, dann sind gemäß der nachstehenden Beziehung Y Masse-% Sauerstoff im Kupfer vorhanden.

$$Y = (X/100) \cdot 0{,}39 \ [\text{Masse-\% O}_2]$$

Am Schliff (Abb. 6.6) erfolgte die Bestimmung des Flächenanteils des eutektischen Gefügebestandteils. Er beträgt 23,4 Flächenprozent. Daraus berechnet sich ein Sauerstoffgehalt der Legierung von 0,09 Masse-%.

$$Y = (23{,}4/100) \cdot 0{,}39 = 0{,}09 \ \text{Masse-\% O}_2$$

Während die elektrische Leitfähigkeit, die Festigkeit und die Härte des Kupfers durch die Anwesenheit geringer Mengen Kupferoxydul im Gefüge nur wenig beeinflusst werden, führt das Kupferoxydul zu einer deutlichen Reduktion der Bruchdehnung und der Brucheinschnürung. Außerdem erhöht sich die Neigung zur Porosität beim Gießen. Deshalb begrenzt man die Kupferoxydulgehalte im Kupfer auf rund 1 %.

Sauerstoffhaltige Kupfersorten eignen sich nicht für die thermische Verarbeitung in einer wasserstoffhaltigen Atmosphäre, wie sie beim Löten und Schweißen auftre-

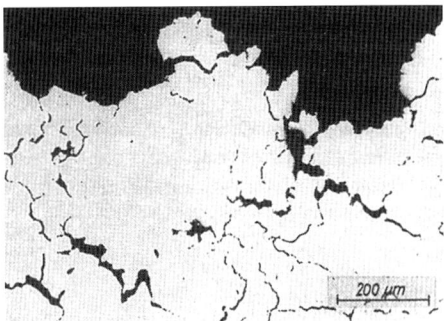

Abb. 6.11 Risse in sauerstoffhaltigem Kupfer durch die Wasserstoffkrankheit

ten kann. Der atomar gelöste Wasserstoff diffundiert mit hoher Geschwindigkeit in das Gefüge und reagiert mit dem Kupferoxydul.

$$Cu_2O + 2\,[H] \rightarrow Cu + H_2O$$

Das dampfförmige Wasser steht unter hohem Druck und führt zu Schädigungen des Gefüges in Form von Poren und Rissen, wie man aus Abb. 6.10 und Abb. 6.11 entnimmt. Der beschriebene Schädigungsmechanismus wird als Wasserstoffkrankheit des sauerstoffhaltigen Kupfers bezeichnet.

6.1.2 Kupfer-Zink-Legierungen

Kupfer-Zink-Legierungen, die man auch als Messinge bezeichnet, haben einen Kupfergehalt von mehr als 50 %. Sie werden als Guss- und Knetlegierungen hergestellt. Die Bezeichnung TOMBAK ist für kupferreiche Legierungen (Cu > 70 %) gebräuchlich, die sich durch eine ausgezeichnete Kaltumformbarkeit und eine hohe Korrosionsbeständigkeit auszeichnen. Die bleihaltigen Legierungen enthalten bis zu 3,5 % Blei, um ihre Zerspanbarkeit zu verbessern. Das Blei ist im Kupfer nicht löslich

Abb. 6.10 Porenbildung an den Korngrenzen von sauerstoffhaltigem Kupfer durch die Wasserstoffkrankheit

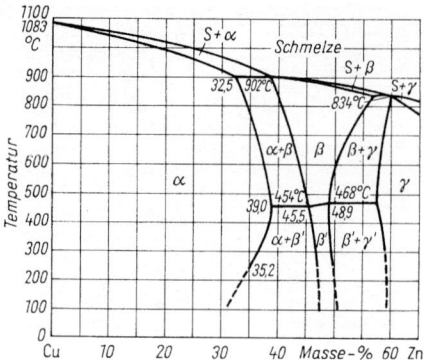

Abb. 6.12 Kupferreiche Seite des Zustandsschaubildes Kupfer-Zink

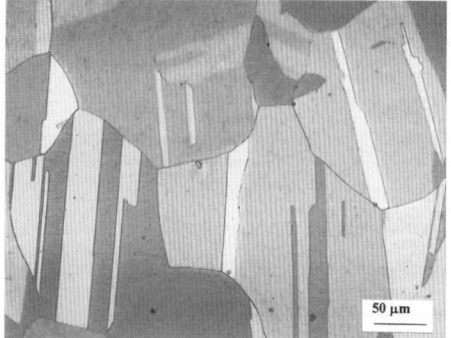

Abb. 6.13 Gefüge der Knetlegierung CuZn30, geätzt mit Cumi5, α-Mischkristalle mit Glühzwillingen

und liegt in Form feiner Teilchen im Gefüge vor, die eine spanbrechende Wirkung haben und dadurch das Auftreten langer Spiralspäne bei der Zerspanung verhindern. Neben den Kupfer-Zink-Legierungen gibt es Mehrstofflegierungen, die zur Optimierung der Gebrauchseigenschaften weitere Legierungselemente, wie Aluminium, Nickel, Eisen, Mangan und Silicium, enthalten. Diese Mehrstofflegierungen bezeichnet man auch als Sondermessinge.

Die kupferreiche Seite des Zustandsschaubildes Kupfer-Zink ist in Abb. 6.12 gezeigt. In Abhängigkeit vom Zinkgehalt werden die Legierungen eingeteilt in:

- α-Legierungen, deren Gefüge nur aus α-Mischkristallen des Kupfers mit Zink besteht,
- (α + β')-Legierungen, die ein heterogenes Gefüge aus α-Mischkristallen und der β'-Phase aufweisen,
- β'-Legierungen, in deren Gefüge die β'-Phase und, bei hohem Zinkgehalt, γ'-Phase vorhanden ist.

6.1.2.1 Gefüge der α-Legierungen

Liegt der Zinkgehalt der Legierung unterhalb von 32,5 %, dann kristallisiert die kubisch flächenzentrierte α-Phase (Strukturtyp A1) direkt aus der Schmelze. Weil im festen Zustand keine Phasenumwandlungen auftreten, liegt nach dem Abkühlen auf 20 °C ein homogenes Gefüge aus α-Mischkristallen vor, wie man aus Abb. 6.13 entnimmt.

$$S \rightarrow \alpha$$

Die kupferreichen α-Legierungen sind durch eine Wärmebehandlung nicht härt- und vergütbar, weil keine Phasenumwandlungen im festen Zustand auftreten. Ihre mechanische Festigkeit kann man jedoch durch eine Kaltverformung erhöhen. Die eingebrachte Kaltverfestigung verursacht aber eine Abnahme der Duktilität der Legierungen.

Im Konzentrationsgebiet von 32,5–37 % Zink tritt ein peritektisches Teilsystem auf. Der peritektische Punkt liegt bei einer Temperatur von 902 °C und einem Zinkgehalt von 36,8 %. Weist die Legierung die peritektische Konzentration auf, dann kristallisieren aus der Schmelze primär α-Mischkristalle und bei 902 °C reagiert diese feste Phase mit der Schmelze und es bilden sich Kristalle der ungeordneten, kubisch raumzentrierten Hochtemperaturphase β (Strukturtyp A2).

$S + \alpha \rightarrow \beta$

Im Konzentrationsintervall von 32,5–36,8 % Zn existieren nach der peritektischen Umsetzung noch primäre α-Körner. Deshalb besitzen solche Legierungen nach dem Abschluss der Erstarrung zunächst ein heterogenes (α + β)-Gefüge.

$S + \alpha \rightarrow \beta + \alpha$

Erfolgt die weitere Abkühlung der Legierungen langsam, dann tritt aufgrund der mit fallender Temperatur zunehmenden Löslichkeit des Kupfers für Zink eine Erweiterung des Existenzgebietes der α-Phase auf und es findet die Umwandlung der β-Phase in die α-Phase statt.

$\beta + \alpha \rightarrow \alpha$

Dementsprechend haben diese Legierungen nach dem langsamen Abkühlen auf 20 °C ebenfalls ein homogenes Gefüge aus α-Mischkristallen. Abbildung 6.14a zeigt das Gefüge der bleifreien Knetlegierung CuZn37, die langsam aus dem Zweiphasenfeld abgekühlt wurde. In den α-Körnern sieht man zahlreiche Glühzwillinge. Erfolgt die Abkühlung aus dem (β + α)-Gebiet beschleunigt, dann kann Rest-β'-Phase im Gefüge existieren (Abb. 6.14b). Wegen der eingeschränkten Diffusion der Kupfer- und Zinkatome bei niedrigen Temperaturen tritt unter technisch üblichen Abkühlbedingungen keine Ausscheidung der β'-Phase aus den α-Mischkristallen auf, die nach Abb. 6.12 möglich ist.

6.1.2.2 Gefüge der (α + β')-Legierungen

Liegt der Zinkgehalt der Legierungen im Konzentrationsintervall von etwa 37 % bis etwa 46 % Zink, dann haben sie entsprechend Abb. 6.12 einen heterogenen Gefü-

Abb. 6.14 Gefüge der Knetlegierung CuZn37, geätzt mit Cumi1: a) α-Mischkristalle nach dem langsamen Abkühlen aus dem (β + α)-Gebiet, b) α-Mischkristalle und dunkel angeätzte Rest-β'-Phase nach dem beschleunigten Abkühlen aus dem (β + α)-Gebiet

geaufbau. Nach Abschluss der Kristallisation besteht das Gefüge entweder aus α- und β-Phase oder bei höheren Zinkkonzentrationen nur aus der kubisch raumzentrierten β-Phase. Erfolgt die Abkühlung der Legierung langsam, dann wandelt die β-Phase nur teilweise in die kubisch flächenzentrierte α-Phase um und die ungeordnete, kubisch raumzentrierte Hochtemperaturphase β existiert auch bei niedrigen Temperaturen. Bei 454 °C unterliegt sie der Ordnungsumwandlung β → β'. Die β'-Phase hat eine kubische Kristallstruktur (Strukturtyp B2, CsCl-Typ) mit geordneter Atomverteilung, wobei die Zinkatome die

6 Gefüge der technischen Nichteisenmetalle und ihrer Legierungen

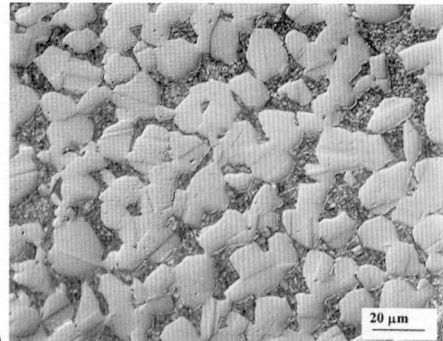
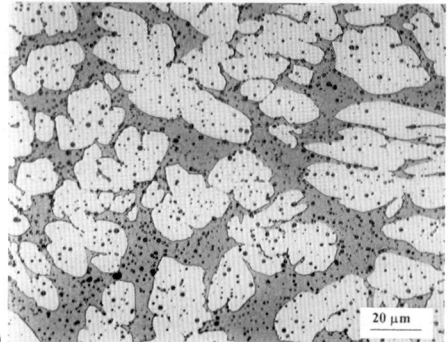

Abb. 6.15 Gefüge von (α + β')-Legierungen, geätzt mit Cumi1; a) bleifreie Legierung, b) bleihaltige Legierung, hell: α-Mischkristalle mit Glühzwillingen, dunkel: β'-Phase, schwarze Partikel: Blei

Raummittelpunkte der Elementarzellen belegen. Der Ablauf der Phasenübergänge lässt sich durch die folgende Reaktion beschreiben.

$$S \rightarrow \beta + (\alpha) \rightarrow \beta + \alpha \rightarrow \beta' + \alpha$$

Nach dem langsamen Abkühlen auf 20 °C liegt ein heterogenes Gefüge vor, das sich aus α-Mischkristallen und geordneter β'-Phase aufbaut. In Abb. 6.15 sind die Gefüge von zwei (α + β')-Legierungen wiedergegeben. Abbildung 6.15a zeigt das Gefüge einer bleifreien Legierung. Die α-Körner enthalten Glühzwillinge. Zwischen diesen Körnern beobachtet man die dunkler geätzte Rest-β'-Phase. Das Gefüge der bleihaltigen Legierung (Abb. 6.15 b) besteht ebenfalls aus hell angeätzten α-Körnern und der dunkleren β'-Matrix. Als dritter Gefügebestandteil erscheinen die feinverteilten, schwarzen Partikel des Bleis, das im Kupfer unlöslich ist.

6.1.2.3 Gefüge der β'-Legierungen

Kupfer-Zink-Legierungen, deren Zinkgehalte im Bereich von etwa 46–50 % liegen, ordnen sich in die Gruppe der β'-Legierungen ein. Abbildung 6.16 zeigt das grobkörnige Gussgefüge einer β'-Legierung mit 47,5 % Zink. Aufgrund der Grobkörnigkeit und der relativ hohen Härte der β'-Phase verhält sie sich bei niedrigen Temperaturen spröde. Deshalb werden β'-Legierungen im Vergleich zu den α- und (α + β')-Legierungen kaum genutzt.

Besitzen β'-Legierungen einen Zinkgehalt von mehr als etwa 49 %, dann scheidet sich bei langsamer Abkühlung aus der primär kristallisierten β-Phase die γ-Phase aus, wie man aus Abb. 6.12 entnimmt. Beide Phasen wandeln beim weiteren Abkühlen um. Die ungeordnete β-Phase unterliegt der bereits erwähnten Ordnungsumwandlung β → β'. Die γ-Phase wandelt in die γ'-Phase um. Abbildung 6.17 zeigt das Gussgefüge einer derartigen β'-Legierung. Die γ'-Ausscheidungen sind sowohl

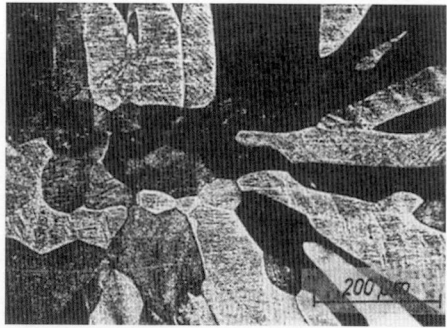

Abb. 6.16 Gefüge einer β'-Gusslegierung mit 47,5 % Zn, grobkörnige β'-Phase

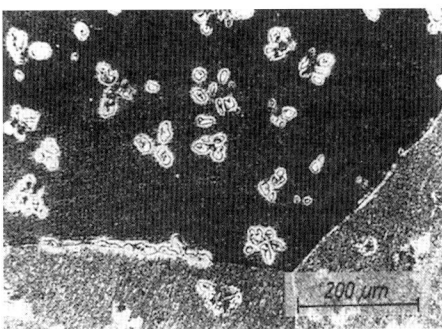

Abb. 6.17 Gefüge einer β'-Gusslegierung mit 52 % Zn, Ausscheidungen der γ'-Phase an den Korngrenzen und im Inneren der β'-Körner

an den Korngrenzen als auch im Inneren der β'-Körner sichtbar. Die γ'-Phase (Cu_5Zn_8) ist eine spröde intermetallische Verbindung, die eine komplizierte kubische Kristallstruktur (Strukturtyp $D8_2$) hat. Mit steigendem Volumenanteil der γ'-Phase im Gefüge tritt eine zunehmende Aufhärtung und Versprödung der Legierung auf.

6.1.2.4 Einfluss von Wärmebehandlungen auf die Gefüge von (α + β')-Legierungen

Bei den vorangegangenen Darstellungen der Gefüge der Kupfer-Zink-Legierungen wurde vorausgesetzt, dass das Zustandsschaubild Kupfer-Zink Gültigkeit besitzt. Diese Voraussetzung ist dann erfüllt, wenn die Änderung der Zustandsgrößen langsam erfolgt und das Stoffsystem den Zustand geringster freier Enthalpie erreicht. Betrachtet man die Zustandsgröße Temperatur (Druck und Konzentration sind konstant), dann ist die oben genannte Voraussetzung erfüllt, wenn die Erwärmungs- und die Abkühlgeschwindigkeit gering sind. Unter diesen Bedingungen können die temperatur- und zeitabhängigen Diffusionsprozesse der Kupfer- und Zinkatome stattfinden, die für die diffusionsab-hängigen Phasenübergänge und damit in Verbindung die Gefügeausbildung entsprechend dem Zustandsschaubild notwendig sind.

Erfolgen die Änderungen der Zustandsgröße Temperatur schnell, dann liegen typische Ungleichgewichtsbedingungen vor. Das Stoffsystem erreicht nicht den Zustand geringster freier Enthalpie, weil durch die Behinderung oder auch die vollständige Unterdrückung der Diffusionsprozesse der Kupfer- und Zinkatome die Phasenübergänge entsprechend dem Zustandsschaubild nicht stattfinden. In Abhängigkeit von der chemischen Zusammensetzung der Legierung und den Abkühlbedingungen erfolgen dann Ungleichgewichtsumwandlungen, die in den Gefügen der Legierungen metastabile Phasen erzeugen. Diese Feststellung betrifft insbesondere die (α + β')-Legierungen, weil bei dieser Legierungsgruppe im festen Zustand die β/α Umwandlung, die Ordnungsumwandlung β/β' und der martensitische Phasenübergang β'/β'' auftreten.

Im Folgenden wird in Anlehnung an den Begriff Austenitisierung, den man bei der Wärmebehandlung härtbarer Stähle verwendet, der Begriff Betatisierung für die Umwandlung von Kupferbasislegierungen in den homogenen β-Zustand benutzt.

In Abb. 6.18 sind Gefüge der (α + β')-Legierung CuZn40Pb nach verschiedenen Wärmebehandlungen dargestellt. Für die Wärmebehandlungen wurden kleine Proben verwendet, um den Einfluss der Wanddicke bzw. der Abkühlgeschwindigkeit in Abhängigkeit vom Abstand von der Oberfläche auszuschließen. Die Proben wurden auf Temperaturen im Intervall von 400–800 °C erwärmt, jeweils 20 Minuten bei jeder Temperatur gehalten und dann in Wasser abgeschreckt. Das Gefüge des Ausgangszustandes ist in Abb. 6.18 a gezeigt. Es ist sehr feinkörnig und besteht aus den

758 | 6 Gefüge der technischen Nichteisenmetalle und ihrer Legierungen

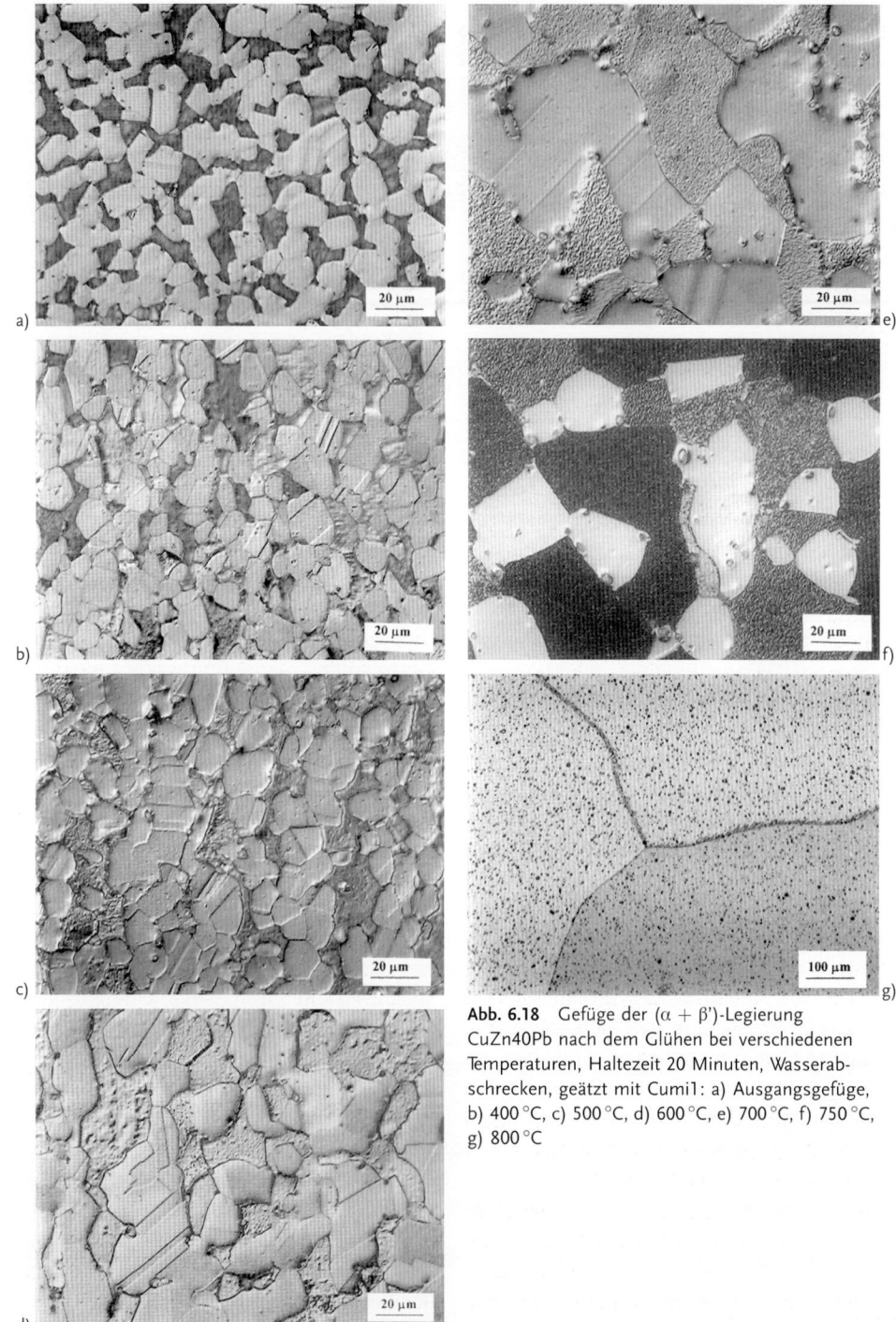

Abb. 6.18 Gefüge der $(\alpha + \beta')$-Legierung CuZn40Pb nach dem Glühen bei verschiedenen Temperaturen, Haltezeit 20 Minuten, Wasserabschrecken, geätzt mit Cumi1: a) Ausgangsgefüge, b) 400 °C, c) 500 °C, d) 600 °C, e) 700 °C, f) 750 °C, g) 800 °C

hell angeätzten α-Mischkristallen, der dunkel angefärbten β'-Phase und Bleiteilchen, die in die Gefügematrix eingebettet sind. Das Gefüge der bei 400 °C wärmebehandelten Probe unterscheidet sich nicht vom Ausgangsgefüge, wie der Vergleich der Abb. 6.18 a und Abb. 6.18 b ergibt. Die Wärmebehandlung der Proben bei 500 °C und 600 °C führt zu Gefügeveränderungen, wobei man zwei wesentliche Effekte feststellt. Die Gefüge sind im Vergleich zum Ausgangsgefüge gröber und es findet eine Stabilisierung der β'-Phase statt, wie man aus den Abb. 6.18 c und Abb. 6.18 d entnimmt. Erhöht man die Glühtemperatur weiter (700 °C und 750 °C), dann tritt eine weitere Kornvergröberung und Stabilisierung der β'-Phase ein. Der Flächenanteil der hell angeätzten α-Körner am Gesamtgefüge hat sich deutlich vermindert, wie aus den Abb. 6.18 e und Abb. 6.18 f hervorgeht. Das Wasserabschrecken der Probe von 800 °C bewirkt die vollständige Stabilisierung der β'-Phase (Abb. 6.18 g), falls man von der Anwesenheit der Bleiteilchen absieht. Wegen der Grobkörnigkeit des Gefüges sieht man am geätzten Schliff die Kornstruktur bereits mit bloßem Auge.

In Abb. 6.19 ist das Gefüge einer Probe gezeigt, die ebenfalls bei 800 °C für 20 Minuten geglüht wurde. Die Abkühlung der kleinen Probe erfolgte jedoch an ruhender Luft. Weil bei der Luftabkühlung die Abkühlgeschwindigkeit geringer ist im Vergleich zum Wasserabschrecken, sind Diffusionsprozesse der Kupfer- und Zinkatome möglich und es erfolgt die teilweise Umwandlung der Hochtemperaturphase β in die kubisch flächenzentrierte α-Phase. Aufgrund der beschleunigten Abkühlung aus dem β-Gebiet bildet sich die α-Phase nicht in globularer Form, sondern in Form grober Platten. Die nicht umgewandelte β-Phase unterliegt der Ordnungsumwandlung β → β'. Nach der Abkühlung auf

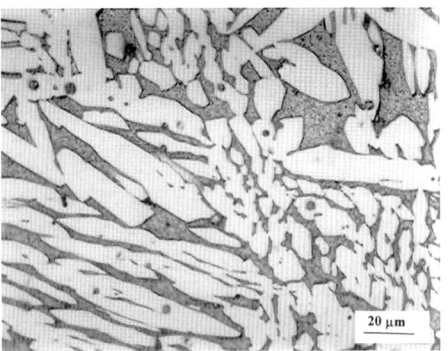

Abb. 6.19 Gefüge der (α + β')-Legierung CuZn40Pb nach dem Glühen für 20 Minuten bei 800 °C und Abkühlung an ruhender Luft, geätzt mit Cumi1, hell angeätzte, grobe α-Platten, dunkel angeätzte β'-Phase und Bleiteilchen

20 °C liegen folglich drei Phasen im Gefüge vor (Abb. 6.19): die hellen α-Platten, die dunkler angeätzte β'-Phase zwischen diesen Platten und schwarze Bleiteilchen.

Die durch das Wasserabschrecken erzeugte β'-Phase (Abb. 6.20 a) ist metastabil. Durch ein Anlassen wandelt sie in stabilere Gleichgewichtsphasen um, wie die nachfolgenden Darstellungen aufzeigen. In Abb. 6.20 und Abb. 6.21 sind die Gefüge von betatisierten und wasserabgeschreckten Proben der Legierung CuZn40Pb gezeigt, die bei verschiedenen Temperaturen jeweils für 30 Minuten angelassen und danach in Wasser abgeschreckt wurden. Der teilweise Zerfall der metastabilen β'-Phase beginnt bereits bei niedrigen Anlasstemperaturen durch einen bainitischen Umwandlungsmechanismus (Garwood, Hornbogen, Warlimont). Abbildung 6.20 b zeigt das Gefüge nach dem Anlassen bei 250 °C. Die ehemaligen β-Korngrenzen sind durch hell angeätzte α-Säume markiert. In den Körnern ist neben den dunklen Bleiteilchen eine feine Strukturierung sichtbar. Weil das Lichtmikroskop zur Auflösung der Strukturdetails in den Körnern nicht ausreicht, ist in Abb. 6.21 eine rasterelek-

760 | 6 Gefüge der technischen Nichteisenmetalle und ihrer Legierungen

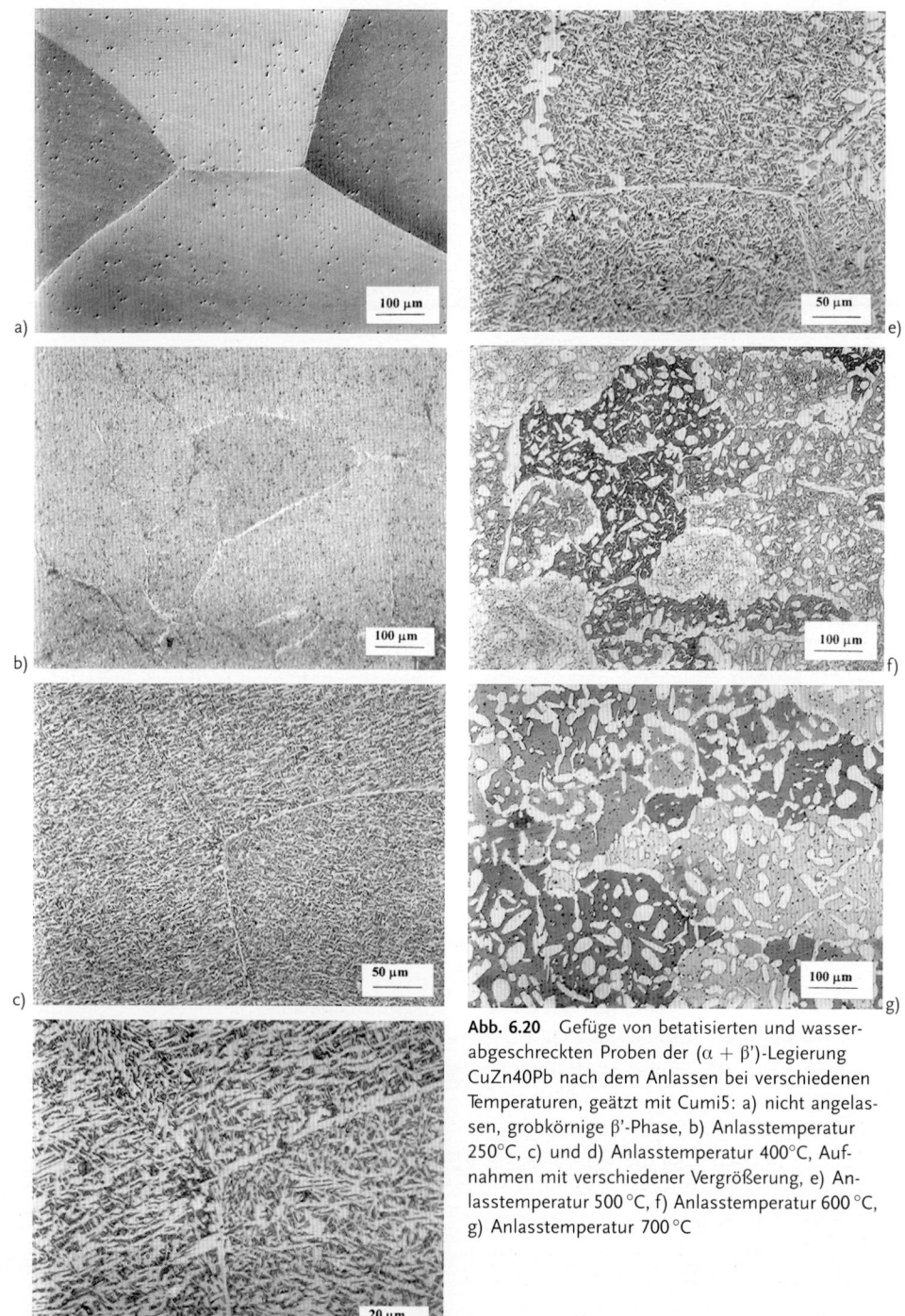

Abb. 6.20 Gefüge von betatisierten und wasserabgeschreckten Proben der (α + β')-Legierung CuZn40Pb nach dem Anlassen bei verschiedenen Temperaturen, geätzt mit Cumi5: a) nicht angelassen, grobkörnige β'-Phase, b) Anlasstemperatur 250°C, c) und d) Anlasstemperatur 400°C, Aufnahmen mit verschiedener Vergrößerung, e) Anlasstemperatur 500°C, f) Anlasstemperatur 600°C, g) Anlasstemperatur 700°C

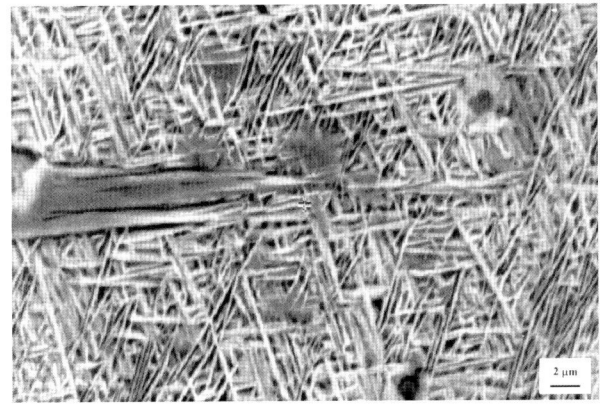

Abb. 6.21 Gefüge einer betatisierten und wasserabgeschreckten Probe der (α + β')-Legierung CuZn40Pb nach dem Anlassen bei 250 °C, feinnadelige Übergangsphase in der β'-Matrix, rasterelektronenmikroskopische Aufnahme

ronenmikroskopische Aufnahme mit höherer Auflösung des Korninneren dargestellt. Man erkennt eine feinnadelige Phase, die sich aus der β'-Phase gebildet hat. Ihre exakte Kristallstruktur wird verschieden beschrieben. Die feinnadelige Phase wandelt bei höheren Anlasstemperaturen (T > 300 °C) in die ebenfalls nadelförmige α-Phase um. Die Übergangsphase existiert dann nicht mehr und es liegt ein sehr feines Gemenge von nadelförmiger α-Phase und nicht umgewandelter β'-Phase vor, wie man aus den Abb. 6.20 c, 6.20 d und 6.20 e entnimmt. Die weitere Steigerung der Anlasstemperatur hat zwei wesentliche Effekte zur Folge. Einerseits beobachtet man eine Vergröberung und eine Koagulation der Nadeln der α-Phase (Abb. 6.20 f und 6.20 g). Zum anderen findet infolge der Teilbetatisierung und des Wasserabschreckens der angelassenen Proben eine erneute Stabilisierung der β'-Phase statt.

Die erste Stufe des Zerfalls der metastabilen β'-Phase ist mit einem Härtungseffekt der Proben verbunden, wie man aus Abb. 6.22 entnimmt. Nach dem Wasserabschrecken von 880 °C beträgt die Härte der betatisierten Proben 120 HV30. Das Anlassen bei 210 °C führt nach einer gewissen Inkubationsperiode zu einem Anstieg der Härte bis auf 220 HV 30. Höhere Anlasstemperaturen (250 °C und 300 °C) beschleunigen den Prozess und verringern den Härtungseffekt, indem die Inkuba-

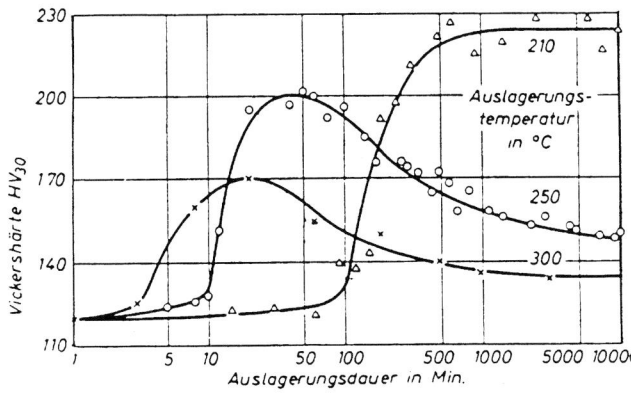

Abb. 6.22 Härte betatisierter und wasserabgeschreckter Proben der Legierung CuZn40 in Abhängigkeit von der Anlasstemperatur und -zeit, nach Hornbogen

tionsperiode verkürzt wird und nach dem Durchlaufen eines geringeren Härtemaximums eine Abnahme der Härte zu verzeichnen ist.

Obgleich man die Eigenschaften der (α + β')-Legierungen durch die dargestellten Wärmebehandlungen (Betatisieren und Wasserabschrecken bzw. Betatisieren, Wasserabschrecken und Anlassen) in bestimmten Grenzen verändern kann, werden sie in der Praxis wenig angewendet. Wesentliche Bedeutung besitzen sie jedoch bei den Legierungen, die man als Formgedächtnismaterialien anwendet.

Aufgrund der niedrigen Verdampfungstemperatur des Zinks (906 °C) kann bei der Wärmebehandlung von Kupfer-Zink-Legierungen eine Verringerung des Zinkgehaltes in der Randzone eintreten. Diese thermische Entzinkung der Randschicht lässt sich bei homogenen α-Legierungen metallografisch nicht nachweisen. Demgegenüber führt dieser Vorgang bei (α + β')-Legierungen zu sichtbaren Gefügeveränderungen, weil sich mit abnehmendem Zinkgehalt der Anteil der α-Mischkristalle in den oberflächennahen Bereichen erhöht. Abbildung 6.23 a zeigt das Kerngefüge einer Probe, die bei 850 °C für 30 Minuten geglüht und anschließend im Ofen abgekühlt wurde. Es besteht aus der dunkel angeätzten β'-Matrix und hellen Körnern der α-Phase. Der Flächenanteil der α-Phase am Gesamtgefüge beträgt etwa 50 %. Abbildung 6.23 b zeigt die Gefügeausbildung in der Randschicht der gleichen Probe. Der Flächenanteil der α-Phase hat sich aufgrund der eingetretenen Zinkverdampfung deutlich erhöht. Unmittelbar an der Oberfläche besteht das Gefüge nur aus α-Mischkristallen. Dadurch ergeben sich in der Randschicht etwas andere Gebrauchseigenschaften im Vergleich zum Kernbereich der Legierung. Zunehmende Volumenanteile der α-Mischkristalle im Gefüge führen zu einer Abnahme der Festigkeit und der Härte in der Randschicht, weil die kubisch flächenzentrierten α-Mischkristalle im Vergleich zur geordneten β-Phase eine geringere Härte und Festigkeit besitzen. Infolge der Reduktion des Zinkgehaltes und der Homogenisierung des Gefüges an der Oberfläche ergibt sich außerdem eine Erhöhung der Korrosionsbeständigkeit. Im fortgeschrittenen Stadium der thermischen Entzinkung können auch Poren im oberflächennahen Gefügebereich der Legierung auftreten. In Abb. 6.23 b sind in der geschlossenen α-Schicht einige Poren zu erkennen.

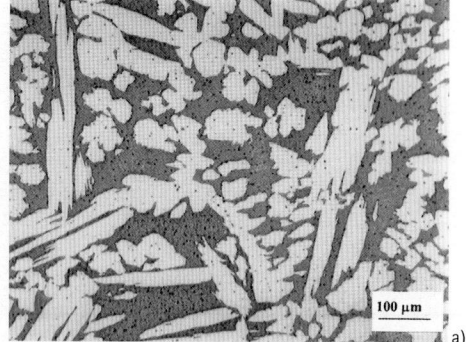
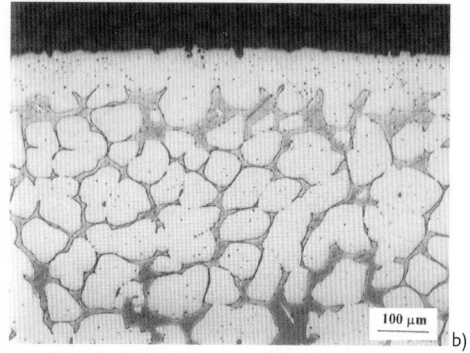

Abb. 6.23 Gefüge der (α + β')-Legierung CuZn40Pb nach dem Glühen bei 850 °C für 30 Minuten und Ofenabkühlung, geätzt mit Cumi5: a) Kerngefüge, helle Körner der α-Phase in der dunklen β'-Grundmasse, b) Randgefüge mit geschlossener Schicht der α-Phase

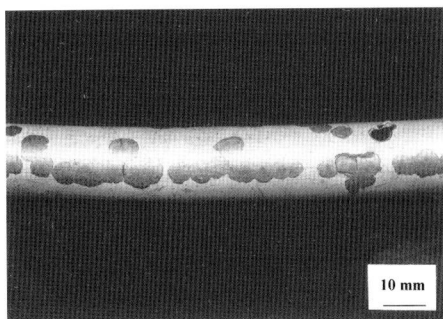

Abb. 6.24 Örtliche Korrosion eines Rohres aus der Legierung CuZn20Al2 durch Entzinkung, dunkle Kupferniederschläge auf der Rohroberfläche, Risse und kraterförmige Ausbrüche

Die Entzinkung von Kupfer-Zink-Legierungen kann auch durch korrosive Beanspruchungen hervorgerufen werden. Bei dieser elektrochemischen Korrosion gehen zunächst Zink und Kupfer gemeinsam in Lösung. Wegen des höheren elektrochemischen Potenzials scheidet sich jedoch das Kupfer in schwammiger Form auf der Oberfläche wieder ab. Abbildung 6.24 zeigt diese Erscheinung auf der Oberfläche eines Rohres aus der Legierung CuZn20Al2. Die dunkleren Kupferniederschläge heben sich deutlich von der helleren Rohroberfläche ab. An einigen Orten führte der lokale Korrosionsangriff zu Durchbrüchen in der Rohrwandung. Die Neigung zur Entzinkung steigt mit zunehmendem Zinkgehalt der Legierungen an. Kupferreiche Legierungen neigen kaum zur Entzinkung. Sobald neben der α- auch die β'-Phase im Gefüge erscheint, erhöht sich die Neigung zur Entzinkung, weil durch die Heterogenisierung des Gefüges zusätzlich ein selektiver Korrosionsmechanismus wirksam wird. Die zinkreichere β'-Phase besitzt im Vergleich zu den zinkärmeren α-Mischkristallen ein geringeres elektrochemisches Potenzial und unterliegt deshalb bevorzugt dem Korrosionsangriff.

Durch das Legieren der binären Legierungen mit Aluminium, Zinn oder Silicium (Sondermessinge) sowie geringe Zusätze von Arsen und Phosphor lässt sich die Neigung der Legierungen zur Entzinkung wirksam vermindern.

Legierungen, die mehr als etwa 20 % Zink enthalten, sind anfällig gegenüber Spannungsrisskorrosion. In Abb. 6.25 ist die Zerstörung eines Drahtnetzes aus der Legierung CuZn37 durch zahlreiche Brüche dargestellt. Das Netz war mit der ammoniakhaltigen Luft einer Kühlanlage in Kontakt. Abbildung 6.26 zeigt die Rissbildung an der Oberfläche eines Kältemittelverdampferrohres aus CuZn30. Die Risse können sowohl inter- als auch transkristal-

Abb. 6.25 Risse und Brüche in einem Drahtnetz aus der Legierung CuZn37 durch Spannungsrisskorrosion

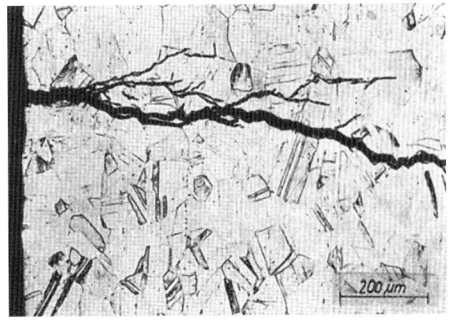

Abb. 6.26 Risse in einem Kältemittelverdampferrohr aus der Legierung CuZn30 durch Spannungsrisskorrosion

lin verlaufen. Die Spannungsrisskorrosion wird durch das gleichzeitige Wirken von mechanischen Zugspannungen und bestimmten Korrosionsmedien ausgelöst. Durch ein Spannungsarmglühen, das man bei Temperaturen zwischen 250 °C und 300 °C durchführt, lässt sich die Neigung der Legierungen zur Spannungsrisskorrosion vermindern. Erweist sich diese Maßnahme als nicht ausreichend, dann ist es erforderlich, entweder durch die Anwendung einer weniger anfälligen Legierung oder einer Beschichtung, die Schädigung zu vermeiden.

In Abb. 6.27 ist der Einfluss des Zinkgehaltes und damit in Verbindung des Gefügeaufbaus auf einige mechanische Kennwerte weichgeglühter Kupfer-Zink-Legierungen gezeigt. Durch die Mischkristallverfestigung des Kupfers erhöhen sich die Härte und die Zugfestigkeit der α-Legierungen mit steigendem Zinkgehalt nur mäßig. Bemerkenswerterweise nimmt auch die Bruchdehnung mit steigendem Zinkgehalt zu und erreicht bei etwa 30 % Zink ein Maximum. Die ausgezeichnete Kaltumformbarkeit der α-Mischkristalle stellt die Grundlage für die Herstellung vielfältiger technischer Halbzeuge und Normteile dar. Durch die Kaltumformung kann man die mechanische Festigkeit der sonst nicht härt- und vergütbaren α-Legierungen erhöhen. Dieser Effekt ist jedoch mit der Verringerung der Duktilität verbunden.

Das Auftreten der härteren β'-Phase im Gefüge führt zu einem beschleunigten Anstieg der Härte und der Zugfestigkeit. In Verbindung damit tritt jedoch eine deutliche Abnahme der Bruchdehnung ein, wie aus Abb. 6.27 hervorgeht. Folglich haben die (α + β')- und die β'-Legierungen im Vergleich zu den α-Legierungen eine verminderte Kaltumformbarkeit. Demgegenüber weisen sie eine gute Warmverformbarkeit auf. Erscheint die spröde γ'-Phase im Gefüge, dann tritt eine Versprödung der Legierung ein. Sowohl die Zugfestigkeit als auch die Bruchdehnung fallen mit zunehmendem Anteil der γ'-Phase im Gefüge deutlich ab.

In den Tabellen 6.1 und 6.2 sind ausgewählte Verarbeitungs- und Gebrauchseigenschaften sowie Anwendungsgebiete einiger Knet- und Gusslegierungen zusammenfassend dargestellt. Die Gefüge von Legierungen, die man als Hartlote anwendet, werden im Abschnitt 6.9.1 behandelt.

6.1.3
Mehrstofflegierungen

Durch das Legieren der binären Kupfer-Zink-Legierungen mit weiteren Elementen, wie Aluminium, Zinn, Nickel, Eisen, Mangan und Silicium, erhält man Mehrstofflegierungen. Die veränderte chemische Zusammensetzung beeinflusst den Gefügeaufbau, indem sich die Phasenzusammensetzung des Gefüges und die Eigenschaften der Phasen selbst verändern. Dadurch besitzen die Mehrstofflegierungen im Vergleich zu den binären Kupfer-Zink- Legie-

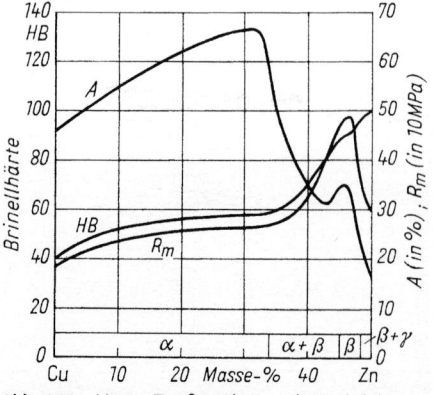

Abb. 6.27 Härte, Zugfestigkeit und Bruchdehnung weichgeglühter Kupfer-Zink-Legierungen in Abhängigkeit vom Zinkgehalt, nach Carpenter und Robertson

Tab. 6.1 Ausgewählte Eigenschaften und Anwendungen von Kupfer-Zink-Knetlegierungen

a. Bleifreie Kupfer-Zink-Legierungen

Legierung	Eigenschaften	Anwendungen
Cu Zn10	sehr gute Kaltumformbarkeit, gute Löt- und Schweißeignung, sehr hohe Korrosionsbeständigkeit, auch gegenüber Entzinkung und Spannungsrisskorrosion	technische Halbzeuge wie Bleche, Bänder, Profile, Rohre, Drähte und Normteile, Installationsteile für die Elektrotechnik, Kleinteile für die Uhren- und Schmuckindustrie, Geflechte und Metallschläuche, Tiefziehteile, Gerätegehäuse, Federn und Beschläge
Cu Zn15		
Cu Zn20		
Cu Zn30		
Cu Zn37	gute Kaltumformbarkeit, gute Löt- und Schweißeignung, hohe Korrosionsbeständigkeit, Hauptlegierung für die Kaltumformung	
Cu Zn40	gute Warmumformbarkeit, gute Löt- und Schweißeignung, hohe Korrosionsbeständigkeit	

b. Bleihaltige Kupfer-Zink-Legierungen

Legierung	Eigenschaften	Anwendungen
Cu Zn36 Pb1,5	gute Warmumformbarkeit, sehr gute Zerspanbarkeit, hohe Korrosionsbeständigkeit	technische Halbzeuge und Normteile, Kleinteile der Uhrenindustrie, Optik und Elektrotechnik, Armaturenteile
Cu Zn36 Pb3		
Cu Zn39 Pb0,5		
Cu Zn39 Pb3		
Cu Zn40 Pb2		

Tab. 6.2 Ausgewählte Eigenschaften und Anwendungen von Kupfer-Zink-Gusslegierungen

Legierung	Eigenschaften	Anwendungen
Cu Zn15-C	hohe Korrosionsbeständigkeit, gute Löt- und Schweißeignung	Formgussteile im Maschinen- und Anlagenbau wie Armaturen- und Gerätegehäuse sowie Pumpenteile, Formgussteile in der Feinmechanik und Optik
Cu Zn33 Pb-C	hohe Korrosionsbeständigkeit, gute Zerspanbarkeit	
Cu Zn37 Pb-C		

rungen verbesserte und teils auch neuartige Gebrauchseigenschaften. Das betrifft einerseits die mechanischen Eigenschaften, wie die Festigkeit, die Härte und die Duktilität. Zum anderen erreicht man eine höhere Beständigkeit gegenüber Korrosion, Kavitation, Erosion und/oder Verschleiß. Bestimmte Legierungen haben neuartige Eigenschaften, indem sie Formgedächtniseigenschaften und Pseudoelastizität zeigen.

Die Mehrstofflegierungen haben meist einen heterogenen Gefügeaufbau. Ihre chemische Zusammensetzung ist so gewählt, dass sie ein ($\alpha + \beta'$)-Gefüge aufweisen. Außerdem liegen im Gefüge weitere Phasen vor, weil die zusätzlichen Legierungselemente intermetallische Verbindungen bilden.

In ähnlicher Weise wie es bei den legierten Stählen ferrit- und austenitstabilisierende Legierungselemente gibt, unterscheidet man auch bei den Mehrstofflegierungen zwischen zusätzlichen Legierungselementen, die die α-Phase stabilisieren und solchen, welche die β'-Phase stabilisieren. Die Wirkung der zusätzlichen Legierungselemente auf die Phasenzusammensetzung des Gefüges (Mengenverhältnis α-Phase/β'-Phase) lässt sich mithilfe der Gleichwertigkeitskoeffizienten nach Guillet bewerten. In Tab. 6.3 sind diese Koeffizienten für gebräuchliche Legierungselemente zusammengefasst.

Mit der nachfolgenden Beziehung kann man den scheinbaren Kupfergehalt X der Legierung abschätzen:

$$X = 100 \cdot A \cdot [100 + a \cdot (GK - 1)]^{-1}$$
[Masse-% Cu]

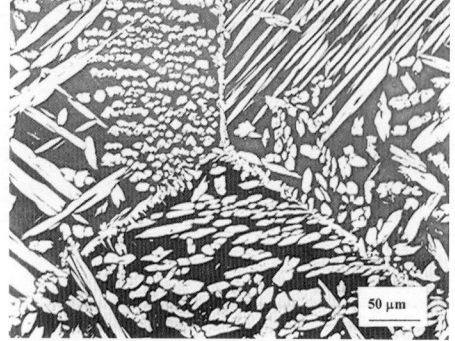

Abb. 6.28 Gefüge der Legierung CuZn26Al4 nach dem langsamen Abkühlen von 800 °C, geätzt mit CumiI, dunkel angeätzte β'-Phase und hell angeätzte α-Phase an den Korngrenzen und im Inneren der früheren β-Körner

Hierbei bedeuten:

A   der analytisch ermittelte Kupfergehalt der Legierung in Masse-%,

a   der Gehalt des zulegierten Elements in Masse-%.

Das Gefüge der Mehrstofflegierung CuZn26Al4 sollte entsprechend dem analytisch ermittelten Kupfergehalt (rund 70 % Cu) nur aus α-Mischkristallen bestehen. Wie man aus Abb. 6.28 entnimmt, ist das jedoch nicht der Fall. Berücksichtigt man den Einfluss des Aluminiums nach der oben genannten Beziehung, dann ergibt sich ein scheinbarer Kupfergehalt von 58,3 % und folglich liegt ein heterogenes ($\alpha + \beta'$)-Gefüge vor.

$$X = (100 \cdot 63) \cdot [100 + 4 (6 - 1)]^{-1} = 58,3$$
Masse-% Cu

Blei mit dem Gleichwertigkeitskoeffizienten GK = 1 wird hier nicht als Legierungs-

Tab. 6.3 Gleichwertigkeitskoeffizienten GK nach Guillet

Legierungselement	Al	Sn	Ni	Mn	Fe	Si	Pb
GK	6	2	–1,3	0,5	0,9	10	1

element betrachtet, weil es im Kupfer unlöslich ist und somit keine Verschiebung des analytisch festgestellten Kupfergehaltes bewirkt.

Nickel mit dem Gleichwertigkeitskoeffizienten GK = -1,3 stabilisiert die α-Phase im Gefüge, sofern es in Mischkristallform gelöst vorliegt. Falls in der Legierung auch Aluminium enthalten ist, dann bildet Nickel mit diesem Element die intermetallische Verbindung NiAl (Strukturtyp B2), die man als κ-Phase bezeichnet. Mehrstofflegierungen enthalten bis zu 3 % Nickel, das vor allem die Bruchdehnung, die Kerbschlagarbeit, die Warmfestigkeit und die Korrosionsbeständigkeit erhöht. Eine bewährte Legierung ist CuZn35Ni2, die entsprechend der Norm auch 2 % Mangan und 1 % Aluminium enthält. Sie zeichnet sich durch eine erhöhte Festigkeit in Verbindung mit einer guten Korrosionsbeständigkeit aus. Abbildung 6.29 zeigt das (α + β')-Gefüge dieser Legierung. Sowohl in den hell angeätzten α-Körnern als auch in der dunkleren β'-Phase sind feinverteilte Ausscheidungen der κ-Phase sichtbar, die häufig eine kleeblattartige Form besitzen.

Mangan hat ähnliche Wirkungen auf die Gebrauchseigenschaften der Mehrstofflegierungen wie Nickel, die bis zu 5 % Mangan enthalten können. Mangan ist in Mischkristallform gelöst und stabilisiert im Unterschied zum Nickel die β'-Phase. Häufig wird Mangan in Verbindung mit anderen Elementen wie Aluminium, Eisen oder auch Silicium zulegiert. Solche Legierungen zeichnen sich durch eine hohe Festigkeit und einen erhöhten Verschleißwiderstand aus. Gebräuchliche manganhaltige Legierungen sind CuZn40Mn2 und CuZn23Al6Mn4Fe3.

Eisen wird den Mehrstofflegierungen wegen seiner kornfeinernden Wirkung zulegiert, die man auf die Bildung feiner Primärausscheidungen aus der Schmelze zurückführt. Die Kornfeinung des Gefüges bewirkt eine Erhöhung der Festigkeit und der Duktilität. Die Legierungen können bis zu 3,5 % Eisen enthalten. Im festen Zustand ist die Löslichkeit der α- und der β-Phase für Eisen gering und außerdem temperaturabhängig. Das Eisen liegt deshalb in Form intermetallischer Verbindungen im Gefüge vor. Abbildung 6.30 zeigt das Gefüge einer (α + β')-Legierung, welches Ausscheidungen der Verbindung $FeZn_7$ enthält. Durch das Ätzen mit Eisenchlorid färben sich die $FeZn_7$-Partikel tief-

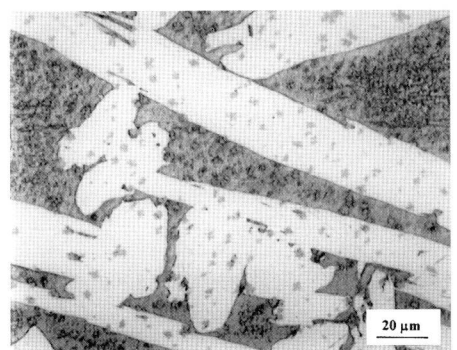

Abb. 6.29 Gefüge der Legierung CuZn35Ni2, geätzt mit Cumi1, hell: α-Mischkristalle, dunkel: β'-Phase, graue Ausscheidungen: κ-Phase

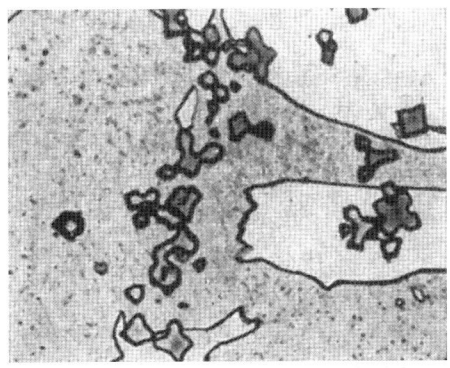

Abb. 6.30 Gussgefüge einer Mehrstofflegierung mit 34 % Zn; 2,1 % Fe; 2 % Mn; 0,5 % Ni; 0,7 % Al und 0,6 % Sn; $FeZn_7$-Ausscheidungen in den α- und β'-Körnern

schwarz. Aufgrund der temperaturabhängigen Löslichkeit des Eisens sind eisenhaltige Legierungen aushärtbar.

Bei aluminium- und eisenhaltigen Legierungen bilden die Elemente Aluminium und Eisen intermetallische Verbindungen (FeAl, Fe$_3$Al), die man ebenfalls als κ-Phasen bezeichnet. Sie liegen als Ausscheidungen im Gefüge vor und haben eine kubische Kristallstruktur (Strukturtyp B2).

Zinn ist in den Mehrstofflegierungen bis zu Konzentrationen von etwa 1 % enthalten. Es ist in Mischkristallform gelöst und stabilisiert die β'-Phase. Zinn fördert durch die Bildung chemisch stabiler Deckschichten die Korrosionsbeständigkeit. Bekannte Legierungen sind CuZn38Sn1 (Naval Brass) und CuZn28Sn1 (Admirality Metal).

Mehrstofflegierungen werden auch mit Silicium legiert. Die Löslichkeit des α-Mischkristalls für Silicium nimmt mit steigendem Zinkgehalt ab. Reines Kupfer kann bis zu 4 % Si in Mischkristallform lösen. Bei einem Zinkgehalt von 32 % beträgt die Löslichkeit des α-Mischkristalls nur noch 0,5 % Si. Das gelöste Silicium stabilisiert die β'-Phase. Es verringert die Neigung der Legierungen zur Spannungsrisskorrosion und vermindert außerdem die Neigung zur thermischen Entzinkung infolge der Bildung thermisch stabiler Deckschichten. Übersteigt der Siliciumgehalt die Löslichkeitsgrenze, dann treten im Gefüge harte Silicide auf, die den Verschleißwiderstand der Legierung deutlich erhöhen. Die Legierung CuZn16Si4-C (Siliciumtombak) zeichnet sich durch ein ausgezeichnetes Formfüllungsvermögen beim Gießen und durch eine hohe Korrosionsbeständigkeit im Süß- und Seewasser aus. In Abb. 6.31 sieht man das heterogene Gefüge der Gusslegierung CuZn16Si4-C. Es baut sich aus der hell angeätzten Grundmasse der β'-Phase und der α-Phase auf, die an den Korngrenzen und im Inneren der früheren

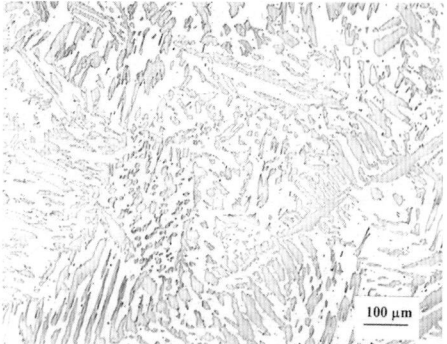

Abb. 6.31 Heterogenes Gussgefüge der Legierung CuZn16Si4-C, geätzt mit Cumi5, hell: β'-Grundmasse, grau: α-Phase an den Korngrenzen und im Inneren der früheren β-Körner

β-Körner erscheint. Wegen des hohen, analytisch bestimmten Kupfergehaltes der Legierung (rund 80 %) sollte das Gefüge nur aus α-Mischkristallen besteht. Wegen der β-stabilisierenden Wirkung des Siliciums (Tab. 3: GK = 10) ist das jedoch nicht der Fall. Bestimmt man den scheinbaren Kupfergehalt X der Legierung nach der oben mitgeteilten Formel, dann ergibt sich X = 58,8 % Cu. Dieser niedrige Wert erklärt das beobachtete, heterogene (α + β')-Gefüge der Legierung CuZn16Si4-C.

Aluminium stabilisiert ebenfalls die β'-Phase, sofern es in Mischkristallform gelöst ist. Aufgrund der Mischkristallverfestigung und der Bildung von intermetallischen Verbindungen mit dem Nickel und Eisen bewirkt es eine Zunahme der Festigkeit und Härte sowie eine Verbesserung der Gleiteigenschaften im Kontakt mit Stahl. Deshalb wendet man aluminiumhaltige Mehrstofflegierungen (Beispiele: CuZn40Al1, CuZn40Al2) zur Herstellung von Gleitlagern, Gleitelementen, Ventilführungen und Schneckenradkränzen an. Durch das Legieren mit Aluminium erreicht man auch eine Zunahme der Beständigkeit gegenüber Korrosion, Erosionskorrosion

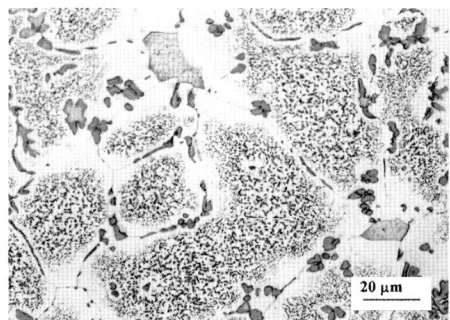

Abb. 6.32 Gefüge der Gusslegierung CuZn35Al1-FeNi-C, geätzt mit Cumi1, hell angeätzte α-Körner mit feinen NiAl-Ausscheidungen, gröbere FeAl-Ausscheidungen und Rest-β'-Phase in den α-Kornzwickeln

und Kavitationserosion. Die Gusslegierungen CuZn35Al1-C und CuZn35Al1Ni5-C eignen sich deshalb zur Herstellung von Schiffspropellern, die sowohl hohen mechanischen Belastungen als auch Oberflächenbeanspruchungen durch Korrosion, Erosion und Kavitation unterliegen. Abbildung 6.32 zeigt das heterogene Gefüge der Gusslegierung CuZn35Al1FeNi-C. Es besteht überwiegend aus α-Mischkristallen, die im Inneren feine NiAl-Ausscheidungen aufweisen. Daneben liegen gröbere Ausscheidungen der intermetallischen Verbindung FeAl an den Korngrenzen und im Inneren der α-Körner vor. In den Zwickeln der α-Mischkristalle tritt als weiterer Gefügebestandteil die Rest-β'-Phase auf.

Neben den klassischen Nickel-Titan-Legierungen (NITINOL) und nickelhaltigen Kupfer-Aluminium-Legierungen beobachtet man auch bei aluminiumlegierten Kupfer-Zink-Legierungen besondere mechanische Eigenschaften wie das Formgedächtnisverhalten und die Pseudoelastizität. Solche Eigenschaften hat die Legierung CuZn26Al4, deren Gefüge nach dem Betatisieren bei 850 °C für 10 Minuten und Wasserabschrecken in Abb. 6.33 a und 6.33 b gezeigt ist. Durch das Abschrecken

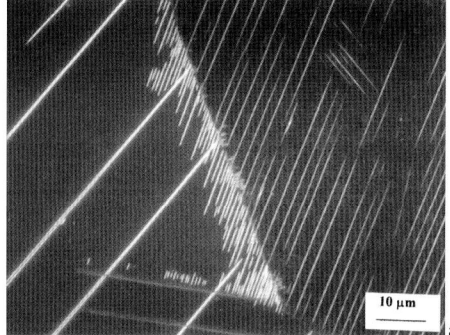

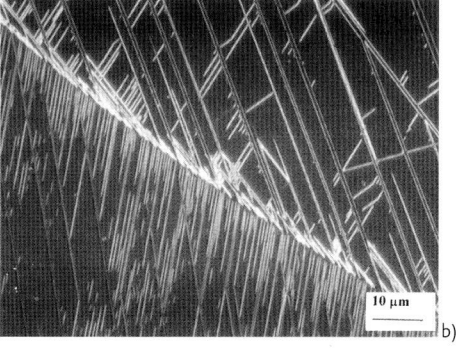

Abb. 6.33 Gefüge der Formgedächtnislegierung CuZn26Al4, geätzt mit Cumi5: a) und b) Gefüge nach dem Betatisieren und Wasserabschrecken, beginnende β''-Martensitbildung an den β'-Korngrenzen, c) Gefüge nach dem Betatisieren und Wasserabschrecken und Biegen, nadelförmiger β''-Martensit

aus dem β-Gebiet wird die β → α-Umwandlung unterdrückt und die ungeordnete, kubisch raumzentrierte Hochtemperaturphase β-(Strukturtyp A2) in die geordnete, kubische β'-Phase (Strukturtyp B2) umgewandelt. Dieser Ordnungsumwandlung schließt sich die Martensitbildung an. Sobald die M_s-Temperatur erreicht bzw. unterschritten wird, beginnt die Umwandlung der β'-Phase in den β''-Martensit (Strukturtyp 18R). Das Umwandlungsverhalten der Probe beim Wasserabschrecken aus dem β-Gebiet lässt sich durch die nachfolgenden Reaktionen darstellen.

$$\beta \to \beta' \to \beta' + \beta''$$

Die M_s-Temperatur der Legierung liegt folglich etwas höher als 20 °C. Durch das Biegen der blechförmigen Probe wird die verformungsinduzierte Martensitbildung ($M_d > 20\,°C$) eingeleitet und es findet die weitere Umwandlung der Rest-β'-Phase in den β''-Martensit statt (Abb. 6.33 c). Auf die Zusammenhänge zwischen den martensitischen Umwandlungen und den Formgedächtniseffekten sowie der Pseudoelastizität wird im Abschnitt 6.2.2, Nickellegierungen, näher eingegangen.

Bei den Mehrstofflegierungen können ebenfalls korrosive Schädigungen durch Entzinkung und durch Spannungsrisskorrosion auftreten, obwohl sie im Vergleich zu den binären Legierungen eine geringere Empfindlichkeit gegenüber diesen Erscheinungsformen der Korrosion aufweisen. So besitzen die Legierungen CuZn20Al2 und CuZn28Sn1 auch unter der Wirkung von Seewasser eine ausgezeichnete Beständigkeit gegenüber der Entzinkung und im spannungsarmgeglühten Zustand auch gegenüber der Spannungsrisskorrosion.

Unter extremen Beanspruchungsbedingungen können jedoch Korrosionsschäden auftreten. Abbildung 6.34a zeigt ein aufgerissenes Kühlerrohr aus CuZn35Ni2. Die Zerstörung erfolgte durch Spannungsrisskorrosion. Die Risse verlaufen unter einem Winkel von etwa 45° zur Rohrachse.

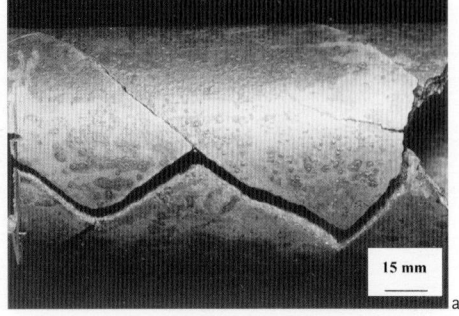

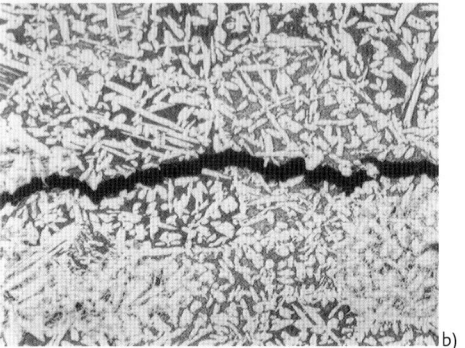

Abb. 6.34 Risse in einem Kühlerrohr aus der Knetlegierung CuZn35Ni2 durch Spannungsrisskorrosion: a) Rissverlauf an der Oberfläche, b) Rissverlauf senkrecht zur Oberfläche, geätzt mit Cumi1

In diesen Richtungen wirken die maximalen Schubspannungskomponenten. Wie man aus Abb. 6.34 b entnimmt, liegt vorzugsweise ein transkristalliner Rissverlauf vor.

6.1.4
Kupfer-Zinn-Legierungen

Die binären Kupfer-Zinn-Legierungen gehören zusammen mit den Kupfer-Aluminium-Legierungen und den Kupfer-Nickel-Legierungen zu den korrosionsbeständigsten Kupferbasislegierungen. Zahlreiche Legierungen zeichnen sich auch durch hervorragende tribologische Eigenschaften im Kontakt mit Stählen aus. Sie werden als Knet- und als Gusslegierungen hergestellt, wobei der Zinngehalt der Knetlegierungen auf rund 8 % begrenzt ist. Demgegenüber enthalten die Gusslegierungen meist mehr als 10 % Zinn. Neben den binären Legierungen werden auch Mehrstofflegierungen genutzt, die zusätzliche Legierungselemente wie Phosphor, Zink, Blei und/oder Nickel enthalten. Kupfer-Zinn-Zink-Blei-Gusslegierungen werden auch als Rotguss bezeichnet.

Durch die Zugabe von Phosphor erreicht man die Desoxidation der Kupfer-Zinn-Legierungen und vermeidet die Bildung von Zinnoxid SnO_2, das die Gebrauchseigenschaften ungünstig beeinflusst. Darüber hinaus wendet man Phosphor auch als Legierungselement an, um einerseits die Schmelzführung und die Gießbarkeit und zum anderen das Reibungs- und Verschleißverhalten der Legierungen zu verbessern. Die Legierung CuSn8P, die maximal 0,4 % Phosphor enthält, hat sich als Gleitlagerwerkstoff bestens bewährt.

Abbildung 6.35 zeigt die kupferreiche Seite des Zustandsschaubildes Kupfer-Zinn. Infolge des breiten Erstarrungsintervalls, in dem die Kristallisation der α-Phase aus der Schmelze erfolgt, und der geringen Diffusionsgeschwindigkeit des Zinns kommen in den Primärgefügen der Gusslegierungen häufig ausgeprägte Kristallseigerungen vor. Abbildung 6.36a zeigt das dendritische Primärgefüge einer binären Legierung mit 10 % Zinn. Die primär kristallisierten Dendritenstämme und -äste besitzen einen deutlich höheren Kupfergehalt im Vergleich zu den interdendritischen Gefügebereichen, wie sich durch das Ziehen einer Konode im Erstarrungsintervall (S + α) des Zustandsdiagrammes leicht erkennen lässt. Durch ein Langzeitglühen bei Temperaturen oberhalb von etwa 550 °C lassen sich die Kristallseigerungen zumindest teilweise beseitigen. In Abb. 6.36 b ist das Gefüge der Legierung nach dem

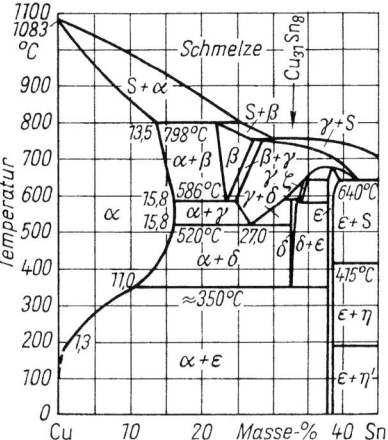

Abb. 6.35 Kupferreiche Seite des Zustandsschaubildes Kupfer-Zinn

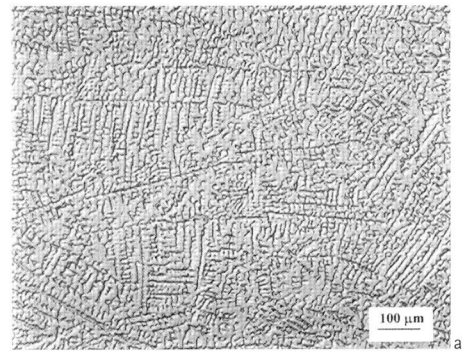

Abb. 6.36 Gefüge einer Gusslegierung mit 10 % Zinn: a) dendritisches Gussgefüge, ungeätzt, b) α-Mischkristalle mit Glühzwillingen nach dem Homogenisierungsglühen bei 700 °C für vier Stunden und Luftabkühlung, geätzt mit Cumi4

Homogenisierungsglühen bei 700 °C wiedergegeben. Es besteht aus α-Mischkristallen, die Glühzwillinge enthalten.

Kupfer-Zinn-Legierungen neigen zur Ausbildung einer umgekehrten Blockseigerung, die in Form einer Anreicherung des Zinns und auch des Phosphors in den Randbereichen eines abgegossenen Blocks auftritt. Diese Seigerung lässt sich durch eine Wärmebehandlung nicht beseitigen.

Das Kupfer kann nach Abb. 6.35 maximal 15,8 % Zinn in Mischkristallform lösen. Unterhalb von etwa 520 °C wäre aufgrund der mit sinkender Temperatur abnehmenden Löslichkeit des α-Mischkristalls für Zinn ein Ausscheidungsvorgang zu erwarten. Infolge der geringen Diffusionsgeschwindigkeit des Zinns im Kupfer findet diese Ausscheidung selbst bei sehr langsamer Abkühlung nicht statt und folglich bleibt das Zinn im α-Mischkristall gelöst. Es ist jedoch möglich, durch Langzeitanlassen stark kaltverformter Proben die Ausscheidung der hexagonalen ε-Phase aus dem α-Mischkristall zu erzeugen.

Die Hochtemperaturphase β hat, ähnlich wie die β-Phase der Kupfer-Zink-Legierungen, eine kubisch raumzentrierte Kristallstruktur (Strukturtyp A2). Sie wandelt beim langsamen Abkühlen in ein eutektoides Gemenge um, welches aus der α-Phase (Strukturtyp A1) und der γ-Phase besteht. Die γ-Phase hat eine geordnete, kubische Struktur (Strukturtyp DO_3). Der eutektoide Zerfall der γ-Phase in das Gemenge aus α-Phase und δ-Phase erfolgt bei 520 °C.

$$\gamma \to \alpha + \delta$$

Die δ-Phase ($Cu_{31}Sn_8$) hat eine komplizierte Kristallstruktur (Strukturtyp $D8_2$), die ähnlich der Kristallstruktur der γ'-Phase bei den Kupfer-Zink-Legierungen ist. Die δ-Phase weist eine hohe Härte und Sprödigkeit auf. Sie ist in den zinnreicheren Gusslegierungen der eigentlich härtende Gefügebestandteil. Entsprechend dem Zustandsschaubild sollte die δ-Phase bei 350 °C eutektoid in die Phasen α und ε (Cu_3Sn, Strukturtyp A3) umwandeln.

$$\delta \to \alpha + \varepsilon$$

Wegen der geringen Diffusionsgeschwindigkeit des Zinns im Kupfer findet der eutektoide Zerfall der δ-Phase auch bei geringen Abkühlgeschwindigkeiten nicht statt. Deshalb treten die δ-Phase bzw. das (α + δ)-Eutektoid auch bei 20 °C in den Gefügen der Legierungen auf.

Aufgrund der erstarrungsbedingten Kristallseigerungen und der Nichteinstellung des thermodynamischen Gleichgewichtes infolge der geringen Diffusionsgeschwindigkeit des Zinns im festen Zustand eignet sich das in Abb. 6.35 dargestellte Zustandsdiagramm nur eingeschränkt zur Beschreibung der Phasenübergänge und des Gefügeaufbaus der Kupfer-Zinn-Legierungen. Deshalb hat man Umwandlungsdiagramme aufgestellt, welche die Phasenübergänge und damit im Zusammenhang die Gefügeausbildung unter technisch üblichen Gieß- und Wärmebehandlungsbedingungen besser erfassen und beschreiben. Abbildung 6.37 a zeigt ein solches Realdiagramm für gegossene Legierungen. Das (α + δ)-Eutektoid kann bereits bei Zinngehalten von etwa 6 % in den Gussgefügen vorliegen, wobei vor allem die Abkühlgeschwindigkeit beim Gießen die Gefügeausbildung beeinflusst. Durch ein Homogenisierungsglühen unter Einhaltung praktisch üblicher Glühzeiten verändert sich das Realdiagramm, wie der Vergleich von Abb. 6.37 a und Abb. 6.37 b aufzeigt. Der Existenzbereich des homogenen α-Mischkristalls wird durch das Homogenisierungsglühen erweitert. Das (α + δ)-Eutek-

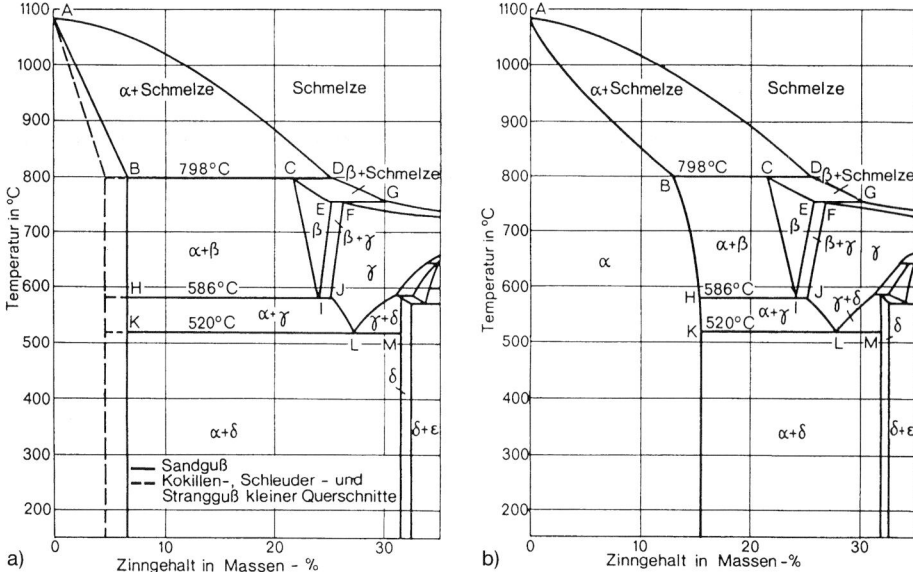

Abb. 6.37 Reale Umwandlungsdiagramme für Kupfer-Zinn-Legierungen: a) für gegossene Legierungen, b) für wärmebehandelte Legierungen, entnommen aus den Sonderdrucken DKI 1531 und 1536 des Deutschen Kupferinstitutes

toid erscheint erst bei höheren Zinngehalten im Gefüge.

Das Gefüge einer homogenisierten, untereutektoiden Legierung CuSn20 zeigt Abb. 6.38. Neben den hell erscheinenden Körnern der α-Phase liegt das (α + δ)-Eutektoid im Gefüge vor. In Abb. 6.39 ist das Gefüge einer ebenfalls homogenisierten, eutektoiden Legierung mit 27 % Zinn wiedergegeben. Im Gefüge tritt nur das (α + δ)-Eutektoid auf. Abbildung 6.40 zeigt das Gefüge der homogenisierten, übereutektoiden Legierung CuSn30, das aus den hell angeätzten Körnern der δ-Phase und dem (α + δ)-Eutektoid besteht.

In Abb. 6.41 ist die Abhängigkeit einiger mechanischer Kennwerte binärer Legierungen vom Zinngehalt dargestellt. Im Bereich

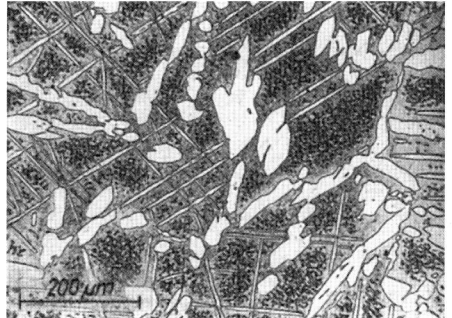

Abb. 6.38 Gefüge einer homogenisierten, untereutektoiden Legierung mit 20 % Zinn, hell angeätzte α-Mischkristalle und (α + δ)-Eutektoid

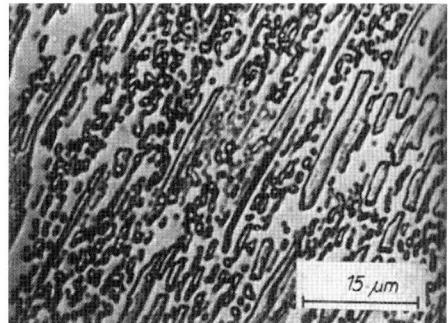

Abb. 6.39 Gefüge einer homogenisierten, eutektoiden Legierung mit 27 % Zinn, (α + δ)-Eutektoid

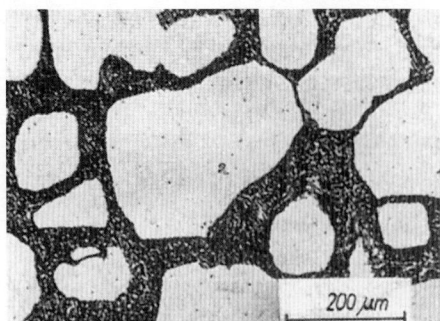

Abb. 6.40 Gefüge einer homogenisierten, übereutektoiden Legierung mit 30 % Zinn, hell angeätzte δ-Körner und (α + δ)-Eutektoid

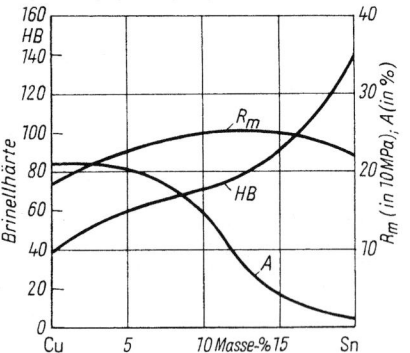

Abb. 6.41 Härte, Zugfestigkeit und Bruchdehnung von geglühten Kupfer-Zinn-Legierungen in Abhängigkeit vom Zinngehalt, nach Carpenter und Robertson

derungen der mechanischen Eigenschaften mit zunehmendem Zinngehalt sind auf den steigenden Anteil der harten und versprödend wirkenden δ-Phase bzw. des (α + δ)-Eutektoids im Gefüge zurückzuführen. Mit zunehmenden Volumenanteilen der δ-Phase im Gefüge wird die Kaltumformbarkeit der Legierungen stark eingeschränkt. Deshalb begrenzt man den Zinngehalt der Knetlegierungen auf etwa 8 %.

Die praktischen Anwendungen von Halbzeugen aus Knetlegierungen ergeben sich aus der günstigen Kombination von mechanischen Eigenschaften und hoher Korrosionsbeständigkeit sowie andererseits der günstigen Kombination von mechanischen Eigenschaften und dem guten Reibungs- und Verschleißverhalten im Kontakt mit Stählen. Gebräuchliche Legierungen sind CuSn2, CuSn4, CuSn6, CuSn8 und CuSn8P. Durch eine Kaltverformung lässt sich die mechanische Festigkeit erhöhen, wobei sich durch die eingebrachte Kaltverfestigung die Duktilität der Legierung vermindert. Typische Bauteilanwendungen von Knetlegierungen sind in Tab. 6.4 zusammengestellt.

der Knetlegierungen (Sn < 8 %), die ein einphasiges Gefüge aus α-Mischkristallen aufweisen, steigen die Zugfestigkeit und die Härte aufgrund der Mischkristallhärtung durch das Zinn an. Die Bruchdehnung verringert sich in diesem Konzentrationsgebiet nur relativ wenig. Höhere Zinngehalte, wie sie für Gusslegierungen kennzeichnend sind, führen zu einem deutlichen Anstieg der Härte. Dieser Härteanstieg ist mit einem beschleunigten Abfall der Bruchdehnung verbunden. Die Zugfestigkeit verringert sich nach dem Durchlaufen eines flachen Maximums. Diese Verän-

Tab. 6.4 Anwendungen von ausgewählten Kupfer-Zinn-Knetlegierungen

Legierung	Anwendungen
Cu Sn2	technische Halbzeuge wie Bleche, Bänder, Profile, Rohre und Drähte, Normteile wie Schrauben und Muttern, Federn, Drahtgewebe, Metallschläuche, stromführende Federn, Steckverbinder und -sockel in der Elektrotechnik
Cu Sn4	
Cu Sn6	
Cu Sn8	Normteile, Federn, Gleitlager, Zahn- und Schneckenräder
Cu Sn8 P	

Tab. 6.5 Anwendungen ausgewählter Kupfer-Zinn-Gusslegierungen und Kupfer-Zinn-Zink-Blei-Gusslegierungen

Legierung	Anwendungen
Cu Sn10-C	Armaturen- und Pumpengehäuse, Pumpenlaufräder
Cu Sn12-C	Schnecken- und Schraubenräder, Schneckenradkränze, Gleitleisten
Cu Sn12 Ni2-C	Armaturen- und Pumpengehäuse, Pumpenlaufräder
Cu Sn11 Pb2-C	Gleitlager und Gleitleisten
Cu Sn10 Pb10-C	Gleitlager, Lagerbuchsen
Cu Sn7 Zn4 Pb7-C	Gleitlager, Lagerbuchsen
Cu Sn5 Zn5 Pb5-C	Armaturen- und Pumpengehäuse

Die Gusslegierungen wendet man zur Herstellung solcher Formgussteile an, die neben hohen mechanischen Belastungen auch Grenzflächenbeanspruchungen durch Korrosion, Kavitation, Erosion und/oder Verschleiß unterworfen sind. Zur Optimierung der Eigenschaften werden sie teilweise mit weiteren Elementen wie Blei und Nickel legiert. Spezielle Gusslegierungen werden zur Herstellung von Glocken (CuSn20-C) verwendet. Einige Bauteilanwendungen sind in Tab. 6.5 zusammengestellt.

Auf die Gefüge und Eigenschaften von Kupfer-Zinn-Legierungen und Mehrstofflegierungen für Gleitlageranwendungen wird im Abschnitt 6.9.2 näher eingegangen.

6.1.5
Kupfer-Aluminium-Legierungen und Mehrstofflegierungen

Ähnlich wie die Kupfer-Zinn-Legierungen zeichnet sich diese Legierungsgruppe durch eine günstige Kombination von mechanischen Eigenschaften und hoher Beständigkeit gegenüber Grenzflächenbeanspruchungen durch Korrosion, Erosion, Kavitation und/oder Verschleiß aus. Die binären Kupfer-Aluminium-Legierungen enthalten bis zu 8 % Al. Sie werden meist als Knetlegierungen hergestellt. Die Mehrstofflegierungen, die man als Knet- und als Gusslegierungen herstellt, haben Aluminiumgehalte von etwa 9–14 %. Zur Optimierung der Gebrauchseigenschaften sind in diesen Mehrstofflegierungen zusätzliche Legierungselemente wie Nickel, Eisen und Mangan vorhanden.

6.1.5.1 Gefüge binärer Kupfer-Aluminium-Legierungen

In Abb. 6.42 ist die kupferreiche Seite des Zustandsschaubild Kupfer-Aluminium dargestellt. Die Gefüge von Legierungen mit weniger als 7,5 % Al bestehen nur aus kubisch flächenzentrierten α-Mischkristallen (Strukturtyp A1), die direkt aus der Schmelze kristallisieren.

$$S \rightarrow \alpha$$

Abb. 6.43 a zeigt das Gussgefüge der binären Legierung CuAl7-C. In den Körnern sieht man eine dendritische Struktur. Die primär kristallisierten Dendritenstämme und -äste haben entsprechend dem Zustandsschaubild höhere Kupfergehalte im Vergleich zu den interdendritischen Gefügebereichen. Durch ein Homogenisierungsglühen lässt sich ein Konzentrationsausgleich in den α-Körnern erreichen und die Dendriten verschwinden (Abb. 6.43 b). Die Legierungen mit homogenem α-Gefüge sind durch eine Wärmebehandlung nicht härt- und vergütbar, weil im festen Zustand keine Phasenumwandlungen auftreten. Ihre Festigkeit und Härte lässt sich jedoch durch eine Kaltverformung steigern. Die eingebrachte Kaltverfestigung bewirkt aber eine Verringerung der Duktilität.

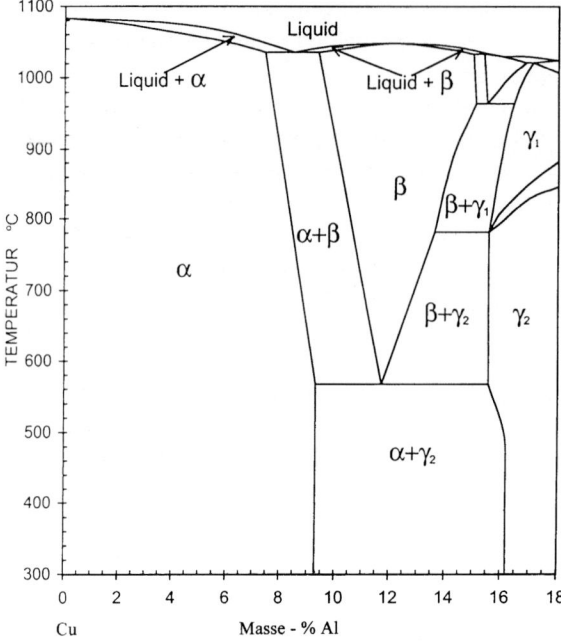

Abb. 6.42 Kupferreiche Seite des Zustandsschaubildes Kupfer-Aluminium, nach Macken und Smith

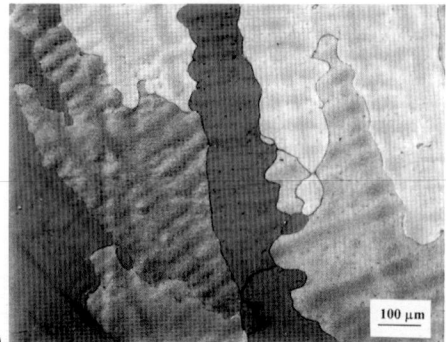
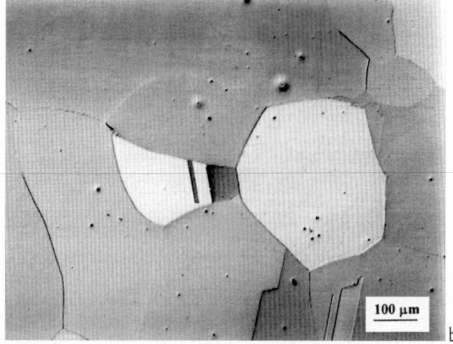

Abb. 6.43 Gussgefüge der binären Legierung CuAl7-C, geätzt mit Cumi5: a) dendritisches Gussgefüge, b) α-Mischkristalle mit Glühzwillingen nach dem Glühen bei 950 °C für 20 Minuten und Ofenabkühlung

Im Konzentrationsgebiet von 7,5–9,5 % Al liegt ein eutektisches Teilsystem vor, wie man aus Abb. 6.42 entnimmt. Bei untereutektischen Legierungen erfolgt die voreutektische Kristallisation von α-Mischkristallen und bei übereutektischen Legierungen eine voreutektische Kristallisation der kubisch raumzentrierten β-Phase (Strukturtyp A2). Die Restschmelze erstarrt eutektisch. Die Erstarrung lässt sich durch die nachstehenden Reaktionen beschreiben.

$$S \rightarrow \alpha + S \rightarrow \alpha + (\alpha + \beta)$$
für untereutektische Legierungen

$$S \rightarrow \beta + S \rightarrow \beta + (\alpha + \beta)$$
für übereutektische Legierungen

Entsprechend dem Zustandsschaubild sollten untereutektische Legierungen mit weniger als 8,5 % Al nach dem langsamen Abkühlen auf 20 °C ebenfalls ein homogenes α-Gefüge haben. Unmittelbar nach der Erstarrung besteht das Gefüge dieser Legierungen aus α- und β-Phase. Beim langsamen Abkühlen wandelt die β-Phase in die α-Phase um und bei Erreichen der Phasengrenzlinie zwischen dem α- und dem (α + β)-Gebiet besteht das Gefüge nur noch aus α-Mischkristallen (Abb. 6.42). Aufgrund der geringen Diffusionsgeschwindigkeit der Kupfer- und Aluminiumatome bei niedrigen Temperaturen findet die vollständige Umwandlung β → α jedoch nur bei Legierungen mit weniger als etwa 8 % Al statt. Dementsprechend haben binäre Legierungen mit 8 % < Al < 9,4 % nach dem Abkühlen auf 20 °C meist ein heterogenes Gefüge.

Im Konzentrationsgebiet von 9,4 % bis etwa 15 % Al kristallisiert die β-Phase direkt aus der Schmelze (Abb. 6.42). Bei 565 °C findet, ausreichend langsame Abkühlung vorausgesetzt, der eutektoide Zerfall der Hochtemperaturphase β statt.

$$\beta \rightarrow (\alpha + \gamma_2)$$

In übereutektoiden Legierungen erfolgt vor der eutektoiden Umwandlung die Ausscheidung der γ_1-Phase aus der β-Phase. Die γ_1-Phase, die eine monokline Kristallstruktur aufweist, wandelt bei 780 °C in die γ_2-Phase (Cu_9Al_4, Strukturtyp $D8_3$) um.

$$S \rightarrow \beta \rightarrow \gamma_1 + \beta \rightarrow \gamma_2 + \beta \rightarrow \gamma_2 + (\alpha + \gamma_2)$$

Die γ_2-Phase hat eine hohe Härte und Sprödigkeit. Deshalb ergibt sich mit steigendem Volumenanteil dieser Phase im Gefüge eine Versprödung der Legierungen. Die Mikrohärte der γ_2-Phase im Gefüge der Legierung mit 14 % Al beträgt 620 HM20. Außerdem besitzt die γ_2-Phase im Vergleich zur α- und zur β-Phase ein geringeres elektrochemisches Potenzial. Durch diese gefügebedingten Potenzialdifferenzen können spezielle Korrosionsformen wie selektive Korrosion und Entaluminierung ausgelöst werden. Man nimmt an, dass bei der Entaluminierung ein ähnlicher Korrosionsmechanismus wirkt wie bei der Entzinkung der Kupfer-Zink-Legierungen.

Abbildung 6.44 zeigt das Gefüge einer Gusslegierung mit 14 % Al, die etwas Eisen enthält. Man sieht die dunkler angeätzte γ_2-Phase, die in Form von Korngrenzensäumen und rosettenförmigen Ausscheidungen im Inneren der früheren β-Körner auftritt. Außerdem erscheinen im Gefüge feine κ-Ausscheidungen, weil die Legierung etwas Eisen enthält. Der eutektoide Zerfall der Rest-β-Phase war auch durch eine Ofenabkühlung der Probe aus dem β-Gebiet nicht zu erreichen.

Bei untereutektoiden Legierungen erfolgt nach der voreutektoiden α-Ausscheidung die Umwandlung der Rest-β-Phase in das (α + γ_2)-Eutektoid.

$$S \rightarrow \beta \rightarrow \alpha + \beta \rightarrow \alpha + (\alpha + \gamma_2)$$

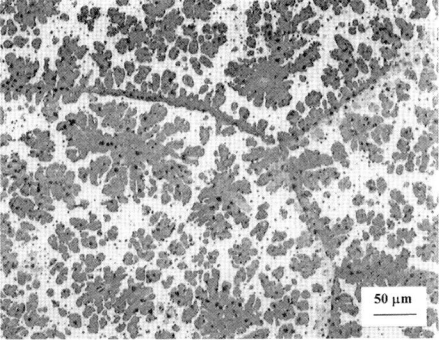

Abb. 6.44 Gussgefüge einer Legierung mit 14 % Al und geringem Eisengehalt, geätzt mit Cumi1, Korngrenzensäume und rosettenförmige Ausscheidungen der γ_2-Phase, hell angeätzte Rest-β-Phase, feine κ-Ausscheidungen

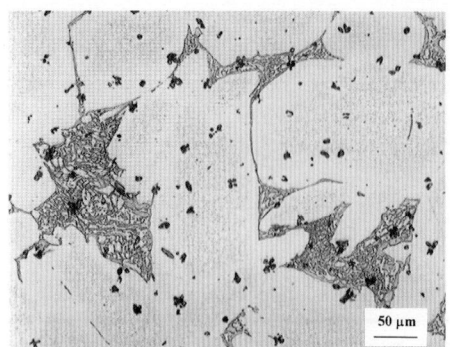

Abb. 6.45 Gussgefüge einer Legierung mit 10,5 % Al und geringem Eisen- und Nickelgehalt, geätzt mit Cumi1, hell angeätzte α-Mischkristalle, (α + γ$_2$)- Eutektoid und κ-Ausscheidungen

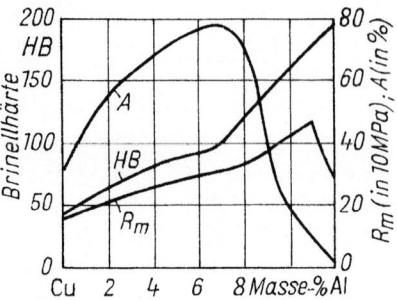

Abb. 6.46 Härte, Zugfestigkeit und Bruchdehnung geglühter Kupfer-Aluminium-Legierungen in Abhängigkeit vom Aluminiumgehalt, nach Carpenter und Robertson

Abbildung 6.45 zeigt das Gefüge einer Gusslegierung mit 10,5 % Al nach dem langsamen Abkühlen auf 20 °C. Die Legierung enthält etwas Eisen und Nickel. Das Gefüge besteht aus den hell angeätzten α-Körnern, dem (α + γ$_2$)-Eutektoid und κ-Ausscheidungen. Bei dieser Legierung findet der eutektoide Zerfall der β-Phase statt. Sieht man von der Anwesenheit der κ-Ausscheidungen ab, dann entspricht die Phasenzusammensetzung des Gussgefüges dem Zustandsdiagramm (Abb. 6.42).

Die Abhängigkeit einiger mechanischer Kennwerte vom Aluminiumgehalt binärer Legierungen ist in Abb. 6.46 dargestellt. Im Existenzbereich der α-Phase nehmen sowohl die Härte und die Zugfestigkeit als auch die Bruchdehnung mit dem Aluminiumgehalt zu. Diese Legierungen sind folglich gut kalt- und warmverformbar. Mit dem Auftreten der β-Phase und erst recht der spröden γ$_2$-Phase in heterogenen Gefügen ergibt sich ein beschleunigter Anstieg der Härte und in Verbindung damit ein Abfall der Bruchdehnung. Höhere Volumenanteile der γ$_2$-Phase bzw. des (α + γ$_2$)-Eutektoids im Gefüge haben aufgrund ihres versprödenden Effekts auch einen Abfall der Zugfestigkeit zur Folge. Solche aluminiumreichen Legierungen sind, wenn überhaupt, nur warmumformbar.

6.1.5.2 Gefüge der Mehrstofflegierungen

Nach der chemischen Zusammensetzung lassen sich diese Kupferlegierungen in drei Gruppen einteilen.

– Mehrstofflegierungen mit 9–11 % Al, die zusätzlich Eisen und Nickel enthalten,
– Mehrstofflegierungen mit 6–8 % Al, die neben Eisen und Nickel höhere Mangangehalte (bis etwa 12 %) aufweisen,
– hoch aluminiumhaltige Mehrstofflegierungen mit 14–15 % Al, die zusätzlich mit Eisen, Nickel und Mangan legiert sind.

Der Einfluss der Legierungselemente Eisen und Nickel auf das Zustandsschaubild Kupfer-Aluminium ist in Abb. 6.47 anhand eines quasibinären Schnitts dargestellt. Das Legieren mit Eisen und Nickel bewirkt die Verschiebung der Phasengrenzlinien und des eutektoiden Punkts zu höheren Aluminiumgehalten, wie der Vergleich der beiden Diagramme in Abb. 6.47 aufzeigt.

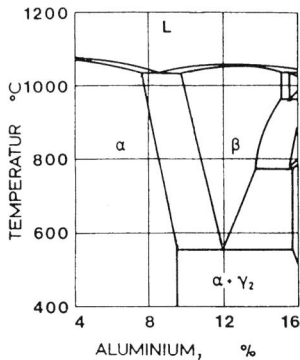
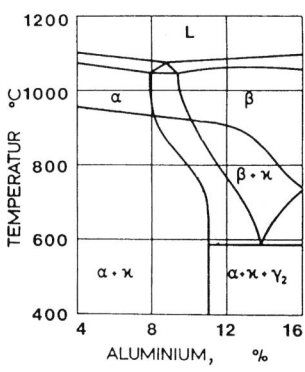

Abb. 6.47 Zustandsdiagramm Kupfer-Aluminium (links) und quasibinärer Schnitt Cu-Al-5 % Fe-5 % Ni (rechts), nach Brezina

Außerdem bilden Eisen und Nickel mit dem Aluminium intermetallische Verbindungen, die im quasibinären Schnitt allgemein als κ-Phasen bezeichnet sind. Das Auftreten der κ-Phasen führt zu einer neuen Phasengrenzlinie, die den Beginn der Ausscheidung der κ-Phasen aus der α- und der β-Phase beim Abkühlen markiert. Durch diese Phasengrenzlinie werden die Existenzbereiche der homogenen α-Phase und der homogenen β-Phase des binären Schaubildes eingeschränkt, weil bei niedrigen Temperaturen nunmehr die Phasenfelder (α + κ) und (β + κ) im quasibinären Schnitt erscheinen.

Entsprechend dem quasibinären Schnitt (Abb. 6.47) sollten die Gefüge der Mehrstofflegierungen mit etwa 9 –11 % Al nach dem langsamen Abkühlen aus der κ-Phase, der α-Phase und dem Eutektoid (α + γ$_2$) bestehen.

$$S \to \beta \to \kappa + \beta \to \kappa + \alpha + \beta \to \kappa + \alpha + (\alpha + \gamma_2)$$

Aufgrund der eingeschränkten Diffusion der Atome bei niedrigen Temperaturen finden die Festphasenübergänge entsprechend dem quasibinären Schnitt auch beim langsamen Abkühlen nicht statt. Unter technisch üblichen Abkühlbedingungen sind ZTU-Schaubilder zur Darstellung des Zerfalls der Hochtemperaturphase β besser geeignet. In Abb. 6.48 ist ein solches Diagramm für eine Mehrstofflegierung mit 9,9 % Al, 5,3 % Fe, 5,1 % Ni und 0,9 % Mn gezeigt. Entsprechend diesem Schaubild finden beim langsamen Abkühlen der Legierung folgende Phasenumwandlungen statt.

$$S \to \beta \to \kappa_2 + \beta \to \kappa_2 + \alpha + \beta \to \kappa_2 + \alpha + (\alpha + \kappa_3) \to \kappa_2 + \alpha + (\alpha + \kappa_3) + \kappa_4$$

Abbildung 6.49 zeigt das Gefüge der sandgegossenen Legierung CuAl10Fe5Ni5-C. In Übereinstimmung mit der vorstehenden Umwandlungskinetik und dem Gefügerechteck in Abb. 6.48 besteht es aus groben κ$_2$-Ausscheidungen, hell angeätzten α-Mischkristallen, dem lamellaren Quasieutektoid (α + κ$_3$) sowie feinen κ$_4$-Teilchen, die aus der α-Phase ausgeschieden wurden.

Nach der chemischen Zusammensetzung und der Erscheinungsform im Gefüge teilt man die κ-Phasen in fünf Modifikationen ein (BREZINA, HASAN, CULPAN und ROSE, FEEST und COOK), wie aus Abb. 6.50 zu entnehmen ist. Die exakte chemische Zusammensetzung der κ-Phasen hängt von der Wärmebehandlung der Legierung ab. Die nickelreichen κ-Phasen (Basiszusammensetzung NiAl) kristallisieren kubisch (Strukturtyp B2). Die eisen-

6 Gefüge der technischen Nichteisenmetalle und ihrer Legierungen

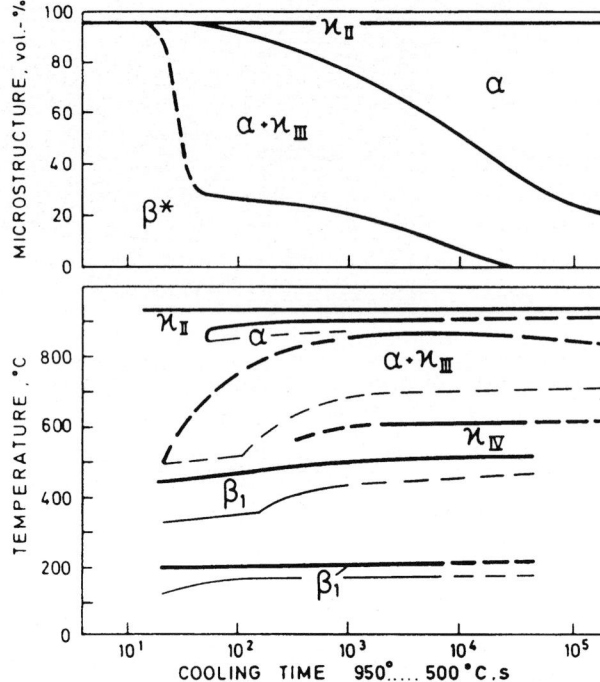

Abb. 6.48 ZTU-Schaubild für kontinuierliche Abkühlung und Gefügerechteck der Legierung CuAl9.9Fe5.3Ni5.1Mn0.9-C, Betatisierung bei 950 °C für 60 Minuten, nach Brezina

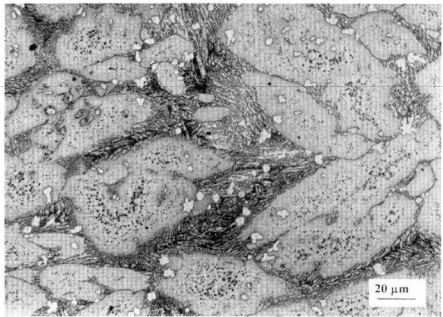

Abb. 6.49 Gussgefüge der Legierung CuAl10-Fe5Ni5-C, geätzt mit Cumi5, hell angeätzte α-Mischkristalle, lamellares Quasieutektoid ($\alpha + \kappa_3$), grobe κ_2-Ausscheidungen und feine κ_4-Ausscheidungen

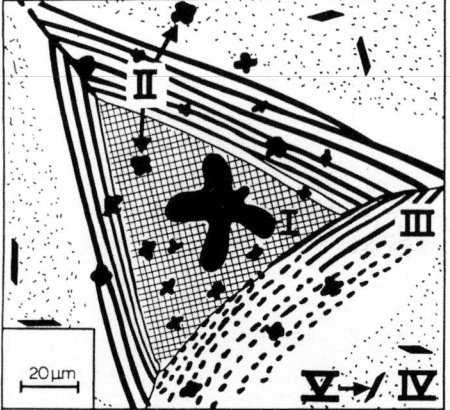

Abb. 6.50 Schematische Darstellung der Erscheinungsformen der κ-Phasen im Gefüge, κ_1-eisenreiche Ausscheidung aus der Schmelze, κ_2-eisenreiche Ausscheidung aus der β-Phase, κ_3-nickelreiche Phase des Quasieutektoides, eisenreiche κ_4- und nickelreiche κ_5-Ausscheidungen aus der α-Phase, nach Brezina

reichen κ-Phasen (Basiszusammensetzung Fe$_3$Al) haben eine komplizierte kubische Kristallstruktur (Strukturtyp DO$_3$). Die eisenreiche κ$_1$-Phase kristallisiert direkt aus der Schmelze und hat einen kornfeinenden Effekt. Die ebenfalls eisenreiche κ$_2$-Phase entsteht durch Ausscheidung aus der β-Phase. Die nickelreiche κ$_3$-Phase bildet mit der α-Phase ein lamellares Quasieutektoid. Die eisenreiche κ$_4$- und die nickelreiche κ$_5$-Phase liegen als Ausscheidungen in der α-Phase vor. Die κ-Phasen haben einen festigkeitserhöhenden Effekt und beeinflussen die Korrosionsbeständigkeit nicht nachteilig, weil sie einen Passivierungseffekt zeigen.

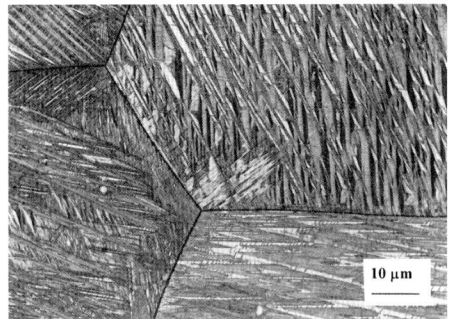

Abb. 6.51 Gefüge der Legierung CuAl10Fe5Ni5-C nach dem Wasserabschrecken von 1000 °C, geätzt mit Cumi1, geordneter, orthorhombischer β$_1$'-Martensit

Schreckt man eine kleine Probe der Legierung CuAl10Fe5Ni5-C aus dem homogenen β-Gebiet ab, dann treten Ungleichgewichtsumwandlungen auf, weil die diffusionsabhängigen Ausscheidungsvorgänge und die ebenfalls diffusionsabhängige β → α-Umwandlung durch das Wasserabschrecken unterdrückt werden. Die Hochtemperaturphase β existiert dann noch bei niedrigen Temperaturen und wandelt im Temperaturgebiet um 400 °C (Abb. 6.48) in die geordnete β$_1$-Phase (Strukturtyp DO$_3$) um. Diese Ordnungsumwandlung wird durch das Wasserabschrecken nicht unterdrückt. Wenn beim Abschrecken die M$_s$-Temperatur bei etwa 200 °C unterschritten wird, dann findet der martensitische Phasenübergang β$_1$ → β$_1$' statt.

$$\beta \rightarrow \beta_1 \rightarrow \beta_1'$$

Der β$_1$'-Martensit kristallisiert in einer geordneten, orthorhombischen Struktur (Strukturtyp 18R). In Abb. 6.51 ist das Gefüge der Legierung CuAl10Fe5Ni5-C nach dem Wasserabschrecken aus dem homogenen β-Gebiet gezeigt. In den ehemaligen β$_1$-Körnern, deren Korngrenzen noch sichtbar sind, liegt β$_1$'-Martensit vor.

Abb. 6.52 Gussgefüge der Legierung CuAl6Mn10ZnFeNi-C, geätzt mit Cumi5, hell angeätzte α-Mischkristalle, dunkel angeätzte Rest-β-Phase, grobe κ$_2$-Ausscheidungen

In Abb. 6.52 ist das Gussgefüge der manganreichen Legierung CuAl6Mn10Zn-FeNi-C gezeigt. Es besteht aus hell angeätzten Körnern der kubisch flächenzentrierten α-Phase, der ungeordneten, dunkler angeätzten Rest-β-Phase und κ$_2$-Ausscheidungen. Die Entstehung des Gefüges kann man anhand des ZTU-Schaubildes für kontinuierliche Abkühlung der Legierung CuAl8Mn12Fe3Ni2-C erklären, das in Abb. 6.53 dargestellt ist. Es gilt in Näherung auch für die hier betrachtete, manganreiche Legierung. Aus der ungeordneten, kubisch raumzentrierten Hochtemperatur-

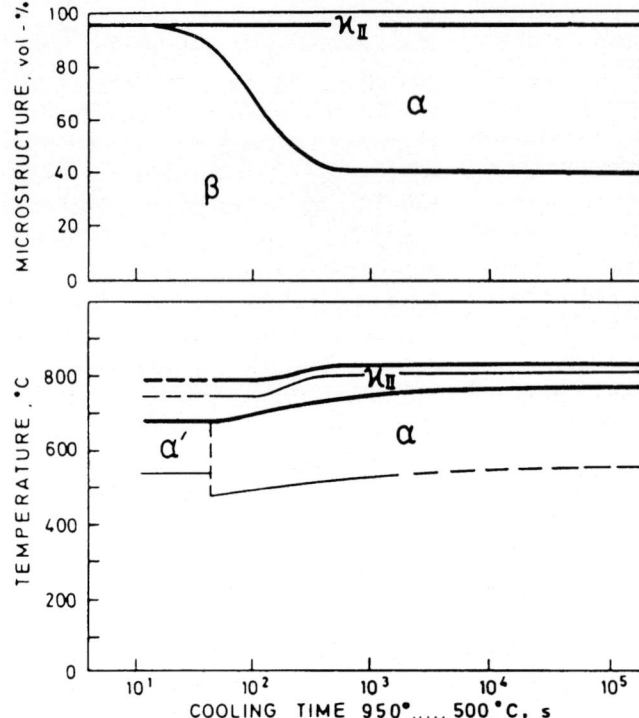

Abb. 6.53 ZTU-Schaubild für kontinuierliche Abkühlung und Gefügerechteck der Legierung CuAl8Mn12-Fe3Ni2-C, Betatisierung bei 900 °C für 60 Minuten, nach Brezina, leicht geändert

phase β (Strukturtyp A2), die aus der Schmelze kristallisiert, scheidet sich beim langsamen Abkühlen zunächst die κ_2-Phase aus. Die anschließende Umwandlung der β-Phase in die kubisch flächenzentrierte α-Phase findet nur unvollständig statt. Eine Ordnungsumwandlung der β-Phase tritt nicht auf. Nach dem Abkühlen auf 20 °C liegt ungeordnete β-Phase im Gefüge vor. Zusammenfassend lässt sich die Umwandlungskinetik durch die nachfolgende Reaktion beschreiben.

$$S \rightarrow \beta \rightarrow \kappa_2 + \beta \rightarrow \kappa_2 + \alpha + \beta$$

Die bei 20 °C vorliegende Phasenzusammensetzung des Gefüges entspricht vollständig derjenigen, die im Gefügerechteck (Abb. 6.53) für lange Abkühlzeiten angegeben wird.

Wird eine kleine Probe der manganreichen Legierung aus dem homogenen β-Gebiet in Wasser abgeschreckt, dann werden die diffusionsabhängigen Ausscheidungsvorgänge und Gitterumwandlungen unterdrückt. Im Unterschied zur Legierung mit dem höheren Aluminiumgehalt (Abb. 6.51) beobachtet man hier jedoch die vollständige Stabilisierung der ungeordneten, kubisch raumzentrierten Hochtemperaturphase β (Strukturtyp A2), wie man aus Abb. 6.54 entnimmt. Das Gefüge ist so grobkörnig, dass man die Kornstruktur am geätzten Schliff schon mit bloßem Auge sieht.

Die durch das Wasserabschrecken erzeugte β-Phase ist metastabil. Abbildung 6.55 zeigt das Gefüge einer betatisierten und wasserabgeschreckten Probe, die durch Kaltwalzen bei 20 °C verformt

6.1 Kupfer und seine Legierungen | 783

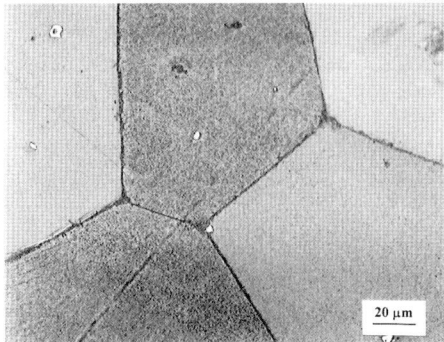

Abb. 6.54 Gefüge der Legierung CuAl6Mn10Zn-FeNi-C nach dem Wasserabschrecken von 900 °C, geätzt mit Cumi5, grobkörnige β-Phase

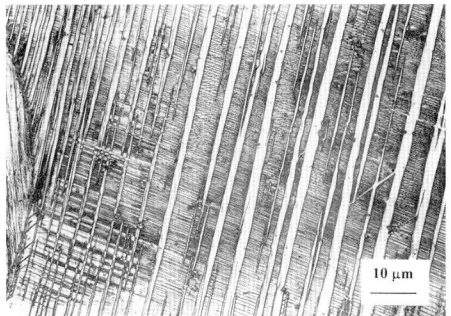

Abb. 6.55 Verformungsinduzierter α'-Martensit in der β-Matrix einer Probe der Legierung CuAl6Mn10ZnFeNi-C, die von 900 °C in Wasser abgeschreckt und 5 % kaltgewalzt wurde, geätzt mit Cumi1

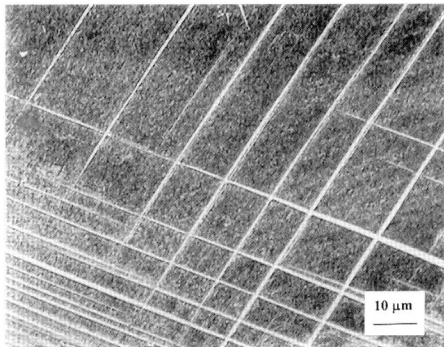

Abb. 6.56 Athermischer α'-Martensit in der β-Matrix einer Probe der Legierung CuAl6Mn10ZnFeNi-C, die von 900 °C in Wasser abgeschreckt und in flüssigem Stickstoff tiefgekühlt wurde, geätzt mit Cumi5

wurde. In den β-Körnern haben sich hell angeätzte Martensitnadeln gebildet. Röntgendiffraktometrische Befunde zeigten auf, dass dieser verformungsinduzierte α'-Martensit eine ungeordnete, kubisch flächenzentrierte Struktur (Strukturtyp A1) hat. Die M_d-Temperatur der Legierung liegt oberhalb von 20 °C. Das Tiefkühlen einer betatisierten und wasserabgeschreckten Probe in flüssigem Stickstoff bewirkt ebenfalls die martensitische Umwandlung β → α', wie durch Abb. 6.56 belegt wird. Aus diesem Befund geht hervor, dass die M_s-Temperatur der Legierung unterhalb von 20 °C liegt.

Die Mehrstofflegierungen mit relativ geringem Aluminium- und erhöhtem Mangangehalt weisen besondere mechanische Eigenschaften auf, indem man bei diesen Legierungen pseudoelastisches Verhalten und Formgedächtniseffekte festgestellt hat (KAINUMA, TAKAHASHI und ISHIDA). Diese speziellen Eigenschaften werden auf den martensitischen Phasenübergang β/α' zurückgeführt. Im Abschnitt 6.2.2, Nickellegierungen, wird näher auf Zusammenhänge zwischen den martensitischen Phasenübergängen, der Pseudoelastizität und den Formgedächtniseffekten eingegangen.

In ähnlicher Weise wie bei den Kupfer-Zink-Legierungen mit (α + β')-Gefüge zerfällt die metastabile β-Phase der Mehrstofflegierungen mit erhöhtem Mangangehalt durch ein Anlassen. In Abb. 6.57 ist der Einfluss der Anlasstemperatur auf die Gefüge betatisierter Proben der Legierung CuAl6Mn10ZnFeNi-C dargestellt. Bei jeder Temperatur wurde eine Probe für 30 Minuten gehalten und danach in Wasser abgeschreckt, um die Anlassgefüge zu stabilisieren. Abbildung 6.57 a zeigt das nichtangelassene Gefüge, das aus der ungeordneten β-Phase (Strukturtyp A2) besteht. Im Temperaturgebiet von etwa 150–350 °C findet die Ordnungsumwandlung β → $β_1$

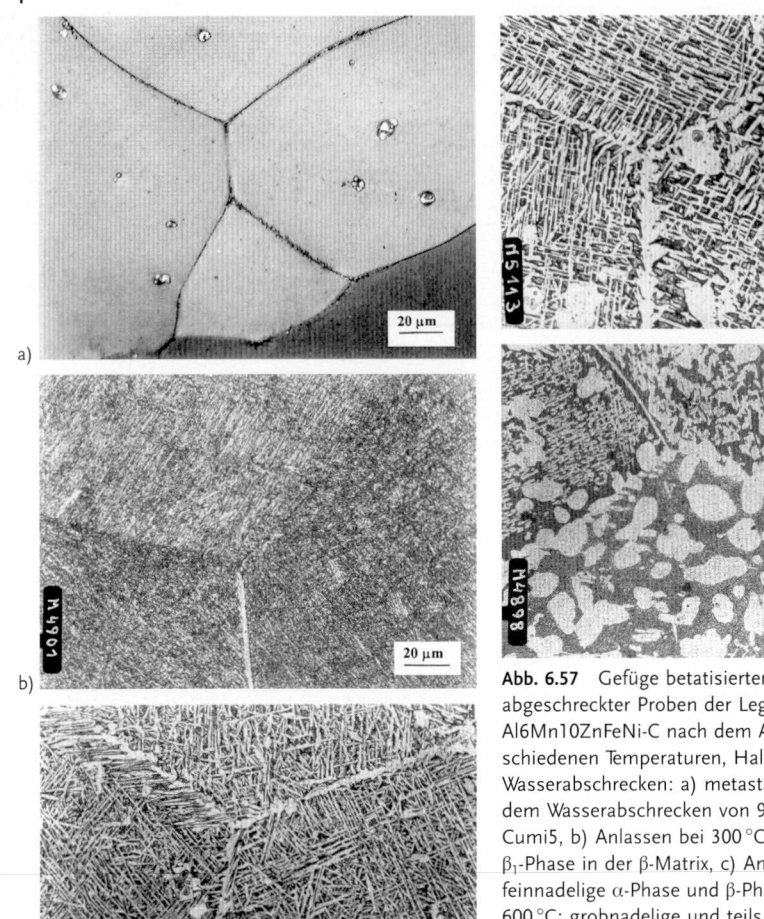

Abb. 6.57 Gefüge betatisierter und wasserabgeschreckter Proben der Legierung Cu Al6Mn10ZnFeNi-C nach dem Anlassen bei verschiedenen Temperaturen, Haltezeit 30 Minuten, Wasserabschrecken: a) metastabile β-Phase nach dem Wasserabschrecken von 900 °C, geätzt mit Cumi5, b) Anlassen bei 300 °C: feinnadelige $β_1$-Phase in der β-Matrix, c) Anlassen bei 400 °C: feinnadelige α-Phase und β-Phase, d) Anlassen bei 600 °C: grobnadelige und teils körnige α-Phase und β-Phase, e) Anlassen bei 650 °C: vorwiegend polygonale α-Körner und β-Phase; b–e geätzt mit Cumi1

statt (KAINUMA, TAKAHASHI und ISHIDA). Die geordnete $β_1$-Phase (Strukturtyp $L2_1$) tritt in äußerst feinnadeliger Form in der β-Matrix auf, wie man aus Abb. 6.57 b entnimmt. Sie erzeugt einen Anstieg der Härte der Legierung (Abb. 6.58). Das Anlassen bei 400 °C bewirkt die Umwandlung der geordneten $β_1$-Phase in die stabilere α-Phase. Dadurch ergibt sich eine Verringerung der Härte (Abb. 6.58). Das Gefüge besteht dann aus der feinnadeligen α-Phase und nicht umgewandelter β-Phase (Abb. 6.57c). Wird die Anlasstemperatur weiter gesteigert, dann beobachtet man eine Vergröberung und Einformung der α-Nadeln (Abb. 6.57 d) und damit in Verbindung eine weitere Abnahme der Härte. Übersteigt die Anlasstemperatur den Beginn der α → β-Umwandlung, dann treten wieder polygonale α-Körner auf und der Anteil der β-Phase im Gefüge erhöht sich durch das Wasserabschrecken der Probe (Abb. 6.57 e).

6.1 Kupfer und seine Legierungen

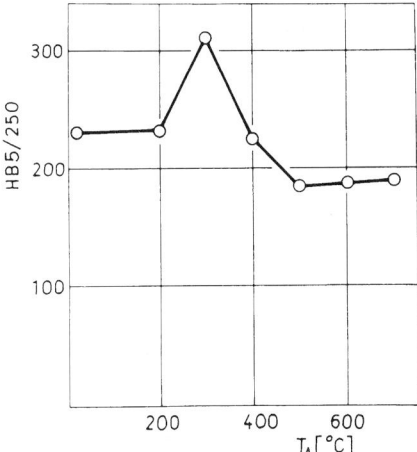

Abb. 6.58 Härte betatisierter und wasserabgeschreckter Proben der Legierung CuAl6Mn10Zn-FeNi-C in Abhängigkeit von der Anlasstemperatur, Haltezeit beim Anlassen 30 Minuten, Wasserabschrecken

Tab. 6.6 Anwendungen ausgewählter Kupfer-Aluminium-Legierungen und Mehrstofflegierungen

Knetlegierung	Anwendungen
Cu Al8,	technische Halbzeuge wie
Cu Al8 As,	Bleche, Bänder, Rohre und
Cu Al8 Fe3	Profile
Cu Al9 Mn2	Schneckenräder, Gleitlager, Ventilsitze
Cu Al10 Ni Fe	Umformwerkzeuge, Gleitlager,
Cu Al11 Ni Fe	Ventilsitze, Ventile

Gusslegierung	Anwendungen
Cu Al10 Fe-C	Gehäuse, Ritzel, Zahnräder, Synchronringe
Cu Al9 Ni-C,	Armaturen- und Pumpen-
Cu Al10 Ni-C	gehäuse, Schiffspropeller
Cu Al11 Ni-C	Schnecken- und Schraubenräder, Pumpenlaufräder

Die binären Kupfer-Aluminium- und die Mehrstofflegierungen wendet man zur Herstellung solcher Bauteile an, die neben hohen mechanischen Belastungen auch Oberflächenbeanspruchungen durch Korrosion, Erosion, Kavitation und/oder Verschleiß unterworfen sind. Darüberhinaus sind einige Legierungen (28–29 Atom-% Al, 3–4,5 Atom-% Ni) auch als pseudoelastische Werkstoffe und als Formgedächtniswerkstoffe interessant. In Tab. 6.6 sind Anwendungsbeispiele für ausgewählte Knet- und Gusslegierungen zusammengestellt. Auf spezielle Anwendungen von Mehrstofflegierungen für Gleitlager wird im Abschnitt 6.9.2, Gleitlagerwerkstoffe, eingegangen.

6.1.6
Kupfer-Zinn-Blei-Legierungen

Diese Werkstoffe, die meist als Gusslegierungen hergestellt werden, zeichnen sich durch günstige tribologische Eigenschaften im Kontakt mit Stählen und eine hohe Korrosionsbeständigkeit aus. Die früher häufig verwendeten binären Kupfer-Blei-Legierungen werden aufgrund ihrer geringen mechanischen Festigkeit kaum noch genutzt. Sie sind durch die zinnhaltigen Legierungen verdrängt worden, die über eine höhere mechanische Festigkeit verfügen. Diese ternären Kupferlegierungen enthalten bis zu 22 % Blei und 10 % Zinn. Das Zinn bewirkt eine Mischkristallverfestigung der Kupfermatrix, die eine Erhöhung der mechanischen Festigkeit der Legierungen erzeugt.

In Abb. 6.59 ist das monotektische Zustandsdiagramm des Systems Kupfer-Blei dargestellt. Die beiden Komponenten sind im flüssigen Zustand teilweise mischbar und im festen Zustand unmischbar. Auf der kupferreichen Seite des Schaubildes (Pb < 36 %), die für die technisch gebräuchlichen Legierungen wichtig ist, existiert nur eine Schmelze. Im Temperaturintervall zwischen der Liquiduslinie und der monotektischen Temperatur (954 °C) kristallisieren primär Kupferkristallite aus der Schmelze. Zwischen 954 °C und der Solidustempera-

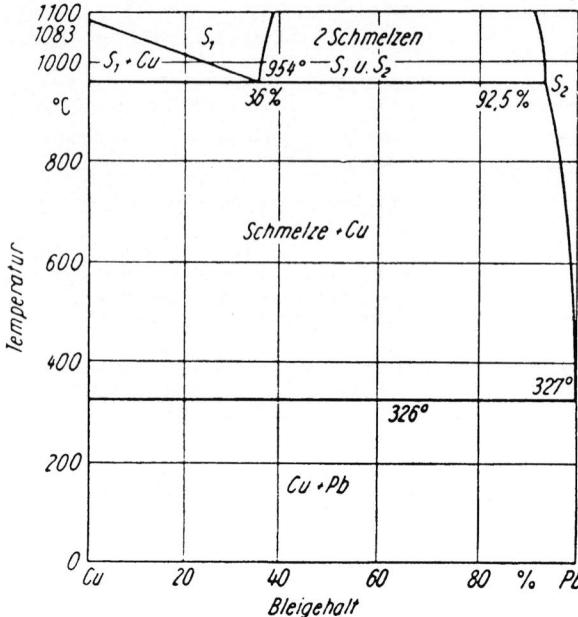

Abb. 6.59 Zustandsschaubild Kupfer-Blei, nach Hansen

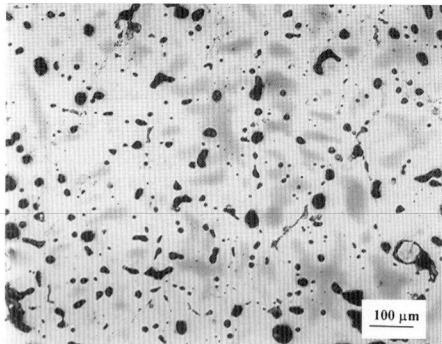

Abb. 6.60 Gussgefüge der ternären Legierung CuSn7Pb15-C, geätzt mit Cumi4, dunkle Bleiteilchen in den dendritischen Kupfer-Zinn-Mischkristallen

tur (326 °C) liegen Kupferkristallite und Restschmelze vor. Bei 326 °C kristallisiert das Blei.

$$S \rightarrow Cu + S \rightarrow Cu + Pb$$

Nach dem Abkühlen auf 20 °C liegt ein heterogenes Gefüge vor, das sich aus einer Kupfermatrix mit Bleiteilchen aufbaut.

Abbildung 6.60 zeigt das grobkörnige und ungleichmäßige Gussgefüge der Legierung CuSn7Pb15-C. Die dunklen Bleipartikel heben sich deutlich von der dendritisch erstarrten Mischkristallgrundmasse ab, die aus Kupfer und Zinn besteht. Man strebt eine möglichst gleichmäßige Verteilung des Bleis an. Wegen der Dichteunterschiede zwischen Blei und Kupfer und dem großen Erstarrungsintervall neigen die Kupfer-Zinn-Blei-Legierungen zur Schwerkraftseigerung. Um diese Entmischung zu vermeiden, muss beim Vergießen der Legierungen eine rasche Abkühlung der Schmelze erfolgen. Bei der Herstellung von Verbundlagern, die im Abschnitt 6.9.2, Gleitlagerwerkstoffe, näher betrachtet werden, kommt man dieser Forderung durch die Anwendung des Schleudergießens nach.

In Tab. 6.7 sind Anwendungsbeispiele von ternären Kupfer-Zinn-Blei-Legierungen zusammengestellt. Die besondere Bedeutung dieser Legierungsgruppe für die

Tab. 6.7 Anwendungen von Kupfer-Zinn-Blei-Gusslegierungen

Legierung	Anwendung
Cu Sn5 Pb9-C	korrosionsbeständige Formgussteile
Cu Sn10 Pb10-C	Verbundlager für Verbrennungsmotoren
Cu Sn-7 Pb15-C	hochbeanspruchte Verbundlager für Verbrennungsmotoren
Cu Sn-5 Pb20-C	

Herstellung von Gleitlagern geht deutlich aus dieser Übersicht hervor.

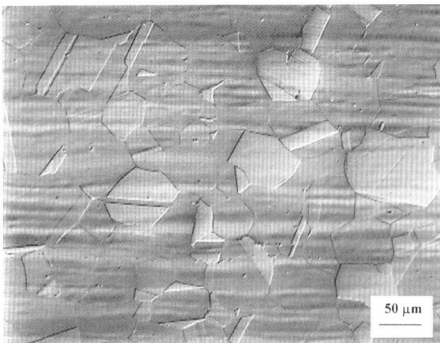

Abb. 6.61 Gefüge der Knetlegierung CuNi25 im weichgeglühten Zustand, geätzt mit Comi6, α-Mischkristalle mit Glühzwillingen

6.1.7 Kupfer-Nickel-Legierungen und Mehrstofflegierungen

Diese Legierungsgruppe, die Knet- und Gusslegierungen umfasst, zeichnet sich ebenfalls durch eine günstige Kombination von mechanischen Eigenschaften und hoher Beständigkeit gegenüber Korrosion, Erosion und Kavitation aus. Darüber hinaus eignen sich einige Legierungen auch als elektrische Widerstandswerkstoffe, weil sie einen hohen spezifischen elektrischen Widerstand und einen niedrigen Temperaturkoeffizienten des elektrischen Widerstandes besitzen (Beispiele: CuNi44 und CuNi44Mn1). Die Legierung CuNi44Mn1 wendet man auch zur Herstellung von Thermoelementen an, weil sie in der Kombination mit Kupfer und Eisen hohe Thermospannungen liefert.

Die Knetlegierung CuNi25 ist als Münzlegierung gebräuchlich. In Deutschland wurde dieser Werkstoff zur Herstellung der 50-Pfennig- und der 1-DM-Münzen verwendet. Auch bei den Euro-Münzen findet diese Legierung Anwendung. Bei der 2-€-Münze stellt man den Außenring aus der Legierung CuNi25 und den inneren Teil aus der Knetlegierung CuZn20Ni5 her. Im Fall der 1-€-Münze ist es umgekehrt. Der Außenring besteht aus der Legierung CuZn20Ni5 und der innere Teil aus der Legierung CuNi25.

Die Darstellung der Gefüge von Kupfer-Nickel-Legierungen erfolgte bereits im Zusammenhang mit der Behandlung des Zustandsschaubildes Kupfer-Nickel (Abschnitt 3.4.1). Kupfer und Nickel haben die gleiche Kristallstruktur und unterscheiden sich im Atomradius unwesentlich. Folglich liegt im festen Zustand eine vollständige Mischbarkeit der Komponenten vor und das homogene Gefüge besteht aus α-Mischkristallen, wie man aus Abb. 6.61 entnimmt.

Aufgrund des homogenen, kubisch flächenzentrierten Gefüges besitzen die Kupfer-Nickel-Legierungen eine ausgezeichnete Duktilität und Korrosionsbeständigkeit. Die sehr gute Kaltumformbarkeit ist die Grundlage für die Herstellung einer umfangreichen Palette technischer Halbzeuge. Die Kaltverformung nutzt man auch aus, um die mechanische Festigkeit dieser Legierungen zu erhöhen. Kaltverfestigte Produkte besitzen jedoch nur eine eingeschränkte Duktilität.

Neben den binären Legierungen sind auch Mehrstofflegierungen gebräuchlich, die zur Optimierung der Eigenschaften zusätzliche Elemente wie Eisen und Mangan

Abb. 6.62 Gefüge der Knetlegierung CuNi10-Fe1Mn, geätzt mit Cumi5, α-Mischkristalle mit Glühzwillingen und feinen Teilchen, die nicht identifiziert wurden

Tab. 6.8 Anwendungen von Knet- und Gusslegierungen auf Kupfer-Nickel-Basis

Knetlegierungen	Anwendungen
Cu Ni10 Fe1 Mn	Rohre und Böden von Wärmeaustauschern und Kondensatoren, seewasserführende Rohrleitungen
Cu Ni30 Mn1 Fe	seewasserführende Rohrleitungen im Schiffbau und der Meerestechnik
Cu Ni30 Fe2 Mn2	hochfeste, korrosionsbeständige Rohre
Gusslegierungen	**Anwendungen**
Cu Ni10-C	Formgussteile (Armaturen, Pumpen) für die chemische Industrie, den Schiffbau und die Meerestechnik
Cu Ni30-C	

enthalten. Eisen bewirkt eine Erhöhung der Korrosionsbeständigkeit. Mangan dient als Desoxidationsmittel und bindet den Schwefel in Form von Mangansulfid ab. Es erhöht außerdem die Festigkeit der Legierungen. Abbildung 6.62 zeigt das feinkörnige Sekundärgefüge der Knetlegierung CuNi10-Fe1Mn. Die Körner der α-Phase enthalten teilweise Glühzwillinge und feine Teilchen, die nicht identifiziert wurden.

Aufgrund der günstigen Kombination von mechanischen Eigenschaften und hoher Beständigkeit gegenüber Korrosion, Erosion und Kavitation werden Kupfer-Nickel-Legierungen mit bis zu 30 % Ni und geringen Zusätzen an Eisen und Mangan als korrosionsbeständige Konstruktionswerkstoffe angewendet, wie man aus Tab. 6.8 entnimmt. Im Vergleich zu anderen Kupferlegierungen weisen sie eine außerordentlich hohe Beständigkeit gegenüber Spannungsrisskorrosion auf.

Kupfer-Nickel-Legierungen mit 12–25 % Nickel, die zusätzlich mit Zink legiert sind, werden aufgrund ihres silberähnlichen Aussehens als Neusilber bezeichnet. Abbildung 6.63 zeigt das dendritische Gussgefüge einer solchen Legierung. Die dunkler angeätzten, kupferreichen Dendritenstämme und -äste heben sich deutlich von den helleren interdendritischen Gefügebereichen ab. Durch ein Homogenisierungsglühen lässt sich ein Konzentrationsausgleich in den Mischkristallen erreichen. Die Neusilberlegierungen haben eine günstige Kombination von mechanischen Eigenschaften und hoher Korrosionsbeständigkeit. Außerdem weisen sie eine optisch attraktive Oberfläche auf. Sie werden deshalb im optischen Gerätebau, in der Medizintechnik und in der Besteckindustrie verwendet.

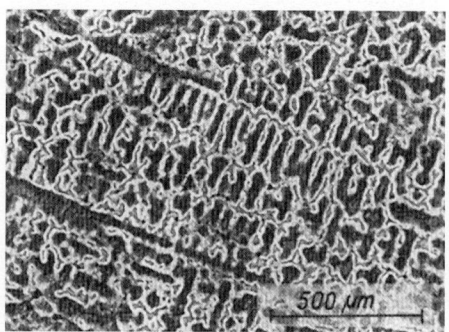

Abb. 6.63 Dendritisches Gussgefüge einer Legierung mit 18 % Nickel und 22 % Zink

Man unterscheidet zwischen bleifreien Legierungen (Beispiele: CuNi12Zn24, CuNi18Zn20) und bleihaltigen Legierungen (Beispiele: CuNi12Zn30Pb1, CuNi12Zn30Pb1). Durch das Legieren mit Blei wird, ähnlich wie bei den Kupfer-Zink-Legierungen, eine Verbesserung der Zerspanbarkeit erzielt.

6.2 Nickel und seine Legierungen

6.2.1 Reines Nickel

Nickel gewinnt man meist aus sulfidischen Erzen. Ausgangsprodukt ist Pentlandit, der aus einem Gemisch von Eisennickelkies und Kupferkies besteht. Nach der Aufbereitung durch Mahlen, Konzentrieren und Teilrösten des Erzes wird im Flammofen der Rohstein erschmolzen, der neben Nickel, Eisen, Cobalt und Kupfer noch beträchtliche Mengen Schwefel enthält. Mithilfe eines Konverterverfahrens entfernt man nicht erwünschte Begleitelemente und erhält den Kupfer-Nickel-Feinstein, der auch als Nickelmatte bezeichnet wird. Die zerkleinerte Nickelmatte wird unter Anwendung verschiedener Verfahren (Carbonylverfahren, Elektrolyse) zu Kupfer-Nickel-Legierungen und Hüttennickel weiterverarbeitet. Hüttennickel wird nach dem Reinheitsgrad eingeteilt. Die Sorten H-Ni99, H-Ni99,5 und H-Ni99,9 weisen noch erhöhte Cobaltgehalte (bis 1,5 %) auf. Bei den Sorten H-Ni99,92, H-Ni99,95 und H-Ni99,96 liegt der Cobaltgehalt unterhalb von 0,1 %.

Nickel hat eine kubisch flächenzentrierte Kristallstruktur (Strukturtyp A1) und weist folglich auch bei niedrigen Temperaturen eine ausgezeichnete Duktilität und Kaltumformbarkeit auf. Abbildung 6.64 zeigt das Gefüge von reinem Nickel. In den Körnern sind Glühzwillinge sichtbar. Polymorphe Gitterumwandlungen des Nickels sind nicht bekannt.

Nickel gehört zu den ferromagnetischen Metallen. Unterhalb der Curie-Temperatur (358 °C) stellt sich der ferromagnetische Ordnungszustand der magnetischen Atommomente innerhalb der Weiss'schen Bezirke, getrennt durch Blochwände, ein. Nickel-Eisen-Legierungen spielen als Magnetwerkstoffe eine bedeutende Rolle. Abbildung 6.65 zeigt das Gefüge einer weichmagnetischen Nickellegierung mit 15 % Fe, 6 % Cu und 2 % Cr, die unter dem Namen Mu-

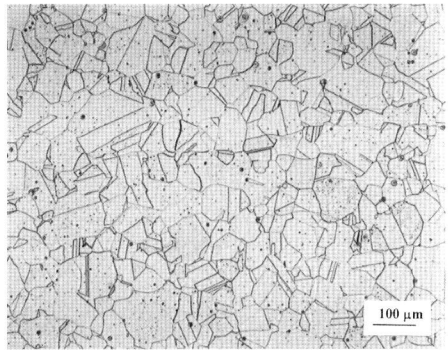

Abb. 6.64 Gefüge von weichgeglühtem, reinem Nickel, geätzt mit Nimi2, Nickelkristallite mit Glühzwillingen

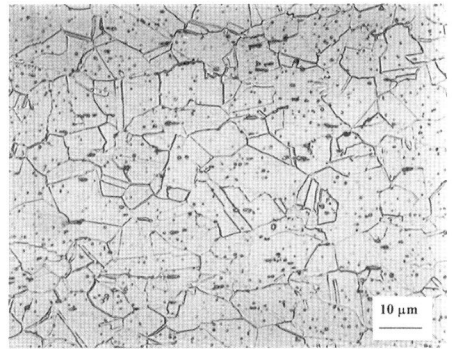

Abb. 6.65 Gefüge von Mumetall, geätzt mit Ätzmittel nach Adler, kubisch flächenzentrierte α-Mischkristalle mit Glühzwillingen und feine, nicht identifizierte Teilchen

metall bekannt ist. Es baut sich aus kubisch flächenzentrierten α-Mischkristallen auf, die Glühzwillinge aufweisen. In die Gefügegrundmasse sind feine, nicht identifizierte Teilchen eingebettet.

Wesentlich für die Anwendungen des Nickels ist seine hohe Korrosionsbeständigkeit gegenüber Wässern und zahlreichen Chemikalien, insbesondere alkalischen Lösungen. Zahlreiche Laborgeräte wie Schmelztiegel, Eindampftiegel und Laborzangen werden aus Reinnickel hergestellt.

Probleme bereitet die hohe Affinität des Nickels zum Schwefel, die bei der thermischen Verarbeitung und Anwendung dieses Metalls in schwefelhaltiger Atmosphäre zur Schädigung der Korngrenzen des Gefüges führt. An den Korngrenzen entsteht durch Eindiffusion des Schwefels ein niedrigschmelzendes Eutektikum (Schmelzpunkt 645 °C) aus Nickel und Nickelsulfid. Bei der Warmformgebung und auch beim Schweißen wirkt sich das in Form einer Warmbrüchigkeit aus. Durch das Zulegieren von Magnesium und Mangan, die eine höhere Affinität zum Schwefel als Nickel haben, kann man die Bildung des Nickelsulfids verhindern und damit die Warmbrüchigkeit beseitigen.

Der überwiegende Anteil des produzierten Nickels wird zur Erzeugung von nickellegierten Stählen, von Kupferbasislegierungen und von warmfesten Nickelbasislegierungen verwendet. Bedeutend sind auch die Anwendungen des Nickels für Beschichtungen. Im chemischen Apparatebau verarbeitet man nickelplattierte Stahlbleche. Beim Verchromen von Stählen wird gewöhnlich eine Nickelzwischenschicht aufgebracht.

In der Paarung mit einer Nickel-Chrom-Legierung (NiCr12) wendet man niedriglegiertes Nickel (NiMn2) als Material für Thermolelemente an, die sich zur Temperaturmessung bis etwa 1200 °C eignen.

6.2.2
Nickellegierungen

6.2.2.1 Hochwarmfeste Legierungen

Hochwarmfeste Nickellegierungen sind Mehrstofflegierungen, die man als Guss- und Knetlegierungen zur Herstellung von mechanisch und thermisch hochbeanspruchten Bauteilen nutzt. Eine typische Anwendung dieser Werkstoffe sind die Lauf- und Leitschaufeln von Gasturbinen. Die unmittelbar an die Brennkammer einer Fluggasturbine folgenden Schaufelreihen können im Kantenbereich mit Temperaturen von bis zu rund 1000 °C beaufschlagt sein. Bei diesen Temperaturen müssen die Legierungen hohe statische und zyklische Beanspruchungen ertragen, ohne durch unzulässige plastische Deformation oder einen Bruch zu versagen. Außerdem wird ein ausreichender Widerstand gegenüber Oxidation und Korrosion durch aggressive Gase und Verbrennungsprodukte erwartet. Wie die folgenden Darstellungen aufzeigen, ist es möglich, durch eine geeignete chemische Zusammensetzung der Legierungen und die Anwendung bestimmter Technologien bei der Herstellung und Verarbeitung der Bauteile Gefüge zu erzeugen, welche die geforderten Gebrauchseigenschaften der Legierungen gewährleisten.

Die Legierungselemente der hochwarmfesten Werkstoffe lassen sich nach ihren Wirkungen auf das Gefüge in mehrere Gruppen einteilen, wobei einige Elemente in mehrfacher Hinsicht wirken.

Die γ-stabilisierenden Elemente wie Chrom, Cobalt, Molybdän und Wolfram bewirken eine Mischkristallhärtung des kubisch flächenzentrierten Nickels. In den Konzentrationsbereichen, welche für die warmfesten Legierungen üblich sind, werden diese Elemente im γ-Mischkristall (Strukturtyp A1) gelöst. Für Chrom, dessen

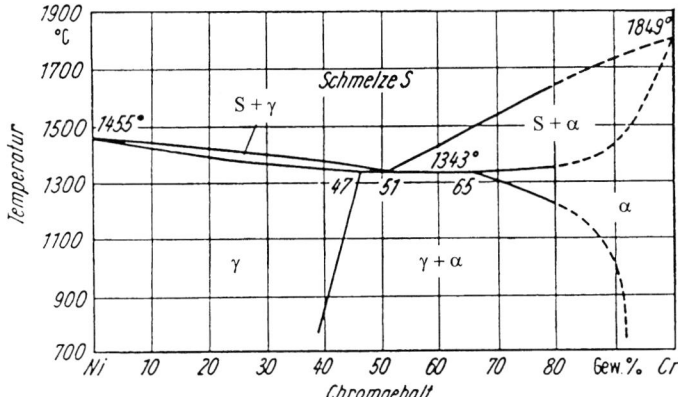

Abb. 6.66 Zustandsdiagramm Nickel-Chrom, nach Metals Handbook

Gehalte in den meisten Legierungen zwischen etwa 10 und 20 % liegen, zeigt das Zustandsschaubild Nickel-Chrom diesen Sachverhalt (Abb. 6.66). Durch die Mischkristallhärtung ergibt sich neben der Steigerung der Festigkeit bei niedrigen Temperaturen auch eine Zunahme der Kriechfestigkeit der Legierung bei hohen Temperaturen, weil das Versetzungskriechen in den γ-Mischkristallen eingeschränkt wird.

Das Aluminium bildet mit dem Nickel die intermetallische Verbindung (Ni_3Al), die man als γ'-Phase bezeichnet. Im Unterschied zur kubisch flächenzentrierten γ-Phase (Strukturtyp A1) hat die γ'-Phase eine kubische Kristallstruktur mit geordneter Atomverteilung (Strukturtyp $L1_2$). Weil sich beide Phasen in den Gitterkonstanten unterscheiden, liegt zwischen den Phasen eine Gitterfehlpassung vor, die im Falle der Kohärenz beider Phasen elastische Gitterverzerrungen erzeugt. In Mehrstoffsystemen vermag die γ'-Phase auch andere Elemente zu lösen. So können Nickelatome durch Cobalt- und Molybdänatome oder Aluminiumatome durch Titan- und Tantalatome substituiert werden. Die γ'-Phase bewirkt eine Teilchenhärtung der Gefügematrix, die bis in den Hochtemperaturbereich wirksam ist. Sie stellt den wesentlichen Mechanismus der Festigkeitssteigerung bei den warmfesten Legierungen dar. Aufgrund der Kohärenz mit der γ-Matrix sowie der erwähnten Gitterfehlpassung zwischen der γ- und der γ'-Phase entstehen zusätzlich festigkeitssteigernde Kohärenzspannungen. Im Gusszustand hat die γ'-Phase eine ungleichmäßige Teilchengröße, Ausbildungsform und Verteilung im Gefüge. Deshalb erfolgt nach dem Erstarren eine mehrstufige Wärmebehandlung der Legierung. Durch das Lösungsglühen wird die γ'-Phase zunächst in der Mischkristallmatrix aufgelöst. Beim Abkühlen von der Lösungsglühtemperatur scheidet sie sich im Vergleich zum Gusszustand in gleichmäßigerer Form wieder aus. Das anschließende Auslagern bei höheren Temperaturen bewirkt eine weitere Vervollkommnung der Gleichmäßigkeit der Teilchengröße und Teilchenform der γ'-Phase im Gefüge. Diese Effekte der Wärmebehandlung auf die Gefügeausbildung führt man auf den Konzentrationsausgleich zwischen den Dendriten und interdendritischen Bereichen sowie die Auflösung des Resteutektikums zurück. Man erreicht eine gleichmäßigere Verteilung der Legierungselemente und damit ein gleichmäßigeres Gefüge.

Die korngrenzenaktiven Legierungselemente Bor und Zirkon spielen bei polykristallinen Legierungsvarianten eine wesentliche Rolle, weil sie durch die Behinderung von Diffusionsprozessen im Bereich der Korngrenzen die Neigung zum Diffusionskriechen und zum Korngrenzengleiten vermindern. Bei einkristallinen Legierungen sind diese Legierungselemente nicht erforderlich.

Bei neueren Legierungsvarianten verwendet man Rhenium als Legierungselement, weil es durch seine stark diffusionshemmende Wirkung den Kriechprozessen entgegenwirkt.

Die Mehrzahl der bereits genannten Legierungselemente bildet mit dem Kohlenstoff, welcher in geringen Konzentrationen in den Legierungen vorhanden ist, Carbide verschiedener chemischer Zusammensetzung (MC, M_6C und $M_{23}C_6$), die bei den polykristallinen Legierungen vorzugsweise an den Korngrenzen entstehen. Diese Carbide bewirken eine Verfestigung der Korngrenzen und behindern Korngrenzengleiten. Hierbei muss die Bildung von zusammenhängenden Carbidfilmen an den Korngrenzen vermieden werden, weil diese die Sprödbruchneigung der Legierungen erhöhen. Durch das Legieren mit Hafnium, welches thermisch sehr stabile und feindisperse Carbide bildet, kann das erreicht werden.

Von wesentlicher Bedeutung für die Nutzungsdauer hochwarmfester Nickellegierungen sind die deckschichtbildenden Legierungselemente Chrom und Aluminium. Durch die Reaktion mit dem Sauerstoff entstehen auf der Oberfläche dichte und festhaftende Oxidschichten dieser Elemente, welche das Metall vor weiterer Oxidation und auch dem Angriff durch aggressive Verbrennungsprodukte schützen. In neuerer Zeit werden auf die Bauteiloberfläche außerdem aluminium- und chromreiche Beschichtungen aufgebracht, um die Beständigkeit der Legierungen gegenüber Oxidation und Korrosion weiter zu steigern.

Zusammenfassend lässt sich feststellen, dass im gleichgewichtsnahen Zustand in den Gefügen der hochwarmfesten Nickellegierungen folgende Phasen auftreten können: der kubisch flächenzentrierte γ-Mischkristall, die geordnete, kubische γ'-Phase und Carbide verschiedener chemischer Zusammensetzung. Im Bereich der Großwinkelkorngrenzen kann außerdem ein Resteutektikum erscheinen, das sich aus der γ- und der γ'-Phase aufbaut.

Neben der chemischen Zusammensetzung wird die Gefügeausbildung der warmfesten Legierungen durch die Fertigungsverfahren bestimmt, die man bei der Herstellung und Verarbeitung der Gasturbinenschaufeln anwendet. Bei den polykristallinen Legierungen ist zwischen den Schmiede- und den Gusslegierungen zu unterscheiden. Als Schmiedewerkstoffe eignen sich nur solche Legierungsvarianten (NIMONIC 80, NIMONIC 101, UDIMET 720), welche einen relativ geringen Volumenanteil (etwa 30–40 %) der γ'-Phase im Gefüge haben, weil die Plastizität der Legierung mit zunehmendem γ'-Anteil im Gefüge eingeschränkt wird. Demgegenüber können in den Gefügen der Gusslegierungen höhere Anteile der γ'-Phase (bis etwa 70 Volumen-%) auftreten. Weil sich mit steigendem Volumenanteil der γ'-Phase auch der Zerspanungswiderstand erhöht, wendet man bei diesen Legierungen endkonturnahe Feingießverfahren an, die keine aufwendige mechanische Nacharbeit der Gussteile erfordern.

Abbildung 6.67 zeigt das dendritische Primärgefüge der Legierung INCONEL 738 bei geringer Vergrößerung. Im Inneren der Körner liegen gut ausgebildete Dendriten vor. Die Großwinkelkorngrenzen haben einen unregelmäßigen, welligen Verlauf, der sich auf das Verwachsen der kristallographisch unterschiedlich orientierten Dendritenstämme und -äste in diesen Be-

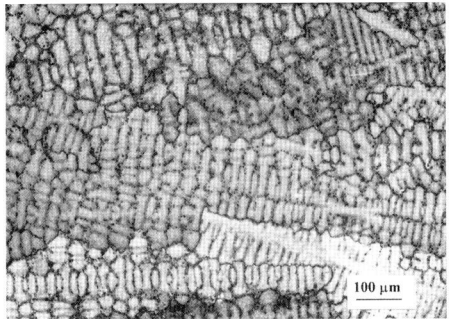

Abb. 6.67 Dendritisches Primärgefüge der Legierung Inconel 738, geätzt mit V2A-Beize

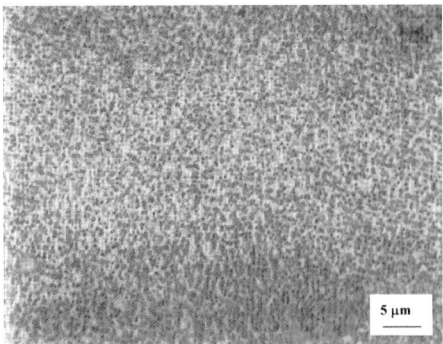

a)

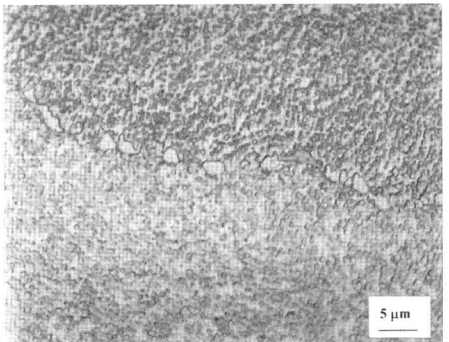

b)

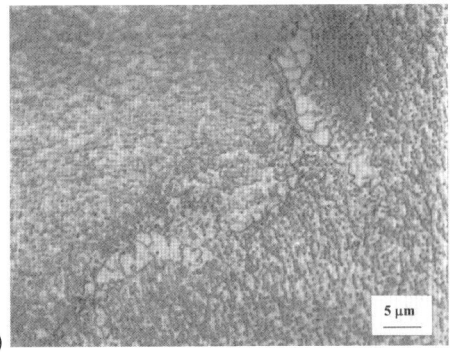

c)

Abb. 6.68 Vergrößerte Ausschnitte von Abb. 6.67, geätzt mit Ätzmittel Beraha II: a) Gefüge in einem Dendritenstamm, b) Gefüge im Bereich einer Großwinkelkorngrenze, c) Gefüge in einem interdendritischen Bereich

reichen zurückführen lässt. In Abb. 6.68 a ist das Gefüge im Inneren eines Dendritenstamms wiedergegeben. Es weist eine gleichmäßige Verteilung der Phasen auf. Die γ-stabilisierenden Elemente (Cr, Co, Mo, W) reichern sich in den Dendritenstämmen und -ästen an. Abbildung 6.68 b zeigt die an den Großwinkelkorngrenzen ausgeschiedenen Carbide. Die ungleichmäßige Gefügeausbildung in den interdendritischen Bereichen und einige Mikroporen zeigt Abb. 6.68 c. In den interdendritischen Bereichen stellt man eine Anreicherung der γ'-bildenden Elemente (Al, Ti, Ta) fest. Nach dem Gießen erfolgen häufig ein heißisostatisches Pressen und die bereits erwähnte Wärmebehandlung der Bauteile. Durch heißisostatisches Pressen strebt man eine Verringerung der Häufigkeit und der Größe von festigkeitsmindernden Mikroporen an, die im Ergebnis des Erstarrungsvorgangs in den interdendritischen Bereichen des Primärgefüges auftreten können.

Abbildung 6.69 zeigt einen vergrößerten Gefügebereich aus Abb. 6.68 a bei der Betrachtung im Rasterelektronenmikroskop. Infolge des höheren Auflösungsvermögens des Rasterelektronenmikroskops sind die Einzelheiten der Mikrostruktur sichtbar. Das Gefüge baut sich aus der γ- und der γ'-Phase auf. Die γ'-Phase liegt in Form dunkler Teilchen, die teilweise eine würfelige Gestalt besitzen, in der hellgrauen γ-Matrix vor. Aufgrund der ungleichmäßigen Größe, Ausbildungsform und Verteilung der γ'-Phase in der Gefügematrix sind keine optimalen Festigkeitseigenschaften zu erwarten.

Abb. 6.69 Rasterelektronenmikroskopische Aufnahme des Gefüges in einem Dendritenstamm, dunkle γ'-Phase in der helleren γ-Matrix

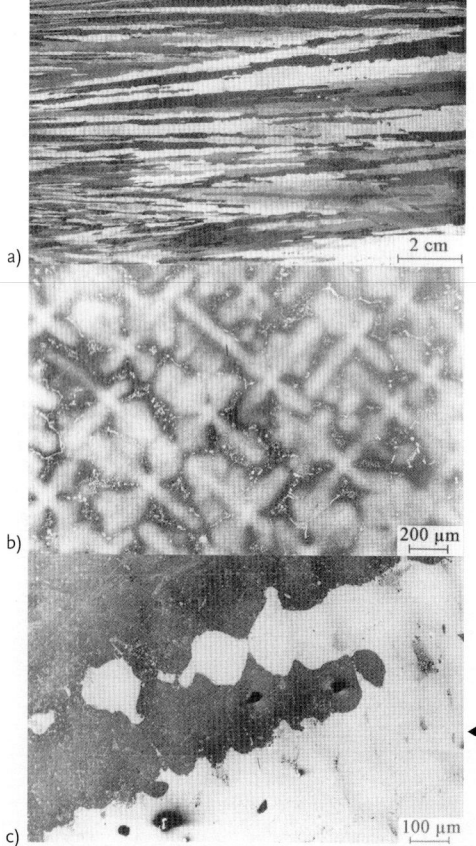

Eine wesentliche Verbesserung der Eigenschaften hochwarmfester Nickellegierungen konnte durch die Einführung der gerichteten Erstarrung erreicht werden. Im Unterschied zum üblichen Vakuum-Feingießen läuft die Erstarrung der Schmelze unter der Wirkung einer gerichteten Wärmeabführung aus der Gießform ab. Im Ergebnis dieser Erstarrungsbedingungen und der Anisotropie des Kristallwachstums bildet sich aus der Schmelze ein Stängelkristall- oder Langkorngefüge. In Abb. 6.70 ist das stängelkristalline Primärgefüge der Superlegierung CM247LC wiedergegeben. Abbildung 6.70 a zeigt das Makrogefüge. Die Stängelkristalle weisen in der Erstarrungsrichtung ER eine [0 0 1]-Orientierung auf, wie man aus dem in Abb. 6.71 dargestellten kristallografischen Orientierungsdreieck entnimmt. Der unregelmäßige, wellige Verlauf der

◄ **Abb. 6.70** Stengelkristallines Gefüge der gerichtet erstarrten Superlegierung CM247LC: a) Makrogefüge im Längsschliff, b) Querschliff, c) Längsschliff, Quelle: Dissertation R. Kowalewski, Universität Erlangen-Nürnberg

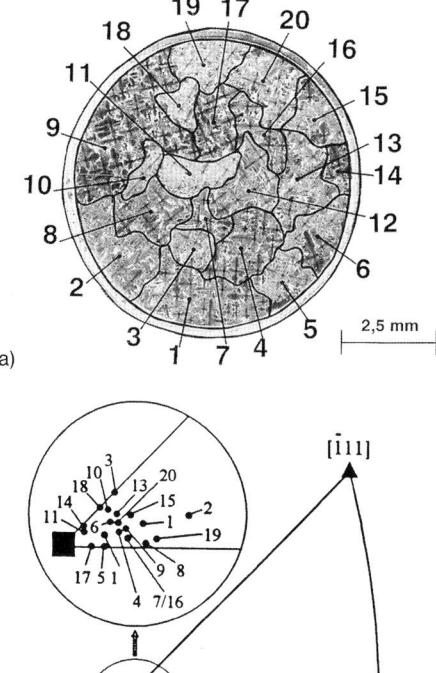

Abb. 6.71 Querschliff der gerichtet erstarrten Legierung CM247LC und Lage der erfassten Stengelkristalle im kristallografischen Orientierungsdreieck, Quelle: Dissertation R. Kowalewski, Universität Erlangen-Nürnberg

Großwinkelkorngrenzen lässt sich auf die dendritische Erstarrung in den Körnern zurückführen. Die Abb. 6.70 b und 6.70 c zeigen die Ausbildung der Dendriten senkrecht und parallel zur Erstarrungsrichtung. Im Bereich der Großwinkelkorngrenzen liegen außerdem Carbide und hell angeätztes Resteutektikum vor (Abb. 6.70 b).

Durch das Stängelkristallgefüge wird eine Vergrößerung der Diffusionswege in der Erstarrungsrichtung der Legierung bewirkt. Das führt zu einer Behinderung des Diffusionskriechens an den Korngrenzen und damit zur Erhöhung der Kriechfestigkeit in der Längsrichtung, die bei den Laufschaufeln einer Gasturbine die Richtung höchster Kriechbeanspruchung ist.

Eine weitere bemerkenswerte Optimierung der Gebrauchseigenschaften von Turbinenschaufelwerkstoffen konnte durch die Einführung der gegossenen, einkristallinen Nickelbasislegierungen erreicht werden. Die Herstellung des Bauteils erfolgt ähnlich wie bei den gerichtet erstarrten Legierungen im Vakuum-Feinguss, wobei jedoch neben der gerichteten Wärmeabführung noch ein Impfkristall verwendet wird. In Verbindung mit einer speziellen Gestaltung der Gießform gewährleistet dieser Impfkristall die einkristalline Erstarrung der Schmelze. Durch die Eliminierung der Großwinkelkorngrenzen im Gefüge werden Diffusionskriechen und Korngrenzengleiten unterdrückt. Dadurch erreicht man eine besonders hohe Kriechfestigkeit der Legierung.

Abbildung 6.72 zeigt das Gefüge einer (0 0 1)-Schnittprobe aus der einkristallinen Superlegierung CMSX-6 im gegossenen und wärmebehandelten Zustand. Es liegt ein sehr gleichmäßiges, dendritisches Gefüge vor. Wegen des sehr geringen Kohlenstoffgehaltes der Legierung (0,02 %) treten keine Carbide auf.

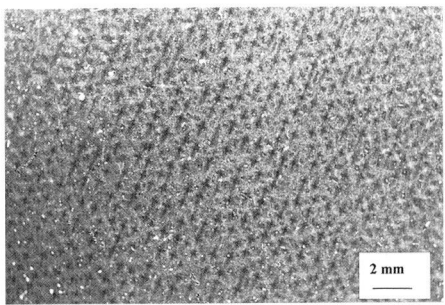

Abb. 6.72 Gefüge einer (0 0 1)-Schnittprobe der einkristallinen Legierung CMSX-6 im gegossenen und wärmebehandelten Zustand, dunkel angeätzte Dendritenstämme und -äste und hell angeätzte interdendritische Gefügebereiche, Quelle: Dissertation M. Ott, Universität Erlangen-Nürnberg

6 Gefüge der technischen Nichteisenmetalle und ihrer Legierungen

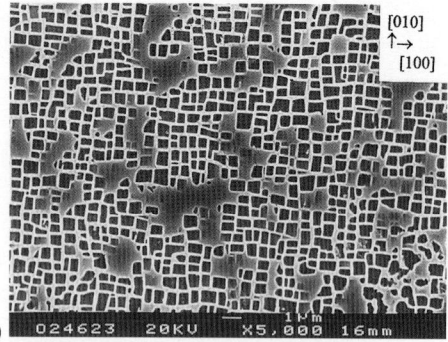

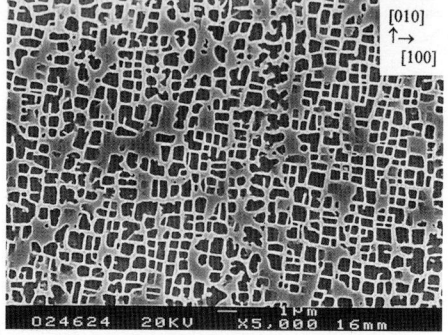

Abb. 6.73 Rasterelektronenmikroskopische Aufnahmen des Gefüges einer (0 0 1)-Schnittprobe der einkristallinen Legierung CMSX-6, gegossen und wärmebehandelt: a) dendritischer Bereich, b) interdendritischer Bereich, dunkel erscheinende Würfel der γ'-Phase, helle Linien und graue Flächen: γ-Phase, Quelle: Dissertation M. Ott, Universität Erlangen-Nürnberg

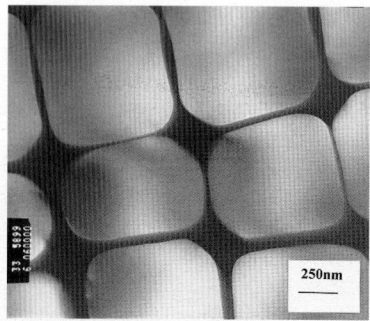

Abb. 6.74 TEM-Dunkelfeldaufnahme der Mikrostruktur einer (0 0 1)-Schnittprobe der einkristallinen Legierung CMSX-6, gegossen und wärmebehandelt, helle γ'-Würfel in der dunklen γ-Matrix, Quelle Dissertation M. Ott, Universität Erlangen-Nürnberg

In Abb. 6.73 sind rasterelektronenmikroskopische Aufnahmen des Gefüges der Legierung CMSX-6 wiedergegeben. Es handelt sich hierbei um (0 0 1)-Schnitte aus dem Einkristall. Abbildung 6.73 a zeigt die Mikrostruktur eines dendritischen Bereiches und Abb. 6.73 b die Mikrostruktur eines interdendritischen Bereichs. Der Vergleich beider Aufnahmen ergibt, dass im dendritischen Bereich die würfelförmige Ausbildung der dunklen γ'-Partikel besser ausgeprägt ist als im interdendritischen Bereich. Die ungleichmäßigere Ausbildung der γ'-Phase in den interdendritischen Bereichen wird auf geringere Homogenität dieser Gefügebereiche zurückgeführt. Die γ-Phase erscheint in Form eines hellen Linienmusters und flächiger, graugefärbter Regionen in den Gefügen.

Abbildung 6.74 zeigt eine TEM-Dunkelfeldaufnahme der Mikrostruktur der gleichen Legierung. Die hohe Auflösung des Transmissionselektronenmikroskops lässt die würfelförmige Ausbildung der jetzt hell erscheinenden γ'-Teilchen deutlich hervortreten. Sie sind kohärent mit den dunkleren Kanälen der γ-Phase. Die würfelförmige Ausbildung der γ'-Phase führt man eben auf diese Kohärenz und das Bestreben zurück, den Zustand geringster elastischer Verzerrungsenergie in der Matrix einzunehmen. Durch die Anordnung der γ/γ'-Grenzflächen in den <1 0 0>-Richtungen, welche in der kubisch flächenzentrierten Struktur kristallografische Richtungen mit niedrigstem Elastizitätsmodul darstellen, wird dieser Zustand erreicht. Die periodische Anordnung der γ'-Würfel trägt ebenfalls dazu bei, dass sich dieser Zustand einstellen kann.

Die mechanische Festigkeit und die Nutzungsdauer der hochwarmfesten Legierungen werden durch die Stabilität des Gefüges unter der Wirkung der extremen Betriebsbeanspruchungen beim Gasturbinen-

6.2 Nickel und seine Legierungen | 797

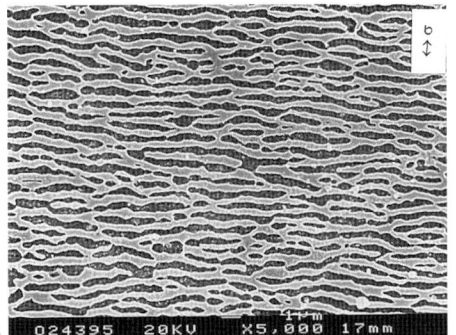

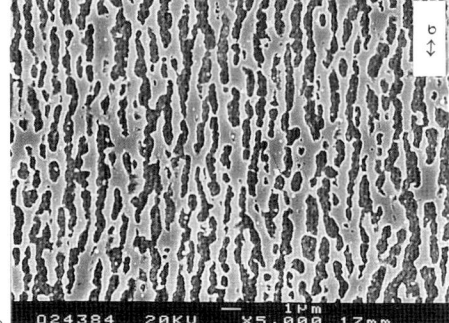

Abb. 6.75 Rasterelektronenmikroskopische Aufnahmen des Gefüges von (0 1 0)-Schnittproben der einkristallinen Legierung CMSX-6 nach einer Kriechbeanspruchung bei 1050 °C, dunkle γ'-Platten in der hellen γ-Matrix: a) nach dem Kriechen unter Zugspannung in vertikaler Richtung, b) nach dem Kriechen unter Druckspannung in vertikaler Richtung, Quelle: Dissertation M. OTT, Universität Erlangen-Nürnberg

betrieb maßgeblich mitbestimmt. Zahlreiche Untersuchungen zeigten auf, dass unter diesen Bedingungen (hohe mechanische Beanspruchungen, hohe Temperaturen) zeitabhängige Veränderungen des Gefügeaufbaus, die zu unerwünschten Änderungen der Gebrauchseigenschaften führen, nicht zu vermeiden sind. In Abb. 6.75 sind rasterelektronenmikroskopische Aufnahmen des Gefüges von (0 1 0)-Schnittproben aus der einkristallinen Superlegierung CMSX-6 nach einer Kriechbeanspruchung wiedergegeben. Die Kriechversuche erfolgten bei einer Temperatur von 1050 °C für 24 Stunden, wobei Zug- und Druckspannungen einbezogen wurden. Abbildung 6.75 a zeigt die Mikrostruktur einer zugbeanspruchten Probe und Abb. 6.75 b die Mikrostruktur einer druckbeanspruchten Probe. Der Vergleich der Gefügebilder mit dem Ausgangsgefüge der Legierung (Abb. 6.72) lässt die Gefügeveränderungen infolge der Kriechbeanspruchung deutlich erkennen. Die kubische γ/γ'-Morphologie hat sich in eine gröbere plattenförmige γ/γ'-Morphologie umgewandelt, wobei die Ausrichtung der dunkel erscheinenden γ'-Platten von der Art der aufgebrachten Spannung (Zug oder Druck) abhängt. Diesen Vorgang bezeichnet man als gerichtete Vergröberung oder Floßbildung. Über die Ursachen und die Kinetik des Prozesses entwickelte man verschiedene Modelle. Neben der teilweisen Auflösung und Wiederausscheidung der γ'-Phase sind die unter der Wirkung der äußeren Spannungen stattfindenden plastischen Deformationen und die Veränderungen der Kohärenzspannungen in den γ/γ'-Grenzflächenregionen von Bedeutung für den Prozess. Letztlich werden dadurch die Diffusion und die Verteilung der γ- und der γ'-stabilisierenden Legierungselemente beeinflusst und somit die Ausbildung des Gefüges verändert.

Bei den einkristallinen Superlegierungen sind die strukturempfindlichen Eigenschaften anisotrop. Abbildung 6.76 bringt diesen Sachverhalt anhand der Ergebnisse von Kriechversuchen, die an einkristallinen Proben der Legierung CMSX-2 erfolgten, zum Ausdruck. Die Zeit bis zum Eintreten des Bruchs hängt empfindlich von der kristallografischen Orientierung der Probe ab. Darüber hinaus zeigt es sich, dass im untersuchten Intervall auch die Teilchengröße der γ'-Partikel die Zeit bis zum Bruch maßgeblich beeinflusst. Bei den Proben, welche

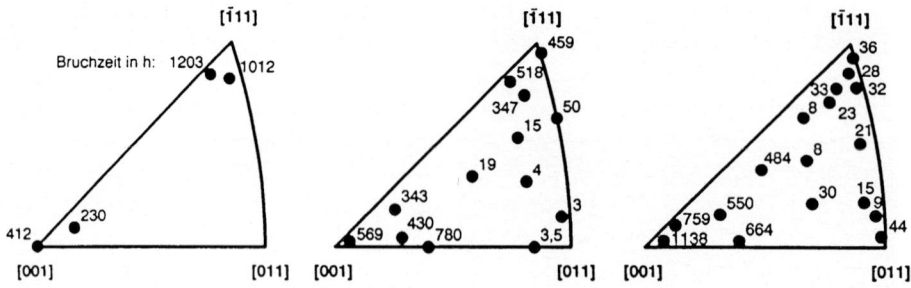

Abb. 6.76 Einfluss der kristallografischen Orientierung und der γ'-Teilchengröße L_γ auf die Bruchzeit von Proben der Legierung CMSX-2, die mit einer Spannung von 750 MPa bei 760 °C getestet wurden, links: L_γ = 230 nm, Mitte: L_γ = 300 nm, rechts: L_γ = 450 nm, nach P. Caron, Y. Otha, Y.G. Nakawa und T. Khan

in oder nahe der [0 0 1]-Richtung getestet wurden, ergibt sich mit steigender Größe der γ'-Teilchen eine Zunahme der Lebensdauer. Demgegenüber stellt man bei solchen Proben, die in oder nahe der [1 1 1]-Richtung beansprucht wurden, mit zunehmender γ'-Teilchengröße eine Verringerung der Zeit bis zum Bruch fest.

Tabelle 6.9 gibt einen Überblick über die chemische Zusammensetzung ausgewählter hochwarmfester Nickellegierungen. Die ersten drei Beispiele ordnen sich in die Gruppe der Schmiedelegierungen ein. Die Werkstoffe *Inconel 713C* und *Inconel 738* werden im üblichen Vakuum-Feinguss hergestellt. Beim Werkstoff *CM247LC* handelt es sich um einen Vertreter der gerichtet erstarrten Legierungen. Die beiden letztgenannten Werkstoffe sind einkristalline Superlegierungen.

6.2.2.2 Hitze – und korrosionsbeständige Legierungen

Ausgehend von der Basisvariante NiCr20 sind hitze- und korrosionsbeständige Legierungen gebräuchlich. Ihre chemische Zusammensetzung ist so festgelegt, dass sich ein möglichst homogenes Gefüge ergibt. Wie bereits bei den hochwarmfesten Legierungen dargestellt wurde, vermag Nickel beträchtliche Konzentrationen an Chrom in Mischkristallform zu lösen (Abb. 6.66), wodurch sich neben der Erhö-

Tab. 6.9 Richtwerte der chemischen Zusammensetzung ausgewählter hochwarmfester Nickelbasislegierungen, Angaben in Masse-%

	Cr	Co	Mo	W	Al	Ti	Ta	Nb	Weitere
NIMONIC 101	24	19	1,1		1,5	3		0,9	0,01 B
NIMONIC 90	20	18			1,5	2,4			
UDIMET 720	18	15	3	1,2	2,5	5,1			0,03 B
INCONEL 713 C	13		4,5		6,2	1		2,3	
INCONEL 738	15	8,5	1,8	2,6	3,4	3,4	1,8	0,9	0,1 Zr
CM 247 LC	8,4	9,2	1	9,5	5,5	0,8	3,2		1,5 Hf
CMSX-6	10	5	3		4,9	4,8	2		0,1 Hf
CMSX-4	6,4	9,7	0,6	6,4	5,7	1	6,5		2,9 Re

hung der Resistenz gegenüber Verzunderung und Korrosion auch ein Zuwachs an mechanischer Festigkeit ergibt.

Bei den hitzebeständigen Legierungen (Beispiele: NiCr20Ti, NiCr15Fe) ist die Zunahme der Verzunderungs- bzw. Oxidationsbeständigkeit des Nickels durch das Legieren mit Chrom maßgeblich. Die Beständigkeit gegenüber Oxidation, welche bis zu Temperaturen von etwa 1100 °C gewährleistet ist, liegt sowohl in oxidierender als auch in reduzierender Atmosphäre vor. Sie wird auf die Bildung einer dichten und festhaftenden Chromoxidschicht zurückgeführt. Abbildung 6.77 a zeigt das Gefüge einer warmgeschmiedeten Legierung NiCr20Ti. Es liegt eine ungleichmäßige Korngröße der kubisch flächenzentrierten γ-Mischkristalle (Strukturtyp A1) vor. In den Körnern beobachtet man zahlreiche Zwillinge. Außerdem liegen im Gefüge Ausscheidungen vor. Im Inneren der Körner stellt man einzelne, grobe Primärausscheidungen fest, welche bei der Betrachtung im Hellfeld eine hellgelbe Farbe aufweisen und teilweise eine eckige Form besitzen (Abb. 6.77 b). Nach ERDÖS weisen diese Merkmale auf Titancarbonitride hin. Neben den groben Ausscheidungen beobachtet man vorzugsweise an den Korn- und Zwillingsgrenzen feine Ausscheidungen, welche nach ERDÖS Carbiden der Form $M_{23}C_6$ und M_6C entsprechen können. Bei der Betrachtung im polarisierten Licht erscheinen diese feinen Ausscheidungen hell in der dunklen Matrix (Abb. 6.77 c).

Nach dem Anlassen bei 750 °C für 60 Minuten liegen die groben Ausscheidungen unverändert in den Körnern vor. Demgegenüber haben sich durch das Anlassen die Verteilung und die Ausbildungsform der feinen Ausscheidungen verändert, indem diese nunmehr vollständig an den Korn- und Zwillingsgrenzen auftreten. Stellenweise beobachtet man eine saumartige

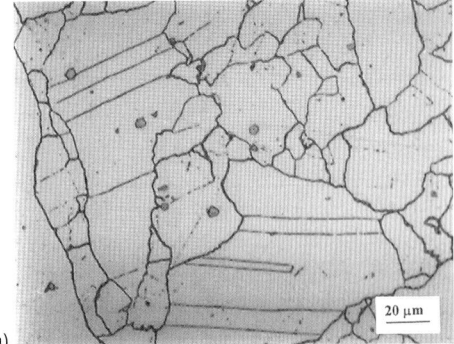
a)

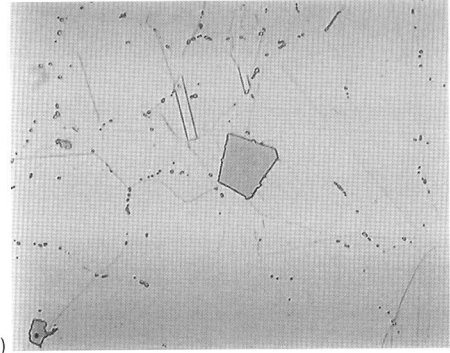
b)

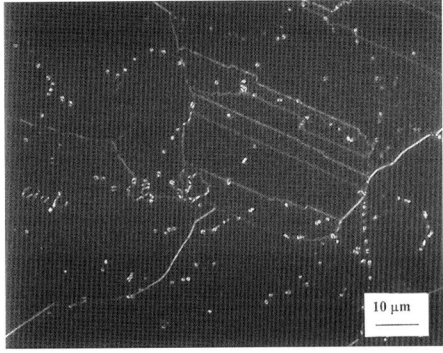
c)

Abb. 6.77 Gefüge der Legierung NiCr20Ti im Anlieferungszustand, geätzt mit Cumi2: a) und b) bei der Betrachtung im Hellfeld, c) bei der Betrachtung im polarisierten Licht

Ausscheidungsform der Carbide. Abbildung 6.78 a und 6.78 b zeigen diese Sachverhalte anhand eines Gefügeausschnitts bei der Betrachtung im Hellfeld und im polarisierten Licht.

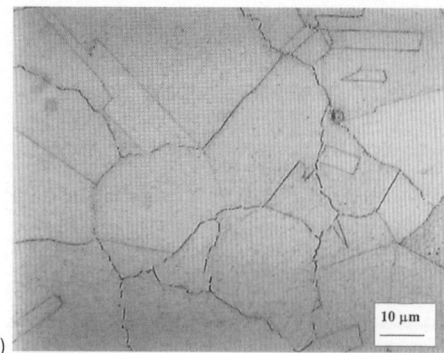

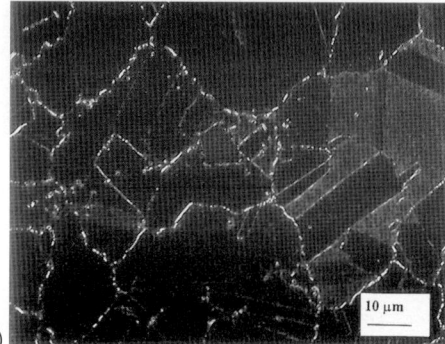

Abb. 6.78 Gefüge der Legierung NiCr20Ti nach dem Anlassen bei 750 °C für 60 Minuten, geätzt mit Cumi2: a) bei der Betrachtung im Hellfeld, b) bei der Betrachtung im polarisierten Licht

Als korrosionsbeständige Nickelbasiswerkstoffe wendet man neben chrom- und molybdänhaltigen Legierungen (Beispiele: NiMo30, NiCr21Mo, NiCr22Mo9Nb) auch kupfer- und aluminiumhaltige Legierungen (Beispiele: NiCu30, NiCu30Al) an. Sie zeichnen sich durch eine außerordentlich hohe Korrosionsbeständigkeit aus. Das betrifft im Besonderen die Beständigkeit gegenüber Spannungsrisskorrosion, Lochfraßkorrosion in chloridionenhaltigen Korrosionsmedien und interkristalliner Korrosion. Um die Beständigkeit gegen Kornzerfall zu steigern, werden bei den Ni-Cr-Mo-Legierungen auch LC-Sorten (Low Carbon) sowie stabilisierte Sorten erzeugt, die zur Abbindung des Kohlenstoffs geringe Konzentrationen von Titan oder Niob enthalten. Diese legierungstechnischen Maßnahmen sind auch bei den korrosionsbeständigen austenitischen Stählen gebräuchlich.

6.2.2.3 Formgedächtnislegierungen

Neben den bereits erwähnten Kupferbasislegierungen zeigen auch bestimmte Nickellegierungen (NITINOL) besondere mechanische Eigenschaften wie die Pseudoelastizität und Formgedächtniseffekte. In diese Materialgruppe ordnen sich binäre Nickel-Titan-Legierungen und auch ternäre Legierungen (Legierungssysteme Nickel-Titan-Kupfer und Nickel-Titan-Eisen) ein.

Abbildung 6.79 zeigt das Zustandsschaubild Nickel-Titan. Die Pseudoelastizität und die Formgedächtniseffekte sind an das martensitische Umwandlungsverhalten der β-Phase (Ni Ti) gebunden. Diese intermetallische Verbindung kristallisiert direkt aus der Schmelze und hat eine kubisch raumzentrierte Kristallstruktur (Strukturtyp A2). Beim Abkühlen unterliegt sie der Ordnungsumwandlung β $\rightarrow$ β$_1$. Die β$_1$-Phase kristallisiert kubisch (Strukturtyp B2), wobei eine geordnete Verteilung der Nickel- und Titanatome im Raumgitter vorliegt.

Abbildung 6.80 zeigt das Gefüge einer Nickel-Titan-Legierung mit 50,7 % Nickel im betatisierten und wasserabgeschreckten Zustand. Es besteht aus den Körnern der β$_1$-Phase und feinen Ausscheidungen, welche als Titancarbide und TiN$_2$O$_x$-Verbindungen identifiziert wurden. Wegen des relativ hohen Nickelgehalts der Legierung liegt die M$_s$-Temperatur unterhalb von 20 °C (Abb. 6.81) und folglich tritt nach dem Abschrecken der Legierung auf 20 °C das β$_1$-Gefüge auf.

Das mechanische Verhalten der Formgedächtnislegierungen hängt empfindlich von der Beanspruchungstemperatur ab, wie aus Abb. 6.82 hervorgeht. Liegt die

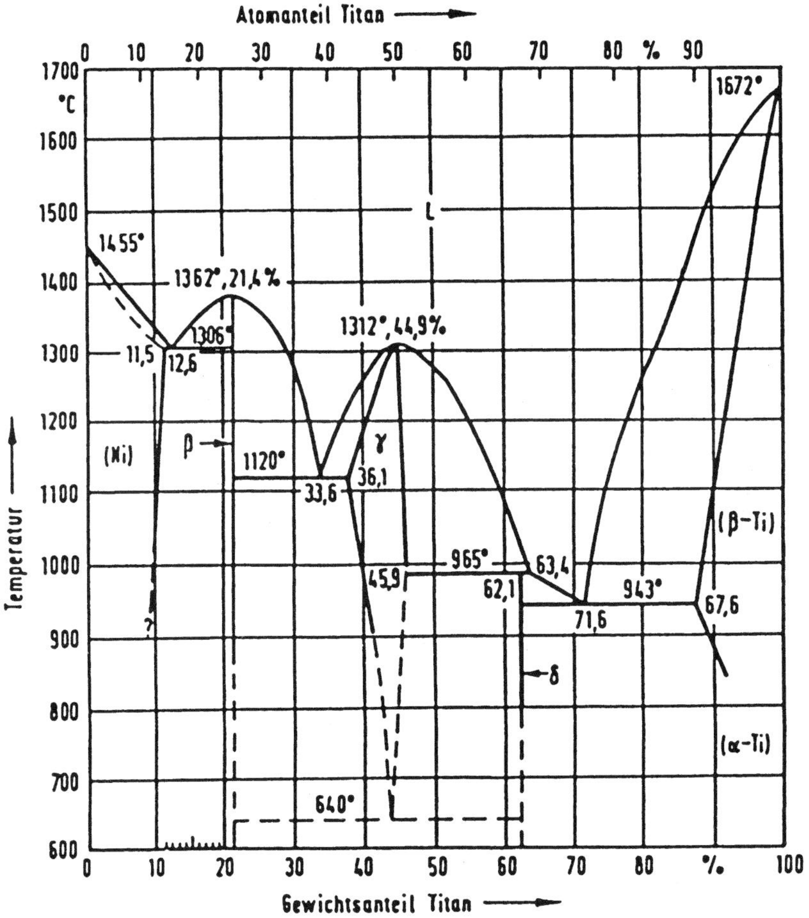

6.2 Nickel und seine Legierungen

Abb. 6.79 Zustandsschaubild Nickel-Titan, nach Stöckel

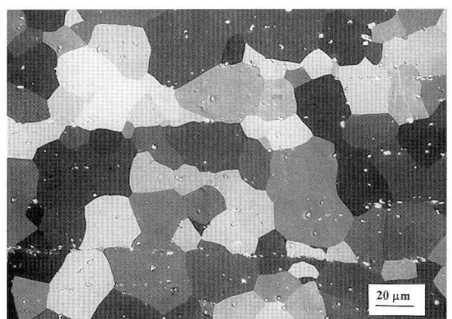

Abb. 6.80 Gefüge einer Nickel-Titan-Legierung mit 50,7 % Nickel nach dem Abschrecken auf 20 °C, Körner der β_1-Phase und feinverteilte Ausscheidungen, Quelle: D. Wurzel, Ruhr-Universität Bochum

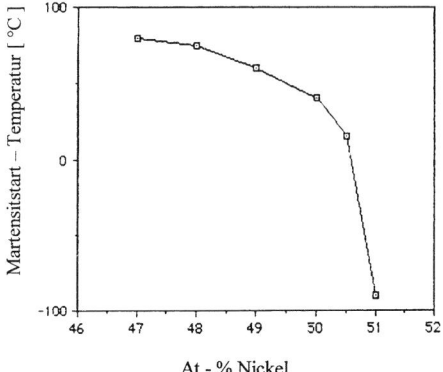

Abb. 6.81 Abhängigkeit der M_s-Temperatur binärer Nickel-Titan-Legierungen vom Nickelgehalt, nach Stöckel

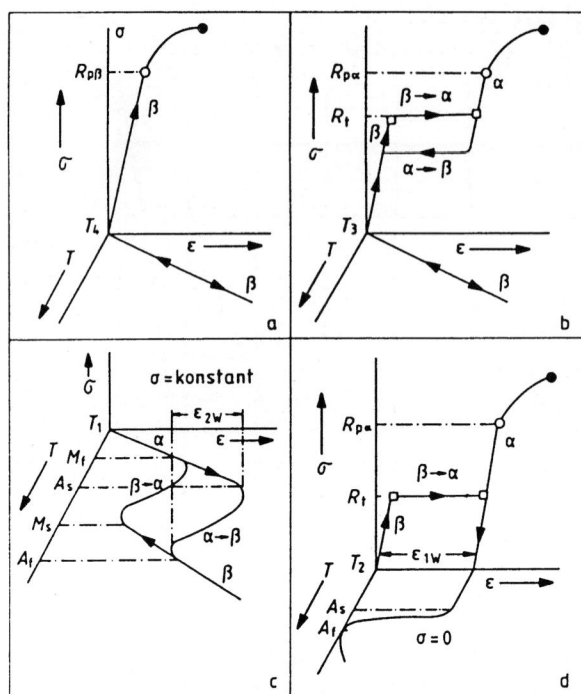

Abb. 6.82 Schematische Darstellung der Pseudoelastizität und der Formgedächtniseffekte, β: allgemeine Bezeichnung für die Ausgangsphase, α: allgemeine Bezeichnung für den Martensit, R_p: Fließgrenzen, R_t: Spannung, die die spannungsinduzierte Martensitbildung auslöst, nach Hornbogen

Temperatur T oberhalb der M_d-Temperatur der Legierung, dann ist die hier mit β bezeichnete Ausgangsphase stabil gegenüber der Martensitbildung und das Material verhält sich bei einer mechanischen Beanspruchung wie ein üblicher Konstruktionswerkstoff (Abb. 6.82 a). Durch die wirkende Spannung erfolgt zunächst die elastische Verformung der β-Phase. Sobald die Fließgrenze $R_{pβ}$ überschritten wird, findet die plastische Deformation des Materials durch konventionelles Gleiten statt.

6.2.2.4 Spannungselastische Martensitumwandlung und Pseudoelastizität

Wird die Legierung bei einer Temperatur $M_d > T > A_f > M_s$ mechanisch beansprucht, dann beobachtet man pseudoelastisches Verhalten (Abb. 6.82 b). Beim Belasten beobachtet man auch hier zunächst die elastische Deformation der β-Phase. Wird Spannung R_t erreicht, dann wird die spannungsinduzierte Martensitbildung β → α ausgelöst. Bei der spannungsinduzierten Martensitbildung werden nur die Schersysteme aktiviert, in denen maximale Schubspannungen auftreten. Folglich bilden sich nicht alle kristallografisch möglichen Martensitvarianten, sondern nur Vorzugsvarianten des Martensits. Die mit der spannungsinduzierten Martensitbildung verbundenen gittervarianten Formänderungen bewirken die pseudoelastische Verformung, die dem Plateau in der Belastungskurve entspricht. Bricht man die Belastung bei $σ < R_{pα}$ ab, dann wird die plastische Deformation des Martensits durch konventionelles Gleiten vermieden. Unter der Wirkung der elastischen Gitterverzerrungen, die beim Belasten eingebracht wurden, findet beim anschließenden Entlasten der

Probe die reversible Transformation α → β statt. Damit in Verbindung verschwinden die gittervarianten Formänderungen und die pseudoelastische Deformation der Probe bildet sich zurück. Nach dem vollständigen Entlasten hat sich auch die elastische Verformung der β-Phase vollständig rückgebildet.

6.2.2.5 Thermoelastische Martensitumwandlung und Formgedächtniseffekte

Erfolgt die mechanische Beanspruchung der Legierung bei einer Temperatur $A_s > T > M_s$, dann beobachtet man entsprechend Abb. 6.82 d den Einweg-Formgedächtniseffekt. Während des Belastungsvorgangs finden gleichartige Prozesse statt wie bei der Pseudoelastizität (Abb. 6.82 b). Weil die Temperatur jetzt unterhalb der A_s-Temperatur liegt, ist der mit α bezeichnete Martensit nach dem Entlasten noch existent und folglich bleibt auch die Formänderung ε_{1W} erhalten. Die Rückbildung dieser Formänderung findet erst beim anschließenden Erwärmen der Legierung auf eine Temperatur $T > A_f$ statt, weil dann die Umwandlung α → β stattfindet. Die Probe nimmt ihre ursprüngliche Form wieder an.

Durch eine geeignete Verformung oder auch die Kombination der Verformung mit einem Ausscheidungsvorgang kann man dem Material das Formgedächtnisverhalten aufprägen und dann beobachtet man den Zweiwegeffekt, der in Abb. 6.82 c schematisch dargestellt ist. Die Formänderung ε_{2W} findet, ohne die Mitwirkung einer äußeren Spannung, reversibel in Abhängigkeit von der Temperatur statt.

6.3 Cobalt und seine Legierungen

6.3.1 Reines Cobalt

Cobalt wird aus sulfidischen und oxidischen Mischerzen gewonnen, die neben Cobalt auch Kupfer, Eisen und Nickel enthalten. Nach der aufwendigen Aufbereitung und Anreicherung der Erze geschieht die schmelzmetallurgische Verhüttung. Unter Anwendung verschiedener chemischer und elektrolytischer Verfahren lässt sich das Cobalt von den anderen Metallen trennen und das reine Metall erzeugen.

Cobalt verhält sich unterhalb der Curie-Temperatur, die bei 1127 °C liegt, ferromagnetisch. Es gehört zu den Metallen mit polymorphen Umwandlungen. Aus der Schmelze kristallisiert die kubisch flächenzentrierte Hochtemperaturphase γ (Strukturtyp A1), welche beim weiteren Abkühlen in die hexagonal dichtgepackte ε-Modifikation (Strukturtyp A3) umwandelt. Diese Umwandlung erfolgt bei 390 °C. Beim Erwärmen beobachtet man eine höhere Umwandlungstemperatur (450 °C). Die Temperaturhysterese der ε/γ Umwandlung führt man auf den Scherungsmechanismus des Phasenüberganges zurück. Aufgrund der niedrigen Umwandlungstemperaturen geschieht die Gittertransformation wie bei einer martensitischen Umwandlung ohne die Mitwirkung thermisch aktivierter Diffusionsvorgänge. Die Umgitterung erfolgt durch die kooperative Bewegung größerer Atomgruppen aus den alten in die neuen Gitterpositionen, wobei die Verschiebungsbeträge klein sind im Vergleich zu den Gitterkonstanten. Außerdem existiert ein kristallografischer Orientierungszusammenhang zwischen den beteiligten Phasen. In Abhängigkeit vom Reinheitsgrad des Cobalts und von der Wärmebehandlung stellt

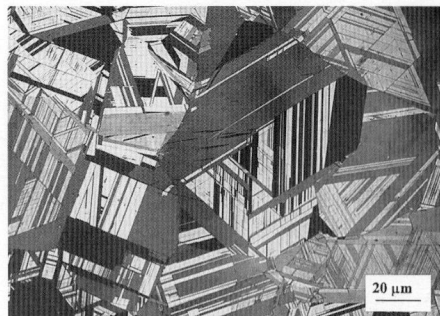

Abb. 6.83 Gefüge von reinem Cobalt, geätzt mit Comi6, hell: hexagonal dicht gepackte ε-Phase, dunkel: kubisch flächenzentrierte Rest -γ-Phase

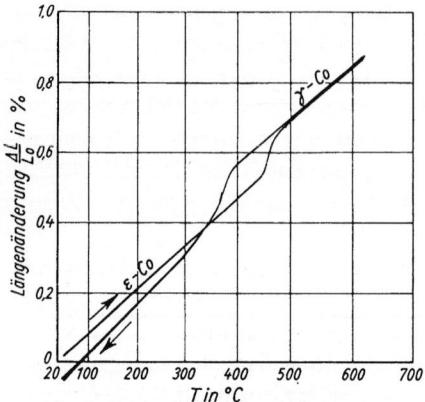

Abb. 6.84 Dilatometerkurve von reinem Cobalt, nach dem langsamen Abkühlen auf 20 °C liegen 65 Vol.-% ε-Phase und 35 Vol.-% γ-Phase im Gefüge vor

man häufig eine Unvollständigkeit der γ → ε-Umwandlung fest, sodass nach der Abkühlung auf 20 °C nicht umgewandelte Hochtemperaturphase im Gefüge vorliegt. Abbildung 6.83 zeigt das Gefüge von reinem Cobalt, welches nach der Abkühlung auf 20 °C aus ε- und γ-Phase besteht. Die Gefügeausbildung ist sehr ähnlich den Gefügen von hochlegierten ε-martensithaltigen Manganstählen.

In Abb. 6.84 ist die Dilatometerkurve von reinem Cobalt wiedergegeben. Während die γ → ε-Umwandlung mit einer Kontraktion der Probe verbunden ist, beobachtet man bei der umgekehrten Transformation ε → γ eine Dilatation. Die dilatometrischen Effekte führt man auf die Unterschiede in der Packungsdichte der Atome in den Kristallgittern des ε- und des γ-Cobalts zurück. Die hexagonal dichtgepackte ε-Modifikation besitzt eine höhere Packungsdichte im Vergleich zur kubisch flächenzentrierten γ-Phase, weil das c/a-Verhältnis der hexagonalen ε-Phase mit 1,6228 unterhalb des idealen Wertes von 1,633 liegt.

Cobalt besitzt bei 20 °C eine relativ hohe mechanische Festigkeit in Verbindung mit einer mäßigen Duktilität. Das führt man auf den hohen Anteil der hexagonal dichtgepackten Phase im Gefüge zurück, welche nur über wenige Basisgleitsysteme verfügt.

Cobalt verhält sich etwas edler als Eisen. In der Normalspannungsreihe liegt sein Potenzial bei −0,28 V. An der Luft und im Süßwasser ist es relativ beständig. Demgegenüber erfolgt in Seewasser eine Korrosion. Durch verdünnte Säuren und Laugen wird Cobalt ebenfalls angegriffen. Die Oxidationsbeständigkeit von reinem Cobalt bei höheren Temperaturen ist gering.

6.3.2 Cobaltlegierungen

Neben den bereits dargestellten Nickellegierungen wendet man auch Cobaltbasislegierungen als hochwarmfeste und heißgaskorrosionsbeständige Werkstoffe im Gasturbinenbau an. Man unterscheidet zwischen Knet- und Gusslegierungen. Die Richtwerte der chemischen Zusammensetzung zweier Legierungen sind in Tab. 6.10 beispielhaft zusammengestellt.

Die Gusslegierungen haben im Vergleich zu den Knetlegierungen höhere Cr- und C-

Tab. 6.10 Richtwerte der chemischen Zusammensetzung einer Knetlegierung (HS25) und einer Gusslegierung (HS21) des Cobalts, Angaben in Masse-%

Legierung	% Co	% C	% Cr	% Ni	% Fe	% W	% Mo
HS25	54	0,15	20	10	–	15	–
HS21	62	0,25	27	3	1	–	5

Gehalte. Im Vergleich zur Legierung HS21 weisen andere Gusslegierungen (MAR-M509, MAR-M302, MAR-M322, X-40) höhere Kohlenstoffgehalte auf (0,5–1,0 %). Außerdem sind in manchen Legierungen weitere starke Carbidbildner wie Tantal, Niob und Titan sowie solche Elemente (Bor, Zirkon) vorhanden, welche die Diffusion an den Korngrenzen einschränken und den Widerstand der Korngrenzen gegenüber Diffusionskriechen und Korngrenzengleiten erhöhen.

Im Vergleich zu den hochwarmfesten Nickelbasislegierungen weisen die Cobaltlegierungen einen einfacheren Gefügeaufbau auf. Abbildung 6.85 zeigt eine rasterelektronenmikroskopische Aufnahme des Gefüges der carbidhärtenden Legierung HAYNES 188 (CoCr22Ni22W14) nach einem 30-stündigen Glühen bei 950 °C. Es baut sich aus der kubisch flächenzentrierten Matrix und wolframreichen Carbiden des Typs M_6C auf, welche an den Korngrenzen und im Korninneren der Matrix vorliegen. Die im Gefüge der warmfesten Nickelbasislegierungen vorhandene γ'-Phase tritt hier nicht auf. Durch die mischkristallverfestigende Wirkung des Chroms, Nickels und Wolframs besitzt die Matrix eine hohe Zeitstandfestigkeit und hohe Ermüdungsfestigkeit. Besondere Bedeutung kommt der thermischen und zeitlichen Stabilität der Carbide zu, weil von der Art, der Menge, der Größe und der Verteilung dieser Carbide die Teilchenverfestigung der Matrix und die Neigung der Korngrenzen gegenüber Diffusionskriechen und Korngrenzengleiten maßgeblich abhängen.

Weil Cobaltbasislegierungen nicht aushärtbar sind, weisen sie im Vergleich zu den Nickelbasislegierungen eine geringere Zeitstand- und Ermüdungsfestigkeit auf. Zur Herstellung der mechanisch hochbeanspruchten Laufschaufeln von Gasturbinen wendet man sie daher nicht an. Wohl aber werden sie zur Herstellung von nichtrotierenden Leitschaufeln und vor allem von Brennkammern, in denen weniger die mechanische Beanspruchung als vielmehr die Beanspruchung durch Heißgaskorrosion dominant ist, eingesetzt.

Bereits seit 1929 werden Cobaltbasislegierungen als Biomaterialien angewendet, weil sie über eine gute Biokompatibilität und Korrosionsbeständigkeit in Verbin-

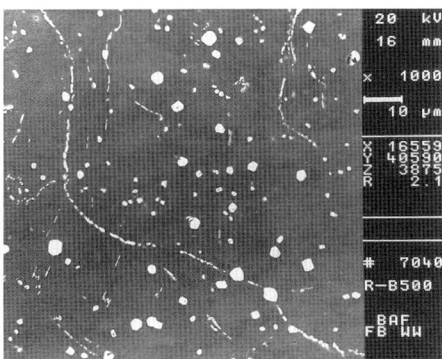

Abb. 6.85 Rasterelektronenmikroskopische Aufnahme des Gefüges der Legierung Haynes 188, kubisch flächenzentrierte Matrixkörner und wolframreiche M_6C-Carbide an den Korngrenzen und im Korninneren, Quelle: U. Martin, TU Bergakademie Freiberg

dung mit günstigen mechanischen Eigenschaften verfügen. Aus solchen Legierungen stellt man lasttragende Implantate wie beispielsweise die Schäfte und Kugelköpfe von Hüftgelenkendoprothesen und dentale Implantate her. Man unterscheidet zwischen Guss- und Knetlegierungen. Typische Gusslegierungen (Handelsbezeichnung *Vitallium*) enthalten 27–30 % Cr, 5–7 % Mo und maximal 0,35 % C. Abbildung 6.86 zeigt das Gefüge einer solchen Legierung nach zwei verschiedenen Anätzungen. In Abb. 6.86 a erfolgte das Ätzen mit gealtertem Ätzmittel Beraha II. Die Korngrenzen des Gefüges sind deutlich entwickelt. In den Körnern, welche eine kubisch flächenzentrierte Kristallstruktur besitzen, erkennt man neben schwach angeätzten Dendriten feine Carbide. Diese Carbide sind bedeutsam für den Widerstand der Legierung gegenüber Abrasivverschleiß, welcher im Falle von Gelenkersatz die Lebensdauer des Implantates mitbestimmt. Abbildung 6.86 b gibt das Gefüge nach dem Ätzen mit frisch angesetztem Ätzmittel Beraha II wieder. Durch dieses Ätzen werden die Dendriten und interdendritischen Bereiche deutlicher sichtbar gemacht. Demgegenüber sind die Korngrenzen des Gefüges nur schwach sichtbar.

Neben den Gusslegierungen sind zur Herstellung von Implantaten und chirurgischen Instrumenten auch Knet- bzw. Schmiedelegierungen gebräuchlich, welche einen geringeren Kohlenstoffgehalt (C< 0,1 %) haben und mit Nickel legiert sind (Handelsbezeichnungen: Haynes Stellite25, Protasul10, MP35 N). Die Nickelgehalte liegen zwischen etwa 10 % und 35 %. Abbildung 6.87 zeigt das Gefüge einer Schmiedelegierung. Das Ätzen des Schliffes erfolgte mit dem Ätzmittel Beraha III. Die Körner der kubisch flächenzentrierten Matrix weisen Glühzwillinge auf. In den Körnern erkennt man außerdem feine Car-

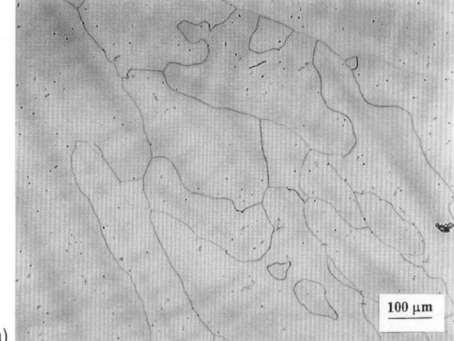
a)

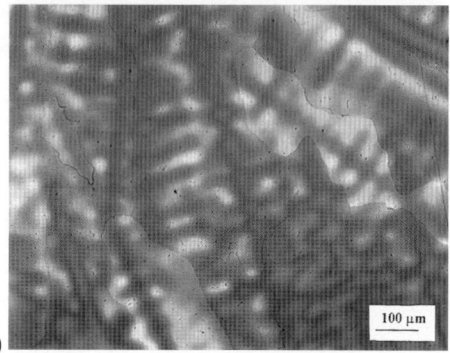
b)

Abb. 6.86 Gussgefüge einer Cobalt-Chrom-Molybdän Legierung: a) nach dem Ätzen mit gealtertem Ätzmittel Beraha II, b) nach dem Ätzen mit frischem Ätzmittel Beraha II

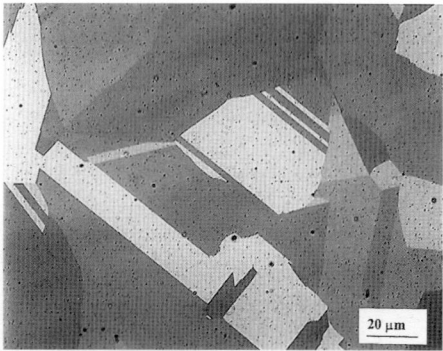

Abb. 6.87 Gefüge einer geschmiedeten Cobalt-Nickel-Chrom-Molybdän Legierung, geätzt mit Comi6, kubisch flächenzentrierte Mischkristalle mit Glühzwillingen und feine Carbide

bide. Im Vergleich zu den Gusslegierungen haben die Knetlegierungen aufgrund des gleichmäßigeren und feinkörnigeren Gefüges eine höhere Festigkeit und Zähigkeit.

Cobalt wird auch zur Herstellung von Stelliten und Hartmetallen angewendet. Die Stellite sind kohlenstoffhaltige Legierungen, deren Gefüge sich aus einer relativ weichen Cobaltgrundmasse und eingelagerten Carbiden von hochschmelzenden Metallen wie Wolfram, Molybdän und Chrom aufbaut. Sie werden als Guss- und als Knetlegierungen erzeugt, wobei die Gusslegierungen höhere Kohlenstoff- und Wolframgehalte aufweisen. Gegossene Stellite haben deshalb eine höhere Härte und Warmhärte. Sie verhalten sich jedoch auch spröder als geschmiedete Legierungen. In Abb. 6.88 a ist das Gefüge eines gegossenen Stellites gezeigt. Es besteht aus den hell angeätzten, primär kristallisierten, groben Carbidnadeln, die in eine feinkörnige Grundmasse eingebettet sind. Aufgrund des hohen Anteils an naturharten und thermisch stabilen Carbiden, vor allem den Wolframcarbiden WC und W_2C, haben diese Legierungen auch bei Temperaturen von 1000 °C eine hohe Härte und einen hohen Verschleißwiderstand. Stellite wendet man vorzugsweise zur Herstellung von verschleißbeanspruchten Umformwerkzeugen wie Warmzieh- und Presswerkzeugen sowie von verschleißbeanspruchten Maschinenbauteilen wie Ventilkegeln und -sitzen an. Wesentliche Bedeutung haben hierbei Beschichtungen aus diesen Legierungen, die man auf die Funktionsflächen von Bauteilen aus Stahl aufbringt.

Bei den Hartmetallen unterscheidet man zwischen gegossenen und pulvermetallurgisch hergestellten Legierungen. Die Gusslegierungen bestehen zum überwiegenden Teil aus Wolfram und Kohlenstoff. Nach der Erstarrung liegen im Primärgefüge zwei Wolframcarbide (WC und W_2C) vor,

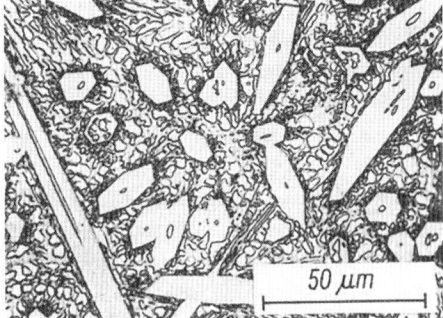

a)

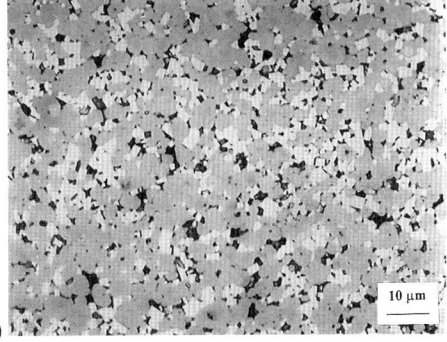

b)

Abb. 6.88 Gefüge von Stellit und von Hartmetall: a) gegossener Stellit mit 2,2 % C, 11 % W, 29 % Cr, 44 % Co, Rest Eisen, primär kristallisierte, grobe Carbidnadeln in einer feinkörnigen Matrix, b) gesintertes Hartmetall, Anlaufätzung bei 400 °C, schwarz: Cobalt, weiß: Wolframcarbid, grau: Mischcarbid

die eine hohe Härte und Warmhärte besitzen. Das Gussgefüge ist grobkörnig und ungleichmäßig. Diese Gefügemerkmale und die hohe Naturhärte der Wolframcarbide sind die Ursache für das spröde Verhalten der Gusshartmetalle, die man zur Herstellung von Strahl- und Ziehdüsen sowie von Tiefbohrmeißeln verwendet.

Als Ausgangsprodukte für gesinterte Hartmetalle dienen Pulvermischungen (WC, Co, TiC, TaC), die man zu porösen Formkörpern verpresst. Nach dem mehrstufigen Sintern liegt ein feinkörniges und gleichmäßiges Gefüge vor, wie man aus Abb. 6.88 b entnimmt. Es besteht aus naturharten und warmfesten Carbiden

(WC und WC-TiC-Mischcarbid) und dem dunkel angeätzten Cobalt, das als zähigkeitssteigerndes Bindemittel zwischen den Carbiden wirkt. Die gesinterten Hartmetalle weisen ebenfalls eine außerordentlich hohe Härte und Warmhärte sowie einen hohen Abrasivverschleißwiderstand auf. Sie werden zur Herstellung von Umformwerkzeugen (Beispiele: Ziehdüsen, Matrizen) und von Zerspanungswerkzeugen (Beispiele: hartmetallbestückte Bohrer, Fräser, Sägeblätter) angewendet. Bei den Letzteren werden die gesinterten Hartmetallplättchen auf die Schneiden eines Trägerkörpers aus Stahl aufgelötet.

6.4
Zink und seine Legierungen

6.4.1
Reines Zink

Zink wird meist aus Zinkblende ZnS gewonnen, welche durch Rösten an Luft in Zinkoxid überführt wird. Die Weiterverarbeitung des so gewonnenen Zinkoxids zu metallischem Zink erfolgt entweder durch Destillation oder durch Elektrolyse.

Bei der Destillation wird Zinkoxid unter Verwendung von Kohlenstoff reduziert. Dieser Prozess findet bei Temperaturen von etwa 1200–1300 °C in geschlossenen Muffeln statt. Wegen seiner niedrigen Verdampfungstemperatur (906 °C) ist Zink bei den hohen Temperaturen dampfförmig. Das flüssige Zink erhält man durch Kondensation des Zinkdampfes. Durch Umschmelzen und fraktionierte Destillation stellt man aus dem verunreinigten Zwischenprodukt Hütten- und Feinzink her.

Im Falle der technisch bedeutsameren elektrolytischen Gewinnung wird das Zinkoxid zunächst mit Schwefelsäure ausgelaugt. Nach dem Entfernen von Verunreinigungen wird Zink durch Elektrolyse der Lauge abgeschieden und durch Umschmelzen zu Hütten- und Feinzink verarbeitet.

Wesentliche Verunreinigungsmetalle des Zinks sind Blei, Cadmium, Zinn und Eisen. In der Norm DIN EN 1179 werden Fein- und Hüttenzink unter der Bezeichnung Primärzink zusammengefasst. Das Primärzink wird nach dem Reinheitsgrad in die Sorten Z1 bis Z5 eingeteilt, wobei die Sorte Z1 den höchsten Reinheitsgrad (99,995 %) und die Sorte Z5 den geringsten Reinheitsgrad (98,5 %) besitzt.

Zink hat eine hexagonal dicht gepackte Kristallstruktur (Strukturtyp A3). Polymorphe Umwandlungen sind nicht bekannt. Die mechanischen Eigenschaften des Zinks hängen vom Reinheitsgrad und vom technologischen Verarbeitungszustand des Metalls ab. Die Bruchdehnung von gegossenem Zink liegt wegen der grobkörnigen und ungleichmäßigen Ausbildung des Primärgefüges unterhalb von 1 %. Demgegenüber stellt man bei gewalztem und geglühtem Zink, das einen feinkörnigeren und gleichmäßigeren Gefügeaufbau hat, deutlich höhere Werte der Bruchdehnung fest.

Aufgrund der hexagonal dicht gepackten Kristallstruktur weist Zink im Vergleich zu kubisch kristallisierenden Metallen nur wenige Basisgleitsysteme auf, weshalb dieses Metall zur Kaltversprödung neigt. Wegen der eingeschränkten plastischen Deformation durch das Gleiten tritt die mechanische Zwillingsbildung als Verformungsmechanismus in Erscheinung. Deshalb beobachtet man im Gefüge von kaltumgeformtem Zink zahlreiche Zwillinge (Abb. 6.89).

Von besonderer Bedeutung für das Umform- und Verfestigungsverhalten des Zinks ist der Sachverhalt, dass Kristallerholung und Rekristallisation bereits bei niedrigen Temperaturen auftreten. Schätzt

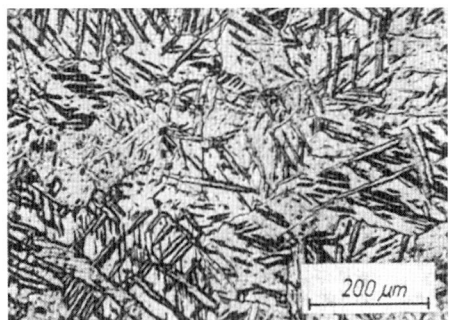

Abb. 6.89 Gefüge von kaltverformtem Primärzink, hexagonale Zinkkristallite mit Verformungszwillingen

Abb. 6.90 Querschliff durch eine Feuerverzinkungsschicht auf unlegiertem Baustahl, geätzt mit Znmi5

man die niedrigste Rekristallisationstemperatur mit Hilfe der Tammann-Regel ab, dann zeigt es sich, dass die Rekristallisation des reinen Zinks bereits bei 20 °C einsetzen kann. Durch eine Umformung bei 20 °C lässt sich zwar eine gewisse Festigkeitssteigerung des Zinks herbeiführen. Infolge einsetzender Kristallerholung und Rekristallisation ergibt sich jedoch im Verlaufe der Zeit eine Abnahme der Festigkeit des kaltverformten Zinks. Deshalb ist es beim Zink und auch bei zahlreichen Zinklegierungen nicht möglich, kaltverfestigte Halbzeuge herzustellen.

Ein erheblicher Anteil des erzeugten Zinks wird für die Beschichtung von rostenden Stählen verwendet. Das geschieht meist durch das Feuerverzinken in Form des Tauchens der Stahlprodukte in einer Zinkschmelze. Der Aufbau und die Dicke der Verzinkungsschicht werden durch die Temperatur und chemische Zusammensetzung des Schmelzbades sowie die Tauchzeit bestimmt. In Abb. 6.90 ist der mehrphasige Aufbau einer solchen Beschichtung auf unlegiertem Baustahl im Querschliff dargestellt. Entsprechend dem Zustandsschaubild Eisen-Zink und der schematischen Darstellung des Schichtaufbaus (Abb. 6.91) bildet sich unmittelbar auf der Stahloberfläche eine dünne Schicht, die aus α-Mischkristallen besteht. Wegen ihrer geringen Dicke lässt sich diese Schicht metallografisch nur schwer nachweisen. Auf die α-Schicht folgt eine ebenfalls dünne Schicht der Γ-Phase (Fe_3Zn_{10}), deren Kristallstruktur dem γ-Messing-Typ entspricht. In Abb. 6.90 ist die Γ-Schicht als schmale, dunkel angeätzte Zone sichtbar. Die folgende $δ_1$-Schicht besitzt stahlseitig eine palisadenförmige und oberflächenseitig eine kompakte Ausbildung. Die $δ_1$-Phase ($FeZn_{10}$) hat eine hexagonale Kristallstruktur. Die anschließende ζ-Schicht weist eine stengelige Kornform auf. Die ζ-Phase ($FeZn_{13}$) kristallisiert monoklin. Unmittelbar an der Oberfläche befindet sich Zink, welches gemäß dem Zustandsschaubild als η-Phase bezeichnet wird. Die Löslichkeit des Zinks für Eisen ist bei 20 °C sehr gering. Weil sich die intermetallischen Phasen Γ, $δ_1$ und ζ spröde verhalten, strebt man eine möglichst geringe Dicke dieser Legierungsschichten beim Feuerverzinken an. Das lässt sich durch eine geeignete chemische Zusammensetzung des Schmelzbades erreichen, wobei dessen Aluminiumgehalt wesentliche Bedeutung zukommt. Ei-

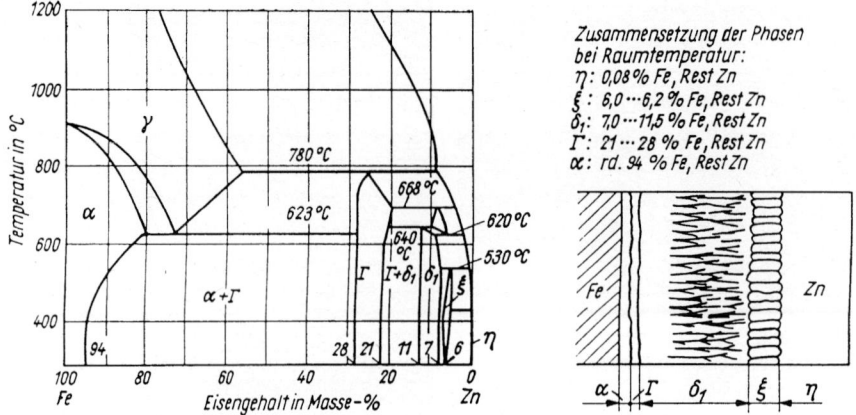

Abb. 6.91 Zustandsschaubild Eisen-Zink und schematische Darstellung des Aufbaues einer Verzinkungsschicht, nach J. Schramm

nige Zehntel Prozent Aluminium im Schmelzbad bewirken eine Hemmung der Bildung der Legierungsschichten. Diese Hemmwirkung ist jedoch auch von der Temperatur des Schmelzbades und der Tauchzeit abhängig.

Obwohl das Zink in der Normalspannungsreihe ein elektronegatives Potenzial (−0,76 V) besitzt, erweist es sich unter atmosphärischen Bedingungen und auch im belüfteten Süßwasser als relativ korrosionsbeständig. Das führt man auf die Entstehung einer dichten und gut haftenden Schutzschicht zurück, welche aus basischen Zinkverbindungen, vorzugsweise Zinkcarbonat, besteht. Das Zink bewirkt außerdem einen katodischen Schutz des Eisens. Es besitzt ein geringeres elektrochemisches Potenzial als das Eisen und wird deshalb bei der Bildung eines Korrosionselementes zur Anode und somit aufgelöst.

6.4.2
Zinklegierungen

Zinklegierungen nutzt man fast ausschließlich in Form von Gusslegierungen. Wesentliche Legierungselemente des Zinks sind Aluminium und Kupfer. Darüber hinaus enthalten die Legierungen meist 0,02–0,05 % Magnesium, um ihre Anfälligkeit gegenüber selektiver Korrosion zu vermindern, welche durch die Anwesenheit bestimmter Begleitelemente (Blei, Cadmium, Wismut und Zinn) ausgelöst wird.

Zur Darstellung des Gefügeaufbaus ist es zweckmäßig von den Zustandsschaubildern der entsprechenden Stoffsysteme auszugehen.

In Abb. 6.92 ist das Zustandsschaubild Zink-Aluminium wiedergegeben. Auf der zinkreichen Seite des Zustandsschaubildes tritt ein eutektisches Teilsystem auf, das für die praktisch genutzten, binären Legierungen wichtig ist. Der eutektische Punkt liegt bei 5 % Al und einer Temperatur von 382 °C. Die Löslichkeit des hexagonalen

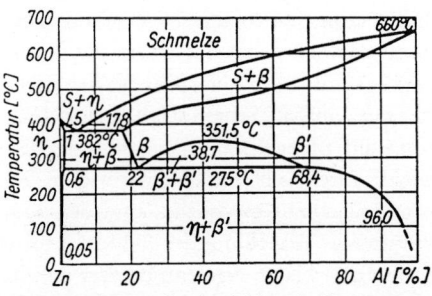

Abb. 6.92 Zustandsschaubild Zink-Aluminium

Zinks für Aluminium ist gering und nimmt außerdem mit sinkender Temperatur ab. Bei der eutektischen Temperatur vermag der hexagonale η-Mischkristall rund 1 % Aluminium zu lösen. Demgegenüber kann er bei 20 °C nur noch 0,05 % Aluminium lösen. Bei untereutektischen Legierungen (1 % <Al < 5 %) kristallisiert primär die hexagonale η-Phase aus der Schmelze und bei übereutektischen Legierungen (5 % <Al < 17,8 %) findet die voreutektische Kristallisation der kubisch flächenzentrierten β-Phase aus der Schmelze statt. Beim Erreichen der eutektischen Temperatur erfolgt die eutektische Kristallisation der Restschmelze S → (η + β).

Die Hochtemperaturphase β zerfällt bei 275 °C in das Eutektoid, welches sich aus η-Mischkristallen und der β'-Phase aufbaut. Die β'-Phase hat ebenfalls eine kubisch flächenzentrierte Kristallstruktur. Der eutektoide Zerfall der β-Phase ist mit einer linearen Schrumpfung von etwa 0,2 % verbunden.

$$\beta \rightarrow (\eta + \beta')$$

Wegen der mit sinkender Temperatur abnehmenden Löslichkeit des η-Mischkristalls für Aluminium läuft schließlich noch ein Ausscheidungsvorgang ab, indem aus dem η-Mischkristall die β'-Phase ausgeschieden wird. Auch dieser Ausscheidungsvorgang ist mit einer Schrumpfung verbunden.

Abbildung 6.93 zeigt das Gussgefüge einer untereutektischen Legierung mit 1,5 % Al. Es besteht aus den hell angeätzten, voreutektischen η-Körnern, die β'-Ausscheidungen enthalten, und dem dunkler angeätzten (η + β')-Eutektoid.

Das Gussgefüge der untereutektischen Legierung ZnAl4 (Abb. 6.94), welche näher an der Konzentration des eutektischen Punktes (5 % Al) liegt, hat qualitativ eine ähnliche Phasenzusammensetzung wie das Gefüge der Legierung ZnAl1,5 (Abb. 6.93). Der Vergleich von Abb. 6.93 mit Abb. 6.94 zeigt jedoch auf, dass bei der aluminiumreicheren Legierung der Flächenanteil des Eutektoides am Gesamtgefüge deutlich überwiegt.

Durch das Abschrecken einer Legierung aus dem (η + β)-Gebiet in Wasser kann man den eutektoiden Zerfall der β-Phase unterdrücken. Nach dieser Wärmebehandlung besteht das Gefüge aus metastabiler β-Phase. Bereits nach kurzer Lagerzeit beginnt die metastabile β-Phase aufgrund der bei 20 °C möglichen Diffusion der

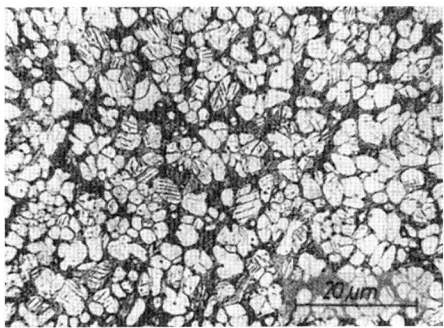

Abb. 6.93 Primärgefüge einer untereutektischen Zink-Aluminium Legierung mit 1,5 % Al, voreutektische η-Körner (hell) mit β'-Ausscheidungen und (η + β')-Eutektoid (grau)

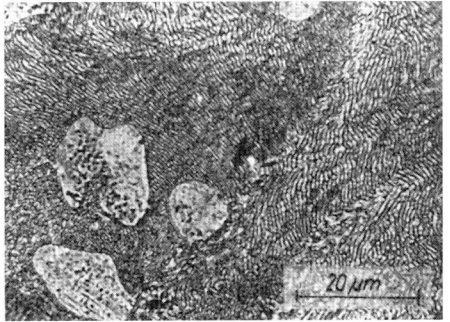

Abb. 6.94 Primärgefüge einer untereutektischen Zink-Aluminium-Legierung mit 4 % Al, wenige η-Körner mit β'-Ausscheidungen und lamellares Eutektoid (η + β')

Atome in ein feinkörniges Gemenge aus η-Phase und β'-Phase zu zerfallen. Dieser Prozess ist in ähnlicher Weise wie der eutektoide Zerfall der β-Phase mit einer Schrumpfung des Materials verbunden. Durch Magnesium wird der Zerfall der β-Phase verzögert. Demgegenüber beschleunigt Kupfer diesen Vorgang.

Die mit den verschiedenen Festphasenumwandlungen verbundenen Längen- bzw. Volumenänderungen beeinflussen die Maßhaltigkeit von Bauteilen, welche aus Zink-Gusslegierungen hergestellt werden. Die Effekte sind bei ternären Legierungen Zn-Al-Cu größer als bei binären Legierungen Zn-Al. So stellte man bei der Druckgusslegierung GD-ZnAl4 nach einer fünfjährigen Auslagerung bei 20 °C eine Schrumpfung von 0,075 % fest. Die kupferhaltige Legierung GD-ZnAl4Cu1 zeigte unter gleichen Auslagerbedingungen eine Schrumpfung von 0,135 %. Durch eine künstliche Alterung für mehrere Stunden bei 70–100 °C lassen sich zumindest bei kupferfreien Legierungen die Vorgänge so beschleunigen, dass man in der Folge nur noch sehr geringe Schrumpfungen (0,03–0,04 %) beobachtet. Bei Zn-Al-Cu-Legierungen werden in Abhängigkeit von der Lagerzeit auch Längenzunahmen beobachtet.

Für den Gefügeaufbau der ternären Gusslegierungen ist die zinkreiche Ecke des Dreistoffsystems Zink-Aluminium-Kupfer von Bedeutung. In Abb. 6.95 ist ein Projektionsdiagramm dieses Dreistoffsystems wiedergegeben.

Im flüssigen Zustand besteht vollständige Mischbarkeit der Komponenten. Bei der Konzentration 89,1 % Zink + 7,05 % Aluminium + 3,85 % Kupfer und einer Temperatur von 372 °C liegt ein ternärer eutektischer Punkt vor. Hier sind die Schmelze und die drei Phasen η, β und ε im Gleichgewicht. Außerdem erkennt man zwei binäre eutektische Rinnen und eine binäre peritektische Rinne. Entlang dieser Rinnen sind jeweils eine Schmelze und zwei der genannten Phasen koexistent. Der als η-Phase bezeichnete Mischkristall des Zinks mit Aluminium und Kupfer hat eine hexagonal dicht gepackte Kristallstruktur. Als β-Phase bezeichnet man den Mischkristall des Aluminiums mit Zink und Kupfer. Er hat eine kubisch flächen-

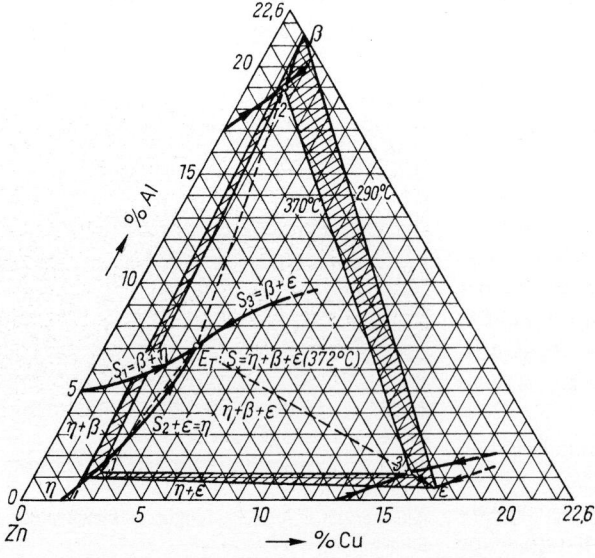

Abb. 6.95 Projektionsdiagramm der zinkreichen Ecke des Dreistoffsystems Zink-Aluminium-Kupfer

Tab. 6.11 Temperaturabhängigkeit der chemischen Zusammensetzung (in Masse-%) der Phasen η, β und ε

Phasen	T = 360 °C			T = 290 °C		
	% Zn	% Al	% Cu	% Zn	% Al	% Cu
η	96,00	1,25	2,75	96,75	1,00	2,25
β	78,10	20,40	1,50	76,20	22,60	1,20
ε	83,30	1,20	15,50	82,60	0,60	16,80

zentrierte Kristallstruktur. Die ε-Phase ist eine intermetallische Verbindung des Zinks mit Kupfer und Aluminium und kristallisiert hexagonal dicht gepackt, wobei ein weiter Löslichkeitsbereich der ε-Phase für Kupfer und Aluminium vorliegt.

Die chemische Zusammensetzung der drei Phasen η, β und ε hängt von der Temperatur ab. Das Gleichgewichtsdreieck dieser drei Phasen erweitert sich mit sinkender Temperatur, wie man aus Abb. 6.95 entnimmt. In Tab. 6.11 sind die chemischen Zusammensetzungen der Spitzen des Gleichgewichtsdreiecks, die den drei Phasen entsprechen, für die Temperaturen T = 370 °C und T = 290 °C zusammengestellt. Die Löslichkeit des η-Mischkristalls für Aluminium und Kupfer verringert sich mit fallender Temperatur. Beim β-Mischkristall erhöht sich die Löslichkeit für Aluminium mit sinkender Temperatur, während seine Löslichkeit für Kupfer etwas abnimmt. Die Löslichkeit der ε-Phase für Aluminium sinkt mit abnehmender Temperatur. Demgegenüber steigt die Löslichkeit dieser Phase für Kupfer mit fallender Temperatur.

Die β-Mischkristalle sind nur bei Temperaturen T > 275 °C stabil. Beim Abkühlen erfolgt bei dieser Temperatur der eutektoide Zerfall der β-Mischkristalle:

β → β' + η

In ähnlicher Weise wie bei den binären Zink-Aluminium-Legierungen beobachtet man auch bei den ternären Legierungen Volumen- bzw. Längenänderungen durch den eutektoiden Zerfall.

Der Gefügeaufbau der ternären Legierungen hängt jedoch nicht nur von der chemischen Zusammensetzung ab. Vielmehr bestimmen auch die Gießbedingungen die Ausbildung des Gefüges, wie man aus Abb. 6.96 und Abb. 6.97 entnimmt. Abbildung 6.96 und Abb. 6.97 zeigen das Gefüge der Legierung GK-ZnAl4Cu1 nach dem Vergießen in zwei Kokillen, welche verschiedene Temperaturen aufwiesen. Im Falle der vorgewärmten Kokille läuft die Abkühlung der Schmelze langsam ab. Es ergibt sich ein Gussgefüge, das aus primär kristallisierten, globularen η-Körnern, welche kupferreiche ε-Ausscheidungen enthalten, und dem sekundär entstandenen (η + β')-Eutektoid besteht (Abb. 6.96). Wegen

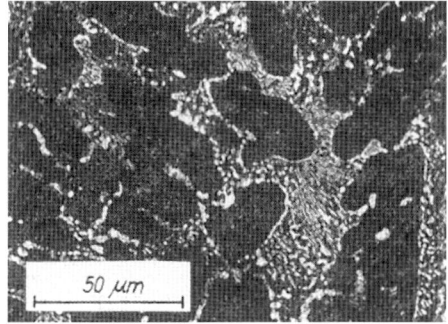

Abb. 6.96 Primärgefüge der Legierung GK-ZnAl4Cu1 nach dem Vergießen von 550 °C in einer Kokille, die auf 300 °C vorgewärmt wurde, dunkel angeätzte Körner der η-Phase mit ε-Ausscheidungen und (η + β')-Eutektoid

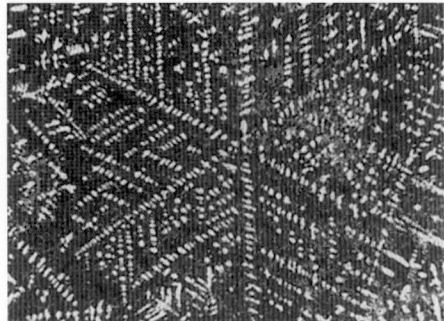

Abb. 6.97 Primärgefüge der Legierung GK-ZnAl4Cu1 nach dem Vergießen von 550 °C in eine nicht vorgewärmte Kokille, hell angeätzte Dendriten der η-Phase und dunkel angeätztes (η + β')-Eutektoid

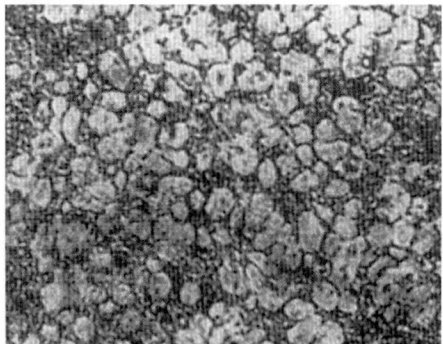

Abb. 6.98 Primärgefüge der Druckgusslegierung GD-ZnAl4Cu1 hell angeätzte, globulare Körner der η-Phase und feinkörniges (η + β')-Eutektoid

der kupferreichen ε-Ausscheidungen erfolgt ein starker Angriff des Ätzmittels auf die η-Körner und deshalb erscheinen diese Körner dunkel. Erfolgt kein Vorwärmen der Kokille, dann verläuft die Abkühlung der Schmelze schnell. Das Gussgefüge (Abb. 6.97) weist eine ausgeprägte dendritische Struktur auf, weil der Konzentrationsausgleich zwischen den primär kristallisierten Dendriten und der Restschmelze weitgehend unterdrückt wurde. Das Gefüge besteht aus den hell angeätzten Dendriten der η-Phase und dem dunkel angeätzten Eutektoid. Die großen Dendriten erzeugen eine erhöhte Sprödigkeit und Bruchanfälligkeit der Gusslegierung. Deshalb sollte das Vergießen der Legierung nicht in eine kalte Kokille erfolgen.

Abbildung 6.98 zeigt das Gussgefüge der Druckgusslegierung GD-ZnAl4Cu1. Es besteht aus primär kristallisierten, globularen Körnern der η-Phase und dem sekundär gebildeten (η + β')-Eutektoid. Der gleichmäßige und feinkörnige Gefügeaufbau gewährleistet günstige mechanische Eigenschaften der Gusslegierung.

Aufgrund der ausgezeichneten Gießbarkeit, des sehr guten Formfüllungsvermögens und der günstigen Gebrauchseigenschaften wendet man Zinklegierungen vorwiegend als Gusslegierungen an. Das Vergießen geschieht meist im Druckgussverfahren. Bei Verwendung der binären und der ternären Legierungen sowie des Druckgießens lassen sich auch Bauteile (Beispiel: Vergasergehäuse) mit komplizierter geometrischer Form und geringer Wanddicke in hoher Qualität und mit hoher Maßhaltigkeit wirtschaftlich herstellen. Aufgrund der

Tab. 6.12 Richtwerte für einige mechanische Eigenschaften von Zink-Gusslegierungen bei 20 °C, *) nach DIN 1743, **) nach DIN EN 12844, GD-Druckguss, GK-Kokillenguss

Legierung	Kurzzeichen*	Kurzzeichen**	E-Modul [GPa]	$R_{p0,2}$ [MPa]	R_m [MPa]	A_5 [%]	HB10/500
GD-ZnAl4	Z 400	ZP 3	85	200	280	10	83
GD-ZnAl4Cu1	Z 410	ZP 5	85	250	330	5	92
GK-ZnAl4Cu3	Z 430	ZP 2	85	270	335	5	102
GK-ZnAl6Cu1	Z 610	ZP 6	85	185	240	3	85

relativ niedrigen Arbeitstemperaturen beim Vergießen ist die thermische Beanspruchung der Gießformen gering und folglich haben sie eine lange Nutzungsdauer.

In Tab. 6.12 sind ausgewählte mechanische Eigenschaften einiger Gusslegierungen des Zinks zusammengestellt.

6.5
Aluminium und Aluminiumlegierungen

6.5.1
Reines Aluminium

Zur primären Gewinnung von Aluminium verwendet man Bauxit, welcher 50–65 % Al_2O_3 (Tonerde) und außerdem noch Fe_2O_3, SiO_2, TiO_2 und Wasser enthält. Nach dem Zerkleinern und Trocknen stellt man unter Verwendung von Natronlauge aus der Tonerde Natriumaluminat her, das sich aufgrund seiner Löslichkeit im Wasser vom unlöslichen Rotschlamm des aufbereiteten Bauxits trennen lässt. Natriumaluminat ist nicht beständig und wird durch weiteres Verdünnen in Aluminiumhydroxid und Natronlauge umgesetzt. Das ausgefällte Aluminiumhydroxid wird im Drehrohrofen bei etwa 1300 °C entwässert. Es entsteht Aluminiumoxid.

Die Weiterverarbeitung des so gewonnenen Aluminiumoxids erfolgt durch Schmelzflusselektrolyse nach dem Prinzip von Heroult, Hall und Betts. Die Tonerde wird geschmolzenem Kryolith (Na_3AlF_6) zugesetzt und bei etwa 950 °C elektrolysiert. Die Elektrolysezelle besteht aus einer kohlenstoffausgekleideten Wanne, welche als Katode dient, sowie Kohlenstoffanoden, welche von oben in das Schmelzbad eintauchen. Das flüssige Rohaluminium sammelt sich am Boden der Wanne an und kann von hier aus abgesaugt und zu Masseln und Formaten vergossen werden. Daneben erfolgt das Vergießen zu Formaten (Walz- und Pressbarren) auch häufig im kontinuierlichen Strangguss. Bei der Schmelzflusselektrolyse werden beträchtliche Mengen Elektroenergie verbraucht. Zur Herstellung von 1 kg Aluminium benötigt man etwa 6 KWh.

Für bestimmte Anwendungen, wie bei erhöhten Anforderungen an die elektrische Leitfähigkeit und die Korrosionsbeständigkeit, benötigt man hochreines Aluminium, welches man als Reinstaluminium bezeichnet. Dessen Herstellung geschieht mit Hilfe der Dreischichtenelektrolyse nach Betts. Die Elektrolyse führt man in einem Wannenofen mit einer Bodenelektrode aus Kohle durch, welche als Anode fungiert. Das verunreinigte Hüttenaluminium, dem man zur Einstellung einer geeigneten Dichte noch Kupfer und Zink zusetzt, bildet die untere Schicht. Über diesem Anodenmetall befindet sich ein Elektrolyt, welcher aus Tonerde, Kryolith und Bariumchlorid besteht und eine geringere Dichte als das Anodenmetall besitzt. Das an den oberen Grafitkatoden abgeschiedene Reinstaluminium weist die geringste Dichte auf. Es wird von hier aus abgestochen, vergossen und anschließend zu Halbzeugen weiterverarbeitet. Parallel dazu wird dem Anodenmetall erneut Hüttenaluminium zugesetzt. Die Elektrolyse, die ebenfalls erhebliche Aufwendungen an Elektroenergie erfordert, erfolgt bei Temperaturen von 750–800 °C. Ergänzend sei bemerkt, dass ein beträchtlicher Teil der Aluminiumwerkstoffe durch die Wiedergewinnung aus Schrott erzeugt wird.

In der europäischen Norm DIN EN 573, Teil 1 bis 4, wird das Aluminium nach dem Reinheitsgrad eingeteilt und in der Serie 1000 zusammengefasst. Wesentliche Verunreinigungselemente des Aluminiums sind Silicium und Eisen.

Die Gefügeausbildung des Aluminiums hängt vom Reinheitsgrad und den technologischen Herstellungs- und Verarbeitungsbedingungen ab. In Abb. 6.99 sieht man das Gussgefüge von stranggegossenem Aluminium am geätzten Schliff bei geringer Vergrößerung. Wegen der kristallografischen Orientierungsunterschiede werden die Körner durch das Ätzen verschieden angefärbt. Im Inneren der Körner beobachtet man eine dendritische Zellenstruktur. Die Zellen, die innerhalb eines Kornes nur geringe Orientierungsunterschiede haben, sind bei höherer Vergrößerung besser zu sehen (Abb. 6.100). Wegen der schnellen Abkühlung der Schmelze beim Strangguss bilden sich zahlreiche Kristallisationskeime und folglich beobachtet man eine geringe Größe der primär aus der Schmelze kristallisierten Zellen. Verunreinigungen und Begleitelemente werden vor der Kristallisationsfront in Richtung der Zellgrenzen verschoben und reichern sich in der Restschmelze an. An den zuletzt erstarrten Zellgrenzen sind folglich erhöhte Konzentrationen von Begleitelementen und Verunreinigungen vorhanden und sie erscheinen im Schliffbild dunkel (Abb. 6.100). Der Konzentrationsausgleich zwischen den Zellen und den Zellgrenzen wird wegen der schnellen Abkühlung der Schmelze beim Strangguss weitgehend unterdrückt.

In Abb. 6.101 ist das Gefüge von verformtem und rekristallisiertem Reinaluminium gezeigt. Die kubisch flächenzentrierten Körner weisen im Unterschied zu den Gefügen anderer kubisch flächenzentrierter Metalle keine Glühzwillinge auf. In den Körnern erkennt man außerdem feinverteilte, nicht identifizierte Teilchen. Abbildung 6.102 zeigt das Gefüge eines verformten und rekristallisierten Hüttenaluminiums bei gleicher Vergrößerung wie Abb. 6.101. Man stellt einen deutlich höheren Anteil der Teilchen im Gefüge fest. Das

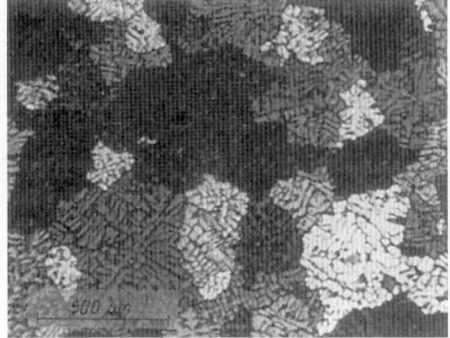

Abb. 6.99 Primärgefüge von stranggegossenem Hüttenaluminium 99,5; geätzter Schliff bei geringer Vergrößerung

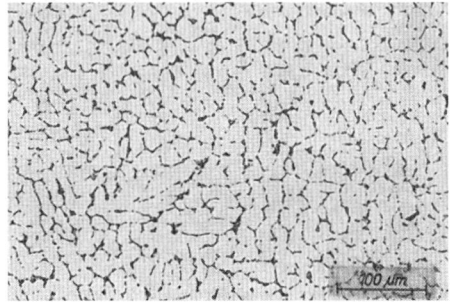

Abb. 6.100 Primärgefüge von stranggegossenem Hüttenaluminium 99,5; ungeätzter Schliff bei höherer Vergrößerung

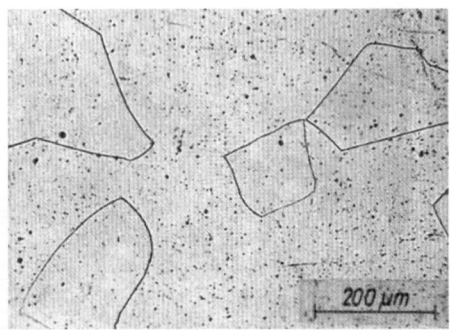

Abb. 6.101 Gefüge von verformtem und rekristallisiertem Reinaluminium 99,92 %; grobe Aluminiumkristallite mit feinen, nicht identifizierten Ausscheidungen

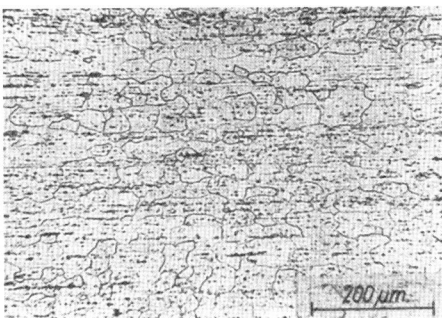

Abb. 6.102 Gefüge von verformtem und rekristallisiertem Hüttenaluminium 99,1 %; feine Aluminiumkristallite mit zahlreichen, nicht identifizierten Ausscheidungen

lässt sich auf den geringeren Reinheitsgrad des Hüttenaluminiums zurückführen. Der Vergleich von Abb. 6.101 und Abb. 6.102 zeigt außerdem auf, dass das Gefüge des Reinaluminiums grobkörniger ist. Das beruht auf der Neigung des Aluminiums zum Kornwachstum bei höheren Temperaturen, welche sich mit zunehmendem Reinheitsgrad erhöht. Durch geringe Zusätze von Bor und Titan kann man die Neigung des Aluminiums zur Kornvergröberung einschränken.

Aluminium gehört zu den Leichtmetallen. Seine Dichte beträgt 2,7 g cm^{-3}. Die Legierungen des Aluminiums haben deshalb große Bedeutung für den Stoffleichtbau wie zahlreiche Anwendungen im Automobil-, Schiff- und Flugzeugbau belegen.

Obgleich das Aluminium in der Normalspannungsreihe ein stark elektronegatives Potential hat (−1,7 V), verhält es sich außerordentlich korrosionsbeständig. Das führt man auf einen spontanen Passivierungseffekt zurück. Durch die Reaktion mit dem Luftsauerstoff bildet sich auf der Oberfläche eine dünne und gut haftende Deckschicht aus Aluminiumoxid, welche das Metall vor einer weiteren Korrosion schützt. Der vollständige Passivierungseffekt wird nur dann erreicht, wenn eine ununterbrochene und dichte Deckschicht auf der Oberfläche entsteht. Verunreinigungen und Ausscheidungen im Gefüge behindern diesen Vorgang und führen zu Defekten in der Deckschicht. Deshalb erhöht sich die Korrosionsbeständigkeit mit dem Reinheitsgrad des Aluminiums. Durch chemisches Beizen und anodisches Oxidieren ist es möglich, die Dichtigkeit und Dicke der Deckschicht und damit die Korrosionsbeständigkeit des Metalls zu erhöhen.

An der Luftatmosphäre, im Süßwasser und in zahlreichen organischen Säuren liegt eine relativ hohe Korrosionsbeständigkeit des Aluminiums vor. Da sowohl das Metall als auch die Korrosionsprodukte physiologisch unbedenklich sind, eignet sich Reinstaluminium auch zur Herstellung von Behältern für die Getränkeindustrie und von Folien zur Verpackung von Lebensmitteln. Durch nichtoxidierende, anorganische Säuren (Beispiel: Flusssäure) und insbesondere durch Alkalien erfolgt ein Korrosionsangriff, weil diese Reagenzien die Deckschicht auflösen.

Die Neigung des Aluminiums zur Bildung einer Deckschicht ist zwar für seine Korrosionsbeständigkeit vorteilhaft. Beim Löten und Schweißen des Metalls bereitet sie jedoch Probleme, weil die vorhandene, oxidische Deckschicht einen sehr hohen Schmelzpunkt hat. Folglich löst sie sich in der Schmelze nicht auf. Die dünnen Oxidhäute verursachen eine mangelhafte Festigkeit in der Verbindungszone. Deshalb muss man die Deckschicht durch Behandlung mit einem Flussmittel vor dem Fügen entfernen. Um Korrosionsvorgänge im Bereich der Verbindungszone zu vermeiden, ist es erforderlich, die Flussmittelrückstände nach dem Fügen gründlich zu entfernen.

Reines Aluminium hat eine hohe elektrische Leitfähigkeit. Die elektrische Leitfähigkeit von Reinstaluminium beträgt 37,6 MS. Das entspricht etwa 62 % IACS. Ähnlich wie beim Kupfer hängt der Leitwert vom Reinheitsgrad des Metalls ab. Aluminium wird als elektrischer Leiterwerkstoff angewendet und zwar dann, wenn erhöhte Anforderungen an eine niedrige Dichte des Leiterwerkstoffs bestehen. Das trifft für den Bau von Freileitungen für die elektrische Energieübertragung zu.

Nach dem Gesetz von Wiedemann und Franz ist die hohe elektrische Leitfähigkeit einer hohen Wärmeleitfähigkeit des Aluminiums äquivalent. Bei 20 °C beträgt sie 232 W m^{-1} K^{-1}. Durch die Anwesenheit von Begleit- und Legierungselemente wird die Wärmeleitfähigkeit des reinen Aluminiums vermindert.

Aufgrund der kubisch flächenzentrierten Kristallstruktur (Strukturtyp A1) besitzt das Aluminium auch bei niedrigen Temperaturen eine ausgezeichnete Duktilität und Zähigkeit. Die sehr gute Umformbarkeit stellt die Grundlage für die Produktion vielfältiger technischer Halbzeuge dar. Aluminium neigt nicht zur Kaltversprödung. Bei manchen Legierungen beobachtet man sogar einen Anstieg der Bruchdehnung im Tieftemperaturbereich.

Durch eine Kaltverformung ist es möglich, die mechanische Festigkeit des Aluminiums zu erhöhen. Infolge der Kaltverfestigung verringert sich jedoch die Duktilität des Metalls.

6.5.2
Aluminium-Silicium-Legierungen

Aufgrund ihrer ausgezeichneten Gießbarkeit wendet man sowohl binäre Aluminium-Silicium-Legierungen als auch ternäre Legierungen, welche zusätzlich Magnesium und Kupfer enthalten, als Gusslegierungen an. Bestimmte Mehrstofflegierungen, welche man zur Herstellung von Kolben, Zylinderblöcken und -köpfen von Verbrennungsmotoren verwendet, lassen sich ebenfalls in diese Gruppe einordnen. Sie enthalten neben Silicium noch weitere Legierungselemente wie Kupfer, Nickel und Magnesium, um eine höhere Warmfestigkeit zu erreichen. Die Siliciumgehalte der Gusslegierungen liegen zwischen etwa 5 % und 20 %.

Zur Darstellung des Gefügeaufbaus der binären Legierungen ist es zweckmäßig, vom Zustandsschaubild des Zweistoffsystems Aluminium-Silicium auszugehen. Hierbei muss man jedoch berücksichtigen, dass die Gültigkeitsbedingungen des Zustandsschaubildes aufgrund der Anwesenheit von Begleitelementen in den Legierungen und der bei verschiedenen Gießverfahren stattfindenden beschleunigten Abkühlung der Schmelze nur eingeschränkt erfüllt sind. Das kann zu Abweichungen von der Gefügeausbildung im Gleichgewichtsfall führen.

Abbildung 6.103 zeigt die aluminiumreiche Seite des Zustandsschaubildes Aluminium-Silicium. Es liegt ein eutektisches System vor. Der eutektische Punkt befindet

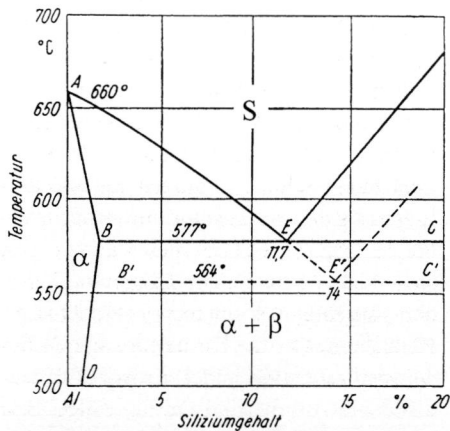

Abb. 6.103 Aluminiumreiche Seite des Zustandsschaubildes Aluminium-Silicium, nach Edwards, Fray und Jefferies

sich bei 11,7 % Silicium und einer Temperatur von 577 °C. Die Löslichkeit des kubisch flächenzentrierten α-Mischkristalls für Silicium verringert sich mit sinkender Temperatur. Bei der eutektischen Temperatur beträgt sie 1,65 % Si. Bei 20 °C ist im α-Mischkristall kein Silicium löslich. Aufgrund dieser temperaturabhängigen Löslichkeit sollten die binären Aluminium-Silicium-Legierungen aushärtbar sein. Der eintretende Aushärtungseffekt ist jedoch so gering, dass eine technische Nutzung nicht erfolgt.

Bei der Erstarrung von untereutektischen Legierungen mit 1,65 % < Si < 11,7 % erfolgt primär die Kristallisation von α-Mischkristallen aus der Schmelze. Sekundär erstarrt die Restschmelze eutektisch.

$$S \rightarrow \alpha + S \rightarrow \alpha + (\alpha + \beta)$$

Bei übereutektischen Legierungen erfolgt die voreutektische Kristallisation der β-Phase aus der Schmelze. Anschließend kristallisiert die Restschmelze eutektisch.

$$S \rightarrow \beta + S \rightarrow \beta + (\alpha + \beta)$$

Nach Hansen ist das Aluminium im Silicium im festen Zustand kaum löslich. Deshalb ist die β-Phase praktisch identisch mit reinem Silicium (Strukturtyp A4).

Abbildung 6.104 a zeigt das Gefüge einer sandgegossenen Legierung mit 13 % Si am ungeätzten Schliff. Es besteht aus nadelförmigen β-Körnern und aluminiumreicher α-Matrix. Man bezeichnet dieses Eutektikum wegen seines ungleichmäßigen und groben Aufbaus als entartetes Eutektikum. Ein solches Gefüge hat ungünstige Festigkeitseigenschaften und ein sprödes Bruchverhalten der Legierung zur Folge, wie man aus Tab. 6.13 entnimmt. Auf der Bruchfläche eines gekerbten Probestabes (Abb. 6.105 a) erkennt man kristallin-kör-

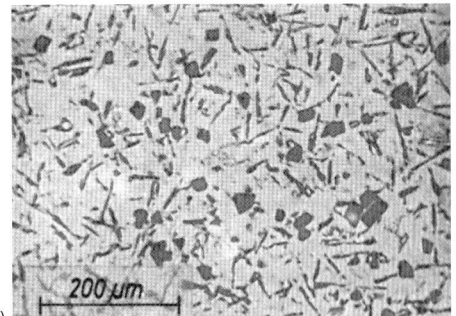
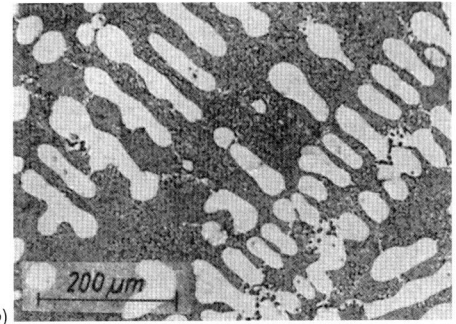

Abb. 6.104 Gefüge einer sandgegossenen Legierung mit 13 % Si: a) ohne Behandlung der Schmelze, ungeätzter Schliff, b) mit Veredlungsbehandlung der Schmelze, geätzter Schliff

nige Bereiche, welche durch die spröden β-Körner erzeugt werden.

In Abb. 6.104 b ist das Primärgefüge der gleichen Legierung wiedergegeben, die nach einer Schmelzbehandlung mit Natrium vergossen wurde. Diese Schmelzbehandlung, welche eine Verschiebung des eutektischen Punktes zu höheren Siliciumgehalten und niedrigeren Temperaturen erzeugt (Abb. 6.103), bezeichnet man als Ver-

Tab. 6.13 Einfluss der Veredlungsbehandlung auf die Zugfestigkeit und die Bruchdehnung der Gusslegierung mit 13 % Silicium

Zustand der Legierung	Zugfestigkeit [MPa]	Bruchdehnung [%]
nicht veredelt	100 bis 120	3 bis 5
veredelt	240 bis 280	10 bis 15

6 Gefüge der technischen Nichteisenmetalle und ihrer Legierungen

Umschmelzen der Legierung eine erneute Schmelzbehandlung erforderlich.

Die Gefügeausbildung von Aluminium-Silicium-Legierungen wird auch vom Gießverfahren beeinflusst. In Abb. 6.106 sind die Primärgefüge einer Legierung mit 13 % Si wiedergegeben, welche ohne und mit Veredlungsbehandlung der Schmelze in Kokillen vergossen wurde. Infolge der erhöhten Abkühlgeschwindigkeit der Schmelze beim Kokillenguss ergibt sich auch ohne die Anwendung einer Veredlungsbehandlung ein Gefüge (Abb. 106 a), das demjenigen der veredelten und sandgegossenen Legierung (Abb. 6.104 b) ähnlich ist. Man erkennt hell angeätzte, voreutektische α Körner und ein feinkörniges (α + β)-Eutektikum. Durch die Veredlungs-

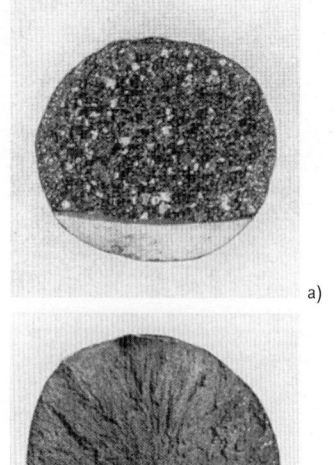

Abb. 6.105 Draufsicht auf die Bruchflächen von gekerbten Probestäben einer sandgegossenen Legierung mit 13 % Si: a) ohne Veredlungsbehandlung der Schmelze, b) mit Veredlungsbehandlung der Schmelze

edlung der Legierung. Das Gefüge besteht nunmehr aus den hell angeätzten α-Körnern, welche eine dendritische Anordnung haben, und einem feinkörnigen (α + β)-Eutektikum. Das entspricht dem Gefügeaufbau einer untereutektischen Legierung. Die Festigkeitseigenschaften der veredelten Legierung sind im Vergleich zur nichtbehandelten Legierung deutlich günstiger, wie aus Tab. 6.13 hervorgeht. Die mattgraue Bruchfläche weist keine kristallinkörnigen Bereiche auf (Abb. 6.105 b).

Einen äquivalenten Veredlungseffekt erreicht man durch eine Schmelzbehandlung mit Strontium. Diese Form der Veredlung hat den Vorteil, dass der Effekt auch nach mehrmaligem Umschmelzen der Legierung erhalten bleibt. Demgegenüber ist bei der Veredlung mit Natrium bei jedem

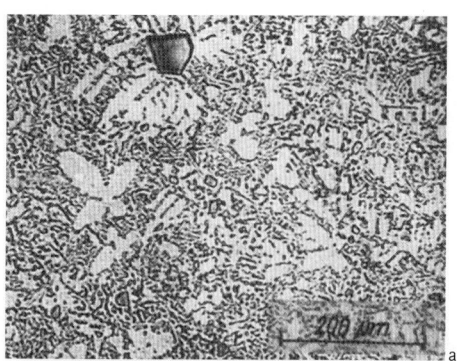
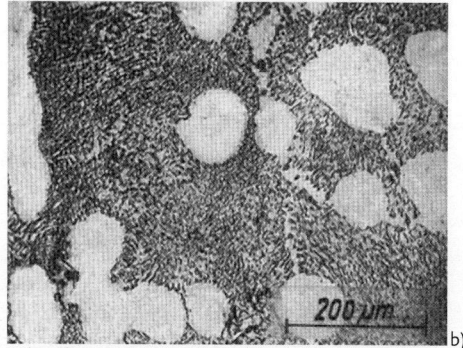

Abb. 6.106 Primärgefüge einer Legierung mit 13 % Si nach dem Kokillenguss: a) ohne Veredlungsbehandlung der Schmelze, b) mit einer Veredlung durch Natrium

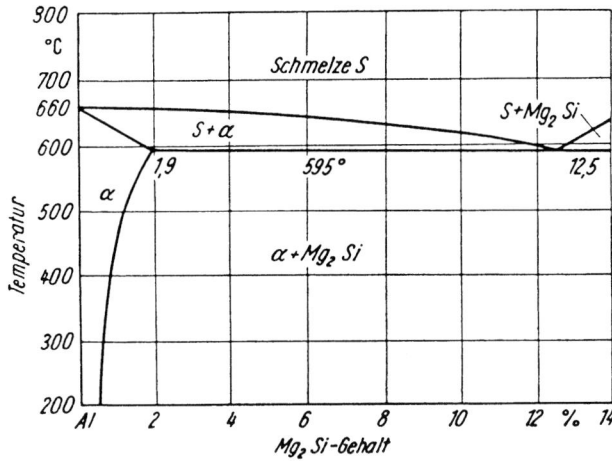

Abb. 6.107 Quasibinärer Schnitt des Systems Al-Mg$_2$Si, nach Gayler

behandlung erreicht man aber eine gleichmäßigere Ausbildung des Gussgefüges (Abb. 6.106 b).

Durch das Legieren binärer Aluminium-Silicium-Legierungen mit Magnesium erhält man aushärtbare Gusslegierungen. Bewährte Legierungen sind: EN AC-AlSi10Mg, EN AC-AlSi7Mg, EN AC-AlSi5Mg. Der Magnesiumgehalt der Legierungen beträgt nur einige Zehntel Prozent. Die wesentliche Voraussetzung für die Aushärtbarkeit ist die temperaturabhängige Löslichkeit des kubisch flächenzentrierten α-Mischkristalls für Magnesium und Silicium, wie man aus Abb. 6.107 entnimmt. Bei der eutektischen Temperatur beträgt die Löslichkeit 1,9 % und bei 200 °C ist sie auf 0,2 % vermindert. Die Legierungen werden meist warmausgehärtet. Durch diese Wärmebehandlung lässt sich die 0,2 %-Dehngrenze um rund 100 % im Vergleich zu den nichtaushärtbaren, binären Legierungen erhöhen. Trotz des heterogenen Gefüges weisen ausgehärtete Legierungen eine gute Korrosionsbeständigkeit auf.

Als höher- und warmfeste Gusslegierungen wendet man Aluminium-Silicium-Legierungen an, welche mit Kupfer legiert sind. Genormte Legierungen sind: EN AC-AlSi9Cu3 und EN AC-AlSi6Cu4. Dem Kupfer wird eine kornfeinende und festigkeitssteigernde Wirkung zugeschrieben.

Das Primärgefüge der Legierung EN AC-AlSi7Cu1 im sandgegossenen Zustand ist in Abb. 6.108 gezeigt. Erfolgt keine Veredlungsbehandlung der Schmelze, dann ergibt sich ein ungleichmäßiges Gefüge, das aus α-Körnern und entartetem Eutektikum besteht (Abb. 6.108 a). Nach der Schmelzbehandlung mit Strontium baut sich das Gefüge, ähnlich wie bei veredelten, binären Legierungen, aus hell angeätzten, voreutektischen α-Körnern und feinkörnigem (α + β)-Eutektikum auf (Abb. 6.108 b). Durch das Zulegieren von einigen Zehntel Prozent Magnesium werden die AlSiCu-Legierungen aushärtbar.

Aufgrund der geringen Dichte sowie der relativ hohen Warmfestigkeit und Wärmeleitfähigkeit eignen sich Aluminium-Silicium-Gusslegierungen, welche zusätzlich mit Kupfer, Nickel und Magnesium legiert sind, zur Herstellung von Kolben für Verbrennungsmotore. Infolge der niedrigen Dichte der Legierungen hat der Kolben eine geringe Massenträgheit. Die hohe Wärmeleitfähigkeit sorgt für eine schnelle Ableitung der Verbrennungswärme. Durch

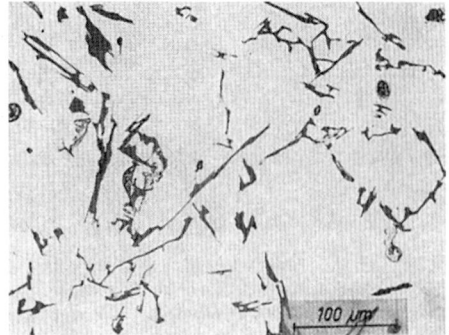

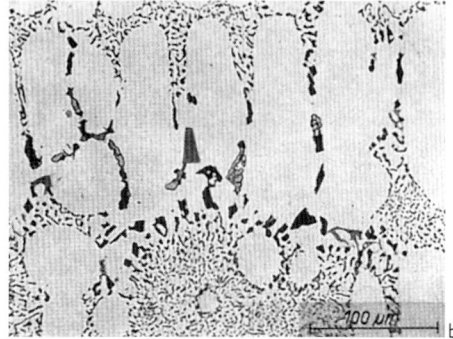

Abb. 6.108 Primärgefüge einer sandgegossenen Legierung EN AC-AlSi7Cu1: a) nicht veredelt, b) mit Veredlungsbehandlung durch Strontium

ter Struktur, welche durch das nachträgliche, gewaltsame Aufklappen der aus dem Kolben entnommenen Probe entstand.

Neben den bereits genannten thermischen und mechanischen Beanspruchungen unterliegen die Kolbenlegierungen auch tribologischen Beanspruchungen. Ihren hohen Verschleißwiderstand erhalten sie durch einen hohen Anteil von harten β-Körnern im Gefüge. Das Gussgefüge einer übereutektischen Kolbenlegierung EN AC-AlSi22CuMgNi, die außerdem geringe Konzentrationen von Cobalt, Mangan und Eisen enthält, ist in Abb. 6.110 gezeigt. Es besteht aus primär kristallisierten β-Kör-

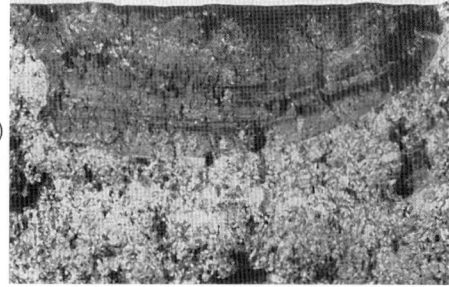

Abb. 6.109 Draufsicht auf die Ermüdungsbruchfläche eines Kolbens aus der Gusslegierung EN AC-AlSi12CuMgNi, Betriebsdauer des Kolbens: 8000 Stunden

das Legieren mit Kupfer, Nickel und Magnesium erreicht man eine Erhöhung der Warmfestigkeit der Legierung. Das betrifft auch die Ermüdungsfestigkeit bei erhöhten Temperaturen. Durch die thermische Wechselbeanspruchung des Kolbenbodens, die sich aus den Temperaturwechseln zwischen kaltem Frischgas und heißem Verbrennungsgas ergibt, können Ermüdungsrisse entstehen. Abbildung 6.109 zeigt die Draufsicht auf die Dauerbruchfläche eines Kolbens von einem Schiffsdieselmotor, der aus der Legierung EN AC-AlSi12CuMgNi hergestellt wurde. Im oberen Bildteil erkennt man den vom Kolbenboden ausgegangenen Ermüdungsriss mit charakteristischen Rastlinien. Im unteren Bildteil sieht man eine Gewaltbruchfläche mit zerklüfte-

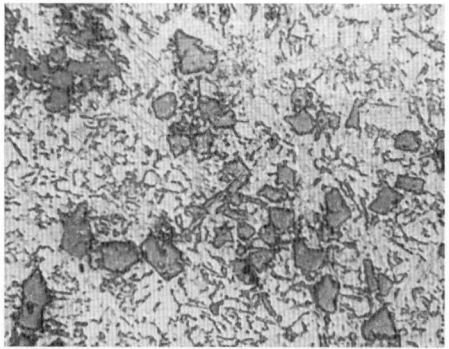

Abb. 6.110 Primärgefüge der Kolbenlegierung EN AC-AlSi22CuMgNi, hellgrau angeätzte β-Körner und feinkörniges (α + β)-Eutektikum

nern und feinkörnigem (α + β)-Eutektikum. Durch die Behandlung der Schmelze mit Phosphor erreicht man einen Kornfeinungseffekt, indem die Bildung grober Körner der β-Phase unterdrückt wird.

Neben den übereutektischen Legierungen (Beispiele: EN AC-AlSi21CuNiMg, EN AC-AlSi25CuMgNi, EN AC-AlSi20CuNi) sind auch eutektische Kolbenlegierungen (Beispiele: EN AC-AlSi12Cu MgNi, EN AC-AlSi13MgCuNi, EN AC-AlSi12Ni2-CuMg) gebräuchlich.

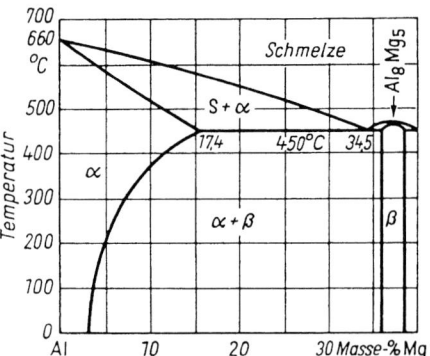

Abb. 6.111 Aluminiumreiche Seite des Zustandsdiagrammes Aluminium-Magnesium

6.5.3 Aluminium-Magnesium-Legierungen und Aluminium-Mangan-Legierungen

6.5.3.1 Aluminium-Magnesium-Legierungen

Diese Legierungen stellt man als Knet- und als Gusslegierungen her. Den Magnesiumgehalt von technisch gebräuchlichen Knetlegierungen (Beispiele: EN AW-AlMg1, EN AW-AlMg3, EN AW-AlMg5) begrenzt man auf 5 %, um ihre Neigung zur interkristallinen Korrosion und zur Spannungsrisskorrosion zu vermindern. Demgegenüber können Gusslegierungen bis zu 10 % Mg enthalten.

Zur Darstellung des Gefügeaufbaus der Legierungen ist es zweckmäßig vom Zustandsschaubild auszugehen, obgleich man auch hier feststellen muss, dass die Gültigkeitsbedingungen dieses Diagramms bei der Herstellung und thermischen Verarbeitung der Legierungen nur unvollständig erfüllt sein können und folglich Abweichungen vom Gefügeaufbau im Gleichgewichtsfall eintreten.

Aluminium und die intermetallische Verbindung Al_8Mg_5, die man als β-Phase (kubische Kristallstruktur, Raumgruppe Fd3m) bezeichnet, bilden ein eutektisches System (Abb. 6.111), dessen eutektischer Punkt bei 34,5 % Mg und einer Temperatur von 450 °C liegt. Die Löslichkeit des alumi-

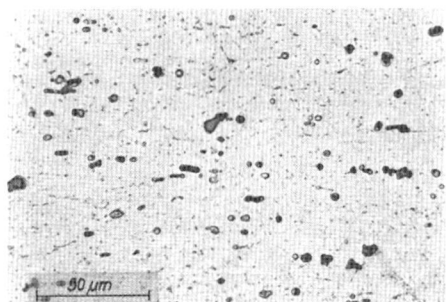

Abb. 6.112 Gefüge der Knetlegierung EN AW-AlMg5, hell angeätzte α-Mischkristalle, feine Partikel der β-Phase und grobe, nicht identifizierte Ausscheidungen

niumreichen α-Mischkristalls für Magnesium verringert sich von 17,4 % bei der eutektischen Temperatur auf rund 3 % bei 100 °C. Aufgrund der mit abnehmender Temperatur sinkenden Löslichkeit könnte man erwarten, dass die binären Legierungen aushärtbar sind. Die erreichbaren Aushärtungseffekte sind jedoch gering. Deshalb wendet man diese Wärmebehandlung in der Praxis nicht an.

Abbildung 6.112 zeigt das Gefüge der Knetlegierung EN AW-AlMg5 nach langsamer Abkühlung aus dem homogenen α-Gebiet. Entsprechend dem Zustandsschaubild (Abb. 6.111) besteht es aus α-Misch-

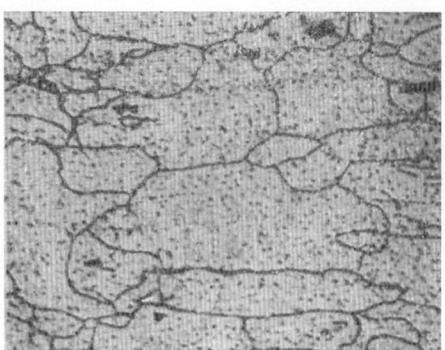

Abb. 6.113 Gefüge der Legierung AlMg9, hell angeätzte α-Mischkristalle mit Korngrenzensäumen und feinen Ausscheidungen der β-Phase im Korninneren, dunkel angeätzte, nicht identifizierte Teilchen

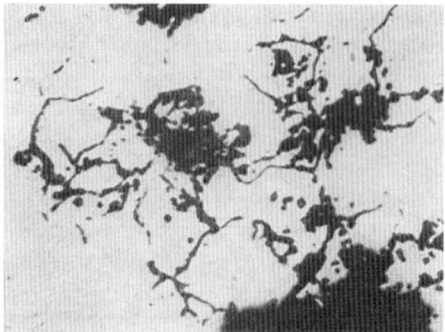

Abb. 6.114 Schädigung des Gefüges der Legierung EN AW-AlMg3 durch interkristalline Korrosion im Seewasser, ungeätzter Querschliff

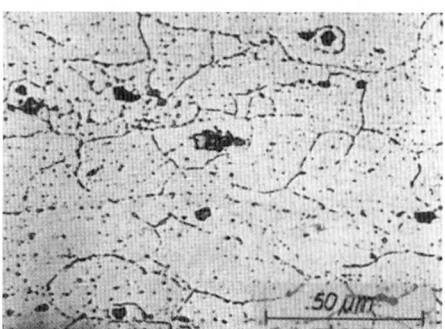

Abb. 6.115 Gefüge der Legierung AlMg9 nach dem Abschrecken aus dem homogenen α-Gebiet und dem Anlassen für 48 Stunden bei 80 °C, Ausscheidungen der β-Phase an den α-Korngrenzen in Perlschnurform

kristallen und feinen Ausscheidungen der β-Phase. Außerdem stellt man dunkel angeätzte, gröbere Primärausscheidungen fest, die nicht identifiziert wurden.

Das Gefüge der Knetlegierung AlMg9 ist in Abb. 6.113 wiedergegeben. Diese Legierung ist zwar als Knetlegierung nicht genormt. Sie eignet sich jedoch wegen des hohen Magnesiumgehaltes sehr gut zur Darstellung der Ausbildungsformen der β-Phase im Gefüge. Es besteht aus hell angeätzten Körnern der α-Phase und der β-Phase, die als Säume an den α-Korngrenzen und als feine Ausscheidungen im Inneren der α-Körner vorhanden ist. Außerdem sieht man wenige, grobe Primärausscheidungen, die nicht identifiziert wurden.

Die zusammenhängenden Säume der β-Phase an den α-Korngrenzen beeinflussen die Korrosionsbeständigkeit der Legierungen. Das betrifft vor allem magnesiumreichere Legierungen, weil sich mit steigendem Magnesiumgehalt der Mengenanteil der β-Phase im Gefüge erhöht. Die β-Phase besitzt im Vergleich zur α-Phase ein elektronegativeres Potenzial und wird bei der Bildung eines Korrosionselementes anodisch aufgelöst. Das führt zur interkristallinen Korrosion, wie man aus Abb. 6.114 erkennt.

Um die interkristalline Korrosion zu vermeiden, ist es erforderlich, die Bildung zusammenhängender Korngrenzensäume der β-Phase zu verhindern. Das kann man durch eine geeignete Wärmebehandlung und durch bestimmte Legierungszusätze erreichen. Abbildung 6.115 zeigt das Gefüge der Legierung AlMg9 nach dem Abschrecken aus dem homogenen α-Gebiet und Anlassen bei 80 °C. Die β-Phase ist nunmehr in Perlschnurform, also unterbrochen, an den α-Korngrenzen ausgeschieden. Durch die Unterbrechungen der

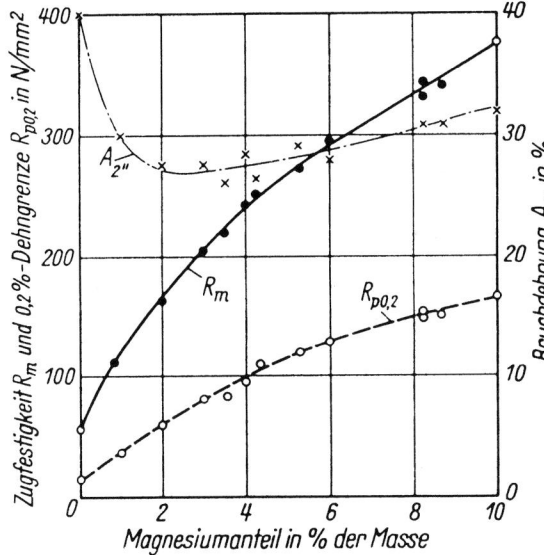

Abb. 6.116 Abhängigkeit einiger mechanischer Eigenschaften von weichgeglühten Aluminium-Magnesium-Knetlegierungen vom Magnesiumgehalt, nach DIX

Korngrenzensäume wird der interkristalline Korrosionsmechanismus unterdrückt. Weiterhin ist es möglich, die Neigung der magnesiumreicheren Legierungen zur interkristallinen Korrosion durch das Legieren mit Mangan zu vermindern. Mangan behindert die Ausbildung zusammenhängender Säume der β-Phase an den α-Korngrenzen.

Wie man aus Abb. 6.116 entnimmt, erhöhen sich die 0,2%-Dehngrenze und die Zugfestigkeit der Aluminium-Magnesium-Knetlegierungen mit steigendem Magnesiumgehalt. Das führt man auf die Mischkristallhärtung des Aluminiums durch das Magnesium zurück. Ein weiterer, festigkeitssteigernder Beitrag ergibt sich durch die Anwesenheit der β-Phase im Gefüge. Die Bruchdehnung verringert sich zunächst mit zunehmendem Magnesiumgehalt. Nach dem Durchlaufen eines Minimums bei etwa 3 % Mg steigt sie jedoch allmählich wieder an. Durch eine Kaltverformung ist es möglich, die Festigkeit der naturharten Aluminium-Magnesium-Legierungen zu steigern.

Die Korrosionsbeständigkeit der Aluminium-Magnesium-Knetlegierungen an der Luft sowie im Süß- und Seewasser ist gut, sofern der Magnesiumgehalt maximal 5 % beträgt und die Konzentrationen von Begleitelementen gering sind.

In Abb. 6.117 und Abb. 6.118 sind die Primärgefüge der Gusslegierungen EN AC-AlMg3 und EN AC-AlMg5 gezeigt. Sie bestehen aus hell angeätzten α-Körnern

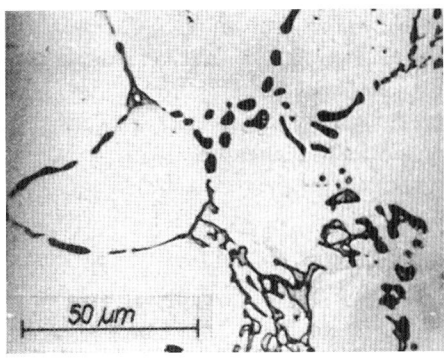

Abb. 6.117 Primärgefüge der Legierung EN AC-AlMg3 mit 0,3 % Titan, hell angeätzte α-Mischkristalle und dunkel angeätzte Ausscheidungen an den Korngrenzen, hellgrau: AlMnSi, schwarz: Mg_2Si

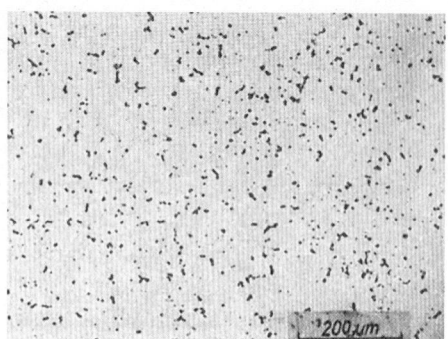

Abb. 6.118 Primärgefüge der Legierung EN AC-AlMg5, hell angeätzte α-Mischkristalle und dunkel angeätztes Eutektikum an den Korngrenzen

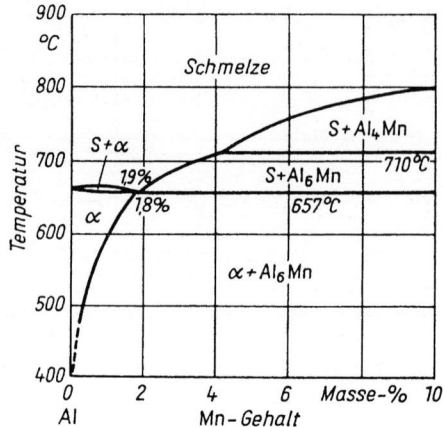

Abb. 6.119 Aluminiumreiche Seite des Zustandsdiagrammes Aluminium-Mangan, nach Mondolfo

und Ausscheidungen bzw. einem Eutektikum an den Korngrenzen und Kornzwickeln der α-Körner. Der eutektische Gefügebestandteil (Abb. 6.118) sollte nach dem Zustandsschaubild (Abb. 6.111) nicht im Gefüge auftreten. Sein Erscheinen führt man auf die Anwesenheit von Begleitelementen (Si, Fe, Mn) in der Legierung und mögliche Kristallseigerungen im Gefüge zurück.

6.5.3.2 Aluminium-Mangan-Legierungen

Diese Legierungen nutzt man als naturharte Knetlegierungen. Ihre Mangangehalte liegen meist unterhalb von 1,5 %, weil bei höheren Konzentrationen die versprödende Phase Al_6Mn (orthorhombische Kristallstruktur, Raumgruppe Cmcm) im Gefüge auftreten kann. Genormte Legierungen sind: AlMn0,2, AlMn0,6 und AlMn1. Neben binären Legierungen werden auch ternäre Legierungen (Beispiele: AlMn1Cu, AlMn1Mg1) hergestellt, welche zusätzlich Magnesium und/oder Kupfer enthalten. Magnesium und Kupfer bewirken eine Kornfeinung des Gefüges und damit günstigere mechanische Eigenschaften der Legierungen.

In Abb. 6.119 ist das Zustandsschaubild Aluminium-Mangan wiedergegeben. Man erkennt, dass bereits bei geringen Mangankonzentrationen ein eutektisches Teilsystem auftritt, dessen eutektischer Punkt bei 1,9 % Mn und einer Temperatur von 657 °C liegt. Die Löslichkeit des Aluminiums für Mangan verringert sich mit sinkender Temperatur. Während bei der eutektischen Temperatur etwa 1,8 % Mangan in Mischkristallform gelöst sind, ist die Löslichkeit bei 20 °C sehr gering. Trotz dieser temperaturabhängigen Löslichkeit härtet man die Al-Mn-Legierungen nicht aus, weil die Effekte der Wärmebehandlung auf die Eigenschaften gering sind.

Die Ausscheidung der intermetallischen Verbindung Al_6Mn aus dem α-Mischkristall erfolgt außerordentlich träge. Deshalb bleibt ein mit Mangan übersättigter Mischkristall bis auf 20 °C existent und das Gefüge ist einphasig. Das so gelöste Mangan bewirkt eine Mischkristallhärtung des Aluminiums. Die Festigkeit der Aluminium-Mangan-Knetlegierungen erhöht sich im Konzentrationsbereich bis etwa 1 % Mn ziemlich monoton mit steigendem Man-

6.5 Aluminium und Aluminiumlegierungen

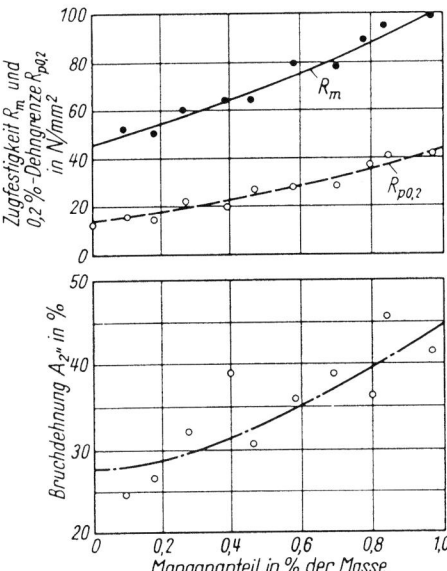

Abb. 6.120 Abhängigkeit einiger mechanischer Eigenschaften von Aluminium-Mangan-Knetlegierungen vom Mangangehalt nach dem Abschrecken von 565 °C, nach Van Horn

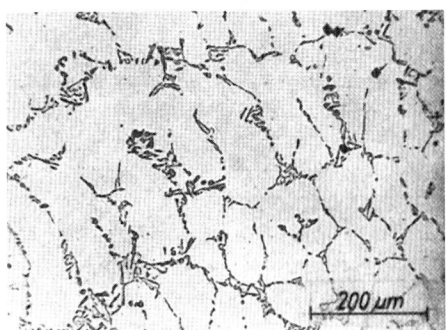

Abb. 6.121 Gussgefüge einer Legierung mit 1,9 % Mn, hell angeätzte α-Mischkristalle und (α + Al_6Mn)-Eutektikum

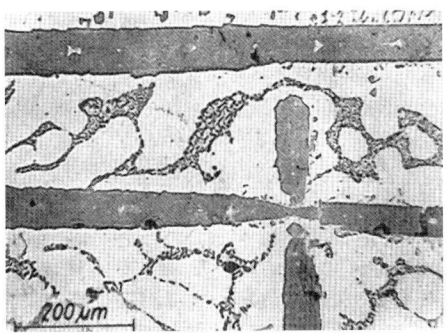

Abb. 6.122 Gussgefüge einer übereutektischen Legierung mit 4 % Mn, grau angeätzte, grobe Kristalle der Phase Al_6Mn, hell angeätzte α-Körner und dunkel angeätztes Eutektikum

gangehalt, wie man aus Abb. 6.120 entnimmt. Bemerkenswerterweise steigt in diesem Konzentrationsintervall auch die Bruchdehnung der Legierungen mit zunehmenden Mangangehalt an.

Liegt der Mangangehalt der Legierungen oberhalb von 1,8 %, dann tritt neben dem α-Mischkristall der eutektische Gefügebestandteil im Gefüge auf. Abbildung 6.121 zeigt das Gefüge einer Legierung mit 1,9 % Mn. Diese chemische Zusammensetzung entspricht fast der eutektischen Konzentration und folglich sollte ein nahezu vollständig eutektisches Gefüge vorliegen. Das ist jedoch nicht der Fall. Vielmehr besteht es aus hell angeätzten, voreutektischen α-Mischkristallen und einem geringen Anteil des (α + Al_6Mn)-Eutektikums. Diese Diskrepanz führt man auf die träge Kristallisation der Phase Al_6Mn aus der Schmelze zurück. Dadurch ergeben sich Abweichungen von der Erstarrung im Gleichgewichtsfall, indem sich primär α-Mischkristalle aus der Schmelze bilden. Die Restschmelze reichert sich mit Mangan an und erstarrt eutektisch.

Abbildung 6.122 zeigt das Primärgefüge einer übereutektischen Legierung mit 4 % Mn. Es baut sich aus den dunkelgrau angeätzten, groben Platten der intermetallischen Verbindung Al_6Mn, hell angeätzten Körnern der α-Phase und dem Eutektikum auf. Primär entstehen aus der Schmelze die groben Al_6Mn-Platten. Wegen der Trägheit der Kristallisation von Al_6Mn aus der Schmelze ist die Einstellung des Gleichgewichtes gehemmt und es kristallieren anschließend α-Körner aus der Schmelze. Die mit Mangan übersättigte Restschmelze kristallisiert danach eutektisch S → α + Al₆Mn. Die groben Al₆Mn-Platten verhalten sich spröde und führen zu ungünstigen mechanischen Eigenschaften der Legierung.

Die Aluminium-Mangan-Knetlegierungen haben eine hohe Korrosionsbeständigkeit, welche derjenigen des Reinaluminiums kaum nachsteht. Infolge der diffusionshemmenden Wirkung des Mangans verschiebt sich das Rekristallisationsgebiet zu höheren Temperaturen. Deshalb besitzen diese Legierungen auch eine gewisse Warmfestigkeit und können bis zu Temperaturen von etwa 150 °C angewendet werden.

Aufgrund der günstigen Kombination von hoher mechanischer Festigkeit, hoher Korrosionsbeständigkeit und guter Schweißeignung sind auch ternäre Aluminium-Magnesium-Mangan-Knetlegierungen gebräuchlich. Die Mangangehalte der Legierungen liegen unterhalb von 1 %. Abbildung 6.123 zeigt das zeilige Sekundärgefüge der Legierung EN AW-AlMg4,5Mn im Lieferzustand weich. Es besteht aus kubisch flächenzentrierten α-Körnern, feinen Sekundärausscheidungen der β-Phase und groben, nicht identifizierten Primärausscheidungen.

Aufgrund der festigkeitssteigernden Wirkung des Mangans erreicht man bei diesen Legierungen trotz der Begrenzung des Magnesiumgehaltes auf maximal 5 % eine mechanische Festigkeit wie bei magnesiumreicheren Legierungen. Die Neigung der Legierung zur interkristallinen Korrosion und zur Spannungsrisskorrosion ist gering.

6.5.4
Weitere Mehrstofflegierungen

Von außerordentlicher Bedeutung für den Stoffleichtbau in der Flugzeug-, Automobil- und Schiffbauindustrie sind aushärtbare Knetlegierungen des Aluminiums. Durch die Aushärtung erreicht man bei diesen Legierungen mechanische Festigkeiten, welche den Festigkeitswerten von Baustählen nahe kommen oder entsprechen.

Wesentliche Voraussetzung für die Aushärtbarkeit der Legierungen ist die mit sinkender Temperatur abnehmende Löslichkeit des Basismetalls Aluminium für die Legierungselemente. Für das Legierungssystem Al-Mg-Si wurde dieser Sachverhalt bereits anhand des quasibinären Schnittes Al-Mg₂Si (Abb. 6.107) dargestellt. In Abb. 6.124 ist die aluminiumreiche Seite des Zustandsschaubildes Aluminium-Kupfer wiedergegeben. Aluminium und die ϑ-Phase (Al₂Cu, Strukturtyp C16) bilden ein eutektisches Teilsystem. Die Löslichkeit des ω-Mischkristalls für Kupfer beträgt 5,7 % bei der eutektischen Temperatur (548 °C). Sie nimmt mit sinkender Temperatur schnell ab und bei 20 °C ist das Kupfer im ω-Mischkristall unlöslich. Bei langsamer Abkühlung aus dem Gebiet des homogenen ω-Mischkristalls scheidet sich das Kupfer vorzugsweise an den Korngren-

Abb. 6.123 Gefüge der Knetlegierung AlMg4,5Mn, geätzt mit Almi5, α-Mischkristalle, feine Sekundärausscheidungen der β-Phase und zeilig angeordnete, grobe Primärausscheidungen

6.5 Aluminium und Aluminiumlegierungen

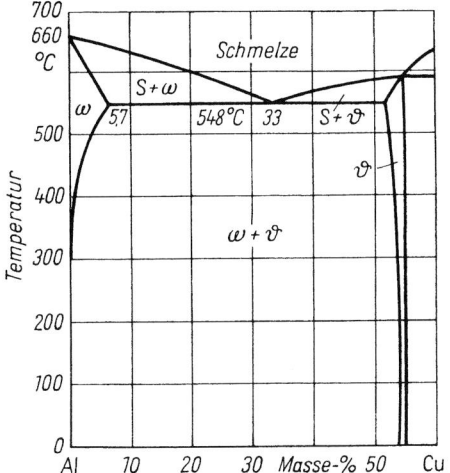

Abb. 6.124 Aluminiumreiche Seite des Zustandsschaubildes Aluminium-Kupfer

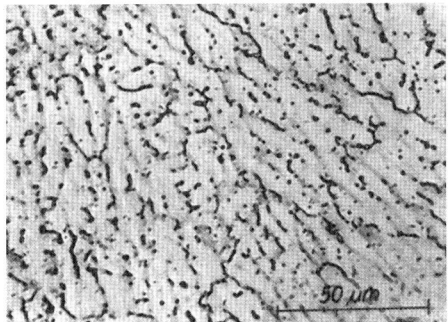

Abb. 6.125 Gefüge einer Aluminiumlegierung mit 5 % Cu nach dem langsamen Abkühlen aus dem homogenen ω-Gebiet, ω-Mischkristalle mit ϑ-Ausscheidungen an den Korngrenzen

zen der Mischkristalle als ϑ-Phase aus, wie man aus Abb. 6.125 entnimmt.

Bei der klassischen Aushärtungsbehandlung wendet man die im Folgenden anhand des Systems Al-Cu in kurzer Form dargestellten Verfahrensschritte an:

- *Lösungsglühen im Bereich des homogenen Mischkristalls*
  Das Ziel dieses Glühens besteht in der vollständigen Auflösung der ϑ-Phase in der Mischkristallmatrix. Deshalb muss die Glühtemperatur oberhalb der Löslichkeitslinie des ω-Mischkristalls für das Kupfer liegen. Um Gefügeschädigungen des homogenen Mischkristalls durch Anschmelzungen zu vermeiden, darf beim Glühen jedoch die Phasengrenzlinie zum (S + ω)-Gebiet nicht überschritten werden.

- *beschleunigtes Abkühlen zur Erzeugung eines übersättigten Mischkristalls bei 20 °C*
  Durch das Abschrecken in Wasser werden die Diffusionsprozesse der Kupfer- und Aluminiumatome und damit in Verbindung der Ausscheidungsvorgang ω → ω + ϑ unterdrückt. Die mit Kupfer übersättigten ω-Mischkristalle existieren bei 20 °C. Sie sind metastabil. Ein Härtungseffekt ist noch nicht eingetreten. In diesem Zustand erfolgt mitunter eine Kaltverformung der Legierung, die eine Steigerung des Aushärtungseffektes beim nachfolgenden Auslagern bewirkt.

- *Auslagern bei 20 °C (Kaltaushärten) oder bei höheren Temperaturen (Warmaushärten)*
  In Abhängigkeit von der Auslagertemperatur und -zeit erfolgt der Zerfall der metastabilen ω-Mischkristalle. Bei niedrigen Auslagertemperaturen geschieht das durch die Bildung der Guinier-Preston-I-Zonen, die lokale Ansammlungen von Kupferatomen darstellen. Sie weisen zur Mischkristallmatrix eine Gitterfehlpassung auf und sind mit dem Matrixgitter kohärent verwachsen. Die dadurch erzeugten Kohärenzspannungen erschweren das Gleiten und bewirken die Festigkeitssteigerung der Legierung, wie aus Abb. 6.126 hervorgeht. Höhere Auslagertemperaturen fördern die Diffusionsprozesse und führen zur Bildung teilkohärenter Guinier-Preston-

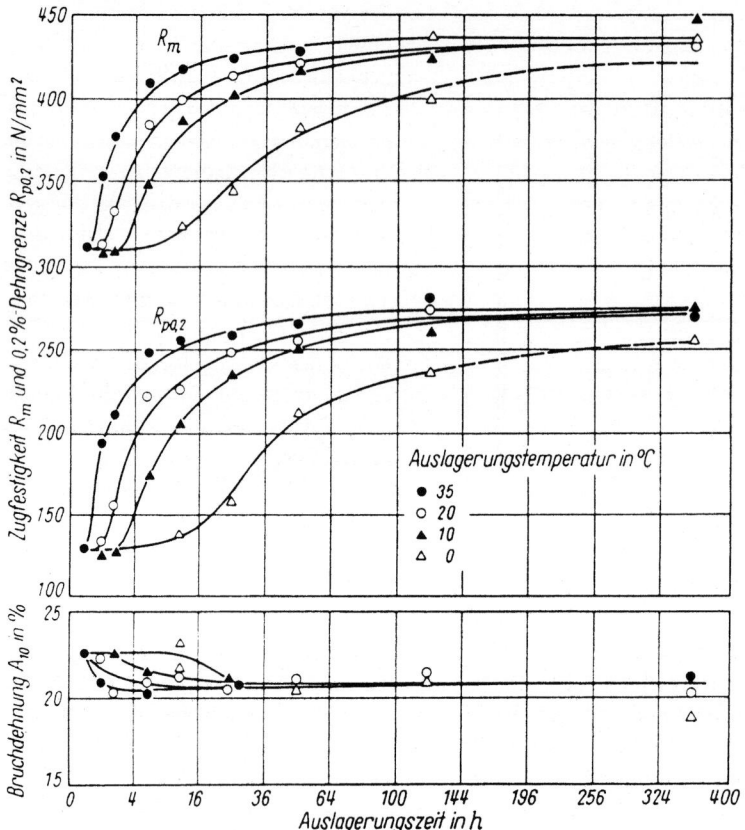

Abb. 6.126 Einfluss der Auslagertemperatur und -zeit beim Aushärten auf die 0,2%-Dehngrenze, die Zugfestigkeit und die Bruchdehnung der Knetlegierung EN AW-AlCu4Mg1, nach Aluminium Taschenbuch

II-Zonen, die ebenfalls den Abgleitwiderstand der Mischkristalle steigern und somit die Festigkeit der Legierung erhöhen. Bei der Anwendung zu hoher Auslagertemperaturen und zu langer Auslagerzeiten verschwinden die teilkohärenten Guinier-Preston-II-Zonen und es entstehen inkohärente Ausscheidungen der ϑ-Phase. Der Verlust der Kohärenzspannungen führt zu einer Abnahme des Abgleitwiderstandes der Mischkristallmatrix und damit zu einer Verringerung der Festigkeit der Legierung. Dieser Effekt wird als Überalterung bezeichnet.

Nach der chemischen Zusammensetzung lassen sich die aushärtbaren Legierungen in folgende Gruppen einteilen (DIN EN 573):

- die AlCuMg-Legierungen
  (Beispiele: EN AW-AlCu4Mg1,
  EN AW-AlCu4PbMg),
- die AlMgSi-Legierungen
  (Beispiele: EN AW-AlMg0,7Si,
  EN AW-AlMg1SiPb),
- die AlMgSiCu-Legierungen
  (Beispiele: EN AW-AlMg1Si0,3Cu,
  EN AW-AlMg1Si0,8CuMn),

- die AlZnMg-Legierungen
  (Beispiele: EN AW-AlZn4,5Mg1,
  EN AW-AlZn4Mg3),
- die AlZnCuMg-Legierungen
  (Beispiele: EN AW-AlZn4,5Mg1Cu,
  EN AW-AlZn4,5Mg1,5Cu),
- die AlLiCuMg-Legierungen
  (Beispiele: EN AW-AlLi2,5Cu1,5Mg1,
  EN AW-AlCu2Li2Mg1,5).

Außer den angegebenen Elementen enthalten die Legierungen bis maximal 1 % Fe, 0,3 % Cr und 0,2 % Ti. Manche Legierungen sind zusätzlich mit Blei legiert, um ähnlich wie bei den bleihaltigen Kupfer-Zink-Legierungen die Zerspanbarkeit zu optimieren. Das Blei liegt in Form feiner Teilchen im Gefüge vor.

Im Vergleich zu den AlCuMg- und AlZnCuMg-Legierungen haben die AlMgSi-Legierungen nach dem Aushärten eine geringere Festigkeit. Sie zeichnen sich jedoch, verglichen mit den kupferhaltigen Legierungen, durch eine höhere Korrosionsbeständigkeit aus. Insbesondere die AlCuMg-Legierungen sind korrosionsanfällig, weil sich aufgrund der Potenzialdifferenz zwischen dem kupferarmen ω-Mischkristall und den kupferreichen Ausscheidungen Korrosionselemente bilden können.

Die AlZnMg-Legierungen weisen den besonderen Effekt der Selbstaushärtung auf. Erfolgt nach dem Aushärten ein Wiedererwärmen bis in den Bereich des Lösungsglühens, dann entstehen bei der nachfolgenden Abkühlung, die sogar relativ langsam stattfinden kann, wiederum übersättigte Mischkristalle, welche erneut aushärten.

Lithiumhaltige Legierungen weisen eine besonders geringe Dichte auf. Das ist auf die niedrige Dichte des Lithiums (0,534 g cm^{-3}) zurückzuführen. Es gilt, dass sich mit jedem zulegierten Masse-% Li die Dichte um 3 % vermindert und der Elastizitätsmodul der Legierung um 6 % steigt.

Die neuere scandiumhaltige AlMgSc-Legierung hat eine besonders hohe Korrosionsbeständigkeit und eignet sich deshalb auch für maritime Anwendungen. Obwohl bei dieser Legierung ebenfalls die Teilchenhärtung zur Steigerung der mechanischen Festigkeit ausgenutzt wird, unterscheidet sie sich hinsichtlich der Wärmebehandlung von anderen aushärtbaren Legierungen. Ein übersättigter Mischkristall wird bereits durch eine geeignete Luftabkühlung erhalten. Die Ausscheidungshärtung erfolgt durch ein Warmauslagern.

Die Gefügeausbildung der aushärtbaren Knetlegierungen wird maßgeblich durch den Wärmebehandlungszustand bestimmt. In Abb. 6.127 und Abb. 6.128 a sind die Gefüge der Legierungen EN AW-AlCu4Mg1 und EN AW-AlZnMgCu0,5 im lösungsgeglühten Zustand gezeigt. Ihr Gefüge besteht aus übersättigten Mischkristallen und wenigen Primärausscheidungen. Aufgrund der kristallografischen Orientierungsunterschiede werden die Körner unterschiedlich stark vom Ätzmittel angegriffen.

Abbildung 6.128 b zeigt das Gefüge der Legierung EN AW-AlZnMgCu0,5 nach

Abb. 6.127 Gefüge der Legierung EN AW-AlCu4Mg1 nach dem Lösungsglühen, ω-Mischkristalle und wenige, nicht identifizierte Primärausscheidungen

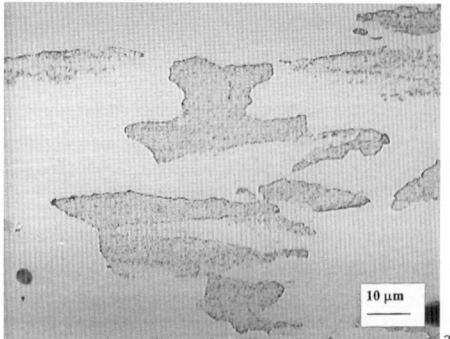

Abb. 6.128 Gefüge der Legierung AlZnMgCu0,5, geätzt mit Almi5: a) nach dem Lösungsglühen, b) nach dem Warmaushärten

dien der Aushärtung entstandenen kohärenten und teilkohärenten Zonen zu beobachten. Für die Untersuchung dieser Nanogefüge benötigt man die Transmissionselektronenmikroskopie.

In den Gefügen der Knet- und Gusslegierungen des Aluminiums liegen häufig Primär- und Sekundärausscheidungen vor, welche sich durch Reaktionen zwischen dem Aluminium sowie den Legierungs- und Begleitelementen bilden. Während die Primärausscheidungen direkt aus der Schmelze entstehen, erfolgt die Bildung der Sekundärausscheidungen im festen Zustand. Mitunter besteht die Aufgabe, diese Gefügebestandteile zu identifizieren. Weil die dafür notwendigen Geräteausstattungen wie REM, TEM und ESMA nicht immer zur Verfügung stehen, hat man metallografische Methoden zur Identifikation dieser Ausscheidungen entwickelt, welche auf die Ausbildungsform, die Eigenfarbe im nur polierten Schliff und das Anätzverhalten zur qualitativen Identifikation dieser Gefügebestandteile zurückgreifen. Aussagen über die quantitative Zusammensetzung der Ausscheidungen sind auf diesem Wege nicht möglich, weil die exakte chemische Zusammensetzung der Ausscheidungen auch von der konkreten technologischen Behandlung abhängt. In Tab. 6.14 sind derartige Möglichkeiten zur metallografischen Identifikation ausgewählter Ausscheidungen zusammengestellt.

Anhand der nachfolgenden Gefügebilder (Abb. 6.129 bis Abb. 6.134) wird die Anwendung von Tab. 6.14 demonstriert. Mit einiger individueller Erfahrung bei der Präparation der Schliffe und bei der Bewertung der Bilder ist die relativ schnelle und sichere Identifikation und Unterscheidung der verschiedenen Ausscheidungen möglich.

einer Warmaushärtung. In den Körnern und an den Korngrenzen haben sich zahlreiche, feine Ausscheidungen gebildet, welche die Teilchenhärtung der Legierung bewirken. Durch eine geringe Kaltverformung, welche man nach dem Lösungsglühen durchführt, lassen sich bei diesem Legierungstyp im warmausgehärteten Zustand folgende mechanischen Kennwerte (Richtwerte) erreichen: $R_{p0,2} > 370$ MPa, $R_m > 450$ MPa, $A_5 > 7\%$.

Die stabilen Ausscheidungen (Beispiele: Al_2Cu, Al_2CuMg, Mg_2Si, AlLi, Al_3Sc), welche sich im Ergebnis einer Überalterung in den Gefügen der verschiedenen Legierungen bilden, lassen sich lichtmikroskopisch feststellen. Demgegenüber reicht das Auflösungsvermögen des Lichtmikroskops nicht aus, um die in den frühen Sta-

Tab. 6.14 Metallografische Methoden zur Identifikation ausgewählter Primär- und Sekundärausscheidungen in den Gefügen von Aluminiumlegierungen, nach Schrader

Phase	Eigenfarbe im polierten, nicht geätzten Schliff	Ätzmittel 25 ml HNO_3 75 ml H_2O 40 s bei 70°C	Ätzmittel 20 ml H_2SO_4 80 ml H_2O 30 s bei 70°C	Ätzmittel 1g NaOH 100 ml H_2O 15 s bei 50°C	Ätzmittel 10 g NaOH 100 ml H_2O 5 s bei 20°C	Ätzmittel 0,5 ml HF 100 ml H_2O 15 s bei 20°C	Ätzmittel 0,5 ml HF 1,5 ml HCl 2,5 ml HNO_3 95,5 ml H_2O 15 s bei 20°C
Si	grau	–	–	–	–	–	–
Mg_2Si	dunkelblau bis bunt	+	–	–	–	Eigenfarbe	+
Al_2Cu	weiß bis rosa	kupferrot	+	–	dunkel gefärbt	–	–
Al_3Fe	grau, heller als Si	–	+	–	dunkelbraun	–	–
Al_8Mg_5	weiß bis gelblich	–	–	–	–	leicht angeätzt	leicht angeätzt
Al_6Mn	hellgrau	–	–	erst hellbraun, dann hellblau	dunkelbraun	leicht angeätzt	–
Al_4Mn	hellgrau, dunkler als Al_6Mn	–	–	braun	starker Angriff, dunkel	–	–
Al_3Ni	hellgrau	–	–	braun	dunkel	dunkel	intensive Anfärbung
Al_7Cr	hellgrau	–	–	schwache Anfärbung	blau	–	–
$Al_{11}Cr_2$	hellgrau, etwas dunkler als Al_7Cr	–	–	–	starker, unregelmäßiger Angriff	–	leicht angeätzt, nicht angefärbt
AlSb	hellgrau, färbt sich an der Luft schwarz	dunkel	–	dunkel	starker Angriff	dunkel	–
Al_3Ti	hellgrau	–	–	–	–	–	–

(–) nicht angegriffen, (+) herausgelöst

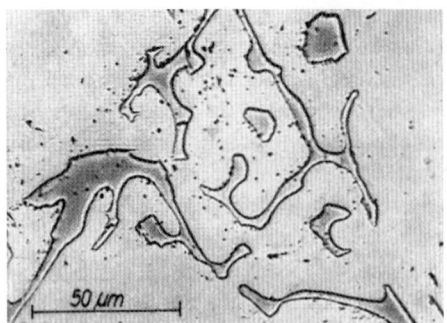

Abb. 6.129 Mg$_2$Si-Ausscheidungen im polierten Schliff, dunkelblau oder bunt angelaufen

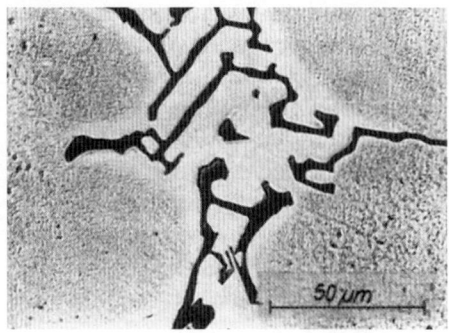

Abb. 6.130 Mg$_2$Si-Ausscheidungen, dunkel angeätzt, Schliff mit Flusssäure-Ätzmittel geätzt

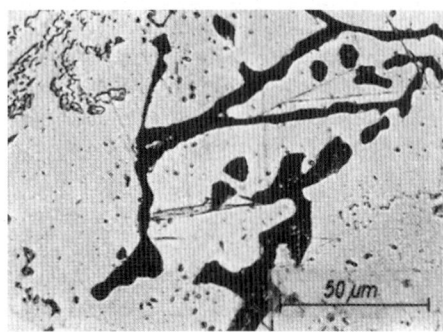

Abb. 6.131 Mg$_2$Si-Ausscheidungen herausgelöst, Schliff mit Schwefelsäure-Ätzmittel geätzt

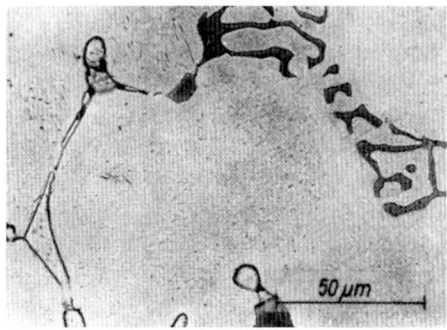

Abb. 6.132 Mg$_2$Si- und Al$_2$Cu-Ausscheidungen, Mg$_2$Si leicht angegriffen, Al$_2$Cu nicht angegriffen, Schliff mit Flusssäure-Ätzmittel geätzt

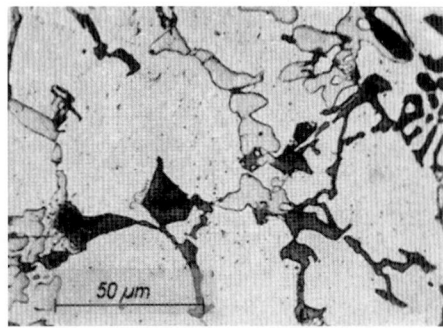

Abb. 6.133 Al$_2$Cu-, Mg$_2$Si- und Al$_6$Mn-Ausscheidungen, Al$_2$Cu und Al$_6$Mn nicht angegriffen, Mg$_2$Si herausgelöst, Schliff mit Mischlösung geätzt

Abb. 6.134 Al$_2$Cu- und Al$_6$Mn-Ausscheidungen, Al$_2$Cu wird kupferrot bis braun angeätzt und erscheint im Bild dunkel, Al$_6$Mn nicht angegriffen

6.6 Magnesium und Magnesiumlegierungen

6.6.1 Reines Magnesium

Zur primären Gewinnung von Magnesium wendet man zwei Verfahren an:

a) die Schmelzflusselektrolyse von schmelzflüssigem Magnesiumchlorid und
b) die silicothermische Gewinnung, die auf der Reduktion von Magnesiumoxid durch Ferrosilicium beruht.

Bei der Schmelzflusselektrolyse werden als Ausgangsprodukte verschiedene magnesiumhaltige Mineralien wie Carnallit ($KCl \cdot MgCl_2 \cdot H_2O$), Dolomit ($MgCO_3 \cdot CaCO_3$) und Magnesit ($MgCO_3 \cdot 6H_2O$) verwendet. In einem aufwendigen Aufbereitungsprozess werden diese Stoffe in gereinigtes und entwässertes Magnesiumchlorid überführt. Durch die Schmelzflusselektrolyse, welche bei 700–800 °C durchgeführt wird, erzeugt man verunreinigtes Magnesium, das sich aufgrund seiner geringen Dichte an der Badoberfläche sammelt und von hier entnommen wird.

Bei der silicothermischen Gewinnung geht man von calciniertem Dolomit ($MgO \cdot CaO$), der mit calciniertem Magnesit angereichert ist, und Ferrosilicium (FeSi) aus. Während des Prozesses, der bei hohen Temperaturen erfolgt, findet die Reduktion des MgO durch das Ferrosilicium statt und es bildet sich Magnesiumdampf, der kondensiert wird.

Durch die anschließende Raffination entfernt man aus dem erzeugten Metall unerwünschte metallische und nichtmetallische Verunreinigungen. Die Einteilung des Reinmagnesiums erfolgt nach dem Reinheitsgrad, der im Bereich von 99,5–99,98 % liegt (DIN EN 12421, ASTM B92/B92M-89).

Magnesium hat eine Dichte von 1,74 g cm^{-3} und gehört folglich zu den Leichtmetallen. Aufgrund der niedrigen Dichte sind die Legierungen des Magnesiums für den Stoffleichtbau in der Fahrzeugindustrie von wesentlicher Bedeutung.

Magnesium kristallisiert in der hexagonal dichtest gepackten Kristallstruktur (Strukturtyp A3). Polymorphe Umwandlungen treten nicht auf. Abbildung 6.135 zeigt das Gefüge von reinem, weichgeglühtem Magnesium. In den Körnern beobachtet man feine, nicht identifizierte Teilchen.

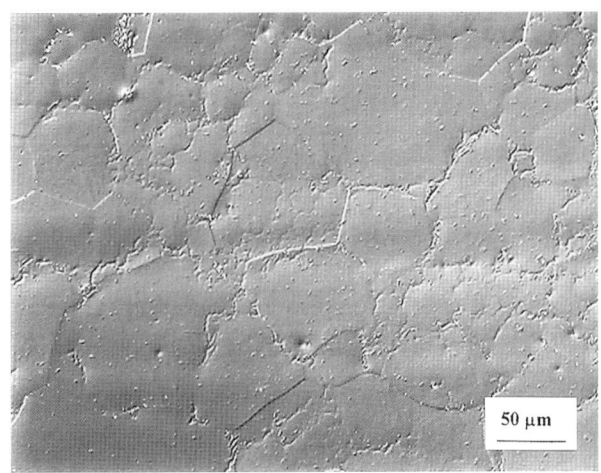

Abb. 6.135 Gefüge von weichgeglühtem Magnesium, polygonale Magnesiumkristallite mit nicht identifizierten Teilchen

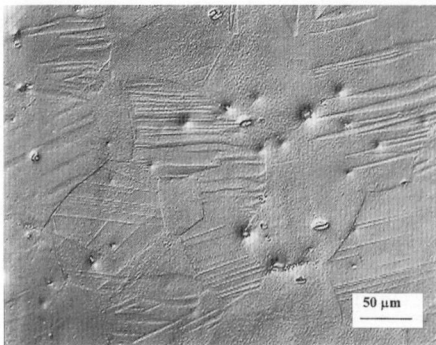

Abb. 6.136 Gefüge von Magnesium nach geringfügiger plastischer Verformung bei 20 °C, Magnesiumkristallite mit Verformungszwillingen und nicht identifizierten Teilchen

Aufgrund der hexagonalen Kristallstruktur hat das Magnesium bei 20 °C nur eine geringe Zahl von Basisgleitsystemen. Das führt, ähnlich wie beim Zink, zu einer eingeschränkten Kaltumformbarkeit des Metalls. Wegen der eingeschränkten Plastizität durch kristallografisches Gleiten beobachtet man bei der plastischen Deformation des Magnesiums bei niedrigen Temperaturen die mechanische Zwillingsbildung, wie aus Abb. 6.136 hervorgeht.

Die Plastizität des Magnesiums erhöht sich deutlich, wenn die Umformtemperatur oberhalb von etwa 220 °C liegt, weil dann neben der Basisgleitung (Gleitebenen {0 0 1}) zusätzlich thermisch aktivierte Prismengleitung (Gleitebenen {1 1 0}) auftritt. Deshalb erfolgt die spanlose Formgebung des Metalls besser durch eine Warmumformung.

In der Normalspannungsreihe hat Magnesium ein stark elektronegatives Potenzial (–1,856 V). Es reagiert zwar mit dem Luftsauerstoff und dem Wasser und bildet eine Deckschicht, die jedoch aufgrund ihrer Porosität keine Passivierung des Metalls bewirkt. Magnesium ist folglich korrosionsanfällig. Wegen des niedrigen elektrochemischen Potenzials setzt man das Magnesium als Werkstoff für Opferanoden in katodischen Schutzsystemen ein.

Die hohe Affinität des Magnesiums zum Sauerstoff bereitet bei der Verarbeitung des Metalls Probleme. Beim Schmelzen sind Badabdeckungen erforderlich. Beim Gießen muss der Kontakt des flüssigen Metalls mit dem Luftsauerstoff unterbunden werden. Pulverteilchen und feine Späne des Metalls neigen zur Selbstentzündung, deshalb müssen bei der spanenden Bearbeitung besondere Schutzvorschriften eingehalten werden.

Der größte Teil des Reinmagnesiums wird zur Herstellung von Magnesium- und Aluminiumlegierungen verwendet. Außerdem findet es Anwendung zur Entschwefelung von Stählen und zur Herstellung von Kugelgrafitgusseisen. Durch die Schmelzbehandlung des Gusseisens mit Magnesium kann man anstelle der lamellaren eine globulare Ausbildungsform des Grafites erzeugen, welche günstigere mechanische Eigenschaften des Gusseisens bewirkt.

6.6.2
Magnesiumlegierungen

6.6.2.1 Legierungssysteme Mg-Al und Mg-Al-Zn

Diese Legierungen werden als Knet- und als Gusswerkstoffe hergestellt, deren besonderes Merkmal, wie bereits erwähnt, die geringe Dichte ist. Sie sind deshalb für den Stoffleichtbau in der Fluggeräte- und Automobilindustrie von Bedeutung.

Die Legierungen der ersten Generation wiesen nachteilige Gebrauchseigenschaften auf, insbesondere betraf das ihre Korrosionsbeständigkeit an der Luft und in feuchter Atmosphäre. Wie heute bekannt ist, wurde diese erhöhte Korrosionsanfälligkeit durch Verbindungen der Begleitelemente Kupfer, Eisen und Nickel mit anderen Legierungselementen verursacht, die als Ausscheidungen im Gefüge vorliegen. Diese Ausscheidungen haben andere elektrochemische Potenziale im Vergleich zur Gefügematrix. Bei Anwesenheit eines Korrosionsmediums (Elektrolyt) werden mikroskopische Korrosionselemente wirksam, die zur Zerstörung des Gefüges führen.

Durch neue und auch wirtschaftlichere Herstellungstechnologien war es möglich, den Reinheitsgrad der neueren Legierungen der zweiten Generation deutlich zu erhöhen. Dadurch erreichte man eine verbesserte Korrosionsbeständigkeit. Dieser Sachverhalt trug wesentlich dazu bei, dass gegenwärtig der Anwendungsumfang der Magnesiumlegierungen in der Fahrzeugindustrie deutlich zunimmt. Man verfügt heute über hp (high purity)-Legierungsvarianten, die ähnlich wie Aluminiumlegierungen ohne besondere Korrosionsschutzmaßnahmen an feuchter Luftatmosphäre angewendet werden können. Bei diesen Legierungen sind in Abhängigkeit von der Art des Verunreinigungselementes maximale Toleranzgrenzen festgelegt (ASTM B117, DIN EN 1754), die im Bereich von einigen 10^{-2} % bis 10^{-3} % liegen.

Die klassischen Magnesiumlegierungen sind meist ternäre Legierungen, wobei das Legierungselement Aluminium eine vorrangige Position einnimmt. Weitere Legierungselemente sind Zink, Mangan und Silicium. Im Vergleich zum Aluminium sind die Konzentrationen dieser Legierungselemente jedoch gering.

Abbildung 6.137 zeigt die magnesiumreiche Seite des Zustandsschaubildes Magnesium-Aluminium. Magnesium und die γ-Phase ($Mg_{17}Al_{12}$, Strukturtyp A12) bilden ein eutektisches Teilsystem, dessen eutektischer Punkt bei 32 % Al und einer Temperatur von 436 °C liegt. Die Löslichkeit des Magnesiums für Aluminium nimmt mit sinkender Temperatur ab. Bei der eutekti-

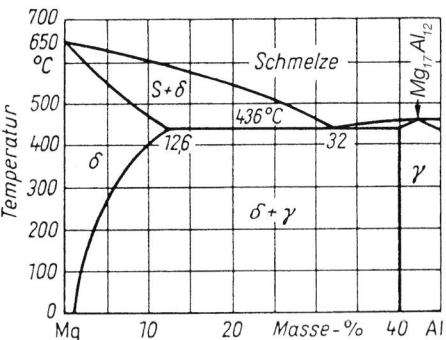

Abb. 6.137 Magnesiumreiche Seite des Zustandsschaubildes Magnesium-Aluminium

schen Temperatur vermag der hexagonale δ-Mischkristall 12,6 % Al zu lösen und bei 100 °C hat sich die Löslichkeit auf 2,3 %Al verringert.

In den technisch genutzten Magnesiumlegierungen sind maximal 9 % Al enthalten. Entsprechend dem Zustandsdiagramm sollte man erwarten, dass sich die Gefüge der Legierungen nach einem langsamen Abkühlen aus dem Schmelzgebiet aus δ-Mischkristallen und Ausscheidungen der γ-Phase aufbauen. Infolge der geringen Diffusionsgeschwindigkeit der Atome wird jedoch die Einstellung des thermodynamischen Gleichgewichtes im Stoffsystem und damit die Ausbildung der Gleichgewichtsgefüge verhindert. Unter praktisch üblichen Abkühlbedingungen beobachtet man vielmehr Gefüge, die neben den δ-Mischkristallen den eutektischen Gefügebestandteil enthalten. Das Eutektikum ist entartet, weil die δ-Phase des Eutektikums an die bereits vorhandenen δ-Mischkristalle ankristallisiert und die γ-Phase in grobkörniger Form an den δ-Korngrenzen erscheint. In den Gefügebildern der heute nicht mehr genormten Gusslegierungen G-MgAl2Zn und G-MgAl9 (Abb. 6.138 und Abb. 6.139) sowie der Kokillengusslegierung GK-MgAl6Zn3 (Abb. 6.140) sind solche Strukturen zu sehen. An den

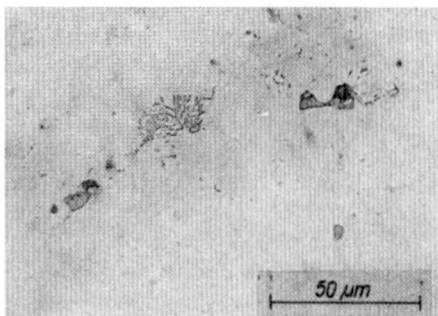

Abb. 6.138 Primärgefüge der sandgegossenen Legierung G-MgAl2Zn, hell angeätzte δ-Mischkristalle, körnige und lamellare γ-Phase an den δ-Korngrenzen

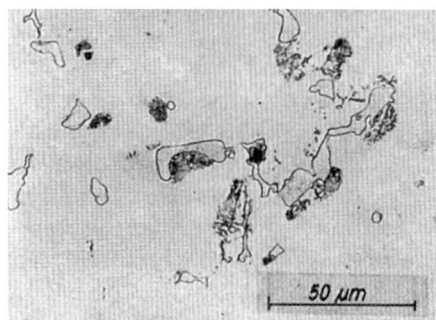

Abb. 6.139 Primärgefüge der sandgegossenen Legierung G-MgAl9, hell angeätzte δ-Mischkristalle, körnige und lamellare γ-Phase an den δ-Korngrenzen

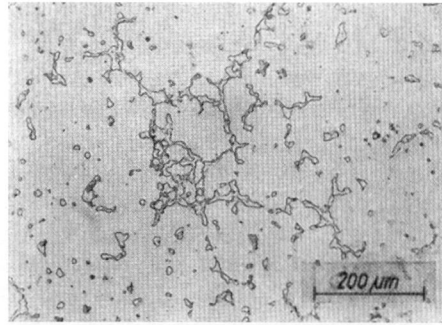

Abb. 6.140 Primärgefüge der Kokillengusslegierung GK-MgAl6Zn3, hell angeätzte δ-Mischkristalle und körnige γ-Phase an den δ-Korngrenzen

δ-Korngrenzen der Gefüge der sandgegossenen Legierungen liegt neben der körnigen γ-Phase noch ein lamellarer Gefügebestandteil vor, dessen Ausbildungsform an den Perlit in den Gefügen der Stähle erinnert. Es handelt sich hier jedoch nicht um ein Eutektoid. Vielmehr bilden sich diese Lamellen der γ-Phase durch einen Ausscheidungsvorgang aus den δ-Mischkristallen, sobald beim langsamen Abkühlen aus dem homogenen δ-Gebiet die Löslichkeitslinie unterschritten wird.

In der Fachliteratur bezeichnet man die Magnesiumlegierungen oft nach ASTM B275. In Tab. 6.15 sind die hierbei verwendeten Symbole der Legierungselemente zusammengestellt. Das Gefüge der stranggepressten Knetlegierungen MgAl9Zn1 (AZ91F) ist in Abb. 6.141 anhand von drei Längsschliffen dargestellt. Teilbild (a) zeigt das zeilige Sekundärgefüge bei geringer Vergrößerung. Durch das Strangpressen

Tab. 6.15 Symbole der Legierungselemente zur Bezeichnung von Magnesiumlegierungen nach ASTM B275

Symbol	Legierungselement
A	Aluminium
B	Wismut
C	Kupfer
D	Cadmium
E	Seltene Erden
F	Eisen
H	Thorium
K	Zirkon
L	Lithium
M	Mangan
N	Nickel
P	Blei
Q	Silber
R	Chrom
S	Silicium
T	Zinn
W	Yttrium
Y	Antimon
Z	Zink

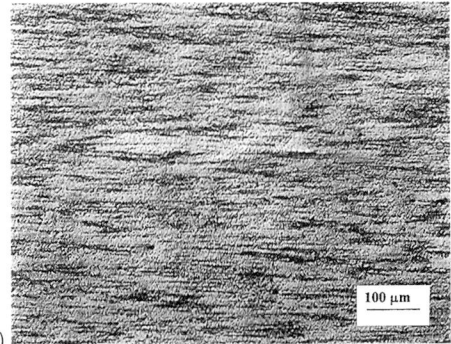

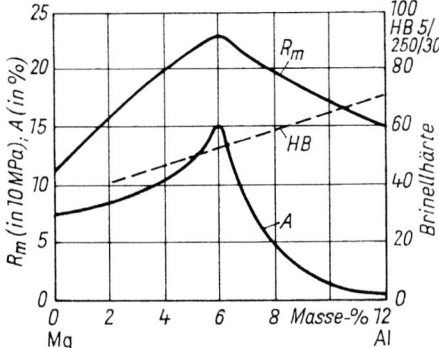

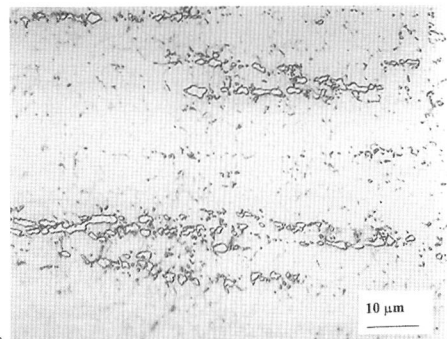

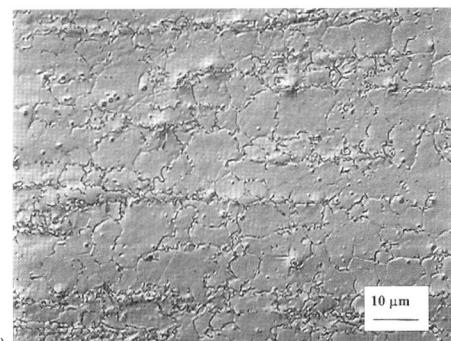

Abb. 6.141 Zeiliges Sekundärgefüge der stranggepressten Legierung MgAl9Zn1 (AZ91F): a) bei geringer Vergrößerung, Längsschliff geätzt mit 0,5 % alkoholischer HNO_3, b) bei höherer Vergrößerung, polierter Längsschliff, zeilenförmig angeordnete, gröbere Teilchen einer AlMn-Phase und feine $(Mg_{17}Al_{12})$-Teilchen in der δ-Mischkristallgrundmasse, c) bei höherer Vergrößerung, hell angeätzte δ-Mischkristallzeilen, gröbere Teilchen einer Al-Mn-Phase in zeiliger Anordnung und feine $(Mg_{17}Al_{12})$-Teilchen, Längsschliff geätzt mit 0,5 % alkoholischer HNO_3

Abb. 6.142 Abhängigkeit einiger mechanischer Kennwerte von sandgegossenen Magnesiumlegierungen vom Aluminiumgehalt, nach Spitaler

sind die Körner in der horizontal liegenden Umformrichtung gestreckt. In den Teilbildern (b) und (c) ist das Gefüge bei höherer Vergrößerung wiedergegeben. Im polierten, nicht geätzten Längsschliff sieht man gröbere, zeilenförmig angeordnete Teilchen, die durch EDX-Analysen qualitativ als Al-Mn-Verbindungen identifiziert wurden. Außerdem erkennt man feinere Teilchen, die der γ-Phase $(Mg_{17}Al_{12})$ zuzuordnen sind. Nach dem Ätzen (Teilbild c) werden auch die Korngrenzen zwischen den δ-Mischkristallen sichtbar.

In Abb. 6.142 ist der Einfluss des Aluminiumgehaltes auf einige mechanische Kennwerte von sandgegossenen Magnesiumlegierungen dargestellt. Die Zugfestigkeit, die Bruchdehnung und die Härte steigen bis etwa 6 % Al an. Diese Effekte lassen sich durch die Mischkristallverfestigung des Magnesiums und die Teilchenverfestigung durch die Ausscheidungen der γ-Phase erklären. Bei Aluminiumkonzentrationen von mehr als 6 % stellt man eine Verringerung der Zugfestigkeit und der Bruchdehnung fest. Diese Effekte führt man auf die versprödende Wirkung von höheren Volumenanteilen der spröden γ-Teilchen am Gesamtgefüge zurück. Die Gusslegierungen des Magnesiums werden zur Herstellung von Sandguss-, Kokillenguss-, Druckguss- und Feinguss-Erzeugnissen verwendet. Bewährte Legierungen sind:

a) aus der Gruppe MgAlZn (AZ-Legierungen)
EN-MC MgAl8Zn1 und EN-MC MgAl9Zn1 nach DIN EN 1753 (nach ASTM B275: AZ81 und AZ91), welche teilweise nach dem Vergießen noch homogenisierungsgeglüht werden;

b) aus der Gruppe MgAlSi (AS-Legierungen)
die lizenzpflichtige Legierung EN-MC MgAl4Si nach DIN EN 1753 (nach ASTM B275: AS41), die sich durch eine erhöhte Warmfestigkeit auszeichnet und zur Herstellung von thermisch beanspruchten Bauteilen (bis etwa 150 °C) verwendet werden kann.

Abbildung 6.143 zeigt die Abhängigkeit einiger mechanischer Eigenschaften vom Aluminiumgehalt für stranggepresste Knetlegierungen. Die Härte und die Zugfestigkeit erhöhen sich stetig mit steigendem Aluminiumgehalt. Diese Effekte lassen sich auf die Mischkristallhärtung des Magnesiums, den steigenden Volumenanteil der γ-Phase im Gefüge sowie die feinkörnigere und gleichmäßigere Ausbildung des Sekundärgefüges zurückführen. Die Bruchdehnung bleibt bis etwa 6 % Al konstant und fällt danach ab. Die Abnahme der Bruchdehnung bei hohen Aluminiumgehalten wird durch den erhöhten Volumenanteil der spröden γ-Phase im Gefüge verursacht. Diese Erklärung wird durch den Einfluss einer Anlassbehandlung auf die Zugfestigkeit und die Bruchdehnung von homogenisierten Proben belegt, der durch die gestrichelt dargestellten Kurvenäste in Abb. 6.143 erfasst wird. Das Anlassen der homogenisierten Proben dicht unterhalb der Löslichkeitslinie erzeugt eine Zunahme des Volumenanteils der γ-Phase durch Ausscheidung dieser Phase aus den δ-Mischkristallen. Diese Gefügeveränderungen bewirken eine Erhöhung der Zugfestigkeit und eine Verringerung der Bruchdehnung der Proben.

Zur Herstellung von Halbzeugen wie Strangpressprofilen und Rohren sowie von Gesenkschmiedeprodukten wendet man die Knetlegierungen MgAl3Zn1 (AZ31), MgAl8Zn1 (AZ81) und MgAl9Zn1 (AZ91) an.

6.6.2.2 Legierungssystem Mg-Al-Mn (AM-Legierungen)

Durch das Legieren mit Mangan erreicht man neben einer Steigerung der Festigkeit auch eine erhöhte Korrosionsbeständigkeit des Magnesiums, weil sich dieses Element mit anderen Begleitelementen (Beispiel: Eisen) verbindet und diese Verbindungen aus der Schmelze ausgeschieden werden. Die Druckgusslegierungen AM20 (EN-MC MgAl2Mn), AM50 (EN-MC MgAl5Mn) und AM60 (EN-MC MgAl6Mn) zeichnen sich durch eine hohe mechanische Festigkeit, eine hohe Schlagzähigkeit und eine gute Dehnbarkeit aus.

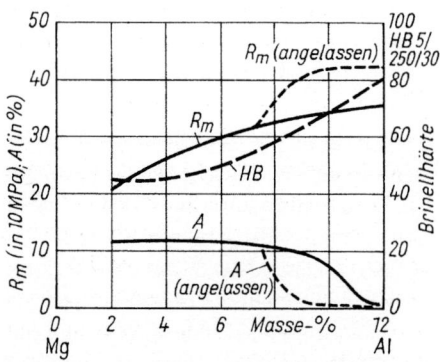

Abb. 6.143 Einfluss des Aluminiumgehaltes auf einige mechanische Kennwerte von stranggepressten Knetlegierungen des Magnesiums, nach Spitaler

6.6 Magnesium und Magnesiumlegierungen | 841

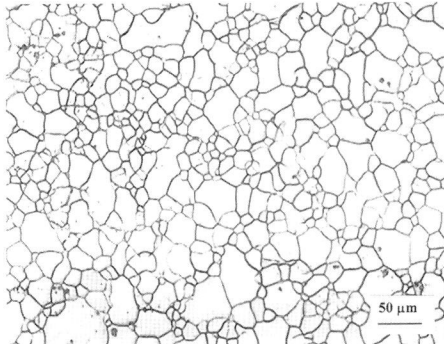

Abb. 6.144 Feinkörniges Sekundärgefüge der Knetlegierung MgAl5Mn (AM50) im Querschliff, geätzt mit Mgmi5, hexagonale δ-Mischkristalle mit wenigen, nicht identifizierten Teilchen

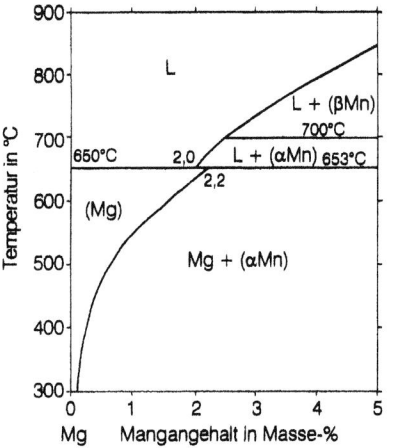

Abb. 6.145 Magnesiumreiche Seite des Zustandsschaubildes Magnesium-Mangan (Magnesium-Taschenbuch)

Abbildung 6.144 zeigt das feinkörnige Sekundärgefüge der Knetlegierung MgAl5Mn (AM 50), die im Mittel 5 % Aluminium und 0,5 % Mangan enthält. Die Korngröße ist ungleichmäßig. In wenigen Körnern sind feine, dunkel angeätzte Teilchen vorhanden, die nicht identifiziert wurden. Entsprechend dem Zustandsschaubild Magnesium-Mangan (Abb. 6.145) könnte es sich um manganreiche Ausscheidungen handeln, weil sich die Löslichkeit des Magnesiums für Mangan mit abnehmender Temperatur verringert.

6.6.2.3 Legierungssystem Mg-Y-SE-Zr (WE-Legierungen)

Zu den Legierungen der zweiten Generation gehören auch die aluminiumfreien WE-Varianten (WE43, WE54), die man ebenfalls als Guss- und als Knetlegierungen anwendet. Hierbei handelt es sich um Mehrstofflegierungen des Magnesiums, die Zirkon, Yttrium und verschiedene Seltene Erdenelemente (SE) wie Neodym, Cer und Lanthan enthalten. Durch das Legieren des Magnesiums mit Zirkon erreicht man einen markanten Kornfeinungseffekt des Gefüges, der eine Steigerung der mechanischen Festigkeit und der Duktilität dieser aluminiumfreien Varianten bewirkt. Außerdem weisen diese Legierungen eine erhöhte Korrosionsbeständigkeit und Warmfestigkeit auf.

In Abb. 6.146 ist das sehr feinkörnige Gefüge der stranggepressten Knetlegierung WE43F dargestellt, die etwa 4 % Yttrium, 3 % Seltene Erdenelemente und 0,5 % Zirkon enthält. Sie hat eine Dichte von 1,84 g·cm^{-3}. Teilbild a zeigt das Gefüge im Längsschliff. Es besteht überwiegend aus den polygonalen δ-Körnern, die teilweise Zwillinge enthalten. Die Umformrichtung liegt horizontal. Deshalb ist im Längsschliff eine gewisse Zeiligkeit zu erkennen. Im Teilbild b ist das Gefüge im Querschliff wiedergegeben. Die polygonalen Körner der hexagonalen δ-Mischkristalle enthalten nur wenige Zwillinge. Erwartungsgemäß beobachtet man hier keine Zeiligkeit. In beiden Schliffbildern sind neben den δ-Körnern kleine Teilchen zu sehen, die nicht identifiziert wurden.

Die mechanischen Eigenschaften der WE-Legierungen stellt man durch eine Wärmebehandlung ein, die aus einem Lö-

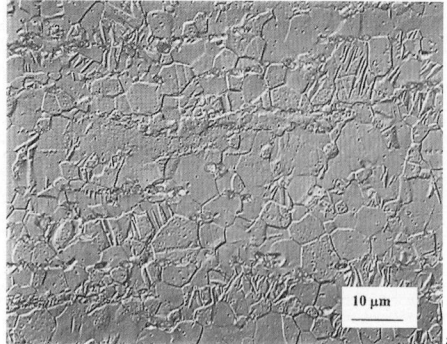

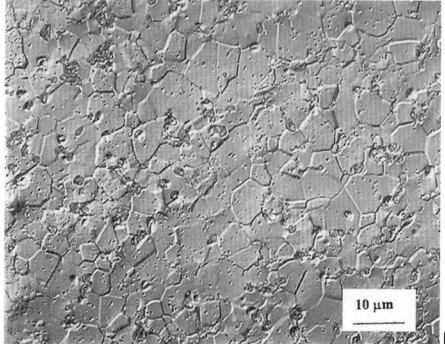

Abb. 6.146 Feinkörniges Gefüge der Knetlegierung Mg-4Y-3Se-0,5Zr (WE43F): a) Längsschliff, zeiliges Sekundärgefüge, teilweise verzwillingte δ-Körner und nicht identifizierte Teilchen, b) Querschliff, polygonale δ-Körner mit wenigen Zwillingen und nicht identifizierte Teilchen, geätzt mit 0,5 % alkoholischer HNO_3

sungsglühen und einem Warmauslagern besteht.

6.6.2.4 Legierungssysteme Mg-Li, Mg-Li-Al und Mg-Li-Al-SE

Sehr intensiv befasst man sich gegenwärtig mit der Weiterentwicklung und Nutzbarmachung von Mg-Li-Legierungen (Beispiel: MgLi4), die teilweise auch noch weitere Legierungselemente wie Aluminium und Seltene Erdenelemente (Beispiele: MgLi4Al3 oder LA43, MgLi4Al8 oder LA48) enthalten. Die Mehrstofflegierungen haben eine höhere mechanische Festigkeit im Vergleich zu den binären Legierungen. Das Legierungselement Lithium hat zwei wesentliche Effekte auf die Gebrauchseigenschaften. Aufgrund seiner geringen Dichte (0,53 g cm^{-3}) bewirkt es eine weitere Verringerung der Dichte der Magnesiumlegierungen (auf etwa 1,4 g cm^{-3}), die für den Stoffleichtbau maßgebliche Bedeutung hat. Außerdem wird durch den Einbau der Lithiumatome in das Kristallgitter des Magnesiums das c/a-Verhältnis der hexagonalen Elementarzelle verringert. Durch diesen Effekt wird die schon erwähnte Prismengleitung auch bei niedrigen Temperaturen wirksam und die Legierungen zeichnen sich durch eine erhöhte Duktilität und Kaltumformbarkeit aus.

Gegenwärtig erfolgen umfangreiche Untersuchungen über die Anwendung von Magnesiumlegierungen als Biomaterialien zur Herstellung von temporären Implantaten. Bei dieser Applikation sind zwei Eigenschaften der Legierungen (Beispiel: WE43) wesentlich. Zum einen ist das die Biodegradation, die einen zeitabhängigen Abbau des Implantats bewirkt. Dabei entstehen Abbauprodukte, die keine oder nur eine geringe Toxizität besitzen. Zum anderen weisen die Magnesiumlegierungen elastische Konstante und Festigkeiten auf, die denen des lebenden Hartgewebes nahe kommen. Deshalb ergeben sich nur geringe Steifigkeitssprünge im Bereich der Grenzfläche zwischen dem Implantat und dem Hartgewebe und man erreicht eine günstige Strukturkompatibilität.

6.7
Titan und Titanlegierungen

6.7.1
Reines Titan

Ausgangsstoffe für die Gewinnung des Titans sind Rutil (TiO$_2$) und Ilmenit (FeTiO$_3$). Nach der Aufbereitung und Anreicherung der Erze mit Titandioxid erfolgt eine Chlorierung und man erhält Titantetrachlorid. In speziellen Reaktoren wird das Titantetrachlorid entweder mit Magnesium (Kroll-Verfahren) oder mit Natrium (Hunter-Verfahren) zu schwammigem, noch verunreinigtem Titan reduziert. Nach einer Reinigungsbehandlung wird der Titanschwamm im Vakuum oder unter Argonatmosphäre umgeschmolzen und zu Blöcken vergossen, welche man zu Halbzeugen weiterverarbeitet. Der Gewinnungsprozess, welcher hier sehr vereinfacht dargestellt wurde, ist aufwendig und verursacht hohe Kosten des Metalls.

Nach dem Reinheitsgrad teilt man das Titan in vier Sorten Ti1 bis Ti4 ein, wobei die Sorte Ti1 (Grade 1) den höchsten Reinheitsgrad besitzt. Wesentliche Begleitelemente des Titans sind Eisen, Sauerstoff, Stickstoff und Wasserstoff. Insbesondere zu den drei letztgenannten Elementen weist das Titan eine hohe Affinität auf. Sie beeinflussen bereits in sehr geringen Konzentrationen die Verarbeitungs- und Gebrauchseigenschaften des Metalls. So beobachtet man eine deutliche Steigerung der Festigkeit und eine Verringerung der Duktilität mit steigenden Konzentrationen von Sauerstoff, Stickstoff und Wasserstoff im Titan.

Titan weist eine polymorphe Umwandlung auf. Während es bei niedrigen Temperaturen in der hexagonal dicht gepackten α-Modifikation auftritt (Strukturtyp A3), liegt

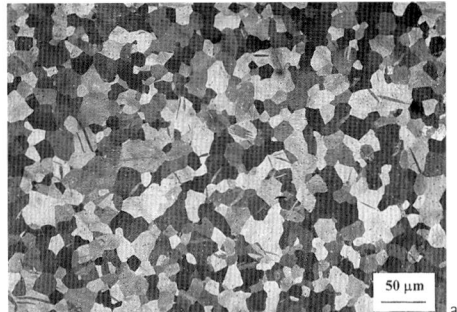

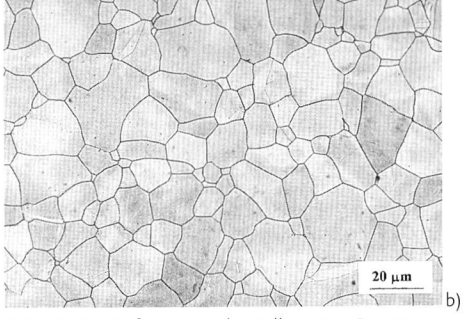

Abb. 6.147 Gefüge von rekristallisiertem Reintitan: a) bei der Betrachtung mit polarisiertem Licht am polierten Schliff, b) nach einer Korngrenzenätzung und der Betrachtung im Hellfeld, geätzt mit Timi3, hexagonale α-Kristallite

oberhalb von 882 °C die kubisch raumzentrierte β-Phase (Strukturtyp A2) vor.

Abbildung 6.147 zeigt das Gefüge von rekristallisiertem Titan (Ti 99,8). Es ist feinkörnig und homogen. Abbildung 6.14 a wurde vom nur polierten Schliff unter Verwendung von polarisiertem Licht angefertigt. Zur Sichtbarmachung der Kornstruktur nutzt man die optische Anisotropie der hexagonalen Struktur aus. Aufgrund der kristallografischen Orientierungsunterschiede zwischen den Körnern erscheinen diese unterschiedlich gefärbt. In Abb. 6.147 b ist das Gefüge nach einer Korngrenzenätzung und der Betrachtung im Hellfeld gezeigt.

Die β/α-Umwandlung des reinen Titans lässt sich durch eine beschleunigte Abküh-

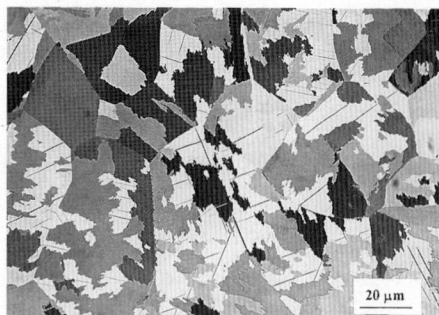

Abb. 6.148 Gefüge von reinem Titan nach dem Glühen bei 1000 °C für 30 Minuten und Wasserabschrecken, geätzt mit Timi7, hexagonale α-Kristallite

lung aus dem β-Gebiet nicht unterdrücken. Abbildung 6.148 zeigt das Gefüge von reinem Titan, welches von 1000 °C in Wasser abgeschreckt wurde. Die Größe und Form der Körner des Gefüges hat sich im Vergleich zur Abb. 6.147 geändert, indem die neu gebildeten Körner im Inneren eine nadelige Feinstruktur und die Korngrenzen einen ungleichmäßigen Verlauf aufweisen. Diese beobachteten Gefügeveränderungen lassen sich durch den Einfluss der hohen Abkühlgeschwindigkeit auf die Kinetik der β/α-Umwandlung erklären. Durch das Wasserabschrecken wird die Diffusion der Titanatome unterdrückt und die Umgitterung kubisch raumzentriert → hexagonal dicht gepackt geschieht ähnlich wie bei einer martensitischen Umwandlung durch Scherungen des Kristallgitters.

Titan hat eine niedrige Dichte (4,5 g cm^{-3}) und gehört folglich noch zu den Leichtmetallen. Zahlreiche Knet- und Gusslegierungen des Titans wendet man wegen ihrer hohen mechanischen Festigkeit als Konstruktionswerkstoffe im Stoffleichtbau an. Das betrifft besonders die Anwendungen in der Flugzeug- und Raumfahrtindustrie.

Trotz des stark elektronegativen Potenzials in der Normalspannungsreihe (−1,75 V) zeichnet sich das Titan durch eine außerordentlich hohe Korrosionsbeständigkeit aus, welche man durch eine spontane Passivierung des Metalls erklärt. Aufgrund der Reaktion des Metalls mit dem Sauerstoff bildet sich eine zwar dünne, jedoch sehr beständige, dichte und festhaftende Deckschicht aus Titandioxid (Rutil). Diese Schicht bewirkt den Schutz des Titans vor einem weiteren Korrosionsangriff. Defekte der Passivschicht, welche bei der Verarbeitung oder auch durch Betriebsbeanspruchungen entstehen können, werden aufgrund einer schnell ablaufenden Repassivierung in kurzen Zeiträumen beseitigt. Wegen der hohen Korrosionsbeständigkeit finden das Titan und einige seiner Legierungen umfangreiche Anwendung im chemischen Anlagen- und Apparatebau sowie im Sonderschiffbau und der Meerestechnik. Außerdem bedingt die auf der Oberfläche vorhandene Passivschicht eine hervorragende Biokompatibilität dieser Werkstoffe. Reines Titan und bestimmte Titanlegierungen wendet man zur Herstellung lasttragender Implantate in der Biomedizintechnik an.

Nach dem Gefügeaufbau, der bei 20 °C vorliegt, teilt man die Titanlegierungen ein in:

- α- und near α-Legierungen, in deren Gefüge nur hexagonal dicht gepackte α-Mischkristalle oder α-Mischkristalle mit wenigen β-Ausscheidungen vorliegen,
- (α + β)-Legierungen, deren heterogene Gefüge aus hexagonaler α-Phase und kubisch raumzentrierter β-Phase bestehen und die einen martensitischen Phasenübergang zeigen,
- metastabile β-Legierungen, welche auch ein (α + β)-Gefüge haben und sich nicht mehr martensitisch umwandeln lassen, sowie

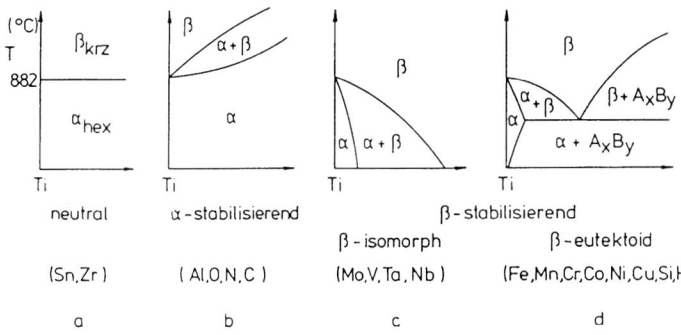

Abb. 6.149 Schematische Darstellung von Zustandsschaubildern binärer Stoffsysteme des Titans, nach M. Peters

– β-Legierungen, bei denen im Gefüge nur die β-Phase auftritt.

In Abb. 6.149 sind schematisch die Zustandsdiagramme verschiedener binärer Stoffsysteme des Titans dargestellt. Danach lassen sich die Legierungselemente des Titans einteilen in solche, die den Umwandlungspunkt der β/α-Umwandlung nicht beeinflussen oder zu höheren Temperaturen verschieben (Teilbilder a und b). Diese Elemente bewirken eine Stabilisierung der hexagonalen α-Phase. Demgegenüber verursachen andere Legierungselemente (Teilbild c und d) eine Verschiebung des Umwandlungspunktes zu niedrigeren Temperaturen. Sie erweitern den Existenzbereich der kubisch raumzentrierten Hochtemperaturphase β. Im Falle der β-isomorphen Elemente kann eine Stabilisierung der β-Phase bis auf 20 °C erreicht werden, sofern entsprechend hohe Konzentrationen dieser Elemente in der Legierung vorhanden sind. Die β-eutektoiden Legierungselemente bilden mit dem Titan intermetallische Verbindungen und fördern somit die Heterogenisierung des Gefüges (Teilbild d).

Die technisch gebräuchlichen Titanlegierungen sind meist Mehrstofflegierungen und enthalten sowohl α- als auch β-stabilisierende Elemente. Deshalb hängt es von der Art und der Konzentration der Elemente ab, welches Gefüge nach der Abkühlung auf 20 °C in der Legierung vorliegt. Abbildung 6.150 zeigt ein ebenfalls von M. Peters veröffentlichtes, dreidimensionales Umwandlungsschaubild, welches schematisch den Einfluss des α-stabilisierenden Aluminiums und des β-stabilisierenden Vanadiums auf die Temperaturlage der β/α-Umwandlung und damit das Gefüge, das nach dem Abkühlen auf 20 °C vorliegt, zum Ausdruck bringt. In dieses Umwandlungsschaubild ist auch eine M_s-Linie eingezeichnet, die aufzeigt, dass man bei den (α + β)-Legierungen durch eine beschleunigte Abkühlung aus dem β-Gebiet die Diffusion der Atome unterdrücken kann und dann die martensitische Umwandlung β → α' erfolgt. Der α'-Martensit hat eine hexagonal dicht gepackte Kristallstruktur (Strukturtyp A3) und stellt einen metastabilen Mischkristall dar, welcher mit Legierungselementen übersättigt ist. Seine aufhärtende Wirkung ist relativ gering.

6.7.2
α- und near α-Legierungen

Die α- und near α-Legierungen, letztere enthalten auch β-stabilisierende Elemente, werden als Knet- und als Gusslegierungen genutzt. Tabelle 6.16 gibt einen Überblick über gebräuchliche Legierungsvarianten.

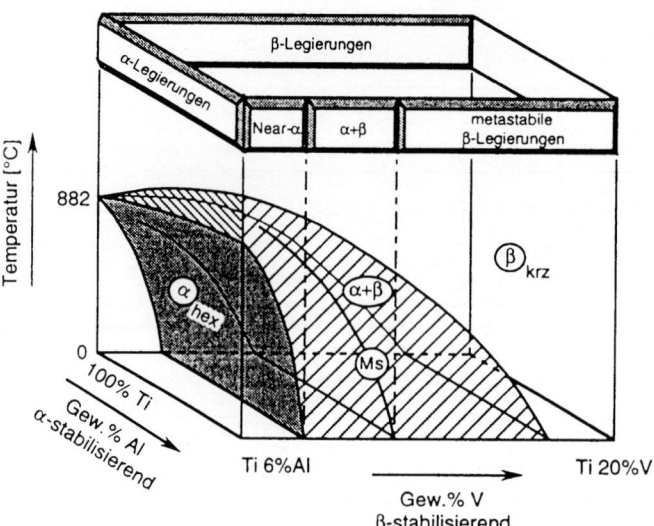

Abb. 6.150 Schematisches, dreidimensionales Umwandlungsschaubild zur Einteilung der Titanlegierungen nach dem Gefügeaufbau, nach M. Peters

Tab. 6.16 Ausgewählte Beispiele der verschiedenen Legierungsgruppen des Titans

Legierungstyp	Beispiele	$T_{\beta/\alpha}$ [°C]
α-Legierungen	Ti Al5 Sn2,5	1040
	Ti Pd0,2	915
	Ti Mo0,3 Ni0,8	880
near α-Legierungen	Ti Al8 V1 Mo1	1040
	Ti Al6 Sn2 Zr4 Mo2	995
	Ti Al5,9 Sn2,6 Zr3,8 Mo0,4 Si0,45	1010
	Ti Al5 Sn5 Zr2 Mo2 Si0,25	980
(α + β)-Legierungen	Ti Al6 V4	995
	Ti Al6 Nb7	~995
	Ti Al6 V6 Sn2	945
	Ti Al6 Sn2 Zr4 Mo6	940
	Ti Al4 Sn2 Mo4 Si0,5	975
metastabile β-Legierungen	Ti V10 Fe2 Al3	800
	Ti Mo15 Nb2,7 Al3 Si0,2	815
	Ti Al3 V8 Cr6 Mo4 Zr4	795
β-Legierungen	Ti Mo30	
	Ti Mo40	
	Ti V35 Cr15	

Wesentliches Legierungselement vieler Titanlegierungen ist Aluminium. Abbildung 6.151 zeigt das Zustandsdiagramm des Zweistoffsystems Titan-Aluminium. Aluminium bewirkt eine Verschiebung der β/α-Umwandlungstemperatur zu höheren Temperaturen und erweitert somit den Existenzbereich der α-Mischkristalle auf der titanreichen Seite des Zustandsschaubildes. Bei niedrigen Temperaturen vermag das Titan etwa 24 % Al in Mischkristallform zu lösen.

Bei 20 °C bestehen die Gefüge der Legierungen aus hexagonal dicht gepackten

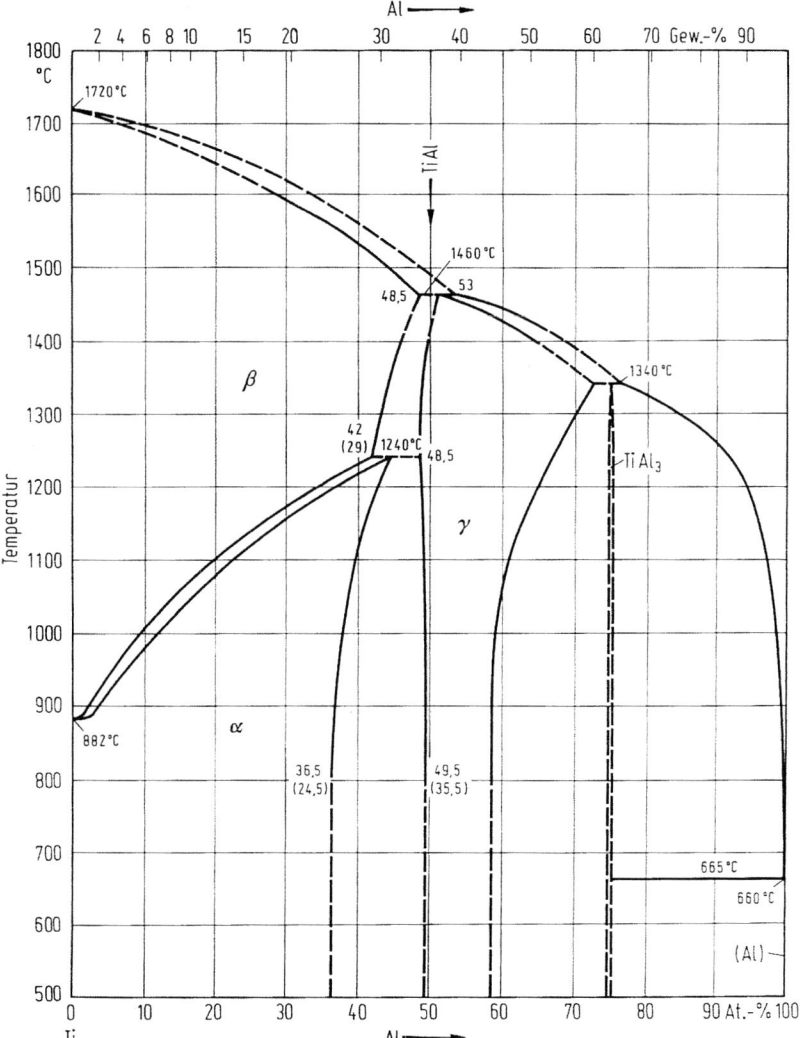

Abb. 6.151 Zustandsschaubild Titan-Aluminium

α-Mischkristallen, wobei die Korngröße sowie die Ausbildungsform der Körner und Korngrenzen, ähnlich wie beim reinen Titan, von der angewendeten Verformungs- und Wärmebehandlung der Legierung abhängen.

Aufgrund des homogenen Gefügeaufbaus zeichnen sich die α- Legierungen, deren Gehalte an Legierungselementen niedrig sind, durch eine hohe Korrosionsbeständigkeit aus. Das trifft besonders auf Titan-Palladium-Legierungen zu, die etwa 0,2 % Pd enthalten. Die α-Legierungen wendet man wegen ihrer hohen Korrosionsbeständigkeit vornehmlich zur Herstellung von korrosionsbeständigen Bauteilen (Beispiele: Lagertanks, Behälter, Rohrleitungen, Wärmeaustauscher, Pumpen) in der chemischen Industrie, der Zellstoff- und Papierindustrie, der Galvanotechnik sowie der Meerestechnik an.

Die near α-Legierungen weisen aufgrund der hexagonal dicht gepackten Kristallstruktur der α-Körner und der verstärkten Mischkristallhärtung durch höhere Konzentrationen der Legierungselemente eine erhöhte Kriechfestigkeit auf. Besonders wirksam sind hierbei geringe Zusätze von Silicium, welche zur Behinderung des Versetzungskriechens führen. Die near α-Legierungen eignen sich deshalb für Anwendungen bei höheren Temperaturen (bis etwa 550 °C). Beispiele dafür sind: Verdichterschaufeln und -scheiben in Nieder- und Mitteldruckverdichtern von Fluggasturbinen.

6.7.3
(α + β)-Legierungen

Die Vertreter dieser Legierungsgruppe, Beispiele sind in Tab. 6.16 angegeben, haben den größten technischen Anwendungsumfang. Besonders betrifft das die Legierung TiAl6V4, welche bereits seit den Fünfzigerjahren des vergangenen Jahrhunderts als Konstruktionswerkstoff gebräuchlich ist.

Bei festliegender chemischen Zusammensetzung hängt die Gefügeausbildung der (α + β)-Legierungen von der technologischen Behandlung ab, wobei in der Praxis neben Wärmebehandlungen auch thermomechanische Behandlungen angewendet werden.

Abbildung 6.152 zeigt den Einfluss der Abkühlgeschwindigkeit aus dem β-Gebiet auf den Gefügeaufbau der Legierung TiAl6V4. Im Teilbild a ist das Gefüge einer Probe wiedergegeben, welche im Ofen abgekühlt wurde. Es besteht aus groblamellarer α-Phase und Rest-β-Phase, die zwischen den α-Körnern vorhanden ist. Die Umwandlung der Hochtemperatur-

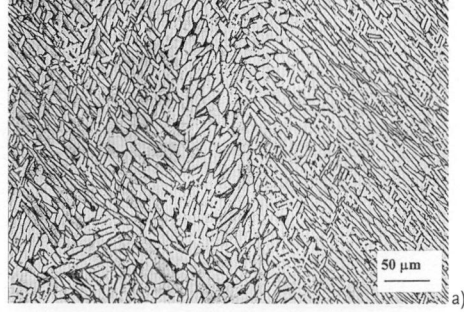
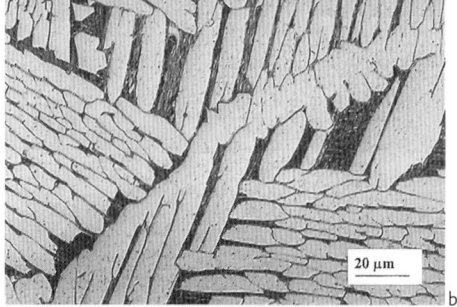
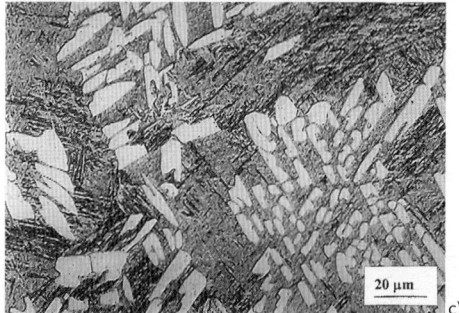
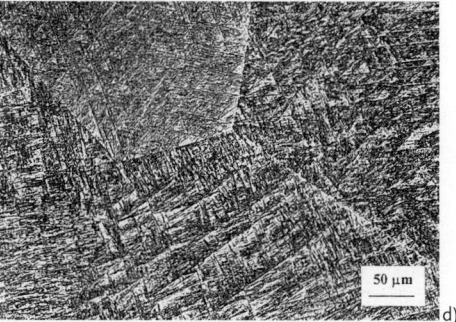

Abb. 6.152 Gefüge der Knetlegierung TiAl6V4 in Abhängigkeit von der Abkühlgeschwindigkeit aus dem β-Gebiet, geätzt mit Timi7: a) Ofenabkühlung, b) Luftabkühlung, c) Abschrecken in Öl, d) Abschrecken in Wasser

phase erfolgt wegen der geringen Abkühlgeschwindigkeit diffusionsgesteuert. Teilbild b zeigt das Gefüge einer luftabgekühlten Probe. Die primär gebildete, groblamellare α-Phase ist auch hier der dominante Gefügebestandteil. Daneben beobachtet man einen feinnadeligen Gefügebestandteil, der sich aus einem Gemenge von α- und β-Phase aufbaut. Schreckt man eine kleine Probe der Legierung aus dem β-Gebiet in Öl ab, dann erhält man das in Teilbild c dargestellte Gefüge. Der Flächenanteil und die Größe der primären α-Körner haben sich wegen der beschleunigten Abkühlung aus dem β-Gebiet deutlich vermindert. Diese Effekte sind auf die Behinderung thermisch aktivierter Platzwechselprozesse zurückzuführen. Anstelle der diffusionsgesteuerten Umwandlung erfolgt die Umwandlung der Hochtemperaturphase vorzugsweise in der Martensitstufe und als dominanter Gefügebestandteil tritt nunmehr α'-Martensit auf. Schließlich zeigt das Teilbild d das Gefüge einer wasserabgeschreckten Probe. Es besteht vollständig aus dem feinnadeligen α'-Martensit. Die ehemaligen β-Korngrenzen sind deutlich sichtbar. Die vorstehende Darstellung des Umwandlungsverhaltens und des Gefügeaufbaues gilt für kleine Proben. Führt man diese Wärmebehandlungen an dickwandigeren Proben oder Halbzeugen aus, dann erhält man über den Querschnitt betrachtet eine veränderliche Abkühlgeschwindigkeit und folglich eine ungleichmäßige Gefügeausbildung.

In Abb. 6.153 sind die Gefüge von Proben der (α + β)-Legierung TiAl6Nb7 darge-

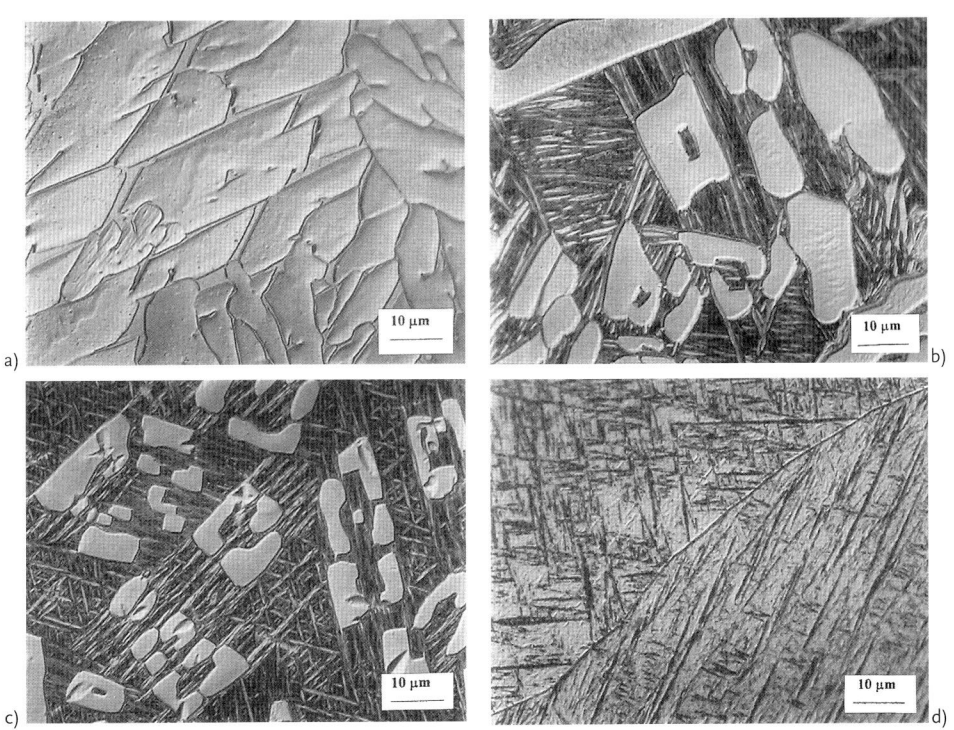

Abb. 6.153 Gefüge der Knetlegierung TiAl6Nb7 in Abhängigkeit von der Abkühlgeschwindigkeit aus dem β-Gebiet, geätzt mit Timi7: a) Ofenabkühlung, b) Luftabkühlung, c) Abschrecken in Öl, d) Abschrecken in Wasser

stellt, welche ebenfalls mit unterschiedlicher Abkühlgeschwindigkeit aus dem β-Gebiet abgekühlt wurden. Bei dieser Legierung zeigen sich ähnliche Einflüsse der Abkühlgeschwindigkeit auf das Umwandlungsverhalten und damit die Gefügeausbildung wie bei der Legierung TiAl6V4. Nach langsamer Ofenabkühlung aus dem β-Gebiet liegt ein Gefüge vor, das sich aus der groblamellaren α-Phase und interkristalliner Rest-β-Phase aufbaut (Teilbild a). Mit zunehmender Abkühlgeschwindigkeit aus dem β-Gebiet verringert sich der Flächenanteil der primären α-Körner und es erscheint ein nadeliger Gefügebestandteil, der sich aus α- und β-Phase aufbaut. In den Teilbildern b und c sieht man die feinen, hell angeätzten α-Nadeln, die in die dunklere Rest-β-Phase eingebettet sind. Nach dem Wasserabschrecken aus dem β-Gebiet besteht das Gefüge vollständig aus feinnadeligem α'-Martensit (Teilbild d).

In Abb. 6.154 ist das globulare Gefüge der Legierung TiAl6Nb7 dargestellt, die nach der Kaltumformung einem Rekristallisationsglühen unterworfen wurde. Es baut sich aus den hell angeätzten α-Körnern und einem lamellaren Gefügebestandteil auf, welcher aus α- und β-Phase besteht. Die Phasenzusammensetzung und die Korngröße solcher Gefüge hängen von der Höhe der Glühtemperatur und der Zeitdauer der Wärmebehandlung ab.

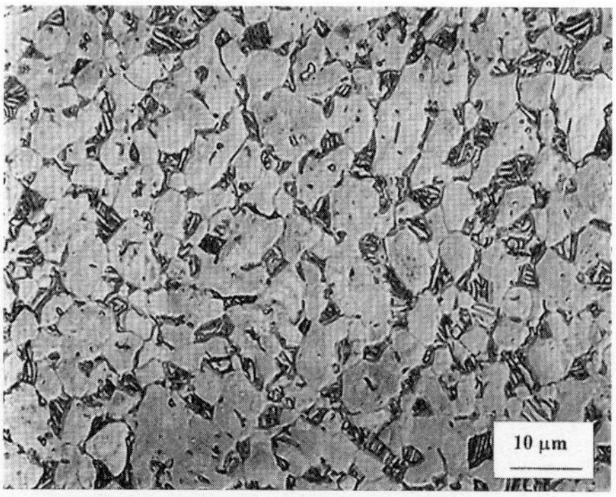

Im Vergleich zu den α- und near α-Legierungen besitzen die (α + β)-Legierungen im thermomechanisch behandelten Zustand (Warmumformen + Lösungsglühen + Auslagern) deutlich höhere mechanische Festigkeiten bei ausreichender Zähigkeit. In Verbindung mit ihrer geringen Dichte und den vorhandenen Verarbeitungseigenschaften eignen sie sich zur Herstellung mechanisch hochbeanspruchter Bauteile im Luftfahrzeugbau (Beispiele: Niederdruckverdichterschaufeln und -scheiben von Fluggasturbinen, Landegestell- und Fahrwerkskomponenten von Flugzeugen, Rotorköpfe von Hubschraubern). Die Legierungen TiAl6V4 und TiAl6Nb7 weisen neben den günstigen mechanischen Eigenschaften eine hohe Biokompatibilität und Korrosionsbeständigkeit auf und werden deshalb auch zur Herstellung lasttragender Implantate genutzt (Beispiele: Schäfte von Hüftgelenkendoprothesen, Knochenschienen und -schrauben, dentale Implantate).

6.7.4
Metastabile β-Legierungen

Diese Legierungen besitzen ebenfalls ein heterogenes (α + β)-Gefüge, wobei der Volumenanteil der α-Phase im Gefüge bis zu etwa 50 % betragen kann. Sie unterscheiden sich von den (α + β)-Legierungen jedoch im Umwandlungsverhalten, indem wegen der hohen Konzentration an β-stabilisierenden Legierungselementen beim Abschrecken aus dem β-Gebiet kein martensitischer Phasenübergang auftritt (Abb. 6.151). Vielmehr beobachtet man eine Stabilisierung der β-Phase, auch nach dem Wasserabschrecken der Legierungen aus dem β-Gebiet.

Abb. 6.154 Globulares Gefüge der Legierung TiAl6Nb7 im rekristallisierten Zustand, geätzt mit Timi3

Bei vorgegebener chemischer Zusammensetzung (Tab. 6.16) hängen der Gefügeaufbau und damit die Gebrauchseigenschaften der Legierung von ihrer thermomechanischen Behandlung ab. Die Prozessparameter dieser mehrstufigen Behandlung (Warmumformen, Lösungsglühen, Auslagern) bestimmen die Phasenzusammensetzung, die Korngröße sowie die Ausbildungsform und Verteilung der Phasen im Gefüge. Die metastabilen β-Legierungen weisen im Vergleich zu den (α + β)-Legierungen eine bessere Durchhärtbarkeit auf, was für die Gleichmäßigkeit der Eigenschaften über den Querschnitt von Vorteil ist.

Metastabile β-Legierungen zeichnen sich durch eine sehr hohe statische Festigkeit, eine hohe Dauerfestigkeit und eine ausreichende Bruchzähigkeit aus. Trotz ihrer etwas höheren Dichte werden sie als hochfeste Leichtbauwerkstoffe im Flugzeugbau und in der Raumfahrtindustrie angewendet (Beispiele: Fahrwerksteile von Flugzeugen, Rotorköpfe von Hubschraubern, Federn). Einige Legierungen (Beispiele: TiV15Cr3Al3Sn3, TiMo15Nb2.6 Al3Si0.2) weisen eine gute Kaltumformbarkeit auf und eignen sich deshalb zur Herstellung von Blechen und Folien.

6.7.5
Stabile β-Legierungen

Diese Legierungen weisen ein homogenes β-Gefüge auf. Sie sind nur wenig gebräuchlich, weil sie aufgrund des relativ hohen Gehaltes an schweratomigen Legierungselementen (Molybdän, Chrom) nicht mehr die für Titanlegierungen kennzeichnenden Gebrauchseigenschaften besitzen.

6.8
Weitere Nichteisenmetalllegierungen

6.8.1
Lotwerkstoffe

Durch das Löten erzeugt man unter Verwendung eines Zusatzwerkstoffes (Lot) die stoffschlüssige Verbindung zweier Werkstoffe. Der wesentliche Unterschied zum Schmelzschweißen besteht darin, dass die zu verbindenden Grundwerkstoffe nicht aufgeschmolzen werden. Die Schmelztemperatur des Lotes liegt unterhalb der Schmelztemperaturen der Grundwerkstoffe.

Um eine hohe Reaktionsfähigkeit der Oberfläche und damit in Verbindung eine hohe Qualität der Lotverbindung zu gewährleisten, muss vor dem Lötprozess die gründliche Säuberung der zu verlötenden Oberflächen erfolgen. Durch mechanische Verfahren und durch Beizen werden vorhandene, meist oxidische Oberflächenbeläge entfernt und eine metallisch blanke Oberfläche erzeugt. Dadurch wird die möglichst vollständige Benetzung der Oberfläche mit dem flüssigen Lot gewährleistet, welche die Grundlage für die Diffusionsprozesse der Atome und damit die lokale Legierungsbildung im Bereich der Grenzfläche zwischen dem Lot und dem Grundwerkstoff darstellt.

Wesentliche Prozesshilfsstoffe beim Löten sind Flussmittel. Diese flüssigen oder pastenförmigen Hilfsstoffe bewirken einerseits die Beseitigung bereits vorhandener Beläge. Zum anderen unterdrücken sie die erneute Bildung solcher Verbindungen beim Lötvorgang. Nach der Beendigung des Lötens müssen noch vorhandene Rückstände der Flussmittel gründlich entfernt werden, um das Auftreten von Korrosionsvorgängen im Bereich der Lötnaht zu vermeiden.

Tab. 6.17 Chemische Zusammensetzung (Angaben in Masse-%) und Schmelzbereiche ausgewählter Weichlote, nach DIN EN 29453, E: Elektronikqualität mit erhöhtem Reinheitsgrad

Gruppe	Legierungen	Schmelzbereich [°C]
Sn – Pb	S-Sn63 Pb37, S-Sn63 Pb37E	183
	S-Sn60 Pb40, S-Sn60 Pb40E	183
	S-Sn50 Pb50, S-Sn50 Pb50E	183–190
	S-Pb70 Sn30	183–255
	S-Pb90 Sn10	268–302
Sn – Pb – Sb	S-Sn63 Pb37 Sb	183
	S-Sn60 Pb40 Sb	183–190
	S-Pb58 Sn40 Sb2	185–231
	S-Pb74 Sn25 Sb1	185–263
Sn – Pb – Cd	S-Sn50 Pb32 Cd18	145
Sn – Pb – Cu	S-Sn60 Pb38 Cu2	183–190
Sn – Cu	S-Sn97 Cu3	230–250
Sn – In	S-Sn50 In50	117–125
Sn – Pb – Ag	S-Sn62 Pb36 Ag2	178–190
Sn – Ag	S-Sn96 Ag4	221
Pb – Ag	S-Pb95 Ag5	304–365

In Abhängigkeit von der Höhe der Arbeitstemperatur unterscheidet man zwischen Weich- und Hartlöten. Beim Weichlöten, welches vor allem in der Elektrotechnik zur Herstellung elektrisch leitender Verbindungen angewendet wird, liegt die Arbeitstemperatur unterhalb von etwa 450 °C. Demgegenüber werden beim Hartlöten, das zur Herstellung mechanisch höher belastbarer Verbindungen dient, Arbeitstemperaturen oberhalb von etwa 450 °C verwendet.

6.8.1.1 Weichlote

Zum Weichlöten von Schwermetallen wendet man Zinn-Blei-Legierungen an, wobei sowohl zinn- als auch bleireiche Legierungen gebräuchlich sind. Neben den binären Legierungen kommen auch ternäre Legierungen zur Anwendung, welche zum Zwecke der Optimierung der Eigenschaften zusätzliche Elemente wie Antimon, Kupfer, Silber und Phosphor enthalten. In Tab. 6.17 sind die chemische Zusammensetzung und die Schmelzbereiche einiger Weichlote zusammengestellt. Die niedrigsten Schmelztemperaturen stellt man erwartungsgemäß bei den Legierungen fest, deren chemische Zusammensetzung in der Nähe des eutektischen Punktes (c_E = 61,9 % Sn, T_E = 183 °C) vom Zustandsdiagramm Zinn-Blei (Abb. 6.155) liegt. Wegen der niedrigen Arbeitstemperatur beim Weichlöten, der guten Fließfähigkeit, des schmalen Schmelz- und Erstarrungsintervalls und der günstigen mechanischen Eigenschaften des feinkörnigen und gleichmäßigen eutektischen Gefüges sind solche Weichlote (Lötzinn) sehr gebräuchlich, insbesondere trifft das auf die Anwendungen

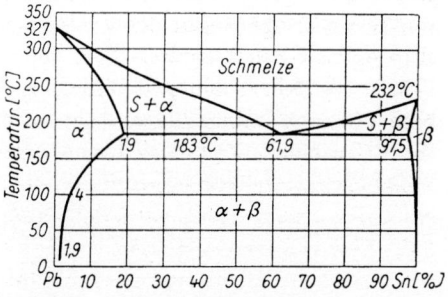

Abb. 6.155 Zustandsdiagramm Zinn-Blei

in der Elektrotechnik zu. Die Elektronik-Weichlote zeichnen sich außerdem durch einen erhöhten Reinheitsgrad aus und weisen am Ende des Kurzsymbols den Kennbuchstaben E auf.

Die bleireichen Weichlote, die sich durch ein größeres Erstarrungsintervall auszeichnen, wendet man vor allem im Klempner- und Installationsgewerke an. Durch das Legieren des Lotes mit Antimon erreicht man eine Verbesserung der Benetzbarkeit des Grundwerkstoffs mit dem Lot.

Zum Weichlöten von thermisch empfindlichen Bauteilen eignen sich die Sn-Pb-Cd- und Sn-In-Lote, weil sie bereits bei niedrigen Temperaturen schmelzen.

Abbildung 6.156 zeigt Gefügeaufnahmen einer Weichlötnaht bei zwei unterschiedlichen Vergrößerungen. Im Teilbild a ist die Makrostruktur der Lotverbindung am ungeätzten Schliff dargestellt. Die Lötnaht ist sehr schmal. An den Grenzflächen zwischen dem Lot und der Kupfer-Zink-Legierung sind schmale, weiße Säume zu erkennen, die der Legierungszone entsprechen. Teilbild b gibt einen vergrößerten Gefügeausschnitt aus dem Übergangsbereich zwischen dem Weichlot und der Kupfer-Zink-Legierung wieder. Im oberen Bildteil sieht man die teilweise dendritische Struktur des erstarrten Lotes. Die schmale Legierungszone ist in diesem Bild ebenfalls als schmaler, weißer Saum an der Grenzfläche Lot/Grundwerkstoff sichtbar. Im unteren Bildbereich liegt die Kupfer-Zink-Legierung vor, deren Gefüge wegen der nur schwachen Anätzung nicht entwickelt ist.

Zum Weichlöten von Aluminium und bestimmten Aluminiumlegierungen werden Zink-Zinn-, Zink-Aluminium- und Zink-Aluminium-Cadmium-Lote angewendet. Gebräuchliche Lote sind: L-Zn80Sn20, L-Zn95Al5 und L-Zn56Al4Cd40.

Entsprechend dem deutschen Elektro- und Elektronikgerätegesetz (Bundesgesetz-

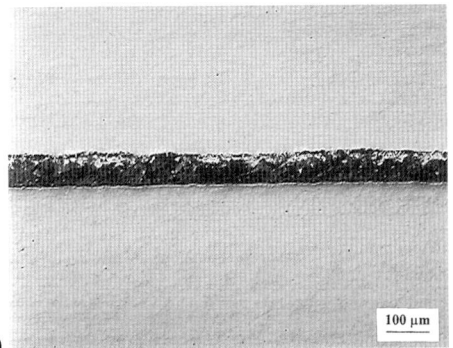
a)

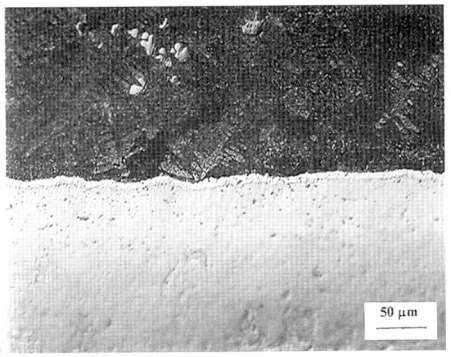
b)

Abb. 6.156 Schliffbilder aus einer Weichlötnaht: a) Makrostruktur bei geringer Vergrößerung, ungeätzt, b) Gefüge im Bereich der Grenzfläche, schwach angeätzt mit Cumi1, Lotwerkstoff: S-Sn60Pb40, Grundwerkstoff: CuZn40

blatt 2005 Teil I Nr. 17) dürfen die Gerätehersteller der Branche ab 2006 keine bleihaltigen Lote mehr einsetzen. An die Stelle der Sn-Pb-Lote sind deshalb mehrheitlich Lotlegierungen getreten, die neben Zinn kleine Mengen an Ag, Cu und Ag + Cu enthalten. Auf der Sn-Seite des Systems Sn-Cu findet man ein Sn-Cu_6Sn_5-Eutektikum bei 227 °C und 0,89 Masse-% Cu, im System Sn-Ag ein Sn-Ag_3Sn-Eutektikum bei 220 °C und 3,73 Masse-% Ag (Oh et al.). Erwartungsgemäß zeigt das ternäre System Sn-Ag-Cu nahe dem Sn ein ternäres Eutektikum, wobei die Literaturangaben zu den Konzentrationen von Ag und Cu zwischen den Werten von 3,2–3,7 Masse-% Ag und 0,6–1,0 Masse-% Cu schwanken. Die ternär

6 Gefüge der technischen Nichteisenmetalle und ihrer Legierungen

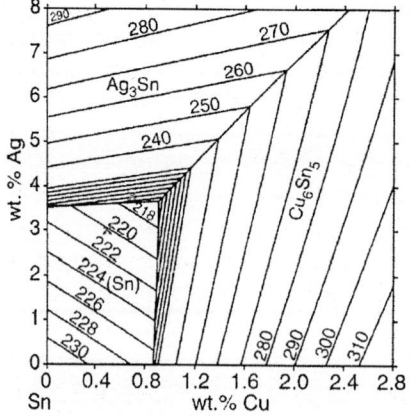

Abb. 6.157 Liquidusflächen im System Sn-Cu-Ag nahe der ternär eutektischen Zusammensetzung (Moon und Boettinger)

eutektische Temperatur T_E wird mit 217 °C angegeben. In Abb. 6.157 sind die Liquidusflächen des Systems bei kleinen Cu- und Ag-Konzentrationen dargestellt (Moon und Boettinger). Wie man der Darstellung entnehmen kann, erstarren primär Sn-Mischkristalle für den Bereich etwa Cu < 0,9 Masse-% und Ag < 3,7 Masse %. Danach führt je nach Konzentration der Legierung eine binär eutektische Reaktion zu Sn + Cu_6Sn_5 bzw. Sn + Ag_3Sn, ehe das ternäre Eutektikum Sn + Ag_3Sn + Cu_6Sn_5 die Erstarrung beendet (T_E). Bei höheren Cu-Konzentrationen ist Cu_6Sn_5 die primär erstarrende Phase, bei höheren Ag-Gehalten Ag_3Sn. Die möglichen binären Eutektika

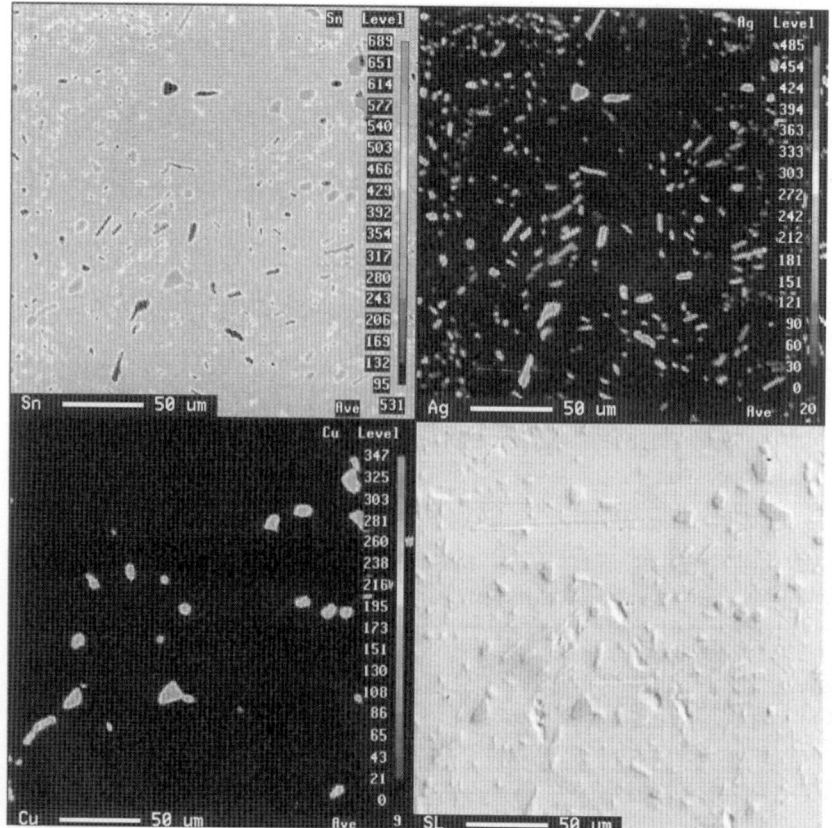

Abb. 6.158 Röntgenverteilungsbilder einer Legierung Sn-3,8 % Ag-0,5 % Cu; rechts unten: REM-Aufnahme; rechts oben: Ag-Verteilung; links unten: Cu-Verteilung; links oben: Sn-Verteilung

sind dann der Art Sn + Ag$_3$Sn, Ag$_3$Sn + Cu$_6$Sn$_5$ bzw. Cu$_6$Sn$_5$ + Ag$_3$Sn. Der gesamte Erstarrungsprozess von Legierungen nahe dem ternär eutektischen Punkt spielt sich in einem recht engen Temperaturintervall von etwa 220–217 °C ab.

Die Gefügedeutung in realen Lotbereichen wird durch zwei Tatsachen erschwert:

1. Die Abkühlungsgeschwindigkeiten bei technischen Lötungen sind relativ hoch.
2. Die Grenzflächenenergien zwischen den intermetallischen Phasen Ag$_3$Sn bzw. Cu$_6$Sn$_5$ und der Sn-Schmelze sind aufgrund der erheblichen strukturellen Unterschiede erwartungsgemäß hoch (bisher liegen keine Werte dazu vor), sodass auch aus diesem Grund mit erheblichen Unterkühlungseffekten zu rechnen ist.

ESMA-Untersuchungen an einer Legierung Sn 3,8 Ag + 0,5 Cu (die Röntgenverteilungsbilder zeigt Abb. 6.158) kombiniert mit Röntgendiffraktometrie belegen die Existenz der beiden intermetallischen Phasen Ag$_3$Sn und Cu$_6$Sn$_5$, wobei die Löslichkeiten von Ag in Cu$_6$Sn$_5$ bzw. Cu in Ag$_3$Sn weniger als etwa 0,3 Masse-% betragen. In Sn löste sich weniger als jeweils 0,05 Masse-% Ag bzw. Cu (Nachweisgrenze erreicht). Entsprechend dem hohen Ag-Gehalt startet die Kristallisation mit plattenförmigem Ag$_3$Sn (1 in Abb. 6.159 und 6.160). Diese Platten sind in ausgedehnte dendritische Sn-Bereiche (2) eingelagert, was den Schluss nahe legt, dass das dendritische Sn die sekundäre Phase ist, gebildet noch vor dem eigentlich zu erwartenden binären Eutektikum Sn + Ag$_3$Sn (3 in Abb. 6.159 und 6.160). In den ternär eutektischen Bereichen 4 (Abb. 6.159 und 6.160) zeigen die geringsten Teilchenabmessungen der intermetallischen Phasen (Bereich etwa 1 µm).

Reduziert man den Ag-Gehalt auf 3,0 %, entfällt die primäre Kristallisation von

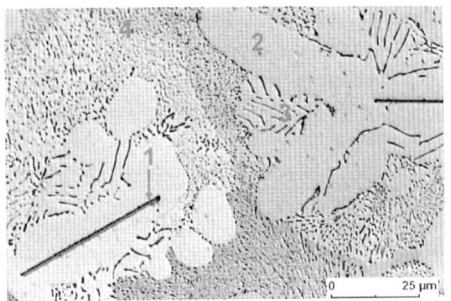

Abb. 6.159 Gefüge einer umgeschmolzenen Legierung Sn-3,8 % Ag-0,5 % Cu (Limi)

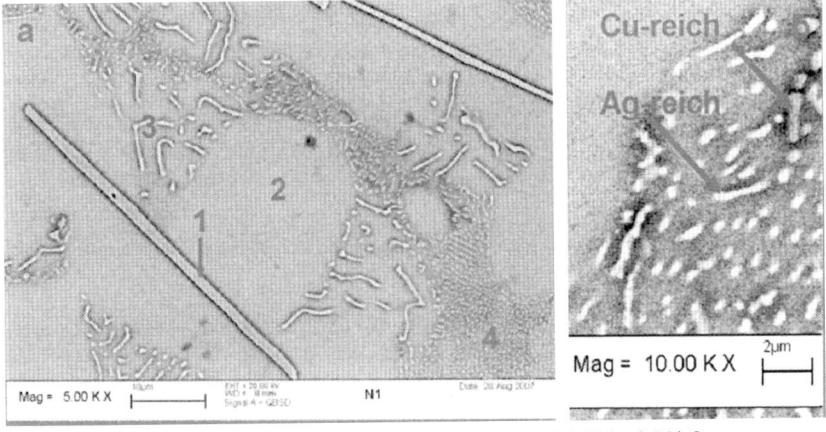

Abb. 6.160 REM-Analyse der Bestandteile in der Legierung Sn-3,8 % Ag-0,5 % Cu

856 | 6 Gefüge der technischen Nichteisenmetalle und ihrer Legierungen

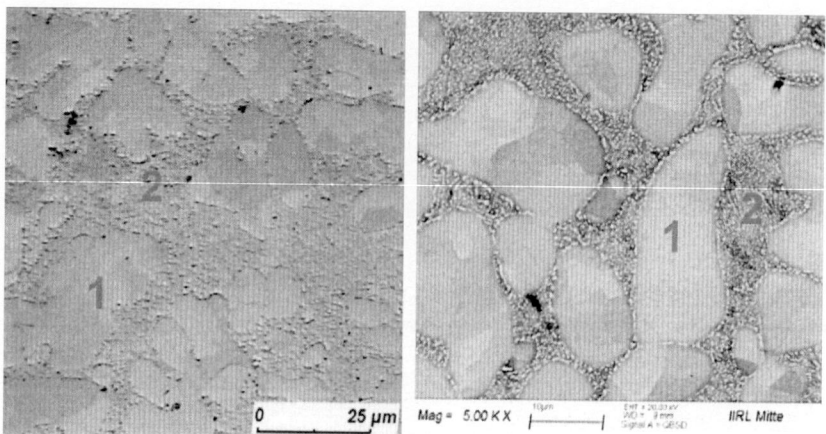

Abb. 6.161 Gefüge einer Legierung Sn-3,0 % Ag-0,5 % Cu (links: Limi; rechts: REM- BSE)

Ag$_3$Sn, es ist die Sn-Phase, die primär kristallisiert, umgeben von den eutektischen Bereichen (Abb. 6.161). Die sichere Unterscheidung der binären und ternären eutektischen Bereiche ist kaum möglich. In Abb. 6.162 werden die Gefüge dieser Legierung verglichen, die sich nach Ofenabkühlung und nach schneller Luftabkühlung

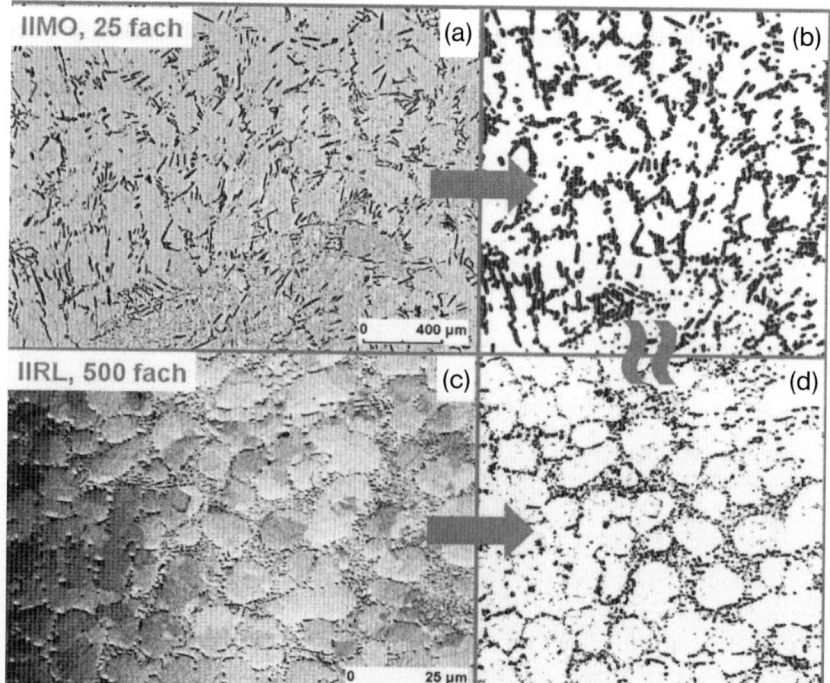

Abb. 6.162 Gefügebildung in einer Legierung Sn-3,0 % Ag-0,5 % Cu nach langsamer Ofenabkühlung: (a, b) und nach schneller Luftabkühlung (c, d) (b, d binarisierte Gefügebildung zur Verdeutlichung der Gefügeausbildung)

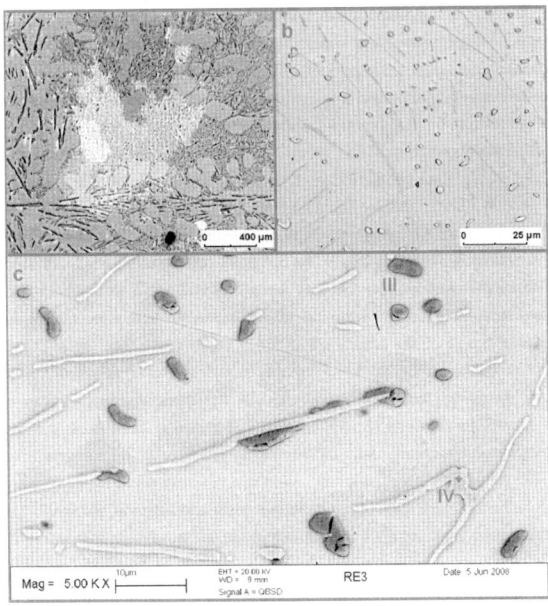

Abb. 6.163 Gefügebildung in einer nah-eutektischen Legierung Sn-3,58 % Ag-0,96 % Cu (a, b – Limi; c – REM-BSE)

einstellen. Zu beachten ist, dass die beiden Zustände mit sehr unterschiedlicher Vergrößerung abgebildet wurden (Ofenabkühlung: 25-fach, Luftabkühlung 500-fach!).

Komplizierte Gefügebildungen ergeben sich in einer Legierung mit 3,58 % Ag und 0,96 % Cu, deren Zusammensetzung der oben angegebenen ternären entsprechen sollte (Abb. 6.163). Die Bildung von Sn-Dendriten konnte nicht vermieden werden, die eutektischen Gebiete sind entartet.

6.8.1.2 Hartlote

Die Mehrzahl der Hartlote hat Arbeitstemperaturen oberhalb von 600 °C. Die höheren Arbeitstemperaturen fördern die Benetzung der Oberfläche durch das Lot und damit in Verbindung die Diffusion der Atome sowie die Legierungsbildung zwischen dem Lot und dem Grundwerkstoff. In Abb. 164 sind Gefügeaufnahmen einer Hartlötnaht gezeigt, die zu Versuchszwecken als Ofenlötung (Arbeitstemperatur 700 °C) hergestellt wurde. Im Teilbild a ist der mehrzonige Aufbau der Lötnaht sichtbar. Der in der Bildmitte horizontal verlaufende Nahtbereich besteht aus dem erstarrten Zusatzwerkstoff. Beidseitig der Naht treten die dunkler angeätzten Legierungszonen auf. Im oberen und unteren Bildbereich beobachtet man das heterogene Gefüge der Kupfer-Zink-Legierung, das aus hell angefärbten α-Körnern und dunkleren Körnern der β'-Phase besteht. Teilbild b zeigt einen vergrößerten Gefügeausschnitt der Lötnaht. Am linken Bildrand erkennt man das Erstarrungsgefüge des Lotes. Nach rechts schließt sich die Legierungszone an, die aufgrund der Diffusion der Atome zwischen dem Lot und der Kupfer-Zink-Legierung eine andere chemische Zusammensetzung und folglich einen anderen Gefügeaufbau hat im Vergleich zum Lot und zur Kupfer-Zink-Legierung. Am rechten Bildrand ist das (α + β')-Gefüge der Kupfer-Zink-Legierung sichtbar. Im Teilbild c ist ein vergrößerter Gefügeausschnitt aus dem erstarrten Lot gezeigt. Das Gefüge besitzt die typischen Merkmale

6 Gefüge der technischen Nichteisenmetalle und ihrer Legierungen

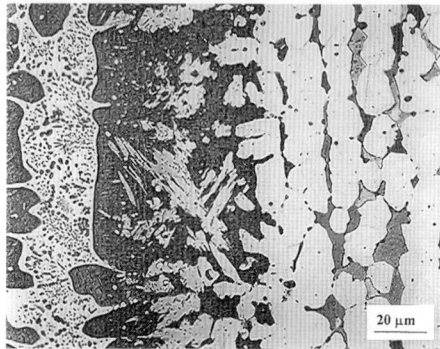

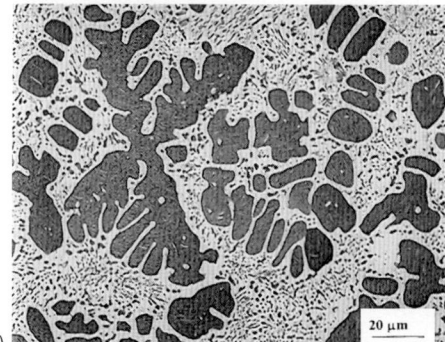

Abb. 6.164 Gefügeausbildung im Bereich einer Hartlötnaht, angeätzt beim elektrolytischen Polieren, Grundwerkstoff: ($\alpha + \beta'$)-Kupfer-Zink-Legierung, Lotwerkstoff: L-Ag40Sn: a) mehrzoniger Aufbau der Naht bei geringer Vergrößerung, b) Übergang vom Lot über die Legierungszone zum Grundwerkstoff bei höherer Vergrößerung, c) Erstarrungsgefüge des Lotes

Hartlote auf Kupferbasis (Beispiele: L-Cu, L-CuP8, L-Ms60) eignen sich zum Fügen von Kupfer und Kupferlegierungen. Für das Hartlöten von Nickellegierungen und Stählen werden häufig Kupfer-Zink-Lote (L-Ms60) verwendet. In Abb. 6.165 ist der Querschliff einer Hartlötnaht gezeigt, die aus der Muffenverbindung eines Fahrradrahmens stammt. Über die Herstellung der Naht liegen keine Angaben vor. Das Gefüge der in der Bildmitte verlaufenden Naht entspricht einer ($\alpha + \beta'$)-Gusslegierung. Es besteht aus hell angeätzten, kubisch flächenzentrierten α-Mischkristallen und der dunkel angefärbten β'-Phase. Eine ausgeprägte Legierungszone ist trotz der hohen Vergrößerung nicht zu erkennen. In der oberen und unteren Bildhälfte erkennt man die Gefüge der Grundwerkstoffe. Sowohl das Rohr als auch die Muffe bestehen aus ferritisch-perlitischen Baustählen, die sich im Kohlenstoffgehalt unterscheiden.

Beim Hartlöten von Stählen, die in der Randschicht Zugeigenspannungen aufweisen, kann es bei der Anwendung von Loten mit einer hohen Arbeitstemperatur zum Eindringen des Lotes entlang der

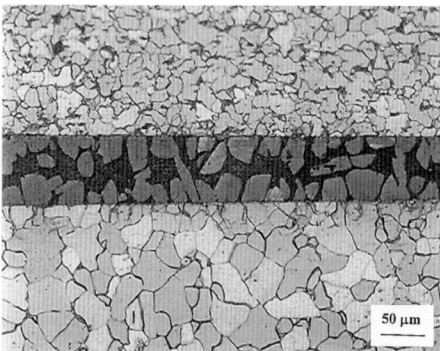

Abb. 6.165 Querschliff einer Hartlotnaht aus der Muffenverbindung eines Fahrradrahmens, geätzt mit Ätzmittel Beraha I, Grundwerkstoffe: ferritisch-perlitische Baustähle, Zusatzwerkstoff: Kupfer-Zink-Lot

eines heterogenen Gussgefüges. Es besteht aus dunkel angeätzten Primärkörnern und einem eutektischen Gefügebestandteil.

Korngrenzen des Stahlgefüges kommen. Dadurch werden die Korngrenzen rissanfällig. Diese Erscheinung bezeichnet man als Lötbrüchigkeit. Sie tritt relativ selten auf und lässt sich durch die Verwendung eines Lotes mit geringerer Arbeitstemperatur vermeiden.

Die silberhaltigen Hartlote, häufig kurz als Silberlote bezeichnet, sind Mehrstofflegierungen und werden zum Hartlöten von Schwermetalllegierungen (unlegierte und legierte Stähle, Temperguss, Nickellegierungen, Kupferlegierungen, Edelmetalllegierungen) und zum Auflöten von Hartmetallen auf Stahlwerkzeugträger (L-Ag27, L-Ag49, L-Ag50CdNi) angewendet.

Im Vergleich zu den Hartloten auf Kupferbasis weisen die zwar teureren Silberlote einige vorteilhafte Eigenschaften auf. Hierzu gehören die relativ niedrigen Arbeitstemperaturen, die gute Benetzbarkeit der Oberfläche sowie die erhöhte Festigkeit und Korrosionsbeständigkeit der Verbindung. In Tab. 6.18 sind die chemischen Zu-

Tab. 6.18 Chemische Zusammensetzung (Angaben in Masse-%), Schmelzbereiche und Arbeitstemperaturen ausgewählter, silberhaltiger Hartlote, nach DIN 8513, Teil 3

Gruppe	Kurzzeichen	Chemische Zusammensetzung [%]	Schmelzbereich [°C]	Arbeitstemperatur [°C]	Anwendungen
Ag-Cu-Cd-Zn-Hartlote	L-Ag67 Cd	Ag 66-68 Cd 8-12 Cu 10-12	635 – 720	710	Edelmetalle
	L-Ag40 Cd	Ag 39–41 Cd 18–22 Cu 18–20 Zn Rest	595 – 630	610	Stähle, Temperguss, Kupfer- und Nickelwerkstoffe
Ag-Cu-Zn-Sn-Hartlote	L-Ag40 Sn	Ag 39–41 Cu 29–31 Sn 1,5–2,5 Zn Rest	640 – 700	690	Stähle, Temperguss, Kupfer- und Nickelwerkstoffe
	L-Ag44	Ag 43–45 Cu 29–31 Zn Rest	675 – 735	730	
zinkfreie Sonderhartlote	L-Ag72	Ag 71–73 Cu Rest	779 – 779	780	Kupfer- und Nickelwerkstoffe
	L-Ag85	Ag 83–87 Mn Rest	960 – 970	960	Stähle und Nickellegierungen
Sonderhartlote	L-Ag50 Cd Ni	Ag 49–51 Cu 14,5–16,5 Cd 14–18 Ni 2,5–3,5 Zn Rest	645 – 690	660	Kupferlegierungen Hartmetall auf Stahl
	L-Ag49	Ag 48–50 Cu 15–17 Mn 6,5–8,5 Ni 4–5 Zn Rest	625 – 705	690	Hartmetall auf Stahl, Wolfram- und Molybdänwerkstoffe

sammensetzungen, die Schmelzbereiche und die Arbeitstemperaturen ausgewählter silberhaltiger Hartlote zusammengefasst.

Zur Herstellung von thermisch beanspruchten Lötverbindungen dienen zinkfreie Hochtemperaturlote (Tab. 6.17: L-Ag85, L-Ag72), die erst bei relativ hohen Temperaturen schmelzen. Spezielle Hartlote stehen für das Fügen von Aluminium und Aluminiumlegierungen zur Verfügung (Beispiele: L-AlSi12, L-ZnAl30).

6.8.2
Gleitlagerwerkstoffe

Zur Herstellung von Gleitlagern, die man in Massiv- und Verbundlager einteilt, haben sich folgende Legierungsgruppen der Nichteisenmetalle bewährt:

– Kupferbasislegierungen,
– Legierungen auf Zinn- und Bleibasis (Lagerweißmetalle),
– Aluminiumlegierungen.

Für die klassischen Massivlager und Lagerbuchsen eignen sich höherfeste Kupferlegierungen. Demgegenüber werden Kupferlegierungen geringerer Festigkeit sowie die Lagerweißmetalle und Aluminiumlegierungen, die ebenfalls eine niedrigere Festigkeit besitzen, zur Herstellung von zwei- und mehrschichtigen Verbundlagern angewendet. In Abb. 6.166 ist der Aufbau eines solchen Mehrschichtverbundlagers schematisch dargestellt. In diesem Werkstoffverbund erfolgt die Aufteilung der Funktionen des Lagers auf die Komponenten des Verbundes. Die Stahlstützschale gewährleistet die mechanische Festigkeit des Lagers. Die Lauf- oder Gleitschicht (Overlay) besitzt günstige tribologische Eigenschaften im Kontakt mit dem Wellenwerk-

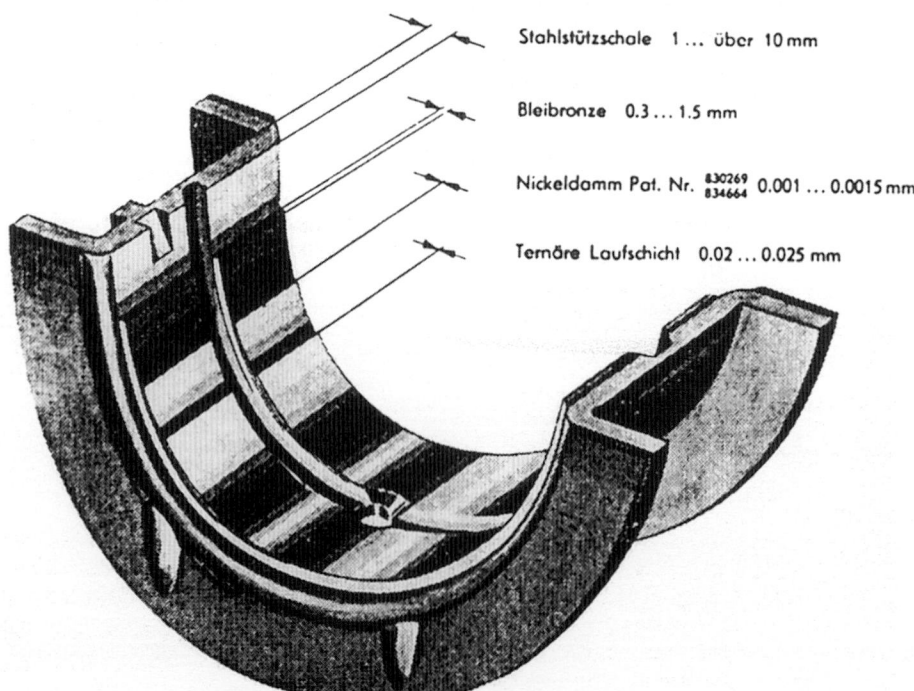

Abb. 6.166 Schematisch dargestellter Aufbau eines Mehrschichtverbundlagers, nach G. Mann

Stahlstützschale 1 ... über 10 mm

Bleibronze 0.3 ... 1.5 mm

Nickeldamm Pat. Nr. 830269/834664 0.001 ... 0.0015 mm

Ternäre Laufschicht 0.02 ... 0.025 mm

stoff. Ihre Feinkörnigkeit und geringe Dicke tragen zur relativ hohen Festigkeit der Schicht bei. Außerdem besitzt sie eine ausreichende Duktilität, um die Anpassungsfähigkeit des Lagers an die Welle sowie die Einbettfähigkeit für harte Fremdpartikel zu gewährleisten. Die Zwischenschicht aus einer Kupfer-Zinn-Blei-Legierung übernimmt im Fall von lokalen Beschädigungen der Oberfläche die Funktion der Laufschicht. Der außerordentlich dünne Nickeldamm ist als Diffusionssperre wirksam. Er soll die mögliche Diffusion des Zinns der Weißmetallschicht in die Kupferlegierung unterdrücken.

Ergänzend zur schematischen Darstellung in Abb. 6.166 sind in Abb. 6.167 und Abb. 6.168 die Querschliffe zweier Verbundlager wiedergegeben.

Beim zweischichtigen Lager (Abb. 6.167) ist am rechten Bildrand die Stahlstützschale sichtbar, die man laufschichtseitig häufig verzinnt, um eine gute Haftung der Laufschicht zu gewährleisten. Zur Herstellung der dickwandigen Laufschicht, die in der Bildmitte vorliegt, kommt im vorliegenden Fall eine Kupfer-Zinn-Blei-Legierung zur Anwendung. Die hell gefärbte Grundmasse der Laufschicht besteht aus

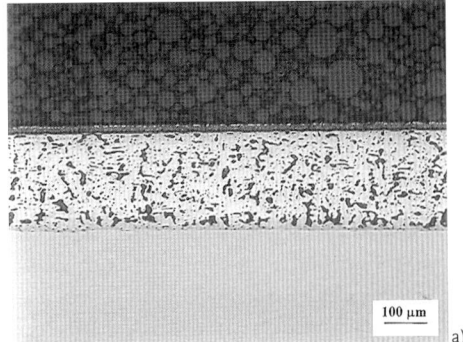

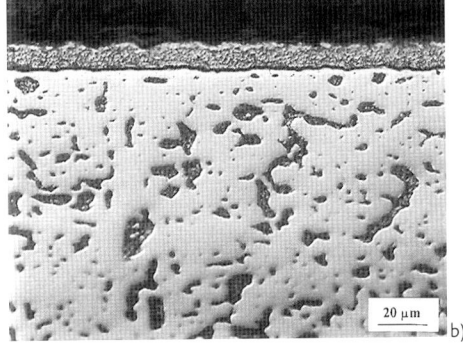

Abb. 6.168 Querschliff eines Mehrschichtverbundlagers, ungeätzt: a) Übersichtsaufnahme, oben: schwarze Einbettmasse, nach unten folgend: schmale, graue Laufschicht, breitere Zwischenschicht mit dunklen Bleiteilchen, unten: nicht angeätzte Stahlstützschale, b) vergrößerter Ausschnitt des Überganges von der schmalen Laufschicht (oben) über den Nickeldamm zur Kupfer-Zinn-Blei-Zwischenschicht (unten)

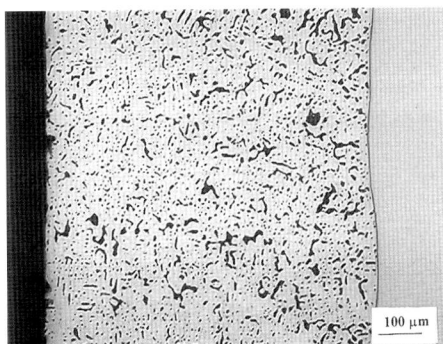

Abb. 6.167 Querschliff eines zweischichtigen Verbundlagers, ungeätzt; rechts: Stahlstützschale; Mitte: Laufschicht aus Kupfer-Zinn-Blei-Legierung; links: Einbettmasse (schwarz)

Kupfer-Zinn-Mischkristallen. Das im Kupfer unlösliche Blei liegt im Gefüge in Form gleichmäßig verteilter, schwarzer Teilchen vor. Am linken Bildrand sieht man die dunkle Einbettmasse der Schliffprobe.

Der Aufbau einer Mehrschichtverbundlagerschale ist in der Übersichtsaufnahme Abb. 6.168 a dargestellt. Im oberen Bildteil erscheint die dunkle Einbettmasse der Schliffprobe. Darunter schließt sich die schmale, hellgrau gefärbte Laufschicht an, die aus einem bleireichen Lagerweißmetall

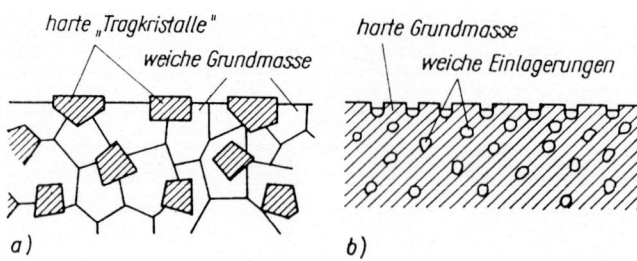

Abb. 6.169 Schematische Darstellung der Tragkristallstruktur von metallischen Gleitlagerwerkstoffen, Variante a) harte Tragkristalle in einer weichen Matrix, Variante b) weiche Teilchen in einer härteren Matrix, nach Beyer

besteht. Sie wird nach unten begrenzt durch den Nickeldamm, der wegen seiner sehr geringen Dicke als schwarze Linie im Bild erscheint. Die Zwischenschicht aus einer Kupfer-Blei-Zinn-Legierung erkennt man an den gleichmäßig verteilten, schwarzen Bleiteilchen, die in die hell erscheinende Mischkristallmatrix aus Kupfer und Zinn eingebettet sind. Am unteren Bildrand sieht man die Stahlstützschale. Die Detailaufnahme Abb. 6.168 b zeigt einen vergrößerten Bildausschnitt des Überganges von der Laufschicht über den Nickeldamm zur Kupfer-Zinn-Blei-Legierung. Am oberen Bildrand sieht man wieder die dunkle Einbettmasse des Schliffes. Darunter erscheint die grau angefärbte Weißmetall-Gleitschicht, die durch den Nickeldamm nach unten begrenzt ist. Unterhalb des Nickeldammes folgt die Zwischenschicht aus der Kupfer-Zinn-Blei-Legierung. Die schwarzen, gleichmäßig verteilten Bleiteilchen heben sich deutlich von der weißen Gefügegrundmasse ab.

Um die eingangs skizzierten Anforderungen an die Gleitlagerwerkstoffe zu gewährleisten, hat sich bei den Lagermetallen ein Gefügeaufbau bewährt, den man als Tragkristallstruktur bezeichnet. In diesem heterogenen Gefüge liegen harte und weiche Phasen vor, wobei man die in Abb. 6.169 dargestellten Varianten unterscheidet. Die harten Phasenanteile gewährleisten die mechanische Festigkeit und Härte sowie den Verschleißwiderstand des Lagermaterials. Die weichen Phasen haben die Aufgaben, die Anpassungsfähigkeit des Lagers an die Welle und die Einbettfähigkeit des Lagermetalls für harte Fremdpartikel zu gewährleisten. Darüber hinaus können solche weichen Phasen (Beispiele: Blei in Kupferlegierungen, Zinn in Aluminiumlegierungen, Grafit im Grauguss) auch einen Selbstschmierungseffekt bewirken, der zur Minderung der Reibung und der Verschweißneigung zwischen Lager und Welle beiträgt.

6.8.2.1 Kupferlegierungen

Wie schon erwähnt, wendet man höherfeste Guss- und Knetlegierungen des Kupfers zur Herstellung von Massivlagern und Lagerbuchsen an. Teilweise werden sie auch für dickwandige Verbundlager eingesetzt. In diese Gruppe ordnen sich folgende Legierungsgruppen (DIN ISO 4382, Teil 1 und 2) ein:

- gegossene Kupfer-Zinn-Legierungen und phosphorhaltige Kupfer-Zinn-Legierungen,
- gegossene Kupfer-Zinn-Blei-Legierungen,
- gegossene Kupfer-Zinn-Zink-Blei-Legierungen (Rotguss),
- Knetlegierungen: Kupfer-Zinn-Legierungen, Mehrstofflegierungen auf der Basis Kupfer-Zink und Mehrstofflegierungen auf der Basis Kupfer-Aluminium.

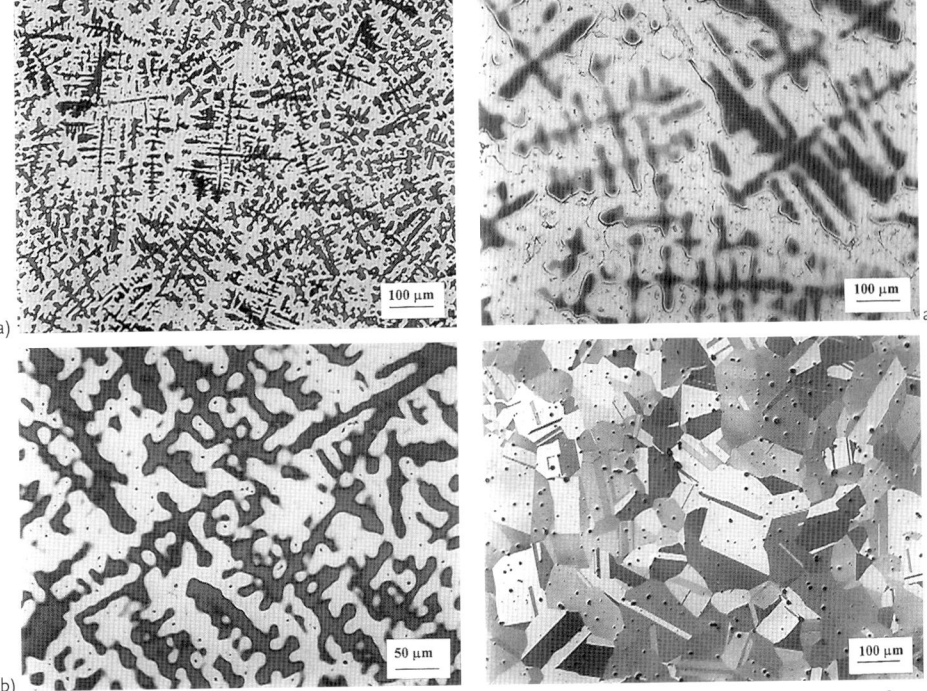

Abb. 6.170 Dendritisches Primärgefüge der Kupfer-Zinn-Legierung CuSn10-C, geätzt mit Cumi4: a) bei geringer Vergrößerung, kupferreiche Dendriten und zinnreichere, interdendritische Bereiche, wenige Bleiteilchen, b) bei höherer Vergrößerung, ($\alpha + \delta$)-Eutektoid in den interdendritischen Bereichen

Abb. 6.171 Gefüge der phosphorhaltigen Kupfer-Zinn-Legierung CuSn8P-C, geätzt mit Cumi4: a) dendritisches Primärgefüge, b) homogenisiertes Gefüge, verzwillingte α-Mischkristalle mit globularen, nicht identifizierten Teilchen

Gefüge der Kupfer-Zinn- und Kupfer-Zinn-Blei-Legierungen

Abbildung 6.170 zeigt das Gefüge der schleudergegossenen Legierung CuSn10-C, die sehr geringe Mengen Blei (0,1 %) enthält. Die Erstarrung der Schmelze erfolgte dendritisch, wie man aus Teilbild a entnimmt. Man erkennt die primär kristallisierten, kupferreichen Dendriten. Die zinnreicheren interdendritischen Bereiche erscheinen hell. In diesen Gefügebereichen liegt auch das nur schwach angeätzte (α + δ)-Eutektoid vor, wie aus Teilbild b hervorgeht. Außerdem erkennt man wenige, schwarze Bleiteilchen. Das Gefüge entspricht der Variante a in Abb. 6.169, weil härtere Bestandteile (zinnreiche, interdendritische Bereiche, ($\alpha + \delta$)-Eutektoid) in eine weiche, kupferreiche Gefügegrundmasse eingebettet sind.

Die phosphorhaltige Kupfer-Zinn-Legierung CuSn8P-C hat ebenfalls ein dendritisches Primärgefüge, wie man aus Abb. 6.171 (Teilbild a) entnimmt. Der Phosphorgehalt der Legierung beträgt 0,24 %. Das Vergießen der Legierung erfolgte im Schleuderguss. Die kupferreichen Dendritenstämme und -äste erscheinen dunkel. In den interdendritischen Bereichen liegen Korngrenzen vor, die die Verwachsungsflächen der Primärkristalle darstellen. Außerdem beobachtet man bevorzugt in den Kornzwickeln der Primärkörner einen weiteren Gefügebestandteil, welcher der δ-Phase bzw. dem (α + δ)-Eutektoid entspricht. Im Teilbild b ist das Gefüge der Legierung nach einem Homogenisierungsglühen (700 °C/vier Stunden/Luftabkühlung) wiedergegeben. Durch diese Wärmebehandlung erfolgte ein weitgehender Konzentrationsausgleich in den Körnern des Gefüges, der die dendritische Gussstruktur beseitigt. Es zeigt sich nunmehr ein polygonales Gefüge, das aus kubisch flächenzentrierten α-Mischkristallen besteht. Die Körner weisen zahlreiche Glühzwillinge auf. Außerdem beobachtet man rundliche, dunkle Teilchen, die nicht identifiziert wurden. Bleipartikel sind im Gefüge der Legierung nicht zu erwarten, weil der Bleigehalt unterhalb von 0,02 % liegt. Das Primärgefüge (Abb. 6.171) entspricht der Variante a in Abb. 6.169, da härtere Bereiche (zinnreichere, interdendritische Bereiche, δ-Phase) in eine kupferreichere, weiche Gefügegrundmasse eingelagert sind.

In Abb. 6.172 ist das Gefüge der Kupfer-Zinn-Blei-Legierung CuSn12Pb-C gezeigt. Die ebenfalls schleudergegossene Legierung enthält 11,4 % Sn und 1,22 % Pb. Im Teilbild a sieht man eine Aufnahme des ungeätzten Schliffes bei geringer Vergrößerung. Das im Kupfer unlösliche Blei liegt in Form von zahlreichen, schwarzen Teilchen in der Gefügegrundmasse vor. Nach dem Anätzen der Schliffprobe zeigt sich das Feingefüge, das im Teilbild b wiedergegeben ist. In den interdendritischen Bereichen beobachtet man neben den rundlichen Bleiteilchen einen weiteren, schwach angeätzten Gefügebestandteil, der dem (α + δ)-Eutektoid entspricht. Das Primärgefüge entspricht der Variante a in Abb. 6.169, weil härtere Bestandteile (zinnreiche interdendritische Bereiche, Eutektoid) in die weicheren Kupfer-Zinn-Mischkristalle eingebettet sind. Aus Teilbild c geht hervor, dass man durch eine Homogenisierungsglühung (700 °C/vier Stunden/Luftabküh-

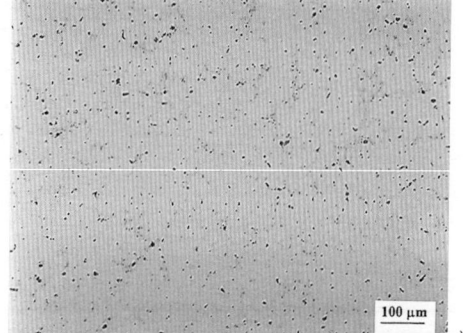
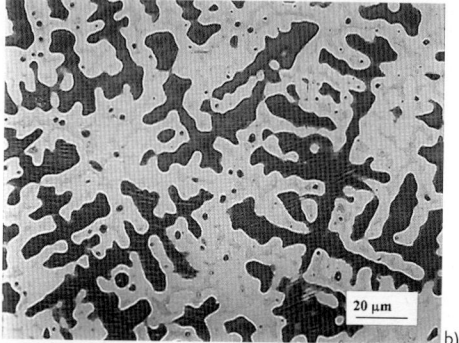

Abb. 6.172 Primärgefüge der Kupfer-Zinn-Blei-Legierung CuSn12Pb-C: a) Übersichtsaufnahme des ungeätzten Schliffes bei geringer Vergrößerung, b) dendritisches Gussgefüge nach dem Ätzen des Schliffes, geätzt mit Cumi4, c) Feingefüge nach dem Homogenisierungsglühen, geätzt mit Cumi4, verzwillingte α-Mischkristalle mit Bleiteilchen

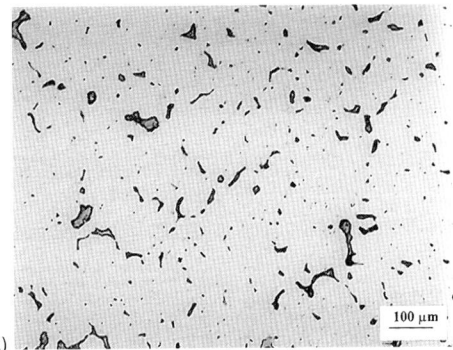

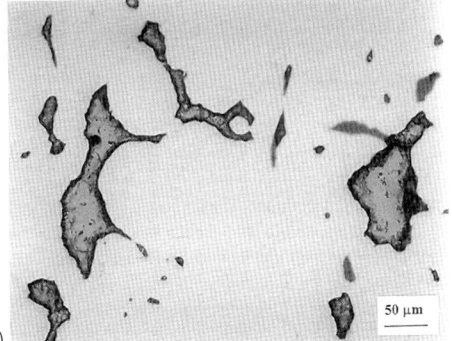

Abb. 6.173 Primärgefüge der sandgegossenen Kupfer-Zinn-Blei-Legierung CuSn7Pb15-C, ungeätzt: a) bei geringer Vergrößerung, b) bei höherer Vergrößerung, helle Kupfer-Zinn-Mischkristallgrundmasse mit eingebetteten Bleiteilchen

lung) einen weitgehenden Konzentrationsausgleich in den Körnern des Gefüges erreichen kann. Die dendritische Gussstruktur ist nicht mehr sichtbar. Das homogenisierte Gefüge besteht aus kubisch flächenzentrierten α-Mischkristallen, die zahlreiche Glühzwillinge enthalten. In die Gefügegrundmasse sind globulare Bleiteilchen eingebettet.

Abbildung 6.173 zeigt das Primärgefüge der sandgegossenen Kupfer-Zinn-Blei-Legierung CuSn7Pb15-C. In die helle Gefügegrundmasse, die aus kubisch flächenzentrierten Kupfer-Zinn-Mischkristallen besteht, sind wegen des hohen Bleigehaltes der Legierung zahlreiche Bleiteilchen eingebettet. Die Größe, die geometrische Form und die Verteilung dieser Teilchen sind ungleichmäßig. Die Gefügeausbildung entspricht eher der Variante b in Abb. 6.169, weil weichere Bleiteilchen in eine etwas härtere Gefügegrundmasse eingelagert sind.

Gefüge von Kupfer-Zinn-Zink-Blei-Legierungen (Rotguss)

Diese Kupfergusslegierungen wendet man zur Herstellung von korrosionsbeständigen Formgussteilen und von Gleitlagern an. In Abb. 6.174 sind Gefügebilder der Legierung CuSn5Zn5Pb5-C wiedergegeben. Teilbild a zeigt eine Aufnahme des ungeätzten Schliffes bei geringer Vergrößerung. Die feinverteilten, schwarzen Teilchen, die in gleichmäßiger Größe und Verteilung in der Mischkristallmatrix vorliegen, bestehen aus Blei. Im Teilbild b ist das Feingefüge der Legierung nach dem Ätzen des Schliffes gezeigt. Die dendritische Struktur des Primärgefüges ist deutlich sichtbar. Die kupferreichen, hell angeätzten Dendritenstämme und -äste heben sich deutlich von den interdendritischen Bereichen mit höherem Zinn- und Zinkgehalt ab. Das in der Legierung vorhandene Zink fördert das Auftreten der δ-Phase bzw. des (α + δ)-Eutektoides in den interdendritischen Gefügeregionen. Die Bildung des Gussgefüges (Abb. 6.174) kann man anhand des Schnittes durch die kupferreiche Ecke des Zustandsschaubildes Kupfer-Zinn-Zink (Abb. 6.175) darstellen. Bei einem Kupfergehalt der Legierung von etwa 84 % kristallisieren primär kupferreiche α-Mischkristalle aus der Schmelze. Wegen des breiten Erstarrungsintervalls und des mangelhaften Konzentrationsausgleiches zwischen den α-Mischkristallen und der Schmelze, erhöhen sich der Zinn- und der Zinkgehalt der Restschmelze mit abnehmender Temperatur. Bei etwa 798 °C beginnt die peritektische Umwandlung der Restschmelze in das (α + β)-Gefüge, die in einem schmalen

6 Gefüge der technischen Nichteisenmetalle und ihrer Legierungen

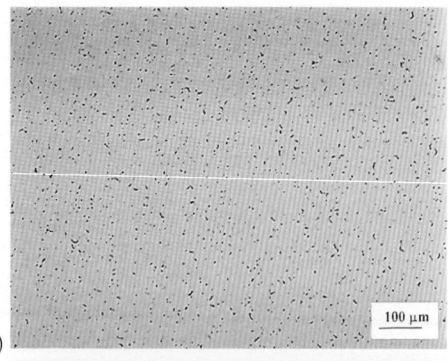

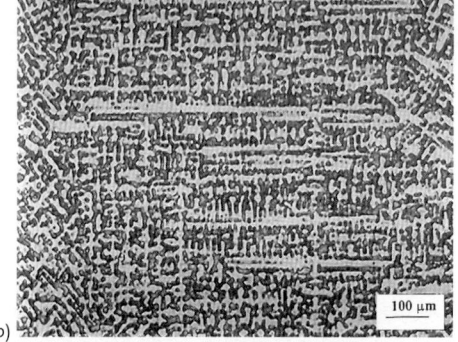

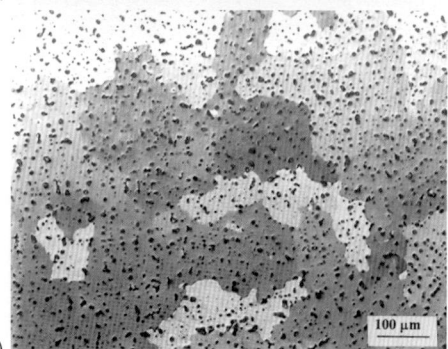

Abb. 6.174 Primärgefüge der Legierung CuSn5Zn5Pb5-C: a) ungeätzter Schliff, Bleiverteilung in der Mischkristallmatrix, b) dendritisches Feingefüge, c) Gefüge nach dem Homogenisierungsglühen bei 700 °C für vier Stunden und Luftabkühlung, Teilbilder b und c geätzt mit Cumi4

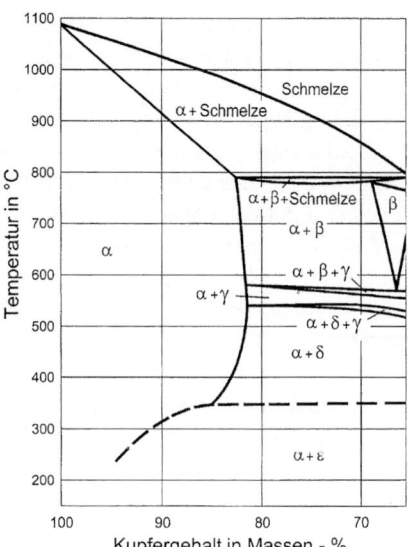

Abb. 6.175 Schnitt durch die kupferreiche Ecke des Zustandsschaubildes Kupfer-Zinn-Zink, der für ein Konzentrationsverhältnis Zinn : Zink = 1 : 1 gültig ist, entnommen aus Informationsdruck i25 des Deutschen Kupferinstitutes (DKI 1548)

Temperaturintervall stattfindet. Wie bereits im Abschnitt 6.1.4 dargestellt wurde, finden unterhalb von 600 °C zwei eutektoide Umwandlungen statt: $\beta \rightarrow \alpha + \gamma$ und $\gamma \rightarrow \alpha + \delta$. Der eutektoide Zerfall $\delta \rightarrow \alpha + \varepsilon$ erfolgt wegen der bei niedrigen Temperaturen eingeschränkten Diffusion der Atome nicht und folglich existiert das $(\alpha + \delta)$-Eutektoid auch bei 20 °C. Das Legierungselement Blei ist bei der Darstellung der Phasenumwandlungen nicht berücksichtigt, weil es im festen Zustand praktisch unlöslich ist. Die Erstarrung des flüssigen Bleis erfolgt bei 327 °C und es bilden sich feine Bleiteilchen (Abb. 6.174 a und Abb. 6.174 c).

Das Gussgefüge (Abb. 6.174) entspricht der Variante a in Abb. 6.11, weil die härteren, interdendritischen Bestandteile mit erhöhtem Zinn- und Zinkgehalt in die weicheren, kupferreichen Bereiche eingebettet sind.

Abbildung 6.174c zeigt das Gefüge der Legierung nach einem Homogenisierungsglühen bei 700 °C für vier Stunden mit nachfolgender Luftabkühlung. Diese

Wärmebehandlung erzeugt einen Konzentrationsausgleich in den Körnern des Gefüges und deshalb verschwindet das dendritische Gussgefüge. Man beobachtet jetzt ein grobglobulares Gefüge, das sich entsprechend dem Zustandsschaubild (Abb. 6.175) aus ternären α-Mischkristallen aufbaut. In diese Körner sind dunkel angeätzte Bleiteilchen eingebettet.

Gefüge von gegossenen und warmgeformten Mehrstofflegierungen auf der Basis Kupfer-Aluminium

Diese Legierungen wendet man zur Herstellung von korrosionsbeständigen Formgussteilen und von Massivlagern an, insbesondere wenn diese erhöhten mechanischen Beanspruchungen unterworfen sind. In Abb. 6.176 und Abb. 6.177 sind die Gefüge einer gegossenen und einer warmgeformten Mehrstofflegierung gegenübergestellt. Beide Legierungen unterscheiden sich in der chemischen Zusammensetzung nur unwesentlich. Die sandgegossene Legierung hat ein grobkörniges und ungleichmäßiges Primärgefüge. Demgegenüber beobachtet man bei der Knetlegierung ein deutlich feinkörnigeres und gleichmäßigeres Gefüge. Die Phasenzusammensetzung beider Gefüge ist ähnlich. In die relativ weiche Matrix, die aus hell angefärbten, kubisch flächenzentrierten α-Mischkristallen besteht, sind härtere Teilchen verschiedener κ-Phasen und das Quasieutektoid (α + κ$_3$) eingelagert. Bei den härtenden κ-Phasen handelt es sich um intermetallische Verbindungen des Aluminiums mit Eisen und Nickel. In Abhängigkeit von der chemischen Zusammensetzung und der Erscheinungsform im Gefüge unterscheidet man, wie bereits im Abschnitt 6.1.5 dargestellt wurde, zwischen den Phasen κ$_1$, κ$_2$, κ$_3$ und κ$_4$.

Die Gefüge der betrachteten Guss- und der Knetlegierung entsprechen der Variante a in Abb. 6.169, weil härtere Bestandteile (κ-Phasen, Quasieutektoid) in eine weichere Gefügegrundmasse (α-Mischkristalle) eingebettet sind.

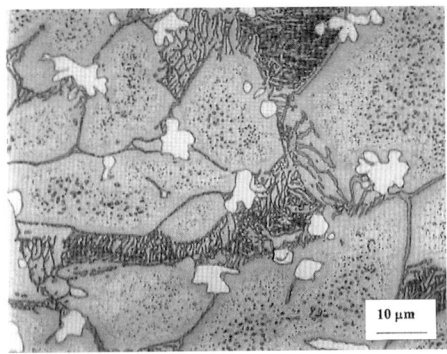

Abb. 6.176 Grobkörniges und ungleichmäßiges Primärgefüge der Gusslegierung CuAl10FeNi-C, geätzt mit Cumi5, hell angeätzte α-Mischkristalle, lamellares Quasieutektoid (α + κ$_3$), grobe κ$_2$- und feine κ$_4$-Ausscheidungen

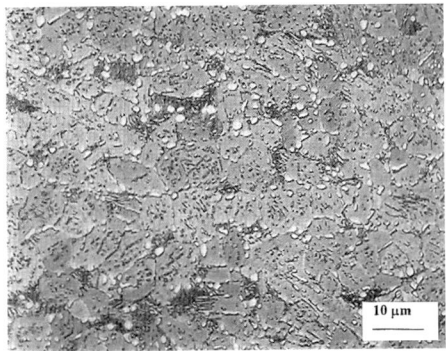

Abb. 6.177 Feinkörniges und gleichmäßiges Sekundärgefüge der Knetlegierung CuAl10FeNiMn, geätzt mit Cumi5, hell angeätzte α-Mischkristalle, lamellares Quasieutektoid (α + κ$_3$), grobe κ$_2$- und feine κ$_4$-Ausscheidungen

6.8.2.2 Blei- und Zinn-Gusslegierungen für Verbundgleitlager

Zur Herstellung der Gleitschichten von dick- und dünnwandigen Verbundlagern werden sehr häufig Gusslegierungen auf der Basis von Blei und Zinn verwendet. Diese Werkstoffe bezeichnet man auch als

Lagerweißmetalle. Es sind folgende Legierungen gebräuchlich (DIN ISO 4381, 01/99 und 11/92, DIN ISO 4383, früher DIN 1703):

- Bleigusslegierungen
  PbSb15SnAs (früher Lg PbSb14),
  PbSb15Sn10 (früher Lg PbSn10, WM10), PbSb10Sn6,
- Zinngusslegierungen
  SnSb12Cu6Pb (früher Lg Sn80, WM 80),
  SnSb8Cu4 (früher Lg Sn90, WM 88).

Für die Herstellung der Gleit- oder Laufschichten von Mehrschichtverbundlagern gibt es in der Norm zusätzliche Legierungsvarianten wie PbSn10Cu2, PbSn10 und PbIn7.

In Abb. 6.178 ist das Primärgefüge einer Zinngusslegierung gezeigt, deren chemische Zusammensetzung der früher genormten Legierung Lg Sn80Cd entspricht und der Legierung SnSb12Cu6Pb nahe kommt. Sie enthält 10,6 % Sb, 5,3 % Cu, 0,33 % As, 1,64 % Cd, 0,6 % Pb und 0,18 % Ni. Dem Arsen schreibt man eine kornfeinende Wirkung zu. Cadmium trägt zur Mischkristallhärtung der Gefügegrundmasse bei. Das abgebildete Gefüge ist charakteristisch für die Lagerweißmetalle, indem harte, spröde Tragkristalle (Cu$_6$Sn$_5$, SbSn) in eine weichere, zinnreiche Mischkristallmatrix eingelagert sind. Die Gefügematrix erscheint im Schliffbild dunkel und besteht aufgrund des geringen Bleigehaltes der Legierung aus zinnreichen α-Mischkristallen. Nach der geometrischen Erscheinungsform im Gefüge lassen sich zwei Arten von Tragkristallen unterscheiden. Zum einen beobachtet man die überwiegend nadelförmigen Teilchen der intermetallischen Verbindung Cu$_6$Sn$_5$, die eine komplizierte hexagonale Kristallstruktur hat. Zum anderen sind gröbere Teilchen der rhomboedrischen Phase SbSn sichtbar, die häufig eine würfelförmige Gestalt

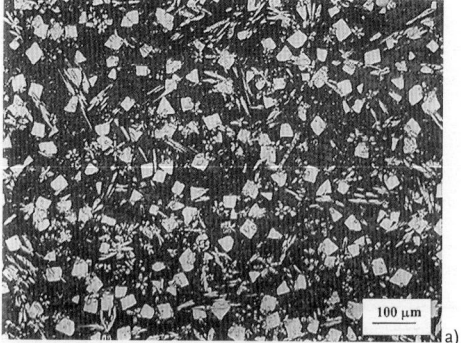

Abb. 6.178 Gefüge der Zinngusslegierung SnSb12Cu6Pb, geätzt mit Nital-Ätzmittel: a) bei geringer Vergrößerung, b) bei höherer Vergrößerung, dunkel angeätzte, zinnreiche Mischkristalle, hell angeätzte, nadelige Cu$_6$Sn$_5$-Kristalle und hell angeätzte, würfelförmige SbSn-Kristalle

haben. Diese Phasenzusammensetzung des Gefüges wird durch die Resultate von röntgendiffraktometrischen Untersuchungen bestätigt.

Das Gefüge eines weiteren zinnreichen Lagerweißmetalls, dessen chemische Zusammensetzung in Näherung der Legierung SnSb8Cu4Cd entspricht, ist in Abb. 6.179 gezeigt. Im Vergleich zur vorher dargestellten Weißmetallvariante hat diese Legierung niedrigere Kupfer- und Antimongehalte (3,6 % bzw. 7,1 %). Außerdem enthält sie 1,25 % Cadmium. Arsen, Blei und Nickel sind in diesem Weißmetall nicht vorhanden. Im Gefügebild erscheint die zinnreiche Gefügegrundmasse dunkel,

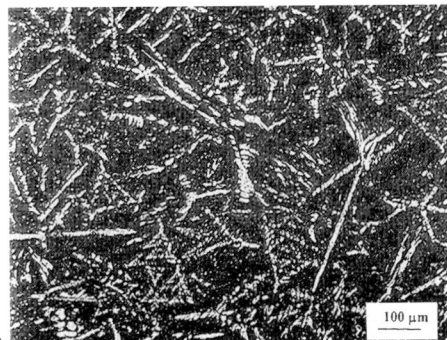

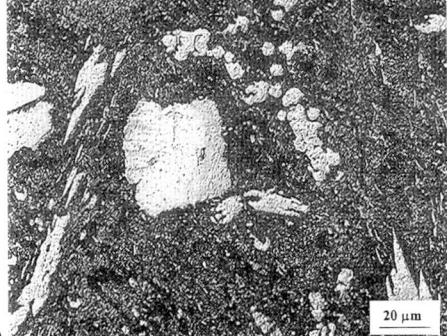

Abb. 6.179 Gefüge der Zinngusslegierung SnSb8Cu4Cd, geätzt mit Nital-Ätzmittel: a) bei geringer Vergrößerung, b) bei höherer Vergrößerung, dunkel angeätzte, zinnreiche Mischkristalle, hell angeätzte, nadelige Cu_6Sn_5-Kristalle und wenige würfelförmige SbSn- Kristalle

die auch hier wegen des geringen Bleigehaltes der Legierung aus zinnreichen α-Mischkristallen besteht. In diese Matrix sind nadelförmige Tragkristalle der Phase Cu_6Sn_5 eingelagert, wie man aus Teilbild a entnimmt. Die Tragkristalle der Phase SbSn mit ausgeprägt würfelförmiger Gestalt treten nur vereinzelt im Gefüge auf (Teilbild b).

Um günstige Gebrauchseigenschaften der Weißmetalle zu erreichen, kommt neben der Phasenzusammensetzung auch der Ausbildungsform und der Verteilung der Phasen im Gefüge wesentliche Bedeutung zu. Als vorteilhaft erweist sich eine geringe Teilchengröße der Tragkristalle in Verbindung mit einer feindispersen Verteilung der Partikel in der Grundmasse. Diese Merkmale des Gefüges hängen von den Schmelz- und Gießbedingungen der Legierungen ab. Im Abschnitt 4.1 sind die Einflüsse der Gießtemperatur und des Gießverfahrens (Sandguss, Kokillenguss) auf die Gefügeausbildung des Lagerweißmetalls WM80F dargestellt. Beim Kokillenguss beobachtet man, dass mit steigender Gießtemperatur das Gefüge feinkörniger und gleichmäßiger wird. Dieser Effekt erklärt sich dadurch, dass mit zunehmender Gießtemperatur die Keimdichte in der Schmelze abnimmt. Wegen der raschen Abkühlung der Schmelze in der Kokille tritt eine große Unterkühlung der Schmelze ein, die zu einer hohen Keimdichte und somit zu einer feinkörnigen Erstarrung führt. Demgegenüber stellt man beim Sandguss einen gegensätzlichen Effekt der Gießtemperatur auf die Korngröße des Gefüges fest. Mit steigender Gießtemperatur wird die Gefügeausbildung gröber und ungleichmäßiger. Das führt man auf die geringere Abkühlgeschwindigkeit der Schmelze beim Sandguss zurück. Es erfolgt eine geringere Unterkühlung der Schmelze, die eine niedrigere Keimdichte und ein verstärktes Keimwachstum bewirkt. Folglich ergibt sich ein grobkörnigeres und ungleichmäßigeres Gefüge.

Zur Darstellung der Kristallisationsvorgänge, die bei der Erstarrung der Lagerweißmetalle ablaufen, eignet sich das Dreistoffsystem Blei-Zinn-Antimon, weil diese drei Elemente die wesentlichen Komponenten der Weißmetalle sind. In Abb. 6.180 ist ein Konzentrationsdreieck dieses Systems gezeigt. Es handelt sich um ein Projektionsdiagramm, in dem in Abhängigkeit von der chemischen Zusammensetzung das Ende der Erstarrung durch die verschieden schraffierten Flächen in die Darstellungsebene projiziert

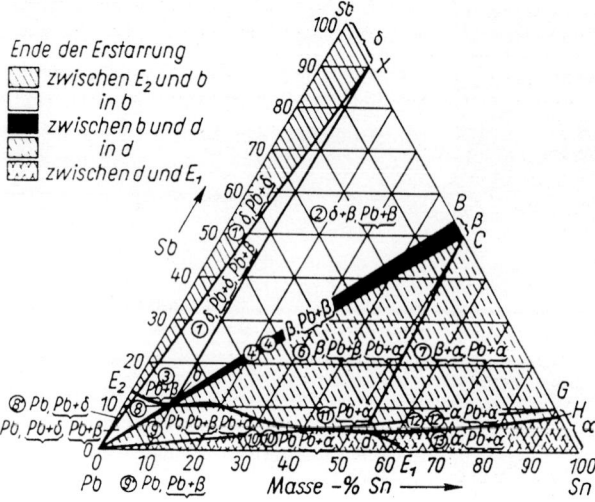

Abb. 6.180 Projektionsdiagramm Blei-Zinn-Antimon und Gefügeaufbau von Blei-Zinn-Antimon-Legierungen bei 20 °C

ist. Zusätzlich sind in die verschiedenen Konzentrationsgebiete die Phasenzusammensetzungen der Gefüge bei 20 °C eingetragen. Die binären Randsysteme Pb-Sn (eutektischer Punkt E1 bei 61,9 % Sn und 183 °C) und Pb-Sb (eutektischer Punkt E2 bei 13 % Sb und 247 °C) sind eutektische Systeme. Das Zustandsschaubild des Zweistoffsystems Pb-Sn wurde bereits bei der Behandlung der Weichlote (Abb. 6.155) gezeigt. Das Zustandsschaubild des Systems Pb-Sb besitzt einen ähnlichen Aufbau. Im Unterschied zu diesen beiden Randsystemen weist das Zustandsschaubild des Randsystems Sn-Sb einen komplizierteren Aufbau auf, weil hier drei peritektische Teilsysteme auftreten. Im Projektionsdiagramm (Abb. 6.180) wird dieses Randsystem Sn-Sb vereinfacht benutzt, indem nur die Mischkristallbereiche, gekennzeichnet mit α und δ, sowie das Existenzgebiet der kubischen β-Phase (SbSn, Strukturtyp B1) näherungsweise erfasst und dargestellt sind.

Die binären eutektischen Rinnen E1-b und E2-b fallen in Richtung des Punktes b ab und treffen sich im Punkt b mit dem Existenzgebiet der β-Phase, das durch das dunkle, keilförmige Feld markiert ist. Ein ternäres Eutektikum tritt im Dreistoffsystem Pb-Sn-Sb nicht auf.

In Tab. 6.19 sind die chemische Zusammensetzung und die Schmelztemperaturen der Phasen sowie die Koordinaten markanter Punkte des Projektionsdiagrammes zusammengestellt.

Im Projektionsdiagramm Pb-Sn-Sb ist das Legierungselement Kupfer nicht erfasst. Zum einen ist das Kupfer in den Mischkristallphasen α und δ gelöst. Zum anderen bildet es mit Zinn die intermetallische Verbindung Cu_6Sn_5 mit hexagonaler Kristallstruktur (Strukturtyp $B8_1$), die meist als η-Phase bezeichnet wird und entsprechend dem Zustandsdiagramm Cu-Sn (Abb. 6.35) bei etwa 415 °C kristallisiert.

Im Ergebnis der vorstehenden Betrachtungen ist es möglich, die Erstarrung der Zinngusslegierungen, deren Gefüge in Abb. 6.178 und Abb. 6.179 gezeigt sind, wie folgt darzustellen: Die primäre Kristallisation der (Cu_6Sn_5)-Nadeln findet im Temperaturintervall von etwa 400–350 °C statt. Daran schließt sich die sekundäre Kristallisation der würfelförmigen SbSn-Teilchen an, die bei Temperaturen von

Tab. 6.19 Chemische Zusammensetzung (Angaben in Masse-%) und Schmelztemperaturen der Phasen und Eutektika sowie die Koordinaten markanter Punkte im Projektionsdiagramm Pb-Sn-Sb

Phasen	Chemische Zusammensetzung	Schmelztemperatur [°C]
α	Mischkristall des Zinns mit Antimon (0 bis 10%)	232 bis 246
β	Intermetallische Verbindung Sb Sn	325
δ	Mischkristall des Antimons mit Zinn (0 bis 10%)	630 bis 600
Pb	Mischkristall des Bleis mit Zinn (0 bis 19%)	327 bis 280
E1	61,9% Sn + 38,1% Pb	183
E2	87,0% Pb + 13,0% Sb	247

Punkt	Konzentration	Temperatur [°C]
b	80% Pb + 10% Sn + 10% Sb	242
d	42,5% Pb + 53,5% Sn + 4% Sb	184

etwa 280–260 °C abläuft. Die primär kristallisierten (Cu_6Sn_5)-Nadeln bilden in der Restschmelze ein Netzwerk, das die Schwerkraftseigerung zwischen den SbSn-Kristallen mit geringerer Dichte und der Restschmelze mit höherer Dichte behindert bzw. unterdrückt. Die noch vorhandene Restschmelze kristallisiert im Temperaturintervall von etwa 230–200 °C und es entstehen wegen der sehr geringen Bleigehalte der hier betrachteten Legierungen α-Mischkristalle. Bei Legierungen mit höheren Bleigehalten tritt neben diesen Mischkristallen auch das (α + Pb)-Eutektikum (E1) auf, wie aus Abb. 6.155 und Abb. 6.180 hervorgeht.

6.8.2.3 Aluminiumlegierungen

Zur Herstellung der Lauf- bzw. Gleitschichten von Mehrschichtverbundlagern werden auch gewalzte und geglühte Aluminiumlegierungen angewendet. Gebräuchliche Legierungen sind (DIN ISO 4383): AlSn20Cu mit 0,7–1,3% Cu, AlSn6Cu mit 1,0–1,5% Cu, AlSi4Cd.

In Abb. 6.181 sind Gefügebilder eines Querschliffs durch ein Mehrschichtverbundlager gezeigt, das eine Laufschicht aus der Legierung AlSn20Cu besitzt. Im Teilbild a ist eine Übersichtsaufnahme des Schliffes gezeigt. Am oberen Bildrand sieht man die schwarze Einbettmasse. Darunter schließt sich die Gleitschicht aus der Legierung AlSn20Cu an. Schon in diesem Bild erkennt man den feinkörnigen und gleichmäßigen Schichtaufbau. Am unteren Rand der Gleitschicht zeigt sich eine helle, bandförmige Zone, die aus reinem Aluminium besteht. Diese Aluminiumzwischenschicht ist erforderlich, um eine gute Haftung der Gleitschicht auf der unten sichtbaren Stahlstützschale zu erreichen. Im vergrößerten Bildausschnitt (Teilbild b) erkennt man diese Reinaluminiumschicht deutlich. Teilbild c zeigt einen vergrößerten Gefügeausschnitt aus der Gleitschicht. Die helle Gefügematrix besteht aus primär kristallisierten Mischkristallen des Aluminiums mit dem Kupfer, die relativ hart sind. In diese Gefügegrundmasse ist das weiche Zinn eingelagert, das in den Aluminiumlegierungen eine ähnliche Rolle spielt wie das Blei in den Kupferbasislegierungen.

Nach G. Mann wird der Werkstoffverbund AlSn20Cu/Reinaluminium/Stahl wie folgt hergestellt: Zunächst erfolgt das Vergießen der Legierung AlSn20Cu im Kokillenguss oder im horizontalen Strangguss.

872 | 6 Gefüge der technischen Nichteisenmetalle und ihrer Legierungen

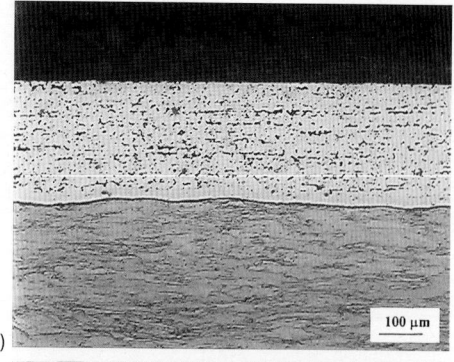

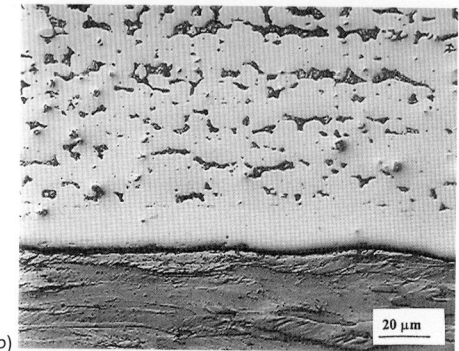

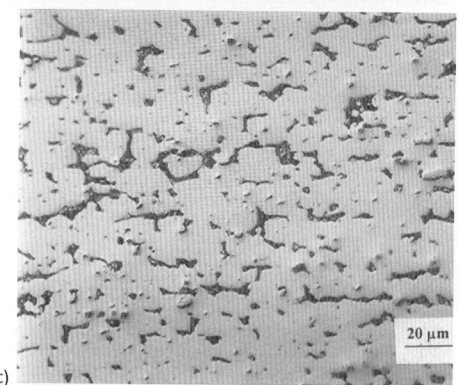

Abb. 6.181 Gefügebilder eines Querschliffes aus einem Mehrschichtverbundlager mit einer AlSn20Cu-Gleitschicht, geätzt mit Nital-Ätzmittel: a) Übersichtsaufnahme bei geringer Vergrößerung, b) vergrößerter Ausschnitt des Überganges von der Gleitschicht zur Stützschale, c) vergrößerter Ausschnitt aus der Gleitschicht

Aluminium und Zinn bilden ein eutektisches System mit vollständiger Mischbarkeit im flüssigen Zustand und vollständiger Unmischbarkeit der Komponenten im festen Zustand, wie man aus Abb. 6.182 entnimmt. Entsprechend dem Zustandsschaubild kristallisieren primär aus der Schmelze kubisch flächenzentrierte Aluminiumkristallite. Weil man sich weit links von der eutektischen Konzentration (99,5 % Sn) befindet, erstarrt der überwiegende Teil der Schmelze durch diese Primärkristallisation.

$$S \rightarrow Al$$

Die verbleibende Restschmelze reichert sich mit Zinn an und bei Erreichen der eutektischen Temperatur (228 °C) findet die eutektische Erstarrung statt.

$$S \rightarrow Al + Sn$$

Der Aluminiumanteil des Eutektikums kristallisiert an die bereits vorhandenen Al-Kristallite an und folglich bilden sich an den Primärkorngrenzen des Gefüges Filme aus reinem Zinn. Diese Korngrenzenfilme beeinflussen die mechanischen Eigenschaften der Legierung ungünstig. Durch ein Kaltwalzen und Zwischenglühen des Materials erreicht man die gewünschte netzförmige Verteilung des Zinns in der Gefügematrix. Anschließend stellt man den Teilverbund AlSn20Cu und Reinaluminium durch Walzplattieren her. Das Verbinden dieses Teilverbundes mit dem Baustahl geschieht ebenfalls durch Walzplattieren. Abschließend unterwirft man den Verbund einer Wärmebehandlung, die in einem Glühen bei 350 °C besteht. Aus dem so erzeugten Halbzeug wird die Lagerschale durch Schneiden und Biegen erzeugt.

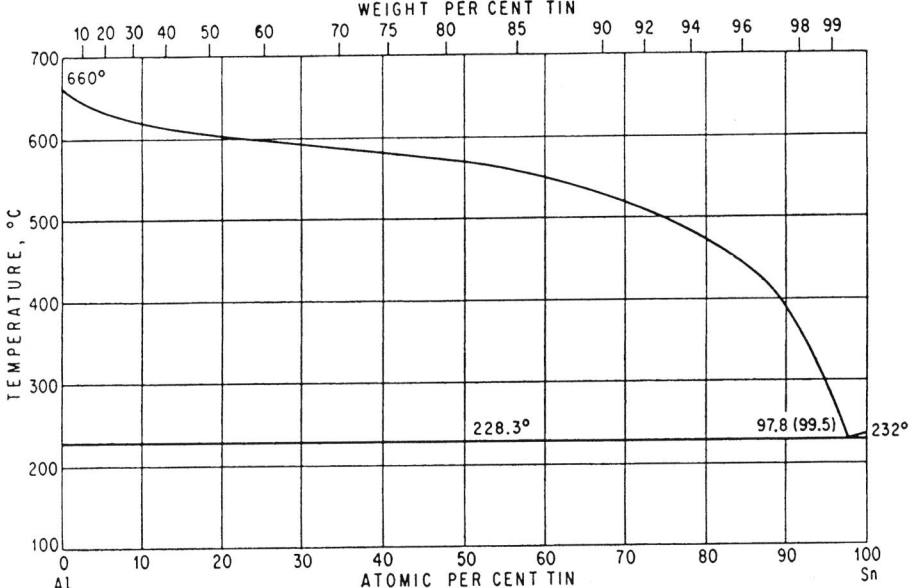

Abb. 6.182 Zustandsschaubild Aluminium-Zinn, nach Hansen und Anderko

7
Hochleistungskeramik

7.1
Arten der Hochleistungskeramik

Hochleistungskeramiken sind definiert als nichtmetallische anorganische Werkstoffe, die aus synthetischen Rohstoffen mittels pulvertechnologischer Verfahren hergestellt werden. Sie zeichnen sich durch extreme mechanisch-tribologische Eigenschaften sowie thermische und chemische Stabilität und / oder durch besonderes physikalisches Verhalten aus.

Keramische Werkstoffe werden in die beiden Gruppen Strukturkeramik und Funktionskeramik unterteilt, je nach Schwerpunkt des geforderten Eigenschaftsprofils. *Strukturkeramik* besitzt passive Eigenschaften, beispielsweise Festigkeit, Härte, Verschleißbeständigkeit, sehr häufig in Kombination mit chemischer und thermischer Beständigkeit. *Funktionskeramik* besitzt aktive Eigenschaften, beispielsweise besondere Wärmeleit- bzw. Isolationsfähigkeit oder spezielle elektrische und magnetische Eigenschaften wie Piezoelektrizität und Supraleitfähigkeit.

Die technisch bedeutendsten Werkstoffklassen sind die Oxide, Carbide und Nitride, vor allem der Elemente Al, B, Ba, Mg, Si, Ti und Zr (Abb. 7.1).

Auch Kombinationen der Hauptklassen untereinander sind durch Legierungsbildung möglich, sodass heute mehrphasige Dispersions- und Ausscheidungskeramiken sowie Faserverbundkeramiken mit maßgeschneiderten Mikrogefügen praktisch genutzt werden.

Die wichtigsten strukturkeramischen Stoffgruppen sind die Oxidwerkstoffe auf Basis von *Aluminiumoxid* Al_2O_3 und *Zirkoniumoxid* ZrO_2 sowie die Nichtoxide *Siliciumcarbid* SiC und *Siliciumnitrid* Si_3N_4 in ihren unterschiedlichen Modifikationen.

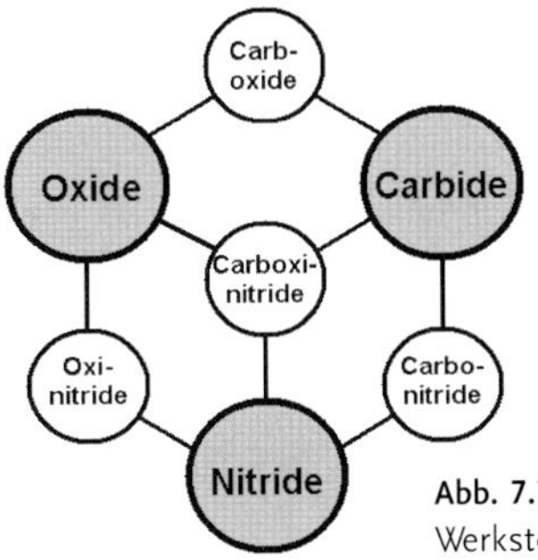

Abb. 7.1 Keramische Werkstoffklassen

7.2
Herstellung keramischer Werkstoffe

Keramische Werkstoffe werden mittels pulvertechnologischer Herstellungsverfahren in der Regel endkonturnah als Bauteil gefertigt. Grund sind die hoch- oder sogar nichtschmelzenden Rohstoffe. Die Hartbearbeitung von gesinterten Keramikbauteilen erfolgt durch aufwendiges Schleifen mit Diamantwerkzeugen, siehe Abb. 7.2.

7 Hochleistungskeramik

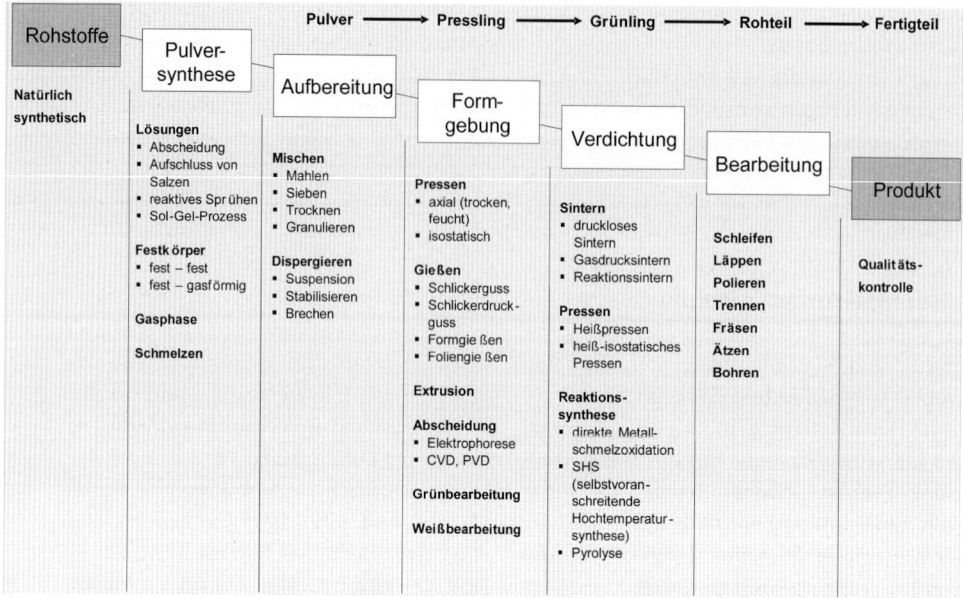

Abb. 7.2 Schematischer Herstellungsablauf von keramischen Werkstoffen und einzelne Prozessvariationen

Chemisch definierte und feinteilige Pulver werden synthetisiert. Daraus werden bei der Masseaufbereitung Pulvermischungen durch Mischen und weiteres Mahlen hergestellt. Je nach den geforderten Formgebungsverfahren werden unterschiedliche Arten und Mengen an organischen Hilfsmitteln (Binder) zugesetzt. Durch Sprühtrocknen von wässrigen Keramikschlickern werden beispielsweise rieselfähige keramische Pressmassen aufbereitet.

Die Formgebung erfolgt aus wirtschaftlichen Gründen möglichst endkonturnah. Abhängig von der Bauteilgeometrie und den geforderten Stückzahlen werden unterschiedliche Formgebungsverfahren angewendet. Die wichtigsten Verfahren sind das *axiale Trockenpressen* und das *isostatische Pressen*. Pulverpresslinge (sogenannte Grünteile) können – soweit notwendig – vor dem Brennen durch Drehen, Fräsen oder Bohren zu nahezu beliebig komplexen Bauteilen zerspant (grünbearbeitet) werden. Dabei wird die nachfolgende lineare Sinterschwindung von bis über 20 % berücksichtigt. Rohre und Profile (z. B. Katalysatorträger, Filterkeramiken) werden durch Kaltextrusion hergestellt. Dazu werden aus den anorganischen Pulvern durch Zugabe von organischen Bindern und Gleitmitteln plastische Massen aufbereitet. Mittels Pulverspritzguss werden sehr präzise komplexe, aber kleine Bauteile (< 50 mm, Wandstärken < 10 mm) geformt, denn das Ausbrennen der notwendigen hohen Binderanteile wird bei dickeren Wandstärken unwirtschaftlich. Großformatige dünnwandige Teile können durch Schlickerguss mit Gipsformen hergestellt werden. Dünne Folien für Substrate und Chip-Gehäuse in der Mikroelektronik werden durch Foliengießen, Stanzen und Laminieren hergestellt. Vor allem bei den plastischen Formgebungsverfahren mit hohen organischen Binderanteilen (bis über 50 % im Volumen) wird eine kontrollierte thermische Entbinderung durchgeführt (Ausheizen).

Die Verdichtung des vorgeformten Bauteils zum fertigen konsolidierten Werkstoff erfolgt durch das thermisch aktivierte Sintern (Brennen). Die Porosität von zunächst rund 50 % im Volumen verringert sich auf weniger als 5 % bei einer linearen Schwindung von 15–20 %. Die keramischen Werkstoffe erhalten dabei ihre funktionalen Eigenschaften und ihre außerordentliche Härte und Verschleißfestigkeit. Abhängig von den keramischen Stoffsystemen wird zwischen oxidierendem Sintern (Brennen an Luft) und dem Schutzgas- bzw. Vakuumsintern unterschieden. Bei Temperaturen von 1200 °C bis über 2000 °C entsteht aus dem zunächst feinteiligen porösen Pulverhaufwerk durch Sintern das dichte, harte keramische Bauteil. Bei hochreinen Aluminiumoxiden, Zirkoniumoxiden und bei Siliciumcarbid wird meist das *Festphasensintern* mit Festkörperdiffusion von feinsten Submikro-Pulvern bei Temperaturen unterhalb des Schmelzpunktes genutzt. Silikathaltige Oxidkeramiken werden durch *Flüssigphasensintern* mittels Diffusion über eine Schmelzphase verdichtet; dies erlaubt den Einsatz gröberer, kostengünstigerer Pulver. Insbesondere Siliciumnitrid wird durch *Reaktionssintern* verdichtet. Dabei bildet sich eine reaktive Flüssigphase aus, bestehend aus den oxidischen Sinteradditiven. Unter Auflösen der feinteiligen α-Si_3N_4-Partikel erfolgt das Ausscheiden von stengeligen β-Si_3N_4-Körnern. Eigenschaftsverbesserungen oder spezielle Werkstoffe lassen sich auch durch druckunterstützte Verfahren erzielen. Es wird zwischen *axialem Heißpressen* (HP), *isostatischem Heißpressen* (HIP, bis 200 MPa) und *Gasdrucksintern* (GPS, bis 10 MPa) unterschieden.

Die Werkstoffeigenschaften des entstehenden Sinterrohlings hängen in hohem Maße von den eingesetzten Rohstoffen, dem Grünkörpergefüge (Masse und Formgebung) und dem thermischen Prozess in ihrem Wechselspiel ab. Aus den Sintermechanismen erklärt sich das entstehende Gefüge mit z. B. feinkörniger Ausbildung (Festphasensintern), abgerundeten oder idiomorphen Körnern (Flüssigphasensintern) oder gestreckten Körnern (Reaktionssintern). Die Anwendung der Pulvertechnologie bringt es mit sich, dass eine Vielzahl von Gefügeelementen bzw. -bestandteilen in einem kompakten keramischen Werkstoff in Erscheinung treten können. Eine schematische Darstellung dieser Vielfalt ist in Abb. 7.3 zu sehen.

Man beobachtet natürlich Korn- und Phasengrenzen sowie verbleibende Poren als Ergebnis des Sinterprozesses. Setzt man den Pulvermischungen verstärkende Komponenten mit besonderen Formen zu, so findet man diese ebenfalls im Gefüge wieder. Als Folge eines reaktiven bzw. Flüssigphasensinterns ergeben sich entlang der Korn- bzw. Phasengrenzen Filme einer Korngrenzenphase. Während der Abkühlungsphase des Sinterns oder bei einer gezielten nachträglichen Wärmebehandlung können auch feinste Ausscheidungen gebildet werden. Diese können in den Körnern (intragranulare Dispersionen) als auch im Bereich der Korn- bzw. Phasengrenzen auftreten. Auch intrakristalline Einschlüsse dritter Phasen sind in Abhängigkeit von der Struktur der Pulverpartikel möglich. Eine sorgfältige Analyse der Gefügeelemente und -komponenten liefert somit zahlreiche Informationen über seine technische Entstehungsgeschichte und die sich auf das Einsatzverhalten auswirkenden Fehlstellen.

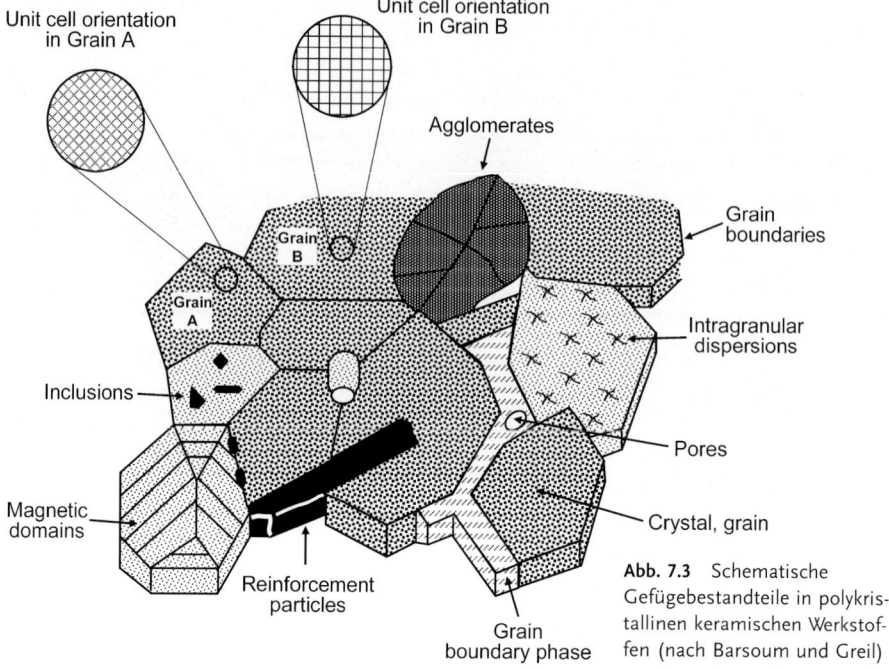

Abb. 7.3 Schematische Gefügebestandteile in polykristallinen keramischen Werkstoffen (nach Barsoum und Greil)

7.3 Mechanische Festigkeit keramischer Werkstoffe

Die hohe Temperatur- und Korrosionsbeständigkeit sowie die herausragende Härte der keramischen Werkstoffe werden allgemein durch die festen kovalenten oder ionischen Bindungen zwischen den Atomen verursacht. Die Fähigkeit der plastischen Verformung (wie bei Metallen) und somit der Abbau von Spannungsspitzen ist in Folge dieser festen chemischen Bindungsverhältnisse – zumindest bei Raumtemperatur – nicht möglich. Dies ist die Ursache für die bekannte Sprödigkeit der Keramikwerkstoffe. Für spröde Materialien gilt nach Griffith für die maximale Zugspannung in Abhängigkeit vom kritischen *Spannungsintensitätsfaktor* K_{IC} (Bruchzähigkeit) und der wirksamen kritischen Fehlergröße c folgender Zusammenhang:

$$\sigma = \frac{K_{IC}}{\sqrt{c} \cdot Y} \qquad (7.1)$$

Der benutzte Geometriefaktor Y dient zur Beschreibung der Form und Lage der Fehler.

Im Gegensatz zu den doch recht schadenstoleranten metallischen Werkstoffen führen mikroskopische Spannungskonzentrationen an inneren Gefügefehlern (Poren, Risse, Einschlüsse) oder an Oberflächenfehlern, beispielsweise hervorgerufen durch eine mechanische Bearbeitung, zu einer Erniedrigung der Festigkeit und vor allem zu starken Streuungen der Belastbarkeit. Die Festigkeit von keramischen Werkstoffen lässt sich somit auf folgende Arten erhöhen:

- Erhöhung der Grundzähigkeit des Werkstoffes K_{IC},

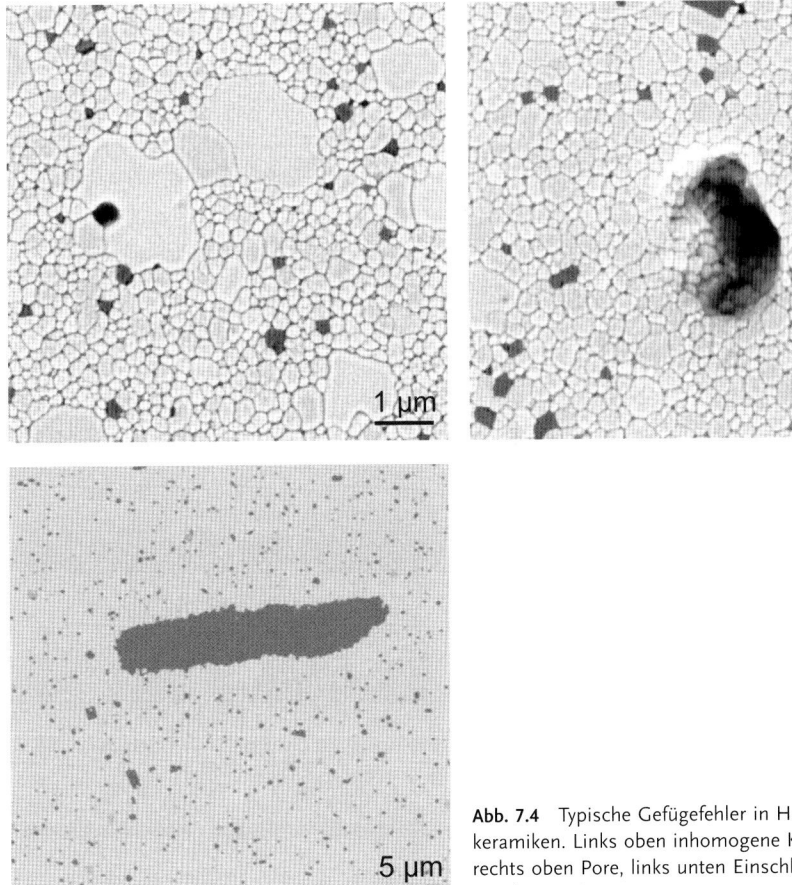

Abb. 7.4 Typische Gefügefehler in Hochleistungskeramiken. Links oben inhomogene Korngröße, rechts oben Pore, links unten Einschluss (Agglomerat)

- Minimieren der kritischen maximalen Gefügefehlergröße c
- Erzeugung von Druckspannungen an den Rissspitzen durch spannungsinduzierte Phasenumwandlungen.

Alle diese Mechanismen werden z. B. bei Zirkoniumoxid technisch genutzt.

Die Größe intrinsischer Gefügefehler in keramischen Werkstoffen kann sehr stark variieren. Auf Gefügeniveau bestehen die Fehler überwiegend aus Korngrenzen, Poren oder Rissen, Agglomeraten und Fremdeinschlüssen. Insbesondere wenn eine inhomogene Ausbildung der Fehlergröße oder Anordnung vorliegt, ist dies für die mechanischen Eigenschaften und die Zuverlässigkeit der Keramik sehr kritisch. Beispiele für Gefügefehler sind in Abb. 7.4 dargestellt.

Die jeweils vorhandene Größenverteilung der Gefügefehler führt zur statistischen Schwankung der *Biegebruchfestigkeit* σ_{bB}. Die Biegebruchfestigkeit wird für keramische Werkstoffe aus experimentellen Gründen gegenüber der Zugfestigkeit bevorzugt. Zur Beschreibung der Festigkeitsverteilung wird die *Weibull-Statistik* verwendet. Aus den gemessenen Einzeldaten werden Bruchwahrscheinlichkeiten für einen bestimmten Werkstoff ermittelt. Gängig ist die Darstellung mit der zweiparametrischen Weibull-Verteilung:

$$p_f = 1 - e^{-\frac{V}{V_0}\left(\frac{\sigma}{\sigma_0}\right)^m} \qquad (7.2)$$

Die Bruchwahrscheinlichkeit p_f wird charakterisiert durch die Normierungsspannung σ_0 und die Streuung m, den sogenannten Weibullparameter. V/V_0 berücksichtigt das Volumen im Verhältnis zum geprüften Volumen. Die Normierungsspannung σ_0 entspricht der Spannung für eine Versagenswahrscheinlichkeit von 50 % und ist ungefähr vergleichbar mit der mittleren Biegefestigkeit σ_{bB}. Bei Strukturkeramiken liegen die typischen Weibullwerte bei m = 5–30 (Abb. 7.5).

Gefügefehler wirken wie beschrieben sehr häufig als kritische und versagensrelevante Bruchauslöser. Die Fehler führen zu einer Spannungsüberhöhung und nach unterkritischem Risswachstum zu spontanem Sprödbruch. Häufig erfolgt nach den klassischen mechanischen Prüfmethoden, z. B. Vierpunktbiegeversuch, eine Bewertung der bruchauslösenden Fehler durch fraktographische Untersuchungen mit Stereo- und Rasterelektronenmikroskopie. In Abb. 7.6 sind exemplarische bruchauslösende Gefügefehler mit niedrigster und höchster Festigkeit der in Abb. 7.5 dargestellten Weibullverteilung im Rasterelektronenmikroskop dargestellt. Bei beiden Fehlern handelt es sich um unterschiedlich große herstellungsbedingte Fehler in der Al_2O_3-Keramik. Beide Fehler sind als Volumenfehler eingestuft, wobei der größere Defekt nahe an der Zugspannungsseite der Vierpunktbiegeprobe liegt. Aufgrund des vorherrschenden Spannungszustandes beim Biegeversuch kam es an diesem Volumenfehler zu einer Risseinleitung gefolgt vom Sprödbruch der Probe. Es wird auch deutlich, dass die beschriebenen physikalischen Zusammenhänge zwischen Festigkeit und Fehlergröße zutreffen. Mit zunehmender Fehlergröße liegt eine niedrigere Festigkeit vor.

Aus dieser direkten Abhängigkeit folgt, dass die quantitative Gefügeanalyse eine sehr wichtige und präzise Methode dar-

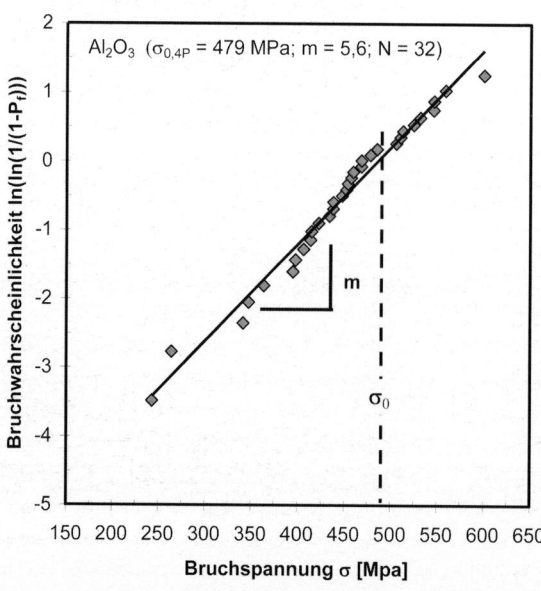

Abb. 7.5 Weibullverteilung aus 32 Vierpunktbiegeproben einer Al_2O_3-Keramik mit niedrigem Weibull-Exponenten

 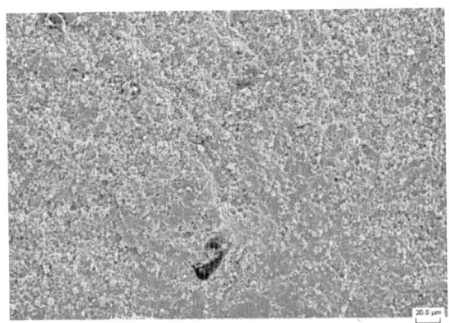

Abb. 7.6 Fraktographisch ermittelte bruchauslösende Defekte jeweils einer Probe mit niedriger Festigkeit und großem Defekt (links, σ_c = 243 MPa) und höherer Festigkeit und kleinem Defekt (rechts, σ_c = 510 MPa) betrachtet im Rasterelektronenmikroskop mit Sekundärelektronenkontrast. Die untere Bildkante entspricht der Zugspannungsseite einer Vierpunktbiegeprobe

stellt, um die Zuverlässigkeit von Keramiken bereits in der Entwicklungsphase zu charakterisieren. Auch im Bereich der Qualitätssicherung stellt die Analyse von kritischen Gefügefehlern im typischen Größenbereich von 5–500 μm ein wichtiges Mittel zur Bewertung dar.

7.4
Materialeigenschaften und Anwendungen

Keramische Werkstoffe können in ihren Eigenschaften funktionsgerecht für den jeweiligen Anwendungsbereich maßgeschneidert werden. Sie bieten ein Eigenschaftskollektiv, das im Vergleich zu Metallen und Kunststoffen – dort wo diese Werkstoffe an ihre Einsatzgrenzen stoßen – höhere Leistungen ermöglicht. Dies gilt in erster Linie für Anwendungen, bei denen es auf hohe Werte des Verschleißwiderstandes sowie der Korrosionsbeständigkeit, Hochtemperaturfestigkeit und Formstabilität ankommt (Abb. 7.7).

Außerdem können keramische Werkstoffe besondere elektrische, magnetische, optische und chemisch-biologische Funktionen übernehmen. Sie besitzen hohe Druckfestigkeit, Härte und Kriechfestigkeit sowie günstige Gleiteigenschaften bei gleichzeitig hoher thermischer und chemischer Beständigkeit. Viele sind elektrische und thermische Isolatoren, einige dagegen elektrische und thermische Leiter, aber auch die Kombination von elektrischer Isolation und guter Wärmeleitung (AlN, BeO) wird ausgenutzt. Funktionskeramiken besitzen beispielsweise *Ferromagnetismus* ($MnFe_2O_4$), *Piezoelektrizität* ($PbZr_xTi_{1-x}O_3$), *Supraleitung*, (Y-Ba-Cu-O), *optische Transparenz* (SiO_2, Al_2O_3, CaF_2) und *Ionenleitfähigkeit* (ZrO_2).

Daraus leiten sich entsprechende Anwendungen ab, die zu keramischen Bauteilen und Funktionselementen im Maschinenbau, Apparatewesen, in der Wärmetechnik, der chemischen Verfahrenstechnik, der Humanmedizin und der Mikroelektronik geführt haben (Tab. 7.1).

Nachfolgend soll noch auf einige strukturkeramische Gruppen etwas näher eingegangen werden. Tabelle 7.2 fasst wesentliche Eigenschaften solcher Werkstoffe zusammen.

Tab. 7.1 Eigenschaften und Keramikgruppen

Anwendung	Eigenschaften	Keramikgruppen
mechanisch	Festigkeit	Al_2O_3
	Härte	ZrO_2
	Verschleißverhalten	SiC
	Gleiteigenschaften	Si_3N_4
thermisch	Wärmeleitung	SiC
	Wärmedämmung	Al_2TiO_5
	Temperaturbeständigkeit	Al_2O_3
chemisch-biologisch	Korrosionsbeständigkeit	SiC
	Adsorptionsverhalten	Al_2O_3
	Biokompatibilität	HAK (Hydroxylapatit)
elektrisch-magnetisch	Elektrische Isolationsfähigkeit	Al_2O_3, Silikatkeramik
	Elektrische Leitfähigkeit	SiC
	Piezoelektrizität	$PbZr_xTi_{1-x}O_3$
	Magnetismus	$MnFe_2O_4$
	Supraleitung	Y-Ba-Cu-O
optisch	Lichtbrechung	SiO_2
	Transparenz	Al_2O_3
		CaF_2
nuklear	Radioaktivität	UO_2
	Neutronenabsorption	B_4C

Tab. 7.2 Eigenschaften verschiedener Strukturkeramiken im Vergleich

	Einheit	Aluminium-oxid Al_2O_3	Zirkonium-oxid ZrO_2	Silicium-carbid SiC	Siliciumnitrid Si_3N_4
Rohdichte	g/cm³	3,9	6,0	3,1	3,2
Biegefestigkeit σ_{bB}	MPa	280–500	500–1200	350	750–1200
Druckfestigkeit	MPa	bis 4000	2000	2000	3000
Bruchzähigkeit K_{IC}	MPa m$^{1/2}$	4,5	8–11	3,5	7,0
Elastizitätsmodul E	GPa	380	210	350	305
Vickershärte HV0,5		bis 1800	1250	2500	1650
Wärmeleitfähigkeit λ	W/mK	30	3	100	15–30
Ausdehnungskoeffizient α (20– 400 °C)	10^{-6} K^{-1}	7,5	10,2	3,5	3,2
Max. Einsatztemperatur	°C	1500	850	1.800	1.300
Korrosionsbeständigkeit		ausgezeichnet	sehr gut	ausgezeichnet	gut

7.4.1
Aluminiumoxid

Aluminiumoxid stellt die wichtigste Strukturkeramik dar. Hohe Härte, gute abrasive Verschleißfestigkeit, geringe elektrische Leitfähigkeit und ein gutes Preisleistungsverhältnis zeichnen Al_2O_3 aus. Silikathaltiges Al_2O_3 (96 %) wird für vielfältige Verschleißanwendungen eingesetzt, soweit keine stark korrosive Beanspruchung oder erhöhte Temperaturen gefordert sind (Abb. 7.8).

7.4 Materialeigenschaften und Anwendungen

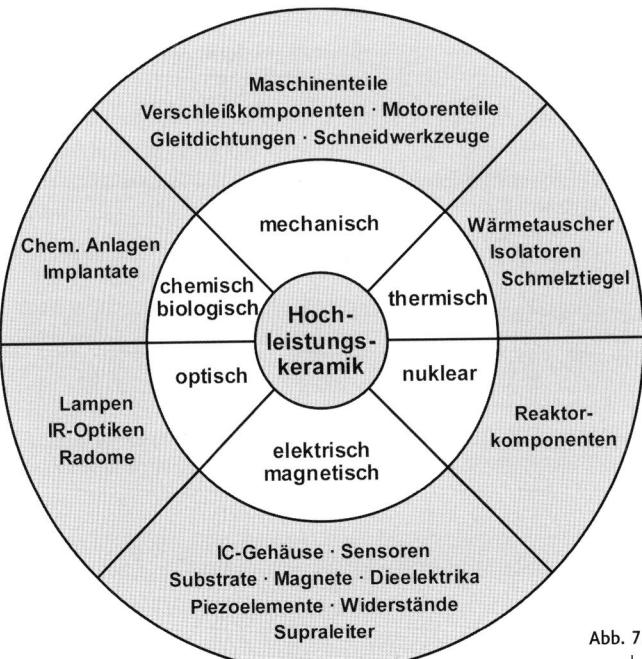

Abb. 7.7 Eigenschaften und Anwendungen keramischer Werkstoffe

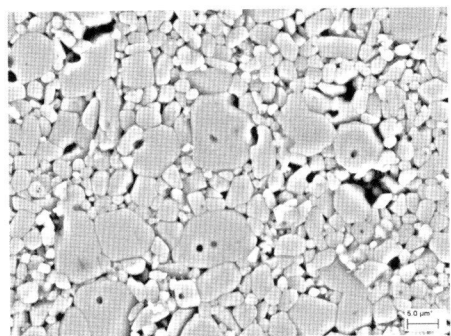

Abb. 7.8 Industrielles Aluminiumoxid 96 % Reinheitsgrad für Elektrokeramik und Verschleißanwendungen (thermisch geätzt, REM)

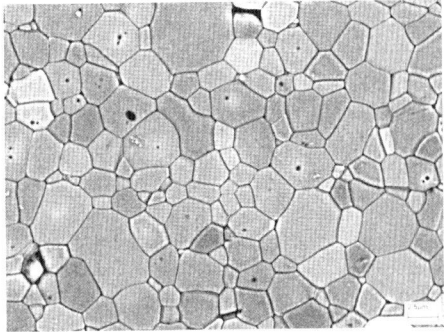

Abb. 7.9 Hochreines Aluminiumoxid (MgO-Dotierung) für medizintechnische Verwendung, z. B. Hüftgelenkprothesen (thermisch geätzt, REM)

Hochreines Al_2O_3 erfordert wesentlich teurere Rohstoffe und wird für höhere Temperaturen und unter korrosiven Bedingungen verwendet. Hierzu zählen auch medizintechnische Anwendungen, beispielsweise als bioinerte Hüftgelenk-Implantate (Abb. 7.9).

7.4.2 Zirkoniumoxid

Zirkoniumoxid weist hinsichtlich der thermischen Ausdehnung und des Elastizitätsmoduls sehr ähnliche Eigenschaften wie Stahl auf und wird deshalb häufig für

Werkstoffverbunde Keramik/Stahl eingesetzt. Zirkoniumoxid ist härter und verschleißfester als Stahl, wirkt sehr gut isolierend und stellt die bruchzäheste technische Keramik dar. Grund dafür ist die konsequente Ausnutzung der in Abschnitt 7.3 skizzierten Möglichkeiten zur Steigerung der Festigkeiten.

Zur Zähigkeitssteigerung wird die Polymorphie von ZrO_2 genutzt. Reines ZrO_2 wandelt sich bei etwa 1100 °C diffusionslos von der monoklinen Tieftemperaturphase in die tetragonale Phase um. Dies ist mit einer Volumenkontraktion von 5–8 % verbunden. Oberhalb von 2300 °C ist die kubische ZrO_2-Phase stabil. Durch Zugabe von Mg, Ca, Y oder Ce lassen sich beide Hochtemperaturphasen bis zu Raumtemperatur stabilisieren. Durch geschickte Nutzung der Phasenstabilitäten können so Gefüge erzeugt werden, die metastabile, umwandlungsfähige Gefügeanteile enthalten. Teilstabilisiertes ZrO_2, als PSZ bezeichnet (Partially Stabilized Zirconia), enthält 5–8 Mol % MgO oder CaO und besteht aus einer groben kubischen Matrix (Korngröße 50 µm) mit feinen tetragonalen Ausscheidungen (< 0,5 µm). Diese wandeln bei Anlegen einer äußeren Spannung in die stabile monokline Phase um und erniedrigen durch die verbundene Volumenzunahme die effektive Spannung am Rissgrund. Dadurch erhöht sich die Bruchzähigkeit im Vergleich zu Aluminiumoxid um das Doppelte.

Absolut höchste Biegefestigkeiten von über 1200 MPa bei einer Bruchzähigkeit von mehr als 10 MPa$m^{1/2}$ werden mit den ZrO_2-Werkstoffen des Typs TZP erreicht (Tetragonal Zirconia Polycrystal). Hier wird eine extrem feine metastabile Matrix aus tetragonalen Körnern (Korngröße 0,1–0,5 µm) durch Stabilisierung mit 3 mol % Y_2O_3 erzeugt (3Y-TZP). Zähigkeit durch Umwandlungsverstärkung und Feinkörnigkeit werden so kombiniert (Abb. 7.10). Der Werkstoff zählt wegen der notwendigen extrem feinen und reinen Pulver zugleich zu den teuersten. TZP wird deshalb vorwiegend für kleine Bauteile wie technische Schneiden oder in der Medizintechnik eingesetzt (Abb. 7.11). In schwarz eingefärbter Form werden daraus auch Uhrengehäuse gefertigt.

Die energieverzehrende Wirkung von ZrO_2-Einlagerungen wird auch bei umwandlungsverstärktem Aluminiumoxid (ZTA, Zirconia Toughened Alumina) für Schneidkeramikanwendungen genutzt (Abb. 7.12). Alle umwandlungsverstärkten Werkstoffe lassen sich wegen der starken Temperaturabhängigkeit des Umwand-

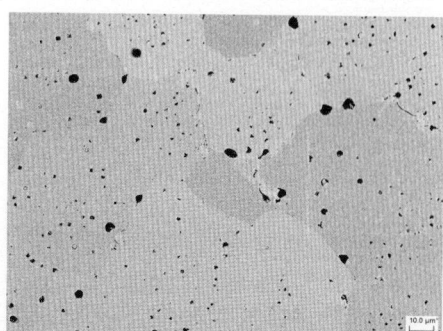
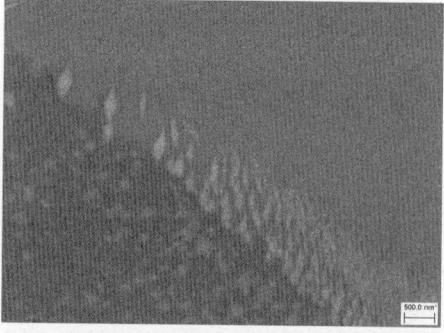

Abb. 7.10 Teilstabilisiertes Zirkoniumoxid PSZ für Maschinentechnik, z. B. Drahtzugwerkzeuge (thermisch geätzt, REM; links: grobe vollstabilisierte kubische Körner; rechts: darin enthaltene nanometerfeine tetragonale Ausscheidungen

lungsverhaltens nur bei nahe Raumtemperatur nutzen.

Höchstfeste Dispersionskeramik auf Basis Aluminiumoxid, mehrfach verstärkt mittels umwandlungsfähigem ZrO_2 kombiniert mit Plateletverstärkung stellt das derzeitige Optimum für medizintechnische Anwendungen dar. Dieser Werkstoff vereint die günstigen tribologischen und bioinerten Eigenschaften von Aluminiumoxid mit der höchsten Zähigkeit und Festigkeit (1400 MPa) von Zirkoniumoxid (Abb. 7.13).

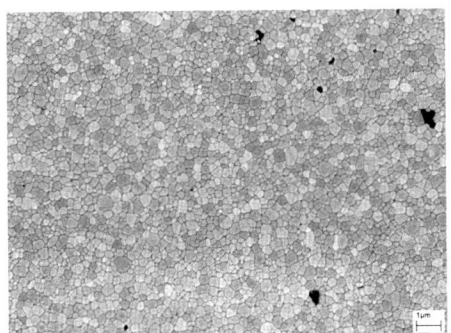

Abb. 7.11 Tetragonales Zirkoniumoxid (TZP) für Zahnprothesen und keramische Schneiden

7.4.3
Siliciumcarbid

Kovalent gebundenes Siliciumcarbid zeigt zu Diamant die größte Verwandtschaft unter den technisch bedeutsamen keramischen Werkstoffen. Außerordentliche Härte, hoher E-Modul, eine zu metallischem Kupfer vergleichbare Wärmeleitfähigkeit, gepaart mit extrem guter Korrosionsbeständigkeit sind eine Eigenschaftskombination, die SiC als Gleit- bzw. Reibpartner zum idealen Werkstoff für schwierigste tribologische Anwendungen macht (Abb. 7.14). Niedrige thermische Ausdehnung und hohe Wärmeleitfähigkeit führen

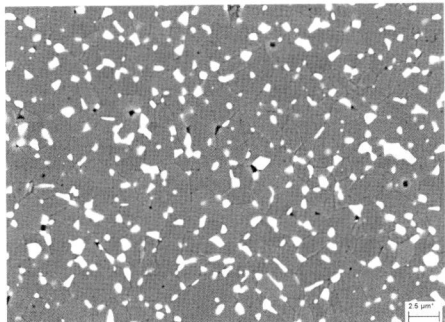

Abb. 7.12 Aluminiumoxid mit Zirkonoxid umwandlungsverstärkt für Schneidwerkzeuge in der Stahlzerspanung (thermisch geätzt, REM)

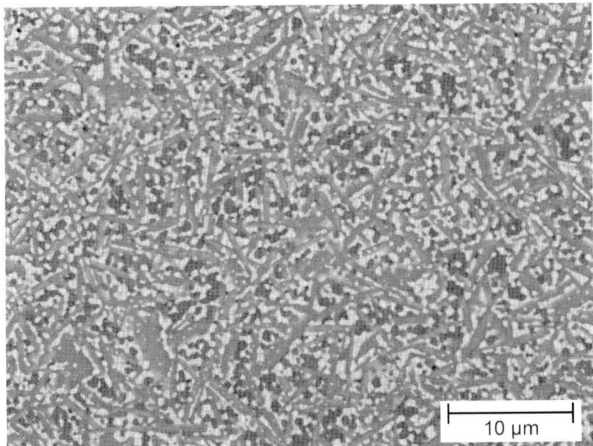

Abb. 7.13 Höchstfestes Aluminiumoxid mit feinem Zirkonoxid und Aluminatplättchen mehrfach verstärkt für Medizintechnikanwendungen

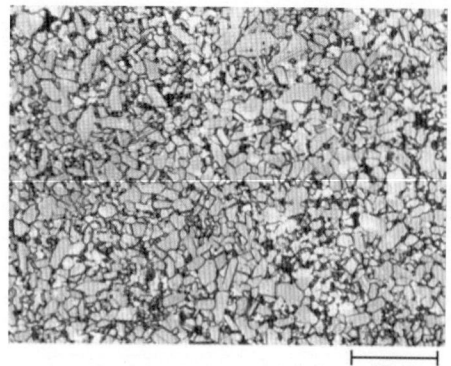

Abb. 7.14 Siliciumcarbid (SSiC) für thermische, tribologische oder stark korrosive Anwendungen (im Rasterelektronenmikroskop)

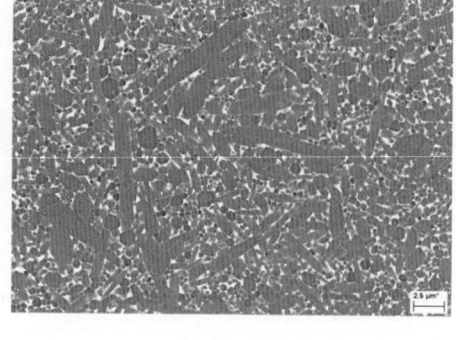

Abb. 7.15 Siliciumnitrid (GPSSN) für Schneidwerkzeuge zur Graugusszerspanung (plasmageätzt im Rasterelektronenmikroskop)

zu einer hohen Thermoschockbeständigkeit. Gesintertes SiC (SSiC) wird beispielsweise beim Einsatz als Werkstoff für keramische Gleitringdichtungen in PKW-Wasserpumpen oder als Hartbeläge für Papiermaschinen genutzt.

7.4.4 Siliciumnitrid

Siliciumnitrid zeichnet sich im Vergleich zu Al_2O_3 und SiC durch eine besonders hohe Zähigkeit und Thermoschockbeständigkeit aus. Si_3N_4 wird unter Zugabe von typischerweise Y_2O_3 und Al_2O_3 durch Flüssigphasensintern unter Stickstoffüberdruck hergestellt. Das feinteilige α-Si_3N_4-Ausgangspulver wird während des Sinterns bei 1600 °C bis 1800 °C in die β-Modifikation mit nadelförmiger Kornform umgewandelt (Abb. 7.15).

Die hohe Bruchzähigkeit dieser Werkstoffgruppe ist in der Ausbildung dieses stark nadeligen Gefüges mit hoher Eigenfestigkeit der Körner begründet. Bei Belastung wird dadurch ein Riss aus der Hauptzugspannungsachse abgelenkt oder verzweigt, die wirksame Spannungsintensität am Rissgrund wird so reduziert. Die hohe Bruchzähigkeit wird bis zu Temperaturen über 1200 °C beibehalten, weshalb Si_3N_4 als Schneidkeramik für die Graugusszerspanung unter extrem rauen Beanspruchungen Anwendung findet. Siliciumnitrid ist wegen seiner niedrigen Dichte und des sonstigen Eigenschaftsspektrums zudem ein herausragender Werkstoff für den Motoren- und Maschinenbau.

Weiterführende Literatur

- Aluminium-Taschenbuch, 3 Bände
  Aluminium-Verlag Düsseldorf, 1997
- Fr.-W. Bach, T. Duda : Moderne Beschichtungsverfahren
  Wiley-VCH Weinheim, 2000
- L. Baumann, O. Leeder : Einführung in die Auflichtmikroskopie
  Deutscher Verlag für Grundstoffindustrie Leipzig, 1991
- A. Beck (Hrsg.): Magnesium und seine Legierungen Klassiker der Technik;
  Springer Verlag Berlin, Heidelberg, 2001
- M. Beckert, H. Klemm : Handbuch der metallographischen Arbeitsverfahren
  Deutscher Verlag für Grundstoffindustrie Leipzig, 1984
- W. Bergmann : Werkstofftechnik
  Bd. 1 und 2
  Carl Hanser Verlag München, Wien, 2002
- L. B. Bertolini et al. : Corrosion of Steel in Concrete - Prevention, Diagnosis, Repair
  Wiley-VCH, Weinheim, 2003
- H. K.D. Bhadeshia : Bainite in Steels
  The University Press Cambridge, 2001
- W. Bleck : Werkstoffkunde Stahl
  Verlag Mainz, Wissenschaftsverlag Aachen, 2001
- J. Bohm : Realstruktur von Kristallen
  E. Schweizerbart'sche Verlagsbuchhandlung Stuttgart, 1995
- B. Bousfield : Surface Preparation and Microscopy of Materials
  John Wiley Sons, Chichester, New York, 1992
- E. Broszeit (Hrsg.) : Mechanische Oberflächenbehandlung : Festwalzen, Kugelstrahlen, Sonderverfahren
  Oberursel : DGM-Informationsgesellschaft, 1989
- O. Brümmer (Hrsg.) : Mikroanalyse mit Elektronen- und Ionensonden
  Deutscher Verlag für Grundstoffindustrie Leipzig 1981
- B. Buchmayr : Werkstoff- und Produktionstechnik mit Mathcad-Modellierung und Simulation in Anwendungsbeispielen
  Springer Verlag Berlin, Heidelberg, New York, Tokyo, 2002
- W. D. Callister : Materials Science and Engineering - An Introduction
  John Wiley and Sons, 2000
- R. Chatterjee-Fischer : Wärmebehandlung von Eisenwerkstoffen
  Expert Verlag Renningen, 1995
- J. W. Christian : The Theory of Transformations in Metals and Alloys
  Pergamon Press Oxford, London, Edinburgh, 1975
- Deutsches Kupferinstitut, Düsseldorf, Informationsdrucke über Kupfer und Kupferlegierungen

Weiterführende Literatur

- G. Fasching : Werkstoffe für die Elektrotechnik
  Springer Verlag, 1994
- H. Fischer : Werkstoffe in der Elektrotechnik
  Carl Hanser Verlag, 1987
- G. M. Froberg : Thermodynamik für Metallurgen und Werkstofftechniker
  Deutscher Verlag für Grundstoffindustrie Leipzig, 1994
- K. Geels, D. B. Fowler, W.-U. Kopp, M. Rückert: Metallographic and Materialographic Preparation; ASTM International West Conshohocken, Pa, 2007
- G. Gottstein : Physikalische Grundlagen der Materialkunde
  Springer Verlag Berlin, Heidelberg, 1998
- J. Grosch : Einsatzhärten : Grundlagen, Verfahren, Anwendungen, Eigenschaften einsatzgehärteter Gefüge und Bauteile
  Expert Verlag Renningen, 1994
- P. Haasen : Physikalische Metallkunde
  Springer Verlag Berlin, Heidelberg, New York 1994
- R. A. Haefer : Oberflächen- und Dünnschichttechnologie Teile I und II
  VCH Springer Verlag Berlin, Heidelberg usw., 1987
- U. Heubner : Nickellegierungen und hochlegierte Sonderedelstähle
  Expert Verlag, Renningen, 1993
- E. Hornbogen : Werkstoffe - Aufbau und Eigenschaften
  Springer Verlag Berlin, Heidelberg, New York, London, Paris, Tokyo, 1994
- E. Hornbogen, H. Warlimont : Metallkunde
  Springer Verlag Berlin, Heidelberg, 1991
- E. Hornbogen, M. Thumann : Die martensitische Umwandlung und ihre werkstofftechnischen Anwendungen
  DGM Verlag, 1986
- H. P. Hougardy : Umwandlung und Gefüge unlegierter Stähle
  Verlag Stahleisen mbH Düsseldorf, 1990
- H.-J. Hunger (Hrsg.) : Werkstoffanalytische Verfahren
  Deutscher Verlag für Grundstoffindustrie Leipzig, Stuttgart, 1995
- P. Jagrovic : Elektronenstrahlhärtung für Beschichtungen und andere Anwendungen : Prinzip, Anlagen, Verfahren
  Expert Verlag Renningen, 1990
- D. Jeulin : Mechanics of Random and Multiscale Microstructures
  Springer Verlag Wien, New York, 2001
- K. U. Kainer : Magnesium
  DGM/Wiley, 2000
- N. Kanani : Galvanotechnik
  Carl Hanser Verlag München, Wien, 2000
- M. Kern, J. Templer: Beobachtende und messende Mikroskopie in der Materialkunde Brünner - Verlag Berlin 2007
- J. H. Kerspe et al. : Aufgaben und Verfahren in der Oberflächentechnik
  Expert Verlag Renningen, 2000
- W. Kleber : Einführung in die Kristallographie
  Verlag Technik Berlin, 1965
- G. Kostorz (Hrsg.) : Phase Transformations in Materials
  Wiley-VCH Weinheim, 2001
- W. Krenkel (Hrsg), R. Naslain (Hrsg), H. Schneider (Hrsg)
  High Temperature Ceramic Matrix Composites
  Wiley-VCH Verlag, 2001
- U. Krüger, U. Laudien, F. Lemke, P. W. Nogossek : DVS-Gefügekatalog Schweißtechnik, Nichteisenmetalle, Band 88
  DVS Verlag Düsseldorf, 1987
- Magnesium-Taschenbuch
  Aluminium-Verlag Düsseldorf, 2000

- G. Masing : Ternäre Systeme
  Akad. Verlagsgesellschaft
  Geest & Portig K.-G. Leipzig 1949
- E. Matthaei : Härteprüfung mit kleinen Prüfkräften und ihre Anwendung bei Randschichten
  DGM Informationsgesellschaft Oberursel, 1987
- H. Meigh : Cast and wrought aluminium bronzes – properties, processes and structure
  IOM Communications Ltd., 2000
- H. G. Meisel, G. Johner, A. Scholz : Metallographische Entwicklung des Gefüges von Nickelbasiswerkstoffen
  Prakt. Metallographie 17 (1980), 261-272
- F. R. Morral : Metallographie der Kobaltbasis- und kobalthaltigen Legierungen
  Prakt. Metallographie 10 (1973) 398-413
- H. Mughrabi (Hrsg.) : Plastic Deformation an Fracture of Materials Vol. 6 of Materials Science and Technology (Hrsg. R. W. Cahn, P. Haasen , E. J. Kramer)
  VCH Weinheim, New York, Basel, Cambridge, 1993
- D. Munz, T. Fett : Ceramics. Mechanical Properties, Failure Behaviour, Materials Selection, 2. Aufl. 2001
  Springer-Verlag Berlin Heidelberg, Series in Materials Science Vol. 36, 2001
- Nichtrostende Stähle
  Verlag Stahleisen mbH Düsseldorf, 1989
- K. Nitzsche, H.-J. Ullrich Funktionswerkstoffe der Elektrotechnik und Elektronik
  Deutscher Verlag für Grundstoffindustrie, Leipzig, Stuttgart, 1993
- W. O. Oettel : Grundlagen der Metallmikroskopie
  Akad. Verlagsgesellschaft
  Geest & Portig K.-G. Leipzig 1958
- J. Ohser, F. Mücklich : Statistical Analysis of Microstructures in Materials Science
  J. Wiley & Sons, Chichester, New York, 2000
- Ohser, J. und Schladitz, K. (2009) 3D Images of Materials Structures – Processing and Analysis. Wiley-VCH, Weinhein.
- P. Paufler : Phasendiagramme
  Akademieverlag Berlin 1981
- P. Paufler, G. E.R. Schulze : Physikalische Grundlagen mechanischer Festkörpereigenschaften I und II
  Akademie-Verlag, Berlin WTB Band 229 und 238, 1978
- G. Petzow : Metallographisches, keramographisches und plastographisches Ätzen
  Gebr. Bornträger Verlag Berlin, Stuttgart, 1994
- M. Peters, C. Leyens : Titan und Titanlegierungen
  DGM/Wiley, 2002
- M. Peters, C. Leyens, J. Kumpfert : Titan und Titanlegierungen
  MAT INFO, Werkstoffinformationsgesellschaft, 1998
- M. Riehle, E. Simmchen : Grundlagen der Werkstofftechnik
  Wiley-VCH Weinheim, 3. Auflage 2000
- H. Riesenberg (Hrsg.) : Handbuch der Mikroskopie
  VEB Verlag Technik Berlin, 3. Auflage, 1988
- F. N. Rhines : Microstructology : Behaviour and Microstructure of Materials
  Riederer Verlag Stuttgart, 1986
- H. Robeneck (Hrsg.) : Mikroskopie in Forschung und Praxis
  GIT Verlag 1995
- T. Rudlaff : Arbeiten zur Optimierung des Umwandlungshärtens mit Laserstrahlen
  Stuttgart : Teubner, 1993

- L. E. Samuels : Metallographic Polishing by Mechanical Methods
  ASM Metals Park Ohio, 1982
- W. Schäfer, G. Terlecki : Halbleiterprüfung - Licht- und Rasterelektronenmikroskopie
  Hüthig Verlag Heidelberg, 1986
- W. Schatt (Hrsg.)
  Konstruktionswerkstoffe des Maschinen- und Anlagenbaues, 5. Aufl. 1998
  Wiley-VCH Verlag, 1998
- W. Schatt und H. Worch (Hrsg.) :
  Werkstoffwissenschaft
  Wiley-VCH 2002
- P. F. Schmidt : Praxis der Rasterelektronenmikroskopie und Mikrobereichsanalyse
  Expert Verlag Renningen, 1994
- K. Schmidt u. a. : Gefügeanalyse metallischer Werkstoffe - Interferenzschichtenmetallographie und automatische Bildanalyse
  Carl Hanser Verlag München, Wien, 1985
- R. Schneider, W. Weil : Stochastische Geometrie
  Teubner Verlag Stuttgart, Leipzig, 2000
- K. Schulte, K. U. Kainer
  Verbundwerkstoffe und Werkstoffverbunde
  Wiley-VCH Verlag, 1999
- G. E.R. Schulze : Metallphysik
  Akademieverlag Berlin, 1974
- H. Schumann : Kristallgeometrie
  Deutscher Verlag für Grundstoffindustrie Leipzig, 1980
- C. T. Sims, W. C. Hagel : The Superalloys
  John Wiley & Sons, New York, 1972
- P. Soille : Morphological Image Analysis
  Springer Verlag Berlin, Heidelberg, 1999
- R. Telle, F. Brunk, et al
  Keramik, 7. Aufl. 2001
  Springer-Verlag Berlin Heidelberg, 2000
- R. Telle, G. Petzow : Light Microscopy in Materials Science and Technology
  in: Characterization of Materials Part I (Hrsg. E. Lifshin)
  VCH Verlagsgesellschaft Weinheim, 1992
- H.-D. Tietz
  Technische Keramik. Aufbau, Eigenschaften, Herstellung, Bearbeitung, Prüfung
  Springer-Verlag Berlin Heidelberg, 1994
- G. Vander Voort : Metallography
  Mc Graw-Hill Book Company, 1984
- R. Vogel: Die heterogenen Gleichgewichte (2. Auflage) Akad. Verlagssgesellschaft Geest & Portig, Leipzig 1959
- P. Walker, W. H. Tarn : Handbook of Metal Etchants
  CRC Press Inc. Boca Raton, Ann Arbor, Boston, 1991
- H. Waschull : Präparative Metallographie
  Verlag für Grundstoffindustrie Leipzig, Stuttgart, 1993
- Werkstoffhandbuch Nichteisenmetalle
  VDI Verlag, Düsseldorf
- Werkstoffkunde Stahl, Bd. 1 : Grundlagen; Bd.2 : Anwendungen
  Springer Verlag Berlin, Heidelberg, New York, Tokyo und Verlag Stahleisen mbH Düsseldorf, 1984
- Wieland - Kupferwerkstoffe
  Wieland-Werke Ulm, 1999
- Zink Taschenbuch
  Metall Verlag Berlin, Heidelberg, 1981
- Zinn Taschenbuch
  Metall Verlag, Berlin, 1981
- U. Zwicker : Titan und Titanlegierungen
  Springer Verlag, 1974

Anhang I: Atomare Parameter technisch wichtiger Metalle und Metalloide (Raumtemperatur)

Element	Symbol	Relative Atommasse	Atomdurchmesser [nm]	Raumgitter	Gitterparameter a	b	c oder α
Aluminium	Al	26,982	0,2864	kfz	4,0497		
Antimon	Sb	121,75	0,290	rh	4,5069		57,12°
Arsen	As	74,922	0,249	rh	4,1315		54,17°
Barium	Ba	137,34	0,4347	krz	5,0193		
Beryllium	Be	9,012	0,2226	hxg	2,2857		3,5834
Bismut	Bi	208,980	0,309	rh	4,7462		57,24°
Blei	Pb	207,19	0,3500	kfz	4,9504		
Bor	B	10,811	0,1589	rh	5,057		58,06°
Cadmium	Cd	112,40	0,2979	hxg	2,9789		5,6170
Calcium	Ca	40,08	0,3947	kfz	5,582		
Chrom	Cr	51,996	0,2498	krz	2,8847		
Cobalt	Co	58,933	0,2507	hxg	2,5075		4,0701
Eisen	Fe	55,847	0,2483	krz	2,8666		
Gallium	Ga	69,72	0,2442	orth	4,5200	7,6606	4,5260
Gold	Au	196,967	0,2884	kfz	4,0787		
Iridium	Ir	192,2	0,2715	kfz	3,8391		
Kalium	K	39,102	0,4628	krz	5,344		
Kohlenstoff	C						
Grafit		12,011	0,2461	hxg	2,4613		6,7082
Diamant			0,1545	kfz	3,5669		
Kupfer	Cu	63,546	0,2556	kfz	3,6148		
Lithium	Li	6,939	0,3040	krz	3,5102		
Magnesium	Mg	24,312	0,3209	hxg	3,2095		5,2107
Mangan	Mn	54,938	0,2731	kub	8,9142		
Molybdän	Mo	95,94	0,2725	krz	3,1470		
Natrium	Na	22,990	0,3716	krz	4,2908		
Nickel	Ni	58,71	0,2492	kfz	3,5238		
Osmium	Os	190,2	0,2675	hxg	2,7354		4,3193
Palladium	Pd	106,4	0,2751	kfz	3,8909		
Phosphor	P	30,974	0,218	orth	3,317	4,389	10,522
Platin	Pt	195,09	0,2775	kfz	3,9241		
Quecksilber	Hg	200,59	0,3005	rh	3,005		70,53°
Rhenium	Re	186,2	0,741	hxg	2,762		4,457
Rhodium	Rh	102,905	0,2690	kfz	3,8045		
Schwefel	S	32,064	0,1887	orth	10,437	12,846	24,370
Silber	Ag	107,868	0,2889	kfz	4,0863		
Silicium	Si	28,086	0,2352	kfz	5,4308		
Strontium	Sr	87,62	0,4303	kfz	6,0851		
Tantal	Ta	180,948	0,2860	krz	3,3028		
Titan	Ti	47,90	0,2896	hxg	2,9505		4,6835
Uran	U	238,03	0,277	orth	2,857	5,877	4,955
Vanadin	V	50,942	0,2628	krz	3,0344		
Wolfram	W	183,85	0,2741	krz	3,1649		
Zink	Zn	65,37	0,2665	hxg	2,6650		4,9470
Zinn	Sn	118,69	0,3022	tetr	5,8317		3,1815
Zirconium	Zr	91,22	0,3179	hxg	3,2313		5,1479

hxg hexagonal   krz kubisch raumzentriert   rh rhomboedrisch
kfz kubisch flächenzentriert   orth orthorhombisch   tetr tetragonal

Anhang II: Physikalische Eigenschaften technisch wichtiger Metalle und Metalloide

Element	Schmelz-punkt [°C]	Siedepunkt bei 0,1 MPa [°C]	Dichte [g cm⁻³]	Spez. Wärme bei 0°C [J g⁻¹]	Schmelz-wärme [J g⁻¹]	Lin. Wärmeaus-dehnungskoeffizient bei 0°C [K⁻¹]	Wärme-leitfähigkeit [W m⁻¹ K⁻¹]	Elektr. Leitfähigkeit [10⁻⁶ Ω⁻¹ m⁻¹]	E-Modul [GPa]
Aluminium	660	2441	2,70	0,900	399	24	231	37,7	71
Antimon	630	1750	6,69	0,209	165	9,5	18,5	2,56	78
Arsen	815	613	5,73	0,331	223	4,7	–	3,0	–
Barium	725	1630	3,58	0,192	56	16	–	–	–
Beryllium	1285	2475	1,85	1,825	1356	12	218	25,0	290
Bismut	271,4	1560	9,78	0,125	53	13	8,4	0,9	31,7
Blei	327,5	1750	11,35	0,129	23	29	35,2	4,8	19
Bor	2300	2550	2,46	1,026	1472	2	–	$56 \cdot 10^{-12}$	441
Cadmium	321	767	8,64	0,230	54	30	92	14,6	55
Calcium	840	1485	1,56	–	230	23	130	25,6	24,8
Chrom	1495	2870	8,90	0,419	263	12	95	16,0	207
Cobalt	1860	2670	7,21	0,460	282	6	90	7,8	248
Eisen	1536	2870	7,87	0,452	289	12	80	10,3	206
Gallium	29,8	2300	5,91	0,373	80	18	34	5,7	–
Gold	1063	2857	19,32	0,129	64	14	312	42,6	74,5
Iridium	2450	4390	22,42	0,129	144	6,5	147	18,9	517
Kalium	63,3	760	0,86	0,754	60	83	99	16,3	–
Kohlenstoff									
Diamant	>3800	4827	3,51	0,519	–	–	150	–	–
Grafit	>3500	4200	2,27	0,712	–	–	24	–	4,8
Kupfer	1084	2575	8,96	0,385	205	16,5	395	59,8	125
Lithium	180	1342	0,53	3,517	416	50	71	11,7	–
Magnesium	650	1090	1,74	1,017	379	25	170	22,5	44,1

Anhang II: Physikalische Eigenschaften technisch wichtiger Metalle und Metalloide (Fortsetzung)

Element	Schmelz-punkt [°C]	Siedepunkt bei 0,1 MPa [°C]	Dichte [g cm^{-3}]	Spez. Wärme bei 0°C [J g^{-1}]	Schmelz-wärme [J g^{-1}]	Lin. Wärmeaus-dehnungskoeffizient bei 0°C [K^{-1}]	Wärme-leitfähigkeit [W m^{-1}K^{-1}]	Elektr. Leitfähigkeit [10^{-6} Ω^{-1} m^{-1}]	E-Modul [GPa]
Mangan	1244	2060	7,21	0,477	267	23	–	0,54	198
Molybdän	2620	4651	10,22	0,251	253	5	140	19,2	276
Natrium	97,83	884	0,97	1,226	115	70	134	23,8	–
Nickel	1453	2914	8,90	0,444	300	13	90	14,6	206
Osmium	3025	4225	22,61	0,129	141	5	61	10,5	552
Palladium	1550	2927	12,02	0,243	157	12	70	9,2	117
Phosphor	44,1	280	1,82	0,754	81	125	–	1·10^{-15}	–
Platin	1770	3825	21,48	0,134	112	8,9	73	9,4	147
Quecksilber	–38,86	356,5	13,55	0,138	11,7	–	8,4	1,0	–
Rhenium	3180	5650	21,04	0,138	178	7	71	5,2	460
Rhodium	1965	3700	12,41	0,243	212	8,3	150	22,2	290
Schwefel	113	445	1,96...2,07	0,733	38	63	26,4·10^{-2}	5·10^{-22}	–
Silber	961	2212	10,50	0,239	111	19	427	62,9	80
Silicium	1411	3280	2,33	0,712	1655	2,5	83,5	10,0	100
Strontium	770	1375	2,58	0,301	105	–	–	4,3	–
Tantal	2980	5365	16,66	0,142	174	6,6	55	8,0	186
Titan	1670	3290	4,50	0,523	402	8,6	22	2,4	110
Uran	1232	4140	18,9	0,117	53	13,5	25	3,3	165
Vanadin	1900	3400	6,02	0,485	329	8	60	3,9	131
Wolfram	3400	5550	19,26	0,134	192	4,4	162	17,7	345
Zink	419,5	910	7,13	0,389	102	30	113	16,9	105
Zinn	232	2600	7,31	0,226	60	21	66	9,1	44
Zirconium	1852	4400	6,52	0,280	225	5,5	23	2,5	95

Anhang III: Angaben von Mengenanteilen (Konzentrationen) in Legierungen

Es ist üblich, die Mengenanteile in einem Legierungssystem mit n Komponenten (Elementen) in Masseanteilen m_i anzugeben. m_i ist also die Masse der Komponente i bezogen auf die gesamte Masse der Legierung (des Systems).

Darüber hinaus ist es bei strukturellen Betrachtungen hilfreich, die Atomanteile x_i zu verwenden. Sie beschreiben die Zahl der Atome i bezogen auf die gesamte Zahl der Atome in einem System[1].

Manchmal ist es notwendig, die Volumenanteile v_i anzugeben, d. h. das Volumen der Komponente i bezogen auf das gesamte Volumen des Systems zu benennen.

Diese Mengenanteile können ineinander umgerechnet werden, wozu man die Atomgewichte A_i und die Dichten ρ_i der Komponenten benötigt. Die dafür notwendigen Beziehungen sind nachfolgend aufgeführt.

– Umrechnung von Masseanteilen m_i in Atomanteile x_i:

$$x_i = \frac{m_i/A_i}{\sum_{j=1}^{n} m_j/A_j} = \frac{m_i/A_i}{m_1/A_1 + m_2/A_2 + m_3/A_3 + \ldots}$$

– Umrechnung von Atomanteilen x_i in Masseanteile m_i:

$$m_i = \frac{x_i \cdot A_i}{\sum_{j=1}^{n} x_j \cdot A_j} = \frac{x_i \cdot A_i}{x_1 \cdot A_1 + x_2 \cdot A_2 + x_3 \cdot A_3 + \ldots}$$

– Umrechnung von Masseanteilen m_i in Volumenanteile v_i:

$$v_i = \frac{m_i/\rho_i}{\sum_{j=1}^{n} m_j/\rho_j} = \frac{m_i/\rho_i}{m_1/\rho_1 + m_2/\rho_2 + m_3/\rho_3 + \ldots}$$

– Umrechnung von Volumenanteilen v_i in Masseanteile m_i:

$$m_i = \frac{v_i \cdot \rho_i}{\sum_{j=1}^{n} v_j \cdot \rho_j} = \frac{v_j \cdot \rho_j}{v_1 \cdot \rho_1 + v_2 \cdot \rho_2 + v_3 \cdot \rho_3 + \ldots}$$

– Umrechnung von Volumenanteilen v_i in Atomanteile x_i:

$$x_i = \frac{v_i \cdot \rho_i/A_i}{\sum_{j=1}^{n} v_j \cdot \rho_j/A_j} = \frac{v_i \cdot \rho_i/A_i}{v_1 \cdot \rho_1/A_1 + v_2 \cdot \rho_2/A_2 + v_3 \cdot \rho_3/A_3 + \ldots}$$

---

[1] Das gilt bei Verbindungen sinngemäß für die Molenbrüche (Anzahl der Mole bezogen auf die Gesamtzahl der Mole.

– Umrechnung von Atomanteilen x_i in Volumenanteile v_i:

$$v_i = \frac{x_i \cdot A_i/\rho_i}{\sum_{j=1}^{n} x_j \cdot A_j/\rho_j} = \frac{x_i \cdot A_i/\rho_i}{x_1 \cdot A_1/\rho_1 + x_2 \cdot A_2/\rho_2 + x_3 \cdot A_3/\rho_3 + ...}$$

Die Prozentangaben ergeben sich als das Hundertfache der Mengenanteile.

Anhang IV: Ansetzen von prozentualen Lösungen

1. Um eine 5%ige wässrige Natronlauge herzustellen, werden 5 g wasserfreies und chemisch reines Natriumhydroxid abgewogen und in 95 g destilliertem Wasser vorsichtig gelöst, sodass die fertige Lösung insgesamt 100 g wiegt.
2. Um aus zwei verschieden konzentrierten Lösungen, von denen die eine auch aus reinem Lösungsmittel bestehen kann, eine Lösung von dazwischen liegender Konzentration herzustellen, bedient man sich des Andreaskreuzes. Es soll z. B. aus 10%iger alkoholischer Salpetersäure durch Zusatz von 1%iger alkoholischer Salpetersäure eine 5%ige alkoholische Salpetersäure hergestellt werden:

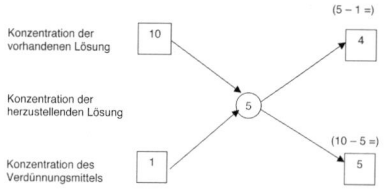

Die durch Subtraktion gefundenen Zahlen auf der rechten Seite geben das Mischungsverhältnis der konzentrierten Lösung zur verdünnteren Lösung an: 4 Teile der 10%igen alkoholischen HNO_3 sind mit 5 Teilen der 1%igen alkoholischen HNO_3 zu vermischen. Verdünnt man mit dem reinen Verdünnungsmittel, so ist für dessen Konzentration die Zahl „0" einzusetzen. „Teile" bedeuten hierbei Masseteile, wenn der Gehalt der Lösungen in Masseprozenten, dagegen Volumenanteile, wenn er in Volumenprozenten angegeben ist.

3. Schwefelsäure von der Dichte 1,455 g cm^{-3} ist durch Wasserzusatz zu einer Schwefelsäure mit der Dichte von 1,255 g cm^{-3} zu verdünnen:

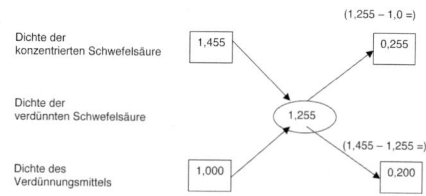

Das Mischungsverhältnis von konzentrierter Schwefelsäure zu Wasser beträgt demnach 0,255 : 0,200.

Anhang V: Metallografische Ätzmittel

1. Eisen, Stahl und Gusseisen
a. Makroätzmittel

Nr.	Verwendungszweck	Chemische Zusammensetzung	Bemerkungen
St ma1	unlegierte und legierte Stähle, Seigerungen, Primärstrukturen, Faserverlauf	nach Oberhoffer: 30 g Eisen(III)chlorid 1 g Kupfer(II)chlorid 0,5 g Zinn(II)chlorid 500 ml Ethanol 500 ml dest. Wasser 50 ml Salzsäure zuletzt zugeben	Ätzdauer Sekunden bis Minuten, polierte Flächen, nach dem Ätzen in Ethanol-Salzsäure-Gemisch 4:1 abspülen
St ma2	Phosphorseigerungen in kohlenstoffarmen Stählen, Schweißzonen, Primärgefüge	nach Heyn: 100 ml dest. Wasser 9 g Diammoniumtetrachlorocuprat(II) (Kupferammonchlorid)	Ätzdauer 2 bis 10 min, Cu-Belag mit Watte unter Wasser abwischen
St ma3	un- und niedriglegierte Stähle, Manganhartstähle, Schweißnähte, 2–4 %iges Siliciumeisen	10 g Ammoniumpersulfat 100 ml dest. Wasser	polierte Fläche, vor Gebrauch frisch ansetzen
St ma4	hochlegierte korrosionsbeständige Stähle, Schweißnähte	nach Adler: 15 g Eisen(III)chlorid 3 g Diammoniumtetrachlorocuprat(II) (Kupferammonchlorid) 50 ml Salzsäure 25 ml dest. Wasser	geschliffene Fläche mit Watte kräftig abreiben
St ma5	Nachweis von Kraftwirkungsfiguren (Fließlinien) in kohlenstoffarmen N_2-Stählen, Thomasstähle (Phosphorseigerungen)	nach Fry: 90 g Kupferchlorid 120 ml Salzsäure 100 ml dest. Wasser	vor dem Ätzen 5 bis 30 min bei 150 °C bis 200 °C anlassen, dann erst schleifen und polieren; nach dem Ätzen in 32 %iger Salzsäure tauchen und mit Ammoniaklösung neutralisieren
St ma6	Bestimmung der Tiefe von Nitrierschichten, austenitische und warmfeste Stähle FeCrNi-Gusslegierungen	nach Marble: 4 g Kupfersulfat 20 ml Salzsäure 20 ml dest. Wasser	Ätzdauer Sekunden bis Minuten
St ma7	Nachweis von Eisensulfiden	Baumann-Abdruck: Bromsilberpapier 5 %ige Schwefelsäure Fixierbad	Papier in der Lösung anfeuchten und auf die Schlifffläche pressen, nach ca. 3 min abspülen, fixieren, wässern und trocknen, Sulfide erscheinen braun

Nr.	Verwendungszweck	Chemische Zusammensetzung	Bemerkungen
St ma8	Nachweis von Phosphorseigerungen	s. St ma1 und St ma2 (Oberhoffer und Heyn)	P-reiche Stellen bleiben hell
St ma9	Anordnung von Steadit in Grauguss	25 ml Salpetersäure 75 ml Ethanol	geschliffene Fläche

b. Mikroätzmittel

Nr.	Verwendungszweck	Chemische Zusammensetzung	Bemerkungen
St mi1	Reineisen, Kohlenstoffstähle niedriglegierte Stähle, Grauguss	100 ml Ethanol 1 bis 10 ml Salpetersäure	Ätzdauer Sekunden bis Minuten, mehrfaches Ätzen und Polieren vorteilhaft
St mi2	wie St m1	100 ml Ethanol 2 bis 4 g Pikrinsäure	Ätzdauer Sekunden bis Minuten
St mi3	Entwicklung der Austenitkorngröße von abgeschreckten und vergüteten Stählen	5 ml Salzsäure 1 g Prikrinsäure 100 ml Ethanol	gute Ergebnisse bei Martensit, der 15 min bei 200 °C angelassen wurde
St mi4	Entwicklung der Austenitkorngröße von abgeschreckten und vergüteten Stählen	100 ml kaltgesättigte wässrige Pikrinsäure 5 bis 10 ml Benetzungsmittel (Wofacutan oder ähnlich) 1 bis 5 Tropfen Salzsäure	evtl. mit dest. Wasser verdünnen und zwischenpolieren
St mi5	Seigerungsätzung in unlegierten und niedriglegierten Stählen, Nachweis von Zementit Manganhartstähle, Gusseisen Farbätzung	Klemm I 100 ml Stammlösung Klemm 2 g Kaliumdisulfit Stammlösung Klemm: 300 ml dest. Wasser (40 °C) 1000 g Natriumthiosulfat	Nassätzen, Ätzdauer ca. 1 bis 2 min, bei Gusseisen 5 min
St mi6	unlegierte und niedriggelierte Stähle, martensitische und bainitische Gefüge, ferritische Chromstähle, Manganhartstähle	100 ml Stammlösung Beraha I 1 g Kaliumdisulfit Stammlösung Beraha I: 1000 ml dest. Wasser 200 ml Salzsäure 24 g Ammoniumhydrogendifluorid	Nassätzen
St mi7	Bestimmung der Tiefe von Nitrierschichten	1,25 g Kupfersulfat 2,50 g Kupfer(II)chlorid 10 g Magnesiumchlorid 2 ml Salzsäure 100 ml dest. Wasser Lösung mit Ethanol auf 1000 ml auffüllen	entwickelt die Gesamttiefe und auch die verschiedenen Schichten, Zusammensetzung genau einhalten!

Nr.	Verwendungszweck	Chemische Zusammensetzung	Bemerkungen
St mi8	Charakterisierung der Verbindungsschicht als Teil der Nitrierschicht	10 Teile Ethanol 1 Teil Oberhoffer	γ-Phase grau, ε-Phase weiß
St mi9	Nachweis Zementit und Eisennitrid	alkalische Pikratlösung: 25 g Natriumhydroxid 75 ml dest. Wasser zu 100 ml dieser Lösung: 2 g Pikrinsäure 30 min auf dem Wasserbad digerieren	vor Gebrauch frisch ansetzen, Ätzung bei 90 °C, Zementit färbt sich stärker als Eisennitrid, Eisenphosphid wird nicht angegriffen
St mi10	Nachweis von Eisenphosphid in Gusseisen	nach Murakami: 10 g Kaliumferricyanid 10 g Kaliumhydroxid 100 ml dest. Wasser	vor Gebrauch frisch ansetzen, Ätzung 20 min bei 20 °C, Eisenphosphid gefärbt, Zementit wird nicht angegriffen
St mi11	Unterscheidung von Sondercarbid und Eisencarbid	10 g Kaliumferricyanid 3 g Kaliumhydroxid 100 ml dest. Wasser	vor Gebrauch frisch ansetzen, Eisencarbid wird nicht angegriffen
St mi12	Siliciumstähle	20 ml Flusssäure 10 ml Salpetersäure 20 bis 40 ml Glycerin	Ätzangriff variiert mit dem Glyceringehalt
St mi13	nichtrostende Stähle (Chrom-, Chrom-Nickel- und Chrom-Mangan-Nickel-Stähle) austenitische Gusswerkstoffe	V2A-Beize: 100 ml Salzsäure 10 ml Salpetersäure 0,3 ml Vogels Sparbeize[1)] 100 ml dest. Wasser	Ätzdauer Sekunden bis Minuten, Ätztemperatur: RT bis 70 °C
St mi14	ferritische Chromstähle, austenitische Chrom-Nickel-Stähle austenitische Gusswerkstoffe	45 ml Glycerin 15 ml Salpetersäure 30 ml Salzsäure	Ätzdauer Sekunden bis Minuten, frisch verwenden!
St mi15	austenitische Chrom-Nickel-Stähle	nach Lichtenegger und Bloch: 100 ml dest. Wasser 20 g Ammoniumhydrogendifluorid 0,5 g Kaliumdisulfit	Farbätzung, Nassätzen, Ätzdauer Sekunden bis Minuten, Deltaferrit bleibt weiß

[1)] handelsübliche Bezeichnung

Nr.	Verwendungszweck	Chemische Zusammensetzung	Bemerkungen
St mi15	austenitische Chrom-Nickel-Stähle, Nachweis der Sigma-Phase	nach Groesbeck: 4 g Kaliumpermanganat 4 g Natriumhydroxid 100 ml dest. Wasser	Ätzdauer 1 bis mehrere Minuten bei ca. 50 °C, Austenit nicht angegriffen, Ferrit schwach angegriffen, Carbide stark angegriffen, Sigma-Phase mäßig angegriffen
St mi16	austenitische Chrom-Nickel-Stähle	100 ml Stammlösung Beraha II 1 g Kaliumdisulfit Stammlösung Beraha II: 800 ml dest. Wasser 400 ml Salzsäure 48 g Ammoniumhydrogendifluorid	Farbätzung, Nassätzen, Ätzdauer 10 bis 20 s, Deltaferrit zuerst gefärbt, dann Austenit, Sigma-Phase bleibt weiß
St mi17	hochlegierte Stähle und Gusswerkstoffe	60 ml dest. Wasser 30 g Kaliumhydroxid 30 g Kaliumferricyanid	Farbätzung, frisch verwenden! Sigma-Phase wird gefärbt, Austenit nicht, Ferrit wird gelbbraun
St mi18	austenitische Chrom-Nickel-Stähle	10 g Oxalsäure 100 ml dest. Wasser	elektrolytisch, 2 V-Entwicklung der Carbide, 6 V-Entwicklung der Struktur, 5 bis 20 s
St mi19	Gusslegierung, Unterscheidung von Martensit, Austenit und Ferrit	5 %ige alk. Salpetersäure vorätzen, bei 280 °C 2 h anlassen	Martensit dunkelblau, Ferrit beige, unreagierter Austenit hellblau, reagierter Austenit purpur
St mi20	niedriglegierte Stähle Unterscheidung von Martensit, Zwischenstufe und Ferrit	nach Le Pera: Lösung I: 1 g Natriumthiosulfat auf 100 ml dest. Wasser Lösung II: 4 %ige alk. Pikrinsäure vor Gebrauch Lösung I und II 1:1 mischen	Nassätzen, Farbätzung, Martensit weiß, Zwischenstufe schwarz, Ferrit gelb, braun oder blau

2. Kupfer und Kupferlegierungen

a. Makroätzmittel

Nr.	Verwendungszweck	Chemische Zusammensetzung	Bemerkungen
Cu ma1	Kupfer, Kupferlegierungen, Gussgefüge, Schweißnähte, Lötnähte	20 ml konz. Salpetersäure 80 ml dest. Wasser	Ätzdauer einige Sekunden bis Minuten
Cu ma2	Kupfer, Kupferlegierungen	10 g Eisen(III)chlorid 30 ml konz. Salzsäure 120 ml dest. Wasser	Ätzdauer einige Sekunden bis Minuten
Cu ma3	Kupfer-Zink-Legierungen	20 g Ammoniumpersulfat 100 ml dest. Wasser	Ätzdauer einige Sekunden bis Minuten
Cu ma4	Nachweis von Eigenspannungen in Kupfer-Zink-Legierungen	Teil I: 1g Quecksilbernitrat, 100 ml dest. Wasser Teil II: 1 ml konz. Salpetersäure 100 ml dest. Wasser Teil I und Teil II im Verhältnis 1:1 mischen	Ätzdauer einige Minuten, Rissbildung erfolgt in Abhängigkeit vom Betrag der Eigenspannungen

b. Mikroätzmittel

Nr.	Verwendungszweck	Chemische Zusammensetzung	Bemerkungen
Cu mi1	Kupferlegierungen	10 g Eisen(III)chlorid 20 ml konz. Salzsäure 100 ml dest. Wasser oder Ethanol	Ätzdauer Sekunden bis Minuten, Angriff der β-Phase bei heterogenen Legierungen
Cu mi2	Kupfer, Kupferlegierungen	10 g Ammoniumpersulfat 100 ml dest. Wasser 5 ml konz. Salzsäure	Ätzdauer Sekunden bis Minuten
Cu mi3	Kupfer, Kupferlegierungen und Silberlote	50 ml Ammoniaklösung (25 %) 10 bis 50 ml Wasserstoffperoxid (3 %) 50 ml dest. Wasser	Ätzdauer Sekunden bis Minuten, frisch angesetzt verwenden; bei wenig H_2O_2: Korngrenzenätzung, bei viel H_2O_2: Kornflächenätzung
Cu mi4	Kupfer, Kupferlegierungen, Löt- und Schweißnähte	Farbätzung mit Klemm II: 5 g Kaliumdisulfit 100 ml Stammlösung Stammlösung nach Klemm: 1000 g Natriumthiosulfat in 300 ml dest. Wasser, Stammlösung bei 40 °C herstellen	Ätzdauer Sekunden bis Minuten
Cu mi5	Kupfer und Kupferlegierungen, Löt- und Schweißnähte	Farbätzung mit Klemm III: 40 g Kaliumdisulfit 11 ml Stammlösung Klemm 100 ml dest. Wasser	Ätzdauer Sekunden bis Minuten

3. Nickel und Nickellegierungen
a. Makroätzmittel

Nr.	Verwendungszweck	Chemische Zusammensetzung	Bemerkungen
Ni ma1	Nickel und Nickelbasislegierungen	10 g Kupfer(II)sulfat 50 ml konz. Salzsäure 50 ml Ethanol 50 ml dest. Wasser	Ätzdauer Sekunden bis Minuten
Ni ma2	Superlegierungen	125 ml gesättigte, wässrige Eisen(III)chloridlösung 600 ml konz. Salzsäure 18 ml konz. Salpetersäure	Ätzdauer einige Minuten, kochend anwenden
Ni ma3	Nickellegierungen und Schweißnähte	50 ml Eisessig 50 ml konz. Salpetersäure 75 ml konz. Salzsäure	Ätzdauer Sekunden bis Minuten, Wischätzen

b. Mikroätzmittel

Nr.	Verwendungszweck	Chemische Zusammensetzung	Bemerkungen
Ni mi1	Nickel und Nickelbasislegierungen	3 ml konz. Flusssäure 80 ml konz. Salpetersäure	Ätzdauer Sekunden bis Minuten, Probe vor dem Ätzen in kochendem Wasser erwärmen
Ni mi2	Nickel und Nickellegierungen	65 ml konz. Salpetersäure 18 ml Eisessig 17 ml dest. Wasser	Ätzdauer Sekunden bis Minuten
Ni mi3	Nickel und Nickelbasislegierungen	10 g Kupfer(II)sulfat 50 ml konz. Salzsäure 50 ml dest. Wasser	Ätzdauer einige Sekunden
Ni mi4	Nickel-Chrom-Legierungen	50 ml konz. Salpetersäure 50 ml dest. Wasser	Ätzdauer bis zu einer Minute bei 90 bis 100 °C
Ni mi5	Superlegierungen	2 g Kupfer(II)chlorid 40 ml konz. Salzsäure 40 bis 80 ml Ethanol	Ätzdauer Sekunden bis Minuten
Ni mi6	Superlegierungen	5 ml konz. Salpetersäure 50 ml konz. Salzsäure 0,2 ml Vogels Sparbeize[1] 50 ml dest. Wasser	Ätzdauer bis zu 10 Minuten
Ni mi7	Superlegierungen	100 ml konz. Salzsäure 2 bis 4 ml Wasserstoffperoxid (30 %)	Ätzdauer bis 15 Sekunden

[1] handelsübliche Bezeichnung

4. Cobalt und Cobaltlegierungen

a. Makroätzmittel

Nr.	Verwendungszweck	Chemische Zusammensetzung	Bemerkungen
Co ma1	Cobalt-Chrom-Legierungen und Stellite	50 ml konz. Salzsäure 50 ml dest. Wasser	Ätzdauer 30 bis 60 Minuten, heiß anwenden
Co ma2	Hochtemperaturlegierungen des Cobalts	50 ml konz. Salzsäure 25 ml konz. Salpetersäure 25 ml dest. Wasser	Ätzdauer Sekunden bis Minuten

b. Mikroätzmittel

Nr.	Verwendungszweck	Chemische Zusammensetzung	Bemerkungen
Co mi1	Cobalt und Cobalt-Eisen-Legierungen	1 bis 50 ml konz. Salpetersäure 100 ml Methanol	Ätzdauer Sekunden bis Minuten
Co mi2	Cobalt und Cobaltlegierungen, Hartmetalle	15 ml Eisessig 15 ml konz. Salpetersäure 60 ml konz. Salzsäure 15 ml dest. Wasser	Ätzdauer bis 30 Sekunden, erst eine Stunde nach dem Ansetzen anwenden
Co mi3	Superlegierungen auf Cobaltbasis	65 g Eisen(III)chlorid 200 ml konz. Salzsäure 5 ml konz. Salpetersäure	Ätzdauer Sekunden bis Minuten
Co mi4	Superlegierungen auf Cobaltbasis	Ätzung nach Marble: 20 g Kupfer(II)sulfat 100 ml konz. Salzsäure 100 ml dest. Wasser wenige Tropfen Schwefelsäure	Ätzdauer Sekunden bis Minuten
Co mi5	Farbätzung für Superlegierungen auf Cobaltbasis	2 g Kaliumdisulfit 50 ml konz. Salzsäure 50 ml dest. Wasser	Ätzdauer Sekunden bis Minuten
Co mi6	Farbätzung für Cobaltlegierungen und Stellite	1 g Kaliumdisulfit 100 ml Stammlösung Beraha III Stammlösung Beraha III: 600 ml dest. Wasser 400 ml konz. Salzsäure 50 ml Ammoniumhydrogendifluorid	Ätzdauer einige Minuten

5. Silber und Silberlegierungen
a. Makroätzmittel

Nr.	Verwendungszweck	Chemische Zusammensetzung	Bemerkungen
Ag ma1	Silber	30 ml konz. Salpetersäure 70 ml Ethanol	Ätzdauer einige Minuten, leicht erwärmen
Ag ma2	Legiertes Silber	10 ml konz. Salpetersäure 90 ml Ethanol	Ätzdauer einige Minuten

b. Mikroätzmittel

Nr.	Verwendungszweck	Chemische Zusammensetzung	Bemerkungen
Ag mi1	Silber	5 bis 10 g Kaliumcyanid 100 ml dest. Wasser	Ätzdauer einige Minuten, giftig!
Ag mi2	Silber	1 bis 5 g Chrom(VI)oxid 100 ml konz. Schwefelsäure	Ätzdauer einige Sekunden
Ag mi3	Silberlote	2 g Eisen(III)chlorid 100 ml dest. Wasser	Ätzdauer bis etwa 30 Sekunden
Ag mi4	Silberlote und Silberlegierungen	50 ml Wasserstoffperoxid (30%) 25 ml Ammoniaklösung (32%) 25 ml dest. Wasser	Ätzdauer einige Sekunden, Wasserstoffperoxid als letzten Teil zumischen, frisch angesetzt verwenden
Ag mi5	Silber und Silberlegierungen	50 ml Ammoniaklösung (32%) 50 ml Wasserstoffperoxid (30%)	Ätzdauer einige Sekunden, frisch angesetzt anwenden
Ag mi6	Silberlegierungen und Silberlote	100 ml gesättigte wässrige Kaliumchloridlösung 2 ml gesättigte wässrige Natriumchloridlösung 10 ml konz. Salpetersäure	Ätzdauer einige Sekunden, leicht angewärmt verwenden

6. Gold und Goldlegierungen
a. Makroätzmittel

Nr.	Verwendungszweck	Chemische Zusammensetzung	Bemerkungen
Au ma1	Gold	66 ml konz. Salzsäure 34 ml konz. Salpetersäure	Ätzdauer Sekunden bis Minuten, heiß ätzen

b. Mikroätzmittel

Nr.	Verwendungszweck	Chemische Zusammensetzung	Bemerkungen
Au mi1	Gold und Goldlegierungen	Königswasser: 60 ml konz. Salzsäure 20 ml konz. Salpetersäure	Ätzdauer Sekunden bis Minuten, frisch angesetzt verwenden
Au mi2	Gold und Goldlegierungen	1 bis 5 g Chrom(VI)oxid, 100 ml konz. Salzsäure	Ätzdauer Sekunden bis Minuten, Wischätzen
Au mi3	Gold-Silber-Kupfer-Legierungen	32 g Eisen(III)chlorid 100 ml wässrige Wasserstoffperoxidlösung (3 %) 100 ml dest. Wasser	Ätzdauer Sekunden bis Minuten

7. Platin und Platinlegierungen
a. Makroätzmittel

Nr.	Verwendungszweck	Chemische Zusammensetzung	Bemerkungen
Pt ma1	Platin- und Platinlegierungen	20 ml konz. Salzsäure 80 ml gesättigte wässrige Natriumchloridlösung	elektrolytisch ätzen bei 6 V Gleichstrom und Platinkatode, Ätzdauer einige Minuten

b. Mikroätzungen

Nr.	Verwendungszweck	Chemische Zusammensetzung	Bemerkungen
Pt mi1	Platin und niedriglegiertes Platin	10 ml konz. Salpetersäure 100 ml konz. Salzsäure 50 ml dest. Wasser	Ätzdauer bis 5 Minuten, heiß anwenden
Pt mi2	Platinlegierungen	Teil I: 10 g Kaliumcyanid 100 ml dest. Wasser Teil II: 10 g Ammoniumpersulfat 100 ml dest. Wasser	Ätzdauer Sekunden bis Minuten, Teil I und Teil II im Verhältnis 1:1 mischen, giftig!

8. Zink und Zinklegierungen
a. Makroätzmittel

Nr.	Verwendungszweck	Chemische Zusammensetzung	Bemerkungen
Zn ma1	Zink und kupferfreie Zinklegierungen	konz. Salzsäure oder konz. Salpetersäure	Ätzdauer einige Sekunden
Zn ma2	Zink und kupferfreie Zinklegierungen	50 ml konz. Salzsäure 50 ml dest. Wasser	Ätzdauer einige Sekunden
Zn ma3	kupferhaltige Zinklegierungen	Ätzmittel nach Palmerton: 20 g Chrom(VI)oxid 1,5 g Natriumsulfat, wasserfrei, 100 ml dest. Wasser	Ätzdauer Sekunden bis Minuten

b. Mikroätzmittel

Nr.	Verwendungszweck	Chemische Zusammensetzung	Bemerkungen
Zn mi1	Zink und Zn-Al-Cu-Legierungen	5 ml konz. Salzsäure 95 ml Ethanol	Ätzdauer Sekunden bis Minuten
Zn mi2	Zink und niedriglegiertes Zink	Farbätzung mit Klemm I: 2 g Kaliumdisulfit 100 ml Stammlösung nach Klemm	Ätzdauer einige Sekunden
Zn mi3	Zn-Al-Legierungen und Zn-Fe-Schichten auf galvanisch verzinkten Stählen	1 ml konz. Salpetersäure 100 ml dest. Wasser	Ätzdauer Sekunden bis Minuten
Zn mi4	Zinklegierungen	Modifiziertes Ätzmittel nach Palmerton: 5 g Chrom(VI)oxid 0,5 g Natriumsulfat 100 ml dest. Wasser	Ätzdauer einige Minuten
Zn mi5	Verzinkungsschichten auf Stählen	0,3 g Pikrinsäure 30 ml Ethanol 70 ml dest. Wasser	Ätzdauer Sekunden bis wenige Minuten
Zn mi6	Verzinkungsschichten auf Stählen	3 Tropfen Salpetersäure 50 Amylalkohol	Ätzdauer Sekunden bis Minuten

9. Blei und Bleilegierungen

a. Makroätzmittel

Nr.	Verwendungszweck	Chemische Zusammensetzung	Bemerkungen
Pb ma1	Blei	20 ml konz. Salpetersäure 80 ml dest. Wasser	Ätzdauer einige Minuten, Wischätzen
Pb ma2	Blei, niedriglegiertes Blei und zinnarme Blei-Antimon-Legierungen	16 ml konz. Salpetersäure 16 ml Eisessig 68 ml Glycerin (87%)	Ätzdauer Sekunden bis Minuten bei 80 °C, explosiv!
Pb ma3	Blei-Zinn-Legierungen	Ätzmittel nach Villela und Beregekoff: 10 ml konz. Salpetersäure 10 ml Eisessig 80 ml Glycerin (87%)	Ätzdauer Sekunden bis Minuten bei 80 °C, explosiv!

b. Mikroätzmittel

Nr.	Verwendungszweck	Chemische Zusammensetzung	Bemerkungen
Pb mi1	Blei	5 bis 10 ml Salpetersäure 100 ml dest. Wasser	Ätzdauer einige Sekunden
Pb mi2	Blei und niedriglegiertes Blei	5 ml Wasserstoffperoxid (30%) 15 ml Eisessig 60 ml dest. Wasser	Ätzdauer einige Sekunden
Pb mi3	Blei, Bleilegierungen und Lagerweißmetalle auf Bleibasis	8 ml konz. Salpetersäure 8 ml Eisessig 84 ml Glycerin oder Ethanol	Ätzdauer einige Sekunden bei 80 °C, explosiv!, frisch verwenden
Pb mi4	Blei und niedriglegiertes Blei	15 ml konz. Salpetersäure 15 ml Eisessig 60 ml Glycerin (87%)	Ätzdauer Sekunden bis Minuten bei 80 °C, frisch verwenden, explosiv!
Pb mi5	Lagerweißmetalle auf Bleibasis, Letternmetalle, Weichlote auf Bleibasis	10 g Eisen(III)chlorid 30 ml konz. Salzsäure 90 ml dest. Wasser oder Ethanol	Ätzdauer einige Minuten
Pb mi6	Hartblei, Lagerweißmetalle auf Bleibasis, Letternmetalle	1 bis 5 ml konz. Salpetersäure 100 ml Ethanol	Ätzdauer einige Minuten
Pb mi7	Hartblei, Lagerweißmetalle auf Bleibasis, Letternmetalle	5 bis 10 g Silbernitrat 100 ml dest. Wasser	Ätzdauer Sekunden bis Minuten, Wischätzen

10. Aluminium und Aluminiumlegierungen
a. Makroätzmittel

Nr.	Verwendungszweck	Chemische Zusammensetzung	Bemerkungen
Al ma1	Aluminium und Aluminiumlegierungen	Ätzmittel nach Tucker: 45 ml konz. Salzsäure 15 ml konz. Salpetersäure 15 ml konz. Flusssäure 25 ml dest. Wasser	Ätzdauer Sekunden bis Minuten, frisch angesetzt verwenden
Al ma2	Aluminium und Aluminiumlegierungen	Ätzmittel nach Flick: 15 ml konz. Salzsäure 10 ml konz. Flusssäure 90 ml dest. Wasser	Ätzdauer einige Minuten
Al ma3	Aluminium und Aluminiumlegierungen, auch Schweißnähte	Ätzmittel nach Keller: 3 ml konz. Salzsäure 5 ml konz. Salpetersäure 1 ml konz. Flusssäure 190 ml dest. Wasser	Ätzdauer einige Minuten
Al ma4	Aluminium und Aluminiumlegierungen	5 bis 20 g Natriumhydroxid 100 ml dest. Wasser	Ätzdauer einige Minuten bis zu einer Stunde, eventuell das Ätzmittel etwas erwärmen (50 °C)

b. Mikroätzmittel

Nr.	Verwendungszweck	Chemische Zusammensetzung	Bemerkungen
Al mi1	Aluminium und Aluminiumlegierungen	0,5 ml konz. Flusssäure 100 ml dest. Wasser	Ätzdauer bis zu 1 Minuten
Al mi2	Aluminium und Aluminiumlegierungen	1 g Zinkchlorid bis 25 g Natriumhydroxid 100 ml dest. Wasser	Ätzdauer einige Sekunden bis Minuten
Al mi3	Aluminium und Aluminiumlegierungen, mit Ausnahme hochsiliciumhaltiger Legierungen	Ätzmittel nach Dix und Keller: 2 ml konz. Flusssäure 3 ml konz. Salzsäure 5 ml konz. Salpetersäure 190 ml dest. Wasser	Ätzdauer bis 30 Sekunden, frisch angesetzt verwenden
Al mi4	besonders geeignet für Aluminium-Kupfer-Legierungen	Ätzmittel nach Kroll: 1 bis 3 ml konz. Flusssäure 2 bis 6 ml konz. Salpetersäure 100 ml dest. Wasser	Ätzdauer einige Sekunden
Al mi5	Aluminium und Aluminiumlegierungen	1. Ätzung in: 1 bis 2 g Natriumhydroxid 100 ml dest. Wasser 2. Spülung in: 3 bis 5 ml konz. Salpetersäure und 95 ml dest. Wasser	Ätzdauer bis zu 10 Sekunden, Ätzmittel frisch verwenden

11. Magnesium und Magnesiumlegierungen

a. Makroätzmittel

Nr.	Verwendungszweck	Chemische Zusammensetzung	Bemerkungen
Mg ma1	Magnesium	10 ml Eisessig 100 ml dest. Wasser	Ätzdauer bis 3 min, Wischätzen
Mg ma2	Magnesium und Magnesiumlegierungen	20 ml Eisessig 50 ml Pikrinsäurelösung (64 %) in Ethanol (96 %) 20 ml dest. Wasser	Ätzdauer bis zu 3 Minuten

b. Mikroätzmittel

Nr.	Verwendungszweck	Chemische Zusammensetzung	Bemerkungen
Mg mi1	Magnesium und Magnesiumlegierungen	2 g Oxalsäure (krist.) 100 ml dest. Wasser	Ätzdauer einige Sekunden
Mg mi2	Magnesium und Magnesiumlegierungen	1 bis 8 ml konz. Salpetersäure 100 ml Ethanol (96 %)	Ätzdauer einige Sekunden bis Minuten
Mg mi3	Magnesium und Magnesiumlegierungen	10 ml konz. Flusssäure 90 ml dest. Wasser	Ätzdauer bis 30 s, Probe bewegen
Mg mi4	Magnesium und Magnesiumlegierungen	60 ml Ethylenglykol 20 ml Eisessig 1 ml konz. Salpetersäure 19 ml dest. Wasser	Ätzdauer bis 30 s, Wischätzen, Spülen der Probe unter heißem Wasser
Mg mi5	Magnesiumlegierungen	10 ml alkoholische Pikrinsäurelösung (6 %ig) 1 ml konz. Phosphorsäure 2 ml dest. Wasser	Ätzdauer Sekunden bis Minuten

12. Titan und Titanlegierungen
a. Makroätzmittel

Nr.	Verwendungszweck	Chemische Zusammensetzung	Bemerkungen
Ti ma1	Titan und Titanlegierungen	10 ml konz. Flusssäure 40 ml konz. Salpetersäure 50 ml dest. Wasser	Ätzdauer bis 8 Minuten
Ti ma2	Titanlegierungen	Ätzmittel nach Keller: 0,5 ml konz. Flusssäure 1,5 ml konz. Salzsäure 2,5 ml konz. Salpetersäure 95 ml dest. Wasser	Ätzdauer Sekunden bis Minuten
Ti ma3	Schweißnähte	2 ml konz. Flusssäure 10 g Eisen(III)nitrat 35 g Oxalsäure 200 ml dest. Wasser	Ätzdauer Sekunden bis Minuten bei 50 bis 60 °C

b. Mikroätzmittel

Nr.	Verwendungszweck	Chemische Zusammensetzung	Bemerkungen
Ti mi1	Titan und Titanlegierungen	Ätzmittel nach Kroll: 2 ml konz. Flusssäure 4 ml konz. Salpetersäure 100 ml dest. Wasser	Ätzdauer bis 30 Sekunden, Wischätzen
Ti mi2	Titanlegierungen	Ätzmittel nach Keller: 1 ml konz. Flusssäure 3 ml konz. Salzsäure 5 ml konz. Salpetersäure 190 ml dest. Wasser	Ätzdauer bis 30 Sekunden, Probe mit warmem Wasser spülen
Ti mi3	Titan und Titanlegierungen	10 ml konz. Flusssäure 5 ml konz. Salpetersäure 85 ml dest. Wasser	Ätzdauer bis 30 Sekunden
Ti mi4	Titan und Titanlegierungen	2 ml konz. Flusssäure 5 ml Wasserstoffperoxid (30 %) 100 ml dest. Wasser	Ätzdauer bis zu 1 Minute
Ti mi5	Titan und Titanlegierungen	12 ml Kaliumhydroxidlösung (40 %) 15 ml Wasserstoffperoxid (30 %) 78 ml dest. Wasser	Ätzdauer bis 30 Sekunden, Wischätzen
Ti mi6	Titan und Titanlegierungen	Anlassätzung bei 500 bis 540 °C in normaler Ofenatmosphäre	Ätzdauer einige Minuten
Ti mi7	Titan und Titanlegierungen	Farbätzung nach Weck: 2 g Ammoniumhydrogendifluorid 50 ml Ethanol (50 %ig) 100 ml dest. Wasser	Ätzdauer Sekunden bis Minuten

13. Zinn und Zinnlegierungen

a. Makroätzmittel

Nr.	Verwendungszweck	Chemische Zusammensetzung	Bemerkungen
Sn ma1	Zinn und verzinntes Stahlblech (Weißblech)	10 g Ammoniumpersulfat 100 ml dest. Wasser	Ätzdauer Sekunden bis Minuten
Sn ma2	Zinn	Nital-Ätzmittel: 5 ml konz. Salpetersäure 95 ml Ethanol	Ätzdauer Sekunden bis Minuten
Sn ma3	Zinn	1 bis 5 ml konz. Salzsäure 100 ml Ethanol	Ätzdauer Sekunden bis Minuten
Sn ma4	Zinnreiche Lagerweißmetalle, Weißblech	10 g Eisen(III)Chlorid 2 ml konz. Salzsäure 100 ml dest. Wasser	Ätzdauer einige Minuten
Sn ma5	Zinn-Blei-Legierungen	10 ml konz. Salpetersäure 10 ml Eisessig 80 ml Glycerin	Ätzdauer einige Minuten, explosiv!

b. Mikroätzmittel

Nr.	Verwendungszweck	Chemische Zusammensetzung	Bemerkungen
Sn mi1	Zinn und Zinnlegierungen	2 bis 5 ml konz. Salzsäure 100 ml dest. Wasser oder Ethanol	Ätzdauer einige Minuten, Wischätzen
Sn mi2	Zinn und Zinnlegierungen	Nital-Ätzmittel: 1 bis 5 ml konz. Salpetersäure 100 ml Ethanol	Ätzdauer Sekunden bis Minuten, eventuell mit 3 %iger Salpetersäure nachätzen
Sn mi3	zinnreiche Lagerweißmetalle	10 g Eisen(III)chlorid 5 bis 25 ml konz. Salzsäure 100 ml dest. Wasser oder Methanol	Ätzdauer Sekunden bis Minuten
Sn mi4	zinnreiche Lagerweißmetalle, verzinntes Stahlblech (Weißblech)	5 bis 10 g Ammoniumpersulfat 100 ml dest. Wasser	Ätzdauer Sekunden bis Minuten
Sn mi5	Weichlote auf Zinnbasis	50 ml Eisessig 50 ml dest. Wasser 1 Tropfen Wasserstoffperoxid (30 %)	Ätzdauer Sekunden bis Minuten
Sn mi6	verzinntes Stahlblech	4 g Pikrinsäure 100 ml Ethanol	Ätzdauer Sekunden bis Minuten
Sn mi7	Zinn und Zinnlegierungen	Farbätzung: 5 g Kaliumdisulfit 50 ml kaltgesättigte, wässrige Natriumthiosulfatlösung	Ätzdauer bis 1 min

14. Refraktärmetalle und deren Legierungen (Cr, Mo, Nb, Rh, Ta, V, W)

a. Makroätzmittel

Nr.	Verwendungszweck	Chemische Zusammensetzung	Bemerkungen
R ma1	Molybdän, Niob, Tantal, Wolfram, Vanadin, Wolfram und deren Legierungen	30 ml Salzsäure 15 ml Salpetersäure 30 ml Flusssäure	Ätzdauer Sekunden bis Minuten
R ma2	Chrom	10 ml Schwefelsäure 90 ml dest. Wasser	Ätzdauer 2 bis 5 min, kochend
R ma3	Wolfram	75 ml dest. Wasser 35 ml Salpetersäure 45 ml Flusssäure	Abbeizen, Ätzdauer mind. 1 Stunde

b. Mikroätzmittel

Nr.	Verwendungszweck	Chemische Zusammensetzung	Bemerkungen
R mi1	Molybdän, Niob, Tantal, Vanadin, Wolfram und deren Legierungen	30 ml Salzsäure 15 ml Salpetersäure 30 ml Flusssäure	Ätzdauer Sekunden bis Minuten
R mi2	Chrom	10 ml Schwefelsäure 90 ml dest. Wasser	Ätzdauer 2 bis 5 min, kochend
R mi3	Molybdän	70 ml OPS-Suspension (Firma Struers) 15 ml Wasserstoffperoxid 0,5 ml Schwefelsäure	Ätzpolieren, Ätzdauer 3 bis 5 min
R mi4	Wolfram, Tantal, Niob und deren Basislegierungen	50 ml dest. Wasser 50 ml Salpetersäure 50 ml Flusssäure Konzentrationen variabel	Ätzdauer 15 bis 20 s
R mi5	Chrom und Niob und deren Legierungen	20 ml Salpetersäure 60 ml Flusssäure	Ätzdauer ca. 10 s
R mi6	Niob und Niob-Basislegierung, Molybdän und Molybdänlegierung, Tantal und Tantal-Basislegierung, Niob-Chrom-Legierung	50 ml dest. Wasser 20 ml Flusssäure 10 ml Salpetersäure 15 ml Schwefelsäure Konzentrationen variabel	Ätzdauer Sekunden bis Minuten

Quellen:
1. Petzow, G., Metallographisches, Keramographisches und Plastographisches Ätzen, 6. Auflage, Verlag Gebrüder Borntraeger Berlin Stuttgart, 1994
2. Weck, E. und E. Leistner, Metallographische Anleitung zum Farbätzen nach dem Tauchverfahren, Teil I bis III, Deutscher Verlag für Schweißtechnik, 1982
3. Krüger, U., U. Laudien, F. Lemke, P. W. Nogossek, DVS-Gefügekatalog Schweißtechnik, Nichteisenmetalle, DVS-Verlag Düsseldorf 1987,
4. Beckert, M. und H. Klemm, Handbuch der metallographischen Ätzverfahren, Deutscher Verlag für Grundstoffindustrie, Leipzig 1966

Stichwortverzeichnis

A

Abbe'sche Theorie 80, 81, 291, 292
Abbildungsfehler
– chromatische 83, 84, 112
– geometrische 83, 84
Abbildungsmaßstab 73, 75, 82, 84, 103, 104
Abkühlgeschwindigkeit
– für Schmelzen 51
Abkühlkonstante 438
Abkühlungsgeschwindigkeit
– obere kritische 577, 591, 628, 647
– untere kritische 577, 590, 628
Abkühlungskurve 367, 368, 370, 381, 382, 387, 390, 392, 416, 417, 439, 464, 465, 580, 583
Abrasivstoff 118, 126, 127, 131, 134, 135, 138, 140–149, 155, 156, 159, 161, 163, 164, 167, 177, 192, 225, 227, 229
– Abrasivstoffpartikel 118, 134, 135, 138, 140–144, 147, 155, 167, 192
Abrasivstoffträger 146–149
Abschreckgefüge 626, 632, 717
Abschrecktemperatur 539, 591, 627
Absorption 68–70
Absorptionsfilter 78
Absorptionskoeffizienten 68–71, 86, 90, 95
Abtragsverfahren 131–136, 140, 146–148, 177
Achromate 84, 85
ADI, s. Austempered Ductile Iron

Adler-Ätzmittel 789, 897
AFM, s. Rasterkraftmikroskopie
akustische Mikroskopie 315, 317
Akusto-optischer Deflektor 100
Aluminium
– elektrische Leitfähigkeit 815, 817, 818, 882
– Hüttenaluminium 815–817
– Korrosionsbeständigkeit 224, 767, 768, 800, 815, 817, 821, 825, 828, 837, 841
– Leichtmetalle 817
– Reinaluminium 205, 214, 458, 461, 502, 816, 817, 828, 871, 872
– Reinstaluminium 460, 815, 817, 818
– spontaner Passivierungseffekt 817
– Wärmeleitfähigkeit 818, 821
Aluminium-Kupfer-Legierungen 422, 908
Aluminium-Magnesium-Legierungen
– interkristalline Korrosion 825
– Korrosionsbeständigkeit 825
Aluminium-Mangan-Legierungen
– Kolbenlegierung 823
– Korrosionsbeständigkeit 828
– ternäre Aluminium-Magnesium-Mangan-Knetlegierung 826

Aluminium-Silicium-Legierungen
– aushärtbare Gusslegierung 821
– Gusslegierung 818, 821
– Veredlung 820
Aluminiumlegierungen 50, 210, 450, 461, 473, 775, 815–834, 836, 837, 853, 860, 862, 871, 908
Aluminiumoxid 224, 232, 815, 817, 875, 877, 882–885
Amorphe Festkörper 51, 66
Amorphe Metalle 50–52, 57, 446
Amplitudenobjekte 85
Analogkamera 104, 109–111
Analysator 62, 90, 92, 282, 288
Analysatorkristalle 288
analytische TEM 299
Anisotropie
– senkrechte 705
Anisotropiekontrast 317
Anlassbeständigkeit 726, 728
Anlassen 374, 423, 539, 599, 623, 631, 632, 634, 635, 637–640, 642, 662, 664, 666, 667, 670, 671, 675, 680, 682, 683, 685, 712, 721, 722, 725, 728, 729, 759–762, 772, 783–785, 799, 800, 824, 840, 897, 900
Anlassvergüten, s. Vergüten
Anlassversprödung 632, 637, 638, 664, 675
Anlaufzeit
– kürzeste 586
Annihilation 42

Metallografie, 15. Auflage. Herausgegeben von H. Oettel und H. Schumann
Copyright © 2011 WILEY-VCH Verlag GmbH & Co. KGaA, Weinheim
ISBN 978-3-527-32257-2

Anodenreaktion 685
Anschliff
– Anforderungen 118, 119, 128, 132, 161, 190, 200
– gezielte Probenahme 120
– systematische Probenahme 120
– Vorbereitung 117, 119, 197, 225
Anschmelzung 630, 631, 728, 829
Antiphasengrenze 40, 46, 48, 49, 300
Apertur 77, 78, 80–83, 96, 102, 108, 283, 284, 291, 294, 297, 298, 317, 320, 321, 332
Apertur von Elektronenlinsen 291
Aperturblende 77, 81, 83
Apochromat 84, 85
Äquivalentposition 10, 13
Arsen 25, 383, 460, 615, 752, 763, 868, 891, 892
Astigmatismus 83
ASTM-Kornnummer 569
atomare Deposition 517
Atombewegung
– kooperative 573, 595, 596, 598
Atombindung 24
Atomdurchmesser 19, 53, 291, 424, 891
Atomradius 19, 33, 35, 36, 531, 709, 787
Atomsondentomografie 303, 305–307, 309
Ätzen
– Anlaßsätzen 209, 222
– chemisches 87, 177, 203, 219, 639
– elektrochemisches 87, 203
– elektrolytisches 198, 217, 219, 692
– Kornflächenätzung 204, 212, 220
– Korngrenzenätzung 204, 212
– Kristallfigurenätzung 212
– Makroätzung 205, 213
– Mehrfachätzung 211, 212, 682
– Mikroätzung 212
– Niederschlagsätzung 206–208

– potentiostatisches 218–220, 224
– Schraffurätzung 210
– Strukturätzung 212, 217
– Subkorngrenzenätzung 212
– Tiefenätzung 198, 204
– Versetzungsätzung 212, 217
Aufhärtbarkeit 624, 625
Aufheizgeschwindigkeit 332, 438, 541, 543, 567, 569, 628, 629, 632, 634, 721
Aufheizkurve 438–440, 442, 549, 550, 569
Aufkohlen 57, 328, 356, 357, 518, 531, 538, 698, 712, 713, 715
Aufkohlungstiefe 538
Auflösungsgrenze 72, 81, 82, 93, 98, 100, 108, 117, 274, 284, 291, 298, 305, 317, 320, 334, 436
– bei konfokaler Abbildung 100, 317
Auflichtmikroskop
– aufrechtes 78, 79
– umgekehrtes 78, 79
Auflichtmikroskopie 69, 76, 77, 85, 89, 91, 118
Aufnahme
– Anfertigung 103, 304
– Grundregeln 103
– Verarbeitung 96, 102–104, 116
– Vorbereitung 103
Auftragsschweißung 718
Auger-Elektronen 279, 282
Ausferrit 745
Ausscheidung
– diskontinuierliche 428
– inkohärente 50, 213, 830
– kohärente 50, 55, 213, 829, 830, 832
– teilkohärente 50, 55, 829, 830, 832
Ausscheidungsreaktion 573
Ausscheidungsschicht 531, 534, 536, 537
Austempered Ductile Iron (ADI) 745
Austenitbildung 567–569, 580, 617, 618
Austenitisieren 435, 561, 566, 570, 583, 590, 630, 639, 647, 680, 706, 710, 717, 729

Austenitisierungstemperatur 569, 580, 583, 591, 599, 612, 618, 626, 627, 648, 655, 656, 664, 712, 713, 728, 746
Austenitkorn 391, 569, 583, 584, 591, 613, 641
Austenitkorngrenze 390, 427, 560, 572, 584, 586, 587, 589, 591, 598, 613, 639, 649, 692, 693
Austenitstabilisation 594
Austenitstabilität 677, 696
Autokorrelationsfunktion 247, 248
Automatenstahl 711
automatisierte Mikroskope 79
Avrami-Gleichung 427, 499
azimutale Intensitätsverteilung 271, 276, 278

B
Bückle-Regel 323
Badnitrieren 532, 537
Bain-Transformation 429
Bainit
– carbidfreier 598, 599
– inverser 598
– körniger 660
– oberer 597
– unterer 598
Bainitbildung 435, 580, 597, 598, 600, 601, 639, 647, 680, 712
Bainitisieren 623, 625, 639, 640, 643, 741
Bandgießen 462
Baufehler 39–41, 43, 45, 47, 49, 198, 462, 596, 700
– eindimensional 40
– nulldimensional 40
– zweidimensional 40
Baumannabdruck 471, 472, 515, 897
Baustahl
– allgemeiner 650, 654–657, 661, 665, 687, 706, 711
– bainitischer hochfester 659, 660
– hochfester schweißbarer 201, 642, 657–660, 665
– schweißbarer 201, 298, 641, 642, 649, 650, 655, 657–660, 665, 686
– wasservergüteter 657, 660

Begleitelement 545–548, 566, 587, 593, 595, 612, 613, 642, 649, 650, 655, 703, 709, 711, 725, 749, 789, 810, 816, 818, 825, 826, 832, 836, 840, 843
Beleuchtungsapertur 77, 81, 83
Beleuchtungsstrahlengang nach Köhler 77
Berkovich-Härte 318, 321
Berthollid 20
Beschichtung 57, 131, 200, 220, 223, 285, 317, 328, 419, 516–525, 527, 528, 764, 790, 792, 807, 809
Beschichtungsrate 521, 524, 525, 527
Besetzungswahrscheinlichkeit 349, 352
Beugung
– bildanalytische 245, 246
Beugungsbild 79, 80, 246, 265, 292, 293, 298
Beugungskontrast 295, 296, 299
Beugungsnetzebenenabstand 266
Bewehrungsstahl 661
BF-Glühen 622
BG-Glühen 622, 643
Bi-Sn-Pb-Legierungen 410, 411
Bias-Spannung 520
Biegebruchfestigkeit 166, 879
Biegefestigkeit 882, 884
Bildanalyse 62, 115, 233, 237, 240, 241, 245, 251, 256–258, 312, 314
Bildaufnahme 102, 104, 111, 112, 116
Bildaufspaltung
– differentielle 92, 93
– totale 93
Bildfeldwölbung 83, 85
Bildrandfehler 249, 250, 260
Bildsegmentierung 239, 241
Bildungsenthalpie 40, 42, 353, 593
Bildungsentropie 40
Bildverarbeitung 96, 104, 233, 239–241, 247
Bildweite 73, 75, 76, 114
Bildwiedergabe
– objektive 102
– subjektive 102, 113
– Wiedergabeverfahren 103
binär-eutektische Rinne 408–410, 413, 415, 739
Binarisierung 239, 240, 244, 253, 254
Bindung
– Atombindung 24
– chemische 1, 16–29, 878
– Ionenbindung 1, 2, 26, 27, 30, 41
– kovalente Bindung 1, 2, 7, 24–27, 30
– metallische Bindung 1, 2, 4, 5, 16, 23
– Van-der-Waals-Bindung 16
Bindungsenthalpien 349, 350, 370
Binokulare 76, 101
Biokompatibilität 805, 844, 850, 882
Blechtexturen 277, 278
Blei-Antimon-Legierungen 378, 907
Blei-Zink-Legierungen 393, 394
Bleiabdruck 472
Blocklunker 475–477, 479, 480
Blockseigerung 463, 471–473, 478–480, 515, 575, 711, 772
Bocvar-Tammann'sche Regel 501, 604
Bor 7, 23, 35, 450, 518, 531, 587, 659, 667, 701, 709, 791, 805, 817, 891, 892
Borieren 518, 531
Bragg'sche Gleichung 266, 273
Bravais-Typ 10, 12, 13, 38
Brechung 65, 66, 84, 88
Brechzahlen 66–71, 90, 222
Brennebene 72–75, 77, 80, 89, 97, 292
Brennen 546, 876, 877
Brennpunkt 72–75
Brennweite 72–76, 84, 102, 292, 317
Brewster-Winkel 69, 70
Bruch
– duktiler 651, 744
Bruchdehnung 371, 484, 497, 657, 684, 704–706, 753, 764, 767, 774, 778, 808, 818, 819, 825, 827, 830, 839, 840
Bruchfläche 96, 101, 102, 129, 200, 226, 284, 285, 520, 523, 572, 626, 651, 652, 654, 669, 729, 732, 819, 820, 822
Bruchwahrscheinlichkeit 879, 880
Bruchzähigkeit 326, 330, 851, 878, 882, 884, 886
Bs-Temperatur 600, 660
Burgers-Vektor 43–46, 48, 49, 277, 300, 374, 487–490, 498

C

C-Äquivalent 618
C-Pegel 538–540
Cäsiumchloridstruktur 20, 26
Carbid
– voreutektoides 584, 613, 616
Carbidbildung 584, 599, 633, 644, 694, 713, 747
Carbidverteilung 623, 649, 727
Carbidzeile 514
Carbidzeiligkeit 725
charakteristische Röntgenstrahlung 279, 281, 282, 286, 299, 307
charakteristisches Spektrum 272
chemisch-mechanisches Polieren 178
chemisch-thermische Behandlungen 57, 530
chemische Bindung 1, 16–29, 878
chemisches Polieren
– Depassivator 183
– Diffusionsschichtbildner 183
Chrom-Nickel-Molybdän-Stahl 690
Chrom-Nickel-Stahl 93, 209, 513, 691–693, 695, 696
Chromgusseisen 731, 744
Chromstahl
– ledeburitischer 645, 690, 726
Clapeyron'sche Gleichung 347, 348
CLSM (confocal laser scanning microscopy) 100
Clusterbildung 33
Cobalt
– ferromagnetischer 389, 803

– Hartmetall 730, 731, 807, 808, 903
– Stellit 730, 806, 807, 903
Cobalt-Nickel-Legierungen 389
Cobaltlegierungen
– Biomaterialien 805
– Gusslegierung 805
– heißgaskorrosionsbeständiger Werkstoff 804
– hochwarmfeste 805
– Knetlegierung 804–807
controlled rolling 640
Cottrell-Wolken 42
Cristobalit 28, 38, 52, 402
Curie-Punkt 440
Curie-Temperatur 550, 554, 698, 702, 703, 789, 803
CVD-Verfahren 523–525

D

Daltonid 20, 21
Dampfdruck 339, 347, 519, 678
Dämpfungsfähigkeit 743
Dauerbruch 285, 571, 572, 822
Dauerschwingfestigkeit 571, 623, 625, 663, 664, 670, 712, 715
Debye-Scherrer-Verfahren 268
deformationsinduzierte Martensitbildung 429, 432
Dendrit 239, 369, 379, 380, 397, 398, 453, 455, 466, 467, 473, 476, 478, 575, 576, 734, 752, 775, 791, 792, 795, 806, 814, 857, 863
Dendritenarmabstand 575, 576
Deposition
– atomare 517, 519
– makroskopische 517, 527
Desoxidation 479, 480, 546, 547, 771, 788
Diamant-Polieren 163, 166–170, 176
Diamantgitter 28, 38
Diamantstruktur 25, 30, 475
Dichroismus 68
Differentialthermoanalyse 437, 439, 440
diffuse Reflexion 85–87, 201
Diffusionsaktivierungsenthalpie 355, 358

Diffusionsglühen 468, 612, 614, 725
Diffusionsgrenztemperatur 357, 373, 422, 428, 429
diffusionskontrollierte Phasenumwandlung 358, 419–421, 443
Diffusionslänge 356–358, 367, 391, 393, 426, 428, 466, 530, 531
Diffusionsstrom 354, 536
Digitalkamera
– Auflösung 106–108, 110, 111, 113, 117
– Pixelanzahl 106–108, 110, 111
Dilatometerkurve 441–444, 580, 629, 632–634, 721, 804
Dilatometerprobe 580, 583, 632
Dilatometrie 38, 437, 441, 443, 566
Direkthärten 539, 712, 714
diskontinuierliche Kornvergrößerung 499
Dispersion 66, 83, 706, 875, 877
Dokumentation
– Arbeitsschritte 198
Doppelbrechung 66–68, 90
Draht 122, 170, 171, 262, 269, 278, 407, 462, 495, 527, 547, 572, 602, 661, 699, 706, 707
Drehung 9, 46, 90, 116, 178, 235, 236, 246, 276, 278
Dreieckskoordinaten 404, 405
Dualphasenstahl 705
Dunkelfeldabbildung 86–88, 295, 297
Dünnungsverfahren 297, 298
Durchstrahlende Verfahren 302, 303
Dynamostahl 699

E

EB-Härten 542, 543
EB-Umschmelzen 542, 543
EBSD, s. Electron Back Scattering Diffraction
ECD-Verfahren, s. elektrochemische Schichtabscheidung
Edelmetalle 22, 52, 549, 859

EELS, s. Elektronen-Energieverlust-Spektrometrie
Einbettmittel
– Eingießen 128–131
– Einpressen 128–131
– Einspannen 128
– Warmeingießen 128, 129
– Warmeinpressen 128–131
Einfachhärten 539, 712
Einfassen
– Anschliffherstellung 119, 130
– Einbetten 128, 193, 226
Einformung (von Carbid) 609–611, 623, 709, 710
Einhärtbarkeit 624, 625, 675, 712, 745
Einhärtungstiefe 624
Einkomponentensysteme 348, 363
Einkristall 3, 4, 49, 56, 94, 212, 213, 216, 217, 267, 284, 288, 293, 294, 315, 324, 449, 451, 452, 455, 487, 494, 510, 792, 795–798
Einlagerungsmischkristall 20, 32, 34–37, 42, 275, 355, 389, 392, 532, 668
Einlagerungsphase 23, 24, 31, 36, 37, 275, 341, 398
einphasige Entmischung 424
Eins-zu-eins-weg-Regel 360, 374, 401, 414
Einsatzhärten 531, 538
Einsatzstahl 556, 622, 663, 711, 712, 714
Einschluss
– nichtmetallischer 652, 665
Einschnürung 371, 484, 497, 512, 549, 602, 635, 651, 656, 663, 664, 666, 667, 678, 684, 688, 689, 695, 708, 753
Eisen
– reines 30, 381, 504, 548, 549, 552, 555, 699, 703, 750, 768, 815
α-Eisen 24, 355, 442, 492, 551, 556, 562, 594, 642, 700, 740
Eisen-Kohlenstoff-System 552
Eisen-Mangan-Legierung 719, 720
Eisencarbid 202, 209, 210, 390, 551, 671, 683, 684, 720, 733, 736, 739, 744, 899

Eisenlegierung 223, 471, 545–566, 568, 570, 572, 574–576, 578, 580, 582, 584, 586, 588, 590, 592, 594–596, 598, 600, 602, 604, 608, 610, 612, 614, 616, 618, 620, 622, 624, 626, 628, 630, 632, 634, 636, 638, 640, 642–747, 903
Eisenschwamm, s. Spongiose
Elastizität 158, 159, 163, 164, 167–176, 178, 195–197, 228, 326, 482, 483
Elastizitätsmodul 315, 323, 329, 483, 506, 649, 650, 670, 796, 831, 882, 883
Electron Back Scattering Diffraction 285
elektrische Leitfähigkeit 1, 2, 4–7, 129, 239, 314, 516, 685, 750, 753, 815, 817, 818, 882
elektrischer Widerstand 5, 61, 353
elektrochemische Schichtabscheidung 525
Elektrokeramik 883
elektrolytisches Polieren 134, 180, 181, 187, 189–192, 198, 211, 216–218, 328, 858
– Stromdichte-Spannungs-Kurve 189, 217
elektromagnetische Welle 6, 62–64, 100, 265
Elektronen
– delokalisierte 2, 5, 7
Elektronenbeugung 62, 245, 292–294, 298, 299, 303, 307, 309, 374, 436, 437
Elektronenbeweglichkeit 5, 6
Elektronengas 5, 6, 17
Elektronenstrahlbehandlung 328, 518, 541, 543
Elektronenstrahlmikroanalyse 62, 279, 281–283, 285–287, 289, 290, 299, 576
Elektronentomografie 302, 303, 305
Elektronenwellenlänge 291
Element
– carbidbildendes 587, 611, 644, 683, 684, 694, 726
Elementarzelle
– Elementarzellenvolumen 15, 275

Embryon 446
entartetes Eutektikum 377, 383, 460, 819
Entfestigung
– dynamische 505–507
Enthalpie 40–42, 342–345, 348–355, 358, 361, 370, 372, 393, 420–422, 426, 438, 440, 446–448, 450, 453, 499, 521, 593, 596, 757
Entkohlung 143, 193, 290, 340, 516, 536–538, 540, 546, 570–572, 610, 611, 617, 670, 684, 716, 744
Entkohlungsreaktion 546
Entmischung 33, 275, 294, 300, 349, 352, 372, 373, 395, 398, 424, 437, 442, 463, 466, 468, 470, 471, 514, 574, 577, 590, 598, 612, 613, 725, 786
Entmischungsreaktion 577
Entropie 40, 41, 343–345, 349–353, 376, 378, 420, 422, 447
Erhitzungskurve 367, 368
Erholung
– dynamische 505, 506
– Kristallerholung 498, 808, 809
Ersatzstreckgrenze 483
Erstarrungsgefüge 575, 576, 733, 857, 858
Erstarrungsgeschwindigkeit 449, 462
Erstarrungsintervall 349, 366, 373, 376, 465, 466, 771, 786, 852, 853, 865
Erstarrungstemperatur 52, 343, 366, 376, 394–396, 408, 439, 446, 458, 474, 574, 738
Erstarrungswärme 343, 368, 376, 456, 458
Euler-Zahl 247, 258–260, 262
Eutektikale 375, 396, 399, 409, 437, 553, 736
Eutektikum
– pseudobinäres 740
eutektische Reaktion 376, 379, 392, 395, 399, 553, 561, 562, 854
eutektische Schmelze 382
eutektische Temperatur 376, 378, 381, 383, 395, 407, 408, 422, 854

eutektische Zelle 377, 382, 391, 417
eutektische Zusammensetzung 376, 380, 413, 736
eutektischer Punkt 376, 382, 399, 408, 812, 823, 826, 837, 870
eutektisches System 374–376, 378, 379, 381, 383, 384, 402, 407, 409, 411, 415, 468, 470, 751, 818, 823, 870, 872
Eutektoid 58, 237, 372, 388–393, 399, 400, 419, 427, 428, 435, 436, 439, 532, 538, 553–557, 560, 561, 564, 567, 584, 585, 589, 611, 613, 628, 644, 645, 660, 682, 709, 713, 714, 735, 736, 772–774, 777–779, 811–814, 838, 845, 863–866
eutektoide Reaktion 389, 390, 392, 399, 427, 554–556, 682
eutektoide Umwandlung 389, 390, 427, 428, 435, 532, 584, 777, 866
Extraktionsabdruck 293, 298

F
Facettenwachstum 452
Fadenlunker 476
Farbe
– Helligkeit 103, 106, 113
Farbtemperatur 77, 78, 112
Fasersysteme 237
Fasertexturen
– gewöhnliche Fasertexturen 278
– Kegelfasertexturen 277
– Ringfasertexturen 277, 278
Faserverbundkeramik 875
Faserverlauf 512, 513, 617, 897
Fe-Cr-Legierungen 31, 374, 401
Federstahl 507, 667, 670, 671, 706
Feinblech 602, 703–706
Feinkorn 657–659, 676, 679, 687, 701
Feinkornstahl
– normalgeglühter 657, 687
α''-$Fe_{16}N_2$ 532, 534
γ'-Fe_4N 532
ε-Fe_2N_{1-x} 534
Feret'sche Durchmesser 247

Fernordnung 2, 3, 5, 8, 34, 36, 352
Ferrit
– polygonaler 659, 660
– vorbainitischer 660
– voreutektoider 392, 435, 556, 557, 567, 577, 584, 589, 660, 680
δ-Ferrit 207, 209, 211, 212, 328, 552, 681–683, 689–691, 694–697
Ferritsaum 589, 598
Ferromagnetismus 881
Festphasensintern 877
Feuerverzinken 528, 529, 809
Fe-V-Legierungen 374
FIB-Tomografie 303, 311, 313, 314
FIB/REM-Mikroskope 309
Fick'sches Gesetz 354, 355
Flächenanalyse 255, 261, 282, 290
Flächenanteil 252, 253, 261, 312, 654, 753, 759, 762, 811, 849, 850
Flächendefekte 40, 46
Flächenkeimtheorie 451
Flüssigphasensintern 877, 886
Flachschliff 123, 262
flexibler Feinschleifkörper
– Feinschleiffolie 159
– Feinschleifpapier 159
– Feinschleiftücher 159
flexibler Schleifkörper 145, 146, 150
– Nassschleifpapier 150
– Schleiffolie 146
Fließgrenze 323, 325, 327, 370, 483, 484, 596, 708, 802
Fließspannung 7, 432, 490, 491, 493, 494, 505, 506, 630, 651, 709
Flocke 616, 631, 668, 669
Flockenriss 616
Fluorit-Struktur 27
förderliche Vergrößerung 82, 96
Format
– Aufnahmeformat 103, 115
Formgedächtnislegie-rungen 432, 769, 800
– Einweg-Formgedächtnis-effekt 803
– Kupferbasislegierungen 800

– Nickellegierungen 800
– Pseudoelastizität 800
– spannungselastische Martensitumwandlung 802
– thermoelastische Martensitumwandlung 803
– Zweiwegeffekt 803
Formspannung 630
Fotokamera 105
Freie Enthalpie 344, 345, 350, 351, 353, 354, 361, 420–422, 446–448, 450, 593, 596, 757
Freie Mischungsenthalpie 350
Fremdatom 39, 40, 42, 55, 204, 214, 493, 504, 637, 638, 650, 651, 655, 660, 675
Fremdkeim 446, 450, 460
Frischen 188, 189, 546, 547
Fullerene 39
Funktionskeramik 224, 225, 228, 875, 881

G

Gütekette 710
Garschaumgrafit 470, 565, 736
Gasblasen 206, 473, 474, 477–480, 510, 749
Gasblasenseigerung 473, 474
Gasdrucksintern 877
Gasnitrieren 532, 536, 537
Gefüge
– Dispersionsgefüge 58, 59, 376
– Dualgefüge 58, 59
– Duplexgefüge 58, 59
– Durchdringungsgefüge 58, 59
– Lamellengefüge 58, 59
– nicht isometrisches 241, 253, 261–263
– Perlitstufe 584, 587–590, 597, 598, 600, 608, 613, 617, 618, 622, 655, 659, 660, 705–707, 710
– polyedrisches 238
– voreutektoides 589
– Zellengefüge 58, 59
Gefügeanalyse 61, 64, 225, 233, 235–237, 239–241, 243, 245, 247, 249, 251, 253, 255–257, 259, 261–263, 880
Gefügebestandteile 57 ff.
Gefügebildung 55 ff., 500 ff.
Gefügedegradation 313

Gefügeelement 57, 61, 201, 263, 276, 303, 436, 437, 877
Gefügefehler 226, 231, 878–881
Gefügeinhomogenität 612, 630
Gefügekennwerte
– Dichte des Integrals der mittleren Krümmung 236
– Dichte des Integrals der totalen Krümmung 236, 237
– Grenzflächendichte 236, 239, 256, 261
– Volumendichte 235, 236, 251, 261
Gefügerechteck 363, 381, 388, 564, 779, 780, 782
Gefügespannung 630
Gefügetomografie 301, 303, 305, 307, 309–313
Gefügetypen 57–59
Gefügezeiligkeit 192, 612–614
Gegenstandsweite 73, 74
Gibbs'sches Phasengesetz 346
Gitter
– kubisch flächenzentriert 12, 13, 17, 18, 34, 349, 365, 366, 372, 373, 389, 424, 428, 443, 453, 484, 485, 487, 550, 590, 595, 629, 650, 672, 676, 702, 703, 791, 803, 804
– kubisch raumzentriert 12, 18, 19, 34, 365, 390, 428, 443, 453, 484, 485, 487, 550, 590, 594, 650, 701, 782, 800, 844
Gitterebene 8, 13, 14, 44, 429, 487
Gitterfehler 6, 39, 40, 42, 46, 50, 204, 295, 296, 487, 496, 675
Gittergerade 8, 13, 14, 60
Gitterkorrespondenz 594
Gitterlücken 20, 23, 31, 34–36, 42
– oktaedrische 36
– tetraedrische 36
Gitterparameter 8, 10, 11, 15, 19, 31–33, 271, 274, 275, 436, 600, 633, 651, 675, 891
Gitterparameterbestimmung 274, 275
Gitterpunkt 2, 8–10, 12–14, 46, 256

Gitterrichtung 8, 9, 13–15, 19, 44, 293, 484, 595
Gitterscherung 428
GKZ-Glühen 622, 623, 643, 710
Gläser 5, 7, 50–52, 66, 83, 127, 156, 446, 701, 731
– metallische 5, 7, 52, 156, 446, 701
– silikatische 52
Glühen
– sphäroidisierendes 589, 606
Glanzwinkel 266, 268–270, 273, 274, 276, 292, 293
Glanzwinkel (Bragg-Winkel) 266
Gleichgewicht
– thermodynamisches 39, 40, 42, 50, 353, 354, 358, 419, 420, 550, 772, 837
Gleichgewichtstemperatur 420, 439, 550, 555, 586, 587, 593, 600
Gleitbänder 485
Gleitebene 42–45, 427, 484–490, 676, 836
Gleiten 7, 47, 431, 484, 489, 802, 808, 829, 836
Gleitlagerwerkstoffe
– Nickeldamm 862
– Stahlstützschale 862
– Tragkristallstruktur 862
Gleitrichtung 44, 484–487, 489, 490
Gleitstufe 338, 339, 485, 486, 676
Gleitsystem
– latentes 487
Gleitverteilung 676
Gold-Nickel-Legierungen 372, 373
Goss-Textur 278, 701
Grünteil 876
Grafit 19, 38, 86, 87, 90, 201, 237, 241, 263, 264, 382, 460, 470, 542, 543, 551, 552, 565, 639, 670, 671, 729–738, 740–745, 815, 891, 892
– Korngrenzengrafit 734, 735
– Kugelgrafit 86, 87, 90, 241, 263, 542, 543, 639, 731, 732, 735, 742, 745, 836

– Lamellengrafit 237, 731, 735, 736, 740, 743
– Nestergrafit 734, 735
Grafitbildung 730, 733, 734
Grafiteutektikum 733–735
Grafitisierung 737, 744
Grafitklassifizierung 311
Graufilter 78
Grauguss 210, 460, 470, 743, 862, 886, 898
Grenzfläche
– innere 52, 53, 68, 213, 256, 301, 305, 536, 599
– spezifische 236–239, 256, 257, 259, 261, 262, 338, 421, 559, 609, 630, 651, 652, 676, 700
Grenzflächenenergie 50, 376, 421, 422, 424–426, 446, 447, 450, 460, 493, 855
Grenzflächenkontrast 317
Grobkornbildung 504, 505, 605
Grobkornglühen 615, 616
Grundparameter eines Gefüges 236, 238, 239, 251, 263, 312
Guinier-Preston-Zone 50, 424, 829, 830
Gusseisendiagramm 736
Gusseisenlegierung 731–734, 746
Gussgefüge 449, 455–457, 459, 460, 463, 469, 499, 619, 621, 717, 750–752, 756, 767, 768, 771, 772, 775–778, 780, 781, 786, 788, 806, 807, 811, 813, 814, 816, 821, 822, 827, 858, 864–867, 901
Gussstruktur 121, 213, 455, 458, 510, 864, 865
Gusstextur 456

H

Habitusebene 429, 430, 595, 596
Hägg-Phasen 23
Halbleiter 1, 2, 4, 93, 105, 183, 216, 217, 270, 282, 286, 288, 494, 524
Halogenlampe 77, 112, 334
Haltepunkt 370, 381, 382, 387, 390, 416, 417, 438, 439, 549, 550
Hämatit 271, 697

Härtbarkeit 587, 624, 625, 663, 664, 666, 667, 675, 709, 710, 712, 723, 726, 729, 730, 745, 821, 828, 851
Hartbearbeitung 875
Härte-Tiefe-Kurven 328, 537
Härten
– überhitztes 714, 728
nach isothermischem Umwandeln 712
Härteriss 482, 596, 617, 627, 629–631, 639, 664, 714, 715, 724, 745
Härtetemperatur 129, 627, 628, 648, 712–714, 727, 728
Härteverzug 629, 630
Hartguss 731–733
Hartlöten 852, 858, 859
Hartlote
– Hartlötnaht 857, 858
– Hartlote auf Kupferbasis 858
– Lötbrüchigkeit 859
– Legierungszone 858
– Silberlote 859
– zinkfreie Hochtemperaturlote 860
Hartmanganstahl 455, 456, 486, 717–719
Hartmetall 127, 165, 166, 177, 211, 223, 524, 717, 725, 730, 731, 807, 808, 859, 903
Härtungsgefüge 542, 543, 590, 625, 627, 628, 664, 713, 715, 717, 724, 728
Härtungsgrad 625, 632, 664
Hauptgleitsystem 487, 494
Hebelgesetz 361, 363, 367, 375, 376, 378, 380, 386, 389–392, 394, 396, 406, 411, 413, 416, 418, 465, 469, 563, 564
Heißpressen 877
Hellfeldabbildung 86–88, 295
Heteroepitaxie 521
heterogene Keimbildung 56, 449, 450, 455, 573, 586
Heyn'sches Ätzmittel 471
Hitzebeständigkeit 697, 698
Hochleistungskeramik 224, 230, 875, 876, 878–880, 882, 884, 886
Hochtemperaturlote 860

Hochtemperaturmikroskopie 222, 331, 332, 334, 337–340, 566
homogene Keimbildung 56, 450
Homogenisierungsglühung 388, 422, 473, 864
Homogenitätsbereich 20, 22, 31, 400–402, 528, 532, 534
Hooke'sches Gesetz 483
Hume-Rothery-Phasen 21–23
Hüftgelenk-Implantat 883
Hysterese 429, 442, 443, 497, 550, 672, 803

I
idiomorph 380, 469, 877
Immersion 81
Indikatrix 67
Induktionshärten 518, 703, 717
Inkubation 503, 567, 761
innere Energie 344, 497
Instabilität
– mechanische 651
Integralintensität 270, 273, 274, 279
Intensitätsverteilung
– radiale 270
Interferenz 71, 72, 78–81, 86, 87, 89, 91–96, 100, 118, 203, 209, 216, 218, 222–224, 230, 245–248, 264–271, 273, 274, 276, 277, 285–288, 291, 293–297, 316, 332, 336, 338, 339, 390, 554
Interferenzfilter 78, 96
Interferenzmikroskopie
– differentielle 92
– Interferenzkontrast-mikroskopie (DIC) 92
– Interferenzmikroskop nach Linnik 91
– nach Tolansky 92
Interferenzordnung 72, 266
Interferenzreflexion 266, 267
Interferenzschichten-mikroskopie 78, 86, 94
intermediäre Phase 23
intermetallische Phase 20, 31, 33, 89, 289, 313, 372, 374, 401, 402, 427, 518, 543, 809, 855
Invarstahl 675

Inversion 9–11, 453
Ionenbindung 1, 2, 26, 27, 30, 41
Ionenleitfähigkeit 881
isothermes ZTU-Diagramm 433, 435, 577, 583, 586, 604, 622, 639

K
Kühl-Schmier-Flüssigkeit 143, 147, 175
Kühlmittel 125, 144, 628, 680
Kaltband 703, 704
Kaltextrusion 876
Kaltfließpressen 708
Kaltmassivumformbarkeit 709, 710
Kaltstauchen 122, 703, 708
Kaltumformung 371, 482, 497, 501, 602, 662, 666, 691, 702, 703, 710, 764, 765, 850
Katodenreaktion 685
Katodolumineszenz 279, 282
Keimbildung
– heterogene 56, 418, 421, 422, 434, 446, 449, 450, 455, 573, 586
– homogene 56, 446, 449, 450, 584
– spontane 458, 459
Keimbildungsrate 422, 427, 434, 448, 449
Keime 56, 421, 422, 424, 427–429, 446–449, 455, 458–460, 499, 502, 503, 514, 521, 567, 573, 584, 609
Keimwachstum 56, 313, 418, 419, 427, 429, 434, 573, 584, 869
Kirkendall-Effekt 357
Kleinwinkelkorngrenzen 49, 204, 498
Knickpunkt 368, 381, 382, 386, 387, 392, 413, 416, 417, 438, 439
Knoop-Härte 318, 319
Kohlenstoff 551–566
Kohlenstoffdiffusion 392, 427, 586, 587, 598, 599, 646
Kohlenstoffseigerung
– direkte 613
– umgekehrte 613

Kohlenstoffumverteilung 391, 536
Kokillenguss 457–460, 475, 547, 734, 737, 814, 820, 837, 838, 840, 869, 871
Koma 83
Kompensationsokulare 85
Komplexphasenstahl 706
Kompositionskontrast, s. Ordnungszahlkontrast
Kondensationswärme 343
Konfigurationsentropie 349, 350, 353
konfokale Abbildung 86, 97
konfokale Scanning-Mikroskopie 97
Konode 361, 362, 373, 375, 376, 378, 389, 394, 396, 771
Kontaktdendrit 576
kontinuierliche Korn-vergrößerung 499
Kontrastierung 85, 86, 91, 93, 128, 133, 200–204, 208, 212, 218–220, 223, 224, 227, 230, 274, 310, 311, 334, 339
Konzentrationsabstand 612
Konzentrationsgradient 354, 528, 598, 612, 614
Koordination 2, 5, 16–19, 21–23, 25–30, 34, 43, 48, 51–55, 349, 446, 594
Koordinationszahl 5, 16–19, 21, 22, 25, 26, 29, 30, 48, 51, 53, 55, 349, 446, 594
Kornfeinung 450, 510, 511, 640, 657–659, 671, 679, 687, 705, 767, 823, 826, 841
Korngrößenbestimmung
– röntgenografisch 271, 275
Korngrenzen
– Koinzidenzkorngrenzen 53
– Segregation 55, 599
Korngrenzendiffusion 358
Korngrenzenphase 877
Korngrenzenwanderung 50, 498, 499, 506
Korngrenzenzementit 561, 564, 589, 610, 623, 723, 724
Kornstreckung 123, 495, 602
Kornwachstum
– stetiges 499
– unstetiges 499
Kornzerfall 693, 695, 800
Korrosion

- interkristalline 693, 694, 697, 800, 823–825, 828
- selektive 200, 338, 763, 777, 810

Korrosionsinhibierung 686
Korrosionsschutz 685, 686, 837
Kriechen 662, 678, 791, 792, 795, 797, 805, 848
Kristallaufbau 27
Kristallbaufehler 39–49, 596, 700
Kristallerholung 498, 808, 809
Kristallformen 15, 16
Kristalline Strukturen 2, 3, 523
Kristallisatoren 446, 450
Kristallklasse 10, 14
Kristallseigerung 213, 369, 371, 463, 466, 467, 469, 473, 514, 612, 694, 771, 772, 826
Kristallstruktur 16, 17, 19–21, 23, 25, 27, 29–31, 34, 37, 38, 220, 265, 360, 491, 550, 750, 755, 757, 761, 768, 772, 777, 781, 787, 789, 791, 800, 806, 808, 809, 811–813, 818, 823, 826, 835, 836, 845, 848, 862, 868, 870
Kristallstruktur der Metalle 17, 21, 30, 31, 34, 37, 491, 808, 835, 862, 868
Kristallsysteme 10, 11, 14–16, 49, 266, 275, 369
Kristallwachstums-
geschwindigkeit 449
kritische Keimgröße 421, 422
kritische Schubspannung 4, 7, 491, 709
kritischer Umformgrad 501, 502, 604
Kugelpackung
- hexagonal-dichteste Packung 17–19, 24, 34, 364, 534, 594
- kubisch-dichteste Packung 17, 18, 24, 34, 594

Kugelstrahlen 328, 518, 670
Kunstguss 735
Kupfer
- E-Cu 749
- OF-Cu 749
- SE-Cu 749
- SF-Cu 749

Kupfer-Blei-Legierungen 395, 785
Kupfer-Nickel-Legierungen
- elektrische Widerstands-
werkstoffe 787
- Korrosionsbeständigkeit 787, 788
- Münzlegierung 787

Kurdjumov-Sachs-
Transformation 430, 595

L

Längsschliff 123, 262, 470, 481, 495, 496, 500, 514, 515, 610, 665, 666, 707, 708, 711, 752, 794, 838, 839, 841, 842
Langzeitversprödung 681, 698
Lanzettmartensit 591–593, 596, 597
Laplanche-Diagramm 737
Läppen 134, 140, 141, 144, 148, 160, 162, 166, 195, 196, 216, 227–229
Laser-Scanning-Mikroskop 78, 99, 332, 334
Laserbehandlung 541, 543
Lattenmartensit 431, 591–594
Laue'sche Interferenzindizes 264, 266, 267, 274
Laue-Diagramm 267
Laves-Phasen 21, 22
Le Chatelier'sches Prinzip 79, 348
Ledeburit 58, 377, 514, 543, 553, 554, 561–565, 631, 645, 649, 689, 690, 726–729, 732–737, 740, 741, 744
Ledeburitnetzwerk 645, 726, 727
Leerstellen 20, 24, 32, 37, 40–42, 44, 45, 50, 353, 354, 357, 463, 497, 521
Legierung
- irreversible 483, 673, 720

Leitfähigkeit
- elektrische 1, 2, 4–7, 38, 129, 208, 224, 239, 313, 314, 516, 685, 700, 750, 753, 815, 817, 818, 875, 881, 882
- thermische 2, 4, 6, 7, 224, 313, 314, 438, 541, 750, 753, 881, 885

Leitfähigkeitselektronen 5, 6

Leuchtfeldblende 77, 78
Licht 6, 62–66, 68–72, 76–79, 84, 86, 87, 89–92, 94, 96, 97, 108, 112, 118, 200, 203, 209, 268, 316, 332, 424, 436, 559, 560, 653, 751, 799, 800, 843
Lichtmikroskopie 58, 62–118, 230, 231, 274, 284, 291
Linearanalyse 238, 254, 255, 259, 262
Linearanteil 254, 255, 259, 261
Linienanalyse 290
Linienbreite 266, 270, 274, 276, 277
Liniendefekte 40
Linienlänge
- spezifische 253, 257, 259, 261, 262

Linsen 72, 74, 77, 308
Linsengleichung 73, 84
Liquiduslinie 360, 373, 375, 380, 381, 384, 389, 395, 396, 411, 464, 553, 555, 562, 785
Liquidustemperatur 52, 349, 360, 366–368, 385, 387, 393, 401, 415, 454–456, 464, 468, 530, 557, 734
Lot 66, 851, 853, 857–859
Löslichkeit im festen Zustand 365
Lötbrüchigkeit 859
Löten 753, 817, 851–853, 858, 859
Lötzinn 130, 852
Lunker 88, 129, 187, 194, 201, 304, 453, 461, 474–480, 510, 631
Lupenaufnahme 103, 104
Lupenmaßstab 73

M

Magnesium 823–842
- eingeschränkte Kalt-
umformbarkeit 836
- Opferanoden 836
- Selbstentzündung 836
- Stoffleichtbau 835, 836, 842

Magnesiumlegierungen
- AM-Legierung 840
- AS-Legierung 840
- AZ-Legierung 840
- Biomaterialien 842
- Gusslegierung 837

Stichwortverzeichnis

- hp (high purity)-Legierung 837
- Knetlegierung 838
- Korrosion 836, 837
- LA43 842
- LA48 842
- WE43 841, 842
- WE54 841

magnetische Umwandlung 389
Magnetit 686, 697
Magnetron-Sputtern 519, 520, 522

Makro-Spanräume
- Aquaplaning-Effekt 144, 153, 162

Makroätzung 205, 213
Makroaufnahme 103, 104, 539
makroskopische Deposition 517
Manganstahl 455, 456, 486, 717–719
Martens-Härte 326, 331

Martensit
- α-Martensit 433, 591, 593, 594, 597, 674, 720
- bänderförmiger 591
- deformationsinduzierter 432
- ε-Martensit 433, 591, 594, 677, 696, 719, 720, 804
- kubischer 673
- Lanzettmartensit 591–593, 596, 597
- Lattenmartensit 431, 591–594
- Nadelmartensit 591, 596
- Plattenmartensit 431, 591–594
- semikohärenter 595
- spannungsinduzierter 432
- tetragonaler 594, 635
- Verformungsmartensit 432, 433, 591, 677
- Zwillingsmartensit 591

Martensit-End-Temperatur 431
Martensit-Start-Temperatur 431

Martensitbildung
- athermische 593
- spannungs- oder dehnungsinduzierte 596
- unerwünschte 591

Martensithärte 590, 626, 656
martensitische Phasenumwandlung 419, 428, 430
Martensitkristall 429, 592–597, 627, 630, 632, 633, 714, 726
Martensitmorphologie 591
Martensitstufe 584, 588, 590, 597, 618, 646, 647, 655, 660, 849
Masseaufbereitung 876
Massivmartensit 591
Materialkontrast 317
Maurer-Diagramm 405, 690, 737
MD-System 145, 149
Md-Temperatur 432, 677, 783, 802

mechanisches Polieren
- Rotationspolieren 134, 163, 178

Mehrstoffaluminiumbronzen
- Entaluminierung 777
- Erosion 768, 769, 775, 785
- Formgedächtniseffekt 783, 800
- κ-Phase 767, 768, 779, 867
- Kavitation 769, 775, 785
- Korrosion 775, 785
- martensitischer Phasenübergang 783
- Ordnungsumwandlung 783, 800
- pseudoelastisches Verhalten 783, 785
- Verschleiß 775, 785
- ZTU-Schaubild 779

Mengenumsatzkurve 578, 593

Messing
- (α + β')-Messing 511
- α-Messing 23, 287, 456, 489, 492, 509
- β'-Messing 184, 342, 353, 511
- Entzinkung 762, 763, 765, 768, 777
- Spannungsrisskorrosion 763
- thermische Entzinkung 762
- Tombak 753
- Wärmebehandlung 757

metallische Bindung 1, 2, 4, 5, 16, 23

metastabile Phase 422, 523, 757
Mikroaufnahme 103, 104
Mikrofotografie 103

Mikrohärte
- genestete Risse 330
- Lastabhängigkeit 321, 322, 328
- Radialrisse 325, 326, 330
- Ringrisse 330
- Wirkzone 328
- Wulstbildung 324, 325, 330

Mikrohärteprüfer nach Hanemann 320
Mikrokinematografie 340
Mikrolegierungselement 549, 641, 706
Mikrolunker 194, 476, 477, 479, 510, 631
Mikroporen 41, 49, 50, 793

Mikrospanbildung
- Eingriffslänge 162
- Eingriffsweg 142
- Kontaktbereich 142
- Kontaktkante 138, 142
- Kontaktpunkt 138, 142
- Kontaktspitze 138, 142
- kritischer Spanwinkel 137, 138, 142, 145, 146
- Partikelform 138, 174
- Spanwinkel 135, 138, 142, 174
- Wirkzeit 135, 142

Mikrospanfreiräume 168
Mikrospanung 135, 144, 162
Mikrotomieren 132, 177
Mikrovideografie 110
Miller-Indizes 14, 15
Mischbindungen 23, 29
Mischfarbe 64, 89–91, 94, 96, 113

Mischkristall
- Einlagerungsmischkristall 20, 32, 34–37, 42, 275, 355, 389, 392, 532, 668
- Substitutionsmischkristall 24, 31, 32, 35–37, 275, 349, 355, 392, 679
- Subtraktionsmischkristall 20, 32, 36, 37

Mischkristallhärtung 493, 612, 704, 705, 774, 790, 791, 825, 826, 840, 848, 868

Mischphase 31, 37, 341, 342, 350, 354, 378
Mischungslücke
– im festen Zustand 371, 372, 375, 384, 393, 407
– im flüssigen Zustand 372, 393, 394, 407, 470
Mittenseigerung 575
molare Freie Enthalpie 345
Molenbrüche 345, 359, 894
Monitor 103, 107, 108, 110–112, 116, 117, 282–284, 300, 316, 317
Monotektikale 396
monotektische Konzentration 396
monotektische Reaktion 396, 397, 404
monotektische Temperatur 396, 397
monotektoide Reaktion 398, 402, 439
monovariantes Gleichgewicht 346
morphologische Transformation 240, 241
Moseley'sches Gesetz 272, 281

N
Nachschärfen
– Nachdosieren 144
– Selbstschärfungseffekt 144
Nachschärfung 146, 149, 150, 153, 160, 161
– Chargieren 160
– Nachchargierung 146
– Selbstschärfung 146, 150, 159
Nadelmartensit 591, 596
Nahentmischung 33, 275, 352
Nahordnung 3, 34, 51, 52, 275, 352, 446
Nanotubes 39
Nasssägen 123
Nasstrennschleifen 123, 124, 126, 131, 132, 150, 193–196
Natriumchloridstruktur 26
Nebengleitsystem 487, 494
Netzebene
– Netzebenenabstand 15, 266, 269, 277, 288, 293, 428
– Netzebenenschar 9, 15, 266, 267, 279, 288, 294, 295
Neumann'sche Bänder 492

Neutronentomografie 305
Nickel
– Korrosionsbeständigkeit 767, 781, 787, 788, 790, 800, 805, 836, 859
– Mumetall 789
– Thermoelemente 790
– Warmbrüchigkeit 790
Nickellegierungen
– hochwarmfeste 790, 792, 794, 798, 804
– – einkristalline Nickelbasislegierung 792
– – γ-Phase 791
– – Langkorngefüge 794
– – mehrstufige Wärmebehandlung 791
– – Superlegierung 794
Nickelstahl 672–674, 677, 702
Nicol'sches Prisma 68
Nitride 7, 23, 37, 89, 127, 224, 449, 518, 520, 527, 534, 536, 606, 640, 644, 658, 679, 716, 875
Nitrieren 50, 57, 328, 356, 518, 531, 532, 536–540, 715–717
– Badnitrieren 532, 537
– Gasnitrieren 532, 536, 537
– Nitrocarburieren 328, 518, 531, 537, 715
– Plasmanitrieren 532, 537
Nitrierhärtetiefe 537
Nitrierkennzahl 532, 534
Nitrierschicht 193, 534, 537, 716, 717, 897–899
Nitrierstahl 703, 715
Nomarski-Verfahren 89, 92–94
nonvariantes Gleichgewicht 347, 396, 399
Normalglühen 610, 614–620, 640, 641, 643, 658, 659, 668, 674, 680, 690, 700, 710, 715, 725
Normalglühtemperatur 618, 619, 641, 658, 712
Normalschliff 121, 122
Nutzungsdauer 143, 149–153, 159, 161, 162, 792, 796, 815

O
Oberfläche

– spezifische 126, 237, 252, 256, 438, 608, 609, 683, 743
Oberflächenbehandlung 290, 328, 338, 445, 516–544
Oberflächendiffusion 221, 339, 358, 521, 522
Oberhoffer'sches Ätzmittel 472, 474
Objektdichte 259, 260
Objektiv 74 ff.
Objektmerkmale 240, 247
Öffnungsfehler 83, 84
Ohm'sches Gesetz 6
Okular 74 ff.
Ordnung 3, 5, 34, 352, 353, 372, 402, 442, 446, 491
Ordnungsbereiche 53, 57, 301
Ordnungstemperatur 34, 353
Ordnungsumwandlungen 419
Ordnungszahlkontrast 282, 284, 286
Orientierungsfaktor 486, 487, 490, 491, 494
Orientierungszusammenhang 382, 595, 597, 803
Orowan-Gleichung 490
Orowan-Mechanismus 494, 676
Oxidabdruck 472
Oxidation
– innere 204, 217, 479, 534, 742, 799
Oxide 7, 89, 105, 172, 179, 201, 206, 223, 224, 314, 339, 402, 449, 458, 480, 524, 527, 572, 697, 875
Oxidkeramiken 154, 230, 232, 233, 877

P
Packungsdichte 6, 16–18, 21, 22, 26, 34, 42, 51, 55, 430, 443, 474, 475, 804
Parallelschliff 121
Partially Stabilized Zirconia (PSZ), s. Teilstabilisiertes Zirkoniumoxid
Passivierung 217, 687, 750, 781, 817, 836, 844
Patentieren 706
Peach-Köhler-Kraft 489
Peierlsspannung 45, 46
Pendelglühen 609, 623

Peritektikale 384, 388, 399, 437, 469, 553
Peritektikum 384, 385, 388
peritektische Höfe 213, 385
peritektische Konzentration 754
peritektische Legierung 387
peritektische Reaktion 385, 387, 388, 402, 553, 738, 739
peritektische Temperatur 385
peritektischer Punkt 384
peritektisches System 384
peritektoide Reaktion 393, 399, 401
peritektoide Umwandlungen 388
Perlit
– entarteter 561
– körniger 559, 607, 660
– lamellarer 80, 558, 559, 580, 588, 597, 607, 608, 611, 718, 838
Perlitbildung 390, 391, 435, 576, 579, 580, 584–586, 598, 616, 622, 639, 646, 647, 659, 746
Perlitentartung 589
Perlitisieren 622, 710
Perlitkolonie 391, 427, 585
Perlitlamellenabstand 559, 655, 738
Perlitstufe 584, 586–590, 597, 598, 600, 608, 613, 617–619, 622, 646, 655, 659, 660, 705–707, 709, 710, 712
Perlitzerfall 735, 736
Perowskitgitter 28
Phase
– Grimm-Sommerfeld 25
– intermetallische 20, 31, 33, 89, 289, 313, 372, 374, 401, 402, 427, 518, 543, 809, 855
– metastabile 24, 392, 422–424, 523, 527, 532, 534, 562, 599, 676, 677, 733, 757, 759, 761, 783, 784, 811, 829, 844, 845, 851, 884
– Mischphase 31, 37, 341, 342, 350, 354, 378
– γ'-Phase 683
– σ-Phase 21–23, 89, 209, 211, 328, 374, 375, 427, 681–683, 691, 695, 696
Phasenanalyse

– röntgenografisch 273, 274
Phasenfelder 360, 361, 366, 376, 378, 399–402, 409, 439, 779
Phasengrenzen 40, 46, 48, 49, 53, 55–57, 87, 204, 300, 660, 877
Phasenkontrastverfahren 89, 216
Phasenobjekte 85, 89
Phasensprung 70, 71, 95
Phasenumwandlungen 418–435, 566–601
Phosphideutektikum 738–743
Phosphor 25, 471, 474, 615, 656, 687, 705, 731, 738–740, 742, 743, 749, 763, 771, 772, 823, 852, 891, 893
Phosphorabdruck 472
Phosphorverteilung 740
physikalische Kontrastierung 220
– thermisches Ätzen 230, 339
Piezoelektrizität 875, 881, 882
Pixel
– Mindestpixelzahlen 108, 110
– Pixelzahlen 108–111
Planachromate 85
Planglasilluminator 76, 77
Plasmanitrieren 532, 537
Plastifizierung 651
plastische Formgebung 277, 477, 482, 483, 485, 487, 489, 491, 493, 495–497, 499, 501, 503, 505, 507, 509, 511–513, 515, 876
plastische Verformung 4, 7, 41, 42, 47, 321, 483, 484, 486, 487, 490–494, 496, 510, 597, 651, 709, 836, 878
Plastizität 217, 482, 484, 493, 494, 618, 749, 792, 836
Platin-Cobalt-Legierungen 373
Platin-Silber-Legierungen 385, 388
Plattenmartensit 431, 591–594
Platzwechsel 41, 354, 357, 498, 849
Platzwechselfrequenz 41
Polare 75, 90, 94
Polarisation

– elliptisch polarisiertes Licht 65, 90, 317
– linear polarisiertes Licht 90
– Polarisationsebene 64, 67, 92
– Schwingungsebene 64–67, 90, 92
– unpolarisiertes Licht 65, 69, 70
– zirkular polarisiertes Licht 65, 70, 94
Polarisationsfolien 68
Polarisationsinterferometrie nach Nomarski 94
Polarisationsmikroskopie 77, 86, 90, 229
Polarisator 68, 90, 92
Polfiguren 279, 280, 526
Polieren
– Anforderungen 132, 161, 162, 190, 200
– Anpressdruck 176
– Deformationsschicht 132, 133
– Endpolitur 171, 174, 178, 229
– mechanisches 162, 171, 178, 194–197, 216, 227
– OP-Lösungen 178
– Polierfehler 176, 177
– Poliergewebe 168
– Poliermittel 133, 135, 163–167, 170, 176, 178, 181
– Poliermittelträger 135, 163–167, 170
– Polierstufe 165, 176, 181, 197
– Polierverbunde 170
– Poliervliese 167
– Polierzeit 164, 176, 178, 181, 183, 190, 197, 229
Polyedergefüge 728
Polygonisation 47, 213, 498, 499, 506, 507
Polykristall 3, 52, 134, 166, 167, 216, 239, 297, 792, 878
Polymorphie 31, 37, 38, 341, 418, 884
Polytypie 37
Porosität 50, 129, 150, 192, 194, 225, 227, 251, 314, 477, 479, 522, 527, 753, 836, 877
Präparation

– Präparationsfehler 118, 119, 128, 144, 187, 254
– Präparationsmethode 118, 191, 192, 194–196
– Präparationsstufe 118, 131, 134, 144, 145, 147, 169, 171, 172, 195, 196, 203, 216
Präparationsabschnitt 132
Präparationsmethode
– Präparationsparameter 118, 149
– präparative Eigenschaft 191
Primärgefüge 56, 57, 575, 771, 792–794, 807, 808, 811, 813, 814, 816, 819–822, 825–827, 838, 863–868, 897
Primärzeilenabstand 614
Primärzementit 553, 562–564, 733
Prinzip des kleinsten Zwangs 348
Prismenilluminator 76, 77, 86, 90
Probenahme 119, 120, 122, 123, 125, 126, 131, 150, 191, 194
Projektionsdiagramm eines Dreistoffsystems 411, 413, 812, 869, 870
Projektiv 75, 76, 78, 79, 82, 83, 292
PSZ (Partially Stabilized Zirconia), s. teilstabilisiertes Zirkoniumoxid
Pulverspritzguss 876
Punktanteil 254, 255, 261
Punktdefekte 40, 42, 44, 45, 498
Punktgruppe 10
PVD-Verfahren 519, 520, 523, 524

Q
quantitative Gefügeanalyse 233, 235, 237, 239, 241, 243, 245, 247, 249, 251, 253, 255, 257, 259, 261, 263, 880
Quasikristall 3, 5
Quergleitung 489, 491
Querschliff 122, 123, 242, 262, 324, 481, 504, 526, 538, 571, 605, 621, 628, 700, 701, 707, 708, 711, 714–717, 794, 795,
809, 824, 841, 842, 858, 861, 871, 872

R
Randentkohlung 540, 570–572, 611, 670, 716
Randkohlenstoffgehalt 538, 712, 713
Randoxidation 713
Randschichtbehandlung
– chemisch-thermisch 518, 530
– energetisch 540
– Randschichthärten 540
– Randschichtlegieren 540
– Randschichtumschmelzen 540
Rasterelektronenmikroskopie 58, 62, 279, 281–283, 285, 287, 289, 298–300, 307–309, 880
Rasterkraftmikroskopie 58, 300, 301, 327
Rastersondenmikroskopie 62, 300, 301
Rastertunnelmikroskopie 300
Raumgitter 2, 8–10, 13, 14, 39, 264–266, 800, 891
Raumgitterinterferenzen 264, 265
Rayleigh-Welle 316, 317
Reaktion
– eutektische 376, 379, 392, 395, 399, 553, 561, 562, 854
– eutektoide 389, 390, 392, 399, 427, 554–556, 682
– gekoppelte 585, 589
– monotektische 394–397, 402, 404, 439
– monotektoide 398, 402, 439
– peritektische 385–388, 393, 399, 401, 402, 439, 469, 553, 556, 738, 739
– peritektoide 393, 399, 401, 439
Reaktionssintern 877
Realstruktur 39, 61, 265, 269, 274, 490, 506
Reduktionsprozess 545
Reflexion
– diffuse 85–87, 201, 204

– reguläre 85, 87, 121, 204
Reflexionsgrad 69, 70, 86, 87, 94–96
Reflexionsvermögen 4, 6, 7, 69, 86, 95, 166, 201, 206, 338
registrierende Härtemessung 326, 329
reguläre Lösungen 349
reguläre Reflexion 85, 87, 121
Reinigung 176, 181, 527, 808
Rekristallisation
– dynamische 505–507, 511, 640, 641
– in situ 498
– primäre 57, 498, 499, 850
– sekundäre 57, 499
– statische 640, 641
Rekristallisationsdiagramm 504
Rekristallisationsglühen 602, 605, 619, 850
Rekristallisationsschwelle 501
Rekristallisationstemperatur 463, 499, 501, 504, 511, 604, 683, 809
Rekristallisationsverhalten 604, 605
Relaisstahl 699
Reliefbildung 161, 173, 176, 180, 192, 337, 339, 595, 596, 598
Replikatechnik 297, 298
Restaustenit 435, 538, 539, 543, 592, 598, 600, 627, 628, 632–634, 648, 660, 663, 674, 706, 713, 715, 720–722, 725, 728, 729, 745
Restaustenitgehalt 538, 539
Resterstarrungsfeld 575
reversible Deformation 483
Roheisen 545, 546, 548, 562, 563
Röntgenbilder 286
Röntgeninterferenzen 264
Röntgenröhre 270, 272, 304
Röntgentomografie 303–305, 309
Röntgenverfahren 264, 265, 267, 269, 271, 273, 275, 277
Röschenbildung 697

Rosten 473, 663, 686–693, 695–697, 710, 809, 899
Rückstreuelektronen 226, 227, 230–232, 282, 284, 285, 287, 303, 307, 309
Rückstreuelektronenbilder 284
Rutil 28, 843, 844
r-Wert 705

S

Sandguss 388, 457–462, 737, 840, 869
Schädigungszone
- Deformationsschicht 131–133
- Deformationszone 143
- Schmierschicht 131
Schäumen 237, 239
Schalenhärter 636
Schalenhartguss 732, 733
Schallgeschwindigkeit 315, 429, 489, 574, 596
Schärfentiefe 62, 82, 96, 102, 118, 284, 298
Schaubild
- Guillet 405
- Laplanche 737
- Maurer 405, 690, 737
- Sauveur 564
Scheingefüge 119, 120, 128, 200
Scherrer-Gleichung 276
Scherung
- martensitische 428, 430, 431, 590, 593, 803, 844
Scherwinkel 596
Schicht
- Ausscheidungsschicht 531, 534, 536, 537
- Diffusionsschicht 189, 531
- Nitrierschicht 193, 534, 537, 716, 717, 897–899
- randentkohlte Schicht 570
- Verbindungsschicht 531, 532, 534, 536–538, 899
Schichthärte 328, 329, 331, 540, 715
Schienenstahl 717
Schiffbaustahl 661
Schlackeneinschlüsse 496, 513, 514
Schlackenzeile 513
Schleif-Läpp-Scheibe

- Feinschleif-Läpp-Scheibe 156
Schleif-Läppen 134, 140, 141, 144, 166
Schleifen
- Feinschleifen 132, 134, 148, 150, 152–156, 159, 161–163, 167, 169–171, 173, 174, 176, 177, 183, 187, 190, 194–198, 228, 229
- Grobschleifen 132, 148–150, 152, 154, 155, 177
- Planschleifen 132, 134, 144, 148, 149, 152–154, 160, 194–197, 228, 229
- Schleiffolie 149, 152, 154–156, 159, 160, 197, 228
Schleifriss 631, 715
Schlickerguss 876
Schlifflage 119
Schmelzkurve 364
Schmelzpunktserhöhung 348
Schmelztauchen 527, 528
Schmelztauchverfahren 518, 528
Schmelztemperatur 7, 40, 55, 129, 222, 320, 336, 337, 343, 344, 348, 353, 358, 360, 372, 381, 383, 442, 446, 447, 455, 458, 466, 482, 497, 501, 518, 521, 604, 656, 743, 851, 852, 870, 871
Schmelzwärme 343, 368, 892, 893
Schmid-Faktor 486
Schneidemechanismus 493
Schnellarbeitsstahl
- wolframlegierter 726, 729
Schnittmodus
- Fahrschnitt 125, 126
- Kappschnitt 125, 126
Schnittprofile 138, 239, 242, 247, 260, 263
Schrägschliff 121, 122
Schraubenversetzung 43, 44, 49, 487–490, 498
Schrumpfspannung 630
Schrumpfung 129, 474, 630, 656, 811, 812
Schwächungsgesetz 294, 304
Schwarz-Weiß-Gefüge 622
Schwarzbruch 670, 671, 729, 730

Schwefel 25, 383, 471, 545, 656, 665, 711, 750, 751, 788–790, 891, 893
Schweißeignung 641, 655, 657, 659, 660, 672, 687, 765, 828
Schweißen 473, 475, 478, 517, 527, 541, 570, 590, 591, 616, 619, 622, 641, 642, 655, 656, 718, 753, 790, 817, 851
Schweißgefüge 589
Schwerkraftseigerung 394, 395, 398, 463, 470, 565, 736, 786, 871
Schwindung 474, 476, 876, 877
Segregation 55, 379, 599
Sehnenlängenverteilung 233, 245
Seigerung
- Blockseigerung, umgekehrte 463, 473, 772
- Kohlenstoffseigerung 613, 615
- Kristallseigerung 213, 369, 371, 463, 466, 467, 469, 473, 514, 612, 694, 771, 772, 826
- makroskopische 575
- Schwerkraftseigerung 394, 395, 398, 463, 470, 565, 736, 786, 871
Seigerungskoeffizient 576, 612, 614, 615
Seigerungsverhalten 576, 667, 733, 738
Sekundärelektronen (SE) 281, 284, 307
Sekundärelektronenbilder 284, 309
Sekundärgefüge 57, 514, 612, 613, 656, 664, 752, 788, 828, 838–842, 867
Sekundärmetallurgie 547
Sekundärzementit 391, 553, 560–565, 579, 610, 617, 618, 623, 714, 715, 723, 724, 732, 733, 744
Selbstabschreckung 518, 543
Selbstanlasseffekt 593, 594
Serienschnittverfahren 302, 303, 306
Sicromal 697
Silber

- elektrische und thermische Leitfähigkeit 314
Silicium 1, 2, 7, 19, 25, 51, 182, 209, 220, 297, 300, 313, 314, 348, 376, 460, 469, 475, 546, 551, 565, 645, 666, 670, 671, 694, 700–702, 709, 713, 723, 731, 733, 736, 738, 744, 754, 763, 764, 767, 768, 815, 818–821, 837, 838, 848, 891, 893
Siliciumcarbid 39, 134, 224, 875, 877, 882, 885, 886
Siliciumnitrid 224, 875, 877, 882, 886
Sinteradditiv 877
Sintern 57, 445, 545, 807, 877, 886
SiO2 6, 28, 30, 38, 52, 171, 178, 179, 196, 197, 209, 229, 297, 402–404, 480, 545, 546, 815, 881, 882
SIPP-Diagramm 737
Skelettkristall 453
Snellius'sches Brechungsgesetz 66, 69
Soliduslinie 360, 370, 373, 384, 422, 437, 439, 553, 555–557, 574, 700
Solidustemperatur 349, 366–369, 372, 373, 376, 385–387, 393, 397, 401, 414, 465, 468, 469, 512, 528–530, 630, 643, 700, 727, 728
Solvuslinie 361, 362, 378, 422–424, 436, 437
Sondermessing 754
- Entzinkung 763
- Korrosion 763
- Spannungsrisskorrosion 763
Sondernitride 534, 536
Spannbetonstahl 661, 662
Spannung
- innere 68, 204, 217, 490, 532, 536, 621, 629, 630, 650, 656, 718, 768, 787, 844, 878
Spannungs-Dehnungs-Diagramm 482, 505
Spannungsdoppelbrechung 68
spannungsinduzierte Martensitbildung 432, 802
Spannungsintensitätsfaktor 878

Spanwinkel-Partikelform-Konzept 141, 174
Spektralfarbe 63, 64
spezifische Grenzfläche 236, 237, 256, 257, 421, 559, 609, 651, 700
spezifische Grenzflächenenergie 421
spezifische Linienlänge 257, 262
Sphalerit
- Struktur 27, 39
Spiegelung 9, 10, 76
Spongiose 742, 743
Sprödbruch 285, 652, 655–659, 672, 792, 880
Sprühtrocknen 876
Sprengdruckhypothese 684
Spurenelement 547, 548, 676, 681
Sputterprozess 308
Stöchiometrieabweichung 20, 24, 275
Störelement 738
Stahl
- übereutektoider 617
- amagnetischer, s. nichtmagnetisierbarer
- austenitisch-ferritischer 209, 211, 697
- austenitischer 93, 328, 675, 680, 681, 691–693, 695, 696, 698
- direkthärtbarer 714
- druckwasserstoffbeständiger 684
- für das Flamm- und Induktionshärten 717
- für das Kaltstauchen und Kaltfließpressen 708
- für den Stahlbetonbau 661
- für Niete und Ketten 710
- für schwere Schmiedestücke 667
- ferritischer 209, 211, 666, 689, 690, 697, 717, 724
- feuerresistenter 650
- hartmagnetischer 698, 702
- hitzebeständiger 686, 697, 698
- kaltumformbarer 602, 703–706
- kaltzäher 674, 675

- ledeburitischer 554, 690, 726
- legierter 220, 536, 548, 554, 560, 618, 625, 642, 644, 647, 698, 703, 707, 708, 714
- mikrolegierter 642
- mit besonderen magnetischen Eigenschaften 698
- nichtmagnetisierbarer 698
- nichtrostender 687–693, 695–697
- niobmikrolegierter 658, 659
- perlitarmer 657
- teilferritischer nichtrostender 687, 696
- unlegierter 536, 548, 560, 625, 703, 707, 708, 714
- untereutektoider 688
- warmfester 211, 220, 680, 681
- weichmagnetischer 698–701
- wetterfester 686
Stahlformguss 575, 589
Stahlguss 210, 220, 456, 477, 589, 612, 619, 620, 653, 731, 732
Stahlgusslegierung 731
Stahlherstellung 545–547, 665
Stapelfehler
- extrinsische 47
- intrinsische 47
- Stapelfehlerenergie 46, 48, 369, 491–493, 505, 509, 675
Stapelfolge 17, 39, 46–48
starrer Schleifkörper 144–146, 150
- Eingriff 146
Steadit 737, 738, 740, 741, 743, 898
Steinsalz
- Struktur 20, 24, 26, 30, 37
Stellit 166, 170, 730, 806, 807, 903
stereologische Gleichung 260
Stereomikroskopie 101, 113
stetiges Kornwachstum 499
Steuerphase 701
Stickstoffferrit 532
Stirnabschreckkurve 625, 628, 629
Stirnabschreckversuch 624

STM, s. Rastertunnel-
mikroskopie
Stoßelastizität 158, 159, 163,
164, 167–176, 178, 195–197,
228
Stoffmenge 344, 345, 359, 538,
546, 746, 747
Strahlungsdetektoren 269, 270
Stranggießen 461
Strangguss 461, 462, 547, 815,
816, 871
Strauß-Test 693
Streu-Absorptions-
Kontrast 295
Struktur
- pseudoeutektoide 622
Strukturanalyse 265
Strukturkeramik 224, 875,
880, 882
Stufenversetzung 43, 44, 49,
487, 488, 490, 498
Subkorngrenzen
- Tilt-Grenzen 49
- Twist-Grenzen 49
Sublimation 51, 57, 347, 363,
364, 419, 422, 519
Sublimationskurve 363, 364
Substitutionsmischkristall 24,
31, 32, 35–37, 275, 349, 355,
392, 679
Substrathärte 329
Subtraktionsmischkristall 20,
32, 36, 37
Sulfideinschluss 652
Supraleitung 881, 882
Symmetrie
- Symmetrieoperationen 9
Synchrotronstrahlung 304

T
$t_{8/5}$-Zeit 656
Tammann-Regel 357, 482,
530, 809
Tannenbaumkristall 379, 453,
575
Taylor-Faktor 490, 491
Teilchendurchmesser 235, 237
Teilchengrößenverteilung
263
Teilchenhärtung 493, 791, 831,
832
Teilchenkennwerte

- Integral der mittleren
Krümmung eines
Teilchens 234–236, 609
- Integral der totalen
Krümmung eines
Teilchens 234–237
Teilchensysteme 237
Teilchenzahl 237
teilstabilisiertes Zirko-
niumoxid 884
Temperatur-Konzentrations-
Schnitte 413
Temperguss 565, 731, 732,
744, 859
Temperkohle 551, 552, 671,
729, 732, 734, 744
ternär eutektische
Kristallisation 414
ternär-eutektische
Temperatur 413
ternär-eutektischer Punkt
408–411, 417, 418, 739
ternäre Systeme 404, 405, 407,
409, 411, 413–415, 417
Tertiärzementit 58, 553, 556
Tetragonal Zirconia
Polycrystal 884
Tetragonalität 594, 634
Texturen 277, 278, 495–497,
701
thermische Ausdehnung 7,
334, 344, 441, 442, 550, 632,
675, 885
thermische Hysterese 443
thermische Leitfähigkeit 4,
224, 314, 438, 750
thermische Spritzen 527
thermischer Ausdehnungs-
koeffizient 338
thermisches Verdampfen 51,
521
Thermoanalyse 38, 332,
437–440
thermodynamische
Potential 345, 420
thermodynamische treibende
Kraft 420, 432
thermoelastische Martensitbildung 429, 431
TIC-Verfahren 94
Tieftemperaturverhalten 675
Titan
- Korrosionsbeständigkeit
224, 731, 800, 817, 844, 847

- Leichtbau 817, 844
- polymorphe
Umwandlung 843
- spontane Passivierung
844
Titanlegierungen
- $(\alpha + \beta)$-Martensit 845
- (α')-Legierung 845
- Biokompatibilität 844
- Implantate 844
- Korrosionsbestän-
digkeit 844
- Mehrstofflegierung 845
- Umwandlungs-
schaubild 845, 846
Tomografie 301–307, 309–314
Tonerde-Policren
- agglomeriertes 164
- deagglomeriertes 164, 165
- Tonerde 163, 164, 166
- Tonerde-Suspension 165
Topografie 229, 230, 281, 284,
317, 517, 525
Totalreflexion 66, 68, 80, 316,
317
Totglühen 729
Trafoblech
- kornorientiert 701
Transformatorenstahl 217, 701
Transkristallisationszone 122,
460, 576
Transkristallit 121, 213,
456–458, 471, 478, 479, 510,
576
Translation
- Translationsperiode 8, 9, 14,
19, 44, 60
Translationsgrenzen 46
Transmissionselektronen-
mikroskopie (TEM) 290,
291, 293, 295, 297, 299
Transparenz 7, 881, 882
Trennparameter 126, 127, 193
Trennscheibe
- Scheibenauswahl 126
TRIP-Stahl 704, 706
Tripelpunkt 347, 364
Tubuslinse 75, 76, 78, 92
TV-Adapter 105–109

U
Übergangstemperatur 632,
655, 658, 672

Stichwortverzeichnis

Überhitzung 458, 589, 621, 664, 675, 680, 714, 742
Überhitzungsempfindlichkeit 664, 675, 680
Überhitzungsgefüge 621
Überkohlung 714, 715
Überlappung 96, 312, 515, 516
Übersättigung 419, 420, 423, 424, 566, 633
Überschmiedung 479, 617
Überstruktur 30, 31, 33-35, 48, 700
Überwalzung 479, 515, 516, 617
Ultrafräsen 132, 177
Umformbarkeit 606, 607, 666, 677, 687, 690, 703, 704, 708-710, 753, 764, 765, 774, 787, 789, 818, 836, 842, 851
Umformen
- normalisierendes 640, 641, 643
- thermomechanisches 640-642, 659
Umformgrad
- kritischer 501, 502, 504, 604
Umformtextur 496
Umgehungsmechanismus 494
umgekehrte Blockseigerung 463, 473
Umklappmechanismus 593
Umkristallisation 616
Umwandlung
- α-γ- 566-568, 616, 643, 673, 698, 700
- γ-α- 566, 570, 577, 583, 613, 616, 622, 625, 631, 632, 641, 642, 658, 659, 689, 709
- bainitische 543, 599-601, 612, 642, 659, 660, 706, 759
- diffusionskontrollierte 57, 358, 419-422, 427, 434, 443
- magnetische 38, 389, 440, 442, 549, 700, 702, 789
- martensitische 419, 428-431, 444, 590, 593, 612, 630, 660, 662, 689, 702, 719, 757, 770, 781, 783, 800, 803, 844, 845, 850

- Ordnungsumwandlung 419, 755-757, 759, 770, 781-783, 800
- polymorphe 37, 388, 389, 398, 419, 442, 565-567, 569, 571, 573-575, 577, 579, 581, 583, 585, 587, 589, 591, 593, 595, 597, 599, 750, 789, 803, 808, 835, 843
Umwandlungsenthalpie 348, 420, 438, 440
Umwandlungsentropie 343, 420
Umwandlungsfront 391, 427, 428, 432
Umwandlungsgefüge 531, 543, 583, 584, 591, 613, 615, 618, 622, 689, 733
Umwandlungsgeschwindigkeit 422, 427, 429, 434, 439, 578, 579, 709
Umwandlungsglühen 616
Umwandlungsintervall 348, 349, 360, 389, 401, 440
Umwandlungsspannung 596, 630
Umwandlungstemperatur 343, 348, 391, 392, 431, 435, 443, 532, 554, 555, 567, 577, 580, 586, 588, 589, 596, 598, 599, 608, 612, 613, 622, 639, 643, 660, 677, 700, 707, 713, 746, 803, 846
Umwandlungsverhalten 434, 443, 565, 586, 587, 601, 612, 613, 622, 628, 639, 646, 655, 659, 706, 710, 713, 746, 770, 800, 849, 850
Umwandlungsvorgang 418, 439, 579
Unterkühlung
- konstitutionelle 379, 453-456, 576
- thermische 422, 439, 449, 453, 456, 576, 593, 622
Unterkühlungsschaubild 577
Unterkühlungsstufe 584

V

Vakuumsintern 877
Valenzelektronenkonzentration 21-23
Van-der-Waals-Bindung 16

Vanadin 374, 531, 642, 644, 658, 662, 679, 680, 698, 726, 891, 893, 912
Vegard'sche Regel 33
Verbindung
- inkongruent schmelzende 401
- intermetallische 2, 5, 19-23, 31, 37, 48, 53, 90, 223, 275, 341, 342, 372, 374, 398, 400-402, 527, 528, 643, 679, 681, 683, 691, 757, 766-769, 779, 791, 800, 813, 823, 826, 827, 845, 867, 868, 870, 871
- isomorphe 24, 845
- kongruent schmelzende 401, 404
Verbindungsschicht 531, 532, 534, 536-538, 899
Verbrennung 305, 477, 516, 570, 616, 697, 698, 787, 790, 792, 818, 821, 822
Verbundhärte 328, 329
Verdampfungskurve 364
Verdampfungstemperatur 343, 344, 762, 808
Verdampfungswärme 343
Verdrehgrenzen 46
Veredlungseffekt 460, 820
Verfestigung 482, 484, 490, 491, 505, 512, 600, 642, 650, 651, 654, 655, 666, 677, 695, 702, 705, 706, 709, 719, 792
Verfestigungsexponent 705, 706
Verformungsmartensit 432, 433, 591, 677
Vergüten 616, 623-625, 631, 635, 636, 640, 643, 647, 660, 668, 674, 675, 685, 687, 689
Vergütungsstahl 155, 298, 469, 542, 634, 666, 667
Vergütungszustand 624, 664
Vergießbarkeit 743
Verglühen, s. Totglühen
Vergrößerung
- elektronische 117, 292, 334
Verschleiß 717-730
Versetzung
- Burgers-Vektor 43-46, 48, 49, 277, 300, 374, 487-490, 498

- einer Versetzung 44–46, 215, 217, 296, 490
- Schraubenversetzung 43, 44, 49, 487–490, 498
- Stufenversetzung 43, 44, 49, 487, 488, 490, 498
- unvollständige 46, 48, 49
- Versetzungslinie 43–45, 213, 214, 237, 487–489, 493, 494
- Versetzungssprünge 45

Versetzungsbewegung 44–46, 490, 493, 506, 600, 650, 655
- konservativ 44
- nichtkonservativ 44

Versetzungsdichte 45, 93, 215, 217, 237, 260, 271, 277, 431, 489, 490, 493, 494, 498, 499, 506, 600, 602, 651, 659, 676
Versetzungsgeschwindigkeit 490
Versetzungsgleiten 431, 489
Vertauschungsenthalpie 350, 351, 372, 393
Verteilungskoeffizient 454, 469
Verzeichnung 84
Verzerrungsparameter 421, 422, 426
Verzug 596, 617, 629, 630, 639
Vibrationspolieren 177, 178
Vickers-Härte 166, 318, 319, 331, 374, 470
Videografie
- analoge 104
- digitale 102–105, 113, 114
- Videografiesysteme 102, 105, 113

Videokamera
- Analogkamera 110
- Auflösung 107, 110
- Bildübertragungsrate 110
- CCD-Sensoren 105
- Digitalkamera 107, 110
- Livebild 110, 111
- Vorschau 111
- Zeitverhalten 110

Videotechnik 340
Vielkristall 3, 53, 54, 56–59, 91, 213, 265, 267–270, 273, 276, 277, 279, 293, 298, 324, 490, 491, 494, 498

Vielkristalldiffraktometrie 269
Vielkristallinterferenzen 267
Volumenanteil 58, 62, 235–237, 251–255, 273, 274, 376, 427, 492, 493, 507, 608, 757, 762, 774, 777, 778, 792, 839, 840, 850, 894–896
Volumendefekt 40, 45, 49
Volumendiffusion 339, 357, 521, 522
Volumendilatation 580, 630
Vor-Ort-Metallografie
- Abdrucktechnik 197, 198
voreutektoider Ferrit 435, 556, 557, 567, 577, 584, 680

W

Wälzlagerstahl 724
Wärmebehandlung 45, 49, 57, 130, 207, 211, 353, 371, 373, 470, 514, 518, 524, 531, 540, 541, 566, 568, 570, 601, 602, 607, 614, 616, 638, 644, 655, 667, 668, 670, 671, 674, 679, 680, 690, 691, 694, 702, 706, 712, 732, 745–747, 754, 757, 759, 762, 772, 775, 779, 791, 793, 803, 811, 821, 823, 824, 826, 831, 841, 847–850, 864, 867, 872, 877
Wärmeinhalt 342–344
Wärmeleitfähigkeit 7, 134, 453, 476, 618, 628, 750, 818, 821, 882, 885, 892, 893
Wabenstruktur 651
Wachstum
- athermisches 573
- durch Wärmetransport gesteuertes 573, 574
- thermisch aktiviertes 573, 574
wahres Gefüge 164
Walztextur 496
Wanddickenempfindlichkeit 738
Warmarbeitsstahl 725
Warmfließkurve 505–509
Warmumformung 445, 460, 474, 475, 478, 497, 505, 508–510, 512–514, 606, 616, 640, 727, 836
Wasserstoff 16, 23, 35, 36, 189, 203, 204, 305, 347, 472, 477,
478, 525, 532, 549, 571, 616, 628, 631, 656, 668, 669, 683–685, 698, 749, 753, 843, 901, 902, 904, 905, 907, 910–912
Wasserstoffkrankheit 753
Wechselwirkungsenergie 33, 344
Weibull-Statistik 879
Weichfleckigkeit 611
Weichglühen 561, 589, 606–608, 610, 611, 616, 621–623, 645, 671, 723, 724
Weichglühgefüge 567, 609, 610, 666, 671, 689, 707, 724
Weichlöten 852, 853
Weichlote
- Elektronikweichlote 852, 853
- Lötzinn 852
- Legierungszone 853
- Sn-In-Lote 853
- Sn-Pb-Cd-Lote 853
- Sn-Pb-Legierungen 853
- Weichlötnaht 853
Weißabgleich 78, 112
Weißmetall 130, 201, 458, 470, 860–862, 868, 869, 907, 911
wellenlängendispersive Spektrometrie (WDX) 288
Werkstoffe
- keramische 2, 7, 37, 46, 50, 61, 140, 156, 166, 187, 194, 197, 224–227, 229–231, 875–879, 881, 883, 885
- metallische 1, 2, 4, 7, 16, 23, 30, 46, 56, 57, 61, 90, 117, 131, 138, 140, 149, 156, 161, 166, 180, 181, 184, 187, 190, 194, 197, 202, 220, 223, 227, 265, 278, 339, 445, 482, 490, 505–508, 512, 543, 698, 701, 800, 862, 875, 878, 885
- nichtmetallische 2, 7, 140, 166, 187, 190, 265, 875
Werkstoffverbunde 122, 193, 884
Werkzeugstahl 560, 571, 712, 725
Whisker 493, 494
Widmannstätten'sche Anordnung 567, 589, 590, 619, 621, 673

Stichwortverzeichnis

Wirkflächenstruktur 135
Wismut-Zinn-Blei-
 Legierungen 410, 411
Wolfram 19, 38, 112, 272,
 283, 292, 341, 365, 587, 644,
 645, 683, 684, 726, 729–731,
 790, 805, 807, 859, 891, 893,
 912
Wollaston-Prisma 92, 93
Würfel 10, 11, 14–16, 19, 27,
 91, 213, 278, 421, 451, 458,
 594, 701, 796, 868–870
Wurtzitstruktur 25, 39
Wüstit 271, 697

X
Xenon-Hochdrucklampe 78

Z
Zeit-Temperatur-
 Diagramm 433
Zellularstruktur 453, 454
Zementit
– Korngrenzenzementit 561,
 564, 589, 610, 623, 723, 724
– Primärzementit 553,
 562–564, 733
– Sekundärzementit 391, 553,
 560–565, 579, 610, 617, 618,
 623, 714, 715, 723, 724, 732,
 733, 744
– Tertiärzementit 58, 553,
 556
– voreutektoider 392, 556,
 584, 589, 590
Zerspanbarkeit 606, 607, 615,
 710, 711, 727, 753, 765, 789,
 831
Ziehbarkeit 707, 708
Ziehtextur 495, 496
Zink
– Feuerverzinken 528, 529,
 809
– Feuerverzinkungs-
 schicht 528, 529, 809

– Korrosion 528, 753,
 762–765, 768–770, 777, 788,
 810, 815, 831, 836, 837, 865
Zinkblendestruktur 25, 26, 29,
 39
Zinklegierungen
– Druckgusslegierung 814
– Gusslegierung 810, 814
– Schrumpfung 811, 812
Zinnbronzen
– Kristallseigerungen 771,
 772
– Primärgefüge 771, 808,
 863–865, 868
– Rotguss 771, 862, 865
– umgekehrte Block-
 seigerung 772
– Umwandlungsdiagramm
 772, 773
Zintl-Phasen 22
Zirconia Toughened
 Alumina 884
Zirkoniumoxid 875, 877, 879,
 882–885
Zonenmodell
– nach Movchan und
 Demchishin 522
– nach Thornton 522
ZTA 433, 434, 518, 527, 528,
 568–570, 884
ZTA, s. Zirconia Toughened
 Alumina
ZTA-Diagramm 433
ZTL-Diagramm 433
ZTR-Schaubild 604
ZTU-Diagramm
– isothermes 433
– kontinuierliches 435, 436
Zugfestigkeit 318, 370, 484,
 497, 549, 551, 572, 606, 622,
 635, 651, 661, 663–667,
 669–671, 687, 689, 702, 704,
 706, 708, 742, 764, 774, 778,
 819, 825, 830, 839, 840, 879
Zugversuch 482, 486, 651, 662,
 677

Zustandsdiagramm 341, 342,
 344, 346, 348, 350, 352, 354,
 356, 358–404, 406–408, 410,
 412–414, 416, 418, 420,
 422–424, 426, 428, 430,
 432–434, 436–444, 454, 464,
 512, 528, 529, 531–533, 543,
 565, 643, 771, 772, 778, 779,
 785, 791, 823, 837, 845, 846,
 852, 870
Zustandsgröße 342, 757
Zweikomponenten-
 systeme 365, 367, 369, 371,
 373, 375, 377, 379, 381, 383,
 385, 387, 389, 391, 393, 395,
 397, 399, 401, 403
Zwilling 204, 256, 295, 300,
 491, 492, 799, 808, 841, 842
Zwillingsbildung 338, 428,
 431, 467, 484, 491, 492, 808,
 836
Zwillingsebene 491
Zwillingsgeschrei 492
Zwillingsgrenze 54, 213, 286,
 491, 799
Zwillingslamelle 296, 369,
 491, 492, 495, 691, 692, 722
Zwillingsmartensit 591
Zwillingsrichtung 491
Zwischenbild
– primäres 80
– sekundäres 80, 81, 292
Zwischengitteratome 36, 42,
 45, 521
Zwischengitterplätze 20, 24,
 30, 31, 34, 40, 42, 390, 531,
 632
Zwischenstufe 444, 584,
 597–600, 624, 639, 646, 659,
 660, 900
Zwischenstufenferrit
 597–600, 659, 660
Zwischenstufenvergüten,
 s. Bainitisieren